《实用数学手册》编写成员

主　编　叶其孝　沈永欢

成　员　（按姓氏笔画排序）

孙山泽　刘宝光　许履瑚　唐　云

梁在中　蔡蒨蒨

实用数学手册

（第 2 版）

叶其孝　沈永欢　主编

科　学　出　版　社
北　京

内 容 简 介

本手册在第 1 版的基础上进行修订再版，共 26 章，在前 17 章中除保留了第 1 版中第 1~17 章的大部分内容外，同时也对这部分内容做了一些修改和增补，另外，在 18~26 章中修订和扩写了常微分方程和动力系统、科学计算、组合论、图论、运筹学、控制论、最优化方法、数学建模等内容，删去了第 1 版中的有限元方法、计算机基本知识、信息论等章节，同时也增加了有关有限差分法和动力系统、重要的多元分析等方面的内容. 本手册内容比较全面、准确可靠、注意应用，同时注重编排技巧，并附有便于读者检索的比较详尽的索引.

本手册可供广大科技工作者、工程技术人员以及理工科大学生查阅参考.

图书在版编目(CIP)数据

实用数学手册/叶其孝, 沈永欢主编. —2 版. —北京：科学出版社, 2006
ISBN 978-7-03-016344-8

I. ①实… II. ①叶… ②沈… III. ①数学–手册 IV. ①O1-62

中国版本图书馆 CIP 数据核字(2005) 第 116719 号

责任编辑：吕 虹 张 扬 / 责任校对：张怡君
责任印制：吴兆东 / 封面设计：黄华斌

科学出版社 出版
北京东黄城根北街 16 号
邮政编码：100717
http://www.sciencep.com
北京虎彩文化传播有限公司 印刷
科学出版社发行 各地新华书店经销
*
1992 年 8 月第 一 版 开本: A5(890 × 1240)
2006 年 1 月第 二 版 印张: 35 3/4
2022 年 10 月第十六次印刷 字数: 1 470 000

定价: 168.00 元

(如有印装质量问题, 我社负责调换)

第 2 版前言

《实用数学手册》自 1992 年出版以来深受广大科技工作者、大学生以及高校和中学数学教师的欢迎，多次重印.

10 多年来数学及其应用的发展极为迅速，更由于计算机及其速度和精度，并行计算、网络技术等计算技术以及其他技术突飞猛进的发展，数学的应用范围日益扩大，对数学的要求也越来越高. 特别是，数学的应用很大程度上是通过数学建模来体现的. 数学建模以及相伴的计算和模拟（simulation，也译作“仿真”）已经成为现代科学的一种基本技术. 因此，及时地按照科学和数学及其应用的发展来做一些修订是必要的.

1992 年出版的本手册就强调基础数学和应用数学的统一性，在第 2 版中我们坚持并加强了这一点. 我们不再区分初等数学、基础数学和应用数学. 我们保留了第一版第 1 章到第 17 章绝大部分的内容，但也做了一些修改和增补；把一些相对说来可能是过时的，或者已经有非常成熟的软件的章节，例如删去了 26 章（有限元方法）、27 章（计算机基本知识）和 28 章（信息论）. 同时，在某些方面通过增订的方式来进一步加强. 例如，唐云教授增订的第 8 章（常微分方程和动力系统），简洁地增加了有关有限差分法和动力系统的内容. 刘宝光和叶其孝教授增订的第 18 章（科学计算）突出了算法的重要性，孙山泽教授增订的第 22 章（数理统计），增加了应用广泛的抽样调查和多元分析的内容，刘宝光教授增订的第 23 章（运筹学）和第 25 章（最优化方法）也突出了算法. 尽管很多章节都包含了不少数学建模的内容，但是为了强调数学建模的重要性，叶其孝教授写了第 26 章（数学建模），简要介绍了什么是数学建模的全过程和难点以及一些有用的建模方法和具体的数学模型. 在第 2 版的修订过程中我们主要参考了 2002 年由 Chapman & Hall/CRC 出版社出版，Daniel Zwillinger 主编的第 31 版 CRC Standard Mathematical Tables and Formulae. 第 2 版力图保持本手册的所有优点. 如上所述，尤其在兼顾基础数学和应用数学，增补应用范围较广的内容以及突出算法等方面，做了很多工作. 同时，在内容简明、准确可靠、便于检索等方面，继续做了不少努力.

由于修订时间比较仓促，更由于我们的学术水平有限，缺点和错误在所难免，我们真诚地欢迎读者批评、指正.

我们要感谢多年来不断提出建议帮助我们进行修订的读者.

我们要感谢科学出版社的吕虹、张扬同志，他们为组织本次修订做了大量细致的工作，同时在修订过程中也提出了许多宝贵的意见.

第 1 版前言

广大科学技术工作者、高等工科院校教师和中学数学教师、工程技术人员以及理工科大学生需要这样一本数学手册：全面系统、准确简明、篇幅不大、信息丰富、检索方便，并能兼顾基本理论与应用领域. 这本手册就是为适应这种要求编写的.

本手册以高等数学为主. 为便于广大读者使用，也用极少篇幅概述了初等代数、几何与三角的基本概念、定理和公式. 全书主体分为两大部分. 第一部分属于基础数学，从第 4 章到第 13 章，分别概述解析几何学、线性代数学、微积分学、复变函数论、常微分方程论、偏微分方程论、微分几何学、积分方程论、变分法与概率论的基本概念和理论. 考虑到不少现代数学分支已广泛应用于科学技术领域，我们还编写了题为“纯粹数学选题”的第 14 章，简略介绍集论、代数结构、一般拓扑、勒贝格积分、泛函分析与微分流形的一些基本内容. 第二部分属于应用数学，从第 15 章到第 28 章，分别概述向量分析和张量分析、积分变换、特殊函数、数值分析、组合论、图论、随机过程论、数理统计、运筹学、控制理论、最优化方法、有限元方法、计算机科学与信息论的基本理论和方法. 应当说，本书内容既比较全面，又突出重点.

本手册特别注意兼顾基础数学与应用数学. 从上段列举的章目中不难看到，在这本手册中，读者不但可以查到高等数学各个领域的基本内容，而且可以查到应用数学各个领域的常用工具和方法. 象数理统计、数值分析、最优化方法、有限元方法、运筹学、图论、信息论等，在小型数学手册中，一般都是查不到的. 应当说，本书兼顾了基本理论与实际应用，有较大的容量和广泛的适应性.

手册必须可信. 在编写过程中，我们参考了不少与各章内容有关的权威著作，并对手稿反复进行了讨论、检查与核对. 同时，我们也注意文字简明扼要，竭力避免公式堆砌，并使各章尽可能互相呼应. 应当说，本书的科学性、准确性和简明性是有保证的.

手册是为广大读者随时查阅用的，必须便于检索. 我们在这方面下了一些功夫. 凡是正文中初次阐释的定义、概念、具有称谓的定理和公式，其名称均以黑体字印刷. 书后有按汉字笔画为序的名目索引，读者极易通过它找到所需查阅的内容的所在的页码. 数学各部分联系很多，所以书中经常提示读者参看有关章节. 考虑 到可能有时读者连所需查阅的内容的名目都不太记得，因此我们有意识地编排了一个比较详尽的目录，读者也可通过目录查找内容. 经过这样的安排，应当说，检索本手册是迅速方便的.

本书先由编者分头编写，然后互相校阅、讨论修改，再由兄弟院校专家审阅，由编者再修改，最后由编者之一的沈永欢教授通观全书定稿. 我们特别约请陈祖荫教授编写了第 22 章数理统计，汪树中副教授编写了第 26 章有限元方法，袁一林同志编写了

第 20 章图论，姜跃妮同志编写了第 27 章计算机概论. 高旅端副教授和陈志副教授分别阅读了第 18 章数值分析和第 25 章最优化方法的修改稿，并提出了很多建议. 北京理工大学与北京航空航天大学应用数学系的有关教授为审阅本书付出了辛勤的劳动，提出了许多宝贵的意见. 对于这些同志的大力协助，我们谨致衷心的谢忱.

编者学识浅陋，又缺乏编写手册的经验，缺点错误在所难免，欢迎读者批评指正.

编　　者

目　　录

1. 初等代数

§1.1 代数运算

1.1.1 数系

- 复数（$a+ib$，a,b 为实数.）
  - 实数（$b=0$）
    - 有理数
      - 正、负整数
      - 正、负分数
      - 零
    - 无理数——无限不循环小数
  - 虚数（$b\neq 0$）
    - 纯虚数 $ib(a=0)$
    - 非纯虚数 $a+ib(a\neq 0)$

以后分别用 **N**,**Z**,**Q**,**R** 与 **C** 依次表示全体自然数(正整数)的集合、全体整数的集合、全体有理数的集合、全体实数的集合与全体复数的集合.

1.1.2 数的基本运算规律

1. **交换律**　$a+b=b+a$，$ab=ba$.
2. **结合律**　$(a+b)+c=a+(b+c)$，$(ab)c=a(bc)$.
3. **分配律**　$(a+b)c=ac+bc$.

1.1.3 指数

设 m,n 均为正整数，a 为实数，则 a 的**乘方**(或乘幂)及各**指数幂**分别定义如下：

$$a^n = aa\cdots a(n\text{ 个 }a),\quad a^{-n}=\frac{1}{a^n}(a\neq 0),\quad a^0=1(a\neq 0),$$

$$a^{\frac{m}{n}}=(\sqrt[n]{a})^m(a\geqslant 0),\quad a^{-\frac{m}{n}}=\frac{1}{(\sqrt[n]{a})^m}(a>0).$$

设 $a>0$，$b>0$，x_1,x_2,x 为任意实数，则指数幂满足下列规律：

$$a^{x_1}\cdot a^{x_2}=a^{x_1+x_2},\ \frac{a^{x_1}}{a^{x_2}}=a^{x_1-x_2},\ (a^{x_1})^{x_2}=a^{x_1x_2},$$

$$(ab)^x=a^xb^x,\ \left(\frac{a}{b}\right)^x=\frac{a^x}{b^x}.$$

指数 e^x 也用符号 $\exp\{x\}$ 表示，其中 $e=\lim\limits_{x\to\infty}\left(1+\frac{1}{x}\right)^x$ 是无理数，取它的小数到 5 位的值为 $e=2.71828$.

1.1.4 对数

若 $a^x=b(a>0,a\neq 1)$，则称 x 是 b 的以 a 为底的**对数**，记作 $x=\log_a b$，其中 $b>0$ 称为**真数**.

当 $a=10$ 时，$\log_a b$ 记作 $\lg b$，称为**常用对数**.

当 $a=e$ 时，$\log_e b$ 记作 $\ln b$，称为**自然对数**.

由定义可得：$a^{\log_a b}=b$，$\log_a a^x=x$，$\log_a 1=0$，$\log_a a=1$.

设 $a>0$，$a\neq 1$，$b>0$，$b_i>0(i=1,2,\cdots,n)$，则对数满足下列运算法则：

$$\log_a(b_1b_2\cdots b_n)=\log_a b_1+\log_a b_2+\cdots+\log_a b_n,$$

$$\log_a\left(\frac{b_1}{b_2}\right)=\log_a b_1-\log_a b_2,\ \log_a b^x=x\log_a b(x\text{ 为实数}).$$

设 $a,b,c>0$；$a,b,c\neq 1$，则对数有如下的**换底公式**：

$$\log_a b=\frac{\log_c b}{\log_c a},\text{特别地有 }\ln b=\frac{\lg b}{\lg e},\ \log_a b\cdot\log_b a=1.$$

1.1.5 复数

1. 复数的概念

形如 $x+iy$（其中 x,y 是实数，i 满足 $i^2=-1$）的数，称为**复数**，记作 $z=x+iy$. x,y 分别称为复数 z 的实部与虚部，记作 $x=\mathrm{Re}z$，$y=\mathrm{Im}z$，i 称为**虚数单位**. 实部等于零的非零复数，称为**纯虚数**.

两个复数相等当且仅当它们的实部与虚部分别相等.

给定复数 $z=x+iy$，则复数 $x-iy$ 称为 z 的**共轭复数**，记作 $\bar{z}$，即 $\bar{z}=x-iy$. 因此

$$x=\mathrm{Re}z=\frac{1}{2}(z+\bar{z}),\quad y=\mathrm{Im}z=\frac{1}{2i}(z-\bar{z}).$$

2. 复数的表示法

令复数 $z=x+iy$ 对应于平面上的点 (x,y)（图 1.1-1），则在一切复数构成的集合与平面之间建立了一个一一对应，这时的平面称为**复平面**或 **z 平面**，横轴（x 轴）称为实轴，纵轴（y 轴）称为虚轴. 实数对应于实轴上的点，纯虚数对应于虚轴上的点（除去坐标原点），对应于复数 $z=x+iy$ 的点也简称为点 z. 点 z 到原点的距离 r，称为复数 z 的**模**或绝对值，记作 $|z|$. 当 $|z|\neq 0$ 时，原点到点 z 的向量 $\overrightarrow{Oz}$ 与正实轴所成的角 θ 称为 z 的**辐角**，记作 $\mathrm{Arg}z$（图 1.1-1）. 辐角是多值的，同一复数的不同辐角相差 2π 的整数倍. 取值于区间 $(-\pi,\pi]$ 内的辐角，称为辐角的**主值**，记作

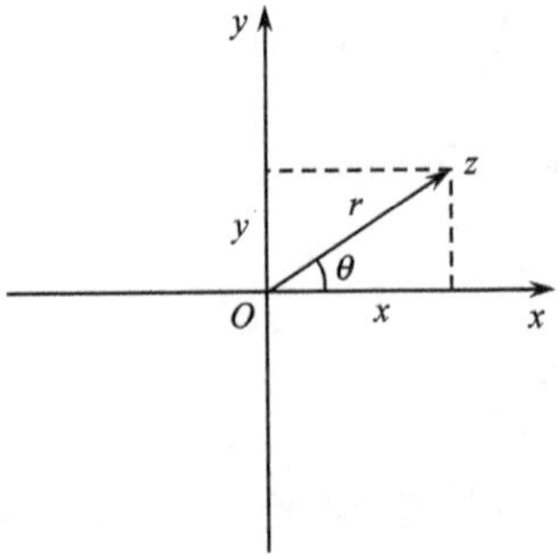

图 1.1-1

$\arg z$. 于是 $-\pi<\arg z\leqslant\pi$, $\mathrm{Arg}z=\arg z+2n\pi$, 其中 n 为整数. 当 $|z|=0$ 时, 辐角不确定. 上述各量之间有下列关系:

$$|z|=\sqrt{x^2+y^2}=\sqrt{z\bar{z}},$$

$$\tan(\arg z)=\frac{y}{x}(x\neq 0),$$

$$x=r\cos\theta,\ y=r\sin\theta.$$

由此, $z=x+iy$, 也可写为 $z=r(\cos\theta+i\sin\theta)$, 称为 z 的极表示或三角表示. 由欧拉公式 $e^{i\theta}=\cos\theta+i\sin\theta$(参看 7.6.3), z 的三角表示又可写为 $z=re^{i\theta}$, 称为 z 的指数表示.

3. 虚数单位的乘方

$$i=\sqrt{-1},\ i^2=-1,\ i^3=-i,\ i^4=1,$$

$$i^{4n+1}=i,\ i^{4n+2}=-1,\ i^{4n+3}=-i,\ i^{4n}=1(n\in\mathbf{Z}).$$

4. 复数的运算

复数 $z_1=x_1+iy_1$, $z_2=x_2+iy_2$ 的和、差、积、商分别定义为:

$$z_1\pm z_2=(x_1\pm x_2)+i(y_1\pm y_2),$$

$$z_1\cdot z_2=(x_1x_2-y_1y_2)+i(x_1y_2+x_2y_1),$$

$$\frac{z_1}{z_2}=\frac{x_1x_2+y_1y_2}{x_2^2+y_2^2}+i\frac{x_2y_1-x_1y_2}{x_2^2+y_2^2}(z_2\neq 0).$$

如果用三角表示 $z_k=r_k(\cos\theta_k+i\sin\theta_k)$ 或指数表示 $z_k=r_ke^{i\theta_k}$ $(k=1,2)$, 则

$$z_1\cdot z_2=r_1r_2[\cos(\theta_1+\theta_2)+i\sin(\theta_1+\theta_2)]=r_1r_2e^{i(\theta_1+\theta_2)},$$

$$\frac{z_1}{z_2}=\frac{r_1}{r_2}(\cos(\theta_1-\theta_2)+i\sin(\theta_1-\theta_2))=\frac{r_1}{r_2}e^{i(\theta_1-\theta_2)}(r_2\neq 0).$$

即两复数之积(商)的模等于其模之积(商), 两复数之积(商)的辐角等于其辐角之和(差).

复数和、差与模之间有下列不等式:

$$|x|\leqslant|z|\leqslant|x|+|y|,\ |y|\leqslant|z|\leqslant|x|+|y|,$$

$$||z_1|-|z_2||\leqslant|z_1\pm z_2|\leqslant|z_1|+|z_2|.$$

做复数乘法时, 可用通常的逐项相乘的方法进行, 只须记住虚数单位的乘方结果, 做复数除法时, 通常由 $\frac{z_1}{z_2}=\frac{z_1\bar{z}_2}{z_2\bar{z}_2}=\frac{z_1\bar{z}_2}{x_2^2+y_2^2}(z_2\neq 0)$ 转化为乘法.

5. 复数的乘方与开方. 棣莫弗公式

z 的 n 次方(或 n 次幂)定义为: $z^n=zz\cdots z$(n 个 z). 对于 $z=r(\cos\theta+i\sin\theta)=re^{i\theta}$, 有 $z^n=r^n(\cos n\theta+i\sin n\theta)=r^ne^{in\theta}$($n$ 为正整数). 特别, 当 $|z|=r=1$ 时, 得下述**棣莫弗**

公式

$$(\cos\theta+i\sin\theta)^n=\cos n\theta+i\sin n\theta.$$

定义 $z^0=1$，$z^{-n}=\dfrac{1}{z^n}$($z\neq0$,n 为正整数).

对于正整数 n,满足 $\zeta^n=z$ 的复数ζ,称为复数 z 的 **n 次根**,记作 $\zeta=\sqrt[n]{z}$或 $\zeta=z^{\frac{1}{n}}$，对于 $z=r(\cos\theta+i\sin\theta)=re^{i\theta}$ 有

$$\sqrt[n]{z}=\sqrt[n]{r}\left(\cos\frac{\theta+2k\pi}{n}+i\sin\frac{\theta+2k\pi}{n}\right)=\sqrt[n]{r}e^{i\frac{\theta+2k\pi}{n}}$$

($k=0,1,2,\cdots,n-1$).其中$\sqrt[n]{r}$取正根.一复数 z 的 n 次根$\sqrt[n]{z}$有 n 个不同的值,这 n 个值可用一个内接于以原点为中心,以$\sqrt[n]{r}$为半径的圆周的正多边形的顶点来表示.

设 m,n 均为正整数,定义 $z^{\frac{m}{n}}=(\sqrt[n]{z})^m$.

1.1.6 乘法与因式分解公式

1. $(x+a)(x+b)=x^2+(a+b)x+ab$.
2. $(a\pm b)^2=a^2\pm2ab+b^2$.
3. $(a\pm b)^3=a^3\pm3a^2b+3ab^2\pm b^3$.
4. $a^2-b^2=(a+b)(a-b)$.
5. $a^3\pm b^3=(a\pm b)(a^2\mp ab+b^2)$.
6. $a^n-b^n=(a-b)(a^{n-1}+a^{n-2}b+a^{n-3}b^2+\cdots+ab^{n-2}+b^{n-1})$($n$ 为正整数).
7. $a^n-b^n=(a+b)(a^{n-1}-a^{n-2}b+a^{n-3}b^2-\cdots+ab^{n-2}-b^{n-1})$($n$ 为偶数).
8. $a^n+b^n=(a+b)(a^{n-1}-a^{n-2}b+a^{n-3}b^2-\cdots-ab^{n-2}+b^{n-1})$($n$ 为奇数)
9. $(a+b+c)^2=a^2+b^2+c^2+2ab+2ac+2bc$.
10. $(a+b+c)^3=a^3+b^3+c^3+3a^2b+3ab^2+3b^2c+3bc^2+3a^2c+3ac^2+6abc$.
11. $a^3+b^3+c^3-3abc=(a+b+c)(a^2+b^2+c^2-ab-ac-bc)$.
12. $a^4+a^2b^2+b^4=(a^2+ab+b^2)(a^2-ab+b^2)$.

1.1.7 分式

1. 基本性质与运算

(1) 基本性质$\dfrac{a}{b}=\dfrac{ma}{mb}$($m\neq0$，$b\neq0$).

(2) 加减法$\dfrac{a}{b}\pm\dfrac{c}{b}=\dfrac{a\pm c}{b}$，$\dfrac{a}{b}\pm\dfrac{c}{d}=\dfrac{ad\pm bc}{bd}$($bd\neq0$).

(3) 乘除法$\dfrac{a}{b}\cdot\dfrac{c}{d}=\dfrac{ac}{bd}$，$\dfrac{a}{b}\div\dfrac{c}{d}=\dfrac{ad}{bc}$($bcd\neq0$).

(4) 乘方开方$\left(\dfrac{a}{b}\right)^n=\dfrac{a^n}{b^n}$，$\sqrt[n]{\dfrac{a}{b}}=\dfrac{\sqrt[n]{a}}{\sqrt[n]{b}}$($a\geqslant0,b>0$).

2. 部分分式

设 $P_n(x)=a_nx^n+a_{n-1}x^{n-1}+\cdots+a_1x+a_0(a_n\neq0)$ 与 $Q_m(x)=b_mx^m+b_{m-1}x^{m-1}+\cdots+b_1x+b_0(b_m\neq0)$ 均为 x 的实系数**多项式**（参看 1.4.1），且 $P_n(x)$ 与 $Q_m(x)$ 没有公因式（参见 1.4.3），即 $\dfrac{P_n(x)}{Q_m(x)}$ 为**既约分式**，则 $\dfrac{P_n(x)}{Q_m(x)}$ 称为有理分式. 当 $n\geqslant m$ 时，称为有理假分式，否则，称为有理真分式. 有理假分式，总可以通过多项式的带余除法（参看 1.4.2）将其化为**有理整式**（即多项式）与有理真分式之和的形式，即当 $n\geqslant m$ 时，有

$$\frac{P_n(x)}{Q_m(x)}=W(x)+\frac{R_l(x)}{Q_m(x)}(l<m),$$

式中 $W(x)$ 为 x 的多项式.

若 $n<m$，且 $Q_m(x)$ 的标准分解式为（参见 1.4.4）：

$$\begin{aligned}Q_m(x)=&a(x-a_1)^{\lambda_1}(x-a_2)^{\lambda_2}\cdots(x-a_j)^{\lambda_j}(x^2+p_1x\\&+q_1)^{\mu_1}(x^2+p_2x+q_2)^{\mu_2}\cdots(x^2+p_kx+q_k)^{\mu_k}.\end{aligned}$$

式中 $a_1,a_2,\cdots,a_j$ 是不同的实数；p_i,q_i 是不同的实数对，且 $p_i^2-4q_i<0(i=1,2,\cdots,k)$；$\lambda_1,\lambda_2,\cdots,\lambda_j$；$\mu_1,\mu_2,\cdots,\mu_k$ 都是正整数，且 $\lambda_1+\lambda_2+\cdots+\lambda_j+2(\mu_1+\mu_2+\cdots+\mu_k)=m$. 于是既约真分式 $\dfrac{P_n(x)}{Q_m(x)}$ 可唯一地分解为部分分式之和的形式：

$$\begin{aligned}\frac{P_n(x)}{Q_m(x)}=&\frac{A_{11}}{x-a_1}+\frac{A_{12}}{(x-a_1)^2}+\cdots+\frac{A_{1\lambda_1}}{(x-a_1)^{\lambda_1}}+\cdots\\&+\frac{A_{j1}}{x-a_j}+\frac{A_{j2}}{(x-a_j)^2}+\cdots+\frac{A_{j\lambda_j}}{(x-a_j)^{\lambda_j}}\\&+\frac{M_{11}x+N_{11}}{x^2+p_1x+q_1}+\frac{M_{12}x+N_{12}}{(x^2+p_1x+q_1)^2}+\cdots\\&+\frac{M_{1\mu_1}x+N_{1\mu_1}}{(x^2+p_1x+q_i)^{\mu_1}}+\cdots+\frac{M_{k_1}x+N_{k_1}}{x^2+p_kx+q_k}\\&+\frac{M_{k_2}x+N_{k_2}}{(x^2+p_kx+q_k)^2}+\cdots+\frac{M_{k\mu_k}x+N_{k\mu_k}}{(x^2+p_kx+q_k)^{\mu_k}},\end{aligned}\tag{1.1-1}$$

式中诸 $A_{il}(i=1,2,\cdots,j;l=1,2,\cdots,\lambda_i)$；$M_{st},N_{st}(s=1,2,\cdots,k;t=1,2,\cdots,\mu_s)$ 都是待定系数. 确定这些系数的方法是：先在等式(1.1-1)的两端同乘以 $Q_m(x)$，将其化为恒等式，然后或将各项按 x 的同次幂合并，令左右两端同次幂的系数相等，列出未知系数的方程组，解之即得；或把 x 用一些简单的数值（如 $x=-1,0,1$ 或 $Q_m(x)=0$ 的实根）代入，同样列出未知系数的方程组，解之即得.

例 1 将既约分式 $\dfrac{2x^2+2x+13}{(x-2)(x^2+1)^2}$ 分解为部分分式之和的形式.

解 $\dfrac{2x^2+2x+13}{(x-2)(x^2+1)^2}=\dfrac{A}{x-2}+\dfrac{M_1x+N_1}{x^2+1}+\dfrac{M_2x+N_2}{(x^2+1)^2}.$

两端同乘以 $(x-2)(x^2+1)^2$ 得恒等式：

$$2x^2+2x+13=A(x^2+1)^2+(M_1x+N_1)(x-2)(x^2+1)$$
$$+(M_2x+N_2)(x-2).$$

由上述方法得 $A=1$，$M_1=-1$，$N_1=-2$，$M_2=-3$，$N_2=-4$. 所以

$$\frac{2x^2+2x+13}{(x-2)(x^2+1)^2}=\frac{1}{x-2}-\frac{x+2}{x^2+1}-\frac{3x+4}{(x^2+1)^2}.$$

例 2 将分式$\frac{x^4}{x^3+1}$分解为部分分式.

解 分式$\frac{x^4}{x^3+1}$是一个假分式,首先将其化为多项式与真分式之和的形式：

$$\frac{x^4}{x^3+1}=x-\frac{x}{x^3+1},$$

然后将真分式$\frac{x}{x^3+1}$分解为如下的形式：

$$\frac{x}{x^3+1}=\frac{x}{(x+1)(x^2-x+1)}=\frac{A}{x+1}+\frac{Mx+N}{x^2-x+1}.$$

用与例 1 同样的方法可得：

$$\frac{x^4}{x^3+1}=x+\frac{1}{3(x+1)}-\frac{x+1}{3(x^2-x+1)}.$$

1.1.8 比例

1. 设 $abcd\neq 0$,且 $a:b=c:d$ 或$\frac{a}{b}=\frac{c}{d}$,则

(1) $ad=bc$(外项积等于内项积),

(2) $b:a=d:c$(反比定理),

(3) $a:c=b:d$, $d:b=c:a$(更比定理),

(4) $\frac{a+b}{b}=\frac{c+d}{d}$(合比定理),

(5) $\frac{a-b}{b}=\frac{c-d}{d}$(分比定理),

(6) $\frac{a+b}{a-b}=\frac{c+d}{c-d}$(合分比定理)($a\neq b$, $c\neq d$).

2. 设 $b_i(i=1,2,\cdots,n)$都不等于零,若$\frac{a_1}{b_1}=\frac{a_2}{b_2}=\cdots=\frac{a_n}{b_n}$,则

$$\frac{a_k}{b_k}=\frac{a_1+a_2+\cdots+a_n}{b_1+b_2+\cdots+b_n}=\frac{\lambda_1a_1+\lambda_2a_2+\cdots+\lambda_na_n}{\lambda_1b_1+\lambda_2b_2+\cdots+\lambda_nb_n}=\frac{\sqrt{a_1^2+a_2^2+\cdots+a_n^2}}{\sqrt{b_1^2+b_2^2+\cdots+b_n^2}},$$

式中 k 为 $1,2,\cdots,n$ 中任一数,$\lambda_i(i=1,2,\cdots,n)$为一组任意的非零常数.

3. 若 $y=kx\left(y=\frac{k}{x},\ x\neq 0\right)$,则称 y 与 x 成**正比(反比)**,记作 $\boldsymbol{y\propto x}\left(y\propto\frac{1}{x}\right)$, $k\neq 0$ 为比例常数.

1.1.9 根式

1. 算术根

设 $a>0$，n 是大于 1 的正整数，则正 n 次方根 $\sqrt[n]{a}$ 称为 a 的**算术根**. 规定 $\sqrt[n]{0}=0$. $(\sqrt[n]{a})^n=\sqrt[n]{a^n}=a$.

2. 变形规则

设 $a\geqslant 0$，$b\geqslant 0$，则 $\sqrt[n]{ab}=\sqrt[n]{a}\cdot\sqrt[n]{b}$；$\sqrt[n]{\dfrac{a}{b}}=\dfrac{\sqrt[n]{a}}{\sqrt[n]{b}}(b>0)$，$(\sqrt[n]{a})^m=\sqrt[n]{a^m}$，$\sqrt[np]{a^{mp}}=\sqrt[n]{a^m}$，

$\sqrt{a\pm\sqrt{b}}=\sqrt{\dfrac{a+\sqrt{a^2-b}}{2}}\pm\sqrt{\dfrac{a-\sqrt{a^2-b}}{2}}$.

1.1.10 不等式

1. 基本不等式

(1) 若 $a>b$，则 $a\pm c>b\pm c$，$c-a<c-b$；

$$ac>bc,\ \frac{a}{c}>\frac{b}{c}(c>0);$$

$$ac<bc,\ \frac{a}{c}<\frac{b}{c}(c<0);$$

$$a^m>b^m(m>0),\ a^m<b^m(m<0),$$

$$\sqrt[n]{a}>\sqrt[n]{b}(a>b>0,\ n\in\mathbf{N}).$$

(2) 若 $\dfrac{a}{b}<\dfrac{c}{d}$，且 $bd>0$，则 $\dfrac{a}{b}<\dfrac{a+c}{b+d}<\dfrac{c}{d}$.

2. 绝对值不等式

实数 a 的**绝对值**定义为：$|a|=\begin{cases}a, & \text{当 } a\geqslant 0 \text{ 时},\\ -a, & \text{当 } a<0 \text{ 时}.\end{cases}$

设 a，b 均为实数，则

$$|a\pm b|\leqslant|a|+|b|,\ |a|-|b|\leqslant|a-b|\leqslant|a|+|b|.$$

若 $|a|\leqslant b(b>0)$，则 $-b\leqslant a\leqslant b$，特别 $-|a|\leqslant a\leqslant|a|$.

若 $|a|\geqslant b(b>0)$，则 $a\geqslant b$ 或 $a\leqslant -b$.

3. 某些重要的不等式

(1) n 个数的算术平均值的绝对值不超过它们的均方根，即

$$\left|\frac{a_1+a_2+\cdots+a_n}{n}\right|\leqslant\sqrt{\frac{a_1^2+a_2^2+\cdots+a_n^2}{n}}.$$

等号仅当 $a_1=a_2=\cdots=a_n$ 时才成立.

以下设 $a_1,a_2,\cdots,a_n$ 均为正数,n 为正整数.

(2) **算术平均几何平均不等式**:n 个正数的**几何平均值**不超过它们的**算术平均值**,即

$$\sqrt[n]{a_1a_2\cdots a_n}\leqslant\frac{a_1+a_2+\cdots+a_n}{n}.$$

等号仅当 $a_1=a_2=\cdots=a_n$ 时才成立. $n=2,3$ 时有明显的几何意义,即周长相等的矩形中正方形面积最大;三边长的总和相等的长方体中正方体的体积最大. 此不等式证法很多,具有基本重要性.

(3) 设 $p_i(i=1,2,\cdots,n)$ 为正数. 对 n 个正数的加权平均值 $\dfrac{\sum\limits_{i=1}^{n}p_ia_i}{\sum\limits_{i=1}^{n}p_i}$(关于 $\sum$ 参看 5.1.6)有

$$a_1^{p_1}a_2^{p_2}\cdots a_n^{p_n}\leqslant\left(\frac{\sum\limits_{i=1}^{n}p_ia_i}{\sum\limits_{i=1}^{n}p_i}\right)^{\sum\limits_{i=1}^{n}p_i}.$$

等号仅当 $a_1=a_2=\cdots=a_n$ 时才成立.

(4) $\left(\dfrac{1}{n}\sum\limits_{i=1}^{n}a_i^{\alpha}\right)^{\frac{1}{\alpha}}\leqslant(a_1a_2\cdots a_n)^{\frac{1}{n}}\leqslant\left(\dfrac{1}{n}\sum\limits_{i=1}^{n}a_i^{\beta}\right)^{\frac{1}{\beta}}\quad(\alpha<0<\beta).$

以下设 $a_1,a_2,\cdots,a_n,b_1,b_2,\cdots,b_n$ 为实数或复数.

(5) **施瓦茨不等式**

$$\sum_{i=1}^{n}|a_ib_i|\leqslant\left(\sum_{i=1}^{n}|a_i|^2\right)^{1/2}\left(\sum_{i=1}^{n}|b_i|^2\right)^{1/2}.$$

(6) **赫尔德不等式**

$$\sum_{i=1}^{n}|a_ib_i|\leqslant\left(\sum_{i=1}^{n}|a_i|^p\right)^{1/p}\left(\sum_{i=1}^{n}|b_i|^q\right)^{1/q},$$

其中 $p>1$, $q>1$,且 $\dfrac{1}{p}+\dfrac{1}{q}=1$.

(7) **闵可夫斯基不等式**

$$\left(\sum_{i=1}^{n}|a_i+b_i|^p\right)^{1/p}\leqslant\left(\sum_{i=1}^{n}|a_i|^p\right)^{1/p}+\left(\sum_{i=1}^{n}|b_i|^p\right)^{1/p},$$

其中 $p\geqslant1$.

§1.2 数　　列

1.2.1 等差数列

形如
$$a,\ a+d,\ a+2d,\ \cdots,\ a+(n-1)d,\ \cdots\qquad(1.2\text{-}1)$$

的一列数，称为**等差数列**. 常数 d 称为数列(1.2-1)的公差. 等差数列(1.2-1)的通项、前 n 项和及等差中项分别为 $a_n=a+(n-1)d$, $s_n=\frac{(a+a_n)n}{2}=na+\frac{n(n-1)}{2}d$ 及 $a_k=\frac{a_{k-1}+a_{k+1}}{2}(k>1)$.

1.2.2 等比数列

形如

$$a, aq, aq^2, \cdots, aq^{n-1}, \cdots \tag{1.2-2}$$

的一列数，称为**等比数列**. 常数 q 称为数列(1.2-2)的公比. 等比数列(1.2-2)的通项、前 n 项和及等比中项分别为 $a_n=aq^{n-1}$, $s_n=\frac{a(1-q^n)}{1-q}=\frac{a-a_nq}{1-q}\ (q\neq 1)$ 及 $a_k=\pm\sqrt{a_{k-1}a_{k+1}}(a_{k-1}a_{k+1}>0, k>1)$，若 $q>0$，则 a_k 取与 a_{k-1} 同号，若 $q<0$，则 a_k 取与 a_{k-1} 异号.

1.2.3 等比级数

形如

$$a+aq+aq^2+\cdots+aq^{n-1}+\cdots=\sum_{n=1}^{\infty}aq^{n-1} \tag{1.2-3}$$

的式子，称为**等比级数**或**几何级数**. 常数 q 称为级数(1.2-3)的公比. 当 $|q|<1$ 时，级数(1.2-3)的和 S 为

$$S=\sum_{n=1}^{\infty}aq^{n-1}=\frac{a}{1-q}.$$

1.2.4 常用的求和公式

1. $1+2+3+\cdots+n=\sum_{k=1}^{n}k=\frac{1}{2}n(n+1)$.

2. $1+3+5+\cdots+(2n-1)=\sum_{k=1}^{n}(2k-1)=n^2$.

3. $2+4+6+\cdots+(2n)=\sum_{k=1}^{n}(2k)=n(n+1)$.

4. $1^2+2^2+3^2+\cdots+n^2=\sum_{k=1}^{n}k^2=\frac{1}{6}n(n+1)(2n+1)$.

5. $1^2+3^2+5^2+\cdots+(2n-1)^2=\sum_{k=1}^{n}(2k-1)^2=\frac{1}{3}n(4n^2-1)$.

6. $1^3+2^3+3^3+\cdots+n^3=\sum_{k=1}^{n}k^3=\left(\frac{1}{2}n(n+1)\right)^2$.

7. $1^3+3^3+5^3+\cdots+(2n-1)^3=\sum_{k=1}^{n}(2k-1)^3=n^2(2n^2-1)$.

8. $1^4+2^4+3^4+\cdots+n^4=\sum_{k=1}^{n}k^4=\frac{1}{30}n(n+1)(2n+1)(3n^2+3n-1)$.

9. $1^5+2^5+3^5+\cdots+n^5=\sum_{k=1}^{n}k^5=\frac{1}{12}n^2(n+1)^2(2n^2+2n-1)$.

10. $1\cdot 2+2\cdot 3+3\cdot 4+\cdots+n(n+1)=\frac{1}{3}n(n+1)(n+2)$.

11. $1\cdot 2\cdot 3+2\cdot 3\cdot 4+3\cdot 4\cdot 5+\cdots+n(n+1)(n+2)$

$$=\frac{1}{4}n(n+1)(n+2)(n+3).$$

12. $1\cdot 2\cdot 3\cdot 4+2\cdot 3\cdot 4\cdot 5+\cdots+n(n+1)(n+2)(n+3)$

$$=\frac{1}{5}n(n+1)(n+2)(n+3)(n+4).$$

§1.3 排列、组合与二项式定理

1.3.1 排列

从 m 个不同的元素中，每次取出 $n(n\leqslant m)$ 个不同的元素，按一定的顺序排成一列，称为 ***n* 排列**. 当 $n<m$ 时，又称为**选排列**，记作 P_n^m 或 A_n^m 或 $[m]_n$，当 $n=m$ 时，又称为**全排列**，简称**排列**，记作 P_n^n 或 A_n^n 或 $[n]_n$.

排列总数：

$$P_n^m=m(m-1)(m-2)\cdots(m-n+1)\ (1\leqslant n\leqslant m).\ \text{规定 } P_0^m=1.$$

$$P_n^n=n(n-1)(n-2)\cdots 3\cdot 2\cdot 1.$$

P_n^n 记作 $n!$，读作"n 的**阶乘**". 规定 $0!=1$.

1.3.2 组合

从 m 个不同的元素中，每次取出 $n(n\leqslant m)$ 个不同的元素，不管其顺序合并成一组，称为 ***n* 组合**，简称**组合**，记作 $\binom{m}{n}$ 或 C_n^m（某些书上也记作 C_m^n）.

有关组合数的公式：

$$\binom{m}{n}=\frac{P_n^m}{n!}=\frac{m!}{(m-n)!n!},$$

$$\binom{m}{n}=\binom{m}{m-n}\quad(0\leqslant n\leqslant m),$$

$$\binom{m}{n}=\binom{m-1}{n}+\binom{m-1}{n-1}\quad(2\leqslant n\leqslant m),$$

$$\sum_{n=0}^{m}\binom{m}{n}=2^m,\ \sum_{n=0}^{m}(-1)^n\binom{m}{n}=0\quad(m\geqslant 0),$$

$$\sum_{n\geqslant 0}\binom{m}{2n}=\sum_{n\geqslant 0}\binom{m}{2n+1}=2^{m-1}\quad(m>0).$$

1.3.3 二项式定理

1. **二项式定理** 设 n 为非负整数,则

$$(a+b)^n=\sum_{j=0}^{n}\binom{n}{j}a^{n-j}b^j.$$

特别

$$(1+x)^n=\sum_{j=0}^{n}\binom{n}{j}x^j,$$

$\binom{n}{j}$称为**二项式系数**.

2. **杨辉三角形**

将系数$\binom{n}{j}$排成下面的三角阵形式

$$\begin{array}{ccccccccc} & & & & \binom{0}{0} & & & & \\ & & & \binom{1}{0} & & \binom{1}{1} & & & \\ & & \binom{2}{0} & & \binom{2}{1} & & \binom{2}{2} & & \\ & \binom{3}{0} & & \binom{3}{1} & & \binom{3}{2} & & \binom{3}{3} & \\ \binom{4}{0} & & \binom{4}{1} & & \binom{4}{2} & & \binom{4}{3} & & \binom{4}{4} \\ \multicolumn{9}{c}{\cdots\cdots\cdots\cdots\cdots\cdots} \end{array} \quad \rightarrow \quad \begin{array}{ccccccccc} & & & & \mathbf{1} & & & & \\ & & & \mathbf{1} & & \mathbf{1} & & & \\ & & \mathbf{1} & & 2 & & \mathbf{1} & & \\ & \mathbf{1} & & 3 & & 3 & & \mathbf{1} & \\ \mathbf{1} & & 4 & & 6 & & 4 & & \mathbf{1} \\ \multicolumn{9}{c}{\cdots\cdots\cdots\cdots} \end{array}$$

上述三角形称为**杨辉三角形**. 它是我国南宋时期数学家杨辉在他所著的《详解九章算法》一书中(1261 年),关于研究二项式系数时最早提出来的. 较之欧洲人的同一发现要早 300 多年.

§1.4 一元多项式

1.4.1 一元多项式的运算

定义 1 设 $\boldsymbol{K}$ 是一个数域(参看 5.2.1),x 是一个文字. 形如 $a_nx^n+a_{n-1}x^{n-1}+\cdots+a_1x+a_0$ 的表达式,称为 $\boldsymbol{K}$ 上的**一元多项式**,简称**多项式**,记作 $f(x)$,即

$$f(x)=a_nx^n+a_{n-1}x^{n-1}+\cdots+a_1x+a_0.$$

称 $a_i\in\boldsymbol{K}(i=0,1,\cdots,n)$为 $f(x)$的系数；若 $a_n\neq 0$，则称 a_nx^n 为 $f(x)$的首项，称 a_n 为 $f(x)$的首项系数，非负整数 n 称为 $f(x)$的次数，记作$\partial(f(x))=n$. 若 $\boldsymbol{K}$ 取为 $\boldsymbol{R}$，则称 $f(x)$为实系数多项式.

定义 2 设 $f(x),g(x)$是 $\boldsymbol{K}$ 上的两个多项式. 若 $f(x)$与 $g(x)$的同次项的系数全相等，则称 $f(x)$与 $g(x)$相等，记作 $f(x)=g(x)$. $f(x)+g(x)(f(x)-g(x))$就是把 $f(x)$与 $g(x)$的同次项的系数相加(减)所得的多项式. $f(x)\cdot g(x)$就是把 $f(x)$的各个单项与 $g(x)$的各个单项分别相乘，再合并同类项所得的多项式.

设 $f(x),g(x),h(x)$均为 $\boldsymbol{K}$ 上的多项式，则多项式运算满足下列规律：

1. **交换律** $f(x)+g(x)=g(x)+f(x)$，$f(x)g(x)=g(x)f(x)$.
2. **结合律** $(f(x)+g(x))+h(x)=f(x)+(g(x)+h(x))$.
   $(f(x)g(x))h(x)=f(x)(g(x)h(x))$.
3. **分配律** $f(x)(g(x)+h(x))=f(x)g(x)+f(x)h(x)$.
4. **消去律** 若 $f(x)g(x)=f(x)h(x)$，且 $f(x)\neq 0$，则 $g(x)=h(x)$.

1.4.2 整除

1. 带余除法与整除

定理 1 设 $f(x),g(x)$为 $\boldsymbol{K}$ 上的多项式，$g(x)\neq 0$，则存在 $\boldsymbol{K}$ 上唯一的一对多项式 $q(x)$与 $r(x)$，使得

$$f(x)=g(x)q(x)+r(x), \tag{1.4-1}$$

式中或 $r(x)=0$ 或$\partial(r(x))<\partial(g(x))$.

满足(1.4-1)式的 $q(x)$与 $r(x)$分别称为 $g(x)$除 $f(x)$所得的**商式**(简称**商**)与**余式**(简称**余**). 若 $r(x)=0$，则称 $g(x)$ **整除** $f(x)$，或称 $f(x)$能被 $g(x)$ **整除**，记作 $g(x)\mid f(x)$. 这时，称 $g(x)$是 $f(x)$的一个**因式**，$f(x)$是 $g(x)$的一个**倍式**.

定理 2 (1)如果 $g(x)\mid f(x)$，$f(x)\mid g(x)$，则 $f(x)=cg(x)$，式中 c 是一非零常数.

(2) 如果 $g(x)\mid f(x)$，$h(x)\mid g(x)$，则 $h(x)\mid f(x)$.

(3) 如果 $h(x)\mid f(x)$，$h(x)\mid g(x)$，则对任意的多项式 $u(x),v(x)$恒有 $h(x)\mid(u(x)f(x)+v(x)g(x))$.

2. 余数定理及其应用

定理 3(余数定理) 如果多项式 $f(x)$被 $x-c$ 除所得的余数为 r，则 $r=f(c)$. $f(x)$能被 $x-c$ 整除的必要充分条件是 $f(c)=0$，即 $x=c$ 是多项式 $f(x)$的根.

若 $f(x)=(x-c)^kq(x)(q(c)\neq 0,\ k\geqslant 1)$，则当 $k=1$ 时，称 $x=c$ 为 $f(x)$的**单根**；当 $k>1$ 时，称 $x=c$ 为 $f(x)$的 k **重根**.

综合除法 给定多项式

$$f(x)=a_nx^n+a_{n-1}x^{n-1}+a_{n-2}x^{n-2}+\cdots+a_2x^2+a_1x+a_0\quad(a_n\neq 0).$$

设 $f(x)$ 被 $x-c$ 除的商为 $q(x)=b_{n-1}x^{n-1}+b_{n-2}x^{n-2}+\cdots+b_2x^2+b_1x+b_0$，余数为 r，即 $f(x)=(x-c)q(x)+r$. 综合除法是一种计算系数 $b_{n-1},b_{n-2},\cdots,b_k,\cdots,b_1,b_0$ 及余数 r 的简单方法. 其方法如下：把 $a_n,a_{n-1},a_{n-2},\cdots,a_2,a_1,a_0$ 写在第一行，把 c 写在右边，再按递推公式 $b_k=a_{k+1}+cb_{k+1}(k=n-2,n-1,\cdots,2,1,0)$，$r=a_0+cb_0$，逐次算出 b_k 及 r. 列表如下：

a_n	a_{n-1}	a_{n-2}	$\cdots$	a_1	a_0	c
$\cdot c$ ↗	cb_{n-1}	cb_{n-2}	$\cdots$	cb_1	cb_0	
$a_n=b_{n-1}$	$a_{n-1}+cb_{n-1}$ $=b_{n-2}$	$a_{n-2}+cb_{n-2}$ $=b_{n-3}$	$\cdots$	a_1+cb_1 $=b_0$	a_0+cb_0 $=r=f(c)$	

表中第一行是 $f(x)$ 按 x 的降幂排列的系数，第二行的数字是由对应第三行的前面一个数乘 c 而得，第三行是由对应的第一、第二两行相加而得. 第三行就是商 $q(x)$ 按 x 的降幂排列的系数及余数 r.

综合除法可以用于计算多项式 $f(x)$ 在 $x=c$ 处的值 $f(c)$，也可用于判断 $x=c$ 是否为 $f(x)$ 的根.

例 1 求 k，使 $f(x)=x^4-5x^3+5x^2+kx+3$ 以 3 为根.

解 $f(x)$ 以 3 为根，即 $f(3)=0$. 作综合除法求 $f(3)$.

1	-5	5	k	3	3
	3	-6	-3	$3k-9$	
1	-2	-1	$k-3$	$3k-6=r$	

由 $f(3)=3k-6=0$ 得 $k=2$，即当 $k=2$ 时，$f(x)$ 以 3 为根.

1.4.3 最大公因式

定义 3 设 $f(x),g(x),d(x)$ 都是数域 $\boldsymbol{K}$ 上的多项式，如果 $d(x)$ 是 $f(x)$ 与 $g(x)$ 的因式(称为**公因式**)，且 $f(x)$ 与 $g(x)$ 的任一公因式都是 $d(x)$ 的因式，则称 $d(x)$ 是 $f(x)$ 与 $g(x)$ 的一个**最大公因式**. $f(x)$ 与 $g(x)$ 的首项系数为 1 的最大公因式记作 $(f(x),g(x))$. 若 $(f(x),g(x))=1$，则称 $f(x)$ 与 $g(x)$ **互素**.

定理 4 $d(x)$ 是 $f(x)$ 与 $g(x)$ 的一个最大公因式的必要充分条件是：存在多项式 $u(x)$ 与 $v(x)$，使

$$d(x)=u(x)f(x)+v(x)g(x).$$

定理 5 $f(x)$ 与 $g(x)$ 互素的必要充分条件是：存在多项式 $u(x)$ 与 $v(x)$，使

$$u(x)f(x)+v(x)g(x)=1.$$

定理 6 设 $f(x)$ 与 $g(x)$ 是不全为零的多项式，如果 $f(x)=g(x)q(x)+r(x)$，则 $(f(x),g(x))=(g(x),r(x))$.

求两个多项式的最大公因式，可用欧几里得算法(也称**辗转相除法**). 设

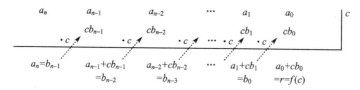

$f(x)$与$g(x)$是两个非零多项式,$\partial(g(x))\leqslant\partial(f(x))$. 先用$g(x)$除$f(x)$得商$q_1(x)$及余式$r_1(x)$;若$r_1(x)\neq 0$,再用$r_1(x)$除$g(x)$得商$q_2(x)$及余式$r_2(x)$;若$r_2(x)\neq 0$,再用$r_2(x)$除$r_1(x)$得商$q_3(x)$及余式$r_3(x)$,继续下去,因为$\partial(g(x))>\partial(r_1(x))>\partial(r_2(x))>\cdots\geqslant 0$. 所以在有限的某$s+1$步之后,一定有$r_{s+1}(x)=0$. 因此

$$\begin{aligned}(f(x),g(x)) &= (g(x),\ r_1(x)) = (r_1(x),\ r_2(x)) = \cdots \\ &= (r_{s-1}(x),\ r_s(x)) = cr_s(x).\end{aligned}$$

式中c是一非零常数,$cr_s(x)$就是$f(x)$与$g(x)$的首项系数为1的最大公因式.

例 2 设$f(x)=4x^4-2x^3-16x^2+5x+9$,

$g(x)=2x^3-x^2-5x+4$,求$(f(x),g(x))$.

作辗转相除法:

$q_1=2\ 0$	$f=$	4	-2	-16	5	9	$g=$	2	-1	-5	4	$q_2=-1\ 1$
		4	-2	-10	8			2	1	-3		
			$r_1=$	-6	-3	9			-2	-2	4	
$q_3=2\ 3$			$\frac{1}{3}r_1=$	-2	-1	3			-2	-1	3	
				-2	2				$r_2=$	-1	1	
					-3	3						
					-3	3						
						0						

所以 $(f(x),\ g(x))=(g(x),\ r_1(x))=\left(g(x),\ \frac{1}{3}r_1(x)\right)$

$$=\left(\frac{1}{3}r_1(x),\ r_2(x)\right)=-r_2(x)=x-1.$$

1.4.4 因式分解定理

定义 4 设$p(x)$是数域$\boldsymbol{K}$上的多项式,$\partial(p(x))\geqslant 1$. 如果$p(x)$不能表示成$\boldsymbol{K}$上两个次数低于$p(x)$的次数的多项式的乘积,则称$p(x)$为$\boldsymbol{K}$上的**不可约多项式**. 否则,称$p(x)$为$\boldsymbol{K}$上的**可约多项式**.

定理 7(因式分解定理) 设$f(x)$是数域$\boldsymbol{K}$上的任一多项式,$\partial(f(x))\geqslant 1$,则可将$f(x)$唯一地分解为$\boldsymbol{K}$上一些不可约多项式的乘积.

在$f(x)$的分解式中,可取每个不可约多项式的首项系数为1,再把相同的不可约多项式合并. 于是$f(x)$可表示成如下的标准形式:

$$f(x)=a(p_1(x))^{n_1}(p_2(x))^{n_2}\cdots(p_l(x))^{n_l}$$

式中a是$f(x)$的首项系数;$p_i(x)(i=1,2,\cdots,l)$是各不相同的、首项系数为1的不可约多项式;$n_i(i=1,2,\cdots,l)$是正整数.

多项式的不可约性、分解式与标准分解式均与多项式的系数域有关.

定理 8 每个次数不小于 1 的复(实)系数多项式,都可唯一地分解为 1 次因式(1 次与 2 次不可约实系数多项式)的乘方的乘积.

定理 9(代数基本定理) 每个次数不小于 1 的复系数多项式,在复数域 $\boldsymbol{C}$ 中至少有一个根.

定理 10 设 $f(x)$是实数域 $\boldsymbol{R}$ 上的多项式,若复数 c 是 $f(x)$的一个根,则共轭复数 $\bar{c}$ 也是 $f(x)$的根,且它们的重数相同.

§1.5 二阶、三阶行列式与代数方程

1.5.1 二阶、三阶行列式

1. 二阶行列式

令

$$\begin{vmatrix} a_{11} & a_{12} \\ a_{21} & a_{22} \end{vmatrix} = a_{11}a_{22} - a_{12}a_{21}. \qquad (1.5\text{-}1)$$

称(1.5-1)式为二阶行列式,$a_{ij}\ (i,j=1,2)$称为它的元素.

2. 三阶行列式

令

$$\begin{vmatrix} a_{11} & a_{12} & a_{13} \\ a_{21} & a_{22} & a_{23} \\ a_{31} & a_{32} & a_{33} \end{vmatrix} = a_{11}a_{22}a_{33} + a_{12}a_{23}a_{31} + a_{13}a_{21}a_{32} - a_{11}a_{23}a_{32} - a_{12}a_{21}a_{33} - a_{13}a_{22}a_{31}, \qquad (1.5\text{-}2)$$

称(1.5-2)式为三阶行列式, $a_{ij}\ (i,j=1,2,3)$称为它的元素.

对角线展开法

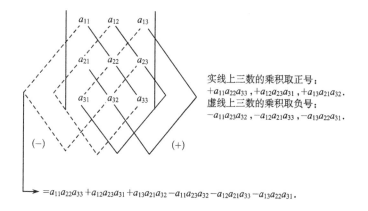

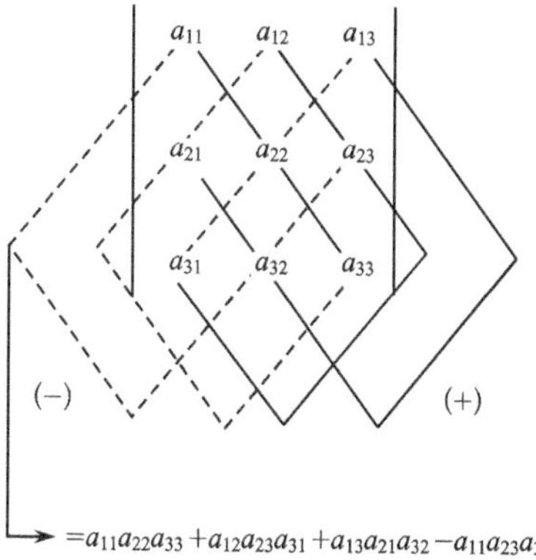

实线上三数的乘积取正号:
$+a_{11}a_{22}a_{33}$,$+a_{12}a_{23}a_{31}$,$+a_{13}a_{21}a_{32}$.
虚线上三数的乘积取负号:
$-a_{11}a_{23}a_{32}$,$-a_{12}a_{21}a_{33}$,$-a_{13}a_{22}a_{31}$.

$=a_{11}a_{22}a_{33}+a_{12}a_{23}a_{31}+a_{13}a_{21}a_{32}-a_{11}a_{23}a_{32}-a_{12}a_{21}a_{33}-a_{13}a_{22}a_{31}$.

1.5.2 三元一次方程组的解法

给定三元一次方程组

$$\begin{cases} a_{11}x_1 + a_{12}x_2 + a_{13}x_3 = b_1, \\ a_{21}x_1 + a_{22}x_2 + a_{23}x_3 = b_2, \\ a_{31}x_1 + a_{32}x_2 + a_{33}x_3 = b_3, \end{cases}$$

则其解可表示为

$$x_1 = \frac{D_1}{D},\ x_2 = \frac{D_2}{D},\ x_3 = \frac{D_3}{D} \quad (D \neq 0).$$

其中

$$D = \begin{vmatrix} a_{11} & a_{12} & a_{13} \\ a_{21} & a_{22} & a_{23} \\ a_{31} & a_{32} & a_{33} \end{vmatrix},\quad D_1 = \begin{vmatrix} b_1 & a_{12} & a_{13} \\ b_2 & a_{22} & a_{23} \\ b_3 & a_{32} & a_{33} \end{vmatrix},$$

$$D_2 = \begin{vmatrix} a_{11} & b_1 & a_{13} \\ a_{21} & b_2 & a_{23} \\ a_{31} & b_3 & a_{33} \end{vmatrix},\quad D_3 = \begin{vmatrix} a_{11} & a_{12} & b_1 \\ a_{21} & a_{22} & b_2 \\ a_{31} & a_{32} & b_3 \end{vmatrix}.$$

1.5.3 一元二次方程

给定一元二次方程 $ax^2+bx+c=0(a\neq0)$,则有

(1) 根:

$$x_1 = \frac{-b+\sqrt{b^2-4ac}}{2a},\quad x_2 = \frac{-b-\sqrt{b^2-4ac}}{2a}.$$

(2) 根与系数的关系:$x_1+x_2=-\frac{b}{a}$, $x_1x_2=\frac{c}{a}$.

(3) 判别式:

$$\Delta = b^2-4ac \begin{cases} >0, \text{有两个不相等的实根.} \\ =0, \text{有两个相等的实根.} \\ <0, \text{有一对共轭复根.} \end{cases}$$

1.5.4 一元三次方程

1. 给定方程 $x^3-1=0$,则其三个根为

$$x_1 = 1,\ x_2 = \omega = \frac{-1+\sqrt{3}i}{2},\ x_3 = \omega^2 = \frac{-1-\sqrt{3}i}{2}.$$

且 $x_1+x_2+x_3=1+\omega+\omega^2=0$, $x_1\cdot x_2\cdot x_3=1\cdot\omega\cdot\omega^2=\omega^3=1$.

2. 给定方程 $x^3+ax^2+bx+c=0$. 令 $x=y-\frac{a}{3}$,代入得 $y^3+py+q=0$. 设其根为 y_1, y_2, y_3,则有:

(1) 根:

$$y_1=\sqrt[3]{-\frac{q}{2}+\sqrt{\left(\frac{q}{2}\right)^2+\left(\frac{p}{3}\right)^3}}+\sqrt[3]{-\frac{q}{2}-\sqrt{\left(\frac{q}{2}\right)^2+\left(\frac{p}{3}\right)^3}},$$

$$y_2=\sqrt[3]{-\frac{q}{2}+\sqrt{\left(\frac{q}{2}\right)^2+\left(\frac{p}{3}\right)^3}}\,\omega+\sqrt[3]{-\frac{q}{2}-\sqrt{\left(\frac{q}{2}\right)^2+\left(\frac{p}{3}\right)^3}}\,\omega^2,$$

$$y_3=\sqrt[3]{-\frac{q}{2}+\sqrt{\left(\frac{q}{2}\right)^2+\left(\frac{p}{3}\right)^3}}\,\omega^2+\sqrt[3]{-\frac{q}{2}-\sqrt{\left(\frac{q}{2}\right)^2+\left(\frac{p}{3}\right)^3}}\,\omega.$$

式中 $\omega=\frac{-1+\sqrt{3}i}{2}$. 再将 $y_k(k=1,2,3)$代入 $x=y-\frac{a}{3}$即得原方程的三个根.

(2) 根与系数的关系:

$$y_1+y_2+y_3=0,\ \frac{1}{y_1}+\frac{1}{y_2}+\frac{1}{y_3}=-\frac{p}{q},\ y_1y_2y_3=-q.$$

(3) 判别式:$\Delta=\left(\frac{q}{2}\right)^2+\left(\frac{p}{3}\right)^3$.

$$\Delta=\begin{cases}>0,\text{有一个实根与一对共轭复根.}\\=0,\text{有三个实根,其中有两个相等.}\\<0,\text{有三个不相等的实根.}\end{cases}$$

1.5.5 一元四次方程

给定方程 $x^4+bx^3+cx^2+dx+e=0$. 先求出方程 $y^3-cy^2+(bd-4e)y-b^2e+4ce-d^2=0$ 的任一实根 y_0,当 $by_0-2c>0$ 时,再解下列两个方程:

$$x^2+\frac{1}{2}(b\pm\sqrt{b^2-4c+4y_0})x+\frac{1}{2}(y_0\pm\sqrt{y_0^2-4e})=0.$$

当 $by_0-2c<0$ 时,再解下列两个方程:

$$x^2+\frac{1}{2}(b\pm\sqrt{b^2-4c+4y_0})x+\frac{1}{2}(y_0\mp\sqrt{y_0^2-4e})=0.$$

定理 1(阿贝尔) 四次以上的文字系数的代数方程,没有一般的由方程的系数经有限次四则运算和开方运算求根的方法.

1.5.6 根与系数的关系

定理 2 给定一个一元 n 次方程

$$a_nx^n+a_{n-1}x^{n-1}+\cdots+a_1x+a_0=0\quad(a_n\neq 0),$$

设它的 n 个根为 $x_1, x_2, \cdots, x_n$,则

$$x_1 + x_2 + \cdots + x_n = -\frac{a_{n-1}}{a_n},$$

$$x_1 x_2 + x_1 x_3 + \cdots + x_{n-1} x_n = \frac{a_{n-2}}{a_n},$$

$$\cdots\cdots\cdots\cdots\cdots\cdots$$

$$x_1 x_2 \cdots x_n = (-1)^n \frac{a_0}{a_n}.$$

2. 初等几何

§2.1 平面几何

2.1.1 直线　角

当只研究物体的形状和大小而不考虑它的其他性质的时候,就得到**几何体**的概念.几何体简称**体**.

体是由**面**围成的.面有平面,有曲面.

面和面相交于**线**.线有直线,有曲线.

线和线相交于**点**.

在直线 a 上任取两点 A 和 B,点 A,B 和所有介于两点 A,B 之间的点集称为**线段**.

设 O 是直线 a 上的一点,A,B 为 a 上的与 O 不同的两个点,对 $A=B$ 或 O 在线段 AB 的外部的情形用 $A\sim B$ 表示,O 在线段 AB 的内部的情形用 $A\nsim B$ 表示.当 $A\sim B$ 时,A,B 称为在 a 上关于 O 的同侧,当 $A\nsim B$ 时,称为在异侧.记 $a'=\{A'\mid A\sim A'\}$,$a''=\{A''\mid A\nsim A''\}$,把 a',a''称为以 O 为端点(或者从 O 发出)的直线 a 上的**射线**.

公理 1　通过不同两点可以也只能作一条直线.

公理 2　同一平面内的不同两直线至多有一公共点.

定义 1　同在一平面上而且没有公共点的两直线称为**平行线**,或称两直线**互相平行**.

公理 3　通过不在已知直线上的一点有且仅有一条与该已知直线平行的直线.

定义 2　射线绕着它的端点旋转,它的最初位置和最终位置所组成的图形称为**角**.射线的最初、最终位置分别称为角的始边、终边.射线的端点称为角的顶点.特别,始边绕顶点旋转一周回到原来的位置所形成的角称为**周角**.周角的一半称为**平角**.平角的一半称为**直角**.形成直角的两边称为**互相垂直**.小于直角的角称为**锐角**.介于直角与平角之间的角称为**钝角**.如果两个角之和为直角(或平角),则称这两个角互为**补角**(或**余角**).在图 2.1-1 中,称角 α 和 β 为**对顶角**,角 α 和 γ 为**同位角**,角 β 和 γ 为**内错角**,角 β 和 δ 为**同旁内角**.

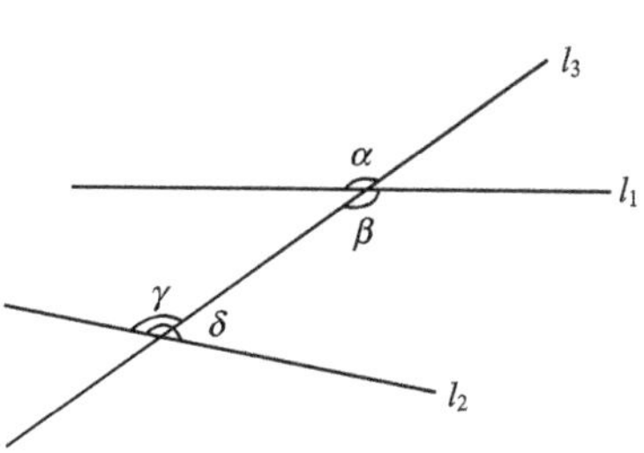

图 2.1-1

定理 1　凡对顶角都相等.

定理 2　若同位角相等,则两直线平行.反之亦然.

2.1.2 三角形

定理 3 三角形的三个内角之和等于 $180°$.

定理 4 三角形的两边之和恒大于第三边.

定理 5 三角形中,等边对等角,较大的边所对的角也较大.反之亦然.

定义 3 能够完全重合的两个三角形称为**全等三角形**.常用记号"≌"表示全等.

定理 6 满足下列条件之一的两个三角形是全等的:1° 两边及夹角对应相等;2° 一边及两邻角对应相等;3° 三边对应相等.

定理 7 两个三角形有两边对应相等,则夹角较大的,它所对的边也较大.反之亦然.

定义 4 三角形两边中点的连线称为**中位线**.

定理 8 中位线平行于第三边并等于第三边之半.

定义 5 三角形一顶点与其对边中点的连线称为**中线**.过三角形一顶点所作的对边的垂线称为**高线**.三角形的一内角的二等分线称为**角平分线**.三角形一边的垂直平分线称为该边的**中垂线**.

定理 9 一线段的垂直平分线上的点都距该线段两端点等远.

定理 10 每个异于平角的角,其平分线上的点都与两边等距.

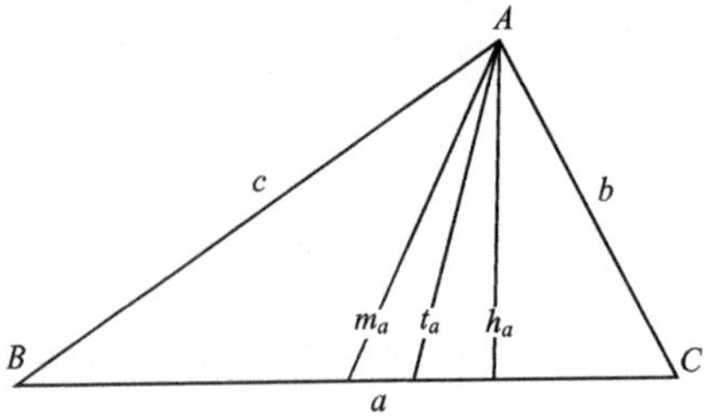

图 2.1-2

定理 11 三角形的三条中线、三条高线、三条角平分线、三条中垂线都分别相交于一点.它们分别称为三角形的**重心、垂心、内心、外心**.其中重心将中线分成 2∶1(从顶点算起),内心是其内切圆的圆心,外心是其外接圆的圆心.

在$\triangle ABC$中,分别以 a,b,c,m_a,h_a,t_a 表示角 A,B,C 的对边、a 边上的中线和高线、角 A 的平分线、分别以 S,p,r,R 表示三角形的面积、半周长、内切圆和外接圆的半径,有

$$p=\frac{1}{2}(a+b+c),$$

$$S=\frac{1}{2}ah_a=\frac{1}{2}ab\sin C=\sqrt{p(p-a)(p-b)(p-c)},$$

$$m_a=\frac{1}{2}\sqrt{2(b^2+c^2)-a^2}=\frac{1}{2}\sqrt{b^2+c^2+2bc\cos A},$$

$$t_a=\frac{1}{b+c}\sqrt{bc[(b+c)^2-a^2]}=\frac{2bc}{b+c}\cos\frac{A}{2},$$

$$h_a=b\sin C=c\sin B=\sqrt{b^2-\left(\frac{a^2+b^2-c^2}{2a}\right)^2},$$

$$r=\frac{S}{p}=\frac{a\sin\frac{B}{2}\sin\frac{C}{2}}{\sin\frac{B+C}{2}}=4R\sin\frac{A}{2}\sin\frac{B}{2}\sin\frac{C}{2}$$

$$=\sqrt{\frac{(p-a)(p-b)(p-c)}{p}}=p\tan\frac{A}{2}\tan\frac{B}{2}\tan\frac{C}{2},$$

$$R=\frac{abc}{4S}=\frac{a}{2\sin A}=\frac{b}{2\sin B}=\frac{c}{2\sin C}.$$

定义 6 有两边相等的三角形称为**等腰三角形**,而此两边称为等腰三角形的两腰.三边相等的三角形称为**等边三角形**.一内角为直角的三角形称为直角三角形.

定理 12 等腰三角形顶角平分线与底边上的高线、中线相重合.

定理 13 等边三角形的重心、垂心、内心和外心相重合.

定理 14(勾股定理或毕达哥拉斯定理) 直角三角形两直角边的平方之和等于斜边的平方.

定义 7 对应角相等,对应边都成比例的两个三角形称为**相似三角形**.常用记号"∽"表示相似.

定理 15 满足下列条件之一的两个三角形相似.1° 两双对应角各相等;2° 两双对应边成比例且夹角相等;3° 各双对应边成比例.

定理 16 相似三角形的面积与相应的线性元素(边、高线、角平分线等)的平方成比例.

2.1.3 四边形

在凸四边形(参看图 2.1-3)$ABCD$ 中,分别以 $S,a,b,c,d,d_1,d_2,m,\alpha$ 表示它的面积、四条边、两条对角线、两条对角线中点的连线和两条对角线的夹角,有

$$a^2+b^2+c^2+d^2=d_1^2+d_2^2+4m^2,$$

$$S=\frac{1}{2}d_1d_2\sin\alpha.$$

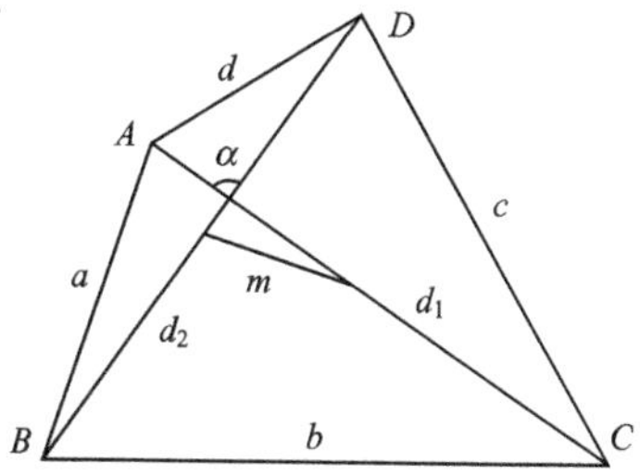

图 2.1-3

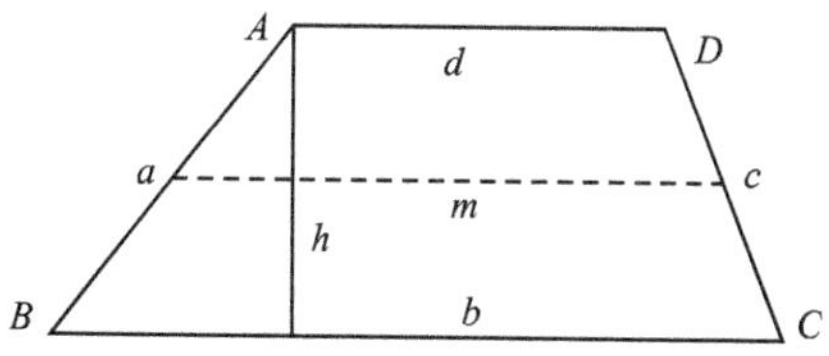

图 2.1-4

定理 17 1° 当且仅当 $a+c=b+d$ 时，四边形内可作一内切圆. 2° 当且仅当 $\angle A+\angle C=\angle B+\angle D=\pi$时，四边形外可作一外接圆.

对于内接四边形，有：

$$ac+bd=d_1d_2,$$

$$S=\sqrt{(p-a)(p-b)(p-c)(p-d)},$$

式中 $p=\frac{1}{2}(a+b+c+d)$.

定义 8 有一组对边互相平行的四边形称为**梯形**，另一组对边称为梯形的两腰. 梯形两腰中点的连线称为**中位线**.

定理 18 梯形的中位线平行于底边且等于两底的半和.

分别以 S,b,d,h,m 表示梯形的面积、两底边、高和中位线，有

$$S=\frac{1}{2}(b+d)h=mh.$$

定义 9 两组对边分别平行的四边形称为**平行四边形**.

平行四边形的对角线互相平分，两组对角分别相等.

定义 10 一内角为直角的平行四边形称为**矩形**.

矩形的四个内角全都是直角，两对角线相等.

定义 11 两邻边相等的平行四边形称为**菱形**.

菱形的四条边全都相等，两对角线互相垂直，对角线平分其内角.

定义 12 一内角为直角的菱形称为**正方形**.

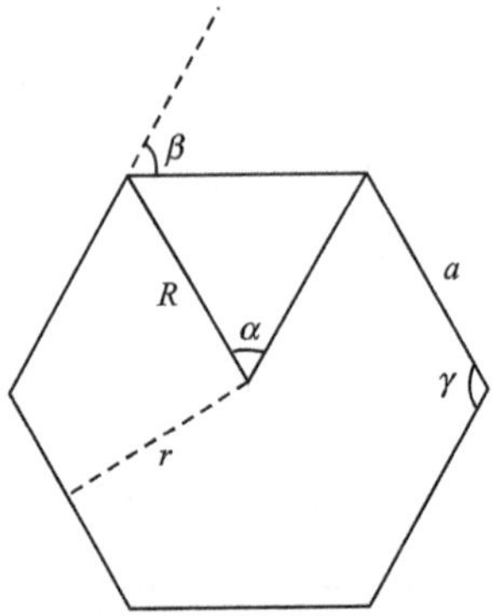

图 2.1-5

2.1.4 正多边形

定义 13 把多边形的任何一条边向两方延长，如果多边形的其他各边都在延长所得直线的同旁，这样的多边形称为**凸多边形**.

定理 19 凸 n 边形的内角和等于$(n-2)\pi$.

定义 14 各边相等，各角也都相等的多边形称为**正多边形**.

以 $S,a,R,r,\alpha,\beta,\gamma$ 分别表示正 n 边形的面积、边长、外接圆和内切圆的半径、中心角、外角和内角，有

$$\alpha=\beta=\frac{2\pi}{n},$$

$$\gamma=\pi-\beta=\frac{n-2}{n}\pi,$$

$$a=2\sqrt{R^2-r^2}=2R\sin\frac{\alpha}{2}=2r\tan\frac{\alpha}{2},$$

$$S=\frac{1}{2}nar=nr^2\tan\frac{\alpha}{2}=\frac{1}{2}nR^2\sin\alpha=\frac{1}{4}na^2\cot\frac{\alpha}{2}.$$

2.1.5 圆

定义 15 在平面上,到定点的距离等于定长的所有点的集合称为**圆**,定点称为**圆心**,定长称为圆的**半径**.圆上任意两点之间的部分称为**圆弧**.连接圆弧的两个端点的线段称为**弦**.过圆心的弦称为**直径**.顶点在圆心的角称为**圆心角**.顶点在圆上且两边都和圆相交的角称为**圆周角**.一个角的顶点若在圆上,而一边与圆相交,另一边所在的直线与圆相切,则该角称为**弦切角**.顶点在圆内部的角称为**圆内角**.顶点在圆外部的角称为**圆外角**.

定理 20 圆心角的度数等于它所对的弧的度数.

定理 21 圆周角的度数等于它所对的弧的度数的一半.

定理 22 弦切角的度数等于它所夹的弧的度数的一半.

定理 23 圆内角的度数等于这个角所对的弧与其对顶角所对的弧的度数之和的一半.

定理 24 圆外角的度数等于这个角所截两段弧的度数之差的一半.

定理 25 若过圆内一点 P 作圆的两条弦 AB 和 CD,则 $PA\cdot PB=PC\cdot PD=r^2-OP^2$,其中 r 是所给圆的半径(图 2.1-6).

定理 26 若过圆外一点 P 作圆的切线 PC 和割线 PBA,则 $PA\cdot PB=PC^2=OP^2-r^2$(图 2.1-7).

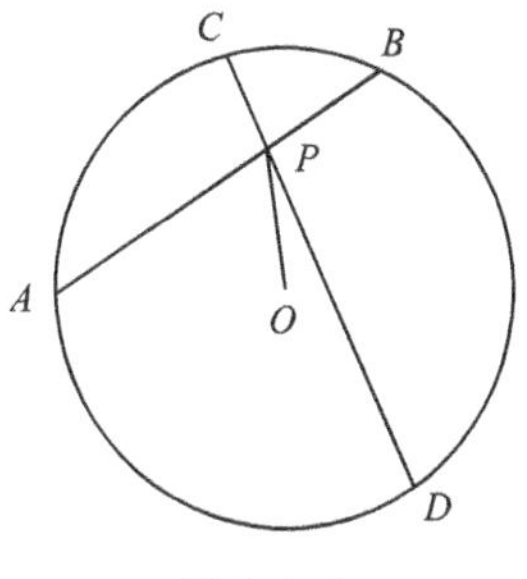

图 2.1-6

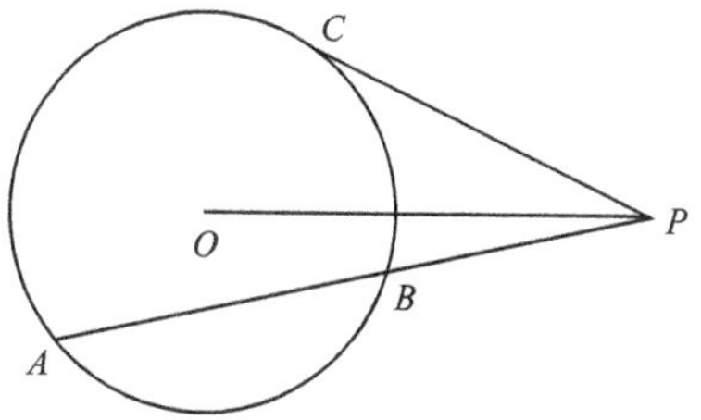

图 2.1-7

分别以 S,C,r,d 表示圆的面积、周长、半径和直径,有

$$C=2\pi r=\pi d,$$

$$S=\pi r^2=\frac{1}{4}\pi d^2.$$

式中 $\pi=\frac{C}{d}=3.141592653589793\cdots$ 称为**圆周率**.

早在公元前三世纪,我国刘徽利用圆内接正多边形边长代替圆周长的办法,已算

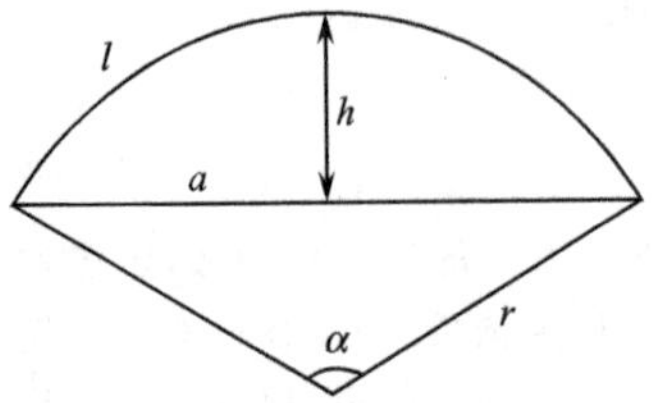

图 2.1-8

得 π 的数值为 3.1416.到公元五世纪,我国数学家祖冲之进一步算出 π 的数值介于 3.1415926 和 3.1415927 之间,且定出 π 的**疏率**为 $\frac{22}{7}$,**密率**为 $\frac{355}{113}$,这是我国古代数学的光辉成就之一.

定义 16 一条弧和经过这条弧的端点的两条半径所组成的图形称为**扇形**.一条弧和它所对的弦组成的图形称为**弓形**.

分别以 $l, r, a, \alpha, h, S_1, S_2$ 表示弧长、半径、弦长、圆心角、弓形的高、扇形的面积、弓形的面积,有:

$$l = r\alpha,$$

$$a = 2\sqrt{2hr - h^2} = 2r\sin\frac{\alpha}{2},$$

$$h = r - \sqrt{r^2 - \frac{a^2}{4}} = r\left(1 - \cos\frac{\alpha}{2}\right) = \frac{a}{2}\tan\frac{\alpha}{4},$$

$$S_1 = \frac{1}{2}rl = \frac{1}{2}\alpha r^2,$$

$$S_2 = \frac{1}{2}[rl - a(r-h)] = \frac{r^2}{2}(\alpha - \sin\alpha).$$

式中 α 以弧度计.

§2.2 立体几何

2.2.1 直线与平面

公理 1 如果一条直线上有两个点在一个平面内,那么这直线上所有的点都在这平面内.

公理 2 经过不在同一条直线上的三点,有且只有一个平面.

公理 3 如果两个平面有一个公共点,那么它们相交于经过这点的一条直线.

定理 1 下列条件之一,可以确定一个平面.1° 过一条直线和这直线外一点;2° 过两条相交直线;3° 过两条平行线.

直线与直线的位置关系有:1° 重合——有无数个公共点;2° 相交——只有一个公共点;3° 平行——在同一平面内且没有公共点;4° 异面——不在同一平面内.

定理 2 如果直线 a 和直线 b 平行,直线 b 和直线 c 平行,则直线 a 和直线 c 平行.

直线与平面的位置关系有:1° 直线在平面内——直线和平面有无数个公共点;2° 平行——直线和平面没有公共点;3° 相交——直线和平面只有一个公共点.

定理 3　如果平面外一条直线和这个平面内的一条直线平行，那么这条直线和这个平面平行.

定理 4　如果一条直线和一个平面平行，经过这条直线的平面和这个平面相交，那么这条直线就和交线平行.

定义 1　如果一条直线和一个平面相交，并且与这个平面内的任何一条直线都垂直，则称这条直线与这个平面**互相垂直**. 这条直线称为这个平面的**垂线**. 平面的垂线和平面的交点称为**垂线足**或**垂足**.

定理 5　如果一条直线和一个平面内的两条相交直线都垂直，那么这条直线就垂直于这个平面.

定理 6　如果两条直线同垂直于一个平面，那么这两条直线平行.

定义 2　如果一条直线和一个平面相交，但不和这个平面垂直，这条直线称为这个平面的**斜线**. 斜线和平面的交点称为**斜线足**或**斜足**.

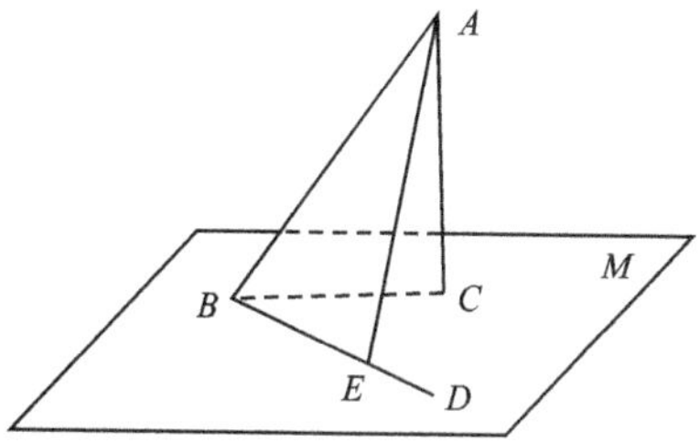

图 2.2-1

定义 3　从平面外一点，到这个平面引垂线和斜线，从这点到垂线足的线段的长称为从该点到所给平面的**垂线的长**或**距离**. 从这点到斜线足的线段的长称为从该点到所给平面的**斜线的长**. 在平面内连接垂线足和斜线足的线段称为斜线在平面内的**射影**.

定理 7　平面的斜线和它在平面内的射影所成的锐角，是这斜线和平面内过斜线足的直线所成的一切角中最小的角.

定义 4　斜线和它在平面内的射影所成的锐角，称为直线和平面的**交角**.

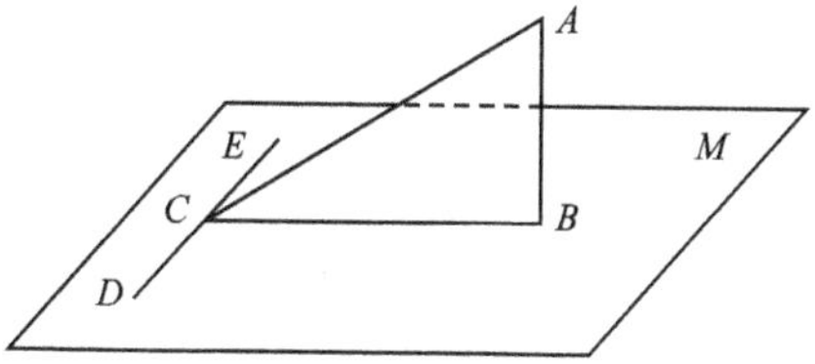

图 2.2-2

定理 8(三垂线定理)　在平面内的一条直线，如果和这个平面的一条斜线的射影垂直，那么它也和这条斜线垂直.

三垂线定理的逆命题亦真.

平面和平面的位置关系有：1° 重合——两平面有不在一直线上的三个公共点；2° 平行——两平面没有公共点；3° 相交——两平面相交于一直线.

定理 9　如果一个平面内有两条相交直线都平行于另一个平面，那么这两个平面平行.

定理 10　如果两个平行平面同时和第三个平面相交，那么它们的交线平行.

定义 5　与两个平行平面垂直的直线称为平行平面的**公垂线**. 夹在两个平行平面间的公垂线的长称为两个平行平面之间的**距离**.

定义 6 在一个平面内任意作一条直线，它把平面分成两部分，称每一部分为**半平面**.半平面绕着这条直线旋转，它的最初位置和最终位置所组成的图形称为**二面角**.两个半平面称为二面角的面，这条直线称为二面角的棱.垂直于棱的平面分别和二面角的两个面相交于两射线，这两条射线组成的角称为这个二面角的平面角.平面角是直角的二面角称为直二面角.如果两平面相交所成的二面角是直二面角，则称这两个平面**互相垂直**.

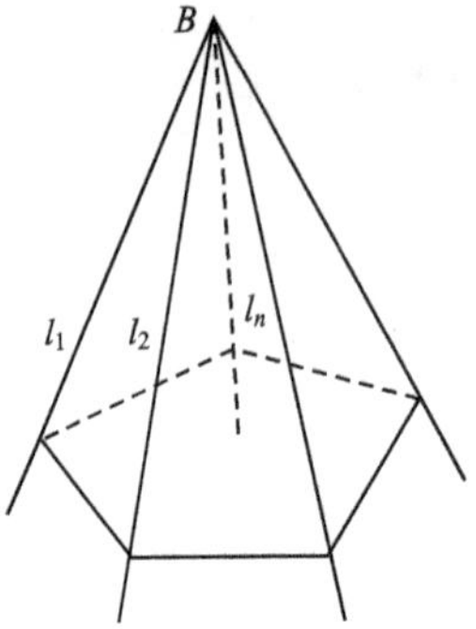

图 2.2-3

定理 11 如果一个平面经过另一个平面的一条垂线，则这两个平面互相垂直.

定义 7 从一点 B 出发不在同一平面内的 n 条射线 $l_1,l_2,\cdots,l_n(n\geqslant 3)$ 以及每两条相邻射线之间的平面部分所组成的图形称为 ***n* 面角**，统称**多面角**. B 称为多面角的顶点，$l_1,l_2,\cdots,l_n$ 称为多面角的棱，相邻两棱间的平面部分称为多面角的面，每个面内由两条棱组成的角称为多面角的面角，每相邻两个面间的二面角称为多面角的二面角.

定理 12 三面角的任何一个面角小于其他两个面角之和.

2.2.2 多面体

定义 8 由几个平面围成的封闭立体称为**多面体**.把多面体的任何一个面伸展为平面，如果所有其他各面都在这个平面的同侧，则这样的多面体称为**凸多面体**.

定义 9 在一个多面体中，如果有两个面互相平行，而其余每相邻的两个面的交线互相平行，则这样的多面体称为**棱柱**.棱柱中互相平行的两个面称为棱柱的底面，其余各个面称为棱柱的侧面，相邻两侧面的相交线段称为棱柱的侧棱，两个底面间的距离称为棱柱的高，用一个垂直于侧棱的平面来截棱柱，所得的图形称为棱柱的直截面.侧面和底面垂直的棱柱称为直棱柱，底面是正多边形的直棱柱称为**正棱柱**.

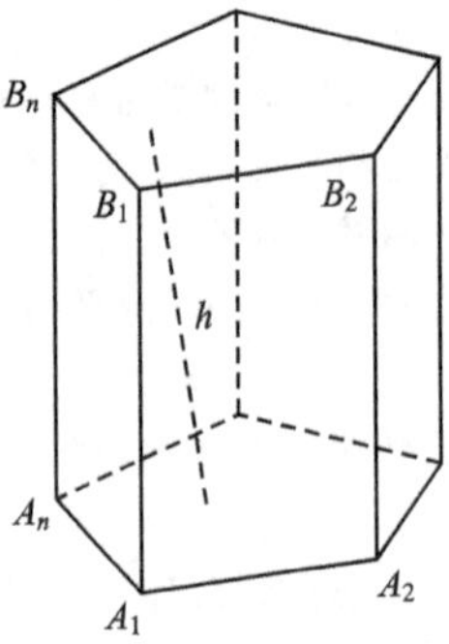

图 2.2-4

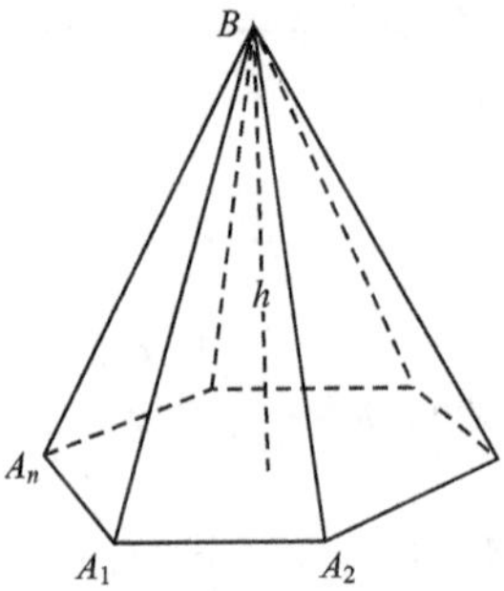

图 2.2-5

分别以 V,T,S,A,h,l,p 表示棱柱的体积、全面积、侧面积、底面积、高、棱长和直截面的周长，有

$$V=Ah,$$
$$S=lp,$$
$$T=S+2A=lp+2A.$$

定义 10 在一个多面体中，如果有一个面是多边形而其余各个面是有一个公共顶点的三角形，则这样的多面体称为**棱锥**. 多边形是棱锥的底面，其余的各个面是棱锥的侧面，侧面上会集于一点的两相邻侧面的相交线段称为侧棱，侧棱的公共点称为棱锥的顶点，顶点到底面的距离称为棱锥的高. 如果棱锥的底面是正多边形且从顶点到底面的垂足是正多边形的中心，则这样的棱锥称为**正棱锥**. 正棱锥的侧面是全等的等腰三角形，这些等腰三角形底边上的高称为正棱锥的斜高.

分别以 V,A,h 表示棱锥的体积、底面积和高，有

$$V=\frac{1}{3}Ah.$$

分别以 T,S,A,l,p 表示正棱锥的全面积、侧面积、底面积、斜高和底面的周长，有：

$$S=\frac{1}{2}lp,$$

$$T=S+A=\frac{1}{2}lp+A.$$

定义 11 如果一个棱锥被一个平行于底面的平面所截，则截面与底面间的部分称为**棱台**. 这两个平行的面称为棱台的底面，其余各面称为棱台的侧面，夹在两底面间的棱称为棱台的侧棱，两个底面间的距离称为棱台的高. 由正棱锥截得的棱台称为**正棱台**. 正棱台的侧面是全等的等腰梯形，这些等腰梯形的高称为正棱台和斜高.

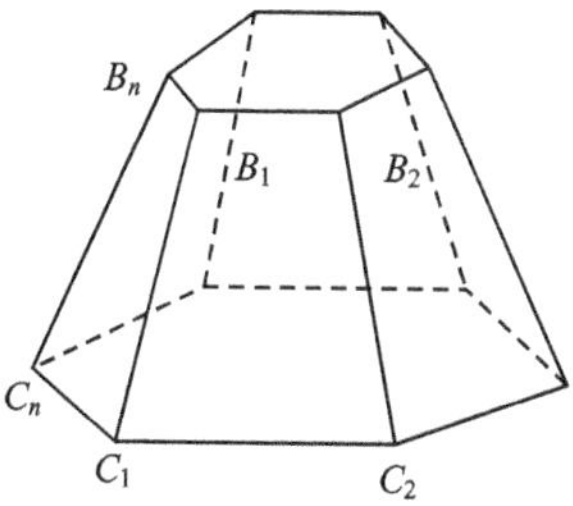

图 2.2-6

分别以 V,A_1,A_2,h 表示棱台的体积、上下底面积和高，有

$$V=\frac{1}{3}(A_1+A_2+\sqrt{A_1A_2})h.$$

分别以 T,S,l,A_1,A_2,p_1,p_2 表示正棱台的全面积、侧面积、斜高、上、下底的面积和周长，有

$$S=\frac{1}{2}(p_1+p_2)l,$$

$$T=S+A_1+A_2=\frac{1}{2}(p_1+p_2)l+A_1+A_2.$$

定义 12 每个面都是有同数边的正多边形，在每个顶点都有同数棱的凸多面体，称为**正多面体**.

定理 13(欧拉定理) 在任何凸多面体中，面数加顶点数比棱数多二.

定理 14 只存在五种正多面体，即正四、六、八、十二、二十面体. 见下表：

正多面体的表面积及体积数值表

名　　称	各面形状	表面积	体　　积
正四面体	正三角形	$1.73205a^2$	$0.11785a^3$
正六面体	正方形	$6.00000a^2$	$1.00000a^3$
正八面体	正三角形	$3.46410a^2$	$0.47140a^3$
正十二面体	正五边形	$20.64578a^2$	$7.66312a^3$
正二十面体	正三角形	$8.66025a^2$	$2.18170a^3$

表中 a 是棱长.

2.2.3 旋转体

定义 13 矩形绕着它的一边旋转一周所得的几何体称为**圆柱**.

分别以 V,T,S,ρ,h 表示圆柱的体积、全面积、侧面积、底面的半径和高，有

$$S = 2\pi\rho h,$$

$$T = 2\pi\rho(h+\rho),$$

$$V = \pi\rho^2 h.$$

定义 14 直角三角形绕着它的一个直角边旋转一周所得的几何体称为**圆锥**.

分别以 V,T,S,ρ,l,h 表示圆锥的体积、全面积、侧面积、底面的半径、母线长和高，有

$$S = \pi\rho l,$$

$$T = \pi\rho(l+\rho),$$

$$V = \frac{1}{3}\pi\rho^2 h.$$

定义 15 直角梯形绕着垂直底边的腰旋转一周所得的几何体称为**圆台**.

分别以 V,T,S,ρ_1,ρ_2,l,h 表示圆台的体积、全面积、侧面积、上、下底面的半径、母线长和高，有

$$S = \pi(\rho_1+\rho_2)l,$$

$$T = \pi\rho_1(l+\rho_1)+\pi\rho_2(l+\rho_2),$$

$$V = \frac{1}{3}\pi(\rho_1^2+\rho_2^2+\rho_1\rho_2)h.$$

式中 $l=\sqrt{h^2+(\rho_2-\rho_1)^2}$.

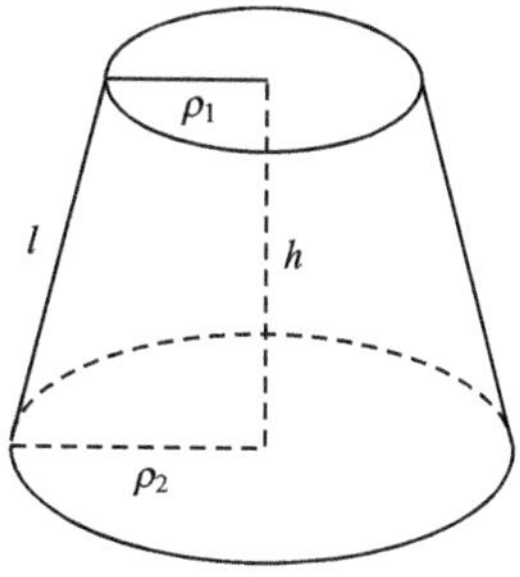

图 2.2-7

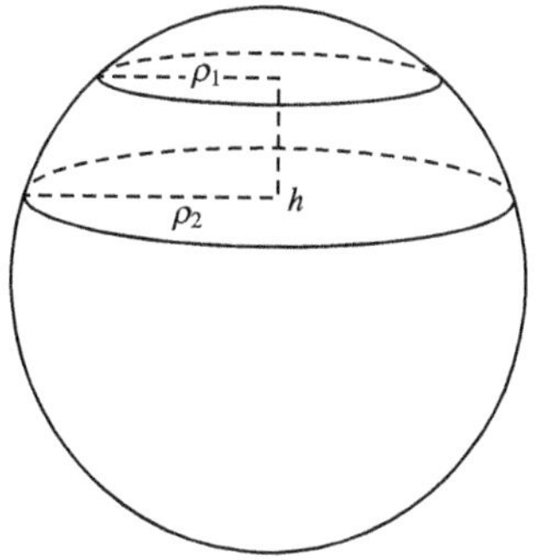

图 2.2-8

定义 16 半圆绕着它的直径旋转一周所得的几何体称为**球**.

分别以 V,T,r 表示球的体积,全面积和半径,有

$$T = 4\pi r^2,$$

$$V = \frac{4}{3}\pi r^3.$$

定义 17 球(或球面)介于两个平行平面间的部分称为**球台**(或**球带**).

分别以 V, T, S, ρ_1, ρ_2, h, r 表示球台的体积、全面积、侧面积、上、下底面的半径、高和球的半径,有

$$S = 2\pi rh, \text{若 } \rho_1 = 0, \text{则 } S = \pi(\rho_2^2 + h^2),$$

$$T = \pi(2rh + \rho_1^2 + \rho_2^2),$$

$$V = \frac{1}{6}\pi h[3(\rho_1^2 + \rho_2^2) + h^2].$$

球台(或球带)在 $\rho_1 = 0$ 时的特殊情形称为**球缺**(或**球冠**).

定义 18 半圆内圆心角小于 π 的一个扇形绕着半圆的直径旋转一周所得的几何体称为**球扇形**或**球面锥体**.

分别以 V,T,r 表示球扇形的体积、全面积和半径,ρ,h 分别表示组成它的球冠的底半径和高,有

$$T = \pi r(2h + \rho),$$

$$V = \frac{2}{3}\pi r^2 h.$$

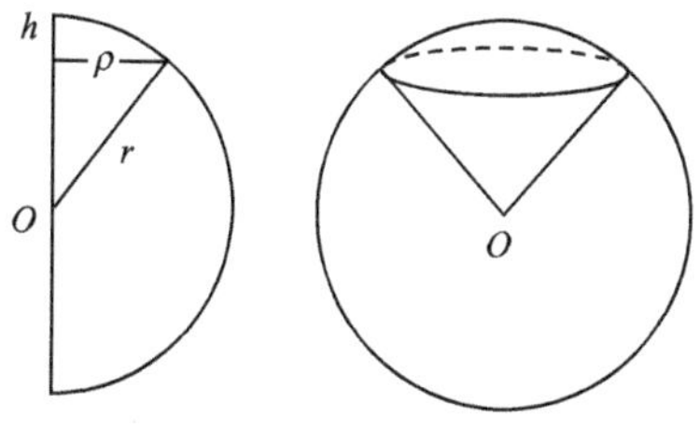

图 2.2-9

2.2.4 立体角

定义 19 一个具有封闭准线的锥面所围成的空间部分称为**立体角**,锥面的顶点称为该立体角的顶点.

立体角的度量方法是:以其顶点为球心,作半径为 R 的球面,以 S 表示该球面被立体角截得的部分的面积,用比值 $\frac{S}{R^2}$ 来度量立体角. 这里,立体角的单位是**球面度**. 球面度的数值也可看成是立体角在以其顶点为球心的单位球面上所截得的面积.

§2.3 证题法概述

本节所列的证题法,在整个初等数学乃至高等数学中都常被采用,而在几何学的证题中更普遍地被采用.

2.3.1 命题 命题之间的关系

1. 命题的四种形式

表达一个判断的句子称为**命题**. 命题有真有假. 在数学中,每个命题都是由题设和结论两部分组成的. 对一个给定的命题(称为**原命题**)的题设与结论加以互换或否定,便可得出与之对应的三个其他命题,分别称为原命题的**逆命题**,**否命题**及**逆否命题**. 即

1° 原命题:若 A 则 B.

2° 逆命题:若 B 则 A.

3° 否命题:若 $\overline{A}$ 则 $\overline{B}$(其中 $\overline{A}$ 是 A 的否定,即非 A).

4° 逆否命题:若 $\overline{B}$ 则 $\overline{A}$.

原命题与其逆否命题是等效的,即同真同假. 逆命题与否命题也是等效的.

它们相互间的关系,可用下图表示

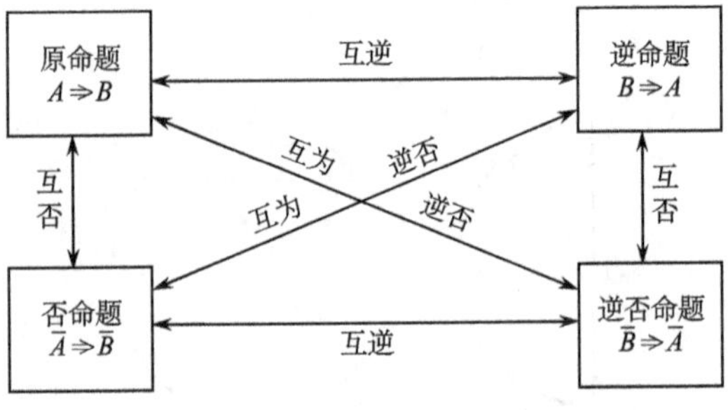

2. 充分条件，必要条件及充要条件

如果一个命题"若 A 则 B"为真，则称 A 为 B 的**充分条件**. 相应地，称 B 为 A 的**必要条件**. 此时也称 A 蕴涵 B. 记为 $A \Longrightarrow B$ 或 $B \Longleftarrow A$.

如果命题"若 A 则 B"与它的逆命题"若 B 则 A"同时为真，则 A 与 B 互为**必要充分条件**，简称**充要条件**，记为 $A \Leftrightarrow B$.

2.3.2 证明方法

1. 综合法

综合法是一种从题设到结论的逻辑推理方法，即是由因导果的证明方法. 比如欲证命题"若 A 则 D"为真，可从题设 A 出发，寻求 A 的一些必要条件. 比如 B_0，B_1，B_2 均是 A 的必要条件. 第二步，再分别寻求 B_0，B_1，B_2 的一些必要条件. 比如 C_0，C_1 均是 B_0 的必要条件，C_2 是 B_1 的必要条件，C_3，C_4 是 B_2 的必要条件. 第三步，再分别寻求 C_0，C_1，C_2，C_3，C_4 的必要条件. 比如结论 D 是 C_0 也是 C_4 的必要条件. 思索至此，便得"$A \Longrightarrow B_0 \Longrightarrow C_0 \Longrightarrow D$"或"$A \Longrightarrow B_2 = C_4 \Longrightarrow D$"两条证明的理路了. 有几条"$A \Longrightarrow \cdots \Longrightarrow D$"的理路，就有几种用综合法证明命题"若 A 则 D"为真的方法，选择其中任何一条理路都行.

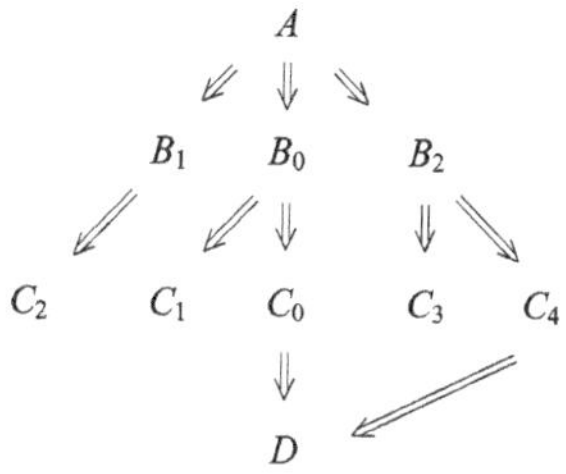

例 1 设直角三角形的勾、股、弦分别为 a，b，c，其内切圆的半径为 r，求证 $r=\dfrac{ab}{a+b+c}$.

用综合法，其理路图见图 2.3-1.

2. 分析法

与综合法相反，**分析法**是一种从结论到题设的逻辑推理方法，即是执果索因的证明方法. 比如欲证命题"若 A 则 D"为真，可从结论 D 出发，寻求 D 的一些充分条件. 比如 C_0，C_1，C_2 均是 D 的充分条件. 第二步，再分别寻求 C_0，C_1，C_2 的一些充分条件. 比如 B_0，B_1 是 C_0 的充分条件，B_2 是 C_1 的充分条件，B_3，B_4 是 C_2 的充分条件. 第三步，再分别寻求 B_0，B_1，B_2，B_3，B_4 的充分条件. 比如题设 A 是 B_0 也是 B_1 的充分条件. 思索至此，便得"$D \Leftarrow C_0 \Leftarrow B_0 \Leftarrow A$"或"$D \Leftarrow C_0 \Leftarrow B_1 \Leftarrow A$"两条证明的理路了. 有几条

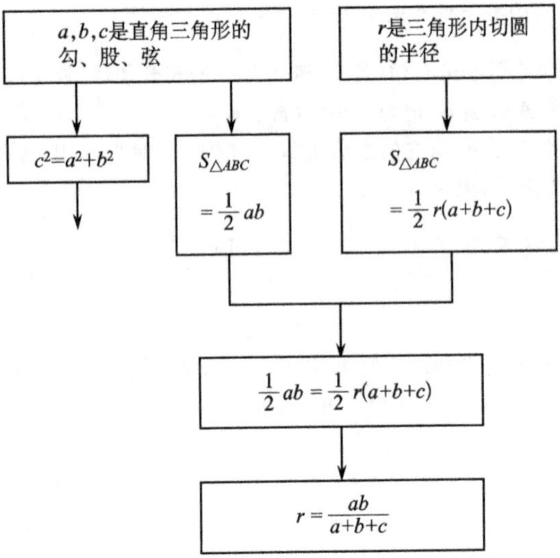

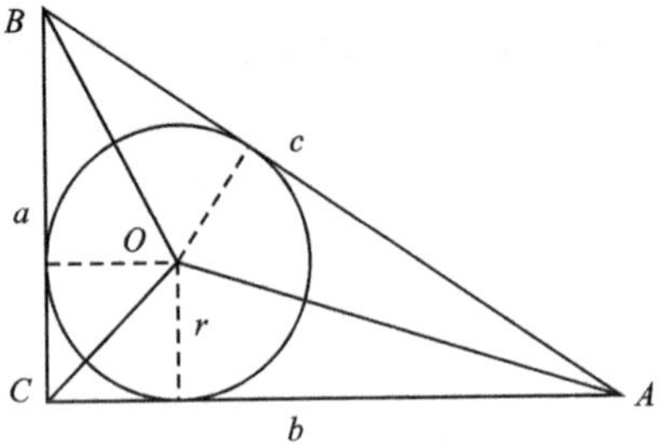

图 2.3-1

“$D\Leftarrow\cdots\Leftarrow A$”的理路，就有几种用分析法证明命题“若 A 则 D”为真的方法，选择其中任何一条理路都行.

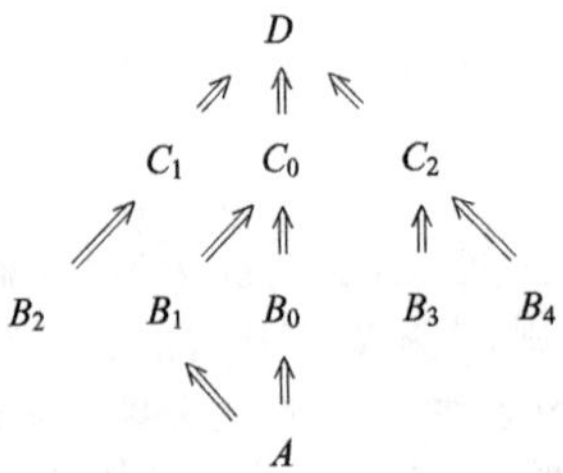

例 2 在$\triangle ABC$中，BE为$\angle B$的平分线，过E作$EF\parallel BC$交AB于F，过F再作$FG\parallel AC$交BC于G. 试证$BF=GC$.

用分析法，其理路图见图 2.3-2.

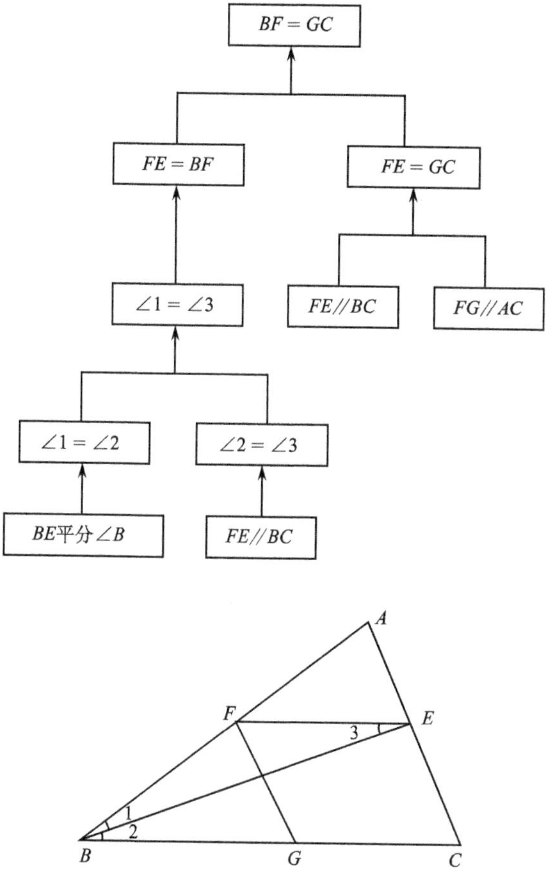

图 2.3-2

在大多数情况下，要把综合法与分析法结合起来使用.

3. 反证法

因为原命题与其逆否命题等效，所以当直接证明给定的命题“若 A 则 B”为真不易，甚至不能时，可改证它的逆否命题“若 $\overline{B}$ 则 $\overline{A}$”为真，即“若 $\overline{B}$ 则 A”为假. 详细说来，即证明：

$$\left.\begin{array}{l}\text{本科公理}\\ \text{已知定理}\\ A\\ \overline{B}\end{array}\right\}\text{四者不容.}$$

这种证明方法称为**反证法**.

反证法视 $\overline{B}$ 的情况又分为两种：

(1) 若 $\overline{B}$ 只有一面，那么只需把这面推翻就达到证明的目的了.这称为**归谬法**.

(2) 若 $\overline{B}$ 不只一面，就必须将其面面驳倒，才能达到证明的目的.这称为**穷举法**.

4. 归纳法

综合法、分析法和反证法，都是按照"从一般到特殊"的思维过程进行推理的，统称为**演绎法**.与演绎法相反，**归纳法**则是按照"从特殊到一般"的思维过程进行推理的.

归纳法有如下几种：

(1) 不完全归纳法

所谓**不完全归纳法**，就是通过对某类事物的真子类逐个进行考查，发现它们具有某种性质，就大胆预见某类事物具有某种性质.

不完全归纳法虽不是一种严密的逻辑论证方法，但它仍是人类认识真理的一个源泉.一些重要的猜想，包括著名的哥德巴赫猜想，即"任何不小于 6 的偶数均可表示成两个奇素数之和"(也常简记为 1+1)，都是通过不完全归纳法作出的一个预见.预见是否为真，当然仍需通过严格的推理论证.

(2) 枚举归纳法

某类事物可分为有限种情况，如果通过逐个考查，各种情况都具有某种性质，则可以归纳地得出结论，某类事物均具有某种性质.这就是**枚举归纳法**.

(3) 数学归纳法

如果某类事物有可数无限多种情况，就无法逐个考查各种情况都具有某种性质.**数学归纳法**是用递推的办法，通过"有限"来解决"无限"的一种方法，它是用归纳法证明命题的巨大飞跃.其要点是：记关于自然数 n 的命题为 $P(n)$，若

1° $P(m)$为真(其中 m 为某一确定的自然数)；

2° $P(k)$为真蕴涵 $P(k+1)$为真(其中 k 为不小于 m 的任一自然数)，

则对一切不小于 m 的自然数 n，$P(n)$为真.

在要点中，也可将 2° 改写成"对任一不小于 m 的自然数 k，$m\leqslant j\leqslant k$，$P(j)$为真蕴涵 $P(k+1)$为真".

前者称为**第一数学归纳法**，后者称为**第二数学归纳法**.

3. 三　角　学

§3.1　平面三角

3.1.1　角的两种度量制

1. 角度制：圆周的$\frac{1}{360}$的弧所对的圆心角称为 1 度的角，记作 1°. 1 度等于 60 分，1 分等于 60 秒，记作 $1^\circ=60'$，$1'=60''$. **角度制**就是用度作为度量角的单位的制度.

2. 弧度制：弧长等于半径的弧所对的圆心角称为 1 弧度的角. 弧度也称为弪. **弧度制**就是用弧度作为度量角的单位的制度.

半径为 r，圆心角为 θ(弧度为单位)所对的圆弧长 $l=r\theta$.

度与弧度的关系为

$$\frac{\theta}{\pi}=\frac{D}{180},$$

式中 D 与 θ 表示同一角的度数与弧度数.

$$180^\circ=\pi \text{ 弧度},$$
$$1^\circ\approx 0.01745 \text{ 弧度},$$
$$1 \text{ 弧度}\approx 57^\circ 17' 44.8''.$$

在高等数学中，角度一般用弧度来度量，并略去“弧度”两字. 例如把 $\theta=45^\circ$写成 $\theta=\frac{\pi}{4}$.

3.1.2　三角函数的定义和基本关系

为定义任意角的**三角函数**，把角置于笛卡儿直角坐标系中，使角的始边与 x 轴正向重合，角的顶点位于坐标原点，角的终边可落在四个象限的某一象限之中，或坐标轴上. 规定由 x 轴正向按逆时针方向旋转到角的终边所成的角度为正角，按顺时针方向旋转所成的角度为负角. 任意角 θ 的取值范围是$-\infty<\theta<+\infty$.

1. **定义**

正弦 $\sin\theta=\frac{y}{r}$，　**余弦** $\cos\theta=\frac{x}{r}$，

正切 $\tan\theta=\frac{y}{x}$，　**余切** $\cot\theta=\frac{x}{y}$，

正割 $\sec\theta=\frac{r}{x}$，　**余割** $\csc\theta=\frac{r}{y}$，

其中 x,y 为 θ 角终边上任一点 P 的坐标，$r=\sqrt{x^2+y^2}$（图 3.1-1）．正切和余切也记作 tg θ，ctg θ．

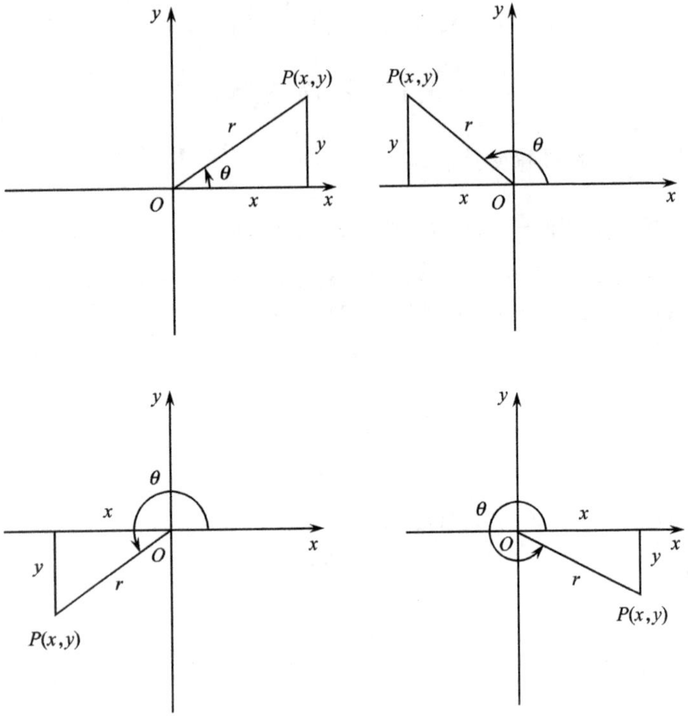

图 3.1-1

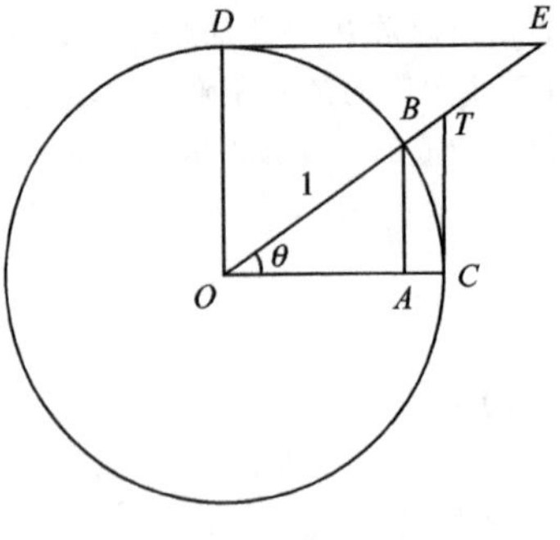

图 3.1-2

如果作单位圆，则锐角三角函数均可由线段来表示（图 3.1-2）．

$$\sin\theta = AB,\quad \cos\theta = OA,$$

$$\tan\theta = CT,\quad \cot\theta = DE,$$

$$\sec\theta = OT,\quad \csc\theta = OE.$$

2．基本关系

（1）$\sin\theta\cdot\csc\theta=1$，

（2）$\cos\theta\cdot\sec\theta=1$，

（3）$\tan\theta\cdot\cot\theta=1$，

（4）$\sin^2\theta+\cos^2\theta=1$，

(5) $\sec^2\theta-\tan^2\theta=1$,　　(6) $\csc^2\theta-\cot^2\theta=1$,

(7) $\tan\theta=\dfrac{\sin\theta}{\cos\theta}$,　　(8) $\cot\theta=\dfrac{\cos\theta}{\sin\theta}$.

特殊角的三角函数值

表 3.1-1

θ	$\sin\theta$	$\cos\theta$	$\tan\theta$	$\cot\theta$	$\sec\theta$	$\csc\theta$
0	0	1	0	不存在	1	不存在
$\frac{\pi}{6}$	$\frac{1}{2}$	$\frac{\sqrt{3}}{2}$	$\frac{\sqrt{3}}{3}$	$\sqrt{3}$	$\frac{2\sqrt{3}}{3}$	2
$\frac{\pi}{4}$	$\frac{\sqrt{2}}{2}$	$\frac{\sqrt{2}}{2}$	1	1	$\sqrt{2}$	$\sqrt{2}$
$\frac{\pi}{3}$	$\frac{\sqrt{3}}{2}$	$\frac{1}{2}$	$\sqrt{3}$	$\frac{\sqrt{3}}{3}$	2	$\frac{2\sqrt{3}}{3}$
$\frac{\pi}{2}$	1	0	不存在	0	不存在	1
$\frac{2\pi}{3}$	$\frac{\sqrt{3}}{2}$	$-\frac{1}{2}$	$-\sqrt{3}$	$-\frac{\sqrt{3}}{3}$	-2	$\frac{2\sqrt{3}}{3}$
$\frac{3\pi}{4}$	$\frac{\sqrt{2}}{2}$	$-\frac{\sqrt{2}}{2}$	-1	-1	$-\sqrt{2}$	$\sqrt{2}$
$\frac{5\pi}{6}$	$\frac{1}{2}$	$-\frac{\sqrt{3}}{2}$	$-\frac{\sqrt{3}}{3}$	$-\sqrt{3}$	$-\frac{2\sqrt{3}}{3}$	2
π	0	-1	0	不存在	-1	不存在

3.1.3 三角函数的诱导公式　三角函数的图形与特性

1. 任意角三角函数的诱导公式

表 3.1-2

角 \ 函数	sin	cos	tan
$-\theta$	$-\sin\theta$	$\cos\theta$	$-\tan\theta$
$\frac{\pi}{2}\pm\theta$	$\cos\theta$	$\mp\sin\theta$	$\mp\cot\theta$
$\pi\pm\theta$	$\mp\sin\theta$	$-\cos\theta$	$\pm\tan\theta$
$\frac{3\pi}{2}\pm\theta$	$-\cos\theta$	$\pm\sin\theta$	$\mp\cot\theta$
$2\pi\pm\theta$	$\pm\sin\theta$	$\cos\theta$	$\pm\tan\theta$
$n\pi\pm\theta$	$\pm(-1)^n\sin\theta$	$(-1)^n\cos\theta$	$\pm\tan\theta$

续表

角 \ 函数	cot	sec	csc
$-\theta$	$-\cot\theta$	$\sec\theta$	$-\csc\theta$
$\frac{\pi}{2}\pm\theta$	$\mp\tan\theta$	$\mp\csc\theta$	$\sec\theta$
$\pi\pm\theta$	$\pm\cot\theta$	$-\sec\theta$	$\mp\csc\theta$
$\frac{3\pi}{2}\pm\theta$	$\mp\tan\theta$	$\pm\csc\theta$	$-\sec\theta$
$2\pi\pm\theta$	$\pm\cot\theta$	$\sec\theta$	$\pm\csc\theta$
$n\pi\pm\theta$	$\pm\cot\theta$	$(-1)^n\sec\theta$	$\pm(-1)^n\csc\theta$

表中的 $n\in\mathbf{Z}$.

2. 三角函数的图形与特性

(1) 正弦函数 $y=\sin x$($x\in\mathbf{R}$,x 表示弧度数)

正弦函数的图形称为正弦曲线(图 3.1-3). 由于 $|\sin x|\leqslant 1$,故正弦曲线介于 $y=\pm 1$ 两条直线之间. $y=\sin x$ 是以 2π 为周期的周期函数,$\sin(x+2\pi)=\sin x$.

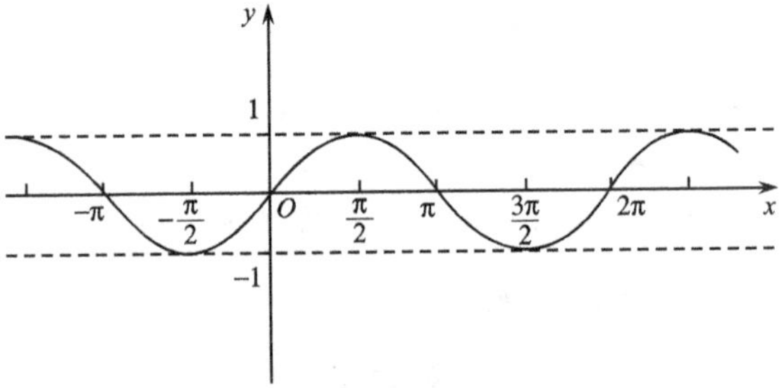

图 3.1-3

由 $\sin(-x)=-\sin x$,可知正弦函数 $y=\sin x$($x\in\mathbf{R}$)是奇函数. 正弦函数在每一个闭区间 $\left[-\frac{\pi}{2}+2n\pi,\frac{\pi}{2}+2n\pi\right]$($n\in\mathbf{Z}$)上是增函数(参看 6.1.3),在每一个闭区间 $\left[\frac{\pi}{2}+2n\pi,\frac{3\pi}{2}+2n\pi\right]$($n\in\mathbf{Z}$)上是减函数(参看 6.1.3).

(2) 余弦函数 $y=\cos x$($x\in\mathbf{R}$)

余弦函数的图形称为余弦曲线(图 3.1-4). 由于 $|\cos x|\leqslant 1$,与正弦曲线类同,余弦曲线介于直线 $y=\pm 1$ 之间.

$$\cos(x+2\pi)=\cos x,$$

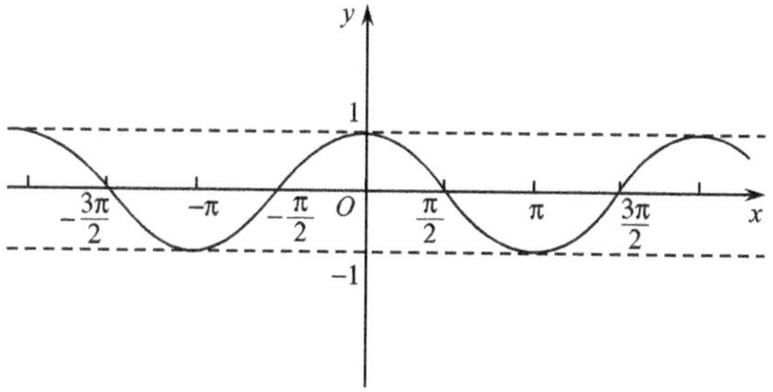

图 3.1-4

周期 $T=2\pi$. 由 $\cos(-x)=\cos x$，可知余弦函数 $y=\cos x(x\in\mathbf{R})$是偶函数. 余弦函数在每一个闭区间$[(2n-1)\pi,\ 2n\pi]$$(n\in\mathbf{Z})$上是增函数，在每一个闭区间$[2n\pi,\ (2n+1)\pi]$$(n\in\mathbf{Z})$上是减函数.

(3) 正切函数 $y=\tan x\left(x\in\mathbf{R}\text{ 且 }x\neq n\pi+\frac{\pi}{2},\ n\in\mathbf{Z}\right)$

正切函数的图形称为正切曲线(图 3.1-5).

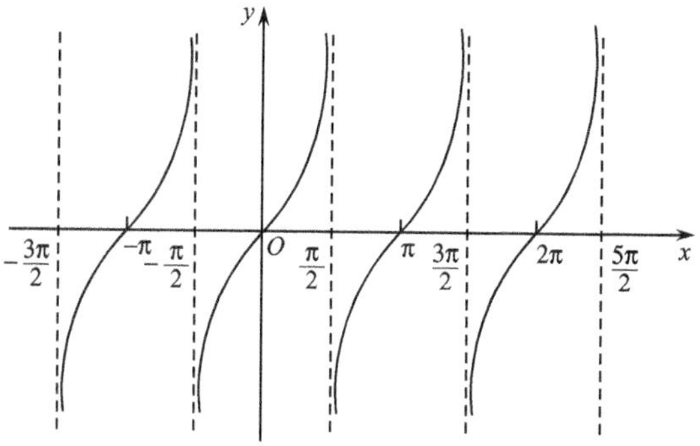

图 3.1-5

$$\tan(x+\pi)=\tan x,$$

周期 $T=\pi$. 正切函数 $y=\tan x$ 是奇函数，它在每一个开区间$\left(-\frac{\pi}{2}+n\pi,\ \frac{\pi}{2}+n\pi\right)$$(n\in\mathbf{Z})$内都是增函数.

$x=\left(n+\frac{1}{2}\right)\pi(n\in\mathbf{Z})$为正切曲线的渐近线.

(4) 余切函数 $y=\cot x(x\in\mathbf{R}\text{ 且 }x\neq n\pi,\ n\in\mathbf{Z})$

余切函数的图形称为余切曲线(图 3.1-6).

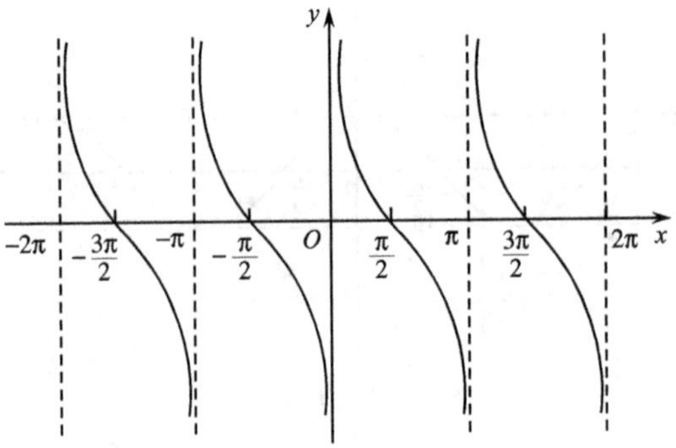

图 3.1-6

$$\cot(x+\pi)=\cot x,$$

周期 $T=\pi$. 余切函数 $y=\cot x$ 为奇函数，它在每一个开区间 $(n\pi, (n+1)\pi)(n\in\mathbf{Z})$ 内都是减函数.

$x=n\pi(n\in\mathbf{Z})$ 为余切曲线的渐近线.

(5) 正割函数 $y=\sec x\left(x\in\mathbf{R}\text{ 且 }x\neq n\pi+\frac{\pi}{2}, n\in\mathbf{Z}\right)$

正割函数的图形称为正割曲线(图 3.1-7).

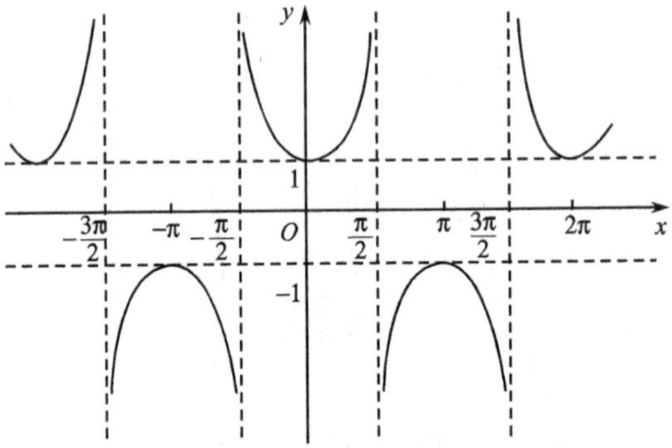

图 3.1-7

$$\sec(x+2\pi)=\sec x,$$

周期 $T=2\pi$.

$|\sec x|\geqslant 1$, $x=n\pi+\frac{\pi}{2}(n\in\mathbf{Z})$ 为正割曲线 $y=\sec x$ 的渐近线.

(6) 余割函数 $y=\csc x(x\in\mathbf{R}$ 且 $x\neq n\pi,\ n\in\mathbf{Z})$

余割函数的图形称为余割曲线(图 3.1-8)

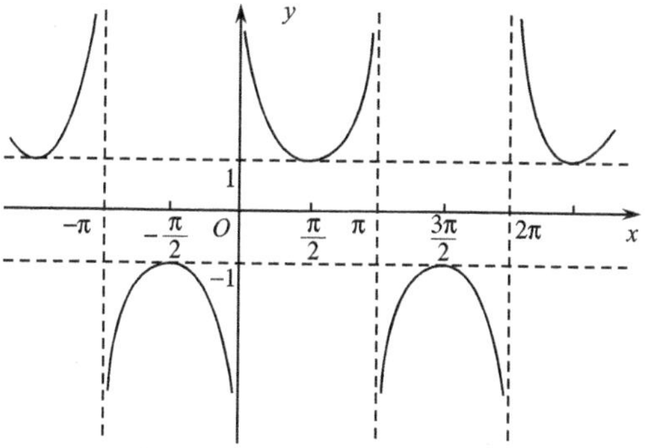

图 3.1-8

$$\csc(x+2\pi)=\csc x,$$

周期 $T=2\pi$. $|\csc x|\geqslant 1$, $x=n\pi(n\in\mathbf{Z})$为余割曲线 $y=\csc x$ 的渐近线.

(7) 正弦型函数 $y=A\sin(\omega x+\varphi)$的图形.

其中 A, ω, φ 为常数,且 $A>0$, $\omega>0$. 这类函数在物理和工程技术问题中经常会遇到. 例如物体作简谐运动时位移 y 与时间 x 的关系,交流电流的电流强度 y 与时间 x 的关系等,都可由这类函数来表示. $y=A\sin(\omega x+\varphi)$是以$\frac{2\pi}{\omega}$为周期的周期函数,$A$,$\omega$ 分别称为此函数的**振幅**与**频率**,φ 称为**初相**. $y=A\sin(\omega x+\varphi)$的图形可由 $y=\sin x$ 的图形经过适当变换而得到,一般步骤如下:

1° 作出 $y=A\sin x$ 的图形,即把 $y=\sin x$ 的图形上各点的纵坐标伸长($A>1$)或缩短($0<A<1$)A 倍(横坐标不变)而得到. 这时函数的振幅由 1 变换为 A.

2° 作出 $y=A\sin\omega x$ 的图形,即把 $y=A\sin x$ 的图形上所有点的横坐标缩短($\omega>1$)或伸长($0<\omega<1$)$\frac{1}{\omega}$倍(纵坐标不变换)而得到. 这时函数的周期由 2π 变换为$\frac{2\pi}{\omega}$.

3° 作出 $y=A\sin\omega\left(x+\frac{\varphi}{\omega}\right)$的图形,即把 $y=A\sin\omega x$ 的图形向左($\varphi>0$)或向右($\varphi<0$)平移$\frac{|\varphi|}{\omega}$而得到. 此即为函数 $y=A\sin(\omega x+\varphi)$的图形.

例 1 作函数 $y=5\sin\left(2x+\frac{\pi}{6}\right)$在一个周期内的图形(图 3.1-9).

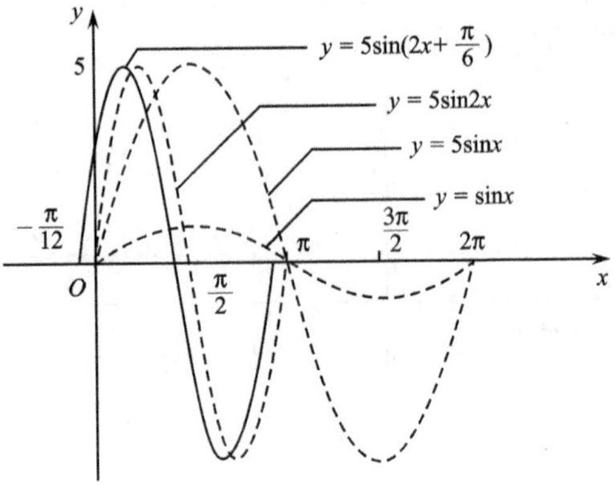

图 3.1-9

3.1.4 两角和的三角函数公式 倍角公式与半角公式

1. $\sin(\alpha\pm\beta)=\sin\alpha\cos\beta\pm\cos\alpha\sin\beta.$

$\cos(\alpha\pm\beta)=\cos\alpha\cos\beta\mp\sin\alpha\sin\beta.$

$$\tan(\alpha\pm\beta)=\frac{\tan\alpha\pm\tan\beta}{1\mp\tan\alpha\tan\beta}.$$

$$\cot(\alpha\pm\beta)=\frac{\cot\alpha\cot\beta\mp1}{\cot\beta\pm\cot\alpha}.$$

2. $\sin2\alpha=2\sin\alpha\cos\alpha=\dfrac{2\tan\alpha}{1+\tan^2\alpha}.$

$$\cos2\alpha=\cos^2\alpha-\sin^2\alpha=2\cos^2\alpha-1=1-2\sin^2\alpha=\frac{1-\tan^2\alpha}{1+\tan^2\alpha}.$$

$$\tan2\alpha=\frac{2\tan\alpha}{1-\tan^2\alpha}.$$

$$\cot2\alpha=\frac{\cot^2\alpha-1}{2\cot\alpha}.$$

$\sin3\alpha=3\sin\alpha-4\sin^3\alpha.$

$\cos3\alpha=4\cos^3\alpha-3\cos\alpha.$

运用棣莫弗公式(参看 1.1.5)

$$(\cos\alpha+i\sin\alpha)^n=\cos n\alpha+i\sin n\alpha,$$

得

$$\sin n\alpha=\sum_{t=0}^{\left[\frac{n-1}{2}\right]}(-1)^k\binom{n}{2k+1}\cos^{n-(2k+1)}\alpha\sin^{2k+1}\alpha,$$

$$\cos n\alpha = \sum_{k=0}^{\left[\frac{n}{2}\right]} (-1)^k \binom{n}{2k} \cos^{n-2k}\alpha \sin^{2k}\alpha,$$

其中 $\binom{n}{k} = \frac{n!}{(n-k)!\ k!}$，$\left[\frac{n}{2}\right] = \begin{cases} \frac{n}{2}, & n\text{ 为偶数}, \\ \frac{n-1}{2}, & n\text{ 为奇数}. \end{cases}$

$$\sum_{k=1}^{n} \binom{n}{k} \cos k\alpha = 2^n \cos^n \frac{\alpha}{2} \cos \frac{n\alpha}{2} - 1, \sum_{k=1}^{n} \binom{n}{k} \sin k\alpha = 2^n \cos^n \frac{\alpha}{2} \sin \frac{n\alpha}{2}.$$

对于任意实数 x 和任意实数 $\alpha \neq 2m\pi (m \in \mathbf{Z})$，有：

$$\sum_{k=1}^{n} \cos(x + k\alpha) = \frac{\sin \frac{1}{2} n\alpha}{\sin \frac{1}{2}\alpha} \cos\left(x + \frac{1}{2}(n+1)\alpha\right).$$

$$\sum_{k=1}^{n} \sin(x + k\alpha) = \frac{\sin \frac{1}{2} n\alpha}{\sin \frac{1}{2}\alpha} \sin\left(x + \frac{1}{2}(n+1)\alpha\right).$$

3. $\sin \frac{\alpha}{2} = \pm\sqrt{\frac{1-\cos\alpha}{2}}.$

$\cos \frac{\alpha}{2} = \pm\sqrt{\frac{1+\cos\alpha}{2}}.$

$\tan \frac{\alpha}{2} = \pm\sqrt{\frac{1-\cos\alpha}{1+\cos\alpha}} = \frac{1-\cos\alpha}{\sin\alpha} = \frac{\sin\alpha}{1+\cos\alpha}.$

$\cot \frac{\alpha}{2} = \pm\sqrt{\frac{1+\cos\alpha}{1-\cos\alpha}} = \frac{1+\cos\alpha}{\sin\alpha} = \frac{\sin\alpha}{1-\cos\alpha}.$

3.1.5 三角函数的和差与积的关系式

$$\sin\alpha + \sin\beta = 2\sin\frac{\alpha+\beta}{2}\cos\frac{\alpha-\beta}{2}.$$

$$\sin\alpha - \sin\beta = 2\cos\frac{\alpha+\beta}{2}\sin\frac{\alpha-\beta}{2}.$$

$$\cos\alpha + \cos\beta = 2\cos\frac{\alpha+\beta}{2}\cos\frac{\alpha-\beta}{2}.$$

$$\cos\alpha - \cos\beta = -2\sin\frac{\alpha+\beta}{2}\sin\frac{\alpha-\beta}{2}.$$

$$\tan\alpha \pm \tan\beta = \frac{\sin(\alpha\pm\beta)}{\cos\alpha\cos\beta}.$$

$$\cot\alpha \pm \cot\beta = \pm\frac{\sin(\alpha\pm\beta)}{\sin\alpha\sin\beta}.$$

$$\tan\alpha \pm \cot\beta = \pm \frac{\cos(\alpha \mp \beta)}{\cos\alpha\sin\beta}.$$

$$\sin\alpha\sin\beta = -\frac{1}{2}(\cos(\alpha+\beta) - \cos(\alpha-\beta)).$$

$$\cos\alpha\cos\beta = \frac{1}{2}(\cos(\alpha+\beta) + \cos(\alpha-\beta)).$$

$$\sin\alpha\cos\beta = \frac{1}{2}(\sin(\alpha+\beta) + \sin(\alpha-\beta)).$$

3.1.6 三角形基本定理

1. **正弦定理**

$$\frac{a}{\sin A} = \frac{b}{\sin B} = \frac{c}{\sin C} = 2R.$$

式中 R 为外接圆的半径；a,b,c 分别为角 A,B,C 的对边(图 3.1-10).

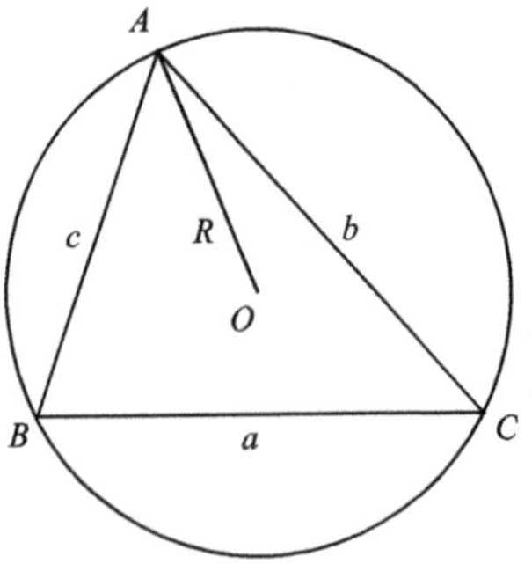

图 3.1-10

2. **余弦定理**

$$a^2 = b^2 + c^2 - 2bc\cos A.$$

利用循环置换 $A \to B \to C \to A$，$a \to b \to c \to a$ 得出

$$b^2 = c^2 + a^2 - 2ca\cos B,$$

$$c^2 = a^2 + b^2 - 2ab\cos C.$$

注：以后遇类似情况，仅列出其中一个有关公式.

3. **正切定理**

$$\tan\frac{A-B}{2} = \frac{a-b}{a+b}\cot\frac{C}{2} \text{ 或 } \frac{a-b}{a+b} = \frac{\tan\frac{1}{2}(A-B)}{\tan\frac{1}{2}(A+B)}.$$

4. **半角定理——**半角与边长的关系式

下式中的 $p=\frac{1}{2}(a+b+c)$，r 为$\triangle ABC$ 的内切圆半径，且

$$r = \sqrt{\frac{(p-a)(p-b)(p-c)}{p}}.$$

(1) $\sin\frac{A}{2}=\sqrt{\frac{(p-b)(p-c)}{bc}}$.

(2) $\cos\frac{A}{2}=\sqrt{\frac{p(p-a)}{bc}}$.

(3) $\tan\frac{A}{2}=\sqrt{\frac{(p-b)(p-c)}{p(p-a)}}=\frac{r}{p-a}$.

3.1.7 斜三角形解法

若三角形的三个角都是锐角或者有一个是钝角,则这样的三角形称为**斜三角形**.

表 3.1-3

已知元素	所求元素	求 解 公 式
一边 a 及两角 B,C	角 A,边 b,c	$A=\pi-(B+C)$,$b=\frac{a\sin B}{\sin A}$, $c=\frac{a\sin C}{\sin A}$.
两边 a,b 及夹角 C	边 c 及角 A,B	$c=\sqrt{a^2+b^2-2ab\cos C}$, $\sin A=\frac{a\sin C}{c}$, $\sin B=\frac{b\sin C}{c}$.
三边 a,b,c	角 A,B,C	$\cos A=\frac{b^2+c^2-a^2}{2bc}$, $\cos B=\frac{c^2+a^2-b^2}{2ca}$, $\cos C=\frac{a^2+b^2-c^2}{2ab}$.
边 a,b 及其中一边的对角 A	角 B,C 边 c	$\sin B=\frac{b\sin A}{a}$, $C=\pi-(A+B)$, $c=\frac{a\sin C}{\sin A}$.

在对于上表中已知两边及其中一边的对角的情形,根据已知条件,其解的情况,归纳于表 3.1-4.

表 3.1-4

	$A\geqslant 90°$	$A<90°$	
$a>b$	一 解	一 解	
$a=b$	无 解	一 解	
$a<b$	无 解	$a>b\sin A$	两 解
		$a=b\sin A$	一 解
		$a<b\sin A$	无 解

3.1.8 三角形面积公式

设三角形面积为 S,则有:

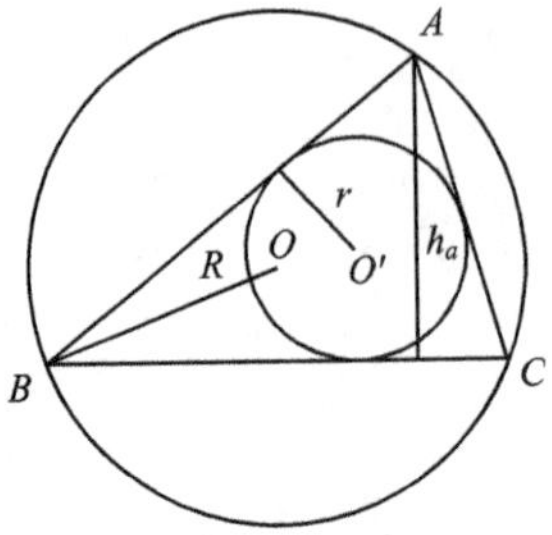

图 3.1-11

$S=\frac{1}{2}ah_a=\frac{1}{2}ab\sin C$ （图 3.1-11）.

$S=\sqrt{p(p-a)(p-b)(p-c)}$ $\left(p=\frac{1}{2}(a+b+c)\right)$.

$S=\frac{abc}{4R}$（R 为外接圆的半径）.

$S=rp$ $\left(r\text{ 为内接圆的半径}, r=4R\sin\frac{A}{2}\sin\frac{B}{2}\sin\frac{C}{2}\right)$.

$S=2R^2\sin A\sin B\sin C$.

$S=r^2\cot\frac{A}{2}\cot\frac{B}{2}\cot\frac{C}{2}$.

3.1.9 反三角函数

1. **定义**

（1）正弦函数 $y=\sin x\left(x\in\left[-\frac{\pi}{2},\frac{\pi}{2}\right]\right)$ 的反函数（参看 6.1.3）称为**反正弦函数**，记作 $y=\arcsin x$.

（2）余弦函数 $y=\cos x(x\in[0,\pi])$ 的反函数称为**反余弦函数**，记作 $y=\arccos x$.

（3）正切函数 $y=\tan x\left(x\in\left(-\frac{\pi}{2},\frac{\pi}{2}\right)\right)$ 的反函数称为**反正切函数**，记作 $y=\arctan x$.

（4）余切函数 $y=\cot x(x\in(0,\pi))$ 的反函数称为**反余切函数**，记作 $y=\operatorname{arccot} x$.

（5）反正弦函数，反余弦函数，反正切函数，反余切函数统称为反三角函数（反三角函数还包括反正割函数和反余割函数，由于实用中用处不大，本手册不予列入）.

2. 反三角函数的图形（见图 3.1-12、3.1-13、3.1-14、3.1-15）

表 3.1-5

函　　数	定 义 域	值　　域
反正弦 $y=\arcsin x$	$-1\leqslant x\leqslant 1$	$-\frac{\pi}{2}\leqslant y\leqslant\frac{\pi}{2}$
反余弦 $y=\arccos x$	$-1\leqslant x\leqslant 1$	$0\leqslant y\leqslant\pi$
反正切 $y=\arctan x$	$-\infty<x<+\infty$	$-\frac{\pi}{2}<y<\frac{\pi}{2}$
反余切 $y=\operatorname{arccot} x$	$-\infty<x<+\infty$	$0<y<\pi$

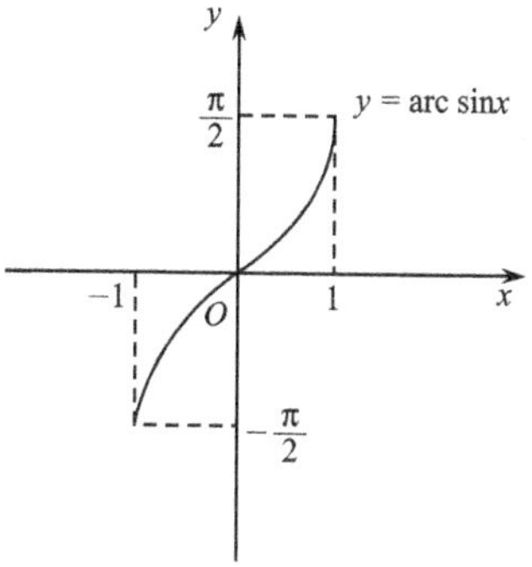

图 3.1-12

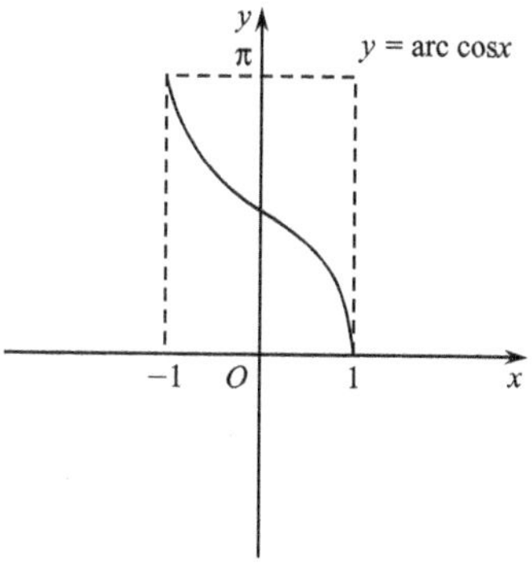

图 3.1-13

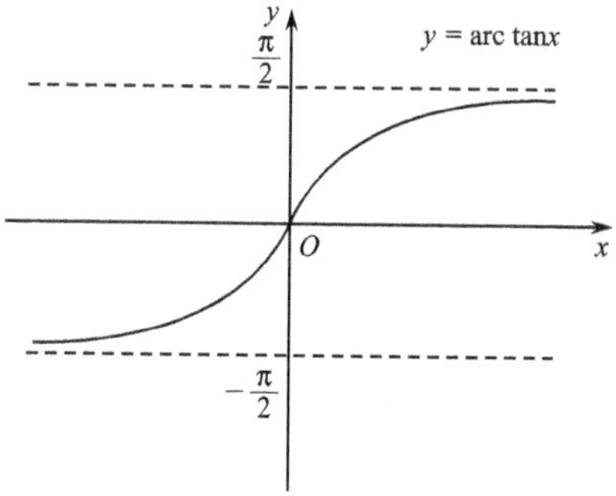

图 3.1-14

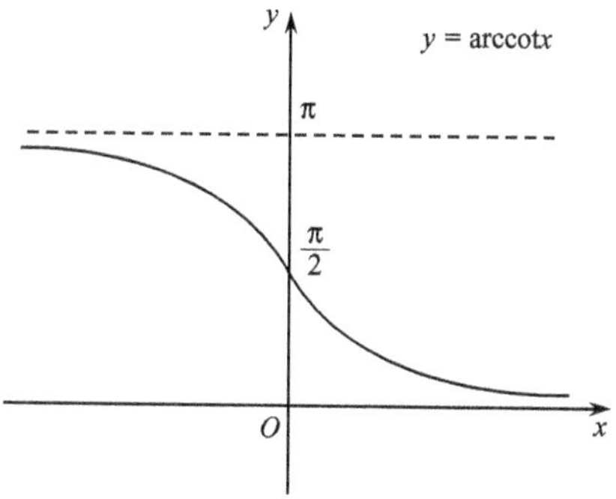

图 3.1-15

3. 反三角函数的恒等式

$$\sin(\arcsin x) = x, \quad |x| \leqslant 1.$$
$$\cos(\arccos x) = x, \quad |x| \leqslant 1.$$
$$\tan(\arctan x) = x, \quad |x| < +\infty.$$
$$\cot(\operatorname{arccot} x) = x, \quad |x| < +\infty.$$
$$\arcsin(\sin x) = x, \quad |x| \leqslant \frac{\pi}{2}.$$
$$\arccos(\cos x) = x, \quad 0 \leqslant x \leqslant \pi.$$
$$\arctan(\tan x) = x, \quad |x| < \frac{\pi}{2}.$$
$$\operatorname{arccot}(\cot x) = x, \quad 0 < x < \pi.$$
$$\arcsin(-x) = -\arcsin x.$$
$$\arccos(-x) = \pi - \arccos x.$$
$$\arctan(-x) = -\arctan x.$$
$$\operatorname{arccot}(-x) = \pi - \operatorname{arccot} x.$$
$$\arcsin x + \arccos x = \frac{\pi}{2}.$$
$$\arctan x + \operatorname{arccot} x = \frac{\pi}{2}.$$

4. 反三角函数的基本性质

1° 奇偶性

由关系式 $\arcsin(-x) = -\arcsin x$，$\arctan(-x) = -\arctan x$ 得知反正弦函数 $y=\arcsin x$ 和反正切函数 $y=\arctan x$ 均为奇函数,它们的图形对称于坐标原点.

2° 增减性

反正弦函数 $y=\arcsin x$ 在区间$[-1,1]$上是增函数. 反余弦函数 $y=\arccos x$ 在区间$[-1,1]$上是减函数. 反正切函数 $y=\arctan x$ 在区间$(-\infty,+\infty)$内是增函数. 反余切函数 $y=\operatorname{arccot} x$ 在区间$(-\infty,+\infty)$内是减函数.

3.1.10 三角方程

含未知数的三角函数的方程称为三角方程. 例如$\sqrt{2}\cos x-1=0$，$2\sin^2 x-5\sin x-3=0$，$x-\tan x=0$ 等等.

满足三角方程的未知数的一切值称为三角方程的**解**(也称为**解集**). 求出三角方程的解集的过程称为解三角方程.

$\sin x=a$，$\cos x=a$，$\tan x=a$，$\cot x=a$(a 为常数)称为最简单三角方程. 下面给出最简单三角方程的解集的公式表(表 3.1-6).

表 3.1-6

方　　程		方程的解集
$\sin x=a$	$a=1$	$\left\{x: x=2n\pi+\dfrac{\pi}{2},\ n\in\mathbf{Z}\right\}$
	$a=0$	$\{x: x=n\pi,\ n\in\mathbf{Z}\}$
	$a=-1$	$\left\{x: x=2n\pi-\dfrac{\pi}{2},\ n\in\mathbf{Z}\right\}$
	$\lvert a\rvert<1$	$\{x: x=n\pi+(-1)^n\arcsin a,\ n\in\mathbf{Z}\}$
	$\lvert a\rvert>1$	$\varnothing$(空集)
$\cos x=a$	$a=1$	$\{x: x=2n\pi,\ n\in\mathbf{Z}\}$
	$a=0$	$\left\{x: x=n\pi+\dfrac{\pi}{2},\ n\in\mathbf{Z}\right\}$
	$a=-1$	$\{x: x=(2n+1)\pi,\ n\in\mathbf{Z}\}$
	$\lvert a\rvert<1$	$\{x: x=2n\pi\pm\arccos a,\ n\in\mathbf{Z}\}$
	$\lvert a\rvert>1$	$\varnothing$
$\tan x=a$	$a\in\mathbf{R}$	$\{x: x=n\pi+\arctan a,\ n\in\mathbf{Z}\}$
$\cot x=a$	$a\in\mathbf{R}$	$\{x: x=n\pi+\operatorname{arccot} a,\ n\in\mathbf{Z}\}$

三角方程的形式是多种多样的，只有一些特殊类型的三角方程才能用初等方法，即通过代数运算或三角公式把原方程化为一个或若干个最简单三角方程来求解.许多三角方程只能用近似方法求解的近似值，例如 $x-\tan x=0$，$x^2-\sin x=0$，$x-3-\dfrac{1}{2}\sin x=0$ 等，就是如此.

例 1　解方程 $\sqrt{2}\cos x-1=0$.

由 $\cos x=\dfrac{1}{\sqrt{2}}$，得方程的解集为 $\left\{x: x=2n\pi\pm\dfrac{\pi}{4},\ n\in\mathbf{Z}\right\}$.

例 2　解方程 $2\sin^2 x-5\sin x-3=0$.

这个方程只含同角同名三角函数，可分解因式，化为两个最简单方程：

$$2\sin x+1=0,\ \sin x-3=0.$$

由 $\sin x=-\dfrac{1}{2}$，解得 $x=n\pi+(-1)^n\left(-\dfrac{\pi}{6}\right)$，$n\in\mathbf{Z}$. 由 $\sin x=3$，无解.所以方程的解

集为$\left\{x:x=n\pi+(-1)^n\left(-\frac{\pi}{6}\right),n\in\mathbf{Z}\right\}$.

例 3 解方程 $3\cos\frac{x}{2}+\cos x=1$.

这个方程含同名不同角的三角函数，由三角公式可化为只含同角同名的三角函数的三角方程.

已知 $\cos x=2\cos^2\frac{x}{2}-1$，代入方程得

$$2\cos^2\frac{x}{2}+3\cos\frac{x}{2}-2=0,$$

$$\left(2\cos\frac{x}{2}-1\right)\left(\cos\frac{x}{2}+2\right)=0,$$

由 $\cos\frac{x}{2}=\frac{1}{2}$，解得 $x=4n\pi\pm\frac{2\pi}{3}$, $n\in\mathbf{Z}$. 由 $\cos\frac{x}{2}=-2$，无解. 所以方程的解集为 $\left\{x:x=4n\pi\pm\frac{2\pi}{3},\ n\in\mathbf{Z}\right\}$.

例 4 解方程 $2\sin^2x-7\sin x\cos x-4\cos^2x=0$.

这是关于 $\sin x$ 和 $\cos x$ 的齐次方程，它可化为关于 $\tan x$ 的代数方程.

$$(2\sin x+\cos x)(\sin x-4\cos x)=0.$$

由 $2\sin x+\cos x=0$，得 $\tan x=-\frac{1}{2}$，解得 $x=n\pi+\arctan\left(-\frac{1}{2}\right)$, $n\in\mathbf{Z}$. 由 $\sin x-4\cos x=0$，得 $\tan x=4$，解得 $x=n\pi+\arctan4$, $n\in\mathbf{Z}$. 所以方程的解集为

$$\left\{x:x=n\pi+\arctan\left(-\frac{1}{2}\right),\ n\in\mathbf{Z}\right\}\cup\{x:x=n\pi+\arctan4,\ n\in\mathbf{Z}\}.$$

例 5 解方程 $a\sin x+b\cos x=c$（其中 a,b,c 为常数，且 a,b 不全为零）.

这个方程可采用引进辅助角的方法求解，用 $\sqrt{a^2+b^2}$ 同除方程两边，得

$$\frac{a}{\sqrt{a^2+b^2}}\sin x+\frac{b}{\sqrt{a^2+b^2}}\cos x=\frac{c}{\sqrt{a^2+b^2}}.$$

引进辅助角 $\varphi=\arctan\frac{b}{a}$，于是有

$$\frac{a}{\sqrt{a^2+b^2}}=\cos\varphi,\ \frac{b}{\sqrt{a^2+b^2}}=\sin\varphi.$$

方程变形为

$$\sin(x+\varphi)=\frac{c}{\sqrt{a^2+b^2}}.$$

当 $\left|\frac{c}{\sqrt{a^2+b^2}}\right|\leqslant1$ 时，方程的解集为

$$\left\{x:x=n\pi+(-1)^n\arcsin\frac{c}{\sqrt{a^2+b^2}}-\varphi,\ n\in\mathbf{Z}\right\}.$$

当 $\left|\dfrac{c}{\sqrt{a^2+b^2}}\right|>1$ 时，方程无解.

§3.2 球面三角

球面三角研究球面上由大圆弧构成的球面三角形的边和角之间的关系.球面三角在天文学、测量学、制图学、结晶学、仪器学等方面有广泛的应用.

3.2.1 球面角 球面二角形 球面三角形

定义 1 用通过球心 O 的平面截球面，所得的截线称为**大圆**.

大圆的半径即为球的半径 R.球面上两点 A，B 间在球面上的最短距离是大圆弧 $\widehat{AB}$.设 $\widehat{AB}$ 所对的圆心角为 α（以弧度为单位），则 $\widehat{AB}=R\alpha$（图 3.2-1）.

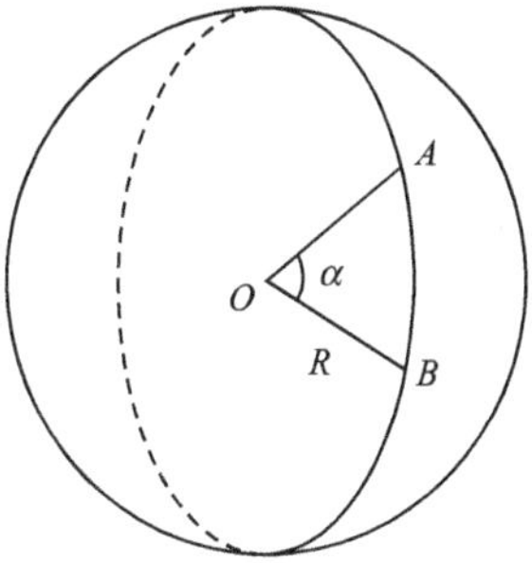

图 3.2-1

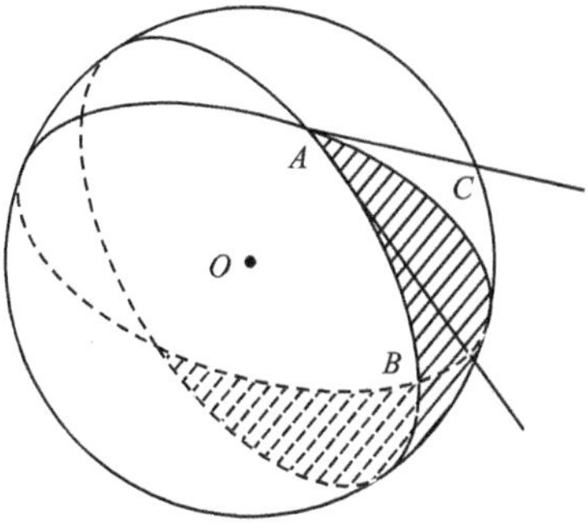

图 3.2-2

定义 2 两大圆弧相交所成的角称为**球面角**.

球面角可用两大圆弧在交点 A 的切线间的夹角来度量，也可用两圆弧所确定的两平面 AOB，AOC 所构成的二面角来度量(图 3.2-2).

球面角也像平面角一样，它的值可以介于 0°到 360°之间.

定义 3 球面上介于两个相邻半圆周中间的部分称为**球面二角形**(图 3.2-2 的阴影部分).

球面二角形的面积 $S_A=2R^2A$（A 为球面角，以弧度为单位）.

定义 4 三个两两相交的大圆弧所围成的球面上的部分称为**球面三角形**(如图 3.2-3 中的阴影部分).

球面三角形 ABC 的三个顶点是过球心的三条有向直线与球面的交点 A，B，C.三个球面角也就分别用 A，B，C 来表示，其对应边分别用 a，b，c 来表示.a，b，c 等于三有向直线 OA，OB，OC 之间所夹的三个平面角(图 3.2-4)，亦即球面三角形的三条边用平面角来度量.

三个大圆弧在球面上可构成几个球面三角形，一般仅限于考虑三条边都小于 π 的球面三角形，这样的三角形称为**欧拉球面三角形**.

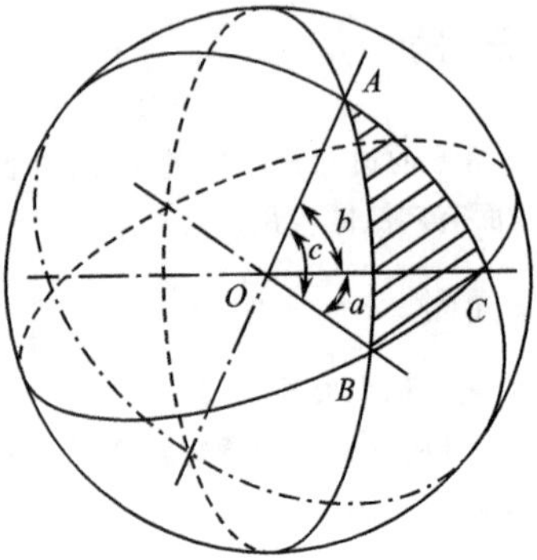

图 3.2-3

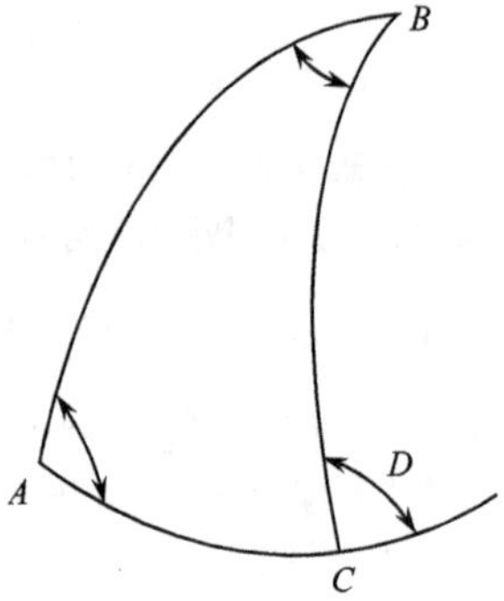

图 3.2-4

3.2.2 球面三角形的性质

1. $0<a+b+c<2\pi$.
2. $\pi<A+B+C<3\pi$.
3. 在任一球面三角形中，大角所对的边较大，反之亦然.
4. 球面三角形两边的和大于第三边，两边的差小于第三边.
5. 任意两球面角的和减去第三个球面角则小于 π. 例如

$$A+B-C<\pi.$$

6. 球面三角形的外角小于不相邻两内角的和，大于它们的差. 例如图 3.2-4，

$$A-B<D<A+B.$$

定义 5 球面三角形的三角之和与 π 之差称为**球面角盈**（或**球面角超**，**球面剩余**），记作 E，即

$$E=A+B+C-\pi.$$

球面三角形的面积 $S=ER^2$（R 为球的半径）.

3.2.3 球面三角形的计算公式

1. $\dfrac{\sin a}{\sin A}=\dfrac{\sin b}{\sin B}=\dfrac{\sin c}{\sin C}$ （**正弦定理**）.
2. $\cos a=\cos b\cos c+\sin b\sin c\cos A$ （**边的余弦定理**）.
3. $\cos A=-\cos B\cos C+\sin B\sin C\cos a$ （**角的余弦定理**）.

4. **耐皮尔相似**

$$\tan\frac{A+B}{2}=\cot\frac{C}{2}\,\frac{\cos\frac{1}{2}(a-b)}{\cos\frac{1}{2}(a+b)},$$

$$\tan\frac{A-B}{2}=\cot\frac{C}{2}\,\frac{\sin\frac{1}{2}(a-b)}{\sin\frac{1}{2}(a+b)},$$

$$\tan\frac{a+b}{2}=\tan\frac{c}{2}\,\frac{\cos\frac{1}{2}(A-B)}{\cos\frac{1}{2}(A+B)},$$

$$\tan\frac{a-b}{2}=\tan\frac{c}{2}\,\frac{\sin\frac{1}{2}(A-B)}{\sin\frac{1}{2}(A+B)}.$$

5. **半角公式**

$$\sin\frac{A}{2}=\sqrt{\frac{\sin(p-b)\sin(p-c)}{\sin b\sin c}},$$

$$\cos\frac{A}{2}=\sqrt{\frac{\sin p\sin(p-a)}{\sin b\sin c}},$$

$$\tan\frac{A}{2}=\frac{m}{\sin(p-a)}.$$

式中 $p=\frac{1}{2}(a+b+c)$，$m=\sqrt{\frac{\sin(p-a)\sin(p-b)\sin(p-c)}{\sin p}}$.

6. **半边公式**

$$\sin\frac{a}{2}=\sqrt{\frac{-\cos P\cos(P-A)}{\sin B\sin C}},$$

$$\cos\frac{a}{2}=\sqrt{\frac{\cos(P-B)\cos(P-C)}{\sin B\sin C}},$$

$$\tan\frac{a}{2}=\frac{\cos(P-A)}{M}.$$

式中 $P=\frac{1}{2}(A+B+C)$，$M=\sqrt{\frac{\cos(P-A)\cos(P-B)\cos(P-C)}{-\cos P}}$.

7. **德朗布尔-高斯相似**

$$\sin\frac{A}{2}\sin\frac{b+c}{2}=\sin\frac{a}{2}\cos\frac{B-C}{2},$$

$$\sin\frac{A}{2}\cos\frac{b+c}{2}=\cos\frac{a}{2}\cos\frac{B+C}{2},$$

$$\cos\frac{A}{2}\sin\frac{b-c}{2}=\sin\frac{a}{2}\sin\frac{B-C}{2},$$

$$\cos\frac{A}{2}\cos\frac{b-c}{2}=\cos\frac{a}{2}\sin\frac{B+C}{2}.$$

3.2.4 球面直角三角形解法

若在球面三角形中至少有一个角是直角，则这样的三角形称为**球面直角三角形**，否则称为**球面斜角三角形**.

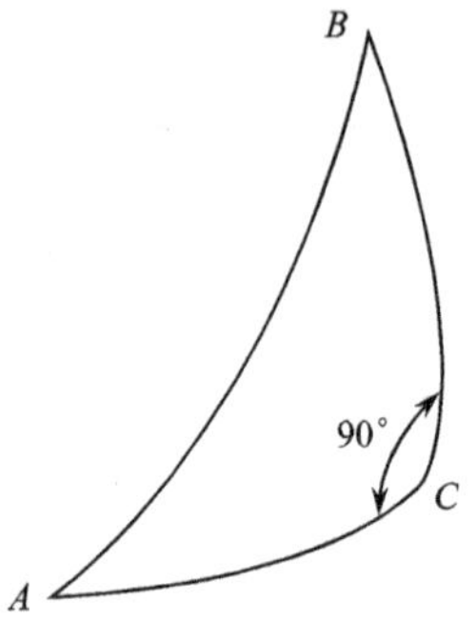

图 3.2-5

在图 3.2-5 中设 $C=\frac{\pi}{2}$，这时有解球面直角三角形 ABC 的公式

$$\cos c=\cos a\cos b=\cot A\cot B,$$
$$\cos A=\sin B\cos a=\tan b\cot c,$$
$$\cos B=\sin A\cos b=\tan a\cot c,$$
$$\sin a=\sin A\sin c=\tan b\cot B,$$
$$\sin b=\sin B\sin c=\tan a\cot A.$$

以上某些公式是 3.2.3 中 1 或 3 的特殊情形 $\left(C=\frac{\pi}{2}\right)$. 但上面所有公式都可由耐皮尔规则得出. 此规则由图 3.2-6 来表述. 设 $C=\frac{\pi}{2}$，剩下球面直角三角形的五个元素 a,b,c,A,B，其中 c,A,B 代之以 $\frac{\pi}{2}-c$，$\frac{\pi}{2}-A$，$\frac{\pi}{2}-B$，将它们分别置于圆的五个部分. 紧靠着某一部分的两侧部分称为该部分的相邻部分，其余两部分称为相对部分.

耐皮尔规则：在图 3.2-6 中任一部分的正弦等于相邻部分正切的乘积，或相对部分的余弦的乘积.

例如 $\sin a=\tan b\tan\left(\frac{\pi}{2}-B\right)=\tan b\cot B$，

$$\sin a=\cos\left(\frac{\pi}{2}-A\right)\cos\left(\frac{\pi}{2}-c\right)=\sin A\sin c.$$

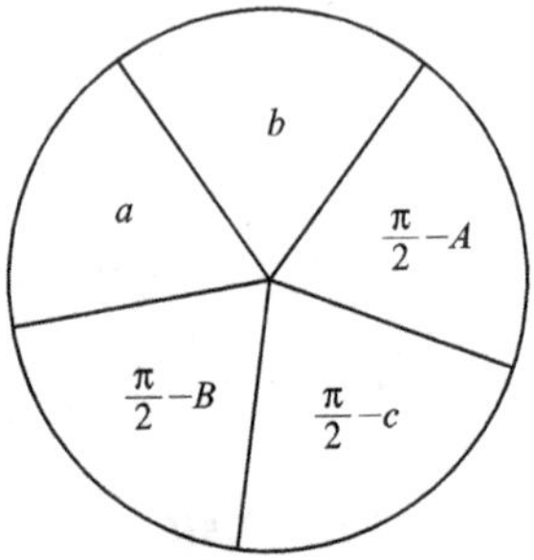

图 3.2-6

对于球面直角三角形，如已知两元素，其他三元素可由前面公式解出. 例如已知斜边 c 和另一边 a，仅当 $\sin a\leqslant\sin c$ 时，问题有一个解

$$\cos b=\frac{\cos c}{\cos a},$$

$$\cos B=\frac{\tan a}{\tan c},$$

$$\sin A=\frac{\sin a}{\sin c}.$$

3.2.5 球面斜角三角形解法

在下表 3.2-1 中的量 p,P,m,M 如 3.2.3 中所示.

表 3.2-1

已知元素	所求元素	解的公式
边 a,b,c	角 A,B,C	$\tan\frac{A}{2}=\frac{m}{\sin(p-a)}$, $\tan\frac{B}{2}=\frac{m}{\sin(p-b)}$, $\tan\frac{C}{2}=\frac{m}{\sin(p-c)}$.
角 A,B,C	边 a,b,c	$\tan\frac{a}{2}=\frac{\cos(P-A)}{M}$, $\tan\frac{b}{2}=\frac{\cos(P-B)}{M}$, $\tan\frac{c}{2}=\frac{\cos(P-C)}{M}$.
边 a,b 及夹角 C	边 c,角 A, B	$\tan\frac{A+B}{2}=\cot\frac{C}{2}\frac{\cos\frac{1}{2}(a-b)}{\cos\frac{1}{2}(a+b)}$, $\tan\frac{A-B}{2}=\cot\frac{C}{2}\frac{\sin\frac{1}{2}(a-b)}{\sin\frac{1}{2}(a+b)}$,由此解出 A, B. $\tan\frac{c}{2}=\tan\frac{a+b}{2}\frac{\cos\frac{1}{2}(A+B)}{\cos\frac{1}{2}(A-B)}$.
角 A,B 及夹边 c	角 C,边 a, b	$\tan\frac{a+b}{2}=\tan\frac{c}{2}\frac{\cos\frac{1}{2}(A-B)}{\cos\frac{1}{2}(A+B)}$, $\tan\frac{a-b}{2}=\tan\frac{c}{2}\frac{\sin\frac{1}{2}(A-B)}{\sin\frac{1}{2}(A+B)}$, 由此解出 a, b. $\tan\frac{C}{2}=\cot\frac{1}{2}(A+B)\frac{\cos\frac{1}{2}(a-b)}{\cos\frac{1}{2}(a+b)}$.
边 a,b 及一对角 A	角 B,C,边 c	$\sin B=\frac{\sin b\sin A}{\sin a}$, $\tan\frac{C}{2}=\cot\frac{1}{2}(A+B)\frac{\cos\frac{1}{2}(a-b)}{\cos\frac{1}{2}(a+b)}$, $\tan\frac{c}{2}=\tan\frac{a+b}{2}\frac{\cos\frac{1}{2}(A+B)}{\cos\frac{1}{2}(A-B)}$.
角 A,B 及一对边 a	角 C,边 b, c	$\sin b=\frac{\sin B\sin a}{\sin A}$, $\tan\frac{c}{2}=\tan\frac{a+b}{2}\frac{\cos\frac{1}{2}(A+B)}{\cos\frac{1}{2}(A-B)}$, $\tan\frac{C}{2}=\cot\frac{A+B}{2}\frac{\cos\frac{1}{2}(a-b)}{\cos\frac{1}{2}(a+b)}$.

4. 解析几何

§4.1 笛卡儿直角坐标系

4.1.1 笛卡儿直角坐标系

1. 平面上的笛卡儿直角坐标系

如图 4.1-1 所示，过平面上一点 O 作两条互相垂直并规定正方向的直线 Ox 与 Oy，它们统称为坐标轴，Ox 轴称为横轴，Oy 轴称为纵轴，交点 O 称为坐标原点，简称原点. 再取定一个单位长度. 这种有了坐标轴及取定一个单位长度的系统称为平面上的笛卡儿直角坐标系，简称平面直角坐标系. 以点 O 为原点、Ox 与 Oy 分别为横轴与纵轴的坐标系记作 Oxy.

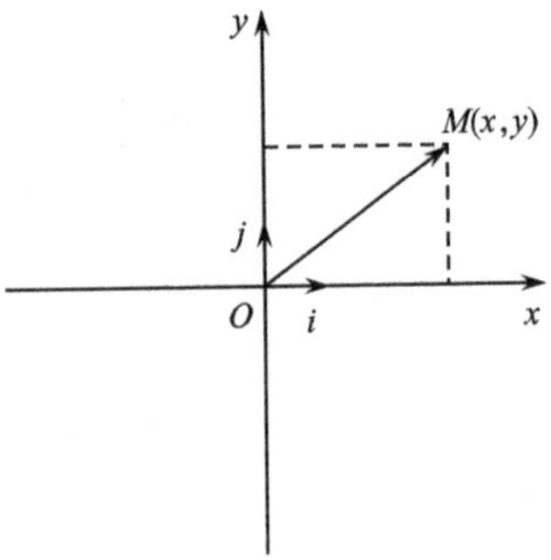

图 4.1-1

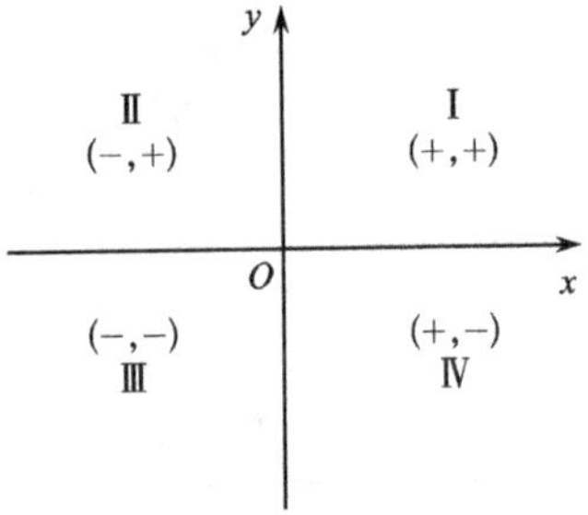

图 4.1-2

分别以 $\boldsymbol{i},\boldsymbol{j}$ 记 Ox，Oy 轴正方向上的单位向量，称为基本单位向量，则任一向量 $\overrightarrow{OM}$ 可唯一地表示为 $\overrightarrow{OM}=x\boldsymbol{i}+y\boldsymbol{j}$（图 4.1-1），$x,y$ 分别称为点 M 的横坐标与纵坐标，记作 $M(x,y)$. 两坐标轴把平面分为四个部分，每一部分都称为一个象限，象限的顺序及点的坐标 x,y 在各象限的符号如图 4.1-2 所示.

2. 空间中的笛卡儿直角坐标系

如图 4.1-3 所示，过空间中一点 O 作三条两两垂直并规定正方向的直线 Ox，Oy 及 Oz. 它们统称为坐标轴. Ox 轴称为横轴，Oy 轴称为纵轴，Oz 轴称为竖轴，交点 O 称为坐标原点，简称原点. 再取定一个单位长度. 这种有了坐标轴及取定一个单位长度的系统称为空间中的笛卡儿直角坐标系，简称空间直角坐标系. 以点 O 为原点，

Ox,Oy 及 Oz 分别为横轴、纵轴及竖轴的坐标系记作 $Oxyz$.

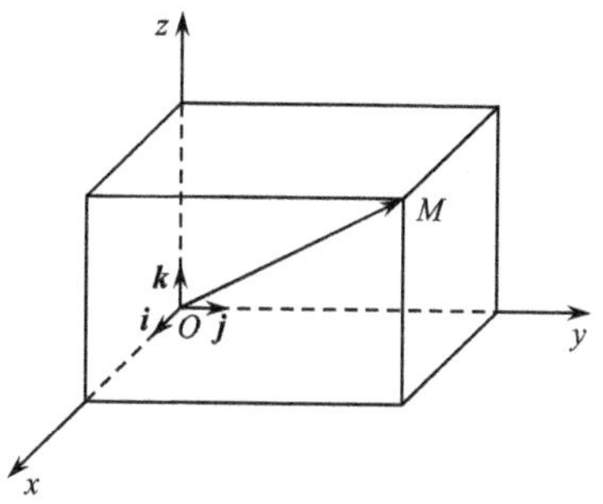

图 4.1-3

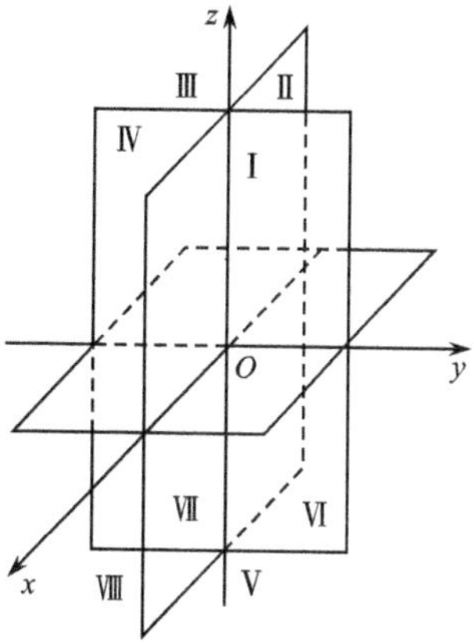

图 4.1-4

分别以 $\boldsymbol{i},\boldsymbol{j},\boldsymbol{k}$ 记 Ox,Oy,Oz 轴正方向上的单位向量,则任一向量 $\overrightarrow{OM}$ 可唯一地表示为 $\overrightarrow{OM}=x\boldsymbol{i}+y\boldsymbol{j}+z\boldsymbol{k}$(图 4.1-3). x,y,z 分别称为点 M 的横坐标、纵坐标与竖坐标,记作 $M(x,y,z)$.

平面 xOy,yOz 及 zOx 统称为坐标平面.它们把空间分为八部分.每一部分都称为一个卦限.八个卦限的顺序如图 4.1-4 所示.空间中点的坐标 x,y,z 在各卦限的符号如下表.

卦限 / 符号 / 坐标	Ⅰ	Ⅱ	Ⅲ	Ⅳ	Ⅴ	Ⅵ	Ⅶ	Ⅷ
x	+	−	−	+	+	−	−	+
y	+	+	−	−	+	+	−	−
z	+	+	+	+	−	−	−	−

4.1.2 两点间的距离

1. 平面上两点间的距离

平面上两点 $M_1(x_1,y_1)$, $M_2(x_2,y_2)$间的距离为

$$d=\sqrt{(x_2-x_1)^2+(y_2-y_1)^2}.$$

2. 空间中两点间的距离

空间中两点 $M_1(x_1,y_1,z_1)$, $M_2(x_2,y_2,z_2)$间的距离为

$$d=\sqrt{(x_2-x_1)^2+(y_2-y_1)^2+(z_2-z_1)^2}.$$

4.1.3 分线段为定比的分点的坐标

1. 平面上

给定平面上两点 $M_1(x_1,y_1)$ 及 $M_2(x_2,y_2)$. 若点 $M(x,y)$ 是线段 M_1M_2 的分点(图 4.1-5),其分割比例为$\frac{M_1M}{MM_2}=\lambda$,则

$$x=\frac{x_1+\lambda x_2}{1+\lambda},y=\frac{y_1+\lambda y_2}{1+\lambda}\quad(-\infty<\lambda<+\infty,\ \lambda\neq-1).$$

当 $\lambda>0$ 时,称为**内分**;当 $\lambda<0$ 时,称为**外分**;当 $\lambda=1$ 时,点 M 为线段 M_1M_2 的中点:

$$x=\frac{x_1+x_2}{2},\ y=\frac{y_1+y_2}{2}.$$

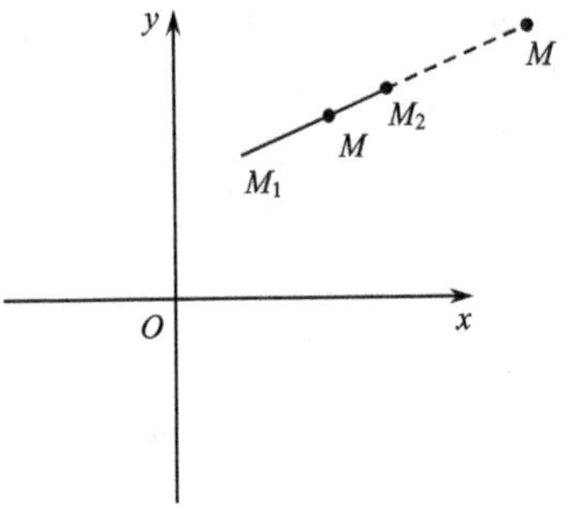

图 4.1-5

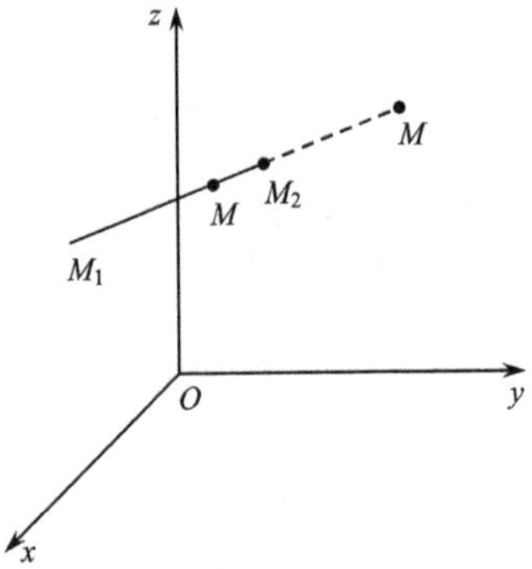

图 4.1-6

2. 空间中

给定空间中两点 $M_1(x_1,y_1,z_1)$ 及 $M_2(x_2,y_2,z_2)$. 若点 $M(x,y,z)$ 是线段 M_1M_2 的分点(图 4.1-6),其分割比例为$\frac{M_1M}{MM_2}=\lambda$,则

$$x=\frac{x_1+\lambda x_2}{1+\lambda},\ y=\frac{y_1+\lambda y_2}{1+\lambda},\ z=\frac{z_1+\lambda z_2}{1+\lambda}(-\infty<\lambda<+\infty,\ \lambda\neq-1).$$

当 $\lambda>0$ 时,称为**内分**;当 $\lambda<0$ 时,称为**外分**;当 $\lambda=1$ 时,点 M 为线 M_1M_2 的中点:

$$x=\frac{x_1+x_2}{2},y=\frac{y_1+y_2}{2},z=\frac{z_1+z_2}{2}.$$

4.1.4 坐标变换

1. 平移变换

若将坐标轴从一个位置平行移动到另一个位置,则称这种变换为坐标轴的**平移变换**.

若将坐标系 Oxy 平行移动为新坐标系 $O'x'y'$(图 4.1-7). O' 关于原坐标系 Oxy 的坐标为 a,b. 点 M 在坐标系 Oxy 与 $O'x'y'$ 下的坐标分别为 (x,y) 与 (x',y'),则平移变换为

$$x=a+x',\ y=b+y'.$$

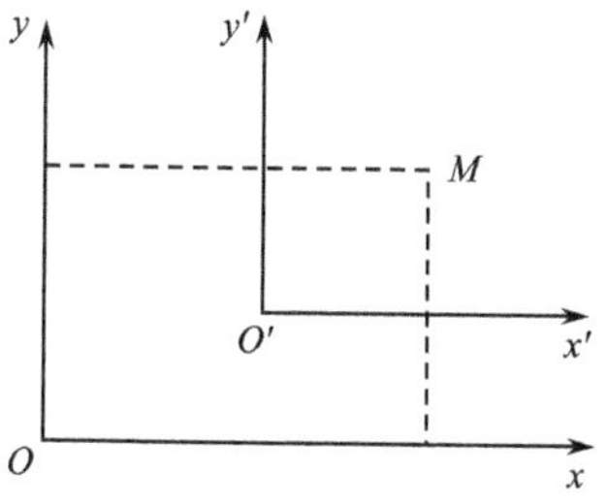

图 4.1-7

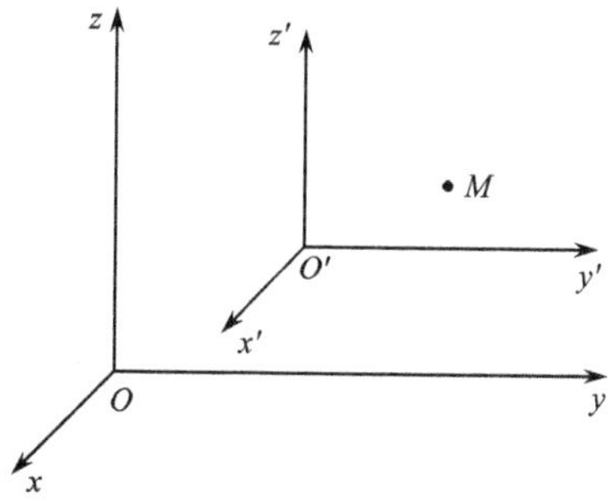

图 4.1-8

若将坐标系 $Oxyz$ 平行移动为新坐标系 $O'x'y'z'$(图 4.1-8). O' 关于原坐标系 $Oxyz$ 的坐标为 a,b,c. 点 M 在坐标系 $Oxyz$ 与 $O'x'y'z'$ 下的坐标分别为 (x,y,z) 与 (x',y',z'),则平移变换为

$$x=a+x',\quad y=b+y',\quad z=c+z'.$$

2. 旋转变换

设在坐标系 Oxy 中,原点 O 不动,两轴旋转 α 角而得一新坐标系 $Ox'y'$(图 4.1-9). 若点 M 在坐标系 Oxy 与 $Ox'y'$ 下的坐标分别为 (x,y) 与 (x',y'),则相应的**旋转变换**为

$$x=x'\cos\alpha-y'\sin\alpha,\quad y=x'\sin\alpha+y'\cos\alpha,$$

或

$$x'=x\cos\alpha+y\sin\alpha,\quad y'=-x\sin\alpha+y\cos\alpha.$$

设在坐标系 $Oxyz$ 中,原点 O 不动,坐标轴旋转而得一新坐标系 $Ox'y'z'$(图 4.1-10). Ox' 轴与 Ox 轴、Oy 轴、Oz 轴的正向夹角分别为 α_1, β_1, γ_1;Oy' 轴与 Ox 轴、Oy 轴、Oz 轴的正向夹角分别为 α_2, β_2, γ_2;Oz' 轴与 Ox 轴、Oy 轴、Oz 轴的正向夹角

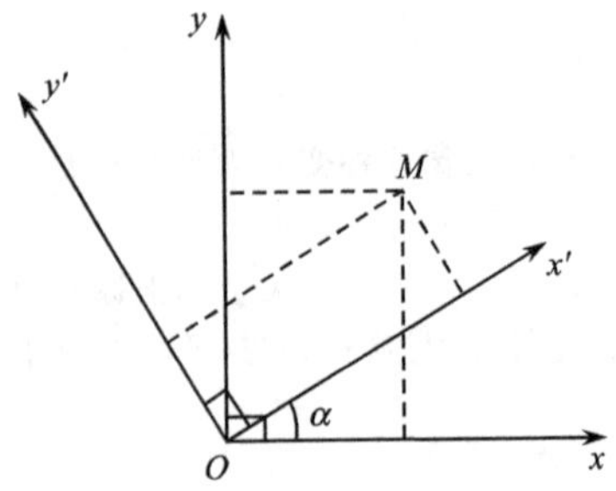

图 4.1-9

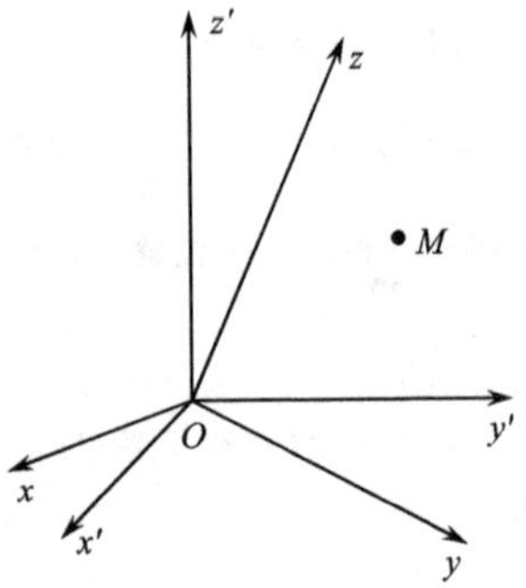

图 4.1-10

分别为 α_3, β_3, γ_3. 若点 M 在坐标系 $Oxyz$ 与 $Ox'y'z'$ 下的坐标分别为 (x,y,z) 与 (x',y',z')，则相应的**旋转变换**为

$$\begin{cases} x = x'\cos\alpha_1 + y'\cos\alpha_2 + z'\cos\alpha_3, \\ y = x'\cos\beta_1 + y'\cos\beta_2 + z'\cos\beta_3, \\ z = x'\cos\gamma_1 + y'\cos\gamma_2 + z'\cos\gamma_3, \end{cases}$$

或

$$\begin{cases} x' = x\cos\alpha_1 + y\cos\beta_1 + z\cos\gamma_1, \\ y' = x\cos\alpha_2 + y\cos\beta_2 + z\cos\gamma_2, \\ z' = x\cos\alpha_3 + y\cos\beta_3 + z\cos\gamma_3. \end{cases}$$

§4.2　曲线方程与曲面方程

4.2.1　基本概念

1. 曲线方程的概念

定义 1　设在平面直角坐标系 Oxy 中给定某条曲线 C(图 4.2-1). 如果 C 上所有点的坐标 x,y 都满足方程 $\varphi(x,y)=0$，且坐标 x,y 满足方程 $\varphi(x,y)=0$ 的所有点都在 C 上，则称 $\varphi(x,y)=0$ 为所给**曲线的方程**；反过来，曲线 C 称为所给**方程的曲线**.

2. 曲面方程的概念

定义 2　设在空间直角坐标系 $Oxyz$ 中给定某张曲面 S(图 4.2-2). 如果 S 上所有点的坐标 x,y,z 都满足方程 $f(x,y,z)=0$，且坐标 x,y,z 满足方程 $f(x,y,z)=0$ 的所有点都在 S 上，则称方程 $f(x,y,z)=0$ 为所给**曲面的方程**；反过来，曲面 S 称为所给**方程的曲面**.

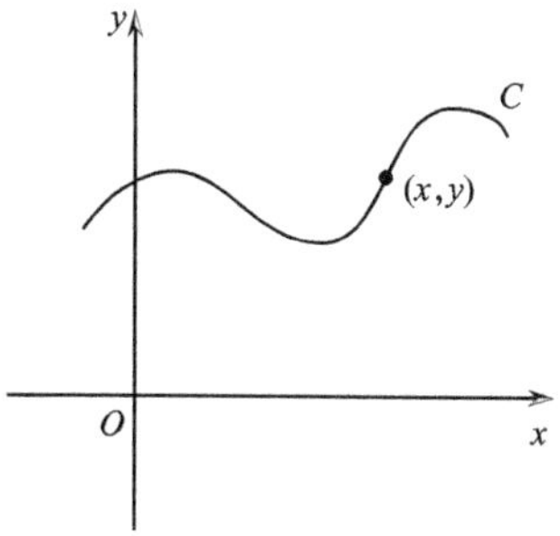

图 4.2-1

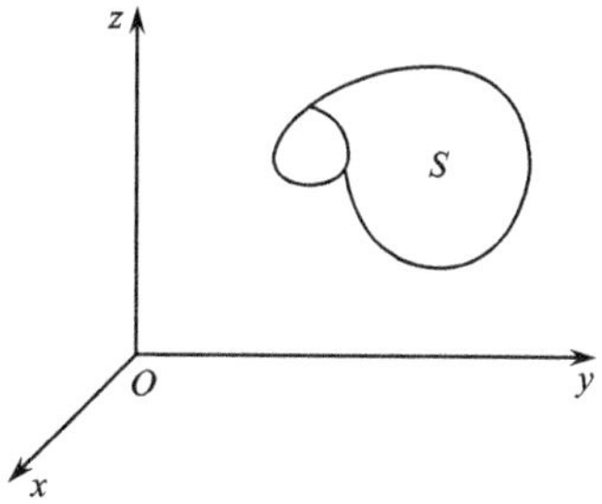

图 4.2-2

4.2.2 曲线的参数方程

定义 3 在平面直角坐标系 Oxy 中，如果曲线 C 上任意一点的坐标 x,y 可表示为某一变量 t 的函数

$$x = x(t),\quad y = y(t)\quad (a \leqslant t \leqslant b), \tag{4.2-1}$$

当使 x,y 随变量 t 在区间$[a,b]$上变化时而描出曲线 C，且只描出曲线 C，则称(4.2-1)式为曲线 C 的**参数方程**或参数表示，变量 t 称为参变量或**参数**.

在空间直角坐标系 $Oxyz$ 中，如果曲线 Γ 上任意一点的坐标 x,y,z 可表为某一变量 t 的函数

$$x = x(t),\ y = y(t),\ z = z(t)\quad (a \leqslant t \leqslant b), \tag{4.2-2}$$

当使 x,y,z 随变量 t 在区间$[a,b]$上变化时而描出曲线 Γ，且只描出曲线 Γ，则称(4.2-2)式为曲线 Γ 的**参数方程**.

4.2.3 交点与交线

1. 平面曲线的交点

给定两条平面曲线 $C_1:\varphi_1(x,y)=0$ 与 $C_2:\varphi_2(x,y)=0$，则方程组

$$\varphi_1(x,y) = 0,\ \varphi_2(x,y) = 0$$

的每一组实数解都是曲线 C_1 与曲线 C_2 的交点.

2. 曲面的交线

给定两张曲面 $S_1:f_1(x,y,z)=0$ 与 $S_2:f_2(x,y,z)=0$，则方程组

$$f_1(x,y,z) = 0,\ f_2(x,y,z) = 0$$

即为曲面 S_1 与曲面 S_2 的交线的方程.

3. 曲线与曲面的交点

给定曲面 $S: f(x,y,z)=0$ 与曲线 $\Gamma: f_1(x,y,z)=0, f_2(x,y,z)=0$,则方程组

$$f(x,y,z)=0,\ f_1(x,y,z)=0,\ f_2(x,y,z)=0$$

的每一组实数解都是曲线 Γ 与曲面 S 的交点.

§4.3 平面上的直线

4.3.1 平面上的直线方程

1. 倾角与斜率

设有一直线 L 与 Ox 轴交于点 A,P 是 Ox 轴上位于点 A 右方的一点,M 是位于上半平面的 L 上的一点(图 4.3-1),则称角 $\alpha=\angle PAM$ 为直线 L 对于 Ox 轴的**倾斜角**,简称 L 的倾角.若 L 平行于 Ox 轴,则其倾角为零.对任一直线均有 $0\leqslant\alpha<\pi$.

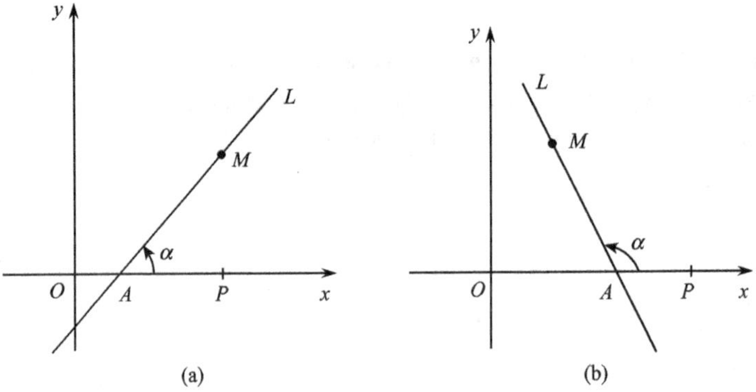

图 4.3-1

一直线的倾角 α 的正切 $\tan\alpha$ 称为该直线的**斜率**,记作 k,即 $k=\tan\alpha$.

2. 点斜式方程

通过定点 $M_0(x_0,y_0)$.斜率为 k 的直线 L 的方程为 $y-y_0=k(x-x_0)$,称为 L 的**点斜式方程**.

3. 斜截式方程

斜率为 k 且在 Oy 轴上的截距为 b 的直线 L 的方程为 $y=kx+b$,称为 L 的**斜截式方程**.

4. 两点式方程

通过两个不同的定点 $M_1(x_1,y_1)$ 与 $M_2(x_2,y_2)$ 的直线 L 的方程为 $\frac{x-x_1}{x_2-x_1}=\frac{y-y_1}{y_2-y_1}$，称为 L 的**两点式方程**.

5. 截距式方程

设直线 L 在 Ox 轴与 Oy 轴上的截距分别为 a 与 b，则其方程为 $\frac{x}{a}+\frac{y}{b}=1$，称为 L 的**截距式方程**.

6. 一般式方程

二元一次方程 $Ax+By+C=0$ 称为直线的**一般式方程**，其中系数 A,B 不同时为零. 当 $B\neq 0$ 时，斜率为 $k=-\frac{A}{B}$，在 Oy 轴上的截距为 $b=-\frac{C}{B}$.

4.3.2 点到直线的距离　直线的法方程

设直线 L 的方程为 $Ax+By+C=0$. $M'(x',y')$ 为 L 外的一点，用 $d(x',y';L)$ 表示点 M' 到 L 的距离，则

$$d(x',y';L)=\frac{|Ax'+By'+C|}{\sqrt{A^2+B^2}}.$$

设 p,θ 的含义如图 4.3-2 所示，则方程 $x\cos\theta+y\sin\theta=p\ (p\geqslant 0,\ 0\leqslant\theta<2\pi)$ 称为直线 L 的**法线式方程**，简称**法方程**. 若 L 的方程为 $Ax+By+C=0$，则 L 的法方程为 $\frac{Ax+By+C}{\pm\sqrt{A^2+B^2}}=0$，根号前的符号取与 C 异号，当 $C=0$ 时，取与 A 或 B 同号.

4.3.3 两直线的夹角及平行、垂直条件

1. 两直线的夹角

设在坐标系 Oxy 中，有两条不平行于 Oy 轴且互不垂直的直线 L_1 与 L_2（图 4.3-3）. 把 L_1 绕交点 S 迴转使它第一次与 L_2 重合时所需转动的角 θ 称为 L_1 到 L_2 的夹角. 当从 L_1 到 L_2 为逆时针方向时，$\theta>0$；顺时针方向时，$\theta<0$. 若 L_1 与 L_2 的斜率分别为 $k_1=\tan\alpha_1$ 与 $k_2=\tan\alpha_2$ 则

$$\tan\theta=\frac{k_2-k_1}{1+k_1k_2}.$$

2. 两直线平行、垂直的条件

给定两直线 $L_1: A_1x+B_1y+C_1=0$,

$L_2: A_2x+B_2y+C_2=0$,

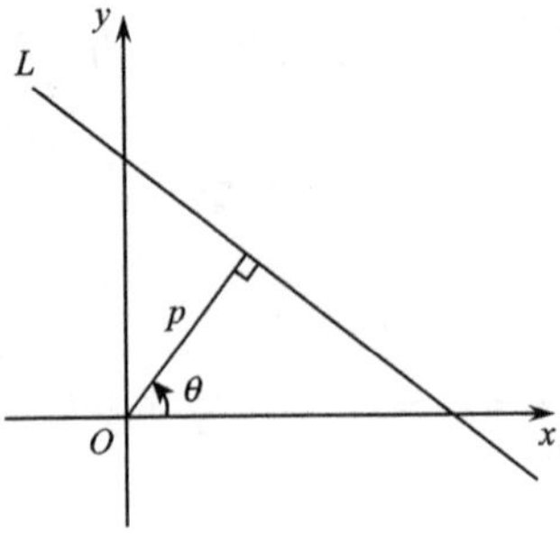

图 4.3-2

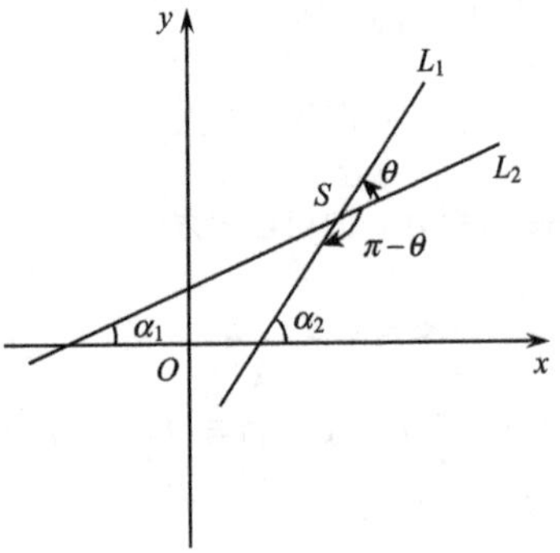

图 4.3-3

则 L_1 与 L_2 平行的必要充分条件为

$$A_1B_2 - A_2B_1 = 0 \quad 或 \quad \frac{A_1}{A_2} = \frac{B_1}{B_2}.$$

L_1 与 L_2 垂直的必要充分条件为

$$A_1A_2 + B_1B_2 = 0 \quad 或 \quad \frac{A_1}{B_1} \cdot \frac{A_2}{B_2} = -1.$$

4.3.4 直线束 三直线共点的条件

通过一定点的所有直线的全体称为**直线束**. 定点称为直线束的中心.

设直线束中两直线 L_1 与 L_2 的方程分别为：$A_1x+B_1y+C_1=0$ 与 $A_2x+B_2y+C_2=0$，则以 L_1 与 L_2 的交点为中心的直线束的方程为

$$\mu(A_1x + B_1y + C_1) + \lambda(A_2x + B_2y + C_2) = 0,$$

式中 μ,λ 为可取任意实数值的参数且 $\mu^2+\lambda^2 \neq 0$.

设有三条直线 $L_i: A_ix+B_iy+C_i=0 (i=1,2,3)$. 若 L_1, L_2, L_3 中任何两条直线既不平行也不重合，则直线 L_1, L_2, L_3 共点的必要充分条件为

$$\begin{vmatrix} A_1 & B_1 & C_1 \\ A_2 & B_2 & C_2 \\ A_3 & B_3 & C_3 \end{vmatrix} = 0.$$

§4.4 二次曲线

4.4.1 圆

关于圆的定义参见 2.1.5.

以点 $M_0(x_0, y_0)$ 为圆心，$R>0$ 为半径的圆的方程为

$$(x-x_0)^2+(y-y_0)^2=R^2.$$

特别,圆心在原点的圆的方程为

$$x^2+y^2=R^2.$$

定义 1 在平面直角坐标系 Oxy 中,由一般的二元二次方程

$$a_{11}x^2+2a_{12}xy+a_{22}y^2+2a_1x+2a_2y+a_3=0 \quad (a_{11}^2+a_{12}^2+a_{22}^2\neq 0) \tag{4.4-1}$$

所确定的曲线,称为**二次曲线**.

在方程(4.4-1)中,若 $a_{11}=a_{22}=a>0, a_{12}=0$,即有

$$\left(x+\frac{a_1}{a}\right)^2+\left(y+\frac{a_2}{a}\right)^2=\frac{1}{a^2}(a_1^2+a_2^2-aa_3). \tag{4.4-2}$$

当 $a_1^2+a_2^2>aa_3$ 时,方程(4.4-2)表示以 $\left(-\frac{a_1}{a},-\frac{a_2}{a}\right)$ 为圆心,以 $\frac{1}{a}\sqrt{a_1^2+a_2^2-aa_3}$ 为半径的圆.

4.4.2 椭圆

定义 2 到两定点的距离之和为常数的动点的轨迹称为**椭圆**. 两定点称为椭圆的**焦点**.

椭圆有两条对称轴,焦点所在的对称轴称为**焦点轴**,两对称轴的交点,称为椭圆的中心. 对称轴与椭圆的交点称为椭圆的顶点,焦点轴上两顶点间的线段称为椭圆的**长轴**,另一轴上两顶点间的线段称为椭圆的**短轴**. 若长轴长为 $2a$,短轴长为 $2b$,则分别称量 a 与 b 为椭圆的**长半轴**与**短半轴**.

在如图 4.4-1 所示的坐标系中,设焦点为 $F_1(c,0)$,$F_2(-c,0)$,则由定义可得椭圆的标准方程

$$\frac{x^2}{a^2}+\frac{y^2}{b^2}=1.$$

式中 $b^2=a^2-c^2$, $a>c$. 对称轴为 Ox 轴与 Oy 轴,中心为坐标原点 O,顶点为 $A_1(a,0)$,$A_2(-a,0)$,$B_1(0,b)$,$B_2(0,-b)$. 长、短半轴分别为 a,b.

中心在原点的椭圆的参数方程为

$$x=a\cos t,\quad y=b\sin t \quad (0\leqslant t<2\pi).$$

若椭圆的中心在点 $M_0(x_0,y_0)$. 长、短半轴分别为 a,b(图 4.4-2),则其标准方程与参数方程分别为

$$\frac{(x-x_0)^2}{a^2}+\frac{(y-y_0)^2}{b^2}=1,$$

与 $x=x_0+a\cos t,\quad y=y_0+b\sin t \quad (0\leqslant t<2\pi)$. 此时,椭圆的面积为 $S=\pi ab$. 椭圆周长为 $C=4b\int_0^{\frac{\pi}{2}}\sqrt{1+\varepsilon^2\sin^2 t}\,dt$,$\varepsilon^2=\frac{a^2-b^2}{b^2}$. 或 $4a\int_0^{\frac{\pi}{2}}\sqrt{1-\varepsilon^2\sin^2 t}\,dt$,$\varepsilon^2=\frac{a^2-b^2}{a^2}$.

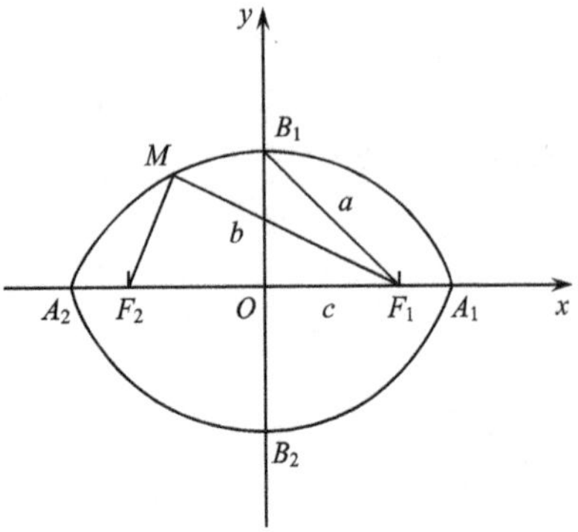

图 4.4-1

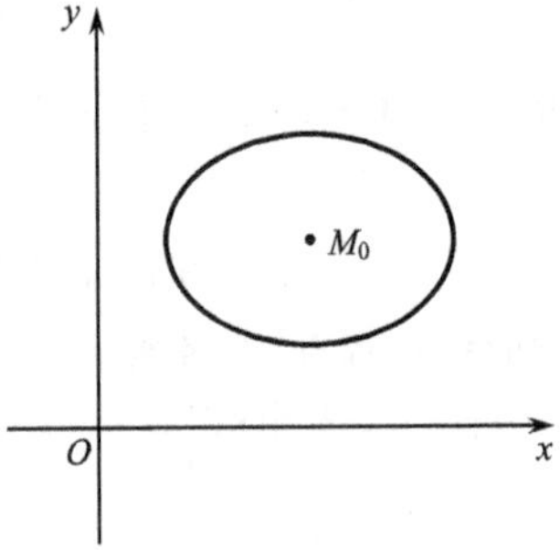

图 4.4-2

(关于曲线弧长计算公式，见 6.7.4) 右边的积分称为第二类完全椭圆积分，$\int_0^{\varphi} \sqrt{1-\varepsilon^2 \sin^2 t}dt = F(\varphi)$ 称为第二类不完全椭圆积分，是一类重要的特殊函数，它不能表示为初等函数，不能用牛顿-莱布尼茨公式计算，但可以用诸如 Mathematica 或 MATLAB 等数学软件计算. 例如，若 $a=5$，$b=3$，则 $C=25.527$.

4.4.3 双曲线

定义 3 到两定点的距离之差为常数的动点的轨迹称为**双曲线**. 两定点称为双曲线的**焦点**.

双曲线有两条对称轴，焦点所在的对称轴称为**焦点轴**. 两对称轴的交点称为双曲线的中心. 对称轴与双曲线的交点称为双曲线的顶点. 通常又称与双曲线相交的对称轴为实对称轴，称另一条与双曲线不相交的对称轴为虚对称轴.

在如图 4.4-3 所示的坐标系中，设焦点为 $F_1(c,0)$，$F_2(-c,0)$，则由定义可得双曲线的标准方程

$$\frac{x^2}{a^2}-\frac{y^2}{b^2}=1.$$

式中 $b^2=c^2-a^2$，$c>a$. 实对称轴为 Ox 轴，虚对称轴为 Oy 轴，中心为坐标原点 O，顶点为 $A_1(a,0)$，$A_2(-a,0)$. 实对称轴上双曲线两顶点间的线段 A_1A_2 称为双曲线的实轴，其长度为 $2a$，称量 a 为实半轴. 虚对称轴上以 O 为中点、长为 $2b$ 的线段 B_1B_2 称为双曲线的**虚轴**，称量 b 为虚半轴. 直线 $y=\pm\frac{b}{a}x$ 称为双曲线的**渐近线**.

若双曲线的中心在点 $M_0(x_0,y_0)$，实半轴为 a，虚半轴为 b(图 4.4-4)，则其标准方程为

$$\frac{(x-x_0)^2}{a^2}-\frac{(y-y_0)^2}{b^2}=1.$$

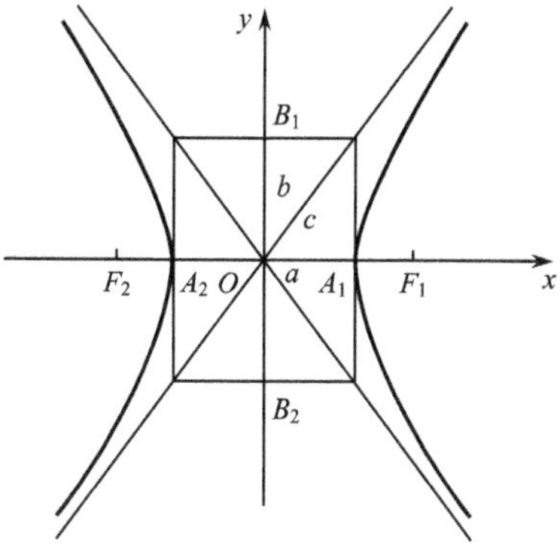

图 4.4-3

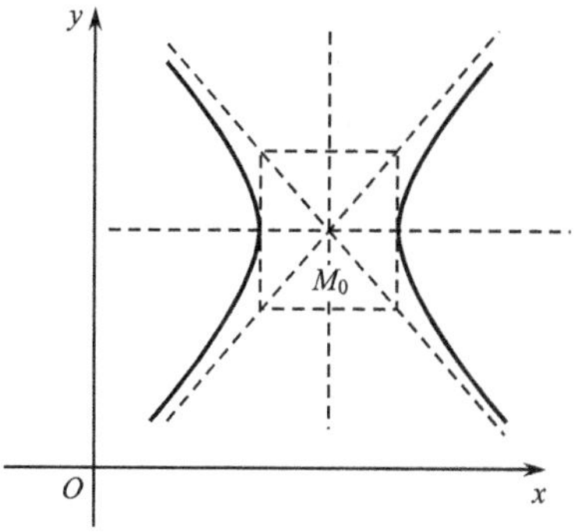

图 4.4-4

4.4.4 抛物线

定义 4 到一定点与一定直线(假定定点不在定直线上)的距离相等的动点的轨迹称为**抛物线**.定点称为抛物线的**焦点**,定直线称为抛物线的**准线**.

抛物线有一对称轴,抛物线的焦点在此轴上,此轴简称抛物线的轴,抛物线与它的轴的交点称为抛物线的顶点.

在如图 4.4-5 所示的坐标系中,抛物线的焦点为 $F\left(\frac{p}{2},0\right)$,准线方程为 $x=-\frac{p}{2}$.焦点到准线间的距离 $p>0$ 称为**焦点参数**.由定义可得抛物线的标准方程

$$y^2=2px.$$

该抛物线的轴为 Ox 轴,顶点在坐标原点 O.

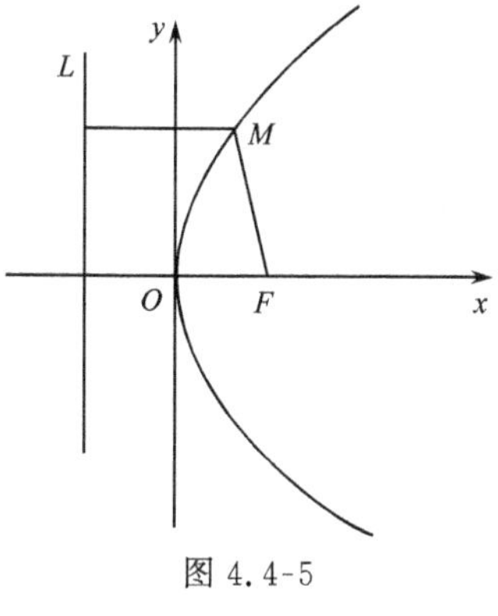

图 4.4-5

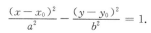

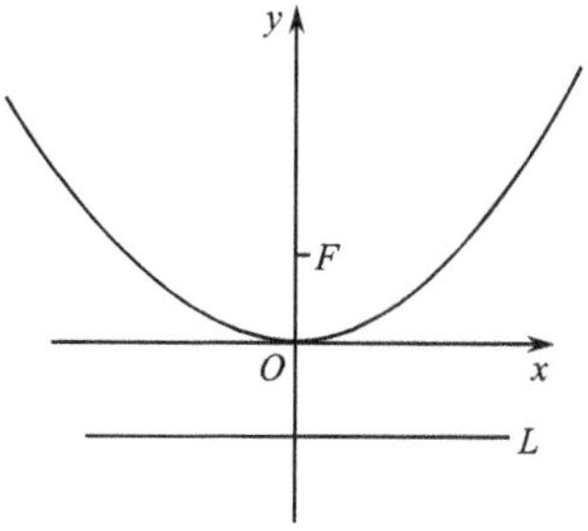

图 4.4-6

若抛物线的对称轴为 Oy 轴，顶点在坐标原点，焦点参数为 $p>0$（图 4.4-6），则其标准方程为

$$x^2 = 2py.$$

焦点为 $F\left(0,\frac{p}{2}\right)$，准线方程为 $y=-\frac{p}{2}$.

若抛物线的方程为 $y^2=-2px\ (p>0)$，则其图形如图 4.4-7 所示. 焦点为 $F\left(-\frac{p}{2},0\right)$，准线方程为 $x=\frac{p}{2}$，顶点为 $O(0,0)$.

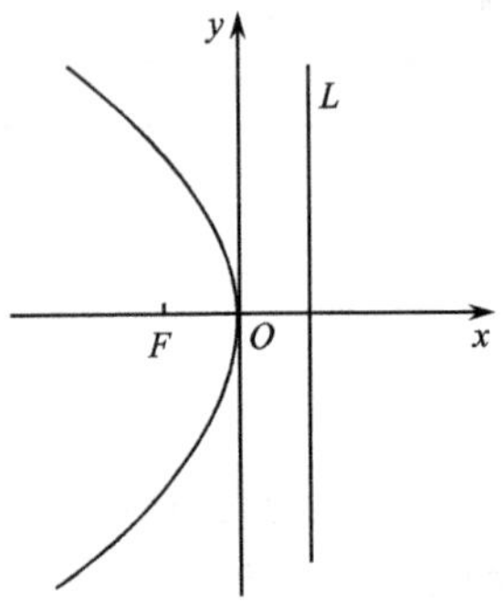

图 4.4-7

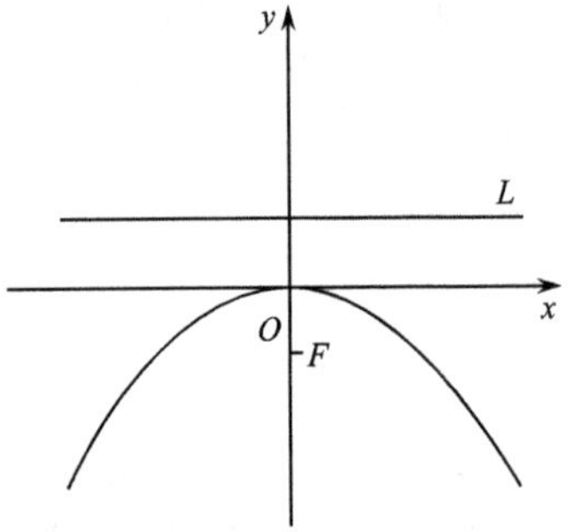

图 4.4-8

若抛物线的方程为 $x^2=-2py\ (p>0)$，则其图形如图 4.4-8 所示. 焦点为 $F\left(0,-\frac{p}{2}\right)$，准线方程为 $y=\frac{p}{2}$，顶点为 $O(0,0)$.

若抛物线的方程为 $(x-x_0)^2=2p(y-y_0)\ (p>0)$，则其图形如图 4.4-9 所示，焦点为 $F\left(x_0,y_0+\frac{p}{2}\right)$，准线方程为 $y=y_0-\frac{p}{2}$，顶点为 $A(x_0,y_0)$，对称轴为 $x=x_0$.

4.4.5 圆锥曲线

1. 极坐标

在平面上取定一点 O，称为极点，自 O 引一射线 OA，称为极轴（图 4.4-10）. $\rho=|OM|>0$ 称为极径，$\varphi=\angle AOM$ 称为极角（$0\leqslant\varphi<2\pi$）. (ρ,φ) 称为点 M 的**极坐标**，记作 $M(\rho,\varphi)$.

定义 5 若一条平面曲线 C 上所有点的极坐标 ρ,φ 都满足方程 $\rho=\rho(\varphi)$，且坐标 ρ,φ 满足方程 $\rho=\rho(\varphi)$ 的所有点都在 C 上，则称方程 $\rho=\rho(\varphi)$ 为曲线 C 的**极坐标方程**，简称极方程.

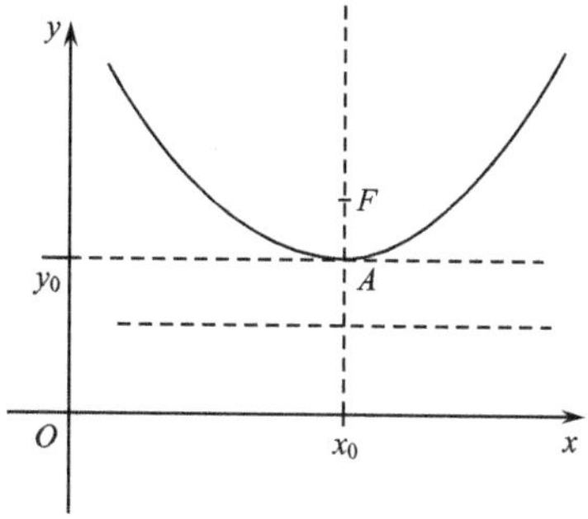

图 4.4-9

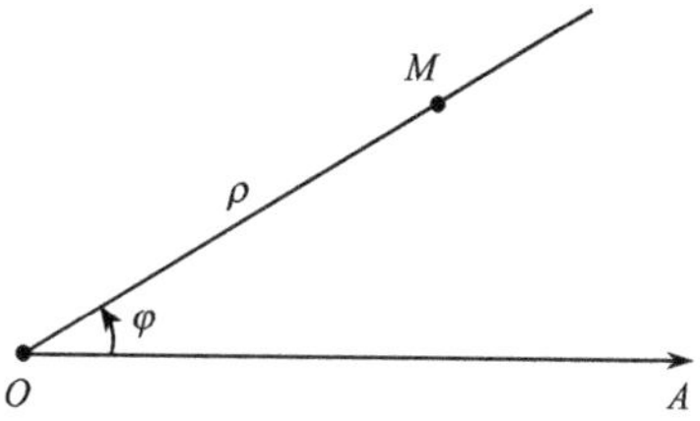

图 4.4-10

将极轴与直角坐标系 Oxy 的 Ox 轴重合，极点与原点重合(图 4.4-11). 设点 M 的直角坐标为 x,y；极坐标为 ρ,φ，则直角坐标与极坐标有如下关系：

$$\begin{cases} x = \rho\cos\varphi, \\ y = \rho\sin\varphi, \end{cases} \quad 或 \begin{cases} \rho = \sqrt{x^2 + y^2}, \\ \tan\varphi = \dfrac{y}{x}. \end{cases}$$

2. 圆锥曲线

定义 6 若平面上一动点到一定点的距离与到一定直线的距离之比为一常数 $e(e>0)$，则此动点的轨迹称为**圆锥曲线** 定点称为**焦点**，定直线称为**准线**，e 称为**离心率**，当 $e<1$ 时为椭圆，$e>1$ 为双曲线，$e=1$ 为抛物线.

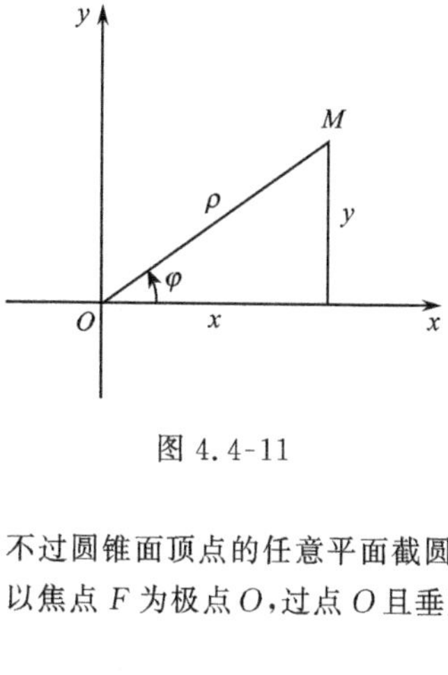

图 4.4-11

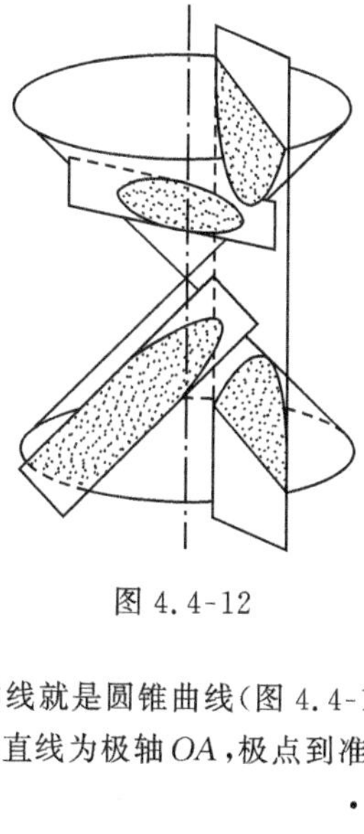

图 4.4-12

不过圆锥面顶点的任意平面截圆锥面所得的曲线就是圆锥曲线(图 4.4-12).

以焦点 F 为极点 O，过点 O 且垂直于准线 L 的直线为极轴 OA，极点到准线的距

离为 p(图 4.4-13),则圆锥曲线的极坐标方程为 $\rho=\dfrac{ep}{1-e\cos\varphi}$.

3. 圆锥曲线的切线方程

椭圆$\dfrac{x^2}{a^2}+\dfrac{y^2}{b^2}=1$ 上点 $M_0(x_0,y_0)$处的切线方程为

$$\frac{x_0x}{a^2}+\frac{y_0y}{b^2}=1.$$

双曲线$\dfrac{x^2}{a^2}-\dfrac{y^2}{b^2}=1$ 上点 $M_0(x_0,y_0)$处的切线方程为

$$\frac{x_0x}{a^2}-\frac{y_0y}{b^2}=1.$$

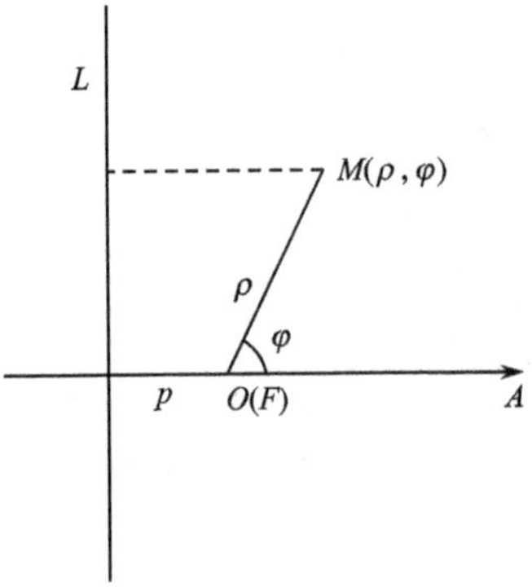

图 4.4-13

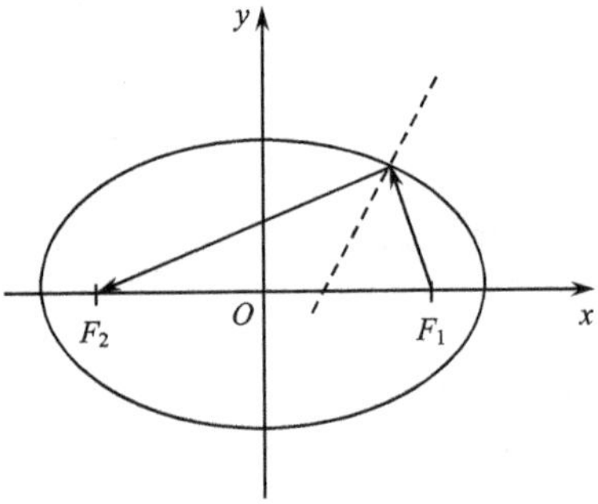

图 4.4-14

抛物线 $y^2=2px$ 上点 $M_0(x_0,y_0)$处的切线方程为

$$y_0y=p(x+x_0).$$

4. 圆锥曲线的光学性质

由椭圆的一个焦点发出的光线,经椭圆作镜面反射后,一定通过它的另一个焦点(图 4.4-14).

由双曲线的一个焦点发出的光线,经双曲线作镜面反射后,好像发自另一个焦点的光线(图 4.4-15).

由抛物线的焦点发出的光线,经抛物线作镜面反射后,平行于抛物线的轴(图 4.4-16).

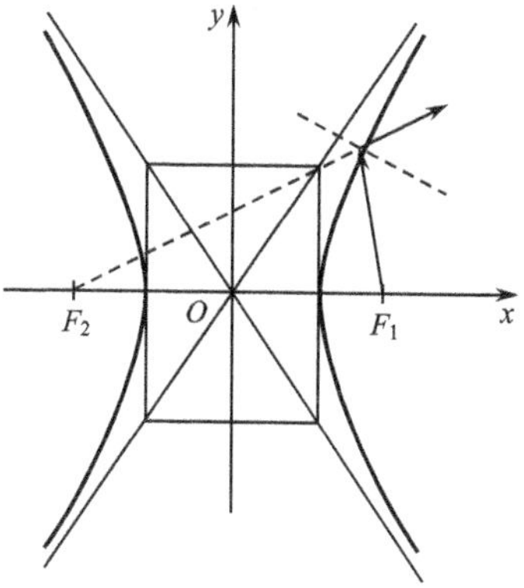

图 4.4-15

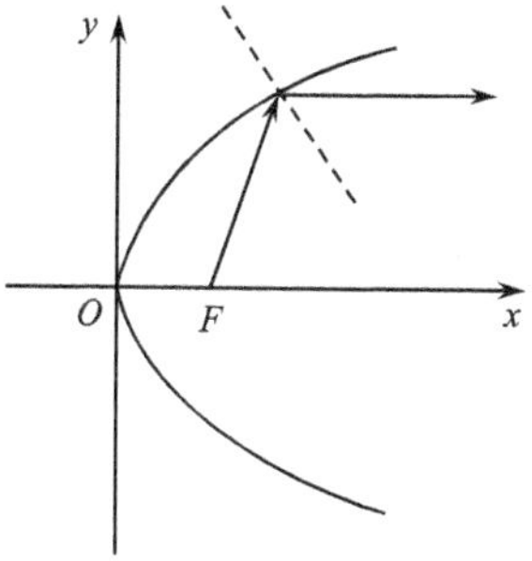

图 4.4-16

4.4.6 一般二次曲线

定义 7 设二元二次方程

$$a_{11}x^2+2a_{12}xy+a_{22}y^2+2a_1x+2a_2y+a_3=0$$

$$(a_{11}^2+a_{12}^2+a_{22}^2\neq 0) \tag{4.4-1}$$

经过坐标变换后可化为方程

$$a'_{11}x'^2+2a'_{12}x'y'+a'_{22}y'^2+2a'_1x'+2a'_2y'+a'_3=0.$$

如果它们的系数间对某个函数 Φ 满足如下关系

$$\Phi(a_{11},a_{12},a_{22},a_1,a_2,a_3)=\Phi(a'_{11},a'_{12},a'_{22},a'_1,a'_2,a'_3),$$

则称函数 Φ 为方程(4.4-1)关于坐标变换的**不变量**.

令

$$I_1=a_{11}+a_{22},I_2=\begin{vmatrix}a_{11}&a_{12}\\a_{12}&a_{22}\end{vmatrix},\quad I_3=\begin{vmatrix}a_{11}&a_{12}&a_1\\a_{12}&a_{22}&a_2\\a_1&a_2&a_3\end{vmatrix}.$$

$$K=\begin{vmatrix}a_{22}&a_2\\a_2&a_3\end{vmatrix}+\begin{vmatrix}a_3&a_1\\a_1&a_{11}\end{vmatrix}.$$

定理 1 I_1,I_2,I_3 是方程(4.4-1)所确定的二次曲线在平移变换及旋转变换下的不变量. K 是旋转变换下的不变量,当 $I_2=I_3=0$ 时,K 也是平移变换下的不变量.

定理 2 由方程(4.4-1)所确定的二次曲线,可用不变量 I_1,I_2,I_3 及 K 判别如下表.

曲线类型	不变量特征		曲线名称
椭圆型 $I_2>0$	$I_3\neq0$	$I_1I_3<0$	(1) 椭圆
		$I_1I_3>0$	(2) 无实轨迹(虚椭圆)
	$I_3=0$		(3) 点(变态椭圆,或一对虚相交直线)
双曲型 $I_2<0$	$I_3\neq0$		(4) 双曲线
	$I_3=0$		(5) 一对相交直线(变态双曲线)
抛物型 $I_2=0$	$I_3\neq0$		(6) 抛物线
	$I_3=0$	$K<0$	(7) 一对平行直线
		$K>0$	(8) 无实轨迹(一对虚平行直线)
		$K=0$	(9) 一对重合直线

定义 8 以方程(4.4-1)的不变量 I_1,I_2 为系数的方程 $\lambda^2-I_1\lambda+I_2=0$ 称为方程(4.4-1)的**特征方程**,它的根称为**特征值**,或称为特征根.

定义 9 若一般二次曲线不是无轨迹的情况,则它的对称中心称为二次曲线的中心.

定理 3 点 $M_0(x_0,y_0)$是二次曲线(4.4-1)的中心的必要充分条件为 x_0,y_0 满足方程组

$$\begin{cases}a_{11}x_0+a_{12}y_0+a_1=0,\\ a_{12}x_0+a_{22}y_0+a_2=0.\end{cases} \tag{4.4-3}$$

定义 10 若二次曲线(4.4-1)无实轨迹,则规定满足方程组(4.4-3)的点 $M_0(x_0,y_0)$为它的中心.

当 $I_2\neq0$ 时,二次曲线有唯一的中心,此时称之为**中心型曲线**.

当 $I_2=0,I_3\neq0$ 时,二次曲线没有中心,此时称之为**无心型曲线**.

当 $I_3=0$ 时,二次曲线有多个中心,此时称之为**多心型曲线**.

定理 4 中心型曲线方程经过坐标变换后可化为

$$\lambda_1x^2+\lambda_2y^2+\frac{I_3}{I_2}=0, \tag{4.4-4}$$

其中 λ_1、λ_2 是两个特征根.

定理 5 无心型曲线方程经过坐标变换后可化为

$$I_1x^2\pm2\sqrt{-\frac{I_3}{I_1}}y=0, \tag{4.4-5}$$

或

$$I_1y^2\pm2\sqrt{-\frac{I_3}{I_1}}x=0. \tag{4.4-6}$$

定理 6 多心型曲线方程经过坐标变换后可化为

$$I_1x^2+\frac{K}{I_1}=0, \tag{4.4-7}$$

或

$$I_1y^2+\frac{K}{I_1}=0. \tag{4.4-8}$$

定义 11 方程(4.4-4),(4.4-5),(4.4-6),(4.4-7)及(4.4-8)称为一般二次曲线方程的**典范形式**.

§4.5 常用的平面曲线

1. **笛卡儿卵形线** $x^3+y^3-3axy=0$,或 $x=\frac{3at}{1+t^3}$,$y=\frac{3at^2}{1+t^3}$(图 4.5-1). 顶点 $A\left(\frac{3a}{2},\frac{3a}{2}\right)(a>0)$.

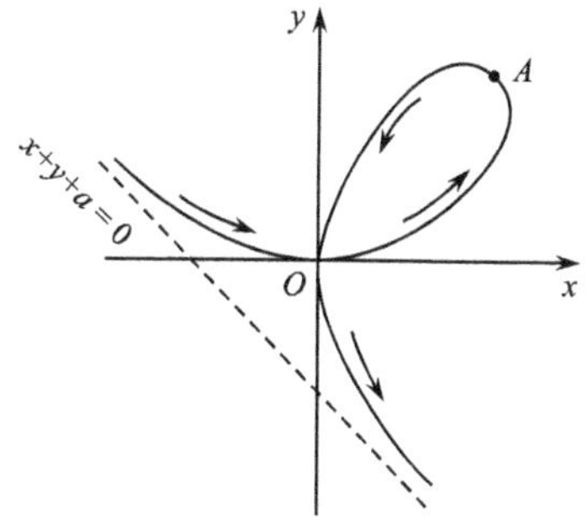

图 4.5-1

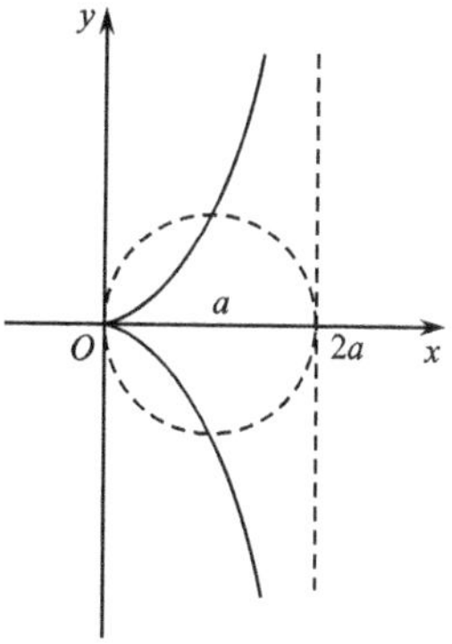

图 4.5-2

2. **蔓叶线** $y^2=\frac{x^3}{2a-x}$(图 4.5-2).

3. **心脏线** $(x^2+y^2)^2-2ax(x^2+y^2)=a^2y^2$,或 $x=a\cos t(1+\cos t)$,$y=a\sin t(1+\cos t)$或 $\rho=a(1+\cos\varphi)$(图 4.5-3). 曲线长 $L=8a$,心脏线所围图形的面积 $S=\frac{3}{2}\pi a^2$.

4. **双纽线** $(x^2+y^2)^2-2a^2(x^2-y^2)=0$ 或 $\rho^2=2a^2\cos2\varphi$(图 4.5-4). 双纽线所围图形的面积 $S=2a^2$.

5. **摆线(普通旋轮线)** $x=a(t-\sin t)$,$y=a(1-\cos t)$或 $x+\sqrt{2ay-y^2}=a\arccos\left(1-\frac{y}{a}\right)$(图 4.5-5). 周期 $T=2\pi a$. 一拱长 $L=8a$,一拱面积$=3\pi a^2$.

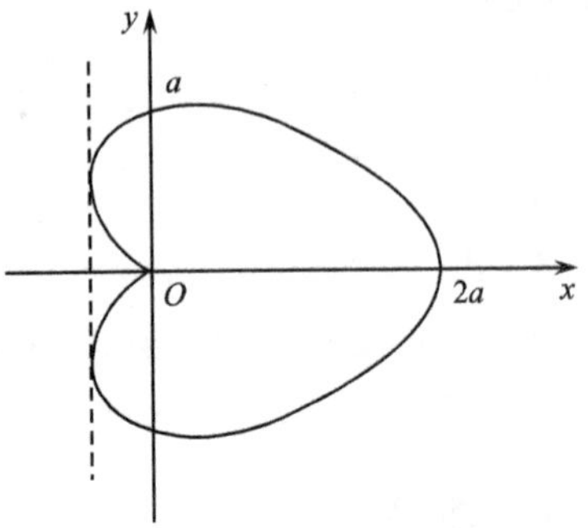

图 4.5-3

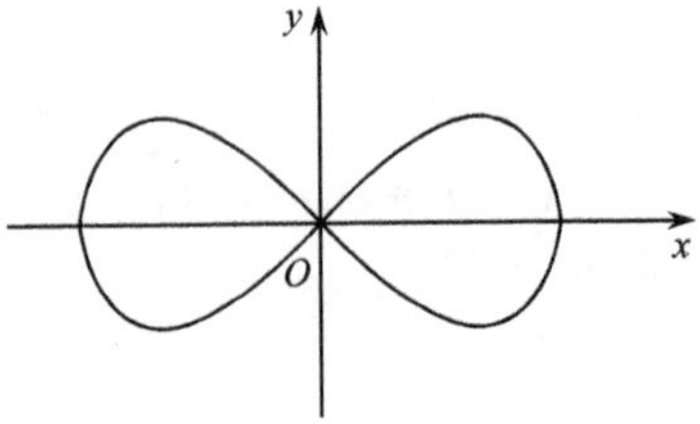

图 4.5-4

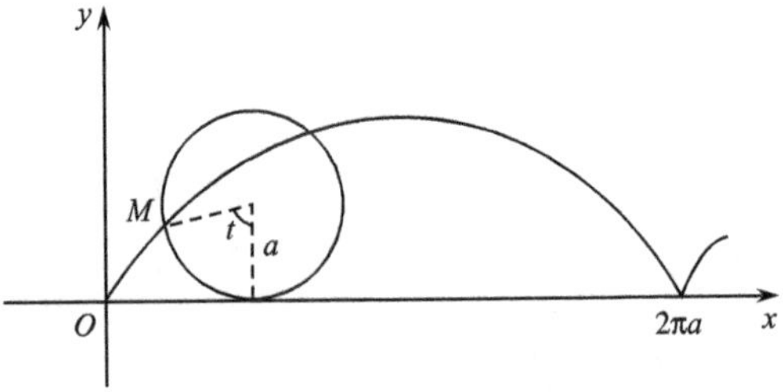

图 4.5-5

6. **外摆线(圆外旋轮线)**

$$\begin{cases} x=(a+b)\cos t-b\cos\dfrac{a+b}{b}t, \\ y=(a+b)\sin t-b\sin\dfrac{a+b}{b}t \end{cases}$$(图 4.5-6).

此曲线是一以 b 为半径的动圆沿另一以 a 为半径的定圆周的外部无滑动地滚动时,圆周上一点 M 所描成的轨迹. 当 $a=b$ 时,外摆线即为心脏线.

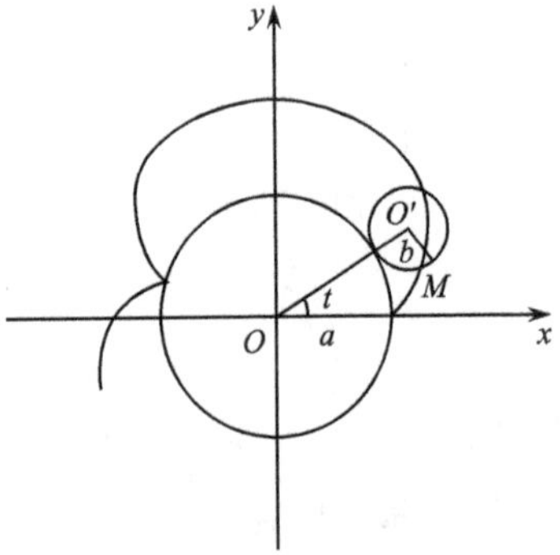

图 4.5-6

7. **内摆线(圆内旋轮线)**

$$\begin{cases} x=(a-b)\cos t+b\cos\dfrac{a-b}{b}t, \\ y=(a-b)\sin t-b\sin\dfrac{a-b}{b}t \end{cases}$$(图 4.5-7).

此曲线是一以 b 为半径的动圆沿另一以 a 为半径的定圆周的内部无滑动地滚动时,圆周上一点 M 所描成的轨迹.

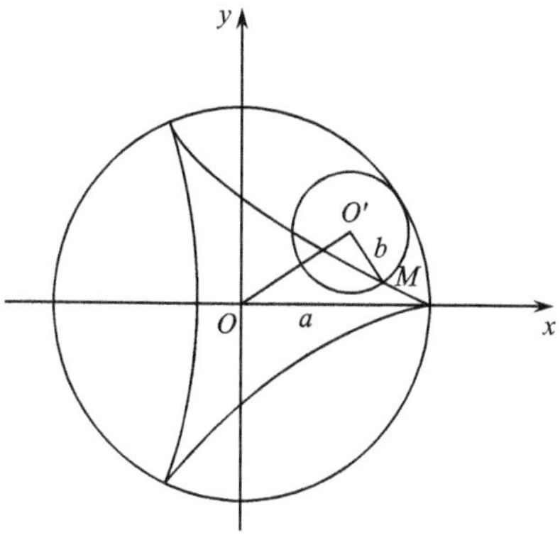

图 4.5-7

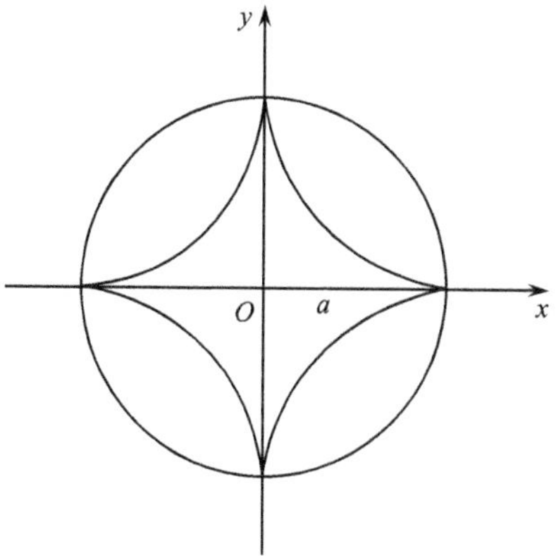

图 4.5-8

8. **星形线**　$x^{2/3}+y^{2/3}=a^{2/3}$或$x=a\cos^3 t, y=a\sin^3 t$(图 4.5-8).星形线是内摆线的一种.全曲线长$L=6a$.星形线所围图形的面积$S=\frac{3}{8}\pi a^2$.

9. **阿基米德螺线**　$\rho=a\varphi$.此曲线为一动点以常速v沿一射线运动,而这一射线又以定角速度ω绕极点O转动时,该动点所描成的轨迹.$a=\frac{v}{\omega}$(图 4.5-9).

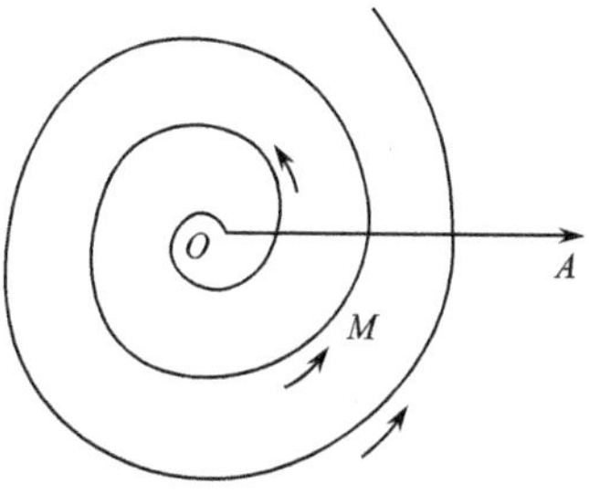

图 4.5-9

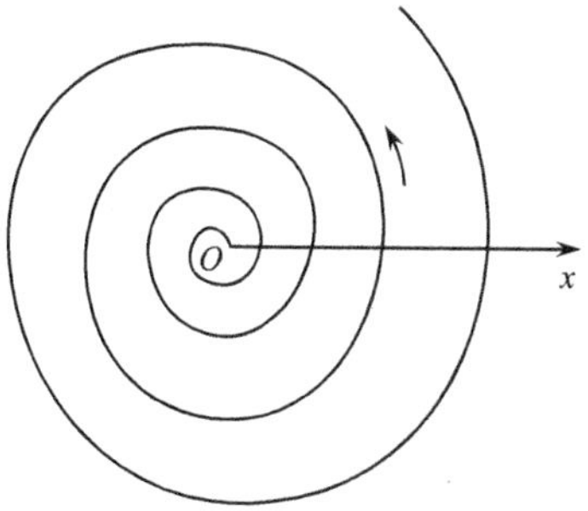

图 4.5-10

10. **等角螺线(对数螺线)**　$\rho=\rho_0 e^{k\varphi}$,此曲线与所有过极点的射线的交角都相等(设此等角为α,则有$k=\cot\alpha$)(图 4.5-10).

11. **圆的渐伸线**(渐伸线的定义参看 10.1.2)

$x=a(\cos t+t\sin t), y=a(\sin t-t\cos t)$(图 4.5-11).

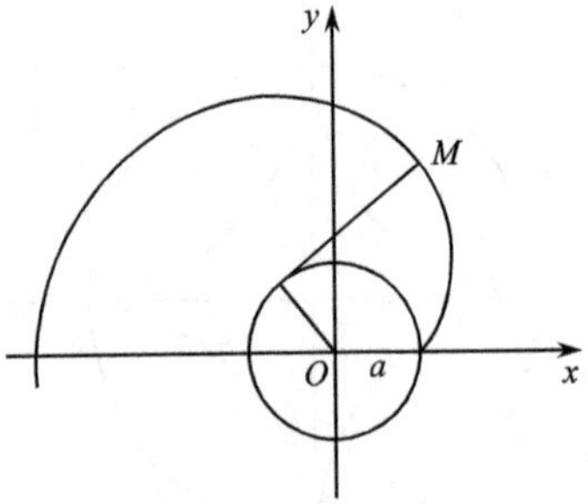

图 4.5-11

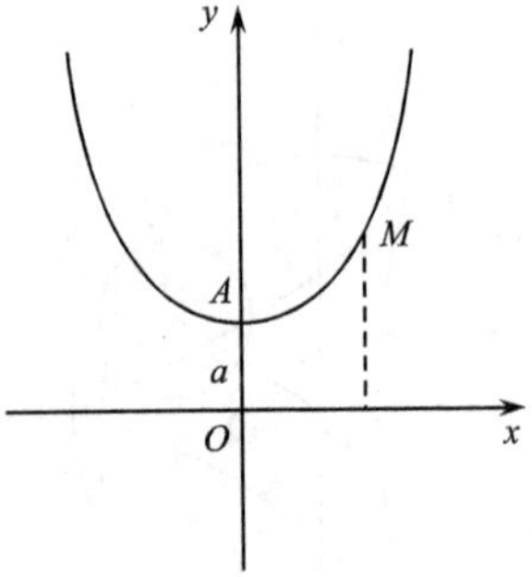

图 4.5-12

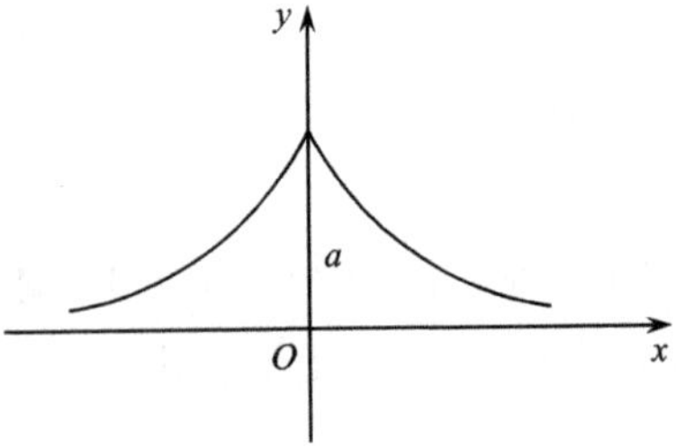

图 4.5-13

12. **悬链线**

$$y=a\text{ch}\frac{x}{a}=\frac{a}{2}(e^{\frac{x}{a}}+e^{-\frac{x}{a}})\text{(图 4.5-12)}.$$

弧长

$$L_{\widehat{AM}}=a\text{sh}\frac{x}{a}=\frac{a}{2}(e^{\frac{x}{a}}-e^{-\frac{x}{a}}).$$

13. **曳物线**

$$x=a\ln\frac{a\pm\sqrt{a^2-y^2}}{y}\mp\sqrt{a^2-y^2},\text{或}$$

$x=t-a\text{th}\dfrac{t}{a},y=a\text{sech}\dfrac{t}{a}$(图 4.5-13).

14. **三叶玫瑰线**

$\rho=a\sin3\varphi$(图 4.5-14(a)),$\rho=a\cos3\varphi$(图 4.5-14(b)).三叶玫瑰线所围图形的面积 $S=\dfrac{1}{4}\pi a^2$.

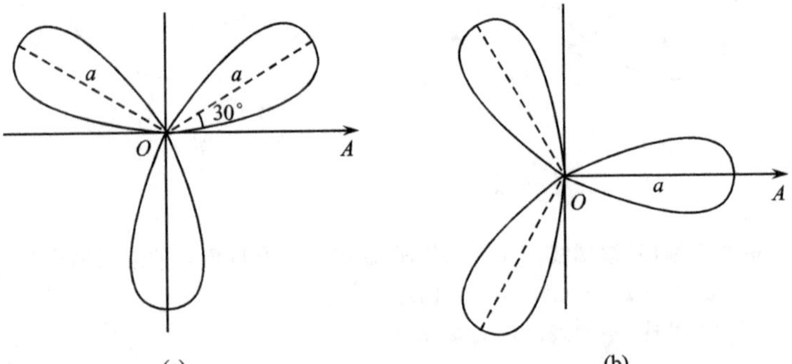

图 4.5-14

15. **四叶玫瑰线**

$\rho=a\sin2\varphi$(图 4.5-15(a)),$\rho=a\cos2\varphi$(图 4.5-15(b)). 四叶玫瑰线所围图形的面积 $S=\frac{1}{2}\pi a^2$.

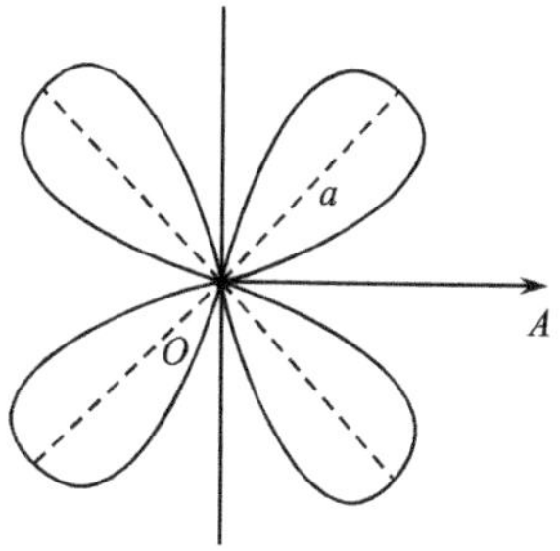

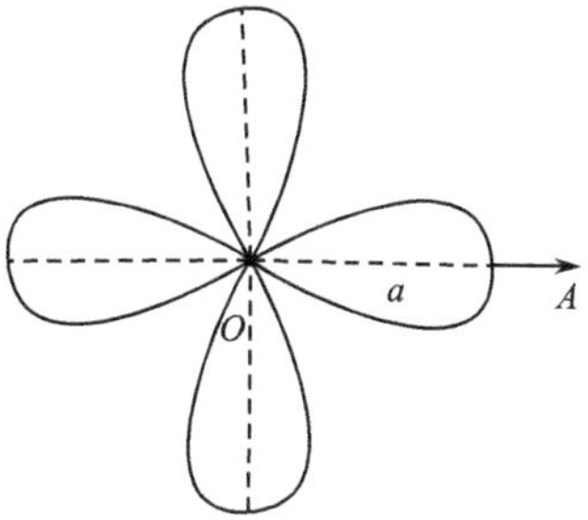

图 4.5-15

§4.6 平面、空间中的直线

4.6.1 平面方程

1. 点法式方程

若一非零向量垂直于一已知平面,则称这向量为该平面的**法线向量**,简称**法向量**.

通过定点 $M_0(x_0,y_0,z_0)$,其法向量为 $\boldsymbol{n}=\{A,B,C\}$(图 4.6-1)的平面 π 的方程为

$$A(x-x_0)+B(y-y_0)+C(z-z_0)=0,$$

称为平面 π 的**点法式方程**.

2. 截距式方程

设平面在 Ox 轴、Oy 轴与 Oz 轴上的截距分别为 a,b,c(图 4.6-2),则其方程为

$$\frac{x}{a}+\frac{y}{b}+\frac{z}{c}=1 \quad (a\neq0,b\neq0,c\neq0),$$

称为平面的**截距式方程**.

3. 三点式方程

设平面通过不在同一直线上的三点 $M_1(x_1,y_1,z_1)$,$M_2(x_2,y_2,z_2)$ 与

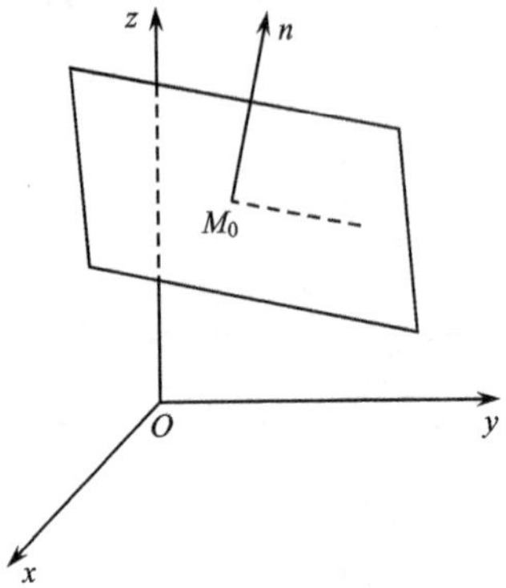

图 4.6-1

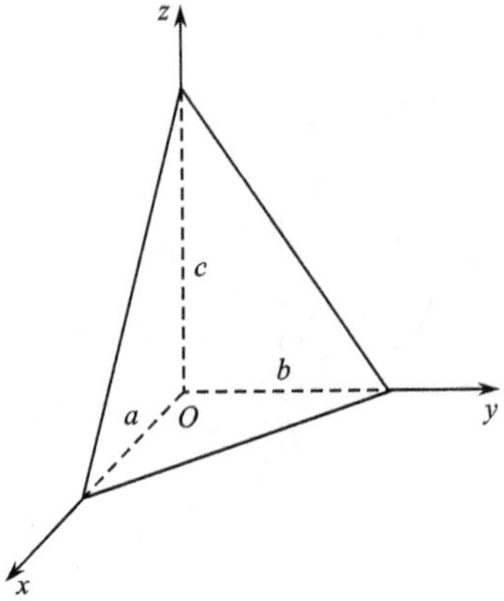

图 4.6-2

$M_3(x_3,y_3,z_3)$，则其方程为

$$\begin{vmatrix} x-x_1 & y-y_1 & z-z_1 \\ x_2-x_1 & y_2-y_1 & z_2-z_1 \\ x_3-x_1 & y_3-y_1 & z_3-z_1 \end{vmatrix}=0,$$

称为平面的**三点式方程**.

4. 一般式方程

三元一次方程 $Ax+By+Cz+D=0$ 称为平面的**一般式方程**，其中系数 A,B,C 不同时为零，且为该平面法向量的坐标：$\boldsymbol{n}=\{A,B,C\}$.

当 $A=B=0,C\neq0,D\neq0$ 时，方程 $Cz+D=0$ 表示平行于 xOy 坐标面的平面. 若 $D=0$，则方程 $z=0$ 表示 xOy 坐标面.

当 $A=0,B\neq0,C\neq0,D\neq0$ 时，方程 $By+Cz+D=0$ 表示平行于 Ox 轴的平面. 若 $D=0$，则方程 $By+Cz=0$ 表示通过 Ox 轴的平面.

当 $A\neq0,B\neq0,C\neq0,D=0$ 时，方程 $Ax+By+Cz=0$ 表示通过坐标原点 $O(0,0,0)$ 的平面.

4.6.2 点到平面的距离　平面的法方程

设平面 π 的方程为 $Ax+By+Cz+D=0$，$M'(x',y',z')$ 为 π 外的一点，用 $d(x',y',z';\pi)$ 表示点 M' 到 π 的距离，则

$$d(x',y',z';\pi)=\frac{|Ax'+By'+Cz'+D|}{\sqrt{A^2+B^2+C^2}}.$$

设 α,β,γ 表示平面法向量的方向角，p 表示原点到平面的距离，则方程 $x\cos\alpha+$

$y\cos\beta+z\cos\gamma=p(p\geqslant 0)$称为平面的法线式方程,简称**法方程**.若平面的方程为$Ax+By+Cz+D=0$,则其法方程为$\dfrac{Ax+By+Cz+D}{\pm\sqrt{A^2+B^2+C^2}}=0$.根号前的符号取与$D$异号.

4.6.3 空间中的直线方程

1. 标准式方程

若一非零向量平行于一已知直线,则称这向量为该直线的**方向向量**.

通过定点$M_0(x_0,y_0,z_0)$,其方向向量为$S=\{l,m,n\}$的直线L的方程为

$$\frac{x-x_0}{l}=\frac{y-y_0}{m}=\frac{z-z_0}{n},$$

称为直线L的**标准式方程**或**对称式方程**或**点向式方程**.而方向向量$S=\{l,m,n\}$的坐标l,m,n则称为L的一组**方向数**.

2. 参数式方程

在直线的标准式方程中,令比值为参数t,即得方程

$$x=x_0+lt,y=y_0+mt,z=z_0+nt,$$

称为直线的**参数式方程**.

3. 两点式方程

通过两个不同定点$M_1(x_1,y_1,z_1)$与$M_2(x_2,y_2,z_2)$的直线的方程为

$$\frac{x-x_1}{x_2-x_1}=\frac{y-y_1}{y_2-y_1}=\frac{z-z_1}{z_2-z_1},$$

称为直线的**两点式方程**.

4. 一般式方程

两个系数不成比例的三元一次方程所构成的方程组

$$A_1x+B_1y+C_1z+D_1=0,\ A_2x+B_2y+C_2z+D_2=0,$$

称为直线的**一般式方程**.由直线的一般式方程可得直线的一组方向数为

$$l=\begin{vmatrix}B_1 & C_1\\ B_2 & C_2\end{vmatrix},\quad m=\begin{vmatrix}C_1 & A_1\\ C_2 & A_2\end{vmatrix},\quad n=\begin{vmatrix}A_1 & B_1\\ A_2 & B_2\end{vmatrix}.$$

4.6.4 直线、平面的相互位置

1. 两平面的夹角及平行、垂直条件

给定两平面　$\pi_1:A_1x+B_1y+C_1z+D_1=0,$

$\pi_2:A_2x+B_2y+C_2z+D_2=0,$

则

$$\cos(\widehat{\pi_1,\pi_2}) = \frac{A_1A_2 + B_1B_2 + C_1C_2}{\sqrt{A_1^2 + B_1^2 + C_1^2}\ \sqrt{A_2^2 + B_2^2 + C_2^2}},$$

式中$(\widehat{\pi_1,\pi_2})$表示 π_1 与 π_2 的夹角.

π_1 与 π_2 平行的必要充分条件为

$$\frac{A_1}{A_2} = \frac{B_1}{B_2} = \frac{C_1}{C_2}.$$

π_1 与 π_2 垂直的必要充分条件为

$$A_1A_2 + B_1B_2 + C_1C_2 = 0.$$

2. 两直线的夹角及平行、垂直条件

给定两直线

$$L_1: \frac{x-x_1}{l_1} = \frac{y-y_1}{m_1} = \frac{z-z_1}{n_1},$$

$$L_2: \frac{x-x_2}{l_2} = \frac{y-y_2}{m_2} = \frac{z-z_2}{n_2}$$

则

$$\cos(\widehat{L_1,L_2}) = \frac{l_1l_2 + m_1m_2 + n_1n_2}{\sqrt{l_1^2 + m_1^2 + n_1^2}\ \sqrt{l_2^2 + m_2^2 + n_2^2}}.$$

式中$(\widehat{L_1,L_2})$表示 L_1 与 L_2 的夹角.

L_1 与 L_2 平行的必要充分条件为

$$\frac{l_1}{l_2} = \frac{m_1}{m_2} = \frac{n_1}{n_2}.$$

L_1 与 L_2 垂直的必要充分条件为

$$l_1l_2 + m_1m_2 + n_1n_2 = 0.$$

L_1 与 L_2 共面的条件为

$$\begin{vmatrix} x_2-x_1 & y_2-y_1 & z_2-z_1 \\ l_1 & m_1 & n_1 \\ l_2 & m_2 & n_2 \end{vmatrix} = 0.$$

当 L_1 与 L_2 共面时,所在平面的方程为

$$\begin{vmatrix} x-x_1 & y-y_1 & z-z_1 \\ l_1 & m_1 & n_1 \\ l_2 & m_2 & n_2 \end{vmatrix} = 0.$$

3. 直线与平面的夹角及平行、垂直条件

给定直线 $L: \frac{x-x_0}{l} = \frac{y-y_0}{m} = \frac{z-z_0}{n}$ 与平面 $\pi: Ax+By+Cz+D=0$. L 与 π 的夹

角记为$(\widehat{L,\pi})$，则

$$\sin(\widehat{L,\pi})=\frac{|lA+mB+nC|}{\sqrt{l^2+m^2+n^2}\ \sqrt{A^2+B^2+C^2}}.$$

L 与 π 平行的必要充分条件为

$$lA+mB+nC=0.$$

L 与 π 垂直的必要充分条件为

$$\frac{l}{A}=\frac{m}{B}=\frac{n}{C}.$$

4. 平面束. 三平面共线的条件

通过一定直线的所有平面的全体称为**平面束**. 定直线称为平面束的**轴线**.

设平面束中两平面 π_1 与 π_2 的方程分别为 $A_1x+B_1y+C_1z+D_1=0$ 与 $A_2x+B_2y+C_2z+D_2=0$，则方程

$$\mu(A_1x+B_1y+C_1z+D_1)+\lambda(A_2x+B_2y+C_2z+D_2)=0$$

即为以 π_1 与 π_2 的交线为轴线的平面束的方程，其中 μ,λ 为可取任何实数值的参数且 $\mu^2+\lambda^2\neq0$.

给定三张平面 $\pi_i:A_ix+B_iy+C_iz+D_i=0(i=1,2,3)$. 若 π_1,π_2 与 π_3 中任何两张平面既不平行也不重合，则 π_1,π_2 与 π_3 共线的必要充分条件为矩阵

$$\begin{pmatrix}A_1 & B_1 & C_1 & D_1\\ A_2 & B_2 & C_2 & D_2\\ A_3 & B_3 & C_3 & D_3\end{pmatrix}$$

的秩(参看 5.2.3)等于 2.

5. 平面把. 四平面共点的条件

通过一定点的所有平面的全体称为**平面把**. 定点称为平面把的顶点.

设平面把的顶点为 $M_0(x_0,y_0,z_0)$，则方程

$$\lambda(x-x_0)+\mu(y-y_0)+\nu(z-z_0)=0$$

即为平面把的方程，其中 λ,μ,ν 为可取任何实数值的参数，且 $\lambda^2+\mu^2+\nu^2\neq0$.

设平面把中三平面 π_1,π_2 与 π_3 的方程分别为 $A_1x+B_1y+C_1z+D_1=0$，$A_2x+B_2y+C_2z+D_2=0$ 与 $A_3x+B_3y+C_3z+D_3=0$，则方程

$$\begin{aligned}A_1x+B_1y+C_1z+D_1+\lambda(A_2x+B_2y+C_2z+D_2)\\+\mu(A_3x+B_3y+C_3z+D_3)=0\end{aligned}$$

即为以 π_1,π_2 与 π_3 的交点为顶点的平面把的方程，其中 λ,μ 为任何实数.

给定四张平面 $\pi_i:A_ix+B_iy+C_iz+D_i=0(i=1,2,3,4)$，若 π_1,π_2,π_3 与 π_4 中任何两张平面既不平行也不重合，则 π_1,π_2,π_3 与 π_4 共点的必要充分条件为

$$\begin{vmatrix} A_1 & B_1 & C_1 & D_1 \\ A_2 & B_2 & C_2 & D_2 \\ A_3 & B_3 & C_3 & D_3 \\ A_4 & B_4 & C_4 & D_4 \end{vmatrix} = 0.$$

6. 直线把. 三直线共面的条件

通过一定点的所有空间直线的全体称为**直线把**，定点称为直线把的顶点.

设直线把的顶点为 $M_0(x_0, y_0, z_0)$，则方程

$$\frac{x-x_0}{\lambda} = \frac{y-y_0}{\mu} = \frac{z-z_0}{\nu}$$

即为直线把的方程，其中 λ, μ, ν 为可取任何实数值的参数，且 $\lambda^2+\mu^2+\nu^2 \neq 0$

给定过点 $M_0(x_0, y_0, z_0)$ 的三条直线 L_i：

$$\frac{x-x_0}{l_i} = \frac{y-y_0}{m_i} = \frac{z-z_0}{n_i} \quad (i=1,2,3),$$

若 L_1, L_2 与 L_3 中任何两条直线都不重合，则 L_1, L_2 与 L_3 共面的必要充分条件为

$$\begin{vmatrix} l_1 & m_1 & n_1 \\ l_2 & m_2 & n_2 \\ l_3 & m_3 & n_3 \end{vmatrix} = 0.$$

§4.7 二 次 曲 面

4.7.1 球面

定义 1 空间中到一定点的距离为定长的动点的轨迹称为**球面**. 定点称为球心，定长称为**半径**.

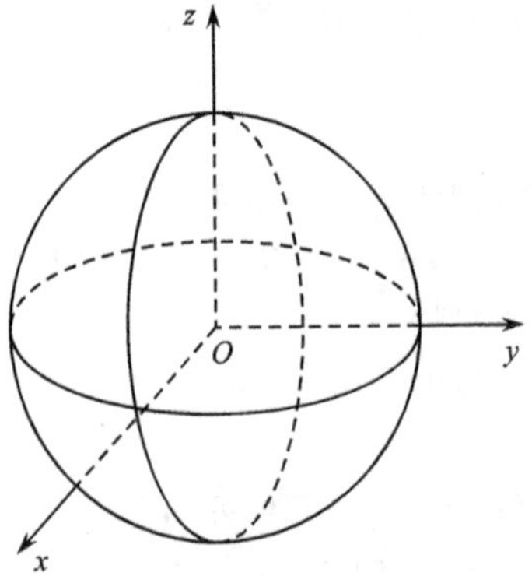

图 4.7-1

以点 $M_0(x_0, y_0, z_0)$ 为球心、$R>0$ 为半径的球面的方程为

$$(x-x_0)^2+(y-y_0)^2+(z-z_0)^2 = R^2.$$

特别，球心在原点的球面的方程为

$$x^2+y^2+z^2 = R^2 \text{(图 4.7-1)}.$$

定义 2 在空间直角坐标系 $Oxyz$ 中，由一般的三元二次方程

$$a_{11}x^2+a_{22}y^2+a_{33}z^2+2a_{12}xy+2a_{13}xz+2a_{23}yz+2a_1x+2a_2y+2a_3z+a_4 = 0$$
$$(a_{11}^2+a_{22}^2+a_{33}^2+a_{12}^2+a_{13}^2+a_{23}^2 \neq 0) \tag{4.7-1}$$

所确定的曲面,称为**二次曲面**.

在方程(4.7-1)中,若 $a_{11}=a_{22}=a_{33}=a>0, a_{12}=a_{13}=a_{23}=0$,即得

$$\left(x+\frac{a_1}{a}\right)^2+\left(y+\frac{a_2}{a}\right)^2+\left(z+\frac{a_3}{a}\right)^2=\frac{1}{a^2}(a_1^2+a_2^2+a_3^2-aa_4). \quad (4.7\text{-}2)$$

当 $a_1^2+a_2^2+a_3^2>aa_4$ 时,方程(4.7-2)表示以 $\left(-\frac{a_1}{a},-\frac{a_2}{a},-\frac{a_3}{a}\right)$ 为球心,以 $\frac{1}{a}\sqrt{a_1^2+a_2^2+a_3^2-aa_4}$ 为半径的球面的方程,称为球面的一般方程.

4.7.2 椭球面

定义 3 由方程

$$\frac{x^2}{a^2}+\frac{y^2}{b^2}+\frac{z^2}{c^2}=1 \quad (4.7\text{-}3)$$

所确定的曲面称为**椭球面**.方程(4.7-3)称为椭球面的标准方程,其所表示的椭球面的对称轴为 Ox 轴、Oy 轴与 Oz 轴,顶点为 $A_1(a,0,0)$, $A_2(-a,0,0)$, $B_1(0,b,0)$, $B_2(0,-b,0)$, $C_1(0,0,c)$, $C_2(0,0,-c)$.半轴为 a,b,c(图 4.7-2).椭球面所围的立体称为**椭球体**,椭球体的体积为 $V=\frac{4}{3}\pi abc$.

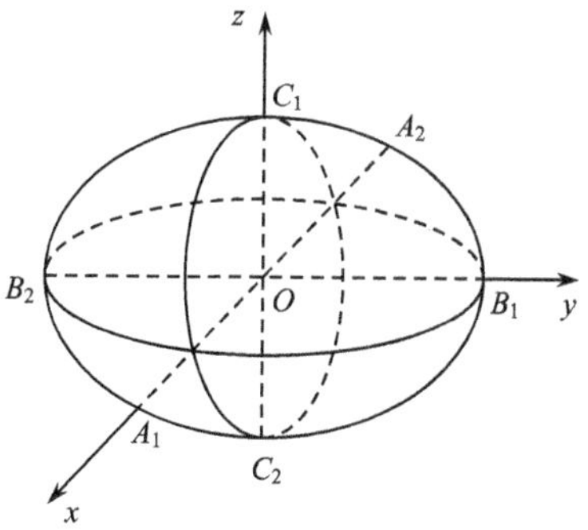

图 4.7-2

在(4.7-3)中,若 $a=b>c$,则方程(4.7-3)可化为

$$\frac{x^2+y^2}{a^2}+\frac{z^2}{c^2}=1.$$

此方程表示一个由椭圆

$$\begin{cases}\frac{x^2}{a^2}+\frac{z^2}{c^2}=1,\\ y=0\end{cases}$$

绕短轴旋转而成的旋转曲面,称为扁旋转椭球面.若 $a>b=c$,则方程(4.7-3)可化为

$$\frac{x^2}{a^2}+\frac{y^2+z^2}{b^2}=1.$$

此方程表示一个由椭圆

$$\begin{cases}\frac{x^2}{a^2}+\frac{y^2}{b^2}=1,\\ z=0\end{cases}$$

绕长轴旋转而成的旋转曲面,称为长旋转椭球面.若 $a=b=c$,则方程(4.7-3)为

$$x^2 + y^2 + z^2 = a^2,$$

它表示以原点为中心、a 为半径的球面.

4.7.3 双曲面

1. 单叶双曲面

定义 4 由方程

$$\frac{x^2}{a^2} + \frac{y^2}{b^2} - \frac{z^2}{c^2} = 1 \tag{4.7-4}$$

所确定的曲面称为**单叶双曲面**. 实半轴为 a,b,虚半轴为 c(图 4.7-3).

在(4.7-4)中,若 $a=b$,则方程(4.7-4)可化为

$$\frac{x^2 + y^2}{a^2} - \frac{z^2}{c^2} = 1.$$

此方程表示一个由双曲线

$$\begin{cases} \dfrac{x^2}{a^2} - \dfrac{z^2}{c^2} = 1, \\ y = 0 \end{cases}$$

绕虚轴旋转而成的旋转曲面,称为**单叶旋转双曲面**.

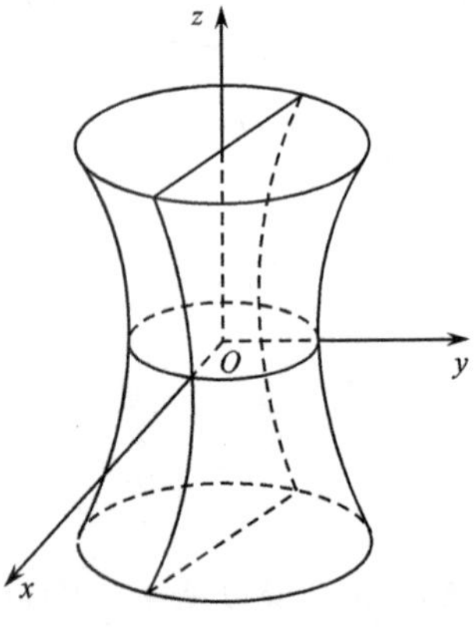

图 4.7-3

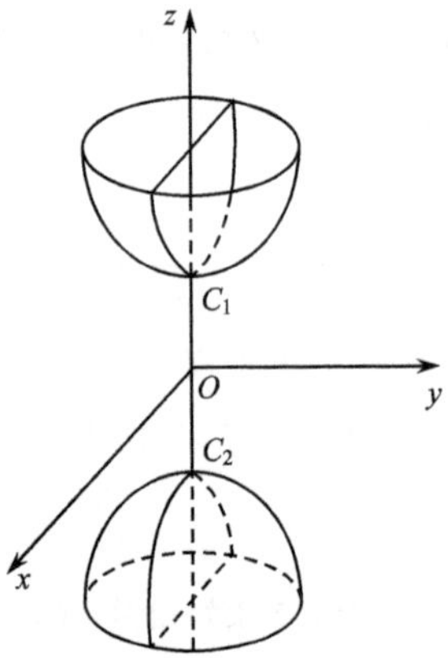

图 4.7-4

2. 双叶双曲面

定义 5 由方程

$$\frac{x^2}{a^2} + \frac{y^2}{b^2} - \frac{z^2}{c^2} = -1 \tag{4.7-5}$$

所确定的曲面称为**双叶双曲面**,顶点为 $C_1(0,0,c)$ 与 $C_2(0,0,-c)$(图 4.7-4).

在方程(4.7-5)中,若 $a=b$,则它可化为

$$\frac{x^2+y^2}{a^2}-\frac{z^2}{c^2}=-1.$$

此方程表示一个由双曲线

$$\begin{cases}\dfrac{x^2}{a^2}-\dfrac{z^2}{c^2}=-1,\\ y=0\end{cases}$$

绕实轴旋转而成的旋转曲面,称为**双叶旋转双曲面**.

4.7.4 抛物面

1. 椭圆抛物面

定义 6 由方程

$$\frac{x^2}{a^2}+\frac{y^2}{b^2}=2z \tag{4.7-6}$$

所确定的曲面称为**椭圆抛物面**,顶点为原点 O(图 4.7-5).

在方程(4.7-6)中,若 $a=b$,则它可化为

$$x^2+y^2=2a^2z.$$

此方程表示一个由抛物线

$$\begin{cases}y^2=2a^2z,\\ x=0\end{cases}$$

绕其轴旋转而成的旋转曲面,称为**旋转抛物面**.

2. 双曲抛物面

定义 7 由方程

$$\frac{x^2}{a^2}-\frac{y^2}{b^2}=z$$

所确定的曲面称为**双曲抛物面**(图 4.7-6).

4.7.5 柱面

定义 8 由平行于某一定方向的动直线沿空间一条定曲线移动所产生的轨迹称为**柱面**. 定方向称为**母线方向**,动直线称为**母线**,定曲线称为准曲线,简称**准线**. 准曲线为坐标面上的二次曲线的柱面称为二次柱面.

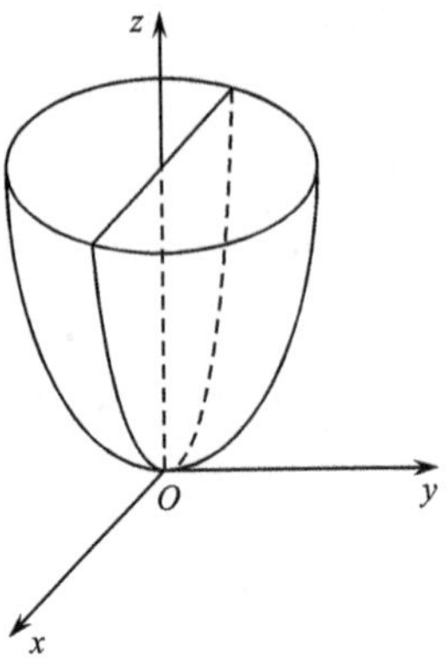

图 4.7-5

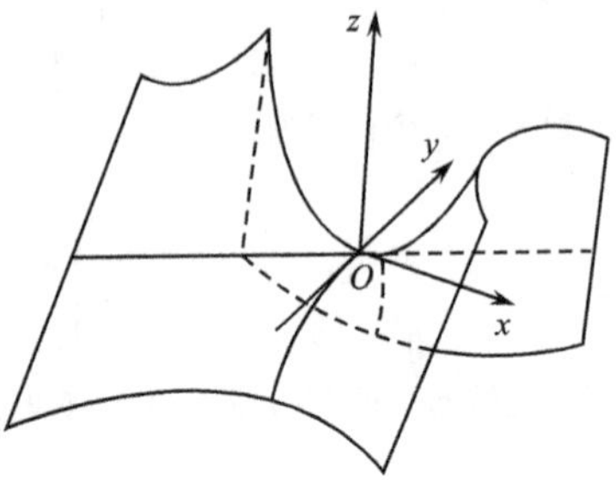

图 4.7-6

定理 1 若一曲面的方程仅含空间中点的坐标的两个变量,则此方程所表示的曲面必为一柱面,其母线平行于所缺变量对应的坐标轴.

方程 $F(y,z)=0$,$G(z,x)=0$ 与 $H(x,y)=0$ 分别表示母线平行于 Ox 轴、Oy 轴与 Oz 轴的柱面.

下面是母线平行 Oz 轴的几个二次柱面的方程与图形.

1. 直圆柱面 $x^2+y^2-R^2=0$(图 4.7-7),准线方程为 $x^2+y^2-R^2=0, z=0$.

2. 椭圆柱面 $\frac{x^2}{a^2}+\frac{y^2}{b^2}=1$(图 4.7-8),准线方程为$\frac{x^2}{a^2}+\frac{y^2}{b^2}=1, z=0$.

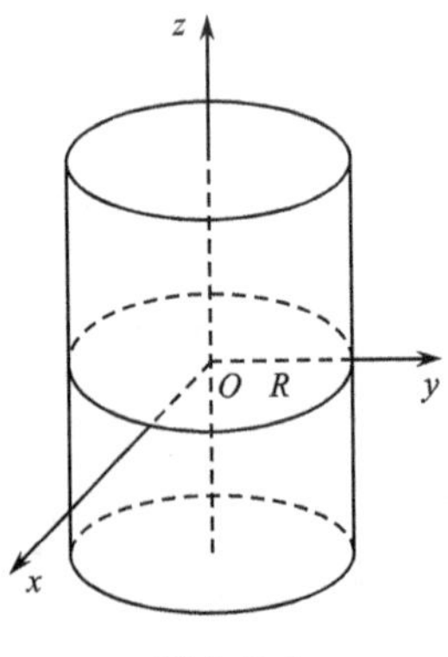

图 4.7-7

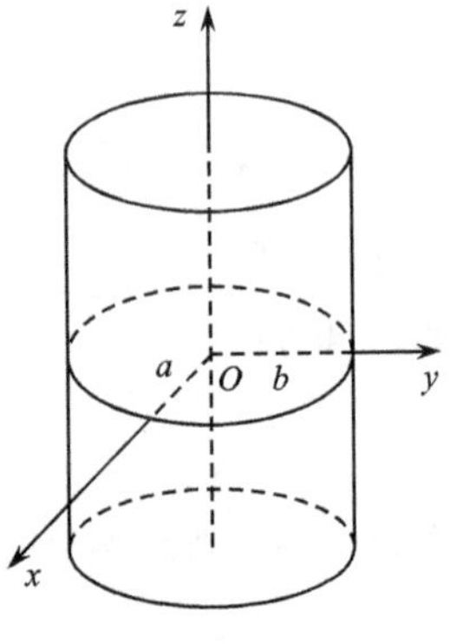

图 4.7-8

3. 双曲柱面 $\frac{x^2}{a^2}-\frac{y^2}{b^2}=-1$(图 4.7-9),准线方程为$\frac{x^2}{a^2}-\frac{y^2}{b^2}=-1, z=0$.

4. 抛物柱面 $y^2=2px(p>0)$(图 4.7-10),准线方程为 $y^2=2px(p>0), z=0$.

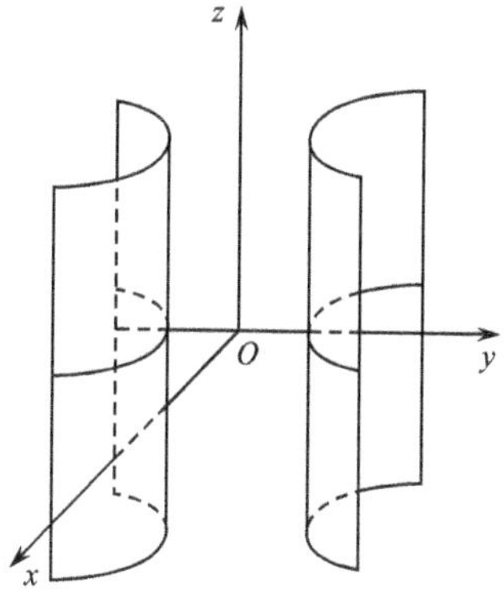

图 4.7-9

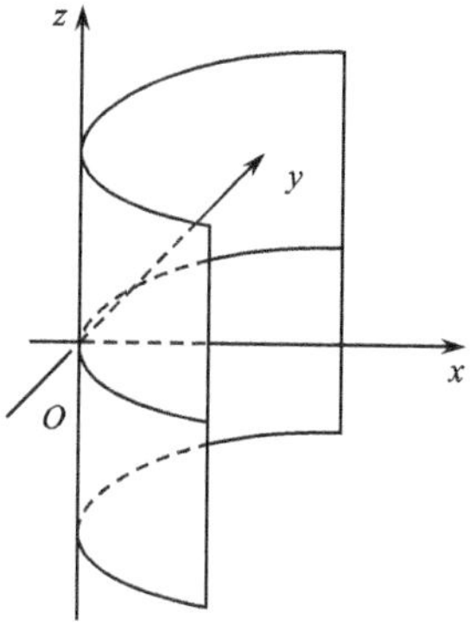

图 4.7-10

4.7.6 锥面

定义 9 通过一定点的动直线，沿空间一条定曲线移动所产生的轨迹称为**锥面**. 定点称为顶点，动直线称为**母线**，定曲线称为准曲线，简称**准线**.

以原点为顶点、椭圆$\frac{x^2}{a^2}+\frac{y^2}{b^2}=1, z=k(k\neq 0)$为准线的**椭圆锥面**的方程为$\frac{x^2}{a^2}+\frac{y^2}{b^2}-\frac{z^2}{k^2}=0$（图 4.7-11）. 当 $a=b$ 时，得**圆锥面**的方程为$\frac{x^2+y^2}{a^2}-\frac{z^2}{k^2}=0$.

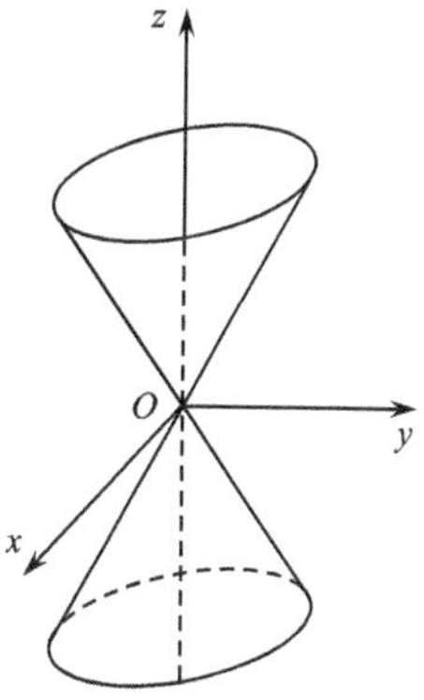

图 4.7-11

4.7.7 一般二次曲面

1. 二次曲面的中心

定义 10 给定二次曲面的方程为

$$a_{11}x^2+a_{22}y^2+a_{33}z^2+2a_{12}xy+2a_{13}xz+2a_{23}yz+2a_1x+2a_2y+2a_3z+a_4=0 \quad (a_{11}^2+a_{22}^2+a_{33}^2+a_{12}^2+a_{13}^2+a_{23}^2\neq 0), \tag{4.7-1}$$

凡是方程组

$$\begin{cases} a_{11}x+a_{12}y+a_{13}z+a_1=0, \\ a_{12}x+a_{22}y+a_{23}z+a_2=0, \\ a_{13}x+a_{23}y+a_{33}z+a_3=0 \end{cases} \tag{4.7-7}$$

的解均称为二次曲面的中心；若中心在曲面上，则称此中心为二次曲面的顶点. 凡是有中心的二次曲面均称为**有心二次曲面**，否则都称为**无心二次曲面**.

2. 二次曲面的切平面方程与法线方程

定义 11 设过点 $M_0(x_0,y_0,z_0)$ 且方向数为 l,m,n 的直线 L 的方程为 $x=x_0+lt, y=y_0+mt, z=z_0+nt$，将此方程代入(4.7-1)式得 t 的二次方程. 若关于 t 的此二次方程分别有相异的二实根、相等的二实根、无实根，于是直线 L 与由方程(4.7-1)所确定的二次曲面分别有两个不同的交点、一个交点(看成两个点重合而成)与无交点，则直线 L 分别称为二次曲面的**割线**、**切线**与**离线**.

定义 12 若点 $N_0(x_0,y_0,z_0)$ 在由方程(4.7-1)所确定的二次曲面上且满足方程组(4.7-7)，则称点 $N_0(x_0,y_0,z_0)$ 为二次曲面的**奇异点**，否则称为**非奇异点**或**寻常点**.

定理 2 设点 $N_0(x_0,y_0,z_0)$ 为由方程(4.7-1)所确定的二次曲面的一个寻常点，则过点 $N_0(x_0,y_0,z_0)$ 的所有切线均在一张平面上，此平面的方程为

$$(a_{11}x_0+a_{12}y_0+a_{13}z_0+a_1)(x-x_0)+(a_{12}x_0+a_{22}y_0+a_{23}z_0+a_2)(y-y_0)+(a_{13}x_0+a_{23}y_0+a_{33}z_0+a_3)(z-z_0)=0. \tag{4.7-8}$$

定义 13 方程(4.7-8)所表示的平面称为由方程(4.7-1)所确定的二次曲面在点 $N_0(x_0,y_0,z_0)$ 处的**切平面**.

定义 14 过二次曲面上一点且与该点处的切平面垂直的直线称为二次曲面在该点处的法线.

定理 3 过由方程(4.7-1)所确定的二次曲面上一寻常点 $N_0(x_0,y_0,z_0)$ 的法线方程为

$$\frac{x-x_0}{a_{11}x_0+a_{12}y_0+a_{13}z_0+a_1}=\frac{y-y_0}{a_{12}x_0+a_{22}y_0+a_{23}z_0+a_2}=\frac{z-z_0}{a_{13}x_0+a_{23}y_0+a_{33}z_0+a_3}.$$

椭球面 $\frac{x^2}{a^2}+\frac{y^2}{b^2}+\frac{z^2}{c^2}=1$ 上点 $N_0(x_0,y_0,z_0)$ 处的切平面方程为

$$\frac{x_0x}{a^2}+\frac{y_0y}{b^2}+\frac{z_0z}{c^2}=1,$$

法线方程为

$$\frac{a^2}{x_0}(x-x_0)=\frac{b^2}{y_0}(y-y_0)=\frac{c^2}{z_0}(z-z_0).$$

双曲面 $\frac{x^2}{a^2}+\frac{y^2}{b^2}-\frac{z^2}{c^2}=\pm1$ 上点 $N_0(x_0,y_0,z_0)$ 处的切平面方程为

$$\frac{x_0x}{a^2}+\frac{y_0y}{b^2}-\frac{z_0z}{c^2}=\pm1,$$

法线方程为

$$\frac{a^2}{x_0}(x-x_0)=\frac{b^2}{y_0}(y-y_0)=-\frac{c^2}{z_0}(z-z_0).$$

椭圆抛物面$\frac{x^2}{a^2}+\frac{y^2}{b^2}=2z$上点$N_0(x_0,y_0,z_0)$处的切平面方程为

$$\frac{x_0 x}{a^2}+\frac{y_0 y}{b^2}=z+z_0,$$

法线方程为

$$\frac{a^2}{x_0}(x-x_0)=\frac{b^2}{y_0}(y-y_0)=-(z-z_0).$$

3. 二次曲面的不变量

定义 15 设三元二次方程(4.7-1)经过坐标变换后可化为方程

$$a'_{11}x'^2+a'_{22}y'^2+a'_{33}z'^2+2a'_{12}x'y'+2a'_{13}x'z'+2a'_{23}y'z' \\ +2a'_1x'+2a'_2y'+2a'_3z'+a'_4=0,$$

如果它们的系数间对某个函数Ψ满足如下关系

$$\Psi(a_{11},a_{22},a_{33},a_{12},a_{13},a_{23},a_1,a_2,a_3,a_4) \\ =\Psi(a'_{11},a'_{22},a'_{33},a'_{12},a'_{13},a'_{23},a'_1,a'_2,a'_3,a'_4),$$

则称函数Ψ为方程(4.7-1)关于坐标变换的**不变量**.

令

$$I_1=a_{11}+a_{22}+a_{33},I_2=\begin{vmatrix}a_{22}&a_{23}\\a_{23}&a_{33}\end{vmatrix}+\begin{vmatrix}a_{33}&a_{13}\\a_{13}&a_{11}\end{vmatrix}+\begin{vmatrix}a_{11}&a_{12}\\a_{12}&a_{22}\end{vmatrix},$$

$$I_3=\begin{vmatrix}a_{11}&a_{12}&a_{13}\\a_{12}&a_{22}&a_{23}\\a_{13}&a_{23}&a_{33}\end{vmatrix},I_4=\begin{vmatrix}a_{11}&a_{12}&a_{13}&a_1\\a_{12}&a_{22}&a_{23}&a_2\\a_{13}&a_{23}&a_{33}&a_3\\a_1&a_2&a_3&a_4\end{vmatrix};$$

$$K_1=\begin{vmatrix}a_{11}&a_1\\a_1&a_4\end{vmatrix}+\begin{vmatrix}a_{22}&a_2\\a_2&a_4\end{vmatrix}+\begin{vmatrix}a_{33}&a_3\\a_3&a_4\end{vmatrix},$$

$$K_2=\begin{vmatrix}a_{22}&a_{23}&a_2\\a_{23}&a_{33}&a_3\\a_2&a_3&a_4\end{vmatrix}+\begin{vmatrix}a_{33}&a_{13}&a_3\\a_{13}&a_{11}&a_1\\a_3&a_1&a_4\end{vmatrix}+\begin{vmatrix}a_{11}&a_{12}&a_1\\a_{12}&a_{22}&a_2\\a_1&a_2&a_4\end{vmatrix};$$

$$A=\begin{pmatrix}a_{11}&a_{12}&a_{13}&a_1\\a_{12}&a_{22}&a_{23}&a_2\\a_{13}&a_{23}&a_{33}&a_3\end{pmatrix}.$$

定理 4 I_1,I_2,I_3,I_4是由方程(4.7-1)所确定的二次曲面在平移变换及旋转变换下的不变量.

定理 5 K_1,K_2是在旋转变换下的不变量;当矩阵A的秩等于1时,K_1与K_2是

平移变换下的不变量；当 A 的秩等于 2 时，K_2 是平移变换下的不变量.

定理 6 方程(4.7-1)所确定的二次曲面可用不变量 I_1,I_2,I_3,I_4,K_1 及 K_2 判别如下表.

曲面类型	判别标志		曲面名称
中心型 $I_3\neq 0$	$I_2>0$ $I_1\cdot I_3>0$	$I_4<0$	(1) 椭球面
		$I_4>0$	(2) 无实轨迹(虚椭球面)
		$I_4=0$	(3) 点(虚锥面)
	$I_2\leqslant 0$ 或 $I_1\cdot I_3\leqslant 0$	$I_4>0$	(4) 单叶双曲面
		$I_4<0$	(5) 双叶双曲面
		$I_4=0$	(6) 二次实锥面
无心型 $I_3=0$	$I_2>0$	$I_4\neq 0$	(7) 椭圆抛物面
	$I_2<0$	$I_4\neq 0$	(8) 双曲抛物面
	$I_2=0$	$I_4=0,K_2\neq 0$	(9) 抛物柱面
多心型 $I_3=I_4=0$	$I_2>0$	$I_1\cdot K_2<0$	(10) 椭圆柱面
		$I_1\cdot K_2>0$	(11) 无实轨迹(虚椭圆柱面)
		$K_2=0$	(12) 直线(一对相交虚平面)
	$I_2<0$	$K_2\neq 0$	(13) 双曲柱面
		$K_2=0$	(14) 一对相交平面
	$I_2=0$ $K_2=0$	$K_1<0$	(15) 一对平行平面
		$K_1>0$	(16) 无实轨迹(一对平行虚平面)
		$K_1=0$	(17) 一对重合平面

定义 16 以不变量 I_1,I_2,I_3 为系数的方程 $\lambda^3-I_1\lambda^2+I_2\lambda-I_3=0$，称为方程(4.7-1)的**特征方程**，它的根称为**特征值**.(或称为特征根).

定理 7 中心型曲面方程经过坐标变换后可化为

$$\lambda_1x^2+\lambda_2y^2+\lambda_3z^2+\frac{I_4}{I_3}=0, \tag{4.7-9}$$

其中 $\lambda_1,\lambda_2,\lambda_3$ 是三个特征根.

定理 8 无心型曲面方程经过坐标变换后可化为

$$\lambda_1x^2+\lambda_2y^2\pm 2\sqrt{-\frac{I_4}{I_2}}z=0, \tag{4.7-10}$$

或

$$\lambda_1x^2\pm 2\sqrt{-\frac{K_2}{I_1}}y=0. \tag{4.7-11}$$

定理 9 多心型曲面方程经过坐标变换后可化为

$$\lambda_1 x^2 + \lambda_2 y^2 + \frac{K_2}{I_2} = 0, \tag{4.7-12}$$

或

$$\lambda_1 x^2 + \frac{K_1}{I_1} = 0. \tag{4.7-13}$$

定义 17 方程(4.7-9),(4.7-10),(4.7-11),(4.7-12)及(4.7-13)称为一般二次曲面方程的**典范形式**.

例 求二次曲面 $x^2+7y^2+z^2+10yz+2zx+10xy+8x+4y+8z-6=0$ 的典范形式.

$I_1=9, I_2=-36, I_3=0, I_4=0, K_2=144$. 特征方程 $\lambda^3-9\lambda^2-36\lambda=0$,特征根为 $12,-3,0$. 由(4.7-12)得典范形式 $12x^3-3y^2-\frac{144}{36}=0$,即 $12x^2-3y^2=4$. 故此方程表示双曲柱面.

5. 线性代数

§5.1 行 列 式

5.1.1 n 阶行列式的定义

1. 排列的概念与性质

定义 1 在一个自然数集的排列(以下简称排列)中,如果各个数按由小到大的自然顺序排列,则称此排列为**自然序排列**.

定义 2 如果在一个排列的一对数中,较大的数排在较小的数之前,则称这对数构成一个**逆序**. 一个排列包含的逆序的总数,称为这个排列的**逆序数**. 排列 $j_1, j_2, \cdots, j_n$ 的逆序数记作 $\tau(j_1, j_2, \cdots, j_n)$.

定义 3 逆序数是偶数的排列称为**偶排列**;逆序数是奇数的排列称为**奇排列**.

定义 4 如果把一个排列的某两个数互换位置,其余数的位置不变,则得另一个排列. 称这样的互换为**对换**.

定理 1 偶(奇)排列经过一次对换变成奇(偶)排列.

定理 2 在由数码 $1,2,\cdots,n(n\geqslant 2)$ 的所有排列中,偶排列与奇排列的数目各占一半,都是 $\frac{n!}{2}$ 个.

定理 3 数码 $1,2,\cdots,n$ 的任意一个排列,都可经过一系列对换变成这 n 个数码的自然序排列 $1,2,\cdots,n$,且所作对换的次数与这个排列有相同的奇偶性.

2. n 阶行列式的定义

定义 5 ***n* 阶行列式**

$$\begin{vmatrix} a_{11} & a_{12} & \cdots & a_{1j} & \cdots & a_{1n} \\ a_{21} & a_{22} & \cdots & a_{2j} & \cdots & a_{2n} \\ \cdots & \cdots & \cdots & \cdots & \cdots & \cdots \\ a_{i1} & a_{i2} & \cdots & a_{ij} & \cdots & a_{in} \\ \cdots & \cdots & \cdots & \cdots & \cdots & \cdots \\ a_{n1} & a_{n2} & \cdots & a_{nj} & \cdots & a_{nn} \end{vmatrix} \tag{5.1-1}$$

等于所有取自不同行、不同列的 n 个元素的乘积

$$a_{1j_1}a_{2j_2}\cdots a_{nj_n} \tag{5.1-2}$$

的代数和,其中 $j_1, j_2, \cdots, j_n$ 是数码 $1,2,\cdots,n$ 的一个排列,当 $j_1, j_2, \cdots, j_n$ 是偶排列

时，项(5.1-2)前面带正号；当 $j_1, j_2, \cdots, j_n$ 是奇排列时，项(5.1-2)前面带负号. 即

$$\begin{vmatrix} a_{11} & a_{12} & \cdots & a_{1j} & \cdots & a_{1n} \\ a_{21} & a_{22} & \cdots & a_{2j} & \cdots & a_{2n} \\ \cdots & \cdots & \cdots & \cdots & \cdots & \cdots \\ a_{i1} & a_{i2} & \cdots & a_{ij} & \cdots & a_{in} \\ \cdots & \cdots & \cdots & \cdots & \cdots & \cdots \\ a_{n1} & a_{n2} & \cdots & a_{nj} & \cdots & a_{nn} \end{vmatrix} = \sum_{(j_1, j_2, \cdots, j_n)} (-1)^{\tau(j_1, j_2, \cdots, j_n)} a_{1j_1} a_{2j_2} \cdots a_{nj_n}.$$

其中 $\sum\limits_{(j_1, j_2, \cdots, j_n)}$ (参看5.1.6)表示对数码 $1, 2, \cdots, n$ 的所有排列求和. n 阶行列式由 $n!$ 项组成. 常把行列式(5.1-1)简记为 $D = |a_{ij}|$ 或 $\det(a_{ij})$.

5.1.2 行列式的性质

1. 行列互换(转置)，行列式的值不变，即

$$\begin{vmatrix} a_{11} & a_{12} & \cdots & a_{1n} \\ a_{21} & a_{22} & \cdots & a_{2n} \\ \cdots & \cdots & \cdots & \cdots \\ a_{n1} & a_{n2} & \cdots & a_{nn} \end{vmatrix} = \begin{vmatrix} a_{11} & a_{21} & \cdots & a_{n1} \\ a_{12} & a_{22} & \cdots & a_{n2} \\ \cdots & \cdots & \cdots & \cdots \\ a_{1n} & a_{2n} & \cdots & a_{nn} \end{vmatrix}.$$

由此可知，行列式中行与列的地位是对称的，凡是有关行的性质，对列也同样成立. 因此 n 阶行列式(5.1-1)又可定义为

$$D = |a_{ij}| = \sum_{(i_1, i_2, \cdots, i_n)} (-1)^{\tau(i_1, i_2, \cdots, i_n)} a_{i_1 1} a_{i_2 2} \cdots a_{i_n n}.$$

把行列式的行与列互换的这种手续，称为行列式的**转置**，即上述关于行列式的等式两端互为转置行列式.

2. 行列式中一行的公因子可以提出去，即

$$\begin{vmatrix} a_{11} & a_{12} & \cdots & a_{1n} \\ \cdots & \cdots & \cdots & \cdots \\ ka_{i1} & ka_{i2} & \cdots & ka_{in} \\ \cdots & \cdots & \cdots & \cdots \\ a_{n1} & a_{n2} & \cdots & a_{nn} \end{vmatrix} = k \begin{vmatrix} a_{11} & a_{12} & \cdots & a_{1n} \\ \cdots & \cdots & \cdots & \cdots \\ a_{i1} & a_{i2} & \cdots & a_{in} \\ \cdots & \cdots & \cdots & \cdots \\ a_{n1} & a_{n2} & \cdots & a_{nn} \end{vmatrix}.$$

3. 如果行列式中有一行的元素全为零，则这个行列式的值等于零.

4. 如果行列式中有某一行是两组数的和，则这个行列式等于两个行列式的和，这两个行列式的这一行分别是第一组数与第二组数，其余各行与原行列式的相应各行相同，即

$$\begin{vmatrix} a_{11} & a_{12} & \cdots & a_{1n} \\ \cdots & \cdots & \cdots & \cdots \\ b_{i1}+c_{i1} & b_{i2}+c_{i2} & \cdots & b_{in}+c_{in} \\ \cdots & \cdots & \cdots & \cdots \\ a_{n1} & a_{n2} & \cdots & a_{nn} \end{vmatrix}$$

$$= \begin{vmatrix} a_{11} & a_{12} & \cdots & a_{1n} \\ \cdots & \cdots & \cdots & \cdots \\ b_{i1} & b_{i2} & \cdots & b_{in} \\ \cdots & \cdots & \cdots & \cdots \\ a_{n1} & a_{n2} & \cdots & a_{nn} \end{vmatrix} + \begin{vmatrix} a_{11} & a_{12} & \cdots & a_{1n} \\ \cdots & \cdots & \cdots & \cdots \\ c_{i1} & c_{i2} & \cdots & c_{in} \\ \cdots & \cdots & \cdots & \cdots \\ a_{n1} & a_{n2} & \cdots & a_{nn} \end{vmatrix}.$$

5. 对换行列式中的两行,行列式反号,即

$$\begin{vmatrix} a_{11} & a_{12} & \cdots & a_{1n} \\ \cdots & \cdots & \cdots & \cdots \\ a_{i1} & a_{i2} & \cdots & a_{in} \\ \cdots & \cdots & \cdots & \cdots \\ a_{k1} & a_{k2} & \cdots & a_{kn} \\ \cdots & \cdots & \cdots & \cdots \\ a_{n1} & a_{n2} & \cdots & a_{nn} \end{vmatrix} = - \begin{vmatrix} a_{11} & a_{12} & \cdots & a_{1n} \\ \cdots & \cdots & \cdots & \cdots \\ a_{k1} & a_{k2} & \cdots & a_{kn} \\ \cdots & \cdots & \cdots & \cdots \\ a_{i1} & a_{i2} & \cdots & a_{in} \\ \cdots & \cdots & \cdots & \cdots \\ a_{n1} & a_{n2} & \cdots & a_{nn} \end{vmatrix}.$$

6. 如果行列式中有两行相同或成比例,则这个行列式的值等于零. 即

$$\begin{vmatrix} a_{11} & a_{12} & \cdots & a_{1n} \\ \cdots & \cdots & \cdots & \cdots \\ a_{i1} & a_{i2} & \cdots & a_{in} \\ \cdots & \cdots & \cdots & \cdots \\ ka_{i1} & ka_{i2} & \cdots & ka_{in} \\ \cdots & \cdots & \cdots & \cdots \\ a_{n1} & a_{n2} & \cdots & a_{nn} \end{vmatrix} = 0.$$

若 $k=1$,则上述行列式中有两行相同,其值为零. 特别是当行列式中有一行的元素全为零时,行列式的值等于零.

7. 把行列式的某一行的倍数加到另一行上去,行列式的值不变. 即

$$\begin{vmatrix} a_{11} & a_{12} & \cdots & a_{1n} \\ \cdots & \cdots & \cdots & \cdots \\ a_{i1}+\lambda a_{k1} & a_{i2}+\lambda a_{k2} & \cdots & a_{in}+\lambda a_{kn} \\ \cdots & \cdots & \cdots & \cdots \\ a_{k1} & a_{k2} & \cdots & a_{kn} \\ \cdots & \cdots & \cdots & \cdots \\ a_{n1} & a_{n2} & \cdots & a_{nn} \end{vmatrix} = \begin{vmatrix} a_{11} & a_{12} & \cdots & a_{1n} \\ \cdots & \cdots & \cdots & \cdots \\ a_{i1} & a_{i2} & \cdots & a_{in} \\ \cdots & \cdots & \cdots & \cdots \\ a_{k1} & a_{k2} & \cdots & a_{kn} \\ \cdots & \cdots & \cdots & \cdots \\ a_{n1} & a_{n2} & \cdots & a_{nn} \end{vmatrix}.$$

5.1.3 行列式的计算

1. 化行列式为上(下)三角形行列式

定义 6 主对角线(从左上角到右下角的对角线)下(上)方的元素全为零的行列式称为上三角形行列式(下三角形行列式). 主对角线以外的元素全为零的行列式称为对角形行列式.

定理 4 上(下)三角形行列式的值等于它的主对角线上元素的乘积. 即

$$\begin{vmatrix} a_{11} & a_{12} & \cdots & a_{1n} \\ 0 & a_{22} & \cdots & a_{2n} \\ \cdots & \cdots & \cdots & \cdots \\ 0 & 0 & \cdots & a_{nn} \end{vmatrix} = a_{11}a_{22}\cdots a_{nn},$$

$$\begin{vmatrix} a_{11} & 0 & \cdots & 0 \\ a_{21} & a_{22} & \cdots & 0 \\ \cdots & \cdots & \cdots & \cdots \\ a_{n1} & a_{n2} & \cdots & a_{nn} \end{vmatrix} = a_{11}a_{22}\cdots a_{nn}.$$

特别地,对角形行列式的值等于它的主对角线上元素的乘积.

计算行列式的基本方法常是利用行列式的性质,把行列式化为上三角形行列式,再根据定理 4 计算.

例 1 计算行列式

$$D = \begin{vmatrix} 1 & -2 & 5 & 0 \\ -2 & 3 & -8 & -1 \\ 3 & 1 & -2 & 4 \\ 1 & 4 & 2 & -5 \end{vmatrix}.$$

解 把行列式的第 1 行的 2 倍加到第二行,记作"①·2+②",以下类似.

$$D \xlongequal[\text{①}\cdot(-1)+\text{④}]{\substack{\text{①}\cdot 2+\text{②} \\ \text{①}\cdot(-3)+\text{③}}} \begin{vmatrix} 1 & -2 & 5 & 0 \\ 0 & -1 & 2 & -1 \\ 0 & 7 & -17 & 4 \\ 0 & 6 & -3 & -5 \end{vmatrix} \xlongequal[\text{②}\cdot 6+\text{④}]{\text{②}\cdot 7+\text{③}} \begin{vmatrix} 1 & -2 & 5 & 0 \\ 0 & -1 & 2 & -1 \\ 0 & 0 & -3 & -3 \\ 0 & 0 & 9 & -11 \end{vmatrix}$$

$$\xlongequal{\text{③}\cdot 3+\text{④}} \begin{vmatrix} 1 & -2 & 5 & 0 \\ 0 & -1 & 2 & -1 \\ 0 & 0 & -3 & -3 \\ 0 & 0 & 0 & -20 \end{vmatrix} = 1\cdot(-1)\cdot(-3)\cdot(-20) = -60.$$

2. 行列式按一行(列)展开

定义 7 在 n 阶行列式中,划去元素 a_{ij} 所在的第 i 行与第 j 列,剩下的元素按原来次序组成的 $n-1$ 阶行列式称为元素 a_{ij} 的**余子式**,记作 M_{ij}. 令 $A_{ij}=(-1)^{i+j}M_{ij}$,称 A_{ij} 为元素 a_{ij} 的**代数余子式**.

定理 5 设 $D=|a_{ij}|$,以 A_{ij} 表示元素 a_{ij} 的代数余子式,则下列公式成立:

$$\sum_{s=1}^{n} a_{ks}A_{is}=\begin{cases}D, & 当\ k=i,\\ 0, & 当\ k\neq i.\end{cases} \tag{5.1-3}$$

$$\sum_{s=1}^{n} a_{sl}A_{sj}=\begin{cases}D, & 当\ l=j,\\ 0, & 当\ l\neq j.\end{cases} \tag{5.1-4}$$

公式(5.1-3)((5.1-4))表明:行列式等于它的任意一行(列)的元素与此元素的代数余子式的乘积之和;行列式中任意一行(列)的元素与另外一行(列)的相应元素的代数余子式的乘积之和等于零.

计算行列式的另一种基本方法是先利用行列式的性质,使其一行(列)变成只有少数几个非零元素,然后再按这一行(列)展开.

例 2 用按行列式的某一行展开的方法,计算例 1 中的行列式.

解

$$\begin{vmatrix}1 & -2 & 5 & 0\\ -2 & 3 & -8 & -1\\ 3 & 1 & -2 & 4\\ 1 & 4 & 2 & -5\end{vmatrix}=\begin{vmatrix}1 & 0 & 0 & 0\\ -2 & -1 & 2 & -1\\ 3 & 7 & -17 & 4\\ 1 & 6 & -3 & -5\end{vmatrix}$$

$$=\begin{vmatrix}-1 & 2 & -1\\ 7 & -17 & 4\\ 6 & -3 & -5\end{vmatrix}=\begin{vmatrix}-1 & 0 & 0\\ 7 & -3 & -3\\ 6 & 9 & -11\end{vmatrix}=(-1)\begin{vmatrix}-3 & -3\\ 9 & -11\end{vmatrix}=-60.$$

5.1.4 拉普拉斯展开 行列式的乘法公式

1. 拉普拉斯展开

定义 8 在 n 阶行列式 D 中,任意选定 k 行 k 列($k\leqslant n$),位于这些行和列的交叉点上的 k^2 个元素按照原来的位置组成的 k 阶行列式 M,称为行列式 D 的 **k 阶子式**. 在 D 中划去这 k 行 k 列后余下的元素按照原来的位置组成的 $n-k$ 阶行列式 M',称为 k 阶子式 M 的余子式. 若 k 阶子式 M 在 D 中所在的行、列的指标分别为 i_1, $i_2,\cdots,i_k$ 与 $j_1,j_2,\cdots,j_k$,令 $A=(-1)^{(i_1+i_2+\cdots+i_k)+(j_1+j_2+\cdots+j_k)}M'$,则称 A 为 M 的代数余子式.

定理 6(拉普拉斯定理) 设在行列式 D 中任意取定了 $k(1\leqslant k\leqslant n-1)$个行. 由这 k 行的元素所组成的一切 k 阶子式与它们的代数余子式的乘积之和等于行列式 D

的值.

利用拉普拉斯定理来计算行列式的值一般并不方便,这个定理主要是理论方面的应用.

2. 行列式的乘法公式

定理 7 给定两个 n 阶行列式 $D_1=|a_{ij}|$ 和 $D_2=|b_{ij}|$,则

$$D_1\cdot D_2=\begin{vmatrix} a_{11} & a_{12} & \cdots & a_{1n} \\ a_{21} & a_{22} & \cdots & a_{2n} \\ \cdots & \cdots & \cdots & \cdots \\ a_{n1} & a_{n2} & \cdots & a_{nn} \end{vmatrix}\cdot\begin{vmatrix} b_{11} & b_{12} & \cdots & b_{1n} \\ b_{21} & b_{22} & \cdots & b_{2n} \\ \cdots & \cdots & \cdots & \cdots \\ b_{n1} & b_{n2} & \cdots & b_{nn} \end{vmatrix}$$

$$=\begin{vmatrix} \sum_{k=1}^{n}a_{1k}b_{k1} & \sum_{k=1}^{n}a_{1k}b_{k2} & \cdots & \sum_{k=1}^{n}a_{1k}b_{kn} \\ \sum_{k=1}^{n}a_{2k}b_{k1} & \sum_{k=1}^{n}a_{2k}b_{k2} & \cdots & \sum_{k=1}^{n}a_{2k}b_{kn} \\ \cdots & \cdots & \cdots & \cdots \\ \sum_{k=1}^{n}a_{nk}b_{k1} & \sum_{k=1}^{n}a_{nk}b_{k2} & \cdots & \sum_{k=1}^{n}a_{nk}b_{kn} \end{vmatrix}.$$

5.1.5 范德蒙德行列式与格拉姆行列式

1. 范德蒙德行列式

行列式

$$\begin{vmatrix} 1 & 1 & \cdots & 1 \\ a_1 & a_2 & \cdots & a_n \\ a_1^2 & a_2^2 & \cdots & a_n^2 \\ \cdots & \cdots & \cdots & \cdots \\ a_1^{n-1} & a_2^{n-1} & \cdots & a_n^{n-1} \end{vmatrix}=\prod_{1\leqslant j<i\leqslant n}(a_i-a_j)$$

$$\begin{aligned}=&(a_2-a_1)(a_3-a_1)\cdots(a_{n-1}-a_1)(a_n-a_1)\\ &\cdot(a_3-a_2)\cdots(a_{n-1}-a_2)(a_n-a_2)\\ &\cdot\cdots\cdots\\ &\cdot(a_{n-1}-a_{n-2})(a_n-a_{n-2})\\ &\cdot(a_n-a_{n-1}).\end{aligned}$$

上式左边的行列式称为**范德蒙德行列式**. 符号“$\prod$”是连乘号(参看 5.1.6).

2. 格拉姆行列式

行列式

$$\begin{vmatrix} (a_1,a_1) & (a_1,a_2) & \cdots & (a_1,a_n) \\ (a_2,a_1) & (a_2,a_2) & \cdots & (a_2,a_n) \\ \cdots & \cdots & \cdots & \cdots \\ (a_n,a_1) & (a_n,a_2) & \cdots & (a_n,a_n) \end{vmatrix} = \begin{vmatrix} a_{11} & a_{12} & \cdots & a_{1n} \\ a_{21} & a_{22} & \cdots & a_{2n} \\ \cdots & \cdots & \cdots & \cdots \\ a_{n1} & a_{n2} & \cdots & a_{nn} \end{vmatrix}^2.$$

上式左边的行列式称为**格拉姆行列式**. 其中 $a_i=(a_{i1},a_{i2},\cdots,a_{in})(i=1,2,\cdots,n)$是 n 个 n 维向量(参看 5.2.1),(a_i,a_j)是内积,即

$$(a_i,a_j)=\sum_{k=1}^{n}a_{ik}a_{jk}.$$

5.1.6 连加号$\sum$与连乘号$\prod$

1. 连加号$\sum$

n 个元素连加的式子 $a_1+a_2+\cdots+a_n$ 记作 $\sum\limits_{i=1}^{n}a_i$,即$\sum\limits_{i=1}^{n}a_i=a_1+a_2+\cdots+a_n$, $\sum$ 称为连加号,a_i 表示一般项,而连加号上下的写法表示 i 的取值范围是由 1 到 n,i 称为求和指标. 连加的结果与求和指标用哪个字母无关,如 $\sum\limits_{i=1}^{n}a_i=\sum\limits_{j=1}^{n}a_j=\sum\limits_{k=1}^{n}a_k$ 等.

在有限项求和的双重连加号中,连加号的次序可以交换,即

$$\sum_{i=1}^{m}\sum_{j=1}^{n}a_{ij}=\sum_{j=1}^{n}\sum_{i=1}^{m}a_{ij}.$$

有时相加的元素虽然是用两个指标编号,但相加的并不是它们的全部,而是指标适合某些条件的某一部分,这时就在连加号下写出指标适合的条件,例如

$$\sum_{j=2}^{m}\sum_{i<j}a_{ij}=a_{12}+a_{13}+\cdots+a_{1n}+a_{23}+a_{24}+\cdots+a_{2n}+\cdots+a_{n-1}a_n.$$

有些求和式也采用符号 $\sum$,但需对求和项做说明,如行列式

$$D=|a_{ij}|=\sum_{(j_1,j_2,\cdots,j_n)}(-1)^{\tau(j_1,j_2,\cdots,j_n)}a_{1j_1}a_{2j_2}\cdots a_{nj_n}.$$

2. 连乘号$\prod$

n 个元素连乘的式子 $a_1a_2\cdots a_n$ 记作 $\prod\limits_{i=1}^{n}a_i$,即 $\prod\limits_{i=1}^{n}a_i=a_1a_2\cdots a_n$. $\prod$ 称为连乘

号. 把连加号改为连乘号,上面关于连加号的论述对连乘号同样适用. 如连乘的结果与求乘积指标用哪个字母无关,即 $\prod_{i=1}^{n} a_i = \prod_{j=1}^{n} a_j = \prod_{k=1}^{n} a_k$.

§5.2 矩 阵

5.2.1 n 维向量空间

定义 1 设 $\boldsymbol{K}$ 是由一些数组成的集合. 如果 0 与 1 都在 $\boldsymbol{K}$ 里且 $\boldsymbol{K}$ 中任意两个数的和、差、积、商(除数不为零)仍在 $\boldsymbol{K}$ 里,则称 $\boldsymbol{K}$ 是一个**数域**.

有理数集、实数集、复数集都是数域,它们分别称为有理数域 $\boldsymbol{Q}$、实数域 $\boldsymbol{R}$、复数域 $\boldsymbol{C}$.

定义 2 由数域 $\boldsymbol{K}$ 中的 n 个数组成的有序数组 $(a_1,a_2,\cdots,a_n)$ 称为 $\boldsymbol{K}$ 上的 **n 维向量**,记为 $\boldsymbol{a}$. 即

$$\boldsymbol{a}=(a_1,a_2,\cdots,a_n),$$

其中第 i 个数 a_i 称为 $\boldsymbol{a}$ 的第 i 个分量. 分量全为零的 n 维向量 $(0,0,\cdots,0)$ 称为 **n 维零向量**,记为 $\mathbf{0}$.

定义 3 给定 $\boldsymbol{a}=(a_1,a_2,\cdots,a_n)$, $\boldsymbol{b}=(b_1,b_2,\cdots,b_n)$. 如果 $a_i=b_i (i=1,2,\cdots,n)$,则称 $\boldsymbol{a}$ 与 $\boldsymbol{b}$ 相等,记作 $\boldsymbol{a}=\boldsymbol{b}$.

定义 4 给定 $\boldsymbol{a}=(a_1,a_2,\cdots,a_n)$, $\boldsymbol{b}=(b_1,b_2,\cdots,b_n)$,则称向量 $(a_1+b_1,a_2+b_2,\cdots,a_n+b_n)$ 为 $\boldsymbol{a}$ 与 $\boldsymbol{b}$ 的**和**,记作 $\boldsymbol{a}+\boldsymbol{b}$,即 $\boldsymbol{a}+\boldsymbol{b}=(a_1+b_1,a_2+b_2,\cdots,a_n+b_n)$. 这种运算称为向量的加法.

定义 5 给定 $\boldsymbol{a}=(a_1,a_2,\cdots,a_n)$,则称向量 $(\lambda a_1,\lambda a_2,\cdots,\lambda a_n)$ 为数 λ 与向量 $\boldsymbol{a}$ 的数量乘积,记作 $\lambda\boldsymbol{a}$,即 $\lambda\boldsymbol{a}=(\lambda a_1,\lambda a_2,\cdots,\lambda a_n)$. 这种用数去乘向量的每一个分量的运算,称为数与向量的**数量乘积**或**标量乘积**.

定义 6 给定 $\boldsymbol{a}=(a_1,a_2,\cdots,a_n)$,则称向量 $(-a_1,-a_2,\cdots,-a_n)$ 为向量 $\boldsymbol{a}$ 的**负向量**,记作 $-\boldsymbol{a}$,即 $-\boldsymbol{a}=(-a_1,-a_2,\cdots,-a_n)$.

定义 7 给定 $\boldsymbol{a}=(a_1,a_2,\cdots,a_n)$, $\boldsymbol{b}=(b_1,b_2,\cdots,b_n)$,则称向量 $\boldsymbol{a}+(-\boldsymbol{b})=(a_1-b_1,a_2-b_2,\cdots,a_n-b_n)$ 为 $\boldsymbol{a}$ 与 $\boldsymbol{b}$ 的差,记作 $\boldsymbol{a}-\boldsymbol{b}$,即 $\boldsymbol{a}-\boldsymbol{b}=\boldsymbol{a}+(-\boldsymbol{b})$. 这种运算称为向量的减法.

定理 1 设 $\boldsymbol{a},\boldsymbol{b},\boldsymbol{c}$ 是 $\boldsymbol{K}$ 上的 n 维向量, λ,μ 是 $\boldsymbol{K}$ 中的数,则向量的加法与数量乘积满足下列运算规律:

1. $\boldsymbol{a}+\boldsymbol{b}=\boldsymbol{b}+\boldsymbol{a}$,
2. $(\boldsymbol{a}+\boldsymbol{b})+\boldsymbol{c}=\boldsymbol{a}+(\boldsymbol{b}+\boldsymbol{c})$,
3. $\boldsymbol{a}+\mathbf{0}=\boldsymbol{a}$,
4. $\boldsymbol{a}+(-\boldsymbol{a})=\mathbf{0}$,
5. $1\boldsymbol{a}=\boldsymbol{a}$,

6. $\lambda(\mu \boldsymbol{a})=(\lambda\mu)\boldsymbol{a}$,

7. $(\lambda+\mu)\boldsymbol{a}=\lambda\boldsymbol{a}+\mu\boldsymbol{a}$,

8. $\lambda(\boldsymbol{a}+\boldsymbol{b})=\lambda\boldsymbol{a}+\lambda\boldsymbol{b}$.

定义 8 数域 $\boldsymbol{K}$ 上的所有 n 维向量组成的集合,赋予它的加法运算及数域 $\boldsymbol{K}$ 与它的数量乘积运算,称为 $\boldsymbol{K}$ 上的 **n 维向量空间**,记为 $\boldsymbol{K}^n$. 通常取 $\boldsymbol{K}$ 为 $\boldsymbol{R}$ 或 $\boldsymbol{C}$,此时相应的 $\boldsymbol{K}^n$ 分别称为 **n 维实向量空间 $\boldsymbol{R}^n$** 或 **n 维复向量空间 $\boldsymbol{C}^n$**.

5.2.2 向量组的线性关系

定义 9 设 $\boldsymbol{a}_i\in\boldsymbol{K}^n,\lambda_i\in\boldsymbol{K}(i=1,2,\cdots,r)$,则称 $\boldsymbol{b}=\sum_{i=1}^{r}\lambda_i\boldsymbol{a}_i$ 为 $\boldsymbol{a}_i(i=1,2,\cdots,r)$ 的一个**线性组合**. $\lambda_i(i=1,2,\cdots,r)$ 称为这个组合的系数. 此时称 $\boldsymbol{b}$ 可由 $\boldsymbol{a}_i(i=1,2,\cdots,r)$ **线性表出**.

定义 10 如果向量组 $\boldsymbol{a}_1,\boldsymbol{a}_2,\cdots,\boldsymbol{a}_r$ 的每一个向量都可由向量组 $\boldsymbol{b}_1,\boldsymbol{b}_2,\cdots,\boldsymbol{b}_s$ 线性表出,则称向量组 $\boldsymbol{a}_1,\boldsymbol{a}_2,\cdots,\boldsymbol{a}_r$ 可由向量组 $\boldsymbol{b}_1,\boldsymbol{b}_2,\cdots,\boldsymbol{b}_s$ 线性表出. 如果两个向量组可以互相线性表出,则称这两个向量组**等价**.

定义 11 设 $\boldsymbol{a}_i\in\boldsymbol{K}^n(i=1,2,\cdots,r)$. 若存在 $\boldsymbol{K}$ 中 r 个不全为零的数 $\lambda_i(i=1,2,\cdots,r)$,使 $\sum_{i=1}^{r}\lambda_i\boldsymbol{a}_i=\boldsymbol{0}$,则称向量组 $\boldsymbol{a}_1,\boldsymbol{a}_2,\cdots,\boldsymbol{a}_r$ **线性相关**.

定义 12 如果向量组 $\boldsymbol{a}_1,\boldsymbol{a}_2,\cdots,\boldsymbol{a}_r$ 不线性相关,即只有 $\lambda_1,\lambda_2,\cdots,\lambda_r$ 全为零时,才能使得 $\sum_{i=1}^{r}\lambda_i\boldsymbol{a}_i=\boldsymbol{0}$,则称向量组 $\boldsymbol{a}_1,\boldsymbol{a}_2,\cdots,\boldsymbol{a}_r$ **线性无关**.

定理 2 如果向量组 $\boldsymbol{a}_1,\boldsymbol{a}_2,\cdots,\boldsymbol{a}_r$ 线性无关,而向量组 $\boldsymbol{a}_1,\boldsymbol{a}_2,\cdots,\boldsymbol{a}_r,\boldsymbol{b}$ 线性相关,则 $\boldsymbol{b}$ 可由 $\boldsymbol{a}_1,\boldsymbol{a}_2,\cdots,\boldsymbol{a}_r$ 唯一地线性表出.

定理 3 向量组 $\boldsymbol{a}_1,\boldsymbol{a}_2,\cdots,\boldsymbol{a}_r(r\geqslant 2)$ 线性相关的必要充分条件是:其中有一个向量为其余向量的线性组合.

定理 4 设向量组 $\boldsymbol{a}_1,\boldsymbol{a}_2,\cdots,\boldsymbol{a}_r$ 线性无关,且 $\boldsymbol{b}_j=\sum_{i=1}^{r}\boldsymbol{b}_{ji}\boldsymbol{a}_i\ (j=1,2,\cdots,r)$,则 $\boldsymbol{b}_1,\boldsymbol{b}_2,\cdots,\boldsymbol{b}_r$ 线性相关的必要充分条件是

$$\begin{vmatrix} a_{11} & a_{12} & \cdots & a_{1r} \\ a_{21} & a_{22} & \cdots & a_{2r} \\ \cdots & \cdots & \cdots & \cdots \\ a_{r1} & a_{r2} & \cdots & a_{rr} \end{vmatrix}=0.$$

定理 5 如果两个线性无关的向量组等价,则它们含有相同个数的向量.

定义 13 向量组的一个部分组称为一个**极大线性无关组**,如果这个部分组本身线性无关,但从原向量组的其余向量中任取一个添进去后,所得的部分组都线性相关.

定理 6 (1)向量组的极大线性无关组可能不是唯一的,但任一极大线性无关组

都与原向量组等价.(2)向量组的任意两个极大线性无关组都含有相同个数的向量.

定义 14 向量组 $\boldsymbol{a}_1,\boldsymbol{a}_2,\cdots,\boldsymbol{a}_r$ 的极大线性无关组中所含向量的个数称为这个向量组的**秩**,记作 $\mathrm{rank}\{\boldsymbol{a}_1,\boldsymbol{a}_2,\cdots,\boldsymbol{a}_r\}$.

定理 7 向量组 $\boldsymbol{a}_1,\boldsymbol{a}_2,\cdots,\boldsymbol{a}_r$ 线性无关的必要充分条件是 $\mathrm{rank}\{\boldsymbol{a}_1,\boldsymbol{a}_2,\cdots,\boldsymbol{a}_r\}=r$.

定理 8 (1)如果向量组 $\boldsymbol{a}_1,\boldsymbol{a}_2,\cdots,\boldsymbol{a}_r$ 可由向量组 $\boldsymbol{b}_1,\boldsymbol{b}_2,\cdots,\boldsymbol{b}_s$ 线性表出,且 $\mathrm{rank}\{\boldsymbol{a}_1,\boldsymbol{a}_2,\cdots,\boldsymbol{a}_r\}=\mathrm{rank}\{\boldsymbol{b}_1,\boldsymbol{b}_2,\cdots,\boldsymbol{b}_s\}$,则这两个向量组等价.(2)如果 $\boldsymbol{a}_1,\boldsymbol{a}_2,\cdots,\boldsymbol{a}_r$ 与 $\boldsymbol{b}_1,\boldsymbol{b}_2,\cdots,\boldsymbol{b}_s$ 等价,则 $\mathrm{rank}\{\boldsymbol{a}_1,\boldsymbol{a}_2,\cdots,\boldsymbol{a}_r\}=\mathrm{rank}\{\boldsymbol{b}_1,\boldsymbol{b}_2,\cdots,\boldsymbol{b}_s\}$.

5.2.3 矩阵及矩阵的秩

定义 15 由数域 $\mathbf{K}$ 中的 $m\times n$ 个数 $a_{ij}(i=1,2,\cdots,m;j=1,2,\cdots,n)$ 排成的 m 行、n 列的表

$$A=\begin{pmatrix} a_{11} & a_{12} & \cdots & a_{1n} \\ a_{21} & a_{22} & \cdots & a_{2n} \\ \cdots & \cdots & \cdots & \cdots \\ a_{m1} & a_{m2} & \cdots & a_{mn} \end{pmatrix}, \tag{5.2-1}$$

称为 $\mathbf{K}$ 上的 $\boldsymbol{m\times n}$ **矩阵**,记为 $A=(a_{ij})_{m\times n}$ 或 $A_{m\times n}$,表中的每一个数都称为矩阵 A 的一个元素.若 $m=n$,则 $n\times n$ 矩阵 $A=(a_{ij})_{n\times n}$ 也称为 $\boldsymbol{n}$ **阶方阵**,相应的行列式 $|a_{ij}|$ 称为方阵 A 的行列式,记为 $|A|=|a_{ij}|$ 或 $\det(A)$.

两矩阵相等当且仅当行数、列数相同且对应元素相等,即若 $A=(a_{ij})_{m\times n}$,$B=(b_{ij})_{m\times n}$,则 $A=B$,当且仅当 $a_{ij}=b_{ij}$,$i=1,2,\cdots,m;j=1,2,\cdots,n$.

在(5.2-1)所示的矩阵 A 中,向量组 $\boldsymbol{a}_i=(a_{i1},a_{i2},\cdots,a_{in})(i=1,2,\cdots,m)$ 称为 A 的**行向量组**.向量组 $\boldsymbol{b}_j=(a_{1j},a_{2j},\cdots,a_{mj})^{\mathrm{T}}(j=1,2,\cdots,n)$ 称为 A 的**列向量组**.符号"T"或"′"均表示向量的**转置**,即

$$b_j=(a_{1j},a_{2j},\cdots,a_{mj})^{\mathrm{T}}=(a_{1j},a_{2j},\cdots,a_{mj})'=\begin{pmatrix} a_{1j} \\ a_{2j} \\ \vdots \\ a_{mj} \end{pmatrix}(j=1,2,\cdots,n).$$

定义 16 设 $A=(a_{ij})_{m\times n}$.如果在 A 中任取 k 行与 k 列($k\leqslant\min(m,n)$),则它们的交叉处的元素按原来的次序组成的 k 阶行列式称为 A 的 $\boldsymbol{k}$ **阶子式**.

定义 17 矩阵 A 的行(列)向量组的秩称为 A 的**行秩(列秩)**.

定理 9 矩阵 A 的行秩与列秩相等。

定义 18 矩阵 A 的行秩或列秩统称为矩阵 A 的**秩**,记作 $\mathrm{rank}(A)$.

定义 19 下列三种变换称为矩阵 A 的初等行(列)变换,简称**初等变换**:(1)用 $\mathbf{K}$ 中的一个非零数乘 A 的某一行(列);(2)把 A 的某一行(列)的倍数加到另一行(列)上去;(3)互换 A 的某两行(列).

定义 20 若在矩阵的任一行中,第一个非零元素所在列的下方的元素全为零,则称这样的矩阵为**阶梯形矩阵**.

例如矩阵

$$\begin{pmatrix} 0 & 1 & 2 & -1 \\ 0 & 0 & 0 & 1 \\ 0 & 0 & 0 & 0 \end{pmatrix}, \begin{pmatrix} 1 & 2 & 1 & -1 & 2 \\ 0 & 0 & 1 & 0 & 2 \\ 0 & 0 & 0 & 2 & 3 \end{pmatrix}$$

都是阶梯形矩阵.

定理 10 初等变换不改变矩阵的秩.

定理 11 任一矩阵经过一系列初等变换总能化为阶梯形矩阵,且矩阵的秩等于阶梯形矩阵的非零行的行数.

例 1 设

$$A = \begin{pmatrix} 3 & -2 & 0 & 1 & -7 \\ -1 & -3 & 2 & 0 & 4 \\ 2 & 0 & -4 & 5 & 1 \\ 4 & 1 & -2 & 1 & -11 \end{pmatrix},$$

求 A 的秩.

解 用初等变换将 A 化为阶梯形矩阵:

$$A = \begin{pmatrix} 3 & -2 & 0 & 1 & -7 \\ -1 & -3 & 2 & 0 & 4 \\ 2 & 0 & -4 & 5 & 1 \\ 4 & 1 & -2 & 1 & -11 \end{pmatrix} \to \begin{pmatrix} -1 & -3 & 2 & 0 & 4 \\ 0 & 1 & 6 & -9 & -13 \\ 0 & 0 & 36 & -49 & -69 \\ 0 & 0 & 0 & 0 & 0 \end{pmatrix}.$$

因阶梯形矩阵有 3 个非零行,所以 $\mathrm{rank}(A)=3$.

5.2.4 矩阵的运算

1. 矩阵的加法

定义 21 设 $A=(a_{ij})_{m\times n}$,$B=(b_{ij})_{m\times n}$. 令 $C=(c_{ij})_{m\times n}$,其中 $c_{ij}=a_{ij}+b_{ij}$ $(i=1,2,\cdots,m;j=1,2,\cdots,n)$,则 C 称为 A 与 B 的**和**,记作 $C=A+B$.

两个矩阵相加就是它们的对应元素相加. 只有行数相同、列数也相同的矩阵才能相加.

定义 22 元素全为零的矩阵称为**零矩阵**,记作 $O_{m\times n}$,或简记作 O.

定义 23 设 $A=(a_{ij})_{m\times n}$,则 A 的**负矩阵**定义为 $-A=(-a_{ij})_{m\times n}$.

定义 24 设 $A=(a_{ij})_{m\times n}$,$B=(b_{ij})_{m\times n}$,则 $A+(-B)=A-B=(a_{ij}-b_{ij})_{m\times n}$ 称为 A 与 B 的**差**.

定理 12 矩阵的加法满足下列规律:

(1) 交换律 $A+B=B+A$,

(2) 结合律$(A+B)+C=A+(B+C)$,

(3) $A+O=A$,

(4) $A+(-A)=O$.

2. 矩阵的乘积

定义 25 设$A=(a_{ik})_{m\times r}$,$B=(b_{kj})_{r\times n}$,令$C=(c_{ij})_{m\times n}$,其中$c_{ij}=\sum_{k=1}^{r}a_{ik}b_{kj}(i=1,2,\cdots,m;j=1,2,\cdots,n)$,则$C$称为$A$与$B$的**乘积**,记作$C=AB$.

矩阵A与B的乘积矩阵C的第i行第j列的元素c_{ij}等于A的第i行与B的第j列的对应元素乘积的和. 只有A的列数与B的行数相等时,乘积AB才有意义. 一般地,$AB\neq BA$.

定理 13 矩阵的乘积满足下列规律:

(1) 结合律$(AB)C=A(BC)$,

(2) 左分配律$A(B+C)=AB+AC$,

　　右分配律$(B+C)A=BA+CA$.

定义 26 主对角线上的元素全是1,其余元素全是0的n阶方阵

$$\begin{pmatrix}1 & 0 & \cdots & 0\\ 0 & 1 & \cdots & 0\\ & \cdots\cdots\cdots\cdots & & \\ 0 & 0 & \cdots & 1\end{pmatrix},$$

称为n阶**单位矩阵**,记为I_n或简记为I. $AI=IA=A$.

定义 27 设$A=(a_{ij})_{n\times n}$,则A的$\boldsymbol{k}$**次幂**定义为k个A连乘,记作A^k,即$A^k=AA\cdots A$(k个因子).

3. 矩阵的数量乘积

定义 28 设$A=(a_{ij})_{m\times n}$,$\lambda\in\boldsymbol{K}$,则λ与A的**数量乘积**或**标量乘积**定义为$\lambda A=(\lambda a_{ij})_{m\times n}$.

定理 14 矩阵的数量乘积满足下列规律:

(1) $1A=A$,

(2) $(\lambda\mu)A=\lambda(\mu A)$,

(3) $(\lambda+\mu)A=\lambda A+\mu A$,

(4) $\lambda(A+B)=\lambda A+\lambda B$,

(5) $\lambda(AB)=(\lambda A)B=A(\lambda B)$.

4. 矩阵的转置

定义 29 设$A=(a_{ij})_{m\times n}$,把A的行、列互换所得到的矩阵称为A的转置,记作

A^{T},或 A',即 $A^{\mathrm{T}}=A'=(a_{ji})_{n\times m}$.

定理 15 矩阵的转置满足下列规律:

(1) $(A^{\mathrm{T}})^{\mathrm{T}}=A$,

(2) $(A+B)^{\mathrm{T}}=A^{\mathrm{T}}+B^{\mathrm{T}}$,

(3) $(AB)^{\mathrm{T}}=B^{\mathrm{T}}A^{\mathrm{T}}$,

(4) $(\lambda A)^{\mathrm{T}}=\lambda A^{\mathrm{T}}$.

5. 矩阵乘积的行列式与秩

定理 16 设 $A_i(i=1,2,\cdots,m)$是数域 $\boldsymbol{K}$ 上的 m 个 $n\times n$ 矩阵,则 $\left|\prod_{i=1}^{m}A_i\right|=\prod_{i=1}^{m}|A_i|$.

定义 30 设 $A=(a_{ij})_{n\times n}$. 若 $|A|\neq 0$,则称 A 为**非奇异矩阵**或**非退化矩阵**,否则,称 A 为**奇异矩阵**或**退化矩阵**;若 $\mathrm{rank}(A)=n$,则称 A 为**满秩矩阵**,否则称 A 为**降秩矩阵**.

定理 17 设 $A=(a_{ij})_{n\times n}$,则

(1) $|\lambda A|=\lambda^n|A|$,

(2) $|A^{\mathrm{T}}|=|A|$,

(3) A 为非奇异矩阵的必要充分条件是:A 为满秩矩阵.

定理 18 设 $A=(a_{ik})_{m\times r}$,$B=(b_{kj})_{r\times n}$,则

$$\mathrm{rank}(AB)\leqslant\min(\mathrm{rank}(A),\mathrm{rank}(B)).$$

6. 矩阵的克罗内克积

定义 31 设 $A=(a_{ik})_{m\times n}$,$B=(b_{rl})_{r\times s}$ 是域 $\boldsymbol{K}$ 中的两个矩阵,则矩阵 $C=(c_{\lambda\mu})_{mr\times ns}$称为 A 与 B 的**克罗内克积**,记作 $C=A\otimes B$,即

$$C=A\otimes B=\begin{pmatrix} a_{11}B & a_{12}B & \cdots & a_{1n}B \\ a_{21}B & a_{22}B & \cdots & a_{2n}B \\ \cdots & \cdots & \cdots & \cdots \\ a_{m1}B & a_{m2}B & \cdots & a_{mn}B \end{pmatrix}.$$

定理 19 假设下述和、积有意义,则克罗内克积具有下述性质:

(1) $A\otimes(B_1+B_2)=A\otimes B_1+A\otimes B_2$,

(2) $(A_1+A_2)\otimes B=A_1\otimes B+A_2\otimes B$,

(3) $C(A\otimes B)=(CA)\otimes B=A\otimes(CB)$,

(4) $(A_1\otimes B_1)(A_2\otimes B_2)=(A_1A_2)\otimes(B_1B_2)$,

(5) $A\otimes(B_1\otimes B_2)=(A\otimes B_1)\otimes B_2=A\otimes B_1\otimes B_2$,

(6) $(A\otimes B)^{\mathrm{T}}=A^{\mathrm{T}}\otimes B^{\mathrm{T}}$.

特别，若 $A=A^{\mathrm{T}}$，$B=B^{\mathrm{T}}$，则 $(A\otimes B)^{\mathrm{T}}=A\otimes B$.

5.2.5 矩阵的逆

定义 32 设 A 是数域 $\boldsymbol{K}$ 上的 $n\times n$ 矩阵，如果存在 $\boldsymbol{K}$ 上的 $n\times n$ 矩阵 B，使得 $AB=BA=I$，则称 A 为**可逆矩阵**，简称 A 可逆，而 B 则称为 A 的**逆矩阵**，记作 A^{-1}，即 $AA^{-1}=A^{-1}A=I$.

由此可知，如果 A 可逆，则 A^{-1} 也可逆，且 $(A^{-1})^{-1}=A$. 进而可知，若 A 可逆，则其逆矩阵是唯一的.

定义 33 给定 $n\times n$ 矩阵 $A=(a_{ij})_{n\times n}$，则行列式 $|A|=|a_{ij}|$ 中元素 a_{ij} 的代数余子式 A_{ij}，称为矩阵 $A=(a_{ij})_{n\times n}$ 中元素 a_{ij} 的代数余子式，而称矩阵

$$A^{*}=\begin{pmatrix}A_{11} & A_{21} & \cdots & A_{n1}\\ A_{12} & A_{22} & \cdots & A_{n2}\\ \cdots & \cdots & \cdots & \cdots\\ A_{1n} & A_{2n} & \cdots & A_{nn}\end{pmatrix}$$

为 A 的**伴随矩阵**.

定理 20 设 $A=(a_{ij})_{n\times n}$，则

(1) A 可逆的必要充分条件是 A 为非退化的，且当 A 可逆时，有 $A^{-1}=\dfrac{1}{|A|}A^{*}$.

(2) A 可逆的必要充分条件是 A 的行(列)向量组线性无关.

定理 21 设 $A=(a_{ij})_{n\times n}$，则

(1) 如果 A 可逆，则 A^{T} 也可逆，且 $(A^{\mathrm{T}})^{-1}=(A^{-1})^{\mathrm{T}}$；

(2) 如果 A 可逆，则 $|A^{-1}|=|A|^{-1}$；

(3) 如果 $A=(a_{ij})_{n\times n}$，$B=(b_{ij})_{n\times n}$ 都可逆，则 $(AB)^{-1}=B^{-1}A^{-1}$.

定理 22 设 $A=(a_{ij})_{m\times n}$ 是数域 $\boldsymbol{R}$ 上的矩阵，则方程组

$$\begin{cases}AXA=A,\\ XAX=X,\\ AX=(AX)^{\mathrm{T}},\\ XA=(XA)^{\mathrm{T}}\end{cases}\tag{5.2-2}$$

有唯一解.

定义 34 定理 22 中方程组(5.2-2)的唯一解称为矩阵 A 的**广义逆矩阵**，记作 A^{+}.

定理 23 若 A 是非奇异方阵，则 A^{-1} 满足方程组(5.2-2)，故 $A^{+}=A^{-1}$. 因此，矩阵 A 的广义逆矩阵 A^{+} 可视为非奇异方阵 A 的逆 A^{-1} 的推广.

5.2.6 矩阵的分块　初等矩阵

1. 矩阵的分块

设 $A=(a_{ik})_{m\times r}$，$B=(b_{kj})_{r\times n}$，把 A，B 分成一些小矩阵：

$$A=\begin{array}{c} \\ m_1 \\ m_2 \\ \vdots \\ m_s \end{array}\begin{array}{c} \begin{array}{cccc} r_1 & r_2 & \cdots & r_l \end{array} \\ \begin{pmatrix} A_{11} & A_{12} & \cdots & A_{1l} \\ A_{21} & A_{22} & \cdots & A_{2l} \\ \cdots & \cdots & \cdots & \cdots \\ A_{s1} & A_{s2} & \cdots & A_{sl} \end{pmatrix} \end{array}, \quad B=\begin{array}{c} \\ r_1 \\ r_2 \\ \vdots \\ r_l \end{array}\begin{array}{c} \begin{array}{cccc} n_1 & n_2 & \cdots & n_t \end{array} \\ \begin{pmatrix} B_{11} & B_{12} & \cdots & B_{1t} \\ B_{21} & B_{22} & \cdots & B_{2t} \\ \cdots & \cdots & \cdots & \cdots \\ B_{l1} & B_{l2} & \cdots & B_{lt} \end{pmatrix} \end{array},$$

其中每个 A_{ij} 是 $m_i \times r_j$ 矩阵，B_{ij} 是 $r_i \times n_j$ 矩阵．像这种把一个矩阵分为若干小矩阵，而把每个小矩阵当作数一样来处理的作法，称为矩阵的分块．若 A 的列的分法与 B 的行的分法一致，则

$$C=AB=\begin{array}{c} \\ m_1 \\ m_2 \\ \vdots \\ m_s \end{array}\begin{array}{c} \begin{array}{cccc} n_1 & n_2 & \cdots & n_t \end{array} \\ \begin{pmatrix} C_{11} & C_{12} & \cdots & C_{1t} \\ C_{21} & C_{22} & \cdots & C_{2t} \\ \cdots & \cdots & \cdots & \cdots \\ C_{s1} & C_{s2} & \cdots & C_{st} \end{pmatrix} \end{array},$$

其中 $C_{pq}=\sum_{k=1}^{t} A_{pk}B_{kq}\,(p=1,2,\cdots,s;\ q=1,2,\cdots,t)$．

2．初等矩阵

定义 35　由单位矩阵 I 经过一次初等变换得到的矩阵称为**初等矩阵**．

定义 36　设 A，B 是数域 $\mathbf{K}$ 上的矩阵，如果 A 经过一系列初等变换可化为 B，则称 A 与 B **等价**．

定理 24　设 $A=(a_{ij})_{m\times n}$，则 A 可与一形如

$$\begin{pmatrix} 1 & 0 & \cdots & 0 & 0 & \cdots & 0 \\ 0 & 1 & \cdots & 0 & 0 & \cdots & 0 \\ \cdots & \cdots & \cdots & \cdots & \cdots & \cdots & \cdots \\ 0 & 0 & \cdots & 1 & 0 & \cdots & 0 \\ 0 & 0 & \cdots & 0 & 0 & \cdots & 0 \\ \cdots & \cdots & \cdots & \cdots & \cdots & \cdots & \cdots \\ 0 & 0 & \cdots & 0 & 0 & \cdots & 0 \end{pmatrix}$$

的矩阵等价，它称为 A 的标准形，主对角线上 1 的个数等于 A 的秩．

定理 25　可逆矩阵总可以经过一系列初等行(列)变换化为单位矩阵．

定理 26　如果用一系列初等行(列)变换把可逆矩阵 A 化为单位矩阵，则用这一系列相同的初等行(列)变换去化单位矩阵就得 A^{-1}．

3．求逆矩阵的方法

(1) 伴随矩阵法．设 A 是 $n\times n$ 可逆矩阵，则

$$A^{-1}=\frac{1}{|A|}A^{*}.$$

(2) 初等变换法. 设 A 是 $n\times n$ 可逆矩阵,在 A 的右边写上 $n\times n$ 单位矩阵 I,构成一个 $n\times 2n$ 矩阵 (AI),再对 (AI) 进行一系列初等行变换,把它的左半部分 A 化为单位矩阵 I,则它的右半部分 I 就化成 A 的逆矩阵 A^{-1},即

$$(AI)\xrightarrow{\text{初等行变换}}(IA^{-1}).$$

例 2 设

$$A=\begin{pmatrix}0 & 1 & 2\\ 1 & 1 & 4\\ 2 & -1 & 0\end{pmatrix},$$

求 A^{-1}.

解 先用伴随矩阵法. 因 A 的伴随矩阵为

$$A^{*}=\begin{pmatrix}4 & -2 & 2\\ 8 & -4 & 2\\ -3 & 2 & -1\end{pmatrix},\ |A|=2,$$

所以

$$A^{-1}=\frac{1}{|A|}A^{*}=\begin{pmatrix}2 & -1 & 1\\ 4 & -2 & 1\\ -\frac{3}{2} & 1 & -\frac{1}{2}\end{pmatrix}.$$

再用初等变换法.

$$\begin{pmatrix}4 & -2 & 2 & 1 & 0 & 0\\ 8 & -4 & 2 & 0 & 1 & 0\\ -3 & 2 & -1 & 0 & 0 & 1\end{pmatrix}\xrightarrow{\text{初等行变换}}$$

$$\begin{pmatrix}1 & 0 & 0 & 2 & -1 & 1\\ 0 & 1 & 0 & 4 & -2 & 1\\ 0 & 0 & 1 & -\frac{3}{2} & 1 & -\frac{1}{2}\end{pmatrix},$$

所以

$$A^{-1}=\begin{pmatrix}2 & -1 & 1\\ 4 & -2 & 1\\ -\frac{3}{2} & 1 & -\frac{1}{2}\end{pmatrix}.$$

5.2.7 几种特殊的矩阵

1. 对角矩阵

定义 37 主对角线以外的元素全为零的方阵称为**对角矩阵**. 形如

$$\begin{pmatrix} a_1 & 0 & \cdots & 0 \\ 0 & a_2 & \cdots & 0 \\ \cdots & \cdots & \cdots & \cdots \\ 0 & 0 & \cdots & a_n \end{pmatrix}$$

的对角矩阵，记作$[a_1,a_2,\cdots,a_n]$或 $\mathrm{diag}(a_1,a_2,\cdots,a_n)$.

定理 27 对角矩阵可逆的必要充分条件是：它的主对角线上的元素都不为零. 并且，若 $A=[a_1,a_2,\cdots,a_n]$可逆，则 $A^{-1}=[a_1^{-1},a_2^{-1},\cdots,a_n^{-1}]$.

2. 准对角矩阵

定义 38 主对角线上是一些小方阵，其余元素全为零的分块方阵称为**准对角矩阵**. 形如

$$\begin{pmatrix} A_1 & 0 & \cdots & 0 \\ 0 & A_2 & \cdots & 0 \\ \cdots & \cdots & \cdots & \cdots \\ 0 & 0 & \cdots & A_s \end{pmatrix}.$$

的准对角矩阵，记作$[A_1,A_2,\cdots,A_s]$，其中 $A_1,A_2,\cdots,A_s$ 都是方阵.

定理 28 准对角矩阵可逆的必要充分条件是：它的主对角线上的小方阵都可逆，并且，若 $A=[A_1,A_2,\cdots,A_s]$可逆，则 $A^{-1}=[A_1^{-1},A_2^{-1},\cdots,A_s^{-1}]$.

定理 29 给定两个有相同分块的准对角矩阵 $A=[A_1,A_2,\cdots,A_s]$，$B=[B_1,B_2,\cdots,B_s]$. 若它们相应的分块是同阶的，则

$$A+B=[A_1+B_1,A_2+B_2,\cdots,A_s+B_s];$$
$$AB=[A_1B_1,A_2B_2,\cdots,A_sB_s].$$

3. 上(下)三角形矩阵

定义 39 主对角线下(上)方的元素全为零的方阵称为上三角形矩阵(下三角形矩阵). 上三角形矩阵与下三角形矩阵统称为**三角形矩阵**.

定理 30 上(下)三角形矩阵可逆的必要充分条件是：它的主对角线上的元素都不为零. 当上(下)三角形矩阵 A 可逆时，则

$$A^{-1}=\begin{pmatrix} a_{11}^{-1} & & & * \\ & a_{22}^{-1} & & \\ & & \ddots & \\ 0 & & & a_{nn}^{-1} \end{pmatrix},\quad A^{-1}=\begin{pmatrix} a_{11}^{-1} & & & 0 \\ & a_{22}^{-1} & & \\ & & \ddots & \\ * & & & a_{nn}^{-1} \end{pmatrix}.$$

其中“$*$”表示主对角线上(下)方的元素，即可逆的上(下)三角形矩阵的逆矩阵仍是上(下)三角形矩阵.

4. 对称矩阵与反对称矩阵

定义 40 设 $A=(a_{ij})_{n\times n}$，若 $A^{\mathrm{T}}=A$，则称 A 为**对称矩阵**或**交错矩阵**. 若 $A^{\mathrm{T}}=-A$，则称 A 为**反对称矩阵**或**斜对称矩阵**. $\boldsymbol{R}^n$ 上的对称矩阵简称**实对称矩阵**.

定理 31 两个对称(反对称)矩阵的和仍是对称(反对称)矩阵；可逆的对称(反对称)矩阵的逆矩阵仍是对称(反对称)矩阵.

5. 正交矩阵. 正规矩阵. 酉矩阵. 埃尔米特矩阵. 阿达马矩阵

定义 41 设 $A=(a_{ij})_{n\times n}$，$a_{ij}\in\mathbf{R}(i,j=1,2,\cdots,n)$，如果 $A^{\mathrm{T}}A=AA^{\mathrm{T}}=I$，即 $A^{-1}=A^{\mathrm{T}}$，则称 A 为**正交矩阵**.

定理 32 若 A 是正交矩阵，则 $\det(A)=\pm1$.

定理 33 正交矩阵的乘积仍是正交矩阵. 正交矩阵是可逆的，且其逆矩阵仍是正交矩阵.

定义 42 域 $\boldsymbol{C}$ 中的方阵 $A=(a_{ij})_{n\times n}$ 的**共轭转置矩阵**为 $(\bar{a}_{ji})_{n\times n}$($\bar{a}_{ji}$ 是 a_{ji} 的共轭复数)，记作 $\overline{A^{\mathrm{T}}}$ 或 A^H. 若 $A\overline{A^{\mathrm{T}}}=\overline{A^{\mathrm{T}}}A$，则称 A 为**正规矩阵**.

定义 43 若域 $\boldsymbol{C}$ 中的方阵 U 满足 $\overline{U^{\mathrm{T}}}U=I$ 即 $U^{-1}=\overline{U^{\mathrm{T}}}$，则称 U 为**酉矩阵**，简称 ***U* 矩阵**.

定理 34 酉矩阵的行列式的值是复数，其模等于 1.

定理 35 酉矩阵的乘积仍是酉矩阵. 酉矩阵的逆矩阵仍是酉矩阵.

定义 44 若域 $\boldsymbol{C}$ 中的方阵 $\boldsymbol{H}$ 满足 $\overline{H^{\mathrm{T}}}=H$，则称 H 为**埃尔米特矩阵**，简称 ***H* 矩阵**.

定理 36 实对称矩阵、正交矩阵、酉矩阵、埃尔米特矩阵都是正规矩阵.

定义 45 仅由 $+1$ 与 -1 组成的 n 阶方阵称为 n 阶**阿达马矩阵**. 其行列式的值等于 $n^{\frac{n}{2}}$，其中 n 为 1，2 或 4 的倍数.

§5.3 线性方程组

5.3.1 含 n 个未知量、n 个方程的线性方程组

含 n 个未知量 $x_1,x_2,\cdots,x_n$，n 个方程的线性方程组的一般形式为

$$\begin{cases} a_{11}x_1+a_{12}x_2+\cdots+a_{1n}x_n=b_1, \\ a_{21}x_1+a_{22}x_2+\cdots+a_{2n}x_n=b_2, \\ \cdots\cdots\cdots\cdots\cdots\cdots\cdots\cdots\cdots, \\ a_{n1}x_1+a_{n2}x_2+\cdots+a_{nn}x_n=b_n. \end{cases} \tag{5.3-1}$$

若记

$$A=(a_{ij})_{n\times n},\boldsymbol{x}=(x_1,x_2,\cdots,x_n)^{\mathrm{T}},\boldsymbol{b}=(b_1,b_2,\cdots,b_n)^{\mathrm{T}},$$

则方程(5.3-1)可表为如下的矩阵形式：

$$Ax = \boldsymbol{b}. \tag{5.3-2}$$

当 $\boldsymbol{b}=\boldsymbol{0}$ 时，方程组

$$Ax = \boldsymbol{0} \tag{5.3-3}$$

称为方程组(5.3-2)对应的**齐次线性方程组**，方程组(5.3-2)称为**非齐次线性方程组**.

定义 1 若向量 $\boldsymbol{x}^0=(x_1^0,x_2^0,\cdots,x_n^0)^{\mathrm{T}}$ 满足方程组(5.3-2)，即 $A\boldsymbol{x}^0=\boldsymbol{b}$，则称 $\boldsymbol{x}^0$ 为方程组(5.3-2)的**解向量**.

当 $\det(A)=|a_{ij}|\neq 0$ 时，方程组(5.3-2)的解向量为 $\boldsymbol{x}=A^{-1}\boldsymbol{b}$. 这种方法通常称为**逆矩阵法**.

定理 1(克莱姆法则) 如果 $\det(A)\neq 0$，则方程组(5.3-1)有唯一的解 $x_i=\dfrac{D_i}{\det(A)}(i=1,2,\cdots,n)$，其中

$$\det(A)=\begin{vmatrix} a_{11} & a_{12} & \cdots & a_{1,i-1} & a_{1i} & a_{1,i+1} & \cdots & a_{1n} \\ a_{21} & a_{22} & \cdots & a_{2,i-1} & a_{2i} & a_{2,i+1} & \cdots & a_{2n} \\ \cdots & \cdots & \cdots & \cdots & \cdots & \cdots & \cdots & \cdots \\ a_{n1} & a_{n2} & \cdots & a_{n,i-1} & a_{ni} & a_{n,i+1} & \cdots & a_{nn} \end{vmatrix}$$

是未知量 $x_1,x_2,\cdots,x_n$ 的**系数行列式**. 而 D_i 是将 $\det(A)$ 中第 i 列的元素 $a_{1i},a_{2i},\cdots,a_{ni}$ 分别用 $b_1,b_2,\cdots,b_n$ 去代替所得的行列式：

$$D_i=\begin{vmatrix} a_{11} & a_{12} & \cdots & a_{1,i-1} & b_1 & a_{1,i+1} & \cdots & a_{1n} \\ a_{21} & a_{22} & \cdots & a_{2,i-1} & b_2 & a_{2,i+1} & \cdots & a_{2n} \\ \cdots & \cdots & \cdots & \cdots & \cdots & \cdots & \cdots & \cdots \\ a_{n1} & a_{n2} & \cdots & a_{n,i-1} & b_n & a_{n,i+1} & \cdots & a_{nn} \end{vmatrix}.$$

$$(i=1,2,\cdots,n).$$

定理 2 齐次线性方程组 $A\boldsymbol{x}=\boldsymbol{0}$ 有非零解的必要充分条件是 $\det(A)=0$.

5.3.2 一般线性方程组

含 n 个未知量 $x_1,x_2,\cdots,x_n$，m 个方程的线性方程组的一般形式为

$$\begin{cases} a_{11}x_1+a_{12}x_2+\cdots+a_{1n}x_n=b_1, \\ a_{21}x_1+a_{22}x_2+\cdots+a_{2n}x_n=b_2, \\ \cdots\cdots\cdots\cdots, \\ a_{m1}x_1+a_{m2}x_2+\cdots+a_{mn}x_n=b_m. \end{cases} \tag{5.3-4}$$

若记

$$A=(a_{ij})_{m\times n},\boldsymbol{x}=(x_1,x_2,\cdots,x_n)^{\mathrm{T}},\boldsymbol{b}=(b_1,b_2,\cdots,b_m)^{\mathrm{T}},$$

则方程组(5.3-4)可表为如下的矩阵形式：

$$Ax = \boldsymbol{b}. \tag{5.3-5}$$

当 $\boldsymbol{b}=\boldsymbol{0}$ 时，方程组(5.3-5)所对应的齐次线性方程组为

$$Ax = \boldsymbol{0}. \tag{5.3-6}$$

定义 2 矩阵 $A=(a_{ij})_{m\times n}$ 称为方程组(5.3-5)的**系数矩阵**，而矩阵 $\widetilde{A}=(A,\boldsymbol{b})$ 称为它的**增广矩阵**. 方程组(5.3-6)称为方程组(5.3-5)的**导出组**.

定义 3 给定方程组

$$\bar{A}\boldsymbol{x} = \bar{\boldsymbol{b}}, \tag{5.3-7}$$

其中 $\bar{A}=(\bar{a}_{ij})_{m\times n}$，$\boldsymbol{x}=(x_1,x_2,\cdots,x_n)^{\mathrm{T}}$，$\bar{\boldsymbol{b}}=(\bar{b}_1,\bar{b}_2,\cdots,\bar{b}_m)^{\mathrm{T}}$. 当 $\boldsymbol{x}^0=(x_1^0,x_2^0,\cdots,x_n^0)^{\mathrm{T}}$ 是方程组(5.3-5)的解向量时，若它也是方程组(5.3-7)的解向量；反之，当 $\boldsymbol{x}^0$ 是方程组(5.3-7)的解向量时，若它也是方程组(5.3-5)的解向量，则称方程组(5.3-5)与方程组(5.3-7)是**同解方程组**.

定理 3 对方程组(5.3-5)的系数矩阵 A 及右端作相同的行初等变换，所得到的新的方程组与原方程组同解.

1. 齐次线性方程组

定义 4 设 $\boldsymbol{\eta}_1,\boldsymbol{\eta}_2,\cdots,\boldsymbol{\eta}_s$ 是齐次线性方程组(5.3-6)的解向量组，如果 $\boldsymbol{\eta}_1,\boldsymbol{\eta}_2,\cdots,\boldsymbol{\eta}_s$ 线性无关，且方程组(5.3-6)的任一解向量 $\boldsymbol{\eta}$ 都可由 $\boldsymbol{\eta}_1,\boldsymbol{\eta}_2,\cdots,\boldsymbol{\eta}_s$ 线性表出，则称解向量组 $\boldsymbol{\eta}_1,\boldsymbol{\eta}_2,\cdots,\boldsymbol{\eta}_s$ 为方程组(5.3-6)的一个**基础解系**.

定理 4 设齐次线性方程组(5.3-6)的系数矩阵 A 的秩为 r，此时

(1) 方程组(5.3-6)有非零解的必要充分条件是 $r<n$.

(2) 若 $r<n$，则方程组(5.3-6)一定有基础解系. 基础解系不是唯一的，但任两个基础解系必等价，且每一个基础解系所含解向量的个数都等于 $n-r$.

(3) 若 $r<n$，设 $\boldsymbol{\eta}_1,\boldsymbol{\eta}_2,\cdots,\boldsymbol{\eta}_{n-r}$ 是方程组(5.3-6)的一个基础解系，则它的一般解为

$$\boldsymbol{\eta} = \lambda_1\boldsymbol{\eta}_1 + \lambda_2\boldsymbol{\eta}_2 + \cdots + \lambda_{n-r}\boldsymbol{\eta}_{n-r},$$

其中 $\lambda_i(i=1,2,\cdots,n-r)$ 是数域 $\boldsymbol{K}$ 中的任意常数.

求基础解系的一个方法如下：

设 $r<n$，对系数矩阵 A 进行初等行变换将其化为阶梯形矩阵，写出相应的阶梯形方程组：

$$\begin{cases} c_{11}x_1 + c_{12}x_2 + \cdots + c_{1r}x_r = -c_{1,r+1}x_{r+1} - \cdots - c_{1n}x_n, \\ \qquad\quad c_{22}x_2 + \cdots + c_{2r}x_r = -c_{2,r+1}x_{r+1} - \cdots - c_{2n}x_n, \\ \qquad\qquad \cdots\cdots\cdots\cdots\cdots\cdots \\ \qquad\qquad\qquad c_{rr}x_r = -c_{r,r+1}x_{r+1} - \cdots - c_{rn}x_n, \end{cases} \tag{5.3-8}$$

其中 $c_{ii}\neq 0(i=1,2,\cdots,r)$. 再分别用 $n-r$ 组数：

$$(1,0,\cdots,0),(0,1,\cdots,0),\cdots,(0,0,\cdots,1)$$

代替自由未知量$(x_{r+1},x_{r+2},\cdots,x_n)$,则可依次求得方程组(5.3-8)的$n-r$个解向量:

$$\boldsymbol{\eta}_1=(\gamma_{11},\gamma_{12},\cdots,\gamma_{1r},1,0,\cdots,0),$$
$$\boldsymbol{\eta}_2=(\gamma_{21},\gamma_{22},\cdots,\gamma_{2r},0,1,\cdots,0),$$
$$\cdots\cdots\cdots\cdots\cdots\cdots$$
$$\boldsymbol{\eta}_{n-r}=(\gamma_{n-r,1},\gamma_{n-r,2},\cdots,\gamma_{n-r,r},0,0,\cdots,1).$$

这$n-r$个解向量就是方程组(5.3-6)的一个基础解系.

例 1 求下列齐次线性方程组的一个基础解系:

$$\begin{cases}x_1+2x_2+3x_3+3x_4+7x_5=0,\\3x_1+2x_2+x_3+x_4-3x_5=0,\\\qquad x_2+2x_3+2x_4+6x_5=0,\\5x_1+4x_2+3x_3+3x_4-x_5=0.\end{cases}$$

解 对系数矩阵A进行初等行变换得

$$A\to\begin{pmatrix}1&2&3&3&7\\0&1&2&2&6\\0&0&0&0&0\\0&0&0&0&0\end{pmatrix},\ \operatorname{rank}(A)=2.$$

由此得同解的阶梯形方程组

$$\begin{cases}x_1+2x_2=-3x_3-3x_4-7x_5,\\\qquad x_2=-2x_3-2x_4-6x_5.\end{cases}$$

分别令$(x_3,x_4,x_5)=(1,0,0),(0,1,0),(0,0,1)$即得一个基础解系

$$\boldsymbol{\eta}_1=(1,-2,1,0,0),\boldsymbol{\eta}_2=(1,-2,0,1,0),\boldsymbol{\eta}_3=(5,-6,0,0,1).$$

2. 非齐次线性方程组

定理 5 方程组(5.3-5)有解的必要充分条件是:$\operatorname{rank}(A)=\operatorname{rank}(\widetilde{A})$.

定理 6 设$\operatorname{rank}(A)=\operatorname{rank}(\widetilde{A})=r$,$\boldsymbol{\gamma}_0$是非齐次方程组(5.3-5)的一个解向量(常称为**特解**),$\boldsymbol{\eta}_1,\boldsymbol{\eta}_2,\cdots,\boldsymbol{\eta}_{n-r}$是其导出组(5.3-6)的一个基础解系,则方程组(5.3-5)的解向量均可表为:

$$\gamma=\gamma_0+\boldsymbol{\eta}=\gamma_0+\lambda_1\boldsymbol{\eta}_1+\lambda_2\boldsymbol{\eta}_2+\cdots+\lambda_{n-r}\boldsymbol{\eta}_{n-r},$$

其中$\lambda_i(i=1,2,\cdots,n-r)$是数域$\mathbf{K}$中的任意常数(这种形式的解向量常称为**一般解**).

求解非齐次线性方程组的一个方法如下:

对增广矩阵$\widetilde{A}$进行初等行变换将其化为阶梯形矩阵,写出相应的阶梯形方程组.

(1) 若$r=n$,则阶梯形方程组形如:

$$
\begin{cases}
c_{11}x_1 + c_{12}x_2 + \cdots + c_{1n}x_n = d_1, \\
\qquad c_{22}x_2 + \cdots + c_{2n}x_n = d_2, \\
\qquad\qquad \cdots\cdots \\
\qquad\qquad\qquad c_{nn}x_n = d_n,
\end{cases}
\tag{5.3-9}
$$

其中 $c_{ii} \neq 0 (i=1,2,\cdots,n)$. 依次由第 n 个,第 $n-1$ 个,…,第一个方程可解得 x_n, $x_{n-1},\cdots,x_1$,由此即得方程组(5.3-4)的唯一解 $x_1,x_2,\cdots,x_n$.

(2) 若 $r<n$,则阶梯形方程组可表为

$$
\begin{cases}
c_{11}x_1 + c_{12}x_2 + \cdots + c_{1r}x_r = d_1 - c_{1,r+1}x_{r+1} - \cdots - c_{1n}x_n, \\
\qquad c_{22}x_2 + \cdots + c_{2r}x_r = d_2 - c_{2,r+1}x_{r+1} - \cdots - c_{2n}x_n, \\
\qquad \cdots\cdots\cdots\cdots \\
\qquad\qquad c_{rr}x_r = d_r - c_{r,r+1}x_{r+1} - \cdots - c_{rn}x_n,
\end{cases}
\tag{5.3-10}
$$

其中 $c_{ii} \neq 0 (i=1,2,\cdots,r)$. 此时方程组(5.3-4)有无穷多组解. 若令 $x_{r+1}=x_{r+2}=\cdots=x_n=0$,则可由方程组(5.3-10)求得一个特解 $\boldsymbol{\gamma}_u=(\delta_1,\delta_2,\cdots,\delta_r,0,0,\cdots,0)$,再由其导出组的一个基础解系 $\boldsymbol{\eta}_1,\boldsymbol{\eta}_2,\cdots,\boldsymbol{\eta}_{n-r}$ 可得方程组(5.3-4)的一般解.

例 2 求下述方程组的一般解

$$
\begin{cases}
x_1 + 2x_2 + 3x_3 + 3x_4 + 7x_5 = 6, \\
3x_1 + 2x_2 + x_3 + x_4 - 3x_5 = 6, \\
\qquad x_2 + 2x_3 + 2x_4 + 6x_5 = 3, \\
5x_1 + 4x_2 + 3x_3 + 3x_4 - x_5 = 12.
\end{cases}
$$

解 对增广矩阵 $\widetilde{A}$ 进行初等行变换

$$
\widetilde{A} \to \begin{pmatrix} 1 & 2 & 3 & 3 & 7 & 6 \\ 0 & 1 & 2 & 2 & 6 & 3 \\ 0 & 0 & 0 & 0 & 0 & 0 \\ 0 & 0 & 0 & 0 & 0 & 0 \end{pmatrix},
$$

得同解的阶梯形方程组

$$
\begin{cases}
x_1 + 2x_2 + 3x_3 + 3x_4 + 7x_5 = 6, \\
\qquad x_2 + 2x_3 + 2x_4 + 6x_5 = 3.
\end{cases}
$$

令 $x_3=x_4=x_5=0$,得一特解 $\boldsymbol{\gamma}_0=(0,3,0,0,0)$. 再由例 1 可知所给方程组的导出组的一个基础解系为

$$
\boldsymbol{\eta}_1 = (1,-2,1,0,0), \boldsymbol{\eta}_2 = (1,-2,0,1,0),
$$
$$
\boldsymbol{\eta}_3 = (5,-6,0,0,1).
$$

故求得所给方程组的一般解为

$$
\begin{aligned}
\boldsymbol{\gamma} = &(0,3,0,0,0) + \lambda_1(1,-2,1,0,0) \\
&+ \lambda_2(1,-2,0,1,0) + \lambda_3(5,-6,0,0,1).
\end{aligned}
$$

其中 $\lambda_1,\lambda_2,\lambda_3$ 是数域 $\boldsymbol{K}$ 中的任意常数.

§5.4 线性空间

5.4.1 线性空间的维数 基与坐标

定义 1 设 X 是数域 $\boldsymbol{K}$ 上的线性空间(参看 14.2.8). 如果 X 中存在线性无关的 n 个向量,而任意 $n+1$ 个向量都线性相关,则称 X 为 $\boldsymbol{K}$ 上的 **n 维线性空间**,n 称为 X 的**维数**,记作 $\dim X=n$. 当存在这样的 n 时,X 称为**有限维线性空间**,否则,称为**无限维线性空间**,又 $\dim\{0\}=0$.

以下设 X 是 $\boldsymbol{K}$ 上的 n 维线性空间.

定义 2 X 中 n 个线性无关的向量 $\boldsymbol{\varepsilon}_1,\boldsymbol{\varepsilon}_2,\cdots,\boldsymbol{\varepsilon}_n$ 称为 X 的一组**基**.

例如,向量组 $\boldsymbol{e}_1=(1,0,\cdots,0),\boldsymbol{e}_2=(0,1,\cdots,0),\cdots,\boldsymbol{e}_n=(0,0,\cdots,1)$就是 $\boldsymbol{R}^n$ 中的一组基,而且称这样的基为**自然基**.

定理 1 设 $\boldsymbol{\varepsilon}_1,\boldsymbol{\varepsilon}_2,\cdots,\boldsymbol{\varepsilon}_n$ 是 X 的一组基,$\boldsymbol{x}$ 是 X 中的一个向量,则 $\boldsymbol{x}$ 可由基 $\boldsymbol{\varepsilon}_1,\boldsymbol{\varepsilon}_2,\cdots,\boldsymbol{\varepsilon}_n$ 唯一地线性表出:$\boldsymbol{x}=\sum\limits_{k=1}^{n}x_k\boldsymbol{\varepsilon}_k$. 且称数组 $x_1,x_2,\cdots,x_n$ 为向量 $\boldsymbol{x}$ 在基 $\boldsymbol{\varepsilon}_1,\boldsymbol{\varepsilon}_2,\cdots,\boldsymbol{\varepsilon}_n$ 下的**坐标**,记作 $\boldsymbol{x}=(x_1,x_2,\cdots,x_n)$.

定义 3 设 $\boldsymbol{\varepsilon}_1,\boldsymbol{\varepsilon}_2,\cdots,\boldsymbol{\varepsilon}_n$ 及 $\boldsymbol{\eta}_1,\boldsymbol{\eta}_2,\cdots,\boldsymbol{\eta}_n$ 是 X 的两组基,且它们有如下关系:$\boldsymbol{\eta}_j=\sum\limits_{i=1}^{n}a_{ij}\boldsymbol{\varepsilon}_i(j=1,2,\cdots,n)$,则称矩阵 $A=(a_{ij})_{n\times n}$为由基 $\boldsymbol{\varepsilon}_1,\boldsymbol{\varepsilon}_2,\cdots,\boldsymbol{\varepsilon}_n$ 到基 $\boldsymbol{\eta}_1,\boldsymbol{\eta}_2,\cdots,\boldsymbol{\eta}_n$ 的**过渡矩阵**.

定理 2 过渡矩阵一定是可逆的.

定理 3 设 $\boldsymbol{\varepsilon}_1,\boldsymbol{\varepsilon}_2,\cdots,\boldsymbol{\varepsilon}_n$ 及 $\boldsymbol{\eta}_1,\boldsymbol{\eta}_2,\cdots,\boldsymbol{\eta}_n$ 是 X 的两组基,且由 $\boldsymbol{\varepsilon}_1,\boldsymbol{\varepsilon}_2,\cdots,\boldsymbol{\varepsilon}_n$ 到 $\boldsymbol{\eta}_1,\boldsymbol{\eta}_2,\cdots,\boldsymbol{\eta}_n$ 的过渡矩阵是 $A=(a_{ij})_{n\times n}$. 如果 X 中的向量 $\boldsymbol{x}$ 在基 $\boldsymbol{\varepsilon}_1,\boldsymbol{\varepsilon}_2,\cdots,\boldsymbol{\varepsilon}_n$ 及基 $\boldsymbol{\eta}_1,\boldsymbol{\eta}_2,\cdots,\boldsymbol{\eta}_n$ 下的坐标分别为$(x_1,x_2,\cdots,x_n)$及$(y_1,y_2,\cdots,y_n)$,则$(x_1,x_2,\cdots,x_n)^{\mathrm{T}}=A(y_1,y_2,\cdots,y_n)^{\mathrm{T}}$. 或$(y_1,y_2,\cdots,y_n)^{\mathrm{T}}=A^{-1}(x_1,x_2,\cdots,x_n)^{\mathrm{T}}$.

定理 4 设 $\boldsymbol{\varepsilon}_1,\boldsymbol{\varepsilon}_2,\cdots,\boldsymbol{\varepsilon}_n;\boldsymbol{\eta}_1,\boldsymbol{\eta}_2,\cdots,\boldsymbol{\eta}_n$ 及 $\boldsymbol{\gamma}_1,\boldsymbol{\gamma}_2,\cdots,\boldsymbol{\gamma}_n$ 是 X 的三组基.

(1) 如果由 $\boldsymbol{\varepsilon}_1,\boldsymbol{\varepsilon}_2,\cdots,\boldsymbol{\varepsilon}_n$ 到 $\boldsymbol{\eta}_1,\boldsymbol{\eta}_2,\cdots,\boldsymbol{\eta}_n$ 的过渡矩阵是 A,则由 $\boldsymbol{\eta}_1,\boldsymbol{\eta}_2,\cdots,\boldsymbol{\eta}_n$ 到 $\boldsymbol{\varepsilon}_1,\boldsymbol{\varepsilon}_2,\cdots,\boldsymbol{\varepsilon}_n$ 的过渡矩阵是 A^{-1}.

(2) 如果由 $\boldsymbol{\varepsilon}_1,\boldsymbol{\varepsilon}_2,\cdots,\boldsymbol{\varepsilon}_n$ 到 $\boldsymbol{\eta}_1,\boldsymbol{\eta}_2,\cdots,\boldsymbol{\eta}_n$ 的过渡矩阵是 A,由 $\boldsymbol{\eta}_1,\boldsymbol{\eta}_2,\cdots,\boldsymbol{\eta}_n$ 到 $\boldsymbol{\gamma}_1,\boldsymbol{\gamma}_2,\cdots,\boldsymbol{\gamma}_n$ 的过渡矩阵是 B,则由 $\boldsymbol{\varepsilon}_1,\boldsymbol{\varepsilon}_2,\cdots,\boldsymbol{\varepsilon}_n$ 到 $\boldsymbol{\gamma}_1,\boldsymbol{\gamma}_2,\cdots,\boldsymbol{\gamma}_n$ 的过渡矩阵是 AB.

5.4.2 线性子空间

定义 4 设 X 是 $\boldsymbol{K}$ 上的 n 维线性空间,Y 是 X 的子集且满足:若 $x,y\in Y$,则 $x+y\in Y$;若 $\alpha\in\boldsymbol{K},\boldsymbol{x}\in Y$,则 $\alpha\boldsymbol{x}\in Y$,则称 Y 为 X 的**线性子空间**,简称**子空间**.

定理 5 设 $\boldsymbol{a}_1,\boldsymbol{a}_2,\cdots,\boldsymbol{a}_r$ 是 X 的一组向量,则这组向量所有可能的线性组合

$\sum_{k=1}^{r}\lambda_k \boldsymbol{a}_k$ 所成的集合是 X 的一个子空间，称为由 $\boldsymbol{a}_1,\boldsymbol{a}_2,\cdots,\boldsymbol{a}_r$ **生成的子空间**，记作 $L(\boldsymbol{a}_1,\boldsymbol{a}_2,\cdots,\boldsymbol{a}_r)$ 或 $\mathrm{span}(\boldsymbol{a}_1,\boldsymbol{a}_2,\cdots,\boldsymbol{a}_r)$.

定理 6 设 Y 是 X 的一个 m 维子空间，$\boldsymbol{a}_1,\boldsymbol{a}_2,\cdots,\boldsymbol{a}_m$ 是 Y 的一组基，则

(1) 向量组 $\boldsymbol{a}_1,\boldsymbol{a}_2,\cdots,\boldsymbol{a}_m$ 可扩充为 X 的一组基，即可找到 X 的 $n-m$ 个向量 $\boldsymbol{a}_{m+1},\boldsymbol{a}_{m+2},\cdots,\boldsymbol{a}_n$，使向量组 $\boldsymbol{a}_1,\boldsymbol{a}_2,\cdots,\boldsymbol{a}_m,\boldsymbol{a}_{m+1},\cdots,\boldsymbol{a}_n$ 是 X 的一组基.

(2) 若 $\boldsymbol{a}$ 是 X 的一个向量，则 $\boldsymbol{a}\in Y$ 的必要充分条件是：$\boldsymbol{a}$ 关于基 $\boldsymbol{a}_1,\boldsymbol{a}_2,\cdots,\boldsymbol{a}_m,\boldsymbol{a}_{m+1},\cdots,\boldsymbol{a}_n$ 的坐标为 $(x_1,x_2,\cdots,x_m,0,\cdots,0)$.

定理 7 (1) 两个向量组生成相同的子空间的必要充分条件是：这两个向量组等价.

(2) $\dim L(\boldsymbol{a}_1,\boldsymbol{a}_2,\cdots,\boldsymbol{a}_r)=\mathrm{rank}(\boldsymbol{a}_1,\boldsymbol{a}_2,\cdots,\boldsymbol{a}_r)$.

5.4.3 子空间的交、和、直和

以下设 Y_1 与 Y_2 都是数域 $\boldsymbol{K}$ 上的线性空间 X 的子空间.

定理 8 若用 $Y_1\cap Y_2$ 表示 Y_1 与 Y_2 中的公共元素的集合，则 $Y_1\cap Y_2$，也是 X 的子空间，且称 $Y_1\cap Y_2$，为 Y_1 与 Y_2 的**交**.

定理 9 若用 Y_1+Y_2 表示全体形如 $\boldsymbol{y}_1+\boldsymbol{y}_2(\boldsymbol{y}_1\in Y_1,\boldsymbol{y}_2\in Y_2)$ 的向量组成的集合，则 Y_1+Y_2 也是 X 的子空间，且称 Y_1+Y_2 为 Y_1 与 Y_2 的**和**.

定理 10(维数公式) $\dim Y_1+\dim Y_2=\dim(Y_1+Y_2)+\dim(Y_1\cap Y_2)$.

定义 5 如果 Y 中的每个向量 $\boldsymbol{y}$ 可唯一地表成 $\boldsymbol{y}=\boldsymbol{y}_1+\boldsymbol{y}_2(\boldsymbol{y}_1\in Y_1,\boldsymbol{y}_2\in Y_2)$ 的形式，则称 Y 为 Y_1 与 Y_2 的**直和**. 记作 $Y=Y_1+Y_2$ 或 $Y_1\oplus Y_2$.

定理 11 和 Y_1+Y_2 为直和的必要充分条件是：由 $\boldsymbol{y}_1+\boldsymbol{y}_2=\boldsymbol{0}(\boldsymbol{y}_1\in Y_1,\boldsymbol{y}_2\in Y_2)$ 可推出 $\boldsymbol{y}_1=\boldsymbol{y}_2=\boldsymbol{0}$.

定理 12 和 Y_1+Y_2 为直和的必要充分条件是：$Y_1\cap Y_2=\{0\}$，因此 $\dim(Y_1+Y_2)=\dim Y_1+\dim Y_2$.

§5.5 线性变换

5.5.1 线性变换的定义与运算

定义 1 设 X_1,X_2 是数域 $\boldsymbol{K}$ 上的两个有限维的线性空间，φ 是 X_1 到 X_2 的一个映射(参看 14.1.5). 如果对任何向量 $\boldsymbol{x},\boldsymbol{y}\in X_1$ 及任意的 $\alpha,\beta\in\boldsymbol{K}$，有

$$\varphi(\alpha\boldsymbol{x}+\beta\boldsymbol{y})=\alpha\varphi(\boldsymbol{x})+\beta\varphi(\boldsymbol{y}),$$

则称 φ 为 X_1 到 X_2 的**线性映射**. 并把 n 维线性空间 X_1 到 m 维线性空间 X_2 的线性映射的全体记为 $\mathscr{L}(X_1,X_2)$.

定义 2 设 X 是数域 $\boldsymbol{K}$ 上的 n 维线性空间，则 X 到 X 的线性映射 φ 又称为 X 中的**线性变换**或**线性算子**. $\varphi(\boldsymbol{x})$ 称为 $\boldsymbol{x}$ 在变换 φ 下的象，$\boldsymbol{x}$ 称为 $\varphi(\boldsymbol{x})$ 的**原象**，$\varphi(\boldsymbol{x})$ 也常

简记作 φx.

由定义即得 $\varphi\left(\sum_{i=1}^{r}\lambda_i \boldsymbol{x}_i\right)=\sum_{i=1}^{r}\lambda_i\varphi(\boldsymbol{x}_i)$. 从而线性变换保持线性组合与线性关系不变;线性变换把线性相关的向量组变成线性相关的向量组.

定义 3 如果对任何 $\boldsymbol{x}\in X$ 有 $E(\boldsymbol{x})=\boldsymbol{x}$ 及 $0(\boldsymbol{x})=\boldsymbol{0}$,则分别称 E 及 0 为 X 中的**恒等变换**(或**单位变换**)及**零变换**.

定义 4 设 $\varphi_1,\varphi_2,\varphi$ 是 X 中的线性变换,$\boldsymbol{x}\in X,\lambda\in\boldsymbol{K}$,则

(1) 由 $(\varphi_1+\varphi_2)(\boldsymbol{x})=\varphi_1(\boldsymbol{x})+\varphi_2(\boldsymbol{x})$ 确定的变换 $\varphi_1+\varphi_2$ 称为 φ_1 与 φ_2 的**和**.

(2) 由 $(\lambda\varphi)(\boldsymbol{x})=\lambda\varphi(\boldsymbol{x})$ 确定的变换 $\lambda\varphi$ 称为 λ 与 φ 的**数量乘积**,特别由 $(-\varphi)(\boldsymbol{x})=-\varphi(\boldsymbol{x})$ 确定的变换 $-\varphi$ 称为 φ 的**负变换**.

(3) 由 $(\varphi_1\varphi_2)(\boldsymbol{x})=\varphi_1(\varphi_2(\boldsymbol{x}))$ 确定的变换 $\varphi_1\varphi_2$ 称为 φ_1 与 φ_2 的**乘积**.

(4) 由 $\varphi^k=\varphi\varphi\cdots\varphi$($k$ 个因子)确定的变换 φ^k 称为 φ 的 **k 次幂**.

定义 5 设 φ 是 X 中的线性变换. 如果存在 X 中的线性变换 ψ,使 $\varphi\psi=\psi\varphi=E$,则称 φ 为**可逆线性变换**,ψ 称为 φ 的**逆变换**,记作 φ^{-1},即 $\varphi\varphi^{-1}=\varphi^{-1}\varphi=E$.

定理 1 恒等变换、零变换、线性变换的和、数与线性变换的数量乘积、负变换、线性变换的乘积及逆变换都仍是线性变换.

定理 2 线性变换的运算满足下列规律:

(1) 加法交换律与结合律

$$\varphi_1+\varphi_2=\varphi_2+\varphi_1,\ (\varphi_1+\varphi_2)+\varphi_3=\varphi_1+(\varphi_2+\varphi_3).$$

(2) 乘法结合律

$$(\varphi_1\varphi_2)\varphi_3=\varphi_1(\varphi_2\varphi_3).$$

(3) 乘法对加法的左分配律与右分配律

$$\varphi_1(\varphi_2+\varphi_3)=\varphi_1\varphi_2+\varphi_1\varphi_3,(\varphi_2+\varphi_3)\varphi_1=\varphi_2\varphi_1+\varphi_3\varphi_1.$$

(4) $1\varphi=\varphi,(\lambda\mu)\varphi=\lambda(\mu\varphi),(\lambda+\mu)\varphi=\lambda\varphi+\mu\varphi,\lambda(\varphi_1+\varphi_2)=\lambda\varphi_1+\lambda\varphi_2$,其中 $\lambda,\mu\in\boldsymbol{K}$.

5.5.2 线性变换的矩阵

定理 3 设 X 是 n 维线性空间,$\boldsymbol{\varepsilon}_1,\boldsymbol{\varepsilon}_2,\cdots,\boldsymbol{\varepsilon}_n$ 是 X 的一组基,$\boldsymbol{a}_1,\boldsymbol{a}_2,\cdots,\boldsymbol{a}_n$ 是 X 中任意 n 个向量,则存在唯一的线性变换 φ,使得

$$\varphi(\boldsymbol{\varepsilon}_i)=\boldsymbol{a}_i(i=1,2,\cdots,n).$$

定义 6 设 X 是 n 维线性空间,$\boldsymbol{\varepsilon}_1,\boldsymbol{\varepsilon}_2,\cdots,\boldsymbol{\varepsilon}_n$ 是 X 的一组基,φ 是 X 中的线性变换,于是 $\varphi(\boldsymbol{\varepsilon}_j)(j=1,2,\cdots,n)$ 可唯一地由 $\boldsymbol{\varepsilon}_1,\boldsymbol{\varepsilon}_2,\cdots,\boldsymbol{\varepsilon}_n$ 线性表出,设为

$$\varphi(\boldsymbol{\varepsilon}_j)=\sum_{i=1}^{n}a_{ij}\boldsymbol{\varepsilon}_i(j=1,2,\cdots,n),\tag{5.5-1}$$

称矩阵 $\boldsymbol{A}=(a_{ij})_{n\times n}$ 为给定的线性变换关于所给基的矩阵,简称**线性变换的矩阵**.

定理 4 设 X 是 n 维线性空间,$\boldsymbol{\varepsilon}_1,\boldsymbol{\varepsilon}_2,\cdots,\boldsymbol{\varepsilon}_n$ 是 X 的一组基,则 X 中的每个线性

变换按公式(5.5-1)都对应于一个 $n\times n$ 矩阵,这个对应具有以下性质:

(1) 线性变换的和对应于矩阵的和.

(2) 线性变换的数量乘积对应于矩阵的数量乘积.

(3) 线性变换的乘积对应于矩阵的乘积.

(4) 可逆的线性变换与可逆矩阵对应,且逆变换对应于逆矩阵.

定理 5 设 X 中的线性变换 φ 在基 $\boldsymbol{\varepsilon}_1,\boldsymbol{\varepsilon}_2,\cdots,\boldsymbol{\varepsilon}_n$ 下的矩阵为 A,向量 $\boldsymbol{x}$ 在基 $\boldsymbol{\varepsilon}_1,\boldsymbol{\varepsilon}_2,\cdots,\boldsymbol{\varepsilon}_n$ 下的坐标为 $(x_1,x_2,\cdots,x_n)$,则 $\varphi(\boldsymbol{x})$ 在基 $\boldsymbol{\varepsilon}_1,\boldsymbol{\varepsilon}_2,\cdots,\boldsymbol{\varepsilon}_n$ 下的坐标 $(y_1,y_2,\cdots,y_n)$ 可用公式 $(y_1,y_2,\cdots,y_n)^{\mathrm{T}}=A(x_1,x_2,\cdots,x_n)^{\mathrm{T}}$ 计算.

定理 6 设 X 中的线性变换 φ 在基 $\boldsymbol{\varepsilon}_1,\boldsymbol{\varepsilon}_2,\cdots,\boldsymbol{\varepsilon}_n$ 与基 $\boldsymbol{\eta}_1,\boldsymbol{\eta}_2,\cdots,\boldsymbol{\eta}_n$ 下的矩阵分别为 A 与 B,且从基 $\boldsymbol{\varepsilon}_1,\boldsymbol{\varepsilon}_2,\cdots,\boldsymbol{\varepsilon}_n$ 到基 $\boldsymbol{\eta}_1,\boldsymbol{\eta}_2,\cdots,\boldsymbol{\eta}_n$ 的过渡矩阵是 P,则 $B=P^{-1}AP$.

定义 7 设 A,B 为数域 $\boldsymbol{K}$ 上的两个 n 阶矩阵,如果存在 $\boldsymbol{K}$ 上的 n 阶可逆矩阵 P,使得 $B=P^{-1}AP$,则称矩阵 A **相似**于矩阵 B,记作 $A\sim B$.

定理 7 矩阵之间的相似关系具有下列性质:

(1) 自反性　$A\sim A$.

(2) 对称性　若 $A\sim B$,则 $B\sim A$.

(3) 传递性　若 $A\sim B$,$B\sim C$,则 $A\sim C$.

定理 8 如果两个矩阵相似,则它们可看作同一线性变换在两组基下所对应的矩阵.

5.5.3 本征值与本征向量

定义 8 设 φ 是数域 $\boldsymbol{K}$ 上线性空间 X 中的线性变换,如果对 $\lambda_0\in\boldsymbol{K}$,存在一个非零向量 $\boldsymbol{\xi}$,使得 $\varphi(\boldsymbol{\xi})=\lambda_0\boldsymbol{\xi}$,则称 λ_0 为 φ 的一个**本征值**或**特征值**,ξ 称为 φ 的属于 λ_0 的一个**本征向量**或**特征向量**.

定义 9 设 $A=(a_{ij})_{n\times n}$ 是数域 $\boldsymbol{K}$ 上的 n 阶方阵,λ 是一个复数,则矩阵 $\lambda I-A$ 的行列式

$$F(\lambda)=\det(\lambda I-A)=\begin{vmatrix}\lambda-a_{11} & -a_{12} & \cdots & -a_{1n}\\ -a_{21} & \lambda-a_{22} & \cdots & -a_{2n}\\ \cdots & \cdots & \cdots & \cdots\\ -a_{n1} & -a_{n2} & \cdots & \lambda-a_{nn}\end{vmatrix}$$

是数域 $\boldsymbol{K}$ 上关于 λ 的一个 n 次多项式,称为矩阵 A 的**特征多项式**.

若 $F(\lambda)=\lambda^n$,则称 A 为**幂零矩阵**. 若 $F(\lambda)=(\lambda-1)^n$,则称 A 为**幂单矩阵**.

定义 10 线性变换 φ 在任一组基下的矩阵 A 的特征多项式称为 φ 的**特征多项式**. φ 的特征多项式的根就是 φ 的本征值. 矩阵 A 的特征多项式的根称为 A 的本征值或特征值.

定理 9 设矩阵 $A=(a_{ij})_{n\times n}$ 的特征多项式为

$$F(\lambda)=\det(\lambda I-A)=\lambda^n+b_1\lambda^{n-1}+\cdots+b_{n-1}\lambda+b_n,\qquad(5.5\text{-}2)$$

则它的系数

$$b_k = (-1)^k \sum_{1\leqslant i_1<i_2<\cdots<i_k\leqslant n} \begin{vmatrix} a_{i_1i_1} & a_{i_1i_2} & \cdots & a_{i_1i_k} \\ a_{i_2i_1} & a_{i_2i_2} & \cdots & a_{i_2i_k} \\ \cdots & \cdots & \cdots & \cdots \\ a_{i_ki_1} & a_{i_ki_2} & \cdots & a_{i_ki_k} \end{vmatrix},$$

其中 $k=1,2,\cdots,n$，而和号 $\sum\limits_{1\leqslant i_1<i_2<\cdots<i_k\leqslant n}$ 表示对所有可能的 1 至 n 中的整数 i_1，$i_2,\cdots,i_k$ 求和. 特别

$$b_1 = (-1)\sum_{1\leqslant i_1\leqslant n} a_{i_1i_1} = -\sum_{i=1}^{n} a_{ii},$$

$$b_n = (-1)^n \sum_{1\leqslant i_1<i_2<\cdots<i_n\leqslant n} \begin{vmatrix} a_{i_1i_1} & a_{i_1i_2} & \cdots & a_{i_1i_n} \\ a_{i_2i_1} & a_{i_2i_2} & \cdots & a_{i_2i_n} \\ \cdots & \cdots & \cdots & \cdots \\ a_{i_ni_1} & a_{i_ni_2} & \cdots & a_{i_ni_n} \end{vmatrix}$$

$$= (-1)^n \begin{vmatrix} a_{11} & a_{12} & \cdots & a_{1n} \\ a_{21} & a_{22} & \cdots & a_{2n} \\ \cdots & \cdots & \cdots & \cdots \\ a_{n1} & a_{n2} & \cdots & a_{nn} \end{vmatrix} = (-1)^n \det(A).$$

定理 10 设矩阵 $A=(a_{ij})_{n\times n}$ 的特征多项式(5.5-2)式的 n 个根为 $\lambda_1,\lambda_2,\cdots,\lambda_n$（有重根时重复出现），则

$$b_k = (-1)^k \sum_{1\leqslant i_1<i_2<\cdots<i_k\leqslant n} \lambda_{i_1}\lambda_{i_2}\cdots\lambda_{i_k},$$

其中 $k=1,2,\cdots,n$.

定理 11 设矩阵 $A=(a_{ij})_{n\times n}$ 的特征多项式(5.5-2)式的 n 个根为 $\lambda_1,\lambda_2,\cdots,\lambda_n$（有重根时重复出现），则

$$\sum_{1\leqslant i_1<i_2<\cdots<i_k\leqslant n} \lambda_{i_1}\lambda_{i_2}\cdots\lambda_{i_k} = \sum_{1\leqslant i_1<i_2<\cdots<i_k\leqslant n} \begin{vmatrix} a_{i_1i_1} & a_{i_1i_2} & \cdots & a_{i_1i_k} \\ a_{i_2i_1} & a_{i_2i_2} & \cdots & a_{i_2i_k} \\ \cdots & \cdots & \cdots & \cdots \\ a_{i_ki_1} & a_{i_ki_2} & \cdots & a_{i_ki_k} \end{vmatrix},$$

特别有 $\sum\limits_{i=1}^{n}\lambda_i = \sum\limits_{i=1}^{n} a_{ii}$，$\prod\limits_{i=1}^{n}\lambda_i = \det(A)$.

定义 11 方阵 $A=(a_{ij})_{n\times n}$ 的主对角线上的元素之和 $\sum\limits_{i=1}^{n} a_{ii}$（或 A 的 n 个特征值

之和 $\sum_{i=1}^{n}\lambda_i$)称为 A 的**迹**或**对角和**,记作 **tr$A$** 或 **SpA**,即

$$\mathrm{tr}A = \sum_{i=1}^{n} a_{ii} = \sum_{i=1}^{n}\lambda_i.$$

定理 12 如果 $n\times n$ 矩阵 A 与 B 相似,则 A 与 B 有相同的特征多项式及相同的行列式.

定理 13 设 $A=(a_{ij})_{n\times n}$,λ_0 是 A 的本征值,则 ξ 为 A 的属于 λ_0 的本征向量的必要充分条件是:ξ 为齐次线性方程组$(\lambda_0 I-A)\boldsymbol{x}=0$(或 $A\boldsymbol{x}=\lambda_0\boldsymbol{x}$)的非零解,其中 $\boldsymbol{x}=(x_1,x_2,\cdots,x_n)^{\mathrm{T}}$.

定理 14(佩龙-弗罗贝尼乌斯定理或弗罗贝尼乌斯-佩龙定理) 如果 $A=(a_{ij})_{n\times n}>0$ 即 $a_{ij}>0,i,j=1,2,\cdots,n$,则存在 $\lambda_0>0$ 和 $\boldsymbol{x}_0=(x_{01},x_{02},\cdots,x_{0n})$,$x_{0i}>0$,$i=1,2,\cdots,n$,使得(1)$A\boldsymbol{x}_0=\lambda_0\boldsymbol{x}_0$,即 λ_0 是 A 的本征值,$\boldsymbol{x}_0$ 是 A 的属于 λ_0 的本征向量. (2)如果 λ 是 A 的任何不同于 λ_0 的本征值,则 $|\lambda|<\lambda_0$. (3)本征值 λ_0 的几何和代数重数都等于 1.

如果 $A\geqslant 0$ 即 $a_{ij}\geqslant 0,i,j=1,2,\cdots,n$,且对某个正整数 k 有 $A^k>0$,则上述结论仍然成立.

定理 15(柯朗-费希尔极小化极大定理) 如果 $\lambda_i(A)$表示对称矩阵 A 的按大小排列的第 i 个本征值,即 $\lambda_1(A)\leqslant\lambda_2(A)\leqslant\cdots\leqslant\lambda_n(A)$,$1\leqslant i\leqslant n$,则

$$\lambda_i(A) = \min_{w_1,w_2,\cdots,w_{n-i}\in \boldsymbol{R}^n}\ \max_{\substack{x\neq \boldsymbol{0},x\in\boldsymbol{R}^n\\ x\perp w_1,w_2,\cdots,w_{n-i}}} \frac{\boldsymbol{x}^{\mathrm{T}}A\boldsymbol{x}}{\boldsymbol{x}^{\mathrm{T}}\boldsymbol{x}},$$

其中$\perp$表示正交.

定理 16(西尔维斯特惯性律) 如果 A 为对称矩阵,C 为可逆矩阵,$B=C^{\mathrm{T}}AC$,则 A 与 B 具有相同数目的正、负和零本征值.

定理 17(瑞利-里茨原理) 如果 λ_1 是 A 的最小本征值,相应的本征向量为 $\boldsymbol{x}_1$,记 $R(\boldsymbol{x})=\dfrac{\boldsymbol{x}^{\mathrm{T}}A\boldsymbol{x}}{\boldsymbol{x}^{\mathrm{T}}\boldsymbol{x}}$,则 λ_1 使 $R(\boldsymbol{x})$达到极小,即

$$\lambda_{\min} = \lambda_1 = \min_{x\neq\boldsymbol{0}}R(\boldsymbol{x}) = \min_{x\neq\boldsymbol{0}}\frac{\boldsymbol{x}^{\mathrm{T}}A\boldsymbol{x}}{\boldsymbol{x}^{\mathrm{T}}\boldsymbol{x}} = R(\boldsymbol{x}_1) = \frac{\boldsymbol{x}_1^{\mathrm{T}}A\boldsymbol{x}_1}{\boldsymbol{x}_1^{\mathrm{T}}\boldsymbol{x}_1}.$$

以下设 φ 是数域$\boldsymbol{K}$ 上的 n 维线性空间 X 中的一个线性变换.

定理 18 存在 X 的一组基使得 φ 在这组基下的矩阵为对角矩阵的必要充分条件是:φ 是 n 个线性无关的本征向量.

定理 19 若 φ 有 n 个不同的本征值(或当 $\boldsymbol{K}=\boldsymbol{C}$ 时,φ 的特征多项式没有重根),则存在 X 的一组基,使得 φ 在这组基下的矩阵为对角矩阵.

定理 20 设 $\lambda_1,\lambda_2,\cdots,\lambda_k$ 是 φ 的不同的本征值. 如果 $\boldsymbol{\xi}_{i_1},\boldsymbol{\xi}_{i_2},\cdots,\boldsymbol{\xi}_{i_{ri}}$ 是属于 λ_i $(i=1,2,\cdots,k)$的线性无关的本征向量,则向量组

$$\boldsymbol{\xi}_{11},\boldsymbol{\xi}_{12},\cdots,\boldsymbol{\xi}_{1r_1},\boldsymbol{\xi}_{21},\boldsymbol{\xi}_{22},\cdots,\boldsymbol{\xi}_{2r_2},\cdots,\boldsymbol{\xi}_{k1},\boldsymbol{\xi}_{k2},\cdots,\boldsymbol{\xi}_{kr_k}$$

也线性无关.

如果 φ 有 n 个线性无关的本征向量，则存在 X 的一组基使得 φ 在这组基下的矩阵为对角矩阵，且主对角线上的元素除排列次序外是完全确定的，这些元素正是 φ 的全部本征值（重本征值按其重数排出）.

例 设线性变换 φ 在基 $\varepsilon_1,\varepsilon_2,\varepsilon_3$ 下的矩阵为

$$A=\begin{pmatrix}1&2&2\\2&1&2\\2&2&1\end{pmatrix},$$

求 φ 的本征值与本征向量，并求与 A 相似的对角矩阵.

解 求 A 的特征多项式

$$F(\lambda)=\det(\lambda I-A)=\begin{vmatrix}\lambda-1&-2&-2\\-2&\lambda-1&-2\\-2&-2&\lambda-1\end{vmatrix}=(\lambda+1)^2(\lambda-5)$$

的根，由此得 φ 的本征值为 $\lambda_1=-1$（二重），$\lambda_2=5$. 将它们分别代入齐次线性方程组

$$\begin{cases}(\lambda-1)x_1-2x_2-2x_3=0,\\-2x_1+(\lambda-1)x_2-2x_3=0,\\-2x_1-2x_2+(\lambda-1)x_3=0,\end{cases}$$

得线性无关的三个本征向量 $\xi_1=(1,0,-1)$，$\xi_2=(0,1,-1)$，$\xi_3=(1,1,1)$. 由 $\boldsymbol{\varepsilon}_1,\boldsymbol{\varepsilon}_2,\boldsymbol{\varepsilon}_3$ 到 $\boldsymbol{\xi}_1,\boldsymbol{\xi}_2,\boldsymbol{\xi}_3$ 的过渡矩阵为

$$P=(\boldsymbol{\xi}_1^{\mathrm{T}},\boldsymbol{\xi}_2^{\mathrm{T}},\boldsymbol{\xi}_3^{\mathrm{T}})=\begin{pmatrix}1&0&1\\0&1&1\\-1&-1&1\end{pmatrix},$$

则矩阵

$$B=P^{-1}AP=\begin{pmatrix}-1&0&0\\0&-1&0\\0&0&5\end{pmatrix}$$

即为与 A 相似的对角矩阵.

§5.6 若尔当典范形

5.6.1 最小多项式

1. 向量的最小化零多项式

定义 1 设 φ 是复数域 $\boldsymbol{C}$ 上 n 维线性空间 X 中的线性变换. 如果对于给定的非

零向量 $x \in X$，有多项式 $\sigma_x(\lambda)$，使得 $\sigma_x(\varphi)(x)=0$ 成立，则称 $\sigma_x(\lambda)$ 为 x 的**化零多项式**.

定义 2 在 x 的所有化零多项式中，首项系数为 1，且次数最低的称为 x 的**最小化零多项式**，记为 $\mu_x(\lambda)$.

定理 1 向量 x 的最小化零多项式 $\mu_x(\lambda)$ 是唯一的.

定理 2 向量 x 的最小化零多项式 $\mu_x(\lambda)$，能够整除 x 的任何化零多项式 $\sigma_x(\lambda)$，即存在多项式 $h(\lambda)$，使 $\sigma_x(\lambda) \equiv \mu_x(\lambda)h(\lambda)$ 成立，记作 $\mu_x(\lambda) | \sigma_x(\lambda)$.

2. 线性变换的最小多项式

定义 3 设 φ 是线性空间 X 上的线性变换，如果对于任意的向量 $x \in X$，有多项式 $\mu(x)$，使 $\mu(\varphi)(x)=0$，即 $\mu(\varphi)$ 为零变换，则称 $\mu(\lambda)$ 为 φ 在 X 上的**化零多项式**.

定义 4 设 K 是一个数域，λ 是一个文字，如果矩阵 A 的元素 $a_{ij}(\lambda)$ 是系数属于 K 的 λ 的多项式（记作 $a_{ij}(\lambda) \in K(\lambda)$），则称 A 为 λ **矩阵**，记作 $A(\lambda)=(a_{ij}(\lambda))$. 方阵 $A=(a_{ij})_{n\times n}$ 的**特征矩阵** $\lambda I - A$ 就是一个 λ 矩阵.

定理 3（凯莱-哈密顿定理） 设 $A=(a_{ij})_{n\times n}$ 是数域 K 上的一个 n 阶方阵，$F(\lambda)=\det(\lambda I - A)=\sum\limits_{i=0}^{n} b_i\lambda^i$ 是方阵 A 的特征多项式，则 $F(A)=\sum\limits_{i=0}^{n} b_i A^i=0$，即 $F(\lambda)$ 是 A 的化零多项式.

定义 5 在 $n\times n$ 矩阵 A 的所有化零多项式中，首项系数为 1，且次数最低的称为 A 的**最小多项式**，记作 $\psi_A(\lambda)$.

定理 4 $n\times n$ 矩阵 A 的最小多项式是唯一的.

定理 5 $n\times n$ 矩阵 A 的最小多项式 $\psi_A(\lambda)$，能够整除 A 的任何一个化零多项式. 特别，$\psi_A(\lambda)$ 能够整除 $F(\lambda)$，即 $\psi_A(\lambda) | F(\lambda)$.

5.6.2 λ 矩阵的典范形

定义 6 下列三种变换称为 λ 矩阵 $A(\lambda)$ 的初等行（列）变换，统称为**初等变换**：(1)用 K 中的一个非零数乘 $A(\lambda)$ 的某一行（列）；(2)把 $A(\lambda)$ 的某一行（列）的 $h(\lambda)$ 倍（$h(\lambda)$ 是一个多项式）加到另一行（列）上去；(3)互换 $A(\lambda)$ 的某两行（列）.

定义 7 若 λ 矩阵 $A(\lambda)$ 可经过一系列初等变换化为 λ 矩阵 $B(\lambda)$，则称 $A(\lambda)$ 与 $B(\lambda)$ **等价**.

定理 6 任意一个非零的 λ 矩阵 $A(\lambda)$ 都等价于如下的对角矩阵：

$$\begin{pmatrix} d_1(\lambda) & & & & & & \\ & d_2(\lambda) & & & & \text{{\Large 0}} & \\ & & \ddots & & & & \\ & & & d_r(\lambda) & & & \\ & \text{{\Large 0}} & & & 0 & & \\ & & & & & \ddots & \\ & & & & & & 0 \end{pmatrix}, \tag{5.6-1}$$

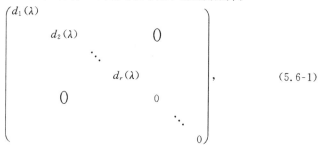

其中 $r\geqslant 1, d_i(\lambda)(i=1,2,\cdots,r)$ 是首项系数为 1 的多项式，且 $d_i(\lambda)\mid d_{i+1}(\lambda)(i=1,2,\cdots,r-1)$.

形如(5.6-1)的矩阵称为 $A(\lambda)$ 的**典范形**. λ 矩阵的典范形是唯一的.

5.6.3 不变因子与初等因子

定义 8 λ 矩阵 $A(\lambda)$ 的典范形中主对角线上的非零元素 $d_i(\lambda)(i=1,2,\cdots,r)$ 称为 $A(\lambda)$ 的**不变因子**.

定义 9 把矩阵 A(或线性变换 φ)的每个次数大于零的不变因子分解成互不相同的一次因式方幂的乘积，所有这些一次因式方幂(相同的必须按出现的次数计算)称为矩阵 A(或 φ)的**初等因子**.

定理 7 两个 λ 矩阵相似的必要充分条件是：它们有相同的不变因子或相同的初等因子.

定理 8 设 A,B 是数域 $\boldsymbol{K}$ 上的两个 $n\times n$ 矩阵，则 A 与 B 相似的必要充分条件是：它们的特征矩阵 $A(\lambda)=\lambda I-A$ 与 $B(\lambda)=\lambda I-B$ 等价.

5.6.4 若尔当典范形

定义 10 形如

$$J_s(\lambda)=\begin{pmatrix}\lambda & & & 0\\ 1 & \ddots & & \\ & \ddots & \ddots & \\ 0 & & 1 & \lambda\end{pmatrix}_s$$

的矩阵称为**若尔当块**，其中 $\lambda\in\boldsymbol{C}$. 由若干个若尔当块组成的准对角矩阵

$$J(\lambda)=\begin{pmatrix}J_1(\lambda) & & & & 0\\ & J_2(\lambda) & & & \\ & & \ddots & & \\ & & & \ddots & \\ 0 & & & & J_t(\lambda)\end{pmatrix} \tag{5.6-2}$$

称为**若尔当形矩阵**.

定理 9 设 φ 是复数域 $\boldsymbol{C}$ 上 n 维线性空间 X 中的一个线性变换，则在 X 中必存在一组基，使 φ 在这组基下的矩阵是若尔当形矩阵，这个若尔当形矩阵除去其中若尔当块的排列次序外，是唯一确定的，称这个若尔当形矩阵为 φ 的**若尔当典范形**或**若尔当标准形**. 在 φ 的若尔当典范形中，主对角线上的元素正是 φ 的全部本征值(重本征值按其重数排出).

定理 10 复数域 $\mathbf{C}$ 上的任意一个 n 阶方阵 A 都与一个形如(5.6-2)的若尔当形矩阵相似,即存在非奇异矩阵 P,使 $P^{-1}AP=J$. 这个若尔当形矩阵除去其中若尔当块的排列次序外,是唯一确定的,称这个若尔当形矩阵为 A 的**若尔当典范形**或**若尔当标准形**. 在 A 的若尔当典范形中,主对角线上的元素正是 A 的全部本征值,且任一本征值出现的次数等于它的重数.

§5.7 二 次 型

5.7.1 二次型及其矩阵表示

定义 1 一个系数在数域 $\mathbf{K}$ 上的 $x_1,x_2,\cdots,x_n$ 的二次齐次多项式

$$\begin{aligned} f(x_1,x_2,\cdots,x_n) = & a_{11}x_1^2+2a_{12}x_1x_2+\cdots+2a_{1n}x_1x_n \\ & +a_{22}x_2^2+2a_{23}x_2x_3+\cdots+2a_{2n}x_2x_n \\ & +\cdots\cdots+a_{nn}x_n^2 \end{aligned} \tag{5.7-1}$$

称为数域 $\mathbf{K}$ 上的 ***n* 元二次型**,简称**二次型**. 当 $\mathbf{K}$ 为 $\mathbf{R}$ 或 $\mathbf{C}$ 时,分别称为**实二次型**或**复二次型**. 二次型(5.7-1)的系数排成的对称矩阵

$$A=\begin{pmatrix} a_{11} & a_{12} & \cdots & a_{1n} \\ a_{21} & a_{22} & \cdots & a_{2n} \\ \cdots & \cdots & \cdots & \cdots \\ a_{n1} & a_{n2} & \cdots & a_{nn} \end{pmatrix}$$

称为所给**二次型的矩阵**,其中 $a_{ij}=a_{ji},i,j=1,2,\cdots,n$. 若令 $x=(x_1,x_2,\cdots,x_n)^{\mathrm{T}}$,则所给二次型可表示为

$$f(x_1,x_2,\cdots,x_n)=\boldsymbol{x}^{\mathrm{T}}A\boldsymbol{x}.$$

二次型的矩阵的秩也称为二次型的**秩**.

定义 2 设 A,B 都是 $\mathbf{K}$ 上的 $n\times n$ 矩阵,若存在 $\mathbf{K}$ 上的可逆的 $n\times n$ 矩阵 C,使得 $B=C^{\mathrm{T}}AC$,则称 A 与 B 是**合同矩阵**,记作 $A\simeq B$.

定理 1 矩阵之间的合同关系具有自反性,对称性及传递性.

定义 3 设 $x_1,x_2,\cdots,x_n$;$y_1,y_2,\cdots,y_n$ 是两组文字,系数在数域 $\mathbf{K}$ 中的一组关系式

$$x_i=\sum_{j=1}^{n}c_{ij}y_j \quad (i=1,2,\cdots,n) \tag{5.7-2}$$

称为由 $x_1,x_2,\cdots,x_n$ 到 $y_1,y_2,\cdots,y_n$ 的一个线性替换,或简称**线性替换**. 若 $\det(c_{ij})\neq 0$,则称线性替换(5.7-2)为**非退化的线性替换**.

定理 2 经过一非退化的线性替换,二次型仍变成二次型,且新二次型的矩阵与原二次型的矩阵是合同的.

5.7.2 标准形

定理 3 数域 $\boldsymbol{K}$ 上任意一个二次型都可经过非退化的线性替换化为平方和

$$d_1x_1^2+d_2x_2^2+\cdots+d_nx_n^2$$

的形式,它称为所给二次型的**标准形**.

定理 4 数域 $\boldsymbol{K}$ 上任意一个对称矩阵都合同于一个对角矩阵.

用初等变换法化二次型为标准形.

设二次型 $f=f(x_1,x_2,\cdots,x_n)$ 的矩阵为 A,作初等变换

$$\begin{pmatrix}A\\I\end{pmatrix}\xrightarrow[\text{对 }I\text{ 只作其中的初等列变换}]{\text{对 }A\text{ 作成对的初等行、列变换}}\begin{pmatrix}D\\C\end{pmatrix}$$

其中 D 是对角矩阵 $D=[d_1,d_2,\cdots,d_n]$,C 是非退化的线性替换矩阵,此时,$f=d_1y_1^2+d_2y_2^2+\cdots+d_ny_n^2$.

例 用初等变换法化二次型 $f(x_1,x_2,x_3)=x_1x_2+x_1x_3-3x_2x_3$ 为标准形.

解 $f(x_1,x_2,x_3)$ 的矩阵为

$$A=\begin{pmatrix}0&1/2&1/2\\1/2&0&-3/2\\1/2&-3/2&0\end{pmatrix},$$

$$\begin{pmatrix}A\\I\end{pmatrix}=\begin{pmatrix}0&1/2&1/2\\1/2&0&-3/2\\1/2&-3/2&0\\1&0&0\\0&1&0\\0&0&1\end{pmatrix}\to\begin{pmatrix}1&0&0\\0&-1/4&0\\0&0&3\\1&-1/2&3\\1&1/2&-1\\0&0&1\end{pmatrix}.$$

$$D=\begin{pmatrix}1&0&0\\0&-1/4&0\\0&0&3\end{pmatrix},\ C=\begin{pmatrix}1&-1/2&3\\1&1/2&-1\\0&0&1\end{pmatrix},$$

线性替换为

$$\begin{cases}x_1=y_1-\dfrac{1}{2}y_2+3y_3,\\x_2=y_1+\dfrac{1}{2}y_2-y_3,\\x_3=\qquad\qquad\quad y_3.\end{cases}$$

由此得 $f(x_1,x_2,x_3)=y_1^2-\dfrac{1}{4}y_2^2+3y_3^2$.

5.7.3 二次型的惯性指数

定理 5 在二次型的标准形中,系数不为零的平方项的个数是唯一确定的,与所

作的非退化的线性替换无关.

定义 4 设 $f(x_1,x_2,\cdots,x_n)$ 是一实二次型,其矩阵的秩为 r,且标准形为

$$d_1y_1^2+d_2y_2^2+\cdots+d_py_p^2-d_{p+1}y_{p+1}^2-\cdots-d_ry_r^2, \tag{5.7-3}$$

其中 $d_i>0(i=1,2,\cdots,r)$. 若再作一线性替换

$$y_i=\frac{1}{\sqrt{d_i}}z_i \quad (i=1,2,\cdots,r),$$

$$y_j=z_j \quad (j=r+1,r+2,\cdots,n),$$

则(5.7-3)就变成

$$z_1^2+z_2^2+\cdots+z_p^2-z_{p+1}^2-\cdots-z_r^2, \tag{5.7-4}$$

(5.7-4)式称为实二次型 $f(x_1,x_2,\cdots,x_n)$ 的**规范形**.

若 $f(x_1,x_2,\cdots,x_n)$ 是一复二次型,其矩阵的秩为 r,则其规范形为

$$z_1^2+z_2^2+\cdots+z_r^2 \quad (r\text{ 为二次型的秩}).$$

定理 6 任一实(复)二次型,经过一适当的非退化的线性替换总可以化为规范形. 规范形是唯一的.

定义 5 在实二次型 $f(x_1,x_2,\cdots,x_n)$ 的规范形中,正与负平方项的个数 p 与 $r-p$ 分别称为 $f(x_1,x_2,\cdots,x_n)$ 的**正惯性指数**与**负惯性指数**,正、负惯性指数之差 $p-(r-p)=2p-r$ 称为 $f(x_1,x_2,\cdots,x_n)$ 的**符号差**.

5.7.4 正(负)定二次型

定义 6 设 $f(x_1,x_2,\cdots,x_n)=\boldsymbol{x}^{\mathrm{T}}A\boldsymbol{x}$ 为 n 元实二次型,若对任一组不全为零的实数 $c_1,c_2,\cdots,c_n$ 都有

(1) $f(c_1,c_2,\cdots,c_n)>0(<0)$,则称 $f(x_1,x_2,\cdots,x_n)$ 为**正定二次型(负定二次型)**,此时称 A 为**正定矩阵(负定矩阵)**.

(2) $f(c_1,c_2,\cdots,c_n)\geqslant 0(\leqslant 0)$,则称 $f(x_1,x_2,\cdots,x_n)$ 为**正半定二次型(负半定二次型)**,此时称 A 为**正半定矩阵(负半定矩阵)**.

正定二次型(负定二次型)必是正半定二次型(负半定二次型).

若 $f(x_1,x_2,\cdots,x_n)$ 既不是正半定的,又不是负半定的,则称 $f(x_1,x_2,\cdots,x_n)$ 为**不定二次型**.

定义 7 设 $A=(a_{ij})_{n\times n}$,则 $k(k\leqslant n)$ 阶子式

$$P_k=\begin{vmatrix} a_{i_1i_1} & a_{i_1i_2} & \cdots & a_{i_1i_k} \\ a_{i_2i_1} & a_{i_2i_2} & \cdots & a_{i_2i_k} \\ \cdots & \cdots & \cdots & \cdots \\ a_{i_ki_1} & a_{i_ki_2} & \cdots & a_{i_ki_k} \end{vmatrix}$$

称为 A 的 k **阶主子式**,其中 $1\leqslant i_1<i_2<\cdots<i_k\leqslant n$;而 $k(k\leqslant n)$ 阶子式

$$Q_k = \begin{vmatrix} a_{11} & a_{12} & \cdots & a_{1k} \\ a_{21} & a_{22} & \cdots & a_{2k} \\ \cdots & \cdots & \cdots & \cdots \\ a_{k1} & a_{k2} & \cdots & a_{kk} \end{vmatrix}$$

称为 A 的 k **阶顺序主子式**.

定理 7 设 $f(x_1,x_2,\cdots,x_n)=\boldsymbol{x}^{\mathrm{T}}A\boldsymbol{x}$ 为 n 元实二次型,则

(1) $f(x_1,x_2,\cdots,x_n)$为正(负)定的必要充分条件是它的正(负)惯性指数等于 n.

(2) $f(x_1,x_2,\cdots,x_n)$为正(负)定的必要充分条件是它的规范形为

$$z_1^2+z_2^2+\cdots+z_n^2 \quad (-z_1^2-z_2^2-\cdots-z_n^2).$$

(3) $f(x_1,x_2,\cdots,x_n)$为正(负)定的必要充分条件是 A 的特征值全大(小)于零.

(4) $f(x_1,x_2,\cdots,x_n)$为正(负)定的必要充分条件是 A 的所有顺序主子式全大于零(A 的奇数阶顺序主子式全小于零,偶数阶顺序主子式全大于零).

(5) $f(x_1,x_2,\cdots,x_n)$为正半(负)定的必要充分条件是它的正(负)惯性指数与 A 的秩相等.

(6) $f(x_1,x_2,\cdots,x_n)$为正半(负)定的必要充分条件是矩阵 A 的特征值全大(小)于或等于零.

定理 8 设 A 为实对称矩阵,则

(1) A 为正(负)定的必要充分条件是 A 的所有顺序主子式全大于零(A 的奇数阶顺序主子式全小于零,偶数阶顺序主子式全大于零).

(2) A 为正(负)半定的必要充分条件是 A 的所有主子式全大(小)于或等于零.

§5.8 欧几里得空间

5.8.1 度量矩阵

定义 1 赋予一个内积(参看 14.5.6)的实线性空间称为**欧几里得空间**,记作 $\boldsymbol{E}$. n 维欧几里得空间记作 $\boldsymbol{E}^n$. $\boldsymbol{a},\boldsymbol{b}$ 的内积记为$(\boldsymbol{a},\boldsymbol{b})$.

$\boldsymbol{a}$ 的长度定义为 $\|\boldsymbol{a}\|=\sqrt{(\boldsymbol{a},\boldsymbol{a})}$,当 $\|\boldsymbol{a}\|=1$ 时,称 $\boldsymbol{a}$ 为单位向量.

定义 2 设 $\boldsymbol{\varepsilon}_1,\boldsymbol{\varepsilon}_2,\cdots,\boldsymbol{\varepsilon}_n$ 是 $\boldsymbol{E}^n$ 的一组基,令 $a_{ij}=(\boldsymbol{\varepsilon}_i,\boldsymbol{\varepsilon}_j)(i,j=1,2,\cdots,n)$,矩阵 $A=(a_{ij})_{n\times n}$称为所给基的**度量矩阵**.

定理 1 度量矩阵是正定的实对称矩阵.

定理 2 设 $\boldsymbol{E}^n$ 的基 $\boldsymbol{\varepsilon}_1,\boldsymbol{\varepsilon}_2,\cdots,\boldsymbol{\varepsilon}_n$ 与 $\boldsymbol{\eta}_1,\boldsymbol{\eta}_2,\cdots,\boldsymbol{\eta}_n$ 的度量矩阵分别是 A 与 B. 且由 $\boldsymbol{\varepsilon}_1,\boldsymbol{\varepsilon}_2,\cdots,\boldsymbol{\varepsilon}_n$ 到 $\boldsymbol{\eta}_1,\boldsymbol{\eta}_2,\cdots,\boldsymbol{\eta}_n$ 的过渡矩阵是 C,则 $B=C^{\mathrm{T}}AC$. 即不同基的度量矩阵是合同的.

定理 3 任一 n 阶正定矩阵 A 都可看成 $\boldsymbol{E}^n$ 的某一组基的度量矩阵.

5.8.2 规范正交基

定义 3 设 $\boldsymbol{a}_1,\boldsymbol{a}_2,\cdots,\boldsymbol{a}_r$ 是 $\boldsymbol{E}^n$ 的一组非零向量,如果它们两两正交,即$(\boldsymbol{a}_i,\boldsymbol{a}_j)=$

$0(i\neq j)$，则称该向量组为一**正交向量组**.

定义 4 由 $\boldsymbol{E}^n$ 的 n 个正交向量组成的基称为**正交基**，由单位向量组成的正交基称为**规范正交基**或**标准正交基**.

定理 4 $\boldsymbol{E}^n$ 的一组基为规范正交基的必要充分条件是：它的度量矩阵是单位矩阵.

定理 5 $\boldsymbol{E}^n$ 的任一正交向量组都可扩充成 $\boldsymbol{E}^n$ 的一组正交基；任一正交单位向量组都可扩充成 $\boldsymbol{E}^n$ 的一组规范正交基.

定理 6 设 $\boldsymbol{\varepsilon}_1,\boldsymbol{\varepsilon}_2,\cdots,\boldsymbol{\varepsilon}_n$ 是 $\boldsymbol{E}^n$ 的任一组基，则存在 $\boldsymbol{E}^n$ 的一组规范正交基 $\boldsymbol{\eta}_1,\boldsymbol{\eta}_2,\cdots,\boldsymbol{\eta}_n$，使

$$L(\boldsymbol{\varepsilon}_1,\boldsymbol{\varepsilon}_2,\cdots,\boldsymbol{\varepsilon}_i)=L(\boldsymbol{\eta}_1,\boldsymbol{\eta}_2,\cdots,\boldsymbol{\eta}_i)(i=1,2\cdots,n).$$

定义 5 把一组线性无关的向量化成一组与它等价的单位正交向量组的方法，通常称为**规范正交化方法**或**施密特正交化过程**.

定理 7 **（规范正交化方法）**

设 $\boldsymbol{a}_1,\boldsymbol{a}_2,\cdots,\boldsymbol{a}_m(m\geqslant 2)$ 是线性无关的向量组，令

$$\begin{cases}\boldsymbol{b}_1=\boldsymbol{a}_1,\\ \boldsymbol{b}_2=\boldsymbol{a}_2-\dfrac{(\boldsymbol{a}_2,\boldsymbol{b}_1)}{(\boldsymbol{b}_1,\boldsymbol{b}_1)}\boldsymbol{b}_1,\\ \boldsymbol{b}_3=\boldsymbol{a}_3-\dfrac{(\boldsymbol{a}_3,\boldsymbol{b}_1)}{(\boldsymbol{b}_1,\boldsymbol{b}_1)}\boldsymbol{b}_1-\dfrac{(\boldsymbol{a}_3,\boldsymbol{b}_2)}{(\boldsymbol{b}_2,\boldsymbol{b}_2)}\boldsymbol{b}_2,\\ \cdots\cdots\cdots\cdots\cdots\cdots\cdots\cdots\cdots\cdots,\\ \boldsymbol{b}_m=\boldsymbol{a}_m-\dfrac{(\boldsymbol{a}_m,\boldsymbol{b}_1)}{(\boldsymbol{b}_1,\boldsymbol{b}_1)}\boldsymbol{b}_1-\dfrac{(\boldsymbol{a}_m,\boldsymbol{b}_2)}{(\boldsymbol{b}_2,\boldsymbol{b}_2)}\boldsymbol{b}_2-\cdots-\dfrac{(\boldsymbol{a}_m,\boldsymbol{b}_{m-1})}{(\boldsymbol{b}_{m-1},\boldsymbol{b}_{m-1})}\boldsymbol{b}_{m-1},\end{cases}$$

则 $\boldsymbol{b}_1,\boldsymbol{b}_2,\cdots,\boldsymbol{b}_m$ 是与 $\boldsymbol{a}_1,\boldsymbol{a}_2,\cdots,\boldsymbol{a}_m$ 等价的正交向量组，再令

$$\boldsymbol{\eta}_1=\frac{1}{\|\boldsymbol{b}_1\|}\boldsymbol{b}_1,\boldsymbol{\eta}_2=\frac{1}{\|\boldsymbol{b}_2\|}\boldsymbol{b}_2,\cdots,\boldsymbol{\eta}_m=\frac{1}{\|\boldsymbol{b}_m\|}\boldsymbol{b}_m,$$

则 $\boldsymbol{\eta}_1,\boldsymbol{\eta}_2,\cdots,\boldsymbol{\eta}_m$ 便是与 $\boldsymbol{a}_1,\boldsymbol{a}_2,\cdots,\boldsymbol{a}_m$ 等价的单位正交向量组.

5.8.3 正交变换与对称变换

定义 6 设 φ 是 $\boldsymbol{E}^n$ 的一个线性变换，如果对任意两个向量 $\boldsymbol{a},\boldsymbol{b}\in\boldsymbol{E}^n$，都有 $(\varphi\boldsymbol{a},\varphi\boldsymbol{b})=(\boldsymbol{a},\boldsymbol{b})$，则称 φ 为**正交变换**.

定理 8 设 φ 是 $\boldsymbol{E}^n$ 的一个线性变换，则下述三个条件都是 φ 为正交变换的必要充分条件：

(1) φ 保持长度不变，即对任一向量 $\boldsymbol{a}\in\boldsymbol{E}^n$，都有 $|\varphi\boldsymbol{a}|=|\boldsymbol{a}|$.

(2) 如果 $\boldsymbol{\varepsilon}_1,\boldsymbol{\varepsilon}_2,\cdots,\boldsymbol{\varepsilon}_n$ 是 $\boldsymbol{E}^n$ 的一组规范正交基，则 $\varphi\boldsymbol{\varepsilon}_1,\varphi\boldsymbol{\varepsilon}_2,\cdots,\varphi\boldsymbol{\varepsilon}_n$ 也是 $\boldsymbol{E}^n$ 的一组规范正交基.

(3) φ 在任一组规范正交基下的矩阵是正交矩阵.

定理 9 (1) 正交变换是可逆变换，其逆变换仍是正交变换.

(2) 两个正交变换的乘积也是正交变换.

定义 7 设 φ 是 $\boldsymbol{E}^n$ 的一个线性变换，如果对任意两个向量 $\boldsymbol{a},\boldsymbol{b}\in\boldsymbol{E}^n$，都有$(\varphi\boldsymbol{a},\boldsymbol{b})=(\boldsymbol{a},\varphi\boldsymbol{b})$，则称 φ 为**对称变换**.

定理 10 $\boldsymbol{E}^n$ 的线性变换 φ 为对称变换的必要充分条件是：φ 在任一规范正交基下的矩阵都是对称矩阵.

定理 11 如果 φ 是 $\boldsymbol{E}^n$ 的一个对称变换，则存在 $\boldsymbol{E}^n$ 的一组规范正交基，使 φ 在这组基下的矩阵是对角矩阵.

5.8.4 实对称矩阵的对角化

定理 12 设 A 是 n 阶实对称矩阵，则

(1) A 的本征值皆为实数，

(2) $\boldsymbol{R}^n$ 中属于 A 的不同本征值的本征向量必正交，

(3) 存在正交矩阵 C，使 $C^{-1}AC$ 为对角矩阵.

化实对称矩阵 A 为对角矩阵的方法：

(1) 求 A 的本征值 $\lambda_1,\lambda_2,\cdots,\lambda_t$.

(2) 对每个本征值 λ_i，求出相应的特征向量，即求齐次线性方程组$(\lambda_i I-A)x=0$ 的一个基础解系 $\boldsymbol{a}_{i_1},\boldsymbol{a}_{i_2},\cdots,\boldsymbol{a}_{ir_i}$，再规范正交化得 $\boldsymbol{\eta}_{i1},\boldsymbol{\eta}_{i2},\cdots,\boldsymbol{\eta}_{ir_i}$ $(i=1,2,\cdots,t)$.

(3) 以向量组

$$\boldsymbol{\eta}_{11},\cdots,\boldsymbol{\eta}_{1r_1};\boldsymbol{\eta}_{21},\cdots,\boldsymbol{\eta}_{2r_2};\cdots;\boldsymbol{\eta}_{t1},\cdots,\boldsymbol{\eta}_{tr_t}$$

为列向量组的矩阵 C 就是所求的正交矩阵，它使 $C^{-1}AC$ 为对角矩阵，且 $C^{-1}AC$ 的主对角元依次是本征值 $\lambda_1,\lambda_2,\cdots,\lambda_t$.

定理 13 任一实二次型 $f(x_1,x_2,\cdots,x_n)=\boldsymbol{x}^{\mathrm{T}}A\boldsymbol{x}$，都可经过正交变换化为标准形 $\lambda_1y_1^2+\lambda_2y_2^2+\cdots+\lambda_ny_n^2$，其中 $\lambda_1,\lambda_2,\cdots,\lambda_n$ 就是矩阵 A 的全部本征值.

例 用正交变换化实二次型 $f(x_1,x_2,x_3,x_4)=x^{\mathrm{T}}Ax$ 为标准形，其中

$$A=\begin{pmatrix}2&-1&-1&1\\-1&2&1&-1\\-1&1&2&-1\\1&-1&-1&2\end{pmatrix},$$

并求正交矩阵 C，使 $C^{-1}AC$ 为对角矩阵.

解 $|\lambda I-A|=(\lambda-1)^3(\lambda-5)$. 对 $\lambda=1$ 求出齐次线性方程组$(I-A)x=0$ 的一组基础解系为

$$\boldsymbol{a}_1=(1,1,0,0)^{\mathrm{T}},\boldsymbol{a}_2=(1,0,1,0)^{\mathrm{T}},\boldsymbol{a}_3=(1,0,0,-1)^{\mathrm{T}}.$$

规范正交化得

$$\boldsymbol{\eta}_1=\left(\frac{\sqrt{2}}{2},\frac{\sqrt{2}}{2},0,0\right)^{\mathrm{T}},\boldsymbol{\eta}_2=\left(\frac{\sqrt{6}}{6},-\frac{\sqrt{6}}{6},\frac{\sqrt{6}}{3},0\right)^{\mathrm{T}},$$

$$\boldsymbol{\eta}_3=\left(\frac{\sqrt{3}}{6},-\frac{\sqrt{3}}{6},-\frac{\sqrt{3}}{6},-\frac{\sqrt{3}}{2}\right)^{\mathrm{T}}.$$

对 $\lambda=5$,求得它的 $\boldsymbol{\eta}_4=\left(\frac{1}{2},-\frac{1}{2},-\frac{1}{2},\frac{1}{2}\right)^{\mathrm{T}}$. 于是

$$C=\begin{pmatrix}\frac{\sqrt{2}}{2} & \frac{\sqrt{6}}{6} & \frac{\sqrt{3}}{6} & \frac{1}{2}\\ \frac{\sqrt{2}}{2} & -\frac{\sqrt{6}}{6} & -\frac{\sqrt{3}}{6} & -\frac{1}{2}\\ 0 & \frac{\sqrt{6}}{3} & -\frac{\sqrt{3}}{6} & -\frac{1}{2}\\ 0 & 0 & -\frac{\sqrt{3}}{2} & \frac{1}{2}\end{pmatrix},\quad C^{-1}AC=\begin{pmatrix}1&0&0&0\\0&1&0&0\\0&0&1&0\\0&0&0&5\end{pmatrix}.$$

$$f(x_1,x_2,x_3,x_4)=y_1^2+y_2^2+y_3^2+5y_4^2.$$

5.8.5 酉空间

定义 8 赋予一个内积的复线性空间称为**酉空间**,仍记作 U,n 维酉空间记作 U^n.

在 U^n 中同样可以定义正交基与规范正交基.

定理 14 U^n 中两组规范正交基的过渡矩阵是 U 矩阵.

定义 9 设 φ 是 U^n 的一个线性变换.

(1) 如果对任意 $\boldsymbol{a},\boldsymbol{b}\in \boldsymbol{U}^n$,都有$(\varphi\boldsymbol{a},\varphi\boldsymbol{b})=(\boldsymbol{a},\boldsymbol{b})$,则称 φ 为 U^n 上的**酉变换**. 酉变换在规范正交基下的矩阵是酉矩阵.

(2) 如果对任意 $\boldsymbol{a},\boldsymbol{b}\in \boldsymbol{U}^n$,都有$(\varphi\boldsymbol{a},\boldsymbol{b})=(\boldsymbol{a},\varphi\boldsymbol{b})$,则称 φ 为**对称变换**.

定理 15 设 A 为埃尔米特矩阵,则

(1) A 的本征值为实数,且属于不同本征值的本征向量必正交.

(2) 存在酉矩阵 C,使 $C^{-1}AC=\overline{C^{\mathrm{T}}}AC$ 为对角矩阵.

(3) 二次齐次多项式 $f(x_1,x_2,\cdots,x_n)=\overline{\boldsymbol{x}^{\mathrm{T}}}A\boldsymbol{x}$ 称为**埃尔米特二次型**. 存在酉矩阵 C,当 $x=Cy$ 时,$f(x_1,x_2,\cdots,x_n)=d_1y_1\bar{y}_1+d_2y_2\bar{y}_2+\cdots+d_ny_n\bar{y}_n$.

6. 微 积 分

§6.1 分析基础

6.1.1 实数

1. 有理数

整数和分数统称为有理数，全体**有理数**的集记为 $\boldsymbol{Q}$.

有理数集 $\boldsymbol{Q}$ 具有如下性质：

1° $\boldsymbol{Q}$ 是有序集. 就是说，对任意两个有理数 a 和 b，下列三个关系中有且只有一个成立：$a<b$, $a=b$, $a>b$.

2° $\boldsymbol{Q}$ 是稠密的. 就是说，在任意两个不相等的有理数之间一定还有第三个有理数存在. 因而，在任意两个不相等的有理数之间有无穷多个有理数存在.

3° $\boldsymbol{Q}$ 对于四则运算(・加法，减法，乘法和除法)是封闭的. 就是说，对于任意 $a,b\in\boldsymbol{Q}$，$a+b, a-b, a\cdot b, a/b(b\neq 0)$ 均属于 $\boldsymbol{Q}$.

每个有理数都可以表示成有限小数或无限循环小数.

如果画一条直线，规定向右的方向为直线的正方向，在其上取原点 O 及单位长度 OE，它就成为**数直线**，或称**数轴**见图 6.1-1.

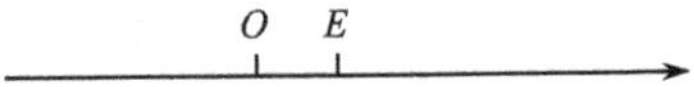

图 6.1-1

对每个有理数 $\boldsymbol{a}$，都能在数直线上找到一个确定的点 A 与之对应，称数 $\boldsymbol{a}$ 为点 A 的坐标. 反之未必. 在数直线上，除有理点外的点所对应的数称为**无理数**.

每个无理数都可表示成无限不循环小数.

2. 实数

有理数和无理数统称为**实数**，全体实数的集记为 $\boldsymbol{R}$.

实数集 $\boldsymbol{R}$ 具有如下性质：

1° $\boldsymbol{R}$ 是有序集.

2° $\boldsymbol{R}$ 是稠密的.

3° $\boldsymbol{R}$ 对于四则运算是封闭的. 在 $\boldsymbol{R}$ 中还可进行乘方及其逆运算(对每个正实数都可以开任意次方；每个正实数都有对任意不等于 1 的正底数的对数).

4° $\boldsymbol{R}$ 是连续的. 就是说,数直线上每一个点 A,都有一个实数 r 与之对应,r 是 A 的坐标. 这样,在实数集 $\boldsymbol{R}$ 与作为点集的数直线之间就建立了一一对应关系. 这是实数系的直观描述,而不是严格理论.

3. 戴德金分割

下面介绍建立实数系的严格理论之一——**戴德金分割**.

定义 1 所谓有理数集 $\boldsymbol{Q}$ 的一个分割,是指将 $\boldsymbol{Q}$ 分成两个子集 S 和 T,它们满足:1° $S\neq\varnothing$,$T\neq\varnothing$. 式中 $\varnothing$ 是空集;2° $\boldsymbol{Q}=S\cup T$;3° 对任意 $x\in S$ 以及任意 $y\in T$,均有 $x<y$. 这样的分割记为 $S|T$. 它有三种情况:

(1) S 无最大数,T 有最小数 r;

(2) S 有最大数 r,T 无最小数;

(3) S 无最大数,T 亦无最小数.

对于(1)或(2),称分割 $S|T$ 定义有理数 r,r 是 S 与 T 的界数. 为确定起见,约定把 r 放在 T 内. 对于(3),不存在有理数为 S 与 T 的界数,这就是 $\boldsymbol{Q}$ 的不连续性. 此时,称分割 $S|T$ 定义一个无理数 α.

可以类似地定义实数集 $\boldsymbol{R}$ 的一个分割. 于是,关于实数集 $\boldsymbol{R}$ 的连续性可以叙述为:

定理 1(戴德金定理) 对于实数集 $\boldsymbol{R}$ 的任一分割 $S|T$,或者 S 有最大实数,或者 T 有最小实数,二者必居其一.

定义 2 对于数集 X,如果存在 $M\in\boldsymbol{R}$,使对一切 $x\in X$,都有 $x\leqslant M$,则称数集 X 有上界,M 为 X 的一个**上界**.

类似地,对于数集 X,如果存在 $m\in\boldsymbol{R}$,使对一切 $x\in X$,都有 $x\geqslant m$,则称数集 X 有下界,m 为 X 的一个**下界**.

如果数集 X 既有上界又有下界,则称数集 X 是**有界的**.

数集 X 是有界的,其必要充分条件是,存在正数 ρ,使对一切 $x\in X$,都有 $|x|\leqslant\rho$.

定义 3 对于数集 X,如果存在 $\beta\in\boldsymbol{R}$,满足:1° 对一切 $x\in X$,都有 $x\leqslant\beta$;2° 对每个 $\varepsilon>0$,存在 $x_0\in X$,使得 $x_0>\beta-\varepsilon$,则称 β 是数集 X 的**上确界**,记为 $\beta=\sup X$. β 是数集 X 的**最小上界**,也记为 $\beta=\text{l. u. b. } X$.

类似地,对于数集 X,如果存在 $\alpha\in\boldsymbol{R}$,满足:1° 对一切 $x\in X$,都有 $x\geqslant\alpha$;2° 对每个 $\varepsilon>0$,存在 $x_0\in X$,使得 $x_0<\alpha+\varepsilon$,则称 α 是数集 X 的**下确界**,记为 $\alpha=\inf X$. α 是数集 X 的**最大下界**,也记为 $\alpha=\text{g. l. b. } X$.

非空数集如果有上(下)确界,则上(下)确界是唯一的.

定理 2(确界存在定理) 有上(下)界的非空数集 X,一定存在上确界 $\sup X$(下确界 $\inf X$).

4. 区间

设 a 与 b 为两个实数,且 $a<b$,则令

$(a,b)=\{x:x\in\boldsymbol{R};a<x<b\}$,称为**开区间**;

$[a,b]=\{x:x\in\boldsymbol{R},a\leqslant x\leqslant b\}$,称为**闭区间**;

$(a,b]=\{x:x\in\boldsymbol{R},a<x\leqslant b\}$,$[a,b)=\{x:x\in\boldsymbol{R},a\leqslant x<b\}$,

分别称为**左开右闭区间**、**左闭右开区间**,统称**半开区间**.

除上述有限区间外,还有无限区间:

$(-\infty,+\infty)=\{x:x\in\boldsymbol{R}\}$,

$(a,+\infty)=\{x:x\in\boldsymbol{R},a<x\}$,

$[a,+\infty)=\{x:x\in\boldsymbol{R},a\leqslant x\}$,

$(-\infty,b)=\{x:x\in\boldsymbol{R},x<b\}$,

$(-\infty,b]=\{x:x\in\boldsymbol{R},x\leqslant b\}$.

设 a,δ 为两个实数,且 $\delta>0$,则 $(a-\delta,a+\delta)=\{x:x\in\boldsymbol{R},|x-a|<\delta\}$ 称为点 a 的 δ 邻域,记为 $U(a;\delta)$.

定义 4 设 $\mathscr{M}$ 是一族开区间(有限个或无限个),如果对于每个 $x\in[a,b]$,总存在一个开区间 $\Delta\in\mathscr{M}$,使得 $x\in\Delta$,则称 $\mathscr{M}$ 是 $[a,b]$ 的一个**开覆盖**.如果 $\mathscr{M}$ 是有限族,则称 $\mathscr{M}$ 是 $[a,b]$ 的一个**有限覆盖**.

定理 3(博雷尔有限覆盖定理) 从闭区间的开覆盖中必可选出有限覆盖.即设开区间族 $\mathscr{M}$ 覆盖了闭区间 $[a,b]$,则存在有限个 $\Delta_1,\Delta_2,\cdots,\Delta_m\in\mathscr{M}$,使得 $\{\Delta_1,\Delta_2,\cdots,\Delta_m\}$ 覆盖 $[a,b]$.

6.1.2 数列的极限

1. 数列极限的定义

设 $x_n\in\boldsymbol{R}$($n\in\mathbf{N}$,$\mathbf{N}$ 是自然数集),则按下标增大的顺序排列所得的 $x_1,x_2,\cdots,x_n,\cdots$ 称为**数列**,简记为 $\{x_n\}_{n=1}^{\infty}$ 或 $\{x_n\}$.

定义 5 给定数列 $\{x_n\}$,如果存在 $a\in\boldsymbol{R}$,对每个 $\varepsilon>0$,都存在 $N\in\mathbf{N}$(N 与 ε 有关),使得当 $n>N$ 时,不等式 $|x_n-a|<\varepsilon$ 成立,则称数 a 是数列 $\{x_n\}$ 的**极限**,或称数列 $\{x_n\}$ **收敛**于数 a,记为 $\lim\limits_{n\to\infty}x_n=a$.

数 a 是数列 $\{x_n\}$ 的极限,其几何解释是:在数轴上作以 a 为中心,以任给的正数 ε 为半径的开区间 $(a-\varepsilon,a+\varepsilon)$.于是,不论开区间的长度 2ε 怎样小,从 $N+1$ 项起,数列 $\{x_n\}$ 的所有各项全部落在开区间 $(a-\varepsilon,a+\varepsilon)$ 内.即在 $(a-\varepsilon,a+\varepsilon)$ 之外至多有有限个 $\{x_n\}$ 的点.

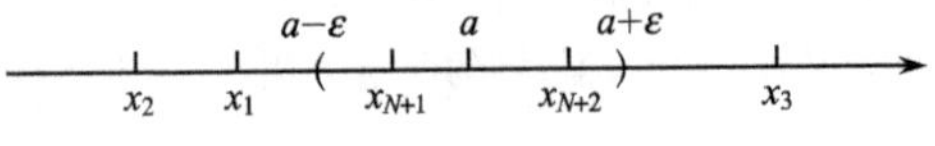

图 6.1-2

特别,当 $a=0$ 时,称 $\{x_n\}$ 为**无穷小量**.

数 a 是数列$\{x_n\}$的极限的必要充分条件为$\{x_n-a\}$是无穷小量.

定义 6 给定数列$\{x_n\}$,如果对每个 $M>0$,都存在 $N\in\mathbf{N}$(N 与 M 有关),使得当 $n>N$ 时,不等式$|x_n|>M$ 成立,则称数列$\{x_n\}$是**无穷大量**. 记为$\lim\limits_{n\to\infty}x_n=\infty$.

若 $x_n\neq 0(n\in\mathbf{N})$,则数列$\{x_n\}$是无穷小量等价于$\left\{\dfrac{1}{x_n}\right\}$是无穷大量.

如果对每个 $M>0$,都存在 $N\in\mathbf{N}$(N 与 M 有关),使得当 $n>N$ 时,不等式 $x_n>M$ 成立,则称数列$\{x_n\}$是**正无穷大量**. 记为$\lim\limits_{n\to\infty}x_n=+\infty$.

如果对每个 $M>0$,都存在 $N\in\mathbf{N}$(N 与 M 有关),使得当 $n>N$ 时,不等式 $x_n<-M$ 成立,则称数列$\{x_n\}$是**负无穷大量**. 记为$\lim\limits_{n\to\infty}x_n=-\infty$.

定义 7 若序号 $1\leqslant n_1<n_2<\cdots<n_k<\cdots$,则称$\{x_{n_k}\}_{k=1}^{\infty}$是$\{x_n\}_{n=1}^{\infty}$的**部分数列**或**子数列**. 如果$\lim\limits_{k\to\infty}x_{n_k}=\xi$($\xi$是有限数),则称数 ξ 是$\{x_n\}_{n=1}^{\infty}$的一个**聚值**.

定理 4 有界数列$\{x_n\}_{n=1}^{\infty}$一定存在最大的(最小的)聚值.

这个最大的聚值称为它的**上极限**,记为$\overline{\lim\limits_{n\to\infty}}x_n$,或 $\limsup\limits_{n\to\infty}\{x_n\}$;最小的聚值称为它的**下极限**,记为$\underline{\lim\limits_{n\to\infty}}x_n$ 或$\liminf\limits_{n\to\infty}\{x_n\}$.

对于无上界的数列$\{x_n\}$,约定$\overline{\lim\limits_{n\to\infty}}x_n=+\infty$. 对于无下界的数列$\{x_n\}$,约定$\underline{\lim\limits_{n\to\infty}}x_n=-\infty$.

定理 5 如果$\overline{\lim\limits_{n\to\infty}}x_n=h$ 是有限实数,则对每个 $\varepsilon>0$,1° 存在 $N\in\mathbf{N}$,当 $n>N$ 时,有 $x_n<h+\varepsilon$;2° 对每个序号 K,存在 $n_0>K$,使得 $x_{n_0}>h-\varepsilon$.

类似地,如果$\underline{\lim\limits_{n\to\infty}}x_n=l$ 是有限实数,则对每个 $\varepsilon>0$,1° 存在 $N\in\mathbf{N}$,当 $n>N$ 时,有 $x_n>l-\varepsilon$;2° 对每个序号 K,存在 $n_0>K$,使得 $x_{n_0}<l+\varepsilon$.

2. 数列极限的性质

(1) 若数列$\{x_n\}$收敛,则其极限是唯一的.

(2) 若$\lim\limits_{n\to\infty}x_n=a$ 是有限实数,则$\{x_n\}$有界.

(3) 若数列$\{x_n\}$是有界的,$\{y_n\}$是无穷小量,则$\{x_ny_n\}$也是无穷小量.

(4) 若$\lim\limits_{n\to\infty}x_n$ 及$\lim\limits_{n\to\infty}y_n$ 均存在,又 $x_n>y_n$($n>N$,N 是某一确定的序号),则$\lim\limits_{n\to\infty}x_n\geqslant\lim\limits_{n\to\infty}y_n$.

(5) 若$\lim\limits_{n\to\infty}x_n>\lim\limits_{n\to\infty}y_n$,则存在 $N\in\mathbf{N}$,当 $n>N$ 时,有 $x_n>y_n$.

3. 数列极限的四则运算法则

若$\lim\limits_{n\to\infty}x_n$ 及$\lim\limits_{n\to\infty}y_n$ 均存在,则

(1) $\lim\limits_{n\to\infty}(x_n\pm y_n)=\lim\limits_{n\to\infty}x_n\pm\lim\limits_{n\to\infty}y_n$.

(2) $\lim\limits_{n\to\infty}(x_ny_n)=\lim\limits_{n\to\infty}x_n\cdot\lim\limits_{n\to\infty}y_n$.

(3) 当$\lim\limits_{n\to\infty}y_n\neq 0$时，有$\lim\limits_{n\to\infty}\dfrac{x_n}{y_n}=\dfrac{\lim\limits_{n\to\infty}x_n}{\lim\limits_{n\to\infty}y_n}$.

4. 数列极限存在的判别法

定义 8 给定数列$\{x_n\}$，若对每个$\varepsilon>0$，总存在$N\in\mathbf{N}$(N与ε有关)，当$n,m>N$时，有$|x_n-x_m|<\varepsilon$，则称$\{x_n\}$是**基本数列**.

定理 6(柯西准则) 数列$\{x_n\}$收敛的必要充分条件为$\{x_n\}$是基本数列.

定义 9 若$x_1\leqslant x_2\leqslant\cdots\leqslant x_n\leqslant\cdots$，则$\{x_n\}$称为**递增数列**或**非减数列**，若$x_1<x_2<\cdots<x_n<\cdots$，则$\{x_n\}$称为**严格递增数列**或**增数列**. 把不等号反向，即可定义**递减数列**或**非增数列**、**严格递减数列**或**减数列**. 它们分别统称为**单调数列**、**严格单调数列**.

定理 7(单调有界原理) 若$\{x_n\}$是递增(递减)有上(下)界的数列，则它收敛. 此时

$$\lim_{n\to\infty}x_n=\sup\{x_n\}\left(\lim_{n\to\infty}x_n=\inf\{x_n\}\right).$$

例如数列$x_n=1+\dfrac{1}{2}+\dfrac{1}{3}+\cdots+\dfrac{1}{n}-\ln n(n\in\mathbf{N})$是递减有下界的，故它收敛，从而有

$$1+\frac{1}{2}+\frac{1}{3}+\cdots+\frac{1}{n}=C+\ln n+\varepsilon_n,$$

其中$\lim\limits_{n\to\infty}\varepsilon_n=0$. $C=0.5772156649\cdots$称为**欧拉常数**.

定理 8 数列$\{x_n\}$收敛的必要充分条件是$\{x_n\}$的上、下极限相等. 此时$\underline{\lim}_{n\to\infty}x_n=\overline{\lim}_{n\to\infty}x_n=\lim\limits_{n\to\infty}x_n$.

定理 9(夹逼准则) 若$x_n\leqslant y_n\leqslant z_n$($n\geqslant N$，$N$是某一确定的序号)，又$\lim\limits_{n\to\infty}x_n=\lim\limits_{n\to\infty}z_n=a$，则$\lim\limits_{n\to\infty}y_n=a$.

5. 区间套定理 聚点原理

定义 10 设$\{[a_n,b_n]\}_{n=1}^{\infty}$是一个闭区间族，如果满足：1° 对每个$n\in\mathbf{N}$，均有$[a_{n+1},b_{n+1}]\subset[a_nb_n]$；2° $\lim\limits_{n\to\infty}(b_n-a_n)=0$；则称$\{[a_n,b_n]\}_{n=1}^{\infty}$是一个**区间套**.

定理 10(区间套定理) 若$\{[a_n,b_n]\}_{n=1}^{\infty}$是一个区间套，则必存在唯一的一点$c$属于所有这些闭区间(即$c\in[a_n,b_n]$，$n\in\mathbf{N}$)，且

$$\lim_{n\to\infty}a_n=\lim_{n\to\infty}b_n=c.$$

定义 11 设E是数轴上的一个点集，x_0是数轴上的一个定点，如果对每个$\varepsilon>0$，在区间$(x_0-\varepsilon,x_0+\varepsilon)$中都有属于$E$而又异于$x_0$的点，则称$x_0$是$E$的一个**聚点**. 特别，如果对每个$\varepsilon>0$，在区间$(x_0-\varepsilon,x_0)$(或$(x_0,x_0+\varepsilon)$)中都有属于$E$的点，则称$x_0$是$E$的一个**右聚点**(或**左聚点**).

注 聚点一定是聚值，但聚值未必是聚点. 如$\{(-1)^n\}_{n=1}^{\infty}$，$-1$和$1$都是它的聚

值，但-1和1均不是它的聚点.

定理 11(魏尔斯特拉斯聚点原理) 若E是一有界的无穷集合，则E至少有一个聚点.

推论(魏尔斯特拉斯紧性定理) 任何有界数列都有收敛的子数列.

若有界数列$\{x_n\}$是由互不相同的数组成的，则上极限$\overline{\lim\limits_{n\to\infty}}x_n$就是它的最大聚点，下极限$\underline{\lim\limits_{n\to\infty}}x_n$就是它的最小聚点.

注 确界存在定理、区间套定理、魏尔斯特拉斯聚点原理、魏尔斯特拉斯紧性定理、博雷尔有限覆盖定理、单调有界原理和柯西准则之间是互相等价的.

例 1 利用柯西准则证明单调有界原理.

不妨设数列$\{x_n\}$递增有上界. 若$\{x_n\}$不收敛，由柯西准则知$\{x_n\}$不是基本数列. 即存在$\varepsilon_0>0$，对每个N，存在$n>m>N$，使

$$x_n-x_m=|x_n-x_m|\geqslant\varepsilon_0,$$

于是，存在$\{n_k\}$，$\{m_k\}$，有$n_k>m_k>n_{k-1}>m_{k-1}>\cdots>N$，$k=1,2,\cdots$，使

$$x_{n_k}-x_{m_k}\geqslant\varepsilon_0.$$

于是，

$$\begin{aligned}x_{n_k}&\geqslant x_{n_k}-(x_{m_k}-x_{n_{k-1}})-\cdots-(x_{m_2}-x_{n_1})\\&=(x_{n_k}-x_{m_k})+(x_{n_{k-1}}-x_{m_{k-1}})+\cdots+(x_{n_2}-x_{m_2})+x_{n_1}\\&\geqslant(k-1)\varepsilon_0+x_{n_1}.\end{aligned}$$

故

$$\lim_{k\to\infty}x_{n_k}=+\infty.$$

这与题设矛盾，故$\{x_n\}$收敛.

例 2 利用单调有界原理证明魏尔斯特拉斯紧性定理.

先证明任何数列必有单调子数列. 考虑集合$T_m=\{x_m, x_{m+1}, x_{m+2},\cdots\}$，$m=1,2,\cdots$. 有且仅有以下两种情形：

1° 每个T_m有最大值. 取$x_{n_1}=\max T_1$，$x_{n_2}=\max T_{n_1+1}$，$\cdots$，$x_{n_{k+1}}=\max T_{n_k+1}$，$\cdots$. 显然$\{x_{n_k}\}$是$\{x_n\}$的递减子数列.

2° 存在m_0，T_{m_0}无最大值.(易见当$m\geqslant m_0$时，T_m亦无最大值.)取$x_{n_1}=x_{m_0}$. 因T_{m_0}无最大值，故x_{m_0+1}，x_{m_0+2}，$\cdots$中必有某个大于x_{m_0}，记它为x_{n_2}. 同样，因T_{n_2}无最大值，故x_{n_2+1}，x_{n_2+2}，$\cdots$中必有某个大于x_{n_2}，记它为x_{n_3}. 假定已取出x_{n_1}，x_{n_2}，$\cdots$，x_{n_k}. 因T_{n_k}无最大值，故x_{n_k+1}，x_{n_k+2}，$\cdots$中必有某个大于x_{n_k}，记它为$x_{n_{k+1}}$. 如此无限继续下去，得$\{x_n\}$的严格递增子数列$\{x_{n_k}\}$.

设$\{x_n\}$为有界数列，由1°，2°知$\{x_n\}$必有单调子数列$\{x_{n_k}\}$，它自然也是有界的，由单调有界原理知$\{x_{n_k}\}$收敛，即$\{x_n\}$有收敛的子数列.

6.1.3 函数

1. 函数的定义

定义 12 设 X 是一个非空集，f 是一个法则或对应规律，它使 X 中的每个元素 x 对应于一个实数 $f(x)$，则称 f 是定义在 X 上的**实值函数**，也称 f 是 X 到 $\boldsymbol{R}$ 中的一个映射，记作 $f:X\to\boldsymbol{R}$. X 称为**定义域**. $\{f(x):x\in X\}\subset\boldsymbol{R}$ 称为**值域**，记作 $f(X)$. 如果 $X\subset\boldsymbol{R}$，则 f 就是**一元实函数或单元实函数**；如果 $X\subset\boldsymbol{R}^n$（参看 6.1.7），则 f 就是 **n 元实函数**，当 $n\geqslant 2$ 时，统称为**多元实函数**.

例 3 x 的**符号函数**

$$\operatorname{sgn}x=\begin{cases}-1, & \text{当 } x<0 \text{ 时；}\\ 0, & \text{当 } x=0 \text{ 时；}\\ 1, & \text{当 } x>0 \text{ 时.}\end{cases}$$

像这样分段表示的函数称为**分段函数**.

例 4 x 的整数部分 $[x]$，表示不超过 x 的最大整数. 有时也记为 $E(x)$. 例如 $[11]=11$，$[\pi]=3$，$[-1.6]=-2$ 等.

例 5 狄利克雷函数

$$D(x)=\begin{cases}1, & \text{若 } x \text{ 是有理数；}\\ 0, & \text{若 } x \text{ 是无理数.}\end{cases}$$

例 6 黎曼函数

$$R(x)=\begin{cases}\dfrac{1}{q}, & \text{若 } x=\dfrac{p}{q}, p,q \text{ 互素}, q>0\text{；}\\ 0, & \text{若 } x \text{ 是无理数.}\end{cases}$$

例 7 在关系式 $x^2+y^2=1(y\geqslant 0)$ 中，当 x 在 $[-1,1]$ 中取定一个值时，y 的值就随之而定，依定义 12，y 是定义在 $[-1,1]$ 上的一元函数. 由于 y 没有直接解出来，而是隐含在关系式之中，故称为**隐函数**.

在满足一定的条件下，关系式 $F(x,y)=0$ 就是一元隐函数的一般表达式（参看 6.2.3）.

定义 13 对于 $f:X\to Y(X,Y\subset\boldsymbol{R},Y=f(X)$ 是值域），如果 X 中任意两个元素 x_1,x_2，当 $x_1\neq x_2$ 时，必有 $f(x_1)\neq f(x_2)$，则称 f 是**可逆的或一对一的**. 当 f 是可逆时，给定 Y 的一个元素 y，则在 X 中有且只有一个元素 x，满足 $y=f(x)$，令 $x=\varphi(y)$，称 $\varphi:Y\to X$ 是 f 的**反函数**，记为 $\varphi=f^{-1}$.

定义 14 给定 $f:X\to Y(Y=f(X)\subset\boldsymbol{R})$，$\varphi:Y\to Z(Z\subset\boldsymbol{R})$. 令 $(\varphi\circ f)(x)=\varphi(f(x))$，则称 $\varphi\circ f:X\to Z$ 为 f 和 φ 的**复合函数或合成函数**.

2. 函数的几种性态

(1) 单调性：若对任意 $x_1,x_2\in X(X\subset\boldsymbol{R})$，当 $x_1<x_2$ 时，有 $f(x_1)\leqslant f(x_2)$，则称

f **为递增函数**(或**非减函数**). 若对任意 $x_1,x_2\in X$,当 $x_1<x_2$ 时,有 $f(x_1)<f(x_2)$,则称 f 为**严格递增函数**(或**增函数**). 把不等号反向,即可定义**递减函数**(或**非增函数**)、**严格递减函数**(或**减函数**). 它们分别统称为**单调函数**、**严格单调函数**.

(2) 有界性:若存在 $m,M\in \boldsymbol{R}$,对一切 $x\in X$,均有 $m\leqslant f(x)\leqslant M$,则称 f 是**有界函数**.

函数 f 有界等价于:存在实数 $K>0$,对一切 $x\in X$,均有 $|f(x)|\leqslant K$.

(3) 奇偶性:设 $X=\boldsymbol{R}$. 对一切 $x\in X$,满足 $f(-x)=-f(x)$(或 $f(-x)=f(x)$)的函数 f,称为**奇函数**(或**偶函数**).

(4) 周期性:设 $X=\boldsymbol{R}$. 如果存在非零实数 T,对一切 $x\in X$,满足 $f(x+T)=f(x)$,则称函数 f 是**周期函数**,数 T 称为**周期**. 如果存在正周期的最小值,则它称为**基本周期**.

3. 初等函数

定义 15 幂函数、指数函数、对数函数、三角函数和反三角函数统称为**基本初等函数**.

(1) 幂函数

形如 $y=x^{\mu}$ 的函数称为**幂函数**,式中 μ 是任何实常数. 它的定义域随不同的 μ 而异,但无论 μ 为何值,在区间 $(0,+\infty)$ 内幂函数总是有定义的. 在图 6.1-3 及图 6.1-4 中给出幂函数在 μ 取各种不同数值时的图形.

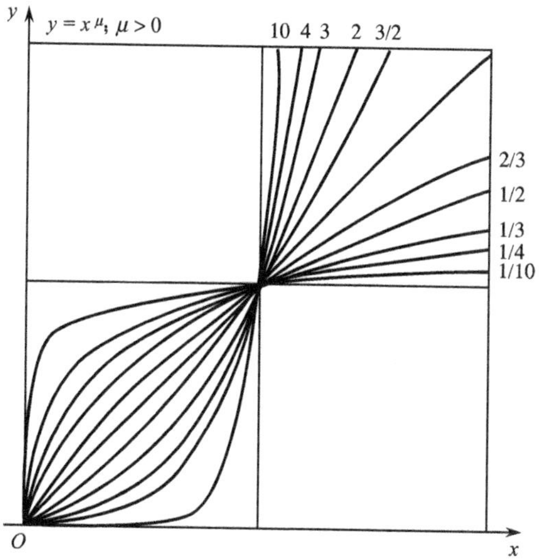

图 6.1-3

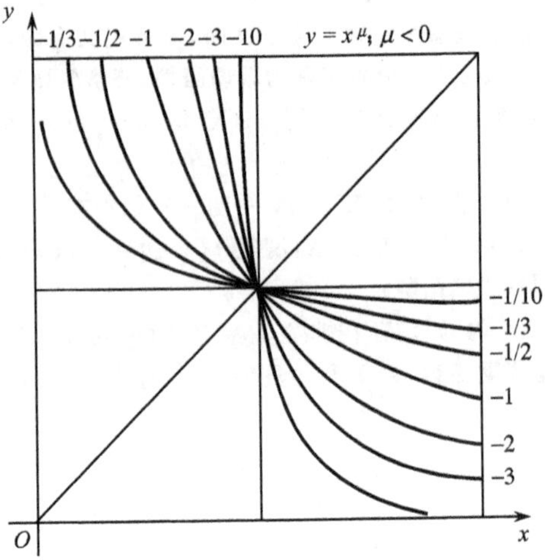

图 6.1-4

(2) 指数函数

形如 $y=a^x$ 的函数称为**指数函数**,式中 a 是异于 1 的正数. 在图 6.1-5 中给出指数函数在 a 取各种不同数值时的图形.

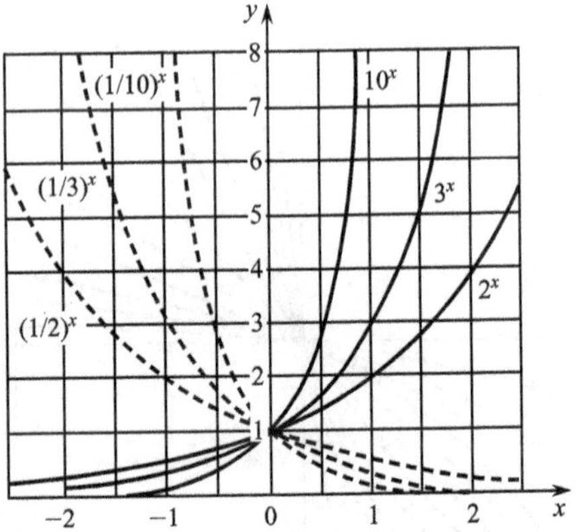

图 6.1-5

以 e 为底的指数函数 e^x,也用符号 $\exp\{x\}$表示.

(3) 对数函数

形如 $y=\log_a x$ 的函数称为**对数函数**,式中 a 是异于 1 的正数. 在图 6.1-6 中给出

对数函数在 a 取各种不同数值时的图形.

以 e 为底的对数函数 $\log_e x$，常用符号 $\ln x$ 表示.

(4) 三角函数、反三角函数的定义及其图形参看 3.1.2 及 3.1.9.

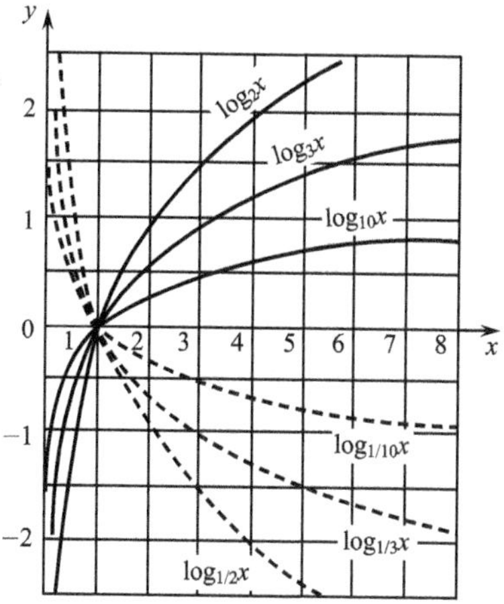

图 6.1-6

函数 $\mathrm{sh}x=\dfrac{e^x-e^{-x}}{2}$，$\mathrm{ch}x=\dfrac{e^x+e^{-x}}{2}$，$\mathrm{th}x=\dfrac{\mathrm{sh}x}{\mathrm{ch}x}=\dfrac{e^x-e^{-x}}{e^x+e^{-x}}$，$\mathrm{cth}x=\dfrac{\mathrm{ch}x}{\mathrm{sh}x}=\dfrac{e^x+e^{-x}}{e^x-e^{-x}}$，$\mathrm{sech}x=\dfrac{1}{\mathrm{ch}x}=\dfrac{2}{e^x+e^{-x}}$，$\mathrm{csch}x=\dfrac{1}{\mathrm{sh}x}=\dfrac{2}{e^x-e^{-x}}$分别称为双曲正弦、双曲余弦、双曲正切、双曲余切、双曲正割、双曲余割，统称为**双曲函数**. 它们对于 x 的一切值都有意义($\mathrm{cth}x$ 和 $\mathrm{csch}x$ 在 $x=0$ 时无意义，须除外). 在图 6.1-7 及图 6.1-8 中画着双曲函数的图形.

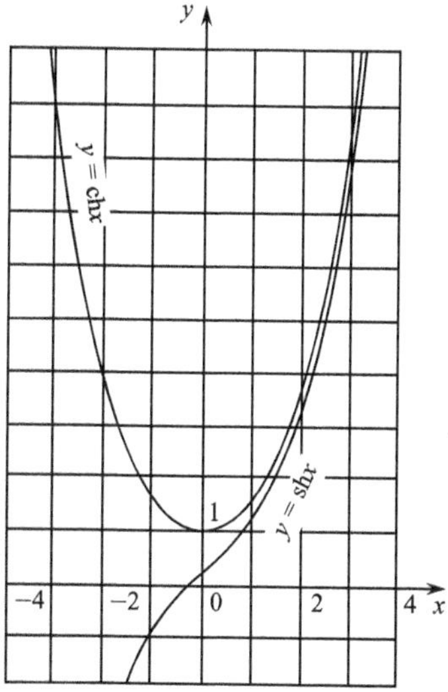

图 6.1-7

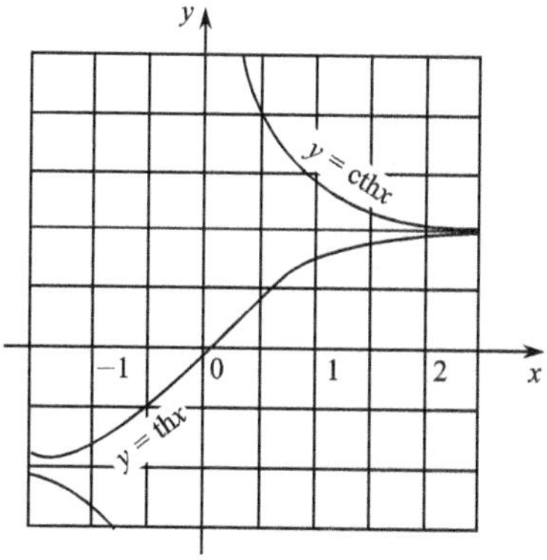

图 6.1-8

凡由常数和基本初等函数经过有限次四则运算和复合步骤所生成的函数，统称为**初等函数**.

6.1.4 函数的极限

为书写简洁,用全称符号"∀"表示"对于每个",存在符号"∃"表示"存在","→"表示"趋近于".

1. 函数极限的定义

定义 16 设 a 是 $X(X\subset \boldsymbol{R})$ 的聚点,A 是定数,若 $\forall \varepsilon>0$,$\exists \delta>0$(δ 与 ε 有关),当 $x\in X$ 且 $0<|x-a|<\delta$ 时,恒有 $|f(x)-A|<\varepsilon$,则称函数 $f(x)$ 当 $x\to a$ 时以 A 为**极限**,记为 $\lim\limits_{x\to a}f(x)=A$.

定义 17 设 a 是 $X(X\subset \boldsymbol{R})$ 的聚点,若 $\forall M>0$,$\exists \delta>0$(δ 与 M 有关),当 $x\in X$ 且 $0<|x-a|<\delta$ 时,恒有 $|f(x)|>M$,则称函数 $f(x)$ 当 $x\to a$ 时是无穷大量,记为 $\lim\limits_{x\to a}f(x)=\infty$.

定义 18 设 a 是 $X(X\subset \boldsymbol{R})$ 的右(左)聚点,$A_1(A_2)$ 是定数,若 $\forall \varepsilon>0$,$\exists \delta>0$(δ 与 ε 有关),当 $x\in X$ 且 $a-\delta<x<a(a<x<a+\delta)$ 时,恒有 $|f(x)-A_1|<\varepsilon(|f(x)-A_2|<\varepsilon)$,则称函数 $f(x)$ 当 $x\to a-0(x\to a+0)$ 时以 $A_1(A_2)$ 为**左极限(右极限)**,记为 $\lim\limits_{x\to a-0}f(x)=A_1=f(a-0)(\lim\limits_{x\to a+0}f(x)=A_2=f(a+0))$.

其他极限或无穷大量可类似地定义,如下表

表示式	名　称	∀	∃	当……时	有
$\lim\limits_{x\to+\infty}f(x)=A$	$f(x)$当 $x\to+\infty$时以 A 为极限	$\varepsilon>0$	$N>0$	$x>N$	$\|f(x)-A\|<\varepsilon$
$\lim\limits_{x\to-\infty}f(x)=A$	$f(x)$当 $x\to-\infty$时以 A 为极限	$\varepsilon>0$	$N>0$	$x<-N$	$\|f(x)-A\|<\varepsilon$
$\lim\limits_{x\to\infty}f(x)=A$	$f(x)$当 $x\to\infty$时以 A 为极限	$\varepsilon>0$	$N>0$	$\|x\|>N$	$\|f(x)-A\|<\varepsilon$
$\lim\limits_{x\to a+0}f(x)=+\infty$	$f(x)$当 $x\to a+0$ 时是正无穷大	$M>0$	$\delta>0$	$a<x<a+\delta$	$f(x)>M$
$\lim\limits_{x\to a-0}f(x)=+\infty$	$f(x)$当 $x\to a-0$ 时是正无穷大	$M>0$	$\delta>0$	$a-\delta<x<a$	$f(x)>M$
$\lim\limits_{x\to a}f(x)=+\infty$	$f(x)$当 $x\to a$ 时是正无穷大	$M>0$	$\delta>0$	$0<\|x-a\|<\delta$	$f(x)>M$
$\lim\limits_{x\to+\infty}f(x)=+\infty$	$f(x)$当 $x\to+\infty$时是正无穷大	$M>0$	$N>0$	$x>N$	$f(x)>M$
$\lim\limits_{x\to-\infty}f(x)=+\infty$	$f(x)$当 $x\to-\infty$时是正无穷大	$M>0$	$N>0$	$x<-N$	$f(x)>M$
$\lim\limits_{x\to\infty}f(x)=+\infty$	$f(x)$当 $x\to\infty$时是正无穷大	$M>0$	$N>0$	$\|x\|>N$	$f(x)>M$
$\lim\limits_{x\to a+0}f(x)=-\infty$	$f(x)$当 $x\to a+0$ 时是负无穷大	$M>0$	$\delta>0$	$a<x<a+\delta$	$f(x)<-M$
$\lim\limits_{x\to a-0}f(x)=-\infty$	$f(x)$当 $x\to a-0$ 时是负无穷大	$M>0$	$\delta>0$	$a-\delta<x<a$	$f(x)<-M$
$\lim\limits_{x\to a}f(x)=-\infty$	$f(x)$当 $x\to a$ 时是负无穷大	$M>0$	$\delta>0$	$0<\|x-a\|<\delta$	$f(x)<-M$
$\lim\limits_{x\to+\infty}f(x)=-\infty$	$f(x)$当 $x\to+\infty$时是负无穷大	$M>0$	$N>0$	$x>N$	$f(x)<-M$
$\lim\limits_{x\to-\infty}f(x)=-\infty$	$f(x)$当 $x\to-\infty$时是负无穷大	$M>0$	$N>0$	$x<-N$	$f(x)<-M$

续表

表示式	名　　称	$\forall$	$\exists$	当…时	有
$\lim\limits_{x\to\infty} f(x)=-\infty$	$f(x)$当$x\to\infty$时是负无穷大	$M>0$	$N>0$	$\|x\|>N$	$f(x)<-M$
$\lim\limits_{x\to a+0} f(x)=\infty$	$f(x)$当$x\to a+0$时是无穷大	$M>0$	$\delta>0$	$a<x<a+\delta$	$\|f(x)\|>M$
$\lim\limits_{x\to a-0} f(x)=\infty$	$f(x)$当$x\to a-0$时是无穷大	$M>0$	$\delta>0$	$a-\delta<x<a$	$\|f(x)\|>M$
$\lim\limits_{x\to+\infty} f(x)=\infty$	$f(x)$当$x\to+\infty$时是无穷大	$M>0$	$N>0$	$x>N$	$\|f(x)\|>M$
$\lim\limits_{x\to-\infty} f(x)=\infty$	$f(x)$当$x\to-\infty$时是无穷大	$M>0$	$N>0$	$x<-N$	$\|f(x)\|>M$
$\lim\limits_{x\to\infty} f(x)=\infty$	$f(x)$当$x\to\infty$时是无穷大	$M>0$	$N>0$	$\|x\|>N$	$\|f(x)\|>M$

2. 函数极限的四则运算法则

若$\lim\limits_{x\to a} f(x)$，$\lim\limits_{x\to a} g(x)$均存在，则

(1) $\lim\limits_{x\to a}(f(x)\pm g(x))=\lim\limits_{x\to a} f(x)\pm\lim\limits_{x\to a} g(x)$.

(2) $\lim\limits_{x\to a}(f(x)\cdot g(x))=\lim\limits_{x\to a} f(x)\cdot\lim\limits_{x\to a} g(x)$.

(3) 当$\lim\limits_{x\to a} g(x)\neq 0$时，有$\lim\limits_{x\to a}\dfrac{f(x)}{g(x)}=\dfrac{\lim\limits_{x\to a} f(x)}{\lim\limits_{x\to a} g(x)}$.

3. 函数极限存在的判别法

定理 12(柯西准则)　$\lim\limits_{x\to a} f(x)$存在的必要充分条件是：$\forall\varepsilon>0$，$\exists\delta>0$($\delta$与$\varepsilon$有关)，当$x_1,x_2\in X$且$0<|x_1-a|<\delta$，$0<|x_2-a|<\delta$时，恒有$|f(x_1)-f(x_2)|<\varepsilon$.

定理 13(单调有界原理)　设$f(x)$是单调有界函数，a是X的右(左)聚点，则$\lim\limits_{x\to a-0} f(x)$($\lim\limits_{x\to a+0} f(x)$)存在.

定理 14　$\lim\limits_{x\to a} f(x)=A$的必要充分条件是：$\lim\limits_{x\to a-0} f(x)=\lim\limits_{x\to a+0} f(x)=A$.

定理 15(海涅定理)　$\lim\limits_{x\to a} f(x)=A$的必要充分条件是：对$X$中任意的$x_n\to a$($x_n\neq a$, $n\in\mathbf{N}$)，都有$\lim\limits_{n\to\infty} f(x_n)=A$.

定理 16(夹逼准则)　设$\forall x\in X$，有$f(x)\leqslant g(x)\leqslant h(x)$，且$\lim\limits_{x\to a} f(x)=\lim\limits_{x\to a} h(x)=A$，则$\lim\limits_{x\to a} g(x)=A$.

4. 两个重要极限

(1) $\lim\limits_{x\to 0}\dfrac{\sin x}{x}=1$，

(2) $\lim\limits_{x\to\infty}\left(1+\dfrac{1}{x}\right)^x=e$，特别$\lim\limits_{n\to\infty}\left(1+\dfrac{1}{n}\right)^n=e$.

6.1.5 无穷小、无穷大的比较

1. 无穷小的比较

设$\lim\limits_{x\to a}f(x)=0$,$\lim\limits_{x\to a}g(x)=0$($g(x)$恒取正值).

1° 若$\exists\delta>0$,当$x\in X$且$0<|x-a|<\delta$时,恒有$0<k_1\leqslant\left|\dfrac{f(x)}{g(x)}\right|\leqslant k_2<+\infty$(式中$k_1,k_2$为常数),则称当$x\to a$时,$f(x)$与$g(x)$是**同阶无穷小**.

2° 若$\lim\limits_{x\to a}\dfrac{f(x)}{g(x)}=0$,则称当$x\to a$时,$f(x)$是$g(x)$的**高阶无穷小**. $g(x)$是$f(x)$的**低价无穷小**,记为$f(x)=o(g(x))(x\to a)$.

为方便起见,也把$\lim\limits_{x\to a}f(x)=0$记为$f(x)=o(1)(x\to a)$.

3° 若$\lim\limits_{x\to a}\dfrac{f(x)}{g(x)}=1$,则称当$x\to a$时,$f(x)$与$g(x)$是**等价无穷小**,记为$f(x)\sim g(x)(x\to a)$.

$f(x)\sim g(x)(x\to a)$的必要充分条件是:$f(x)-g(x)=o(f(x))(x\to a)$或$f(x)-g(x)=o(g(x))(x\to a)$.

若$\exists\delta>0$,当$x\in X$且$0<|x-a|<\delta$时,恒有$\left|\dfrac{f(x)}{g(x)}\right|<K<+\infty$,则记为$f(x)=O(g(x))(x\to a)$.

4° 若$\lim\limits_{x\to a}\dfrac{f(x)}{(g(x))^k}=c(k>0,\ 0<|c|<+\infty)$,则称当$x\to a$时,$f(x)$是$g(x)$的 **$k$ 阶无穷小**.

2. 无穷大的比较

设$\lim\limits_{x\to a}f(x)=\infty$,$\lim\limits_{x\to a}g(x)=\infty$ ($g(x)$恒取正值).

1° 若$\exists\delta>0$,当$x\in X$且$0<|x-a|<\delta$时,恒有$0<K_1\leqslant\left|\dfrac{f(x)}{g(x)}\right|\leqslant K_2<+\infty$(式中$K_1,K_2$为常数),则称当$x\to a$时,$f(x)$与$g(x)$是**同阶无穷大**.

2° 若$\lim\limits_{x\to a}\dfrac{f(x)}{g(x)}=\infty$,则称当$x\to a$时,$f(x)$是$g(x)$的**高阶无穷大**,$g(x)$是$f(x)$的**低阶无穷大**.

3° 若$\lim\limits_{x\to a}\dfrac{f(x)}{g(x)}=1$,则称当$x\to a$时,$f(x)$与$g(x)$是**等价无穷大**.

4° 若$\lim\limits_{x\to a}\dfrac{f(x)}{(g(x))^k}=c(k>0,0<|c|<+\infty)$,则称当$x\to a$时,$f(x)$是$g(x)$的 **$k$ 阶无穷大**.

把自变量的变化过程$x\to a$换成$x\to\infty$,上面的陈述均有效.

6.1.6 函数的连续性

1. 函数连续的定义

定义 19 设 $x_0\in X(X\subset \boldsymbol{R})$是 X 的聚点,若 $\lim\limits_{x\to x_0}f(x)=f(x_0)$,则称函数 $f(x)$在点 x_0 **连续**.

下列陈述与定义 19 是等价的.

1° 若 $f(x_0-0)=f(x_0+0)=f(x_0)$,则称函数 $f(x)$在点 x_0 连续.

2° 若 $\forall \varepsilon>0$, $\exists \delta>0$(δ 与 ε 有关),当 $x\in X$ 且 $|x-x_0|<\delta$ 时,恒有 $|f(x)-f(x_0)|<\varepsilon$,则称函数 $f(x)$在点 x_0 连续.

3° 记 $\Delta x=x-x_0$, $\Delta y=f(x_0+\Delta x)-f(x_0)$,若 $\lim\limits_{\Delta x\to 0}\Delta y=0$,则称函数 $f(x)$在点 x_0 连续.

若 $f(x)$在点 x_0 连续,则 $\lim\limits_{x\to x_0}f(x)$存在. 反之未必. 例如 $f(x)=\dfrac{\sin x}{x}$,虽然 $\lim\limits_{x\to 0}f(x)=1$,但 0 不属于 $f(x)$的定义域,当然更谈不上 $f(x)$在 0 点连续了.

定义 20 若 $f(x_0-0)=f(x_0)$($f(x_0+0)=f(x_0)$),则称函数 $f(x)$在点 x_0 **左连续(右连续)**.

讨论函数 $f(x)$当 $x\to x_0$ 时的极限是否存在及函数 $f(x)$在点 x_0 是否连续,都是研究函数 $f(x)$在点 x_0 的邻域内的局部性态.

定义 21 如果函数 $f(x)$在 X 内任一点 x 都连续,则称 $f(x)$为 X 上的**连续函数**(若 $X=[a,b]$,则对于区间$[a,b]$的左端点 a,只能说右连续;对其右端点 b,只能说左连续).

定理 17 所有的初等函数,在其定义域的任一内点(参看 6.1.7)都是连续的.

2. 函数在一点连续的性质及其运算法则

定理 18 若函数 $f(x)$在点 x_0 连续,则 $\exists \delta>0$,当 $x\in X$ 且 $|x-x_0|<\delta$ 时,$f(x)$是有界的.

定理 19 若函数 $f(x)$在点 x_0 连续,且 $f(x_0)>0$($f(x_0)<0$),则 $\exists \delta>0$,当 $x\in X$ 且 $|x-x_0|<\delta$ 时,$f(x)>0$ ($f(x)<0$).

定理 20 若 $f(x)$和 $g(x)$都在点 x_0 连续,则 $f(x)\pm g(x)$, $f(x)\cdot g(x)$在点 x_0 也连续;且当 $g(x_0)\neq 0$ 时,$\dfrac{f(x)}{g(x)}$在点 x_0 也连续.

定理 21 若 $y=f(x)$在点 x_0 连续;$x=\varphi(t)$在点 t_0 连续;$x_0=\varphi(t_0)$,则复合函数 $(f\circ\varphi)(t)=f(\varphi(t))$在点 t_0 连续.

3. 函数的不连续点及其分类

定义 22 如果 $f(x)$在点 x_0 不连续,则称点 x_0 为函数 $f(x)$的**不连续点**或**间断点**.

1° 若 $f(x_0-0)=f(x_0+0)\neq f(x_0)$，则称点 x_0 为函数 $f(x)$ 的**可去不连续点**. 例如 $x=0$ 是 $f(x)=\dfrac{\sin x}{x}$ 的可去不连续点.

2° 若 $f(x_0-0)\neq f(x_0+0)$，则称点 x_0 为函数 $f(x)$ 的**跳跃不连续点**. 例如 $x=0$ 是 $f(x)=\arctan\dfrac{1}{x}$ 的跳跃不连续点，这里

$$-\frac{\pi}{2}=f(0-0)\neq f(0+0)=\frac{\pi}{2}.$$

可去不连续点和跳跃不连续点统称为**第一类不连续点**.

3° 函数 $f(x)$ 的非第一类的不连续点称为它的**第二类不连续点**. 例如 $x=0$ 是 $f(x)=\dfrac{1}{x}$ 也是 $g(x)=\sin\dfrac{1}{x}$ 的第二类不连续点.

4. 函数的一致连续性

定义 23 若 $\forall\varepsilon>0,\exists\delta>0$($\delta$ 只与 ε 有关)，当 $x_1,x_2\in X$ 且 $|x_1-x_2|<\delta$ 时，恒有 $|f(x_1)-f(x_2)|<\varepsilon$，则称函数 $f(x)$ 在 X 上**一致连续**.

若 $f(x)$ 在 X 上一致连续，则 $f(x)$ 在 X 上点点连续，反之未必. 例如 $f(x)=\dfrac{1}{x}$ 虽然在 $X=(0,1)$ 上点点连续，但它在 X 上是不一致连续的.

5. 闭区间上连续函数的性质

定理 22(康托尔定理) 若函数 $f(x)$ 在闭区间 $[a,b]$ 上连续，则 $f(x)$ 在 $[a,b]$ 上也一致连续.

定理 23(魏尔斯特拉斯第一定理) 闭区间 $[a,b]$ 上的连续函数 $f(x)$ 在该区间上必有界.

定理 24(魏尔斯特拉斯第二定理) 闭区间 $[a,b]$ 上的连续函数 $f(x)$ 在该区间上必取到最大值、最小值，即 $\exists x_1,x_2\in[a,b]$，使得 $\forall x\in[a,b]$，均有

$$f(x_1)\leqslant f(x)\leqslant f(x_2).$$

定理 25(波尔查诺-柯西定理) 设 $f(x)$ 在 $[a,b]$ 上连续，μ 介于 $f(a)$ 与 $f(b)$ 之间，则 $\exists\xi\in[a,b]$，使 $f(\xi)=\mu$.

特别，若 $f(a)\cdot f(b)<0$，则 $\exists\xi\in(a,b)$，使 $f(\xi)=0$.

本定理也称为**介值定理**.

注 在定理 25 中，若改为"μ 介于 $f(x)$ 在 $[a,b]$ 上的最大值与最小值之间"也行.

定理 26 若函数 $f(x)$ 在 $[a,b]$ 上严格单调且连续，则存在反函数 $x=f^{-1}(y)$，且此反函数也严格单调且连续.

6.1.7 $\boldsymbol{R}^n$ 中的点集

定义 24 形如 $(x_1,x_2,\cdots,x_n)$(其中 $x_k\in\boldsymbol{R},k=1,2,\cdots,n$)的 n 元数组构成的集，

记为 $\boldsymbol{R}^n$. 称$(x_1,x_2,\cdots,x_n)$为 $\boldsymbol{R}^n$ 中的点. 设 $\boldsymbol{x}=(x_1,x_2,\cdots,x_n)$和 $\boldsymbol{y}=(y_1,y_2,\cdots,y_n)$是 $\boldsymbol{R}^n$ 中的点,则称 $\|\boldsymbol{x}-\boldsymbol{y}\|=\left(\sum_{i=1}^{n}(x_i-y_i)^2\right)^{1/2}$ 为 $\boldsymbol{x}$ 和 $\boldsymbol{y}$ 之间的**距离**. 特别称 $\|\boldsymbol{x}\|=\left(\sum_{i=1}^{n}x_i^2\right)^{1/2}$ 为 $\boldsymbol{x}$ 的**模**,即点 $\boldsymbol{x}$ 与原点 $\boldsymbol{O}$ 之间的距离.

定理 27 设 $\boldsymbol{x}_k=(x_{k1},x_{k2},\cdots,x_{kn})(k\in\boldsymbol{N})$和 $\boldsymbol{a}=(a_1,a_2,\cdots,a_n)$都是 $\boldsymbol{R}^n$ 中的点,则 $\lim\limits_{k\to\infty}\|\boldsymbol{x}_k-\boldsymbol{a}\|=0$ 的必要充分条件是$\lim\limits_{k\to\infty}x_{ki}=a_i(i=1,2,\cdots,n)$.

在 $\boldsymbol{R}^n$ 中,所谓 $\boldsymbol{x}\to\boldsymbol{a}$,指的就是 $\|\boldsymbol{x}-\boldsymbol{a}\|\to0$.

定义 25 设 $E\subset\boldsymbol{R}^n$,若 $\exists K>0$, $\forall x\in\boldsymbol{E}$,均有 $\|\boldsymbol{x}\|<K$,则称 $\boldsymbol{E}$ 是**有界的**.

定义 26 设 $E\subset\boldsymbol{R}^n$, $x_0\in E$, δ 为正数,称$\{\boldsymbol{x}:\boldsymbol{x}\in\boldsymbol{R}^n,\|\boldsymbol{x}-\boldsymbol{x}_0\|<\delta\}$,为点 $\boldsymbol{x}_0$ 的 δ **邻域**,记为 $U(\boldsymbol{x}_0;\delta)$. 若 $\exists\delta>0$,使 $U(\boldsymbol{x}_0;\delta)\subset E$,则称 $\boldsymbol{x}_0$ 为 E 的**内点**.

定义 27 设 $E\subset\boldsymbol{R}^n$,则 E 的一切内点构成的集称为 E 的**内部**,记为 $\mathring{E}$ 或 E°.

定义 28 设 $E\subset\boldsymbol{R}^n$, $x\in E$,如果 $\boldsymbol{x}$ 的任一邻域 U 内有属于 E 且异于 $\boldsymbol{x}$ 的点,则称 $\boldsymbol{x}$ 为 E 的**聚点**或**极限点**. 集 E 的一切聚点构成的集称为 E 的**导集**,记为 E^d 或 E'. 称 $E\cup E^d$ 为 E 的**闭包**,记为 $\overline{E}$ 或 E^-.

定义 29 设 $G\subset\boldsymbol{R}^n$,如果 G 的每个点都是 G 的内点(即 $G=G^0$),则称 G 为**开集**. 开集的余集称为**闭集**.

定义 30 设 $E\subset\boldsymbol{R}^n$,则称 $\boldsymbol{R}^n\backslash\overline{E}$ 为 E 的**外部**,属于它的点称为 E 的**外点**. 称 $\overline{E}\cap\overline{\boldsymbol{R}^n\backslash E}$为 E 的**边界**,属于它的点称为 E 的**边界点**.

定义 31 给定 $\boldsymbol{R}^n$ 中的两点 $\boldsymbol{A}=(a_1,a_2,\cdots,a_n)$, $\boldsymbol{B}=(b_1,b_2,\cdots,b_n)$,称 $x_i=a_i+(b_i-a_i)t(0\leqslant t\leqslant1,i=1,2,\cdots,n)$为 $\boldsymbol{R}^n$ 内连续 $\boldsymbol{A},\boldsymbol{B}$ 两点的**直线段**. 有限个首尾相接的直线段组成 $\boldsymbol{R}^n$ 内的**折线**.

定义 32 设 $E\subset\boldsymbol{R}^n$,若 E 内任意两点均可用一位于 E 内的折线来连接,则称 E 为**连通的**.

定义 33 称连通的开集为**区域**. 如果 D 是区域,则称 $\overline{D}$ 为**闭区域**.

6.1.8 n 元函数的极限

定义 34 设 $X\subset\boldsymbol{R}^n$, f 是定义在 X 上的实值函数, $\boldsymbol{a}$ 是 X 的聚点, A 是定数,若 $\forall\varepsilon>0$, $\exists\delta>0$(δ 与 ε 有关),当 $\boldsymbol{x}\in X$ 且 $0<\|\boldsymbol{x}-\boldsymbol{a}\|<\delta$ 时,恒有 $|f(x)-A|<\varepsilon$,则称 n 元函数 $f(x)$当 $\boldsymbol{x}\to\boldsymbol{a}$ 时以 A 为极限,记为$\lim\limits_{x\to a}f(x)=A$.

可见,只要把 $\boldsymbol{x}$ 和 $\boldsymbol{a}$ 理解为 $\boldsymbol{R}^n$ 中的点,并以 $\|\boldsymbol{x}-\boldsymbol{a}\|$ 代替 $|x-a|$,则定义 34 和定义 16 是相同的. 因此,函数极限的四则运算法则以及定理 12,15,16 在 n 元函数的情况下也是正确的.

在定义 34 中, $\lim\limits_{x\to a}f(x)=A$ 是指在 $\boldsymbol{x}=(x_1,x_2,\cdots,x_n)$的每个分量同时趋于 $\boldsymbol{a}=(a_1,a_2,\cdots,a_n)$的相应分量时所得出来的,有时称它为 **$n$ 重极限**.

除此之外,还有函数 $f(x)$的另一种极限,它是由 $\boldsymbol{x}$ 的分量依某种次序相继地各自趋于极限而得出的，叫做累次极限. 这一点，与一元函数不同. 下面仅给出 $n=2$ 时累次极限的定义.

定义 35 设 $f(x,y)$ 在 $D=\{(x,y):|x-x_0|<c,|y-y_0|<d\}$ 上有定义. 若对每个 $y\neq y_0$，$\lim\limits_{x\to x_0}f(x,y)=\varphi(y)$ 存在，又 $\lim\limits_{y\to y_0}\varphi(y)=A_1$ 则记为：$\lim\limits_{y\to y_0}(\lim\limits_{x\to x_0}f(x,y))=\lim\limits_{y\to y_0}\lim\limits_{x\to x_0}f(x,y)=A_1$. 同样可定义

$$\lim_{x\to x_0}\left(\lim_{y\to y_0}f(x,y)\right)=\lim_{x\to x_0}\lim_{y\to y_0}f(x,y)=A_2.$$

这样定义的极限称为**累次极限**.

定理 28 设 $f(x,y)$ 在 $D=\{(x,y):|x-x_0|<c,|y-y_0|<d\}$ 上有定义，如果 1° $\lim\limits_{(x,y)\to(x_0,y_0)}f(x,y)=A$；2° 当 $0<|y-y_0|<d$ 时，$\lim\limits_{x\to x_0}f(x,y)=\varphi(y)$ 存在；3° 当 $0<|x-x_0|<c$ 时，$\lim\limits_{y\to y_0}f(x,y)=\psi(x)$ 存在，则 $\lim\limits_{x\to x_0}\lim\limits_{y\to y_0}f(x,y)=\lim\limits_{y\to y_0}\lim\limits_{x\to x_0}f(x,y)=A$.

若 $\lim\limits_{y\to y_0}\lim\limits_{x\to x_0}f(x,y)=A_1$ 和 $\lim\limits_{x\to x_0}\lim\limits_{y\to y_0}f(x,y)=A_2$ 都存在，未必有 $A_1=A_2$；即使 $A_1=A_2$，$\lim\limits_{(x,y)\to(x_0,y_0)}f(x,y)$ 也未必存在.

6.1.9 n 元函数的连续性

对于定义在 $X(X\subset \boldsymbol{R}^n)$ 上的 n 元函数 $f(x)$，如果把 $\boldsymbol{x}=(x_1,x_2,\cdots,x_n)$，$\boldsymbol{x}_k=(x_{k1},x_{k2},\cdots,x_{kn})(k\in\boldsymbol{N})$，$\boldsymbol{y}=(y_1,y_2,\cdots,y_n)$ 等都看成 $\boldsymbol{R}^n$ 中的点，以 $\|\boldsymbol{x}-\boldsymbol{x}_0\|$，$\|\boldsymbol{x}_1-\boldsymbol{x}_2\|$ 代替 $|x-x_0|$，$|x_1-x_2|$；以区域 D 代替 $\boldsymbol{R}$ 中的开区间 (a,b)；以有界闭区域 $\overline{D}$ 代替 R 中的闭区间 $[a,b]$，则定义 19 及其等价陈述 2°，3°，4，21 及定理 3，18，19，20，22，23，24 在 n 元函数的情况下也是正确的. 另外定理 21，25 在 n 元函数的情况下，本质上也是正确的，陈述稍有差异.

定理 29 假设 1° $u=f(\boldsymbol{x})=f(x_1,x_2,\cdots,x_n)$ 在点 $\boldsymbol{x}_0=(x_{01},x_{02},\cdots,x_{0n})$ 连续，
2° $x_i=\varphi_i(\boldsymbol{t})=\varphi_i(t_1,t_2,\cdots,t_m)(i=1,2,\cdots,n)$ 在点 $t_0=(t_{01},t_{02},\cdots,t_{0m})$ 连续，
3° $x_{0i}=\varphi_i(t_0)=\varphi_i(t_{01},t_{02},\cdots,t_{0m})(i=1,2,\cdots,n)$，则复合函数

$$\begin{aligned}u&=f(\varphi_1(t),\varphi_2(t),\cdots,\varphi_n(t))\\&=f(\varphi_1(t_1,t_2,\cdots,t_m),\varphi_2(t_1,t_2,\cdots,t_m),\cdots,\varphi_n(t_1,t_2,\cdots,t_m))\end{aligned}$$

在点 $t_0=(t_{01},t_{02},\cdots,t_{0m})$ 也是连续的.

定理 30 设 $\overline{D}$ 是 $\boldsymbol{R}^n$ 中的有界闭区域，$f(x)$ 在 $\overline{D}$ 上连续，μ 介于 $m=\min\{f(\boldsymbol{x}):\boldsymbol{x}\in\overline{D}\}$ 与 $M=\max\{f(\boldsymbol{x}):x\in\overline{D}\}$ 之间，则存在 $\boldsymbol{\xi}=(\xi_1,\xi_2,\cdots,\xi_n)\in\overline{D}$，使得 $f(\boldsymbol{\xi})=\mu$.

特别，若存在 $x_1,x_2\in\overline{D}$，且 $f(x_1)\cdot f(x_2)<0$，则存在 $\xi\in\overline{D}$，使得 $f(\xi)=0$.

§6.2 微 分 学

6.2.1 函数的导数与微分

1. 导数的定义及其几何意义

定义 1 设函数 $y=f(x)$ 在区间 $I(I\subset \mathbf{R})$ 内有定义，$x_0\in I$. 当自变量在点 x_0 有一个改变量 Δx 时，相应地函数有一个改变量 $\Delta y=f(x_0+\Delta x)-f(x_0)$. 如果当 $\Delta x\to 0$ 时，比值 $\frac{\Delta y}{\Delta x}$ 的极限存在(有限数)，则称函数 $f(x)$ 在点 x_0 **可导**，这个极限称为函数 $f(x)$ 在点 x_0 的**导数**或**微商**，记为 $f'(x_0)$，$y'|_{x=x_0}$ 或 $\left.\frac{dy}{dx}\right|_{x=x_0}$，即

$$y'|_{x=x_0}=f'(x_0)=\left.\frac{dy}{dx}\right|_{x=x_0}=\lim_{\Delta x\to 0}\frac{\Delta y}{\Delta x}=\lim_{\Delta x\to 0}\frac{f(x_0+\Delta x)-f(x_0)}{\Delta x}. \qquad (6.2\text{-}1)$$

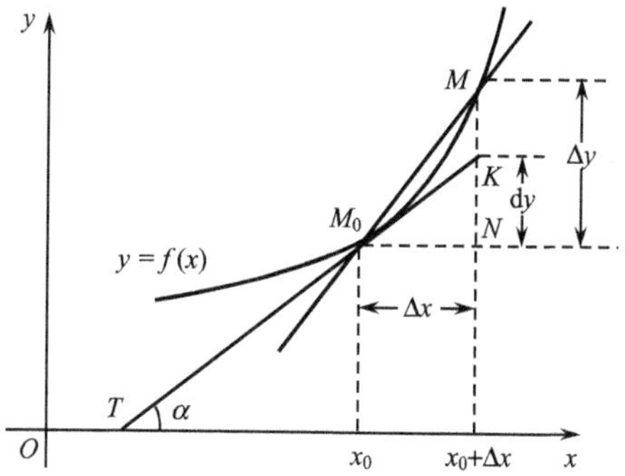

图 6.2-1

函数的导数有如下的几何意义：联结点 $M_0(x_0,f(x_0))$ 和点 $M(x_0+\Delta x, f(x_0+\Delta x))$. $\frac{\Delta y}{\Delta x}=\frac{f(x_0+\Delta x)-f(x_0)}{\Delta x}$ 表示曲线 $y=f(x)$ 的割线 M_0M 的斜率. 当 M 沿着曲线 $y=f(x)$ 趋于 M_0 时，割线 M_0M 的极限位置 M_0T 为曲线 $y=f(x)$ 在点 M_0 的切线. 于是 $f'(x_0)=\lim\limits_{\Delta x\to 0}\frac{f(x_0+\Delta x)-f(x_0)}{\Delta x}=\tan\alpha$ 表示切线 M_0T 的斜率. 式中 α 是切线 M_0T 与 x 轴正向的夹角.

曲线 $y=f(x)$ 过点 $M_0(x_0,f(x_0))$ 的切线方程为

$$y-f(x_0)=f'(x_0)(x-x_0). \qquad (6.2\text{-}2)$$

若 $f'(x_0)\neq 0$，则曲线 $y=f(x)$ 过点 $M_0(x_0,f(x_0))$ 的法线方程为

$$y-f(x_0)=\frac{-1}{f'(x_0)}(x-x_0). \qquad (6.2\text{-}3)$$

定义 2 若 $\lim\limits_{\Delta x\to 0^-}\dfrac{f(x_0+\Delta x)-f(x_0)}{\Delta x}$存在(有限数),则称此极限为函数 $y=f(x)$ 在点 x_0 的**左导数**,记为 $f'_-(x_0)$. 它表示曲线 $y=f(x)$在点 M_0 的左切线的斜率.

类似地,若 $\lim\limits_{\Delta x\to 0^+}\dfrac{f(x_0+\Delta x)-f(x_0)}{\Delta x}$存在(有限数),则称此极限为函数 $y=f(x)$ 在点 x_0 的**右导数**,记为 $f'_+(x_0)$. 它表示曲线 $y=f(x)$在点 M_0 的右切线的斜率.

导数 $f'(x_0)=K$ 存在的必要充分条件是 $f'_-(x_0)=f'_+(x_0)=K$,式中 $K\in\mathbf{R}$.

定理 1 若 $f'(x_0)$存在,则 $f(x)$在点 x_0 必连续. 反之未必.

例如 $f(x)=|x|$,它在点 $x=0$ 连续,但$-1=f'_-(0)\neq f'_+(0)=1$,故 $f'(0)$不存在.

2. 微分的定义及其几何意义

定义 3 设函数 $y=f(x)$在区间 I 内有定义,$x_0\in I$. 当自变量在点 x_0 有一个改变量 Δx 时,若函数的改变量可以表示为 $\Delta y=A(x_0)\Delta x+o(|\Delta x|)$,则称函数 $y=f(x)$在点 x_0 **可微**,称 Δy 的线性主部 $A(x_0)\Delta x$ 为函数 $f(x)$在点 x_0 的**微分**,记为

$$dy=A(x_0)\Delta x.$$

对于自变量 x,规定 $dx=\Delta x$,故 $dy=A(x_0)dx$.

定理 2 函数 $y=f(x)$在点 x_0 可微的必要充分条件是它在这点的导数 $f'(x_0)$ 存在. 在这个条件成立时,$A(x_0)=f'(x_0)$. 故

$$dy=f'(x_0)dx. \tag{6.2-4}$$

函数的微分有如下几何意义:在图 6.2-1 中,$NK=\tan\alpha\cdot M_0N=f'(x_0)dx=dy$. 可见,函数 $y=f(x)$在点 x_0 的微分 dy,就是曲线 $y=f(x)$在点 $M_0(x_0,f(x_0))$的切线上的点的纵坐标(对应于改变量 Δx)的改变量. 用 dy 近似表达 Δy,就相当于在点 M_0 附近把曲线 $y=f(x)$近似地看做是曲线在点 M_0 的切线.

定义 4 如果函数 $y=f(x)$在 I 内每一点 x 存在导数,则称 $f'(x)$为 $f(x)$的**导函数**(若 I 为闭区间$[a,b]$,在 a 点处,若 $f(x)$的右导数存在,则称 $f(x)$在左端点 a 处可导. 同理,在 b 点处,若 $f(x)$的左导数存在,则称 $f(x)$在右端点 b 处可导). 如果 $f'(x)$在 I 内连续,则称 $f(x)$在 I 内**连续可微**.

3. 导数与微分的基本公式表

$f(x)$	$f'(x)$	$df(x)$	$f(x)$	$f'(x)$	$df(x)$
c	0	0	$\log_a x$	$\dfrac{\log_a e}{x}$	$\dfrac{\log_a e}{x}dx$
x	1	dx	$\ln x$	$\dfrac{1}{x}$	$\dfrac{dx}{x}$
x^μ	$\mu x^{\mu-1}$	$\mu x^{\mu-1}dx$	$\sin x$	$\cos x$	$\cos x dx$
a^x	$a^x\cdot\ln a$	$a^x\cdot\ln a dx$	$\cos x$	$-\sin x$	$-\sin x dx$
e^x	e^x	$e^x dx$			

续表

$f(x)$	$f'(x)$	$df(x)$	$f(x)$	$f'(x)$	$df(x)$
$\tan x$	$\sec^2 x$	$\sec^2 x dx$	$\arccos x$	$-\frac{1}{\sqrt{1-x^2}}$	$-\frac{1}{\sqrt{1-x^2}}dx$
$\cot x$	$-\csc^2 x$	$-\csc^2 x dx$	$\arctan x$	$\frac{1}{1+x^2}$	$\frac{1}{1+x^2}dx$
$\arcsin x$	$\frac{1}{\sqrt{1-x^2}}$	$\frac{1}{\sqrt{1-x^2}}dx$	$\operatorname{arccot} x$	$-\frac{1}{1+x^2}$	$-\frac{1}{1+x^2}dx$

4. 微分法则

定理 3(**四则运算法则**) 若 $u(x)$ 和 $v(x)$ 都是可微的,则

$$(u(x)\pm v(x))'=u'(x)\pm v'(x),$$

$$(u(x)\cdot v(x))'=u'(x)\cdot v(x)+u(x)\cdot v'(x),$$

$$\left(\frac{u(x)}{v(x)}\right)'=\frac{u'(x)\cdot v(x)-u(x)\cdot v'(x)}{(v(x))^2}\quad(当\ v(x)\neq 0).\tag{6.2-5}$$

相应地

$$d(u\pm v)=du\pm dv,$$

$$d(u\cdot v)=v\,du+u\,d\,v,$$

$$d\left(\frac{u}{v}\right)=\frac{v\cdot du-u\cdot dv}{v^2}\quad(当\ v(x)\neq 0).\tag{6.2-6}$$

定理 4(**链式法则或复合求导法则**) 若 $x=g(t)$ 在点 t_0 可导,$y=f(x)$ 在点 x_0 可导,$x_0=g(t_0)$,则复合函数 $y=f(g(t))$ 在点 t_0 可导,且

$$\left.\frac{dy}{dt}\right|_{t=t_0}=f'(x_0)g'(t_0)\tag{6.2-7}$$

根据链式法则,可得**一阶微分形式不变性**,即(6.2-4)不论 x 是自变量还是中间变量都成立.

定理 5 若函数 $y=f(x)$ 在 (a,b) 内连续且严格单调,又在点 $x_0\in(a,b)$ 处 $f'(x_0)\neq 0$,则反函数 $x=\varphi(y)$ 在点 y_0 $(y_0=f(x_0))$ 可导,且

$$\varphi'(y_0)=\frac{1}{f'(x_0)}.\tag{6.2-8}$$

定理 6 对于参数方程

$$\begin{cases}x=\varphi(t)\\ y=\psi(t)\end{cases}\quad(t_1\leqslant t\leqslant t_2),$$

若 $\varphi'(t)$,$\psi'(t)$ 都存在,$x=\varphi(t)$ 在 (t_1,t_2) 内连续且严格单调,则当 $\varphi'(t)\neq 0$ 时,有

$$\frac{dy}{dx}=\frac{\psi'(t)}{\varphi'(t)}.\tag{6.2-9}$$

5. 高阶导数及高阶微分

可以归纳地定义

高阶导数

$$y^{(n)}=(y^{(n-1)})' \quad (n=2,3,\cdots); \tag{6.2-10}$$

高阶微分

$$d^n y=d(d^{n-1}y) \quad (n=2,3,\cdots); \tag{6.2-11}$$

并且有

$$y^{(n)}=\frac{d^n y}{dx^n}. \tag{6.2-12}$$

常以 $C[a,b]$,$C^n[a,b]$,$C^\infty[a,b]$分别表示$[a,b]$上连续函数的全体,$[a,b]$上具有连续 n 阶导数的函数的全体,$[a,b]$上具有任何阶导数的函数的全体,即

$$C[a,b]=\{f:f\text{ 在}[a,b]\text{ 上连续}\},$$

$$C^n[a,b]=\{f:f^{(n)}\in C[a,b]\}(n\in N),$$

$$C^\infty[a,b]=\{f:f^{(n)}\in C[a,b],n\in \mathbf{N}\}.$$

$C[a,b]$有时也写成 $C^0[a,b]$.

定理 7 设 $u,v\in C^n[a,b](n\in N)$,则 $u\cdot v\in C^n[a,b]$,且

$$(u\cdot v)^{(n)}=\sum_{i=0}^{n}\binom{n}{i}u^{(i)}v^{(n-i)}, \tag{6.2-13}$$

式中 $u^{(0)}=u,v^{(0)}=v$.

称(6.2-13)式为**莱布尼茨公式**.

6. 常用函数的高阶导数表

$f(x)$	$f^{(n)}(x)$	$f(x)$	$f^{(n)}(x)$
x^μ	$\mu(\mu-1)\cdots(\mu-n+1)x^{\mu-n}$	a^{kx}	$(k\ln a)^n\cdot a^{kx}$
	(当 μ 为非负整数且 $n>\mu$ 时,n 阶导数等于零.)	$\sin x$	$\sin\left(x+\frac{n\pi}{2}\right)$
$\ln x$	$(-1)^{n-1}\cdot(n-1)!\cdot\frac{1}{x^n}$	$\cos x$	$\cos\left(x+\frac{n\pi}{2}\right)$
$\log_a x$	$(-1)^{n-1}\cdot\frac{(n-1)!}{\ln a}\cdot\frac{1}{x^n}$	$\sin kx$	$k^n\sin\left(kx+\frac{n\pi}{2}\right)$
e^{kx}	$k^n\cdot e^{kx}$		
a^x	$(\ln a)^n\cdot a^x$	$\cos kx$	$k^n\cos\left(kx+\frac{n\pi}{2}\right)$

6.2.2 多元函数的偏导数与全微分

1. 偏导数的定义及其几何意义

定义 5 设 $u=f(x,y)$ 在点 (x_0,y_0) 的一个邻域内有定义，如果极限 $\lim\limits_{\Delta x\to 0}\dfrac{f(x_0+\Delta x,y_0)-f(x_0,y_0)}{\Delta x}$ 存在，则称它为函数 $f(x,y)$ 在点 (x_0,y_0) 对 x 的**偏导数**，记为 $\left.\dfrac{\partial f}{\partial x}\right|_{(x_0,y_0)}$ 或 $f'_x(x_0,y_0)$. 同样，可定义 $f(x,y)$ 在点 (x_0,y_0) 对 y 的偏导数

$$\left.\frac{\partial f}{\partial y}\right|_{(x_0,y_0)}=f'_y(x_0,y_0)=\lim_{\Delta y\to 0}\frac{f(x_0,y_0+\Delta y)-f(x_0,y_0)}{\Delta y}.$$

二元函数 $u=f(x,y)$ 的偏导数的几何意义：$\left.\dfrac{\partial f}{\partial x}\right|_{(x_0,y_0)}$ 表示平面曲线 C_1：

$$\begin{cases}u=f(x,y),\\ y=y_0\end{cases}$$

在点 $M_0(x_0,y_0,f(x_0,y_0))$ 的切线 M_0T_1 的斜率，即 $\left.\dfrac{\partial f}{\partial x}\right|_{(x_0,y_0)}=\tan\alpha$. 式中 α 是切线 M_0T_1 与 x 轴正向的夹角. $\left.\dfrac{\partial f}{\partial y}\right|_{(x_0,y_0)}$ 表示平面曲线 C_2：

$$\begin{cases}u=f(x,y),\\ x=x_0\end{cases}$$

在点 M_0 的切线 M_0T_2 的斜率，即 $\left.\dfrac{\partial f}{\partial y}\right|_{(x_0,y_0)}=\tan\beta$. 式中 β 是切线 M_0T_2 与 y 轴正向的夹角.

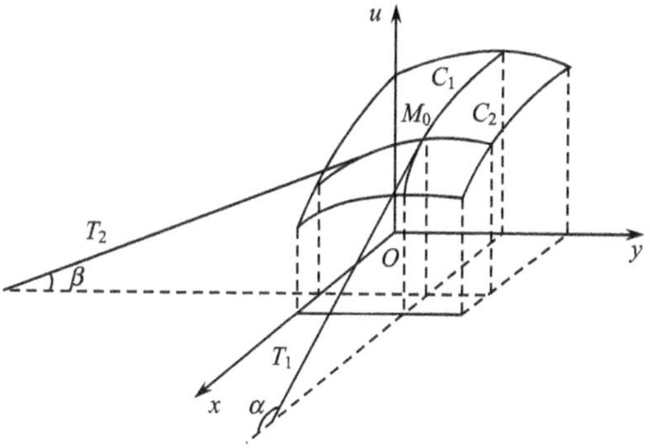

图 6.2-2

一般地，n 元函数的偏导数，可类似地定义.

二元函数 $u=f(x,y)$ 在点 (x_0,y_0) 两个偏导数存在不能保证 $f(x,y)$ 在点 (x_0,y_0) 连续.

例如

$$f(x,y)=\begin{cases}0, & 当\ xy=0;\\ 1, & 当\ xy\neq 0.\end{cases}$$

$f'_x(0,0)=f'_y(0,0)=0$，但 $f(x,y)$ 在点 $(0,0)$ 不连续.

$f(x,y)$ 在点 (x_0,y_0) 连续也不能保证 $f(x,y)$ 在点 (x_0,y_0) 两个偏导数存在.

例如，$f(x,y)=|x|+|y|$，$f(x,y)$ 在点 $(0,0)$ 连续，但 $f(x,y)$ 在点 $(0,0)$ 两个偏导数都不存在.

2. 全微分

定义 6 若二元函数 $u=f(x,y)$ 的改变量可以表示为

$$\Delta u=A(x,y)\Delta x+B(x,y)\Delta y+o(\rho),$$

式中 $\rho=((\Delta x)^2+(\Delta y)^2)^{1/2}$，则称 $f(x,y)$ 在点 (x,y) **可全微分**，简称**可微**. 而称 Δu 的线性主部 $A(x,y)\Delta x+B(x,y)\Delta y$ 为函数 $f(x,y)$ 在点 (x,y) 的**全微分**，记为 $du=A(x,y)\Delta x+B(x,y)\Delta y$.

对于自变量 x,y，规定 $dx=\Delta x, dy=\Delta y$，故 $du=A(x,y)dx+B(x,y)dy$.

定理 8 若二元函数 $u=f(x,y)$ 在点 (x,y) 可全微分，则 $f(x,y)$ 在点 (x,y) 处 $\frac{\partial f}{\partial x},\frac{\partial f}{\partial y}$ 都存在，且

$$du=\frac{\partial f}{\partial x}dx+\frac{\partial f}{\partial y}dy. \tag{6.2-14}$$

定理 9 若 $f(x,y)$ 在点 (x,y) 可全微分，则 $f(x,y)$ 在点 (x,y) 连续. 反之未必.

例如，$f(x,y)=|x|+|y|$，虽然 $f(x,y)$ 在点 $(0,0)$ 连续，但 $f(x,y)$ 在点 $(0,0)$ 处两个偏导数都不存在，故 $f(x,y)$ 在点 $(0,0)$ 不可全微分.

$f(x,y)$ 在点 (x,y) 处 $\frac{\partial f}{\partial x},\frac{\partial f}{\partial y}$ 都存在不能保证 $f(x,y)$ 在点 (x,y) 可全微分.

例如

$$f(x,y)=\begin{cases}0, & 当\ xy=0;\\ 1, & 当\ xy\neq 0.\end{cases}$$

虽然在点 $(0,0)$ 处 $\frac{\partial f}{\partial x}=\frac{\partial f}{\partial y}=0$，但 $f(x,y)$ 在点 $(0,0)$ 不连续，故 $f(x,y)$ 在点 $(0,0)$ 不可全微分.

定理 10 若 $\frac{\partial f}{\partial x},\frac{\partial f}{\partial y}$ 在点 (x,y) 连续，则 $f(x,y)$ 在点 (x,y) 可全微分. 反之未必.

例如，$f(x,y)=(xy)^{2/3}$ 在点 $(0,0)$ 可全微分，但在点 $(0,0)$ 处 $\frac{\partial f}{\partial x},\frac{\partial f}{\partial y}$ 都不连续.

定义 7 若二元函数 $f(x,y)$ 的二个偏导数 $\frac{\partial f}{\partial x},\frac{\partial f}{\partial y}$ 在区域 $D(D\subset \boldsymbol{R}^2)$ 内连续，则称 f 在 D 内**连续可微**.

上述结果，均可推广到 $n\geqslant 2$ 的一般情形.

3. 链式法则

(1) 若 $u=f(x,y,z)$ 有连续的偏导数，$x=x(t),y=y(t),z=z(t)$ 对 t 的导数都存在，则

$$\frac{du}{dt}=\frac{\partial u}{\partial x}\cdot\frac{dx}{dt}+\frac{\partial u}{\partial y}\cdot\frac{dy}{dt}+\frac{\partial u}{\partial z}\cdot\frac{dz}{dt}. \tag{6.2-15}$$

一般地，若 $u=f(x_1,x_2,\cdots,x_n),x_i=x_i(t)(i=1,2,\cdots,n)$，则

$$\frac{du}{dt}=\frac{\partial u}{\partial x_1}\cdot\frac{dx_1}{dt}+\frac{\partial u}{\partial x_2}\cdot\frac{dx_2}{dt}+\cdots+\frac{\partial u}{\partial x_n}\cdot\frac{dx_n}{dt}. \tag{6.2-16}$$

(2) 若 $u=f(x,y,z)$ 有连续的偏导数，$x=x(s,t),y=y(s,t),z=z(s,t)$ 的偏导数存在，则

$$\frac{\partial u}{\partial s}=\frac{\partial u}{\partial x}\cdot\frac{\partial x}{\partial s}+\frac{\partial u}{\partial y}\cdot\frac{\partial y}{\partial s}+\frac{\partial u}{\partial z}\cdot\frac{\partial z}{\partial s},$$
$$\frac{\partial u}{\partial t}=\frac{\partial u}{\partial x}\cdot\frac{\partial x}{\partial t}+\frac{\partial u}{\partial y}\cdot\frac{\partial y}{\partial t}+\frac{\partial u}{\partial z}\cdot\frac{\partial z}{\partial t}.$$

写成矩阵形式为

$$\left(\frac{\partial u}{\partial s},\frac{\partial u}{\partial t}\right)=\left(\frac{\partial u}{\partial x},\frac{\partial u}{\partial y},\frac{\partial u}{\partial z}\right)\cdot\begin{bmatrix}\frac{\partial x}{\partial s} & \frac{\partial x}{\partial t}\\ \frac{\partial y}{\partial s} & \frac{\partial y}{\partial t}\\ \frac{\partial z}{\partial s} & \frac{\partial z}{\partial t}\end{bmatrix}. \tag{6.2-17}$$

一般地，若 $u=f(x_1,x_2,\cdots,x_n),x_i=x_i(t_1,t_2,\cdots,t_m)(i=1,2,\cdots,n)$，则

$$\frac{\partial u}{\partial t_j}=\frac{\partial u}{\partial x_1}\cdot\frac{\partial x_1}{\partial t_j}+\frac{\partial u}{\partial x_2}\cdot\frac{\partial x_2}{\partial t_j}+\cdots+\frac{\partial u}{\partial x_n}\cdot\frac{\partial x_n}{\partial t_j}$$
$$(j=1,2,\cdots,m).$$

写成矩阵形式为

$$\left(\frac{\partial u}{\partial t_1},\frac{\partial u}{\partial t_2},\cdots,\frac{\partial u}{\partial t_m}\right)$$
$$=\left(\frac{\partial u}{\partial x_1},\frac{\partial u}{\partial x_2},\cdots,\frac{\partial u}{\partial x_n}\right)\cdot\begin{pmatrix}\frac{\partial x_1}{\partial t_1} & \frac{\partial x_1}{\partial t_2} & \cdots & \frac{\partial x_1}{\partial t_m}\\ \frac{\partial x_2}{\partial t_1} & \frac{\partial x_2}{\partial t_2} & \cdots & \frac{\partial x_2}{\partial t_m}\\ \cdots\cdots & \cdots\cdots & \cdots\cdots & \cdots\cdots\\ \frac{\partial x_n}{\partial t_1} & \frac{\partial x_n}{\partial t_2} & \cdots & \frac{\partial x_n}{\partial t_m}\end{pmatrix}. \tag{6.2-18}$$

定理 11 若 $u=f(x,y,z)$ 在点 (x,y,z) 有连续偏导数，$x=x(s,t)$，$y=y(s,t)$，$z=z(s,t)$ 都在点 (s,t) 有连续偏导数，则不论 x,y,z 是自变量还是中间变量，都有 $du=\frac{\partial u}{\partial x}dx+\frac{\partial u}{\partial y}dy+\frac{\partial u}{\partial z}dz$.

这就是多元函数的一阶微分形式不变性.

4. 齐次函数与欧拉公式

定义 8 给定 n 元函数 $f(x_1,x_2,\cdots,x_n)$，如果它能恒等地（即对于任何 $x_1,x_2,\cdots,x_n$）满足关系式

$$f(tx_1,tx_2,\cdots,tx_n)=t^m f(x_1,x_2,\cdots,x_n), \tag{6.2-19}$$

则称 $f(x_1,x_2,\cdots,x_n)$ 是一个 m 次**齐次函数**.

定理 12 设 $f(x_1,x_2,\cdots,x_n)$ 在区域 D 内有关于所有变元的连续偏导数，则 $f(x_1,x_2,\cdots,x_n)$ 为 m 次齐次函数的必要充分条件是：对于任一点 $(x_1,x_2,\cdots,x_n)\in D$，成立等式

$$\sum_{i=1}^{n} f'_{x_i}(x_1,x_2,\cdots,x_n)x_i = mf(x_1,x_2,\cdots,x_n). \tag{6.2-20}$$

等式(6.2-20)称为**欧拉公式**.

5. 方向导数

定义 9 设 $u=f(x,y,z)$ 在点 $\boldsymbol{P}_0(x_0,y_0,z_0)$ 的某邻域内有定义，$r=((\Delta x)^2+(\Delta y)^2+(\Delta z)^2)^{1/2}$，$\boldsymbol{P}(x_0+r\cos\alpha,y_0+r\cos\beta,z_0+r\cos\gamma)$ 是过点 $\boldsymbol{P}_0$ 沿方向 $\boldsymbol{l}=(\cos\alpha,\cos\beta,\cos\gamma)$ 的射线上的点. 如果极限 $\lim\limits_{r\to 0}\frac{f(\boldsymbol{P})-f(\boldsymbol{P}_0)}{r}$ 存在，则称这个极限为函数 $u=f(x,y,z)$ 在点 $\boldsymbol{P}_0$ 沿方向 $\boldsymbol{l}$ 的**方向导数**，记为 $\left.\frac{\partial f}{\partial \boldsymbol{l}}\right|_{\boldsymbol{P}_0}$. 方向导数在直角坐标系下的表达式为

$$\left.\frac{\partial f}{\partial \boldsymbol{l}}\right|_{\boldsymbol{P}_0}=\left.\frac{\partial f}{\partial x}\right|_{\boldsymbol{P}_0}\cdot\cos\alpha+\left.\frac{\partial f}{\partial y}\right|_{\boldsymbol{P}_0}\cdot\cos\beta+\left.\frac{\partial f}{\partial z}\right|_{\boldsymbol{P}_0}\cdot\cos\gamma. \tag{6.2-21}$$

6. 高阶偏导数及高阶全微分

对于二元函数 $u=f(x,y)$，注意 $\frac{\partial u}{\partial x}$ 和 $\frac{\partial u}{\partial y}$ 仍然是二元函数，因此可以考虑二阶偏导数

$$\frac{\partial}{\partial x}\left(\frac{\partial u}{\partial x}\right),\frac{\partial}{\partial y}\left(\frac{\partial u}{\partial x}\right),\frac{\partial}{\partial x}\left(\frac{\partial u}{\partial y}\right),\frac{\partial}{\partial y}\left(\frac{\partial u}{\partial y}\right).$$

我们引进下列符号来表示它们，

以 $\frac{\partial^2 u}{\partial x^2}$ 或 $f''_{xx}(x,y)$ 来表示 $\frac{\partial}{\partial x}\left(\frac{\partial u}{\partial x}\right)$，

以$\dfrac{\partial^2 u}{\partial x\partial y}$或$f''_{xy}(x,y)$来表示$\dfrac{\partial}{\partial y}\left(\dfrac{\partial u}{\partial x}\right)$,

以$\dfrac{\partial^2 u}{\partial y\partial x}$或$f''_{yx}(x,y)$来表示$\dfrac{\partial}{\partial x}\left(\dfrac{\partial u}{\partial y}\right)$,

以$\dfrac{\partial^2 u}{\partial y^2}$或$f''_{yy}(x,y)$来表示$\dfrac{\partial}{\partial y}\left(\dfrac{\partial u}{\partial y}\right)$.

同样,$\dfrac{\partial^2 u}{\partial x\partial y}$也是二元函数,因此可以考虑三阶偏导数$\dfrac{\partial}{\partial x}\left(\dfrac{\partial^2 u}{\partial x\partial y}\right)$,而以$\dfrac{\partial^3 u}{\partial x\partial y\partial x}$或者$f'''_{xyx}(x,y)$来表示它,对于更高阶的偏导数的意义可依此类推.

类似地,可定义n元函数$u=f(x_1,x_2,\cdots,x_n)$的二阶以至k阶偏导数.

定理 13 设在点$\boldsymbol{P}_0(x_0,y_0)$的一个邻域内,函数$u=f(x,y)$存在两个二阶混合偏导数$f''_{xy}$和$f''_{yx}$且这两个混合偏导数在点$\boldsymbol{P}_0(x_0,y_0)$连续,则

$$f''_{xy}\big|_{\boldsymbol{P}_0}=f''_{yx}\big|_{\boldsymbol{P}_0}.$$

注 $f''_{xy}\big|_{\boldsymbol{P}_0}\neq f''_{yx}\big|_{\boldsymbol{P}_0}$的情况是存在的.例如,

$$f(x,y)=\begin{cases}xy\dfrac{x^2-y^2}{x^2+y^2}, & 当\ x^2+y^2\neq 0;\\ 0, & 当\ x^2+y^2=0.\end{cases}$$

$f''_{xy}(0,0)=-1\neq 1=f''_{yx}(0,0)$.

类似地,若$u=f(x_1,x_2,\cdots,x_n)$在区域$D(D\subset\boldsymbol{R}^n)$内一切$k$阶混合偏导数连续,则它的$k$阶混合偏导数与求偏导的次序无关.

二元函数$u=f(x,y)$的二阶全微分为

$$\begin{aligned}d^2u&=d(du)=\frac{\partial^2 u}{\partial x^2}dx^2+2\frac{\partial^2 u}{\partial x\partial y}dxdy+\frac{\partial^2 u}{\partial y^2}dy^2\\&=\left(dx\frac{\partial}{\partial x}+dy\frac{\partial}{\partial y}\right)^2u.\end{aligned}$$

类似地,n元函数$u=f(x_1,x_2,\cdots,x_n)$的k阶全微分为

$$\begin{aligned}d^ku&=\left(dx_1\frac{\partial}{\partial x_1}+dx_2\frac{\partial}{\partial x_2}+\cdots+dx_n\frac{\partial}{\partial x_n}\right)^ku\\&=\sum_{j_1+\cdots+j_n=k}\frac{k!}{j_1!\cdots j_n!}\cdot\frac{\partial^k u}{\partial x_1^{j_1}\cdots\partial x_n^{j_n}}dx_1^{j_1}\cdots dx_n^{j_n}\end{aligned}\qquad(6.2\text{-}22)$$

6.2.3 隐函数

1. 由一个方程确定的隐函数

定理 14 若 1° $F(x,y)$,$F'_y(x,y)$在点$\boldsymbol{P}_0(x_0,y_0)$的一个邻域内连续;2° $F(x_0,y_0)=0$;3° $F'_y(x_0,y_0)\neq 0$;则在点$\boldsymbol{P}_0(x_0,y_0)$的一个邻域内,方程$F(x,y)=0$确定一个单值连续函数$y=y(x)$,即有$F(x,y(x))\equiv 0$,$y_0=y(x_0)$.

定理 15 若 1° $F(x,y)$,$F'_x(x,y)$,$F'_y(x,y)$在点$\boldsymbol{P}_0(x_0,y_0)$的一个邻域内连续;

$2°\ F(x_0,y_0)=0$；$3°\ F'_y(x_0,y_0)\neq 0$，则在点 $\boldsymbol{P}_0(x_0,y_0)$ 的一个邻域内 $\frac{dy}{dx}$ 存在、连续且有

$$\frac{dy}{dx}=-\frac{F'_x(x,y)}{F'_y(x,y)}. \tag{6.2-23}$$

定理 16 若 $1°\ F(x_1,x_2,\cdots,x_n;y)$，$F'_y(x_1,x_2,\cdots,x_n;y)$ 在点 $\boldsymbol{P}_0(x_{01},x_{02},\cdots,x_{0n};y_0)$ 的一个邻域内连续；$2°\ F(x_{01},x_{02},\cdots,x_{0n};y_0)=0$；$3°\ F'_y(x_{01},x_{02},\cdots,x_{0n};y_0)\neq 0$，则在点 $\boldsymbol{P}_0(x_{01},x_{02},\cdots,x_{0n};y_0)$ 的一个邻域内，方程 $F(x_1,x_2,\cdots,x_n;y)=0$ 确定一个单值连续函数 $y=y(x_1,x_2,\cdots,x_n)$ 即 $F(x_1,\cdots,x_n,y(x_1,\cdots,x_n))\equiv 0$，$y_0=y(x_{01},\cdots,x_{0n})$.

定理 17 若 $1°\ F(x_1,x_2,\cdots,x_n;y)$，$F_{x_i}(x_1,x_2,\cdots,x_n;y)(i=1,2,\cdots,n)$，$F'_y(x_1,x_2,\cdots,x_n;y)$ 在点 $\boldsymbol{P}_0(x_{01},x_{02},\cdots,x_{0n};y_0)$ 的一个邻域内连续；$2°\ F(x_{01},x_{02},\cdots,x_{0n};y_0)=0$；$3°\ F'_y(x_{01},x_{02},\cdots,x_{0n};y_0)\neq 0$；则在点 $\boldsymbol{P}_0(x_{01},x_{02},\cdots,x_{0n};y_0)$ 的一个邻域内 $\frac{\partial y}{\partial x_i}(i=1,2,\cdots,n)$ 存在、连续且有

$$\frac{\partial y}{\partial x_i}=-\frac{F'_{x_i}(x_1,x_2,\cdots,x_n;y)}{F'_y(x_1,x_2,\cdots,x_n;y)}\quad(i=1,2,\cdots,n). \tag{6.2-24}$$

2. 雅可比行列式及其性质

定义 10 设有 n 个变元的 n 个函数

$$y_i=y_i(x_1,x_2,\cdots,x_n)\quad(i=1,2,\cdots,n), \tag{6.2-25}$$

则称

$$\frac{\partial(y_1,\cdots,y_n)}{\partial(x_1,\cdots,x_n)}=\begin{vmatrix}\frac{\partial y_1}{\partial x_1} & \frac{\partial y_1}{\partial x_2} & \cdots & \frac{\partial y_1}{\partial x_n}\\ \frac{\partial y_2}{\partial x_1} & \frac{\partial y_2}{\partial x_2} & \cdots & \frac{\partial y_2}{\partial x_n}\\ \cdots & \cdots & \cdots & \cdots\\ \frac{\partial y_n}{\partial x_1} & \frac{\partial y_n}{\partial x_2} & \cdots & \frac{\partial y_n}{\partial x_n}\end{vmatrix}$$

为(6.2-25)式的**雅可比行列式**.

雅可比行列式具有如下性质：

$1°$ 若 $y_i=y_i(x_1,x_2,\cdots,x_n)$，$x_j=x_j(t_1,t_2,\cdots,t_n)(i,j=1,2,\cdots,n)$，则

$$\frac{\partial(y_1,\cdots,y_n)}{\partial(x_1,\cdots,x_n)}\cdot\frac{\partial(x_1,\cdots,x_n)}{\partial(t_1,\cdots,t_n)}=\frac{\partial(y_1,\cdots,y_n)}{\partial(t_1,\cdots,t_n)}. \tag{6.2-26}$$

$2°$ 若 $y_i=y_i(x_1,x_2,\cdots,x_n)$，$x_j=x_j(y_1,y_2,\cdots,y_n)(i,j=1,2,\cdots,n)$，则

$$\frac{\partial(y_1,\cdots,y_n)}{\partial(x_1,\cdots,x_n)}\cdot\frac{\partial(x_1,\cdots,x_n)}{\partial(y_1,\cdots,y_n)}=1. \tag{6.2-27}$$

3° 若 $y_i=y_i(x_1,x_2,\cdots,x_n)\quad(i=1,2,\cdots,m)$,

$$x_j=x_j(t_1,t_2,\cdots,t_m)\quad(j=1,2,\cdots,n,\qquad m<n),$$

则

$$\frac{\partial(y_1,\cdots,y_m)}{\partial(t_1,\cdots,t_m)}=\sum_{(i_1,i_2,\cdots,i_m)}\frac{\partial(y_1,\cdots,y_m)}{\partial(x_{i_1},\cdots,x_{i_m})}\cdot\frac{\partial(x_{i_1},\cdots,x_{i_m})}{\partial(t_1,\cdots,t_m)}.\qquad(6.2\text{-}28)$$

等式右边的和式是取遍从 n 个标号 $1,2,\cdots,n$ 内每次取 m 个的一切可能组合的.

3. 由方程组所确定的隐函数

定理 18 若 1° $F(x,y;u,v)$ 与 $G(x,y;u,v)$ 以及它们的所有一阶偏导数都在点 $P_0(x_0,y_0;u_0,v_0)$ 的一个邻域内连续;2° $F(x_0,y_0;u_0,v_0)=0$,$G(x_0,y_0;u_0,v_0)=0$;3° $\left.\frac{\partial(F,G)}{\partial(u,v)}\right|_{(x_0,y_0;u_0,v_0)}\neq0$,则在点 $P_0(x_0,y_0;u_0,v_0)$ 的一个邻域内,方程组 $\begin{cases}F(x,y;u,v)=0\\G(x,y;u,v)=0\end{cases}$ 确定一组具有一阶连续偏导数的解 $\begin{cases}u=u(x,y)\\v=v(x,y)\end{cases}$,且有

$$\begin{aligned}\frac{\partial u}{\partial x}&=-\frac{\partial(F,G)}{\partial(x,v)}\Big/\frac{\partial(F,G)}{\partial(u,v)},\ \frac{\partial u}{\partial y}=-\frac{\partial(F,G)}{\partial(y,v)}\Big/\frac{\partial(F,G)}{\partial(u,v)},\\ \frac{\partial v}{\partial x}&=-\frac{\partial(F,G)}{\partial(u,x)}\Big/\frac{\partial(F,G)}{\partial(u,v)},\ \frac{\partial v}{\partial y}=-\frac{\partial(F,G)}{\partial(u,y)}\Big/\frac{\partial(F,G)}{\partial(u,v)}.\end{aligned}\qquad(6.2\text{-}29)$$

定理 19 设 $\boldsymbol{x}\in\boldsymbol{R}^n,\boldsymbol{y}\in\boldsymbol{R}^m$. 若 1° $F_i(\boldsymbol{x};\boldsymbol{y})(i=1,2,\cdots,m)$ 以及它们的所有一阶偏导数都在点 $\boldsymbol{P}_0=(\boldsymbol{x}_0;\boldsymbol{y}_0)=(x_{01},x_{02},\cdots,x_{0n};y_{01},y_{02},\cdots,y_{0m})$ 的一个邻域内连续;2° $F_i(\boldsymbol{x}_0;\boldsymbol{y}_0)=0(i=1,2,\cdots,m)$;3° $\left.\frac{\partial(F_1,\cdots,F_m)}{\partial(y_1,\cdots,y_m)}\right|_{\boldsymbol{P}_0}\neq0$;则在点 $\boldsymbol{P}_0$ 的一个邻域内,方程组 $F_i(\boldsymbol{x};\boldsymbol{y})=0(i=1,2,\cdots,m)$ 确定一组具有一阶连续偏导数的解

$$y_i=y_i(x_1,\cdots,x_n)(i=1,2,\cdots,m),$$

且有

$$\frac{\partial y_i}{\partial x_k}=-\frac{\partial(F_1,\cdots,F_m)}{\partial(y_1,\cdots,y_{i-1},x_k,y_{i+1},\cdots,y_m)}\Big/\frac{\partial(F_1,\cdots,F_m)}{\partial(y_1,\cdots,y_m)}$$

$$(i=1,2,\cdots,m;k=1,2,\cdots,n).\qquad(6.2\text{-}30)$$

4. 雅可比矩阵

定义 11 设有 n 个变元的 m 个函数

$$y_i=f_i(x_1,x_2,\cdots,x_n)\quad(i=1,2,\cdots,m),\qquad(6.2\text{-}31)$$

则称

$$\mathscr{A}=\frac{D(y_1,\cdots,y_m)}{D(x_1,\cdots,x_n)}=\begin{bmatrix}\frac{\partial y_1}{\partial x_1}&\frac{\partial y_1}{\partial x_2}&\cdots&\frac{\partial y_1}{\partial x_n}\\\frac{\partial y_2}{\partial x_1}&\frac{\partial y_2}{\partial x_2}&\cdots&\frac{\partial y_2}{\partial x_n}\\\cdots&\cdots&\cdots&\cdots\\\frac{\partial y_m}{\partial x_1}&\frac{\partial y_m}{\partial x_2}&\cdots&\frac{\partial y_m}{\partial x_n}\end{bmatrix}$$

为(6.2-31)式的**雅可比矩阵**.

记 $\boldsymbol{x}=(x_1,x_2,\cdots,x_n)^{\mathrm{T}}$, $\boldsymbol{y}=(y_1,y_2,\cdots,y_m)^{\mathrm{T}}=(f_1(x_1\cdots x_n),f_2(x_1\cdots x_n),\cdots f_m(x_1\cdots x_n))^{\mathrm{T}}$. 将(6.2-31)式表成向量形式 $\boldsymbol{y}=f(\boldsymbol{x})$,式中 f 是 $\boldsymbol{R}^n$ 到 $\boldsymbol{R}^m$ 的一个映射. 记 $\boldsymbol{x}_0=(x_{01},x_{02},\cdots,x_{0n})^{\mathrm{T}}$, $\Delta\boldsymbol{x}=(\Delta x_1,\Delta x_2,\cdots,\Delta x_n)^{\mathrm{T}}$,有

$$
\begin{aligned}
& f(\boldsymbol{x}_0+\Delta\boldsymbol{x})-f(\boldsymbol{x}_0) \\
&=(f_1(x_{01}+\Delta x_1,\cdots,x_{0n}+\Delta x_n)-f_1(x_{01},\cdots,x_{0n}),\cdots,f_m(x_{01} \\
&\quad+\Delta x_1,\cdots,x_{0n}+\Delta x_n)-f_m(x_{01},\cdots,x_{0n}))^{\mathrm{T}} \\
&=\left(\sum_{i=1}^{n}\left(\frac{\partial y_1}{\partial x_i}\right)_0\Delta x_i+\varepsilon_1\|\Delta x\|,\cdots,\sum_{i=1}^{n}\left(\frac{\partial y_m}{\partial x_i}\right)_0\Delta x_i+\varepsilon_m\|\Delta\boldsymbol{x}\|\right)^{\mathrm{T}} \\
&=\left(\sum_{i=1}^{n}\left(\frac{\partial y_1}{\partial x_i}\right)_0\Delta x_i,\cdots,\sum_{i=1}^{n}\left(\frac{\partial y_m}{\partial x_i}\right)_0\Delta x_i\right)^{\mathrm{T}}+\|\Delta\boldsymbol{x}\|(\varepsilon_1,\cdots,\varepsilon_m)^{\mathrm{T}} \\
&=\mathscr{A}_0\Delta\boldsymbol{x}+\|\Delta\boldsymbol{x}\|\varepsilon,
\end{aligned}
$$

式中 $\mathscr{A}_0$ 是 $\mathscr{A}$ 在点 $\boldsymbol{x}_0$ 的值, $\varepsilon=(\varepsilon_1,\cdots,\varepsilon_m)^{\mathrm{T}}$.

设对于每个 $i(i=1,2,\cdots,m)$, $y_i=f_i(x_1,x_2,\cdots,x_n)$作为 n 元函数(即 $\boldsymbol{R}^n$ 到 $\boldsymbol{R}$ 的一个映射)在点 $\boldsymbol{x}_0$ 可微,则 $\lim\limits_{\|\Delta x\|\to 0}\varepsilon_i=0$,从而

$$
\lim_{\|\Delta x\|\to 0}\frac{\|f(\boldsymbol{x}_0+\Delta\boldsymbol{x})-f(\boldsymbol{x}_0)-\mathscr{A}_0\Delta\boldsymbol{x}\|}{\|\Delta\boldsymbol{x}\|}=0.
$$

因此, $\mathscr{A}_0$ 又称为从 $\boldsymbol{R}^n$ 到 $\boldsymbol{R}^m$ 的映射 $\boldsymbol{y}=f(\boldsymbol{x})$在点 $\boldsymbol{x}_0$ 的**导算子**,记为 $f'(\boldsymbol{x}_0)=\mathscr{A}_0$. $f'(\boldsymbol{x}_0)=\mathscr{A}_0$是从 $\boldsymbol{R}^n$ 到 $\boldsymbol{R}^m$ 的一个线性映射.

5. 函数相关与函数无关

定义 12 设 $y_i=f_i(x_1,x_2,\cdots,x_n)(i=1,2,\cdots,m)$以及它们的所有一阶偏导数皆在某开集 $D(D\subset\boldsymbol{R}^n)$上连续,如果 $f_1,f_2,\cdots,f_m$ 中的某一个,例如, f_i 能表成其余的 $f_1,\cdots,f_{i-1},f_{i+1},\cdots,f_m$的函数,即当$(x_1,x_2,\cdots,x_n)\in D$时

$$
\begin{aligned}
f_i(x_1,x_2,\cdots,x_n)&=F(f_1(x_1,x_2,\cdots,x_n),\cdots, \\
&\quad f_{i-1}(x_1,x_2,\cdots,x_n),f_{i+1}(x_1,x_2,\cdots,x_n),\cdots f_m(x_1,x_2,\cdots,x_n)),
\end{aligned}
$$

则称 $f_1,f_2,\cdots,f_m$ 在 D 内**函数相关**.

如果 $f_1,f_2,\cdots,f_m$ 在 D 的任何点的邻域中皆非函数相关,则称 $f_1,f_2,\cdots,f_m$ 在 D 内**函数无关**.

例如,设 $y_1=x_1+x_2+x_3$, $y_2=x_1^2+x_2^2+x_3^2$, $y_3=x_1x_2+x_2x_3+x_3x_1$. 显然有恒等式 $y_2=y_1^2-2y_3$,可见 y_1,y_2,y_3 在整个 $\boldsymbol{R}^3$ 内是函数相关的.

定理 20 若 $f_1,f_2,\cdots,f_m$ 在 D 内函数相关,则雅可比矩阵 $\mathscr{A}$ 在 D 内任何点处的秩皆小于 m.

定理 21 若对于 D 内任何点,雅可比矩阵 $\mathscr{A}$ 的秩皆为 m,则 $f_1,f_2,\cdots,f_m$ 在 D 内函数无关.

定理 22 设雅可比矩阵 $\mathscr{A}$ 在 D 内的秩恒为 μ，则对于任何点 $\boldsymbol{x}_0=(x_{01},x_{02},\cdots,x_{0n})\in D$，恒有函数 $f_{m_1},f_{m_2},\cdots,f_{m_\mu}$ 以及 $\boldsymbol{x}_0$ 的一个邻域 U，使得 1° $f_{m_1},f_{m_2},\cdots,f_{m_\mu}$ 在 U 内函数无关；2° $f_{m_1},f_{m_2},\cdots,f_{m_\mu}$ 以外的任何 f_i，在 U 内皆能表为 $f_{m_1},f_{m_2},\cdots,f_{m_\mu}$ 的函数.

6. 微分表达式中的变量替换

(1) 单元函数的情形

设 $y=f(x)$，并有表达式 $H(x,y,y'_x,y''_{x^2},\cdots)$.

1° 作自变量的变换 $\boldsymbol{x}=\varphi(t)$，于是

$$y'_x=\frac{y'_t}{x'_t},\ y''_{x^2}=\frac{x'_t y''_{t^2}-x''_{t^2}y'_t}{(x'_t)^3}\cdots, \tag{6.2-32}$$

这样，$H(x,y,y'_x,y''_{x^2},\cdots)=\widetilde{H}(t,y,y'_t,y''_{t^2},\cdots)$.

2° 自变量和函数都作变换 $x=\varphi(t,u)$，$y=\psi(t,u)$，式中 t 为新的自变量，u 为新的函数，于是

$$\begin{aligned}
x'_t&=\varphi'_t+\varphi'_u u'_t,\\
y'_t&=\psi'_t+\psi'_u u'_t,\\
x''_{t^2}&=\varphi''_{t^2}+2\varphi''_{tu}u'_t+\varphi''_{u^2}(u'_t)^2+\varphi'_u u''_{t^2},\\
y''_{t^2}&=\psi''_{t^2}+2\psi''_{tu}u'_t+\psi''_{u^2}(u'_t)^2+\psi'_u u''_{t^2}.
\end{aligned} \tag{6.2-33}$$

这里 $x'_t,y'_t,\cdots$ 是对 t 的全导数，即把 u 看成 t 的函数；$\varphi'_t,\psi'_t,\cdots$ 是对 t 的偏导数，即把 $\varphi(t,u),\psi(t,u),\cdots$ 看成 t,u 的二元函数对 t 求偏导数. 将(6.2-33)代入(6.2-32)，于是 $y'_x,y''_{x^2},\cdots$ 可用 $t,u,u'_t,u''_{t^2},\cdots$ 表示.

这样，$H(x,y,y'_x;y''_{x^2},\cdots)=\widetilde{H}(t,u,u'_t,u''_{t^2},\cdots)$.

(2) 多元函数的情形

设 $z=f(x,y)$，并有表达式

$$F\left(x,y,z,\frac{\partial z}{\partial x},\frac{\partial z}{\partial y},\frac{\partial^2 z}{\partial x^2},\frac{\partial^2 z}{\partial x\partial y},\frac{\partial^2 z}{\partial y^2},\cdots\right).$$

1° 作自变量的变换 $x=\varphi(u,v)$，$y=\psi(u,v)$，于是

$$\begin{cases}
\dfrac{\partial z}{\partial u}=\dfrac{\partial z}{\partial x}\cdot\dfrac{\partial\varphi}{\partial u}+\dfrac{\partial z}{\partial y}\cdot\dfrac{\partial\psi}{\partial u},\\[2ex]
\dfrac{\partial z}{\partial v}=\dfrac{\partial z}{\partial x}\cdot\dfrac{\partial\varphi}{\partial v}+\dfrac{\partial z}{\partial y}\cdot\dfrac{\partial\psi}{\partial v},
\end{cases} \tag{6.2-34}$$

由(6.2-34)，$\dfrac{\partial z}{\partial x},\dfrac{\partial z}{\partial y}$ 可用 $u,v,\dfrac{\partial z}{\partial u},\dfrac{\partial z}{\partial v}$ 表示. 其他高阶偏导数也可仿此求出，这样，

$$\begin{aligned}
&F\left(x,y,z,\frac{\partial z}{\partial x},\frac{\partial z}{\partial y},\frac{\partial^2 z}{\partial x^2},\frac{\partial^2 z}{\partial x\partial y},\frac{\partial^2 z}{\partial y^2},\cdots\right)\\
&=\widetilde{F}\left(u,v,z,\frac{\partial z}{\partial u},\frac{\partial z}{\partial v},\frac{\partial^2 z}{\partial u^2},\frac{\partial^2 z}{\partial u\partial v},\frac{\partial^2 z}{\partial v^2},\cdots\right).
\end{aligned}$$

2° 自变量和函数都作变换 $x=\varphi(u,v,w)$，$y=\psi(u,v,w)$，$z=\chi(u,v,w)$，式中 u,v 为新的自变量，w 为新的函数，于是

$$\frac{\partial z}{\partial x}\left(\frac{\partial\varphi}{\partial u}+\frac{\partial\varphi}{\partial w}\cdot\frac{\partial w}{\partial u}\right)+\frac{\partial z}{\partial y}\left(\frac{\partial\psi}{\partial u}+\frac{\partial\psi}{\partial w}\cdot\frac{\partial w}{\partial u}\right)=\frac{\partial\chi}{\partial u}+\frac{\partial\chi}{\partial w}\cdot\frac{\partial w}{\partial u},\qquad(6.2\text{-}35)$$

$$\frac{\partial z}{\partial x}\left(\frac{\partial\varphi}{\partial v}+\frac{\partial\varphi}{\partial w}\cdot\frac{\partial w}{\partial v}\right)+\frac{\partial z}{\partial y}\left(\frac{\partial\psi}{\partial v}+\frac{\partial\psi}{\partial w}\cdot\frac{\partial w}{\partial v}\right)=\frac{\partial\chi}{\partial v}+\frac{\partial\chi}{\partial w}\cdot\frac{\partial w}{\partial v}.$$

由(6.2-35)，$\frac{\partial z}{\partial x}$，$\frac{\partial z}{\partial y}$可用 $u,v,w,\frac{\partial w}{\partial u},\frac{\partial w}{\partial v}$表示．其他高阶偏导数也可仿此求出．这样，

$$F\left(x,y,z,\frac{\partial z}{\partial x},\frac{\partial z}{\partial y},\frac{\partial^2 z}{\partial x^2},\frac{\partial^2 z}{\partial x\partial y},\frac{\partial^2 z}{\partial y^2},\cdots\right)=\widetilde{F}\left(u,v,w,\frac{\partial w}{\partial u},\frac{\partial w}{\partial v},\frac{\partial^2 w}{\partial u^2},\frac{\partial^2 w}{\partial u\partial v},\frac{\partial^2 w}{\partial v^2},\cdots\right).$$

下面的例子，给出微分表达式中的变量替换的有趣应用．

例 1 对二阶偏微分方程 $x^2\frac{\partial^2 u}{\partial x^2}+2xy\frac{\partial^2 u}{\partial x\partial y}+y^2\frac{\partial^2 u}{\partial y^2}=0$，作自变量的变换 $\xi=\frac{y}{x}$，$\eta=y$，方程可化简为：$\frac{\partial^2 u}{\partial\eta^2}=0$，进而可解出 $u=\eta f(\xi)+g(\xi)$ 即 $u=yf\left(\frac{y}{x}\right)+g\left(\frac{y}{x}\right)$．式中的 f,g 是任意的二阶可微函数．

6.2.4 微分学基本定理

1. 中值定理

定理 23（罗尔中值定理） 若 1° $f(x)$在$[a,b]$上连续；2° $f(x)$在(a,b)内可导；

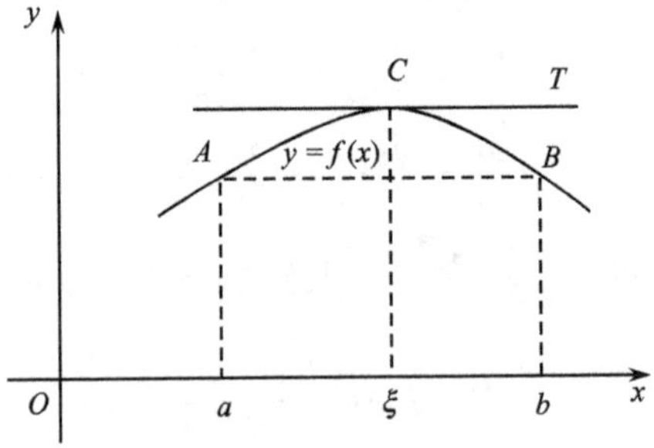

图 6.2-3

3° $f(a)=f(b)$，则存在 $\xi\in(a,b)$，使 $f'(\xi)=0$.

在几何上，这表示曲线 $y=f(x)$ 过点 $C(\xi,f(\xi))$ 的切线 CT 是水平的.

定理 24（拉格朗日中值定理） 若 1° $f(x)$ 在 $[a,b]$ 上连续；2° $f(x)$ 在 (a,b) 内可导；则存在 $\xi\in(a,b)$，使 $f'(\xi)=\dfrac{f(b)-f(a)}{b-a}$，即

$$f(b)-f(a)=f'(\xi)(b-a),\ a<\xi<b. \tag{6.2-36}$$

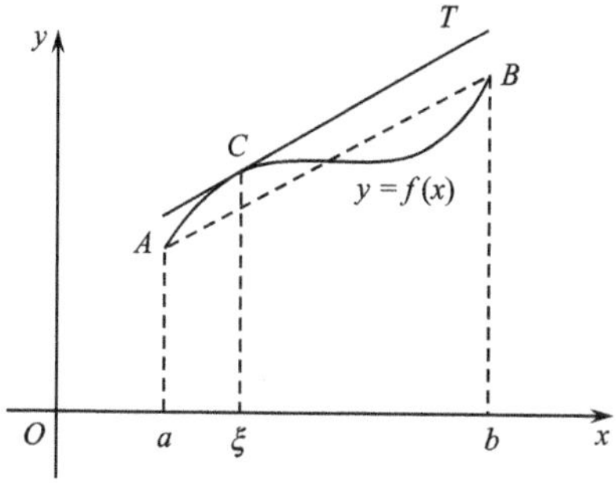

图 6.2-4

在几何上，这表示曲线 $y=f(x)$ 过点 $C(\xi,f(\xi))$ 的切线 CT 平行于弦 $\overline{AB}$.

定理 25（柯西中值定理） 若 1° $f(t),g(t)$ 在 $[\alpha,\beta]$ 上连续；2° $f(t),g(t)$ 在 (α,β) 内可导且 $g'(t)\neq 0$；则存在 $\xi\in(\alpha,\beta)$，使

$$\frac{f'(\xi)}{g'(\xi)}=\frac{f(\beta)-f(\alpha)}{g(\beta)-g(\alpha)}. \tag{6.2-37}$$

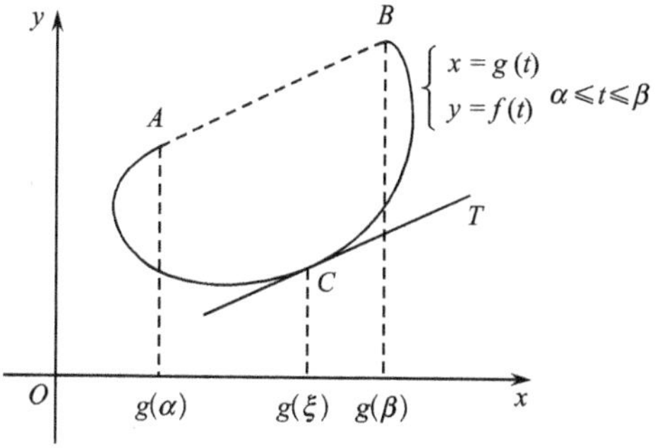

图 6.2-5

在几何上，若用参数方程

$$\begin{cases} x = g(t), \\ y = f(t), \end{cases} \quad \alpha \leqslant t \leqslant \beta$$

表示平面曲线，则曲线过点 $C(g(\xi), f(\xi))$ 的切线 CT 平行于弦$\overline{AB}$.

以下两定理统称**洛必达法则**，它是用来计算 $\frac{0}{0}$，$\frac{\infty}{\infty}$，$\infty-\infty$，$0\cdot\infty$，0°，∞°，1^{∞} 等不定式的极限的法则，是柯西中值定理的一种应用.

定理 26 若 1° 函数 $f(x)$ 和 $g(x)$ 在点 a 的某一邻域内除点 a 以外处处可微，并且 $g'(x)\neq 0$；2° $\lim\limits_{x\to a}f(x)=0$，$\lim\limits_{x\to a}g(x)=0$；$3^{\circ}$ 极限 $\lim\limits_{x\to a}\frac{f'(x)}{g'(x)}$ 存在（或为无穷大）；则极限 $\lim\limits_{x\to a}\frac{f(x)}{g(x)}$ 存在（或为无穷大）而且

$$\lim_{x\to a}\frac{f(x)}{g(x)} = \lim_{x\to a}\frac{f'(x)}{g'(x)}.$$

定理 27 若 1° 函数 $f(x)$ 和 $g(x)$ 在点 a 的某一邻域内除点 a 外处处可微，并且，$g'(x)\neq 0$；2° $\lim\limits_{x\to a}f(x)=\infty$，$\lim\limits_{x\to a}g(x)=\infty$；$3^{\circ}$ 极限 $\lim\limits_{x\to a}\frac{f'(x)}{g'(x)}$ 存在（或为无穷大）；则极限 $\lim\limits_{x\to a}\frac{f(x)}{g(x)}$ 存在（或为无穷大）并且

$$\lim_{x\to a}\frac{f(x)}{g(x)} = \lim_{x\to a}\frac{f'(x)}{g'(x)}.$$

把自变量的变化过程 $x\to a$ 换成 $x\to\infty$，上面的陈述均有效.

注意 $\lim\limits_{x\to a}\frac{f'(x)}{g'(x)}$ 不存在时，$\lim\limits_{x\to a}\frac{f(x)}{g(x)}$ 仍可能存在，只是不能用洛必达法则来求极限.

例如，$\lim\limits_{x\to\infty}\frac{x-\sin x}{x+\sin x}=1$，但 $\lim\limits_{x\to\infty}\frac{(x-\sin x)'}{(x+\sin x)'}=\lim\limits_{x\to\infty}\frac{1-\cos x}{1+\cos x}$ 不存在.

其他类型的不定式，通过下面简明图表均可转化为 $\frac{0}{0}$ 或 $\frac{\infty}{\infty}$ 型不定式.

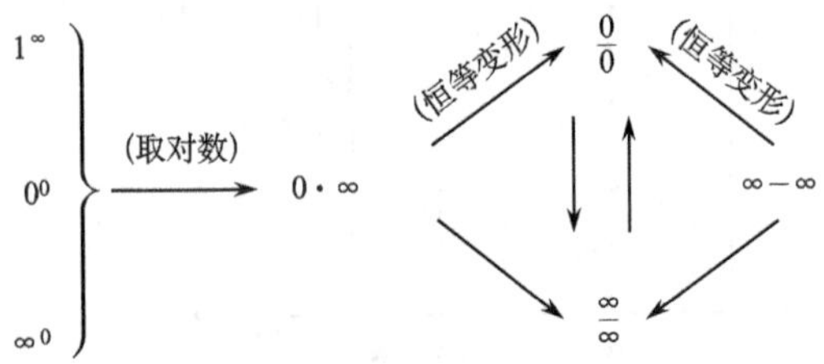

例 2 求极限 $\lim\limits_{x\to 1}x^{\frac{1}{1-x}}$.

令 $y=x^{\frac{1}{1-x}}$，则 $\ln y=\frac{1}{1-x}\ln x$.

$$\lim_{x\to 1}\ln y = \lim_{x\to 1}\frac{\ln x}{1-x} = \lim_{x\to 1}\frac{1/x}{-1} = -1.$$

故$\lim\limits_{x\to 1}y=\lim\limits_{x\to 1}e^{\ln y}=e^{\lim\limits_{x\to 1}\ln y}=e^{-1}$.

2. 泰勒公式

定理 28 设函数 $f(x)$在点 x_0 的某一邻域 $U(x_0;\delta)=\{x:|x-x_0|<\delta\}$内 $k+1$ 阶可微,则在此邻域内有

$$f(x)=\sum_{i=0}^{k}\frac{f^{(i)}(x_0)}{i!}(x-x_0)^i+r_k(x), \tag{6.2-38}$$

式中 $r_k(x)=o(|x-x_0|^k)(x\to x_0)$,称为**佩亚诺余项**.或

$$r_k(x)=\frac{f^{(k+1)}(\xi)}{(k+1)!}(x-x_0)^{k+1}$$

(ξ介于 x 与 x_0 之间),称为**拉格朗日余项**.(6.2-38)式称为 $f(x)$在点 x_0 的 k 阶**泰勒公式**.

特别,当 $x_0=0$ 时,有

$$f(x)=\sum_{i=0}^{k}\frac{f^{(i)}(0)}{i!}x^i+r_k(x), \tag{6.2-39}$$

式中 $r_k(x)=o(|x|^k)(x\to 0)$,或 $r_k(x)=\dfrac{f^{(k+1)}(\xi)}{(k+1)!}x^{k+1}$($\xi$介于 x 与 0 之间).(6.2-39)式称为**麦克劳林公式**.(6.2-38)在 $k=0$ 时就是(6.2-36).

一些初等函数的麦克劳林公式:

$$e^x=1+\frac{x}{1!}+\frac{x^2}{2!}+\cdots+\frac{x^n}{n!}+o(|x|^n),$$

$$\sin x=x-\frac{x^3}{3!}+\frac{x^5}{5!}-\cdots+(-1)^{m-1}\frac{x^{2m-1}}{(2m-1)!}+o(|x|^{2m}),$$

$$\cos x=1-\frac{x^2}{2!}+\frac{x^4}{4!}-\cdots+(-1)^m\frac{x^{2m}}{(2m)!}+o(|x|^{2m+1}),$$

$$(1+x)^\mu=1+\mu x+\frac{\mu(\mu-1)}{2!}x^2+\cdots+\frac{\mu(\mu-1)\cdots(\mu-n+1)}{n!}x^n+o(|x|^n),$$

$$\ln(1+x)=x-\frac{x^2}{2}+\frac{x^3}{3}-\cdots+(-1)^{n-1}\frac{x^n}{n}+o(|x|^n).$$

定理 29 设二元函数 $f(x,y)$在点(x_0,y_0)的某一邻域具有 $k+1$ 阶连续偏导数,则在此邻域内成立如下的泰勒公式

$$f(x_0+\Delta x,y_0+\Delta y)=\sum_{i=0}^{k}\frac{1}{i!}\left(\Delta x\frac{\partial}{\partial x}+\Delta y\frac{\partial}{\partial y}\right)^i f(x_0,y_0)+r_k(x,y), \tag{6.2-40}$$

式中 $r_k(x,y)=\dfrac{1}{(k+1)!}\left(\Delta x\dfrac{\partial}{\partial x}+\Delta y\dfrac{\partial}{\partial y}\right)^{k+1}f(x_0+\theta\Delta x,y_0+\theta\Delta y)$, $0<\theta<1$.

一般地,设 n 元函数 $f(x)=f(x_1,x_2,\cdots,x_n)$ 在点 $x_0=(x_{01},x_{02},\cdots,x_{0n})$ 的某一邻域具有 $k+1$ 阶连续偏导数,则在此邻域内成立如下的泰勒公式

$$f(x_{01}+\Delta x_1,x_{02}+\Delta x_2,\cdots,x_{0n}+\Delta x_n)$$
$$=\sum_{i=0}^{k}\frac{1}{i!}\left(\Delta x_1\frac{\partial}{\partial x_1}+\Delta x_2\frac{\partial}{\partial x_2}+\cdots+\Delta x_n\frac{\partial}{\partial x_n}\right)^i$$
$$\cdot f(x_{01},x_{02},\cdots,x_{0n})+r_k(x_1,x_2,\cdots,x_n),\qquad(6.2\text{-}41)$$

式中 $r_k(x_1,x_2,\cdots,x_n)=$

$$\frac{1}{(k+1)!}\left(\Delta x_1\frac{\partial}{\partial x_1}+\Delta x_2\frac{\partial}{\partial x_2}+\cdots+\Delta x_n\frac{\partial}{\partial x_n}\right)^{k+1}$$
$$\cdot f(x_{01}+\theta\Delta x_1,x_{02}+\theta\Delta x_2,\cdots,x_{0n}+\theta\Delta x_n),\quad 0<\theta<1.$$

特别,当 $k=0$ 时,(6.2-40),(6.2-41)就是二元函数,n 元函数的微分中值公式

$$f(x_0+\Delta x,y_0+\Delta y)=f(x_0,y_0)+f'_x(x_0+\theta\Delta x,y_0+\theta\Delta y)\Delta x$$
$$+f'_y(x_0+\theta\Delta x,y_0+\theta\Delta y)\Delta y,\quad 0<\theta<1.\qquad(6.2\text{-}42)$$

$$f(x_{01}+\Delta x_1,x_{02}+\Delta x_2,\cdots,x_{0n}+\Delta x_n)$$
$$=f(x_{01},x_{02},\cdots,x_{0n})+f'_{x_1}(x_{01}+\theta\Delta x_1,\cdots,x_{0n}+\theta\Delta x_n)\Delta x_1$$
$$+\cdots+f'_{x_n}(x_{01}+\theta\Delta x_1,\cdots,x_{0n}+\theta\Delta x_n)\Delta x_n,\quad 0<\theta<1.\qquad(6.2\text{-}43)$$

§6.3 微分学的应用

6.3.1 单元函数微分学的应用

1. 函数的增减性

定理 1 设函数 $f(x)$ 在区间 $[a,b]$ 上连续,在 (a,b) 内可导,则

1° $f(x)$ 在 $[a,b]$ 上为常数的充要条件是:$\forall x\in(a,b)$,$f'(x)=0$.

2° $f(x)$ 在 $[a,b]$ 上递增(递减)的充要条件是:$\forall x\in(a,b)$,$f'(x)\geqslant 0$ ($f'(x)\leqslant 0$).

3° $f(x)$ 在 $[a,b]$ 上严格递增(严格递减)的充要条件是:

(i) $\forall x\in(a,b)$,$f'(x)\geqslant 0$ ($f'(x)\leqslant 0$).

(ii) $f'(x)$ 在 (a,b) 的任意部分区间内都不恒等于零.

2. 函数的极值

定义 1 设函数 $f(x)$ 在点 x_0 的某一邻域 $U(x_0;\delta)=\{x:|x-x_0|<\delta\}$ 内有定义,若对 $U(x_0;\delta)$ 内任意异于点 x_0 的点 x,均有 $f(x)\leqslant f(x_0)$ ($f(x)<f(x_0)$),则称函数 $f(x)$ 在点 x_0 有**极大值(严格极大值)**. 把不等号反向,即可定义**极小值**、**严格极小值**. 极大值、极小值统称为**极值**.

定理 2 若函数 $f(x)$ 在点 x_0 的某一邻域 $U(x_0;\delta)=\{x:|x-x_0|<\delta\}$ 内可导,则

$f(x)$在点 x_0 取得极值的必要条件是 $f'(x_0)=0$.

若 $f'(x_0)=0$,则称点 x_0 为 $f(x)$的**稳定点或驻点**.

定理 3 若1° 连续函数 $f(x)$在点 x_0 的某一邻域 $U(x_0;\delta)=\{x:|x-x_0|<\delta\}$内可导(点 x_0 可以除外);2° $f'(x_0)=0$ 或 $f(x)$在点 x_0 导数不存在;3° $f'(x)$在点 x_0 两侧异号. 于是

1° 若当 x 经过点 x_0 时 $f'(x)$由正变负,则函数 $f(x)$在点 x_0 有极大值;

2° 若当 x 经过点 x_0 时 $f'(x)$由负变正,则函数 $f(x)$在点 x_0 有极小值.

定理 4 若函数 $f(x)$在点 x_0 有二阶导数,且 $f'(x_0)=0$, $f''(x_0)\neq 0$,则当 $f''(x_0)<0$ ($f''(x_0)>0$)时,函数 $f(x)$在点 x_0 有极大(极小)值.

定理 5 若函数 $f(x)$在点 x_0 有 n 阶导数,且 $f^{(k)}(x_0)=0(k=1,2,\cdots,n-1)$, $f^{(n)}(x_0)\neq 0$,则

1° 当 n 为偶数,且 $f^{(n)}(x_0)<0$ 时,函数 $f(x)$在点 x_0 有极大值;

2° 当 n 为偶数,且 $f^{(n)}(x_0)>0$ 时,函数 $f(x)$在点 x_0 有极小值;

3° 当 n 为奇数时,函数 $f(x)$在点 x_0 无极值.

3. 函数的最大值、最小值

设函数 $f(x)$在$[a,b]$上连续,则求 $f(x)$在$[a,b]$上的最大值、最小值的步骤如下:

1° 求出 $f(x)$在(a,b)内的稳定点和 $f(x)$的导数不存在的点,设这些点是有限个 $x_1,x_2,\cdots,x_n$. 计算出函数值 $f(x_1),f(x_2),\cdots,f(x_n)$.

2° 计算 $f(x)$在$[a,b]$的两个端点处的值 $f(a),f(b)$.

3° 最后就有

$$\max_{a\leqslant x\leqslant b}\{f(x)\}=\max\{f(x_1),f(x_2),\cdots,f(x_n),f(a),f(b)\}.$$

$$\min_{a\leqslant x\leqslant b}\{f(x)\}=\min\{f(x_1),f(x_2),\cdots,f(x_n),f(a),f(b)\}.$$

4. 函数的凸性及拐点

定义 2 设函数 $f(x)$在$[a,b]$上有定义,如果它满足下列两个等价条件中的任何一个,就称 $f(x)$是$[a,b]$上的**下凸函数(严格下凸函数)**. 这两个等价条件是:

1° 对$[a,b]$上任何两点 $x_1,x_2(x_1<x_2)$,以及任何满足 $\alpha_1+\alpha_2=1$ 的非负实数 α_1, α_2,都有

$$f(\alpha_1x_1+\alpha_2x_2)\leqslant\alpha_1f(x_1)+\alpha_2f(x_2)$$
$$(f(\alpha_1x_1+\alpha_2x_2)<\alpha_1f(x_1)+\alpha_2f(x_2)).$$

2° 对$[a,b]$上任何两点 $x_1,x_2(x_1<x_2)$,以及 x_1 和 x_2 之间的任何一点 x,都有

$$\frac{f(x)-f(x_1)}{x-x_1}\leqslant\frac{f(x_2)-f(x)}{x_2-x}\left(\frac{f(x)-f(x_1)}{x-x_1}<\frac{f(x_2)-f(x)}{x_2-x}\right).$$

把上面不等式中的不等号反向,即可定义**上凸函数(严格上凸函数)**.

对于下凸函数(上凸函数),其图线(弧)上所有的点都在相应弦的下面(上面),或

位于弦本身上，曲线 $y=f(x)$ 也随着函数 $f(x)$ 本身而称为下凸的（上凸的）.

注 有时称 $[a,b]$ 上的下凸函数（上凸函数）$f(x)$ 为 $[a,b]$ 上的上凹函数（下凹函数），在凸分析的有关书籍中，又称 $[a,b]$ 上的下凸函数 $f(x)$ 为 $[a,b]$ 上的凸函数.

定理 6 设函数 $f(x)$ 在 $[a,b]$ 上连续，在 (a,b) 内可导，则 $f(x)$ 在 $[a,b]$ 上是下凸函数（上凸函数）的必要充分条件是 $f'(x)$ 在 (a,b) 内是递增的（递减的）.

由此可知，若 $f(x)$ 在 (a,b) 内二阶可导，如果在 (a,b) 内 $f''(x)\geqslant 0$（$f''(x)\leqslant 0$），则函数 $f(x)$ 在 (a,b) 内是下凸的（上凸的）.

定义 3 设函数 $f(x)$ 在点 x_0 的某一邻域 $U(x_0;\delta)=\{x:|x-x_0|<\delta\}$ 内连续，且在 $U(x_0;\delta)$ 内各点处具有导数或其导数为无穷大，$P_0(x_0,f(x_0))$ 是曲线 $y=f(x)$ 上的一点，如果曲线在点 P_0 的一旁为上凸，在另一旁为下凸，则称点 P_0 是曲线的一个**拐点**.

定理 7 若函数 $y=f(x)$ 在点 x_0 的某一邻域 $U(x_0;\delta)=\{x:|x-x_0|<\delta\}$ 内存在二阶连续导数，且 $f''(x)$ 在此邻域内点 x_0 的两侧有相反的符号，则点 $\boldsymbol{P}_0(x_0,f(x_0))$ 是曲线 $y=f(x)$ 的一个拐点，且此时有 $f''(x_0)=0$.

注 如果 $f(x)$ 连续，且在点 x_0 处一阶导数为无穷大，二阶导数不存在，那么点 $\boldsymbol{P}_0(x_0,f(x_0))$ 也可能为拐点.

例如，$f(x)=x^{1/3}$，在 $x\neq 0$ 处，$f'(x)=\dfrac{1}{3}x^{-2/3}$，$f''(x)=-\dfrac{2}{9}x^{-5/3}$. 在 $x=0$ 处，$f'(x)=+\infty$，$f''(x)$ 不存在. 因 $f''(x)$ 在点 $x=0$ 的两侧有相反的符号，故点 $(0,0)$ 是曲线 $y=x^{1/3}$ 的一个拐点.

5. 函数作图

以上对于函数性态的研究都可以用到函数作图上. 其主要步骤为：

1° 确定使 $f'(x)=0$ 或导数不存在的点，并检验它们是否对应于函数的极值；

2° 确定使 $f''(x)=0$ 及二阶导数不存在的点，并检验它们是否对应于拐点；

3° 列表；

4° 绘图.

例 画出函数 $y=\sqrt[3]{x^3-x^2-x+1}$ 的图形.

$$y'=\frac{3x+1}{3(x-1)^{1/3}(x+1)^{2/3}},\quad y''=\frac{-8}{9(x-1)^{4/3}(x+1)^{5/3}}.$$

x	$(-\infty,-1)$,	-1	$\left(-1,-\frac{1}{3}\right)$	$-\frac{1}{3}$	$\left(-\frac{1}{3},1\right)$	1	$(1,\infty)$
$f'(x)$	$+$	$+\infty$	$+$	0	$-$	∞	$+$
$f''(x)$	$+$	不存在	$-$	$-$	$-$	不存在	$-$
$f(x)$	↗	0 $(-1,0)$ 是拐点	↗	$\frac{2}{3}\sqrt[3]{4}$ 极大值	↘	0 极小值	↗

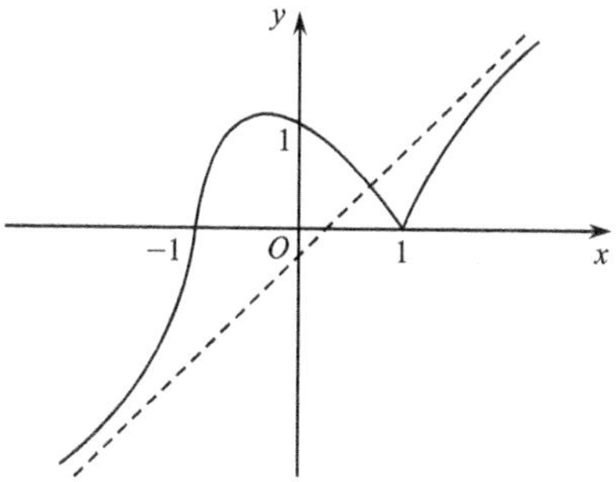

图 6.3-1

因 $\lim\limits_{x\to\infty}\frac{y}{x}=1$，$\lim\limits_{x\to\infty}(y-x)=-\frac{1}{3}$，故有渐近线 $y=x-\frac{1}{3}$.

6. 曲率

设 $y=f(x)$ 在 (a,b) 内具有连续导数，则曲线 $y=f(x)$ 的**弧长微分**（简称**弧微分**）为

$$dl=\sqrt{1+(y')^2}dx. \tag{6.3-1}$$

设 $y=f(x)$ 在 (a,b) 内具有二阶导数，则曲线 $y=f(x)$ 的曲率（参看 10.1.2）为

$$K=\left|\frac{y''}{(1+(y')^2)^{3/2}}\right|. \tag{6.3-2}$$

若 $y''\neq0$，则曲率半径（参看 10.1.2）为

$$R=\frac{1}{K}=\left|\frac{(1+(y')^2)^{3/2}}{y''}\right|. \tag{6.3-3}$$

若 $y''\neq0$，则曲线 $y=f(x)$ 在点 (x,y) $(y=f(x))$ 的曲率中心（参看 10.1.2）$D(\alpha,\beta)$ 的坐标为

$$\begin{cases}\alpha=x-\dfrac{y'(1+(y')^2)}{y''},\\[2ex]\beta=y+\dfrac{1+(y')^2}{y''}.\end{cases} \tag{6.3-4}$$

6.3.2 多元函数微分学的应用

1. 空间曲线的切线. 曲面的切平面与法线

(1) 给定空间曲线 C：

$$\begin{cases} x = x(t), \\ y = y(t), \quad (\alpha \leqslant t \leqslant \beta) \\ z = z(t). \end{cases}$$

曲线 C 在点 $P_0(x(t_0), y(t_0), z(t_0))$ 的切线方程为

$$\frac{x - x(t_0)}{x'(t_0)} = \frac{y - y(t_0)}{y'(t_0)} = \frac{z - z(t_0)}{z'(t_0)}. \tag{6.3-5}$$

(2) 给定曲面 $S: F(x, y, z) = 0$, 设 $P_0(x_0, y_0, z_0)$ 是曲面 S 上的一点(即 $F(x_0, y_0, z_0) = 0$), 则曲面 S 过点 P_0 的切平面方程和法线方程分别为

$$\left.\frac{\partial F}{\partial x}\right|_{P_0} \cdot (x - x_0) + \left.\frac{\partial F}{\partial y}\right|_{P_0} \cdot (y - y_0) + \left.\frac{\partial F}{\partial z}\right|_{P_0} \cdot (z - z_0) = 0, \tag{6.3-6}$$

$$\frac{x - x_0}{\left.\frac{\partial F}{\partial x}\right|_{P_0}} = \frac{y - y_0}{\left.\frac{\partial F}{\partial y}\right|_{P_0}} = \frac{z - z_0}{\left.\frac{\partial F}{\partial z}\right|_{P_0}}. \tag{6.3-7}$$

(3) 给定空间曲线 C:

$$\begin{cases} F(x, y, z) = 0, \\ G(x, y, z) = 0. \end{cases}$$

设 $P_0(x_0, y_0, z_0)$ 是曲线 C 上的一点(即 $F(x_0, y_0, z_0) = 0, G(x_0, y_0, z_0) = 0$), 则曲线 C 在点 P_0 的切线方程为

$$\frac{x - x_0}{\left.\frac{\partial(F, G)}{\partial(y, z)}\right|_{P_0}} = \frac{y - y_0}{\left.\frac{\partial(F, G)}{\partial(z, x)}\right|_{P_0}} = \frac{z - z_0}{\left.\frac{\partial(F, G)}{\partial(x, y)}\right|_{P_0}}. \tag{6.3-8}$$

(4) 给定曲面 S:

$$\begin{cases} x = x(u, v), \\ y = y(u, v), \quad (u, v) \in D^* \\ z = z(u, v), \end{cases}$$

D^* 是 $O'uv$ 平面上的一个区域. 设 $(u_0, v_0) \in D^*$, 于是 $P_0(x(u_0, v_0), y(u_0, v_0), z(u_0, v_0)) = (x_0, y_0, z_0)$ 是曲面 S 上的一点, 则曲面 S 过点 P_0 的切平面方程和法线方程分别为

$$\left.\frac{\partial(y, z)}{\partial(u, v)}\right|_{(u_0, v_0)} \cdot (x - x_0) + \left.\frac{\partial(z, x)}{\partial(u, v)}\right|_{(u_0, v_0)} \cdot (y - y_0) + \left.\frac{\partial(x, y)}{\partial(u, v)}\right|_{(u_0, v_0)} \cdot (z - z_0) = 0, \tag{6.3-9}$$

$$\frac{x - x_0}{\left.\frac{\partial(y, z)}{\partial(u, v)}\right|_{(u_0, v_0)}} = \frac{y - y_0}{\left.\frac{\partial(z, x)}{\partial(u, v)}\right|_{(u_0, v_0)}} = \frac{z - z_0}{\left.\frac{\partial(x, y)}{\partial(u, v)}\right|_{(u_0, v_0)}}. \tag{6.3-10}$$

特别, 当曲面 S 由 $z = f(x, y)$ 给出时, 设 $P_0(x_0, y_0, z_0)$ 是曲面 S 上的一点(即

$z_0=f(x_0,y_0)$)，则曲面 S 过点 P_0 的切平面方程和法线方程分别为

$$z-z_0=\left.\frac{\partial f}{\partial x}\right|_{P_0}\cdot(x-x_0)+\left.\frac{\partial f}{\partial y}\right|_{P_0}\cdot(y-y_0), \tag{6.3-11}$$

$$\frac{x-x_0}{\left.\frac{\partial f}{\partial x}\right|_{P_0}}=\frac{y-y_0}{\left.\frac{\partial f}{\partial y}\right|_{P_0}}=\frac{z-z_0}{-1}. \tag{6.3-12}$$

2. 无约束极值

定义 4 设 n 元函数 $f(x)=f(x_1,x_2,\cdots,x_n)$ 在点 $x_0=(x_{01},x_{02},\cdots,x_{0n})\in\boldsymbol{R}^n$ 的某一邻域 $U(\boldsymbol{x}_0;\delta)=\{\boldsymbol{x}:\boldsymbol{x}\in\boldsymbol{R}^n,\|\boldsymbol{x}-\boldsymbol{x}_0\|<\delta\}$ 内有定义，若对 $U(\boldsymbol{x}_0;\delta)$ 内任意异于 $\boldsymbol{x}_0$ 的点 $\boldsymbol{x}$，均有 $f(\boldsymbol{x})\leqslant f(\boldsymbol{x}_0)$（$f(\boldsymbol{x})<f(\boldsymbol{x}_0)$），则称函数 $f(\boldsymbol{x})$ 在点 $\boldsymbol{x}_0$ 有**极大值（严格极大值）**. 类似地，可定义**极小值、严格极小值**. 极大值、极小值统称为**极值**. 相对于有约束极值，这类问题也称为**无约束极值问题**.

定理 8 若 n 元函数 $f(\boldsymbol{x})=f(x_1,x_2,\cdots,x_n)$ 在点 $\boldsymbol{x}_0=(x_{01},x_{02},\cdots,x_{0n})\in\boldsymbol{R}^n$ 的某一邻域 $U(\boldsymbol{x}_0;\delta)=\{\boldsymbol{x}:\boldsymbol{x}\in\boldsymbol{R}^n,\|\boldsymbol{x}-\boldsymbol{x}_0\|<\delta\}$ 内存在有限偏导数，则 $f(\boldsymbol{x})$ 在点 $\boldsymbol{x}_0$ 取得极值的必要条件是 $f'_{x_i}(\boldsymbol{x}_0)=0,\ i=1,2,\cdots,n$.

若 $f'_{x_i}(\boldsymbol{x}_0)=0,\ i=1,2,\cdots,n$，则称点 $\boldsymbol{x}_0$ 为**稳定点**.

定理 9 设二元函数 $f(x,y)$ 在稳定点 (x_0,y_0) 的某一邻域内所有的二阶偏导数连续，记 $A=f''_{x^2}(x_0,y_0)$，$B=f''_{xy}(x_0,y_0)$，$C=f''_{y^2}(x_0,y_0)$，$\Delta=\begin{vmatrix}A & B\\ B & C\end{vmatrix}=AC-B^2$，则有如下结论：

$\Delta>0$		$\Delta<0$	$\Delta=0$
$A<0$	$A>0$		
$f(x_0,y_0)$为极大值	$f(x_0,y_0)$为极小值	$f(x_0,y_0)$不是极值	需作进一步讨论

定理 10 设 n 元函数 $f(\boldsymbol{x})=f(x_1,x_2,\cdots,x_n)$ 在稳定点 $\boldsymbol{x}_0=(x_{01},x_{02},\cdots,x_{0n})\in\boldsymbol{R}^n$ 的某一邻域 $U(\boldsymbol{x}_0;\delta)=\{\boldsymbol{x}:\boldsymbol{x}\in\boldsymbol{R}^n,\|\boldsymbol{x}-\boldsymbol{x}_0\|<\delta\}$ 内所有二阶偏导数连续，记 $a_{ij}=f''_{x_ix_j}(\boldsymbol{x}_0)(i,j=1,2,\cdots,n)$，以 D_k 表示 n 阶矩阵 $A=(a_{ij})_{n\times n}$ 的 k 阶顺序主子式，即

$$D_k=\begin{vmatrix}a_{11} & a_{12} & \cdots & a_{1k}\\ a_{21} & a_{22} & \cdots & a_{2k}\\ \cdots & \cdots & \cdots & \cdots\\ a_{k1} & a_{k2} & \cdots & a_{kk}\end{vmatrix}\quad(k=1,2,\cdots,n).$$

于是 1° 如果 A 是正定的，即 $D_k>0(k=1,2,\cdots,n)$，则函数 $f(x)$ 在稳定点 $\boldsymbol{x}_0$ 有极小值；2° 如果 A 是负定的，即 $(-1)^kD_k>0(k=1,2,\cdots,n)$，则函数 $f(x)$ 在稳定点 $\boldsymbol{x}_0$ 有极大值；3° 如果 A 是不定的，则稳定点 $\boldsymbol{x}_0$ 不是极值点.

3. 有约束极值

有约束极值问题是指：求 n 元函数 $f(\boldsymbol{x})$，$\boldsymbol{x}=(x_1,x_2,\cdots,x_n)\in\boldsymbol{R}^n$，在 m 个约束条件：$g_k(\boldsymbol{x})=0(k=1,2,\cdots,m,m<n)$ 下的极值.

(1) 拉格朗日乘数法

令 $F(\boldsymbol{x})=f(\boldsymbol{x})+\sum\limits_{k=1}^{m}\lambda_k g_k(\boldsymbol{x})$，

式中 $\lambda_k(k=1,2,\cdots,m)$ 待定.

把 F 当作 $n+m$ 个变元 $x_1,x_2,\cdots,x_n$ 及 $\lambda_1,\lambda_2,\cdots,\lambda_m$ 的函数，则 F 的稳定点 $\boldsymbol{M}_0=(x_{01},x_{02},\cdots,x_{0n};\lambda_{01},\lambda_{02},\cdots,\lambda_{0m})$ 应满足方程：

$$\begin{cases}\dfrac{\partial F}{\partial x_i}=0 \quad (i=1,2,\cdots,n),\\ g_k=0 \quad (k=1,2,\cdots,m).\end{cases}$$

至于 $\boldsymbol{x}_0=(x_{01},x_{02},\cdots,x_{0n})$ 是否真的是 $f(\boldsymbol{x})$ 在约束条件 $g_k(\boldsymbol{x})=0(k=1,2,\cdots,m)$ 下的有约束极值点，尚需进一步讨论.

设 $f(\boldsymbol{x})$ 及 $g_k(\boldsymbol{x})(k=1,2,\cdots,m)$ 在点 $\boldsymbol{x}_0=(x_{01},x_{02},\cdots,x_{0n})$ 的一个邻域内有二阶连续偏导数，记 $b_{ij}=F''_{x_ix_j}(\boldsymbol{M}_0)(i,j=1,2,\cdots,n)$，又记 $B=(b_{ij})_{n\times n}$，则 1°如果 B 是正定的，则在点 $\boldsymbol{x}_0=(x_{01},x_{02},\cdots,x_{0n})$ 函数 $f(\boldsymbol{x})$ 在满足约束条件 $g_k(\boldsymbol{x})=0(k=1,2,\cdots,m)$ 下取得有约束极小值；2°如果 B 是负定的，则在点 $\boldsymbol{x}_0=(x_{01},x_{02},\cdots,x_{0n})$ 函数 $f(\boldsymbol{x})$ 在满足约束条件 $g_k(\boldsymbol{x})=0(k=1,2,\cdots,m)$ 下取得有约束极大值.

(2) 代入法

设 f 和 $g_k(k=1,2,\cdots,m)$ 在所考察的点 $\boldsymbol{x}_0=(x_{01},x_{02},\cdots,x_{0n})$ 的某一邻域，$U(\boldsymbol{x}_0;\delta)=\{\boldsymbol{x}:\boldsymbol{x}\in\boldsymbol{R}^n,\|\boldsymbol{x}-\boldsymbol{x}_0\|<\delta\}$ 内有关于一切变元的一阶连续偏导数，研究 $m\times n$ 阶的雅可比矩阵

$$J=\frac{D(g_1,g_2,\cdots,g_m)}{D(x_1,x_2,\cdots,x_n)}=\begin{bmatrix}\dfrac{\partial g_1}{\partial x_1} & \dfrac{\partial g_1}{\partial x_2} & \cdots & \dfrac{\partial g_1}{\partial x_n}\\ \dfrac{\partial g_2}{\partial x_1} & \dfrac{\partial g_2}{\partial x_2} & \cdots & \dfrac{\partial g_2}{\partial x_n}\\ \cdots & \cdots & \cdots & \cdots\\ \dfrac{\partial g_m}{\partial x_1} & \dfrac{\partial g_m}{\partial x_2} & \cdots & \dfrac{\partial g_m}{\partial x_n}\end{bmatrix}$$

若在点 $\boldsymbol{x}_0$ 矩阵 $J(\boldsymbol{x}_0)$ 的秩 $\operatorname{rank}J(\boldsymbol{x}_0)=m$，则在点 $\boldsymbol{x}_0$ 它至少有一个 m 阶行列式不为零，例如设

$$\left.\frac{\partial(g_1,g_2,\cdots,g_m)}{\partial(x_{n-m+1},\cdots,x_n)}\right|_{x_0}\neq 0,$$

依§6.2.3中隐函数存在定理，在 $\boldsymbol{x}_0$ 的充分小的一个邻域内可解出 $x_i=\varphi_i(x_1,x_2,\cdots,x_{n-m})(i=n-m+1,\cdots,n)$. 这样，检验 $\boldsymbol{x}_0=(x_{01},x_{02},\cdots,x_{0n})\in\boldsymbol{R}^n$ 是否为 $f(x)$ 在

约束条件 $g_k(\boldsymbol{x})=0(k=1,2,\cdots,m)$下的有约束极值点就等价于检验 $\boldsymbol{P}_0=(x_{01},x_{02},\cdots,x_{0n-m})\in\boldsymbol{R}^{n-m}$是否为复合函数 $f(x_1,\cdots,x_{n-m},\varphi_{n-m+1}(x_1,\cdots,x_{n-m}),\cdots,\varphi_n(x_1,\cdots,x_{n-m}))$的无约束极值点.

4. 函数的最大值,最小值

设 n 元函数 $f(\boldsymbol{x})=f(x_1,x_2,\cdots,x_n)$在有界闭区域 $\overline{D}(\overline{D}\subset\boldsymbol{R}^n)$上连续,求 $f(\boldsymbol{x})$在 $\overline{D}$ 上的最大值、最小值的大致步骤是:

1° 求出函数 $f(\boldsymbol{x})$在区域内部的所有极值点,并计算相应的函数值.

2° 求出函数 $f(\boldsymbol{x})$在区域的边界上的极值点,并计算相应的函数值.(注:实际上相当于一个有约束极值问题.)

3° 上面 1°,2°两项计算出的函数值中最大(小)者,就是函数 $f(\boldsymbol{x})$在 $\overline{D}$ 上的最大(小)值.

对于实际问题,还可由实际意义来判断.

§6.4 不定积分

6.4.1 基本概念与性质

定义 1 对于定义在某一区间 I 上的函数 $f(x)$,如果有这样的函数 $F(x)$,使得 $\forall x\in I$,都有 $F'(x)=f(x)$或 $dF(x)=f(x)dx$,则称 $F(x)$为 $f(x)$在 I 上的一个**原函数**.

定理 1 如果 $f(x)$在某一区间 I 上连续,则在 I 上 $f(x)$的原函数一定存在.

定理 2 设 $F(x)$是 $f(x)$在区间 I 上的一个原函数,则 $F(x)+C$(C 是任意常数)是 $f(x)$在 I 上的原函数全体.

定义 2 函数 $f(x)$在某一区间 I 上的原函数全体称为 $f(x)$在 I 上的**不定积分**,记为 $\int f(x)dx$,其中 $f(x)$ 称为**被积函数**,$f(x)dx$ 称为**被积表达式**,x 称为**积分变量**.

如果 $F(x)$ 是 $f(x)$ 在 I 上的一个原函数,则 $\int f(x)dx=F(x)+C$(C 是任意常数).

定理 3 不定积分具有下列性质:

1° $\left(\int f(x)dx\right)'=f(x)$ 或 $d\left(\int f(x)dx\right)=f(x)dx$

及

$$\int F'(x)dx=F(x)+C \quad 或 \quad \int dF(x)=F(x)+C.$$

2° $\int(C_1f_1(x)+C_2f_2(x))dx=C_1\int f_1(x)dx+C_2\int f_2(x)dx,C_1,C_2\in\boldsymbol{R}.$

$f(x)$的一个原函数 $F(x)$的图形称为 $f(x)$的一条**积分曲线**,它的方程是 $y=F(x)$. 因 $F'(x)=f(x)$,故积分曲线在点$(x,F(x))$的切线斜率等于 $f(x)$在点 x

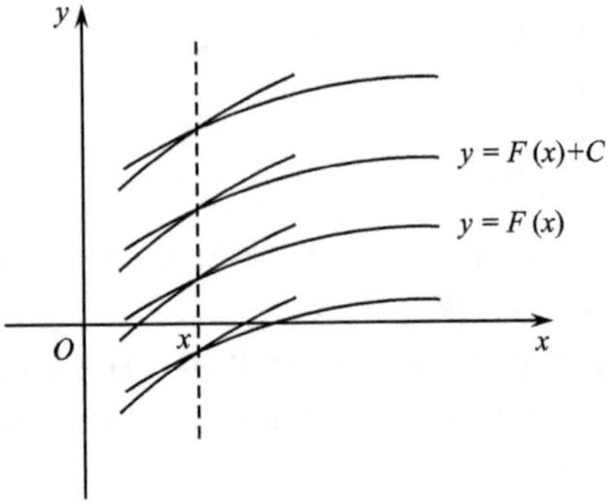

图 6.4-1

的值.把这条积分曲线沿 y 轴的方向平行移动一段长度 C 时,就得到另一条积分曲线 $y=F(x)+C$.函数 $f(x)$ 的每一条积分曲线都可由此法获得,所以不定积分的图形就是这样获得的全部积分曲线所组成的曲线族.又因不论常数 C 取什么值,都有 $(F(x)+C)'=f(x)$,故如果在每一条积分曲线上横坐标相同的点作切线,则这些切线是彼此平行的.

6.4.2 积分法

1. 分项积分法

它利用不定积分的线性性质,即定理 3,2°.

2. 第一种换元法

定理 4 设 1° $\int f(u)du = F(u) + C$; 2° $u = u(x)$ 可导,则

$$\int f(u(x))u'(x)dx = F(u(x)) + C.$$

第一种换元法用得最多,是最重要的积分法.例如

令 $u = ax + b$,则 $\int f(ax+b)dx = \frac{1}{a}\int f(u)du \quad (a \neq 0)$;

令 $u = x^k$,则 $\int f(x^k)x^{k-1}dx = \frac{1}{k}\int f(u)du \quad (k \neq 0)$;

令 $u = \ln x$,则 $\int \frac{f(\ln x)}{x}dx = \int f(u)du$;

令 $u = \sin x$,则 $\int f(\sin x)\cdot\cos x\, dx = \int f(u)du$;

令 $u = \tan x$,则 $\int f(\tan x)\sec^2 x\, dx = \int f(u)du$;

等等.

3. 第二种换元法

定理 5 设 1° $x=\varphi(t)$ 是单调的,可导的,且 $\varphi(t)\neq 0$;

2° $\int f(\varphi(t))\varphi'(t)dt = \Phi(t) + C$,则

$$\int f(x)dx = \Phi(\varphi^{-1}(x)) + C,$$

式中 $\varphi^{-1}(x)$ 是 $x=\varphi(t)$ 的反函数.

第二种换元法一般用于消除积分号下几种类型的根式.例如

被积函数 $f(x)$ 中含有	$x=\varphi(t)$
$\sqrt{a^2-x^2}$	$x=a\sin t$ 或 $x=a\cos t$
$\sqrt{a^2+x^2}$	$x=a\tan t$ 或 $x=a\cot t$
$\sqrt{x^2-a^2}$	$x=a\sec t$ 或 $x=a\csc t$
$\sqrt{(x-a)(b-x)}$	$x=a+(b-a)\sin^2 t$ 或 $x=a+(b-a)\cos^2 t$
$\sqrt{(x-a)(x-b)}$	$x=a+(b-a)\sec^2 t$ 或 $x=a+(b-a)\csc^2 t$

4. 分部积分法

定理 6 设 $u(x)$ 及 $v(x)$ 都具有连续的导函数,则

$$\int u(x)\cdot v'(x)dx = u(x)\cdot v(x) - \int v(x)\cdot u'(x)dx,$$

即

$$\int u dv = u\, v - \int v\, du.$$

这里的关键是如何选取 $u(x)$,使 $\int v(x)\cdot u'(x)dx$ 容易积分.常见的情况有:

被积函数 $f(x)$	选取的 $u(x)$
$P(x)\cdot\sin kx$ 或 $P(x)\cdot\cos kx$	$P(x)$
$P(x)\cdot e^{mx}$	$P(x)$
$P(x)\cdot\ln x$	$\ln x$
$P(x)\cdot$ 反三角函数	反三角函数
$e^{mx}\cdot\sin kx$ 或 $e^{mx}\cdot\cos kx$	e^{mx} 或 $\sin kx,\cos kx$

注:表中 $P(x)$ 是多项式.

一般说来，在同一题中，往往要将几种方法综合应用.

例 1 $\int \frac{x(2-x^2)}{1-x^4}dx$.

解 原式 $= \int \frac{2x}{1-x^4}dx - \int \frac{x^3}{1-x^4}dx = \int \frac{d(x^2)}{1-(x^2)^2} + \frac{1}{4}\int \frac{d(1-x^4)}{1-x^4}$

$= \frac{1}{2}\ln\left|\frac{1+x^2}{1-x^2}\right| + \frac{1}{4}\ln|1-x^4| + C = \frac{3}{4}\ln(1+x^2) - \frac{1}{4}\ln|1-x^2| + C.$

例 2 $\int \frac{1+\sin x+\cos x}{1+\sin^2 x}dx$.

解 原式 $= \int \frac{dx}{1+\sin^2 x} + \int \frac{\sin x}{1+\sin^2 x}dx + \int \frac{\cos x}{1+\sin^2 x}dx$,

而 $\int \frac{dx}{1+\sin^2 x} = \int \frac{dx}{\cos^2 x+2\sin^2 x} = \int \frac{d(\tan x)}{1+2\tan^2 x} = \frac{1}{\sqrt{2}}\arctan(\sqrt{2}\tan x) + C_1$,

$\int \frac{\sin x}{1+\sin^2 x}dx = -\int \frac{d(\cos x)}{2-\cos^2 x} = -\frac{1}{2\sqrt{2}}\ln\left(\frac{\sqrt{2}+\cos x}{\sqrt{2}-\cos x}\right) + C_2$,

$\int \frac{\cos x}{1+\sin^2 x}dx = \int \frac{d(\sin x)}{1+\sin^2 x} = \arctan(\sin x) + C_3$,

故，原式 $= \frac{1}{\sqrt{2}}\arctan(\sqrt{2}\tan x) - \frac{1}{2\sqrt{2}}\ln\left(\frac{\sqrt{2}+\cos x}{\sqrt{2}-\cos x}\right) + \arctan(\sin x) + C.$

例 3 $\int \frac{dx}{(1+e^x)^2}$.

解 原式 $= \int \frac{e^x}{e^x(1+e^x)^2}dx = \int \frac{d(e^x)}{e^x(1+e^x)^2}$（令 $u = e^x$）

$$= \int \frac{du}{u(u+1)^2} = \int\left(\frac{1}{u} - \frac{1}{u+1} - \frac{1}{(u+1)^2}\right)du$$

$$= \ln u - \ln(u+1) + \frac{1}{u+1} + C$$

$$= x - \ln(e^x+1) + \frac{1}{e^x+1} + C.$$

例 4 $\int \frac{dx}{\cos^6 x}$.

解 原式 $= \int \sec^6 x dx = \int \sec^4 x \cdot \sec^2 x dx = \int (\tan^2 x+1)^2 d(\tan x)$

$$= \int (1+2\tan^2 x+\tan^4 x)d(\tan x)$$

$$= \tan x + \frac{2}{3}\tan^3 x + \frac{1}{5}\tan^5 x + C.$$

例 5 $\int \frac{x^{14}}{(x^5+1)^4}dx$.

解一 令 $u = x^5+1, du = 5x^4 dx$.

$$原式=\frac{1}{5}\int\frac{(u-1)^2}{u^4}du=\frac{1}{5}\int(u^{-2}-2u^{-3}+u^{-4})du$$

$$=\frac{1}{5}\left(-u^{-1}+u^{-2}-\frac{1}{3}u^{-3}\right)+C$$

$$=-\frac{1}{5(x^5+1)}+\frac{1}{5(x^5+1)^2}-\frac{1}{15(x^5+1)^3}+C$$

$$=-\frac{3x^{10}+3x^5+1}{15(x^5+1)^3}+C.$$

解二 $原式=\int x^{-6}(1+x^{-5})^{-4}dx=-\frac{1}{5}\int(1+x^{-5})^{-4}d(1+x^{-5})$

$$=\frac{1}{15}(1+x^{-5})^{-3}+C=\frac{x^{15}}{15(x^5+1)^3}+C.$$

例 6 $\int\frac{dx}{x\sqrt{4-x^2}}$.

解一 令 $x=2\sin t$，则 $dx=2\cos t dt$.

$$原式=\frac{1}{2}\int\frac{dt}{\sin t}=\frac{1}{2}\ln\left|\frac{1-\cos t}{\sin t}\right|+C=\frac{1}{2}\ln\left|\frac{2-\sqrt{4-x^2}}{x}\right|+C.$$

附 解一中变量 x 与 t 的关系，当 $0<x<2$ 时，如图 6.4-2 所示.

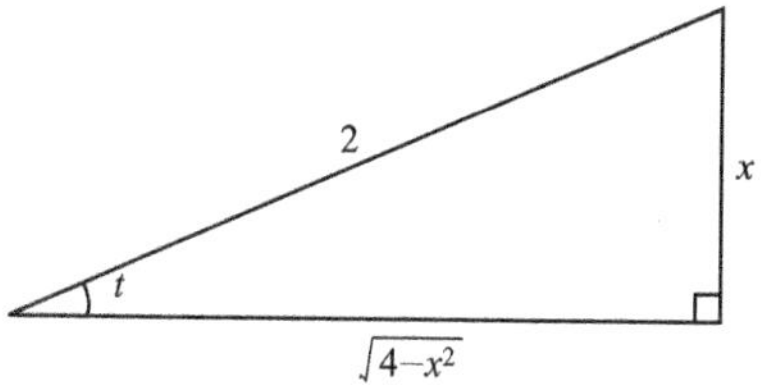

图 6.4-2

解二 令 $u=\sqrt{4-x^2}$，则 $du=\frac{-xdx}{\sqrt{4-x^2}}$.

$$原式=-\int\frac{du}{4-u^2}=-\frac{1}{4}\int\left(\frac{1}{2+u}+\frac{1}{2-u}\right)du$$

$$=-\frac{1}{4}\ln\left|\frac{2+u}{2-u}\right|+C=-\frac{1}{4}\ln\left|\frac{2+\sqrt{4-x^2}}{2-\sqrt{4-x^2}}\right|+C.$$

解三 $原式=\int\frac{dx}{x|x|\sqrt{\left(\frac{2}{x}\right)^2-1}}$.

当 $0<x<2$ 时，$原式=\int\frac{dx}{x^2\sqrt{\left(\frac{2}{x}\right)^2-1}}$ $\left(令\ u=\frac{2}{x},du=-\frac{2}{x^2}dx\right)$

$$=-\frac{1}{2}\int\frac{du}{\sqrt{u^2-1}}\quad(令\ u=\sec t, du=\sec t\cdot\tan t dt)$$

$$=-\frac{1}{2}\int\frac{dt}{\cos t}=-\frac{1}{2}\int\frac{d\left(t+\frac{\pi}{2}\right)}{\sin\left(t+\frac{\pi}{2}\right)}=-\frac{1}{2}\ln\left|\tan\left(\frac{t}{2}+\frac{\pi}{4}\right)\right|+C$$

$$=-\frac{1}{2}\ln\left|\frac{1-\cos\left(t+\frac{\pi}{2}\right)}{\sin\left(t+\frac{\pi}{2}\right)}\right|+C=-\frac{1}{2}\ln\left|\frac{1+\sin t}{\cos t}\right|+C$$

$$=-\frac{1}{2}\ln\left|\frac{2+\sqrt{4-x^2}}{x}\right|+C.$$

当 $-2<x<0$ 时，原式 $=-\int\frac{dx}{x^2\sqrt{\left(\frac{2}{x}\right)^2-1}}$

$$=\int\frac{d(-x)}{(-x)^2\sqrt{\left(\frac{2}{-x}\right)^2-1}}$$（注意此时 $0<-x<2$，利用上面已得的结果）

$$=-\frac{1}{2}\ln\left|\frac{2+\sqrt{4-(-x)^2}}{-x}\right|+C$$

$$=-\frac{1}{2}\ln\left|\frac{2+\sqrt{4-x^2}}{x}\right|+C.$$

附　解三中变量 x 与 t 的关系，当 $0<x<2$ 时，如图 6.4-3 所示.

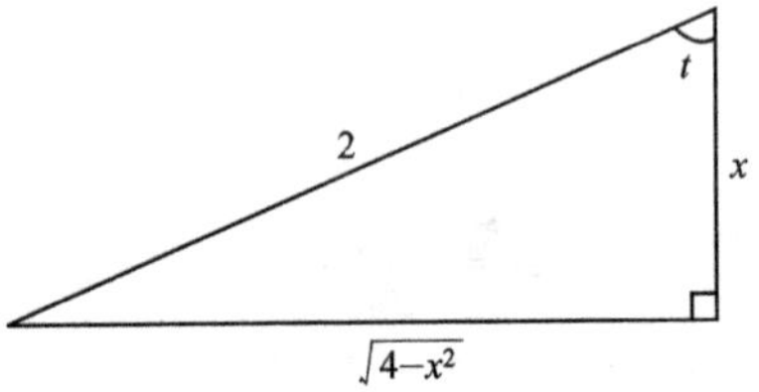

图 6.4-3

解四　令 $t=\sqrt{\frac{2+x}{2-x}}$，$x=\frac{2(t^2-1)}{t^2+1}$，$dx=\frac{8tdt}{(t^2+1)^2}$.

$$原式=\int\frac{dx}{x(2-x)\sqrt{\frac{2+x}{2-x}}}=\int\frac{dt}{t^2-1}=\frac{1}{2}\ln\left|\frac{t-1}{t+1}\right|+C$$

$$= \frac{1}{2}\ln\left|\frac{\sqrt{2+x}-\sqrt{2-x}}{\sqrt{2+x}+\sqrt{2-x}}\right|+C$$

$$= \frac{1}{2}\ln\left|\frac{2-\sqrt{4-x^2}}{x}\right|+C.$$

解五　令 $\sqrt{4-x^2}=tx$，$x^2=\frac{4}{1+t^2}$，$2xdx=-\frac{8tdt}{(1+t^2)^2}$.

$$\text{原式}=\int\frac{xdx}{x^2\sqrt{4-x^2}}=-\frac{1}{2}\int\frac{dt}{\sqrt{1+t^2}}=-\frac{1}{2}\ln\left|t+\sqrt{1+t^2}\right|+C$$

$$=-\frac{1}{2}\ln\left|\frac{2+\sqrt{4-x^2}}{x}\right|+C.$$

解六　令 $x^2=\frac{1}{t}$，$2xdx=-\frac{dt}{t^2}$.

$$\text{原式}=\int\frac{xdx}{x^2\sqrt{4-x^2}}=-\frac{1}{2}\int\frac{dt}{\sqrt{4t^2-t}}=-\frac{1}{4}\int\frac{d\left(2t-\frac{1}{4}\right)}{\sqrt{\left(2t-\frac{1}{4}\right)^2-\left(\frac{1}{4}\right)^2}}$$

$$=-\frac{1}{4}\ln\left|2t-\frac{1}{4}+\sqrt{4t^2-t}\right|+C$$

$$=-\frac{1}{4}\ln\left|\frac{2}{x^2}-\frac{1}{4}+\sqrt{\frac{4}{x^4}-\frac{1}{x^2}}\right|+C$$

$$=-\frac{1}{2}\ln\left|\frac{2+\sqrt{4-x^2}}{2x}\right|+C.$$

6.4.3　原函数可表为有限形式的几类函数

任一初等函数在它的定义区间内是可微的，并且它的导数仍是初等函数. 然而初等函数的原函数却不一定能用初等函数来表示. 例如，$\int e^{-x^2}dx$，$\int \sin x^2 dx$，$\int\frac{\sin x}{x}dx$，$\int\frac{dx}{\ln x}$等等，看起来好像很简单，但实际上它们均不能用初等函数来表示，即不能表为有限形式.

本节所讲的几类函数，均可通过完全确定的计算程序将它们的原函数用初等函数来表示，即将它们的原函数表示成有限形式. 这种完全确定的计算程序，在理论上是有价值的，但在实践上有时较繁琐. 为此，仍需强调对具体问题作具体分析，灵活地使用积分技巧.

1. 有理函数的积分

给定有理函数$\frac{P(x)}{Q(x)}$，式中 $P(x)=a_0x^n+a_1x^{n-1}+\cdots+a_n$ 与

$Q(x)=b_0x^m+b_1x^{m-1}+\cdots+b_m$ 之间没有公因子，$a_0\cdot b_0\neq 0$. 当 $n<m$ 时，它是真分式；当 $n\geqslant m$ 时，它是假分式，此时 $\dfrac{P(x)}{Q(x)}=W(x)+\dfrac{R(x)}{Q(x)}$，式中 $W(x)$ 是整式，$\dfrac{R(x)}{Q(x)}$ 是真分式. 真分式 $\dfrac{R(x)}{Q(x)}$ 总可拆成如下四种类型的部分分式的代数和(参看 1.1.7)：

1° $\dfrac{A}{x-a}$,

2° $\dfrac{A}{(x-a)^n}$(n 是不小于 2 的整数)，

3° $\dfrac{Mx+N}{x^2+px+q}$($p^2-4q<0$)，

4° $\dfrac{Mx+N}{(x^2+px+q)^n}$($p^2-4q<0$，$n$ 是不小于 2 的整数).

如果能解决上述四种类型的部分分式的积分问题，则利用分项积分法就可以解决任一真分式的积分问题，从而就解决了有理函数的积分问题.

1° $\displaystyle\int\frac{A}{x-a}dx=A\int\frac{d(x-a)}{x-a}=A\ln|x-a|+C$,

2° $\displaystyle\int\frac{A}{(x-a)^n}dx=A\int(x-a)^{-n}d(x-a)=\frac{A}{1-n}\cdot\frac{1}{(x-a)^{n-1}}+C$,

3° $\displaystyle\int\frac{Mx+N}{x^2+px+q}dx=\frac{M}{2}\ln(x^2+px+q)+\frac{2N-Mp}{\sqrt{4q-p^2}}\arctan\frac{2x+p}{\sqrt{4q-p^2}}+C$,

4° $$\int\frac{Mx+N}{(x^2+px+q)^n}dx=\frac{M}{2}\int\frac{2x+p}{(x^2+px+q)^n}dx+\left(N-\frac{Mp}{2}\right)\int\frac{dx}{(x^2+px+q)^n}=J_1+J_2.$$

$J_1=\dfrac{M}{2(1-n)}\cdot\dfrac{1}{(x^2+px+q)^{n-1}}+C$. 对于 J_2，令 $u=x+\dfrac{p}{2}$，记 $a^2=q-\dfrac{p^2}{4}$，则 $J_2=\left(N-\dfrac{Mp}{2}\right)\displaystyle\int\frac{du}{(u^2+a^2)^n}$. 记 $I_n=\displaystyle\int\frac{du}{(u^2+a^2)^n}$，有递推公式：

$$I_n=\frac{1}{2(n-1)a^2}\left(\frac{u}{(u^2+a^2)^{n-1}}+(2n-3)I_{n-1}\right)(n=2,3,\cdots).$$

而 $I_1=\displaystyle\int\frac{du}{u^2+a^2}=\frac{1}{a}\arctan\frac{u}{a}+C$. 从而第 4° 型的部分分式的积分问题就解决了.

至此，可以得出结论：任何有理函数的原函数都是初等函数.

例 7 $\displaystyle\int\frac{2x^2+2x+13}{(x-2)(x^2+1)^2}dx$.

解
$$\text{原式}=\int\left(\frac{1}{x-2}-\frac{3x+4}{(x^2+1)^2}-\frac{x+2}{x^2+1}\right)dx$$
$$=\int\frac{dx}{x-2}-\int\frac{3x+4}{(x^2+1)^2}dx-\int\frac{x+2}{x^2+1}dx.$$

而
$$\int\frac{dx}{x-2}=\ln|x-2|+C_1,$$
$$\int\frac{3x+4}{(x^2+1)^2}dx=\frac{3}{2}\int(x^2+1)^{-2}d(x^2+1)+4\int\frac{dx}{(x^2+1)^2}$$
$$=\frac{-3}{2(x^2+1)}+2\left(\frac{x}{x^2+1}+\int\frac{dx}{x^2+1}\right)$$
$$=-\frac{3}{2(x^2+1)}+\frac{2x}{x^2+1}+2\arctan x+C_2,$$
$$\int\frac{x+2}{x^2+1}dx=\frac{1}{2}\int\frac{d(x^2+1)}{x^2+1}+2\int\frac{dx}{x^2+1}$$
$$=\frac{1}{2}\ln(x^2+1)+2\arctan x+C_3.$$
故原式 $=\frac{1}{2}\ln\frac{(x-2)^2}{x^2+1}-\frac{4x-3}{2(x^2+1)}-4\arctan x+C.$

例 8 $\int\frac{x^4dx}{x^3+1}$.

解 原式 $=\int\left(x+\frac{1}{3(x+1)}-\frac{x+1}{3(x^2-x+1)}\right)dx$
$$=\int xdx+\frac{1}{3}\int\frac{dx}{x+1}-\frac{1}{3}\int\frac{x+1}{x^2-x+1}dx$$
$$=\frac{1}{2}x^2+\frac{1}{3}\ln|x+1|-\frac{1}{6}\ln(x^2-x+1)$$
$$-\frac{1}{\sqrt{3}}\arctan\frac{2x-1}{\sqrt{3}}+C$$
$$=\frac{1}{2}x^2+\frac{1}{6}\ln\frac{(x+1)^2}{x^2-x+1}-\frac{1}{\sqrt{3}}\arctan\frac{2x-1}{\sqrt{3}}+C.$$

2. 三角函数的有理式的积分

用 $R(u,v)$ 表示 u,v 的有理函数，$\int R(\sin x,\cos x)dx$ 就表示三角函数的有理式的积分.

(1) 设 $R(-u,v)=-R(u,v)$，则 $R(u,v)=R_1(u^2,v)\cdot u$. 此时，
$R(\sin x,\cos x)\,dx=R_1(\sin^2x,\cos x)\sin xdx=-R_1(1-\cos^2x,\cos x)d\cos x$，
令 $t=\cos x$，可将 $\int R(\sin x,\cos x)dx$ 化为 t 的有理函数的积分.

(2) 设 $R(u,-v)=-R(u,v)$，则 $R(u,v)=R_2(u,v^2)\cdot v$. 此时，
$R(\sin x,\cos x)dx=R_2(\sin x,\cos^2x)\cos xdx=R_2(\sin x,1-\sin^2x)d\sin x$，
令 $t=\sin x$ 即可.

(3) 设 $R(-u,-v)=R(u,v)$，则 $R(u,v)=R_3\left(\frac{u}{v},v^2\right)$. 此时，

$$R(\sin x,\cos x)dx=R_3\left(\tan x,\frac{1}{1+\tan^2 x}\right)dx,$$

令 $t=\tan x$ 即可$\left(注意\ dx=\frac{dt}{1+t^2}\right)$.

任何有理式 $R(u,v)$,总可以表示成上述三种特殊类型的有理式的和. 事实上,$R(u,v)=\frac{1}{2}(R(u,v)-R(-u,v))+\frac{1}{2}(R(-u,v)-R(-u,-v))+\frac{1}{2}(R(-u,-v)+R(u,v))$. 上面三项分别是(1),(2),(3)型.

(4) 一般地,作变量替换 $t=\tan\frac{x}{2}$,即 $x=2\arctan t$,可将 $\int R(\sin x,\cos x)dx$ 化为 t 的有理函数的积分. 事实上,此时

$$\sin x=\frac{2t}{1+t^2},\cos x=\frac{1-t^2}{1+t^2},dx=\frac{2}{1+t^2}dt,$$

于是,

$$\int R(\sin x,\cos x)dx=\int R\left(\frac{2t}{1+t^2},\frac{1-t^2}{1+t^2}\right)\cdot\frac{2}{1+t^2}dt=\int\widetilde{R}(t)dt,$$

式中 $\widetilde{R}(t)$是 t 的有理函数.

3. 简单无理函数的积分

(1) $\int R(x,\sqrt[n]{ax+b})dx\quad(n\in\mathbf{N})$.

作变量替换 $t=\sqrt[n]{ax+b}$,即 $x=\frac{t^n-b}{a}$,$dx=\frac{nt^{n-1}}{a}dt$. 于是,

$$\int R(x,\sqrt[n]{ax+b})dx=\int R\left(\frac{t^n-b}{a},t\right)\frac{nt^{n-1}}{a}dt=\int\widetilde{R}(t)dt.$$

(2) $\int R\left(x,\sqrt[n]{\frac{ax+b}{cx+d}}\right)dx\quad(n\in\mathbf{N})$.

作变量替换 $t=\sqrt[n]{\frac{ax+b}{cx+d}}$,即 $x=\frac{dt^n-b}{a-ct^n}$,$dx=\frac{n(ad-bc)t^{n-1}}{(a-ct^n)^2}dt$. 于是,

$$\int R\left(x,\sqrt[n]{\frac{ax+b}{cx+d}}\right)dx=\int R\left(\frac{dt^n-b}{a-ct^n},t\right)\frac{n(ad-bc)t^{n-1}}{(a-ct^n)^2}dt=\int\widetilde{R}(t)dt.$$

(3) $\int R(x,\sqrt{ax^2+bx+c})dx$.

先对二次三项式 ax^2+bx+c 进行配方,$\sqrt{ax^2+bx+c}$ 可能是下面三种情况之一:

1° $\sqrt{|a|}\cdot\sqrt{A^2-u^2}$, $u=x-\alpha$;

2° $\sqrt{|a|}\cdot\sqrt{A^2+u^2}$, $u=x-\alpha$;

3° $\sqrt{|a|}\cdot\sqrt{u^2-A^2}$, $u=x-\alpha$.

式中 A,α 是常数.

再分别作变量替换 $u=A\sin t, u=A\tan t, u=A\sec t$ 可以达到消除根号的目的.

对于形如 $I=\int\frac{dx}{(x-\alpha)^k\sqrt{ax^2+bx+c}}(k\in\mathbf{N})$ 的积分,作变量替换 $x-\alpha=\frac{1}{t}$,可得 $I=\int\frac{t^{k-1}dt}{\sqrt{(a\alpha^2+b\alpha+c)t^2+(2a\alpha+b)t+a}}$.

例 9 $\int\frac{dx}{(1+x)\sqrt{x^2+x+1}}$.

解 令 $1+x=\frac{1}{t}$,即 $x=\frac{1}{t}-1, dx=-\frac{dt}{t^2}$.

$$\text{原式}=-\int\frac{dt}{\sqrt{t^2-t+1}}=-\ln\left|t-\frac{1}{2}+\sqrt{t^2-t+1}\right|+C$$

$$=-\ln\left|\frac{1-x+2\sqrt{x^2+x+1}}{2(x+1)}\right|+C.$$

6.4.4 不定积分表

1. 基本积分表

(1) $\int x^\mu dx=\frac{x^{\mu+1}}{\mu+1}+C\quad(\mu\neq-1)$.

(2) $\int\frac{dx}{x}=\ln|x|+C\quad(x\neq0)$.

(3) $\int e^x dx=e^x+C$.

(4) $\int a^x dx=\frac{a^x}{\ln a}+C\quad(a\neq1)$.

(5) $\int\sin x dx=-\cos x+C$.

(6) $\int\cos x dx=\sin x+C$.

(7) $\int\frac{dx}{\cos^2x}=\tan x+C\left(x\neq\frac{2n+1}{2}\pi, n\in\mathbf{Z},\mathbf{Z}\text{ 是整数集}\right)$.

(8) $\int\frac{dx}{\sin^2x}=-\cot x+C\quad(x\neq n\pi, n\in\mathbf{Z})$.

(9) $\int\frac{dx}{\sqrt{1-x^2}}=\arcsin x+C\quad(|x|<1)$.

(10) $\int\frac{dx}{1+x^2}=\arctan x+C$.

(11) $\int\operatorname{sh}x dx=\operatorname{ch}x+C$.

(12) $\int \text{ch}x dx = \text{sh}x + C$.

(13) $\int \frac{dx}{\text{ch}^2 x} = \text{th}x + C$.

(14) $\int \frac{dx}{\text{sh}^2 x} = -\text{cth}x + C \quad (x \neq 0)$.

(15) $\int \frac{dx}{\sqrt{x^2+1}} = \ln(x + \sqrt{x^2+1}) + C$.

(16) $\int \frac{dx}{\sqrt{x^2-1}} = \ln|x + \sqrt{x^2-1}| + C \quad (|x| > 1)$.

(17) $\int \frac{dx}{x^2-1} = \frac{1}{2}\ln\left|\frac{x-1}{x+1}\right| + C \quad (|x| \neq 1)$.

2. 有理函数积分表

(18) $\int (ax+b)^n dx = \frac{(ax+b)^{n+1}}{a(n+1)} + C \quad (n \neq -1)$.

(19) $\int \frac{dx}{ax+b} = \frac{1}{a}\ln|ax+b| + C$.

(20) $\int x(ax+b)^n dx = \frac{(ax+b)^{n+2}}{a^2(n+2)} - \frac{b(ax+b)^{n+1}}{a^2(n+1)} + C \quad (n \neq -1, -2)$.

(21) $\int \frac{xdx}{ax+b} = \frac{x}{a} - \frac{b}{a^2}\ln|ax+b| + C$.

(22) $\int \frac{xdx}{(ax+b)^2} = \frac{b}{a^2(ax+b)} + \frac{1}{a^2}\ln|ax+b| + C$.

(23) $\int \frac{xdx}{(ax+b)^n} = \frac{1}{a^2}\left(\frac{b}{(n-1)(ax+b)^{n-1}} - \frac{1}{(n-2)(ax+b)^{n-2}}\right) + C$

$(n \neq 1, 2)$.

(24) $\int \frac{x^2 dx}{ax+b} = \frac{1}{a^3}\left(\frac{1}{2}(ax+b)^2 - 2b(ax+b) + b^2\ln|ax+b|\right) + C$.

(25) $\int \frac{x^2 dx}{(ax+b)^2} = \frac{1}{a^3}\left(ax+b - 2b\ln|ax+b| - \frac{b^2}{ax+b}\right) + C$.

(26) $\int \frac{x^2 dx}{(ax+b)^3} = \frac{1}{a^3}\left(\ln|ax+b| + \frac{2b}{ax+b} - \frac{b^2}{2(ax+b)^2}\right) + C$.

(27) $\int \frac{x^2 dx}{(ax+b)^n} = \frac{1}{a^3}\left(-\frac{1}{(n-3)(ax+b)^{n-3}} + \frac{2b}{(n-2)(ax+b)^{n-2}}\right.$

$\left. - \frac{b^2}{(n-1)(ax+b)^{n-1}}\right) + C \quad (n \neq 1, 2, 3)$.

(28) $\int \frac{dx}{x(ax+b)} = -\frac{1}{b}\ln\left|\frac{ax+b}{x}\right| + C$.

(29) $\int \frac{dx}{x^2(ax+b)} = -\frac{1}{bx} + \frac{a}{b^2}\ln\left|\frac{ax+b}{x}\right| + C.$

(30) $\int \frac{dx}{x^2(ax+b)^2} = -a\left(\frac{1}{b^2(ax+b)} + \frac{1}{ab^2x} - \frac{2}{b^2}\ln\left|\frac{ax+b}{x}\right|\right) + C.$

(31) $\int \frac{dx}{x^2+a^2} = \frac{1}{a}\arctan\frac{x}{a} + C.$

(32) $\int \frac{dx}{x^2-a^2} = \frac{1}{2a}\ln\left|\frac{x-a}{x+a}\right| + C \quad (|x| \neq a).$

(33) $\int \frac{dx}{ax^2+bx+c}$

$$= \begin{cases} \frac{2}{\sqrt{4ac-b^2}}\arctan\frac{2ax+b}{\sqrt{4ac-b^2}} + C & (4ac-b^2>0), \\ \frac{1}{\sqrt{b^2-4ac}}\ln\left|\frac{2ax+b-\sqrt{b^2-4ac}}{2ax+b+\sqrt{b^2-4ac}}\right| + C & (4ac-b^2<0). \end{cases}$$

(34) $\int \frac{xdx}{ax^2+bx+c} = \frac{1}{2a}\ln|ax^2+bx+c| - \frac{b}{2a}\int\frac{dx}{ax^2+bx+c}.$

(35) $\int \frac{mx+n}{ax^2+bx+c}dx$

$$= \begin{cases} \frac{m}{2a}\ln|ax^2+bx+c| + \frac{2an-bm}{a\sqrt{4ac-b^2}}\arctan\frac{2ax+b}{\sqrt{4ac-b^2}} + C \\ \quad (4ac-b^2>0), \\ \frac{m}{2a}\ln|ax^2+bx+c| + \frac{2an-bm}{2a\sqrt{b^2-4ac}}\ln\left|\frac{2ax+b-\sqrt{b^2-4ac}}{2ax+b+\sqrt{b^2-4ac}}\right| + C \\ \quad (4ac-b^2<0). \end{cases}$$

(36) $\int \frac{dx}{(ax^2+bx+c)^n} = \frac{2ax+b}{(n-1)(4ac-b^2)(ax^2+bx+c)^{n-1}}$

$+ \frac{(2n-3)2a}{(n-1)(4ac-b^2)}\int\frac{dx}{(ax^2+bx+c)^{n-1}} \quad (n \neq 1).$

(37) $\int \frac{xdx}{(ax^2+bx+c)^n} = -\frac{bx+2c}{(n-1)(4ac-b^2)(ax^2+bx+c)^{n-1}}$

$+ \frac{(2n-3)b}{(n-1)(4ac-b^2)}\int\frac{dx}{(ax^2+bx+c)^{n-1}} \quad (n \neq 1).$

(38) $\int \frac{dx}{x(ax^2+bx+c)} = \frac{1}{2c}\ln\left|\frac{x^2}{ax^2+bx+c}\right| - \frac{b}{2c}\int\frac{dx}{ax^2+bx+c}.$

3. 无理函数积分表

(39) $\int \sqrt{a^2-x^2}dx = \frac{1}{2}\left(x\sqrt{a^2-x^2} + a^2\arcsin\frac{x}{a}\right) + C \quad (|x| \leqslant a).$

(40) $\int x\sqrt{a^2-x^2}\,dx=-\frac{1}{3}(a^2-x^2)^{3/2}+C \quad (|x|\leqslant a).$

(41) $\int \frac{\sqrt{a^2-x^2}}{x}dx=\sqrt{a^2-x^2}-a\ln\left|\frac{a+\sqrt{a^2-x^2}}{x}\right|+C \quad (|x|\leqslant a).$

(42) $\int \frac{dx}{\sqrt{a^2-x^2}}=\arcsin\frac{x}{a}+C \quad (|x|<a).$

(43) $\int \frac{x^2dx}{\sqrt{a^2-x^2}}=-\frac{x}{2}\sqrt{a^2-x^2}+\frac{a^2}{2}\arcsin\frac{x}{a}+C \quad (|x|<a).$

(44) $\int \sqrt{x^2+a^2}\,dx=\frac{1}{2}(x\sqrt{x^2+a^2}+a^2\ln(x+\sqrt{x^2+a^2}))+C.$

(45) $\int x\sqrt{x^2+a^2}\,dx=\frac{1}{3}(x^2+a^2)^{3/2}+C.$

(46) $\int \frac{\sqrt{x^2+a^2}}{x}dx=\sqrt{x^2+a^2}-a\ln\left|\frac{a+\sqrt{x^2+a^2}}{x}\right|+C.$

(47) $\int \frac{dx}{\sqrt{x^2+a^2}}=\ln(x+\sqrt{x^2+a^2})+C.$

(48) $\int \frac{xdx}{\sqrt{x^2+a^2}}=\sqrt{x^2+a^2}+C.$

(49) $\int \frac{x^2dx}{\sqrt{x^2+a^2}}=\frac{x}{2}\sqrt{x^2+a^2}-\frac{a^2}{2}\ln(x+\sqrt{x^2+a^2})+C.$

(50) $\int \frac{dx}{x\sqrt{x^2+a^2}}=-\frac{1}{a}\ln\left|\frac{a+\sqrt{x^2+a^2}}{x}\right|+C.$

(51) $\int \frac{dx}{x^2\sqrt{x^2+a^2}}=-\frac{\sqrt{x^2+a^2}}{a^2x}+C.$

(52) $\int \sqrt{x^2-a^2}\,dx=\frac{1}{2}(x\sqrt{x^2-a^2}-a^2\ln|x+\sqrt{x^2-a^2}|)+C \quad (|x|\geqslant a).$

(53) $\int x\sqrt{x^2-a^2}\,dx=\frac{1}{3}(x^2-a^2)^{3/2}+C \quad (|x|\geqslant a).$

(54) $\int \frac{\sqrt{x^2-a^2}}{x}dx=\sqrt{x^2-a^2}-a\cdot\arccos\frac{a}{x}+C \quad (|x|\geqslant a).$

(55) $\int \frac{dx}{\sqrt{x^2-a^2}}=\ln|x+\sqrt{x^2-a^2}|+C \quad (|x|>a).$

(56) $\int \frac{xdx}{\sqrt{x^2-a^2}}=\sqrt{x^2-a^2}+C \quad (|x|>a).$

(57) $\int \frac{x^2dx}{\sqrt{x^2-a^2}}=\frac{1}{2}(x\sqrt{x^2-a^2}+a^2\ln|x+\sqrt{x^2-a^2}|)+C \quad (|x|>a).$

(58) $\int \frac{dx}{\sqrt{Ax^2+Bx+C}}$

$$=\begin{cases}\frac{1}{\sqrt{A}}\ln\left|2\sqrt{A(Ax^2+Bx+C)}+2Ax+B\right|+C_1 \\ \quad (A>0,\ 4AC-B^2>0), \\ \frac{1}{\sqrt{A}}\ln|2Ax+B|+C_1 \quad (A>0, 4AC-B^2=0), \\ -\frac{1}{\sqrt{-A}}\arcsin\frac{2Ax+B}{\sqrt{B^2-4AC}}+C_1 \quad (A<0, 4AC-B^2<0).\end{cases}$$

(59) $\int \frac{xdx}{\sqrt{Ax^2+Bx+C}}=\frac{\sqrt{Ax^2+Bx+C}}{A}-\frac{B}{2A}\int\frac{dx}{\sqrt{Ax^2+Bx+C}}.$

4. 三角函数积分表

(60) $\int \sin\alpha x dx=-\frac{1}{\alpha}\cos\alpha x+C.$

(61) $\int \sin^n\alpha x dx=-\frac{\sin^{n-1}\alpha x\cdot\cos\alpha x}{n\alpha}+\frac{n-1}{n}\int\sin^{n-2}\alpha x dx \quad (n>0).$

(62) $\int x\sin\alpha x dx=\frac{\sin\alpha x}{\alpha^2}-\frac{x\cos\alpha x}{\alpha}+C.$

(63) $\int x^n\sin\alpha x dx=-\frac{x^n}{\alpha}\cos\alpha x+\frac{n}{\alpha}\int x^{n-1}\cos\alpha x dx \quad (n>0).$

(64) $\int \frac{dx}{\sin\alpha x}=\frac{1}{\alpha}\ln\left|\tan\frac{\alpha x}{2}\right|+C.$

(65) $\int \frac{dx}{\sin^n\alpha x}=-\frac{1}{\alpha(n-1)}\cdot\frac{\cos\alpha x}{\sin^{n-1}\alpha x}+\frac{n-2}{n-1}\int\frac{dx}{\sin^{n-2}\alpha x} \quad (n>1).$

(66) $\int \frac{dx}{1+\sin\alpha x}=\frac{1}{\alpha}\tan\left(\frac{\alpha x}{2}-\frac{\pi}{4}\right)+C.$

(67) $\int \frac{dx}{1-\sin\alpha x}=\frac{1}{\alpha}\tan\left(\frac{\alpha x}{2}+\frac{\pi}{4}\right)+C.$

(68) $\int \frac{xdx}{1+\sin\alpha x}=\frac{x}{\alpha}\tan\left(\frac{\alpha x}{2}-\frac{\pi}{4}\right)+\frac{2}{\alpha^2}\ln\left|\cos\left(\frac{\alpha x}{2}-\frac{\pi}{4}\right)\right|+C.$

(69) $\int \frac{xdx}{1-\sin\alpha x}=\frac{x}{\alpha}\cot\left(\frac{\pi}{4}-\frac{\alpha x}{2}\right)+\frac{2}{\alpha^2}\ln\left|\sin\left(\frac{\pi}{4}-\frac{\alpha x}{2}\right)\right|+C.$

(70) $\int \frac{\sin\alpha x}{1\pm\sin\alpha x}dx=\pm x+\frac{1}{\alpha}\tan\left(\frac{\pi}{4}\mp\frac{\alpha x}{2}\right)+C.$

(71) $\int \cos\alpha x dx=\frac{1}{\alpha}\sin\alpha x+C.$

(72) $\int \cos^n ax dx = \dfrac{\cos^{n-1} ax \cdot \sin ax}{na} + \dfrac{n-1}{n}\int \cos^{n-2} ax dx \quad (n > 0).$

(73) $\int x\cos ax dx = \dfrac{\cos ax}{a^2} + \dfrac{x\sin ax}{a} + C.$

(74) $\int x^n \cos ax dx = \dfrac{x^n \sin ax}{a} - \dfrac{n}{a}\int x^{n-1} \sin ax dx \quad (n > 0).$

(75) $\int \dfrac{dx}{\cos ax} = \dfrac{1}{a}\ln\left|\tan\left(\dfrac{ax}{2} + \dfrac{\pi}{4}\right)\right| + C.$

(76) $\int \dfrac{dx}{\cos^n ax} = \dfrac{1}{a(n-1)} \cdot \dfrac{\sin ax}{\cos^{n-1} ax} + \dfrac{n-2}{n-1}\int \dfrac{dx}{\cos^{n-2} ax} \quad (n > 1).$

(77) $\int \dfrac{dx}{1+\cos ax} = \dfrac{1}{a}\tan\dfrac{ax}{2} + C.$

(78) $\int \dfrac{dx}{1-\cos ax} = -\dfrac{1}{a}\cot\dfrac{ax}{2} + C.$

(79) $\int \dfrac{xdx}{1+\cos ax} = \dfrac{x}{a}\tan\dfrac{ax}{2} + \dfrac{2}{a^2}\ln\left|\cos\dfrac{ax}{2}\right| + C.$

(80) $\int \dfrac{xdx}{1-\cos ax} = -\dfrac{x}{a}\cot\dfrac{ax}{2} + \dfrac{2}{a^2}\ln\left|\sin\dfrac{ax}{2}\right| + C.$

(81) $\int \dfrac{\cos ax}{1+\cos ax}dx = x - \dfrac{1}{a}\tan\dfrac{ax}{2} + C.$

(82) $\int \dfrac{\cos ax}{1-\cos ax}dx = -x - \dfrac{1}{a}\cot\dfrac{ax}{2} + C.$

(83) $\int \dfrac{dx}{\cos ax + \sin ax} = \dfrac{1}{a\sqrt{2}}\ln\left|\tan\left(\dfrac{ax}{2} + \dfrac{\pi}{8}\right)\right| + C.$

(84) $\int \dfrac{dx}{\cos ax - \sin ax} = \dfrac{1}{a\sqrt{2}}\ln\left|\tan\left(\dfrac{ax}{2} - \dfrac{\pi}{8}\right)\right| + C.$

(85) $\int \dfrac{dx}{(\cos ax + \sin ax)^2} = \dfrac{1}{2a}\tan\left(ax - \dfrac{\pi}{4}\right) + C.$

(86) $\int \dfrac{dx}{(\cos ax - \sin ax)^2} = \dfrac{1}{2a}\tan\left(ax + \dfrac{\pi}{4}\right) + C.$

(87) $\int \dfrac{\cos ax dx}{\cos ax + \sin ax} = \dfrac{1}{2a}\left(ax + \ln\left|\sin\left(ax + \dfrac{\pi}{4}\right)\right|\right) + C.$

(88) $\int \dfrac{\cos ax dx}{\cos ax - \sin ax} = \dfrac{1}{2a}\left(ax - \ln\left|\cos\left(ax + \dfrac{\pi}{4}\right)\right|\right) + C.$

(89) $\int \dfrac{\sin ax dx}{\cos ax + \sin ax} = \dfrac{1}{2a}\left(ax - \ln\left|\sin\left(ax + \dfrac{\pi}{4}\right)\right|\right) + C.$

(90) $\int \dfrac{\sin ax dx}{\cos ax - \sin ax} = -\dfrac{1}{2a}\left(ax + \ln\left|\cos\left(ax + \dfrac{\pi}{4}\right)\right|\right) + C.$

(91) $\int \frac{\cos ax dx}{\sin ax(1+\cos ax)} = -\frac{1}{4a}\tan^2\frac{ax}{2} + \frac{1}{2a}\ln\left|\tan\frac{ax}{2}\right| + C.$

(92) $\int \frac{\cos ax dx}{\sin ax(1-\cos ax)} = -\frac{1}{4a}\cot^2\frac{ax}{2} - \frac{1}{2a}\ln\left|\tan\frac{ax}{2}\right| + C.$

(93) $\int \frac{\sin ax dx}{\cos ax(1+\sin ax)} = \frac{1}{4a}\cot^2\left(\frac{ax}{2}+\frac{\pi}{4}\right) + \frac{1}{2a}\ln\left|\tan\left(\frac{ax}{2}+\frac{\pi}{4}\right)\right| + C.$

(94) $\int \frac{\sin ax dx}{\cos ax(1-\sin ax)} = \frac{1}{4a}\tan^2\left(\frac{ax}{2}+\frac{\pi}{4}\right) - \frac{1}{2a}\ln\left|\tan\left(\frac{ax}{2}+\frac{\pi}{4}\right)\right| + C.$

(95) $\int \sin ax \cdot \cos ax dx = \frac{1}{2a}\sin^2 ax + C.$

(96) $\int \sin^n ax \cdot \cos ax dx = \frac{1}{a(n+1)}\sin^{n+1} ax + C \quad (n \neq -1).$

(97) $\int \sin ax \cdot \cos^n ax dx = -\frac{1}{a(n+1)}\cos^{n+1} ax + C \quad (n \neq -1).$

(98) $\int \sin^n ax \cdot \cos^m ax dx$

$$= -\frac{\sin^{n-1} ax \cdot \cos^{m+1} ax}{a(n+m)} + \frac{n-1}{n+m}\int \sin^{n-2} ax \cdot \cos^m ax dx$$

$$= \frac{\sin^{n+1} ax \cdot \cos^{m-1} ax}{a(n+m)} + \frac{m-1}{n+m}\int \sin^n ax \cdot \cos^{m-2} ax dx \quad (n, m > 0).$$

(99) $\int \frac{dx}{\sin ax \cdot \cos ax} = \frac{1}{a}\ln|\tan ax| + C.$

(100) $\int \frac{dx}{\sin ax \cdot \cos^n ax} = \frac{1}{a(n-1)\cos^{n-1} ax} + \int \frac{dx}{\sin ax \cdot \cos^{n-2} ax} \quad (n \neq 1).$

(101) $\int \frac{dx}{\sin^n ax \cdot \cos ax} = -\frac{1}{a(n-1)\sin^{n-1} ax} + \int \frac{dx}{\sin^{n-2} ax \cdot \cos ax} \quad (n \neq 1).$

(102) $\int \frac{\sin ax}{\cos^n ax}dx = \frac{1}{a(n-1)\cos^{n-1} ax} + C \quad (n \neq 1).$

(103) $\int \frac{\sin^2 ax}{\cos ax}dx = -\frac{1}{a}\sin ax + \frac{1}{a}\ln\left|\tan\left(\frac{\pi}{4}+\frac{ax}{2}\right)\right| + C.$

(104) $\int \frac{\sin^2 ax}{\cos^n ax}dx = \frac{\sin ax}{a(n-1)\cos^{n-1} ax} - \frac{1}{n-1}\int \frac{dx}{\cos^{n-2} ax} \quad (n \neq 1).$

(105) $\int \frac{\sin^n ax}{\cos ax}dx = -\frac{\sin^{n-1} ax}{a(n-1)} + \int \frac{\sin^{n-2} ax}{\cos ax}dx \quad (n \neq 1).$

(106) $\int \frac{\sin^n ax}{\cos^m ax}dx = \frac{\sin^{n+1} ax}{a(m-1)\cos^{m-1} ax} - \frac{n-m+2}{m-1}\int \frac{\sin^n ax}{\cos^{m-2} ax}dx \quad (m \neq 1),$

$$= -\frac{\sin^{n-1} ax}{a(n-m)\cos^{m-1} ax} + \frac{n-1}{n-m}\int \frac{\sin^{n-2} ax}{\cos^m ax}dx \quad (m \neq n),$$

$$= \frac{\sin^{n-1}\alpha x}{\alpha(m-1)\cos^{m-1}\alpha x} - \frac{n-1}{m-1}\int \frac{\sin^{n-2}\alpha x}{\cos^{m-2}\alpha x}dx \quad (m \neq 1).$$

(107) $\int \frac{\cos\alpha x}{\sin^n\alpha x}dx = -\frac{1}{\alpha(n-1)\sin^{n-1}\alpha x} + C \quad (n \neq 1).$

(108) $\int \frac{\cos^2\alpha x}{\sin\alpha x}dx = \frac{1}{\alpha}\left(\cos\alpha x + \ln\left|\tan\frac{\alpha x}{2}\right|\right) + C.$

(109) $\int \frac{\cos^2\alpha x}{\sin^n\alpha x}dx = -\frac{1}{n-1}\frac{\cos\alpha x}{\alpha\sin^{n-1}\alpha x} + \int \frac{dx}{\sin^{n-2}\alpha x} \quad (n \neq 1).$

(110) $\int \frac{\cos^n\alpha x}{\sin\alpha x}dx = \frac{\cos^{n-1}\alpha x}{\alpha(n-1)} + \int \frac{\cos^{n-2}\alpha x}{\sin\alpha x}dx \quad (n \neq 1).$

(111) $\int \frac{\cos^n\alpha x}{\sin^m\alpha x}dx = -\frac{\cos^{n+1}\alpha x}{\alpha(m-1)\sin^{m-1}\alpha x} - \frac{n-m+2}{m-1}\int \frac{\cos^n\alpha x}{\sin^{m-2}\alpha x}dx \quad (m \neq 1),$

$$= \frac{\cos^{n-1}\alpha x}{\alpha(n-m)\sin^{m-1}\alpha x} + \frac{n-1}{n-m}\int \frac{\cos^{n-2}\alpha x}{\sin^m\alpha x}dx \quad (m \neq n),$$

$$= -\frac{\cos^{n-1}\alpha x}{\alpha(m-1)\sin^{m-1}\alpha x} - \frac{n-1}{m-1}\int \frac{\cos^{n-2}\alpha x}{\sin^{m-2}\alpha x}dx \quad (m \neq 1).$$

(112) $\int \tan\alpha x dx = -\frac{1}{\alpha}\ln|\cos\alpha x| + C.$

(113) $\int \tan^n\alpha x dx = \frac{1}{\alpha(n-1)}\tan^{n-1}\alpha x - \int \tan^{n-2}\alpha x dx \quad (n \neq 1).$

(114) $\int \frac{\tan^n\alpha x}{\cos^2\alpha x}dx = \frac{1}{\alpha(n+1)}\tan^{n+1}\alpha x + C \quad (n \neq -1).$

(115) $\int \frac{dx}{\tan\alpha x + 1} = \frac{x}{2} + \frac{1}{2\alpha}\ln|\sin\alpha x + \cos\alpha x| + C.$

(116) $\int \frac{dx}{\tan\alpha x - 1} = -\frac{x}{2} - \frac{1}{2\alpha}\ln|\sin\alpha x - \cos\alpha x| + C.$

(117) $\int \frac{\tan\alpha x dx}{\tan\alpha x + 1} = \frac{x}{2} - \frac{1}{2\alpha}\ln|\sin\alpha x + \cos\alpha x| + C.$

(118) $\int \frac{\tan\alpha x dx}{\tan\alpha x - 1} = \frac{x}{2} + \frac{1}{2\alpha}\ln|\sin\alpha x - \cos\alpha x| + C.$

(119) $\int \cot\alpha x dx = \frac{1}{\alpha}\ln|\sin\alpha x| + C.$

(120) $\int \cot^n\alpha x dx = -\frac{1}{\alpha(n-1)}\cot^{n-1}\alpha x - \int \cot^{n-2}\alpha x dx \quad (n \neq 1).$

(121) $\int \frac{\cot^n\alpha x}{\sin^2\alpha x}dx = -\frac{1}{\alpha(n+1)}\cot^{n+1}\alpha x + C \quad (n \neq -1).$

5. 双曲函数积分表

(122) $\int \mathrm{sh}\alpha x dx = \frac{1}{\alpha}\mathrm{ch}\alpha x + C.$

(123) $\int \text{ch}\alpha x dx = \frac{1}{\alpha}\text{sh}\alpha x + C.$

(124) $\int \text{sh}^2 \alpha x dx = \frac{1}{4\alpha}\text{sh}2\alpha x - \frac{x}{2} + C.$

(125) $\int \text{ch}^2 \alpha x dx = \frac{1}{4\alpha}\text{sh}2\alpha x + \frac{x}{2} + C.$

(126) $\int \text{sh}^n \alpha x dx = \frac{1}{\alpha n}\text{sh}^{n-1}\alpha x \cdot \text{ch}\alpha x - \frac{n-1}{n}\int \text{sh}^{n-2}\alpha x dx \quad (n = 2,3,\cdots).$

(127) $\int \text{ch}^n \alpha x dx = \frac{1}{\alpha n}\text{sh}\alpha x \cdot \text{ch}^{n-1}\alpha x + \frac{n-1}{n}\int \text{ch}^{n-2}\alpha x dx \quad (n = 2,3,\cdots).$

(128) $\int \frac{dx}{\text{sh}\alpha x} = \frac{1}{\alpha}\ln\left|\text{ th }\frac{\alpha x}{2}\right| + C.$

(129) $\int \frac{dx}{\text{ch}\alpha x} = \frac{2}{\alpha}\arctan e^{\alpha x} + C.$

(130) $\int \frac{dx}{\text{sh}^n \alpha x} = -\frac{1}{\alpha(n-1)}\cdot\frac{\text{ch}\alpha x}{\text{sh}^{n-1}\alpha x} - \frac{n-2}{n-1}\int \frac{dx}{\text{sh}^{n-2}\alpha x} \quad (n \neq 1).$

(131) $\int \frac{dx}{\text{ch}^n \alpha x} = \frac{1}{\alpha(n-1)}\cdot\frac{\text{sh}\alpha x}{\text{ch}^{n-1}\alpha x} + \frac{n-2}{n-1}\int \frac{dx}{\text{ch}^{n-2}\alpha x} \quad (n \neq 1).$

(132) $\int \frac{\text{ch}^n \alpha x}{\text{sh}^m \alpha x}dx = \frac{1}{\alpha(n-m)}\cdot\frac{\text{ch}^{n-1}\alpha x}{\text{sh}^{m-1}\alpha x} + \frac{n-1}{n-m}\int \frac{\text{ch}^{n-2}\alpha x}{\text{sh}^m \alpha x}dx \quad (m \neq n),$

$= -\frac{1}{\alpha(m-1)}\cdot\frac{\text{ch}^{n+1}\alpha x}{\text{sh}^{m-1}\alpha x} + \frac{n-m+2}{m-1}\int \frac{\text{ch}^n \alpha x}{\text{sh}^{m-2}\alpha x}dx \quad (m \neq 1),$

$= -\frac{1}{\alpha(m-1)}\cdot\frac{\text{ch}^{n-1}\alpha x}{\text{sh}^{m+1}\alpha x} + \frac{n-1}{m-1}\int \frac{\text{ch}^{n-2}\alpha x}{\text{sh}^{m-2}\alpha x}dx \quad (m \neq 1).$

(133) $\int \frac{\text{sh}^m \alpha x}{\text{ch}^n \alpha x}dx = \frac{1}{\alpha(m-n)}\cdot\frac{\text{sh}^{m-1}\alpha x}{\text{ch}^{n-1}\alpha x} - \frac{m-1}{m-n}\int \frac{\text{sh}^{m-2}\alpha x}{\text{ch}^n \alpha x}dx \quad (m \neq n),$

$= \frac{1}{\alpha(n-1)}\cdot\frac{\text{sh}^{m+1}\alpha x}{\text{ch}^{n-1}\alpha x} - \frac{m-n+2}{n-1}\int \frac{\text{sh}^m \alpha x}{\text{ch}^{n-2}\alpha x}dx \quad (n \neq 1),$

$= -\frac{1}{\alpha(n-1)}\cdot\frac{\text{sh}^{m-1}\alpha x}{\text{ch}^{n-1}\alpha x} + \frac{m-1}{n-1}\int \frac{\text{sh}^{m-2}\alpha x}{\text{ch}^{n-2}\alpha x}dx \quad (n \neq 1).$

(134) $\int x\text{sh}\alpha x dx = \frac{x}{\alpha}\text{ch}\alpha x - \frac{1}{\alpha^2}\text{sh}\alpha x + C.$

(135) $\int x\text{ch}\alpha x dx = \frac{x}{\alpha}\text{sh}\alpha x - \frac{1}{\alpha^2}\text{ch}\alpha x + C.$

(136) $\int \text{th}\alpha x dx = \frac{1}{\alpha}\ln|\text{ch}\alpha x| + C.$

(137) $\int \text{cth}\alpha x dx = \frac{1}{\alpha}\ln|\text{sh}\alpha x| + C.$

(138) $\int \text{th}^n \alpha x dx = -\frac{1}{\alpha(n-1)}\text{th}^{n-1}\alpha x + \int \text{th}^{n-2}\alpha x dx \quad (n \neq 1).$

(139) $\int \operatorname{cth}^n \alpha x dx = -\frac{1}{\alpha(n-1)}\operatorname{cth}^{n-1}\alpha x + \int \operatorname{cth}^{n-2}\alpha x dx \quad (n \neq 1)$.

(140) $\int \operatorname{sh}\alpha x \cdot \operatorname{sh}\beta x dx$

$$= \frac{1}{\alpha^2 - \beta^2}(\alpha \operatorname{sh}\beta x \cdot \operatorname{ch}\alpha x - \beta \operatorname{ch}\beta x \cdot \operatorname{sh}\alpha x) + C \quad (\alpha^2 \neq \beta^2).$$

(141) $\int \operatorname{ch}\alpha x \cdot \operatorname{ch}\beta x dx$

$$= \frac{1}{\alpha^2 - \beta^2}(\alpha \operatorname{sh}\alpha x \cdot \operatorname{ch}\beta x - \beta \operatorname{sh}\beta x \cdot \operatorname{ch}\alpha x) + C \quad (\alpha^2 \neq \beta^2).$$

(142) $\int \operatorname{ch}\alpha x \cdot \operatorname{sh}\beta x dx$

$$= \frac{1}{\alpha^2 - \beta^2}(\alpha \operatorname{sh}\alpha x \cdot \operatorname{sh}\beta x - \beta \operatorname{ch}\alpha x \cdot \operatorname{ch}\beta x) + C \quad (\alpha^2 \neq \beta^2).$$

(143) $\int \operatorname{sh}(ax+b) \cdot \sin(cx+d) dx = \frac{a}{a^2+c^2}\operatorname{ch}(ax+b) \cdot \sin(cx+d)$

$$- \frac{c}{a^2+c^2}\operatorname{sh}(ax+b) \cdot \cos(cx+d) + C_1.$$

(144) $\int \operatorname{sh}(ax+b) \cdot \cos(cx+d) dx = \frac{a}{a^2+c^2}\operatorname{ch}(ax+b) \cdot \cos(cx+d)$

$$+ \frac{c}{a^2+c^2}\operatorname{sh}(ax+b) \cdot \sin(cx+d) + C_1.$$

(145) $\int \operatorname{ch}(ax+b) \cdot \sin(cx+d) dx = \frac{a}{a^2+c^2}\operatorname{sh}(ax+b) \sin(cx+d)$

$$- \frac{c}{a^2+c^2}\operatorname{ch}(ax+b) \cdot \cos(cx+d) + C_1.$$

(146) $\int \operatorname{ch}(ax+b) \cdot \cos(cx+d) dx = \frac{a}{a^2+c^2}\operatorname{sh}(ax+b) \cdot \cos(cx+d)$

$$+ \frac{c}{a^2+c^2}\operatorname{ch}(ax+b) \cdot \sin(cx+d) + C_1.$$

6. 指数函数积分表

(147) $\int e^{\alpha x} dx = \frac{1}{\alpha}e^{\alpha x} + C$.

(148) $\int x \cdot e^{\alpha x} dx = \frac{\alpha x - 1}{\alpha^2}e^{\alpha x} + C$.

(149) $\int x^2 \cdot e^{\alpha x} dx = \left(\frac{x^2}{\alpha} - \frac{2x}{\alpha^2} + \frac{2}{\alpha^3}\right)e^{\alpha x} + C$.

(150) $\int x^n \cdot e^{\alpha x} dx = \frac{1}{\alpha}x^n e^{\alpha x} - \frac{n}{\alpha}\int x^{n-1} e^{\alpha x} dx$.

(151) $\int e^{ax}\cdot \sin bx dx = \frac{e^{ax}}{a^2+b^2}(a\sin bx - b\cos bx)+C.$

(152) $\int e^{ax}\cdot \cos bx dx = \frac{e^{ax}}{a^2+b^2}(a\cos bx + b\sin bx)+C.$

(153) $\int e^{ax}\cdot \sin^n x dx = \frac{e^{ax}\sin^{n-1}x}{a^2+n^2}(a\sin x - n\cos x)+\frac{n(n-1)}{a^2+n^2}\int e^{ax}\cdot \sin^{n-2}x dx.$

(154) $\int e^{ax}\cdot \cos^n x dx = \frac{e^{ax}\cdot\cos^{n-1}x}{a^2+n^2}(a\cos x + n\sin x)+\frac{n(n-1)}{a^2+n^2}\int e^{ax}\cdot \cos^{n-2}x dx.$

7. 对数函数积分表(下列各式中 $x>0$)

(155) $\int \ln x dx = x\ln x - x + C.$

(156) $\int (\ln x)^2 dx = x(\ln x)^2 - 2x\ln x + 2x + C.$

(157) $\int (\ln x)^n dx = x(\ln x)^n - n\int (\ln x)^{n-1}dx \quad (n\in \mathbf{N}).$

(158) $\int x^m \ln x dx = x^{m+1}\left(\frac{\ln x}{m+1}-\frac{1}{(m+1)^2}\right)+C \quad (m\neq -1).$

(159) $\int x^m(\ln x)^n dx = \frac{x^{m+1}(\ln x)^n}{m+1}-\frac{n}{m+1}\int x^m(\ln x)^{n-1}dx \quad (m\neq -1, n\in \mathbf{N}).$

(160) $\int \frac{(\ln x)^n}{x}dx = \frac{(\ln x)^{n+1}}{n+1}+C \quad (n\neq -1).$

(161) $\int \frac{\ln x}{x^m}dx = -\frac{\ln x}{(m-1)x^{m-1}}-\frac{1}{(m-1)^2x^{m-1}}+C \quad (m\neq 1).$

(162) $\int \frac{(\ln x)^n}{x^m}dx = -\frac{(\ln x)^n}{(m-1)x^{m-1}}+\frac{n}{m-1}\int \frac{(\ln x)^{n-1}}{x^m}dx \quad (m\neq 1, n\in \mathbf{N}).$

(163) $\int \frac{dx}{x\ln x} = \ln|\ln x| + C \quad (x\neq 1).$

(164) $\int \frac{dx}{x(\ln x)^n} = -\frac{1}{(n-1)(\ln x)^{n-1}}+C \quad (n\neq 1, x\neq 1).$

(165) $\int \sin(\ln x)dx = \frac{x}{2}(\sin(\ln x)-\cos(\ln x))+C.$

(166) $\int \cos(\ln x)dx = \frac{x}{2}(\sin(\ln x)+\cos(\ln x))+C.$

8. 反三角函数积分表

(167) $\int \arcsin\frac{x}{a}dx = x\arcsin\frac{x}{a}+\sqrt{a^2-x^2}+C.$

(168) $\int x\cdot \arcsin\frac{x}{a}dx = \left(\frac{x^2}{2}-\frac{a^2}{4}\right)\arcsin\frac{x}{a}+\frac{x}{4}\sqrt{a^2-x^2}+C.$

(169) $\int x^2 \cdot \arcsin\frac{x}{\alpha}dx = \frac{x^3}{3}\arcsin\frac{x}{\alpha} + \frac{x^2+2\alpha^2}{9}\sqrt{\alpha^2-x^2}+C.$

(170) $\int \arccos\frac{x}{\alpha}dx = x\cdot\arccos\frac{x}{\alpha} - \sqrt{\alpha^2-x^2}+C.$

(171) $\int x\cdot\arccos\frac{x}{\alpha}dx = \left(\frac{x^2}{2}-\frac{\alpha^2}{4}\right)\arccos\frac{x}{\alpha} - \frac{x}{4}\sqrt{\alpha^2-x^2}+C.$

(172) $\int x^2\cdot\arccos\frac{x}{\alpha}dx = \frac{x^3}{3}\arccos\frac{x}{\alpha} - \frac{x^2+2\alpha^2}{9}\sqrt{\alpha^2-x^2}+C.$

(173) $\int \arctan\frac{x}{\alpha}dx = x\cdot\arctan\frac{x}{\alpha} - \frac{\alpha}{2}\ln(\alpha^2+x^2)+C.$

(174) $\int x\cdot\arctan\frac{x}{\alpha}dx = \frac{1}{2}(\alpha^2+x^2)\arctan\frac{x}{\alpha} - \frac{\alpha x}{2}+C.$

(175) $\int x^2\cdot\arctan\frac{x}{\alpha}dx = \frac{x^3}{3}\arctan\frac{x}{\alpha} - \frac{\alpha x^2}{6} + \frac{\alpha^3}{6}\ln(\alpha^2+x^2)+C.$

(176) $\int x^n\cdot\arctan\frac{x}{\alpha}dx = \frac{x^{n+1}}{n+1}\arctan\frac{x}{\alpha} - \frac{\alpha}{n+1}\int\frac{x^{n+1}}{\alpha^2+x^2}dx \quad (n\neq -1).$

(177) $\int \operatorname{arccot}\frac{x}{\alpha}dx = x\cdot\operatorname{arccot}\frac{x}{\alpha} + \frac{\alpha}{2}\ln(\alpha^2+x^2)+C.$

(178) $\int x\cdot\operatorname{arccot}\frac{x}{\alpha}dx = \frac{1}{2}(\alpha^2+x^2)\operatorname{arccot}\frac{x}{\alpha} + \frac{\alpha x}{2}+C.$

(179) $\int x^2\cdot\operatorname{arccot}\frac{x}{\alpha}dx = \frac{x^3}{3}\operatorname{arccot}\frac{x}{\alpha} + \frac{\alpha x^2}{6} - \frac{\alpha^3}{6}\ln(\alpha^2+x^2)+C.$

(180) $\int x^n\cdot\operatorname{arccot}\frac{x}{\alpha}dx = \frac{x^{n+1}}{n+1}\operatorname{arccot}\frac{x}{\alpha} + \frac{\alpha}{n+1}\int\frac{x^{n+1}}{\alpha^2+x^2}dx. \quad (n\neq -1).$

§6.5 定　积　分

6.5.1 定积分的定义

定义 1 设 f 是闭区间 $[a,b]$ 上的有界函数. 在 $[a,b]$ 上给定一组分点 $a=x_0<x_1<\cdots<x_i<\cdots<x_n=b$，记为 $P=\{x_0,x_1,\cdots,x_n\}$，称它是 $[a,b]$ 的一个划分. 又记 $\Delta x_i=x_i-x_{i-1}(i=1,2,\cdots,n)$，$\lambda=\max\limits_{1\leqslant i\leqslant n}\{\Delta x_i\}$. 取 $\xi_i\in[x_{i-1},x_i](i=1,2,\cdots,n)$，记 $\xi=(\xi_1,\xi_2,\cdots,\xi_n)$. 称 $\sigma=\sum\limits_{i=1}^{n}f(\xi_i)\Delta x_i$ 为 f 在 $[a,b]$ 上关于划分 P 与点组 ξ 的**黎曼和**. 如果存在一个实数 I，$\forall\varepsilon>0$，$\exists\delta>0$，对 $[a,b]$ 的任何划分 $P=\{x_0,x_1,\cdots,x_n\}$ 以及 ξ_i 在 $[x_{i-1},x_i]$ $(i=1,2,\cdots,n)$ 上的任意选取，只要 $\lambda<\delta$，就有 $|\sigma-I|=\left|\sum\limits_{i=1}^{n}f(\xi_i)\Delta x_i-I\right|<\varepsilon$，则称 f 在 $[a,b]$ 上**黎曼可积**，简称**可积**. 称 I 为 f 的 $[a,b]$ 上的**定积分**（也称**黎曼积分**），记为 $I=\int_a^b f(x)dx$. 约定 $\int_b^a f(x)dx=-\int_a^b f(x)dx$，

$\int_a^a f(x)dx = 0$.

定义 2 设 f 是闭区间 $[a,b]$ 上的有界函数，在 $[a,b]$ 上给定一个划分 $\boldsymbol{P} = \{x_0, x_1, \cdots, x_n\}$，分别称 $\bar{\sigma}(f,\boldsymbol{P}) = \sum_{i=1}^{n} M_i \Delta x_i$ 与 $\underline{\sigma}(f,\boldsymbol{P}) = \sum_{i=1}^{n} m_i \Delta x_i$ 为 f 在 $[a,b]$ 上关于划分 P 的**达布上和与达布下和**．其中

$$M_i = \sup\{f(x): x \in [x_{i-1}, x_i]\},$$

$$m_i = \inf\{f(x): x \in [x_{i-1}, x_i]\}(i = 1,2,\cdots,n).$$

定理 1 达布上和与达布下和有下列性质：

1° 对任意划分 $\boldsymbol{P}$，有 $\underline{\sigma}(f,\boldsymbol{P}) \leqslant \bar{\sigma}(f,\boldsymbol{P})$.

2° 设划分 Q 是划分 P 的加细，即 P 的所有分点都在 Q 中，则 $\bar{\sigma}(f,\boldsymbol{P}) \geqslant \bar{\sigma}(f,Q)$，$\underline{\sigma}(f,\boldsymbol{P}) \leqslant \underline{\sigma}(f,Q)$.

3° 设 P 和 Q 是 $[a,b]$ 上的任意两个划分，则 $\underline{\sigma}(f,\boldsymbol{P}) \leqslant \bar{\sigma}(f,Q)$.

4° 对任何划分 $\boldsymbol{P}$，有 $\bar{\sigma}(f,P) \geqslant m(b-a)$，$\underline{\sigma}(f,P) \leqslant M(b-a)$．其中 $M = \sup\{f(x): x \in [a,b]\}$，$m = \inf\{f(x): x \in [a,b]\}$．这表明，达布上和有下界，从而有下确界．达布下和有上界，从而有上确界．

定义 3 分别称 $\overline{\int_a^b} f(x)dx = \inf\{\bar{\sigma}(f,P): P \text{ 是}[a,b]\text{ 上的划分}\}$ 与 $\underline{\int_a^b} f(x)dx = \sup\{\underline{\sigma}(f,P): P \text{ 是}[a,b]\text{ 上的划分}\}$ 为 f 在 $[a,b]$ 上的**上积分与下积分**．

易见，$\underline{\int_a^b} f(x)dx \leqslant \overline{\int_a^b} f(x)dx$.

定理 2 设 f 是闭区间 $[a,b]$ 上的有界函数，则下列陈述两两等价：

1° f 在 $[a,b]$ 上黎曼可积，

2° $\underline{\int_a^b} f(x)dx = \overline{\int_a^b} f(x)dx$，

3° $\lim\limits_{\lambda \to 0} \sum_{i=1}^{n} \omega_i \Delta x_i = 0$，其中 $\omega_i = \sup\{|f(x) - f(y)|: x, y \in [x_{i-1}, x_i]\}$ $(i = 1,2,\cdots,n)$.

6.5.2 可积函数类

定理 3 闭区间上的连续函数是可积的.

定理 4 设 f 是闭区间 $[a,b]$ 上的有界函数，且在 $[a,b]$ 上除去有限个点外是连续的，则 f 在 $[a,b]$ 上可积.

定理 5 闭区间上的单调函数是可积的．

注 关于黎曼可积的必要充分条件，参看 14.4.5.

6.5.3 定积分的性质

定理 6 定积分具有如下基本性质：

1° 若 f 和 g 都在 $[a,b]$ 上可积，则 $f\cdot g$ 及 $\alpha f+\beta g(\alpha,\beta\in\mathbf{R})$ 在 $[a,b]$ 上也可积，此时

$$\int_a^b(\alpha f(x)+\beta g(x))dx=\alpha\int_a^b f(x)dx+\beta\int_a^b g(x)dx.$$

2° 设 $a<c<b$，则 f 在 $[a,b]$ 上可积的必要充分条件是 f 在 $[a,c]$ 和 $[c,b]$ 上都可积，且

$$\int_a^b f(x)dx=\int_a^c f(x)dx+\int_c^b f(x)dx.$$

定理 7 设 f 和 g 都在 $[a,b](a<b)$ 上可积，且 $\forall x\in[a,b]$，有 $f(x)\leqslant g(x)$，则 $\int_a^b f(x)dx\leqslant\int_a^b g(x)dx$.

定理 8 若 f 在 $[a,b]$ 上可积，则 f^+ 和 f^- 在 $[a,b]$ 上也可积. 式中

$$f^+(x)=\begin{cases}f(x), & 当\ f(x)\geqslant 0;\\ 0, & 当\ f(x)<0.\end{cases}\qquad f^-(x)=\begin{cases}0, & 当\ f(x)>0;\\ -f(x), & 当\ f(x)\leqslant 0.\end{cases}$$

定理 9 若 f 在 $[a,b](a<b)$ 上可积，则 $|f|$ 在 $[a,b]$ 上也可积，且 $\left|\int_a^b f(x)dx\right|\leqslant\int_a^b|f(x)|dx$.

$|f|$ 在 $[a,b]$ 上可积不能保证 f 在 $[a,b]$ 上可积. 例如，

$$f(x)=\begin{cases}-1, & x\ 是[0,1]上的有理数;\\ 1, & x\ 是[0,1]上的无理数.\end{cases}$$

$|f(x)|\equiv 1$，$|f|$ 在 $[a,b]$ 上可积，但 f 在 $[0,1]$ 上不可积.

定理 10 若 f 在 $[a,b]$ 上可积，记 $\boldsymbol{F}(\boldsymbol{x})=\int_a^x f(t)dt\,(a\leqslant x\leqslant b)$，则 $\boldsymbol{F}(\boldsymbol{x})$ 是 $[a,b]$ 上的连续函数.

6.5.4 定积分的中值定理

定理 11 若 f 是 $[a,b]$ 上的连续函数，则存在 $\xi\in[a,b]$，使

$$\int_a^b f(x)dx=f(\xi)\cdot(b-a). \tag{6.5-1}$$

定理 12 若 1° f 在 $[a,b]$ 上连续，2° g 在 $[a,b]$ 上可积，3° $g(x)$ 在 $[a,b]$ 上不变号，则存在 $\xi\in[a,b]$，使

$$\int_a^b f(x)\cdot g(x)dx=f(\xi)\int_a^b g(x)dx.$$

定理 13 若 1° f 在 $[a,b]$ 上非负递减，2° g 在 $[a,b]$ 上可积，则存在 $\xi\in(a,b)$，使

$$\int_a^b f(x)\cdot g(x)dx=f(a+0)\int_a^\xi g(x)dx.$$

定理 14 若 1° f 在 $[a,b]$ 上非负递增，2° g 在 $[a,b]$ 上可积，则存在 $\xi\in(a,b)$，使

$$\int_a^b f(x)\cdot g(x)dx = f(b-0)\int_\xi^b g(x)dx.$$

定理 15 若 1°f 在$[a,b]$上单调，2°g 在$[a,b]$上可积，则存在一点 $\xi\in(a,b)$，使

$$\int_a^b f(x)\cdot g(x)dx = f(a+0)\int_a^\xi g(x)dx + f(b-0)\int_\xi^b g(x)dx. \qquad (6.5\text{-}2)$$

6.5.5 微积分学基本定理

定理 16 若 f 在$[a,b]$上连续，则 $F(x)=\int_a^x f(t)dt$ 在$[a,b]$上可微，且 $F'(x)=f(x)$. 即 $F(x)$是 $f(x)$的一个原函数.

定理 17 若 f 在$[a,b]$上连续，则

$$\int_a^b f(x)dx = F(x)\Big|_a^b = F(b)-F(a). \qquad (6.5\text{-}3)$$

式中 $F(x)$是 $f(x)$的任一原函数.

(6.5-3)式称为**牛顿-莱布尼茨公式**，定理 17 称为**微积分学基本定理**.

注 定理 17 可推广为：若 f 在$[a,b]$上可积，且有原函数 $\Phi(x)$，则

$$\int_a^b f(x)dx = \Phi(x)\Big|_a^b = \Phi(b)-\Phi(a).$$

6.5.6 定积分的计算

定理 18(换元法) 设 1°$\varphi(t)$是$[\alpha,\beta]$上的连续可微函数，其值域含有$[a,b]$，并且 $\varphi(\alpha)=a$，$\varphi(\beta)=b$；2°$f(x)$是定义在 $\varphi(t)$值域上的连续函数，则

$$\int_a^b f(x)dx = \int_\alpha^\beta f(\varphi(t))\cdot\varphi'(t)dt. \qquad (6.5\text{-}4)$$

定理 19(分部积分法) 设 $u(x)$，$v(x)$都是$[a,b]$上的连续可微函数，则

$$\int_a^b u(x)\cdot v'(x)dx = u(x)\cdot v(x)\Big|_a^b - \int_a^b v(x)\cdot u'(x)dx, \qquad (6.5\text{-}5)$$

或

$$\int_a^b udv = uv\Big|_a^b - \int_a^b vdu.$$

例 1 记 $I_n=\int_0^{\pi/2}\sin^n xdx=\int_0^{\pi/2}\cos^n xdx$，则有递推公式：$I_n=\frac{n-1}{n}I_{n-2}$，于是

$$I_n=\begin{cases}\frac{n-1}{n}\cdot\frac{n-3}{n-2}\cdot\cdots\cdot\frac{3}{4}\cdot\frac{1}{2}\cdot\frac{\pi}{2}, & n\text{ 为偶数；}\\ \frac{n-1}{n}\cdot\frac{n-3}{n-2}\cdot\cdots\cdot\frac{4}{5}\cdot\frac{2}{3}, & n\text{ 为奇数.}\end{cases} \qquad (6.5\text{-}6)$$

例 2 设 $f(x)$在$[-a,a]$上连续，则

$$\int_{-a}^{a} f(x)dx = \begin{cases} 2\int_{0}^{a} f(x)dx, & \text{当 } f \text{ 是偶函数时;} \\ 0, & \text{当 } f \text{ 是奇函数时}. \end{cases} \tag{6.5-7}$$

例 3 设 $f(x)$是周期为 T 的连续函数,则对任意实数 a,有

$$\int_{a}^{a+T} f(x)dx = \int_{0}^{T} f(x)dx. \tag{6.5-8}$$

§6.6 重 积 分

6.6.1 二重积分

1. 二重积分的概念

定义 1 设 $D\subset \boldsymbol{R}^n$,称 $d(D)=\sup\{\|x-y\|;x,y\in D\}$为 D 的**直径**.

定义 2 设 f 是有界闭区域 $D(D\subset \boldsymbol{R}^2)$上的有界函数.用分段光滑的曲线网把 D 划分为 n 个子区域 $D_i(i=1,2,\cdots,n)$,称它为 D 的一个划分 P. 用 ΔA_i 表示 D_i 的面积$(i=1,2,\cdots,n)$,记 $\lambda=\max\limits_{1\leqslant i\leqslant n}\{d(D_i)\}$,取 $\xi_i\in D_i(i=1,2,\cdots,n)$. 称 $\sum\limits_{i=1}^{n} f(\xi_i).\Delta A_i$ 为 f 的黎曼和.如果存在一个实数 I, $\forall \varepsilon>0$, $\exists \delta>0$,对 D 的任何划分 P 以及 ξ_i 在 $D_i(i=1,2,\cdots,n)$ 上的任意选取,只要 $\lambda<\delta$,就有 $\left|\sum\limits_{i=1}^{n} f(\xi_i)\cdot\Delta A_i - I\right|<\varepsilon$,则称 f 在 D 上黎曼可积,简称可积.称 I 为 f 在 D 上的二重黎曼积分,简称**二重积分**,记为

$$I=\iint_D f(x,y)dA.$$

定理 1 有界闭区域 $D(D\subset \boldsymbol{R}^2)$上的连续函数 f 在 D 上可积.

定理 2 若 f 在有界闭区域 $D(D\subset \boldsymbol{R}^2)$上连续,则存在 $\xi\in D$,使

$$\iint_D f(x,y)dA = f(\xi)\cdot \text{Area}(D).$$

式中 Area(D)表示 D 的面积.

2. 二重积分在直角坐标系下的计算公式

定义 3 设有界闭区域 $D(D\subset \boldsymbol{R}^2)$由连续曲线

$$y=\varphi_1(x), y=\varphi_2(x) \quad (\forall x\in[a,b], \varphi_1(x)<\varphi_2(x))$$

以及直线 $x=a$, $y=b(a<b)$所围成,则称 D 为 $\boldsymbol{x}$ **型区域**.

定理 3 设 f 在 x 型区域 D 上连续,则

$$\iint_D f(x,y)dA = \iint_D f(x,y)dxdy = \int_a^b dx\int_{\varphi_1(x)}^{\varphi_2(x)} f(x,y)dy. \tag{6.6-1}$$

定义 4 设有界闭区域 $D(D\subset \boldsymbol{R}^2)$由连续曲线

$$x=\psi_1(y),\ x=\psi_2(y)\quad (\forall\, y\in[c,d],\psi_1(y)<\psi_2(y))$$

以及直线 $y=c,y=d(c<d)$所围成,则称 D 为 **y 型区域**.

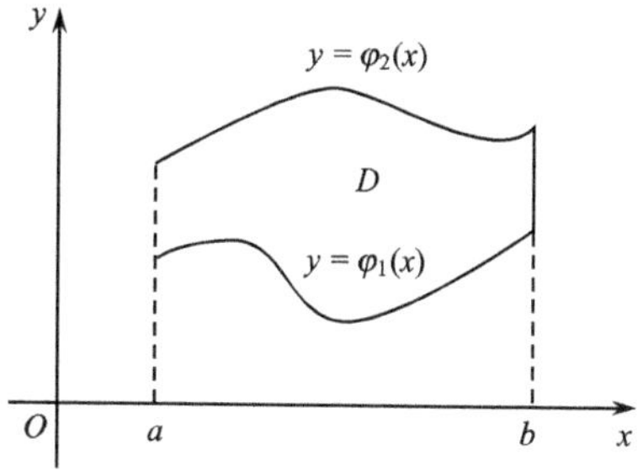

图 6.6-1

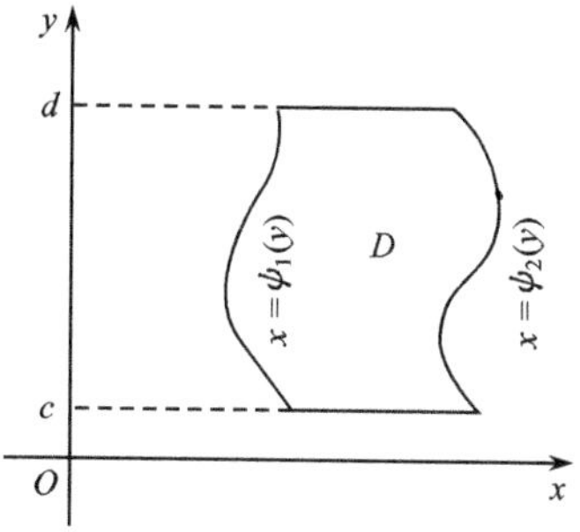

图 6.6-2

定理 4 设 f 在 y 型区域 D 上连续,则

$$\iint_D f(x,y)dA=\iint_D f(x,y)dxdy=\int_c^d dy\int_{\psi_1(y)}^{\psi_2(y)} f(x,y)dx. \qquad (6.6\text{-}2)$$

3. 二重积分的变量替换

设 1° $x(u,v),y(u,v)$都在 $O'uv$ 平面的某开集 G^* 内具有连续的一阶偏导数; 2° 雅可比行列式$\dfrac{\partial(x,y)}{\partial(u,v)}$在 G^* 内恒不为零;则变换

$$T:x=x(u,v),\quad y=y(u,v)((u,v)\in G^*)$$

把 G^* 一对一地变成 Oxy 平面的点集 $G=T(G^*)$. $T(G^*)$是 G^* 在变换 T 之下的象集.

定理 5 设 D^* 是 G^* 中的有界闭区域,$D=T(D^*)$,如果 $f(x,y)$在 D 上连续,则

$$\iint_D f(x,y)dxdy=\iint_{D^*} f(x(u,v),y(u,v))\left|\frac{\partial(x,y)}{\partial(u,v)}\right|dudv. \qquad (6.6\text{-}3)$$

在(6.6-3)中,当 $f(x,y)\equiv1,(x,y)\in T(D^*)$,有

$$\begin{aligned}\text{Area}(T(D^*))&=\iint_{D^*}\left|\frac{\partial(x,y)}{\partial(u,v)}\right|dudv\\&=\left|\frac{\partial(x,y)}{\partial(u,v)}\right|_{(\tilde u,\tilde v)}\cdot\text{Area}(D^*),(\tilde u,\tilde v)\in D^*.\end{aligned}$$

当 D^* 含有点(u,v),且 $d(D^*)\to0$ 时,有

$$\lim_{d(D^*)\to0}\frac{\text{Area}(T(D^*))}{\text{Area}(D^*)}=\left|\frac{\partial(x,y)}{\partial(u,v)}\right|.$$

称$\left|\dfrac{\partial(x,y)}{\partial(u,v)}\right|$为 $O'uv$ 平面到 Oxy 平面的映射 T 在点(u,v)的**面积延伸系数**.

例 1

$$\begin{cases} x = \rho\cos\varphi, \ 0 < \rho < +\infty, \ 0 \leqslant \varphi \leqslant 2\pi; \\ y = \rho\sin\varphi. \end{cases}$$

这里$\dfrac{\partial(x,y)}{\partial(\rho,\varphi)} = \begin{vmatrix} \cos\varphi & -\rho\sin\varphi \\ \sin\varphi & \rho\cos\varphi \end{vmatrix} = \rho$，于是

$$\iint_D f(x,y)dxdy = \iint_{D^*} f(\rho\cos\varphi,\rho\sin\varphi)\rho d\rho d\varphi. \tag{6.6-4}$$

(6.6-4)式就是二重积分在极坐标系下的计算公式.

6.6.2 三重积分

1. 三重积分的概念

定义 5 设 f 是有界闭区域 $\Omega(\Omega\in \boldsymbol{R}^3)$ 上的有界函数. 用分片光滑的曲面网把 Ω 划分为 n 个子区域 $\Omega_i(i=1,2,\cdots,n)$，称它为 Ω 的一个划分 P. 用 ΔV_i 表示 Ω_i 的体积 $(i=1,2,\cdots,n)$. 记 $\lambda=\max\limits_{1\leqslant i\leqslant n}\{d(\Omega_i)\}$，其中

$$d(\Omega_i) = \sup\{\ \|x-y\| : x,y\in\Omega_i\}.$$

取 $\xi_i\in\Omega_i\,(i=1,2,\cdots,n)$，称 $\sum\limits_{i=1}^{n} f(\xi_i).\Delta V_i$ 为 f 的黎曼和. 如果存在一个实数 I，$\forall\,\varepsilon>0$，$\exists\,\delta>0$，对 Ω 的任何划分 P 以及 ξ_i 在 $\Omega_i\,(i=1,2,\cdots,n)$ 上的任意选取，只要 $\lambda<\delta$，就有 $\left|\sum\limits_{i=1}^{n} f(\xi_i)\cdot\Delta V_i - I\right| < \varepsilon$，则称 f 在 Ω 上黎曼可积，简称可积. 称 I 为 f 在 Ω 上的三重黎曼积分，简称**三重积分**，记为

$$I = \iiint_{\Omega} f(x,y,z)dV.$$

定理 6 有界闭区域 $\Omega(\Omega\subset\boldsymbol{R}^3)$ 上的连续函数 f 在 Ω 上可积.

定理 7 若 f 在有界闭区域 $\Omega(\Omega\subset\boldsymbol{R}^3)$ 上连续，则至少存在一点 $\xi\in\Omega$，使

$$\iiint_{\Omega} f(x,y,z)dV = f(\xi)\cdot \mathrm{Vol}(\Omega).$$

式中 $\mathrm{Vol}(\Omega)$ 表示 Ω 的体积.

2. 三重积分在直角坐标系下的计算公式

设空间有界闭区域 Ω 表示为

$$\begin{cases} z_1(x,y) \leqslant z \leqslant z_2(x,y), \\ y_1(x) \leqslant y \leqslant y_2(x), \\ a \leqslant x \leqslant b, \end{cases} \tag{6.6-5}$$

$y_1(x)$，$y_2(x)$是$[a,b]$上的连续函数. 在 Oxy 平面上，由

$$y = y_1(x), y = y_2(x), \quad x = a, \quad x = b$$
所围成的平面区域记为 σ_{xy}. $z_1(x,y)$, $z_2(x,y)$ 是 σ_{xy} 上的连续函数.

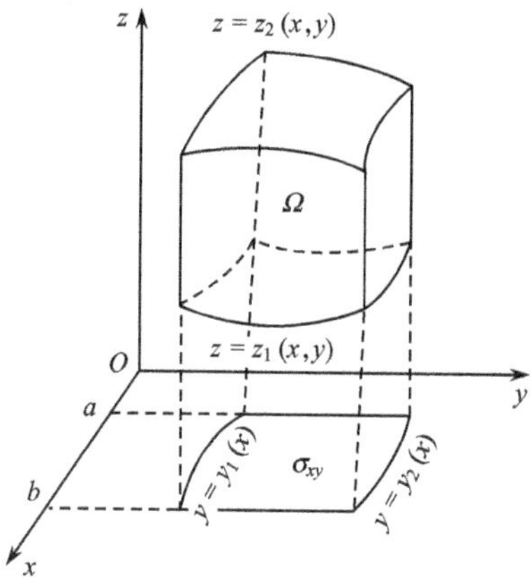

图 6.6-3

定理 8 若 f 在由(6.6-5)所表示的有界闭区域 Ω 上连续,则

$$\begin{aligned}\iiint_{\Omega} f(x,y,z)dV &= \iiint_{\Omega} f(x,y,z)dxdydz \\ &= \iint_{\sigma xy} dxdy\int_{z_1(x,y)}^{z_2(x,y)} f(x,y,z)dz \\ &= \int_a^b dx\int_{y_1(x)}^{y_2(x)} dy\int_{z_1(x,y)}^{z_2(x,y)} f(x,y,z)dz. \qquad (6.6\text{-}6)\end{aligned}$$

这里,将三重积分化为先对 z 再对 y 最后对 x 的**累次积分**.

类似地,三重积分也可按别的次序化为累次积分.

3. 三重积分的变量替换

设 1° $x(u,v,w)$, $y(u,v,w)$, $z(u,v,w)$ 都在 $O'uvw$ 空间的某开集 G^* 内具有连续的一阶偏导数; 2°雅可比行列式 $\dfrac{\partial(x,y,z)}{\partial(u,v,w)}$ 在 G^* 内恒不为零;则变换 T:

$$x = x(u,v,w), y = y(u,v,w), z = z(u,v,w), (u,v,w) \in G^*,$$

把 G^* 一对一地变成 $Oxyz$ 空间的点集 $G = T(G^*)$. $T(G^*)$ 是 G^* 在变换 T 之下的象集.

定理 9 设 Ω^* 是 G^* 中的有界闭区域,$\Omega = T(\Omega^*)$,如果 $f(x,y,z)$ 在 Ω 上连续,则

$$\iiint\limits_{\Omega} f(x,y,z)dxdydz$$
$$= \iiint\limits_{\Omega^*} f(x(u,v,w),y(u,v,w),z(u,v,w)) \cdot \left|\frac{\partial(x,y,z)}{\partial(u,v,w)}\right| dudvdw. \quad (6.6\text{-}7)$$

在(6.6-7)中，当 $f(x,y,z)\equiv 1,(x,y,z)\in T(\Omega^*)$，有

$$\mathrm{Vol}(T(\Omega^*)) = \iiint\limits_{\Omega^*} \left|\frac{\partial(x,y,z)}{\partial(u,v,w)}\right| dudvdw$$
$$= \left|\frac{\partial(x,y,z)}{\partial(u,v,w)}\right|_{(\tilde{u},\tilde{v},\tilde{w})} \cdot \mathrm{Vol}(\Omega^*),(\tilde{u},\tilde{v},\tilde{w}) \in \Omega^*$$

当 Ω^* 含有点 (u,v,w)，且 $d(\Omega^*)\to 0$ 时，有

$$\lim_{d(\Omega^*)\to 0} \frac{\mathrm{Vol}(T(\Omega^*))}{\mathrm{Vol}(\Omega^*)} = \left|\frac{\partial(x,y,z)}{\partial(u,v,w)}\right|.$$

称 $\left|\frac{\partial(x,y,z)}{\partial(u,v,w)}\right|$ 为 $O'uvw$ 空间到 $Oxyz$ 空间的映射 T 在点 (u,v,w) 的**体积延伸系数**.

例 2

$$\begin{cases} x = \rho\cos\varphi, \quad 0 < \rho < +\infty, \quad 0 \leqslant \varphi \leqslant 2\pi, \quad -\infty < z < +\infty, \\ y = \rho\sin\varphi, \\ z = z. \end{cases}$$

这里

$$\frac{\partial(x,y,z)}{\partial(\rho,\varphi,z)} = \begin{vmatrix} \cos\varphi & -\rho\sin\varphi & 0 \\ \sin\varphi & \rho\cos\varphi & 0 \\ 0 & 0 & 1 \end{vmatrix} = \rho,$$

于是

$$\iiint\limits_{\Omega} f(x,y,z)dxdydz = \iiint\limits_{\Omega^*} f(\rho\cos\varphi,\rho\sin\varphi,z)\rho d\rho d\varphi dz. \quad (6.6\text{-}8)$$

(6.6-8)式就是三重积分在柱面坐标系下的计算公式.

例 3

$$\begin{cases} x = r\sin\theta\cos\varphi, \quad 0 < r < +\infty, \quad 0 \leqslant \theta \leqslant \pi, \quad 0 \leqslant \varphi \leqslant 2\pi \\ y = r\sin\theta\sin\varphi, \\ z = r\cos\theta. \end{cases}$$

这里

$$\frac{\partial(x,y,z)}{\partial(r,\theta,\varphi)} = \begin{vmatrix} \sin\theta\cos\varphi & r\cos\theta\cos\varphi & -r\sin\theta\sin\varphi \\ \sin\theta\sin\varphi & r\cos\theta\sin\varphi & r\sin\theta\cos\varphi \\ \cos\theta & -r\sin\theta & 0 \end{vmatrix} = r^2\sin\theta,$$

于是

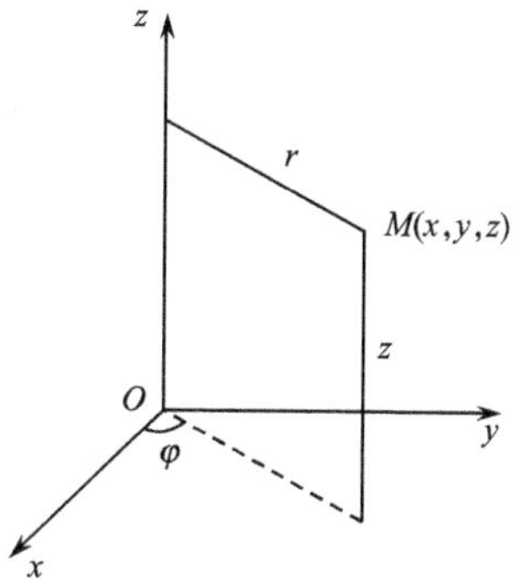

图 6.6-4

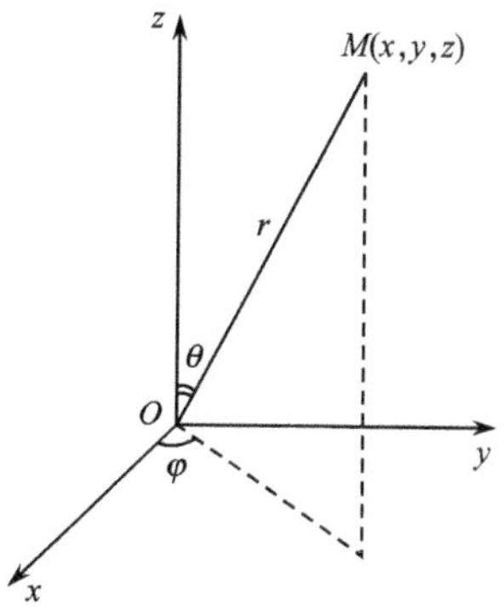

图 6.6-5

$$\iiint\limits_{\Omega} f(x,y,z)dxdydz$$
$$=\iiint\limits_{\Omega^*} f(r\sin\theta\cos\varphi, r\sin\theta\sin\varphi, r\cos\theta)r^2\sin\theta drd\theta d\varphi. \qquad (6.6\text{-}9)$$

(6.6-9)式就是三重积分在球面坐标系下的计算公式.

6.6.3 n 重积分

设有界闭区域 $\Omega(\Omega\subset\mathbf{R}^n)$表示为

$$\begin{cases} a\leqslant x_1\leqslant b, \\ \varphi_2(x_1)\leqslant x_2\leqslant \psi_2(x_1), \\ \cdots\cdots\cdots\cdots\cdots\cdots \\ \varphi_n(x_1,\cdots,x_{n-1})\leqslant x_n\leqslant \psi_n(x_1,\cdots,x_{n-1}), \end{cases} \qquad (6.6\text{-}10)$$

式中 a,b 为常数;

$$\varphi_2(x_1),\psi_2(x_1);\cdots;\varphi_n(x_1,\cdots,x_{n-1}),\psi_n(x_1,\cdots,x_{n-1})$$

为连续函数.

定理 10 若 f 在由(6.6-10)所表示的有界闭区域 $\Omega(\Omega\subset\mathbf{R}^n)$上连续,则

$$\iint\limits_{\Omega}\cdots\int f(x_1,x_2,\cdots,x_n)dx_1dx_2\cdots dx_n$$
$$=\int_a^b dx_1\int_{\varphi_2(x_1)}^{\psi_2(x_1)}dx_2\cdots\int_{\varphi_n(x_1,x_2,\cdots,x_{n-1})}^{\psi_n(x_1,x_2,\cdots,x_{n-1})}f(x_1,x_2,\cdots,x_n)dx_n. \qquad (6.6\text{-}11)$$

设 1° $x_i=x_i(q_1,q_2,\cdots,q_n)(i=1,2,\cdots,n)$都在 $O'q_1q_2\cdots q_n$ 空间的某开集 G^* 内具有连续的一阶偏导数;2°雅可比行列式$\dfrac{\partial(x_1,x_2,\cdots,x_n)}{\partial(q_1,q_2,\cdots,q_n)}$在 G^* 内恒不为零;则变换 T:

$$x_i = x_i(q_1, q_2, \cdots, q_n)(i = 1, 2, \cdots, n, (q_1, q_2, \cdots, q_n) \in G^*)$$

把 G^* 一对一地变成 $Ox_1x_2\cdots x_n$ 空间的点集 $G=T(G^*)$. $T(G^*)$是 G^* 在变换 T 之下的象集.

定理 11 设 Ω^* 是 G^* 中的有界闭区域,$\Omega=T(\Omega^*)$,如果 $f(x_1, x_2, \cdots, x_n)$在 Ω 上连续,则

$$\iint\limits_{\Omega}\cdots\int f(x_1, x_2, \cdots, x_n)dx_1, dx_2, \cdots, dx_n$$

$$= \iint\limits_{\Omega^*}\cdots\int f(x_1(q_1, q_2, \cdots, q_n), \cdots, x_n(q_1, q_2, \cdots, q_n)) \cdot \left|\frac{\partial(x_1, x_2, \cdots, x_n)}{\partial(q_1, q_2, \cdots, q_n)}\right| dq_1 dq_2 \cdots dq_n. \tag{6.6-12}$$

例 4

$$\begin{cases} x_1 = r\cos\theta_1, \\ x_2 = r\sin\theta_1\cos\theta_2, \\ x_3 = r\sin\theta_1\sin\theta_2\cos\theta_3, \\ \cdots\cdots\cdots\cdots\cdots\cdots \\ x_{n-1} = r\sin\theta_1\sin\theta_2\cdots\sin\theta_{n-2}\cos\theta_{n-1}, \\ x_n = r\sin\theta_1\sin\theta_2\cdots\sin\theta_{n-2}\sin\theta_{n-1}. \end{cases} \tag{6.6-13}$$

$$0 < r < +\infty, \quad 0 \leqslant \theta_i \leqslant \pi \quad (i = 1, 2, \cdots, n-2), \quad 0 \leqslant \theta_{n-1} \leqslant 2\pi.$$

(6.6-13)式称为**广义球坐标变换**.

这里,

$$\frac{\partial(x_1, x_2, \cdots, x_n)}{\partial(r, \theta_1, \cdots, \theta_{n-1})} = r^{n-1}\sin^{n-2}\theta_1 \cdot \sin^{n-3}\theta_2 \cdots \sin\theta_{n-2},$$

于是

$$\iint\limits_{\Omega}\cdots\int f(x_1, x_2, \cdots, x_n)dx_1 dx_2 \cdots dx_n$$

$$= \iint\limits_{\Omega^*}\cdots\int f(r\cos\theta_1, r\sin\theta_1\cos\theta_2, \cdots, r\sin\theta_1\cdots\sin\theta_{n-1}) \cdot r^{n-1}\sin^{n-2}\theta_1\cdots\sin\theta_{n-2}drd\theta_1\cdots d\theta_{n-1}. \tag{6.6-14}$$

§6.7 定积分与重积分的应用

6.7.1 平面图形的面积

1. 设 $D(D\subset \boldsymbol{R}^2)$是由连续曲线

$$y=\varphi_1(x), y=\varphi_2(x)(\forall x\in[a,b], \varphi_1(x)<\varphi_2(x))$$

及直线 $x=a, x=b(a<b)$ 所围成的 x 型区域,则

$$\text{Area}(D)=\iint_D dxdy=\int_a^b(\varphi_2(x)-\varphi_1(x))dx. \tag{6.7-1}$$

2. 设 $D(D\subset \boldsymbol{R}^2)$ 是由连续曲线

$$x=\psi_1(y), x=\psi_2(y)(\forall y\in[c,d], \psi_1(y)<\psi_2(y))$$

及直线 $y=c, y=d(c<d)$ 所围成的 y 型区域,则

$$\text{Area}(D)=\iint_D dxdy=\int_c^d(\psi_2(y)-\psi_1(y))dy. \tag{6.7-2}$$

3. 利用面积的定积分表示可得**杨不等式**:设 $y=\phi(x)$ 是 $[0,\infty)$ 上的严格递增函数,且 $\phi(0)=0$,记 $\phi^{-1}(y)$ 为其反函数,则有

$$ab\leqslant\int_0^a\phi(x)dx+\int_0^b\phi^{-1}(y)dy, a>0, b>0;$$

等号仅当 $b=\phi(a)$ 时成立.

4. 设 $D(D\subset \boldsymbol{R}^2)$ 是由极坐标方程 $\rho=\rho(\varphi)$ 表示的连续曲线及矢径

$$\varphi=\alpha,\quad \varphi=\beta\quad(\alpha<\beta)$$

所围成的,则

$$\text{Area}(D)=\iint_D dxdy=\int_\alpha^\beta d\varphi\int_0^{\rho(\varphi)}\rho\, d\rho=\frac{1}{2}\int_\alpha^\beta\rho^2(\varphi)d\varphi. \tag{6.7-3}$$

6.7.2 曲面的面积

对于曲面
$$\Sigma:\begin{cases}x=x(u,v),\\ y=y(u,v),\quad (u,v)\in D^*,\\ z=z(u,v),\end{cases}$$

D^* 是 $O'uv$ 平面上的一个闭区域.假设

1° $x=x(u,v), y=y(u,v), z=z(u,v)$ 在 D^* 上具有连续的一阶偏导数;

2° $\rho(u,v)=\left(\left(\frac{\partial(y,z)}{\partial(u,v)}\right)^2+\left(\frac{\partial(z,x)}{\partial(u,v)}\right)^2+\left(\frac{\partial(x,y)}{\partial(u,v)}\right)^2\right)^{1/2}$

在 D^* 上恒不为零;则曲面 Σ 的面积为

$$S=\iint_{D^*}\rho(u,v)dudv$$
$$=\iint_{D^*}\left(\left(\frac{\partial(y,z)}{\partial(u,v)}\right)^2+\left(\frac{\partial(z,x)}{\partial(u,v)}\right)^2+\left(\frac{\partial(x,y)}{\partial(u,v)}\right)^2\right)^{1/2}dudv. \tag{6.7-4}$$

特别有:

1. 设 $f(x)\geqslant 0$ 是 $[a,b]$ 上的连续函数,如果曲面 Σ 是由曲线 $y=f(x)$ $(x\in[a,b])$ 绕 x 轴旋转而成,则 Σ 可以表示为

$$x = x;\quad y = f(x)\cos\varphi,\quad z = f(x)\sin\varphi,\quad a \leqslant x \leqslant b,\quad 0 \leqslant \varphi \leqslant 2\pi.$$

于是 Σ 的面积为

$$S = 2\pi\int_a^b f(x)\sqrt{1+(f'(x))^2}\,dx. \tag{6.7-5}$$

2. 如果 Σ 由显式 $z=f(x,y)((x,y)\in D)$ 给出，则

$$S = \iint_D \sqrt{\left(\frac{\partial f}{\partial x}\right)^2 + \left(\frac{\partial f}{\partial y}\right)^2 + 1}\,dxdy. \tag{6.7-6}$$

6.7.3 体积

1. 截面积已知的体积公式

设空间区域 Ω 位于平面 $x=a, x=b(a<b)$ 之间，它被垂直于 x 轴的（位于 $x=a$，$x=b$ 之间）任一平面所截的截面积 $A(x)$ 是已知的，且 $A(x)$ 在 $[a,b]$ 上连续，则 Ω 的体积 V 是

$$V = \int_a^b A(x)dx. \tag{6.7-7}$$

2. 旋转体的体积公式

设 $f(x)$ 是 $[a,b]$ 上的连续函数，则由曲线 $y=f(x)$，x 轴及直线 $x=a, x=b$ 所围平面图形绕 x 轴旋转产生的旋转体的体积 V 是

$$V = \pi\int_a^b f^2(x)dx. \tag{6.7-8}$$

3. 设空间有界闭区域 Ω 由(6.6-5)式表示，则

$$\mathrm{Vol}(\Omega) = \iiint_\Omega dV = \iint_{\sigma_{xy}} (z_2(x,y) - z_1(x,y))dxdy. \tag{6.7-9}$$

6.7.4 弧长

1. 设 $C:\begin{cases} x=x(t), \\ y=y(t), \end{cases} \quad t_0 \leqslant t \leqslant T$

是一条平面曲线. 若 $x'(t), y'(t)$ 在 $[t_0, T]$ 上连续，则曲线 C 是可求长的（参看6.8.2），其弧长 l 为

$$l = \int_{t_0}^T \sqrt{(x'(t))^2 + (y'(t))^2}\,dt. \tag{6.7-10}$$

特别有

(1) 如果 C 由显式 $y=\varphi(x)(a\leqslant x\leqslant b)$ 给出，$\varphi'\in C[a,b]$，则

$$l = \int_a^b \sqrt{1+(\varphi'(x))^2}\,dx. \tag{6.7-11}$$

(2) 如果 C 由显式 $x=\psi(y)(c\leqslant y\leqslant d)$ 给出，$\psi'\in C[c,d]$，则

$$l=\int_c^d \sqrt{(\psi'(y))^2+1}dy. \tag{6.7-12}$$

(3) 如果 C 由极坐标方程 $\rho=\rho(\varphi)(\alpha\leqslant\varphi\leqslant\beta)$ 给出，$\rho'\in C[\alpha,\beta]$，则

$$l=\int_\alpha^\beta \sqrt{(\rho(\varphi))^2+(\rho'(\varphi))^2}d\varphi. \tag{6.7-13}$$

2. 设

$$C:\begin{cases}x=x(t),\\ y=y(t), \quad t_0\leqslant t\leqslant T\\ z=z(t),\end{cases}$$

是一条空间曲线，若 $x'(t),y'(t),z'(t)$ 在 $[t_0,T]$ 上连续，则曲线 C 是可求长的，其弧长 l 为

$$l=\int_{t_0}^T \sqrt{(x'(t))^2+(y'(t))^2+(z'(t))^2}dt. \tag{6.7-14}$$

6.7.5 质量

1. 平面薄片的质量 M 为

$$M=\iint_D \mu(x,y)dxdy, \tag{6.7-15}$$

其中 $\mu(x,y)$ 是薄片 D 在点 (x,y) 的面密度.

2. 空间物体的质量 M 为

$$M=\iiint_\Omega \mu(x,y,z)dxdydz, \tag{6.7-16}$$

其中 $\mu(x,y,z)$ 是物体 Ω 在点 (x,y,z) 的体密度.

6.7.6 重心

1. 平面薄片 D 的重心 $(\bar{x},\bar{y})$ 为

$$\begin{cases}\bar{x}=\dfrac{1}{M}\displaystyle\iint_D x\cdot\mu(x,y)dxdy,\\ \bar{y}=\dfrac{1}{M}\displaystyle\iint_D y\cdot\mu(x,y)dxdy.\end{cases} \tag{6.7-17}$$

2. 空间物体 Ω 的重心 $(\bar{x},\bar{y},\bar{z})$ 为

$$\begin{cases}\bar{x}=\dfrac{1}{M}\iiint\limits_{\Omega}x\cdot\mu(x,y,z)dxdydz,\\ \bar{y}=\dfrac{1}{M}\iiint\limits_{\Omega}y\cdot\mu(x,y,z)dxdydz,\\ \bar{z}=\dfrac{1}{M}\iiint\limits_{\Omega}z\cdot\mu(x,y,z)dxdydz.\end{cases} \tag{6.7-18}$$

6.7.7 转动惯量

1. 以 J_x,J_y 和 J_0 分别表示平面薄片 D 对 x 轴，对 y 轴和对坐标原点 O 的转动惯量，有

$$J_x=\iint\limits_{D}y^2\cdot\mu(x,y)dxdy, \tag{6.7-19}$$

$$J_y=\iint\limits_{D}x^2\cdot\mu(x,y)dxdy, \tag{6.7-20}$$

$$J_0=\iint\limits_{D}(x^2+y^2)\cdot\mu(x,y)dxdy. \tag{6.7-21}$$

2. 分别以 J_{xy},J_x,J_0 表示空间物体 Ω 对 xy 平面，对 x 轴，对坐标原点 O 的转动惯量，有

$$J_{xy}=\iiint\limits_{\Omega}z^2\cdot\mu(x,y,z)dxdydz, \tag{6.7-22}$$

$$J_x=\iiint\limits_{\Omega}(y^2+z^2)\cdot\mu(x,y,z)dxdydz, \tag{6.7-23}$$

$$J_0=\iiint\limits_{\Omega}(x^2+y^2+z^2)\cdot\mu(x,y,z)dxdydz. \tag{6.7-24}$$

轮换 x,y,z，可得其他类似的公式.

§6.8 斯蒂尔切斯积分

6.8.1 有界变差函数

1. 有界变差函数的定义

定义 1 设函数 f 在闭区间 $[a,b]$ $(a<b)$ 上有定义，在 $[a,b]$ 上给定一组分点

$$a=x_0<x_1<\cdots<x_i<\cdots<x_n=b,$$

$\boldsymbol{P}=\{x_0,x_1,\cdots,x_n\}$ 是 $[a,b]$ 的一个划分. 作和

$$v(\boldsymbol{P})=\sum_{i=1}^{n}|f(x_i)-f(x_{i-1})|,$$

如果数集$\{v(\boldsymbol{P}):\boldsymbol{P}$是$[a,b]$上的划分$\}$有上界，则称 f 在$[a,b]$上为**有界变差的**. 这时，称 $\sup\{v(\boldsymbol{P}):\boldsymbol{P}$是$[a,b]$上的划分$\}$为 f 在$[a,b]$上的全变差，记为 $\bigvee_a^b f(x)$或 $\bigvee_a^b (f)$. $[a,b]$上有界变差函数的全体常记为 $V[a,b]$.

当数集$\{v(\boldsymbol{P}),\boldsymbol{P}$是$[a,b]$上的划分$\}$无上界时，规定 $\bigvee_a^b f(x)=+\infty$.

定义 2 设函数 f 在区间$[a,+\infty)$上有定义，如果数集$\left\{\bigvee_a^A f(x):A>a\right\}$有上界，则称 f 在$[a,+\infty)$上为有界变差的，并令

$$\bigvee_a^{+\infty} f(x)=\sup\left\{\bigvee_a^A f(x):A>a\right\}.$$

2. 有界变差函数类

定理 1 设函数 f 是闭区间$[a,b]$上有界单调函数，则 f 在$[a,b]$上为有界变差的，且

$$\bigvee_a^b f(x)=|f(b)-f(a)|.$$

设函数 f 是区间$[a,+\infty)$上有界单调函数，则 f 在$[a,+\infty)$上为有界变差的，且

$$\bigvee_a^{+\infty} f(x)=\sup\{|f(A)-f(a)|:A>a\}=|f(+\infty)-f(a)|.$$

式中 $f(+\infty)=\lim\limits_{x\to+\infty}f(x)$.

定义 3 设函数 f 在区间 $I(I\subset\boldsymbol{R})$上有定义，如果存在常数

$$L>0,\forall x_1,x_2\in I,$$

有

$$|f(x_2)-f(x_1)|\leqslant L|x_2-x_1|,$$

则称 f 在 I 上满足**利普希茨条件**.

定理 2 设函数 f 在闭区间$[a,b](a<b)$上满足利普希茨条件，则 f 在$[a,b]$上为有界变差的，且 $\bigvee_a^b f(x)\leqslant L(b-a)$.

特别，如果函数 f 在闭区间上有有界导数：$|f'(x)|\leqslant L$，则 f 在$[a,b]$上为有界变差的.

3. 有界变差函数的性质

定理 3 设函数 f 和 g 在闭区间$[a,b]$上都为有界变差的，则

1° $f\pm g,f\cdot g$ 在$[a,b]$上也为有界变差的；

2° 当$|g(x)|\geqslant\sigma>0(\forall x\in[a,b])$时，$\dfrac{f}{g}$在$[a,b]$上也为有界变差的.

定理 4 设 $a<c<b$,则 f 在$[a,b]$上为有界变差的必要充分条件是 f 在$[a,c]$和$[c,b]$上都为有界变差的,此时

$$\bigvee_a^b f(x)=\bigvee_a^c f(x)+\bigvee_c^b f(x).$$

4. 有界变差函数的判别法

定理 5 f 在$[a,b]$上为有界变差的必要充分条件是:存在有界增函数 $F(x)$,$\forall x_1,x_2\in[a,b]$,且 $x_1<x_2$,有

$$|f(x_2)-f(x_1)|\leqslant F(x_2)-F(x_1).$$

定理 6 f 在$[a,b]$上为有界变差的必要充分条件是:存在两个有界增函数 g 和 h,使得

$$f(x)=g(x)-h(x),\forall x\in[a,b].$$

6.8.2 可求长曲线

定义 4 设 C:

$$\begin{cases}x=\varphi(t),\\ y=\psi(t),\end{cases}\quad(t_0\leqslant t\leqslant T)\tag{6.8-1}$$

是一条平面曲线,$\varphi,\psi\in C[t_0,T]$,C 无重点. 在$[t_0,T]$上给定一组分点

$$t_0<t_1<\cdots<t_i<\cdots<t_n=T,$$

记 $P=\{t_0,t_1,\cdots,t_n\}$. 作和

$$\sigma(P)=\sum_{i=1}^{n}((\varphi(t_i)-\varphi(t_{i-1}))^2+(\psi(t_i)-\psi(t_{i-1}))^2)^{1/2}.$$

如果$\{\sigma(P):P$ 是$[t_0,T]$的划分$\}$有上界,则称 C 为**可求长的**,称 $l=\sup\{\sigma(P):P$ 是$[t_0,T]$的划分$\}$为 C 的**长度**.

定理 7(若尔当) 曲线(6.8-1)为可求长的必要充分条件是:

$$\varphi,\psi\in V[t_0,T].$$

6.8.3 斯蒂尔切斯积分的定义

定义 5 设 f 和 g 都是闭区间$[a,b]$$(a<b)$上的有界函数,在$[a,b]$上给定一组分点

$$a=x_0<x_1<\cdots<x_i<\cdots<x_n=b,$$

记

$$P=\{x_0,x_1,\cdots,x_n\},\Delta x_i=x_i-x_{i-1}\qquad(i=1,2,\cdots,n),$$

$$\lambda=\max_{1\leqslant i\leqslant n}\{\Delta x_i\},\Delta g(x_i)=g(x_i)-g(x_{i-1})\quad(i=1,2,\cdots,n),$$

取

$$\xi_i \in [x_{i-1}, x_i] \quad (i = 1,2,\cdots,n)$$

记 $\boldsymbol{\xi}=(\xi_1,\xi_2,\cdots,\xi_n)$. 称

$$\sigma = \sum_{i=1}^{n} f(\xi_i)\cdot\Delta g(x_i)$$

为 f 在$[a,b]$上对 g 关于划分 P 与点组 ξ 的斯蒂尔切斯积分和. 如果存在一个实数 I, $\forall \varepsilon>0, \exists \delta>0$,对$[a,b]$的任何划分 $P=\{x_0,x_1,\cdots,x_n\}$以及 ξ_i 在$\{x_{i-1},x_i\}(i=1,2,\cdots,n)$上的任意选取,只要 $\lambda<\delta$,就有

$$|\sigma - I| = \left|\sum_{i=1}^{n} f(\xi_i)\Delta g(x_i) - I\right| < \varepsilon,$$

则称 f 在$[a,b]$上对 g 的斯蒂尔切斯积分存在,称 I 为 f 在$[a,b]$上对 g 的**斯蒂尔切斯积分**,记为

$$I = \int_a^b f(x)dg(x).$$

黎曼积分只是 $g(x)=x$ 时斯蒂尔切斯积分的特殊情形.

定义 6 如果在任意闭区间$[a,b]$上 f 对 g 的斯蒂尔切斯积分存在,且极限 $\lim\limits_{\substack{a\to-\infty\\ b\to+\infty}}\int_a^b f(x)dg(x)$ 存在,则称 f 在$(-\infty,+\infty)$上对 g 的斯蒂尔切斯积分存在,记为 $\int_{-\infty}^{+\infty} f(x)dg(x) = \lim\limits_{\substack{a\to-\infty\\ b\to+\infty}}\int_a^b f(x)dg(x)$

6.8.4 斯蒂尔切斯积分存在的条件

定理 8 如果 g 在$[a,b]$上单调,则 $\int_a^b f(x)dg(x)$存在的必要充分条件是

$$\lim_{\lambda\to 0}\sum_{i=1}^{n}\omega_i\Delta g(x_i) = 0,$$

式中

$$\lambda = \max_{1\leqslant i\leqslant n}\{\Delta x_i\},\omega_i = \sup\{|f(x)-f(y)|: x,y\in[x_{i-1},x_i]\}$$
$$(i = 1,2,\cdots,n).$$

定理 9 如果 $f\in C[a,b]$,g 在$[a,b]$上单调,则 $\int_a^b f(x)dg(x)$ 存在.

定理 10 如果 $f\in C[a,b]$,$g\in V[a,b]$,则$\int_a^b f(x)dg(x)$ 存在.

定理 11 如果 f 在$[a,b]$上黎曼可积,g 在$[a,b]$上满足利普希茨条件,则 $\int_a^b f(x)dg(x)$ 存在.

6.8.5 斯蒂尔切斯积分的性质

定理 12 斯蒂尔切斯积分有如下基本性质:

1° $\int_a^b dg(x) = g(b) - g(a)$.

2° 若$\int_a^b f_1(x)dg(x)$ 和$\int_a^b f_2(x)dg(x)$ 都存在，则

$$\int_a^b (f_1(x) \pm f_2(x))dg(x) = \int_a^b f_1(x)dg(x) \pm \int_a^b f_2(x)dg(x).$$

3° 若 $\int_a^b f(x)dg_1(x)$ 和$\int_a^b f(x)dg_2(x)$ 都存在，则

$$\int_a^b f(x)d(g_1(x) \pm g_2(x)) = \int_a^b f(x)dg_1(x) \pm \int_a^b f(x)dg_2(x).$$

4° 若 $\int_a^b f(x)dg(x)$ 存在，$k, l \in \mathbf{R}$，则

$$\int_a^b kf(x)d(lg(x)) = kl\int_a^b f(x)dg(x).$$

5° 设 $a<c<b$，如果 $\int_a^b f(x)dg(x)$ 存在，则$\int_a^c f(x)dg(x)$ 和$\int_c^b f(x)dg(x)$ 都存在，且

$$\int_a^b f(x)dg(x) = \int_a^c f(x)dg(x) + \int_c^b f(x)dg(x).$$

$\int_a^c f(x)dg(x)$ 和$\int_c^b f(x)dg(x)$ 都存在，不能保证$\int_a^b f(x)dg(x)$ 存在.

定理 13 设 1°f 在$[a,b]$ 上有界，即 $\exists m, M \in \mathbf{R}, \forall x \in [a,b]$，有 $m \leqslant f(x) \leqslant M$；2°$g$ 在$[a,b]$ 上是增的；3°$\int_a^b f(x)dg(x)$ 存在；则 $\exists \mu \in \mathbf{R}, m \leqslant \mu \leqslant M$，使

$$\int_a^b f(x)dg(x) = \mu(g(b) - g(a)).$$

定理 14 设 $f \in C[a,b]$，g 在$[a,b]$上为有界变差的，则

$$\left|\int_a^b f(x)dg(x)\right| \leqslant MV.$$

式中

$$M = \max_{a \leqslant x \leqslant b} |f(x)|, \quad V = \bigvee_a^b g(x).$$

定理 15 设 1°$f_n \in C[a,b]$（$n \in \mathbf{N}$），且当 $n \to \infty$ 时一致收敛于 f；2°g 在$[a,b]$上为有界变差的，则

$$\lim_{n \to \infty}\int_a^b f_n(x)dg(x) = \int_a^b f(x)dg(x).$$

定理 16 设 1°$f \in C[a,b]$；2°g_n（$n \in \mathbf{N}$）在$[a,b]$上为有界变差的，且$\exists V \in \mathbf{R}$，使 $\bigvee_a^b g_n(x) \leqslant V$（$n \in \mathbf{N}$）；3°$\lim\limits_{n \to \infty} g_n(x) = g(x), x \in [a,b]$，则

$$\lim_{n\to\infty}\int_a^b f(x)dg_n(x) = \int_a^b f(x)dg(x).$$

6.8.6 斯蒂尔切斯积分的计算

定理 17 若 $\int_a^b g(x)df(x)$ 存在,则

$$\int_a^b f(x)dg(x) = f(x)\cdot g(x)\Big|_a^b - \int_a^b g(x)df(x). \tag{6.8-2}$$

定理 18 设 1°f 在$[a,b]$上黎曼可积; 2°$g(x)=c+\int_a^x \varphi(t)dt, x\in[a,b]$,其中 $\varphi(t)$ 在$[a,b]$上绝对可积(参看 6.11.2),则

$$\int_a^b f(x)dg(x) = \int_a^b f(x)\varphi(x)dx. \tag{6.8-3}$$

定理 19 设 1°f 在$[a,b]$上黎曼可积; 2°$g\in C[a,b]$,且可能除有限个点外,有导数 g',g'在$[a,b]$上绝对可积,则

$$\int_a^b f(x)dg(x) = \int_a^b f(x)\cdot g'(x)dx. \tag{6.8-4}$$

定理 20 设 1°$f\in C[a,b]$; 2°可能除有限个点外,有导数 g',g'在$[a,b]$上绝对可积; 3°有限个点

$$a = c_0 < c_1 < \cdots < c_i < \cdots < c_n = b$$

为 g 的第一类不连续点,则

$$\begin{aligned}\int_a^b f(x)dg(x) =& \int_a^b f(x)\cdot g'(x)dx + f(a)(g(a+0)-g(a)) \\ &+ \sum_{i=1}^{n-1} f(c_i)(g(c_i+0)-g(c_i-0)) \\ &+ f(b)(g(b)-g(b-0)).\end{aligned} \tag{6.8-5}$$

§6.9 曲线积分与曲面积分

6.9.1 第一型曲线积分

1. 第一型曲线积分的定义

定义 1 设 C:$\boldsymbol{r}(t)=x(t)\boldsymbol{i}+y(t)\boldsymbol{j}+z(t)\boldsymbol{k}$ $(\alpha\leqslant t\leqslant\beta)$是空间一条连续的可求长曲线. $f(x,y,z)$是定义在 C 上的有界函数. 再设

$$\boldsymbol{P} = \{t_0, t_1, \cdots, t_n\} \quad (t_0 = \alpha, t_n = \beta)$$

是$[\alpha,\beta]$的一个划分,

$$\Delta t_i = t_i - t_{i-1}(i = 1,2,\cdots,n), \quad \lambda = \max_{1\leqslant i\leqslant n}\{\Delta t_i\}.$$

记

$$A_i = (x(t_i), y(t_i), z(t_i))(i = 0, 1, 2, \cdots, n),$$

$\{A_0, A_1, A_2, \cdots, A_n\}$将曲线 C 划分为 n 段，记为$\widehat{A_{i-1}A_i}(i=1,2,\cdots,n)$，以 Δl_i 表示$\widehat{A_{i-1}A_i}$的弧长，在每段$\widehat{A_{i-1}A_i}$上任取一点

$$\xi_i = (x(\tau_i), y(\tau_i), z(\tau_i)), \quad \tau_i \in [t_{i-1}, t_i],$$

作和 $\sum_{i=1}^{n} f(\xi_i).\Delta l_i$. 如果存在一个实数 I，$\forall \varepsilon>0$，$\exists \delta>0$，对$[\alpha,\beta]$的任何划分 $\boldsymbol{P}$ 以及每个 ξ_i 在$\widehat{A_{i-1}A_i}$上的任意选取，只要 $\lambda<\delta$，就有

$$\left| \sum_{i=1}^{n} f(\xi_i)\cdot \Delta l_i - I \right| < \varepsilon,$$

则称 $f(x,y,z)$在 C 上的第一型曲线积分存在. 称 I 为 $f(x,y,z)$在 C 上的**第一型曲线积分**(曲线积分也称**线积分**)，记为

$$I = \int_C f(x,y,z)dl = \lim_{\lambda\to 0}\sum_{i=1}^{n} f(x(\tau_i), y(\tau_i), z(\tau_i))\Delta l_i.$$

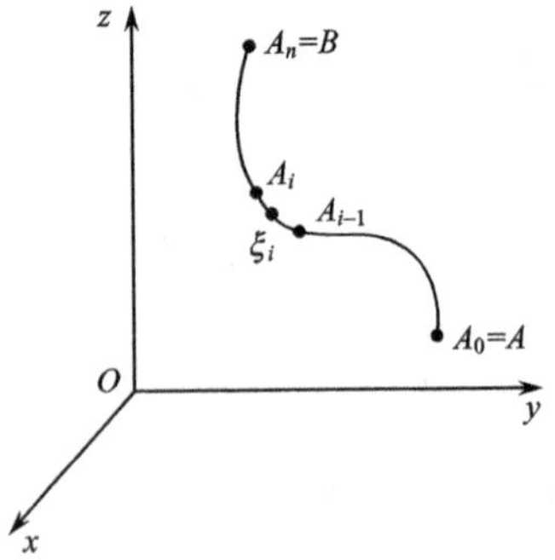

图 6.9-1

二元函数沿平面曲线的第一型曲线积分也可以同样的方式定义.

第一型曲线积分又称**对弧长的曲线积分**.

当 $f(x,y,z)\equiv 1$，$(x,y,z)\in C$，则 $\int_C dl$ 就是可求长曲线 C 的弧长；若连续函数 $\mu(x,y,z)$ 是可求长曲线 C 的线密度，则

$$M = \int_C \mu(x,y,z)dl,$$

就是可求长曲线 C 的质量.

2. 第一型曲线积分的计算公式

定理 1 设 C：$\boldsymbol{r}(t)=x(t)\boldsymbol{i}+y(t)\boldsymbol{j}(\alpha\leqslant t\leqslant\beta)$是平面上的一条分段光滑的曲线，$C$ 无重点，$f(x,y)$是 C 上的连续函数，则

$$\int_C f(x,y)dl = \int_\alpha^\beta f(x(t),y(t))\sqrt{(x'(t))^2+(y'(t))^2}dt. \tag{6.9-1}$$

特别有

1° 若平面的分段光滑曲线 C 由 $y=y(x)(a\leqslant x\leqslant b)$给出，$f(x,y)$在 C 上连续，则

$$\int_C f(x,y)dl = \int_a^b f(x,y(x))\sqrt{1+(y'(x))^2}dx. \tag{6.9-2}$$

2° 若平面的分段光滑曲线 C 由 $x=x(y)(c\leqslant y\leqslant d)$给出，$f(x,y)$在 C 上连续，则

$$\int_C f(x,y)dl = \int_c^d f(x(y),y)\sqrt{(x'(y))^2+1}dy. \tag{6.9-3}$$

定理 2 设 $C:\boldsymbol{r}(t)=x(t)\boldsymbol{i}+y(t)\boldsymbol{j}+z(t)\boldsymbol{k}(\alpha\leqslant t\leqslant\beta)$是空间的一条分段光滑的曲线,$C$ 无重点,$f(x,y,z)$是 C 上的连续函数,则

$$\int_C f(x,y,z)dl=\int_\alpha^\beta f(x(t),y(t),z(t))\sqrt{(x'(t))^2+(y'(t))^2+(z'(t))^2}dt. \tag{6.9-4}$$

6.9.2 第二型曲线积分

1. 第二型曲线积分的定义

定义 2 设 $C=\widehat{AB}:\boldsymbol{r}(t)=x(t)\boldsymbol{i}+y(t)\boldsymbol{j}+z(t)\boldsymbol{k}$ 是空间的一条分段光滑的有向曲线,C 无重点.(参数 t 自 α 变到 β 时,曲线 C 上的点沿从 A 到 B 的方向运动.)

$$\boldsymbol{F}(x,y,z)=X(x,y,z)\boldsymbol{i}+Y(x,y,z)\boldsymbol{j}+Z(x,y,z)\boldsymbol{k}$$

是定义在 C 上的向量函数,其分量 $X(x,y,z),Y(x,y,z),Z(x,y,z)$均在 C 上有界.再设 $\boldsymbol{P}=\{t_0,t_1,\cdots,t_n\}(t_0=\alpha,t_n=\beta)$是$[\alpha,\beta]$的一个划分,

$$\Delta t_i=t_i-t_{i-1}(i=1,2,\cdots,n),\lambda=\max_{1\leqslant i\leqslant n}\{|\Delta t_i|\}.$$

记

$$A_i=(x(t_i),y(t_i),z(t_i))(i=0,1,2,\cdots,n),\{A_0,A_1,A_2,\cdots,A_n\}$$

将曲线 C 划分为 n 段.记

$$\begin{aligned}\Delta\boldsymbol{r}_i&=\boldsymbol{r}(t_i)-\boldsymbol{r}(t_{i-1})\\&=(x(t_i)-x(t_{i-1}))\boldsymbol{i}+(y(t_i)-y(t_{i-1}))\boldsymbol{j}\\&\quad+(z(t_i)-z(t_{i-1}))\boldsymbol{k}\\&=\Delta x_i\boldsymbol{i}+\Delta y_i\boldsymbol{j}+\Delta z_i\boldsymbol{k}\quad(i=1,2,\cdots,n),\end{aligned}$$

在每段$\widehat{A_{i-1}A_i}$上任取一点

$$\xi_i=(x(\tau_i),y(\tau_i),z(\tau_i)),\tau_i\in[t_{i-1},t_i].$$

作和

$$\begin{aligned}\sum_{i=1}^n\boldsymbol{F}(\xi_i)\cdot\Delta\boldsymbol{r}_i=&\sum_{i=1}^n(X(x(\tau_i),y(\tau_i),z(\tau_i))\Delta x_i\\&+Y(x(\tau_i),y(\tau_i),z(\tau_i))\Delta y_i+Z(x(\tau_i),y(\tau_i),z(\tau_i))\Delta z_i).\end{aligned}$$

如果存在一个实数 I,$\forall\varepsilon>0$,$\exists\delta>0$,对$[\alpha,\beta]$的任何划分 P 以及每个 ξ_i 在$\widehat{A_{i-1}A_i}$上的任意选取,只要 $\lambda<\delta$,就有

$$\left|\sum_{i=1}^n\boldsymbol{F}(\xi_i)\cdot\Delta\boldsymbol{r}_i-I\right|<\varepsilon,$$

则称 $\boldsymbol{F}(x,y,z)$在有向曲线 C 上从 A 到 B 的第二型曲线积分存在.称 I 为 $\boldsymbol{F}(x,y,z)$在有向曲线 C 上从 A 到 B 的**第二型曲线积分**,记为

$$I=\int_C\boldsymbol{F}\cdot d\boldsymbol{r}=\int_C X(x,y,z)dx+Y(x,y,z)dy+Z(x,y,z)dz$$

$$= \lim_{\lambda \to 0} \sum_{i=1}^{n} \boldsymbol{F}(\xi_i) \cdot \Delta \boldsymbol{r}_i$$

$$= \lim_{\lambda \to 0} \sum_{i=1}^{n} (X(x(\tau_i), y(\tau_i), z(\tau_i)) \Delta x_i + Y(x(\tau_i), y(\tau_i), z(\tau_i)) \Delta y_i + Z(x(\tau_i), y(\tau_i), z(\tau_i)) \Delta z_i).$$

第二型曲线积分又称**对坐标的曲线积分**.

二元函数沿平面曲线的第二型曲线积分也可以同样的方式定义.

若 $\boldsymbol{F}(x,y,z)$表示力,则 $W=\int_C \boldsymbol{F} \cdot d\boldsymbol{r}$ 表示一个质点在力 $\boldsymbol{F}(x,y,z)$的作用下沿有向曲线 C 从点 A 位移到点 B 所做的功.

2. 第二型曲线积分的计算公式

定理 3 设 $C=\widehat{AB}: \boldsymbol{r}(t)=x(t)\boldsymbol{i}+y(t)\boldsymbol{j}$ 是平面的一条分段光滑的有向曲线,C 无重点(参数 t 自 α 变到 β 时,曲线 C 上的点沿从 A 到 B 的方向运动.)

$$\boldsymbol{F}(x,y) = X(x,y)\boldsymbol{i}+Y(x,y)\boldsymbol{j}$$

是定义在 C 上的连续向量函数,即 $\boldsymbol{F}(x,y)$的分量 $X(x,y)$,$Y(x,y)$均在 C 上连续,则

$$\int_C \boldsymbol{F} \cdot d\boldsymbol{r} = \int_C X(x,y)dx + Y(x,y)dy$$

$$= \int_\alpha^\beta (X(x(t),y(t))x'(t) + Y(x(t),y(t))y'(t))dt. \qquad (6.9\text{-}5)$$

特别有

1° 若平面的分段光滑的有向曲线 $C=\widehat{AB}$由 $y=y(x)$给出($x=a$ 对应点 A,$x=b$ 对应点 B),$\boldsymbol{F}(x,y)=X(x,y)\boldsymbol{i}+Y(x,y)\boldsymbol{j}$ 在 C 上连续,则

$$\int_C \boldsymbol{F} \cdot d\boldsymbol{r} = \int_C (X(x,y)dx + Y(x,y)dy$$

$$= \int_a^b (X(x,y(x)) + Y(x,y(x))y'(x))dx. \qquad (6.9\text{-}6)$$

2° 若平面的分段光滑的有向曲线 $C=\widehat{AB}$由 $x=x(y)$给出($y=c$ 对应点 A,$y=d$ 对应点 B),$\boldsymbol{F}(x,y)=X(x,y)\boldsymbol{i}+Y(x,y)\boldsymbol{j}$ 在 C 上连续,则

$$\int_C \boldsymbol{F} \cdot d\boldsymbol{r} = \int_C X(x,y)dx + Y(x,y)dy$$

$$= \int_c^d (X(x(y),y)x'(y) + Y(x(y),y)dy. \qquad (6.9\text{-}7)$$

定理 4 设 $C=\widehat{AB}: \boldsymbol{r}(t)=x(t)\boldsymbol{i}+y(t)\boldsymbol{j}+z(t)\boldsymbol{k}$ 是空间的一条分段光滑的有向曲线,C 无重点(参数 t 自 α 变到 β 时,曲线 C 上的点沿从 A 到 B 的方向运动.) $\boldsymbol{F}(x,y,z)=X(x,y,z)\boldsymbol{i}+Y(x,y,z)\boldsymbol{j}+Z(x,y,z)\boldsymbol{k}$ 是定义在 C 上连续的向量函数,即 $\boldsymbol{F}(x,y,z)$的分量

$$X(x,y,z), Y(x,y,z), Z(x,y,z)$$

均在 C 上连续,则

$$\begin{aligned}\int_C \boldsymbol{F}\cdot d\boldsymbol{r} &= \int_C X(x,y,z)dx + Y(x,y,z)dy + Z(x,y,z)dz \\ &= \int_\alpha^\beta (X(x(t),y(t),z(t))x'(t) \\ &\quad + Y(x(t),y(t),z(t))y'(t) \\ &\quad + Z(x(t),y(t),z(t))z'(t))dt.\end{aligned} \qquad (6.9\text{-}8)$$

第二型曲线积分与曲线的定向有关,即若记 $\widehat{BA}=C^-$,则

$$\int_{C^-} \boldsymbol{F}\cdot d\boldsymbol{r} = \int_{\widehat{BA}} \boldsymbol{F}\cdot d\boldsymbol{r} = -\int_{\widehat{AB}} \boldsymbol{F}\cdot d\boldsymbol{r} = -\int_C \boldsymbol{F}\cdot d\boldsymbol{r}.$$

在公式(6.9-5)到(6.9-8)中,不要求参数 t(或 x,或 y)由小到大.

第一型曲线积分与曲线的定向无关,即

$$\int_{\widehat{BA}} f(x,y,z)dl = \int_{\widehat{AB}} f(x,y,z)dl.$$

为确保 $dl>0$,在公式(6.9-1)到(6.9-4)中,要求参数 t(或 x,或 y)由小到大.

3. 格林公式

定义 3 设 C 是平面闭区域 D 的边界曲线.按右手坐标系,当沿 C 环行时,区域 D 位于其左侧,规定这个方向是曲线 C 的正方向,反之是负方向.

定理 5 设分段光滑的闭曲线 C 是平面有界闭区域 D 的边界,若 $X(x,y)$, $Y(x,y)$ 以及 $\frac{\partial X}{\partial y}$, $\frac{\partial Y}{\partial x}$ 在 D 上连续,则

$$\oint_C X(x,y)dx + Y(x,y)dy = \iint_D \left(\frac{\partial Y}{\partial x} - \frac{\partial X}{\partial y}\right)dxdy, \qquad (6.9\text{-}9)$$

式中 C 取正方向.

(6.9-9)式称为**格林公式**.

格林公式给出了平面区域上的二重积分与沿着该区域的边界闭曲线的曲线积分之间的关系.

定义 4 若在平面闭区域 D 内任意闭曲线所围成的区域都在 D 内,就称 D 为**平面单连通区域**.

定理 6 若 $X(x,y)$, $Y(x,y)$ 以及 $\frac{\partial X}{\partial y}$, $\frac{\partial Y}{\partial x}$ 在平面单连通区域 D 上连续,则下列四个断语是等价的:

1° 曲线积分 $\int_{C(A,B)} X(x,y)dx + Y(x,y)dy$ 与路线无关,即只与曲线 $C(A,B)$ 的始点 A 和终点 B 有关.

2° 在 D 内存在函数 $u(x,y)$,使

$$du = X(x,y)dx + Y(x,y)dy.$$

3° 对一切$(x,y)\in D$,有$\dfrac{\partial Y}{\partial x}=\dfrac{\partial X}{\partial y}$.

4° 对 D 内的任意分段光滑闭曲线Γ,有

$$\oint_{\Gamma} X(x,y)dx + Y(x,y)dy = 0.$$

定理 6 给出了平面曲线积分与路线无关的几个必要充分条件.

6.9.3 第一型曲面积分

1. 第一型曲面积分的定义

定义 5 设 S 是分片光滑曲面,其方程是

$$\boldsymbol{r}(u,v) = x(u,v)\boldsymbol{i} + y(u,v)\boldsymbol{j} + z(u,v)\boldsymbol{k},\ (u,v) \in D^*$$

D^* 是 $O'uv$ 平面内的有界闭区域,$f(x,y,z)$是定义在 S 上的有界函数. 在 $O'uv$ 平面内用分段光滑的曲线网把 D^* 划分为 n 个子区域 D_i^* $(i=1,2,\cdots,n)$,称它为 D^* 的一个划分 P^*,令 $\lambda=\max\limits_{1\leqslant i\leqslant n}\{d(D_i^*)\}$. 相应地,曲面 S 也划分为 n 块 $\Delta S_i(i=1,2,\cdots,n)$. 在每个 ΔS_i 上任取一点

$$\xi_i = (x(u_i,v_i),y(u_i,v_i),z(u_i,v_i)),(u_i,v_i) \in D_i^*,$$

作和 $\sum\limits_{i=1}^{n} f(\xi_i)\cdot\Delta S_i$.

此处仍用同一记号 ΔS_i 表示 ΔS_i 的面积. 如果存在一个实数 I, $\forall\varepsilon>0$, $\exists\delta>0$, 对 D^* 的任何划分 P^* 以及每个 ξ_i 在 ΔS_i 上的任意选取,只要 $\lambda<\delta$,就有 $\left|\sum\limits_{i=1}^{n} f(\xi_i)\cdot\Delta S_i - I\right|<\varepsilon$,则称 $f(x,y,z)$ 在 S 上的第一型曲面积分存在,称 I 为 $f(x,y,z)$ 在 S 上的**第一型曲面积分**(曲面积分也称**面积分**),记为

$$I = \iint_S f(x,y,z)\,dS = \lim_{\lambda\to 0}\sum_{i=1}^{n} f(x(u_i,v_i),y(u_i,v_i),z(u_i,v_i))\cdot\Delta S_i.$$

第一型曲面积分又称**对面积的曲面积分**.

当 $f(x,y,z)\equiv 1$ 时,则$\iint\limits_S dS$ 就是分片光滑曲面 S 的面积;若连续函数 $\mu(x,y,z)$ 是分片光滑曲面 S 的面密度,则 $M=\iint\limits_S \mu(x,y,z)dS$ 就是分片光滑曲面 S 的质量.

2. 第一型曲面积分的计算公式

定理 7 设 S 是分片光滑曲面,其方程是

$$\boldsymbol{r}(u,v) = x(u,v)\boldsymbol{i} + y(u,v)\boldsymbol{j} + z(u,v)\boldsymbol{k},(u,v) \in D^*,$$

D^* 是 $O'uv$ 平面内的有界闭区域,$f(x,y,z)$是定义在 S 上的连续函数,则

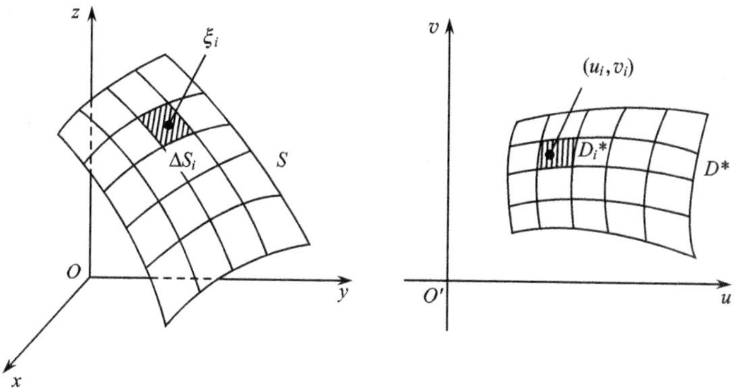

图 6.9-2

$$\iint\limits_S f(x,y,z)dS = \iint\limits_{D^*} f(x(u,v),y(u,v),z(u,v))\cdot\rho(u,v)dudv, \quad (6.9\text{-}10)$$

式中

$$\rho(u,v) = \left(\left(\frac{\partial(y,z)}{\partial(u,v)}\right)^2 + \left(\frac{\partial(z,x)}{\partial(u,v)}\right)^2 + \left(\frac{\partial(x,y)}{\partial(u,v)}\right)^2\right)^{1/2}.$$

若记

$$\boldsymbol{r}_u = \frac{\partial \boldsymbol{r}}{\partial u} = \frac{\partial x}{\partial u}\boldsymbol{i} + \frac{\partial y}{\partial u}\boldsymbol{j} + \frac{\partial z}{\partial u}\boldsymbol{k},$$

$$\boldsymbol{r}_v = \frac{\partial \boldsymbol{r}}{\partial v} = \frac{\partial x}{\partial v}\boldsymbol{i} + \frac{\partial y}{\partial v}\boldsymbol{j} + \frac{\partial z}{\partial v}\boldsymbol{k};$$

$$E = \boldsymbol{r}_u\cdot\boldsymbol{r}_u = |\boldsymbol{r}_u|^2 = \left(\frac{\partial x}{\partial u}\right)^2 + \left(\frac{\partial y}{\partial u}\right)^2 + \left(\frac{\partial z}{\partial u}\right)^2,$$

$$F = \boldsymbol{r}_u\cdot\boldsymbol{r}_v = \frac{\partial x}{\partial u}\cdot\frac{\partial x}{\partial v} + \frac{\partial y}{\partial u}\cdot\frac{\partial y}{\partial v} + \frac{\partial z}{\partial u}\cdot\frac{\partial z}{\partial v},$$

$$G = \boldsymbol{r}_v\cdot\boldsymbol{r}_v = |\boldsymbol{r}_v|^2 = \left(\frac{\partial x}{\partial v}\right)^2 + \left(\frac{\partial y}{\partial v}\right)^2 + \left(\frac{\partial z}{\partial v}\right)^2,$$

则 $\rho(u,v)=(EG-F^2)^{1/2}$. 其中 E,F,G 是曲面第一基本形式的系数(参看 10.4.1).

特别有,若分片光滑曲面 S 由显式 $z=z(x,y)$ ($(x,y)\in D$)给出,$f(x,y,z)$ 在 S 上连续,则

$$\iint\limits_S f(x,y,z)dS = \iint\limits_D f(x,y,z(x,y))\cdot\sqrt{\left(\frac{\partial z}{\partial x}\right)^2 + \left(\frac{\partial z}{\partial y}\right)^2 + 1}\,dxdy. \quad (6.9\text{-}11)$$

6.9.4 第二型曲面积分

1. 第二型曲面积分的定义

定义 6 设 S 是光滑曲面，如果能对每点 $E\in S$，指定单位法向量 $\boldsymbol{n}_0(E)$，使得 $\boldsymbol{n}_0(E)$ 随 E 连续变动，且当 E 在 S 上沿任何路径连续变动到原来位置时，$\boldsymbol{n}_0(E)$ 回到原来的指向，则称 S 是**双侧曲面**或**可定向曲面**. 非双侧曲面称为**单侧曲面**或**不可定向曲面**.

常见的曲面，例如球面、椭球面、锥面等都是双侧曲面. 单侧曲面是存在的，**默比乌斯带**就是一个有名的单侧曲面. 将一张长方形的纸条 $ABCD$ 先扭转一次，然后将 A,D 两点黏合起来，将 B,C 两点也黏合起来就成了默比乌斯带见图 6.9-3.

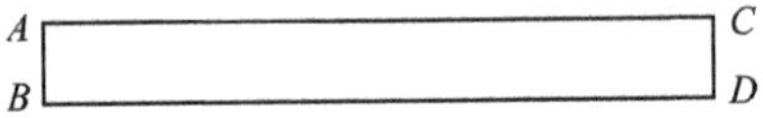

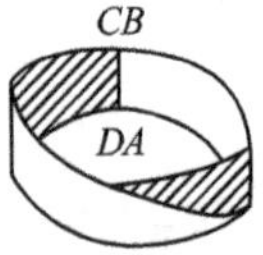

图 6.9-3

定义 7 设 S 是分片光滑的可定向曲面，其方程是

$$\boldsymbol{r}(u,v)=x(u,v)\boldsymbol{i}+y(u,v)\boldsymbol{j}+z(u,v)\boldsymbol{k},(u,v)\in D^*,$$

D^* 是 $O'uv$ 平面内的有界闭区域. 选定 S 上的连续变动的法向量 $\boldsymbol{n}$，使它成为定向曲面，设

$$\boldsymbol{F}(x,y,z)=X(x,y,z)\boldsymbol{i}+Y(x,y,z)\boldsymbol{j}+Z(x,y,z)\boldsymbol{k}$$

是定义在 S 上的向量函数，其分量 $X(x,y,z),Y(x,y,z),Z(x,y,z)$ 均在 S 上有界. 在 $O'uv$ 平面内用分段光滑的曲线网把 D^* 划分为 n 个子区域

$$D_i^*\ (i=1,2,\cdots,n),$$

称它为 D^* 的一个划分 P^*，令 $\lambda=\max\limits_{1\leqslant i\leqslant n}\{d(D_i^*)\}$. 相应地，曲面 S 也划分为 n 块 ΔS_i $(i=1,2,\cdots,n)$. 在每个 ΔS_i 上任取一点

$$\xi_i=(x(u_i,v_i),y(u_i,v_i),z(u_i,v_i)),(u_i,v_i)\in D_i^*.$$

以 $\boldsymbol{n}_0(\xi_i)=\dfrac{\boldsymbol{n}(\xi_i)}{|\boldsymbol{n}(\xi_i)|}$ 表示曲面 S 在点 ξ_i 的单位法向量，以 $\alpha(\xi_i),\beta(\xi_i),r(\xi_i)$ 表示 $\boldsymbol{n}_0(\xi_i)$ 的方向角. 仍用同一记号 ΔS_i 表示 ΔS_i 的面积. 又记

$$\Delta\boldsymbol{S}_i=\Delta S_i\boldsymbol{n}_0(\xi_i)$$

$$= \Delta S_i(\cos\alpha(\xi_i)\boldsymbol{i} + \cos\beta(\xi_i)\boldsymbol{j} + \cos\gamma(\xi_i)\boldsymbol{k})$$
$$= \Delta y_i \Delta z_i \boldsymbol{i} + \Delta z_i \Delta x_i \boldsymbol{j} + \Delta x_i \Delta y_i \boldsymbol{k},$$

作和

$$\begin{aligned}\sum_{i=1}^{n} \boldsymbol{F}(\xi_i)\cdot\Delta \boldsymbol{S}_i = \sum_{i=1}^{n}(& X(x(u_i,v_i),y(u_i,v_i),z(u_i,v_i))\Delta y_i \Delta z_i \\ &+ Y(x(u_i,v_i),y(u_i,v_i),z(u_i,v_i))\Delta z_i \Delta x_i \\ &+ Z(x(u_i,v_i),y(u_i,v_i),z(u_i,v_i))\Delta x_i \Delta y_i).\end{aligned}$$

如果存在一个实数 I, $\forall \varepsilon>0$, $\exists \delta>0$, 对 D^* 的任何划分 P^* 以及每个 ξ_i 在 ΔS_i 上的任意选取,只要 $\lambda<\delta$,就有

$$\left| \sum_{i=1}^{n} \boldsymbol{F}(\xi_i)\cdot\Delta \boldsymbol{S}_i - I \right| < \varepsilon,$$

则称 $\boldsymbol{F}(x,y,z)$ 在定向曲面 S 上第二型曲面积分存在,称 I 为 $\boldsymbol{F}(x,y,z)$ 在定向曲面 S 上的**第二型曲面积分**,记为 $\iint\limits_S \boldsymbol{F}\cdot d\boldsymbol{S}$,即

$$\begin{aligned} I = \iint\limits_S \boldsymbol{F}\cdot d\boldsymbol{S} &= \iint\limits_S (X(x,y,z)\cos\alpha + Y(x,y,z)\cos\beta + Z(x,y,z)\cos\gamma)dS \\ &= \iint\limits_S X(x,y,z)dydz + Y(x,y,z)dzdx + Z(x,y,z)dxdy \\ &= \lim_{\lambda\to 0}\sum_{i=1}^{n} \boldsymbol{F}(\xi_i)\cdot\Delta \boldsymbol{S}_i \\ &= \lim_{\lambda\to 0}\sum_{i=1}^{n}(X(x(u_i,v_i),y(u_i,v_i),z(u_i,v_i))\Delta y_i \Delta z_i \\ &\quad + Y(x(u_i,v_i),y(u_i,v_i),z(u_i,v_i))\Delta z_i \Delta x_i \\ &\quad + Z(x(u_i,v_i),y(u_i,v_i),z(u_i,v_i))\Delta x_i \Delta y_i).\end{aligned}$$

第二型曲面积分又称**对坐标的曲面积分**.

若 $\boldsymbol{v}(x,y,z)=X(x,y,z)\boldsymbol{i}+Y(x,y,z)\boldsymbol{j}+Z(x,y,z)\boldsymbol{k}$ 表示流速,则 $Q=\iint\limits_S \boldsymbol{v}\cdot d\boldsymbol{S}$ 表示单位时间内流体流过定向曲面 S 的流量.

2. 第二型曲面积分的计算公式

定理 8 设 S 是分片光滑的可定向曲面,其方程是

$$\boldsymbol{r}(u,v) = x(u,v)\boldsymbol{i} + y(u,v)\boldsymbol{j} + z(u,v)\boldsymbol{k}, (u,v)\in D^*,$$

D^* 是 $O'uv$ 平面内的有界闭区域. 选定 S 上的连续变动的法向量

$$\boldsymbol{n} = \boldsymbol{r}_u \times \boldsymbol{r}_v = \frac{\partial(y,z)}{\partial(u,v)}\boldsymbol{i} + \frac{\partial(z,x)}{\partial(u,v)}\boldsymbol{j} + \frac{\partial(x,y)}{\partial(u,v)}\boldsymbol{k}$$

使它成为定向曲面.设

$$F(x,y,z) = X(x,y,z)\boldsymbol{i} + Y(x,y,z)\boldsymbol{j} + z(x,y,z)\boldsymbol{k}$$

是定义在 S 上的连续的向量函数,即 $\boldsymbol{F}(x,y,z)$ 的分量

$$X(x,y,z), Y(x,y,z), Z(x,y,z)$$

均在 S 上连续,则

$$\begin{aligned}\iint_S \boldsymbol{F}\cdot d\boldsymbol{S} &= \iint_S X(x,y,z)dydz + Y(x,y,z)dzdx + Z(x,y,z)dxdy \\ &= \iint_{D^*}\Big(X(x(u,v),y(u,v),z(u,v))\frac{\partial(y,z)}{\partial(u,v)} \\ &\quad + Y(x(u,v),y(u,v),z(u,v))\frac{\partial(z,x)}{\partial(u,v)} \\ &\quad + Z(x(u,v),y(u,v),z(u,v))\frac{\partial(x,y)}{\partial(u,v)}\Big)dudv.\end{aligned} \tag{6.9-12}$$

特别有,若分片光滑曲面 S 由显式

$$z = z(x,y)((x,y) \in D)$$

给出,$Z(x,y,z)$ 在 S 上连续,则

$$\begin{aligned}&\iint_S Z(x,y,z)dxdy \\ &= \begin{cases}\iint_D Z(x,y,z(x,y))dxdy, \text{当}(\widehat{\boldsymbol{n},\boldsymbol{k}})\text{为锐角,即取} S \text{的上侧;} \\ \iint_D Z(x,y,z(x,y))(-dxdy), \text{当}(\widehat{\boldsymbol{n},\boldsymbol{k}})\text{为钝角,即取} S \text{的下侧}.\end{cases}\end{aligned} \tag{6.9-13}$$

这里,等式两边的 $dxdy$ 的意义不同.在曲面积分

$$\iint_S Z(x,y,z)dxdy$$

中的 $dxdy$ 表示 dS 在 Oxy 平面上的投影,它或正或负,这由 $(\widehat{\boldsymbol{n},\boldsymbol{k}})$ 或是锐角或是钝角而定.

而二重积分

$$\iint_D Z(x,y,z(x,y))dxdy$$

或

$$\iint_D Z(x,y,z(x,y))(-dxdy)$$

中的 $dxdy$ 恒为正.

第二型曲面积分与可定向曲面 S 侧的选取(即曲面 S 的法向量的选取)有关.即

若选 $-\boldsymbol{n}$ 为曲面 S 的法向量，把此时的定向曲面记为 S^-，则

$$\iint_{S^-}\boldsymbol{F}\cdot d\boldsymbol{S}=-\iint_{S}\boldsymbol{F}\cdot d\boldsymbol{S}.$$

3. 奥-高公式

定理 9 设分片光滑的可定向闭曲面 S 是空间有界闭区域 Ω 的边界，若 $X(x,y,z)$，$Y(x,y,z)$，$Z(x,y,z)$ 及其偏导数在 Ω 上连续，则

$$\oiint_{S}X(x,y,z)dydz+Y(x,y,z)dzdx+Z(x,y,z)dxdy$$
$$=\iiint_{\Omega}\left(\frac{\partial X}{\partial x}+\frac{\partial Y}{\partial y}+\frac{\partial Z}{\partial z}\right)dxdydz, \tag{6.9-14}$$

式中 S 取外侧.

(6.9-14)式称为**奥斯特罗格拉茨基-高斯公式**，简称**奥-高公式**.

奥-高公式给出了空间区域上的三重积分与围成该区域的闭曲面上的曲面积分之间的关系.

定义 8 若空间闭区域 Ω 内任意闭曲面所围成的区域都在 Ω 内，就称 Ω 为**空间(面)单连通区域**.

定理 10 若 $X(x,y,z)$，$Y(x,y,z)$，$Z(x,y,z)$ 及其偏导数在空间(面)单连通区域 Ω 上连续，则下列四个断语是等价的：

1° 曲面积分 $\iint_{S}X(x,y,z)dydz+Y(x,y,z)dzdx+Z(x,y,z)dxdy$ 与曲面 S 形状无关，即只与 S 的边界曲线有关.

2° 在 Ω 内存在向量函数

$\boldsymbol{B}(x,y,z)=U(x,y,z)\boldsymbol{i}+V(x,y,z)\boldsymbol{j}+W(x,y,z)\boldsymbol{k}$，使

$$X=\frac{\partial W}{\partial y}-\frac{\partial V}{\partial z},\ Y=\frac{\partial U}{\partial z}-\frac{\partial W}{\partial x},Z=\frac{\partial V}{\partial x}-\frac{\partial U}{\partial y}.$$

3° 对一切 $(x,y,z)\in\Omega$，有 $\frac{\partial X}{\partial x}+\frac{\partial Y}{\partial y}+\frac{\partial Z}{\partial z}=0$.

4° 对 Ω 内任意闭曲面 Σ，有

$$\oiint_{\Sigma}X(x,y,z)dydz+Y(x,y,z)dzdx+Z(x,y,z)dxdy=0.$$

定理 9 给出了曲面积分与曲面形状无关的几个必要充分条件.

4. 斯托克斯公式

定理 11 设分段光滑的闭曲线 C 是空间光滑的可定向曲面 S 的边界曲线，若 $X(x,y,z)$，$Y(x,y,z)$，$Z(x,y,z)$ 及其偏导数在 S 上连续，则

$$
\begin{aligned}
&\oint_C X(x,y,z)dx + Y(x,y,z)dy + Z(x,y,z)dz \\
&= \iint_S \left(\frac{\partial Z}{\partial y} - \frac{\partial Y}{\partial z}\right)dydz + \left(\frac{\partial X}{\partial z} - \frac{\partial Z}{\partial x}\right)dzdx + \left(\frac{\partial Y}{\partial x} - \frac{\partial X}{\partial y}\right)dxdy \\
&= \iint_S \begin{vmatrix} dydz & dzdx & dxdy \\ \dfrac{\partial}{\partial x} & \dfrac{\partial}{\partial y} & \dfrac{\partial}{\partial z} \\ X & Y & Z \end{vmatrix},
\end{aligned} \tag{6.9-15}
$$

式中 C 的定向与 S 的定向成右手螺旋关系.

(6.9-15)式称为**斯托克斯公式**.

斯托克斯公式给出了空间曲面上的曲面积分与沿该曲面的边界闭曲线的曲线积分之间的关系.

定义 9 若空间闭区域 Ω 内任意闭曲线 C,存在以 C 为边界曲线的曲面 S,使 S 都在 Ω 内,就称 Ω 为**空间(线)单连通区域**.

定理 12 若 $X(x,y,z),Y(x,y,z),Z(x,y,z)$ 及其偏导数在空间(线)单连通区域 Ω 上连续,则下列四个断语是等价的:

1° 曲线积分 $\int_{C(A,B)} X(x,y,z)dx + Y(x,y,z)dy + Z(x,y,z)dz$ 与路线无关,即只与曲线 $C(A,B)$ 的始点 A 和终点 B 有关.

2° 在 Ω 内存在函数 $u(x,y,z)$,使

$$du = X(x,y,z)dx + Y(x,y,z)dy + Z(x,y,z)dz.$$

3° 对一切 $(x,y,z)\in\Omega$,有

$$\frac{\partial Y}{\partial x} = \frac{\partial X}{\partial y}, \quad \frac{\partial X}{\partial z} = \frac{\partial Z}{\partial x}, \quad \frac{\partial Z}{\partial y} = \frac{\partial Y}{\partial z}.$$

4° 对 Ω 内任意分段光滑闭曲线 Γ,有

$$\oint_\Gamma X(x,y,z)dx + Y(x,y,z)dy + Z(x,y,z)dz = 0.$$

定理 11 给出了空间曲线积分与路线无关的几个必要充分条件.

§6.10 级　　数

6.10.1 数项级数与无穷乘积

1. 数项级数的基本概念与性质

定义 1 设 $\{a_n\}_{n=1}^{\infty}$ 是一个无穷数列,则形式 $a_1+a_2+\cdots+a_n+\cdots$ 称为由无穷数列 $\{a_n\}_{n=1}^{\infty}$ 所确定的**无穷级数**,简称**级数**,记为 $\sum_{n=1}^{\infty} a_n$. a_n 称为级数的一般项,

$S_n=\sum_{k=1}^{n}a_k$ 称为级数的第 n 个**部分和**. 若 $\lim_{n\to\infty}S_n=S$(有限数),则称级数**收敛**,称 S 为**级数的和**,记为 $S=\sum_{n=1}^{\infty}a_n$. 否则,称级数**发散**.

级数有如下基本性质:

1° 弃去级数前面的有限项或在级数前面加进有限项,并不影响级数收敛与发散的性质.

2° 级数 $\sum_{n=1}^{\infty}a_n$ 收敛的必要条件是 $\lim_{n\to\infty}a_n=0$.

3° 如果级数 $\sum_{n=1}^{\infty}a_n$ 收敛,则称 $r_n=\sum_{k=n+1}^{\infty}a_k$ 为级数的第 n 个**余和**,此时 $\lim_{n\to\infty}r_n=0$.

4° 若级数 $\sum_{n=1}^{\infty}a_n$ 收敛,则对它的项任意加括号后所成的级数亦收敛,且其和不变. 当加有括号的一个级数为收敛时,不能随便去括号,因为去括号后的级数可能发散. 例如,级数 $(1-1)+(1-1)+\cdots+(1-1)+\cdots$ 显然收敛于零,但去括号后的级数 $1-1+1-1+\cdots+1-1+\cdots$ 却是发散的.

5° 若级数 $\sum_{n=1}^{\infty}a_n$ 和 $\sum_{n=1}^{\infty}b_n$ 均收敛,则对任意实数 α 和 β,级数

$$\sum_{n=1}^{\infty}(\alpha a_n+\beta b_n)$$

亦收敛,且有

$$\sum_{n=1}^{\infty}(\alpha a_n+\beta b_n)=\alpha\sum_{n=1}^{\infty}a_n+\beta\sum_{n=1}^{\infty}b_n.$$

定理 1(柯西准则) 级数 $\sum_{n=1}^{\infty}a_n$ 收敛的必要充分条件是:$\forall\varepsilon>0$, $\exists N(N\in\mathbf{N})$, 当 $n\geqslant N$ 时,对任意自然数 p,有 $|S_{n+p}-S_n|<\varepsilon$.

2. 正项级数

定义 2 若 $a_n\geqslant 0(n\in\mathbf{N})$,则称 $\sum_{n=1}^{\infty}a_n$ 为**正项级数**.

定理 2 正项级数 $\sum_{n=1}^{\infty}a_n$ 收敛的必要充分条件是部分和数列 $\{S_n\}$ 有上界.

当 $\{S_n\}$ 无上界时,称 $\sum_{n=1}^{\infty}a_n$ 发散到 $+\infty$.

定理 3(比较判别法) 设 $\sum_{n=1}^{\infty}a_n$ 和 $\sum_{n=1}^{\infty}b_n$ 都是正项级数,若存在正常数 A 及自然数 N,使当 $n\geqslant N$ 时,有 $a_n\leqslant Ab_n$,则 1° $\sum_{n=1}^{\infty}b_n$ 收敛时,$\sum_{n=1}^{\infty}a_n$ 亦收敛;2° $\sum_{n=1}^{\infty}a_n$ 发散时,

$\sum\limits_{n=1}^{\infty} b_n$ 亦发散.

比较判别法的极限形式：设 $\sum\limits_{n=1}^{\infty} a_n$ 和 $\sum\limits_{n=1}^{\infty} b_n$ 都是正项级数，若

$$\lim_{n\to\infty} \frac{a_n}{b_n} = l \quad (0 < l < +\infty),$$

则 $\sum\limits_{n=1}^{\infty} a_n$ 和 $\sum\limits_{n=1}^{\infty} b_n$ 同为收敛或同为发散.

定理 4(柯西判别法)　设 $\sum\limits_{n=1}^{\infty} a_n$ 为正项级数，若存在自然数 N，当 $n \geqslant N$ 时，如 $\sqrt[n]{a_n} \leqslant q < 1$（$q$ 为确定的常数），则 $\sum\limits_{n=1}^{\infty} a_n$ 收敛；如 $\sqrt[n]{a_n} \geqslant 1$，则 $\sum\limits_{n=1}^{\infty} a_n$ 发散.

柯西判别法的极限形式：设 $\sum\limits_{n=1}^{\infty} a_n$ 为正项级数，记 $h = \overline{\lim\limits_{n\to\infty}} \sqrt[n]{a_n}$，则 1° $h < 1$ 时，$\sum\limits_{n=1}^{\infty} a_n$ 收敛；2° $h > 1$ 时，$\sum\limits_{n=1}^{\infty} a_n$ 发散（$h = 1$ 时，本法不能判定 $\sum\limits_{n=1}^{\infty} a_n$ 的敛散性）.

定理 5(达朗贝尔判别法)　设 $\sum\limits_{n=1}^{\infty} a_n$ 为正项级数，若存在自然数 N，当 $n \geqslant N$ 时，如 $\frac{a_{n+1}}{a_n} \leqslant q < 1$（$q$ 为确定的常数），则 $\sum\limits_{n=1}^{\infty} a_n$ 收敛；如 $\frac{a_{n+1}}{a_n} \geqslant 1$，则 $\sum\limits_{n=1}^{\infty} a_n$ 发散.

达朗贝尔判别法的极限形式：设 $\sum\limits_{n=1}^{\infty} a_n$ 为正项级数，记 $h = \overline{\lim\limits_{n\to\infty}} \frac{a_{n+1}}{a_n}$，$l = \underline{\lim\limits_{n\to\infty}} \frac{a_{n+1}}{a_n}$，则 1° $h < 1$ 时，$\sum\limits_{n=1}^{\infty} a_n$ 收敛；2° $l > 1$ 时，$\sum\limits_{n=1}^{\infty} a_n$ 发散$\Big($$h = 1$ 或 $l = 1$ 时，本法不能判定 $\sum\limits_{n=1}^{\infty} a_n$ 的敛散性$\Big)$.

达朗贝尔判别法常较柯西判别法使用方便. 因

$$\underline{\lim_{n\to\infty}} \frac{a_{n+1}}{a_n} \leqslant \underline{\lim_{n\to\infty}} \sqrt[n]{a_n} \leqslant \overline{\lim_{n\to\infty}} \sqrt[n]{a_n} \leqslant \overline{\lim_{n\to\infty}} \frac{a_{n+1}}{a_n},$$

故凡能用达朗贝尔判别法判定敛散性的级数，用柯西判别法也一定能判定其敛散性. 反之不然. 可见柯西判别法适用面较广.

例 1　设 $u_{2k} = a^k b^k$，$u_{2k+1} = a^{k+1} b^k$ $(k = 0,1,2,\cdots)$，其中 $a > b > 0$ 试讨论级数 $\sum\limits_{n=0}^{\infty} u_n$ 的敛散性.

本例用达朗贝尔判别法得到的结论是：1° 当 $a < 1$ 时，级数收敛；2° 当 $b > 1$ 时，级数发散；3° 当 $b \leqslant 1 \leqslant a$ 时，不能判定. 参见图 6.10-1.

本例用柯西判别法得到的结论是：1° 当 $ab < 1$ 时，级数收敛；2° 当 $ab > 1$ 时，级数发散；3° 当 $ab = 1$ 时，不能判定. 参见图 6.10-2.

定理 6(积分判别法) 若 $f(x)$ 是定义在 $[1,\infty)$ 上的递减的正函数，则级数 $\sum_{n=1}^{\infty} f(n)$ 与广义积分 $\int_1^{+\infty} f(x)dx$ 同为收敛或同为发散.

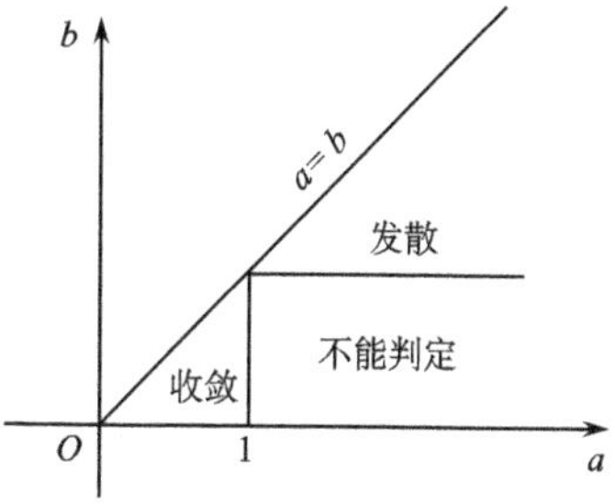

图 6.10-1

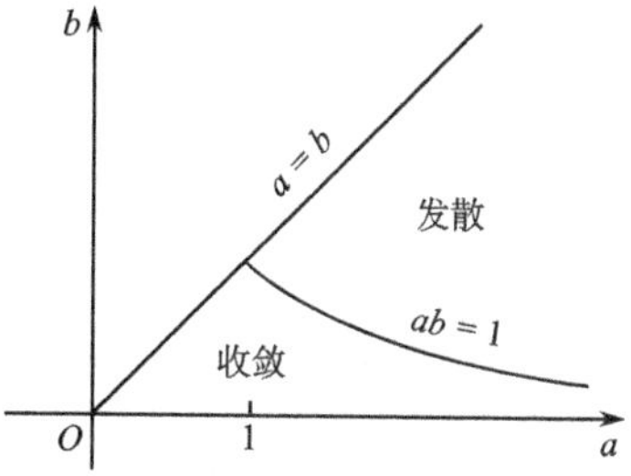

图 6.10-2

例 2 级数 $\sum_{n=1}^{\infty} \frac{1}{n^p}(p \geqslant 0)$ 称为 p **级数**，当 $p=1$ 时特别称为**调和级数**. 对于 p 级数，在 $p>1$ 时收敛，在 $0 \leqslant p \leqslant 1$ 时发散.

3. 任意项级数

定理 7 设 $\sum_{n=1}^{\infty} a_n$ 为任意项级数，若 $\sum_{n=1}^{\infty} |a_n|$ 收敛，则所给级数 $\sum_{n=1}^{\infty} a_n$ 也收敛.

但是 $\sum_{n=1}^{\infty} a_n$ 收敛，可能 $\sum_{n=1}^{\infty} |a_n|$ 发散. 例如 $a_n = \frac{(-1)^n}{n}$.

定义 3 若 $\sum_{n=1}^{\infty} |a_n|$ 收敛，则称 $\sum_{n=1}^{\infty} a_n$ 为**绝对收敛**. 若 $\sum_{n=1}^{\infty} a_n$ 收敛，但 $\sum_{n=1}^{\infty} |a_n|$ 发散，则称 $\sum_{n=1}^{\infty} a_n$ 为**条件收敛**.

定理 8 $\sum_{n=1}^{\infty} a_n$ 绝对收敛的必要充分条件是 $\sum_{n=1}^{\infty} a_n^+$ 和 $\sum_{n=1}^{\infty} a_n^-$ 均收敛. 其中

$$a_n^+ = \frac{1}{2}(|a_n| + a_n), \quad a_n^- = \frac{1}{2}(|a_n| - a_n).$$

若 $\sum_{n=1}^{\infty} a_n$ 条件收敛，则 $\sum_{n=1}^{\infty} a_n^+$ 和 $\sum_{n=1}^{\infty} a_n^-$ 均发散.

定义 4 若 $\alpha_n > 0 (n \in \mathbf{N})$，则 $\sum_{n=1}^{\infty} (-1)^{n-1}\alpha_n$ 或 $\sum_{n=1}^{\infty} (-1)^n \alpha_n$ 称为**交错级数**.

定理 9(莱布尼茨判别法) 设 $\sum_{n=1}^{\infty} (-1)^{n-1}\alpha_n$ 为交错级数，如果

$1^\circ \alpha_{n+1} \leqslant \alpha_n (n \in \mathbf{N})$，$2^\circ \lim\limits_{n\to\infty} \alpha_n = 0$.

则 1° $\sum_{n=1}^{\infty}(-1)^{n-1}\alpha_n$ 收敛,2°$\mathrm{sgn}r_n=(-1)^n$ 且 $|r_n|\leqslant\alpha_{n+1}$.

定理 10(阿贝尔判别法) 若 1° $\sum_{n=1}^{\infty}\beta_n$ 收敛,2° $\{\alpha_n\}$ 单调有界,则级数 $\sum_{n=1}^{\infty}\alpha_n\beta_n$ 收敛.

定理 11(狄利克雷判别法) 若 1° $\sum_{n=1}^{\infty}\beta_n$ 的部分和序列 $\{B_n\}$ 有界,2° $\{\alpha_n\}$ 单调趋于零,则级数 $\sum_{n=1}^{\infty}\alpha_n\beta_n$ 收敛.

在狄利克雷判别法中,取 $\beta_n=(-1)^{n-1}$,就是莱布尼茨判别法.阿贝尔判别法可以由狄利克雷判别法推得.

4. 级数的柯西乘积.级数的重排

定义 5 已知级数 $\sum_{n=1}^{\infty}a_n$ 和 $\sum_{n=1}^{\infty}b_n$,记 $c_n=\sum_{k=1}^{n-1}a_kb_{n-k}(n=2,3,\cdots)$,称 $\sum_{n=2}^{\infty}c_n$ 为级数 $\sum_{n=1}^{\infty}a_n$ 和 $\sum_{n=1}^{\infty}b_n$ 的**柯西乘积**.

定理 12(梅尔滕斯定理) 如果 1° $\sum_{n=1}^{\infty}a_n$ 绝对收敛于 A,2° $\sum_{n=1}^{\infty}b_n$ 收敛于 B,则所给两级数的柯西乘积 $\sum_{n=2}^{\infty}c_n$ 收敛于 AB.

定义 6 把一个级数 $\sum_{n=1}^{\infty}a_n$ 的项重新排列得到一个新的级数 $\sum_{n=1}^{\infty}\tilde{a}_n$,称 $\sum_{n=1}^{\infty}\tilde{a}_n$ 为 $\sum_{n=1}^{\infty}a_n$ 的**重排**.

定理 13 若 $\sum_{n=1}^{\infty}a_n$ 绝对收敛于 A,$\sum_{n=1}^{\infty}\tilde{a}_n$ 为 $\sum_{n=1}^{\infty}a_n$ 的重排,则 $\sum_{n=1}^{\infty}\tilde{a}_n$ 亦绝对收敛于 A.

定理 14(黎曼定理) 设 $\sum_{n=1}^{\infty}a_n$ 条件收敛,则对任意指定的数 σ,存在 $\sum_{n=1}^{\infty}a_n$ 的重排 $\sum_{n=1}^{\infty}\tilde{a}_n$,使 $\sum_{n=1}^{\infty}\tilde{a}_n$ 收敛于 σ.

5. 无穷乘积

定义 7 设 $\{p_n\}_{n=1}^{\infty}$ 是一个无穷数列,则形式 $p_1\cdot p_2\cdot\cdots\cdot p_n\cdot\cdots$ 称为由无穷数列 $\{p_n\}_{n=1}^{\infty}$ 所确定的**无穷乘积**,记为 $\prod_{n=1}^{\infty}p_n$. 称

$$P_n = p_1 \cdot p_2 \cdot \cdots \cdot p_n = \prod_{k=1}^{n} p_k$$

为无穷乘积的**部分乘积**,称 $\pi_n = \prod_{k=n+1}^{\infty} p_k$ 为无穷乘积的**余乘积**. 若

$$\lim_{n\to\infty} P_n = P \neq 0,$$

则称无穷乘积**收敛**,记为 $P = \prod_{n=1}^{\infty} p_n$;若 $\lim_{n\to\infty} P_n = 0$ 或 $\{P_n\}$ 发散,则称无穷乘积**发散**.

由于在无穷乘积中,只要有一个因子为零,就有 $\lim_{n\to\infty} P_n = 0$,故不妨假定所有的 $p_n \neq 0$.

定理 15 若 $\prod_{n=1}^{\infty} p_n$ 收敛,则 1° $\lim_{n\to\infty} p_n = 1$, 2° $\lim_{n\to\infty} \pi_n = 1$.

当给定的无穷乘积收敛时,因 $\lim_{n\to\infty} p_n = 1$,故不妨假设所有的 $p_n > 0$.

定理 16 无穷乘积 $\prod_{n=1}^{\infty} p_n$ 收敛的必要充分条件是级数 $\sum_{n=1}^{\infty} \ln p_n$ 收敛,此时有 $P = e^L$,这里

$$P = \prod_{n=1}^{\infty} p_n, \quad L = \sum_{n=1}^{\infty} \ln p_n.$$

定理 17 若对充分大的 n, α_n 保持定号,则无穷乘积 $\prod_{n=1}^{\infty}(1+\alpha_n)$ 收敛的必要充分条件是级数 $\sum_{n=1}^{\infty} \alpha_n$ 收敛.

定理 18 若 $\sum_{n=1}^{\infty} \alpha_n$ 与 $\sum_{n=1}^{\infty} \alpha_n^2$ 同时收敛,则 $\prod_{n=1}^{\infty}(1+\alpha_n)$ 亦收敛.

定义 8 当级数 $\sum_{n=1}^{\infty} \ln p_n$ 绝对收敛时,称无穷乘积 $\prod_{n=1}^{\infty} p_n$ **绝对收敛**.

定理 19 下列陈述两两等价:

1° $\prod_{n=1}^{\infty}(1+\alpha_n)$ 绝对收敛,

2° $\sum_{n=1}^{\infty} \ln(1+\alpha_n)$ 绝对收敛,

3° $\sum_{n=1}^{\infty} \alpha_n$ 绝对收敛,

4° $\prod_{n=1}^{\infty}(1+|\alpha_n|)$ 收敛.

定理 20 绝对收敛的无穷乘积具有可交换性.

6. 常用的无穷乘积展开式

(1) $\sqrt{2}=\prod_{n=1}^{\infty}\left(1+\frac{(-1)^{n+1}}{2n-1}\right)$.

(2) $\frac{1}{2}=\prod_{n=2}^{\infty}\left(1-\frac{1}{n^2}\right)$.

(3) $\frac{2}{\pi}=\prod_{n=1}^{\infty}\left(1-\frac{1}{4n^2}\right)$.

(4) $\frac{\pi}{4}=\prod_{n=1}^{\infty}\left(1-\frac{1}{(2n+1)^2}\right)$.

(5) $e=2\prod_{n=1}^{\infty}\left(\frac{(2^n+2)(2^n+4)\cdots 2^{n+1}}{(2^n+1)(2^n+3)\cdots(2^{n+1}-1)}\right)^{2^{-n}}$.

(6) $\frac{1}{1-x}=\prod_{n=0}^{\infty}(1+x^{2^n})(|x|<1)$.

(7) $\sin x=x\prod_{n=1}^{\infty}\left(1-\frac{x^2}{n^2\pi^2}\right)$.

(8) $\cos x=\prod_{n=1}^{\infty}\left(1-\frac{4x^2}{(2n-1)^2\pi^2}\right)$.

(9) $\operatorname{sh} x=x\prod_{n=1}^{\infty}\left(1+\frac{x^2}{n^2\pi^2}\right)$.

(10) $\operatorname{ch} x=\prod_{n=1}^{\infty}\left(1+\frac{4x^2}{(2n-1)^2\pi^2}\right)$.

6.10.2 函数项级数

1. 逐点收敛与一致收敛

设 $a_n(x)(n\in\mathbf{N})$是定义在某实数集 $E(E\subset\boldsymbol{R})$上的函数，则称

$$\sum_{n=1}^{\infty}a_n(x)=a_1(x)+a_2(x)+\cdots+a_n(x)+\cdots$$

是**函数项级数**，$S_n(x)=\sum_{k=1}^{n}a_k(x)$ 为它的第 n 个部分和.

定义 9 取 $x_0\in E$，相应的 $\sum_{n=1}^{\infty}a_n(x_0)$ 就是一个数项级数. 若 $\sum_{n=1}^{\infty}a_n(x_0)$ 收敛，则称 x_0 为函数项级数 $\sum_{n=1}^{\infty}a_n(x)$ 的**收敛点**. $\sum_{n=1}^{\infty}a_n(x)$ 的收敛点的全体所成的集 $F(F\subset E)$ 称为它的**收敛域**. 这种收敛是对 F 中每一点来考虑的，故称为**逐点收敛**.

设 F 是 $\sum_{n=1}^{\infty}a_n(x)$ 的收敛域，记 $\sum_{n=1}^{\infty}a_n(x)=S(x)$，即 $\lim_{n\to\infty}S_n(x)=S(x)$，称 $S(x)$ 为

$\sum_{n=1}^{\infty} a_n(x)$ 的**和函数**. 当 $\varepsilon > 0$ 给定后,虽然对 F 内不同的点 x,都能找到相应的序号 N,当 $n \geqslant N$ 时,有

$$|S_n(x) - S(x)| = \left|\sum_{k=1}^{n} a_k(x) - S(x)\right| < \varepsilon.$$

但是,一般说来,不同的 x 所对应的 N 是不一样的,就是说 N 既依赖于 ε,又依赖于 x.

定义 10 设函数项级数 $\sum_{n=1}^{\infty} a_n(x)$ 在 F 上逐点收敛于 $S(x)$,如果 $\forall \varepsilon > 0$,$\exists N$(只与 ε 有关),使当 $n \geqslant N$ 时,

$$\left|S_n(x) - S(x)\right| = \left|\sum_{k=1}^{n} a_k(x) - S(x)\right| < \varepsilon$$

对 F 上一切点 x 成立,则称 $\sum_{n=1}^{\infty} a_n(x)$ 在 F 上**一致收敛**于 $S(x)$.

记 $\| S_n(x) - S(x) \| = \sup\{| S_n(x) - S(x) | : x \in F\}$,则 $\sum_{n=1}^{\infty} a_n(x)$ 在 F 上一致收敛于 $S(x)$ 等价于 $\lim_{n \to \infty}\left\| \sum_{k=1}^{n} a_k(x) - S(x)\right\| = 0$.

一致收敛强于逐点收敛. 例如,$S_n(x) = \dfrac{nx}{1+n^2x^2}$ 在 $[0,1]$ 上逐点收敛于 $S(x) = 0$,但它在 $[0,1]$ 上是不一致收敛的.

定理 21(柯西准则) 函数项级数 $\sum_{n=1}^{\infty} a_n(x)$ 在 F 上一致收敛的必要充分条件是:$\forall \varepsilon > 0$,$\exists N$(只与 ε 有关),当 $n \geqslant N$ 时,对任意自然数 p,有

$$\left\| \sum_{k=n}^{n+p} a_k(x) \right\| < \varepsilon.$$

2. 一致收敛判别法

定理 22(魏尔斯特拉斯判别法) 如果存在一个序号 N,当 $n \geqslant N$ 时,有 $\| a_n(x) \| \leqslant M_n$ 且 $\sum_{n=1}^{\infty} M_n$ 收敛,则 $\sum_{n=1}^{\infty} a_n(x)$ 在 F 上一致收敛.

魏尔斯特拉斯判别法又称 **M 判别法**.

定理 23(阿贝尔判别法) 设 1° $\forall x \in F$,$\{\alpha_n(x)\}$ 是单调数列;2° $\{\alpha_n(x)\}$ 在 F 上一致有界,即存在常数 $K > 0$,对一切 $n \in \mathbf{N}$,有 $\| \alpha_n(x) \| \leqslant K$;3° $\sum_{n=1}^{\infty} \beta_n(x)$ 在 F 上一致收敛;则 $\sum_{n=1}^{\infty} \alpha_n(x) \cdot \beta_n(x)$ 在 F 上一致收敛.

定理 24(狄利克雷判别法) 设 1° $\forall x \in F$,$\{\alpha_n(x)\}$ 是单调数列;2° $\{\alpha_n(x)\}$ 在 F

上一致趋于零，即 $\forall \varepsilon > 0, \exists N$（只与 ε 有关），当 $n \geqslant N$ 时，有 $\| \alpha_n(x) \| < \varepsilon$；3° $\sum_{n=1}^{\infty} \beta_n(x)$ 的部分和序列 $\{B_n(x)\}$ 在 F 上一致有界，即存在常数 $B > 0$，对一切 $n \in \mathbf{N}$，有 $\| B_n(x) \| = \left\| \sum_{k=1}^{n} \beta_k(x) \right\| \leqslant B$；则 $\sum_{n=1}^{\infty} \alpha_n(x) \cdot \beta_n(x)$ 在 F 上一致收敛.

3. 一致收敛级数的性质

定理 25 设 1° $a_n(x)(n \in \mathbf{N})$ 在区间 $[a,b]$ 上连续，2° $\sum_{n=1}^{\infty} a_n(x)$ 在区间 $[a,b]$ 上一致收敛于 $S(x)$，则 $S(x)$ 在 $[a,b]$ 上连续.

和函数 $S(x)$ 不连续，常常是判断函数项级数 $\sum_{n=1}^{\infty} a_n(x)$ 不一致收敛的简单方法. 例如，对于

$$\sum_{n=1}^{\infty} \frac{x^2}{(1+x^2)^n},\ a_n(x) = \frac{x^2}{(1+x^2)^n} \quad (n \in \mathbf{N})$$

在 $[0,1]$ 上连续，但

$$S(x) = \begin{cases} 0, & \text{当 } x = 0 \text{ 时}, \\ 1, & \text{当 } x \neq 0 \text{ 时}. \end{cases}$$

故 $\sum_{n=1}^{\infty} \frac{x^2}{(1+x^2)^n}$ 在 $[0,1]$ 上是不一致收敛的.

定理 26（迪尼定理） 设 1° $a_n(x)(n \in \mathbf{N})$ 在区间 $[a,b]$ 上非负连续，2° $\sum_{n=1}^{\infty} a_n(x)$ 在 $[a,b]$ 上逐点收敛于连续的和函数 $S(x)$，则 $\sum_{n=1}^{\infty} a_n(x)$ 在 $[a,b]$ 上一致收敛于 $S(x)$.

定理 27（逐项积分定理） 设 1° $a_n(x)(n \in \mathbf{N})$ 在 $[a,b]$ 上可积，2° $\sum_{n=1}^{\infty} a_n(x)$ 在 $[a,b]$ 上一致收敛于 $S(x)$，则 $S(x)$ 在 $[a,b]$ 上可积，且

$$\int_a^b S(x)dx = \int_a^b \left(\sum_{n=1}^{\infty} a_n(x) \right) dx = \sum_{n=1}^{\infty} \int_a^b a_n(x) dx.$$

定理 28（逐项微分定理） 设 1° $\sum_{n=1}^{\infty} a_n(x)$ 在 $[a,b]$ 上逐点收敛于 $S(x)$，2° $a_n(x)$ 在 $[a,b]$ 上有连续导函数 $a'_n(x)(n \in \mathbf{N})$，且 $\sum_{n=1}^{\infty} a'_n(x)$ 在 $[a,b]$ 上一致收敛，则 $S(x)$ 在 $[a,b]$ 上可微，且

$$S'(x) = \left(\sum_{n=1}^{\infty} a_n(x) \right)' = \sum_{n=1}^{\infty} a'_n(x).$$

4. **R** 上处处连续而处处不可微的函数

用函数项级数的形式，可给出 **R** 上处处连续而处处不可微的函数. 例如，令

$$h(x)=\begin{cases}x, & 当 0\leqslant x<1;\\ 2-x, & 当 1\leqslant x\leqslant 2.\end{cases}$$

然后将 $h(x)$ 进行周期延拓：$h(x+2)=h(x)$，$\forall x\in\mathbf{R}$，显然，$h(x)$ 是 **R** 上以 2 为周期的连续函数. 再令

$$f(x)=\sum_{n=0}^{\infty}\left(\frac{3}{4}\right)^n h(4^n x),\ \forall x\in\mathbf{R}.$$

由本节定理 22、定理 25 知 $f(x)$ 在 **R** 上处处连续. 可证 $f(x)$ 在 **R** 上处处不可微. 事实上，对每个实数 x 及正整数 m，存在整数 k，使得

$$k\leqslant 4^m x<k+1.$$

于是

$$\alpha_m=4^{-m}k\leqslant x<4^{-m}(k+1)=\beta_m,$$

这样

$$4^n\alpha_m=4^{n-m}k,\ 4^n\beta_m=4^{n-m}(k+1).$$

1° 当 $n>m$ 时，$4^n\beta_m-4^n\alpha_m=4^{n-m}$ 是偶数；

2° 当 $n=m$ 时，$4^n\alpha_m=k$，$4^n\beta_m=k+1$ 都是整数，它们之差为 1；

3° 当 $n<m$ 时，$4^n\alpha_m=\dfrac{k}{4^{m-n}}$，$4^n\beta_m=\dfrac{k+1}{4^{m-n}}$. 记 $4^n\alpha_m=[4^n\alpha_m]+\dfrac{l}{4^{m-n}}$，$l$ 在 $0,1,\cdots,4^{m-n}-1$ 中取. 于是

$$4^n\beta_m=4^n\alpha_m+\frac{1}{4^{m-n}}=[4^n\alpha_m]+\frac{l+1}{4^{m-n}}\leqslant[4^n\alpha_m]+1.$$

故 $[4^n\alpha_m]\leqslant 4^n\alpha_m<4^n\beta_m\leqslant[4^n\alpha_m]+1$. 即在 $4^n\alpha_m$ 与 $4^n\beta_m$ 之间没有整数. 故

$$|h(4^n\beta_m)-h(4^n\alpha_m)|=\begin{cases}0, & 当 n>m;\\ 4^n\beta_m-4^n\alpha_m=4^{n-m}, & 当 n\leqslant m.\end{cases}$$

于是

$$\begin{aligned}|f(\beta_m)-f(\alpha_m)|&=\left|\sum_{n=0}^{m}\left(\frac{3}{4}\right)^n(h(4^n\beta_m)-h(4^n\alpha_m))\right|\\&\geqslant\left(\frac{3}{4}\right)^m-\sum_{n=0}^{m-1}\left(\frac{3}{4}\right)^n|h(4^n\beta_m)-h(4^n\alpha_m)|\\&=\left(\frac{3}{4}\right)^m-\sum_{n=0}^{m-1}\left(\frac{3}{4}\right)^n\cdot 4^{n-m}=\left(\frac{3}{4}\right)^m-\sum_{n=0}^{m-1}3^n\cdot 4^{-m}\\&=\left(\frac{3}{4}\right)^m-\frac{1}{2}\cdot\frac{3^m-1}{4^m}>\left(\frac{3}{4}\right)^m-\frac{1}{2}\left(\frac{3}{4}\right)^m\end{aligned}$$

$$= \frac{1}{2}\left(\frac{3}{4}\right)^m.$$

注意到 $\alpha_m \leqslant x < \beta_m$，又 $\lim\limits_{m\to\infty}(\beta_m - \alpha_m) = \lim\limits_{m\to\infty} 4^{-m} = 0$，由

$$\left|\frac{f(\beta_m) - f(\alpha_m)}{\beta_m - \alpha_m}\right| > \frac{1}{2}\cdot 3^m,$$

知

$$\lim_{m\to\infty}\left|\frac{f(\beta_m) - f(\alpha_m)}{\beta_m - \alpha_m}\right| = +\infty.$$

这表明 $f(x)$ 在点 x 处不可微. $\Bigg($不然，由 $\lim\limits_{m\to\infty}\dfrac{f(\beta_m)-f(\alpha_m)}{\beta_m-\alpha_m} = f'(x)$（有限数）知 $\lim\limits_{m\to\infty}\left|\dfrac{f(\beta_m)-f(\alpha_m)}{\beta_m-\alpha_m}\right| = |f'(x)|$（有限数），矛盾．$\Bigg)$因 x 是 $\mathbf{R}$ 上任一点，故 $f(x)$ 在 $\mathbf{R}$ 上处处不可微.

6.10.3 幂级数

1. 幂级数的收敛半径

形如 $\sum\limits_{n=0}^{\infty} a_n x^n$，$\sum\limits_{n=0}^{\infty} a_n (x-x_0)^n$ 的级数，称为**幂级数**．

定理 29（阿贝尔第一定理） 1° 若 $\sum\limits_{n=0}^{\infty} a_n x^n$ 在点 $\xi \neq 0$ 处收敛，则当 $|x| < |\xi|$ 时，$\sum\limits_{n=0}^{\infty} a_n x^n$ 绝对收敛；2° 若 $\sum\limits_{n=0}^{\infty} a_n x^n$ 在点 $\xi \neq 0$ 处发散，则当 $|x| > |\xi|$ 时，$\sum\limits_{n=0}^{\infty} a_n x^n$ 发散.

定理 30 给定 $\sum\limits_{n=0}^{\infty} a_n x^n$，则其收敛情况可能有下列三种情形：1° 只在点 $x = 0$ 收敛，2° 在整个 $\mathbf{R}$ 上收敛，3° 存在 $R(0 < R < +\infty)$，使所给幂级数在 $|x| < R$ 中收敛，在 $|x| > R$ 中发散.

在情形 3°，R 称为幂级数的**收敛半径**．$(-R,R)$ 称为幂级数的**收敛区间**. 在收敛区间的端点（$x = -R$ 及 $x = R$），幂级数是否收敛应另外单独判断. 在情形 1°，约定 $R = 0$. 在情形 2°，约定 $R = +\infty$.

定理 31（柯西－阿达马公式） 给定 $\sum\limits_{n=0}^{\infty} a_n x^n$，若

$$0 < \overline{\lim_{n\to\infty}} \sqrt[n]{|a_n|} < +\infty,$$

则 $R = \dfrac{1}{\overline{\lim\limits_{n\to\infty}} \sqrt[n]{|a_n|}}$；若 $\overline{\lim\limits_{n\to\infty}} \sqrt[n]{|a_n|} = 0$，则 $R = +\infty$；若 $\overline{\lim\limits_{n\to\infty}} \sqrt[n]{|a_n|} = +\infty$，则 $R = 0$.

2. 幂级数的性质

定理 32(阿贝尔第二定理) 若 $\sum_{n=0}^{\infty} a_n x^n$ 的收敛半径为R,则此级数在$(-R,R)$ **内闭一致收敛**,即在任意闭区间$[a,b](\subset(-R,R))$上一致收敛. 进而,若 $R<+\infty$,级数在点 $x=R$ 收敛,则它在$[a,R]$上一致收敛,于是

$$\lim_{x\to R-0}\sum_{n=0}^{\infty} a_n x^n = \sum_{n=0}^{\infty} a_n R^n.$$

若 $R<+\infty$,级数在点 $x=-R$ 收敛,则它在$[-R,b]$上一致收敛,于是

$$\lim_{x\to -R+0}\sum_{n=0}^{\infty} a_n x^n = \sum_{n=0}^{\infty} a_n (-R)^n.$$

定理 33 设幂级数 $\sum_{n=0}^{\infty} a_n x^n$ 的收敛半径为 R,和函数为 $S(x)$,则 1° $S(x)$ 在$(-R,R)$内连续;2° 所给幂级数在$(-R,R)$内可以逐项积分与逐项微分,即 $\forall x\in(-R,R)$,有

$$\int_0^x S(t)dt = \int_0^x \Big(\sum_{n=0}^{\infty} a_n t^n\Big)dt$$

$$= \sum_{n=0}^{\infty}\int_0^x a_n t^n dt = \sum_{n=0}^{\infty} \frac{a_n}{n+1}x^{n+1}.$$

$$(S(x))' = \Big(\sum_{n=0}^{\infty} a_n x^n\Big) = \sum_{n=0}^{\infty}(a_n x^n)' = \sum_{n=1}^{\infty} n a_n x^{n-1}.$$

逐项积分或逐项微分后所得的幂级数,其收敛半径不变.

重复应用定理 33 知,在$(-R,R)$内 $S(x)$有任意阶导函数,并且

$$S^{(k)}(x) = \sum_{n=k}^{\infty} n(n-1)\cdots(n-k+1)a_n x^{n-k}.$$

令 $x=0$ 得 $S^{(k)}(0)=k!\,a_k$,故

$$a_k = \frac{S^{(k)}(0)}{k!}\quad (k=0,1,2,\cdots).$$

定义 11 若 f 在点 P 的一个邻域内可以展成幂级数,则称 f 在 P 处是**解析的**,在需要明确时,也称为**实解析的**. 若 f 在开集 G 的每一点 P 处是实解析的. 则称 f 是 G 内的**实解析函数**. 实解析函数属于 C^{∞}.

3. 函数的幂级数展开

定义 12 如果 f 在 $x=x_0$ 的某邻域 $U(x_0;\delta)=\{x:|x-x_0|<\delta\}$ 内任意次可导,则称 $\sum_{n=0}^{\infty}\frac{f^{(n)}(x_0)}{n!}(x-x_0)^n$ 为 f 在点 $x=x_0$ 处的**泰勒级数**,记为 $\mathscr{T}(f;x_0)=$

$\sum_{n=0}^{\infty}\frac{f^{(n)}(x_0)}{n!}(x-x_0)^n$. 当 $x_0=0$ 时,上式特别称为 f 的**麦克劳林级数**,记为 $\mathscr{T}(f;0)=\sum_{n=0}^{\infty}\frac{f^{(n)}(0)}{n!}x^n$.

对这种形式上所产生的级数,不一定有 $\mathscr{T}(f;x_0)=f(x)$, $|x-x_0|<\delta$. 例如

$$f(x)=\begin{cases}e^{-\frac{1}{x^2}}, & x\neq 0;\\ 0, & x=0.\end{cases}$$

f 在 $x=0$ 的邻域内任意次可导,且 $f^{(n)}(0)=0(n=0,1,2,\cdots)$,但当 $x\neq 0$ 时,$\mathscr{T}(f;0)\neq f(x)$.

定理 34 若 f 在 $x=0$ 的某邻域 $U(0;\delta)=\{x:|x|<\delta\}$ 内有直到 $n+1$ 阶的连续导函数,则在 $U(0;\delta)$ 内有带积分型余项的泰勒公式

$$f(x)=\sum_{k=0}^{n}\frac{f^{(k)}(0)}{k!}x^k+r_n(x).$$

其中

$$r_n(x)=\frac{1}{n!}\int_0^x f^{(n+1)}(t)(x-t)^n dt,$$

称为**积分型余项**.

通过研究 x 在什么范围内有 $\lim\limits_{n\to\infty}r_n(x)=0$,即 x 在什么范围内有

$$\mathscr{T}(f;0)=f(x),$$

可以获得一些初等函数的幂级数展开式. 这称为直接展开法. 例如

(1) $e^x=\sum_{n=0}^{\infty}\frac{x^n}{n!}$, $x\in(-\infty,+\infty)$.

(2) $\sin x=\sum_{n=0}^{\infty}\frac{(-1)^n}{(2n+1)!}x^{2n+1}$, $x\in(-\infty,+\infty)$.

(3) $\cos x=\sum_{n=0}^{\infty}\frac{(-1)^n}{(2n)!}x^{2n}$, $x\in(-\infty,+\infty)$.

(4) $\ln(1+x)=\sum_{n=1}^{\infty}\frac{(-1)^{n-1}}{n}x^n$, $x\in(-1,1]$.

(5) $\arctan x=\sum_{n=0}^{\infty}\frac{(-1)^n}{2n+1}x^{2n+1}$, $x\in[-1,1]$.

(6) $(1+x)^\mu=1+\mu x+\frac{\mu(\mu-1)}{2!}x^2+\cdots$

$$+\frac{\mu(\mu-1)\cdots(\mu-n+1)}{n!}x^n+\cdots$$

当 $\mu\leqslant -1$ 时,$x\in(-1,1)$;当 $-1<\mu<0$ 时,$x\in(-1,1]$;当 $\mu>0$ 时,$x\in[-1,1]$.

对一般的函数 $f(x)$ 来讲,用直接展开法是相当困难的,常采用间接展开法. 间接

展开法是根据函数的幂级数展开式的唯一性，利用一些已知的函数的幂级数展开式，再通过对幂级数的变量代换、四则运算和分析运算，求出所给函数的幂级数展开式.

例 3 将$\frac{1}{x(x+1)}$展开为$x-1$的幂级数.

设$t=x-1$，于是

$$\begin{aligned}\frac{1}{x(x+1)}&=\frac{1}{(1+t)(2+t)}=\frac{1}{1+t}-\frac{1}{2+t}\\&=(1+t)^{-1}-\frac{1}{2}\left(1+\frac{t}{2}\right)^{-1}\\&=\sum_{n=0}^{\infty}(-t)^n-\frac{1}{2}\sum_{n=0}^{\infty}\left(-\frac{t}{2}\right)^n\\&=\sum_{n=0}^{\infty}(-1)^n\left(1-\frac{1}{2^{n+1}}\right)t^n\\&=\sum_{n=0}^{\infty}(-1)^n\left(1-\frac{1}{2^{n+1}}\right)(x-1)^n,\ x\in(0,2).\end{aligned}$$

例 4 将$\frac{1}{(1-x)^2}$展开为x的幂级数.

$$\begin{aligned}\frac{1}{(1-x)^2}&=\left(\frac{1}{1-x}\right)'=(1+x+x^2+\cdots+x^n+\cdots)'\\&=1+2x+3x^2+\cdots+nx^{n-1}+\cdots,x\in(-1,1).\end{aligned}$$

例 5 将$\arcsin x$展开为x的幂级数.

$$\begin{aligned}\frac{1}{\sqrt{1-t^2}}&=(1-t^2)^{-\frac{1}{2}}\\&=1+\left(-\frac{1}{2}\right)(-t^2)+\frac{\left(-\frac{1}{2}\right)\left(-\frac{3}{2}\right)}{2!}(-t^2)^2+\cdots\\&\quad+\frac{\left(-\frac{1}{2}\right)\left(-\frac{3}{2}\right)\cdots\left(-\frac{1}{2}(2n-1)\right)}{n!}(-t^2)^n+\cdots\\&=1+\frac{1}{2}t^2+\frac{1\cdot 3}{2\cdot 4}t^4+\cdots+\frac{(2n-1)!!}{(2n)!!}t^{2n}+\cdots.\end{aligned}$$

$$\begin{aligned}\arcsin x&=\int_0^x\frac{1}{\sqrt{1-t^2}}dt\\&=\int_0^x\left(1+\frac{1}{2}t^2+\frac{1\cdot 3}{2\cdot 4}t^4+\cdots+\frac{(2n-1)!!}{(2n)!!}t^{2n}+\cdots\right)dt\\&=x+\frac{1}{2}\cdot\frac{1}{3}x^3+\frac{1\cdot 3}{2\cdot 4}\cdot\frac{1}{5}x^5+\cdots\\&\quad+\frac{(2n-1)!!}{(2n)!!}\cdot\frac{1}{2n+1}x^{2n+1}+\cdots,\ x\in(-1,1).\end{aligned}$$

6.10.4 傅里叶级数

1. 傅里叶系数

对于以 2π 为周期的函数 f，假定 1°它可以展开成三角级数

$$f(x)=\frac{a_0}{2}+\sum_{n=1}^{\infty}(a_n\cos nx+b_n\sin nx),$$

2° 右端的级数在 $[-\pi;\pi]$ 上一致收敛，则

$$\begin{cases} a_n=\dfrac{1}{\pi}\displaystyle\int_{-\pi}^{\pi}f(x)\cos nx\,dx, n=0,1,2,\cdots; \\ b_n=\dfrac{1}{\pi}\displaystyle\int_{-\pi}^{\pi}f(x)\sin nx\,dx, n=1,2,\cdots. \end{cases} \tag{6.10-1}$$

类似地，设 f 以 T 为周期，假定 1° 它可以展开成三角级数

$$f(x)=\frac{a_0}{2}+\sum_{n=1}^{\infty}(a_n\cos n\,\omega x+b_n\sin n\,\omega x),$$

式中 $\omega=\dfrac{2\pi}{T}$，称为**圆频率**；2° 右端的级数在 $\left[-\dfrac{T}{2}\quad \dfrac{T}{2}\right]$ 上一致收敛，则

$$\begin{cases} a_n=\dfrac{2}{T}\displaystyle\int_{-T/2}^{T/2}f(x)\cdot\cos n\,\omega x\,dx, \quad n=0,1,2,\cdots; \\ b_n=\dfrac{2}{T}\displaystyle\int_{-T/2}^{T/2}f(x)\cdot\sin n\,\omega x\,dx, \quad n=1,2,\cdots. \end{cases} \tag{6.10-2}$$

定义 13 设 f 在 $[-\pi,\pi]$ 上可积，则按(6.10-1)求出的系数

$$a_n(n=0,1,2,\cdots),\quad b_n(n=1,2,\cdots),$$

称为 f 的**傅里叶系数**，而称 $\dfrac{a_0}{2}+\displaystyle\sum_{n=1}^{\infty}(a_n\cos nx+b_n\sin nx)$ 为 f 的**傅里叶级数**. 记为

$$f(x)\sim\mathscr{F}(f)=\frac{a_0}{2}+\sum_{n=1}^{\infty}(a_n\cos nx+b_n\sin nx). \tag{6.10-3}$$

(6.10-3)右端的级数虽然由 f 完全确定，但是它不一定收敛，即使收敛，也未必收敛于 $f(x)$

2. 傅里叶级数收敛性的判定

定理 35 设以 2π 为周期的函数 f 在区间 $[-\pi,\pi)$ 上分段单调，且在该区间上至多有有限个第一类不连续点，则

$$\mathscr{F}(f)=\begin{cases} f(x), & x\text{ 是连续点;} \\ \dfrac{f(x-0)+f(x+0)}{2}, & x\text{ 是不连续点;} \\ \dfrac{f(\pi-0)+f(-\pi+0)}{2}, & x\text{ 是端点}. \end{cases}$$

定理 35 里所说的条件称为**狄利克雷条件**.

定理 36 设以 2π 为周期的函数 f 在区间 $[-\pi,\pi)$ 上分段可微,在连续点有导数,在第一类不连续点 x 处存在**广义左导数**

$$\lim_{k\to+0}\frac{f(x-h)-f(x-0)}{-h}$$

和**广义右导数**

$$\lim_{k\to+0}\frac{f(x+h)-f(x+0)}{h},$$

则

$$\mathscr{F}(f)=\begin{cases} f(x), & x\text{ 是连续点;}\\ \dfrac{f(x-0)+f(x+0)}{2}, & x\text{ 是不连续点;}\\ \dfrac{f(\pi-0)+f(-\pi+0)}{2}, & x\text{ 是端点}. \end{cases}$$

3. 傅里叶级数的逐项积分与逐项微分

定理 37 设 f 是 $[-\pi,\pi)$ 上分段连续函数,它的傅里叶级数是

$$f(x)\sim\mathscr{F}(f)=\frac{a_0}{2}+\sum_{n=1}^{\infty}(a_n\cos nx+b_n\sin nx),$$

则有

$$\int_c^x f(t)dt=\frac{a_0}{2}(x-c)+\sum_{n=1}^{\infty}\int_c^x(a_n\cos nt+b_n\sin nt)dt,$$

其中 c,x 是 $[-\pi,\pi]$ 中的任意两点.

定理 38 设 f 在 $[-\pi,\pi]$ 上连续,$f(-\pi)=f(\pi)$,且除有限个点外 f 可微,并设 f' 在该区间上可积和绝对可积,则 f' 的傅里叶级数可由 f 的傅里叶级数逐项微分得出. 即若

$$f(x)\sim\mathscr{F}(f)=\frac{a_0}{2}+\sum_{n=1}^{\infty}(a_n\cos nx+b_n\sin nx),$$

则

$$\begin{aligned} f'(x)\sim\mathscr{F}(f')&=\sum_{n=1}^{\infty}(a_n\cos nx+b_n\sin nx)'\\ &=\sum_{n=1}^{\infty}n(b_n\cos nx-a_n\sin nx). \end{aligned}$$

4. 傅里叶级数的复数形式

设以 T 为周期的函数 f 在 $\left[-\dfrac{T}{2},\dfrac{T}{2}\right]$ 上可积,则由 f 导出的傅里叶级数的复数

形式为

$$\mathscr{F}(f)=\sum_{n=-\infty}^{\infty}c_ne^{jn\omega t},\tag{6.10-4}$$

式中

$$\omega=\frac{2\pi}{T},\quad j=\sqrt{-1},\ c_n=\frac{1}{T}\int_{-T/2}^{T/2}f(t)\cdot e^{-jn\omega t}dt,\quad n\in\mathbf{Z}.$$

在电讯中，以 T 为周期的信号 $f(t)$，它的第 $n(n\in\mathbf{N})$ 次谐波为

$$a_n\cos n\,\omega t+b_n\sin n\,\omega t=A_n\sin(n\,\omega t+\varphi_n),$$

其振幅 $A_n=\sqrt{a_n^2+b_n^2}$. 在复数形式中，第 n 次谐波为

$$c_ne^{jn\omega t}+c_{-n}e^{-jn\omega t},$$

其中

$$c_n=\frac{1}{2}(a_n-jb_n),\ c_{-n}=\frac{1}{2}(a_n+jb_n),$$

$$|c_n|=|c_{-n}|=\frac{1}{2}\sqrt{a_n^2+b_n^2}=\frac{1}{2}A_n.$$

为了直观地看出周期信号 $f(t)$ 包括哪些谐波，常绘制**频谱图**——频率和振幅的关系图. 这里，频率 $\omega_n=n\omega$ 不连续，故为**离散频谱**.

5. 常用的傅里叶级数展开式

(1) $f(x)\sim\frac{4h}{\pi}\left(\sin x+\frac{1}{3}\sin 3x+\frac{1}{5}\sin 5x+\cdots\right).$

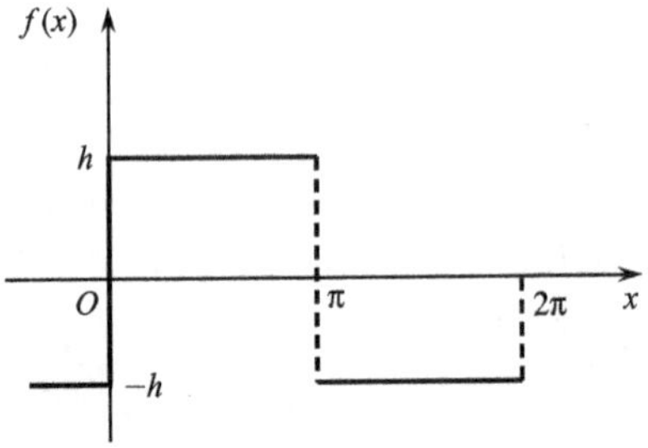

(2) $f(x)\sim\frac{2h}{\pi}\left(\frac{\varphi}{2}+\frac{\sin\varphi}{1}\cos x+\frac{\sin 2\varphi}{2}\cos 2x+\frac{\sin 3\varphi}{3}\cos 3x+\cdots\right).$

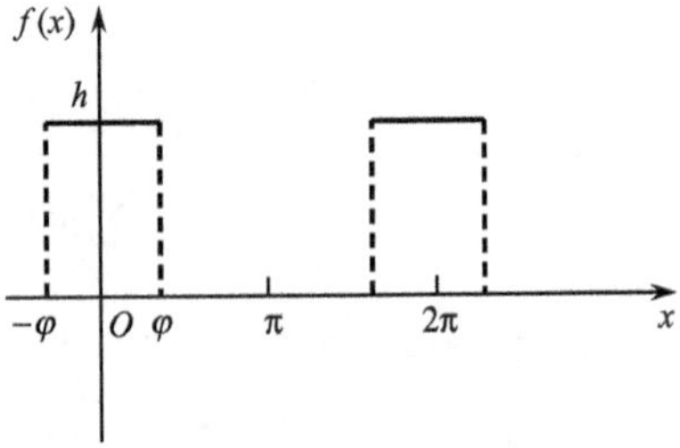

(3) $f(x) \sim \frac{4h}{\pi\varphi}\left(\frac{\sin\varphi}{1^2}\sin x+\frac{\sin 3\varphi}{3^2}\sin 3x+\frac{\sin 5\varphi}{5^2}\sin 5x+\cdots\right).$

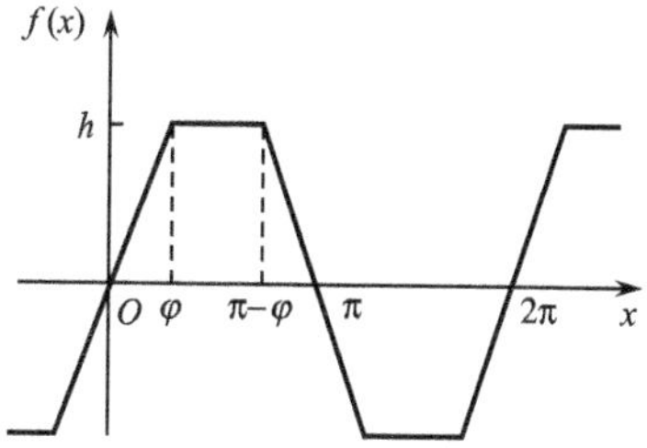

(4) $f(x) \sim \frac{8h}{\pi^2}\left(\frac{1}{1^2}\sin x-\frac{1}{3^2}\sin 3x+\frac{1}{5^2}\sin 5x-\cdots\right).$

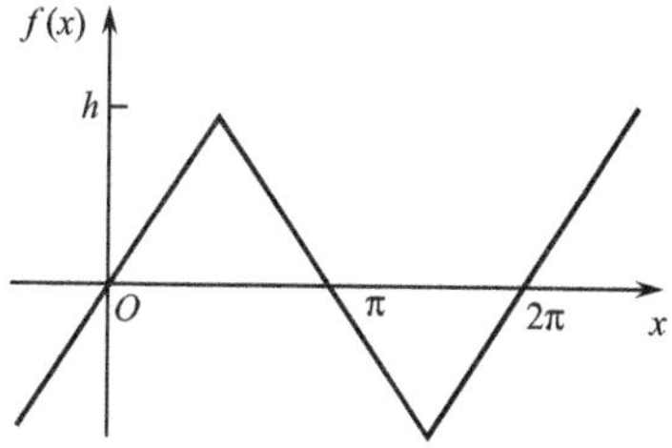

(5) $f(x) \sim \frac{h}{2}+\frac{4h}{\pi^2}\left(\frac{1}{1^2}\cos x+\frac{1}{3^2}\cos 3x+\frac{1}{5^2}\cos 5x+\cdots\right).$

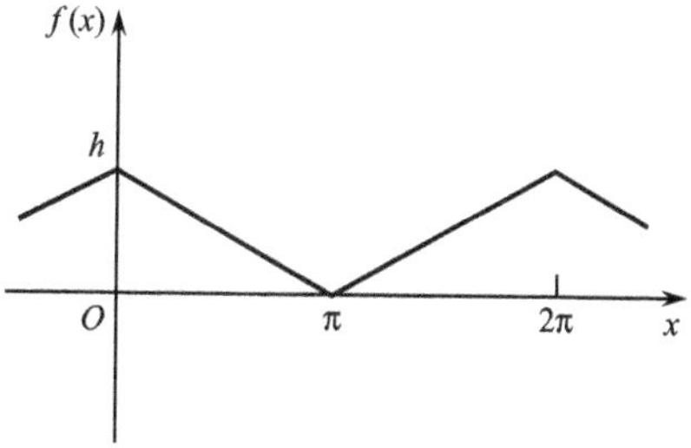

(6) $f(x) \sim \frac{h\varphi}{2\pi}+\frac{2h}{\pi\varphi}\times\left(\frac{1-\cos\varphi}{1^2}\cos x+\frac{1-\cos 2\varphi}{2^2}\cos 2x+\frac{1-\cos 3\varphi}{3^2}\cos 3x+\cdots\right).$

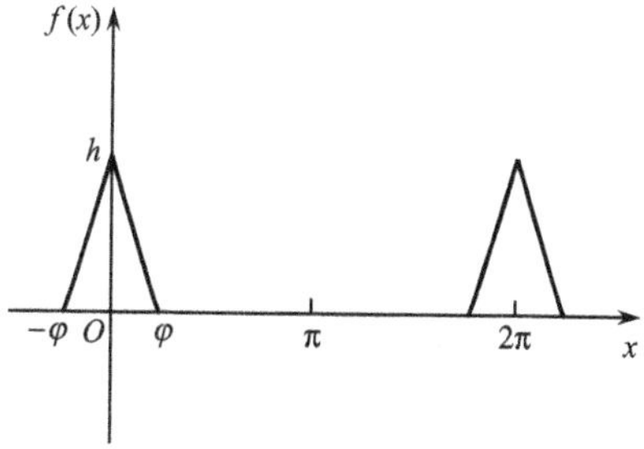

(7) $f(x) \sim \frac{2h}{\pi}\left(\sin x - \frac{1}{3}\sin 3x + \frac{1}{5}\sin 5x - \cdots\right)$.

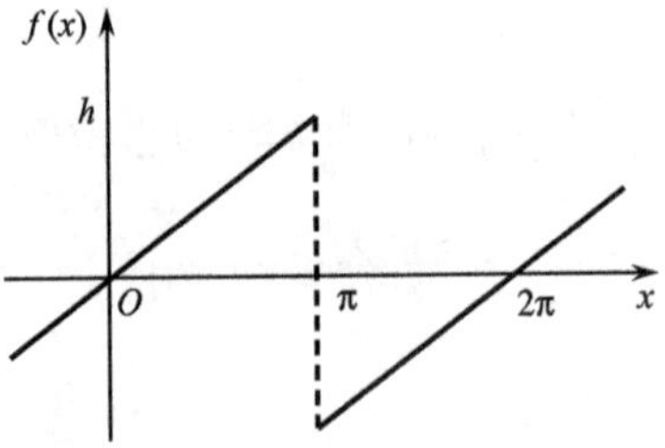

(8) $f(x) \sim \frac{2h}{\pi}\left(\sin x + \frac{1}{2}\sin 2x + \frac{1}{3}\sin 3x + \cdots\right)$.

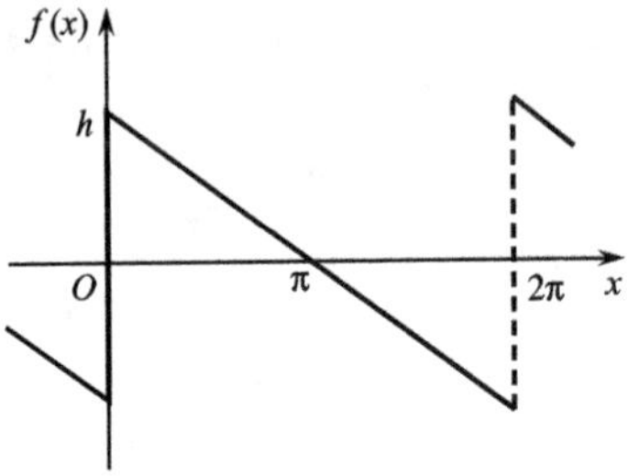

(9) $f(x) \sim \frac{h}{4} + \frac{h}{\pi}\left(\sin x - \frac{1}{2}\sin 2x + \frac{1}{3}\sin 3x - \cdots\right) - \frac{2h}{\pi^2}\left(\cos x + \frac{1}{3^2}\cos 3x + \frac{1}{5^2}\cos 5x + \cdots\right)$.

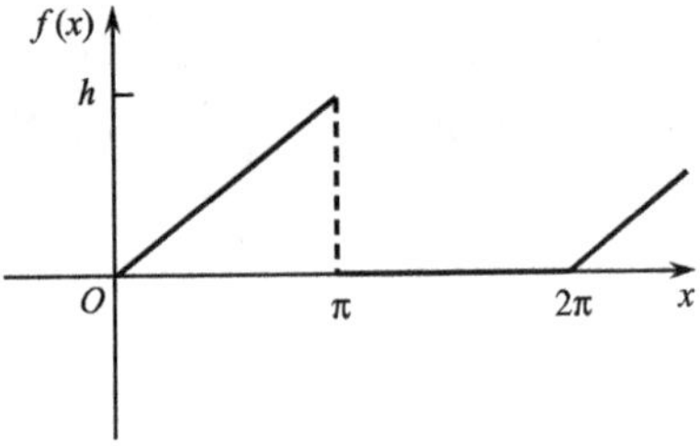

(10) $f(x) \sim \frac{h}{4} + \frac{h}{\pi}\left(\sin x + \frac{1}{2}\sin 2x + \frac{1}{3}\sin 3x + \cdots\right) + \frac{2h}{\pi^2}\left(\cos x + \frac{1}{3^2}\cos 3x + \frac{1}{5^2}\cos 5x + \cdots\right)$.

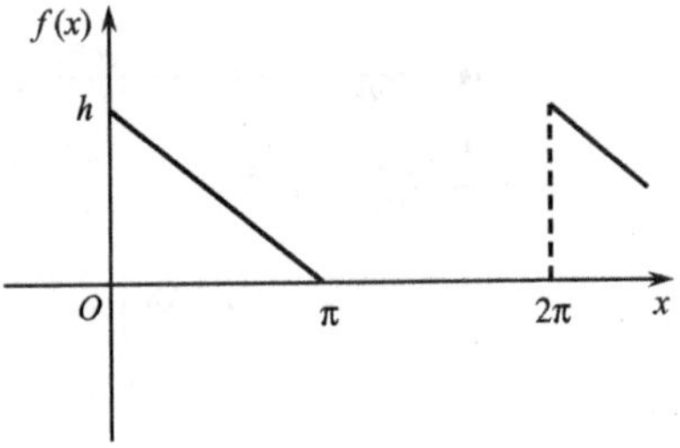

(11) $f(x)=h|\sin x|, x\in[0,2\pi)$

$$f(x)\sim\frac{4h}{\pi}\left(\frac{1}{2}-\frac{1}{1\cdot 3}\cos 2x-\frac{1}{3\cdot 5}\cos 4x-\frac{1}{5\cdot 7}\cos 6x-\cdots\right).$$

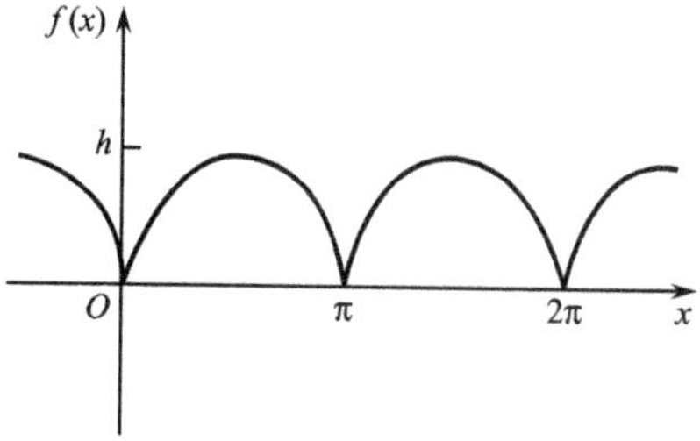

(12) $f(x)=\begin{cases}h\sin x, 0\leqslant x<\pi,\\ 0, \quad \pi\leqslant x\leqslant 2\pi\end{cases}$

$$f(x)\sim\frac{h}{\pi}+\frac{h}{2}\sin x-\frac{2h}{\pi}\left(\frac{1}{1\cdot 3}\cos 2x+\frac{1}{3\cdot 5}\cos 4x+\frac{1}{5\cdot 7}\cos 6x+\cdots\right).$$

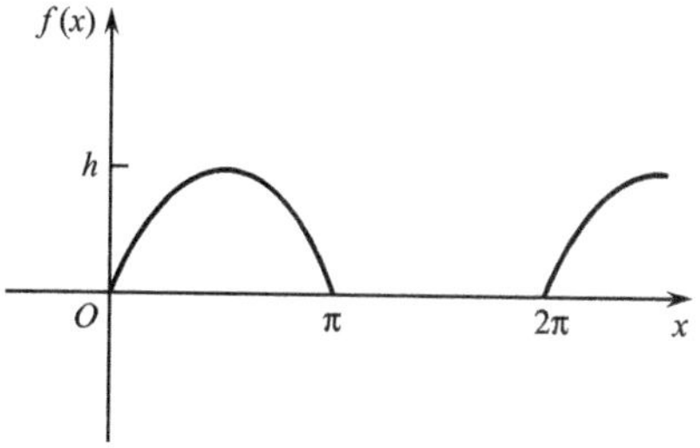

(13) $f(x)=h\cos x, \ -\frac{\pi}{3}\leqslant x\leqslant\frac{\pi}{3}.$

$$f(x)\sim\frac{3\sqrt{3}h}{\pi}\left(\frac{1}{2}+\frac{1}{2\cdot 4}\cos 3x-\frac{1}{5\cdot 7}\cos 6x+\frac{1}{8\cdot 10}\cos 9x-\cdots\right).$$

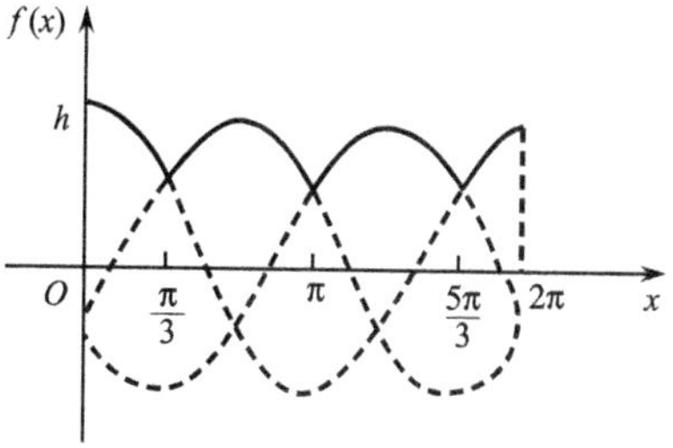

(14) $f(x)=\frac{h}{\pi^2}x^2, \ -\pi\leqslant x\leqslant\pi.$

$$f(x)\sim\frac{h}{3}-\frac{4h}{\pi^2}\left(\cos x-\frac{1}{2^2}\cos 2x+\frac{1}{3^2}\cos 3x-\cdots\right).$$

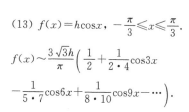

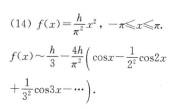

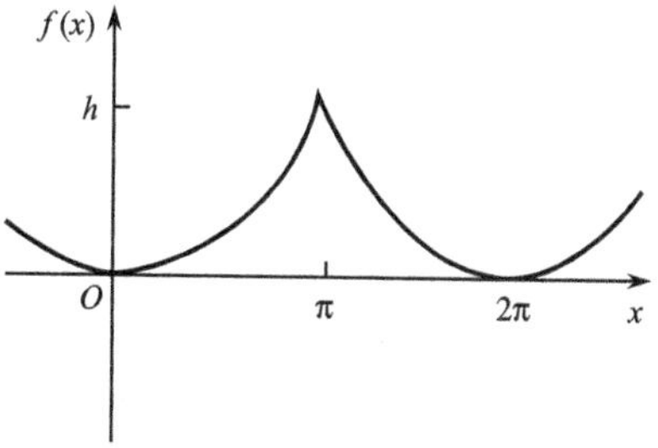

§6.11 广义积分

6.11.1 无穷限的广义积分

1. 基本概念

定义 1 若 f 在 $[a,+\infty)$ 上有定义，对任意 $u>a$，f 在 $[a,u]$ 上可积，如果 $\lim\limits_{u\to+\infty}\int_a^u f(x)dx$ 存在，则称**无穷限广义积分** $\int_a^{+\infty} f(x)dx$ **收敛**，记为

$$\int_a^{+\infty} f(x)dx = \lim_{u\to+\infty}\int_a^u f(x)dx.$$

否则，称它是**发散的**. 类似地，以 $\lim\limits_{v\to-\infty}\int_v^b f(x)dx$ 是否存在定义 $\int_{-\infty}^b f(x)dx$ 的收敛或发散.

例如，当 $\lambda>1$ 时，$\int_1^{+\infty}\frac{dx}{x^\lambda}=\frac{1}{\lambda-1}$ 收敛；当 $\lambda\leqslant 1$ 时，$\int_1^{+\infty}\frac{dx}{x^\lambda}$ 发散.

对于 $\int_{-\infty}^{+\infty} f(x)dx$，当且仅当 $\int_{-\infty}^a f(x)dx$ 与 $\int_a^{+\infty} f(x)dx$ 都收敛时，才称 $\int_{-\infty}^{+\infty} f(x)dx$ 收敛. 或定义为，如果极限 $\lim\limits_{\substack{A\to+\infty\\ A'\to-\infty}}\int_{A'}^A f(x)dx$ 存在，这里，A,A' 是相互独立的，则称 $\int_{-\infty}^{+\infty} f(x)dx$ 收敛，且 $\int_{-\infty}^{+\infty} f(x)dx = \lim\limits_{\substack{A\to+\infty\\ A'\to-\infty}}\int_{A'}^A f(x)dx$.

定义 2 若 $\lim\limits_{A\to+\infty}\int_{-A}^A f(x)dx$ 存在，则称此极限为 $\int_{-\infty}^{+\infty} f(x)dx$ 的**柯西主值**，记为 p. v. $\int_{-\infty}^{+\infty} f(x)dx$.

定理 1(柯西准则) $\int_a^{+\infty} f(x)dx$ 收敛的必要充分条件是：$\forall\varepsilon>0$，$\exists U>a$，只要 $u_1,u_2>U$，就有 $\left|\int_{u_1}^{u_2} f(x)dx\right|<\varepsilon$.

2. 被积函数为非负的情况

定理 2 若在 $[a,+\infty)$ 上 $f(x)\geqslant 0$，则 $\int_0^{+\infty} f(x)dx$ 收敛的必要充分条件是 $F(u)=\int_a^u f(x)dx\,(u\geqslant a)$ 有上界.

定理 3 如果存在 $c\geqslant a$，对 $x\in[c,+\infty)$，有 $0\leqslant f(x)\leqslant g(x)$，则 1° 若 $\int_a^{+\infty} g(x)dx$ 收敛，则 $\int_a^{+\infty} f(x)dx$ 收敛；2° 若 $\int_a^{+\infty} f(x)dx$ 发散，则 $\int_a^{+\infty} g(x)dx$ 发散.

定理 4 若存在 $c\geqslant a$，对 $x\in[c,+\infty)$，有 $f(x)\geqslant 0, g(x)>0$，如果

$\lim\limits_{n\to+\infty}\dfrac{f(x)}{g(x)}=k$，则 1° 当 $0<k<+\infty$ 时，$\int_a^{+\infty}f(x)dx$ 与 $\int_a^{+\infty}g(x)dx$ 的敛散性相同；2° 当 $k=0$ 时，若 $\int_a^{+\infty}g(x)dx$ 收敛，则 $\int_a^{+\infty}f(x)dx$ 收敛；3° 当 $k=+\infty$ 时，若 $\int_a^{+\infty}g(x)dx$ 发散，则 $\int_a^{+\infty}f(x)dx$ 发散.

推论 若 $f(x)\geqslant 0\ (x\geqslant a)$，如果 $\lim\limits_{x\to+\infty}x^{\lambda}f(x)=k$，则 1° 当 $0\leqslant k<+\infty$ 时，若 $\lambda>1$，则 $\int_a^{+\infty}f(x)dx$ 收敛；2° 当 $0<k\leqslant+\infty$ 时，若 $\lambda\leqslant 1$，则 $\int_a^{+\infty}f(x)dx$ 发散.

3. 一般情况

定理 5 若 $\int_a^{+\infty}|f(x)|dx$ 收敛，则 $\int_a^{+\infty}f(x)dx$ 收敛.

但是，$\int_a^{+\infty}f(x)dx$ 收敛，不能保证 $\int_a^{+\infty}|f(x)|dx$ 收敛. 例如，$\int_0^{+\infty}\dfrac{\sin x}{x}dx$ 是收敛的，但 $\int_0^{+\infty}\dfrac{|\sin x|}{x}dx$ 是发散的.

定义 3 若 $\int_a^{+\infty}|f(x)|dx$ 收敛，则称 $\int_a^{+\infty}f(x)dx$ 为**绝对收敛**，称 $f(x)$ 在 $[a,+\infty)$ 上**绝对可积**；若 $\int_a^{+\infty}f(x)dx$ 收敛，但 $\int_a^{+\infty}|f(x)|dx$ 发散，则称 $\int_a^{+\infty}f(x)dx$ 为**条件收敛**.

定理 6（阿贝尔判别法） 若 1° $\int_a^{+\infty}f(x)dx$ 收敛；2° g 在 $[a,+\infty)$ 上单调有界，则 $\int_a^{+\infty}f(x)g(x)dx$ 收敛.

定理 7（狄利克雷判别法） 若 1° 存在 $M>0$，对一切 $u\geqslant a$，均有

$$\left|\int_a^u f(x)dx\right|\leqslant M;$$

2° g 在 $[a,+\infty)$ 上单调，且 $\lim\limits_{x\to+\infty}g(x)=0$，

则 $\int_a^{+\infty}f(x)g(x)dx$ 收敛.

6.11.2 无界函数的广义积分

1. 基本概念

定义 4 若 f 在 $[a,b)$ 上有定义，对任意 η，$0<\eta<b-a$，f 在 $[a,b-\eta]$ 上可积，在 $[b-\eta,b)$ 上无界（此时称 b 为 f 的**瑕点**）. 如果

$$\lim_{\eta\to+0}\int_a^{b-\eta}f(x)dx$$

存在,则称**无界函数的广义积分** $\int_a^b f(x)dx$ **收敛**,记为

$$\int_a^b f(x)dx = \lim_{\eta\to+0}\int_a^{b-\eta} f(x)dx.$$

否则,称它是**发散的**.

例如,当 $\lambda<1$ 时,$\int_a^b \frac{dx}{(b-x)^\lambda} = \frac{1}{1-\lambda}(b-a)^{1-\lambda}$ 收敛;当 $\lambda\geqslant 1$ 时,$\int_a^b \frac{dx}{(b-x)^\lambda}$ 发散.

若 a 为瑕点,可由 $\lim\limits_{\eta\to+0}\int_{a+\eta}^b f(x)dx$ 是否存在类似地定义 $\int_a^b f(x)dx$ 的收敛或发散.

若 c 为瑕点,$a<c<b$,当且仅当 $\int_a^c f(x)dx$ 与 $\int_c^b f(x)dx$ 都收敛时,才称 $\int_a^b f(x)dx$ 收敛. 或定义为,如果极限 $\lim\limits_{\substack{\eta\to+0\\ \zeta\to+0}}\left(\int_a^{c-\eta} f(x)dx + \int_{c+\zeta}^b f(x)dx\right)$ 存在,这里 η,ζ 是相互独立的,则称 $\int_a^b f(x)dx$ 收敛,且

$$\int_a^b f(x)dx = \lim_{\substack{\eta\to+0\\ \zeta\to+0}}\left(\int_a^{c-\eta} f(x)dx + \int_{c+\zeta}^b f(x)dx\right).$$

定义 5 若

$$\lim_{\eta\to+0}\left(\int_a^{c-\eta} f(x)dx + \int_{c+\eta}^b f(x)dx\right)$$

存在,则称此极限为 $\int_a^b f(x)dx$ 的**柯西主值**,记为 p. v. $\int_a^b f(x)dx$.

定理 8(柯西准则) 若 b 为瑕点,则 $\int_a^b f(x)dx$ 收敛的必要充分条件是:$\forall\varepsilon>0$,$\exists U, a<U<b$,只要 $U<u_1,u_2<b$,就有 $\left|\int_{u_1}^{u_2} f(x)dx\right|<\varepsilon$.

2. 被积函数为非负的情况

以下均设 b 为瑕点.

定理 9 若在 $[a,b)$ 上 $f(x)\geqslant 0$,则 $\int_a^b f(x)dx$ 收敛的必要充分条件是 $F(u) = \int_a^u f(x)dx\,(a\leqslant u<b)$ 有上界.

定理 10 若存在 $c, a\leqslant c<b$,对 $x\in[c,b)$,有 $f(x)\geqslant 0, g(x)>0$,如果 $\lim\limits_{n\to b-0}\frac{f(x)}{g(x)} = k$,则 1° 当 $0<k<+\infty$ 时,$\int_a^b f(x)dx$ 与 $\int_a^b g(x)dx$ 的敛散性相同;2° 当 $k=0$ 时,若 $\int_a^b g(x)dx$ 收敛,则 $\int_a^b f(x)dx$ 收敛;3° 当 $k=+\infty$ 时,若 $\int_a^b g(x)dx$ 发散,则 $\int_a^b f(x)dx$ 发散.

推论 若 $f(x)\geqslant 0\ (a\leqslant x<b)$,如果 $\lim\limits_{x\to b-0}(b-x)^{\lambda}f(x)=k$,则

1° 当 $0\leqslant k<+\infty$ 时,若 $\lambda<1$,则 $\int_a^b f(x)dx$ 收敛; 2° 当 $0<k\leqslant+\infty$ 时,若 $\lambda\geqslant 1$,则 $\int_a^b f(x)dx$ 发散.

3. 一般情况

以下均设 b 为瑕点.

定理 11 若 $\int_a^b |f(x)|dx$ 收敛,则 $\int_a^b f(x)dx$ 收敛.

定义 6 若 $\int_a^b |f(x)|dx$ 收敛,则称 $\int_a^b f(x)dx$ 为**绝对收敛**,称 $f(x)$ 在$[a,b]$上**绝对可积**;若 $\int_a^b f(x)dx$ 收敛,但 $\int_a^b |f(x)|dx$ 发散,则称 $\int_a^b f(x)dx$ 为**条件收敛**.

定理 12(阿贝尔判别法) 若 1° $\int_a^b f(x)dx$ 收敛; 2° g 在$[a,b)$上单调有界,则 $\int_a^b f(x)g(x)dx$ 收敛.

定理 13(狄利克雷判别法) 若 1° 存在 $M>0$,对一切 $a\leqslant u<b$,均有 $\left|\int_a^u f(x)dx\right|\leqslant M$; 2° g 在$[a,b)$上单调,且 $\lim\limits_{x\to b-0}g(x)=0$,则

$$\int_a^b f(x)g(x)dx$$

收敛.

6.11.3 常用的广义积分公式

(1) $\displaystyle\int_{-\infty}^{+\infty}\frac{dx}{(1+x^2)^{n+1}}=\frac{\pi(2n)!}{2^{2n}(n!)^2}=\pi\frac{(2n-1)!!}{(2n)!!}$.

(2) $\displaystyle\int_{-\infty}^{+\infty}\frac{x^{2m}}{1+x^{2n}}dx=\frac{\pi}{n\sin((2m+1)\pi/2n)}\quad(2m+1<2n)$.

(3) $\displaystyle\int_0^{+\infty}\frac{xdx}{e^x+1}=\int_0^1\frac{\ln(1/x)}{1+x}dx=\frac{\pi^2}{12}$.

(4) $\displaystyle\int_0^{+\infty}\frac{xdx}{e^x-1}=\int_0^1\frac{\ln(1/x)}{1-x}dx=\frac{\pi^2}{6}$.

(5) $\displaystyle\int_0^{+\infty}\ln\left(\frac{e^x+1}{e^x-1}\right)dx=\int_0^1\ln\left(\frac{1+x}{1-x}\right)\cdot\frac{1}{x}dx=\frac{\pi^2}{4}$.

(6) $\displaystyle\int_0^1\frac{\ln x}{\sqrt{1-x^2}}dx=\int_0^{\pi/2}\ln\sin x dx=-\frac{\pi}{2}\ln 2$.

(7) $\displaystyle\int_0^1\frac{\ln x}{1+x^2}dx=-\int_1^{+\infty}\frac{\ln x}{1+x^2}dx=\sum_{n=0}^{\infty}\frac{(-1)^{n-1}}{(2n+1)^2}=-0.91596\cdots$.

(8) $\int_0^{+\infty} \frac{(\ln x)^2}{1+x+x^2}dx = \frac{16\pi^3}{81\sqrt{3}}$.

(9) $\int_0^1 \ln|\ln x|dx = -\int_0^{+\infty} e^{-t}\ln t dt = -c$，$c$ 为欧拉常数.

(10) $\int_{-\infty}^{+\infty} \sin(x^2)dx = \int_{-\infty}^{+\infty} \cos(x^2)dx = \int_0^{+\infty} \frac{\sin x}{\sqrt{x}}dx$

$$= \int_0^{+\infty} \frac{\cos x}{\sqrt{x}}dx = \sqrt{\frac{\pi}{2}}.$$

(11) $\int_0^{+\infty} \frac{\sin^{2n+1} x}{x}dx = \frac{\pi}{2}\cdot\frac{(2n-1)!!}{(2n)!!}$.

(12) $\int_0^{+\infty} \frac{\sin^2 x}{x^2}dx = \frac{\pi}{2}$.

(13) $\int_0^{+\infty} \frac{\sin(x^2)}{x}dx = \frac{\pi}{4}$.

§6.12 含参变量积分

6.12.1 含参变量的常义积分

定理 1 设 $f(x,u)$在

$$D = \{(x,u): a \leqslant x \leqslant b, \alpha \leqslant u \leqslant \beta\}$$

上连续，则 $I(u) = \int_a^b f(x,u)dx$ 在$[\alpha,\beta]$上连续.

一般说来，$I(u)$依赖于 u. 在积分过程中认定 u 为常量，通常称之为参变量. 称 $I(u)$为**含参变量积分**.

定理 2 设 $f(x,u)$，$\frac{\partial f(x,u)}{\partial u}$在

$$D = \{(x,u): a \leqslant x \leqslant b, \alpha \leqslant u \leqslant \beta\}$$

上连续，则 $I(u) = \int_a^b f(x,u)dx$ 在$[\alpha,\beta]$上具有连续的导数，且

$$I'(u) = \int_a^b \frac{\partial f(x,u)}{\partial u}dx, u \in [\alpha,\beta].$$

定理 3 1° 设 $f(x,u)$，$\frac{\partial f(x,u)}{\partial u}$在

$$D = \{(x,u): a \leqslant x \leqslant b, \alpha \leqslant u \leqslant \beta\}$$

上连续；2° $a(u)$，$b(u)$及其导数在$[\alpha,\beta]$上连续，且当 $u\in[\alpha,\beta]$时，有 $a(u)$，$b(u)\in[a,b]$，则

$$\frac{d}{du}\int_{a(u)}^{b(u)} f(x,u)dx = \int_{a(u)}^{b(u)} \frac{\partial f(x,u)}{\partial u}dx$$

$$+f(b(u),u)b'(u)-f(a(u),u)a'(u).$$

6.12.2 含参变量广义积分的一致收敛性

定义 1 设函数 $f(x,u)$ 在

$$D=\{(x,u):a\leqslant x<+\infty,\alpha\leqslant u\leqslant\beta\}$$

上有定义，若 $\forall\varepsilon>0$，$\exists A_0>a$（A_0 只与 ε 有关），当 $A>A_0$ 时，对一切 $u\in[\alpha,\beta]$，均有 $\left|\int_A^{+\infty}f(x,u)dx\right|<\varepsilon$，则称 $\int_a^{+\infty}f(x,u)dx$ 关于 $u\in[\alpha,\beta]$ **一致收敛**.

定理 4（魏尔斯特拉斯判别法） 如果存在函数 $F(x)$，使

$$|f(x,u)|\leqslant F(x),a\leqslant x<+\infty,\ \alpha\leqslant u\leqslant\beta,$$

且积分 $\int_a^{+\infty}F(x)dx$ 收敛，则 $\int_a^{+\infty}f(x,u)dx$ 关于 u 在 $[\alpha,\beta]$ 上一致收敛.

定理 5（阿贝尔判别法） 若 1° $\int_a^{+\infty}f(x,u)dx$ 关于 $u\in[\alpha,\beta]$ 一致收敛；2° $g(x,u)$ 关于 x 单调，且 g 是一致有界的，即存在正数 K，对一切 $x\in[a,+\infty)$，$u\in[\alpha,\beta]$ 有 $|g(x,u)|\leqslant K$；则

$$\int_a^{+\infty}f(x,u)\cdot g(x,u)dx$$

关于 $u\in[\alpha,\beta]$ 一致收敛.

定理 6（狄利克雷判别法） 若 1° $\int_a^A f(x,u)dx$ 对于 $A\geqslant a$，$u\in[\alpha,\beta]$ 一致有界，即存在 $K>0$，对一切 $A\geqslant a$，$u\in[\alpha,\beta]$ 有

$$\left|\int_a^A f(x,u)\right|dx\leqslant K;$$

2° $g(x,u)$ 关于 x 单调，且当 $x\to+\infty$ 时，$g(x,u)$ 关于 $u\in[\alpha,\beta]$ 一致趋于零. 即 $\forall\varepsilon>0$，$\exists A_0\geqslant a$（A_0 只与 ε 有关），当 $x\geqslant A_0$ 时，对一切 $u\in[\alpha,\beta]$ 有 $|g(x,u)|<\varepsilon$，则 $\int_a^{+\infty}f(x,u)\cdot g(x,u)dx$ 关于 $u\in[\alpha,\beta]$ 一致收敛.

6.12.3 由含参变量广义积分所确定的函数

定理 7 若 1° $f(x,u)$ 在

$$D=\{(x,u):a\leqslant x<+\infty,\alpha\leqslant u\leqslant\beta\}$$

上连续；2° $I(u)=\int_a^{+\infty}f(x,u)dx$ 关于 $u\in[\alpha,\beta]$ 一致收敛；则 $I(u)$ 在 $[\alpha,\beta]$ 上连续.

定理 8（迪尼定理） 设 1° $f(x,u)$ 在

$$D=\{(x,u,):a\leqslant x<+\infty,\alpha\leqslant u\leqslant\beta\}$$

上连续且保持定号；2° $I(u)=\int_a^{+\infty}f(x,u)dx$ 在 $[\alpha,\beta]$ 上连续，则

$$\int_a^{+\infty} f(x,u)dx$$

关于 $u\in[\alpha,\beta]$一致收敛．

定理 9 若 1° $f(x,u)$在 $D\{(x,u):a\leqslant x<+\infty,\alpha\leqslant u\leqslant\beta\}$上连续；2° $\int_a^{+\infty} f(x,u)dx$ 关于 $u\in[\alpha,\beta]$ 一致收敛，则

$$\int_\alpha^\beta du\int_a^{+\infty} f(x,u,)dx=\int_a^{+\infty} dx\int_\alpha^\beta f(x,u)du.$$

定理 10 若 1° $f(x,u)$，$\dfrac{\partial f(x,u)}{\partial u}$在

$$D=\{(x,u):a\leqslant x<+\infty,\alpha\leqslant u\leqslant\beta\}$$

上连续；2° 对每个 $u\in[\alpha,\beta]$，$\int_a^{+\infty} f(x,u)dx$ 收敛；3° $\int_a^{+\infty}\dfrac{\partial f(x,u)}{\partial u}dx$ 关于 $u\in[\alpha,\beta]$ 一致收敛，则 $I(u)=\int_a^{+\infty} f(x,u)dx$ 在$[\alpha,\beta]$上可微，且有

$$\frac{d}{du}\int_a^{+\infty} f(x,u)dx=\int_a^{+\infty}\frac{\partial f(x,u)}{\partial u}dx.$$

6.12.4 常用的含参变量积分公式

(1) $\int_0^{+\infty} e^{-a^2x^2}dx=\dfrac{\sqrt{\pi}}{2|a|}$.

(2) $\int_0^{+\infty}(e^{-a^2/x^2}-e^{-b^2/x^2})dx=(b-a)\sqrt{\pi}\quad(a,b\geqslant 0)$.

(3) $\int_0^{+\infty} e^{-x^2-(a^2/x^2)}dx=\dfrac{e^{-2a}\cdot\sqrt{\pi}}{2}\quad(a\geqslant 0)$.

(4) $\int_0^{+\infty}\dfrac{dx}{e^{ax}+e^{-ax}}=\dfrac{\pi}{4a}$.

(5) $\int_0^{+\infty}\dfrac{x}{e^{ax}-e^{-ax}}dx=\dfrac{\pi^2}{8a^2}\quad(a>0)$.

(6) $\int_0^{+\infty}\dfrac{x^{a-1}}{1+x}dx=\dfrac{\pi}{\sin a\pi}\quad(0<a<1)$.

(7) $\int_0^1\dfrac{x^p-x^q}{\ln x}dx=\ln\dfrac{p+1}{q+1}\quad(p,q>-1)$,

(8) $\int_0^{+\infty}\dfrac{\sin ax}{x}dx=\dfrac{\pi}{2}\quad(a>0)$.

(9) $\int_0^{+\infty}\dfrac{\cos px}{1+x^2}dx=\dfrac{\pi}{2}e^{-|p|}$.

(10) $\int_0^{+\infty}\dfrac{\cos^2 ax}{1+x^2}dx=\dfrac{\pi}{4}(1+e^{-2a})\quad(a>0)$.

(11) $\int_0^{+\infty} \frac{\sin ax}{x(1+x^2)}dx = \frac{\pi}{2}(1-e^{-a}) \quad (a>0).$

(12) $\int_0^{+\infty} \frac{x\sin ax}{1+x^2}dx = \frac{\pi}{2}e^{-a}(a>0).$

(13) $\int_0^{+\infty} \frac{\sin ax \cdot \cos bx}{x}dx = \begin{cases} \pi/2 & (a>b>0), \\ \pi/4 & (a=b>0), \\ 0 & (b>a>0). \end{cases}$

(14) $\int_0^{+\infty} e^{-\lambda x^2}\cos \mu x dx = \frac{1}{2}\sqrt{\frac{\pi}{\lambda}}e^{-\frac{\mu^2}{4\lambda}}(\lambda>0).$

§6.13 数值逼近

6.13.1 引论

数值逼近所研究的问题可叙述为:对函数类 A 中给定的函数 $f(x)$,要求在另一类较简单的便于计算的函数类 B 中,求函数 $P(x)\in B$,使 $P(x)$ 与 $f(x)$之差在某种度量意义下最小.

函数类 A 通常是 $C[a,b]$,函数类 B 通常是代数多项式,分式有理函数或三角多项式.

而度量标准由函数空间中范数(参看 14.5.1)的定义所决定.通常有两种.一种是

$$\| f(x)-P(x) \|_\infty = \max_{a\leqslant x\leqslant b} | f(x)-P(x) |, \tag{6.13-1}$$

在这种度量意义下的数值逼近称为**一致逼近**.另一种是

$$\| f(x)-P(x) \|_2 = \left(\int_a^b (f(x)-P(x))^2 dx\right)^{1/2}, \tag{6.13-2}$$

在这种度量意义下的数值逼近称为**平方逼近**.

6.13.2 魏尔斯特拉斯定理

定理 1 设 $f(x)\in C[a,b]$,则存在多项式序列 $\{P_n(x)\}_{n=1}^{\infty}$,使

$$\lim_{n\to\infty} \| f(x)-P_n(x) \|_\infty = 0. \tag{6.13-3}$$

(6.13.3)式等价于 $\lim\limits_{n\to\infty}P_n(x)=f(x)$ 在 $[a,b]$ 上一致成立,即 $\{P_n(x)\}_{n=1}^{\infty}$ 在 $[a,b]$ 上一致收敛到 $f(x)$.

定理 1 的证法很多,伯恩斯坦在 1912 年给出的证法是构造性的.不失一般性,考虑 $[a,b]$ 为 $[0,1]$ 的情况.设 $f(x)\in C[0,1]$,称

$$B_n(f,x) = \sum_{k=0}^{n} f\left(\frac{k}{n}\right)\binom{n}{k}x^k(1-x)^{n-k} \tag{6.13-4}$$

为**伯恩斯坦多项式**. 有$\lim\limits_{n\to\infty}\|f(x)-B_n(f,x)\|_\infty=0$.

6.13.3 最佳一致逼近多项式

切比雪夫从另一观点去研究一致逼近问题. 他不让多项式的次数 n 趋于无穷，而是把 n 加以固定. 对给定的 $f(x)\in C[a,b]$，在 H_n 中寻求一个多项式 $P_n^*(x)$，使得

$$\|f(x)-P_n^*(x)\|_\infty=\min_{P_n\in H_n}\{\|f(x)-P_n(x)\|_\infty\} \qquad (6.13\text{-}5)$$

称 $\|f(x)-P_n(x)\|_\infty$ 为 $f(x)$ 与 $P_n(x)$ 在$[a,b]$上的偏差，记为 $\Delta(f,P_n)$. 称

$$E_n=\inf_{P_n\in H_n}\{\Delta(f,P_n)\}=\inf_{P_n\in H_n}\{\|f(x)-P_n(x)\|_\infty\}$$

为 $f(x)$在$[a,b]$上的**最小偏差**.

定理 2 若 $f(x)\in C[a,b]$，则总存在 $P_n^*(x)\in H_n$，使

$$\|f(x)-P_n^*(x)\|_\infty=E_n.$$

就是说，满足(6.13-5)式的 $P_n^*(x)$是存在的. 称 $P_n^*(x)$是 $f(x)$在$[a,b]$上的**最佳一致逼近多项式**.

因为$|f(x)-P_n^*(x)|\in C[a,b]$，所以至少存在一点 $x_0\in[a,b]$，使得$|f(x_0)-P_n^*(x_0)|=E_n$. 称 x_0 是 $P_n^*(x)$的**偏差点**.

若 $P_n^*(x_0)-f(x_0)=E_n$，称 x_0 为**正偏差点**.

若 $P_n^*(x_0)-f(x_0)=-E_n$，称 x_0 为**负偏差点**.

定理 3 $P_n^*(x)\in H_n$ 是 $f(x)\in C[a,b]$的最佳一致逼近多项式的必要充分条件是：$P_n^*(x)$在$[a,b]$上至少有 $n+2$ 个轮流为正、负的偏差点.

这样的点组称为**切比雪夫交错点组**.

根据定理 3，可以证明：若 $f(x)\in C[a,b]$，则在 H_n 中存在唯一的最佳一致逼近多项式.

定理 3 从理论上给出了一个找最佳一致逼近多项式的方法.

设 $f(x)\in C[a,b]$，其最佳一致逼近多项式

$$P_n^*(x)=\sum_{i=0}^{n}a_i^*x^i$$

的 $n+1$ 个系数 $a_i^*(i=0,1,\cdots,n)$及最小偏差 E_n 和 $n+2$ 个偏差点 $a\leqslant x_1^*<x_2^*<\cdots<x_{n+2}^*\leqslant b$，一共 $2n+4$ 个未知数，应满足方程组：

$$\begin{cases}(f(x_k^*)-P_n^*(x_k^*))^2=E_n^2,\\(x_k^*-a)(x_k^*-b)(f'(x_k^*)-P_n^{*\prime}(x_k^*))=0\end{cases} \qquad (6.13\text{-}6)$$

$$(k=1,2,\cdots,n+2).$$

6.13.4 切比雪夫多项式

切比雪夫多项式

$$T_n(x)=\cos(n\arccos x)\quad(-1\leqslant x\leqslant 1)\tag{6.13-7}$$

在数值逼近的领域里有重要作用,它有如下重要性质:

(1) $\{T_k(x)\}_{k=0}^{\infty}$在区间$[-1,1]$上带权$(1-x^2)^{-\frac{1}{2}}$正交.

(2) 递推关系

$$\begin{cases}T_{n+1}(x)=2xT_n(x)-T_{n-1}(x)\quad(n=1,2,\cdots),\\T_0(x)=1,\quad T_1(x)=x.\end{cases}\tag{6.13-8}$$

(3) $T_n(x)$是微分方程

$$(1-x^2)y''-xy'+n^2y=0\quad(n=1,2,\cdots,)\tag{6.13-9}$$

的解.

(4) $T_{2k}(x)$为偶函数,$T_{2k+1}(x)$为奇函数$(k=0,1,\cdots)$.

(5) $T_n(x)$是n次多项式,其最高项系数为$2^{n-1}(n\geqslant 1)$.

(6) $T_n(x)$在$[-1,1]$中有n个不同实根

$$x_k=\cos\frac{(2k-1)}{2n}\pi\quad(k=1,2,\cdots,n).$$

(7) $T_n(x)$在$[-1,1]$中有$n+1$个点

$$x_k^*=\cos\frac{k\pi}{n}\quad(k=0,1,\cdots,n),$$

轮流取最大值1和最小值-1.

切比雪夫在1857年提出这样一个问题:在最高项系数为1的n次多项式

$$\omega_n(x)=(x-x_1)(x-x_2)\cdots(x-x_n)=x^n-P_{n-1}(x)\tag{6.13-10}$$

中,寻求在区间$[-1,1]$上与零的偏差最小的多项式.换句话说,就是寻求$x^n\in C[-1,1]$在H_{n-1}中的最佳一致逼近多项式$P_{n-1}^*(x)$,这里

$$\|x^n-P_{n-1}^*(x)\|_\infty=\min_{P_{n-1}\in H_{n-1}}\{\|x^n-P_{n-1}(x)\|_\infty\}.$$

由切比雪夫多项式的性质(5)和(7),根据定理3,有

定理4 在区间$[-1,1]$上所有最高项系数为1的多项式中,

$$\omega_n^*(x)=x^n-P_{n-1}^*(x)=\frac{1}{2^{n-1}}T_n(x)$$

与零的偏差最小,其偏差为$\frac{1}{2^{n-1}}$.

6.13.5 切比雪夫多项式在数值逼近的领域里应用举例

1. 插值多项式余项的极小化

对插值区间$[-1,1]$,若以

$$x_k=\cos\frac{(2k-1)}{2n}\pi\quad(k=1,2,\cdots,n)$$

为插值节点,则

$$\omega_n^*(x) = (x - x_1)\cdots(x - x_n) = \frac{1}{2^{n-1}}T_n(x)$$

与零的偏差最小.此时插值余项

$$\| f(x) - L_{n-1}(x) \|_\infty \leqslant \frac{M_n}{n!} \| \omega_n^*(x) \|_\infty = \frac{M_n}{2^{n-1} \cdot n!} \qquad (6.13\text{-}11)$$

式中 $M_n = \| f^{(n)}(x) \|_\infty$.

如果插值区间是$[a,b]$,作变换

$$x = \frac{1}{2}(a+b) + \frac{1}{2}(b-a)t$$

与

$$t_k = \cos\frac{(2k-1)}{2n}\pi \quad (k = 1,2,\cdots,n)$$

相对应,此时取

$$x_k = \frac{1}{2}(a+b) + \frac{1}{2}(b-a)t_k \quad (k = 1,2,\cdots,n),$$

为插值节点,则

$$\omega_n^*(x) = \left(\frac{b-a}{2}\right)^n \omega_n^*(t)$$

与零的偏差最小,此时插值余项

$$\begin{aligned} \| f(x) - L_{n-1}(x) \|_\infty &= \max_{a\leqslant x\leqslant b} | f(x) - L_{n-1}(x) | \leqslant \frac{M_n}{n!} \max_{a\leqslant x\leqslant b} | \omega_n^*(x) | \\ &= \frac{M_n}{n!}\left(\frac{b-a}{2}\right)^n \frac{1}{2^{n-1}} = \frac{M_n(b-a)^n}{2^{2n-1}\cdot n!}, \end{aligned} \qquad (6.13\text{-}12)$$

式中 $M_n = \| f^{(n)}(x) \|_\infty = \max\limits_{a\leqslant x\leqslant b}\{|f^{(n)}(x)|\}$.

如此选取插值节点求出的拉格朗日插值多项式 $L_{n-1}(x)$,虽不能作为 $f(x)$的最佳一致逼近多项式,但由于它的误差分布均匀,得到的 $L_{n-1}(x)$是近似最佳一致逼近多项式.

2. 幂级数项数的节约

设 $f(x)$在$[-1,1]$上的近似展开式为

$$P_n(x) = a_0 + a_1 x + \cdots + a_n x^n \approx f(x).$$

若 $\| f(x) - P_n(x) \|_\infty = \max\limits_{-1\leqslant x\leqslant 1} |f(x) - P_n(x)| \leqslant \varepsilon_n \ll \varepsilon$,其中 ε 是给定的误差限.可以利用切比雪夫多项式将 $P_n(x)$重新组合以降低逼近多项式的次数.记

$$P_n(x) = b_0 + b_1 T_1(x) + \cdots + b_n T_n(x). \qquad (6.13\text{-}13)$$

若

$$| b_n | + \cdots + | b_{n-m+1} | + \varepsilon_n \leqslant \varepsilon,$$

而

$$|b_n|+\cdots+|b_{n-m+1}|+|b_{n-m}|+\varepsilon_n>\varepsilon,$$

则可以把(6.13-13)后面 m 项去掉,得到 $f(x)$新的、$n-m$ 次的并满足误差要求的逼近多项式

$$P_{n-m}^*(x)=b_0+b_1T_1(x)+\cdots+b_{n-m}T_{n-m}(x).$$

事实上,只要注意 $\|T_k(x)\|_\infty=1(k=0,1,\cdots)$,并利用范数的三角不等式,容易证明 $\|f(x)-P_{n-m}^*(x)\|_\infty\leqslant\varepsilon$.

6.13.6 线性内积空间的最佳逼近

定义 1 设 X 为实线性空间.我们说在 X 上定义了内积(参看 14.5.6),如果对每一对向量 $x,y\in X$,都有一实数与之对应,把这一实数记之为(x,y),并且这一对应具有下列性质:

(1) $(x,y)=(y,x)$.

(2) $(\lambda x,y)=\lambda(x,y)$,$\lambda$ 是任意实数.

(3) $(x+y,z)=(x,z)+(y,z)$.

(4) $(x,x)\geqslant0$,并且当且仅当 x 是 X 中的零元素时,才有$(x,x)=0$.

一个实线性空间,如果其中定义了满足上述性质的内积,便称它为线性内积空间.

定义 2 实数 $\sqrt{(x,x)}$称为线性内积空间中向量 x 的模或范数,记为 $\|x\|$.

定义 3 若$(x,y)=0$,便称向量 x 和 y 是正交的.

关于线性内积空间的最佳逼近,其一般提法是:设 $\varphi_0,\varphi_1,\cdots,\varphi_n$ 是线性内积空间 X 的 $n+1$ 个线性无关元素,$\varphi=\mathrm{span}\{\varphi_0,\varphi_1,\cdots,\varphi_n\}$表示由$\{\varphi_0,\varphi_1,\cdots,\varphi_n\}$所生成的子空间.对给定的 $f\in X$,在 φ 中寻求一元素 s^*,使得

$$\|f-s^*\|=\min_{s\in\varphi}\{\|f-s\|\}.\tag{6.13-14}$$

称 s^* 是集 φ 对 f 的最佳逼近元素.

定理 5 向量组 $\varphi_0,\varphi_1,\cdots,\varphi_n$ 线性无关的必要充分条件是

$$G(\varphi_0,\varphi_1,\cdots,\varphi_n)\neq0.$$

式中

$$G(\varphi_0,\varphi_1,\cdots,\varphi_n)=\begin{vmatrix}(\varphi_0,\varphi_0) & (\varphi_0,\varphi_1) & \cdots & (\varphi_0,\varphi_n)\\ (\varphi_1,\varphi_0) & (\varphi_1,\varphi_1) & \cdots & (\varphi_1,\varphi_n)\\ \cdots & \cdots & \cdots & \cdots\\ (\varphi_n,\varphi_0) & (\varphi_n,\varphi_1) & \cdots & (\varphi_n,\varphi_n)\end{vmatrix}\tag{6.13-15}$$

称为关于 $\varphi_0,\varphi_1,\cdots,\varphi_n$ 的克莱默行列式.

定理 6 $s^*=\sum\limits_{i=0}^{n}c_i^*\varphi_i$ 是 φ 对 f 的最佳逼近元素的必要充分条件是

$$(s^* - f, \varphi_j) = 0 \quad (j = 0,1,\cdots,n). \tag{6.13-16}$$

定理 7 最佳逼近元素是存在的而且是唯一的.

事实上,可以将最佳逼近元素 $s^* = \sum_{i=0}^{n} c_i^* \varphi_i$ 造出来.由(6.13-16)式,有

$$\sum_{i=0}^{n} (\varphi_i, \varphi_j) c_i^* = (f, \varphi_j) \quad (j = 0,1,\cdots,n). \tag{6.13-17}$$

因为 $G(\varphi_0, \varphi_1, \cdots, \varphi_n) \neq 0$,所以线性方程组(6.13-17)的解存在且唯一.

称 $\delta = f - s^*$ 为最佳逼近误差,它有如下估计式:

$$\begin{aligned} \|\delta\|^2 &= \|f - s^*\|^2 = (f - s^*, f - s^*) = (f - s^*, f) - (f - s^*, s^*) \\ &= (f - s^*, f) = (f, f) - \sum_{i=0}^{n} c_i^* (\varphi_i, f) \end{aligned} \tag{6.13-18}$$

如果 $\varphi_0, \varphi_1, \cdots, \varphi_n$ 是两两互相正交的,则由(6.13-17)式有

$$c_j^* = \frac{(f, \varphi_j)}{(\varphi_j, \varphi_j)} \quad (j = 0,1,\cdots,n). \tag{6.13-19}$$

进而,如果 $\varphi_0, \varphi_1, \cdots, \varphi_n$ 是单位正交的,则

$$c_j^* = (f, \varphi_j) \quad (j = 0,1,\cdots,n). \tag{6.13-20}$$

此时,由(6.13-18)式有

$$\|\delta\|^2 = \|f\|^2 - \sum_{i=0}^{n} |c_i^*|^2. \tag{6.13-21}$$

(6.13-21)式左端恒正,故有**贝塞尔不等式**

$$\sum_{i=0}^{n} |c_i^*|^2 \leqslant \|f\|^2. \tag{6.13-22}$$

在这种情况下,称 $\sum_{i=0}^{n} c_i^* \varphi_i$ 为 f 的**广义傅里叶展开式**,c_i^* $(i=0,1,\cdots,n)$称为**广义傅里叶系数**.

6.13.7 函数的最佳平方逼近

对 $f, g \in C[a,b]$,定义内积运算及范数如下:

$$(f, g) = \int_a^b \rho(x) f(x) g(x) dx, \tag{6.13-23}$$

$$\|f\|_2^2 = (f, f) = \int_a^b \rho(x) f^2(x) dx \tag{6.13-24}$$

式中 $\rho(x) \geqslant 0$ 为权函数.

此时,线性空间 $C[a,b]$就成为一种线性内积空间.

关于函数的最佳平方逼近,其一般提法是:设$\{\varphi_k(x)\}_{k=0}^{n}$是 $C[a,b]$中线性无关函数族,对 $f(x) \in C[a,b]$及 $C[a,b]$中的一个子集 $\varphi = \mathrm{span}\{\varphi_0, \varphi_1, \cdots, \varphi_n\}$,在 φ 中寻求

一个函数 $s^*(x)=\sum_{i=0}^{n}a_i^*\varphi_i(x)$,使得

$$\|f-s^*\|_2=\min_{s\in\varphi}\{\|f-s\|_2\},\tag{6.13-25}$$

称 $s^*(x)$是集 φ 对 $f(x)$的最佳平方逼近函数.

最佳平方逼近函数是存在的而且唯一的.

若记 $s^*(x)=\sum_{i=0}^{n}a_i^*\varphi_i(x)$,则其系数 $a_i^*(i=0,1,\cdots,n)$是线性方程组

$$\sum_{i=0}^{n}(\varphi_i,\varphi_j)a_i=(f,\varphi_j)\quad(j=0,1,\cdots,n)$$

的唯一解.

若$\{\varphi_k\}_{k=0}^{n}$是 $C[a,b]$中正交函数族,则

$$s^*(x)=\sum_{i=0}^{n}\frac{(f,\varphi_i)}{(\varphi_i,\varphi_i)}\varphi_i(x),\tag{6.13-26}$$

式中

$$\left.\begin{aligned}(\varphi_i,\varphi_i)&=\int_a^b\rho(x)\varphi_i^2(x)dx,\\(f,\varphi_i)&==\int_a^b\rho(x)f(x)\varphi_i(x)dx\end{aligned}\right\}\quad(i=0,1,\cdots,n).\tag{6.13-27}$$

其平方误差为

$$\|\delta\|_2^2=\|f\|_2^2-\sum_{i=0}^{n}a_i^*(\varphi_i,f).\tag{6.13-28}$$

6.13.8 正交多项式

若最高项系数 $a_n\neq0$ 的 n 次多项式 $g_n(x)$满足

$$(g_j,g_k)=\int_a^b\rho(x)g_j(x)g_k(x)dx=\begin{cases}0, & j\neq k,\\A_k>0, & j=k\end{cases}\quad(j,k=0,1,\cdots),$$

则称多项式序列 $g_0(x),g_1(x),\cdots,g_n(x),\cdots$在$[a,b]$上带权 $\rho(x)$正交,并称 $g_n(x)$是$[a,b]$上带权 $\rho(x)$的 n 次**正交多项式**.

常用的正交多项式有

1. 勒让德多项式

$$\begin{cases}p_n(x)=\dfrac{1}{2^n\cdot n!}\cdot\dfrac{d^n}{dx^n}\{(x^2-1)^n\}\quad(n=1,2,\cdots),\\p_0(x)=1\end{cases}\tag{6.13-29}$$

是在区间$[-1,1]$上,权函数 $\rho(x)=1$ 的正交多项式.

2. 切比雪夫多项式(参看 6.13-4).

3. 第二类切比雪夫多项式

$$U_n(x)=\frac{\sin((n+1)\arccos x)}{\sqrt{1-x^2}}\quad(n=0,1,2,\cdots)\tag{6.13-30}$$

是在区间$[-1,1]$上,权函数$\rho(x)=(1-x^2)^{\frac{1}{2}}$的正交多项式.

4. 拉盖尔多项式

$$L_n(x)=e^x\frac{d^n}{dx^n}(x^ne^{-x})\quad(n=0,1,2,\cdots)\tag{6.13-31}$$

是在区间$[0,\infty)$上,权函数$\rho(x)=e^{-x}$的正交多项式.

5. 埃尔米特多项式

$$H_n(x)=(-1)^ne^{x^2}\frac{d^n}{dx^n}(e^{-x^2})\quad(n=0,1,2,\cdots)\tag{6.13-32}$$

是在区间$(-\infty,\infty)$上,权函数$\rho(x)=e^{-x^2}$的正交多项式.

6.13.9 用勒让德多项式作平方逼近

由(6.13-29)式知,$p_n(x)$的最高项的系数是

$$a_n=\frac{1}{2^n\cdot n!}(2n)(2n-1)\cdots(n+1)=\frac{(2n)!}{2^n(n!)^2}.$$

最高项系数为1的勒让德多项式为

$$\widetilde{p}_n(x)=\frac{n!}{(2n)!}\cdot\frac{d^n}{dx^n}\{(x^2-1)^n\}\quad(n=0,1,2,\cdots).\tag{6.13-33}$$

定理8 在所有最高项系数为1的n次多项式中,勒让德多项式$\widetilde{p}_n(x)$在$[-1,1]$上与零的平方误差最小.

事实上,设$q_n(x)$是任意一个最高项系数为1的n次多项式,它总可表示为

$$q_n(x)=\widetilde{p}_n(x)+\sum_{k=0}^{n-1}\alpha_k\widetilde{p}_k(x).$$

于是

$$\|q_n\|_2^2=(q_n,q_n)=\|\widetilde{p}_n\|_2^2+\sum_{k=0}^{n-1}\alpha_k^2\|\widetilde{p}_k\|_2^2\geqslant\|\widetilde{p}_n\|_2^2.$$

当且仅当$\alpha_k=0(k=0,1,\cdots,n-1)$时,等号才成立,即当$q_n(x)=\widetilde{p}_n(x)$时平方误差最小.

由于勒让德多项式具有正交性及平方误差最小的特性,因此当$f(x)\in C[-1,1]$,在H_n中求最佳平方逼近多项式$s_n^*(x)$时,如用勒让德多项式表示,就有较大的优越性.

由(6.13-26)式知

$$s_n^*(x)=\sum_{i=0}^n a_i^*p_i(x),\tag{6.13-34}$$

式中

$$a_i^* = \frac{(f, p_i)}{(p_i, p_i)} = \frac{2i+1}{2}\int_{-1}^{1} f(x) p_i(x) dx \quad (i = 0, 1, \cdots, n). \quad (6.13\text{-}35)$$

由(6.13-28)式知，平方误差为

$$\| \delta_n \|_2^2 = \int_{-1}^{1} f^2(x) dx - \sum_{i=0}^{n} \frac{2}{2i+1} (a_i^*)^2. \quad (6.13\text{-}36)$$

若 $f(x) \in C[a, b]$，作变换

$$x = \frac{1}{2}(a+b) + \frac{1}{2}(b-a)t,$$

则

$$F(t) = f\left(\frac{1}{2}(a+b) + \frac{1}{2}(b-a)t\right) \in C[-1, 1].$$

设 $s_n^*(t)$ 是 $F(t)$ 在 $[-1, 1]$ 上最佳平方逼近多项式，则

$$s_n^*\left(\frac{1}{b-a}(2x-a-b)\right)$$

就是 $f(x)$ 在 $[a, b]$ 上最佳平方逼近多项式.

6.13.10 函数按切比雪夫多项式展开

切比雪夫多项式不但在最佳一致逼近的理论和应用中都具有特殊地位，而且在最佳平方逼近的理论中也具有重要地位.

对 $f(x) \in C[-1, 1]$，直接按 $\{T_k(x)\}_{k=0}^{\infty}$ 展成**广义傅里叶级数**. 由(6.13-26)式及(6.13-27)式得

$$f(x) \sim \frac{c_0^*}{2} + \sum_{k=0}^{\infty} c_k^* T_k(x), \quad (6.13\text{-}37)$$

其中

$$c_k^* = \frac{2}{\pi}\int_{-1}^{1} (1-x^2)^{-\frac{1}{2}} f(x) T_k(x) dx \quad (k = 0, 1, 2, \cdots). \quad (6.13\text{-}38)$$

取(6.13-37)式的部分和

$$c_n^*(x) = \frac{c_0^*}{2} + \sum_{k=0}^{n} c_k^* T_k(x) \quad (6.13\text{-}39)$$

则 $c_n^*(x)$ 就是 $\varphi = \text{span}\{T_0, T_1, \cdots, T_n\}$ 对 $f(x)$ 的最佳平方逼近函数.

显然，$c_n^*(x) \in H_n$. 由于在 H_n 中求 $f(x)$ 的最佳一致逼近多项式 $p_n^*(x)$ 较困难，而 $c_n^*(x)$ 的计算较容易且与 $p_n^*(x)$ 较近似，因而可以用 $c_n^*(x)$ 作为 $p_n^*(x)$ 的近似.

7. 复变函数

§7.1 复 平 面

关于复数与复平面的概念以及复数的运算,参看 1.1.5.

7.1.1 复平面上曲线的方程

用参数方程 $x=x(t)$, $y=y(t)$ $(\alpha\leqslant t\leqslant\beta)$ 定义的平面曲线,可以用复方程 $z=z(t)=x(t)+iy(t)$ $(\alpha\leqslant t\leqslant\beta)$ 表示,其中 $z(t)$ 是实变量的复值函数.

用一般方程 $F(x,y)=0$ 定义的平面曲线,可以通过变换

$$x=\frac{1}{2}(z+\bar{z}),\ y=\frac{1}{2i}(z-\bar{z})$$

写出它的复方程.

有些通过几何方式定义的平面曲线,可以利用复数的模和辐角写出它的方程.

一些最常见的曲线的复方程:

(1) 射线

从点 z_0 出发,与实轴正向夹角为 θ 的射线方程为 $\arg(z-z_0)=\theta$.

(2) 直线

过点 $z_1,z_2(z_1\neq z_2)$ 的直线方程为

$$z=z_1+t(z_2-z_1)\quad(-\infty<t<+\infty).$$

直线 $Ax+By+C=0$ 的复方程为

$$\bar{a}z+a\bar{z}+C=0,$$

其中 $a=\frac{1}{2}(A+iB)$.

(3) 圆周

以 z_0 为圆心、以 r 为半径的圆周的方程为 $|z-z_0|=r$ 或 $z=z_0+re^{i\theta}$ $(-\pi<\theta\leqslant\pi)$.

圆周 $x^2+y^2+2Ax+2By+C=0$ $(C<A^2+B^2)$ 的复方程为

$$z\bar{z}+\bar{a}z+a\bar{z}+C=0,$$

其中 $a=A+iB$. 此圆的圆心为 $-a$,半径为 $\sqrt{|a|^2-C}$.

7.1.2 复平面上的点集 区域

设 $z_1=x_1+iy_2$, $z_2=x_2+iy_2$ 是复平面 C 上的两个点,则 z_1 与 z_2 之间的距离

$|z_1-z_2|$，就是相应的实平面 $\boldsymbol{R}^2$ 上的点 (x_1, y_1) 与 (x_2, y_2) 之间的距离 $((x_1-x_2)^2+(y_1-y_2)^2)^{1/2}$. 因此，§6.1.7 中关于邻域、内点、聚点(极限点)、开集、闭集、闭包、外点、边界点、边界、有界集、连通集、区域、闭区域的概念，就可以原封不动地移植到复平面上. 此外，§10.1.1 中关于光滑曲线与分段光滑曲线的概念，§10.1.4中关于闭曲线与简单闭曲线的概念，也都可以原封不动地移植到复平面上.

定理 1(若尔当曲线定理) 设 C 是复平面上的简单闭曲线，则 C 的补集由两个区域组成，这两个区域以 C 为公共边界. 其中的有界区域，称为由所给简单闭曲线围成的区域. 此时谈到曲线 C 的**正向**时，均指沿此方向绕 C 一周时，所围区域保持在左侧. 与正向相反的方向，称为**负向**.

设 G 是区域，如果 G 内任何简单闭曲线围成的区域都包含于 G 内，则称 G 为**单连通域**，否则称为**复连通域**. 直观地看，单连通域就是没有"洞"或"割痕"的区域(参看图 7.1-1).

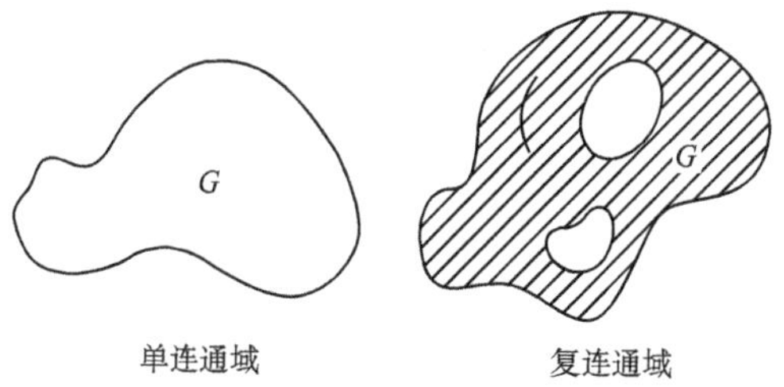

图 7.1-1

一些最常用的区域的表示式：

(1) 圆盘(图 7.1-2)

开圆盘为 $|z-z_0|<r$，闭圆盘为 $|z-z_0|\leqslant r$，其中 z_0 为圆心，r 为半径. 本章谈到圆盘时，如无特殊声明，均指开圆盘.

(2) 圆环(图 7.1-3)

$r<|z-z_0|<R$，其中 z_0 为圆心，r,R 为内、外半径.

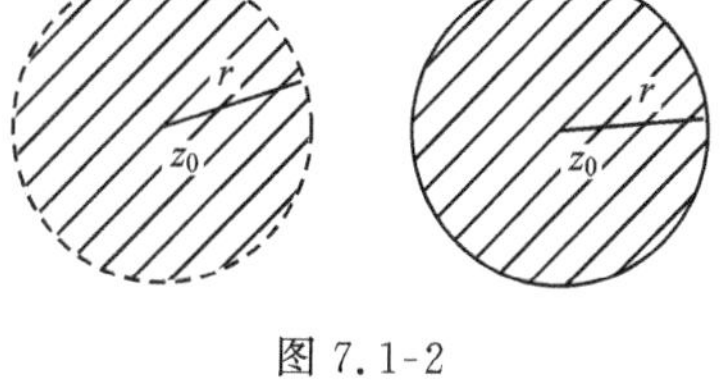

图 7.1-2

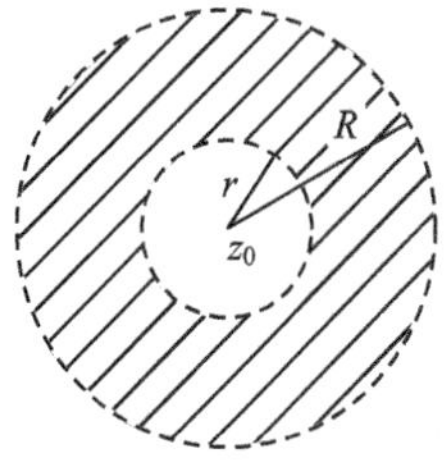

图 7.1-3

(3) 角域(图 7.1-4)

$$\theta_1 < \arg z < \theta_2.$$

(4) 平行带域(图 7.1-5)

平行于实轴的带域：$\alpha < \mathrm{Im}z < \beta$；

平行于虚轴的带域：$\gamma < \mathrm{Re}z < \delta$.

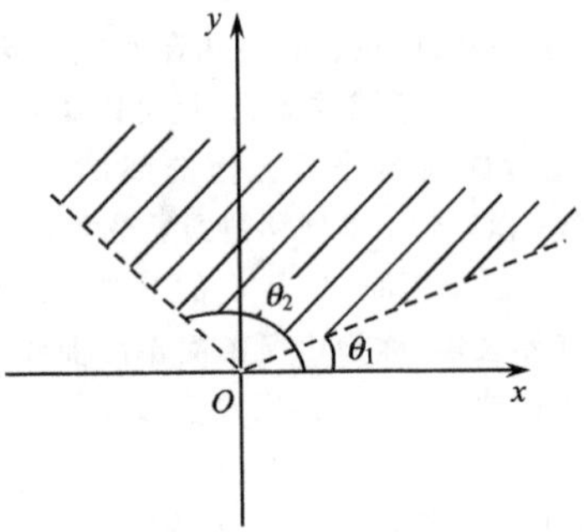

图 7.1-4

7.1.3 扩充复平面

给定复平面 π，作位于 π 上方且与 π 相切于原点的直径为 1 的球面 S. 称 S 上原点的对径点 N 为北极. 对 π 上每个点 z，设北极 N 与点 z 的连线与 S 的交点为 P. 令 z 对应于 P，

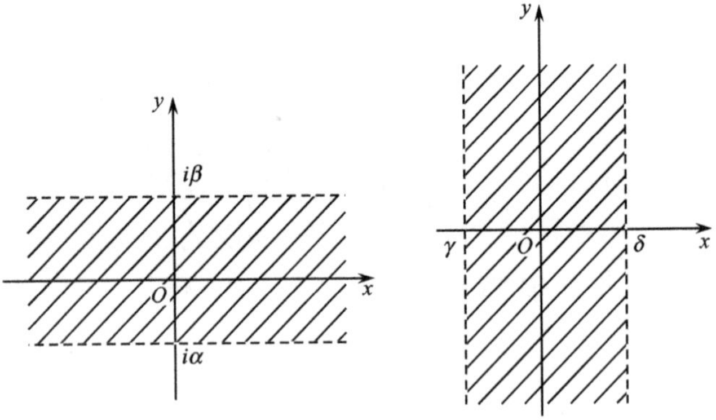

图 7.1-5

这样建立的 π 与 $S\setminus\{N\}$之间的一一对应，称为**球极平面投影**. 在 π 上添加一**无穷远点** ∞，使它在球极平面投影下与北极对应. 添加无穷远点的复平面，称为**扩充复平面**或**广义复平面**. S 与扩充复平面在球极平面投影下是一一对应的. 此时称 S 为**复球面**或**黎曼球面**.(参看图 7.1-6)

取空间直角坐标系 $O\xi\eta\zeta$，使 $O\xi$，$O\eta$ 轴分别与 Ox，Oy 轴重合，$O\zeta$ 轴过点 N. 设点 P 的坐标为 ξ,η,ζ，则

$$\xi = \frac{1}{2}\,\frac{z+\bar{z}}{1+z\bar{z}},\quad \eta = \frac{1}{2i}\,\frac{z-\bar{z}}{1+z\bar{z}},\quad \zeta = \frac{z\bar{z}}{1+z\bar{z}};$$

$$x = \frac{\xi}{1-\zeta},\qquad y = \frac{\eta}{1-\zeta}.$$

定理 2 如果把复平面 π 上的直线看作扩充复平面 $\tilde{\pi}$ 上过无穷远点的圆，则 $\tilde{\pi}$ 上的圆在球极平面投影下的象是 S 上的圆，反之亦然(这称为**保圆性**).

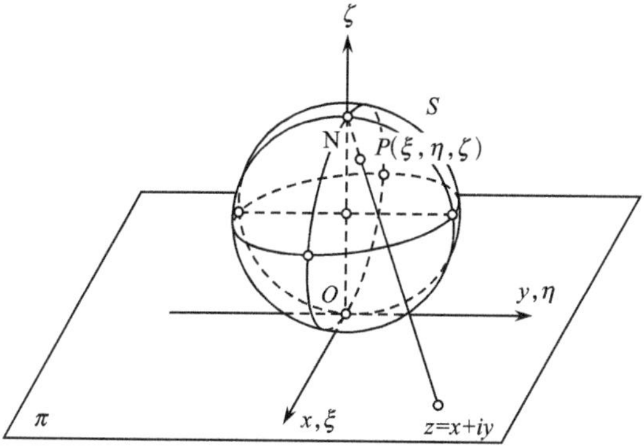

图 7.1-6

§7.2 复变函数

7.2.1 复变函数

设 D 是复数的一个集. 如果对每个 $z\in D$, 有一个或多个复数 w 与之对应, 则称 w 为 z 的**复变函数**, 简称复函数或函数, 记作 $w=f(z)$. D 是 f 的定义域, $f(D)=\{f(z):z\in D\}$ 是 f 的值域. 如果每个 $z\in D$ 都只对应着一个复数, 则称 f 为**单值函数**, 否则称为**多值函数**. 谈到函数时, 如无特殊申明, 均指单值函数.

令 $z=x+iy$, $w=u+iv$, 则可写

$$w=f(z)=u(x,y)+iv(x,y).$$

因此给定复函数 $w=f(z)$ 等价于给定一对二元实函数

$$u=\mathrm{Re}f(z)=u(x,y), v=\mathrm{Im}f(z)=v(x,y).$$

复函数的几何意义: 复函数 $w=f(z)$ 是把 z 平面上的点集 D 对应到 w 平面上的点集 $f(D)$ 的一个映射. 映射与函数是同义词, 但在突出几何意义时, 通常用映射这一名词.

7.2.2 复变函数的极限与连续性

复变函数的极限与连续的定义, 同实变函数的情形相仿. $\lim\limits_{z\to z_0}f(z)=a$ 定义为: 对每个 $\varepsilon>0$, 存在 $\delta>0$, 使当 $0<|z-z_0|<\delta$ 时, 有 $|f(z)-a|<\varepsilon$. $\lim\limits_{z\to z_0}f(z)=\infty$ 定义为: 对每个 $M>0$, 存在 $\delta>0$, 使当 $0<|z-z_0|<\delta$ 时, 有 $|f(z)|>M$. $f(z)$ 在点 z_0 **连续**定义为 $\lim\limits_{z\to z_0}f(z)=f(z_0)$. 如果 $f(z)$ 在区域 D 的每个点连续, 则称 $f(z)$ 在 D 上连续. 如果对每个 $\varepsilon>0$, 存在 $\delta>0$, 使当 $z_1, z_2\in D$, $|z_1-z_2|<\delta$ 时, 有 $|f(z_1)-f(z_2)|<\varepsilon$, 则

称 $f(z)$在 D 上**一致连续**.

定理 1 设 $z_0=x_0+iy_0$, $f(z)=u(x,y)+iv(x,y)$,则 $f(z)$当 $z\to z_0$ 时有极限的必要充分条件是 $u(x,y)$与 $v(x,y)$当$(x,y)\to(x_0,y_0)$时都有极限;此时

$$\lim_{z\to z_0} f(z) = \lim_{\substack{x\to x_0\\ y\to y_0}} u(x,y) + i \lim_{\substack{x\to x_0\\ y\to y_0}} v(x,y).$$

$f(z)$在点 z_0 连续的必要充分条件是 $u(x,y)$与 $v(x,y)$都在点(x_0,y_0)连续.

定理 2 设$\lim\limits_{z\to z_0} f(z)=a$, $\lim\limits_{z\to z_0} g(z)=b$,则

$$\lim_{z\to z_0}(f(z)\pm g(z)) = a\pm b, \lim_{z\to z_0} f(z)g(z) = ab,$$

$$\lim_{z\to z_0}\frac{f(z)}{g(z)} = \frac{a}{b}(b\neq 0).$$

把 $z\to z_0$ 换成 $z\to\infty$,本定理仍然成立.

定理 3 设 $f(z)$, $g(z)$在点 z_0 连续,则

$$f(z)\pm g(z), f(z)g(z), f(z)/g(z)$$

(假定 $g(z_0)\neq 0$)在点 z_0 连续.

7.2.3 复数序列与复数项级数

如果对 $k=1,2,\cdots,n,\cdots$,依次对应复数 $z_1,z_2,\cdots,z_n,\cdots$,则称后者为一个**复数序列**,简称复数列,记作$\{z_n\}_{n=1}^{\infty}$或$\{z_n\}$. 对任何正整数 $n_1<n_2<\cdots<n_k<\cdots$,称序列$\{z_{n_k}\}_{k=1}^{\infty}$为序列$\{z_n\}_{n=1}^{\infty}$的**子序列**.

给定复数列$\{z_n\}_{n=1}^{\infty}$,如果对每个 $\varepsilon>0$,存在自然数 N,使当 $n\geqslant N$ 时,有$|z_n-a|<\varepsilon$,则称所给序列**收敛**于 a 或当 n 趋于无穷时有极限 a,记作 $\lim\limits_{n\to\infty} z_n=a$. 此时称$\{z_n\}_{n=1}^{\infty}$为**收敛序列**. 不收敛又称**发散**,不收敛的序列称为**发散序列**.

定理 4(柯西准则) 复数列$\{z_n\}_{n=1}^{\infty}$收敛的必要充分条件是:对每个 $\varepsilon>0$,存在自然数 N,使当 $m,n\geqslant N$ 时,有$|z_n-z_m|<\varepsilon$. 另一种等价的表述是:对每个 $\varepsilon>0$,存在自然数 N,使当 $n\geqslant N$ 时,对一切 $p=1,2,\cdots$,有$|z_{n+p}-z_n|<\varepsilon$.

定理 5 有界复数列必有收敛子序列.

定理 6 设$\lim\limits_{n\to\infty} z_n=a$, $\lim\limits_{n\to\infty} w_n=b$,则

$$\lim_{n\to\infty}(z_n\pm w_n) = a\pm b, \lim_{n\to\infty} z_n w_n = ab, \lim_{n\to\infty}\frac{z_n}{w_n} = \frac{a}{b}(b\neq 0).$$

形如$\sum\limits_{n=1}^{\infty} z_n = z_1+z_2+\cdots+z_n+\cdots$(其中 $z_n\in\mathbf{C}, n=1,2,\cdots$)的表示式,称为**复数项级数**,简称**复级数**. $s_n=\sum\limits_{k=1}^{n} z_k(n=1,2,\cdots)$称为所给级数的第 n **部分和**. 如果序列$\{s_n\}_{n=1}^{\infty}$收敛于 s,则称所给级数是**收敛的**,其和为 s;否则称为**发散的**.

定理 7 复级数收敛的必要充分条件为由各项的实部与虚部构成的两个实级数都收敛.

定理 8(柯西准则) 复级数 $\sum_{n=1}^{\infty} z_n$ 收敛的必要充分条件是:对每个 $\varepsilon > 0$,存在自然数 N,使当 $n \geqslant N$ 时,对一切 $p = 1,2,\cdots$,有 $\left| \sum_{k=n+1}^{n+p} z_k \right| < \varepsilon$.

如果级数 $\sum_{n=1}^{\infty} |z_n|$ 收敛,则称级数 $\sum_{n=1}^{\infty} z_n$ **绝对收敛**.

定理 9 绝对收敛的级数必收敛.

定理 10 绝对收敛级数的各项可以任意重排.详细地说,设 $\sum_{n=1}^{\infty} z_n$ 绝对收敛,σ 是自然数集 $\mathbf{N}$ 到 $\mathbf{N}$ 上的任意一一映射,则 $\sum_{n=1}^{\infty} z_{\sigma(n)}$ 仍绝对收敛,且其和不变.

定理 11 设 $\sum_{n=1}^{\infty} a_n$ 与 $\sum_{n=1}^{\infty} b_n$ 是两个绝对收敛级数,其和分别为 A 与 B,则由所有 $a_n b_m (n,m = 1,2,\cdots)$ 为项并依任何次序排列所得的级数必绝对收敛于 AB.

定理 12(梅尔滕斯) 设 $\sum_{n=1}^{\infty} a_n$ 绝对收敛于 A,$\sum_{n=1}^{\infty} b_n$ 收敛于 B,令 $c_n = \sum_{k=1}^{n} a_k b_{n+1-k}$ $(n = 1,2,\cdots)$,则 $\sum_{n=1}^{\infty} c_n$ 收敛于 AB.

此定理中的 $\sum_{n=1}^{\infty} c_n$,称为所给两级数的**柯西乘积级数**.

7.2.4 复函数序列与复函数项级数

设 E 是复平面上的点集,$f_n(z)(n=1,2,\cdots)$是定义在 E 上的复函数,如果对每个 $z \in E$,复数列 $\{f_n(z)\}_{n=1}^{\infty}$ 都收敛(设它收敛于 $f(z)$),则称复函数序列 $\{f_n(z)\}_{n=1}^{\infty}$ 在 E 上**收敛**,记作 $\lim\limits_{n \to \infty} f_n(z) = f(z)$. 如果对每个 $\varepsilon > 0$,存在 N,使当 $n \geqslant N$ 时,对一切 $z \in E$,有 $|f_n(z) - f(z)| < \varepsilon$,则称 $\{f_n(z)\}_{n=1}^{\infty}$ 在 E 上**一致收敛**于 $f(z)$. 设 D 是复平面上的区域,如果对包含于 D 中的任一有界闭区域,$\{f_n(z)\}_{n=1}^{\infty}$ 都一致收敛于 $f(z)$,则称 $\{f_n(z)\}_{n=1}^{\infty}$ 在 D 中**内闭一致收敛**于 $f(z)$,或**广义一致收敛**于 $f(z)$.

函数项级数 $\sum_{n=1}^{\infty} f_n(z) = f_1(z) + f_2(z) + \cdots + f_n(z) + \cdots$ 在一个点集上**收敛**、**一致收敛**与**内闭一致收敛(广义一致收敛)**,由函数序列 $\{s_n(z)\}_{n=1}^{\infty}$(其中 $s_n(z) = \sum_{k=1}^{n} f_k(z), n = 1,2,\cdots$)的相应性质来定义. 在收敛情形下,$\{s_n(z)\}_{n=1}^{\infty}$ 的极限函数,称为所给级数的**和函数**.

定理 13(柯西准则) 复函数序列 $\{f_n(z)\}_{n=1}^{\infty}$ 在点集 E 上一致收敛的必要充分条件是:对每个 $\varepsilon > 0$,存在 N,使当 $n,m \geqslant N$ 时,对一切 $z \in E$,有 $|f_n(z) - f_m(z)| < \varepsilon$.

复函数项级数 $\sum_{n=1}^{\infty} f_n(z)$ 在 E 上一致收敛的必要充分条件是：对每个 $\varepsilon > 0$，存在 N，使当 $n \geqslant N$ 时，对一切 $p = 1,2,\cdots$ 与一切 $z \in E$ 有

$$\left| \sum_{k=n+1}^{n+p} f_n(z) \right| < \varepsilon.$$

定理 14（魏尔斯特拉斯判别法） 对于函数项级数 $\sum_{n=1}^{\infty} f_n(z)(z \in E)$，如果存在收敛的正项级数 $\sum_{n=1}^{\infty} a_n$，使对一切 $z \in E$，有

$$|f_n(z)| \leqslant a_n (n = 1,2,\cdots),$$

则 $\sum_{n=1}^{\infty} f_n(z)$ 在 E 上一致收敛.

此定理中的级数 $\sum_{n=1}^{\infty} a_n$，称为所给函数项级数的**优级数**.

§7.3 全纯函数 柯西-黎曼方程

7.3.1 复变函数的导数

定义 1 设 $w = f(z)$ 在点 z_0 的一个邻域内有定义. 如果极限

$$\lim_{z \to z_0} \frac{f(z) - f(z_0)}{z - z_0}$$

存在，则称此极限为 $f(z)$ 在点 z_0 的**导数**，记作 $f'(z_0)$ 或 $\left.\frac{df}{dz}\right|_{z=z_0}$. 此时称 $f(z)$ 在点 z_0 是**可导的或可微的**.

设 $w = f(z)$ 在点 z_0 的邻域的每个点可导，则导函数 $w = f'(z)$ 在点 z_0 的导数，称为函数 $f(z)$ 在点 z_0 的二阶导数，记作 $f''(z_0)$ 或 $\left.\frac{d^2 f}{dz^2}\right|_{z=z_0}$. 由此可归纳地定义 $f(z)$ 在点 z_0 的 ***n* 阶导数** $f^{(n)}(z_0)$ 或 $\left.\frac{d^n f}{dz^n}\right|_{z=z_0}$. 当 $n \geqslant 2$ 时，统称**高阶导数**. 与此相对，也称 $f'(z_0)$ 为**一阶导数**.

定理 1 设 $f(z), g(z)$ 在点 z 可导，则

$$f(z) \pm g(z), f(z)g(z), f(z)/g(z)$$

（假定分母不等于零）也在点 z 可导，且

$$(f(z) \pm g(z))' = f'(z) \pm g'(z),$$

$$(f(z)g(z))' = f'(z)g(z) + f(z)g'(z),$$

$$\left(\frac{f(z)}{g(z)}\right)' = \frac{g(z)f'(z) - f(z)g'(z)}{(g(z))^2}.$$

定理 2(复合求导法则) 设 $\zeta=g(z)$在点 z 可导,$w=f(\zeta)$在点 $\zeta=g(z)$可导,则复合函数 $w=f(g(z))$在点 z 可导,且

$$\frac{d}{dz}f(g(z)) = \left.\frac{df(\zeta)}{d\zeta}\right|_{\zeta=g(z)} \frac{dg(z)}{dz}.$$

定理 3 函数 $w=f(z)=u(x,y)+iv(x,y)$在点 $z=x+iy$ 可导的必要充分条件是 $u(x,y)$与 $v(x,y)$在点(x,y)可微,且在点(x,y)处满足

$$\frac{\partial u}{\partial x} = \frac{\partial v}{\partial y}, \frac{\partial u}{\partial y} = -\frac{\partial v}{\partial x}.$$

这个偏微分方程组称为**柯西-黎曼方程**. 当 $f(z)$可导时,有

$$f'(z) = \frac{\partial u}{\partial x} + i\frac{\partial v}{\partial x} = \frac{\partial v}{\partial y} + i\frac{\partial v}{\partial x} = \frac{\partial v}{\partial y} - i\frac{\partial u}{\partial y} = \frac{\partial u}{\partial x} - i\frac{\partial u}{\partial y}.$$

定义 2 设 D 是复平面上的区域. 如果 $w=f(z)$在 D 的每个点处可导,则称 $f(z)$在 D 内是**全纯的**,也称**解析的**或**正则的**. 在整个复平面上全纯的函数,称为**整函数**.

设 E 是复平面上的一个非空点集(可以仅含一点),如果存在包含 E 的开集 G,使 $w=f(z)$在 G 的每个点处可导,则称 $f(z)$在 E 上是**全纯的**或**解析的**.

定理 4 函数 $w=f(z)=u(x,y)+iv(x,y)$在区域 D 内为全纯的必要充分条件是:$u(x,y)$与 $v(x,y)$在 D 内可微且满足柯西-黎曼方程

$$\frac{\partial u}{\partial x} = \frac{\partial v}{\partial y}, \frac{\partial u}{\partial y} = -\frac{\partial v}{\partial x}.$$

如果用指数形式 $z=re^{i\theta}$,则柯西-黎曼方程化为

$$\frac{\partial u}{\partial r} = \frac{1}{r}\frac{\partial v}{\partial \theta}, \frac{\partial v}{\partial r} = -\frac{1}{r}\frac{\partial u}{\partial \theta}(r \neq 0).$$

且当 $f(z)$可导时,有

$$f'(z) = \frac{r}{z}\left(\frac{\partial u}{\partial r} + i\frac{\partial v}{\partial r}\right).$$

7.3.2 共轭调和函数

定理 5 区域 D 内的全纯函数 $w=f(z)$的实部和虚部都是 D 内的调和函数.

定义 3 设 $u(x,y)$,$v(x,y)$都是区域 D 内的调和函数,且在 D 内满足柯西-黎曼方程,则称 v 为 u 的**共轭调和函数**.

由定理 4 与定理 3,全纯函数的虚部是其实部的共轭调和函数.

例 1 求全纯函数 $w=f(z)$,使得

$$\mathrm{Re}f(z) = (x-y)(x^2+4xy+y^2).$$

由

$$\frac{\partial v}{\partial y}=\frac{\partial u}{\partial x}=3x^2+6xy-3y^2,$$

得

$$v=3x^2y+3xy^2-y^3+C(x).$$

又由$\frac{\partial v}{\partial x}=-\frac{\partial u}{\partial y}$,得 $C'(x)=-3x^2$,从而 $C(x)=-x^3+C$,其中 C 是任意实数.于是

$$\begin{aligned}w=f(z)&=(x-y)(x^2+4xy+y^2)\\&\quad-i(x^3-3x^2y-3xy^2+y^3)+iC\\&=(1-i)z^3+iC\quad(C\text{ 是任意实常数}).\end{aligned}$$

7.3.3 单叶函数及其反函数

定义 4 设 $w=f(z)$是区域 D 内的全纯函数,且当 $z_1,z_2\in D,z_1\neq z_2$ 时必有 $f(z_1)\neq f(z_2)$,则称 $f(z)$为**单叶全纯函数**,简称**单叶函数**.此时对每个 $w\in f(D)$,存在 $z=g(w)\in D$,满足 $w=f(z)$.称 $z=g(w)$为 $w=f(z)$的**反函数**.习惯上反函数的自变量、应变量仍分别用 z,w 表示,即也称 $w=g(z)$为 $w=f(z)$的反函数.

定理 6 设 $w=f(z)$在区域 D 内全纯,$z_0\in D,f'(z_0)\neq0$,则 $w=f(z)$在点 z_0 的一个邻域内是单叶的.

定理 7 设 $w=f(z)$在区域 D 内单叶全纯,则

$$f'(z)\neq0(z\in D),$$

其反函数 $z=g(w)$在 w 平面的区域 $f(D)$内全纯,且

$$g'(w)=\frac{1}{f'(z)}\quad(w\in f(D),z=g(w)).$$

7.3.4 多值函数 黎曼面

设 $w=f(z)$是区域 D 内的全纯函数.对每个 $w\in f(D)$,令 D 内满足 $w=f(z)$的所有 z 与之对应,一般得到**多值反函数**.

例 2 $w=z^n(n\in\mathbf{N},n\geqslant2)$的反函数.

对每个复数 $w\neq0$,存在 n 个 z:

$$z_k=z_k(w)=\sqrt[n]{|w|}\left(\cos\frac{\arg w+2(k-1)\pi}{n}+i\sin\frac{\arg w+2(k-1)\pi}{n}\right)$$
$$(k=1,2,\cdots,n),$$

使得 $z_k^n=w$.于是,$w=z^n$ 的反函数 $z=\sqrt[n]{w}$是多值的,$z_1,z_2,\cdots,z_n$ 位于以原点为中心的正 n 边形的顶点上.

从原点出发作 n 条射线

$$L_1:\arg z=\frac{\pi}{n},L_2:\arg z=\frac{3}{n}\pi,\cdots,L_n:\arg z=-\frac{\pi}{n},$$

把 z 平面分成 n 个张角为$\frac{2\pi}{n}$的角形域

$$D_1:-\frac{\pi}{n}<\arg z<\frac{\pi}{n},\quad D_2:\frac{\pi}{n}<\arg z<\frac{3\pi}{n},\cdots,$$

$$D_n:-\frac{3\pi}{n}<\arg z<-\frac{\pi}{n}$$

(如图 7.3-1 所示). 在每个 D_k 上,$w=z^n$ 是单叶的. $z=z_k(w)$ 建立了除去负实轴的 w 平面 $-\pi<\arg w<\pi$ 与 z 平面上的区域 D_k 之间的一个一一对应.

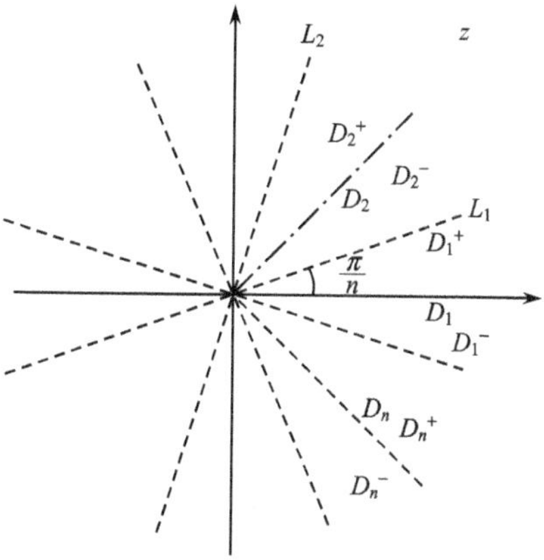

图 7.3-1

一般地说,对于在区域 D 内全纯的函数 $w=f(z)$,总可把 D 分为至多可数个区域 $D_1,D_2,\cdots$,使得它们两两不相交,D 的每个点或者是某个 D_k 的内点,或者是某两个 D_k,D_j 的公共边界点,而 $w=f(z)$在每个 D_k 内是单叶的. 这样的 $D_k(k=1,2,\cdots)$称为 $w=f(z)$的**单叶域**.

令 $G_k=f(D_k)$,对 $w\in G_k$,在 D_k 中有且只有一个 z,记为 $z=F_k(w)$,满足 $w=f(z)$. 函数 $z=F_k(w)$在 G_k 内是全纯的. 每个 $z=F_k(w)(k=1,2,\cdots)$都称为 $w=f(z)$的(多值)反函数 $z=F(w)$的**单值支**.

对于 $z=\sqrt[n]{w}$,当 w 平面上的点绕原点转一圈时,z 平面上相应地从 $w=z^n$ 的一个单值支连续变到另一个单值支. 这种围绕它转一圈就可使多值函数从一个单值支连续变到另一个单值支的点,称为所讨论的多值函数的**分支点**.

通过对多值函数 $z=\sqrt[n]{w}$的分析,可以得到所谓黎曼面的直观概念. 从原点出发引每个角域 D_k 的顶角的平分线 L_k,把 D_k 分为 D_k^+,D_k^- 两个角域(从 D_k^- 到 D_k^+ 是逆时针转向). w 平面的上半平面与下半平面轮流对应于

$$D_1^+,D_2^-,D_2^+,D_3^-,\cdots,D_n^-,D_n^+,D_1^-.$$

于是设想有 n 片上半平面 $G_1^+,G_2^+,\cdots,G_n^+$ 与 n 片下半平面 $G_1^-,G_2^-,\cdots,G_n^-$. 把 G_k^+ 与 G_k^- 沿负实轴粘合起来,它对应于 z 平面上的角域

$$D_k^+\cup L_k\cup D_{k+1}^-(k=1,2,\cdots,n;约定\ D_{n+1}^-=D_1^-),$$

再把 G_1^- 与 G_2^+,G_2^- 与 $G_3^+,\cdots,G_{n-1}^-$与 G_n^+,G_n^- 与 G_1^+ 沿正实轴粘合起来(这在三维空间中是无法实现的,只能加以想像,图 7.3-2 是这种粘合的示意图,其中虚线表示粘合). 这样粘合所得的曲面,记作 $\mathscr{R}$. 把 $w=z^n$ 看作从 z 平面 $\mathbf{C}$ 到 $\mathscr{R}$ 上的映射,它就是单叶的. 因而如果把 $\mathscr{R}$ 看作 $z=\sqrt[n]{w}$的定义域,它就成为单值函数. 这样的 $\mathscr{R}$ 称为多值

函数$\sqrt[n]{w}$的**黎曼面**.

黎曼面可以严格地定义为一维复解析流形(参看 14.6.1).

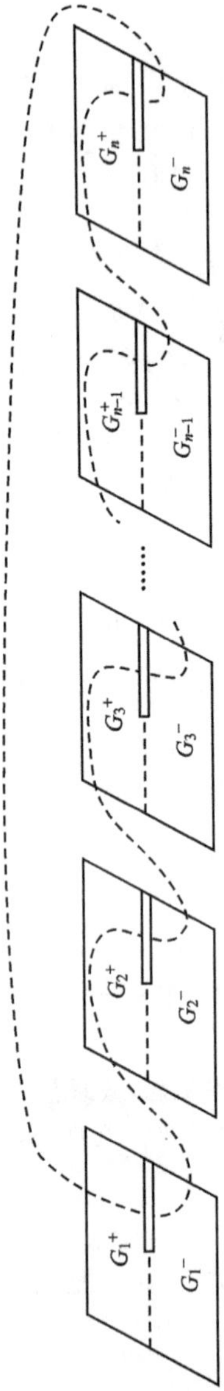

图 7.3-2

§7.4 初等复函数

7.4.1 有理函数

定义 1 设

$$a_0, a_1, \cdots, a_n \in \mathbf{C}, a_n \neq 0,$$

则

$$P(z) = a_0 + a_1 z + \cdots + a_n z^n (z \in \mathbf{C})$$

称为 n 次**复多项式**,简称**多项式**. 两多项式之比,称为**有理函数**.

定理 1 有理函数在除去分母为零的点的全平面上是全纯的. 特别地,多项式在全平面上是全纯的.

对于

$$P(z) = a_0 + a_1 z + \cdots + a_n z^n,$$

有

$$P'(z) = a_1 + 2a_2 z + \cdots + na_n z^{n-1}.$$

对于

$$R(z) = \frac{P(z)}{Q(z)},$$

有

$$R'(z) = \frac{P'(z)Q(z) - P(z)Q'(z)}{(Q(z))^2}.$$

7.4.2 指数函数

定义 2 对 $z = x + iy$,令

$$e^z = e^x(\cos y + i\sin y),$$

称为**指数函数**. 也常把 e^z 记为 $\exp z$.

定理 2 指数函数具有下列性质:

(1) e^z 是整函数,$(e^z)' = e^z$.

(2) $e^{z_1 + z_2} = e^{z_1} e^{z_2}$.

(3) $|e^z| = e^x$, $\mathrm{Arg} e^z = y + 2n\pi (n \in \mathbf{Z})$.

(4) $e^{z + 2n\pi i} = e^z$,即 e^z 是以 $2\pi i$ 为基本周期的周期函数.

定义 3 不是多项式的整函数，称为**超越整函数**.

指数函数是超越整函数.

7.4.3 三角函数 双曲函数

定义 4 复变量 z 的**余弦函数**与**正弦函数**分别定义为

$$\cos z = \frac{1}{2}(e^{iz} + e^{-iz}), \sin z = \frac{1}{2i}(e^{iz} - e^{-iz}).$$

定理 3 正弦与余弦函数具有下列性质：

(1) 它们是超越整函数，$(\sin z)' = \cos z$，$(\cos z)' = -\sin z$.

(2) $\cos(z_1 \pm z_2) = \cos z_1 \cos z_2 \mp \sin z_1 \sin z_2$，

$\sin(z_1 \pm z_2) = \sin z_1 \cos z_2 \pm \cos z_1 \sin z_2$；

特别地，$\cos^2 z + \sin^2 z = 1$.

(3) 它们是以 2π 为基本周期的周期函数.

(4) 关于实变量正弦与余弦函数的各种恒等式，在复变量情形全都成立.

定义 5 复变量 z 的**正切函数**、**余切函数**、**正割函数**、**余割函数**分别定义为

$$\tan z = \frac{\sin z}{\cos z}, \cot z = \frac{\cos z}{\sin z}, \sec z = \frac{1}{\cos z}, \csc z = \frac{1}{\sin z}.$$

$\tan z$ 也记为 $\mathrm{tg} z$，$\cot z$ 也记为 $\mathrm{ctg} z$. 定义 4 与定义 5 中的六个函数，统称**三角函数**.

实变量三角函数的各种恒等式，在复变量情形全都成立. 复变量三角函数的导数，也与实变量情形具有相同的形式，只须把 §6.2.1 中有关公式中的实变量 x 换成复变量 z 即可.

定义 6 复变量 z 的**双曲正弦**、**双曲余弦**、**双曲正切**、**双曲余切**、**双曲正割**、**双曲余割**分别定义为

$$\mathrm{sh} z = \frac{1}{2}(e^{z} - e^{-z}), \mathrm{ch} z = \frac{1}{2}(e^{z} + e^{-z});$$

$$\mathrm{th} z = \frac{\mathrm{sh} z}{\mathrm{ch} z}, \mathrm{cth} z = \frac{\mathrm{ch} z}{\mathrm{sh} z}, \mathrm{sech} z = \frac{1}{\mathrm{ch} z}, \mathrm{csch} z = \frac{1}{\mathrm{sh} z}.$$

实变量双曲函数的各种恒等式，在复变量情形全都成立. 复变量双曲函数的导数，也与实变量情形具有相同的形式.

7.4.4 对数函数 幂函数

定义 7 指数函数的反函数，称为**对数函数**；即对 $z \neq 0$，令满足 $e^w = z$ 的 w 与之对应，则 w 是 z 的对数函数，记作 $w = \mathrm{Ln} z$ 或 $w = \mathrm{Log} z$.

定理 4 对数函数具有下列性质：

(1) 多值性，即有

$$\mathrm{Ln} z = \ln|z| + i\mathrm{Arg} z = \ln|z| + i(\arg z + 2n\pi)$$
$$(n = 0, \pm 1, \pm 2, \cdots).$$

因此 $\mathrm{Re}(\mathrm{Ln}z)=\ln|z|$,$\mathrm{Im}(\mathrm{Ln}z)=\mathrm{Arg}z$.

(2) $\mathrm{Ln}(z_1z_2)=\mathrm{Ln}z_1+\mathrm{Ln}z_2$,$\mathrm{Ln}\dfrac{z_1}{z_2}=\mathrm{Ln}z_1-\mathrm{Ln}z_2$.

这两个等式应理解为等式左右两个复数集相等.

定义 8 虚部取辐角主值的对数函数,称为对数函数的**主值**,记作 $\ln z$,即

$$\ln z=\ln|z|+i\arg z.$$

定理 5 对数函数的主值在除去负实轴的复平面上是全纯的,且

$$(\ln z)'=\frac{1}{z}.$$

定义 9 设 a,b 是复数,$a\neq0$,则定义

$$a^b=e^{b\mathrm{Ln}a}.$$

特别地,当 $b=\dfrac{m}{n}$ 是有理数(设 $n>1$)时,有 $a^{\frac{m}{n}}=\sqrt[n]{a^m}$.

7.4.5 反三角函数

定义 10 正弦、余弦、正切、余切、正割、余割函数的反函数,分别称为**反正弦函数**、**反余弦函数**、**反正切函数**、**反余切函数**、**反正割函数**、**反余割函数**,记作 $\mathrm{Arc}\sin z$,$\mathrm{Arccos}z$,$\mathrm{Arctan}z$,$\mathrm{Arccot}z$,$\mathrm{Arc}\sec z$,$\mathrm{Arc}\csc z$. 这些函数统称**反三角函数**,它们都是多值函数,且有

$$\mathrm{Arccos}z=\frac{1}{i}\mathrm{Ln}(z+\sqrt{z^2-1}).$$

$$\mathrm{Arc}\sin z=\frac{1}{i}\mathrm{Ln}(iz+\sqrt{1-z^2}).$$

$$\mathrm{Arctan}z=\frac{1}{2i}\mathrm{Ln}\frac{1+iz}{1-iz}.$$

7.4.6 初等复函数

定义 11 设 n 是自然数,$P_0(z)$,$P_1(z)$,$\cdots$,$P_n(z)$是多项式,则由

$$P_0(z)+P_1(z)w+\cdots+P_n(z)w^n=0$$

确定的函数 $w=w(z)$,称为**代数函数**. 由代数函数、指数函数、对数函数经过有限次四则运算与复合步骤所得到的函数,统称**初等复函数**,简称初等函数. 不是代数函数的初等函数,称为**初等超越函数**.

§7.5 复积分 柯西积分定理与柯西积分公式

7.5.1 复积分的定义与简单性质

定义 1 设 C:$z=z(t)(\alpha\leqslant t\leqslant\beta)$是可求长曲线,$w=f(z)$是定义在 C 上的函数.

作区间$[\alpha,\beta]$的划分

$$P: \alpha = t_0 < t_1 < \cdots < t_{n-1} < t_n = \beta,$$

任取

$$\tau_k \in [t_{k-1}, t_k] (k = 1, 2, \cdots, n).$$

如果当

$$\lambda(P) = \max_{1 \leqslant k \leqslant n} (t_k - t_{k-1})$$

趋于零时，和式

$$\sum_{k=1}^{n} f(z(\tau_k))(z(t_k) - z(t_{k-1}))$$

有极限I，即对每个$\varepsilon > 0$，存在$\delta > 0$，使对$[\alpha,\beta]$的任何划分P以及τ_k在$[t_{k-1}, t_k]$ $(k=1,2,\cdots,n)$上的任意取法，只要$\lambda(P) < \delta$，就有

$$\left| \sum_{k=1}^{n} f(z(\tau_k))(z(t_k) - z(t_{k-1})) - I \right| < \varepsilon,$$

则称I为函数$f(z)$沿曲线C的**积分**，记作$\int_C f(z) dz$.

定理 1 设$C: z = z(t) (\alpha \leqslant t \leqslant \beta)$是分段光滑曲线，

$$f(z) = u(x, y) + iv(x, y)$$

在C上连续，则$f(z)$沿C的积分存在，且有

(1) $$\int_C f(z) dz = \int_C u(x,y) dx - v(x,y) dy + i \int_C v(x,y) dx + u(x,y) dy.$$

右边的两个积分是沿曲线C的对坐标的曲线积分.

(2) $$\int_C f(z) dz = \int_\alpha^\beta f(z(t)) z'(t) dt.$$

右边的积分是实变量的复值函数的定积分，其定义为

$$\int_\alpha^\beta (\varphi(t) + i\psi(t)) dt = \int_\alpha^\beta \varphi(t) dt + i \int_\alpha^\beta \psi(t) dt.$$

例 1 $\int_C dz = z(\beta) - z(\alpha)$.

例 2 设C是以a为圆心、以r为半径的逆时针向圆周

$$z = a + re^{it} (-\pi < t \leqslant \pi),$$

则

$$\int_C \frac{dz}{z-a} = \frac{1}{2\pi i}.$$

定理 2 复积分具有下列性质：

(1) $\int_C (af(z) + bg(z)) dz = a \int_C f(z) dz + b \int_C g(z) dz, a, b \in \mathbf{C}.$

(2) $\int_{C^-} f(z)dz = -\int_C f(z)dz$，其中 C^- 是 C 的反向曲线.

(3) 如果 C 分成 C_1, C_2 两段，则

$$\int_C f(z)dz = \int_{C_1} f(z)dz + \int_{C_2} f(z)dz.$$

(4) 以 $l(C)$ 表示曲线 C 的长度，有

$$\left|\int_C f(z)dz\right| \leqslant \int_C |f(z)|\, ds = \int_C |f(z)||dz| \leqslant (\max_{z\in C}|f(z)|)l(C).$$

中间的积分是对弧长的曲线积分.

定理 3 设 $\{f_n(z)\}_{n=1}^{\infty}$ 在 C 上一致收敛于 $f(z)$，则

$$\lim_{n\to\infty}\int_C f_n(z)dz = \int_C f(z)dz.$$

7.5.2 柯西积分定理

定理 4(柯西积分定理) 设 D 是复平面上的单连通域，$f(z)$ 是 D 内的全纯函数，则对 D 内任一可求长闭曲线 C，有

$$\int_C f(z)dz = 0.$$

于是，对 D 内具有相同起点与相同终点的两条可求长曲线 C_1, C_2，有

$$\int_{C_1} f(z)dz = \int_{C_2} f(z)dz.$$

定理 5 设 D 是复平面上的单连通域，$f(z)$ 是 D 内的全纯函数，取定 $z_0\in D$，则

$$G(z) = \int_{z_0}^{z} f(z)dz$$

(积分路径是 D 中任一从 z_0 到 z 的曲线)是 D 内的单值全纯函数，且有

$$G'(z) = f(z).$$

满足 $F'(z)=f(z)$ 的函数 $F(z)$，称为 $f(z)$ 的**原函数**. 设 $F(z)$ 是 $f(z)$ 的任一原函数，则在 D 内有

$$\int_{z_0}^{z} f(z)dz = F(z) - F(z_0).$$

下面的定理 6 是柯西积分定理的逆定理.

定理 6(莫雷拉) 设 $f(z)$ 在单连通域 D 内连续，且对 D 内任一简单闭曲线 C 有 $\int_C f(z)dz = 0$，则 $f(z)$ 在 D 内是全纯的.

定理 7(复合闭路的柯西积分定理) 设 D 是复平面上的区域，$f(z)$ 是 D 内的全纯函数，$C_0, C_1, C_2, \cdots, C_n$ 是位于 D 内的可求长简单闭曲线，满足：1° $C_1, C_2, \cdots, C_n$ 位

于 C_0 的内部；2° 当 $k\neq j(k,j=1,2,\cdots,n)$ 时，C_k 位于 C_j 的外部；3° 由 $C_0,C_1,C_2,\cdots,C_n$ 围成的复连通域 G 包含于 D 内(见图 7.5-1). 记 G 的正向边界为 C，即复合闭路 $C=C_0^+ +C_1^- +\cdots+C_n^-$ (其中 C_0^+ 表示取 C_0 正向，$C_1^-,\cdots,C_n^-$ 表示分别取 $C_1,\cdots,C_n$ 负向)，则

$$\int_C f(z)dz = 0.$$

上式等价于

$$\int_{C_0} f(z)dz = \int_{C_1} f(z)dz + \int_{C_2} f(z)dz + \cdots + \int_{C_n} f(z)dz,$$

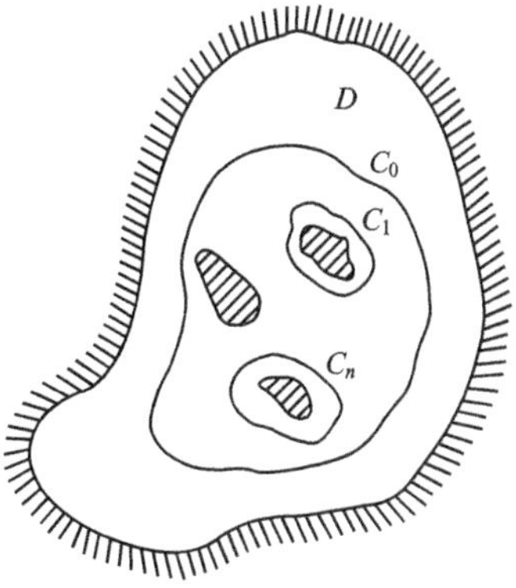

图 7.5-1

其中 $C_0,C_1,\cdots,C_n$ 都取正向一周.

定理 8(较强形式的柯西积分定理) 设 C 是可求长的简单闭曲线，D 是 C 所围的内部区域，$f(z)$ 在闭区域 $\overline{D}$ 上连续，在 D 内全纯，则

$$\int_C f(z)dz = 0.$$

7.5.3 柯西积分公式

定理 9(柯西积分公式) 设 D 是复平面上的区域，$f(z)$ 在 D 内全纯，C 是本身及其内部 G 都包含于 D 内的可求长简单闭曲线，则对 $z\in G$，有

$$f(z) = \frac{1}{2\pi i}\int_C \frac{f(\zeta)}{\zeta - z}d\zeta.$$

其中积分沿 C 的正向一周.

柯西积分公式对复合闭路 C 也成立，其条件与定理 7 相同.

这个公式的意义在于：f 在 C 内部任一点的值，可由 f 在 C 上的值来表示；即全纯函数在区域边界上的值决定了它在区域内部的值.

定理 10 设 $f(z)$ 在区域 D 内全纯，$z\in D$，$\{\zeta:|\zeta-z|\leqslant r\}\subset D$，则

$$f(z) = \frac{1}{2\pi}\int_0^{2\pi} f(z+re^{i\theta})d\theta.$$

这表明全纯函数在 D 内任一点的值等于它沿以 z 为圆心的圆周 $|\zeta-z|=r$ 上的积分平均值.

定理 11(最大模原理) 设 $f(z)$ 在区域 D 内全纯，且不恒等于常数，则 $|f(z)|$ 不可能在 D 的内点达到极大值. 如果 $f(z)$ 还在 $\overline{D}$ 上连续，则 $|f(z)|$ 在 $\overline{D}$ 上的最大值在 D 的边界上达到.

定理 12(施瓦茨引理) 设 $f(z)$ 在 $|z|<R$ 内全纯，且满足 $|f(z)|\leqslant M$，$f(0)=0$，

则对$|z|<R$,有

$$|f(z)|\leqslant\frac{M}{R}|z|.$$

等号只当$f(z)=e^{i\theta}\frac{M}{R}z(\theta\in\mathbf{R})$时达到.

定理 13 在区域D内全纯的函数具有任何阶导数,且各阶导数也在D内全纯.事实上,在与定理 9 相同的假定下,有

$$f^{(n)}(z)=\frac{n!}{2\pi i}\int_C\frac{f(\zeta)}{(\zeta-z)^{n+1}}d\zeta\quad(n=1,2,\cdots).$$

本节的定理显示了全纯函数的种种特殊性态.

7.5.4 柯西型积分

设C是可求长曲线,$f(\zeta)$在C上连续,$z\notin C$,则形如$\frac{1}{2\pi i}\int_C\frac{f(\zeta)}{\zeta-z}d\zeta$的积分,称为**柯西型积分**.

定理 14 设区域D与C不相交,则柯西型积分

$$F(z)=\frac{1}{2\pi i}\int_C\frac{f(\zeta)}{\zeta-z}d\zeta\quad(z\in D)$$

确定了一个在D内全纯的函数,且

$$F^{(n)}(z)=\frac{n!}{2\pi i}\int_C\frac{f(\zeta)}{(\zeta-z)^{n+1}}d\zeta\quad(n=1,2,\cdots).$$

§7.6 全纯函数的级数表示

7.6.1 复幂级数

设$a_n(n=0,1,2,\cdots)$是复数,则形如$\sum_{n=0}^{\infty}a_n(z-z_0)^n$(其中$z,z_0\in\mathbf{C}$)的级数,称为**复幂级数**,简称幂级数.一般只讨论$z_0=0$的情形,$z_0\neq 0$情形下的结论可以相应地得到.

定理 1(阿贝尔) 如果幂级数$\sum_{n=0}^{\infty}a_nz^n$在点$z_0$收敛,则对任何满足$|z|<|z_0|$的$z$,所给幂级数必绝对收敛;如果它在$z_0$发散,则对满足$|z|>|z_0|$的$z$,所给级数必发散.

定理 2 对给定的幂级数$\sum_{n=0}^{\infty}a_nz^n$,下列三种情形有且只有一种出现:

(1) 所给幂级数只在$z=0$处收敛.

(2) 所给幂级数对任何复数z收敛.

(3) 存在正数 R,使所给幂级数当 $|z|<R$ 时收敛,当 $|z|>R$ 时发散.

情形(3) 中的 R,称为幂级数的**收敛半径**,$|z|<R$ 称为**收敛圆盘**.对情形(1),令 $R=0$;对情形(2),令 $R=+\infty$.

定理 3(柯西-阿达玛公式) 幂级数 $\sum_{n=0}^{\infty}a_nz^n$ 的收敛半径为

$$R=1\Big/\overline{\lim_{n\to\infty}}\sqrt[n]{|a_n|}.$$

定理 4 设幂级数 $\sum_{n=0}^{\infty}a_nz^n$ 的收敛半径 $R>0$,则它在收敛圆盘中是内闭一致收敛的,其和函数 $f(z)=\sum_{n=0}^{\infty}a_nz^n$ 在收敛圆盘内是全纯的,且可逐项求导与逐项积分:

$$f^{(k)}(z)=\sum_{n=k}^{\infty}\frac{d^k}{dz^k}(a_nz^n)=\sum_{n=k}^{\infty}n(n-1)\cdots(n-k+1)a_nz^{n-k}$$

$$(k=1,2,\cdots);$$

$$\int_0^z f(\zeta)d\zeta=\sum_{n=0}^{\infty}\int_0^z a_n\zeta^n d\zeta=\sum_{n=0}^{\infty}\frac{a_n}{n+1}z^{n+1}.$$

定理 5(阿贝尔连续性定理) 设幂级数 $f(z)=\sum_{n=0}^{\infty}a_nz^n$ 的收敛半径 $R>0$,且在收敛圆盘边界上的点 z_0(即 $|z_0|=R$)收敛,则对收敛圆盘内任何以 z_0 为顶点、以 Oz_0 为对称轴、开度为 $2\theta<\pi$ 的角域 D_θ,有

$$\lim_{\substack{z\to z_0\\ z\in D_\theta}}f(z)=f(z_0)=\sum_{n=0}^{\infty}a_nz_0^n.$$

7.6.2 泰勒展开式

定理 6 设 $f(z)$在$|z-z_0|<R$ 内全纯,则当$|z-z_0|<R$ 时,有

$$f(z)=\sum_{n=0}^{\infty}a_n(z-z_0)^n,$$

$$a_n=\frac{f^{(n)}(z_0)}{n!}(n=0,1,2,\cdots).$$

这称为 $f(z)$的**泰勒展开式**. $f(z)$的泰勒展开式是唯一的,其系数也可表示为

$$a_n=\frac{1}{2\pi i}\int_{|z-z_0|=r}\frac{f(z)}{(z-z_0)^{n+1}}dz\quad(n=0,1,2,\cdots),$$

其中 $0<r<R$,积分沿圆周正向一周.

$z_0=0$ 时的泰勒展开式,常称为**麦克劳林展开式**.

由这一定理得到,如果 $f(z)$是整函数,则

$$f(z)=\sum_{n=0}^{\infty}a_n z^n=\sum_{n=0}^{\infty}\frac{f^{(n)}(0)}{n!}z^n \quad (z\in \mathbf{C}).$$

定理 7 设 $f(z)$在区域D内全纯,$z_0\in D$,R是z_0到D的边界的距离,则$f(z)$在$|z-z_0|<R$内可展开为幂级数.

可以展开为幂级数的函数,称为**解析函数**.基于定理 7,全纯函数也常称为解析函数.

下面的定理显示了全纯函数的另一些特殊性态.

定理 8(唯一性定理) 设 $f(z)$,$g(z)$在区域D内全纯,$\{z_n\}_{n=1}^{\infty}$是D内互不相同的点构成的序列,且在D内有极限点,则由$f(z_n)=g(z_n)(n=1,2,\cdots)$可得到$f(z)\equiv g(z)(z\in D)$.

定理 9(柯西不等式) 设 $f(z)=\sum\limits_{n=0}^{\infty}a_n z^n$ 在 $|z|<R$ 内全纯,则对 $0<r<R$,有

$$|a_n|\leqslant\frac{1}{r^n}(\max_{|z|=r}|f(z)|) \quad (n=0,1,2,\cdots).$$

定理 10(刘维尔) 有界整函数恒等于某个常数.

7.6.3 常用的泰勒展开式

1. $$e^z=1+\frac{z}{1!}+\frac{z^2}{2!}+\cdots+\frac{z^n}{n!}+\cdots=\sum_{n=0}^{\infty}\frac{z^n}{n!} \quad (z\in \mathbf{C}).$$

也常用这一展开式作为指数函数e^z的定义.它与§7.4的定义2是等价的.用这一定义及幂级数的性质,可证明§7.4定理2中的(1),(2),从而可得到$e^{x+iy}=e^x(\cos y+i\sin y)$.

对实变量x,有

$$e^{ix}=\left(\sum_{n=0}^{\infty}\frac{(-1)^n}{(2n)!}x^{2n}\right)+i\left(\sum_{n=0}^{\infty}\frac{(-1)^n}{(2n+1)!}x^{2n+1}\right),$$

即

$$e^{ix}=\cos x+i\sin x,$$

称为**欧拉公式**.

2. $$\begin{aligned}\sin z&=z-\frac{z^3}{3!}+\frac{z^5}{5!}-\cdots+\frac{(-1)^n}{(2n+1)!}z^{2n+1}+\cdots\\&=\sum_{n=0}^{\infty}\frac{(-1)^n}{(2n+1)!}z^{2n+1} \quad (z\in \mathbf{C}),\\ \cos z&=1-\frac{z^2}{2!}+\frac{z^4}{4!}-\cdots+\frac{(-1)^n}{(2n)!}z^{2n}+\cdots\\&=\sum_{n=0}^{\infty}\frac{(-1)^n}{(2n)!}z^{2n} \quad (z\in \mathbf{C}).\end{aligned}$$

3. $$\ln(1+z)=z-\frac{z^2}{2}+\frac{z^3}{3}-\cdots+\frac{(-1)^{n-1}}{n}z^n+\cdots$$
$$=\sum_{n=1}^{\infty}\frac{(-1)^{n-1}}{n}z^n\quad(|z|<1).$$

4. $$(1+z)^{\alpha}=1+\alpha z+\frac{\alpha(\alpha-1)}{2!}z^2+\cdots$$
$$+\frac{\alpha(\alpha-1)\cdots(\alpha-n+1)}{n!}z^n+\cdots$$
$$=1+\sum_{n=1}^{\infty}\frac{\alpha(\alpha-1)\cdots(\alpha-n+1)}{n!}z^n\quad(|z|<1).$$

这里$(1+z)^{\alpha}$理解为$|z|<1$中的单值函数$\exp(\alpha\ln(1+z))$.

5. $$\frac{z}{e^z-1}=1-\frac{z}{2}+\sum_{n=1}^{\infty}\frac{B_{2n}}{(2n)!}z^{2n}\quad(|z|<2\pi).$$

B_{2n}是**伯努利数**.其定义为:$B_0=1$,

$$B_n=(-1)^n n!\begin{vmatrix}\frac{1}{2!} & 1 & 0 & \cdots 0\\ \frac{1}{3!} & \frac{1}{2!} & 1 & \cdots 0\\ \frac{1}{4!} & \frac{1}{3!} & \frac{1}{2!} & \cdots 0\\ \cdots & \cdots & \cdots & \cdots\\ \frac{1}{(n+1)!} & \frac{1}{n!} & \frac{1}{(n-1)!} & \cdots\frac{1}{2!}\end{vmatrix}\ (n=1,2,\cdots).$$

伯努利数可从下列递推公式来计算:

$$B_0\binom{n+1}{0}+B_1\binom{n+1}{1}+\cdots+B_n\binom{n+1}{n}=0.$$

具有大于1的奇数下标的伯努利数等于零:

$$B_{2k+1}=0\quad(k=1,2,\cdots).$$

前几个非零伯努利数是

$$B_0=1,B_1=-\frac{1}{2},B_2=\frac{1}{6},B_4=-\frac{1}{30},B_6=\frac{1}{42}.$$

6. $$\tan z=\sum_{n=1}^{\infty}(-1)^{n-1}\frac{2^{2n}(2^{2n}-1)B_{2n}}{(2n)!}z^{2n-1}\quad\left(|z|<\frac{\pi}{2}\right),$$
$$z\cot z=1+\sum_{n=1}^{\infty}(-1)^n\frac{2^{2n}B_{2n}}{(2n)!}z^{2n}\quad(|z|<\pi).$$

7. $$\sec z=\sum_{n=0}^{\infty}(-1)^n\frac{E_{2n}}{(2n)!}z^{2n}\quad\left(|z|<\frac{\pi}{2}\right).$$

E_{2n}是**欧拉数**,它由下列递推关系确定:

$$E_0 = 1,$$

$$E_0 + \binom{2n}{2} E_2 + \binom{2n}{4} E_4 + \cdots + \binom{2n}{2n-2} E_{2n-2} + E_{2n} = 0.$$

7.6.4 洛朗展开式

定理 11 设 $f(z)$在圆环 $D: r<|z-z_0|<R$ 内全纯，则对 D 内的 z，有

$$f(z) = \sum_{n=-\infty}^{\infty} a_n (z-z_0)^n,$$

其中

$$a_n = \frac{1}{2\pi i}\int_{|\zeta-z_0|=\rho} \frac{f(\zeta)}{(\zeta-z_0)^{n+1}} d\zeta \quad (n = 0, \pm 1, \pm 2, \cdots),$$

$r<\rho<R$；积分沿逆时针向.

形如 $\sum\limits_{n=-\infty}^{\infty} a_n (z-z_0)^n$ 的级数，称为**洛朗级数**. 上述定理表明，在圆环内全纯的函数可以展开为洛朗级数. 洛朗展开式中的 $\sum\limits_{n=0}^{\infty} a_n (z-z_0)^n$ 在 $|z-z_0|<R$ 内是全纯的，称为**全纯部分**或**正则部分**；

$$\sum_{n=-\infty}^{-1} a_n (z-z_0)^n = \sum_{n=1}^{\infty} \frac{a_{-n}}{(z-z_0)^n}$$

在 $|z-z_0|>r$ 内是全纯的，称为**主要部分**或**奇异部分**.

实际求全纯函数的泰勒展开式或洛朗展开式时，通常都用间接方法，即利用已知的展开式通过四则或分析运算求出待求的展开式.

例 1 求 $\frac{1}{z^2}$ 在 $z=2$ 处的泰勒展开式.

$$\frac{1}{z^2} = -\left(\frac{1}{z}\right)' = -\left(\frac{1}{2+(z-2)}\right)' = -\frac{1}{2}\left(\frac{1}{1+\frac{z-2}{2}}\right)'$$

$$= -\frac{1}{2}\left(\sum_{n=0}^{\infty}\left(-\frac{z-2}{2}\right)^n\right)'$$

$$= \sum_{n=0}^{\infty} \frac{(-1)^n (n+1)}{2^{n+2}} (z-2)^n \quad (|z-2|<2).$$

例 2 求 $\arctan z$ 的麦克劳林展开式.

由 $(\arctan z)' = \frac{1}{1+z^2} = \sum\limits_{n=0}^{\infty} (-1)^n z^{2n}$，

得

$$\arctan z = \int_0^z \frac{dz}{1+z^2} = \sum_{n=0}^{\infty} \frac{(-1)^n}{2n+1} z^{2n+1} \quad (|z|<1).$$

例 3 求$\frac{1}{(z-1)(z-3)}$在 $0<|z-1|<2$ 与$|z-1|>2$ 内的洛朗展开式.

$$\frac{1}{(z-1)(z-3)}=\frac{1}{2}\left(\frac{1}{z-3}-\frac{1}{z-1}\right)$$

$$=\frac{1}{2}\left(\frac{1}{-2+(z-1)}-\frac{1}{z-1}\right)=\frac{1}{2}\left(-\frac{1}{2}\frac{1}{1-\frac{z-1}{2}}-\frac{1}{z-1}\right)$$

$$=-\frac{1}{2}\frac{1}{z-1}-\sum_{n=0}^{\infty}\frac{1}{2^{n+2}}(z-1)^n \quad (0<|z-1|<2),$$

$$\frac{1}{(z-1)(z-3)}=\frac{1}{2}\left(\frac{1}{(z-1)\left(1-\frac{2}{z-1}\right)}-\frac{1}{z-1}\right)$$

$$=\frac{1}{2}\left(\left(\frac{1}{z-1}\right)\sum_{n=0}^{\infty}\frac{2^n}{(z-1)^n}-\frac{1}{z-1}\right)$$

$$=\sum_{n=1}^{\infty}\frac{2^{n-1}}{(z-1)^{n+1}} \quad (|z-1|>2).$$

§7.7 孤立奇点与留数

7.7.1 孤立奇点及其分类

定义 1 设 $f(z)$在点 z_0 不全纯,但在 z_0 的一个去心邻域 $0<|z-z_0|<r$ 内全纯,则称 z_0 为 $f(z)$的一个**孤立奇点**.

设 z_0 是 $f(z)$的孤立奇点,则由§7.6 定理 11,$f(z)$在 $0<|z-z_0|<r$ 内有洛朗展开式

$$f(z)=\sum_{n=-\infty}^{+\infty}a_n(z-z_0)^n.$$

于是可能出现下列三种情形之一:

(1) 对一切 $n=-1,-2,\cdots$有 $a_n=0$,即

$$f(z)=\sum_{n=0}^{\infty}a_n(z-z_0)^n \quad (0<|z-z_0|<r).$$

此时令

$$\tilde{f}(z)=\sum_{n=0}^{\infty}a_n(z-z_0)^n,$$

则 $\tilde{f}(z)$在$|z-z_0|<r$ 内全纯,且在 $0<|z-z_0|<r$ 内等于 $f(z)$. 这样的 z_0 称为**可去奇点**.

(2) 只有有限个负下标 n 对应 $a_n \neq 0$，即有

$$f(z)=\frac{a_{-m}}{(z-z_0)^m}+\cdots+\frac{a_{-1}}{z-z_0}+\sum_{n=0}^{\infty}a_n(z-z_0)^n$$
$$(0<|z-z_0|<r),$$

其中 $a_{-m}\neq 0$. 这样的 z_0 称为 $f(z)$的**极点**，m 称为极点的**阶**，于是 z_0 就是 m 阶极点.

(3) 有无穷多个负下标 n 对应 $a_n\neq 0$，即洛朗展开式中有无穷多个负幂项. 这样的 z_0 称为 $f(z)$的**本质奇点**.

例 1 $z=0$ 是$\frac{e^z-1}{z}$的可去奇点，是$\frac{e^z-1}{z^4}$的 3 阶极点.

例 2 $z=0$ 是 $e^{\frac{1}{z}}, \sin\frac{1}{z}, \cos\frac{1}{z}$的本质奇点.

定理 1 z_0 是 $f(z)$的可去奇点、极点、本质奇点的必要充分条件分别为：$f(z)$在 z_0 的一个去心邻域内有界或等价地，$\lim\limits_{z\to z_0}f(z)$存在；$\lim\limits_{z\to z_0}f(z)=\infty$；当 $z\to z_0$ 时 $f(z)$没有极限(包括不趋向∞的情形).

如果 $f(z)(\not\equiv 0)$在 z_0 的一个邻域内全纯，且 $f(z_0)=0$，则称 z_0 为 $f(z)$的**零点**. 由唯一性定理(§7.6 定理 8)，存在 z_0 的一个邻域，使 $f(z)$在该邻域内除 z_0 外没有其他零点；也就是说，不恒等于零的全纯函数的零点总是孤立的. 此时在 z_0 的一个邻域内，有

$$f(z)=\sum_{k=m}^{\infty}a_k(z-z_0)^k=(z-z_0)^m\varphi(z),$$

其中 $a_m\neq 0$，从而 $\varphi(z)$在 z_0 的一个邻域内全纯，且 $\varphi(z_0)\neq 0$. m 称为零点 z_0 的**阶**.

定理 2 如果 z_0 是 $f(z)$的 n 阶零点(或极点)，则它是$\frac{1}{f(z)}$的 n 阶极点(或零点).

判断零点阶数时，可用下述定理.

定理 3 z_0 是 $f(z)$的 n 阶零点的必要充分条件是

$$f(z_0)=f'(z_0)=\cdots=f^{(n-1)}(z_0)=0, f^{(n)}(z_0)\neq 0.$$

关于本质奇点，有下列两条著名定理.

定理 4(魏尔斯特拉斯定理) 设 z_0 是 $f(z)$的本质奇点，则对每个复数 a，存在趋向于 z_0 的点列$\{z_n\}_{n=1}^{\infty}$，使得$\lim\limits_{n\to\infty}f(z_n)=a$.

定理 5(皮卡大定理) 设 z_0 是 $f(z)$的本质奇点，则对任何有限复数 a，至多可能有一个复数例外，在 z_0 的邻域内存在无穷多个点 z，满足 $f(z)=a$.

7.7.2 解析函数在无穷远点的性态

设 $f(z)$在$|z|>r$ 内全纯，令 $\zeta=\frac{1}{z}$，则 $f^*(\zeta)=f\left(\frac{1}{\zeta}\right)$在 $0<|\zeta|<\frac{1}{r}$内全纯. 如果 $\zeta=0$ 是 $f^*(\zeta)$的可去奇点、m 阶极点或本质奇点，则分别称 $z=\infty$是 $f(z)$的可去

奇点、m 阶极点或本质奇点. 此时对 $|z|>r$, 分别有

$$f(z)=a_0+a_{-1}z^{-1}+a_{-2}z^{-2}+\cdots+a_{-n}z^{-n}+\cdots,$$

$$f(z)=a_m z^m+\cdots+a_1 z+a_0+a_{-1}z^{-1}+a_{-2}z^{-2}+\cdots+a_{-n}z^{-n}+\cdots,$$

$$f(z)=\sum_{n=-\infty}^{\infty}a_n z^n(\text{其中 } a_n \text{ 对无穷多个正下标不等于零}).$$

定理 6 无穷远点是 $f(z)$ 的可去奇点、极点或本质奇点的必要充分条件分别为: $f(z)$ 在无穷远点的一个邻域内有界或等价地, $\lim\limits_{z\to\infty}f(z)$ 存在; $\lim\limits_{z\to\infty}f(z)=\infty$; 当 $z\to\infty$ 时 $f(z)$ 没有极限(包括不趋向于∞的情形).

定理 7 整函数为多项式的必要充分条件为无穷远点是所给函数的极点(极点的阶数是多项式的次数); 整函数为超越整函数的必要充分条件为无穷远点是所给函数的本质奇点.

定理 8(皮卡小定理) 不恒等于常数的整函数能取到任一有限复数值, 至多有一个例外.

7.7.3 留数 留数定理

定义 2 设 z_0 是 $f(z)$ 的孤立奇点, 则 $f(z)$ 在 z_0 处的洛朗展开式中 $(z-z_0)^{-1}$ 项的系数, 称为 f 在点 z_0 处的**留数**或**残数**, 记作 $\mathrm{Res}(f;z_0)$.

例 3 $\mathrm{Res}\left(\dfrac{e^z-1}{z^4};0\right)=\dfrac{1}{3!}=\dfrac{1}{6}$.

$\mathrm{Res}\left(\sin\dfrac{1}{z};0\right)=1$.

可去奇点处的留数必等于零.

定理 9(留数定理) 设 $f(z)$ 在区域 D 内除有限个孤立奇点外是全纯的, C 是 D 内不通过 $f(z)$ 的孤立奇点的可求长简单闭曲线, $z_1,z_2,\cdots,z_n$ 是 $f(z)$ 在 C 内部的孤立奇点, 则

$$\int_C f(z)dz=2\pi i\sum_{k=1}^{n}\mathrm{Res}(f;z_k),$$

左边的积分沿 C 的正向一周.

计算函数在极点处的留数, 可用下述定理.

定理 10 设 z_0 是 $f(z)$ 的 n 阶极点, 则

$$\mathrm{Res}(f;z_0)=\frac{1}{(n-1)!}\lim_{z\to z_0}\frac{d^{n-1}}{dz^{n-1}}((z-z_0)^n f(z)).$$

特别地, 如果 $f(z)=\dfrac{P(z)}{Q(z)}$, $P(z)$, $Q(z)$ 在 z_0 的一个邻域内全纯,

$$Q(z_0)=0,Q'(z_0)\neq 0,$$

则

$$\operatorname{Res}(f;z_0)=\operatorname{Res}\left(\frac{P}{Q};z_0\right)=\frac{P(z_0)}{Q'(z_0)}.$$

设 $f(z)$ 在 $|z|>r$ 内全纯，则 $f(z)$ 在无穷远点处的洛朗展开式 $\sum_{n=-\infty}^{\infty}a_nz^n$ 中 z^{-1} 项的系数添以负号(即 $-a_{-1}$)，称为 f 在无穷远点处的**留数**，记作

$$\operatorname{Res}(f;\infty).$$

设可求长的简单闭曲线 C 的内部包含圆周 $|z|=r$，则有

$$\int_{C^-}f(z)dz=2\pi i\operatorname{Res}(f;\infty),$$

其中积分沿 C 的负向一周.

定理 11 设 $f(z)$ 在扩充复平面上只有有限个孤立奇点，则它关于所有这些奇点的留数之和为零.

利用留数定理，复积分的计算就会比较简捷.

例 4 计算 $\int_C\frac{dz}{1+z^4}$，其中 C 为 $x^2-xy+y^2+x+y=0$(正向).

函数 $f(z)=\frac{1}{1+z^4}$ 有四个一阶极点 $\pm\frac{1}{\sqrt{2}}\pm\frac{i}{\sqrt{2}}$，把这四个点的坐标代入 x^2-xy+y^2+x+y，只有 $z_4=-\frac{1}{\sqrt{2}}(1+i)$ 使该式小于零，即只有 z_4 在 C 内部. 于是

$$\begin{aligned}\int_C\frac{dz}{1+z^4}&=2\pi i\operatorname{Res}\left(\frac{1}{1+z^4};-\frac{1}{\sqrt{2}}(1+i)\right)\\&=2\pi i\left(\frac{1}{4z^3}\right)_{z=z_4}=\frac{\pi}{2\sqrt{2}}(1+i).\end{aligned}$$

例 5 计算 $\int_{|z|=2}\frac{\sin z}{z(z-1)^2}dz$，积分沿正向.

被积函数在积分闭路内部有可去奇点 $z_1=0$，二阶极点 $z_2=1$，因而

$$\begin{aligned}\int_{|z|=2}\frac{\sin z}{z(z-1)^2}&=2\pi i\left(\operatorname{Res}\left(\frac{\sin z}{z(z-1)^2};0\right)+\operatorname{Res}\left(\frac{\sin z}{z(z-1)^2};1\right)\right)\\&=2\pi i\left(0+\lim_{z\to1}\frac{d}{dz}\frac{\sin z}{z}\right)=2\pi i(\cos1-\sin1).\end{aligned}$$

7.7.4 利用留数计算定积分

有些实积分，包括广义积分，利用留数易于算出. 下面是一些常用的例.

(1) 设 $R(x,y)$ 是 x,y 的有理函数，则

$$\int_0^{2\pi}R(\cos\theta,\sin\theta)d\theta=\int_{|z|=1}R\left(\frac{z^2+1}{2z},\frac{z^2-1}{2iz}\right)\frac{dz}{iz}$$

$$= \sum_{k=1}^{n} \mathrm{Res}(f;z_k),$$

其中

$$f(z) = \frac{1}{iz} R\left(\frac{1+z^2}{2z}, \frac{z^2-1}{2iz}\right),$$

$\{z_k : k=1,2,\cdots,n\}$是 $f(z)$在$|z|<1$内所有极点的集.

例如 $\displaystyle\int_0^{\pi} \frac{d\theta}{a^2+\sin\theta} = \frac{\pi}{a\sqrt{1+a^2}} \quad (a>0),$

$$\int_0^{2\pi} \frac{d\theta}{1-2a\cos\theta+a^2} = \frac{2\pi}{1-a^2} \quad (|a|<1).$$

(2) 设 $R(x)$是有理函数,且分母至少比分子高二次,$R(z)$在实轴上没有极点,则

$$\int_{-\infty}^{\infty} R(x)dx = 2\pi i \sum_{k=1}^{n} \mathrm{Res}(R(z), z_k),$$

其中$\{z_k : k=1,2,\cdots,n\}$是 $R(z)$在上半平面的所有极点的集.

(3) 设 $R(x)$是有理函数,分母至少比分子高一次,且 $R(z)$在实轴上没有极点,则

$$\int_{-\infty}^{\infty} R(x)e^{iax}dx = 2\pi i \sum_{k} \mathrm{Res}(R(z)e^{iaz}, z_k),$$

其中 $a>0$,$\{z_k : k=1,2,\cdots,n\}$是 $R(z)$在上半平面的所有极点的集.

例如 $\displaystyle\int_0^{\infty} \frac{\cos bx}{a^2+x^2}dx = \frac{\pi e^{-ab}}{2a} \quad (b>0),$

$$\int_0^{\infty} \frac{x\sin bx}{a^2+x^2}dx = \frac{\pi e^{-ab}}{2} \quad (b>0).$$

还有一些著名的积分,选取适当的被积函数与积分路线,利用留数并通过极限过程也可算出.例如:

(4) $\displaystyle\int_0^{+\infty} \frac{\sin x}{x}dx = \frac{\pi}{2}.$

(5) $\displaystyle\int_0^{+\infty} \cos x^2 dx = \int_0^{+\infty} \sin x^2 dx = \frac{\sqrt{\pi}}{2\sqrt{2}}.$

(6) $\displaystyle\int_{-\infty}^{+\infty} e^{-ax^2} \cos bx dx = \sqrt{\frac{\pi}{a}} e^{-ab^2} \quad (a>0, b>0).$

(7) $\displaystyle\int_0^{+\infty} \frac{x^{\alpha-1}}{1+x}dx = \frac{\pi}{\sin\alpha\pi} \quad (0<\alpha<1).$

7.7.5 辐角原理

定理 12 设 $f(z)$在区域 D 内除可能有有限个极点外是全纯的,$g(z)$在 D 内是全纯的,C 是本身及其内部都包含于 D 内的简单闭曲线(取正向),且不经过 $f(z)$的零点与极点,设 $a_1,\cdots,a_N$ 是 $f(z)$在 C 内部的零点,$b_1,\cdots,b_P$ 是 $f(z)$在 C 内部的极点(一个 m 阶零点或极点计作 m 个零点或极点),则

$$\frac{1}{2\pi i}\int_C g(z)\frac{f'(z)}{f(z)}dz = \sum_{k=1}^{N} g(a_k) - \sum_{k=1}^{P} g(b_k).$$

特别当 $g(z)\equiv 1$ 时，有

$$\frac{1}{2\pi i}\int_C \frac{f'(z)}{f(z)}dz = N - P.$$

等号左边的积分称为 $f(z)$关于曲线 C 的**对数留数**，它是 $f(z)$的对数导数$\frac{f'(z)}{f(z)}$在 C 内部的孤立奇点处留数之和.

由于

$$\frac{1}{i}\int_C \frac{f'(z)}{f(z)}dz = \frac{1}{i}\int_C d\,\mathrm{Ln}f(z) = \Delta_C \mathrm{Arg}f(z),$$

$\Delta_C \mathrm{Arg}f(z)$表示当 z 沿 C 正向绕行一周时 $f(z)$的辐角的改变量，于是得到

定理 13(**辐角原理**) 在定理 12 的条件下，有

$$N - P = \frac{1}{2\pi}\Delta_C \mathrm{Arg}f(z).$$

定理 14(**鲁歇**) 设 $f(z),g(z)$在包含简单闭曲线 C 及其内部的一个区域内全纯，在 C 上有$|f(z)|>|g(z)|$，则 $f(z)+g(z)$与 $f(z)$在 C 内部具有相同数目的零点.

例 6(**代数基本定理**) 设 $a_0,a_1,\cdots,a_n$ 是复数，$a_0\neq 0$；则当 R 充分大时，在$|z|=R$上有

$$|a_0z^n|>|a_1z^{n-1}+a_2z^{n-2}+\cdots+a_{n-1}z+a_n|.$$

于是 $a_0z^n+a_1z^{n-1}+\cdots+a_{n-1}z+a_n$ 与 a_0z^n在$|z|<R$ 内具有相同的零点数，即有 n 个零点(根).

定理 15(胡尔维茨) 设 D 是包含简单闭曲线 C 及其内部的区域，$f_n(z)(n=1,2,\cdots)$在 D 内全纯，序列$\{f_n(z)\}_{n=1}^{\infty}$在 D 中内闭一致收敛于不恒等于零的函数 $f(z)$，$f_n(z)$在 C 上不等于零，则当 n 充分大时，$f(z)$与 $f_n(z)$在 C 内部具有相同数目的零点. 特别地，如果 $f_n(z)(n=1,2,\cdots)$是单叶函数，它在 D 中内闭一致收敛于非常值函数$f(z)$，则 $f(z)$也是单叶函数.

§7.8 亚纯函数 整函数

7.8.1 亚纯函数

定义 1 设 D 是复平面上的区域，函数 $f(z)$在 D 内除可能具有极点外是全纯的，则称 $f(z)$在 D 内是**亚纯的**. 在有限复平面上亚纯的函数，简称为**亚纯函数**.

例 1 有理函数是亚纯函数.

例 2 设 $f(z),g(z)$是在区域 D 内全纯的函数，$g(z)$不恒等于零，则 $f(z)/g(z)$是在 D 内亚纯的函数.

定理 1 在扩充复平面上亚纯的函数只能是有理函数.

定理 2 任一亚纯函数可表示为两个整函数之商.

7.8.2 亚纯函数的部分分式展开

定理 3 设 $f(z)$是亚纯函数,除原点(记作 b_0)外的极点是 $b_k(k=1,2,\cdots)$, $f(z)$ 在 b_k 处洛朗展开式的主要部分是 $q_k(z)(k=1,2,\cdots)$,设 $q_0(z)$ 如下:当 $z=0$ 是 $f(z)$ 的正则点时,$q_0(z)\equiv 0$,当 $z=0$ 是 $f(z)$ 的极点时,$q_0(z)$ 是 $f(z)$ 在原点处的洛朗展开式的主要部分. 设 C 是不经过 $f(z)$ 的极点的简单闭曲线,$\{b_k\}_{k=1}^n$ 是 $f(z)$ 在 C 内部的全部极点,又设 m 是一自然数,$h_k(z)$ 是函数 $-f(\zeta)\sum\limits_{j=0}^{m-1}\dfrac{z^j}{\zeta^{j+1}}$ 在 b_k 处的洛朗展开式中 $(\zeta-b_k)^{-1}$ 的系数$(k=0,1,\cdots,n)$. 此时,对 C 内部不等于 $b_0,b_1,\cdots,b_n$ 的 z,有

$$f(z)=\sum_{k=0}^{n}(q_k(z)-h_k(z))+\frac{z^m}{2\pi i}\int_C\frac{f(\zeta)}{\zeta^m(\zeta-z)}d\zeta.$$

定理 4 设 $f(z)$是亚纯函数,它在原点处是正则的,它的极点是 $b_1,b_2,\cdots$(按模增加的次序排列),假定每个 b_k 都是一阶极点,$\mathrm{Res}(f(z);b_k)=r_k$. 取内部含有极点 $b_1,b_2,\cdots,b_{n_k}$ 的简单闭曲线 $C_k(k=1,2,\cdots)$,使它们满足:$\{n_k\}_{k=1}^{\infty}$ 是递增序列;$\{n_{k+1}-n_k\}_{k=1}^{\infty}$是有界序列;以 R_k 表示原点到 C_k 的距离,L_k 表示 C_k 的长度,有 $\lim\limits_{k\to\infty}R_k=\infty$,$L_k=O(R_k)$. 取自然数 m,使在 C_k 上有 $f(z)=o(R_k^m)$(即 $\lim\limits_{k\to\infty}\max\limits_{z\in C_k}|f(z)|/R_k^m=0$). 此时,对不等于 $b_1,b_2,\cdots$的 z,有

$$\begin{aligned}f(z)&=\sum_{j=0}^{m-1}\frac{f^{(j)}(0)}{j!}z^j-\sum_{k=1}^{\infty}\frac{r_kz^m}{b_k^m(b_k-z)}\\&=\sum_{j=0}^{m-1}\frac{f^{(j)}(0)}{j!}z^j-\sum_{k=1}^{\infty}r_k\left(\frac{1}{z-b_k}+\sum_{j=0}^{m-1}\frac{z^j}{b_k^{j+1}}\right).\end{aligned}$$

由上述方法可得下面的有用的展开式.

(1) $$\sec z=\sum_{n=1}^{\infty}(-1)^n\frac{(2n-1)\pi}{z^2-\left(\left(n-\dfrac{1}{2}\right)\pi\right)^2}.$$

(2) $$\csc z=\frac{1}{z}+\sum_{n=1}^{\infty}(-1)^n\frac{2z}{z^2-(n\pi)^2}.$$

(3) $$\cot z=\frac{1}{z}+\sum_{n=1}^{\infty}\left(\frac{1}{z-n\pi}+\frac{1}{z+n\pi}\right).$$

(4) $$\tan z=\sum_{n=1}^{\infty}\frac{2z}{z^2-\left(\left(n-\dfrac{1}{2}\right)\pi\right)^2}.$$

在这些展开式中,对任何圆 $|z|<R$,右边的级数除去含有极点的项后都一致收敛.

由这些展开式可得到一些有用的和式.

(5) $$\sum_{n=1}^{\infty}\frac{(-1)^{n-1}}{(2n-1)^{2k+1}}=(-1)^k\frac{\pi^{2k+1}}{2^{2k+2}}\frac{E_{2k}}{(2k)!}\quad(k=0,1,2,\cdots),$$

其中 E_{2k} 是欧拉数. 于是有

$$\sum_{n=1}^{\infty}\frac{(-1)^{n-1}}{2n-1}=\frac{\pi}{4},\quad\sum_{n=1}^{\infty}\frac{(-1)^{n-1}}{(2n-1)^3}=\frac{\pi^3}{32},$$

$$\sum_{n=1}^{\infty}\frac{(-1)^{n-1}}{(2n-1)^5}=\frac{5\pi^5}{1536},\text{等等}.$$

(6) $$\sum_{n=1}^{\infty}\frac{1}{n^{2k}}=(-1)^{k-1}2^{2k-1}\pi^{2k}\frac{B_{2k}}{(2k)!}\quad(k=1,2,\cdots),$$

其中 B_{2k} 是伯努利数. 于是有

$$\sum_{n=1}^{\infty}\frac{1}{n^2}=\frac{\pi^2}{6},\quad\sum_{n=1}^{\infty}\frac{1}{n^4}=\frac{\pi^4}{90},\quad\sum_{n=1}^{\infty}\frac{1}{n^6}=\frac{\pi^6}{945},$$

等等.

定理 5(米塔格-列夫勒) 设 $\{b_n\}_{n=1}^{\infty}$ 是互不相同的复数构成的序列, 按模增加次序排列, 且 $\lim\limits_{n\to\infty}b_n=\infty$. 又设

$$q_n(z)=\frac{A_{-k_n}^{(n)}}{(z-b_n)^{k_n}}+\cdots+\frac{A_{-1}^{(n)}}{z-b_n},A_{-k_n}^{(n)}\neq0\quad(n=1,2,\cdots),$$

则存在亚纯函数 $f(z)$, 其极点为 $b_1,b_2,\cdots$, 且在 b_n 处洛朗展开式的主要部分为 $q_n(z)$ $(n=1,2,\cdots)$.

7.8.3 整函数的无穷乘积展开

定义 2 设 $\{z_n\}_{n=1}^{\infty}$ 是非零复数构成的序列, 令 $P_n=\prod\limits_{k=1}^{n}z_k$, 如果 $\lim\limits_{n\to\infty}P_n=P$ 且 $P\neq0$, 则称无穷乘积 $\prod\limits_{n=1}^{\infty}z_n$ **收敛**, 数 P 称为它的积, 记作 $\prod\limits_{n=1}^{\infty}z_n=P$; 如果当 $n\to\infty$ 时 P_n 没有极限或有极限零, 则称无穷乘积 $\sum\limits_{n=1}^{\infty}z_n$ **发散**. 对函数项无穷乘积, 可以类似地定义一致收敛和广义一致收敛.

定理 6 设 $f(z)$ 是整函数, 其零点为 $0,\cdots,0,a_1,a_2,\cdots,a_n,\cdots$(按模增加的次序排列, 按零点的阶数重复), 则

$$f(z)=e^{g(z)}z^k\prod_{n=1}^{\infty}\left(1-\frac{z}{a_n}\right)\exp\left(\frac{z}{a_1}+\cdots+\frac{z^n}{na_n^n}\right),$$

其中 $g(z)$ 为一整函数, λ 为 $z=0$ 的零点阶数.

定理 7 设定理 4 的条件对 $m=1$ 满足, 表示 $f(z)$ 的级数在除去 $\{b_n\}_{n=1}^{\infty}$ 的复平面上内闭一致收敛, 则

$$\exp\left(\int_0^z f(\zeta)d\zeta\right)=e^{f(0)z}\prod_{k=1}^{\infty}\left(1-\frac{z}{b_k}\right)^{r_k}\exp\left(\frac{r_k z}{b_k}\right).$$

下面是两个有用的无穷乘积展开式：

(1) $$\sin z = z\prod_{n=1}^{\infty}\left(1-\frac{z^2}{n^2\pi^2}\right).$$

(2) $$\cos z = \prod_{n=1}^{\infty}\left(1-\frac{z^2}{\left(n-\frac{1}{2}\right)^2\pi^2}\right).$$

§7.9 解析延拓

7.9.1 解析函数元素

定义 1 复平面上的一个区域 D 连同在其内全纯的一个函数 $f(z)$，合称为一个**解析函数元素**，简称**函数元素**，记作 $\{f,D\}$.

如果 D 是一个圆盘，则称 $\{f,D\}$ 为一个**圆元素**.

定义 2 设 D 是圆盘 $|z-z_0|<r(r<+\infty)$，$\{f,D\}$ 是一个圆元素，ζ 是圆周 $|z-z_0|=r$ 上的点. 如果存在圆元素 $\{\varphi_\zeta,U\}$（其中 U 是点 ζ 的一个邻域 $|z-\zeta|<\rho(\rho>0)$），使在 $D\cap U$ 上有 $\varphi_\zeta(z)=f(z)$，则称 ζ 为所给函数元素的**正则点**，也常称为所给函数的正则点；否则称为**奇点**.

例 1 设 $f(z)=\dfrac{1}{1+z}$，D 为 $|z|<1$，则在单位圆周 $|z|=1$ 上，$z=-1$ 是奇点，其余点都是正则点.

例 2 设 $f(z)=\ln(1-z^2)$，D 为 $|z|<1$，则在单位圆周 $|z|=1$ 上，$z=1,-1$ 是奇点，其余点都是正则点.

例 3 设 $f(z)=\displaystyle\sum_{n=0}^{\infty}z^{2^n}$，$D$ 为 $|z|<1$，则圆周 $|z|=1$ 上的点都是 $f(z)$ 的奇点. 此时称该圆周为所给函数的**自然边界**.

定理 1 在幂级数的收敛圆盘的圆周上，至少有其和函数的一个奇点.

7.9.2 解析延拓

定义 3 设 $\{f_1,D_1\}$，$\{f_2,D_2\}$ 是两个解析函数元素，$D_1\cap D_2$ 包含一个区域 D，且在 D 上有 $f_1(z)=f_2(z)$，则称 $\{f_1,D_1\}$ 与 $\{f_2,D_2\}$ 互为**直接解析延拓**；也称 $f_2(z)$ 为 $f_1(z)$ 在 D_2 上的直接解析延拓；$f_1(z)$ 为 $f_2(z)$ 在 D_1 上的直接解析延拓.

如果 $D_1\cap D_2$ 只有一个连通分支（参看图 7.9-1 左），则

$$f(z)=\begin{cases}f_1(z) & (z\in D_1),\\ f_2(z) & (z\in D_2)\end{cases}$$

是在 $D_1\cup D_2$ 内单值全纯的函数. 但如果 $D_1\cap D_2$ 不只含有一个连通分支（参看图

7.9-1右)，则这样定义的 $f(z)$ 不一定是单值的，因为在不包含 D 的连通分支上，$f_1(z)$ 不一定等于 $f_2(z)$.

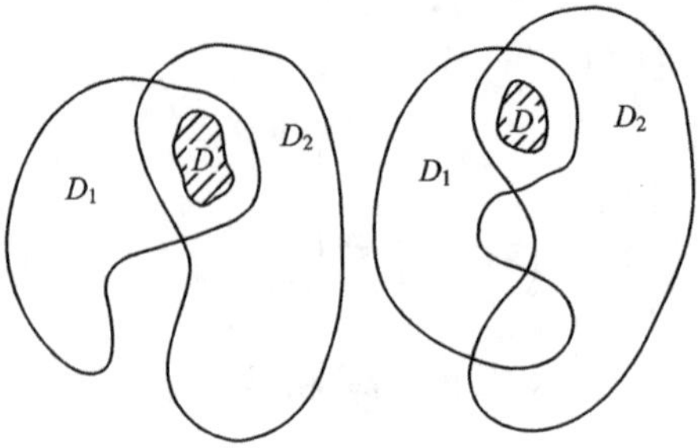

图 7.9-1

定义 4 设 $\{f,D\}$，$\{g,E\}$ 是两个解析函数元素，如果存在解析函数元素 $\{f_k,D_k\}$ $(k=0,1,\cdots,n)$，使得

$$f_0(z)=f(z), D_0=D, f_n=g, D_n=E,$$

而 $\{f_{k-1},D_{k-1}\}$ 与 $\{f_k,D_k\}$ $(k=1,2,\cdots,n)$ 互为直接解析延拓，则称 $\{f,D\}$ 与 $\{g,E\}$ 互为**解析延拓**，也称 $f(z)$ 与 $g(z)$ 互为解析延拓，记作

$$\{f,D\}\sim\{g,E\}.$$

上面定义的解析延拓～是一个等价关系(参看 14.1.6)，关于这个等价关系的等价类 K，称为一个**完全解析函数**，或**魏尔斯特拉斯意义下的解析函数**；也常说 K 确定一个完全解析函数 $F(z)$. $\{f,D\}\in K$ 称为 $F(z)$ 在区域 D 上的元素，或在 D 上的**单值支**. $F(z)$ 的元素在点 z 处的值，都称为 F 在点 z 处的值. 令

$$M=\bigcup\{D:\{f,D\}\in K\},$$

则区域 M 称为完全解析函数 $F(z)$ 的**存在域**.

定理 2(庞加莱-沃尔泰拉) 完全解析函数在一点处的值形成一个至多可数的集.

定义 5 设 $C: z=\lambda(t)$ $(\alpha\leqslant t\leqslant\beta)$ 是一连续曲线，$\{f,U\}$ 是一个圆元素，U 的中心是 C 的起点 $z_0=\lambda(\alpha)$. 如果对每个满足 $\alpha<\tau\leqslant\beta$ 的 τ，存在 $\alpha=t_0<t_1<\cdots<t_n=\tau$ 与圆元素 $\{f_k,U_k\}$ $(k=0,1,\cdots,n)$，使得

$$\{f_0,U_0\}=\{f,U\},$$

U_k 的中心是 $\lambda(t_k)$，且 $\{f_{k-1},U_{k-1}\}$ 与 $\{f_k,U_k\}$ 互为直接解析延拓 $(k=1,2,\cdots,n)$，则称元素 $\{f,U\}$ 能沿曲线 C 解析延拓.

定理 3(单值定理) 设 D 是单连通域，$\{f,U\}$ 是一个圆元素，$U\subset D$. 如果把 $\{f,U\}$ 沿 D 中任一连续曲线作解析延拓，用延拓所得的一切元素定义一解析函数 $F(z)$，则 $F(z)$ 在 D 中是单值的.

§7.10 共形映射

7.10.1 全纯函数与共形映射

定义 1 设 $w=f(z)$把 z 平面上的区域 D 双方连续地一一映射到 w 平面上的区域 G,满足:以 D 的任一点 z_0 为起点且在 z_0 处具有切线的曲线 C 的象 $f[C]$在 $w_0=f(z_0)$处也具有切线,在 z_0 处具有切线的两条曲线 C_1,C_2 的夹角与象曲线 $f[C_1],f[C_2]$的夹角同向相等,则称 f 为**第一类共形映射**,简称**共形映射**. 如果 f 只在点 z_0 具有上述性质,则称 f 在点 z_0 处是**共形的**. 如果把"同向相等"改为"反向相等",则称为**第二类共形映射**. 共形映射又称**保角映射**.

定理 1 设 $w=f(z)$在点 z_0 的一个邻域内全纯,$f'(z_0)\neq 0$,则映射 f 在点 z_0 处是共形的.

定理 2 设 $w=f(z)$是 z 平面的区域 D 到 w 平面的区域 G 的共形映射,则 $f(z)$ 在 D 内是全纯的.

定理 3 设 $w=f(z)$在点 z_0 的一个邻域内全纯,$f'(z_0)\neq 0$,则对从 z_0 出发的任一光滑曲线,有 $\dfrac{d\tilde{s}}{ds}=|f'(z_0)|$,其中 $ds,d\tilde{s}$ 分别表示原曲线与象曲线在点 $z_0,w_0=f(z_0)$处的弧微分.

7.10.2 分式线性映射

形如 $w=\dfrac{az+b}{cz+d}(ad-bc\neq 0)$的映射,称为**分式线性映射**. 它当然是共形映射.

定义 2 设 z_1,z_2,z_3,z_4 是复数,则$\dfrac{z_3-z_1}{z_3-z_2}:\dfrac{z_4-z_1}{z_4-z_2}$称为所给四个复数的**交比**或**非调和比**,记作(z_1,z_2,z_3,z_4). 当其中有一个数是∞时,理解为相应的复数趋于无穷时交比的极限,例如

$$(\infty,z_2,z_3,z_4)=\frac{z_4-z_2}{z_3-z_2}.$$

定义 3 设 C 是圆周,p,q 是两个点,如果通过 p,q 的任何圆周(包括直线,即把直线理解为通过无穷远点的"圆周",本小节中对"圆周"均作这样的理解)与 C 正交(即交角为直角),则称 p,q 关于 C 是对称的. 如果 p,q 是关于圆周 $|z-z_0|=r$ 的对称点,则$(p-z_0)(\bar{q}-\bar{z}_0)=r^2$.

定理 4 设 z_1,z_2,z_3 与 w_1,w_2,w_3 分别是扩充 z,w 平面上任何三个不同的点,则存在唯一的分式线性映射把 z_1,z_2,z_3 依次映射为 w_1,w_2,w_3.

定理 5 分式线性映射具有下列性质:

(1) 保圆性——圆周的象是圆周.

(2) 保交比不变性.

(3) 保对称性——关于圆周 C 的对称点的象关于 C 的象仍是对称的.

例 1 把上半平面映射为圆盘 $|w|<R$，把点 $z=a(\mathrm{Im}a>0)$ 映射为点 $w=0$ 的分式线性映射为

$$w = Re^{i\theta} \frac{z-a}{z-\bar{a}} \quad (\theta\text{是实数}).$$

例 2 把圆盘 $|z|<r$ 映射为圆盘 $|w|<R$，把点 $z=a(|a|<r)$ 映射为点 $w=0$ 的分式线性映射为

$$w = Rre^{i\theta} \frac{z-a}{r^2-\bar{a}z} \quad (\theta\text{是实数}).$$

7.10.3 某些初等函数的映射特性

1. $w=z^n$. 如图 7.10-1.

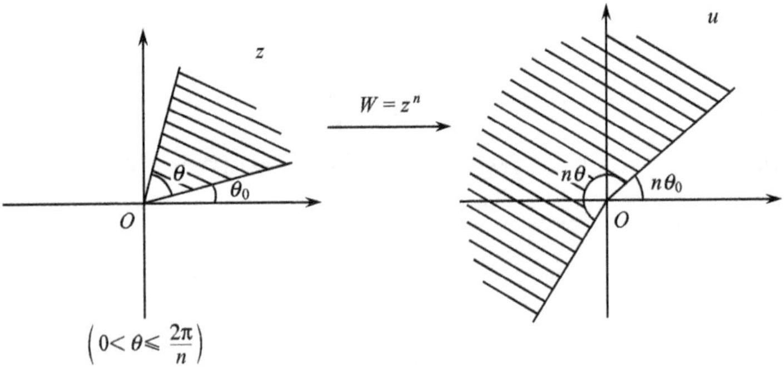

图 7.10-1

2. $w=e^z$. 如图 7.10-2.

3. $w=\frac{1}{2}\left(z+\frac{1}{z}\right)$——**茹科夫斯基函数**. 如图 7.10-3.

4. $w=\sin z$. 如图 7.10-4.

7.10.4 对称原理 上半平面映射为多角形

定理 6(对称原理) 设 D 是一个区域，其边界含有一段圆弧或直线段 γ，$f(z)$ 在 D 内全纯，在 γ 上连续并取实值，则 $f(z)$ 可以解析延拓到 D 关于 γ 对称的区域 D^* 上，所延拓的函数在 z 关于 γ 的对称点 z^* 处的值等于 $\overline{f(z)}$.

定理 7(施瓦茨-克里斯托费尔公式) 设 π 为 w 平面上的 n 角形，其顶点为 $b_1, \cdots, b_n$，点 b_k 处的内角为 $\alpha_k\pi(k=1,2,\cdots,n)$，如图 7.10-5)，则把上半 z 平面映射为 π 的内部，把实轴上的点 a_k 映为点 $b_k(k=1,2,\cdots,n)$ 的共形映射为

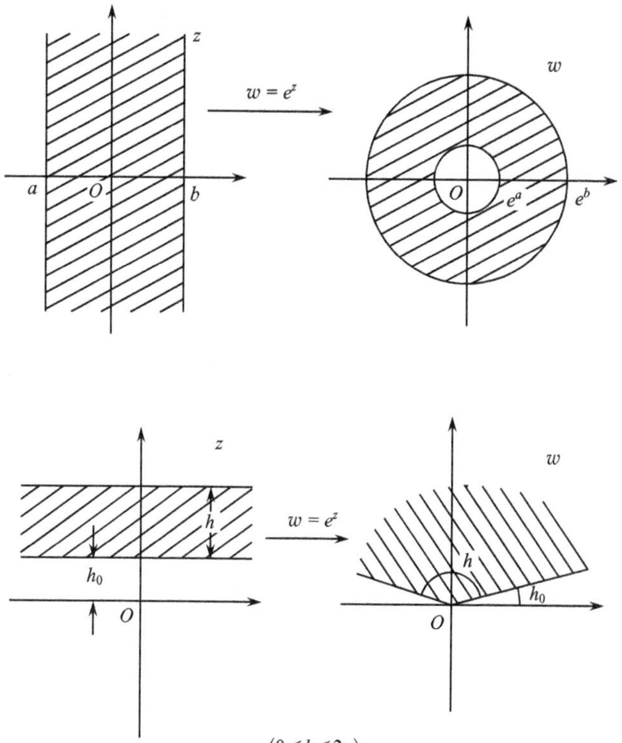

(0<$h\leqslant 2\pi$)

图 7.10-2

$$w=\alpha\int_0^z\prod_{k=1}^{n}(z-a_k)^{\alpha_k-1}dz+\beta,$$

其中 α,β 是由 π 的位置和大小决定的常数.

7.10.5 黎曼映射定理　边界对应

定理 8(**黎曼映射定理**)　每个边界点多于一点的单连通域 D 可共形映射为单位圆盘. 指定 $z_0\in D$, 则存在唯一的把 D 映为单位圆盘的全纯函数 $f(z)$, 满足 $f(z_0)=0, f'(z_0)>0$.

定理 9(卡拉泰沃多里)　设 D 是由简单闭曲线 C 围成的单连通域, $w=f(z)$ 是把 D 映为单位圆盘 $|w|<1$ 的共形映射, 则存在 $\overline{D}$ 到 $|w|\leqslant 1$ 上的双方连续的一一映射 $w=\widetilde{f}(z)$, 使在 D 内有 $\widetilde{f}(z)=f(z)$. 简单地说, 就是 $f(z)$ 能实现边界之间的一一对应.

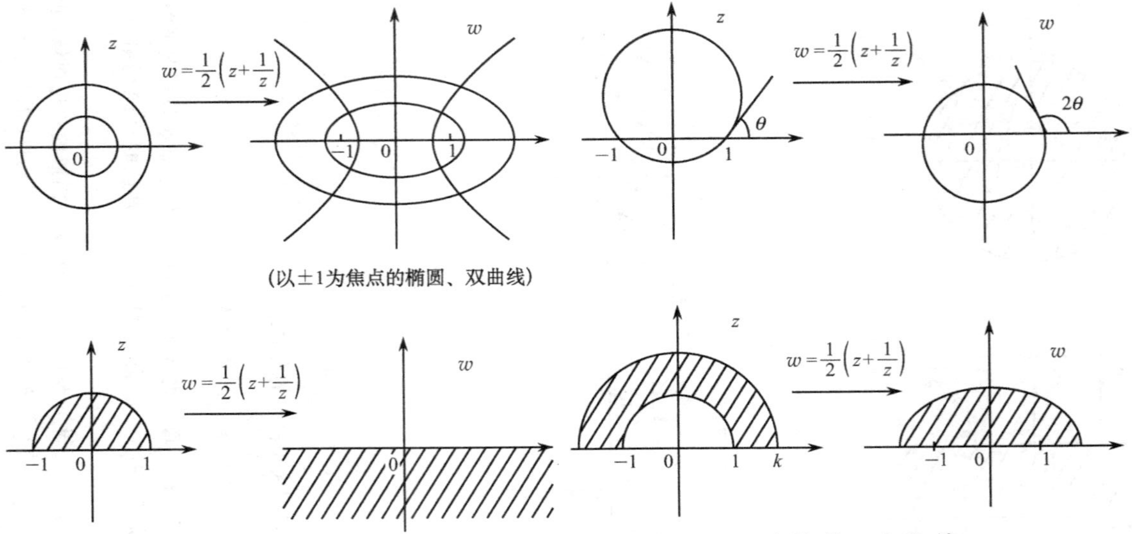

(以±1为焦点的椭圆、双曲线)

椭圆方程为 $\left(\frac{2k}{k^2+1}\right)^2 u^2+\left(\frac{2k}{k^2-1}\right)^2 v^2=1$

图 7.10-3

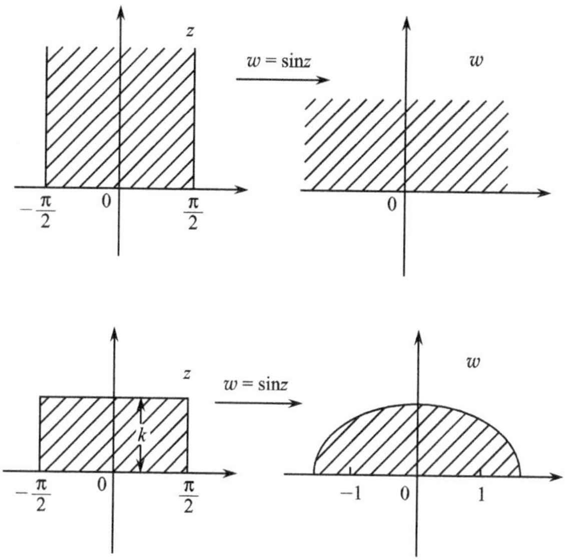

椭圆方程为 $\left(\frac{u}{\operatorname{ch} k}\right)^2+\left(\frac{v}{\operatorname{sh} k}\right)^2=1$

图 7.10-4

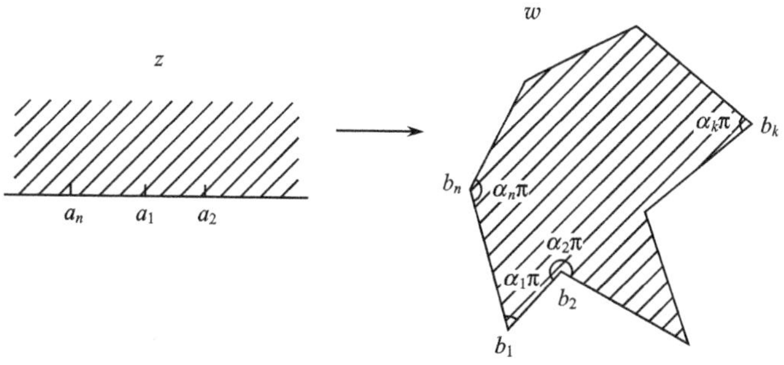

图 7.10-5

7.10.6 常用共形映射表

原　　域	象　　域	映射函数
单位圆盘 $\|z\|<1$	单位圆盘 $\|w\|<1$	$w=e^{i\theta}\frac{z-a}{1-\bar{a}z},\ \|a\|<1,\theta\in\mathbf{R}$

续表

原　域	象　域	映射函数
上半平面 $\mathrm{Im}z>0$	单位圆盘 $\|w\|<1$	$w=e^{i\theta}\dfrac{z-\lambda}{z-\bar{\lambda}},\mathrm{Im}\lambda>0,\theta\in\boldsymbol{R}$
上半平面 $\mathrm{Im}z>0$	上半平面 $\mathrm{Im}w>0$	$w=\dfrac{az+b}{cz+d},a,b,c,d\quad\in\boldsymbol{R}$, $ad-bc>0$
上半单位圆盘 $\|z\|<1$, $\mathrm{Im}z>0$	上半平面 $\mathrm{Im}w>0$	$w=\left(\dfrac{1+z}{1-z}\right)^2$
角域 $0<\arg z<\alpha$	上半平面 $\mathrm{Im}w>0$	$w=z^{\pi/\alpha}$
扇形 $0<\arg z<\alpha,\|z\|<1$	上半平面 $\mathrm{Im}w>0$	$w=\left(\dfrac{1+z^{\pi/\alpha}}{1-z^{\pi/\alpha}}\right)^2$
圆弧三角形 $\alpha<\arg\dfrac{z-p}{z-q}<\beta$	角域 $0<\arg w<\gamma$	$w=\left(e^{-i\alpha}\dfrac{z-p}{z-q}\right)^{\frac{\gamma}{\beta-\alpha}}$
平行带 $0<\mathrm{Im}z<\eta$	上半平面 $\mathrm{Im}w>0$	$w=e^{\pi z/\eta}$
抛物线左侧 $y^2>4c^2(x+c^2)$ $(c>0)$	上半平面 $\mathrm{Im}w>0$	$w=\sqrt{z}-ic$
抛物线右侧 $y^2<4c^2(x+c^2)$ $(c>0)$	上半平面 $\mathrm{Im}w>0$	$w=i\sec\dfrac{\pi\sqrt{z}}{2ic}$
椭圆外部 $\dfrac{x^2}{(c+(1/c))^2}+\dfrac{y^2}{(c-(1/c))^2}>1(c>1)$	圆外部 $\|w\|>c$	$w=\dfrac{1}{2}(z+\sqrt{z^2-4})$
双曲线内侧 $\dfrac{x^2}{\cos^2\alpha}-\dfrac{y^2}{\sin^2\alpha}<4$ $(0<\alpha<\pi/2)$	上半平面 $\mathrm{Im}w>0$	$w=\left(\dfrac{1}{2}e^{-i\alpha}(z+\sqrt{z^2-4})\right)^{n(\pi-2\alpha)}$
单位圆盘 $\|z\|<1$	有裂纹 $\|\mathrm{Re}w\|\leqslant1$, $\mathrm{Im}w=0$ 的全平面	$w=\dfrac{1}{2}\left(z+\dfrac{1}{z}\right)$
单位圆盘 $\|z\|<1$	带边界的裂纹域 $\|w\|\geqslant\dfrac{1}{4},\arg w\neq\lambda$	$w=\dfrac{z}{(1+e^{-i\lambda}z)^2}$
平行带 $-\dfrac{\pi}{2}<\mathrm{Re}z<\dfrac{\pi}{2}$	带边界的裂纹域 $\|\mathrm{Re}w\|\geqslant1,\mathrm{Im}w\neq0$	$w=\sin z$
平行带 $-\pi<\mathrm{Im}z<\pi$	带边界的裂纹域 $\mathrm{Re}w\leqslant-1,\mathrm{Im}w\neq\pm\pi$	$w=z+e^z$

原　　域	象　　域	映射函数
单位圆盘 $\|z\|<1$	正 n 边形内部	$w=\int_0^z (1-z^n)^{-\frac{2}{n}}dz$
上半平面 $\mathrm{Im}z>0$	正三角形内部	$w=\int_0^z \frac{dz}{\sqrt[3]{z^2(1-z)^2}}$

§7.11　解析函数在解平面狄利克雷问题中的应用

设 D 是复平面上的区域，$f(\zeta)$是定义在 D 的边界上的连续函数，则求出在 $\overline{D}$ 上连续、在 D 内调和的函数 $u(z)$，使在 D 的边界上有 $u(\zeta)=f(\zeta)$的问题，就是**平面狄利克雷问题**. 复变函数论是解这个问题的有效工具.

在 D 是圆盘$|z|<R$ 的情形，给定的边值函数可以写成

$$f(\varphi)\quad (0\leqslant\varphi\leqslant 2\pi)$$

的形式. 此时有

定理 1　圆的狄利克雷问题的解为

$$u(z)=\frac{1}{2\pi}\int_0^{2\pi} f(\varphi)\,\frac{R^2-r^2}{R^2+r^2-2Rr\cos(\varphi-\theta)}d\varphi$$
$$=\frac{1}{2\pi}\int_0^{2\pi} f(\varphi)\mathrm{Re}\left(\frac{Re^{i\varphi}+re^{i\theta}}{Re^{i\varphi}-re^{i\theta}}\right)d\varphi=\frac{1}{2\pi}\int_0^{2\pi} f(\varphi)\mathrm{Re}\left(\frac{\zeta+z}{\zeta-z}\right)d\varphi,$$

其中

$$z=re^{i\theta}(0\leqslant r\leqslant R),\zeta=Re^{i\varphi}.$$

右边的积分称为**泊松积分**，

$$\frac{R^2-r^2}{R^2+r^2-2Rr\cos(\theta-\varphi)}$$

称为**泊松核**.

定理 2　求出在$|z|\leqslant R$ 上连续、在$|z|<R$ 内全纯的函数 $F(z)$，使在$|\zeta|=R$ 上有 $\mathrm{Re}F(\zeta)=f(\zeta)$的问题的解为

$$F(z)=\frac{1}{2\pi}\int_0^{2\pi} f(\varphi)\,\frac{\zeta+z}{\zeta-z}d\varphi+iC,$$

其中 C 是任意实常数.

利用共形映射与定理 1，可以得到对于一般的单连通域的狄利克雷问题的解.

定理 3　设 D 是由简单闭曲线 C 围成的单连通域，$f(\zeta)$是在 C 上连续的函数，则相应的狄利克雷问题的解为

$$u(z)=\frac{1}{2\pi}\int_C f(\zeta)\left(\frac{\partial}{\partial n}\ln\left|\frac{1}{g(\zeta;z)}\right|\right)ds,$$

右边是第一类曲线积分，$g(\zeta;z)$是把 D 共形映射为单位圆盘且满足

$$g(z;z)=0,\frac{dg(\zeta;z)}{d\zeta}\bigg|_{\zeta=z}>0$$

的函数，$\frac{\partial}{\partial n}$是沿 C 的内法线方向的导数. 令

$$G(\zeta;z)=\ln\left|\frac{1}{g(\zeta;z)}\right|,$$

它是区域 D 的**格林函数**，具有下列性质：(1) 当 $\zeta\neq z$ 时，它是 $\zeta(\in D)$的调和函数；(2)$G(\zeta;z)>0$，且当 ζ 在 D 内趋向于 C 时趋向于零；(3) 在 z 的邻域内，$G(\zeta;z)-\ln\frac{1}{|\zeta-z|}$是调和的；(4) $G(\zeta;z)=G(z;\zeta)$. 利用格林函数，上面的解可写为

$$u(z)=\frac{1}{2\pi}\int_C f(\zeta)\frac{\partial}{\partial n}G(\zeta;z)ds.$$

例 对于上半平面的狄利克雷问题，有

$$u(z)=\frac{1}{2\pi}\int_{-\infty}^{\infty}f(t)\frac{y}{(t-x)^2+y^2}dt,$$

其中 $z=x+iy(y>0)$.

§7.12 解析函数在流体力学中的应用

对于不可压缩的、均匀的流体的平行于一个固定平面的稳定运动，可以利用解析函数论中的方法来研究. 设 $u(x,y)$，$v(x,y)$是平面流速场中点(x,y)处的流速的两个分量，它们具有连续的偏导数. 如果所讨论的流速在单连通域 D 内是无源无旋的，则有

$$\frac{\partial u}{\partial x}+\frac{\partial v}{\partial y}=0,\quad \frac{\partial u}{\partial y}-\frac{\partial v}{\partial x}=0,$$

于是 $u(x,y)-iv(x,y)$就是一个全纯函数，令其原函数为 $f(z)$，即在 D 内有

$$f'(z)=u(x,y)-iv(x,y).$$

$f(z)$称为所讨论的流速场的**复势**. 设

$$f(z)=\varphi(x,y)+i\psi(x,y),$$

则

$$\frac{\partial\varphi}{\partial x}=u,\quad \frac{\partial\varphi}{\partial y}=v;$$

$$\frac{\partial\psi}{\partial x}=-v,\frac{\partial\psi}{\partial y}=u.$$

于是 $\varphi(x,y)$是**势函数**. 第二式表明等值线 $\psi(x,y)=C$ 的切线方向就是流速的方向，因此称 $\psi(x,y)$为**流函数**. 所讨论的流速可表示为

$$u(x,y)+iv(x,y)=\frac{\partial\varphi}{\partial x}-i\frac{\partial\psi}{\partial x}=\overline{f'(z)}.$$

这样就能通过一个全纯函数(复势)来研究流体的无源无旋平面流动,并易于画出它的流线和等势线.

例 1 对于匀速场(α,β),复势 $f(z)=(\alpha-i\beta)z$,其中 $\alpha>0,\beta>0$,流函数 $\psi(x,y)=\alpha y-\beta x$,势函数 $\varphi(x,y)=\alpha x+\beta y$. 流线 $\alpha y-\beta x=C_1$,等势线 $\alpha x+\beta y=C_2$,如图 7.12-1 所示(实线表流线,虚线表等势线,下同).

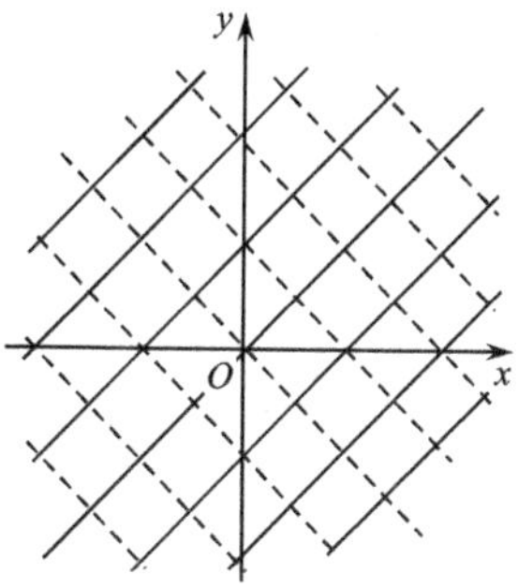

图 7.12-1

例 2 对于流速场$(x,-y)$(即 $u(x,y)=x$,$v(x,y)=-y$),复势 $f(z)=z^2$. 流线 $xy=C_1$ 与等势线 $x^2-y^2=C_2$ 如图 7.12-2 所示.

例 3(圆柱绕流问题) 求绕一圆柱体流动且在无穷远处的速度为 $\alpha+i\beta=\rho e^{i\theta}$ 的流体运动.

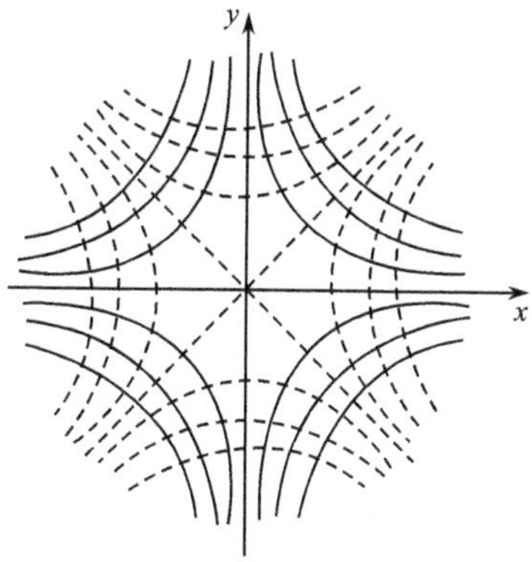

图 7.12-2

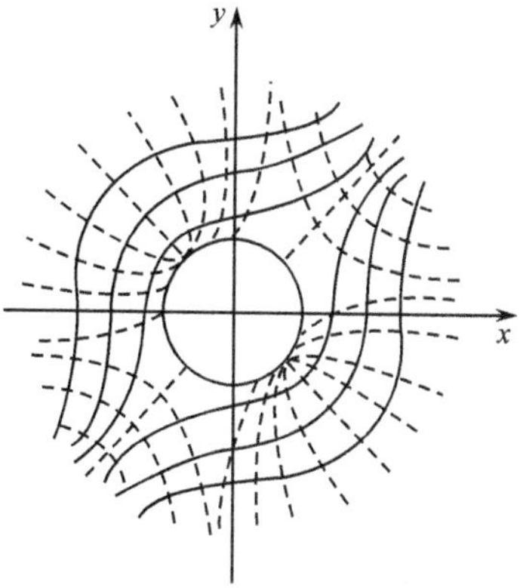

图 7.12-3

设圆柱面与 z 平面的截线为$|z|=R$. 由于函数

$$w=f(z)=\rho\left((e^{-i\theta}z+\frac{R^2e^{i\theta}}{z}\right)=(\alpha-i\beta)z+\frac{(\alpha+i\beta)R^2}{z}$$

把$|z|>R$ 共形映射为除去实轴上线段$[-2\rho R,2\rho R]$的 w 平面,其虚部在$|z|=R$ 上取值为零,且$\lim\limits_{z\to\infty}\overline{f'(z)}=\alpha+i\beta$,因此可取 $f(z)$为复势. 其流线与等势线如图 7.12-3 所示.

复势函数的奇点可解释为流动场的源点(即散度不等于零的点)与涡点(即旋度不等于零的点).

例 4 以原点为源点的流速具有 $v=\frac{N}{2\pi}\frac{1}{\bar{z}}$ 的形式，其中常数 N 是沿任一圆周 $|z|=r$ 的流量，称为**源点强度**. 于是复势

$$f(z)=\frac{N}{2\pi}\ln z+C,$$

$z=0$ 是它的奇点，其流线与等势线如图 7.12-4 所示.

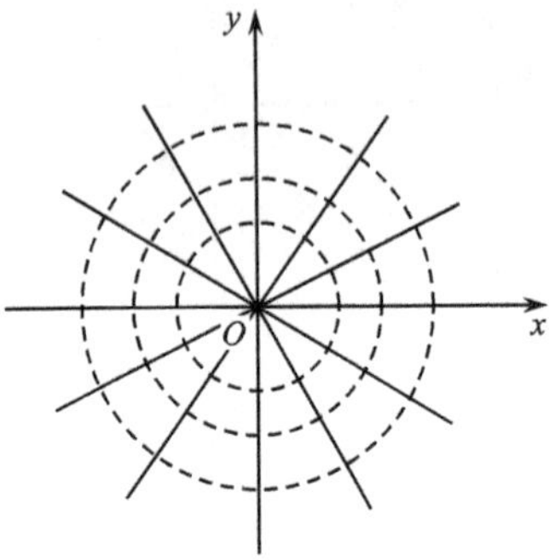

图 7.12-4

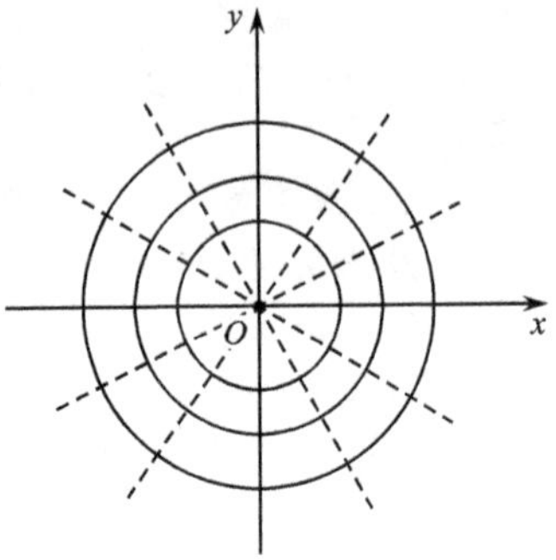

图 7.12-5

例 5 以原点为涡点的流速具有 $v=\frac{\Gamma i}{2\pi}\frac{1}{\bar{z}}$ 的形式，其中 Γ 是沿任一圆周 $|z|=r$ 的环量，$-i\Gamma$ 称为**涡点强度**. 于是复势为

$$f(z)=\frac{\Gamma}{2\pi i}\ln z+C,$$

$z=0$ 是它的奇点，其流线与等势线如图 7.12-5 所示.

§7.13 解析函数在电磁学与热学中的应用

对于无源无旋的平面静电场

$$E=E_x(x,y)+iE_y(x,y),$$

可以用类似于 §7.12 中研究平面流动的方法来处理. 仍然考虑单连通域 D. 由于

$$\frac{\partial E_x}{\partial x}+\frac{\partial E_y}{\partial y}=0,\quad \frac{\partial E_x}{\partial y}-\frac{\partial E_y}{\partial x}=0,$$

所以 E_x-iE_y 在 D 内是全纯函数. 令 $f(z)$ 满足 $\overline{f'(z)}=iE$（此处与 §7.12 有些差别），则 $f(z)$ 称为所讨论的平面静电场的**复势**. 如果令

$$f(z)=u(x,y)+iv(x,y),$$

则 $u(x,y)=C$ 是电力线，因此称 $u(x,y)$ 为**力函数**；$E=-\operatorname{grad}v$，因此 $v(x,y)$ 是电势或电位.

同样,复势的奇点可解释为平面静电场的源点或涡点.

例 1 线电荷密度为 ρ 的均匀带电无限长直导线所产生的静电场,可以看作平面静电场. 此时 $E=\frac{2\rho}{\bar{z}}$,从而复势 $f(z)=2\rho i\ln\frac{1}{z}+C$,由此易于画出电力线与等势线,与图 7.12-4,5 类似.

对于稳定的无源平面热场,设 $u(x,y)$是点(x,y)处的温度,则它满足拉普拉斯方程 $\Delta u=0$. 设热场分布在单连通域 D 内,则 $u(x,y)$在 D 内的共轭调和函数 $v(x,y)$称为热流函数. 解析函数

$$f(z)=u(x,y)+iv(x,y)$$

称为所讨论的热场的**复势**. 用复势可以表示热流向量 $Q=-k\mathrm{grad}u$,即有 $Q=-k\overline{f'(z)}$. $u(x,y)=C$ 是等温线,而 $v(x,y)=C$ 则是热流线. 类似地,复势函数的奇点,可以解释为热源.

例 2 考虑由位于 $z=\pm a$ 处强度为 $\pm q$ 的热源所形成的平面稳定热场,其复势为 $f(z)=\frac{q}{2\pi}\ln\frac{z-a}{z+a}$,等温线与热流线如图 7.13-1 所示(实线表示热流线).

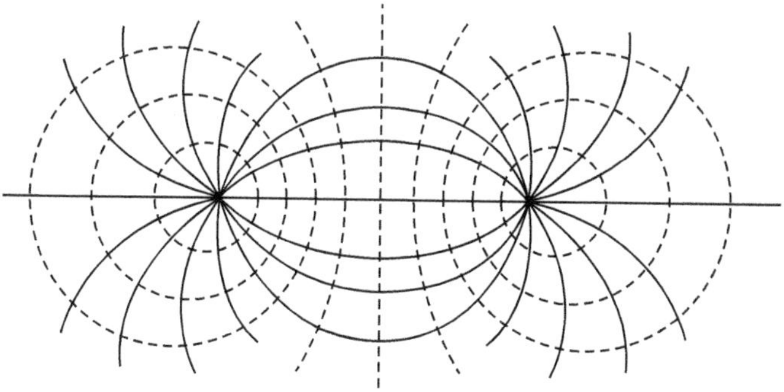

图 7.13-1

§7.14 解析函数在平面弹性理论中的应用

考虑平面单连通域 D 上的弹性问题,假定没有作用于面积元素上的质量力. 设作用于弧元 ds 上的边线力为 $\boldsymbol{F}ds$,其中的 $\boldsymbol{F}$ 称为应力. 设在点(x,y)处垂直于 x 轴与 y 轴的弧元 ds 所受的应力分别为

$$\boldsymbol{F}_x(x,y)=X_x(x,y)+iY_x(x,y),$$
$$\boldsymbol{F}_y(x,y)=X_y(x,y)+iY_y(x,y).$$

X_x 与 Y_y 称为法线应力,Y_x 与 X_y 称为切线应力(或剪应力). 它们满足

$$\frac{\partial X_x}{\partial x}+\frac{\partial X_y}{\partial y}=0,\quad \frac{\partial Y_x}{\partial x}+\frac{\partial Y_y}{\partial y}=0,\quad X_y=Y_x.$$

因而存在函数 $A(x,y),B(x,y)$,使

$$-X_y dx+X_x dy=dB,\quad Y_y dx-Y_x dy=dA.$$

又由 $X_y=Y_x,\frac{\partial A}{\partial y}=\frac{\partial B}{\partial x}$,因而存在函数 $U(x,y)$,使

$$Adx+Bdy=dU.$$

$U(x,y)$称为应力函数.应力函数满足重调和方程

$$\Delta\Delta U=\frac{\partial^4 U}{\partial x^4}+2\frac{\partial^4 U}{\partial x^2\partial y^2}+\frac{\partial^4 U}{\partial y^4}=0.$$

令 $\Delta U=P$,设 P 的共轭调和函数为 Q,令

$$f(z)=P(x,y)+iQ(x,y),\quad \varphi'(z)=\frac{1}{4}f(z).$$

再令解析函数 $\psi(z)$满足

$$\mathrm{Re}\psi(z)=U(x,y)-x\mathrm{Re}\varphi(z)-y\mathrm{Im}\varphi(z),$$

则

$$U(z)=\frac{1}{2}(\bar{z}\varphi(z)+z\overline{\varphi(z)}+\psi(z)+\overline{\psi(z)}).$$

设 $u(x,y),v(x,y)$分别是点(x,y)处的位移分量,则它们可以通过 $\varphi(z)$与 $\psi(z)$来表达:

$$u+iv=\frac{1}{2\mu}\left(\frac{\lambda+3\mu}{\lambda+\mu}\varphi(z)-z\overline{\varphi'(z)}-\overline{\psi'(z)}\right),$$

其中 λ 与 μ 是联系应力、分力与形变分量的常数:

$$X_x=\lambda\left(\frac{\partial u}{\partial x}+\frac{\partial v}{\partial y}\right)+2\mu\frac{\partial u}{\partial x},\quad Y_y=\lambda\left(\frac{\partial u}{\partial x}+\frac{\partial v}{\partial y}\right)+2\mu\frac{\partial v}{\partial y},$$

$$X_y=Y_x=\mu\left(\frac{\partial v}{\partial x}+\frac{\partial u}{\partial y}\right).$$

这样,在平面弹性理论中,应力与位移都可以通过两个解析函数来表示.

8. 常微分方程与动力系统

§8.1 一般概念

8.1.1 有关常微分方程的概念

定义 1 凡联系自变量 x，未知函数 y 及其某些导数或微分的方程，称为常微分方程，简称微分方程.

定义 2 微分方程中出现的未知函数的最高阶导数的阶数，称为微分方程的**阶**.

定义 3 已将未知函数的最高阶导数解出的微分方程，称为**正规形微分方程**，否则称为**隐式微分方程**.

一阶隐式微分方程与正规形微分方程的一般形式分别为

$$F(x;y,y')=0$$

与

$$y'=f(x,y).$$

其中 F 是三个变元的已知函数，f 是两个变元的已知函数.

n 阶隐式微分方程与正规形微分方程的一般形式分别为

$$F(x;y,y',\cdots,y^{(n)})=0 \tag{8.1-1}$$

与

$$y^{(n)}=f(x;y,y',\cdots,y^{(n-1)}).$$

其中 F 是 $n+2$ 个变元的已知函数，f 是 $n+1$ 个变元的已知函数.

定义 4 如果在微分方程中，未知函数及其所有出现的导数都是一次的，则称为**线性微分方程**，否则称为**非线性微分方程**.

一阶正规形线性微分方程的一般形式为

$$y'=p(x)y+q(x),$$

式中 $p(x)$，$q(x)$ 都是在区间 $a<x<b$ 内已知的连续函数. 若 $q(x)\equiv 0$，则称为**一阶齐次线性微分方程**，否则称为**一阶非齐次线性微分方程**.

n 阶线性微分方程的一般形式为

$$y^{(n)}+a_1(x)y^{(n-1)}+\cdots+a_{n-1}(x)y'+a_n(x)y=f(x),$$

式中 $a_1(x),\cdots,a_{n-1}(x),a_n(x),f(x)$ 都是在区间 $a<x<b$ 内已知的连续函数. 若 $f(x)\equiv 0$，则称为 **n 阶齐次线性微分方程**，否则称为 **n 阶非齐次线性微分方程**.

8.1.2 有关方程的解的概念

定义 5 设 I 是 x 轴上的某区间. 如果函数 $y=\varphi(x)$ 在 I 上有定义，具有从一阶

到 n 阶的导数 $\varphi'(x),\varphi''(x),\cdots,\varphi^{(n)}(x)$，且使

$$F(x;\varphi(x),\varphi'(x),\cdots,\varphi^{(n)}(x))\equiv 0,$$

则称函数 $y=\varphi(x)$ 为方程(8.1-1)在 I 上的**解**.

定义 6 给定微分方程(8.1-1).如果对点 $x_0\in I$，给定了 n 个值的已知条件

$$y(x)\Big|_{x=x_0}=y_0,y'(x)\big|_{x=x_0}=y'_0,\cdots,y^{(n-1)}(x)\Big|_{x=x_0}=y_0^{(n-1)},\quad(8.1\text{-}2)$$

则称此条件为方程(8.1-1)的初始值条件，简称**初始条件**. x_0 称为自变量的**初值**，而 $y_0,y'_0,\cdots,y_0^{(n-1)}$ 则是未知函数及其直到 $n-1$ 阶导数的给定的初值.

设 $I=[a,b]$，如果对于端点 $x=a$ 与 $x=b$，给定了 $2n$ 个值的已知条件

$$y(x)\Big|_{x=a}=y_{10},y'(x)\Big|_{x=a}=y'_{10},\cdots,y^{(n-1)}(x)\Big|_{x=a}=y_{10}^{(n-1)},$$

$$y(x)\Big|_{x=b}=y_{20},y'(x)\Big|_{x=b}=y'_{20},\cdots,y^{(n-1)}(x)\Big|_{x=b}=y_{20}^{(n-1)}\quad(8.1\text{-}3)$$

则称此条件为方程(8.1-1)的边界值条件，简称**边界条件**.

初始条件(8.1-2)与边界条件(8.1-3)统称为**定解条件**.求微分方程(8.1-1)满足定解条件的解的问题，称为**定解问题**.如果定解条件是初始条件，则称为**初值问题**或**柯西问题**；如果定解条件是边界条件，则称为**边值问题**.

定义 7 如果含有 n 个任意常数的显函数族

$$y=\varphi(x;c_1,c_2,\cdots,c_n)\quad(8.1\text{-}4)$$

是微分方程(8.1-1)的解，且至少对于在一定范围内任意给定的定解条件，都能确定任意常数 $c_1,c_2,\cdots,c_n$ 的值，使对应的解满足此条件，则称函数族(8.1-4)为微分方程(8.1-1)的**通解**.

若方程(8.1-1)的通解是由方程

$$\Phi(x,y,c_1,c_2,\cdots,c_n)=0\quad(8.1\text{-}5)$$

确定的 y 为 x 的隐函数的形式给出，则称关系式(8.1-5)为方程(8.1-1)的**通积分**.

定义 8 在微分方程的通解中，对任意常数取定特殊值后所得到的解称为微分方程的**特解**.微分方程的解所表示的曲线称为**解曲线**或**积分曲线**.每一个特解对应的曲线是一条积分曲线，而通解对应的曲线则是一族积分曲线.

§8.2 一阶微分方程

8.2.1 存在和唯一性定理

定理 1 给定一阶正规形微分方程

$$y'=f(x,y)\quad(8.2\text{-}1)$$

及初始条件 $y(x_0)=y_0$.如果函数 $f(x,y)$ 在闭域

$$R = \{(x,y): |x - x_0| \leqslant a, |y - y_0| \leqslant b\}$$

上连续，且在 R 内对变量 y 满足李普希兹条件，即存在一正的常数 L，使当

$$(x,y_1) \in R, (x,y_2) \in R$$

时，有

$$|f(x,y_1) - f(x,y_2)| \leqslant L|y_1 - y_2|$$

（L 称为李普希兹常数），则方程(8.2-1)在区间 $|x-x_0| \leqslant h$ 上有且只有一个解 $y=\varphi(x)$ 满足初始条件 $\varphi(x_0)=y_0$. 此处

$$h = \min\left(a, \frac{b}{M}\right), M = \max_{(x,y)\in R} |f(x,y)|.$$

8.2.2 一阶微分方程的若干可积类型及其通解

1. 一阶正规形微分方程

(1) 变量可分离的微分方程

$$\frac{dy}{dx} = -\frac{f_1(x)g_1(y)}{f_2(x)g_2(y)} \quad (f_2(x) \neq 0, g_2(y) \neq 0).$$

分离变量再分别积分得通解：

$$\int \frac{f_1(x)}{f_2(x)}dx + \int \frac{g_2(y)}{g_1(y)}dy = c \quad (g_1(y) \neq 0).$$

(2) 齐次微分方程

方程(8.2-1)中，若函数 $f(x,y)$ 是 x,y 的零次齐次函数，即满足

$$f(tx,ty) = f(x,y),$$

则称方程(8.2-1)为**齐次微分方程**. 齐次微分方程可化为如下形式：

$$\frac{dy}{dx} = g\left(\frac{y}{x}\right). \tag{8.2-2}$$

若 $g\left(\frac{y}{x}\right)=\frac{y}{x}$，则可分离变量. 若 $g\left(\frac{y}{x}\right)\neq\frac{y}{x}$，则令 $y=xu(x)$，方程(8.2-2)化为 $\frac{du}{dx}=\frac{g(u)-u}{x}$，分离变量再分别积分得通积分

$$x = ce^{\int\frac{du}{g(u)-u}} \quad \left(u = \frac{y}{x}\right).$$

(3) 可化为变量可分离或齐次微分方程的方程

1° $\frac{dy}{dx}=f(ax+by+c)$. 令 $z=ax+by+c$，原方程化为变量可分离的微分方程

$$\frac{dz}{dx} = a + bf(z).$$

2°

$$\frac{dy}{dx}=f\left(\frac{a_1x+b_1y+c_1}{a_2x+b_2y+c_2}\right). \tag{8.2-3}$$

若行列式

$$D=\begin{vmatrix} a_1 & b_1 \\ a_2 & b_2 \end{vmatrix}\neq 0,\quad 令\begin{cases} x=\xi+\alpha, \\ y=\eta+\beta, \end{cases}$$

其中 α,β 满足方程组

$$a_1\alpha+b_1\beta+c_1=0,\quad a_2\alpha+b_2\beta+c_2=0,$$

则方程(8.2-3)化为齐次微分方程

$$\frac{d\eta}{d\xi}=f\left(\frac{a_1\xi+b_1\eta}{a_2\xi+b_2\eta}\right).$$

若行列式 $D=0$,即 $\frac{a_2}{a_1}=\frac{b_2}{b_1}=\lambda$,令 $z=a_1x+b_1y$,则方程(8.2-3)化为变量可分离的微分方程

$$\frac{dz}{dx}=a_1+b_1f\left(\frac{z+c_1}{\lambda z+c_2}\right).$$

(4) 线性微分方程

齐次线性微分方程 $\frac{dy}{dx}=p(x)y$ 的通解为 $y=ce^{\int p(x)dx}$. 非齐次线性微分方程 $\frac{dy}{dx}=p(x)y+q(x)$ 的通解为

$$y=e^{\int p(x)dx}\left(\int q(x)e^{-\int p(x)dx}dx+c\right).$$

(5) 伯努利方程

$$\frac{dy}{dx}=p(x)y+q(x)y^n\quad(n\neq 0,1). \tag{8.2-4}$$

方程(8.2-4)称为**伯努利方程**,令 $z=y^{1-n}$,它可化为

$$\frac{dz}{dx}=(1-n)p(x)z+(1-n)q(x).$$

由此可得其通解为

$$z=y^{1-n}=e^{(1-n)\int p(x)dx}\left((1-n)\int q(x)e^{-(1-n)\int p(x)dx}dx+c\right).$$

(6) 全微分方程

给定对称形式的微分方程

$$M(x,y)dx+N(x,y)dy=0, \tag{8.2-5}$$

若

$$M(x,y)dx+N(x,y)dy=du(x,y),$$

则称方程(8.2-5)为**全微分方程**或称**恰当方程**.

定理 2 方程(8.2-5)为全微分方程的必要充分条件是

$$\frac{\partial M(x,y)}{\partial y}=\frac{\partial N(x,y)}{\partial x}.$$

若方程(8.2-5)为全微分方程，则其通解为

$$u(x,y)=\int_{x_0}^{x}M(x,y)dx+\int_{y_0}^{y}N(x_0,y)dy=c$$

或

$$u(x,y)=\int_{x_0}^{x}M(x,y_0)dx+\int_{y_0}^{y}N(x,y)dy=c.$$

(7) 具有积分因子的微分方程

若方程(8.2-5)不是全微分方程，但能找到函数 $\mu=\mu(x,y)\neq 0$，使方程 $\mu M(x,y)dx+\mu N(x,y)dy=0$ 成为全微分方程，则称 $\mu(x,y)$ 为方程(8.2-5)的**积分因子**.

定理 3 若方程(8.2-5)不是全微分方程，则函数 $\mu=\mu(x,y)\neq 0$ 为方程(8.2-5)的一个积分因子的必要充分条件是

$$N\frac{\partial\mu}{\partial x}-M\frac{\partial\mu}{\partial y}=\left(\frac{\partial M}{\partial y}-\frac{\partial N}{\partial x}\right)\mu$$

或

$$N\frac{\partial\ln\mu}{\partial x}-M\frac{\partial\ln\mu}{\partial y}=\frac{\partial M}{\partial y}-\frac{\partial N}{\partial x}.$$

下述各条件均为方程(8.2-5)具有相应特殊形式的积分因子的必要充分条件：

条　　件	积分因子 $\mu(x,y)$
$xM(x,y)+yN(x,y)=0$	$\dfrac{1}{xM(x,y)-yN(x,y)}$
$xM(x,y)+yN(x,y)\neq 0$ M,N 是同次齐次式	$\dfrac{1}{xM(x,y)+yN(x,y)}$
$xM(x,y)-yN(x,y)=0$	$\dfrac{1}{xM(x,y)+yN(x,y)}$
$xM(x,y)-yN(x,y)\neq 0$ $M(x,y)=yM_1(xy),\quad N(x,y)=xN_1(xy).$	$\dfrac{1}{xM(x,y)-yN(x,y)}$
$\dfrac{1}{N(x,y)}\left(\dfrac{\partial M}{\partial y}-\dfrac{\partial N}{\partial x}\right)=f(x)$	$e^{\int f(x)dx}$
$\dfrac{1}{M(x,y)}\left(\dfrac{\partial N}{\partial x}-\dfrac{\partial M}{\partial y}\right)=g(y)$	$e^{\int g(y)dy}$
$\left(\dfrac{\partial M}{\partial y}-\dfrac{\partial N}{\partial x}\right)(N\mp M)^{-1}=f(x\pm y)$	形如 $\mu(x\pm y)$
$\left(\dfrac{\partial M}{\partial y}-\dfrac{\partial N}{\partial x}\right)(yN-xM)^{-1}=f(xy)$	形如 $\mu(xy)$
$x^2\left(\dfrac{\partial M}{\partial y}-\dfrac{\partial N}{\partial x}\right)(yN+xM)^{-1}=f\left(\dfrac{y}{x}\right)$	形如 $\mu\left(\dfrac{y}{x}\right)$

续表

条　　件	积分因子 $\mu(x,y)$
$\left(\frac{\partial M}{\partial y}-\frac{\partial N}{\partial x}\right)(xN\mp yM)^{-1}=f(x^2\pm y^2)$	形如 $\mu(x^2\pm y^2)$
$\left(\frac{\partial M}{\partial y}-\frac{\partial N}{\partial x}\right)\left(\frac{\alpha N}{x}-\frac{\beta M}{y}\right)^{-1}=f(x^\alpha y^\beta)$ (α,β 为常数)	形如 $\mu(x^\alpha y^\beta)$

(8) 里卡蒂方程

$$y' = p(x)y^2 + q(x)y + r(x) \quad (p(x)\neq 0, r(x)\neq 0).$$

上述方程称为**里卡蒂方程**.若已知该方程的一特解 $y_1(x)$,则令

$$y = y_1(x) + \frac{1}{u},$$

可将原方程化为线性微分方程:

$$\frac{du}{dx} + (q(x) + 2p(x)y_1)u + p(x) = 0.$$

或令 $y=y_1(x)+u$,可将原方程化为伯努利方程:

$$\frac{du}{dx} = (q(x) + 2p(x)y_1)u + p(x)u^2.$$

2. 可将 y 解出的微分方程

(1) 一般形式

$$y = F(x,p), \tag{8.2-6}$$

式中 $p=\frac{dy}{dx}$,F 为 x,p 的已知可微函数,将方程(8.2-6)的两端对 x 求导得

$$\left(p - \frac{\partial F}{\partial x}\right)dx - \frac{\partial F}{\partial p}dp = 0. \tag{8.2-7}$$

若能求出方程(8.2-7)的通解 $p=\varphi(x,c)$ 或 $x=\psi(p,c)$,则方程(8.2-6)相应的通解为

$$y = F(x,\varphi(x,c))$$

或

$$x = \psi(p,c), y = F(\psi(p,c),p)$$

(其中 p 视为参数).

(2) 拉格朗日方程

$$y = xf_1(p) + f_2(p), \tag{8.2-8}$$

式中 $p=\frac{dy}{dx}$,f_1,f_2 是已知可微函数.方程(8.2-8)称为**拉格朗日方程**,它可化为 x 的

线性微分方程：

$$\frac{dx}{dp}=\frac{f_1'(p)}{p-f_1(p)}x+\frac{f_2'(p)}{p-f_1(p)}\quad (p\neq f_1(p)).$$

(3) 克莱罗方程

$$y=xp+\varphi(p),\tag{8.2-9}$$

式中 $p=\dfrac{dy}{dx}$，φ 为已知可微函数，方程(8.2-9)称为**克莱罗方程**，该方程的通解为 $y=cx+\varphi(c)$.

3. 可将 x 解出的微分方程

$$x=F(x,p).\tag{8.2-10}$$

式中 $p=\dfrac{dy}{dx}$，F 为 y,p 的已知可微函数. 将方程(8.2-10)的两端对 x 求导，并利用 $y''=p\dfrac{dp}{dy}$ 得

$$\left(p\frac{\partial F}{\partial y}-1\right)dy+p\frac{\partial F}{\partial p}dp=0.\tag{8.2-11}$$

若能求出方程(8.2-11)的通解 $p=\varphi(y,c)$ 或 $y=\psi(p,c)$，则方程(8.2-10)相应的通解为

$$x=F(y,\varphi(y,c))$$

或

$$x=F(\psi(p,c),p),y=\psi(p,c),$$

(其中 p 视为参数).

4. 不显含未知函数的微分方程

$$F(x,y')=0.\tag{8.2-12}$$

若能引入适当参数 t，将方程(8.2-12)化为参数式

$$x=\varphi(t),y'=\psi(t),$$

则可得方程(8.2-12)的参数形式的通解：

$$x=\varphi(t),y=\int\psi(t)\varphi'(t)dt+c.$$

5. 不显含自变量的微分方程

$$F(y,y')=0.\tag{8.2-13}$$

若能引入适当参数 t，将方程(8.2-13)化为参数式

$$y=\varphi(t),y'=\psi(t),$$

则可得方程(8.2-13)的参数形式的通解：

$$x=\int \frac{\varphi'(t)}{\psi(t)}dt+c, y=\varphi(t).$$

8.2.3 奇解及其求法

微分方程 $F(x,y,y')=0$ 的一族积分曲线(通解)的包络线(参看 10.1.3)，称为这个微分方程的**奇解**. 奇解是微分方程的解，同时过奇解曲线上的每一点至少有两条积分曲线，即在奇解曲线上的每一点，微分方程的解不是唯一的.

求奇解的两种常用的方法.

1. c 判别曲线法

设已求得微分方程 $F(x,y,y')=0$ 的通积分 $\Phi(x,y,c)=0$. 若把 c 视为参数，则曲线族 $\Phi(x,y,c)=0$ 的包络线含在由方程组

$$\Phi(x,y,c)=0, \Phi'_c(x,y,c)=0$$

消去 c 而得到的曲线中，这样的曲线称为曲线族 $\Phi(x,y,c)=0$ 的 **c 判别曲线**. 在 c 判别曲线中，除去曲线族 $\Phi(x,y,c)=0$ 的包络线外，可能还有其他非包络线的曲线. c 判别曲线中究竟哪一条是包络线尚须代入原微分方程进行检验，若是原微分方程的解，则是奇解，否则就不是奇解.

2. p 判别曲线法

对微分方程 $F(x,y,y')=0$，若令 $y'=p$，则它的奇解必含在由方程组

$$F(x,y,p)=0, F'_p(x,y,p)=0$$

消去 p 而得到的曲线中. 这样的曲线称为 **p 判别曲线**. 至于 p 判别曲线是否为奇解，也需进行检验. 若它是原微分方程的解且在其上的每一点都违反唯一性，则是奇解，否则就不是奇解.

上述两种方法是求一阶隐式微分方程的奇解的常用方法. 若欲求一阶正规形微分方程(8.2-1)的奇解，则常用下述方法：如果方程(8.2-1)的右端 $f(x,y)$ 在全部被考虑的区域内连续，则奇解只能经过不满足李普希兹条件的各点. 当 $f(x,y)$ 为初等函数时，$\frac{\partial f}{\partial y}$为无穷大的点的轨迹就是不满足李普希兹条件的点的轨迹. 如果这个轨迹是一条或数条曲线，则再检验这些曲线是否是方程(8.2-1)的积分曲线，同时在这个轨迹的每一点是否违反了唯一性. 如果这两个条件都具备，则所得的曲线就是方程(8.2-1)的奇解.

例 1 求方程 $y'=y^{2/3}$ 的奇解.

解 方程的右端 $f(x,y)=y^{2/3}$ 连续，$\frac{\partial f}{\partial y}=\frac{2}{3}y^{-1/3}$ 在 $y=0$ 处即在 Ox 轴上趋于无穷大. 即在 $y=0$ 处方程的右端 $f(x,y)=y^{2/3}$ 不满足李普希兹条件，而 $y=0$ 显然是所

给方程的解.另一方面,所给方程的通解为 $27y=(x+c)^3$,这是立方抛物线族.所以在 $y=0$ 即 Ox 轴上的每一点,不仅有立方抛物线 $27y=(x+c)^3$ 通过,而且又有这条直线 $y=0$ 本身通过,这就违反了解的唯一性. $y=0$ 就是所给方程的奇解.

例 2 求微分方程 $y'^2((x-y)^2-1)-2y'+((x-y)^2-1)=0$ 的奇解.

解 先用 c 判别曲线法.令 $y'=p$,原方程化为

$$x-y=\pm\frac{1+p}{\sqrt{1+p^2}}.$$

两端对 x 求导得

$$(1-p)\left(\pm\frac{dp}{(1+p^2)^{3/2}}-dx\right)=0.$$

若 $1-p=0$,得 $y=x$,因 $y=x$ 不是原微分方程的解,所以不是奇解.若 $1-p\neq0$,则

$$dx=\pm\frac{dp}{(1+p^2)^{3/2}}$$

由此可得原方程的通积分

$$\Phi(x,y,c)=(x-c)^2+(y-c)^2-1=0,$$

$$\Phi'_c(x,y,c)=x+y-2c=0,$$

由此方程组消去 c,得 c 判别曲线

$$y=x-\sqrt{2},y=x+\sqrt{2}.$$

直接验证这两条 c 判别曲线都是原微分方程的解,因而是奇解.

再用 p 判别曲线法.由方程组

$$F(x,y,p)=p^2((x-y)^2-1)-2p+((x-y)^2-1)=0,$$

$$F'_p(x,y,p)=2p((x-y)^2-1)-2=0$$

消去 p,得 p 判别曲线

$$y=x,y=x-\sqrt{2},y=x+\sqrt{2}.$$

代入所给微分方程可知:$y=x$ 不是奇解,而

$$y=x-\sqrt{2},y=x+\sqrt{2}$$

都是原微分方程的奇解.

§8.3 高阶微分方程

8.3.1 n 阶正规形微分方程与一阶正规形微分方程组的互化

给定 n 阶正规形微分方程

$$y^{(n)}=f(x;y,y',\cdots,y^{(n-1)}),\tag{8.3-1}$$

其中 f 是 $n+1$ 个变元的已知函数.令

$$y_1 = y, y_2 = y', y_3 = y'', \cdots, y_n = y^{(n-1)},$$

则方程(8.3-1)与下列由 n 个一阶正规形微分方程所构成的方程组等价：

$$y_1' = y_2, y_2' = y_3, \cdots, y_{n-1}' = y_n,$$

$$y_n' = f(x; y_1, y_2, \cdots, y_n).$$

其中 $y_1, y_2, \cdots, y_n$ 视为自变量 x 的 n 个未知函数.

反之,在有些情况下,给定由 n 个一阶正规形微分方程所构成的方程组也可化为一个与其等价的 n 阶正规形微分方程.

8.3.2 存在和唯一性定理

定理 给定一阶正规形微分方程组

$$\frac{dy_i}{dx} = f_i(x; y_1, y_2, \cdots, y_n) \quad (i = 1, 2, \cdots, n) \tag{8.3-2}$$

及一组初值 $x_0, y_{10}, y_{20}, \cdots, y_{n0}$. 如果函数

$$f_i(x; y_1, y_2, \cdots, y_n) \quad (i = 1, 2, \cdots, n)$$

在闭域

$$D = \{(x; y_1, y_2, \cdots, y_n): |x - x_0| \leqslant a, |y_i - y_{i0}| \leqslant b \quad (i = 1, 2, \cdots, n)\}$$

上连续,且在 D 内对变量 $y_1, y_2, \cdots, y_n$ 满足李普希兹条件,即存在一正的常数 L,使当 $(x; y_{11}, y_{21}, \cdots, y_{n1}) \in D, (x; y_{12}, y_{22}, \cdots, y_{n2}) \in D$ 时有

$$|f_i(x; y_{11}, y_{21}, \cdots, y_{n1}) - f_i(x; y_{12}, y_{22}, \cdots, y_{n2})|$$

$$\leqslant L \sum_{j=1}^{n} |y_{j1} - y_{j2}| \quad (i = 1, 2, \cdots, n),$$

则方程组(8.3-2)在区间 $|x - x_0| \leqslant h$ 上有且只有一组解

$$y_1 = y_1(x), y_2 = y_2(x), \cdots, y_n = y_n(x)$$

满足初始条件

$$y_1(x_0) = y_{10}, y_2(x_0) = y_{20}, \cdots, y_n(x_0) = y_{n0}.$$

此处

$$h = \min\left(a, \frac{b}{M}\right), M = \max_{\substack{(x; y_1, y_2, \cdots, y_n) \in D \\ i = 1, 2, \cdots, n}} |f_i(x; y_1, y_2, \cdots, y_n)|$$

8.3.3 高阶微分方程的若干可积类型及其通解

1. 高阶正规形微分方程

(1) $y^{(n)} = f(x)$.

通解

$$y=\int_{x_0}^{x}dt_n\cdots\int_{x_0}^{t_3}dt_2\int_{x_0}^{t_2}f(t_1)dt_1$$

$$+\frac{c_1}{(n-1)!}(x-x_0)^{n-1}+\frac{c_2}{(n-2)!}(x-x_0)^{n-2}+\cdots+c_n$$

$$=\frac{1}{(n-1)!}\int_{x_0}^{x}(x-\xi)^{n-1}f(\xi)d\xi+\frac{c_1}{(n-1)!}(x-x_0)^{n-1}$$

$$+\frac{c_2}{(n-2)!}(x-x_0)^{n-2}+\cdots+c_n.$$

(2) $y^{(n)}=f(y^{(n-1)})$.

令 $y^{(n-1)}=z(x)$，代入原方程，分离变量得

$$\int\frac{dz}{f(z)}=x+c_1\quad(\text{设 } f(z)\neq 0).$$

若能从中解出 $z=\varphi(x,c_1)$，则原方程的通解为：

$$y=\frac{1}{(n-2)!}\int_{x_0}^{x}(x-\xi)^{n-2}\varphi(\xi,c_1)d\xi+\frac{c_2}{(n-2)!}(x-x_0)^{n-2}$$

$$+\frac{c_3}{(n-3)!}(x-x_0)^{n-3}+\cdots+c_n.$$

(3) $y^{(n)}=f(y^{(n-2)})$.

令 $y^{(n-2)}=z(x)$，原方程化为 $z''=f(z)$，两端乘以 $2z'$，则得

$$dz'^2=2f(z)dz,$$

于是

$$z=\int\frac{dz}{\sqrt{2\int f(z)dz+c_1}}+c_2.$$

若能从中解出 $z=\varphi(x,c_1,c_2)$，则原方程的通解为：

$$y=\frac{1}{(n-3)!}\int_{x_0}^{x}(x-\xi)^{n-3}\varphi(\xi,c_1,c_2)d\xi+\frac{c_3}{(n-3)!}(x-x_0)^{n-3}$$

$$+\frac{c_4}{(n-4)!}(x-x_0)^{n-4}+\cdots+c_n.$$

2. 其他高阶微分方程的可积类型

(1) $F(x,y^{(n)})=0$.

若能解出 $y^{(n)}=f(x)$，则方程化为 1.(1)的类型求解.

若不能解出 $y^{(n)}$，但函数

$$x=\phi(t),y^{(n)}=\psi(t)\quad(\alpha<t<\beta)$$

满足原方程，则由

$$dy^{(n-1)}=y^{(n)}dx=\psi(t)\varphi'(t)dt,$$

得

$$y^{(n-1)}=\int\psi(t)\varphi'(y)dt+c_1=\psi_1(t,c_1).$$

再由

$$dy^{(n-2)}=y^{(n-1)}dx=\psi_1(t,c_1)\varphi'(t)dt,$$

得

$$y^{(n-2)}=\int\psi_1(t,c_1)\varphi'(t)dt=\psi_2(t,c_1,c_2).$$

如此继续下去,最后得原方程的参数形式的通解

$$x=\varphi(t),y=\psi_n(t,c_1,c_2,\cdots,c_n).$$

(2) $F(y^{(n-1)},y^{(n)})=0$.

若能解出 $y^{(n)}=f(y^{(n-1)})$,则方程化为 1.(2)的类型求解.

若不能解出 $y^{(n)}$,但原方程可表示为如下的参数形式

$$y^{(n-1)}=\varphi(t),y^{(n)}=\psi(t),$$

则按 2.(1)的类型的方法,可得原方程的参数形式的通解

$$z=\int\frac{\varphi'(t)}{\psi(t)}dt+c_1,\quad y=\varphi_{n-1}(t,c_2,c_3,\cdots,c_n).$$

§8.4 高阶线性微分方程

8.4.1 朗斯基行列式

定义 1 如果 $y_1=y_1(x),y_2=y_2(x),\cdots,y_n=y_n(x)$ 是 n 个可微分 $n-1$ 次的函数,则行列式

$$\begin{vmatrix} y_1 & y_2 & \cdots & y_n \\ y_1' & y_2' & \cdots & y_n' \\ \cdots & \cdots & & \cdots \\ y_1^{(n-1)} & y_2^{(n-1)} & \cdots & y_n^{(n-1)} \end{vmatrix}$$

称为函数 $y_1,y_2,\cdots,y_n$ 的**朗斯基行列式**,记作

$$W[y_1,y_2,\cdots,y_n]=W(x).$$

定理 1 如果函数 $y_1,y_2,\cdots,y_n$ 线性相关,则它们的朗斯基行列式恒等于零:$W[y_1,y_2,\cdots,y_n]\equiv0$.

给定 n 阶齐次线性微分方程

$$y^{(n)}+a_1(x)y^{(n-1)}+\cdots+a_{n-1}(x)y'+a_n(x)y=0 \tag{8.4-1}$$

与非齐次线性微分方程

$$y^{(n)}+a_1(x)y^{(n-1)}+\cdots+a_{n-1}(x)y'+a_n(x)y=f(x), \tag{8.4-2}$$

式中

$$a_1(x),\cdots,a_{n-1}(x),a_n(x)$$

与 $f(x)$ 都是在区间 $a<x<b$ 内已知的连续函数.

定理 2 如果函数 $y_1,y_2,\cdots,y_n$ 是齐次线性微分方程(8.4-1)在区间 (a,b) 内线性无关的 n 个解,则

$$W[y_1,y_2,\cdots,y_n]\neq 0,\quad \forall x\in(a,b).$$

齐次线性微分方程(8.4-1)的 n 个解组成的朗斯基行列式,或者恒等于零或者在 (a,b) 内处处恒不等于零.

定理 3(刘维尔) 若 $y_1(x),y_2(x),\cdots,y_n(x)$ 是齐次线性微分方程(8.4-1)的 n 个解,则它们的朗斯基行列式满足下面的**刘维尔公式**:

$$W[y_1(x),y_2(x),\cdots,y_n(x)]=W[y_1(x_0),y_2(x_0),\cdots,y_n(x_0)]e^{-\int_{x_0}^{x}a_1(t)dt}.$$

其中 $x,x_0\in(a,b)$.

8.4.2 线性微分方程解的结构

定理 4 齐次线性微分方程(8.4-1)存在线性无关的 n 个解

$$y_1(x),y_2(x),\cdots,y_n(x),$$

且它的通解就是这 n 个解的线性组合

$$y(x)=\sum_{j=1}^{n}c_jy_j(x),$$

其中 $c_j(j=1,2,\cdots,n)$ 为任意常数.

定义 2 齐次线性微分方程(8.4-1)的线性无关的 n 个解称为它的一个**基本解组**.

因此,定理 4 又可表述为:齐次线性微分方程的通解是它的基本解组的线性组合.

定理 5 设 $y_1(x),y_2(x),\cdots,y_n(x)$ 是齐次线性微分方程(8.4-1)在 (a,b) 内的一个基本解组,而 $y^*(x)$ 是非齐次线性微分方程(8.4-2)在 (a,b) 内的任一特解,则方程(8.4-2)在 (a,b) 内的通解为

$$y(x)=\sum_{j=1}^{n}c_jy_j(x)+y^*(x),$$

其中 $c_j(j=1,2,\cdots,n)$ 为任意常数.

定理 6 设 $y_j(x)(j=1,2,\cdots,n)$ 是齐次线性微分方程(8.4-1)在 (a,b) 内的一个基本解组,其朗斯基行列式为

$$W[y_1,y_2,\cdots,y_n]=W(x),$$

而 $\varphi_j(x)$ 是行列式 $W(x)$ 中第 n 行第 j 列元素 $y_j^{(n-1)}(x)(j=1,2,\cdots,n)$ 的代数余子式,则非齐次线性微分方程(8.4-2)的通解可由**变动参数法**得如下公式:

$$y(x) = \sum_{j=1}^{n} c_j y_j(x) + \int_{x_0}^{x} \frac{\sum_{j=1}^{n} y_j(x)\varphi_j(\xi)}{W(\xi)} f(\xi) d\xi,$$

其中 $c_j(j=1,2,\cdots,n)$为任意常数,$x,x_0 \in (a,b)$.

定理 7 设 $y_j(x)(j=1,2,\cdots,n)$是齐次线性微分方程(8.4-1)在(a,b)内的一个基本解组,而 $y_1^*(x)$与 $y_2^*(x)$分别为方程

$$y^{(n)} + a_1(x)y^{(n-1)} + \cdots + a_{n-1}(x)y' + a_n(x)y = f_1(x)$$

与

$$y^{(n)} + a_1(x)y^{(n-1)} + \cdots + a_{n-1}(x)y' + a_n(x)y = f_2(x)$$

的任一特解,则方程

$$y^{(n)} + a_1(x)y^{(n-1)} + \cdots + a_{n-1}(x)y' + a_n(x)y = f_1(x) + f_2(x)$$

在(a,b)内的通解为

$$y(x) = \sum_{j=1}^{n} c_j y_j(x) + y_1^*(x) + y_2^*(x),$$

其中 $c_j(j=1,2,\cdots,n)$为任意常数.

例 1 设 $y_1(x),y_2(x)$是二阶齐次线性方程

$$y'' + a_1(x)y' + a_2(x)y = 0 \tag{8.4-3}$$

的基本解组,其朗斯基行列式为

$$W[y_1,y_2] = y_1y_2' - y_2y_1'.$$

而

$$\varphi_1(x) = -y_2(x), \varphi_2(x) = y_1(x),$$

则二阶非齐次方程

$$y'' + a_1(x)y' + a_2(x)y = f(x)$$

的通解为

$$y(x) = c_1y_1(x) + c_2y_2(x) + \int_{x_0}^{x} \frac{y_1(x)(-y_2(\xi)) + y_2(x)y_1(\xi)}{y_1(\xi)y_2'(\xi) - y_2(\xi)y_1'(\xi)} f(\xi)d\xi.$$

例如已知方程

$$y'' - \frac{2}{x}y' + \frac{2}{x^2}y = 0$$

的基本解组为 $y_1=x,y_2=x^2$,则非齐次方程

$$y'' - \frac{2}{x}y' + \frac{2}{x^2}y = x\sin x$$

的一特解为

$$y^* = \int_{x_0}^{x} \frac{x(-\xi^2) + x^2\xi}{\xi^2} \xi\sin\xi d\xi$$

$$= x^2\cos x_0 - x\sin x - xx_0\cos x_0 + x\sin x_0,$$

故所给非齐次方程的通解为

$$\begin{aligned} y &= c_1x + c_2x^2 + x^2\cos x_0 - x\sin x - xx_0\cos x_0 + x\sin x_0 \\ &= (c_2 + \cos x_0)x^2 + (c_1 - x_0\cos x_0 + \sin x_0)x - x\sin x. \end{aligned}$$

设 $y_1(x)$是方程(8.4-3)的一个非零解，则它的另一个与 $y_1(x)$线性无关的解 $y_2(x)$可表示为

$$y_2(x) = y_1(x)\int \frac{e^{-\int a_1(x)dx}}{y_1^2(x)}dx.$$

8.4.3 常系数线性微分方程

给定 n 阶齐次常系数线性微分方程

$$y^{(n)} + a_1y^{(n-1)} + \cdots + a_{n-1}y' + a_ny = 0 \tag{8.4-4}$$

与非齐次常系数线性微分方程

$$y^{(n)} + a_1y^{(n-1)} + \cdots + a_{n-1}y' + a_ny = f(x), \tag{8.4-5}$$

其中系数 $a_1,a_2,\cdots,a_n$ 均为实常数.

定义 3 以 λ 为未知数的 n 次代数方程

$$\lambda^n + a_1\lambda^{n-1} + \cdots + a_{n-1}\lambda + a_n = 0, \tag{8.4-6}$$

称为微分方程(8.4-4)的**特征方程**，特征方程的根称为**特征根**.

1. 求齐次常系数线性微分方程通解的方法

先求特征方程(8.4-6)的全部特征根，再根据特征根的各种情况，分别列出微分方程(8.4-4)所对应的线性无关的特解，最后作线性无关的 n 个特解的任意常系数的线性组合，即得方程(8.4-4)的通解.

(1) 若特征方程(8.4-6)有互不相等的 n 个实根 $\lambda_j\ (j=1,2,\cdots,n)$，则微分方程(8.4-4)有线性无关的 n 个特解 $y_j(x)=e^{\lambda_j x}\ (j=1,2,\cdots,n)$. 这时方程(8.4-4)的通解为

$$y(x) = \sum_{j=1}^{n} c_je^{\lambda_j x}.$$

(2) 若特征方程(8.4-6)有一个 r 重的实根 λ_0，则微分方程(8.4-4)有与之对应的线性无关的 r 个特解

$$y_1(x) = e^{\lambda_0 x}, y_2(x) = xe^{\lambda_0 x}, \cdots, y_r(x) = x^{r-1}e^{\lambda_0 x}.$$

(3) 若特征方程(8.4-6)有一对单共轭复根

$$\lambda_1 = \alpha + i\beta, \lambda_2 = \alpha - i\beta \quad (\alpha,\beta \in \boldsymbol{R}),$$

则微分方程(8.4-4)有与之对应的线性无关的两个特解

$$y_1(x) = e^{\alpha x}\cos\beta x$$

$$y_2(x) = e^{\alpha x}\sin\beta x.$$

(4) 若特征方程(8.4-6)有一对 r 重共轭复根

$$\lambda_1 = \alpha + i\beta, \lambda_2 = \alpha - i\beta \quad (\alpha, \beta \in \mathbf{R}),$$

则微分方程(8.4-4)有与之对应的线性无关的 $2r$ 个特解：

$$y_1(x) = e^{\alpha x}\cos\beta x, y_2(x) = xe^{\alpha x}\cos\beta x, \cdots, y_r(x) = x^{r-1}e^{\alpha x}\cos\beta x;$$

$$y_{r+1}(x) = e^{\alpha x}\sin\beta x, y_{r+2}(x) = xe^{\alpha x}\sin\beta x, \cdots, y_{2r}(x) = x^{r-1}e^{\alpha x}\sin\beta x.$$

2. 求非齐次常系数线性微分方程特解的方法

(1) 变动参数法(或常数变易法)

设已求得齐次方程(8.4-4)的通解

$$y(x) = \sum_{j=1}^{n} c_j y_j(x),$$

则非齐次方程(8.4-5)的通解可由定理 6 的变动参数的公式给出，从而

$$\int_{x_0}^{x} \frac{\sum_{j=1}^{n} y_j(x)\varphi_j(\xi)}{W(\xi)} f(\xi)d\xi$$

就是一特解.

(2) 待定系数法

对方程(8.4-5)的右端 $f(x)$ 的某些特殊类型，可设其特解为某些相应的待定表达式，再将这些待定表达式代入原方程(8.4-5)，令各同类项的系数相等得待定系数所满足的代数方程组. 解此方程组确定各系数. 最后将各系数代入特解的表达式即得方程(8.4-5)的相应的特解. 现将常用的 $f(x)$ 的类型的特解形式列表如下：

$f(x)$的类型	特解 $y^*_{(x)}$ 的待定表达式
(1) $ae^{\alpha x}$	(1) $Ae^{\alpha x}$(α 不是特征根) $Ax^r e^{\alpha x}$(α 是 r 重特征根)
(2) $e^{\alpha x}(a_0x^n + a_1x^{n-1} + \cdots + a_{n-1}x + a_n)$	(2) $e^{\alpha x}(A_0x^n + A_1x^{n-1} + \cdots + A_{n-1}x + A_n)$ (α 不是特征根) $x^r e^{\alpha x}(A_0x^n + A_1x^{n-1} + \cdots + A_{n-1}x + A_n)$ (α 是 r 重特征根)
(3) $e^{\alpha x}(a\cos\beta x + b\sin\beta x)$	(3) $e^{\alpha x}(A\cos\beta x + B\sin\beta x)$ ($\alpha \pm i\beta$ 不是特征根) $x^r e^{\alpha x}(A\cos\beta x + B\sin\beta x)$ ($\alpha \pm i\beta$ 是 r 重特征根)
(4) $e^{\alpha x}((a_0x^n + a_1x^{n-1} + \cdots + a_{n-1}x + a_n)\cos\beta x + (b_0x^n + b_1x^{n-1} + \cdots + b_{n-1}x + b_n)\sin\beta x)$	(4) $e^{\alpha x}((A_0x^n + A_1x^{n-1} + \cdots + A_{n-1}x + A_n)\cos\beta x + (B_0x^n + B_1x^{n-1} + \cdots + B_{n-1}x + B_n)\sin\beta x)$ ($\alpha \pm i\beta$ 不是特征根) $x^r e^{\alpha x}((A_0x^n + A_1x^{n-1} + \cdots + A_{n-1}x + A_n)\cos\beta x + (B_0x^n + B_1x^{n-1} + \cdots + B_{n-1}x + B_n)\sin\beta x)$ ($\alpha \pm i\beta$ 是 r 重特征根)

说明：1°表中 $a,b,a_j,b_j(j=0,1,2,\cdots,n)$，$\alpha,\beta$ 均为已知实常数，n 为正整数；$A,B,A_j,B_j(j=0,1,2,\cdots,n)$均为待定系数.

2° 若在(4)中 $f(x)$的两个多项式的次数不同，则特解 $y^*(x)$在(4)中的多项式的次数取 $f(x)$的两个多项式中的次数较高者.

例 2 解方程

$$y^{(7)}-11y^{(6)}+50y^{(5)}-114y^{(4)}+113y^{(3)}+29y''-160y'+100y=0.$$

解 特征方程为

$$\lambda^7-11\lambda^6+50\lambda^5-114\lambda^4+113\lambda^3+29\lambda^2-160\lambda+100=0.$$

特征根为$-1,2,2,2\pm i,2\pm i$.

基本解组为 $e^{-x},e^{2x},xe^{2x},e^{2x}\cos x,xe^{2x}\cos x,e^{2x}\sin x,xe^{2x}\sin x$.

原微分方程的通解为

$$y(x)=c_1e^{-x}+(c_2+c_3x)e^{2x}+e^{2x}((c_4+c_5x)\cos x+(c_6+c_7x)\sin x).$$

例 3 用变动参数法解方程 $y'''+y'=\dfrac{\sin x}{\cos^2x}$.

解 因对应齐次方程 $y'''+y'=0$ 的通解为

$$\tilde{y}=c_1+c_2\cos x+c_3\sin x,$$

基本解组为 $1,\cos x,\sin x$.

$$W[1,\cos x,\sin x]=\begin{vmatrix}1 & \cos x & \sin x\\ 0 & -\sin x & \cos x\\ 0 & -\cos x & -\sin x\end{vmatrix}=1.$$

$$\varphi_1(x)=1,\varphi_2(x)=-\cos x,\varphi_3(x)=-\sin x.$$

特解

$$\begin{aligned}y^*(x)&=\int_0^x\frac{\sum\limits_{j=1}^{3}y_j(x)\varphi_j(\xi)}{W(\xi)}f(\xi)d\xi\\&=\int_0^x\left(\frac{\sin\xi}{\cos^2\xi}-\cos x\frac{\sin\xi}{\cos\xi}-\sin x\frac{\sin^2\xi}{\cos^2\xi}\right)d\xi\\&=\frac{1}{\cos x}-1+\cos x\ln|\cos x|+\sin x(x-\tan x).\end{aligned}$$

故原方程的通解为

$$\begin{aligned}y(x)=&c_1+c_2\cos x+c_3\sin x\\&+\frac{1}{\cos x}-1+\cos x\ln|\cos x|+\sin x(x-\tan x).\end{aligned}$$

例 4 用待定系数法解方程

$$y'''-3y''+4y'-2y=e^x+\cos x.$$

解 对应齐次方程的通解为 $\tilde{y}=e^x(c_1+c_2\cos x+c_3\sin x)$. 由于 $\alpha=1$ 是右端为 e^x 时的微分方程的单特征根，故设非齐次方程

$$y''' - 3y'' + 4y' - 2y = e^x$$

的特解为 $y_1^* = Axe^x$，代入确定系数 $A=1$. 所以 $y_1^* = xe^x$. 设非齐次方程 $y''' - 3y'' + 4y' - 2y = \cos x$ 的特解为 $y_2^* = B\cos x + C\sin x$，代入确定系数 $B=\frac{1}{10}$，$C=\frac{3}{10}$. 所以 $y_2^* = \frac{1}{10}\cos x + \frac{3}{10}\sin x$，则原方程的特解

$$y^* = y_1^* + y_2^* = xe^x + \frac{1}{10}\cos x + \frac{3}{10}\sin x,$$

通解为

$$y = e^x(c_1 + c_2\cos x + c_3\sin x) + xe^x + \frac{1}{10}\cos x + \frac{3}{10}\sin x.$$

8.4.4 欧拉方程

形如

$$x^n y^{(n)} + a_1 x^{n-1} y^{(n-1)} + \cdots + a_{n-1} xy' + a_n y = f(x) \tag{8.4-7}$$

的方程称为**欧拉方程**，其中 $a_1, a_2, \cdots, a_n$ 为常数. 令 $x=e^t$，则

$$t = \ln x, \frac{dy}{dx} = \frac{dy}{dt}\frac{dt}{dx} = x^{-1}\frac{dy}{dt}, \frac{d^2y}{dx^2} = x^{-2}\left(\frac{d^2y}{dx^2} - \frac{dy}{dt}\right),$$

一般地，

$$\frac{d^ky}{dx^k} = x^{-k}\left(\frac{d^ky}{dt^k} + \alpha_1\frac{d^{k-1}y}{d^{tk-1}} + \cdots + \alpha_{k-1}\frac{dy}{dt}\right),$$

其中 $\alpha_1, \alpha_2, \cdots, \alpha_{k-1}$ 为常数，k 为任何自然数. 把上述各导数代入方程(8.4-7)，则得关于新自变量 t 的常系数线性微分方程.

例 5 解方程 $x^2y'' - 2xy' + 2y = x^3\sin x$.

解 令 $x=e^t$，则得

$$x^2 \cdot x^{-2}\left(\frac{d^2y}{dt^2} - \frac{dy}{dt}\right) - 2x \cdot x^{-1}\frac{dy}{dt} + 2y = e^{3t}\sin e^t,$$

即

$$\frac{d^2y}{dt^2} - 3\frac{dy}{dt} + 2y = e^{3t}\sin e^t,$$

因对应齐次方程的基本解组为 $y_1 = e^t$，$y_2 = e^{2t}$. 利用例 1 的结果可得原欧拉方程的通解为

$$\begin{aligned} y &= c_1e^t + c_2e^{2t} + e^{2t}\cos e^{t_0} - e^t\sin e^t - e^te^{t_0}\cos e^{t_0} + e^t\sin e^{t_0} \\ &= (c_2 + \cos x_0)x^2 + (c_1 - x_0\cos x_0 + \sin x_0)x - x\sin x, \end{aligned}$$

其中 $x_0 = e^{t_0}$ 为常数.

8.4.5 二阶齐次线性微分方程解的定性性质

给定二阶齐次线性微分方程

$$y'' + a_1(x)y' + a_2(x)y = 0. \tag{8.4-8}$$

定理 8(斯图姆分离定理) 若 $y_1(x)$ 与 $y_2(x)$ 是方程(8.4-8)的线性无关的两个解，则 $y_1(x)$(或 $y_2(x)$)在 $y_2(x)$(或 $y_1(x)$)的两个相邻的零点之间恰有一个零点.

方程(8.4-8)通过变换

$$y(x) = u(x)e^{-\int \frac{1}{2}a_1(x)dx}$$

可化为

$$u'' + Q(x)u = 0, \tag{8.4-9}$$

其中

$$Q(x) = a_2(x) - \frac{1}{4}a_1^2(x) - \frac{1}{2}a_1'(x).$$

定理 9 设 $u(x)$ 是方程(8.4-9)的任一非零解. 若 $Q(x)<0$，则 $u(x)$ 至多有一个零点；若对一切 $x>0$，$Q(x)>0$，且

$$\int_1^{+\infty} Q(x)dx = \infty,$$

则 $u(x)$ 在正 x 轴上有无穷多个零点.

定理 10(斯图姆比较定理) 设 $u(x)$ 与 $v(x)$ 分别为方程

$$u'' + Q(x)u = 0$$

与

$$v'' + R(x)v = 0$$

的非零解，其中 $Q(x)>R(x)>0$，则在 $v(x)$ 的任何两个相邻零点之间，$u(x)$ 至少有一个零点.

8.4.6 二阶齐次线性微分方程的幂级数解法

定义 4 若方程(8.4-8)的系数函数 $a_1(x)$ 与 $a_2(x)$ 在点 x_0 处解析，则称点 x_0 为方程(8.4-8)的**寻常点**，否则称为方程(8.4-8)的**奇点**.

定义 5 设点 x_0 为方程(8.4-8)的奇点. 如果函数 $(x-x_0)a_1(x)$ 与 $(x-x_0)^2 a_2(x)$ 在点 x_0 处解析，则称点 x_0 为方程(8.4-8)的**正则奇点**，否则称为方程(8.4-8)的**非正则奇点**.

1. 设点 x_0 是方程(8.4-8)的寻常点，即 $a_1(x)$ 与 $a_2(x)$ 在点 x_0 的某邻域 $|x-x_0|<R$ 内分别有幂级数展开式

$$a_1(x) = \sum_{n=0}^{\infty} p_n(x-x_0)^n \text{ 与 } a_2(x) = \sum_{n=0}^{\infty} q_n(x-x_0)^n.$$

设 a_0 与 a_1 是任意常数，则方程(8.4-8)存在唯一的满足初始条件

$$y(x_0) = a_0, y'(x_0) = a_1$$

的解 $y(x)$，它在区间 $|x-x_0|<R$ 内可展为幂级数

$$y(x) = \sum_{n=0}^{\infty} a_n (x - x_0)^n,$$

其中系数 $a_n(n=0,1,2,\cdots)$由下述递推公式确定：

$$(n+1)(n+2)a_{n+2} = -\sum_{k=0}^{n} ((k+1)p_{n-k}a_{k+1} + q_{n-k}a_k).$$

2. 设点 x_0 是方程(8.4-8)的正则奇点，即

$$(x - x_0)a_1(x) \text{ 与 } (x - x_0)^2 a_2(x)$$

在点 x_0 的某邻域$|x-x_0|<k$ 内分别有幂级数展开式

$$(x - x_0)a_1(x) = \sum_{n=0}^{\infty} p_n (x - x_0)^n$$

与

$$(x - x_0)^2 a_2(x) = \sum_{n=0}^{\infty} q_n (x - x_0)^n.$$

又设方程(8.4-8)的解为

$$y(x) = (x - x_0)^m \sum_{n=0}^{\infty} b_n (x - x_0)^n \quad (b_0 \neq 0).$$

这种形式的解称为微分方程(8.4-8)的**弗罗贝尼乌斯级数解**. 而 m 满足所谓**指数方程**

$$m(m-1) + mp_0 + q_0 = 0. \tag{8.4-10}$$

指数方程的根称为微分方程(8.4-8)在正则奇点 x_0 处的**指数**.

若指数方程(8.4-10)有两相异实根 m_1 及 m_2 且 $m_1 - m_2$ 不等于正整数，则方程(8.4-8)在区间 $0<|x-x_0|<R$ 内有线性无关的两个解

$$y_j(x) = (x - x_0)^{m_j} \sum_{n=0}^{\infty} b_n (x - x_0)^n \quad (b_0 \neq 0, j = 1,2), \tag{8.4-11}$$

其中系数 $b_n(n=0,1,2,\cdots)$由下述递推公式确定：

$$b_n((m_j+n)(m_j+n-1) + (m_j+n)p_0 + q_0) + \sum_{k=0}^{n-1} b_k((m_j+k)p_{n-k} + q_{n-k}) = 0 \quad (j=,1,2), \tag{8.4-12}$$

且级数 $\sum_{n=0}^{\infty} b_n (x - x_0)^n$ 在 $|x - x_0| < R$ 内收敛.

若 $m_1 - m_2$ 等于零或正整数，则在(8.4-11)与(8.4-12)中取 $j=1$ 得方程(8.4-8)的一个解 $y_1(x)$，而另一解的一般形式为

$$y_2(x) = y_1(x)\ln(x - x_0) + (x - x_0)^{m_2} \sum_{n=0}^{\infty} c_n (x - x_0)^n, \tag{8.4-13}$$

其中系数 c_n 可通过把(8.4-13)式代入方程(8.4-8)加以确定.

§ 8.5 线性微分方程组

8.5.1 线性微分方程组解的结构

给定由 n 个一阶正规形齐次线性微分方程所构成的方程组

$$\frac{dy_i}{dx}=\sum_{j=1}^{n}a_{ij}(x)y_j \quad (i=1,2,\cdots,n) \tag{8.5-1}$$

与非齐次线性微分方程所构成的方程组

$$\frac{dy_i}{dx}=\sum_{j=1}^{n}a_{ij}(x)y_j+f_i(x) \quad (i=1,2,\cdots,n) \tag{8.5-2}$$

其中 $a_{ij}(x)$ 与 $f_i(x)(i,j=1,2,\cdots,n)$ 均为区间 (a,b) 内已知的连续函数.

若令

$$\boldsymbol{y}=(y_1,y_2,\cdots,y_n)^{\mathrm{T}},A(x)=(a_{ij}(x))_{n\times n},$$
$$\boldsymbol{f}(\boldsymbol{x})=(f_1(x),f_2(x),\cdots,f_n(x))^{\mathrm{T}},$$

则方程(8.5-1)与(8.5-2)可分别表示为如下矩阵形式:

$$\frac{dy}{dx}=A(x)\boldsymbol{y}, \tag{8.5-3}$$

$$\frac{dy}{dx}=A(x)y+\boldsymbol{f}(\boldsymbol{x}). \tag{8.5-4}$$

(8.5-1)或(8.5-3)称为**齐次线性微分方程组**,而(8.5-2)或(8.5-4)称为**非齐次线性微分方程组**.

定理 1 齐次线性微分方程组(8.5-3)存在线性无关的 n 个解向量

$$y_j(x)=(y_{1j},y_{2j},\cdots,y_{nj})^{\mathrm{T}} \quad (j=1,2,\cdots,n),$$

且它的通解就是这 n 个解向量的线性组合

$$y(x)=\sum_{j=1}^{n}c_jy_j(x).$$

其中 $c_j(j=1,2,\cdots,n)$ 为任意常数.

定义 1 齐次线性微分方程组(8.5-3)的线性无关的 n 个解向量称为它的一个基本解组.

定理 2 设 $\boldsymbol{y}_j(x)=(y_{1j},y_{2j},\cdots,y_{nj})^{\mathrm{T}}(j=1,2,\cdots,n)$ 是齐次线性微分方程组(8.5-3)在 (a,b) 内的一个基本解组,而 $\boldsymbol{y}^*(x)=(y_1^*,y_2^*,\cdots,y_n^*)^{\mathrm{T}}$ 是非齐次线性微分方程组(8.5-4)在 (a,b) 内的任一特解,则方程组(8.5-4)在 (a,b) 内的通解为

$$\boldsymbol{y}(x)=\sum_{j=1}^{n}c_j\boldsymbol{y}_j(x)+\boldsymbol{y}^*(x).$$

其中 $c_j(j=1,2,\cdots,n)$ 为任意常数.

定理 3 设 $\boldsymbol{y}_j(x)=(y_{1j},y_{2j},\cdots,y_{nj})^{\mathrm{T}}(j=1,2,\cdots,n)$ 是齐次线性微分方程组

(8.5-3)在(a,b)内的一个基本解组,$Y(x)=(y_1(x),y_2(x),\cdots,y_n(x))$是它的基本解矩阵,则非齐次方程组(8.5-4)的通解可由下述变动参数的公式给出:

$$y(x)=Y(x)\boldsymbol{c}+Y(x)\int_{x_0}^{x}Y^{-1}(t)\boldsymbol{f}(t)dt \quad (a<x_0<b,a<x<b), \tag{8.5-5}$$

其中$\boldsymbol{c}=(c_1,c_2,\cdots,c_n)^{\mathrm{T}}$是任意常向量.

例 1 解方程组

$$\begin{cases}\dfrac{dy_1}{dx}=\cos x\cdot y_1+\sin x\cdot y_2+\sin x\cdot e^{\sin x},\\[2mm] \dfrac{dy_2}{dx}=\sin x\cdot y_1+\cos x\cdot y_2+\sin x\cdot e^{\sin x}.\end{cases}$$

解 对应齐次线性方程组的基本解矩阵为

$$Y(x)=\begin{pmatrix}e^{\sin x-\cos x} & e^{\sin x+\cos x}\\ e^{\sin x-\cos x} & -e^{\sin x+\cos x}\end{pmatrix},$$

$$Y^{-1}(x)=\frac{1}{2}\begin{pmatrix}e^{-\sin x+\cos x} & e^{-\sin x+\cos x}\\ e^{-\sin x-\cos x} & -e^{-\sin x-\cos x}\end{pmatrix}.$$

由通解公式(8.5-5)得

$$y(x)=\begin{pmatrix}c_1e^{\sin x-\cos x}+c_2e^{\sin x+\cos x}-e^{\sin x}+e^{\sin x-\cos x+1}\\ c_1e^{\sin x-\cos x}-c_2e^{\sin x+\cos x}-e^{\sin x}+e^{\sin x-\cos x+1}\end{pmatrix}.$$

8.5.2 常系数线性微分方程组

若在方程组(8.5-3)与(8.5-4)中,系数矩阵$A(x)$为n阶常数矩阵$A=(a_{ij})_{n\times n}$,则方程组

$$\frac{dy}{dx}=Ay, \tag{8.5-6}$$

$$\frac{dy}{dx}=Ay+f(x) \tag{8.5-7}$$

称为常系数线性微分方程组.

定义 2 系数矩阵$A=(a_{ij})_{n\times n}$的特征方程

$$\det(\lambda I-A)=\begin{vmatrix}\lambda-a_{11} & -a_{12} & \cdots & -a_{1n}\\ -a_{21} & \lambda-a_{22} & \cdots & -a_{2n}\\ \cdots & \cdots & \cdots & \cdots\\ -a_{n1} & -a_{n2} & \cdots & \lambda-a_{nn}\end{vmatrix}=0 \tag{8.5-8}$$

称为方程组(8.5-6)的**特征方程**,特征方程的根称为**特征根**.

1. 求齐次常系数线性微分方程组通解的方法

(1) 若特征方程(8.5-8)有互不相等的n个根$\lambda_j(j=1,2,\cdots,n)$,则微分方程组

(8.5-6)有线性无关的 n 个解向量 $y_j(x)=\boldsymbol{h}_j e^{\lambda_j x}$，其中 $\boldsymbol{h}_j$ 是相应于 $\lambda_j(j=1,2,\cdots,n)$ 的特征向量.这时方程组(8.5-6)的通解为

$$y(x)=\sum_{j=1}^{n}c_j y_j(x)=\sum_{j=1}^{n}c_j\boldsymbol{h}_j e^{\lambda_j x}.$$

若方程组(8.5-6)的系数矩阵 A 是实的，且特征方程(8.5-8)有互不相等的 r 个实根 $\lambda_j(j=1,2,\cdots,r)$ 与 $\frac{n-r}{2}$ 对共轭复根 λ_{r+j} 及

$$\bar{\lambda}_{r+j}\left(j=1,2,\cdots,\frac{n-r}{2}\right),$$

则向量函数组

$$\boldsymbol{y}_j(x)=\boldsymbol{h}_j e^{\lambda_j x}\quad (j=1,2,\cdots,r),$$

$$\boldsymbol{y}_{r+j}^{(r)}(x)=\mathrm{Re}\boldsymbol{h}_{r+j}e^{\lambda_{r+j}'}\left(j=1,2,\cdots,\frac{n-r}{2}\right),$$

$$\boldsymbol{y}_{r+j}^{(I)}(x)=\mathrm{Im}\boldsymbol{h}_{r+j}e^{\lambda_{r+j}'}\left(j=1,2,\cdots,\frac{n-r}{2}\right),$$

便是方程组(8.5-6)的一实值基本解组.

(2) 若特征方程(8.5-8)有重根，则可用待定系数法求通解.设

$$|\lambda E-A|=\prod_{i=1}^{r}(\lambda-\lambda_i)^{n_i}\left(\lambda_i\neq\lambda_k,i\neq k;\sum_{i=1}^{r}n_i=n\right),$$

则可设方程组(8.5-6)的解为如下的待定表达式

$$y_j=\sum_{k=1}^{n_i}c_{jk}x^{k-1}e^{\lambda_j x}\quad (i=1,2,\cdots,r;j=1,2,\cdots,n).$$

将此表达式代入方程组(8.5-6)，即得确定诸系数 c_{jk} 的线性代数方程组，此代数方程组的解中仍有 n_i 个任意常数.对每个特征根 $\lambda_i(i=1,2,\cdots,r)$，用上述方法图可求出含有 n_i 个任意常数的线性无关的 n_i 个解，把这 $n_1+n_2+\cdots+n_r$ 个解合起来就得方程组(8.5-6)的通解.

2. 求非齐次常系数线性微分方程组通解的方法

设已求得齐次方程组(8.5-6)的通解为 $y(x)=\sum_{j=1}^{n}c_j\boldsymbol{y}_j(x)$，则非齐次方程组(8.5-7)的通解可由定理 3 的变动参数的公式(8.5-5)给出.

例 2 解方程组

$$\frac{dy_1}{dx}=y_2-y_3,\frac{dy_2}{dx}=y_1+y_2,\frac{dy_3}{dx}=y_1+y_3.$$

解 系数矩阵的特征方程为

$$|\lambda E-A|=\lambda(\lambda-1)^2=0.$$

对特征根 $\lambda_1=0$，设解为 $y_{11}=a, y_{21}=b, y_{31}=c$，代入原方程组得 $a=-b=-c$. 若令 $a=-c_1$（c_1 为任意常数），则 $b=c=c_1$，所以对应于 $\lambda_1=0$ 的一个解为 $y_{11}=-c_1, y_{21}=c_1, y_{31}=c_1$.

对二重特征根 $\lambda_2=1$，设解为

$$y_{12}=(c_{11}+c_{12}x)e^x, y_{22}=(c_{21}+c_{22}x)e^x, y_{32}=(c_{31}+c_{32}x)e^x.$$

代入原微分方程组得确定各系数的代数方程组：

$$c_{12}+c_{11}=c_{21}-c_{31}, c_{12}=c_{22}-c_{32}, c_{22}+c_{21}=c_{11}+c_{21},$$

$$c_{22}=c_{12}+c_{22}, c_{32}+c_{31}=c_{11}+c_{31}, c_{32}=c_{32}+c_{12}.$$

解之得

$$c_{12}=0, c_{11}=c_{22}=c_{32}, c_{11}=c_{21}-c_{31}.$$

若令 $c_{11}=c_3, c_{21}=c_2$（c_2, c_3 均为任意常数），则所得解为

$$y_{12}=c_3e^x, y_{22}=(c_2+c_3x)e^x, y_{32}=(c_2-c_3+c_3x)e^x.$$

因此，所求之通解为

$$y_1=y_{11}+y_{12}=-c_1+c_3e^x,$$

$$y_2=y_{21}+y_{22}=c_1+(c_2+c_3x)e^x,$$

$$y_3=y_{31}+y_{32}=c_1+(c_2-c_3+c_3x)e^x.$$

例 3 解方程组

$$\frac{dy_1}{dx}=y_2-y_3+1, \frac{dy_2}{dx}=y_1+y_2, \frac{dy_3}{dx}=y_1+y_3+e^{-x}.$$

解 由例 2 可知对应齐次线性方程组的一个基本解矩阵为

$$Y(x)=\begin{pmatrix}-1 & 0 & e^x \\ 1 & e^x & xe^x \\ 1 & e^x & (x-1)e^x\end{pmatrix},$$

故

$$\boldsymbol{Y}^{-1}(x)=\begin{pmatrix}-1 & 1 & -1 \\ e^{-x} & -xe^{-x} & (x+1)e^{-x} \\ 0 & e^{-x} & -e^{-x}\end{pmatrix}.$$

$$\boldsymbol{f}(\boldsymbol{x})=(1\quad 0\quad e^{-x})^{\mathrm{T}}.$$

$$Y^{-1}(x)\boldsymbol{f}(\boldsymbol{x})=\begin{pmatrix}-1-e^{-x} \\ e^{-x}+(x+1)e^{-2x} \\ -e^{-2x}\end{pmatrix},$$

$$\int \boldsymbol{Y}^{-1}(x)\boldsymbol{f}(\boldsymbol{x})dx = \begin{pmatrix} -x+e^{-x}+c_1 \\ -e^{-x}-\frac{1}{2}\left(x+\frac{3}{2}\right)e^{-2x}+c_2 \\ \frac{1}{2}e^{-2x}+c_3 \end{pmatrix}.$$

由公式(8.5-5)得所求的通解为

$$\begin{aligned} \boldsymbol{y}(x) &= Y(x)\int Y^{-1}(x)\boldsymbol{f}(\boldsymbol{x})dx \\ &= \begin{pmatrix} x-\frac{1}{2}e^{-x}-c_1+c_3e^x \\ -1-x+\frac{1}{4}e^{-x}+c_1+(c_2+c_3x)e^x \\ -1-x-\frac{1}{4}e^{-x}+c_1+(c_2-c_3+c_3x)e^x \end{pmatrix}, \end{aligned}$$

或

$$\begin{cases} y_1(x) = -c_1+c_3e^x+x-\frac{1}{2}e^{-x}, \\ y_2(x) = c_1+(c_2+c_3x)e^x-1-x+\frac{1}{4}e^{-x}, \\ y_3(x) = c_1+(c_2-c_3+c_3x)e^x-1-x-\frac{1}{4}e^{-x}. \end{cases}$$

§8.6 动力系统与稳定性理论初步

8.6.1 微分方程的解对初值的连续相依性与可微性

给定柯西问题

$$(E_\eta)\begin{cases} \frac{d\boldsymbol{x}}{dt} = \boldsymbol{f}(t;\boldsymbol{x}), \\ \boldsymbol{x}(t_0) = \boldsymbol{\eta} \quad \left(\|\boldsymbol{\eta}-\boldsymbol{\eta}_0\| \leqslant \frac{b}{2}\right), \end{cases} \tag{8.6-1}$$

其中 $\boldsymbol{x}=(x_1,x_2,\cdots,x_n)^{\mathrm{T}}$，$\boldsymbol{f}(t;\boldsymbol{x})$是实变量 t 与 n 维向量 $\boldsymbol{x}$ 的 n 维向量函数.

定理 1 若(8.6-1)式中的 $\boldsymbol{f}(t;\boldsymbol{x})$在区域

$$D = \{(t,\boldsymbol{x}): |t-t_0| \leqslant a, \|\boldsymbol{x}-\boldsymbol{x}_0\| \leqslant b\}$$

上连续，且对 $\boldsymbol{x}$ 满足李普希兹条件

$$\|\boldsymbol{f}(t;\boldsymbol{x}_1)-\boldsymbol{f}(t;\boldsymbol{x}_2)\| \leqslant L\cdot\|\boldsymbol{x}_1-\boldsymbol{x}_2\|, \forall (t;\boldsymbol{x}_i) \in D, i=1,2.$$

其中 $L>0$ 是李普希兹常数. 令

$$M = \max_{(t,x)\in D}\|\boldsymbol{f}(t;\boldsymbol{x})\|, h = \min\left(a,\frac{b}{M}\right),$$

则对所有的 $\boldsymbol{\eta}$ 使 $\|\boldsymbol{\eta}-\boldsymbol{\eta}_0\|\leqslant\frac{b}{2}$，$(E_{\boldsymbol{\eta}})$的解 $\boldsymbol{x}=\boldsymbol{\varphi}(t;\boldsymbol{\eta})$在区间$|t-t_0|\leqslant\frac{1}{2}h$ 上存在且唯一，并且 $\boldsymbol{x}=\varphi(t;\boldsymbol{\eta})$是$(t,\boldsymbol{\eta})$的连续函数.

定理 2 对由(8.6-1)式给定的柯西问题，若 $\boldsymbol{f}(t;\boldsymbol{x})$及其偏导数$\frac{\partial \boldsymbol{f}}{\partial \boldsymbol{x}}$在 D 上连续，则$(E_{\boldsymbol{\eta}})$的解 $\boldsymbol{x}=\boldsymbol{\varphi}(t;\boldsymbol{\eta})$在它的存在范围内是连续可微的.

8.6.2 解对参数的连续相依性与可微性

给定柯西问题

$$(E_{\mu})\begin{cases}\dfrac{d\boldsymbol{x}}{dt}=\boldsymbol{f}(t;\boldsymbol{x};\boldsymbol{\mu}),\\ x(t_0)=\boldsymbol{x}_0,\end{cases}\tag{8.6-2}$$

其中

$$\boldsymbol{x}=(x_1,x_2,\cdots,x_n)^{\mathrm{T}},\boldsymbol{\mu}=(\mu_1,\mu_2,\cdots,\mu_m)^{\mathrm{T}},\boldsymbol{f}(\boldsymbol{t};\boldsymbol{x};\boldsymbol{\mu})$$

是实变量 t,n 维向量 $\boldsymbol{x}$ 与 m 维向量 $\boldsymbol{\mu}$ 的 n 维向量函数.

定理 3 若(8.6-2)式中的 $\boldsymbol{f}(t;\boldsymbol{x};\boldsymbol{\mu})$在区域

$$G=\{(t,\boldsymbol{x},\boldsymbol{\mu}):|t-t_0|\leqslant a,\|\boldsymbol{x}-\boldsymbol{x}_0\|\leqslant b,\|\boldsymbol{\mu}-\boldsymbol{\mu}_0\|\leqslant c\}$$

上连续，且对 $\boldsymbol{x}$ 满足李普希兹条件

$$\|\boldsymbol{f}(t;\boldsymbol{x}_1;\boldsymbol{\mu})-\boldsymbol{f}(t;\boldsymbol{x}_2;\boldsymbol{\mu})\|\leqslant L\|\boldsymbol{x}_1-\boldsymbol{x}_2\|,\forall(t,\boldsymbol{x}_i,\boldsymbol{\mu})\in G,i=1,2,$$

其中 $L>0$ 是李普希兹常数. 令

$$M=\max_{(t,\boldsymbol{x},\boldsymbol{\mu})\in G}\|\boldsymbol{f}(t;\boldsymbol{x};\boldsymbol{\mu})\|,h=\min\left(a,\frac{b}{M}\right),$$

则对任意的 $\boldsymbol{\mu}$ 使 $\|\boldsymbol{\mu}-\boldsymbol{\mu}_0\|\leqslant c$，$(E_{\mu})$的解 $\boldsymbol{x}=\boldsymbol{\varphi}(t;\boldsymbol{\mu})$在区间$|t-t_0|\leqslant h$ 上存在且唯一，并且 $\boldsymbol{x}=\boldsymbol{\varphi}(t;\boldsymbol{\mu})$是$(t,\boldsymbol{\mu})$的连续函数.

定理 4 对由(8.6-2)式给定的柯西问题，若 $\boldsymbol{f}(t;\boldsymbol{x};\boldsymbol{\mu})$及其偏导数

$$\frac{\partial \boldsymbol{f}}{\partial \boldsymbol{x}} \quad 与 \quad \frac{\partial \boldsymbol{f}}{\partial \boldsymbol{\mu}}$$

在区域 G 上连续，则对任意的 $\boldsymbol{\mu}$ 使 $\|\boldsymbol{\mu}-\boldsymbol{\mu}_0\|\leqslant c$，$(E_{\mu})$的解 $\boldsymbol{x}=\boldsymbol{\varphi}(t;\boldsymbol{\mu})$在它的存在范围内是连续可微的.

8.6.3 动力系统的一般概念

给定微分方程

$$\frac{dx}{dt}=\boldsymbol{F}(\boldsymbol{x}),\tag{8.6-3}$$

其中

$$\boldsymbol{x}=(x_1,x_2,\cdots,x_n)^{\mathrm{T}},$$

$\boldsymbol{F}(\boldsymbol{x})$是 n 维向量 $\boldsymbol{x}$ 的连续的 n 维向量函数，记作 $\boldsymbol{F}(\boldsymbol{x})\in C(G,R^n)$，其中区域 $G\subseteq\boldsymbol{R}^n$.

G 称为**相空间**. 方程(8.6-3)的解 $\boldsymbol{x}=\boldsymbol{\varphi}(t)$ 在相空间描出的图形称为**轨线**. 因 $\boldsymbol{F}(\boldsymbol{x})$ 与 t 无关,所以由方程(8.6-3)所描述的系统称为**定常系统**.

令 $\boldsymbol{f}(\boldsymbol{P},t)$ 表示定常系统(8.6-3)的当 $t=0$ 时过点 P 的解. 设 $\boldsymbol{f}(\boldsymbol{P},t)$ 的定义区间为 $(-\infty,+\infty)$,则对每个固定的 $t\in\boldsymbol{R}$, $\boldsymbol{f}(P,t)$ 定义了开区域 $G\subseteq\boldsymbol{R}^n$ 到 G 自身的变换

$$\boldsymbol{f}(P,t):G\to G, t\in\boldsymbol{R}, P\in G. \tag{8.6-4}$$

定理 5 若方程(8.6-3)中的 $\boldsymbol{F}(\boldsymbol{x})\in C(G,\boldsymbol{R}^n)$,且满足解的唯一性的条件,又设每个解的存在区间为 $(-\infty,+\infty)$,则由(8.6-4)式定义的变换 $\boldsymbol{f}(P,t)$ 具有下列性质:(1) $\boldsymbol{f}(P,0)=\boldsymbol{P}$;(2) 对任何序列 $\{P_n\}$, $\{t_n\}$,若 $\lim\limits_{n\to\infty}P_n=P$, $\lim\limits_{n\to\infty}t_n=t$,则 $\lim\limits_{n\to\infty}\boldsymbol{f}(P_n,t_n)=\boldsymbol{f}(P,t)$;(3) $\boldsymbol{f}(\boldsymbol{f}(P,t_1),t_2)=\boldsymbol{f}(P,t_1+t_2)$.

定义 1 设 $\boldsymbol{f}(\boldsymbol{P},t)$ 是由(8.6-4)式所定义的变换,若 $\boldsymbol{f}(P,t)$ 具有定理 5 中的性质(1),(2),(3),则称这样的变换的全体 $\{\boldsymbol{f}(P,t):\boldsymbol{P}\in G,t\in\boldsymbol{R}\}$ 为一个**动力系统**. 有时也称方程(8.6-3)为**动力系统**.

定义 2 若 $\boldsymbol{x}_0\in G$,且满足 $\boldsymbol{F}(\boldsymbol{x}_0)=\boldsymbol{0}$,则称 $\boldsymbol{x}_0$ 为方程(8.6-3)的一个**奇点**. 若 $\boldsymbol{x}_0\in G$,但 $\boldsymbol{F}(\boldsymbol{x}_0)\neq\boldsymbol{0}$,则称 $\boldsymbol{x}_0$ 为方程(8.6-3)的一个**常点**.

定义 3 对固定的点 P, $\boldsymbol{f}(P,t)$ 称为过点 P 的运动. 集合

$$\boldsymbol{f}(P,I)=\{\boldsymbol{f}(P,t):-\infty<t<+\infty\}$$

称为运动 $\boldsymbol{f}(P,t)$ 的**轨线**,记作 Γ_P. 集合

$$\boldsymbol{f}(P,I^+)=\{\boldsymbol{f}(P,t):0\leqslant t<+\infty\}$$

与集合

$$\boldsymbol{f}(P,I^-)=\{\boldsymbol{f}(P,t):-\infty<t\leqslant 0\}$$

分别称为运动 $\boldsymbol{f}(P,t)$ 的**正半轨线**与**负半轨线**,分别记作 Γ_P^+ 与 Γ_P^-.

定义 4 若存在 $T>0$,使得对一切 t,有 $\boldsymbol{f}(P,t+T)=\boldsymbol{f}(P,t)$ 成立,则称运动 $\boldsymbol{f}(P,t)$ 为周期运动,而称满足 $\boldsymbol{f}(P,t+T)=\boldsymbol{f}(P,t)$ 的最小正实数 T 为周期运动 $\boldsymbol{f}(P,t)$ 的周期.

定义 5 如果存在时间序列 $\{t_n\}$,当 $n\to+\infty$ 时, $t_n\to+\infty$(或 $t_n\to-\infty$),使得 $\lim\limits_{n\to+\infty}\boldsymbol{f}(P,t_n)=q$,则称点 q 为 $\boldsymbol{f}(P,t)$ 的 **$\boldsymbol{\omega}$ 极限点**(或 **$\boldsymbol{\alpha}$ 极限点**). $\boldsymbol{f}(P,t)$ 的 ω 极限点的集合(或 α 极限点的集合)称为 $\boldsymbol{f}(P,t)$ 的 **$\boldsymbol{\omega}$ 极限集**(或 **$\boldsymbol{\alpha}$ 极限集**),记作 Ω_P(或 A_P).

定理 6 $\boldsymbol{f}(P,t)$ 的 ω 极限集 Ω_P 与 α 极限集 A_P 都是闭集.

定理 7 对一切 $t\in(-\infty,+\infty)$,必有

$$\boldsymbol{f}(\Omega_P,t)=\Omega_P, \boldsymbol{f}(A_P,t)=A_P.$$

定义 1′ 设 t 取整数值 $Z=\{0,\pm1,\pm2,\cdots\}$, $f:G\times Z\to G$ 连续. 若对所有 $P\in G$ 及 $t,t_1,t_2\in Z$, $\boldsymbol{f}(P,t)$ 满足定理 5 中的(1)和(3),则称 $f(P,t)$, $P\in G$, $t\in Z$,为**离散动力系统**.

定义 1″ 设 t 取非负整数值 $Z_+=\{0,1,2,\cdots\}$, $f:G\times Z\to G$ 连续. 若对所有 $P\in G$

及 $t,t_1,t_2\in Z$，$f(p,t)$满足定理 5 中的(1)和(3)，则称 $f(p,t)$，$p\in G$，$t\in Z$，为**半动力系统**.

对于离散动力系统(半动力系统)，上述轨线和极限集的概念及相应的结论都成立，只是在半动力系统情形，只定义正半轨线和 ω 极限集.

8.6.4 二维定常系统的极限环

给定二维定常系统

$$\begin{cases}\dfrac{dx}{dt}=X(x,y),\\[2mm] \dfrac{dy}{dt}=Y(x,y),\end{cases}\tag{8.6-5}$$

其中 x,y,t 为实变量，$X(x,y)$，$Y(x,y)$ 为 x,y 的连续单值函数，且能保证解的唯一性.

定义 6 若方程组(8.6-5)的解 $x=x(t)$，$y=y(t)$是 t 的不等于常数的周期函数，则称此解在(x,y)相平面上的轨迹为方程组(8.6-5)的**闭轨线**.

定义 7 如果在方程组(8.6-5)的闭轨线 Γ 的任意小的外邻域(或内邻域)中都存在非闭轨线，则称 Γ 为**外侧极限环(或内侧极限环)**.

定义 8 设 Γ 是方程组(8.6-5)的闭轨线，如果存在 Γ 的一个外邻域(或内邻域)，它全部由闭轨线所充满，则称 Γ 为**外侧周期环(或内侧周期环)**.

定理 8 闭轨线 Γ 或为外侧极限环(或内侧极限环)，或为外侧周期环(或内侧周期环).

若 Γ 为外侧极限环(或内侧极限环)，则又可分为：

(1) 存在 Γ 的足够小的外邻域(或内邻域)，使其中一切轨线皆为非闭轨线，且以 Γ 为 ω 极限集，这时称 Γ 为**外稳定环(或内稳定环)**.

(2) 存在 Γ 的足够小的外邻域(或内邻域)，使其中一切轨线皆为非闭轨线，且以 Γ 为 α 极限集，这时称 Γ 为**外不稳定环(或内不稳定环)**.

(3) 在 Γ 的任意小的外邻域(或内邻域)中，既存在闭轨线也存在非闭轨线，这时称 Γ 为**外复合极限环(或内复合极限环)**.

定义 9 如果同时存在 Γ 的足够小的外邻域与内邻域，使其中一切轨线皆为非闭轨线，且以 Γ 为 ω 极限集(或 α 极限集)，则称 Γ 为**稳定极限环(或不稳定极限环)**.

定理 9 如果闭轨线 Γ_1 与 Γ_2 一起围成一个环域 G，G 中无奇异点也无其他闭轨线，则 G 中一切轨线都以 Γ_1 为 ω 极限集，以 Γ_2 为 α 极限集，或 G 中一切轨线都以 Γ_1 为 α 极限集，以 Γ_2 为 ω 极限集. 换句话说，在上述条件下两条相邻的闭轨线在其相邻的两侧必具有不同的稳定性.

定理 10(庞加莱环域定理) 若 Ω 为一环域，其中不含奇异点，凡与 Ω 的境界线相交的轨线都从它的外部(或内部)进入(或跑出)它的内部(或外部)，则 Ω 中至少存在一条包含内境界线在其内部的外稳定极限环(或外不稳定极限环)与一条内稳定极限环(或内不稳定极限环).

定理 11(本迪克松定理) 设方程组(8.6-5)中的 $X(x,y)$ 与 $Y(x,y)$ 在单连通域 G 内具有连续的偏导数. 如果 $\frac{\partial X}{\partial x}+\frac{\partial Y}{\partial y}$ 在 G 中只能取具有一定符号的值,且在任何子区域 $D\subset G$ 内都不恒等于零,则方程组(8.6-5)不存在全部位于 G 内的闭轨线.

定理 12(迪拉克定理) 若在单连通域 G 内存在一次连续可微函数 $B(x,y)$,使

$$\frac{\partial}{\partial \boldsymbol{x}}(BX)+\frac{\partial}{\partial \boldsymbol{y}}(BY)$$

在 G 中只能取具有一定符号的值,且在任何子区域 $D\subset G$ 内都不恒等于零,则方程组(8.6-5)不存在全部位于 G 内的闭轨线.

定理 13(迪拉克定理) 若将定理 11 或定理 12 中的单连通域 G 改为 $n(n>1)$ 连通域 G(即 G 有一条或几条外境界线,$n-1$ 条内境界线),则方程组(8.6-5)最多只能有 $n-1$ 条全部位于 G 内的闭轨线.

8.6.5 二维常系数线性微分方程组的奇点

给定二维常系数线性微分方程组

$$\begin{cases}\dfrac{dx}{dt}=a_{11}x+a_{12}y,\\ \dfrac{dy}{dt}=a_{21}x+a_{22}y,\end{cases}\tag{8.6-6}$$

其中 $a_{11},a_{12},a_{21},a_{22}$ 均为实常数. 方程

$$D(\lambda)=\begin{vmatrix}\lambda-a_{11} & -a_{12}\\ -a_{21} & \lambda-a_{22}\end{vmatrix}=\lambda^2-(a_{11}+a_{22})\lambda+a_{11}a_{22}-a_{12}a_{21}=0$$

称为方程组(8.6-6)的特征方程. 令

$$p=-(a_{11}+a_{22}),q=a_{11}a_{22}-a_{12}a_{21},$$

则

$$D(\lambda)=\lambda^2+p\lambda+q=0.$$

它的根

$$\lambda_1=\frac{-p+\sqrt{p^2-4q}}{2},$$

$$\lambda_2=\frac{-p-\sqrt{p-4q}}{2}$$

称为特征根. $\Delta=p^2-4q$ 称为**判别式**.

(1) $\Delta=p^2-4q>0$.

1° λ_1 与 λ_2 为异号二实根. 这时的奇点 $O(0,0)$ 称为**鞍点**. 设 $\lambda_2<0<\lambda_1$,其图形如图 8.6-1所示.

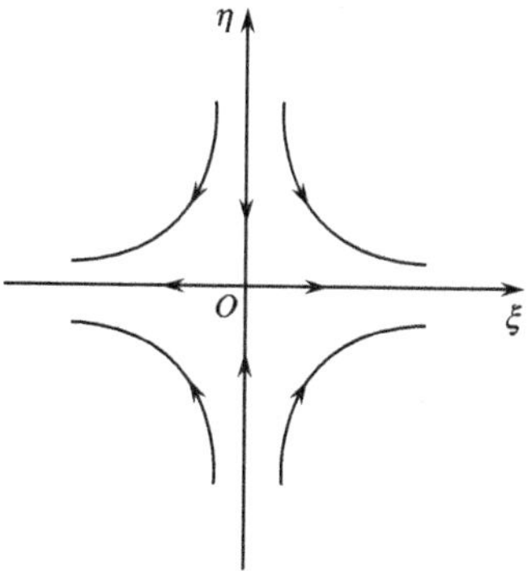

鞍点

图 8.6-1

2° λ_1 与 λ_2 同是负实根，这时的奇点 $O(0,0)$ 称为**稳定结点**. 设

$$\lambda_2 < \lambda_1 < 0,$$

其图形如图 8.6-2 所示.

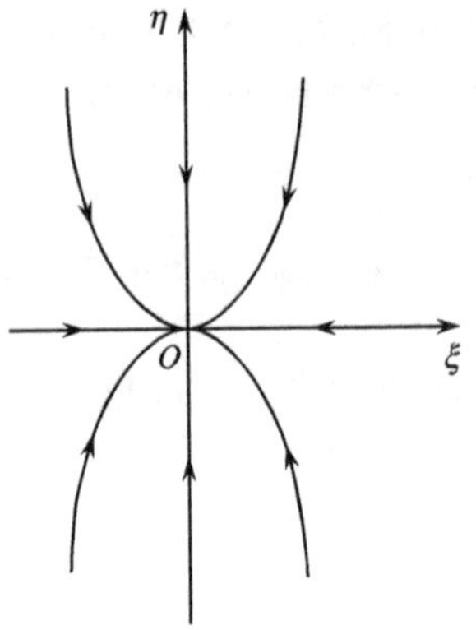

稳定结点

图 8.6-2

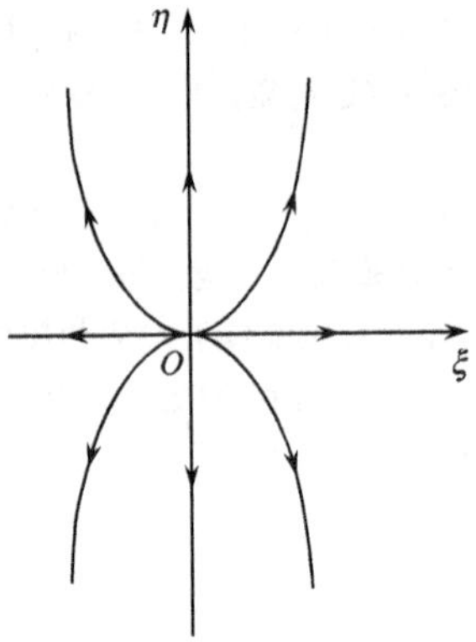

不稳定结点

图 8.6-3

3° λ_1 与 λ_2 同是正实根，这时的奇点 $O(0,0)$ 称为**不稳定结点**. $\lambda_1<\lambda_2$，其图形如图 8.6-3 所示.

(2) $\Delta=p^2-4q<0$.

1° $p>0$，λ_1 与 λ_2 为一对具有负实部的共轭复根，这时的奇点 $O(0,0)$ 称为**稳定焦点**，其图形如图 8.6-4 所示.

2° $p<0$，λ_1 与 λ_2 为一对具有正实部的共轭复根，这时的奇点 $O(0,0)$ 称为**不稳定焦点**. 其图形如图 8.6-5 所示.

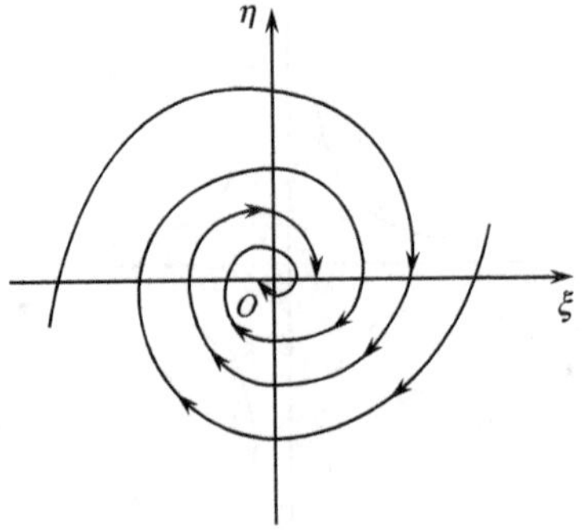

稳定焦点

图 8.6-4

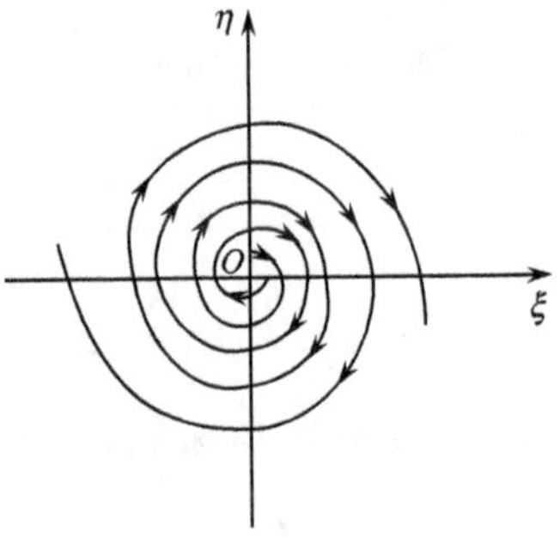

不稳定焦点

图 8.6-5

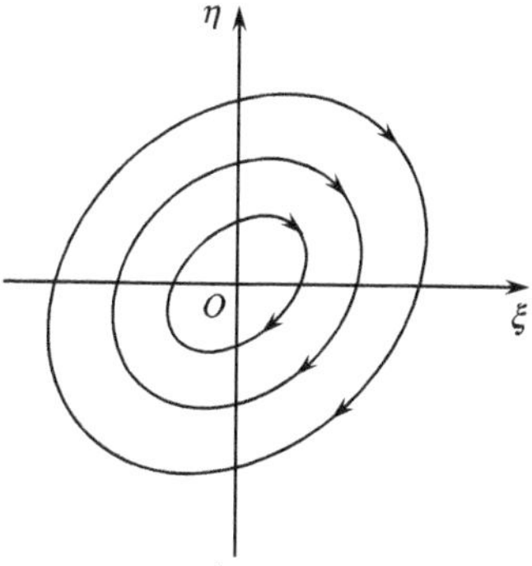

中心

图 8.6-6

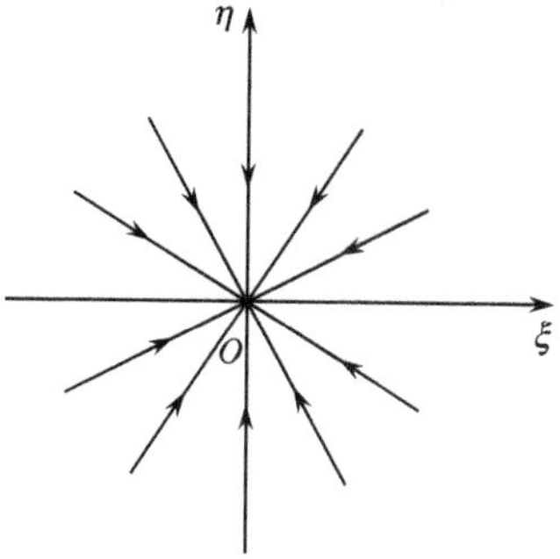

稳定临界结点

图 8.6-7

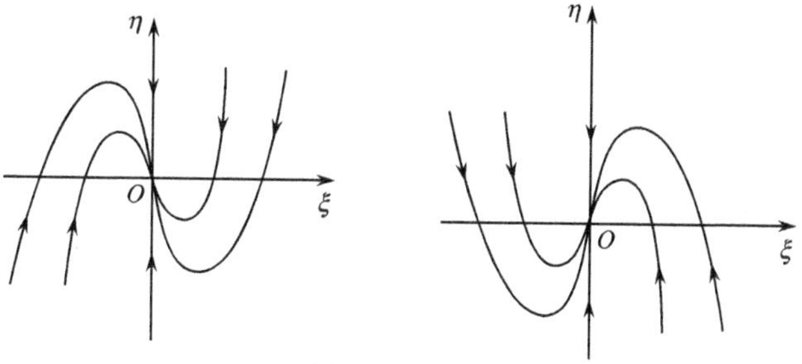

稳定退化结点

图 8.6-8

3° $p=0$. λ_1 与 λ_2 为一对共轭虚根. 这时的奇点 $O(0,0)$ 称为**中心**. 其图形如图 8.6-6 所示.

(3) $\Delta=p^2-4q=0$.

1° $p>0$. $\lambda_1=\lambda_2$ 是一对负的实重根. 这时的奇点 $O(0,0)$ 称为**稳定临界结点**(图8.6-7)或称为**稳定退化结点**(图 8.6-8).

2° $p<0$. $\lambda_1=\lambda_2$ 是一对正的实重根. 这时的奇点 $O(0,0)$ 称为**不稳定临界结点**(图 8.6-9)或称为**不稳定退化结点**(图 8.6-10).

3° $p=0$. 从而 $q=a_{11}a_{22}-a_{12}a_{21}=0$.

(i) $a_{11}=a_{12}=a_{21}=a_{22}=0$. 这时 (x,y) 平面

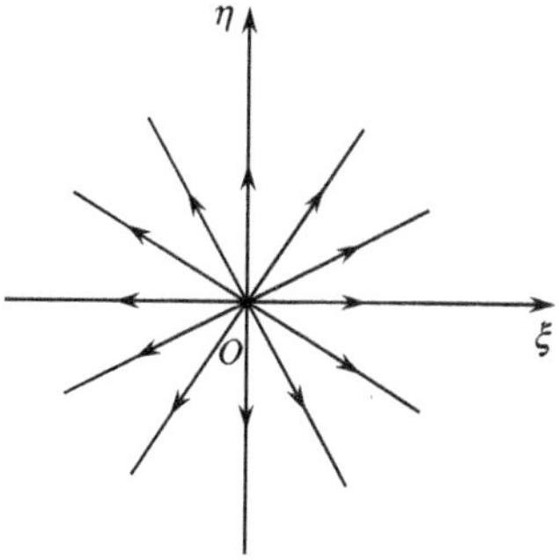

不稳定临界结点

图 8.6-9

上的所有点都是奇点.

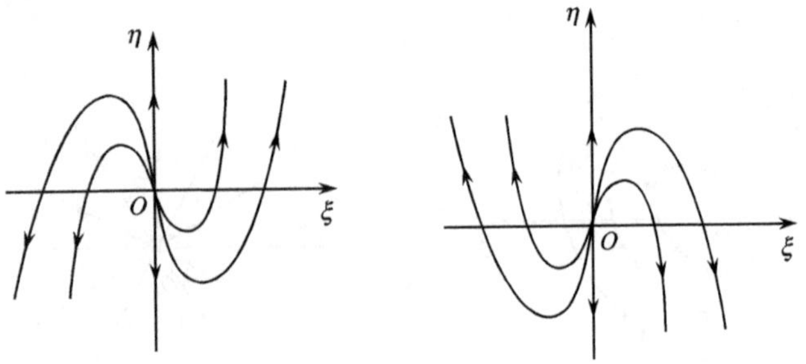

不稳定退化结点

图 8.6-10

(ii) $a_{11}=a_{12}=0$(或 $a_{21}=a_{22}=0$)但 $a_{21}^2+a_{22}^2\neq0$(或 $a_{11}^2+a_{12}^2\neq0$). 直线 $a_{21}x+a_{22}y=0$(或 $a_{11}x+a_{12}y=0$)上所有的点都是奇点.

(iii) $a_{11}^2+a_{12}^2\neq0, a_{21}^2+a_{22}^2\neq0$. 直线 $a_{11}x+a_{12}y=0$ 与直线 $a_{21}x+a_{22}y=0$ 上所有的点都是奇点.

8.6.6 李雅普诺夫稳定性的基本概念

1. 定号函数与常号函数

设 $V(x_1,x_2,\cdots,x_n)$是定义在原点邻域内的具有连续偏导数的函数,且

$$V(0,0,\cdots,0)=0.$$

定义 10 设 h 是足够小的正数,如果当

$$|x_i|\leqslant h \quad (i=1,2,\cdots,n) \tag{8.6-7}$$

时,函数 $V(x_1,x_2,\cdots,x_n)$只取一定符号的值,且只有当

$$x_1=x_2=\cdots=x_n=0$$

时,它才取零值,则称函数 $V(x_1,x_2,\cdots,x_n)$为**定号函数**(**正定函数**或**负定函数**).

定义 11 如果在由(8.6-7)式所表示的区域内,函数 $V(x_1,x_2,\cdots,x_n)$ 只取一定符号的值,但它可在当 $\sum\limits_{i=1}^{n}x_i^2\neq0$ 时取零值,则称函数 $V(x_1,x_2,\cdots,x_n)$ 为**常号函数**(**正号函数**或**负号函数**).

2. 稳定性的定义

定义 12 设方程组(8.6-3)中的函数 $\boldsymbol{F}(\boldsymbol{x})$在由(8.6-7)式所表示的区域内,关于 $\boldsymbol{x}=(x_1,x_2,\cdots,x_n)^{\mathrm{T}}$ 的每一个分量 $x_i(i=1,2,\cdots,n)$都具有连续的一阶偏导数,且 $\boldsymbol{F}(\boldsymbol{0})=\boldsymbol{0}$. 如果对任意给定的 $\varepsilon>0$,总存在 $\eta>0$,使当方程组(8.6-3)的解 $\boldsymbol{x}=\boldsymbol{\varphi}(t)$在

初始时刻 t_0 的值满足

$$\|\boldsymbol{\varphi}(t_0)\| \leqslant \eta \tag{8.6-8}$$

时,它对所有 $t>t_0$ 必满足 $\|\boldsymbol{\varphi}(t)\|<\varepsilon$,则称方程组(8.6-3)的零解 $\boldsymbol{x}=\boldsymbol{0}$ 为在李雅普诺夫意义下稳定,简称**稳定**. 反之,则称零解 $\boldsymbol{x}=\boldsymbol{0}$ 为**不稳定**.

定义 13 如果方程组(8.6-3)的零解 $\boldsymbol{x}=\boldsymbol{0}$ 是稳定的,且正数 η 可选得充分小,使对所有满足不等式(8.6-8)的解 $\boldsymbol{x}=\boldsymbol{\varphi}(t)$,同时满足条件 $\lim\limits_{t\to+\infty}\boldsymbol{\varphi}(t)=\boldsymbol{0}$,则称方程组(8.6-3)的零解 $\boldsymbol{x}=\boldsymbol{0}$ 为**渐近稳定**.

定义 14 设函数 $\boldsymbol{F}(\boldsymbol{x})$ 在全相空间内连续,且满足李普希兹条件

$$\|\boldsymbol{F}(\boldsymbol{x}_1)-\boldsymbol{F}(\boldsymbol{x}_2)\| \leqslant L\cdot\|\boldsymbol{x}_1-\boldsymbol{x}_2\|,$$

又 $\boldsymbol{F}(\boldsymbol{0})=\boldsymbol{0}$ 且原点 $O(0,0,\cdots,0)$ 是方程(8.6-3)的唯一奇点. 如果方程组(8.6-3)的零解 $\boldsymbol{x}=\boldsymbol{0}$ 是稳定的,而且所有其他的解 $\boldsymbol{x}=\boldsymbol{\varphi}(t)$ 都具有性质 $\lim\limits_{t\to+\infty}\boldsymbol{\varphi}(t)=\boldsymbol{0}$,则称方程组(8.6-3)的零解 $\boldsymbol{x}=\boldsymbol{0}$ 为**全局渐近稳定**(或称在任意初始扰动下为渐近稳定).

定义 15 设函数 $V(x_1,x_2,\cdots,x_n)$ 定义在全相空间内且具有连续的一阶偏导数. 如果对任意给定的 $A>0$,总存在 $R>0$,使在球面 $\sum\limits_{i=1}^{n}x_i^2=R^2$ 之外,有不等式 $V(x_1,x_2,\cdots,x_n)>A$ 成立,则称函数 $V(x_1,x_2,\cdots,x_n)$为**正定无限大**.

8.6.7 稳定性与不稳定性的基本定理

1. 关于稳定性的定理

定理 14(李雅普诺夫定理) 对于方程组(8.6-3),如果在区域 $\|\boldsymbol{x}\|\leqslant H$ 内,可找到一个定号函数 $V(x_1,x_2,\cdots,x_n)$,使其沿方程组(8.6-3)的轨线对时间 t 的全导数

$$\frac{dV}{dt}=\frac{\partial V}{\partial x}\cdot\boldsymbol{F}(\boldsymbol{x}) \tag{8.6-9}$$

是常号的,且其正负号与 $V(x_1,x_2,\cdots,x_n)$ 的正负号相反或恒等于零,则方程组(8.6-3)的零解 $\boldsymbol{x}=\boldsymbol{0}$ 是稳定的. 在(8.6-9)式中,

$$\frac{\partial V}{\partial \boldsymbol{x}}\equiv\left(\frac{\partial V}{\partial x_1},\frac{\partial V}{\partial x_2},\cdots,\frac{\partial V}{\partial x_n}\right).$$

2. 关于渐近稳定性的定理

定理 15(李雅普诺夫定理) 对于方程组(8.6-3),如果在区域 $\|\boldsymbol{x}\|\leqslant H$ 内,可找到一个定号函数 $V(x_1,x_2,\cdots,x_n)$,使其沿方程组(8.6-3)的轨线对时间 t 的全导数(8.6-9)也是定号的,且其正负号与 $V(x_1,x_2,\cdots,x_n)$ 的正负号相反,则方程组(8.6-3)的零解 $\boldsymbol{x}=\boldsymbol{0}$ 是渐近稳定的.

定理 16(巴尔巴欣-克拉索夫斯基定理) 对于方程组(8.6-3),如果在区域 $\|\boldsymbol{x}\|\leqslant H$ 内,可找到一个正定函数 $V(x_1,x_2,\cdots,x_n)$,使得(8.6-9)式中的 $\dfrac{dV}{dt}\leqslant 0$,而且集

合 $M=\left\{x \left| \frac{dV}{dt}=0 \right.\right\}$上除零轨线 $\boldsymbol{x}=\boldsymbol{0}$ 外，不包含组(8.6-3)的任何其他正半轨线，则方程组(8.6-3)的零解 $\boldsymbol{x}=\boldsymbol{0}$ 是渐近稳定的.

3. 关于全局渐近稳定性的定理

定理 17(巴尔巴欣-克拉索夫斯基定理) 对于方程组(8.6-3)，如果存在正定无限大的函数 $V(x_1,x_2,\cdots,x_n)$，使得(8.6-9)式中的$\frac{dV}{dt}$在全相空间是负定的，则方程组(8.6-3)的零解 $\boldsymbol{x}=\boldsymbol{0}$ 是全局渐近稳定的.

定理 18(巴尔巴欣-克拉索夫斯基定理) 对于方程组(8.6-3)，如果存在正定无限大的函数 $V(x_1,x_2,\cdots,x_n)$，使得(8.6-9)式中的$\frac{dV}{dt}\leqslant 0$，而且集合 $M=\left\{x \left| \frac{dV}{dt}=0 \right.\right\}$上除零轨线 $\boldsymbol{x}=\boldsymbol{0}$ 外，不包含组(8.6-3)的任何其他正半轨线，则方程组(8.6-3)的零解 $\boldsymbol{x}=\boldsymbol{0}$ 是全局渐近稳定的.

定理 19 对于方程组(8.6-3)，如果存在正定函数 $V(x_1,x_2,\cdots,x_n)$，使得(8.6-9)式中的$\frac{dV}{dt}$在全相空间是常负的，而且集合 $M=\left\{x \left| \frac{dV}{dt}=0 \right.\right\}$上除零轨线 $\boldsymbol{x}=\boldsymbol{0}$ 外，不包含组(8.6-3)的任何其他正半轨线，且方程组(8.6-3)的所有正半轨线都是有界的，则方程组(8.6-3)的零解 $\boldsymbol{x}=\boldsymbol{0}$ 是全局渐近稳定的.

4. 关于不稳定性的定理

定理 20 对于方程组(8.6-3)，如果存在函数 $V(x_1,x_2,\cdots,x_n)$，使得(8.6-9)式中的$\frac{dV}{dt}$是定号函数，而函数 $V(x_1,x_2,\cdots,x_n)$本身不是具有与$\frac{dV}{dt}$的正负号相反的常号函数，则方程组(8.6-3)的零解 $\boldsymbol{x}=\boldsymbol{0}$ 是不稳定的.

定理 21 对于方程组(8.6-3)，如果存在正定函数 $V(x_1,x_2,\cdots,x_n)$，使得(8.6-9)式中的$\frac{dV}{dt}$也是正定的，则方程组(8.6-3)的零解 $\boldsymbol{x}=\boldsymbol{0}$ 是不稳定的.

8.6.8 齐次常系数线性微分方程组零解的稳定性

给定齐次常系数线性微分方程组

$$\frac{dx_i}{dt}=\sum_{j=1}^{n}a_{ij}x_j \quad (i=1,2,\cdots,n). \tag{8.6-10}$$

定理 22 如果方程组(8.6-10)的特征方程的全部根都具有负实部，则方程组(8.6-10)的零解渐近稳定；如果特征根中至少有一个具有正实部，则方程组(8.6-10)的零解不稳定；如果特征根中有具零实部的根而无具正实部的根，则方程组(8.6-10)的零解可以有非渐近的稳定性，也可以有不稳定性.

定理 23(胡尔维茨定理) 设方程组(8.6-10)的特征方程为

$$f(\lambda)=\lambda^n+a_1\lambda^{n-1}+\cdots+a_{n-1}\lambda+a_n=0, \tag{8.6-11}$$

作行列式

$$\Delta_1=a_1,\Delta_2=\begin{vmatrix}a_1 & 1\\ a_3 & a_2\end{vmatrix},\Delta_3=\begin{vmatrix}a_1 & 1 & 0\\ a_3 & a_2 & a_1\\ a_5 & a_4 & a_3\end{vmatrix},$$

$$D_n=\begin{vmatrix}a_1 & 1 & 0 & 0 & \cdots & 0\\ a_3 & a_2 & a_1 & 1 & \cdots & 0\\ a_5 & a_4 & a_3 & a_2 & \cdots & 0\\ \cdots & \cdots & \cdots & \cdots & \cdots & \cdots\\ a_{2n-1} & a_{2n-2} & a_{2n-3} & a_{2n-4} & \cdots & a_n\end{vmatrix}=a_nD_{n-1},$$

其中如果 $i>n$,令 $a_i=0$. 方程(8.6-11)的全部根都具有负实部的必要充分条件为 $D_k>0(k=1,2,\cdots,n)$.

8.6.9 结构稳定性

动力系统或微分方程的结构稳定性是指它在经过一小扰动后其轨道的拓扑结构仍保持与原来的一致. 设 X 为动力系统的相空间,简称空间.

定义 16 空间 X 上的两个动力系统 f 和 g 称为**拓扑等价**,若存在 X 到自身的同胚 h,它把 f 的每一条轨道映成 g 的一轨道,且保持轨道的方向.

定义 17 空间 X 上的动力系统 f 称为**结构稳定**的,若对 f 作一个充分小的扰动后得到的新的系统总能与原来的保持拓扑等价.

定义 18 动力系统 f 称为在某个平衡点或周期轨 P 是**局部结构稳定**的,若它限制在 P 的一个邻域内是结构稳定的.

定义 19 微分方程 $\dot{x}=F(x)$ 的平衡点 x_0 称为**双曲**的,若它的线性化矩阵 $DF(x_0)$ 的所有特征值都有非零实部.

定理 24(哈德曼-格鲁巴曼) 微分方程 $\dot{x}=F(x)$ 的平衡点若是双曲的,则它局部结构是稳定的.

§8.7 微分方程在力学、电学中的应用

8.7.1 机械系统的振动

1. 阻尼振动

设质量为 M 的物体沿水平轴 Ox 在有阻力的介质中运动(图 8.7-1). 平衡位置在点 $x=0$ 处,则物体在点 x 处所受的弹性力为 $-Kx(K>0)$,并设介质对物体的阻

力 R 的大小与运动速度的大小成比例而它们的方向相反：$R=-C\frac{dx}{dt}(C\geqslant 0)$. 根据牛顿第二定律得物体的运动方程为

$$M\frac{d^2x}{dt^2}+C\frac{dx}{dt}+Kx=0. \tag{8.7-1}$$

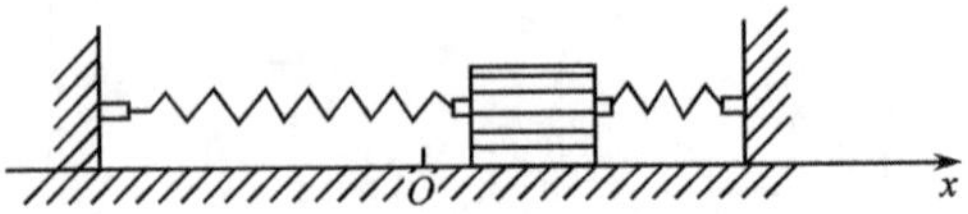

图 8.7-1

把方程(8.7-1)改写为

$$\frac{d^2x}{dt^2}+2b\frac{dx}{dt}+a^2x=0, \tag{8.7-2}$$

其中

$$b=\frac{C}{2M},\quad a=\sqrt{\frac{K}{M}}.$$

方程(8.7-2)的特征根为

$$\lambda_1=-b+\sqrt{b^2-a^2},\lambda_2=-b-\sqrt{b^2-a^2}.$$

设物体的初始位移为 $x(t)\Big|_{t=0}=x_0$，初始速度为 $\frac{dx}{dt}\Big|_{t=0}=0$. 下面分三种情况讨论.

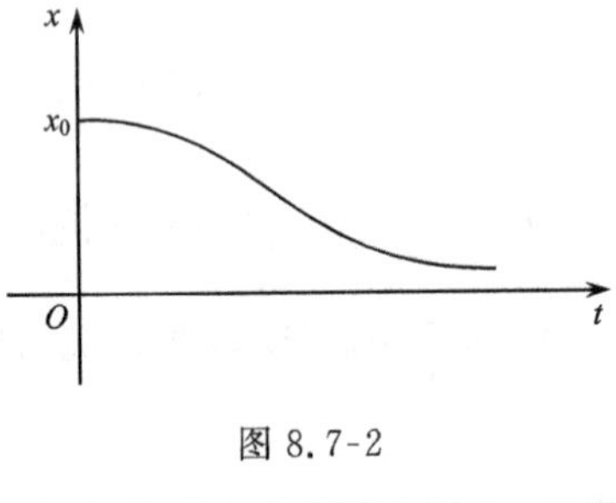

图 8.7-2

(1) $b>a$. 此时 $\lambda_1\neq\lambda_2$，$\lambda_1<0$，$\lambda_2<0$. 方程(8.7-2)满足所给初始条件的特解为 $x=\frac{x_0}{\lambda_1-\lambda_2}(\lambda_1e^{\lambda_2t}-\lambda_2e^{\lambda_1t})$. 这时不产生振动，物体缓慢地回到平衡位置. 这类运动称为超衰减运动(图 8.7-2).

(2) $b=a$. 此时 $\lambda_1=\lambda_2=-a$，方程(8.7-2)满足所给初始条件的特解为 $x=x_0e^{-at}(1+at)$. 这时仍不产生振动. 这类运动称为临界衰减运动. 图形与图 8.7-2 类似.

(3) $b<a$. 此时 $\lambda_1=-b+\alpha j$，$\lambda_2=-b-\alpha j$，$\alpha=\sqrt{a^2-b^2}$. 方程(8.7-2)满足所给初始条件的特解为

$$x=\frac{x_0}{\alpha}e^{-bt}(\alpha\cos\alpha t+b\sin\alpha t)$$

$$=\frac{x_0\sqrt{\alpha^2+b^2}}{\alpha}e^{-bt}\cos(\alpha t-\theta),\theta=\arctan\frac{b}{\alpha}.$$

这时产生非周期的振动，振幅按指数律减小. 如图 8.7-3 所示. 它并不是严格意义下的周期函数，但它的曲线相隔一定距离穿过平衡位置 $x=0$. 若把它的“周期”T 看作是运动一整“周”所需的时间，则 $\alpha T=2\pi$，于是

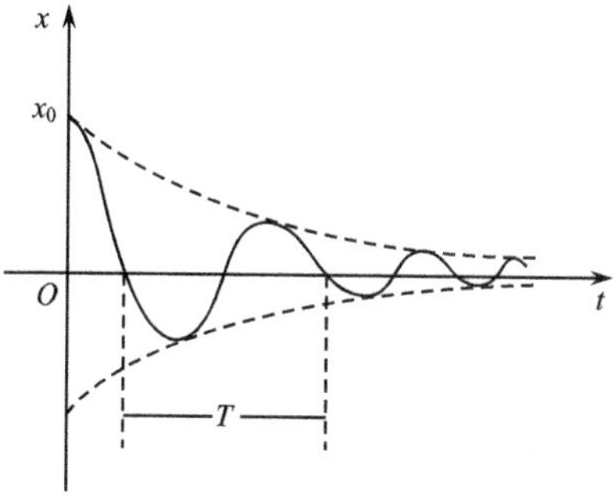

图 8.7-3

$$T=\frac{2\pi}{\alpha}=\frac{2\pi}{\sqrt{a^2-b^2}}=\frac{2\pi}{\sqrt{\dfrac{K}{M}-\dfrac{C^2}{4M^2}}}.$$

$$f=\frac{1}{T}=\frac{1}{2\pi}\sqrt{\frac{K}{M}-\frac{C^2}{4M^2}}$$

通常称为系统的**自然频率**. 这类运动称为次衰减运动.

2. 强迫振动

设作用于物体的力除系统内部的力外，还有周期性的外力 $f(t)=F_0\cos\omega t$（也称为强迫力），此时方程(8.7-1)为

$$M\frac{d^2x}{dt^2}+C\frac{dx}{dt}+Kx=F_0\cos\omega t. \tag{8.7-3}$$

设方程(8.7-3)的特解为 $x^*=A\cos\omega t+B\sin\omega t$，代入原方程确定 A,B 得特解为

$$\begin{aligned}x^*&=\frac{F_0}{(K-\omega^2M)^2+\omega^2C^2}(\omega C\sin\omega t+(K-\omega^2M)\cos\omega t)\\&=\frac{F_0}{\sqrt{(K-\omega^2M)^2+\omega^2C^2}}\cos(\omega t-\phi),\end{aligned}$$

$$\phi=\arctan\frac{\omega C}{K-\omega^2M}.$$

若考虑次衰减运动，则方程(8.7-3)的通解为

$$x=e^{-bt}(C_1\cos\alpha t+C_2\sin\alpha t)+\frac{F_0}{\sqrt{(K-\omega^2M)^2+\omega^2C^2}}\cos(\omega t-\phi).$$

其中第一项

$$e^{-bt}(C_1\cos\alpha t+C_2\sin\alpha t)$$

当 $t\to+\infty$ 时趋于零，称为暂态项，第二项

$$\frac{F_0}{\sqrt{(K-\omega^2M)^2+\omega^2C^2}}\cos(\omega t-\phi)$$

称为稳态项. 若 C 与 $K-\omega^2M$ 都很小，即若运动只有轻度衰减，而外加频率 $\frac{\omega}{2\pi}$ 接近于自然频率 $\frac{1}{2\pi}\sqrt{\frac{K}{M}-\frac{C^2}{4M^2}}$，则振幅会很大，这种现象称为

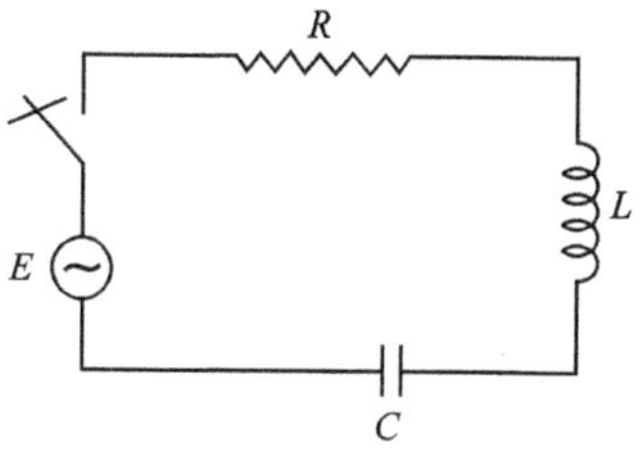

图 8.7-4

共振.

8.7.2 简单电路

设如图 8.7-4 所示的 RLC 串联电路的开关在 $t=0$ 时接通，试确定接通电源电动势 $E=E_0\sin\omega t$ 时电路中的电流.

假设电路开始是松弛的，即初始条件为

$$i(t)\Big|_{t=0}=0, q(t)\Big|_{t=0}=0,$$

$i(t)$, $q(t)$分别表示电流与电荷. 根据基尔霍夫电压定律可得回路电流 $i(t)$所满足的方程

$$L\frac{di}{dt}+Ri+\frac{1}{C}\int_0^t i(\tau)d\tau=E_0\sin\omega t, \tag{8.7-4}$$

或 $q(t)$所满足的二阶微分方程

$$L\frac{d^2q}{dt^2}+R\frac{dq}{dt}+\frac{1}{C}q=E_0\sin\omega t, \tag{8.7-5}$$

式中 L 表示电感，R 表示电阻，C 表示电容. 方程(8.7-5)对应的齐次方程为

$$L\frac{d^2q}{dt^2}+R\frac{dq}{dt}+\frac{1}{C}q=0, \tag{8.7-6}$$

方程(8.7-6)的特征根为

$$\lambda_1=-\frac{R}{2L}+\sqrt{\left(\frac{R}{2L}\right)^2-\frac{1}{LC}}=-\alpha+b, \lambda_2=-\alpha-b,$$

其中

$$\alpha=\frac{R}{2L}, b=\sqrt{\left(\frac{R}{2L}\right)^2-\frac{1}{LC}}.$$

仍分三种情况讨论.

(1) $R>2\sqrt{\frac{L}{C}}$，此时 $\lambda_1\neq\lambda_2$，$\lambda_1<0$，$\lambda_2<0$. 方程(8.7-6)的通解为

$$q(t)=K_1e^{-(\alpha-b)t}+K_2e^{-(\alpha+b)t},$$

而

$$i(t)=\frac{dq}{dt}=-K_1(\alpha-b)e^{-(\alpha-b)t}-K_2(\alpha+b)e^{-(\alpha+b)t},$$

电流 $i(t)$由两个以不同速度按指数律衰减的部分组成，这时的电流称为暂态电流，记作 $i_{tr}(t)$. 这种情况称为过阻尼状态，发生在电流较大的情形.

(2) $R=2\sqrt{\frac{L}{C}}$，此时 $\lambda_1=\lambda_2=-\alpha$，方程(8.7-6)的通解为

$$q(t)=(K_1+K_2t)e^{-\alpha t},$$

$$i(t)=i_{tr}(t)=(K_2-\alpha K_1-\alpha K_2t)e^{-\alpha t},$$

当 t 很大时，$i_{tr}(t)$ 单调下降到零. 这种情况称为临界阻尼状态.

(3) $R<2\sqrt{\frac{L}{C}}$. 此时 $\lambda_1=-\alpha+\beta j$，$\lambda_2=-\alpha-\beta j$，$\beta j=b$，方程(8.7-6)的通解为

$$q(t)=e^{-\alpha t}(A_1'\cos\beta t+A_2'\sin\beta t),$$

而

$$i(t)=e^{-\alpha t}(A_1\cos\beta t+A_2\sin\beta t)=\sqrt{A_1^2+A_2^2}e^{-\alpha t}\sin(\beta t+\varphi),$$

$$\varphi=\arctan\frac{A_1}{A_2},$$

此时电流 $i(t)=i_{tr}(t)$ 是以角频率 β 振荡的衰减正弦波，这种情况称为**欠阻尼状态**. 当电路中电阻较小时就出现这种现象.

若考虑欠阻尼状态，这时方程(8.7-5)的特解为

$$q^*(t)=-\frac{E_0}{\sqrt{R^2+\left(\omega L-\frac{1}{\omega C}\right)^2}}\cdot\frac{1}{\omega}\cos(\omega t-\theta),$$

$$\theta=\arctan\frac{\omega L-\frac{1}{\omega C}}{R},$$

从而方程(8.7-4)的特解，即稳态电流 $i(t)$ 记作 $i_{ss}(t)$ 为

$$i_{ss}(t)=\frac{dq^*(t)}{dt}=\frac{E_0}{\sqrt{R^2+\left(\omega L-\frac{1}{\omega C}\right)^2}}\sin(\omega t-\theta), \tag{8.7-7}$$

方程(8.7-4)的一般解为

$$\begin{aligned}i(t)=i_{tr}(t)+i_{ss}(t)&=\sqrt{A_1^2+A_2^2}e^{-\alpha t}\sin(\beta t+\varphi)\\&\quad+\frac{E_0}{\sqrt{R^2+\left(\omega L-\frac{1}{\omega C}\right)^2}}\sin(\omega t-\theta).\end{aligned}$$

在 RLC 串联电路中，稳态电流 $i_{ss}(t)$ 的大小随所加正弦电压频率的变化而变化. 由(8.7-7)式得

$$|i_{ss}(t)|=\frac{E_0}{\sqrt{R^2+\left(\omega L-\frac{1}{\omega C}\right)^2}}.$$

当 $\omega=\frac{1}{\sqrt{LC}}$ 时，$\max|i_{ss}(t)|=\frac{E_0}{R}$，此时称 RLC 电路是谐振的，其谐振频率为

$$f_r=\frac{\omega}{2\pi}=\frac{1}{2\pi\sqrt{LC}}.$$

常微分方程除了在力学、电学中的应用外，在电子技术、自动控制、星际航行、机械工程、化学反应及生态工程等各个学科与尖端技术领域内都有广泛的应用.

§8.8 差分方程

8.8.1 一般概念

差分方程是含有未知函数的有限差分的方程.差分方程常来自微分方程的离散化,其特点是函数的自变量取整数值,这是在对微分方程做数值计算时经常遇到的.如一阶常微分方程

$$\frac{dy}{dx} = f(y)$$

对 $y(x)$取向前差分 $\Delta y(x)=y(x+1)-y(x)$,可得到差分方程

$$y(n+1) - y(n) = f(y(n)).$$

对高阶方程,由 $\Delta^{k+1}y=\Delta[\Delta^k y(x)]$可得到高阶差分,如二阶差分

$$\Delta^2 y(x) = y(x+2) - 2y(x+1) + y(x).$$

N 阶差分方程的一般形式可以写成

$$F(n,x(n),x(n+1),\cdots,x(n+N)) = 0, \tag{8.8-1}$$

这里 F 是给定函数.设 F 中的变数不显含 n,且最高阶变量能解出,即具有形式

$$x(n+N) = f(x(n),x(n+1),\cdots,x(n+N-1)). \tag{8.8-2}$$

设 $x_k(n)=x(n+k-1),k=1,\cdots,N$.则

$$x_k(n+1) = x(n+k) = x_{k+1}(n),k = 1,\cdots,N-1,$$

而 $x_N(n+1)=x(n+N)=f(x_1(n),\cdots,x_N(n))$.令

$$\widetilde{x}(n) = (x_1(n),\cdots,x_N(n))^{\mathrm{T}},g:R^N \to R^N$$

由

$$g(x_1,\cdots,x_{N-1},x_N) = (x_2,\cdots,x_N,f(x_1,\cdots,x_N))^{\mathrm{T}}$$

给定.则(8.8-2)等价于离散的半动力系统

$$y(n+1) = g(y(n)),n = 0,1,\cdots.$$

8.8.2 线性差分方程

考虑 N 阶线性差分方程

$$x(n+N) + a_{N-1}x(n+N-1) + \cdots + a_0x(n) = R(n), \quad n = 0,1,2,\cdots \tag{8.8-3}$$

其中 $R(n)$是给定函数,$a_k,k=0,\cdots,N$,是给定系数,$a_0\neq 0$.满足方程(8.8-3)的函数 $x(n)$称为该差分方程的解.与线性常微分方程情形一样,差分方程(8.8-3)的通解可表示成特解 $x_p(n)$和相应齐次方程

$$x(n+N)+a_{N-1}x(n+N-1)+\cdots+a_0x(n)=0 \tag{8.8-4}$$

的通解 $x_h(n)$ 之和，$x(n)=x_p(n)+x_h(n)$.

为求齐次方程(8.8-4)的通解，考虑相应的特征方程

$$r^N+a_{N-1}r^{N-1}+\cdots+a_0=0. \tag{8.8-5}$$

设 $r_1,\cdots,r_k$ 分别为(8.8-5)的 $m_1,\cdots,m_k$ 重根，则(8.8-4)的通解为

$$x_h(n)=P_1(n)r_1^n+\cdots+P_k(n)r_k^n, \tag{8.8-6}$$

其中 $P_j(n)$ 为次数 $\leqslant m_j-1$ 的任一(关于 n)的多项式. 特别，若 r_k 都为单根，则 $x_h(n)=C_1r_1^n+\cdots+C_Nr_N^n$，$C_j$ 为任意常数. 若 $r_1=\rho e^{i\theta}$，$r_2=\rho e^{-i\theta}$，$m_1=m_2=m$，则 $P_1(n)r_1^n+P_2(n)r_2^n=\rho^n(Q_1(n)\cos n\theta+Q_2(n)\sin n\theta)$，其中 $Q_1(n)$ 和 $Q_2(n)$ 为次数 $\leqslant m-1$ 的任意多项式.

(8.8-3)的特解可对齐次方程的通解(8.8-6)用参数变易法来构造：

(1) $R(n)$ 为多项式 $R(n)=b_qn^q+b_{q-1}n^{q-1}+\cdots+b_0$ 时，若 $r=1$ 为(8.8-5)的 m 重根(若 $r=1$ 不是根，$m=0$)，则代得 $x_p(n)=n^m(k_qn^q+k_{q-1}n^{q-1}+\cdots+k_0)$，系数 $k_0,\cdots,k_q$ 由 x_p 代入(8.8-3)并比较系数而定.

(2) $R(n)$ 为指数函数时，$R(n)=Q(n)C^n$ (C 为常数，$Q(n)$ 为 q 阶多项式). 代换 $x(n)=C^ny(n)$ 将(8.8-3)变为 $P(CT)y(n)=Q(n)$. 继续(1). 或当 $r=c$ 为(8.8-5)的 m 重根时，代之以 $x(n)=n^m(k_qn^q+k_{q-1}n^{q-1}+\cdots+k_0)c^n$.

(3) 三角函数 $R_1(n)=Q(n)C^n\cos n\theta$ 或 $R_2(n)=Q(n)C^n\sin n\theta$ ($C,\theta\in R$ 为常数，$Q(n)$ 为实多项式). 将(8.8-3)中 $R(n)$ 用 $R^*(n)=Q(n)(Ce^{i\theta})^n$ 代替，并象(2)来确定 $x_p^*(n)$，得 $x_{1p}(n)=\mathrm{Re}x_p^*(n)$，$x_{2p}(n)=\mathrm{Im}x_p^*(n)$.

(4) 任意函数. 设 $x(0),\cdots,x(N-1)$ 给定，则 $x(n)$，$n\geqslant N$，由(8.8-3)唯一地递归确定. 如 $x(n+1)-ax(n)=R(n)$，$n=0,1,2,\cdots$，有特解

$$x(0)=0,x(n)=\sum_{k=0}^{n-1}a^{n-k-1}R(k),\quad n=1,2,3,\cdots.$$

8.8.3 例

Fibonacci 数 $x(n)=F_{n+1}$ 由下式定义

$$x(n+2)=x(n+1)+x(n),\quad n\geqslant 0, \tag{8.8-7}$$

$$x(0)=0,x(1)=1. \tag{8.8-8}$$

(8.8-7)的特征方程 $r^2-r-1=0$，其根为 $a=(1+\sqrt{5})/2$，$b=(1-\sqrt{5})/2$. 因而 $x(n)=Aa^n+Bb^n$. 由(8.8-8)，$A=a/\sqrt{5}$，$B=-b/\sqrt{5}$. 因而 $F_n=(a^n-b^n)/\sqrt{5}$，$n\geqslant 1$.

虽然各种数学和技术问题都导出差分方程，但其主要的应用邻域还在于近似求解微分方程.

§8.9 分岔与混沌

8.9.1 连续系统的分岔

分岔是指任意小的参数变化会引起动力系统的相轨迹拓扑结构发生突然变化.从而有下述的定义.

考虑含参数的连续系统

$$\dot{\boldsymbol{x}} = \boldsymbol{f}(\boldsymbol{x},\boldsymbol{\mu}) \tag{8.9-1}$$

其中 $f: R^n \times R^m \to R^n$ 可微.

定义 1 当参数 $\boldsymbol{\mu}$ 连续地变动时,若系统(8.9-1)相轨迹的拓扑结构在 $\boldsymbol{\mu}=\boldsymbol{\mu}_0$ 处发生突然变化,则称系统(8.9-1)在 $\boldsymbol{\mu}=\boldsymbol{\mu}_0$ 处出现**分岔**. $\boldsymbol{x}\in R^n$ 为状态变量,$\boldsymbol{\mu}\in R^m$ 为**分岔参数**,或**控制参量**. $\boldsymbol{\mu}_0$ 称作**分岔值**,$(\boldsymbol{x},\boldsymbol{\mu}_0)^{\mathrm{T}}$ 称为**分岔点**. 在空间 $(x,\mu)\in R^n\times R^m$ 中,平衡点或极限环随参数 $\boldsymbol{\mu}$ 变化的图形称为**分岔图**.

分岔有局部和全局之分.

定义 2 局部分岔是指在平衡点或闭轨的某个邻域中的分岔. 如果需要考虑相空间中大范围的分岔性态,则称为**全局分岔**.

定义 3 如果只研究平衡点个数和稳定性随参数的变化,则称为**静态分岔**. 否则就是**动态分岔**.

根据静态分岔的定义,研究动力系统(8.9-1)的静态分岔即是分析静态方程

$$\boldsymbol{f}(\boldsymbol{x},\boldsymbol{\mu}) = \boldsymbol{0} \tag{8.9-2}$$

解的个数和性质随参数 $\boldsymbol{\mu}$ 的突然变化,也即是研究代数方程(8.9-2)的多重解问题.

定理 1 设 $\boldsymbol{\mu}_0$ 为一个静态分岔值,$(\boldsymbol{x}_0,\boldsymbol{\mu}_0)^{\mathrm{T}}$ 为静态分岔点,则 $\boldsymbol{f}(\boldsymbol{x}_0,\boldsymbol{\mu}_0)=\boldsymbol{0}$,且 $\boldsymbol{f}$ 在 $(\boldsymbol{x}_0,\boldsymbol{\mu}_0)$ 处关于 x 的雅可比矩阵 $\mathbf{D}_x\boldsymbol{f}(\boldsymbol{x}_0,\boldsymbol{\mu}_0)$ 是不可逆的.

例 1 下列系统在 $\mu=0$ 处出现静态分岔:

(a) $\dot{x}=\mu-x^2$ 出现鞍结分岔.

(b) $\dot{x}=\mu x-x^2$ 出现跨临界分岔.

(c) $\dot{x}=\mu x-x^3$ 出现叉式分岔.

下面三个例子属于动态分岔.

例 2 **霍普夫分岔**. 对方程

$$\dot{x}_1 = -x_2 + x_1[\mu-(x_1^2+x_2^2)],$$

$$\dot{x}_2 = x_1 + x_2[\mu-(x_1^2+x_2^2)],$$

引进极坐标 $x_1=r\cos\theta, x_2=r\sin\theta$,变为

$$\dot{r} = r(\mu-r^2), \dot{\theta}=1.$$

则当 $\mu\leqslant 0$ 时原点 $r=0$ 为稳定平衡点;当 $\mu>0$ 时原点失稳,同时会出现一个稳定的极限环 $r=\sqrt{\mu}$. 这种由平衡点稳定性变化而引起产生极限环的现象称为霍普夫分岔.

例 3　同宿分岔. 考虑 $\ddot{x}+\mu\dot{x}+x-x^2=0$，或命 $x=x_1,\dot{x}=x_2$，为

$$\dot{x}_1 = x_2, \dot{x}_2 = -x_1 - \mu x_2 + x_1^2.$$

它有两个平衡点 $(x_1,x_2)=(0,0)$ 和 $(1,0)$，其中 $(1,0)$ 是鞍点. 当 $\mu=0$ 时，该系统有一条轨道首尾与该鞍点相连接，称为同宿轨. 当 $\mu\neq0$ 时该同宿轨会消失，出现同宿分岔.

例 4　异宿分岔. 考虑

$$\dot{x}_1 = \mu + x_1^2 - x_1x_2, \dot{x}_2 = x_2^2 - x_1^2 - 1. \tag{8.9-3}$$

当 $\mu=0$ 时，它有两个平衡点 $(x_1,x_2)=(0,\pm1)$，都是鞍点，而且有一条轨道连接这两个鞍点，称为异宿轨. 当 $\mu\neq0$ 时该异宿轨会消失，这是异宿分岔.

8.9.2　霍普夫分岔定理

研究带单参数的平面系统

$$\dot{x} = P(x,y,\mu), \dot{y} = Q(x,y,\mu). \tag{8.9-4}$$

设 P 和 Q 有 4 阶连续偏导数，在 $\mu=0$ 的一邻域内 $P(0,0,\mu)=Q(0,0,\mu)=0$，且 $\mu=0$ 时其线性近似系统为中心，即有一对纯虚特征值. 经适当的线性坐标变换，新坐标仍用 x 和 y 表示，系统(8.9-4)可改写为

$$\begin{aligned}\dot{x} &= \alpha(\mu)x - \beta(\mu)y + f(x,y,\mu)\\ \dot{y} &= \beta(\mu)x + \alpha(\mu)y + g(x,y,\mu)\end{aligned}\quad (x,y)\in U\subset R^2,\mu\in R, \tag{8.9-5}$$

其中函数 f 和 g 为 x 和 y 的不低于 2 次的项，且满足

$$f(0,0,\mu) = g(0,0,\mu) = 0,\quad \mu\in J, \tag{8.9-6}$$

而在原点 $(0,0)$ 的线性近似系统的复共轭特征值 $\alpha(\mu)\pm i\beta(\mu)$ 在 $\mu=0$ 时有

$$\alpha(0) = 0, \beta(0) = \omega > 0. \tag{8.9-7}$$

记 $c=\alpha'(0)$ 及

$$\begin{aligned}a=& \frac{1}{16}\left(\frac{\partial^3 f}{\partial x^3}+\frac{\partial^3 f}{\partial x\partial y^2}+\frac{\partial^3 g}{\partial x^2\partial y}+\frac{\partial^3 g}{\partial y^3}\right)\\ &+\frac{1}{16\omega}\left[\frac{\partial^2 f}{\partial x\partial y}\left(\frac{\partial^2 f}{\partial x^2}+\frac{\partial^2 f}{\partial y^2}\right)-\frac{\partial^2 g}{\partial x\partial y}\left(\frac{\partial^2 g}{\partial x^2}+\frac{\partial^2 g}{\partial y^2}\right)-\frac{\partial^2 f}{\partial x^2}\frac{\partial^2 g}{\partial x^2}+\frac{\partial^2 f}{\partial y^2}\frac{\partial^2 g}{\partial y^2}\right]_{(0,0,0)}.\end{aligned} \tag{8.9-8}$$

定理 2(平面霍普夫分岔)　设系统(8.9-5)满足条件(8.9-6)和(8.9-7)，且 $c\neq0$ 和 $a\neq0$，则系统(8.9-5)在 $\mu=0$ 处出现霍普夫分岔. 当 $\mu\neq0$ 且 μ 与 a/c 异号时，在 $(x,y)=(0,0)$ 邻域存在唯一的极限环. 当 $\mu\to0$ 时，该极限环趋于原点，且对充分小的 $|\mu|$，该极限环上各点向径的平均值与 $\sqrt{|\mu|}$ 成正比，周期接近 $2\pi/\omega$. 当 $a<0$ 时，极限环稳定；当 $a>0$ 时，极限环不稳定.

8.9.3 离散系统的分岔

对于含参数的离散系统

$$\boldsymbol{z}_{i+1} = \boldsymbol{M}(\boldsymbol{z}_i,\boldsymbol{\mu}),\quad i = 0,1,2,\cdots, \tag{8.9-9}$$

其中 $M:R^n \times R \to R^n$，$\boldsymbol{z}_i \in R^n$ 为状态变量，$\boldsymbol{\mu} \in R^m$ 为分岔参数. 当参数 $\boldsymbol{\mu}$ 连续地变动时，若系统(8.9-9)轨道的拓扑结构在 $\boldsymbol{\mu}=\boldsymbol{\mu}_0$ 处发生突然变化，则称系统(8.9-9)在 $\boldsymbol{\mu}=\boldsymbol{\mu}_0$ 处出现**分岔**. $\boldsymbol{\mu}_0$ 称作**分岔值**.

类似于前述连续动力系统的情形，根据研究侧重的不同可以将离散动力系统的分岔作不同分类. 例如静态分岔和动态分岔，局部分岔和全局分岔.

离散动力系统(8.9-9)的静态分岔问题即是代数方程

$$\boldsymbol{z} = \boldsymbol{M}(\boldsymbol{z},\boldsymbol{\mu}) \tag{8.9-10}$$

的多重解问题，每一个解都是一个不动点. 设 $\boldsymbol{\mu}=\boldsymbol{\mu}_0$ 时，z_0 为不动点.

定理 3 设离散动力系统(8.9-9)在 $(\boldsymbol{z}_0,\boldsymbol{\mu}_0)^{\mathrm{T}}$ 出现静态分岔. 则 $\boldsymbol{M}$ 在该点关于 z 的雅可比矩阵 $\mathbf{D}_z\boldsymbol{M}(\boldsymbol{z}_0,\boldsymbol{\mu}_0)$ 至少有一个特征值的绝对值为 1.

例 5 (1) 系统 $z_{i+1}=\mu+z_i+z_i^2$ 当 $\mu=0$ 时仅有一个特征值为 $\lambda=1$，这类分岔称为**切分岔或折叠分岔**.

(2) 系统 $z_{i+1}=-(\mu+1)z_i+z_i^3$ 当 $\mu=0$ 时有一个特征值为 $\lambda=-1$，此时会出现**倍周期分岔**.

(3) 二维系统 $x_{i+1}=\mu x_i(1-y_i)$，$y_{i+1}=x_i$ 当 $\mu=2$ 时，在不动点 $\left(\frac{1}{2},\frac{1}{2}\right)$ 处有一对模为 1 的复特征值 $\lambda_{1,2}=e^{\pm i\varphi}$，$0<\varphi<\pi$，此时会分岔出闭曲线，这是 **Neimark-Sacker 分岔**，或离散系统的霍普夫分岔.

8.9.4 混沌概念

混沌(chaos)是非线性确定性系统中产生的敏感依赖于初始条件的非周期性定态运动，具有内在随机性和长期不可预测性.

考虑由 R^n 的一个紧致子集到自身的连续函数 $\boldsymbol{F}$ 生成的离散动力系统. R^n 的欧氏范数记为 $\|\cdot\|$.

定义 4(Li-Yorke) $\boldsymbol{F}$ 称为(Li-Yorke)混沌的，若 $\boldsymbol{F}$ 的周期点的周期无上界，且在 $\boldsymbol{F}$ 的定义域中存在不可数子集 S 满足下列条件：

(1) $\boldsymbol{F}(S)\subset S$；

(2) 对任意 $\boldsymbol{p},\boldsymbol{q}\in S(\boldsymbol{p}\neq\boldsymbol{q})$ 有 $\limsup\limits_{k\to\infty}\|\boldsymbol{F}^k(\boldsymbol{p})-\boldsymbol{F}^k(\boldsymbol{q})\|>0$；

(3) 对任意 $\boldsymbol{p},\boldsymbol{q}\in S$，有 $\liminf\limits_{k\to\infty}\|\boldsymbol{F}^k(\boldsymbol{p})-\boldsymbol{F}^k(\boldsymbol{q})\|=0$；

(4) 对任意 $\boldsymbol{p}\in S$ 和 $\boldsymbol{F}$ 周期点 $\boldsymbol{q}$，有 $\limsup\limits_{k\to\infty}\|\boldsymbol{F}^k(\boldsymbol{p})-\boldsymbol{F}^k(\boldsymbol{q})\|>0$.

定理 4(Li-Yorke) 若闭区间到自身的连续函数 f 有 3 周期点，则 f 是混沌的.

对于区间映射，常可以通过倍周期分岔序列进入混沌状态.

例 6 区间[0,1]到自身的逻辑斯蒂映射 $f_\mu(x)=\mu x(1-x)$,$(0<\mu<4)$,其迭代序列的吸引子通过倍周期分岔序列进入混沌.

定义 5(Devaney) 非空紧集 X 到自身的映射 F 被称为(Devaney)混沌的,若成立下列条件:(1)映射 F 是拓扑传递的,即任给非空开集 $U,V\subset X$,存在 $k\geqslant 1$ 使得 $F^k(U)\cap V$非空;(2) F 的周期轨集在 X 中稠密.(3) 映射 F 具有敏感依赖性,即存在常数 $\delta>0$ 使得对任意 $x\in X$ 和 x 的任意邻域 U,有 $y\in U$ 及 $k\geqslant 1$ 满足 $\| F^k(x)-F^k(y)\| \geqslant\delta$.

8.9.5 混沌的数值特征

(1) 李雅普诺夫指数

研究由 n 个自治一阶微分方程组描述的动力系统

$$\dot{x} = f(x), f:R^n \to R^n \text{ 可微}. \tag{8.9-11}$$

设 $x(t)$为(8.9-11)以 x_0 为初值的有界解,$x(0)=x_0$. $Df(x(t))$为 f 在 $x(t)$处的雅可比矩阵.设线性化方程

$$\dot{w} = Df(x(t))w$$

以 w_0 为初值的解为 $w(t)$. 则(8.9-11)在 x_0 处沿方向 w_0 的李雅普诺夫指数定义为

$$\lambda(\boldsymbol{x}_0,\boldsymbol{w}_0) = \sup_{t\to\infty}\lim \frac{1}{t}\ln\| w(t) \| .$$

在许多情况下李雅普诺夫指数总是存在的,而且它们至多有 n 个,将这组数值由大到小排列

$$\lambda_1 \geqslant \lambda_2 \geqslant \cdots \geqslant \lambda_n \tag{8.9-12}$$

(8.9-12)称为系统(8.9-11)的李雅普诺夫**指数**.

对于上述自治系统,如果所有李雅普诺夫指数均为负,则系统将趋于平衡解;如果有李雅普诺夫指数为零而其余的为负,则系统作周期或拟周期运动;如果存在正的李雅普诺夫指数而运动又是有界的,则系统作混沌运动.多个正李雅普诺夫指数的混沌运动,称作**超混沌(hyperchaos)**.

(2) 分形维数

分形是具有某种自相似结构的几何体,即在不同的放大级别上,其几何形态是相似的.它们常具有混沌性质,而且可以通过分维数来度量.

设集合 S 为 n 维空间的紧致子集,$N(a)$是覆盖集合 S 所需边长为 a 的超立方体的最小数目,则有容量维数

$$d_C(S) = \lim_{a\to 0}\left(\ln N(a)/\ln \frac{1}{a}\right).$$

设吸引子 S 至少由 $N(a)$个边长为 a 的超立方体覆盖.记 P_i 为轨迹出现在第 i 个超小立方体的概率,信息维数定义为

$$d_I(S) = \lim_{a \to 0} \frac{1}{\ln a} \sum_{i=1}^{N(a)} P_i \ln P_i.$$

对于(8.9-12)中的$\{\lambda_j\}$，李雅普诺夫维数定义为

$$d_L(S) = K - \frac{1}{\lambda_{K+1}} \sum_{i=1}^{K} \lambda_i,$$

其中 K 为使 $\sum_{i=1}^{K} \lambda_i \geqslant 0$ 成立的最大整数.

9. 偏微分方程论

§9.1 一般概念

定义 1 含有多元未知函数 u 及其偏导数的关系式称为**偏微分方程**(后面有时简称方程),若关系式不止一个,则称为偏微分方程组.

例如

$$\frac{\partial u}{\partial i}+a\frac{\partial u}{\partial x}=0 \quad (a\text{ 为常数}), \tag{9.1-1}$$

$$\frac{\partial^2 u}{\partial t^2}+a(x,t)\frac{\partial^2 u}{\partial x^2}+b(x,t)\frac{\partial u}{\partial x}+c(x,t)u-f(x,t)=0, \tag{9.1-2}$$

$$\frac{\partial u}{\partial x}\frac{\partial^2 u}{\partial x^2}+\frac{\partial u}{\partial y}\frac{\partial^2 u}{\partial y^2}+u^2=0, \tag{9.1-3}$$

$$\left(\frac{\partial u}{\partial x_1}\right)^2+\left(\frac{\partial u}{\partial x_2}\right)^2+\cdots+\left(\frac{\partial u}{\partial x_n}\right)^2-u=0, \tag{9.1-4}$$

$$\begin{cases}\dfrac{\partial u}{\partial t}-\dfrac{\partial v}{\partial x}=0,\\[2mm] \dfrac{\partial v}{\partial t}-a(u)\dfrac{\partial u}{\partial x}=0.\end{cases} \tag{9.1-5}$$

由于不少典型的偏微分方程是从物理问题中归结出来的,反映的是物理规律,因此有应用背景的偏微分方程又常称为数学物理方程.

定义 2 出现在偏微分方程(组)中的最高阶偏导数的阶数称为偏微分方程(组)的**阶**.

例如(9.1-1)为一阶偏微分方程.(9.1-5)为一阶偏微分方程组.(9.1-2),(9.1-3),(9.1-4)为二阶偏微分方程.

下面有关方程的一些定义对方程组也同样适用.不再逐一另加说明.

定义 3 若方程对未知函数及其所有偏导数都是线性的,则称为**线性偏微分方程**(如(9.1-1),(9.1-2)),否则称为**非线性偏微分方程**(如(9.1-3),(9.1-4)).在非线性偏微分方程中,若对未知函数的最高阶导数来说是线性的,则称为**拟线性偏微分方程**(如(9.1-3)).

定义 4 设函数 u 在所考查的区域内具有方程中所出现的各阶导数,且它们都是连续的,若将 u 及它的各阶导数代入方程后使之成为恒等式,则称函数 u 为偏微分方程的**解**,有时也称为**古典解**.

偏微分方程的解一般有无穷多个,与常微分方程的通解依赖于若干任意常数相比,它的自由度往往更大,解中包含有任意函数.例如对于

$$\frac{\partial^2 u}{\partial x \partial y} = f(x,y),$$

有

$$u(x,y) = \int_{x_0}^{x} \int_{y_0}^{y} f(\zeta,\eta) d\zeta d\eta + v(x) + w(y),$$

其中 $v(x)$,$w(y)$为任意的连续可微函数. $u(x,y)$称为偏微分方程的**通解**. 一般来说,偏微分方程的解很难用通解形式表示出. 而在应用问题中,重要的不是求出方程的通解,而是求出在一些特定条件下的解(称为**特解**). 偏微分方程论主要研究后者. 确定特解的条件称为**定解条件**. 定解条件可以包含两种:给定解在区域边界上的定解条件称为**边界条件**. 在方程中的某个自变量 t 赋予"时间"意义的情况下,解在 $t=t_0$(t_0 为常数)时所满足的定解条件称为**初始条件**. 偏微分方程本身又常称为**泛定方程**,由泛定方程和定解条件所构成的问题称为**定解问题**. 定解问题分为三类:

(1) 只有初始条件而没有边界条件的定解问题称为**初值问题**(或**柯西问题**).

(2) 只有边界条件而没有初始条件的定解问题称为**边值问题**.

(3) 既有初始条件又有边界条件的定解问题称为**混合问题**.

定义 5 设函数 u 在所考查的区域 D 内是方程的解,当 D 内的点趋于 D 的边界时,定解条件中所要求的 u 及它的导数的极限处处存在并且等于所给出的定解条件,这时称 u 为该**定解问题的解**.

如果当定解条件作微小变动时,相应的解也只引起微小的变动,亦即解对定解条件存在连续依赖关系,这时称定解问题的解是**稳定的**. 这仅是定性的描述,确切的定量描述应在度量空间中来定义解的稳定性. 在不同距离定义下,会得到不同意义下的稳定性.

定义 6 如果定解问题的解存在且唯一,并关于定解条件是稳定的,则称该定解问题是**适定的**.

§9.2 一阶偏微分方程

9.2.1 一阶线性偏微分方程

一阶线性偏微分方程的一般形式为

$$X_1(x_1,x_2,\cdots,x_n)\frac{\partial u}{\partial x_1} + \cdots + X_n(x_1,x_2,\cdots,x_n)\frac{\partial u}{\partial x_n}$$
$$= f(x_1,x_2,\cdots,x_n), \tag{9.2-1}$$

其中 $X_1,X_2,\cdots,X_n$ 和 f 都是在 n 维空间区域 D 内的连续可微函数,X_i 在 D 内每一点处不同时为零. 函数 f 称为方程的**自由项**. 若 $f\equiv 0$,则称方程为**齐次的**,否则称方程为**非齐次的**(对高阶线性方程有类似的定义).

定义 1 方程组

$$\frac{dx_1}{X_1}=\frac{dx_2}{X_2}=\cdots=\frac{dx_n}{X_n} \tag{9.2-2}$$

称为方程(9.2-1)的**特征方程组**.如果曲线 $l:x_i=x_i(t)(i=1,2,\cdots,n)$满足特征方程组,则称曲线 l 为方程(9.2-1)的**特征曲线**(或简称**特征**).

定义 2 如果函数 $\psi(x_1,x_2,\cdots,x_n)$沿特征方程组的任一特征曲线

$$x_i=x_i(t) \quad (i=1,2,\cdots,n)$$

取常数值,即

$$\psi(x_1(t),x_2(t),\cdots,x_n(t))=c,$$

则称函数 $\psi(x_1,x_2,\cdots,x_n)$为特征方程组的一个**首次积分**.

定理 1 连续可微函数 $u=\psi(x_1,x_2,\cdots,x_n)$是一阶线性齐次方程(9.2-1)的解当且仅当它是特征方程组(9.2-2)的首次积分.

定理 2 设 $\psi_1(x_1,x_2,\cdots,x_n),\cdots,\psi_{n-1}(x_1,x_2,\cdots,x_n)$是特征方程组(9.2-2)的在 D 上的 $n-1$ 个连续可微且无关的(参看 6.2.3)的首次积分,则

$$u=\Phi(\psi_1,\psi_2,\cdots,\psi_{n-1}) \tag{9.2-3}$$

为线性齐次方程(9.2-1)的通解,其中 Φ 为 $n-1$ 个变量的任意连续可微函数.

例 1 求方程 $xz\frac{\partial u}{\partial x}+yz\frac{\partial u}{\partial y}-(x^2+y^2)\frac{\partial u}{\partial z}=0$ 的通解.

方程所对应的特征方程组为

$$\frac{dx}{xz}=\frac{dy}{yz}=-\frac{dz}{x^2+y^2},$$

其两个无关的首次积分是

$$\psi_1(x,y)=\frac{y}{x},\ \psi_2(x,y)=x^2+y^2+z^2.$$

故

$$u(x,y)=\Phi\left(\frac{y}{x},x^2+y^2+z^2\right)$$

为所给方程的通解,其中 Φ 为任意函数.

9.2.2 一阶拟线性偏微分方程

一阶拟线性偏微分方程的一般形式为

$$\sum_{i=1}^{n}P_i(x_1,x_2,\cdots,x_n,u)\frac{\partial u}{\partial x_i}=R(x_1,x_2,\cdots,x_n,u), \tag{9.2-4}$$

其中 P_i 和 R 都是在 $n+1$ 维空间区域 D 内的连续可微函数,且 P_i 不同时为零.

1. 一阶拟线性方程的通解

设由方程

$$V(x_1,x_2,\cdots,x_n,u)=0$$

所确定的函数 u 为方程(9.2-4)的解，于是

$$\frac{\partial u}{\partial x_i}=-\frac{\partial V}{\partial x_i}\Big/\frac{\partial V}{\partial u}\quad(i=1,2,\cdots,n),$$

代入方程(9.2-4)，即化为对 V 的线性齐次方程：

$$P_1\frac{\partial V}{\partial x_1}+P_2\frac{\partial V}{\partial x_2}+\cdots+P_n\frac{\partial V}{\partial x_n}+R\frac{\partial V}{\partial u}=0.\tag{9.2-5}$$

设 $\psi_i(x_1,x_2,\cdots,x_n,u)(i=1,2,\cdots,n)$ 为(9.2-5)的特征方程组的 n 个彼此无关的首次积分，则对于任意连续可微的函数 Φ，由隐式

$$\Phi(\psi_1(x_1,x_2,\cdots,x_n,u),\cdots,\psi_n(x_1,x_2,\cdots,x_n,u))=0\tag{9.2-6}$$

所确定的函数 u 为方程(9.2-4)的通解.

2. 含有两个自变量的一阶拟线性方程的几何理论

(1) 特征线与积分曲面

解方程

$$P(x,y,z)z_x+Q(x,y,z)z_y-R(x,y,z)=0,\tag{9.2-7}$$

即是求积分曲面 $z=z(x,y)$，方程中的 P,Q,R 确定了一个向量场

$$\boldsymbol{F}=P(x,y,z)\boldsymbol{i}+Q(x,y,z)\boldsymbol{j}+R(x,y,z)\boldsymbol{k},$$

于是(9.2-7)表示积分曲面上点 (x,y,z) 处的法向量 $\boldsymbol{n}=\{z_x,z_y,-1\}$ 和在该点的向量 $\boldsymbol{F}$ 正交. 而由特征方程组

$$\frac{dx}{ds}=P(x,y,z),\ \frac{dy}{ds}=Q(x,y,z),\ \frac{dz}{ds}=R(x,y,z)\tag{9.2-8}$$

所解出的过点 (x,y,z) 的特征线恰与向量场 $\boldsymbol{F}$ 在该点的方向相一致. 因此特征线分布在积分曲面上. 由特征线族构成的曲面一定是积分曲面 . 反之，积分曲面一定由特征线族所组成.

(2) 柯西问题

求方程(9.2-7)通过给定曲线 C：$x=x(t),y=y(t),z=z(t)$ 的积分曲面的问题称为该方程的柯西问题，曲线 C 称为**初始曲线**. 问题的解法是通过初始曲线 C 上每一点作特征线，由此得到单参数的特征线族

$$x=x(s,t),y=y(s,t),z=z(s,t).\tag{9.2-9}$$

如果用(9.2-9)的前两个方程能将 s,t 用 x,y 表示：

$$s=s(x,y),\ t=t(x,y),$$

则特征曲线族即形成一张积分曲面. 因此柯西问题有唯一解的充分条件是沿曲线 C 的雅可比行列式

$$\frac{\partial(x,y)}{\partial(s,t)}=x_sy_t-y_sx_t=Py_t-Qx_t\neq 0,$$

这时初始曲线 C 不是特征线. 若在 C 上 $\frac{\partial(x,y)}{\partial(s,t)}\equiv 0$,则问题可能无解,在问题有解的情况下,初始曲线 C 本身就是特征线. 这时过曲线 C 的积分曲面有无穷多张.

例 2 求方程 $(1+\sqrt{z-x-y})z_x+z_y-2=0$ 通过曲线

$$C: x=t, y=0, z=2t$$

的积分曲面.

由于 $Py_t-Qx_t=-1\neq 0$,此柯西问题有唯一解. 这里特征方程组为

$$\frac{dx}{ds}=1+\sqrt{z-x-y}, \frac{dy}{ds}=1, \frac{dz}{ds}=2.$$

解之,得

$$y=s+C_1, z=2s+C_2, 2\sqrt{z-x-y}+s=C_3.$$

把初始条件 $x(0)=t, y(0)=0, z(0)=2t$ 代入,得

$$C_1=0, C_2=2t, C_3=2\sqrt{t}.$$

于是得积分曲面的参数方程:

$$\begin{cases} y=s, \\ z=2(s+t), \\ 2\sqrt{z-x-y}+s=2\sqrt{t}. \end{cases}$$

9.2.3 一阶非线性偏微分方程

考虑含两个自变量的一阶非线性偏微分方程

$$F(x,y,z,p,q)=0, \tag{9.2-10}$$

其中

$$p=\frac{\partial z}{\partial x}, q=\frac{\partial z}{\partial y}.$$

1. 含两个相容的一阶方程的方程组

对于

$$\begin{cases} F(x,y,z,p,q)=0, \\ G(x,y,z,p,q)=0, \end{cases} \tag{9.2-11}$$

假定在被考查的区域内 $\frac{\partial(F,G)}{\partial(p,q)}\neq 0$,则由(9.2-11)解得

$$\begin{cases} p=f(x,y,z), \\ q=g(x,y,z). \end{cases} \tag{9.2-12}$$

若 $\frac{\partial f}{\partial y},\frac{\partial f}{\partial z},\frac{\partial g}{\partial x},\frac{\partial g}{\partial z}$ 存在且连续,则可得出方程组(9.2-12)相容的(即方程组有解)必要

充分条件为

$$\frac{\partial f}{\partial y}+\frac{\partial f}{\partial z}g=\frac{\partial g}{\partial x}+\frac{\partial g}{\partial z}f. \tag{9.2-13}$$

这时,先积分(9.2-12)的第一个方程,暂把 y 视作参数,设所得解的形式为 $z=\varphi(x,y,c(y))$,其中 $c(y)$ 为任意函数,再把此解代入(9.2-12)的第二个方程,由此可确定 $c(y)$,$c(y)$ 中含一任意常数,于是 $z=\varphi(x,y,c(y))$ 为方程组(9.2-12)的解.

2. 普法夫方程

方程

$$P(x,y,z)dx+Q(x,y,z)dy+R(x,y,z)dz=0 \tag{9.2-14}$$

称为**普法夫方程**.其中 P,Q,R 在所考查的区域 D 内连续可微,且不同时为零.

假定 $R\neq 0$,则(9.2-14)可写成

$$dz=-\frac{P}{R}dx-\frac{Q}{R}dy.$$

于是得方程组:

$$\begin{cases}\dfrac{\partial z}{\partial x}=-\dfrac{P}{R},\\ \dfrac{\partial z}{\partial y}=-\dfrac{Q}{R},\end{cases}$$

使其相容的必要充分条件为

$$P\left(\frac{\partial Q}{\partial z}-\frac{\partial R}{\partial y}\right)+Q\left(\frac{\partial R}{\partial x}-\frac{\partial P}{\partial z}\right)+R\left(\frac{\partial P}{\partial y}-\frac{\partial Q}{\partial x}\right)=0. \tag{9.2-15}$$

当条件(9.2-15)成立时,称普法夫方程是**完全可积的**.

对于完全可积的普法夫方程,总有积分因子 μ 存在,方程(9.2-14)乘上 μ 后成为一个全微分方程

$$dU=\mu(Pdx+Qdy+Rdz)=0,$$

从而得出方程(9.2-14)的通解为 $U(x,y,z)=C$.

特别地,当 $\dfrac{\partial Q}{\partial z}=\dfrac{\partial R}{\partial y},\dfrac{\partial R}{\partial x}=\dfrac{\partial P}{\partial z},\ \dfrac{\partial P}{\partial y}=\dfrac{\partial Q}{\partial x}$ 时,这时普法夫方程本身就是一个全微分方程.

完全可积的普法夫方程的积分曲面族与向量场 $\boldsymbol{F}=\{P,Q,R\}$ 正交.例如在引力场或电场中,常要研究等位面,而等位面就是与力线或电力线正交的曲面.因此普法夫方程在物理学中是有用的.

3. 一阶偏微分方程的完全解.通解.奇解

定义 3 方程(9.2-10)的含有两个独立的任意常数的解称为**完全解**或者**全解**.

完全解的隐式写作

$$V(x,y,z,a,b)=0. \tag{9.2-16}$$

方程(9.2-10)的一切解可以从完全解中用常数变易法得到. 即在完全解的隐式(9.2-16)中设 a,b 为 x,y 的函数,将 $V(x,y,z,a,b)=0$ 分别对 x 和 y 求偏导数:

$$\begin{cases}\dfrac{\partial V}{\partial a}\dfrac{\partial a}{\partial x}+\dfrac{\partial V}{\partial b}\dfrac{\partial b}{\partial x}=0,\\ \dfrac{\partial V}{\partial a}\dfrac{\partial a}{\partial y}+\dfrac{\partial V}{\partial b}\dfrac{\partial b}{\partial y}=0.\end{cases} \tag{9.2-17}$$

再与 $V=0$ 联立,便可确定出 a,b. 于是,可分下面三种情况:

(1) 当 $V=0,\dfrac{\partial V}{\partial a}=0,\dfrac{\partial V}{\partial b}=0$ 成立时,可确定出不含任意常数的解 z,这样的解称为方程(9.2-10)的**奇解**.

(2) 当 $\dfrac{\partial V}{\partial a},\dfrac{\partial V}{\partial b}$ 不同时为零时,则由(9.2-17)可知雅可比行列式

$$\frac{\partial(a,b)}{\partial(x,y)}=0.$$

若

$$\frac{\partial a}{\partial x}=\frac{\partial a}{\partial y}=\frac{\partial b}{\partial x}=\frac{\partial b}{\partial y}=0,$$

于是 a,b 为常数,则得完全解(9.2-16).

(3) 当 $\dfrac{\partial(a,b)}{\partial(x,y)}=0$,而行列式中元素不全为零时,则 a 与 b 之间存在函数关系,设 $b=\varphi(a)$,于是得到

$$\begin{cases}V(x,y,z,a,\varphi(a))=0,\\ \dfrac{\partial V}{\partial a}+\dfrac{\partial V}{\partial b}\varphi'(a)=0.\end{cases}$$

消去 a,b 即可得出方程(9.2-10)的解 z. 它不包含任意常数而含有一任意函数 φ. 这样的解称为方程(9.2-10)的通解. 通解中所包含的各个解(给定特殊的 φ)称为特解.

因此,只要知道方程(9.2-10)的完全解,就可得到它的一切解. 为求完全解,可用下述**拉格朗日-沙比方法**.

设给定一阶方程

$$F(x,y,z,p,q)=0, \tag{9.2-10}$$

再假定含有任意常数 a 的另一个方程

$$G(x,y,z,p,q)=a, \tag{9.2-18}$$

使(9.2-10),(9.2-18)满足相容性条件,于是得出关于 G 的一阶线性齐次方程:

$$\begin{aligned}F_pG_x+F_qG_y+(pF_p+qF_q)G_z-(F_x+pF_z)G_p\\ -(F_y+qF_z)G_q=0.\end{aligned} \tag{9.2-19}$$

求出(9.2-19)的特征方程组的一个使 $\dfrac{\partial(F,G)}{\partial(p,q)}\neq 0$ 的首次积分

$$G(x,y,z,p,q),$$

以此作为方程(9.2-18)的左端,然后联立(9.2-10)和(9.2-18),解得

$$p=\varphi_1(x,y,z,a),\ q=\varphi_2(x,y,z,a),$$

求出普法夫方程

$$dz=\varphi_1(x,y,z,a)dx+\varphi_2(x,y,z,a)dy \tag{9.2-20}$$

的通解 $V(x,y,z,a,b)=0$,它就是方程(9.2-10)的完全解.

§9.3 一阶线性偏微分方程组

含两个自变量的一阶偏微分方程组的一般形式为

$$\frac{\partial u_i}{\partial t}+\sum_{j=1}^{N}a_{ij}\frac{\partial u_j}{\partial x}+\sum_{j=1}^{N}b_{ij}u_j+c_i=0\quad(i=1,2,\cdots,N),\tag{9.3-1}$$

其中 a_{ij},b_{ij},c_i 均为(t,x)的充分光滑的函数.

9.3.1 特征方程 特征方向 特征曲线

定义 1

$$\det\left(a_{ij}-\delta_{ij}\frac{dx}{dt}\right)=0\quad(i,j=1,2,\cdots,N)\tag{9.3-2}$$

$\left(\text{其中 }\delta_{ij}=\begin{cases}0,\ i\neq j\\1,\ i=j\end{cases}\right)$称为方程组(9.3-1)的**特征方程**.在点$(t,x)$满足特征方程的方向$\dfrac{dx}{dt}$称为该点的**特征方向**.若给定一曲线,其上每一点的切线方向都和这点的特征方向相一致,则称此曲线为方程组(9.3-1)的**特征曲线**.

9.3.2 两个自变量的一阶线性方程组的分类

把(9.3-2)中的$\dfrac{dx}{dt}$改记为λ,就得到

$$\det(a_{ij}-\delta_{ij}\lambda)=0,\tag{9.3-3}$$

它是关于λ的 N 次代数方程.

定义 2 如果在(t,x)平面的区域 D 内的每一点,方程(9.3-3)都存在 N 个相异的实根,即在 D 内每一点都存在 N 个相异的实特征方向,则称(9.3-1)在 D 内为**狭义双曲型方程组**.如果在 D 内每一点方程都不存在任何实特征方向,则称(9.3-1)在 D 内为**椭圆型方程组**.

例 1 柯西-黎曼方程组:

$$\begin{cases}\dfrac{\partial u}{\partial x}-\dfrac{\partial v}{\partial y}=0,\\[2mm]\dfrac{\partial v}{\partial x}+\dfrac{\partial u}{\partial y}=0\end{cases}$$

的特征方程为 $\lambda^2+1=0$，因此它是椭圆型的.

例 2 考虑在静止气体中小扰动(声音)传播所满足的方程组：

$$\begin{cases}\dfrac{\partial u}{\partial t}+\dfrac{c_0^2}{\rho_0}\dfrac{\partial \rho}{\partial x}=0,\\ \dfrac{\partial \rho}{\partial t}+\rho_0\dfrac{\partial u}{\partial x}=0,\end{cases}$$

其中 u 和 ρ 分别表示扰动后的质点速度及密度，ρ_0 和 c_0 为正常数，表示未受扰动时静止气体的密度和音速.

所给方程组的特征方程为 $\lambda^2-c_0^2=0$，$\lambda=\pm c_0$ 为两个相异的实根，因此是狭义双曲型方程组. 其特征线方程为 $x\pm c_0 t=c$(c 为任意常数).

9.3.3 狭义双曲型方程组

1. 化方程组为对角型方程组

由狭义双曲型方程组的定义，特征方程 $\det(a_{ij}-\delta_{ij}\lambda)=0$ 有 N 个相异实根 $\lambda_1(t,x),\lambda_2(t,x),\cdots,\lambda_N(t,x)$，它们都是充分光滑的函数. 不妨设

$$\lambda_1(t,x)<\lambda_2(t,x)<\cdots<\lambda_N(t,x). \tag{9.3-4}$$

微分方程组

$$\frac{dx}{dt}=\lambda_i(t,x)\quad (i=1,2,\cdots,N) \tag{9.3-5}$$

的积分曲线即为方程组(9.3-1)的特征曲线. 因此对狭义双曲型方程组而言，过区域 D 内的每一点都有 N 条不同的实特征曲线.

设$(\lambda_k^{(1)},\lambda_k^{(2)},\cdots,\lambda_k^{(N)})$为对应于特征方向 λ_k 的特征向量. 作可逆变换

$$v_k=\sum_{i=1}^{N}\lambda_k^{(i)}u_i\quad (k=1,2,\cdots,N),$$

就可把方程组(9.3-1)化为标准形式

$$\frac{\partial v_i}{\partial t}+\lambda_i(t,x)\frac{\partial v_i}{\partial x}=\sum_{j=1}^{N}\alpha_{ij}(t,x)v_j+\beta_j(t,x)\quad (i=1,2,\cdots,N). \tag{9.3-6}$$

(9.3-6)称为线性对角型方程组.

如果方程组(9.3-1)在区域 D 内能通过一个未知函数的实系数可逆线性变换，化为(9.3-6)的形式，且不一定要求所有的 λ_i 都不相同，则称(9.3-1)在这区域内为**双曲型方程组**.

2. 对角型方程组的柯西问题

这一问题是

$$
\begin{cases}
\dfrac{\partial v_i}{\partial t} + \lambda_i(t,x)\dfrac{\partial v_i}{\partial x} = \sum_{j=1}^{N} \alpha_{ij}(t,x) v_j + \beta_i(t,x), & (9.3\text{-}7) \\
\qquad\qquad\qquad\qquad\qquad\qquad (i = 1,2,\cdots,N) & \\
v_i(0,x) = \varphi_i(x). & (9.3\text{-}8)
\end{cases}
$$

其中 α_{ij}，β_i，λ_i(各不相等)为(t,x)平面上某区域 D 内的连续可微函数，λ_i 按(9.3-4)的次序排列，$\varphi_i(x)$在$[a,b]$上连续可微.

在(t,x)平面上，过点 a 和 b 分别作特征线 L_N 和 L_1(图 9.3-1). 它们与闭区间$[a,b]$及 $t=T(>0)$围成一区域 $G(\subset D)$. 在 G 内任意取一固定点(t,x)，过此点作特征线 L_i，它在 x 轴上的交点为$(0,x_i)$，以 l_i 表示特征线 L_i 上点(t,x)和点$(0,x_i)$之间的那段曲线.

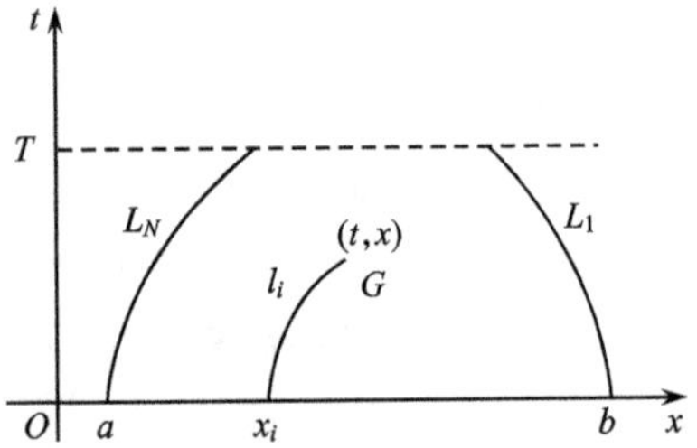

图 9.3-1

对(9.3-7)的第 i 个方程的两端沿 l_i 由点$(0,x_i)$到点(t,x)对 t 积分，得到积分方程组：

$$v_i(t,x) - v_i(0,x) = \int_{l_i} \Big(\sum_{j=1}^{N} \alpha_{ij} v_j + \beta_i\Big) d\tau \quad (i = 1,2,\cdots,N). \qquad (9.3\text{-}9)$$

代入初始条件(9.3-8)，得

$$v_i(t,x) = \varphi_i(x_i) + \int_{l_i} \Big(\sum_{j=1}^{N} \alpha_{ij} v_j + \beta_i\Big) d\tau \quad (i = 1,2,\cdots,N). \qquad (9.3\text{-}10)$$

(9.3-10)是沃尔泰拉型积分方程组(参看 11.8.1). 利用逐次逼近法，即令

$$
\begin{aligned}
& v_i^{(0)}(t,x) = \varphi_i(x), \\
& v_i^{(1)}(t,x) = \varphi_i(x) + \int_{l_i} \Big(\sum_{j=1}^{N} \alpha_{ij} v_j^{(0)} + \beta_i\Big) d\tau, \\
& \cdots\cdots\cdots\cdots\cdots\cdots\cdots\cdots \\
& v_i^{(n+1)}(t,x) = \varphi(x_i) + \int_{l_i} \Big(\sum_{j=1}^{N} \alpha_{ij} v_j^{(n)} + \beta_i\Big) d\tau \quad (i = 1,2,\cdots,N, n = 1,2,\cdots).
\end{aligned}
\qquad (9.3\text{-}11)
$$

函数序列$\{v_i^{(n)}(t,x)\}$$(n=0,1,2,\cdots)$在闭区域 $\bar{G}$ 上一致收敛，其极限函数 $v_i(t,$

$x)(i=1,2,\cdots,N)$满足积分方程组(9.3-10),它们也就是对角型方程组的柯西问题(9.3-7),(9.3-8)的解.

§9.4 二阶线性偏微分方程的分类

9.4.1 两个自变量的二阶线性偏微分方程的化简和分类

二阶线性偏微分方程的一般形式为:

$$a_{11}u_{xx}+2a_{12}u_{xy}+a_{22}u_{yy}+b_1u_x+b_2u_y+cu=f, \tag{9.4-1}$$

其中 $a_{11},a_{12},a_{22},b_1,b_2,c,f$ 都是自变量 x,y 的函数,它们在 (x,y) 平面上的某区域 D 上连续可微.

定义 1 方程 $a_{11}dy^2-2a_{12}dxdy+a_{22}dx^2=0$ 称为二阶线性偏微分方程(9.4-1)的**特征方程**.特征方程的积分曲线称为所给方程的**特征曲线**.

在点 $P(x_0,y_0)$ 的邻域内,根据 $\Delta=a_{12}^2-a_{11}a_{22}$ 的符号,对方程(9.4-1)进行分类.

定义 2 若方程(9.4-1)的二阶偏导数的系数 a_{11},a_{12},a_{22} 在点 (x_0,y_0) 满足

(1) $\Delta>0$,则称方程在点 (x_0,y_0) 是**双曲型**的.

(2) $\Delta=0$,则称方程在点 (x_0,y_0) 是**抛物型**的.

(3) $\Delta<0$,则称方程在点 (x_0,y_0) 是**椭圆型**的.

定义 3 若在区域 D 内每一点,方程都为双曲型、抛物型或椭圆型的,则称方程在区域 D 内为**双曲型**、**抛物型**或**椭圆型**的.若在区域 D 的一部分是双曲型的,另一部分是椭圆型的,在它们的分界线上是抛物型的,则称方程在区域 D 内为**混合型的**.

例如,**特里科米方程** $y\dfrac{\partial^2u}{\partial x^2}+\dfrac{\partial^2u}{\partial y^2}=0$,有 $\Delta=a_{12}^2-a_{11}a_{22}=-y$.故当 $y>0$ 时,方程为椭圆型的.当 $y<0$ 时,方程为双曲型的.当 $y=0$ 时,方程为抛物型的.方程在 (x,y) 平面上是混合型的.

在点 $P(x_0,y_0)$ 的邻域内,作自变量 x,y 的可逆变换,可将方程(9.4-1)化为所属类型的标准形式.

1. 双曲型方程.这时 $\Delta>0$,方程存在两族实特征曲线

$$\varphi_1(x,y)=c_1,\varphi_2(x,y)=c_2.$$

作变换 $\xi=\varphi_1(x,y),\eta=\varphi_2(x,y)$,方程可化为标准形式

$$u_{\xi_\eta}=Au_\xi+Bu_\eta+Cu+D. \tag{9.4-2}$$

如再作变换 $\xi=\dfrac{1}{2}(s+t),\eta=\dfrac{1}{2}(s-t)$,方程可化为标准形式

$$u_{ss}-u_{tt}=A_1u_s+B_1u_t+C_1u+D_1. \tag{9.4-3}$$

2. 抛物型方程.这时 $\Delta=0$,方程只存在一族特征曲线 $\varphi_1(x,y)=c$,选取 $\xi=\varphi_1(x,y)$,再任选一个函数 $\varphi_2(x,y)$,只要 φ_1,φ_2 函数无关

$$\left(\frac{\partial(\varphi_1,\varphi_2)}{\partial(x,y)}\neq 0\right),$$

就可选取 $\eta=\varphi_2(x,y)$. 这时方程化为标准形式

$$u_{\eta\eta}=Au_\xi+Bu_\eta+Cu+D. \tag{9.4-4}$$

如再作未知函数的变换 $v=ue^{-\frac{1}{2}\int_{\eta_0}^{\eta}B(\xi,\tau)d\tau}$，方程可化为标准形式

$$v_{\eta\eta}=A_1v_\xi+B_1v+D_1. \tag{9.4-5}$$

3. 椭圆型方程. 这时 $\Delta<0$，方程不存在实特征曲线，特征方程的通积分只能是复函数 $\varphi(x,y)=\varphi_1(x,y)+i\varphi_2(x,y)=c$. 假定$\frac{\partial(\varphi_1,\varphi_2)}{\partial(x,y)}\neq 0$，可选取变换

$$\xi=\mathrm{Re}(\varphi(x,y))=\varphi_1(x,y),$$
$$\eta=\mathrm{Im}(\varphi(x,y))=\varphi_2(x,y).$$

于是方程可化为标准形式

$$u_{\xi\xi}+u_{\eta\eta}=Au_\xi+Bu_\eta+Cu+D. \tag{9.4-6}$$

9.4.2 n 个自变量的二阶线性方程的分类

设在 $D\subset\boldsymbol{R}^n$ 内的二阶线性偏微分方程为

$$\sum_{i,j=1}^{n}a_{ij}\frac{\partial^2u}{\partial x_i\partial x_j}+\sum_{i=1}^{n}b_j\frac{\partial u}{\partial x_i}+cu=f, \tag{9.4-7}$$

假定 $a_{ij}=a_{ji}$，a_{ij}，b_i，c，f 在 D 内连续可微，作二次型

$$A(\lambda_1,\lambda_2,\cdots,\lambda_n)=\sum_{i,j=1}^{n}a_{ij}\lambda_i\lambda_j. \tag{9.4-8}$$

定义 4 在点 $P(x_1^{(0)},x_2^{(0)},\cdots,x_n^{(0)})$处

1° 当 $A(\lambda_1,\lambda_2,\cdots,\lambda_n)$为正定或负定(即矩阵$(a_{ij})_{n\times n}$的特征值(参看 5.5.3)的符号完全相同)时，则称方程(9.4-7)在点 P 为**椭圆型**的.

2° 当 $A(\lambda_1,\lambda_2,\cdots,\lambda_n)$为退化的(即矩阵$(a_{ij})_{n\times n}$的特征值中至少有一个为零)，则称方程(9.4-7)在点 P 为**抛物型**的.

3° 当 $A(\lambda_1,\lambda_2,\cdots,\lambda_n)$既不退化，也不为正定或负定，但矩阵$(a_{ij})_{n\times n}$的特征值中有 $n-1$ 个同号，而另一个与之反号，则称方程(9.4-7)在点 P 为**双曲型**的(或**狭义双曲型**的). 如果特征值有 $n-m$ 个同号，而余下的 m 个与之反号，且 $2\leqslant m\leqslant n-2$，则称方程(9.4-7)在点 P 是**超双曲型**的.

与两个自变量的情形相类似，可有方程(9.4-7)在某区域 D 内的上述各种类型的定义.

§9.5 三类典型的二阶线性偏微分方程

波动方程、热传导方程和泊松方程分别是双曲型、抛物型和椭圆型方程的三类典

型方程.在三维空间(x,y,z)它们分别是：

波动方程 $\dfrac{\partial^2 u}{\partial t^2}-a^2\left(\dfrac{\partial^2 u}{\partial x^2}+\dfrac{\partial^2 u}{\partial y^2}+\dfrac{\partial^2 u}{\partial z^2}\right)=f(x,y,z,t)$；

热传导方程 $\dfrac{\partial u}{\partial t}-a^2\left(\dfrac{\partial^2 u}{\partial x^2}+\dfrac{\partial^2 u}{\partial y^2}+\dfrac{\partial^2 u}{\partial z^2}\right)=f(x,y,z,t)$；

泊松方程 $\dfrac{\partial^2 u}{\partial x^2}+\dfrac{\partial^2 u}{\partial y^2}+\dfrac{\partial^2 u}{\partial z^2}=f(x,y,z)$.

在泊松方程中，当 $f(x,y,z)=0$ 时，即得方程

$$\frac{\partial^2 u}{\partial x^2}+\frac{\partial^2 u}{\partial y^2}+\frac{\partial^2 u}{\partial z^2}=0,$$

称为**拉普拉斯方程**.

9.5.1 一维波动方程与定解条件的提法

一维波动方程的典型例子是

例 1 弦的微小横振动方程.

设有一根张紧着的均匀柔软而有弹性的弦，长度为 l，两端固定在 x 轴上 O,L 两点，当它在平衡位置附近作垂直于 x 轴的微小横振动时，以 $u(x,t)$记弦上点 x 在时刻 t 的横向位移.忽略弦的重量时，$u(x,t)$满足下列方程：

$$\frac{\partial^2 u}{\partial t^2}=a^2\frac{\partial^2 u}{\partial x^2}+f(x,t). \tag{9.5-1}$$

其中 $a^2=\dfrac{T}{\rho}$，$f(x,t)=\dfrac{F(x,t)}{\rho}$，常数 ρ 为弦的线密度，常数 T 为张力的大小（可近似看作与 x,t 无关），$F(x,t)$为弦在单位长度上所受的外力.

(9.5-1)称为**弦的强迫振动方程**.若弦不受外力作用，则得**弦的自由振动方程**

$$\frac{\partial^2 u}{\partial t^2}=a^2\frac{\partial^2 u}{\partial x^2}. \tag{9.5-2}$$

(9.5-1)，(9.5-2)均为一维波动方程，前者为二阶线性非齐次方程，其中 $f(x,t)$为自由项，后者为二阶线性齐次方程.

弦振动方程的定解条件的提法为

初始条件：

$$\begin{cases} u\big|_{t=0}=\varphi(x), \\ u_t\big|_{t=0}=\psi(x). \end{cases} \quad (0\leqslant x\leqslant l) \tag{9.5-3}$$

边界条件：在本例中，由于弦两端被固定在 x 轴上，故有

$$u(0,t)=0,\ u(l,t)=0 \quad (t\geqslant 0). \tag{9.5-4}$$

(9.5-2)，(9.5-3)，(9.5-4)构成一个定解问题，当 $\varphi(x)$和 $\psi(x)$满足一定条件时，定解问题的解存在且唯一，即弦振动的运动规律被唯一确定.

边界条件一般有三种基本类型（这里只指明在端点 $x=0$ 的情况，在点 $x=l$ 处类

同).

第一类边界条件：

$$u(0,t)=\mu(t)\qquad (t\geqslant 0). \tag{9.5-5}$$

$\mu(t)$为已知函数，表示端点的运动规律.

第二类边界条件：

$$u_x(0,t)=\nu(t)(t\geqslant 0). \tag{9.5-6}$$

其中 $\nu(t)=-\dfrac{\nu_1(t)}{T}$，$\nu_1(t)$表示垂直于 x 轴的外力. 因此条件(9.5-6)表示弦在端点 $x=0$ 处受有外力. 当 $u_x(0,t)=0$ 时，称为**自由边界条件**，这时左端点可自由地上下运动，即称端点是**自由的**.

第三类边界条件：

$$u_x(0,t)-hu(0,t)=\theta(t)\qquad (t\geqslant 0). \tag{9.5-7}$$

其中 $h=\dfrac{k}{T}$，k 为弹性系数，$\theta(t)=-\dfrac{\theta_1(t)}{T}$，$\theta_1(t)$表示弦的左端点受到的垂直于 x 轴的外力. 因此条件(9.5-7)表示弦在端点 $x=0$ 有弹性支承并受有外力. 当弦的左端只受到弹簧的约束而无外力时，则 $\theta(t)=0$，这时边界条件变为 $u_x(0,t)-hu(0,t)=0$. 如果弹性系数 $k\ll 1$，则可忽略弹性力的影响，这时第三类边界条件简化为第二类边界条件.

在(9.5-5)，(9.5-6)，(9.5-7)，中，当 $\mu(t)\equiv 0,\nu(t)\equiv 0,\theta(t)\equiv 0$ 时，则三类边界条件分别称为**齐次边界条件**，否则称为**非齐次边界条件**.

如果所考查的弦很长，而所需研究的又只是在较短时间中离边界较远的一段范围中的运动情况，那么边界条件的影响可以忽略，这时弦可视为无限长，定解问题归结为下列无界弦的初值问题：

$$\begin{cases}\dfrac{\partial^2 u}{\partial t^2}=a^2\dfrac{\partial^2 u}{\partial x^2}+f(x,t) & (t>0,-\infty<x<+\infty),\\ u\,|_{t=0}=\varphi(x),\ u_t\,|_{t=0}=\psi(x) & (-\infty<x<+\infty).\end{cases}$$

一维齐次波动方程初值问题

$$\begin{cases}\dfrac{\partial^2 u}{\partial t^2}=a^2\dfrac{\partial^2 u}{\partial x^2} & (-\infty<x<+\infty,t>0),\\ u\,|_{t=0}=\varphi(x),\ u_t\,|_{t=0}=\psi(x) & (-\infty<x<+\infty)\end{cases}$$

的解为

$$u(x,t)=\frac{1}{2}(\varphi(x-at)+\varphi(x+at))+\frac{1}{2a}\int_{x-at}^{x+at}\psi(\xi)d\xi. \tag{9.5-8}$$

(9.5-8)称为**达朗贝尔公式**.

9.5.2 高维波动方程

1. 二维波动方程

二维波动方程的典型的例子是

例 2 膜振动方程

设有一块均匀的张紧了的薄膜，它在静止状态处于水平位置(x,y)平面内.设膜的运动为上下方向，且在运动时膜的弯曲程度极为微小.用函数$u(x,y,t)$表示膜在点(x,y)处，时刻t的位移.假定膜在振动时受到一个面密度为$F(x,y,t)$的垂直方向的外力，则膜的强迫振动方程为

$$\frac{\partial^2 u}{\partial t^2}=a^2\left(\frac{\partial^2 u}{\partial x^2}+\frac{\partial^2 u}{\partial y^2}\right)+f(x,y,t),$$

其中$a^2=\dfrac{T}{\rho}$，$f=\dfrac{I}{\rho}$，常数T为张力的大小(可近视看作与x,y,t无关)，常数ρ为膜的密度.当$f=0$时，则得膜的自由振动方程

$$\frac{\partial^2 u}{\partial t^2}=a^2\left(\frac{\partial^2 u}{\partial x^2}+\frac{\partial^2 u}{\partial y^2}\right).$$

膜振动方程的初始条件为$u|_{t=0}=\varphi(x,y)$，$u_t|_{t=0}=\psi(x,y)$.边界条件的提法也有三类.

第一类边界条件：

$$u(x,y,t)|_{\Gamma}=\mu(x,y,t)\ (t\geqslant 0).$$

其中Γ为膜的边界在(x,y)平面上的投影曲线，$\mu(x,y,t)$为Γ上的已知函数.此类条件表示膜的边界依照已知规律随时间t而变化.特别地，若$u(x,y,t)|_{\Gamma}=0$，则表示膜的边界固定在(x,y)平面上.

第二类边界条件：

$$\left.\frac{\partial u}{\partial n}\right|_{\Gamma}=\mu(x,y,t)\quad (t\geqslant 0).$$

$\boldsymbol{n}$表示曲线Γ的外法线方向.此类条件表示沿边界，张力的垂直分量是一已知函数.特别地，当$\left.\dfrac{\partial u}{\partial n}\right|_{\Gamma}=0$时，表示膜的边界可以在一个光滑的柱面上自由滑动，无摩擦力的作用.这种边界称为**自由边界**.

第三类边界条件：

$$\left.\left(\frac{\partial u}{\partial n}+\sigma u\right)\right|_{\Gamma}=\mu(x,y,t)\quad (t\geqslant 0).$$

其中σ为已知函数.这表示膜固定在弹性支承上.

对于膜振动方程，同样可提初值问题：

$$\begin{cases}\dfrac{\partial^2 u}{\partial t^2}=a^2\left(\dfrac{\partial^2 u}{\partial x^2}+\dfrac{\partial^2 u}{\partial y^2}\right)+f(x,y,t) & (t>0,-\infty<x,y<+\infty),\\ u|_{t=0}=\varphi(x,y),\ u_t|_{t=0}=\psi(x,y) & (-\infty<x,y<+\infty).\end{cases}$$

2. 三维波动方程

当考查电磁波或声波在空间的传播时，会得到三维波动方程

$$\frac{\partial^2 u}{\partial t^2} = a^2\left(\frac{\partial^2 u}{\partial x^2} + \frac{\partial^2 u}{\partial y^2} + \frac{\partial^2 u}{\partial z^2}\right) + f(x,y,z,t),$$

它的初始条件和边界条件的提法类同于 1. 对于三维波动方程主要研究的是初值问题.

9.5.3 热传导方程

1. 一维热传导方程

例 3 考查在一根长度为 l 的均匀细杆内热量的传播过程. 设细杆的侧面绝热，因此热量只能沿细杆的长度方向传导. 由于是细杆，在同一横截面上的温度可视作相同的，故可看作是一维的情形. 置细杆于 x 轴，杆的左端位于原点. 以 $u(x,t)$ 表示细杆在点 x 处，时刻为 t 的温度. 假定杆内有强度为 $F(x,t)$ 的热源存在，则一维热传导方程为

$$\frac{\partial u}{\partial t} = a^2 \frac{\partial^2 u}{\partial x^2} + f(x,t),$$

其中

$$a^2 = \frac{k}{c\rho}, f(x,t) = \frac{F(x,t)}{c\rho},$$

k 为细杆的热传导系数，ρ 为细杆的密度，c 为比热.

如果细杆内不存在热源，则得齐次热传导方程

$$\frac{\partial u}{\partial t} = a^2 \frac{\partial^2 u}{\partial x^2}.$$

一维热传导方程的定解条件的提法类同于一维波动方程.

初始条件： $u|_{t=0} = u(x,0) = \varphi(x) \quad (0 \leqslant x \leqslant l).$

第一类边界条件： $u(l,t) = \mu(t) \quad (t \geqslant 0).$

（在此仅指明 $x=l$ 的情况，$x=0$ 处类同.）

第二类边界条件： $u_x(l,t) = \nu(t) \quad (t \geqslant 0).$

其中 $\nu(t) = -\frac{\nu_1(t)}{k}$，$\nu_1(t)$ 为在单位时间内由 $x=l$ 处的单位截面面积流出去的热量. 特别地，条件 $u_x(l,t)=0$ 表示细杆在 $x=l$ 处绝热.

第三类边界条件： $u_x(l,t) + \sigma u(l,t) = \theta(t).$

其中 $\sigma = \frac{h}{k},\ \theta(t) = \frac{h\theta_1(t)}{k},$

h 为两介质间的热交换系数 . $\theta_1(t)$ 为在时刻 t，于细杆端点 $x=l$ 接触处的介质温度.

如果所考查的细杆无限长，可提初值问题.

$$\begin{cases} \dfrac{\partial u}{\partial t} = a^2 \dfrac{\partial^2 u}{\partial x^2} + f(x,t) & (t > 0, -\infty < x < +\infty), \\ u|_{t=0} = \varphi(x) & (-\infty < x < +\infty). \end{cases}$$

2. 二维热传导方程

例 4 设有一均匀平面薄板(所占平面区域为 D),上下两面绝热,如研究在薄板上的热量传播过程,可导致二维热传导方程

$$\frac{\partial u}{\partial t}=a^2\left(\frac{\partial^2 u}{\partial x^2}+\frac{\partial^2 u}{\partial y^2}\right)+f(x,t).$$

其初始条件为

$$u\big|_{t=0}=u(x,y,0)=\varphi(x,y),(x,y)\in\overline{D}.$$

边界条件一般也有三类:

(1) $$u\big|_{\partial D}=\mu(x,y,t)\qquad(t\geqslant 0).$$

(2) $$\left.\frac{\partial u}{\partial n}\right|_{\partial D}=\mu(x,y,t)\qquad(t\geqslant 0).$$

(3) $$\left.\left(\frac{\partial u}{\partial n}+\sigma u\right)\right|_{\partial D}=\mu(x,y,t)\qquad(t\geqslant 0).$$

其中∂D 表示区域 D 的边界,$\boldsymbol{n}$ 为∂D 的外法线方向. σ 为已知正数,意义类同一维情形.

二维热传导方程同样可提初值问题.

3. 三维热传导方程

如果研究均匀物体(所占的空间区域设为 Ω)内热量的传播过程,则导致三维热传导方程

$$\frac{\partial u}{\partial t}=a^2\left(\frac{\partial^2 u}{\partial x^2}+\frac{\partial^2 u}{\partial y^2}+\frac{\partial^2 u}{\partial z^2}\right)+f(x,y,z,t).$$

其初始条件为

$$u\big|_{t=0}=u(x,y,z,0)=\varphi(x,y,z),\ (x,y,z)\in\overline{\Omega}.$$

边界条件一般也有三类:

(1) $$u\big|_{\partial\Omega}=\mu(x,y,z,t)\qquad(t\geqslant 0).$$

(2) $$\left.\frac{\partial u}{\partial n}\right|_{\partial\Omega}=\mu(x,y,z,t)\qquad(t\geqslant 0).$$

(3) $$\left.\left(\frac{\partial u}{\partial n}+\sigma u\right)\right|_{\partial\Omega}=\mu(x,y,z,t)\qquad(t\geqslant 0).$$

其中$\partial\Omega$ 为区域 Ω 的边界曲面,$\boldsymbol{n}$ 为$\partial\Omega$ 的外法线方向,正常数 σ 的意义类同于一维情形.

三维热传导方程的初值问题为

$$\begin{cases}\dfrac{\partial u}{\partial t}=a^2\left(\dfrac{\partial^2 u}{\partial x^2}+\dfrac{\partial^2 u}{\partial y^2}+\dfrac{\partial^2 u}{\partial z^2}\right)+f(x,y,z,t) & (t>0,-\infty<x,y,z<+\infty),\\ u\big|_{t=0}=\varphi(x,y,z)\quad(-\infty<x,y,z<+\infty).\end{cases}$$

除了热传导现象外，还有其他一些问题也会导致上述类型的方程. 例如气体在介质中的扩散现象，设 $N(x,y,z,t)$ 表示介质中点 (x,y,z) 的扩散系数，$r(x,y,z)$ 为介质的孔积系数，若介质中没有产生气体的源，则可得扩散方程

$$r\frac{\partial N}{\partial t}=\frac{\partial}{\partial x}\left(D\frac{\partial N}{\partial x}\right)+\frac{\partial}{\partial y}\left(D\frac{\partial N}{\partial y}\right)+\frac{\partial}{\partial z}\left(D\frac{\partial N}{\partial z}\right),$$

其中 $r(x,y,z)=\lim\limits_{\Delta v\to 0}\frac{\Delta v_0}{\Delta v}$，$\Delta v$ 为包围点 (x,y,z) 的体积元素，Δv_0 为 Δv 中孔隙所占的体积. 如果介质是均匀的，则 D 和 r 都是常数，这时扩散方程为

$$\frac{\partial N}{\partial t}=a^2\left(\frac{\partial^2 N}{\partial x^2}+\frac{\partial^2 N}{\partial y^2}+\frac{\partial^2 N}{\partial z^2}\right)\left(a^2=\frac{D}{r}\right).$$

9.5.4 拉普拉斯方程和泊松方程

当研究在不随时间而变化的外力 $F(x,y)$ 作用下的膜的平衡问题，以及物体在稳定状态下的热传导问题时都会导致泊松方程：

$$\frac{\partial^2 u}{\partial x^2}+\frac{\partial^2 u}{\partial y^2}=f(x,y)\qquad\text{(二维泊松方程)},$$

$$\frac{\partial^2 u}{\partial x^2}+\frac{\partial^2 u}{\partial y^2}+\frac{\partial^2 u}{\partial z^2}=f(x,y,z)\qquad\text{(三维泊松方程)}.$$

上述两方程也可简写成

$$\Delta u=f(x,y)\text{ 和 }\Delta u=f(x,y,z),$$

其中 Δ 为拉普拉斯算子：

$$\Delta=\sum_{i=1}^{n}\frac{\partial^2}{\partial x_i^2}.$$

特别地，在没有外力作用或没有热源影响时，便得到拉普拉斯方程

$$\Delta u=\frac{\partial^2 u}{\partial x^2}+\frac{\partial^2 u}{\partial y^2}=0\qquad\text{(二维拉普拉斯方程)},$$

$$\Delta u=\frac{\partial^2 u}{\partial x^2}+\frac{\partial^2 u}{\partial y^2}+\frac{\partial^2 u}{\partial z^2}=0\qquad\text{(三维拉普拉斯方程)}.$$

此外，不可压缩理想流体的无旋运动以及静电场的电位分布等问题也会导致泊松方程或拉普拉斯方程，拉普拉斯方程又称为**调和方程**.

对于拉普拉斯方程和泊松方程，没有初始条件只有边界条件，其边界条件的提法主要也有三种(下面给出的是三维情形).

第一类边界条件：

$$u\big|_{\partial\Omega}=f(x,y,z).$$

对应于这类边界条件的定解问题称为**狄利克雷问题**(或**第一边值问题**).

第二类边界条件：

$$\left.\frac{\partial u}{\partial n}\right|_{\partial\Omega}=f(x,y,z),$$

其中 $\boldsymbol{n}$ 为$\partial\Omega$ 的外法线方向. 对应于这类边界条件的定解问题称为**诺伊曼问题**(或**第二边值问题**).

第三类边界条件:

$$\left.\left(\frac{\partial u}{\partial n}+\sigma u\right)\right|_{\partial\Omega}=f(x,y,z).$$

对应于这类边界条件的定解问题称为**罗宾问题**(或**第三边值问题**).

在应用中,还经常会遇到狄利克雷问题和诺伊曼问题的另一种提法,即所谓拉普拉斯方程或泊松方程的**外问题**,它是在无界区域上来讨论的定解问题.

例 5 假定在物体(所占空间区域为 Ω)表面的温度分布为已知函数 $f(x,y,z)$,试确定物体外部的稳定温度场.

本例归结为下列定解问题:

$$\begin{cases}\Delta u=0(x,y,z)\in \boldsymbol{R}^3\backslash\Omega \quad (\Omega\text{ 的外部}), & (9.5\text{-}9)\\ u\,|_{\partial\Omega}=f(x,y,z), & (9.5\text{-}10)\\ \lim\limits_{r\to\infty}u(x,y,z)=0 \quad (r=\sqrt{x^2+y^2+z^2}). & (9.5\text{-}11)\end{cases}$$

此定解问题称为**狄利克雷外问题**,其解在无穷远处应加以限制(见条件(9.5-11)),这样才能保持解的唯一性.

例 6 在流体力学的绕流问题中,常常需要确定某有界区域 Ω 外部流场的速度 v 的分布. 设流体是不可压缩的,流场是有势的,$v=\mathrm{grad}\varphi$,φ 称为速度势,则速度势 φ 在 $\boldsymbol{R}^3\backslash\Omega$ 满足拉普拉斯方程,而且在绕流物体的边界$\partial\Omega$ 上应有$\frac{\partial\varphi}{\partial n}=0$. 于是本例归结为下列定解问题

$$\begin{cases}\Delta\varphi=0(x,y,z)\in \boldsymbol{R}^3\backslash\Omega, & (9.5\text{-}12)\\ \left.\dfrac{\partial\varphi}{\partial n}\right|_{\partial\Omega}=0, & (9.5\text{-}13)\\ \lim\limits_{r\to\infty}\varphi(x,y,z)=0. & (9.5\text{-}14)\end{cases}$$

此定解问题属**诺伊曼外问题**.

一般的诺伊曼外问题,其对应的定解条件(9.5-15)应改为

$$\left.\frac{\partial\varphi}{\partial n}\right|_{\partial\Omega}=f(x,y,z),$$

其中 $\boldsymbol{n}$ 为区域 $\boldsymbol{R}^3\backslash\Omega$ 的外法线方向.

为了与外问题相区别,前面所提的狄利克雷问题和诺伊曼问题有时分别称为相应的**内问题**.

§9.6 偏微分方程的分离变量法

分离变量法是解线性偏微分方程的最常用的基本方法.要求解的区域是有界的,且是规则的,例如圆形、圆扇形、矩形、球体、长方体、圆柱体等等.

9.6.1 线性齐次方程和齐次边界条件

例 1 两端固定的弦作自由振动的混合问题:

$$\begin{cases} \dfrac{\partial^2 u}{\partial t^2} = a^2 \dfrac{\partial^2 u}{\partial x^2} & (0 < x < l, t > 0), \quad (9.6\text{-}1) \\ u(0,t) = 0, u(l,t) = 0 & (t \geqslant 0), \quad (9.6\text{-}2) \\ u(x,0) = \varphi(x), u_t(x,0) = \psi(x) & (0 \leqslant x \leqslant l). \quad (9.6\text{-}3) \end{cases}$$

求解步骤如下:

1° 设

$$u(x,t) = X(x)T(t), \tag{9.6-4}$$

代入方程(9.6-1),得

$$\frac{T''(t)}{a^2 T(t)} = \frac{X''(x)}{X(x)} \overset{令}{=} -\lambda \quad (\lambda \text{ 为常数}).$$

于是有

$$X''(x) + \lambda X(x) = 0, \tag{9.6-5}$$

$$T''(t) + \lambda a^2 T(t) = 0. \tag{9.6-6}$$

2° 求常微分方程的定解问题

$$\begin{cases} X''(x) + \lambda X(x) = 0, & (9.6\text{-}5) \\ X(0) = 0, X(l) = 0 & (9.6\text{-}7) \end{cases}$$

的非零解.条件(9.6-7)是将(9.6-4)代入边界条件(9.6-2)而获得的.当

$$\lambda = \lambda_n = \left(\frac{n\pi}{l}\right)^2 \quad (n = 1,2,\cdots)$$

时,有非零解

$$X_n(x) = \sin\frac{n\pi x}{l} \quad (n = 1,2,\cdots).$$

λ_n 称为定解问题(9.6-5),(9.6-7)的**特征值**(或**本征值**),$X_n(x)$称为对应于 λ_n 的**特征函数**(或**本征函数**).

3° 将特征值 λ_n 代入(9.6-6),解得

$$T_n(t) = A_n \cos\frac{n\pi a t}{l} + B_n \sin\frac{n\pi a t}{l} \quad (n = 1,2,\cdots),$$

其中 A_n, B_n 为任意常数.于是得到满足方程(9.6-1)和边界条件(9.6-2)的分离变量

形式的一系列特解

$$u_n(x,t)=\left(A_n\cos\frac{n\pi at}{l}+B_n\sin\frac{n\pi at}{l}\right)\sin\frac{n\pi x}{l}\quad(n=1,2,\cdots).$$

4° 将 $u_n(x,t)(n=1,2,\cdots)$ 迭加，得

$$u(x,t)=\sum_{n=1}^{\infty}\left(A_n\cos\frac{n\pi at}{l}+B_n\sin\frac{n\pi at}{l}\right)\sin\frac{n\pi x}{l}.\tag{9.6-8}$$

使 $u(x,t)$ 满足初始条件(9.6-3)，由此确定出 A_n,B_n，

$$\sum_{n=1}^{\infty}A_n\sin\frac{n\pi x}{l}=\varphi(x),\ \sum_{n=1}^{\infty}B_n\frac{n\pi a}{l}\sin\frac{n\pi x}{l}=\psi(x),$$

$A_n,B_n\dfrac{n\pi a}{l}$ 分别为函数 $\varphi(x)$ 和 $\psi(x)$ 在 $[0,l]$ 上的傅里叶正弦级数的展开系数，故

$$A_n=\varphi_n=\frac{2}{l}\int_0^l\varphi(\xi)\sin\frac{n\pi\xi}{l}d\xi,$$

$$B_n=\frac{l}{n\pi a}\psi_n=\frac{2}{n\pi a}\int_0^l\psi(\xi)\sin\frac{n\pi\xi}{l}d\xi\quad(n=1,2,\cdots).$$

于是混合问题的形式解(后面简称为解)

$$u(x,t)=\sum_{n=1}^{\infty}\left(\varphi_n\cos\frac{n\pi at}{l}+\frac{l}{n\pi a}\psi_n\sin\frac{n\pi at}{l}\right)\sin\frac{n\pi x}{l}.\tag{9.6-9}$$

之所以称(9.6-9)为形式解，是因为上面仅作了形式上的推导，要证明它满足方程和定解条件还必须论证(参看 9.11.1)。

上面这种解法称为**分离变量法**，它对三类典型方程均可使用，自变量可多于两个，边界条件也可以是第二类或第三类齐次的. 此外，方程也可以是更高阶的.

例 2 半径为 r 的圆形薄板上的热传导问题：

$$\begin{cases}\dfrac{\partial u}{\partial t}=a^2\left(\dfrac{\partial^2 u}{\partial x^2}+\dfrac{\partial^2 u}{\partial y^2}\right)\ (t>0,x^2+y^2<a^2), & (9.6\text{-}10)\\ u\,|_{x^2+y^2=r^2}=0\ (t\geqslant 0), & (9.6\text{-}11)\\ u(x,y,0)=\psi(x,y)\ (x^2+y^2\leqslant a^2). & (9.6\text{-}12)\end{cases}$$

设 $u(x,y,t)=V(x,y)T(t)$，代入(9.6-10)，得

$$T'(t)+\lambda a^2T(t)=0,\tag{9.6-13}$$

$$\frac{\partial^2V}{\partial x^2}+\frac{\partial^2V}{\partial y^2}+\lambda V=0,\tag{9.6-14}$$

其中 λ 的意义与例 1 相同. 方程(9.6-14)称为**亥姆霍兹方程**. 由(9.6-11)得

$$V\,|_{x^2+y^2=r^2}=0,$$

在极坐标形式下有

$$\begin{cases}\dfrac{\partial^2V}{\partial\rho^2}+\dfrac{1}{\rho}\dfrac{\partial V}{\partial\rho}+\dfrac{1}{\rho^2}\dfrac{\partial^2V}{\partial\varphi^2}+\lambda V=0\quad(0\leqslant\rho<r), & (9.6\text{-}15)\\ V\,|_{\rho=r}=0. & (9.6\text{-}16)\end{cases}$$

对于定解问题(9.6-15),(9.6-16)还蕴涵着条件：

1° $V(\rho,\varphi+2\pi)=V(\rho,\varphi)$——**自然周期条件.** (9.6-17)

2° $\lim\limits_{\rho\to\varphi'}V(\rho,\varphi)<\infty$——**有界性条件.** (9.6-18)

令 $V(\rho,\varphi)=R(\rho)\Phi(\varphi)$,代入(9.6-15),得

$$\Phi''(\varphi)+\mu\Phi(\varphi)=0 \quad (\mu \text{ 与 } \lambda \text{ 有类同的意义}),$$

$$\rho^2R''(\rho)+\rho R'(\rho)+(\lambda\rho^2-\mu)R(\rho)=0.$$

先解

$$\begin{cases}\Phi''(\varphi)+\mu\Phi(\varphi)=0,\\ \Phi(\varphi+2\pi)=\Phi(\varphi).\end{cases}$$

得 $\mu=0,1^2,2^2,\cdots$,于是

$$\Phi_0(\varphi)=\frac{a_0}{2},\Phi_n(\varphi)=a_n\cos n\varphi+b_n\sin n\varphi \quad (n=1,2,\cdots)$$

再解

$$\begin{cases}\rho^2R''(\rho)+\rho R'(\rho)+(\lambda\rho^2-n^2)R(\rho)=0, & (9.6\text{-}19)\\ R(r)=0, & (9.6\text{-}20)\\ R(0)<\infty. & (9.6\text{-}21)\end{cases}$$

(9.6-19)为带参数 λ 的 n 阶贝塞尔方程(参看 17.6.1),其解为

$$R_n(\rho)=A_nJ_n(\sqrt{\lambda}\,\rho)+B_nY_n(\sqrt{\lambda}\,\rho).$$

关于 $J_n(\sqrt{\lambda}\,\rho)$,$Y_n(\sqrt{\lambda}\,\rho)$,参看 17.6.2,17.6.7. 由(9.6-21)得 $B_n=0$,于是

$$R_n(\rho)=A_nJ_n(\sqrt{\lambda}\,\rho) \quad (\text{可取 } A_n=1).$$

由(9.6-20),得 $J_n(\sqrt{\lambda}\,r)=0$. 设 $J_n(x)$的零点为

$$\mu_1^{(n)},\mu_2^{(n)},\cdots,\mu_m^{(n)},\cdots,\sqrt{\lambda}\,r=u_m^{(n)},\ \sqrt{\lambda}=\frac{\mu_m^{(n)}}{r},$$

$$R_n(\rho)=J_n\left(\frac{\mu_m^{(n)}}{r}\rho\right) \quad (m=1,2,\cdots,n=0,1,2,\cdots).$$

将特征值 $\lambda=\left(\frac{\mu_m^{(n)}}{r}\right)^2$ 代入方程(9.6-13),解得 $T_{nm}=C_{nm}e^{-\left(\frac{\mu_m^{(n)}}{r}\right)^2a^2t}$,其中 C_{nm} 为任意常数. 于是

$$\begin{aligned}u(x,y,t)&=\tilde{u}(\rho,\varphi,t)\\&=\sum_{n=0}^{\infty}\sum_{m=1}^{\infty}e^{-\left(\frac{\mu_m^{(n)}}{r}\right)^2a^2t}(a_{nm}\cos n\varphi+b_{nm}\sin n\varphi)J_n\left(\frac{\mu_m^{(n)}}{r}\rho\right),\end{aligned} \quad (9.6\text{-}22)$$

其中

$$a_{nm}=C_{nm}\cdot a_n,b_{nm}=C_{nm}\cdot b_n,$$

将初始条件(9.6-12)代入(9.6-22),得

$$
\begin{aligned}
u(x,y,0) &= \psi(\rho,\varphi) \\
&= \sum_{n=0}^{\infty}\sum_{m=1}^{\infty}(a_{nm}\cos n\varphi + b_{nm}\sin n\varphi)J_n\left(\frac{\mu_m^{(n)}}{r}\rho\right).
\end{aligned}
$$

此为函数 $\psi(\rho,\varphi)$ 在 $\overline{D}=\{(\rho,\varphi)\mid 0\leqslant\rho\leqslant r,0\leqslant\varphi\leqslant 2\pi\}$ 上按带权 ρ 的正交函数系

$$
\left\{J_n\left(\frac{\mu_m^{(n)}}{r}\rho\right)\cos n\varphi, J_n\left(\frac{\mu_m^{(n)}}{r}\rho\right)\sin n\varphi\right\} \qquad (n=0,1,2,\cdots,m=1,2,\cdots)
$$

展开的展开式.由此可确定 a_{nm}, b_{nm},代入(9.6-22)即得原定解问题的解.

9.6.2 线性非齐次方程和齐次边界条件

例 3 两端固定的弦的强迫振动的混合问题:

$$
\begin{cases}
\dfrac{\partial^2 u}{\partial t^2} = a^2\dfrac{\partial^2 u}{\partial x^2} + f(x,t) & (9.6\text{-}23)\\
u(0,t) = 0,\ u(l,t) = 0, & (9.6\text{-}24)\\
u|_{t=0} = \varphi(x), u_t|_{t=0} = \psi(x). & (9.6\text{-}25)
\end{cases}
$$

设解

$$
u(x,t) = \sum_{n=1}^{\infty}u_n(t)\sin\frac{n\pi x}{l}, \tag{9.6-26}
$$

(9.6-26)满足边界条件(9.6-24),下面来确定 $u_n(t)$,使(9.6-26)满足方程和初始条件,为此将 $f(x,t)$ 和初值函数 $\varphi(x)$, $\psi(x)$ 也都按特征函数系

$$
\left\{\sin\frac{n\pi x}{l}\right\}
$$

展开成傅里叶级数

$$
f(x,t) = \sum_{n=1}^{\infty}f_n(t)\sin\frac{n\pi x}{l}, \tag{9.6-27}
$$

其中

$$
f_n(t) = \frac{2}{l}\int_0^l f(\xi,t)\sin\frac{n\pi\xi}{l}d\xi.
$$

以及

$$
\varphi(x) = \sum_{n=1}^{\infty}\varphi_n\sin\frac{n\pi x}{l},\ \psi(x) = \sum_{n=1}^{\infty}\psi_n\sin\frac{n\pi x}{l},
$$

其中

$$
\varphi_n = \frac{2}{l}\int_0^l\varphi(\xi)\sin\frac{n\pi\xi}{l}d\xi, \psi_n = \frac{2}{l}\int_0^l\psi(\xi)\sin\frac{n\pi\xi}{l}d\xi,
$$

然后将(9.6-26),(9.6-27)代入(9.6-25),转而解

$$
\begin{cases}
u''_n(t) + \left(\dfrac{n\pi a}{l}\right)^2u_n(t) = f_n(t),\\
u_n(0) = \varphi_n, u'_n(0) = \psi_n.
\end{cases}
$$

利用常微分方程中的变动参数法(参看 8.4.2)解之,得

$$u_n(t)=\varphi_n\cos\frac{n\pi at}{l}+\frac{l}{n\pi a}\psi_n\sin\frac{n\pi at}{l}$$
$$+\frac{l}{n\pi a}\int_0^t f_n(\tau)\sin\frac{n\pi a}{l}(t-\tau)d\tau.$$

故得原定解问题的解

$$u(x,t)=\sum_{n=1}^{\infty}\left(\varphi_n\cos\frac{n\pi at}{l}+\frac{l}{n\pi a}\psi_n\sin\frac{n\pi at}{l}\right.$$
$$\left.+\frac{l}{n\pi a}\int_0^t f_n(\tau)\sin\frac{n\pi a}{l}(t-\tau)d\tau\right)\sin\frac{n\pi x}{l}.\qquad(9.6\text{-}28)$$

上述这种解法常称为**特征函数法**,它与用有限傅里叶变换(参看§16.4)解偏微分方程定解问题在本质上是一样的.

对于本例也可设 $u(x,t)=v(x,t)+w(x,t)$,把原定解问题分解为下列两个定解问题:

$$\begin{cases}\dfrac{\partial^2 v}{\partial t^2}=a^2\dfrac{\partial^2 v}{\partial x^2}+f(x,t),\\ v(0,t)=0,\ v(l,t)=0,\\ v\,|_{t=0}=0,\ v_t\,|_{t=0}=0;\end{cases}\qquad(\text{A})$$

$$\begin{cases}\dfrac{\partial^2 w}{\partial t^2}=a^2\dfrac{\partial^2 w}{\partial x^2},\\ w(0,t)=0,w(l,t)=0,\\ w\,|_{t=0}=\varphi(x),w_t\,|_{t=0}=\psi(x).\end{cases}\qquad(\text{B})$$

定解问题(B)同例 1. 定解问题(A)是本例的特殊情形,初值函数均为零. 按前面的解法,求得

$$v(x,t)=\sum_{n=1}^{\infty}\left(\frac{l}{n\pi a}\int_0^l f_n(\tau)\sin\frac{n\pi a(t-\tau)}{l}d\tau\right)\sin\frac{n\pi x}{l}.$$

将定解问题(A)和(B)的解迭加起来,即得(9.6-28).

9.6.3 齐次化原理

设

$$\begin{cases}\dfrac{\partial^2 u}{\partial t^2}=a^2\dfrac{\partial^2 u}{\partial x^2}+f(x,t)\quad(0<x<l,t>0),\\ u(0,t)=0,u(l,t)=0\quad(t\geqslant 0),\\ u\,|_{t=0}=0,\ u_t\,|_{t=0}=0\quad(0\leqslant x\leqslant l).\end{cases}\qquad(9.6\text{-}29)$$

对此线性非齐次方程带有零边值和零初值的混合问题(上例定解问题(A)即是)可先解

$$
\begin{cases}
\dfrac{\partial^2 v}{\partial t^2} = a^2 \dfrac{\partial^2 v}{\partial x^2} & (0 < x < l, t > \tau), \\
v(0,t) = 0,\ v(l,t) = 0 & (t \geqslant \tau), \\
v|_{t=\tau} = 0,\ v_t|_{t=\tau} = f(x,\tau) & (0 \leqslant x \leqslant l).
\end{cases} \tag{9.6-30}
$$

若 $v(x,t,\tau)$是定解问题(9.6-30)的解,则

$$
u(x,t) = \int_0^t v(x,t;\tau)d\tau \tag{9.6-31}
$$

即是定解问题(9.6-29)的解.

从物理上看,这是将持续作用的外力 $f(x,t)$经过离散化而转化为初速度.这在数学上就表现为自由项 $f(x,t)$转化为解在时刻 τ 的导数所满足的初始条件,而方程变为齐次的.这称为**齐次化原理**.应用齐次化原理的方法又称为**冲量定理法**.

齐次化原理也可应用于线性非齐次方程的初值问题.例如一维非齐次波动方程的初值问题

$$
\begin{cases}
\dfrac{\partial^2 u}{\partial t^2} = a^2 \dfrac{\partial^2 u}{\partial x^2} + f(x,t) & (-\infty < x < +\infty, t > 0), \\
u|_{t=0} = \varphi(x), u_t|_{t=0} = \psi(x) & (-\infty < x < +\infty)
\end{cases} \tag{9.6-32}
$$

可分解为下列两个定解问题:令 $u=u_1+u_2$,而 u_1,u_2 分别满足

$$
\begin{cases}
\dfrac{\partial^2 u_1}{\partial t^2} = a^2 \dfrac{\partial^2 u_1}{\partial x^2} \quad (-\infty < x < +\infty, t > 0), \\
u_1|_{t=0} = \varphi(x), u_{1t}|_{t=0} = \psi(x),
\end{cases} \tag{I}
$$

$$
\begin{cases}
\dfrac{\partial^2 u_2}{\partial t^2} = a^2 \dfrac{\partial^2 u_2}{\partial x^2} + f(x,t) \quad (-\infty < x < +\infty, t > 0), \\
u_2|_{t=0} = 0, u_{2t}|_{t=0} = 0 \quad (-\infty < x < +\infty).
\end{cases} \tag{II}
$$

对于定解问题(I),根据达朗贝尔公式,有

$$
u_1(x,t) = \frac{1}{2}(\varphi(x-at) + \varphi(x+at)) + \frac{1}{2a}\int_{x-at}^{x+at} \psi(\xi)d\xi.
$$

对于定解问题(II),可用齐次化原理将问题转为解

$$
\begin{cases}
\dfrac{\partial^2 v}{\partial t^2} = a^2 \dfrac{\partial^2 v}{\partial x^2} & (-\infty < x < +\infty, t > \tau), \\
v|_{t=\tau} = 0, v_t|_{t=\tau} = f(x,\tau) & (-\infty < x < +\infty).
\end{cases}
$$

对此定解问题可利用达朗贝尔公式(9.5-8),只要把公式中的 t 换以 $t-\tau$,得

$$
v(x,t;\tau) = \frac{1}{2a}\int_{x-a(t-\tau)}^{x+a(t-\tau)} f(\xi,\tau)d\xi.
$$

因此定解问题(II)的解

$$
u_2(x,t) = \int_0^t v(x,t;\tau)d\tau = \frac{1}{2a}\int_0^t \int_{x-a(t-\tau)}^{x+a(t-\tau)} f(\xi,\tau)d\xi d\tau.
$$

原定解问题的解

$$u(x,t)=\frac{1}{2}(\varphi(x-at)+\varphi(x+at))+\frac{1}{2a}\int_{x-at}^{x+at}\psi(\xi)d\xi$$

$$+\frac{1}{2a}\int_0^t\int_{x-a(t-\tau)}^{x+a(t-\tau)}f(\xi,\tau)d\xi d\tau.$$

9.6.4 非齐次边界条件的处理

设定解问题

$$\begin{cases}\dfrac{\partial^2 u}{\partial t^2}=a^2\dfrac{\partial^2 u}{\partial x^2}+f(x,t) & (0<x<l,t>0),\\ u(0,t)=\mu_1(t),u(l,t)=\mu_2(t) & (t\geqslant 0),\\ u|_{t=0}=\varphi(x),\ u_t|_{t=0}=\psi(x) & (0\leqslant x\leqslant l).\end{cases} \tag{9.6-33}$$

引进辅助函数

$$U(x,t)=\mu_1(t)+\frac{x}{l}(\mu_2(t)-\mu_1(t)),$$

令

$$v(x,t)=u(x,t)-U(x,t),$$

有

$$v(0,t)=0,v(l,t)=0.$$

因此得

$$\begin{cases}\dfrac{\partial^2 v}{\partial t^2}-a^2\dfrac{\partial^2 v}{\partial x^2}=f(x,t)-\mu_1''(t)-\dfrac{x}{l}(\mu_2''(t)-\mu_1''(t)),\\ v(0,t)=0,v(l,t)=0,\\ v|_{t=0}=\varphi(x)-\mu_1(t)-\dfrac{x}{l}(\mu_2(0)-\mu_1(0)),\\ v_t|_{t=0}=\psi(x)-\mu_1'(0)-\dfrac{x}{l}(\mu_2'(0)-\mu_1'(0)).\end{cases} \tag{9.6-34}$$

定解问题(9.6-34)为非齐次方程齐次边界条件，属 9.6.2 的情形，解出 $v(x,t)$，得原定解问题的解

$$u(x,t)=v(x,t)+U(x,t).$$

以上是第一类非齐次边界条件的情形，对于第二、三类非齐次边界条件则可作类似的处理.其关键在于选择合适的辅助函数 $U(x,t)$.

分离变量法是否可行的一个重要关键在于，所得的特征函数系是否构成完备的正交函数系(参看 14.5.9).

§9.7 拉普拉斯方程的格林函数法

9.7.1 格林函数及其性质

定义 1 设 $\Omega\subset \boldsymbol{R}^3$，$Q$ 为 Ω 内任一定点，函数 $g(P,Q)$ 为 Ω 内关于动点 P 的调和函数，且在 $S=\partial\Omega$（Ω 的边界曲面）上满足条件：

$$g(P,Q)\Big|_S=\frac{1}{4\pi r_{PQ}}\Big|_S\qquad(\boldsymbol{r}_{PQ}=|\,PQ\,|),\tag{9.7-1}$$

则函数

$$G(P,Q)=\frac{1}{4\pi r_{PQ}}-g(P,Q)\tag{9.7-2}$$

称为三维拉普拉斯方程第一边值问题的**格林函数**（或**点源函数**）.

格林函数 $G(P,Q)$ 具有下列性质：

1. 除点 Q 外，$G(P,Q)$ 作为点 P 的函数在区域 Ω 内调和，即

$$\Delta G(P,Q)=0\quad(P\in\Omega\backslash\{Q\}).$$

当 $P\to Q$ 时，$G(P,Q)$ 趋于无穷大，其阶数和 $\dfrac{1}{\boldsymbol{r}_{PQ}}$ 相同.

2. $G(P,Q)|_S\equiv 0$.

3. 在区域 Ω 内有不等式

$$0<G(P,Q)<\frac{1}{4\pi r_{PQ}}\quad(P\in\Omega\backslash\{Q\}).$$

4. 对称性：

$$G(P,Q)=G(Q,P).$$

5. $\displaystyle\iint\limits_S\frac{\partial G}{\partial n}dS=-1$，

其中 $\boldsymbol{n}$ 是 S 的外法线方向.

格林函数在静电学中有明显的物理意义. 设在点 Q 放置一个 $\dfrac{1}{4\pi}$ 单位正电荷，它在点 P 处产生的电位等于 $\dfrac{1}{4\pi r_{PQ}}$. 如果点 Q 被包围在一个封闭的导电面内，且将导电面接地，则 $G(P,Q)$ 恰好表示导电面内的电位，而 $-g(P,Q)$ 表示导电面上感应电荷所产生的电位.

9.7.2 利用格林函数解拉普拉斯方程的第一边值问题

1. 三维拉普拉斯方程第一边值问题

定解问题

$$\begin{cases}\Delta u(P)=0 \quad (P\in\Omega),\\ u\mid_S=f(x,y,z) \quad (S=\partial\Omega)\end{cases} \tag{9.7-3}$$

的解

$$u(P)=-\iint_S f\frac{\partial G}{\partial n}dS, \tag{9.7-4}$$

其中 $\boldsymbol{n}$ 为界面 S 的外法线方向.

由公式(9.7-4)可知只要求出 Ω 上的格林函数 $G(P,Q)$(它依赖于区域 Ω,而与边界条件无关),就可求出狄利克雷问题(9.7-3)的解.但由格林函数定义(9.7-2),求 $G(P,Q)$ 事实上归结为求解关于 $g(P,Q)$ 的狄利克雷问题,即解

$$\begin{cases}\Delta g(P,Q)=0 \quad (P,Q\in\Omega),\\ g(P,Q)\Big|_S=\dfrac{1}{4\pi r_{PQ}}\Big|_S.\end{cases} \tag{9.7-5}$$

定解问题(9.7-5)虽然仍是一个狄利克雷问题,但它毕竟是个特殊的边值问题,对某些特殊区域,例如球、半空间等可用物理想法直接求出格林函数而不需要去解边值问题.

根据前面所述的格林函数在静电学中的物理意义,$\dfrac{1}{4\pi r_{PQ}}$ 为在 Ω 内点 Q 放置一个 $\dfrac{1}{4\pi}$ 单位正电荷所产生的电场的电位.假设在 Ω 外也有一个点电荷,使它在边界面 S 上所产生的电位与 Q 在 S 上产生的电位正好抵消,也就是使这个假想的电荷在 Ω 内的电位正好等于感应电荷所产生的电位.这个假想的点电荷的位置 Q_1,应该是点 Q 关于界面 S 的对称点.这种利用对称性求格林函数的方法,称为**静电源象法**(或**镜象法**).

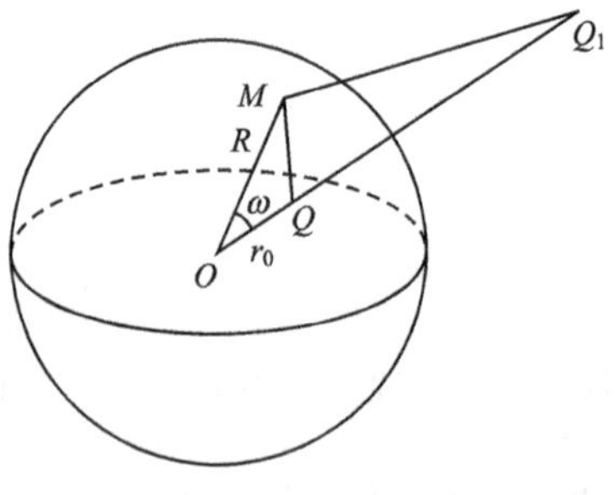

图 9.7-1

(1) 球的格林函数和泊松公式

利用静电源象法求球的格林函数.设 S_R^O 为以 O 为心,R 为半径的球面,在 S_R^O 内任取一点 $Q(r_{OQ}=r_0)$,连接 O,Q 两点并延长至 Q_1(图 9.7-1),使 $r_{OQ}\cdot r_{OQ_1}=R^2$ $(r_{OQ_1}=r_1)$.设 M 为球面 S_R^O 上任意一点,由 $\Delta MOQ\backsim\Delta Q_1OM$,有

$$\frac{1}{r_{MQ}}-\frac{R}{r_0}\frac{1}{r_{MQ1}}=0,$$

于是在 Q_1 点处带有的电量应为 $-\dfrac{R}{4\pi r_0}$,因此

$$g(P,Q)=\frac{1}{4\pi}\frac{R}{r_0 r_{PQ_1}}(\text{其中 } P \text{ 为球内任意一点}).$$

于是球的格林函数

$$G(P,Q)=\frac{1}{4\pi}\left(\frac{1}{r_{PQ}}-\frac{R}{r_0}\frac{1}{r_{PQ_1}}\right)$$

$$=\frac{1}{4\pi}\left(\frac{1}{\sqrt{r_0^2+r^2-2r_0 r\cos\omega}}-\frac{R}{\sqrt{r^2r_0^2-2R^2rr_0\cos\omega+R^4}}\right),\quad(9.7\text{-}6)$$

其中 $r=r_{OP}$，ω 是 OQ 和 OP 的夹角.

在球面 S_R^O 上，

$$\left.\frac{\partial G}{\partial n}\right|_{r=R}=-\frac{1}{4\pi R}\frac{R^2-r_0^2}{(R^2+r_0^2-2Rr_0\cos\omega)^{3/2}}.$$

因此,球的狄利克雷问题

$$\begin{cases}\Delta u(P)=0 & (P\in\Omega),\\ u(P)\mid_{S_R^O}=f\end{cases}$$

的解

$$u(P)=\frac{1}{4\pi R}\iint_{S_R^O}f(M)\frac{R^2-r^2}{(R^2+r^2-2Rr\cos\omega)^{3/2}}dS_M.\quad(9.7\text{-}7)$$

解在球坐标系下的形式为

$$u(r,\varphi,\theta)=\frac{R}{4\pi}\int_0^{2\pi}\int_0^{\pi}f(R,\beta,\psi)\times\frac{R^2-r^2}{(R^2+r^2-2Rr\cos\omega)^{3/2}}\sin\beta\,d\beta\,d\psi,\quad(9.7\text{-}8)$$

其中

$$\cos\omega=\cos\theta\cos\beta+\sin\theta\sin\beta\cos(\varphi-\psi).$$

(9.7-7)或(9.7-8)称为**球的泊松公式**.

(2) 半空间的格林函数和泊松公式

半空间($z>0$)的格林函数

$$G(P,Q)=\frac{1}{4\pi}\left(\frac{1}{r_{PQ}}-\frac{1}{r_{PQ_1}}\right)=\frac{1}{4\pi}\left(\frac{1}{\sqrt{(x-\xi)^2+(y-\eta)^2+(z-\zeta)^2}}-\frac{1}{\sqrt{(x-\xi)^2+(y-\eta)^2+(z+\zeta)^2}}\right)\quad(9.7\text{-}9)$$

(x,y,z 和 ξ,η,ζ 分别为点 P,Q 的坐标).

因此对半空间的狄利克雷问题

$$\begin{cases}\Delta u=0 & (z>0),\\ u\mid_{z=0}=f(x,y)\end{cases}\quad(9.7\text{-}10)$$

的解

$$u(x,y,z)=\frac{z}{2\pi}\int_{-\infty}^{+\infty}\int_{-\infty}^{+\infty}\frac{f(\xi,\eta)}{((x-\xi)^2+(y-\eta)^2+z^2)^{3/2}}d\xi d\eta.\quad(9.7\text{-}11)$$

对于半空间的情形,需对调和函数 $u(x,y,z)$ 加上在无穷远处的条件:

$$u(P) = O\left(\frac{1}{r_{OP}}\right), \frac{\partial u}{\partial n} = O\left(\frac{1}{r_{OP}^2}\right) \quad (r_{OP} \to \infty),$$

其中 O 的意义参看 6.1.5.

2. 二维拉普拉斯方程的第一边值问题

定解问题

$$\begin{cases} \Delta u(P) = 0, \boldsymbol{P} \in D, \\ u|_G = f(x,y) \end{cases} \tag{9.7-12}$$

的解

$$u(P) = -\int_C f \frac{\partial G}{\partial n} dS, \tag{9.7-13}$$

其中

$$G(P,Q) = \frac{1}{2\pi} \ln \frac{1}{\rho_{PQ}} - g(P,Q) \quad (\rho_{PQ} = |PQ|) \tag{9.7-14}$$

为二维拉普拉斯方程的第一边值问题的格林函数. $\boldsymbol{n}$ 为边线 C 的外法线方向.

圆的格林函数

$$\begin{aligned} G(P,Q) &= \frac{1}{2\pi}\left(\ln \frac{1}{\rho_{PQ}} - \ln \frac{R}{\rho_0} \frac{1}{\rho_{PQ_1}}\right) \\ &= \frac{1}{2\pi}\left(\ln \frac{1}{\sqrt{\rho^2 + \rho_0^2 - 2\rho\rho_0\cos\alpha}} - \ln \frac{R}{\rho_0} \frac{1}{\sqrt{\rho_1^2 + \rho^2 - 2\rho_1\rho\cos\alpha}}\right), \end{aligned} \tag{9.7-15}$$

其中

$$\rho = \rho_{OP}, \rho_0 = \rho_{OQ}, \rho_1 = \rho_{OQ_1}$$

(图 9.7-2). 因此圆的狄利克雷问题(在极坐标系下)

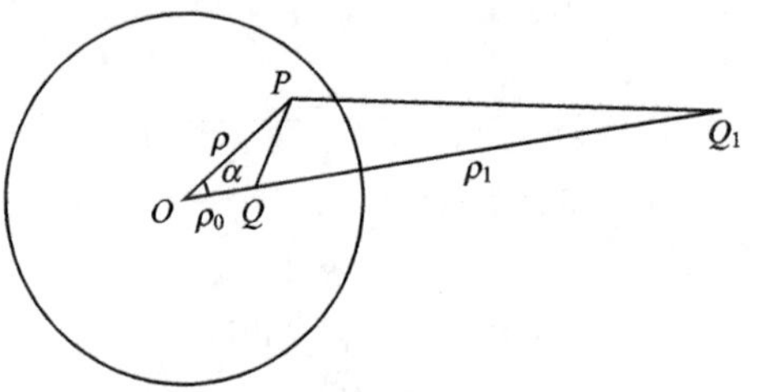

图 9.7-2

$$\begin{cases} \Delta u = 0, \\ u|_{\rho=R} = f(\varphi) \end{cases} \tag{9.7-16}$$

的解

$$u(\rho,\varphi)=\frac{1}{2\pi}\int_0^{2\pi}\frac{(R^2-\rho^2)f(\psi)}{R^2-2R\rho\cos(\psi-\varphi)+\rho^2}d\psi. \tag{9.7-17}$$

(9.7-7)称为**圆的泊松公式**.

3. 狄利克雷外问题

外问题和对应的内问题的格林函数相同. 所不同的是 $\boldsymbol{R}^3\backslash\Omega$ 和 Ω(或 $\boldsymbol{R}^2\backslash D$ 和 D)的外法线方向相反,因此$\frac{\partial G}{\partial n}$相互反号. 例如球的狄利克雷外问题的泊松公式为

$$u(r,\varphi,\theta)=\frac{R}{4\pi}\int_0^{2\pi}\int_0^{\pi}f(R,\beta,\psi)\frac{r^2-R^2}{(R^2+r^2-2Rr\cos\omega)^{3/2}}\sin\beta\,d\beta\,d\psi\quad(r>R).$$

9.7.3 利用格林函数解泊松方程的第一边值问题

泊松方程的狄利克雷问题

$$\begin{cases}\Delta u(P)=F(P) & (P\in\Omega),\\ u\,|_S=f(P_S) & (P_S\in S)\end{cases} \tag{9.7-18}$$

的解

$$u(P)=-\iint\limits_S f\frac{\partial G}{\partial n}dS-\iiint\limits_\Omega GFdv, \tag{9.7-19}$$

其中 $G(P,Q)$和拉普拉斯方程的狄利克雷问题的格林函数是相同的.

如果已知 U 为泊松方程的任意一个特解,即 $\Delta U=F$,这时有

$$\Delta(u-U)=0.$$

令 $w=u-U$,问题就转化为解拉普拉斯方程的狄利克雷问题:

$$\begin{cases}\Delta w=0,\\ w\,|_S=u\,|_S-U\,|_S=f-U\,|_S.\end{cases}$$

§9.8 拉普拉斯方程的位势方法

9.8.1 单层位势 双层位势

由电学上已知,设在空间某点 $Q(x,y,z)$处有一电荷 q,这个电荷产生一个静电场,它在点 $P(x,y,z)$处的电位

$$u(P)=\frac{q}{r_{PQ}}\quad(r_{PQ}=|PQ|).$$

若电荷是以体密度 $\rho(Q)$分布在某空间区域 Ω 内,则在 Ω 外任一点 P 的电位

$$u(P) = \iiint_{\Omega} \frac{\rho(Q)}{r_{PQ}} d\Omega_Q. \tag{9.8-1}$$

称(9.8-1)右端的积分为**体位势**(或**牛顿位势**). 若电荷是以面密度 $\omega(Q)$ 分布在曲面 S 上,则在曲面外任一点 P 的电位

$$u(P) = \iint_{S} \frac{\omega(Q)}{r_{PQ}} dS_Q. \tag{9.8-2}$$

称(9.8-2)右端的积分为**单层位势**.

设有两个电荷 $-q$ 和 $+q$ 分别在点 Q_1 和 Q_2 上,它们构成一**偶极子**. 从电荷 $-q$ 到 $+q$ 的向量记为 $\boldsymbol{l}$(图 9.8-1),点 Q_1 和 Q_2 间的距离设为 Δl,令 $N = q\Delta l$,称为**偶极矩**. 由偶极子所产生的电位称为**偶极势**.

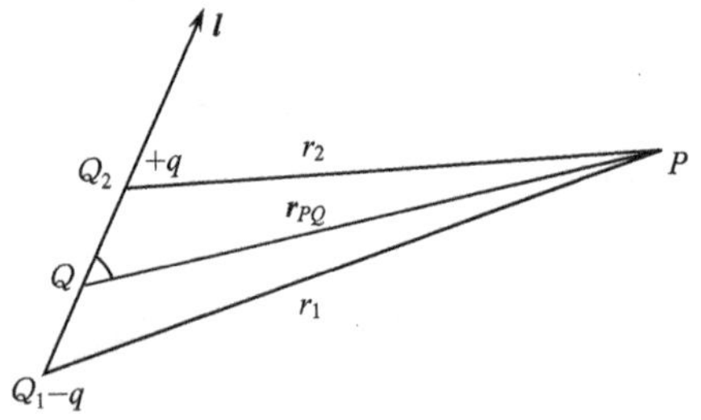

图 9.8-1

由偶极子的作用,在任一点 P 的电位

$$u(P) = \frac{q}{r_2} - \frac{q}{r_1} = N \frac{1}{\Delta l}\left(\frac{1}{r_2} - \frac{1}{r_1}\right)$$

$$\approx N \frac{\partial}{\partial l}\left(\frac{1}{r_{PQ}}\right) = N \frac{\cos(\boldsymbol{r}_{PQ}, \boldsymbol{l})}{r_{PQ}^2}.$$

设有两个十分邻近的曲面 S 和 S',它们间沿法线方向的距离为常数 δ(图 9.8-2). 假定曲面 S' 上各点分布的电荷在数量上等于曲面 S 上对应点(具有公共法线的点)的电荷,但符号相反. 设在 S' 上的电荷为负,S 上的电荷为正. 用 $\boldsymbol{n}$ 表示两曲面的公共法线,其方向由负电荷指向正电荷. 因为 δ 很小,可把两曲面近似地视作重合,这样就得到一个双层面,其两侧带着符号相反的电荷. 设 $\nu(Q)$ 是双层面上的偶极矩的面密度,则在 S 外任一点 P 的电位(9.8-3)右端的积分称为**双层位势**.

$$u(P) = \iint_{S} \frac{\nu(Q)\cos(\boldsymbol{r}_{PQ}, \boldsymbol{n}_Q)}{r_{PQ}^2} dS_Q. \tag{9.8-3}$$

定理 1 设密度函数 $\omega(Q)$ 和 $\nu(Q)$ 在 S 上连续,则单层位势和双层位势当点 $P \notin S$ 时处处调和.

定理 2 当曲面 S 是光滑的有界曲面时,若单层位势中的密度函数 $\omega(Q)$ 在 S 上连续,则当 $P \in S$ 时,积分(9.8-2)仍是收敛的,并且它在 S 上连续.

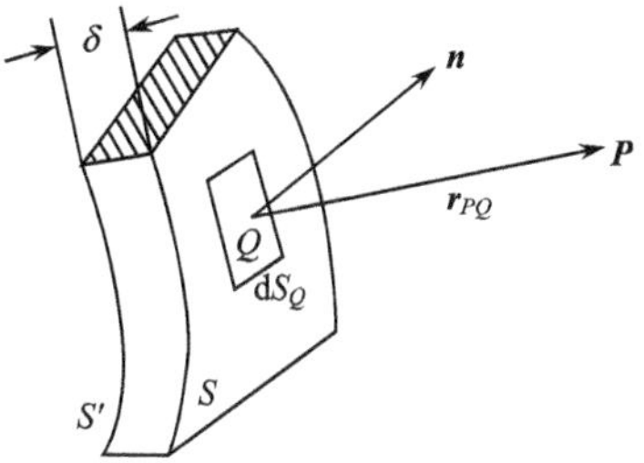

图 9.8-2

满足下列条件的有限曲面 S 称为**李雅普诺夫曲面**：

(1) S 处处有切平面.

(2) 对于 S 上每一点 Q，都可以作一个以 Q 为球心 d 为半径的球 K_Q（d 的大小和 Q 的位置无关），使 S 在 K_Q 内的部分 S_Q 和任一与 Q 点法线平行的直线相交不多于一次.

(3) 设 Q_1 和 Q_2 为 S 上的任意两点，$\boldsymbol{n}_1$ 和 $\boldsymbol{n}_2$ 为对应于 Q_1，Q_2 两点的外法向量，则有

$$(\widehat{\boldsymbol{n}_1\boldsymbol{n}_2}) \leqslant Ar_{Q_1Q_2}^{\delta} \quad (A \text{ 和 } \delta \text{ 为常数}, 0<\delta\leqslant 1).$$

(4) 从空间任一点 P 看 S 上任一部分 S_σ 的“绝对”立体角 ω_P 都是有界的，$\omega_P\leqslant k$（k 为常数）.

“绝对”立体角 $\omega_P=\iint\limits_{S_\sigma}\left|\dfrac{\cos(\boldsymbol{r}_{PQ}\boldsymbol{n}_Q)}{r_{PQ}^2}\right|dS_Q$ （其中 Q 为 S_σ 上任意一点，$\boldsymbol{n}_Q$ 为 S_σ 在点 Q 的外法向量）.

以下都假定曲面 S 为李雅普诺夫闭曲面.

定理 3 若密度函数 $\nu(Q)$ 在曲面 S 上连续，则当 $P\in S$ 时，积分(9.8-3)仍是收敛的.

定理 4 在曲面 S 上具有单位密度的双层位势

$$u(P)=\iint\limits_{S}\frac{\cos(\boldsymbol{r}_{PQ},\boldsymbol{n}_Q)}{r_{PQ}^2}dS_Q=\begin{cases}-4\pi & (P\in\Omega,\Omega \text{ 为 } S \text{ 的内部}),\\ -2\pi & (P\in S),\\ 0 & (P\in\Omega',\Omega' \text{ 为 } S \text{ 的外部}).\end{cases}$$

定理 5 若双层位势的密度函数 $\nu(Q)$ 是曲面 S 上的连续函数，则积分(9.8-3)在 S 上有第一类间断点. 即它在 $\Omega\cup S$ 上确定一个连续函数 $\underset{\sim}{u}(P)$，在 $\Omega'\cup S$ 上确定一个连续函数 $\tilde{u}(P)$：

$$u(P)=\begin{cases}\underset{\sim}{u}(P) & \text{当 } P\in\Omega,\\ \tilde{u}(P) & \text{当 } P\in\Omega',\end{cases}$$

且对于任何 $P_S \in S$，

$$\underset{\sim}{u}(P_S) = \lim_{\substack{P \to P_S \\ P \in \Omega}} u(P) = u(P_S) - 2\pi\nu(P_S), \tag{9.8-4}$$

$$\tilde{u}(P_S) = \lim_{\substack{P \to P_S \\ P \in \Omega'}} u(P) = u(P_S) + 2\pi\nu(P_S), \tag{9.8-5}$$

其中

$$u(P_S) = \iint_S \nu(Q) \frac{\cos(\boldsymbol{r}_{P_S Q}, \boldsymbol{n}_Q)}{r_{P_S Q}^2} dS_Q.$$

定理 6 若密度函数 $\omega(Q)$ 是曲面 S 上的连续函数，则单层位势(9.8-2)在任一点 $P_S \in S$ 的内法向导数 $\dfrac{\partial u(P_S)}{\partial n_{\bar{P}_S}}$ 和外向法导数 $\dfrac{\partial u(P_S)}{\partial n_{\overset{+}{P}_S}}$ 存在，且

$$\frac{\partial u(P_S)}{\partial n_{\bar{P}_S}} = -\iint_S \omega(Q) \frac{\cos(\boldsymbol{r}_{P_S Q}, \boldsymbol{n}_{P_S})}{r_{P_S Q}^2} dS_Q + 2\pi\,\omega(P_S), \tag{9.8-6}$$

$$\frac{\partial u(P_S)}{\partial n_{\overset{+}{P}_S}} = -\iint_S \omega(Q) \frac{\cos(\boldsymbol{r}_{P_S Q}, \boldsymbol{n}_{P_S})}{r_{P_S Q}^2} dS_Q - 2\pi\,\omega(P_S). \tag{9.8-7}$$

其中

$$\frac{\partial u(P_S)}{\partial n_{\bar{P}_S}} \left(或 \frac{\partial u(P_S)}{\partial n_{\overset{+}{P}_S}} \right)$$

为函数 $u(P)$ 在点 P_S，从 S 的内部(或外部)沿法线方向 $\boldsymbol{n}_{P_S}$(或 $-\boldsymbol{n}_{P_S}$)的方向导数.

9.8.2 用位势理论解拉普拉斯方程的边值问题

由 9.8.1 中可知，若密度函数在闭曲面 S 上连续，则单层位势和双层位势在区域 Ω(或 Ω')内分别为两个调和函数. 利用定理 5,6，可把狄利克雷和诺伊曼问题的求解，化为选择适当的密度函数，使它们对应的双层和单层位势满足定解问题的边界条件，从而转化为积分方程的求解.

1. 利用双层位势求解狄利克雷内问题

$$\begin{cases} \Delta u(P) = 0 \quad (P \in \Omega), & (9.8\text{-}8) \\ u\,|_S = f(P_S) \quad (P_S \in S). & (9.8\text{-}9) \end{cases}$$

设解 $u(P)$ 为双层位势

$$u(P) = \iint_S \nu(Q) \frac{\cos(\boldsymbol{r}_{PQ}, \boldsymbol{n}_Q)}{r_{PQ}^2} dS_Q,$$

其中，$\nu(Q)$ 为待定的密度函数. 由(9.8-4)，有

$$\underset{\sim}{u}(P_S) = \iint_S \nu(Q) \frac{\cos(\boldsymbol{r}_{P_S Q}, \boldsymbol{n}_Q)}{r_{P_S Q}^2} dS_Q - 2\pi\nu(P_S).$$

由(9.8-9)可知 $\underset{\sim}{u}(P_S)=f(P_S)$,于是

$$f(P_S)=\iint_S \nu(Q)\frac{\cos(\boldsymbol{r}_{P_SQ},\boldsymbol{n}_Q)}{r_{P_SQ}^2}dS_Q-2\pi\nu(P_S)$$

或

$$\nu(P_S)=\frac{1}{2\pi}\iint_S \nu(Q)\frac{\cos(\boldsymbol{r}_{P_SQ},\boldsymbol{n}_Q)}{r_{P_SQ}^2}dS_Q-\frac{1}{2\pi}f(P_S). \tag{9.8-10}$$

(9.8-10)为第二类弗雷德霍姆积分方程(参看 §11.1).

对于狄利克雷外问题,由(9.8-5)可得出关于 $\nu(Q)$ 所应满足的同类型的积分方程

$$\nu(P_S)=-\frac{1}{2\pi}\iint_S \nu(Q)\frac{\cos(\boldsymbol{r}_{P_SQ},\boldsymbol{n}_Q)}{r_{P_SQ}^2}dS_Q+\frac{1}{2\pi}f(P_S).$$

2. 利用单层位势求解诺伊曼问题

$$\begin{cases}\Delta u(P)=0 \qquad (P\in\Omega), & (9.8\text{-}11)\\ \left.\dfrac{\partial u}{\partial n}\right|_S=f(P_S) \quad (P_S\in S). & (9.8\text{-}12)\end{cases}$$

其中 $\boldsymbol{n}$ 为曲面 S 的外法线方向.

设解 $u(P)$ 为单层位势

$$u(P)=\iint_S \frac{\omega(Q)}{r_{PQ}}dS_Q,$$

其中 $\omega(Q)$ 为待求的密度函数.由(9.8-6),有

$$\frac{\partial u(P_S)}{\partial n_{\overline{P}_S}}=-\iint_S \omega(Q)\frac{\cos(\boldsymbol{r}_{P_SQ},\boldsymbol{n}_{P_S})}{r_{P_SQ}^2}dS_Q+2\pi\,\omega(P_S).$$

根据边界条件(9.8-12),有

$$\frac{\partial u(P_S)}{\partial n_{\overline{P}_S}}=f(P_S).$$

于是得 $\omega(Q)$ 所应满足的第二类弗雷德霍姆积分方程

$$\omega(P_S)=\frac{1}{2\pi}\iint_S \omega(Q)\frac{\cos(\boldsymbol{r}_{P_SQ},\boldsymbol{n}_{P_S})}{r_{P_SQ}^2}dS_Q+\frac{1}{2\pi}f(P_S).$$

同样,对于诺伊曼外问题,由(9.8-7)可得出 $\omega(Q)$ 所应满足的同类型的积分方程

$$\omega(P_S)=-\frac{1}{2\pi}\iint_S \omega(Q)\frac{\cos(\boldsymbol{r}_{P_SQ},\boldsymbol{n}_{P_S})}{\boldsymbol{r}_{P_SQ}^2}dS_Q-\frac{1}{2\pi}f(P_S).$$

§9.9 偏微分方程的积分变换法

用积分变换(参看 16)来解定解问题的方法称为**积分变换法**. 傅里叶变换可用于解初值问题,而拉普拉斯变换可用于解某些混合问题. 用积分变换解定解问题的步骤如下:

(1) 根据自变量的变化范围以及定解条件的具体情况,选取适当的积分变换. 然后对未知函数中的某个(或多个)自变量作积分变换,从而去掉了未知函数对这一(或这些)自变量的偏导数,而得到象函数(参看 16.1.2 或 16.7.1)的含参变量的常微分方程.

(2) 对定解条件取相应的积分变换,导出象函数方程的定解条件.

(3) 解关于象函数的定解问题,求出象函数.

(4) 将象函数取逆变换,即得原定解问题的解.

例 1 用傅里叶变换求解热传导方程的初值问题:

$$\begin{cases} \dfrac{\partial u}{\partial t} = a^2 \dfrac{\partial^2 u}{\partial x^2} \qquad (-\infty < x < +\infty, t > 0), & (9.9\text{-}1) \\ u(x,0) = \varphi(x) \quad (-\infty < x < +\infty). & (9.9\text{-}2) \end{cases}$$

把 t 视作参变量,作 $u(x,t)$ 关于 x 的傅里叶变换

$$\mathscr{F}[u(x,t)] = \tilde{u}(\lambda,t) = \frac{1}{\sqrt{2\pi}}\int_{-\infty}^{+\infty} u(x,t)e^{-i\lambda x}dx,$$

$$\mathscr{F}[u(x,0)] = F[\varphi(x)] = \tilde{\varphi}(\lambda).$$

对(9.9-1),(9.9-2)分别作傅里叶变换,于是得出关于象函数 $\tilde{u}$ 的常微分方程的定解问题

$$\begin{cases} \dfrac{d\tilde{u}}{dt} = - a^2\lambda^2\tilde{u}, \\ \tilde{u}(\lambda,0) = \tilde{\varphi}(\lambda). \end{cases} \qquad (9.9\text{-}3)$$

解之,得

$$\tilde{u}(\lambda,t) = \tilde{\varphi}(\lambda)e^{-a^2\lambda^2 t}.$$

对 $\tilde{u}(\lambda,t)$ 作傅里叶逆变换,有

$$\begin{aligned} u(x,t) &= \mathscr{F}^{-1}[\tilde{u}(\lambda,t)] = \mathscr{F}^{-1}[\tilde{\varphi}(\lambda)e^{-a^2\lambda^2 t}] \\ &= \frac{1}{\sqrt{2\pi}}\varphi(x) * \mathscr{F}^{-1}[e^{-a^2\lambda^2 t}] \\ &= \frac{1}{\sqrt{2\pi}}\varphi(x) * \frac{1}{a\sqrt{2t}}e^{-\frac{x^2}{4a^2 t}} \\ &= \frac{1}{2a\sqrt{\pi t}}\int_{-\infty}^{+\infty}\varphi(\xi)e^{-\frac{(x-\xi)^2}{4a^2 t}}d\xi. \end{aligned} \qquad (9.9\text{-}4)$$

例 2 用三重傅里叶变换求解三维热传导非齐次方程的初值问题：

$$\begin{cases}\dfrac{\partial u}{\partial t}=a^2\Delta u+f(x,y,z,t) & (-\infty<x,y,z<+\infty,t>0),\\ u(x,y,z,0)=\varphi(x,y,z) & (-\infty<x,y,z<+\infty).\end{cases}$$

将 $u(x,y,z,t)$关于(x,y,z)作三重傅里叶变换：

$$\begin{aligned}\mathscr{F}[u(x,y,z,t)]&=\tilde{u}(\lambda_1,\lambda_2,\lambda_3,t)\\&=-\frac{1}{(\sqrt{2\pi})^3}\int_{-\infty}^{+\infty}\int_{-\infty}^{+\infty}\int_{-\infty}^{+\infty}u(x,y,z,t)e^{-i(\lambda_1x+\lambda_2y+\lambda_3z)}dxdydz.\end{aligned}$$

$$\mathscr{F}[u(x,y,z,0)]=\mathscr{F}[\varphi(x,y,z)]=\tilde{\varphi}(\lambda_1,\lambda_2,\lambda_3),$$

$$\mathscr{F}[f(x,y,z,t)]=\tilde{f}(\lambda_1,\lambda_2,\lambda_3,t).$$

于是得出 $\tilde{u}(\lambda_1,\lambda_2,\lambda_3,t)$关于 t 的常微分方程的初值问题：

$$\begin{cases}\dfrac{d\tilde{u}}{dt}+a^2(\lambda_1^2+\lambda_2^2+\lambda_3^2)\tilde{u}=\tilde{f}(\lambda_1,\lambda_2,\lambda_3,t),\\ \tilde{u}(\lambda_1,\lambda_2,\lambda_3,0)=\tilde{\varphi}(\lambda_1,\lambda_2,\lambda_3).\end{cases}$$

解之，得

$$\tilde{u}(\lambda_1,\lambda_2,\lambda_3,t)=\tilde{\varphi}(\lambda_1,\lambda_2,\lambda_3,t)e^{-a^2(\lambda_1^2+\lambda_2^2+\lambda_3^2)t}+\int_0^t\tilde{f}(\lambda_1,\lambda_2,\lambda_3,\tau)e^{-a^2(\lambda_1^2+\lambda_2^2+\lambda_3^2)(t-\tau)}d\tau.$$

对 $\tilde{u}(\lambda_1,\lambda_2,\lambda_3,t)$作傅里叶逆变换，得

$$\begin{aligned}u(x,y,z,t)&=\frac{1}{(2a\sqrt{\pi t})^3}\int_{-\infty}^{+\infty}\int_{-\infty}^{+\infty}\int_{-\infty}^{+\infty}\varphi(\xi,\eta,\zeta)e^{-\frac{(x-\xi)^2+(y-\eta)^2+(z-\zeta)^2}{4a^2t}}d\xi d\eta d\zeta\\&+\int_0^t\frac{d\tau}{(2a\sqrt{\pi t})^3}\int_{-\infty}^{+\infty}\int_{-\infty}^{+\infty}\int_{-\infty}^{+\infty}f(\xi,\eta,\zeta,\tau)e^{-\frac{(x-\xi)^2+(y-\eta)^2+(z-\zeta)^2}{4a^2(t-\tau)}}d\xi d\eta d\zeta.\end{aligned}\quad(9.9\text{-}5)$$

对于$(x,y)\in\boldsymbol{R}^2$，$t>0$ 的初值问题，也有类似的公式.

例 3 用拉普拉斯变换求解一维半无界的热传导方程的定解问题：

$$\begin{cases}\dfrac{\partial u}{\partial t}=a^2\dfrac{\partial^2u}{\partial x^2} \quad (0<x<\infty,t>0), & (9.9\text{-}6)\\ u(0,t)=u_0,\ \lim\limits_{x\to\infty}u(x,t)=0, & (9.9\text{-}7)\\ u(x,0)=0 \quad (0\leqslant x<\infty). & (9.9\text{-}8)\end{cases}$$

其中 u_0 为常数.

把 x 视作参变量，作 $u(x,t)$对于 t 的拉普拉斯变换

$$\mathscr{L}[u(x,t)]=\tilde{u}(x,p)=\int_0^\infty u(x,t)e^{-pt}dt.$$

对方程(9.9-6)和边界条件(9.9-7)分别作拉普拉斯变换，得关于象函数 $\tilde{u}$ 的常微分方程的定解问题

$$\begin{cases}\dfrac{d^2\tilde{u}}{dx^2}-\dfrac{p}{a^2}\tilde{u}=0,\\ \tilde{u}(0,p)=\dfrac{u_0}{p},\ \lim\limits_{x\to\infty}\tilde{u}(x,p)=0.\end{cases}$$

解之,得 $\tilde{u}(x,p)=\frac{u_0}{p}e^{-\frac{\sqrt{p}}{a}x}$,取逆变换

$$u(x,t)=u_0\mathscr{L}^{-1}\left[\frac{1}{p}\cdot e^{-\frac{\sqrt{p}}{a}x}\right]=u_0\,\mathrm{erfc}\left(\frac{x}{2a\sqrt{t}}\right),$$

其中 erfc(y)为余误差函数(参看§17.3).

又如对长为 l 的细杆作纵振动的定解问题:

$$\begin{cases}\dfrac{\partial^2 u}{\partial t^2}=a^2\dfrac{\partial^2 u}{\partial x^2}\quad(0<x<l,t>0),\\ u\big|_{x=0}=0,\ \dfrac{\partial u}{\partial x}\Big|_{x=l}=\dfrac{A}{E}\sin\omega t\quad(E\text{ 为杨氏模量}),\\ u\big|_{t=0}=\varphi(x),\dfrac{\partial u}{\partial t}\Big|_{t=0}=\psi(x),\end{cases}$$

也可取关于 t 的拉普拉斯变换来求解.当然本问题也可用分离变量法来解,但需先将边界条件齐次化.而对于积分变换法来讲,只需定解问题满足施行积分变换所要求的条件,而无需考虑方程是否齐次的,或边界条件是否齐次的,这是积分变换法的一个优点.使用积分变换法的关键在于能否较容易地求出其逆变换.

§9.10 δ 函数和基本解

9.10.1 δ 函数及其性质

关于 δ 函数的定义参看 14.5.12.按照 14.5.13 中的例 22,δ 函数是"脉冲式函数列"在广义函数空间中的极限.物理上常采用这样的说法:$\delta(x)$是在 $x=0$ 处取值为 ∞,在其他点处取值为 0 的"函数",可写作

$$\delta(x)=\begin{cases}0,x\neq 0,\\ \infty,x=0,\end{cases}\qquad \delta(x-\xi)=\begin{cases}0,\ x\neq\xi,\\ \infty,x=\xi.\end{cases}$$

并满足 $\int_{-\infty}^{+\infty}\delta(x)dx=1,\int_{-\infty}^{+\infty}\delta(x-\xi)dx=1$ (采用形式积分记号).

因而在工程上,常将 δ 函数用长度等于 1(δ 函数的积分值)的有向线段来表示.

δ 函数具有下列性质

$$\int_{-\infty}^{+\infty}\varphi(x)\delta(x)dx=\varphi(0)\quad(\text{其中 }\varphi(x)\in C(-\infty,+\infty)),$$

$$\int_{-\infty}^{+\infty}\varphi(x)\delta(x-\xi)dx=\varphi(\xi),$$

$$\delta(-x)=\delta(x), x\delta'(x)=-\delta(x), x\delta(x)=0,$$

$$\frac{dH(x)}{dx}=\delta(x),\text{ 其中 } H(x)=\begin{cases}1, x\geqslant 0,\\ 0, x<0.\end{cases}$$

$H(x)$称为**赫维赛德函数**.

δ 函数可推广到高维空间中去,例如 $\boldsymbol{R}^3$ 上的 δ 函数记作 $\delta(P)$,

$$\delta(P)=\begin{cases}0, P\neq 0,\\ \infty, P=0,\end{cases}\quad \delta(P-P_0)=\begin{cases}0, P\neq P_0,\\ \infty, P=P_0.\end{cases}$$

$$\int_{\boldsymbol{R}^3}\delta(P)dP=1,$$

或

$$\iiint_{\Omega}\delta(P)dP=1\quad(\Omega\text{ 为含 }P=0\text{ 的有限区域}),$$

$$\int_{\boldsymbol{R}^3}\delta(P-P_0)dP=1,$$

或

$$\iiint_{\Omega}\delta(P-P_0)dP=\begin{cases}1, P_0\in\Omega,\\ 0, P_0\notin\Omega.\end{cases}$$

$$\int_{\boldsymbol{R}^3}\varphi(P)\delta(P)dP=\varphi(0),$$

即

$$\int_{-\infty}^{+\infty}\int_{-\infty}^{+\infty}\int_{-\infty}^{+\infty}\varphi(x,y,z)\delta(x,y,z)dxdydz=\varphi(0,0,0).$$

$$\int_{\boldsymbol{R}^3}\varphi(P)\delta(P-P_0)dP=\varphi(P_0),$$

或

$$\iiint_{\Omega}\varphi(P)\delta(P-P_0)dP=\varphi(P_0)\quad(P_0\in\Omega).$$

$$\delta(x,y,z)=\delta(x)\delta(y)\delta(z), \delta(-x,-y,-z)=\delta(x,y,z).$$

9.10.2 基本解

1. 方程的基本解

为书写简便起见,引进线性微分算子.算子

$$L\equiv\sum_{i,j=1}^{n}a_{ij}\frac{\partial^2}{\partial x_i\partial x_j}+\sum_{i=1}^{n}b_i\frac{\partial}{\partial x_i}+c$$

称为**二阶线性微分算子**,式中 a_{ij}, b_i, c 为 $x_1, x_2, \cdots, x_n$ 的二阶连续可微函数.

设 $Lu(P)=0$,若能找到一个(广义)函数 $V(P,Q)$ 使其满足方程

$$LV(P,Q) = \delta(P-Q),$$

则称 $V(P,Q)$ 为方程 $Lu(P)=0$ 的**基本解**.

例如利用三重傅里叶变换可求出 $-\dfrac{1}{4\pi r_{PQ}}$ 是方程

$$\Delta V(P,Q) = \delta(P-Q)$$

的解,因此它是拉普拉斯方程 $\Delta u=0$ 的基本解.

若已知方程 $Lu=0$ 的基本解 $V(P,Q)$,则方程 $Lu=f$ 的解为

$$u(P) = \int V(P,Q)f(Q)dQ.$$

因此方程的基本解起到了构造非齐次方程解的作用.

2. 初值问题的基本解

(1) 一维热传导方程的初值问题的基本解

定解问题

$$\begin{cases} V_t = a^2 V_{xx} & (-\infty < x < +\infty, t > 0), \\ V(x,0;\xi) = \delta(x-\xi) \end{cases} \tag{9.10-1}$$

的解 $V(x,t;\xi)$ 称为一维热传导方程的初值问题:

$$\begin{cases} u_t = a^2 u_{xx} & (-\infty < x < +\infty, t > 0), \\ u(x,0) = \varphi(x) & (-\infty < x < +\infty) \end{cases} \tag{9.10-2}$$

的基本解. 可用傅里叶变换法求出基本解

$$V(x,t;\xi) = \frac{1}{2a\sqrt{\pi t}}\exp\left(-\frac{(x-\xi)^2}{4a^2 t}\right),$$

则初值问题(9.10-2)的解

$$u(x,t) = \int_{-\infty}^{+\infty} V(x,t;\xi)\varphi(\xi)d\xi = \frac{1}{2a\sqrt{\pi t}}\int_{-\infty}^{+\infty}\varphi(\xi)\exp\left(-\frac{(x-\xi)^2}{4a^2 t}\right)d\xi.$$

此结果与(9.9-4)式完全一致. 但用傅里叶变换法解定解问题(9.10-1)比解(9.10-2)容易些.

(2) 三维波动方程的初值问题的基本解

定解问题

$$\begin{cases} W_{tt} = a^2 \Delta W & (-\infty < x,y,z < +\infty, t > 0), \\ W(x,y,z,0) = 0, W_t(x,y,z,0) = \delta(x-\xi, y-\eta, z-\zeta) \end{cases} \tag{9.10-3}$$

的解称为三维波动方程的初值问题:

$$\begin{cases} u_{tt} = a^2 \Delta u & (-\infty < x,y,z < +\infty, t > 0), \\ u(x,y,z,0) = 0,\ u_t(x,y,z,0) = \psi(x,y,z) \end{cases} \tag{9.10-4}$$

的基本解. 用三重傅里叶变换法可解得基本解

$$W(r,t)=\frac{1}{4\pi ar}\delta(r-at)\left(r=\sqrt{(x-\xi)^2+(y-\eta)^2+(z-\zeta)^2}\right),$$

于是初值问题(9.10-4)的解

$$u(x,y,z,t)=\int_{-\infty}^{+\infty}\int_{-\infty}^{+\infty}\int_{-\infty}^{+\infty}\frac{\delta(r-at)}{4\pi ar}\psi(\xi,\eta,\zeta)d\xi d\eta d\zeta=\frac{t}{4\pi}\int_0^{2\pi}\int_0^{\pi}\psi(\xi,\eta,\zeta)d\sigma,\tag{9.10-5}$$

其中

$$\xi=x+at\sin\theta\cos\varphi,\eta=y+at\sin\theta\sin\varphi,$$
$$\zeta=z+at\cos\theta,d\sigma=\sin\theta d\theta d\varphi.$$

例 1 用求基本解的方法求解下列三维波动方程的初值问题

$$\begin{cases}u_{tt}=a^2\Delta u & (-\infty<x,y,z<+\infty,t>0),\\ u(x,y,z,0)=\varphi(x,y,z) & (-\infty<x,y,z<+\infty).\\ u_t(x,y,z,0)=\psi(x,y,z)\end{cases}\tag{9.10-6}$$

令 $u=v+w$,把定解问题(9.10-6)分解成下面两个问题

$$\begin{cases}v_{tt}=a^2\Delta v,\\ v(x,y,z,0)=\varphi(x,y,z),\\ v_t(x,y,z,0)=0.\end{cases}\quad(\mathrm{I})\qquad\begin{cases}w_{tt}=a^2\Delta w,\\ w(x,y,z,0)=0,\\ w_t(x,y,z,0)=\psi(x,y,z).\end{cases}\quad(\mathrm{II})$$

对于定解问题(II)可利用公式(9.10-5).对于定解问题(I)可先求出它的基本解 W,即解定解问题

$$\begin{cases}W_{tt}=a^2\Delta W,\\ W(x,y,z,0)=\delta(x-\xi)\delta(y-\eta)\delta(z-\zeta),W_t(x,y,z,0)=0.\end{cases}$$

得

$$W(r,t)=\frac{\partial}{\partial t}\left(\frac{1}{4\pi ar}\delta(r-at)\right)$$
$$\left(r=\sqrt{(\xi-x)^2+(\eta-y)^2+(z-\zeta)^2}\right).$$

于是定解问题(I)的解

$$v(x,y,z,t)=\frac{\partial}{\partial t}\left(\frac{t}{4\pi}\int_0^{2\pi}\int_0^{\pi}\varphi(\xi,\eta,\zeta)d\sigma\right).$$

因此三维波动方程初值问题(9.10-6)的解

$$u(x,y,z,t)=\frac{\partial}{\partial t}\left(\frac{t}{4\pi}\int_0^{2\pi}\int_0^{\pi}\varphi(\xi,\eta,\zeta)d\sigma\right)+\frac{t}{4\pi}\int_0^{2\pi}\int_0^{\pi}\psi(\xi,\eta,\zeta)d\sigma.\tag{9.10-7}$$

(9.10-7)称为三维波动方程初值问题的**泊松公式**.

对于二维波动方程的初值问题

$$\begin{cases} u_{tt} = a^2 \Delta u & (-\infty < x, y < +\infty, t > 0), \\ u(x,y,0) = \varphi(x,y) & (-\infty < x, y < +\infty). \\ u_t(x,y,0) = \psi(x,y) \end{cases}$$

的解可利用**降维法**(由高维问题的解得出低维问题的解),由(9.10-7)降维而得到

$$u(x,y,t) = \frac{1}{2\pi a}\left(\frac{\partial}{\partial t}\int_0^{at}\int_0^{2\pi} \frac{\varphi(x+\rho\cos\varphi, y+\rho\sin\varphi)}{\sqrt{(at)^2-\rho^2}}\rho d\rho d\varphi\right.$$

$$\left. + \int_0^{at}\int_0^{2\pi} \frac{\psi(x+\rho\cos\varphi, y+\rho\sin\varphi)}{\sqrt{(at)^2-\rho^2}}\rho d\rho d\varphi\right).$$

例 2 解三维非齐次波动方程的初值问题:

$$\begin{cases} u_{tt} = a^2 \Delta u + f(x,y,z,t) & (-\infty < x, y, z < +\infty, t > 0), \\ u(x,y,z,0) = \varphi(x,y,z) & (-\infty < x, y, z < +\infty). \\ u_t(x,y,z,0) = \psi(x,y,z) \end{cases} \tag{9.10-8}$$

令 $u = v + w$,把定解问题分解成下面两个问题

$$\begin{cases} v_{tt} = a^2 \Delta v, \\ v(x,y,z,0) = \varphi(x,y,z), \\ v_t(x,y,z,0) = \psi(x,y,z). \end{cases} \quad (\mathrm{I}) \qquad \begin{cases} w_{tt} = a^2 \Delta w + f(x,y,z,t), \\ w(x,y,z,0) = 0, \\ w_t(x,y,z,0) = 0. \end{cases} \quad (\mathrm{II})$$

关于问题(I)的解 $v(x,y,z,t)$ 可由(9.10-7)得出.关于问题(II)的解 $w(x,y,z,t)$ 可利用齐次化原理(参看 9.6.3)来求得,即先解定解问题

$$\begin{cases} U_{tt} = a^2 \Delta U & (-\infty < x, y, z < +\infty, t > \tau), \\ U(x,y,z,\tau) = 0 & (-\infty < x, y, z < +\infty). \\ U_t(x,y,z,\tau) = f(x,y,z,\tau) \end{cases}$$

利用公式(9.10-5),只要将 t 换以 $t-\tau$,得

$$U(x,y,z,t;\tau) = \frac{t-\tau}{4\pi} \times \int_0^{2\pi}\int_0^{\pi} f(x+\alpha_1 a(t-\tau), y+\alpha_2 a(t-\tau), z+\alpha_3 a(t-\tau), \tau) d\sigma,$$

其中

$$\alpha_1 = \sin\theta\cos\varphi, \alpha_2 = \sin\theta\sin\varphi, \ \alpha_3 = \cos\theta.$$

问题(II)的解

$$w(x,y,z,t) = \int_0^t U(x,y,z,t;\tau) d\tau = \frac{1}{4\pi a^2} \iiint\limits_{r \leqslant at} \frac{f\left(\xi, \eta, \zeta, t - \frac{r}{a}\right)}{r} dv \tag{9.10-9}$$

其中

$$\xi = x + \alpha_1 r, \eta = y + \alpha_2 r, \zeta = z + \alpha_3 r,$$

$$r = \sqrt{(\xi - x)^2 + (\eta - y)^2 + (\zeta - z)^2}.$$

表达式(9.10-9)右端的三重积分称为**推迟势**.

对于二维非齐次波动方程的初值问题可作类似的处理.对于三维和二维热传导方程的初值问题的求解,完全类同于上述初值问题的求法.

除上述方程的基本解和初值问题的基本解外,还有其他类型的基本解.例如三维拉普拉斯方程的狄利克雷问题的格林函数

$$G(P,Q)=\frac{1}{4\pi r_{PQ}}-g(P,Q)\quad(参看 9.7.1)$$

为该边值问题的基本解,它满足定解问题

$$\begin{cases}\Delta G=\delta(P-Q) & (P,Q\in\Omega),\\ G\mid_{\partial\Omega}=0.\end{cases}$$

§9.11 定解问题的适定性

在§9.6至§9.10中所述的都是二阶线性偏微分方程的各种解法,所得出的解都是形式解.这种形式上推导解的表达式的过程称为分析过程,而验证的过程称为综合过程.在理论上,都应进一步考查定解问题的适定性.但这一工作一般是较为困难与复杂的.下面列举几个典型的定解问题,分别叙述它们的古典解的适定性条件.

9.11.1 一维波动方程的定解问题的适定性

1. 对于一维波动方程的初值问题

$$\begin{cases}u_{tt}=a^2u_{xx} & (-\infty<x<+\infty,t>0),\\ u(0,t)=0,u(l,t)=0 & (t\geqslant 0),\\ u(x,0)=\varphi(x),u_t(x,0)=\psi(x) & (-\infty<x<+\infty),\end{cases}$$

若初值函数 $\varphi(x)\in C^2,\psi(x)\in C^1$,则由达朗贝尔公式所确定的解是适定的.

2. 对于一维齐次波动方程的混合问题

$$\begin{cases}u_{tt}=a^2u_{xx} & (0<x<l,t>0),\\ u(0,t)=0,\ u(l,t)=0 & (t\geqslant 0),\\ u(x,0)=\varphi(x),\ u_t(x,0)=\psi(x) & (0\leqslant x\leqslant l),\end{cases}\tag{9.11-1}$$

有

定理 1 若函数 $\varphi(x)\in C^3,\psi(x)\in C^2$,并且

$$\varphi(0)=\varphi(l)=\varphi''(0)=\varphi''(l)=\psi(0)=\psi(l)=0,$$

则定解问题(9.11-1)的解是存在的,它可以用级数(9.6-9)给出.

当 $\varphi(x)$和 $\psi(x)$不满足上述定理的条件时,例如它们仅是连续函数,从物理上来

看振动依然存在，亦即定解问题这时也应当有"解"，不过这种解一般不具有 C^2 的光滑性，已不是古典解. 因此，有必要拓广解的概念，引进所谓**广义解**. 粗略地讲，用充分光滑的(即满足上述定理要求的)初值函数序列来逼近不够光滑的初值函数，前者所对应的古典解序列的极限，定义为后者所确定的定解问题的广义解. 这仅是广义解中强解的概念，还有关于广义解中弱解的概念，就不在此叙述了. 引入广义解的好处在于放宽了对定解条件光滑性的要求，从而使定解问题所能描述的物理现象更为广泛.

对于上述一维齐次波动方程，引进**能量积分**

$$E(t) = \frac{1}{2}\int_0^l (u_t^2 + a^2 u_x^2)dx.$$

在没有外力作用的情况下，以及边界固定或自由时，总能量 $E(t)$ 守恒，即

$$E(t) = E(0).$$

设 $u(x,t)$ 为满足一维齐次波动方程和齐次边界条件的任一函数，记

$$E_0(t) = \int_0^l u^2(x,t)dx,$$

它满足**能量不等式**

$$E_0(t) \leqslant e^t E_0(0) + E(0)(e^t - 1).$$

由此可证明

定理 2 如果一维齐次波动方程的混合问题(9.11-1)的解存在，则它一定是唯一的和**平均稳定的**.

这里所谓的平均稳定性是指在均方模意义下的稳定性. 即设

$$\{\varphi_1(x), \psi_1(x)\}, \{\varphi_2(x), \psi_2(x)\}$$

为定解问题(9.11-1)的两组初值函数，它们对应的解分别为 $u_1(x,t), u_2(x,t)$. 则对于任意固定的 $T>0$ 和任意给定的正数 ε，存在 $\delta>0$，使当

$$\| \varphi_1 - \varphi_2 \|_{L^2[0,l]} < \delta, \| \varphi'_1 - \varphi'_2 \|_{L^2[0,l]} < \delta,$$

$$\| \psi_1 - \psi_2 \|_{L^2[0,l]} < \delta$$

时，有

$$\| u_1 - u_2 \|_{L^2(\bar{Q}_T)} < \varepsilon$$

成立，其中

$$\bar{Q}_T = \{(x,t) \mid 0 \leqslant x \leqslant l, 0 \leqslant t \leqslant T\},$$

范数

$$\| u_1 - u_2 \|_{L^2(\bar{Q}_T)} = \sqrt{\int_0^T\int_0^l \mid u_1 - u_2 \mid^2 dxdt},$$

$$\| \varphi_1 - \varphi_2 \|_{L^2[0,l]} = \sqrt{\int_0^l \mid \varphi_1 - \varphi_2 \mid^2 dx}.$$

9.11.2 调和函数的极值原理 狄利克雷问题的适定性

定理 3(调和函数的极值原理) 若函数 $u(x,y,z)$ 在区域 Ω 内调和，在 $\Omega\cup S$ 上连续，且不恒等于常数，则它在 $\Omega\cup S$ 上的最大值、最小值只能在边界 S 上达到.

利用极值原理，可以证明狄利克雷问题的解是唯一的.

定理 4 设函数 u 和 v 在 Ω 内调和，在 $\Omega\cup S$ 上连续，如果在边界 S 上有 $u\leqslant v$ (或 $|u|\leqslant v$)，则在 Ω 内也必有 $u\leqslant v$(或 $|u|\leqslant v$).

由此可推得狄利克雷问题对边值是**一致稳定的**. 即设 u_1,u_2 分别为狄利克雷问题

$$\begin{cases}\Delta u(P)=0 & (P\in\Omega),\\ u\,|_{\partial\Omega}=f_1\end{cases}\qquad 和 \qquad \begin{cases}\Delta u(P)=0 & (P\in\Omega),\\ u\,|_{\partial\Omega}=f_2\end{cases}$$

的解. 对于任意给定的正数 ε，当 $\|f_1-f_2\|_{C(\partial\Omega)}<\varepsilon$ 时有 $\|u_1-u_2\|_{C(\bar{\Omega})}<\varepsilon$ 成立(其中范数

$$u_1-u_2\,\|_{C(\bar{\Omega})}=\max_{P\in\bar{\Omega}}|u_1(P)-u_2(P)|,$$

$\|f_1-f_2\|_{C(\partial\Omega)}$ 的意义类似).

关于解的存在性可以把解的表达式代入原方程及定解条件来验证.

9.11.3 一维热传导方程定解问题的适定性

1. 对于一维热传导方程混合问题

$$\begin{cases}u_t=a^2u_{xx} & (0<x<l,t>0),\\ u(0,t)=0,u(l,t)=0 & (t\geqslant 0),\\ u(x,0)=\varphi(x) & (0\leqslant x\leqslant l),\end{cases}\tag{9.11-2}$$

用分离变量法可得形式解：

$$u(x,t)=\sum_{n=1}^{\infty}A_ne^{-\left(\frac{n\pi a}{l}\right)^2t}\sin\frac{n\pi x}{l},\tag{9.11-3}$$

其中

$$A_n=\frac{2}{l}\int_0^l\varphi(\xi)\sin\frac{n\pi\xi}{l}d\xi\quad(n=1,2,\cdots).\tag{9.11-4}$$

定理 5 若初值函数 $\varphi(x)\in C^1[0,l]$，且 $\varphi(0)=\varphi(l)=0$，则定解问题(9.11-2)的解是存在的，它可以由级数(9.11-3)所确定.

定理 6(极值原理) 设函数 $u(x,t)$ 在矩形域

$$\bar{D}:\{0\leqslant x\leqslant l,0\leqslant t\leqslant T\}$$

上连续，并且在 D 内满足热传导方程，则它在矩形域的两条侧边($x=0$ 及 $x=l,0\leqslant t\leqslant T$)及底边($t=0,0\leqslant x\leqslant l$)所组成的开边界线 Γ 上取得最大值和最小值，即

$$\max_{\bar{D}} | u(x,t) | = \max_{\Gamma} | u(x,t) | .$$

由极值原理即可得出热传导方程混合问题的解的唯一性与稳定性.

2. 对于一维热传导方程初值问题的适定性,有

定理 7 若初值函数 $\varphi(x) \in C(-\infty, +\infty)$ 且有界,则由(9.9-4)给出初值问题(9.9-1),(9.9-2)的有界解.

定理 8 初值问题(9.9-1),(9.9-2)在有界函数类中的解是唯一的,而且连续依赖于所给定的初始条件.

9.11.4 柯西-柯瓦列夫斯卡娅定理

给定含有 N 个未知函数,$n+1$ 个自变量的偏微分方程组的初值问题:

$$\begin{cases} \dfrac{\partial^{n_i} u_i}{\partial t^{n_i}} = F_i\left(t, x_1, \cdots, x_n, u_1, u_2, \cdots, u_N, \cdots, \dfrac{\partial^k u_j}{\partial t^{k_0} \partial x_1^{k} \cdots \partial x_n^{k_n}}, \cdots\right) \\ (k_0 + k_1 + \cdots + k_n = k \leqslant n_i, k_0 < n_i; i, j = 1, 2, \cdots, N), \quad (9.11\text{-}5) \\ \dfrac{\partial^k u_i}{\partial t^k} = \varphi_i^{(k)}(x_1, x_2, \cdots, x_n) \quad (k = 0, 1, 2, \cdots, n_i - 1). \quad (9.11\text{-}6) \end{cases}$$

(9.11-5)的特点是,方程组中未知函数 $u_i(i=1,2,\cdots,N)$ 的最高阶导数是 n_i 阶. 自变量 t 与其余的自变量 $x_1, x_2, \cdots, x_n$ 不同,即出现在方程组中的每一个函数 u_i,其最高的 n_i 阶导数中必须含有导数 $\dfrac{\partial^{n_i} u_i}{\partial t^{n_i}}$,并以关于这些导数解出,所有初值函数 $\varphi_i^{(k)}(x_1, x_2, \cdots, x_n)$ 在 $(x_1, x_2, \cdots, x_n)$ 空间的同一区域 G 上给定. 这些函数在某点 $(x_1^0, x_2^0, \cdots, x_n^0)$ 的导数简记作

$$\left(\frac{\partial^{k-k_0} \varphi_i^{(k_0)}}{\partial x_1^{k_1} \cdots \partial x_n^{k_n}}\right)_{(x_1^0, x_2^0, \cdots, x_n^0)} = \varphi^0_{i, k_0, k_1, \cdots, k_n}$$

$$(i = 1, 2, \cdots, N; k_0 + k_1 + \cdots + k_n = k \leqslant n_i).$$

定理 9(柯西-柯瓦列夫斯卡娅定理) 若函数 $F_i(i=1,2,\cdots,N)$ 在点 $(t^0, x_1^0, x_2^0, \cdots, x_n^0, \cdots, \varphi^0_{j, k_0, k_1, \cdots, k_n}, \cdots)$ 的某一邻域内是解析的,而且所有的函数 $\varphi_j^{(k)}$ 在点 $(x_1^0, x_2^0, \cdots, x_n^0)$ 的一个邻域内也是解析的,则初值问题(9.11-5),(9.11-6)在点 $(t^0, x_1^0, x_2^0, \cdots, x_n^0)$ 的某一邻域内有唯一的解析解 $u_1, u_2, \cdots, u_N$.

§9.12 偏微分方程的差分解法

9.12.1 偏导数与差商

已知一元函数 $y=y(x)$ 在点 x 的导数可用差商(参看 18.2.3)来近似. 对于二元函数 $u=u(x,y)$ 的偏导数也可仿照一元函数的情形用差商来近似代替.

$$\frac{\partial u}{\partial x} \approx \frac{u(x+\Delta x, y)-u(x, y)}{\Delta x} \text{或} \frac{\partial u}{\partial x} \approx \frac{u(x, y)-u(x-\Delta x, y)}{\Delta x}. \quad (9.12\text{-}1)$$

$$\frac{\partial^2 u}{\partial x^2} \approx \frac{1}{(\Delta x)^2}(u(x+\Delta x, y)+u(x-\Delta x, y)-2u(x, y)). \quad (9.12\text{-}2)$$

$$\frac{\partial^2 u}{\partial y^2} \approx \frac{1}{(\Delta y)^2}(u(x, y+\Delta y)+u(x, y-\Delta y)-2u(x, y)). \quad (9.12\text{-}3)$$

(9.12-1)和(9.12-2)的近似式的右端分别称为**一阶差商**和**二阶差商**. 设函数 $u=u(x,y)$是充分光滑的,由函数的泰勒公式可得

$$\frac{u(x+\Delta x, y)-u(x, y)}{\Delta x}=\frac{\partial u(x, y)}{\partial x}+O(\Delta x).$$

$$\frac{1}{(\Delta x)^2}(u(x+\Delta x, y)+u(x-\Delta x, y)-2u(x, y))=\frac{\partial^2 u(x, y)}{\partial x^2}+O((\Delta x)^2).$$

$$\frac{1}{(\Delta y)^2}(u(x, y+\Delta y)+u(x, y-\Delta y)-2u(x, y))=\frac{\partial^2 u(x, y)}{\partial y^2}+O((\Delta y)^2).$$

因此在(9.12-1),(9.12-2),(9.12-3)中用差商来代替一阶与二阶偏导数,其相应的**截断误差**(由截去了泰勒展开式中的高阶项而引起的误差)分别为

$$O(\Delta x), O((\Delta x)^2), O((\Delta y)^2).$$

9.12.2 拉普拉斯方程的差分解法

考虑狄利克雷问题

$$\begin{cases} \dfrac{\partial^2 u}{\partial x^2}+\dfrac{\partial^2 u}{\partial y^2}=0 \quad (x, y) \in D, & (9.12\text{-}4) \\ u|_{\Gamma}=f(x, y) \quad (\Gamma=\partial D). & (9.12\text{-}5) \end{cases}$$

1. 差分格式的建立

用平行于坐标轴的两族等距直线

$$x=x_i=ih,\ y=y_j=jh \quad (i, j=0, \pm 1, \pm 2, \cdots)$$

来构成正方形网格(图 9.12-1). 网格线的交点(x_i, y_j)称为**节点**,小方格的边长 h 称为**步长**,如果两个节点沿 x 轴方向(或 y 轴方向)只相差一个步长时,则称此两节点是**相邻节点**. 若一节点的所有四个相邻的节点都属于 $D\cup\Gamma$,则称此节点为**内节点**. 若一节点的四个相邻节点至少有一个不属于 $D\cup\Gamma$ 时,则称此节点为**边界节点**. 边界节点之间用网格线相连所成的封闭折线记作 Γ_h(图 9.12-1 粗线所示). Γ_k 所围的区域记作 D_h,下面在网格区域 $D_h\cup\Gamma_h$ 上来考虑狄利克雷问题,求出未知函数 u

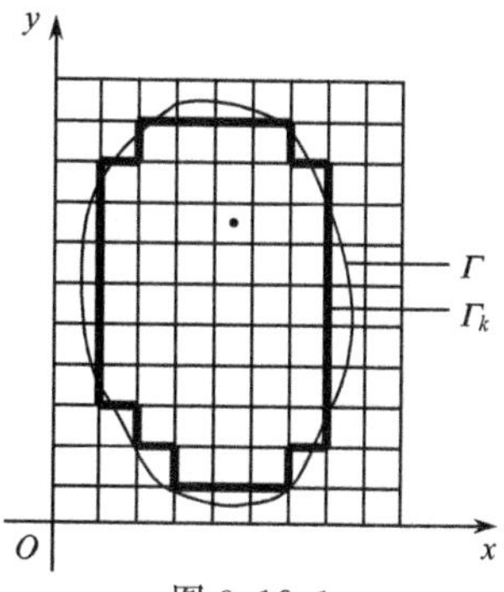

图 9.12-1

在网格节点上的近似值. 设 u 在节点(x_i, y_j)上的函数值为 $u_{i,j}$，其近似值记为 $U_{i,j}$. 列出 $U_{i,j}$ 所应满足的方程，步骤如下：

(1) 对于网格区域的任一内节点(x_i, y_j)，当步长 h 充分小时，利用二阶差商(9.12-2)，(9.12-3)来代替二阶偏导数，得

$$\frac{u_{i+1,j}-2u_{i,j}+u_{i-1,j}}{h^2}+\frac{u_{i,j+1}-2u_{i,j}+u_{i,j-1}}{h^2}=O(h^2),$$

略去 $O(h^2)$，并以 $U_{i,j}$ 代替 $u_{i,j}$，于是得出对应于方程(9.12-4)的**差分方程**(以 $U_{i,j}$ 为未知量的代数方程)

$$U_{i,j}=\frac{1}{4}(U_{i+1,j}+U_{i,j+1}+U_{i-1,j}+U_{i,j-1}). \tag{9.12-6}$$

(9.12-6)称为拉普拉斯方程的五点格式.

(2) 对于网格区域的边界节点$(x_i, y_j)\in\Gamma_h$，其相应的差分方程可由边界条件(9.12-5)给出. 方法是在 Γ 上取与节点(x_i, y_j)最邻近的点(x_i^*, y_j^*)，以边界值 $f(x_i^*, y_j^*)$作为解 u 在点(x_i, y_j)的近似值 $U_{i,j}$，即

$$U_{i,j}=f(x_i^*, y_j^*) \tag{9.12-7}$$

用(9.12-7)代替边界条件的截断误差为 $O(h)$.

因此，对于网格区域 $D_h\cup\Gamma_h$ 的每一个节点，可列出一个形为(9.12-6)或(9.12-7)的方程. 它们构成决定狄利克雷问题的解在节点上的近似值的差分方程. 这是一个方程个数和未知数个数相同的代数方程组. 可以证明方程组(9.12-6)，(9.12-7)有唯一解，此解即是定解问题的数值解. 这种方法称为偏微分方程的**差分法**. 对于解此线性代数方程组可采用直接法(如高斯消去法，参看18.8.1). 但在实际计算时，步长 h 往往取得很小，导致差分方程是一个高阶的线性代数方程组. 从而会受到电子计算机的存储量的限制而产生困难. 故常采用迭代法.

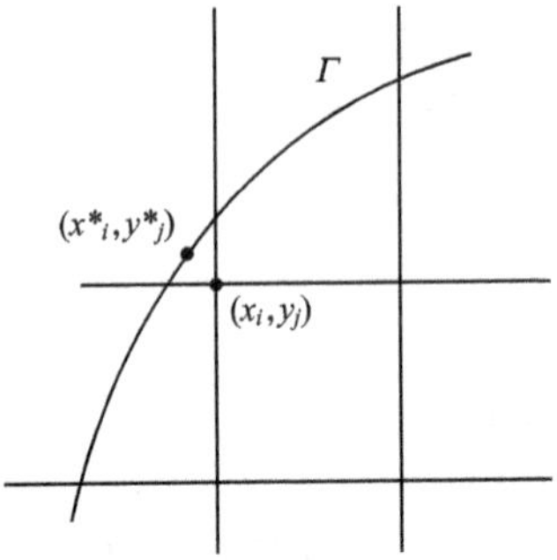

图 9.12-2

2. 迭代法

(1) 同步迭代法

首先任意给定在网格区域内节点(x_i, y_j)上的数值$\{U_{i,j}^{(0)}\}$作为解的零次近似. 把这组数代入(9.12-6)的右端，得到

$$U_{i,j}^{(1)}=\frac{1}{4}(U_{i+1,j}^{(0)}+U_{i,j+1}^{(0)}+U_{i-1,j}^{(0)}+U_{i,j-1}^{(0)}),$$

将 $U_{i,j}^{(1)}$ 作为解的一次近似. 但在上式右端的四个值中若涉及到边界节点上的值时，则用(9.12-7)的已知值代入. 这样逐次迭代下去，如已得到解的第 k 次近似$\{U_{i,j}^{(k)}\}$，则

$$U_{i,j}^{(k+1)}=\frac{1}{4}(U_{i+1,j}^{(k)}+U_{i,j+1}^{(k)}+U_{i-1,j}^{(k)}+U_{i,j-1}^{(k)}) \tag{9.12-8}$$

于是得到了一个近似解的序列$\{U_{i,j}^{(k)}\}$($k=0,1,2,\cdots$). 可以证明,不论零次近似$\{U_{i,j}^{(0)}\}$如何选取,当$k\to\infty$时,此序列必收敛于差分方程的解. 因此对于预先给定的适当小的控制数$\varepsilon(>0)$,总能找到正整数k,使相邻两次迭代解$\{U_{i,j}^{(k-1)}\}$,$\{U_{i,j}^{(k)}\}$间的最大绝对误差$\max\limits_{i,j}|U_{i,j}^{(k)}-U_{i,j}^{(k-1)}|$或算术平均误差$\dfrac{1}{N}\sum\limits_{i,j}|U_{i,j}^{(k)}-U_{i,j}^{(k-1)}|$(其中$N$为$D_k\cup\Gamma_h$上网格节点的总数)小于$\varepsilon$. 这时可结束迭代,取$\{U_{i,j}^{(k)}\}$为$U_{i,j}$的近似值. 一般说来,同步迭代的收敛速度是比较慢的.

(2) **异步迭代法**

异步迭代法指的是在计算第$k+1$次近似值$U_{i,j}^{(k+1)}$时,如果在节点(x_i,y_j)的四个相邻节点中有些节点处的第$k+1$次近似值已经求得,就用这些第$k+1$次近似值代替(9.12-8)右端原来的第k次近似值. 因此,在使用异步迭代法时,必须将网格区域的节点按一定的顺序进行排列. 通常取自然数顺序排列,即在每一横排(图9.12-3)上从左到右依次进行迭代. 这时,在求节点(x_i,y_j)的第$k+1$次近似解$U_{i,j}^{(k+1)}$时,其周围四个相邻节点中,节点(x_{i-1},y_j)和(x_i,y_{j-1})处的$k+1$次近似值已经求得,因此异步迭代的相应公式为

$$U_{i,j}^{(k+1)}=\frac{1}{4}(U_{i+1,j}^{(k)}+U_{i,j+1}^{(k)}+U_{i-1,j}^{(k+1)}+U_{i,j-1}^{(k+1)}). \tag{9.12-9}$$

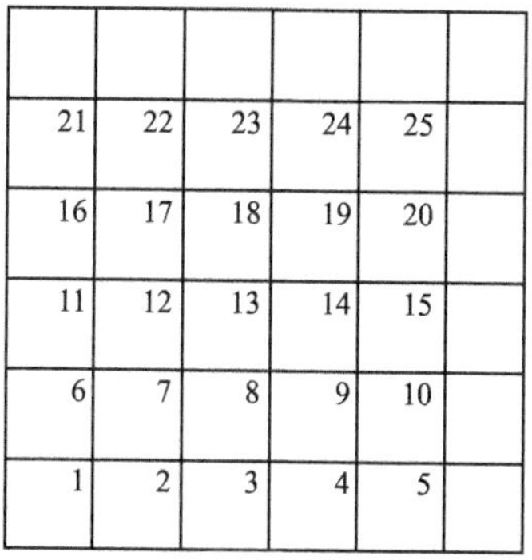

图 9.12-3

同样,等式(9.12-9)右端若涉及到边界节点上的值时,也用(9.12-7)的已知值代入. 异步迭代法的收敛速度比同步迭代法快. 由于在(9.12-9)右端有一半是用了迭代所得的新值.

(3) **超松弛迭代法**

迭代式取为

$$\begin{cases}\widetilde{U}=\dfrac{1}{4}(U_{i+1,j}^{(k)}+U_{i,j+1}^{(k)}+U_{i-1,j}^{(k+1)}+U_{i,j-1}^{(k+1)}),\\U_{i,j}^{(k+1)}=\omega\widetilde{U}+(1-\omega)U_{i,j}^{(k)},\end{cases}$$

或写成

$$U_{i,j}^{(k+1)} = \frac{\omega}{4}(U_{i+1,j}^{(k)} + U_{i,j+1}^{(k)} + U_{i-1,j}^{(k+1)} + U_{i,j-1}^{(k+1)}) + (1-\omega)U_{i,j}^{(k)},$$

其中 ω 是常数，且满足 $1<\omega<2$，称为**超松弛因子**. 当 $\omega=1$ 时，即为异步迭代法. 选取适当的 ω，可以大大地加快迭代的收敛速度. 例如对于矩形求解区域($a\leqslant x\leqslant b, c\leqslant y\leqslant d$)，若取步长 h 将 $[a,b]$ 作 m 等分，$[c,d]$ 作 n 等分(m,n 为正整数)，可以证明，最佳超松弛因子的值为

$$\omega = \frac{2}{1+\sqrt{1-\left(\dfrac{\cos\dfrac{\pi}{m}+\cos\dfrac{\pi}{n}}{2}\right)^2}}.$$

上面仅用了正方形网格，但有时为了使 Γ_h 更接近于边界曲线 Γ，也可以用矩形网格、平行四边形网格、正六边形网格. 即使采用正方形网格，若用不同的近似式来代替 Δu，就会得出不同形式的差分方程.

9.12.3 热传导方程的差分解法

以一维热传导方程的混合问题

$$\begin{cases} \dfrac{\partial u}{\partial t} = a^2 \dfrac{\partial^2 u}{\partial x^2} & (0<x<1, 0<t<T), \quad (9.12\text{-}10) \\ u(x,0) = \varphi(x) & (0\leqslant x\leqslant 1), \quad (9.12\text{-}11) \\ u(0,t) = u(1,t) = 0 & (0\leqslant t\leqslant T) \quad (9.12\text{-}12) \end{cases}$$

为例，叙述一种显式差分格式. 用两族平行直线：

$$x = x_i = i\Delta x \quad (i=0,1,2,\cdots,N, N\Delta x = 1),$$

$$t = t_j = j\Delta t \quad \left(j=0,1,2,\cdots,\left[\frac{T}{\Delta t}\right]\right)$$

构成矩形网格(图 9.12-4). 在网格区域的内节点

$$(x_i,t_j)\left(i=1,2,\cdots,N-1, j=1,2,\cdots,\left[\frac{T}{\Delta t}\right]-1\right)$$

用差商来近似代替偏导数 $\dfrac{\partial u}{\partial t}, \dfrac{\partial^2 u}{\partial x^2}$，可得出方程(9.12-10)所对应的差分方程

$$U_{i,j} = \lambda(U_{i+1,j-1} + U_{i-1,j-1}) + (1-2\lambda)U_{i,j-1}, \quad (9.12\text{-}13)$$

其中 $\lambda = a^2\dfrac{\Delta t}{(\Delta x)^2}$，$U_{i,j}$ 表示解 $u(x,t)$ 在节点(x_i,t_j)的近似值. (9.12-13)表示第 j 横排上任一内节点上 $U_{i,j}$ 的值仅依赖于第 $j-1$ 横排上相邻三个节点上的值(见图 9.12-4). 在网格区域的边界节点

$$(x_i,0), (0,t_j)\left(i=1,2,\cdots,N-1, j=0,1,2,\cdots,\left[\frac{T}{\Delta t}\right]\right)$$

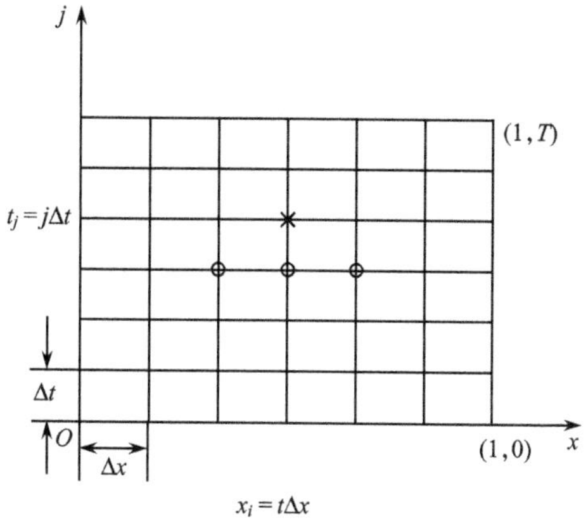

图 9.12-4

的 $U_{i,0}$,$U_{0,j}$ 值由(9.12-11)和(9.12-12)给出:

$$U_{i,0}=\varphi(x_i)\quad(i=1,2,\cdots,N-1),\tag{9.12-14}$$

$$U_{0,j}=0,\ U_{N,j}=0\left(j=0,1,2,\cdots,\left[\frac{T}{\Delta t}\right]\right).\tag{9.12-15}$$

由(9.12-3)可见,在内节点上的 $U_{i,j}$ 值可按 t 增加的方向逐排求出. 首先利用初始条件和边界条件可求出第 0 排上 $U_{i,0}(i=0,1,2,\cdots,N)$ 的值;利用(9.12-13)可求出第一排上 $U_{i,1}(i=1,2,\cdots,N-1)$ 的值;然后利用边界条件 $U_{0,1}=U_{N,1}=0$ 及(9.12-13)求出第二排上 $U_{i,2}(i=1,2,\cdots,N-1)$ 的值. 如此逐排进行下去,可以求出所有内节点上 $U_{i,j}$ 的值. (9.12-13),(9.12-14),(9.12-15)形式的格式称为**显式差分格式**. 其特点是第 n 排节点上的数值可直接由第 $n-1$ 排节点上的数值得到.

可以证明,若混合问题(9.12-10)~(9.12-12)的解 $u(x,t)$ 在区域

$$D(0\leqslant x\leqslant 1,0\leqslant t\leqslant T)$$

中存在、连续,且具有连续的偏导数 $\frac{\partial^2 u}{\partial t^2}$,$\frac{\partial^4 u}{\partial x^4}$,则当

$$\lambda=a^2\frac{\Delta t}{(\Delta x)^2}\leqslant\frac{1}{2}$$

时,差分方程(9.12-13)~(9.12-15)的解 $U_{i,j}$ 收敛于原混合问题的解 u.

9.12.4 波动方程的差分解法

以一维波动方程的混合问题

$$\begin{cases} \dfrac{\partial^2 u}{\partial t^2} = a^2 \dfrac{\partial^2 u}{\partial x^2} & (0 < x < 1, 0 < t < T), \quad (9.12\text{-}16) \\ u(x,0) = \varphi(x), u_t(x,0) = \psi(x) & (0 \leqslant x \leqslant 1), \quad (9.12\text{-}17) \\ u(0,t) = u(1,t) = 0 & (0 \leqslant t \leqslant T) \quad (9.12\text{-}18) \end{cases}$$

为例，类同热传导方程的作法，用两族平行于坐标轴的直线构成矩形网格. 在网格的内节点

$$(x_i, t_j)\left(i = 1, 2, \cdots, N-1, j = 1, 2, \cdots, \left[\frac{T}{\Delta t}\right] - 1\right)$$

上有对应于方程(9.12-6)的差分方程

$$U_{i,j+1} = \lambda^2 (U_{i-1,j} + U_{i+1,j}) + 2(1-\lambda^2) U_{i,j} - U_{i,j-1}, \quad (9.12\text{-}19)$$

其中 $\lambda = a\dfrac{\Delta t}{\Delta x}$. (9.12-17)，(9.12-18)各自化为在边界节点上的初始条件和边界条件：

$$U_{i,0} = \varphi(x_i),\ U_{i,1} = \varphi(x_i) + \psi(x_i)\Delta t \quad (i = 1, 2, \cdots, N-1), \quad (9.12\text{-}20)$$

$$U_{0,j} = U_{N,j} = 0 \quad \left(j = 0, 1, 2, \cdots, \left[\frac{T}{\Delta t}\right]\right), \quad (9.12\text{-}21)$$

(9.12-19)，(9.12-20)，(9.12-21)构成混合问题的差分格式. 在(9.12-19)看出，由 $U_{i-1,j}, U_{i,j}, U_{i+1,j}, U_{i,j-1}$ 可确定出 $U_{i,j+1}$. 于是，首先将由初始条件和边界条件所得出的 $U_{10}, U_{20}, \cdots, U_{N-1,0}; U_{0,1}, U_{1,1}, \cdots, U_{N,1}$ 代入(9.12-19)即可得到 $U_{i,2}$($i=1,2,\cdots,N-1$). 然后用已知的

$$U_{i,1}, U_{i,2} \quad (i = 1, 2, \cdots, N-1)$$

和边界条件 $U_{0,2} = U_{N,2} = 0$，再代入(9.12-19)就可得出

$$U_{i,3} \quad (i = 1, 2, \cdots, N-1).$$

这样逐次进行，便可得出所有内节点处 $U_{i,j}$ 的值. 可以证明，当

$$\lambda = a\frac{\Delta t}{\Delta x} \leqslant 1$$

时(通常称为 **C. F. L. 条件**)差分方程(9.12-19)～(9.12-21)的解 $U_{i,j}$ 必收敛于混合问题(9.12-16)－(9.12-18)的解. 而当

$$\lambda = a\frac{\Delta t}{\Delta x} > 1$$

时，不论步长 $\Delta x, \Delta t$ 取得如何小，$U_{i,j}$ 不收敛于原混合问题的解.

10. 微分几何

§10.1 平面曲线

10.1.1 平面曲线的方程　切线与法线

在微分几何学中,常用参数方程表示曲线.在平面上取直角坐标系 Oxy,则平面曲线 C 的参数方程为

$$x = x(t),\ y = y(t)\quad (a \leqslant t \leqslant b).$$

令 $\boldsymbol{r}=x\boldsymbol{i}+y\boldsymbol{j}$(其中 $\boldsymbol{i},\boldsymbol{j}$ 分别是 x 轴、y 轴上沿正方向的单位向量),则 C 的参数方程的向量形式为

$$\boldsymbol{r} = \boldsymbol{r}(t)\quad (a \leqslant t \leqslant b).$$

如果 $x(t),y(t)$都是连续可微函数,则称 C 为**光滑曲线**.如果 C 可分为有限段,每段都是光滑的,则称 C 为**分段光滑曲线**.如果 $x'(t_0)$,$y'(t_0)$不同时等于零,即 $\boldsymbol{r}'(t_0)\neq\boldsymbol{0}$,则称 C 上对应于参数 t_0 的点为**正则点**,否则称为**奇点**.每个点都是正则点的曲线,称为**正则曲线**.一般假定 $x(t),y(t)$具有所需要的充分的光滑性,即讨论中所涉及的各阶导数都连续,并假定所讨论的都是正则曲线.

曲线 C 在参数为 t_0 的点的切向量为 $\dot{\boldsymbol{r}}(t_0)$(以下以上方加点表示对参数 t 的导数,例如 $\dot{\boldsymbol{r}}=\dfrac{d\boldsymbol{r}}{dt}$,$\ddot{\boldsymbol{r}}=\dfrac{d^2\boldsymbol{r}}{dt^2}$等),切线方程为

$$\frac{x - x(t_0)}{\dot{x}(t_0)} = \frac{y - y(t_0)}{\dot{y}(t_0)}$$

或

$$\boldsymbol{r} = \boldsymbol{r}(t_0) + \lambda\dot{\boldsymbol{r}}(t_0)\quad (-\infty < \lambda < +\infty).$$

法线方程为

$$\dot{x}(t_0)(x - x(t_0)) + \dot{y}(t_0)(y - y(t_0)) = 0$$

或

$$\dot{\boldsymbol{r}}(t_0)\cdot(\boldsymbol{r} - \boldsymbol{r}(t_0)) = 0.$$

C 从参数为 a 到参数为 t 的一段的长度为

$$s = \int_a^t \sqrt{(\dot{x}(t))^2 + (\dot{y}(t))^2}\,dt = \int_a^t |\dot{\boldsymbol{r}}(t)|\,dt.$$

常取弧长 s 作为参数,称为**自然参数**.此时曲线方程的形式为

$$x = x(s),\ y = y(s),\ 或\ \boldsymbol{r} = \boldsymbol{r}(s)\quad (s_1 \leqslant s \leqslant s_2),$$

并有$|\boldsymbol{r}'(s)|=1$. 于是$\boldsymbol{r}'(s)$就是曲线C在弧长参数为s的点处指向s增加方向的单位**切向量**.

对于用极方程(参看4.4.5)$\rho=\rho(\varphi)$表示的曲线,设点P处的切线与O,P连线构成的角为α(见图10.1-1),则

$$\tan\alpha=\rho\Big/\frac{d\rho(\varphi)}{d\varphi}.$$

从φ_0到φ这一段的弧长为(假定$\varphi_0<\varphi$)

$$s=\int_{\varphi_0}^{\varphi}\sqrt{(\rho(\varphi))^2+(\rho'(\varphi))^2}\,d\varphi.$$

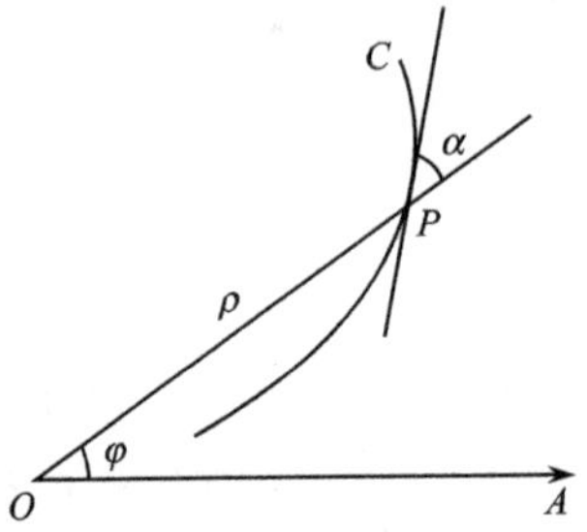

图 10.1-1

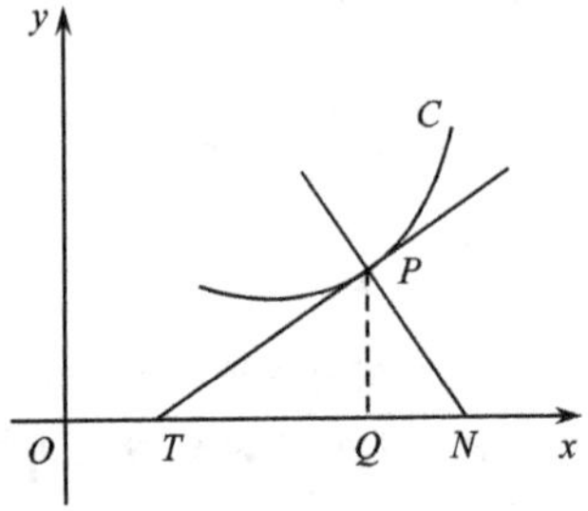

图 10.1-2

在直角坐标系Oxy中,设曲线C上点P处的切线和法线与x轴的交点分别为T和N,则$|PT|$,$|PN|$分别称为**切距**、**法距**. 设过点P垂直于x轴的直线与x轴的交点为Q,则$|QT|$,$|QN|$分别称为**次切距**、**次法距**(见图10.1-2). 点$P(x,y)$处的切距、法距、次切距、次法距顺次等于

$$|y|\sqrt{1+\left(\frac{dx}{dy}\right)^2},\ |y|\sqrt{1+\left(\frac{dy}{dx}\right)^2},\ \left|y\left(\frac{dx}{dy}\right)\right|,\left|y\left(\frac{dy}{dx}\right)\right|.$$

例1 有不变切距a的曲线的方程为

$$x=a\left(\ln\tan\frac{\theta}{2}+\cos\theta\right)+C,\ y=a\sin\theta;$$

其中θ是切线与x轴的夹角. 此曲线称为曳物线(图10.1-3). 曳物线绕x轴旋转所得的曲面,称为**伪球面**.

例2 设曲线C与从极点引出的射线相交成定角α(图10.1-4),则C的极方程为

$$\rho=\rho_0e^{(\cot\alpha)\varphi}.$$

此曲线称为**对数螺线**.

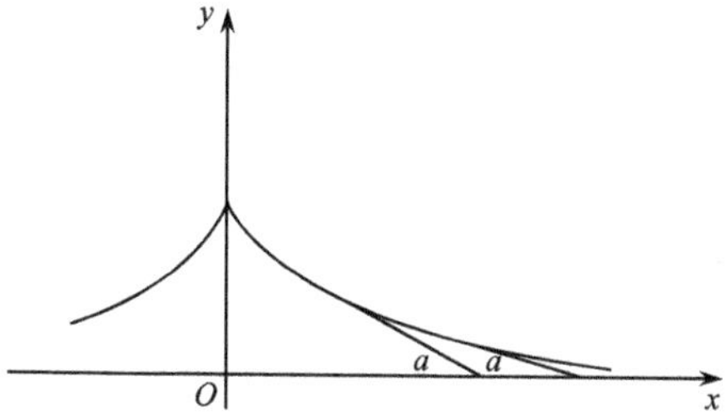

图 10.1-3

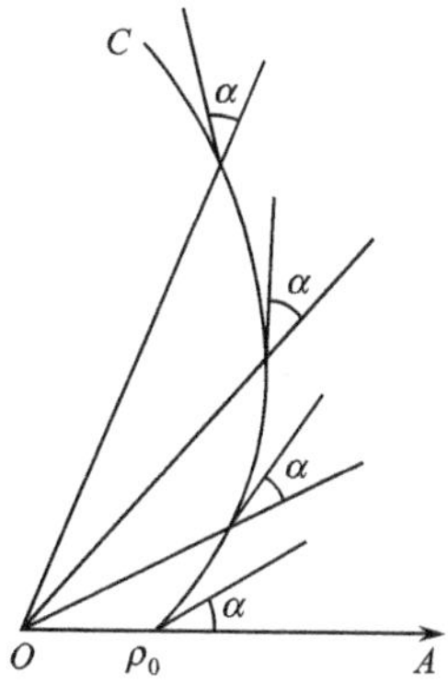

图 10.1-4

10.1.2 平面曲线的曲率

定义 1 设 P 是曲线 C 上的点，在 C 上取邻近点 P 的点 Q. 设点 P,Q 处切线与 x 轴的夹角分别为 $\theta,\theta+\Delta\theta$, PQ 段的长度为 Δs（图 10.1-5），则

$$k=\lim_{Q\to P}\left|\frac{\Delta\theta}{\Delta s}\right|=\left|\frac{d\theta}{ds}\right|$$

称为曲线 C 在点 P 的**曲率**. 当 $k\neq 0$ 时，$R=1/k$ 称为 C 在点 P 的**曲率半径**. 当 $k=0$ 时，规定 $R=\infty$.

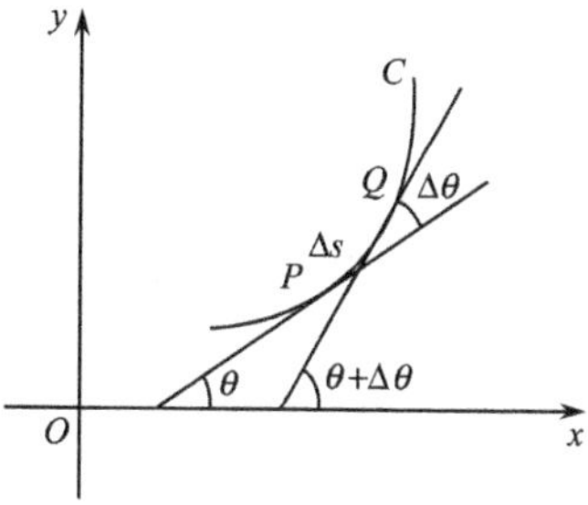

图 10.1-5

定理 1 设 C 的参数方程为 $x=x(t)$, $y=y(t)$，则参数为 t 的点 P 处的曲率

$$k=\frac{|\dot{x}\ddot{y}-\ddot{x}\dot{y}|}{(\dot{x}^2+\dot{y}^2)^{3/2}}.$$

设 C 由方程 $\boldsymbol{r}=\boldsymbol{r}(s)$ 给出，令 $\boldsymbol{t}=\boldsymbol{r}'(s)$，$\boldsymbol{n}$ 是 $\boldsymbol{t}'(s)=\boldsymbol{r}''(s)$ 方向的单位向量，则 $\boldsymbol{n}$ 是 C 上点 P 处指向曲线凹的方向的单位**法向量**.

定理 2 $\boldsymbol{t}$ 与 $\boldsymbol{n}$ 由下列公式联系起来：

$$\boldsymbol{t}'=k\boldsymbol{n},\ \boldsymbol{n}'=-k\boldsymbol{t}.$$

这称为平面曲线的**弗雷内公式**. 由此得 $k=|\boldsymbol{r}''(s)|$.

定义 2 从点 P 出发引指向为 $\boldsymbol{n}$ 的射线，在此射线上取点 Q，使 $|PQ|=R$（图 10.1-6）. 以 Q 为中心、以 R 为半径的圆，称为曲线 C 在点 P 处的**曲率圆**；点 Q 称为**曲率中心**.

定理 3 在曲线 C 上取邻近于点 P 的点 P',P''，作过点 P,P',P'' 的圆，则当 P',P'' 沿曲线 C 趋于点 P 时，上面所作的圆的极限位置就是 C 在点 P 处的曲率圆.（因

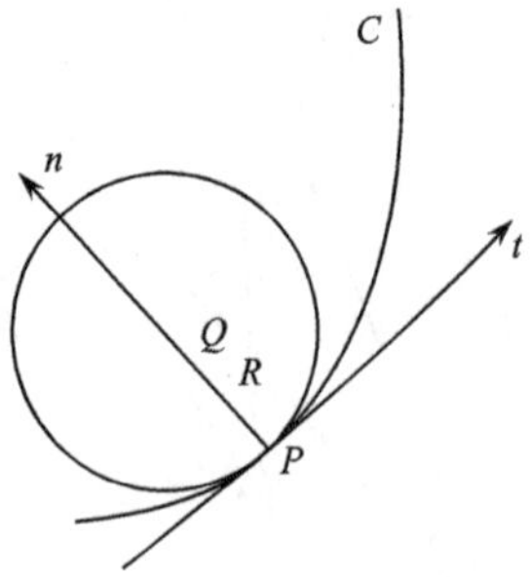

图 10.1-6

此，曲率圆又称**密切圆**.）

定理 4 以(X,Y)表示曲率中心的坐标，则

$$X = x + \dot{y}\frac{\dot{x}^2+\dot{y}^2}{\dot{x}\ddot{y}-\ddot{x}\dot{y}}, Y = y + \dot{x}\frac{\dot{x}^2+\dot{y}^2}{\dot{x}\ddot{y}-\ddot{x}\dot{y}}.$$

定理 5 曲线上每个点处曲率都等于零的必要充分条件是它为直线.

定理 6 曲线上每个点处曲率都等于一个正常数的必要充分条件是它为圆弧.

定理 7（平面曲线的基本定理） 在闭区间$[s_1, s_2]$上给定连续函数$k(s)$，则除了位置不同外，存在唯一的平面曲线，以s为弧长，以$k(s)$为曲率.

定义 3 $k=k(s)$称为平面曲线的**自然方程**.

例 3 悬链线$y=a\ \mathrm{ch}\,\dfrac{x}{a}$的自然方程为

$$k(a^2+s^2)=a.$$

例 4 摆线的自然方程为

$$R^2+s^2=a^2,$$

其中$R=\dfrac{1}{k}$，a为生成摆线的圆的半径.

定义 4 给定平面曲线C，C上每点的曲率中心形成的轨迹$\widetilde{C}$，称为C的**渐屈线**，而C称为$\widetilde{C}$的**渐伸线**. $\widetilde{C}$的渐伸线不止一条. 沿C的每个点的法线的同侧取相同距离所得的曲线（这些曲线称为C的**等距线**），都是$\widetilde{C}$的**渐伸线**.

定理 8 渐伸线C上任何点的法线与$\widetilde{C}$相切. C上两点曲率半径的改变量等于$\widetilde{C}$上相应的两点之间的弧长.

由此易于得到渐伸线的作法：沿$\widetilde{C}$置一不能伸缩的细线，固定一端，拉紧细线并伸展另一端（如图10.1-7所示），即得$\widetilde{C}$的一条渐伸线.

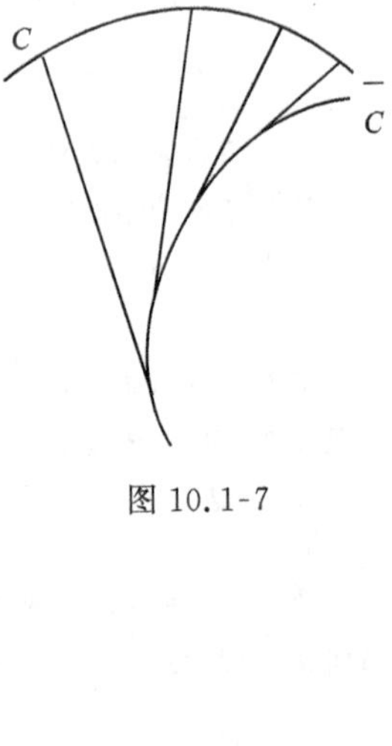

图 10.1-7

例 5 摆线的渐伸线是与给定的摆线全等的摆线.

例 6 圆$x^2+y^2=a^2$的渐伸线是

$$x=a(\cos t+t\sin t),$$
$$y=a(\sin t-t\cos t).$$

10.1.3 平面曲线族的包络线

定义 5 给定曲线族C_λ：$F(x,y,\lambda)=0$，其中λ为

参数(这样的曲线族称为**单参数曲线族**),如果曲线 C 满足下述条件,则称 C 为所给曲线族的**包络线**:C 上每个点 $P(x,y)$ 属于族中某一曲线 C_λ,且 C 与 C_λ 在点 P 处相切(见图 10.1-8).

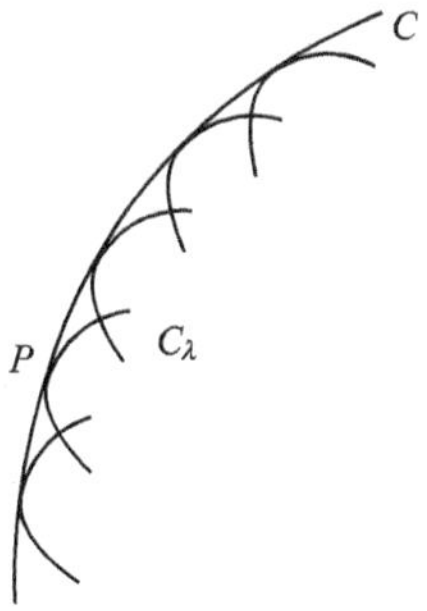

图 10.1-8

定义 6 满足方程组

$$F(x,y,\lambda)=0,F'_\lambda(x,y,\lambda)=0$$

的点(x,y)组成的集,称为给定的曲线族的**判别曲线**或**判别式**.

定理 9 如果在判别曲线的所有点处$\frac{\partial F}{\partial x},\frac{\partial F}{\partial y}$不同时为零,则它就是曲线族 C_λ 的包络线.

$\frac{\partial F}{\partial x}$与$\frac{\partial F}{\partial y}$都等于零的点是奇点,需另外讨论.

例 7 立方抛物线族 $y=(x-\lambda)^3$ 的包络线是 x 轴(图 10.1-9).

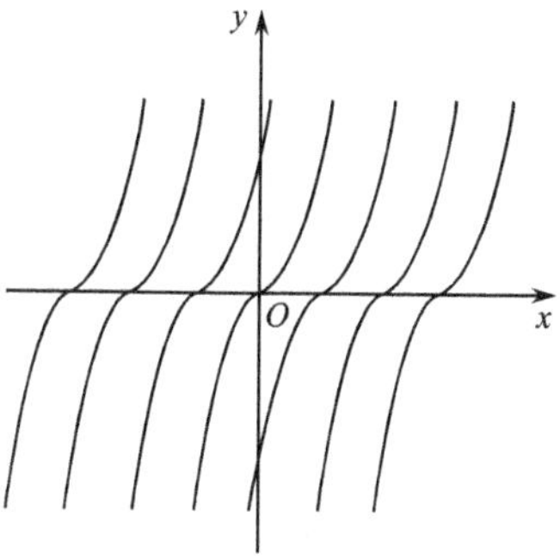

图 10.1-9

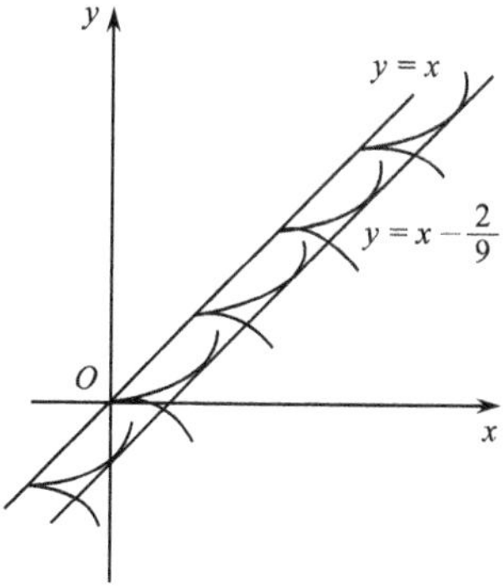

图 10.1-10

例 8 对于曲线族 $2(x-\lambda)^3-3(y-\lambda)^2=0$,判别曲线为 $y=x,y=x-\frac{2}{9}$. 其中第一条曲线上的点都是奇点,第二条曲线则是包络线(图 10.1-10).

10.1.4 平面曲线的整体性质

上面叙述的内容,涉及的都是曲线在一点邻近的性态,因而都是局部性质. 与此相对,研究整段曲线所得到的性态,就是曲线的整体性质.

定义 7 给定平面曲线 C:$\boldsymbol{r}=\boldsymbol{r}(t)(a\leqslant t\leqslant b)$,如果 $\boldsymbol{r}(a)=\boldsymbol{r}(b)$,则称 C 为**闭曲线**;如果 $a\leqslant t_1<t_2\leqslant b$ 时 $\boldsymbol{r}(t_1)\neq\boldsymbol{r}(t_2)$,则称 C 为**简单曲线**;简单而又闭的曲线,称为**简单闭曲线**(又称**若尔当曲线**).

对于平面曲线 C，常选取其单位法向量 $\boldsymbol{n}$ 使 $\{\boldsymbol{t},\boldsymbol{n}\}$ 与 x,y 轴定向相同，这时弗雷内公式中的 k 就有正负号，记作 k_r，称为**相对曲率**.

取弧长参数 s，设闭曲线 C 的方程为 $\boldsymbol{r}=\boldsymbol{r}(s)\,(0\leqslant s\leqslant L)$，则 $K=\int_0^L k_r(s)ds$ 称为 C 的**相对全曲率**. 以 $\tilde{\theta}(s)$ 表示切向量 $\boldsymbol{t}(s)$ 与 x 轴的夹角 $(0\leqslant\tilde{\theta}<2\pi)$，关于 $\tilde{\theta}(s)$ 有下面的定理：

定理 10 存在 $[0,L]$ 上的连续可微函数 $\theta(s)$，使得 $\theta(s)-\tilde{\theta}(s)$ 是 2π 的整数倍. 此时有

$$K=\int_C d\theta=\int_0^L \theta'(s)ds.$$

这一定理的意义是可在 C 上取到连续转动的角 θ.

定义 8 $\boldsymbol{t}(s)$ 在单位圆周上环绕原点转动的圈数 I，称为平面闭曲线 C 的**旋转指标**.

定理 11

$$I=\frac{1}{2\pi}(\theta(L)-\theta(0))=\frac{1}{2\pi}\int_0^L \theta'(s)ds=\frac{1}{2\pi}\int_C k_r(s)ds.$$

定理 12 简单闭曲线的旋转指标等于 $+1$ 或 -1.

定义 9 如果曲线 C 在其每一点切线的同一侧，则称 C 为**凸曲线**(图 10.1-11). 如果简单闭曲线 C 上 k_r 处处不变号且不等于零，则称 C 为**卵形线**.

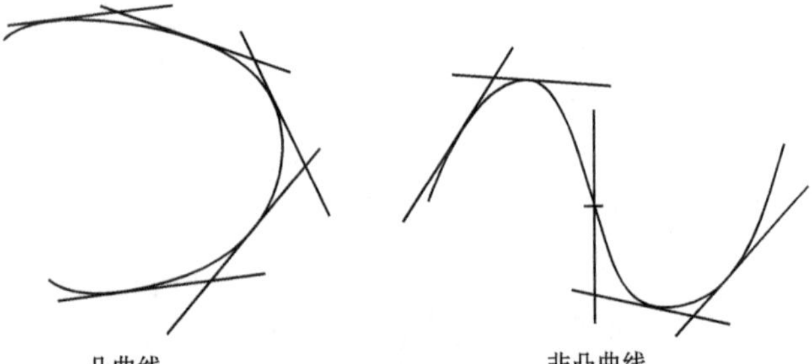

图 10.1-11

定理 13 平面简单闭曲线为凸曲线的必要充分条件是 $k_r(s)$ 处处非负或处处非正.

定义 10 曲线上使 $k'_r(s)=0$ 的点，称为**顶点**.

定理 14(四顶点定理) 卵形线至少有四个顶点.

定理 15(等周不等式) 设 C 是平面简单闭曲线，L 是 C 的长度，A 是 C 所围区域的面积，则

$$L^2-4\pi A\geqslant 0.$$

等号当且仅当 C 为圆周时成立.

本定理表明,在周长相等的平面简单闭曲线中,以圆周所围的面积为最大.

给定平面曲线 C,对平面上任一直线 l,以 $n(l)$表示 l 与 C 交点的个数. 如果用 l 的法方程 $x\cos\theta+y\sin\theta=p$,则可用 $\boldsymbol{R}^2$ 中的点(θ,p)表示 l,从而可把 $n(l)$记为 $n(\theta,p)$.

定理 16(柯西-克罗夫顿公式) 设与 C 相交的直线 l 所对应的(θ,p)在 $\boldsymbol{R}^2$ 中形成的区域为 D,则

$$\iint_D n(\theta,p)d\theta dp=2L.$$

这一公式可用于近似计算曲线的长度. 取一族平行线,设其间距为 r. 依次把它们旋转 $\pi/4,\pi/2,3\pi/4$,得另外三族平行线. 连同原来的,共有四族平行线. 设 C 与这四族平行线的交点总数为 n,则

$$L\approx\frac{1}{2}\sum n(\theta,p)\Delta\theta\Delta p\approx\frac{1}{2}nr\cdot\frac{\pi}{4}=\frac{1}{8}\pi nr.$$

§10.2 空间曲线

10.2.1 空间曲线的切向量、主法向量与副法向量 曲率与挠率

空间曲线的参数方程为

$$x=x(t),\ y=y(t),\ z=z(t)\ \text{或}\ \boldsymbol{r}=\boldsymbol{r}(t)\quad(a\leqslant t\leqslant b).$$

其中 $\boldsymbol{r}=x\boldsymbol{i}+y\boldsymbol{j}+z\boldsymbol{k}$,$\boldsymbol{i},\boldsymbol{j},\boldsymbol{k}$ 分别是沿 x,y,z 轴正方向的单位向量. 关于正则点、奇点、正则曲线的定义,与平面曲线情形相同. 从参数为 a 到参数为 t 这一段弧长为

$$s=\int_a^t\sqrt{(\dot{x}(t))^2+(\dot{y}(t))^2+(\dot{z}(t))^2}dt=\int_a^t|\dot{\boldsymbol{r}}(t)|dt.$$

如果以弧长 s 作为参数,则 $\boldsymbol{t}=\boldsymbol{r}'(s)$是 C 在参数为 s 的点处指向 s 增加方向的单位**切向量**.

定义 1 $\boldsymbol{t}(s)$与 $\boldsymbol{t}(s+\Delta s)$之间的夹角与 Δs 之比的绝对值当 Δs 趋于零时的极限 $k(s)$(即$|\boldsymbol{r}''(s)|$),称为 C 在参数为 s 的点的**曲率**. $1/k(s)$称为**曲率半径**.

定义 2 设 $\boldsymbol{r}''(s)\neq0$,则 $\boldsymbol{r}''(s)=\boldsymbol{t}'(s)$方向上的单位向量 $\boldsymbol{n}(s)$,称为 C 在参数为 s 的点 P 处的**主法向量**. $\boldsymbol{b}(s)=\boldsymbol{t}(s)\times\boldsymbol{n}(s)$称为点 P 处的**副法向量**. 通过点 P,由 $\boldsymbol{t}(s)$与 $\boldsymbol{n}(s)$,$\boldsymbol{n}(s)$与 $\boldsymbol{b}(s)$,$\boldsymbol{b}(s)$与 $\boldsymbol{t}(s)$构成的平面,分别称为 C 在点 P 处的**密切平面**、**法平面**、**从切平面**(见图 10.2-1). 通过点 P,以 $\boldsymbol{t}(s)$,$\boldsymbol{n}(s)$,$\boldsymbol{b}(s)$为方向向量的直线,分别称为 C 在点 P 处的**切线**、**主法线**、**副法线**. 向量 $\boldsymbol{r}(s)+k(s)\boldsymbol{n}(s)$的端点,称为 C 对应于点 P 的**曲率中心**,$k(s)\boldsymbol{n}(s)$称为 C 在点 P 处的**曲率向量**.

定理 1 在 C 上取邻近点 P 的点 P',P'',作过点 P,P',P''的平面,则当 P',P''沿 C 趋于点 P 时,上述平面的极限位置就是 C 在点 P 处的密切平面.

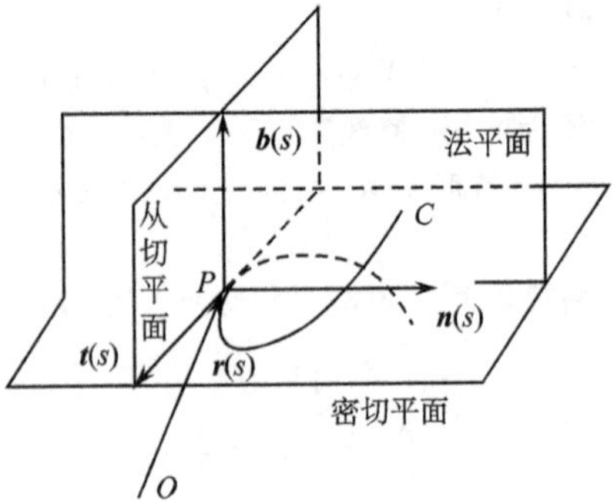

图 10.2-1

定理 2 $\boldsymbol{b}'(s)$平行于$\boldsymbol{n}(s)$.

定义 3 设$\boldsymbol{r}''(s)\neq\boldsymbol{0}$,则由$\boldsymbol{b}'(s)=-\tau(s)\boldsymbol{n}(s)$确定的$\tau(s)$,称为曲线$C$在点$P$处的**挠率**. $\tau(s)=-\boldsymbol{b}'(s)\cdot\boldsymbol{n}(s)$. $|\tau(s)|$也可这样确定:在C上取邻近点P的点$P'(s+\Delta s)$,以$\Delta\beta$表示$\boldsymbol{b}(s)$与$\boldsymbol{b}(s+\Delta s)$之间的夹角(即点$P,P'$处密切平面之间的角),则

$$|\tau(s)|=\lim_{\Delta s\to 0}\left|\frac{\Delta\beta}{\Delta s}\right|.$$

定理 3 曲线C为平面曲线的必要充分条件是C上每点的挠率都等于零.

定理 4 取弧长参数,有

$$\tau=\frac{(\boldsymbol{r}',\boldsymbol{r}'',\boldsymbol{r}''')}{k^2}=\frac{(\boldsymbol{r}',\boldsymbol{r}'',\boldsymbol{r}''')}{|\boldsymbol{r}''|^2}.$$

其中$(\boldsymbol{r}',\boldsymbol{r}'',\boldsymbol{r}''')$表示括号中三个向量的混合积.

对于一般的参数t,有

$$k(t)=\frac{|\dot{\boldsymbol{r}}\times\ddot{\boldsymbol{r}}|}{|\dot{\boldsymbol{r}}|^3}=\frac{((\dot{y}\ddot{z}-\ddot{y}\dot{z})^2+(\dot{z}\ddot{x}-\ddot{x}\dot{z})^2+(\dot{x}\ddot{y}-\ddot{x}\dot{y})^2)^{1/2}}{(\dot{x}^2+\dot{y}^2+\dot{z}^2)^{3/2}},$$

$$\tau(t)=\frac{(\dot{\boldsymbol{r}},\ddot{\boldsymbol{r}},\dddot{\boldsymbol{r}})}{|\dot{\boldsymbol{r}}\times\ddot{\boldsymbol{r}}|^2}=\frac{\begin{vmatrix}\dot{x}&\dot{y}&\dot{z}\\ \ddot{x}&\ddot{y}&\ddot{z}\\ \dddot{x}&\dddot{y}&\dddot{z}\end{vmatrix}}{((\dot{y}\ddot{z}-\ddot{y}\dot{z})^2+(\dot{z}\ddot{x}-\ddot{z}\dot{x})^2+(\dot{x}\ddot{y}-\ddot{x}\dot{y})^2)^2}.$$

例 1 对于**圆柱螺线**(图 10.2-2)

$$\boldsymbol{r}(s)=(a\cos\omega s,a\sin\omega s,h\omega s),$$

有

$$k(s)=a\omega^2,\ \tau(s)=h\omega^2,$$

$(a,\omega,h$ 都是常数.)

例 2 如果曲线 C 上每点的切向量与某个固定方向相交于定角,则称 C 为**一般螺线**或**定倾曲线**. 曲率不等于零的曲线为一般螺线的必要充分条件是 $\tau(s)/k(s)$ 等于常数.

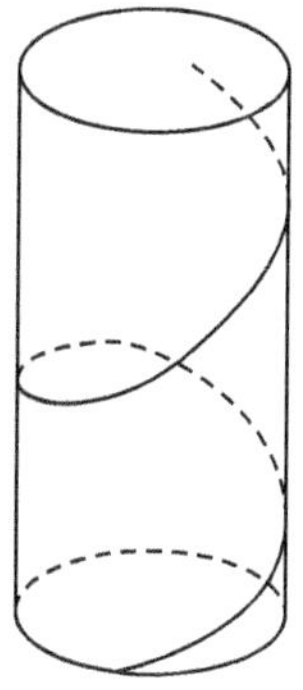

图 10.2-2

10.2.2 弗雷内公式 曲线在一点邻近的性态

定义 4 在曲线 C 上每个点 P 处,把点 P 连同该点处的互相垂直的单位向量 $\boldsymbol{t},\boldsymbol{n},\boldsymbol{b}$ 组成一个标架,称为 C 在点 P 处的**弗雷内标架**.

关于曲线上充分接近的点的弗雷内标架之间的关系,由下述**曲线论基本公式**给出.

定理 5(弗雷内公式)

$$\begin{cases}\boldsymbol{t}'(s) = & & k(s)\boldsymbol{n}(s), & \\ \boldsymbol{n}'(s) = & -k(s)\boldsymbol{t}(s) & & +\tau(s)\boldsymbol{b}(s), \\ \boldsymbol{b}'(s) = & & -\tau(s)\boldsymbol{n}(s). & \end{cases}$$

这个公式表明,当点 P 沿曲线 C 行进时,弗雷内标架以角速度向量

$$\boldsymbol{\omega}(s) = \tau(s)\boldsymbol{t}(s) + k(s)\boldsymbol{b}(s)$$

转动. 第一项是绕切线的转动,$\tau(s)>0$ 表示从 $\boldsymbol{n}(s)$ 转向 $\boldsymbol{b}(s)$,$\tau(s)<0$ 则相反;$|\tau(s)|$ 是密切平面的转速. 第二项是绕副法线的转动,方向是从 $\boldsymbol{t}(s)$ 到 $\boldsymbol{n}(s)$,转速为 $k(s)$.

例 3 如果曲线上各点的密切平面都互相平行,则所给曲线是平面曲线.

例 4 如果曲线上各点的法平面都通过一个定点,则所给曲线位于球面上.

利用弗雷内公式,可以得到曲线在一点邻近的性态,即布凯公式.

定理 6(布凯公式) 在曲线 C 上点 P_0 处,取 P_0 的弧长参数为 $s=0$,设 C 在坐标系 $\{P_0;\boldsymbol{t}(0),\boldsymbol{n}(0),\boldsymbol{b}(0)\}$ 中的方程为 $x=x(s),y=y(s),z=z(s)$,则

$$x(s) = s - \frac{1}{6}(k(0))^2 s^3 + o(s^3),$$

$$y(s) = \frac{1}{2}k(0)s^2 + \frac{1}{6}k'(0)s^3 + o(s^3),$$

$$z(s) = \frac{1}{6}k(0)\tau(0)s^3 + o(s^3).$$

上述公式也称为 C 在点 P_0 邻域内的**局部规范形式**.

由布凯公式得到 C 在点 P_0 的邻域内的近似曲线(假定 $k(0)\neq 0,\tau(0)\neq 0$)为

$$x(s) = s,\ y(s) = \frac{1}{2}k(0)s^2,\ z(s) = \frac{1}{6}k(0)\tau(0)s^3.$$

近似曲线在密切平面、法平面与从切平面上的投影如图 10.2-3 所示(假定 $\tau(0)>0$).

由此易于得到定理 1;还能看出当 s 充分小时,曲线落在从切平面指向 $\boldsymbol{n}$ 的一侧;也能得到挠率符号的几何意义:规定 $\boldsymbol{b}$ 所指方向为密切平面正侧,当 s 充分小时,如果 $\tau(0)>0$,则曲线沿 s 增加方向穿过密切平面指向正侧,如果 $\tau(0)<0$,则相反.

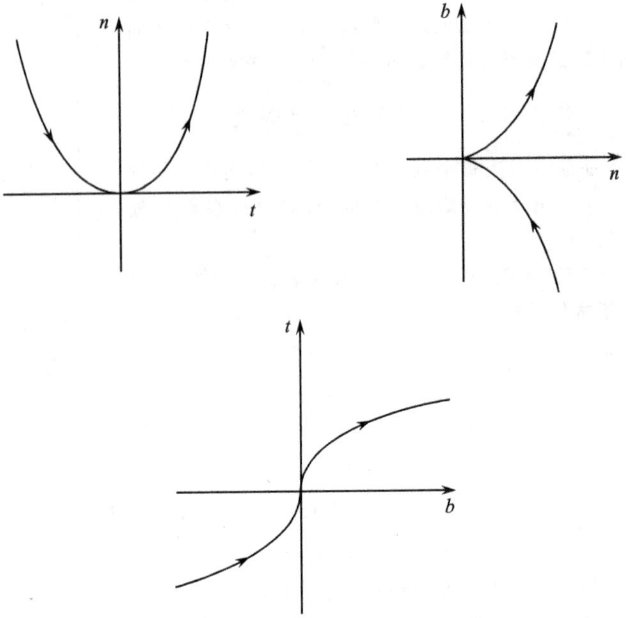

图 10.2-3

10.2.3 空间曲线论的基本定理

定理 7 曲线的弧长、曲率与挠率在运动下都是不变的.

定理 8 设在$[s_1,s_2]$上给定连续可微函数$\varphi(s)>0$与$\psi(s)$,则存在以s为弧长参数的正则曲线$\boldsymbol{r}=\boldsymbol{r}(s)(s_1\leqslant s\leqslant s_2)$,使得它的曲率$k(s)=\varphi(s)$,挠率$\tau(s)=\psi(s)$. 如果给定一个初始标架$\{P_0;\boldsymbol{t}_0,\boldsymbol{n}_0,\boldsymbol{b}_0\}$(其中$\boldsymbol{t}_0,\boldsymbol{n}_0,\boldsymbol{b}_0$是互相正交的右旋单位向量组),则存在唯一的曲线$C$,使得$C$的曲率$k(s)=\varphi(s)$,挠率$\tau(s)=\psi(s)$,且在$s=0$处的弗雷内标架为$\{P_0;\boldsymbol{t}_0,\boldsymbol{n}_0,\boldsymbol{b}_0\}$.

由此可得,如果两曲线在弧长参数相同的点具有相同的曲率和挠率,则可通过一个运动使这两条曲线重合. 这样的两条曲线称为**合同的**.

例 5 曲率与挠率都等于常数的曲线是圆柱螺线.

例 6 给定曲线C,如果存在不同于C且与C具有公共主法线的曲线,则称C为**贝特朗曲线**. 一曲线为贝特朗曲线的必要充分条件是$ak(s)+b\tau(s)=1$,其中a,b为常数,且$a\neq 0$.

定理 7 和 8 表明,除空间位置外,$k(s)$,$\tau(s)$唯一地确定一条空间曲线.

定义 5 $k=k(s)$,$\tau=\tau(s)$称为空间曲线的**自然方程**.

§ 10.3 曲面的参数表示

10.3.1 曲面的参数表示

设在空间中建立了直角坐标系 $Oxyz$，$x(u,v)$，$y(u,v)$，$z(u,v)$是定义在(u,v)平面的区域 D 上的函数，具有连续的各个一阶偏导数，则当$(u,v)\in D$ 时点$(x(u,v),y(u,v),z(u,v))$构成的集 S，就是空间中的一个**光滑曲面**. $x=x(u,v)$，$y=y(u,v)$，$z=z(u,v)$ $((u,v)\in D)$称为 S 的参数表示或**参数方程**；(u,v)称为 S 的**曲线坐标**或**参数**. 由有限片光滑曲面组成的曲面，称为**分片光滑曲面**.

曲面的参数方程的向量形式是

$$\boldsymbol{r}=\boldsymbol{r}(u,v)=x(u,v)\boldsymbol{i}+y(u,v)\boldsymbol{j}+z(u,v)\boldsymbol{k},$$

其中 $\boldsymbol{i},\boldsymbol{j},\boldsymbol{k}$ 分别是 x 轴，y 轴，z 轴上沿正方向的单位向量.

一般假定 $x(u,v)$，$y(u,v)$，$z(u,v)$具有所需要的充分的光滑性，即讨论中所涉及的各阶偏导数都连续. S 上固定 $v=v_0$（或 $u=u_0$）所得到的曲线，称为 **u 坐标曲线**（或 **v 坐标曲线**），简称 **u 曲线**（或 **v 曲线**）. u 曲线族与 v 曲线族构成 S 上的一个**参数曲线网**（图 10.3-1）.

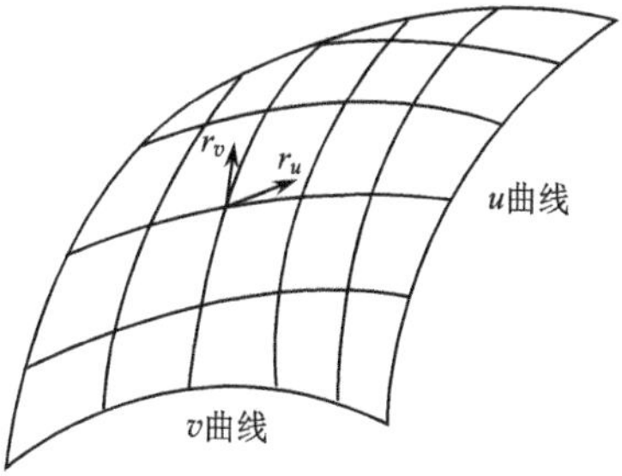

图 10.3-1

在 S 上给定点 $P_0(u_0,v_0)$，则过点 P_0 的 u 曲线在 P_0 处的切向量是

$$\frac{\partial \boldsymbol{r}}{\partial u}(u_0,v_0)=\boldsymbol{r}_u(u_0,v_0),$$

过点 P_0 的 v 曲线在 P_0 处的切向量是

$$\frac{\partial \boldsymbol{r}}{\partial v}(u_0,v_0)=\boldsymbol{r}_v(u_0,v_0).$$

如果 $\boldsymbol{r}_u(u_0,v_0)$与 $\boldsymbol{r}_v(u_0,v_0)$不平行，则称 P_0 为 S 的**正则点**，否则称为**奇点**. 如果 S 上每个点都是正则点，则称 S 为**正则曲面**. 以后恒设所涉及的曲面都是正则曲面.

10.3.2 曲面的切平面与法向量

定理 1 曲面 S 上所有过点 P_0 的曲线的切向量位于过 P_0 的一个平面上，$\boldsymbol{r}_u(u_0,v_0)$，$\boldsymbol{r}_v(u_0,v_0)$构成此平面的一个标架.

定义 1 定理 1 中的平面，称为 S 在点 P_0 的**切平面**. 切平面中的向量，称为 S 在点 P_0 的**切向量**. 点 P_0 处切平面的法向量，称为 S 在点 P_0 的**法向量**，点 P_0 处切平面的法线，称为 S 在点 P_0 的**法线**. $\pm\boldsymbol{r}_u\times\boldsymbol{r}_v$ 都可取作 S 在点 $P(u,v)$处的法向量. 取 $\boldsymbol{r}_u\times\boldsymbol{r}_v$ 为法向量时，认为取 S 的正向，反之为负向. $\boldsymbol{n}=\boldsymbol{r}_u\times\boldsymbol{r}_v/|\boldsymbol{r}_u\times\boldsymbol{r}_v|$是 S 的单位法向量.

关于曲面的切平面与法线的方程，参看 6.3.2.

定理 2 如果 S 用另一族参数$(\tilde{u},\tilde{v})$表示，则

$$\boldsymbol{r}_{\tilde{u}}\times\boldsymbol{r}_{\tilde{v}}=(\boldsymbol{r}_u\times\boldsymbol{r}_v)\frac{\partial(u,v)}{\partial(\tilde{u},\tilde{v})}.$$

其中$\frac{\partial(u,v)}{\partial(\tilde{u},\tilde{v})}$是雅可比行列式，且$\frac{\partial(u,v)}{\partial(\tilde{u},\tilde{v})}\neq 0$. 因此在参数变换下，曲面的切平面与法向量是不变的.

10.3.3 常用的曲面

1. 二次曲面(参看 4.7.1～4.7.4).

2. 柱面(参看 4.7.5).

设柱面的准线为 C:$\boldsymbol{r}=\boldsymbol{a}(u)$或 $x=\varphi(u)$，$y=\psi(u)$，$z=\zeta(u)$ $(\alpha\leqslant u\leqslant\beta)$，母线方向为 $\boldsymbol{l}=(l_1,l_2,l_3)$，则柱面方程为

$$\boldsymbol{r}=\boldsymbol{a}(u)+v\boldsymbol{l}\text{ 或 }x=\varphi(u)+l_1v,y=\psi(u)+l_2v,z=\zeta(u)+l_3v$$
$$(\alpha\leqslant u\leqslant\beta,-\infty<v<+\infty).$$
$$\boldsymbol{n}=\boldsymbol{a}'(u)\times\boldsymbol{l}/|\boldsymbol{a}'(u)\times\boldsymbol{l}|.$$

3. 锥面(参看 4.7.6).

设锥面的准线为 C:$\boldsymbol{r}=\boldsymbol{l}(u)$或 $x=\varphi(u)$，$y=\psi(u)$，$z=\zeta(u)$ $(\alpha\leqslant u\leqslant\beta)$，顶点为 $P(a_1,a_2,a_3)$，则锥面方程为(记 $\boldsymbol{a}=(a_1,a_2,a_3)$)

$$\boldsymbol{r}=\boldsymbol{a}+v\boldsymbol{l}(u)\text{ 或 }x=a_1+v\varphi(u),y=a_2+v\psi(u),z=a_3+v\zeta(u)$$
$$(\alpha\leqslant u\leqslant\beta,-\infty<v<+\infty).$$

一般取 $\boldsymbol{l}(u)$为单位向量，此时

$$\boldsymbol{n}=\boldsymbol{l}'(u)\times\boldsymbol{l}(u)/|\boldsymbol{l}'(u)\times\boldsymbol{l}(u)|.$$

4. 切线面

给定空间曲线 C:$\boldsymbol{r}=\boldsymbol{a}(u)$或 $x=\varphi(u)$，$y=\psi(u)$，$z=\zeta(u)$ $(\alpha\leqslant u\leqslant\beta)$，由 C 上各点

的切线构成的曲面，称为**切线面**（图 10.3-2）；C 称为切线面的**脊线**. 切线面的方程为

$$\boldsymbol{r}=\boldsymbol{a}(u)+v\boldsymbol{a}'(u)$$

或 $x=\varphi(u)+v\varphi\psi'(u), y=\psi(u)+v\psi'(u), z=\zeta(u)+v\zeta'(u)$

$$(\alpha\leqslant u\leqslant\beta, -\infty<v<+\infty).$$

$$\boldsymbol{n}=\frac{\boldsymbol{a}''(u)\times\boldsymbol{a}'(u)}{|\boldsymbol{a}''(u)\times\boldsymbol{a}'(u)|}.$$

图 10.3-2

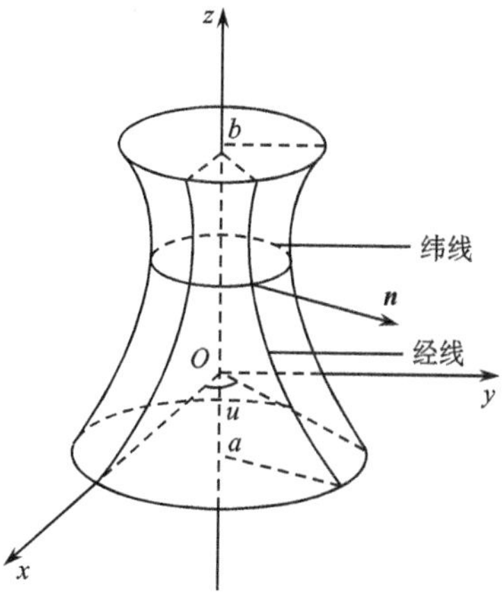

图 10.3-3

5. 旋转面

一平面曲线绕该平面中一个轴旋转一周所得的曲面，称为**旋转面**. 设平面曲线 C 位于 xz 平面上，方程为 $x=\varphi(v), z=\psi(v)(a\leqslant v\leqslant b)$，则它绕 z 轴旋转所得的旋转面方程为

$$x=\varphi(v)\cos u,\ y=\varphi(v)\sin u,\ z=\psi(v)$$

$$(0\leqslant u<2\pi, a\leqslant v\leqslant b).$$

旋转面上的 u 曲线称为**纬线**，v 曲线称为**经线**（图 10.3-3）.

$$\boldsymbol{n}=\left(\frac{\psi'(v)\cos u}{\sqrt{(\varphi'(u))^2+(\psi'(v))^2}},\frac{\psi'(v)\sin u}{\sqrt{(\varphi'(u))^2+(\psi'(v))^2}},\right.$$
$$\left.\frac{-\varphi'(v)}{\sqrt{(\varphi'(u))^2+(\psi'(v))^2}}\right).$$

6. 螺旋面

如果 5 中的曲线 C 绕 z 轴旋转角 u 时还沿 z 轴上升 bu，则得到**螺旋面**，其方程为

$$x = \varphi(v)\cos u,\ y = \varphi(v)\sin u,\ z = \psi(v) + bu$$
$$(0 \leqslant u < 2\pi, a \leqslant v \leqslant b).$$

特别当 $\varphi(v)=v$, $\psi(v)=0$ 时,得到**正螺面**(图 10.3-4)方程

$$x = v\cos u,\ y = v\sin u,\ z = bu;$$

当 $\varphi(v)=v$, $\psi(v)=mv$ 时,得到**斜螺面**(图 10.3-5)方程

$$x = v\cos u,\ y = v\sin u,\ z = bu + mv.$$

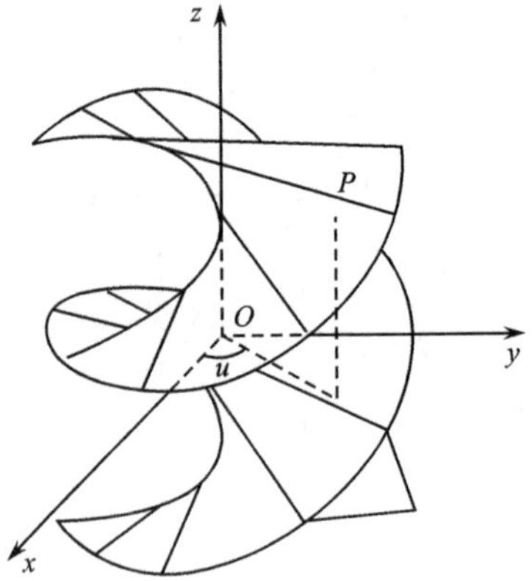

图 10.3-4

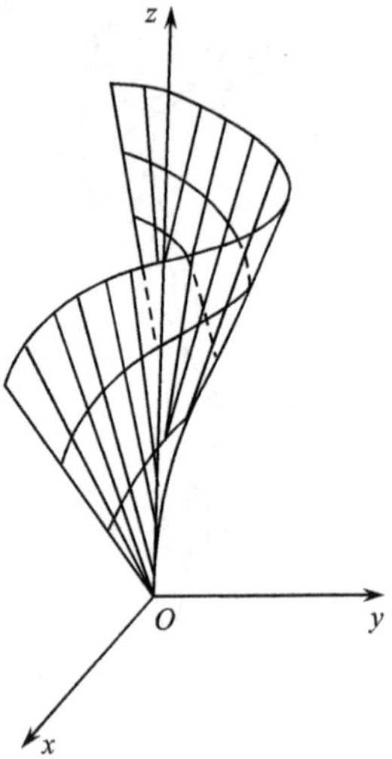

图 10.3-5

7. 正劈锥曲面

设动直线绕与其垂直的轴旋转,同时此直线又按一定规律运动,则这些直线构成的曲面称为**正劈锥曲面**. 取 Oz 轴为旋转中心轴,则正劈锥曲面方程为

$$x = v\cos u,\ y = v\sin u,\ z = \varphi(u).$$

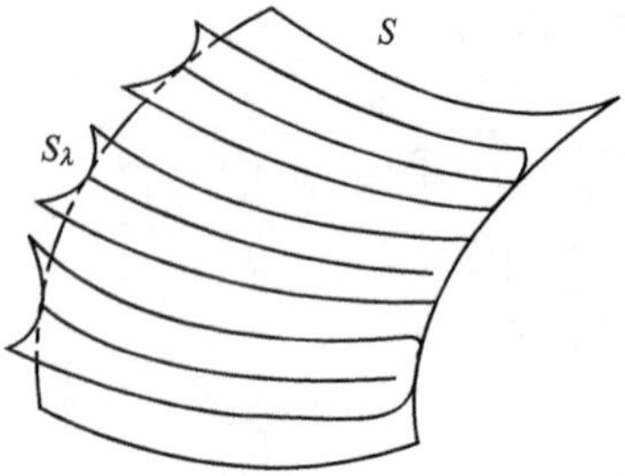

图 10.3-6

特别当 $\varphi(u)=bu$ 时,就得到正螺面.

8. 单参数曲面族的包络面

给定曲面族 $S_\lambda: F(x,y,z,\lambda)=0$,其中 λ 是参数(这样的曲面族称为**单参数曲面族**), $\partial F/\partial x, \partial F/\partial y, \partial F/\partial z$ 不同时为零. 如果曲面 S 满足下述条件,则称 S 为所给曲面族的**包络面**:S 上每个点 P 属于族中某一曲面 S_λ,且

S 与 S_λ 在点 P 的法线相同;对族中每个曲面 S_λ,在 S 上存在点 P,使 S_λ 与 S 在点 P 处法线相同(图 10.3-6). 包络面的方程为

$$\begin{cases} F(x,y,z,\lambda) = 0, \\ \dfrac{\partial F}{\partial \lambda}(x,y,z,\lambda) = 0. \end{cases}$$

例如,球面族 $x^2+y^2+(z-\lambda)^2-1=0$ 的包络面是正圆柱面

$$x^2+y^2=1.$$

§10.4 曲面的第一、第二基本型

10.4.1 第一基本型

定义 1 给定曲面 $S:\boldsymbol{r}=\boldsymbol{r}(u,v)$ 与 S 上的曲线 $C:u=u(t),v=v(t)$,C 上的点 $P(u,v)$ 到邻近的点 $Q(u+du,\ v+dv)$ 的距离的主部的平方

$$\begin{aligned} ds^2 &= d\boldsymbol{r}\cdot d\boldsymbol{r} = (\boldsymbol{r}_u du+\boldsymbol{r}_v dv)\cdot(\boldsymbol{r}_u du+\boldsymbol{r}_v dv) \\ &= \boldsymbol{r}_u\cdot\boldsymbol{r}_u du^2+2\boldsymbol{r}_u\cdot\boldsymbol{r}_v du dv+\boldsymbol{r}_v\cdot\boldsymbol{r}_v dv^2, \end{aligned}$$

称为 S 在点 P 的**第一基本型**或**第一基本形式**. 第一基本型也记作 I. 令

$$E=\boldsymbol{r}_u^2=\boldsymbol{r}_u\cdot\boldsymbol{r}_u, F=\boldsymbol{r}_u\cdot\boldsymbol{r}_v, G=\boldsymbol{r}_v^2=\boldsymbol{r}_v\cdot\boldsymbol{r}_v,$$

则

$$\mathrm{I}=ds^2=Edu^2+2Fdudv+Gdv^2.$$

E,F,G 称为**第一基本型的系数**.

定理 1 曲线 C 从 $t=\alpha$ 到 $t=\beta(\alpha<\beta)$ 段的长度为

$$L=\int_\alpha^\beta\sqrt{E\left(\frac{du}{dt}\right)^2+2F\frac{du}{dt}\frac{dv}{dt}+G\left(\frac{dv}{dt}\right)^2}\,dt.$$

定理 2 设 $C_k:u=u_k(t),v=v_k(t)(k=1,2)$ 是曲面 S 上过点 $P(u,v)$ 的两条曲线,则 C_1,C_2 在点 P 的切向量的交角(它也定义为 C_1,C_2 在点 P 的交角)θ 由

$$\begin{aligned} \cos\theta = {} & \left[E\frac{du_1}{dt}\frac{du_2}{dt}+F\left(\frac{du_1}{dt}\frac{dv_2}{dt}+\frac{du_2}{dt}\frac{dv_1}{dt}\right)+G\frac{dv_1}{dt}\frac{dv_2}{dt}\right]\Big/ \\ & \left[\left(E\left(\frac{du_1}{dt}\right)^2+2F\frac{du_1}{dt}\frac{dv_1}{dt}+G\left(\frac{dv_1}{dt}\right)^2\right)^{1/2}\right. \\ & \left.\times\left(E\left(\frac{du_2}{dt}\right)^2+2F\frac{du_2}{dt}\frac{dv_2}{dt}+G\left(\frac{dv_2}{dt}\right)^2\right)^{1/2}\right] \end{aligned}$$

确定. 特别当 C_1,C_2 分别是 u 曲线与 v 曲线时,有

$$\cos\theta=\frac{F}{\sqrt{EG}}.$$

因此曲面上 u 曲线与 v 曲线正交(即相交成直角)的必要充分条件为 $F=\mathbf{0}$.

定理 3 曲面 S 上对应(u,v)平面区域 D 的子域 Ω 的部分的面积为

$$A=\iint_{\Omega}\sqrt{EG-F^2}\,dudv.$$

这三条定理表明，曲面的第一基本型决定了曲面上曲线的长度、曲线之间的交角以及曲面各部分的面积. 能仅用第一基本型的系数表示的几何量称为**内蕴量**. 曲面上曲线的长度、曲线之间的交角以及曲面各部分的面积是内蕴量. 由内蕴量决定的几何性质，称为**内蕴性质**. 讨论内蕴量和内蕴性质的几何学理论，称为曲面的**内蕴几何学**. 第一基本型决定了曲面的内蕴几何学.

定理 4 在曲面上必能取到正交的参数曲线网.

下面是常用曲面的第一基本型

1. 对于 xy 平面，

$$ds^2=dx^2+dy^2.$$

2. 对于柱面，

$$ds^2=|\boldsymbol{a}'(u)|^2du^2+2\boldsymbol{a}'(u)\cdot\boldsymbol{l}dudv+dv^2.$$

3. 对于锥面，

$$ds^2=v^2\,|\boldsymbol{l}'(u)|^2du^2+dv^2.$$

4. 对于切线面，

$$ds^2=(|\boldsymbol{a}'(u)|^2+2v\boldsymbol{a}'(u)\cdot\boldsymbol{a}''(u)+v^2\,|\boldsymbol{a}''(u)|^2)du^2$$
$$+2(|\boldsymbol{a}'(u)|^2+v\boldsymbol{a}'(u)\cdot\boldsymbol{a}''(u))dudv+|\boldsymbol{a}'(u)|^2dv^2).$$

5. 对于旋转面，

$$ds^2=(\varphi(v))^2du^2+((\varphi'(v))^2+(\psi'(v))^2)dv^2.$$

6. 对于螺旋面，

$$ds^2=((\varphi(v))^2+b^2)du^2+2b\psi'(v)dudv+((\varphi'(v))^2+(\psi'(v))^2)dv^2.$$

7. 对于正劈锥面，

$$ds^2=((\varphi'(u))^2+v^2)du^2+dv^2.$$

10.4.2 等距对应　共形对应

定义 2 给定曲面 $S:\boldsymbol{r}=\boldsymbol{r}(u,v)((u,v)\in D)$与 $\widetilde{S}:\boldsymbol{r}=\tilde{\boldsymbol{r}}(\tilde{u},\tilde{v})((\tilde{u},\tilde{v})\in\widetilde{D})$，如果存在 D 到 $\widetilde{D}$ 上的一一映射 $f:\tilde{u}=\tilde{u}(u,v),\tilde{v}=\tilde{v}(u,v)$，使得对应点处的第一基本型相等，即

$$d\tilde{s}^2=d\tilde{\boldsymbol{r}}(\tilde{u}(u,v),\tilde{v}(u,v))\cdot d\tilde{\boldsymbol{r}}(\tilde{u}(u,v),\tilde{v}(u,v))$$
$$=d\boldsymbol{r}(u,v)\cdot d\boldsymbol{r}(u,v)=ds^2,$$

则称 f 为 S 到 $\widetilde{S}$ 上的一个**等距对应**. 存在等距对应的两曲面称为等距的，也常称为**可以互相贴合的**.

例 1 由悬链线

$$x = a\operatorname{ch}\frac{v}{a},\ y = 0, z = v(-\infty < v < +\infty)$$

绕 z 轴旋转所得的**悬链面**

$$S: x = a\operatorname{ch}\frac{v}{a}\cos u,\ y = a\operatorname{ch}\frac{v}{a}\sin u,\ z = v$$

$$(0 \leqslant u < 2\pi, -\infty < v < +\infty)$$

与正螺面

$$\widetilde{S}: x = \tilde{v}\cos\tilde{u}, y = \tilde{v}\sin\tilde{u}, z = a\tilde{u}(0 \leqslant \tilde{u} < 2\pi, -\infty < \tilde{v} < +\infty)$$

是等距的. 因为

$$ds_1^2 = \operatorname{ch}^2\frac{v}{a}(a^2du^2 + dv^2),\ ds_2^2 = (\tilde{v}^2 + a^2)d\tilde{u}^2 + d\tilde{v}^2,$$

所以可取

$$\tilde{u} = u,\ \tilde{v} = a\operatorname{sh}\frac{v}{a}(0 \leqslant u < 2\pi, -\infty < v < +\infty)$$

作为一个等距对应.

定义 3 给定曲面 $S: \boldsymbol{r}=\boldsymbol{r}(u,v)((u,v)\in D)$ 与 $\widetilde{S}: \boldsymbol{r}=\tilde{\boldsymbol{r}}(\tilde{u},\tilde{v})((\tilde{u},\tilde{v})\in\widetilde{D})$,如果存在 D 到 $\widetilde{D}$ 上的一一映射 $f: \tilde{u}=\tilde{u}(u,v), \tilde{v}=\tilde{v}(u,v)$,使得对应点处的第一基本型成比例,即存在不等于零的函数 $\rho(u,v)$,使得

$$d\tilde{s}^2 = \rho^2(u,v)ds^2,$$

则称 f 为 S 到 $\widetilde{S}$ 上的一个**共形对应**. 存在共形对应的两曲面称为**共形的**.

定理 5 设 f 是 S 到 $\widetilde{S}$ 上的共形对应,C_1,C_2 是 S 上通过点 P 的两条曲线,C_1,C_2,P 的象分别为 $\widetilde{C}_1,\widetilde{C}_2,\widetilde{P}$,则 $\widetilde{C}_1,\widetilde{C}_2$ 在点 $\widetilde{P}$ 处所成的角等于 C_1,C_2 在点 P 处所成的角. 反之,如果 D 到 $\widetilde{D}$ 的一一映射 f 对 S 上任何点 P 与通过点 P 的任何曲线 C_1,C_2 都具有上述保持角度不变的性质,则 f 是 S 到 $\widetilde{S}$ 的共形对应.

基于这一定理,共形对应又称**保角对应**.

定理 6 任何曲面在局部范围内都是与平面共形的,因而任何两曲面在局部范围内都是共形的.

例 2 对于单位球面 $S: x=\cos v\cos u, y=\cos v\sin u, z=\sin v$($u$ 曲线与 v 曲线分别是纬度与经度,$0\leqslant u<2\pi, -\frac{\pi}{2}<v<\frac{\pi}{2}$),

$$f: x = u, y = \ln\left|\tan\left(\frac{v}{2}+\frac{\pi}{4}\right)\right|$$

是 S 到 xy 平面上的一个共形对应。绘制**墨卡托地图**用的就是这一共形对应,地球上的子午线对应于 y 轴的平行线,纬度圈对应于 x 轴的平行线(图 10.4-1).

由前述定理,对任何曲面 S,局部地都存在参数表示 $\boldsymbol{r}=\boldsymbol{r}(u,v)$,使得第一基本型为

$$ds^2 = \rho^2(u,v)(du^2 + dv^2).$$

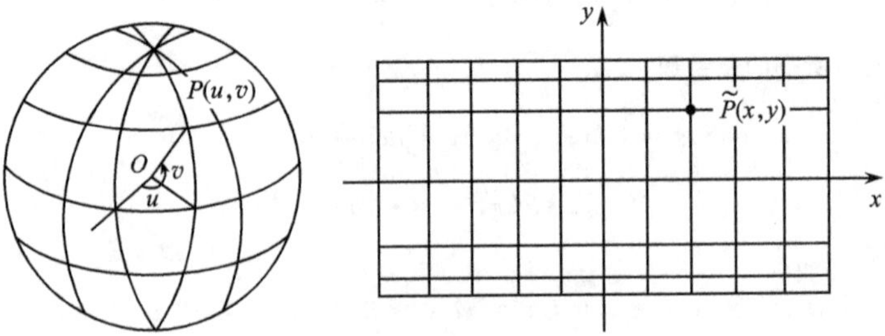

图 10.4-1

定义 4 曲面上使得第一基本型 $ds^2=\rho^2(u,v)(du^2+dv^2)$ 的参数 (u,v)，称为所给曲面的**等温参数**.

定义 5 如果定义 3 中的 $\rho(u,v)$ 恒等于常数，则 f 称为**相似对应**. 存在相似对应的两曲面称为**相似的**.

10.4.3 第二基本型

给定曲面 $S:\boldsymbol{r}=\boldsymbol{r}(u,v)$，设 $P(u,v)$ 是 S 上的点，$Q(u+du,\ v+dv)$ 是 S 上邻近于点 P 的点，则点 Q 到点 P 处的切平面 T_P 的有向距离为(参看图 10.4-2)

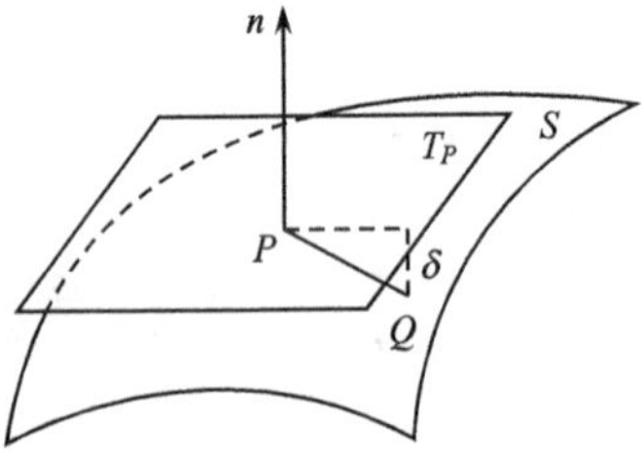

图 10.4-2

$$\delta=\overrightarrow{PQ}\cdot\boldsymbol{n}=\frac{1}{2}(\boldsymbol{r}_{uu}\cdot\boldsymbol{n}(du)^2+2\boldsymbol{r}_{uv}\cdot\boldsymbol{n}dudv+\boldsymbol{r}_{vv}\cdot\boldsymbol{n}(dv)^2)+\cdots,$$

$\delta>0$ 表示点 Q 在 T_P 的朝向 $\boldsymbol{n}$ 的一侧，$\delta<0$ 则表示在另一侧.

定义 6 2δ 的主部，即

$$\text{II}=\boldsymbol{r}_{uu}\cdot\boldsymbol{n}du^2+2\boldsymbol{r}_{uv}\cdot\boldsymbol{n}dudv+\boldsymbol{r}_{vv}\cdot\boldsymbol{n}dv^2=d^2\boldsymbol{r}\cdot\boldsymbol{n}=-d\boldsymbol{r}\cdot d\boldsymbol{n}.$$

称为 S 在点 P 处的**第二基本型**或**第二基本形式**. 令

$$L=\boldsymbol{r}_{uu}\cdot\boldsymbol{n}=-\boldsymbol{r}_u\cdot\boldsymbol{n}_u,M=\boldsymbol{r}_{uv}\cdot\boldsymbol{n}=-\boldsymbol{r}_u\cdot\boldsymbol{n}_v=-\boldsymbol{r}_v\cdot\boldsymbol{n}_u,$$

$$N=\boldsymbol{r}_{vv}\cdot\boldsymbol{n}=-\boldsymbol{r}_v\cdot\boldsymbol{n}_v,$$

则

$$\text{II}=Ldu^2+2Mdudv+Ndv^2.$$

L,M,N 称为**第二基本型的系数**. 在计算这些系数时，也可用下列表示式：

$$L=\frac{(\boldsymbol{r}_u,\boldsymbol{r}_v,\boldsymbol{r}_{uu})}{|\boldsymbol{r}_u\times\boldsymbol{r}_v|},M=\frac{(\boldsymbol{r}_u,\boldsymbol{r}_v,\boldsymbol{r}_{uv})}{|\boldsymbol{r}_u\times\boldsymbol{r}_v|},N=\frac{(\boldsymbol{r}_u,\boldsymbol{r}_v,\boldsymbol{r}_{vv})}{|\boldsymbol{r}_u\times\boldsymbol{r}_v|}.$$

例 3 对于旋转面(§10.3.3,5),

$$\mathrm{II}=\frac{1}{\sqrt{(\varphi'(v))^2+(\psi'(v))^2}}(-\varphi(v)\psi'(v)du^2$$
$$+(\varphi''(v)\psi'(v)-\varphi'(v)\psi''(v))dv^2).$$

例 4 对于正螺面(§10.3.3,6)

$$\mathrm{II}=-\frac{bdudv}{\sqrt{v^2+b^2}}.$$

10.4.4 迪潘标形 共轭方向 渐近方向

在 S 上点 P 处取标架$\{\boldsymbol{r}_u,\boldsymbol{r}_v,\boldsymbol{n}\}$(它一般不是正交的,称为**高斯标架**),以$(\zeta,\eta)$记垂直于 $\boldsymbol{n}$ 的平面上的坐标. 于是二次曲线 $L\zeta^2+2M\zeta\eta+N\eta^2=\varepsilon(\varepsilon\neq 0)$就是平行于点 P 处切平面的平面与 S 的截痕的近似曲线.

定义 7 二次曲线

$$L(u,v)\zeta^2+2M(u,v)\zeta\eta+N(u,v)\eta^2=\varepsilon\ (\varepsilon\neq 0)$$

称为曲面 S 在点 $P(u,v)$处的**迪潘标形**. 如果迪潘标形是双曲线(或椭圆),则点 P 称为**双曲点**(或**椭圆点**). 曲面上既非双曲点又非椭圆点的点,称为**抛物点**. 曲面在这三种点邻近的形状如图 10.4-3 所示(图 10.4-3(c)中假定 L,M,N 不全为零).

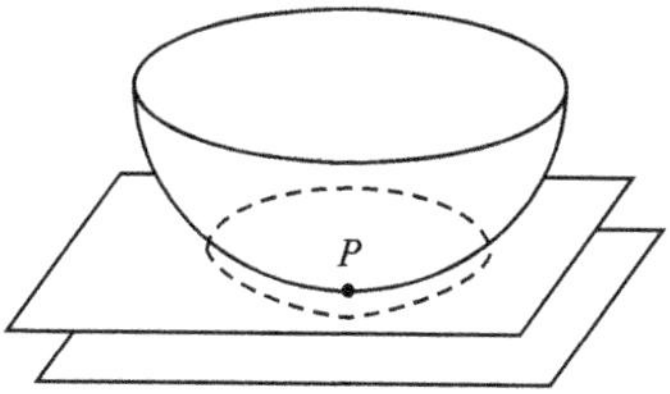

(a) 椭圆点

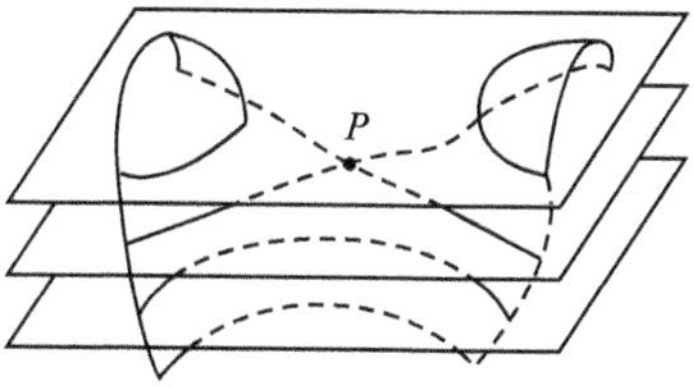

(b) 双曲点

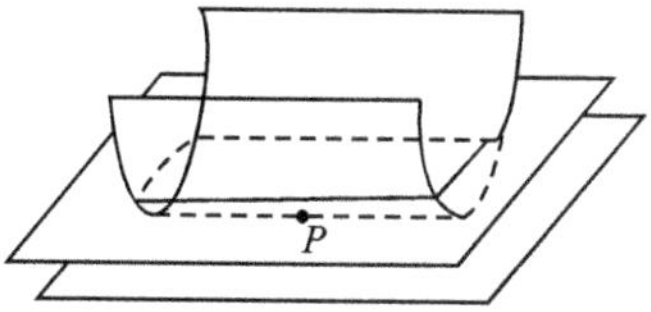

(c) 抛物点

图 10.4-3

定义 8 设 $\boldsymbol{a}=(a_1,a_2)$,$\boldsymbol{b}=(b_1,b_2)$是 S 上点 P 处的两个切向量,如果

$$La_1b_1+M(a_1b_2+a_2b_1)+Na_2b_2=0,$$

则称 $\boldsymbol{a},\boldsymbol{b}$ 是**互相共轭的切向量**.

如果 $\boldsymbol{a}$ 与本身互相共轭,则称 $\boldsymbol{a}$ 为**渐近方向**. 如果 S 上的曲线

$$C: u = u(t),\ v = v(t)$$

的每个点处的切向量都是渐近方向,则称 C 为**渐近曲线**. 渐近曲线的参数表示满足微分方程

$$Ldu^2 + 2Mdudv + Ndv^2 = 0.$$

如果 S 的 u 曲线与 v 曲线在交点处的切向量都是互相共轭的,则称它们给出了 S 的**共轭曲线网**. 如果参数曲线都是渐近曲线,则称它们给出了 S 的渐近**曲线网**.

定理 7 曲面上的参数曲线网是共轭曲线网的必要充分条件是 $M\equiv 0$.

定理 8 曲面上的参数曲线网是渐近曲线网的必要充分条件是

$$L \equiv 0, N \equiv 0.$$

§ 10.5 曲面上的曲率

10.5.1 法曲率

给定曲面 $S: \boldsymbol{r}=\boldsymbol{r}(u,v)$ 与 S 上的点 $P(u,v)$,设 $C: u=u(s), v=v(s)$ 是 S 上过点 P 的曲线,其中 s 是弧长参数. 关于 C 在点 P 处的曲率,有下面的基本公式.

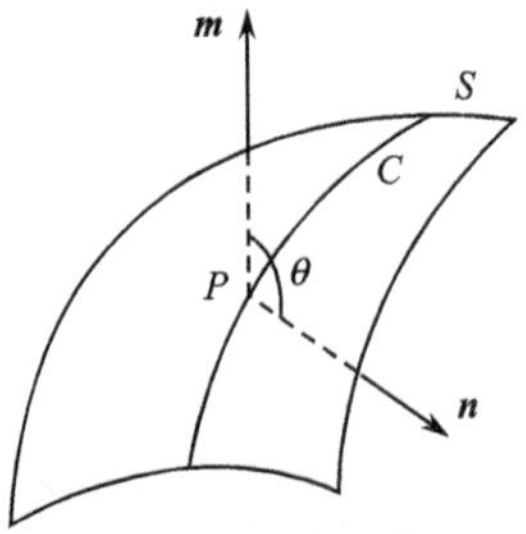

图 10.5-1

定理 1 设 θ 是 C 在点 P 处的主法向量 $\boldsymbol{m}$ 与 S 在点 P 处的法向量 $\boldsymbol{n}$ 的交角,k 是 C 在点 P 处的曲率(图 10.5-1),则

$$k\cos\theta = L\left(\frac{du}{ds}\right)^2 + 2M\frac{du}{ds}\frac{dv}{ds} + N\left(\frac{dv}{ds}\right)^2$$

$$= \frac{Ldu^2 + 2Mdudv + Ndv^2}{Edu^2 + 2Fdudv + Gdv^2} = \frac{\mathrm{II}}{\mathrm{I}}.$$

由这一公式可知,给定 C 在点 P 处的切线与密切平面,它在点 P 处的曲率就完全确定.

通过 S 在点 P 处的法线的平面与 S 的交线,称为 S 在点 P 处的一条**法截线**. 给定 $du : dv$,就在点 P 处给定了一个切向量,此时沿这一方向的法截线在点 P 处的曲率 $k=\dfrac{|\mathrm{II}|}{\mathrm{I}}$.

定义 1 设在点 P 处给定 $du : dv$,则

$$k_n = \frac{\mathrm{II}}{\mathrm{I}} = \frac{Ldu^2 + 2Mdudv + Ndv^2}{Edu^2 + 2Fdudv + Gdv^2}$$

称为 S 在点 P 处沿给定方向的**法曲率**,$k_n\boldsymbol{n}$ 称为**法曲率向量**. 引进法曲率后,定理 1 的结论可写为 $k\cos\theta=k_n$. 由此得到

定理 2(默尼耶) 设 S 上的曲线 C 在点 P 的切方向不是渐近方向,则 C 对应于

点 P 的曲率中心 Q 是沿这一方向的法截线 Γ 的曲率中心 $\bar{Q}$ 在 Γ 的密切平面上的投影(参看图 10.5-2).

定义 2 曲面上满足 $L:M:N=E:F:G$ 的点,称为**脐点**;脐点中满足 $L=M=N=0$ 的点,称为**平点**,否则称为**圆点**.

定理 3 一曲面为平面(或其部分)的必要充分条件是它的点都是平点;一曲面为球面(或其部分)的必要充分条件是它的点都是圆点.

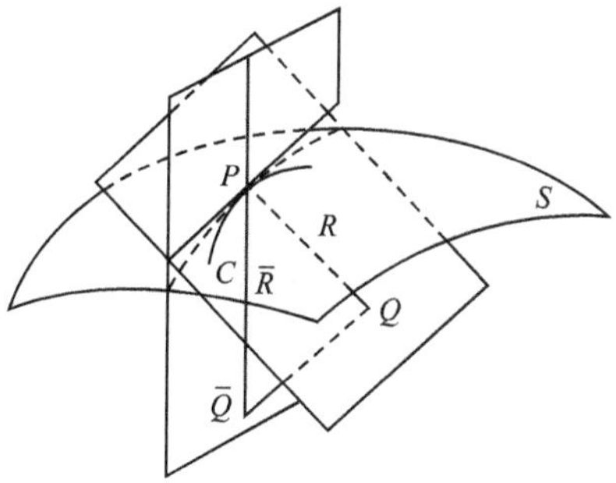

图 10.5-2

10.5.2 主曲率

定义 3 曲面 S 在点 P 处的法曲率的最大值和最小值,称为 S 在点 P 处的**主曲率**. 对应于一个主曲率的方向,称为 S 在点 P 处的一个**主方向**. 当主曲率不等于零时,其倒数称为**主曲率半径**. 在脐点处,任何方向都是主方向.

定理 4 曲面在其非脐点处有两个不相等的主曲率,一个是法曲率的最大值,一个是最小值,对应地有两个不同的主方向,这两个主方向互相正交.

设 S 在点 P 处的主曲率为 $k_1,k_2(k_1>k_2)$,则 k_1,k_2 是方程

$$\begin{vmatrix} E\lambda-L & F\lambda-M \\ F\lambda-M & G\lambda-N \end{vmatrix}=0$$

的解. 相应的主方向由方程

$$\begin{vmatrix} Edu+Fdv & Fdu+Gdv \\ Ldu+Mdv & Mdu+Ndv \end{vmatrix}=0$$

确定.

定义 4 设 C 是曲面 S 上的曲线,如果 C 上每一点的切线沿 S 在该点的主方向,则称 C 为 S 上的一条**曲率线**.

例 1 平面或球面上每条曲线都是曲率线.

例 2 旋转曲面上的经线和纬线是曲率线.

定理 5 在不含脐点的曲面上,参数曲线为曲率线的必要充分条件是

$$F\equiv M\equiv 0.$$

定理 6 对于不含脐点的曲面,能选择参数表示使得参数曲线网是曲率线网.

下面的迪潘定理有助于求出某些曲面的曲率线.

定理 7(迪潘) 设有三个单参数曲面族,其中每两个不同族的曲面互相正交(这时称这三族曲面构成一个**三重正交曲面系**),则每两个不同族的曲面的交线是这两个曲面上的曲率线.

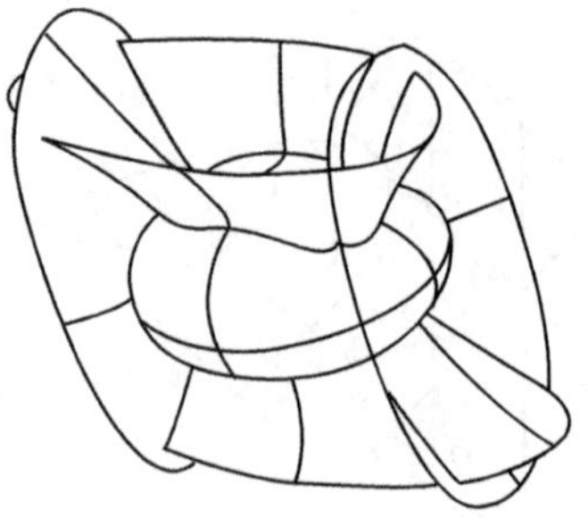

图 10.5-3

例 3(共焦二次曲面) 设 $a^2>b^2>c^2$,则方程

$$\frac{x^2}{a^2-\lambda}+\frac{y^2}{b^2-\lambda}+\frac{z^2}{c^2-\lambda}=1$$

当 $-\infty<\lambda<c^2$ 时是一族椭球面,当 $c^2<\lambda<b^2$ 时是一族单叶双曲面,当 $b^2<\lambda<a^2$ 时是一族双叶双曲面(图 10.5-3),它们构成一个三重正交曲面系,因而每两个族中的曲面的交线是这两个曲面上的曲率线.

定理 8(欧拉公式) 设在曲面 S 的点 P 处给定的一个方向与对应 k_1 的主方向的交角为 θ,则对应所给方向的法曲率

$$k_n=k_1\cos^2\theta+k_2\sin^2\theta.$$

10.5.3 中曲率 全曲率

定义 5 设曲面 S 在点 P 处的主曲率为 k_1,k_2,则

$$H=\frac{1}{2}(k_1+k_2)\text{ 与 }K=k_1k_2$$

分别称为所给曲面在点 P 处的**中曲率**(也称**平均曲率**)与**全曲率**(也称**高斯曲率**).

定理 9 $H=\dfrac{EN-2FM+GL}{2(EG-F^2)},K=\dfrac{LN-M^2}{EG-F^2}.$

在计算主曲率时,也可先由定理 9 求出 H,K,然后求方程 $\lambda^2-2H\lambda+K=0$ 的两个根,这两个根就是两个主曲率.

例 4 直角坐标系 $Oxyz$ 中方程为 $z=f(x,y)$ 的曲面的中曲率与全曲率为

$$H=\frac{(1+f_x^2)f_{yy}-2f_xf_yf_{xy}+(1+f_y^2)f_{xx}}{(1+f_x^2+f_y^2)^{3/2}},$$

$$K=\frac{f_{xx}f_{yy}-f_{xy}^2}{(1+f_x^2+f_y^2)^2}.$$

例 5 对于旋转曲面 $x=\varphi(v)\cos u,y=\varphi(v)\sin u,z=v$,

$$H=\frac{\varphi''}{2(1+\varphi'^2)^{3/2}}-\frac{1}{2\varphi(1+\varphi'^2)^{1/2}},$$

$$K=-\frac{\varphi''}{\varphi(1+\varphi'^2)^2}.$$

定理 10 曲面上的点为椭圆点、双曲点、抛物点的必要充分条件分别是在该点 $K>0,K<0,K=0$.

定理 11 曲面上每个点处全曲率为零的必要充分条件是该曲面为柱面、锥面或切线面.

定理 12(高斯绝妙定理) 一个曲面的全曲率由其第一基本型完全确定. 换言之,全曲率在等距对应下不变,即它是曲面的内蕴量. 事实上,

$$K=\frac{1}{(EG-F^2)^2}\left(\begin{vmatrix}-\frac{1}{2}G_{uu}+F_{uv}-\frac{1}{2}F_{vv} & \frac{1}{2}E_u & F_u-\frac{1}{2}E_v\\ F_v-\frac{1}{2}G_u & E & F\\ \frac{1}{2}G_v & F & G\end{vmatrix}-\begin{vmatrix}0 & \frac{1}{2}E_v & \frac{1}{2}G_u\\ \frac{1}{2}E_v & E & F\\ \frac{1}{2}G_u & F & G\end{vmatrix}\right).$$

定理 13 设 S_1,S_2 是全曲率恒等于常数的曲面,如果它们的全曲率相等,则 S_1 与 S_2 是等距的.

例 6 伪球面(§10.1,例 1)的全曲率恒等于常数 $-\frac{1}{a^2}$.

定义 6 中曲率处处等于零的曲面,称为**极小曲面**. 这一名称来源于下述事实:给定一条闭曲线,则蒙在这一闭曲线上的所有曲面中,一般说应有一个曲面具有最小的面积,而这一曲面的中曲率恒等于零. 确定以空间中给定的闭曲线为边界的极小曲面的问题,称为**普拉托问题**.

定理 14 设曲面 S 的方程为 $\boldsymbol{r}=\boldsymbol{r}(u,v)\ ((u,v)\in D)$,令曲面 $S(t)$ 为:$\boldsymbol{r}=\boldsymbol{r}(u,v)+th(u,v)\boldsymbol{n}(u,v)$,其中 $h(u,v)$ 是定义在 D 上的充分光滑的函数,$-\delta<t<\delta$;又令 $A(t)$ 是 $S(t)$ 的面积,则 S 为极小曲面的必要充分条件是 $A'(0)=0$.

例 7 除平面外,旋转曲面中的极小曲面只能是悬链面.

§10.6 曲面的球面表示 第三基本型

10.6.1 曲面的球面表示

定义 1 给定曲面 $S:\boldsymbol{r}=\boldsymbol{r}(u,v)$,对 S 上每个点 P,在单位球面上取点 P',满足 $\overrightarrow{OP'}=\boldsymbol{n}_P$($\boldsymbol{n}_P$ 是 S 在点 P 的单位法向量),则使得点 P 对应到点 P' 的映射,称为**高斯映射**或**球面表示**. S 在高斯映射下的象,称为它的**球面象**.

例 1 平面的球面象是一个点.

例 2 柱面、锥面或切线面的球面象是一条曲线.

定理 1 如果 S 上没有抛物点,则 S 与其球面象是一一对应的.

利用球面象,可对曲面的全曲率作如下的几何解释.

定理 2 设 P 是曲面 $S:\boldsymbol{r}=\boldsymbol{r}(u,v)\ ((u,v)\in D)$ 上的点,它对应于参数 (u,v),Ω 是

D 的含有点 (u,v) 的子域，$A(\Omega)$ 与 $\widetilde{A}(\Omega)$ 分别是 S 上对应于 Ω 的曲面块 $S(\Omega)$ 与 $S(\Omega)$ 的球面象的面积，则

$$\lim_{\Omega \to (u,v)} \frac{\widetilde{A}(\Omega)}{A(\Omega)} = K(u,v).$$

定理 3 曲面上的主方向平行于它的球面象；渐近方向垂直于它的球面象；两个共轭方向中每一个与另一个的球面象垂直.

10.6.2 第三基本型

定义 2 $\boldsymbol{dn}$ 的长度平方即 $\boldsymbol{dn}\cdot\boldsymbol{dn}$，称为曲面的**第三基本型**或**第三基本形式**，记作 III. 令

$$e = \boldsymbol{n}_u \cdot \boldsymbol{n}_u,\ f = \boldsymbol{n}_u \cdot \boldsymbol{n}_v,\ g = \boldsymbol{n}_v \cdot \boldsymbol{n}_v,$$

则

$$\mathrm{III} = edu^2 + 2fdudv + gdv^2.$$

定理 4 曲面的三个基本型之间存在着关系式

$$\mathrm{III} - 2H\mathrm{II} + K\mathrm{I} = 0,$$

其中，H,K 分别是曲面的中曲率与全曲率.

定理 5 高斯映射是共形对应的必要充分条件为所给曲面是球面或极小曲面.

§10.7 直纹曲面 可展曲面

10.7.1 直纹曲面与可展曲面的构造

直观地说，一族连续变动的直线生成的曲面，就是直纹曲面，其严格定义如下.

定义 1 给定曲线 $\Gamma:\boldsymbol{r}=\boldsymbol{a}(u)(\alpha\leqslant u\leqslant\beta)$，在 Γ 上的每个点给定一单位向量 $\boldsymbol{l}(u)$，过 Γ 的每个点作方向向量为 $\boldsymbol{l}(u)$ 的直线，这族直线构成的曲面称为**直纹曲面**. Γ 称为直纹曲面的**导线**，上述直线族中的直线都称为**母线**. 直纹曲面的参数方程为

$$\boldsymbol{r} = \boldsymbol{a}(u) + v\boldsymbol{l}(u)(\alpha \leqslant u \leqslant \beta, -\infty < v < +\infty).$$

例 1 如果 $\boldsymbol{l}(u)$ 恒等于常向量 $\boldsymbol{l}$，则所给直纹曲面是柱面.

例 2 如果 Γ 缩成一点 P，则所给直纹曲面是锥面.

例 3 单叶双曲面 $\frac{x^2}{a^2}+\frac{y^2}{b^2}-\frac{z^2}{c^2}=1$ 与双曲抛物面 $\frac{x^2}{a^2}-\frac{y^2}{b^2}=z$ 都是直纹曲面(图 10.7-1).

例 4 一条空间曲线的切线生成的直纹曲面是切线面. 一条空间曲线的主法线和副法线生成的直纹曲面分别称为**主法线面**和**从法线面**. 例如圆柱螺线的主法线面是正螺面.

定义 2 如果给定的直纹曲面的每条母线只有一个切面，则所给直纹曲面称为**可展曲面**(参看图 10.7-2). 不是可展曲面的直纹曲面，称为**斜直纹曲面**.

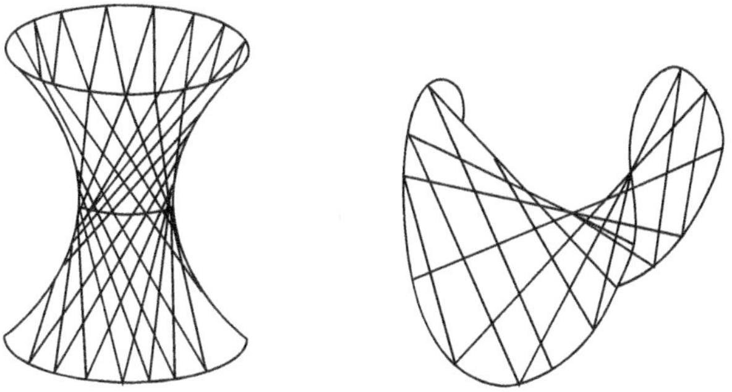

单叶双曲面　　　　双曲抛物面

图 10.7-1

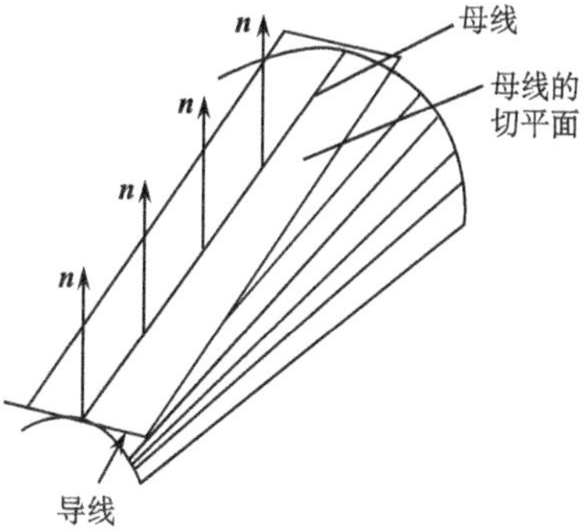

图 10.7-2　可展曲面

例 5　圆柱面与圆锥面是可展曲面.

定理 1　直纹曲面 $\boldsymbol{r}=\boldsymbol{a}(u)+v\boldsymbol{l}(u)$为可展曲面的必要充分条件是 $(\boldsymbol{a}'(u),\boldsymbol{l}(u),\boldsymbol{l}'(u))\equiv 0$，即三个向量 $\boldsymbol{a}'(u),\boldsymbol{l}(u),\boldsymbol{l}'(u)$共面.

定义 3　考虑直纹曲面上的母线 $L(u)$：$\boldsymbol{r}=\boldsymbol{a}(u)+t\boldsymbol{l}(u)(-\infty<t<+\infty)$，假定 $\boldsymbol{l}'(u)\neq 0$，取邻近的母线 $L(u+\Delta u)$：$\boldsymbol{r}=\boldsymbol{a}(u+\Delta u)+t\boldsymbol{l}(u+\Delta u)(-\infty<t<+\infty)$，则直线 $L(u)$与 $L(u+\Delta u)$的公垂线在 $L(u)$上的垂足当 $\Delta u\to 0$ 时的极限位置，称为所给直纹曲面在母线 $L(u)$上的**腰点**. 腰点的向径为

$$\boldsymbol{r}=\boldsymbol{a}(u)-\frac{\boldsymbol{a}'(u)\cdot\boldsymbol{l}'(u)}{(\boldsymbol{l}'(u))^2}\boldsymbol{l}(u).$$

腰点的轨迹称为**腰曲线**，其方程为

$$\boldsymbol{r}=\boldsymbol{a}(u)-\frac{\boldsymbol{a}'(u)\cdot\boldsymbol{l}'(u)}{(\boldsymbol{l}'(u))^2}\boldsymbol{l}(u)\ (\alpha\leqslant u\leqslant\beta).$$

例 6 单叶旋转双曲面$\frac{x^2+y^2}{a^2}-\frac{z^2}{c^2}=1$的腰曲线为圆周

$$x^2+y^2=a^2,\ z=0.$$

定理 2 在$\boldsymbol{l}'(u)\neq 0$的情形下,可展曲面必是其腰曲线的切线面. 此时腰曲线就是切线面的脊线.

定理 3 可展曲面或者是柱面,或者是锥面,或者是某一曲线的切线面;而这三种曲面也都是可展曲面.

定理 4 可展曲面与平面(或平面上的带域)是等距的.

直观地说,可展曲面可以用不改变曲面上的长度的连续变形贴合到平面上.

定理 5 一个曲面为可展曲面的必要充分条件是此曲面为单参数平面族的包络面.

10.7.2 直纹曲面与可展曲面的性质

直纹曲面与可展曲面具有下列重要性质.

定理 6 直纹曲面的母线构成它的一族渐近线. 对于斜直纹曲面,还有另一族渐近线;对于可展曲面,两族渐近线重合,因此母线族也是曲率线族.

定理 7 斜直纹曲面的全曲率处处取负值. 一曲面为可展曲面的必要充分条件是它的全曲率恒等于零.

定理 8 直纹曲面中的极小曲面只能是正螺面.

定理 9 曲面S上的曲线C为曲率线的必要充分条件是S沿C的法线面为可展曲面.

这一定理给出了曲率线的几何特征. 由此还能得到下面的定理.

定理 10 具有公共曲率线C的曲面S_1与S_2沿C相交成定角;反之,如果曲面S_1与S_2沿曲线C相交成定角且C是S_1的曲率线,则它也是S_2的曲率线(图10.7-3).

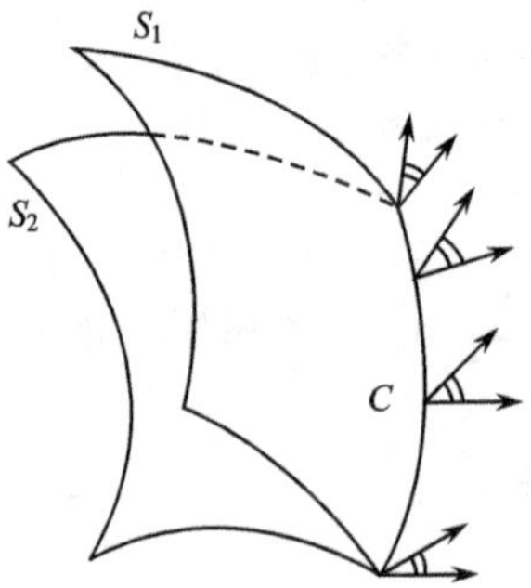

图 10.7-3

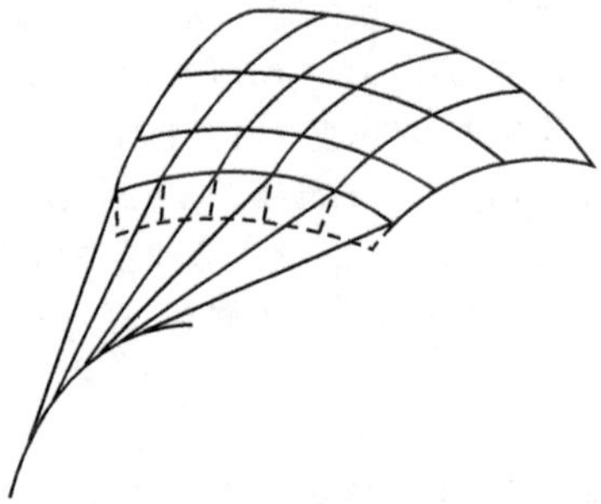

图 10.7-4

定理 11 曲面上两族曲线构成共轭曲线网的必要充分条件是:沿其中一族中每条曲线作另一族曲线的切线,这些切线构成一可展曲面(图 10.7-4).

§10.8 曲面论的基本定理

10.8.1 曲面的基本公式

在研究关于曲面的基本定理时,把前面所用的符号作如下表所示的改变会带来很大的方便.

对于求和,采用爱因斯坦约定,即乘积中的重复指标表示按此指标从 1 到 2 求和. 这样

$$\mathrm{I} = g_{ij}du^idu^j,\mathrm{II} = \Omega_{ij}du^idu^j.$$

前面用的符号	$u\quad v$	$\boldsymbol{r}_u$	$\boldsymbol{r}_v$	$\boldsymbol{r}_{uu}$	$\boldsymbol{r}_{uv}=\boldsymbol{r}_{vu}$	$\boldsymbol{r}_{vv}$
今后用的符号	$u^1\ u^2$	$\boldsymbol{r}_1$	$\boldsymbol{r}_2$	$\boldsymbol{r}_{11}$	$\boldsymbol{r}_{12}=\boldsymbol{r}_{21}$	$\boldsymbol{r}_{22}$
前面用的符号	E	F	G	L	M	N
今后用的符号	g_{11}	$g_{12}=g_{21}$	g_{22}	Ω_{11}	$\Omega_{12}=\Omega_{21}$	Ω_{22}

定理 1(曲面的基本公式)

$$\begin{cases} d\boldsymbol{r} = du^j\boldsymbol{r}_j, \\ d\boldsymbol{r}_i = \Gamma_{ij}^k du^j\boldsymbol{r}_k + \Omega_{ij}du^j\boldsymbol{n}, \\ d\boldsymbol{n} = -\omega_i^j du^i\boldsymbol{r}_j = -g^{jl}\Omega_{li}du^i\boldsymbol{r}_j. \end{cases}$$

其中

$$\Gamma_{ij}^k = \frac{1}{2}g^{kl}\left(\frac{\partial g_{lj}}{\partial u^i} + \frac{\partial g_{il}}{\partial u^j} - \frac{\partial g_{ij}}{\partial u^l}\right)$$

称为联络系数,$(g^{kl})=(g_{kl})^{-1}$,即 $g^{kj}g_{jl}=\delta_l^k=1$(当 $k=l$),$=0$(当 $k\neq l$),$\omega_i^j=g^{jk}\Omega_{ki}$. 其中第二组称为**高斯公式**,第三组称为**魏因加藤公式**.

在正则曲面的每个点处,可由向量 $\boldsymbol{r}_1,\boldsymbol{r}_2,\boldsymbol{n}$ 构成高斯标架. 当点在曲面上变化时,它形成曲面上的一个活动标架场. 上述基本公式的意义在于:曲面上邻近的点的高斯标架之间的关系,由曲面的第一与第二基本型完全决定.

当(u^1,u^2)参数网是正交曲线网时,曲面的基本公式形如

$$\boldsymbol{r}_{11} = \Gamma_{12}^k\boldsymbol{r}_k + L\boldsymbol{n} = \frac{E_1}{2E}\boldsymbol{r}_1 - \frac{E_2}{2G}\boldsymbol{r}_2 + L\boldsymbol{n},$$

$$\boldsymbol{r}_{12} = \Gamma_{12}^k\boldsymbol{r}_k + M\boldsymbol{n} = \frac{E_2}{2E}\boldsymbol{r}_1 + \frac{G_1}{2G}\boldsymbol{r}_2 + M\boldsymbol{n},$$

$$\boldsymbol{r}_{22} = \Gamma_{22}^k\boldsymbol{r}_k + N\boldsymbol{n} = -\frac{G_1}{2E}\boldsymbol{r}_1 + \frac{G_2}{2G}\boldsymbol{r}_2 + N\boldsymbol{n};$$

$$\boldsymbol{n}_1 = -\frac{L}{E}\boldsymbol{r}_1 - \frac{M}{G}\boldsymbol{r}_2, \boldsymbol{n}_2 = -\frac{M}{E}\boldsymbol{r}_1 - \frac{N}{G}\boldsymbol{r}_2.$$

其中下标 1,2 表示对 u_1, u_2 求偏导数,例如 $E_1 = \frac{\partial E}{\partial u^1}$,等等.

10.8.2 曲面论的基本定理

定理 2(曲面的基本方程) 曲面的第一、第二基本型的系数应满足

$$\frac{\partial \Gamma_{ij}^k}{\partial u^l} - \frac{\partial \Gamma_{il}^k}{\partial u^j} + \Gamma_{ij}^m \Gamma_{ml}^k - \Gamma_{il}^m \Gamma_{mj}^k = \Omega_{ij}\omega_l^k - \Omega_{il}\omega_j^k,$$

$$\frac{\partial \Omega_{ij}}{\partial u^l} - \frac{\partial \Omega_{il}}{\partial u^j} + \Gamma_{ij}^m \Omega_{ml} - \Gamma_{il}^m \Omega_{mj} = 0.$$

前一组称为**高斯方程**,后一组称为**柯达齐方程**.

当选用正交曲线网作为参数曲线网时,第一组中只有一个独立的方程:

$$-\frac{1}{\sqrt{EG}}\left(\left(\frac{(\sqrt{E})_v}{\sqrt{G}}\right)_v + \left(\frac{(\sqrt{G})_u}{\sqrt{E}}\right)_u\right) = \frac{LN - M^2}{EG};$$

第二组中只有两个独立的方程:

$$\left(\frac{L}{\sqrt{E}}\right)_v - \left(\frac{M}{\sqrt{E}}\right)_u - N\frac{(\sqrt{E})_v}{G} - M\frac{(\sqrt{G})_u}{\sqrt{EG}} = 0,$$

$$\left(\frac{N}{\sqrt{G}}\right)_u - \left(\frac{M}{\sqrt{G}}\right)_v - L\frac{(\sqrt{G})_u}{E} - M\frac{(\sqrt{E})_v}{\sqrt{EG}} = 0.$$

定理 3(曲面论的基本定理) 如果在(u^1, u^2)平面的单连通域中给定了两组函数 $g_{ij}, \Omega_{ij}\ (i, j=1,2)$,它们关于 i, j 是对称的,二次型 $\mathrm{I} = g_{ij}du^i du^j$ 是正定型,g_{ij}, Ω_{ij} 之间满足高斯方程和柯达齐方程,则除运动不计外,存在唯一的空间曲面 S,使得 S 的第一基本型为 $g_{ij}du^i du^j$,第二基本型为 $\Omega_{ij}du^i du^j$.

§10.9 测地曲率 测地线

10.9.1 测地曲率

给定曲面 $S: \boldsymbol{r} = \boldsymbol{r}(u^1, u^2)$,设 $P(u^1, u^2)$是 S 上的点,$C: u^1 = u^1(s), u^2 = u^2(s)$是 S 上过点 P 的曲线(其中 s 是弧长参数),以 $\boldsymbol{m}$ 表示曲线 C 在点 P 处的主法向量,k 表示曲线 C 在点 P 处的曲率,则

$$k\boldsymbol{m} = \left(\frac{d^2 u^k}{ds^2} + \Gamma_{ij}^k \frac{du^i}{ds}\frac{du^j}{ds}\right)\boldsymbol{r}_k + k_n \boldsymbol{n},$$

其中 k_n 是 S 在点 P 处沿 C 的切方向的法曲率(图 10.9-1).

定义 1 在上式中,右端第二项 $k_n\boldsymbol{n}$ 称为曲线 C 在点 P 的**法曲率向量**;右端第一项是 $k\boldsymbol{m}$ 在 P 点的切平面 T_P 上的投影,称为**测地曲率向量**,记作 $\boldsymbol{\tau}$.

定理 1 曲线 C 在点 P 的测地曲率向量是 C 在切平面 T_P 上的投影曲线 $\tilde{C}$ 在点 P 的曲率向量(参看图 10.9-1).

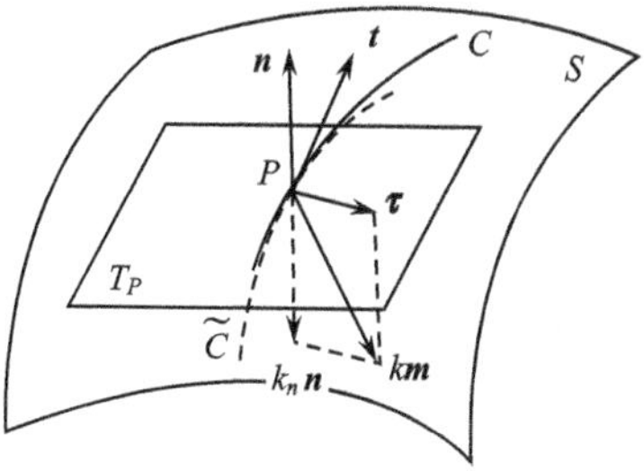

图 10.9-1

定义 2 $\tilde{C}$ 在点 P 的曲率,称为 S 上曲线 C 在点 P 的**测地曲率**,记作 k_g. 当 $k_g \neq 0$ 时,$1/k_g$ 称为**测地曲率半径**. k_g 满足

$$\boldsymbol{\tau} = k_g(\boldsymbol{n} \times \boldsymbol{t}),\ k_g = (\boldsymbol{n}, \boldsymbol{t}, \boldsymbol{t}'),$$

$$|k_g| = |\boldsymbol{\tau}|, k^2 = k_g^2 + k_n^2.$$

定理 2 测地曲率是内蕴几何量. 事实上,

$$k_g = \sqrt{g_{11}g_{22} - g_{12}^2}\left(\frac{du^1}{ds}\left(\frac{d^2u^2}{ds^2} + \Gamma_{ij}^2\frac{du^i}{ds}\frac{du^j}{ds}\right) - \frac{du^2}{ds}\left(\frac{d^2u^1}{ds^2} + \Gamma_{ij}^1\frac{du^i}{ds}\frac{du^j}{ds}\right)\right).$$

定理 3(刘维尔公式) 如果在 S 上取正交的参数曲线网,以 θ 表示从 $\boldsymbol{r}_1$ 到 $\boldsymbol{t}$ 的正向所成的角,则

$$k_g = \frac{d\theta}{ds} - \frac{1}{2\sqrt{G}}\frac{\partial \ln E}{\partial v}\cos\theta + \frac{1}{2\sqrt{E}}\frac{\partial \ln G}{\partial u}\sin\theta.$$

例 1 旋转曲面上纬线的测地曲率等于常数,相应的测地曲率半径等于经线的切线上从切点到旋转轴之间的线段的长度.

10.9.2 测地线

定义 3 如果曲面 S 上的曲线 C 的每点的测地曲率等于零,则称 C 为**测地线**.

定理 4 确定测地线的微分方程组为

$$\frac{d^2u^i}{ds^2} + \Gamma_{jk}^i\frac{du^j}{ds}\frac{du^k}{ds} = 0\ (i = 1,2).$$

对于正交参数曲线网,也可从下面的微分方程组确定测地线

$$\frac{d\theta}{du} = \frac{1}{2}\sqrt{\frac{E}{G}}\frac{\partial \ln E}{\partial v} - \frac{1}{2}\frac{\partial \ln G}{\partial u}\tan\theta,\quad \frac{dv}{du} = \sqrt{\frac{E}{G}}\tan\theta,$$

其中 θ 的意义如定理 3.

由此可知测地线属于内蕴几何学. 过曲面上每个点沿每一方向可且仅可引一条测地线(局部范围内).

定理 5 S 上的曲线 C(不计直线)为测地线的必要充分条件是 C 上每点的主法向量平行于 S 在该点的法向量.

例 2 球面上的曲线为测地线当且仅当它是大圆弧.

例 3 一质点约束在曲面 S 上不受外力(曲面的反作用力不计在内)自由移动时,其轨迹为 S 上的测地线.

下面的定理表明了测地线的几何意义:在 S 上连接点 P,Q(假定它们离得充分

近)的曲线中,以测地线的长度为最小. 因此测地线也称为**短程线**.

定理 6 设 P,Q 为曲面 S 上充分邻近的两个点,C 是连点 P,Q 的一条测地线,其长为 L,则对 S 上任何连点 P,Q 的曲线,其长度恒大于或等于 L.

10.9.3 测地坐标系

定义 4 设在曲面 S 上给定一族曲线. 如果对 S 上的每个点,必有所给族中的一条曲线通过该点,则称此曲线族为 S 上的一个**曲线场**.

曲面上由测地线构成的曲线场的正交轨线称为**测地平行线**. 测地平行线也构成一个曲线场.

在 S 上取一族测地线为 u 曲线,取与这族曲线正交的测地平行线为 v 曲线,并取 u 曲线与 v 曲线的交点 P 的坐标为(u,v),则这样的坐标系称为**测地坐标系**.

定理 7 一族测地线被任何两条正交轨线截出的曲线段的长度相等.

本定理表明了测地平行线这一名称的由来.

10.9.4 测地挠率

定义 5 在曲面 S 上点 P 处给定一个单位向量 $\boldsymbol{t}$,作过点 P 以 $\boldsymbol{t}$ 为切向量的测地线 C,则 C 在点 P 处的挠率,称为 S 在点 P 处沿方向 $\boldsymbol{t}$ 的**测地挠率**,记作 τ_g.

定理 8 设 C 的方程为 $u=u(s)$, $v=v(s)$,则

$$\tau_g = \frac{1}{\sqrt{EG-F^2}}\begin{vmatrix} \left(\frac{dv}{ds}\right)^2 & -\frac{du}{ds}\frac{dv}{ds} & \left(\frac{du}{ds}\right)^2 \\ E & F & G \\ L & M & N \end{vmatrix}.$$

定理 9 曲面 S 上的曲线 C 为曲率线的必要充分条件是 C 上每一点沿 C 在该点处的切方向的测地挠率为零.

§10.10 曲面上向量的平行移动

三维空间中的向量是自由向量,可以在空间中平行移动. 曲面上的向量自然定义为切向量,它不再能自由平移. 因此应当合理地建立曲面上向量的平行移动概念.

设在曲面 S 上给定曲线

$$C: u^i = u^i(s) \quad (\alpha \leqslant s \leqslant \beta, i = 1,2),$$

s 为弧长参数. 设

$$\boldsymbol{v} = \boldsymbol{v}(s) \quad (\alpha \leqslant s \leqslant \beta)$$

为一族向量,满足:对每个 $s\in[\alpha,\beta]$,$\boldsymbol{v}(s)$在 C 上对应于 s 的点 P 处与 C 相切. 这时称 $\boldsymbol{v}(s)$为 S 上沿 C 的一个**向量场**,$\boldsymbol{v}(s)+d\boldsymbol{v}(s)$在点 P 的切平面 T_P 上的投影是

$$\boldsymbol{v}(s) + (d\boldsymbol{v}(s) - (\boldsymbol{n}(s)\cdot d\boldsymbol{v}(s))\boldsymbol{n}(s)).$$

如果第二项等于零,就自然认为曲面上向量 $\boldsymbol{v}(s)$ 与 $\boldsymbol{v}(s+ds)$ 是平行的.

定义 1 令 $D\boldsymbol{v}=d\boldsymbol{v}-(\boldsymbol{n}\cdot d\boldsymbol{v})\boldsymbol{n}$(图 10.10-1),称为 $\boldsymbol{v}$ 在 S 上的**绝对微分**. 如果 $D\boldsymbol{v}=0$,就称 $\boldsymbol{v}(s)$ 沿 C 是**平行移动的**,或沿 C 的**列维-奇维塔平行移动向量**.

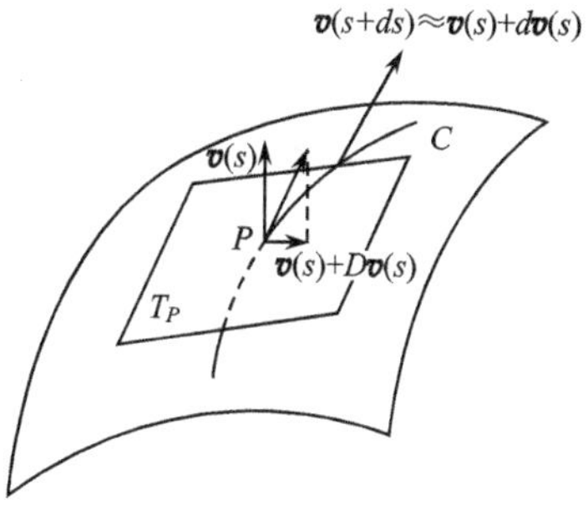

图 10.10-1

设 $\boldsymbol{v}(s)=v^i(s)\boldsymbol{r}_i(s)$,则 $D\boldsymbol{v}=(Dv^i)\boldsymbol{r}_i$,而

$$Dv^i=dv^i+\Gamma^i_{jk}v^j du^k\ (i=1,2).$$

因此 $\boldsymbol{v}(s)$ 沿 C 平行移动的条件是

$$\frac{dv^i}{ds}+\Gamma^i_{jk}v^j\frac{du^k}{ds}=0\ (i=1,2).$$

向量沿 C 的平行移动属于内蕴几何学的范畴. 对于平面,平行移动就是通常的平移.

定理 1 设在曲面 S 上给定了曲线 C 和 C 的起点处的向量 $\boldsymbol{v}_0$,则存在 C 上的平行移动向量场 $\boldsymbol{v}(s)$,使得 $\boldsymbol{v}(0)=\boldsymbol{v}_0$.

定理 2 S 上的曲线 C 为测地线的必要充分条件是 C 的单位切向量场是沿 C 平行移动的.

定理 3 设 S 为单连通曲面,则 S 为可展曲面的必要充分条件是 S 上向量的平行移动与路径无关.

§10.11 曲面的一些整体性质

定理 1(高斯-博内公式) 设 Ω 是曲面 S 上的一个单连通片,C 是 Ω 的边界(取定使 S 位于左侧的方向),θ 是 C 上的点的 $\boldsymbol{r}_1$ 到 C 在该点处的切向量的交角(有向角),则

$$\int_C k_g ds+\iint_\Omega K d\sigma=\int_C d\theta,$$

其中 ds 是 C 的弧微分,$d\sigma$ 是 S 的面元.

如果 C 是光滑闭曲线,则

$$\int_C k_g ds+\iint_\Omega K d\sigma=2\pi.$$

如果 C 是分段光滑曲线,由光滑曲线 $C_1,C_2,\cdots,C_n$ 连接而成,接点处的外角依次为 $\theta_1,\theta_2,\cdots,\theta_n$(图 10.11-1),则

$$\int_C k_g ds+\iint_\Omega K d\sigma=2\pi-\sum_{k=1}^n\theta_k.$$

如果 C_k 都是测地线,则

$$\iint_\Omega K d\sigma=2\pi-\sum_{k=1}^n\theta_k.$$

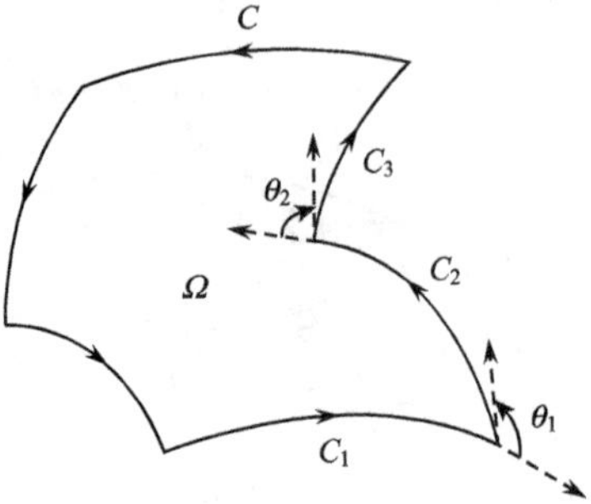

图 10.11-1

特别地,如果 S 的全曲率恒等于常数 K,C 是测地三角形(即 C 由三条测地线连接而成),A 为此测地三角形的面积,则

$$KA = 2\pi - (\theta_1 + \theta_2 + \theta_3).$$

令 $\alpha_k = \pi - \theta_k (k=1,2,3)$,即测地三角形的三个内角,则

$$(\alpha_1 + \alpha_2 + \alpha_3) - \pi = KA.$$

在平面的情形,就是三角形内角之和等于 π.

下面是关于球面的定理.

定理 2 全曲率等于常数的紧连通曲面是球面.

定理 3 如果曲面 S 与一球面等距对应,则 S 是球面. 这一性质称为球面的**刚性**,其直观意义是球面不能弯曲.

定理 4 全曲率大于零、中曲率恒等于常数的紧连通曲面是球面.

下面的定理是关于极小曲面的.

定理 5(伯恩斯坦) 设曲面 S 由方程 $z=f(x,y)((x,y)\in \boldsymbol{R}^2)$ 给出,且 S 为极小曲面,则 S 就是 xy 平面.

下面的性质是关于测地线的. 设 P,Q 是曲面 S 上的两个点,则 S 上连接 P 与 Q 的分段光滑的参数曲线长度的下确界,称为点 P,Q 之间的距离,记作 $d(P,Q)$.

定理 6(霍普夫-里诺) 设曲面 S 上的测地线都能无限延伸,则对 S 上任何两点 P,Q,存在连接点 P,Q 的测地线,使其长度等于 $d(P,Q)$. 这样的测地线称为**极小测地线**.

11. 积分方程

§11.1 一般概念

定义 1 含有对未知函数进行积分运算的方程称为积分方程(后面有时简称方程).

例如

$$\varphi(x)=e^{\lambda}+\lambda\int_0^{10}xt\varphi(t)dt, \tag{11.1-1}$$

$$\varphi(x)=\lambda\int_0^{\pi}(\cos x)\varphi(t)dt, \tag{11.1-2}$$

$$\varphi(x)-\lambda\int_0^1\varphi^2(y)dy=1, \tag{11.1-3}$$

都是含有未知函数 $\varphi(x)$的积分方程(其中 λ 为参数).

定义 2 若积分方程线性地含有未知函数,则称为**线性积分方程**(如(11.1-1),(11.1-2)),否则称为**非线性积分方程**(如(11.1-3)).

本章就介绍线性积分方程的理论和方法,下面对线性积分方程进行分类.

定义 3 形如

$$\int_a^b K(x,t)\varphi(t)dt=f(x), \tag{11.1-4}$$

$$\varphi(x)=\lambda\int_a^b K(x,t)\varphi(t)dt+f(x), \tag{11.1-5}$$

$$a(x)\varphi(x)=\lambda\int_a^b K(x,t)\varphi(t)dt+f(x) \tag{11.1-6}$$

的方程称为**弗雷德霍姆积分方程**. (11.1-4),(11.1-5),(11.1-6)分别称为**第一类,第二类,第三类弗雷德霍姆积分方程**. 其中 $\varphi(x)$为未知函数,$K(x,t)$和 $a(x)$,$f(x)$是已知函数,它们分别定义在区域 $a\leqslant x\leqslant b,a\leqslant t\leqslant b$ 和区间 $a\leqslant x\leqslant b$ 上,λ 为参数(也可以是复的).

定义 4 形如

$$\int_a^x K(x,t)\varphi(t)dt=f(x), \tag{11.1-7}$$

$$\varphi(x)=\lambda\int_a^x K(x,t)\varphi(t)dt+f(x), \tag{11.1-8}$$

$$a(x)\varphi(x)=\lambda\int_a^x K(x,t)\varphi(t)dt+f(x) \tag{11.1-9}$$

的方程分别称为**第一类,第二类,第三类沃尔泰拉积分方程**.

沃尔泰拉积分方程可视作弗雷德霍姆积分方程的特殊情形,即在弗雷德霍姆积分方程中假定 $x<t$ 时,有 $K(x,t)=0$. 但是这两类方程之间有着很大的差别.

对于方程(11.1-6)和(11.1-9),若 $a(x)$ 恒不为零,用 $a(x)$ 除以该两方程的两边,则它们分别转化为(11.1-5),(11.1-8). 当 $a(x)\equiv 0$ 时,第三类方程即化为第一类方程.

上述方程都是属于一维的情形,它们都可推广到 n 维的情形. 例如把(11.1-5)推广之,得

$$\varphi(p)=\lambda\int_D K(P,Q)\varphi(Q)dQ+f(p),$$

其中 $P\in D,Q\in D,D$ 为 $\boldsymbol{R}^n$ 中的有界域.

下面主要介绍的是在一维情形下的理论,把它们推广到 n 维情形也是正确的.

定义 5 在上述诸方程中,$K(x,t)$ 称为积分方程的**核**. 在第二类(或第三类)积分方程中,$f(x)$ 称为方程的**自由项**,当 $f(x)\equiv 0$ 时,积分方程称为**齐次的**,否则称为**非齐次的**. 例如

$$\varphi(x)=\lambda\int_a^b K(x,t)\varphi(t)dt \tag{11.1-10}$$

即为第二类弗雷德霍姆齐次积分方程.

定义 6 若 $\lambda=\lambda_0$ 时,方程(11.1-10)具有不恒等于零的解,则称 λ_0 为积分方程的**特征值**. 而方程

$$\varphi(x)=\lambda_0\int_a^b K(x,t)\varphi(t)dt$$

的一切不恒等于零的解都称为对应于特征值 λ_0 的**特征函数**.

对于确定的特征值 $\lambda=\lambda_0$,必存在着有限个线性无关的特征函数 $\varphi_1(x)$,$\varphi_2(x),\cdots,\varphi_k(x)$,使得每个对应于 λ_0 的特征函数都可以用 $\varphi_1(x),\varphi_2(x),\cdots,\varphi_k(x)$ 线性表示. 这时数 k 称为特征值 λ_0 的**秩**. 不同的特征值可以有不同的秩.

对于沃尔泰拉齐次积分方程,在§11.8 中将见到对于任何 $\boldsymbol{\lambda}$ 值,方程没有非零解,因此沃尔泰拉方程没有特征值.

定义 7

$$\psi(x)=\lambda\int_a^b K(t,x)\psi(t)dt+g(x) \tag{11.1-11}$$

称为方程(11.1-5)的**转置方程**.

$$\psi(x)=\lambda\int_a^b K(t,x)\psi(t)dt \tag{11.1-12}$$

称为方程(11.1-10)的转置方程.

不少求解微分方程的问题可化为求解积分方程的问题.

例 1 对于下列二阶微分方程的边值问题

$$\begin{cases}\dfrac{d^2 y}{dx^2}+\lambda y=0 \quad (\lambda\text{ 为参数}),\\ y(0)=0, y(1)=0\end{cases}$$

的求解,可通过二次积分,再交换积分次序,化归为求解弗雷德霍姆积分方程:

$$y(x)=\lambda\int_0^1 K(x,t)y(t)dt,$$

其中

$$K(x,t)=\begin{cases}t(1-x), & 0\leqslant t\leqslant x,\\ x(1-t), & x\leqslant t\leqslant 1.\end{cases}$$

例 2 对于三维拉普拉斯方程球的诺伊曼问题

$$\begin{cases}\Delta u(P)=0\ (P\in\Omega,\Omega\text{ 为一球体}),\\ \left.\dfrac{\partial u}{\partial n}\right|_S=f(P_S)\ (P_s\in S,S=\partial\Omega).\end{cases}$$

设解 $u(P)$为单层位势

$$u(P)=\iint_S\frac{\omega(Q)}{r_{PQ}}dS_Q,$$

其中 $\omega(Q)$为待求的密度函数,它满足第二类弗雷德霍姆积分方程(参看 9.8.2)

$$\omega(P_S)=\frac{1}{2\pi}\iint_S\omega(Q)\,\frac{\cos(\boldsymbol{r}_{P_SQ},\boldsymbol{n}_{P_S})}{r^2_{P_SQ}}dS_Q+\frac{1}{2\pi}f(P_S).$$

在下面 §11.2—§11.7 里介绍了有关弗雷德霍姆方程的理论和方法.

§11.2 弗雷德霍姆定理

定理 1 对于第二类弗雷德霍姆积分方程(11.1-5),当 λ 一定时,有两种可能情形:

(1) 对于任意连续函数 $f(x)$,方程有唯一的连续解. 特别地,当 $f(x)=0$ 时,解为 $\varphi(x)=0$.

(2) 对于相应的齐次方程

$$\varphi(x)=\lambda\int_a^b K(x,t)\varphi(t)dt, \tag{11.1-10}$$

必有 r 个线性无关的解 $\varphi_1,\varphi_2,\cdots,\varphi_r$.

定理 2 若方程(11.1-5)属定理 1 的情形(1),则其转置方程

$$\psi(x)=\lambda\int_a^b K(t,x)\psi(t)dt+g(x) \tag{11.1-11}$$

对每一个 $g(x)$也有唯一解. 若属情形(2),则其转置齐次方程

$$\psi(x)=\lambda\int_a^b K(t,x)\psi(t)dt$$

也有 r 个线性无关的解 $\psi_1,\psi_2,\cdots,\psi_r$.

定理 3 在定理 1 的情形(2)下,非齐次方程(11.1-5)有解的必要充分条件是它的齐次转置方程的每一个解 $\psi_i(i=1,2,\cdots,r)$都满足条件:

$$\int_a^b f(x)\psi_i(x)dx = 0 \quad (i = 1,2,\cdots,r). \tag{11.2-1}$$

定理 1,2,3 称为**弗雷德霍姆定理**.

由特征值的定义,可知若 λ 不是齐次方程的特征值时,则呈现定理 1 中的情形(1),即非齐次方程有解而且是唯一的. 当 λ 是齐次方程特征值时,即有情形(2)成立,这时非齐次方程有解必须满足条件(11.2-1),在此条件下,方程(11.1-5)有无穷多个解.

§11.3 退化核的积分方程

11.3.1 退化核

定义 如果弗雷德霍姆方程的核 $K(x,t)$可以写成

$$K(x,t) = \sum_{i=1}^{n}\alpha_i(x)\beta_i(t), \tag{11.3-1}$$

则称 $K(x,t)$为**退化核**.

可以认为函数 $\alpha_i(x)$ $(i=1,2,\cdots,n)$是线性无关的,$\beta_i(t)(i=1,2,\cdots,n)$也是线性无关的. 否则,$K(x,t)$就可写成项数少于 n 的退化核.

11.3.2 退化核的积分方程的解法

退化核的积分方程的解法可化归为求解线性代数方程组,将核(11.3-1)代入方程(11.1-5),得

$$\varphi(x) = \lambda\sum_{i=1}^{n}\alpha_i(x)\int_a^b\beta_i(t)\varphi(t)dt + f(x), \tag{11.3-2}$$

令 $x_i = \int_a^b\beta_i(t)\varphi(t)dt$, 于是有

$$\varphi(x) = \lambda\sum_{i=1}^{n}\alpha_i(x)x_i + f(x), \tag{11.3-3}$$

再以 $\beta_j(x)$乘等式两边,并对 x 从 a 到 b 积分,得含未知量 $x_i(i=1,2,\cdots,n)$的线性代数方程组

$$x_j - \lambda\sum_{i=1}^{n}C_{ji}x_i = f_j \quad (j = 1,2,\cdots,n), \tag{11.3-4}$$

其中

$$C_{ji} = \int_a^b\beta_j(x)\alpha_i(x)dx,\ f_j = \int_a^b\beta_j(x)f(x)dx.$$

若方程组的系数所组成的行列式不为零，则方程组有唯一的一组解 $x_1, x_2, \cdots, x_n$. 把它们代入(11.3-3)即得积分方程(11.3-2)的解. 若方程组的系数行列式等于零，则齐次线性方程

$$x_j - \lambda\sum_{i=1}^{n} C_{ji}x_i = 0 \quad (j = 1, 2, \cdots, n) \tag{11.3-5}$$

有非零解. 设 $x_1, x_2, \cdots, x_n$ 为一组非零解，则函数

$$\varphi(x) = \lambda\sum_{i=1}^{n} x_i\alpha_i(x)$$

即为齐次积分方程

$$\varphi(x) = \lambda\sum_{i=1}^{n}\alpha_i(x)\int_a^b\beta_i(t)\varphi(t)dt \tag{11.3-6}$$

的一个非零解. 假定$(x_1, x_2, \cdots, x_n)$和$(x_1', x_2', \cdots, x_n')$为方程组(11.3-5)的两个线性无关的解向量，则

$$\varphi_i(x) = \lambda\sum_{i=1}^{n} x_i\alpha_i(x), \varphi_2(x) = \lambda\sum_{i=1}^{n} x_i'\alpha_i(x)$$

为积分方程(11.3-6)的两个线性无关的解，它们都是积分方程的特征函数.

例　解方程 $\varphi(x) = -\lambda\int_0^1(x^2t + xt^2)\varphi(t)dt + f(x)$.

$$K(x,t) = -(x^2t + xt^2);\ \alpha_1(x) = -x^2, \alpha_2(x) = -x;$$

$$\beta_1(t) = t, \beta_2(t) = t^2.$$

$$C_{11} = \int_0^1\beta_1(x)\alpha_1(x)dx = -\frac{1}{4}, C_{12} = -\frac{1}{3},$$

$$C_{21} = -\frac{1}{5}, C_{22} = -\frac{1}{4}.$$

对应的代数方程组为

$$\begin{cases}\left(1 + \dfrac{\lambda}{4}\right)x_1 + \dfrac{\lambda}{3}x_2 = f_1, \\ \dfrac{\lambda}{5}x_1 + \left(1 + \dfrac{\lambda}{4}\right)x_2 = f_2.\end{cases}$$

令系数行列式为零，得 $\lambda = 60 \pm 16\sqrt{15}$，当 λ 取这两个特征值时，齐次积分方程

$$\varphi(x) + \lambda\int_0^1(x^2t + xt^2)\varphi(t)dt = 0$$

有非零解

$$\varphi(x) = C\left(x \mp \frac{5}{\sqrt{15}}x^2\right)\ (C\text{ 为任意常数}).$$

对于 λ 的其他值，原非齐次积分方程均有唯一解

$$\varphi(x) = f(x) - x_1\lambda x^2 - x_2\lambda x,$$

其中 x_1,x_2 由代数方程组唯一解确定.

连续函数 $K(x,t)$ 可以用多项式一致逼近(参看 18.3.2),因此核 $K(x,t)$ 可以用退化核一致逼近,于是可以利用求解退化核方程来求积分方程的近似解.

§11.4 逐次逼近法　叠核和预解核

11.4.1 逐次逼近法

设第二类弗雷德霍姆积分方程

$$\varphi(x) = \lambda\int_a^b K(x,t)\varphi(t)dt + f(x) \tag{11.1-5}$$

的解可表为 λ 的幂级数:

$$\varphi(x) = \varphi_0(x) + \lambda\varphi_1(x) + \lambda^2\varphi_2(x) + \cdots. \tag{11.4-1}$$

假定这级数在 $[a,b]$ 上对 x 是一致收敛的,将它代入方程(11.1-5),比较 λ 的同次幂的系数,得

$$\varphi_0(x) = f(x),$$

$$\varphi_1(x) = \int_a^b K(x,t)\varphi_0(t)dt,$$

$$\varphi_2(x) = \int_a^b K(x,t)\varphi_1(t)dt,$$

$$\cdots\cdots\cdots\cdots\cdots\cdots\cdots\cdots\cdots$$

$$\varphi_n(x) = \int_a^b K(x,t)\varphi_{n-1}(t)dt,$$

$$\cdots\cdots\cdots\cdots\cdots\cdots\cdots\cdots\cdots$$

若 $f(x)$ 和 $K(x,t)$ 分别在 $[a,b]$ 上和正方形域 $K_0: a\leqslant x\leqslant b, a\leqslant t\leqslant b$ 上是连续的,则有

$$|f(x)|\leqslant m,\ |K(x,t)|\leqslant M.$$

由此可估出

$$|\lambda^n\varphi_n(x)|\leqslant m(|\lambda| M(b-a))^n.$$

于是,当

$$|\lambda| < \frac{1}{M(b-a)} \tag{11.4-2}$$

时,级数(11.4-1)对于 x 在 (a,b) 内是绝对且一致收敛的,其和函数 $\varphi(x)$ 即是方程(11.1-5)的连续解.

11.4.2 叠核和预解核

定义 1　$K_1(x,t)=K(x,t)$

$$K_n(x,t) = \int_a^b K_{n-1}(x,t_1)K(t_1,t)dt_1 \quad (n = 2,3,\cdots)$$

称为**叠核**，$K_n(x,t)$称为 $K(x,t)$的 ***n* 次叠核**.

叠核 $K_n(x,t)$可通过 $n-1$ 次积分由基本核 $K(x,t)$来表示：

$$K_2(x,t) = \int_a^b K_1(x,t_1)K(t_1,t)dt_1,$$

$$K_3(x,t) = \int_a^b K_2(x,t_1)K(t_1,t)dt_1$$

$$= \int_a^b\int_a^b K(x,t_2)K(t_2,t_1)K(t_1,t)dt_1dt_2,$$

…………

$$K_n(x,t) = \int_a^b\int_a^b\cdots\int_a^b K(x,t_{n-1})K(t_{n-1},t_{n-2})\cdots K(t_\lambda,t_1)K(t_1,t)dt_1dt_2\cdots dt_{n-1}.$$

利用叠核可将 11.4.1 中的 $\varphi_1(x),\varphi_2(x),\cdots$表示为

$$\varphi_n(x) = \int_a^b K_n(x,t)f(t)dt,\ n = 1,2,\cdots.$$

记

$$R(x,t;\lambda) = \sum_{n=0}^{\infty} K_{n+1}(x,t)\lambda^n \left(|\lambda| < \frac{1}{M(b-a)}\right), \tag{11.4-3}$$

则方程(11.1-5)的解为

$$\varphi(x) = f(x) + \lambda\int_a^b R(x,t;\lambda)f(t)dt. \tag{11.4-4}$$

定义 2 $\sum_{n=0}^{\infty} K_{n+1}(x,t)\lambda^n$ 称为**诺伊曼级数**，其和函数 $R(x,t;\lambda)$称为积分方程(11.1-5)的**预解核**.

预解核满足下面两个积分方程

$$\begin{aligned} R(x,t;\lambda) &= K(x,t) + \lambda\int_a^b K(x,t_1)R(t_1,t;\lambda)dt_1, \\ R(x,t;\lambda) &= K(x,t) + \lambda\int_a^b K(t_1,t)R(x,t_1;\lambda)dt_1. \end{aligned} \tag{11.4-5}$$

当预解核存在时，方程(11.1-5)的解就由(11.4-4)给出.

§11.5 对于任何 λ 的弗雷德霍姆方程

在§11.4 中可见诺伊曼级数只是在条件(11.4-2)下收敛并定义了预解核. 弗雷德霍姆给出了更一般情形下的预解核.

对于核 $K(x,t)$，令

$$K\begin{pmatrix} x_1, x_2, \cdots, x_n \\ t_1, t_2, \cdots, t_n \end{pmatrix} = \begin{vmatrix} K(x_1,t_1) & K(x_1,t_2) & \cdots & K(x_1,t_n) \\ K(x_2,t_1) & K(x_2,t_2) & \cdots & K(x_2,t_n) \\ \cdots & \cdots & \cdots & \cdots \\ K(x_n,t_1) & K(x_n,t_2) & \cdots & K(x_n,t_n) \end{vmatrix}. \quad (11.5\text{-}1)$$

定义 1

$$D(\lambda) = 1 + \sum_{n=1}^{\infty} \frac{(-1)^n \lambda^n}{n!} \int_a^b \int_a^b \cdots \int_a^b K\begin{pmatrix} t_1, t_2, \cdots, t_n \\ t_1, t_2, \cdots, t_n \end{pmatrix} dt_1 dt_2 \cdots dt_n \quad (11.5\text{-}2)$$

称为关于核 $K(x,t)$ 的**弗雷德霍姆行列式**.

$$D(x,t;\lambda) = K(x,t) + \sum_{n=1}^{\infty} \frac{(-1)^n \lambda^n}{n!} \int_a^b \int_a^b \cdots \int_a^b K\begin{pmatrix} x, t_1, t_2, \cdots, t_n \\ t, t_1, t_2, \cdots, t_n \end{pmatrix} dt_1 dt_2 \cdots dt_n$$

(11.5-3)

称为**弗雷德霍姆初余子式**.

$D(\lambda)$, $D(x,t;\lambda)$ 是 λ 的整函数. 当 $D(\lambda) \neq 0$ 时,

$$R(x,t;\lambda) = \frac{D(x,t;\lambda)}{D(\lambda)}. \quad (11.5\text{-}4)$$

(11.5-4)式给出了 $R(x,t;\lambda)$ 在整个复平面上的解析开拓. 开拓后的 $R(x,t;\lambda)$ 仍称为方程(11.1-5)的预解核.

定理 1 若 λ 不是 $D(\lambda)$ 的零点,则对于任何 $f(x)$ 方程(11.1-5)有唯一解,且此解由公式(11.4-4)表出,其中 $R(x,t;\lambda)$ 由式(11.5-4)确定.

定理 2 函数 $D(\lambda)$ 的所有零点都是预解核的极点.

定理 3 若 λ_0 是 $D(\lambda)$ 的零点,则齐次方程

$$\varphi(x) = \lambda_0 \int_a^b K(x,t)\varphi(t)dt$$

有解,且这解不恒等于零.

定理 4 积分方程的特征值都是 $D(\lambda)$ 的零点.

定理 5 在 λ 平面上任何有限区域内,齐次积分方程只存在有限个特征值.

§11.6 对 称 核

定义 1 设弗雷德霍姆方程的核 $K(x,t)$ 取实值,且满足条件

$$K(x,t) = K(t,x), \quad (11.6\text{-}1)$$

则称核 $K(x,t)$ 为**对称核**.

有对称核的齐次积分方程和其转置方程是等同的.

11.6.1 对称核方程的特征值和特征函数

定理 1 凡有不恒等于零的连续对称核方程必具有特征值和特征函数.

定理 2 只要核不是退化的，其特征值和特征函数就有可数无穷多个，核为退化的必要充分条件是它具有有限个特征值.

定理 3 对称核积分方程的特征值都是实数.

定理 4 对称核积分方程其不同特征值所对应的任何两个特征函数是互相正交的(参看 14.5.9).

对于一切特征值可按照它们绝对值的不减次序排列成下序列:

$$\lambda_1,\lambda_2,\cdots,\lambda_n,\cdots(|\lambda_1|\leqslant|\lambda_2|\leqslant\cdots|\lambda_n|\leqslant\cdots), \tag{11.6-2}$$

如果特征值的个数是无限的，则当 $n\to\infty$ 时，$|\lambda_n|\to+\infty$，且任何特征值在数列 $\{\lambda_i\}$ 中出现的次数等于它的秩. 因此一切特征函数也可排列成函数序列，并把它正规正交化，得出正规正交函数系(参看 14.5.9)

$$\{\varphi_k(x)\}\quad(k=1,2,\cdots). \tag{11.6-3}$$

定义 2 序列(11.6-2)和函数系(11.6-3)分别称为核 $K(x,t)$ 或它的对应的积分方程的**特征值序列**和**特征函数系**.

对于特征函数 $\varphi_k(x)(k=1,2,\cdots)$ 有

$$\frac{\varphi_k(x)}{\lambda_k}=\int_a^b K(x,t)\varphi_k(t)dt, \tag{11.6-4}$$

此等式左端可视作核 $K(x,t)$ 关于特征函数系的傅里叶系数.

对于特征值序列 $\{\lambda_i\}_{i=1}^{\infty}$ 有下面等式成立

$$\sum_{i=1}^{\infty}\frac{1}{\lambda_i^2}=\int_a^b\int_a^b(K(x,t))^2dxdt, \tag{11.6-5}$$

因此特征值平方的倒数之和收敛.

11.6.2 对称核按特征函数系的展开式

若把 $K(x,t)$ 视作 t 的函数，则

$$\sum_{k=1}^{\infty}\frac{\varphi_k(x)}{\lambda_k}\varphi_k(t) \tag{11.6-6}$$

称为 $K(x,t)$ 的傅里叶级数.

定理 5 若 $K(x,t)$ 在 $K_0:a\leqslant x\leqslant b,a\leqslant t\leqslant b$ 上连续，且级数(11.6-6)在 K_0 内一致收敛，则级数(11.6-6)的和在 K_0 内等于 $K(x,t)$，即

$$K(x,t)=\sum_{k=1}^{\infty}\frac{\varphi_k(x)\varphi_k(t)}{\lambda_k}. \tag{11.6-7}$$

例 1 对于对称核

$$K(x,t)=\begin{cases}x(1-t),x\leqslant t\\ t(1-x),x\geqslant t\end{cases}\begin{pmatrix}0\leqslant x\leqslant 1\\ 0\leqslant t\leqslant 1\end{pmatrix}$$

将它代入齐次积分方程(11.1-10)，得

$$\varphi(x) = \lambda\int_0^x t(1-x)\varphi(t)dt + \lambda\int_x^1 x(1-t)\varphi(t)dt,$$

对 x 求二次导数，有

$$\varphi''(x) + \lambda\varphi(x) = 0.$$

由核所满足的条件 $K(0,t)=K(1,t)=0$，得出 $\varphi(0)=\varphi(1)=0$. 于是特征值 $\lambda_k = k^2\pi^2$，特征函数 $\varphi_k(x)=\sqrt{2}\sin k\pi x(k=1,2,\cdots)$，这时，

$$K(x,t) = \frac{2}{\pi^2}\sum_{k=1}^{\infty}\frac{\sin k\pi x\sin k\pi t}{k^2}.$$

定理 6(希尔伯特-施密特定理) 设 $K(x,t)$ 为在 $K_0: a\leqslant x\leqslant b, a\leqslant t\leqslant b$ 上的连续对称核，则对于任一在 $[a,b]$ 上分段连续的函数 $h(t)$ 所确定的连续函数 $g(x)$：

$$g(x) = \int_a^b K(x,t)h(t)dt$$

在 (a,b) 内可按 $K(x,t)$ 的特征函数系(11.6-3)展为绝对且一致收敛的级数

$$g(x) = \sum_{k=1}^{\infty} C_k\varphi_k(x),$$

其中

$$C_k = \int_a^b g(x)\varphi_k(x)dx.$$

对于含对称核的非齐次积分方程(11.1-5)，当 λ 不是特征值时，其解为

$$\varphi(x) = f(x) + \lambda\sum_{k=1}^{\infty}\frac{\varphi_k(x)}{\lambda_k-\lambda}\int_a^b f(x)\varphi_k(x)dx. \tag{11.6-8}$$

(11.6-8)称为**施密特公式**.

在对称核的情况下，弗雷德霍姆初余子式和预解核也为对称函数. 这时预解核

$$R(x,t;\lambda) = K(x,t) + \lambda\sum_{k=1}^{\infty}\frac{\varphi_k(x)\varphi_k(t)}{\lambda_k(\lambda_k-\lambda)}. \tag{11.6-9}$$

11.6.3 对称核的分类 默塞尔定理

定义 3 对于 $[a,b]$ 上分段连续的任意函数 $\varphi(x)$，若二次积分

$$\int_a^b\int_a^b K(x,t)\varphi(x)\varphi(t)dxdt \geqslant 0 (\text{或} \leqslant 0),$$

则称对称核 $K(x,t)$ 为**半正定核**(或**半负定核**). 若等号只限制在 $\varphi(x)\equiv 0$ 时成立，则称对称核 $K(x,t)$ 为**正定核**(或**负定核**).

核为半正定(或半负定)的必要充分条件是所有的特征值 λ_k 都是正的(或负的).

定理 7(默塞尔定理) 若 $K(x,t)$ 是半正定(或半负定)的连续核，则展开式(11.6-7)成立，且级数在 $K_0: a\leqslant x\leqslant b, a\leqslant t\leqslant b$ 内绝对且一致收敛.

11.6.4 埃尔米特核和斜对称核

定义 4 若核 $K(x,t)$ 满足 $K(t,x)=\overline{K(x,t)}$，则称 $K(x,t)$ 为**埃尔米特核**，其中 $\overline{K}$

表示对 K 取共轭.

因此对称核是埃尔米特核的特殊情形. 前面关于对称核的理论可推广到埃尔米特核的情形. 例如核的一切特征值是实的,但这时特征函数也可能是复的,因而(11.6-3)是正规正交复函数系:

$$\int_a^b \varphi_p(x)\overline{\varphi_q(x)}dx = \begin{cases} 0, \text{当 } p \neq q \text{ 时}, \\ 1, \text{当 } p = q \text{ 时}. \end{cases}$$

这时对应于级数(11.6-6),有级数

$$\sum_{k=1}^{\infty} \frac{\varphi_k(x)\overline{\varphi_k(t)}}{\lambda_k},$$

当此级数在 K_0 内一致收敛时,有

$$K(x,t) = \sum_{k=1}^{\infty} \frac{\varphi_k(x)\overline{\varphi_k(t)}}{\lambda_k},$$

$$\sum_{k=1}^{\infty} \frac{1}{\lambda_k^2} = \int_a^b\int_a^b |K(x,t)|^2 dxdt.$$

定义 5 若实核 $K(x,t)$ 满足 $K(t,x)=-K(x,t)$,则称它为**斜对称核**.

如果 $K(x,t)$ 是斜对称核,则 $iK(x,t)$ 是埃尔米特核. 因此,在斜对称核的积分方程

$$\varphi(x) = \lambda\int_a^b K(x,t)\varphi(t)dt + f(x)$$

中以 λi 代替 λ,就得到埃尔米特核的积分方程:

$$\varphi(x) = \lambda\int_a^b iK(x,t)\varphi(t)dt + f(x),$$

故斜对称核的积分方程一定有特征值,且所有特征值都是纯虚数.

§ 11.7 $\dfrac{\widetilde{K}(x,t)}{|x-t|^{\alpha}}$型无界核　奇异积分方程

11.7.1 核为$\dfrac{\widetilde{K}(x,t)}{|x-t|^{\alpha}}$型的积分方程

设 $\widetilde{K}(x,t)$ 在区域 $K_0: a \leqslant x \leqslant b, a \leqslant t \leqslant b$ 上连续,当 $0<\alpha<1$ 时,则对应于无界核

$$K(x,t) = \frac{\widetilde{K}(x,t)}{|x-t|^{\alpha}} \tag{11.7-1}$$

的积分方程

$$\varphi(x) = \lambda\int_a^b K(x,t)\varphi(t)dt + f(x),$$

弗雷德霍姆定理在整个 λ 平面上仍然成立,且这时特征值 λ 不能有有限的极限点.

推广到 n 维空间的情形,这时

$$K(P,Q)=\frac{\widetilde{K}(P,Q)}{r^{\alpha}},0<\alpha<n, \tag{11.7-2}$$

是点 P 和 Q 之间的距离，其中 P,Q 都属于 $\boldsymbol{R}^n$ 中某有界区域 $\bar{G}$，$\widetilde{K}(P,Q)$ 是 (P,Q) 的连续函数.(11.7-2)型的核称为**极性核**. 当 $0<\alpha<\frac{n}{2}$ 时，相应的核称为**弱极性核**.

11.7.2　奇异积分方程

定义 1　平方不可积的核称为**奇核**.

定义 2　凡核为奇核或积分区域为无界的积分方程都称为**奇异积分方程**.

例 1　考虑积分方程

$$\varphi(x)=\lambda\int_0^{\infty}\sin xt\varphi(t)dt,$$

对于任意正数 α，由傅里叶正弦变换公式(参看§16.2)可知

$$\sqrt{\frac{\pi}{2}}e^{-\alpha x}\pm\frac{x}{\alpha^2+x^2}=\pm\sqrt{\frac{2}{\pi}}\int_0^{\infty}\sin xt\left(\sqrt{\frac{\pi}{2}}e^{-\alpha t}\pm\frac{t}{\alpha^2+t^2}\right)dt,$$

所以当 $\lambda=\pm\sqrt{\frac{2}{\pi}}$ 时，函数

$$\varphi(x)=\sqrt{\frac{\pi}{2}}e^{-\alpha x}\pm\frac{x}{\alpha^2+x^2}\quad(\alpha>0)$$

为所给积分方程的解. 亦即对应于特征值 $\lambda=\pm\sqrt{\frac{2}{\pi}}$ 有无穷多个特征函数，即§11.2中的弗雷德霍姆定理 1 中的结论不再适用于所给方程.

例 2　对于积分方程

$$\varphi(x)=\lambda\int_{-\infty}^{+\infty}e^{-|x-t|}\varphi(t)dt,$$

因为对于任意函数 α，有

$$\int_{-\infty}^{+\infty}e^{-|x-t|}e^{-i\alpha t}dt=\frac{2}{1+\alpha^2}e^{-i\alpha x},$$

所以当 $\lambda=\frac{1+\alpha^2}{2}$ 时，所给积分方程有解

$$\varphi(x)=e^{-i\alpha x}.$$

这表明所有不小于 $\frac{1}{2}$ 的实数 λ 都是上述积分方程的特征值.

对于奇异积分方程的一般理论需以更广泛的积分概念——勒贝格积分(参看14.4.5)作基础.

§ 11.8 沃尔泰拉方程

11.8.1 第二类沃尔泰拉积分方程和方程组

对于方程

$$\varphi(x) = \lambda\int_a^x K(x,t)\varphi(t)dt + f(x), \tag{11.8-1}$$

完全类似于 11.4.1 可用逐次逼近法求解. 设解的级数形式为

$$\varphi(x) = \varphi_0(x) + \lambda\varphi_1(x) + \lambda^2\varphi_2(x) + \cdots, \tag{11.8-2}$$

其中函数 $\varphi_n(x)$ 由下面公式逐次确定.

$$\varphi_0(x) = f(x);\varphi_n(x) = \int_a^x K(x,t)\varphi_{n-1}(t)dt \ (n = 1,2,\cdots).$$

假定 $f(x)$ 和 $K(x,t)$ 分别在区间 $[a,b]$ 和区域 $K_0: a\leqslant x\leqslant b, a\leqslant t\leqslant b$ 上连续,则有

$$|f(x)|\leqslant m, \ |K(x,t)|\leqslant M,$$

由此可估出

$$|\lambda^n\varphi_n(x)|\leqslant\frac{m(|\lambda|M(b-a))^n}{n!}.$$

故级数(11.8-2)对于任何 λ,在 $[a,b]$ 上对 x 是绝对且一致收敛的,其和函数 $\varphi(x)$ 是连续函数且满足方程(11.8-1).

对于沃尔泰拉方程同样可作出预解核

$$R(x,t;\lambda) = \sum_{n=0}^{\infty}K_{n+1}(x,t)\lambda^n, \tag{11.8-3}$$

其中叠核

$$K_1(x,t) = K(x,t), K_n(x,t) = \int_a^x K_{n-1}(x,t_1)K(t_1,t)dt_1 (n = 2,3\cdots).$$

可以证明(11.8-3)右端的诺伊曼级数对于一切 λ 是绝对且一致收敛的. 因此预解核是整函数,方程(11.8-1)对于任何的 λ 有唯一解

$$\varphi(x) = \lambda\int_a^x R(x,t;\lambda)f(t)dt + f(x).$$

因而沃尔泰拉方程没有特征值,即齐次方程

$$\varphi(x) = \lambda\int_a^x K(x,t)\varphi(t)dt$$

对于任何 λ 只有零解.

对于沃尔泰拉方程组:

$$\varphi_i(x) = \lambda\sum_{j=1}^{N}\int_a^x K_{ij}(x,t)\varphi_j(t)dt + f_i(x) \quad (i = 1,2,\cdots,N), \tag{11.8-4}$$

也可用逐次逼近法来求解. 取 $\varphi_i^{(0)}(x)=f_i(x)(i=1,2,\cdots,N)$ 作为解的零次近似. 将 $\varphi_j^{(0)}$ 代替(11.8-4)的右端中的 φ_j,得到解的一次近似:

$$\varphi_i^{(1)}(x)=\lambda\sum_{j=1}^{N}\int_a^x K_{ij}(x,t)\varphi_j^{(0)}(t)dt+f_i(x)\ (i=1,2,\cdots,N),$$

$$\cdots\cdots$$

逐次迭代,可得

$$\varphi_i^{(n+1)}(x)=\lambda\sum_{j=1}^{N}\int_a^x K_{ij}(x,t)\varphi_j^{(n)}(t)dt+f_i(x)$$
$$(i=1,2,\cdots,N;n=1,2,\cdots).$$

若函数序列 $\{\varphi_i^{(n)}(x)\}_{n=0}^{\infty}$ 在 $[a,b]$ 上一致收敛,则极限函数 $\varphi_i(x)(i=1,2,\cdots,N)$ 即为方程组(11.8-4)的解.

11.8.2 特殊形式的沃尔泰拉方程

给定

$$\varphi(x)=\int_0^x K(x-t)\varphi(t)dt+f(x),\tag{11.8-5}$$

其中核为 $K(x-t)$,它是只依赖于两个变量之差的函数. 设 $f(x)$,$K(x)$ 为在 $[0,\infty)$ 上的已知连续函数. 对此特殊类型的沃尔泰拉积分方程可用拉普拉斯变换(参看§16.7)来求解. 对方程(11.8-5)两边取拉普拉斯变换

$$\mathscr{L}[\varphi(x)]=\mathscr{L}\left[\int_0^x K(x-t)\varphi(t)dt\right]+\mathscr{L}[f(x)],$$

再利用卷积定理(参看16.7.3),得

$$\mathscr{L}[\varphi(x)]=\mathscr{L}[K(x)]\cdot\mathscr{L}[\varphi(x)]+\mathscr{L}[f(x)],$$

从而

$$\mathscr{L}[\varphi(x)]=\frac{\mathscr{L}[f(x)]}{1-\mathscr{L}[K(x)]}.\tag{11.8-6}$$

再作拉普拉斯逆变换,即得方程的解

$$\varphi(x)=\frac{1}{2\pi i}\int_{\sigma-i\infty}^{\sigma+i\infty}\Phi(p)e^{px}dp,\tag{11.8-7}$$

其中 $\Phi(p)=\mathscr{L}[\varphi(x)]$,$\mathrm{Re}p=\sigma>c$,$c$ 为使象函数 $\Phi(p)$ 在 $\mathrm{Re}p>c$ 上解析的充分大的实数.

由于 $K(x-t)$ 的 n 次叠核 $K_n(x,t)$ 是 $x-t$ 的函数,于是可推得方程(11.8-5)的预解核也为 $x-t$ 的函数,记作 $R(x-t)$,因此这时解的公式为

$$\varphi(x)=\int_0^x R(x-t)f(t)dt+f(x),\tag{11.8-8}$$

如对(11.8-8)两边取拉普拉斯变换,设 $\mathscr{L}[R(x)]=M(p)$,再利用(11.8-6),可得

$$M(p) = \frac{\mathscr{L}[K(x)]}{1 - \mathscr{L}[K(x)]}, \tag{11.8-9}$$

取拉普拉斯逆变换得

$$R(x) = \frac{1}{2\pi i}\int_{\sigma-i\infty}^{\sigma+i\infty} M(p)e^{px}dp. \tag{11.8-10}$$

把 $R(x)$代入(11.8-8)也可得方程(11.8-5)的解.

例 1 求解方程

$$\varphi(x) = f(x) + \int_0^x (x-t)\varphi(t)dt.$$

这时

$$K(x) = x, \mathscr{L}[K(x)] = \frac{1}{p^2}, M(p) = \frac{1}{p^2 - 1},$$

$$R(x) = \frac{1}{2\pi i}\int_{\sigma-i\infty}^{\sigma+i\infty} \frac{e^{px}}{p^2-1}dp \ (\sigma \text{ 为充分大的实数})$$

$$= \frac{1}{2}(e^x - e^{-x}) \ (\text{参看 } 16.7.4).$$

将 $R(x)$代入(11.8-8),得方程的解

$$\varphi(x) = f(x) + \frac{e^x}{2}\int_0^x e^{-t}f(t)dt - \frac{e^{-x}}{2}\int_0^x e^t f(t)dt.$$

11.8.3 第一类沃尔泰拉积分方程 阿贝尔方程

对于

$$\int_a^x K(x,t)\varphi(t)dt = f(x), \tag{11.8-11}$$

若 $K(x,x) \neq 0$, $K_x(x,t)$, $f'(x)$是连续的,则将方程两边对 x 求导数,且除以 $K(x,x)$,便得第二类沃尔泰拉积分方程:

$$\varphi(x) + \int_a^x \frac{K_x(x,t)}{K(x,x)}\varphi(t)dt = \frac{f'(x)}{K(x,x)}. \tag{11.8-12}$$

注意到条件 $f(a)=0$,容易从方程(11.8-12)回到方程(11.8-11),因此这两个方程是等价的,故方程(11.8-11)有唯一解.

阿贝尔积分方程是由阿贝尔在研究重力场中落体的运动规律与下落时间的关系所得到的. 设质量为 m 的质点在重力作用下,在高度 x 处沿铅直平面内一条曲线运动到曲线的最低点,假定所需要的时间 T 为高度 x 的一个已知函数 $f(x)$,由此来确定曲线的形状. 此问题称为**阿贝尔问题**. 它导出积分方程

$$\int_0^x \frac{\varphi(t)}{\sqrt{2g(x-t)}}dt = f(x), \tag{11.8-13}$$

其中 g 为重力加速度. (11.8-13)称为**阿贝尔方程**,它是特殊的第一类沃尔泰拉积分

方程. 若设 $f(x)$ 为连续函数，且 $f(0)=0$，则方程的解为

$$\varphi(x)=\frac{\sqrt{2g}}{\pi}\int_0^x \frac{f'(t)}{\sqrt{x-t}}dt;$$

这时所求的曲线方程为

$$y=\int_0^x \sqrt{|\varphi^2(t)-1|}\,dt.$$

对于一般的阿贝尔积分方程

$$\int_0^x \frac{G(x,t)}{(x-t)^\alpha}\varphi(t)dt=f(x)\ (0<\alpha<1), \tag{11.8-14}$$

设 G, G_x, f 连续，$G(x,x)\neq 0$，将方程两端乘以 $(u-x)^{\alpha-1}$，且对 x 从 0 到 u 取积分，然后改变积分次序得

$$\int_0^u H(u,t)\varphi(t)dt=\int_0^u f(x)(u-x)^{\alpha-1}dx, \tag{11.8-15}$$

其中

$$H(u,t)=\int_t^u \frac{G(x,t)}{(u-x)^{1-\alpha}(x-t)^\alpha}dx.$$

由于

$$H(u,u)=\frac{\pi}{\sin\alpha\pi}G(u,u)\neq 0,$$

可将(11.8-15)化为第二类沃尔泰拉积分方程

$$\varphi(u)+\int_0^u \frac{H_u(u,t)}{H(u,u)}\varphi(t)dt=g(u),$$

其中

$$\begin{aligned} g(u)&=H(u,u)^{-1}\frac{d}{du}\int_0^u f(x)(u-x)^{\alpha-1}dx \\ &=H(u,u)^{-1}\left(u^{\alpha-1}f(0)+\int_0^u (u-x)^{\alpha-1}f'(x)dx\right). \end{aligned}$$

当 $G(x,t)\equiv 1$ 时，方程(11.8-14)的解为

$$\varphi(x)=\frac{\sin\alpha\pi}{\pi}\left(x^{\alpha-1}f(0)+\int_0^x (x-t)^{\alpha-1}f'(t)dt\right).$$

§11.9 积分方程的近似解法

下面都假定积分方程中涉及的函数是连续的，且方程只有一个解.

11.9.1 数值积分方法

对于积分方程

$$\int_a^b F(x,t,\varphi(x),\varphi(t))dt = 0,$$

在区间$[a,b]$上插入 n 个节点 $a=x_1<x_2<\cdots<x_n=b$，令 $\varphi(x_k)=\varphi_k(k=1,2,\cdots,n)$，利用数值积分法可得关于 φ_k 的代数方程组

$$\sum_{k=1}^{n} A_k F(x_i,x_k,\varphi_i,\varphi_k) = 0 \quad (i=1,2,\cdots,n).$$

解出 φ_k 即得解 $\varphi(x)$在节点 x_k 上的近似值. 特别地，对于第二类弗雷德霍姆积分方程，这时上述代数方程组为线性的.

11.9.2 近似核方法

对于弗雷德霍姆积分方程中的核用近似核来代替，例如对于连续核 $K(x,t)$可用多项式来一致逼近，因此核 $K(x,t)$可用退化核来一致逼近，问题即化归为对退化核的积分方程的求解. 所得的解即为原方程的近似解.

11.9.3 迭代法

对于积分方程

$$\varphi(x) = \int_a^b F(x,t,\varphi(x),\varphi(t))dt,$$

适当选取 $\varphi_0(x)$，令

$$\varphi_1(x) = \int_a^b F(x,t,\varphi_0(x),\varphi_0(t))dt,$$

$$\cdots\cdots\cdots\cdots$$

$$\varphi_n(x) = \int_a^b F(x,t,\varphi_{n-1}(x),\varphi_{n-1}(t))dt \ (n=1,2,\cdots).$$

若由此得出解的近似序列$\{\varphi_n(x)\}_{n=0}^{\infty}$收敛于原积分方程的解，则如截止到第 n 次迭代，就得到近似解 $\varphi_n(x)$.

11.9.4 变分方法

对于积分方程

$$G(x,\varphi(x)) + \int_a^b F(x,t,\varphi(x),\varphi(t))dt = 0, \qquad (11.9\text{-}1)$$

在适当条件下，可看作是求泛函

$$J[y] = \int_a^b\int_a^b E(x,t,y(x),y(t))dxdt + \int_a^b H(x,y(x))dx \qquad (11.9\text{-}2)$$

极值的欧拉方程(参看 12.2-2). 于是求方程(11.9-1)的近似解转化为用变分问题中的直接法(参看 § 12.6)求变分问题(11.9-2)的近似解.

12. 变　分　法

§12.1　一般概念

定义 1　设 Y 是给定的某函数集(假定集中每个函数具有问题中所需要的各阶连续导数),若对于 Y 中的每一个函数 $y(x)$,有一个数 $J\in\boldsymbol{R}$ 与之对应,则称变量 J 为函数 $y(x)$的**泛函**,记作 $J=J[y(x)]$. 简言之,泛函 J 是函数集 Y 到 $\boldsymbol{R}$ 上的一个映射. 映射的自变元为一个函数,而属于 Y 中的每个函数 $y(x)$称为**容许函数**.

上述定义可推广到依赖于多个函数的泛函 $J[y_1(x),y_2(x),\cdots,y_n(x)]$,或依赖于一个或 n 个多元函数的泛函:$J[z(x_1,x_2,\cdots,x_n)]$,$J[z_1(x_1,x_2,\cdots,x_n),z_2(x_1,x_2,\cdots,x_n),\cdots,z_n(x_1,x_2,\cdots,x_n)]$.

例 1　连接平面上两定点 $M_0(x_0,y_0)$,$M_1(x_1,y_1)$的曲线 $y=y(x)$的弧长 l 是函数 $y(x)$的泛函

$$l[y(x)]=\int_{x_0}^{x_1}\sqrt{1+y'^2(x)}dx.$$

例 2　张在闭曲线 L 上的曲面 $z=z(x,y)$的面积 S 是函数 $z(x,y)$的泛函

$$S[z(x,y)]=\iint_D\sqrt{1+z_x^2+z_y^2}dxdy,$$

其中 D 为曲面 $z=z(x,y)$在(x,y)平面上的投影区域.

设 $C^k[x_0,x_1]$(k 为非负整数)表示在区间$[x_0,x_1]$上连续且直至有 k 阶连续导数的函数 $y(x)$全体所成的线性空间. 对于任意 $y_1(x),y_2(x)\in C^k[x_0,x_1]$,定义距离

$$\| y_1-y_2\|_{C^k}=\max_{0\leqslant j\leqslant k}\max_{x_0\leqslant x\leqslant x_1}|y_1^{(j)}-y_2^{(j)}|.$$

定义 2　集合

$$U(y_0(x),\delta)=\{y(x)\mid y(x)\in C^k[x_0,x_1],\| y(x)-y_0(x)\|_{C^k}<\delta\}$$

称为函数 $y_0(x)$的 **k 级 $\boldsymbol{\delta}$ 邻域**.

定义 3　设 $y(x),y_1(x)\in Y$,则 $y_1(x)-y(x)$称为函数 $y(x)$的**变分**,记作 δy,即 $\delta y=y_1(x)-y(x)$.

定义 4　若泛函的改变量

$$\begin{aligned}\Delta J[y(x)]&=J[y(x)+\delta y]-J[y(x)]\\&=L[y(x),\delta y]+o(\|\delta y\|)\end{aligned}$$

其中 o 的意义参看 6.1.5,$L[y(x),\delta y]$是关于 $y(x)$,δy 的二元泛函,且对于 δy 是线性的,则称 $L[y(x),\delta y]$为泛函 $J[y(x)]$的**变分**,记作 δJ,即 $\delta J=L[y(x),\delta y]$. 这时称泛函 J 是**具有变分的**.

若泛函 $J[y(x)+\alpha\delta y]$(其中 α 为参变量)对 α 可导,则泛函 $J[y(x)]$ 的变分也可定义为

$$\delta J = \frac{\partial}{\partial\alpha}J[y(x)+\alpha\delta y]\mid_{\alpha=0}.$$

定义 5 若泛函 $J[y(x)]$ 在 $y=y_0(x)$ 的零级 δ 邻域内恒有

$$\Delta J = J[y(x)] - J[y_0(x)] \leqslant 0 \quad (或 \geqslant 0), \qquad (12.1\text{-}1)$$

则称 $J[y(x)]$ 在 $y=y_0(x)$ 上达到**相对强极大值**(或**相对强极小值**). 若泛函 $J[y(x)]$ 在 $y=y_0(x)$ 的一级 δ 邻域内恒有(12.1-1),则称 $J[y(x)]$ 在 $y=y_0(x)$ 上达到**相对弱极大值**(或**相对弱极小值**). 相对强(弱)极值简称**强(弱)极值**.

强极值与弱极值在考虑极值的充分条件时才显出有区分它们的必要,见§12.3中定理1、2. 在一般情况下就不细分,统称之为**极值**. 使泛函达到极值的曲线 $y=y_0(x)$ 称为**极值曲线**.

变分法就是研究求泛函极值的方法. 有关求泛函极值的问题称为**变分问题**.

例 3 最速下降曲线问题.

给定高度不同的且不在同一铅直线上的两点 $A(0,0)$ 和 $B(a,b)$(设 $b>0$)(图12.1-1),欲寻求曲线 $y=y(x)$,使质点在重力作用下沿着这条曲线从点 A 无摩擦地滑行到点 B 所需要的时间为最少. 滑行所需的时间 T 是 $y(x)$ 的泛函

$$T = \int_0^a \frac{\sqrt{1+y'^2}}{\sqrt{2gy}}dx$$

(其中 g 为重力加速度).

需求的是使 T 取极小值的 $y=y(x)$.

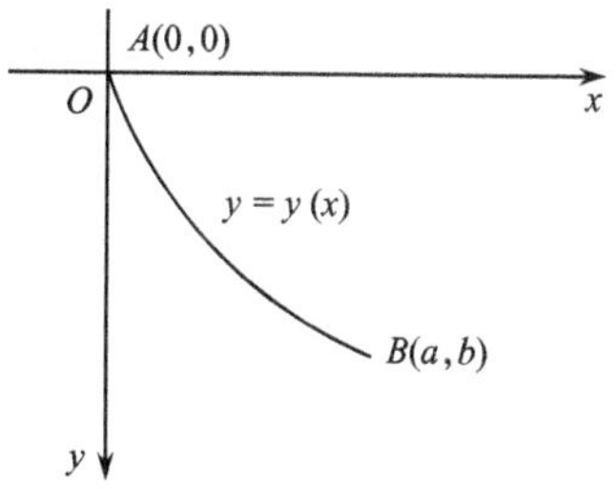

图 12.1-1

例 4 测地线问题.

求曲面 $f(x,y,z)=0$ 上给定两点 $A(x_0,y_0,z_0)$ 和 $B(x_1,y_1,z_1)$ 间长度最短的曲线 $y=y(x)$,$z=z(x)$. 这是一个求泛函

$$l = \int_{x_0}^{x_1}\sqrt{1+y'^2(x)+z'^2(x)}\,dx$$

在约束条件 $f(x,y,z)=0$ 下的极小值问题.

定理(泛函极值的必要条件) 如果具有变分的泛函 $J[y(x)]$ 在 $y=y_0(x)$ 上达到极值,则泛函 J 在 $y=y_0(x)$ 上有 $\delta J=0$.

§12.2 固定边界的变分问题

12.2.1 最简单的变分问题 欧拉方程

给定泛函

$$J[y(x)] = \int_{x_0}^{x_1} F(x, y(x), y'(x))dx, \quad (12.2\text{-}1)$$

其中函数 F 对 x, y, y' 都是二阶连续可微的，$y(x)$ 属于 C^2 类函数. 设容许曲线 $y=y(x)$（$y(x)$ 为容许函数）的边界是固定的，即满足边界条件：

$$y(x_0) = y_0, y(x_1) = y_1.$$

由上节定理，得出使泛函(12.2-1)取得极值的函数 $y=y(x)$ 必须满足微分方程：

$$F_y - \frac{d}{dx}F_{y'} = 0, \quad (12.2\text{-}2)$$

详细写出为

$$F_y - F_{xy'} - F_{yy'}y' - F_{y'y'}y'' = 0.$$

方程(12.2-2)称为**欧拉方程**. 它给出了极值存在的一个必要条件. 欧拉方程的每一个解称为关于变分问题的**平稳函数**，其图象则称为**平稳曲线**. 平稳曲线不一定就是极值曲线，只能说在平稳曲线上泛函才有可能达到极值.

例 1

$$J[y(x)] = \int_0^1 (y'^2 + 12xy)dx, y(0) = 0, y(1) = 1.$$

这时欧拉方程为 $y''-6x=0$，因此泛函的极值只可能在曲线 $y=x^3$ 上达到.

下面考察在(12.2-1)中 $F(x,y,y')$ 的几种特殊情况：

1. $F=F(x,y)$

这时欧拉方程为 $F_y(x,y)=0$，它不是微分方程，变分问题的解一般不存在，只有当曲线 $F_y(x,y)=0$ 通过边界点 (x_0,y_0) 和 (x_1,y_1) 时，它才是平稳曲线.

2. $F=M(x,y)+N(x,y)y'$

这时欧拉方程为 $\frac{\partial M}{\partial y}-\frac{\partial N}{\partial x}=0$，类似情形 1. 特别地，当 $\frac{\partial M}{\partial y}-\frac{\partial N}{\partial x}\equiv 0$ 时，(12.2-1)的积分与路线无关，变分问题失去意义.

3. $F=F(y')$

这时欧拉方程为 $F_{y'y'}y''=0$，若 $F_{y'y'}\neq 0$，平稳曲线为 $y=c_1x+c_2$，其中 c_1 和 c_2 由边界条件来确定.

4. $F=F(x,y')$

这时欧拉方程为 $\frac{d}{dx}F_{y'}=0$，得通积分 $\Phi(x,y,c_1,c_2)=0$，然后由边界条件确定 c_1 和 c_2.

5. $F=F(y,y')$

这时欧拉方程为 $F_y-F_{yy'}y'-F_{y'y'}y''=0$，方程逐项乘以 y'，得 $\frac{d}{dx}(F-F_{y'}y')=0$. 后面步骤类同 4.

例 2 最速下降曲线问题的求解.

$$T=\int_0^a \frac{\sqrt{1+y'^2}}{\sqrt{2gy}}dx；\ y(0)=0,y(a)=b.$$

这里 $F(y,y')=\frac{\sqrt{1+y'^2}}{\sqrt{2gy}}$，属情形 5. 解之，得平稳曲线族为

$$x=\frac{c_1}{2}(t-\sin t)+c_2,y=\frac{c_1}{2}(1-\cos t),$$

其中 c_1,c_2 由边界条件来确定. 针对此具体变分问题，所得的平稳曲线（摆线）即为最速下降曲线.

12.2.2 含多个未知函数的泛函

$$J[y_1,y_2,\cdots,y_n]=\int_{x_0}^{x_1}F(x,y_1,y_2,\cdots,y_n,y_1',y_2',\cdots,y_n')dx. \qquad (12.2\text{-}3)$$

设容许函数 $y_i(x)(i=1,2,\cdots,n)$ 属 C^2 类，且满足边界条件

$$\begin{aligned}&y_1(x_0)=y_{10},y_2(x_0)=y_{20},\cdots,y_n(x_0)=y_{n0}；\\&y_1(x_1)=y_{11},y_2(x_1)=y_{21},\cdots,y_n(x_1)=y_{n1}.\end{aligned} \qquad (12.2\text{-}4)$$

即容许曲线 $y=y_i(x)(i=1,2,\cdots,n)$ 在空间 $(x,y_1,y_2,\cdots,y_n)$ 中均通过固定点 $(x_0,y_{10},y_{20},\cdots,y_{n0})$ 和 $(x_1,y_{11},y_{21},\cdots,y_{n1})$.

使泛函(12.2-3)取得极值的函数 $y_1,y_2,\cdots,y_n$ 必须满足一组二阶微分方程：

$$F_{y_i}-\frac{d}{dx}F_{y_i'}=0\quad(i=1,2,\cdots,n), \qquad (12.2\text{-}5)$$

方程组的解一般为在空间 $(x,y_1,y_2,\cdots,y_n)$ 中含有 $2n$ 个参数的积分曲线族：

$$\begin{cases}y_1=y_1(c_1,c_2,\cdots,c_{2n},x),\\y_2=y_2(c_1,c_2,\cdots,c_{2n},x),\\\quad\cdots\cdots\cdots\cdots\cdots\cdots\\y_n=y_n(c_1,c_2,\cdots,c_{2n},x),\end{cases}$$

其中 $c_1,c_2,\cdots,c_{2n}$ 由边界条件(12.2-4)所确定.

12.2.3 含高阶导数的泛函

$$J[y(x)]=\int_{x_0}^{x_1}F(x,y(x),y'(x),\cdots,y^{(n)}(x))dx, \qquad (12.2\text{-}6)$$

设容许函数属 C^{2n} 类，且满足边界条件：

$$\begin{aligned}&y(x_0)=y_0,y'(x_0)=y_0',\cdots,y^{(n-1)}(x_0)=y_0^{(n-1)},\\&y(x_1)=y_1,y'(x_1)=y_1',\cdots,y^{(n-1)}(x_1)=y_1^{(n-1)}.\end{aligned}\qquad(12.2\text{-}7)$$

使泛函(12.2-6)取得极值的函数必须满足方程(也称欧拉方程)：

$$F_y-\frac{d}{dx}F_{y'}+\frac{d^2}{dx^2}F_{y''}-\cdots+(-1)^n\frac{d^n}{dx^n}F_{y^{(n)}}=0.\qquad(12.2\text{-}8)$$

方程的通解含 $2n$ 个任意常数，它们由(12.2-7)确定.

12.2.4 多元函数的泛函

1. $$J[z(x,y)]=\iint_D F\left(x,y,z,\frac{\partial z}{\partial x},\frac{\partial z}{\partial y}\right)dxdy.\qquad(12.2\text{-}9)$$

为书写简便起见，记 $\frac{\partial z}{\partial x}=p,\frac{\partial z}{\partial y}=q$. 设 F 为二阶连续可微，容许函数 $z(x,y)$ 亦为二阶连续可微的，且满足边界条件 $z|_{\partial D}=f(x,y)$(其中 ∂D 为 D 的边界，$f(x,y)$ 为已知函数).

使泛函(12.2-9)取得极值的函数 $z=z(x,y)$ 必须满足下列欧拉方程：

$$F_z-\frac{\partial}{\partial x}F_p-\frac{\partial}{\partial y}F_q=0.\qquad(12.2\text{-}10)$$

此欧拉方程的解称为变分问题(12.2-9)的平稳函数，其图象则称为**平稳曲面**.

例 3 求泛函

$$J[z(x,y)]=\iint_D\left(\left(\frac{\partial z}{\partial x}\right)^2+\left(\frac{\partial z}{\partial y}\right)^2\right)dxdy;\ z|_{\partial D}=f(x,y)$$

的平稳曲面 $z=z(x,y)$.

这时欧拉方程为 $\frac{\partial^2 z}{\partial x^2}+\frac{\partial^2 z}{\partial y^2}=0$，于是求泛函的平稳曲面归结为解拉普拉斯方程的狄利克雷问题(参看 9.5.4)

$$\begin{cases}\Delta z(x,y)=0,\ (x,y)\in D,\\ z|_{\partial D}=f(x,y).\end{cases}$$

若此狄利克雷问题难于求解，则可采用变分问题的直接法(参看 12.6.4).

2. $$J[z(x_1,x_2,\cdots,x_n)]=\iint\limits_{\Omega}\cdots\int F(x_1,x_2,\cdots,x_n,z,p_1,p_2,\cdots,p_n)dx_1dx_2\cdots dx_n,$$

其中

$$p_i=\frac{\partial z}{\partial x_i}\ (i=1,2,\cdots,n).$$

使泛函 J 取得极值的函数 $z=z(x_1,x_2,\cdots,x_n)$ 必须满足欧拉方程

$$F_z-\sum_{i=1}^n\frac{\partial}{\partial x_i}F_{p_i}=0.$$

3. $J[z(x,y)]=\iint\limits_D F\left(x,y,z,\frac{\partial z}{\partial x},\frac{\partial z}{\partial y},\frac{\partial^2 z}{\partial x^2},\frac{\partial^2 z}{\partial x\partial y},\frac{\partial^2 z}{\partial y^2}\right)dxdy.$

再引入记号

$$\frac{\partial^2 z}{\partial x^2}=r,\frac{\partial^2 z}{\partial x\partial y}=s,\frac{\partial^2 z}{\partial y^2}=t.$$

使泛函 J 取得极值的函数 $z=z(x,y)$ 应满足下列欧拉方程

$$F_z-\frac{\partial}{\partial x}F_p-\frac{\partial}{\partial y}F_q+\frac{\partial^2}{\partial x^2}F_r+\frac{\partial^2}{\partial x\partial y}F_s+\frac{\partial^2}{\partial y^2}F_t=0.$$

例 4 对于泛函

$$J[z(x,y)]=\iint\limits_D\left(\left(\frac{\partial^2 z}{\partial x^2}\right)^2+\left(\frac{\partial^2 z}{\partial y^2}\right)^2+2\left(\frac{\partial^2 z}{\partial x\partial y}\right)^2\right)dxdy,$$

其平稳函数 $z=z(x,y)$ 应满足**重调和方程**

$$\Delta\Delta z=\frac{\partial^4 z}{\partial x^4}+2\frac{\partial^4 z}{\partial x^2\partial y^2}+\frac{\partial^4 z}{\partial y^4}=0.$$

12.2.5 用参数形式表示的泛函

在有些变分问题中，采用参数方程 $x=x(t),y=y(t)$ 表示曲线更为方便. 这时假定问题中涉及的曲线都是正则曲线(参看 10.1.1)，于是泛函

$$J=\int_{x_0}^{x_1}F(x,y,y')dx=\int_{t_0}^{t_1}\Phi(x(t),y(t),\dot{x}(t),\dot{y}(t))dt, \qquad (12.2\text{-}11)$$

其中

$$x_0=x(t_0),x_1=x(t_1),\dot{x}=\frac{dx}{dt},\dot{y}=\frac{dy}{dt},$$

$$\Phi(x,y,\dot{x},\dot{y})=F\left(x(t),y(t),\frac{\dot{y}(t)}{\dot{x}(t)}\right)\dot{x}(t).$$

对任意参数 k，有

$$\Phi(x,y,k\dot{x},k\dot{y})=k\Phi(x,y,\dot{x},\dot{y}).$$

即 Φ 对 $\dot{x},\dot{y}$ 而言是一次齐次函数，它满足方程

$$\dot{x}\Phi_{\dot{x}}+\dot{y}\Phi_{\dot{y}}=\Phi. \qquad (12.2\text{-}12)$$

泛函(12.2-11)只依赖于曲线的形状，而不依赖于它的参数表达式，即有

$$\int_{t_0}^{t_1}\Phi(x,y,\dot{x}(t),\dot{y}(t))dt=\int_{\tau_0}^{\tau_1}\Phi(x,y,\dot{x}(\tau),\dot{y}(\tau))d\tau,$$

其中 $t=t(\tau),\frac{dt}{d\tau}>0$.

由泛函(12.2-11)所得的两个欧拉方程

$$\Phi_x-\frac{d}{dt}\Phi_{\dot{x}}=0,\Phi_y-\frac{d}{dt}\Phi_{\dot{y}}=0$$

和关系式(12.2-12)联立，必须和原先的欧拉方程(12.2-2)相当，因此它们不是独立的．它们由恒等式

$$\dot{x}\left(\Phi_x-\frac{d}{dt}\Phi_{\dot{x}}\right)+\dot{y}\left(\Phi_y-\frac{d}{dt}\Phi_{\dot{y}}\right)=0$$

相联系着．

§12.3 泛函极值的充分条件

12.3.1 平稳曲线场与雅可比条件

定义 1 若在(x,y)平面的某区域 D 上的每一点都有曲线族 $y=y(x,c)$(c 为参数)中的一条且仅有一条曲线通过，则称曲线族在域 D 上形成一个**固有场**．在曲线族 $y=y(x,c)$上的点(x,y)处的切线斜率 $p(x,y)$称为在该处场的斜率．

定义 2 若曲线族 $y=y(x,c)$中全部曲线都通过区域 D 上某一定点(x_0,y_0)(即曲线族形成曲线束，(x_0,y_0)为束心)，而除去(x_0,y_0)外，区域 D 上任意一点都有曲线族中的一条且仅有一条曲线通过，则称此曲线族在域 D 上形成一个**中心场**．

定义 3 若固有场或中心场是由某变分问题的单参数平稳曲线族所形成，则称此场为**平稳曲线场**．

定义 4 设有平稳曲线族 $y=y(x,c)$，$A(x_0,y_0)$为束心，若族中曲线 L_0：$y=y_0(x)=y(x,c_0)$与曲线族 $y=y(x,c)$的 c 判别曲线

$$\begin{cases}y=y(x,c),\\ \dfrac{\partial y(x,c)}{\partial c}=0,\end{cases}$$

有公共点 A^*，则称点 A^* 为点 A(对于平稳曲线 L_0)的**共轭点**．

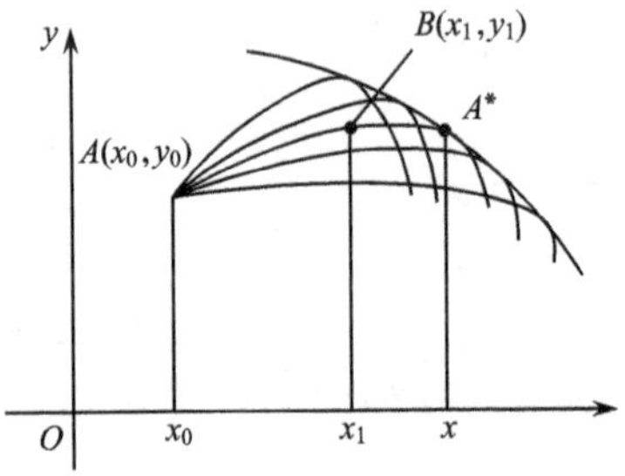

图 12.3-1

定义 5 若平稳曲线上的弧 AB 不含 A 点的共轭点 A^*(图 12.3-1)，则称此条件为**雅可比条件**．

这时可作出一个含有平稳曲线弧 AB 在内，并以 A 点为束心的平稳曲线场．

下面把雅可比条件表为解析形式．考察泛函(12.2-1)，设 $y=y(x,c)$是束心在点 $A(x_0,y_0)$的平稳曲线族方程，且使参数 c 与族中平稳曲线在点 A 处的切线斜率相同．设 $y=y(x,c_0)$是族中的一条平稳曲线，并假定它通过点 $B(x_1,y_1)$($x_1>x_0$)．令$u=\left.\dfrac{\partial y(x,c)}{\partial c}\right|_{c=c_0}$，它是 x 的函数，由于函数 $y=y(x,c)$是欧拉方程的解，所以

$$F_y(x,y(x,c),y'_x(x,c))-\frac{d}{dx}F_{y'}(x,y(x,c),y'_x(x,c))\equiv 0.$$

将等式两端对 c 求导,即得

$$\left(F_{yy}-\frac{d}{dx}F_{yy'}\right)u-\frac{d}{dx}(F_{y'y'}u')=0. \tag{12.3-1}$$

由于在平稳曲线 $y=y(x,c_0)$ 上,F_{yy},$F_{yy'}$,$F_{y'y'}$ 都是 x 的已知函数,因此当 $F_{y'y'}(x,y(x,c_0),y'(x,c_0))\neq 0$ 时,方程(12.3-1)是一个关于 u 的二阶线性方程,称之为**雅可比方程**. 对于雅可比方程的解 $u(x)$,若只在 $x=x_0$ 时等于零,而在区间$(x_0,x_1]$上不再为零,这一条件也即为雅可比条件. 因为满足此条件时,A 点的共轭点 A^* 不在平稳曲线 $y=y(x,c_0)$的 AB 弧上.

12.3.2 泛函 $J[y(x)]=\int_{x_0}^{x_1}F(x,y,y')dx$ 极值的充分条件

定义 6 对于泛函(12.2-1),函数

$$E(x,y,y',p)=F(x,y,y')-F(x,y,p)-(y'-p)F_p(x,y,p)$$

$\left(\text{其中 } p=p(x,y),\text{在平稳曲线上}\frac{dy}{dx}=p\right)$称为**魏尔斯特拉斯函数**.

定理 1 泛函(12.2-1)在曲线 $y=y_0(x)$上达到弱极小(或弱极大)的充分条件是

(1) $y=y_0(x)$是满足边界条件的平稳曲线.

(2) 满足雅可比条件.

(3) 在与平稳曲线 $y=y_0(x)$相邻近的点(x,y)以及与 $p(x,y)$相邻近的 y',有 $E(x,y,y',p)\geqslant 0$(或$\leqslant 0$).

定理 2 泛函(12.2-1)在曲线 $y=y_0(x)$上达到强极小(或强极大)的充分条件是

(1),(2) 同于定理 1 中相应的(1),(2).

(3) 在与平稳曲线 $y=y_0(x)$相邻近的点(x,y)以及任意的 y',有 $E(x,y,y',p)\geqslant 0$(或$\leqslant 0$).

注意定理 1,2 中的条件(3)都要求判别 $E(x,y,y',p)$的符号,这一般较为困难. 这里可改成较为强的**勒让德条件**,即判别 $F_{y'y'}$ 的符号. 例如对于定理 1 中代替(3)的是条件:$F_{y'y'}(x,y_0(x),y'_0(x))>0$(或$<0$),对于定理(2)中代替(3)的是条件:与平稳曲线相邻近的点(x,y)以及对于任意的 y'值,$F_{y'y'}(x,y,y')\geqslant 0$(或$\leqslant 0$).

§12.4 可动边界的变分问题

12.4.1 $\int_{x_0}^{x_1}F(x,y,y')dx$ 型泛函

1. 端点 $A(x_0,y_0)$固定,端点 $B(x_1,y_1)$在曲线 $y=\varphi(x)$上变动.

这时满足欧拉方程(12.2-2)的平稳函数,在端点 A 满足边界条件 $y(x_0)=y_0$,在可动点 $B(x_1,y_1)$必须满足**横截性条件**:

$$F+(\varphi'-y')F_{y'}=0,\ x=x_1.$$

如果点 $B(x_1,y_1)$固定,点 $A(x_0,y_0)$可动,同样有在 $x=x_0$ 处的横截性条件.

2. 端点 $A(x_0,y_0)$和 $B(x_1,y_1)$分别在 $y=\psi(x)$和 $y=\varphi(x)$上变动.

这时使泛函取得极值的函数必须同时满足

$$F_y-\frac{d}{dx}F_{y'}=0,$$
$$F+(\psi'-y')F_{y'}=0,\ x=x_0;$$
$$F+(\psi'-y')F_{y'}=0,\ x=x_1.$$

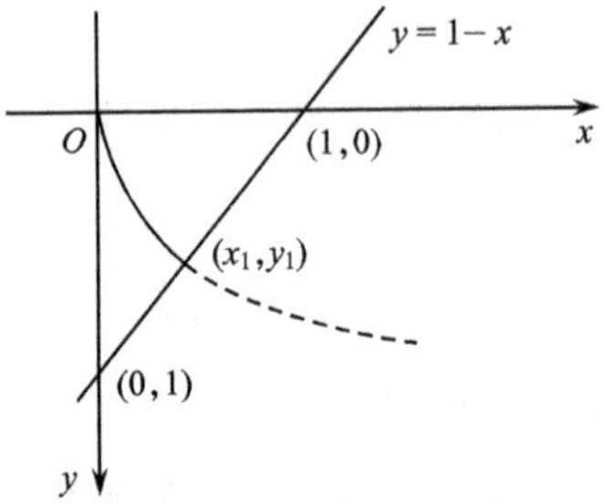

图 12.4-1

例 在最速下降曲线问题(参看§12.2例2)中设左端点固定在原点(0,0),右端点在直线 $y=1-x$ 上移动(图 12.4-1),求此可动边界的变分问题的解.

由欧拉方程及边界条件 $y(0)=0$,得摆线方程 $\begin{cases}x=c_1(t-\sin t),\\ y=c_1(1-\cos t).\end{cases}$ 这时由横截性条件得 $y'(x_1)=1$,推出 $t_1=\frac{\pi}{2}$,将此 t_1 代入摆线方程,再与 $y_1=1-x_1$ 联立,可定出 $c_1=\frac{2}{\pi}$. 由此,最速下降线完全被确定.

12.4.2 $\int_{x_0}^{x_1}F(x,y,z,y',z')dx$ 型泛函

1. 端点 $A(x_0,y_0,z_0)$固定;$y_0=y(x_0)$,$z_0=z(x_0)$. 端点 $B(x_1,y_1,z_1)$可动,分两种情形:

(1) 端点 $B(x_1,y_1,z_1)$沿空间曲线 $y=\varphi(x)$,$z=\psi(x)$变动.

这时使泛函取得极值的函数必须满足欧拉方程组

$$\begin{cases}F_y-\dfrac{d}{dx}F_{y'}=0,\\[2mm] F_z-\dfrac{d}{dx}F_{z'}=0.\end{cases}$$

和横截性条件

$$F+(\varphi'-y')F_{y'}+(\psi'-z')F_{z'}=0,x=x_1.$$

(2) 端点 $B(x_1,y_1,z_1)$沿曲面 $z=\varphi(x,y)$变动.

这时横截性条件为

$$F-y'F_{y'}+(\varphi_x-z')F_{z'}=0,\ x=x_1;$$
$$F_{y'}+F_{z'}\varphi_y=0,\ x=x_1.$$

2. 端点 $B(x_1,y_1,z_1)$ 固定，端点 $A(x_0,y_0,z_0)$ 可动，则将相应于(1)，(2)的横截性条件改为在 $x=x_0$ 处的情形. 如果两端点同时可动，则横截性条件包括 $x=x_0$ 和 $x=x_1$ 的情形.

12.4.3 $\int_{x_0}^{x_1} F(x,y,y',y'')dx$ 型泛函

1. 端点 $A(x_0,y_0)$ 固定；$y(x_0)=y_0$，$y'(x_0)=y'_0$. 端点 $B(x_1,y_1)$ 可动，$y_1=\varphi(x_1)$，$y'_1=\psi(x_1)$.

这时横截性条件为

$$F+(\varphi'-y')\left(F_{y'}-\frac{d}{dx}F_{y''}\right)+(\psi'-y'')F_{y''}=0, x=x_1.$$

2. x_1,y_1,y'_1 之间满足关系式 $\Phi(x_1,y_1,y'_1)=0$.

这时横截性条件为

$$F-y'F_{y'}+y'\frac{d}{dx}F_{y''}-F_{y''}\left(y''+\frac{\Phi_{x_1}}{\Phi_{y'_1}}\right)=0, x=x_1;$$

$$F_{y'}-\frac{d}{dx}F_{y''}-\frac{\Phi_{y_1}}{\Phi_{y'_1}}F_{y''}=0, \qquad x=x_1.$$

§12.5 条件变分问题

12.5.1 泛函在约束条件 $\varphi_i(x,y_1,y_2,\cdots,y_n)=0(i=1,2,\cdots,m, m<n)$ 下的变分问题

定理 1 泛函

$$J[y_1,y_2,\cdots,y_n]=\int_{x_0}^{x_1} F(x,y_1,y_2,\cdots,y_n,y'_1,y'_2,\cdots,y'_n)dx$$

$$y_j(x_0)=y_{j0}, y_j(x_1)=y_{j1} \quad (j=1,2,\cdots,n)$$

在约束条件 $\varphi_i(x,y_1,y_2,\cdots,y_n)=0(i=1,2,\cdots,m,m<n)\left(\frac{\partial(\varphi_1,\varphi_2,\cdots,\varphi_m)}{\partial(y_1,y_2,\cdots,y_m)}\neq 0\right)$ 下取得极值的函数 $y_1,y_2,\cdots,y_n$ 满足由泛函

$$J^*=\int_{x_0}^{x_1}\left(F+\sum_{i=1}^{m}\lambda_i(x)\varphi_i\right)dx=\int_{x_0}^{x_1}F^*\,dx$$

的变分问题所确定的欧拉方程

$$F^*_{y_j}-\frac{d}{dx}F^*_{y'_j}=0 \quad (j=1,2,\cdots,n),$$

其中 $\lambda_i(x)(i=1,2,\cdots,m)$ 为 m 个**拉格朗日乘子**. $\lambda_i(x)$ 和 $y_j(x)(j=1,2,\cdots,n)$ 由上述欧拉方程和约束条件所确定.

例如测地线问题(参看§12.1例4),即求泛函 $l=\int_{x_0}^{x_1}\sqrt{1+y'^2+z'^2}dx$ 在约束条件 $f(x,y,z)=0$ 下的极小值问题. 这时作辅助泛函

$$l^*=\int_{x_0}^{x_1}(\sqrt{1+y'^2+z'^2}+\lambda(x)f(x,y,z))dx.$$

其欧拉方程组为

$$\begin{cases}\lambda(x)f_y-\dfrac{d}{dx}\dfrac{y'}{\sqrt{1+y'^2+z'^2}}=0,\\ \lambda(x)f_z-\dfrac{d}{dx}\dfrac{z'}{\sqrt{1+y'^2+z'^2}}=0.\end{cases}$$

将它们与约束条件 $f(x,y,z)=0$ 联立,即可求出 $\lambda(x)$ 和 $y(x),z(x)$.

定理1还可推广到附加条件为

$$\varphi_i(x,y_1,y_2,\cdots,y_n,y_1',y_2',\cdots,y_n')=0\ (i=1,2,\cdots,m,m<n)$$

的情形. 推广后的定理在形式上与定理1完全相同.

12.5.2 泛函在约束条件 $\int_{x_0}^{x_1}\varphi_i(x,y_1,y_2,\cdots,y_n,y_1',y_2',\cdots,y_n')dx=l_i(i=1,2,\cdots,m)$ 下的变分问题

此类变分问题最简单的例子是古典**等周问题**,即在周长一定的简单闭曲线中,寻求所围面积为最大的曲线. 设容许曲线表为参数方程

$$x=x(t),y=y(t),$$

上述命题就是求泛函

$$S=\frac{1}{2}\int_{t_0}^{t_1}(xy'-yx')dt$$

在约束条件 $\int_{t_0}^{t_1}\sqrt{x'^2(t)+y'^2(t)}dt=l$($l$为常数)下的最大值. 此变分问题的解答是圆周.

定理2 泛函

$$J[y_1,y_2,\cdots,y_n]=\int_{x_0}^{x_1}F(x,y_1,y_2,\cdots,y_n,y_1',y_2',\cdots,y_n')dx$$

$$y_j(x_0)=y_{j0},y_j(x_1)=y_{j1},\ (j=1,2,\cdots,n)$$

在约束条件

$$\int_{x_0}^{x_1}\varphi_i(x,y_1,y_2,\cdots,y_n,y_1',y_2',\cdots,y_n')dx=l_i$$

$$(l_i\ 为常数,i=1,2,\cdots,n)$$

下取得极值的函数 $y_1,y_2,\cdots,y_n$ 满足由泛函

$$J^* = \int_{x_0}^{x_1} \left(F + \sum_{i=1}^{m} \lambda_i \varphi_i\right) dx = \int_{x_0}^{x_1} F^* \, dx$$

(其中 λ_i 为常数)的变分问题所确定的欧拉方程

$$F^*_{y_j} - \frac{d}{dx} F^*_{y'_j} = 0 \quad (j = 1,2,\cdots,n).$$

在欧拉方程组的通解里所含的任意常数 $C_1, C_2, \cdots, C_{2n}$ 以及常数 $\lambda_1, \lambda_2, \cdots, \lambda_m$ 由边界条件和约束条件来确定. 此类变分问题称为**广义等周问题**. 附加条件称为**等周条件**.

定理 3(相关性原理) 在等周条件

$$\int_{x_0}^{x_1} \varphi_i(x, y_1, y_2, \cdots, y_n, y'_1, y'_2, \cdots, y'_n) dx = l_i \quad (i = 0,1,2,\cdots,m)$$

下求泛函

$$l_0[y_1, y_2, \cdots, y_n] = \int_{x_0}^{x_1} \varphi_0(x, y_1, y_2, \cdots, y_n, y'_1, y'_2, \cdots, y'_n) dx$$

的变分问题,和在等周条件

$$\int_{x_0}^{x_1} \varphi_i(x, y_1, y_2, \cdots, y_n, y'_1, y'_2, \cdots, y'_n) dx = l_i$$

$$(i = 0,1,2,\cdots,s-1,s+1,\cdots,m)$$

下求泛函

$$l_s[y_1, y_2, \cdots, y_n] = \int_{x_0}^{x_1} \varphi_s(x, y_1, y_2, \cdots, y_n, y'_1, y'_2, \cdots, y'_n) dx$$

的变分问题是完全相同的.

例如周长为一定的闭曲线所围面积的极大问题和围有一定面积的闭曲线的周长的极小问题就是相关问题.

§ 12.6 变分问题的直接法

12.6.1 直接法和极小化序列

在 § 12.2～§ 12.5 中,求解泛函的极值问题都是化归为求解微分方程的边值问题. 这种解法称为**间接法**. 但求解微分方程的边值问题往往是困难的,它只有在较为个别的情形才能得出有尽形式的解,本节所要介绍的**直接法**就是直接从泛函入手,求出泛函的平稳函数.

考虑使得泛函 $J[y]$ 为极小的变分问题,其中泛函 $J[y]$ 是包含函数 y 及其直至 k 阶导数的一个已知式的积分(单的或多重的). 积分区域和定义在此区域上的容许函数都是给定的. 假定对容许函数 y 而言,$J[y]$ 值所形成的集合具有下确界 d,这样就存在一串容许函数列 $y_1, y_2, \cdots, y_n, \cdots$ 使 $\lim\limits_{n\to\infty} J[y_n] = d$,且对每一个容许函数 y 而言有 $J[y] \geqslant d$ 成立. 这样的一个函数序列称为变分问题的**极小化序列**. 变分问题的直接法就在于构造极小化序列，然后通过极限过程来获得变分问题的解. 因此直接法在研究变分问题的存在性和唯一性上起着重要的作用，同时在实际计算上作为近似解法也具有重要意义. 下面介绍几种直接法.

12.6.2 里兹法

以最简单的泛函

$$J[y]=\int_{x_0}^{x_1}F(x,y,y')dx,\ y(x_0)=y(x_1)=0 \tag{12.6-1}$$

为例，**里兹法**的步骤如下：

1. 选择一适当的函数序列 $w_1(x),w_2(x),\cdots,w_n(x),\cdots$ 对此函数序列要求满足如下条件：(1) 每个 $w_i(x)(i=1,2,\cdots)$ 在 $[x_0,x_1]$ 上有定义且连续可微；(2) 序列中任意有限个函数都是线性无关的；(3) 对于变分问题的任一容许函数 y，总可找到线性组合

$$y_n=\sum_{i=1}^{n}\alpha_i w_i(x)\quad(\alpha_i\text{ 为常数}),$$

使对于任意小正数 ε，在定义域内恒有下列不等式

$$|y-y_n|<\varepsilon,\ |y'-y_n'|<\varepsilon$$

成立. 这样的函数序列中的每个函数 $w_i(x)(i=1,2,\cdots)$ 称为里兹法的**坐标函数**.

2. 作有限个坐标函数的线性组合

$$y_n(x)=\sum_{i=1}^{n}\alpha_i w_i(x)\quad(\alpha_i\text{ 为待定常数}).$$

为使 $y_n(x)$ 为变分问题的容许函数，应设所有 $w_i(x)(i=1,2,\cdots,n)$ 满足齐次边界条件. 将 $y_n(x)$ 代入 $J[y]$，得

$$\begin{aligned}J[y_n(x)]&=J\Big[\sum_{i=1}^{n}\alpha_i w_i(x)\Big]\\&=\int_{x_0}^{x_1}F\Big(x,\sum_{i=1}^{n}\alpha_i w_i(x),\sum_{i=1}^{n}\alpha_i w_i'(x)\Big)dx\\&=\varphi(\alpha_1,\alpha_2,\cdots,\alpha_n).\end{aligned}$$

3. 解方程组 $\dfrac{\partial\varphi}{\partial\alpha_i}=0(i=1,2,\cdots,n)$，得出使函数 φ 达到极小的参数 $\alpha_1,\alpha_2,\cdots,\alpha_n$，于是求出 $y_n(x)$.

4. 对所得出的极小化序列 $y_1,y_2,\cdots,y_n,\cdots$，可以期望收敛于变分问题的解.

这种方法本质上是先求 $J[y]$ 在 n 维子空间 $\mathrm{span}(w_1,w_2,\cdots,w_n)$ 上的极小点，然后让子空间的维数趋于无穷，以期得到 $J[y]$ 在 $\mathrm{span}(w_1,w_2,\cdots,w_n,\cdots)$ 上的极小点. 关于极小化序列是否收敛于变分问题的解，这在理论上是困难和复杂的，需另作讨论. 如果不去完成极限过程，则

$$y_n(x) = \sum_{i=1}^{n} \alpha_i w_i(x)$$

一般可以作为变分问题的近似解.

附带指出,如果变分问题的边界条件是非齐次的,则可以在满足齐次边界条件的 $w_i(x)(i=1,2,\cdots,n)$外,添加一个充分光滑且满足非齐次边界条件的函数 $w_0(x)$,使

$$y_n = w_0(x) + \sum_{i=1}^{n} \alpha_i w_i(x)$$

作为容许函数.

里兹法也可用于多元函数的泛函 $J[z(x_1,x_2,\cdots,x_n)]$,这时坐标函数应为 $w_i(x_1,x_2,\cdots,x_n)(i=1,2,\cdots)$,同样里兹法也可用于含有多个未知函数的泛函. 里兹法的成效有赖于坐标函数的选择.

例 1 用里兹法求变分问题

$$J[y(x)] = \int_0^1 (y'^2 - y^2 + 4xy)dx, y(0) = y(1) = 0$$

的近似解.

选择坐标函数序列 $x(1-x), x^2(1-x), \cdots, x^n(1-x), \cdots$,取前面两个函数作线性组合 $y_2(x)=\alpha_1 x(1-x)+\alpha_2 x^2(1-x)$代入泛函,$J[y_2(x)]=\varphi(\alpha_1,\alpha_2)$. 解方程组

$$\frac{\partial\varphi}{\partial\alpha_1} = 0, \quad \frac{\partial\varphi}{\partial\alpha_2} = 0,$$

得

$$\alpha_1 = -\frac{142}{369}, \quad \alpha_2 = -\frac{14}{41},$$

因此得近似解

$$y_2(x) = -2x(1-x)\left(\frac{71}{369} + \frac{7}{41}x\right).$$

12.6.3 欧拉有限差分法

本方法可看作是里兹法的特殊情形,即将容许函数取作分段线性函数. 对于这类函数在函数分段的子区间上差商和导数相等. 下面考察泛函

$$J[y] = \int_{x_0}^{x_1} F(x,y,y')dx; \ y(x_0) = y_0, y(x_1) = y_1,$$

给出本方法的步骤如下:

1. 将积分区间等分为 n 个子区间,子区间的长为 Δx,分点为 $x_0, x_0+\Delta x, \cdots, x_0+i\Delta x, x_0+(i+1)\Delta x, \cdots, x_0+n\Delta x = x_1$. 设在分点上容许函数的值分别为 $y(x_0)=y_0, y_1, \cdots, y_i, y_{i+1}, \cdots, y_n=y(x_1)$,其中 $y_1, y_2, \cdots, y_{n-1}$待定.

2. $J[y(x)] = \int_{x_0}^{x_1} F(x,y,y')dx$

$$\approx \sum_{i=0}^{n-1} F\left(x_i, y_i, \frac{y_{i+1}-y_i}{\Delta x}\right)\Delta x = \varphi(y_1, y_2, \cdots, y_{n-1}).$$

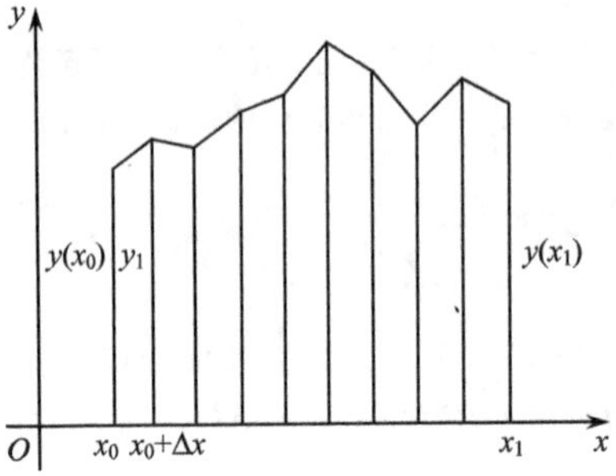

图 12.6-1

3. 解方程 $\frac{\partial \varphi}{\partial y_i}=0(i=1,2,\cdots,n-1)$，得出使函数 φ 取得极小的 $y_1, y_2, \cdots, y_{n-1}$ 值. 于是即可求得分段线性的容许函数 $y_n(x)$. 容许曲线 $y=y_n(x)$ 为一条折线(图 12.6-1)，它为变分问题的近似解.

用此法所得出的分段线性函数 $y_1(x), y_2(x), \cdots, y_n(x), \cdots$ 仍然形成一极小化序列. 当泛函的被积函数中包含高阶导数，例如二阶导数时，可按类似的方法来作. 这时可用二阶差商 $(y_{i+2}-2y_{i+1}+y_i)/(\Delta x)^2$ 来代替二阶导数.

12.6.4 康托罗维奇法

本法用于多元函数泛函的变分问题. 类似于里兹法，取坐标函数序列

$$w_1(x_1, x_2, \cdots, x_n), w_2(x_1, x_2, \cdots, x_n), \cdots, w_n(x_1, x_2, \cdots, x_n), \cdots.$$

所不同的是设变分问题的容许函数为

$$z_n(x_1, x_2, \cdots, x_n) = \sum_{k=1}^{n} \alpha_k(x_i) w_k(x_1, x_2, \cdots, x_n),$$

其中 $\alpha_k(x_i)(k=1,2,\cdots,n)$ 是待定函数，它们是其中某一个自变量 x_i 的函数. 这样由泛函 $J[z(x_1, x_2, \cdots, x_n)]$ 转换成泛函 $\tilde{J}[\alpha_1(x_i), \alpha_2(x_i), \cdots, \alpha_n(x_i)]$，它是依赖于 n 个函数 $\alpha_k(x_i)(k=1,2,\cdots,n)$ 的泛函，可按 12.2.2 的方法来求得 $\alpha_k(x_i)$. 使用此法的优点是由于系数 $\alpha_k(x_i)$ 不是常数，因此使所考虑的容许函数类更为广泛. 一般说来，用此法所得的变分问题的近似解，较之用同样的坐标函数以及相同的项数 n 的里兹法所得的近似解要更为精确些，但计算要复杂得多.

例 2 求变分问题

$$J[z(x,y)] = \int_{x_0}^{x_1}\int_{\varphi_1(x)}^{\varphi_2(x)} F\left(x, y, z, \frac{\partial z}{\partial x}, \frac{\partial z}{\partial y}\right) dx dy, z|_{\partial D} = f(x,y)$$

(∂D 为积分区域 D 的边界，$f(x,y)$ 为已知函数)的近似解.

选取某坐标函数序列

$$w_1(x,y), w_2(x,y), \cdots, w_n(x,y), \cdots.$$

设近似解

$$z_n(x,y) = \sum_{k=1}^{n} \alpha_k(x) w_k(x,y),$$

则

$$J[z_n(x,y)]=\int_{x_0}^{x_1}\int_{\varphi_1(x)}^{\varphi_2(x)}F\left(x,y,z_n(x,y),\frac{\partial z_n}{\partial x},\frac{\partial z_n}{\partial y}\right)dxdy$$
$$=\int_{x_0}^{x_1}\varphi(x,\alpha_1(x),\alpha_2(x),\cdots,\alpha_n(x),$$
$$\alpha_1'(x),\alpha_2'(x),\cdots,\alpha_n'(x))dx.$$
此属 12.2.2 中所讨论的泛函,因此待定函数 $\alpha_k(x)(k=1,2,\cdots,n)$应满足欧拉方程组

$$\varphi_{\alpha_k}-\frac{d}{dx}\varphi_{\alpha'_k}=0\quad(k=1,2,\cdots,n),$$

而其中任意常数的选取要使 $z_n(x,y)$在直线 $x=x_0$ 和 $x=x_1$ 上满足所给的边界条件. 求出 $\alpha_k(x)(k=1,2,\cdots,n)$后,即可得出变分问题的近似解 $z_n(x,y)$.

§12.7 力学中的变分原理

在物理学的一些原理中,有一些不以微分形式而以变分形式表示的原理,它们描述某些量取极值的条件,这些原理总称为**变分原理**. 例如经典力学中的哈密顿原理,几何光学中的费马原理,弹性理论中的变分原理等等.

12.7.1 哈密顿原理

设具有 n 个自由度的质点系,质点的位置由 n 个参数 $q_1,q_2,\cdots,q_n$ 单值地确定. $q_1,q_2,\cdots,q_n$ 称为质点系的**广义坐标**,它们为时间 t 的函数. 设质点系的动能 $T=T(q_1,q_2,\cdots,q_n,\dot{q}_1,\dot{q}_2,\cdots,\dot{q}_n,t)$. 在牛顿力学范围内,$T$ 是广义速度 $\dot{q}_i(i=1,2,\cdots,n)$的二次型

$$T=\sum_{i,k=1}^{n}P_{ik}(q_1,q_2,\cdots,q_n,t)\dot{q}_i\dot{q}_k.$$

又设势能 $U=U(q_1,q_2,\cdots,q_n,t)$. 质点系的运动必使积分(作用泛函)

$$J=\int_{t_0}^{t_1}(T-U)dt$$

取最小值. 换言之,实际的运动 $q_i(t)(i=1,2,\cdots,n)$可以由上述积分取极值的条件,即 $\delta J=0$ 来决定,这就是**哈密顿原理**.

根据哈密顿原理,由 12.2.2 知其欧拉方程为

$$\frac{d}{dt}\left(\frac{\partial T}{\partial\dot{q}_i}\right)-\frac{\partial}{\partial q_i}(T-U)=0\quad(i=1,2,\cdots,n).\tag{12.7-1}$$

此即为拉格朗日的一般运动方程. 令 $L=T-U$,L 称为**拉格朗日函数**.

12.7.2 最小势能原理

在动能 T 和势能 U 不依赖于时间 t 的情况下,可由运动方程(12.7-1)得到平衡条件

$$\frac{\partial U}{\partial q_i} = 0 \quad (i = 1,2,\cdots,n),$$

亦即 $\delta U=0$.

最小势能原理是:以 $U(q_1,q_2,\cdots,q_n)$为势能的力学系统,在坐标 $q_1,q_2,\cdots,q_n$ 取某一组特殊的值时处于平衡,当且仅当对这一组值而言势能取得最小值.

12.7.3 变分法和数学物理微分方程

在力学上,一些稳定平衡问题都满足最小势能原理,运动定律最简单的表达式则可以通过哈密顿原理得到. 由这两个原理可推导出一些数学物理微分方程.

例如 9.5.1 例 1 弦的微小振动方程可以从哈密顿原理得到. 弦的动能由积分

$$T = \frac{1}{2}\int_0^l \rho u_t^2 dx$$

给出,其中 ρ 为弦的线密度. 弦上小弧段的势能与弦的伸缩成比例,$dU=k(ds-dx)$(比之于静止状态的长度),其中比例常数 k 等于张力 τ.

$$ds - dx = (\sqrt{1+u_x^2} - 1)dx \approx \frac{1}{2}u_x^2 dx,$$

于是弦的势能

$$U = \frac{1}{2}\int_0^l \tau u_x^2 dx.$$

这时

$$J = \int_{t_0}^{t_1}(T-U)dt = \frac{1}{2}\int_{t_0}^{t_1}\int_0^l (\rho u_t^2 - \tau u_x^2)dxdt. \tag{12.7-2}$$

根据哈密顿原理,弦振动的位移 $u(x,t)$使积分(12.7-2)取最小值. 因此 $u(x,t)$必须满足欧拉方程(12.2-10),化简后,即得弦的自由振动方程

$$\frac{\partial^2 u}{\partial t^2} = a^2 \frac{\partial^2 u}{\partial x^2} \left(a^2 = \frac{\tau}{\rho}\right).$$

如果在弦上还受有外力 $F(x,t)$(单位长度上的),这时必须在势能上另加一项

$$\int_0^l \rho f(x,t)udx\,(F = \rho f),$$

于是推得弦的强迫振动方程

$$\frac{\partial^2 u}{\partial t^2} - a^2 \frac{\partial^2 u}{\partial x^2} = f(x,t).$$

13. 概　率　论

§13.1　基本概念

13.1.1　事件

1. 必然事件，不可能事件，随机事件

在进行试验或观察自然现象时，会发现如下三种情况：

(1) 在一定条件下必然会发生的事件称为**必然事件**. 例如，在标准大气压下，水被加热到100℃时必然会沸腾；向上抛一石子必然下落等等.

(2) 在一定条件下不可能发生的事件称为**不可能事件**.

(3) 在一定条件下，可能发生也可能不发生的事件称为**随机事件**. 例如，抛一枚硬币，国徽面向上；在一分钟内，一个电话交换台至少接到15次呼唤；在抽查某厂生产的100件产品时，次品不超过2件等等. 这类试验或观察，其结果不止一个. 虽然每次试验或观察之前无法预知确切的结果，但是在相同的条件下，大量重复试验或观察却呈现出某种规律性——频率稳定性. 例如，多次抛一枚硬币，国徽面向上大体占半数；某产品的合格率，随着被抽查的产品的件数增多，愈来愈趋于一个稳定值等等. 这说明随机事件发生的可能性的大小，是事件本身所固有的不以人们的主观意愿而改变的一种属性. 事件的这种属性是人们对它发生的可能性的大小进行度量的客观基础.

概率论就是人们研究随机现象统计规律性的一门科学.

2. 事件之间的关系

(1) 若事件 A 发生必然导致事件 B 发生，则称事件 A 是事件 B 的**特款**，即事件 B **包含**事件 A，记为 $A\subset B$ 或 $B\supset A$.

若 $A\subset B$，$B\subset A$ 同时成立，则称 A 与 B **相等**，记为 $A=B$.

(2) 表示事件 A 与事件 B 中至少有一个发生的事件，称为事件 A 与事件 B 的**和**，记为 $A\cup B$.

类似地，$\bigcup\limits_{k=1}^{n}A_k$ 表示事件 $A_1,A_2,\cdots,A_n$ 中至少有一个发生的事件. $\bigcup\limits_{k=1}^{\infty}A_k$ 表示事件 $A_1,A_2,\cdots,A_n,\cdots$ 中至少有一个发生的事件.

(3) 表示事件 A 与事件 B 同时发生的事件，称为事件 A 与事件 B 的**积**，记为 $A\cap B$ 或 AB.

类似地，$\bigcap\limits_{k=1}^{n}A_k$ 表示事件 $A_1,A_2,\cdots,A_n$ 同时发生的事件. $\bigcap\limits_{k=1}^{\infty}A_k$ 表示事件 A_1，

$A_2,\cdots,A_n,\cdots$同时发生的事件.

(4) 以Ω表示必然事件,ϕ表示不可能事件.

若$A\cap B=\varnothing$,则称A与B是**互不相容的事件**.

若$A\cup B=\Omega$且$A\cap B=\varnothing$,则称A与B是**互逆事件**. 记为$B=\overline{A}$(或$A=\overline{B}$).

用$A-B$或A/B表示事件A发生而B不发生的事件,称为事件A与事件B的**差**,显然$A-B=A\overline{B}$.

13.1.2 古典概型

如果某随机现象具有如下特点,就称为一个**古典概型**:

(1) 它的试验或观察的所有可能的结果是有限个:$e_1,e_2,\cdots,e_n$. 它们之间是两两互不相容的,即$e_i\cap e_j=\varnothing(i,j=1,2,\cdots,n,i\neq j)$. 称$e_1,e_2,\cdots,e_n$为基本事件或样本点. 基本事件的全体$\Omega=\{e_1,e_2,\cdots,e_n\}$称为样本空间.

(2) 各个基本事件发生的可能性是相等的.

在一个古典概型中,任一事件A总可以表示成

$$A=\bigcup_{k=1}^{m} e_{i_k}\ (1\leqslant i_1<i_2<\cdots<i_m\leqslant n).$$

于是,事件A的概率定义为A中包含的基本事件数与基本事件的总数之比,即

$$P(A)=\frac{m}{n}=\frac{A\text{ 中所包含的基本事件数}}{\text{基本事件的总数}}. \tag{13.1-1}$$

例 1 掷一颗骰子,两两互不相容的等可能的基本事件是e_1,e_2,e_3,e_4,e_5,e_6. 它们分别表示骰子的1,2,3,4,5,6各点出现. 若事件A表示奇数点出现,即$A=e_1\cup e_3\cup e_5$,则$P(A)=\frac{3}{6}=\frac{1}{2}$.

例 2 将n个球随机地放入n个盒子中去,求每个盒子恰有一个球的概率.

因基本事件的总数是n^n,而事件A(每个盒子恰有一个球)中所包含的基本事件数是$n!$,故$P(A)=\frac{n!}{n^n}$.

例 3 设100件产品中有5件是次品. 任意抽2件,问2件都合格的概率等于多少?

因基本事件的总数是$\binom{100}{2}$,而事件A(2件都合格)中所包含的基本事件数是$\binom{100-5}{2}=\binom{95}{2}$,故$P(A)=\dfrac{\binom{95}{2}}{\binom{100}{2}}=\dfrac{893}{990}\approx 0.902$.

13.1.3 概率空间

1. 概率的公理化定义

由于在古典概型中,要求基本事件的个数是有限的,各个基本事件发生的可能性

是相等的，这就决定了它的局限性. 为了克服这种局限性，有必要建立一般的概型，并给出概率的公理化定义.

苏联数学家柯尔莫戈洛夫，1933 年在前人工作的基础上完成了这一任务. 其理论的出发点是：

(1) 对任一随机现象，把每次试验或观察的结果 e 称为**基本事件或样本点**，称基本事件的全体为**样本空间**，记为 Ω.

(2) 设 $\mathscr{F}$ 是 Ω 的某些子集构成的一个 **σ 代数**，即 $\mathscr{F}$ 满足：

1° $\Omega \in \mathscr{F}$.

2° 若 $A_n \in \mathscr{F}(n \in \mathbf{N})$，则 $\bigcup\limits_{n=1}^{\infty} A_n \in \mathscr{F}$.

3° 若 $A \in \mathscr{F}$，则 $\overline{A} = \Omega / A \in \mathscr{F}$.

$\mathscr{F}$ 又称为**事件域**.

(3) 在 $\mathscr{F}$ 上定义一个实值集函数 P，满足：

1° $0 \leqslant P(A) \leqslant 1, \forall A \in \mathscr{F}$.

2° $P(\Omega) = 1$.

3° P 具有可列可加性，即若 $A_n \in \mathscr{F}(n \in \mathbf{N})$，$A_i \cap A_j = \varnothing (i, j \in \mathbf{N}, i \neq j)$，则 $P(\bigcup\limits_{n=1}^{\infty} A_n) = \sum\limits_{n=1}^{\infty} P(A_n)$.

这样，称 $P(A)$ 为事件 A 出现的**概率**，称 $(\Omega, \mathscr{F}, P)$ 为一个**概率空间**.

2. 概率的性质

1° $P(\varnothing) = 0$.

2° P 具有有限可加性，即若 $A_k \in \mathscr{F}(k = 1, 2, \cdots, n)$，$A_i \cap A_j = \varnothing (i, j = 1, 2, \cdots, n, i \neq j)$，则 $P(\bigcup\limits_{k=1}^{n} A_k) = \sum\limits_{k=1}^{n} P(A_k)$.

3° $P(\overline{A}) = 1 - P(A)$.

4° 可减性，即若 $B \subset A$，则 $P(A/B) = P(A) - P(B)$.

5° 次可加性，即若 $A_k \in \mathscr{F}(k \in \mathbf{N})$，则

$$P(\bigcup_{k=1}^{n} A_k) \leqslant \sum_{k=1}^{n} P(A_k)(n \in \mathbf{N})\text{；} P(\bigcup_{k=1}^{\infty} A_k) \leqslant \sum_{k=1}^{\infty} P(A_k).$$

6° $P(A \cup B) = P(A) + P(B) - P(AB)$.

$$\begin{aligned} P(\bigcup_{k=1}^{n} A_k) &= \sum_{k=1}^{n} \Big[(-1)^{k-1} \cdot \sum_{1 \leqslant i_1 < i_2 < \cdots < i_k \leqslant n} P(A_{i_1} \cdot \cdots \cdot A_{i_k}) \Big] \\ &= \sum_{1 \leqslant i_1 \leqslant n} P(A_{i_1}) - \sum_{1 \leqslant i_1 < i_2 \leqslant n} P(A_{i_1} \cdot A_{i_2}) \\ &\quad + \sum_{1 \leqslant i_1 < i_2 < i_3 \leqslant n} P(A_{i_1} \cdot A_{i_2} \cdot A_{i_3}) - \cdots + (-1)^{n-1} P(A_1 \cdot A_2 \cdot \cdots \cdot A_n). \end{aligned}$$

7° 连续性，即若 $B_n \in \mathscr{F}, B_{n+1} \subset B_n (n \in \mathbf{N})$，$\bigcap\limits_{n=1}^{\infty} B_n = \varnothing$，则

$$\lim_{n\to\infty}P(B_n)=0.$$

13.1.4 条件概率

1. 条件概率的定义

定义 1 设$(\Omega,\mathscr{F},P)$是一个概率空间，$B\in\mathscr{F}$，且 $P(B)>0$，则对任意 $A\in\mathscr{F}$，记

$$P(A\mid B)=\frac{P(AB)}{P(B)}, \tag{13.1-2}$$

并称 $P(A|B)$为在事件 B 发生的条件下事件 A 发生的**条件概率**.

由(13.1-2)可得**乘法定理**：

$$P(AB)=P(B)P(A\mid B). \tag{13.1-3}$$

一般地，设 $A_1,A_2,\cdots,A_n$ 为有限个事件，且 $P(A_1A_2\cdots A_{n-1})>0$，则

$$\begin{aligned}P(A_1A_2\cdots A_n)=&P(A_1)P(A_2\mid A_1)P(A_3\mid A_1A_2)\\&\cdots P(A_n\mid A_1A_2\cdots A_{n-1}).\end{aligned} \tag{13.1-4}$$

2. 独立性

定义 2 如果事件 A 与事件 B 满足 $P(A|B)=P(A)$，则称事件 A 对于事件 B 是独立的.

这表明"已知事件 B 已经发生"这一条件并不影响事件 A 发生的概率.

关于两事件是独立的，有如下结论：

(1) 若 $P(B)>0$，则事件 A 对于事件 B 是独立的等价于

$$P(AB)=P(A)\cdot P(B).$$

(2) 两事件的独立性是相互的. 即若事件 A 对于事件 B 是独立的，则事件 B 对于事件 A 也是独立的.

(3) 若 A 和 B 相互独立，则 $\overline{A}$ 与 B，A 与 $\overline{B}$，$\overline{A}$ 和 $\overline{B}$ 也是相互独立的.

如果对于任何 $m(1\leqslant m\leqslant n)$及 $1\leqslant i_1<i_2<\cdots<i_m\leqslant n$，等式 $P(A_{i_1}A_{i_2}\cdots A_{i_m})=P(A_{i_1})P(A_{i_2})\cdots P(A_{i_m})$成立，则称事件组 $A_1,A_2,\cdots,A_n$ 是独立的.

3. 全概率公式和贝叶斯公式

对 $B_i(i\in\boldsymbol{I}\subset\boldsymbol{N})$，若 1°$B_i\cap B_j=\varnothing(i,j\in\boldsymbol{I},i\neq j)$且 $P(B_i)>0(i\in\boldsymbol{I})$；2°事件 A 能而且只能与 $B_i(i\in\boldsymbol{I})$之一同时发生，即 $A=\bigcup\limits_{i\in\boldsymbol{I}}(AB_i)$，则由概率的可加性，可得**全概率公式**

$$P(A)=\sum_{i\in\boldsymbol{I}}P(B_i)P(A\mid B_i). \tag{13.1-5}$$

又设 3°$P(A)>0$，由 $P(AB_j)=P(A)P(B_j|A)=P(B_j)P(A|B_j)$得 $P(B_j|A)=\dfrac{P(B_j)\cdot P(A|B_j)}{P(A)}$，即

$$P(B_j \mid A)=\frac{P(B_j)\cdot P(A\mid B_j)}{\sum\limits_{i\in \boldsymbol{I}}P(B_i)\cdot P(A\mid B_i)}\quad (j\in \boldsymbol{I}),\tag{13.1-6}$$

(13.1-6)式称为**贝叶斯公式**.

例 4 盒中放有 12 个乒乓球,其中有 9 个是新的,第一次比赛时从其中任取 3 个来用,并且都用了,比赛后仍放回盒中. 第二次比赛时再从盒中任取 3 个,求第二次取出的球都是新球的概率.

解 以 $B_i(i=0,1,2,3)$表示第一次比赛时取出的 3 个球中有 i 个新球. 以 A 表示第二次比赛取出的 3 个球全是新球,则

$$P(B_i)=\frac{\binom{9}{i}\cdot\binom{3}{3-i}}{\binom{12}{3}},P(A\mid B_i)=\frac{\binom{9-i}{3}}{\binom{12}{3}}.$$

由全概率公式,可得

$$\begin{aligned}P(A)&=\sum_{i=0}^{3}P(B_i)P(A\mid B_i)\\&=\sum_{i=0}^{3}\frac{\binom{9}{i}\binom{3}{3-i}\binom{9-i}{3}}{\binom{12}{3}^2}=\frac{441}{3025}\approx 0.146.\end{aligned}$$

例 5 将二信息分别编码为 a 和 b 传送出去. 接收站接收时,信息 a 误收作 b 的概率为$\frac{2}{100}$,而 b 被误收作 a 的概率为$\frac{1}{100}$. 信息 a 与 b 传送的频率程度为 2∶1. 若接收站收到的是信息 a,问原发信息是 a 的概率是多少?

解 以 B_1,B_2 分别表示发出的信息是 a,b. A 表示接收的信息是 a.

这里 $B_1\cap B_2=\varnothing,A=AB_1\cup AB_2,P(B_1)=\frac{2}{3},P(B_2)=\frac{1}{3}$,

$$P(A\mid B_1)=\frac{98}{100},P(A\mid B_2)=\frac{1}{100}.$$

由贝叶斯公式,可得所求概率

$$\begin{aligned}P(B_1\mid A)&=\frac{P(B_1)P(A\mid B_1)}{P(B_1)P(A\mid B_1)+P(B_2)P(A\mid B_2)}\\&=\frac{196}{197}\approx 0.995.\end{aligned}$$

§13.2 一维随机变量及其分布

13.2.1 随机变量与分布函数的定义

在随机现象中,每次试验的结果都可以用一个数 ξ 来表示. 这个数 ξ 是随着试验

结果的不同而变化着的，在进行试验之前，只知道它取值的范围，而不能预知它取什么值.

例如，掷一枚硬币，可以用 $\xi=1$ 代表国徽面向上，用 $\xi=0$ 代表币值面向上；在单位时间内，电话交换台接到的呼唤次数 ξ，可以取 $0,1,2,\cdots$；车床加工的零件尺寸与规定尺寸的偏差 ξ，可能在 $[-l,l]$ 上取值；被试验的灯泡的寿命 ξ，可能在 $(0,+\infty)$ 内取值等等.

定义 1 设 $(\Omega,\mathscr{F},P)$ 是概率空间，如果 1°对每个 $e\in\Omega$，存在一个实数 $\xi(e)$ 和它对应，即 ξ 是定义在样本空间 Ω 上的实值函数；2°对每个 $x\in\boldsymbol{R}$，事件 $\{e:\xi(e)<x\}\in\mathscr{F}$，即 $\{e:\xi(e)<x\}$ 有确定的概率，则称 $\xi(e)$ 为**随机变量**.

以后把 $\{e:\xi(e)<x\}$ 简记为 $(\xi<x)$.

事件 $(\xi<x)$ 的概率当然是 x 的函数，记 $P(\xi<x)=F(x)$，则称 $F(x)$ 为随机变量 ξ 的**分布函数**.

显然 $P(x_1\leqslant\xi<x_2)=P(\xi<x_2)-P(\xi<x_1)=F(x_2)-F(x_1)$.

分布函数 $F(x)$ 具有如下性质：

1° $F(x)$ 是非减的，即 $\forall\, x_1,x_2\in\boldsymbol{R},x_2>x_1$. 有 $F(x_2)\geqslant F(x_1)$.

2° $0\leqslant F(x)\leqslant 1$，且

$$F(-\infty)=\lim_{x\to-\infty}F(x)=0,F(+\infty)=\lim_{x\to+\infty}F(x)=1.$$

3° $F(x)$ 是左连续的，即 $\forall\, x\in\boldsymbol{R}$，有

$$F(x-0)=\lim_{\Delta x\to+0}F(x-\Delta x)=F(x).$$

13.2.2 离散型随机变量的概率分布

定义 2 如果 1°随机变量 ξ 可能取的值至多为可列个，即 $\xi=x_i\,(i\in\boldsymbol{I}\subset\boldsymbol{N})$. 2°$\xi$ 以各种确定的概率取这些不同的值. 即 $P(\xi=x_i)=p_1\,(i\in\boldsymbol{I})$，则称 ξ 为**离散型随机变量**. 自然 $\sum\limits_{i\in\boldsymbol{I}}p_i=1$.

常用**分布列**

$$\begin{pmatrix}x_1,x_2,\cdots,x_n,\cdots\\ p_1,p_2,\cdots,p_n,\cdots\end{pmatrix}$$

来描写离散型的随机变量.

离散型随机变量的分布函数是

$$F(x)=P(\xi<x)=\sum_{x_i\in x}p_i.$$

13.2.3 几种重要的离散型分布

1. 两点分布

两点分布指的是，随机变量 ξ 只可能取两个值. 当事件 A 不出现时 $\xi=0$，当事件

A 出现时 $\xi=1$，并且 $P(\xi=1)=p, P(\xi=0)=1-p(0<p<1)$. 这种只有两个可能结果的试验称为**伯努利试验**. 两点分布又称为**伯努利分布**.

2. 二项分布

重复进行 n 次(或可列次)独立的伯努利试验. 这里的"重复"，是指在每次试验中事件 A，从而事件 $\overline{A}$ 出现的概率都保持不变. 这种试验称为 n 重(或可列重)伯努利试验，记作 E^n(或 E^∞).

在 n 重伯努利试验 E^n 中，设事件 A 出现的概率为 $p(0<p<1)$，以 ξ 表示 n 次试验中事件 A 出现的次数，ξ 可能取的值为 $0,1,2,\cdots,n$，令

$$P(\xi=k)=P_k(n,p),$$

则

$$P_k(n,p)=\binom{n}{k}p^k(1-p)^{n-k} \quad (k=0,1,\cdots,n). \tag{13.2-1}$$

称 ξ 服从参数为 n 和 p 的**二项分布**，记为 $\xi\sim B(n,p)$.

3. 几何分布

在可列重伯努利试验 E^∞ 中，设事件 A 出现的概率为 $p(0<p<1)$，以 ξ 表示事件 A 首次出现的试验次数，ξ 可能取的值为 $1,2,\cdots,n,\cdots$. 要使事件 A 首次出现在第 k 次试验，当且仅当前 $k-1$ 次试验都出现事件 $\overline{A}$，而第 k 次试验出现事件 A. 令 $P(\xi=k)=p_k$，则

$$p_k=(1-p)^{k-1}p \quad (k\in\mathbf{N}). \tag{13.2-2}$$

称 ξ 服从参数为 p 的**几何分布**.

4. 帕斯卡分布

在可列重伯努利试验 E^∞ 中，设事件 A 出现的概率为 $p(0<p<1)$，以 η 表示事件 A 第 r 次出现的试验次数，ξ 可能取的值为 $r,r+1,\cdots$. 要使事件 A 第 r 次出现在第 k 次试验，当且仅当前面的 $k-1$ 次试验中事件 A 出现 $r-1$ 次，事件 $\overline{A}$ 出现 $k-r$ 次，而第 k 次试验出现事件 A. 令 $P(\eta=k)=p_k$，则

$$p_k=\binom{k-1}{r-1}(1-p)^{k-1}p^r \quad (k=r,r+1,\cdots). \tag{13.2-3}$$

称 η 服从参数为 r 和 p 的**帕斯卡分布**.

几何分布是帕斯卡分布在 $r=1$ 时的特殊情形. 又若以 ξ_i 表示等待事件 A 第 i 次出现的试验次数(即从事件 A 第 $i-1$ 次出现之后的第一次试验算起至事件 A 第 i 次出现止)，则每个 ξ_i 服从几何分布，且

$$\eta=\xi_1+\xi_2+\cdots+\xi_r.$$

5. 泊松分布

如果随机变量 ξ 的取值范围为 $k=0,1,2,\cdots$. 且

$$p_k = P(\xi = k) = \frac{\lambda^k}{k!}e^{-\lambda}(k = 0,1,2,\cdots;\lambda > 0), \tag{13.2-4}$$

则称随机变量 ξ 服从参数为 λ 的**泊松分布**.

定理 1(泊松定理) 设有一列二项分布 $\{B(n,p_n)\}$,其中参数列 $\{p_n\}$ 满足 $\lim\limits_{n\to\infty} np_n=\lambda>0$,则对任意非负整数 k,有 $\lim\limits_{n\to\infty}p_k(n,p_n)=e^{-\lambda}\frac{\lambda^k}{k!}$.

这表明泊松分布是二项分布列的极限分布.

13.2.4 连续型随机变量的概率密度

定义 3 如果随机变量 ξ 的分布函数 $F(x)$ 可以写成 $F(x) = \int_{-\infty}^{x} p(x)dx$,其中 $p(x)$ 是可积函数,则称 ξ 为**连续型随机变量**,称 $p(x)$ 为 ξ 的**密度函数**.

由分布函数的性质可知

1° $\forall x\in \boldsymbol{R}$,有 $p(x)\geqslant 0$.

2° $$\int_{-\infty}^{+\infty} p(x)dx = 1. \tag{13.2-5}$$

由定义 3 可得

$$P(x_1 \leqslant x < x_2) = F(x_2) - F(x_1) = \int_{x_1}^{x_2} p(t)dt. \tag{13.2-6}$$

定理 2 若 ξ 为连续型随机变量,则 1° ξ 的分布函数 $F(x)$ 是连续的;2° $\forall c\in\boldsymbol{R}$,有 $P(\xi=c)=0$.

定理 3 若密度函数 $p(x)$ 是连续的,则 $F'(x)=p(x)$.

13.2.5 几种重要的连续型分布

1. 均匀分布

均匀分布指的是随机变量 ξ 等可能地在有限区间 (a,b) 内取值,其密度函数为

$$p(x) = \begin{cases} \dfrac{1}{b-a}, & x \in (a,b); \\ 0, & \text{其他情况}. \end{cases} \tag{13.2-7}$$

相应的分布函数为

$$F(x) = \begin{cases} 0, & x < a; \\ \dfrac{x-a}{b-a}, & a \leqslant x < b; \\ 1, & x \geqslant b. \end{cases} \tag{13.2-8}$$

2. 指数分布

密度函数为

$$p(x)=\begin{cases}0, & x<0;\\ \lambda e^{-\lambda x}, & x\geqslant 0.\end{cases} \tag{13.2-9}$$

其中 $\lambda>0$ 为常数.

相应的分布函数为

$$F(x)=\begin{cases}0, & x<0;\\ 1-e^{-\lambda x}, & x\geqslant 0.\end{cases} \tag{13.2-10}$$

这种分布称为参数为 λ 的**指数分布**.

3. 拉普拉斯分布

密度函数为

$$p(x)=\frac{1}{2\lambda}e^{-\frac{|x-\mu|}{\lambda}},\ x\in\boldsymbol{R}. \tag{13.2-11}$$

其中 $\lambda>0,\mu$ 均为常数.

相应的分布函数为

$$F(x)=\begin{cases}\dfrac{1}{2}e^{\frac{x-\mu}{\lambda}}, & x<\mu;\\ 1-\dfrac{1}{2}e^{-\frac{x-\mu}{\lambda}}, & x\geqslant\mu.\end{cases} \tag{13.2-12}$$

这种分布称为参数为 λ,μ 的**拉普拉斯分布**.

4. Γ 分布

密度函数为

$$p(x)=\begin{cases}0, & x\leqslant 0;\\ \dfrac{\lambda^r}{\Gamma(r)}x^{r-1}e^{-\lambda x}, & x>0.\end{cases} \tag{13.2-13}$$

其中 $\lambda>0,r>0$ 均为常数.(关于 $\Gamma(r)$,参看 17.1.1)

这种分布称为参数为 λ,r 的 **$\boldsymbol{\Gamma}$ 分布**.

5. 正态分布

密度函数为

$$p(x)=\frac{1}{\sqrt{2\pi}\sigma}e^{-\frac{(x-a)^2}{2\sigma^2}},\ x\in\boldsymbol{R}. \tag{13.2-14}$$

其中 $\sigma>0,a$ 均为常数.

相应的分布函数为

$$F(x)=\frac{1}{\sqrt{2\pi}\sigma}\int_{-\infty}^{x}e^{-\frac{(t-a)^2}{2\sigma^2}}dt,\ x\in\mathbf{R}. \tag{13.2-15}$$

这种分布称为参数为 a 和 σ 的**正态分布**,记为 $\xi\sim N(a,\sigma^2)$. 正态分布也称**高斯分布**.

特别当 $a=0,\sigma=1$ 时,称为**标准正态分布**,记为 $\xi\sim N(0,1)$. 相应的密度函数和分布函数分别记为 $\varphi(x)$和 $\Phi(x)$. 关于 $\Phi(x)$,有函数值表,可供查用.

$N(a,\sigma^2)$的分布函数 $F(x)$与 $\Phi(x)$的关系为

$$F(x)=\Phi\left(\frac{x-a}{\sigma}\right). \tag{13.2-16}$$

13.2.6 随机变量的函数

定理 4 若 ξ 是随机变量,而 $\eta=f(\xi)$,其中 $f(x)$是 x 的连续函数,则 η 也是随机变量.

定理 5 若 ξ 是连续型随机变量,其密度函数为 $p_\xi(x)$,则有

1° 如果 $y=f(x)$是单调函数,且处处有异于零的导数,则 $\eta=f(\xi)$也是一个连续型随机变量,其密度函数为

$$p_\eta(y)=\begin{cases}p_\xi(g(y))\mid g'(y)\mid, & \alpha<y<\beta;\\ 0, & \text{其他情况}.\end{cases} \tag{13.2-17}$$

式中 $g(y)$是 $f(x)$的反函数,$\alpha=\min f(x)$,$\beta=\max f(x)$.

2° 如果 $y=f(x)$不是单调函数,事件$(\eta<y)$当且仅当互不相容事件$(\xi\in\Delta_1(y))$,$(\xi\in\Delta_2(y))$,……之一出现时出现(见图 13.2-1),则

$$F_\eta(y)=P(\eta<y)=\sum_i P(\xi\in\Delta_i(y))=\sum_i\int_{\Delta_i(y)}p_\xi(t)dt. \tag{13.2-18}$$

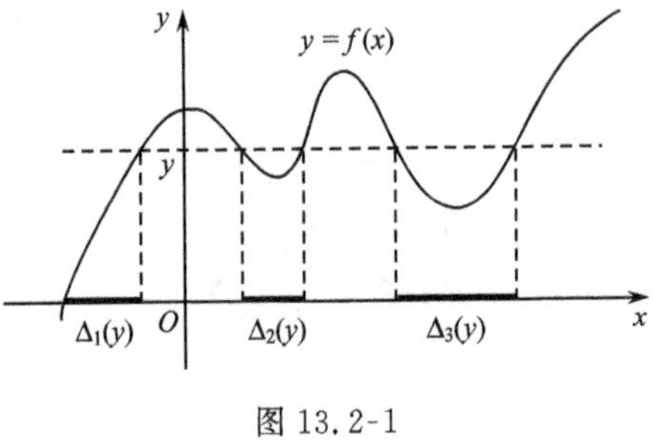

图 13.2-1

例 1 设 $\xi\sim N(a,\sigma^2)$,求线性函数 $\eta=k_1\xi+k_2$ 的密度函数. 式中 $k_1\neq 0,k_2$ 均为常数.

解 $y=f(x)=k_1x+k_2$ 的反函数为 $x=g(y)=\frac{y-k_2}{k_1}$. 而 $g'(y)=\frac{1}{k_1}$. 由(13.2-17)得

$$p_\eta(y)=\frac{1}{\sqrt{2\pi}\,|k_1|\,\sigma}e^{-\frac{(y-k_1a-k_2)^2}{2k_1^2\sigma^2}},\ y\in\boldsymbol{R}.$$

即 $\eta\sim N(k_1a+k_2,|k_1|^2\sigma^2)$，$\eta$ 是参数为 k_1a+k_2 和 $|k_1|\sigma$ 的正态分布.

例 2 若 θ 服从 $\left(-\frac{\pi}{2},\frac{\pi}{2}\right)$ 的均匀分布，$\psi=\mu+\lambda\tan\theta$，其中 $\lambda>0$，μ 均为常数，试求 ψ 的密度函数.

解 θ 的密度函数为

$$p_\theta(x)=\begin{cases}\frac{1}{\pi}, & |x|<\frac{\pi}{2};\\ 0, & \text{其他情况}.\end{cases}$$

$y=\mu+\lambda\tan x$ 当 $|x|<\frac{\pi}{2}$ 时是单调函数，其反函数为

$$x=\arctan\frac{y-\mu}{\lambda},\frac{dx}{dy}=\frac{\lambda}{\lambda^2+(y-\mu)^2}.$$

由(13.2-17)得

$$p_\psi(y)=\frac{1}{\pi}\cdot\frac{\lambda}{\lambda^2+(y-\mu)^2},\ y\in\boldsymbol{R}.\tag{13.2-19}$$

由(13.2-19)定义的分布称为参数为 λ 和 μ 的**柯西分布**.

例 3 设点等可能地落于中心在原点，半径为 r 的圆周上. 试求这点横坐标的密度函数.

解 以随机变量 ξ 表示点的极角，以 η 表示点的横坐标，于是 $\eta=r\cos\xi$.

依题意，ξ 的密度函数为

$$p_\xi(\theta)=\begin{cases}\frac{1}{2\pi}, & 0\leqslant\theta<2\pi;\\ 0, & \text{其他情况}.\end{cases}$$

注意 $x=r\cos\theta$ 不是单调函数. 当 θ 在 $[0,2\pi)$ 上取值时，x 在 $[-r,r]$ 上取值. 对 $x\in[-r,r]$，由图 13.2-2，依公式(13.2-18)，可求出 η 的分布函数.

当 $|x|\leqslant r$ 时，

$$F_\eta(x)=P(\eta<x)=P\left(\arccos\frac{x}{r}<\xi<2\pi-\arccos\frac{x}{r}\right)$$

$$=\int_{\arccos\frac{x}{r}}^{2\pi-\arccos\frac{x}{r}}p_\xi(\theta)d\theta=1-\frac{1}{\pi}\arccos\frac{x}{r}.$$

故

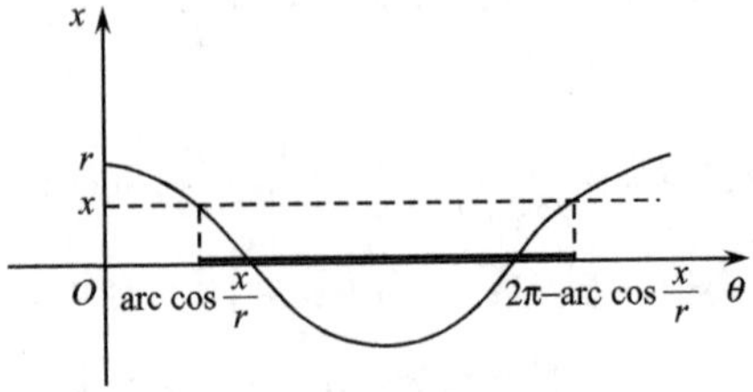

图 13.2-2

$$F_\eta(x)=\begin{cases}0, & x<-r;\\ 1-\dfrac{1}{\pi}\arccos\dfrac{x}{r}, & -r\leqslant x\leqslant r;\\ 1, & x>r.\end{cases}$$

密度函数为

$$p_\eta(x)=\begin{cases}\dfrac{1}{\pi\sqrt{r^2-x^2}}, & |x|<r;\\ 0, & |x|\geqslant r.\end{cases}$$

§13.3 多维随机变量及其分布

13.3.1 多维随机变量与分布函数

定义 1 设$(Q,\mathscr{F},P)$是概率空间，如果 1°对每个 $e\in\Omega$，存在

$$\xi(e)=(\xi_1(e),\xi_2(e),\cdots,\xi_n(e))\in\boldsymbol{R}^n$$

和它对应，即 $\boldsymbol{\xi}$ 是样本空间 Ω 到 $\boldsymbol{R}^n$ 的一个映射，2°对每个 $\boldsymbol{x}=(x_1,x_2,\cdots,x_n)\in\boldsymbol{R}^n$，事件$\{e:\xi_i(e)<x_i,\ i=1,2,\cdots,n\}\in\mathscr{F}$，即$\{e:\xi_i(e)<x_i,\ i=1,2,\cdots,n\}$有确定的概率，则称 $\boldsymbol{\xi}(e)=(\xi_1(e),\xi_2(e),\cdots,\xi_n(e))$为 **$n$ 维随机向量**或 **n 维随机变量**.

以后把$\{e:\xi_i(e)<x_i:\ i=1,2,\cdots,n\}$简记为

$$\{\xi_i<x_i:i=1,2,\cdots,n\}.$$

称 $F(x_1,x_2,\cdots,x_n)=P(\xi_1<x_1,\xi_2<x_2,\cdots,\xi_n<x_n)$为 n 维随机向量 $\xi=(\xi_1,\xi_2,\cdots,\xi_n)$的**联合分布函数**，简称 **$n$ 维分布函数**或分布函数.

n 维分布函数 $F(x_1,x_2,\cdots,x_n)$具有如下性质：

1° $F(x_1,x_2,\cdots,x_n)$对每个变元都是非减的.

2° 对任意$(a_1,a_2,\cdots,a_n)$，$(b_1,b_2,\cdots,b_n)\in\boldsymbol{R}^n$，$b_i>a_i(i=1,2,\cdots,n)$，有

$$\begin{aligned}&P(a_1\leqslant\xi_1<b_1,a_2\leqslant\xi_2<b_2,\cdots,a_n\leqslant\xi_n<b_n)\\&=F(b_1,b_2,\cdots,b_n)-\sum_{i=1}^{n}F_i+\sum_{1\leqslant i<j\leqslant n}F_{ij}\end{aligned}$$

$$-\cdots+(-1)^n F(a_1,a_2,\cdots,a_n)\geqslant 0, \tag{13.3-1}$$

式中 $F_{ij\cdots k}$ 是当 $x_i=a_i, x_j=a_j,\cdots,x_k=a_k$ 而其余 $x_l=b_l$ 时 $F(x_1,x_2,\cdots,x_n)$ 的值.

3° $\forall(x_1,x_2,\cdots,x_n)\in \boldsymbol{R}^n$，有 $0\leqslant F(x_1,x_2,\cdots,x_n)\leqslant 1$，且

$$\lim_{x_i\to-\infty}F(x_1,x_2,\cdots,x_n)=0\quad(i=1,2,\cdots,n).$$

$$\lim_{\substack{x_i\to+\infty\\(i=1,2,\cdots,n)}}F(x_1,x_2,\cdots,x_n)=1.$$

4° $F(x_1,x_2,\cdots,x_n)$ 对每个变元都是左连续的.

n 维随机向量同样有离散型与连续型之分. 在离散型场合，概率分布集中在至多为可列个点上.

例 1 多项分布

设随机试验 E 可能出现的结果的全体是 $A_1,A_2,\cdots,A_r$，它们是互不相容的，它们出现的概率分别为 $P(A_i)=p_i(i=1,2,\cdots,r)$，则称 E 为**推广的伯努利试验**. 自然 $\sum_{i=1}^{r}p_i=1$.

在 n 重推广的伯努利试验中，A_i 出现 k_i 次$(i=1,2,\cdots,r)$的概率为

$$\frac{n!}{k_1!k_2!\cdots k_r!}p_1^{k_1}p_2^{k_2}\cdots p_r^{k_r}, \tag{13.3-2}$$

这里 $k_i=0,1,\cdots,n(i=1,2,\cdots,r)$，且 $k_1+k_2+\cdots+k_r=n$. 由(13.3-2)所定义的分布就是一个多维离散型随机向量的分布，称为**多项分布**.

在连续型场合，存在非负可积函数 $p(x_1,x_2,\cdots,x_n)$，使得

$$F(x_1,x_2,\cdots,x_n)=\int_{-\infty}^{x_1}\int_{-\infty}^{x_2}\cdots\int_{-\infty}^{x_n}p(t_1,t_2,\cdots,t_n)dt_1dt_2\cdots dt_n.$$

称 $p(x_1,x_2,\cdots,x_n)$ 为 $\xi=(\xi_1,\xi_2,\cdots,\xi_n)$ 的密度函数.

n 维密度函数 $p(x_1,x_2,\cdots,x_n)$ 具有如下性质：

1° $\int_{-\infty}^{+\infty}\int_{-\infty}^{+\infty}\cdots\int_{-\infty}^{+\infty}p(t_1,t_2,\cdots,t_n)dt_1dt_2\cdots dt_n=1.$

2° 若 $D\in\mathscr{F}$，则 $\xi=(\xi_1,\xi_2,\cdots,\xi_n)$ 落在 D 内的概率为

$$P((\xi_1,\xi_2,\cdots,\xi_n)\in D)=\iint\limits_{D}\cdots\int p(t_1,t_2,\cdots,t_n)dt_1dt_2\cdots dt_n.$$

3° 若 $p(x_1,x_2,\cdots,x_n)$ 是连续的，则

$$\frac{\partial^n F(x_1,x_2,\cdots,x_n)}{\partial x_1\partial x_2\cdots\partial x_n}=p(x_1,x_2,\cdots,x_n).$$

例 2 多维正态分布

由密度函数

$$p(x,y)=\frac{1}{2\pi\sigma_1\sigma_2\sqrt{1-r^2}}$$

$$\cdot\exp\left\{-\frac{1}{2(1-r^2)}\left[\frac{(x-a)^2}{\sigma_1^2}-2r\frac{(x-a)(y-b)}{\sigma_1\sigma_2}+\frac{(y-b)^2}{\sigma_2^2}\right]\right\},$$

$$(x,y)\in \boldsymbol{R}^2 \tag{13.3-3}$$

定义的分布称为参数为 a,b,σ_1,σ_2,r 的**二维正态分布**,式中 a,b,σ_1,σ_2,r 均为常数,$\sigma_1>0,\sigma_2>0,|r|<1$.

一般地,若 $\boldsymbol{B}=(b_{ij})$ 是 n 阶正定对称矩阵(参看§5.7.4),以 $\boldsymbol{B}^{-1}$ 表示 $\boldsymbol{B}$ 的逆阵,$|\boldsymbol{B}|$ 表示 $\boldsymbol{B}$ 的行列式的值,$\boldsymbol{a}=(a_1,a_2,\cdots,a_n)'$,$x=(x_1,x_2,\cdots,x_n)'$,则由密度函数

$$p(x_1,x_2,\cdots,x_n)=\frac{1}{(2\pi)^{n/2}\cdot|\boldsymbol{B}|^{1/2}}\exp\left(-\frac{1}{2}(x-\boldsymbol{a})'\boldsymbol{B}^{-1}(x-\boldsymbol{a})\right)$$

$$\boldsymbol{x}=(x_1,x_2,\cdots,x_n)'\in \boldsymbol{R}^n \tag{13.3-4}$$

定义的分布称为 **n 维正态分布**,记为 $\boldsymbol{\xi}\sim N(\boldsymbol{a},\boldsymbol{B})$.

13.3.2 边际分布

1. 二维离散型随机变量可用分布表给出

ξ \ η	y_1	y_2	$\cdots$	y_j	$\cdots$	$p_{i\cdot}$
x_1	p_{11}	p_{12}	$\cdots$	p_{1j}	$\cdots$	$p_{1\cdot}$
x_2	p_{21}	p_{22}	$\cdots$	p_{2j}	$\cdots$	$p_{2\cdot}$
$\cdots$	$\cdots$		$\cdots$	$\cdots$	$\cdots$	$\cdots$
x_i	p_{i1}	p_{i2}	$\cdots$	p_{ij}	$\cdots$	$p_{i\cdot}$
$\cdots$	$\cdots$	$\cdots$	$\cdots$	$\cdots$	$\cdots$	$\cdots$
$p_{\cdot j}$	$p_{\cdot 1}$	$p_{\cdot 2}$	$\cdots$	$p_{\cdot j}$	$\cdots$	1

其中

$$p_{i\cdot}=\sum_{j=1}^{\infty}p_{ij}=P(\xi=x_i)',i=1,2,\cdots; \tag{13.3-5}$$

$$p_{\cdot j}=\sum_{i=1}^{\infty}p_{ij}=P(\eta=y_j),j=1,2,\cdots. \tag{13.3-6}$$

分别称为(ξ,η)关于 ξ 和关于 η 的**边际分布律**.

2. 设 $p(x,y)$是(ξ,η)的密度函数,则

$$F_\xi(x)=F(x,+\infty)=\int_{-\infty}^{x}\left(\int_{-\infty}^{+\infty}p(t_1,t_2)dt_2\right)dt_1, \tag{13.3-7}$$

$$F_\eta(y)=F(+\infty,y)=\int_{-\infty}^{y}\left(\int_{-\infty}^{+\infty}p(t_1,t_2)dt_1\right)dt_2 \tag{13.3-8}$$

分别称为(ξ,η)关于 ξ 和 η 的**边际分布函数**.

$$p_\xi(x)=\int_{-\infty}^{+\infty}p(x,t)dt, \tag{13.3-9}$$

$$p_\eta(y)=\int_{-\infty}^{+\infty}p(t,y)dt \tag{13.3-10}$$

分别称为(ξ,η)关于ξ和η的**边际密度函数.**

3. 设$F(x_1x_2\cdots x_n)$是n维随机向量$\xi=(\xi_1,\xi_2,\cdots,\xi_n)$的分布函数,也可类似地定义它的边际分布函数. 例如

$$F(x_1,\cdots,x_{k-1},x_{k+1},\cdots,x_n)=F(x_1,\cdots,x_{k-1},+\infty,x_{k+1},\cdots,x_n),$$

$$F(x_k)=F(+\infty,\cdots,+\infty,x_k,+\infty,\cdots,+\infty),$$

$$F(x_1,x_2,\cdots,x_{n-2})=F(x_1,x_2,\cdots,x_{n-2},+\infty,+\infty),$$

等等.

例 3 对于由(13.3-3)定义的二维正态分布,有

$$p_\xi(x)=\frac{1}{\sqrt{2\pi}\sigma_1}e^{-\frac{(x-a)^2}{2\sigma_1^2}},\ x\in\boldsymbol{R};$$

$$p_\eta(y)=\frac{1}{\sqrt{2\pi}\sigma_2}e^{-\frac{(y-b)^2}{2\sigma_2^2}},\ y\in\boldsymbol{R}.$$

它们分别是(ξ,η)关于ξ和η的边际密度函数.

这一结果表明:1°二维正态分布的两个边际分布都是一维正态分布;2°单由关于ξ和η的边际分布,一般说来是不能确定二维随机向量(ξ,η)的联合分布的.

13.3.3 条件分布

定义 2 设二维离散型随机变量(ξ,η)的分布律为

$$P(\xi=x_i,\eta=y_j)=p_{ij}(i,j=1,2,\cdots).$$

若$p_{\cdot j}>0$,则称

$$P(\xi=x_i\mid\eta=y_j)=\frac{P(\xi=x_i,\eta=y_j)}{P(\eta=y_j)}=\frac{p_{ij}}{p_{\cdot j}}(i=1,2,\cdots) \tag{13.3-11}$$

为在$\eta=y_j$条件下随机变量ξ的**条件分布律.**

同样,若$p_{i\cdot}>0$,则称

$$P(\eta=y_j\mid\xi=x_i)=\frac{P(\xi=x_j,\eta=y_j)}{P(\xi=x_i)}=\frac{p_{ij}}{p_{i\cdot}}(j=1,2,\cdots) \tag{13.3-12}$$

为在$\xi=x_i$条件下随机变量η的条件分布律.

定义 3 设$F(x,y)$和$p(x,y)$分别是二维连续型随机变量(ξ,η)的分布函数和密度函数,若$p(x,y)$连续,边际密度函数$p_\eta(y)$连续且大于零,则在$\eta=y$的条件下随机变量ξ的**条件分布函数**定义为

$$\begin{aligned}F_{\xi|\eta}(x\mid y)&=\lim_{\Delta y\to+0}P(\xi<x\mid y\leqslant\eta<y+\Delta y)\\&=\lim_{\Delta y\to+0}\frac{P(\xi<x,y\leqslant\eta<y+\Delta y)}{P(y\leqslant\eta<y+\Delta y)}\end{aligned}$$

$$= \lim_{\Delta y \to +0} \frac{F(x,y+\Delta y)-F(x,y)}{F_\eta(y+\Delta y)-F_\eta(y)}$$

$$= \lim_{\Delta y \to +0} \frac{\dfrac{F(x,y+\Delta y)-F(x,y)}{\Delta y}}{\dfrac{F_\eta(y+\Delta y)-F_\eta(y)}{\Delta y}} = \frac{\dfrac{\partial F(x,y)}{\partial y}}{F'_\eta(y)}$$

$$= \frac{\int_{-\infty}^{x} p(t,y)dt}{p_\eta(y)} = \int_{-\infty}^{x} \frac{p(t,y)}{p_\eta(y)}dt, x \in \boldsymbol{R}. \qquad (13.3\text{-}13)$$

记

$$p_{\xi|\eta}(x \mid y) = \frac{p(x,y)}{p_\eta(y)}, \qquad x \in \boldsymbol{R}, \qquad (13.3\text{-}14)$$

称为在 $\eta=y$ 条件下随机变量 ξ 的**条件密度函数**.

同样,若 $p_\xi(x)>0$,分别称

$$F_{\eta|\xi}(y \mid x) = \int_{-\infty}^{y} \frac{p(x,t)}{p_\xi(x)}dt, \ y \in \boldsymbol{R} \qquad (13.3\text{-}15)$$

和

$$p_{\eta|\xi}(y \mid x) = \frac{p(x,y)}{p_\xi(x)}, \quad y \in \boldsymbol{R} \qquad (13.3\text{-}16)$$

为在 $\xi=x$ 条件下随机变量 η 的条件分布函数和条件密度函数.

例 4 对于由(13.3-3)定义的二维正态分布,由(13.3-14)可得

$$p_{\xi|\eta}(x \mid y) = \frac{1}{\sqrt{2\pi}\sigma_1 \sqrt{1-r^2}} \times \exp\left(-\frac{1}{2\sigma_1^2(1-r^2)}\left(x-\left(a+r\frac{\sigma_1}{\sigma_2}(y-b)\right)\right)^2\right),$$

$$x \in \boldsymbol{R}.$$

这是一维正态分布 $N\left(a+r\dfrac{\sigma_1}{\sigma_2}(y-b),\sigma_1^2(1-r^2)\right)$.

13.3.4 随机变量的相互独立性

定义 4 设$(\xi_1,\xi_2,\cdots,\xi_n)$是 n 维随机变量,如果对任意$(x_1,x_2,\cdots,x_n)\in\boldsymbol{R}^n$,有

$$P(\xi_1 < x_1,\xi_2 < x_2,\cdots,\xi_n < x_n)$$
$$= P(\xi_1 < x_1)P(\xi_2 < x_2)\cdots P(\xi_n < x_n),$$

即

$$F(x_1,x_2,\cdots,x_n) = F_{\xi_1}(x_1)F_{\xi_2}(x_2)\cdots F_{\xi_n}(x_n), \qquad (13.3\text{-}17)$$

则称 $\xi_1,\xi_2,\cdots,\xi_n$ 是相互独立的.

这时$(\xi_1,\xi_2,\cdots,\xi_n)$关于 $\xi_i(i=1,2,\cdots,n)$的边际分布函数 $F_{\xi_i}(x_i)$可以唯一地确

定$(\xi_1,\xi_2,\cdots,\xi_n)$的联合分布函数$F(x_1,x_2,\cdots,x_n)$.

对于连续型随机变量,(13.3-17)等价于等式

$$p(x_1,x_2,\cdots,x_n)=p_{\xi_1}(x_1)p_{\xi_2}(x_2)\cdots p_{\xi_n}(x_n) \tag{13.3-18}$$

在$\boldsymbol{R}^n$上几乎处处成立,即使得等式不成立的$(x_1,x_2,\cdots,x_n)$所构成的事件的概率为零.

对于离散型随机变量,(13.3-17)等价于,对任意一组可能取的值$(x_1,x_2,\cdots,x_n)$,成立

$$\begin{aligned}&P(\xi_1=x_1,\xi_2=x_2,\cdots,\xi_n=x_n)\\&=P(\xi_1=x_1)P(\xi_2=x_2)\cdots P(\xi_n=x_n).\end{aligned} \tag{13.3-19}$$

若二维随机变量ξ,η是相互独立的,则

$$\begin{aligned}F_{\xi|\eta}(x\mid y)&=\lim_{\Delta y\to+0}\frac{F(x,y+\Delta y)-F(x,y)}{F_\eta(y+\Delta y)-F_\eta(y)}\\&=\lim_{\Delta y\to+0}\frac{F_\xi(x)(F_\eta(y+\Delta y)-F_\eta(y))}{F_\eta(y+\Delta y)-F_\eta(y)}=F_\xi(x).\end{aligned}$$

这时条件分布化为无条件分布.

例 5 对于由(13.3-3)定义的二维正态分布的随机变量(ξ,η),ξ和η相互独立的充要条件是$r=0$.

13.3.5 随机向量的函数

定理 1 若$(\xi_1,\xi_2,\cdots,\xi_n)$是$n$维随机向量,而$\eta=f(\xi_1,\xi_2,\cdots,\xi_n)$,其中$y=f(x_1,x_2,\cdots,x_n)$是$n$元连续函数,则$\eta$也是随机变量.

特别,若$p(x_1,x_2,\cdots,x_n)$是$(\xi_1,\xi_2,\cdots,\xi_n)$的密度函数,则$\eta$的分布函数可表为

$$F_\eta(y)=\iint\limits_{f(x_1,x_2,\cdots,x_n)<y}\cdots\int p(x_1,x_2,\cdots,x_n)dx_1dx_2\cdots dx_n. \tag{13.3-20}$$

1. 和的分布

若(ξ_1,ξ_2)的密度函数为$p(x_1,x_2)$,则$\eta=\xi_1+\xi_2$的分布函数为

$$F_\eta(y)=\iint\limits_{x_1+x_2<y}p(x_1,x_2)dx_1dx_2=\int_{-\infty}^{+\infty}\left(\int_{-\infty}^{y-x_1}p(x_1,x_2)dx_2\right)dx_1$$

$$\left(\text{或}=\int_{-\infty}^{+\infty}\left(\int_{-\infty}^{y-x_2}p(x_1,x_2)dx_1\right)dx_2\right). \tag{13.3-21}$$

对(13.3-21)式关于y求导可得η的密度函数为

$$p_\eta(y)=\int_{-\infty}^{+\infty}p(x_1,y-x_1)dx_1$$

$$\left(\text{或}=\int_{-\infty}^{+\infty}p(y-x_2,x_2)dx_2\right). \tag{13.3-22}$$

当 ξ_1,ξ_2 相互独立时，η 的密度函数为

$$p_\eta(y)=\int_{-\infty}^{+\infty}p_{\xi_1}(x_1)p_{\xi_2}(y-x_1)dx_1$$

$$\left(\text{或}=\int_{-\infty}^{+\infty}p_{\xi_1}(y-x_2)p_{\xi_2}(x_2)dx_2\right). \tag{13.3-23}$$

例 6 若 (ξ_1,ξ_2) 是参数为 a,b,σ_1,σ_2,r 的二维正态随机向量，由(13.3-22)可得 $\eta=\xi_1+\xi_2$ 的密度函数

$$p_\eta(y)=\frac{1}{\sqrt{2\pi(\sigma_1^2+2r\sigma_1\sigma_2+\sigma_2^2)}}e^{-\frac{(y-a-b)^2}{2(\sigma_1^2+2r\sigma_1\sigma_2+\sigma_2^2)}}.$$

η 也服从正态分布. $\eta\sim N(a+b,\sigma_1^2+2r\sigma_1\sigma_2+\sigma_2^2)$.

2. 商的分布

若 (ξ_1,ξ_2) 的密度函数为 $p(x_1,x_2)$，则 $\eta=\dfrac{\xi_1}{\xi_2}$ 的分布函数为

$$\begin{aligned}F_\eta(y)&=\iint\limits_{\frac{x_1}{x_2}<y}p(x_1,x_2)dx_1dx_2\\&=\int_0^{+\infty}dx_2\int_{-\infty}^{x_2y}p(x_1,x_2)dx_1+\int_{-\infty}^0dx_2\int_{x_2y}^{+\infty}p(x_1,x_2)dx_1.\end{aligned} \tag{13.3-24}$$

η 的密度函数为

$$p_\eta(y)=\int_{-\infty}^{+\infty}|x_2|p(x_2y,x_2)dx_2. \tag{13.3-25}$$

3. $M_n=\max(\xi_1,\xi_2,\cdots,\xi_n)$ 及 $N_n=\min(\xi_1,\xi_2,\cdots,\xi_n)$ 的分布

设 $\xi_1,\xi_2,\cdots,\xi_n$ 为 n 个相互独立的随机变量，它们的分布函数分别为 $F_{\xi_1}(x_1)$，$F_{\xi_2}(x_2),\cdots,F_{\xi_n}(x_n)$，则 $M_n=\max(\xi_1,\xi_2,\cdots,\xi_n)$ 及 $N_n=\min(\xi_1,\xi_2,\cdots,\xi_n)$ 的分布函数分别为

$$F_{\max}(y)=F_{\xi_1}(y)F_{\xi_2}(y)\cdots F_{\xi_n}(y); \tag{13.3-26}$$

$$F_{\min}(y)=1-(1-F_{\xi_1}(y))(1-F_{\xi_2}(y))\cdots(1-F_{\xi_n}(y)). \tag{13.3-27}$$

特别，当 $\xi_1,\xi_2,\cdots,\xi_n$ 相互独立且具有相同的分布函数 $F(x)$ 时，有

$$F_{\max}(y)=(F(y))^n, \tag{13.3-28}$$

$$F_{\min}(y)=1-(1-F(y))^n. \tag{13.3-29}$$

例 7 设系统 L 由相互独立的两个子系统 L_1 和 L_2 联结而成. 已知 L_1 和 L_2 的寿命分别为 ξ_1 和 ξ_2，它们的密度函数分别为

$$p_{\xi_1}(x)=\begin{cases}0, & x\leqslant 0;\\ \alpha_1e^{-\alpha_1x}, & x>0,\end{cases}$$

和

$$p_{\xi_2}(x)=\begin{cases}0, & x\leqslant 0;\\ \alpha_2 e^{-\alpha_2 x}, & x>0.\end{cases}$$

式中 $\alpha_1>0,\alpha_2>0$ 均为常数,且 $\alpha_1\neq\alpha_2$.

试就如下两种情况:1° L_1 和 L_2 并联(见图 13.3-1),2° L_1 和 L_2 串联(见图 13.3-2)分别求出 L 的寿命的密度函数.

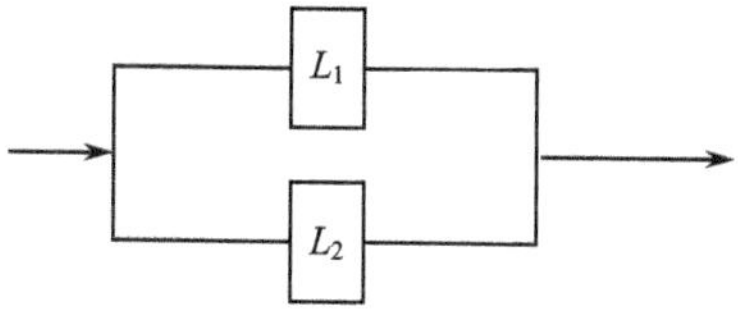

图 13.3-1

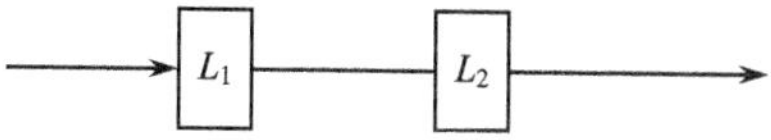

图 13.3-2

解 1°在并联的情况下,L 的寿命 $\eta_1=\max(\xi_1,\xi_2)$,由(13.3-26)可得 η_1 的分布函数

$$F_{\eta_1}(y)=\begin{cases}0, & y\leqslant 0;\\ (1-e^{-\alpha_1 y})(1-e^{-\alpha_2 y}), & y>0.\end{cases}$$

于是,η_1 的密度函数为

$$p_{\eta_1}(y)=\begin{cases}0, & y\leqslant 0;\\ \alpha_1 e^{-\alpha_1 y}+\alpha_2 e^{-\alpha_2 y}-(\alpha_1+\alpha_2)e^{-(\alpha_1+\alpha_2)y}, & y>0.\end{cases}$$

2° 在串联的情况下,L 的寿命 $\eta_2=\min(\xi_1,\xi_2)$,由(13.3-27)可得 η_2 的分布函数

$$F_{\eta_2}(y)=\begin{cases}0, & y\leqslant 0;\\ 1-e^{-(\alpha_1+\alpha_2)y}, & y>0.\end{cases}$$

于是,η_2 的密度函数为

$$p_{\eta_2}(y)=\begin{cases}0, & y\leqslant 0;\\ (\alpha_1+\alpha_2)e^{-(\alpha_1+\alpha_2)y}, & y>0.\end{cases}$$

13.3.6 几种重要的随机向量函数的分布

1. χ^2 分布与 χ 分布

设 $\xi_1,\xi_2,\cdots,\xi_n$ 是一族相互独立,服从同一正态分布 $N(a,\sigma^2)$的随机变量. 记 $\chi^2=\frac{1}{\sigma^2}\sum_{i=1}^{n}(\xi_i-a)^2,\chi=\frac{1}{\sigma^2}\left(\sum_{i=1}^{n}(\xi_i-a)^2\right)^{1/2}$,分别称它们为具有参数 n 的 χ^2 变量和 χ 变量,其分布分别称为 **χ^2 分布**和 **χ 分布**.

1° 记 $\zeta=\frac{\chi}{\sqrt{n}}$，$\zeta$ 的分布函数为

$$F_{\zeta}(y)=\begin{cases}0, & y<0;\\ \dfrac{1}{2^{\frac{n}{2}-1}\Gamma\left(\frac{n}{2}\right)}\displaystyle\int_{0}^{y\sqrt{n}}\rho^{n-1}\cdot e^{-\frac{\rho^{2}}{2}}d\rho, & y\geqslant 0.\end{cases} \tag{13.3-30}$$

ζ 的密度函数为

$$p_{\zeta}(y)=\begin{cases}0, & y<0;\\ \dfrac{\sqrt{2n}}{\Gamma\left(\frac{n}{2}\right)}\left(\dfrac{y\sqrt{n}}{\sqrt{2}}\right)^{n-1}e^{-\frac{n}{2}y^{2}}, & y\geqslant 0.\end{cases} \tag{13.3-31}$$

在(13.3-31)中，当 $n=1,2,3$ 时，相应的密度函数为

$$p_{1}(y)=\begin{cases}0, & y<0;\\ \sqrt{\dfrac{2}{\pi}}e^{-\frac{y^{2}}{2}}, & y\geqslant 0.\end{cases} \tag{13.3-32}$$

$$p_{2}(y)=\begin{cases}0, & y<0;\\ 2ye^{-y^{2}}, & y\geqslant 0.\end{cases} \tag{13.3-33}$$

$$p_{3}(y)=\begin{cases}0, & y<0;\\ 3\sqrt{\dfrac{6}{\pi}}y^{2}e^{-\frac{3}{2}y^{2}}, & y\geqslant 0\end{cases} \tag{13.3-34}$$

密度函数为 $p_1(y)$ 的分布称为**反射正态分布**. 对非负的 y，$p_1(y)$ 等于 $N(0,1)$ 的密度函数在 y 的值的二倍.

密度函数为

$$p(y)=\begin{cases}0, & y<0;\\ \dfrac{y}{\sigma^{2}}e^{-\frac{y^{2}}{2\sigma^{2}}}, & y\geqslant 0\end{cases}\quad(\sigma>0) \tag{13.3-35}$$

的分布称为**雷利分布**. $p_2(y)$ 是它在 $\sigma=\frac{1}{\sqrt{2}}$ 时的特殊情形.

密度函数为

$$p(y)=\begin{cases}0, & y<0;\\ \dfrac{1}{\sigma^{3}}\sqrt{\dfrac{2}{\pi}}y^{2}e^{-\frac{y^{2}}{2\sigma^{2}}}, & y\geqslant 0\end{cases} \tag{13.3-36}$$

的分布称为**麦克斯韦分布**. $p_3(y)$ 是它在 $\sigma=\frac{1}{\sqrt{3}}$ 时的特殊情形.

2° χ 的密度函数为

$$p_{\chi}(y)=\begin{cases}0, & y<0;\\ \dfrac{2}{2^{n/2}\Gamma(n/2)}y^{n-1}e^{-\frac{y^2}{2}}, & y\geqslant 0.\end{cases} \tag{13.3-37}$$

3° χ^2 的密度函数为

$$p_{\chi^2}(y)=\begin{cases}0, & y<0;\\ \dfrac{1}{2^{n/2}\Gamma(n/2)}y^{\frac{n}{2}-1}e^{-\frac{y}{2}}, & y\geqslant 0.\end{cases} \tag{13.3-38}$$

χ^2 的密度函数是由(13.2-13)所表示的 Γ 分布的密度函数在

$$\lambda=\frac{1}{2},\gamma=\frac{n}{2}$$

时的特殊情形.

2. t 分布(学生分布)

设 ξ 是 $N(0,1)$ 变量,$\zeta=\dfrac{\chi}{\sqrt{n}}$($\chi$ 为具有参数 n 的 χ 变量),ξ,ζ 相互独立,则称 $t=\dfrac{\xi}{\zeta}=\sqrt{n}\dfrac{\xi}{\chi}$ 为具有参数 n 的 t 变量,其分布称为 **t 分布**,t 分布的密度函数为

$$p_t(y)=\frac{1}{\sqrt{n\pi}}\cdot\frac{\Gamma\left(\frac{n+1}{2}\right)}{\Gamma\left(\frac{n}{2}\right)}\left(1+\frac{y^2}{n}\right)^{-\frac{n+1}{2}},\ y\in\mathbf{R}. \tag{13.3-39}$$

当 $n=1$ 时,(13.3-39)是由(13.2-19)表示的柯西分布的密度函数在 $\lambda=1,\mu=0$ 时的特殊情形.

3. F 分布

设 $\xi_1=\dfrac{\chi_1^2}{n_1}$,$\chi_1^2$ 为具有参数 n_1 的 χ^2 变量;$\xi_2=\dfrac{\chi_2^2}{n_2}$,$\chi_2^2$ 为具有参数 n_2 的 χ^2 变量,ξ_1,ξ_2 相互独立,则 $\eta=\dfrac{\xi_1}{\xi_2}$ 的密度函数为

$$P(y)=\begin{cases}0, & y<0;\\ \dfrac{\Gamma\left(\frac{n_1+n_2}{2}\right)}{\Gamma\left(\frac{n_1}{2}\right)\Gamma\left(\frac{n_2}{2}\right)}n_1^{n_1/2}n_2^{n_2/2}\ \dfrac{y^{\frac{n_1}{2}-1}}{(n_1y+n_2)^{\frac{n_1+n_2}{2}}}, & y\geqslant 0.\end{cases} \tag{13.3-40}$$

以(13.3-40)中 $p(y)$ 为密度函数的分布称为具有参数 n_1,n_2 的 **F 分布**,记为 $F_{n_1\cdot n_2}$.

13.3.7 随机向量的变换

定理 2 设 $p(x_1,x_2,\cdots,x_n)$ 是 n 维随机向量($\xi_1,\xi_2,\cdots,\xi_n$)的密度函数,而 $\eta_i=$

$f_i(\xi_1,\xi_2,\cdots,\xi_n)(i=1,2,\cdots,m)$是 n 元连续函数，则$(\eta_1,\eta_2,\cdots,\eta_m)$是 m 维随机向量，它的分布函数为

$$F(y_1,y_2,\cdots,y_m)=P(\eta_1<y_1,\eta_2<y_2,\cdots,\eta_m<y_m)$$
$$=\underset{\substack{f_i(x_1,x_2,\cdots,x_n)<y_i\\(i=1,2,\cdots,m)}}{\iint\cdots\int} p(x_1,x_2,\cdots,x_n)dx_1dx_2\cdots dx_n. \quad (13.3\text{-}41)$$

这是最一般的场合. 当 $m=1$ 时，便是随机向量的函数的情形；当 $m=n=1$ 时，便是一维随机变量的函数的情形.

定理 3 设 $p_\xi(x_1,x_2,\cdots,x_n)$是 n 维随机向量 $\xi=(\xi_1,\xi_2,\cdots,\xi_n)$的密度函数，如果

1° n 元函数

$$y_i=f_i(x_1,x_2,\cdots,x_n)(i=1,2,\cdots,n) \quad (*)$$

存在唯一反函数 $x_j=g_j(y_1,y_2,\cdots,y_n)(j=1,2,\cdots,n)$；

2° $f_i(x_1,x_2,\cdots,x_n)$及 $g_j(y_1,y_2,\cdots,y_n)(i,j=1,2,\cdots,n)$都连续；

3° 存在连续的偏导数$\frac{\partial g_j}{\partial y_i},\frac{\partial f_i}{\partial x_j}(i,j=1,2,\cdots,n)$；则 n 维随机向量 $\eta=(\eta_1,\eta_2,\cdots,\eta_n)$(其中 $\eta_i=f_i(\xi_1,\xi_2,\cdots,\xi_n),i=1,2,\cdots,n$)有密度函数

$$p_\eta(y_1,y_2,\cdots,y_n)$$
$$=\begin{cases}p_\xi(g_1(y_1,y_2,\cdots,y_n),g_2(y_1,y_2,\cdots,y_n),\cdots,g_n(y_1,y_2,\cdots,y_n))\,|J|,\\ \qquad \text{如果}(y_1,y_2,\cdots,y_n)\text{使}(*)\text{有解}; \\ 0, \qquad\qquad \text{其他情形}.\end{cases} \quad (13.3\text{-}42)$$

其中 $J=\frac{\partial(x_1,x_2,\cdots,x_n)}{\partial(y_1,y_2,\cdots,y_n)}$表示雅可比行列式(参看 6.2.3).

例 8 设二维随机向量 $\boldsymbol{\xi}=(\xi_1,\xi_2)$的密度函数为 $p_\xi(x_1,x_2)$，而

$$\eta_1=a_{11}\xi_1+a_{12}\xi_2,\eta_2=a_{21}\xi_1+a_{22}\xi_2,$$

其中 $\Delta=a_{11}a_{22}-a_{12}a_{21}\neq0$，试求 $\boldsymbol{\eta}=(\eta_1,\eta_2)$的密度函数 $p_\eta(y_1,y_2)$.

解 在此，$y_1=a_{11}x_1+a_{12}x_2,y_2=a_{21}x_1+a_{22}x_2,\forall(y_1,y_2)\in\boldsymbol{R}^2$，有

$$x_1=\frac{a_{22}}{\Delta}y_1-\frac{a_{12}}{\Delta}y_2,x_2=-\frac{a_{21}}{\Delta}y_1+\frac{a_{11}}{\Delta}y_2.$$

雅可比行列式

$$J=\frac{\partial(x_1,x_2)}{\partial(y_1,y_2)}=\begin{vmatrix}\frac{a_{22}}{\Delta} & -\frac{a_{12}}{\Delta}\\ -\frac{a_{21}}{\Delta} & \frac{a_{11}}{\Delta}\end{vmatrix}=\frac{1}{\Delta}.$$

由(13.3-42)可得

$$p_\eta(y_1,y_2)=\frac{1}{|\Delta|}p_\xi\left(\frac{a_{22}}{\Delta}y_1-\frac{a_{12}}{\Delta}y_2,-\frac{a_{21}}{\Delta}y_1+\frac{a_{11}}{\Delta}y_2\right),$$

$$(y_1, y_2) \in \boldsymbol{R}^2.$$

例 9 设 $\boldsymbol{\xi}=(\xi_1,\xi_2)$的密度函数为

$$p_{\xi}(x_1,x_2)=\frac{1}{2\pi\sigma_1\sigma_2\sqrt{1-r^2}}\exp\left(-\frac{1}{2(1-r^2)}\left(\frac{x_1^2}{\sigma_1^2}-2r\frac{x_1x_2}{\sigma_1\sigma_2}+\frac{x_2^2}{\sigma_2^2}\right)\right),$$

而 $\eta_1=\xi_1\cos\alpha+\xi_2\sin\alpha$，$\eta_2=-\xi_1\sin\alpha+\xi_2\cos\alpha$，式中 $\alpha\in[0,2\pi)$. 试求 $\boldsymbol{\eta}=(\eta_1,\eta_2)$的密度函数 $p_\eta(y_1,y_2)$.

解 在此，$y_1=x_1\cos\alpha+x_2\sin\alpha$，$y_2=-x_1\sin\alpha+x_2\cos\alpha$，$\forall(y_1,y_2)\in\boldsymbol{R}^2$，有 $x_1=y_1\cos\alpha-y_2\sin\alpha$，$x_2=y_1\sin\alpha+y_2\cos\alpha$. $J=1$，由(13.3-42)可得

$$\begin{aligned}p_\eta(y_1,y_2)&=p_\xi(y_1\cos\alpha-y_2\sin\alpha,y_1\sin\alpha+y_2\cos\alpha)\\&=\frac{1}{2\pi\sigma_1\sigma_2\sqrt{1-r^2}}\exp\left(-\frac{1}{2(1-r^2)}(Ay_1^2-2By_1y_2+Cy_2^2)\right).\end{aligned}$$

其中

$$A=\frac{\cos^2\alpha}{\sigma_1^2}-2r\frac{\cos\alpha\cdot\sin\alpha}{\sigma_1\sigma_2}+\frac{\sin^2\alpha}{\sigma_2^2}>0,$$

$$B=\frac{\cos\alpha\cdot\sin\alpha}{\sigma_1^2}-r\frac{\sin^2\alpha-\cos^2\alpha}{\sigma_1\sigma_2}-r\frac{\cos\alpha\sin\alpha}{\sigma_2^2},$$

$$C=\frac{\sin^2\alpha}{\sigma_1^2}+2r\frac{\cos\alpha\cdot\sin\alpha}{\sigma_1\sigma_2}+\frac{\cos^2\alpha}{\sigma_2^2}>0.$$

可见，二维正态变量(ξ_1,ξ_2)经坐标轴旋转所得的随机向量(η_1,η_2)还是服从正态分布. 进一步，若选择 α，使得 $\tan 2\alpha=\dfrac{2r\sigma_1\sigma_2}{\sigma_1^2-\sigma_2^2}$，则 $B=0$，于是 η_1 与 η_2 互相独立.

§13.4 一维随机变量的数字特征

13.4.1 数学期望

定义 1 设 $F(x)$是随机变量 ξ 的分布函数，如果

$$\int_{-\infty}^{+\infty}|x|\,dF(x)<+\infty,$$

则称

$$E\xi=\int_{-\infty}^{+\infty}x\,dF(x) \tag{13.4-1}$$

为随机变量 ξ 的**数学期望**. 其中 $\int_{-\infty}^{+\infty}x\,dF(x)$ 是斯蒂尔杰斯积分(参看 6.8.3).

特别，设 ξ 为离散型随机变量，它取值 $x_1,x_2,\cdots$ 对应的概率为 $p_1,p_2,\cdots$，如果 $\sum_{i=1}^{\infty}|x_i|p_i<+\infty$，则

$$E\xi = \sum_{i=1}^{\infty} x_i p_i \tag{13.4-2}$$

为随机变量 ξ 的数学期望.

设 $p(x)$ 为连续型随机变量 ξ 的密度函数，如果

$$\int_{-\infty}^{+\infty} |x| p(x) dx < +\infty,$$

则

$$E\xi = \int_{-\infty}^{+\infty} x p(x) dx \tag{13.4-3}$$

为随机变量 ξ 的数学期望.

数学期望是随机变量的"加权"平均值.

例 1 参数为 n, p 的二项分布 $p_i = \binom{n}{i} p^i (1-p)^{n-i} (i=0,1,2,\cdots,n)$，其数学期望为

$$E\xi = \sum_{i=0}^{n} i p_i = \sum_{i=0}^{n} i \binom{n}{i} p^i (1-p)^{n-i} = np.$$

例 2 正态分布 $\xi \sim N(a, \sigma^2)$，其数学期望为

$$E\xi = \int_{-\infty}^{+\infty} x \cdot \frac{1}{\sqrt{2\pi}\sigma} e^{-\frac{(x-a)^2}{2\sigma^2}} dx = a.$$

定理 1 数学期望有下列性质：

1° 若 $a \leqslant \xi \leqslant b$，则 $a \leqslant E\xi \leqslant b$. 特别，$Ec = c$，这里 a, b, c 均是常数.

2° 对任意常数，$c_i (i=1,2,\cdots,n)$，有

$$E\Big(\sum_{i=1}^{n} c_i \xi_i\Big) = \sum_{i=1}^{n} c_i E\xi_i.$$

3° 若 $\xi_1, \xi_2, \cdots, \xi_n$ 相互独立，则

$$E(\xi_1 \cdot \xi_2 \cdot \cdots \cdot \xi_n) = \prod_{i=1}^{n} E\xi_i.$$

13.4.2 随机变量函数的数学期望

定理 2 设 $y = f(x)$ 是连续函数，而 $\eta = f(\xi)$，如果

$$\int_{-\infty}^{+\infty} |f(x)| dF_\xi(x) < +\infty,$$

则

$$E\eta = \int_{-\infty}^{+\infty} y dF_\eta(y) = \int_{-\infty}^{+\infty} f(x) dF_\xi(x), \tag{13.4-4}$$

其中 $F_\xi(x)$ 和 $F_\eta(y)$ 分别为 ξ 和 η 的分布函数.

将 $f(x)$ 特殊化，就得到各种数字特征.

1° 当 $f(x)=x^k(k\geqslant 0)$，称 $E\xi^k$ 为 ξ 的 k 阶**原点矩**，记为 m_k.

2° 当 $f(x)=|x|^k(k\geqslant 0)$，称 $E|\xi|^k$ 为 ξ 的 k 阶**绝对原点矩**.

3° 当 $f(x)=(x-E\xi)^k(k\geqslant 0)$，称 $E(\xi-E\xi)^k$ 为 ξ 的 k 阶**中心矩**，记为 c_k.

4° 当 $f(x)=|x-E\xi|^k(k\geqslant 0)$，称 $E|\xi-E\xi|^k$ 为 ξ 的 k 阶**绝对中心矩**.

中心矩可以通过原点矩来表达. 对正整数 k，有

$$c_k=\sum_{i=0}^{k}\binom{k}{i}(-m_1)^{k-i}m_i.$$

同样，原点矩也可以通过中心矩来表达. 对正整数 k，有

$$m_k=\sum_{i=0}^{k}\binom{k}{i}c_{k-i}m_1^i.$$

13.4.3 方差

定义 2 若 $E(\xi-E\xi)^2$ 存在，则称

$$D\xi=E(\xi-E\xi)^2 \tag{13.4-5}$$

为随机变量 ξ 的**方差**. 称 $\sqrt{D\xi}$ 为 ξ 的**标准差**.

随机变量 ξ 的方差 $D\xi$ 就是它的二阶中心矩 c_2，方差 $D\xi$ 表示 ξ 对它的数学期望 $E\xi$ 的分散程度.

$E\xi$ 与 $D\xi$ 有如下关系：

$$D\xi=E(\xi^2)-(E\xi)^2. \tag{13.4-6}$$

定理 3 方差有下列性质：

1° $D\xi=0$ 的必要充分条件是：存在常数 c，使得 $P(\xi=c)=1$.

2° 对任意常数 c，有

$$D(c\xi)=c^2D\xi. \tag{13.4-7}$$

3° 若 $c\neq E\xi$，则 $D\xi<E(\xi-c)^2$.

4° 对任意常数 $c_i(i=1,2,\cdots,n)$，有

$$D\Big(\sum_{i=0}^{n}c_i\xi_i\Big)=\sum_{i=1}^{n}\sum_{j=1}^{n}c_ic_jE(\xi_i-E\xi_i)(\xi_j-E\xi_j).$$

特别，若 $\xi_1,\xi_2,\cdots,\xi_n$ 相互独立，则

$$D\Big(\sum_{i=1}^{n}c_i\xi_i\Big)=\sum_{i=1}^{n}c_i^2D\xi_i.$$

定义 3 对于随机变量 ξ，如果 $E\xi$ 存在，$D\xi$ 存在且大于零，则称

$$\xi^*=\frac{\xi-E\xi}{\sqrt{D\xi}}$$

为 ξ 的**标准化随机变量**.

对于标准化随机变量 ξ^*，有 $E\xi^*=0,D\xi^*=1$.

例 3 参数为 n,p 的二项分布 $p_i=\binom{n}{i}p^i(1-p)^{n-i}(i=0,1,2,\cdots,n)$，其方差为

$$D\xi=E(\xi^2)-(E\xi)^2=np(1-p).$$

例 4 正态分布 $\xi\sim N(a,\sigma^2)$，其方差为

$$D\xi=\int_{-\infty}^{+\infty}(x-a)^2\frac{1}{\sqrt{2\pi}\sigma}e^{-\frac{(x-a)^2}{2\sigma^2}}dx=\sigma^2.$$

定理 4 对于随机变量 ξ，如果 $E\xi,D\xi$ 都存在，则对任意 $\varepsilon>0$，有

$$P(|\xi-E\xi|\geqslant\varepsilon)\leqslant\frac{D\xi}{\varepsilon^2}. \tag{13.4-8}$$

(13.4-8)式称为**切比雪夫不等式**.

§13.5 随机向量的数字特征

13.5.1 一般概念

定义 1 给定 n 维随机向量 $\boldsymbol{\xi}=(\xi_1,\xi_2,\cdots,\xi_n)$，如果 $E\xi_i(i=1,2,\cdots,n)$ 都存在，则称

$$E\boldsymbol{\xi}=(E\xi_1,E\xi_2,\cdots,E\xi_n) \tag{13.5-1}$$

为 $\boldsymbol{\xi}$ 的数学期望.

例如，二维正态分布(13.3-3)中的参数 (a,b) 是随机向量 (ξ,η) 的数学期望.

定理 1 设 $y=f(x_1,x_2,\cdots,x_n)$ 是 n 元连续函数，$\eta=f(\xi_1,\xi_2,\cdots,\xi_n)$，如果

$$\int_{-\infty}^{+\infty}\int_{-\infty}^{+\infty}\cdots\int_{-\infty}^{+\infty}|f(x_1,x_2,\cdots,x_n)|\cdot p_{\xi}(x_1,x_2,\cdots,x_n)dx_1dx_2\cdots dx_n<+\infty,$$

则

$$\begin{aligned}E\eta&=\int_{-\infty}^{+\infty}ydF_{\eta}(y)\\&=\int_{-\infty}^{+\infty}\int_{-\infty}^{+\infty}\cdots\int_{-\infty}^{+\infty}f(x_1,x_2,\cdots,x_n)p_{\xi}(x_1x_2\cdots x_n)dx_1dx_2\cdots dx_n,\end{aligned} \tag{13.5-2}$$

其中 $p_{\xi}(x_1,x_2,\cdots,x_n)$ 是 $\boldsymbol{\xi}=(\xi_1,\xi_2,\cdots,\xi_n)$ 的密度函数，$F_{\eta}(y)$ 是 $\eta=f(\xi_1,\xi_2,\cdots,\xi_n)$ 的分布函数.

13.5.2 协方差矩阵 相关系数

定义 2 给定 n 维随机向量 $\boldsymbol{\xi}=(\xi_1,\xi_2,\cdots,\xi_n)$，如果

$$b_{ij}=E(\xi_i-E\xi_i)(\xi_j-E\xi_j)\quad(i,j=1,2,\cdots,n) \tag{13.5-3}$$

存在，则称 b_{ij} 为 ξ_i 和 ξ_j 的**二阶混合中心矩**. 称

$$\boldsymbol{B}=\begin{bmatrix} b_{11} & b_{12} & \cdots & b_{1n} \\ b_{21} & b_{22} & \cdots & b_{2n} \\ \multicolumn{4}{c}{\cdots\cdots\cdots\cdots\cdots\cdots} \\ b_{n1} & b_{n2} & \cdots & b_{nn} \end{bmatrix} \tag{13.5-4}$$

为 $\boldsymbol{\xi}=(\xi_1,\xi_2,\cdots,\xi_n)$的**协方差矩阵**.

例如,n 维正态分布(13.3-4)中的矩阵 $\boldsymbol{B}$ 就是它的协方差矩阵.

定理 2 协方差矩阵 $\boldsymbol{B}$ 有如下性质:

1° 对称性,即 $b_{ij}=b_{ji}(i,j=1,2,\cdots,n)$.

2° 非负定性,即对任意 $\boldsymbol{a}=(a_1,a_2,\cdots,a_n)'$,有

$$\boldsymbol{a}'\boldsymbol{B}\boldsymbol{a}=\sum_{i=1}^{n}\sum_{j=1}^{n}a_ia_jb_{ij}\geqslant 0.$$

定义 3 给定二维随机向量 $\boldsymbol{\xi}=(\xi_1,\xi_2)$,如果 $b_{12}=E(\xi_1-E\xi_1)(\xi_2-E\xi_2)$存在,则称 b_{12}为 ξ_1 和 ξ_2 的**协方差**,记为 $\mathrm{cov}(\xi_1,\xi_2)$,即

$$\mathrm{cov}(\xi_1,\xi_2)=b_{12}=E(\xi_1-E\xi_1)(\xi_2-E\xi_2). \tag{13.5-5}$$

若 $D\xi_1>0,D\xi_2>0$,则称

$$r_{12}=\frac{\mathrm{cov}(\xi_1,\xi_2)}{\sqrt{D\xi_1}\cdot\sqrt{D\xi_2}} \tag{13.5-6}$$

为 ξ_1 与 ξ_2 的**相关系数**或**标准协方差**.

若 $r_{12}=0$,则称 ξ_1 与 ξ_2 是**不相关的**.

例如,二维正态分布(13.3-3)中的参数 r 为 ξ_1 与 ξ_2 的相关系数 r_{12}.

定理 3 相关系数 r_{12}有如下性质:

1° $|r_{12}|\leqslant 1$.

2° 若 ξ_1 与 ξ_2 相互独立,则 $r_{12}=0$.

3° $|r_{12}|=1$ 的必要充分条件是:ξ_1 与 ξ_2 以概率 1 线性相关,即存在常数 $a(\neq 0)$,b,使得 $P(\xi_2=a\xi_1+b)=1$. 而且,当 $a>0$ 时,$r_{12}=1$;当 $a<0$ 时,$r_{12}=-1$.

4° 对于二维正态分布中的随机变量 ξ_1 与 ξ_2,独立性与不相关性是等价的.

定理 3 中的 2°表示,若 ξ_1 与 ξ_2 相互独立,则它们是不相关的. 但由不相关性一般推不出独立性,即定理 3 中的 2°之逆不正确. 因而,"不相关"与"独立"是两个不同的概念.

例 1 设(ξ,η)的密度函数为

$$p(x,y)=\begin{cases}\dfrac{1}{\pi},x^2+y^2\leqslant 1;\\[2mm] 0,x^2+y^2>1.\end{cases}$$

由 $p(x,y)$的对称性知 $\mathrm{cov}(\xi,\eta)=0$,从而 $r_{12}=0$,即 ξ 与 η 是不相关的.

因

$$P\left(\xi<-\frac{1}{\sqrt{2}},\eta<-\frac{1}{\sqrt{2}}\right)=0,$$

而

$$P\left(\xi<-\frac{1}{\sqrt{2}}\right)>0,P\left(\eta<-\frac{1}{\sqrt{2}}\right)>0,$$

故

$$P\left(\xi<-\frac{1}{\sqrt{2}},\eta<-\frac{1}{\sqrt{2}}\right)\neq P\left(\xi<-\frac{1}{\sqrt{2}}\right)\cdot P\left(\eta<-\frac{1}{\sqrt{2}}\right),$$

可见，ξ 与 η 不相互独立.

13.5.3 条件数学期望

定义 4 设离散型随机向量 (ξ,η) 的分布律为 $P(\xi=x_i,\eta=y_j)=p_{ij}\ (i,j=1,2,\cdots)$，当 $p_{\cdot j}>0$ 时，称

$$E(\xi\mid\eta=y_j)=\sum_{i=1}^{\infty}x_iP(\xi=x_i\mid\eta=y_j)=\sum_{i=1}^{\infty}\frac{x_ip_{ij}}{p_{\cdot j}}\tag{13.5-7}$$

为在 $\eta=y_j$ 的条件下，ξ 的**条件数学期望**.

相应地，当 $p_{i\cdot}>0$ 时，称

$$E(\eta\mid\xi=x_i)=\sum_{j=1}^{\infty}y_jP(\eta=y_j\mid\xi=x_i)=\sum_{j=1}^{\infty}\frac{y_jp_{ij}}{p_{i\cdot}}\tag{13.5-8}$$

为在 $\xi=x_i$ 的条件下，η 的条件数学期望.

$$\begin{aligned}E\xi&=\sum_{i=1}^{\infty}x_ip_{i\cdot}=\sum_{i=1}^{\infty}x_i\sum_{j=1}^{\infty}p_{ij}=\sum_{j=1}^{\infty}p_{\cdot j}\sum_{i=1}^{\infty}\frac{x_ip_{ij}}{p_{\cdot j}}\\&=\sum_{j=1}^{\infty}P(\eta=y_j)E(\xi\mid\eta=y_j).\end{aligned}\tag{13.5-9}$$

相应地，有

$$E\eta=\sum_{i=1}^{\infty}P(\xi=x_i)E(\eta\mid\xi=x_i).\tag{13.5-10}$$

(13.5-9)，(13.5-10)称为**全数学期望公式**.

当 ξ 与 η 相互独立时，有

$$E(\xi\mid\eta=y_j)=E\xi,$$
$$E(\eta\mid\xi=x_i)=E\eta.$$

此时，条件数学期望与(无条件)数学期望一致.

定义 5 对于连续型随机向量 (ξ,η)，称

$$E(\xi\mid\eta=y)=\int_{-\infty}^{+\infty}xp_{\xi\mid\eta}(x\mid y)dx\tag{13.5-11}$$

为在 $\eta=y$ 的条件下，ξ 的条件数学期望.

相应地，称

$$E(\eta \mid \xi = x) = \int_{-\infty}^{+\infty} y p_{\eta|\xi}(y \mid x) dy \tag{13.5-12}$$

为在 $\xi=x$ 的条件下，η 的条件数学期望.

$$E\xi = \int_{-\infty}^{+\infty} x p_{\xi}(x) dx = \int_{-\infty}^{+\infty} p_{\eta}(y) E(\xi \mid \eta = y) dy.$$

当 y 固定时，$E(\xi|\eta=y)$ 是一个常数，若把 y 看作自变量，那么 $E(\xi|\eta=y)$ 是 y 的函数. 于是，作为随机变量 η 的函数的 $E(\xi|\eta)$ 也是一个随机变量，它的数学期望是 $E(E(\xi \mid \eta)) = \int_{-\infty}^{+\infty} E(\xi \mid \eta = y) p_{\eta}(y) dy$. 故有

$$E\xi = E(E(\xi \mid \eta)). \tag{13.5-13}$$

相应地，有

$$E\eta = E(E(\eta \mid \xi)). \tag{13.5-14}$$

(13.5-13)，(13.5-14)与(13.5-9)，(13.5-10)类似. 它们表明：条件数学期望的平均值等于无条件平均值.

当 ξ 与 η 相互独立时，有

$$E(\xi \mid \eta = y) = E\xi,$$
$$E(\eta \mid \xi = x) = E\eta.$$

此时，条件数学期望与(无条件)数学期望一致.

例 2 对于由(13.3-3)定义的二维正态分布，有

$$p_{\xi|\eta}(x \mid y) = \frac{1}{\sqrt{2\pi}\sigma_1 \sqrt{1-r^2}} \exp\left(-\frac{1}{2\sigma_1^2(1-r^2)}\left(x - \left(a + r\frac{\sigma_1}{\sigma_2}(y-b)\right)\right)^2\right)$$

这是正态分布

$$N\left(a + r\frac{\sigma_1}{\sigma_2}(y-b), \sigma_1^2(1-r^2)\right).$$

因此

$$E(\xi \mid \eta = y) = a + r\frac{\sigma_1}{\sigma_2}(y-b).$$

这时，条件数学期望 $E(\xi|\eta=y)$ 是 y 的线性函数.

§ 13.6 母函数与特征函数

13.6.1 母函数

定义 1 若随机变量 ξ 取非负整数值 0，1，2，…，则称它为**整值随机变量**. 例如，二项分布、几何分布、泊松分布中的随机变量都是整值随机变量.

定义 2 设整值随机变量 ξ 的分布列为

$$\begin{pmatrix} 0, & 1, & 2, & \cdots \\ p_0, & p_1, & p_2, & \cdots \end{pmatrix},$$

则称

$$P(S) = ES^{\xi} = \sum_{k=0}^{\infty} p_k S^k \tag{13.6-1}$$

为 ξ 的母函数.

因 $\sum\limits_{k=0}^{\infty} p_k = 1$,故作为幂级数的 $P(S)$ 至少在 $|S| \leqslant 1$ 上一致收敛且绝对收敛.

例 1 由(13.2-1)给出的二项分布,其母函数为

$$P(S) = \sum_{k=0}^{n} \binom{n}{k} p^k (1-p)^{n-k} S^k = (1-p+pS)^n. \tag{13.6-2}$$

例 2 由(13.2-2)给出的几何分布,其母函数为

$$P(S) = \sum_{k=1}^{\infty} (1-p)^{k-1} pS^k = \frac{pS}{1-(1-p)S}. \tag{13.6-3}$$

例 3 由(13.2-4)给出的泊松分布,其母函数为

$$P(S) = \sum_{k=0}^{\infty} \frac{\lambda^k}{k!} e^{-\lambda} S^k = e^{\lambda(S-1)}. \tag{13.6-4}$$

定理 1 对于整值随机变量,其分布列与母函数是一一对应的.

定理 2 设 $P(S)$ 是整值随机变量 ξ 的母函数,若 ξ 的数学期望和方差存在,则

$$E\xi = P'(1), \tag{13.6-5}$$

$$D\xi = P''(1) + P'(1) - (P'(1))^2. \tag{13.6-6}$$

定理 3 设整值随机变量 $\xi_1, \xi_2, \cdots, \xi_n$ 相互独立,它们的母函数分别为 $P_1(S)$, $P_2(S), \cdots, P_n(S)$,则它们的和 $\eta = \xi_1 + \xi_2 + \cdots + \xi_n$ 的母函数为

$$P(S) = P_1(S) P_2(S) \cdots P_n(S), \tag{13.6-7}$$

即相互独立的整值随机变量之和的母函数是它们的母函数的乘积.

特别,对于独立同分布的整值随机变量,因 $P_i(S) = P_1(S)\ (i = 1, 2, \cdots, n)$,有

$$P(S) = (P_1(S))^n. \tag{13.6-8}$$

定理 4 假设 1°$\xi_1, \xi_2, \cdots, \xi_n, \cdots$ 是一串独立同分布的整值随机变量,其母函数为 $F(S) = \sum\limits_{j=0}^{\infty} f_j S^j$;2°随机变量 v 取正整数值,其母函数为 $G(S) = \sum\limits_{n=1}^{\infty} g_n S^n$;3°$\{\xi_n\}$ 与 v 独立. 记随机个随机变量之和 $\eta = \xi_1 + \xi_2 + \cdots + \xi_v$ 的母函数为 $H(S) = \sum\limits_{i=0}^{\infty} h_i S^i$,则

$$H(S) = G(F(S)), \tag{13.6-9}$$

即随机个独立同分布的整值随机变量之和的母函数是原来两个母函数的复合.

由(13.6-9)得

$$H'(S)=G'(F(S))F'(S).\tag{13.6-10}$$

若 $E\xi_i$ 及 Ev 存在,在(13.6-10)中,令 $S=1$,并注意

$$F(1)=\sum_{j=0}^{\infty}f_j=1,$$

得到

$$E\eta=Ev\cdot E\xi_i.\tag{13.6-11}$$

13.6.2 特征函数的定义及性质

定义 3 设 $F(x)$是随机变量 ξ 的分布函数,则称

$$f(t)=Ee^{it\xi}=\int_{-\infty}^{+\infty}e^{itx}dF(x)\tag{13.6-12}$$

为 ξ 的**特征函数**.

若 ξ 为离散型随机变量,它取值 $x_1,x_2,\cdots,x_n,\cdots$,对应的概率为 $p_1,p_2,\cdots,p_n,\cdots$,则称

$$f(t)=Ee^{it\xi}=\sum_{j=1}^{\infty}p_je^{itx_j}\tag{13.6-13}$$

为 ξ 的特征函数.

特别,对于整值随机变量,其母函数 $P(S)$与特征函数 $f(t)$有如下关系:

$$f(t)=P(e^{it}).\tag{13.6-14}$$

若 $p(x)$为连续型随机变量 ξ 的密度函数,则称

$$f(t)=Ee^{it\xi}=\int_{-\infty}^{+\infty}e^{itx}p(x)dx\tag{13.6-15}$$

为 ξ 的特征函数.

(13.6-15)表明,特征函数 $f(t)$是密度函数 $p(x)$的傅里叶变换(参看 16.1.2).

例 4 由(13.2-1)给出的二项分布,其特征函数为

$$f(t)=(1-p+pe^{it})^n.\tag{13.6-16}$$

例 5 由(13.2-14)给出的一维正态分布,其特征函数为

$$f(t)=\int_{-\infty}^{+\infty}\frac{1}{\sqrt{2\pi}\sigma}e^{itx-\frac{(x-a)^2}{2\sigma^2}}dx=e^{iat-\frac{1}{2}\sigma^2t^2}.\tag{13.6-17}$$

定理 5 特征函数有如下性质:

1° $|f(t)|\leqslant f(0)=1$.

2° $f(-t)=\overline{f(t)}$.

3° $f(t)$在 $\boldsymbol{R}$ 上一致连续.

4° 非负定性. 即对于位意正整数 n 及任意实数 $t_1,t_2,\cdots,t_n$ 及复数 $\lambda_1,\lambda_2,\cdots,\lambda_n$,有

$$\sum_{k=1}^{n}\sum_{j=1}^{n} f(t_k - t_j)\lambda_k\bar{\lambda}_j \geqslant 0.$$

5° 设 $\xi_1,\xi_2,\cdots,\xi_n$ 相互独立，它们的特征函数分别为 $f_1(t),f_2(t),\cdots,f_n(t)$，则 $\eta=\xi_1+\xi_2+\cdots+\xi_n$ 的特征函数为

$$f(t) = f_1(t)f_2(t)\cdots f_n(t),$$

即相互独立的随机变量之和的特征函数是它们的特征函数的乘积.

特别，对于独立同分布的随机变量，$f_j(t)=f_1(t)(j=1,2,\cdots,n)$，这时有

$$f(t) = (f_1(t))^n.$$

6° 设随机变量 ξ 有 n 阶矩存在，则它的特征函数可微分 n 次，且当 $k\leqslant n$ 时

$$f^{(k)}(0) = i^k E\xi^k.$$

7° 设 $\eta=a\xi+b$，a,b 均是常数，则

$$f_\eta(t) = e^{ibt} f_\xi(at).$$

13.6.3 逆转公式及唯一性定理

定理 6(逆转公式) 设随机变量 ξ 的分布函数和特征函数分别为 $F(x)$ 和 $f(t)$，又 x_1,x_2 是 $F(x)$ 的连续点，则

$$F(x_2) - F(x_1) = \frac{1}{2\pi}\lim_{T\to+\infty}\int_{-T}^{T}\frac{e^{-itx_1} - e^{-itx_2}}{it}f(t)dt. \tag{13.6-18}$$

定理 7(唯一性定理) 分布函数由其特征函数唯一决定，且

$$F(x) = \frac{1}{2\pi}\lim_{y\to-\infty}\lim_{T\to+\infty}\int_{-T}^{T}\frac{e^{-ity} - e^{-itx}}{it}f(t)dt. \tag{13.6-19}$$

由定义 2，特征函数由其分布函数唯一决定是显然的. 再由定理 7 得知，分布函数与其特征函数是一一对应的.

定理 8 设 $F(x)$ 和 $f(t)$ 分别为随机变量 ξ 的分布函数和特征函数，若

$$\int_{-\infty}^{+\infty} | f(t) | dt < +\infty,$$

则 $F(x)$ 的导数存在并连续，且有

$$F'(x) = \frac{1}{2\pi}\int_{-\infty}^{+\infty} e^{-itx} f(t)dt. \tag{13.6-20}$$

13.6.4 分布函数列的弱收敛

定义 4 对于分布函数列 $\{F_n(x)\}$，如果存在一个函数 $F(x)$，使

$$\lim_{n\to\infty} F_n(x) = F(x)$$

在 $F(x)$ 的每个连续点上都成立，则称 $\{F_n(x)\}$ **弱收敛**于 $F(x)$，记为

$$F_n(x) \xrightarrow{W} F(x).$$

定理 9(黑利第一定理) 任一一致有界的非减函数列$\{F_n(x)\}$中必有一子序列$\{F_{n_k}(x)\}$弱收敛于某一有界的非减函数 $F(x)$.

定理 10(黑利第二定理) 设 $f(x)$是$[a,b]$上的连续函数,又$\{F_n(x)\}$是在$[a,b]$上弱收敛于函数 $F(x)$的一致有界的非减函数列,且 a 和 b 是 $F(x)$的连续点,则

$$\lim_{n\to\infty}\int_a^b f(x)dF_n(x) = \int_a^b f(x)dF(x). \tag{13.6-21}$$

定理 11(拓广的黑利第二定理) 设 $f(x)$在$(-\infty,\infty)$上有界连续,又$\{F_n(x)\}$是$(-\infty,\infty)$上弱收敛于函数 $F(x)$的一致有界的非减函数列,且

$$\lim_{n\to\infty}F_n(-\infty) = F(-\infty),\lim_{n\to\infty}F_n(+\infty) = F(+\infty),$$

则

$$\lim_{n\to\infty}\int_{-\infty}^{+\infty} f(x)dF_n(x) = \int_{-\infty}^{+\infty} f(x)dF(x). \tag{13.6-22}$$

13.6.5 连续性定理

定理 12(正极限定理) 设分布函数列$\{F_n(x)\}$弱收敛于某一分布函数 $F(x)$,则相应的特征函数列$\{f_n(t)\}$收敛于特征函数 $f(t)$,且在 t 的任一有限区间内是一致收敛的.

定理 13(逆极限定理) 设特征函数列$\{f_n(t)\}$收敛于某一函数 $f(t)$,且 $f(t)$在 $t=0$连续,则相应的分布函数列$\{F_n(x)\}$弱收敛于某一分布函数 $F(x)$,而且 $f(t)$是 $F(x)$的特征函数.

正、逆极限定理合称**连续性定理**,它们表明存在于分布函数与特征函数之间的一一对应的"连续的",这定理最先由法国数学家莱维及瑞典数学家默拉梅证得,因而又称**莱维-默拉梅定理**.

13.6.6 博赫纳-辛钦定理

定义 5 如果对任意的正整数 n 及复数 $\lambda_1,\lambda_2,\cdots,\lambda_n$,均有

$$\sum_{k=1}^{n}\sum_{j=1}^{n}c_{k-j}\lambda_k\bar{\lambda}_j \geqslant 0, \tag{13.6-23}$$

则称复数列 $c_n(n=0,\pm1,\pm2,\cdots)$是**非负定的**.

定理 14(赫格洛兹) 数列 $c_n(n=0,\pm1,\pm2,\cdots)$可以表为

$$c_n = \int_{-\pi}^{\pi} e^{inx}dG(x) \tag{13.6-24}$$

的充要条件是它是非负定的,其中 $G(x)$是$[-\pi,\pi]$上有界、非减、左连续函数.

定理 15(博赫纳-辛钦定理) 函数 $f(t)$是特征函数的充要条件是 $f(t)$非负定、连续且 $f(0)=1$.

13.6.7 n 维随机向量的特征函数

定义 6 设 $F(x_1,x_2,\cdots,x_n)$ 是 n 维随机向量 $\xi=(\xi_1,\xi_2,\cdots,\xi_n)$ 的分布函数,则称

$$
\begin{aligned}
f(t_1,t_2,\cdots,t_n) &= E\left(\exp\left(i\sum_{k=1}^{n}t_k\xi_k\right)\right)\\
&= \int_{-\infty}^{+\infty}\int_{-\infty}^{+\infty}\cdots\int_{-\infty}^{+\infty}\exp\left(i\sum_{k=1}^{n}t_kx_k\right)dF(x_1,x_2,\cdots,x_n) \quad (13.6\text{-}25)
\end{aligned}
$$

为 ξ 的特征函数.

定理 16 n 元特征函数有如下性质:

1° $|f(t_1,t_2,\cdots,t_n)|\leqslant f(0,0,\cdots,0)=1$.

2° $f(-t_1,-t_2,\cdots,-t_n)=\overline{f(t_1,t_2,\cdots,t_n)}$.

3° $f(t_1,t_2,\cdots,t_n)$ 在 $\boldsymbol{R}^n$ 上一致连续.

4° 设 $f_\xi(t_1,t_2,\cdots,t_n)$ 是 $\boldsymbol{\xi}=(\xi_1,\xi_2,\cdots,\xi_n)$ 的特征函数,则

$$\eta = a_1\xi_1+a_2\xi_2+\cdots+a_n\xi_n$$

的特征函数为

$$f_\eta(t) = f_\xi(a_1t,a_2t,\cdots,a_nt),$$

其中 $a_j(j=1,2,\cdots,n)$ 为常数.

5° 设 $F_{j_1,\cdots,j_m}(x_{j_1},\cdots,x_{j_m})(m\leqslant n)$ 是 $F(x_1,x_2,\cdots,x_n)$ 对应于 $(j_1,\cdots,j_m)$ 的边际分布函数,即

$$F_{j_1,\cdots,j_m}(x_{j_1},\cdots,x_{j_m}) = F(y_1,\cdots,y_n)\Bigg|\begin{array}{l}y_k = x_k,\text{如 } k=j_1,\cdots,j_m;\\ y_k=+\infty,\text{其他情况},\end{array}$$

则 $F_{j_1,\cdots,j_m}(x_{j_1},\cdots,x_{j_m})$ 的特征函数为

$$f_{j_1,\cdots,j_m}(t_{j_1},\cdots,t_{j_m}) = f(s_1,\cdots,s_n)\Bigg|\begin{array}{l}s_k = t_k,\text{如 } k=j_1,\cdots,j_m;\\ s_k=0,\text{其他情况}.\end{array}$$

6° 如果矩 $E(\xi_1^{k_1}\xi_2^{k_2}\cdots\xi_n^{k_n})$ 存在,则

$$
\begin{aligned}
&E(\xi_1^{k_1}\xi_2^{k_2}\cdots\xi_n^{k_n})\\
&= i^{-\sum_{j=1}^{n}k_j}\left(\frac{\partial^{k_1+k_2+\cdots+k_n}f(t_1,t_2,\cdots,t_n)}{\partial t_1^{k_1}\partial t_2^{k_2}\cdots\partial t_n^{k_n}}\right)\Bigg|\begin{array}{l}t_j=0;\\ j=1,2,\cdots,n.\end{array}
\end{aligned}
$$

7° 设 $f_\xi(t_1,t_2,\cdots,t_n)$ 是 $\boldsymbol{\xi}=(\xi_1,\xi_2,\cdots,\xi_n)$ 的特征函数,则

$$\boldsymbol{\eta} = (a_1\xi_1+b_1,a_2\xi_2+b_2,\cdots,a_n\xi_n+b_n)$$

的特征函数为

$$f_\eta(t_1,t_2,\cdots,t_n) = \exp\left(i\sum_{k=1}^{n}b_kt_k\right)\cdot f_\xi(a_1t_1,a_2t_2,\cdots,a_nt_n),$$

其中 $a_k,b_k(k=1,2,\cdots,n)$ 均为常数.

定理 17(逆转公式) 设随机向量 $\boldsymbol{\xi}=(\xi_1,\xi_2,\cdots,\xi_n)$ 的分布函数和特征函数分别

为 $F(x_1,x_2,\cdots,x_n)$ 和 $f(t_1,t_2,\cdots,t_n)$，若对任意实数 $a_k,b_k(k=1,2,\cdots,n)$，$\boldsymbol{\xi}=(\xi_1,\xi_2,\cdots,\xi_n)$ 落在平行体

$$a_k \leqslant x_k < b_k(k=1,2,\cdots,n)$$

的面上的概率等于零，则

$$\begin{aligned}&P(a_k \leqslant \xi_k < b_k, k=1,2,\cdots,n)\\&=\lim_{\substack{T_j\to+\infty\\ j=1,2,\cdots,n}}\frac{1}{(2\pi)^n}\int_{-T_1}^{T_1}\int_{-T_2}^{T_2}\cdots\int_{-T_n}^{T_n}\prod_{k=1}^{n}\frac{e^{-it_ka_k}-e^{-it_kb_k}}{it_k}\\&\quad\cdot f(t_1,t_2,\cdots,t_n)dt_1dt_2\cdots dt_n.\end{aligned}\qquad(13.6\text{-}26)$$

定理 18(唯一性定理) n 元分布函数由基特征函数唯一决定.

由定义 5，n 元特征函数由其分布函数唯一决定是显然的. 再由定理 18 得知，n 元分布函数与其特征函数是一一对应的.

定理 19 若 $\boldsymbol{\xi}=(\xi_1,\xi_2,\cdots,\xi_n)$ 的特征函数为 $f_{\xi}(t_1,t_2,\cdots,t_n)$，而 ξ_j 的特征函数为 $f_{\xi_j}(t)$，$j=1,2,\cdots,n$，则随机变量 $\xi_1,\xi_2,\cdots,\xi_n$ 相互独立的充要条件为

$$f_{\xi}(t_1,t_2,\cdots,t_n)=f_{\xi_1}(t_1)f_{\xi_2}(t_2)\cdots f_{\xi_n}(t_n).\qquad(13.6\text{-}27)$$

§13.7 常用分布简表

见 500—503 页表.

§13.8 极 限 定 理

13.8.1 随机变量的收敛性

定义 1 设随机变量 $\xi_n(e)(n=1,2,\cdots)$，$\xi(e)$ 的分布函数分别为 $F_n(x)(n=1,2,\cdots)$，$F(x)$，如果 $F_n(x)\xrightarrow{W}F(x)$（参看 13.6.4），则称 $\{\xi_n(e)\}$ **依分布收敛**于 $\xi(e)$，记为 $\xi_n(e)\xrightarrow{L}\xi(e)$.

定义 2 如果对于任意 $\varepsilon>0$ 均有

$$\lim_{n\to\infty}P(|\xi_n(e)-\xi(e)|<\varepsilon)=1,\qquad(13.8\text{-}1)$$

则称 $\{\xi_n(e)\}$ **依概率收敛**于 $\xi(e)$，记作 $\xi_n(e)\xrightarrow{P}\xi(e)$.

定义 3 对于随机变量 $\xi_n(e)(n=1,2,\cdots)$ 及 $\xi(e)$，设 $E(|\xi_n|^r)<+\infty(n=1,2,\cdots)$，$E(|\xi|^r)<+\infty$，其中 r 为正常数，如果

$$\lim_{n\to\infty}E(|\xi_n-\xi|^r)=0,\qquad(13.8\text{-}2)$$

则称 $\{\xi_n\}$ r **阶收敛**于 ξ，记为 $\xi_n\xrightarrow{r}\xi$.

常用分布简表

分布名称	概率分布或密度函数 $p(x)$	数学期望	方　差	特征函数
单点分布	$p_c=1$ （c 为常数）	c	0	e^{ict}
两点分布	$p_0=1-p, p_1=p$ $(0<p<1)$	p	$p(1-p)$	$1-p+pe^{it}$
二项分布	$p_k=\binom{n}{k}p^k(1-p)^{n-k}$ $k=0,1,2,\cdots,n$ $(0<p<1)$	np	$np(1-p)$	$(1-p+pe^{it})^n$
泊松分布	$p_k=\frac{\lambda^k}{k!}e^{-k}$ $k=0,1,2,\cdots;(\lambda>0)$	λ	λ	$e^{\lambda(e^{it}-1)}$
几何分布	$p_k=(1-p)^{k-1}p$ $k=1,2,\cdots$ $(0<p<1)$	$\frac{1}{p}$	$\frac{1-p}{p^2}$	$\frac{pe^{it}}{1-(1-p)e^{it}}$
超几何分布	$p_k=\frac{\binom{M}{k}\binom{N-M}{n-k}}{\binom{N}{n}}$ $M\leqslant N, n\leqslant N, M, N, n$ 正整数， $k=0,1,2,\cdots,\min(M,N)$	$\frac{nM}{N}$	$\frac{nM}{N}\left(1-\frac{M}{N}\right)\frac{N-n}{N-1}$	$\sum_{k=0}^{n}\frac{\binom{M}{k}\binom{N-M}{n-k}}{\binom{N}{n}}e^{itk}$

帕斯卡分布	$p_k=\binom{k-1}{r-1}(1-p)^{k-r}p^r$ r 正整数，$k=r,r+1,\cdots$ $(0<p<1)$	$\frac{r}{p}$	$\frac{r(1-p)}{p^2}$	$\left(\frac{pe^{it}}{1-(1-p)e^{it}}\right)^r$
正态分布（高斯分布）	$p(x)=\frac{1}{\sqrt{2\pi}\sigma}e^{-\frac{(x-a)^2}{2\sigma^2}}$ $-\infty<x<+\infty$ ($\sigma>0$，a 常数)	a	σ^2	$e^{iat-\frac{1}{2}\sigma^2t^2}$
均匀分布	$p(x)=\begin{cases}\frac{1}{b-a}, & x\in(a,b)\\0, & 其他\end{cases}$ ($a<b$，常数)	$\frac{a+b}{2}$	$\frac{(b-a)^2}{12}$	$\frac{e^{itb}-e^{ita}}{it(b-a)}$
指数分布	$p(x)=\begin{cases}0, & x<0\\\lambda e^{-\lambda x}, & x\geqslant 0\end{cases}$ ($\lambda>0$，常数)	λ^{-1}	λ^{-2}	$\left(1-\frac{it}{\lambda}\right)^{-1}$
χ^2 分布	$p(x)=\begin{cases}0, & x<0\\\frac{1}{2^{n/2}\Gamma\left(\frac{n}{2}\right)}\cdot x^{\frac{n}{2}-1}e^{-\frac{x}{2}}, & x\geqslant 0\end{cases}$ (n 正整数)	n	$2n$	$(1-2it)^{-\frac{n}{2}}$

续表

分布名称	概率分布或密度函数 $p(x)$	数学期望	方　差	特征函数
Γ 分布	$p(x)=\begin{cases}0, & x<0\\ \frac{\lambda^r}{\Gamma(r)}x^{r-1}e^{-\lambda x}, & x\geqslant 0\end{cases}$ $(r>0,\lambda>0,$常数$)$	$r\lambda^{-1}$	$r\lambda^{-2}$	$\left(1-\frac{it}{\lambda}\right)^{-r}$
柯西分布	$p(x)=\frac{1}{\pi}\cdot\frac{\lambda}{\lambda^2+(x-\mu)^2}$ $-\infty<x<+\infty$ $(\lambda>0,\mu$ 常数$)$	不存在	不存在	$e^{i\mu t-\lambda\lvert t\rvert}$
t 分布	$p(x)=\frac{\Gamma\left(\frac{n+1}{2}\right)}{\sqrt{n\pi}\Gamma\left(\frac{n}{2}\right)}\left(1+\frac{x^2}{n}\right)^{-\frac{n+1}{2}}$ $-\infty<x<+\infty(n$ 正整数$)$	0 $(n>1)$	$\frac{n}{n-2}$ $(n>2)$	
F 分布	$p(x)=\begin{cases}0, & x<0\\ \frac{\Gamma\left(\frac{n_1+n_2}{2}\right)}{\Gamma\left(\frac{n_1}{2}\right)\Gamma\left(\frac{n_2}{2}\right)}\cdot n_1^{n_1/2}\cdot n_2^{n_2/2}\frac{x^{\frac{n_1}{2}-1}}{(n_1x+n_2)^{\frac{n_1+n_2}{2}}}, & x\geqslant 0\end{cases}$ $(n_1,n_2$ 正整数$)$	$\frac{n_2}{n_2-2}$ $(n_2>2)$	$\frac{2n_2^2(n_1+n_2-2)}{n_1(n_2-2)^2(n_2-4)}$ $(n_2>4)$	

B分布	$p(x)=\begin{cases}0, & x\leqslant 0 \text{ 或 } x\geqslant 1\\ \dfrac{\Gamma(p+q)}{\Gamma(p)\cdot\Gamma(q)}x^{p-1}(1-x)^{q-1}, & 0<x<1\end{cases}$ ($p>0,q>0$ 常数)	$\dfrac{p}{p+q}$	$\dfrac{pq}{(p+q)^2(p+q+1)}$	
对数正态分布	$p(x)=\begin{cases}0, & x\leqslant 0\\ \dfrac{1}{\sigma x\sqrt{2\pi}}e^{-\frac{(\ln x-a)^2}{2\sigma^2}}, & x>0\end{cases}$ ($\sigma>0,a$ 常数)	$e^{a+\frac{\sigma^2}{2}}$	$e^{2a+\sigma^2}\cdot(e^{\sigma^2}-1)$	
韦伯分布	$p(x)=\begin{cases}0, & x\leqslant 0\\ \alpha\lambda x^{\alpha-1}e^{-\lambda x^{\alpha}}, & x>0\end{cases}$ ($\lambda>0,\alpha>0$,常数)	$\Gamma\left(\dfrac{1}{\alpha}+1\right)\lambda^{-\frac{1}{\alpha}}$	$\lambda^{-\frac{2}{\alpha}}\left(\Gamma\left(\dfrac{2}{\alpha}+1\right)-\left(\Gamma\left(\dfrac{1}{\alpha}+1\right)\right)^2\right)$	
拉普拉斯分布	$p(x)=\dfrac{1}{2\lambda}e^{-\frac{\lvert x-\mu\rvert}{\lambda}}$ $-\infty<x<+\infty$ ($\lambda>0,\mu$ 常数)	μ	$2\lambda^2$	$\dfrac{e^{i\mu t}}{1+\lambda^2t^2}$

定义 4 如果

$$P(\lim_{n\to\infty}\xi_n(e)=\xi(e))=1, \tag{13.8-3}$$

则称 $\{\xi_n(e)\}$ **以概率 1 收敛**于 $\xi(e)$，又称 $\{\xi_n(e)\}$ 几乎处处收敛于 $\xi(e)$，记为 $\xi_n(e)\xrightarrow{\text{a. e.}}\xi(e)$.

定理 1 设 $\xi_n \xrightarrow{\text{a. e.}} \xi$，则 $\xi_n \xrightarrow{P} \xi$.

定理 2 设 $\xi_n \xrightarrow{r} \xi$，则 $\xi_n \xrightarrow{P} \xi$.

定理 3 设 $\xi_n \xrightarrow{P} \xi$，则 $\xi_n \xrightarrow{L} \xi$.

四种收敛的关系可总结如下：

以概率1收敛 ⟹ 依概率收敛 ⟹ 依分布收敛.
r阶收敛 ⟹ 依概率收敛.

13.8.2 大数定律

定义 5 设 $\{\xi_n\}$ 是随机变量序列，令

$$\zeta_n=\frac{1}{n}(\xi_1+\xi_2+\cdots+\xi_n),$$

如果存在这样一个常数列 $\{a_n\}$，对任意的 $\varepsilon>0$，均有

$$\lim_{n\to\infty}P(|\zeta_n-a_n|<\varepsilon)=1, \tag{13.8-4}$$

则称 $\{\xi_n\}$ 服从**大数定律**.

(13.8-4)表示 $\zeta_n-a_n\xrightarrow{P}0$.

定理 4(切比雪夫定理) 设 $\{\xi_k\}$ 是由两两互不相关的随机变量所构成的序列，如果存在常数 $c>0$，使 $D\xi_k\leqslant c(k=1,2,\cdots)$，则对任意的 $\varepsilon>0$，均有

$$\lim_{n\to\infty}P\left(\left|\frac{1}{n}\sum_{k=1}^{n}\xi_k-\frac{1}{n}\sum_{k=1}^{n}E\xi_k\right|<\varepsilon\right)=1. \tag{13.8-5}$$

定理 5(伯努利) 设 μ_n 是 n 次独立试验中事件 A 出现的次数，而 p 是事件 A 在每次试验中出现的概率，则对任意的 $\varepsilon>0$，均有

$$\lim_{n\to\infty}P\left(\left|\frac{\mu_n}{n}-p\right|<\varepsilon\right)=1. \tag{13.8-6}$$

定理 6(泊松) 设在一个独立试验序列中，事件 A 在第 k 次试验中出现的概率为 p_k，以 μ_n 记在前 n 次试验中事件 A 出现的次数，则对任意的 $\varepsilon>0$，均有

$$\lim_{n\to\infty}P\left(\left|\frac{\mu_n}{n}-\frac{1}{n}\sum_{k=1}^{n}p_k\right|<\varepsilon\right)=1. \tag{13.8-7}$$

定理 7(辛钦) 设 $\{\xi_k\}$ 是独立同分布的随机变量序列，且具有有限的数学期望 $E\xi_k=a$，则对任意的 $\varepsilon>0$，均有

$$\lim_{n\to\infty}P\left(\left|\frac{1}{n}\sum_{k=1}^{n}\xi_k-a\right|<\varepsilon\right)=1. \tag{13.8-8}$$

定理 5 和定理 6 均是定理 4 的特殊情形. 定理 5 也是定理 7 的特殊情形.

13.8.3 加强的大数定律

定义 6 设$\{\xi_k\}$是随机变量序列,若

$$P\left(\lim_{n\to\infty}\frac{1}{n}\sum_{k=1}^{n}(\xi_k-E\xi_k)=0\right)=1, \tag{13.8-9}$$

则称$\{\xi_k\}$服从**加强的大数定律**.

(13.8-9)表示 $\frac{1}{n}\sum_{k=1}^{n}(\xi_k-E\xi_k)\xrightarrow{\text{a. e.}}0$.

定理 8(波莱尔) 设 μ_n 是 n 次独立试验中事件 A 出现的次数,而 p 是事件 A 在每次试验中出现的概率,则

$$P\left(\lim_{n\to\infty}\frac{\mu_n}{n}=p\right)=1. \tag{13.8-10}$$

定理 9(柯尔莫戈洛夫) 设$\{\xi_k\}$是独立随机变量序列,且

$$\sum_{n=1}^{\infty}\frac{D\xi_n}{n^2}<\infty,$$

则

$$P\left(\lim_{n\to\infty}\frac{1}{n}\sum_{k=1}^{n}(\xi_k-E\xi_k)=0\right)=1. \tag{13.8-11}$$

定理 10(柯尔莫戈洛夫) 设$\{\xi_k\}$是独立同分布的随机变量序列,则

$$P\left(\lim_{n\to\infty}\frac{1}{n}\sum_{k=1}^{n}\xi_k=a\right)=1 \tag{13.8-12}$$

成立的充要条件是 $E\xi_k$ 存在且等于 a.

定理 8 是定理 9 的特殊情形,也是定理 10 的特殊情形.

13.8.4 中心极限定理

定义 7 设$\{\xi_k\}$是独立随机变量序列,它们具有有限的数学期望和方差

$$a_n=E\xi_n,b_n^2=D\xi_n,n=1,2,\cdots.$$

记

$$B_n^2=\sum_{k=1}^{n}b_k^2,$$

如果对任意的 $\tau>0$,均有

$$\lim_{n\to\infty}\frac{1}{B_n^2}\sum_{k=1}^{n}\int_{|x-a_k|>\tau B_n}(x-a_k)^2dF_k(x)=0, \tag{13.8-13}$$

则称$\{\xi_k\}$满足**林德贝格条件**.

定理 11 如果独立随机变量序列$\{\xi_k\}$满足林德贝格条件(13.8-13),则对任意$x\in\boldsymbol{R}$,有

$$\lim_{n\to\infty}P\left(\frac{1}{B_n}\sum_{k=1}^{n}(\xi_k-a_k)<x\right)=\frac{1}{\sqrt{2\pi}}\int_{-\infty}^{x}e^{-\frac{t^2}{2}}dt. \tag{13.8-14}$$

若ξ是一维标准正态随机变量,即$\xi\sim N(0,1)$,则(13.8-14)表示

$$\frac{1}{B_n}\sum_{k=1}^{n}(\xi_k-a_k)\xrightarrow{L}\xi.$$

定理 12(李雅普诺夫定理) 设$\{\xi_k\}$是独立随机变量序列,如果能选择这样一个正数$\delta>0$,使

$$\lim_{n\to\infty}\frac{1}{B_n^{2+\delta}}\sum_{k=1}^{n}E(|\xi_k-a_k|^{2+\delta})=0, \tag{13.8-15}$$

则对任意$x\in\boldsymbol{R}$,有

$$\lim_{n\to\infty}P\left(\frac{1}{B_n}\sum_{k=1}^{n}(\xi_k-a_k)<x\right)=\frac{1}{\sqrt{2\pi}}\int_{-\infty}^{x}e^{-\frac{t^2}{2}}dt. \tag{13.8-16}$$

定理 13 设$\{\xi_n\}$是独立同分布的随机变量序列,

$$E\xi_n=a,0<\sigma^2=D\xi_n<+\infty,$$

则对任意$x\in\boldsymbol{R}$,有

$$\lim_{n\to\infty}P\left(\frac{1}{\sqrt{n}\sigma}\left(\sum_{k=1}^{n}\xi_k-na\right)<x\right)=\frac{1}{\sqrt{2\pi}}\int_{-\infty}^{x}e^{-\frac{t^2}{2}}dt. \tag{13.8-17}$$

定理 14(隶莫弗-拉普拉斯定理) 设μ_n是n次独立试验中事件A出现的次数,而p是事件A在每次试验中出现的概率,则对任意$x\in\boldsymbol{R}$,有

$$\lim_{n\to\infty}P\left(\frac{\mu_n-np}{\sqrt{np(1-p)}}<x\right)=\frac{1}{\sqrt{2\pi}}\int_{-\infty}^{x}e^{-\frac{t^2}{2}}dt. \tag{13.8-18}$$

由(13.8-18)知,对任意有限区间$[a,b]$,有

$$\lim_{n\to\infty}P\left(a\leqslant\frac{\mu_n-np}{\sqrt{np(1-p)}}<b\right)=\frac{1}{\sqrt{2\pi}}\int_{1}^{b}e^{-\frac{t^2}{2}}dt. \tag{13.8-19}$$

定理 12、定理 13 都是定理 11 的特殊情形,而定理 14 又是定理 13 的特殊情形.

附　　录

数值表 1　泊松分布 $P(\xi=k)=\frac{\lambda^k}{k!}e^{-\lambda}$ 的数值表

r	λ											
	0.1	0.2	0.3	0.4	0.5	0.6	0.7	0.8	0.9	1.0	1.5	2.0
0	0.904837	0.818731	0.740818	0.670320	0.606531	0.548812	0.496585	0.449329	0.406570	0.367879	0.223130	0.135335
1	0.090484	0.163746	0.222245	0.268128	0.303265	0.329287	0.347610	0.359463	0.365913	0.367879	0.334695	0.270671
2	0.004524	0.016375	0.033337	0.053626	0.075816	0.098786	0.121663	0.143785	0.164661	0.183940	0.251021	0.270671
3	0.000151	0.001092	0.003334	0.007150	0.012636	0.019757	0.028388	0.038343	0.049398	0.061313	0.125510	0.180447
4	0.000004	0.000055	0.000250	0.000715	0.001580	0.002964	0.004968	0.007669	0.011115	0.015328	0.047067	0.090224
5	—	0.000002	0.000015	0.000057	0.000158	0.000356	0.000696	0.001227	0.002001	0.003066	0.014120	0.036089
6	—	—	0.000001	0.000004	0.000013	0.000036	0.000081	0.000164	0.000300	0.000511	0.003530	0.012030
7	—	—	—	—	0.000001	0.000003	0.000008	0.000019	0.000039	0.000073	0.000756	0.003437
8	—	—	—	—	—	—	0.000001	0.000002	0.000004	0.000009	0.000142	0.000859
9	—	—	—	—	—	—	—	—	—	0.000001	0.000024	0.000191
10	—	—	—	—	—	—	—	—	—	—	0.000004	0.000038
11	—	—	—	—	—	—	—	—	—	—	—	0.000007
12	—	—	—	—	—	—	—	—	—	—	—	0.000001
13	—	—	—	—	—	—	—	—	—	—	—	—
14	—	—	—	—	—	—	—	—	—	—	—	—
15	—	—	—	—	—	—	—	—	—	—	—	—
16	—	—	—	—	—	—	—	—	—	—	—	—
17	—	—	—	—	—	—	—	—	—	—	—	—
18	—	—	—	—	—	—	—	—	—	—	—	—
19	—	—	—	—	—	—	—	—	—	—	—	—
20	—	—	—	—	—	—	—	—	—	—	—	—
21	—	—	—	—	—	—	—	—	—	—	—	—
22	—	—	—	—	—	—	—	—	—	—	—	—

续表

r	λ										
	2.5	3.0	3.5	4.0	4.5	5.0	6.0	7.0	8.0	9.0	10.0
0	0.082085	0.049787	0.030197	0.018316	0.011109	0.006738	0.002479	0.000912	0.000335	0.000123	0.000045
1	0.205212	0.149361	0.150091	0.073263	0.049990	0.033690	0.014873	0.006383	0.002684	0.001111	0.000454
2	0.256516	0.224042	0.184959	0.146525	0.112479	0.084224	0.044618	0.022341	0.010735	0.004998	0.002270
3	0.213763	0.224042	0.215785	0.195367	0.168718	0.140374	0.089235	0.052129	0.028626	0.014994	0.007567
4	0.133602	0.168031	0.188812	0.195367	0.189808	0.175467	0.133853	0.091226	0.057252	0.033737	0.018917
5	0.066801	0.100819	0.132169	0.156293	0.170827	0.175467	0.160623	0.127717	0.091604	0.060727	0.037833
6	0.027834	0.050409	0.077098	0.104196	0.128120	0.146223	0.160623	0.149003	0.122138	0.091090	0.063055
7	0.009941	0.021604	0.038549	0.059540	0.082363	0.104445	0.137677	0.149003	0.139587	0.117116	0.090079
8	0.003106	0.008102	0.016865	0.029770	0.046329	0.065278	0.103258	0.130377	0.139587	0.131756	0.112599
9	0.000863	0.002701	0.006559	0.013231	0.023165	0.036266	0.068838	0.101405	0.124077	0.131756	0.125110
10	0.000216	0.000810	0.002296	0.005292	0.010424	0.018133	0.041303	0.070983	0.099262	0.118580	0.125110
11	0.000049	0.000221	0.000730	0.001925	0.004264	0.008242	0.022529	0.045171	0.072190	0.097020	0.113736
12	0.000010	0.000055	0.000213	0.000642	0.001599	0.003434	0.011264	0.026350	0.048127	0.072765	0.094780
13	0.000002	0.000013	0.000057	0.000197	0.000554	0.001321	0.005199	0.014188	0.029616	0.050376	0.072908
14	—	0.000003	0.000014	0.000056	0.000178	0.000472	0.002288	0.007094	0.016924	0.032384	0.052077
15	—	0.000001	0.000003	0.000015	0.000053	0.000157	0.000891	0.003311	0.009026	0.019431	0.034718
16	—	—	0.000001	0.000004	0.000015	0.000049	0.000334	0.001448	0.004513	0.010930	0.021699
17	—	—	—	0.000001	0.000004	0.000014	0.000118	0.000596	0.002124	0.005786	0.012764
18	—	—	—	—	0.000001	0.000004	0.000039	0.000232	0.000944	0.002893	0.007091
19	—	—	—	—	—	0.000001	0.000012	0.000085	0.000397	0.001370	0.003732
20	—	—	—	—	—	—	0.000004	0.000030	0.000159	0.000617	0.001866
21	—	—	—	—	—	—	0.000001	0.000010	0.000061	0.000264	0.000889
22	—	—	—	—	—	—	—	0.000003	0.000022	0.000108	0.000404

数值表 2　$\Phi_1(x)=\frac{1}{\sqrt{2\pi}}\int_0^x e^{-\frac{t^2}{2}}dt$ 数值表($x\geqslant 0$)

记标准正态分布函数

$$\Phi(x)=\frac{1}{\sqrt{2\pi}}\int_{-\infty}^{x} e^{-\frac{t^2}{2}}dt,-\infty<x<+\infty.$$

当 $x\geqslant 0$ 时,$\Phi(x)=0.50+\Phi_1(x)$;当 $x<0$ 时,$\Phi(x)=0.50-\Phi_1(-x)$.

x	$\Phi_1(x)$	x	$\Phi_1(x)$	x	$\Phi_1(x)$	x	$\Phi_1(x)$
0.01	0.0040	0.21	0.0832	0.41	0.1591	0.61	0.2291
0.02	0.0080	0.22	0.0871	0.42	0.1628	0.62	0.2324
0.03	0.0120	0.23	0.0910	0.43	0.1664	0.63	0.2357
0.04	0.0160	0.24	0.0948	0.44	0.1700	0.64	0.2389
0.05	0.0199	0.25	0.0987	0.45	0.1736	0.65	0.2422
0.06	0.0239	0.26	0.1026	0.46	0.1772	0.66	0.2454
0.07	0.0279	0.27	0.1064	0.47	0.1808	0.67	0.2486
0.08	0.0319	0.28	0.1103	0.48	0.1844	0.68	0.2517
0.09	0.0359	0.29	0.1141	0.49	0.1879	0.69	0.2549
0.10	0.0398	0.30	0.1179	0.50	0.1915	0.70	0.2580
0.11	0.0438	0.31	0.1217	0.51	0.1950	0.71	0.2611
0.12	0.0478	0.32	0.1255	0.52	0.1985	0.72	0.2642
0.13	0.0517	0.33	0.1293	0.53	0.2019	0.73	0.2673
0.14	0.0557	0.34	0.1331	0.54	0.2054	0.74	0.2703
0.15	0.0596	0.35	0.1368	0.55	0.2088	0.75	0.2734
0.16	0.0636	0.36	0.1406	0.56	0.2123	0.76	0.2764
0.17	0.0675	0.37	0.1443	0.57	0.2157	0.77	0.2794
0.18	0.0714	0.38	0.1480	0.58	0.2190	0.78	0.2823
0.19	0.0753	0.39	0.1517	0.59	0.2224	0.79	0.2852
0.20	0.0793	0.40	0.1554	0.60	0.2257	0.80	0.2881

续表

x	$\Phi_1(x)$	x	$\Phi_1(x)$	x	$\Phi_1(x)$	x	$\Phi_1(x)$
0.81	0.2910	1.06	0.3554	1.31	0.4049	1.56	0.4406
0.82	0.2939	1.07	0.3577	1.32	0.4066	1.57	0.4418
0.83	0.2967	1.08	0.3599	1.33	0.4082	1.58	0.4429
0.84	0.2995	1.09	0.3621	1.34	0.4099	1.59	0.4441
0.85	0.3023	1.10	0.3643	1.35	0.4115	1.60	0.4452
0.86	0.3051	1.11	0.3665	1.36	0.4131	1.61	0.4463
0.87	0.3078	1.12	0.3686	1.37	0.4147	1.62	0.4474
0.88	0.3106	1.13	0.3708	1.38	0.4162	1.63	0.4481
0.89	0.3133	1.14	0.3729	1.39	0.4177	1.64	0.4495
0.90	0.3159	1.15	0.3749	1.40	0.4192	1.65	0.4505
0.91	0.3186	1.16	0.3770	1.41	0.4207	1.66	0.4515
0.92	0.3212	1.17	0.3790	1.42	0.4222	1.67	0.4525
0.93	0.3238	1.18	0.3810	1.43	0.4236	1.68	0.4535
0.94	0.3264	1.19	0.3830	1.44	0.4251	1.69	0.4545
0.95	0.3289	1.20	0.3849	1.45	0.4265	1.70	0.4554
0.96	0.3315	1.21	0.3869	1.46	0.4279	1.71	0.4564
0.97	0.3340	1.22	0.3888	1.47	0.4292	1.72	0.4573
0.98	0.3365	1.23	0.3907	1.48	0.4306	1.73	0.4582
0.99	0.3389	1.24	0.3925	1.49	0.4319	1.74	0.4591
1.00	0.3413	1.25	0.3944	1.50	0.4332	1.75	0.4599
1.01	0.3438	1.26	0.3962	1.51	0.4345	1.76	0.4608
1.02	0.3461	1.27	0.3980	1.52	0.4357	1.77	0.4616
1.03	0.3485	1.28	0.3997	1.53	0.4370	1.78	0.4625
1.04	0.3508	1.29	0.4015	1.54	0.4382	1.79	0.4633
1.05	0.3531	1.30	0.4032	1.55	0.4394	1.80	0.4641

续表

x	$\Phi_1(x)$	x	$\Phi_1(x)$	x	$\Phi_1(x)$	x	$\Phi_1(x)$
1.81	0.4649	2.02	0.4783	2.42	0.4922	2.82	0.4976
1.82	0.4656	2.04	0.4793	2.44	0.4927	2.84	0.4977
1.83	0.4664	2.06	0.4803	2.46	0.4931	2.86	0.4979
1.84	0.4671	2.08	0.4812	2.48	0.4934	2.88	0.4980
1.85	0.4678	2.10	0.4821	2.50	0.4938	2.90	0.4981
1.86	0.4686	2.12	0.4830	2.52	0.4941	2.92	0.4982
1.87	0.4693	2.14	0.4838	2.54	0.4945	2.94	0.4984
1.88	0.4699	2.16	0.4846	2.56	0.4948	2.96	0.4985
1.89	0.4706	2.18	0.4854	2.58	0.4951	2.98	0.4986
1.90	0.4713	2.20	0.4861	2.60	0.4953	3.00	0.49865
1.91	0.4719	2.22	0.4868	2.62	0.4956	3.20	0.49931
1.92	0.4726	2.24	0.4875	2.64	0.4959	3.40	0.49966
1.93	0.4732	2.26	0.4881	2.66	0.4961	3.60	0.499841
1.94	0.4738	2.28	0.4887	2.68	0.4963	3.80	0.499928
1.95	0.4744	2.30	0.4893	2.70	0.4965	4.00	0.499968
1.96	0.4750	2.32	0.4898	2.72	0.4967	4.50	0.499997
1.97	0.4756	2.34	0.4904	2.74	0.4969	5.00	0.49999997
1.98	0.4761	2.36	0.4909	2.76	0.4971		
1.99	0.4767	2.38	0.4913	2.78	0.4973		
2.00	0.4772	2.40	0.4918	2.80	0.4974		

数值表 3　χ^2 分布表

设 χ^2 的密度函数由(13.3-38)给出，对已给的 p，$0<p<100$，满足 $P(\chi^2>\chi_p^2)=\frac{p}{100}$ 的数值 χ_p^2 由下表可以查出

参数 n	χ_p^2 作为 n 与 p 的函数													
	$p=99$	98	95	90	80	70	50	30	20	10	5	2	1	0.1
1	0.000	0.001	0.004	0.016	0.064	0.148	0.455	1.074	1.642	2.706	3.841	5.412	6.635	10.827
2	0.020	0.040	0.103	0.211	0.446	0.713	1.386	2.408	3.219	4.605	5.991	7.824	9.210	13.815
3	0.115	0.185	0.352	0.584	1.005	1.424	2.366	3.665	4.642	6.251	7.815	9.837	11.341	16.268
4	0.297	0.429	0.711	1.064	1.649	2.195	3.357	4.878	5.989	7.779	9.488	11.668	13.277	18.465
5	0.554	0.752	1.145	1.610	2.343	3.000	4.351	6.064	7.289	9.236	11.070	13.388	15.086	20.517
6	0.872	1.134	1.635	2.204	3.070	3.828	5.348	7.231	8.558	10.645	12.592	15.033	16.812	22.457
7	1.239	1.564	2.167	2.833	3.822	4.671	6.346	8.383	9.803	12.017	14.067	16.622	18.475	24.322
8	1.646	2.032	2.733	3.490	4.594	5.527	7.344	9.524	11.030	13.362	15.507	18.168	20.090	26.125
9	2.088	2.532	3.325	4.168	5.380	6.393	8.343	10.656	12.242	14.684	16.919	19.679	21.666	27.877
10	2.558	3.059	3.940	4.865	6.179	7.267	9.342	11.781	13.442	15.987	18.307	21.161	23.029	29.588
11	3.053	3.609	4.575	5.578	6.989	8.148	10.341	12.899	14.631	17.275	19.675	22.618	24.725	31.264
12	3.571	4.178	5.226	6.304	7.807	9.034	11.340	14.011	15.812	18.549	21.026	24.054	26.217	32.909
13	4.107	4.765	5.892	7.042	8.634	9.926	12.340	15.119	16.985	19.812	22.362	25.472	27.688	34.528
14	4.660	5.368	6.571	7.790	9.467	10.821	13.339	16.222	18.151	21.064	23.685	26.873	29.141	36.123
15	5.229	5.985	7.261	8.547	10.307	11.721	14.339	17.322	19.311	22.307	24.996	28.259	30.578	37.697
16	5.812	6.614	7.962	9.312	11.152	12.624	15.338	18.418	20.465	23.542	26.296	29.633	32.000	39.252

续表

参数 n	χ_p^2 作为 n 与 p 的函数													
	p=99	98	95	90	80	70	50	30	20	10	5	2	1	0.1
17	6.408	7.255	8.672	10.085	12.002	13.531	16.338	19.511	21.615	24.769	27.587	30.995	33.409	40.790
18	7.015	7.906	9.390	10.865	12.857	14.440	17.338	20.601	22.760	25.989	28.869	32.346	34.805	42.312
19	7.633	8.567	10.117	11.651	13.716	15.352	18.338	21.689	23.900	27.204	30.144	33.687	36.191	43.820
20	8.260	9.237	10.851	12.443	14.578	16.266	19.337	22.775	25.038	28.412	31.410	35.020	37.566	45.315
21	8.897	9.915	11.591	13.240	15.445	17.182	20.337	23.858	26.171	29.615	32.671	36.343	38.932	46.797
22	9.542	10.600	12.338	14.041	16.314	18.101	21.337	24.939	27.301	30.813	33.924	37.659	40.289	48.268
23	10.196	11.293	13.091	14.848	17.187	19.021	22.337	26.018	28.429	32.007	35.172	38.968	41.638	49.728
24	10.856	11.992	13.848	15.659	18.062	19.943	23.337	27.096	29.553	33.196	36.415	40.270	42.980	51.179
25	11.524	12.697	14.611	16.473	18.940	20.867	24.337	28.172	30.675	34.382	37.652	41.566	44.314	52.620
26	12.198	13.409	15.379	17.292	19.820	21.792	25.336	29.246	31.795	35.563	38.885	42.856	45.642	54.052
27	12.879	14.125	16.151	18.114	20.703	22.719	26.336	30.319	32.912	36.741	40.113	44.140	46.963	55.476
28	13.565	14.847	16.928	18.939	21.588	23.647	27.336	31.391	34.027	37.916	41.337	45.419	48.278	56.893
29	14.256	15.574	17.708	19.768	22.475	24.577	28.336	32.461	35.139	39.087	42.557	46.693	49.588	58.302
30	14.953	16.306	18.493	20.599	23.364	25.508	29.336	33.530	36.250	40.256	43.773	47.962	50.892	59.703

数值表 4　t 分布表

设 t 的密度函数由(13.3-39)给出，对已给的 p，$0<p<100$，满足 $P(|t|>t_p)=\frac{p}{100}$ 的数值 t_p 由下表可以查出

参数 n	t_p 作为 n 与 p 的函数												
	$p=90$	80	70	60	50	40	30	20	10	5	2	1	0.1
1	0.158	0.325	0.510	0.727	1.000	1.376	1.963	3.073	6.314	12.706	31.821	63.657	636.619
2	0.142	0.289	0.445	0.617	0.816	1.061	1.386	1.886	2.920	4.303	6.965	9.925	31.589
3	0.137	0.277	0.424	0.584	0.765	0.978	1.250	1.638	2.353	3.182	4.541	5.841	12.941
4	0.134	0.271	0.414	0.569	0.741	0.941	1.190	1.533	2.132	2.776	3.747	4.604	8.610
5	0.132	0.267	0.408	0.559	0.727	0.920	1.156	1.476	2.015	2.571	3.365	4.032	6.859
6	0.131	0.265	0.404	0.553	0.718	0.906	1.134	1.440	1.943	2.447	3.143	3.707	5.959
7	0.130	0.263	0.402	0.549	0.711	0.896	1.119	1.415	1.895	2.365	2.998	3.499	5.405
8	0.130	0.262	0.399	0.546	0.706	0.889	1.108	1.397	1.860	2.306	2.896	3.355	5.041
9	0.129	0.261	0.398	0.543	0.703	0.883	1.100	1.383	1.833	2.262	2.821	3.250	4.781
10	0.129	0.260	0.397	0.542	0.700	0.879	1.093	1.372	1.812	2.228	2.764	3.169	4.587
11	0.129	0.260	0.396	0.540	0.697	0.876	1.088	1.363	1.796	2.201	2.718	3.106	4.437
12	0.128	0.259	0.395	0.539	0.695	0.873	1.083	1.356	1.782	2.179	2.681	3.055	4.318
13	0.128	0.259	0.394	0.538	0.694	0.870	1.079	1.350	1.771	2.160	2.650	3.012	4.221
14	0.128	0.258	0.393	0.537	0.692	0.868	1.076	1.345	1.761	2.145	2.624	2.977	4.140
15	0.128	0.258	0.393	0.536	0.691	0.866	1.074	1.341	1.753	2.131	2.602	2.947	4.073
16	0.128	0.258	0.392	0.535	0.690	0.865	1.071	1.337	1.746	2.120	2.583	2.921	4.015

续表

参数 n	t_p 作为 n 与 p 的函数												
	$p=90$	80	70	60	50	40	30	20	10	5	2	1	0.1
17	0.128	0.257	0.392	0.534	0.689	0.863	1.069	1.333	1.740	2.110	2.567	2.898	3.965
18	0.127	0.257	0.392	0.534	0.688	0.862	1.067	1.330	1.734	2.101	2.552	2.878	3.922
19	0.127	0.257	0.391	0.533	0.688	0.861	1.066	1.328	1.729	2.093	2.539	2.861	3.883
20	0.127	0.257	0.391	0.533	0.687	0.860	1.064	1.325	1.725	2.086	2.528	2.845	3.850
21	0.127	0.257	0.391	0.532	0.686	0.859	1.063	1.323	1.721	2.080	2.518	2.831	3.819
22	0.127	0.256	0.390	0.532	0.686	0.858	1.061	1.321	1.717	2.074	2.508	2.819	3.792
23	0.127	0.256	0.390	0.532	0.685	0.858	1.060	1.319	1.714	2.069	2.500	2.807	3.767
24	0.127	0.256	0.390	0.531	0.685	0.857	1.059	1.318	1.711	2.064	2.492	2.797	3.745
25	0.127	0.256	0.390	0.531	0.684	0.856	1.058	1.316	1.708	2.060	2.485	2.787	3.725
26	0.127	0.256	0.390	0.531	0.684	0.856	1.058	1.315	1.706	2.056	2.479	2.779	3.707
27	0.127	0.256	0.389	0.531	0.684	0.855	1.057	1.314	1.703	2.052	2.473	2.771	3.690
28	0.127	0.256	0.389	0.530	0.683	0.855	1.056	1.313	1.701	2.048	2.467	2.763	3.674
29	0.127	0.256	0.389	0.530	0.683	0.854	1.055	1.311	1.699	2.045	2.462	2.756	3.659
30	0.127	0.256	0.389	0.530	0.683	0.854	1.055	1.310	1.697	2.042	2.457	2.750	3.646
40	0.126	0.255	0.388	0.529	0.681	0.851	1.050	1.303	1.684	2.021	2.423	2.704	3.551
60	0.126	0.254	0.387	0.527	0.679	0.848	1.046	1.296	1.671	2.000	2.390	2.660	3.460
120	0.126	0.254	0.386	0.526	0.677	0.845	1.041	1.289	1.658	1.980	2.358	2.617	3.373
∞	0.126	0.253	0.385	0.524	0.674	0.842	1.036	1.282	1.645	1.960	2.326	2.576	3.291

14. 近代数学选题

§14.1 集　　论

14.1.1 集

朴素意义下的**集**(或**集合**),是指一些对象的总体.这些对象称为所给集的**元**或**元素**."x 是集 A 的元"记作"$x\in A$",读作"x 属于 A"."x 不是集 A 的**元**"记作"$x\notin A$"或"$x\overline{\in} A$",读作"x 不属于 A".不含任何元的集称为**空集**,记作 $\varnothing$.

对于元的个数较小的集,可用枚举的方法来表示.例如 $\{1,2\}$ 表示由 1 与 2 这两个元构成的集;$\{a,b,c,d\}$ 表示由 a,b,c 和 d 这四个元构成的集.通常用 $\{x:P(x)\}$ 或 $\{x|P(x)\}$ 表示满足性质 P 的一切元 x 构成的集.例如 $\{x:x^2+x-2=0\}$ 表示满足 $x^2+x-2=0$ 的 x 构成的集,即 $\{1,-2\}$;$\{(x,y):x^2+y^2=1\}$ 表示满足 $x^2+y^2=1$ 的一切点 (x,y) 构成的集,即单位圆周;$\{x:x=x(t)$ 是 $[a,b]$ 上的实值连续函数$\}$ 表示闭区间 $[a,b]$ 上一切实值连续函数构成的集.

给定集 A,B,如果 A 的每个元都是 B 的元,则称 A **包含于** B 中,或 B **包含** A,记作 $A\subset B$ 或 $A\subseteq B$;此时称 A 为 B 的**子集**.如果 $A\subset B$ 且 $B\subset A$,则称 A 与 B **相等**,记作 $A=B$.A 与 B 不相等记作 $A\neq B$.如果 $A\subset B$ 且 $A\neq B$,则称 A **真包含于** B 中或 B **真包含** A,记作 $A\subsetneqq B$;此时称 A 为 B 的**真子集**.

以集为元的集,常称为**集族**.例如,开区间的集是 $\mathbf{R}$ 的子集的一个族.通常称集族 $\{A_n:n\in\mathbf{N}\}$ 为**集序列**,记作 $\{A_n\}_{n=1}^{\infty}$.

14.1.2 集的运算

设 A,B 是集,则一切属于 A 或 B(包括同时属于 A,B 的情形)的元构成的集,称为 A 与 B 的**并**,记作 $A\cup B$;即

$$A\cup B=\{x:x\in A\text{ 或 }x\in B\}.$$

设 $\{A_\alpha:\alpha\in I\}$ 是一个集族,则属于某个 $A_\alpha(\alpha\in I)$ 的一切元构成的集,称为所给集族的**并**,记作 $\bigcup\{A_\alpha:\alpha\in I\}$ 或 $\bigcup\limits_{\alpha\in I}A_\alpha$;即

$$\bigcup\{A_\alpha:\alpha\in I\}=\{x:\text{存在 }\alpha\in I,\text{使 }x\in A_\alpha\}.$$

$\bigcup\{A_\alpha:\alpha\in I\}$ 是包含每个 $A_\alpha(\alpha\in I)$ 的最小的集,即如果 B 包含每个 $A_\alpha(\alpha\in I)$,则 $B\supset\bigcup\{A_\alpha:\alpha\in I\}$.集序列 $\{A_n\}_{n=1}^{\infty}$ 的并常记作 $\bigcup\limits_{n=1}^{\infty}A_n$.

设 A,B 是集,则一切既属于 A 又属于 B 的元构成的集,称为 A 与 B 的**交**,记作 $A\cap B$;即

$$A \cap B = \{x : x \in A \text{ 且 } x \in B\}.$$

如果 $A \cap B = \varnothing$，则称 A 与 B **不相交**.

设 $\{A_\alpha : \alpha \in I\}$ 是一个集族，则属于每个 $A_\alpha(\alpha \in I)$ 的一切元构成的集，称为所给集族的**交**，记作 $\cap\{A_\alpha : \alpha \in I\}$ 或 $\bigcap_{\alpha \in I} A_\alpha$；即

$$\cap\{A_\alpha : \alpha \in I\} = \{x : \text{对每个 } \alpha \in I, \text{有 } x \in A_\alpha\}.$$

$\cap\{A_\alpha : \alpha \in I\}$ 是包含于一切 $A_\alpha(\alpha \in I)$ 中的最大的集，即如果 B 包含于每个 $A_\alpha(\alpha \in I)$ 中，则 $B \subset \cap\{A_\alpha : \alpha \in I\}$. 集序列 $\{A_n\}_{n=1}^{\infty}$ 的交常记作 $\bigcap_{n=1}^{\infty} A_n$.

设 A, B 是集，则一切属于 A 而不属于 B 的元构成的集，称为 A 与 B 的**差集**，记作 $A \setminus B$ 或 $A - B$；即

$$A \setminus B = \{x : x \in A \text{ 且 } x \notin B\}.$$

如果在某个问题中考虑的集都是一个总集 X 的子集，则对 $A \subset X$，常把 $X \setminus A$ 记作 A'，A^C 或 $\mathrm{C}A$，称为 A 的**补集**或**余集**.

集的运算满足下列规律：

(1) 下述三个关系是等价的：$A \subset B$；$A \cup B = B$；$A \cap B = A$.

(2) 并与交是可交换的：$A \cup B = B \cup A$，$A \cap B = B \cap A$.

(3) 并与交是可结合的：

$$(A \cup B) \cup C = A \cup (B \cup C), (A \cap B) \cap C = A \cap (B \cap C).$$

(4) 并与交中每个运算关于另一运算是可分配的：

$$A \cup \left(\bigcap_{\alpha \in I} B_\alpha\right) = \bigcap_{\alpha \in I} (A \cup B_\alpha), A \cap \left(\bigcup_{\alpha \in I} B_\alpha\right) = \bigcup_{\alpha \in I} (A \cap B_\alpha).$$

(5) $A \setminus B = A \cap B' = A \setminus (A \cap B) = (A \cup B) \setminus B$.

(6) **德·摩根法则**：

$$A \setminus \left(\bigcup_{\alpha \in I} B_\alpha\right) = \bigcap_{\alpha \in I} (A \setminus B_\alpha), A \setminus \left(\bigcap_{\alpha \in I} B_\alpha\right) = \bigcup_{\alpha \in I} (A \setminus B_\alpha).$$

特别地，

$$\left(\bigcup_{\alpha \in I} A_\alpha\right)' = \bigcap_{\alpha \in I} A'_\alpha, \left(\bigcap_{\alpha \in I} A_\alpha\right)' = \bigcup_{\alpha \in I} A'_\alpha.$$

给定集序列 $\{A_n\}_{n=1}^{\infty}$，一切属于无限多个 A_n 的元构成的集，称为所给序列的**上极限**，记作 $\overline{\lim_{n\to\infty}} A_n$ 或 $\limsup_{n\to\infty} A_n$；一切属于从某个下标开始的每个 A_n 的元构成的集，称为所给序列的**下极限**，记作 $\underline{\lim_{n\to\infty}} A_n$ 或 $\liminf_{n\to\infty} A_n$. 有

$$\overline{\lim_{n\to\infty}} A_n = \bigcap_{n=1}^{\infty} \bigcup_{k=n}^{\infty} A_k, \quad \underline{\lim_{n\to\infty}} A_n = \bigcup_{n=1}^{\infty} \bigcap_{k=n}^{\infty} A_k.$$

如果 $\overline{\lim_{n\to\infty}} A_n = \underline{\lim_{n\to\infty}} A_n$. 则称这个相同的集为所给集序列的**极限**，记作 $\lim_{n\to\infty} A_n$. 满足 $A_1 \subset A_2 \subset \cdots \subset A_n \subset A_{n+1} \subset \cdots$（或 $A_1 \supset A_2 \supset \cdots \supset A_n \supset A_{n+1} \supset \cdots$）的集序列，称为**递增的**（或**递减的**），此时有 $\lim_{n\to\infty} A_n = \bigcup_{n=1}^{\infty} A_n \left(\text{或} \bigcap_{n=1}^{\infty} A_n\right)$.

14.1.3 集的关系与运算的图形表示

如果用不同位置的一定的图形(例如圆)来表示集,则集与集之间的关系或运算就能有直观的图示方法,称为**维恩图示法**或**欧拉图示法**. 图 14.1-1 是一些例子.

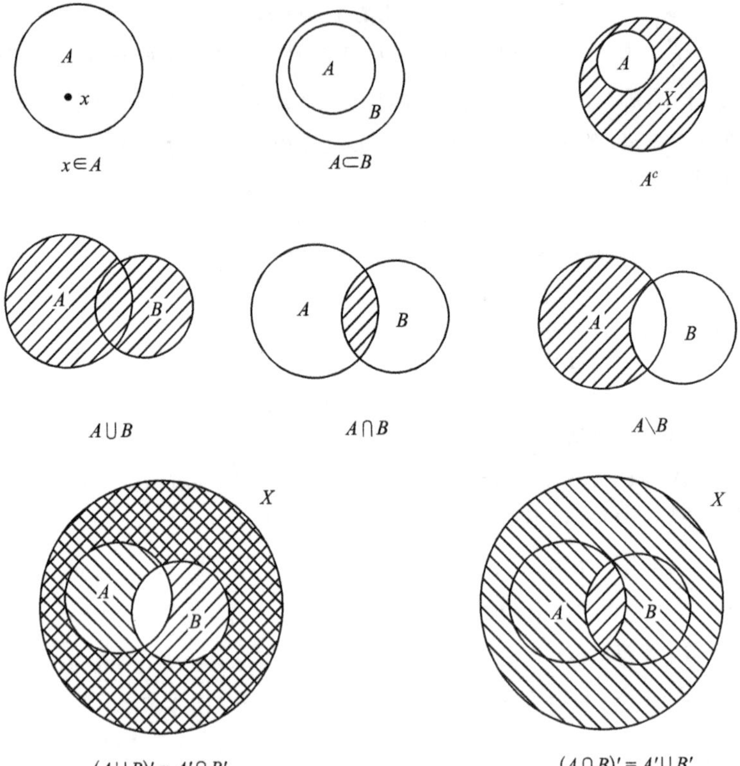

图 14.1-1

14.1.4 关系

设 x,y 是任何元,则以 x 为第一元,以 y 为第二元构成的有次序的组 (x,y),称为**序偶**或**有序对**. 两个序偶 (x,y) 与 (u,v) 相等当且仅当 $x=u,y=v$. 可以用 $(x,y)=\{\{x\},\{x,y\}\}$ 来严格定义序偶.

由序偶构成的集称为**关系**. 设 R 是一个关系,则 $(x,y)\in R$ 也常记作 xRy. 构成 R 的一切序偶的第一元构成的集,称为 R 的**定义域**,第二元构成的集,称为**值域**. R 的定义域与值域分别记作 $\mathfrak{D}(R)$,$\mathfrak{R}(R)$,于是

$$\mathfrak{D}(R)=\{x:\text{存在 } y,\text{使得}(x,y)\in R\},$$
$$\mathfrak{R}(R)=\{y:\text{存在 } x,\text{使得}(x,y)\in R\}.$$
如果 $\mathfrak{D}(R)$与 $\mathfrak{R}(R)$都是集 X 的子集,则常称 R 为 X 上的一个关系.

设 R 是关系,则 R 的**逆关系** R^{-1}定义为
$$R^{-1}=\{(x,y):(y,x)\in R\}.$$
设 R,S 是关系,则 R 与 S 的**复合** $R\circ S$ 定义为
$$R\circ S=\{(x,y):\text{存在 } z,\text{使得}(x,z)\in S,(z,y)\in R\}.$$
设 A 是集,R 是关系,则定义
$$R[A]=\{y:\text{存在 } x\in A,\text{使得}(x,y)\in R\}.$$
设 R,S,T 是关系,A,B 是集,则

(1) $(R^{-1})^{-1}=R$.

(2) $(R\circ S)^{-1}=S^{-1}\circ R^{-1}$.

(3) $(R\circ S)\circ T=R\circ(S\circ T)$.

(4) $(R\circ S)[A]=R[S[A]]$.

(5) $R[A\cup B]=R[A]\cup R[B]$.

(6) $R[A\cap B]\subset R[A]\cap R[B]$.

更一般地,设$\{A_\alpha:\alpha\in I\}$是集族,则

(7) $R[\bigcup\{A_\alpha:\alpha\in I\}]=\bigcup\{R[A_\alpha]:\alpha\in I\}$.

(8) $R[\bigcap\{A_\alpha:\alpha\in I\}]\subset\bigcap\{R[A_\alpha]:\alpha\in I\}$.

14.1.5 映射

设 f 是一个关系,满足$(x,y)\in f$ 与$(x,z)\in f$ 蕴涵 $y=z$,则称 f 为**一个映射**(也称为**函数,变换,算子,对应**).设 f 是映射,$x\in\mathfrak{D}(f)$,则存在唯一的 y,使得$(x,y)\in f$.这样的 y 常记作 $f(x)$,称为 f 在 x 处的**值**或**象**.

设 f 是映射,如果 $X=\mathfrak{D}(f)$,则称 f 是定义于 X 上的;如果 $\mathfrak{R}(f)\subset Y$,则称 f 是**从 X 到 Y 中的映射**;如果 $\mathfrak{R}(f)=Y$,则称 f 是**从 X 到 Y 上的映射**,或称**满射**.如果 f^{-1}也是映射,即 $f(x)=f(y)$蕴涵 $x=y$,则称 f 为**单射**.如果 f 是单射,则 f^{-1}是从 $\mathfrak{R}(f)$到 $\mathfrak{D}(f)$中的映射,称为 f 的**逆映射**或**反函数**.既是满射又是单射的映射,称为**一一映射**.

映射的另一种定义方式是:设 X,Y 是两个集,$D\subset X$.如果对每个 $x\in D$,存在唯一的 $y\in Y$ 与之对应,则称此对应为从 D 到 Y 中的一个映射,记作 f.对应于 x 的 y,记作 $f(x)$.D 称为 f 的定义域,记作 $\mathfrak{D}(f)$;集$\{y:\text{存在 } x\in\mathfrak{D}(f),\text{使得 } y=f(x)\}$称为 f 的值域,记作 $\mathfrak{R}(f)$.设 $A\subset X,B\subset Y$,则 A 在 f 下的**象** $f[A]$定义为
$$f[A]=\{y:\text{存在 } x\in A,\text{使得 } y=f(x)\};$$
B 在 f 下的**逆象** $f^{-1}[B]$定义为
$$f^{-1}[B]=\{x:\text{存在 } y\in B,\text{使得 } y=f(x)\}.$$

f 的**图象** $G(f)$ 定义为

$$G(f)=\{(x,y):x\in\mathfrak{D}(f),y=f(\boldsymbol{x})\}.$$

这两种定义方式实质上是一致的，其差别在于：按照前一种方式，映射及其图象是完全相同的，但按后一种方式，两者并不相同.

设 f 是映射，则有

(1) $f^{-1}[A\backslash B]=f^{-1}[A]\backslash f^{-1}[B]$.

(2) $f^{-1}[\bigcup_{\alpha\in I}A_\alpha]=\bigcup_{\alpha\in I}f^{-1}[A_\alpha]$.

(3) $f^{-1}[\bigcap_{\alpha\in I}A_\alpha]=\bigcap_{\alpha\in I}f^{-1}[A_\alpha]$.

设 f 是从 X 到 Y 中的映射，$A\subset X$，则使每个 $x\in A$ 对应于 $f(\boldsymbol{x})\in Y$ 的映射，称为 f 在 A 上的**限制**，记作 $f|A$. $\mathfrak{D}(f|A)=A$，而在 A 上则有 $(f|A)(\boldsymbol{x})=f(\boldsymbol{x})$. 与此相对，令 $g=f|A$，则 f 称为 g 在 X 上的**延拓**或**扩张**.

14.1.6 积集与幂集

设 A,B 是集，则定义 A,B 的**积集**或**笛卡儿积** $A\times B$ 为

$$A\times B=\{(x,y):x\in A,y\in B\}.$$

对于有限个集 $A_1,A_2,\cdots,A_n$，定义

$$A_1\times A_2\times\cdots\times A_n=\prod_{k=1}^{n}A_k=\{(x_1,x_2,\cdots,x_n):x_k\in A_k,k=1,2,\cdots,n\}.$$

对于集族 $\{A_\alpha:\alpha\in I\}$，定义其**积集**为

$$\prod\{A_\alpha:\alpha\in I\}=\prod_{\alpha\in I}A_\alpha=\{f:f\text{ 是定义在 }I\text{ 上的映射,使对每个 }\alpha\in I,\text{有 }f(\alpha)\in A_\alpha\}.$$

特别地，如果每个 $A_\alpha(\alpha\in I)$ 都等于 A，则此时的积集记作幂 A^I，即

$$A^I=\{f:f\text{ 是从 }I\text{ 到 }A\text{ 中的映射}\}.$$

设 A 是集，则 A 的一切子集构成的集，称为 A 的**幂集**，记作 $\mathfrak{P}(A)$ 或 2^A.

14.1.7 等价关系与商集

设 R 是关系，$X=\mathfrak{D}(R)\cup\mathfrak{R}(R)$. 如果对每个 $x\in X$ 有 $(x,x)\in R$，则称 R 为**自反的**；如果 $(x,y)\in R$ 蕴涵 $(y,x)\in R$（即 $R^{-1}=R$），则称 R 为**对称的**；如果 $(x,y)\in R$ 与 $(y,z)\in R$ 蕴涵 $(x,z)\in R$，则称 R 为**传递的**. 自反的、对称的与传递的关系，称为**等价关系**.

对于等价关系 R，有 $\mathfrak{D}(R)=\mathfrak{R}(R)=X$. 也常称 R 为 X 上的等价关系. 对 $\boldsymbol{x}\in\boldsymbol{X}$，集

$$R[\boldsymbol{x}]=\{y:(x,y)\in R\}$$

称为 x 所属的关于 R 的**等价类**.关于 R 的等价类或者相等,或者互不相交,即等价关系 R 把 X 划分为互不相交的等价类.以这些等价类为元素的集,称为 X 关于等价关系 R 的**商集**.

例 1 取定素数 p,考虑整数集 $\mathbf{Z}$.对 $x,y\in\mathbf{Z}$,令 $x\sim y$ 为 p 整除 $x-y$,则 $\sim$ 是 $\mathbf{Z}$ 上的一个等价关系,此时 $x\sim y$ 也记作 $x\equiv y(\mathrm{mod}\,p)$,称为 x 与 y **模 p 同余**.相应的等价类称为模 p 的**剩余类**.商集 $\mathbf{Z}/\sim$ 由 p 个元构成,分别对应于由除以 p 的余数为 $0,1,\cdots,p-1$ 的整数组成的集.

例 2 设 $X=\{(x,y):x\in\mathbf{Z},y\in\mathbf{N}\}$(其中 $\mathbf{Z},\mathbf{N}$ 分别是整数集和自然数集).对 $(x,y),(u,v)\in X$,定义 $(x,y)\sim(u,v)$ 为 $xv=yu$,则 $\sim$ 是 X 上的一个等价关系.商集 $Z/\sim$ 相当于有理数集.

14.1.8 偏序关系

设 R 是集 X 上的一个关系.如果 $(x,y)\in R$ 与 $(y,x)\in R$ 蕴涵 $x=y$,则称 R 为**反对称的**.自反的、传递的与反对称的关系,称为**偏序关系**,简称**偏序**,常记作 $\leqslant$ 或 $\preccurlyeq$,读作"小于或等于"或"前于".$x\leqslant y$ 也记为 $y\geqslant x$,读作 y"大于或等于"或"后于"x.由定义,偏序 $\leqslant$ 满足:$x\leqslant x$;$x\leqslant y$ 与 $y\leqslant z$ 蕴涵 $x\leqslant z$;$x\leqslant y$ 与 $y\leqslant x$ 蕴涵 $\boldsymbol{x}=y$.如果 $x\leqslant y$ 且 $x\neq y$,则记作 $x<y$ 或 $y>x$,读作 x"小于"y 或 y"大于"x.

给定了一个偏序的集 X,称为**偏序集**.设 $x,y\in X$,如果 $x\leqslant y$ 或 $y\leqslant x$ 至少有一成立,则称 x,y 为**可比的**.偏序集中任何两个元并非总是可比的.如果一个偏序集的任何两个元都可比,则称为**全序集**,或**线性有序集**,或**链**.相应的偏序称为**全序**或**线性序**.

例 3 自然数集 $\mathbf{N}$,整数集 $\mathbf{Z}$,有理数集 $\mathbf{Q}$,实数集 $\mathbf{R}$ 上的通常"小于或等于"关系是全序.

例 4 设 $\mathscr{M}$ 是集 X 的一些子集构成的族,则通常集的包含关系 $\subset$ 是 $\mathscr{M}$ 上的一个偏序,但一般不是全序.

设 X 是偏序集,$a\in X$.如果 X 中不存在满足条件 $x<a$(或 $x>a$)的元 x,即如果 $x\leqslant a$(或 $x\geqslant a$)蕴涵 $x=a$,则称 a 为 X 的一个**极小元**(或**极大元**).

设 X 是偏序集,$E\subset X,a\in X$,如果对一切 $x\in E$ 都有 $x\leqslant a$(或 $x\geqslant a$),则称 a 为 E 的一个**上界**(或**下界**).如果还有 $a\in E$,则称 a 为 E 的**最大元**(或**最小元**),记作 $\max E$(或 $\min E$).存在上界(或下界)的集称为**上方有界的**(或**下方有界的**).如果 E 的一切上界(或下界)构成的集具有最小元(或最大元),则此元称为 E 的**最小上界**,也称**上确界**(或**最大下界**,也称**下确界**),记作 l. u. b. E 或 $\sup E$(或 g. l. b. E,$\inf E$).

如果一个全序集的每个非空子集都有最小元,则称为**良序集**.

例 5 对于通常的大小关系,$\mathbf{N}$ 是良序集,但 $\mathbf{Z},\mathbf{Q},\mathbf{R}$ 不是良序集.

14.1.9 选择公理及其等价命题

在一些数学证明中,常需用到下述命题.

选择公理 设 X 是一个集，$\mathscr{M}$ 是 X 的一些非空子集构成的族，则存在函数 f：$\mathscr{M}\to X$，使对每个 $E\in\mathscr{M}$，有 $f(E)\in E$. f 称为**选择函数**.

通俗地说，选择公理就是肯定能从 $\mathscr{M}$ 的每个集中选择一个元.

定理 1 选择公理分别等价于下列各命题（因此这些命题两两等价）：

(1) **良序定理或策梅洛定理** 对任一非空集，能在其上给定适当的全序，使之成为良序集.

(2) **佐恩引理** 设 X 是一个偏序集，如果 X 中每个链都有上界，则 X 必有极大元.

(3) **柯拉托夫斯基引理** 偏序集的每个链包含于一极大链中.

(4) **图基引理** 如果集族 $\mathscr{M}$ 满足：$\mathscr{M}$ 中每个元的有限子集是 $\mathscr{M}$ 的元，集 A 的任何有限子集都是 $\mathscr{M}$ 的元蕴涵 A 是 $\mathscr{M}$ 的元，则 $\mathscr{M}$ 具有（关于包含关系的）极大元. 这样的 $\mathscr{M}$ 称为**具有有限特征的**.

14.1.10 基数

设 A，B 是两个集，如果存在从 A 到 B 上的一个一一映射，则称 A **对等**于 B. 对等关系是自反的、对称的和传递的. 称对等的集具有相同的**基数**或**势**. 有限集的基数实质上就是它的元的个数. 集 A 的基数常记作 $\text{card}(A)$，$|A|$ 或 $\overline{\overline{A}}$.

自然数集的基数通常记作 $\aleph_0$（读作"阿列夫零"）或 $\mathfrak{a}$. 具有基数 $\aleph_0$ 的集，即对等于自然数集的集，称为**可数集**或**可列集**，这种集可写为 $\{a_1, a_2, \cdots, a_n, \cdots\}$ 的形式.

实数集的基数通常记作 $\mathfrak{c}$ 或 $\aleph$，称为**连续统基数**.

如果存在 A 的子集对等于 B，则称 A 的基数不小于 B 的基数，记作

$$\text{card}(A) \geqslant \text{card}(B).$$

定理 2（施罗德-伯恩斯坦对等定理） 如果 $\text{card}(A)\geqslant\text{card}(B)$，$\text{card}(B)\geqslant\text{card}(A)$，则 $\text{card}(A)=\text{card}(B)$.

定理 3 设 A，B 是两个集，则 $\text{card}(A)\geqslant\text{card}(B)$ 或 $\text{card}(B)\geqslant\text{card}(A)$ 至少有一成立.

定理 4 $\mathfrak{c}\geqslant\mathfrak{a}$ 但 $\mathfrak{c}\neq\mathfrak{a}$.

14.1.11 布尔代数

给定集 B，设对它的任何两个元 x，y，有 B 中的元 $x\cap y$，$x\cup y$ 与之对应，并满足：

(1) 交换律 $x\cap y=y\cap x$，$x\cup y=y\cup x$，

(2) 结合律 $x\cap(y\cap z)=(x\cap y)\cap z$，$x\cup(y\cup z)=(x\cup y)\cup z$，

(3) 吸收律 $x\cup(y\cap x)=(x\cup y)\cap x=x$，

(4) 分配律

$$x\cap(y\cup z)=(x\cap y)\cup(x\cap z),\quad x\cup(y\cap z)=(x\cup y)\cap(x\cup z).$$

又设存在 B 的元 0 与 I，且 B 的每个 x 对应 B 的元 x'，满足

(5) 互补律 $x\cup x'=I, x\cap x'=0$.

此时称 B 为**布尔代数**. 给定 $x\in B$, x' 是唯一确定的, 称为 x 的**补元**. 从(1), (2), (3)还可推出 B 满足

(6) 幂等律 $x\cap x=x\cup x=x$.

二元运算 $(x,y)\to x\cap y, x\cup y$ 与对应 $x\to x'$, 合称为**布尔运算**.

例 6 设 X 是一个集, 则 X 的幂集 $\mathfrak{P}(X)$ 关于运算 $\cap, \cup'$ 与(取补集)构成一个布尔代数.

14.1.12 命题代数 开关代数

命题代数是以命题为元的布尔代数. 表达一个判断的语句, 称为命题. 如果判断为真, 则相应的命题称为**真命题**; 如果判断为假, 则相应的命题称为**假命题**. 分别用 1 与 0 表示真命题与假命题, 这时 1 与 0 称为**真假值**.

设 P 是命题, 则真假值与 P 的真假值相反的命题, 称为 P 的**否定**, 记作 $\neg P$. 设 P, Q 是命题, 则当且仅当 P, Q 有一为真(包括两者均真)时为真的命题, 称为 P 与 Q 的**析取**, 记作 $P\vee Q$; 而当且仅当 P, Q 均真时才为真的命题, 称为 P 与 Q 的**合取**, 记作 $P\wedge Q$. 这三个定义可用下列真假值表来表示.

P	$\neg P$
0	1
1	0

P	Q	$P\vee Q$
0	0	0
0	1	1
1	0	1
1	1	1

P	Q	$P\wedge Q$
0	0	0
0	1	0
1	0	0
1	1	1

析取与合取满足交换律、结合律、吸收律与分配律, 也满足互补律

$$P\vee(\neg P)=1,\quad P\wedge(\neg P)=0,$$

其中 1, 0 分别表示真、假命题. 于是, 命题构成的集关于析取、合取与否定构成一个布尔代数, 称为**命题代数**.

否定、析取与合取可以解释为数字电路中的"非门"、"与门"和"或门". 例如, 由同一继电器控制的动合(平时断开工作时接通的)开关 A 与动断(平时接通工作时断开的)开关 P 使输出与输入反相(图 14.1-2), 这就组成一个非门. 图 14.1-3 表示的并联与图 14.1-4 表示的串联分别实现或门及与门.

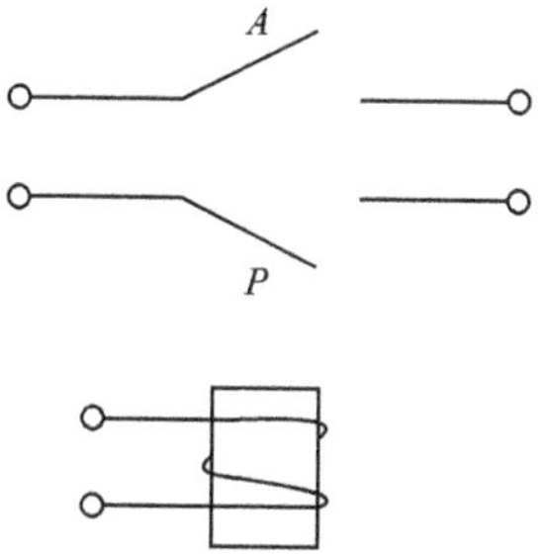

图 14.1-2

在现代各种高速电子控制装置和数字电子计算机中, 广泛采用由电子元件组成的门电路. 把门电路看成开关, 命题代数就可看成**开**

关代数.开关代数是开关线路的数学理论.把关于布尔代数的研究用于开关代数,就能用数学方法来设计开关电路.

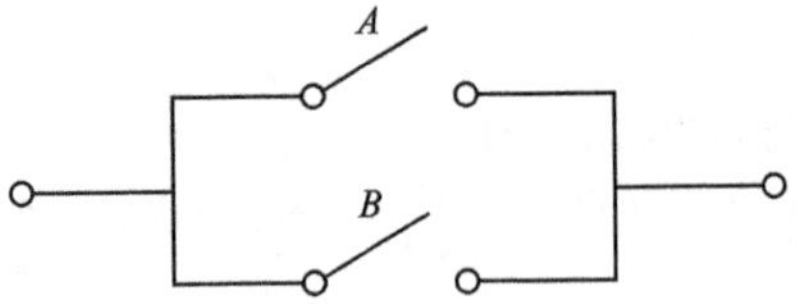

图 14.1-3

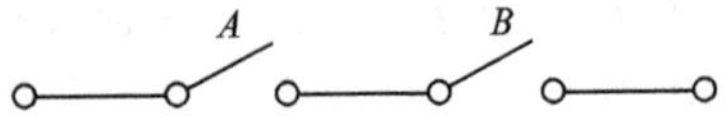

图 14.1-4

§14.2 代数结构

14.2.1 半群

定义 1 设 S 是一个集,如果在 S 上定义了一个二元运算即 $S\times S$ 到 S 中的一个映射,也就是对 S 中任何一对元 x,y,存在 S 中的元 $x\cdot y$ 与之对应,且满足结合律 $(x\cdot y)\cdot z=x\cdot(y\cdot z)$,则称 $(S,\cdot)$ 是一个**半群**,也常称 S 是一个半群.

对于二元运算,也常采用加法记号,此时结合律成为

$$(x+y)+z=x+(y+z).$$

定义 2 设在 S 上定义了二元运算 $\cdot$,X 的元 e 称为**左单位元**(或**右单位元**),如果对每个 $x\in S$,有 $e\cdot x=x$(或 $x\cdot e=x$).同时是左、右单位元的元素,称为**单位元**.如果 S 有单位元,则它是唯一的.具有单位元的半群,称为**幺半群**.单位元常记作 1.采用加法记号时,相应的元称为**零元**,常记作 0.

对于乘法运算,常略去乘号,即把 $x\cdot y$ 写成 xy.

例 1 整数集 $\mathbf{Z}$ 关于加法是半群,0 是零元;自然数集 $\mathbf{N}$ 关于乘法是幺半群,1 是单位元.

例 2 设 E 是一个集,S 是一切从 E 到 E 中的映射构成的集,则 S 关于映射的复合构成一个幺半群,单位元是**恒同映射** I(即对一切 $x\in E$ 满足 $I(x)=x$ 的映射).

例 3 n 阶矩阵关于矩阵乘法构成一个幺半群,单位元是单位矩阵.

定义 3 设 $\widetilde{S}$ 是半群 S 的子集,并且 $\widetilde{S}$ 关于 S 的二元运算是**封闭的**(也称**稳定的**,即 $x,y\in\widetilde{S}$ 蕴涵 $xy\in\widetilde{S}$),则称 $\widetilde{S}$ 是 S 的**子半群**.如果 S 是幺半群且 $e\in\widetilde{S}$,则称 $\widetilde{S}$ 为**子幺半群**.

定义 4 设 S,S' 是半群,f 是 S 到 S' 中的映射,如果对任何 $x,y\in S$,有

$$f(xy)=f(x)f(y),$$

则称 f 是 S 到 S' 的一个**同态**.如果 f 还是一一映射,则称 f 是 S 到 S' 上的一个**同构**.存在一个同构的两个半群称为**同构的**.

例 4 设 S 是 n 维实线性空间 X 上的一切线性变换关于复合所构成的半群,S'

是 n 阶矩阵关于矩阵乘法所构成的半群. 取定 X 的一组基 $\{e_1, e_2, \cdots, e_n\}$, 对 $\varphi \in S$, 令 $f(\varphi)$ 为 φ 关于所给基的矩阵(参看 5.5.2), 则 f 是 S 到 S' 的一个同态. 如果 S 是 X 到 X 上的一切可逆线性变换构成的半群, S' 是一切非退化的 n 阶矩阵构成的半群, 则上述 f 是 S 到 S' 上的一个同构.

14.2.2 群

定义 5 设 S 是幺半群, $x \in S$, 如果 $y \in S$ 满足 $yx = e$(或 $xy = e$), 则称 y 为 x 的**左逆元**(或**右逆元**). 如果 y 既是 x 的左逆元, 又是 x 的右逆元, 则称 y 为 x 的**逆元**, 此时称 x 为**可逆的**. 可逆元 x 的逆元是唯一的, 记作 x^{-1}.

定义 6 每个元都可逆的幺半群称为**群**. 详细地说, 群 G(或 $(G, \cdot)$)是指定义了一个二元运算 · 的集 G, 满足(以下略去乘号):

(1) 对任何 $x, y, z \in G$, 有 $(xy)z = x(yz)$.

(2) 存在 $e \in G$, 使对一切 $x \in G$, 有 $ex = xe = x$.

(3) 对每个 $x \in G$, 存在 $x^{-1} \in G$, 使得 $xx^{-1} = x^{-1}x = e$.

采用乘法记号的群, 有时称为**乘法群**; 相应地, 采用加法记号的群, 有时称为**加法群**.

定义 7 如果群 G 的二元运算满足交换律, 即对任何 $x, y \in G$ 有 $xy = yx$, 则称 G 为**交换群**或**阿贝尔群**.

例 5 整数集 $\mathbf{Z}$, 有理数集 $\mathbf{Q}$, 实数集 $\mathbf{R}$, 复数集 $\mathbf{C}$ 关于加法构成交换群. 非零实数集或正实数集关于乘法构成交换群.

例 6 设 E 是一个集. E 到 E 上的一切一一映射关于映射的复合构成一个群, 称为 E 的**置换群**. 它一般不是交换群.

例 7 一切 n 阶非退化矩阵关于矩阵乘法构成一个群. 当 $n \geqslant 2$ 时, 它不是交换群.

例 8 设 E 是 n 维(实或复)线性空间, $\mathrm{GL}(E)$ 是一切从 E 到 E 上的可逆线性映射构成的集, 则 $\mathrm{GL}(E)$ 关于映射的复合构成一个群, 称为 E 上的**一般线性群**(也称**一般线性变换群**或**全线性群**).

定义 8 设 H 是群 G 的子集, 且关于 G 的运算也构成一个群, 则称 H 为 G 的一个**子群**. H 成为 G 的子群的必要充分条件是: $x \in H$ 和 $y \in H$ 蕴涵 $xy \in H$, $x \in H$ 蕴涵 $x^{-1} \in H$.

定义 9 设 f 是群 G 到群 G' 的映射, 满足: 对任何 $x, y \in G$, 有

$$f(xy) = f(x)f(y),$$

则称 f 为 G 到 G' 的一个**同态**. 如果 f 还是一一映射, 则称为**同构**. 存在一个同构的两个群称为**同构的**.

例 9 设 G 是群, 取定 $a \in G$. 对 $n \in \mathbf{Z}$, 令 $f(n) = a^n$(当 $n \in \mathbf{N}$ 时, 令

$$a^n = a \cdot a \cdot \cdots \cdot a(n \text{ 个因子}), a^{-n} = (a^{-1})^n, \text{又令 } a^0 = e).$$

f 是整数加法群 $\mathbf{Z}$ 到 G 的一个同态.

例 10 设 E 是 n 维实线性空间. 取定 E 的一组基, 对 $\varphi \in \mathrm{GL}(E)$, 令 $f(\varphi)$ 为 φ 关于所取定的基的矩阵, 则 f 是 $\mathrm{GL}(E)$ 到 n 阶非退化矩阵组成的群上的一个同构.

定义 10 置换群的子群,称为**变换群**.

定理 1(凯莱) 任何群同构于一个变换群.

14.2.3 正规子群 商群

定义 11 设 H 是群 G 的子群,$a\in G$,则 G 的子集 $Ha=\{ha:h\in H\}$(或 $aH=\{ah:h\in H\}$)称为 H 的以 a 为代表元的**左陪集**(或**右陪集**).如果令 G 上的关系 L(或 R)为 xLy 当且仅当 $xy^{-1}\in H$(或 $x^{-1}y\in H$),则左陪集(或右陪集)是 G 关于等价关系 L(或 R)的等价类.

定义 12 如果群 G 的子群 H 满足:对每个 $x\in G$,有 $Hx=xH$,则称 H 为 G 的**正规子群**(或**不变子群**).对于正规子群,左、右陪集没有区别,统称**陪集**.

定义 13 设 H 是群 G 的正规子群,G/H 是 H 的一切陪集组成的集.对 $xH,yH\in G/H$,令

$$(xH)(yH)=(xy)H,$$

则 G/H 成为一个群,称为 G 关于正规子群 H 的**商群**.

定理 2 设 f 是群 G 到群 G' 的一个同态,则 f 的像 $\mathrm{Im}(f)=f[G]$ 是 G' 的子群,f 的**核** $\ker(f)=f^{-1}[\{e'\}]=\{x:f(x)=e'\}$(其中 e' 是 G' 的单位元)是 G 的正规子群.

定理 3(同态定理) 设 H 是群 G 的正规子群,对 $x\in G$,令 $f(x)=xH$,则 f 是 G 到商群 G/H 上的一个同态.

定理 4(同构定理) 设 f 是群 G 到群 G' 上的同态(即 f 是满射同态),令 $H=\ker(f)$,对 $xH\in G/H$,令 $g(xH)=f(x)$,则 g 是商群 $G/H=G/\ker(f)$ 到群 G' 上的一个同构.

例 11 n 个元的集的置换群,称为 n 次**对称群**,记作 S_n. S_n 有 $n!$ 个元. S_n 的元称为**置换**,它可看作 $1,2,\cdots,n$ 的一个排列.对应偶(或奇)排列的置换称为**偶置换**(或**奇置换**).一切偶置换构成 S_n 的一个正规子群,称为 n 次**交错群**,记作 A_n.对 $\alpha\in S_n$,如果 α 是偶置换,令 $\sigma(\alpha)=1$,如果 α 是奇置换,令 $\sigma(\alpha)=-1$. σ 是 S_n 到由 $1,-1$ 两个数构成的乘法群上的一个同态. $\ker(\sigma)=A_n$. S_n/A_n 同构于乘法群 $\{1,-1\}$.

例 12 一切 n 阶可逆复矩阵关于矩阵乘法构成一个群,记作 $\mathrm{GL}(n,\boldsymbol{C})$.对 $A\in\mathrm{GL}(n,\boldsymbol{C})$,令 $\sigma(A)=|A|$,则 σ 是 $\mathrm{GL}(n,\boldsymbol{C})$ 到一切非零复数构成的乘法群 $\boldsymbol{C}^*$ 上的同态. $\ker(\sigma)$ 是一切行列式等于 1 的 n 阶复矩阵构成的群,记作 $\mathrm{SL}(n,\boldsymbol{C})$,它是 $\mathrm{GL}(n,\boldsymbol{C})$ 的正规子群. $\mathrm{GL}(n,\boldsymbol{C})/\mathrm{SL}(n,\boldsymbol{C})$ 同构于 $\boldsymbol{C}^*$.

14.2.4 循环群 有限群

定义 14 设 G 是群,$a\in G$,则 G 中含有元 a 的最小子群,称为由 a 生成的**循环群**,记作 $\langle a\rangle$. $\langle a\rangle$ 由元 $a^n(n\in\boldsymbol{N})$,e 与 $(a^{-1})^n(n\in\boldsymbol{N})$ 组成. $(a^{-1})^n$ 记作 a^{-n}.

定义 15 具有有限个元的群称为**有限群**,它的元的数目称为**阶**.非有限群称为**无限群**.

定理 5 同阶的两个循环群是同构的.

定义 16 设 a 是群 G 的元，则当 $\langle a\rangle$ 是 r 阶群时，称 a 为 G 的 r **阶元**，当 $\langle a\rangle$ 是无限群时，称 a 为无限阶元.

定理 6 设 G 是有限 r 阶循环群，则 G 的任一子群的阶是 r 的因子. 如果 s 是 r 的因子，则 G 有且仅有一个 s 阶子群.

定理 7(拉格朗日) 阶为 r 的有限群的子群的阶是 r 的一个因子.

有限群的元的阶是所给群的阶的一个因子.

14.2.5 环

定义 17 设在集 R 上定义了两种运算，一种称为加法，记作＋，一种称为乘法，记作·(但对 $x\cdot y$ 常简记为 xy)，满足

(1) $(R,+)$是交换群；

(2) $(R,\cdot)$是半群；

(3) 分配律：对 $x,y,z\in R$，有

$$x(y+z)=xy+xz,(x+y)z=xz+yz;$$

则称$(R,+,\cdot)$是一个**环**，也称 R 是一个环. 如果乘法是可交换的，即对任何 $x,y\in X$ 有 $xy=yx$，则称为**交换环**. 如果关于乘法具有单位元，则称为**幺环或单式环**.

定义 18 设 x 是环 R 的元，$x\neq 0$，如果存在 $y\neq 0$，使得 $xy=0$ 或 $yx=0$，则称 x 为**零因子**. 含有两个以上的元且没有零因子的幺环，称为**整环**.

例 13 $\boldsymbol{Z},\boldsymbol{Q},\boldsymbol{R},\boldsymbol{C}$ 关于加法与乘法是整环.

例 14 实(或复)系数多项式关于加法与乘法构成整环，称为实(或复)系数**多项式环**.

例 15 一切 n 阶(实或复)矩阵关于矩阵的加法与乘法构成环.

定义 19 设 $\widetilde{R}$ 是环 R 的子集，它关于 R 上的加法成为子群，而且对 R 上的乘法运算是封闭的，则称 $\widetilde{R}$ 为 R 的**子环**.

定义 20 设 R,R'是环，f 是 R 到 R'的映射，满足：对任何 $x,y\in R$，有

$$f(x+y)=f(x)+f(y),f(xy)=f(x)f(y),$$

则称 f 为 R 到 R'的一个**同态**. 如果 f 还是一一映射，则称为**同构**. 存在一个同构的两个环称为**同构的**.

例 16 设 E 是 n 维(实或复)线性空间，E 到 E 中的一切线性变换构成的集在通常的变换加法和合成下是一个环，记作 End(E). 对 $\varphi\in$ End(E)，如例 4 那样定义矩阵 $f(\varphi)$，f 就是 End(E)到 n 阶矩阵构成的环上的一个同态.

14.2.6 理想 商环

定义 21 设 R 是环，I 是加法群$(R,+)$的子群，且对任何 $x\in R,y\in I$，有 $xy\in I$，$yx\in I$，则称 I 为 R 的一个**理想**.

定义 22 设 I 是环 R 的理想，加法群 R 关于 I 的一切陪集构成的集，记作 R/I，

对 $x+I,y+I\in R/I$，令

$$(x+I)+(y+I)=(x+y)+I,$$
$$(x+I)(y+I)=xy+I,$$

则 R/I 形成一个环，称为 R 关于理想 I 的**商环**(**或差环**).

例 17 取整数 m，则 m 的一切倍数构成的集 (m) 是整数环 $\mathbf{Z}$ 的一个理想，商环 $\mathbf{Z}/(m)$ 由 m 个元组成.

定理 8 设 f 是环 R 到环 R' 的同态，则 f 的象 $\mathrm{Im}(f)=f[R]$ 是 R' 的子环；f 的核 $\ker(f)=\{x:f(x)=0\}$ 是 R 的一个理想.

定理 9 设 I 是环 R 的理想，对 $x\in R$，令 $f(x)=x+I$，则 f 是 R 到 R/I 上的一个同态.

设 f 是环 R 到环 R' 上的同态，令 $I=\ker(f)$，对 $x+I\in R/I$，令 $g(x+I)=f(x)$，则 g 是 $R/I=R/\ker(f)$ 到 R' 上的一个同构.

14.2.7 域

定义 23 如果环 R 至少含有两个元，且其非零元的集 R^* 关于乘法构成一个群，则称 R 为**除环或体**. 也就是说，一个环 R 称为除环，如果它至少有一个非零元，且存在单位元 e，使对每个 $x\in R$，有 $xe=ex=x$，而当 $x\neq 0$ 时，存在 $x^{-1}\in R$，使得 $xx^{-1}=x^{-1}x=e$.

乘法可交换的除环称为**域**.

对域 F 的每个不等于 0 的元 x，存在 $y\in F$，使得 $xy=yx=e$，即可进行除法运算.

例 18 有理数集 $\boldsymbol{Q}$，实数集 $\boldsymbol{R}$，复数集 $\boldsymbol{C}$ 关于加法与乘法是域.

例 19 取定四个元 $1,i,j,k$，令它们之间的乘法为

$$ii=jj=kk=-1,$$
$$ij=-ji=-1,jk=-kj=-1,ki=-ik=-1.$$

考虑集 $Q=\{a+bi+cj+dk:a,b,c,d\in\boldsymbol{R}\}$，按对应项相加定义 Q 上的加法，按通常相乘规则并利用上述乘法表定义 Q 上的乘法，就使 Q 成为一个除环，但 Q 不是域. Q 称为**四元数环**或**四元数体**. Q 的元称为**四元数**.

定理 10 多于一个元的交换整环可嵌入到一个域中. 具体地说，设 R 是这样的交换整环，令 $E=\{(x,y):x,y\in R,y\neq 0\}$ 对 $(x,y),(x',y')\in E$，定义 $(x,y)\sim(x',y')$ 当且仅当 $xy'=x'y$. $\sim$ 是 E 上的等价关系. 令 $F=E/\sim$，把 F 中 (x,y) 所在的元记作 x/y，称为“分式”. 按通常定义分数加法与乘法的方法定义“分式”之和与积，则 F 成为一个域. 对 $x\in R$，令 $f(x)=xa/a=\bar{x}$，其中 a 是 R 中任一非零元，则 f 是 R 到 F 的子环 $\{\bar{x}:x\in R\}$ 上的同构(这就是“嵌入”的含意).

R 嵌入于其中的最小的域不计同构是唯一的，即两个这样的域必同构.

14.2.8 模 向量空间 代数

定义 24 设 R 是幺环，M 是加法交换群，并且定义了 R 对 M 的**标量乘法或纯量**

乘法,即对 $\alpha\in R, x\in M$,存在唯一的 $\alpha x\in M$ 与之对应. 如果标量乘法满足($\alpha,\beta\in R$, $x,y\in M$,1 是 R 的单位元):

(1) $(\alpha+\beta)x=\alpha x+\beta x, \alpha(x+y)=\alpha x+\alpha y$;

(2) $\alpha(\beta x)=(\alpha\beta)x$;

(3) $1x=x$;

则称 M 为环 R 上的**模**,或 R **模**.

定义 25 域 F 上的模称为 F 上的**向量空间**或**线性空间**. 详细地说,设 X 是一个集,F 是一个域,如果下列条件满足,则称 X 为 F 上的向量空间或线性空间:

(1) 对 X 中任何一对元 x,y,存在 X 中唯一的元 $x+y$ 与之对应,且有

1° 对任何 $x,y\in X, x+y=y+x$.

2° 对任何 $x,y,z\in X, (x+y)+z=x+(y+z)$.

3° 存在 $0\in X$,使对每个 $x\in X$,有 $x+0=x$.

4° 对每个 $x\in X$,存在 $-x\in X$,使 $x+(-x)=0$.

(1°—4°表明 $(X,+)$ 是交换群).

(2) 对 $\alpha\in F$ 与 $x\in X$,存在 X 中唯一的元 αx 与之对应,且有

1° 对任何 $\alpha,\beta\in F, x\in X, (\alpha+\beta)x=\alpha x+\beta x$.

2° 对任何 $\alpha\in F, x,y\in X, \alpha(x+y)=\alpha x+\beta y$.

3° 对任何 $\alpha,\beta\in F, x\in X, (\alpha\beta)x=\alpha(\beta x)$.

4° 对任何 $x\in X, 1x=x$(1 表示 F 的单位元). αx 称为 α 与 x 的**标量乘积**或**纯量乘积**.

当 $F=\mathbf{R}$ 或 $\mathbf{C}$ 时,分别称为**实向量空间**(**实线性空间**)或**复向量空间**(**复线性空间**).

定义 26 设 X 是域 F 上的向量空间,$x_1,x_2,\cdots,x_n\in X$. 如果存在 $\alpha_1,\alpha_2,\cdots,\alpha_n\in F$,且 $\alpha_1,\alpha_2,\cdots,\alpha_n$ 不全为零元,使得 $\alpha_1x_1+\alpha_2x_2+\cdots+\alpha_nx_n=0$,则称 $x_1,x_2,\cdots,x_n$ **线性相关**;否则称为**线性无关**.

设 $S\subset X$,如果 S 中任何有限个元都线性无关,则称 S 是线性无关的.

定义 27 设 X 是域 F 上的向量空间,$Y\subset X$,如果 $\alpha,\beta\in F, x,y\in Y$ 蕴涵 $\alpha x+\beta y\in Y$,则称 Y 为 X 的**线性子空间**,简称子空间.

设 $S\subset X$,则 X 中包含 S 的所有子空间的交,称为由 S **生成的子空间**或 S 的**线性包**. 它等于

$$\left\{\sum_{k=1}^{n}\alpha_k x_k : n\in\mathbf{N}, \alpha_1,\alpha_2,\cdots,\alpha_n\in F, x_1,x_2,\cdots,x_n\in S\right\}.$$

如果 X 的子集 B 是线性无关的,且 B 生成的子空间等于 X,则称 B 是 X 的一个**哈梅尔基**,有时也简称为**基**.

定理 11 X 的任何哈梅尔基具有相同的基数.

定义 28 X 的哈梅尔基的基数,称为它的**维数**. 有限维数的向量空间,称为**有限维向量空间**(**有限维线性空间**);否则称为**无限维向量空间**(**无限维线性空间**).

关于有限维线性空间,参看§5.4.

定义 29 设 R 是幺环,A 是 R 模,并且还定义了 A 中的一个二元运算 $(x,y)\to xy$(称为乘法),满足:对 $\alpha,\beta\in R,x,y,z\in A$,有

$$(\alpha x+\beta y)z=\alpha(xz)+\beta(yz),x(\alpha y+\beta z)=\alpha(xy)+\beta(xz),$$

则称 A 为 R 上的一个**代数**.

例 20 一切 n 阶实矩阵的集关于矩阵加法、实数与矩阵的乘法以及矩阵乘法构成 $\boldsymbol{R}$ 上的一个代数.

§14.3 拓扑空间

14.3.1 度量空间

定义 1 设 X 是一个集,如果对每对 $x,y\in X$,有一实数 $d(x,y)$ 与之对应,满足

(1) $d(x,y)\geqslant 0,d(x,y)=0$ 当且仅当 $x=y$;

(2) $d(y,x)=d(x,y)$;

(3) (**三角不等式**)$d(x,y)\leqslant d(x,z)+d(z,y)$;

则称 d 为 X 上的一个**距离**.

赋予一个距离 d 的集 X,称为**度量空间**,也记作 (X,d).

例 1 对 $\boldsymbol{R}^3=\{(x,y,z):x,y,z\in\boldsymbol{R}\}$ 的点 $P_1=\{x_1,y_1,z_1\},P_2=(x_2,y_2,z_2)$,令 $d(P_1,P_2)=((x_1-x_2)^2+(y_1-y_2)^2+(z_1-z_2)^2)^{1/2}$,$\boldsymbol{R}^3$ 就成为度量空间.

例 2 对 $\boldsymbol{R}^n=\{(x_1,\cdots,x_n):x_1,\cdots,x_n\in\boldsymbol{R}\}$ 的点 $x=\{x_1,\cdots,x_n\}$,$y=\{y_1,\cdots,y_n\}$,令

$$d(x,y)=\Big(\sum_{k=1}^{n}(x_k-y_k)^2\Big)^{1/2},$$

$\boldsymbol{R}^n$ 就成为度量空间.

例 3 设 X 是$[a,b]$上的一切连续(实值或复值)函数组成的集,对 $x,y\in X$,令

$$d_1(x,y)=\max_{t\in[a,b]}|x(t)-y(t)|,$$

$$d_2(x,y)=\int_a^b|x(t)-y(t)|dt,$$

则 d_1,d_2 分别是 X 上的距离.赋予 d_1,d_2 的 X 应看作两个不同的度量空间.

例 4 设 X 是非空集,对 $x,y\in X$,令

$$d(x,y)=\begin{cases}0 & (x=y),\\ 1 & (x\neq y),\end{cases}$$

X 就成为一个度量空间,称为**离散度量空间**.

14.3.2 度量空间中的开集和闭集

以下设 X 是度量空间,d 是 X 上的距离.

定义 2 设 $a\in X, r>0$，则集 $B(a;r)=\{x: x\in X, d(a,x)<r\}$ 称为 X 中以 a 为中心、以 r 为半径的**开球**. 如果把"$d(a,x)<r$"改为"$d(a,x)\leqslant r$"或"$d(a,x)=r$"，则分别称为**闭球**或**球面**.

定义 3 设 $x\in X, U\subset X$，如果存在以 x 为中心的一个开球 $B(x;r)$，使得 $B(x;r)\subset U$，则称 U 为 x 的一个**邻域**.

定义 4 设 $E\subset X$，如果 E 是点 x 的一个邻域，则称 x 是 E 的**内点**. E 的一切内点构成的集，称为 E 的**内部**，记作 $\mathring{E}$ 或 E° 或 $\mathrm{Int}(E)$.

定义 5 设 $G\subset X$，如果 G 的每个点都是 G 的内点（即 $G=\mathring{G}$），则称 G 为**开集**.

定理 1 $\mathring{E}$ 是包含于 E 中的最大开集，即 $\mathring{E}$ 是 E 中的开集，且对任何包含于 E 中的开集 G，有 $G\subset\mathring{E}$.

定理 2 (1) X 与 $\varnothing$ 是开集.

(2) 设 $\{G_\alpha: \alpha\in I\}$ 是开集的一个族，则 $\bigcup\limits_{\alpha\in I}G_\alpha$ 是开集，即任意个开集的并是开集.

(3) 设 G_1, G_2 是开集，则 $G_1\cap G_2$ 是开集，即有限个开集的交是开集.

定义 6 设 $E\subset X, x\in X$，如果 x 的每个邻域 U 都与 E 相交（即 $U\cap E\neq\varnothing$），则称 x 为 E 的**触点**. 如果条件改为 $(U\setminus\{x\})\cap E\neq\varnothing$，则称为**聚点**或**极限点**. E 的一切触点构成的集，称为 E 的**闭包**，记作 $\overline{E}$ 或 E^-. 如果 $\overline{E}=X$，则称 E 在 X 中是**稠密的**. 如果 X 中存在稠密的可数集，则称 X 为**可分的**.

定义 7 开集的补集称为**闭集**.

定理 3 $(E^-)'=(E')^{\circ}$.

定理 4 $\overline{E}$ 是包含 E 的最小闭集，即 $\overline{E}$ 是包含 E 的闭集，且对任何包含 E 的闭集 F，有 $\overline{E}\subset F$.

定理 5 (1) X 与 $\varnothing$ 是闭集.

(2) 设 $\{F_\alpha: \alpha\in I\}$ 是闭集的一个族，则 $\bigcap\limits_{\alpha\in I}F_\alpha$ 是闭集，即任意个闭集的交是闭集.

(3) 设 F_1, F_2 是闭集，则 $F_1\cup F_2$ 是闭集，即有限个闭集的并是闭集.

14.3.3 度量空间到度量空间的连续映射

定义 8 设 (X,d)，$(\widetilde{X},\widetilde{d})$ 是度量空间，f 是从 X 到 $\widetilde{X}$ 的映射，$x_0\in X$，如果对每个 $\varepsilon>0$，存在 $\delta>0$，使当 $d(x,x_0)<\delta$ 时，有 $\widetilde{d}(f(x),f(x_0))<\varepsilon$，则称 f 在点 x_0 处**连续**. 如果 f 在 X 的每个点处连续，则称 f **连续**或 f 在 X 上连续.

定理 6 下列三个论断是等价的：

(1) f 在点 x_0 处连续.

(2) 对 $\widetilde{X}$ 中 $f(x_0)$ 的每个邻域 $\widetilde{U}$，存在 X 中 $\boldsymbol{x}_0$ 的邻域 U，使得 $f[U]\subset\widetilde{U}$.

(3) 对 X 中任何满足 $\lim\limits_{n\to\infty}d(x_n,x_0)=0$ 的点列 $\{x_n\}$，有

$$\lim_{n\to\infty}\widetilde{d}(f(x_n),f(x_0))=0.$$

定理 7 f 在 X 上连续的必要充分条件是：$\widetilde{X}$ 中每个开集 $\widetilde{G}$ 在 f 下的逆象 $f^{-1}[\widetilde{G}]$ 是 X 中的开集；或 $\widetilde{X}$ 中每个闭集 $\widetilde{F}$ 在 f 下的逆象 $f^{-1}[\widetilde{F}]$ 是 X 中的闭集.

定理 8(**蒂策-乌雷松延拓定理**)　设 F 是度量空间 X 中的闭集,f 是 F 上的连续有界实值函数,则存在 X 上的连续实值函数 $\tilde{f}$,使得 $\tilde{f}$ 在 F 上的限制 $\tilde{f}|F=f$,并且

$$\sup\{\tilde{f}(x):x\in X\}=\sup\{f(x):x\in F\},$$
$$\inf\{\tilde{f}(x):x\in X\}=\inf\{f(x):x\in F\}.$$

14.3.4　完全度量空间

定义 9　设 $\{x_n\}_{n=1}^{\infty}$ 是度量空间 (X,d) 中的点列,如果对每个 $\varepsilon>0$,存在自然数 N,使当 $n,m\geqslant N$ 时,有 $d(x_n,x_m)<\varepsilon$,则称 $\{x_n\}_{n=1}^{\infty}$ 为**柯西序列**或**基本序列**.

定义 10　设 $\{x_n\}_{n=1}^{\infty}$ 是度量空间 (X,d) 中的点列,如果存在 $a\in X$,使得 $\lim\limits_{n\to\infty}d(x_n,a)=0$,则称序列 $\{x_n\}$ **收敛**于 a,或 $\{x_n\}$ 的**极限**为 a,记作 $\lim\limits_{n\to\infty}x_n=a$,此时称所给序列是收敛的.

定义 11　如果度量空间 X 中每个柯西序列都收敛,则称 X 为**完全度量空间**或**完备度量空间**.

例 5　赋予通常距离的实数集 $\boldsymbol{R}$ 是完全的.

例 6　赋予通常距离的有理数集 $\boldsymbol{Q}$ 不是完全的.

例 7　例 3 中的 (X,d_1) 是完全的,记作 $C[a,b]$;但 (X,d_2) 不是完全的.

定义 12　设 (X,d),$(\tilde{X},\tilde{d})$ 是度量空间,f 是从 $E\subset X$ 到 $\tilde{X}$ 中的映射,如果对每个 $\varepsilon>0$,存在 $\delta>0$,使对 E 中任何满足 $d(x_1,x_2)<\delta$ 的 x_1,x_2,有 $\tilde{d}(f(x_1),f(x_2))<\varepsilon$,则称 f 在 E 上**一致连续**.

定理 9　设 E 在 X 中稠密,f 是 E 到 $\tilde{X}$ 的一致连续映射,则存在 X 到 $\tilde{X}$ 的一致连续映射 $\tilde{f}$,使得 $\tilde{f}|E=f$.

定义 13　设 (X_1,d_1),(X_2,d_2) 是两个度量空间,如果存在 X_1 到 X_2 上的一一映射 f,使对任何 $x,y\in X_1$,有 $d_2(f(x),f(y))=d_1(x,y)$,则称 f 是所给两个度量空间之间的一个**等距映射**.存在一个等距映射的两个度量空间称为**等距的**.

定义 14　设 (X,d) 是度量空间,如果存在完全度量空间 $(\tilde{X},\tilde{d})$ 和 $\tilde{X}$ 的稠密子集 Y,使得 (X,d) 与 $(Y,\tilde{d})$ 是等距的,则称 $(\tilde{X},\tilde{d})$ 为 (X,d) 的一个**完全化**或**完全化空间**.

定理 10　每个度量空间 X 都存在完全化空间.这样的完全化空间的一种构造法是:设 $\mathscr{X}$ 是 X 中一切柯西序列构成的集,对 $\{x_n\}$,$\{y_n\}\in\mathscr{X}$,令 $\{x_n\}\sim\{y_n\}$ 当且仅当 $\lim\limits_{n\to\infty}d(x_n,y_n)=0$. $\sim$ 是 $\mathfrak{X}$ 上的一个等价关系.令 $\tilde{X}=\mathfrak{X}/\sim$.对 $\tilde{x},\tilde{y}\in\tilde{X}$,取 $\{x_n\}\in\tilde{x}$,$\{y_n\}\in\tilde{y}$,令 $\tilde{d}(\tilde{x},\tilde{y})=\lim\limits_{n\to\infty}d(x_n,y_n)$,则 $(\tilde{X},\tilde{d})$ 是完全度量空间.对 $x\in X$,令 $f(x)$ 为序列 $\{x,x,\cdots,x,\cdots\}$ 所在的等价类,则 f 满足定义 13 中的要求,从而 $(\tilde{X},\tilde{d})$ 是 (X,d) 的完全化.

X 的完全化在等距意义下是唯一的,即如果 $(\tilde{X}_1,d_1)$,$(\tilde{X}_2,d_2)$ 是 X 的两个完全化,则 $(\tilde{X}_1,d_1)$ 与 $(\tilde{X}_2,d_2)$ 是等距的.

定义 15　设 T 是度量空间 (X,d) 到它自身的一个映射,如果存在 $0\leqslant r<1$,使对任何 $x,y\in X$,有 $d(Tx,Ty)\leqslant rd(x,y)$,则称 T 为**压缩映射**.

定理 11 完全度量空间上的压缩映射 T 有唯一的**不动点**(即满足 $Tx=x$ 的点).

定义 16 设 $E\subset X$,如果$(E^-)^\circ=\phi$,即 E 的闭包不含有内点,则称 E 为**疏集**或**无处稠密集**.如果 E 能表示为可数个疏集的并,则称 E 为 X 中的**第一范畴集**(或**贫集**);不是第一范畴的集称为**第二范畴集**.

定理 12(贝尔) 完全度量空间是第二范畴的,即此空间中任何稠密开集序列的交是稠密的.

14.3.5 拓扑空间

定义 17 设 X 是一个集,$\mathscr{T}$是 X 的某些子集构成的一个族,如果

(1) $X,\varnothing\in\mathscr{T}$,

(2) $G_\alpha\in\mathscr{T}(\alpha\in I)$蕴涵$\bigcup\limits_{\alpha\in I}G_\alpha\in\mathscr{T}$,

(3) $G_1,G_2\in\mathscr{T}$蕴涵 $G_1\cap G_2\in\mathscr{T}$,

则称$\mathscr{T}$为 X 上的一个**拓扑**,$\mathscr{T}$的元称为**开集**.赋予一个拓扑的集,称为**拓扑空间**,常记作$(X,\mathscr{T})$.

例 8 取$\mathscr{T}$为 $\boldsymbol{R}$ 关于通常距离的所有开集,则$(\boldsymbol{R},\mathscr{T})$是一个拓扑空间.

例 9 取$\mathscr{T}$为度量空间(X,d)关于距离 d 的所有开集,则$(X,\mathscr{T})$是一个拓扑空间.称$\mathscr{T}$为**由距离 d 诱导的拓扑**,或**度量拓扑**.

例 10 设 X 是一个集,则 $\mathscr{T}_1=\{\varnothing,X\}$与 $\mathscr{T}_2=\mathfrak{P}(X)$($X$ 的一切子集构成的族)是 X 上的拓扑,分别称为 X 上的**平凡拓扑**(或**非离散拓扑**)与**离散拓扑**.

定义 18 设 $\mathscr{S},\mathscr{T}$是 X 上的两个拓扑,如果 $\mathscr{S}\subset\mathscr{T}$,则称 $\mathscr{S}$**粗于**(或**弱于**)$\mathscr{T}$,$\mathscr{T}$**细于**(或**强于**)$\mathscr{S}$.

以下设 X 是拓扑空间.

定义 19 设 $V\subset X$,$x\in X$,如果存在 X 中的开集 G,使得 $x\in G\subset U$,则称 U 为 x 的一个**邻域**.类似于定义 4,设 $E\subset X$,$x\in X$,如果 E 是 x 的一个邻域,则称 x 是 E 的**内点**.E 的一切内点构成的集,称为 E 的**内部**,记作 $\mathring{E}$ 或 E°.

x 的一切邻域构成的集,称为 x 的邻域系,记作 $\mathscr{U}(x)$.

定理 13 邻域系满足:

(1) $U\in\mathscr{U}(x)$蕴涵 $x\in U$,

(2) $U,V\in\mathscr{U}(x)$蕴涵 $U\cap V\in\mathscr{U}(x)$,

(3) $U\in\mathscr{U}(x)$,$V\supset U$ 蕴涵 $V\in\mathscr{U}(x)$,

(4) 如果 $U\in\mathscr{U}(x)$,则存在 $V\in\mathscr{U}(x)$,使得 $V\subset U$,且对每个 $y\in V$,有 $V\in\mathscr{U}(y)$.

反之,如果对每个 $x\in X$ 有集族 $\mathscr{U}(x)$与之对应,且满足上述条件,则存在 X 上的拓扑 $\mathscr{T}$就是$\{G:G\subset X$,对每个 $x\in G$,有 $G\in\mathscr{U}(x)\}$,使得 $\mathscr{U}(x)$是 x 关于 $\mathscr{T}$的邻域系.

在拓扑空间中,只要规定了开集,则**触点**、**极限点**、**闭包**、**闭集**、**稠密**、**可分**的定义与度量空间中的定义相同(参看定义 6,7),并有相同的定理(参看定理 3,4,5).

定义 20 设 $Y\subset X$,令 $\mathscr{T}_Y=\{Y\cap G:G\in\mathscr{T}\}$,则 $\mathscr{T}_Y$ 是 Y 上的一个拓扑,赋予这一拓

扑的 Y,称为 X 的**拓扑子空间**,简称子空间. $\mathscr{T}_Y$ 称为 Y 上由 $\mathscr{T}$ **诱导的拓扑**,或称**相对拓扑**.

14.3.6 拓扑空间到拓扑空间的连续映射 同胚

定义 21 设 X,Y 是拓扑空间,f 是 X 到 Y 的映射,$x\in X$,如果对 Y 中 $f(x)$ 的每个邻域 V,存在 X 中 x 的邻域 U,使得 $f[U]\subset V$,则称 f 在点 x 处**连续**.如果 f 在 X 的每个点连续,则称 f 在 X 上**连续**.

定理 14 下列陈述是等价的:

(1) f 是 X 到 Y 的连续映射.

(2) Y 中每个开(闭)集在 f 下的逆象是 X 中的开(闭)集.

(3) 对 $E\subset X$,有 $f[\overline{E}]\subset\overline{f[E]}$.

(4) 对 $F\subset Y$,有 $\overline{f^{-1}[F]}\subset f^{-1}[\overline{F}]$.

定义 22 设 X,Y 是拓扑空间,f 是从 X 到 Y 上的一一映射,f 与 f^{-1} 都连续,则称 f 为 X 到 Y 上的一个**同胚**或**拓扑映射**.存在一个同胚的两个拓扑空间称为**同胚的**.

同胚的拓扑空间具有相同的拓扑结构.在同胚下不变的性质,称为**拓扑性质**.一般拓扑学是研究拓扑性质的数学分支.

14.3.7 分离性

定义 23 设 x,y 是拓扑空间 X 中任何两点,如果存在其中一点的一个邻域,使得另一点不属于该邻域,则称 X 为 $\boldsymbol{T}_0$ **空间**;如果存在 x,y 的邻域 U,V,使得 $x\notin V$,$y\notin U$,则称 X 为 $\boldsymbol{T}_1$ **空间**;如果存在 x,y 的邻域 U,V,使得 $U\cap V=\varnothing$,则称 X 为 $\boldsymbol{T}_2$ **空间**或**豪斯多夫空间**.

如果对任何 $x\in X$ 与不含有 x 的闭集 F,存在 X 中的开集 U,V,使得 $U\cap V=\varnothing$,$x\in U,F\subset V$,则称 X 为**正则空间**.正则的 T_1 空间称为 $\boldsymbol{T}_3$ **空间**.

如果对 X 中任何一对不相交的闭集 A,B,存在不相交的开集 U,V,使得 $A\subset U$,$B\subset V$,则称 X 为**正规空间**.正规的 T_1 空间称为 $\boldsymbol{T}_4$ **空间**.

如果对每个 $x\in X$ 以及 x 的每个邻域 U,存在连续函数 $f:X\to[0,1]$,使得 $f(x)=0$,f 在 $X\backslash U$ 上取值 1,则称 X 为**完全正则的**.

定理 15(乌雷松) 设 X 是正规空间,A,B 是 X 中不相交的闭集,则存在 X 到 $[0,1]$ 的连续映射 f,使得 $f|A=0,f|B=1$.

14.3.8 积拓扑空间

定义 24 设 $(X,\mathscr{T})$ 是拓扑空间,$\mathscr{B}\subset\mathscr{T}$,如果对每个 $x\in X$ 与 x 的每个邻域 U,存在 $V\in\mathscr{B}$,使得 $x\in V\subset U$,则称 $\mathscr{B}$ 是拓扑 $\mathscr{T}$ 的一个**基**,并称 $\mathscr{T}$ 为以 $\mathscr{B}$ 为基的拓扑.

定义 25 设 $(X,\mathscr{S})$,$(Y,\mathscr{T})$ 是两个拓扑空间,则 $X\times Y$ 上以 $\{U\times V:U\in\mathscr{S},V\in\mathscr{T}\}$ 为基的拓扑,称为**积拓扑**,赋予积拓扑的 $X\times Y$,称为 X 与 Y 的**积拓扑空间**,简称**积空间**.

定义 26 设$(X_\alpha,\mathscr{T}_\alpha)(\alpha\in I)$是拓扑空间,$X=\prod_{\alpha\in I}X_\alpha$,对每个$x\in X$,令$pr_\alpha(x)=x(\alpha)$,则$pr_\alpha$是$X$到$X_\alpha$上的映射,称为$X$到$X_\alpha$上的**投影**.

X上以一切形如$pr_{\alpha_1}^{-1}[U_1]\cap\cdots\cap pr_{\alpha_k}^{-1}[U_k]$(其中$k\in\mathbf{N},\alpha_1,\cdots,\alpha_k\in I$)的集构成的族为基的拓扑,称为所给拓扑族的**积拓扑**,赋予积拓扑的积集X,称为**积拓扑空间**,简称**积空间**.

例 11 在$\boldsymbol{R}^3$上按通常距离定义拓扑,则$\boldsymbol{R}^3$是积空间$\boldsymbol{R}\times\boldsymbol{R}\times\boldsymbol{R}$($\boldsymbol{R}$上赋予通常的度量拓扑).

定理 16 $X=\prod_{\alpha\in I}X_\alpha$上的积拓扑是$X$上使得每个投影$pr_\alpha(\alpha\in I)$都连续的最粗拓扑.

定理 17 拓扑空间Y到积空间$\prod_{\alpha\in I}X_\alpha$的映射$f$为连续的必要充分条件是每个$pr_\alpha\circ f(\alpha\in I)$都连续.

定理 18 设X是完全正则空间,则X同胚于积空间$[0,1]^I$(即$\prod_{\alpha\in I}X_\alpha$,每个$X_\alpha=[0,1]$,$I$是某个集).

14.3.9 商拓扑空间

定义 27 设X是拓扑空间,R是X上的等价关系.令$Y=X/R$,定义X到Y的映射π为:对$x\in X$,$\pi(x)$为x所属的等价类.π称为**自然映射**或**典范映射**.$\{V:\pi^{-1}[V]$是X中的开集$\}$构成Y上的一个拓扑,称为X关于等价关系R的**商拓扑**;赋予商拓扑的商集$Y=X/R$,称为**商拓扑空间**,简称**商空间**.

例 12 把矩形相对的两边看作同一(如图 14.3-1 所示,即把相对的两条边粘合起来,并允许弹性变形),就得到**环面**.

例 13 把矩形的一组对边上对称于中心的点看作同一点,即把矩形带扭转一下再粘起来,便得到著名的默比乌斯带(参看 6.9.4).

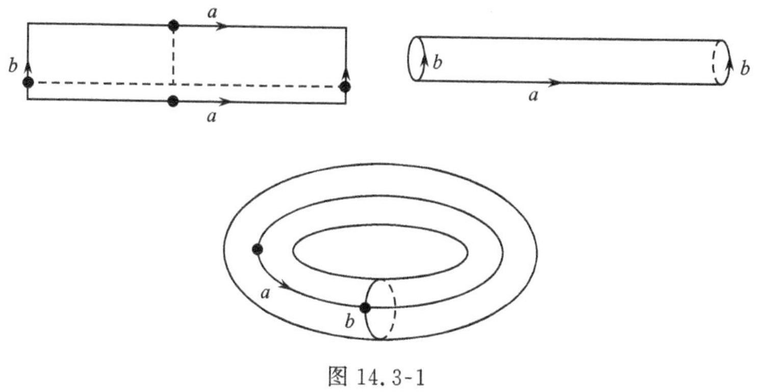

图 14.3-1

例 14 把一个圆的对径点看作同一点,得到所谓的**射影平面**.

14.3.10 连通性

定义 28 如果拓扑空间 X 可分解为两个不相交的非空开集的并,则称 X 为**不连通的**;否则称为**连通的**.

如果 X 的子集 E 作为拓扑子空间是连通的,则称 E 为**连通集**. 另一等价表述是:如果 $E=A\cup B$ 且 $\overline{A}\cap B=A\cap\overline{B}=\varnothing$,则 A 或 B 为空集.

定理 19 设 A 为连通集,B 满足 $A\subset B\subset\overline{A}$,则 B 为连通集.

定理 20 设 $A_\alpha(\alpha\in I)$ 为连通集,$\bigcap\limits_{\alpha\in I}A_\alpha\neq\varnothing$,则 $\bigcup\limits_{\alpha\in I}A_\alpha$ 为连通集.

定理 21 设 f 是拓扑空间 X 到 Y 的连续映射,E 是 X 中的连通集,则 $f[E]$ 是 Y 中的连通集.

定理 22 连通空间族的积空间是连通的.

定义 29 设 $x\in X$,则 X 中含有点 x 的最大连通集,称为 X 的含有点 x 的**连通分支**.

14.3.11 紧性

定义 30 设 X 是拓扑空间,如果从 X 的任何开覆盖(即满足 $\bigcup\limits_{\alpha\in I}G_\alpha=X$ 的开集族 $\{G_\alpha:\alpha\in I\}$)中都能选出有限子覆盖(即存在 $\alpha_k\in I,k=1,\cdots,n$,使 $\bigcup\limits_{k=1}^{n}G_{\alpha_k}=X$),则称 X 为**紧的**.

如果 X 的子集 E 关于 E 上的相对拓扑是紧的,则称 E 为 X 中的**紧集**.

定理 23 豪斯多夫空间的紧子集是闭的.

定理 24 紧的正则空间或紧的豪斯多夫空间是正规的.

定理 25(吉洪诺夫) 紧空间族的积空间是紧的.

定义 31 设 X 是度量空间,$E\subset X$,则定义 $\inf\{d(x,y):x,y\in E\}$ 为 E 的**直径**. 直径为有限的集,称为**有界集**.

如果对每个 $\varepsilon>0$,存在有限个直径小于 ε 的集,使这些集的并等于 X,则称 X 为**准紧的**或**完全有界的**. 如果 X 的子集作为子空间是准紧的,则称为**准紧集**或**完全有界集**.

如果 X 的任何序列都有收敛的子序列,则称 X 为**列紧的**.

定理 26 对于度量空间 X,下列陈述是两两等价的:

(1) X 是紧的.

(2) X 是列紧的.

(3) X 是准紧的和完全的.

定理 27 设 f 是非空紧度量空间 X 上的连续实值函数,则存在 $a,b\in X$,使得

$$f(a)=\inf_{x\in X}f(x),f(b)=\sup_{x\in X}f(x).$$

定义 32 设 X 是拓扑空间,$E\subset X$,如果 $\bar{E}$ 是 X 中的**紧集**,则称 E 为 X 中的**相对紧集**.

定理 28 E 是度量空间 X 中的相对紧集的必要充分条件为:E 中任何点列有在 X 中收敛的子序列.

定理 29(阿斯科利-阿尔泽拉) 设 X 是紧豪斯多夫空间,$\mathscr{F}$是 X 上的连续(实值或复值)函数的一个集,满足:对每个 $\varepsilon>0$ 和每个 $x\in X$,存在 x 的邻域 U,使对一切 $y\in U$和一切 $f\in\mathscr{F}$,有 $|f(y)-f(x)|<\varepsilon$(这称为 $\mathscr{F}$ 在每个点 x 处**等度连续**),并且 $\{f(x):f\in\mathscr{F}\}$有界,则 $\mathscr{F}$中任何序列均有一致收敛的子序列.

定理 30(魏尔斯特拉斯-斯通) 设 X 是紧豪斯多夫空间,$\mathscr{F}$是 X 上的连续(实值或复值)函数的一个集,满足下列条件:

(1) 每个常值函数属于 $\mathscr{F}$;

(2) $f,g\in\mathscr{F}$蕴涵 $f+g,fg\in\mathscr{F}$;

(3) 对 X 中任何不同的两点 x,y,存在 $f\in\mathscr{F}$,使得 $f(\boldsymbol{x})\neq f(y)$.

此时,对 X 上每个连续函数 φ,存在 $\mathscr{F}$中的序列$\{f_n\}_{n=1}^{\infty}$,使它一致收敛于 φ.

定义 33 如果拓扑空间的每个点都至少有一个紧邻域,则称为**局部紧的**.

例 15 赋予通常度量拓扑的 $\boldsymbol{R}$ 与 $\boldsymbol{R}^n(n\geqslant 2)$是局部紧的,但不是紧的.

定理 31 设 X 是局部紧的豪斯多夫空间或正则空间,则 X 的每个点的任一邻域包含该点的一个既紧且闭的邻域.

定理 32 局部紧的正则空间是完全正则的.局部紧的豪斯多夫空间是完全正则的 T_1 空间.

14.3.12 可度量化拓扑空间

定义 34 设$(X,\mathscr{T})$是一个拓扑空间,如果存在定义于 X 上的距离 d,使得 $\mathscr{T}$就是由 d 所确定的拓扑,则称所给拓扑空间是**可度量化的**.

定理 33 如果 X 是 T_3 空间,并且它的拓扑具有可数的基(即基的所有元素构成可数集),则 X 是可度量化的和可分的.

定理 34 设 X 是拓扑空间,它存在一个至多可数的开覆盖$\{U_n\}$,使对每个 n,X 的子空间 $\overline{U}_n$ 是可度量化的与可分的,则 X 是可度量化的和可分的.

定理 35 可数个可度量化空间的积空间是可度量化的.

定理 36 可数个紧的可度量化空间的积空间是紧的可度量化空间.

§14.4 勒贝格积分

14.4.1 勒贝格外测度

定义 1 设 E 是直线上的点集,则

$$m^*(E)=\inf\left\{\sum_{k=1}^{\infty}(b_k-a_k):E\subset\bigcup_{k=1}^{\infty}[a_k,b_k)\right\}$$

称为 E 的**勒贝格外测度**,简称**外测度**. 上式的意义是:取一切可能的覆盖 E 的左闭右开区间族,求出每族区间的长度之和,再取由此构成的数集的下确界.

定理 1 外测度具有下列性质:

(1) $0\leqslant m^*(E)\leqslant +\infty$.

(2) $m^*(\varnothing)=0$.

(3) $m^*([a,b))=m^*((a,b])=m^*((a,b))=m^*([a,b])=b-a$.

(4) $E\subset F$ 蕴涵 $m^*(E)\leqslant m^*(F)$. 这称为**单调性**.

(5) 如果 $E\subset\bigcup\limits_{k=1}^{\infty}E_k$,则 $m^*(E)\leqslant\sum\limits_{k=1}^{\infty}m^*(E_k)$. 这称为**可数次可加性**.

14.4.2 勒贝格测度

定义 2 设 $E\subset\boldsymbol{R}$,如果对任何 $F\subset\boldsymbol{R}$,都有

$$m^*(F)=m^*(F\cap E)+m^*(F\cap E'),$$

则称 E 为**勒贝格可测集**,简称**可测集**. 式中 E' 表示 E 的补集 $\boldsymbol{R}\backslash E$.

定义 3 可测集 E 的外测度,称为 E 的**勒贝格测度**,简称**测度**,记作 $m(E)$.

定理 2 区间、开集、闭集都是可测集.

定理 3 设 $\mathscr{M}$ 是 $\boldsymbol{R}$ 中一切可测集构成的族,则 $\mathscr{M}$ 具有下列性质:

(1) 如果 $M_1,M_2\in\mathscr{M}$,则 $M_1\backslash M_2\in\mathscr{M}$.

(2) 如果 $M_n\in\mathscr{M}(n=1,2,\cdots)$,则

$$\bigcup_{n=1}^{\infty}M_n\in\mathscr{M},\ \bigcap_{n=1}^{\infty}M_n\in\mathscr{M},$$

$$\overline{\lim_{n\to\infty}}M_n=\bigcap_{n=1}^{\infty}\bigcup_{k=n}^{\infty}M_k\in\mathscr{M},\ \underline{\lim_{n\to\infty}}M_n=\bigcup_{n=1}^{\infty}\bigcap_{k=n}^{\infty}M_k\in\mathscr{M}.$$

(3) 如果 $M_n\in\mathscr{M}(n=1,2,\cdots)$,且 $\{M_n\}_{n=1}^{\infty}$ 两两不相交,即当 $k\neq j$ 时 $M_k\cap M_j=\varnothing$,则

$$m\left(\bigcup_{n=1}^{\infty}M_n\right)=\sum_{n=1}^{\infty}m(M_n).$$

这称为测度的**可数可加性**.

(4) 如果 $\{M_n\}_{n=1}^{\infty}$ 是 $\mathscr{M}$ 中的递增序列,则

$$m\left(\bigcup_{n=1}^{\infty}M_n\right)=\lim_{n\to\infty}m(M_n).$$

(5) 如果 $\{M_n\}_{n=1}^{\infty}$ 是 $\mathscr{M}$ 中的递减序列,且存在 n,使 $m(M_n)<+\infty$,则

$$m\left(\bigcap_{n=1}^{\infty}M_n\right)=\lim_{n\to\infty}m(M_n).$$

由定义 3,测度当然具有定理 1 中列举的性质.

14.4.3 勒贝格可测函数

定义 4 设 $E\subset\boldsymbol{R}$ 是可测集,f 是定义在 E 上的实值函数. 如果对每个实数 c,集

$f^{-1}[(c,+\infty)]=\{x:f(x)>c\}$是可测集，则称 f 为 E 上的**勒贝格可测函数**，简称 E 上的**可测函数**. 当 $E=\boldsymbol{R}$ 时，就称 f 为勒贝格可测函数(或可测函数).

定理 4 可测集 E 上的实值函数 f 为可测函数的必要充分条件是下列三者之一成立：

(1) 对每个实数 c，集 $f^{-1}[[c,+\infty)]=\{x:f(x)\geqslant c\}$是可测集.

(2) 对每个实数 c，集 $f^{-1}[(-\infty,c)]=\{x:f(x)<c\}$是可测集.

(3) 对每个实数 c，集 $f^{-1}[(-\infty,c]]=\{x:f(x)\leqslant c\}$是可测集.

定理 5 设 E 是可测集，$\mathscr{S}$是 E 上的一切可测函数构成的集，则$\mathscr{S}$具有下列性质：

(1) 常值函数属于 $\mathscr{S}$.

(2) 如果 $f\in\mathscr{S}$，k 是常数，则 $kf\in\mathscr{S}$.

(3) 如果 $f\in\mathscr{S}$，则$|f|\in\mathscr{S}$.

(4) 如果 $f\in\mathscr{S}$，$f(x)\neq 0(x\in E)$，则$\dfrac{1}{f}\in\mathscr{S}$.

(5) 如果 $f,g\in\mathscr{T}$，则 $f\pm g,fg,\max(f,g),\min(f,g)\in\mathscr{S}$.($\max(f,g)$的定义是：$(\max(f,g))(x)=\max(f(x),g(x))$，$\min(f,g)$的定义类似.)

(6) 如果 $f_n\in\mathscr{S}(n=1,2,\cdots)$，则$\overline{\lim\limits_{n\to\infty}}f_n$，$\underline{\lim\limits_{n\to\infty}}f_n\in\mathscr{S}$. 特别是，如果$\lim\limits_{n\to\infty}f_n$ 存在，则$\lim\limits_{n\to\infty}f_n\in\mathscr{S}$.($\overline{\lim\limits_{n\to\infty}}f_n$ 的定义是：$(\overline{\lim}f_n)(x)=\overline{\lim\limits_{n\to\infty}}f_n(x)$；其余类似.)

(7) 如果 $f\in\mathscr{S}$，则 $f^+,f^-\in\mathscr{S}$.(f^+,f^-分别称为 f 的**正部**、**负部**，其定义为

$$f^+(x)=\max(f(x),0)=\begin{cases}f(x) & (\text{当 } f(x)\geqslant 0),\\ 0 & (\text{当 } f(x)<0);\end{cases}$$

$$f^-(x)=-\min(f(\boldsymbol{x}),0)=\begin{cases}-f(x) & (\text{当 } f(x)\leqslant 0),\\ 0 & (\text{当 } f(x)>0).\end{cases}$$

f^+,f^-与 f 有下述关系：$f^+-f^-=f,f^++f^-=|f|$.)

定义 5 设 E 是可测集，P 是一个陈述，如果集$\{x:x\in E,P(x)\text{不成立}\}$的测度为零，则称 P 在 E 上**几乎处处**成立. 常用 a. e. 记“几乎处处”. 例如 $f=g$(a. e.)或 f 与 g 在 E 上几乎处处相等是指$m\{x:x\in E,f(x)\neq g(x)\}=0$. 函数列$\{f_n\}_{n=1}^{\infty}$在 E 上几乎处处收敛于 f 是指 $m\{x:x\in E,\lim\limits_{n\to\infty}f_n(x)\text{不存在或存在但不等于 }f(x)\}=0$.

定理 6 如果 $f\in\mathscr{S}$，$g=f$(a. e.)，则 $g\in\mathscr{S}$.

定理 7 设 E,F 是可测集，$F\subset E$，f 是 E 上的可测函数，则 f 在 F 上的限制 $f|F$ 是 F 上的可测函数.

14.4.4 依测度收敛性

定义 6 设 E 是可测集，$f,f_n(n=1,2,\cdots)$是 E 上的可测函数. 如果对每个正数 σ，有

$$\lim_{n\to\infty}m(\{x:|f_n(x)-f(x)|\geqslant\sigma\})=0,$$

则称$\{f_n\}_{n=1}^{\infty}$在 E 上**依测度收敛**于 f.

定理 8(里斯) 如果$\{f_n\}_{n=1}^{\infty}$在 E 上依测度收敛于 f,则存在$\{f_n\}_{n=1}^{\infty}$的子序列$\{f_{n_k}\}_{k=1}^{\infty}$,它在 E 上几乎处处收敛于 f.

定理 9(**勒贝格**) 如果可测函数列$\{f_n\}_{n=1}^{\infty}$在 E 上几乎处处收敛于几乎处处有限的可测函数 f,且 $m(E)<+\infty$,则$\{f_n\}_{n=1}^{\infty}$依测度收敛于 f.

定理 10(**叶戈洛夫**) 如果可测函数列$\{f_n\}_{n=1}^{\infty}$在 E 上几乎处处收敛于几乎处处有限的可测函数 f,且 $m(E)<+\infty$,则对每个 $\delta>0$,存在 E 的可测子集 E_δ,使得 $m(E_\delta)<\delta$,而$\{f_n\}_{n=1}^{\infty}$在 $E\setminus E_\delta$ 上一致收敛于 f.

定理 11(**卢津**) 设 f 是$[a,b]$上的可测函数,则对每个正数 δ,存在连续函数 g,使得

$$m(\{x:x\in[a,b],g(x)\neq f(x)\})<\delta.$$

如果还有$|f(x)|\leqslant K(x\in[a,b])$,则可取 g 满足$|g(x)|\leqslant K$.

14.4.5 勒贝格积分

定义 7 设 E 是可测集,$E_1,E_2,\cdots,E_n$ 是 E 的两两不相交的可测子集,$\bigcup_{k=1}^{n}E_k=E$,则称$\{E_1,E_2,\cdots,E_n\}$为 E 的一个**可测划分**.

定义 8 设 E 是可测集,f 是 E 上的非负实值函数,则数(可以等于$+\infty$)

$$\sup\left\{\sum_{k=1}^{n}(\inf\{f(x):x\in E_k\})m(E_k):\{E_1,E_2,\cdots,E_n\}\text{ 是 }E\text{ 的可测划分}\right\}$$

称为 f 在 E 上的**勒贝格积分**,记作$\int_E f(x)dx$ 或$\int_E fdm$. 上式的意义是:取 E 的一切可能的可测划分$\{E_1,E_2,\cdots,E_n\}$,对每个划分作数

$$\sum_{k=1}^{n}(\inf\{f(x):x\in E_k\})m(E_k),$$

求由此构成的数集的上确界.

设 E 是可测集,f 是 E 上的实值函数,f^+,f^- 分别是 f 的正部、负部. 如果$\int_E f^+(x)dx,\int_E f^-(x)dx$ 至少有一个为有限,则称

$$\int_E f^+(x)dx-\int_E f^-(x)dx$$

为 f 在 E 上的**勒贝格积分**,记作$\int_E f(x)dx,\int_E fdx$ 或$\int_E fdm$. $\int_E f(x)dx$ 可以等于$+\infty$或$-\infty$. 如果$\int_E f(x)dx$ 不等于$+\infty,-\infty$,即$\int_E f(x)dx$ 为有限实数,则称 f 在 E 上是**勒贝格可积函数**,简称**可积函数**.

例 1 有限区间$[a,b]$上的常值函数 c 是勒贝格可积的,且

$$\int_a^b cdx=c(b-a).$$

在 E 上几乎处处等于零的函数是可积的，且其积分为零.

例 2 设 f 是测度为有限的可测集 E 上的**简单函数**，即存在 E 的可测划分 $\{E_1,E_2,\cdots,E_n\}$ 与实数 $c_1,c_2,\cdots,c_n$，使当 $x\in E_k$ 时，$f(x)=c_k(k=1,2,\cdots,n)$，则 f 在 E 上是勒贝格可积的，且

$$\int_E f(x)dx = \sum_{k=1}^{n} c_k m(E_k).$$

例 3 设 $f(x)$ 是有限区间 $[a,b]$ 上的黎曼可积函数，则 f 在 $[a,b]$ 上是勒贝格可积的，并且

$$(L)\int_a^b f(x)dx = (R)\int_a^b f(x)dx,$$

左右两边分别表示 f 在 $[a,b]$ 上的勒贝格积分与黎曼积分.

关于一个函数是否为黎曼可积，有下面的判断准则.

定理 12 闭区间 $[a,b]$ 上的有界函数 f 在 $[a,b]$ 上黎曼可积的必要充分条件是 f 在 $[a,b]$ 上几乎处处连续，即 f 的间断点构成的集的测度等于零.

14.4.6 勒贝格积分的性质

设 E 是可测集，以 $\mathscr{L}(E)$ 表示 E 上一切勒贝格可积(且可测)函数构成的集.

定理 13 $f\in\mathscr{L}(E)$ 的必要充分条件是 $|f|\in\mathscr{L}(E)$. 此时有

$$\left|\int_E f(x)dx\right| \leqslant \int_E |f(x)| dx.$$

定理 14 (1) 设 $f\in\mathscr{L}(E)$，$c\in\mathbf{R}$，则 $cf\in\mathscr{L}(E)$，且

$$\int_E cf(x)dx = c\int_E f(x)dx.$$

(2) 设 $f,g\in\mathscr{L}(E)$，则 $f+g\in\mathscr{L}(E)$，且

$$\int_E (f(x)+g(x))dx = \int_E f(x)dx + \int_E g(x)dx.$$

(3) 设 $f,g\in\mathscr{L}(E)$，且 $f(x)\leqslant g(x)$(a. e.)，则

$$\int_E f(x)dx \leqslant \int_E g(x)dx.$$

(4) 设 $f\in\mathscr{L}(E)$ 是非负函数，$\int_E f(x)dx = 0$，则 $f(x)=0$(a. e.).

(5) 设 $f\in\mathscr{L}(E)$，$g(x)=f(x)$(a. e.)，则 $g\in\mathscr{L}(E)$，且

$$\int_E g(x)dx = \int_E f(x)dx.$$

(6) 设 $f\in\mathscr{L}(E)$，$\{E_n\}_{n=1}^{\infty}$ 是 E 的两两不相交的可测子集构成的序列，且 $\bigcup\limits_{n=1}^{\infty}E_n=E$，则

$$\int_E f(x)dx = \sum_{n=1}^{\infty}\int_{E_n} f(x)dx.$$

这称为勒贝格积分的**可数可加性**.

(7) 设 $f \in \mathscr{L}(E)$,则对每个 $\varepsilon > 0$,存在 $\delta > 0$,满足:只要 E 的可测子集 F 的测度 $m(F) < \delta$,就有 $\int_F |f(x)| dx < \varepsilon$. 这称为勒贝格积分的**绝对连续性**.

定理 15(勒贝格) 设 $f_n(n=1,2,\cdots)$是 E 上的非负可测函数,则

$$\int_E \left(\sum_{n=1}^{\infty} f_n(x) \right) dx = \sum_{n=1}^{\infty} \int_E f_n(x) dx.$$

定理 16(莱维) 设$\{f_n\}_{n=1}^{\infty}$是 E 上的非负可测函数构成的递增序列,则

$$\lim_{n\to\infty} \int_E f_n(x) dx = \int_E (\lim_{n\to\infty} f_n(x)) dx.$$

定理 17(法图引理) 设 $f_n(n=1,2,\cdots)$是 E 上的非负可测函数;则

$$\int_E (\underline{\lim}_{n\to\infty} f_n(x)) dx \leqslant \underline{\lim}_{n\to\infty} \int_E f_n(x) dx.$$

定理 18(勒贝格控制收敛定理) 设$\{f_n\}_{n=1}^{\infty} \subset \mathscr{L}(E)$且在 E 上几乎处处收敛于 f 或依测度收敛于 f,又存在 $g \in \mathscr{L}(E)$,使对一切 n,有 $|f_n(x)| \leqslant g(x)$(a. e.),则 $f \in \mathscr{L}(E)$,且

$$\int_E f(x) dx = \int_E (\lim_{n\to\infty} f_n(x)) dx = \lim_{n\to\infty} \int_E f_n(x) dx.$$

这一定理的重要性在于:在很弱的条件下,就能在积分号下取极限.

定理 19 设 $f_n \in \mathscr{L}(E)(n=1,2,\cdots)$,$\int_E \left(\sum_{n=1}^{\infty} |f_n(x)| \right) dx$ 或 $\sum_{n=1}^{\infty} \int_E |f_n(x)| dx$ 有限,则

$$\int_E \left(\sum_{n=1}^{\infty} f_n(x) \right) dx = \sum_{n=1}^{\infty} \int_E f_n(x) dx.$$

这一定理的重要性在于:在很弱的条件下,就能逐项积分.

14.4.7 绝对连续函数

定义 9 设 f 是定义在$[a,b]$上的实值函数. 如果对于每个 $\varepsilon > 0$,存在 $\delta > 0$,使得只要 (a,b) 中任何有限个两两不相交的区间 $(a_k,b_k)(k = 1,2,\cdots,n$ 满足) $\sum_{k=1}^{n} (b_k - a_k) < \delta$,就有 $\left| \sum_{k=1}^{n} (f(b_k) - f(a_k)) \right| < \varepsilon$,则称 f 为$[a,b]$上的**绝对连续函数**.

定理 20 绝对连续函数是几乎处处可导的.

定理 21 设 f 是绝对连续函数,$f'(x) = 0$(a. e.),则 f 是常值函数.

定理 22 设 $f \in \mathscr{L}([a,b])$,则$\int_a^x f(t) dt (x \in [a,b])$ 是$[a,b]$上的绝对连续函数,且

$$\frac{d}{dx} \int_a^x f(t) dt = f(x) \text{(a. e.)}.$$

定理 23 设 f 是$[a,b]$上的绝对连续函数,则对 $x\in[a,b]$,有

$$\int_a^x f'(t)dt = f(x) - f(a).$$

特别有

$$\int_a^b f'(t)dt = f(b) - f(a).$$

这相当于微积分学中的牛顿-莱布尼茨公式.

14.4.8 重积分与累次积分

前面定义的勒贝格测度、勒贝格可测函数和勒贝格积分的概念,可以推广到平面 $\boldsymbol{R}^2$ 以至 n 维空间 $\boldsymbol{R}^n$ 中. 为此只须把定义 1 中的左闭右开区间推广为矩形$\{(x,y):a\leqslant x<b,c\leqslant y<d\}=[a,b)\times[c,d)$ 或长方体$\{(x_1,x_2,\cdots,x_n):a_k\leqslant x_k<b_k,k=1,2,\cdots,n\}=\prod\limits_{k=1}^{n}[a_k,b_k)$,并把定义 1 中的数 $\sum\limits_{k=1}^{\infty}(b_k-a_k)$ 改为 $\sum\limits_{k=1}^{\infty}(b_k-a_k)(d_k-c_k)$ 或 $\sum\limits_{k=1}^{\infty}\left(\prod\limits_{j=1}^{n}(b_{kj}-a_{kj})\right)$. 这样就能得到 $\boldsymbol{R}^2$ 或 $\boldsymbol{R}^n$ 上勒贝格外测度的定义. 把 $\boldsymbol{R}$ 改为 $\boldsymbol{R}^2$ 或 $\boldsymbol{R}^n$, § 14.4.2 到 § 14.4.6 中所有定义,都可完全相同地给出. 因此,这些节中所有的定理也都成立.

定义在 $\boldsymbol{R}^2$ 中的可测集上的勒贝格积分,也常称为二重勒贝格积分,定义在 $\boldsymbol{R}^n$ 中的可测集上的勒贝格积分,也常称为 n 重勒贝格积分. 当 $n\geqslant 2$ 时,统称重积分. 对二重积分,采用记号$\iint\limits_E f(x,y)dxdy$;对 n 重积分,采用记号

$$\iint\limits_E\cdots\int f(x_1,x_2\cdots x_n)dx_1dx_2\cdots dx_n.$$

对于重积分,也常只用一个积分号$\int$.

下面叙述二重积分与累次积分的关系. 所列举的命题均可推广到 n 重积分.

定理 24 设 f 是定义在$[a,b]\times[c,d]$上的非负可测函数,则

$$\int_a^b\int_c^d f(x,y)dxdy = \int_a^b dx\int_c^d f(x,y)dy = \int_c^d dy\int_a^b f(x,y)dx.$$

定理 25(富比尼) 设 f 是定义在$[a,b]\times[c,d]$上的勒贝格可积函数. 如果函数 φ,ψ 分别定义为

$$\varphi(x) = \int_c^d f(x,y)dy, \psi(y) = \int_a^b f(x,y)dx,$$

则 φ,ψ 都是勒贝格可积的,并且

$$\int_a^b\int_c^d f(x,y)dxdy = \int_a^b \varphi(x)dx = \int_c^d \psi(y)dy.$$

这个结论可写为

$$\int_a^b\int_c^d f(x,y)dxdy = \int_a^b dx\int_c^d f(x,y)dy = \int_c^d dy\int_a^b f(x,y)dx.$$

§14.5　泛 函 分 析

14.5.1　巴拿赫空间的定义与例

定义 1　设 X 是数域 K(等于 $\boldsymbol{R}$ 或 $\boldsymbol{C}$)上的线性空间. 如果对每个 $x\in X$,存在一个实数 $\|x\|$ 与之对应,且满足下列条件,则称 X 为 K 上的**赋范线性空间**:

(1) 对每个 $x\in X$,有 $\|x\|\geqslant 0$; $\|x\|=0$ 当且仅当 $x=0$.

(2) 对任何 $x,y\in X$,有 $\|x+y\|\leqslant\|x\|+\|y\|$. 这称为**三角不等式**.

(3) 对任何 $\alpha\in K,x\in X$,有 $\|\alpha x\|=|\alpha|\,\|x\|$.

$\|x\|$ 称为 x 的**范数**. 也常简称 X 为**赋范空间**.

当 $K=\boldsymbol{R}$ 或 $\boldsymbol{C}$ 时,分别称 X 为**实赋范空间**或**复赋范空间**.

定义 2　设 X 是 K 上的赋范线性空间. 如果 X 关于距离 $d(x,y)=\|x-y\|$ 是完全的(参看 14.3.4),则称 X 为 K 上的**巴拿赫空间**. 当 $K=\boldsymbol{R}$ 或 $\boldsymbol{C}$ 时,分别称 X 为**实巴拿赫空间**或**复巴拿赫空间**.

下列空间都是巴拿赫空间.

例 1　$\boldsymbol{R}^n$. 对 $x=(x_1,x_2,\cdots,x_n)\in\boldsymbol{R}^n$,令

$$\|x\| = \Big(\sum_{k=1}^n x_k^2\Big)^{1/2}.$$

$\boldsymbol{C}^n$. 对 $z=(z_1,z_2,\cdots,z_n)\in\boldsymbol{C}^n$,令

$$\|z\| = \Big(\sum_{k=1}^n |z_k|^2\Big)^{1/2}.$$

前者是实巴拿赫空间,后者是复巴拿赫空间.

例 2　**数列空间**

对数列(包括实数列或复数列)$x=\{x_n\}_{n=1}^\infty$,$y=\{y_n\}_{n=1}^\infty$,定义

$$x+y=\{x_n+y_n\}_{n=1}^\infty,\ \alpha x=\{\alpha x_n\}_{n=1}^\infty(\alpha\in K).$$

令

$$c_0=\{\{x_n\}_{n=1}^\infty:\lim_{n\to\infty}x_n=0\}.$$

$$c=\{\{x_n\}_{n=1}^\infty:\lim_{n\to\infty}x_n\ \text{存在}\}.$$

$$l^\infty=\{\{x_n\}_{n=1}^\infty:\{x_n\}_{n=1}^\infty\ \text{是有界数列}\}.$$

对这三个数列空间,令($x=\{x_n\}_{n=1}^\infty$)

$$\|x\| = \sup_{n\geqslant 1}|x_n|.$$

令

$$l^p=\left\{\{x_n\}_{n=1}^{\infty}:\sum_{n=1}^{\infty}|x_n|^p<+\infty\right\}\quad(1\leqslant p<+\infty).$$

对这个数列空间，令（$x=\{x_n\}_{n=1}^{\infty}\in l^p$）

$$\|x\|=\left(\sum_{n=1}^{\infty}|x_n|^p\right)^{1/p}.$$

为验证 $l^p(1<p<+\infty)$是赋范空间，要用到下列不等式：

赫尔德不等式

$$\sum_{k=1}^{n}|x_ky_k|\leqslant\left(\sum_{k=1}^{n}|x_k|^p\right)^{1/p}\left(\sum_{k=1}^{n}|y_k|^q\right)^{1/q},$$

其中 q 由$\frac{1}{p}+\frac{1}{q}=1$ 确定，$1<p<+\infty$.

闵可夫斯基不等式

$$\left(\sum_{k=1}^{n}|x_k+y_k|^p\right)^{1/p}\leqslant\left(\sum_{k=1}^{n}|x_k|^p\right)^{1/p}+\left(\sum_{k=1}^{n}|y_k|^p\right)^{1/p}$$
$$(1\leqslant p<+\infty).$$

例 3　连续函数空间

设 $C[a,b]$是$[a,b]$上一切连续（实值或复值）函数构成的集. 对 $x,y\in C[a,b]$，$\alpha\in K$，令 $x+y,\alpha x$ 为

$$(x+y)(t)=x(t)+y(t),$$
$$(\alpha x)(t)=\alpha x(t),t\in[a,b].$$

范数的定义为

$$\|x\|=\max_{t\in[a,b]}|x(t)|.$$

例 4　p 次可积函数空间（$1\leqslant p<+\infty$）

设 $L^p[a,b]$是$[a,b]$上使得$|x(t)|^p$ 为勒贝格可积的（实值或复值）函数 $x(t)$构成的集.（这样的函数称为 p **次可积的**；当 $p=2$ 时称为**平方可积的**.）如同例 3 那样定义 $L^p[a,b]$中的加法与标量乘法. 对 $x\in L^p[a,b]$，令

$$\|x\|=\left(\int_a^b|x(t)|^pdt\right)^{1/p},$$

其中积分为勒贝格积分. 在$[a,b]$上几乎处处相等的函数看作同一元素.

为验证 $L^p[a,b](1<p<+\infty)$是赋范空间，要用到下列不等式.

赫尔德不等式

$$\int_a^b|x(t)y(t)|dt\leqslant\left(\int_a^b|x(t)|^pdt\right)^{1/p}\left(\int_a^b|y(t)|^qdt\right)^{1/q},$$

其中 q 由$\frac{1}{p}+\frac{1}{q}=1$ 确定，$1<p<+\infty$.

闵可夫斯基不等式

$$\left(\int_a^b |x(t)+y(t)|^p dt\right)^{1/p} \leqslant \left(\int_a^b |x(t)|^p dt\right)^{1/p} + \left(\int_a^b |y(t)|^p dt\right)^{1/p},$$

其中 $1\leqslant p<+\infty$.

例 5　本质有界函数空间

设 $x(t)$ 是在 $[a,b]$ 上几乎处处有定义的(实值或复值)函数,满足:存在正数 M,使得

$$m(\{t: |x(t)|>M\})=0$$

(m 是勒贝格测度),则称 $x(t)$ 为 $[a,b]$ 上的**本质有界函数**. 以 $L^{\infty}[a,b]$ 表示 $[a,b]$ 上一切本质有界函数构成的空间(两个几乎处处相等的函数看作这个空间的同一元素). 对 $x\in L^{\infty}[a,b]$,令

$$\|x\| = \inf\{M: m(\{t: |x(t)|>M\})=0\}.$$

$\|x\|$ 称为函数 $x(t)$ 的**本质上确界**.

14.5.2　连续线性算子　对偶空间

定义 3　设 X,Y 是同一域 K 上的两个赋范空间,T 是 X 到 Y 的映射(在泛函分析中习惯称为算子),满足:(1) 对任何 $\alpha,\beta\in K$, $x,y\in X$,有 $T(\alpha x+\beta y)=\alpha T(x)+\beta T(y)$;(2) 对每个 $x\in X$ 与每个 $\varepsilon>0$,存在 $\delta>0$,使当 $\|y-x\|<\delta$ 时,有 $\|Ty-Tx\|<\varepsilon$;则称 T 为 X 到 Y 的**连续线性算子**. 如果只满足条件(1),则称为**线性算子**. 条件(2)刻划了 T 的连续性.

定理 1　赋范空间 X 到赋范空间 Y 的线性算子 T 为连续的,其必要充分条件是:存在正数 K,使对一切 $x\in X$,有 $\|Tx\|\leqslant K\|x\|$.

满足定理 1 中条件的线性算子,称为**有界线性算子**. 这一定理表明,对于赋范空间之间的线性算子,连续性与有界性是等价的.

令 $\mathscr{B}(X;Y)$ 是 X 到 Y 的一切连续线性算子构成的集. 对 $S,T\in\mathscr{B}(X;Y)$, $\alpha\in K$,令 $S+T$ 为由 $(S+T)(x)=S(x)+T(x)$ 确定的线性算子,αS 为由 $(\alpha S)(x)=\alpha S(x)$ 确定的线性算子,则 $\mathscr{B}(X;Y)$ 关于这样定义的加法与标量乘法成为 K 上的一个线性空间. 对 $T\in\mathscr{B}(X;Y)$,令

$$\|T\| = \inf\{K: \|Tx\|\leqslant K\|x\| \text{ 对一切 } x\in X \text{ 成立}\}.$$

定理 2　设 X,Y 是同一域 K 上的赋范空间,且 Y 是巴拿赫空间,则 $\|T\|$ 是 $\mathscr{B}(X;Y)$ 上的一个范数,$\mathscr{B}(X;Y)$ 关于这一范数是巴拿赫空间.

定理 3　
$$\begin{aligned}\|T\| &= \sup\left\{\frac{\|Tx\|}{\|x\|}: x\in X, x\neq 0\right\}\\ &= \sup\{\|Tx\|: x\in X, \|x\|\leqslant 1\}\\ &= \sup\{\|Tx\|: x\in X, \|x\|=1\}.\end{aligned}$$

定义 4　巴拿赫空间 X 到 K 上的连续线性算子,称为 X 上的**连续线性泛函**(或**有界线性泛函**). X 上一切连续线性泛函构成的巴拿赫空间 $\mathscr{B}(X;K)$,称为 X 的**对偶空间或共轭空间**,记作 X^* 或 X'.

定义 5 设 X,Y 是两个巴拿赫空间. 如果存在 X 到 Y 上的线性一一映射 φ,使对每个 $x\in X$,有 $\|\varphi(x)\|=\|x\|$,则称 φ 为 X 到 Y 上的一个**保范同构**. 存在一个保范同构的两个巴拿赫空间称为**同构的**. X 与 Y 同构记作 $X\cong Y$.

定理 4 $(\boldsymbol{R}^n)^*\cong\boldsymbol{R}^n,(\boldsymbol{C}^n)^*\cong\boldsymbol{C}^n$.

$(c_0)^*\cong l^1,(c)^*\cong l^1$.

$(l^p)^*\cong l^q,(L^p[a,b])^*\cong L^q[a,b]\left(\dfrac{1}{p}+\dfrac{1}{q}=1\text{,当 } p=1\text{ 时,理解为 } q=+\infty\right)$.

$(C[a,b])^*\cong$在$[a,b]$上有界变差且满足 $f(a)=0,f(t+0)=f(t)(a<t<b)$ 的一切函数 f 所构成的巴拿赫空间.

14.5.3 巴拿赫空间中的收敛性

定义 6 设 X 是巴拿赫空间,$\{x_n\}_{n=1}^{\infty}$ 是 X 中的序列. 如果存在 $x\in X$,使得 $\lim\limits_{n\to\infty}\|x_n-x\|=0$,则称$\{x_n\}_{n=1}^{\infty}$ **强收敛**于 x. 如果存在 $x\in X$,使对每个 $f\in X^*$,有 $\lim\limits_{n\to\infty}f(x_n)=f(x)$,则称$\{x_n\}_{n=1}^{\infty}$ **弱收敛**于 x.

定理 5 强收敛蕴涵弱收敛,但反之不然.

定义 7 设 X 是巴拿赫空间,$\{T_n\}_{n=1}^{\infty}$是 $\mathscr{B}(X;X)$中的序列. 如果存在$T\in\mathscr{B}(X;X)$,使得$\lim\limits_{n\to\infty}\|T_n-T\|=0$,则称$\{T_n\}_{n=1}^{\infty}$ **一致收敛**或**依范数收敛**于 T. 如果存在 $T\in\mathscr{B}(X;X)$,使对每个 $x\in X$,序列$\{T_nx\}_{n=1}^{\infty}$在 X 中强收敛(或弱收敛)于 Tx,则称$\{T_n\}_{n=1}^{\infty}$**强收敛**(或**弱收敛**)于 T.

定理 6 对于 X 到 X 的算子序列,一致收敛蕴涵强收敛,强收敛蕴涵弱收敛,但反之不然.

14.5.4 线性泛函分析的基本定理

定理 7(哈恩-巴拿赫延拓定理) 设 E 是赋范线性空间 X 的线性子空间,f 是 E 上的连续线性泛函,则存在 X 上的连续线性泛函 $\tilde{f}$,使得 $\tilde{f}|E=f$,即对一切 $x\in E$,有 $\tilde{f}(x)=f(x)$;且 $\|\tilde{f}\|=\|f\|$.

定理 8 设 X 是巴拿赫空间,则对每个 $x\in X$,有

$$\|x\|=\sup\{|f(x)|:f\in X^*,\|f\|=1\}.$$

注意到由定理 3,对每个 $f\in X^*$,有

$$\|f\|=\sup\{|f(x)|:x\in X,\|x\|=1\}.$$

这个式子与定理 8 中的式子之间具有鲜明的对偶性.

定理 9(一致有界性原理,或巴拿赫-施坦豪斯定理) 设 X 是巴拿赫空间,Y 是赋范空间,$\{T_\lambda:\lambda\in I\}$是 X 到 Y 的连续线性算子组成的一个集,满足:对每个$x\in X$,$\{\|T_\lambda x\|:\lambda\in I\}$是有界集,则$\{T_\lambda:\lambda\in I\}$是一致有界的,即$\{\|T_\lambda\|:\lambda\in I\}$是有界集.

定理 10(开映射定理) 设 X,Y 是巴拿赫空间,T 是从 X 到 Y 上的连续线性算

子，则 T 把 X 中的开集映射为 Y 中的开集.（如果一个映射把开集映为开集，则称为**开映射**.本定理以此得名.）

定理 11（逆算子定理） 设 X,Y 是巴拿赫空间，T 是从 X 到 Y 上的连续线性一一映射，则 T 的逆映射 T^{-1} 也是连续线性算子.

定理 12（闭图象定理） 设 X,Y 是巴拿赫空间，T 是 X 到 Y 中的线性算子，且 T 的图象 $\{(x,Tx):x\in X\}$ 是积空间 $X\times Y$ 中的闭集，则 T 是连续线性算子.

14.5.5 巴拿赫空间之间连续映射的导数

定义 8 设 X,Y 是两个巴拿赫空间（同为实的或复的），G 是 X 的开子集. $x\in G$，φ 是 G 到 Y 的连续映射. 如果存在 X 到 Y 的连续线性映射 $u(x)$，使当 $h\in X$，$x+h\in G$，$\|h\|\to 0$ 时，有

$$\lim_{\|h\|\to 0}\frac{\|\varphi(x+h)-\varphi(x)-u(x)h\|}{\|h\|}=0,$$

则称映射 φ 在点 x 是**可微的**，称 $u(x)\in\mathscr{L}(X;Y)$ 为映射 φ 在点 x 的**导数**（或**弗雷歇导数**），记作 $\varphi'(x)$ 或 $D\varphi(x)$.

例 6 设 $u\in\mathscr{L}(X;Y)$，则 u 在每点 $x\in X$ 可微，且 $u'(x)=u$.

例 7 设 $\varphi:\boldsymbol{R}^n\to\boldsymbol{R}^m$ 由 $x=(x_1,x_2,\cdots,x_n)$ 的 m 个函数

$$y_i=y_i(x_1,x_2,\cdots,x_n)\,(i=1,2,\cdots,m)$$

确定. 如果这 m 个函数具有连续的一阶偏导数，则当选定 $\boldsymbol{R}^n$ 和 $\boldsymbol{R}^m$ 的自然基之后，φ 在 x 处的导数 $\varphi'(x)$ 就是由雅可比矩阵

$$\frac{D(y_1,y_2,\cdots,y_m)}{D(x_1,x_2,\cdots,x_n)}=\left(\frac{\partial y_k}{\partial x_j}\right)_{m\times n}$$

所确定的 $\boldsymbol{R}^n$ 到 $\boldsymbol{R}^m$ 的线性变换.

14.5.6 希尔伯特空间的定义与例

定义 9 设 X 是复线性空间. 如果对 X 中任何一对元 x,y，有唯一的复数 $(x|y)$ 与之对应，并满足下列条件，则称 $(x|y)$ 为 x 与 y 的**内积**或**标量积**：

(1) 对任何 $x,y,z\in X$，有 $(x+y|z)=(x|z)+(y|z)$.

(2) 对任何 $x,y\in X,\alpha\in\boldsymbol{C}$，有 $(\alpha x|y)=\alpha(x|y)$.

(3) 对任何 $x,y\in X$，有 $(x|y)=\overline{(y|x)}$.

(4) 对任何 $x\in X$，有 $(x|x)\geqslant 0$，且仅当 $x=0$ 时 $(x|x)=0$.

如果 X 是实线性空间，则可同样地定义内积，只是此时 $(x|y)$ 是实数，(2) 中的 $\alpha\in\boldsymbol{R}$，(3) 中不出现共轭符号.

定义 10 赋予一个内积的线性空间，称为**内积空间**或**准希尔伯特空间**.

定理 13（施瓦茨不等式） 内积满足

$$|(x|y)|\leqslant\sqrt{(x|x)}\sqrt{(y|y)}.$$

定理 14 设 X 是内积空间.如果对 $x\in X$,令 $\|x\|=\sqrt{(x|x)}$,则 X 成为赋范空间.这样定义的范数还满足:

(1) $\|x+y\|^2+\|x-y\|^2=2(\|x\|^2+\|y\|^2)$.

这称为**平行四边形公式**,因为它的几何意义是平行四边形对角线长度平方之和等于四边平方之和.

(2) $(x|y)=\dfrac{1}{4}((\|x+y\|^2-\|x-y\|^2)+i(\|x+iy\|^2-\|x-iy\|^2))$.

定义 11 设 X 是内积空间,并且关于上面定义的范数是完全的,则称 X 为**希尔伯特空间**.

下列空间都是希尔伯特空间.

例 8 $\boldsymbol{R}^n$.对 $x=(x_1,x_2,\cdots,x_n)\in\boldsymbol{R}^n$,$y=(y_1,y_2,\cdots,y_n)\in\boldsymbol{R}^n$,令

$$(x\mid y)=\sum_{k=1}^{n}x_k y_k.$$

$\boldsymbol{C}^n$.对 $x=(x_1,x_2,\cdots,x_n)\in\boldsymbol{C}^n$,$y=(y_1,y_2,\cdots,y_n)\in\boldsymbol{C}^n$,令

$$(x\mid y)=\sum_{k=1}^{n}x_k\bar{y}_k.$$

例 9 l^2.对 $x=\{x_n\}_{n=1}^{\infty}\in l^2$,$y=\{y_n\}_{n=1}^{\infty}\in l^2$,令

$$(x\mid y)=\sum_{n=1}^{\infty}x_n\bar{y}_n.$$

例 10 $L^2[a,b]$.对 $x,y\in L^2[a,b]$,令

$$(x\mid y)=\int_a^b x(t)\,\overline{y(t)}\,dt.$$

14.5.7 正交投影

定义 12 设 X 是内积空间,$x,y\in X$.如果 $(x|y)=0$,则称 x 与 y **正交**.设 $E\subset X$,如果对一切 $y\in E$ 有 $(x|y)=0$,则称 x 正交于 E.设 $E,F\subset X$,如果对每个 $x\in E$,$y\in F$,有 $(x|y)=0$,则称 E 与 F 正交.正交常记作 $\perp$.

定理 15(投影定理) 设 X 是内积空间,H 是 X 的完全线性子空间,则对每个 $x\in X$,存在唯一的 $x_H\in H$,使得 $(x-x_H)\perp H$.此时有

$$\|x-x_H\|=d(x,H)=\inf\{\|x-y\|:y\in H\}.$$

其中 $d(x,H)$ 是 x 到 H 的距离.

定义 13 上述定理中的 x_H,称为 x 在 H 上的**正交投影**.如果对每个 $x\in X$,令 $P_H(x)=x_H$,则称 P_H 为 X 到 H 的**投影算子**.$H^\perp=\{x:P_H(x)=0\}$ 称为 H 的**正交补空间**.

定理 15 表明,如果令 $\tilde{x}=x-x_H$,则每个 $x\in X$ 可唯一地分解为 $x=x_H+\tilde{x}$,其中 $x_H\in H$,$\tilde{x}\in H^\perp$.这表明 X 是 H 与 $H^\perp$ 的直和(关于直和的概念,参看 5.4.3,其中的

定义也适用于一般的线性空间),即 $X=H\oplus H^{\perp}$.

定理 16(里斯表示定理) 对内积空间 X 上的每个连续线性泛函 f,存在唯一的 $y_f\in X$,使对每个 $x\in X$,有 $f(x)=(x|y_f)$,并且 $\|f\|=\|y_f\|$.

14.5.8 伴随算子

定义 14 设 X 是希尔伯特空间,T 是 X 到 X 的连续线性算子. 对每个 $y\in X$,作 $f_y(x)=(Tx|y),x\in X$. f_y 是 X 上的连续线性泛函. 由定理 16,存在 $\tilde{y}\in X$,使对一切 $x\in X$,有 $f_y(x)=(x|\tilde{y})$. 令 $\tilde{y}=T^*y$,则 T^* 也是 X 到 X 的连续线性算子,称为 T 的**伴随算子**或**共轭算子**. 联系 T 与 T^* 的基本关系是:对任何 $x,y\in X$,有

$$(Tx\mid y)=(x\mid T^*y).$$

例 11 对于 n 维酉空间 U,取定一组基后,U 到 U 的线性变换 T 就由关于所给基的矩阵 $(t_{kj})_{n\times n}$ 决定(参看 5.5.2). 此时伴随变换 T^* 关于所给基的矩阵为 $(\bar{t}_{jk})_{n\times n}$,即 T 的矩阵的共轭转置矩阵.

对于 n 维欧几里得空间,T^* 的矩阵是 T 的矩阵的转置矩阵.

例 12 设 $K(s,t)$ 是 $[a,b]\times[a,b]$ 上的勒贝格可积(复值)函数,T 是 $L^2[a,b]$ 到 $L^2[a,b]$ 的连续线性算子,其定义为:对 $x\in L^2[a,b]$,

$$(Tx)(s)=\int_a^b K(s,t)x(t)dt,s\in[a,b].$$

此时,T 的伴随算子 T^* 为:对 $y\in L^2[a,b]$,

$$(T^*y)(s)=\int_a^b \overline{K(t,s)}y(t)dt,s\in[a,b].$$

定理 17 设 X 是希尔伯特空间,S,T 是 X 到 X 的连续线性算子,$\alpha\in\mathbf{C}$,则

$$(S+T)^*=S^*+T^*,(\alpha T)^*=\bar{\alpha}T^*,$$
$$(T^*)^*=T,(S\circ T)^*=T^*\circ S^*,$$
$$\|T^*\|=\|T\|.$$

定义 15 设 X 是希尔伯特空间,T 是 X 到 X 的连续线性算子. 如果 $T^*=T$,则称 T 为**自伴算子**,也称**自共轭算子**或**埃尔米特算子**. 如果 $T^*\circ T=T\circ T^*$(其中$\circ$表示映射的复合),则称 T 为**正规算子**. 如果 $T^*\circ T=T\circ T^*=I$(I 是恒同算子,即对每个 $x\in X$ 有 $I(x)=\boldsymbol{x}$),则称 T 为**酉算子**.

设 T 是 X 到 Y 的算子,在泛函分析中,常把 T 的核 $T^{-1}[\{0\}]=\{x:Tx=0\}$ 记作 $\mathcal{N}(T)$. T 的值域则仍记为 $\mathcal{R}(T)$,即 $\mathcal{R}(T)=\{y$:存在 $x\in X$,使 $y=Tx\}$.

定理 18 设 T 是希尔伯特空间 X 到自身的连续线性算子,则

$$\mathcal{N}(T^*)=\mathcal{R}(T)^{\perp},\mathcal{N}(T)=\mathcal{R}(T^*)^{\perp}.$$

定理 19 设 T 是希尔伯特空间 X 到自身的连续线性算子,则 T 为正规算子的必要充分条件是对每个 $x\in X$,有 $\|Tx\|=\|T^*x\|$. T 为酉算子的必要充分条件是 $\mathcal{R}(T)=X$ 且对任何 $x,y\in X$ 有 $(Tx|Ty)=(x|y)$;与之等价的条件是 $\mathcal{R}(T)=X$ 且对

任何 $x\in X$ 有 $\|Tx\|=\|x\|$.

定理 20 希尔伯特空间 X 到自身的连续线性算子 T 为投影算子的必要充分条件是 T 为自伴算子且 $T^2=T\circ T=T$(后一性质称为**幂等性**).

14.5.9 正交系

定义 16 设 S 是希尔伯特空间 X 的子集,S 的元都不是零元,且 S 中任何两个不同的元都正交,则称 S 为 X 中的一个**正交系**.如果还有对于一切 $x\in S$, $\|x\|=1$,则称 S 为**规范正交系**.设 S 是规范正交系,且 S 的元的一切有限线性组合在 X 中稠密,即对每个 $x\in X$ 与每个 $\varepsilon>0$,存在 S 的元 $s_1,s_2,\cdots,s_n$ 与数 $\alpha_1,\alpha_2,\cdots,\alpha_n$,使得 $\left\|x-\sum\limits_{k=1}^{n}\alpha_k s_k\right\|<\varepsilon$,则称 S 为**完全规范正交系**.

例 13 三角函数系

$$\frac{1}{\sqrt{2\pi}};\frac{1}{\sqrt{\pi}}\cos nt,\frac{1}{\sqrt{\pi}}\sin nt\ (n=1,2,\cdots)$$

是 $L^2[0,2\pi]$ 中的完全规范正交系.

例 14 埃尔米特函数系

$$\left(\frac{1}{2^n n!\sqrt{\pi}}\right)^{1/2}e^{-t^2/2}H_n(t)\ (n=0,1,2,\cdots)$$

是 $L^2(\boldsymbol{R})$ 中的完全规范正交系.其中 $H_n(t)=(-1)^n e^{t^2}\dfrac{d^n}{dt^n}e^{-t^2}$ 是埃尔米特多项式.

定义 17 设 $S=\{s_n\}_{n=1}^{\infty}$ 是希尔伯特空间 X 中的规范正交系,$x\in X$,则级数 $\sum\limits_{n=1}^{\infty}(x\mid s_n)s_n$ 称为 x 关于 S 的**傅里叶级数**;$(x\mid s_n)$ 称为 x 关于 S 的**傅里叶系数**.

定理 21(贝塞尔不等式) 设 $\{s_n\}_{n=1}^{\infty}$ 是希尔伯特空间 X 中的规范正交系,则对任一 $x\in X$,有

$$\sum_{n=1}^{\infty}|(x\mid s_n)|^2\leqslant\|x\|^2.$$

定理 22 希尔伯特空间 X 中的规范正交系 $\{s_n\}_{n=1}^{\infty}$ 为完全系的必要充分条件是:对每个 $x\in X$,有

$$\sum_{n=1}^{\infty}|(x\mid s_n)|^2=\|x\|^2$$

(这称为**帕塞瓦尔等式**).此时,对每个 $x\in X$,有

$$x=\sum_{n=1}^{\infty}(x\mid s_n)s_n.$$

这表明 X 中每个元素可以(对于 X 上的度量)展开为关于完全规范正交系的傅里叶级数.

设 $\{a_n\}_{n=1}^{\infty}$ 是内积空间 X 中的线性无关向量系,则 §5.8.2 中叙述的规范正交化

方法也运用于可数个向量. 由此就有下面的定理.

定理 23 对于内积空间 X 中可数个线性无关的向量 $a_1, a_2, \cdots, a_n, \cdots$, 通过格拉姆-施密特规范正交化过程, 可得 X 中的规范正交系 $\{s_1, s_2, \cdots, s_n, \cdots\}$, 使得 $\{a_n\}_{n=1}^{\infty}$ 与 $\{s_n\}_{n=1}^{\infty}$ 所生成的线性子空间相同.

例 15 在空间 $L^2[-1,1]$ 中把函数系

$$1, t, t^2, \cdots, t^n, \cdots$$

规范正交化所得的函数系是勒让德多项式系

$$P_0(t) = 1, P_n(t) = \frac{1}{2^n n!}\frac{d^n}{dt^n}(t^2-1)^n \quad (n = 1, 2, \cdots).$$

定义 18 设 X, Y 是两个希尔伯特空间. 如果存在 X 到 Y 上的线性一一映射 φ, 使对任何 $x, y \in X$, 有 $(\varphi(x)|\varphi(y)) = (x|y)$, 则称 φ 为 X 到 Y 上的一个**同构**. 存在一同构的两个希尔伯特空间称为**同构的**.

定理 24 无限维可分希尔伯特空间同构于数列空间 l^2.

14.5.10 谱

定义 19 设 T 是复赋范空间 X 到 X 中的线性算子(也允许其定义域为 X 的某个线性子空间), $\lambda \in \boldsymbol{C}$, I 表示恒同算子. 如果 $\lambda I - T$ 是 X 到 X 的一一映射, 且其逆算子 $(\lambda I - T)^{-1}$ 是连续线性算子, 则称 λ 为 T 的**正则值**. T 的一切正则值组成的集, 称为 T 的**正则集**, 记作 $\rho(T)$. 当 $\lambda \in \rho(T)$ 时, 称 $R_\lambda(T) = (\lambda I - T)^{-1}$ 为 T 的**预解算子**. $\rho(T)$ 在 $\boldsymbol{C}$ 中的**补集** $\boldsymbol{C} \backslash \rho(T)$, 称为 T 的**谱**, 记作 $\sigma(T)$. $\sigma(T)$ 中的复数称为 T 的**谱值**. $\sigma(T)$ 又可分解成三部分:

(1) 使得 $\mathscr{N}(\lambda I - T) \neq \{0\}$ 的一切谱值 λ 构成的集. 这称为 T 的**点谱**, 记作 $\sigma_P(T)$. 属于点谱的复数 λ, 称为 T 的**本征值**或**特征值**. 也可把本征值 λ 定义为这样的复数: 存在 $x \in X, x \neq 0$, 使得 $Tx = \lambda x$. 这样的 x 就是 $\mathscr{N}(\lambda I - T)$ 的非零元, 称为 T 的对应于本征值 λ 的**本征向量**或**特征向量**. $\mathscr{N}(\lambda I - T)$ 称为对应于本征值 λ 的**本征空间**.

(2) 使得 $(\lambda I - T)^{-1}$ 的定义域在 X 中稠密, 但 $(\lambda I - T)^{-1}$ 不连续的一切谱值 λ 构成的集. 这称为 T 的**连续谱**, 记作 $\sigma_C(T)$.

(3) 使得 $(\lambda I - T)^{-1}$ 的定义域在 X 中不稠密的一切谱值 λ 构成的集. 这称为 T 的**剩余谱**, 记作 $\sigma_R(T)$.

定理 25 设 T 是巴拿赫空间 X 到自身的连续线性算子, 则 $\lambda \in \sigma(T)$ 的必要充分条件是 $\mathscr{N}(\lambda I - T) \neq \{0\}$ 或 $\mathscr{R}(\lambda I - T) \neq X$. 第一种情形, λ 是本征值; 第二种情形, $(\lambda I - T)x = 0$ 只有零解, 但方程 $(\lambda I - T)x = y$ 并非对每个 $y \in X$ 都有解.

定理 26 非平凡的(即不是只有零元的)巴拿赫空间 X 到自身的连续线性算子必有谱值.

定理 27(**盖尔范德**) 设 T 是巴拿赫空间 X 到自身的连续线性算子, 则 $\sigma(T)$ 是复平面上的有界闭集, 且

$$\sup\{|\lambda|:\lambda\in\sigma(T)\}=\lim_{n\to\infty}\sqrt[n]{\|T^n\|},$$

其中 $T^n=T\circ T\circ\cdots\circ T$($n$ 个因子).等式左边的数称为 T 的**谱半径**.

14.5.11 紧算子的谱分析

定义 20 设 T 是赋范空间 X 到赋范空间 Y 的线性算子,且对 X 中任一有界序列$\{x_n\}_{n=1}^{\infty}$,存在子序列$\{x_{n_k}\}_{k=1}^{\infty}$,使得$\{Tx_{n_k}\}_{k=1}^{\infty}$在 Y 中收敛,则称 T 为**紧算子**或**全连续算子**.

例 16 设 $K(s,t)$是$[a,b]\times[a,b]$上的连续函数,类似于例 12 定义算子 $T:C[a,b]\to C[a,b]$,即对 $x\in C[a,b]$,

$$(Tx)(s)=\int_a^b K(s,t)x(t)dt,s\in[a,b],$$

则 T 是紧算子.

例 17 设例 12 中的 $K(s,t)$满足

$$\int_a^b\int_a^b |K(s,t)|^2 dsdt<+\infty,$$

则当把 T 看作希尔伯特空间 $L^2[a,b]$到自身的线性算子时,它也是紧算子.

定理 28 设 T 是巴拿赫空间 X 上的紧算子,则:

(1) $\sigma(T)$是有限集或可数集.

(2) 当 X 为无限维时,$0\in\sigma(T)$;$\sigma(T)$中除 0 之外的点都是 $\sigma(T)$的孤立点(即存在该点的与 $\sigma(T)$不相交的邻域).

(3) T 的非零谱值必为本征值,此时相应的本征空间必是有限维的.

(4) 设 $\lambda_1,\lambda_2,\cdots,\lambda_n$ 是两两不相等的本征值,$x_1,x_2,\cdots,x_n$ 分别是相应的本征向量,则$\{x_1,x_2,\cdots,x_n\}$是线性无关的.

定理 29 设 T 是(复)希尔伯特空间 X 到自身的紧算子,则

(1) T^* 也是 X 到自身的紧算子.

(2) $\sigma(T^*)=\{\bar{\lambda}:\lambda\in\sigma(T)\}$(这可简记为 $\sigma(T^*)=\overline{\sigma(T)}$),且 T 关于本征值 λ 的本征空间与 T^* 关于 $\bar{\lambda}$ 的本征空间的维数相等.

(3) 如果 $\lambda\notin\sigma(T)$,则方程$(\lambda I-T)x=y$ 对每个 $y\in X$ 有唯一解.

(4) 如果 $\lambda\in\sigma(T)$,$\lambda\neq0$,则对 $y\in X$,方程$(\lambda I-T)x=y$ 有解的必要充分条件是 y 正交于 T^* 对应于 $\bar{\lambda}$ 的一切本征向量,即 y 正交于齐次方程$(\bar{\lambda}I-T^*)x=0$ 的一切解.类似地,方程$(\bar{\lambda}I-T^*)x=y$ 有解的必要充分条件是 y 正交于齐次方程$(\lambda I-T)x=0$的一切解.

定理 30 设 T 是(复)希尔伯特空间 X 上的紧自伴算子,则 T 的谱值都是实数;对应不同本征值的本征空间互相正交.

14.5.12 广义函数的定义与例

定义 21 设 $\varphi(x_1,x_2,\cdots,x_n)$是定义在 $\boldsymbol{R}^n$ 上的复值函数,则集

$$\{(x_1,x_2,\cdots,x_n):\varphi(x_1,x_2,\cdots,x_n)\neq 0\}$$

的闭包，称为 φ 的**支集**，记作 $\mathrm{supp}(\varphi)$.

以下把 $(x_1,x_2,\cdots,x_n)$ 记作 x，把 $(\alpha_1,\alpha_2,\cdots,\alpha_n)$ 记作 α（α_k 都是非负整数），并令

$$|\alpha|=\sum_{k=1}^{n}\alpha_k,D^\alpha=\left(\frac{\partial}{\partial x_1}\right)^{\alpha_1}\left(\frac{\partial}{\partial x_2}\right)^{\alpha_2}\cdots\left(\frac{\partial}{\partial x_n}\right)^{\alpha_n}.$$

定义 22 以 $\mathscr{D}$ 表示一切在 $\boldsymbol{R}^n$ 上任意次可微且具有有界支集的复值函数构成的集. 用通常的逐点相加和逐点相乘的方法定义 $\mathscr{D}$ 中函数的加法以及 $\mathscr{D}$ 中函数与复数的乘法，由此 $\mathscr{D}$ 成为复线性空间. 再在 $\mathscr{D}$ 中引进如下的收敛概念：对 $\mathscr{D}$ 中的序列 $\{\varphi_n\}_{n=1}^{\infty}$ 和元素 φ，如果存在有界立方体

$$K=\{(x_1,x_2,\cdots,x_n):a_k\leqslant x_k\leqslant b_k,k=1,2,\cdots,n\},$$

使对一切 n，$\mathrm{supp}(\varphi_n)\subset K$，而且对任何 $\alpha=(\alpha_1,\alpha_2,\cdots,\alpha_n)$，序列 $\{D^\alpha(\varphi_n-\varphi)\}_{n=1}^{\infty}$ 一致收敛于零，则称 $\{\varphi_n\}_{n=1}^{\infty}$ 在 $\mathscr{D}$ 中收敛于 φ，记作 $\varphi_n\xrightarrow{\mathscr{D}}\varphi$. 定义了这些结构的 $\mathscr{D}$，称为**基本函数空间或检验函数空间**.

定义 23 $\mathscr{D}$ 上的连续线性泛函 T，称为 $\boldsymbol{R}^n$ 上的一个**广义函数**或**分布**. 这里连续是指：$\varphi_n\xrightarrow{\mathscr{D}}0$ 蕴涵数列 $\{T(\varphi_n)\}_{n=1}^{\infty}$ 趋于零.

例 18 设 f 是 $\boldsymbol{R}^n$ 上的可测函数，且在 $\boldsymbol{R}^n$ 的每个有界可测集上勒贝格可积，则称 f 为**局部可积函数**. 把几乎处处相等的局部可积函数看作同一元素，而 $\boldsymbol{R}^n$ 上的所有局部可积函数构成的线性空间记作 $\mathscr{L}$. 对每个 $f\in\mathscr{L}$，定义 T_f 如下：对 $\varphi\in\mathscr{D}$，令

$$T_f(\varphi)=\int_{\boldsymbol{R}^n}f(x)\varphi(x)dx.$$

其中积分是在整个空间（实际上是在一个有界闭集）上的勒贝格积分. T_f 是一个广义函数. $T_f=T_g$ 的必要充分条件是 $f=g$(a. e.). 因此可以把广义函数 T_f 看作同 f 一致，甚至就把 T_f 记为 f. 在这种意义下，通常的函数也可看作广义函数.

例 19 对 $\varphi\in\mathscr{D}$，令

$$\delta(\varphi)=\varphi(0).$$

这样定义的 δ 是一个广义函数，称为**狄拉克 $\boldsymbol{\delta}$ 函数**，也称为 **$\boldsymbol{\delta}$ 函数**. 也常采用形式积分的记号，把上面的定义写成

$$\int_{\boldsymbol{R}^n}\delta(x)\varphi(x)dx=\varphi(0).$$

特别在一维情形，就是

$$\int_{-\infty}^{+\infty}\delta(x)\varphi(x)dx=\varphi(0).$$

14.5.13 广义函数的导数

定义 24 设 T 是广义函数，定义 $\mathscr{D}$ 上的线性泛函 $\partial T/\partial x_k$ 如下：对每个 $\varphi\in\mathscr{D}$，有

$$\frac{\partial T}{\partial x_k}(\varphi) = T\left(-\frac{\partial \varphi}{\partial x_k}\right).$$

$\partial T/\partial x_k$也是一个广义函数,称为 T 对 x_k 的**偏导数**(在一维情形,称为**导数**,并相应地改用导数记号).

这一定义导源于下述事实:设 f 是 $\boldsymbol{R}^n$ 上具有紧支集的连续可微函数,则由分部积分公式,对任何 $\varphi\in\mathscr{D}$,有

$$\int_{\boldsymbol{R}^n}\frac{\partial f}{\partial x_k}\varphi dx = -\int_{\boldsymbol{R}^n} f\frac{\partial \varphi}{\partial x_k}dx.$$

如果按例 18 中的方法使 f 等同于广义函数 T_f,使$\partial f/\partial x_k$等同于广义函数 $T_{\partial f/\partial x_k}$,后者又可自然地看作$\partial T_f/\partial x_k$,则上式就成为

$$\frac{\partial T_f}{\partial x_k}(\varphi) = T_f\left(-\frac{\partial \varphi}{\partial x_k}\right).$$

显然这个式子可推广到任何广义函数 T 上.

由上面的定义可得,一般地,对 $\alpha=(\alpha_1,\alpha_2,\cdots,\alpha_n)$,$D^\alpha T$ 是由下式确定的广义函数:对 $\varphi\in\mathscr{D}$,

$$(D^\alpha T)(\varphi) = T((-1)^{|\alpha|}D^\alpha\varphi).$$

例 20 对于赫维赛德函数

$$H(x) = \begin{cases}1 & (x>0),\\ 0 & (x\leqslant 0),\end{cases}$$

由于它是局部可积的,所以可看成广义函数.对 $\varphi\in\mathscr{D}$,有

$$\int_{-\infty}^{\infty}H(x)\varphi'(x)dx = \int_0^{+\infty}\varphi'(x)dx = -\varphi(0) = -\delta(\varphi).$$

所以由上面的定义,$dH/dx=\delta$ 或 $H'=\delta$,这里 δ 就是例 19 中定义的 δ 函数(一维情形).

例 21 考虑一维情形的 δ 函数,此时 δ' 的定义是:对 $\varphi\in\mathscr{D}$,$\delta'(\varphi)=-\varphi'(0)$.采用形式积分的记号,就有

$$\int_{-\infty}^{+\infty}\delta'(x)\varphi(x)dx = -\varphi'(0).$$

定义 25 设 $\{T_n\}_{n=1}^{\infty}$ 是广义函数序列,T 是广义函数.如果对每个 $\varphi\in\mathscr{D}$,有 $\lim\limits_{n\to\infty}T_n(\varphi)=T(\varphi)$,则称 $\{T_n\}_{n=1}^{\infty}$ 在广义函数空间 $\mathscr{D}^*$ 中收敛于 T,记作 $T_n\xrightarrow{\mathscr{D}^*}T$.

例 22 设 $\varepsilon_n>0$,$\lim\limits_{n\to\infty}\varepsilon_n=0$,令

$$f_n(x) = \begin{cases}0 & (x\leqslant 0, x\geqslant\varepsilon_n),\\ \dfrac{1}{\varepsilon_n} & (0<x<\varepsilon_n),\end{cases}$$

把 f_n 看作广义函数,有 $f_n\xrightarrow{\mathscr{D}^*}\delta$.这就给出了 δ 函数的一种直观解释:δ 函数是形如

f_n 这样的脉冲式函数的极限.

定理 31 (1) 广义函数存在任何阶偏导数,它们都是广义函数.广义函数的混合偏导数与求导次序无关.

(2) 如果广义函数序列 $T_n \xrightarrow{\mathscr{D}^*} T$,则对任何 $\alpha=(\alpha_1,\alpha_2,\cdots,\alpha_n)$,有

$$D^\alpha T_n \xrightarrow{\mathscr{D}^*} D^\alpha T.$$

这表明广义函数的求导运算与极限运算可以交换.

(3) 设 $\{T_n\}_{n=1}^{\infty}$ 是广义函数序列,且对每个 $\varphi\in\mathscr{D}$, $\lim\limits_{n\to\infty}T_n(\varphi)$ 存在,则存在广义函数 T,使得 $T_n \xrightarrow{\mathscr{D}^*} T$.

14.5.14 广义函数的卷积与傅里叶变换

定义 26 设 T 是广义函数,U 是 $\boldsymbol{R}^n$ 中的开集,如果对每个满足 $\mathrm{supp}(\varphi)\subset U$ 的 $\varphi\in\mathscr{D}$,有 $T(\varphi)=0$,则称 T 在 U 上等于零.设 W 是使得 T 在其上等于零的一切开集的并,则 W 的补集称为 T 的**支集**,记作 $\mathrm{supp}(T)$.

定义 27 设 T 是广义函数,$\varphi\in\mathscr{D}$,则 T 与 φ 的**卷积** $T*\varphi$ 定义为如下的 C^∞ 函数:

$$(T*\varphi)(x) = T_y(\varphi(x-y)).$$

式中的 T_y 表示 T 是对变量 y 作用的,此时 x 看作参数.

如果 f,g 是 $\boldsymbol{R}^n$ 上具有有界支集的可积函数,则 f 与 g 的卷积 $f*g$ 的定义是

$$(f*g)(x) = \int_{\boldsymbol{R}^n} f(x-y)g(y)dy = \int_{\boldsymbol{R}^n} f(y)g(x-y)dy.$$

如果把 f 看作广义函数,则这一定义与上面所给的广义函数与检验函数的卷积的定义一致.因此,上面的定义是两个函数的卷积的定义的自然的推广.

对 $\varphi\in\mathscr{D}$,令 $\check{\varphi}$ 为:$\check{\varphi}(x)=\varphi(-x)$.对广义函数 T,令广义函数 $\check{T}$ 为:对每个 $\varphi\in\mathscr{D}$,有

$$\check{T}(\varphi) = T(\check{\varphi}).$$

设 S,T 是两个广义函数,其中至少有一个(例如 S)具有有界支集,则 S 与 T 的**卷积 $S*T$** 定义为如下的广义函数:对 $\varphi\in\mathscr{D}$,有

$$(S*T)(\varphi) = S(\check{T}*\varphi).$$

定理 32 广义函数的卷积具有下列性质:

(1) $\mathrm{supp}(S*T)\subset\mathrm{supp}(S)+\mathrm{supp}(T)$(右边的和定义为集

$$\{x+y: x\in\mathrm{supp}(S), y\in\mathrm{supp}(T)\}).$$

(2) 设广义函数序列 $S_n \xrightarrow{\mathscr{D}^*} S$,广义函数序列 $T_n \xrightarrow{\mathscr{D}^*} T$,且存在有界集 K,使对一切 $n=1,2,\cdots$,有 $\mathrm{supp}(T_n)\subset K$,则 $S_n*T_n \xrightarrow{\mathscr{D}^*} S*T$.

(3) $D^\alpha(S*T)=S*(D^\alpha T)=(D^\alpha S)*T$.

(4) 对任何广义函数 T,有 $T*\delta=T$.

定义 28 设 φ 是 C^∞ 函数,并且满足:对任何非负整数 m,k,有

$$|\varphi|_{m,k}=\sup_{x\in R^n}(1+|x|^2)^k\sum_{|\alpha|\leqslant m}|D^\alpha\varphi(x)|<+\infty,$$

则称 φ 为在无穷远处衰减的 C^∞ 函数. 考虑由所有这样的函数构成的线性空间 $\mathscr{S}$. $\mathscr{S}$ 上的连续线性泛函,称为**缓增广义函数**.

定义 29 对 $\varphi\in\mathscr{D}$,定义 φ 的傅里叶变换 $\hat{\varphi}$ 为

$$\hat{\varphi}(y)=\frac{1}{(2\pi)^{n/2}}\int_{\boldsymbol{R}^n}\varphi(x)e^{-i(x|y)}dx,$$

其中$(x\mid y)$ 表示 $\boldsymbol{R}^n$ 中的内积:$(x\mid y)=\sum\limits_{k=1}^{n}x_ky_k$.

设 T 是缓增广义函数,则 T 的**傅里叶变换** $\hat{T}$ 定义为如下的广义函数:对每个 $\varphi\in\mathscr{D}$,有

$$\hat{T}(\varphi)=T(\hat{\varphi}).$$

定义 30 设 f 是 C^∞ 函数,T 是广义函数,则 f 与 T 的**积** fT 定义为如下的广义函数:对 $\varphi\in\mathscr{D}$,有$(fT)(\varphi)=T(f\varphi)$.

定理 33 广义函数的傅里叶变换具有下列性质:

(1) $(D^\alpha T)^\wedge=(iy)^\alpha\hat{T}$.

(2) $D^\alpha\hat{T}=((-ix)^\alpha T)^\wedge$.

(3) $(\hat{T})^\vee=(T^\vee)^\wedge$.

(4) $(\hat{T})^\wedge=\check{T}$.

定理 34 设 S 是满足某种在无穷远处急速衰减条件的广义函数,T 是缓增广义函数,则

$$(S*T)^\wedge=(2\pi)^{n/2}\hat{S}(y)\hat{T}.$$

粗略地说,这表明广义函数的卷积的傅里叶变换是各自的傅里叶变换的乘积. 这是傅里叶变换取得广泛应用的一个主要原因.

定理 35 (1) $\hat{\delta}=1,\hat{1}=\delta$.

(2) 设 P 是 $\boldsymbol{R}^n$ 上的任一多项式,则

$$(P(D)\delta)^\wedge=P,\hat{P}=P(-D)\delta.$$

其中 $P(D)$的意义是:对 P 中的项 $a_{\alpha_1\alpha_2\cdots\alpha_n}x_1^{\alpha_1}x_2^{\alpha_2}\cdots x_n^{\alpha_n}$,代之以

$$a_{\alpha_1\alpha_2\cdots\alpha_n}\frac{\partial^{|\alpha|}}{\partial x_1^{\alpha_1}\partial x_2^{\alpha_2}\cdots\partial x_n^{\alpha_n}}.$$

(3) 设 P 是 $\boldsymbol{R}^n$ 上的任一多项式,T 是广义函数,则

$$(P(D)T)^\wedge=P\hat{T},(PT)^\wedge=P(-D)\hat{T}.$$

这一定理可用于求偏微分方程的基本解(参看 9.10.2).

§14.6 微分流形

14.6.1 微分流形的定义与例

流形是欧几里得空间的推广. 每个流形局部地可看作欧几里得空间,而其各个局部又以适当的方式"粘接"起来.

定义 1 设 M 是一个豪斯多夫空间,集

$$\mathscr{A}=\{(U_\alpha,\varphi_\alpha):U_\alpha\text{ 是 }M\text{ 的开子集},\varphi_\alpha\text{ 是 }U_\alpha\text{ 到 }\boldsymbol{R}^n\text{ 中的开集 }\varphi_\alpha(U_\alpha)\text{ 上的同胚},\alpha\in I\}$$

满足下列条件:

(1) $\bigcup_{\alpha\in I}U_\alpha=M$.

(2) 如果$(U_\alpha,\varphi_\alpha),(U_\beta,\varphi_\beta)\in\mathscr{A},U_\alpha\cap U_\beta\neq\varnothing$,则

$$\varphi_\beta\circ(\varphi_\alpha^{-1}\mid\varphi_\alpha(U_\alpha\cap U_\beta)):\varphi_\alpha(U_\alpha\cap U_\beta)\to\varphi_\beta(U_\alpha\cap U_\beta)$$

是 C^r 类的(自然

$$\varphi_\alpha\circ(\varphi_\beta^{-1}\mid\varphi_\beta(U_\alpha\cap U_\beta)):\varphi_\beta(U_\alpha\cap U_\beta)\to\varphi_\alpha(U_\alpha\cap U_\beta)$$

也是 C^r 类的). 这称为 $\mathscr{A}$ 的**相容性**(参看图 14.6-1).

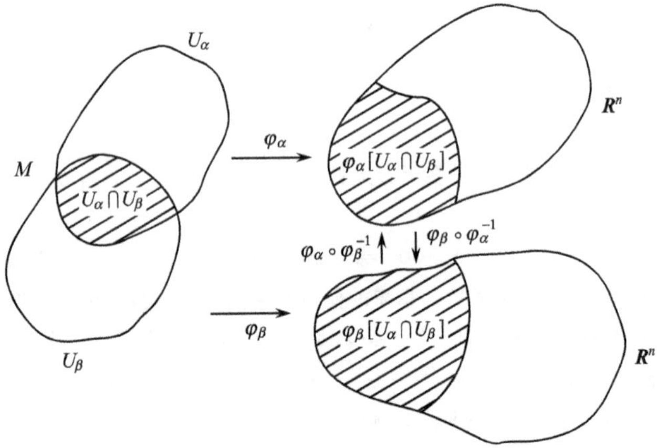

图 14.6-1

(3) 如果 U 是 M 的开子集,φ 是 U 到 $\boldsymbol{R}^n$ 中的开集 $\varphi(U)$上的同胚,且(U,φ)与 $\mathscr{A}$ 中任何$(U_\alpha,\varphi_\alpha)$相容,则必有$(U,\varphi)\in\mathscr{A}$. 这称为 $\mathscr{A}$ 的**极大性**.

此时,称$(M,\mathscr{A})$或 M 为一个 n 维 $\boldsymbol{C}^r$ **流形**. $(U_\alpha,\varphi_\alpha)$称为 M 的一个**坐标卡**或**坐标邻域**;对 $z\in U_\alpha$,令 $\varphi_\alpha(z)=(x^1(z),x^2(z),\cdots,x^n(z))$,称$(x^1(z),x^2(z),\cdots,x^n(z))$为

关于坐标卡$(U_\alpha,\varphi_\alpha)$的**局部坐标系**. 通常还对 M 附加具有可数的拓扑基或 M 是可分的可度量化空间的条件.

当 $r=0$ 时,$(M,\mathscr{A})$称为**拓扑流形**.

当 $1\leqslant r<+\infty$时,$(M,\mathscr{A})$称为 $\boldsymbol{C}^r$ **微分流形**,$\mathscr{A}$称为 $\boldsymbol{C}^r$ **微分结构**.

当 $r=+\infty$时,理解为(2)中的 $\varphi_\beta\circ(\varphi_\alpha^{-1}|\varphi_\alpha(U_\alpha\cap U_\beta))$具有各阶连续偏导数,此时$(M,\mathscr{A})$称为 $\boldsymbol{C}^\infty$ **微分流形**或**光滑微分流形**. 本节谈到流形时,如无特殊申明,均指光滑微分流形.

定义 2 如果把定义 1 条件(2)中的 C^r 类改为实解析(即函数

$$\varphi_\beta\circ(\varphi_\alpha^{-1}\mid\varphi_\alpha(U_\alpha\cap U_\beta))$$

在其定义域的每点的一个邻域中可展开为收敛的幂级数),则$(M,\mathscr{A})$称为**实解析流形**,$\mathscr{A}$称为**实解析结构**.

如果再把 $\boldsymbol{R}^n$ 改为 $\boldsymbol{C}^n$,则称$(M,\mathscr{A})$为**复解析流形**,$\mathscr{A}$称为**复解析结构**.

1 维复解析流形称为**黎曼面**.

例 1 设 $M=\boldsymbol{R}^n$,$U=M$,φ_U 为恒同映射,则$\{(U,\varphi_U)\}$确定了 $\boldsymbol{R}^n$ 上的一个微分结构,称为 $\boldsymbol{R}^n$ 上的**自然微分结构**或**典范微分结构**.

例 2 设

$$M=S^n=\left\{(x^0,x^1,\cdots,x^n):x^k\in\boldsymbol{R}(k=0,1,\cdots,n),\sum_{k=0}^n(x^k)^2=1\right\}$$

(称为 ***n* 维球面**). 取 $\boldsymbol{R}^{n+1}$ 中的基本单位向量 $e_0,e_1,\cdots,e_n$. 对 $x=\{x^0,x^1,\cdots,x^n\}\in S^n$, $x\neq e_0$,令 $\varphi_1(x)=\dfrac{x-x^0e_0}{1-x^0}$;对 $x=(x^0,x^1,\cdots,x^n)\in S^n$,$x\neq-e_0$,令 $\varphi_2(x)=\dfrac{x-x^0e_0}{1+x^0}$. $\varphi_1:S^n\setminus\{e_0\}\to\boldsymbol{R}^n$ 与 $\varphi_2:S^n\setminus\{-e_0\}\to\boldsymbol{R}^n$ 都是同胚. $\{(S^n\setminus\{e_0\},\varphi_1),(S^n\setminus\{-e_0\},\varphi_2)\}$确定了 S^n 上的一个解析流形结构.

例 3 在 $\boldsymbol{R}^{n+1}\setminus\{0\}$中定义关系$\sim$为:$x,y\in\boldsymbol{R}^{n+1}\setminus\{0\}$,$x\sim y$ 当且仅当存在非零实数λ,使得 $y=\lambda x$. 这是一个等价关系. 令 P^n 为$\boldsymbol{R}^{n+1}\setminus\{0\}$关于这个等价关系的商集. 记 $x=(x^0,x^1,\cdots,x^n)$所属的等价类为$[x]=[x^0,x^1,\cdots,x^n]$. 对 $k=0,1,\cdots,n$,令

$$U_k=\{[x^0,x^1,\cdots,x^n]:x^k\neq 0\},$$

$$\varphi_k([x])=\left(\frac{x^0}{x^k},\frac{x^1}{x^k},\cdots,\frac{x^n}{x^k}\right),$$

则$\{(U_k,\varphi_k):k=0,1,\cdots,n\}$确定了 P^n 上的一个微分结构. P^n 称为 ***n* 维射影空间**.

14.6.2 可微映射 微分同胚

定义 3 设 N,M 分别是 n,m 维微分流形,$f:N\to M$ 是连续映射. 如果对 N 的每个坐标卡(U,φ)与 M 的每个坐标卡(V,ψ),只要 $f[U]\subset V$,映射 $F=\psi\circ(f|U)\circ\varphi^{-1}$是 $\varphi[U]\subset\boldsymbol{R}^n$ 到 $\psi[V]\subset\boldsymbol{R}^m$ 的 r 阶连续可微映射,即 F 的 m 个分量具有各个 r 阶连续偏导数(或无穷次可微映射即 F 的 m 个分量具有任何阶连续偏导数),则称 f 为 N 到 M 的 ***r* 阶可微映射**,也称 $\boldsymbol{C}^r$ **映射**(或**无穷次可微映射**,也称 $\boldsymbol{C}^\infty$ **映射**). F 称为映射 f

关于坐标卡(U,φ)与(V,ψ)的局部表示.

定义 4 设 $f:N\to M$ 是一一映射,f 与 f^{-1} 都是 C^∞ 映射,则称 f 为 N 到 M 上的一个**微分同胚**.存在一个微分同胚的两个微分流形,称为**微分同胚的**.

例 4 令 $\boldsymbol{R}^n$ 中单位开球$\left\{x=(x^1,x^2,\cdots,x^n):\sum_{k=1}^{n}(x^k)^2<1\right\}$到 $\boldsymbol{R}^n$ 上的映射 f 为:$f(x)=\dfrac{2x}{1-\|x\|^2}$$\left(其中\ \|x\|^2=\sum_{k=1}^{n}(x^k)^2\right)$,则 f 是微分同胚.

14.6.3 切空间

定义 5 设 M 是 n 维微分流形,$x\in M$,以 $C^\infty(x)$表示在点 x 的某个邻域中为 C^∞ 的实值函数所构成的集.如果 $C^\infty(x)$到 $\boldsymbol{R}$ 的映射 X 满足下列条件,则称 X 为点 x 处的一个**切向量**:

(1) 对 $a,b\in\boldsymbol{R},f,g\in C^\infty(x)$,有

$$X(af+bg)=aX(f)+bX(g).$$

(2) 对 $f,g\in C^\infty(x)$,有

$$X(fg)=f(x)X(g)+g(x)X(f).$$

此时 $X(f)$(以下写为 Xf)称为 f 沿切向量 X 的**方向导数**.

定义 6 设$(x^1,x^2,\cdots,x^n)$为点 x 处关于坐标卡 $c=(U,\varphi_U)$的局部坐标系,定义 x 处的切向量$\left(\dfrac{\partial}{\partial x^k}\right)_x$$(k=1,2,\cdots,n)$如下:对 $f\in C^\infty(x)$,令

$$\left(\frac{\partial}{\partial x^k}\right)_x f=\frac{\partial}{\partial x^k}(f\circ\varphi_U^{-1})(\varphi_U(x)),$$

其中等式右边的$\dfrac{\partial}{\partial x^k}$就是普通的偏导数.

定理 1 M 在点 x 处的所有切向量关于通常的映射加法与数乘构成一个 n 维线性空间.取定 x 处的一个局部坐标系$(x^1,x^2,\cdots,x^n)$,则

$$\left\{\left(\frac{\partial}{\partial x^1}\right)_x,\left(\frac{\partial}{\partial x^2}\right)_x,\cdots,\left(\frac{\partial}{\partial x^n}\right)_x\right\}$$

是这个 n 维线性空间的一组基.

定义 7 上述定理中的 n 维线性空间,称为微分流形 M 在点 x 处的**切向量空间**,简称切空间,记作 $T_x(M)$.

$$\left\{\left(\frac{\partial}{\partial x^1}\right)_x,\left(\frac{\partial}{\partial x^2}\right)_x,\cdots,\left(\frac{\partial}{\partial x^n}\right)_x\right\}$$

称为 $T_x(M)$关于所给坐标卡或局部坐标系的**自然基**.

14.6.4 余切空间

定义 8 设 M 是 n 维微分流形,$x\in M$.对 $f\in C^\infty(x)$,定义 $T_x(M)$到 $\boldsymbol{R}$ 的线性映

射即 $T_x(M)$上的线性泛函$(df)_x$ 如下:对 $X\in T_x(M)$,有

$$(df)_x X = Xf.$$

$(df)_x$ 称为 f 在点 x 的**微分**. $C^\infty(x)$中函数在点 x 的微分的全体,构成 $T_x(M)$的对偶空间即 $T_x(M)$上一切线性泛函构成的线性空间 $T_x^*(M)$. $T_x^*(M)$称为 M 在点 x 处的**余切空间**,其元素也称为 M 在点 x 的**余切向量**.

定理 2 对 $f,g\in C^\infty(x),a,b\in\mathbf{R}$,有

$$(d(af+bg))_x = a(df)_x + b(dg)_x;$$
$$(d(fg))_x = f(x)(dg)_x + g(x)(df)_x.$$

定理 3 设$\{x^1,x^2,\cdots,x^n\}$是 M 在点 x 处关于坐标卡 $c=(U,\varphi_U)$的局部坐标系,则$\{(dx^1)_x,(dx^2)_x,\cdots,(dx^n)_x\}$是 $T_x^*(M)$的与

$$\left\{\left(\frac{\partial}{\partial x^1}\right)_x,\left(\frac{\partial}{\partial x^2}\right)_x,\cdots,\left(\frac{\partial}{\partial x^n}\right)_x\right\}$$

对偶的基(称为 $T_x^*(M)$的**自然基**),即有

$$((dx^j)_x)\left(\left(\frac{\partial}{\partial x^k}\right)_x\right)=\delta^j_k.$$

上式左边也常记作$\left\langle\left(\frac{\partial}{\partial x^k}\right)_x,(dx^j)_x\right\rangle$. 事实上,对 $f\in C^\infty(x)$,有

$$(df)_x = \sum_{k=1}^n\left(\frac{\partial f}{\partial x^k}\right)_x(dx^k)_x.$$

其中以$\left(\frac{\partial f}{\partial x^k}\right)_x$表示$\left(\frac{\partial}{\partial x^k}\right)_x f$.

以下采用**爱因斯坦求和约定**:当乘积中两项的指标记号相同时,就意味着这是对该指标从 1 到 n 求和. 例如,a_kb_k 表示$\sum\limits_{k=1}^n a_kb_k$. 采用这一约定,定理 3 中最后的结论就可写为

$$(df)_x = \left(\frac{\partial f}{\partial x^k}\right)_x(dx^k)_x.$$

定理 4 设 $X\in T_x(M),\alpha\in T_x^*(M),(x^1,x^2,\cdots,x^n)$与$(\widetilde{x}^1,\widetilde{x}^2,\cdots,\widetilde{x}^n)$是点 x 处的两个局部坐标系,$\{X^1,X^2,\cdots,X^n\}$,$\{\widetilde{X}^1,\widetilde{X}^2,\cdots,\widetilde{X}^n\}$与$\{\alpha_1,\alpha_2,\cdots,\alpha_n\}$,$\{\widetilde{\alpha}_1,\widetilde{\alpha}_2,\cdots,\widetilde{\alpha}_n\}$分别是 X 与 α 关于这两个局部坐标系的自然基的分量,则有

$$\widetilde{X}^j = X^i\frac{\partial\widetilde{x}^j}{\partial x^i},\quad \alpha_i=\widetilde{\alpha}_j\frac{\partial\widetilde{x}^j}{\partial x^i}.$$

这里$\left(\frac{\partial\widetilde{x}^j}{\partial x^i}\right)_{n\times n}$是 $\varphi_{\widetilde{U}}\circ\varphi_U^{-1}$ 的雅可比矩阵. 因此,按照张量分析的说法,X 是反变向量,α 是共变向量(参看 15.9.1).

14.6.5 微分流形之间的映射的微分与切变换

定义 9 设 N,M 分别是 n,m 维微分流形,F 是 N 到 M 的 C^∞ 映射,$x\in N$,

$y=F(x)\in M$. 定义 $T_y^*(M)$到 $T_x^*(N)$的映射 F^* 为：对每个$(df)_y\in T_x^*(M)$(以下略去下角中的 y,即把$(df)_y$ 记作 df,其余情形也类似)，有

$$F^*(df)=d(f\circ F).$$

F^* 是线性变换，称为映射 F 的**微分**.

对映射 F,定义 $T_x(N)$到 $T_y(M)$的映射 F_* 为：对每个 $X\in T_x(N)$，$\alpha\in T_y^*(M)$，有

$$\langle F_*(X),\alpha\rangle=\langle X,F^*(\alpha)\rangle.$$

F_* 是线性变换，称为映射 F 的**切变换**.

定理 5 设$(x^1,x^2,\cdots,x^n)$是 N 在点 x 处的局部坐标系，$(y^1,y^2,\cdots,y^m)$是 M 在点 y 处的局部坐标系，F 是 N 到 M 的 C^∞ 映射，F 关于这两个局部坐标系的局部表示为

$$y^j=F^j(x^1,x^2,\cdots,x^n),j=1,2,\cdots,m,$$

则 F^* 在自然基$\{dy^j\}$与$\{dx^i\}$下的矩阵为雅可比矩阵$\dfrac{D(F^1,F^2,\cdots,F^m)}{D(x^1,x^2,\cdots,x^n)}$；同样，$F_*$ 在自然基$\left\{\dfrac{\partial}{\partial x^i}\right\}$，$\left\{\dfrac{\partial}{\partial y^j}\right\}$下的矩阵也是$\dfrac{D(F^1,F^2,\cdots,F^m)}{D(x^1,x^2,\cdots,x^n)}$.

14.6.6 微分子流形

定义 10 设 N,M 分别是 n,m 维微分流形，$n\leqslant m$. 如果存在 N 到 M 的 C^∞ 单射 φ，使对每个 $x\in N$，φ 的切变换 $\varphi_*:T_x(N)\to T_{\varphi(x)}(M)$都是非退化的，则称$(\varphi,N)$是 M 的一个**微分子流形**，在 N 是 M 的子空间的情形，常称 N 是 M 的一个微分子流形. φ 称为**嵌入**. 微分子流形也常称为**嵌入子流形**.

如果在上面的定义中除去 φ 是单射的条件，则称 φ 为一个**浸入**，称(φ,N)(或 N)为 M 的一个**浸入子流形**.

如果在嵌入子流形的定义中添上 φ 是 N 到 $\varphi(N)$上的同胚的要求，则称(φ,N)(或 N)为**正则子流形**，而称 φ 为一个**正则嵌入**.

例 5 设 M 是微分流形，U 是 M 的开子集，把 M 的流形结构限制到 U 上，U 就成为与 M 维数相同的流形. 令 $\varphi=\mathrm{id}:U\to M(\mathrm{id}(x)=x)$，则$(\varphi,U)$或 U 是 M 的一个嵌入子流形，称为 M 的一个**开子流形**.

例 6 设(φ,N)是 M 的微分子流形，$\varphi(N)$是 M 的闭子集，且对每个 $y\in\varphi(N)$，存在 y 的邻域 U 上的局部坐标系$(x^1,\cdots,x^m)$，使得

$$\varphi(N)\cap U=\{x:x\in M,x^{n+1}=\cdots=x^m=0\},$$

则称(φ,N)是 M 的一个**闭子流形**.

定理 6 设(φ,N)是微分流形 M 的子流形，则(φ,N)为正则子流形的必要充分条件是：(φ,N)为 M 的一个开子流形的闭子流形.

定理 7(惠特尼) 每个 m 维微分流形都能嵌入到 $2m+1$ 维欧几里得空间中作为

子流形.

14.6.7 定向流形

定义 11 设 M 是 n 维微分流形, $x\in M$, $c=(U,\varphi_U)$ 是点 x 处的一个坐标卡, $(x^1,x^2,\cdots,x^n)$ 是相应的局部坐标系, 则称有序向量组

$$\left[\frac{\partial}{\partial x^1},\frac{\partial}{\partial x^2},\cdots,\frac{\partial}{\partial x^n}\right]$$

为坐标卡 c 的**自然定向**, 记作 ξ_c 或 $\xi_{(U,\varphi_U)}$.

定义 12 设 M 是 n 维微分流形. 如果存在 M 的微分结构 $\mathscr{A}=\{U_\alpha,\varphi_{U_\alpha}):\alpha\in I\}$ 与数集 $\{\varepsilon_\alpha:\varepsilon_\alpha=1$ 或 $-1,\alpha\in I\}$, 使得只要 $U_\alpha\cap U_\beta\neq\varnothing(\alpha,\beta\in I)$, 就有 $\varepsilon_\alpha\xi_{(U_\alpha,\varphi_{U_\alpha})}=\varepsilon_\beta\xi_{(U_\beta,\varphi_{U_\beta})}$, 则称 M 是**可定向的**, 并称 $\mu=\{\varepsilon_\alpha\xi_{(U_\alpha,\varphi_{U_\alpha})}:\alpha\in I\}$ 为 M 的一个**定向**, 称 $-\mu=\{-\varepsilon_\alpha\xi_{(U_\alpha,\varphi_{U_\alpha})}:\alpha\in I\}$ 为与定向 μ 相反的定向. 不是可定向的微分流形称为**不可定向的**.

定理 8 微分流形 M 为可定向的必要充分条件是: 存在 M 的微分结构

$$\mathscr{A}=\{(U_\alpha,\varphi_{U_\alpha}):\alpha\in I\},$$

使得只要 $U_\alpha\cap U_\beta\neq\varnothing(\alpha,\beta\in I)$, 雅可比行列式 $\dfrac{\partial(x_\beta^1,x_\beta^2,\cdots,x_\beta^n)}{\partial(x_\alpha^1,x_\alpha^2,\cdots,x_\alpha^n)}$ 在 $U_\alpha\cap U_\beta$ 上恒大于零或恒小于零, 其中 (x_α^i), (x_β^i) 分别是对应坐标卡 $(U_\alpha,\varphi_{U_\alpha})$ 与 $(U_\beta,\varphi_{U_\beta})$ 的局部坐标系.

例 7 例 1 中的 $\boldsymbol{R}^n$ 与例 2 中的 S^n 是可定向的.

例 8 例 3 中的 n 维射影空间当 n 为偶数时是不可定向的.

14.6.8 向量场 泊松括号积

定义 13 设 M 是 n 维微分流形, 则使每点 $x\in M$ 对应于 M 在点 x 处的一个切向量 X_x 的映射, 称为 M 上的一个**向量场**. 设 $(x^1,x^2,\cdots,x^n)$ 为点 x 处关于坐标卡 (U,φ_U) 的局部坐标系, 则对 U 中的点 z, 所给的向量场可表示为

$$X_z=X^i(z)\left(\frac{\partial}{\partial x^i}\right)_z.$$

$X^1(z),X^2(z),\cdots,X^n(z)$ 称为所给向量场 X 关于局部坐标系 $(x^1,x^2,\cdots,x^n)$ 的**分量**. 如果所有分量都是 C^∞ 的, 则称 X 为**光滑向量场或 C^∞ 向量场**.

定义 14 设 X,Y 是 M 上的两个向量场, 关于坐标卡 $c=(U,\varphi_U)$, 有 $X=X^i\dfrac{\partial}{\partial x^i}$, $Y=Y^i\dfrac{\partial}{\partial x^i}$, 则当 c 取遍 M 的微分结构而由分量

$$\zeta^i=X^k\frac{\partial Y^i}{\partial x^k}-Y^k\frac{\partial X^i}{\partial x^k}(i=1,2,\cdots,n)$$

所定义的向量场, 称为 X 与 Y 的**泊松括号积**, 记作 $[X,Y]$. $[X,Y]$ 关于 c 所确定的局

部坐标系$(x^1,\cdots,x^n)$的局部表示为

$$\left(X^k\frac{\partial Y^i}{\partial x^k}-Y^k\frac{\partial X^i}{\partial x^k}\right)\frac{\partial}{\partial x^i}.$$

定理 9 泊松括号积具有下列性质：

(1) $[X,Y]f=X(Yf)-Y(Xf)$.（Xf 的定义是：对每个 $x\in M$，有$(Xf)(x)=X_xf$. 其余类似.）

(2) $[fX,gY]=fg[X,Y]+f(Xg)Y-g(Yf)X$.

(3) $[X+Y,Z]=[X,Z]+[Y,Z]$，$[X,Y+Z]=[X,Y]+[X,Z]$.

(4) $[X,Y]=-[Y,X]$.

(5) $[[X,Y],Z]+[[Y,Z],X]+[[Z,X],Y]=0$.

这称为**雅可比恒等式**.

14.6.9 张量场 微分形式

定义 15 设 M 是 n 维微分流形，$x\in M$. 对于 $T_x(M)$，由其上的 p 次反变 q 次共变张量（参看 15.9.1）构成的线性空间，记作 $T_q^p(x,M)$或$\otimes_q^p(x,M)$，也简记为 T_q^p 或 $\otimes_q^p$. 使每个 $x\in M$ 对应到 $T_q^p(x,M)$中的一个元的映射，称为 M 上的一个 **p 次反变 q 次共变张量场**或**(p,q)型张量场**. $p\neq 0,q=0$ 时称为 **p 次反变张量场**；$p=0,q\neq 0$ 时称为 **q 次共变张量场**. 一次张量场也称向量场. $p=0,q=0$ 时即为数量场.

设$(x^1,x^2,\cdots,x^n)$是点 x 处关于坐标卡(U,φ_U)的局部坐标系，则对 U 中的点 z，p 次反变 q 次共变张量场 T 可表示为

$$T(z)=T_{j_1\cdots j_q}^{i_1\cdots i_p}(z)\left(\frac{\partial}{\partial x^{i_1}}\right)_z\otimes\cdots\otimes\left(\frac{\partial}{\partial x^{i_p}}\right)_z\otimes(dx^{j_1})_z\otimes\cdots\otimes(dx^{j_q})_z.$$

$T_{j_1\cdots j_q}^{i_1\cdots i_p}(z)(i_1,\cdots,i_p,j_1,\cdots,j_q=1,\cdots,n)$称为所给张量场关于局部坐标系$(x^1,\cdots,x^n)$的**分量**. 如果 T 的所有分量都是 C^∞ 的，则称 T 为**光滑张量场**或 **C^∞ 张量场**.

定理 10 设$(\widetilde{x}_1,\cdots,\widetilde{x}_n)$是点 x 处的另一局部坐标系，张量场 T 关于这一坐标系的分量为 $\widetilde{T}_{j_1\cdots j_q}^{i_1\cdots i_p}$，则有

$$\widetilde{T}_{j_1\cdots j_q}^{i_1\cdots i_p}=\frac{\partial\widetilde{x}^{i_1}}{\partial x^{k_1}}\cdots\frac{\partial\widetilde{x}^{i_p}}{\partial x^{k_p}}\frac{\partial x^{l_1}}{\partial x^{j_1}}\cdots\frac{\partial x^{l_q}}{\partial x^{j_q}}T_{l_1\cdots l_q}^{k_1\cdots k_p}.$$

定义 16 设 T 是 M 上的张量场. 如果对每点 $x\in M$，T_x 都是对称（或反对称）张量，则称 T 为**对称张量场**（或**反对称张量场**）.

定义 17 p 次共变张量场称为 M 上的 **p 次微分形式**. 一次微分形式也称**普法夫形式**. 反对称的微分形式称为**外微分形式**（但常略去“外”字）.

设$(x^1,x^2,\cdots,x^n)$是点 x 处关于坐标卡(U,φ_U)的局部坐标系，则对 U 中的点 z，p 次 C^∞ 外微分形式 ω 可局部地表示为

$$\omega(z)=a_{i_1\cdots i_p}(z)(dx^{i_1})_z\wedge\cdots\wedge(dx^{i_p})_z,$$

其中 $a_{i_1\cdots i_p}$ 是 C^∞ 函数，并且关于下标是反对称的.

14.6.10 外微分

定义 18 设 ω 是 n 维微分流形 M 上的 p 次外微分形式,在关于坐标卡 $c=(U,\varphi_U)$ 的局部坐标系 $(x^1,x^2,\cdots,x^n)$ 中的局部表示为

$$\omega(z)=a_{i_1\cdots i_p}(z)(dx^{i_1})_z\wedge\cdots\wedge(dx^{i_p})_z, z\in U.$$

使 ω 对应到当 c 取遍 M 的微分结构而由局部表示

$$\frac{\partial a_{i_1\cdots i_p}}{\partial x^\alpha}(z)(dx^\alpha)_z\wedge(dx^{i_1})_z\wedge\cdots\wedge(dx^{i_p})_z(z\in U)$$

所定义的 $p+1$ 次外微分形式,则这一映射称为**外微分**,记作 d.

定理 11 外微分具有下列性质:

(1) 如果 ω,η 都是 p 次微分形式,则

$$d(\omega+\eta)=d\omega+d\eta.$$

(2) 如果 ω,η 分别是 p,q 次微分形式,则

$$d(\omega\wedge\eta)=d\omega\wedge\eta+(-1)^p\omega\wedge d\eta.$$

(关于 $\wedge$ 的意义,参看 15.9.3)

(3) $d(d\omega)=0$.

例 9 对于定义在区间 (a,b) 上的 0 次微分形式(即函数)$\omega=f(x)$,有

$$d\omega=\frac{df(x)}{dx}dx=f'(x)dx.$$

这就是通常的微分.

对于定义在平面区域 D 上的 1 次微分形式 $\omega=Pdx+Qdy$,有

$$d\omega=\left(\frac{\partial Q}{\partial x}-\frac{\partial P}{\partial y}\right)dx\wedge dy.$$

对于定义在空间区域 Q 上的 2 次微分形式

$$\omega=Pdy\wedge dz+Qdz\wedge dx+Rdx\wedge dy,$$

有

$$d\omega=\left(\frac{\partial P}{\partial x}+\frac{\partial Q}{\partial y}+\frac{\partial R}{\partial z}\right)dx\wedge dy\wedge dz.$$

对于定义在空间曲面 S 上的 1 次微分形式 $\omega=Pdx+Qdy+Rdz$,有

$$d\omega=\left(\frac{\partial R}{\partial y}-\frac{\partial Q}{\partial z}\right)dy\wedge dz+\left(\frac{\partial P}{\partial z}-\frac{\partial R}{\partial x}\right)dz\wedge dx+\left(\frac{\partial Q}{\partial x}-\frac{\partial P}{\partial y}\right)dx\wedge dy.$$

14.6.11 斯托克斯公式

微积分学中下列重要公式,可以用外微分写成统一的形式.这些公式是:

牛顿-莱布尼茨公式

$$f(x)\Big|_a^b=\int_a^b \frac{df(x)}{dx}dx;$$

格林公式

$$\int_{\partial D}Pdx+Qdy=\iint_D\left(\frac{\partial Q}{\partial x}-\frac{\partial P}{\partial y}\right)dxdy;$$

奥-高公式

$$\iint_{\partial\Omega}Pdydz+Qdzdx+Rdxdy=\iiint_\Omega\left(\frac{\partial P}{\partial x}+\frac{\partial Q}{\partial y}+\frac{\partial R}{\partial z}\right)dxdydz;$$

斯托克斯公式

$$\int_{\partial S}Pdx+Qdy+Rdz=\iint_S\left(\frac{\partial R}{\partial y}-\frac{\partial Q}{\partial z}\right)dydz+\left(\frac{\partial P}{\partial z}-\frac{\partial R}{\partial x}\right)dzdx$$
$$+\left(\frac{\partial Q}{\partial x}-\frac{\partial P}{\partial y}\right)dxdy;$$

其中 D,Ω,S 的含意分别如例 9 所述，$\partial D,\partial\Omega,\partial S$ 分别表示 D,Ω,S 的边界. 由例 9，上述公式右边的被积微分形式都是左端的被积微分形式的外微分，因而可统一地写为

$$\int_{\partial M}\omega=\int_M d\omega.$$

对于一般的流形，也能建立上述形式的公式，称为**斯托克斯公式**或**斯托克斯定理**.

14.6.12 黎曼流形

定义 19 设 M 是 n 维微分流形. 如果对 M 的每点 x 的切空间 $T_x(M)$ 定义了内积 $(|)_x$，使对 M 上任何 C^∞ 向量场 X,Y，映射 $x\to(X_x|Y_x)_x$ 是 M 上的 C^∞ 函数(这一函数记作 $(X|Y)$)，则称在 M 上赋予了一个**黎曼度量**. 赋予一个黎曼度量的流形称为**黎曼流形**或**黎曼空间**.

设 $c=(U,\varphi_U)$ 是 $x\in M$ 处的一个坐标卡，$(x^1,x^2,\cdots,x^n)$ 是关于 c 的局部坐标系，$X^1,X^2,\cdots,X^n;Y^1,Y^2,\cdots,Y^n$ 是 X,Y 关于局部坐标系 $(x^1,x^2,\cdots,x^n)$ 的分量，则在坐标邻域 U 内，函数 $(X|Y)$ 可表示为

$$(X\mid Y)(z)=g_{ij}(z)X^i(z)X^j(z),z\in U.$$

当 c 取遍 M 的微分结构时，$\{g_{ij}:i,j=1,2,\cdots,n\}$ 确定了 M 上的一个二次共变张量场，称为**黎曼度量张量**，也常称为**黎曼度量**.

令 $(g^{ij})=(g_{ij})^{-1}$，则当 c 取遍 M 的微分结构时，$\{g^{ij}:i,j=1,2,\cdots,n\}$ 确定了 M 上的一个二次反变张量场，称为**反变黎曼度量张量**.

定义 20 设 X 是 M 上的 C^∞ 向量场，则

$$\|X\|=(X\mid X)^{1/2}=(g_{ij}X^iY^j)^{1/2}$$

称为 X 的**模**. 由

$$\cos\theta = \frac{(X \mid Y)}{\| X \| \| Y \|} = \frac{g_{ij}X^iY^j}{(g_{ij}X^iX^j)^{1/2}(g_{ij}Y^iY^j)^{1/2}}$$

确定的角 θ,称为 X 与 Y 之间的**夹角**.

令 $X_i = g_{ij}X^j$,则$\{X_1, X_2, \cdots, X_n\}$确定 M 上的一个一次共变张量场(即共变向量场).称 $X_1, X_2, \cdots, X_n$ 为 X 的**共变分量**.与此相对,$X^1, X^2, \cdots, X^n$ 也常称为 X 的**反变分量**.设 $X^1, \cdots, X^n; Y^1, \cdots, Y^n$ 分别是 X, Y 的反变分量,$X_1, \cdots, X_n; Y_1, \cdots, Y_n$ 分别是 X, Y 的共变分量,则有

$$(X \mid Y) = X^iY_j = X_iY^j.$$

定义 21 设 M 是 n 维黎曼流形,$\{g_{ij}\}$是它的黎曼度量,则由

$$ds^2 = g_{ij}dx^idx^j$$

确定的 ds(取正值),称为 M 的**线元**.

定理 12 设$\{g_{ij}\}$是 n 维黎曼流形 M 上的黎曼度量,$g = |g_{ij}|$.如果关于局部坐标系$(\tilde{x}^1, \cdots, \tilde{x}^n)$所给黎曼度量的局部表示为$\{\tilde{g}_{ij}\}$,$\tilde{g} = |\tilde{g}_{ij}|$,则

$$\tilde{g}_{ij} = \frac{\partial x^k}{\partial \tilde{x}^i}\frac{\partial x^l}{\partial \tilde{x}^j}g_{kl}, \tilde{g} = \left|\frac{\partial x^i}{\partial \tilde{x}^j}\right|^2 g.$$

例 10 对于曲面 $S: \boldsymbol{r} = \boldsymbol{r}(u, v)$(设 $\boldsymbol{r}(u, v)$具有任何阶连续偏导数),设 S 的第一基本型的系数(参看 10.4.1)为 E, F, G,令

$$g_{11} = E, g_{12} = g_{21} = F, g_{22} = G,$$

则$\{g_{ij}\}$是 S 上的黎曼度量,因此 S 是二维黎曼流形.

15. 向量分析　张量分析

§15.1 向量代数

15.1.1 向量及其运算

兼有大小与方向的量(例如力、速度等),称为**向量**.向量常用有指向的线段$\overrightarrow{AB}$表示,A 称为**起点**,B 称为**终点**.线段 AB 的长度,称为所给向量的**模**,记作$|\overrightarrow{AB}|$.模等于1的向量称为**单位向量**.

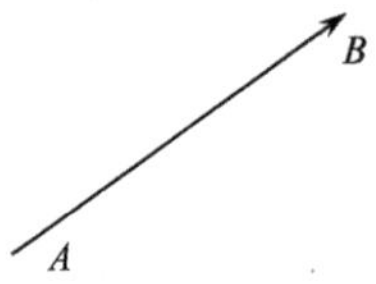

图 15.1-1

如果两向量长度相等,处在同一直线或两平行直线上,且指向相同,则称这两向量是**相等的**.也就是说,数学中考虑的向量,可以在空间任意平移.具有这种性质的向量,常称为**自由向量**,以 $\boldsymbol{a},\boldsymbol{b}$(或$\vec{a}$, $\vec{b}$)等表之.向量 $\boldsymbol{a}$ 的模记作$|\boldsymbol{a}|$.模等于零的向量,即终点与起点相同的向量,称为**零向量**,记作 $\mathbf{0}$.对于向量 $\boldsymbol{a}=\overrightarrow{AB}$,向量$\overrightarrow{BA}$称为 $\boldsymbol{a}$ 的负向量,记作$-\boldsymbol{a}$.

定义 1　给定向量 $\boldsymbol{a},\boldsymbol{b}$,把它们平移,使其起点重合,设此点为 O.设此时 $\boldsymbol{a}$ 的终点为A,$\boldsymbol{b}$ 的终点为B,以 OA,OB 为邻边作平行四边形$OACB$,则向量$\overrightarrow{OC}$称为向量$\boldsymbol{a}$,$\boldsymbol{b}$ 之和,记作 $\boldsymbol{a}+\boldsymbol{b}$.这样把向量相加的方法,常称为**平行四边形法则**.向量相加也可采用**三角形法则**:以 $\boldsymbol{a}$ 的终点为 $\boldsymbol{b}$ 的起点画向量 $\boldsymbol{b}$,则自 $\boldsymbol{a}$ 的起点至 $\boldsymbol{b}$ 的终点所作的向量即为$\boldsymbol{a}+\boldsymbol{b}$(图 15.1-2).

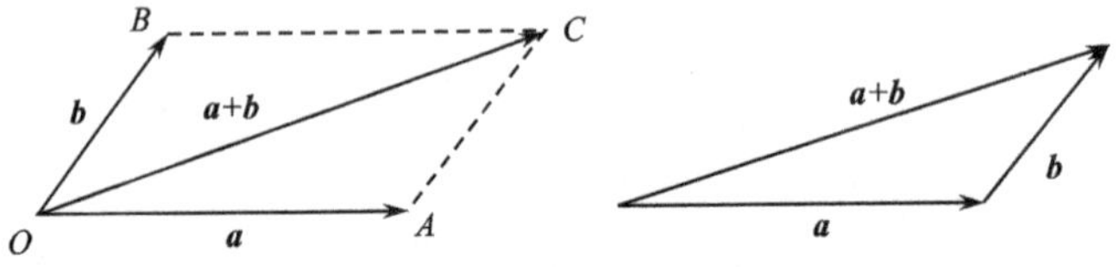

图 15.1-2

向量加法满足下列运算规律:

(1) 交换律 $\boldsymbol{a}+\boldsymbol{b}=\boldsymbol{b}+\boldsymbol{a}$.

(2) 结合律$(\boldsymbol{a}+\boldsymbol{b})+\boldsymbol{c}=\boldsymbol{a}+(\boldsymbol{b}+\boldsymbol{c})$.

(3) 零向量的特征 $\boldsymbol{a}+\mathbf{0}=\mathbf{0}+\boldsymbol{a}=\boldsymbol{a}$.

(4) $-\boldsymbol{a}$ 的特征

$$\boldsymbol{a}+(-\boldsymbol{a})=(-\boldsymbol{a})+\boldsymbol{a}=\mathbf{0}.$$

由(2)所确定的相等的向量,记作 $\boldsymbol{a}+\boldsymbol{b}+\boldsymbol{c}$.用三角形法则易于画出三个或三个以上向量之和(图 15.1-3).

定义 2　给定向量 $\boldsymbol{a},\boldsymbol{b}$,记 $\boldsymbol{a}+(-\boldsymbol{b})$为 $\boldsymbol{a}-\boldsymbol{b}$,称为 $\boldsymbol{a}$ 减 $\boldsymbol{b}$ 所得的**差**. 向量的差可由下述三角形法则做出:在同一起点画向量 $\boldsymbol{a},\boldsymbol{b}$,则由 $\boldsymbol{b}$ 的终点到 $\boldsymbol{a}$ 的终点的向量即为 $\boldsymbol{a}-\boldsymbol{b}$(图 15.1-4).

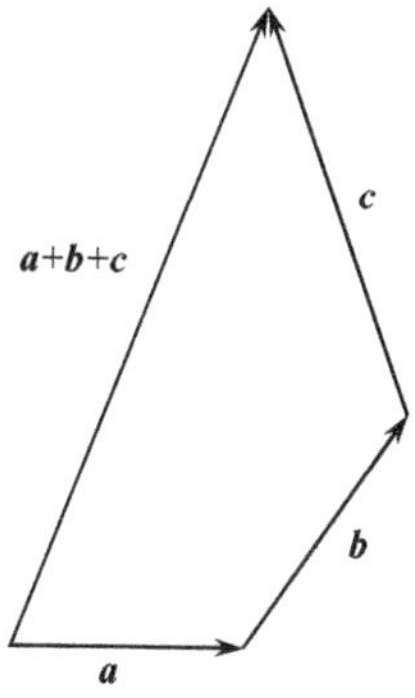

图 15.1-3

定义 3　给定向量 $\boldsymbol{a}$ 与实数 λ,定义向量 $\lambda\boldsymbol{a}$ 如下:$|\lambda\boldsymbol{a}|=|\lambda||\boldsymbol{a}|$;当 $\boldsymbol{a}\neq\boldsymbol{0}$,$\lambda>0$ 时,$\lambda\boldsymbol{a}$ 与 $\boldsymbol{a}$ 同向,当 $\lambda<0$ 时,$\lambda\boldsymbol{a}$ 与 $-\boldsymbol{a}$同向(图 15.1-5). 这种运算称为**数量乘法**或**标量乘法**. 给定向量 $\boldsymbol{a},\boldsymbol{b}$,如果存在不全为零的实数 λ,μ,使得 $\lambda\boldsymbol{a}+\mu\boldsymbol{b}=\boldsymbol{0}$,则称 $\boldsymbol{a},\boldsymbol{b}$ 是**共线的**.

数量乘法满足下列运算规律:

(1) $1\boldsymbol{a}=\boldsymbol{a}$.

(2) $\lambda(\mu\boldsymbol{a})=(\lambda\mu)\boldsymbol{a}$.

(3) $(\lambda+\mu)\boldsymbol{a}=\lambda\boldsymbol{a}+\mu\boldsymbol{a}$.

(4) $\lambda(\boldsymbol{a}+\boldsymbol{b})=\lambda\boldsymbol{a}+\mu\boldsymbol{b}$.

此外还有$(-1)\boldsymbol{a}=-\boldsymbol{a}$,$0\boldsymbol{a}=\boldsymbol{0}$,$\lambda\boldsymbol{0}=\boldsymbol{0}$.

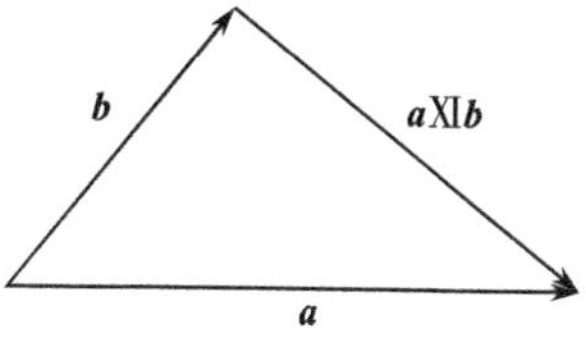

图 15.1-4

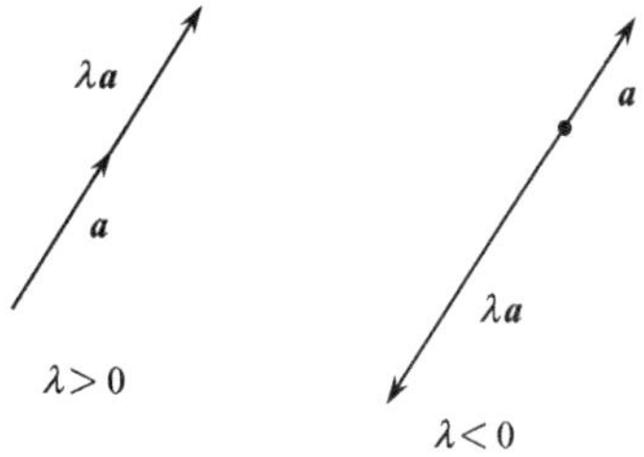

图 15.1-5

15.1.2　向量的坐标

设在空间给定了直角坐标系 $Oxyz$,分别以 $\boldsymbol{e}_1,\boldsymbol{e}_2,\boldsymbol{e}_3$ 记 Ox,Oy,Oz 轴正方向上的单位向量,称为**基本单位向量**. 给定向量 $\boldsymbol{a}$,总能把它唯一地写为向量 $a_1\boldsymbol{e}_1,a_2\boldsymbol{e}_2,a_3\boldsymbol{e}_3$ 之和(如图 15.1-6):$\boldsymbol{a}=a_1\boldsymbol{e}_1+a_2\boldsymbol{e}_2+a_3\boldsymbol{e}_3$. a_1,a_2,a_3 称为向量 $\boldsymbol{a}$ 的坐标,此时也常记作 $\boldsymbol{a}=\{a_1,a_2,a_3\}$.

设 $\boldsymbol{a}=\{a_1,a_2,a_3\}$,则 $|\boldsymbol{a}|=\sqrt{a_1^2+a_2^2+a_3^2}$.

给定非零向量 $\boldsymbol{a},\boldsymbol{b}$,把它们平移到同一起点,此时两向量所在射线构成的(不大于 π 的)角,称为 $\boldsymbol{a}$ 与 $\boldsymbol{b}$ 的夹角,记作 $\widehat{\boldsymbol{a},\boldsymbol{b}}$. 如果 $\widehat{\boldsymbol{a},\boldsymbol{b}}=0$ 或 π,则称 $\boldsymbol{a}$ 与 $\boldsymbol{b}$ **平行**,记作 $\boldsymbol{a}/\!/\boldsymbol{b}$;如果 $\widehat{\boldsymbol{a},\boldsymbol{b}}=\frac{\pi}{2}$,则称 $\boldsymbol{a}$ 与 $\boldsymbol{b}$ **垂直**或**正交**,记作 $\boldsymbol{a}\perp\boldsymbol{b}$. 约定零向量与任何向量平

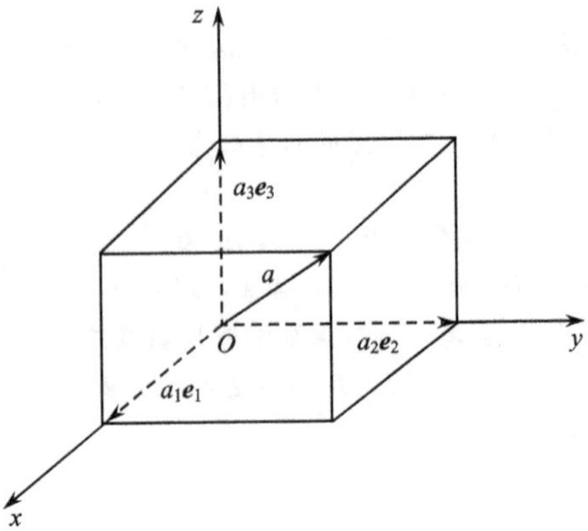

图 15.1-6

行、垂直.两向量平行与两向量共线是等价的.

给定非零向量 $\boldsymbol{a}$，称 $\cos(\widehat{\boldsymbol{a},\boldsymbol{e}_1})$，$\cos(\widehat{\boldsymbol{a},\boldsymbol{e}_2})$，$\cos(\widehat{\boldsymbol{a},\boldsymbol{e}_3})$ 为 $\boldsymbol{a}$ 的**方向余弦**.通常记 $\alpha=\widehat{\boldsymbol{a},\boldsymbol{e}_1}$，$\beta=\widehat{\boldsymbol{a},\boldsymbol{e}_2}$，$\gamma=\widehat{\boldsymbol{a},\boldsymbol{e}_3}$.如果 $\boldsymbol{a}=\{a_1,a_2,a_3\}$，则其方向余弦为

$$\cos\alpha=\frac{a_1}{\sqrt{a_1^2+a_2^2+a_3^2}},\cos\beta=\frac{a_2}{\sqrt{a_1^2+a_2^2+a_3^2}},$$

$$\cos\gamma=\frac{a_3}{\sqrt{a_1^2+a_2^2+a_3^2}}.$$

设 $\boldsymbol{a}=\{a_1,a_2,a_3\}$，$\boldsymbol{b}=\{b_1,b_2,b_3\}$，则

$$\boldsymbol{a}\pm\boldsymbol{b}=\{a_1\pm b_1,a_2\pm b_2,a_3\pm b_3\},\lambda\boldsymbol{a}=\{\lambda a_1,\lambda a_2,\lambda a_3\}.$$

15.1.3　向量的数量积

定义 4　设 $\boldsymbol{a}$，$\boldsymbol{b}$ 是非零向量，则 $\boldsymbol{a}$，$\boldsymbol{b}$ 的**数量积**或**标量积**（也称**内积**、**点积**）$\boldsymbol{a}\cdot\boldsymbol{b}$ 定义为 $\boldsymbol{a}\cdot\boldsymbol{b}=|\boldsymbol{a}||\boldsymbol{b}|\cos(\widehat{\boldsymbol{a},\boldsymbol{b}})$.如果 $\boldsymbol{a}$，$\boldsymbol{b}$ 中有一为零向量，则定义

$$\boldsymbol{a}\cdot\boldsymbol{b}=0.$$

定理 1　数量积具有下列性质：

(1) $\boldsymbol{a}\cdot\boldsymbol{b}=0$ 的必要充分条件是 $\boldsymbol{a}\perp\boldsymbol{b}$.

(2) 交换律 $\boldsymbol{a}\cdot\boldsymbol{b}=\boldsymbol{b}\cdot\boldsymbol{a}$.

(3) 分配律 $\boldsymbol{a}\cdot(\boldsymbol{b}+\boldsymbol{c})=\boldsymbol{a}\cdot\boldsymbol{b}+\boldsymbol{a}\cdot\boldsymbol{c}$.

(4) $(\lambda\boldsymbol{a})\cdot\boldsymbol{b}=\lambda(\boldsymbol{a}\cdot\boldsymbol{b})$.

(5) $|\boldsymbol{a}|^2=\boldsymbol{a}\cdot\boldsymbol{a}$.

定义 5　设 $\boldsymbol{a}$ 是给定的向量，l 是一指定了正向的直线（这样的直线常称为**轴**），

过 $\boldsymbol{a}$ 的起点 A，终点 B 作垂直于 l 的平面，设此平面与 l 的交点分别为 A'，B'，则有向线段 $A'B'$ 在 l 上的值，称为 $\boldsymbol{a}$ 在 l 上的**投影**，记作 $\mathrm{pr}_l\boldsymbol{a}$. 取 l 上沿指定正向的单位向量 $\boldsymbol{l}^0$，则 $\mathrm{pr}_l\boldsymbol{a}=\boldsymbol{a}\cdot\boldsymbol{l}^0=|\boldsymbol{a}|\cos(\widehat{\boldsymbol{a},\boldsymbol{l}^0})$. 也常称 $\mathrm{pr}_l\boldsymbol{a}$ 为 $\boldsymbol{a}$ 在 $\boldsymbol{l}$ 方向上的投影. 给定非零向量 $\boldsymbol{b}$，则 $\boldsymbol{a}$ 在以 $\boldsymbol{b}$ 为指定正向的直线上的投影，称为 $\boldsymbol{a}$ 在 $\boldsymbol{b}$ 上的投影，记作 $\mathrm{pr}_b\boldsymbol{a}$. 于是当 $\boldsymbol{a}\neq 0$，$\boldsymbol{b}\neq 0$ 时，有

$$\boldsymbol{a}\cdot\boldsymbol{b}=|\boldsymbol{a}|\,\mathrm{pr}_{\boldsymbol{a}}\boldsymbol{b}=|\boldsymbol{b}|\,\mathrm{pr}_{\boldsymbol{b}}\boldsymbol{a}$$

定理 2　设 $\boldsymbol{a}=\{a_1,a_2,a_3\}$，$\boldsymbol{b}=\{b_1,b_2,b_3\}$，则

$$\boldsymbol{a}\cdot\boldsymbol{b}=a_1b_1+a_2b_2+a_3b_3.$$

由此得到 $\boldsymbol{a}$ 与 $\boldsymbol{b}$ 垂直的必要充分条件是 $a_1b_1+a_2b_2+a_3b_3=0$，

$$\cos(\widehat{\boldsymbol{a},\boldsymbol{b}})=\frac{a_1b_1+a_2b_2+a_3b_3}{\sqrt{a_1^2+a_2^2+a_3^2}\ \sqrt{b_1^2+b_2^2+b_3^2}}.$$

例 1　余弦定理. 如图 15.1-7，

$$\begin{aligned}c^2&=\boldsymbol{c}\cdot\boldsymbol{c}=(\boldsymbol{b}-\boldsymbol{a})\cdot(\boldsymbol{b}-\boldsymbol{a})\\&=a^2+b^2-2\boldsymbol{a}\cdot\boldsymbol{b}\\&=a^2+b^2-2ab\cos C,\end{aligned}$$

其中 a,b,c 分别表示 $|\boldsymbol{a}|$，$|\boldsymbol{b}|$，$|\boldsymbol{c}|$.

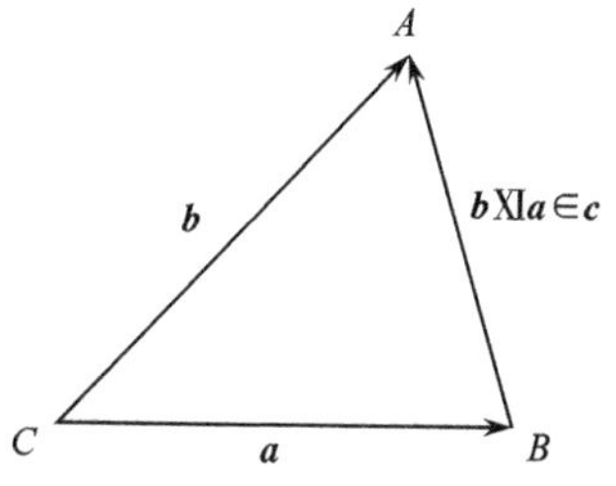

图 15.1-7

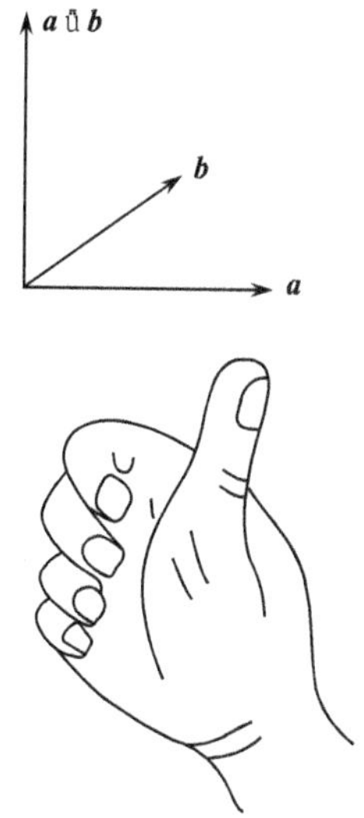

图 15.1-8

15.1.4　向量的向量积

定义 6　设 $\boldsymbol{a},\boldsymbol{b}$ 是非零向量，则 $\boldsymbol{a}$ 与 $\boldsymbol{b}$ 的**向量积**（或称**外积**，**叉积**）$\boldsymbol{a}\times\boldsymbol{b}$ 定义为下述向量：$|\boldsymbol{a}\times\boldsymbol{b}|=|\boldsymbol{a}||\boldsymbol{b}|\sin(\widehat{\boldsymbol{a},\boldsymbol{b}})$；$\boldsymbol{a}\times\boldsymbol{b}$ 垂直于 $\boldsymbol{a}$ 与 $\boldsymbol{b}$，其指向按右手规则确定，即右手从 $\boldsymbol{a}$ 沿小于 π 的角转向 $\boldsymbol{b}$ 时大姆指所指的方向（图 15.1-8）. 如果 $\boldsymbol{a},\boldsymbol{b}$ 中有一为零向量，则定义 $\boldsymbol{a}\times\boldsymbol{b}=\boldsymbol{0}$.

定理 3　向量积具有下列性质：

(1) $\boldsymbol{a}\times\boldsymbol{b}=\boldsymbol{0}$ 的必要充分条件是 $\boldsymbol{a}/\!/\boldsymbol{b}$.

(2) $\boldsymbol{b}\times\boldsymbol{a}=-(\boldsymbol{a}\times\boldsymbol{b})$.

(3) $|\boldsymbol{a}\times\boldsymbol{b}|$ 等于以 $\boldsymbol{a}$ 与 $\boldsymbol{b}$ 为边的平行四边形的面积.

(4) $\boldsymbol{a}\times(\boldsymbol{b}+\boldsymbol{c})=\boldsymbol{a}\times\boldsymbol{b}+\boldsymbol{a}\times\boldsymbol{c}$, $(\boldsymbol{a}+\boldsymbol{b})\times\boldsymbol{c}=\boldsymbol{a}\times\boldsymbol{c}+\boldsymbol{b}\times\boldsymbol{c}$.

(5) $(\lambda\boldsymbol{a})\times\boldsymbol{b}=\boldsymbol{a}\times(\lambda\boldsymbol{b})=\lambda(\boldsymbol{a}\times\boldsymbol{b})$.

定理 4 设 $\boldsymbol{a}=\{a_1,a_2,a_3\}$, $\boldsymbol{b}=\{b_1,b_2,b_3\}$,则

$$\boldsymbol{a}\times\boldsymbol{b}=\begin{vmatrix} a_2 & a_3 \\ b_2 & b_3 \end{vmatrix}\boldsymbol{e}_1+\begin{vmatrix} a_3 & a_1 \\ b_3 & b_1 \end{vmatrix}\boldsymbol{e}_2+\begin{vmatrix} a_1 & a_2 \\ b_1 & b_2 \end{vmatrix}\boldsymbol{e}_3=\begin{vmatrix} \boldsymbol{e}_1 & \boldsymbol{e}_2 & \boldsymbol{e}_3 \\ a_1 & a_2 & a_3 \\ b_1 & b_2 & b_3 \end{vmatrix}.$$

右端是一形式行列式,约定它等于按第一行展开所得到的向量.

定义 7 设 $\boldsymbol{a},\boldsymbol{b},\boldsymbol{c}$ 是三个向量,则 $(\boldsymbol{a}\times\boldsymbol{b})\cdot\boldsymbol{c}=\boldsymbol{a}\cdot(\boldsymbol{b}\times\boldsymbol{c})$ 称为所给三个向量的**混合积**或**三重积**,记作 $(\boldsymbol{a},\boldsymbol{b},\boldsymbol{c})$ 或 $[\boldsymbol{a},\boldsymbol{b},\boldsymbol{c}]$. 设 $\boldsymbol{a}=\{a_1,a_2,a_3\}$, $\boldsymbol{b}=\{b_1,b_2,b_3\}$, $\boldsymbol{c}=\{c,c_2,c_3\}$,则

$$(\boldsymbol{a},\boldsymbol{b},\boldsymbol{c})=\begin{vmatrix} a_1 & a_2 & a_3 \\ b_1 & b_2 & b_3 \\ c_1 & c_2 & c_3 \end{vmatrix}.$$

$|(\boldsymbol{a},\boldsymbol{b},\boldsymbol{c})|$ 是以 $\boldsymbol{a},\boldsymbol{b},\boldsymbol{c}$ 为棱的平行六面体的体积.

例 2 $\boldsymbol{a},\boldsymbol{b},\boldsymbol{c}$ 共面(即都在同一平面上或都平行于同一平面)的必要充分条件是 $(\boldsymbol{a},\boldsymbol{b},\boldsymbol{c})=0$.

例 3 点 P 到过点 A,B,C 的平面的距离

$$d=|(\overrightarrow{PA},\overrightarrow{AB},\overrightarrow{AC})|/|\overrightarrow{AB}\times\overrightarrow{AC}|.$$

例 4 点 P 到过点 A,B 的直线之间的距离为

$$d=|\overrightarrow{PA}\times\overrightarrow{AB}|/|\overrightarrow{AB}|.$$

例 5 过点 A,B 与过点 C,D 的异面直线之间的距离为

$$d=|(\overrightarrow{AC},\overrightarrow{AB},\overrightarrow{CD})|/|\overrightarrow{AB}\times\overrightarrow{CD}|.$$

定理 5 $(\boldsymbol{a}\times\boldsymbol{b})\times\boldsymbol{c}=(\boldsymbol{a}\cdot\boldsymbol{c})\boldsymbol{b}-(\boldsymbol{b}\cdot\boldsymbol{c})\boldsymbol{a}$.

$$(\boldsymbol{a}\times\boldsymbol{b})\cdot(\boldsymbol{c}\times\boldsymbol{d})=(\boldsymbol{a}\cdot\boldsymbol{c})(\boldsymbol{b}\cdot\boldsymbol{d})-(\boldsymbol{a}\cdot\boldsymbol{d})(\boldsymbol{b}\cdot\boldsymbol{c})=\begin{vmatrix} \boldsymbol{a}\cdot\boldsymbol{c} & \boldsymbol{a}\cdot\boldsymbol{d} \\ \boldsymbol{b}\cdot\boldsymbol{c} & \boldsymbol{b}\cdot\boldsymbol{d} \end{vmatrix}.$$

$$(\boldsymbol{a}\times\boldsymbol{b})\times(\boldsymbol{c}\times\boldsymbol{d})=(\boldsymbol{a},\boldsymbol{c},\boldsymbol{d})\boldsymbol{b}-(\boldsymbol{b},\boldsymbol{c},\boldsymbol{d})\boldsymbol{a}=(\boldsymbol{a},\boldsymbol{b},\boldsymbol{d})\boldsymbol{c}-(\boldsymbol{a},\boldsymbol{b},\boldsymbol{c})\boldsymbol{d}.$$

§15.2 向量函数的微积分

15.2.1 单元向量函数的微分法

定义 1 设 I 是实数轴上的一个区间，如果对每个 $t\in I$，有一个向量 $\boldsymbol{x}(t)$ 与之对应，则称 $\boldsymbol{x}(t)$ 为 I 上的一个**向量函数**，I 称为此函数的**定义域**. 取定直角坐标系 $Oxyz$，就有

$$\boldsymbol{x}(t)=x_1(t)\boldsymbol{e}_1+x_2(t)\boldsymbol{e}_2+x_3(t)\boldsymbol{e}_3.$$

I 上的实值函数 $x_1(t),x_2(t),x_3(t)$ 称为 $x(t)$ 的**分量函数**，简称**分量**. 给定(三维空间中的)一个向量函数等价于给定三个分量函数.

起点取为原点的向量，称为**径向量**或**向径**. 如果取 $\boldsymbol{x}(t)$ 为径向量 $\boldsymbol{r}(t)$，则向量函数在几何上表示一条空间曲线.

定义 2 如果 $\lim\limits_{t\to t_0}|\boldsymbol{x}(t)-\boldsymbol{a}|=0$，其中 $\boldsymbol{a}$ 是常向量，则称 $\boldsymbol{a}$ 为 $\boldsymbol{x}(t)$ 当 t 趋于 t_0 时的极限，记作 $\lim\limits_{t\to t_0}\boldsymbol{x}(t)=\boldsymbol{a}$. 如果 $\lim\limits_{t\to t_0}\boldsymbol{x}(t)=\boldsymbol{x}(t_0)$，则称向量函数 $\boldsymbol{x}(t)$ 在 $t=t_0$ 处连续. 如果极限 $\lim\limits_{\Delta t\to 0}\dfrac{1}{\Delta t}(\boldsymbol{x}(t+\Delta t)-\boldsymbol{x}(t))$ 存在，则称此极限向量为 $\boldsymbol{x}(t)$ 在 t 处的**导向量**，记作 $\boldsymbol{x}'(t),\dfrac{d\boldsymbol{x}(t)}{dt}$ 或 $\dot{\boldsymbol{x}}(t)$；此时也称 $\boldsymbol{x}(t)$ 在 t 处**可导**或**可微**. $\boldsymbol{x}'(t)dt$ 称为 $\boldsymbol{x}(t)$ 的**微分**，记作 $d\boldsymbol{x}(t)$.

如果 $\boldsymbol{x}(t)$ 在 I 的每个点处连续(或可导)，则称 $\boldsymbol{x}(t)$ 在 I 上是连续的(或可导的).

定理 1 向量函数 $\boldsymbol{x}(t)$ 当 t 趋于 t_0 时有极限(或在 t_0 处连续，可导)的必要充分条件是它的三个分量函数当 t 趋于 t_0 时有极限(或在 t_0 处连续，可导).

定义 3 $\boldsymbol{x}(t)$ 的导向量的导向量，即 $\dfrac{d}{dt}\left(\dfrac{d\boldsymbol{x}(t)}{dt}\right)$，称为 $\boldsymbol{x}(t)$ 的二阶导向量，记作 $\dfrac{d^2\boldsymbol{x}(t)}{dt^2}$. 一般地，对大于 2 的自然数 n，$\boldsymbol{x}(t)$ 的 n 阶导向量定义为

$$\frac{d^n\boldsymbol{x}(t)}{dt^n}=\frac{d}{dt}\left(\frac{d^{n-1}\boldsymbol{x}(t)}{dt}\right).$$

二阶以上导向量统称**高阶导向量**.

例 1 对于径向量函数 $\boldsymbol{r}=\boldsymbol{r}(t)$，$\boldsymbol{r}'(t)=\dfrac{d\boldsymbol{r}(t)}{dt}$ 是曲线 $C:\boldsymbol{r}=\boldsymbol{r}(t)$ 在参数为 t 的点 P 处的切向量.

定理 2(向量函数的求导与微分公式)

(1) $\dfrac{d\boldsymbol{C}}{dt}=\boldsymbol{0}$，$d\boldsymbol{C}=\boldsymbol{0}$，其中 $\boldsymbol{C}$ 为常向量.

(2) $\dfrac{d}{dt}(\alpha\boldsymbol{x}(t)+\beta\boldsymbol{y}(t))=\alpha\dfrac{d\boldsymbol{x}(t)}{dt}+\beta\dfrac{d\boldsymbol{y}(t)}{dt}$，

$$d(\alpha \boldsymbol{x}(t)+\beta \boldsymbol{y}(t))=\alpha d\boldsymbol{x}(t)+\beta d\boldsymbol{y}(t).$$

(3) $\dfrac{d}{dt}(f(t)\boldsymbol{x}(t))=\dfrac{df(t)}{dt}\boldsymbol{x}(t)+f(t)\dfrac{d\boldsymbol{x}(t)}{dt}$,

$$d(f(t)\boldsymbol{x}(t))=(df(t))\boldsymbol{x}(t)+f(t)d\boldsymbol{x}(t).$$

(4) 设 $\boldsymbol{x}=\boldsymbol{x}(u)$, $u=u(t)$,则

$$\frac{d\boldsymbol{x}(u(t))}{dt}=\frac{du(t)}{dt}\frac{d\boldsymbol{x}(u)}{du},\quad d\boldsymbol{x}(u)=\boldsymbol{x}'(u)du.$$

(5) $\dfrac{d}{dt}(\boldsymbol{x}(t)\cdot \boldsymbol{y}(t))=\dfrac{d\boldsymbol{x}(t)}{dt}\cdot \boldsymbol{y}(t)+\boldsymbol{x}(t)\cdot \dfrac{d\boldsymbol{y}(t)}{dt}$,

$$d(\boldsymbol{x}(t)\cdot \boldsymbol{y}(t))=\boldsymbol{x}(t)\cdot d\boldsymbol{y}(t)+\boldsymbol{y}(t)\cdot d\boldsymbol{x}(t).$$

(6) $\dfrac{d}{dt}(\boldsymbol{x}(t)\times \boldsymbol{y}(t))=\dfrac{d\boldsymbol{x}(t)}{dt}\times \boldsymbol{y}(t)+\boldsymbol{x}(t)\times \dfrac{d\boldsymbol{y}(t)}{dt}$,

$$d(\boldsymbol{x}(t)\times \boldsymbol{y}(t))=\boldsymbol{x}(t)\times d\boldsymbol{y}(t)+(d\boldsymbol{x}(t))\times \boldsymbol{y}(t).$$

例 2　$|\boldsymbol{x}(t)|=$常数的必要充分条件是 $\boldsymbol{x}(t)$ 与 $\dfrac{d\boldsymbol{x}(t)}{dt}$ 垂直.

15.2.2　单元向量函数的积分法

定义 4　设向量函数 $\boldsymbol{x}(t)$ 在 $[\alpha,\beta]$ 上连续,则

$$\lim_{\lambda\to 0}\sum_{k=1}^{n}\boldsymbol{x}(\tau_k)\Delta t_k$$

存在(其中 $\Delta t_k=t_k-t_{k-1}$, $k=1,2,\cdots,n$; $\alpha=t_0<t_1<\cdots<t_{n-1}<t_n=\beta$, $\tau_k\in[t_{k-1},t_k]$, $k=1,2,\cdots,n$, $\lambda=\max\limits_{1\leqslant k\leqslant n}\Delta t_k$),称它为 $\boldsymbol{x}(t)$ 在 $[\alpha,\beta]$ 上的**定积分**,简称**积分**,记作 $\int_\alpha^\beta \boldsymbol{x}(t)dt$.

定理 3　设 $\boldsymbol{x}(t)=\{x_1(t),x_2(t),x_3(t)\}$,则

$$\int_\alpha^\beta \boldsymbol{x}(t)dt=\left(\int_\alpha^\beta x_1(t)dt\right)\boldsymbol{e}_1+\left(\int_\alpha^\beta x_2(t)dt\right)\boldsymbol{e}_2+\left(\int_\alpha^\beta x_3(t)dt\right)\boldsymbol{e}_3.$$

定理 4　设 $\dfrac{d\boldsymbol{y}(t)}{dt}=\boldsymbol{x}(t)$,则

$$\int_\alpha^\beta \boldsymbol{x}(t)dt=\boldsymbol{y}(\beta)-\boldsymbol{y}(\alpha).$$

15.2.3　多元向量函数的微积分

多元向量函数的偏导数、全微分与重积分,可以仿照多元实值函数的相应定义来规定.例如,对于二元向量函数 $\boldsymbol{x}=\boldsymbol{x}(u,v)$,

$$\frac{\partial \boldsymbol{x}}{\partial u}=\lim_{\Delta u\to 0}\frac{1}{\Delta u}(\boldsymbol{x}(u+\Delta u,v)-\boldsymbol{x}(u,v)),$$

$$\frac{\partial \boldsymbol{x}}{\partial v}=\lim_{\Delta v\to 0}\frac{1}{\Delta v}(\boldsymbol{x}(u,v+\Delta v)-\boldsymbol{x}(u,v)),$$

其计算也可以归结为三个分量函数的相应的运算.

§15.3 数 量 场

15.3.1 场

如果对空间区域 D 的每个点,都对应某个物理量的一个确定的值,则称在 D 上确定了该物理量的一个**场**. 如果这物理量是数量,则称所讨论的场为**数量场**或**标量场**;如果是向量,则称为**向量场**. 温度场、密度场、电位场等,都是数量场;力场、电场、磁场等,都是向量场.

如果场中物理量在各点处的值不随时间变化,即所述物理量只依赖于点的位置(或坐标),则称所给的场为**稳定场**,否则称为**不稳定场**.

数量场可以用数量函数 $\boldsymbol{u}(P)(P\in D)$ 或 $\boldsymbol{u}(x,y,z)((x,y,z)\in D)$ 来刻画. 曲面 $\boldsymbol{u}\cdot(x,y,z)=C$($C$ 是常数)称为场中的**等值面**或等位面(图 15.3-1).

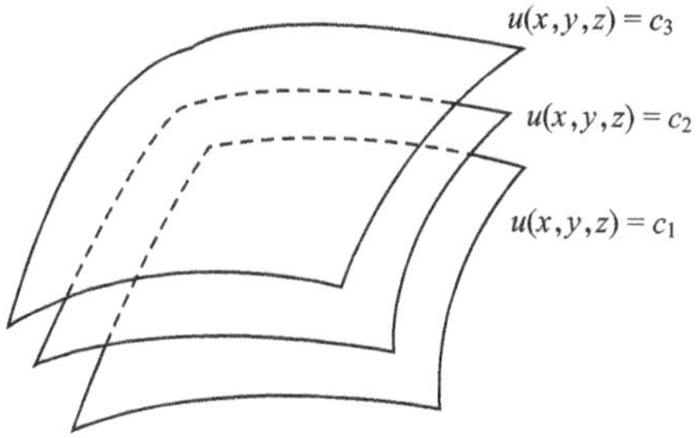

图 15.3-1 等值面

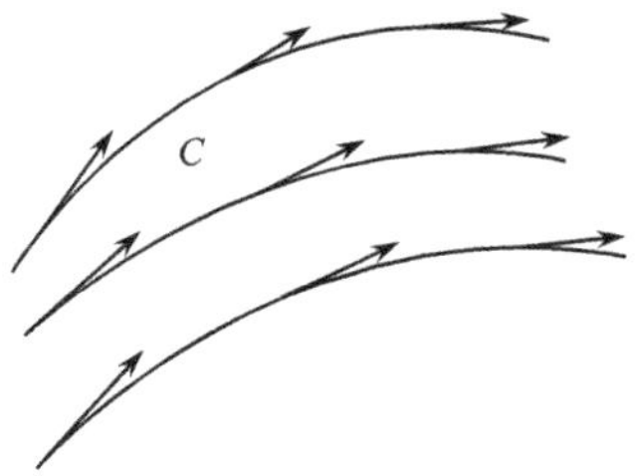

图 15.3-2 向量线

向量场可以用向量函数 $\boldsymbol{a}(P)(P\in D)$ 或 $\boldsymbol{a}(x,y,z)((x,y,z)\in D)$ 来刻画. 如果场中的曲线 C 的每点 $P(x,y,z)$ 处的切向量等于 $\boldsymbol{a}(x,y,z)$,则称 C 为一条**向量线**(参看图 15.3-2). 设

$$\boldsymbol{a}(x,y,z)=\{a_1(x,y,z),a_2(x,y,z),a_3(x,y,z)\}.$$

则确定向量线的微分方程组为

$$\frac{dx}{a_1(x,y,z)}=\frac{dy}{a_2(x,y,z)}=\frac{dz}{a_3(x,y,z)}.$$

如果 D 是平面区域,则相应的场称为**平面场**. 对于平面数量场,$\boldsymbol{u}(x,y)=C$ 称为**等值线或等位线**.

以下恒假定所涉及的函数具有所需要的各阶连续导数或偏导数.

15.3.2 数量场的梯度

设 $u(P)(P\in D)$ 是给定的数量场,并假定它具有连续偏导数.

定义 1 向量

$$\left\{\frac{\partial \boldsymbol{u}(x,y,z)}{\partial x},\frac{\partial \boldsymbol{u}(x,y,z)}{\partial y},\frac{\partial \boldsymbol{u}(x,y,z)}{\partial z}\right\}$$

称为所给数量场在点 $P(x,y,z)$处的**梯度**,记作 grad $\boldsymbol{u}$. 于是

$$\text{grad}\ \boldsymbol{u}=\frac{\partial u}{\partial x}\boldsymbol{e}_1+\frac{\partial u}{\partial y}\boldsymbol{e}_2+\frac{\partial u}{\partial z}\boldsymbol{e}_3.$$

定理 1 设$\frac{\partial u}{\partial l}$是$u(x,y,z)$在点 $P(x,y,z)$处沿方向 $\boldsymbol{l}$ 的方向导数,$\boldsymbol{l}^0$ 是 $\boldsymbol{l}$ 方向的单位向量,则

$$\frac{\partial u}{\partial l}=\text{grad}\ \boldsymbol{u}\cdot\boldsymbol{l}^0=\text{pr}_l(\text{grad}\ \boldsymbol{u}).$$

定理 2 设$\frac{\partial u}{\partial x},\frac{\partial u}{\partial y},\frac{\partial u}{\partial z}$不全等于零,则 $u(x,y,z)$在点 $P(x,y,z)$处的梯度的方向是使 u 在该点处的方向导数取到最大值的方向,而梯度的模是 u 沿该方向的方向导数.

定理 3 设在点 $P_0(x_0,y_0,z_0)$处$\frac{\partial u}{\partial x},\frac{\partial u}{\partial y},\frac{\partial u}{\partial z}$不全等于零,则 u 在点 P_0 处的梯度的方向是等值面 $u(x,y,z)=u(x_0,y_0,z_0)$在点 P_0 处的指向值增加的法向量方向,其模等于等值面的值沿此方向的变化率.

例 设 $\boldsymbol{r}$ 是径向量,$r=|\boldsymbol{r}|$,则

$$\text{grad}\ \boldsymbol{r}=\boldsymbol{r}^0=\frac{\boldsymbol{r}}{r},\text{grad}\left(\frac{1}{r}\right)=-\frac{\boldsymbol{r}}{r^3}(\boldsymbol{r}\neq 0).$$

15.3.3 哈密顿算子

在场论中,引入形如$\nabla=\frac{\partial}{\partial x}\boldsymbol{e}_1+\frac{\partial}{\partial y}\boldsymbol{e}_2+\frac{\partial}{\partial z}\boldsymbol{e}_3$ 的算子是方便的. ∇(读作 naipula)既含有微分运算,又要看作一个向量,称为**哈密顿算子**. 例如 grad $u=\frac{\partial u}{\partial x}\boldsymbol{e}_1+\frac{\partial u}{\partial y}\boldsymbol{e}_2+\frac{\partial u}{\partial z}\boldsymbol{e}_3$ 就可以看作把算子∇ 作用到 u 上的结果,因此可写 grad $u=\nabla u$.

定理 4(梯度运算的基本公式)

(1) $\nabla C=\boldsymbol{0}$(C 是常量).

(2) $\nabla(\alpha u+\beta v)=\alpha\nabla u+\beta\nabla v$($\alpha,\beta$ 是常数).

(3) $\nabla(uv)=u\nabla v+v\nabla u$.

(4) $\nabla\left(\frac{u}{v}\right)=\frac{1}{v^2}(v\nabla u-u\nabla v)$.

(5) $\nabla f(u)=f'(u)\nabla u$.

§ 15.4 向 量 场

15.4.1 向量场的散度

定义 1 设 $\boldsymbol{a}(x,y,z)$ 是向量场，

$$\boldsymbol{a}(x,y,z)=\{a_1(x,y,z),a_2(x,y,z),a_3(x,y,z)\},$$

则

$$\frac{\partial a_1(x,y,z)}{\partial x}+\frac{\partial a_2(x,y,z)}{\partial y}+\frac{\partial a_3(x,y,z)}{\partial z}$$

称为所给的场在点 $P(z,y,z)$ 处的**散度**，记作 $\operatorname{div}\boldsymbol{a}$. 利用哈密顿算子，散度可写为 $\nabla\cdot\boldsymbol{a}$. 于是

$$\operatorname{div}\boldsymbol{a}=\nabla\cdot\boldsymbol{a}=\frac{\partial a_1}{\partial x}+\frac{\partial a_2}{\partial y}+\frac{\partial a_3}{\partial z}.$$

定义 2 设 S 是给定的向量场中的一个有向曲面，即规定了连续转动的单位法向量 $\boldsymbol{n}(P)(P\in S)$，则曲面积分

$$\Phi=\iint_S\boldsymbol{a}\cdot\boldsymbol{n}dS=\iint_S\boldsymbol{a}\cdot d\boldsymbol{S}$$

称为 $\boldsymbol{a}(P)$ 沿曲面 S 向正侧的**通量**，其中 $d\boldsymbol{S}=\boldsymbol{n}dS$（图 15.4-1）. 通量也可写成第二型曲面积分：

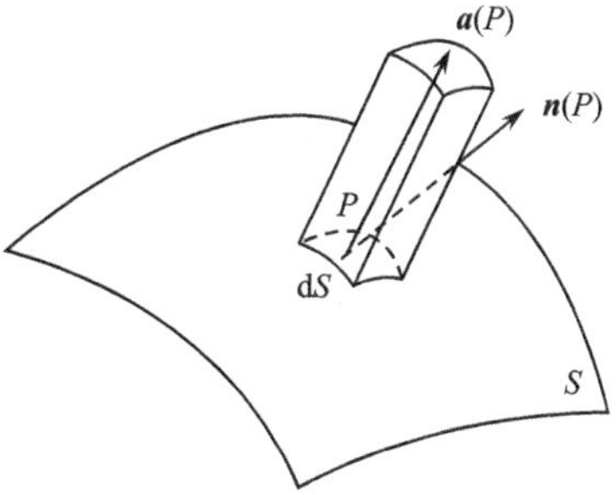

图 15.4-1

$$\Phi=\iint_S a_1(x,y,z)dydz+a_2(x,y,z)dzdx+a_3(x,y,z)dxdy.$$

例 1 对于不可压缩流体（设其密度为 1）的流速场 $\boldsymbol{v}(P)$，设 S 是场中的闭曲面，并取外侧，则 $\Phi=\iint_S\boldsymbol{v}\cdot d\boldsymbol{S}$ 就是穿过闭曲面 S 的总流量.

定理 1 对场中的点 P，作位于场中的包含点 P 在其内部的光滑闭曲面 S，并取 S 的正侧，则点 P 处的散度

$$\operatorname{div}\boldsymbol{a}=\lim_{\delta(\Omega)\to 0}\frac{1}{\Delta V}\iint_S\boldsymbol{a}\cdot d\boldsymbol{S},$$

其中 Ω 表示 S 所围的区域，ΔV 表示 Ω 的体积，$\delta(\Omega)$ 表示 Ω 的直径，即 Ω 中任意两点距离的上确界.

定理 2（散度运算的公式）

(1) $\nabla\cdot(\alpha\boldsymbol{a}+\beta\boldsymbol{b})=\alpha\nabla\cdot\boldsymbol{a}+\beta\nabla\cdot\boldsymbol{b}$.

(2) $\nabla\cdot(u\boldsymbol{a})=\nabla u\cdot\boldsymbol{a}+u\nabla\cdot\boldsymbol{a}$（$u$ 是数值函数）.

(3) $\nabla\cdot(\nabla u)=\nabla^2u=\Delta u$，其中 $\Delta=\frac{\partial^2}{\partial x^2}+\frac{\partial^2}{\partial y^2}+\frac{\partial^2}{\partial z^2}$ 是拉普拉斯算子.

15.4.2 向量场的旋度

定义 3 设 $\boldsymbol{a}(x,y,z)$是向量场，

$$\boldsymbol{a}(x,y,z)=\{a_1(x,y,z),a_2(x,y,z),a_3(x,y,z)\},$$

则向量

$$\left(\frac{\partial a_3(x,y,z)}{\partial y}-\frac{\partial a_2(x,y,z)}{\partial z}\right)\boldsymbol{e}_1+\left(\frac{\partial a_1(x,y,z)}{\partial z}-\frac{\partial a_3(x,y,z)}{\partial x}\right)\boldsymbol{e}_2$$
$$+\left(\frac{\partial a_2(x,y,z)}{\partial x}-\frac{\partial a_1(x,y,z)}{\partial y}\right)\boldsymbol{e}_3$$

称为所给的场在点 $P(x,y,z)$处的**旋度**，记作 rot $\boldsymbol{a}$ 或 curl $\boldsymbol{a}$. 旋度可以写成下述易于记忆的形式：

$$\operatorname{rot}\boldsymbol{a}=\begin{vmatrix}\boldsymbol{e}_1 & \boldsymbol{e}_2 & \boldsymbol{e}_3\\ \dfrac{\partial}{\partial x} & \dfrac{\partial}{\partial y} & \dfrac{\partial}{\partial z}\\ a_1 & a_2 & a_3\end{vmatrix}=\nabla\times\boldsymbol{a}.$$

定义 4 设 C 是场中的一条有向闭曲线，则 $\Gamma=\int_C\boldsymbol{a}\cdot d\boldsymbol{s}$（其中 $d\boldsymbol{s}=\boldsymbol{t}ds$，$\boldsymbol{t}$ 是沿曲线方向的单位切向量，s 是弧长参数）称为所给的场沿 C 的**环流**.

设 P 是场中的点，在点 P 处取定一个向量 $\boldsymbol{n}$，过点 P 作微小曲面 S，使 S 在点 P 处的法向量为 $\boldsymbol{n}$，令 C 为 S 的边界，取定 C 的方向使它与 $\boldsymbol{n}$ 构成右手螺旋关系，则

$$\rho_n(P)=\lim_{\delta(S)\to 0}\frac{1}{A(S)}\int_C\boldsymbol{a}\cdot d\boldsymbol{s}$$

称为所给的场在点 P 处沿方向 $\boldsymbol{n}$ 的**环流面密度**，其中 $A(S)$是 S 的面积，$\delta(S)$是 S 的直径.

例 2 力场 $\boldsymbol{F}$ 沿 C 的环量 $\int_C\boldsymbol{F}\cdot d\boldsymbol{s}$ 就是它沿 C 所作的功.

定理 3 设在点 P 处 rot $\boldsymbol{a}\neq\boldsymbol{0}$，则 rot $\boldsymbol{a}$ 的方向是使点 P 处的环流面密度取到最大值的方向，而$|\operatorname{rot}\boldsymbol{a}|$就等于此最大值. 事实上，

$$\rho_n=\operatorname{rot}\boldsymbol{a}\cdot\boldsymbol{n}^0,$$

其中 $\boldsymbol{n}^0$ 是沿 $\boldsymbol{n}$ 的单位向量.

定理 4（旋度运算的公式）

(1) $\nabla\times(\alpha\boldsymbol{a}+\beta\boldsymbol{b})=\alpha\nabla\times\boldsymbol{a}+\beta\nabla\times\boldsymbol{b}$.

(2) $\nabla\times(u\boldsymbol{a})=\nabla u\times\boldsymbol{a}+u\nabla\times\boldsymbol{a}$（$u$ 是数值函数）.

(3) $\nabla\cdot(\boldsymbol{a}\times\boldsymbol{b})=\boldsymbol{b}\cdot(\nabla\times\boldsymbol{a})-\boldsymbol{a}\cdot(\nabla\times\boldsymbol{b})$.

(4) $\nabla\times(\nabla u)=\boldsymbol{0}$.

(5) $\nabla\cdot(\nabla\times\boldsymbol{a})=0$.

(6) $\nabla\times(\boldsymbol{a}\times\boldsymbol{b})=(\boldsymbol{b}\cdot\nabla)\boldsymbol{a}-(\boldsymbol{a}\cdot\nabla)\boldsymbol{b}-(\nabla\cdot\boldsymbol{a})\boldsymbol{b}+(\nabla\cdot\boldsymbol{b})\boldsymbol{a}$.

(7) $\nabla\times(\nabla\times\boldsymbol{a})=\nabla(\nabla\cdot\boldsymbol{a})-\Delta\boldsymbol{a}$(其中 $\Delta\boldsymbol{a}=(\Delta a_1)\boldsymbol{e}_1+(\Delta a_2)\boldsymbol{e}_2+(\Delta a_3)\boldsymbol{e}_3$).

15.4.3 场论基本定理

多元函数积分学中的奥-高公式与斯托克斯公式可以用散度与旋度写成简明的形式,它们是场论中的基本定理.

定理 5 设 S 是分片光滑的闭曲面,取外侧,Ω 是 S 所围的区域,它包含在给定的场中,则

$$\iiint\limits_{\Omega}\nabla\cdot\boldsymbol{a}dv=\iint\limits_{S}\boldsymbol{a}\cdot d\boldsymbol{S}.$$

它具有明显的物理意义:流过 S 的通量等于 Ω 中的"总源".

定理 6 设 S 是给定的场中的有向分片光滑曲面,C 是它的边界.取 C 的定向与 S 的定向成右手螺旋关系,则

$$\int_C\boldsymbol{a}\cdot d\boldsymbol{s}=\iint\limits_{S}(\nabla\times\boldsymbol{a})\cdot d\boldsymbol{S}.$$

它也具有明显的物理意义:沿 C 的环流等于旋度流过 S 的通量.

在平面场中,斯托克斯定理表现为格林定理.

15.4.4 几种特殊的向量场

定义 5 对于向量场 $\boldsymbol{a}(P)(P\in D)$,如果存在定义在 D 上的(单值)函数 $u(P)$,使得 $\boldsymbol{a}=-\nabla u$,则称所给的场为**有势场**,u 称为所给场的**势函数**.如果 $\nabla\times\boldsymbol{a}\equiv\boldsymbol{0}$,则称所给的场为**无旋场**.如果对场中任何两点 P,Q,积分 $\int_P^Q\boldsymbol{a}\cdot d\boldsymbol{s}$ 只取决于起点 P 与终点 Q,而与场中连接这两点的路径无关,则称所给的场为**保守场**.

定理 7 设 D 具有下述性质:对 D 中任一简单闭曲线 C,都能做出以 C 为边界的、包含于 D 中的曲面,则对于向量场 $\boldsymbol{a}(P)(P\in D)$,下列陈述是等价的:(1)$\boldsymbol{a}(P)$ 是有势场.(2)$\boldsymbol{a}(P)$ 是无旋场.(3)$\boldsymbol{a}(P)$ 是保守场.(4)$a_1dx+a_2dy+a_3dz$ 是 D 上的某个函数的全微分.

定义 6 对于向量场 $\boldsymbol{a}(P)(P\in D)$,如果在 D 内每个点都有 $\mathrm{div}\,\boldsymbol{a}=0$,则称所给的场为**无源场**.无源场也称**管形场**,后一名称来源于下述定理.

定理 8 设 D 具有下述性质:对 D 中任一简单闭曲面 S,S 所围成的内部区域包含于 D 中,$\boldsymbol{a}(P)(P\in D)$ 是无源场,则对场中任一向量管(即由向量线构成的管状曲面,如图 15.4-2),$\boldsymbol{a}$ 流过任何横断面的通量是一常数.这一常数称为此向量管的**强度**.

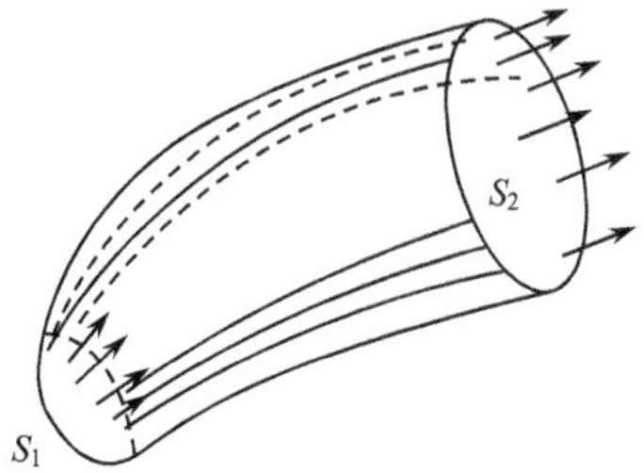

图 15.4-2

定理 9 设 D 是凸的(即对 D 中任何两点 P,Q,连接 P,Q 的直线段也包含于 D 中),则

$\boldsymbol{a}(P)(P\in D)$为管形场的必要充分条件是存在$\boldsymbol{b}(\boldsymbol{P})(\boldsymbol{P}\in \boldsymbol{D})$，使$\boldsymbol{a}=\operatorname{rot}\boldsymbol{b}$. $\boldsymbol{b}(P)$称为$\boldsymbol{a}(P)$的**矢势**.

定义 7 既无源又无旋的场称为**调和场**.

定理 10 调和场的势函数 u 满足拉普拉斯方程(即 $\Delta u=0$)，因而是调和函数.

对于平面调和场，可以用复变函数论中的方法来研究. 设

$$\boldsymbol{a}(x,y)=\{P(x,y),Q(x,y)\}$$

($(x,y)\in D$，D 是平面单连通域)是平面调和场，则

$$\frac{\partial P}{\partial x}+\frac{\partial Q}{\partial y}=0,\frac{\partial Q}{\partial x}-\frac{\partial P}{\partial y}=0.$$

于是 $P-iQ$ 是 D 内的全纯函数，因而存在 D 内的全纯函数 $f(z)=u(x,y)+iv(x,y)$ (其中 $z=x+iy$)，使得 $f'(z)=-i(P-iQ)$. $f(z)$称为所给平面调和场的**复势**，$u(x,y)$称为**力函数**，$v(x,y)$称为**势函数**；相应的等值线分别称为**力线**与**等势线**.

§ 15.5 场论中的量在正交曲线坐标系中的表示式

15.5.1 正交曲线坐标系

在实际应用中，常需根据问题的特点，选用不同的坐标系.

设 $q_1=q_1(x,y,z)$，$q_2=q_2(x,y,z)$，$q_3=q_3(x,y,z)$是三维空间到它本身的光滑一一映射，并且曲面 $q_1(x,y,z)=C_1$，$q_2(x,y,z)=C_2$，$q_3(x,y,z)=C_3$ 在其交点处的法向量两两正交，则对空间每个点，可用(q_1,q_2,q_3)作为它的坐标. 这样的坐标系称为**正交曲线坐标系**. 曲面 $q_1(x,y,z)=C_1$，$q_2(x,y,z)=C_2$，$q_3(x,y,z)=C_3$ 称为**坐标面**. 坐标面的交线，称为**坐标曲线**. 由 $q_2(x,y,z)=C_2$，$q_3(x,y,z)=C_3$(或 $q_3(x,y,z)=C_3$，$q_1(x,y,z)=C_1$；$q_1(x,y,z)=C_1$，$q_2(x,y,z)=C_2$)确定的坐标曲线，称为 q_1 **曲线**(或 q_2 **曲线**，q_3 **曲线**；参看图 15.5-1). 相应的单位切向量，记作 $\boldsymbol{e}_1$，$\boldsymbol{e}_2$，$\boldsymbol{e}_3$(假定它们分别指

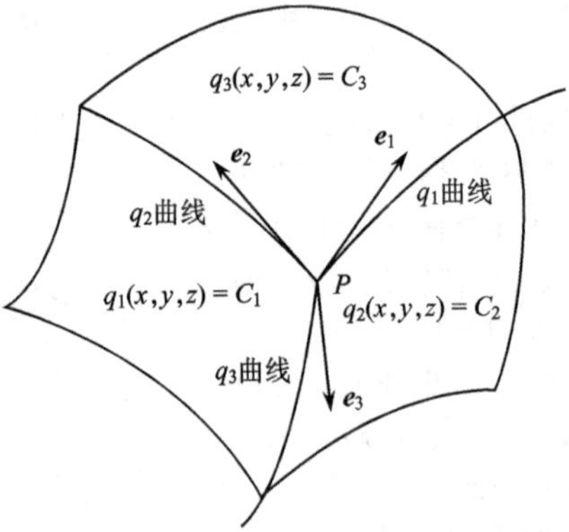

图 15.5-1

向 q_1, q_2, q_3 增加的方向,且构成右手系).

由 $q_1(x,y,z)=q_1, q_2(x,y,z)=q_2, q_3(x,y,z)=q_3$ 可解出 $x=x(q_1,q_2,q_3)$, $y=y(q_1,q_2,q_3)$, $z=z(q_1,q_2,q_3)$. 令

$$H_i=\left(\left(\frac{\partial x}{\partial q_i}\right)^2+\left(\frac{\partial y}{\partial q_i}\right)^2+\left(\frac{\partial z}{\partial q_i}\right)^2\right)^{1/2}(i=1,2,3),$$

称 H_i 为**拉梅系数**.坐标曲线上的弧微分

$$ds_i=H_i dq_i \quad (i=1,2,3),$$

体积元

$$dV=H_1H_2H_3dq_1dq_2dq_3.$$

例 1(柱面坐标系).

$$x=\rho\cos\varphi, y=\rho\sin\varphi, z=z,$$
$$0\leqslant\rho<+\infty, 0\leqslant\varphi<2\pi, -\infty<z<\infty.$$

坐标面与坐标曲线如图 15.5-2.

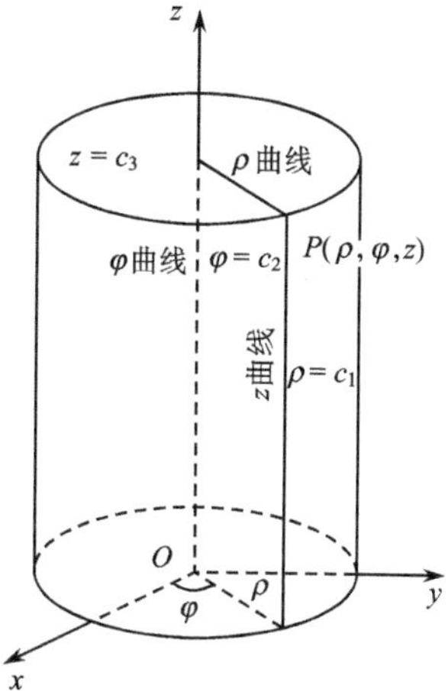

图 15.5-2

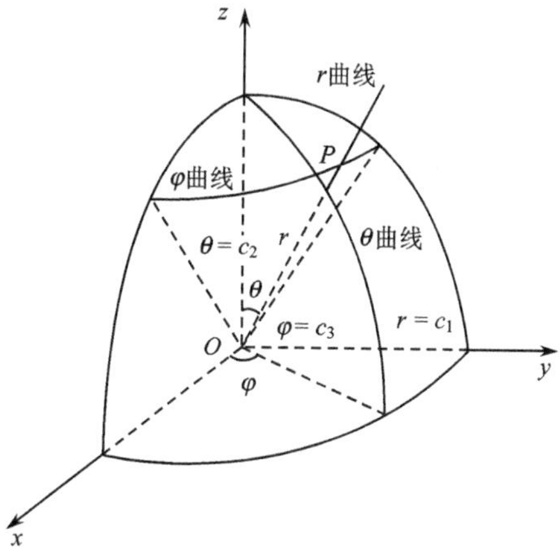

图 15.5-3

例 2(球面坐标系).

$$x=r\sin\theta\cos\varphi, y=r\sin\theta\sin\varphi, z=r\cos\theta,$$
$$0\leqslant r<+\infty, 0\leqslant\theta\leqslant\pi, 0\leqslant\varphi<2\pi.$$

坐标面与坐标曲线如图 15.5-3.

15.5.2 场论中的量在正交曲线坐标系中的表示式

见下页表.

场论量 \ 表示式 \ 坐标系	一般正交曲线坐标系	柱面坐标系	球面坐标系
∇	$\boldsymbol{e}_1\frac{1}{H_1}\frac{\partial}{\partial q_1}+\boldsymbol{e}_2\frac{1}{H_2}\frac{\partial}{\partial q_2}+\boldsymbol{e}_3\frac{1}{H_3}\frac{\partial}{\partial q_3}$	$\frac{\partial}{\partial\rho}\boldsymbol{e}_\rho+\frac{1}{\rho}\frac{\partial}{\partial\varphi}\boldsymbol{e}_\varphi+\frac{\partial}{\partial z}\boldsymbol{e}_z$	$\frac{\partial}{\partial r}\boldsymbol{e}_r+\frac{1}{r}\frac{\partial}{\partial\theta}\boldsymbol{e}_\theta+\frac{1}{r\sin\theta}\frac{\partial}{\partial\varphi}\boldsymbol{e}_\varphi$
grad $\boldsymbol{u}$	$\frac{1}{H_1}\frac{\partial u}{\partial q_1}\boldsymbol{e}_1+\frac{1}{H_2}\frac{\partial u}{\partial q_2}\boldsymbol{e}_2+\frac{1}{H_3}\frac{\partial u}{\partial q}\boldsymbol{e}_3$	$\frac{\partial u}{\partial\rho}\boldsymbol{e}_\rho+\frac{1}{\rho}\frac{\partial u}{\partial\varphi}\boldsymbol{e}_\varphi+\frac{\partial u}{\partial z}\boldsymbol{e}_z$	$\frac{\partial u}{\partial r}\boldsymbol{e}_r+\frac{1}{r}\frac{\partial u}{\partial\theta}\boldsymbol{e}_\theta+\frac{1}{r\sin\theta}\frac{\partial u}{\partial\varphi}\boldsymbol{e}_\varphi$
$\Delta\boldsymbol{u}$	$\frac{1}{H_1H_2H_3}\Big(\frac{\partial}{\partial q_1}\Big(\frac{H_2H_3}{H_1}\frac{\partial u}{\partial q_1}\Big)+\frac{\partial}{\partial q_2}\Big(\frac{H_1H_3}{H_2}\frac{\partial u}{\partial q_2}\Big)+\frac{\partial}{\partial q_3}\Big(\frac{H_1H_2}{H_3}\frac{\partial u}{\partial q_3}\Big)\Big)$	$\frac{1}{\rho}\Big(\frac{\partial}{\partial\rho}\Big(\rho\frac{\partial u}{\partial\rho}\Big)+\frac{1}{\partial\varphi}\Big(\frac{1}{\rho}\frac{\partial u}{\partial\varphi}\Big)+\frac{\partial}{\partial z}\Big(\rho\frac{\partial u}{\partial z}\Big)\Big)$	$\frac{1}{r^2\sin\theta}\Big(\sin\theta\frac{\partial}{\partial r}\Big(r^2\frac{\partial u}{\partial r}\Big)+\frac{\partial}{\partial\theta}\Big(\sin\theta\frac{\partial u}{\partial\theta}\Big)+\frac{1}{\sin\theta}\frac{\partial^2 u}{\partial\varphi^2}\Big)$
div $\boldsymbol{a}$	$\frac{1}{H_1H_2H_3}\Big(\frac{\partial}{\partial q_1}(H_2H_3a_1)+\frac{\partial}{\partial q_2}(H_1H_3a_2)+\frac{\partial}{\partial q_3}(H_1H_2a_3)\Big)$ (其中 $\boldsymbol{a}=a_1\boldsymbol{e}_1+a_2\boldsymbol{e}_2+a_3\boldsymbol{e}_3$，下同)	$\frac{1}{\rho}\Big(\frac{\partial}{\partial\rho}(\rho a_\rho)+\frac{\partial a_\varphi}{\partial\varphi}+\frac{\partial}{\partial z}(\rho a_z)\Big)$ (其中 $\boldsymbol{a}=a_\rho\boldsymbol{e}_\rho+a_\varphi\boldsymbol{e}_\varphi+a_z\boldsymbol{e}_z$，下同)	$\frac{1}{r^2\sin\theta}\Big(\sin\theta\frac{\partial}{\partial r}(r^2a_r)+r\frac{\partial}{\partial\theta}(\sin\theta a_\theta)+r\frac{\partial a_\varphi}{\partial\varphi}\Big)$ (其中 $\boldsymbol{a}=a_r\boldsymbol{e}_r+a_\theta\boldsymbol{e}_\theta+a_\varphi\boldsymbol{e}_\varphi$，下同)
rot $\boldsymbol{a}$	$\frac{1}{H_1H_2H_3}\begin{vmatrix}H_1\boldsymbol{e}_1 & H_2\boldsymbol{e}_2 & H_3\boldsymbol{e}_3\\ \frac{\partial}{\partial q_1} & \frac{\partial}{\partial q_2} & \frac{\partial}{\partial q_3}\\ H_1a_1 & H_2a_2 & H_3a_3\end{vmatrix}$	$\Big(\frac{1}{\rho}\frac{\partial a_z}{\partial\varphi}-\frac{\partial a_\varphi}{\partial z}\Big)\boldsymbol{e}_\rho+\Big(\frac{\partial a_\rho}{\partial z}-\frac{\partial a_z}{\partial\rho}\Big)\boldsymbol{e}_\varphi+\frac{1}{\rho}\Big(\frac{\partial}{\partial\rho}(\rho a_\varphi)-\frac{\partial a_\rho}{\partial\varphi}\Big)\boldsymbol{e}_z$	$\frac{1}{r\sin\theta}\Big(\frac{\partial}{\partial\theta}(\sin\theta a_\varphi)-\frac{\partial a_\theta}{\partial\varphi}\Big)\boldsymbol{e}_r+\frac{1}{r}\Big(\frac{1}{\sin\theta}\frac{\partial a_r}{\partial\varphi}-\frac{\partial}{\partial r}(ra_\varphi)\Big)\boldsymbol{e}_\theta+\frac{1}{r}\Big(\frac{\partial}{\partial r}(ra_\theta)-\frac{\partial a_r}{\partial\theta}\Big)\boldsymbol{e}_\varphi$

§ 15.6 向量分析在运动学中的应用

15.6.1 质点运动的速度与加速度

质点在空间运动时，其运动路径就是质点的径向量的端点所描出的曲线. 这一曲线称为**矢端曲线**，其方程为 $\boldsymbol{r}=\boldsymbol{r}(t)$，其中 t 为时间.

质点在时刻 t 的速度为

$$\boldsymbol{v}=\boldsymbol{v}(t)=\lim_{\Delta t\to 0}\frac{1}{\Delta t}(\boldsymbol{r}(t+\Delta t)-\boldsymbol{r}(t))=\frac{d\boldsymbol{r}(t)}{dt}=\dot{\boldsymbol{r}}(t),$$

加速度为

$$\boldsymbol{a}=\boldsymbol{a}(t)=\lim_{\Delta t\to 0}\frac{1}{\Delta t}(\boldsymbol{v}(t+\Delta t)-\boldsymbol{v}(t))=\frac{d\boldsymbol{v}(t)}{dt}=\dot{\boldsymbol{v}}(t)=\ddot{\boldsymbol{r}}(t).$$

速度沿矢端曲线的切线，指向 t 增加的方向；加速度必在矢端曲线的密切平面上.

设矢端曲线 C 在参数为 t 的点 P 处的单位切向量与主法向量分别为 $\boldsymbol{T},\boldsymbol{n}$，则

$$\boldsymbol{a}(t)=\frac{d^2s}{dt^2}\boldsymbol{T}+k\left(\frac{ds}{dt}\right)^2\boldsymbol{n},$$

其中 s 为 C 的弧长参数，k 为 C 在点 P 处的曲率. 上式右端中的第一项称为**切向加速度**，第二项称为**法向加速度**. 例如，质点作平面圆周运动时，切向加速度的数值为 $\frac{d^2s}{dt^2}=\ddot{s}(t)$，法向加速度(即向心加速度)的数值为 $\frac{v^2}{R}$，R 为圆周的半径.

速度与加速度在不同的坐标系中有不同的表示式. 下面列举三种常见的情形.

(1) 平面极坐标系(ρ,φ). 此时矢端曲线方程为 $\rho=\rho(t),\varphi=\varphi(t)$. 速度

$$\boldsymbol{v}=\dot{\rho}\boldsymbol{e}_\rho+\rho\dot{\varphi}\boldsymbol{e}_\varphi,$$

其中第一项 $\boldsymbol{v}_\rho=\dot{\rho}\boldsymbol{e}_\rho$ 称为速度的径向分量，第二项 $\boldsymbol{v}_\varphi=\rho\dot{\varphi}\boldsymbol{e}_\varphi$ 称为速度的横向分量.

加速度

$$\boldsymbol{a}=(\ddot{\rho}-\rho\dot{\varphi}^2)\boldsymbol{e}_\rho+(\rho\ddot{\varphi}+2\dot{\rho}\dot{\varphi})\boldsymbol{e}_\varphi,$$

其中径向分量的第一项由质点径向速度变化所产生，第二项是向心加速度；横向分量的第一项由径向量转动角速度的变化所产生，第二项是附加加速度.

(2) 柱面坐标系(ρ,φ,z). 此时矢端曲线方程为 $\rho=\rho(t),\varphi=\varphi(t),z=z(t)$，速度

$$\boldsymbol{v}=\dot{\rho}\boldsymbol{e}_\rho+\rho\dot{\varphi}\boldsymbol{e}_\varphi+\dot{z}\boldsymbol{e}_z,$$

加速度

$$\boldsymbol{a}=(\ddot{\rho}-\rho\dot{\varphi}^2)\boldsymbol{e}_\rho+(\rho\ddot{\varphi}+2\dot{\rho}\dot{\varphi})\boldsymbol{e}_\varphi+\ddot{z}\boldsymbol{e}_z.$$

(3) 球面坐标系(r,θ,φ). 此时矢端曲线方程为

$$r=r(t),\theta=\theta(t),\varphi=\varphi(t),$$

$$\boldsymbol{v}=\dot{r}\boldsymbol{e}_r+r\dot{\theta}\boldsymbol{e}_\theta+r\sin\theta\dot{\varphi}\boldsymbol{e}_\varphi,$$

$$a=(\ddot{r}-r\dot{\varphi}^2\sin^2\theta-r\dot{\theta}^2)e_r+\frac{1}{r}\left(\frac{d}{dt}(r^2\dot{\theta})-r^2\dot{\varphi}^2\sin\theta\cos\theta\right)e_\theta$$

$$+\left(\frac{1}{r\sin\theta}\frac{d}{dt}(r^2\dot{\varphi}\sin^2\theta)\right)e_\varphi.$$

15.6.2 刚体的运动

如果物体中任意两点的距离在运动过程中保持不变，则称此物体为**刚体**. 如果在运动过程中刚体上连接任意两点的直线始终保持平行，则称这种运动为**平动**，此时只须研究刚体中一点的运动情形. 如果在运动过程中刚体上有一条直线保持不动，则称这种运动为**绕固定轴的转动**，此固定直线称为轴.

刚体绕固定轴的转动可以通过角速度向量 $\boldsymbol{\omega}$ 刻画. $\boldsymbol{\omega}$ 位于轴上，其指向为右手四手指指向转动方向时大姆指所指的方向，其大小为角位移的变化率

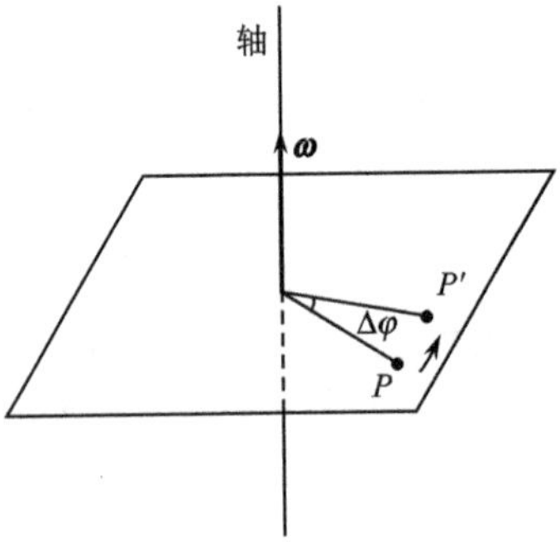

图 15.6-1

$$\omega=\lim_{\Delta t\to 0}\frac{\Delta\varphi}{\Delta t}=\frac{d\varphi}{dt}$$

(图 15.6-1). 刚体中各点的速度

$$\boldsymbol{v}=\boldsymbol{\omega}\times\boldsymbol{r},$$

其中 $\boldsymbol{r}$ 是点的径向量. 加速度为

$$\boldsymbol{a}=\frac{d\boldsymbol{v}}{dt}=\frac{d\boldsymbol{\omega}}{dt}\times\boldsymbol{r}+\boldsymbol{\omega}\times\boldsymbol{v}$$

$$=\frac{d\boldsymbol{\omega}}{dt}\times\boldsymbol{r}+\boldsymbol{\omega}\times(\boldsymbol{\omega}\times\boldsymbol{r})=\frac{d\boldsymbol{\omega}}{dt}\times\boldsymbol{r}-\omega^2\boldsymbol{r}.$$

如果在运动过程中刚体有一个截面始终在其自身平面 π 内运动，则称这种运动为**平面平行运动**，它可以分解为一个平移与一个绕垂直于 π 的某个轴的转动. 设 $\boldsymbol{v}_0$ 是 π 截面上某个基点 O 的平移速度，$\boldsymbol{\omega}$ 是绕轴转动的角速度，则各点的速度

$$\boldsymbol{v}=\boldsymbol{v}_0+\boldsymbol{\omega}\times\boldsymbol{r};$$

加速度

$$\boldsymbol{a}=\boldsymbol{a}_0+\dot{\boldsymbol{\omega}}\times\boldsymbol{r}-\omega^2\boldsymbol{r},$$

其中 $\boldsymbol{a}_0$ 是基点 O 的平移加速度.

如果在运动过程中刚体上有一个点 O 始终保持不动，则称这种运动为**绕固定点的转动**. 这时刚体从一个位置移到另一位置总是通过绕某个过 O 的轴的转动来实现的. 设在某一瞬时转动的角速度为 $\boldsymbol{\omega}$，则在该时刻刚体上位置为 $\boldsymbol{r}$ 的点的速度 $\boldsymbol{v}=\boldsymbol{\omega}\times\boldsymbol{r}$，加速度

$$\boldsymbol{a}=\dot{\boldsymbol{\omega}}\times\boldsymbol{r}+\boldsymbol{\omega}\times(\boldsymbol{\omega}\times\boldsymbol{r})=\dot{\boldsymbol{\omega}}\times\boldsymbol{r}+(\boldsymbol{\omega}\cdot\boldsymbol{r})\boldsymbol{\omega}-\omega^2\boldsymbol{r}.$$

15.6.3 质点的相对运动

设参考系 B 是静止的，参考系 A 相对于参考系 B 运动，则质点相对于参考系 A

的运动，称为**相对运动**，而它相对于参考系 B 的运动，称为**绝对运动**. 质点在 A 中不动而由参考系 A 的运动所引起的它在参考系 B 中的运动，称为**牵连运动**.

设参考系 A 的原点 O 保持不动，它对参考系 B 的转动(瞬时)角速度为 $\boldsymbol{\omega}$(如果 O 也运动，则只须再加一平移项). 设 A 在时刻 t 为 $Oxyz$，在时刻 $t+\Delta t$ 为 $Ox'y'z'$，点 P 从 t 到 $t+\Delta t$ 时移到 Q. 对于坐标系 B，质点位移为 $\overrightarrow{PQ}=\Delta\boldsymbol{r}$；对于坐标系 A，质点位移为 $\overrightarrow{P'Q}=\widetilde{\Delta}\boldsymbol{r}$，其中 P' 关于 $Ox'y'z'$ 的坐标与 P 关于 $Oxyz$ 的坐标相同，$\overrightarrow{PP'}=\Delta\boldsymbol{r}_e$ 是牵连位移(参看图 15.6-2). 由

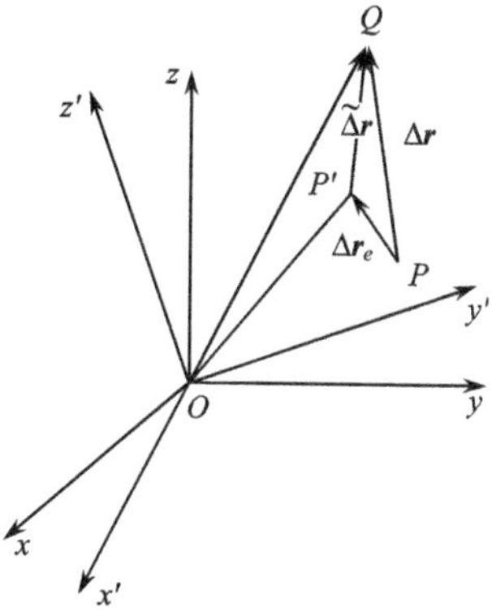

图 15.6-2

$$\Delta\boldsymbol{r}=\widetilde{\Delta}\boldsymbol{r}+\Delta\boldsymbol{r}_e,$$

得到

$$\frac{d\boldsymbol{r}}{dt}=\frac{\tilde{d}\boldsymbol{r}}{dt}+\boldsymbol{\omega}\times\boldsymbol{r},$$

其中 $\frac{d}{dt}$ 是在静止坐标系中观察到的变化率，$\frac{\tilde{d}}{dt}$ 是在运动坐标系中观察到的变化率. 由此可得速度公式

$$\boldsymbol{v}_a=\boldsymbol{v}_r+\boldsymbol{v}_0+\boldsymbol{\omega}\times\boldsymbol{r},$$

其中 $\boldsymbol{v}_a$ 表示绝对速度，$\boldsymbol{v}_r$ 表示相对速度，$\boldsymbol{v}_0$ 是参考系 A 的原点的平移速度，$\boldsymbol{\omega}$ 是 A 的角速度，$\boldsymbol{r}$ 是点在参考系 A 中的径向量. $\boldsymbol{v}_0+\boldsymbol{\omega}\times\boldsymbol{r}=\boldsymbol{v}_e$ 是牵连速度，而 $\boldsymbol{v}_a=\boldsymbol{v}_r+\boldsymbol{v}_e$. 对于绝对加速度 $\boldsymbol{a}$，有

$$\begin{aligned}\boldsymbol{a}&=\frac{\tilde{d}^2\boldsymbol{r}}{dt^2}+\frac{d\boldsymbol{v}_0}{dt}+\frac{d\boldsymbol{\omega}}{dt}\times\boldsymbol{r}+\boldsymbol{\omega}\times(\boldsymbol{\omega}\times\boldsymbol{r})+2\boldsymbol{\omega}\times\frac{\tilde{d}\boldsymbol{r}}{dt}\\&=\boldsymbol{a}_r+\boldsymbol{a}_e+\boldsymbol{a}_c,\end{aligned}$$

其中 $\boldsymbol{a}_r=\frac{\tilde{d}^2\boldsymbol{r}}{dt^2}$ 是相对加速度，$\boldsymbol{a}_e=\frac{d\boldsymbol{v}_0}{dt}+\frac{d\boldsymbol{\omega}}{dt}\times\boldsymbol{r}+\boldsymbol{\omega}\times(\boldsymbol{\omega}\times\boldsymbol{r})$ 是牵连加速度，$\boldsymbol{a}_c=2\boldsymbol{\omega}\times\frac{\tilde{d}\boldsymbol{r}}{dt}$ 是附加的加速度，也称为**柯里奥利加速度**.

§ 15.7 向量分析在动力学中的应用

15.7.1 牛顿第二定律与达朗贝尔原理

以惯性系统作为参考系，质量为 m 的质点在运动中满足牛顿第二定律 $\boldsymbol{F}=m\ddot{\boldsymbol{r}}$，其中 $\boldsymbol{F}$ 是质点所受的外力，$\boldsymbol{r}=\boldsymbol{r}(t)$ 是质点的运动轨迹.

如果以一般的加速系统作为参考系,设质点关于此参考系的相对加速度为 $\boldsymbol{a}_r$,则应有

$$\boldsymbol{F}+(-m\boldsymbol{a}_e)+(-m\boldsymbol{a}_c)=m\boldsymbol{a}_r,$$

其中 $\boldsymbol{a}_e$ 为牵连加速度,$\boldsymbol{a}_c$ 为柯里奥利加速度.上式称为达朗贝尔原理,$-m\boldsymbol{a}_e$ 称为牵连惯性力,$-m\boldsymbol{a}_c$ 称为柯里奥利惯性力.

15.7.2 动量定理

从牛顿第二定律通过积分可得

$$m(\boldsymbol{v}-\boldsymbol{v}_0)=\int_{t_0}^{t}\boldsymbol{F}dt,$$

其中 $m\boldsymbol{v},m\boldsymbol{v}_0$ 分别是质点在时刻 t_0,t 的动量,$\int_{t_0}^{t}\boldsymbol{F}dt$ 称为 $\boldsymbol{F}$ 在 t_0 到 t 这段时间中的冲量.上式就是质点的动量定理:动量的改变量等于外力的冲量.

对于质量顺次为 $m_1,\cdots,m_n$ 的 n 个质点构成的质点组,设质量为 m_k 的质点的运动速度为 $\boldsymbol{v}_k$,则

$$\boldsymbol{Q}=\sum_{k=1}^{n}m_k\boldsymbol{v}_k$$

称为此质点组的动量.此时有

$$\frac{d\boldsymbol{Q}}{dt}=\boldsymbol{R},$$

其中 $\boldsymbol{R}$ 是各质点所受外力的合力.上式就是质点组的动量定理:质点组的动量对时间的变化率等于此质点组所受的总外力.

对于刚体,只要令 $\boldsymbol{Q}=\iiint\limits_{D}v\rho dxdydz$,其中 $\rho=\rho(x,y,z)$ 是点 (x,y,z) 处的密度,D 是刚体所占的空间区域,则同样有

$$\frac{d\boldsymbol{Q}}{dt}=\boldsymbol{R},$$

$\boldsymbol{R}$ 是作用于刚体上的总外力.

引入刚体的质心 $C\left(C\text{ 的径向量 }\boldsymbol{r}_C=\iiint\limits_{D}\boldsymbol{r}\rho dxdydz\Big/\iiint\limits_{D}\rho dxdydz\right)$,则刚体的动量定理可写为

$$M\ddot{\boldsymbol{r}}_C=\boldsymbol{R},$$

其中 M 是刚体的总质量.

当总外力恒等于零时,$\boldsymbol{Q}$ 等于常向量.这就是动量守恒定理.

15.7.3 动量矩定理

设力 $\boldsymbol{F}$ 作用于点 A 处,$\overrightarrow{OA}=\boldsymbol{r}$,则 $\boldsymbol{L}=\boldsymbol{r}\times\boldsymbol{F}$ 称为力 $\boldsymbol{F}$ 关于点 O 的力矩.设 l 是一

个轴,过点 A 作平面,设此平面与 l 的交点为 O,则 $\boldsymbol{F}$ 关于点 O 的力矩,称为 $\boldsymbol{F}$ 关于轴 l 的力矩.

考虑质量为 m 的点绕轴 l 的转动.当质点位于点 A 时,

$$\boldsymbol{G}=\overrightarrow{OA}\times m\boldsymbol{v}=\boldsymbol{r}\times m\boldsymbol{v}$$

称为此质点的动量矩.由于 $\boldsymbol{v}=\boldsymbol{\omega}\times\boldsymbol{r}$,所以 $\boldsymbol{G}=r^2m\boldsymbol{\omega}=J\boldsymbol{\omega}$,其中 $J=mr^2$ 是此质点关于 l 的转动惯量.设质点所受的外力为 $\boldsymbol{F}$,则由于 $\boldsymbol{L}=\boldsymbol{r}\times\boldsymbol{F}=\boldsymbol{r}\times m\dot{\boldsymbol{v}}$,所以 $\boldsymbol{L}=\dfrac{d\boldsymbol{G}}{dt}=J\dfrac{d\boldsymbol{\omega}}{dt}$,这称为关于质点的动量矩定理.

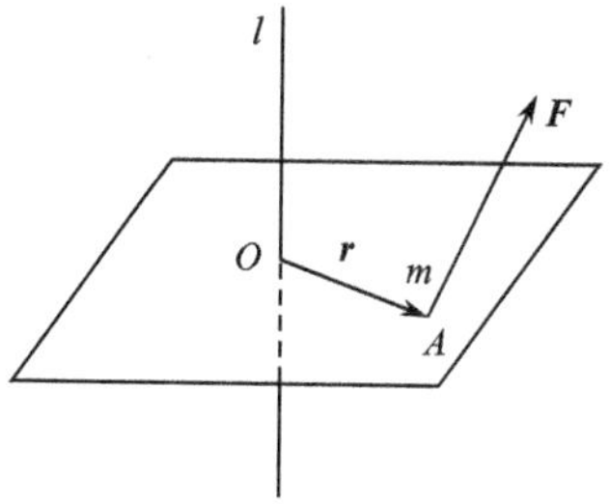

图 15.7-1

对于质点组,也有 $\boldsymbol{L}=\dfrac{d\boldsymbol{G}}{dt}$,其中 $\boldsymbol{G}$ 表示各质点关于 l 的动量矩之和,$\boldsymbol{L}$ 表示各质点所受外力关于 l 的力矩之和.

对于刚体,设它所占空间区域为 D,密度为 ρ,则

$$J=\iiint_D r^2\rho dV(dV\text{ 为体积元})$$

是它关于 l 的转动惯量,

$$\boldsymbol{G}=\iiint_D \boldsymbol{r}\times\rho\boldsymbol{v}dV$$

是它关于 l 的动量矩,于是仍有 $\boldsymbol{G}=J\boldsymbol{\omega}$ 与

$$\boldsymbol{L}=\frac{d\boldsymbol{G}}{dt}=J\frac{d\boldsymbol{\omega}}{dt}$$

(后者就是刚体关于轴 l 的动量矩定理,式中 $\boldsymbol{L}$ 是刚体关于 l 的总外力矩).

关于一个点 O 也有类似的各种情形的动量矩定理.

15.7.4 动能定理

给定一个力场,如果它对物体所作的功只取决于物体运动起点 P 和终点 Q 的位置,而与所经路程无关,则称这种力 $\boldsymbol{F}$ 为保守力.设场所占空间区域是曲面单连通域,则由于 $W=\int_P^Q\boldsymbol{F}\cdot d\boldsymbol{r}$,所以由 §15.4 定理 7,存在函数 V,使 $\boldsymbol{F}=-\operatorname{grad}V$,从而

$$-\int_P^Q\boldsymbol{F}\cdot d\boldsymbol{r}=V(Q)-V(P).$$

V 称为物体的势能或位能.

如果质量为 m 的质点在外力 $\boldsymbol{F}$ 作用下从点 P 到点 Q,则

$$\int_P^Q\boldsymbol{F}\cdot d\boldsymbol{r}=\frac{1}{2}mv_Q^2-\frac{1}{2}mv_P^2.$$

$T=\frac{1}{2}mv^2$ 称为质点的动能，上式表示质点动能的增加等于外力所作的功，这称为动能定理.

如果 $\boldsymbol{F}$ 是保守力，则有

$$\frac{1}{2}mv_P^2+V(P)=\frac{1}{2}mv_Q^2+V(Q),$$

这表示在运动过程中质点动能与势能之和保持不变. 这就是保守力场中质点的机械能守恒定理.

§15.8 向量分析在电磁学中的应用

15.8.1 库伦定律与高斯定理

由点电荷之间的库伦定律可以得到，点电荷 q 受到以体电荷密度 ρ 分布在空间区域 D 中的电荷体系的作用力为

$$\boldsymbol{F}=\iiint_D \frac{q\rho\boldsymbol{r}}{r^3}dV,$$

其中 dV 是体积元，$\boldsymbol{r}$ 是体元 dV 到 q 的径向量. 于是上述电荷体系在点 (x,y,z) 处的(静)电场强度为

$$\boldsymbol{E}(x,y,z)=\iiint_D \frac{\rho(\xi,\eta,\zeta)\boldsymbol{r}}{r^3}dV,$$

其中 $dV=d\xi d\eta d\zeta$，$\boldsymbol{r}$ 是 (ξ,η,ζ) 到 (x,y,z) 的径向量.

设 S 是静电场中的一个闭曲面，D 是 S 所围的区域，则

$$\iint_S \boldsymbol{E}\cdot d\boldsymbol{S}=4\pi\iiint_D \rho dV=4\pi Q,$$

其中曲面积分中的 dS 沿外法向量. 上式表示流过 S 的电通量等于 D 中的总电荷量乘以 4π，这就是静电场的高斯定理.

由 $\boldsymbol{E}$ 的表示式可得，对静电场中任一闭曲线 C：$\boldsymbol{r}=\boldsymbol{r}(t)$，有 $\int_C \boldsymbol{E}\cdot d\boldsymbol{r}=0$，这表明积分 $\int_P^Q \boldsymbol{E}\cdot d\boldsymbol{r}$ 只依赖于起点 P 与终点 Q，与 P 到 Q 的路径无关. 由 §15.4 定理 7，静电场是无旋场，因而存在电位 φ，使得 $\boldsymbol{E}=-\mathrm{grad}\,\varphi$. 可取 φ 为

$$\varphi(x,y,z)=\iiint_D \frac{\rho(\xi,\eta,\zeta)dV}{r}.$$

15.8.2 安培-比奥-萨瓦定律与安培定理

设导体中通过电流，则令导体中点 P 处的电流密度 $\boldsymbol{j}$ 的方向是该点处电流的方

向，而其大小 $j=\lim\limits_{\delta(S)\to 0}\dfrac{I(S)}{A(S)}$，其中 S 是含有点 P 的垂直于电流方向的一个截面，$A(S)$ 是其面积，$I(S)$是通过 S 的电流强度，$\delta(S)$是 S 的直径.

在导体中任取闭曲面 S，设 D 是 S 包围的区域，则由于电荷是守恒的，因而

$$\frac{\partial}{\partial t}\iiint\limits_{D}\rho dV=-\iint\limits_{S}\boldsymbol{j}\cdot d\boldsymbol{S}.$$

利用场论基本定理，由此可得

$$\frac{\partial\rho}{\partial t}+\nabla\cdot\boldsymbol{j}=0.$$

在稳定电流的情形，有 $\nabla\cdot\boldsymbol{j}=0$，因此稳定电流密度是无源场. 由 § 15.4 定理 9，它存在矢势.

在一个稳定的电流分布中，点(x,y,z)的电流元 $\boldsymbol{j}dV$ 所受的力为

$$d\boldsymbol{F}=\frac{1}{c^2}\boldsymbol{j}dV\times\iiint\limits_{D}\frac{\boldsymbol{j}(\xi,\eta,\zeta)d\widetilde{V}\times\boldsymbol{r}}{r^3},$$

其中 c 为光速，$\boldsymbol{r}$ 为(ξ,η,ζ)到(x,y,z)的径向量（采用高斯单位制）. 这称为安培-毕奥-萨瓦定律.

令磁感强度为

$$\boldsymbol{B}(x,y,z)=\frac{1}{c}\iiint\limits_{D}\frac{\boldsymbol{j}(\xi,\eta,\zeta)d\widetilde{V}\times\boldsymbol{r}}{r^3},$$

则上式成为

$$d\boldsymbol{F}=\frac{1}{c}\boldsymbol{j}dV\times\boldsymbol{B}.$$

设 C 是场中任一有向闭曲线，S 是以 C 为边界的曲面，其方向取得与 C 的定向成右手螺旋关系，则

$$\int_{C}\boldsymbol{B}\cdot d\boldsymbol{r}=\frac{4\pi}{c}\iint\limits_{S}\boldsymbol{j}\cdot d\boldsymbol{S},$$

$$\nabla\times\boldsymbol{B}=\frac{4\pi}{c}\boldsymbol{j}.$$

这就是安培定理. 此外还有 $\nabla\cdot\boldsymbol{B}=0$，即稳定电流的磁场是有旋无源场.

15.8.3 法拉第电磁感应定律　麦克斯韦方程组

变化的磁场激发感应电动势. 设激发的电场强度为 $\boldsymbol{E}$，则

$$\int_{C}\boldsymbol{E}\cdot d\boldsymbol{r}=-\frac{1}{c}\iint\limits_{S}\frac{\partial\boldsymbol{B}}{\partial t}\cdot d\boldsymbol{S},$$

$$\nabla\times\boldsymbol{E}=-\frac{1}{c}\frac{\partial\boldsymbol{B}}{\partial t}.$$

其中 C 与 S 的规定同前. 这就是法拉第电磁感应定律.

对于真空中不稳定的电磁场,有下述麦克斯韦方程组:

$$\nabla \cdot \boldsymbol{E} = 4\pi\rho \qquad \text{或} \iint_S \boldsymbol{E}\cdot d\boldsymbol{S} = 4\pi Q,$$

$$\nabla \times \boldsymbol{E} = -\frac{1}{c}\frac{\partial \boldsymbol{B}}{\partial t} \qquad \text{或} \int_C \boldsymbol{E}\cdot d\boldsymbol{r} = -\frac{1}{c}\iint_S \frac{\partial \boldsymbol{B}}{\partial t}\cdot d\boldsymbol{S},$$

$$\nabla \cdot \boldsymbol{B} = 0 \qquad \text{或} \iint_S \boldsymbol{B}\cdot d\boldsymbol{S} = 0,$$

$$\nabla \times \boldsymbol{B} = \frac{1}{c}\frac{\partial \boldsymbol{E}}{\partial t} + \frac{4\pi}{c}\boldsymbol{j} \qquad \text{或} \int_C \boldsymbol{B}\cdot d\boldsymbol{r} = \frac{4\pi}{c}\iint_S \left(\frac{1}{4\pi}\frac{\partial \boldsymbol{E}}{\partial t} + \boldsymbol{j}\right)\cdot d\boldsymbol{S}.$$

由此可以推出电磁运动的各种规律.

§15.9 张 量

15.9.1 张量概念

定义 1 设 V 是 n 维实向量空间,如果 V 到 $\boldsymbol{R}$ 的映射 f 满足:对任何 $a,b\in\boldsymbol{R}$ 与 $x,y\in V$,有 $f(ax+by)=af(x)+bf(y)$,则称 f 为 V 上的一个**线性泛函**. V 上的一切线性泛函构成的集按通常函数的加法与数乘运算构成一个线性空间,称为 V 的**对偶空间**,记作 V^*.

定理 1 V^* 也是 n 维向量空间. 设 $\{e_1,\cdots,e_n\}$ 是 V 的一个基,则满足 $e^{*j}(e_i)=\delta_i^j$(等于 0,当 $i\neq j$ 时;等于 1,当 $i=j$)的 $\{e^{*1},\cdots,e^{*n}\}$ 是 V^* 的一个基. $\{e^{*1},\cdots,e^{*n}\}$ 称为 $\{e_1,\cdots,e_n\}$ 的**对偶基**.

定义 2 设 t 是 $V^*\times V^*\times\cdots\times V^*\times V\times V\times\cdots\times V$($V^*$ 有 p 项,V 有 q 项)到 $\boldsymbol{R}$ 的映射,如果 t 对每个变元都是线性的(例如对第一个变元有

$$\begin{aligned} &t(ax_1^*+b\tilde{x}_1^*,x_2^*,\cdots,x_p^*,y_1,\cdots,y_q)\\ &=at(x_1^*,x_2^*,\cdots,x_p^*,y_1,\cdots,y_q)+bt(\tilde{x}_1^*,x_2^*,\cdots,x_p^*,y_1,\cdots,y_q)),\end{aligned}$$

则称 t 为**多重线性泛函**.

定理 2 $V^*\times\cdots\times V^*\times V\times\cdots\times V$($p$ 项 V^*,q 项 V)上的一切多重线性泛函按通常函数的加法与数乘运算构成一个 n^{p+q} 维向量空间,记作 $T_q^p(V)$ 或 T_q^p. 取定 V 的一个基 $\{e_1,\cdots,e_n\}$,设 $\{e^{*1},\cdots,e^{*n}\}$ 是 $\{e_1,\cdots,e_n\}$ 的对偶基,则

$$\{e_{i_1}\otimes\cdots\otimes e_{i_p}\otimes e^{*j_1}\otimes\cdots\otimes e^{*j_q}:i_1,\cdots,i_p,j_1,\cdots,j_q=1,2,\cdots,n\}$$

构成 T_q^p 的一个基,$e_{i_1}\otimes\cdots\otimes e_{i_p}\otimes e^{*j_1}\otimes\cdots\otimes e^{*j_q}$ 由下式定义:

$$\begin{aligned} &(e_{i_1}\otimes\cdots\otimes e_{i_p}\otimes e^{*j_1}\otimes\cdots\otimes e^{*j_q})(e^{*k_1},\cdots,e^{*k_p},\boldsymbol{e}_{l_1},\cdots,\boldsymbol{e}_{l_q})\\ &=\delta_{i_1}^{k_1}\cdots\delta_{i_p}^{k_p}\delta_{l_1}^{j_1}\cdots\delta_{l_q}^{j_q},\end{aligned}$$

而且它是多重线性的.

定义 3 $T_q^p(V)$ 称为 V 上的 **(p,q) 型张量空间**,$T_q^p(V)$ 的元称为 V 上的 **p 次反变**

q 次共变张量或 (p,q) 型张量. 反变也称**逆变**，共变也称**协变**. $q=0$ 时称为 **p 次反变张量**，$p=0$ 时称为 **q 次共变张量**. $(0,0)$ 型张量就是数量. $p\neq 0,q\neq 0$ 时的张量也常称为**混合张量**.

例 1 $T_1^0(V)$ 就是 V^*，因此可以把 $(0,1)$ 型张量看成 V^* 的元，称为**共变向量**.

例 2 $T_0^1(V)$ 同构于 V. 对 $x\in V$，令 $x^{**}\in T_1^0(V)=(V^*)^*$ 与之对应，x^{**} 满足：对 $x^*\in V^*$，有 $x^{**}(x^*)=x^*(x)$. 这样，可以把 $(1,0)$ 型张量看成 V 的元，称为**反变向量**.

定义 4 如果一个张量的值对其变元的各种可能的排列均保持不变，则称此张量为**对称的**. 只有 $(p,0)$ 型或 $(0,q)$ 型张量才可能具有对称性.

设 π 是 $\{1,2,\cdots,p\}$ 的一个排列，对于 $t\in T_0^p(V)$，定义 t^π 为：对任何 $(x_1^*,\cdots,x_p^*)\in V^*\times\cdots\times V^*$，有 $t^\pi(x_1^*,\cdots,x_p^*)=t(x_{\pi(1)}^*,\cdots,x_{\pi(p)}^*)$. 如果对 $\{1,2,\cdots,p\}$ 的任一排列 π，有 $t=(\operatorname{sgn}\pi)t^\pi$（其中 $\operatorname{sgn}\pi$ 当 π 为偶排列时等于 1，π 为奇排列时等于 -1），则称 t 为**反对称的或斜对称的**. $T_0^p(V)$ 中一切反对称张量组成一个子空间，记作 $\Lambda_p(V)$，称为 V 的 **p 重外幂空间或 p 重外幂**.

15.9.2 张量的分量

定义 5 取定 V 的一个基 $\{e_1,\cdots,e_n\}$，设 $\{e^{*1},\cdots,e^{*n}\}$ 是它的对偶基，则由于 $\{e_{i_1}\otimes\cdots\otimes e_{i_p}\otimes e^{*j_1}\otimes\cdots\otimes e^{*j_q}:i_1,\cdots,i_p,j_1,\cdots,j_q=1,\cdots,n\}$ 是 $T_q^p(V)$ 的一个基，所以每个 $t\in T_q^p(V)$ 可唯一地表示为

$$t=\sum_{i_1=1}^{n}\cdots\sum_{i_p=1}^{n}\sum_{j_1=1}^{n}\cdots\sum_{j_q=1}^{n}\xi_{j_1\cdots j_q}^{i_1\cdots i_p}e_{i_1}\otimes\cdots\otimes e_{i_p}\otimes e^{*j_1}\otimes\cdots\otimes e^{*j_q},$$

$\{\xi_{j_1\cdots j_q}^{i_1\cdots i_p}:i_1,\cdots,i_p,j_1,\cdots,j_q=1,2,\cdots,n\}$ 称为张量 t 关于基 $\{e_1,\cdots,e_n\}$ 的**分量集**，ξ 的上行指数称为**反变指数**，下行指数称为**共变指数**. 如果采用爱因斯坦求和约定，即乘积中出现相同的指数时，认为是对该指数从 1 到 n 求和，则上式可写为

$$t=\xi_{j_1\cdots j_q}^{i_1\cdots i_p}e_{i_1}\otimes\cdots\otimes e_{i_p}\otimes e^{*j_1}\otimes\cdots\otimes e^{*j_q}.$$

以下恒采用这一约定. 这种相同的指数，称为**傀指数**.

定理 3 设 $\{f_1,\cdots,f_n\}$ 是 V 的另一个基，$\{f^{*1},\cdots,f^{*n}\}$ 是 $\{f_1,\cdots,f_n\}$ 的对偶基，设基之间的变换关系为

$$f_i=\alpha_i^j e_j,f^{*i}=\beta_j^i e^{*j},$$

则有

$$\beta_k^i\alpha_j^k=\delta_j^i.$$

设 (p,q) 型张量 t 关于 $\{f_1,\cdots,f_n\}$ 的分量是 $\eta_{j_1\cdots j_q}^{i_1\cdots i_p}$，则 t 的分量之间有如下的变换关系：

$$\eta_{j_1\cdots j_q}^{i_1\cdots i_p}=\beta_{k_1}^{i_1}\cdots\beta_{k_p}^{i_p}\alpha_{j_1}^{l_1}\cdots\alpha_{j_q}^{l_q}\xi_{l_1\cdots l_q}^{k_1\cdots k_p}.$$

基于定理 3，对张量也可采取下面的定义.

定义 6 设 V 是 n 维实向量空间，则 V 上的一个 (p,q) 型张量是这样的代数对象，当取定 V 的一个基 $\{e_1,\cdots,e_n\}$ 后，它表现为分量集

$$\{\xi^{i_1\cdots i_p}_{j_1\cdots j_q}:i_1,\cdots,i_p,j_1,\cdots,j_q=1,2,\cdots,n\}$$

(n^{p+q} 个数组成的有序数组)，如果从基 $\{e_1,\cdots,e_n\}$ 到基 $\{f_1,\cdots,f_n\}$ 的变换关系是 $f_i=\alpha^j_i e_j$（相应地对偶基之间的变换关系为 $f^{*i}=\beta^i_j e^{*j}$，其中 β^i_j 满足 $\beta^i_k\alpha^k_j=\delta^i_j$），则这一对象关于基 $\{f_1,\cdots,f_n\}$ 的分量集

$$\{\eta^{i_1\cdots i_p}_{j_1\cdots j_q}:i_1,\cdots,i_p,j_1,\cdots,j_q=1,2,\cdots,n\}$$

与关于原来的基的分量集之间有变换关系

$$\eta^{i_1\cdots i_p}_{j_1\cdots j_q}=\beta^{i_1}_{k_1}\cdots\beta^{i_p}_{k_p}\alpha^{l_1}_{j_1}\cdots\alpha^{l_q}_{j_q}\xi^{k_1\cdots k_p}_{l_1\cdots l_q}.$$

例 3 设 $x^*\in V^*$，则 $x^*=\xi_i e^{*i}=\eta_j f^{*j}=\eta_j\beta^j_i e^{*i}$. 于是 $\xi_i=\eta_j\beta^j_i$，$\alpha^i_j\xi_i=\eta_j$，它们服从 $(0,1)$ 型的变换关系，因而确实可以看作一个 $(0,1)$ 型张量，即共变向量.

例 4 设 $x\in V$，则 $x=\xi^i e_i=\eta^j f_j=\eta^j\alpha^i_j e_i$. 于是 $\xi^i=\alpha^i_j\eta^j$，$\beta^j_i\xi^i=\eta^j$，它们服从 $(1,0)$ 型的变换关系，因而确实可以看作一个 $(1,0)$ 型张量，即反变向量.

15.9.3 张量的运算

定义 7 设 s,t 是两个同型张量，则按通常函数和的定义来规定张量 $s+t$. 取定 V 的一个基后，$s+t$ 的分量就是 s 与 t 的对应分量之和.

定义 8 设 $s\in T^{p_1}_{q_1}(V)$，$t\in T^{p_2}_{q_2}(V)$，则由下式定义 $s\otimes t\in T^{p_1+p_2}_{q_1+q_2}(V)$：对

$$x_1^*,\cdots,x_{p_1}^*,y_1^*,\cdots,y_{p_2}^*\in V^*,$$

$$x_1,\cdots,x_{q_1},y_1,\cdots,y_{q_2}\in V,$$

有

$$(s\otimes t)(x_1^*,\cdots,x_{p_1}^*,y_1^*,\cdots,y_{p_2}^*;x_1,\cdots,x_{q_1},y_1,\cdots,y_{q_2})$$

$$=s(x_1^*,\cdots,x_{p_1}^*;x_1,\cdots,x_{q_1})t(y_1^*,\cdots,y_{p_2}^*;y_1,\cdots,y_{q_2}).$$

$s\otimes t$ 称为 s 与 t 的**张量积**. 设取定 V 的一个基 $\{e_1,\cdots,e_n\}$ 后 s 与 t 的分量集分别为

$$\{\xi^{i_1\cdots i_{p_1}}_{j_1\cdots j_{q_1}}:i_1,\cdots,i_{p_1},j_1,\cdots,j_{q_1}=1,2,\cdots,n\},$$

$$\{\eta^{i_1\cdots i_{p_2}}_{j_1\cdots j_{q_2}}:i_1,\cdots,i_{p_2},j_1,\cdots,j_{q_2}=1,2,\cdots,n\},$$

则 $s\otimes t$ 的分量集为

$$\{\xi^{i_1\cdots i_{p_1}}_{j_1\cdots j_{q_1}}\eta^{l_1\cdots l_{p_2}}_{k_1\cdots k_{q_2}}:i_1,\cdots,i_{p_1},l_1,\cdots,l_{p_2},j_1,\cdots,j_{q_1},k_1,\cdots,k_{q_2}=1,2,\cdots,n\}.$$

定理 4 张量的和与积满足下列运算规律：

(1) 结合律 $(t_1+t_2)+t_3=t_1+(t_2+t_3)$，$(t_1\otimes t_2)\otimes t_3=t_1\otimes(t_2\otimes t_3)$.

(2) 和的交换律 $t_1+t_2=t_2+t_1$（但一般地 $t_1\otimes t_2\neq t_2\otimes t_1$）.

(3) 分配律 $(s_1+s_2)\otimes t=s_1\otimes t+s_2\otimes t$，$s\otimes(t_1+t_2)=s\otimes t_1+s\otimes t_2$.

(4) 对任何实数 λ,有 $(\lambda s)\otimes t=s\otimes(\lambda t)=\lambda(s\otimes t)$.

定义 9 设 $s\in\Lambda_p(V)$,$t\in\Lambda_q(V)$,则由下式定义 $s\wedge t\in\Lambda_{p+q}(V)$:

$$s\wedge t=\frac{1}{p!q!}\sum(\operatorname{sgn}\pi)(s\otimes t)^{\pi},$$

其中求和对 $\{1,2,\cdots,p+q\}$ 的一切排列进行. $s\wedge t$ 称为 s 与 t 的**外积**或**劈积**.

定理 5 反对称张量的外积满足下列运算规律:

(1) 结合律 $(t_1\wedge t_2)\wedge t_3=t_1\wedge(t_2\wedge t_3)$.

(2) 反交换律 $s\wedge t=(-1)^{pq}(t\wedge s)$.

(3) 分配律 $(s_1+s_2)\wedge t=s_1\wedge t+s_2\wedge t$, $s\wedge(t_1+t_2)=s\wedge t_1+s\wedge t_2$.

定义 10 设 $p>0$,$q>0$,$1\leqslant k\leqslant p$,$1\leqslant l<q$,则 $T_q^p(V)$ 关于第 k 个反变指数与第 l 个共变指数的**缩并**定义为映射 $\mathrm{tr}^{k,l}:T_q^p(V)\to T_{q-1}^{p-1}(V)$,对每个 $t\in T_q^p(V)$,有

$$(\mathrm{tr}^{k,l}(t))(x_1^*,\cdots,x_{p-1}^*,x_1,\cdots,x_{q-1})$$
$$=\sum_{j=1}^{n}t(x_1^*,\cdots,x_{k-1}^*,e^{*j},x_k^*,\cdots,x_{p-1}^*,x_1,\cdots,x_{l-1},e_j,x_l,\cdots,x_{q-1}),$$

其中 $\{e_1,\cdots,e_n\}$ 是 V 的一个基,映射 $\mathrm{tr}^{k,l}$ 不依赖于 V 的基的选择. 如果 t 关于 $\{e_1,\cdots,e_n\}$ 的分量为 $\xi_{j_1\cdots j_q}^{i_1\cdots i_p}$,则 $\mathrm{tr}^{k,l}(\xi)$ 关于 $\{e_1,\cdots,e_n\}$ 的分量为

$$\sum_{j=1}^{n}\xi_{j_1\cdots j_{l-1}jj_l\cdots j_{q-1}}^{i_1\cdots i_{k-1}ji_k\cdots i_{p-1}}.$$

15.9.4 外代数

设 $\{e_1,\cdots,e_n\}$ 是 V 的一个基,则

$$\{e_{i_1}\wedge e_{i_2}\wedge\cdots\wedge e_{i_p}:i_1<i_2<\cdots<i_p,i_1,i_2,\cdots,i_p=1,2,\cdots,n\}$$

构成 $\Lambda_p(V)$ 的一个基. $\Lambda_p(V)$ 的元 t 可唯一地表示为

$$t=\sum_{i_1<i_2<\cdots<i_p}a^{i_1i_2\cdots i_p}e_{i_1}\wedge e_{i_2}\wedge\cdots\wedge e_{i_p}.$$

由此可知 $\Lambda_p(V)$ 的维数为 $\binom{n}{p}$. 当 $p>n$ 时,$\Lambda_p(V)=\{0\}$.

以 $\Lambda(V)$ 表示 $\Lambda_p(V)(p=0,1,2,\cdots)$ 的直和,即令 $\Lambda(V)$ 的元具有有限和 $\sum_{p=0}^{n}x^p$ 的形式,其中 $x^p\in\Lambda_p(V)$,$n\in\mathbf{N}$. 以自然方式定义 $\Lambda(V)$ 上的加法与数量乘法. 对 E 的两个元

$$x=\sum_{p=0}^{n}x^p,y=\sum_{p=0}^{n}y^p,$$

定义 x 与 y 的积 $x\wedge y$ 为

$$x\wedge y=\sum_{p,q=0}^{n}x^p\wedge y^q,$$

积$\wedge$满足结合律.赋予上述三种运算的$\Lambda(V)$,称为向量空间V的**外代数**或**格拉斯曼代数**.

§15.10 共变微分

15.10.1 仿射联络

定义1 设M是n维流形,如果对M上每对光滑向量场X,Y,都对应着满足下列条件的向量场$\nabla_Y X$,则称∇为M上的一个**仿射联络**:

(1)对M上任何光滑向量场X,X_1,X_2,Y,Y_1,Y_2,有

$$\nabla_{Y_1+Y_2}X=\nabla_{Y_1}X+\nabla_{Y_2}X,$$
$$\nabla_Y(X_1+X_2)=\nabla_Y X_1+\nabla_Y X_2.$$

(2) 对M上任何C^∞函数f,有

$$\nabla_{fY}X=f\,\nabla_Y X,$$
$$\nabla_Y(fX)=f\,\nabla_Y X+(Yf)X.$$

定理1 设$(x^1,\cdots,x^n)$是坐标邻域U上的局部坐标系,X,Y关于$(x^1,\cdots,x^n)$的分量分别为$\{X^1,\cdots,X^n\},\{Y^1,\cdots,Y^n\}$,则向量场$\nabla_Y X$关于$(x^1,\cdots,x^n)$的分量形如$Y^j\left(\dfrac{\partial X^i}{\partial x^j}+\Gamma^i_{jk}X^k\right)$,其中$\Gamma^i_{jk}(i,j,k=1,\cdots,n)$是$U$上的光滑函数.设$V$是另一坐标邻域,$U\cap V\neq\varnothing$,$\{\tilde{x}^1,\cdots,\tilde{x}^n\}$是$V$上的一个局部坐标系,则关于$(\tilde{x}^1,\cdots,\tilde{x}^n)$的$\tilde{\Gamma}^i_{jk}$与关于$(x^1,\cdots,x^n)$的$\Gamma^i_{jk}$之间有下述变换关系:

$$\tilde{\Gamma}^i_{jk}=\frac{\partial\tilde{x}^i}{\partial x^\lambda}\left(\frac{\partial x^\mu}{\partial\tilde{x}^j}\frac{\partial x^\nu}{\partial\tilde{x}^k}\Gamma^\lambda_{\mu\nu}+\frac{\partial^2x^\lambda}{\partial\tilde{x}^j\partial\tilde{x}^k}\right).$$

这称为**仿射联络的变换式**.

定义2 $\Gamma^i_{jk}(i,j,k=1,2,\cdots,n)$称为仿射联络$\nabla$在坐标邻域$U$内或关于局部坐标系$(x^1,\cdots,x^n)$的**联络系数**.

由上面的变换式可知$\{\Gamma^i_{jk}\}$不是张量.

15.10.2 共变微分

设M是n维光滑流形,并已给定了一个仿射联络.

定义3 设Y是M上的向量场,T是M上的p次反变q次共变张量场,则T关于向量场Y的**共变导张量**$\nabla_Y T$由如下的方式定义.

(1) 如果$T=f$是数量场,则$\nabla_Y f=Yf$.

(2) 如果$T=X\in T^1_0(M)$,则$\nabla_Y X$即为定义1中规定的向量场.

(3) 如果$T=\omega\in T^0_1(M)$,则$\nabla_Y\omega\in T^0_1(M)$由下式确定:对任何向量场$X$,$(\nabla_Y\omega)(X)=\nabla_Y\omega(X)-\omega(\nabla_Y X)$.

(4) 若 $T\in T_q^p(M)$, $p\geqslant 1$, $q\geqslant 1$, 则 $\nabla_Y T\in T_q^p(M)$ 由下式确定：

对任何 $\omega_1,\cdots,\omega_p\in T_1^0(M)$ 与 $X_1,\cdots,X_q\in T_0^1(M)$,

$$
\begin{aligned}
(\nabla_Y T)(\omega_1,\cdots,\omega_p;X_1,\cdots,X_q) &= Y(T(\omega_1,\cdots,\omega_p;X_1,\cdots,X_q))\\
&-\sum_{i=1}^{p}T(\omega_1,\cdots,\omega_{i-1},\nabla_Y\omega_i,\omega_{i+1},\cdots,\omega_p;X_1,\cdots,X_q)\\
&-\sum_{j=1}^{q}T(\omega_1,\cdots,\omega_p;X_1,\cdots,X_{j-1},\nabla_Y X_j,X_{j+1},\cdots,X_q),
\end{aligned}
$$

∇_Y 称为关于 Y 的**共变微分算子**.

定理 2 共变微分算子具有下列性质：

(1) 设 f,g 是 M 上的 C^∞ 函数，则

$$\nabla_{fX+gY}=f\nabla_X+g\nabla_Y.$$

(2) 设 S,T 是同型张量场，则

$$\nabla_Y(S+T)=\nabla_Y S+\nabla_Y T.$$

(3) 对任何张量场 S,T, 有

$$\nabla_Y(S\otimes T)=(\nabla_Y S)\otimes T+S\otimes\nabla_Y T.$$

(4) ∇_Y 与张量的缩并是可交换的，即

$$\mathrm{tr}^{i,j}\circ\nabla_Y=\nabla_Y\circ\mathrm{tr}^{i,j}.$$

定义 4 设 T 是 (p,q) 型张量场，定义 $(p,q+1)$ 型张量场 ∇T 如下：对 $x\in M$, $(\nabla T)_x\in T_{q+1}^p(x,M)$, 对任何 $X\in T_x(M)$, $\nabla_X T$ 等于把 $(\nabla T)_x\otimes X$ 的第 $p+1$ 个反变指数与第 $q+1$ 个共变指数缩并后得到的张量，即

$$((\nabla T)_x)^{i_1\cdots i_p}_{j_1\cdots j_q;k}X^k=(\nabla_X T)(x)^{i_1\cdots i_p}_{j_1\cdots j_q}.$$

∇T 称为张量场 T 的**共变微分**或**绝对微分**，当 $\nabla T=0$ 时，称 T 为**平行张量场**.

设 $(x^1,\cdots,x^n)$ 是 M 的一个局部坐标系，令 $\nabla_k=\nabla_{\partial/\partial x^k}$, 则 ∇T 的分量 $(\nabla T)^{i_1\cdots i_p}_{j_1\cdots j_q;k}=(\nabla_k T)^{i_1\cdots i_p}_{j_1\cdots j_q}$. 习惯上记 $(\nabla T)^{i_1\cdots i_p}_{j_i\cdots j_q;k}$ 为 $T^{i_1\cdots i_p}_{j_1\cdots j_q;k}$ 或 $\nabla_k T^{i_1\cdots i_p}_{j_1\cdots j_q}$, 即

$$(\nabla T)^{i_1\cdots i_p}_{j_1\cdots j_q;k}=(\nabla_k T)^{i_1\cdots i_p}_{j_1\cdots j_q}=T^{i_1\cdots i_p}_{j_1\cdots j_q;k}=\nabla_k T^{i_1\cdots i_p}_{j_1\cdots j_q}.$$

对于 $\nabla(\nabla T)$, 其分量记为 $T^{i_1\cdots i_p}_{j_1\cdots j_q;k;l}$ 或 $\nabla_l\nabla_k T^{i_1\cdots i_p}_{j_1\cdots j_q}$.

定理 3 设 X,ω,T 分别是反变向量场、共变向量场、(p,q) 型 $(p\geqslant 1,q\geqslant 1)$ 张量场，其分量为 $X^i,\omega_i,T^{i_1\cdots i_p}_{j_1\cdots j_q}$, 则

$$X^i_{;j}=\frac{\partial X^i}{\partial x^j}+\Gamma^i_{jk}X^k,$$

$$\omega_{i;j}=\frac{\partial\omega_i}{\partial x^j}-\Gamma^k_{ji}\omega_k,$$

$$T^{i_1\cdots i_p}_{j_1\cdots j_q;k}=\frac{\partial}{\partial x^k}T^{i_1\cdots i_p}_{j_1\cdots j_q}+\sum_{\mu=1}^{p}\Gamma^{i_\mu}_{kl}T^{i_1\cdots i_{\mu-1}li_{\mu+1}\cdots i_p}_{j_1\cdots j_q}$$

$$-\sum_{\nu=1}^{q}\Gamma^{l}_{kj_\nu}T^{i_1\cdots i_p}_{j_1\cdots j_{\nu-1}lj_{\nu+1}\cdots j_q}.$$

15.10.3 曲率张量与挠率张量

定义 5 设在 n 维流形 M 上给定了一个仿射联络,则该联络的**挠率张量** T 与**曲率张量** R 分别是由下式定义的(1,2)型,(1,3)型张量场:对任何向量场 X,Y,Z,有

$$T(X,Y)=\nabla_X Y-\nabla_Y X-[X,Y],$$

$$(R(X,Y))(Z)=[\nabla_X,\nabla_Y]Z-\nabla_{[X,Y]}Z,$$

其中[,]是泊松括号积(参看§14.6.8). T,R 的分量为

$$T^i_{jk}=\Gamma^i_{jk}-\Gamma^i_{kj},$$

$$R^i_{jkl}=\left(\frac{\partial\Gamma^i_{lj}}{\partial x^k}-\frac{\partial\Gamma^i_{kj}}{\partial x^l}\right)+(\Gamma^\mu_{lj}\Gamma^i_{k\mu}-\Gamma^\mu_{kj}\Gamma^i_{l\mu}).$$

定义 6 满足 $\Gamma^i_{jk}=\Gamma^i_{kj}$ 的仿射联络称为**对称联络**,对称联络的挠率张量为零.

定理 4(里奇公式) 设 f 是 M 上的数量场,X,ω 分别是 M 上的反变、共变向量场,其分量分别为 X^i,ω_i,则

$$f_{;k;j}-f_{;j;k}=T^i_{kj}f_{;i},$$

$$X^i_{;j;k}-X^i_{;k;j}=R^i_{lkj}X^l+T^l_{jk}X^i_{;l},$$

$$\omega_{i;j;k}-\omega_{i;k;j}=R^l_{ijk}\omega_l+T^l_{jk}\omega_{i;l}.$$

特别是对于对称联络,有

$$f_{;k;j}=f_{;j;k},$$

$$X^i_{;j;k}-X^i_{;k;j}=R^i_{lkj}X^l,$$

$$\omega_{i;j;k}-\omega_{i;k;j}=R^l_{ijk}\omega_l.$$

§15.11 黎曼空间中的张量分析

在本节中,设 M 是 n 维黎曼空间(参看14.6.12),$\{g_{ij}:i,j=1,2,\cdots,n\}$ 是 M 上的黎曼度量张量场. 这一张量场是对称的.

15.11.1 黎曼联络

定理 1 对于 M 上的黎曼度量 $G=\{g_{ij}\}$,在 M 上存在唯一的满足下列条件的仿射联络:(1) $\nabla G=0$;(2) 该联络的挠率张量等于零.

定义 1 M 上满足上述条件的联络,称为**黎曼联络**.

定理 2 黎曼联络的联络系数为

$$\Gamma^k_{ij}=\frac{1}{2}g^{kl}\left(\frac{\partial g_{il}}{\partial x^j}+\frac{\partial g_{lj}}{\partial x^i}-\frac{\partial g_{ij}}{\partial x^l}\right).$$

利用二次共变对称张量$\{g_{ij}\}$和二次反变对称张量$\{g^{ij}\}$($(g^{ij})=(g_{ij})^{-1}$)，可以升降张量场的指数. 例如，设反变向量场 X 的分量为 $X^1,\cdots,X^n$，则由 $X_i=g_{ij}X^j$ 确定一个共变向量场 ω，ω 由 $\omega(Y)=(X,Y)$ 确定. $X_1,\cdots,X_n$ 称为 X 的共变分量. 同样，设共变向量场 ω 的分量为 $\omega_1,\cdots,\omega_n$，则由 $\omega^i=g^{ij}\omega_j$ 确定一个反变向量场，$\omega^1,\cdots,\omega^n$ 称为 ω 的反变分量.

对张量场也可进行类似的升降指数运算. 例如由 R^i_{jkl} 通过 $g_{i\mu}R^{\mu}_{jkl}$ 得到 R_{ijkl}，由 R^i_{jkl} 通过 $g^{k\mu}R^{i\cdots}_{\cdot\, j\mu l}$ 得到 $R^{i\cdot k\cdot}_{\cdot j\cdot l}$，加点是为了明确标志升降的是哪个指数.

15.11.2 各种算子的表示式

定义 2 设 f 是 M 上的数量场，则以 $\nabla_i f=\dfrac{\partial f}{\partial x^i}$(其中$(x^1,\cdots,x^n)$是 M 上的局部坐标系)为分量的共变向量场，称为 f 的**梯度**，它就是 §14.6.4 中定义的 df，也记作 $\mathrm{grad}f$.

定义 3 设 ω 是 M 上的共变向量场，则以$\{\nabla_j\omega_i-\nabla_i\omega_j:i,j=1,2,\cdots,n\}$为分量集的二次共变张量场，称为 ω 的**旋度**. 旋度的分量也可写为

$$\left\{\frac{\partial\omega_i}{\partial x^j}-\frac{\partial\omega_j}{\partial x^i}\right\}.$$

定义 4 设 X 是 M 上的反变向量场，则数量场 $\nabla_i X^i$ 称为 X 的**散度**，记作 $\mathrm{div}X$.

定理 3 $\mathrm{div}X=\dfrac{1}{\sqrt{g}}\displaystyle\sum_{i=1}^{n}\frac{\partial(\sqrt{g}X^i)}{\partial x^i}$.

定理 4 设在 M 的单连通域 D 中 ω 的旋度等于零，则存在 D 上的函数 f，使 $\omega=df$.

定义 5 对 M 上的数量场 f，令 $\Delta f=-\mathrm{div}\ \mathrm{grad}f$. Δ 称为**拉普拉斯算子**.

定理 5 $\Delta f=-g^{ij}\dfrac{\partial^2 f}{\partial x^i\partial x^j}+g^{ij}\Gamma^k_{ij}\dfrac{\partial f}{\partial x^k}$.

定理 6 在紧黎曼空间 M 上满足 $\Delta f=0$ 的函数是常数.

15.11.3 曲率张量的性质

定理 7 黎曼空间的曲率张量具有下列性质：

(1) $R^i_{jkl}=-R^i_{jlk}$.

(2) $R^i_{jkl}+R^i_{klj}+R^i_{ljk}=0$.

(3) $R^i_{jkl;m}+R^i_{jlm;k}+R^i_{jmk;l}=0$.

令 $R_{ijkl}=g_{i\nu}R^{\nu}_{jkl}$，则有

(4) $R_{ijkl}=-R_{ijlk}$，$R_{ijkl}=-R_{jikl}$，$R_{ijkl}=R_{klij}$.

(5) $R_{ijkl}+R_{iklj}+R_{iljk}=0$.

以上(2)，(3)，(5)式称为**比安基恒等式**.

定义 6 令 $R_{jk}=-\displaystyle\sum_{l=1}^{n}R^l_{jkl}$，则以 R_{jk} 为分量的二次共变张量场称为**里奇张量**. 里

奇张量是对称张量，即 $R_{jk}=R_{kj}$.

数量场 $R=g^{jk}R_{jk}$ 称为**纯量曲率**.

如果里奇张量是度量张量的数量倍数，则所给黎曼空间称为**爱因斯坦空间**.

定理 8 黎曼空间 M 的曲率张量 $\{R^i_{jkl}\}$ 为零的必要充分条件是在 M 的每个点的适当的邻域内，存在使得 $g_{ij}=\delta_{ij}$ 的局部坐标系.

定义 7 设 $X,Y\in T(M)$，且 X,Y 是线性无关的，则

$$\rho(X,Y)=\frac{R_{ijkl}X^iX^jX^kX^l}{(g_{ik}g_{jl}-g_{jk}g_{il})X^iX^jX^kX^l}$$

只取决于由 X,Y 生成的二维子空间（即如果 $\widetilde{X},\widetilde{Y}\in T_x(M)$，$\widetilde{X},\widetilde{Y}$ 是 X,Y 的线性组合且线性无关，则 $\rho(\widetilde{X},\widetilde{Y})=\rho(X,Y)$），称为由 X,Y 生成的二维子空间的**截面曲率**或**黎曼曲率**.

定理 9 黎曼空间 M 的点 x 处的所有截面曲率唯一地确定了 M 在点 x 处的曲率张量.

定义 8 如果黎曼空间 M 的点 x 处的所有截面曲率都等于一个常数，则称 M 在点 x 处是**迷向的**. 如果还有截面曲率是 M 上的常值函数，则称 M 的**常曲率空间**.

定理 10 M 在点 x 处迷向的必要充分条件是存在常数 C，使得在点 x 处

$$R_{ijkl}=-C(g_{ik}g_{jl}-g_{il}g_{jk}).$$

定理 11（舒尔） 设 M 是 $n(\geqslant 3)$ 维处处迷向的连通黎曼空间，则 M 是常曲率空间.

定理 12 常曲率空间是爱因斯坦空间.

15.11.4 平行移动 测地线

定义 9 设 $C: x^k=x^k(t)$ $(k=1,\cdots,n;\alpha\leqslant t\leqslant\beta)$ 是黎曼空间 M 中的一条光滑曲线，$X=X(t)$ 是在 C 上给定的向量场，则

$$\frac{\delta X^i}{dt}=\frac{dX^i}{dt}+\Gamma^i_{jk}\frac{dx^j}{dt}X^k$$

$(i=1,2,\cdots,n,X^i$ 是 X 的分量）称为 X^i 沿曲线 C 的**共变导数**. 如果 X 是 M 上的向量场，则有

$$\frac{\delta X^i}{dt}=\frac{dx^j}{dt}\nabla_j X^i.$$

如果 X 沿 C 的共变导数为零，即 $\frac{\delta X^i}{dt}=0$ $(i=1,2,\cdots,n)$，则称 $X=X(t)$ 沿 C 是**平行的**. 如果 C 的切向量场沿 C 是平行的，则称 C 为**测地线**.

设沿 C 有 $\frac{\delta X^i}{dt}=0$ $(i=1,\cdots,n)$，$X(\alpha)=A$，$X(\beta)=B$，则称 B 是向量 A 沿 C **平行移动**到参数 $t=\beta$ 的点所得到的向量. 令

$$x=(x^1(\alpha),\cdots,x^n(\alpha)),\ y=(x^1(\beta),\cdots,x^n(\beta)),$$

则使得 $A\in T_x(M)$ 对应到 $B\in T_y(M)$ 的映射是 $T_x(M)$ 到 $T_y(M)$ 上的一个同构.

定理 13 测地线 C 应满足微分方程组

$$\frac{d^2x^i}{dt^2}+\Gamma^i_{jk}\frac{dx^j}{dt}\frac{dx^k}{dt}=0(i=1,2,\cdots,n).$$

给定黎曼流形 M 上的点 p 与 p 处的一个切向量,恰有一条测地线过点 p 且在点 p 处与给定的向量相切.

定理 14 对于黎曼空间 M 中充分接近的两个点 p,q,存在使得连 p,q 的曲线的长度达到最小值的测地线.

§15.12 张量分析在离散质点系力学中的应用

15.12.1 质点的自由运动

利用张量分析,可以得到力学定律以不变形式表示的分析式,特别是可以在任何曲线坐标系中写出质点与质点系的运动方程.

设自由质点的位置由径向量 $\boldsymbol{r}=\boldsymbol{r}(x^1,x^2,x^3)$ 确定,则点的速度

$$\boldsymbol{v}=\dot{\boldsymbol{r}}=\dot{x}^i\boldsymbol{e}_i,$$

其中

$$\boldsymbol{e}_i=\frac{\partial\boldsymbol{r}}{\partial x^i}\quad(i=1,2,3).$$

于是点的速度的反变分量为 $v^i=\dot{x}^i(i=1,2,3)$. 这些分量也称作广义速度.

设质点加速度向量 $\boldsymbol{a}$ 的反变分量为 a^1,a^2,a^3,则

$$a^i=\left(\frac{dv}{dt}\right)^i=\frac{dv^i}{dt}+\Gamma^i_{jk}v^jv^k=\frac{d^2x^i}{dt^2}+\Gamma^i_{jk}\frac{dx^j}{dt}\frac{dx^k}{dt}(i=1,2,3),$$

$\boldsymbol{a}$ 的共变分量为

$$a_i=\frac{dv_i}{dt}-\Gamma^j_{ik}v_jv^k\quad(i=1,2,3).$$

设作用在质点上的外力 $\boldsymbol{F}$ 的反变与共变分量分别为 F^i 和 $F_i(i=1,2,3)$,则由牛顿第二定律,自由质点的运动方程为

$$m\left(\frac{dv^i}{dt}+\Gamma^i_{jk}v^jv^k\right)=F^i,$$

$$m\left(\frac{dv_i}{dt}-\Gamma^j_{ik}v_jv^k\right)=F_i\quad(i=1,2,3),$$

其中 m 为质点的质量.

例 1 对于柱面坐标系 (ρ,φ,z),由于 $ds^2=d\rho^2+\rho^2d\varphi^2+dz^2$,所以 $g_{11}=1$, $g_{22}=\rho^2,g_{33}=1,g_{ij}=0,i\neq j$. 于是

$$\Gamma^1_{22}=-\rho,\Gamma^2_{21}=\Gamma^2_{12}=\frac{1}{\rho},$$

其余的联络系数都等于零.因此质点在柱面坐标系中的运动方程为

$$m(\ddot{\rho}-\rho\dot{\varphi}^2)=F_\rho, m(\rho\ddot{\varphi}+2\dot{\rho}\dot{\varphi})=F_\varphi, m\ddot{z}=F_z,$$

其中 F_ρ, F_φ, F_z 是外力在伴随质点运动的标架 $\boldsymbol{e}_\rho, \boldsymbol{e}_\varphi, \boldsymbol{e}_z$ 上的分量.

例 2 对于球面坐标系(r,θ,φ),由于

$$ds^2=dr^2+r^2d\theta^2+r^2\sin^2\theta d\varphi^2,$$

所以

$$g_{11}=1, g_{22}=r^2, g_{33}=r^2\sin^2\theta, g_{ij}=0, i\neq j.$$

因此

$$\Gamma_{22}^1=-r, \Gamma_{12}^2=\frac{1}{r}, \Gamma_{13}^3=\frac{1}{r}, \Gamma_{33}^1=-r\sin^2\theta,$$

$$\Gamma_{33}^2=-\sin\theta\cos\theta, \Gamma_{23}^3=\cot\theta,$$

其余联络系数等于零.因此质点在球面坐标系中的运动方程为

$$m(\ddot{r}-r\dot{\theta}^2-r\dot{\varphi}^2\sin^2\theta)=F_r,\quad mr\left(\ddot{\theta}+\frac{2}{r}\dot{r}\dot{\theta}-\sin\theta\cos\theta\dot{\varphi}^2\right)=F_\theta,$$

$$mr\sin\theta\left(\ddot{\varphi}+\frac{2}{r}\dot{r}\dot{\varphi}+2\dot{\theta}\dot{\varphi}\cot\theta\right)=F_\varphi.$$

15.12.2 质点的约束运动

设质点约束在曲面 $S:G(x,y,z)=0$ 上运动,其中(x,y,z)是直角坐标.把曲面 S 看作理想约束,在需要考虑摩擦时,把摩擦力列入外力.

引进曲线坐标系(x^1,x^2,x^3),使 S 成为 $x^3=0$.此时令

$$ds^2=g_{11}(dx^1)^2+2g_{12}dx^1dx^2+g_{22}(dx^2)^2+(dx^3)^2,$$

于是

$$v^3=\frac{dx^3}{dt}=0,$$

曲面对质点的反作用力 $\boldsymbol{R}=R\boldsymbol{e}_3$,即 $R^1=R^2=0, R^3=R$.这时质点运动方程为

$$m\left(\frac{d^2x^i}{dt^2}+(\Gamma_{jk}^i)_{x^3=0}\frac{dx^j}{dt}\frac{dx^k}{dt}\right)=F^i(i,j,k=1,2),$$

$$(\Gamma_{jk}^3)_{x^3=0}\frac{dx^j}{dt}\frac{dx^k}{dt}=F^3+R(j,k=1,2).$$

$(\Gamma_{kj}^3)_{x^3=0}$的值与 S 的曲率有关.

设外力 $\boldsymbol{F}$ 沿 S 的法线方向,则 $F^1=F^2=0$,于是

$$\frac{d^2x^i}{dt^2}+(\Gamma_{jk}^i)_{x^3=0}\frac{dx^j}{dt}\frac{dx^k}{dt}=0(i=1,2).$$

这表明质点沿 S 上的测地线运动,而速度向量 $\boldsymbol{v}$ 沿运动轨迹作平行移动.

15.12.3 质点系的约束运动

考虑由质量顺次为 $m_1, \cdots, m_n$ 的 n 个质点构成的质点系. 引进变量 $\xi_i (i=1,2,\cdots,3n)$ 如下：

$$\xi_{3i-2} = \sqrt{m_i} x_i, \xi_{3i-1} = \sqrt{m_i} y_i, \xi_{3i} = \sqrt{m_i} z_i (i = 1,2,\cdots,n),$$

其中 (x_i, y_i, z_i) 是第 i 个质点的笛卡儿坐标. 由

$$\dot{\xi}_{3i-2} = \sqrt{m_i}\,\dot{x}_i,\ \dot{\xi}_{3i-1} = \sqrt{m_i}\,\dot{y}_i,\ \dot{\xi}_{3i} = \sqrt{m_i}\,\dot{z}_i$$

确定的向量 $\boldsymbol{v}$ 称为点 $P(\xi_1, \cdots, \xi_{3n})$ 的速度，而由 $\ddot{\xi}_{3i-2}, \ddot{\xi}_{3i-1}, \ddot{\xi}_{3i}$ 确定的向量 $\boldsymbol{a}$ 称为点 P 的加速度.

设质点系受到的约束为

$$\xi_i = \xi_i(x^1, \cdots, x^N) = \xi_i(x^j)(i = 1,2,\cdots,3n, j = 1,\cdots,N),$$

其中 N 是质点系的自由度. 这一约束可看作 $3n$ 维空间中的超曲面 S 的方程 $\boldsymbol{r}=\boldsymbol{r}(x^i)$. 引进 $x^{N+1}, \cdots, x^{3n}$，使 S 的方程成为 $x^{N+1}=x^{N+2}=\cdots=x^{3n}=0$，此时质点系的运动方程具有下面的形式：

$$\frac{dv_i}{dt} - \Gamma^j_{ik} v_j v^k = X_i \quad (i,j,k = 1,2,\cdots,N),$$

$$\Gamma^j_{ik} v_j v^k = - X_i \quad (i = N+1,\cdots,3n, j,k = 1,2,\cdots,N),$$

其中 $v_i = g_{ij} v^j$，v^i 由

$$\boldsymbol{v} = \frac{d\boldsymbol{r}}{dt} = v^i \frac{\partial \boldsymbol{r}}{\partial x^i} \quad (i = 1,2,\cdots,N)$$

确定；X_i 是外力的共变分量.

如果令 $T=\frac{1}{2} g_{ij} v^i v^j$，则第一组方程就是

$$\frac{d}{dt} \frac{\partial T}{\partial v^i} - \frac{\partial T}{\partial x^i} = X_i (i = 1,2,\cdots,N),$$

即力学中的第二类拉格朗日微分方程组.

§15.13 张量分析在连续介质力学中的应用

15.13.1 应力张量

在物体中取法方向为 $\boldsymbol{\nu}$ 的微小平面元，该平面元两侧的物体部分在单位面积内的相互作用力称为关于所取平面的应力，记作 $\boldsymbol{\tau}_\nu(\tau^1_\nu, \tau^2_\nu, \tau^3_\nu)$. 应力在垂直于平面的方向的分量称为正应力，在平行于平面的方向的分量称为切应力. 设在物体内任何一点关于通过该点的三个正交平面的应力为

$$\boldsymbol{\tau}^1(\tau^{11}, \tau^{12}, \tau^{13}), \quad \boldsymbol{\tau}^2(\tau^{21}, \tau^{22}, \tau^{23}), \quad \boldsymbol{\tau}^3(\tau^{31}, \tau^{32}, \tau^{33}),$$

则

$$\boldsymbol{\tau}_\nu = \boldsymbol{\tau}^1\cos(\nu,x) + \boldsymbol{\tau}^2\cos(\nu,y) + \boldsymbol{\tau}^3\cos(\nu,z).$$

由$\{\tau^{ij}:i,j=1,2,3\}$构成的二次反变张量,称为**应力张量**.由于$\tau^{ij}=\tau^{ji}$,所以应力张量是对称张量.

过物体中的每个点,存在互相垂直的三个面元,使得相应的应力沿着这些面元的法线方向.这样的面元的法线方向称为应力张量的**主方向**或**主轴**.设$\tau^i_j=\tau^{ik}g_{kj}$,则三个主方向的面元$dA_i(i=1,2,3)$应满足$(\tau^i_j-\tau\delta^i_j)dA_i=0(i=1,2,3,\delta^i_j$是克罗内克记号).由此$\tau$应是矩阵$(\tau^i_j)$的本征值.求出本征值后,即可由上述方程求出主方向.

15.13.2 应变张量

考虑物体在变形前与变形后的情况.在变形前的物体中建立坐标系(x^1,x^2,x^3),$ds^2=g_{ij}dx^idx^j$.设变形后$d\tilde{s}^2=\tilde{g}_{ij}d\tilde{x}^id\tilde{x}^j$.令$\gamma_{ij}=\tilde{g}_{ij}-g_{ij}$,则当坐标系变换到$(\tilde{x}^1,\tilde{x}^2,\tilde{x}^3)$时,有

$$\tilde{\gamma}_{ij} = \frac{\partial x^k}{\partial \tilde{x}^i}\frac{\partial x^l}{\partial \tilde{x}^j}\gamma_{kl},$$

因而$\{r_{ij}\}$是一个二次共变张量,称为**应变张量**.应变张量是对称张量.

设$\boldsymbol{u}$是变形前物体中一点的位置引到变形后同一质点的位置的位移向量,(u^1,u^2,u^3),(u_1,u_2,u_3)分别是$\boldsymbol{u}$的反变和共变分量,则

$$\gamma_{ij} = \frac{\partial u_i}{\partial x^j} + \frac{\partial u_j}{\partial x^i} + \frac{\partial u^k}{\partial x^i}\frac{\partial u_k}{\partial x^j} \quad (i,j=1,2,3).$$

如果忽略位移的二次项,则得

$$\gamma_{ij} = \frac{\partial u_i}{\partial x^j} + \frac{\partial u_j}{\partial x^i}(i,j=1,2,3).$$

这称为运动学关系.

作为应变的度量,通常还用张量$\{\varepsilon_{ij}\}$,其中$\varepsilon_{ij}=\dfrac{1}{2}\gamma_{ij}$.采用$\varepsilon_{ij}$的优点是它与应力的积是变形时所做的功.

应变张量也有三个主方向.

对于各向同性的物体,有

$$\tau^i_j = \frac{E}{1+\nu}\left(\varepsilon^i_j + \frac{\nu}{1-2\nu}\varepsilon^m_m\delta^i_j\right),$$

其中$\varepsilon^i_j=\varepsilon^{ik}g_{kj}$,$\varepsilon^m_m=\varepsilon^1_1+\varepsilon^2_2+\varepsilon^3_3$,$E$是杨氏模量,$\nu$是泊松比.上式就是胡克定律的数学形式.由此可得,对于各向同性物体,应力与应变的主方向是一致的.

15.13.3 平衡方程与运动方程

设ρ是连续介质的密度,$\rho\boldsymbol{F}=\{\rho F^1,\rho F^2,\rho F^3\}$是作用在连续介质元素上的体积力,$\boldsymbol{v}=\{v^1,v^2,v^3\}$是介质元素的速度,$\{\tau^{ij}\}$是应力张量(都是坐标$(x^1,x^2,x^3)$的函

数),则介质元素的运动方程为

$$\frac{\partial}{\partial x^k}\tau^{ik}+\rho F^i=\rho\frac{dv^i}{dt}\quad(i=1,2,3).$$

刻画质量守恒的**连续性方程**为

$$\frac{\partial\rho}{\partial t}+\operatorname{div}(\rho\boldsymbol{v})=0.$$

为使这两个方程具有对任何坐标系都成立的不变形式,先改写为

$$\frac{\partial}{\partial x^j}(\rho v^i v^j-\tau^{ij})+\frac{\partial}{\partial t}(\rho v^i)=\rho F^i(i=1,2,3),$$

$$\frac{\partial}{\partial x^j}(\rho v^j)+\frac{\partial\rho}{\partial t}=0;$$

再引进**能量冲量张量** T,其分量为

$$\begin{Bmatrix}\rho v^1v^1-\tau^{11} & \rho v^1v^2-\tau^{12} & \rho v^1v^3-\tau^{13} & \rho v^1\\ \rho v^2v^1-\tau^{21} & \rho v^2v^2-\tau^{22} & \rho v^2v^3-\tau^{23} & \rho v^2\\ \rho v^3v^1-\tau^{31} & \rho v^3v^2-\tau^{32} & \rho v^3v^3-\tau^{33} & \rho v^3\\ \rho v^1 & \rho v^2 & \rho v^3 & \rho\end{Bmatrix},$$

以下以 T^{ij} 表示 T 的分量($i,j=1,2,3,4$).引进空间的度量

$$ds^2=g_{ij}dx^idx^j+(dx^4)^2\quad(i,j=1,2,3),$$

则在任何曲线坐标系中,有

$$\nabla_jT^{ij}=\rho F^i\quad(i=1,2,3),$$
$$\rho F^4=0.$$

它也可写为

$$\frac{1}{\sqrt{g}}\frac{\partial}{\partial x^j}(\sqrt{g}T^{ij})+\Gamma^i_{\mu j}T^{\mu j}=\rho F^i,\rho F^4=0.$$

这些方程也适用于理想流体、黏性流体、塑性体和弹性体.

§15.14 张量分析在相对论中的应用

15.14.1 狭义相对论

在狭义相对论中,时间与空间是不能分离的,它们结合在一些构成以

$$ds^2=g_{ij}dx^idx^j=c^2dt^2-dx^2-dy^2-dz^2$$
$$((x^1,x^2,x^3,x^4)=(ct,x,y,z))$$

为基本形式的四维伪欧几里得空间(“伪”是指 $g_{ij}dx^idx^j$ 不是正定二次型),式中(x,y,z)是空间坐标,t 是时间,c 是光速.这种空间称为**闵可夫斯基世界**.

爱因斯坦提出了两个基本假设:(1)狭义相对性原理,即在所有惯性系中,物理学

定律具有相同的形式;(2)光速不变原理,即在所有惯性系中,光速与光源的运动无关,在任何方向都具有同样的值. 由这两个假设出发,爱因斯坦推出:当惯性系 $(x^1,x^2,x^3,x^4)=(ct,x,y,z)$ 与 $(\tilde{x}^1,\tilde{x}^2,\tilde{x}^3,\tilde{x}^4)=(c\tilde{t},\tilde{x},\tilde{y},\tilde{z})$ 沿 x 轴以速度 v 作相对运动时,其间的变换式是

$$\tilde{x}=\frac{x-vt}{\sqrt{1-v^2/c^2}},\quad \tilde{y}=y,\tilde{z}=z,\quad \tilde{t}=\frac{t-(v/c^2)x}{\sqrt{1-v^2/c^2}}.$$

这称为**洛伦兹变换**. 洛伦兹变换是保持张量 $\{g_{ij}\}$ 不变的线性变换.

在闵可夫斯基世界中,一个质点的运动可用一条"世界线"

$$x^i=x^i(s)\quad (i=0,1,2,3)$$

来表示. 通常用"原时"$\boldsymbol{\tau}$ 作为参数:

$$\begin{aligned}\boldsymbol{\tau}&=\int\sqrt{dt^2-\frac{1}{c^2}(dx^2+dy^2+dz^2)}\\&=\frac{1}{c}\int\sqrt{g_{ij}dx^idx^j}=\frac{1}{c}\int\sqrt{g_{ij}\frac{dx^i}{d\tau}\frac{dx^j}{d\tau}}d\boldsymbol{\tau}.\end{aligned}$$

此时运动的路径成为 $x^i=x^i(\tau)\quad (i=0,1,2,3)$.

质点运动的方向可用切向量 $U^i=\dfrac{dx^i}{d\tau}$ 来描述,它构成一个反变向量,且 $g_{ij}U^iU^j=c^2$. 令速度向量 $\boldsymbol{v}$ 的分量为 $v^i=\dfrac{dx^i}{dt}(i=1,2,3)$,则

$$U^0=\frac{dt}{d\tau}=\frac{1}{\sqrt{1-v^2/c^2}},\quad U^i=v^iU^0(i=1,2,3).$$

此时惯性定律具有简单的形式:$U^i=$常数.

15.14.2 广义相对论

广义相对论讨论的中心问题是引力理论,其基础是:(1)**广义相对性原理**,即认为物理学定律不依赖于表示时间、空间的四维微分流形(时空流形)的局部坐标的选取方法. 这样,物理量用时空流形上的张量表示,而物理学定律用张量方程写出. (2) **等效原理**,即认为引力质量与惯性质量是相等的.

从这两个基本假设出发,爱因斯坦得到了下面的结论:如果有物质以及它所产生的引力场,则时空结构就会由闵可夫斯基世界变到具有曲率的四维伪黎曼空间("伪"指相应基本张量的二次型的符号差为(1,3)). 设基本张量为 $\{g_{ij}\}$,由 $\{g_{ij}\}$ 构成的里奇张量为 $\{R_{ij}\}$,纯量曲率为 R,则在不存在产生引力场的物质的区域内,有

$$G_{ij}\equiv R_{ij}-\frac{1}{2}Rg_{ij}=0;$$

在有物质存在的区域内,有

$$G_{ij}=\chi T_{ij},$$

其中 χ 为引力常数，$\{T_{ij}\}$ 是能量-冲量张量.

当质点质量很小，对场的影响可以忽略时，它在引力场中的运动方程为

$$\frac{\delta^2 x^i}{\delta s^2} = 0, g_{ij} \frac{dx^i}{ds} \frac{dx^j}{ds} = 1,$$

其中 $\delta/\delta s$ 表示由质点轨道的弧长 s 决定的共变微分.

16. 积 分 变 换

§16.1　傅里叶积分与傅里叶变换

16.1.1　傅里叶积分

定义在$(-\infty,+\infty)$上的非周期函数,在满足一定的条件时,可由周期函数的傅里叶级数转化为积分形式.

定理1(傅里叶积分定理)　若函数 $f(t)$在任一有限区间上满足狄利克雷条件(参看6.10.4),且在$(-\infty,+\infty)$上绝对可积$\left(\text{即积分}\int_{-\infty}^{+\infty}|f(t)|dt\text{ 收敛}\right)$,则有

$$\frac{1}{2\pi}\int_{-\infty}^{+\infty}\left(\int_{-\infty}^{+\infty}f(\tau)e^{-i\lambda\tau}d\tau\right)e^{i\lambda t}d\lambda$$
$$=\begin{cases}f(t), & t\text{ 为连续点;}\\ \dfrac{f(t-0)+f(t+0)}{2}, & t\text{ 为第一类间断点.}\end{cases}$$

等式左端的积分称为函数 $f(t)$的**傅里叶二重积分**.若 $f(t)$在$(-\infty,+\infty)$上处处连续,则

$$f(t)=\frac{1}{2\pi}\int_{-\infty}^{+\infty}\left(\int_{-\infty}^{+\infty}f(\tau)e^{-i\lambda\tau}d\tau\right)e^{i\lambda t}d\lambda. \qquad (16.1\text{-}1)$$

(16.1-1)称为函数 $f(t)$的**傅里叶积分公式**,它为复指数形式.利用欧拉公式(参看7.6.3)可将积分公式化为实的三角形式

$$f(t)=\frac{1}{\pi}\int_{0}^{+\infty}\left(\int_{-\infty}^{+\infty}f(\tau)\cos\lambda(t-\tau)d\tau\right)d\lambda, \qquad (16.1\text{-}2)$$

或

$$f(t)=\int_{0}^{+\infty}(A(\lambda)\cos\lambda t+B(\lambda)\sin\lambda t)d\lambda,$$

其中

$$A(\lambda)=\frac{1}{\pi}\int_{-\infty}^{+\infty}f(\tau)\cos\lambda\tau d\tau,B(\lambda)=\frac{1}{\pi}\int_{-\infty}^{+\infty}f(\tau)\sin\lambda\tau d\tau.$$

由此,若 $f(t)$为偶函数,则有

$$f(t)=\int_{0}^{+\infty}A(\lambda)\cos\lambda td\lambda. \qquad (16.1\text{-}3)$$

若 $f(t)$为奇函数,则有

$$f(t)=\int_0^{+\infty}B(\lambda)\sin\lambda t d\lambda. \tag{16.1-4}$$

(16.1-3),(16.1-4)右端的积分分别称为 $f(t)$ 的**傅里叶余弦积分**和**傅里叶正弦积分**.

16.1.2 傅里叶变换概念

定义 1 设 $f(t)$ 在 $(-\infty,+\infty)$ 上有定义,且满足傅里叶积分定理的条件,则函数

$$F(\lambda)=\frac{1}{\sqrt{2\pi}}\int_{-\infty}^{+\infty}f(t)e^{-i\lambda t}dt \tag{16.1-5}$$

称为 $f(t)$ 的**傅里叶变换**,记作 $\mathscr{F}[f(t)]$,即

$$F(\lambda)=\mathscr{F}[f(t)].$$

这时,

$$f(t)=\frac{1}{\sqrt{2\pi}}\int_{-\infty}^{+\infty}F(\lambda)e^{i\lambda t}d\lambda \tag{16.1-6}$$

称为 $F(\lambda)$ 的**傅里叶逆变换**,记作 $f(t)=\mathscr{F}^{-1}[F(\lambda)]$. $F(\lambda)$(或记作 $\hat{f}(\lambda)$)称为 $f(t)$ 在傅里叶变换下的**象**(或**象函数**). $f(t)$ 称为 $F(\lambda)$ 的**象原函数**.

象原函数与象函数构成了一个傅里叶变换对,记作

$$f(t)\circ\!-\!\bullet\,F(\lambda),\text{或 } f(t)\Leftrightarrow F(\lambda).$$

注意,傅里叶变换的定义还可以有其他的一些形式,例如定义

$$F(\lambda)=\frac{1}{\sqrt{2\pi}}\int_{-\infty}^{+\infty}f(t)e^{i\lambda t}di, \tag{16.1-7}$$

则逆变换

$$f(t)=\frac{1}{\sqrt{2\pi}}\int_{-\infty}^{+\infty}F(\lambda)e^{-i\lambda t}d\lambda;$$

或者

$$F(\lambda)=\int_{-\infty}^{+\infty}f(t)e^{-i\lambda t}dt, \tag{16.1-8}$$

则逆变换

$$f(t)=\frac{1}{2\pi}\int_{-\infty}^{+\infty}F(\lambda)e^{i\lambda t}d\lambda;$$

或者

$$F(y)=\int_{-\infty}^{+\infty}f(t)e^{-i2\pi yt}dt, \tag{16.1-9}$$

则逆变换

$$f(t)=\int_{-\infty}^{+\infty}F(y)e^{i2\pi yt}dy.$$

本书一般采用(16.1-5)式的定义,否则将予以特别声明.

例 1 求矩形脉冲函数

$$f(t)=\begin{cases}A, & 0\leqslant t\leqslant \tau,\\ 0, & t<0,t>\tau\end{cases}$$

的傅里叶变换

$$\mathscr{F}[f(t)]=\frac{1}{\sqrt{2\pi}}\int_{-\infty}^{+\infty}f(t)e^{i\lambda t}dt=\frac{A}{\sqrt{2\pi}}\int_{0}^{\tau}e^{-i\lambda t}dt=\frac{A}{\sqrt{2\pi}i\lambda}(1-e^{-i\lambda\tau}).$$

傅里叶积分定理中的绝对可积条件是一个相当强的条件,在物理学和工程技术中常见的简单函数如 $1,x,\sin x$ 等都不能满足,因此它们都不能在"古典"(即按定义 1 要求)意义下进行傅里叶变换,因而有必要扩充傅里叶变换的概念,把它建立在广义函数(参看 14.5.12)的基础之上,然后定义广义函数的傅里叶变换(参看 14.5.14),本章对此不予涉及.这里将在古典意义下,形式地求出 δ 函数(参看 14.5.12)的傅里叶变换,然后可利用它来求出像前面所指出的一些工程上常见的函数的(广义意义下的)傅里叶变换.

例 2 求 δ 函数的傅里叶变换.

$$\mathscr{F}[\delta(t)]=\frac{1}{\sqrt{2\pi}}\int_{-\infty}^{+\infty}\delta(t)e^{-i\lambda t}dt=\frac{1}{\sqrt{2\pi}}(e^{-i\lambda t})_{t=0}=\frac{1}{\sqrt{2\pi}},$$

于是有

$$\delta(t)\circ\!-\!\bullet\ \frac{1}{\sqrt{2\pi}}.$$

例 3 求 $F(\lambda)=\sqrt{2\pi}\delta(\lambda)$ 的傅里叶逆变换.

$$\mathscr{F}^{-1}[\sqrt{2\pi}\delta(\lambda)]=\frac{1}{\sqrt{2\pi}}\int_{-\infty}^{+\infty}\sqrt{2\pi}\delta(\lambda)e^{i\lambda t}d\lambda=1,$$

于是有

$$1\circ\!-\!\bullet\ \sqrt{2\pi}\delta(\lambda),$$

由此可得

$$\int_{-\infty}^{+\infty}e^{-i\lambda t}dt=2\pi\delta(\lambda),\quad \int_{-\infty}^{+\infty}e^{i(\lambda-\lambda_0)t}dt=2\pi\delta(\lambda-\lambda_0).$$

例 4 求 $F(\lambda)=\dfrac{1}{\sqrt{2\pi}i\lambda}+\sqrt{\dfrac{\pi}{2}}\delta(\lambda)$ 的傅里叶逆变换.

$$\begin{aligned}\mathscr{F}^{-1}[F(\lambda)]&=\frac{1}{\sqrt{2\pi}}\int_{-\infty}^{+\infty}\left(\frac{1}{\sqrt{2\pi}i\lambda}+\sqrt{\frac{\pi}{2}}\delta(\lambda)\right)e^{i\lambda t}d\lambda\\&=\frac{1}{2}+\frac{1}{\pi}\int_{0}^{+\infty}\frac{\sin\lambda t}{\lambda}d\lambda=\begin{cases}0, & t<0,\\ 1, & t>0.\end{cases}\end{aligned}$$

此象原函数为单位阶跃函数 $u(t)=\begin{cases}0, & t<0,\\ 1, & t>0,\end{cases}$ 亦即

$$\mathscr{F}[u(t)]=\frac{1}{\sqrt{2\pi}i\lambda}+\sqrt{\frac{\pi}{2}}\delta(\lambda).$$

例 5 求正弦函数 $f(t)=\sin\lambda_0 t$(λ_0 为常数)的傅里叶变换.

$$\begin{aligned}\mathscr{F}[\sin\lambda_0 t]&=\frac{1}{\sqrt{2\pi}}\int_{-\infty}^{+\infty}\frac{e^{i\lambda_0 t}-e^{-i\lambda_0 t}}{2i}e^{-i\lambda t}dt\\&=i\sqrt{\frac{\pi}{2}}(\delta(\lambda+\lambda_0)-\delta(\lambda-\lambda_0)).\end{aligned}$$

16.1.3 傅里叶变换的性质

对下面所涉及的函数的傅里叶变换都假定它存在,且设

$$\mathscr{F}[f(t)]=F(\lambda).$$

1. 线性性质

$$\mathscr{F}[\alpha f_1(t)+\beta f_2(t)]=\alpha\mathscr{F}[f_1(t)]+\beta\mathscr{F}[f_2(t)],$$

其中 α,β 为常数.

$$\mathscr{F}^{-1}[\alpha F_1(\lambda)+\beta F_2(\lambda)]=\alpha\mathscr{F}^{-1}[F_1(\lambda)]+\beta\mathscr{F}^{-1}[F_2(\lambda)].$$

2. 相似性质

$$\mathscr{F}[f(\alpha t)]=\frac{1}{|\alpha|}F\left(\frac{\lambda}{\alpha}\right)$$

(α 为非零常数). 特别地,$\mathscr{F}[f(-t)]=F(-\lambda)$.

3. 位移性质

$$\mathscr{F}[f(t\pm t_0)]=e^{\pm i\lambda t_0}\mathscr{F}[f(t)].$$

$$\mathscr{F}^{-1}[F(\lambda\mp\lambda_0)]=e^{\pm i\lambda_0 t}\mathscr{F}^{-1}[F(\lambda)]=e^{\pm i\lambda_0 t}f(t).$$

4. 微分性质

$$\mathscr{F}[f'(t)]=i\lambda\mathscr{F}[f(t)].$$

由此可得

$$\mathscr{F}[f^{(n)}(t)]=(i\lambda)^n\mathscr{F}[f(t)](n=2,3,\cdots).$$

设 $P(y)=\sum_{k=0}^{m}a_k y^k$ 是 m 次多项式,用 $P\left(\frac{d}{dt}\right)$ 表示相应的 m 阶微分算子 $\sum_{k=0}^{m}a_k\frac{d^k}{dt^k}$,则有

$$\mathscr{F}\left[P\left(\frac{d}{dt}\right)f(t)\right]=P(i\lambda)\mathscr{F}[f(t)].$$

这表明函数的微分运算,经过傅里叶变换转化为象函数的代数运算,这是傅里叶变换

能够成为求解微分方程的重要工具之一的基本原因.

对于傅里叶逆变换有类似的微分性质,即设 $f(t)$ 与 $itf(t)$ 均满足傅里叶积分定理条件,则有

$$\mathscr{F}^{-1}[F'(\lambda)]=-itf(t),$$

亦即

$$\frac{d}{d\lambda}F(\lambda)=\mathscr{F}[-itf(t)].$$

5. 积分性质

$$\mathscr{F}\left[\int_{-\infty}^{t}f(t)dt\right]=\frac{1}{i\lambda}\mathscr{F}[f(t)].$$

$$\mathscr{F}^{-1}\left[\int_{-\infty}^{\lambda}F(\lambda)d\lambda\right]=-\frac{1}{it}f(t).$$

6. 对称性质　若 $\mathscr{F}[f(t)]=F(\lambda)$,则 $\mathscr{F}[F(t)]=f(-\lambda)$.

7. 乘积定理　若 $\mathscr{F}[f_1(t)]=F_1(\lambda)$,$\mathscr{F}[f_2(t)]=F_2(\lambda)$,则

$$\int_{-\infty}^{+\infty}f_1(t)f_2(t)dt=\int_{-\infty}^{+\infty}\overline{F_1(\lambda)}F_2(\lambda)d\lambda=\int_{-\infty}^{+\infty}F_1(\lambda)\overline{F_2(\lambda)}d\lambda,$$

其中 $\overline{F_1(\lambda)}$,$\overline{F_2(\lambda)}$ 分别为 $F_1(\lambda)$,$F_2(\lambda)$ 的共轭函数.

帕塞瓦尔等式: $\int_{-\infty}^{+\infty}|f(t)|^2dt=\int_{-\infty}^{+\infty}|F(\lambda)|^2d\lambda.$

16.1.4　卷积与相关函数

定义 2　设函数 $f_1(t)$ 和 $f_2(t)$ 在 $(-\infty,+\infty)$ 上绝对可积,则积分

$$\int_{-\infty}^{+\infty}f_1(\tau)f_2(t-\tau)d\tau$$

称为函数 $f_1(t)$ 和 $f_2(t)$ 的**卷积(或褶积)**,记作 $f_1(t)*f_2(t)$,即

$$f_1(t)*f_2(t)=\int_{-\infty}^{+\infty}f_1(\tau)f_2(t-\tau)d\tau.$$

函数的卷积满足下列运算规律:

(1) 交换律 $f_1*f_2=f_2*f_1$.

(2) 分配律 $f_1*(f_2+f_3)=f_1*f_2+f_1*f_3$.

(3) 结合律 $(f_1*f_2)*f_3=f_1*(f_2*f_3)$.

定理 2(卷积定理)　若 $\mathscr{F}[f_1(t)]=F_1(\lambda)$,$\mathscr{F}[f_2(t)]=F_2(\lambda)$,则 $f_1(t)*f_2(t)$ 的傅里叶变换一定存在,且

$$\mathscr{F}[f_1(t)*f_2(t)]=\sqrt{2\pi}F_1(\lambda)\cdot F_2(\lambda)=\sqrt{2\pi}\,\mathscr{F}[f_1(t)]\cdot\mathscr{F}[f_2(t)] \tag{16.1-10}$$

或

$$\mathscr{F}^{-1}[F_1(\lambda)\cdot F_2(\lambda)] = \frac{1}{\sqrt{2\pi}} f_1(t) * f_2(t).$$

同理有

$$\mathscr{F}[f_1(t)\cdot f_2(t)] = \frac{1}{\sqrt{2\pi}} F_1(\lambda) * F_2(\lambda)$$

或

$$\mathscr{F}^{-1}[F_1(\lambda) * F_2(\lambda)] = \sqrt{2\pi} f_1(t)\cdot f_2(t)$$

(有时称**频谱卷积定理**).

注:如采用(16.1-8)或(16.1-9)的定义形式,则卷积定理为

$$\mathscr{F}[f_1(t) * f_2(t)] = F_1(y)\cdot F_2(y). \tag{16.1-10'}$$

下面以两个单位矩形脉冲函数为例,用图16.1-1表示所对应的卷积定理.

定义3 若已知函数 $f_1(t)$ 和 $f_2(t)$,则积分

$$R(t) = \int_{-\infty}^{+\infty} f_1(\tau) f_2(t+\tau)d\tau$$

称为函数 $f_1(t)$ 和 $f_2(t)$ 的**相关函数**. 当 $f_1(t)=f_2(t)=f(t)$ 时,则积分

$$\int_{-\infty}^{+\infty} f(\tau)f(t+\tau)d\tau$$

称为函数 $f(t)$ 的**自相关函数**. 若 $f_1(t)\neq f_2(t)$ 又称为**互相关函数**.

定理3(相关定理) 若 $\mathscr{F}[f_1(t)]=F_1(\lambda)$, $\mathscr{F}[f_2(t)]=F_2(\lambda)$,则

$$\mathscr{F}\left[\int_{-\infty}^{+\infty} f_1(t) f_2(t+\tau)d\tau\right] = \sqrt{2\pi}\,\overline{F_1(\lambda)}\,F_2(\lambda).$$

如果 $f_2(t)$ 是实偶函数,则 $F_2(\lambda)$ 是实函数,这时

$$\mathscr{F}\left[\int_{-\infty}^{+\infty} f_1(t) f_2(t+\tau)d\tau\right] = \sqrt{2\pi} F_1(\lambda) F_2(\lambda)$$

与 $\mathscr{F}[f_1(t) * f_2(t)]$ 相同.

16.1.5 多重傅里叶变换

单变量函数的傅里叶变换理论可以推广到多变量函数上去. 例如二元函数 $f(x, y)$,如将 y 视作参数,对 x 取傅里叶变换,则有

$$\hat{f}(\lambda_1, y) = \frac{1}{\sqrt{2\pi}}\int_{-\infty}^{+\infty} f(x,y)e^{-i\lambda_1 x}dx,$$

再将 $\hat{f}(\lambda_1, y)$ 对 y 取傅里叶变换,则有

$$F(\lambda_1,\lambda_2) = \frac{1}{\sqrt{2\pi}}\int_{-\infty}^{+\infty} \hat{f}(\lambda_1, y)e^{-i\lambda_2 y}dy,$$

于是得

$$F(\lambda_1,\lambda_2) = \frac{1}{2\pi}\int_{-\infty}^{+\infty}\int_{-\infty}^{+\infty} f(x,y)e^{-i(\lambda_1 x+\lambda_2 y)}dxdy,$$

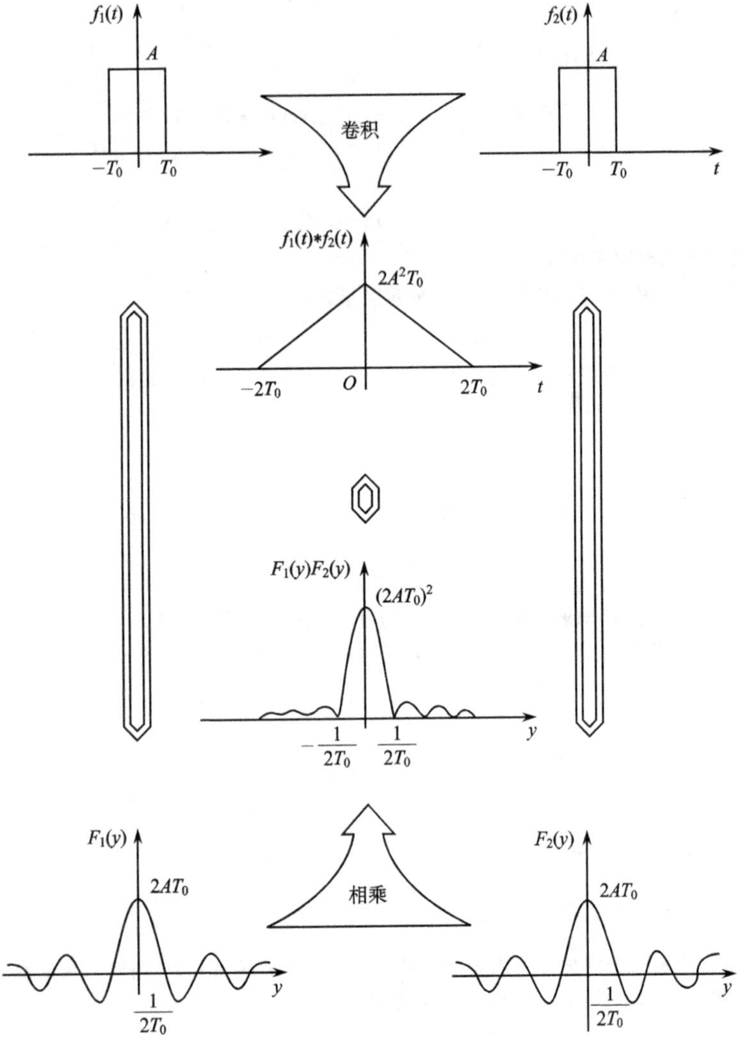

图 16.1-1

而

$$f(x,y)=\frac{1}{2\pi}\int_{-\infty}^{+\infty}\int_{-\infty}^{+\infty}F(\lambda_1,\lambda_2)e^{i(\lambda_1 x+\lambda_2 y)}d\lambda_1 d\lambda_2.$$

定义 4 设 $f(x_1,x_2,\cdots,x_n)$定义于 $\boldsymbol{R}^n$ 上,称

$$F(\lambda_1,\lambda_2,\cdots,\lambda_n)=\left(\frac{1}{2\pi}\right)^{n/2}\int_{-\infty}^{+\infty}\int_{-\infty}^{+\infty}\cdots\int_{-\infty}^{+\infty}f(x_1,x_2,\cdots,x_n)$$

$$\cdot e^{-i(\lambda_1 x_1+\lambda_2 x_2+\cdots+\lambda_n x_n)} dx_1 dx_2 \cdots dx_n$$

为函数 $f(x_1,x_2,\cdots,x_n)$ 的 **n 重傅里叶变换**,记作 $\mathscr{F}[f(x_1,x_2,\cdots,x_n)]$.

它的逆变换公式为

$$f(x_1,x_2,\cdots,x_n)=\left(\frac{1}{2\pi}\right)^{n/2}\int_{-\infty}^{+\infty}\int_{-\infty}^{+\infty}\cdots\int_{-\infty}^{+\infty}F(\lambda_1,\lambda_2,\cdots,\lambda_n)$$

$$\cdot e^{i(\lambda_1 x_1+\lambda_2 x_2+\cdots+\lambda_n x_n)} d\lambda_1 d\lambda_2 \cdots d\lambda_n.$$

定义 5 积分

$$\int_{-\infty}^{+\infty}\int_{-\infty}^{+\infty}\cdots\int_{-\infty}^{+\infty}f_1(\tau_1,\tau_2,\cdots,\tau_n)$$

$$\cdot f_2(x_1-\tau_1,x_2-\tau_2,\cdots,x_n-\tau_n)d\tau_1 d\tau_2\cdots d\tau_n$$

称为函数 $f_1(x_1,x_2,\cdots,x_n)$ 和 $f_2(x_1,x_2,\cdots,x_n)$ 的**卷积**,记作

$$f_1(x_1,x_2,\cdots,x_n)*f_2(x_1,x_2,\cdots,x_n).$$

多重傅里叶变换的性质类同于 16.1.3.

$$\mathscr{F}\left[\frac{\partial}{\partial x_i}f(x_1,x_2,\cdots,x_n)\right]=i\lambda_i\mathscr{F}[f(x_1,x_2,\cdots,x_n)](1\leqslant i\leqslant n),$$

$$\mathscr{F}[ix_i f(x_1,x_2,\cdots,x_n)]=-\frac{\partial}{\partial\lambda_i}F(\lambda_1,\lambda_2,\cdots,\lambda_n)(1\leqslant i\leqslant n),$$

$$\mathscr{F}[f_1(x_1,x_2,\cdots,x_n)*f_2(x_1,x_2,\cdots,x_n)]$$

$$=(2\pi)^{n/2}\mathscr{F}[f_1(x_1,x_2,\cdots,x_n)]\cdot\mathscr{F}[f_2(x_1,x_2,\cdots,x_n)].$$

傅里叶变换与多重傅里叶变换可用来解偏微分方程的初值问题(参看 §9.9).

§16.2 傅里叶正弦变换与傅里叶余弦变换

定义 设 $f(t)$ 在 $[0,\infty)$ 上有定义,且在 $[0,\infty)$ 上满足傅里叶积分定理中相应的条件,则

$$F_c(\lambda)=\sqrt{\frac{2}{\pi}}\int_0^\infty f(t)\cos\lambda t dt, \tag{16.2-1}$$

$$F_s(\lambda)=\sqrt{\frac{2}{\pi}}\int_0^\infty f(t)\sin\lambda t dt, \tag{16.2-2}$$

分别称为函数 $f(t)$ 的**傅里叶余弦变换**和**傅里叶正弦变换**. 记作 $\mathscr{F}_c[f(t)]$,$\mathscr{F}_s[f(t)]$. 它们的逆变换公式分别为

$$f(t)=\sqrt{\frac{2}{\pi}}\int_0^\infty F_c(\lambda)\cos\lambda t d\lambda, \tag{16.2-3}$$

$$f(t)=\sqrt{\frac{2}{\pi}}\int_0^\infty F_s(\lambda)\sin\lambda t d\lambda. \tag{16.2-4}$$

由此可见,(16.2-1)与(16.2-3);(16.2-2)与(16.2-4)之间的关系是对称的(参

看§16.3定义2).

1.傅里叶余弦与正弦变换的性质

(1) 线性性质

$$\mathscr{F}_c[\alpha f_1(t)+\beta f_2(t)]=\alpha\mathscr{F}_c[f_1(t)]+\beta\mathscr{F}_c[f_2(t)],$$

$$\mathscr{F}_s[\alpha f_1(t)+\beta f_2(t)]=\alpha\mathscr{F}_s[f_1(t)]+\beta\mathscr{F}_s[f_2(t)],$$

其中 α,β 为常数.

(2) 相似性质

$$\mathscr{F}_c[f(\alpha t)]=\frac{1}{\alpha}F_c\left(\frac{\lambda}{\alpha}\right)(\alpha>0),$$

$$\mathscr{F}_s[f(\alpha t)]=\frac{1}{\alpha}F_s\left(\frac{\lambda}{\alpha}\right)(\alpha>0).$$

(3) 若 $f(t)$ 为偶函数,则 $\mathscr{F}[f(t)]=\mathscr{F}_c[f(t)]$;

若 $f(t)$ 为奇函数,则 $\mathscr{F}[f(t)]=-i\mathscr{F}_s[f(t)]$.

(4) 微分性质　若 $f(0)=0$,则有

$$\mathscr{F}_c[f'(t)]=\lambda\mathscr{F}_s[f(t)],\mathscr{F}_c[f''(t)]=-\lambda^2\mathscr{F}_c[f(t)],$$

$$\mathscr{F}_s[f'(t)]=-\lambda\mathscr{F}_c[f(t)],\mathscr{F}_s[f''(t)]=-\lambda^2\mathscr{F}_s[f(t)].$$

2.用傅里叶正弦变换解偏微分方程定解问题的例

例　半无界弦的自由振动的混合问题

$$\begin{cases}\dfrac{\partial^2 u}{\partial t^2}=a^2\dfrac{\partial^2 u}{\partial x^2} & (0<x<\infty), \quad (16.2\text{-}5)\\ u(x,0)=\varphi(x),u_t(x,0)=\psi(x) & (0\leqslant x<\infty), \quad (16.2\text{-}6)\\ u|_{x=0}=0,\lim\limits_{x\to\infty}u(x,t)=0,\lim\limits_{x\to\infty}\dfrac{\partial u}{\partial x}=0 & (0\leqslant t<\infty). \quad (16.2\text{-}7)\end{cases}$$

把 t 视作参数,作 $u(x,t)$ 关于 x 的傅里叶正弦变换

$$\mathscr{F}_s[u(x,t)]=\hat{u}_s(\lambda,t)=\sqrt{\frac{2}{\pi}}\int_0^\infty u(x,t)\sin\lambda x dx,$$

$$\mathscr{F}_s[u(x,0)]=\hat{\varphi}_s(\lambda),\mathscr{F}_s[u_t(x,0)]=\hat{\psi}_s(\lambda).$$

再对方程(16.2-5)两边作关于 x 的傅里叶正弦变换,注意到

$$\mathscr{F}_s\left[\frac{\partial^2 u}{\partial t^2}\right]=\frac{d^2\hat{u}_s(\lambda,t)}{dt^2}(\lambda\text{ 视作参数}),$$

$$\mathscr{F}_s\left[\frac{\partial^2 u}{\partial x^2}\right]=-\lambda^2\mathscr{F}_s[u(x,t)]=-\lambda^2\hat{u}_s(\lambda,t),$$

于是得出关于象函数 $\hat{u}_s(\lambda,t)$ 的常微分方程的定解问题:

$$
\begin{cases}
\dfrac{d^2\hat{u}_s}{dt^2}+a^2\lambda^2\hat{u}_s=0,\\
\hat{u}_s\big|_{t=0}=\hat{\varphi}_s(\lambda),\dfrac{d\hat{u}_s}{dt}\Big|_{t=0}=\hat{\psi}_s(\lambda).
\end{cases}
$$

解之,得

$$
\hat{u}_s(\lambda,t)=\hat{\varphi}_s(\lambda)\cos(a\lambda t)+\frac{\hat{\psi}_s(\lambda)}{a\lambda}\sin(a\lambda t).
$$

于是,当 $x>at$ 时

$$
\begin{aligned}
u(x,t)&=\sqrt{\frac{2}{\pi}}\int_0^{\infty}\hat{u}_s(\lambda,t)\sin\lambda t d\lambda\\
&=\sqrt{\frac{2}{\pi}}\int_0^{\infty}\left(\hat{\varphi}_s(\lambda)\cos(a\lambda t)+\frac{\hat{\psi}_s(\lambda)}{a\lambda}\sin(a\lambda t)\right)\sin\lambda t d\lambda\\
&=\frac{1}{2}[\varphi(x+at)+\varphi(x-at)]+\frac{1}{2a}\int_{x-at}^{x+at}\psi(\xi)d\xi.
\end{aligned}
$$

当 $x<at$ 时的相应公式也可以仿此推出.

§16.3 傅里叶核

前面定义了傅里叶变换及傅里叶正弦与余弦变换,在实用中还有其他的一些积分变换.为便于概括与推广,下面给出一般的积分变换定义.

定义 1 设 $K(\alpha,x)$是变量 α,x 的已知函数,若积分

$$
l_f(\alpha)=\int_0^{\infty}f(x)K(\alpha,x)dx \tag{16.3-1}
$$

收敛,则积分(16.3-1)确定了一个变量为 α 的函数 $l_f(\alpha)$,把 f 对应到 $l_f(\alpha)$的映射,称为**积分变换**,$K(\alpha,x)$称为**积分变换核**,(16.3-1)称为函数 $f(x)$以 $K(\alpha,x)$为核的**积分变换式**(为便于本节后面的叙述,这里假定积分区间为$[0,\infty)$,一般可不受此限制).

由于

$$
\begin{aligned}
&\int_0^{\infty}(f(x)+g(x))K(\alpha,x)dx\\
&=\int_0^{\infty}f(x)K(\alpha,x)dx+\int_0^{\infty}g(x)K(\alpha,x)dx,
\end{aligned}
$$

$$
\int_0^{\infty}cf(x)K(\alpha,x)dx=c\int_0^{\infty}f(x)K(\alpha,x)dx\ (c\text{ 为常数}).
$$

所以将函数 f 映射为它的积分变换式 $l_f(\alpha)$的算子是一个线性算子,记作 L,于是(16.3-1)可写作

$$
L(f)=l_f(\alpha).
$$

若对于变量 α 的某一函数类中的每一个函数 $B(\alpha)$，方程

$$L(f)=B(\alpha)$$

恰恰能被函数 $f(x)$ 所满足，则有一个线性算子 L^{-1} 存在，它称为 L 的逆算子，使得

$$L(f)=B(\alpha) \text{ 与 } f(x)=L^{-1}(B)$$

等价.

在某些情形下，可求出积分方程

$$l_f(\alpha)=\int_0^{\infty} f(x)K(\alpha,x)dx$$

的一个下列形式的解：

$$f(x)=\int_a^b l_f(\alpha)H(\alpha,x)d\alpha. \qquad (16.3\text{-}2)$$

(16.3-2)称为积分变换的**反演公式**.

定义 2 若对于积分变换式(16.3-1)的反演公式具有下列特殊形式：

$$f(x)=\int_0^{\infty} l_f(\alpha)K(\alpha,x)d\alpha$$

($f(x)$与 $l_f(\alpha)$之间的关系是对称的)，这时 $K(\alpha,x)$称为**傅里叶核**.

由此可知，傅里叶变换的核$\dfrac{1}{\sqrt{2\pi}}e^{-i\alpha x}$不是傅里叶核，而傅里叶余弦变换与正弦变换的核$\sqrt{\dfrac{2}{\pi}}\cos\alpha x$，$\sqrt{\dfrac{2}{\pi}}\sin\alpha x$ 恰都是傅里叶核. 这些核的特点是 $K(\alpha,x)=K(\alpha x)$，即 $K(\alpha,x)$仅仅是 αx 的函数.

定义 3 当 $K(\alpha,x)=x^{\alpha-1}$时，令

$$F(\alpha)=\int_0^{\infty} f(x)x^{\alpha-1}dx,$$

把 $f(x)$对应到 $F(\alpha)$的映射称为 $f(x)$的**梅林变换**.

定理 1 函数 $K(\alpha x)$是傅里叶核的必要条件为函数 $K(x)$的梅林变换式 $\mathscr{K}(s)$满足关系式

$$\mathscr{K}(s)\mathscr{K}(1-s)=1. \qquad (16.3\text{-}3)$$

注意，对于形为 $K(\alpha x)$的核有时就简写为 $K(x)$，故称 $K(x)$为傅里叶核时，即指有对称关系，

$$l_f(\alpha)=\int_0^{\infty} f(x)K(\alpha x)dx$$

$$f(x)=\int_0^{\infty} l_f(\alpha)K(\alpha x)d\alpha.$$

例如 $K(x)=x^{\frac{1}{2}}J_\nu(x)$(其中 $J_\nu(x)$为第一类 $\boldsymbol{\nu}$ 阶贝塞尔函数)是一个傅里叶核，于是若由关系式

$$G(\alpha) = \int_0^\infty g(x)(\alpha x)^{\frac{1}{2}} J_\nu(\alpha x) dx$$

来确定一个函数 $G(\alpha)$,则 $g(x)$可由 $G(\alpha)$利用反演公式

$$g(x) = \int_0^\infty G(\alpha)(\alpha x)^{\frac{1}{2}} J_\nu(\alpha x) d\alpha$$

表出.

定理 2 欲使积分方程

$$l_f(\alpha) = \int_0^\infty f(x) K(\alpha x) dx$$

具有一个形如

$$f(x) = \int_0^\infty l_f(\alpha) H(\alpha x) d\alpha$$

的解,其必要条件为:函数 $K(x)$,$H(x)$的梅林变换 $\mathscr{K}(s)$,$\mathscr{H}(s)$应满足关系

$$\mathscr{K}(s)\mathscr{H}(1-s) = 1. \tag{16.3-4}$$

在 $H \equiv K$ 的情形下,(16.3-4)即化为(16.3-3).

§16.4 有限傅里叶变换

本节将积分变换的理论推广到有限区间(a,b).

16.4.1 有限正弦变换与有限余弦变换的定义 反演公式

定义 1 设 $f(x)$在区间$(0,l)$内满足狄利克雷条件,则称

$$F_s(n) = \int_0^l f(x)\sin\frac{n\pi x}{l} dx \, (n = 1,2,\cdots) \tag{16.4-1}$$

为函数 $f(x)$在该有限区间上的**有限正弦变换**.

有限正弦变换的反演公式,在 $f(x)$的连续点处,为

$$f(x) = \frac{2}{l}\sum_{n=1}^\infty F_s(n)\sin\frac{n\pi x}{l}. \tag{16.4-2}$$

在间断点处,(16.4-2)式左端用$\frac{1}{2}(f(x+0)+f(x-0))$来代替.

定义 2 设 $f(x)$在区间$(0,l)$内满足狄利克雷条件,则称

$$F_c(n) = \int_0^l f(x)\cos\frac{n\pi x}{l} dx \quad (n = 0,1,2,\cdots) \tag{16.4-3}$$

为函数 $f(x)$在该有限区间上的**有限余弦变换**.

有限余弦变换的反演公式,在 $f(x)$的连续点处,为

$$f(x) = \frac{1}{l}F_c(0) + \frac{2}{l}\sum_{n=1}^\infty F_c(n)\cos\frac{n\pi x}{l}. \tag{16.4-4}$$

在间断点处，(16.4-4)左端用$\frac{1}{2}(f(x+0)+f(x-0))$来代替.

由此可见，(16.4-2)，(16.4-4)分别是函数$f(x)$在$[0,l]$上关于

$$\left\{\sin\frac{n\pi x}{l}\right\}_{n=1}^{\infty} \text{和} \left\{\cos\frac{n\pi x}{l}\right\}_{n=0}^{\infty}$$

的傅里叶级数.

16.4.2 函数的导数的有限傅里叶变换公式

1° $\int_0^l f'(x)\sin\frac{n\pi x}{l}dx = -\frac{n\pi}{l}F_c(n).$

2° $\int_0^l f'(x)\cos\frac{n\pi x}{l}dx = (-1)^n t(l) - f(0) + \frac{n\pi}{l}F_c(n).$

特别地，当$f(0)=f(l)=0$时，有

$$\int_0^l f'(x)\cos\frac{n\pi x}{l}dx = \frac{n\pi}{l}F_s(n).$$

3° $\int_0^l f''(x)\sin\frac{n\pi x}{l}dx = \frac{n\pi}{l}((-1)^{n+1}f(l)+f(0)) - \frac{n^2\pi^2}{l^2}F_s(n).$

当$f(0)=f(l)=0$时，有

$$\int_0^l f''(x)\sin\frac{n\pi x}{l}dx = -\frac{n^2\pi^2}{l^2}F_s(n).$$

4° $\int_0^l f''(x)\cos\frac{n\pi x}{l}dx = (-1)^n f'(l) - f'(0) - \frac{n^2\pi^2}{l^2}F_c(n).$

当$f'(0)=f'(l)=0$时，有

$$\int_0^l f''(x)\cos\frac{n\pi x}{l}dx = -\frac{n^2\pi^2}{l^2}F_c(n).$$

5° 当$f''(0)=f''(l)=0$时，有

$$\int_0^l f^{(4)}(x)\sin\frac{n\pi x}{l}dx = \frac{n^4\pi^4}{l^4}F_s(n).$$

6° 当$f'(0)=f'(l)=0$，$f'''(0)=f'''(l)=0$时，有

$$\int_0^l f^{(4)}(x)\cos\frac{n\pi x}{l}dx = \frac{n^4\pi^4}{l^4}F_c(n).$$

以上这些公式在用有限傅里叶变换解偏微分方程的定解问题时是有用的.它是用特征函数法(参看9.6.2)解偏微分方程定解问题的一种方便的形式.

16.4.3 用有限傅里叶变换解偏微分方程定解问题的例

例1 有界弦的自由振动的混合问题

$$
\begin{cases}
\dfrac{\partial^2 u}{\partial t^2} = a^2 \dfrac{\partial^2 u}{\partial x^2} & (0 < x < l, t > 0), \\
u(0,t) = 0, u(l,t) = 0 & (t \geqslant 0), \\
u(x,0) = \varphi(x), u_t(x,0) = \psi(x) & (0 \leqslant x \leqslant l).
\end{cases}
$$

把 t 视作参数,作 $u(x,t)$ 关于 x 的有限正弦变换

$$
\hat{u}_s(n,t) = \int_0^l u(x,t) \sin \frac{n\pi x}{l} dx.
$$

注意到 $\varphi(0)=\varphi(l)=0$,于是得出关于象函数 $\hat{u}_s(n,t)$ 的常微分方程的定解问题

$$
\begin{cases}
\dfrac{d^2 \hat{u}_s}{dt^2} + \dfrac{n^2\pi^2 a^2}{l^2} \hat{u}_s = 0, \\
\hat{u}_s(n,0) = \hat{\varphi}_s(n), \dfrac{d\hat{u}_s}{dt}\bigg|_{t=0} = \hat{\psi}_s(n).
\end{cases}
$$

解之,得

$$
\hat{u}_s(n,t) = \hat{\varphi}_s(n) \cos \frac{n\pi at}{l} + \frac{l}{n\pi a} \hat{\psi}_s(n) \sin \frac{n\pi at}{l}.
$$

由(16.4-2)得

$$
\begin{aligned}
u(x,t) &= \frac{2}{l} \sum_{n=1}^{\infty} \left(\hat{\varphi}_s(n) \cos \frac{n\pi at}{l} + \frac{l}{n\pi a} \hat{\psi}_s(n) \sin \frac{n\pi at}{l} \right) \sin \frac{n\pi x}{l} \\
&= \frac{2}{l} \sum_{n=1}^{\infty} \left(\cos \frac{n\pi at}{l} \int_0^l \varphi(\xi) \sin \frac{n\pi\xi}{l} d\xi \right. \\
&\qquad \left. + \frac{l}{n\pi a} \sin \frac{n\pi at}{l} \int_0^l \psi(\xi) \sin \frac{n\pi\xi}{l} d\xi \right) \sin \frac{n\pi x}{l}.
\end{aligned}
$$

这与(9.6-9)的结果完全相同.

如果弦最初在平衡位置保持静止,则有 $\varphi(x)=0$,同时在瞬间 $t=0$ 时,作用于弦上唯一点 $x=b$ 处有一垂直冲击,设弦的线密度为常数 ρ,I 为弦所受到的总的冲量,于是

$$
\psi(x) = \frac{I}{\rho} \delta(x-b) \quad (0 \leqslant b \leqslant l),
$$

$$
\int_0^l \psi(\xi) \sin \frac{n\pi\xi}{l} d\xi = \frac{I}{\rho} \int_0^l \delta(\xi-b) \sin \frac{n\pi\xi}{l} d\xi = \frac{I}{\rho} \sin \frac{n\pi b}{l}.
$$

这时弦离开平衡位置所作的位移

$$
u(x,t) = \frac{2I}{\pi\rho a} \sum_{n=0}^{\infty} \frac{1}{n} \sin \frac{n\pi b}{l} \sin \frac{n\pi at}{l} \sin \frac{n\pi x}{l}
$$

$$
(0 \leqslant x \leqslant l, t > 0).
$$

16.4.4 多重有限傅里叶变换

定义 3 设 $f(x,y)$ 在矩形域 $0 \leqslant x \leqslant a, 0 \leqslant y \leqslant b$ 内满足狄利克雷条件,则称

$$F_s(m,n)=\int_0^a\int_0^b f(x,y)\sin\frac{m\pi x}{a}\sin\frac{n\pi y}{b}dxdy$$

为函数 $f(x,y)$在该矩形域上的**二重有限正弦变换**.

二重有限正弦变换的反演公式,在函数的连续点处为

$$f(x,y)=\frac{4}{ab}\sum_{m=1}^{\infty}\sum_{n=1}^{\infty}F_s(m,n)\sin\frac{m\pi x}{a}\sin\frac{n\pi y}{b}.$$

对于$\dfrac{\partial^2 f}{\partial x^2}$的二重有限正弦变换,若假定

$$f(0,y)=\lambda(y),f(\alpha,y)=\mu(y),$$

则有

$$\int_0^a\int_0^b \frac{\partial^2 f}{\partial x^2}\sin\frac{m\pi x}{a}\sin\frac{n\pi y}{b}dxdy$$

$$=\frac{m\pi}{a}(\hat{\lambda}_s(n)+(-1)^{m+1}\hat{\mu}_s(n))-\frac{m^2\pi^2}{a^2}F_s(m,n).$$

若 $f(x,y)$沿直线 $x=0,x=a(0\leqslant y\leqslant b)$上等于零,则有

$$\int_0^a\int_0^b \frac{\partial^2 f}{\partial x^2}\sin\frac{m\pi x}{a}\sin\frac{n\pi y}{b}dxdy=-\frac{m^2\pi^2}{a^2}F_s(m,n).$$

对于$\dfrac{\partial^2 f}{\partial y^2}$的二重有限正弦变换也有类似的结果. 若假定 $f(x,0)=\omega(x)$, $f(x,b)=\nu(x)$,则有

$$\int_0^a\int_0^b \frac{\partial^2 f}{\partial y^2}\sin\frac{m\pi x}{a}\sin\frac{n\pi y}{b}dxdy$$

$$=\frac{n\pi}{b}(\hat{\omega}_s(m)+(-1)^{n+1}\hat{\nu}_s(m))-\frac{n^2\pi^2}{b^2}F_s(m,n).$$

特别地,若 $f(x,y)$沿直线 $y=0,y=b(0\leqslant x\leqslant a)$上等于零,则

$$\int_0^a\int_0^b \frac{\partial^2 f}{\partial y^2}\sin\frac{m\pi x}{a}\sin\frac{n\pi y}{b}dxdy=-\frac{n^2\pi^2}{b^2}F_s(m,n).$$

因此若 $f(x,y)$沿着矩形域 $0\leqslant x\leqslant a,0\leqslant y\leqslant b$ 的周界上等于零,则

$$\int_0^a\int_0^b\left(\frac{\partial^2 f}{\partial x^2}+\frac{\partial^2 f}{\partial y^2}\right)\sin\frac{m\pi x}{a}\sin\frac{n\pi y}{b}dxdy$$

$$=-\pi^2\left(\frac{m^2}{a^2}+\frac{n^2}{b^2}\right)F_s(m,n).$$

类似地,可给出关于二重有限余弦变换的定义及反演公式等.

定义 4 设 $f(x_1,x_2,\cdots,x_p)$在 p 维空间的区域

$$0\leqslant x_i\leqslant a_i(i=1,2,\cdots,p)$$

内满足狄利克雷条件,则称

$$F_s(n_1,n_2,\cdots,n_p)=\int_0^{a_1}\int_0^{a_2}\cdots\int_0^{a_p}f(x_1,x_2,\cdots,x_p)\sin\frac{n_1\pi x_1}{a_1}\sin\frac{n_2\pi x_2}{a_2}\cdots$$

$$\cdot \sin \frac{n_p \pi x_p}{a_p} dx_1 dx_2 \cdots dx_p$$

为函数 $f(x_1, x_2, \cdots, x_p)$ 在该区域上的 **p 重有限正弦变换.**

p 重有限正弦变换的反演公式,在函数的连续点处为

$$f(x_1, x_2, \cdots, x_p) = \frac{2^p}{a_1 a_2 \cdots a_p} \sum_{n_1=1}^{\infty} \cdots \sum_{n_p=1}^{\infty} F_s(n_1, n_2, \cdots, n_p) \sin \frac{n_1 \pi x_1}{a_1} \cdots \sin \frac{n_p \pi x_p}{a_p}.$$

当 $x_1 = 0, x_1 = a_1, f(x_1, x_2, \cdots, x_p)$ 都等于零时,则

$$\int_0^{a_1} \int_0^{a_2} \cdots \int_0^{a_p} \frac{\partial^2 f}{\partial x_1^2} \sin \frac{n_1 \pi x_1}{a_1} \cdots \sin \frac{n_p \pi x_p}{a_p} dx_1 dx_2 \cdots dx_p$$

$$= -\frac{n_1^2 \pi^2}{a_1^2} F_s(n_1, n_2, \cdots, n_p).$$

若函数 $f(x_1, x_2, \cdots, x_p)$ 在区域的边界上每点都等于零,则

$$\int_0^{a_1} \int_0^{a_2} \cdots \int_0^{a_p} \sum_{i=1}^{p} \frac{\partial^2 f}{\partial x_j^2} \sin \frac{n_1 \pi x_1}{a_1} \cdots \sin \frac{n_p \pi x_p}{a_p} dx_1 dx_2 \cdots dx_p$$

$$= -\pi^2 F_s(n_1, n_2, \cdots, n_p) \sum_{i=1}^{p} \frac{n_i^2}{a_i^2}.$$

例 2 长方体中的热传导问题,假定在长方体中没有热源,在边界上温度 u 保持为零,被始温度分布为已知函数 $\varphi(x, y, z)$, k 为物体的热传导系数, ρ 为均匀物体的密度, c 为物体的比热,这时所对应的定解问题为

$$\begin{cases} \dfrac{\partial u}{\partial t} = \mathscr{K}\left(\dfrac{\partial^2 u}{\partial x^2} + \dfrac{\partial^2 u}{\partial y^2} + \dfrac{\partial^2 u}{\partial z^2}\right) \quad (0 < x < a, 0 < y < b, 0 < z < c, t > 0), \\ u(x, y, z, \theta) = \varphi(x, y, z) \quad (0 \leqslant x \leqslant a, 0 \leqslant y \leqslant b, 0 \leqslant z \leqslant c), \\ u(0, y, z, t) = u(a, y, z, t) = u(x, 0, z, t) = u(x, b, z, t) \\ \qquad = u(x, y, 0, t) = u(x, y, c, t) = 0 \quad (t \geqslant 0), \end{cases}$$

其中 $\mathscr{K} = \dfrac{k}{\rho c}$.

把 t 视作参数,将 $u(x, y, z, t)$ 关于 x, y, z 作三重有限正弦变换:

$$\hat{u}_s(m, n, q, t) = \int_0^a \int_0^b \int_0^c u(x, y, z, t) \sin \frac{m\pi x}{a} \sin \frac{n\pi y}{b} \sin \frac{q\pi z}{c} dx dy dz,$$

$$\hat{u}_s(m, n, q, 0) = \hat{\varphi}_s(m, n, q).$$

于是得出 $\hat{u}_s(m, n, q, t)$ 关于 t 的一阶常微分方程的初值问题

$$\frac{d\hat{u}_s}{dt} + \mathscr{K}\pi^2 \left(\frac{m^2}{a^2} + \frac{n^2}{b^2} + \frac{q^2}{c^2}\right) \hat{u}_s = 0.$$

解之,得

$$\hat{u}_s(m, n, q, t) = \hat{\varphi}_s(m, n, q, t) \exp\left(-\mathscr{K}\pi^2 \left(\frac{m^2}{a^2} + \frac{n^2}{b^2} + \frac{q^2}{c^2}\right) t\right).$$

取逆变换

$$u(x,y,z,t)=\frac{8}{abc}\sum_{m=1}^{\infty}\sum_{n=1}^{\infty}\sum_{q=1}^{\infty}\hat{\varphi}_s(m,n,q)\exp\left(-\mathscr{K}\pi^2\left(\frac{m^2}{a^2}+\frac{n^2}{b^2}+\frac{q^2}{c^2}\right)t\right),$$

其中

$$\hat{\varphi}_s(m,n,q)=\int_0^a\int_0^b\int_0^c\varphi(x,y,z)\sin\frac{m\pi x}{a}\sin\frac{n\pi y}{b}\sin\frac{q\pi z}{c}dxdydz.$$

§16.5 离散傅里叶变换

为使对傅里叶变换的计算能在数字计算机上进行，需将连续傅里叶变换转化为离散傅里叶变换.

16.5.1 波形采样

在本节中，均对傅里叶变换采用(16.1-9)的定义，且将 $f(t)$改为 $h(t)$，y 改为 f(f 表示频率)，即

$$H(f)=\int_{-\infty}^{+\infty}h(t)e^{-i2\pi ft}dt,$$

$H(f)$称为 $h(t)$的**频率函数**或**频谱函数**，于是求时间函数 $h(t)$的傅里叶变换即是求频谱函数. 频谱函数是频率变量 f 的一个复函数：

$$H(f)=R(f)+iI(f)=|H(f)|e^{i\theta(f)},$$

其中 $R(f)$，$I(f)$分别为 $H(f)$的实部与虚部. $|H(f)|$称为 $f(t)$的**振幅频谱**(简称**频谱**)，$\theta(f)=\arctan\dfrac{I(f)}{R(f)}$称为**相角频谱**.

如果函数 $h(t)$在 $t=T$ 处连续，定义 $h(t)$在时刻 T 的**样本**为

$$\hat{h}(t)=h(t)\delta(t-T)=h(T)\delta(t-T).$$

这说明在 T 时刻产生的脉冲，其振幅等于时刻 T 的函数值. 如果函数 $h(t)$在 $t=nT$($n=0,\pm1,\pm2,\cdots$)是连续的，则

$$\hat{h}(t)=\sum_{n=-\infty}^{+\infty}h(nT)\delta(t-nT)$$

称为 $h(t)$的采样间隔为 T 的**采样波形**. 它是等距脉冲的一个无限序列. 由频谱卷积定理可得出采样波形的傅里叶变换，用图 16.5-1 说明之.

图 16.5-1 中的(e)表示采样波形，它由波形 $h(t)$(图中(a))和脉冲函数序列 $\Delta(t)$(图中(b))相乘所得，$\Delta(t)$称为**采样函数**. 图中(c)，(d)分别表示 $h(t)$和 $\Delta(t)$的傅里叶变换，用 $H(f)$和 $\Delta(f)$来表示，$\Delta(f)$称为**频谱采样函数**. 图中的(f)即表示采样波形的傅里叶变换.

采样间隔 T 不能选得太大，否则 $\Delta(f)$的脉冲频率间隔就变得很密，它们与$H(f)$的卷积就产生了波形的相互重迭，采样波形的傅里叶变换的这种畸变称为**混迭效应**.

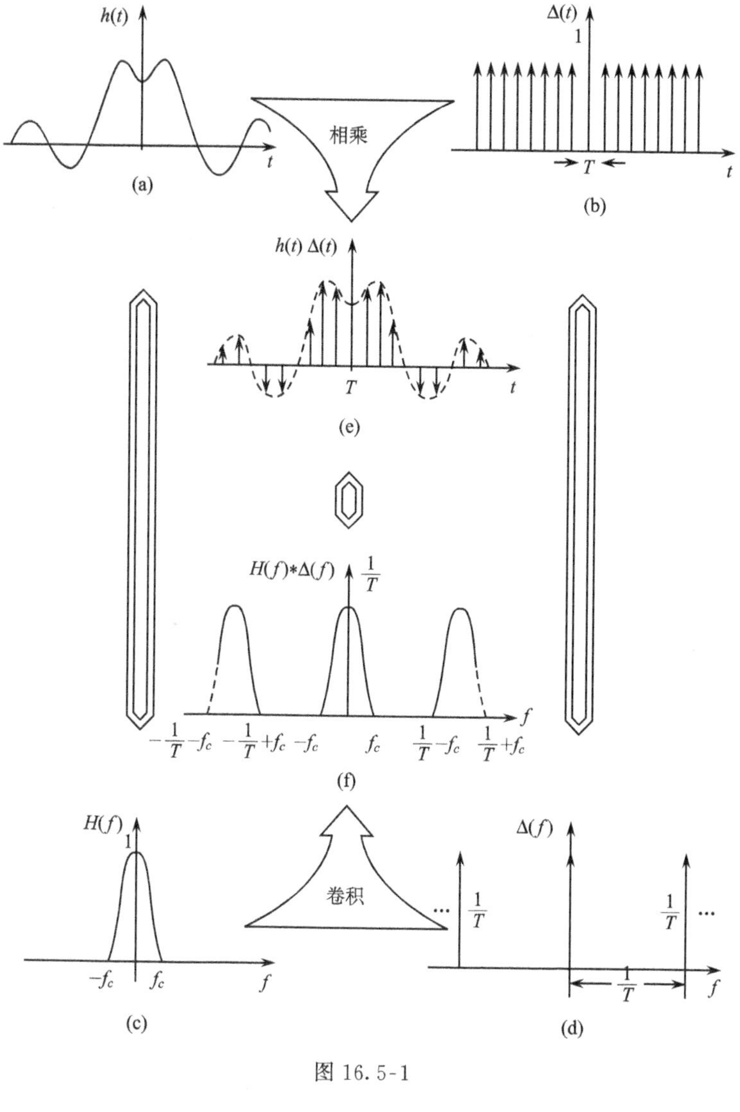

图 16.5-1

混迭效应发生的原因是时间函数 $h(t)$没有足够高的速率来采样.

定理 1(采样定理) 若对大于某一频率 f_c 的所有频率,函数 $h(t)$的傅里叶变换为零,则连续函数 $h(t)$能够由它的样本值

$$\hat{h}(t) = \sum_{n=-\infty}^{+\infty} h(nT)\delta(t-nT)$$

唯一确定，其中 $T=\frac{1}{2f_c}$（f_c 是连续函数 $h(t)$ 的傅里叶变换的最高频率，或称**截止频率**）.

注意，当 $T>\frac{1}{2f_c}$ 时，采样波形的傅里叶变换将产生混迭效应；如果 $T<\frac{1}{2f_c}$，则定理 1 仍成立. 所以 $T=\frac{1}{2f_c}$ 是使定理成立的最大采样间隔. 频率 $\frac{1}{T}=2f_c$ 称为**尼奎斯特采样频率**.

16.5.2 离散傅里叶变换对

为使傅里叶变换能用计算机来计算，需将连续傅里叶变换离散化，即把离散傅里叶变换作为连续傅里叶变换的一个近似. 下面通过图 16.5-2 来阐明将变换离散化的过程，分(a)，(b)，(c)，(d)，(e)，(f)，(g)几个步骤. 图中(a)表示原连续傅里叶变换对，首先对波形 $h(t)$ 进行采样，设采样函数为 $\Delta_0(t)$，采样间隔为 T. 采样后的波形可以写成 $h(t)\Delta_0(t)$，

$$h(t)\Delta_0(t)=\sum_{k=-\infty}^{+\infty}h(kT)\delta(t-kT). \tag{16.5-1}$$

相乘的结果即采样波形如图中的(c)所示，并要注意采样间隔 T 的选择所造成的混迭效应.(c)所示的傅里叶变换对并不适宜于计算机计算，必须将采样波形的无穷多个样本值进行截断，使之仅有有限个样本点（例如取 N 个点）. 图中的(d)表**截断函数** $x(t)$（或称**矩形函数**）和它的傅里叶变换. 截断函数由下式定义.

$$x(t)=\begin{cases}1, & -\frac{T}{2}<t<T_0-\frac{T}{2};\\ 0, & \text{其他}.\end{cases}$$

这里 T_0 是截断函数的持续时间. 选择上述截断区间，是为了保证不发生时间域（简称时域）上的混迭效应. 由截断得到

$$\begin{aligned}h(t)\Delta_0(t)x(t)&=\Big(\sum_{k=-\infty}^{+\infty}h(kT)\delta(t-kT)\Big)x(t)\\&=\sum_{k=0}^{N-1}h(kT)\delta(t-kT).\end{aligned} \tag{16.5-2}$$

这里假定在截断区间内有 N 个等间隔的脉冲函数，$N=\frac{T_0}{T}$. 图中的(e)表示采样截断后的波形和它的傅里叶变换. 频谱函数出现了皱波，为了减少这个影响，截断区间的长度 T_0 尽量选得大些. 但这时频谱函数仍为连续函数，因此还需对(16.5-2)的傅里叶变换进行采样，即将(16.5-2)与图中的(f)的时间函数 $\Delta_1(t)$ 作卷积，

$$\Delta_1(t)=T_0\sum_{r=-\infty}^{+\infty}\delta(t-rT_0)$$

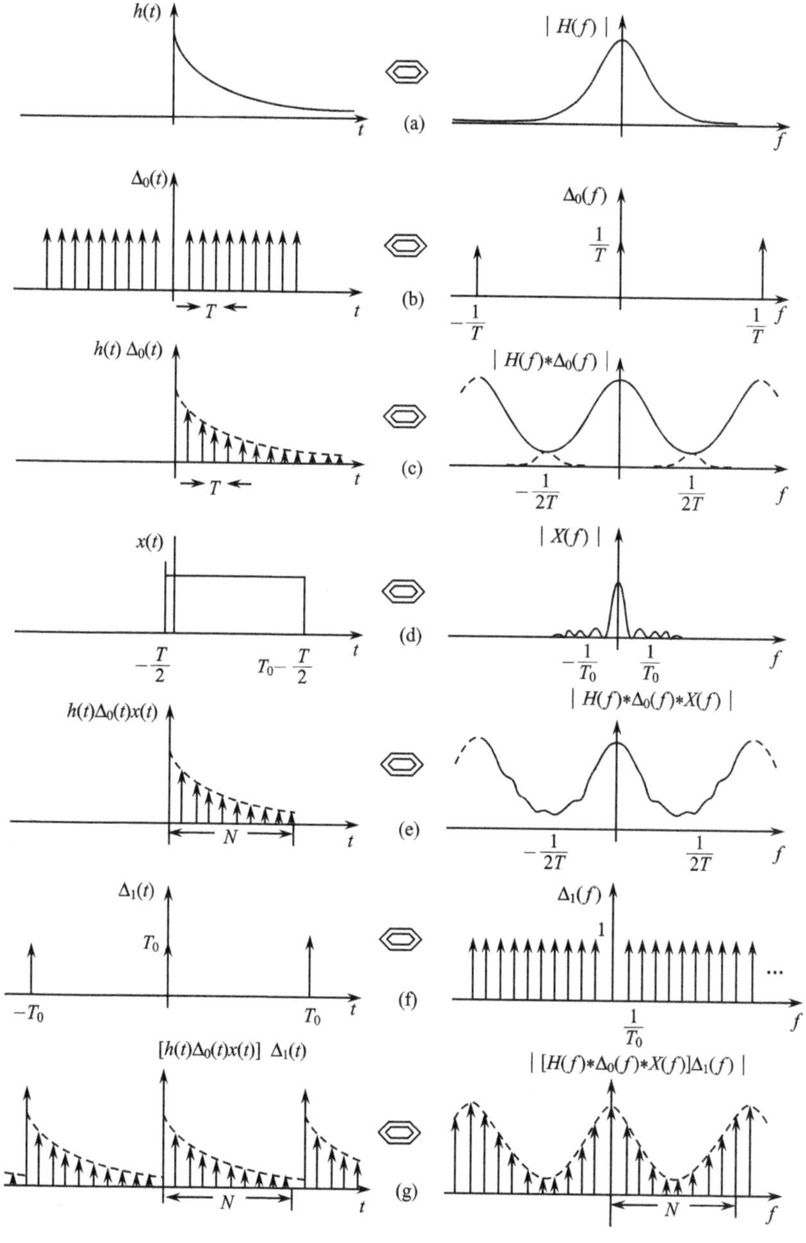

h(t)
| H(f) |
(a)
t
f
Δ0(t)
Δ0(f)
1/T
(b)
T
−1/T
1/T
h(t) Δ0(t)
| H(f)*Δ0(f) |
(c)
−1/2T
1/2T
x(t)
| X(f) |
(d)
−T/2
T0− T/2
−1/T0
1/T0
h(t)Δ0(t)x(t)
| H(f)*Δ0(f)*X(f) |
(e)
N
Δ1(t)
Δ1(f)
T0
1
(f)
−T0
...
[h(t)Δ0(t)x(t)] Δ1(t)
| [H(f)*Δ0(f)*X(f)]Δ1(f) |
(g)

图 16.5-2

$$(h(t)\Delta_0(t)x(t)) * \Delta_1(t) = \Big(\sum_{k=0}^{N-1} h(kT)\delta(t-kT)\Big) * \Big(T_0\sum_{r=-\infty}^{+\infty}\delta(t-rT_0)\Big).$$

(16.5-3)

上式左端简记作 $\tilde{h}(t)$，它是个以 T_0 为周期的周期函数. $\tilde{h}(t)$ 的傅里叶变换是个等间隔脉冲序列：

$$\widetilde{H}(f) = \sum_{n=-\infty}^{+\infty}\alpha_n\delta(f-nf_0), f_0 = \frac{1}{T_0},$$

其中

$$\alpha_n = \frac{1}{T_0}\int_{-\frac{T}{2}}^{T_0-\frac{T}{2}}\tilde{h}(t)e^{-i2n\pi t/T_0}\,dt = \sum_{k=0}^{N-1}h(kT)e^{-i2n\pi k/N}$$

$$(n = 0, \pm 1, \pm 2, \cdots).$$

于是有

$$\widetilde{H}(f) = \sum_{n=-\infty}^{+\infty}\sum_{k=0}^{N-1}h(kT)e^{-i2n\pi k/N}\delta(f-nf_0).$$

$\widetilde{H}(f)$ 是周期的，以 N 个样本点为一个周期. 用 $\widetilde{H}\left(\frac{n}{NT}\right)$ 来记 α_n，即

$$\widetilde{H}\left(\frac{n}{NT}\right) = \sum_{k=0}^{N-1}h(kT)e^{-i2n\pi k/N}(n = 0,1,\cdots,N-1). \tag{16.5-4}$$

(16.5-4)式便是所要求的离散傅里叶变换. 注意到符号 $\widetilde{H}\left(\frac{n}{NT}\right)$ 表示这个离散傅里叶变换是连续傅里叶变换的一个近似，故一般将(16.5-4)改写为

$$G\left(\frac{n}{NT}\right) = \sum_{k=0}^{N-1}g(kT)e^{-i2n\pi k/N}(n = 0,1,2,\cdots,N). \tag{16.5-5}$$

这里采样周期函数 $g(kT)$ 的傅里叶变换同 $G\left(\frac{n}{NT}\right)$ 是一致的.

离散傅里叶逆变换为

$$g(kT) = \frac{1}{N}\sum_{n=0}^{N-1}G\left(\frac{n}{NT}\right)e^{i2n\pi k/N}(k = 0,1,\cdots,N-1). \tag{16.5-6}$$

因此

$$g(kT) = \frac{1}{N}\sum_{n=0}^{N-1}G\left(\frac{n}{NT}\right)e^{i2n\pi k/N} \Longleftrightarrow$$

$$G\left(\frac{n}{NT}\right) = \sum_{k=0}^{N-1}g(kT)e^{-i2n\pi k/N}.$$

离散傅里叶逆变换(16.5-6)和离散傅里叶变换一样具有周期性，其周期由 $g(kT)$ 的 N 个样本组成，因此有

$$G\left(\frac{n}{NT}\right) = G\left(\frac{(rN+n)}{NT}\right) \quad (r = 0, \pm 1, \pm 2, \cdots),$$

$$g(kT) = g((rN+kT)) \quad (r = 0, \pm 1, \pm 2, \cdots).$$

16.5.3 离散卷积与离散相关

离散卷积的定义由下式给出.

$$y(kT)=\sum_{m=0}^{N-1}x(mT)h((K-m)T),$$

其中 $x(kT)$和 $h(kT)$都是周期为 N 的周期函数,

$$x(kT)=x((k+rN)T)\quad(r=0,\pm1,\pm2,\cdots);$$

$$h(kT)=h((k+rN)T)\quad(r=0,\pm1,\pm2,\cdots).$$

离散卷积通常记作

$$y(kT)=x(kT)*h(kT);$$

定理 2(离散卷积定理)

$$\sum_{m=0}^{N-1}x(mT)h((k-m)T) \Leftrightarrow X\left(\frac{n}{NT}\right)H\left(\frac{n}{NT}\right),$$

其中 $X\left(\frac{n}{NT}\right)$和 $H\left(\frac{n}{NT}\right)$分别为 $x(kT)$和 $h(kT)$的离散傅里叶变换.

离散相关定义为

$$z(kT)=\sum_{m=0}^{N-1}x(mT)h((k+m)T),$$

其中 $x(kT)$,$h(kT)$和 $z(kT)$都是周期为 N 的周期函数.

定理 3(离散相关定理)

$$\sum_{m=0}^{N-1}x(mT)h((k+m)T) \Leftrightarrow \overline{X\left(\frac{n}{NT}\right)}H\left(\frac{n}{NT}\right).$$

16.5.4 离散傅里叶变换的性质

为书写方便,后面均用 k 代替 kT,用 n 代替 n/NT.

1. 线性性质

若 $x(k)$和 $y(k)$分别具有离散傅里叶变换 $X(n)$和 $Y(n)$,则

$$x(k)+y(k) \Leftrightarrow X(n)+Y(n).$$

2. 时间位移性质

如果 $h(k)$位移了整数 m,则

$$h(k-m) \Leftrightarrow H(n)e^{-i2n\pi m/N},$$

其中 $H(n)$为 $h(k)$的离散傅里叶变换.

3. 频率位移性质

如果 $H(n)$位移了整数 m,则

$$h(k)e^{i2m\pi k/n} \Leftrightarrow H(n-m).$$

4. 对称性质

$$\frac{1}{N}H(k) \Leftrightarrow h(-n).$$

§ 16.6 快速傅里叶变换

快速傅里叶变换是计算离散傅里叶变换的一种特殊的快速方法，简写为 FFT.

16.6.1 矩阵方程与快速傅里叶变换算法

1. 矩阵方程

考虑离散傅里叶变换

$$X(n) = \sum_{k=0}^{N-1} x_0(k)e^{-i2n\pi k/N}(n = 0,1,\cdots,N-1). \tag{16.6-1}$$

例如取 $N=4$，且令 $W=e^{-i2\pi/N}$，则(16.6-1)可写成

$$\begin{aligned} X(0) &= x_0(0)W^0 + x_0(1)W^0 + x_0(2)W^0 + x_0(3)W^0, \\ X(1) &= x_0(0)W^0 + x_0(1)W^1 + x_0(2)W^2 + x_0(3)W^3, \\ X(2) &= x_0(0)W^0 + x_0(1)W^2 + x_0(2)W^4 + x_0(3)W^6, \\ X(3) &= x_0(0)W^0 + x_0(1)W^3 + x_0(2)W^6 + x_0(3)W^9. \end{aligned} \tag{16.6-2}$$

把(16.6-2)写成矩阵形式

$$\begin{pmatrix} X(0) \\ X(1) \\ X(2) \\ X(3) \end{pmatrix} = \begin{pmatrix} W^0 & W^0 & W^0 & W^0 \\ W^0 & W^1 & W^2 & W^3 \\ W^0 & W^2 & W^4 & W^6 \\ W^0 & W^3 & W^6 & W^9 \end{pmatrix} \begin{pmatrix} x_0(0) \\ x_0(1) \\ x_0(2) \\ x_0(3) \end{pmatrix}, \tag{16.6-3}$$

或更紧凑地表成

$$\boldsymbol{X}(\boldsymbol{n}) = W^{nk}\boldsymbol{x}_0(\boldsymbol{k}).$$

由于 $\boldsymbol{W}$ 是复的，$\boldsymbol{x}_0(\boldsymbol{k})$ 可能也是复的，所以要完成矩阵的计算，需作 N^2 次复数乘法和 $N(N-1)$ 次复数加法. 下面将看到 FFT 的算法的优点在于它减少了计算(16.6-3)所需要的乘法和加法次数.

2. 快速傅里叶变换算法

为说明 FFT 算法，按照 $N=2^r$（r 为正整数）来选择采样点数是方便的，在(16.6-2)中 $N=4=2^r=2^2$，就以此作为例子.

第一步，把(16.6-2)重写为

$$\begin{pmatrix} X(0) \\ X(1) \\ X(2) \\ X(3) \end{pmatrix} = \begin{pmatrix} 1 & 1 & 1 & 1 \\ 1 & W^1 & W^2 & W^3 \\ 1 & W^2 & W^0 & W^2 \\ 1 & W^3 & W^2 & W^1 \end{pmatrix} \begin{pmatrix} x_0(0) \\ x_0(1) \\ x_0(2) \\ x_0(3) \end{pmatrix}. \tag{16.6-4}$$

这里利用了关系式 $W^{nk}=W^{nk\bmod(N)}$ ($nk\bmod(N)$指的是 N 去除 nk 后的余数)，即$W^4=W^0$，$W^6=W^2$，$W^9=W^1$.

第二步，把(16.6-4)中的方阵分解因子，得

$$\begin{pmatrix} X(0) \\ X(2) \\ X(1) \\ X(3) \end{pmatrix} = \begin{pmatrix} 1 & W^0 & 0 & 0 \\ 1 & W^2 & 0 & 0 \\ 0 & 0 & 1 & W^1 \\ 0 & 0 & 1 & W^3 \end{pmatrix} \begin{pmatrix} 1 & 0 & W^0 & 0 \\ 0 & 1 & 0 & W^0 \\ 1 & 0 & W^2 & 0 \\ 0 & 1 & 0 & W^2 \end{pmatrix} \begin{pmatrix} x_0(0) \\ x_0(1) \\ x_0(2) \\ x_0(3) \end{pmatrix}. \tag{16.6-5}$$

注意到(16.6-5)左边的列向量的第一行和第二行互相交换了(行数标号为0,1,2,3)，行交换后的向量用$\overline{\boldsymbol{X}(\boldsymbol{n})}$表示，即

$$\overline{\boldsymbol{X}(\boldsymbol{n})} = \begin{pmatrix} X(0) \\ X(2) \\ X(1) \\ X(3) \end{pmatrix}. \tag{16.6-6}$$

上述方阵的分解是 FFT 算法之所以有效的关键.

设

$$\begin{pmatrix} x_1(0) \\ x_1(1) \\ x_1(2) \\ x_1(3) \end{pmatrix} = \begin{pmatrix} 1 & 0 & W^0 & 0 \\ 0 & 1 & 0 & W^0 \\ 1 & 0 & W^2 & 0 \\ 0 & 1 & 0 & W^2 \end{pmatrix} \begin{pmatrix} x_0(0) \\ x_0(1) \\ x_0(2) \\ x_0(3) \end{pmatrix}, \tag{16.6-7}$$

即列向量 $x_1(\boldsymbol{k})$是(16.6-5)右边两个矩阵的乘积.

$$x_1(0) = x_0(0) + W^0 x_0(2),\quad x_1(1) = x_0(1) + W^0 x_0(3),$$

所以求元素 $x_1(0)$，$z_1(1)$都需作一次复数乘法和一次复数加法. 而

$$x_1(2) = x_0(0) + W^2 x_0(2) = x_0(0) - W^0 x_0(2) \quad (W^2 = -W^0),$$

其中 $W^0 x_0(2)$已在计算 $x_1(0)$时计算过了，故对 $x_1(2)$只需作一次复数加法.

$$x_1(3) = x_0(1) + W^2 x_0(3) = x_0(1) - W^0 x_0(3),$$

其中 $W^0 x_0(3)$已在计算 $x_1(1)$时计算过了. 因此，对于中间列向量 $\boldsymbol{x}_1(\boldsymbol{k})$只需作四次复数加法和两次复数乘法.

下面继续完成(16.6-5)的计算.

$$
\begin{pmatrix} X(0) \\ X(2) \\ X(1) \\ X(3) \end{pmatrix} = \begin{pmatrix} x_2(0) \\ x_2(1) \\ x_2(2) \\ x_2(3) \end{pmatrix} \begin{pmatrix} 1 & W^0 & 0 & 0 \\ 1 & W^2 & 0 & 0 \\ 0 & 0 & 1 & W^1 \\ 0 & 0 & 1 & W^3 \end{pmatrix} \begin{pmatrix} x_1(0) \\ x_1(1) \\ x_1(2) \\ x_1(3) \end{pmatrix}, \qquad (16.6\text{-}8)
$$

计算列向量 $\boldsymbol{x}_2(\boldsymbol{k})$类同于计算 $\boldsymbol{x}_1(\boldsymbol{k})$，也只需作四次复数加法和两次复数乘法. 因此用(16.6-5)计算$\overline{\boldsymbol{X}(\boldsymbol{n})}$，总共只需要作四次复数乘法和八次复数加法. 如果用(16.6-3)计算 $\boldsymbol{X}(\boldsymbol{n})$，总共需要十六次复数乘法和十二次复数加法. 因为计算时间主要取决于所用的乘法次数，所以减少乘法次数就是快速傅里叶变换效率高的原因(图16.6-1). 对于 $N=2^r$ 的 FFT 算法，即是把一个 $N\times N$ 矩阵，分解为 r 个矩阵(其中每一个矩阵为 $N\times N$)，使被分解的每一个矩阵具有复数乘法和复数加法次数最少的特性.

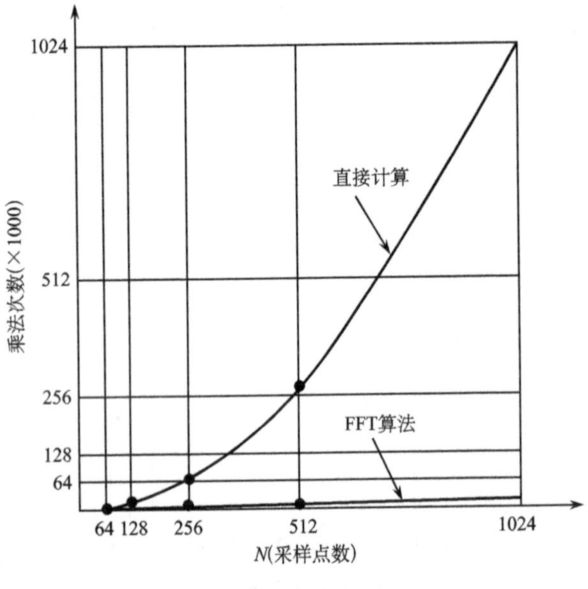

图 16.6-1

应该注意到，对于(16.6-5)式在矩阵分解过程中得到的是$\overline{\boldsymbol{X}(\boldsymbol{n})}$而不是 $\boldsymbol{X}(\boldsymbol{n})$，但问题并不大，可直接用对$\overline{\boldsymbol{X}(\boldsymbol{n})}$整序的技术得到 $\boldsymbol{X}(\boldsymbol{n})$. 即把自变量 n 用相应的二进制数来代替，重写$\overline{\boldsymbol{X}(\boldsymbol{n})}$：

$$
\begin{pmatrix} X(0) \\ X(2) \\ X(1) \\ X(3) \end{pmatrix} \text{变成} \begin{pmatrix} X(00) \\ X(10) \\ X(01) \\ X(11) \end{pmatrix}, \qquad (16.6\text{-}9)
$$

将(16.6-9)中的二进制数码翻转过来或位序颠倒(即 01 变成 10,10 变成 01 等等),则

$$\overline{\boldsymbol{X}(\boldsymbol{n})} = \begin{pmatrix} X(00) \\ X(10) \\ X(01) \\ X(11) \end{pmatrix} \text{翻成} \begin{pmatrix} X(00) \\ X(01) \\ X(10) \\ X(11) \end{pmatrix} = \boldsymbol{X}(\boldsymbol{n}). \qquad (16.6\text{-}10)$$

这样便直接得出了 FFT 整序后的一般结果.

16.6.2 信号流程图

对于 $N=2^r>4$ 的情形,若按照(16.6-5)的方式来进行矩阵分解,其过程是相当麻烦的,下面用图解方法来说明(16.6-5)式.如图 16.6-2(称为 $N=4$ 的 FFT **信号流程图**),左边的一列结点代表向量或数组 $\boldsymbol{x}_0(\boldsymbol{k})$,第二列结点代表由(16.6-7)计算所得的 $\boldsymbol{x}_1(\boldsymbol{k})$最右边一列结点对应于向量 $\boldsymbol{x}_2(\boldsymbol{k})=\overline{\boldsymbol{X}(\boldsymbol{n})}$(见(16.6-8)式).

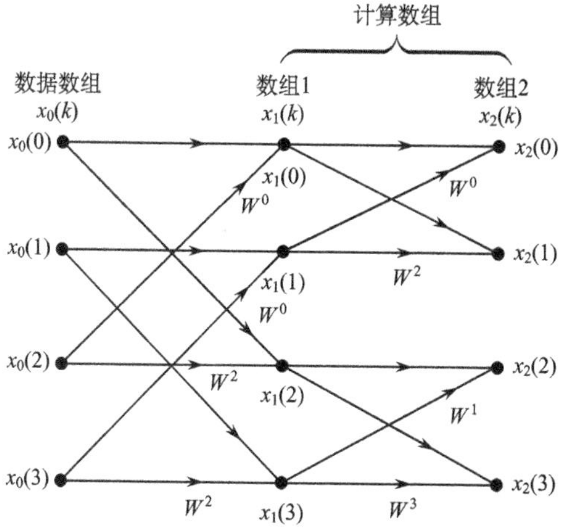

图 16.6-2

对信号流程图 16.6-2,解释如下:进入每一个结点的有两条带箭头的直线,它们表示上一列结点来的传输路径.每一条线传输或带来前一列的一个结点的数值,这个数值乘以 $W^p(p=0,1,2,3)$,然后将此结果输入该结点.把进入结点的两个结果相加起来,即为在该结点上的数值.注意到系数 W^p 标在传输路径的靠近箭头处,当没有标出这个系数时,即表示 $W^p=1$.根据上述规律,例如

$$x_1(2) = x_0(0) + W^2 x_0(2),$$

这恰是用矩阵乘法所得出的结果,当 $N=2^r>4$ 时,信号流程图更能显出优越性.

§ 16.7 拉普拉斯变换

16.7.1 拉普拉斯变换概念

定义 1 设函数 $f(t)$在$[0,\infty]$上有定义，$f(t)$是实变数 t 的实值函数或复值函数. 由拉普拉斯积分

$$\int_0^{\infty} f(t)e^{-pt}dt(p\text{ 为复参变量})$$

所确定的函数

$$F(p) = \int_0^{\infty} f(t)e^{-pt}dt \tag{16.7-1}$$

称为函数 $f(t)$的**拉普拉斯变换**，记作 $\mathscr{L}[f(t)]$，即

$$F(p) = \mathscr{L}[f(t)].$$

$F(p)$（或记作 $\hat{f}(p)$）称为 $f(t)$在拉普拉斯变换下的**象**或**象函数**. $f(t)$称为 $F(p)$的**拉普拉斯逆变换**（或**象原函数**），记作 $f(t)=\mathscr{L}^{-1}[F(p)]$.

$F(p)$和 $f(t)$构成了一个拉普拉斯变换对，记作 $f(t)\circ\!\!-\!\!\!-\!\!\!-\bullet F(p)$. 或

$$f(t)\leftrightarrow F(p);f(t)\doteqdot F(p).$$

定义 2 设函数 $f(t)$在$(-\infty,+\infty)$上有定义，由积分

$$\int_{-\infty}^{+\infty} f(t)e^{-pt}dt(p\text{ 为复参变量})$$

所确定的函数

$$F(p) = \int_{-\infty}^{+\infty} f(t)e^{-pt}dt \tag{16.7-2}$$

称为函数 $f(t)$的**双边拉普拉斯变换**，记作 $\mathscr{L}_b[f(t)]$，即

$$F(p) = \mathscr{L}_b[f(t)].$$

$f(t)$称为 $F(p)$的**双边拉普拉斯逆变换**，记作 $f(t)=\mathscr{L}_b^{-1}[F(p)]$.

于是相应地，由定义 1 所定义的拉普拉斯变换称为**单边拉普拉斯变换**，下面说到的拉普拉斯变换，均指单边拉普拉斯变换.

定理 1 设函数 $f(t)$满足下列条件：

1°当 $t<0$ 时，$f(t)\equiv 0$；

2°当 $t\geqslant 0$ 时，$f(t)$在任一有限区间上分段连续；

3°当 $t\to+\infty$时，$f(t)$的增长速度不超过某一个指数型函数，亦即存在常数 M 及 $s_0\geqslant 0$（s_0 称为 $f(t)$的**增长指数**），使

$$|f(t)|\leqslant Me^{s_0 t}\quad(0\leqslant t<+\infty).$$

则 $f(t)$的拉普拉斯变换在半平面 $\mathrm{Re}p>s_0$ 上是存在的，且在此半平面内，象函数 $F(p)$是解析函数.

由定理1中的3°可见，函数 $f(t)$ 的模的增长是"指数级"，这与傅里叶变换对函数要求需绝对可积的条件要弱得多，这给应用上带来很大的方便.

例1 $\mathscr{L}[1]=\int_0^{\infty}e^{-pt}dt=\frac{1}{p}(\mathrm{Re}p>0).$

例2 $\mathscr{L}[t]=\int_0^{\infty}te^{-pt}dt=-\frac{1}{p^2}[e^{-pt}]_0^{\infty}=\frac{1}{p^2}(\mathrm{Re}p>0)$

例3 求 $\mathscr{L}[e^{at}]$，a 为复常数.

$$\mathscr{L}[e^{at}]=\int_0^{\infty}e^{at}e^{-pt}dt=\int_0^{\infty}e^{-(p-a)t}dt$$

$$=\frac{1}{p-a}(\mathrm{Re}p>\mathrm{Re}\,a).$$

例4 求 $\mathscr{L}[\cos at]$，a 为实常数.

$$\mathscr{L}[\cos at]=\int_0^{\infty}\cos at e^{-pt}dt=\left[\frac{e^{-pt}(a\sin at-p\cos at)}{p^2+a^2}\right]_0^{\infty}$$

$$=\frac{p}{p^2+a^2}(\mathrm{Re}p>0).$$

类似可求得

$$\mathscr{L}[\sin at]=\frac{a}{p^2+a^2}(\mathrm{Re}p>0).$$

关于单位脉冲函数 $\delta(t)$ 的拉普拉斯变换，可利用 δ 函数的性质

$$\int_{-\infty}^{+\infty}\delta(t)f(t)dt=f(0),$$

得到

$$\mathscr{L}[\delta(t)]=\int_0^{\infty}\delta(t)e^{-pt}dt=\int_0^{\infty}\delta(t)e^{-pt}dt=\int_{-\infty}^{+\infty}\delta(t)e^{-pt}dt=1.$$

16.7.2 拉普拉斯变换的性质

在下列性质中，假定所涉及的函数都满足定理1中的条件，且这些函数的增长指数都统一地取为 s_0，并设 $\mathscr{L}[f(t)]=F(p)$.

1. 线性性质 $\mathscr{L}[\alpha f_1(t)+\beta f_2(t)]=\alpha\mathscr{L}[f_1(t)]+\beta\mathscr{L}[f_2(t)]$，其中 α,β 为常数.

$$\mathscr{L}^{-1}[\alpha F_1(p)+\beta F_2(p)]=\alpha\mathscr{L}^{-1}[F_1(p)]+\beta\mathscr{L}^{-1}[F_2(p)].$$

2. 相似性质 $\mathscr{L}[f(\alpha t)]=\frac{1}{\alpha}F\left(\frac{p}{\alpha}\right)$，其中常数 $\alpha>0$.

3. 位移性质 $\mathscr{L}[e^{at}f(t)]=F(p-a)$，$a$ 为复常数，$\mathrm{Re}(p-a)>s_0$.

例5 已知 $\mathscr{L}[\cos 3t]=\frac{p}{p^2+9}$，则

$$\mathscr{L}[e^{-4t}\cos 3t]=\frac{p+4}{(p+4)^2+9}.$$

4. 延迟性质　设 $t<0$ 时，$f(t)=0$，则对于任一实数 $\tau>0$，有

$$\mathscr{L}[f(t-\tau)] = e^{-p\tau}F(p)，或\ \mathscr{L}^{-1}[e^{-p\tau}F(p)] = f(t-\tau).$$

5. 微分性质　$\mathscr{L}[f'(t)]=pF(p)-f(0)$.

一般地，$\mathscr{L}[f^{(n)}(t)]=p^nF(p)-p^{n-1}f(0)-p^{n-2}f'(0)-\cdots-f^{(n-1)}(0)(n=2,3,\cdots)$.

特别地，若 $f(0)=f'(0)=\cdots=f^{(n-1)}(0)=0$ 时，则有

$$\mathscr{L}[f^{(n)}(t)] = p^nF(p).$$

当 $f^{(k)}(t)(k=0,1,2,\cdots,n-1)$ 在 $t=0$ 处不连续时，$f^{(k)}(0)$ 应理解为右极限 $\lim\limits_{t\to 0^+}f^{(k)}(t)$.

对于象函数微分的拉普拉斯逆变换，有

$$\mathscr{L}^{-1}[F^{(n)}(p)] = (-t)^nf(t),$$

即

$$\mathscr{L}[(-t)^nf(t)] = F^{(n)}(p)\quad(n=1,2,\cdots).$$

例 6　已知

$$\mathscr{L}[e^{at}]=\frac{1}{p-a}(a\ 为常数),$$

则

$$\mathscr{L}[t^ne^{at}] = (-1)^n\left(\frac{1}{p-a}\right)^{(n)} = \frac{n!}{(p-a)^{n+1}}(n\ 为正整数).$$

6. 积分性质　$\mathscr{L}\left[\int_0^t f(t)dt\right]=\frac{1}{p}F(p)$,

$$\mathscr{L}\left[\int_0^t dt_n\cdots\int_0^{t_3}dt_2\int_0^{t_2}f(t_1)dt_1\right] = \frac{1}{p^n}F(p)(n=2,3,\cdots).$$

对于象函数，假定 $\int_p^\infty F(p)dp$ 收敛，则有

$$\mathscr{L}\left[\frac{f(t)}{t}\right]=\int_p^\infty F(p)dp,$$

或

$$f(t) = t\mathscr{L}^{-1}\left[\int_p^\infty F(p)dp\right].$$

一般地，有

$$\mathscr{L}\left[\frac{f(t)}{t^n}\right]=\int_p^\infty dp_n\cdots\int_{p_3}^\infty dp_2\int_{p_2}^\infty F(p_1)dp_1.$$

例 7　已知 $\mathscr{L}[\sin t]=\frac{1}{p^2+1}$，则

$$\mathscr{L}\left[\frac{\sin t}{t}\right]=\int_p^\infty\frac{1}{1+p^2}dp = \arctan\frac{1}{p}.$$

7. **初值定理**　若 $\mathscr{L}[f(t)]=F(p)$，且 $\lim\limits_{p\to\infty}pF(p)$ 存在，则

$$\lim_{t\to 0} f(t) = \lim_{p\to\infty} pF(p),$$

或写成

$$f(0) = \lim_{p\to\infty} pF(p).$$

8. **终值定理** 若 $\mathscr{L}[f(t)]=F(p)$，且 $\lim\limits_{t\to+\infty} f(t)$ 存在，则

$$\lim_{t\to+\infty} f(t) = \lim_{p\to 0} pF(p),$$

或写成

$$f(+\infty) = \lim_{p\to 0} pF(p).$$

16.7.3 卷积与杜阿梅尔公式

在 16.1.4 中定义 2 已给出卷积定义，在拉普拉斯变换中，假定当 $t<0$ 时，$f_1(t)=f_2(t)=0$，这时卷积

$$f_1(t) * f_2(t) = \int_0^t f_1(\tau) f_2(t-\tau)d\tau.$$

显然它也满足 16.1.4 中所述的运算规律.

定理 2(**卷积定理**) 若 $\mathscr{L}[f_1(t)]=F_1(p)$，$\mathscr{L}[f_2(t)]=F_2(p)$，则卷积 $f_1(t) * f_2(t)$ 的拉普拉斯变换存在，且

$$\mathscr{L}[f_1(t) * f_2(t)] = F_1(p)\cdot F_2(p),$$

或

$$\mathscr{L}^{-1}[F_1(p)\cdot F_2(p)] = f_1(t) * f_2(t).$$

例 8 求 $\mathscr{L}^{-1}\left[\dfrac{p}{(p^2+a^2)^2}\right]$

已知

$$\mathscr{L}^{-1}\left[\frac{p}{p^2+a^2}\right] = \cos at, \mathscr{L}^{-1}\left[\frac{a}{p^2+a^2}\right] = \sin at,$$

因此

$$\begin{aligned}\mathscr{L}^{-1}\left[\frac{p}{(p^2+a^2)^2}\right] &= \frac{1}{a}\mathscr{L}^{-1}\left[\frac{p}{p^2+a^2}\cdot\frac{a}{p^2+a^2}\right] = \frac{1}{a}\cos at * \sin at \\ &= \frac{1}{a}\int_0^t \cos a\tau \sin a(t-\tau)d\tau = \frac{1}{2a}t\sin at.\end{aligned}$$

定理 3(杜阿梅尔) 若 $\mathscr{L}[f_1(t)]=F_1(p)$，$\mathscr{L}[f_2(t)]=F_2(p)$，则

$$\mathscr{L}^{-1}[pF_1(p)F_2(p)] = f_1(0)f_2(t) + f_1'(t) * f_2(t),$$

此公式称为**杜阿梅尔公式**.

例 9 求 $\mathscr{L}^{-1}\left[\dfrac{p}{(p+a)(p+b)}\right]$.

$$\mathscr{L}^{-1}\left[\frac{p}{(p+a)(p+b)}\right] = \mathscr{L}^{-1}\left[p\cdot\frac{1}{p+a}\cdot\frac{1}{p+b}\right]$$

$$= e^{-bt} + (-ae^{-at}) * e^{-bt} = e^{-bt} + \int_0^t -ae^{-a\tau} e^{-b(t-\tau)} d\tau$$

$$= \frac{be^{-bt} - ae^{-at}}{b-a}.$$

由此可见，利用卷积定理或杜阿梅尔公式可求出某些象函数的拉普拉斯逆变换.

16.7.4 拉普拉斯逆变换

定理 4 设 $\mathscr{L}[f(t)] = F(p)$，则当 $t>0$ 时，在 $f(t)$ 的每一个连续点处均有

$$f(t) = \frac{1}{2\pi i}\int_{\beta-i\infty}^{\beta+i\infty} F(p)e^{pt}dp,$$

其中 $\mathrm{Re}p > s_0$（$f(t)$ 的增长指数），积分路线为右半平面中任一平行于虚轴的直线 $\mathrm{Re}p = \beta(\beta > s_0)$.

定理 5 设 $F(p)$ 是单值函数，在直线 $L:\mathrm{Re}p=\beta>s_0$ 之左只有有限个奇点 $p_1, p_2, \cdots, p_n$，且当 $|p|\to\infty$ 时，$F(p)$ 在 $\frac{3\pi}{2}+\delta \geqslant \arg p \geqslant \frac{\pi}{2}-\delta$（$\delta$ 为小于 $\frac{\pi}{2}$ 的任意正数）中一致趋于零，则

$$\frac{1}{2\pi i}\int_{\beta-i\infty}^{\beta+i\infty} F(p)e^{pt}dp = \sum_{k=1}^{n} \mathrm{Res}(F(p)e^{pt}; p_k),$$

即

$$f(t) = \sum_{k=1}^{n} \mathrm{Res}(F(p)e^{pt}; p_k)\,(t>0)$$

（其中 $\sum \mathrm{Res}$ 是 $F(p)e^{pt}$ 在 $F(p)$ 的奇点的留数之和）.

若象函数 $F(p)$ 为有理函数，$F(p)=\frac{A(p)}{B(p)}$，其中 $A(p)$，$B(p)$ 是既约多项式，$B(p)$ 的次数是 n，$A(p)$ 的次数小于 $B(p)$ 的次数，又 $B(p)$ 有 m_j 阶零点

$$p_j\left(j=1,2,\cdots,k, \sum_{j=1}^{k} m_j = n\right),$$

则

$$\begin{aligned} f(t) &= \sum_{j=1}^{k} \mathrm{Res}(F(p)e^{pt}; p_j) \\ &= \sum_{j=1}^{k} \frac{1}{(m_j-1)!} \lim_{p\to p_j} \frac{d^{m_j-1}}{dp^{m_j-1}}\left((p-p_j)^{m_j}\frac{A(p)}{B(p)}e^{pt}\right)(t>0). \end{aligned}$$

此式称为**赫维塞德展开式**.

例 10 求 $\mathscr{L}^{-1}\left[\frac{p^2+2p-1}{p(p-1)^2}\right]$.

$p=0$，$p=1$ 依次分别为函数 $\frac{p^2+2p-1}{p(p-1)^2}$ 的单极点和二阶极点，利用赫维塞德展开

式,有

$$f(t)=\lim_{p\to 0}\frac{p^2+2p-1}{(p-1)^2}e^{pt}+\lim_{p\to 1}\frac{d}{dp}\left(\frac{(p^2+2p-1)e^{pt}}{p}\right)$$
$$=2te^t+2e^t-1\quad (t>0).$$

因此,求拉普拉斯逆变换可查阅拉普拉斯变换表(表 16.10-6),或利用拉普拉斯变换性质,或利用逆变换的一般公式从而转化为计算留数.

16.7.5 拉普拉斯变换在解微分方程上的应用

1. 常系数线性微分方程的定解问题

例 11 求方程 $y''+4y'+3y=e^{-t}$ 满足初始条件 $y(0)=y'(0)=1$ 的特解.

设 $\mathscr{L}[y(t)]=Y(p)$,对方程两边取拉普拉斯变换:

$$\mathscr{L}[y''+4y'+3y]=\mathscr{L}[e^{-t}],$$

然后利用拉普拉斯变换的性质 1 和 5,并代入初始条件,得出关于象函数的代数方程

$$p^2Y(p)-p-1+4Y(p)-4+3Y(p)=\frac{1}{p+1},$$

于是有

$$Y(p)=\frac{p^2+6p+6}{(p+1)^2(p+3)}.$$

取 $Y(p)$ 的拉普拉斯逆变换得

$$y(t)=\operatorname{Res}\left[\frac{p^2+6p+6}{(p+1)^2(p+3)}e^{pt};-1\right]+\operatorname{Res}\left[\frac{p^2+6p+6}{(p+1)^2(p+3)}e^{pt};-3\right]$$
$$=\lim_{p\to -1}\frac{d}{dp}\left(\frac{(p^2+6p+6)e^{pt}}{p+3}\right)+\lim_{p\to -3}\frac{(p^2+6p+6)e^{pt}}{(p+1)^2}$$
$$=\frac{1}{4}[(7+2t)e^{-t}-3e^{-3t}].$$

用拉普拉斯变换解常系数线性微分方程的解法示意图如图 16.7-1 所示.

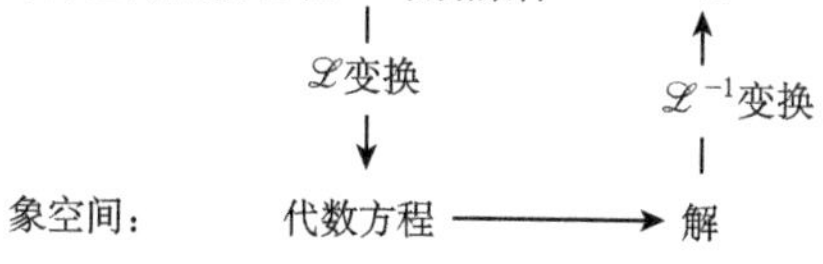

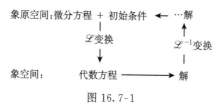

图 16.7-1

2. 常系数线性方程组的定解问题

例 12 求线性微分方程组

$$\begin{cases} x''(t)+x(t)+y'(t)=e^t, \\ x'(t)+y''(t)=1 \end{cases}$$

满足初始条件

$$\begin{cases} x(0)=1, \\ y(0)=0, \end{cases} \begin{cases} x'(0)=2, \\ y'(0)=-1 \end{cases}$$

的解.

设 $\mathscr{L}[x(t)]=X(p)$，$\mathscr{L}[y(t)]=Y(p)$，对方程组两边取拉普拉斯变换，并代入初始条件，得到关于象函数 $X(p)$ 和 $Y(p)$ 的代数方程组

$$\begin{cases} (p^2+1)X(p)+pY(p)=\dfrac{p^2+p-1}{p-1}, \\ X(p)+pY(p)=\dfrac{1}{p^2}. \end{cases}$$

解之，得

$$\begin{cases} X(p)=\dfrac{p^4+p^3-p^2-p+1}{p^4(p-1)}=-\dfrac{1}{p^4}+\dfrac{1}{p^2}+\dfrac{1}{p-1}, \\ Y(p)=\dfrac{-p^4+p-1}{p^5(p-1)}=\dfrac{1}{p}-\dfrac{1}{p-1}+\dfrac{1}{p^5}. \end{cases}$$

取逆变换，

$$\begin{cases} x(t)=-\dfrac{1}{6}t^3+t+e^t; \\ y(t)=1-e^t+\dfrac{1}{24}t^4, \end{cases}$$

即为方程组的解.

另外，还可用拉普拉斯变换解偏微分方程的定解问题，参看§9.9例3.

16.7.6 二重拉普拉斯变换

类似于多重傅里叶变换，拉普拉斯变换也可推广到多元函数上去. 这里列出二重拉普拉斯变换定义及其逆变换公式.

定义 3 设 $f(x,y)$ 在 $D=\{(x,y):0\leqslant x<\infty,0\leqslant y<\infty\}$ 上有定义，称积分

$$F(p',p)=\int_0^\infty\int_0^\infty e^{-p'x-py}f(x,y)dxdy$$

为函数 $f(x,y)$ 的**二重拉普拉斯变换**，记作 $\mathscr{L}[f(x,y)]$，即

$$F(p',p)=\mathscr{L}[f(x,y)].$$

它的拉普拉斯逆变换公式为

$$f(x,y)=-\frac{1}{4\pi^2}\int_{\beta-i\infty}^{\beta+i\infty}dp\int_{\beta'-i\infty}^{\beta'+i\infty}F(p',p)e^{p'x+py}dp',$$

其中 $-\pi<\arg p<\pi$，$-\pi<\arg p'<\pi$，$F(p',p)$ 在半平面 $\mathrm{Re}p'>c'$，$\mathrm{Re}p>c$ 内是有界

的，而$\beta'>c'$，$\beta>c$（c，c'分别为函数$f(x,y)$对y及x的增长指数）.

二重拉普拉斯变换有时也可用来解某些二维的偏微分方程的定解问题.

§16.8 汉克尔变换 有限汉克尔变换

16.8.1 汉克尔变换

定义1 设$f(x)$在$[0,\infty)$上有定义.由下列积分所确定的函数

$$F(\alpha)=\int_0^\infty xf(x)J_\nu(\alpha x)dx, \tag{16.8-1}$$

称为$f(x)$的ν阶**汉克尔变换**（$J_\nu(x)$为ν阶第一类贝塞尔函数），记作

$$\mathscr{K}_\nu[f(x)],$$

即

$$F(\alpha)=\mathscr{K}_\nu[f(x)].$$

定理1（汉克尔） 设积分$\int_0^\infty f(y)dy$绝对收敛，且$f(y)$在点x的邻域内是有界变差函数（参看6.8.1），则当$\nu\geqslant-\frac{1}{2}$时，有

$$\begin{aligned}&\int_0^\infty J_\nu(x\alpha)(x\alpha)^{\frac{1}{2}}d\alpha\int_0^\infty J_\nu(\alpha y)(\alpha y)^{\frac{1}{2}}f(y)dy\\&=\frac{1}{2}[f(x+0)+f(x-0)].\end{aligned}$$

由本定理可知，若$f(x)$在点x是连续的，则有

$$f(x)=\int_0^\infty J_\nu(x\alpha)(x\alpha)^{\frac{1}{2}}d\alpha\int_0^\infty J_\nu(\alpha y)(\alpha y)^{\frac{1}{2}}f(y)dy. \tag{16.8-2}$$

如果在（16.8-2）中用$x^{\frac{1}{2}}f(x)$替代$f(x)$，并利用（16.8-1），这时等式即可写为

$$f(x)=\int_0^\infty \alpha F(\alpha)J_\nu(\alpha x)d\alpha, \tag{16.8-3}$$

此即为**汉克尔变换的反演公式.**

定理2（帕塞瓦尔定理） 设函数$f(x)$和$g(x)$满足定理1中的条件，并设$F(\alpha)$和$G(\alpha)$是它们的汉克尔变换，其阶数$\nu\geqslant-1$，则

$$\int_0^\infty xf(x)g(x)dx=\int_0^\infty \alpha F(\alpha)G(\alpha)d\alpha.$$

16.8.2 汉克尔变换性质

1. $\mathscr{K}_\nu[f(Cx)]=\frac{1}{C^2}F\left(\frac{\alpha}{C}\right)$（$C$为常数）.

2. $\mathscr{K}_\nu\left[\frac{f(x)}{x}\right]=\frac{\alpha}{2\nu}(\mathscr{K}_{\nu-1}[f(x)]+\mathscr{K}_{\nu+1}[f(x)])$.

3. $\mathscr{K}_\nu[f'(x)]=\frac{\alpha}{2\nu}((\nu-1)\mathscr{K}_{\nu+1}[f(x)])-(\nu+1)\mathscr{K}_{\nu-1}[f(x)]$.

4. $\mathscr{K}_\nu\left[f''(x)+\frac{1}{x}f'(x)-\frac{\nu^2}{x^2}f(x)\right]=-a^2\mathscr{K}_\nu[f(x)]$.

16.8.3 有限汉克尔变换

定义 2 设 $f(x)$在区间$[0,a]$上有定义，由下列积分所确定的函数

$$F_J(\xi_i)=\int_0^a xf(x)J_\nu(x\xi_i)dx \tag{16.8-4}$$

（其中 ξ_i 是方程 $J_\nu(a\xi)=0$ 的一个根）称为 $f(x)$的**有限汉克尔变换**.

定理 3 设 $f(x)$在区间$(0,a)$内满足狄利克雷条件，则在区间$(0,a)$内函数$f(x)$的每个连续点处，都有

$$f(x)=\frac{2}{a^2}\sum_i F_J(\xi_i)\frac{J_\nu(x\xi_i)}{[J_\nu'(a\xi_i)]^2}, \tag{16.8-5}$$

其中$\sum\limits_i$ 表示对方程 $J_\nu(a\xi_i)=0$ 的一切正根求和.

由此可知(16.8-5)即为(16.8-4)的反演公式.

§16.9 梅林变换 希尔伯特变换

16.9.1 梅林变换

梅林变换的定义参看§16.3 定义 3，即

$$F(u)=\int_0^\infty f(x)x^{u-1}dx, \tag{16.9-1}$$

记作 $M[f(x)]$，即

$$F(u)=M[f(x)].$$

定理 1 若对于某个 $k>0$ 而言，积分$\int_0^\infty |f(x)|x^{k-1}dx$ 是有界的，并设

$$F(u)=\int_0^\infty f(x)x^{u-1}dx,$$

则

$$f(x)=\frac{1}{2\pi i}\int_{c-i\infty}^{c+i\infty}F(u)x^{-u}du \quad (c>k). \tag{16.9-2}$$

因此(16.9-2)为(16.9-1)的反演公式.

函数的导数的梅林变换式

$$\int_0^\infty f^{(r)}(x)x^{u-1}dx=[f^{(r-1)}(x)\cdot x^{u-1}]_0^\infty-(u-1)\int_0^\infty f^{(r-1)}(x)x^{u-2}dx.$$

若 $f(x)$是使上式方括弧化为零的函数，则有

$$F^{(r)}(u)=-(u-1)F^{(r-1)}(u-1),$$

其中 $F^{(r)}(u)$ 表示 $f^{(r)}(x)$ 的梅林变换.重复运用上述关系式,得

$$F^{(r)}(u)=(-1)^r\frac{\Gamma(u)}{\Gamma(u-r)}F(u-r)$$

(其中 $\Gamma(u)$ 参看 17.1.1).

设 $M[f(x)]=F(u),M[g(x)]=G(u)$,则乘积 $f(x)g(x)$ 的梅林变换式为

$$\begin{aligned}M[f(x)g(x)]&=\int_0^\infty f(x)g(x)x^{u-1}dx\\&=\frac{1}{2\pi i}\int_{c-i\infty}^{c+i\infty}F(\sigma)G(u-\sigma)d\sigma\end{aligned}$$

(其中 c 与定理 1 中的同义).特别地,

$$\int_0^\infty f(x)g(x)dx=\frac{1}{2\pi i}\int_{c-i\infty}^{c+i\infty}F(u)G(1-u)du.$$

乘积 $F(u)G(u)$ 的梅林逆变换式为

$$M^{-1}[F(u)G(u)]=\frac{1}{2\pi i}\int_{c-i\infty}^{c+i\infty}F(u)G(u)x^{-u}du=\int_0^\infty f\left(\frac{x}{s}\right)g(s)\frac{ds}{s}.$$

特别地,

$$\frac{1}{2\pi i}\int_{c-i\infty}^{c+i\infty}F(u)G(u)du=\int_0^\infty f\left(\frac{1}{s}\right)g(s)\frac{ds}{s}.$$

16.9.2 希尔伯特变换

定义 设 $f(x)\in L^p(-\infty,+\infty)(1\leqslant p<+\infty)$,由下列积分所确定的函数

$$\hat{f}(x)=\frac{1}{\pi}(\text{p. v.})\int_{-\infty}^{+\infty}\frac{f(t)}{t-x}dt \tag{16.9-3}$$

称为 $f(x)$ 的**希尔伯特变换**,记作 $H[f(x)]$,其中(p. v.)是指柯西主值(参看 6.11.1 和 6.11.2),$L^p(-\infty,+\infty)$ 参看 14.5.1.

希尔伯特变换的反演公式为

$$f(x)=-\frac{1}{\pi}(\text{p. v.})\int_{-\infty}^{+\infty}\frac{\hat{f}(t)}{t-x}dt. \tag{16.9-4}$$

定理 2 设

$$f(x)\in L^p(-\infty,+\infty),1<p<+\infty,$$

$$g(x)\in L^q(-\infty,+\infty),\frac{1}{p}+\frac{1}{q}=1,$$

则有

$$\int_{-\infty}^{+\infty}\hat{f}(x)g(x)dx=-\int_{-\infty}^{+\infty}f(x)\hat{g}(x)dx,$$

$$\int_{-\infty}^{+\infty}f(x)\overline{g(x)}dx=\int_{-\infty}^{+\infty}\hat{f}(x)\overline{\hat{g}(x)}dx.$$

§ 16.10 积分变换简表

16.10.1 傅里叶变换简表

表 16.10-1

$f(t)=\dfrac{1}{\sqrt{2\pi}}\int_{-\infty}^{+\infty}F(\lambda)e^{i\lambda t}d\lambda$	$F(\lambda)=\dfrac{1}{\sqrt{2\pi}}\int_{-\infty}^{+\infty}f(t)e^{-i\lambda t}dt$
$f(t)$	$F(\lambda)$
$\dfrac{\sin at}{t}(a>0)$	$\begin{cases}\sqrt{\dfrac{\pi}{2}} & (\lvert\lambda\rvert<a)\\ 0 & (\lvert\lambda\rvert>a)\end{cases}$
$\begin{cases}e^{i\omega t} & (a<t<b)\\ 0 & (t<a,t>b)\end{cases}$	$\dfrac{i}{\sqrt{2\pi}}\dfrac{e^{ia(\omega-\lambda)}-e^{-ib(\omega-\lambda)}}{\omega-\lambda}$
$\begin{cases}e^{-ct+i\omega t} & (t>0)\\ 0 & (t<0)\end{cases}$	$\dfrac{i}{\sqrt{2\pi}(\omega-\lambda+ic)}$
$e^{-\eta t^2}(\mathrm{Re}\eta>0)$	$\dfrac{1}{\sqrt{2\eta}}e^{-\frac{\lambda^2}{4\eta}}$
$\cos\eta t^2(\eta>0)$	$\dfrac{1}{\sqrt{2\eta}}\cos\left(\dfrac{\lambda^2}{4\eta}-\dfrac{\pi}{4}\right)$
$\sin\eta t^2(\eta>0)$	$\dfrac{1}{\sqrt{2\eta}}\cos\left(\dfrac{\lambda^2}{4\eta}+\dfrac{\pi}{4}\right)$
$\lvert t\rvert^{-\eta}(0<\mathrm{Re}\eta<1)$	$\sqrt{\dfrac{2}{\pi}}\dfrac{\Gamma(1-\eta)\sin\dfrac{\pi\eta}{2}}{\lvert\lambda\rvert^{1-\eta}}$
$\dfrac{1}{\lvert t\rvert}$	$-\sqrt{\dfrac{2}{\pi}}\ln\lvert\lambda\rvert,\lambda\neq 0$
$\dfrac{1}{\lvert t\rvert}e^{-a\lvert t\rvert}$	$\left(\dfrac{(a^2+\lambda^2)^{1/2}+a}{a^2+\lambda^2}\right)^{1/2}$
$\dfrac{\mathrm{ch}at}{\mathrm{ch}\pi t}(-\pi<a<\pi)$	$\sqrt{\dfrac{2}{\pi}}\dfrac{\cos\dfrac{a}{2}\mathrm{ch}\dfrac{\lambda}{2}}{\mathrm{ch}\lambda-\cos a}$
$\dfrac{\mathrm{sh}at}{\mathrm{sh}\pi t}(-\pi<a<\pi)$	$\dfrac{1}{\sqrt{2\pi}}\dfrac{\sin a}{\mathrm{ch}\lambda+\cos a}$
$\begin{cases}(a^2-t^2)^{-\frac{1}{2}} & (\lvert t\rvert<a)\\ 0 & (\lvert t\rvert>a)\end{cases}$	$\sqrt{\dfrac{\pi}{2}}J_0(a\lambda)$

$f(t)=\frac{1}{\sqrt{2\pi}}\int_{-\infty}^{+\infty}F(\lambda)e^{i\lambda t}d\lambda$	$F(\lambda)=\frac{1}{\sqrt{2\pi}}\int_{-\infty}^{+\infty}f(t)e^{-i\lambda t}dt$
$\frac{\sin[b(a^2+t^2)^{1/2}]}{(a^2+t^2)^{1/2}}$	$\begin{cases}0 & (\lvert\lambda\rvert>b)\\ \sqrt{\frac{\pi}{2}}J_0(a\sqrt{b^2-\lambda^2}) & (\lvert\lambda\rvert<b)\end{cases}$
$\begin{cases}\frac{\cos(b(a^2-t^2)^{1/2})}{(a^2-t^2)^{1/2}} & (\lvert t\rvert<a)\\ 0 & (\lvert t\rvert>a)\end{cases}$	$\sqrt{\frac{\pi}{2}}J_0(a\sqrt{b^2+\lambda^2})$
$\begin{cases}\frac{\mathrm{ch}(b(a^2-t^2)^{1/2})}{(a^2-t^2)^{1/2}} & (\lvert t\rvert<a)\\ 0 & (\lvert t\rvert>a)\end{cases}$	$\begin{cases}\frac{\pi}{2}J_0(a\sqrt{\lambda^2-b^2}) & (\lvert\lambda\rvert>b)\\ 0 & (\lvert\lambda\rvert<b)\end{cases}$
$\delta(t)$	$\frac{1}{\sqrt{2\pi}}$
1	$\sqrt{2\pi}\delta(\lambda)$
多项式 $p(t)$	$\sqrt{2\pi}p\left(i\frac{d}{d\lambda}\right)\delta(\lambda)$
e^{bt}	$\sqrt{2\pi}\delta(\lambda+ib)$
$\sin bt$	$\sqrt{\frac{\pi}{2}}i(\delta(\lambda+b)-\delta(\lambda-b))$
$\cos bt$	$\sqrt{\frac{\pi}{2}}(\delta(\lambda+b)+\delta(\lambda-b))$
$\mathrm{sh}bt$	$\sqrt{\frac{\pi}{2}}(\delta(\lambda+ib)-\delta(\lambda-ib))$
$\mathrm{ch}bt$	$\sqrt{\frac{\pi}{2}}(\delta(\lambda+ib)+\delta(\lambda-ib))$
t^{-1}	$-\sqrt{\frac{\pi}{2}}i\,\mathrm{sgn}\lambda$
t^{-2}	$-\sqrt{\frac{\pi}{2}}\lvert\lambda\rvert$
t^{-m}	$(-i)^m\sqrt{\frac{\pi}{2}}\frac{1}{(m-1)!}\lambda^{m-1}\mathrm{sgn}\lambda$
$\lvert t\rvert^{\mu}(\mu\neq-1,-3\cdots)$	$-\sqrt{\frac{2}{\pi}}\sin\frac{\mu\pi}{2}\Gamma(\mu+1)\lvert\lambda\rvert^{-\mu-1}$

注：表中的 $J_0(t)$ 为第一类零阶贝塞尔函数，参看 17.6.2.

16.10.2 傅里叶余弦变换简表

表 16.10-2

$f(t)=\sqrt{\frac{2}{\pi}}\int_0^\infty F_c(\lambda)\cos\lambda t d\lambda$	$F_c(\lambda)=\sqrt{\frac{2}{\pi}}\int_0^\infty f(t)\cos\lambda t dt$
$f(t)$	$F_c(\lambda)$
$\begin{cases}1 & (0<t<a)\\ 0 & (t>a)\end{cases}$	$\sqrt{\frac{2}{\pi}}\frac{\sin(\lambda a)}{\lambda}$
$t^{p-1}(0<p<1)$	$\sqrt{\frac{2}{\pi}}\Gamma(p)\lambda^{-p}\cos\left(\frac{1}{2}p\pi\right)$
$\begin{cases}\cos t & (0<t<a)\\ 0 & (t>a)\end{cases}$	$\frac{1}{\sqrt{2\pi}}\left(\frac{\sin a(1-\lambda)}{1-\lambda}+\frac{\sin a(1+\lambda)}{1+\lambda}\right)$
e^{-t}	$\sqrt{\frac{2}{\pi}}\frac{1}{1+\lambda^2}$
$\mathrm{sech}(\pi t)$	$\frac{1}{\sqrt{2\pi}\mathrm{ch}\frac{\lambda}{2}}$
$e^{-\frac{t^2}{2}}$	$e^{-\frac{\lambda^2}{2}}$
$\cos\left(\frac{t^2}{2}\right)$	$\frac{1}{\sqrt{2}}\left(\cos\left(\frac{\lambda^2}{2}\right)+\sin\left(\frac{\lambda^2}{2}\right)\right)$
$\sin\left(\frac{t^2}{2}\right)$	$\frac{1}{\sqrt{2}}\left(\cos\left(\frac{\lambda^2}{2}\right)-\sin\left(\frac{\lambda^2}{2}\right)\right)$
$\begin{cases}(1-t^2)^\nu & (0<t<1)\\ 0 & (t>1)\end{cases}$ $\left(\nu>-\frac{3}{2}\right)$	$2^\nu\Gamma(\nu+1)\lambda^{-\nu-\frac{1}{2}}J_{\nu+\frac{1}{2}}(\lambda)$

16.10.3 傅里叶正弦变换简表

表 16.10-3

$f(t)=\sqrt{\frac{2}{\pi}}\int_0^{\infty}F_s(\lambda)\sin\lambda t d\lambda$	$F_s(\lambda)=\sqrt{\frac{2}{\pi}}\int_0^{\infty}f(t)\sin\lambda t dt$
$f(t)$	$F_s(\lambda)$
e^{-t}	$\sqrt{\frac{2}{\pi}}\frac{\lambda}{1+\lambda^2}$
$te^{-\frac{t^2}{2}}$	$\lambda e^{-\frac{\lambda^2}{2}}$
$\frac{\sin t}{t}$	$\frac{1}{\sqrt{2\pi}}\ln\left\lvert\frac{1+\lambda}{1-\lambda}\right\rvert$
$\begin{cases} t(1-t^2)^{\nu} & (0<t<1,\nu>-1) \\ 0 & (t>1) \end{cases}$	$2^{\nu}\Gamma(\nu+1)\lambda^{-\frac{1}{2}-\nu}J_{\nu+\frac{1}{2}}(\lambda)$
$t^{p-1},(0<p<1)$	$\sqrt{\frac{2}{\pi}}\Gamma(p)\sin\left(\frac{p\pi}{2}\right)\lambda^{-p}$
te^{-pt}	$\frac{2^{\frac{3}{2}}p\lambda}{\sqrt{\pi}(p^2+\lambda^2)^2}$
$\cos(at^2)$	$-\frac{1}{\sqrt{a}}\left(\cos\left(\frac{\lambda^2}{4a}\right)S\left(\frac{\lambda}{\sqrt{2\pi a}}\right)-\sin\left(\frac{\lambda^2}{4a}\right)C\left(\frac{\lambda}{\sqrt{2\pi a}}\right)\right)$
$t^{-\frac{1}{2}}e^{-at^{-\frac{1}{2}}}\ (a>0)$	$\lambda^{-\frac{1}{2}}(\cos(2a\lambda)^{\frac{1}{2}}-\sin(2a\lambda)^{\frac{1}{2}})$
$\begin{cases} 0 & (0<t<a) \\ (t^2-a^2)^{-\frac{1}{2}} & (t>a) \end{cases}$	$\sqrt{\frac{\pi}{2}}J_0(a\lambda)$

注：表中的 $C(t)$，$S(t)$ 为菲涅尔积分，参看 §17.3.

16.10.4 有限傅里叶余弦变换简表

表 16.10-4

$f(x)=\frac{1}{l}F_c(0)+\frac{2}{l}\sum_{n=1}^{\infty}F_c(n)\cos\frac{n\pi x}{l}$	$F_c(n)=\int_0^l f(x)\cos\frac{n\pi x}{l}dx$
$f(x)$	$F_c(n)$
1	$l,(n=0)$ $0(n=1,2,\cdots)$
$\begin{cases}1 & \left(0<x<\frac{l}{2}\right)\\ -1 & \left(\frac{l}{2}<x<l\right)\end{cases}$	$0\quad(n=0)$ $\frac{2l}{n\pi}\sin\left(\frac{n\pi}{2}\right)\quad(n=1,2,\cdots)$
x	$\frac{1}{2}l^2\quad(n=0)$ $\left(\frac{l}{n\pi}\right)^2((-1)^n-1)\quad(n=1,2,\cdots)$
x^2	$\frac{1}{3}l^3\quad(n=0)$ $\frac{2l^3}{n^2\pi^2}(-1)^n\quad(n=1,2,\cdots)$
$\left(1-\frac{x}{a}\right)^2$	$\frac{1}{3}l\quad(n=0)$ $\frac{2l}{n^2\pi^2}\quad(n=1,2,\cdots)$
x^3	$\frac{1}{4}l^4\quad(n=0)$ $\frac{3l^4(-1)^n}{n^2\pi^2}+\frac{6l^4}{n^4\pi^4}((-1)^n-1)\quad(n=1,2,\cdots)$
e^{kx}	$\frac{l^2k}{k^2l^2+n^2\pi^2}((-1)^ne^{kl}-1)$
$\frac{\mathrm{ch}(c(l-x))}{\mathrm{sh}(cl)}$	$\frac{l^2c}{c^2l^2+n^2\pi^2}$
$\sin(kx)$	$\frac{l^2k}{n^2\pi^2-l^2k^2}((-1)^n\cos(kl)-1)\left(n\neq\frac{kl}{\pi}\right)$
$\sin\left(\frac{m\pi x}{l}\right)$($m$ 是整数)	$0,\quad(n=m)$ $\frac{ml}{\pi(n^2-m^2)}((-1)^{n+m}-1)\quad(n\neq m)$

16.10.5 有限傅里叶正弦变换简表

表 16.10-5

$f(x)=\frac{2}{l}\sum_{n=1}^{\infty}F_s(n)\sin\frac{n\pi x}{l}$	$F_s(n)=\int_0^l f(x)\sin\frac{n\pi x}{l}dx$
$f(x)$	$F_s(n)$
1	$\frac{l}{n\pi}(1+(-1)^{n+1})$
x	$(-1)^{n+1}\frac{l^2}{n\pi}$
$1-\frac{x}{l}$	$\frac{l}{n\pi}$
$\begin{cases} x & \left(0\leqslant x\leqslant\frac{l}{2}\right) \\ l-x & \left(\frac{l}{2}\leqslant x\leqslant l\right)\end{cases}$	$\frac{2l^2}{n^2\pi^2}\sin\left(\frac{1}{2}n\pi\right)$
x^2	$\frac{l^3(-1)^{n-1}}{n\pi}-\frac{2l^3(1-(-1)^n)}{n^3\pi^3}$
x^3	$(-1)^n\frac{l^4}{\pi^5}\left(\frac{6}{n^3}-\frac{\pi^2}{n}\right)$
$x(l^2-x^2)$	$(-1)^{n+1}\frac{6l^4}{n^3\pi^3}$
$x(l-x)$	$\frac{2l^3}{n^3\pi^3}(1-(-1)^n)$
e^{kx}	$\frac{n\pi l}{n^2\pi^2+k^2l^2}(1-(-1)^n e^{kl})$
$\cos(kx)$	$\frac{n\pi l}{n^2\pi^2-k^2l^2}(1-(-1)^n\cos(kl))\left(n\neq\frac{kl}{\pi}\right)$
$\cos\left(\frac{m\pi x}{l}\right)$($m$ 为整数)	$\frac{nl}{\pi(n^2-m^2)}(1-(-1)^{n+m})\quad(n\neq m)$ $0\quad(n=m)$
$\sin\left(\frac{m\pi x}{l}\right)$($m$ 为整数)	$0\quad(n\neq m)$ $\frac{l}{2}\quad(n=m)$

16.10.6 拉普拉斯变换简表

表 16.10-6

$f(t)=\frac{1}{2\pi i}\int_{\beta-i\infty}^{\beta+i\infty}F(p)e^{pt}dp$	$F(p)=\int_0^{\infty}f(t)e^{-pt}dt$
$f(t)(t\geqslant 0)$	$F(p)$
1	$\frac{1}{p}$
$t^m(m>-1)$	$\frac{\Gamma(m+1)}{p^{m+1}}$
e^{at}	$\frac{1}{p-a}$
$\sin at$	$\frac{a}{p^2+a^2}$
$\cos at$	$\frac{p}{p^2+a^2}$
$\operatorname{sh} at$	$\frac{a}{p^2-a^2}$
$\operatorname{ch} at$	$\frac{p}{p^2-a^2}$
$e^{-bt}\sin at$	$\frac{a}{(p+b)^2+a^2}$
$e^{-bt}\cos at$	$\frac{p+b}{(p+b)^2+a^2}$
$e^{-bt}t^{\alpha}(\alpha>-1)$	$\frac{\Gamma(\alpha+1)}{(p+b)^{\alpha+1}}$
$\frac{1}{\sqrt{\pi t}}$	$\frac{1}{\sqrt{p}}$

续表

$f(t)=\frac{1}{2\pi i}\int_{\beta-i\infty}^{\beta+i\infty}F(p)e^{pt}dp$	$F(p)=\int_0^{\infty}f(t)e^{-pt}dt$
$\frac{1}{\sqrt{\pi t}}e^{-\frac{a^2}{4t}}$	$\frac{1}{\sqrt{p}}e^{-a\sqrt{p}}$
$\frac{1}{\sqrt{\pi t}}e^{-2a\sqrt{t}}$	$\frac{1}{\sqrt{p}}e^{\frac{a^2}{p}}\operatorname{erfc}\left(\frac{a}{\sqrt{p}}\right)$
$\frac{1}{\sqrt{\pi t}}\sin 2\sqrt{at}$	$\frac{1}{p\sqrt{p}}e^{-\frac{a}{p}}$
$\frac{1}{\sqrt{\pi t}}\cos 2\sqrt{at}$	$\frac{1}{\sqrt{p}}e^{-\frac{a}{p}}$
$\operatorname{erf}(\sqrt{at})$	$\frac{\sqrt{a}}{p\sqrt{p+a}}$
$\operatorname{erfc}\left(\frac{a}{2\sqrt{t}}\right)$	$\frac{1}{p}e^{-a\sqrt{p}}$
$e^{t}\operatorname{erfc}(\sqrt{t})$	$\frac{1}{p+\sqrt{p}}$
$\frac{1}{\sqrt{\pi t}}-e^{t}\operatorname{erfc}(\sqrt{t})$	$\frac{1}{1+\sqrt{p}}$
$\frac{1}{\sqrt{\pi t}}e^{-at}+\sqrt{a}\operatorname{erf}(\sqrt{at})$	$\frac{\sqrt{p+a}}{p}$
$J_0(t)$	$\frac{1}{\sqrt{p^2+1}}$
$J_\nu(at)(\mathrm{Re}\nu>-1)$	$\frac{a^\nu}{\sqrt{a^2+p^2}}\left(\frac{1}{p+\sqrt{a^2+p^2}}\right)^\nu$
$\frac{J_\nu(at)}{t}$	$\frac{1}{\nu a^\nu}(\sqrt{p^2+a^2}-p)^\nu$
$I_0(\beta t)$	$\frac{1}{\sqrt{p^2-\beta^2}}$

续表

$f(t)=\frac{1}{2\pi i}\int_{\beta-i\infty}^{\beta+i\infty}F(p)e^{pt}dp$	$F(p)=\int_0^{\infty}f(t)e^{-pt}dt$
$e^{-at}I_0(\beta t)$	$\frac{1}{\sqrt{(p+a)^2-\beta^2}}$
$t^{\nu}J_{\nu}(at)\left(\mathrm{Re}\nu>-\frac{1}{2}\right)$	$\frac{(2a)^{\nu}}{\sqrt{\pi}}\Gamma\left(\nu+\frac{1}{2}\right)(p^2+a^2)^{-\nu-\frac{1}{2}}$
$J_0(2\sqrt{at})$	$\frac{1}{p}e^{-\frac{a}{p}}$
$\int_t^{\infty}\frac{J_0(\xi)}{\xi}d\xi$	$\frac{1}{p}\ln(p+\sqrt{p^2+1})$
$\frac{e^{bt}-e^{at}}{t}$	$\ln\frac{p-a}{p-b}$
$\delta(t)$	1
$-\int_t^{\infty}\frac{\cos\xi}{\xi}d\xi$	$\frac{1}{p}\ln\frac{1}{\sqrt{1+p^2}}$
$-\int_t^{\infty}\frac{\sin\xi}{\xi}d\xi$	$\frac{\pi}{2p}-\frac{1}{p}\arctan p$
$\int_t^{\infty}\frac{e-\xi}{\xi}d\xi$	$\frac{1}{p}\ln(1+p)$
$\frac{1}{\sqrt{\pi t}}\sin\frac{1}{2t}$	$\frac{1}{\sqrt{p}}e^{-\sqrt{p}}\sin\sqrt{p}$
$\frac{1}{\sqrt{\pi t}}\cos\frac{1}{2t}$	$\frac{1}{\sqrt{p}}e^{-\sqrt{p}}\cos\sqrt{p}$

注：表中 $I_0(t)$ 为第一类修正贝塞尔函数，参看 17.6.9. erf(t)，erfc(t) 为误差函数与余误差函数，参看 §17.3.

16.10.7 汉克尔变换简表

表 16.10-7

$f(x)=\int_0^\infty \alpha F(\alpha)J_\nu(\alpha x)d\alpha$		$F(\alpha)=\int_0^\infty xf(x)J_\nu(\alpha x)dx$
$f(x)$	ν	$F(\alpha)$
$\begin{cases}x^\nu & (0<x<a)\\ 0 & (x>a)\end{cases}$	>-1	$\frac{a^{\nu+1}}{\alpha}J_{\nu+1}(\alpha a)$
$\begin{cases}1 & (0<x<a)\\ 0 & (x>a)\end{cases}$	0	$\frac{a}{\alpha}J_1(\alpha a)$
$\begin{cases}(a^2-x^2) & (0<x<a)\\ 0 & (x>a)\end{cases}$	0	$\frac{4a}{\alpha^3}J_1(\alpha a)-\frac{2a^2}{\alpha^2}J_0(\alpha a)$
$x^{\mu-2}e^{-px^2}$	>-1	$\frac{\alpha^\nu\Gamma\left(\frac{\nu+\mu}{2}\right)}{2^{\nu+1}p^{\frac{\mu+\nu}{2}}\Gamma(1+\nu)}\cdot {}_1F_1\left(\frac{\nu+\mu}{2};\nu+1;-\frac{\alpha^2}{4p}\right)$
$x^\nu e^{-px^2}$	>-1	$\frac{\alpha^\nu}{(2p)^{\nu+1}}e^{-\alpha^2/4p}$
$x^{\mu-1}e^{-px}$	>-1	$\frac{2^\mu\alpha^\nu\Gamma\left(\frac{\mu+\nu+1}{2}\right)\Gamma\left(1+\frac{\mu+\nu}{2}\right)}{(\alpha^2+p^2)^{\frac{\mu+\nu+1}{2}}\Gamma(\nu+1)\Gamma\left(\frac{1}{2}\right)}\cdot {}_2F_1\left(\frac{\mu+\nu+1}{2},\frac{\nu-\mu}{2};1+\nu;\frac{\alpha^2}{\alpha^2+p^2}\right)$
$x^{\mu-1}$	>-1	$\frac{2^\mu\Gamma\left(\frac{1+\mu+\nu}{2}\right)}{\alpha^{\mu+1}\Gamma\left(\frac{1-\mu+\nu}{2}\right)}$

续表

$f(x)=\int_0^\infty \alpha F(\alpha)J_\nu(\alpha x)d\alpha$		$F(\alpha)=\int_0^\infty xf(x)J_\nu(\alpha x)dx$
$\frac{e^{-px}}{x}$	0	$(\alpha^2+p^2)^{-\frac{1}{2}}$
e^{-px}	0	$p(\alpha^2+p^2)^{-\frac{3}{2}}$
$x^{-2}e^{-px}$	1	$\frac{(\alpha^2+p^2)^{\frac{1}{2}}-p}{\alpha}$
$\frac{e^{-px}}{x}$	1	$\frac{1}{\alpha}-\frac{p}{\alpha(\alpha^2+p^2)^{\frac{1}{2}}}$
e^{-px}	1	$\alpha(\alpha^2+p^2)^{-\frac{3}{2}}$
$\frac{a}{(a^2+x^2)^{\frac{3}{2}}}$	0	$e^{-\alpha a}$
$\frac{\sin(ax)}{x}$	0	$0 \quad (\alpha>a)$ $(a^2-\alpha^2)^{-\frac{1}{2}} \quad (0<\alpha<a)$
$\frac{\sin(ax)}{x}$	1	$\frac{a}{\alpha(\alpha^2-a^2)^{\frac{1}{2}}} \quad (\alpha>a)$ $0 \quad (\alpha<a)$
$\frac{\sin x}{x^2}$	0	$\arcsin\left(\frac{1}{\alpha}\right) \quad (\alpha>1)$ $\frac{\pi}{2} \quad (\alpha<1)$

注：表中超几何函数${}_2F_1(\alpha,\beta;r;z)$，参看 17.10.2，合流超几何函数${}_1F_1(\alpha;r;z)$，参看 17.11.1.

16.10.8 梅林变换简表

表 16.10-8

$f(x)=\dfrac{1}{2\pi i}\displaystyle\int_{c-i\infty}^{c+i\infty}F(u)x^{-u}du$	$F(u)=\displaystyle\int_0^{\infty}f(x)x^{n-1}dx$
$f(x)$	$F(u)$
e^{-px}	$p^{-u}\Gamma(u)(\mathrm{Re}u>0)$
$x^{\frac{1}{2}}J_{\nu}(x)$	$\dfrac{2^{u-\frac{1}{2}}\Gamma\left(\dfrac{u+\nu}{2}+\dfrac{1}{4}\right)}{\Gamma\left(\dfrac{\nu-u}{2}+\dfrac{3}{4}\right)}$
e^{-x^2}	$\dfrac{1}{2}\Gamma\left(\dfrac{u}{2}\right)$
$\sin x$	$\Gamma(u)\sin\left(\dfrac{u\pi}{2}\right)$
$\cos x$	$\Gamma(u)\cos\left(\dfrac{u\pi}{2}\right)$
$\cos xJ_{\nu}(x)\left(\mathrm{Re}\nu>-\dfrac{1}{2}\right)$	$\dfrac{2^{u-1}\sqrt{\pi}\Gamma\left(\dfrac{u+\nu}{2}\right)\Gamma\left(\dfrac{1}{2}-u\right)}{\Gamma\left(1+\dfrac{v-u}{2}\right)\Gamma\left(\dfrac{1}{2}-\dfrac{v+u}{2}\right)\Gamma\left(\dfrac{1+v-u}{2}\right)}$
$\sin xJ_{p}(x)\left(\mathrm{Re}\nu>-\dfrac{1}{2}\right)$	$\dfrac{2^{u-1}\sqrt{\pi}\Gamma\left(\dfrac{u+\nu+1}{2}\right)\Gamma\left(\dfrac{1}{2}-u\right)}{\Gamma\left(1+\dfrac{v-u}{2}\right)\Gamma\left(1-\dfrac{v+u}{2}\right)\Gamma\left(\dfrac{1+v-u}{2}\right)}$
$(1+x)^{-1}$	$\pi\csc(\pi u)$
$(1+x)^{-p}(\mathrm{Re}p>0)$	$\dfrac{\Gamma(u)\Gamma(p-u)}{\Gamma(p)}$
$(1+x^2)^{-1}$	$\dfrac{\pi}{2}\csc\left(-\dfrac{\pi u}{2}\right)$

续表

$f(x)=\frac{1}{2\pi i}\int_{c-i\infty}^{c+i\infty}F(u)x^{-u}du$	$F(u)=\int_0^{\infty}f(x)x^{u-1}dx$
$\begin{cases}1 & (0\leqslant x\leqslant a)\\ 0 & (x>a)\end{cases}$	$\frac{a^u}{u}$
$\begin{cases}(1-x)^{p-1} & (0\leqslant x\leqslant 1)\\ 0 & (x>1,\mathrm{Re}p>0)\end{cases}$	$\frac{\Gamma(u)\Gamma(p)}{\Gamma(u+p)}$
$\begin{cases}0 & (0\leqslant x\leqslant 1)\\ (x-1)^{-p} & (x>1,0<\mathrm{Re}p<1)\end{cases}$	$\frac{\Gamma(p-u)\Gamma(1-p)}{\Gamma(1-u)}$
$\ln(1+x)$	$\frac{\pi}{u}\csc(\pi u)$
${}_2F_1(a,b;c;-x)(\mathrm{Re}(a,b)>0)$	$\frac{\Gamma(u)\Gamma(a-u)\Gamma(b-u)\Gamma(c)}{\Gamma(c-u)\Gamma(a)\Gamma(b)}$
$J_\nu(ax)e^{-p^2x^2}$	$\frac{\Gamma\left(\frac{\nu+u}{2}\right)\left(\frac{a}{2p}\right)^{\nu}}{2p^u\Gamma(1+\nu)}\cdot{}_1F_1\left(\frac{\nu+u}{2};\nu+1;-\frac{a^2}{4p^2}\right)$
$J_\nu(ax)e^{-px}$	$\frac{\Gamma(u+\nu)\left(\frac{a}{2p}\right)^{\nu}}{p^u\Gamma(1+\nu)}\cdot{}_2F_1\left(\frac{u+v}{2};\frac{u+v+1}{2};\nu+1;-\frac{a^2}{p^2}\right)$
$\mathrm{ci}(x)$	$u^{-1}\Gamma(u)\cos\left(\frac{1}{2}u\pi\right)$
$\mathrm{si}(x)-\frac{\pi}{2}$	$u^{-1}\Gamma(u)\sin\left(\frac{1}{2}u\pi\right)$
$\frac{\pi}{2}-\arctan x$	$\frac{1}{2}\pi u^{-1}\sec\left(\frac{1}{2}u\pi\right)$

注：表中 si(x) 和 ci(x)，参看 §17.4.

16.10.9 希尔伯特变换简表

表 16.10-9

$f(x)=-\frac{1}{\pi}(\text{p.v.})\int_{-\infty}^{+\infty}\frac{\hat{f}(t)}{t-x}dt$	$\hat{f}(x)=\frac{1}{\pi}(\text{p.v.})\int_{-\infty}^{+\infty}\frac{f(t)}{t-x}dt$
$f(x)$	$\hat{f}(x)$
$\cos x$	$-\sin x$
$\sin x$	$\cos x$
$\frac{\sin x}{x}$	$\frac{\cos x-1}{x}$
$\frac{1}{1+x^2}$	$\frac{-x}{1+x^2}$
$\delta(x)$	$-\frac{1}{\pi x}$
$\Pi(x)$	$\frac{1}{\pi}\ln\left\lvert\frac{x-\frac{1}{2}}{x+\frac{1}{2}}\right\rvert$
$\mathrm{I}_2(x)$	$\frac{x}{\pi\left(\frac{1}{4}-x^2\right)}$
$\mathrm{I}_1(x)$	$-\frac{1}{2\pi\left(\frac{1}{4}-x^2\right)}$

注:表中 $\Pi(x)=\begin{cases}1 & \left(\lvert x\rvert<\frac{1}{2}\right)\\ 0 & \left(\lvert x\rvert>\frac{1}{2}\right)\end{cases}$,$\mathrm{I}_2(x)=\frac{1}{2}\left(\delta\left(x+\frac{1}{2}\right)+\delta\left(x-\frac{1}{2}\right)\right)$,$\mathrm{I}_1(x)=\frac{1}{2}\left(\delta\left(x+\frac{1}{2}\right)-\delta\left(x-\frac{1}{2}\right)\right)$.

17. 特 殊 函 数

特殊函数有时也称为高等函数或高等超越函数. 它大致可分成三大类:(1)由某些特定形式的积分所定义的函数(参看 § 17.1～ § 17.4);(2)用分离变量法解偏微分方程时所得出的某些二阶线性常微分方程的解(参看 § 17.5～ § 17.9),以及根据这类函数所满足的微分方程的奇点性质进行分类的函数(参看 § 17.10～ § 17.11);(3)椭圆函数.

§ 17.1 Γ 函 数

17.1.1 Γ 函数定义与递推关系

定义 含复参变量 z 的广义积分 $\int_0^\infty e^{-t}t^{z-1}dt\,(\mathrm{Re}z>0)$ 所确定的函数称为 **Γ 函数**,记作 $\Gamma(z)$,即

$$\Gamma(z)=\int_0^\infty e^{-t}t^{z-1}dt\,(\mathrm{Re}z>0). \tag{17.1-1}$$

等式右端的积分称为**第二类欧拉积分**.

(17.1-1)是 Γ 函数的通常定义. 由此式定义的 $\Gamma(z)$ 是半平面 $\mathrm{Re}z>0$ 上的全纯函数(参看 7.3.1). 但最早 Γ 函数是由无穷乘积来定义的(参看 17.1.2).

Γ 函数有递推关系

$$\Gamma(z+1)=z\Gamma(z). \tag{17.1-2}$$

当 z 为正整数 n 时,逐次利用(17.1-2)可得

$$\Gamma(n+1)=n(n-1)(n-2)\cdots 2\cdot 1\cdot\Gamma(1)=n!,$$

由(17.1-1)可知 $\Gamma(1)=1$. 当 z 不是正整数时,有时也将 $\Gamma(z+1)$ 表示为 $z!$,即 $z!=\Gamma(z+1)$. 因此 Γ 函数又称为**阶乘函数**. 例如

$$\begin{aligned}(2.5)!&=\Gamma(3.5)=2.5\Gamma(2.5)=2.5\cdot 1.5\cdot\Gamma(1.5)\\&\approx 3.75\cdot 0.8862\approx 3.3233.\end{aligned}$$

当 $1\leqslant x\leqslant 2$ 时,$\Gamma(x)$ 有表可查,$\Gamma(1.5)=0.8862$ 即由查表所得.

设 n 为正整数,有

$$\Gamma(z+n)=(z+n-1)(z+n-2)\cdots(z+1)z\Gamma(z),$$

即

$$\Gamma(z)=\frac{\Gamma(z+n)}{(z+n-1)(z+n-2)\cdots(z+1)z}. \tag{17.1-3}$$

利用(17.1-3)可将 $\Gamma(z)$ 解析开拓到 $\mathrm{Re}z>-n$ $(n=1,2,\cdots)$ 上，由此扩充了 Γ 函数的定义域，得到推广的 Γ 函数定义为

$$\Gamma(z)=\begin{cases}\int_0^{\infty}e^{-t}t^{z-1}dt & (\mathrm{Re}z>0),\\ \dfrac{\Gamma(z+n)}{(z+n-1)(z+n-2)\cdots(z+1)z}\end{cases}$$

$(-n<\mathrm{Re}z<0, z\neq-1,-2,\cdots,-n+1)$.

因此，在 z 平面上，$\Gamma(z)$ 除了在 $z=0,-1,-2,\cdots,-n,\cdots$ 处具有一阶极点外是全纯的. $\Gamma(z)$ 在 $z=-n$ 的留数

$$\mathrm{Res}(\Gamma(z);-n)=\frac{(-1)^n}{n!}.$$

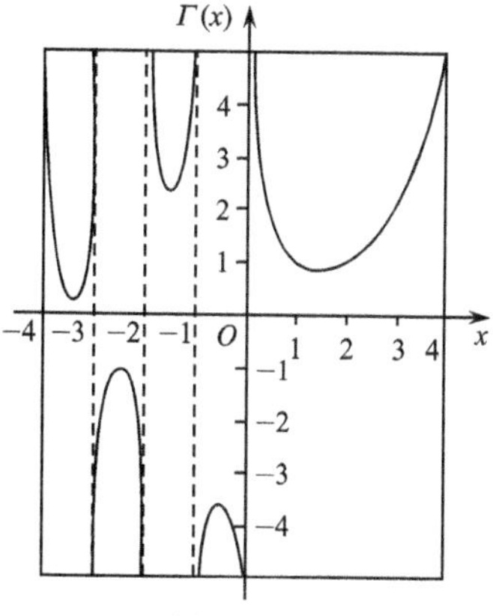

图 17.1-1

当 $z=x$(实数)时，$\Gamma(x)$ 的图象如图 17.1-1 所示.

17.1.2 Γ 函数的无穷乘积表达式　Γ 函数与三角函数的关系

1. 欧拉无穷乘积表达式

$$\Gamma(z)=\frac{1}{z}\prod_{n=1}^{\infty}\left(\left(1+\frac{z}{n}\right)^{-1}\left(1+\frac{1}{n}\right)^{z}\right). \tag{17.1-4}$$

上式除 $z=0,-1,-2,\cdots$ 为 $\Gamma(z)$ 的一阶极点外，对任何 z 均是成立的，因此可作为推广的 Γ 函数的定义.

2. 魏尔斯特拉斯无穷乘积表达式

$$\frac{1}{\Gamma(z)}=ze^{\gamma z}\prod_{n=1}^{\infty}\left(\left(1+\frac{z}{n}\right)e^{-z/n}\right), \tag{17.1-5}$$

其中

$$\gamma=\lim_{n\to\infty}\left(\sum_{m=1}^{n}\frac{1}{m}-\ln n\right)=0.5772156649\cdots$$

是欧拉常数(参看 6.1.2).

(17.1-5)表示 $1/\Gamma(z)$ 为整函数，它的零点是 $0,-1,-2,\cdots$. 因此它也可作为推广的 Γ 函数的定义.

3. Γ 函数与三角函数的关系

利用(17.1-5)和正弦函数的无穷乘积展开式

$$\sin z=z\prod_{n=1}^{\infty}\left(1-\frac{z^2}{n^2\pi^2}\right),$$

即可得

$$\Gamma(z)\Gamma(1-z)=\frac{\pi}{\sin\pi z},\tag{17.1-6}$$

$$\Gamma(z)\Gamma(-z)=\frac{-\pi}{z\sin\pi z},\tag{17.1-7}$$

由(17.1-6)得 $\Gamma\left(\frac{1}{2}\right)=\sqrt{\pi}$,相继有

$$\Gamma\left(n+\frac{1}{2}\right)=\frac{(2n-1)!!}{2^n}\sqrt{\pi}$$

($n=1,2,\cdots$,其中$(2n-1)!!=1\cdot 3\cdot 5\cdots(2n-1)$).

17.1.3 Γ 函数的积分表达式

$$\Gamma(z)=-\frac{1}{2i\sin\pi z}\int_C(-t)^{z-1}e^{-t}dt\quad(|\arg(-t)|<\pi),\tag{17.1-8}$$

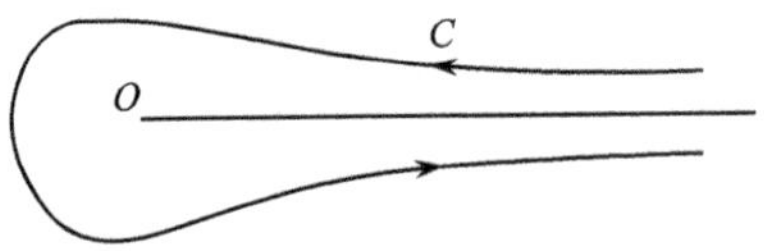

图 17.1-2

其中 C 位于沿正实轴切开的 t 平面上,从 $+\infty$ 出发,按正向绕原点再回到 $+\infty$ 的积分路径(图 17.1-2). 因此符号 $\int_C$ 也常用 $\int_{\infty}^{(0+)}$ 来表示. 于是(17.1-8) 也可表为

$$\Gamma(z)=-\frac{1}{2i\sin\pi z}\int_{\infty}^{(0+)}(-t)^{z-1}e^{-t}dt\quad(|\arg(-t)|<\pi).\tag{17.1-8$'$}$$

(17.1-8)或(17.1-8′)称为汉克尔的积分表示,其中 $z\neq$整数.

为得到适用于任意 z 的积分表达式,利用(17.1-6),并以 $1-z$ 代替 z,即得

$$\frac{1}{\Gamma(z)}=-\frac{1}{2\pi i}\int_{\infty}^{(0+)}(-t)^{-z}e^{-t}dt\quad(|\arg(-t)|<\pi).\tag{17.1-9}$$

若把 t 换成 $-t$,则得

$$\frac{1}{\Gamma(z)}=\frac{1}{2\pi i}\int_{-\infty}^{(0+)}t^{-z}e^{-t}dt\quad(|\arg t|<\pi).\tag{17.1-10}$$

(17.1-10)中的围道(可求长的简单闭曲线)是从负实轴无穷远处($t=-\infty$)出发,沿正向绕原点一周,再回到出发点.

(17.1-9),(17.1-10)对任何 z 都成立,它们可作为 Γ 函数的普遍表达式.

17.1.4 比内公式 渐近展开 斯特林公式

1. 比内公式

$$\ln\Gamma(z)=\left(z-\frac{1}{2}\right)\ln z-z+\frac{1}{2}\ln 2\pi+2\int_0^{\infty}\frac{\arctan(t/z)}{e^{2\pi t}-1}dt\quad(\mathrm{Re}z>0).$$

2. 渐近展开

函数 $f(z)$的渐近展开通常是指当$|z|$充分大时的近似表达式. 对于函数 $f(z)$,若能找到一个级数(不一定收敛)

$$a_0 + a_1 z^{-1} + a_2 z^{-2} + \cdots + a_n z^{-n} + \cdots, \tag{17.1-11}$$

它具有下述性质:对于任何固定的 n,当 $\arg z$ 限制在一定的范围($\theta_1 < \arg z < \theta_2$),而 $|z| \to \infty$时有

$$\lim_{n\to\infty} z^n (f(z) - S_n(z)) = 0,$$

即

$$f(z) = S_n(z) + o(z^{-n}),$$

其中 o 的意义参看 6.1.5,$S_n(z) = a_0 + a_1 z^{-1} + \cdots + a_n z^{-n}$,这时称级数(17.1-11)为 $f(z)$的**渐近展开式**(或**渐近级数**),记作

$$f(z) \sim a_0 + a_1 z^{-1} + a_2 z^{-2} + \cdots + a_n z^{-n} + \cdots$$

在渐近展开式中是用级数的部分和 $S_n(z)$作为函数 $f(z)$的近似,但不一定有 $f(z) = \lim\limits_{n\to\infty} S_n(z)$.

3. 斯特林公式

$$\ln\Gamma(z) \sim \left(z - \frac{1}{2}\right)\ln z - z + \frac{1}{2}\ln 2\pi + \sum_{n=1}^{\infty} \frac{(-1)^{n-1} B_n}{2n(2n-1)z^{2n-1}},$$

$$\mathrm{Re}z > 0, \ |\arg z| \leqslant \frac{\pi}{2} - \delta(\delta > 0), \tag{17.1-12}$$

其中 B_n 为伯努利数(参看 7.6.3),(17.1-12)右端称为**斯特林级数**,由此得

$$\Gamma(z+1) \sim z^z e^{-z} (2\pi z)^{1/2} \left(1 + \frac{1}{12z} + \frac{1}{288z^2} - \frac{139}{51840z^3} - \frac{571}{2488320z^4} + \cdots\right), \tag{17.1-13}$$

(17.1-12)或(17.1-13)都称为**斯特林公式**.

特别地,当 $z = n$(正整数),且 n 充分大时,有 $\Gamma(n+1) \sim \sqrt{2n\pi} n^n e^{-n}$,称为**斯特林阶乘公式**.

比内公式和斯特林公式在数值计算方面是有用的.

17.1.5 Γ 函数的对数微商　多 Γ 函数　不完全 Γ 函数

$$\psi(z) = \frac{\Gamma'(z)}{\Gamma(z)} = \frac{d}{dz}\ln\Gamma(z) = \sum_{m=0}^{\infty}\left(\frac{1}{m+1} - \frac{1}{z+m}\right) - \gamma$$

(γ 为欧拉常数),$\psi(z)$称为 **ψ 函数**或**双 Γ 函数**.

$$\psi(z+1) = \psi(z) + \frac{1}{z}, \psi(z) = \int_0^{\infty}\left(\frac{e^{-t}}{t} - \frac{e^{-zt}}{1-e^{-t}}\right)dt.$$

$$\psi(1)=-\gamma,\psi(n)=-\gamma+\sum_{m=1}^{n-1}\frac{1}{m}(n\geqslant 2).$$

$\psi'(z)$称为**三 $\boldsymbol{\Gamma}$ 函数**，通常记作 $\psi_2(z)$，有

$$\psi_2(z)=\psi'(z)=\sum_{m=0}^{\infty}\frac{1}{(m+z)^2}.$$

$\psi''(z)$称为**四 $\boldsymbol{\Gamma}$ 函数**，记作 $\psi_3(z)$. 一般令

$$\psi_n(z)=\psi^{(n-1)}(z)=(-1)^n(n-1)!\sum_{m=0}^{\infty}\frac{1}{(m+z)^n}.$$

这些函数总称为**多 $\boldsymbol{\Gamma}$ 函数**(**或重 $\boldsymbol{\Gamma}$ 函数**).

$$\text{积分}\int_0^\lambda e^{-t}t^{z-1}dt,\int_\lambda^\infty e^{-t}t^{z-1}dt,\mathrm{Re}z>0,$$

称为**不完全 $\boldsymbol{\Gamma}$ 函数**，记作 $\Gamma_\lambda(z)$. 在统计学、分子结构论等学科中经常会遇到.

§17.2 B 函 数

定义 1 含复参变量 p,q 的广义积分$\int_0^1 t^{p-1}(1-t)^{q-1}dt(\mathrm{Re}p>0,\mathrm{Re}q>0)$所确定的函数称为 B **函数**，记作 $B(p,q)$，即

$$B(p,q)=\int_0^1 t^{p-1}(1-t)^{q-1}dt(\mathrm{Re}p>0,\mathrm{Re}q>0).\qquad(17.2\text{-}1)$$

等式右端的积分称为**第一类欧拉积分**.

$B(p,q)$在 $\mathrm{Re}p>0,\mathrm{Re}q>0$ 内是全纯的.

在(17.2-1)中，若作变换 $t=\sin^2\theta$，则得

$$B(p,q)=2\int_0^{\pi/2}\sin^{2p-1}\theta\cos^{2q-1}\theta d\theta.$$

B 函数有下述重要性质

(1) 对称性

$$B(p,q)=B(q,p).\qquad(17.2\text{-}2)$$

(2) B 函数与 Γ 函数的关系

$$B(p,q)=\frac{\Gamma(p)\Gamma(q)}{\Gamma(p+q)}.\qquad(17.2\text{-}3)$$

利用(17.2-3)，根据 Γ 函数的解析开拓，可得出相应的 B 函数的解析开拓. 这时 B 函数就可除去 $\mathrm{Re}p>0,\mathrm{Re}q>0$ 的限制.

$$B_\lambda(p,q)=\int_0^\lambda t^{p-1}(1-t)^{q-1}dt(\mathrm{Re}p>0,\mathrm{Re}q>0,0<\lambda<1)$$

称为**不完全 $\boldsymbol{B}$ 函数**.

§ 17.3 误差函数 菲涅尔积分

定义 1 $$\mathrm{erf}(z)=\frac{2}{\sqrt{\pi}}\int_0^z e^{-t^2}dt$$

称为**误差函数**(或**概率积分**).

$\mathrm{erf}(z)$是一个整函数,当 $z\to\infty$,$|\arg z|<\frac{\pi}{4}$时,$\mathrm{erf}(z)\to 1$.

$$\mathrm{erf}(z)=\frac{2}{\sqrt{\pi}}\sum_{n=0}^{\infty}\frac{(-1)^n z^{2n+1}}{n!(2n+1)}(|z|<\infty).$$

定义 2 $$\mathrm{erfc}(z)=1-\mathrm{erf}(z)=\frac{2}{\sqrt{\pi}}\int_z^{\infty}e^{-t^2}dt$$

称为**余误差函数**(或**余概率积分**).

余误差函数的渐近展开为

$$\mathrm{erfc}(z)\sim\frac{e^{-z^2}}{\sqrt{\pi}z}\left(1-\frac{1}{2z^2}+\frac{1\cdot 3}{(2z^2)^2}-\frac{1\cdot 3\cdot 5}{(2z^2)^3}+\cdots+\frac{(-1)^n(2n-1)!!}{(2z^2)^n}+\cdots\right)\quad\left(|\arg z|<\frac{3\pi}{4}\right).$$

定义 3 $$C(z)=\int_0^z\cos\frac{\pi t^2}{2}dt,$$

$$S(z)=\int_0^z\sin\frac{\pi t^2}{2}dt$$

称为**菲涅尔积分**.

$C(z)$和 $S(z)$都是整函数.

$$C(z)+iS(z)=\frac{1+i}{2}\mathrm{erf}\left(\frac{\sqrt{\pi}}{2}(1-i)z\right).$$

它们最早出现在波的衍射理论中,近年来还应用在高速汽车公路的回旋曲线中.

当 $x\to\infty$时, $$C(x)\to\frac{1}{2},S(x)\to\frac{1}{2}.$$

如令 $x=C(u),y=S(u)$,其中 u 为实参数,则此参数方程所对应的曲线称为**科尔努螺线**(图 17.3-1).

菲涅尔积分的级数展开:

$$C(z)=\sum_{n=0}^{\infty}\frac{(-1)^n(\pi/2)^{2n}z^{4n+1}}{(4n+1)(2n)!}\quad(|z|<\infty),$$

$$S(z)=\sum_{n=0}^{\infty}\frac{(-1)^n(\pi/2)^{2n+1}z^{4n+3}}{(4n+3)(2n+1)!}\quad(|z|<\infty).$$

菲涅尔积分的渐近展开

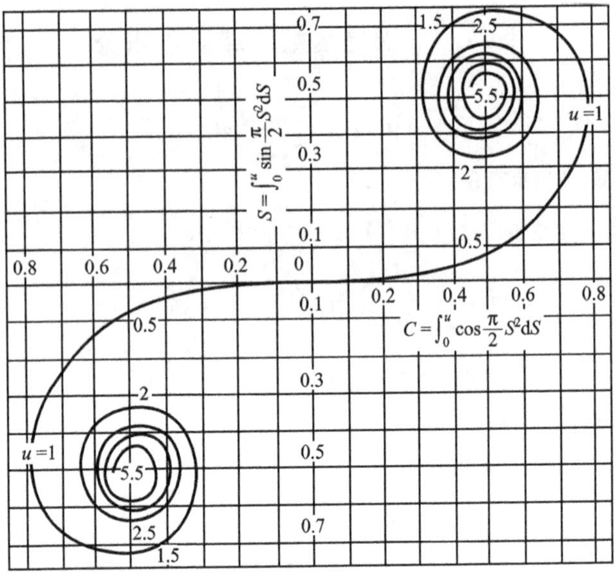

图 17.3-1

$$C(z) \sim \frac{1}{2}-\frac{1}{\pi z}\left(\cos\frac{\pi z^2}{2}\sum_{n=0}^{\infty}\frac{(-1)^n(4n+1)!!}{(\pi z^2)^{2n+1}}\right.$$

$$\left.-\sin\frac{\pi z^2}{2}\left(1+\sum_{n=1}^{\infty}\frac{(-1)^n(4n-1)!!}{(\pi z^2)^{2n}}\right)\right),$$

$$S(z) \sim \frac{1}{2}-\frac{1}{\pi z}\left(\cos\frac{\pi z^2}{2}\left(1+\sum_{n=1}^{\infty}\frac{(-1)^n(4n+1)!!}{(\pi z^2)^{2n}}\right)\right.$$

$$\left.+\sin\frac{\pi z^2}{2}\sum_{n=0}^{\infty}\frac{(-1)^n(4n+1)!!}{(\pi z^2)^{2n+1}}\right)$$

$$\left(|z|\to\infty,\ |\arg z|<\frac{\pi}{2}\right).$$

§17.4 指数积分 对数积分 正弦积分 余弦积分

定义 1 $\mathrm{Ei}(x)=\int_{-\infty}^{x}\frac{e^t}{t}dt$（当 $x>0$ 时在 $t=0$ 处取柯西主值）称为**指数积分**.

定义 2 $\mathrm{li}(z)=\int_0^z\frac{dt}{\ln t}$ $(|\arg(-\ln z)|<\pi)$

称为**对数积分**.

$\mathrm{li}(z)$在除去$(-\infty,0)$和$(1,\infty)$的 z 平面上是单值、全纯的.

定义 3 $\mathrm{Si}(z)=\int_0^z \frac{\sin t}{t}dt(|z|<\infty)$

$$\mathrm{Ci}(z)=-\int_z^\infty \frac{\cos t}{t}dt=\gamma+\ln z+\int_0^z \frac{\cos t-1}{t}dt$$

$$(|\arg z|<\pi,\gamma\text{ 为欧拉常数})$$

分别称为**正弦积分**和**余弦积分**，$\mathrm{Si}(z)$ 和 $\mathrm{Ci}(z)-\gamma-\ln z$ 都是 z 的整函数.

特别地，$\lim\limits_{x\to\infty}\mathrm{Si}(x)=\frac{\pi}{2}$（$x$ 为实数）.

上述诸积分的级数展开为：

$$\mathrm{Ei}(x)=\gamma+\ln|x|+\sum_{n=1}^{\infty}\frac{x^n}{n\cdot n!}\quad(x\text{ 是实数且}\neq 0),$$

$$\mathrm{Si}(z)=\sum_{n=0}^{\infty}\frac{(-1)^n z^{2n+1}}{(2n+1)(2n+1)!}\quad(|z|<\infty),$$

$$\mathrm{Ci}(z)=\gamma+\ln z+\sum_{n=1}^{\infty}\frac{(-1)^n z^{2n}}{2n(2n)!}\quad(|\arg z|<\pi).$$

渐近展开为：

$$\mathrm{Ei}(ix)\sim i^{ix}\left(\frac{1}{ix}+\frac{1!}{(ix)^2}+\frac{2!}{(ix)^3}+\frac{3!}{(ix)^4}+\cdots+\frac{(n-1)!}{(ix)^n}+\cdots\right),$$

$$\mathrm{Si}(z)\sim\frac{\pi}{2}-\frac{\cos z}{z}\sum_{n=0}^{\infty}\frac{(-1)^n(2n)!}{z^{2n}}-\frac{\sin z}{z^2}\sum_{n=0}^{\infty}\frac{(-1)^n(2n+1)!}{z^{2n}}$$

$$(|z|\to\infty,\ |\arg z|<\pi),$$

$$\mathrm{Ci}(z)\sim\frac{\sin z}{z}\sum_{n=0}^{\infty}\frac{(-1)^n(2n)!}{z^{2n}}-\frac{\cos z}{z^2}\sum_{n=0}^{\infty}\frac{(-1)^n(2n+1)!}{z^{2n}}$$

$$(|z|\to\infty,\ |\arg z|<\pi).$$

当 $z=x$（实数）时，上述积分之间有下列关系：

$$\mathrm{Ei}(x)=\mathrm{li}(e^x),$$

$$\mathrm{Ei}(ix)=\mathrm{Ci}(x)+i\mathrm{Si}(x)+\frac{\pi}{2}i.$$

$\mathrm{Ei}(x)$ 在量子力学中，$\mathrm{Si}(x)$，$\mathrm{Ci}(x)$ 在通讯工程中有重要的应用.

§17.5 勒让德函数 勒让德多项式

17.5.1 勒让德方程与勒让德函数

勒让德函数是勒让德方程

$$(1-z^2)\frac{d^2w}{dz^2}-2z\frac{dw}{dz}+\nu(\nu+1)z=0\qquad(17.5\text{-}1)$$

的解，其中 ν 可以是任何复常数.(17.5-1)称为 **ν 阶勒让德方程**. 它的两个基本解可以用下列积分来表示：

$$P_\nu(z) = \frac{1}{2\pi i}\oint_{C_1}^{(1+,z+)} \frac{(t^2-1)^\nu}{2^\nu(t-z)^{\nu+1}}dt, \tag{17.5-2}$$

$$Q_\nu(z) = \frac{1}{4i\sin\nu\pi}\oint_{C_2}^{(1-p-11+)} \frac{(t^2-1)^\nu}{2^\nu(z-t)^{\nu+1}}dt, \tag{17.5-3}$$

其中 C_1 为在沿$(-\infty,-1)$切开的 t 平面上的一条正向闭曲线，且使 $1,z$ 是 C_1 所围的区域的内点. C_2 为在 t 平面上沿负向绕点 1 一周，沿正向绕点 -1 一周的平放的 8 字(∞)形的闭曲线.(17.5-2)式称为 $P_\nu(z)$的施勒夫利积分表示. $P_\nu(z)$称为 ν 次的**第一类勒让德函数**，$Q_\nu(z)$称为 ν 次的**第二类勒让德函数**. 若 $\mathrm{Re}(\nu+1)>0$，也可将(17.5-3)的积分路径变形而得到

$$Q_\nu(z) = \frac{1}{2^{\nu+1}}\int_{-1}^{1} \frac{(1-t^2)^\nu}{(z-t)^{\nu+1}}dt.$$

当 ν 为整数时，用此式比较方便.

勒让德方程(在实数域的情形)可在对球坐标系中的拉普拉斯方程

$$\frac{1}{r^2}\frac{\partial}{\partial r}\left(r^2\frac{\partial u}{\partial r}\right)+\frac{1}{r^2\sin\theta}\frac{\partial}{\partial\theta}\left(\sin\theta\frac{\partial u}{\partial\theta}\right)+\frac{1}{r^2\sin^2\theta}\frac{\partial^2 u}{\partial\varphi^2}=0$$

进行分离变量时导出.

令 $u(r,\varphi,\theta)=R(r)\Phi(\varphi)\Theta(\theta)$，由拉普拉斯方程分出三个常微分方程，其中之一为

$$\frac{d^2\Theta}{d\theta^2}+\cot\theta\frac{d\Theta}{d\theta}+\left(\lambda-\frac{m^2}{\sin^2\theta}\right)\Theta(\theta)=0,$$

其中 λ,m 是在分离变量时所引进的参数，$m=0,1,2,\cdots$ 如令 $x=\cos\theta, y=\Theta(\theta), \lambda=\nu(\nu+1)$，则方程变为

$$(1-x^2)\frac{d^2y}{dx^2}-2x\frac{dy}{dx}+\left(\nu(\nu+1)-\frac{m^2}{1-x^2}\right)y=0. \tag{17.5-4}$$

(17.5-4)称为**连带勒让德方程**. 特别地，当 $m=0$ 时，得

$$(1-x^2)\frac{d^2y}{dx^2}-2x\frac{dy}{dx}+\nu(\nu+1)y=0.$$

此方程即为方程(17.5-1)在实数域上的情形.

对于(17.5-1)，在寻常点 $z=0$ 的邻域，可用级数解法. 设解

$$w(z)=\sum_{k=0}^{\infty}C_kz^k,$$

得

$$w(z)=C_0u_\nu(z)+C_1v_\nu(z),$$

其中 C_0,C_1 为任意常数.

$$u_\nu(z) = 1 - \frac{\nu(\nu+1)}{2!}z^2 + \frac{\nu(\nu-2)(\nu+1)(\nu+3)}{4!}z^4 - \cdots$$

$$+ \frac{(-1)^k \nu(\nu-2)\cdots(\nu-2k+2)(\nu+1)(\nu+3)\cdots(\nu+2k-1)}{(2k)!}$$

$$\cdot z^{2k} + \cdots \tag{17.5-5}$$

$$v_\nu(z) = z - \frac{(\nu-1)(\nu+2)}{3!}z^3 + \frac{(\nu-1)(\nu-3)(\nu+2)(\nu+4)}{5!}z^5 - \cdots$$

$$+ \frac{(-1)^k(\nu-1)(\nu-3)\cdots(\nu-2k+1)(\nu+2)(\nu+4)\cdots(\nu+2k)}{(2k+1)!}$$

$$\cdot z^{2k+1} + \cdots \tag{17.5-6}$$

$u_\nu(z)$，$v_\nu(z)$为(17.5-1)的两个线性无关的解，它们在$|z|<1$内收敛.

17.5.2 勒让德多项式的定义　微商表示与积分表示

勒让德方程

$$(1-z^2)\frac{d^2w}{dz^2} - 2z\frac{dw}{dz} + n(n+1)z = 0 \quad (n = 0,1,2,\cdots) \tag{17.5-7}$$

的多项式解称为**勒让德多项式**（当(17.5-1)中的$\nu=n$时，解$u_\nu(z)$和$v_\nu(z)$中必有一个是多项式），在实际问题中普遍遇到的是$\nu=n$的情形.

当n为偶数时，由(17.5-5)可见$u_n(z)$是个n次多项式

$$u_n(z) = 1 - \frac{n(n+1)}{2!}z^2 + \frac{n(n-2)(n+1)(n+3)}{4!}z^4 - \cdots$$

$$+ \frac{(-1)^{\frac{n}{2}} n(n-2)\cdots 2\cdot(n+1)(n+3)\cdots(2n-1)}{n!}z^n,$$

而$v_n(z)$仍为一无穷级数.

当n为奇数时，由(17.5-6)可见$v_n(z)$是个n次多项式

$$v_n(z) = z - \frac{(n-1)(n+2)}{3!}z^3 + \frac{(n-1)(n-3)(n+2)(n+4)}{5!}z^5 - \cdots$$

$$+ \frac{(-1)^{\frac{n-1}{2}}(n-1)(n-3)\cdots 2\cdot(n+2)(n+4)\cdots(2n-1)}{n!}z^n$$

而$u_n(z)$仍为一无穷级数.

利用级数解时所得的递推公式

$$C_{k+2} = -\frac{(n-k)(n+k+1)}{(k+2)(k+1)}C_k,$$

当n分别为偶数和奇数时，可把C_0和C_1都用C_n来表示. 令

$$C_n = \frac{(2n)!}{2^n(n!)^2},$$

于是能把$C_0u_n(x)$和$C_1v_n(x)$统一成一个式子，记为

$$P_n(z) = \sum_{m=0}^{\left[\frac{n}{2}\right]} \frac{(-1)^m (2n-2m)!}{2^n m!(n-m)!(n-2m)!} z^{n-2m}, \tag{17.5-8}$$

其中

$$\left[\frac{n}{2}\right] = \begin{cases} \dfrac{n}{2}, & n \text{ 为偶数}, \\ \dfrac{n-1}{2}, & n \text{ 为奇数}. \end{cases}$$

$P_n(z)$称为**n 次勒让德多项式**,它是第一类勒让德函数.

$$P_n(-z) = (-1)^n P_n(z), P_{2n+1}(0) = 0, P_{2n}(0) = \frac{(-1)^n (2n)!}{2^{2n}(n!)^2},$$

$$P_0(z) = 1, P_1(z) = z,$$

$$P_2(z) = \frac{1}{2}(3z^2 - 1), P_3(z) = \frac{1}{2}(5z^3 - 3z),$$

$$P_4(z) = \frac{1}{8}(35z^4 - 30z^2 + 3),$$

$$P_5(z) = \frac{1}{8}(63z^5 - 70z^3 + 15z),$$

$$P_6(z) = \frac{1}{16}(231z^6 - 315z^4 + 105z^2 - 5),$$

等等.

1. $P_n(z)$的微商表示——罗德里格斯公式

$$P_n(z) = \frac{1}{2^n n!} \frac{d^n}{dz^n}(z^2 - 1)^n.$$

2. $P_n(z)$的积分表示——施勒夫利公式

$$P_n(z) = \frac{1}{2\pi i}\oint_C \frac{(t^2 - 1)^n}{2^n (t - z)^{n+1}} dt,$$

其中 C 是 t 平面上绕点 $t=z$ 一周,取正向的闭曲线.此公式是(17.5-2)中当 $\nu=n$ 时的特殊情形.如果取 C 为以点 z 作圆心,半径等于$|z^2-1|^{1/2}$的圆,这时

$$P_n(z) = \frac{1}{\pi}\int_0^{\pi} (z + \sqrt{z^2 - 1}\cos\varphi)^n d\varphi. \tag{17.5-9}$$

(17.5-9)称为 $P_n(z)$的**拉普拉斯第一积分表达式**,其中的多值函数 $\sqrt{z^2-1}$可取任一单值分支.又

$$P_n(z) = \frac{1}{\pi}\int_0^{\pi} \frac{d\varphi}{(z + \sqrt{z^2 - 1}\cos\varphi)^{n+1}} \tag{17.5-10}$$

称为 $P_n(z)$的**拉普拉斯第二积分表达式**.

在(17.5-9)中,如令 $z=x=\cos\theta$,则有

$$P_n(\cos\theta)=\frac{1}{\pi}\int_0^{\pi}(\cos\theta+i\sin\theta\cos\varphi)^n d\varphi.$$

由此可得

$$|P_n(x)|\leqslant 1\quad(-1\leqslant x\leqslant 1),$$
$$P_n(1)=1,\quad P_n(-1)=(-1)^n.$$

17.5.3 $P_n(z)$的母函数 $P_n(z)$的递推公式

定义 1 设函数 $g(t)$在 $t=0$ 的某邻域内可展为收敛的幂级数

$$g(t)=\sum_{n=0}^{\infty}a_n t^n,$$

则称 $g(t)$为序列$\{a_n\}$的**母函数**或**生成函数**.

对于函数序列$\{f_n(z)\}$也类似,若函数. $K(z,t)$在(z,t)空间的某个域内可展成关于 z,t 收敛的级数

$$K(z,t)=\sum_{n=0}^{\infty}f_n(z)t^n,$$

则称 $K(z,t)$为函数序列$\{f_n(z)\}$的母函数或生成函数.

勒让德多项式序列$\{P_n(z)\}_{n=0}^{\infty}$存在母函数$(1-2zt+t^2)^{-1/2}$,即

$$(1-2zt+t^2)^{-1/2}=\sum_{n=0}^{\infty}P_n(z)t^n.$$

由上展开式可得下列递推公式:

$$P_1(z)-zP_0(z)=0.$$
$$(n+1)P_{n+1}(z)-(2n+1)zP_n(z)+nP_{n-1}(z)=0(n\geqslant 1).$$
$$P_n(z)=P'_{n+1}(z)-2zP'_n(z)+P'_{n-1}(z).$$
$$P'_{n+1}(z)=zP'_n(z)+(n+1)P_n(z).$$
$$zP'_n(z)-P'_{n-1}(z)=nP_n(z).$$
$$P'_{n+1}(z)-P'_{n-1}(z)=(2n+1)P_n(z).$$
$$(z^2-1)P'_n(z)=nzP_n(z)-nP_{n-1}(z).$$

上述递推公式在 n 不是整数时仍成立.

17.5.4 $P_n(x)$的正交性 傅里叶-勒让德级数

定理 1 勒让德多项式函数系$\{P_n(n)\}_{n=0}^{\infty}$在$[-1,1]$上正交,即

$$\int_{-1}^{1}P_m(x)P_n(x)dx=\begin{cases}0 & (m\neq n)\\ \dfrac{2}{2n+1} & (m=n).\end{cases}$$

这表明勒让德多项式在[−1,1]构成一正交系(参看14.5.9),它是$L^2[-1,1]$中的完备正交系. $\left\{\sqrt{\frac{2n+1}{2}}P_n(x)\right\}_{n=0}^{\infty}$在$L^2[-1,1]$中是完备正规正交系.

定义 2 设$\{\varphi_n(x)\}_{n=1}^{\infty}$为在区间$[a,b]$上的正交函数系,若

$$\int_a^b f(x)\varphi_n(x)dx \quad (n=1,2,\cdots)$$

存在,则

$$\sum_{n=1}^{\infty} C_n\varphi_n(x)\left(C_n=\int_a^b f(x)\varphi_n(x)dx\Big/\int_a^b \varphi_n^2(x)dx\right)$$

称为函数$f(x)$关于$\{\varphi_n(x)\}_{n=1}^{\infty}$的傅里叶级数.

定理 2 设函数$f(x)$在$[-1,1]$上有定义,函数$(1-x^2)^{-\frac{1}{4}}f(x)$在$[-1,1]$上的积分存在且绝对收敛,则级数

$$\sum_{n=0}^{\infty} C_n P_n(x)$$

收敛,其中

$$C_n=\frac{2n+1}{2}\int_{-1}^{1} f(x)P_n(x)dx \quad (n=0,1,2,\cdots),$$

并有

$$\sum_{n=0}^{\infty} C_n P_n(x)=\frac{1}{2}(f(x+0)+f(x-0)) \quad (-1<x<1).$$

上述级数称为**傅里叶-勒让德级数**,在用分离变量法解拉普拉斯方程的狄利克雷问题时会遇到.

17.5.5 第二类勒让德函数

方程(17.5-7)的第二个解为

$$Q_n(z)=\int_z^{\infty}\frac{dz}{(z^2-1)(P_n(z))^2} \quad (|z|>1).$$

$Q_n(z)(n=0,1,2,\cdots)$为**第二类勒让德**函数,它还有其他积分表达式:

$$Q_n(z)=\frac{1}{2^{n+1}}\int_{-1}^{1}\frac{(1-t^2)^n}{(z-t)^{n+1}}dt,$$

$$Q_n(z)=\frac{1}{2}\int_{-1}^{1}\frac{P_n(t)}{z-t}dt. \tag{17.5-11}$$

(17.5-11)称为**诺伊曼表示**. $Q_n(z)$的级数展开式为

$$Q_n(z)=\frac{2^n(n!)^2}{(2n+1)!}z^{-n-1}\left(1+\sum_{k=1}^{\infty}a_k z^{-2k}\right) \quad (|z|>1),$$

其中

$$a_k = \frac{\left(\frac{n+1}{2}\right)_k \left(\frac{n+2}{2}\right)_k}{k!\left(n+\frac{3}{2}\right)_k}, \quad (\lambda)_k = \lambda(\lambda+1)\cdots(\lambda+k-1).$$

$Q_n(z)$的递推关系与$P_n(z)$的递推关系几乎完全相同,仅有一个关系有差异,即

$$Q_1(z) - zQ_0(z) + 1 = 0.$$

其余的递推公式可参照前面$P_n(z)$的递推公式写出.

17.5.6 连带勒让德函数及其递推公式

连带勒让德函数是连带勒让德方程

$$(1-z^2)\frac{d^2w}{dz^2} - 2z\frac{dw}{dz} + \left(\nu(\nu+1) - \frac{m^2}{1-z^2}\right)w = 0$$

的解. 当 $z=x$, $-1\leqslant x\leqslant 1$, $\nu=0,1,2,\cdots$, m 为任意整数的情形时,连带勒让德方程为

$$(1-x^2)\frac{d^2y}{dx^2} - 2x\frac{dy}{dx} + \left(n(n+1) - \frac{m^2}{1-x^2}\right)y = 0. \qquad (17.5\text{-}12)$$

(17.5-12)的一个解

$$y = (1-x^2)^{m/2}\frac{d^m}{dx^m}P_n(x),$$

记作 $P_n^m(x)$. 另一个解为

$$y = (1-x^2)^{m/2}\frac{d^m}{dx^m}Q_n(x),$$

记作 $Q_n^m(x)$,即

$$P_n^m(x) = (1-x^2)^{m/2}\frac{d^m}{dx^m}P_n(x), \qquad (17.5\text{-}13)$$

$$(m\leqslant n).$$

$$Q_n^m(x) = (1-x^2)^{m/2}\frac{d^m}{dx^m}Q_m(x) \qquad (17.5\text{-}14)$$

$P_n^m(x)$, $Q_n^m(x)$分别称为 m 阶 n 次**第一类连带勒让德函数和第二类连带勒让德函数.**

例如:$P_1^1(x)=(1-x^2)^{1/2}\frac{d}{dx}P_1(x)=(1-x^2)^{1/2}$,

$$P_2^1(x) = (1-x^2)^{1/2}\frac{d}{dx}P_2(x) = (1-x^2)^{1/2}\cdot 3x,$$

$$P_2^2(x) = (1-x^2)\frac{d^2}{dx^2}P_2(x) = 3(1-x^2)^{1/2}.$$

根据罗德里格斯公式,(17.5-13)又可写为

$$P_n^m(x) = (-1)^m\frac{(1-x^2)^{m/2}}{2^n n!}\frac{d^{n+m}}{dx^{n+m}}(x^2-1)^n.$$

这种形式也适用于 m 是负整数的情形,只要$|m|\leqslant n$. 因为方程(17.5-12)在 m 换成

$-m$ 后不变，因此

$$P_n^{-m}(x)=(-1)^m\frac{(1-x^2)^{-m/2}}{2^n n!}\frac{d^{n-m}}{dx^{n-m}}(x^2-1)^n\quad(m>0)$$

也是方程的解. $P_n^{-m}(x)$ 与 $P_n^m(x)$ 只差一常数因子，即

$$P_n^{-m}(x)=(-1)^m\frac{(n-m)!}{(n+m)!}P^m(x).$$

$P_n^m(x)$ 的递推公式为

$$(2n+1)xP_n^m=(n+m)P_{n-1}^m+(n-m+1)P_{n+1}^m.$$

$$(2n+1)(1-x^2)^{1/2}P_n^m=P_{n-1}^{m+1}-P_{n+1}^{m+1}.$$

$$(2n+1)(1-x^2)^{1/2}P_n^m=(n-m+2)(n-m+1)P_{n+1}^{m-1}-(n+m)(n+m-1)P_{n-1}^{m-1}.$$

$$(2n+1)(1-x^2)^{1/2}\frac{d}{dx}P_n^m=(n+1)(n+m)P_{n-1}^m-n(n-m+1)P_{n+1}^m.$$

由于 $Q_n(x)$ 与 $P_n(x)$ 的递推公式除去 $Q_0(x)$ 和 $Q_1(x)$ 的关系外，其他完全相同，因此上面的递推公式同样适用于 $Q_n^m(x)$.

17.5.7 $P_n^m(x)$ 的正交性　按 $\{P_n^m(x)\}_{n=m}^{\infty}$ 展开

由于

$$\int_{-1}^{1}P_k^m(x)P_n^m(x)dx=\frac{2}{2n+1}\cdot\frac{(n+m)!}{(n-m)!}\delta_{kn},$$

其中

$$\delta_{kn}=\begin{cases}1, & k=n,\\ 0, & k\neq n,\end{cases}$$

所以 $\{P_n^m(x)\}_{n=m}^{\infty}$ 在 $[-1,1]$ 上正交.

定理 3　任何一个在区间 $[-1,1]$ 上连续且在端点为零的函数 $f(x)$ 可以按连带勒让德函数系 $\{P_n^m(x)\}_{n=m}^{\infty}$ 在平均收敛的意义下展开为

$$f(x)=\sum_{n=m}^{\infty}C_nP_n^m(x),$$

其中

$$C_n=\frac{2n+1}{2}\frac{(n-m)!}{(n+m)!}\int_{-1}^{1}f(x)P_n^m(x)dx.$$

注：设 $\{\varphi_n(x)\}_{n=1}^{\infty}$ 为在区间 $[a,b]$ 上的正规正交系，$f(x)$ 是 $[a,b]$ 上的连续函数，令

$$C_n=\int_a^b f(x)\varphi_n(x)dx\quad(n=1,2,\cdots),$$

则当

$$\lim_{k\to\infty}\int_a^b \left| f(x) - \sum_{n=1}^{k} C_n\varphi_n(x) \right|^2 dx = 0$$

时，称 $\sum\limits_{n=1}^{\infty} C_n\varphi_n(x)$ **平均收敛**于 $f(x)$.

17.5.8 n 阶球面调和函数及其正交性

在用分离变量法解球坐标系中的拉普拉斯方程时，若令

$$u(r,\varphi,\theta) = R(r)Y(\theta,\varphi),$$

则分离出关于 $Y(\theta,\varphi)$ 的方程为

$$\frac{\partial^2 Y}{\partial\theta^2} + \cot\theta\frac{\partial Y}{\partial\theta} + \frac{1}{\sin^2\theta}\frac{\partial^2 Y}{\partial\varphi^2} + n(n+1)Y(\theta,\varphi) = 0. \qquad (17.5\text{-}15)$$

此方程称为**球函数方程**，其解 $Y(\theta,\varphi)$ 称为**球函数**.

再令 $Y(\theta,\varphi)=\Phi(\varphi)\Theta(\theta)$，代入方程(17.5-15)，分解成两个常微分方程：

$$\frac{d^2\Phi}{d\varphi^2} + m^2\Phi = 0 \quad (m = 0,1,2,\cdots),$$

$$(1-x^2)\frac{d^2y}{dx^2} - 2x\frac{dy}{dx} + \left(n(n+1) - \frac{m^2}{1-x^2}\right)y = 0.$$

分别解之，最后得(17.5-15)的解

$$Y_n^m(\theta,\varphi) = P_n^m(\cos\theta)\begin{Bmatrix}\sin m\varphi\\ \cos m\varphi\end{Bmatrix}\begin{pmatrix}m = 0,1,2,\cdots,n\\ n = 0,1,2,\cdots\end{pmatrix}.$$

记号 $\begin{Bmatrix}\sin m\varphi\\ \cos m\varphi\end{Bmatrix}$ 表示或取 $\sin m\varphi$ 或取 $\cos m\varphi$，$Y_n^m(\theta,\varphi)$ 称为 n 次**球面调和函数**(或 n 次**球面谐函数**). $Y_n^m(\theta,\varphi)$ 共有 $2n+1$ 个函数.

球面调和函数系 $\{Y_n^m(\theta,\varphi)\}_{n=0}^{\infty}$ 中的任意两个函数在球面 $S: 0\leqslant\theta\leqslant\pi, 0\leqslant\varphi\leqslant 2\pi$ 上正交，即

$$\int_0^{\pi}\int_0^{2\pi} Y_n^m(\theta,\varphi)Y_k^l(\theta,\varphi)\sin\theta d\varphi d\theta = \begin{cases}0, & n\neq k \text{ 或 } m\neq l;\\ (N_n^m)^2\neq 0, & k=n, l=m.\end{cases}$$

这里

$$(N_n^m)^2 = \frac{(n+m)!}{(n-m)!}\frac{2}{(2n+1)}\pi\delta_m,$$

其中

$$\delta_m = \begin{cases}2, & m = 0,\\ 1, & m\neq 0.\end{cases}$$

任何一个在球面上连续的函数 $f(\theta,\varphi)$ 可以按球面调和函数系 $\{Y_n^m(\theta,\varphi)\}_{n=0}^{\infty}$ 展开为一平均收敛的级数

$$f(\theta,\varphi) = \sum_{n=0}^{\infty}\sum_{m=0}^{n} A_{nm} Y_n^m(\theta,\varphi)$$

$$= \sum_{n=0}^{\infty}\sum_{m=0}^{n} (a_n^m \cos m\varphi + b_n^m \sin m\varphi) P_n^m(\cos\theta),$$

其中

$$a_n^m = \frac{(2n+1)(n-m)!}{2\pi\delta_m (n+m)!}\int_0^{\pi}\int_0^{2\pi} f(\theta,\varphi) P_n^m(\cos\theta)\cos m\varphi \sin\theta d\varphi d\theta,$$

$$b_n^m = \frac{(2n+1)(n-m)!}{2\pi(n+m)!}\int_0^{\pi}\int_0^{2\pi} f(\theta,\varphi) P_n^m(\cos\theta)\sin m\varphi \sin\theta d\varphi d\theta.$$

例 用分离变量法求球的狄利克雷问题

$$\begin{cases} \dfrac{1}{r^2}\dfrac{\partial}{\partial r}\left(r^2\dfrac{\partial u}{\partial r}\right) + \dfrac{1}{r^2\sin\theta}\dfrac{\partial}{\partial\theta}\left(\sin\theta\dfrac{\partial u}{r\theta}\right) + \dfrac{1}{r^2\sin^2\varphi}\dfrac{\partial^2 u}{\partial\varphi^2} = 0 \\ (r < R, 0 \leqslant \theta \leqslant \pi, 0 \leqslant \varphi \leqslant 2\pi), \\ u\big|_{r=R} = f(\theta,\varphi) (0 \leqslant \theta \leqslant \pi, 0 \leqslant \varphi \leqslant 2\pi) \end{cases}$$

的解.

令 $u(r,\varphi,\theta) = R(r)\Phi(\varphi)\Theta(\theta)$，分离变量后得出下面三个方程

$$r^2\frac{d^2 R}{dr^2} + 2r\frac{dR}{dr} - \lambda R = 0, \tag{17.5-16}$$

$$\frac{d^2\Phi}{d\varphi^2} + m^2\Phi = 0, \tag{17.5-17}$$

$$\frac{d^2\Theta}{d\theta^2} + \cot\theta\frac{d\Theta}{d\theta} + \left(\lambda - \frac{m^2}{\sin^2\theta}\right) = 0. \tag{17.5-18}$$

令 $\lambda = n(n+1)$，解(17.5-16)得 $R_n(r) = C_n r^n (n=0,1,2,\cdots)$. 解(17.5-17)得 $\Phi_m(\varphi) = \alpha_m\cos m\varphi + \beta_m\sin m\varphi (m=0,1,2,\cdots)$. 解(17.5-18)得 $\Theta_n(\theta) = D_n P_n^m(\cos\theta)$. 所以

$$u(r,\varphi,\theta) = \sum_{n=0}^{\infty}\sum_{m=0}^{n} u_n^m(r,\theta,\varphi) = \sum_{n=0}^{\infty}\sum_{m=0}^{n} R_n(r)\Phi_m(\varphi)\Theta_n(\theta)$$

$$= \sum_{n=0}^{\infty}\sum_{m=0}^{n} r^n (a_n^m\cos m\varphi + b_n^m\sin m\varphi) P_n^m(\cos\theta), \tag{17.5-19}$$

其中 $a_n^m = C_n \cdot \alpha_m \cdot D_n, b_n^m = C_n \cdot \beta_m \cdot D_n$. 代入边界条件，得

$$u(R,\theta,\varphi) = \sum_{n=0}^{\infty}\sum_{m=0}^{n} (R^n a_n^m \cos m\varphi + R^n b_n^m \sin m\varphi) P_n^m(\cos\theta) = f(\theta,\varphi),$$

于是

$$a_n^m = \frac{(2n+1)!(n-m)!}{2\pi R^n (n+m)!}\int_0^{\pi}\int_0^{2\pi} f(\theta,\varphi) P_n^m(\cos\theta)\cos m\varphi \sin\theta d\varphi d\theta,$$

$$b_n^m = \frac{(2n+1)!(n-m)!}{2\pi R^n (n+m)!}\int_0^{\pi}\int_0^{2\pi} f(\theta,\varphi) P_n^m(\cos\theta)\sin m\varphi \sin\theta d\varphi d\theta.$$

将 a_n^m, b_n^m 代入(17.5-19)即得所提问题的解.

§17.6 贝塞尔函数

17.6.1 贝塞尔方程与贝塞尔函数

方程

$$\frac{d^2 w}{dz^2}+\frac{1}{z}\frac{dw}{dz}+\left(1-\frac{\nu^2}{z^2}\right)w=0 \qquad (17.6\text{-}1)$$

称为 ν 阶**贝塞尔方程**,其中 ν 可以是任何复常数.贝塞尔方程的解称为**贝塞尔函数**.

在实数域上的贝塞尔方程可在对柱坐标系中的拉普拉斯方程

$$\frac{1}{\rho}\frac{\partial}{\partial\rho}\left(\rho\frac{\partial u}{\partial\rho}\right)+\frac{1}{\rho^2}\frac{\partial^2 u}{\partial\varphi^2}+\frac{\partial^2 u}{\partial z^2}=0,$$

进行分离变量时得到:令 $u(\rho,\varphi,z)=R(\rho)\Phi(\varphi)Z(z)$,分离变量后得出三个常微分方程,其中之一为

$$\frac{d^2 R}{d\rho^2}+\frac{1}{\rho}\frac{dR}{d\rho}+\left(\mu-\frac{m^2}{\rho^2}\right)R=0,$$

这里,μ, m 是在分离变量时所引进的参数,$m=0,1,2,\cdots$. 当 $\mu>0$ 时,令 $x=\sqrt{\mu}\rho$,得

$$\frac{d^2 R}{dx^2}+\frac{1}{x}\frac{dR}{dx}+\left(1-\frac{m^2}{x^2}\right)R=0.$$

此即实数域上的贝塞尔方程.

17.6.2 第一类贝塞尔函数及其递推公式

对于方程(17.6-1),$z=0$ 为正则奇点(参看 8.5.3),故设解

$$w(z)=\sum_{k=0}^{\infty}C_k z^{k+\nu} \quad (C_0\neq 0),$$

代入方程(17.6-1),得指数方程(参看 8.5.3)

$$(s^2-\nu^2)C_0=0$$

和递推公式

$$C_k=-\frac{C_{k-2}}{(s+k)^2-\nu^2} \quad (k\geqslant 2).$$

于是得贝塞尔方程的两个解

$$J_\nu(z)=\sum_{m=0}^{\infty}\frac{(-1)^m}{m!}\frac{1}{\Gamma(\nu+m+1)}\left(\frac{z}{2}\right)^{2m+\nu}, \qquad (17.6\text{-}2)$$

$$J_{-\nu}(z)=\sum_{m=0}^{\infty}\frac{(-1)^m}{m!}\frac{1}{\Gamma(-\nu+m+1)}\left(\frac{z}{2}\right)^{2m-\nu}. \qquad (17.6\text{-}3)$$

$J_{\pm\nu}(z)$ 称为 ν 阶**第一类贝塞尔函数**,当 ν 不是整数时,$J_{\pm\nu}(z)$ 是沿负实轴切开的 z 平

面($|\arg z|<\pi$)上的全纯函数.当 $\nu=n$(整数)时,$J_n(z)$为整函数.

当 2ν 不是整数时,$J_\nu(z)$ 和 $J_{-\nu}(z)$ 是线性无关的.这时,(17.6-1)的通解为 $w(z)=C_1J_\nu(z)+C_2J_{-\nu}(z)$.

当 $\nu=n(n=0,1,2,\cdots)$时,$J_{-n}(z)=(-1)^nJ_n(z)$,于是 $J_{-n}(z)$和 $J_n(z)$是线性相关的.这时与之线性无关的解需另求,参看 17.6.7.

特别地,当 $n=0,1$ 时有

$$J_0(z)=1-\frac{z^2}{2^2}+\frac{z^4}{2^4(2!)^2}-\frac{z^6}{2^6(3!)^2}+\cdots+\frac{(-1)^kz^{2k}}{2^{2k}(k!)^2}+\cdots$$

$$J_1(z)=\frac{z}{2}-\frac{z^3}{2^3 1!2!}+\frac{z^5}{2^5\cdot 2!\cdot 3!}-\cdots+\frac{(-1)^kz^{2k+1}}{2^{2k+1}k!(k+1)!}+\cdots$$

有关 $J_\nu(z)$的递推公式为

$$\frac{d}{dz}(z^\nu J_\nu)=z^\nu J_{\nu-1}, \tag{17.6-4}$$

$$\frac{d}{dz}(z^{-\nu}J_\nu)=-z^{-\nu}J_{\nu+1}. \tag{17.6-5}$$

当 $\nu=0$ 时,为 $J'_0(z)=-J_1(z)$.

$$\nu J_\nu+zJ'_\nu=zJ_{\nu-1}. \tag{17.6-6}$$

$$-\nu J_\nu+zJ'_\nu=-zJ_{\nu+1}. \tag{17.6-7}$$

$$J_{\nu-1}+J_{\nu+1}=\frac{2\nu}{z}J_\nu. \tag{17.6-8}$$

$$J_{\nu-1}-J_{\nu+1}=2J'_\nu. \tag{17.6-9}$$

$$\left(\frac{d}{zdz}\right)^m(z^\nu J_\nu)=z^{\nu-m}J_{\nu-m}. \tag{17.6-10}$$

$$\left(\frac{d}{zdz}\right)^m(z^{-\nu}J_\nu)=(-1)^mz^{-\nu-m}J_{\nu+m}. \tag{17.6-11}$$

注:将(17.6-10)和(17.6-11)中的$\frac{d}{zdz}$看成是一个整体的运算记号,例如

$$\left(\frac{d}{zdz}\right)^2(z^\nu J_\nu)=\left(\frac{d}{zdz}\right)\left(\frac{d}{zdz}\right)z^\nu J_\nu,$$

不是$\frac{d^2}{z^2dz^2}(z^\nu J_\nu)$.

所有上述关于 J_ν的递推公式,对于任何 ν 都是成立的.(17.6-8)说明 $\nu+1$ 阶贝塞尔函数可由 ν 及 $\nu-1$ 阶来表示.例如,

$$J_2(x)=\frac{2}{x}J_1(x)-J_0(x),$$

$$J_3(x)=\frac{4}{x}J_2(x)-J_1(x)=\left(\frac{8}{x^2}-1\right)J_1(x)-\frac{4J_0(x)}{x}.$$

故所有整数阶的贝塞尔函数都可由 $J_1(x)$和 $J_0(x)$来表示,而 $J_0(x)$和 $J_1(x)$有函数

表可查.

17.6.3 半奇数阶贝塞尔函数

$J_{n+\frac{1}{2}}(z)(n=0,\pm1,\pm2,\cdots)$的一个重要特点是它可以用初等函数表示：

$$J_{n+\frac{1}{2}}(z)=(-1)^n\sqrt{\frac{2}{\pi z}}z^{n+1}\left(\frac{d}{zdz}\right)^n\left(\frac{\sin z}{z}\right)$$

$$=\sqrt{\frac{2}{\pi z}}\left(\sin\left(z-\frac{n\pi}{2}\right)\sum_{r=0}^{\left[\frac{n}{2}\right]}\frac{(-1)^r(n+2r)!}{(2r)!(n-2r)!(2z)^{2r}}\right.$$

$$\left.+\cos\left(z-\frac{n\pi}{2}\right)\sum_{r=0}^{\left[\frac{n-1}{2}\right]}\frac{(-1)^r(n+2r+1)!}{(2r+1)!(n-2r-1)!(2z)^{2r+1}}\right)$$

$$(n=0,1,2,\cdots),$$

$$J_{-n-\frac{1}{2}}(z)=\sqrt{\frac{2}{\pi z}}z^{n+1}\left(\frac{d}{zdz}\right)^n\left(\frac{\cos z}{z}\right)$$

$$=\sqrt{\frac{2}{\pi z}}\left(\cos\left(z+\frac{n\pi}{2}\right)\sum_{r=0}^{\left[\frac{n}{2}\right]}\frac{(-1)^r(n+2r)!}{(2r)!(n-2r)!(2z)^{2r}}\right.$$

$$\left.-\sin\left(z+\frac{n\pi}{2}\right)\sum_{r=0}^{\left[\frac{n-1}{2}\right]}\frac{(-1)^r(n+2r+1)!}{(2r+1)!(n-2r-1)!(2z)^{2r+1}}\right)$$

$$(n=0,1,2,\cdots).$$

特别地，

$$J_{\frac{1}{2}}(z)=\sqrt{\frac{2}{\pi z}}\sin z,J_{-\frac{1}{2}}(z)=\sqrt{\frac{2}{\pi z}}\cos z.$$

17.6.4 $J_\nu(z)$的积分表示　整数阶的贝塞尔函数的母函数

$J_\nu(z)$的积分表达式很多，这里只列举几个比较重要的公式. 导出积分表达式的方法通常有两种：一种是从微分方程的积分形式的解出发，一种是从解的级数表达式出发.

由微分方程的积分形式的解出发，可得

$$J_\nu(z)=\frac{(z/2)^\nu}{\sqrt{\pi}\Gamma\left(\nu+\frac{1}{2}\right)}\int_{-1}^{1}e^{izt}(1-t^2)^{\nu-\frac{1}{2}}dt$$

$$\left(\mathrm{Re}\nu>-\frac{1}{2},\arg(1-t^2)=0\right).$$

如在上式中令 $t=\cos\theta$，可得**泊松积分表达式**

$$J_\nu(z)=\frac{(z/2)^\nu}{\sqrt{\pi}\Gamma\left(\nu+\frac{1}{2}\right)}\int_0^\pi e^{iz\cos\theta}\sin^{2\nu}\theta d\theta.$$

从而又有

$$J_\nu(z)=\frac{(z/2)^\nu}{\sqrt{\pi}\Gamma\left(\nu+\frac{1}{2}\right)}\int_0^\pi\cos(z\cos\theta)\sin^{2\nu}\theta d\theta.$$

由 $J_\nu(z)$的级数表达式(17.6-2)出发,可得

$$J_\nu(z)=\frac{(z/2)^\nu}{2\pi i}\int_{-\infty}^{(0+)}e^{t-\frac{z^2}{4t}}t^{-\nu-1}dt\quad(|\arg t|<\pi),$$

式中的积分路径同(17.1-10)式中的围道.从而又有

$$J_\nu(z)=\frac{1}{2\pi i}\int_{-\infty}^{(0+)}e^{\frac{z}{2}\left(t-\frac{1}{t}\right)}t^{-\nu-1}dt\left(|\arg z|<\frac{\pi}{2},|\arg t|<\pi\right),\qquad(17.6\text{-}12)$$

再变换之,可得

$$J_\nu(z)=\frac{1}{2\pi}\int_{-\pi}^{\pi}\cos(z\sin\theta-\nu\theta)d\theta-\frac{\sin\nu\pi}{\pi}\int_0^\infty e^{-z\operatorname{sh}u-\nu u}du$$

$$\left(|\arg z|<\frac{\pi}{2}\right).\qquad(17.6\text{-}13)$$

特别地,当 $\nu=n$(整数)时,由(17.6-13)得

$$J_n(z)=\frac{1}{2\pi}\int_{-\pi}^{\pi}\cos(z\sin\theta-n\theta)d\theta,$$

或由(17.6-12),这时被积函数成为单值的,积分路径可变形为正向绕 $t=0$ 一周的任何一个围道,因而有

$$J_n(z)=\frac{1}{2\pi i}\int^{(0+)}e^{-\frac{z}{2}\left(t-\frac{1}{t}\right)}t^{-n-1}dt\,(n=0,\pm1,\pm2,\cdots).\qquad(17.6\text{-}14)$$

由(17.6-14)可知 $J_n(z)$为函数 $e^{\frac{z}{2}\left(t-\frac{1}{t}\right)}$的罗朗展开式的系数,因此 $e^{\frac{z}{2}\left(t-\frac{1}{t}\right)}$是 $J_n(z)$的母函数,即

$$e^{\frac{z}{2}\left(t-\frac{1}{t}\right)}=\sum_{n=-\infty}^{+\infty}J_n(z)t^n\quad(0<|t|<\infty,|z|<\infty).\qquad(17.6\text{-}15)$$

在(17.6-15)中,令 $t=ie^{i\theta}$,可得

$$e^{iz\cos\theta}=J_0(z)+2\sum_{n=1}^{\infty}i^nJ_n(z)\cos n\theta,$$

$$\cos(z\cos\theta)=J_0(z)+2\sum_{n=1}^{\infty}(-1)^nJ_{2n}(z)\cos 2n\theta,$$

$$\sin(z\cos\theta)=2\sum_{n=0}^{\infty}(-1)^nJ_{2n+1}(z)\cos(2n+1)\theta,$$

$$1=J_0(z)+2\sum_{n=1}^{\infty}J_{2n}(z).$$

如令 $t=e^{i\theta}$,可得

$$e^{iz\sin\theta} = \sum_{n=-\infty}^{+\infty} J_n(z)e^{in\theta},$$

$$\cos(z\sin\theta) = J_0(z) + 2\sum_{n=1}^{\infty} J_{2n}(z)\cos 2n\theta,$$

$$\sin(z\sin\theta) = 2\sum_{n=0}^{\infty} J_{2n+1}(z)\sin(2n+1)\theta.$$

17.6.5 $J_\nu(z)$的零点

有关 $J_\nu(z)$的零点的几个重要结果如下：

(1) 对于任何给定的实数 ν，$J_\nu(z)$有无穷个实数零点.

(2) 当 $\nu>0$ 时，必有 $J_\nu(0)=0$.

(3) $J_\nu(z)$除去 $z=0$(如果它是零点)可能是例外，都是一阶零点.

(4) 当 $\nu>-1$ 时，$J_\nu(z)$的零点都是实数.

(5) 若 $J_\nu(\alpha)=0$，则 $J_\nu(-\alpha)=0$.

(6) 在 $J_\nu(z)$的相邻的两个正零点之间，分别有且只有一个 $J_{\nu-1}(z)$和 $J_{\nu+1}(z)$的零点.

至于贝塞尔函数零点的具体数值，可查有关的函数表.

图 17.6-1 是实自变量的贝塞尔函数 $J_0(x)$，$J_1(x)$，$J_2(x)$，$J_3(x)$的图形.

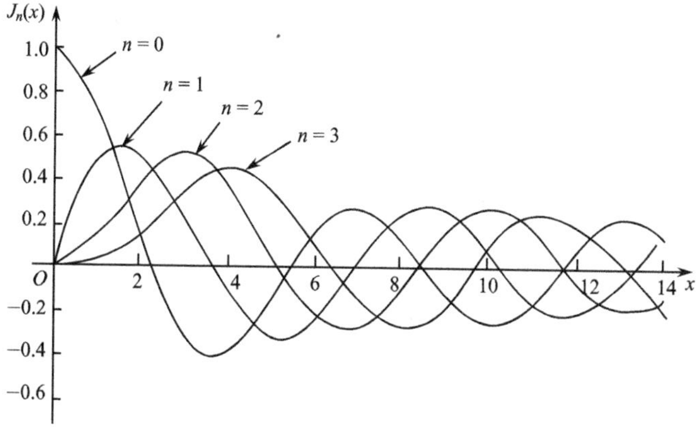

图 17.6-1

17.6.6 贝塞尔函数的正交性　傅里叶-贝塞尔级数

定义 1　给定函数系$\{\varphi_n(x)\}_{n=1}^{\infty}$，若在区间$[a,b]$上存在一个非负函数 $\rho(x)$，满足关系式

$$\int_a^b \rho(x)\varphi_m(x)\varphi_n(x)dx = \begin{cases} 0 & (m \neq n), \\ L \neq 0 & (m = n), \end{cases}$$

则称 $\rho(x)$ 为**权函数**(或简称**权**),称此函数系为在区间 $[a,b]$ 上**关于权 $\rho(x)$ 正交**.

定理 1 设 $\lambda_1,\lambda_2,\cdots,\lambda_n,\cdots$ 为 $J_\nu(x)$ 的正零点 $(0<\lambda_1<\lambda_2<\cdots<\lambda_n<\cdots)$,则当 $\nu>-1$ 时,贝塞尔函数系 $\{J_\nu(\lambda_n x)\}_{n=1}^{\infty}$ 在区间 $[0,1]$ 上关于权 x 正交,即

$$\int_0^1 xJ_\nu(\lambda_m x)J_\nu(\lambda_n x)dx = \begin{cases} 0 & (m \neq n), \\ \frac{1}{2}J_{\nu+1}^2(\lambda_n) & (m = n). \end{cases}$$

因此贝塞尔函数系 $\{J_\nu(\lambda_n x)\}_{n=1}^{\infty}(\nu>-1)$ 是在区间 $[0,1]$ 上关于权 x 正交的正交函数系.

定义 2 对在区间 $[0,1]$ 上关于权 x 正交的贝塞尔函数系 $\{J_\nu(\lambda_n x)\}_{n=1}^{\infty}$,若

$$\int_0^1 xf(x)J_\nu(\lambda_n x)dx \quad (n = 1,2,\cdots)$$

存在,则

$$\sum_{n=1}^{\infty} C_n J_\nu(\lambda_n x)$$

称为函数 $f(x)$ 的**傅里叶-贝塞尔级数**,其展开系数

$$C_n = \frac{2}{J_{\nu+1}^2(\lambda_n)}\int_0^1 xf(x)J_\nu(\lambda_n x)dx. \tag{17.6-16}$$

定理 2 设 $f(x)$ 在 $(0,1)$ 内有定义,且 $\int_0^1 x^{\frac{1}{2}}f(x)dx$ 存在,如果这是广义积分,则设它是绝对收敛的. 设 $x\in(a,b)(0<a<b<1)$,且 $f(x)$ 在 (a,b) 内是有界变差的,则傅里叶-贝塞尔级数

$$\sum_{n=1}^{\infty} C_n J_\nu(\lambda_n x) = \frac{1}{2}(f(x+0)+f(x-0))$$

$\left(\nu+\frac{1}{2}\geqslant 0,\lambda_n \text{ 为 } J_\nu(x) \text{ 的正零点},\lambda_m\leqslant\lambda_{m+1}\right)$.

在偏微分方程的定解问题中经常会遇到将函数按贝塞尔函数系展开,例如下列展开式:

$$f(\rho,\varphi) = \sum_{n=0}^{\infty}\sum_{m=1}^{\infty}(a_{nm}\cos n\varphi + b_{nm}\sin n\varphi)J_n\left(\frac{\mu_m^{(n)}}{r}\rho\right),$$

其中 $f(\rho,\varphi)$ 是定义在 $0\leqslant\rho\leqslant r,0\leqslant\varphi\leqslant 2\pi$ 上的函数,$\mu_m^{(n)}$ 为 $J_n(x)$ 的正零点. 此展式一般也称为傅里叶-贝塞尔级数,参看 9.6.1 例 2.

17.6.7 第二类贝塞尔函数

定义 3

$$Y_\nu(z) = \frac{\cos\nu\pi J_\nu(z) - J_{-\nu}(z)}{\sin\nu\pi} \quad (\nu \neq n) \tag{17.6-17}$$

称为**第二类贝塞尔函数**或**诺伊曼函数**.

$Y_\nu(z)$是 $J_\nu(z)$和 $J_{-\nu}(z)$的线性组合，因此它也是(17.6-1)的解. $Y_\nu(z)$和 $J_\nu(z)$是线性无关的.

当 $\nu=n$(整数)时，由于 $J_{-n}(z)=(-1)^n J_n(z)$，$\sin n\pi=0$，故(17.6-17)无意义，这时有下列定义.

定义 4

$$Y_n(z) = \lim_{\nu\to n} Y_\nu(z) = \lim_{\nu\to n} \frac{\cos\nu\pi J_\nu(z) - J_{-\nu}(z)}{\sin\nu\pi}$$

$$= \lim_{\nu\to n} \frac{1}{\pi}\left(\frac{\partial J_\nu(z)}{\partial\nu} - \frac{1}{\cos\nu\pi}\frac{\partial J_{-\nu}(z)}{\partial\nu}\right)$$

$$= \frac{2}{\pi}J_n(z)\ln\frac{z}{2} - \frac{1}{\pi}\sum_{k=0}^{n-1}\frac{(n-k-1)!}{k!}\left(\frac{z}{2}\right)^{2k-n}$$

$$-\frac{1}{\pi}\sum_{k=0}^{\infty}\frac{(-1)^k}{k!(n-k)!}(\psi(n+k+1)+\psi(k+1))\left(\frac{z}{2}\right)^{2k+n}$$

$$(n=0,1,2,\cdots, \ |\arg z| < \pi), \qquad (17.6\text{-}18)$$

其中 $\psi(z)=\Gamma'(z)/\Gamma(z)$(参看 17.1.5).

当 $n=0$ 在(17.6-18)中去掉第二项有限和，可以证明 $Y_n(z)$满足 n 阶贝塞尔方程，并且它和 $J_n(z)$线性无关. 这时(17.6-1)的通解

$$y = C_1 J_n(z) + C_2 Y_n(z).$$

由(17.6-18)看出，当 $z\to 0$ 时，

$$Y_0(z) \sim \frac{2}{\pi}\ln\frac{z}{2}, Y_n(z) \sim -\frac{(n-1)!}{\pi}\left(\frac{z}{2}\right)^{-n} \quad (n\geqslant 1).$$

图 17.6-2 中给出了实自变量函数$Y_0(x)$，$Y_1(x)$的图形.

$Y_n(x)$的定义域为$(0,+\infty)$，当 $x\to 0+$时，$Y_n(x)\to -\infty$. 因此，如果要求 n 阶贝塞尔方程的解在原点处有界，则方程的解中应不含有 $Y_n(x)$. 但如果数学物理方程的定解问题的区域不包含原点，例如是空心圆柱体，那时就必须考虑第二类贝塞尔函数.

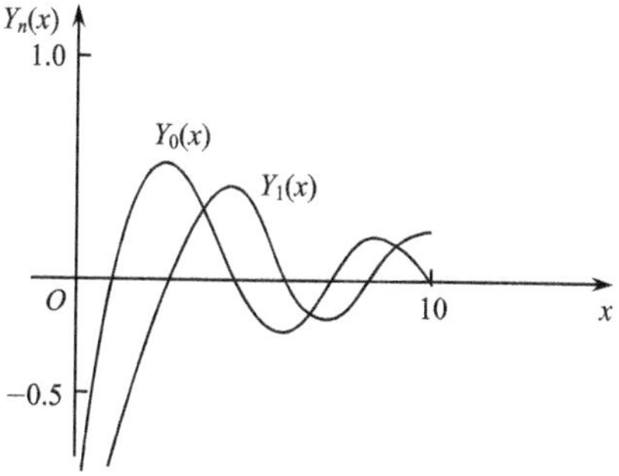

图 17.6-2

当阶数 $\nu=n+\frac{1}{2}$(n 为整数)时，$Y_{n+\frac{1}{2}}(z)$可用初等函数来表示，例如

$$Y_{\frac{1}{2}}(z) = -\sqrt{\frac{2}{\pi z}}\cos z, Y_{-\frac{1}{2}}(z) = \sqrt{\frac{2}{\pi z}}\sin z$$

等等.

关于 $J_\nu(z)$的所有递推关系都适用于 $Y_\nu(z)$(包括 $\nu=n$ 的情形). 设 $Z(z)$代表 $J_\nu(z)$或者 $Y_\nu(z)$，这时，例如(17.6-4)，(17.6-5)，(17.6-8)，(17.6-9)写作：

$$\frac{d}{dz}(z^\nu Z_\nu) = z^\nu Z_{\nu-1}. \qquad (17.6\text{-}19)$$

$$\frac{d}{dz}(z^{-\nu}Z_\nu) = -z^{-\nu}Z_{\nu+1}. \tag{17.6-20}$$

$$Z_{\nu-1} + Z_{\nu+1} = \frac{2\nu}{z}Z_\nu. \tag{17.6-21}$$

$$Z_{\nu-1} - Z_{\nu+1} = 2Z_\nu'. \tag{17.6-22}$$

满足递推关系(17.6-21)和(17.6-22)(或者等价的(17.6-19)和(17.6-20))的函数称为**柱函数**.柱函数必满足贝塞尔方程.

17.6.8 第三类贝塞尔函数

定义 5

$$H_\nu^{(1)}(z) = J_\nu(z) + iY_\nu(z),$$
$$H_\nu^{(2)}(z) = J_\nu(z) - iY_\nu(z)$$

称为**第三类贝塞尔函数**,也分别称为**第一类**和**第二类汉克尔函数**.

$H_\nu^{(1)}(z)$和$H_\nu^{(2)}(z)$(包括ν等于整数)是线性无关的,因此不论ν为何值,$J_\nu(z)$,$Y_\nu(z)$,$H_\nu^{(1)}(z)$,$H_\nu^{(2)}(z)$中的任意两个都是贝塞尔方程的线性无关的解.$H_\nu^{(1)}(z)$和$H_\nu^{(2)}(z)$也满足递推关系(17.6-21)和(17.6-22),故通常把第一、第二、第三类贝塞尔函数统称为柱函数.

当$\nu=n(n=0,1,2,\cdots)$时,$H_n^{(1)}(z)$和$H_n^{(2)}(z)$在点$z=0$具有与$Y_n(z)$相同的奇异性.

当n为整数时,$H_{n+\frac{1}{2}}^{(1)}(z)$,$H_{n+\frac{1}{2}}^{(2)}(z)$也可以用初等函数来表示.例如,

$$H_{\frac{1}{2}}^{(1)}(z) = J_{\frac{1}{2}}(z) + iY_{\frac{1}{2}}(z) = -i\sqrt{\frac{2}{\pi z}}e^{iz},$$

$$H_{\frac{1}{2}}^{(2)}(z) = J_{\frac{1}{2}}(z) - iY_{\frac{1}{2}}(z) = i\sqrt{\frac{2}{\pi z}}e^{-iz}.$$

汉克尔函数在研究某类波的传播方面时是很有用的.

17.6.9 修正贝塞尔函数

修正贝塞尔函数是方程

$$\frac{d^2w}{dz^2} + \frac{1}{z}\frac{dw}{dz} - \left(1+\frac{\nu^2}{z^2}\right)w = 0 \tag{17.6-23}$$

的解.

方程(17.6-23)是将(17.6-1)中的z换为iz所得,故将它称为**修正贝塞尔方程**.因此$J_\nu(iz)$为方程(17.6-23)的解.

在解圆柱体内拉普拉斯方程的边值问题,且当圆柱体的上下底有齐次边界条件时,会出现(17.6-23)的实数形式

$$\frac{d^2y}{dx^2} + \frac{1}{x}\frac{dy}{dx} - \left(1+\frac{\nu^2}{x^2}\right)y = 0.$$

定义 6

$$I_\nu(z)=e^{-\nu(\pi i/2)}J_\nu(ze^{\pi i/2})\quad(-\pi<\arg z\leqslant\pi/2)$$

称为**第一类修正贝塞尔函数**.

又

$$I_\nu(z)=e^{\nu(3\pi i/2)}J_\nu(ze^{-3\pi i/2})\quad\left(\frac{\pi}{2}<\arg z\leqslant\pi\right)$$
$$=\sum_{m=0}^{\infty}\frac{1}{m!\Gamma(\nu+m+1)}\left(\frac{z}{2}\right)^{2m+\nu}$$

当 $\nu\neq n$(整数)时,$I_\nu(z)$和 $L_{-\nu}(z)$为方程(17.6-23)的两个线性无关的解.当 $\nu=n$(整数)时,$I_{-n}(z)=I_n(z)$,为此,需另求一个与之线性无关的解.

定义 7

$$K_\nu(z)=\frac{\pi}{2\sin\nu\pi}(I_{-\nu}(z)-I_\nu(z))\quad(\nu\neq n)$$

称为**第二类修正贝塞尔函数**.

又

$$K_\nu(z)=\frac{\pi i}{2}e^{\nu\pi i/2}H_\nu^{(1)}(ze^{\pi i/2})=-\frac{\pi i}{2}e^{-\nu\pi i/2}H_\nu^{(2)}(ze^{-\pi i/2}).\qquad(17.6\text{-}24)$$

当 $\nu=n$ 时,定义

$$K_n(z)=\lim_{\nu\to n}K_\nu(z)=\frac{\pi i}{2}e^{n\pi i/2}H_n^{(1)}(ze^{\pi i/2}).\qquad(17.6\text{-}25)$$

所以不论 ν 为何值,总可用(17.6-24)来定义 $K_\nu(z)$.由(17.6-25)可得.

$$K_n(z)=\frac{1}{2}\sum_{m=0}^{n-1}\frac{(-1)^m(n-m-1)!}{m!}\left(\frac{z}{2}\right)^{2m-n}$$
$$+(-1)^{n+1}\sum_{m=0}^{\infty}\frac{1}{m!(m+n)!}\left(\ln\frac{z}{2}-\frac{1}{2}\psi(m+n+1)\right.$$
$$\left.-\frac{1}{2}\psi(m+1)\right)\left(\frac{z}{2}\right)^{2m+n}\quad(n=0,1,2,\cdots,|\arg z|<\pi).$$

$n=0$ 时,去掉第一项有限和.$z=0$ 是 $K_n(z)$的奇点,奇异性和 $Y_n(z)$相似.

当 $z\to0$ 时,$K_0(z)\sim-\ln\dfrac{z}{2}$,$K_n(z)\sim\dfrac{(n-1)!}{2}\left(\dfrac{z}{2}\right)^{-n}\quad(n\geqslant1)$.

$I_n(x)$和 $K_n(x)$不存在实的零点.所以它们的图形不是振荡型曲线.这与 $J_n(x)$和 $Y_n(x)$的曲线不同.图 17.6-3 给出 $I_0(x)$和 $100K_0(x)$的图形.

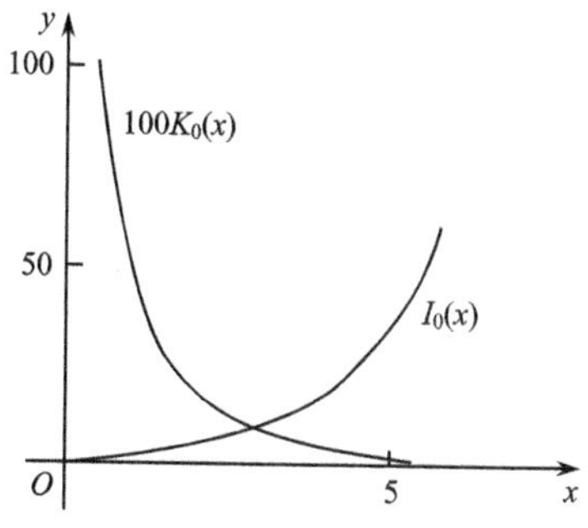

图 17.6-3

对于 $I_\nu(z)$和 $K_\nu(z)$也有相应的递推公式,但与 $J_\nu(z)$的递推公式不全相同,例如有

$$\frac{d}{dz}(z^\nu I_\nu) = z^\nu I_{\nu-1}, \qquad \frac{d}{dz}(z^\nu K_\nu) = -z^\nu K_{\nu-1}.$$

$$\frac{d}{dz}(z^{-\nu} K_\nu) = -z^{-\nu} K_{\nu+1}, \quad \frac{d}{dz}(z^{-\nu} I_\nu) = z^{-\nu} I_{\nu+1}.$$

当 ν 为半奇数时,修正贝塞尔函数也可用初等函数来表示,例如

$$I_{\frac{1}{2}}(z) = \sqrt{\frac{2}{\pi z}}\operatorname{sh} z,\ I_{-\frac{1}{2}}(z) = \sqrt{\frac{2}{\pi z}}\operatorname{ch} z,\ K_{\frac{1}{2}}(z) = \sqrt{\frac{2}{\pi z}}e^{-z}.$$

17.6.10 开耳芬函数

开耳芬在解决某些电学问题,例如高频交流电的趋肤效应,交流电在圆截面电线上的分布情形时,引进了函数 $\operatorname{ber}(x)$ 和函数 $\operatorname{bei}(x)$(亦记作 $\operatorname{ber}_0(x)$, $\operatorname{bei}_0(x)$, x 为实数),它们是修正贝塞尔函数 $I_0(x\sqrt{i})$ 的实部和虚部,即

$$\operatorname{ber}(x) + i\operatorname{bei}(x) = I_0(x\sqrt{i}) = J_0(xi\sqrt{i}).$$

它们的级数表达式为

$$\operatorname{ber}(x) = \sum_{m=0}^{\infty} \frac{(-1)^m \left(\frac{x}{2}\right)^{4m}}{((2m)!)^2},\ \operatorname{bei}(x) = \sum_{m=0}^{\infty} \frac{(-1)^m \left(\frac{x}{2}\right)^{4m+2}}{((2m+1)!)^2}.$$

上述定义的推广是

$$\operatorname{ber}_\nu(z) \pm i\operatorname{bei}_\nu(z) = J_\nu(ze^{\pm 3\pi i/4}).$$

$J_\nu(ze^{\pm 3\pi i/4})$ 是方程

$$\frac{d^2 w}{dz^2} + \frac{1}{z}\frac{dw}{dz} - \left(i + \frac{\nu^2}{z^2}\right)w = 0$$

的解.

此外还有函数 $\operatorname{ker}_\nu(z)$, $\operatorname{kei}_\nu(z)$, $\operatorname{her}_\nu(z)$, $\operatorname{hei}_\nu(z)$(属第二类),它们的定义是

$$\operatorname{ker}_\nu(z) \pm i\operatorname{kei}_\nu(z) = e^{\mp \nu\pi i/2} K_\nu(ze^{\pm\pi i/4}),$$

$$\operatorname{her}_\nu(z) + i\operatorname{hei}_\nu(z) = H_\nu^{(1)}(z^{3\pi i/4}),$$

$$\operatorname{her}_\nu(z) - i\operatorname{hei}_\nu(z) = H_\nu^{(2)}(z^{-3\pi i/4}).$$

它们之间的关系有

$$\operatorname{ker}_\nu(z) = -\frac{\pi}{2}\operatorname{hei}_\nu(z);\ \operatorname{kei}_\nu(z) = \frac{\pi}{2}\operatorname{her}_\nu(z).$$

17.6.11 球贝塞尔函数

球贝塞尔函数是球贝塞尔方程

$$\frac{d^2 w}{dz^2} + \frac{2}{z}\frac{dw}{dz} + \left(1 - \frac{l(l+1)}{z^2}\right)w = 0 \qquad (17.6\text{-}26)$$

的解,其中 l 为常数.

在实数域上的球贝塞尔方程可由对球坐标系中的亥姆霍兹方程进行分离变量导出.

对于方程(17.6-26),若令 $w(z)=z^{-1/2}v(z)$,则化为对 $v(z)$ 的 $l+\frac{1}{2}$ 阶贝塞尔方程

$$\frac{d^2 v}{dz^2}+\frac{1}{z}\frac{dv}{dz}+\left(\frac{1-\left(l+\frac{1}{2}\right)^2}{z^2}\right)v=0.$$

所以(17.6-26)的解等于 $z^{-\frac{1}{2}}J_{l+\frac{1}{2}}(z)$,但在物理学中通常再乘以因子$\sqrt{\frac{\pi}{2}}$后定义为**球贝塞尔函数**,记作

$$j_l(z)=\sqrt{\frac{\pi}{2z}}J_{l+\frac{1}{2}}(z),\quad n_l(z)=\sqrt{\frac{\pi}{2z}}Y_{l+\frac{1}{2}}(z),$$

$$h_l^{(1)}(z)=\sqrt{\frac{\pi}{2z}}H_{l+\frac{1}{2}}^{(1)}(z),\quad h_l^{(2)}(z)=\sqrt{\frac{\pi}{2z}}H_{l+\frac{1}{2}}^{(2)}(z),$$

易见

$$h_l^{(1)}(z)=j_l(z)+in_l(z),\quad h_l^{(2)}(z)=j_l(z)-in_l(z).$$

若以 ψ_l 表示 $j_l,n_l,h_l^{(1)},h_l^{(2)}$ 中的任何一个,则 ψ_l 有下列基本递推关系:

$$\psi_{l-1}+\psi_{l+1}=\frac{2l+1}{z}\psi_l,$$

$$l\psi_{l-1}-(l+1)\psi_{l+1}=(2l+1)\frac{d\psi_l}{dz}.$$

当 l 为整数时,球贝塞尔函数可用初等函数来表示.例如

$$j_0(z)=\frac{\sin z}{z},\quad j_{-1}(z)=\frac{\cos z}{z},$$

$$j_l(z)=z^l\left(-\frac{d}{zdz}\right)^l\frac{\sin z}{z}\quad (l\geqslant 1).$$

$$h_0^{(1)}(z)=\frac{e^{i(z-\pi/2)}}{z},\quad h_0^{(2)}(z)=\frac{e^{-i(z-\pi/2)}}{z}.$$

17.6.12 各类贝塞尔函数的渐近展开式

下面给出的是当 ν 固定,$|z|\to\infty$ 时各类贝塞尔函数的最基本的渐近展开式,其中符号 $(\nu,0)=1$,

$$(\nu,p)=\frac{\Gamma\left(\frac{1}{2}+\nu+p\right)}{p!\Gamma\left(\frac{1}{2}+\nu-p\right)}\quad (p=1,2,\cdots),$$

符号 $(\lambda)_n$ 参看 17.10.2.

$$J_\nu(z)\sim\sqrt{\frac{2}{\pi z}}\left(\cos\left(z-\frac{\nu\pi}{2}-\frac{\pi}{4}\right)\sum_{m=0}^{\infty}\frac{(-1)^m(\nu,m)}{(2z)^{2m}}\right.$$

$$-\sin\left(z-\frac{\nu\pi}{2}-\frac{\pi}{4}\right)\sum_{m=0}^{\infty}\frac{(-1)^m(\nu,2m+1)}{(2z)^{2m+1}}\Bigg)\quad(|\arg z|<\pi).$$

$$Y_\nu(z)\sim\sqrt{\frac{2}{\pi z}}\Bigg(\sin\left(z-\frac{\nu\pi}{2}-\frac{\pi}{4}\right)\sum_{m=0}^{\infty}\frac{(-1)^m(\nu,2m)}{(2z)^{2m}}$$

$$+\cos\left(z-\frac{\nu\pi}{2}-\frac{\pi}{4}\right)\sum_{m=0}^{\infty}\frac{(-1)^m(\nu,2m+1)}{(2z)^{2m+1}}\Bigg)\quad(|\arg z|<\pi).$$

$$H_\nu^{(1)}(z)\sim\sqrt{\frac{2}{\pi z}}e^{i\left(z-\frac{\nu\pi}{2}-\frac{\pi}{4}\right)}\left(1+\sum_{n=1}^{\infty}\frac{\left(\frac{1}{2}+\nu\right)_n\left(\frac{1}{2}-\nu\right)_n}{n!(2iz)^n}\right)$$

$$(-\pi<\arg z<2\pi).$$

$$H_\nu^{(2)}(z)\sim\sqrt{\frac{2}{\pi z}}e^{-i\left(z-\frac{\nu\pi}{2}-\frac{\pi}{4}\right)}\left(1+\sum_{n=1}^{\infty}(-1)^n\frac{\left(\frac{1}{2}+\nu\right)_n\left(\frac{1}{2}-\nu\right)_n}{n!(2iz)^n}\right)$$

$$(-2\pi<\arg z<\pi).$$

$$I_\nu(z)\sim\frac{e^z}{\sqrt{2\pi z}}\sum_{n=0}^{\infty}\frac{(-1)^n(\nu,n)}{(2z)^n}+\frac{e^{-z+\left(\nu+\frac{1}{2}\right)\pi i}}{\sqrt{2\pi z}}\sum_{n=0}^{\infty}\frac{(\nu,n)}{(2z)^n}$$

$$(-\pi/2<\arg z<3\pi/2).$$

$$K_\nu(z)\sim\sqrt{\frac{\pi}{2z}}e^{-z}\left(1+\sum_{n=1}^{\infty}\frac{(\nu,n)}{(2z)^n}\right)\quad(|\arg z|<3\pi/2).$$

§ 17.7 埃尔米特函数与埃尔米特多项式

方程

$$\frac{d^2y}{dx^2}-2x\frac{dy}{dx}+2\nu y=0\quad(\nu\text{ 为任意常数},x\text{ 为实数})$$

称为**埃尔米特方程**.

上述方程导源于一维谐振子的**薛定谔方程**.

埃尔米特方程的一个解

$$H_\nu(x)=2^{\nu/2}e^{x^2/2}D_\nu(\sqrt{2}x)$$

(其中抛物柱面函数 $D_\nu(x)$参看 17.11.4)称为**埃尔米特函数**.

当 $\nu=n=0,1,2,\cdots$时,

$$H_n(x)=\sum_{k=0}^{\left[\frac{n}{2}\right]}\frac{(-1)^k n!}{k!(n-2k)!}(2x)^{n-2k},$$

$H_n(x)$称为 n 次**埃尔米特多项式**. 特别地,

$$H_0(x)=1,\ H_1(x)=2x,\ H_2(x)=4x^2-2,$$
$$H_3(x)=8x^3-12x,\ H_4(x)=16x^4-48x^2+12,$$
$$H_5(x)=32x^5-160x^3+120x,\cdots$$

1. $H_n(x)$的微商表示——**罗德里格斯公式**

$$H_n(x)=(-1)^n e^{x^2}\frac{d^n}{dx^n}(e^{-x^2}).$$

2. $H_n(x)$的母函数与递推公式

e^{-t^2+2xt}为$H_n(x)$的母函数,即

$$e^{-t^2+2xt}=\sum_{n=0}^{\infty}\frac{H_n(x)}{n!}t^n\quad(|t|<\infty).$$

$$H_{2n}(0)=(-1)^n\frac{(2n)!}{n!},\ H_{2n+1}(0)=0.$$

$$H_{n+1}(x)-2xH_n(x)+2nH_{n-1}(x)=0.$$

$$H'_n(x)=2nH_{n-1}(x).$$

3. $H_n(x)$的正交性

$$\int_{-\infty}^{+\infty}H_m(x)H_n(x)e^{-x^2}dx=\sqrt{\pi}2^n\cdot n!\delta_{mn},$$

所以埃尔米特多项式在$(-\infty,+\infty)$上关于权e^{-x^2}正交.

若$f(x)$在任一有限区间上是分段光滑的,则

$$\sum_{n=0}^{\infty}C_nH_n(x)=\frac{1}{2}(f(x+0)+f(x-0))\quad(-\infty<x<+\infty),$$

其中

$$C_n=\frac{1}{2^n n!\sqrt{\pi}}\int_{-\infty}^{+\infty}e^{-x^2}f(x)H_n(x)dx\quad(n=0,1,2,\cdots).$$

埃尔米特函数和埃尔米特多项式也可扩充到复平面上去,那时记作$H_\nu(z)$和$H_n(z)$.

§17.8 拉盖尔函数与拉盖尔多项式

方程

$$x\frac{d^2y}{dx}+(1-x)\frac{dy}{dx}+\nu y=0\ (\nu\text{为任意常数})$$

称为**拉盖尔方程**.拉盖尔方程的一个解称为**拉盖尔函数**,记作$L_\nu(x)$.

$$L_\nu(x) = \Gamma(\nu+1)F(-\nu;1;x),$$

其中 $F(-\nu;1;x)$为合流超几何函数(参看 17.11.1).

当 $\nu=n=0,1,2,\cdots$时,

$$L_n(x) = (n!)^2 \sum_{k=0}^{n}(-1)^k \frac{x^k}{(k!)^2(n-k)!},$$

$L_n(x)$称为 n 次**拉盖尔多项式**. 特别地

$$L_0(x) = 1, L_1(x) = -x+1,\ L_2(x) = x^2-4x+2,$$

$$L_3(x) = -x^3+9x^2-18x+6,$$

$$L_4(x) = x^4-16x^3+72x^2-96x+24,$$

$$L_5(x) = -x^5+25x^4-200x^3+600x^2-600x+120,\cdots$$

1. $L_n(x)$的微商表示

$$L_n(x) = e^x \frac{d^n}{dx^n}(x^n e^{-x}) \quad (n=0,1,2,\cdots).$$

2. $L_n(x)$的递推公式

$$L_{n+1}(x) = (2n+1-x)L_n(x) - x^2 L_{n-1}(x).$$

3. $L_n(x)$的正交性

$\{L_n(x)\}_{n=0}^{\infty}$在$(0,+\infty)$上带权 e^{-x}正交,即有

$$\int_0^\infty L_m(x)L_n(x)e^{-x}dx = (n!)^2\delta_{mn}.$$

方程

$$x\frac{d^2y}{dx^2}+(\alpha+1-x)\frac{dy}{dx}+ny=0$$

$(n=0,1,2,\cdots,\alpha\neq -n$ 的任意常数)

称为**连带拉盖尔方程**(也称为**广义拉盖尔方程**),导源于氢原子的薛定谔方程. 连带拉盖尔方程的多项式解称为**连带拉盖尔多项式**(或**广义拉盖尔多项式**),记作 $L_n^{(\alpha)}(x)$,

$$L_n^{(\alpha)}(x) = \frac{e^x}{n!x^\alpha}\frac{d^n}{dx^n}(x^{n+\alpha}e^{-x}) = \sum_{k=0}^{n}(-1)^k\binom{n+\alpha}{n-k}\frac{x^k}{k!}.$$

1. $L_n^{(\alpha)}(x)$的递推公式

$$(n+1)L_{n+1}^{(\alpha)}(x) = (2n+\alpha+1-x)L_n^{(\alpha)}(x) - (n+\alpha)L_{n-1}^{(\alpha)}(x).$$

2. $L_n^{(\alpha)}(x)$的母函数

$\dfrac{e^{-xt/1-t}}{(1-t)^{\alpha+1}}$为 $L_n^{(\alpha)}(x)$的母函数,即

$$\frac{e^{-xt/1-t}}{(1-t)^{\alpha+1}} = \sum_{n=0}^{\infty} L_n^{(\alpha)}(x) t^n \quad (|t| < 1).$$

3. $L_n^{(\alpha)}(x)$的正交性

$\{L_n^{(\alpha)}(x)\}_{n=0}^{\infty}$在$(0,\infty)$上带权$x^\alpha e^{-x}$正交，即有

$$\int_0^\infty x^\alpha e^{-x} L_m^{(\alpha)}(x) L_n^{(\alpha)}(x) dx = \frac{\Gamma(\alpha+n+1)}{n!}\delta_{mn}.$$

若$f(x)$在$(0,\infty)$上任一有限区间上分段光滑，则

$$\sum_{n=0}^{\infty} C_n L_n^{(\alpha)}(x) = \frac{1}{2}(f(x+0)+f(x-0)),$$

其中

$$C_n = \frac{n!}{\Gamma(n+\alpha+1)}\int_0^\infty x^\alpha e^{-x} L_n^{(\alpha)}(x) f(x) dx.$$

4. 与埃尔米特多项式的关系

$H_{2n}(x)=(-2)^n n!\ L_n^{(-1/2)}(x^2)$, $H_{2n+1}(x)=(-2)^n n!\ \sqrt{2}x L_n^{(1/2)}(x^2)$.

如将n换为任意实数ν，则得连带拉盖尔函数

$$L_\nu^{(\alpha)}(x) = \frac{\Gamma(\alpha+\nu+1)}{\Gamma(\alpha+1)\Gamma(\nu+1)} F(-\nu;\alpha+1;x).$$

本节内容也都可拓广到复平面上去.

§17.9 切比雪夫多项式

方程

$$(1-x^2)\frac{d^2y}{dx^2} - x\frac{dy}{dx} + n^2 y = 0 \quad (n\text{为正整数}) \tag{17.9-1}$$

称为**切比雪夫方程**.

如令$x=\cos\theta$，则方程(17.9-1)变形为

$$\frac{d^2y}{d\theta^2} + n^2 y = 0.$$

于是(17.9-1)的通解为

$$y = C_1\cos(n\arccos x) + C_2\sin(n\arccos x).$$

17.9.1 第一类切比雪夫多项式

定义1

$$T_n(x) = \cos(n\arccos x) = \sum_{k=0}^{\left[\frac{n}{2}\right]} (-1)^k \binom{n}{2k} x^{n-2k}(1-x^2)^k$$

称为**第一类切比雪夫多项式**(简称**切比雪夫多项式**).特别地,

$$T_0(x)=1,\ T_1(x)=x,\ T_2(x)=2x^2-1,$$
$$T_3(x)=4x^3-3x,\ T_4(x)=8x^4-8x^2+1,$$
$$T_5(x)=16x^5-20x^3+5x.$$

1. $T_n(x)$的微商表示

$$T_n(x)=\frac{(-1)^n(1-x^2)^{1/2}}{(2n-1)!!}\frac{d^n}{dx^n}(1-x^2)^{n-\frac{1}{2}}.$$

2. 递推公式

$$T_{n+1}(x)-2xT_n(x)+T_{n-1}(x)=0.$$

3. $T_n(x)$的母函数

$\frac{1-xt}{1-2xt+x^2}$为 $T_n(x)$的母函数,即

$$\frac{1-xt}{1-2xt+t^2}=\sum_{n=0}^{\infty}T_n(x)t^n\quad(|t|<1).$$

4. $T_n(x)$的正交性

$$\int_{-1}^{1}\frac{T_m(x)T_n(x)}{\sqrt{1-x^2}}dx=\begin{cases}0 & (m\neq n),\\ \frac{\pi}{2} & (m=n\neq 0),\\ \pi & (m=n=0).\end{cases}$$

设 $f(x)$在$[-1,1]$上分段光滑,则

$$\frac{C_0}{2}+\sum_{k=0}^{\infty}C_kT_k(x)=\frac{1}{2}(f(n+0)+f(x-0))\quad(|x|\leqslant 1),$$

其中

$$C_k=\frac{2}{\pi}\int_{-1}^{1}\frac{f(x)T_k(x)}{\sqrt{1-x^2}}dx\quad(k=0,1,2,\cdots).$$

例如,

$$e^{ax}=I_0(a)+2\sum_{n=1}^{\infty}I_n(a)T_n(x),$$

$$\sin ax=2\sum_{n=0}^{\infty}(-1)^nJ_{n+1}(a)T_{2n+1}(x),$$

$$\cos ax=J_0(a)+2\sum_{n=1}^{\infty}(-1)^nJ_{2n}(a)T_{2n}(x),$$

$$\ln(1+x\sin 2\alpha)=2\ln\cos\alpha-2\sum_{n=1}^{\infty}\frac{1}{n}(-\tan\alpha)^{n}T_{n}(x),$$

$$\arctan x=2\sum_{n=1}^{\infty}(-1)^{n}\frac{(\sqrt{2}-1)^{2n+1}}{2n+1}T_{2n+1}(x).$$

17.9.2 第二类切比雪夫多项式

定义 2 $U_0(x)=1$

$$U_n(x)=\sin(n\arccos x)=\frac{(-1)^{n-1}n}{(2n-1)!!}\frac{d^{n-1}(1-x^2)^{n-\frac{1}{2}}}{dx^{n-1}}\quad(n=1,2,\cdots)$$

称为**第二类切比雪夫多项式**.

1. 递推公式

$$U_{n+1}(x)-2xU_n(x)+U_{n-1}(x)=0.$$

2. 母函数

$$\frac{\sqrt{1-x^2}}{1-2tx+t^2}=\sum_{u=0}^{\infty}U_u(x)t^n.$$

3. 正交性

$$\int_{-1}^{1}\frac{U_m(x)U_n(x)}{\sqrt{1-x^2}}dx=\begin{cases}\dfrac{\pi}{2} & (m=n\neq 0),\\ 0 & (m\neq n,\text{或 } m=n=0).\end{cases}$$

§17.10 超几何函数

17.10.1 超几何方程

定义 1 所有奇点都是正则奇点的二阶变系数线性常微分方程称为**富克斯型方程**.例如具有三个正则奇点 a,b,c 的富克斯型方程为

$$\frac{d^2w}{dz^2}+\left(\frac{1-\alpha_1-\alpha_2}{z-a}+\frac{1-\beta_1-\beta_2}{z-b}+\frac{1-\gamma_1-\gamma_2}{z-c}\right)\frac{dw}{dz}$$
$$+\left(\frac{\alpha_1\alpha_2(a-b)(a-c)}{z-a}+\frac{\beta_1\beta_2(b-c)(b-a)}{z-b}\right.$$
$$\left.+\frac{\gamma_1\gamma_2(c-a)(c-b)}{z-c}\right)\frac{w}{(z-a)(z-b)(z-c)}=0,$$

其中(α_1,α_2),(β_1,β_2),(γ_1,γ_2)分别表示在 a,b,c 三点的指数对,它们满足 $\alpha_1+\alpha_2+\beta_1+\beta_2+\gamma_1+\gamma_2=1$.

如果 a,b,c 之一，例如 $c=\infty$，则方程简化为

$$\frac{d^2w}{dz^2}+\left(\frac{1-\alpha_1-\alpha_2}{z-a}+\frac{1-\beta_1-\beta_2}{z-b}\right)\frac{dw}{dz}+\left(\frac{\alpha_1\alpha_2(a-b)}{z-a}\right.$$

$$\left.+\frac{\beta_1\beta_2(b-a)}{z-b}+\gamma_1\gamma_2\right)\frac{w}{(z-a)(z-b)}=0.$$

定义 2 方程

$$z(1-z)\frac{d^2w}{dz^2}+(\gamma-(\alpha+\beta+1)z)\frac{dw}{dz}-\alpha\beta w=0 \qquad (17.10\text{-}1)$$

称为**超几何方程**，其中 α,β,γ 为常数.

超几何方程是具有三个正则奇点 $0,1,\infty$ 的富克斯型方程. $(0,1-\gamma)$，$(0,\gamma-\alpha-\beta)$，(α,β) 分别为 $z=0,1,\infty$ 三点的指数对.

17.10.2 超几何级数与超几何函数

当 $\gamma\neq 0,-1,-2,\cdots$ 时，超几何方程(17.10-1)在 $z=0$ 处、对应指数(参看 8.5.3)为 0 的级数解

$$w_1(z)=1+\frac{\alpha\cdot\beta}{\gamma}z+\frac{\alpha(\alpha+1)\beta(\beta+1)}{1\cdot 2\cdot\gamma(\gamma+1)}z^2+\cdots$$

$$+\frac{\alpha(\alpha+1)\cdots(\alpha+n-1)\beta(\beta+1)\cdots(\beta+n-1)}{1\cdot 2\cdots n\cdot\gamma(\gamma+1)\cdots(\gamma+n-1)}z^n+\cdots$$

$$(|z|<1). \qquad (17.10\text{-}2)$$

此级数也可简记为

$$\sum_{n=0}^{\infty}\frac{(\alpha)_n(\beta)_n}{n!(\gamma)_n}z^n,$$

其中 $(\lambda)_0=1$，

$$(\lambda)_n=\lambda(\lambda+1)\cdots(\lambda+n-1)=\frac{\Gamma(\lambda+n)}{\Gamma(\lambda)}\quad(n\geqslant 1) \qquad (17.10\text{-}3)$$

(λ 可为 α,β 或 γ).

定义 3 级数(17.10-2)称为**超几何级数**，或称**高斯级数**，也称为**超几何函数**，常用记号 $F(\alpha,\beta;\gamma;z)$ 来表示：

$$F(\alpha,\beta;\gamma;z)=\sum_{n=0}^{\infty}\frac{(\alpha)_n(\beta)_n}{n!(\gamma)_n}z^n$$

$$=\frac{\Gamma(\gamma)}{\Gamma(\alpha)\Gamma(\beta)}\sum_{n=0}^{\infty}\frac{\Gamma(\alpha+n)\Gamma(\beta+n)}{\Gamma(\gamma+n)}\frac{z^n}{n!}$$

$$(|z|<1,\gamma\neq 0,-1,-2,\cdots).$$

当 $|z|<1$ 时，$F(\alpha,\beta;\gamma;z)$ 为一全纯函数. 当 $|z|>1$ 时，可作解析开拓，开拓后的函数在沿实轴从 1 到 ∞ 切开的 z 平面上单值全纯，仍称为超几何函数，用记号 $F(\alpha,\beta;$

$\gamma;z)$或${}_2F_1(\alpha,\beta;\gamma;z)$来表示.

当$\gamma\neq$整数时,在$z=0$处对应指数为$1-\gamma$的解也可用超几何函数来表示:

$$w_2(z)=z^{1-\gamma}F(\alpha-\gamma+1,\beta-\gamma+1;\alpha-\gamma;z).$$

在$z=1$处的一对基本解为

$$w_3(z)=F(\alpha,\beta;1+\alpha+\beta-\gamma;1-z),$$

$$w_4(z)=(1-z)^{\gamma-\alpha-\beta}F(\gamma-\alpha,\gamma-\beta;1-\alpha-\beta+\gamma;1-z).$$

在$z=\infty$处的一对基本解为

$$w_5(z)=(-z)^{-\alpha}F(\alpha,\alpha-\gamma+1;\alpha-\beta+1;z^{-1}),$$

$$w_6(z)=(-z)^{-\beta}F(\beta,\beta-\gamma+1;\beta-\alpha+1;z^{-1})\ (\alpha-\beta\neq\text{整数}).$$

$$F(\alpha,\beta;\gamma;0)=1,\ F(\alpha,\beta;\gamma;z)=F(\beta,\alpha;\gamma;z).$$

许多初等函数可以用超几何函数来表示,例如

$$(1+z)^{\alpha}=F(-\alpha,\beta;\beta;-z),\ \arcsin z=zF\left(\frac{1}{2},\frac{1}{2};\frac{3}{2};z^2\right),$$

$$\arctan z=zF\left(\frac{1}{2},1;\frac{3}{2};-z^2\right),\ \ln(1+z)=zF(1,1;2;-z).$$

17.10.3 雅可比多项式

超几何函数$F(\alpha,\beta;\gamma;z)$在α或β等于负整数$-n$时是一个多项式

$$F(-n,\beta;\gamma;z)=\sum_{k=0}^{n}\frac{(-n)_k(\beta)_k}{k!(\gamma)_k}z^k=\sum_{k=0}^{n}(-1)^k\binom{n}{k}\frac{(\beta)_k}{(\gamma)_k}z^k.$$

定义4 $F(-n,\alpha+n;\gamma;z)$($\alpha+n$和$\gamma\neq0,-1,-2,\cdots,-n+1$)称为$n$次**雅可比多项式**(也称**超几何多项式**),记作$G_n(\alpha,\gamma;z)$:

$$G_n(\alpha,\gamma;z)=F(-n,\alpha+n;\gamma;z)$$
$$=x^{1-\gamma}(1-x)^{\gamma-\alpha}\frac{\Gamma(\gamma+n)}{\Gamma(\gamma)}\frac{d^n}{dx^n}(x^{\gamma+n-1}(1-x)^{\alpha+n-\gamma}).$$

它满足雅可比微分方程

$$z(1-z)w''+(\gamma-(\alpha+1)z)w'+n(\alpha+n)w=0.$$

$G_n(\alpha,\gamma;x)$的正交性

$$\int_0^1x^{\gamma-1}(1-x)^{\alpha-\gamma}G_m(\alpha,\gamma;x)G_n(\alpha,\gamma;x)dx$$
$$=\frac{n!\Gamma(\alpha+n-\gamma+1)\Gamma^2(\gamma)}{(\alpha+2n)\Gamma(\alpha+n)\Gamma(\gamma+n)}\delta_{mn}$$
$$(\mathrm{Re}r>0,\mathrm{Re}(\alpha-\gamma)>-1).$$

许多重要的多项式,如勒让德多项式、切比雪夫多项式等都是雅可比多项式的特殊情形,例如,

$$P_n(x)=G_n\left(1,1,\frac{1-x}{2}\right),\quad T_n(x)=G_n\left(0,\frac{1}{2};\frac{1-x}{2}\right).$$

17.10.4 超几何函数的积分表示

1° $$F(\alpha,\beta;\gamma;z)=\frac{\Gamma(\gamma)}{\Gamma(\beta)\Gamma(\gamma-\beta)}\int_0^1 t^{\beta-1}(1-t)^{\gamma-\beta-1}(1-zt)^{-\alpha}dt,\tag{17.10-4}$$

其中 $\mathrm{Re}\gamma>\mathrm{Re}\beta>0$，$|\arg(1-z)|<\pi$.

2° $$F(\alpha,\beta;\gamma;z)=\frac{1}{2\pi i}\frac{\Gamma(\gamma)}{\Gamma(\alpha)\Gamma(\beta)}\int_{-i\infty}^{i\infty}\frac{\Gamma(\alpha+t)\Gamma(\beta+t)\Gamma(-t)}{\Gamma(\gamma+t)}(-z)^t dt,\tag{17.10-5}$$

其中$|\arg(-z)|<\pi$，$\alpha,\beta\neq0,-1,-2,\cdots$，积分路线须使 $\Gamma(\alpha+t)\cdot\Gamma(\beta+t)$ 的极点在其左，$\Gamma(-t)$ 的极点在其右. 积分(17.10-5)称为超几何函数的**巴恩斯围道积分**.

17.10.5 用超几何函数表示的富克斯型方程解的例

凡具有三个正则奇点的富克斯型方程的解，都可以用超几何函数来表示，例如，n 次勒让德多项式

$$P_n(z)=F\left(-n,n+1;1;\frac{1-z}{2}\right).$$

连带勒让德函数

$$P_n^m(z)=(1-z^2)^{m/2}\frac{(n+m)!}{2^m m!(n-m)!}\cdot F\left(m-n,m+n+1;m+1;\frac{1-z}{2}\right).$$

切比雪夫多项式

$$T_n(x)=F\left(-n,n;\frac{1}{2};\frac{1-x}{2}\right).$$

§17.11 合流超几何函数

合流超几何函数是合流超几何方程的解. 这种方程是由超几何方程通过把两个奇点汇合为一而产生的. 贝塞尔函数，埃尔米特函数，拉盖尔函数是合流超几何函数的特例.

17.11.1 合流超几何方程与合流超几何函数

定义 1 方程

$$z\frac{d^2w}{dz^2}+(\gamma-z)\frac{dw}{dz}-\alpha w=0\tag{17.11-1}$$

称为**合流超几何方程**或**库默尔方程**.

方程(17.11-1)只有两个奇点 0 和∞. $z=0$ 为正则奇点，$z=\infty$是原来超几何方程的两个正则奇点 1 和∞的汇合，为非正则奇点.

方程(17.11-1)在 $z=0$ 处的指数对为$(0,1-\gamma)$，对应指数为 0 的级数解

$$w_1(z)=\sum_{n=0}^{\infty}\frac{(\alpha)_n}{n!(\gamma)_n}z^n\quad(|z|<\infty,\gamma\neq 0,-1,-2,\cdots).\quad(17.11\text{-}2)$$

定义 2 级数(17.11-2)称为**合流超几何级数**，也称为**合流超几何函数**或**库默尔函数**，常用记号 $F(\alpha;\gamma;z)$或${}_1F_1(\alpha;\gamma;z)$来表示：

$$F(\alpha;\gamma;z)={}_1F_1(\alpha;\gamma;z)=\sum_{n=0}^{\infty}\frac{(\alpha)_n}{n!(\gamma)_n}z^n$$

$$=\frac{\Gamma(\gamma)}{\Gamma(\alpha)}\sum_{n=0}^{\infty}\frac{\Gamma(\alpha+n)}{\Gamma(\gamma+n)}\frac{z^n}{n!}\quad(|z|<\infty,\gamma\neq 0,-1,-2,\cdots)$$

$F(\alpha;\gamma;z)$在全平面上是单值全纯的. 当 $1-\gamma\neq$整数时，在 $z=0$ 处对应指数为 $1-\gamma$ 的解

$$w_2(z)=z^{1-\gamma}F(\alpha-\gamma+1;\alpha-\gamma;z).$$

$w_2(z)$与 $F(\alpha;\gamma;z)$线性无关.

当 α 等于负整数$-n$ 时，$F(-n;\gamma;z)$是一个多项式.

定义 3

$$S_n^{\mu}(z)=\frac{\Gamma(n+\mu+1)}{n!\Gamma(\mu+1)}F(-n;\mu+1;z)=\sum_{k=0}^{n}(-1)^k\binom{n+\mu}{n-k}\frac{z^k}{k!}$$

(μ 为不等于负整数的任意实数或复数)称为**索宁多项式**. $S_n^{\mu}(z)$即为广义拉盖尔多项式 $L_n^{(\mu)}(z)$.

17.11.2 合流超几何函数的积分表示

合流超几何函数的积分表示也有两种

1° $$F(\alpha;\gamma;z)=\frac{\Gamma(\gamma)}{\Gamma(\alpha)\Gamma(\gamma-\alpha)}\int_0^1 e^{zt}t^{\alpha-1}(1-t)^{\gamma-\alpha-1}dt,$$

其中

$$\mathrm{Re}\,\gamma>\mathrm{Re}\,\alpha>0,\ \arg t=\arg(1-t)=0.\quad(17.11\text{-}3)$$

2° $$F(\alpha;\gamma;z)=\frac{\Gamma(\gamma)}{\Gamma(\alpha)}\frac{1}{2\pi i}\int_{-i\infty}^{i\infty}\frac{\Gamma(\alpha+t)\Gamma(-t)}{\Gamma(\gamma+t)}(-z)^t dt,\quad(17.11\text{-}4)$$

其中

$$\alpha\neq 0,-1,-2,\cdots,\ |\arg(-z)|<\frac{\pi}{2},$$

$\Gamma(\alpha+t)$的极点在积分路线之左，$\Gamma(-t)$的极点在其右. (17.11-4)称为 $F(\alpha;\gamma;z)$的**巴恩斯积分表示**.

17.11.3 惠特克方程与惠特克函数

在合流超几何方程

$$z\frac{d^2y}{dz^2}+(\gamma-z)\frac{dy}{dz}-\alpha y=0$$

中，令 $y=e^{z/2}z^{-\gamma/2}w(z)$，得

$$\frac{d^2w}{dz^2}+\left(-\frac{1}{4}+\frac{k}{z}+\frac{\frac{1}{4}-m^2}{z^2}\right)w=0, \tag{17.11-5}$$

其中 $k=\frac{\gamma}{2}-\alpha$，$m=\frac{\gamma-1}{2}$. 此方程称为**惠特克方程**. 若 $2m$ 不等于整数，方程(17.11-5)在 $z=0$ 点的两个线性无关的解为

$$M_{k,m}(z)=e^{-\frac{z}{2}}z^{\frac{1}{2}+m}F\left(\frac{1}{2}+m-k;1+2m;z\right),$$

$$M_{k,-m}(z)=e^{-\frac{z}{2}}z^{\frac{1}{2}-m}F\left(\frac{1}{2}-m-k;1-2m;z\right).$$

当 $2m$ 为整数时 $M_{k,m}(z)$ 和 $M_{k,-m}(z)$ 线性相关. 惠特克引进了另外两个函数 $W_{\pm k,m}(\pm z)$，它们在任何情形下都是方程(17.11-5)的两个线性无关的解.

定义 4

$$W_{k,m}(z)=-e^{-\frac{z}{2}}z^k\frac{\Gamma\left(k+\frac{1}{2}-m\right)}{2\pi i}\int_{\infty}^{(0+)}e^{-t}(-t)^{-k-\frac{1}{2}+m}\left(1+\frac{t}{z}\right)^{k-\frac{1}{2}+m}dt$$

$$\left(k+\frac{1}{2}-m\neq 0,-1,-2,\cdots\right),$$

其中 $|\arg z|<\pi$，$|\arg(-t)|\leqslant\pi$，当 t 沿围道内的路径趋于 $t=0$ 点时

$$\arg\left(1+\frac{t}{z}\right)\to 0,$$

$$W_{k,m}(z)=\frac{e^{-\frac{z}{2}}z^k}{\Gamma\left(\frac{1}{2}-k+m\right)}\int_0^{\infty}e^{-t}t^{-k-\frac{1}{2}+m}\left(1+\frac{t}{z}\right)^{k-\frac{1}{2}+m}dt$$

$$\left(k+\frac{1}{2}-m=0,-1,-2,\cdots\right).$$

$W_{k,m}(z)$ 称为**惠特克函数**. $M_{k,\pm m}(z)$ 也称为惠特克函数.

如果把上面两式中的 k 和 z 分别换成 $-k$ 和 $-z$，即得 $W_{-k,m}(-z)$ 的表达式：

1. $W_{k,m}(z)$ 的渐近展开式

$$W_{k,m}(z)\sim e^{-z/2}z^k\left(1+\sum_{n=1}^{\infty}(-1)^n\frac{\left(\frac{1}{2}-k+m\right)_n\left(\frac{1}{2}-k-m\right)_n}{n!z^n}\right)$$

$$\left(|z| \to \infty,\ |\arg z| \leqslant \frac{\pi}{2} - \delta,\ \delta > 0\right).$$

2. 一些可用惠特克函数表示的特殊函数的例

$$J_\nu(z) = \frac{z^{-1/2}}{2^\nu (2i)^{\nu+\frac{1}{2}} \Gamma(\nu+1)} M_{0,\nu}(2iz)\ (\nu \neq \text{负整数}).$$

$$H_\nu^{(1)}(z) = \sqrt{\frac{2}{\pi z}} e^{-i\left(\frac{\nu\pi}{2}+\frac{\pi}{4}\right)} W_{0,\nu}\left(2e^{-\frac{\pi i}{2}} z\right).$$

$$H_\nu^{(2)}(z) = \sqrt{\frac{2}{\pi z}} e^{i\left(\frac{\nu\pi}{2}+\frac{\pi}{4}\right)} W_{0,\nu}\left(2e^{\frac{\pi i}{2}} z\right).$$

$$K_\nu(z) = \sqrt{\frac{\pi}{2z}} W_{0,\nu}(2z).$$

$$\operatorname{erf}(x) = 1 - \frac{1}{\sqrt{\pi}} e^{-\frac{x^2}{2}} x^{-\frac{1}{2}} W_{-\frac{1}{4},\frac{1}{4}}(x^2).$$

$$\operatorname{li}(z) = -(-\ln z)^{-\frac{1}{2}} z^{\frac{1}{2}} W_{-\frac{1}{2},0}(-\ln z) \quad (|\arg(-\ln z)| < \pi).$$

17.11.4 抛物柱面函数

定义 5 方程

$$\frac{d^2 w}{dz^2} + \left(\nu + \frac{1}{2} - \frac{z^2}{4}\right) w = 0 \quad (\nu\text{ 为常数}) \qquad (17.11\text{-}6)$$

称为**韦伯方程**.韦伯方程的一个解

$$D_\nu(z) = 2^{\frac{\nu}{2}+\frac{1}{4}} z^{-\frac{1}{2}} W_{\frac{\nu}{2}+\frac{1}{4},-\frac{1}{4}}\left(\frac{z^2}{2}\right) \quad \left(|\arg z| < \frac{3\pi}{4}\right)$$

称为**韦伯函数**.

方程(17.11-6)的另一个解为 $D_{-\nu-1}(iz)$ 或 $D_{-\nu-1}(-iz)$. 此方程的解一般称为**抛物柱面函数**.

又 $$D_\nu(z) = \frac{\Gamma\left(\frac{1}{2}\right)}{\Gamma\left(\frac{1-\nu}{2}\right)} 2^{\frac{\nu}{2}} e^{-\frac{z^2}{4}} F\left(-\frac{\nu}{2}; \frac{1}{2}; \frac{z^2}{2}\right) + \frac{\Gamma\left(-\frac{1}{2}\right)}{\Gamma\left(-\frac{\nu}{2}\right)} 2^{\frac{\nu-1}{2}} \cdot z e^{-\frac{z^2}{4}} \cdot F\left(\frac{1-\nu}{2}; \frac{3}{2}; \frac{z^2}{2}\right).$$

1. $D_n(z)$的母函数

$$e^{-\frac{t^2}{2} - zt - \frac{z^2}{4}} = \sum_{n=0}^{\infty} \frac{(-1)^n D_n(z)}{n!} t^n \quad (|t| < \infty).$$

2. $D_n(z)$的微商表示

$$D_n(z) = (-1)^n e^{\frac{z^2}{4}} \frac{d^n}{dz^n}(e^{-\frac{z^2}{2}}).$$

3. $D_\nu(z)$的积分表示

$$D_\nu(z) = \frac{e^{-\frac{z^2}{4}}}{\Gamma(-\nu)} \int_0^\infty e^{-zt-\left(\frac{t^2}{2}\right)} t^{-\nu-1} dt \quad (\mathrm{Re}\nu < 0).$$

4. 递推公式

$$D_{\nu+1}(z) - zD_\nu(z) + \nu D_{\nu-1}(z) = 0,$$

$$\frac{dD_\nu(z)}{dz} + \frac{z}{2} D_\nu(z) - \nu D_{\nu-1}(z) = 0.$$

$$D_\nu(0) = \frac{2^{\mu/2}\sqrt{\pi}}{\Gamma((1-\nu)/2)},\ D'_\nu(0) = -\frac{2^{(\nu+1)/2}\sqrt{\pi}}{\Gamma(-\nu/2)}.$$

5. 渐近展开

$$D_\nu(z) \sim e^{-\frac{z^2}{4}} z^\nu \left(1 - \frac{\nu(\nu-1)}{2z^2} + \frac{\nu(\nu-1)(\nu-2)(\nu-3)}{2\cdot 4\cdot z^4} - \cdots \right.$$
$$\left. + (-1)^n \frac{\nu(\nu-1)\cdots(\nu-2n+1)}{2\cdot 4\cdots 2n\cdot z^{2n}} + \cdots\right) \left(|\arg z| < \frac{3}{4}\pi\right).$$

6. $D_n(x)$的正交性

$$\int_{-\infty}^{+\infty} D_m(x) D_n(x) dx = n!\sqrt{2\pi}\,\delta_{mn} (m,n = 0,1,2,\cdots).$$

若 $f(x)$在$(-\infty,+\infty)$上有二阶连续导数,且当$|x|\to\infty$时 $f(x)\to 0$,则 $f(x)$可按函数系$\{D_n(x)\}_{n=0}^{\infty}$展开

$$f(x) = \sum_{n=0}^{\infty} C_n D_n(x),$$

其中

$$C_n = \frac{1}{n!\sqrt{2\pi}} \int_{-\infty}^{+\infty} f(x) D_n(x) dx.$$

§ 17.12　椭圆积分与椭圆函数

17.12.1　椭圆积分

定义 1　形为$\int R(x,y)dx$(R是x,y的有理函数;$y=\sqrt{p(x)}$,$p(x)$是x的三次

或四次多项式）的积分，称为**椭圆积分**.

由定义可知

$$\int R(x,y)dx = \begin{cases} \int R(x, \sqrt{ax^3+bx^2+cx+d})dx, & (17.12\text{-}1) \\ \int R(x, \sqrt{ax^4+bx^3+cx^2+dx+e})dx. & (17.12\text{-}2) \end{cases}$$

(17.12-1)和(17.12-2)可以简单地互相变换，例如令 $x=\frac{1}{t}$，(17.12-1)就变为(17.12-2). 对于(17.12-2)，可通过适当的变量代换化归为下列三个基本椭圆积分：

$$\int \frac{dz}{\sqrt{(1-z^2)(1-k^2z^2)}}, \tag{17.12-3}$$

$$\int \sqrt{\frac{1-k^2z^2}{1-z^2}}dz, \tag{17.12-4}$$

$$\int \frac{dz}{(1-a^2z^2)\ \sqrt{(1-z^2)(1-k^2z^2)}} \tag{17.12-5}$$

与初等函数之和. 其中实常数 k 称为椭圆积分的**模数**，a 称为**参数**.

定义 2 积分(17.12-3)，(17.12-4)，(17.12-5)分别称为**勒让德-雅可比第一类、第二类、第三类椭圆积分**.

若令 $z=\sin\varphi\left(0\leqslant\varphi\leqslant\frac{\pi}{2}\right)$，则上述三个积分化为下列三个积分

$$\int \frac{d\varphi}{\sqrt{1-k^2\sin^2\varphi}},\ \int \sqrt{1-k^2\sin^2\varphi}d\varphi,$$

$$\int \frac{d\varphi}{(1-a^2\sin^2\varphi)\ \sqrt{1-k^2\sin^2\varphi}}.$$

在求椭圆的周长时即出现了上述第二个积分，这也就是椭圆积分名称的来源.

对于积分(17.12-1)可通过适当的变量代换化为下列三个积分：

$$\int \frac{dz}{\sqrt{4z^3-g_2z-g_3}}, \tag{17.12-6}$$

$$\int \frac{zdz}{\sqrt{4z^3-g_2z-g_3}}, \tag{17.12-7}$$

$$\int \frac{dz}{(z-c)\ \sqrt{4z^3-g_2z-g_3}}. \tag{17.12-8}$$

定义 3 积分(17.12-6)，(17.12-7)，(17.12-8)分别称为**魏尔斯特拉斯第一、第二和第三类椭圆积分**.

17.12.2 不完全椭圆积分与完全椭圆积分

定义 4

$$F(k,\varphi)=\int_0^{\sin\varphi}\frac{dz}{\sqrt{(1-z^2)(1-k^2z^2)}}=\int_0^{\varphi}\frac{d\psi}{\sqrt{1-k^2\sin^2\psi}},\qquad(17.12\text{-}9)$$

$$E(k,\varphi)=\int_0^{\sin\varphi}\sqrt{\frac{1-k^2z^2}{1-z^2}}dz=\int_0^{\varphi}\sqrt{1-k^2\sin^2\psi}d\psi,\qquad(17.12\text{-}10)$$

$$\Pi(a,k,\varphi)=\int_0^{\sin\varphi}\frac{dz}{(1-a^2z^2)\sqrt{(1-z^2)(1-k^2z^2)}}$$

$$=\int_0^{\varphi}\frac{d\psi}{(1-a^2\sin^2\psi)\sqrt{1-k^2\sin^2\psi}}.\qquad(17.12\text{-}11)$$

分别称为**第一、第二、第三类不完全椭圆积分**(或**勒让德第一、第二、第三类椭圆积分**).

定义 5

$$K=K(k)=F\left(k,\frac{\pi}{2}\right)=\int_0^1\frac{dz}{\sqrt{(1-z^2)(1-k^2z^2)}}$$

$$=\int_0^{\pi/2}\frac{d\psi}{\sqrt{1-k^2\sin^2\psi}}\quad(|k|<1),$$

$$E=E(k)=E\left(k,\frac{\pi}{2}\right)=\int_0^1\sqrt{\frac{1-k^2z^2}{1-z^2}}dz$$

$$=\int_0^{\pi/2}\sqrt{1-k^2\sin^2\psi}d\psi\quad(|k|<1),$$

$$\Pi(a,k)=\Pi\left(a,k,\frac{\pi}{2}\right)=\int_0^1\frac{dz}{(1-a^2z^2)\sqrt{(1-z^2)(1-k^2z^2)}}$$

$$=\int_0^{\pi/2}\frac{d\psi}{(1-a^2\sin^2\psi)\sqrt{1-k^2\sin^2\psi}}\quad(|k|<1),$$

分别称为**第一、第二、第三类完全椭圆积分**.

$$K(k)=\frac{\pi}{2}F\left(\frac{1}{2},\frac{1}{2};1;k^2\right),\ E(k)=\frac{\pi}{2}F\left(-\frac{1}{2},\frac{1}{2};1;k^2\right),$$

式中 $F(\alpha,\beta;\gamma;z)$为超几何函数.

17.12.3 椭圆函数

定义 6 如果函数 $f(z)$有两个基本周期 $2\omega,2\omega'\left(\mathrm{Im}\,\frac{\omega'}{\omega}\neq0\right)$,即

$$f(z+2\omega)=f(z),\ f(z+2\omega')=f(z),$$

则称 $f(z)$为**双周期函数**.

设 $f(z)$为双周期函数,m,n 为任意整数,则有

$$f(z+2m\omega+2n\omega')=f(z).$$

对于任意点 z_0,以 $z_0,z_0+2\omega,z_0+2\omega',z_0+2\omega+2\omega'$为顶点的平行四边形称为基

本周期平行四边形，整个 z 平面被基本周期平行四边形和将它平行移动了 $m\omega+n\omega'(m,n=0,1,2,\cdots)$ 而得到的全等的平行四边形的网络所覆盖．这些平行四边形称为**周期平行四边形**(图 17.12-1)．对于单值双周期函数 $f(z)$，只须在复平面的一个周期平行四边形中进行研究，因为在每一个全等的周期平行四边形中函数性态相同．

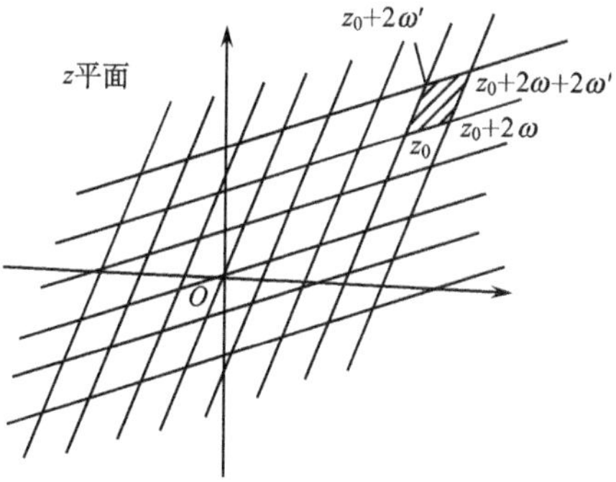

图 17.12-1

定义 7　双周期的亚纯函数称为**椭圆函数**．

定义 8　椭圆函数在一个周期平行四边形内极点的总数(一个 m 阶极点作为 m 个极点计算)，称为它的**阶数**．

椭圆函数具有下列性质：

(1) 椭圆函数的阶数是有限的，且至少是二阶的．

(2) 阶数为零的椭圆函数是常数．

(3) 椭圆函数在任何一个周期平行四边形的极点处的留数之和等于零．

(4) 椭圆函数在周期平行四边形内的零点的总数等于它的阶数．

(5) n 阶椭圆函数在一个周期平行四边形内取任一值 n 次．

(6) 椭圆函数在周期平行四边形的零点之和与极点之和的差等于一个周期．

(7) 椭圆函数的导数是具有相同的双周期的椭圆函数．

以下用 $2\omega_1, 2\omega_3$ 表示椭圆函数的基本周期，并引入由关系 $\omega_1+\omega_2+\omega_3=0$ 定义的 ω_2．

17.12.4　魏尔斯特拉斯椭圆函数　ζ 函数　σ 函数

定义 9

$$\mathscr{P}(z)=\frac{1}{z^2}+\sum_{m,n}{}'\left(\frac{1}{(z-\Omega_{m,n})^2}-\frac{1}{\Omega_{m,n}^2}\right)$$

(式中 $\Omega_{m,n}=2m\omega_1+2n\omega_3$，$\Sigma'$ 表示求和时必须删去 $m=n=0$ 相应的一项) 称为**魏尔斯特拉斯椭圆函数**．

$\mathscr{P}(z)$ 是基本周期为 $2\omega_1, 2\omega_3$ 的二阶偶椭圆函数，$\mathscr{P}(z)$ 的导函数为

$$\mathscr{P}'(z)=-2\sum_{m,n}\frac{1}{(z-\Omega_{m,n})^3},$$

它是三阶椭圆函数．在它与 $\mathscr{P}(z)$ 之间，有关系式

$$\mathscr{P}'^2(z)=4\mathscr{P}^3(z)-g_2\mathscr{P}(z)-g_3,$$

其中

$$g_2 = 60 \sum_{m,n}{}' \frac{1}{\Omega_{m,n}^4}, \ g_3 = 140 \sum_{m,n}{}' \frac{1}{\Omega_{m,n}^6}.$$

设 $\mathscr{P}(z)=w$,则 $\mathscr{P}(z)$是椭圆积分

$$z = \int_{\infty}^{w} \frac{dt}{\sqrt{4t^3 - g_2 t - g_3}}$$

的反函数.

定义 10

$$\zeta(z) = \frac{1}{z} + \sum_{m,n}{}' \left(\frac{1}{z - \Omega_{m,n}} + \frac{1}{\Omega_{m,n}} + \frac{z}{\Omega_{m,n}^2} \right),$$

$$\sigma(z) = z \prod_{m,n}{}' \left(\left(1 - \frac{z}{\Omega_{m,n}}\right) \exp\left(\frac{z}{\Omega_{m,n}} + \frac{z^2}{2\Omega_{m,n}^2} \right) \right)$$

(Π'表示求乘积时必须删去 $m=n=0$ 相应的因子)分别称为 ζ **函数**和 σ **函数**.

ζ 函数和 σ 函数都为奇函数. 它们具有拟周期性,即

$$\zeta(z + 2\omega_i) = \zeta(z) + 2\eta_i, \ \sigma(z + 2\omega_i) = - e^{2\eta_i(z+\omega_i)} \sigma(z),$$

$$\eta_1 + \eta_2 + \eta_3 = 0, \ \eta_i = \zeta(\omega_i) (i = 1,2,3).$$

它们还满足下列关系式:

$$\mathscr{P}(z) = - \zeta'(z),$$

$$\zeta(z) = \frac{d}{dz} \ln\sigma(z) = \frac{\sigma'(z)}{\sigma(z)}.$$

任意椭圆函数可通过 $\sigma(z)$或 $\zeta(z)$和 $\mathscr{P}(z)$来表示.

1° 用 σ 函数表示 设 $f(z)$为具有双周期 $2\omega_1$ 和 $2\omega_3$ 的 s 阶椭圆函数,α_r 和 $\beta_r (r=1,2,\cdots,s)$分别为 $f(z)$在周期平行四边形内的零点和极点,则

$$f(z) = C \prod_{r=1}^{s} \frac{\sigma(z - \alpha_r)}{\sigma(z - \beta_r)},$$

其中 C 可以用 $f(z)$在某非零点非极点处的值来确定.

2° 用 $\zeta(z)$和 $\mathscr{P}(z)$函数来表示 设 $f(z)$的极点为 $\alpha_1, \alpha_2, \cdots, \alpha_m$,它们的阶数顺次为 $h_1, h_2, \cdots, h_m$. $f(z)$在极点 α_k 邻近罗朗展开式的主要部分为

$$\sum_{j=1}^{h_k} \frac{A_{kj}}{(z - \alpha_k)^j} \quad (k = 1,2,\cdots,m),$$

则有

$$f(z) = C + \sum_{k=1}^{m} \left(A_{k1} \zeta(z - \alpha_k) + \sum_{j=1}^{h_k} \frac{(-1)^j A_{kj}}{(j-1)!} \mathscr{P}^{(j-2)}(z - \alpha_k) \right),$$

C 是常数.

定义 11

$$\sigma_i(z) = \frac{e^{-\eta_i z} \sigma(z - \omega_i)}{\sigma(\omega_i)} \quad (i = 1,2,3)$$

分别称为 $\sigma_1,\sigma_2,\sigma_3$ **函数.**

这些函数都是偶函数,且都是整函数,$\sigma_i(0)=1,\sigma_i(\omega_i)=0$,以 $z=\Omega_{m,n}+\omega_i$ 为零点.

17.12.5 θ 函数

定义 12 设 $q=e^{i\pi\tau}$,$\mathrm{Im}\tau>0$ $\left(\tau=\dfrac{\omega'}{\omega}\right)$.

$$\theta(v)=2\sum_{n=0}^{\infty}(-1)^n q^{\left(n+\frac{1}{2}\right)^2}\sin(2n+1)\pi v$$

称为 θ **函数.**

定义 13 令

$$\vartheta_1(v)=\theta(v)=2\sum_{n=0}^{\infty}(-1)^n q^{\left(n+\frac{1}{2}\right)^2}\sin(2n+1)\pi v,$$

$$\vartheta_2(v)=2\sum_{n=0}^{\infty}q^{\left(n+\frac{1}{2}\right)^2}\cos(2n+1)\pi v,$$

$$\vartheta_3(v)=1+2\sum_{n=1}^{\infty}q^{n^2}\cos 2n\pi v,$$

$$\vartheta_4(v)=1+2\sum_{n=1}^{\infty}(-1)^n q^{n^2}\cos 2n\pi v.$$

这些函数的周期性表现为

$$\vartheta_1(v+1)=-\vartheta_1(v),\ \vartheta_1(v+\tau)=-q^{-1}e^{-2\pi vi}\vartheta_1(v),$$

$$\vartheta_2(v+1)=-\vartheta_2(v),\ \vartheta_2(v+\tau)=q^{-1}e^{-2\pi vi}\vartheta_2(v),$$

$$\vartheta_3(v+1)=\vartheta_3(v),\ \vartheta_3(v+\tau)=q^{-1}e^{-2\pi vi}\vartheta_3(v),$$

$$\vartheta_4(v+1)=\vartheta_4(v),\ \vartheta_4(v+\tau)=-q^{-1}e^{-2\pi vi}\vartheta_4(v).$$

椭圆函数可用 θ 函数来表示,设 $f(z)$的基本周期为 2ω 和 $2\omega'$,$\mathrm{Im}\left(\dfrac{\omega'}{\omega}\right)>0$,$\dfrac{\omega'}{\omega}=\tau$. 零点为 α_r,极点为 $\beta_r(r=1,2,\cdots,s)$,且满足

$$\sum_{r=1}^{s}(\alpha_r-\beta_r)=0,$$

则有

$$f(z)=C\prod_{r=1}^{s}\left(\vartheta_1\left(\frac{z-\alpha_r}{2\omega}\right)\Big/\vartheta_1\left(\frac{z-\beta_r}{2\omega}\right)\right).$$

17.12.6 雅可比椭圆函数

勒让德第一类椭圆积分

$$u=\int_0^t\frac{dt}{\sqrt{(1-t^2)(1-k^2t^2)}}$$

的反函数记为 $\mathrm{sn}u$(或记作 $\mathrm{sn}(u,k)$).

若设 $t=\sin\varphi$,由(17.12-9),

$$u=\int_0^{\varphi}\frac{d\psi}{\sqrt{1-k^2\sin^2\psi}}.$$

这个椭圆积分的反函数记作 $\varphi=\mathrm{am}u$,于是有

$$t=\sin\mathrm{am}u=\mathrm{sn}u.$$

定义 14 令 $\mathrm{cn}u=\sqrt{1-\mathrm{sn}^2u}$,

$$\mathrm{dn}u=\sqrt{1-k^2\mathrm{sn}^2u}.$$

$\mathrm{sn}u,\mathrm{cn}u,\mathrm{dn}u$ 统称为**雅可比椭圆函数**.

雅可比椭圆函数有时也用下式来定义,令

$$u=\sqrt{e_1-e_3}z,\ v=z/2w_1,\ e_i=\mathscr{P}(\omega_i)\quad(i=1,2,3),$$

则

$$\mathrm{sn}u=\sqrt{e_1-e_3}\frac{\sigma(z)}{\sigma_3(z)}=\frac{\vartheta_3(0)}{\vartheta_2(0)}\frac{\vartheta_1(v)}{\vartheta_4(v)},$$

$$\mathrm{cn}u=\frac{\sigma_1(z)}{\sigma_3(z)}=\frac{\vartheta_4(0)}{\vartheta_2(0)}\frac{\vartheta_2(v)}{\vartheta_4(v)},\ \mathrm{dn}u=\frac{\sigma_2(z)}{\sigma_3(z)}=\frac{\vartheta_4(0)}{\vartheta_3(0)}\frac{\vartheta_3(v)}{\vartheta_4(v)}.$$

由定义易见

$$\mathrm{sn}^2u+\mathrm{cn}^2u=1,$$

$$k^2\mathrm{sn}^2u+\mathrm{dn}^2u=1.$$

式中

$$k^2=\frac{e_2-e_3}{e_1-e_3}=\frac{(\vartheta_2(0))^4}{(\vartheta_4(0))^4},$$

k 为模数,$k'=\sqrt{1-k^2}$称为**补模数**.

$\mathrm{sn}u,\mathrm{cn}u,\mathrm{dn}u$ 的基本周期分别为$(4K,2iK')$,$(4K,2K+2iK')$,$(2K,4iK')$($K'=K(k')$参看定义 5),

$$\mathrm{sn}(-u)=-\mathrm{sn}u,\ \mathrm{cn}(-u)=\mathrm{cn}u,\ \mathrm{dn}(-u)=\mathrm{dn}u.$$

加法公式:

$$\mathrm{sn}(u+v)=\frac{\mathrm{sn}u\ \mathrm{cn}v\ \mathrm{dn}v+\mathrm{sn}v\mathrm{cn}u\mathrm{dn}u}{1-k^2\mathrm{sn}^2u\mathrm{sn}^2v},$$

$$\mathrm{cn}(u+v)=\frac{\mathrm{cn}u\mathrm{cn}v-\mathrm{sn}u\mathrm{dn}u\mathrm{sn}v\mathrm{dn}v}{1-k^2\mathrm{sn}^2u\mathrm{sn}^2v},$$

$$\mathrm{dn}(u+v)=\frac{\mathrm{dn}u\mathrm{dn}v-k^2\mathrm{sn}u\mathrm{cn}u\mathrm{sn}v\mathrm{cn}v}{1-k^2\mathrm{sn}^2u\mathrm{sn}^2v}.$$

导数公式:

$$\frac{d(\mathrm{sn}u)}{du}=\mathrm{cn}u\mathrm{dn}u,\ \frac{d(\mathrm{cn}u)}{du}=-\mathrm{sn}u\mathrm{dn}u,$$

$$\frac{d(\mathrm{dn}u)}{du}=-k^2\mathrm{sn}u\mathrm{cn}u.$$

泰勒展开式：

$$\mathrm{sn}u=u-\frac{1+k^2}{3!}u^3+(1+14k^2+16k^4)\frac{u^5}{5!}-\cdots$$

$$\mathrm{cn}u=1-\frac{u^2}{2!}+(1+4k^2)\frac{u^4}{4!}-(1+44k^2+16k^4)\frac{u^6}{6!}+\cdots$$

$$\mathrm{dn}u=1-\frac{k^2u^2}{2!}+k^2(4+k^2)\frac{u^4}{4!}-k^2(16+44k^2+k^4)\frac{u^6}{6!}+\cdots$$

$$|u|<\min(|K'|,|2K+iK'|,|2K-iK'|).$$

18. 科学计算

在科学知识和工程实践的进展中，现在把科学计算(Scientific Computing)看作是和理论以及实验同等重要而且必不可少的手段.数值模拟使人们能研究复杂的系统和自然现象，如果要通过直接的实验来研究它们那将是费钱或危险、甚至是根本不可能的.对这种模拟中从未有过的高层次的细节和现实性的探求要求极大的计算能力和方法，而且这种探求已经为计算机算法和系统结构中的重大突破提供了推动力.由于这些进展，计算科学家和工程师现在能够解决过去曾经认为是难以对付的大规模的问题.计算科学工程(Computational Science and Engineering，CSE)是与科学、工程、数学以及计算机科学有关的一个迅速发展的多学科交叉的领域.CSE着重研制问题解决的方法以及解决科学和工程问题的强健的工具.为进行高效的科学计算，已经研制了强有力的数学软件(例如，Matlab，Mathematica等)及其工具箱，还有专门针对(最优化、偏微分方程中的)特定问题的强有力的专用软件，有时还要自己编写程序.为了能掌握并有效应用这些程序或自己编写程序，必须首先学习科学计算(数值分析)中的基本概念、方法、部分理论结果以及一些算法的主要思想和步骤，这也就是本章的主要内容.因为本手册中很多地方都涉及算法，我们在这里给出算法的定义.*Algos* 是希腊字，意思是“疼”.*Algor* 是拉丁字，意思是“冷却下来”.这两个字都不是 *algorithm*(算法)一词的词根，*algorithm* 一词却与9世纪的阿拉伯学者 al-Khwarizmi(阿尔柯瓦利兹米)有关，他写的书《al-jabr w'almuqabalah(代数学)》演变成为现在中学的代数教科书.al-Khwarizmi 于大约825年写的该书，他强调求解问题的有条理的步骤.

定义 (算法(algorithm)) 定义计算过程的一组详细指令(从而这个过程也称为算法(algorithmic)过程)，它开始于(给定的算法的一定数量的可能输入中的)一个任意输入(input)，而且其目的在于得到一个完全由输入和指令决定的结果(result)(或输出(output)).

《数学百科全书》，卷1，科学出版社 1994，pp. 119～121.

§18.1 误差与近似

18.1.1 误差和有效数字

定义1 设一数真值为 x^*，$\tilde{x}$ 是它的近似值，称 $e=\tilde{x}-x^*$ 为 $\tilde{x}$ 的**绝对误差**，简称**误差**.

如果存在尽可能小的正数 ε，使 $|e|\leqslant\varepsilon$，称 ε 为 $\tilde{x}$ 的**误差限**.

$\frac{e}{x^*}=\frac{\tilde{x}-x^*}{x^*}$称为$\tilde{x}$的**相对误差**，记为$e_r$. 在实际计算中，如$\frac{e}{x^*}$很小，通常取$e_r=\frac{e}{\tilde{x}}=\frac{\tilde{x}-x^*}{\tilde{x}}$. 称$\varepsilon_r=\frac{\varepsilon}{|x^*|}$为**相对误差限**.

定理 1 (1) 乘积的相对误差是各因子的相对误差之和；

(2) 商的相对误差是被除数的相对误差减去除数的相对误差之差.

定义 2 当真值x^*有多位数时，常常按四舍五入（或按切舍即只舍不入）的原则得到x^*的近似值$\tilde{x}$. 若$\tilde{x}$的误差限是某一位的半个（切舍情形为一个）单位，该位到$\tilde{x}$的第一位非零数字共有n位，则称$\tilde{x}$有n位**有效数字**.

$\tilde{x}$有n位有效数字可写成标准形式：

$$\tilde{x}=\pm 10^m\cdot(a_1+a_2\cdot 10^{-1}+\cdots+a_n\cdot 10^{-(n-1)}),\qquad(18.1\text{-}1)$$

其中m为整数，a_1是1到9中的一个数字，$a_2,\cdots,a_n$均是0到9中的一个数字.

关于有效数字位数同相对误差限的关系，有

定理 2 设$\tilde{x}$的第一位非零数字为a_1.

(1) 若$\tilde{x}$具有n位有效数字，则$\varepsilon_r\leqslant\frac{1}{la_1}\cdot 10^{-(n-1)}$；

(2) 若$\varepsilon_r\leqslant\frac{1}{l(a_1+1)}\cdot 10^{-(n-1)}$，则$\tilde{x}$至少具有$n$位有效数字.

在四舍五入情形，$l=2$；在切舍情形，$l=1$.

在下文中，四舍五入和切舍统称为舍入.

18.1.2 稳定性和数值稳定性

科学计算问题常是依据已知数据，使用算法求数学问题的近似解. 数据（常常是测定值）误差，算法所依据的数学工具的公式误差（有时称截断误差），以及舍入误差是近似解的3个误差来源.

稳定性表现所解问题的一种固有特性. 假设没有公式误差和舍入误差，在一定的度量意义下，如果数据误差很小会使解的误差也很小，就称问题的稳定性好，有时也称问题是好条件的或良态的. 相对立的是稳定性不好，或坏条件的，病态的.

一个稳定性不好的问题的例子如线性方程组

$$\begin{cases}2x_1+6x_2=8\\2x_1+6.00001x_2=8.00001\end{cases}\qquad(18.1\text{-}2)$$

其准确解为$x_1=1, x_2=1$. 而若数据误差使成为

$$\begin{cases}2x_1+6x_2=8\\2x_1+5.99999x_2=8.00002\end{cases}$$

则有准确解$x_1=10$，$x_2=-2$，对(18.1-2)的解全无近似意义.

数值稳定性表现算法的一种固有特性. 数值稳定性好指算法对舍入误差不敏感，也就是说算法过程中所有算术运算的舍入误差的总效果，对所得近似解的误差没有

严重的影响.稳定性好的问题使用数值稳定性不好的算法求解,也会得出对真解没有近似意义的结果.

在问题或算法的构成中,出现和差近于0的加减运算,和分母近于0(等价于以特大的数来乘),不利于有好的稳定性和数值稳定性.

公式误差常以余项等形式来表现,是在没有舍入误差的假设下,关于算法的理论性质.对于以迭代过程构成的算法,收敛性属于这一概念.算法的收敛速度则是表现算法以怎样的效率满足控制公式误差的要求.

18.1.3 收敛速度

定义 3 设 $\lim r_n = 0$ 和 $\lim x_n = \bar{x}$. 如果存在 $K > 0$ 使得当 n 充分大时有 $\| x_n - \bar{x} \| < K|r_n|$,则称$\{x_n\}$以$O(r_n)$的收敛速度收敛到$\bar{x}$. 写作 $x_n = \bar{x} + O(r_n)$.

定义 4 设序列$\{x_n\}$收敛于$\bar{x}$且对所有的n有$x_n \neq \bar{x}$.

令

$$Q_p = \overline{\lim_{n\to\infty}} \frac{\| x_{n+1} - \bar{x} \|}{\| x_n - \bar{x} \|^p}, \qquad p > 0$$

$$p_0 = \sup\{p : Q_p = 0\}.$$

称 p_0 为序列$\{x_n\}$收敛的**阶**,Q_{p_0}为**商收敛因子**,或**Q-因子**. 如果 $Q_1 \in (0,1)$,称序列是**线性收敛**的;如果 $Q_1 = 0$,称为是**超线性收敛**的;对于 $p_0 = 2$,则称是**二阶收敛**的.

序列$\left\{\frac{1}{2^n}\right\}$是线性收敛的,Q-因子为$\frac{1}{2}$;序列$\left\{\frac{1}{n!}\right\}$是超线性收敛的.

如果极限 $\lim \frac{\| x_{n+1} - \bar{x} \|}{\| x_n - \bar{x} \|}$存在,设为$\alpha$,则$\alpha = 0$为超线性收敛;$0 < \alpha < 1$,为线性收敛,$\alpha$即其Q-因子.

定理 3 设对于任意的n有$x_n \neq \bar{x}$. 序列$\{x_n\}$如果超线性收敛于$\bar{x}$,则有

$$\lim \frac{\| x_{n+1} - \bar{x} \|}{\| x_n - \bar{x} \|} = 0$$

以及

$$\lim \frac{\| x_{n+1} - x_n \|}{\| x_n - \bar{x} \|} = 1. \tag{18.1-3}$$

正是(18.1-3)式为超线性收敛的算法以$\| x_{n+1} - x_n \|$充分小作为停止规则提供了依据.

18.1.4 里查森(Richardson)外推

里查森外推可以改善公式误差. 设有未知量M,有近似公式$N(h)$,连同公式误差有

$$M = N(h) + K_1 h + K_2 h^2 + K_3 h^3 + \cdots \tag{18.1-4}$$

置 $N_1(h) = N(h)$. 按公式

$$N_k(h) = N_{k-1}\left(\frac{h}{2}\right) + \frac{N_{k-1}\left(\frac{h}{2}\right) - N_{k-1}(h)}{2^{k-1}-1} \tag{18.1-5}$$

逐行产生如下表格：

$$\begin{array}{llll}
N_1(h) & & & \\
N_1\left(\frac{h}{2}\right) & N_2(h) & & \\
N_1\left(\frac{h}{4}\right) & N_2\left(\frac{h}{2}\right) & N_3(h) & \\
N_1\left(\frac{h}{8}\right) & N_2\left(\frac{h}{4}\right) & N_3\left(\frac{h}{2}\right) & N_4(h) \\
\cdots\cdots & & &
\end{array}$$

当求得 $N_k(h)$时，有

$$M = N_k(h) + O(h^k).$$

如果 $N(h)$的公式误差有 $K_1h^2 + K_2h^4 + \cdots$形式，则使用公式

$$N_k(h) = N_{k-1}\left(\frac{h}{2}\right) + \frac{N_{k-1}\left(\frac{h}{2}\right) - N_{k-1}(h)}{4^{k-1}-1}. \tag{18.1-6}$$

代替(18.1-5)，可以有 $M = N_k(h) + O(h^{2k})$.

§18.2 插 值 法

18.2.1 拉格朗日插值

设 $f(x)$在$[a,b]$上有定义，已知 $f(x_i) = f_i$，$x_i \in [a,b]$且互异($i=0,1,\cdots,n$). 用 H_n 代表所有次数不超过 n 的多项式集合. 则存在唯一的 $p(x) \in H_n$，使 $p(x_i) = f_i$($i=0,1,\cdots,n$). 称 $p(x)$为 $f(x)$的**插值多项式**.

$$L_n(x) = \sum_{k=0}^{n} f_k l_k(x) \tag{18.2-1}$$

称为**拉格朗日插值多项式**. 其中

$$\begin{aligned} l_k(x) &= \frac{(x-x_0)\cdots(x-x_{k-1})(x-x_{k+1})\cdots(x-x_n)}{(x_k-x_0)\cdots(x_k-x_{k-1})(x_k-x_{k+1})\cdots(x_k-x_n)} \\ &= \prod_{\substack{j=0 \\ j\neq k}}^{n}\left(\frac{x-x_j}{x_k-x_j}\right) = \frac{\omega_{n+1}(x)}{(x-x_k)\omega'_{n+1}(x_k)} \quad (k=0,1,\cdots,n) \end{aligned} \tag{18.2-2}$$

是**插值基函数**. 式中

$$\omega_{n+1}(x) = \prod_{j=0}^{n}(x-x_j). \tag{18.2-3}$$

$x_0, x_1, \cdots, x_n$ 称为插值节点.

易见，
$$l_i(x_j)=\delta_{ij}=\begin{cases}1, & i=j,\\ 0, & i\neq j\end{cases}\quad (i,j=0,1,\cdots,n).$$

定理 1 设 $f^{(n)}(x)$在$[a,b]$上为连续，$f^{(n+1)}(x)$在(a,b)内存在，则对任意的 $x\in[a,b]$，存在 $\xi\in(a,b)$，使插值余项

$$R_n(x)=f(x)-L_n(x)=\frac{f^{(n+1)}(\xi)}{(n+1)!}\omega_{n+1}(x). \tag{18.2-4}$$

虽然拉格朗日插值多项式是唯一的，但可以有不同的表示方法和计算方法. 表达式(18.2-1)用于计值实属繁难，而且在比如为减小公式误差而添加新节点时，式中各项都要重新计算. 下述的算法用逐次线性插值实现多项式在特定点的计值而无须写出多项式，并且这种逐次插值也适宜于添加新节点.

18.2.2 尼维勒(Neville)算法和艾特肯(Aitken)算法

设 $p_{m_1m_2\cdots m_k}$ 表示节点 $x_{m_1}, x_{m_2}, \cdots, x_{m_k}$ 所确定的拉格朗日插值多项式. 设 x_i 和 x_j 是节点 $x_0, x_1, \cdots, x_n$ 中的两个不同节点，则(18.2-1)式的 $L_n(x)=p_{01\cdots n}(x)$有

$$L_n(x)=\frac{(x-x_j)p_{01\cdots j-1\, j+1\cdots n}(x)-(x-x_i)p_{01\cdots i-1\, i+1\cdots n}(x)}{(x_i-x_j)}. \tag{18.2-5}$$

尼维勒算法：

对于给定的 x，通过使用(18.2-5)式逐行地生成下表，实现用拉格朗日插值多项式求 $f(x)$近似值.

$$\begin{array}{lllll}
x_0 & Q_{00}=p_0(x) & & & \\
x_1 & Q_{10}=p_1(x) & Q_{11}=p_{01}(x) & & \\
x_2 & Q_{20}=p_2(x) & Q_{21}=p_{12}(x) & Q_{22}=p_{012}(x) & \\
x_3 & Q_{30}=p_3(x) & Q_{31}=p_{23}(x) & Q_{32}=p_{123}(x) & Q_{33}=p_{0123}(x)
\end{array}$$

……………………

注意 $p_k(x)=f(x_k)$，$Q_{kj}=p_{k-j\cdots k-1\, k}(x)$. $\{Q_{kk}\}$给出 $f(x)$用拉格朗日多项式的逐次估计值. 添加节点，逐行延伸上表，直到对给定的容差 ε，$|Q_{kk}-Q_{k-1\, k-1}|<\varepsilon$ 时停止.

艾特肯算法：

这是另一种实现逐次插值的算法. 同样是对给定的 x，逐行地生成如下表格：

$$\begin{array}{lllll}
x_0 & Q_{00}=p_0(x) & & & \\
x_1 & Q_{10}=p_1(x) & Q_{11}=p_{01}(x) & & \\
x_2 & Q_{20}=p_2(x) & Q_{21}=p_{02}(x) & Q_{22}=p_{012}(x) & \\
x_3 & Q_{30}=p_3(x) & Q_{31}=p_{03}(x) & Q_{32}=p_{013}(x) & Q_{33}=p_{0123}(x)
\end{array}$$

……………………

其余同尼维勒算法.

18.2.3 牛顿插值

定义 1 称

$$f[x_0,x_k]=\frac{f(x_k)-f(x_0)}{x_k-x_0} \tag{18.2-6}$$

为函数 $f(x)$关于点 x_0，x_k 的**一阶均差**.称

$$f[x_0,x_1,\cdots,x_k]=\frac{f[x_0,x_k]-f[x_0,x_1]}{x_k-x_1}$$

称为 $f(x)$的二阶均差.一般地，称

$$f[x_0,x_1,\cdots,x_k]=\frac{f[x_0,\cdots,x_{k-2},x_k]-f[x_0,x_1,\cdots,x_{k-1}]}{x_k-x_{k-1}} \tag{18.2-7}$$

为 $f(x)$的 **k 阶均差**

将拉格朗日多项式重新改写，用 $N_n(x)$代替 $L_n(x)$，有

$$\begin{aligned}N_n(x)=&f(x_0)+f[x_0,x_1](x-x_0)+\cdots\\&+f[x_0,x_1,\cdots,x_n](x-x_0)\cdots(x-x_{n-1}).\end{aligned} \tag{18.2-8}$$

(18.2-8)式称为**牛顿插值公式**.用它计算插值多项式，只要求出节点的各阶均差即可.

均差亦称**差商**.均差的符号 $f[x_0,x_1,\cdots,x_k]$与节点 $x_0,x_1,\cdots,x_k$ 的排列次序无关.

18.2.4 等距节点插值

设 $x_k=x_0+kh$ $(k=0,1,\cdots,n)$，常数 h 称为步长.记 $f_k=f(x_k)$ $(k=0,1,\cdots,n)$.

定义 2 记号

$$\Delta f_k=f_{k+1}-f_k,$$

$$\nabla f_k=f_k-f_{k-1},$$

$$\delta f_k=f\left(x_k+\frac{h}{2}\right)-f\left(x_k-\frac{h}{2}\right)=f_{k+\frac{1}{2}}-f_{k-\frac{1}{2}},$$

分别称为 $f(x)$在 x_k 处以 h 为步长的**向前差分**，**向后差分**及**中心差分**.

约定 $\Delta^1=\Delta$，$\nabla^1=\nabla$，$\delta^1=\delta$，一般地可以定义 m 阶差分为

$$\Delta^m f_k=\Delta^{m-1}f_{k+1}-\Delta^{m-1}f_k,$$

$$\nabla^m f_k=\nabla^{m-1}f_k-\nabla^{m-1}f_{k-1},$$

$$\delta^m f_k=\delta^{m-1}f_{k+\frac{1}{2}}-\delta^{m-1}f_{k-\frac{1}{2}}\quad(m=2,3,\cdots).$$

均差与差分有以下关系：

$$f[x_k,\cdots,x_{k+m}]=\frac{1}{m!h^m}\Delta^m f_k\quad(m=1,2,\cdots,n-k). \tag{18.2-9}$$

$$f[x_{k-m},\cdots,x_k]=\frac{1}{m!h^m}\nabla^m f_k\quad(m=1,2,\cdots,k).\tag{18.2-10}$$

如果计算 x_0 附近点 x 的函数值 $f(x)$，可令 $x=x_0+th(0\leqslant t\leqslant 1)$，由(18.2-8)及(18.2-9)式可得**牛顿前插公式**：

$$N_n(x_0+th)=f_0+t\Delta f_0+\frac{t(t-1)}{2!}\Delta^2 f_0+\cdots+\frac{t(t-1)\cdots(t-n+1)}{n!}\Delta^n f_0,\tag{18.2-11}$$

余项

$$R_n(x_0+th)=\frac{t(t-1)\cdots(t-n)}{(n+1)!}h^{n+1}f^{(n+1)}(\xi),\xi\in(x_0,x_n).\tag{18.2-12}$$

如要计算 x_n 附近点 x 的函数值 $f(x)$，可令 $x=x_n+th(-1\leqslant t\leqslant 0)$，由(18.2-8)及(18.2-10)式可得**牛顿后插公式**：

$$N_n(x_n+th)=f_n+t\nabla f_n+\frac{t(t+1)}{2!}\nabla^2 f_n+\cdots+\frac{t(t+1)\cdots(t+n-1)}{n!}\nabla^n f_n,\tag{18.2-13}$$

余项

$$R_n(x_n+th)=\frac{t(t+1)\cdots(t+n)}{(n+1)!}h^{n+1}f^{(n+1)}(\xi),\xi\in(x_0,x_n).\tag{18.2-14}$$

18.2.5 埃尔米特插值

已知 $f(x_i)=f_i,f'(x_i)=m_i,x_i\in[a,b]$ 且互异 $(i=0,1,\cdots,n)$. 用 H_{2n+1} 代表所有次数 $\leqslant 2n+1$ 的多项式集合，则存在唯一的 $H(x)\in H_{2n+1}$，使 $H(x_i)=f_i$，$H'(x_i)=m_i(i=0,1,\cdots,n)$. 称 $H(x)$ 为 $f(x)$ 的**埃尔米特插值多项式**.

$$H(x)=\sum_{j=0}^{n}(f_j\alpha_j(x)+m_j\beta_j(x)),\tag{18.2-15}$$

式中

$$\alpha_j(x)=\left(1-2(x-x_j)\sum_{\substack{k=0\\k\neq j}}^{n}\frac{1}{x_j-x_k}\right)l_j^2(x)\quad(j=0,1,\cdots,n),\tag{18.2-16}$$

$$\beta_j(x)=(x-x_j)l_j^2(x)\quad(j=0,1,\cdots,n)\tag{18.2-17}$$

是插值基函数. $l_j(x)$ 如(18.2-2)式所定义.

易见：

$$\begin{cases}\alpha_j(x_k)=\delta_{j,k},\alpha'_j(x_k)=0,\\ \beta_j(x_k)=0,\beta'_j(x_k)=\delta_{j,k}\end{cases}\quad(j,k=0,1,\cdots,n).\tag{18.2-18}$$

若 $f^{(2n+2)}(x)$ 在 (a,b) 内存在，则其插值余项

$$R(x) = f(x) - H_{2n+1}(x) = \frac{f^{(2n+2)}(\xi)}{(2n+2)!}\omega_{n+1}^2(x). \tag{18.2-19}$$

18.2.6 分段线性插值

已知节点 $a=x_0<x_1<\cdots<x_n=b$ 上的函数值 $f_0,f_1,\cdots,f_n$. 若 $I_h(x)$ 满足：

(1) $I_h(x)$ 在 $[a,b]$ 上连续，即 $I_h(x)\in C[a,b]$,

(2) $I_h(x_k)=f_k(k=0,1,\cdots,n)$,

(3) $I_h(x)$ 在每个小区间 $[x_k, x_{k+1}]$ 上是线性函数，

则称为**分段线性插值函数**.

由(18.2-2)式知

$$I_h(x) = \frac{x-x_{k+1}}{x_k-x_{k+1}}f_k + \frac{x-x_k}{x_{k+1}-x_k}f_{k+1},$$

$$x_k \leqslant x \leqslant x_{k+1} \quad (k=0,1,\cdots,n-1). \tag{18.2-20}$$

若用插值基函数表示，则在整个区间 $[a,b]$ 上为

$$I_h(x) = \sum_{k=0}^{n} f_k l_k(x), \tag{18.2-21}$$

这里基函数 $l_k(x)(k=0,1,\cdots,n)$ 的具体形式为

$$l_k(x) = \begin{cases} \dfrac{x-x_{k-1}}{x_k-x_{k-1}}, & x_{k-1}\leqslant x\leqslant x_k (k=0\text{ 略去}), \\ \dfrac{x-x_{k+1}}{x_k-x_{k+1}}, & x_k\leqslant x\leqslant x_{k+1} (k=n\text{ 略去}), \\ 0, & x\in[a,b]\backslash[x_{k-1}, x_{k+1}] \end{cases} \tag{18.2-22}$$

$$(k=0,1,\cdots,n).$$

记 $h_k=x_{k+1}-x_k$, $h=\max\limits_{0\leqslant k\leqslant n-1} h_k$，只要 $f(x)\in C[a,b]$，就有 $\lim\limits_{h\to 0+} I_h(x)=f(x)$ 在 $[a,b]$ 上一致成立.

18.2.7 分段三次埃尔米特插值

对节点 $a=x_0<x_1<\cdots<x_n=b$，已知 $f(x_k)=f_k$, $f'(x_k)=m_k(k=0,1,\cdots,n)$. 若 $I_h(x)$ 满足：

(1) $I'_h(x)$ 在 $[a,b]$ 上连续，即 $I_k(x)\in C^1[a,b]$,

(2) $I_h(x_k)=f_k$, $I'_k(x_k)=m_k(k=0,1,\cdots,n)$,

(3) $I_h(x)$ 在每个小区间 $[x_k,x_{k+1}]$ 上是三次多项式，则称 $I_h(x)$ 分为段三次埃尔米特插值函数.

由(18.2-15),(18.2-16)及(18.2-17)知，

$$I_h(x) = f_k\left(1+2\cdot\frac{x-x_k}{x_{k+1}-x_k}\right)\cdot\left(\frac{x-x_{k+1}}{x_k-x_{k+1}}\right)^2$$

$$+ f_{k+1}\left(1+2\cdot\frac{x-x_{k+1}}{x_k-x_{k+1}}\right)\left(\frac{x-x_k}{x_{k+1}-x_k}\right)^2$$

$$+ m_k(x-x_k)\left(\frac{x-x_{k+1}}{x_k-x_{k+1}}\right)^2 + m_{k+1}(x-x_{k+1})\left(\frac{x-x_k}{x_{k+1}-x_k}\right)^2,$$

$$x_k \leqslant x \leqslant x_{k+1} \quad (k=0,1,\cdots,n-1). \tag{18.2-23}$$

若用插值基函数表示，则在整个区间$[a,b]$上为

$$I_h(x) = \sum_{k=0}^{n}(f_k\tilde{\alpha}_k(x) + m_k\tilde{\beta}_k(x)), \tag{18.2-24}$$

这里基函数$\tilde{\alpha}_k(x)$，$\tilde{\beta}_k(x)(k=0,1,\cdots,n)$的具体形式为

$$\tilde{\alpha}_k(x) = \begin{cases} \left(1+2\cdot\frac{x-x_k}{x_{k-1}-x_k}\right)\left(\frac{x-x_{k-1}}{x_k-x_{k-1}}\right)^2, & x_{k-1}\leqslant x\leqslant x_k(k=0\text{ 略去}), \\ \left(1+2\cdot\frac{x-x_k}{x_{k+1}-x_k}\right)\left(\frac{x-x_{k+1}}{x_k-x_{k+1}}\right)^2, & x_k\leqslant x\leqslant x_{k+1}(k=n\text{ 略去}), \\ 0, & x\in[a,b]\setminus[x_{k-1},x_{k+1}] \end{cases}$$

$$(k=0,1,\cdots,n). \tag{18.2-25}$$

$$\tilde{\beta}_k(x) = \begin{cases} (x-x_k)\left(\frac{x-x_{k-1}}{x_k-x_{k-1}}\right)^2, & x_{k-1}\leqslant x\leqslant x_k(k=0\text{ 略去}), \\ (x-x_k)\left(\frac{x-x_{k+1}}{x_k-x_{k+1}}\right)^2, & x_k\leqslant x\leqslant x_{k+1}(k=n\text{ 略去}), \\ 0, & x\in[a,b]\setminus[x_{k-1},x_{k+1}] \end{cases}$$

$$(k=0,1,\cdots,n). \tag{18.2-26}$$

记$h_k=x_{k+1}-x_k$，$h=\max\limits_{0\leqslant k\leqslant n-1} h_k$，只要$f(x)\in C[a,b]$，就有$\lim\limits_{h\to 0+} I_h(x)=f(x)$在$[a,b]$上一致成立.

18.2.8 三次样条插值

三次样条插值也是一种分段三次多项式插值，但它不需要$f(x)$在各节点上的导数的信息.

定义 3 设函数f定义于区间$[a,b]$上，且对于

$$a = x_0 < x_1 < \cdots < x_n = b$$

$f(x_k)(k=0,1,\cdots,n)$为已知. 满足下列条件的函数S称为f在$[a,b]$的三次样条插值函数，即

(1) 对每个$k=0,1,\cdots,n-1$，S在区间$[x_k,x_{k+1}]$上都是三次多项式. 记作S_k.

(2) 对于$k=0,1,\cdots,n$，$S(x_k)=f(x_k)$.

(3) $S\in C^{(2)}[a,b]$，亦即对于$k=1,2,\cdots,n-1$，有$S_{k-1}(x_k)=S_k(x_k)$，$S'_{k-1}(x_k)=S_k(x_k)$，$S''_{k-1}(x_k)=S''_k(x_k)$.

(4) 满足下列边界条件之一：

(a) $S''(x_0)=S''(x_n)=0$,(自然边界);

(b) $S'(x_0)=f'(x_0)$和 $S'(x_n)=f'(x_n)$,(固定边界).(定义完)

如果给定 $f(x_k)(k=0,1,\cdots,n)$则自然边界样条插值存在唯一;如果又给定 $f'(x_0)$和 $f'(x_n)$,则固定边界样条插值存在唯一.为求出 $S(x)$,对于 $k=0,1,\cdots,n-1$,置

$$S_k(x)=a_k+b_k(x-x_k)+c_k(x-x_k)^2+d_k(x-x_k)^3. \tag{18.2-27}$$

常数$\{a_k, b_k, c_k, d_k\}$通过求解一个三对角线性方程组得到.这包含在下列算法中.

1. 自然边界三次样条的算法

输入:$n,\{x_0,x_1,\cdots,x_n\}$

$$a_0=f(x_0),a_1=f(x_1),\cdots,a_n=f(x_n).$$

输出:$\{a_k,b_k,c_k,d_k\},k=0,1,\cdots,n-1$.

算法:

(1) 对 $k=0,1,\cdots,n-1$,计算 $h_k=x_{k+1}-x_k$.

(2) 对 $k=1,2,\cdots,n-1$,计算 $\alpha_k=\dfrac{3}{h_k}(a_{k+1}-a_k)-\dfrac{3}{h_{k-1}}(a_k-a_{k-1})$.

(3) 置 $l_0=1,\mu_0=0,z_0=0$.

(4) 对 $k=1,2,\cdots,n-1$,计算

$$l_k=2(x_{k+1}-x_{k-1})-h_{k-1}\mu_{k-1},$$

$$\mu_k=h_k/l_k,$$

$$z_k=(\alpha_k-h_{k-1}z_{k-1})/l_k.$$

(5) 置 $l_n=1,z_n=0, c_n=0$.

(6) 对 $k=n-1,n-2,\cdots,0$,计算

$$c_k=z_k-\mu_k c_{k+1},$$

$$b_k=(a_{k+1}-a_k)/h_k-h_k(c_{k+1}+2c_k)/3,$$

$$d_k=(c_{k+1}-c_k)/(3h_k)$$

(7) 输出$(a_k,b_k,c_k,d_k,k=0,1,\cdots,n-1)$,停止.

2. 固定边界三次样条的算法

输入:$n,\{x_0,x_1,\cdots,x_n\}$

$$a_0=f(x_0),\ a_1=f(x_1),\cdots,a_n=f(x_n)$$

$$F_0=f'(x_0),F_n=f'(x_n).$$

输出:$\{a_k,b_k,c_k,d_k\},\ k=0,1,\cdots,n-1$.

算法:

(1) 对 $k=0,1,\cdots,n-1$,计算 $h_k=x_{k+1}-x_k$.

(2) 计算 $\alpha_0=3(a_1-a_0)/h_0-3F_0$,

$$\alpha_n = 3F_n - 3(a_n - a_{n-1})/h_{n-1}.$$

(3) 对 $k=1,2,\cdots,n-1$,计算 $\alpha_k=\frac{3}{h_k}(a_{k+1}-a_k)-\frac{3}{h_{k-1}}(a_k-a_{k-1})$.

(4) 置 $l_0=2h_0,\mu_0=0.5,z_0=\alpha_0/l_0$.

(5) 对 $k=1,2,\cdots,n-1$,计算

$$l_k = 2(x_{k+1} - x_{k-1}) - h_{k-1}\mu_{k-1},$$

$$\mu_k = h_k/l_k,$$

$$z_k = (\alpha_k - h_{k-1}z_{k-1})/l_k.$$

(6) 计算 $l_n=h_{n-1}(2-\mu_{n-1})$, $z_n=(\alpha_n-h_{n-1}z_{n-1})/l_n$, $c_n=z_n$.

(7) 对 $k=n-1,n-2,\cdots,0$ 计算

$$c_k = z_k - \mu_k c_{k+1},$$

$$b_k = (a_{k+1} - a_k)/h_k - h_k(c_{k+1} + 2c_k)/3,$$

$$d_k = (c_{k+1} - c_k)/(3h_k).$$

(8) 输出($a_k,b_k,c_k,d_k,k=0,1,\cdots,n-1$),停止.

§18.3 曲线拟合

18.3.1 曲线拟合的最小二乘法

关于最小二乘法的一般提法是:对给定的一组数据$(x_i,f(x_i))(i=0,1,\cdots,m)$,要求在函数类 $\varphi=\mathrm{span}\{\varphi_0,\varphi_1,\cdots,\varphi_n\}$中找一个函数 $y=s^*(x)$,使误差平方和

$$\|\delta\|_2^2=\sum_{i=0}^{m}\delta_i^2=\sum_{i=0}^{m}(s^*(x_i)-f(x_i))^2$$

$$=\min_{s\in\varphi}\sum_{i=0}^{m}(s(x_i)-f(x))^2, \tag{18.3-1}$$

这里

$$s(x)=\alpha_0\varphi_0(x)+\alpha_1\varphi_1(x)+\cdots+\alpha_n\varphi_n(x) \quad (n<m). \tag{18.3-2}$$

用几何的语言说,就称之为曲线拟合的最小二乘法.

更一般的提法是:考虑加权平方和

$$\sum_{i=0}^{m}\omega(x_i)(s(x_i)-f(x_i))^2, \tag{18.3-3}$$

这里 $\omega(x)\geqslant 0$ 是$[a,b]$上的权函数,它表示不同点$(x_i,f(x_i))(i=0,1,\cdots,m)$处的数据比重不同. 例如 $\omega(x_i)$可表示在点$(x_i,f(x))$处重复观察的次数. 在形如(18.3-2)式所表示的 $s(x)$中求一函数 $y=s^*(x)$,使(18.3-3)式取得最小值,即

$$\sum_{i=0}^{m}\omega(x_i)(s^*(x_i)-f(x_i))^2=\min_{s\in\varphi}\sum_{i=0}^{m}\omega(x_i)(s(x_i)-f(x_i))^2.$$

可将问题转化为求多元函数

$$I(\alpha_0,\alpha_1,\cdots,\alpha_n)=\sum_{i=0}^{m}\omega(x_i)\Big(\sum_{j=0}^{n}\alpha_j\varphi_j(x_i)-f(x_i)\Big)^2 \tag{18.3-4}$$

的极小点$(\alpha_0^*\ \alpha_1^*\cdots\alpha_n^*)$的问题.

由$\dfrac{\partial I}{\partial\alpha_k}=0(k=0,1,\cdots,n)$,可推得

$$\sum_{j=0}^{n}(\varphi_j,\varphi_k)\alpha_j=d_k\quad(k=0,1,\cdots,n), \tag{18.3-5}$$

式中

$$(\varphi_j,\varphi_k)=\sum_{i=0}^{m}\omega(x_i)\varphi_j(x_i)\varphi_k(x_i),$$

$$d_k=(f,\varphi_k)=\sum_{i=0}^{m}\omega(x_i)f(x_i)\varphi_k(x_i). \tag{18.3-6}$$

(18.3-5)式称为法方程.

如果$\varphi_0(x),\varphi_1(x),\cdots,\varphi_n(x)$线性无关,则法方程(18.3-5)的系数行列式

$$\begin{vmatrix}(\varphi_0,\varphi_0) & (\varphi_0,\varphi_1) & \cdots & (\varphi_0,\varphi_n)\\(\varphi_1,\varphi_0) & (\varphi_1,\varphi_1) & \cdots & (\varphi_1,\varphi_n)\\ \cdots\cdots & \cdots\cdots & \cdots & \cdots\cdots\\(\varphi_n,\varphi_0) & (\varphi_n,\varphi_1) & \cdots & (\varphi_n,\varphi_n)\end{vmatrix}\neq 0,$$

从而得到$f(x)$的最小二乘解

$$s^*(x)=\alpha_0^*\varphi_0(x)+\alpha_1^*\varphi_1(x)+\cdots+\alpha_n^*\varphi_n(x).$$

事实上,可以证明这样得到的$s^*(x)$,对任何由(18.3-2)式所表示的$s(x)$,都有

$$\sum_{i=0}^{m}\omega(x_i)(s^*(x_i)-f(x_i))^2\leqslant\sum_{i=0}^{m}\omega(x_i)(s(x_i)-f(x_i))^2,$$

故$s^*(x)$确是所求最小二乘解.

18.3.2 直线拟合

设在平面上给定n个点:$P_1=(x_1,y_1),\cdots,P_n=(x_n,y_n)$. 欲求最佳拟合直线,使用上一段的方法,取$\varphi_0(x)=1,\varphi_1(x)=x-\bar{x}$,其中$\bar{x}=\dfrac{1}{n}(x_1+x_2+\cdots+x_n)$. 写出法方程并求解之. 得直线

$$y=\bar{y}+\alpha_1(x-\bar{x}), \tag{18.3-7}$$

其中

$$\bar{y}=\frac{1}{n}(y_1+y_2+\cdots+y_n),$$

$$\alpha_1=\frac{(x_1y_1+x_2y_2+\cdots+x_ny_n)-n\bar{x}\,\bar{y}}{(x_1^2+x_2^2+\cdots+x_n^2)-n\bar{x}^2}=\frac{\overline{xy}-\bar{x}\,\bar{y}}{\overline{x^2}-\bar{x}^2}.$$

如果在平面上这些点的分布直观显示并非来自直线函数，则用某个函数 $\varphi(x)$ 取代之，会使 $\|\delta\|_2^2$ 更小，但使 $\|\delta\|_2^2$ 最小化的求解会更困难. 一个解决办法是将数据"线性化". 例如，如果 $y=\varphi(x)=\beta e^{\alpha x}$，则 $\ln y=\ln\beta+\alpha x$. 于是可对数据点 $(x_k,\ln y_k)$ 使用公式(18.3-7).

又如，如果 y_k 是来自正态分布的对应于 x_k 的概率观察值，$0\leqslant y_k\leqslant 1$. 设 φ 是标准正态分布的分布函数，则可以对数据点 (x_k,u_k)，$u_k=\varphi^{-1}(x_k)$，使用公式(18.3-7)，从所得直线方程可得分布参数的估计值.

18.3.3 用正交函数作最小二乘拟合

如果 $\varphi_0(x),\varphi_1(x),\cdots,\varphi_n(x)$ 是关于点集 $\{x_i\}(i=0,1,\cdots,m)$ 带权 $\omega(x_i)(i=0,1,\cdots,m)$ 正交的函数族，即

$$(\varphi_j,\varphi_k)=\sum_{i=0}^{m}\omega(x_i)\varphi_j(x_i)\varphi_k(x_i)=\begin{cases}0 & (j\neq k),\\ A_k>0 & (j=k),\end{cases}\tag{18.3-8}$$

则方程(18.3-5)的解为

$$\alpha_k^*=\frac{(f,\varphi_k)}{(\varphi_k,\varphi_k)}=\frac{\sum\limits_{i=0}^{m}\omega(x_i)f(x_i)\varphi_k(x_i)}{\sum\limits_{i=0}^{m}\omega(x_i)\varphi_k^2(x_i)}\quad(k=0,1,\cdots,n),\tag{18.3-9}$$

其平方误差为

$$\begin{aligned}\|\delta\|_2^2&=(f-s^*,f-s^*)=(f,f)-\sum_{k=0}^{n}A_k(\alpha_k^*)^2\\&=\sum_{i=0}^{m}\omega(x_i)f^2(x_i)-\sum_{k=0}^{n}A_k(\alpha_k^*)^2.\end{aligned}$$

下面将介绍如何根据给定节点 $x_0,x_1,\cdots,x_m$ 及权函数 $\omega(x)>0$ 构造出带权 $\omega(x)$ 的正交多项式 $\{P_k(x)\}_{k=0}^{n}$.

$\{P_k(x)\}_{k=0}^{n}$ 由如下递推公式给出(注意 $n\leqslant m$)：

$$\begin{cases}P_0(x)=1,\\ P_1(x)=(x-b_1)P_0(x),\\ P_{k+1}(x)=(x-b_{k+1})P_k(x)-c_kP_{k-1}(x)\\ (k=1,2,\cdots,n-1),\end{cases}\tag{18.3-10}$$

式中

$$\begin{cases} b_{k+1} = \dfrac{\sum\limits_{i=0}^{m}\omega(x_i)x_iP_k^2(x_i)}{\sum\limits_{i=0}^{m}\omega(x_i)P_k^2(x_i)} = \dfrac{(xP_k,P_k)}{(P_k,P_k)}, \\ c_k = \dfrac{\sum\limits_{i=0}^{m}\omega(x_i)P_k^2(x_i)}{\sum\limits_{i=0}^{m}\omega(x_i)P_{k-1}^2(x_i)} = \dfrac{(P_k,P_k)}{(P_{k-1},P_{k-1})}, \end{cases} \tag{18.3-11}$$

这里 $P_k(x)$是最高项系数为 1 的 k 次多项式. 可以用归纳法证明这样构造出来的 $\{P_k(x)\}_{k=0}^{n}$确实是关于点集 $x_0,x_1,\cdots,x_m$ 带权 $\omega(x_i)(i=0,1,\cdots,m)$的正交多项式.

对于给定的一组数据$(x_i,f(x_i))(i=0,1,\cdots,m)$,根据(18.3-10)及(18.3-11)式逐步求出 $P_k(x)$的同时,相应计算系数

$$\alpha_k^* = \frac{(f,P_k)}{(P_k,P_k)} = \frac{\sum\limits_{i=0}^{m}\omega(x_i)f(x_i)P_k(x_i)}{\sum\limits_{i=0}^{m}\omega(x_i)P_k^2(x_i)},$$

并逐步把 $\alpha_k^* P_k(x)$累加到 $F(x)$中去,最后得所求的拟合曲线

$$y = F(x) = \sum_{k=0}^{n}\alpha_k^* P_k(x).$$

这是目前用多项式作曲线拟合最好的计算方法.

§18.4 数值微分

18.4.1 求导公式

本段给出求函数 f 在点 x_0 的导数的近似公式和误差项. 只考虑等距节点,步长为 h. h 可正可负. 以 f_j 表示 $f(x_0+jh)$. 误差项中的各个 ξ 是位于最小节点和最大节点之间的一个数.

(1) $f'(x_0)$的两点公式

$$f'(x_0) = \frac{1}{h}(f(x_0+h)-f(x_0)) - \frac{h}{2}f''(\xi) \tag{18.4-1}$$

当 $h>0$ 时称为向前差分公式,$h<0$ 时称为向后差分公式.

(2) $f'(x_0)$的三点公式

$$\begin{aligned} f'(x_0) &= \frac{1}{2h}(-3f_0+4f_1-f_2) + \frac{h^2}{3}f^{(3)}(\xi) \\ &= \frac{1}{2h}(f_1-f_{-1}) - \frac{h^2}{6}f^{(3)}(\xi). \end{aligned} \tag{18.4-2}$$

(3) $f'(x_0)$的四点公式

$$f'(x_0)=\frac{1}{12h}(f_{-2}-8f_{-1}+8f_1-f_2)+\frac{h^4}{30}f^{(5)}(\xi). \tag{18.4-3}$$

(4) $f'(x_0)$的五点公式

$$f'(x_0)=\frac{1}{12h}(-25f_0+48f_1-36f_2+16f_3-3f_4)+\frac{h^4}{5}f^{(5)}(\xi). \tag{18.4-4}$$

(5) 二阶导数

$$\begin{aligned}f''(x_0)&=\frac{1}{h^2}(f_{-1}-2f_0+f_1)-\frac{h^2}{12}f^{(4)}(\xi)\\&=\frac{1}{h^2}(f_0-2f_1+f_2)+\frac{h^2}{6}f^{(4)}(\xi_1)-hf^{(3)}(\xi_2).\end{aligned} \tag{18.4-5}$$

(6) 三阶导数

$$\begin{aligned}f^{(3)}(x_0)&=\frac{1}{h^3}(f_3-3f_2+3f_1-f_0)+O(h)\\&=\frac{1}{2h^3}(f_2-2f_1+2f_{-1}-f_{-2})+O(h^2).\end{aligned} \tag{18.4-6}$$

(7) 四阶导数

$$\begin{aligned}f^{(4)}(x_0)&=\frac{1}{h^4}(f_4-4f_3+6f_2-4f_1+f_0)+O(h)\\&=\frac{1}{h^4}(f_2-4f_1+6f_0-4f_{-1}+f_{-2})+O(h^2).\end{aligned} \tag{18.4-7}$$

可以用里查森外推(见 18.1.4)改进精度.

本段中各公式,公式误差为 $O(h^k)$形式,而 h 又出现于近似公式的分母上. h 小,会使公式误差小,但却不利于有好的数值稳定性. 实用中应注意二者的平衡.

18.4.2 样条求导

如果 $f(x)$可微,其样条插值函数 $S(x)$具有性质

$$f'(x)\approx S'(x),$$

因而可以用 $S'(x)$作为 $f'(x)$的近似值,且 x 可以是区间$[a,b]$(见 18.2.8)内的任意点,而不限定是节点 x_k. 对于三次样条插值(见 18.2.8),据(18.2-27)式,在求出 a_k, $b_k, c_k, d_k, k=0,1,\cdots,n-1$ 之后,易得任意点 x 的导数值. 特别在节 x_k,有 $S'(x_k)=b_k, k=1,2,\cdots,n-1$.

§18.5 数值积分

18.5.1 数值积分的基本概念

定义 1 在区间$[a,b]$上适当选取某些点 x_k,然后用 $f(x_k)$加权平均的办法构造

的求积公式

$$I=\int_a^b f(x)dx \approx \sum_{k=0}^{n} A_k f(x_k) \tag{18.5-1}$$

称为**机械求积公式**. 式中 x_k 称为求积节点,A_k 称为求积系数. A_k 仅仅与节点 x_k 的选取有关,而不依赖于被积函数 $f(x)$的具体形式. 称 n 为公式的阶.

定义 2 如果某个求积公式对于次数$\leqslant m$ 的多项式均能准确地成立,但对于 $m+1$ 次多项式就不一定准确,则称该求积公式具有 ***m* 次代数精度**.

易见,若(18.5-1)对于 $f(x)=1,x,x^2,\cdots,x^m$ 都能准确成立,则它就至少具有 m 次代数精度.

若 $L_n(x)$是插值函数,取

$$\int_b^b f(x)dx \approx \int_b^b L_n(x)dx,$$

即

$$\int_a^b f(x)dx \approx \sum_{k=v}^{n} A_k f(x_k).$$

而求积系数 A_k 通过插值基函数 $l_k(x)$积分得出

$$A_k=\int_a^b l_k(x)dx. \tag{18.5-2}$$

定义 3 求积系数由(18.5-2)式确定的求积公式(18.5-1)称为插值型的.

定理 1 形如(18.5-1)式的求积公式至少有 n 次代数精度的必要充分条件是,它是插值型的.

18.5.2 牛顿-科茨公式

设 $h=\dfrac{b-a}{n}$,选取等距节点 $x_k=a+kh(k=0,1,\cdots,n)$,构造出的插值型求积公式

$$I_n=(b-a)\sum_{k=0}^{n} c_k^{(n)} f(x_k) \tag{18.5-3}$$

称为**牛顿-科茨公式**. 式中

$$c_k^{(n)}=\frac{(-1)^{n-k}}{n\cdot k!\cdot(n-k)!}\int_0^n \prod_{\substack{j=0\\ j\neq k}}^{n}(t-j)dt \quad (k=0,1,\cdots,n)$$

称为**科茨系数**. 根据(18.2-4)式,插值型求积公式的余项为

$$R[f]=I-I_n=\int_a^b \frac{f^{(n+1)}(\xi)}{(n+1)!}\omega_{n+1}(x)dx, \tag{18.5-4}$$

式中

$$\xi=\xi(x)\in(a,b),\ \omega_{n+1}(x)=\prod_{j=0}^{n}(x-x_j).$$

定理 2 当阶 n 为偶数时,牛顿-科茨公式(18.5-3)至少有 $n+1$ 次代数精度.

1. 牛顿-科茨公式举例

以下各式中的余项可以从(18.5-4)式使用积分中值定理导出. $\xi\in(a,b)$.

(1) $n=1$,梯形公式

$$\int_a^b f(x)dx = \frac{h}{2}[f(x_0)+f(x_1)]-\frac{h^3}{12}f''(\xi).$$

(2) $n=2$,辛普森公式

$$\int_a^b f(x)dx = \frac{h}{3}[f(x_0)+4f(x_1)+f(x_2)]-\frac{h^5}{90}f^{(4)}(\xi).$$

(3) $n=3$,辛普森 3-8 公式

$$\int_a^b f(x)dx = \frac{3h}{8}[f(x_0)+3f(x_1)+3f(x_2)+f(x_3)]-\frac{3h^5}{80}f^{(4)}(\xi).$$

(4) $n=4$,科茨公式

$$\int_a^b f(x)dx = \frac{2h}{45}[7f_0+32f_1+12f_2+32f_3+7f_4]-\frac{8h^7}{945}f^{(6)}(\xi).$$

(5) $n=5$

$$\int_a^b f(x)dx = \frac{5h}{288}[19f_0+75f_1+50f_2+50f_3+75f_4+19f_5]-\frac{275h^7}{12096}f^{(6)}(\xi).$$

(6) $n=6$,威得勒(Weddle)公式

$$\int_a^b f(x)dx = \frac{h}{140}[41f_0+216f_1+27f_2+272f_3+27f_4+216f_5+41f_6]$$
$$-\frac{9h^9}{1400}f^{(8)}(\xi).$$

(7) $n=7$,

$$\int_a^b f(x)dx = \frac{7h}{17280}[751f_0+3577f_1+1323f_2+2989f_3$$
$$+2989f_4+1323f_5+3577f_6+751f_7]-\frac{8183h^9}{518400}f^{(8)}(\xi).$$

实际计算中不使用更高阶的牛顿-科茨公式.

2. 开型的牛顿-科茨公式

取 $h=\dfrac{b-a}{n+2}$, $x_k=x_0+kh$, $k=0,1,\cdots,n$,而 $x_0=a+h$. 这样,节点皆在开区间(a,b),用以构成的求积公式(18.5-3),称为开型的牛顿-科茨公式,具体有

(1) $n=0$,中点公式

$$\int_a^b f(x)dx = 2hf(x_0)+\frac{h^3}{3}f''(\xi).$$

(2) $n=1$,

$$\int_a^b f(x)dx = \frac{3h}{2}[f(x_0)+f(x_1)]+\frac{3h^3}{4}f''(\xi).$$

(3) $n=2$，

$$\int_a^b f(x)dx = \frac{4h}{3}[2f_0 - f_1 + 2f_2]+\frac{14h^5}{45}f^{(4)}(\xi).$$

(4) $n=3$，

$$\int_a^b f(x)dx = \frac{5h}{24}[11f_0 + f_1 + f_2 + 11f_3]+\frac{95h^5}{144}f^{(4)}(\xi).$$

(5) $n=4$，

$$\int_a^b f(x)dx = \frac{3h}{10}[11f_0 - 14f_1 + 26f_2 - 14f_3 + 11f_4]+\frac{41h^7}{140}f^{(6)}(\xi).$$

(6) $n=5$，

$$\int_a^b f(x)dx = \frac{7h}{1440}[611f_0 - 453f_1 + 562f_2 + 562f_3 - 453f_4 + 611f_5] + \frac{5257h^7}{8640}f^{(6)}(\xi).$$

18.5.3 复化求积公式

将$[a,b]$划分为 n 等分，步长

$$h=\frac{b-a}{n},\ x_k = a+kh,(k=0,1,\cdots,n).$$

所谓复化求积法，就是先用低阶的牛顿-科茨公式求得每个子区间$[x_k,x_{k+1}]$上的积分近似值 I_k，然后再求和，用 $\sum\limits_{k=0}^{n-1} I_k$ 作为所求积分 I 的近似值. 以下各式余项中 $\eta\in(a,b)$.

(1) 复化梯形公式

$$\int_a^b f(x)dx = \frac{h}{2}\left[f(a)+2\sum_{k=1}^{n-1}f(x_k)+f(b)\right]-\frac{b-a}{12}h^2 f''(\eta). \quad (18.5\text{-}5)$$

(2) 复化辛普森公式

$$\int_a^b f(x)dx = \frac{h}{6}\left[f(a)+4\sum_{k=0}^{n-1}f(x_{k+\frac{1}{2}})+2\sum_{k=1}^{n-1}f(x_k)+f(b)\right] - \frac{b-a}{180}\left(\frac{h}{2}\right)^4 f^{(4)}(\eta), \quad (18.5\text{-}6)$$

其中 $x_{k+\frac{1}{2}} = x_k + \frac{1}{2}h$.

(3) 复化科茨公式

$$\int_a^b f(x)dx = \frac{h}{90}\left[7f(a)+32\sum_{k=0}^{n-1}f(x_{k+\frac{1}{4}})+12\sum_{k=0}^{n-1}f(x_{k+\frac{1}{2}})\right.$$

$$+32\sum_{k=0}^{n-1}f(x_{k+\frac{3}{4}})+14\sum_{k=0}^{n-1}f(x_k)+7f(b)\Big]-\frac{2(b-a)}{945}\left(\frac{h}{4}\right)^6 f^{(6)}(\eta),$$

(18.5-7)

其中 $x_{k+\frac{1}{4}}=x_k+\frac{1}{4}h$，$x_{k+\frac{1}{2}}=x_k+\frac{1}{2}h$，$x_{k+\frac{3}{4}}=x_k+\frac{3}{4}h$.

(4) 复化中点公式

$$\int_a^b f(x)dx=h\sum_{k=0}^{n-1}f(x_{k+\frac{1}{2}})+\frac{b-a}{6}\left(\frac{h}{2}\right)^2 f''(\eta),\qquad(18.5\text{-}8)$$

其中 $x_{k+\frac{1}{2}}=x_k+\frac{1}{2}h$.

18.5.4 龙贝格(Romberg)积分

龙贝格积分使用复合梯形法给出 $\int_a^b f(x)dx$ 的预估值，然后用里查森(Richardson)外推(见 18.1.4)改善估值. 取 $h_1=b-a$，$h_k=\frac{b-a}{2^{k-1}}$，$k=2,3,\cdots$. 从

$$R_{11}=\frac{h_1}{2}[f(a)+f(b)]$$

开始，按递推公式

$$R_{k1}=\frac{1}{2}\Big[R_{k-1\,1}+h_{k-1}\sum_{i=1}^{2^{k-2}}f(a+(2i-1)h_k)\Big],\ k=2,3,\cdots\qquad(18.5\text{-}9)$$

和由(18.1-6)式得出的

$$R_{kj}=R_{k\,j-1}+\frac{R_{k\,j-1}-R_{k-1\,j-1}}{4^{j-1}-1},\ j=2,3,\cdots,k\qquad(18.5\text{-}10)$$

逐行地产生如下表格：

$$\begin{array}{llll} R_{11} & & & \\ R_{21} & R_{22} & & \\ R_{31} & R_{32} & R_{33} & \\ R_{41} & R_{42} & R_{43} & R_{44} \\ \cdots\cdots & & & \end{array}$$

当 $|R_{k\,k}-R_{k-1\,k-1}|<\varepsilon$，则停止，以 $R_{k\,k}$ 为所求近似值.

18.5.5 高斯公式

形如(18.5-1)的机械求积公式，含有 $2n+2$ 个待定参数 $x_k, A_k(k=0,1,\cdots,n)$，适当选取这些参数有可能使求积公式具有 $2n+1$ 次代数精度. 这类求积公式称为**高斯公式**.

定义 4 如果求积公式(18.5-1)具有 $2n+1$ 次代数精度，则称节点 $x_k(k=0,$

1,…,n)是**高斯点**.

定理 3 若(18.5-1)式是插值型的,则其节点 $x_k(k=0,1,\cdots,n)$是高斯点的必要充分条件是:对任意的次数不超过 n 的多项式 $P(x)$,均有 $\int_a^b P(x)\omega_{n+1}(x)dx = 0$,亦即与 $\omega_{n+1}(x)$ 为正交.式中 $\omega_{n+1}(x) = \prod_{k=0}^{n}(x-x_k)$.

使用正交多项式(见 17.5～17.9)的概念,可知若把被积函数表示为 $w(x)f(x)$,其中 $w(x)$为正交多项式的权函数,把积分区间$[a,b]$变换为正交多项式的区间$(\alpha\ \beta)$,这时正交多项式的 0 点就是所要求的高斯点.利用 n 次正交多项式得到的高斯求积公式,一般形式为

$$\int_{\alpha}^{\beta} w(x)f(x)dx = \sum_{k=1}^{n} w_k f(x_k) + E_n. \tag{18.5-11}$$

余项 $E_n = K_n f^{(2n)}(\xi)$,$\xi\in(\alpha,\beta)$,K_n 为特定常数.表 18.5-1 列出了用 n 阶勒让德多项式 P_n,拉盖尔多项式 L_n,埃尔米特多项式 H_n,切比雪夫多项式 T_n 和 U_n,以及雅可比多项式 J_n 等的 0 点构造高斯公式时的各要项.

表 18.5-1

多项式	权函数 $w(x)$	区间 (α,β)	x_k	w_k	K_n
$P_n(x)$	1	$(-1,1)$	见表 18.5-2	$\dfrac{-2}{(n+1)P_{n+1}(x_k)P_n^l(x_k)}$	$\dfrac{2^{2n+1}(n!)^4}{(2n+1)[(2n)!]^3}$
$L_n(x)$	e^{-x}	$(0,\infty)$	见表 18.5-3	$\dfrac{(n!)^2 x_k}{(n+1)^2 L_{n+1}^2(x_k)}$	$\dfrac{(n!)^2}{(2n)!}$
$H_n(x)$	e^{-x^2}	$(-\infty,\infty)$	见表 18.5-4	$\dfrac{2^{n-1}n!\sqrt{\pi}}{n^2 H_{n-1}^2(x_k)}$	$\dfrac{n!\sqrt{\pi}}{2^n(2n)!}$
$T_n(x)$	$\dfrac{1}{\sqrt{1-x^2}}$	$(-1,1)$	$\cos\dfrac{(2k-1)\pi}{2n}$	$\dfrac{\pi}{n}$	$\dfrac{2\pi}{2^{2n}(2n)!}$
$U_n(x)$	$\sqrt{1-x^2}$	$(-1,1)$	$\cos\left(\dfrac{k\pi}{n+1}\right)$	$\dfrac{\pi}{n+1}\sin^2\left(\dfrac{k\pi}{n+1}\right)$	$\dfrac{\pi}{2^{2n+1}(2n)!}$
$\dfrac{T_{2n+1}(\sqrt{x})}{\sqrt{x}}$	$\sqrt{\dfrac{x}{1-x}}$	$(0,1)$	$\cos^2\left(\dfrac{(2k-1)\pi}{4n+2}\right)$	$\dfrac{2\pi}{2n+1}\cos^2\left(\dfrac{(2k-1)\pi}{4n+2}\right)$	$\dfrac{\pi}{2^{4n+1}(2n)!}$
$J_n\left(x,\dfrac{1}{2},-\dfrac{1}{2}\right)$	$\sqrt{\dfrac{1-x}{1+x}}$	$(0,1)$	$\cos\left(\dfrac{2k\pi}{2n+1}\right)$	$\dfrac{4\pi}{2n+1}\sin^2\left(\dfrac{k\pi}{2n+1}\right)$	$\dfrac{\pi}{2^{2n}(2n)!}$

1. 高斯-勒让德公式

$$\int_{-1}^{1} f(x)dx = \sum_{k=1}^{n} w_k f(x_k) + \frac{2^{2n+1}(n!)^4}{(2n+1)[(2n)!]^3} f^{(2n)}(\xi)$$

其中 x_k 和 w_k 如表 18.5-2.

表 18.5-2

n	节点 $\{\pm x_k\}$	权 $\{w_k\}$	n	节点 $\{\pm x_k\}$	权 $\{w_k\}$
2	0.5773502692	1	8	0.1834346425	0.3626837834
				0.5255324099	0.3137066459
3	0	0.8888888889		0.7966664774	0.2223810345
	0.7745966692	0.5555555556		0.9602898565	0.1012285363
4	0.3399810436	0.6521451549			
	0.8611363116	0.3478548451	9	0	0.3302393550
5	0	0.5688888889		0.3242534234	0.3123470770
	0.5384693101	0.4786286705		0.6133714327	0.2606106964
	0.9061798459	0.2369268851		0.8360311073	0.1806481607
6	0.2386191861	0.4679139346		0.9681602395	0.0812743883
	0.6612093865	0.3607615730			
	0.9324695142	0.1713244924	10	0.1488743390	0.2955242247
7	0	0.4179591837		0.4333953941	0.2692667193
	0.4058451514	0.3818300505		0.6794095683	0.2190863625
	0.7415311856	0.2797053915		0.8650633667	0.1494513492
	0.9491079123	0.1294849662		0.9739065285	0.0666713443

2. 高斯-拉盖尔公式

$$\int_{0}^{+\infty} e^{-x} f(x)dx = \sum_{k=1}^{n} w_k f(x_k) + \frac{(n!)^2}{(2n)!} f^{(2n)}(\xi)$$

其中 x_k 和 w_k 见表 18.5-3.

表 18.5-3

n	节点$\{x_k\}$	权$\{w_k\}$
2	0.5857864376	0.8535533905
	3.4142135623	0.1464466094
3	0.4157745567	0.7110930099
	2.2942803602	0.2785177335
	6.2899450829	0.0103892565
4	0.3225476896	0.6031541043
	1.7457611011	0.3574186924
	4.5366202969	0.0388879085
	9.3950709123	0.0005392947
5	0.2635603197	0.5217556105
	1.4134030591	0.3986668110
	3.5964257710	0.0759424496
	7.0858100058	0.0036117586
	12.6408008442	0.0000233699
6	0.2228466041	0.4589646739
	1.1889321016	0.4170008307
	2.9927363260	0.1133733820
	5.7751435691	0.0103991974
	9.8374674183	0.0002610172
	15.9828739806	0.0000008985
7	0.1930436765	0.4093189517
	1.0266648953	0.4218312778
	2.5678767449	0.1471263486
	4.9003530845	0.0206335144
	8.1821534445	0.0010740101
	12.7341802917	0.0000158654
	19.3957278622	0.0000000317

3. 高斯-埃尔米特公式

$$\int_{-\infty}^{+\infty} e^{-x^2} f(x)dx = \sum_{k=1}^{n} w_k f(x_k) + \frac{n!\sqrt{\pi}}{2^n(2n)!} f^{(2n)}(\xi),$$

x_k 和 w_k 见表 18.5-4.

表 18.5-4

n	节点$(\pm x_k)$	权$\{w_k\}$
2	0.7071067811	0.8862269254
3	0	1.1816359006
	1.2247448713	0.2954089751
4	0.5246476232	0.8049140900
	1.6506801238	0.0813128354
5	0	0.9453087204
	0.9585724646	0.3936193231
	2.0201828704	0.0199532420
6	0.4360774119	0.7246295952
	1.3358490740	0.1570673203
	2.3506049736	0.0045300099
7	0	0.8102646175
	0.8162878828	0.4256072526
	1.6735516287	0.0545155828
	2.6519613568	0.0009717812
8	0.3811869902	0.6611470125
	1.1571937124	0.2078023258
	1.9816567566	0.0170779830
	2.9306374202	0.0001996040
9	0	0.7202352156
	0.7235510187	0.4326515590
	1.4685532892	0.0884745273
	2.2665805845	0.0049436242
	3.1909932017	0.0000396069

4. 拉道(Radau)公式

$$\int_{-1}^{1} f(x)dx = \frac{2}{n^2} f(-1) + \sum_{k=2}^{n} w_k f(x_k) + \frac{2^{2n-1}[n(n-1)!]^4}{[(2n-1)!]^3} f^{(2n-1)}(\xi),$$

其中对于 $k=2,3,\cdots,n$，x_k 是$\frac{P_{n-1}(x)+P_n(x)}{x+1}$的第 k 个根，而

$$w_k = \frac{1-x_k}{n^2[P_{n-1}(x_k)]^2},$$

均见于表 18.5-5.

表 18.5-5

(表中 k 取 $2,3,\cdots,n$ 值)

n	节点$\{x_k\}$	权$\{w_k\}$	n	节点$\{x_k\}$	权$\{w_k\}$
3	−0.2898979485	1.0249716523	8	−0.8874748789	0.1853581548
	0.6898979485	0.7528061254		−0.6395186165	0.3041306206
				−0.2947505657	0.3765175453
4	−0.5753189235	0.6576886399		0.0943072526	0.3915721674
	0.1810662711	0.7763869376		0.4684203544	0.3470147956
	0.8228240809	0.4409244223		0.7706418936	0.2496479013
				0.9550412271	0.1145088147
5	−0.7204802713	0.4462078021	9	−0.9107320894	0.1476540190
	−0.1671808647	0.6236530459		−0.7112674859	0.2471893782
	0.4463139727	0.5627120302		−0.4263504857	0.3168437756
	0.8857916077	0.2874271215		−0.0903733696	0.3482730027
				0.2561356708	0.3376939669
6	−0.8029298284	0.3196407532		0.5713830412	0.2863866963
	−0.3909285467	0.4853871884		0.8173527842	0.2005532980
	0.1240503795	0.5209267831		0.9644401697	0.0907145049
	0.6039731642	0.4169013343	10	−0.9274843742	0.1202966705
	0.9203802858	0.2015883852		−0.7638420424	0.2042701318
				−0.5256460303	0.2681948378
7	−0.8538913426	0.2392274892		−0.2362344693	0.3058592877
	−0.5384677240	0.3809498736		0.0760591978	0.3135824572
	−0.1173430375	0.4471098290		0.3806648401	0.2906101648
	0.3260306194	0.4247037790		0.6477666876	0.2391934317
	0.7038428006	0.3182042314		0.8512252205	0.1643760127
	0.9413671456	0.1489884711		0.9711751807	0.0736170054

5. 罗巴脱(Lobatto)公式

$$\int_{-1}^{1} f(x)dx = \frac{2}{n(n-1)}(f(-1)+f(1)) + \sum_{k=2}^{n-1} w_k f(x_k) + K_n f^{(2n-2)}(\xi),$$

其中对于 $k=2,3,\cdots,n-1$，x_k 是 $P'_{n-1}(x)$的第 $k-1$ 个根，

$$w_k = \frac{2}{n(n-1)[P_{n-1}(x_k)]^2},$$

见表 18.5-6. 而

$$K_n = \frac{n(n-1)^3 2^{2n-1}[(n-2)!]^4}{(2n-1)[(2n-2!)]^3}.$$

表 18.5-6

n	节点$\{x_k\}$	权$\{w_k\}$
3	0	1.3333333333
	1	0.3333333333
4	0.4472135954	0.8333333333
	1	0.1666666666
5	0	0.7111111111
	0.6546536707	0.5444444444
	1	0.1000000000
6	0.2852315164	0.5548583770
	0.7650553239	0.3784749562
	1	0.0666666666
7	0	0.4876190476
	0.4688487934	0.4317453812
	0.8302238962	0.2768260473
	1	0.0476190476
8	0.2092992179	0.4124587946
	0.5917001814	0.3411226924
	0.8717401485	0.2107042271
	1	0.0357142857
9	0	0.3715192743
	0.3631174638	0.3464285109
	0.6771862795	0.2745387125
	0.8997579954	0.1654953615
	1	0.0277777777
10	0.1652789576	0.3275397611
	0.4779249498	0.2920426836
	0.7387738651	0.2248893420
	0.9195339081	0.1333059908
	1	0.0222222222
11	0	0.3002175954
	0.2957581355	0.2868791247
	0.5652353269	0.2480481042
	0.7844834736	0.1871698817
	0.9340014304	0.1096122732
	1	0.0181818181
12	0.1365529328	0.2714052409
	0.3995309409	0.2512756031
	0.6328761530	0.2125084177
	0.8192793216	0.1579747055
	0.9448992722	0.0916845174
	1	0.0151515151
13	0	0.2519308493
	0.2492869301	0.2440157903
	0.4829098210	0.2207677935
	0.6861884690	0.1836468652
	0.8463475646	0.1349819266
	0.9533098466	0.0778016867
	1	0.0128205128

18.5.6 重积分

数值积分的方法可以推广到重积分. 以二重积分为例,将二重积分写成累次积分的形式,先对内层的积分使用数值积分方法,然后是外层积分.

1. 矩形区域上的辛普森二重积分法

设区域 $R=\{(xy)\mid a\leqslant x\leqslant b,c\leqslant y\leqslant d\}$. 使用复化辛普森公式有

$$\iint_R f(x,\ y)dydx=\int_a^b dx\int_c^d f(x,\ y)dy=\frac{hl}{9}\sum_{i=0}^{n}\sum_{j=0}^{m}A_{ij}f(x_i,y_j)+E, \tag{18.5-12}$$

其中误差项

$$E=\frac{(d-c)(b-a)}{180}\left[h^4\frac{\partial^4 f}{\partial x^4}(\bar{\xi},\bar{\eta})+l^4\frac{\partial^4 f}{\partial y^4}(\hat{\xi},\hat{\eta})\right] \tag{18.5-13}$$

$(\bar{\xi},\ \bar{\eta}),(\hat{\xi},\ \hat{\eta})\in R$. 而 $h=\dfrac{b-a}{n}$, $l=\dfrac{d-c}{m}$,系数 A_{ij} 则如下表

m	1	4	2	4	2	4	…	2	4	1
$m-1$	4	16	8	16	8	16	…	8	16	4
$m-2$	2	8	4	8	4	8	…	4	8	2
$m-3$	4	16	8	16	8	16	…	8	16	4
⋮	⋮	⋮	⋮	⋮	⋮	⋮		⋮	⋮	⋮
2	2	8	4	8	4	8	…	4	8	2
1	4	16	8	16	8	16	…	8	16	4
0	1	4	2	4	2	4	…	2	4	1
j / i	0	1	2	3	4	5	…	$n-2$	$n-1$	n

类似地,辛普森公式也可以推广到非矩形区域,见下一段的算法.

2. 辛普森二重积分算法

求积分 $I=\int_a^b dx\int_{c(x)}^{d(x)} f(x,\ y)dy$ 的近似值.

输入:端点 a,b;偶正整数 m,n;函数 $c(x),d(x)$ 和 $f(x,y)$

输出:I 的近似值 J

算法:

(1) 置 $h=(b-a)/n$, $J_1=0$;(端点项.)$J_2=0$,(偶数项.)$J_3=0$,(奇数项.).

(2) 对 $i=0,1,\cdots,n$ 作 $(a)\sim(d)$.

(a) 置 $x=a+ih$;

$$HX = (d(x)-c(x))/m;$$

$$K_1 = f(x,c(x))+f(x,d(x));\text{(端点项.)}.$$

$$K_2 = 0;\text{(偶数项.)}.$$

$$K_3 = 0;\text{(奇数项.)}.$$

(b) 对 $j=0,1,\cdots,m-1$ 作 1°～2°;

1° 置 $y=c(x)+jHX$;$Q=f(x,y)$.

2° 若 j 为偶数则置 $K_2=K_2+Q$,否则置 $K_3=K_3+Q$.

(c) 置 $L=(K_1+2K_2+4K_3)HX/3$;

(d) 若 $i=0$ 或 $i=n$,置 $J_1=J_1+L$;

否则若 i 为偶数则置 $J_2=J_2+L$;否则置 $J_3=J_3+L$.

(3) 置 $J=h(J_1+2J_2+4J_3)/3$;

(4) 输出 J;停止.

3. 高斯-勒让德二重积分

求积分 $I=\int_a^b dx\int_{c(x)}^{d(x)} f(x,y)dy$ 的近似值.

输入:端点 a,b;正整数 m,n;

(根 r_{ij} 和系数 w_{ij} ,$i=\max\{m,n\}$,$j=1,2,\cdots,i$,从表 18.5-2 查找.)

输出:I 的近似值 J.

算法:

(1) 置 $h_1=(b-a)/2$; $h_2=(b+a)/2$; $J=0$.

(2) 对 $i=1,2,\cdots,m$,作(a)～(c).

(a) 置 $JX=0$;

$$x = h_1 r_{m,i}+h_2;$$

$$d_1 = d(x);\ c_1 = c(x);$$

$$l_1 = (d_1-c_1)/2;\ l_2 = (d_1+c_1)/2.$$

(b) 对 $j=1,2,\cdots,n$ 作

置 $y=l_1 r_{n,j}+l_2$;

$Q = f(x\ y)$;

$JX = JX + w_n;Q$

(c) 置 $J=J+w_{m,1}l_1 JX$;

(3) 置 $J=h_1 J$;

(4) 输出 J;停止.

18.5.7 蒙特卡洛(Monte-Carlo)法

一般说来,蒙特卡洛法涉及随机数的生成(在用计算机生成时,实际是伪随机

数)，用以表示独立的在[0,1]均匀分布的随机变量. 用于求积分，蒙特卡洛法的优势在于对被积函数除去可计值以外无任何其他性质的要求，而且容易推广到多重积分.

1. 命中率法

对于积分 $I=\int_a^b f(x)dx$，设对于 $a\leqslant x\leqslant b$ 有 $0\leqslant f(x)\leqslant c$. 记 $R=\{(x,y)\mid a\leqslant x\leqslant b,0\leqslant y\leqslant c\}$，$S=\{(x,y)\mid a\leqslant x\leqslant b,0\leqslant y\leqslant f(x)\}$. 如果 (X,Y) 是在 R 上均匀分布的 2 维随机变量，则概率

$$p=p((X\ Y)\in S)=\frac{I}{c(b-a)}.$$

于是，在使用随机数获得 (X,Y) 的 N 个观察值后，这些观察值落在区域 S 上的频率(命中 S 的命中率)$\frac{N_H}{N}$，就给出 p 的无偏估计 $\hat{p}=\frac{N_H}{N}$，从而有 I 的估计

$$\theta_1=c(b-a)\frac{N_H}{N}. \tag{18.5-14}$$

算法：

(1) 生成[0 1]区间上均匀分布的随机数 $2N$ 个，

$$U_j,\ j=1,2,\cdots,2N.$$

(2) 用此数列组成 N 个对 $(U_1,U'_1),(U_2,U'_2),\cdots,(U_N,U'_N)$，要使数列中每个 U_j 使用一次且只用一次.

(3) 计算 $x_i=a+U_i(b-a)$ 和 $f(x_i)$，$i=1,2,\cdots,N$.

(4) 计出现 $f(x_i)\geqslant U'_i$ 的次数 N_H.

(5) 计算 $\theta_1=c(b-a)N_H/N$. 停止.

对于给定的 ε 和 α，为使 $p(|\theta_1-I|<\varepsilon)\geqslant\alpha$，必需

$$N\geqslant\frac{(1-p)p[c(b-a)]^2}{(1-\alpha)\varepsilon^2}, \tag{18.5-15}$$

对于置信水平 $1-\alpha$，I 的置信区间为

$$\left(\theta_1-u_\alpha\frac{\sqrt{\hat{p}(1-\hat{p})}(b-a)c}{\sqrt{N}},\theta_1+u_\alpha\frac{\sqrt{\hat{p}(1-\hat{p})}(b-a)c}{\sqrt{N}}\right), \tag{18.5-16}$$

其中 u_α 按 $\Phi(u_\alpha)-\Phi(-u_\alpha)=1-\alpha$ 来确定，$\Phi(u)$ 是标准正态分布的分布函数.(见 22.2-3).

2. 样本均值法

设有随机变量 X，其概率密度函数 $\varphi(x)$ 在[$a\ b$]区间上为正，在区间外为 0. 将积分 I 写作

$$I=\int_a^b f(x)dx=\int_a^b\frac{f(x)}{\varphi(x)}\varphi(x)dx,$$

则 I 为$\frac{f(X)}{\varphi(X)}$的数学期望，$I=E\left(\frac{f(X)}{\varphi(X)}\right)$. 利用随机数生成 X 的 N 个观察值 x_1，$x_2,\cdots,x_N$，从而得到$\frac{f(X)}{\varphi(X)}$的 N 个观察值，则其样本均值

$$\theta=\frac{1}{N}\sum_{i=1}^{N}\frac{f(x_i)}{\varphi(x_i)},\tag{18.5-17}$$

给出 I 的无偏估计. 例如，设 X 是$[a\ b]$区间均匀分布的随机变量，则用$[0,1]$区间上均匀分布随机数 $U_1,U_2,\cdots,U_N$，令 $x_i=a+U_i(b-a)$，$i=1,2,\cdots,N$，则得到 X 的 N 个观察值，而 $\varphi(x)=\frac{1}{b-a}$，得到 I 的估计

$$\theta_2=(b-a)\frac{1}{N}\sum_{i=1}^{N}f(a+U_i(b-a)).\tag{18.5-18}$$

一般地，如果 X 的分布函数为 $F(x)$，$U_1,U_2,\cdots,U_N$ 是$[0\ 1]$均匀分布的一组随机数，则 $x_i=F^{-1}(U_i)$，$i=1,2,\cdots,N$，给出 X 的一组观察值.

θ_1 和 θ_2 都是 I 的无偏估计，即 $E\theta_1=E\theta_2=I$. 但是方差 $D\theta_2\leqslant D\theta_1$. 事实上，

$$D\theta_1=\frac{I}{N}[c(b-a)-I],\tag{18.5-19}$$

$$D\theta_2=\frac{1}{N}\left[(b-a)\int_a^b f^2(x)dx-I^2\right].\tag{18.5-20}$$

§18.6 常微分方程的数值解法

18.6.1 一阶方程及单步法

定义 1 考虑初值问题

$$\begin{cases}y'=f(x,y),\\ y(a)=y_0,\end{cases}\quad a\leqslant x\leqslant b,\tag{18.6-1}$$

如果存在唯一的解 $y(x)$，并且对任意的 $\varepsilon>0$，存在 $k(\varepsilon)>0$，使得只要$|\varepsilon_0|<\varepsilon$，函数 $\delta(x)$连续且$|\delta(x)|<\varepsilon$，$a\leqslant x\leqslant b$，问题

$$\begin{cases}z'=f(x,z)+\delta(x),\\ z(a)=y_0+\varepsilon_0,\end{cases}\quad a\leqslant x\leqslant b,\tag{18.6-2}$$

就存在唯一的解 $z(x)$，并且对任意 $x\in[a,b]$，都有$|z(x)-y(x)|<k(\varepsilon)\varepsilon$，则称问题(18.6-1)为**适定的**.

定理 1 如果 f 和$\frac{\partial f}{\partial y}$对 x 在$[a,b]$为连续，则初值问题(18.6-1)是适定的.

适定性也有其他的判别准则. 定理 1 给出的准则最易于检验.

求解适定的一阶常微分方程初值问题(18.6-1)的各种数值方法，其出发点和理

论基础都是泰勒公式(见 6.2.4).使用等距网格点,$x_n=a+nh, n=0,1,\cdots,N, h=\frac{b-a}{N}$.用 y_n 代表 $y(x_n)$的近似值.首先有

$$\frac{y(x_{n+1})-y(x_n)}{h}=y'(x_n+\theta h)\quad(0<\theta<1).$$

于是,对于方程 $y'=f(x,y)$得到

$$y(x_{n+1})=y(x_n)+hf(x_n+\theta h,\ y(x_n+\theta h)),\tag{18.6-3}$$

这里 $K^*=f(x_n+\theta h, y(x_n+\theta h))$称为区间$[x_k,\ x_{k+1}]$上的平均斜率.只要对平均斜率提供一种算法,$K^*\approx\phi(x_n\ y_n)$,那么由(18.6-3)式便相应地导出一种数值方法.

$$y_{n+1}=y_n+h\phi(x_n,y_n),\ n=1,2,\cdots,N-1\tag{18.6-4}$$

这类方法中,y_{n+1}的计算只用到 y_n,称为**单步法**.

定义 2 对于单步法,在 $y(x_n)=y_n$ 的假设下,误差 $y(x_{n+1})-y_{n+1}$ 称为**局部截断误差**.如果局部截断误差为 $O(h^{p+1})$,则称方法有 **p 阶精度**.

1. 欧拉法

$$y_{n+1}=y_n+hf(x_n,y_n),\tag{18.6-5}$$

系由简单地取 $K^*=f(x_n,y_n)$而得到,其 $y(x_{n+1})-y_{n+1}=O(h^2)$.

2. m 阶泰勒方法

直接使用泰勒公式:设 $y\in C^{(m+1)}[a,b]$,有

$$y(x_{n+1})=y(x_n)+hy'(x_n)+\frac{h^2}{2!}y''(x_n)+\cdots+\frac{h^m}{m!}y^{(m)}(x_n)$$

$$+\frac{h^{m+1}}{(m+1)!}y^{(m+1)}(\xi_n),\ x_n<\xi_n<x_{n+1},\tag{18.6-6}$$

其中 $y'=f$,记作 $f^{(0)}$, $y''=\frac{\partial f^{(0)}}{\partial x}+f\frac{\partial f^{(0)}}{\partial y}$,记作 $f^{(1)}$,一般地

$$y^{(k)}=\frac{\partial f^{(k-2)}}{\partial x}+f\frac{\partial f^{(k-2)}}{\partial y}=f^{(k-1)}.$$

由此直接得到(18.6-4)型的公式

$$y_{n+1}=y_n+hT^{(m)}(x_n,y_n),\tag{18.6-7}$$

其中 $T^{(m)}(x_n,y_n)=f(x_n,y_n)+\frac{h}{2}f^{(1)}(x_n,y_n)+\cdots+\frac{h^{m-1}}{m!}f^{(m-1)}(x_n\ y_n)$. 局部截断误差

$$y(x_{n+1})-y_{n+1}=\frac{h^{m+1}}{(m+1)!}f^{(m)}(\xi_n,y(\xi_n)),\tag{18.6-8}$$

当 f 的所有 m 阶偏导数为有界时,为 $O(h^{m+1})$,即有 m 阶精度.欧拉法就是 $m=1$ 的泰勒方法,其 $y(x_{n+1})-y_{n+1}=\frac{h^2}{2}f^{(1)}=O(h^2)$.

3. 中点法

$$y_{n+1} = y_n + hf\left(x_n + \frac{h}{2}, y_n + \frac{h}{2}f(x_n, y_n)\right), \tag{18.6-9}$$

如果 f 的所有二阶偏导数为有界,则 $y(x_{n+1}) - y_{n+1} = O(h^3)$.

4. 改进的欧拉法

$$y_{n+1} = y_n + \frac{h}{2}[f(x_n y_n) + f(x_{n+1}, y_n + hf(x_n y_n))], \tag{18.6-10}$$

局部截断误差为 $O(h^3)$.

5. 侯恩(Heun)法

$$y_{n+1} = y_n + \frac{h}{4}\left[f(x_n, y_n) + 3f\left(x_n + \frac{2}{3}h, y_n + \frac{2}{3}hf(x_n y_n)\right)\right], \tag{18.6-11}$$

这是所谓三阶龙格-库塔法的一种形式,是以 3 阶泰勒方法为基础,以多计算几次 f 函数的值来回避泰勒方法所要求的 f 的各阶导数值的计算,而又能保证同样的精度,得出的一种变形.因此,其局部截断误差为 $O(h^4)$,即有 3 阶精度.

6. 四阶龙格-库塔法

$$\begin{cases} y_{n+1} = y_n + \frac{h}{6}(K_1 + 2K_2 + 2K_3 + K_4), \\ K_1 = f(x_n, y_n), \\ K_2 = f(x_n + \frac{1}{2}h, y_n + \frac{1}{2}hK_1), \\ K_3 = f(x_n + \frac{1}{2}h, y_n + \frac{1}{2}hK_2), \\ K_4 = f(x_n + h, y_n + hK_3). \end{cases} \tag{18.6-12}$$

与四阶泰勒方法有相同精度.这是所谓经典公式.常用的还有一种改进形式,称为基尔(Gill)公式.

$$\begin{cases} y_{n+1} = y_n + \frac{h}{6}(K_1 + (2-\sqrt{2})K_2 + (2+\sqrt{2})K_3 + K_4), \\ K_1 = f(x_n, y_n), \\ K_2 = f\left(x_n + \frac{h}{2}, y_n + \frac{h}{2}K_1\right), \\ K_3 = f\left(x_n + \frac{h}{2}, y_n + \frac{\sqrt{2}-1}{2}hK_1 + \left(1 - \frac{\sqrt{2}}{2}\right)hK_2\right), \\ K_4 = f\left(x_n + h, y_n - \frac{\sqrt{2}}{2}hK_2 + \left(1 + \frac{\sqrt{2}}{2}\right)hK_3\right). \end{cases} \tag{18.6-13}$$

用基尔公式的龙格-库塔法,有更好的数值稳定性.

18.6.2 线性多步法

在逐步推进的求解过程中，计算 y_{n+1} 之前，事实上已经求出了一系列的近似值 $y_0, y_1, \cdots, y_n$. 如果充分利用前面多步的信息来预测 y_{n+1}，则可以期望会获得较高的精度. 这就是构造所谓线性多步法的基本思想.

对(18.6-1)式两端从 x_n 到 x_{n+1} 求积分，得

$$y(x_{n+1}) = y(x_n) + \int_{x_n}^{x_{n+1}} f(x, y(x))dx \ . \tag{18.6-14}$$

设 $P_r(x)$ 是 $f(x, y(x))$ 的插值多项式，以 $\int_{x_n}^{x_{n+1}} P_r(x)dx$ 作为

$$\int_{x_n}^{x_{n+1}} f(x, y(x))dx$$

的近似值，得

$$y_{n+1} = y_n + \int_{x_n}^{x_{n+1}} P_r(x)dx \ . \tag{18.6-15}$$

记 $f_k = f(x_k, y_k)$，用 $r+1$ 组数据 $(x_n, f_n), (x_{n-1}, f_{n-1}), \cdots, (x_{n-r}, f_{n-r})$ 构造插值多项式 $P_r(x)$，注意插值节点是等距的，运用牛顿后插公式可得

$$y_{n+1} = y_n + h\sum_{i=0}^{r} \beta_{ri} f_{n-i}, \tag{18.6-16}$$

式中

$$\beta_{ri} = (-1)^i \sum_{j=i}^{r} \binom{j}{i} \alpha_j \quad (i = 0, 1, \cdots, r), \tag{18.6-17}$$

$$\alpha_j = (-1)^j \int_0^1 \binom{-t}{j} dt \quad (j = 0, 1, \cdots, r). \tag{18.6-18}$$

称(18.6-16)式为**亚当斯显式公式**.

改用 $x_{n+1}, x_n, x_{n-1}, \cdots, x_{n-r+1}$ 为插值节点，通过 $r+1$ 组数据

$$(x_{n+1}, f_{n+1}), (x_n, f_n), \cdots, (x_{n-r+1}, f_{n-r+1})$$

构造插值多项式 $P_r(x)$，类似地可得**亚当斯隐式公式**.

$$y_{n+1} = y_n + h\sum^{r} \beta_{ri}^{*} f_{n-i+1}, \tag{18.6-19}$$

其中

$$\beta_{ri}^{*} = (-1)^i \sum_{j=i}^{r} \binom{j}{i} \alpha_j^{*}, \tag{18.6-20}$$

$$\alpha_j^{*} = (-1)^j \int_{-1}^{0} \binom{-t}{j} dt. \tag{18.6-21}$$

多步法的局部截断误差，是在假设 $y(x_{n-i}) = y_{n-i}$，对于 $i = 0, 1, \cdots, r$，都成立时的误差

$y(x_{n+1})-y_{n+1}$.

具体的亚当斯显式方法如下

1.（$r=1$）

$$y_{n+1}=y_n+\frac{h}{2}[3f(x_n, y_n)-f(x_{n-1}, y_{n-1})], \tag{18.6-22}$$

局部截断误差为$\frac{5}{12}y^{(3)}(\xi_n)h^3$，$\xi_n\in(x_{n-1}, x_{n+1})$.

2.（$r=2$）

$$y_{n+1}=y_n+\frac{h}{12}[23f(x_n, y_n)-16f(x_{n-1}, y_{n-1})+5f(x_{n-2}, y_{n-2})], \tag{18.6-23}$$

其 $y(x_{n+1})-y_{n+1}=\frac{3}{8}y^{(4)}(\xi_n)h^4$，$\xi_n\in(x_{n-2}, x_{n+1})$.

3.（$r=3$）

$$y_{n+1}=y_n+\frac{h}{24}[55f(x_n, y_n)-59f(x_{n-1}, y_{n-1})+37f(x_{n-2}, y_{n-2})-9f(x_{n-3}, y_{n-3})], \tag{18.6-24}$$

而 $y(x_{n+1})-y_{n+1}=\frac{251}{720}y^{(5)}(\xi_n)h^5$，$\xi_n\in(x_{n-3}, x_{n+1})$.

4.（$r=4$）

$$\begin{aligned}y_{n+1}=y_n+\frac{h}{720}[&1901f(x_n, y_n)-2774f(x_{n-1}, y_{n-1})+2616f(x_{n-2}, y_{n-2})\\&-1274f(x_{n-3}, y_{n-3})+251f(x_{n-4}, y_{n-4})],\end{aligned} \tag{18.6-25}$$

局部截断误差 $y(x_{n+1})-y_{n+1}=\frac{95}{288}y^{(6)}(\xi_n)h^6$，$\xi_n\in(x_{n-4}, x_{n+1})$.

具体的亚当斯隐式方法如下

1.（$r=2$）

$$y_{n+1}=y_n+\frac{h}{12}[5f(x_{n+1}, y_{n+1})+8f(x_n, y_n)-f(x_{n-1}, y_{n-1})], \tag{18.6-26}$$

局部截断误差 $y(x_{n+1})-y_{n+1}=-\frac{1}{24}y^{(4)}(\xi_n)h^4$，$\xi_n\in(x_{n-1}, x_{n+1})$.

2.（$r=3$）

$$y_{n+1}=y_n+\frac{h}{24}[9f(x_{n+1},y_{n+1})+19f(x_n,y_n)-5f(x_{n-1},y_{n-1})+f(x_{n-2},y_{n-2})],\tag{18.6-27}$$

局部截断误差为$-\frac{19}{720}y^{(5)}(\xi_n)h^5$，$\xi_n\in(x_{n-2},x_{n+1})$.

3.（$r=4$）

$$\begin{aligned}y_{n+1}=y_n+\frac{h}{720}[&251f(x_{n+1},y_{n+1})+646f(x_n,y_n)-264f(x_{n-1},y_{n-1})\\&+106f(x_{n-2},y_{n-2})-19f(x_{n-3},y_{n-3})],\end{aligned}\tag{18.6-28}$$

局部截断误差 $y(x_{n+1})-y_{n+1}=-\frac{3}{160}y^{(6)}(\xi_n)h^6$，$\xi_n\in(x_{n-3},x_{n+1})$.

多步法在具体使用时，必须借助于某种单步法为它提供除 y_0 以外的开始值.

在实际应用中，隐式法不单独使用，而是用于改善用显式法所获得的近似值. 由显式法给出预测，用隐式法校正此预测，组合成**预测-校正法**. 比如，用(18.6-24)和(18.6-27)(具有同阶的精度)组合成如下方法：

用4阶龙格-库塔法产生 y_1,y_2,y_3，然后，对 $n=3,4,\cdots,N-1$

预测：

$$\begin{aligned}\bar{y}_{n+1}=y_n+\frac{h}{24}[&55f(x_n,y_n)-59f(x_{n-1},y_{n-1})\\&+37f(x_{n-2},y_{n-2})-9f(x_{n-3},y_{n-3})],\end{aligned}$$

校正：

$$\begin{aligned}y_{n+1}=y_n+\frac{h}{24}[&9f(x_{n+1},\bar{y}_{n+1})+19f(x_n,y_n)\\&-5f(x_{n-1},y_{n-1})+f(x_{n-2},y_{n-2})].\end{aligned}$$

18.6.3 一阶方程组

对单个方程 $y'=f$ 的数值解法，只要把 y 和 f 理解为向量，即可应用到一阶方程组的情形.

考察一阶方程组

$$\begin{cases}y_i=f_i(x,y_1,y_2,\cdots,y_M),\\y_i(x_0)=y_i^0.\end{cases}\quad(i=1,2,\cdots,M).\tag{18.6-29}$$

采用向量的写法，记

$$y=(y_1,y_2,\cdots,y_M)^{\mathrm{T}},$$

$$y^0=(y_1^0,y_2^0,\cdots,y_M^0)^{\mathrm{T}},$$

$$f=(f_1,f_2,\cdots,f_M)^{\mathrm{T}}.$$

方程组(18.6-29)的初值问题可表为

$$\begin{cases}y'=f(x;y),\\ y(x_0)=y^0.\end{cases}\tag{18.6-30}$$

与(18.6-12)式相对应,这里4阶龙格-库塔公式为

$$y_{n+1}=y_n+\frac{h}{6}(K_1+2K_2+2K_3+K_4),\tag{18.6-31}$$

式中

$$K_1=f(x_n,y_n),$$

$$K_2=f\left(x_n+\frac{h}{2},\ y_n+\frac{h}{2}K_1\right),$$

$$K_3=f\left(x_n+\frac{h}{2},\ y_n+\frac{h}{2}K_2\right),$$

$$K_4=f(x_n+h,y_n+hK_3).$$

公式(18.6-31)具体写出来是

$$y_{i,n+1}=y_{i,n}+\frac{h}{6}(K_{i,1}+2K_{i,2}+2K_{i,3}+K_{i,4}),\tag{18.6-32}$$

式中

$$K_{i,1}=f_i(x_n,y_{1,n},y_{2,n},\cdots,y_{N,n}),$$

$$K_{i,2}=f_i\left(x_n+\frac{h}{2},y_{1,n}+\frac{h}{2}K_{11},y_{2,n}+\frac{h}{2}K_{21},\cdots,y_{Nn}+\frac{h}{2}K_{N1}\right),$$

$$K_{i,3}=f_i\left(x_n+\frac{h}{2},y_{1n}+\frac{h}{2}K_{12},y_{2n}+\frac{h}{2}K_{22},\cdots,y_{Nn}+\frac{h}{2}K_{N2}\right),$$

$$K_{i,4}=f_i(x_n+h,y_{1n}+hK_{13},y_{2n}+hK_{23},\cdots,y_{Nn}+hK_{N3})$$

$$(i=1,2,\cdots,N).$$

这里,y_{in}是第i个因变量$y_i(x)$在节点$x_n=x_0+nh$的近似值.

当$N=2$时,是含两个方程的特殊情形.

$$\begin{cases}y'=f(x,y,z)\ (y(x_0)=y_0),\\ z'=g(x,y,z)\ (z(x_0)=z_0).\end{cases}\tag{18.6-33}$$

其4阶龙格-库塔公式具有形式

$$\begin{cases}y_{n+1}=y_n+\dfrac{h}{6}(K_1+2K_2+2K_3+K_4),\\ z_{n+1}=z_n+\dfrac{h}{6}(L_1+2L_2+2L_3+L_4).\end{cases}\tag{18.6-34}$$

其中

$$\begin{cases} K_1 = f(x_n, y_n, z_n), \\ L_1 = g(x_n, y_n, z_n), \\ K_2 = f\left(x_n + \dfrac{h}{2},\ y_n + \dfrac{h}{2}K_1, z_n + \dfrac{h}{2}L_1\right), \\ L_2 = g\left(x_n + \dfrac{h}{2},\ y_n + \dfrac{h}{2}K_1, z_n + \dfrac{h}{2}L_1\right), \\ K_3 = f\left(x_n + \dfrac{h}{2},\ y_n + \dfrac{h}{2}K_2, z_n + \dfrac{h}{2}L_2\right), \\ L_3 = g\left(x_n + \dfrac{h}{2},\ y_n + \dfrac{h}{2}K_2, z_n + \dfrac{h}{2}L_2\right), \\ L_4 = f(x_n + h, y_n + hK_3, z_n + hL_3), \\ L_4 = g(x_n + h, y_n + hK_3, z_n + hL_3). \end{cases} \tag{18.6-35}$$

这是单步法.利用节点 x_n 上的值 y_n, z_n,由(18.6-35)式顺序计算 $K_1, L_1, K_2, L_2, K_3, L_3, K_4, L_4$,然后代入(18.6-34)式,求得节点 x_{n+1} 上的值 y_{n+1}, z_{n+1}.

18.6.4 化高阶方程为一阶方程组

对高阶方程的初值问题:

$$y^{(m)} = f(x, y, y', \cdots, y^{(m-1)}), \tag{18.6-36}$$

$$y(x_0) = y_0, y'(x_0) = y'_0, \cdots, y^{(m-1)}(x_0) = y_0^{(m-1)}. \tag{18.6-37}$$

只要引进新的变量 $y_1 = y$, $y_2 = y'$, $\cdots$, $y_m = y^{(m-1)}$,(18.6-36)式化为

$$\begin{cases} y'_1 = y_2, \\ y'_2 = y_3, \\ \quad \vdots \\ y'_{m-1} = y_m, \\ y'_m = f(x, y_1, y_2, \cdots, y_m). \end{cases} \tag{18.6-38}$$

化(18.6-37)式为

$$y_1(x_0) = y_0,\ y_2(x_0) = y'_0, \cdots, y_m(x_0) = y_0^{(m-1)}. \tag{18.6-39}$$

例如

$$\begin{cases} y'' = f(x,\ y,\ y'), & (18.6\text{-}40) \\ y(x_0) = y_0, y'(x_0) = y'_0. & (18.6\text{-}41) \end{cases}$$

记 $y' = z$,则(18.6-40)及(18.6-41)式分别转化为

$$\begin{cases} y' = z, \\ z' = f(x, y, z), \end{cases} \tag{18.6-42}$$

$$y(x_0) = y_0,\ z(x_0) = y'_0. \tag{18.6-43}$$

由(18.6-34)及(18.6-35)式,有

$$\begin{cases} y_{n+1} = y_n + \dfrac{h}{6}(K_1 + 2K_2 + 2K_3 + K_4), \\ z_{n+1} = z_n + \dfrac{h}{6}(L_1 + 2L_2 + 2L_3 + K_4). \end{cases} \tag{18.6-44}$$

$$\begin{cases} K_1 = z_n, \\ L_1 = f(x_n, y_n, z_n), \\ K_2 = z_n + \dfrac{h}{2}L_1, \\ L_2 = f\left(x_n + \dfrac{h}{2}, y_n + \dfrac{h}{2}K_1, z_n + \dfrac{h}{2}L_1\right), \\ K_3 = z_n + \dfrac{h}{2}L_2, \\ L_3 = f\left(x_n + \dfrac{h}{2}, y_n + \dfrac{h}{2}K_2, z_n + \dfrac{h}{2}L_2\right), \\ K_4 = z_n + hL_3, \\ L_4 = f(x_n + h, y_n + hK_3, z_n + hL_3). \end{cases} \tag{18.6-45}$$

如果消去 K_1, K_2, K_3, K_4，则(18.6-44)及(18.6-45)式转化为

$$\begin{cases} y_{n+1} = y_n + hz_n + \dfrac{h^2}{6}(L_1 + L_2 + L_3), \\ z_{n+1} = z_n + \dfrac{h}{6}(L_1 + 2L_2 + 2L_3 + L_4). \end{cases} \tag{18.6-46}$$

$$\begin{cases} L_1 = f(x_n, y_n, z_n), \\ L_2 = f\left(x_n + \dfrac{h}{2}, y_n + \dfrac{h}{2}z_n, z_n + \dfrac{h}{2}L_1\right), \\ L_3 = f\left(x_n + \dfrac{h}{2}, y_n + \dfrac{h}{2}z_n + \dfrac{h^2}{4}L_1, z_n + \dfrac{h}{2}L_2\right), \\ L_4 = f\left(x_n + h, y_n + hz_n + \dfrac{h^2}{2}L_2, z_n + hL_3\right). \end{cases} \tag{18.6-47}$$

§ 18.7 非线性方程和非线性方程组

18.7.1 非线性方程

定义 1 设 $f(x)$是一元函数，$\bar{x}$ 是方程 $f(x)=0$ 的解. 如果对于 $x\neq\bar{x}$ 有 $f(x)=(x-\bar{x})^m\phi(x)$，$\lim\limits_{x\to\bar{x}}\phi(x)\neq 0$，则称 $\bar{x}$ 是 f 的 m 重 0 点. 特别对于 $m=1$ 情形，称为简单 0 点.

1. 不动点迭代

对于函数 $g(x)$，若 $g(\bar{x})=\bar{x}$，称 $\bar{x}$ 为 g 的**不动点**. 给定初始点 x_1，按

$$x_{k+1} = g(x_k), \quad k \geqslant 1, \tag{18.7-1}$$

产生序列 $\{x_k\}$. 如果 $\{x_k\}$ 收敛，且 g 为连续函数，则将收敛到 g 的不动点. 并且 x_k 可用作 $\bar{x}$ 的近似值.

定理 1（不动点定理） 设 $g\in C[a,b]$. 假设

(1) $g(x)\in[a,b]$，对所有 $x\in[a,b]$；

(2) 存在 $g'(x)$，且 $|g'(x)|\leqslant c<1$，对所有 $x\in(a,b)$.

如果 $x_1\in[a,b]$，则(18.7-1)式所确定的序列收敛到(唯一的)不动点 $\bar{x}\in[a,b]$，且对所有的 $k\geqslant 2$，有下列两种误差估计

$$| x_{k+1} - \bar{x} | \leqslant \frac{c^k}{1-c} | x_2 - x_1 |, \tag{18.7-2}$$

$$| x_{k+1} - \bar{x} | \leqslant c^k \max\{x_1 - a, b - x_1\}. \tag{18.7-3}$$

此定理的假设，只是迭代收敛的一种充分条件. 并且，在此假设下，$\{x_k\}$ 以 $\{c^k\}$ 的收敛速度收敛到 $\bar{x}$.

定理 2 在定理 1 假设下，再设 $g'(x)$ 在 (a,b) 连续. 如果 $g'(\bar{x})\neq 0$，则对任意的 $x_1\in[a,b]$，按(18.7-1)式产生的 $\{x_k\}$ 线性收敛到唯一不动点 $\bar{x}\in[a,b]$.

定理 3 设 $\bar{x}$ 是方程 $x=g(x)$ 的解，$g'(\bar{x})=0$，$g''(x)$ 在 $\bar{x}$ 的某个邻域上连续且有界，则存在 $\delta>0$，使得当 $x_1\in[\bar{x}-\delta,\bar{x}+\delta]$ 时，按(18.7-1)式产生的序列至少二阶收敛到 $\bar{x}$.

2. 斯蒂芬森(steffensen)法

这是一种加速收敛的不动点迭代法. 方法如下：

给定 x_1，按照

$$x'_k = g(x_k),\ x''_k = g(x'_k),\ x_{k+1} = \frac{(x'_k - x_k)^2}{x''_k - 2x'_k - x_k},\ k \geqslant 1, \tag{18.7-4}$$

产生序列 $\{x_k\}$. 对此有如下定理.

定理 4 设 $\bar{x}$ 是方程 $x=g(x)$ 的解，$g'(\bar{x})\neq 1$. 如果存在 $\delta>0$ 使得 $g\in C^3[\bar{x}-\delta,\bar{x}+\delta]$，则斯蒂芬森法产生的序列 $\{x_k\}$ 只要 $x_1\in[\bar{x}-\delta,\bar{x}+\delta]$，就是二阶收敛的.

3. 牛顿法

要解 $f(x)=0$，给初始点 x_1，**牛顿法**按

$$x_{k+1} = x_k - \frac{f(x_k)}{f'(x_k)},\ k \geqslant 1, \tag{18.7-5}$$

产生序列 $\{x_k\}$. 几何上，x_{k+1} 是曲线 $f(x)$ 在 x_k 点的切线与 x 轴的交点，因此此法也称为**切线法**.

一个实例是 $f(x)=x^2-a$，用牛顿法导出求$\sqrt{a}$的迭代公式

$$x_{k+1}=\frac{1}{2}\left(x_k+\frac{a}{x_k}\right),\qquad k\geqslant 1,\tag{18.7-6}$$

只要初值 $x_1>0$，都有 $x_k\to\sqrt{a}$.

定理 5 设 $f\in C^2[a,b]$，若 $\bar{x}\in[a,b]$有 $f(\bar{x})=0$，$f'(\bar{x})\neq 0$，则存在 $\delta>0$，使得当 $x_1\in[\bar{x}-\delta,\bar{x}+\delta]$时，**牛顿法**所生成的序列$\{x_k\}$收敛到 $\bar{x}$. 如果 $f''(x)$在 $\bar{x}$ 某邻域存在且是连续的，则收敛是 2 阶的.

当 $\bar{x}$ 不是简单 0 点时，收敛只是线性的. 但因为此时 $\bar{x}$ 是函数$\dfrac{f(x)}{f'(x)}$的简单 0 点，对此函数使用牛顿法，即以

$$x_{k+1}=x_k-\frac{f(x_k)f'(x_k)}{[f'(x_k)]^2-f(x_k)f''(x_k)},\ k\geqslant 1,\tag{18.7-7}$$

取代(18.7-5)式. 这称为**修正的牛顿法**，会产生 2 阶收敛到 $f(x)=0$ 的解的序列.

因为 $\bar{x}$ 是待求之解，所以定理 5 的条件无从检验. x_1 的盲目选取会造成不收敛. 又当出现 $f'(x_k)=0$ 时，计算无法进行，这些都是牛顿法的不足之处.

4. 搜索区间法

设 $f(x)$在$[a,b]$连续，且 $f(a)f(b)<0$. 根据介值定理(见 6.1.6)，一定存在 $\bar{x}\in(a,b)$使 $f(\bar{x})=0$. 像$[a,b]$这样包含有所求解 $\bar{x}$ 的区间，称为**搜索区间**. 从一个初始的搜索区间$[a_1,b_1]$开始，逐次以搜索区间$[a_{k+1},b_{k+1}]\subset[a_k,\ b_k]$取代$[a_k,\ b_k]$，$k\geqslant 1$，直到区间长度小于给定的 $\varepsilon>0$，区间内的任一点都可作为近似解. 这称为**搜索区间法**. 一种寻求新区间$[a_{k+1},b_{k+1}]$的方案是取 $x_k\in(a_k,\ b_k)$，如果 $f(x_k)=0$，则停止，得 $\bar{x}=x_k$；

否则，如果 $f(a_k)f(x_k)<0$，则置 $a_{k+1}=a_k$，$b_{k+1}=x_k$；否则置 $a_{k+1}=x_k$，$b_{k+1}=b_k$.
具体的产生 $x_k\in(a_k,b_k)$的方法，有

1. 二分法

$$x_k=\frac{a_k+b_k}{2},\tag{18.7-8}$$

显然$|x_k-\bar{x}|\leqslant(b_1-a_1)/2^k$，即若以$\{x_k\}$为近似解序列，其收敛速度为 $O(2^{-k})$.

2. 弦线法

$$x_k=a_k-f(a_k)\frac{b_k-a_k}{f(b_k)-f(a_k)},\tag{18.7-9}$$

同样，若以$\{x_k\}$为近似解序列，如果 $f'(x)$，$f''(x)$在$[a_1,b_1]$内不变号，则有 $x_k\to\bar{x}$，且为超线性收敛.

18.7.2 代数方程求根

1. 代数方程的牛顿法

给定多项式

$$f(x)=a_0x^n+a_1x^{n-1}+\cdots+a_{n-1}x+a_n, \tag{18.7-10}$$

式中的 $a_i(i=0,1,\cdots,n)$ 均为实数.

为了利用牛顿法的迭代公式(18.7-5),需计算 $f(x_k)$ 及 $f'(x_k)$. 下面先介绍多项式求值的秦九韶算法. 记

$$f(x)=f(x_0)+(x-x_0)P(x), \tag{18.7-11}$$

式中

$$P(x)=b_0x^{n-1}+b_1x^{n-2}+\cdots+b_{n-2}x+b_{n-1}, \tag{18.7-12}$$

系数 $b_i(i=0,1,\cdots,n-1)$ 待定.

比较(18.7-11)式两端同次幂的系数,得

$$\begin{cases}b_0=a_0,\\ b_i=a_i+x_0b_{i-1}\quad(i=1,2,\cdots,n-1),\\ f(x_0)=a_n+x_0b_{n-1}.\end{cases} \tag{18.7-13}$$

又由 $f(x)$ 在点 x_0 的泰勒展开式

$$f(x)=f(x_0)+f'(x_0)(x-x_0)+\frac{f''(x_0)}{2!}(x-x_0)^2+\cdots+\frac{f^{(n)}(x_0)}{n!}(x-x_0)^n,$$

及(18.7-11)式知

$$P(x)=f'(x_0)+\frac{f''(x_0)}{2!}(x-x_0)+\cdots+\frac{f^{(n)}(x_0)}{n!}(x-x_0)^{n-1}.$$

可见,$f'(x_0)$ 可看作 $P(x)$ 除以因式 $x-x_0$ 得出的余数. 于是,可记

$$P(x)=f'(x_0)+(x-x_0)Q(x), \tag{18.7-14}$$

式中

$$Q(x)=c_0x^{n-2}+c_1x^{n-3}+\cdots+c_{n-3}x+c_{n-2},$$

系数 $c_i(i=0,1,\cdots,n-2)$ 待定.

比较(18.7-14)式两端同次幂的系数,得

$$\begin{cases}c_0=b_0,\\ c_i=b_i+x_0c_{i-1}\quad(i=1,2,\cdots,n-2),\\ f'(x_0)=b_{n-1}+x_0c_{n-2}.\end{cases} \tag{18.7-15}$$

这样,对代数方程 $f(x)=0$,可以用迭代公式

$$x_{k+1}=x_k-\frac{f(x_k)}{f'(x_k)}$$

求它的根.用 x_k 替换 x_0,由(18.7-13)及(18.7-15)式 $f(x_k)$ 和 $f'(x_k)$ 均可方便地求出.

2. 劈因子法

如能从多项式

$$f(x)=a_0x^n+a_1x^{n-1}+\cdots+a_{n-1}x+a_n$$

中分离出一个二次因式 $x^2+u^*x+v^*$,我们就能获得它的一对共轭复根.

劈因子法的基本思想是,从某个近似的二次因式 x^2+ux+v 出发,用某种迭代过程使之逐步精确化.记

$$f(x)=(x^2+ux+v)P(x)+r_0x+r_1. \tag{18.7-16}$$

显然 r_0,r_1 均为 u,v 的函数:

$$\begin{cases}r_0=r_0(u,v),\\ r_1=r_1(u,v).\end{cases}$$

劈因子法的目的就是逐步修改 u,v 的值,使 r_0,r_1 变得很小.考察方程

$$\begin{cases}r_0(u,v)=0,\\ r_1(u,v)=0.\end{cases} \tag{18.7-17}$$

这是关于 u,v 的非线性方程组.

设(18.7-17)有解(u^*,v^*).将 $r_0(u^*,v^*)=0,r_1(u^*,v^*)=0$ 的左端在初始值(u_0,v_0)处展开到一阶项,则有

$$\begin{cases}r_0+\dfrac{\partial r_0}{\partial u}(u^*-u_0)+\dfrac{\partial r_0}{\partial v}(v^*-v_0)\approx 0,\\[2mm] r_1+\dfrac{\partial r_1}{\partial u}(u^*-u_0)+\dfrac{\partial r_1}{\partial v}(v^*-v_0)\approx 0.\end{cases}$$

即将非线性方程组(18.7-17)线性化,得下列线性方程组

$$\begin{cases}r_0+\dfrac{\partial r_0}{\partial u}\cdot\Delta u+\dfrac{\partial r_0}{\partial v}\cdot\Delta v=0,\\[2mm] r_1+\dfrac{\partial r_1}{\partial u}\cdot\Delta u+\dfrac{\partial r_1}{\partial v}\cdot\Delta v=0.\end{cases} \tag{18.7-18}$$

由(18.7-18)式解出增量 $\Delta u,\Delta v$,即可得到改进的二次因式

$$x^2+(u_0+\Delta u)x+(v_0+\Delta v).$$

(18.7-18)式中的 $r_0,r_1,\dfrac{\partial r_0}{\partial u},\dfrac{\partial r_1}{\partial u},\dfrac{\partial r_0}{\partial v},\dfrac{\partial r_1}{\partial v}$均在初始值$(u_0,v_0)$处取值.它们是这样计算的:

(1) 先求 r_0,r_1,设

$$f(x)=(x^2+u_0x+v_0)P(x)+r_0x+r_1, \tag{18.7-19}$$

式中

$$P(x)=b_0x^{n-2}+b_1x^{n-3}+\cdots+b_{n-3}x+b_{n-2},$$

系数 $b_i(i=0,1,\cdots,n-2)$待定.

比较(18.7-19)式两端同次幂的系数,得

$$\begin{cases}b_0=a_0,\\ b_1=a_1-u_0b_0,\\ b_i=a_i-u_0b_{i-1}-v_0b_{i-2}(i=2,3,\cdots,n-2),\\ r_0=a_{n-1}-u_0b_{n-2}-v_0b_{n-3},\\ r_1=a_n-v_0b_{n-2}.\end{cases}\tag{18.7-20}$$

(2) 其次,求$\frac{\partial r_0}{\partial v},\frac{\partial r_1}{\partial v}$.

将(18.7-16)式两端关于 v 求导后在(u_0,v_0)处取值,得

$$0=P(x)+(x^2+u_0x+v_0)\frac{\partial P}{\partial v}+\frac{\partial r_0}{\partial v}x+\frac{\partial r_1}{\partial v},$$

即

$$P(x)=-(x^2+u_0x+v_0)\frac{\partial P}{\partial v}-\frac{\partial r_0}{\partial v}x-\frac{\partial r_1}{\partial v}.\tag{18.7-21}$$

记

$$-\frac{\partial P}{\partial v}=c_0x^{n-4}+c_1x^{n-5}+\cdots+c_{n-5}x+c_{n-4},$$

系数 $c_i(i=0,1,\cdots,n-4)$待定.

比较(18.7-21)式两端同次幂的系数,得

$$\begin{cases}c_0=b_0,\\ c_1=b_1-u_0c_0,\\ c_i=b_i-u_0c_{i-1}-v_0c_{i-2}\quad(i=2,3,\cdots,n-4),\\ \dfrac{\partial r_0}{\partial v}=-b_{n-3}+u_0c_{n-4}+v_0c_{n-5},\\ \dfrac{\partial r_1}{\partial v}=-b_{n-2}+v_0c_{n-4}.\end{cases}\tag{18.7-22}$$

(3) 最后,求$\frac{\partial r_0}{\partial u},\frac{\partial r_1}{\partial u}$.

将(18.7-16)式两端关于 u 求导后在(u_0,v_0)处取值,得

$$0=xP(x)+(x^2+u_0x+v_0)\frac{\partial P}{\partial u}+\frac{\partial r_0}{\partial u}x+\frac{\partial r_1}{\partial u},$$

即

$$xP(x)=-(x^2+u_0x+v_0)\frac{\partial P}{\partial u}-\frac{\partial r_0}{\partial u}x-\frac{\partial r_1}{\partial u}.\tag{18.7-23}$$

又由(18.7-21)式得

$$xP(x)=-(x^2+u_0x+v_0)\left(x\frac{\partial P}{\partial v}+\frac{\partial r_0}{\partial v}\right)+\left(u_0\frac{\partial r_0}{\partial v}-\frac{\partial r_1}{\partial v}\right)x+v_0\frac{\partial r_0}{\partial v}. \tag{18.7-24}$$

比较(18.7-23)及(18.7-24)式得

$$\begin{cases}\dfrac{\partial r_0}{\partial u}=-u_0\dfrac{\partial r_0}{\partial v}+\dfrac{\partial r_1}{\partial v},\\[2mm] \dfrac{\partial r_1}{\partial u}=-v_0\dfrac{\partial r_0}{\partial v}.\end{cases} \tag{18.7-25}$$

18.7.3 非线性方程组

1. 牛顿法

设 $F:R^n\to R^n$. 即

$$F(\boldsymbol{x})=F(x_1,x_2,\cdots,x_n)=(f_1(x_1,x_2,\cdots,x_n),\cdots,f_n(x_1,x_2,\cdots,x_n))^{\mathrm{T}},$$

解非线性方程组

$$F(\boldsymbol{x})=0 \tag{18.7-26}$$

有许多迭代方法. **牛顿法**是18.7.5的方法的自然推广. 给定 $\boldsymbol{x}_1\in R^n$,作为(18.7-5)式的推广,为

$$\boldsymbol{x}_{k+1}=\boldsymbol{x}_k-J(\boldsymbol{x}_k)^{-1}F(\boldsymbol{x}_k),\ k\geqslant 1, \tag{18.7-27}$$

其中

$$J(\boldsymbol{x})=\begin{pmatrix}\dfrac{\partial f_1(\boldsymbol{x})}{\partial x_1} & \dfrac{\partial f_1(\boldsymbol{x})}{\partial x_2},\cdots,\dfrac{\partial f_1(\boldsymbol{x})}{\partial x_n}\\ \dfrac{\partial f_2(\boldsymbol{x})}{\partial x_1} & \dfrac{\partial f_2(\boldsymbol{x})}{\partial x_2},\cdots,\dfrac{\partial f_2(\boldsymbol{x})}{\partial x_n}\\ \multicolumn{2}{c}{\cdots\cdots\cdots\cdots\cdots}\\ \dfrac{\partial f_n(\boldsymbol{x})}{\partial x_1} & \dfrac{\partial f_n(\boldsymbol{x})}{\partial x_2},\cdots,\dfrac{\partial f_n(\boldsymbol{x})}{\partial x_n}\end{pmatrix} \tag{18.7-28}$$

是 $F(x)$的雅可比矩阵. (18.7-27)式也可以看作是

$$G(\boldsymbol{x})=\boldsymbol{x}-J(\boldsymbol{x})^{-1}F(\boldsymbol{x}) \tag{18.7-29}$$

的不动点迭代. 此处牛顿法的收敛速度仍是2阶的,但通常要求 $\boldsymbol{x}_1$ 充分接近于(18.7-26)的解,才会收敛.

在具体实现算法时,避免计算 $J(\boldsymbol{x}_k)^{-1}$,而通过解线性方程组

$$J(\boldsymbol{x}_k)s=-F(\boldsymbol{x}_k), \tag{18.7-30}$$

求得向量 s,然后令 $\boldsymbol{x}_{k+1}=\boldsymbol{x}_k+s$.

2. 非线性方程组与无约束最优化

非线性方程组与无约束最优化问题(见 25.2)有密切的关系.求函数 $f:R^n\to R$ 的梯度 0 点,要解非线性方程组 $\nabla f(\boldsymbol{x})=0$. 非线性方程组(18.7-26)的求解,通过令

$$g(\boldsymbol{x}) = F(\boldsymbol{x})^{\mathrm{T}}F(\boldsymbol{x}) = \sum_{i=1}^{n} f_i^2(x_1,x_2,\cdots,x_n) \tag{18.7-31}$$

可化为求 $g(\boldsymbol{x})$ 的最小值点的问题,且如果(18.7-26)有解,则 $g(\boldsymbol{x})$ 的最小值为 0. 于是,用 25.2.6 中的方法,可以解非线性方程组.

§18.8 解线性方程组的直接方法

18.8.1 高斯消去法

设有线性方程组

$$\begin{cases} a_{11}x_1 + a_{12}x_2 + \cdots + a_{1n}x_n = b_1, \\ a_{21}x_1 + a_{22}x_2 + \cdots + a_{2n}x_n = b_2 \\ \cdots\cdots\cdots\cdots\cdots\cdots \\ a_{n1}x_1 + a_{n2}x_2 + \cdots + a_{nn}x_n = b_n. \end{cases} \tag{18.8-1}$$

或写成矩阵形式

$$A\boldsymbol{x} = \boldsymbol{b},$$

其中

$$A = \begin{pmatrix} a_{11} & a_{12} & \cdots & a_{1n} \\ a_{21} & a_{22} & \cdots & a_{2n} \\ \cdots & \cdots & \cdots & \cdots \\ a_{n1} & a_{n2} & \cdots & a_{nn} \end{pmatrix}$$

为非奇异阵,

$$\boldsymbol{x} = (x_1,x_2,\cdots,x_n)^{\mathrm{T}},$$

$$\boldsymbol{b} = (b_1,b_2,\cdots,b_n)^{\mathrm{T}}.$$

为解方程组(18.8-1),**高斯消去法**建立增广矩阵

$$A' = [A \vdots b] = \begin{pmatrix} a_{11} & \cdots & a_{1n} & b_1 \\ \vdots & & \vdots & \vdots \\ a_{n1} & \cdots & a_{nn} & b_n \end{pmatrix} \tag{18.8-2}$$

通过必要的行置换(当主对角线出现 0 元时),和通过各行减去某行的一个倍数,将增广矩阵 A' 变为上三角矩阵,即形如

$$\begin{pmatrix} a'_{11} & a'_{12} & \cdots & a'_{1n} & b'_1 \\ 0 & a'_{22} & \cdots & a'_{2n} & b'_2 \\ \vdots & \ddots & \ddots & \vdots & \vdots \\ 0 & \cdots & 0 & a'_{nn} & b'_n \end{pmatrix}. \qquad (18.8\text{-}3)$$

的矩阵,它所表示的方程组同原方程组等价.这称为消元过程.然后依次解出 x_n,x_{n-1},…,x_1,称为回代过程.算法如下.

输入:未知数个数 n,矩阵 A 和向量 b.

输出:方程组 $A\boldsymbol{x}=\boldsymbol{b}$ 的解 $\boldsymbol{x}=(x_1,x_2,\cdots,x_n)^{\mathrm{T}}$,或无唯一解的信息.

算法:

(1) 建立增广矩阵 $A'=[A \vdots b]=(a'_{ij})_{n\times(n+1)}$;

(2) 对 $i=1,2,\cdots,n-1$ 作(a)~(c),(消元过程);

(a) 确定整数 p 使 $a'_{pi}\neq 0$,而 $a'_{ii}=a'_{i+1\,i}=\cdots=a'_{p-1\,i}=0$.

如果得不出这样的 p,则输出"无唯一解存在",停止.

(b) 如果 $p\neq i$,交换第 p 行和第 i 行,生成新矩阵仍记为 A'.

(c) 对 $j=i+1,\cdots,n$ 作 1°~2°.

1° 置 $m_{ji}=a'_{ji}/a'_{ii}$;

2° 将第 j 行减去 m_{ji} 倍的第 i 行,形成新的第 j 行.

(即对于 $k=i,\ i+1,\cdots,n+1$,置 $a'_{jk}=a'_{jk}-m_{ji}-a'_{ik}$)

(3) 如果 $a'_{nn}=0$,则输出"无唯一解存在".停止;

(4) 置 $x_n=a'_{n\,n+1}/a'_{nn}$.(开始回代过程);

(5) 对 $i=n-1,\ n-2,\cdots,1$,置 $x_i=[a'_{i\,n+1}-\sum\limits_{j=i+1}^{n}a'_{ij}x_j]/a'_{ii}$;

(6) 输出$(x_1,x_2,\cdots,x_n)$,停止.

18.8.2 选主元

高斯消去法对舍入误差高度敏感,也就是说数值稳定性不好.通过选主元的办法可以改善其数值稳定性.

1. 列主元法

在高斯消去法的算法中,每一步的 a'_{ii} 称为**主元**.**列主元法**要求以 a'_{ii},$a'_{i+1,i}$,…,a'_{ni} 中绝对值最大者作为主元.也就是说,将高斯消去法算法中的步骤(2)之(a)改为

(2) 对 $i=1,2,\cdots,n-1$ 作(a)~(c);

(a) 确定整数 p 使 $|a'_{pi}|=\max\{|a'_{ii}|,|a'_{i+1\,i}|,\cdots,|a'_{ni}|\}$,当 p 不唯一时,取小者.

如果 $a'_{pi}=0$ 则输出"无唯一解存在",停止,就是**高斯列主元消去法**.

2. 标度列主元法

标度列主元法有时会产生更好的效果. 该方法先对行定义标度因子

$$s_i = \max\{|a_{ij}|: j = 1,2,\cdots,n\}, \tag{18.8-4}$$

每一步选$\dfrac{|a'_{ii}|}{s_i}$, $\dfrac{|a'_{i+1,i}|}{s_{i+1}}$, $\cdots$, $\dfrac{|a'_{ni}|}{s_n}$中最大者比如$\dfrac{|a'_{pi}|}{s_p}$, 而以 a'_{pi} 为主元. 在算法中作如下两项修改, 即为**高斯标度列主元消去法**. 即

(1) 建立增广矩阵 $A' = [A \vdots b] = (a'_{ij})_{n\times(n+1)}$, 对 $i=1,2,\cdots,n$, 计算 $s_i = \max\{|a'_{ij}|: j=1,2,\cdots,n\}$;

(2) 对 $i=1,2,\cdots,n-1$ 作(a)～(c);

(a) 确定整数 p 使 $|a'_{pi}|/s_p = \max\left\{\dfrac{|a'_{ii}|}{s_i}, \dfrac{|a'_{i+1\ i}|}{s_{i+1}}, \cdots, \dfrac{|a'_{ni}|}{s_n}\right\}$ 当 p 不唯一时取最小者. 如果 $a'_{pi}=0$ 则输出"无唯一解存在", 停止.

3. 全主元法

全主元法在算法的步骤(2)(a)中要按

$$|a'_{pq}| = \max\{|a'_{kj}|: k = i, i+1,\cdots,n, j = i, i+1,\cdots,n\}$$

且 p, q 有多值时皆取小者来确定主元. 步骤(2)(b)要添加

如果 $q \neq i$, 交换第 q 列和第 i 列.

此外, 要记录列标 $\{1,2,\cdots,n\}$ 的次序变化, 以便在回代过程中, 按最后的列标顺序 $\{j_1, j_2, \cdots, j_n\}$ 依次解出 $x_{jn}, x_{jn-1}, \cdots, x_{j1}$.

18.8.3 高斯-若尔当消去法

高斯-若尔当消去法如同高斯列主元消去法, 但要将 A' 中的 A 变为单位阵, 这样就有 $x_i = b'_i$, 而不再有回代过程. 算法如下. (输入输出同高斯消去法.)

(1) 建立增广矩阵 $A' = [A \vdots b] = (a'_{ij})_{n\times(n+1)}$

(2) 对 $i=1,2,\cdots,n-1$ 作(a)～(d)

(a) 确定整数 p 使 $|a'_{pi}| = \max\{|a'_{ii}|, |a'_{i+1,i}|, \cdots, |a'_{ni}|\}$, 当有多个 p 时取小者. 如果 $a'_{pi}=0$, 输出"无唯一解存在", 停止.

(b) 如果 $p \neq i$, 交换第 p 行和第 i 行. 生成新矩阵仍记为 A'.

(c) 对 $j=1,\cdots,i-1,\ i+1,\cdots,n$ 作 1°～2°

1° 置 $m_{ji} = a'_{ji}/a'_{ii}$

2° 将第 j 行减去 m_{ji} 倍的第 i 行, 即对 $k=i, i+1,\cdots,n+1$, 置 $a'_{jk} = a'_{jk} - m_{ji}a'_{ik}$.

(d) 对 $i=1,2,\cdots,n$ 置 $a'_{i,n+1} = a'_{i,n+1}/a'_{ii}$, 然后置 $a'_{ii}=1$.

(3) 对 $i=1,2,\cdots,n$ 置 $x_i = a'_{i,n+1}$.

(4) 输出 $(x_1, x_2, \cdots, x_n)$, 停止.

说明:高斯-若尔当法还可以提供一种求逆矩阵的方法,叙述如下:设 A 为非奇异矩阵,如果应用高斯-若尔当方法将 $C=(A|I_n)$ 化成 $(I_n|T)$,则 $T=A^{-1}$.

18.8.4 LU 分解法

首先,借助于矩阵理论对高斯消去法进行分析.设(18.8-1)式中 A 的各顺序主子式 Δ_k, $k=1,2,\cdots,n$,均不为零.记 $A^{(1)}=A$, $b^{(1)}=b$,在第一次消元时,由于对 $A^{(1)}$ 施行行初等变换(参看 5.2.3),故相当于用初等矩阵(参看 5.2.6)L_1 左乘 $A^{(1)}$ 及 $\boldsymbol{b}^{(1)}$,即

$$L_1A^{(1)} = A^{(2)},\ L_1\boldsymbol{b}^{(1)} = \boldsymbol{b}^{(2)}, \tag{18.8-5}$$

式中

$$L_1 = \begin{pmatrix} 1 & & & & \\ -m_{21} & 1 & & & \\ -m_{31} & 0 & 1 & & \\ \vdots & \vdots & \ddots & \ddots & \\ -m_{n1} & 0 & \cdots & 0 & 1 \end{pmatrix}. \tag{18.8-6}$$

一般地,在第 i 次消元时,相当于

$$L_iA^{(i)} = A^{(i+1)}, L_i\boldsymbol{b}^{(i)} = \boldsymbol{b}^{(i+1)} \quad (1 \leqslant i \leqslant n-1), \tag{18.8-7}$$

式中

$$L_i = \begin{pmatrix} 1 & & & & \\ & \ddots & & & \\ & & 1 & & \\ & & -m_{i+1,i} & 1 & \\ & & \vdots & & \ddots \\ & & -m_{n,i} & & \cdots & 1 \end{pmatrix}. \tag{18.8-8}$$

重复这过程,最后得到

$$\begin{aligned} L_{n-1}\cdots L_2L_1A^{(1)} &= A^{(n)}, \\ L_{n-1}\cdots L_2L_1b^{(1)} &= b^{(n)}. \end{aligned} \tag{18.8-9}$$

于是

$$A = LA^{(n)}, \tag{18.8-10}$$

其中

$$L = L_1^{-1}L_2^{-1}\cdots L_{n-1}^{-1} = \begin{pmatrix} 1 & & & & \\ m_{21} & 1 & & & \\ m_{31} & m_{32} & 1 & & \\ \vdots & \vdots & \ddots & \ddots & \\ m_{n1} & m_{n2} & \cdots & m_{n,n-1} & 1 \end{pmatrix}. \tag{18.8-11}$$

为单位下三角阵，而 $A^{(n)}$ 是上三角阵.

基于上面分析知，对于 n 阶矩阵 A，若 $\Delta_k\neq 0(1\leqslant k\leqslant n)$，则有唯一分解式

$$A=LU=\begin{pmatrix}1 & & & \\ l_{21} & 1 & & \\ \vdots & \vdots & \ddots & \\ l_{n1} & l_{n2} & \cdots & 1\end{pmatrix}\begin{pmatrix}u_{11} & u_{12} & \cdots & u_{1n} \\ & u_{22} & \cdots & u_{2n} \\ & & \ddots & \vdots \\ & & & u_{nn}\end{pmatrix}. \quad (18.8\text{-}12)$$

于是，求解(18.8-1)等价于：

1° 由 $\boldsymbol{L}\boldsymbol{y}=\boldsymbol{b}$ 求 $\boldsymbol{y}$；

2° 由 $U\boldsymbol{x}=\boldsymbol{y}$ 求 $\boldsymbol{x}$.

(18.8-12)式中 L,U 的元素可以由 n 步直接计算定出.其中第 r 步定出 U 的第 r 行和 L 的第 r 列的元素.

第一步，由(18.8-12)式知

$a_{1j}=u_{1j}\,(j=1,2,\cdots,n)$得 U 的第 1 行的元素，$a_{i1}=l_{i1}u_{11}$，即

$$l_{i1}=\frac{a_{i1}}{u_{11}}\quad (i=2,3,\cdots,n),$$

得 L 的第 1 列的元素.

第 r 步，设已经定出 U 的第一行到第 $r-1$ 行的元素与 L 的第一列到 $r-1$ 列的元素，则由(18.8-12)式得

$$a_{rj}=\sum_{k=1}^{r-1}l_{rk}u_{kj}+u_{rj}\quad (j=r,r+1,\cdots,n),$$

$$a_{ir}=\sum_{k=1}^{r-1}l_{ik}u_{kr}+l_{ir}u_{rr}\quad (i=r+1,r+2,\cdots,n).$$

由此可得

$$\begin{cases}u_{rj}=a_{rj}-\sum\limits_{k=1}^{r-1}l_{rk}u_{kj} & (j=r,r+1,\cdots,n),\\[2ex] l_{ir}=\dfrac{a_{ir}-\sum\limits_{k=1}^{r-1}l_{ik}u_{kr}}{u_{rr}} & (i=r+1,r+2,\cdots,n).\end{cases} \quad (18.8\text{-}13)$$

(18.8-13)式给出 U 的第 r 行的元素与 L 的第 r 列的元素.

由 $\boldsymbol{L}\boldsymbol{y}=\boldsymbol{b}$ 求 $\boldsymbol{y}$ 的递推公式为

$$\begin{cases}y_1=b_1, \\ y_i=b_i-\sum\limits_{k=1}^{i-1}l_{ik}y_k.\end{cases}\quad (i=2,3,\cdots,n). \quad (18.8\text{-}14)$$

由 $U\boldsymbol{x}=\boldsymbol{y}$ 求 $\boldsymbol{x}$ 的递推公式为

$$\begin{cases} x_n = \dfrac{y_n}{u_{nn}}, \\ x_i = \dfrac{y_i - \sum\limits_{k=i+1}^{n} u_{ik} x_k}{u_{ii}}. \end{cases} \quad (i = n-1, \cdots, 2, 1). \tag{18.8-15}$$

LU 分解法实际是高斯消去法的一种改述.(18.8-13)式包含的内积运算,便于采用“双精度累加”以提高精度.但是仍然存在 $|u_{ii}|$ 会很小从而不利于数值稳定性的因素.下述算法是相当于列主元消去法的 LU 分解法.(注意此法所得的 LU 分解是经多次换行后的 A 阵的分解.)

列主元 LU 分解算法.

(输入、输出同高斯消去法)

算法:

(1) 建立增广矩阵 $A' = [A \vdots \boldsymbol{b}] = (a'_{ij})_{n \times (n+1)}$;

(2) 对 $i = 1, 2, \cdots, n$, 作(a)~(d);

(a) 对 $j = i, i+1, \cdots, n$ 计算 $w_j = a'_{ji} - \sum\limits_{k=1}^{i-1} l_{jk} u_{ki}$, 置 $a'_{ji} = w_j$.(当 $i-1 < 1$ 时 $\sum$ 项为空项,下同.);

(b) 确定 p, 使 $|w_p| = \max\{w_i, w_{i+1}, \cdots, w_n\}$, 有多个 p 值时取小者.如果 $w_p = 0$ 输出“无唯一解存在”,停止;

(c) 如果 $p \neq i$, 交换第 p 行和第 i 行.新的增广阵仍记为 A';

(d)(计算 U 的第 i 行, L 的第 i 列).

$(u_{ii} = a'_{ii})$

对 $j = i+1, i+2, \cdots, n$, 计算 $l_{ji} = a'_{ji} / u_{ii}$, 置 $a'_{ji} = l_{ji}$;

对 $j = i+1, i+2, \cdots, n$, 计算 $u_{ij} = a'_{ij} - \sum\limits_{k=1}^{i-1} l_{ik} u_{kj}$, 置 $a'_{ij} = u_{ij}$.

(至此, A' 的前 n 列,上三角部分为 U 的上三角,不含主对角线下三角部分为 L 的不含主对角线的下三角,第 $n+1$ 列为换行之后的 $\boldsymbol{b}$).

(3)(解 $\boldsymbol{Ly} = \boldsymbol{b}$. 以 $\boldsymbol{y}$ 置换 $\boldsymbol{b}$);

对 $i = 2, 3, \cdots, n$, 计算

$$y_i = a'_{i\,n+1} - \sum_{k=1}^{i-1} a'_{ik} y_k, \text{置 } a'_{i\,n+1} = y_i.$$

(4)(解 $\boldsymbol{Ux} = \boldsymbol{y}$);

$$x_n = a'_{n\,n+1} / a'_{n\,n},$$

对 $i = n-1, n-2, \cdots, 1$ 计算

$$x_i = \left(a'_{i\,n+1} - \sum_{k=i+1}^{n} a'_{i\,k} x_k\right) / a'_{ii},$$

(5) 输出$(x_1,x_2,\cdots,x_n)$.

18.8.5 LDL^{T} 分解法

设 A 是 n 阶实对称矩阵，且 $\Delta_k\neq 0(1\leqslant k\leqslant n)$. 首先，$A$ 可唯一分解为形如(18.8-12)的形式，即 $A=LU$.

将 U 再分解为

$$U=DU_0=\begin{pmatrix} u_{11} & & & \\ & u_{22} & & \\ & & \ddots & \\ & & & u_{nn}\end{pmatrix}\begin{pmatrix} 1 & \frac{u_{12}}{u_{11}} & \cdots & \frac{u_{1n}}{u_{11}} \\ & \ddots & \ddots & \vdots \\ & & \ddots & \frac{u_{n-1,n}}{u_{n-1,n-1}} \\ & & & 1\end{pmatrix},$$

由 A 的对称性，容易得出 $U_0=L^{\mathrm{T}}$. 记 $d_i=u_{ii}(i=1,2,\cdots,n)$，于是 A 可唯一分解为

$$A=LDL^{\mathrm{T}}$$

$$=\begin{pmatrix} 1 & & & & \\ l_{21} & 1 & & & \\ l_{31} & l_{32} & 1 & & \\ \vdots & \vdots & & \ddots & \\ l_{n1} & l_{n2} & \cdots & & 1\end{pmatrix}\begin{pmatrix} d_1 & & & \\ & d_2 & & \\ & & \ddots & \\ & & & d_n\end{pmatrix}\begin{pmatrix} 1 & l_{21} & l_{31} & \cdots & l_{n1} \\ & 1 & l_{32} & \cdots & l_{n2} \\ & & & \ddots & \vdots \\ & & & & 1\end{pmatrix}.$$

(18.8-16)

由矩阵乘法，并注意 $l_{jj}=1,\ l_{jk}=0(j<k)$，得

$$a_{ij}=\sum_{k=1}^{n}(LD)_{ik}(L^{\mathrm{T}})_{kj}=\sum_{k=1}^{n}l_{ik}d_kl_{jk}=\sum_{k=1}^{j-1}l_{ik}d_kl_{jk}+l_{ij}d_j,\ i\geqslant j$$

于是，对于 $i=1,2,\cdots,n$，有

$$\begin{cases} l_{ij}=\left(a_{ij}-\sum\limits_{k=1}^{j-1}l_{ik}d_kl_{jk}\right)/d_j, \\ d_i=a_{ii}-\sum\limits_{k=1}^{i-1}l_{ik}^2d_h. \end{cases}\quad (j=1,2,\cdots,i-1).\qquad (18.8\text{-}17)$$

求解(18.8-1)等价于

1° 由 $L\boldsymbol{y}=\boldsymbol{b}$ 求 $\boldsymbol{y}$;

2° 由 $DL^{\mathrm{T}}\boldsymbol{x}=\boldsymbol{y}$ 求 $\boldsymbol{x}$.

由 $L\boldsymbol{y}=\boldsymbol{b}$ 求 $\boldsymbol{y}$ 的递推公式，已由(18.8-14)给出. 由 $DL^{\mathrm{T}}\boldsymbol{x}=\boldsymbol{y}$ 求 $\boldsymbol{x}$ 的递推公式为

$$\begin{cases} x_n=y_n/d_n, \\ x_i=y_i/d_i-\sum\limits_{k=i+1}^{n}l_{ki}x_k. \end{cases}\quad (i=n-1,\cdots,2,1).\qquad (18.8\text{-}18)$$

18.8.6 平方根法

设 A 是 n 阶实对称正定矩阵(参看 5.7.4),则 A 可唯一分解为

$$A = LDL^T,$$

其中 L 为单位下三角阵,$D=\mathrm{diag}(d_1,d_2,\cdots,d_n)$ 为对角阵,且 $d_i>0(i=1,2,\cdots,n)$.

记 $D^{\frac{1}{2}}=\mathrm{diag}(d_1^{\frac{1}{2}},d_2^{\frac{1}{2}},\cdots,d_n^{\frac{1}{2}})$,又记 $\widetilde{L}=LD^{\frac{1}{2}}$,$\widetilde{L}$ 是下三角阵,于是有

$$A = \widetilde{L}\widetilde{L}^T = \begin{pmatrix} l_{11} & & & \\ l_{21} & l_{22} & & \\ \vdots & \vdots & \ddots & \\ l_{n1} & l_{n2} & \cdots & l_{nn} \end{pmatrix}\begin{pmatrix} l_{11} & l_{21} & \cdots & l_{n1} \\ & l_{22} & \cdots & l_{n2} \\ & & \ddots & \vdots \\ & & & l_{nn} \end{pmatrix}. \qquad (18.8\text{-}19)$$

(18.8-19)式中 $\widetilde{L}$ 的元素可以直接计算出来.其中 $l_{jj}>0(j=1,2,\cdots,n)$,而当 $j<k$ 时有 $l_{jk}=0$.

根据矩阵乘法,由(18.8-19)式得

$$a_{ij} = \sum_{k=1}^{j-1} l_{ik}l_{jk} + l_{ij}l_{jj}\,(j=1,2,\cdots,n;i=j,\ j+1,\cdots,n).$$

因此可得

$$\begin{cases} l_{11} = (a_{11})^{\frac{1}{2}}, \\ l_{i1} = \dfrac{a_{i1}}{l_{11}} \quad (i=2,\cdots,n), \\ l_{jj} = \left(a_{jj} - \displaystyle\sum_{k=1}^{j-1} l_{jk}^2\right)^{\frac{1}{2}} \quad (j=2,\cdots,n), \\ l_{ij} = \dfrac{a_{ij} - \displaystyle\sum_{k=1}^{j-1} l_{ik}l_{jk}}{l_{jj}} \quad (i=j+1,\cdots,n). \end{cases} \qquad (18.8\text{-}20)$$

求解(18.8-1)等价于:由 $\widetilde{L}\boldsymbol{y}=\boldsymbol{b}$ 求 $\boldsymbol{y}$,再由 $\widetilde{L}^T\boldsymbol{x}=\boldsymbol{y}$ 求 $\boldsymbol{x}$.

由 $\widetilde{L}\boldsymbol{y}=\boldsymbol{b}$ 求 $\boldsymbol{y}$ 的递推公式为

$$\begin{cases} y_1 = \dfrac{b_1}{l_{11}}, \\ y_i = \dfrac{b_i - \displaystyle\sum_{k=1}^{i-1} l_{ik}y_k}{l_{ii}}, \end{cases} \quad (i=2,\cdots,n). \qquad (18.8\text{-}21)$$

由 $\widetilde{L}^T\boldsymbol{x}=\boldsymbol{y}$ 求 $\boldsymbol{x}$ 的递推公式为

$$\begin{cases} x_n = \dfrac{y_n}{l_{nn}}, \\ x_i = \dfrac{y_i - \displaystyle\sum_{k=i+1}^{n} l_{kj}x_k}{l_{ii}}, \end{cases} \quad (i=n-1,\cdots,2,1). \qquad (18.8\text{-}22)$$

18.8.7 追赶法

本法适用于 A 是对角占优的三对角矩阵,即

$$A=\begin{pmatrix} b_1 & c_1 & & & \\ a_2 & b_2 & c_2 & & \\ & \ddots & \ddots & \ddots & \\ & & a_{n-1} & b_{n-1} & c_{n-1} \\ & & & a_n & b_n \end{pmatrix}, \tag{18.8-23}$$

其中

$$\begin{cases} |b_1|>|c_1|>0, \\ |b_i|\geqslant|a_i|+|c_i|,\ a_i,c_i\neq 0 \quad (i=2,3,\cdots,n-1), \\ |b_n|>|a_n|>0. \end{cases} \tag{18.8-24}$$

由 A 的特点,可将 A 分解为

$$A=LU=\begin{pmatrix} \alpha_1 & & & \\ \gamma_2 & \alpha_2 & & \\ & \ddots & \ddots & \\ & & \gamma_n & \alpha_n \end{pmatrix}\begin{pmatrix} 1 & \beta_1 & & & \\ & 1 & \beta_2 & & \\ & & \ddots & \ddots & \\ & & & 1 & \beta_{n-1} \\ & & & & 1 \end{pmatrix}, \tag{18.8-25}$$

其中 $\alpha_i,\beta_i,\gamma_i$ 为待定系数. 根据矩阵乘法,由(18.8-25)式可得

$$\begin{cases} b_1=\alpha_1, \\ c_1=\alpha_1\beta_1, \\ a_i=\gamma_i \quad (i=2,3,\cdots,n), \\ b_i=\gamma_i\beta_{i-1}+\alpha_i \quad (i=2,3,\cdots,n), \\ c_i=\alpha_i\beta_i \quad (i=2,3,\cdots,n-1). \end{cases} \tag{18.8-26}$$

由(18.8-24)式知 $|\alpha_i|>|c_i|>0(i=1,2,\cdots,n-1)$,即 $0<|\beta_i|<1$. 于是,由(18.8-26)式得

$$\begin{cases} \alpha_1=b_1, \\ \beta_1=\dfrac{c_1}{b_1}, \\ \gamma_i=a_i \quad (i=2,3,\cdots,n), \\ \alpha_i=b_i-a_i\beta_{i-1}, \quad (i=2,3,\cdots,n), \\ \beta_i=\dfrac{c_i}{b_i-a_i\beta_{i-1}}, \quad (i=2,3,\cdots,n-1). \end{cases} \tag{18.8-27}$$

求解 $A\boldsymbol{x}=\boldsymbol{f}$ 等价于由 $L\boldsymbol{y}=\boldsymbol{f}$ 求 $\boldsymbol{y}$,再由 $U\boldsymbol{x}=\boldsymbol{y}$ 求 $\boldsymbol{x}$.

由 $L\boldsymbol{y}=\boldsymbol{f}$ 求 $\boldsymbol{y}$ 的递推公式为

$$\begin{cases} y_1 = \dfrac{f_1}{b_1}, \\ y_i = \dfrac{f_i - a_i y_{i-1}}{b_i - a_i\beta_{i-1}}, \end{cases} \quad (i = 2,3,\cdots,n). \tag{18.8-28}$$

由 $U\boldsymbol{x}=\boldsymbol{y}$ 求 $\boldsymbol{x}$ 的递推公式为

$$\begin{cases} x_n = y_n, \\ x_i = y_i - \beta_i x_{i+1}, \end{cases} \quad (i = n-1,\cdots,2,1). \tag{18.8-29}$$

§18.9 解线性方程组的迭代法

18.9.1 基本概念

将方程组

$$A\boldsymbol{x} = \boldsymbol{b}, \tag{18.9-1}$$

变形,得到与它等价的方程组

$$\boldsymbol{x} = B\boldsymbol{x} + \boldsymbol{f}. \tag{18.9-2}$$

设 $\boldsymbol{x}^{(0)}$ 为任取的初始向量,按下面迭代公式构造向量序列

$$\boldsymbol{x}^{(k+1)} = B\boldsymbol{x}^{(k)} + \boldsymbol{f}(k = 0,1,\cdots). \tag{18.9-3}$$

如果$\lim\limits_{k\to\infty}\boldsymbol{x}^{(k)}$存在,则称迭代法收敛,$\boldsymbol{x}^* = \lim\limits_{k\to\infty}\boldsymbol{x}^{(k)}$就是(18.9-1)式的解,否则,称此迭代法发散.

定义 1 设 n 阶方阵 B 的特征值为 $\lambda_i(i=1,2,\cdots,n)$,称 $\rho(B)=\max\limits_{1\leqslant i\leqslant n}|\lambda_i|$ 为 B 的**谱半径**.

定理 1 设有方程组(18.9-2),对任意初始向量 $\boldsymbol{x}^{(0)}$ 及任意 $\boldsymbol{f}$,解此方程组的迭代法(18.9-3)收敛的必要充分条件是 $\rho(B)<1$.

对于向量 $\boldsymbol{x}=(x_1,x_2,\cdots,x_n)^T$,常用的范数有三种:

称 $\|\boldsymbol{x}\|_\infty=\max\limits_{1\leqslant i\leqslant n}|\boldsymbol{x}_i|$为 $\boldsymbol{x}$ 的∞范数.

称 $\|\boldsymbol{x}\|_1=\sum\limits_{i=1}^{n}|\boldsymbol{x}_i|$为 $\boldsymbol{x}$ 的 1 范数.

称 $\|\boldsymbol{x}\|_2=\left(\sum\limits_{i=1}^{n}x_i^2\right)^{1/2}$ 为 $\boldsymbol{x}$ 的 2 范数.

对于矩阵 $B_{n\times n}$,范数定义为

$$\|B\| = \max\left\{\frac{\|B\boldsymbol{x}\|}{\|\boldsymbol{x}\|} : x \neq 0\right\}, \tag{18.9-4}$$

右端中的向量范数如果为∞,1,和 2 范数,则相应的矩阵范数记为 $\|B\|_\infty$,$\|B\|_1$ 和 $\|B\|_2$.这三种对应的向量范数和矩阵范数,满足相容性关系

$$\| Bx \|_v \leqslant \| B \|_v \| x \|_v, v = \infty, 1, 2, \tag{18.9-5}$$

假设 $B=(b_{ij})_{n\times n}$，则有

$$\| B \|_\infty = \max\left\{ \sum_{j=1}^{n} | b_{ij} | \,\middle|\, 1 \leqslant i \leqslant n \right\},$$

$$\| B \|_1 = \max\left\{ \sum_{i=1}^{n} | b_{ij} | \,\middle|\, 1 \leqslant j \leqslant n \right\},$$

$$\| B \|_2 = (\lambda_{\max}(B^T B))^{1/2},$$

其中 $\lambda_{\max}(B^TB)$ 为 B^TB 的最大特征值.

定理 2 $\rho(B) \leqslant \| B \|_v (v=\infty, 1$ 或 $2)$.

定理 3 若 $\| B \|_v = q < 1 (v=\infty, 1$ 或 $2)$，则迭代法(18.9-3)收敛，且有估计式：

$$1^\circ \quad \| x^* - x^{(k)} \|_v \leqslant \frac{q}{1-q} \| x^{(k)} - x^{(k-1)} \|_v, \tag{18.9-6}$$

$$2^\circ \quad \| x^* - x^{(k)} \|_v \leqslant \frac{q^k}{1-q} \| x^{(1)} - x^{(0)} \|_v. \tag{18.9-7}$$

由(18.9-7)可知，迭代法(18.9-3)有 $0(q^k)$ 的收敛速度.

18.9.2 雅可比迭代法

对方程组(18.9-1)，设 A 是非奇异阵且 $a_{ii} \neq 0 (i=1,2,\cdots,n)$. 将 A 分裂为

$$A = \begin{pmatrix} 0 & & & \\ a_{21} & 0 & & \\ \vdots & \ddots & \ddots & \\ a_{n1} & \cdots & a_{n,n1} & 0 \end{pmatrix} + \begin{pmatrix} a_{11} & & \\ & a_{22} & \\ & & \ddots & \\ & & & a_{nn} \end{pmatrix} + \begin{pmatrix} 0 & a_{12} & \cdots & a_{1n} \\ & 0 & \cdots & a_{2n} \\ & & \ddots \quad \ddots & \vdots \\ & & & a_{n-1,n} \\ & & & 0 \end{pmatrix}$$

$$= L + D + U. \tag{18.9-8}$$

将(18.9-1)式的第 i 个方程用 a_{ii} 去除再移项，得到等价方程组

$$x_i = \frac{1}{a_{ii}} \Big(b_i - \sum_{\substack{j=1 \\ j\neq i}}^{n} a_{ij} x_j \Big) (i = 1, 2, \cdots, n),$$

简记为

$$x = B_0 x + f, \tag{18.9-9}$$

其中

$$B_0 = \begin{pmatrix} 0 & -\dfrac{a_{12}}{a_{11}} & \cdots & \dfrac{a_{1n}}{a_{11}} \\ -\dfrac{a_{21}}{a_{22}} & 0 & \cdots & \dfrac{a_{2n}}{a_{22}} \\ \cdots & \cdots & \cdots & \cdots \\ -\dfrac{a_{n1}}{a_{nn}} & -\dfrac{a_{n2}}{a_{nn}} & \cdots & 0 \end{pmatrix} = 1 - D^{-1}A = - D^{-1}(L + U). \tag{18.9-10}$$

$$f = D^{-1}b. \tag{18.9-11}$$

对方程组(18.9-9)应用迭代法，迭代公式为

$$\begin{cases} \boldsymbol{x}^{(0)} \text{ 是初始向量}, \\ \boldsymbol{x}^{(k+1)} = B_0\boldsymbol{x}^{(k)} + f \quad (k = 0,1,2,\cdots), \end{cases} \tag{18.9-12}$$

其分量形式为

$$x_i^{(k+1)} = \frac{1}{a_{ii}}\Big(b_i - \sum_{\substack{j=1 \\ j\neq i}}^{n} a_{ij}x_j^{(k)}\Big) \quad \begin{pmatrix} i = 1,2,\cdots,n \\ k = 0,1,\cdots \end{pmatrix}, \tag{18.9-13}$$

其中 $\boldsymbol{x}^{(k)} = (\boldsymbol{x}_1^{(k)}, \boldsymbol{x}_2^{(k)}, \cdots, \boldsymbol{x}_n^{(k)})^{\mathrm{T}} \quad (k=0,1,\cdots)$.

这就是解方程组(18.9-1)的**雅可比迭代法**，B_0 称为雅可比方法迭代矩阵.

由定理 1 知，雅可比迭代法收敛的必要充分条件是 $\rho(B_0)<1$.

由定理 3 知，若 $\|B_0\|_v < 1$ ($v = \infty$, 1 或 2)，则雅可比迭代法收敛. 且有 $O(\|B_0\|_v^k)$的收敛速度.

定义 2 如果矩阵 $A=(a_{ij})_{n\times n}$满足条件

$$|a_{ii}| > \sum_{\substack{j=1 \\ j\neq i}}^{n} |a_{ij}| \quad (i = 1,2,\cdots,n), \tag{18.9-14}$$

即 A 的每一行对角元素的绝对值都严格大于同行其他元素绝对值之和，则称 A 为**严格对角优势矩阵**.

如果 A 为严格对角优势矩阵，则可以证明：对(18.9-10)式所表示的 B_0，有 $\rho(B_0)<1$. 于是有

定理 4 如果 A 为严格对角优势矩阵，则解方程组(18.9-1)的雅可比迭代法收敛.

18.9.3 高斯-赛德尔迭代法

该法简称 **G-S** 方法，它与雅可比方法差别之处是：在计算 $\boldsymbol{x}_i^{(k+1)}$ 时，要用到 $x_1^{(k+1)}, x_2^{(k+1)}, \cdots, x_{i-1}^{(k+1)}$，即

$\boldsymbol{x}^{(0)} = (x_1^{(0)}, x_2^{(0)}, \cdots, x_n^{(0)})^T$ 为初始向量，

$$\boldsymbol{x}_i^{(k+1)} = \frac{1}{a_{ii}}\Big(b_i - \sum_{j=1}^{i-1} a_{ij}x_j^{(k+1)} - \sum_{j=i+1}^{n} a_{ij}x_i^{(k)}\Big), \tag{18.9-15}$$
$$(i = 1,2,\cdots,n; k = 0,1,\cdots),$$

简记为

$$\boldsymbol{x}^{(k+1)} = D^{-1}(\boldsymbol{b} - L\boldsymbol{x}^{(k+1)} - U\boldsymbol{x}^{(k)}). \tag{18.9-16}$$

由于 $a_{ii}\neq 0 (i=1,2,\cdots,n)$，故$(D+L)^{-1}$存在，由(18.9-16)式可得

$$\boldsymbol{x}^{(k+1)} = -(D+L)^{-1}U\boldsymbol{x}^{(k)} + (D+L)^{-1}\boldsymbol{b}. \tag{18.9-17}$$

于是，**高斯-赛德尔**迭代公式为

$$
\begin{cases} x^{(0)} \text{ 是初始向量,} \\ x^{(k+1)} = Gx^{(k)} + f, \end{cases} \tag{18.9-18}
$$

其中 $G = -(D+L)^{-1}U$ 称为解(18.9-1)的高斯-赛德尔迭代法的迭代矩阵. $f = (D+L)^{-1}b$.

由定理 1 知,高斯-赛德尔迭代法收敛的必要充分条件是 $\rho(G) < 1$.

由定理 3 知,若 $\| G \|_v < 1$($v = \infty$,1 或 2),则高斯-赛德尔迭代法收敛,且有 $O(\| G \|_v^k)$的收敛速度.

如果 A 是严格对角优势矩阵,则可以证明:$\rho(G) < 1$. 这里 $G = -(D+L)^{-1}U$. 于是有

定理 5 如果 A 为严格对角优势矩阵,则解方程组(18.9-1)的高斯-赛德尔迭代法收敛.

18.9.4 超松弛迭代法

该法简称 SOR 方法,是高斯-赛德尔方法的一种加速方法,是解大型稀疏矩阵方程组的有效方法之一.

对方程组(18.9-1),设 $x^{(0)}$ 是初始向量,SOR 方法迭代公式的分量形式为

$$
x_i^{(k+1)} = x_i^{(k)} + \omega\left(\frac{b_i}{a_{ii}} - \sum_{j=1}^{i-1} \frac{a_{ij}}{a_{ii}} x_j^{(k+1)} - \sum_{j=i}^{n} \frac{a_{ij}}{a_{ii}} x_j^{(k)}\right), \tag{18.9-19}
$$

$$
(i = 1,2,\cdots,n, k = 0,1,\cdots).
$$

显然,当 $\omega = 1$ 时,(18.9-19)式就是高斯-赛德尔方法迭代公式(18.9-15)式.

当 $\omega < 1$ 时,称(18.9-19)式为低松弛法;当 $\omega > 1$ 时,称(18.9-19)式为超松弛法.

引进 SOR 方法的想法是:希望能通过选择松弛因子 ω,使得迭代过程(18.9-19)收敛较快.

(18.9-19)式的矩阵形式为

$$
(D + \omega L)x^{(k+1)} = ((1-\omega)D - \omega U)x^{(k)} + \omega b, \quad (k = 0,1,2,\cdots). \tag{18.9-20}
$$

由于 $a_{ii} \neq 0$($i = 1,2,\cdots,n$),故对任意 ω,$(D+\omega L)^{-1}$存在. 由(18.9-20)式可得

$$
x^{(k+1)} = (D+\omega L)^{-1}((1-\omega)D - \omega U)x^{(k)} + \omega(D+\omega L)^{-1}b. \tag{18.9-21}
$$

于是,SOR 迭代公式为

$$
\begin{cases} x^{(0)} \text{ 是初始向量,} \\ x^{(k+1)} = L_\omega x^{(k)} + f, \end{cases} \tag{18.9-22}
$$

其中

$$
L_\omega = (D+\omega L)^{-1}((1-\omega)D - \omega U), \tag{18.9-23}
$$

$$
f = \omega(D+\omega L)^{-1}b. \tag{18.9-24}
$$

由定理 1 知,SOR 迭代法收敛的必要充分条件是 $\rho(L_\omega) < 1$.

由定理 3 知，若 $\| L_\omega \|_v < 1$（$v=\infty$，1 或 2），则 SOR 迭代法收敛. 且有 $O(\| L_\omega \|_v^k)$ 的收敛速度.

定理 6 设解(18.9-1)（$a_{ii} \neq 0, i=1,2,\cdots,n$）的 SOR 方法收敛，则 $0<\omega<2$.

定理 7 设 A 为实对称正定矩阵，且 $0<\omega<2$，则解(18.9-1)的 SOR 方法收敛.

§ 18.10 矩阵的特征值与特征向量计算

18.10.1 一些代数知识

1. 记 $A=(a_{ij})_{n\times n}$，称

$$\varphi(\lambda) = \det(\lambda I - A) = \lambda^n + c_1\lambda^{n-1} + \cdots + c_{n-1}\lambda + c_n \tag{18.10-1}$$

为 A 的特征多项式.

一般说来方程 $\varphi(\lambda)=0$ 有 n 个根，这些根称为 A 的特征值.

2. 设 λ 是 A 的特征值，则

$$(\lambda I - A)\boldsymbol{x} = 0 \tag{18.10-2}$$

有非零解，这个非零解 $\boldsymbol{x}$ 称为 A 的对应于 λ 的特征向量.

3. 如果 $\lambda_i (i=1,2,\cdots,n)$ 是 A 的特征值，则

$$\sum_{i=1}^{n}\lambda_i = \sum_{i=1}^{n}a_{ii} = tr(A), \tag{18.10-3}$$

$$\prod_{i=1}^{n}\lambda_i = \det(A). \tag{18.10-4}$$

4. 对同阶方阵 A 与 B，若存在非奇异阵 T，使得 $B=T^{-1}AT$，则称 A 与 B 是相似矩阵. 如果 A 与 B 是相似矩阵，则 A 与 B 有相同的特征值，并且若 $\boldsymbol{x}$ 是 B 的特征向量，则 $T\boldsymbol{x}$ 是 A 的特征向量.

5. 记 $A=(a_{ij})_{n\times n}$，对 A 的每一个特征值 λ，一定存在 i（i 从 $1,2,\cdots,n$ 中取），使得

$$|\lambda - a_{ii}| \leqslant \sum_{\substack{j=1\\ j\neq i}}^{n} |a_{ij}|. \tag{18.10-5}$$

6. 设 A 为 n 阶实对称矩阵，对任意非零向量，$\boldsymbol{x}\in \boldsymbol{R}^n$，称

$$R(\boldsymbol{x}) = \frac{(A\boldsymbol{x},\boldsymbol{x})}{(\boldsymbol{x},\boldsymbol{x})}$$

为 A 对应于向量 $\boldsymbol{x}$ 的**雷利商**.

如果 A 的特征值依次记为 $\lambda_1 \geqslant \lambda_2 \geqslant \cdots \geqslant \lambda_n$，则

$$\lambda_1 = \max_{\substack{\boldsymbol{x}\in \boldsymbol{R}^n\\ x\neq 0}} \frac{(A\boldsymbol{x},\boldsymbol{x})}{(\boldsymbol{x},\boldsymbol{x})},$$

$$\lambda_n = \min_{\substack{x \in \boldsymbol{R}^n \\ x \neq 0}} \frac{(A\boldsymbol{x},\boldsymbol{x})}{(\boldsymbol{x},\boldsymbol{x})}.$$

显然，对任意非零向量 $\boldsymbol{x} \in \boldsymbol{R}^n$，有

$$\lambda_n \leqslant \frac{(A\boldsymbol{x},\boldsymbol{x})}{(\boldsymbol{x},\boldsymbol{x})} \leqslant \lambda_1 .$$

18.10.2 幂法

幂法是一种计算实矩阵 A 的主特征值(按模最大的特征值)的一种迭代方法.

1. 设 $A \in \boldsymbol{R}^{n\times n}$ 有 n 个线性无关的特征向量 $\boldsymbol{x}_1, \boldsymbol{x}_2, \cdots, \boldsymbol{x}_n$，其对应的特征值满足：$|\lambda_1| > |\lambda_2| \geqslant \cdots \geqslant |\lambda_n|$. 其中 λ_1 是主特征值.

任给 $\boldsymbol{v}_0 \in \boldsymbol{R}^n$，则

$$\boldsymbol{v}_0 = \alpha_1 \boldsymbol{x}_1 + \alpha_2 \boldsymbol{x}_2 + \cdots + \alpha_n \boldsymbol{x}_n . \tag{18.10-6}$$

假设 $\alpha_1 \neq 0$，按迭代公式

$$\boldsymbol{v}_{k+1} = A\boldsymbol{v}_k (k = 0, 1, \cdots), \tag{18.10-7}$$

构造向量序列 $\{\boldsymbol{v}_k\}$，则

$$\lim_{k\to\infty} \frac{\boldsymbol{v}_k}{\lambda_1^k} = \alpha_1 \boldsymbol{x}_1, \tag{18.10-8}$$

$$\lim_{k\to\infty} \frac{(\boldsymbol{v}_{k+1})_i}{(\boldsymbol{v}_k)_i} = \lambda_1, \tag{18.10-9}$$

其中 $(\boldsymbol{v}_k)_i$ 表示 $\boldsymbol{v}_k$ 的第 i 个分量.

(18.10-9)及(18.10-8)式给出求 A 的主特征值 λ_1 及其对应的特征向量 $\boldsymbol{x}_1$ 的一种方法.

2. 如果 A 的主特征值为实的重根，即

$$\lambda_1 = \lambda_2 = \cdots = \lambda_r, \ |\lambda_r| > |\lambda_{r+1}| \geqslant \cdots \geqslant |\lambda_n| .$$

又设 A 有 n 个线性无关的特征向量. λ_1 对应 r 个线性无关的特征向量 $\boldsymbol{x}_1, \boldsymbol{x}_2, \cdots, \boldsymbol{x}_r$，而 $\lambda_{r+1}, \cdots, \lambda_n$ 对应的特征向量为 $\boldsymbol{x}_{r+1}, \cdots, \boldsymbol{x}_n$.

任给 $\boldsymbol{v}_0 \in \boldsymbol{R}^n$，则

$$\boldsymbol{v}_0 = \alpha_1 \boldsymbol{x}_1 + \cdots + \alpha_r \boldsymbol{x}_r + \alpha_{r+1} \boldsymbol{x}_{r+1} + \cdots + \alpha_n \boldsymbol{x}_n .$$

设其中 $\alpha_1 \boldsymbol{x}_1 + \cdots + \alpha_r \boldsymbol{x}_r \neq \boldsymbol{0}$. 仍按(18.10-7)式构造向量序列 $\{\boldsymbol{v}_k\}$，则(10.8-9)式仍成立，此时

$$\lim_{k\to\infty} \frac{\boldsymbol{v}_k}{\lambda_i^k} = \alpha_1 \boldsymbol{x}_1 + \cdots + \alpha_r \boldsymbol{x}_r , \tag{18.10-10}$$

易见 $\alpha_1 \boldsymbol{x}_1 + \cdots + \alpha_r \boldsymbol{x}_r$ 也是对应 λ_1 的特征向量.

3. 应用(18.10-9)及(18.10-8)式计算 A 的主特征值 λ_1 及其对应的特征向量时，如果 $|\lambda_1| > 1$(或 $|\lambda_1| < 1$)，迭代向量 $\boldsymbol{v}_k$ 的各个不等于零的分量将随着 $k \to \infty$ 而趋于 ∞(或趋于 0)，这样在电算时就可能“溢出”. 为了克服这个缺点，就需将迭代公式

(18.10-8)及(18.10-9)加以"改造".以 $\max(\boldsymbol{v})$ 表示向量 $\boldsymbol{v}$ 的绝对值最大的分量,对于情况 1 按下述方法构造向量序列 $\{\boldsymbol{v}_k\},\{\boldsymbol{u}_k\}$,

$$\begin{cases} \boldsymbol{v}_0 = \boldsymbol{u}_0 \neq \boldsymbol{0}, \\ \boldsymbol{v}_k = A\boldsymbol{v}_{k-1}, \quad (k = 1,2,\cdots), \\ \boldsymbol{u}_k = \dfrac{\boldsymbol{v}_k}{\max(\boldsymbol{v}_k)}, \end{cases} \tag{18.10-11}$$

则有

$$\lim_{k\to\infty}\boldsymbol{u}_k = \frac{\boldsymbol{x}_1}{\max(\boldsymbol{x}_1)}, \tag{18.10-12}$$

$$\lim_{k\to\infty}\max(\boldsymbol{v}_k) = \lambda_1. \tag{18.10-13}$$

4. 对于 n 阶实对称矩阵 A,在 18.10-1 中用雷利商的极值给出 λ_1 及 λ_n 的计算公式.

设 $A\in\boldsymbol{R}^{n\times n}$ 为实对称矩阵,其特征值满足:$|\lambda_1|>|\lambda_2|\geqslant\cdots\geqslant|\lambda_n|$,对应的特征向量满足 $(\boldsymbol{x}_i,\boldsymbol{x}_j)=\delta_{ij}$,应用公式(18.10-11)构造向量序列 $\{\boldsymbol{u}_k\}$,则

$$\frac{(A\boldsymbol{u}_k,\boldsymbol{u}_k)}{(\boldsymbol{u}_k,\boldsymbol{u}_k)} = \lambda_1 + O\left(\left(\frac{\lambda_2}{\lambda_1}\right)^{2k}\right). \tag{18.10-14}$$

5. 原点平移法

应用幂法计算矩阵 A 的主特征值时,(18.10-13)式的收敛速度仅是线性的,比值 $r=\left|\dfrac{\lambda_2}{\lambda_1}\right|$ 越小,收敛越快.当 r 接近 1 时,幂法的收敛速度很慢,为此采用加速方法.

引进矩阵 $B=A-pI$,其中 p 为可选择参数.设 A 的特征值为 $\lambda_1,\lambda_2,\cdots,\lambda_n$,则 B 的特征值为 $\lambda_1-p,\lambda_2-p,\cdots,\lambda_n-p$,而且 A 和 B 的特征向量相同.

如果需要计算 A 的主特征值 λ_1,就要适当选择 p,使 λ_1-p 仍然是 B 的主特征值,且使

$$\left|\frac{\lambda_2-p}{\lambda_1-p}\right| < \left|\frac{\lambda_2}{\lambda_1}\right|.$$

怎样选择 p 使得应用幂法计算 λ_1 时得到加速呢?

设 A 的特征值均为实数,且满足 $\lambda_1>\lambda_2\geqslant\cdots\geqslant\lambda_n$.则不管 p 如何,$B=A-pI$ 的主特征值为 λ_1-p 或 λ_n-p.当我们希望计算 λ_1 及 $\boldsymbol{x}_1$ 时,首先应当选择 p,使 $|\lambda_1-p|>|\lambda_n-p|$.

记

$$\omega = \max\left\{\frac{|\lambda_2-p|}{|\lambda_1-p|},\cdots,\frac{|\lambda_n-p|}{|\lambda_1-p|}\right\},$$

则显然当 $\lambda_2-p=-(\lambda_n-p)$,即

$$p = \frac{\lambda_2+\lambda_n}{2} = p^*$$

时,ω 最小.这时决定收敛速度的比值为

$$\frac{\lambda_2 - p^*}{\lambda_1 - p^*} = -\frac{\lambda_n - p^*}{\lambda_1 - p^*} = \frac{\lambda_2 - \lambda_n}{2\lambda_1 - \lambda_2 - \lambda_n}.$$

当 λ_2, λ_n 能初步估计时,我们就能确定 p^* 的近似值.

当希望计算 λ_n 时,应选择 $p=\frac{\lambda_1+\lambda_{n-1}}{2}=p^*$,使得应用幂法计算 λ_n 得到加速.

下列算法实现 3 中对情况 1 的主特征值与对应特征向量的计算.

幂法算法

输入:维数 n,矩阵 A,向量 $\boldsymbol{x}\neq 0$,容差 TOL 和最大迭代次数 N

输出:近似特征值 μ 和近似特征向量 $\boldsymbol{x}$,其 $\|\boldsymbol{x}\|_\infty=1$. 或超过最大迭代次数的消息.

算法:

(1) 置 $k=1$;

(2) 求 l 使 $|x_l|=\max\{|x_i|:i=1,2,\cdots,n\}$. 当有多个 l 时取小者;

(3) 置 $\boldsymbol{x}=\frac{1}{x_l}\boldsymbol{x}$;

(4) 当($k\leqslant N$)循环作(a)~(g);

(a) 置 $\boldsymbol{y}=A\boldsymbol{x}$;

(b) 置 $\mu=y_l$;

(c) 求 l 使 $|y_l|=\max\{|y_i|:i=1,2,\cdots,n\}$,当有多个 l 时取小者;

(d) 如果 $y_l=0$ 则输出("特征向量"$\boldsymbol{x}$),("对应于特征值 0;选一新向量 $\boldsymbol{x}$,重新开始");停止;

(e) 置 $ERR=\left\|\boldsymbol{x}-\frac{1}{y_l}\boldsymbol{y}\right\|_\infty$,置 $\boldsymbol{x}=\boldsymbol{y}/y_l$;

(f) 如果 $ERR<TOL$ 则输出($\mu,\boldsymbol{x}$),停止;

(g) 置 $k=k+1$.

(5) 输出("超出最大迭代次数"),停止.

注:此算法也适用于主特征值为多重的情形(情况 2),但那时所得特征向量依赖于初始 $\boldsymbol{x}$ 的选择.

18.10.3 反幂法

1. 设非奇异矩阵 A 有 n 个线性无关的特征向量 $\boldsymbol{x}_1, \boldsymbol{x}_2, \cdots, \boldsymbol{x}_n$,对应特征值满足:

$$|\lambda_1| \geqslant \cdots \geqslant |\lambda_{n-1}| > |\lambda_n| > 0.$$

由代数学知 A^{-1} 的特征值为 $\frac{1}{\lambda_n}, \frac{1}{\lambda_{n-1}}, \cdots, \frac{1}{\lambda_1}$,满足

$$\left|\frac{1}{\lambda_n}\right| > \left|\frac{1}{\lambda_{n-1}}\right| \geqslant \cdots \geqslant \left|\frac{1}{\lambda_1}\right|,$$

其对应的特征向量为 $\boldsymbol{x}_n, \boldsymbol{x}_{n-1}, \cdots, \boldsymbol{x}_1$.

可见,计算 A 的按模最小的特征值 λ_n 的问题就转化为计算 A^{-1} 的按模最大的特

征值$\frac{1}{\lambda_n}$的问题.

任给初始向量 $\boldsymbol{v}_0 \in \boldsymbol{R}^n$,则

$$\boldsymbol{v}_0 = \alpha_1 \boldsymbol{x}_1 + \alpha_2 \boldsymbol{x}_2 + \cdots + \alpha_n \boldsymbol{x}_n .$$

假设 $\alpha_n \neq 0$,用反幂法构造向量序列$\{\boldsymbol{v}_k\}$,$\{\boldsymbol{u}_k\}$:

$$\begin{cases} \boldsymbol{v}_0 = \boldsymbol{u}_0 \neq \boldsymbol{0}, \\ \boldsymbol{v}_k = A^{-1}\boldsymbol{u}_{k-1} \quad (k = 1,2,\cdots), \\ \boldsymbol{u}_k = \dfrac{\boldsymbol{v}_k}{\max(\boldsymbol{v}_k)}. \end{cases} \tag{18.10-15}$$

则有

$$\lim_{k\to\infty}\boldsymbol{u}_k = \frac{\boldsymbol{x}_n}{\max(\boldsymbol{x}_n)}, \tag{18.10-16}$$

$$\lim_{k\to\infty}\max(\boldsymbol{v}_k) = \frac{1}{\lambda_n}, \tag{18.10-17}$$

如同幂法的(18.10-13)式,收敛速度只是线性的.此时 $r=\left|\frac{\lambda_n}{\lambda_{n-1}}\right|$.

2. 在反幂法中也可应用原点平移法来加速迭代过程.

设 $A \in \boldsymbol{R}^{n\times n}$ 有 n 个线性无关的特征向量,记 A 的特征值及其对应的特征向量为 λ_i 及 $\boldsymbol{x}_i (i=1,2,\cdots,n)$. 若 p 为 λ_j 的近似值,$(A-pI)^{-1}$ 存在,且 $|\lambda_j - p| < |\lambda_i - p|$ $(i \neq j)$.

任给初始向量 $\boldsymbol{v}_0 = \alpha_1 \boldsymbol{x}_1 + \alpha_2 \boldsymbol{x}_2 + \cdots + \alpha_n \boldsymbol{x}_n \in \boldsymbol{R}^n (\alpha_j \neq 0)$,由迭代公式构造向量序列$\{\boldsymbol{v}_k\}$,$\{\boldsymbol{u}_k\}$.

$$\begin{cases} \boldsymbol{v}_0 = \boldsymbol{u}_0 \neq \boldsymbol{0}, \\ \boldsymbol{v}_k = (A - pI)^{-1}\boldsymbol{u}_{k-1}, \quad (k = 1,2,\cdots), \\ \boldsymbol{u}_k = \dfrac{\boldsymbol{v}_k}{\max(\boldsymbol{v}_k)}, \end{cases} \tag{18.10-18}$$

则有

$$\lim_{k\to\infty}\boldsymbol{u}_k = \frac{\boldsymbol{x}_j}{\max(\boldsymbol{x}_j)}, \tag{18.10-19}$$

$$\lim_{k\to\infty}\max(\boldsymbol{v}_k) = \frac{1}{\lambda_j - p}. \tag{18.10-20}$$

反幂法的算法可以仿照幂法建立起来.比如就应用原点平移法加速收敛的情形,所需要作的改变只有:①在步骤(1)之前添加置初值 p. ②在步骤(4)(a)中改用解方程组$(A-pI)\boldsymbol{y}=\boldsymbol{x}$ 来确定 $\boldsymbol{y}$.(如果方程组没有唯一解,输出 p 是特征值的消息且停止.)③删去(4)(d).④将步骤(4)(f)改为

如果 $ERR < TOL$ 则置 $\mu = \frac{1}{\mu} + p$. 输出$(\mu, \boldsymbol{x})$.

18.10.4 魏兰特(Wielandt)紧缩

幂法和反幂法图只能求一个特征值.一旦求出主特征值,其余特征值可以用**魏兰特紧缩法**寻找.设矩阵 A 的主特征值 λ_1 为已知,其对应的特征向量为 $\boldsymbol{x}^{(1)}$.定义向量

$$\boldsymbol{v} = \frac{1}{\lambda_1 x_i^{(1)}}[a_{i1}\ a_{i2}\ \cdots\ a_{in}]^{\mathrm{T}},$$

其中 $x_i^{(1)}$ 是 $\boldsymbol{x}^{(1)}$ 的某非 0 分量,则矩阵

$$B = A - \lambda_1 \boldsymbol{x}^{(1)} \boldsymbol{v}^{\mathrm{T}},$$

有特征值 $0,\lambda_2,\lambda_3,\cdots,\lambda_n$,对应特征向量为 $\boldsymbol{x}^{(1)},\boldsymbol{w}^{(2)},\cdots,\boldsymbol{w}^{(n)}$.其中 $\lambda_2,\lambda_3,\cdots,\lambda_n$ 为 A 的特征值,对应特征向量 $\boldsymbol{x}^{(i)}$ 同 $\boldsymbol{w}^{(i)}$ 的关系为对 $i=2,3,\cdots,n$

$$\boldsymbol{x}^{(i)} = (\lambda_i - \lambda_1)\boldsymbol{w}^{(i)} + \lambda_1(\boldsymbol{v}^T\boldsymbol{w}^{(i)})\boldsymbol{x}^{(1)}, \tag{18.10-21}$$

B 矩阵的第 i 行元素全为 0.B 矩阵去掉第 i 行和第 i 列形成 $(n-1)\times(n-1)$ 矩阵 B'.对 B' 使用幂法求其主特征值.如此继续,可以求出 A 的全部特征值.

18.10.5 *QR* 方法

1. 矩阵的 *QR* 分解

任何实的非奇异矩阵 A,通过施密特正交化方法图可以分解为正交矩阵 Q 和上三角型矩阵 R 的乘积,而且当 R 的对角线元素符号取定时,分解是唯一的.

事实上,记 $A=(a_{ij})_{n\times n}$,$\alpha_j=(a_{1j},a_{2j},\cdots,a_{nj})^T(j=1,2,\cdots,n)$.因 A 是实的非奇异矩阵,故 $\alpha_1,\alpha_2,\cdots,\alpha_n$ 是 $\boldsymbol{R}^n$ 中 n 个线性无关的向量.按施密特正交化方法,记

$$\begin{aligned}
&\alpha_1 = \alpha_1, && \beta_1 = \alpha_1/\|\alpha_1\|_2,\\
&\beta'_2 = \alpha_2 - (\alpha_2,\beta_1)\beta_1, && \beta_2 = \beta'_2/\|\beta'_2\|_2,\\
&\beta'_3 = \alpha_3 - (\alpha_3,\beta_1)\beta_1 - (\alpha_3,\beta_2)\beta_2, && \beta_3 = \beta'_3/\|\beta'_3\|_2,\\
&\qquad\cdots\cdots && \qquad\cdots\cdots\\
&\beta'_n = \alpha_n - \sum_{j=1}^{n-1}(\alpha_n,\beta_j)\beta_j, && \beta_n = \beta'_n\|\beta'_n\|_2,
\end{aligned}$$

这时 $\beta_1,\beta_2,\cdots,\beta_n$ 是 $\boldsymbol{R}^n$ 中一个正交基.

$$\begin{aligned}
A &= (\alpha_1,\alpha_2,\cdots,\alpha_n)\\
&= (\beta_1,\beta_2,\cdots,\beta_n)\begin{pmatrix}
\|\alpha_1\|_2 & (\alpha_2,\beta_1) & (\alpha_3,\beta_1) & \cdots & (\alpha_n,\beta_1)\\
 & \|\beta'_2\|_2 & (\alpha_3,\beta_2) & \cdots & (\alpha_n,\beta_2)\\
 & & \|\beta'_3\|_2 & \cdots & (\alpha_n,\beta_3)\\
 & & & \ddots & \vdots\\
 & & & & \|\beta'_n\|_2
\end{pmatrix}\\
&= QR,
\end{aligned}$$

这里 Q 是正交矩阵,R 是上三角型矩阵.

2. 求矩阵特征值的 QR 方法

此法可以用来求任意实的非奇异矩阵的全部特征值，是目前计算这类问题最有效的方法之一.

设 A 是实的非奇异矩阵，令 $A=A_1$，对 A_1 进行 QR 分解得

$$A_1 = Q_1R_1.$$

然后将矩阵 Q_1 与 R_1 逆序相乘得

$$A_2 = R_1Q_1.$$

以 A_2 代替 A_1，重复上述步骤即可得出 A_3，依此类推，得递推公式

$$\begin{cases} A_k = Q_kR_k \\ A_{k+1} = R_kQ_k = Q_{k+1}R_{k+1}, \end{cases} \quad (k=1,2,\cdots). \tag{18.10-22}$$

用 QR 方法产生的矩阵序列 $\{A_k\}$ 中的每个矩阵 A_k 都与矩阵 A 相似，从而 A_k 与 A 有完全相同的特征值.

事实上

$$\begin{aligned} A_k = R_{k-1}Q_{k-1} &= Q_{k-1}^{-1}A_{k-1}Q_{k-1} = Q_{k-1}^{-1}Q_{k-2}^{-1}A_{k-2}Q_{k-2}Q_{k-1} \\ &= \cdots = Q_{k-1}^{-1}Q_{k-2}^{-1}\cdots Q_1^{-1}A_1Q_1\cdots Q_{k-2}Q_{k-1}. \end{aligned}$$

令 $E_{k-1}=Q_1Q_2\cdots Q_{k-1}$，则上式可写成

$$A_k = E_{k-1}^{-1}A_1E_{k-1}. \tag{18.10-23}$$

显然，为了求 A 的特征值，只要序列 $\{A_k\}$ 能收敛于一种简单形式的矩阵，例如三角型矩阵(或分块三角型矩阵)，而其对角线元素(或子块)有确定极限即可. 因此约定，只要 $\{A_k\}$ 收敛于三角型矩阵(或分块三角型矩阵)且对角线元素(或子块)有确定极限，无论其对角线之外的元素是否有确定极限，都叫方法是收敛的(或叫本质收敛).

下面对简单的情况给出定理.

定理 1 假设

(1) $A_1=A=XDX^{-1}$，$D=\mathrm{diag}(\lambda_1,\lambda_2,\cdots,\lambda_n)$；

(2) 矩阵 A 的 n 个特征值满足条件：

$$|\lambda_1|>|\lambda_2|>\cdots>|\lambda_n|>0;$$

(3) 矩阵 $Y=X^{-1}$ 有三角分解式，即 $Y=L_YU_Y$，其中 L_Y 是单位下三角阵，U_Y 是上三角阵. 则矩阵序列 $\{A_k\}$ 本质收敛.

关于一般的情况，可参看 B. N. Parlett, Convergence of the QR Algorithm, *Numer. Math.*, 7(1965), p. 187～193.

18.10.6 雅可比方法

1. 由代数学知，若 $A\in\boldsymbol{R}^{n\times n}$ 为实对称矩阵，则存在一个正交矩阵 P，使

$$PAP^T=D=\mathrm{diag}(\lambda_1,\lambda_2,\cdots,\lambda_n),$$

且 D 的对角元素 $\lambda_i(i=1,2,\cdots,n)$ 就是 A 的特征值.

记 $P^T=(\boldsymbol{v}_1,\boldsymbol{v}_2,\cdots,\boldsymbol{v}_n)$，则 P^T 的列向量 $\boldsymbol{v}_j$ 就是 A 的对应于 λ_j 的特征向量($j=$

1,,2,…,n).

因此,求实对称矩阵 A 的特征值及特征向量的问题就转化为寻求一个正交矩阵 P,使得 $PAP^{\mathrm{T}}=D$ 为对角阵的问题.

2. $n=2$ 的情形

给定 $A=\begin{pmatrix} a_{11} & a_{21} \\ a_{21} & a_{22} \end{pmatrix}$,作平面上的旋转变换 $\begin{pmatrix} x_1 \\ x_2 \end{pmatrix}=P\begin{pmatrix} y_1 \\ y_2 \end{pmatrix}$,其中 $P=\begin{pmatrix} \cos\theta & \sin\theta \\ -\sin\theta & \cos\theta \end{pmatrix}$为初等正交阵,则有

$$PAP^{\mathrm{T}}=\begin{pmatrix} a_{11}\cos^2\theta+a_{22}\sin^2\theta+a_{21}\sin 2\theta & * \\ * & a_{11}\sin^2\theta+a_{22}\cos^2\theta-a_{21}\sin 2\theta \end{pmatrix},$$

式中 $*=\frac{1}{2}(a_{22}-a_{11})\sin 2\theta+a_{21}\cos 2\theta$,易见,当 $\tan 2\theta=\frac{2a_{21}}{a_{11}-a_{22}}$ 时,$PAP^{\mathrm{T}}=D=\operatorname{diag}(\lambda_1,\lambda_2)$为对角阵.

3. 一般情形

设 A 是 n 阶实对称矩阵,仿 2. 作 $\boldsymbol{R}^n$ 中 x_ix_j 平面内的一个平面旋转变换

$$\begin{cases} x_i=y_i\cos\theta+y_j\sin\theta, \\ x_j=-y_i\sin\theta+y_j\cos\theta, \\ x_k=y_k \quad (k\neq i,j), \end{cases} \tag{18.10-24}$$

简记 $\boldsymbol{x}=P\boldsymbol{y}$,其中

$$P=\begin{matrix} \\ \\ (i) \\ (j) \\ \\ \\ \end{matrix}\begin{pmatrix} 1 & & & & & & \\ & \ddots & & & & & \\ & & \cos\theta & \cdots & \sin\theta & & \\ & & \vdots & \ddots & \vdots & & \\ & & -\sin\theta & \cdots & \cos\theta & & \\ & & & & & \ddots & \\ & & & & & & 1 \end{pmatrix}=P(i,j). \tag{18.10-25}$$

于是 $PAP^{\mathrm{T}}=C=(c_{ek})_{n\times n}$的元素的计算公式为

$$\begin{cases} c_{ii}=a_i\cos^2\theta+a_{jj}\sin^2\theta+a_{ij}\sin 2\theta, \\ c_{jj}=a_{ii}\sin^2\theta+a_{jj}\cos^2\theta-a_{ij}\sin 2\theta, \\ c_{ij}=c_{ji}=\frac{1}{2}(a_{jj}-a_{ii})\sin 2\theta+a_{ij}\cos 2\theta, \\ c_{ik}=c_{ki}=a_{ik}\cos\theta+a_{jk}\sin\theta(k\neq i,j), \\ c_{jk}=c_{kj}=a_{jk}\cos\theta-a_{ik}\sin\theta(k\neq i,j), \\ c_{ek}=a_{ek}(e,k\neq i,j). \end{cases} \tag{18.10-26}$$

不难得出，P 为正交阵，且有

$$\Big(\sum_{e,k=1}^{n} c_{ek}^2\Big)^{\frac{1}{2}} = \Big(\sum_{e,k=1}^{n} a_{ek}^2\Big)^{\frac{1}{2}}, \tag{18.10-27}$$

简记为 $\|C\|_F = \|A\|_F$，记号 $\|\cdot\|_F$ **是费罗贝尼乌斯范数.**

设 A 有非对角元素 $a_{ij} \neq 0$，由(18.10-26)知，当 $\tan 2\theta = \dfrac{2a_{ij}}{a_{ii} - a_{jj}}$ 时，应用由(18.10-25)式表示的正交矩阵 P 可以使 $C = PAP^T$ 的非对角元素 $c_{ij} = c_{ji} = 0$. 此时，利用(18.10-27)及(18.10-26)式可得

$$\begin{cases} c_{ik}^2 + c_{jk}^2 = a_{ik}^2 + a_{jk}^2, \quad (k \neq i, j), \\ c_{ii}^2 + c_{jj}^2 = a_{ii}^2 + a_{jj}^2 + 2a_{ij}^2, \\ c_{ek}^2 = a_{ek}^2, \quad (e, k \neq i, j). \end{cases} \tag{18.10-28}$$

4. 所谓雅可比方法，可叙述如下：设 A 是 n 阶实对称矩阵，首先于 A 的非对角元素中选择绝对值最大的元素(称为主元素)，如

$$|a_{i_1 j_1}| = \max_{e \neq k} |a_{ek}|.$$

可设 $a_{i_1 j_1} \neq 0$，否则 A 已经对角化了. 作平面旋转矩阵 $P_1 = P_1(i_1, j_1)$，由 3. 的讨论知，可使矩阵 $A_1 = P_1 A P_1^T$ 的非对角元素 $a_{i_1 j_1}^{(1)} = a_{j_1 i_1}^{(1)} = 0$. 同样，选 $A_1 = (a_{ek}^{(1)})_{n \times n}$ 的非对角元素中绝对值最大的元素，如

$$|a_{i_2 j_2}^{(1)}| = \max_{e \neq k} |a_{ek}^{(1)}|,$$

若 $a_{i_2 j_2}^{(1)} \neq 0$. 作平面旋转矩阵 $P_2 = P_2(i_2, j_2)$，可使矩阵 $A_2 = P_2 A_1 P_2^T$ 的非对角元素 $a_{i_2 j_2}^{(2)} = a_{j_2 i_2}^{(2)} = 0$(注意上次消除了的主元素此时又可能变为不是零).

重复这一过程，连续对 A 施行一系列的平面旋转变换，消除非对角元素中绝对值最大的元素，直到将 A 的全部非对角元素都化为充分小为止，从而得到 A 的全部(近似)特征值. 若对充分大的 m，有 $P_m \cdots P_1 A P_1^T \cdots P_m^T = A_m \approx D$. 记 $P = P_m \cdots P_1$，它是正交阵. 则 $P^T = P_1^T \cdots P_m^T$ 的列向量就是对应 A 的各个特征值的(近似)特征向量.

5. 如果以 $S(A)$ 表示 A 的非对角元素之平方和，以 $D(A)$ 表示 A 的对角元素之平方和，则由(18.10-27)及(18.10-28)式知

$$\begin{cases} D(C) = D(A) + 2a_{ij}^2, \\ S(C) = S(A) - 2a_{ij}^2. \end{cases} \tag{18.10-29}$$

于是，对任意自然数 m，有

$$S(A_{m+1}) = S(A_m) - 2(a_{i_{m+1} j_{m+1}}^{(m)})^2.$$

由于

$$|a_{i_{m+1} j_{m+1}}^{(m)}| = \max_{e \neq k} |a_{ek}^{(m)}|,$$

所以

$$S(A_m) = \sum_{e \neq k} (a_{ek}^{(m)})^2 \leqslant n(n-1)(a_{i_{m+1} j_{m+1}}^{(m)})^2.$$

于是

$$(a_{i_{m+1}j_{m+1}}^{(m)})^2 \geqslant \frac{1}{n(n-1)}S(A_m),$$

故

$$S(A_{m+1}) \leqslant S(A_m)\left(1-\frac{2}{n(n-1)}\right).$$

重复应用上式，即得

$$S(A_{m+1}) \leqslant S(A)\left(1-\frac{2}{n(n-1)}\right)^{m+1}.$$

可见，$\lim\limits_{m\to\infty} S(A_m)=0$，即 $\lim\limits_{m\to\infty} A_m = D$（对角阵），这说明雅可比方法是收敛的.

18.10.7 豪斯霍尔德方法

1. 设 $B=(b_{ij})_{n\times n}$，若当 $i>j+1$ 时有 $b_{ij}=0$，则称矩阵 B 为**上黑森伯格阵**.

豪斯霍尔德方法，就是对实矩阵 A，寻求一个正交矩阵 R，使得 R^TAR 为上黑森伯格阵.

2. 设向量 $\boldsymbol{\omega}=(\omega_1,\omega_2,\cdots,\omega_n)^T$ 满足 $\|\boldsymbol{\omega}\|_2=1$，则称矩阵

$$H(\boldsymbol{\omega}) = 1-2\boldsymbol{\omega}\,\boldsymbol{\omega}^T = \begin{pmatrix} 1-2\omega_1^2 & -2\omega_1\omega_2 & \cdots & -2\omega_1\omega_n \\ -2\omega_2\omega_1 & 1-2\omega_2^2 & \cdots & -2\omega_2\omega_n \\ \cdots & \cdots & \cdots & \cdots \\ -2\omega_n\omega_1 & -2\omega_n\omega_2 & \cdots & 1-2\omega_n^2 \end{pmatrix}$$

为**初等反射阵**.

容易验证，初等反射阵 H 是对称阵（$H^T=H$），正交阵（$H^TH=I$），对合阵（$H^2=I$）.

定理 2 设 $\boldsymbol{x}$ 和 $\boldsymbol{y}$ 是两个不相等的 n 维向量，且 $\|\boldsymbol{x}\|_2=\|\boldsymbol{y}\|_2$，则初等反射阵 $H=I-2\boldsymbol{\omega}\,\boldsymbol{\omega}^T$ 可使 $H\boldsymbol{x}=\boldsymbol{y}$. 式中 $\boldsymbol{\omega}=\dfrac{\boldsymbol{x}-\boldsymbol{y}}{\|\boldsymbol{x}-\boldsymbol{y}\|_2}$.

由定理 2 不难得出，对非零 n 维向量 $\boldsymbol{x}=(x_1,x_2,\cdots,x_n)^T$，记 $\sigma=\mathrm{sign}(x_1)\|x\|_2$，则初等反射阵 $H=I-2\dfrac{\boldsymbol{u}\boldsymbol{u}^T}{\|\boldsymbol{u}\|_2^2}=I-\pi^{-1}\boldsymbol{u}\boldsymbol{u}^T$ 可使 $H\boldsymbol{x}=-\sigma\mathbf{e}_1$. 其中 $\mathbf{e}_1=(1,0,\cdots,0)^T$，$\boldsymbol{u}=\boldsymbol{x}+\sigma\mathbf{e}_1$，$\pi=\dfrac{1}{2}\|\boldsymbol{u}\|_2^2$.

3. 下面介绍对实矩阵 A，如何寻求正交矩阵 R，使 R^TAR 为上黑森伯格阵.

将 A 分块，记

$$A=\left(\begin{array}{c|ccc} a_{11} & a_{12} & \cdots & a_{1n} \\ \hline a_{21} & a_{22} & \cdots & a_{2n} \\ \hline a_{n1} & a_{n2} & \cdots & a_{nn} \end{array}\right) = \begin{pmatrix} a_{11} & \boldsymbol{A}_{12}^{(1)} \\ \boldsymbol{\alpha}_{21}^{(1)} & A_{22}^{(1)} \end{pmatrix}.$$

第 1 步，不妨设 $\boldsymbol{\alpha}_{21}^{(1)}\neq\mathbf{0}$，否则这一步就不需要约化了. 选择初等反射阵 $R_1\in R^{(n-1)\times(n-1)}$，使得 $R_1\boldsymbol{\alpha}_{21}^{(1)}=-\sigma_1\boldsymbol{e}_1^{(1)}$，其中

$$\begin{cases}\sigma_1 = \operatorname{sign}(a_{21})\,\|\boldsymbol{\alpha}_{21}^{(1)}\|_2,\\ \boldsymbol{u}_1 = \boldsymbol{\alpha}_{21}^{(1)}+\sigma_1\boldsymbol{e}_1^{(1)},\\ \pi_1 = \dfrac{1}{2}\|\boldsymbol{u}_1\|_2^2=\sigma_1(\sigma_1+a_{21}),\\ R_1 = I_{n-1}-\pi_1^{-1}\boldsymbol{u}_1\boldsymbol{u}_1^T,\end{cases}\tag{18.10-30}$$

而 $\boldsymbol{e}_1^{(1)}=(1,0,\cdots,0)^T\in\boldsymbol{R}^{n-1}$.

令 $U_1=\begin{pmatrix}1&\mathbf{0}\\ \mathbf{0}&R_1\end{pmatrix}$，则

$$A_2=U_1AU_1=\begin{pmatrix}a_{11}&\boldsymbol{A}_{12}^{(1)}R_1\\ R_1\boldsymbol{\alpha}_{21}^{(1)}&R_1\boldsymbol{A}_{22}^{(1)}R_1\end{pmatrix}\equiv\begin{pmatrix}\boldsymbol{A}_{11}^{(2)}&\boldsymbol{\alpha}_{12}^{(2)}&\boldsymbol{A}_{13}^{(2)}\\ \mathbf{0}&\boldsymbol{\alpha}_{22}^{(2)}&\boldsymbol{A}_{23}^{(2)}\end{pmatrix},$$

其中

$$A_{11}^{(2)}=\begin{pmatrix}a_{11}\\ -\sigma_1\end{pmatrix}\in R^{2\times1},\alpha_{22}^{(2)}\in R^{n-2},A_{23}^{(2)}\in R^{(n-2)\times(n-2)}.$$

第 k 步，设已对 A 进行了第 $k-1$ 步正交相似约化，即 A_k 有形式：

$$\begin{aligned}A_k&=U_{k-1}A_{k-1}U_{k-1}\\ &=\left(\begin{array}{cccc:c:ccc}a_{11}&a_{12}^{(2)}&\cdots&&a_{1k}^{(k)}&a_{1,k+1}^{(k)}&\cdots&a_{1n}^{(k)}\\ -\sigma_1&a_{22}^{(2)}&\cdots&&a_{2k}^{(k)}&\cdots\cdots&\cdots&\cdots\cdots\\ &\ddots&\ddots&&\vdots&&&\\ &&&-\sigma_{k-1}&a_{kk}^{(k)}&a_{k,k+1}^{(k)}&\cdots&a_{kn}^{(k)}\\ \hdashline &&&&a_{k+1,k}^{(k)}&a_{k+1,k+1}^{(k)}&\cdots&a_{k+1,n}^{(k)}\\ &&&&\vdots&\cdots\cdots&\cdots&\cdots\cdots\\ &&&&a_{nk}^{(k)}&a_{n,k+1}^{(k)}&\cdots&a_{nn}^{(k)}\end{array}\right)\\ &\equiv\begin{pmatrix}A_{11}^{(k)}&\boldsymbol{\alpha}_{12}^{(k)}&A_{13}^{(k)}\\ 0&\boldsymbol{\alpha}_{22}^{(k)}&A_{23}^{(k)}\end{pmatrix},\end{aligned}$$

其中

$$A_{11}^{(k)}\in R^{k\times(k-1)},\boldsymbol{\alpha}_{22}^{(k)}\in\boldsymbol{R}^{n-k},A_{23}^{(k)}\in R^{(n-k)\times(n-k)}.$$

不妨设 $\boldsymbol{\alpha}_{22}^{(k)}\neq\mathbf{0}$，选择初等反射阵，$R_k\in R^{(n-k)\times(n-k)}$，使得 $R_k\boldsymbol{\alpha}_{22}^{(k)}=-\sigma_k\boldsymbol{e}_1^{(k)}$，其中

$$\begin{cases}\sigma_k = \operatorname{sing}(a_{k+1,k}^{(k)})\,\|\boldsymbol{\alpha}_{22}^{(k)}\|_2,\\ \boldsymbol{u}_k = \boldsymbol{\alpha}_{22}^{(k)}+\sigma_k\boldsymbol{e}_1^{(k)},\\ \pi_k = \dfrac{1}{2}\|\boldsymbol{u}_k\|_2^2=\sigma_k(\sigma_k+a_{k+1,k}^{(k)}),\\ R_k = I_{n-k}-\pi_k^{-1}\boldsymbol{u}_k\boldsymbol{u}_k^T,\end{cases}\tag{18.10-31}$$

而 $\boldsymbol{e}_1^{(k)}=(1,0,\cdots,0)^T\in R^{n-k}$.

令 $U_k=\begin{pmatrix} I_k & 0 \\ 0 & R_k \end{pmatrix}$,则

$$A_{k+1}=U_kA_kU_k=\begin{pmatrix} A_{11}^{(k)} & \boldsymbol{\alpha}_{12}^{(k)} & A_{13}^{(k)}R_k \\ 0 & -\sigma_k\boldsymbol{e}_1^{(k)} & R_kA_{23}^{(k)}R_k \end{pmatrix}.$$

于是 A_{k+1} 的左上角的 $k+1$ 阶子阵为上黑森伯格阵,从而约化又进了一步.

重复这个过程,直到

$$A_{n-1}=U_{n-2}\cdots U_2U_1AU_1U_2\cdots U_{n-2}=\begin{pmatrix} a_{11} & * & * & \cdots & * \\ -\sigma_1 & a_{22}^{(2)} & * & \cdots & * \\ & -\sigma_2 & a_{33}^{(3)} & \cdots & * \\ & & \ddots & \ddots & \vdots \\ & & & -\sigma_{n-1} & a_{nn}^{(n-1)} \end{pmatrix},$$

这里 A_{n-1} 为上黑森伯格阵.

记 $R=U_1U_2\cdots U_{n-2}$,则 $A_{n-1}=R^TAR$. 于是 A 与 A_{n-1} 有相同的特征值. 若 $\boldsymbol{x}$ 是 A_{n-1} 的对应特征值 λ 的特征向量,则 $R\boldsymbol{x}=U_1U_2\cdots U_{n-2}\boldsymbol{x}$ 就是 A 的对应特征值 λ 的特征向量.

4. 特别,当 A 是 n 阶实对称时,则存在 $n-2$ 个初等反射阵 $U_1,U_2,\cdots,U_{n-2}$,使得

$$A_{n-1}=U_{n-2}\cdots U_2U_1AU_1U_2\cdots U_{n-2}=\begin{pmatrix} c_1 & b_2 & & & \\ b_2 & c_2 & b_3 & & \\ & \ddots & \ddots & \ddots & \\ & & & & b_n \\ & & & b_n & c_n \end{pmatrix},$$

式中 A_{n-1} 是对称的三对角矩阵.

豪斯霍尔德法算法

输入:维数 n,对称矩阵 $A_1=(a_{ij}^{(1)})$

输出:A_{n-1},(A_1 的对称三对角相似阵.)

算法:

(1) 对 $k=1,2,\cdots,n-2$ 作(a)~(k);

(a) 置 $q=\sum\limits_{j=k+1}^{n}(a_{jk}^{(k)})^2$;

(b) 如果 $a_{k+1,k}^{(k)}=0$ 则置 $\sigma=q^{1/2}$;

否则置 $\sigma=q^{1/2}a_{k+1\,k}^{(k)}/|a_{k+1\,k}^{(k)}|$;

(c) 置 $RSQ=\sigma^2+\sigma a_{k+1\,k}^{(k)}$;

(d) 置 $u_k=0,u_{k+1}=a_{k+1\,k}^{(k)}+\sigma$,对 $j=k+2,\cdots,n$ 置 $u_j=a_{jk}^{(k)}$;

(e) 对 $j=k, k+1,\cdots,n$ 置 $w_j=(\sum_{i=k+1}^{n} a_{ji}^{(k)} u_i)/RSQ$；

(f) 置 $PROD=\sum_{i=k+1}^{n} u_i w_i$；

(g) 对 $j=k,k+1,\cdots,n$ 置 $z_j=w_j-(PROD/2RSQ)u_j$；

(h) 对 $l=k+1,k+2,\cdots,n-1$ 作 1°～2°；

1° 对 $j=l+1,\cdots,n$ 置 $a_{jl}^{(k+1)}=a_{jl}^{(k)}-u_l z_j-u_j z_l, a_{lj}^{(k+1)}=a_{jl}^{(k+1)}$；

2° 置 $a_{ll}^{(k+1)}=a_{ll}^{(k)}-2u_l z_l$；

(i) 置 $a_{nn}^{(k+1)}=a_{nn}^{(k)}-2u_n z_n$；

(j) 对 $j=k+2,\cdots,n$ 置 $a_{kj}^{(k+1)}=a_{jk}^{(k+1)}=0$；

(k) 置 $a_{k+1\,k}^{(k+1)}=a_{k+1\,k}^{(k)}-u_{k+1}z_k$，$a_{k\,k+1}^{(k+1)}=a_{k+1\,k}^{(k+1)}$.

(注 A_{k+1} 的其他元 $a_{ij}^{(k+1)}$ 与 A_k 相同).

(2) 输出 A_{n-1}. 停止；

(A_{n-1} 是对称的，三对角的，且相似于 A_1).

18.10.8 对称三对角阵的特征值计算

设

$$C=\begin{pmatrix} c_1 & b_2 & & & \\ b_2 & c_2 & b_3 & & \\ & \ddots & \ddots & \ddots & \\ & & & & b_{n-1} \\ & & & b_n & c_n \end{pmatrix}, \tag{18.10-32}$$

不妨设 $b_i\neq 0(i=2,3,\cdots,n)$. 如果有一个 $b_i=0$，则求 C 的特征值问题就转化为求两个低阶矩阵的特征值问题.

1. 二分法

以 $f_k(\lambda)(k=1,2,\cdots,n)$ 表示 n 阶矩阵

$$C-\lambda I=\begin{pmatrix} c_1-\lambda & b_2 & & & \\ b_2 & c_2-\lambda & b_3 & & \\ & \ddots & \ddots & \ddots & \\ & & & & b_n \\ & & & b_n & c_n-\lambda \end{pmatrix} \tag{18.10-33}$$

的顺序主子式. 易见，$f_n(\lambda)=\det(C-\lambda I)$ 是 C 的特征多项式. 约定 $f_0(\lambda)\equiv 1$. 不难得出递推公式

$$f_k(\lambda)=(c_k-\lambda)f_{k-1}(\lambda)-b_{k-1}^2 f_{k-2}(\lambda) \quad (k=2,3,\cdots,n). \tag{18.10-34}$$

定义 1 整值函数 $\alpha(\lambda)$ 表示序列 $\{f_0(\lambda),f_1(\lambda),\cdots,f_n(\lambda)\}$ 中相邻元素的同号数.

当 $f_j(\lambda)=0$ 时,约定 $f_j(\lambda)$ 与 $f_{j-1}(\lambda)$ 的符号相同.

例如,

$$C=\begin{pmatrix}-2 & 1 & 0 & 0\\ 1 & -2 & 1 & 0\\ 0 & 1 & -2 & 1\\ 0 & 0 & 1 & -2\end{pmatrix},$$

在 $\lambda=-2$ 时,有 $\{1,f_1(-2),f_2(-2),f_3(-2),f_4(-2)\}=\{1,0,-1,0,1\}$,依定义,其符号为 $\{+,+,-,-,+\}$,于是 $\alpha(-2)=2$.

定理 3 设 C 是由(18.10-32)式表示的一个 n 阶实对称三对角阵,且 $b_i\neq 0(i=1,2,\cdots,n-1)$,$\{f_0(\lambda),f_1(\lambda),\cdots,f_n(\lambda)\}$ 是 $C-\lambda I$ 的顺序主子式构成的序列(约定 $f_0(\lambda)\equiv 1$),则

1° 多项式 $f_n(\lambda)$ 在 $[a,+\infty)$ 内根的数目是 $\alpha(a)$;

2° 设 $a<b$,$f_n(\lambda)$ 在 $[a,b)$ 区间内根的数目是 $\alpha(a)-\alpha(b)$.

定理 4 设 C 是由(18.10-32)式表示的一个 n 阶实对称三对角阵,则 C 的特征值 λ_i 满足

$$a\leqslant\lambda_i\leqslant b\quad(i=1,2,\cdots,n),\tag{18.10-35}$$

其中

$$\begin{cases}a=\min\limits_{1\leqslant j\leqslant n}\{c_j-|b_j|-|b_{j-1}|\},\\ b=\max\limits_{1\leqslant j\leqslant n}\{c_j+|b_j|+|b_{j-1}|\},\end{cases}\tag{18.10-36}$$

(约定 $b_0=b_n=0$).

由定理 3 及定理 4 可知:设 C 的特征值的次序为 $\lambda_n<\lambda_{n-1}<\cdots<\lambda_m<\cdots<\lambda_2<\lambda_1$. 于是,计算 C 的特征值 λ_m 的步骤为:用 $\lambda=\frac{1}{2}(a+b)$ 将 $[a,b]$ 二等分(a,b 由(18.10-36)式给出). 若 $\alpha(\lambda)\geqslant m$,则 $\lambda_m\in[\lambda,b]$;若 $\alpha(\lambda)<m$,则 $\lambda_m\in[a,\lambda]$. 重复上述过程,经过 k 次二等分后就得到一个包含 λ_m 的长度为 $2^{-k}(b-a)$ 的小区间. 只要 k 充分大,就可使这小区间长度充分小,从而可得 λ_m 的近似值.

2. *QR* 算法

18.10.5 中的 *QR* 方法有一个重要特点:在用于对称三对角阵时,所生成的 A_2,A_3,…也都是对称三对角阵. 以下给出一种加了原点平移的 *QR* 方法,用于求对称三对角阵的全部特征值. 算法实现所用的选择平移量的技术,使算法有 3 阶收敛的收敛速度.

求对称三对角阵特征值的 **QR 算法**:

输入:n,$\{c_1^{(1)},c_2^{(1)},\cdots,c_n^{(1)},b_2^{(1)},b_3^{(1)},\cdots,b_n^{(1)}\}$,容差 TOL 和最大迭代次数 M.

输出:矩阵 C 的特征值. 或建议分块 C,或超过最大迭代次数的消息.

算法：

(1) 置 $k=1$；SHIFT=0.（累加的平移参数）；

(2) 当 $k\leqslant M$ 循环作步骤(3)～(12)；

(3) 成功检验

(a) 如果 $|b_n^{(k)}|\leqslant TOL$，则置 $\lambda=c_n^{(k)}+\text{SHIFT}$；输出($\lambda$)；置 $n=n-1$；

(b) 如果 $|b_2^{(k)}|\leqslant TOL$，则置 $\lambda=c_1^{(k)}+\text{SHIFT}$；输出($\lambda$)；置 $n=n-1$；$c_1^{(k)}=c_2^{(k)}$；对 $j=2,\cdots,n$，置 $c_j^{(k)}=c_{j+1}^{(k)}$，$b_j^{(k)}=b_{j+1}^{(k)}$；

(c) 如果 $n=0$，则停止；

(d) 如果 $n=1$，则置 $\lambda=c_1^{(k)}+\text{SHIFT}$：输出($\lambda$)；停止；

(e) 对 $j=3,\cdots,n-1$；

如果 $|b_j^{(k)}|\leqslant TOL$，则

输出（"分块为"$\{c_1^{(k)},\cdots,c_{j-1}^{(k)},b_2^{(k)},\cdots,b_{j-1}^{(k)}\}$，"和"$\{c_j^{(k)},\cdots,c_n^{(k)},b_j^{(k)},\cdots,b_n^{(k)}\}$，SHIFT)；停止；

(4) 计算 $\begin{pmatrix} c_{n-1}^{(k)} & b_n^{(k)} \\ b_n^{(k)} & c_n^{(k)} \end{pmatrix}$ 的距 $c_n^{(k)}$ 近的特征值作为平移量 s

置 $p=-(c_{n-1}^{(k)}+c_n^{(k)})$；$q=c_n^{(k)}c_{n-1}^{(k)}-[b_n^{(k)}]^2$；$\Delta=(p^2-4q)^{1/2}$；

(5) 如果 $p>0$，则置 $\mu_1=-2q/(p+\Delta)$；$\mu_2=-(p+\Delta)/2$；否则置 $\mu_1=(\Delta-p)/2$；$\mu_2=2q/(\Delta-p)$；

(6) 如果 $n=2$，则置 $\lambda_1=\mu_1+\text{SHIFT}$；$\lambda_2=\mu_2+\text{SHIFT}$；输出($\lambda_1,\lambda_2$)；停止；

(7) 选 s 使 $|s-c_n^{(k)}|=\min(|\mu_1-c_n^{(k)}|,|\mu_2-c_n^{(k)}|)$；

(8) 置 SHIFT=SHIFT+s；

(9) 原点平移：对 $j=1,2,\cdots,n$ 置 $d_j=c_j^{(k)}-s$；

(10) 计算 $R^{(k)}$

(a) 置 $x_1=d_1$；$y_1=b_2^{(k)}$；

(b) 对 $j=2,\cdots,n$；

置 $z_{j-1}=(x_{j-1}^2+[b_j^{(k)}]^2)^{1/2}$，$a_j=x_{j-1}/z_{j-1}$，

置 $s_j=b_j^{(k)}/z_{j-1}$，$q_{j-1}=a_jy_{j-1}+s_jd_j$，

置 $x_j=-s_jy_{j-1}+c_jd_j$，

如果 $j\neq n$ 则置 $r_{j-1}=s_jb_{j+1}^{(k)}$，$y_j=a_jb_{j+1}^{(k)}$.

(11) 计算 A_{k+1}

(a) 置 $z_n=x_n$，$c_1^{(k+1)}=s_2q_1+a_2z_1$，$b_2^{(k+1)}=s_2z_2$；

(b) 对 $j=2,\cdots,n-1$，

置 $c_j^{(k+1)}=s_{j+1}q_j+a_ja_{j+1}z_j$，

$b_{j+1}^{(k+1)}=s_{j+1}z_{j+1}$；

(c) 置 $c_n^{(k+1)}=a_nz_n$；

(12) 置 $k=k+1$；

(13) 输出（"超过最大迭代次数"），停止；

§ 18.11 偏微分方程的数值解法

18.11.1 有限差分法

近似求解偏微分方程的**有限差分法**(finite-difference method)的基础是多元函数的泰勒公式(参看第 2 版第 163 页)

$$\begin{cases}\dfrac{\partial u(x,y)}{\partial x}=\dfrac{u(x+h,y)-u(x,y)}{h}-\dfrac{h}{2}\dfrac{\partial^2 u(\xi,y)}{\partial x^2},\xi\in(x,x+h),\\[2ex] \dfrac{\partial u(x,y)}{\partial y}=\dfrac{u(x,y+k)-u(x,y)}{k}-\dfrac{k}{2}\dfrac{\partial^2 u(x,\eta)}{\partial y^2},\eta\in(y,y+k),\end{cases} \tag{18.11-1}$$

$$\begin{cases}\dfrac{\partial^2 u(x,y)}{\partial x^2}=\dfrac{u(x+h,y)-2u(x,y)+u(x-h,y)}{h^2}-\dfrac{h^2}{12}\dfrac{\partial^4 u(\xi,y)}{\partial x^4},\\ \qquad \xi\in(x-h,x+h)\\[2ex] \dfrac{\partial^2 u(x,y)}{\partial y^2}=\dfrac{u(x,y+k)-2u(x,y)+u(x,y-k)}{k^2}-\dfrac{k^2}{12}\dfrac{\partial^4 u(x,\eta)}{\partial y^4},\\ \qquad \eta\in(y-k,y+k),\end{cases} \tag{18.11-2}$$

对$\dfrac{\partial^2 u(x,y)}{\partial x\partial y}$也可以得到类似的公式. 根据(18.11-1), (18.11-2), 我们可以用差商来近似微商. 以下我们仅对在矩形区域上的三类典型的偏微分方程讲述相应的有限差分法的形成和算法.

1. 泊松(Poisson)方程

泊松方程是形为

$$\Delta u(x,y)=\nabla^2 u(x,y)=\frac{\partial^2 u(x,y)}{\partial x^2}+\frac{\partial^2 u(x,y)}{\partial y^2}=f(x,y) \tag{18.11-3}$$

的椭圆型方程, 其中 $\Delta=\nabla^2=\dfrac{\partial^2}{\partial x^2}+\dfrac{\partial^2}{\partial y^2}$, 称为**拉普拉斯算子**.

考虑如下的狄里克雷(Dirichlet)边值问题

$$\begin{cases}\Delta u(x,y)=f(x,y),(x,y)\in R=\{(x,y)\mid a<x<b,c<y<d\},\\ u(x,y)=g(x,y),(x,y)\in S=\partial R,\end{cases} \tag{18.11-4}$$

把$[a,b]$, $[c,d]$分别分割为 n, m 个子区间, 记 $h=(b-a)/n$, $k=(d-c)/m$, 并记

$$x_i=a+ih,\ i=0,1,\cdots,n;\ y_j=c+jk,\ j=0,1,\cdots,m.$$

直线 $x=x_i$, $y=y_j$ 称为**网格线**(grid lines), 它们的交点称为**网格点**(mesh points).

利用(18.11-1), (18.11-2), 用 $w_{i,j}$ 来近似估计 $u(x_i,y_j)$可以得到以下的方程组

$$\begin{cases} \dfrac{w_{i+1,j}-2w_{i,j}+w_{i-1,j}}{h^2}+\dfrac{w_{i,j+1}-2w_{i,j}+w_{i,j-1}}{k^2}=f(x_i,y_j), \\ \quad i=1,2,\cdots,n-1, j=1,2,\cdots,m-1, \end{cases} \tag{18.11-5}$$

或

$$\begin{cases} 2\left[\left(\dfrac{h}{k}\right)^2+1\right]w_{i,j}-(w_{i+1,j}+w_{i-1,j})-\left(\dfrac{h}{k}\right)^2(w_{i,j+1}+w_{i,j-1})=-h^2f(x_i,y_j), \\ \quad i=1,2,\cdots,n-1, j=1,2,\cdots,m-1, \end{cases} \tag{18.11-6}$$

以及

$$\begin{aligned} &w_{0,j}=g(x_0,y_j), w_{n,j}=g(x_n,y_j), \\ &w_{i,0}=g(x_i,y_0), w_{i,m}=g(x_i,y_m). \end{aligned} \tag{18.11-7}$$

由(18.11-2)知，其局部截断误差为$O(h^2+k^2)$.

如果把内格点标记为

$$\begin{cases} P_l=(x_i,y_j),\ w_l=w_{i,j},\ l=i+(m-1-j)(n-1), \\ \quad i=1,2,\cdots,n-1, j=1,2,\cdots,m-1. \end{cases}$$

那么二维阵列就变成了一维阵列．结果是一个带宽线性方程组．对于$n=m=4$的情形,$l=(n-1)(m-1)=9$. 并设$k=h$. 利用重新编号的格点，$f_l=f(P_l)$，在点P_l处的方程为

$$\begin{aligned}
&P_1: 4w_1-w_2-w_4=w_{0,3}+w_{1,4}-h^2f_1, \\
&P_2: 4w_2-w_3-w_1-w_5=w_{2,4}-h^2f_2, \\
&P_3: 4w_3-w_2-w_6=w_{4,3}+w_{3,4}-h^2f_3, \\
&P_4: 4w_4-w_5-w_1-w_7=w_{0,2}-h^2f_4, \\
&P_5: 4w_5-w_6-w_4-w_2-w_8=-h^2f_5, \\
&P_6: 4w_6-w_5-w_3-w_9=w_{4,2}-h^2f_6, \\
&P_7: 4w_7-w_8-w_4=w_{0,1}+w_{1,0}-h^2f_7, \\
&P_8: 4w_8-w_9-w_7-w_5=w_{2,0}-h^2f_8, \\
&P_9: 4w_9-w_8-w_6=w_{3,0}+w_{4,1}-h^2f_9,
\end{aligned}$$

其中方程右端是从边界条件得到的．

以下的算法可以用来近似求解泊松方程狄里克雷边值问题(18.11-4). 注意，为了简单起见该算法已经融入了求解线性方程组的高斯-赛德尔迭代法．当方程的阶数小的时候(例如，小于100阶)，推荐用高斯消去法(因为有关稳定性和舍入误差是确保的). 对于大的方程组推荐用超松弛(SOR)迭代法．可参看有关计算方法的书．

输入　端点a, b, c, d；整数$m\geqslant3$,$n\geqslant3$；容差(容许误差)TOL；最大迭代次数N.

输出　对$i=1,2,\cdots,n-1,j=1,2,\cdots,m-1$, $u(x_i,y_j)$的近似$w_{i,j}$，或者输出迭代次数已经超过N的信息．

算法

1. 置$h=(b-a)/n;k=(d-c)/m$;

2. 对于 $i=1,\cdots,n-1$ 置 $x_i=a+ih$;

3. 对于 $j=1,\cdots,m-1$ 置 $y_j=c+jk$;

4. 对于 $i=1,\cdots,n-1$,

   对于 $j=1,\cdots,m-1$ 置 $w_{i,j}=0$;

5. 置 $\lambda=h^2/k^2$;$\mu=2(1+\lambda)$;$l=1$;

6. 当 $l\leqslant N$ 时,做(a)~(i),

   (a) 置 $z=(-h^2f(x_1,y_{m-1})+g(a,y_{m-1})+\lambda g(x_1,d)+\lambda w_{1,m-2}+w_{2,m-1})/\mu$;

   NORM$=|z-w_{1,m-1}|$;$w_{1,m-1}=z$;

   (b) 对于 $i=2,\cdots,n-2$,

   置 $z=(-h^2f(x_i,y_{m-1})+\lambda g(x_i,d)+w_{i-1,m-1}+w_{i+1,m-1}+\lambda w_{i,m-2})/\mu$,

   如果 $|w_{i,m-1}-z|>$NORM,则置 NORM$=|w_{i,m-1}-z|$,

   置 $w_{i,m-1}=z$;

   (c) 置 $z=(-h^2f(x_{n-1},y_{m-1})+g(b,y_{m-1})+\lambda g(x_{n-1},d)+w_{n-2,m-1}$ $+\lambda w_{n-1,m-2})/\mu$,

   如果 $|w_{n-1,m-1}-z|>$NORM,则置 NORM$=|w_{n-1,m-1}-z|$,

   置 $w_{n-1,m-1}=z$.

   (d) 对于 $j=m-2,\cdots,2$,做 i~iii,

   i. 置 $z=(-h^2f(x_1,y_j)+g(a,y_j)+\lambda w_{1,j+1}+\lambda w_{1,j-1}+w_{2,j})/\mu$,

   如果 $|w_{1,j}-z|>$NORM,则置 NORM$=|w_{1,j}-z|$,

   置 $w_{1,j}=z$.

   ii. 对于 $i=2,\cdots,n-2$,

   置 $z=(-h^2f(x_i,y_j)+w_{i-1,j}+\lambda w_{i,j+1}+w_{i+1,j}+\lambda w_{i,j-1})/\mu$,

   如果 $|w_{i,j}-z|>$NORM,则置 NORM$=|w_{i,j}-z|$,

   置 $w_{1,j}=z$.

   iii. 置 $z=(-h^2f(x_{n-1},y_j)+g(b,y_j)+w_{n-2,j}+\lambda w_{n-1,j+1}+\lambda w_{n-1,j-1})/\mu$,

   如果 $|w_{n-1,j}-z|>$NORM,则置 NORM$=|w_{n-1,j}-z|$,

   置 $w_{n-1,j}=z$.

   (e) 置 $z=(-h^2f(x_1,y_1)+g(a,y_1)+\lambda g(x_1,c)+\lambda w_{1,2}+w_{2,1})/\mu$,

   如果 $|w_{1,1}-z|>$NORM,则置 NORM$=|w_{1,1}-z|$;

   置 $w_{1,1}=z$.

   (f) 对于 $i=2,\cdots,n-2$,

   置 $z=(-h^2f(x_i,y_1)+\lambda g(x_i,c)+w_{i-1,1}+\lambda w_{i,2}+w_{i+1,1})/\mu$,

   如果 $|w_{i,1}-z|>$NORM,则置 NORM$=|w_{i,1}-z|$,

   置 $w_{i,1}=z$.

   (g) 置 $z=(-h^2f(x_{n-1},y_1)+g(b,y_1)+\lambda g(x_{n-1},c)+w_{n-2,1}+\lambda w_{n-1,2})/\mu$,

   如果 $|w_{n-1,1}-z|>$NORM,则置 NORM$=|w_{n-1,1}-z|$,

置 $w_{n-1,1}=z$.

(h) 如果 NORM≤TOL，则做 i～ii.

i. 对于 $i=1,\cdots,n-1$,

对于 $j=1,\cdots,m-1$ 输出$(x_i,y_j,w_{i,j})$,

ii. 停止（迭代过程成功）

(i) 置 $l=l+1$.

7. 输出(“超过最大迭代次数”),

(迭代过程失败),

停止．

2. 热传导方程(扩散方程)

热传导方程，或扩散方程是抛物型方程．考虑如下的初边值问题

$$\begin{cases}\dfrac{\partial u(x,t)}{\partial t}=a^2\,\dfrac{\partial^2 u(x,t)}{\partial x^2}, & 0<x<l,\ 0<t<T,\\ u(0,t)=u(l,t)=0, & 0<t<T,\\ u(x,0)=f(x), & 0\leqslant x\leqslant l,\end{cases}\tag{18.11-8}$$

求解这类方程的有效方法就是**克兰克-尼科尔森(Crank-Nicolson)方法**．

选整数 $m>0$，令 $h=l/m$，并选一个时间尺度 k. $x_i=ih,i=0,\cdots,m$，和 $t_j=jk$，$j=0,1,\cdots$. 差分方程由

$$\frac{w_{i,j+1}-w_{i,j}}{k}-\frac{a^2}{2}\left[\frac{w_{i+1,j}-2w_{i,j}+w_{i-1,j}}{h^2}+\frac{w_{i+1,j+1}-2w_{i,j+1}+w_{i-1,j+1}}{h^2}\right]=0\tag{18.11-9}$$

给出，并具有局部截断误差 $O(k^2+h^2)$. 差分方程(18.11-9)可以表示为矩阵形式 $A\boldsymbol{w}^{(j+1)}=B\boldsymbol{w}^{(j)}$，$j=0,1,2,\cdots$，其中 $\boldsymbol{w}^{(j)}=(w_{1,j},w_{2,j},\cdots,w_{m-1,j})^T$，若令 $\lambda=\dfrac{a^2k}{h^2}$，则 A,B 分别为

$$A=\begin{bmatrix}(1+\lambda) & -\lambda/2 & 0 & 0 & \cdots & 0 & 0\\ -\lambda/2 & (1+\lambda) & -\lambda/2 & 0 & \cdots & 0 & 0\\ 0 & -\lambda/2 & (1+\lambda) & -\lambda/2 & & 0 & 0\\ 0 & 0 & -\lambda/2 & (1+\lambda) & & 0 & 0\\ \vdots & \vdots & & & \ddots & & \\ 0 & 0 & 0 & 0 & & (1+\lambda) & -\lambda/2\\ 0 & 0 & 0 & 0 & & -\lambda/2 & (1+\lambda)\end{bmatrix}$$

$$
B=\begin{bmatrix}
(1-\lambda) & \lambda/2 & 0 & 0 & \cdots & 0 & 0 \\
\lambda/2 & (1-\lambda) & \lambda/2 & 0 & \cdots & 0 & 0 \\
0 & \lambda/2 & (1-\lambda) & \lambda/2 & & 0 & 0 \\
0 & 0 & \lambda/2 & (1-\lambda) & & 0 & 0 \\
\vdots & \vdots & & & \ddots & & \\
0 & 0 & 0 & 0 & & (1-\lambda) & \lambda/2 \\
0 & 0 & 0 & 0 & & \lambda/2 & (1-\lambda)
\end{bmatrix}
\tag{18.11-10}
$$

克兰克-尼科尔森算法

输入 端点 l，最大时间 T，常数 a，整数 $m\geqslant 3$；$N\geqslant 1$.

输出 对 $i=1,2,\cdots,m-1$，$j=1,2,\cdots,N$，$u(x_i,t_j)$的近似 $w_{i,j}$.

算法：

1. 置 $h=l/m$；$k=T/N$；$\lambda=a^2k/h^2$；$w_m=0$.
2. 对 $i=1,2,\cdots,m-1$ 置 $w_i=f(ih)$.
3. 置 $l_1=1+\lambda$；$u_1=-\lambda/(2l_1)$.
4. 对 $i=2,\cdots,m-2$
   置 $l_i=1+\lambda+\lambda u_{i-1}/2$；$u_i=-\lambda/(2l_i)$.
5. 置 $l_{m-1}=1+\lambda+\lambda u_{m-2}/2$.
6. 对 $j=1,2,\cdots,N$ 做(a)～(e).
   (a) 置 $t=jk$；$z_1=[(1-\lambda)w_1+\lambda w_2/2]/l_1$.
   (b) 对 $i=2,\cdots,m-1$
       置 $z_i=[(1-\lambda)w_i+\lambda(w_{i+1}+w_{i-1}+z_{i-1})/2]/l_i$.
   (c) 置 $w_{m-1}=z_{m-1}$.
   (d) 对 $i=m-2,\cdots,1$ 置 $w_i=z_i-u_iw_{i+1}$.
   (e) 输出(t)；(注意：$t=t_j$.)
       对 $i=1,\cdots,m-1$ 置 $x=ih$；输出(x,w_i).
       (注意 $w_i=w_{i,j}$)
7. 停止.(完成整个过程.)

3. 波动方程

波动方程是双曲型方程．现在来近似求解下列波动方程的初边值问题

$$
\begin{cases}
\dfrac{\partial^2 u(x,t)}{\partial t^2}=a^2\dfrac{\partial^2 u(x,t)}{\partial x^2}, & 0<x<l,\ 0<t<T \\
u(0,t)=u(l,t)=0, & 0<t<T \\
u(x,0)=f(x),\dfrac{\partial u(x,0)}{\partial t}=g(x), & 0\leqslant x\leqslant l
\end{cases}
\tag{18.11-11}
$$

输入 端点 l，最大时间 T，常数 a，整数 $m\geqslant 2$；$N\geqslant 2$.

输出 对 $i=0,\cdots,m$, $j=0,\cdots,N$, $u(x_i,t_j)$的近似 $w_{i,j}$

算法

1. 置 $h=l/m$；$k=T/N$；$\lambda=ak/h$.
2. 对 $j=1,\cdots,N$ 置 $w_{0,j}=0$；$w_{m,j}=0$.
3. 置 $w_{0,0}=f(0)$；$w_{m,0}=f(l)$.
4. 对 $i=1,\cdots,m-1$,
   置 $w_{i,0}=f(ih)$；
   $w_{i,1}=(1-\lambda^2)f(ih)+\dfrac{\lambda^2}{2}[f((i+1)h)+f((i-1)h)]+kg(ih)$.
5. 对 $j=1,\cdots,N-1$(完成矩阵乘法)，
   对 $i=1,\cdots,m-1$ 置 $w_{i,j+1}=2(1-\lambda^2)w_{i,j}+\lambda^2(w_{i+1,j}+w_{i-1,j})+w_{i,j-1}$.
6. 对 $j=1,\cdots,N$,
   置 $t=jk$；
   对 $i=0,\cdots,m$,
   置 $x=ih$；输出$(x,t,w_{i,j})$.
7. 停止.(完成整个过程.)

§18.12 编程技巧

尽管已经有了可以广泛应用的强有力的数学软件，但是为求解我们正在研究的具体问题，常常需要编制部分高效的程序.求解任何问题的最终目标是其解法的有效性和精确性.在研制算法和编写计算机程序时，以下建议是值得考虑的.

1. **任何算法必须有一个有效的停止规则.** 迭代法的停止规则可以是以绝对误差、相对误差或函数值为基础来设定的.当下列条件

$$|p_n-p_{n-1}|<\varepsilon_1,\quad \frac{|p_n-p_{n-1}|}{|p_n|}<\varepsilon_2,\quad |f(p_n)|<\varepsilon_3$$

的一种组合得到满足时，就可以选择该组合条件作为停止规则，其中 ε_i 表示指定的容差.然而，某些迭代格式并不能保证迭代是收敛的，或者收敛得非常慢，所以建议对要进行的迭代次数明确规定一个上界 N.这将避免无穷循环.

2. **尽可能避免使用数组.** 带下标的值常常不需要用数组.例如，在求根的牛顿方法中，计算可以用 $p=p_0-\dfrac{f(p_0)}{f'(p_0)}$来进行.然后验证是否满足例如$|p-p_0|<\varepsilon$ 那样的停止规则，并在计算迭代序列的下一个值之前用 $p_0=p$ 来更新 p_0 的当前值.

3. **当要形成表的时候，限制使用数组.** 常常可以避免使用二维数组.例如，相除的差分表常可以通过一个下三角矩阵来形成和打印出来.它的任何一行只依赖于前一行.因此，可以用一维数组来存储前一行，而通过计算来得到当前行.注意下面一点

是重要的:**通常不需要存储整个数组**.例如,对插值多项式的系数而言,只需要表中的一些特殊的值.

4. **避免使用容易高度影响其舍入误差的公式**.例如,当 h 很小时,计算

$$f'(x_0)=\frac{f(x_0+h)-f(x_0)}{h}+\frac{h}{2}f''(\xi)$$

中的商的实践就告诫我们要避免这样做.

5. **为了得到近似的"小的修正",在迭代中变换公式**.例如,在求根的二分法中,建议把迭代公式中的$\frac{a+b}{2}$写作 $a+\frac{a-b}{2}$,许多迭代公式都有类似的情况.

6. 当求解线性方程组时,为降低舍入误差建议采用**主元素消去法**.

7. **消去**可能增加算法执行时间或会增加舍入误差的**不必要的步骤**.

8. 某些方法,当它们确实收敛时,收敛得非常快,但依赖于合理接近的初始近似.为得到这种近似,(例如二分法那样)比较弱,但可靠的方法可以和更强的方法(例如牛顿方法)结合使用.比较弱的方法可能收敛得很慢,而且它本身也不是很高效的.更强的方法可能根本不收敛.但是结合使用可能会克服两者难以解决的缺点.

19. 组　合　论

组合论又称为组合分析、组合数学或组合学. 按照一定的规则所安排的某些物件称为组态. 组合论可分为组态理论与计数理论两部分. 研究组态的存在性的理论,称为组态理论或组合设计论;确定组态的数目或作出这些组态的分类的理论,称为计数理论. 本手册只涉及计数理论,关于组态理论可参阅 H. J. 赖瑟,组合数学(附:组合矩阵论),科学出版社,1983.

§19.1　生成函数

运用生成函数的方法,可以通过对单个函数的研究导出有关整个数列的很多性质,而单个函数的研究往往又可利用函数论中的已知结果,因此,生成函数的方法是组合计数中一个很有效的方法,它是处理组合论问题的一个重要工具.

19.1.1　生成函数及其代数运算

1. 生成函数的概念

定义 1　设$\{a_n\}_{n=0}^{\infty}=\{a_0,a_1,a_2,\cdots,a_n,\cdots\}$是一无穷数列,则称形式幂级数

$$A(x)=\sum_{n=0}^{\infty}a_nx^n=a_0+a_1x+a_2x^2+\cdots+a_nx^n+\cdots \tag{19.1-1}$$

为数列$\{a_n\}_{n=0}^{\infty}$的**普通生成函数**或**寻常生成函数**,简称**普生成函数**. 称**形式幂级数**

$$B(x)=\sum_{n=0}^{\infty}a_n\frac{n^n}{n!}=a_0+a_1x+a_2\frac{x^2}{2!}+\cdots+a_n\frac{x^n}{n!}+\cdots \tag{19.1-2}$$

为数列$\{a_n\}_{n=0}^{\infty}$的指数生成函数,简称指生成函数.

定义 2　设 $A(x)$与 $B(x)$分别是数列$\{a_n\}_{n=0}^{\infty}$与$\{b_n\}_{n=0}^{\infty}$的普生成函数. 若 $a_n=b_n(n=0,1,2,\cdots)$,则称 $A(x)$与 $B(x)$**相等**,记作

$$A(x)=B(x).$$

例 1　$(1+x)^n=\sum\limits_{k=0}^{n}\binom{n}{k}x^k$ 就是二项式系数数列$\left\{\binom{n}{k}\right\}_{k=0}^{n}$的普生成函数.

由于$\binom{n}{k}=\frac{P_k^n}{k!}$,所以$(1+x)^n=\sum\limits_{k=0}^{n}P_k^n\frac{x^n}{k!}$,即$(1+x)^n$ 又是数列$\{P_k^n\}_{k=0}^{n}$的指生成函数.

在涉及与组合问题有关的生成函数时,通常使用普生成函数;而涉及与排列问题有关的生成函数时,则常使用指生成函数.

例 2 斐波那契数列$\{F_n\}_{n=0}^{\infty}$定义为

$$F_0 = F_1 = 1, F_{n+2} = F_{n+1} + F_n, (n = 0, 1, 2, \cdots).$$

它的前几项为 1,1,2,3,5,8,13,21,34,55,….$\{F_n\}_{n=0}^{\infty}$的普生成函数为

$$\begin{aligned} F(x) &= \sum_{n=0}^{\infty} F_n x^n = 1 + x + \sum_{n=2}^{\infty} F_n x^n \\ &= 1 + x + \sum_{n=2}^{\infty} (F_{n-1} + F_{n-2}) x^n \\ &= 1 + x + x\sum_{n=2}^{\infty} F_{n-1} x^{n-1} + x^2 \sum_{n=2}^{\infty} F_{n-2} x^{n-2} \\ &= 1 + xF(x) + x^2 F(x). \end{aligned}$$

由此得 $F(x) = (1-x-x^2)^{-1}$.这就是数列$\{F_n\}_{n=0}^{\infty}$的普生成函数.

斐波那契数的组合意义为:F_n 等于集合

$$\mathcal{N}_{n-1} = \{1, 2, \cdots, n-1\}$$

中不含两个相邻元的子集的个数.

例如 $\mathcal{N}_3 = \{1,2,3\}$ 中不含两个相邻元的子集有 ϕ,$\{1\}$,$\{2\}$,$\{3\}$,$\{1,3\}$,共 $F_4 = 5$ 个.

定义 3 若函数序列$\{g_n(x)\}_{n=0}^{\infty}$线性无关(即不存在不全为零的常数 $k_0, k_1, k_2, \cdots, k_n, \cdots$,使

$$k_0 g_0(x) + k_1 g_1(x) + k_2 g_2(x) + \cdots + k_n g_n(x) + \cdots = 0$$

成立),则称形式级数

$$G(x) = \sum_{n=0}^{\infty} a_n g_n(x) = a_0 g_0(x) + a_1 g_1(x) + \cdots + a_n g_n(x) + \cdots \tag{19.1-3}$$

为数列$\{a_n\}_{n=0}^{\infty}$的一般形式的生成函数.

当 $g_n(x) = x^n$ 及 $g_n(x) = \dfrac{x^n}{n!}$时,(19.1-3)式分别为(19.1-1)式及(19.1-2)式.

例 3 当 $g_n(x) = \dfrac{1}{n^x}$时,$D_n(x) = \sum\limits_{n=1}^{\infty} a_n g_n(x) = \sum\limits_{n=1}^{\infty} a_n \dfrac{1}{n^x}$,即

$$D_n(x) = a_1 + \frac{a_2}{2^x} + \frac{a_3}{3^x} + \cdots + \frac{a_n}{n^x} + \cdots$$

为数列$\{a_n\}_{n=1}^{\infty}$的狄利克雷生成函数.

例 4 当 $g_n(x) = x(x-1)(x-2)\cdots(x-n+1)$时,

$$\begin{aligned} A(x) &= \sum_{n=0}^{\infty} a_n x(x-1)(x-2)\cdots(x-n+1) \\ &= a_0 + a_1 x + a_2 x(x-1) + \cdots \\ &\quad + a_n x(x-1)(x-2)\cdots(x-n+1) + \cdots \end{aligned}$$

为数列$\{a_n\}_{n=0}^{\infty}$的下阶乘生成函数.

2. 生成函数的代数运算

设$\{a_n\}_{n=0}^{\infty}$与$\{b_n\}_{n=0}^{\infty}$的生成函数分别为$A(x)$与$B(x)$.

定义 4 若λ是一个数,则称$\{\lambda a_n\}_{n=0}^{\infty}$的生成函数$C(x)$为数$\lambda$与$\{a_n\}_{n=0}^{\infty}$的生成函数的**数量乘积**,记作$C(x)=\lambda A(x)$.这种运算称为数与生成函数的数量乘法.

普生成函数的数量乘积为

$$C(x)=\sum_{n=0}^{\infty}(\lambda a_n)x^n;$$

指数生成函数的数量乘积为

$$C(x)=\sum_{n=0}^{\infty}(\lambda a_n)\frac{x^n}{n!}.$$

定义 5 若$c_n=a_n+b_n(n=0,1,2,\cdots)$,则称$\{c_n\}_{n=0}^{\infty}$的生成函数$C(x)$为$\{a_n\}_{n=0}^{\infty}$与$\{b_n\}_{n=0}^{\infty}$的生成函数的**和**,记作$C(x)=A(x)+B(x)$.这种运算称为生成函数的加法.

普生成函数的和为

$$C(x)=\sum_{n=0}^{\infty}c_nx^n=\sum_{n=0}^{\infty}(a_n+b_n)x^n;$$

指数生成函数的和为

$$C(x)=\sum_{n=0}^{\infty}c_n\frac{x^n}{n!}=\sum_{n=0}^{\infty}(a_n+b_n)\frac{x^n}{n!}.$$

定义 6 若

$$c_n=\sum_{i+j=n}a_ib_j=a_0b_n+a_1b_{n-1}+\cdots+a_{n-1}b_1+a_nb_0,$$

则称$\{c_n\}_{n=0}^{\infty}$的生成函数$C(x)$为$\{a_n\}_{n=0}^{\infty}$与$\{b_n\}_{n=0}^{\infty}$的普生成函数的**积**,记作

$$C(x)=A(x)B(x)=\sum_{n=0}^{\infty}\Big(\sum_{i+j=n}a_ib_j\Big)x^n.$$

若$c_n=\sum\limits_{i=0}^{n}\binom{n}{i}a_ib_{n-i}=a_0b_n+\binom{n}{1}a_1b_{n-1}+\cdots+\binom{n}{i}a_ib_{n-i}+\cdots+a_nb_0$,则称$\{c_n\}_{n=0}^{\infty}$的生成函数$C(x)$为$\{a_n\}_{n=0}^{\infty}$与$\{b_n\}_{n=0}^{\infty}$的指数生成函数的**积**.记作

$$C(x)=A(x)B(x)=\sum_{n=0}^{\infty}\left(\sum_{i=0}^{n}\binom{n}{i}a_ib_{n-1}\right)\frac{x^n}{n!}.$$

由此可见,两个普生成函数

$$A(x)=\sum_{n=0}^{\infty}a_nx^n\text{ 与 }B(x)=\sum_{n=0}^{\infty}b_nx^n$$

的乘积

$$C(x)=A(x)B(x)=\sum_{n=0}^{\infty}\Big(\sum_{i+j=n}a_ib_j\Big)x^n$$

是数列

$$\{c_n\}_{n=0}^{\infty} = \Big\{ \sum_{i+j=n} a_i b_j \Big\}_{n=0}^{\infty}$$

的普生成函数. 两个指数生成函数

$$A(x) = \sum_{n=0}^{\infty} a_n \frac{x^n}{n!} \text{ 与 } B(x) = \sum_{n=0}^{\infty} b_n \frac{x^n}{n!}$$

的乘积

$$C(x) = A(x)B(x) = \sum_{n=0}^{\infty} \left(\sum_{i=0}^{n} \binom{n}{i} a_i b_{n-i} \right) \cdot \frac{x^n}{n!}$$

是数列

$$\{c_n\}_{n=0}^{\infty} = \left\{ \sum_{i=0}^{n} \binom{n}{i} a_i b_{n-i} \right\}_{n=0}^{\infty}$$

的指数生成函数.

定义 6 中所陈述的运算称为生成函数的**乘法**.

若把 $(a+b)^n$ 按二项式定理展开,再分别把 a^i 换为 a_i,把 b^i 换为 b_i,则得

$$(a+b)^n = \sum_{i=0}^{n} \binom{n}{i} a_i b_{n-i}. \tag{19.1-4}$$

(19.1-4)的右端就是两个指数生成函数的乘积中的数列

$$c_n = \sum_{i=0}^{n} \binom{n}{i} a_i b_{n-i}.$$

(19.1-4)式的运算和规定的符号称为**布利沙德运算和符号**. 它可表述为:在开始计算时,将下标移成指数,计算完毕后,再将指数移成下标.

定义 7 设全体普生成函数所组成的集为 $\mathscr{E}$. 在 $\{a_n\}_{n=0}^{\infty}$ 的普生成函数 $A(x) = \sum_{n=0}^{\infty} a_n x^n$ 中,若对一切 $n \geqslant 0$ 均有 $a_n = 0$,则称此生成函数为 $\mathscr{E}$ 中的**零元**,并记为 0;若 $a_0 = 1$ 且对一切 $n \geqslant 1$ 均有 $a_n = 0$,则称此生成函数为 $\mathscr{E}$ 的**幺元**,并记为 1.

定理 1 集 $\mathscr{E}$ 对加法

$$A(x) + B(x) = \sum_{n=0}^{\infty} (a_n + b_n) x^n$$

与乘法

$$A(x)B(x) = \sum_{n=0}^{\infty} \Big(\sum_{i+j=n} a_i b_j \Big) x^n$$

组成一个整环(参看 14.2.5). $\mathscr{E}$ 对数乘

$$\lambda A(x) = \sum_{n=0}^{\infty} (\lambda a_n) x^n$$

与加法

$$A(x)+B(x)=\sum_{n=0}^{\infty}(a_n+b_n)x^n$$

组成数域上的一个向量空间(参看 14.2.8);$\mathscr{E}$ 对数乘

$$\lambda A(x)=\sum_{n=0}^{\infty}(\lambda a_n)x^n,$$

加法

$$A(x)+B(x)=\sum_{n=0}^{\infty}(a_a+b_n)x^n$$

与乘法

$$A(x)B(x)=\sum_{n=0}^{\infty}\Big(\sum_{i+j=n}a_ib_i\Big)x^n$$

组成数域上的一个代数(参看 14.2.8).

定义 8 把环 $\mathscr{E}$ 的商域记为 $\bar{\varepsilon}$,在域 $\bar{\varepsilon}$ 中,加法的逆运算称为**减法**,乘法的逆运算称为**除法**.

例 5 设数列 $\{a_n\}_{n=0}^{\infty}$ 由下式确定:给定 n,

$$a_i=\begin{cases}1,\text{当 } 0\leqslant i\leqslant n \text{ 时},\\0,\text{当 } i>n \text{ 时},\end{cases}$$

则其普生成函数为多项式

$$A(x)=1+x+x^2+\cdots+x^n=\frac{1-x^{n+1}}{1-x}(|x|<1).$$

例 6 若生成函数

$$A(x)=\sum_{n=0}^{\infty}a_nx^n \text{ 与 } B(x)=\sum_{n=0}^{\infty}b_nx^n$$

满足关系

$$A(x)=B(x)(1-x),$$

则

$$\begin{cases}a_0=b_0,\\a_k=b_k-b_{k-1}=\Delta b_{k-1}(k>0),\end{cases}$$

$$b_k=a_k+a_{k-1}+\cdots+a_0.$$

例 7 若两个普生成函数 $A(x)$,$B(x)$满足关系

$$A(x)=(B(1)-B(x))(1-x)^{-1},$$

则它们的系数间有关系

$$a_k=b_{k+1}+b_{k+2}+\cdots=\sum_{j=0}^{\infty}b_{k+j}.$$

定义 9 设$\{a_n\}_{n=0}^{\infty}$的生成函数为$A(x)$,若存在生成函数$B(x)$,使$A(x)B(x)=B(x)A(x)=1$,则称$B(x)$为$A(x)$的**逆元**,记作$B(x)=(A(x))^{-1}$,即$A(x)(A(x))^{-1}=(A(x))^{-1}A(x)=1$. 此时称$A(x)$**可逆**.

定理 2 普生成函数

$$A(x)=\sum_{n=0}^{\infty}a_nx^n$$

存在逆元

$$(A(x))^{-1}=\sum_{n=0}^{\infty}\hat{a}_nx^n$$

的必要充分条件是$a_0\neq 0$. 若$a_0\neq 0$,则

$$\hat{a}_0=a_0^{-1},$$

$$\hat{a}_n=(-1)^n a_0^{-n-1}\begin{vmatrix} a_1 & a_2 & a_3 & \cdots & a_{n-2} & a_{n-1} & a_n \\ a_0 & a_1 & a_2 & \cdots & a_{n-3} & a_{n-2} & a_{n-1} \\ 0 & a_0 & a_1 & \cdots & a_{n-4} & a_{n-3} & a_{n-2} \\ \cdots & \cdots & \cdots & \cdots & \cdots & \cdots & \cdots \\ 0 & 0 & 0 & \cdots & a_0 & a_1 & a_2 \\ 0 & 0 & 0 & \cdots & 0 & a_0 & a_1 \end{vmatrix}\quad(n=1,2,\cdots).$$

(19.1-5)

例 8 求普生成函数

$$A(x)=1-x-x^2-x^3-\cdots=1-\sum_{n=0}^{\infty}x^n$$

的逆元.

因$a_0=1,a_n=-1(n=1,2,\cdots)$. 由(19.1-5)式得

$$\hat{a}_n=(-1)^n\begin{vmatrix} -1 & -1 & -1 & \cdots & -1 & -1 & -1 \\ 1 & -1 & -1 & \cdots & -1 & -1 & -1 \\ 0 & 1 & -1 & \cdots & -1 & -1 & -1 \\ \cdots & \cdots & \cdots & \cdots & \cdots & \cdots & \cdots \\ 0 & 0 & 0 & \cdots & 1 & -1 & -1 \\ 0 & 0 & 0 & \cdots & 0 & 1 & -1 \end{vmatrix}$$

$$=(-1)^n\begin{vmatrix} -1 & -1 & -1 & \cdots & -1 & -1 & -1 \\ 0 & -2 & -2 & \cdots & -2 & -2 & -2 \\ 0 & 0 & -2 & \cdots & -2 & -2 & -2 \\ \cdots & \cdots & \cdots & \cdots & \cdots & \cdots & \cdots \\ 0 & 0 & 0 & \cdots & 0 & -2 & -2 \\ 0 & 0 & 0 & \cdots & 0 & 0 & -2 \end{vmatrix}$$

$$= 2^{n-1}, (n = 1, 2, \cdots), \hat{a}_0 = 1.$$

故所求的逆元为

$$1 + \sum_{n=1}^{\infty} 2^{n-1} x^n = 1 + \frac{1}{2} \sum_{n=1}^{\infty} (2x)^n = \frac{1}{2}\left(1 + \sum_{n=0}^{\infty} (2x)^n\right)$$

$$= \frac{1}{2}\left(1 + \frac{1}{1-2x}\right) = \frac{1-x}{1-2x} \quad \left(|x| < \frac{1}{2}\right),$$

上述逆元也可用下述方法求得.因

$$1 - x - x^2 - \cdots = 1 - \sum_{n=1}^{\infty} x^n$$

$$= 1 - \frac{x}{1-x} = \frac{1-2x}{1-x} \quad \left(|x| < \frac{1}{2}\right),$$

故所求逆元为

$$\frac{1-x}{1-2x} \quad \left(|x| < \frac{1}{2}\right).$$

定理 3 若指数生成函数 $A(x) = \sum_{n=0}^{\infty} a_n \frac{x^n}{n!}$ 存在逆元

$$(A(x))^{-1} = \sum_{n=0}^{\infty} \hat{a}_n \frac{x^n}{n!},$$

则

$$\hat{a}_0 = a_0^{-1},$$

$$\hat{a}_n = (-1)^n a_0^{-n-1} \cdot \begin{vmatrix} a_1 & a_2 & a_3 & \cdots & a_{n-2} & a_{n-1} & a_n \\ a_0 & \binom{2}{1} a_1 & \binom{3}{1} a_2 & \cdots & \binom{n-2}{1} a_{n-3} & \binom{n-1}{1} a_{n-2} & \binom{n}{1} a_{n-1} \\ 0 & \binom{2}{2} a_0 & \binom{3}{2} a_1 & \cdots & \binom{n-2}{2} a_{n-4} & \binom{n-1}{2} a_{n-3} & \binom{n}{2} a_{n-2} \\ \cdots & \cdots & \cdots & \cdots & \cdots & \cdots & \cdots \\ 0 & 0 & 0 & \cdots & \binom{n-2}{n-2} a_0 & \binom{n-1}{n-2} a_1 & \binom{n}{n-2} a_2 \\ 0 & 0 & 0 & \cdots & 0 & \binom{n-1}{n-1} a_0 & \binom{n}{n-1} a_1 \end{vmatrix}$$

$$(n = 1, 2, \cdots). \tag{19.1-6}$$

例 9 求数列 $\beta = \{\alpha^0, \alpha^1, \alpha^2, \alpha^3, \cdots\}, \alpha \neq 0$ 的指数生成函数

$$\sum_{n=0}^{\infty} \alpha^n \frac{x^n}{n!} = \sum_{n=0}^{\infty} \frac{(\alpha x)^n}{n!} = e^{\alpha x}$$

的逆元.

由(19.1-6)式可得

$$\hat{\alpha}_n=(-1)^n\begin{vmatrix} \alpha & \alpha^2 & \alpha^3 & \cdots & \alpha^{n-2} & \alpha^{n-1} & \alpha^n \\ 1 & \binom{2}{1}\alpha & \binom{3}{1}\alpha^2 & \cdots & \binom{n-2}{1}\alpha^{n-3} & \binom{n-1}{1}\alpha^{n-2} & \binom{n}{1}\alpha^{n-1} \\ 0 & \binom{2}{2} & \binom{3}{2}\alpha & \cdots & \binom{n-2}{2}\alpha^{n-4} & \binom{n-1}{2}\alpha^{n-3} & \binom{n}{2}\alpha^{n-2} \\ \cdots & \cdots & \cdots & \cdots & \cdots & \cdots & \cdots \\ 0 & 0 & 0 & \cdots & \binom{n-2}{n-2} & \binom{n-1}{n-2}\alpha & \binom{n}{n-2}\alpha^2 \\ 0 & 0 & 0 & \cdots & 0 & \binom{n-1}{n-1} & \binom{n}{n-1}\alpha \end{vmatrix}.$$

在上面的行列中,把第 i 行的 $-\dfrac{1}{\alpha}$ 倍加到第 $i+1$ 行上,依次对 $i=1,2,\cdots,n-1$ 进行,便得

$$\hat{\alpha}_n=(-1)^n\begin{vmatrix} \alpha & & & & * \\ & \alpha & & & \\ & & \ddots & & \\ & 0 & & \alpha & \\ & & & & \alpha \end{vmatrix}=(-1)^n\alpha^n \quad (n=1,2,\cdots).$$

又

$$\hat{\alpha}_0=(\alpha^0)^{-1}=1,$$

故所求的逆元为

$$\sum_{n=0}^{\infty}(-1)^n\alpha^n\frac{x^n}{n!}=\sum_{n=0}^{\infty}\frac{(-\alpha x)^n}{n!}=e^{-\alpha x},$$

显然有

$$\sum_{n=0}^{\infty}\alpha^n\frac{x^n}{n!}\cdot\sum_{n=0}^{\infty}(-1)^n\alpha^n\frac{x^n}{n!}=e^{\alpha x}\cdot e^{-\alpha x}=1.$$

定理 4 若数列 $\{a_n\}_{n=0}^{\infty}$,$\{b_n\}_{n=0}^{\infty}$,$\{c_n\}_{n=0}^{\infty}$ 满足关系式

$$a_n=(b+c)^n(n\geqslant 0),\ b^n\equiv b_n,\ c^n\equiv c_n$$

且 e^{cx} 的逆元为 $e^{\hat{c}x}$,则

$$b_n=(a+\hat{c})^n(n\geqslant 0),\ a^n\equiv a_n,\ \hat{c}^n\equiv\hat{c}_n$$

且反之亦然.

19.1.2 生成函数的分析运算

定义 10 给定普生成函数

$$A(x)=\sum_{n=0}^{\infty}a_nx^n. \tag{19.1-7}$$

称形式幂级数 $\sum_{n=1}^{\infty} na_nx^{n-1}$ 为普生成函数(19.1-7)的一阶微商,记作 $\frac{d}{dx}(A(x))$,即

$$\frac{d}{dx}(A(x))=\frac{d}{dx}\sum_{n=0}^{\infty}a_nx^n=\sum_{n=1}^{\infty}n\,a_nx^{n-1}.$$

普生成函数(19.1-7)的 $n(n\geqslant 0)$ 阶微商归纳地定义为

$$\frac{d^0}{dx^0}(A(x))=A(x),$$

$$\frac{d^n}{dx^n}(A(x))=\frac{d}{dx}\left(\frac{d^{n-1}}{dx^{n-1}}A(x)\right).$$

普生成函数(19.1-7)的 k 阶微商为

$$\frac{d^k}{dx^k}(A(x))=\sum_{n=k}^{\infty}n(n-1)\cdots(n-k+1)a_nx^n.$$

定义 11 若生成函数 $A(x)$ 与 $B(x)$ 满足关系式

$$A(x)=\frac{dB(x)}{dx},$$

则称 $B(x)$ 为 $A(x)$ 的**原函数**.

易知普生成函数(19.1-7)的原函数为

$$\sum_{n=0}^{\infty}\frac{a_n}{n+1}x^{n+1}+C,$$

其中 C 为任意常数.

定理 5 对普生成函数 $A(x)$ 与 $B(x)$,下列微商法则成立:

$$\frac{d}{dx}(A(x)+B(x))=\frac{d}{dx}(A(x))+\frac{d}{dx}(B(x)),$$

$$\frac{d}{dx}(cA(x))=c\,\frac{d}{dx}(A(x)),c\text{ 为常数},$$

$$\frac{d}{dx}(A(x)B(x))=A(x)\,\frac{d}{dx}(B(x))+B(x)\,\frac{d}{dx}(A(x))$$

$$\frac{d}{dx}((A(x))^n)=n(A(x))^{n-1}\,\frac{d}{dx}(A(x))(n\geqslant 1).$$

一些常用数列的有限形式的生成函数表

a_n	普生成函数	指数生成函数 e^{cx}
n	$\frac{x}{(1-x)^2}\quad(\|x\|<1)$	xe^x
n^2	$\frac{x(x+1)}{(1-x)^3}\quad(\|x\|<1)$	$x(x+1)e^x$

续表

a_n	普生成函数	指数生成函数 e^{cx}
$n(n-1)$	$\frac{2x^2}{(1-x)^3}\quad(\lvert x\rvert<1)$	x^2e^x
$c^n(c\neq 0)$	$\frac{1}{1-cx}\quad\left(\lvert x\rvert<\frac{1}{\lvert c\rvert}\right)$	e^{cx}
$nc^n(c\neq 0)$	$\frac{cx}{(1-cx)^2}\quad\left(\lvert x\rvert<\frac{1}{\lvert c\rvert}\right)$	cxe^{cx}
$n^2c^n(c\neq 0)$	$\frac{cx(1+cx)}{(1-cx)^3}\quad\left(\lvert x\rvert<\frac{1}{\lvert c\rvert}\right)$	$cx(1+cx)e^{cx}$
$n(n-1)c^n(c\neq 0)$	$\frac{2cx^2}{(1-cx)^3}\quad\left(\lvert x\rvert<\frac{1}{\lvert c\rvert}\right)$	$(cx)^2e^{cx}$
$\binom{n}{i}$	$(1+x)^n$	—
P_i^n	—	$(1+x)^n$

19.1.3 普生成函数与指数生成函数间的关系

就同一幂级数而言,幂级数

$$\sum_{n=0}^{\infty}a_nx^n=\sum_{n=0}^{\infty}(n!a_n)\frac{x^n}{n!}$$

既是数列$\{a_n\}_{n=0}^{\infty}$的普生成函数,又是数列$\{n!\ a_n\}_{n=0}^{\infty}$的指数生成函数.同理,幂级数

$$\sum_{n=0}^{\infty}a_n\frac{x^n}{n!}=\sum_{n=0}^{\infty}\left(\frac{a_n}{n!}\right)x^n$$

既是数列$\{a_n\}_{n=0}^{\infty}$的指数生成函数,又是数列$\left\{\frac{a_n}{n!}\right\}_{n=0}^{\infty}$的普生成函数.

就同一数列$\{a_n\}_{n=0}^{\infty}$而言,其普生成函数可形式地表示为

$$\begin{aligned}A(x)&=\sum_{n=0}^{\infty}a_nx^n=\sum_{n=0}^{\infty}a_n\frac{x^n}{n!}\int_0^{+\infty}e^{-t}t^ndt\\&=\int_0^{+\infty}e^{-t}\sum_{n=0}^{\infty}a_n\frac{(xt)^n}{n!}dt=\int_0^{+\infty}e^{-t}A_{(e)}(xt)dt,\end{aligned}$$

其中

$$A_{(e)}(xt)=\sum_{n=0}^{\infty}a_n\frac{(xt)^n}{n!}$$

也就是数列$\{a_n\}_{n=0}^{\infty}$的指数生成函数.

例 10 二元树的计数问题

设空集或一组有限个顶点,满足:1° 有一个特定的点称作"根点";2° 去掉这个根

点后，余下的顶点组成左子树与右子树的两支，则称此空集或有限个顶点构成一个二元树. 这些顶点之间的分支关系，称为树形结构.

设 b_n 为 n 个顶点的不同二元树的个数，则 $b_0=1$(空二元树). 当 $n>0$ 时，二元树有 1 个根点及 $n-1$ 个非根点，非根点分别形成左子树与右子树. 设左子树有 k 个点，右子树有 $n-1-k$ 个点，则左子树有 b_k 种取法，右子树有 b_{n-1-k} 种取法，因此

$$b_n = b_0 b_{n-1} + b_1 b_{n-2} + \cdots + b_k b_{n-1-k} + \cdots + b_{n-1} b_0 \ (n>0).$$

于是，由两个普生成函数的乘积可知，数列 $\{b_n\}_{n=0}^{\infty} = \left\{ \sum b_k b_{n-1-k} \right\}_{n=0}^{\infty}$ 的普生成函数 $B(x) = \sum\limits_{n=0}^{\infty} b_n x^n$ 满足方程 $xB(x)^2 = B(x)-1, B(0)=1$. 解此二次方程，并应用二项式定理得

$$\begin{aligned} B(x) &= \frac{1}{2x}(1-\sqrt{1-4x}) \\ &= \frac{1}{2x}\left(1-\sum_{n\geqslant 0}\binom{\frac{1}{2}}{n}(-4x)^n\right) = \sum_{n\geqslant 0}\binom{\frac{1}{2}}{n+1}(-1)^n 2^{2n+1} x^n. \end{aligned}$$

因此

$$b_n = \binom{\frac{1}{2}}{n+1}(-1)^n 2^{2n+1} = \frac{\binom{2n}{n}}{n+1}.$$

数列 $\{b_n\}$ 有很多组合意义，例如 b_n 可以表示圆周上的 $2n$ 个点用 n 条互不相交的弦连结的不同方式的个数.

例 11 若元 a_1 可以重复 $\alpha_1^{(1)}, \alpha_2^{(1)}, \cdots$, 次排列，元 a_2 可以重复 $\alpha_1^{(2)}, \alpha_2^{(2)}, \cdots$, 次排列，元 a_n 可以重复 $\alpha_1^{(n)}, \alpha_2^{(n)}, \cdots$, 次排列，则元 $a_1, a_2, \cdots, a_n$ 的这种 k 排列的个数 P_k 的指数生成函数为

$$\begin{aligned} &\left(\frac{x^{\alpha_1^{(1)}}}{\alpha_1^{(1)}!} + \frac{x^{\alpha_2^{(1)}}}{\alpha_2^{(1)}!} + \cdots\right)\left(\frac{x^{\alpha_1^{(2)}}}{\alpha_1^{(2)}!} + \frac{x^{\alpha_2^{(2)}}}{\alpha_2^{(2)}!} + \cdots\right)\cdots\left(\frac{x^{\alpha_1^{(n)}}}{\alpha_1^{(n)}!} + \frac{x^{\alpha_2^{(n)}}}{\alpha_2^{(n)}!} + \cdots\right) \\ &= \sum_k P_k \frac{x^k}{k!}. \end{aligned}$$

因为

$$\begin{aligned} &\left(\frac{x^{\alpha_1^{(1)}}}{\alpha_1^{(1)}!} + \frac{x^{\alpha_2^{(1)}}}{\alpha_2^{(1)}!} + \cdots\right)\left(\frac{x^{\alpha_1^{(2)}}}{\alpha_1^{(2)}!} + \frac{x^{\alpha_2^{(2)}}}{\alpha_2^{(2)}!} + \cdots\right)\cdots\left(\frac{x^{\alpha_1^{(n)}}}{\alpha_1^{(n)}!} + \frac{x^{\alpha_2^{(n)}}}{\alpha_2^{(n)}!} + \cdots\right) \\ &= \sum_k \left(\sum_{\alpha_{i_1}^{(1)}+\alpha_{i_2}^{(2)}+\cdots+\alpha_{i_n}^{(n)}=k} \frac{k!}{\alpha_{i_1}^{(1)}!\alpha_{i_2}^{(2)}!\cdots\alpha_{i_n}^{(n)}!}\right)\frac{x^k}{k!}, \end{aligned}$$

所以

$$P_k = \sum_{\alpha_{i_1}^{(1)}+\alpha_{i_2}^{(2)}+\cdots+\alpha_{i_n}^{(n)}=k} \frac{k!}{\alpha_{i_1}^{(1)}!\alpha_{i_2}^{(2)}!\cdots\alpha_{i_n}^{(n)}!}.$$

§ 19.2 复合函数的高阶导数

设 $x=x(t)$, $f(x)=f(x(t))$ 为 t 的复合函数,其中 $f(x)$, $x(t)$ 是具有足够高阶导数的函数. 记

$$D_t = \frac{d}{dt}, D_x = \frac{d}{dx}, D_t^n x = x_n, D_x^n f = f_n.$$

下面的公式将 $D_t^n f$ 的计算归结为 $D_t^n x^j$ 的计算.

定理 1

$$D_t^n f(x) = \sum_{k=0}^{n}\left(\frac{(-1)^k}{k!}\right) D_x^k f(x) \sum_{j=0}^{k} (-1)^j \binom{k}{j} x^{k-j} D_t^n x^j. \qquad (19.2\text{-}1)$$

例 1 若取 $f(x)=\frac{1}{x}$,则由(19.2-1)式得

$$D_t^n\left(\frac{1}{x}\right) = \sum_{j=0}^{n} (-1)^j \binom{n+1}{j+1} x^{-j-1} D_t^n x^j.$$

定理 2

$$D_t^n f(x) = \sum \frac{n! D_x^k f}{k_1! k_2! \cdots k_n!}\left(\frac{D_t x}{1!}\right)^{k_1}\left(\frac{D_t^2 x}{2!}\right)^{k_2}\cdots\left(\frac{D_t^n x}{n!}\right)^{k_n}, \qquad (19.2\text{-}2)$$

其中和式遍及 $k_1+2k_2+\cdots+nk_n=n$ 的所有解 k_i,而 $k=\sum_{i=1}^{n} k_i$.

例 2 取 $x=\frac{1}{t}$, $x_i = D_t^i\left(\frac{1}{t}\right) = (-1)^i i!\ t^{-i-1}$,故

$$\begin{aligned}
\left(\frac{d}{dt}\right)^n F\left(\frac{1}{t}\right) &= \sum_{\substack{k_1+2k_2+\cdots+nk_n=n \\ k_1+k_2+\cdots+k_n=k}} \frac{n!}{k_1!k_2!\cdots k_n!} F^{(k)}\left(\frac{1}{t}\right)(-1)^n t^{-n-k} \\
&= \sum_{k=1}^{n} \frac{n!}{k!}(-1)^n F^{(k)}\left(\frac{1}{t}\right) t^{-n-k} \sum_{\substack{k_1+2k_2+\cdots=n \\ k_1+k_2+\cdots=k}} \binom{k}{k_1,\cdots,k_n} \\
&= \sum_{k=1}^{n} \frac{n!}{(n-k)!}(-1)^n F^{(n-k)}\left(\frac{1}{t}\right) t^{-2n+k} \sum_{\substack{k_1+2k_2+\cdots=n \\ k_1+k_2+\cdots=n-k}} \binom{n-k}{k_1,\cdots,k_n} \\
&= \sum_{k=1}^{n} \frac{n!}{(n-k)!}(-1)^n F^{(n-k)}\left(\frac{1}{t}\right) t^{-2n+k} \binom{n-1}{k},
\end{aligned}$$

即

$$(-1)^n \frac{d^n}{dt^n} F\left(\frac{1}{t}\right) = \sum_{k=1}^{n} \frac{(n-1)(n-2)\cdots(n-k)}{x^{2n-k}} \binom{n}{k} F^{(n-k)}\left(\frac{1}{t}\right).$$

利用行列式的求导公式,(19.2-2)式可表示为如下的简洁形式.

定理 3

$$D_t^n f(x) = \begin{vmatrix} x_1 D & -1 & 0 & 0 & \cdots \\ x_2 D & x_1 D & -1 & 0 & \cdots \\ x_3 D & 2x_2 D & x_1 D & -1 & \cdots \\ x_4 D & 3x_3 D & 3x_2 D & x_1 D & \cdots \\ \cdots & \cdots & \cdots & \cdots & \cdots \end{vmatrix} f(x),$$

其中 $D=\dfrac{d}{dx}$, $x_i=\left(\dfrac{d}{dt}\right)^i x$,行列式中每一行的系数为二项式系数,最后跟一个$-1$.

公式(19.2-2)式给出了求复合函数 $f(x(t))$的导数公式,下面给出求更一般的复合函数

$$f(x_0, x_1, x_2, \cdots, x_n),$$

$$x_i \equiv \frac{d^i x(t)}{dt^i} \quad (i=0,1,2,\cdots)$$

的导数公式.

定理 4

$$D_t^m = \sum_{r=1}^{m} \sum_{i_1,\cdots,i_r=0}^{n} \sum_{\substack{s_1+s_2+\cdots+s_r=m \\ s_1,s_2,\cdots,s_r \geqslant 0}} \binom{m}{s_1, s_2, \cdots, s_r} \cdot \frac{x_{i_1+s_1} \cdots x_{i_r+s_r}}{j_1! j_2! \cdots j_n!} \partial_{i_1} \partial_{i_2} \cdots \partial_{i_r}, \tag{19.2-3}$$

其中 j_k 表示$(s_1, s_2, \cdots, s_r)$中等于 k 的个数,

$$D_t = \sum_{j=0}^{n} x_{j+1} \partial_j, \partial_j \equiv \frac{\partial}{\partial x_j},$$

$$\partial_i x_{j+1} = \delta_{i,j+1} = \begin{cases} 1, i=j+1, \\ 0, i \neq j+1. \end{cases}$$

当 $n=0$ 时,(19.2-3)式即化为(19.2-1)式.

例 3 令 $m=3$,由 $3=3=1+2=1+1+1$,各项系数分别为

$$\binom{3}{3}=1, \binom{3}{1,2}=3, \binom{3}{1,1,1}\frac{1}{3!} = \frac{3!}{1!1!1!} \cdot \frac{1}{3!} = 1.$$

故

$$D_t^3 = \sum x_{i+3} \partial_i + 3\sum x_{i+1} x_{j+2} \partial_i \partial_j + \sum x_{i+1} x_{j+1} x_{k+1} \partial_i \partial_j \partial_k.$$

令 $m=4$,由 $4=4=1+3=2+2=1+1+2=1+1+1+1$,各项系数为

$$\binom{4}{4}=1,\binom{4}{1,3}=\frac{4!}{1!3!}=4,\binom{4}{2,2}\frac{1}{2!}=\frac{4!}{2!2!}\cdot\frac{1}{2!}=3,$$

$$\binom{4}{1,1,2}\frac{1}{2!}=\frac{4!}{1!1!2!}\cdot\frac{1}{2!}=6,\binom{4}{1,1,1,1}\frac{1}{4!}=\frac{4!}{1!1!1!1!}\cdot\frac{1}{4!}=1.$$

故

$$D_t^4 = \sum x_{i+4}\partial_i + 4\sum x_{i+1}x_{j+3}\partial_i\partial_j + 3\sum x_{i+2}x_{j+2}\partial_i\partial_j$$
$$+ 6\sum x_{i+1}x_{j+1}x_{k+2}\partial_i\partial_j\partial_k + \sum x_{i+1}x_{j+1}x_{k+1}x_{l+1}\partial_i\partial_j\partial_k\partial_l.$$

§19.3 斯特林数与拉赫数

19.3.1 斯特林数

定义 1

$$P_x^n = x(x-1)(x-2)\cdots(x-n+1) = \sum_{k=0}^{n} s(n,k)x^k, \qquad (19.3\text{-}1)$$

$$x^n = \sum_{k=0}^{n} S(n,k)P_x^n. \qquad (19.3\text{-}2)$$

$s(n,k)$称为**第一类斯特林数**,$S(n,k)$称为**第二类斯特林数**.

(19.3-1)是普生成函数的形式,(19.3-2)是对函数列$\{P_x^k\}_{k=0}^n$展开的生成函数的形式.

约定 $P_t^0=t_0=s(0,0)=S(0,0)=1$,

当 $n<k$ 时,$s(n,k)=S(n,k)=0$.

定理 1 (1)若 $k>n\geqslant 0$ 或 $k=0<n$ 或 $k<0\leqslant n$,则 $s(n,k)=0,S(n,k)=0$.

(2) 若 $n\geqslant 0$, $k\geqslant 0$,则 $s(n+1,k)=s(n,k-1)-ns(n,k)$,

$$S(n+1,k) = S(n,k-1)+kS(n,k).$$

(3) $s(n+1,k)=\sum\limits_{j=0}^{n}(-1)^jP_x^js(n-j,k-1)$,

$$S(n+1,k) = \sum_{j=0}^{n}\binom{n}{j}S(j,k-1).$$

(4) $\operatorname{sgn}(s(n,k))=(-1)^{n+k}\quad(n\geqslant k\geqslant 1)$,

$$S(n,k)=\frac{1}{k!}(\Delta^kx^n)_{x=0}$$
$$=\frac{1}{k!}\sum_{j=0}^{k}\binom{k}{j}(-1)^{k-j}j^n\quad(n\geqslant 0,\ k\geqslant 0).$$

定理 2 当 $m,n\geqslant 0$ 时,有

$$\sum_{k\geqslant 0} s(n,k)S(k,m)=\delta_{nm}=\begin{cases}1,\text{若 } n=m,\\0,\text{若 } n\neq m.\end{cases}$$

$$\sum_{k\geqslant 0} S(n,k)s(k,m)=\delta_{nm}.$$

$$a_n=\sum_{k\geqslant 0} s(n,k)b_k \Leftrightarrow b_k=\sum_{k\geqslant 0} S(n,k)a_k.$$

定理 2 表明了两类斯特林数之间的关系.

定理 3
$$s_k(x)=\frac{1}{k!}(\ln(1+x))^k=\sum_n s(n,k)\frac{x^n}{n!},$$
$$S_k(x)=\frac{1}{k!}(e^x-1)^k=\sum_n S(n,k)\frac{x^n}{n!}.$$

即对固定的 $k\geqslant 0$,第一类斯特林数 $s(n,k)$ 所构成的数列 $\{s(n,k)\}_{n=0}^{\infty}$ 的指生成函数为 $\frac{1}{k!}(\ln(1+x))^k$,第二类斯特林数 $S(n,k)$ 所构成的数列 $\{S(n,k)\}_{n=0}^{\infty}$ 的指生成函数为 $S_k(x)=\frac{1}{k!}(e^x-1)^k$.

定理 4 数列 $\{S(n,k)\}_{n=0}^{\infty}$ 的普生成函数为

$$G_k(x)=\frac{x^k}{(1-x)(1-2x)\cdots(1-kx)}=\sum_n S(n,k)x^n.$$

定理 5

(1) $s(n,k)=(-1)^{n+k}\sum\limits_{0<i_1<i_2<\cdots<i_{n-k}<n} i_1 i_2\cdots i_{n-k}.$

(2) $S(n,k)=\sum\limits_{c_1+c_2+\cdots+c_k=n-k} 1^{c_1}2^{c_2}\cdots k^{c_k}.$

例如

$$\begin{aligned}s(5,3)&=(-1)^{5+3}(1\times 2+1\times 3+1\times 4+2\times 3+2\times 4+3\times 4)\\&=35.\end{aligned}$$
$$S(5,2)=1^3+1^2\times 2^1+1^1\times 2^2+2^3=15.$$

定理 6

(1) $s(n,k)=\sum\limits_i(-1)^i\binom{n-1+i}{n-k+i}\binom{2n-k}{n-k-i}S(n-k+i,i).$

(2) $S(n,k)=\sum\limits_i(-1)^i\binom{n-1+i}{n-k+i}\binom{2n-k}{n-k-i}s(n-k+i,i).$

定理 7

(1) $\left(x\frac{d}{dx}\right)^n=\sum\limits_{k=1}^{n}S(n,k)x^k\left(\frac{d}{dx}\right)^k.$

(2) $x^n\left(\frac{d}{dx}\right)^n=\sum\limits_{k=1}^{n}s(n,k)\left(x\frac{d}{dx}\right)^k.$

例 1 令 $y=e^x$,因

$$\left(\frac{df}{dx}\right)=e^x\left(\frac{df}{de^x}\right),\left(\frac{d}{dx}\right)=\left(y\frac{d}{dy}\right),$$

所以

$$\left(\frac{d}{dx}\right)^n F(e^x)=\left(y\frac{d}{dy}\right)^n F(y)=\sum_{k=1}^{n}S(n,k)y^k\left(\frac{d}{dy}\right)^k F(y).$$

例 2

$$\left(\frac{d}{dx}\right)^n F(\ln x)=x^{-n}\sum_{k=1}^{n}s(n,k)\left(x\frac{d}{dx}\right)^k F(\ln x)$$

$$=x^{-n}\sum_{k=1}^{n}s(n,k)F^{(k)}(\ln x).$$

定理 8

(1) $\left(\frac{d}{dx}\right)^n F(\ln x)=x^{-n}\sum_{k=1}^{n}s(n,k)F^{(k)}(\ln x).$

(2) $\left(\frac{d}{dx}\right)^n F(e^x)=\sum_{k=1}^{n}S(n,k)e^{kx}F^{(k)}(e^x).$

19.3.2 拉赫数

定义 2

$$P_{-x}^n=(-x)(-x-1)(-x-2)\cdots(-x-n+1)$$

$$=\sum_{k=0}^{n}L(n,k)P_x^n,$$

其中 $L(n,k)$ 称为**拉赫数**.

由定义即得

$$L(n,k)=0,\text{若 } k>n\geqslant 0 \text{ 或 } k<0\leqslant n.$$

$$L(0,0)=1.$$

定理 9 当 $m,n\geqslant 0$ 时,有

$$P_x^n=\sum_{k=0}^{n}L(n,k)P_{-x}^n,$$

$$\sum_{k=0}^{n}L(n,k)L(k,m)=\delta_{nm}.$$

对一切 $n\geqslant 0$,有

$$a_n=\sum_{k=0}^{n}L(n,k)b_k\Leftrightarrow b_n=\sum_{k=0}^{n}L(n,k)a_k.$$

定理 10

$$L(n,k)=\sum_{j\geqslant 0}(-1)^j s(n,j)S(j,k)\qquad(n\geqslant 0).$$

$$L(n+1,k)=-(n+k)L(n,k)-L(n,k-1)\quad(n,k\geqslant 0).$$

$$L(n,k)=(-1)^n\frac{n!}{k!}\binom{n-1}{k-1}\quad(n,k\geqslant 0).$$

§ 19.4　伯努利数与贝尔数

19.4.1　伯努利数

数

$$B_n = \sum_{k=0}^{n} \frac{(-1)^k}{k+1} \sum_{j=0}^{k} (-1)^{k-j} \binom{k}{j} j^n$$

称为**伯努利数**.伯努利数在分析学中有着广泛的应用(参看 7.6.3).

定理 1　伯努利数 B_n 的指数生成函数为

$$G(x) = \sum_n B_n \frac{x^n}{n!} = \frac{x}{e^x - 1}.$$

定理 2　$\sum_{i=0}^{n} \binom{n}{i} B_i = B_n (n>1)$.用布利沙德运算和符号可写成

$$(B+1)^n = B^n, B^k \equiv B_k \quad (k > 1).$$

定理 3　$B_{2k+1} = 0\ (k>0)$.

由定理 2,及 $B_0 = 1$,可逐次解出 B_i:

$$B_2 + 2B_1 + B_0 = B_2, B_1 = -\frac{1}{2};$$

$$B_3 + 3B_2 + 3B_1 + B_0 = B_3, B_2 = \frac{1}{6};$$

$$B_4 + 4B_3 + 6B_2 + 4B_1 + B_0 = B_4, B_3 = 0;$$

$$B_5 + 5B_4 + 10B_3 + 10B_2 + 5B_1 + B_0 = B_5, B_4 = -\frac{1}{30};$$

…………

定理 4

$$B_n = \sum_{k=0}^{n} \frac{(-1)^k k!}{k+1} S(n,k),$$

即伯努利数 B_n 可用第二类斯特林数 $S(n,k)$来表示.

19.4.2　贝尔数

定义　数

$$Y_n = \sum_{k=0}^{n} \frac{1}{k!} \sum_{j=0}^{k} (-1)^{k-j} \binom{k}{j} j^n$$

称为**贝尔数**.

定理 5

$$Y(x) = \exp(e^x - 1) = \sum_n Y_n \frac{x^n}{n!},$$

即贝尔数 Y_n 的指数生成函数是 $Y(x) = \exp(e^x - 1)$.

定理 6

$$Y_{n+1} = \sum_{k=0}^{n} \binom{n}{k} Y_k.$$

定理 7

$$Y_n = \sum_{k=0}^{n} (-1)^{n-k} \binom{n}{k} Y_{k+1}.$$

定理 8

$$Y_n = \sum_{k=0}^{n} S(n,k),$$

即 Y_n 可用第二类斯特林数 $S(n,k)$ 来表示.

§19.5 伯努利多项式　贝尔多项式　求和公式

19.5.1 伯努利多项式

定义 1 多项式

$$B_n(y) = (B+y)^n = \sum_{i=0}^{n} \binom{n}{i} B_i y^{n-i}, B^i \equiv B_i, B_n(0) = B_n$$

称为**伯努利多项式**.

多项式 $B_n(y)$ 的指数生成函数定义为

$$G(x,y) = \frac{x \cdot e^{yx}}{e^x - 1} = \sum_n B_n(y) \frac{x^n}{n!}.$$

定理 1 $B_n(y)$ 满足下述重要关系式

$$\Delta B_n(y) \equiv B_n(y+1) - B_n(y) = ny^{n-1}.$$

定理 2 差分方程 $\Delta F(y) = \sum a_k y^k$ 的一般解为

$$F(y) = \Big(\sum_k a_k B_{k+1}(y)/(k+1) \Big) + C,$$

其中 C 为与 y 无关的常数.

特别地，$\Delta f(x) = x^r$ 的一般解为

$$f(x) = \frac{B_{r+1}(x)}{r+1} + C.$$

定理 3

$$\sum_{k=1}^{n} k^r = \frac{B_{r+1}(n+1) - B_{r+1}}{r+1} = \frac{1}{r+1} \sum_{i=0}^{r} \binom{r+1}{i} (n+1)^{r+1-i} B_i.$$

特别地

$$\sum_{k=1}^{n} k = \frac{n(n+1)}{2},$$

$$\sum_{k=1}^{n} k^2 = \frac{n(n+1)(2n+1)}{6},$$

$$\sum_{k=1}^{n} k^3 = \frac{n^2(n+1)^2}{4},$$

$$\sum_{k=1}^{n} k^4 = \frac{n(n+1)(2n+1)(3n^2+3n-1)}{30},$$

$$\sum_{k=1}^{n} k^5 = \frac{n^2(n+1)^2(2n^2+2n-1)}{12}.$$

定理 4
$$y^n = \sum_k \binom{n}{k}(n-k+1)^{-1}B_k(y).$$

定理 5
$$B_n(1-y) = (-1)^n B_n(y).$$

定理 6
$$\frac{d}{dy}B_n(y) = nB_{n-1}(y).$$

定理 7
$$B_n(my) = m^{n-1}\sum_{i=0}^{m-1} B_n\left(y+\frac{i}{m}\right).$$

19.5.2 贝尔多项式

定义 2 变元 $x_1, x_2, \cdots, x_n$ 的多项式

$$Y_n(x_1,x_2,\cdots,x_n) = \sum \frac{n!}{k_1!k_2!\cdots k_n!}\left(\frac{x_1}{1!}\right)^{k_1}\left(\frac{x_2}{2!}\right)^{k_2}\cdots\left(\frac{x_n}{n!}\right)^{k_n}$$
$$= e^{-x}D_i^n e^x,$$

称为**贝尔多项式**,其中令 $x_k \equiv x^k$,和式取遍满足 $k_1+2k_2+\cdots+nk_n=n$ 的所有非负整数组$(k_1,k_2,\cdots,k_n)$,而 $k=\sum_{i=1}^{n} k_i$.

定理 8 贝尔多项式的指数生成函数为

$$Y(u,x) = \sum Y_n(x_1,x_2,\cdots,x_n)\frac{u^n}{n!} = \exp(e^{xu}-1),$$

其中 e^{xu} 展开时,$x^k \equiv x_k$.

定理 9 贝尔数 Y_n 与贝尔多项式 $Y_n(x_1,x_2,\cdots,x_n)$的关系为

$$Y_n = Y_n(1,1,\cdots,1) = \sum \frac{n!}{k_1!k_2!\cdots k_n!(1!)^{k_1}(2!)^{k_2}\cdots(n!)^{k_n}},$$

其中求和范围与定义 2 相同.

定理 10

$$Y_n(y_1+z_1, y_2+z_2, \cdots, y_n+z_n)$$
$$= (Y(y_1,y_2,\cdots,y_n)+Y(z_1,z_2,\cdots,z_n))^n,$$

其中

$$y \equiv y(x), Y^j(y_1,y_2,\cdots,y_n) \equiv Y_j(y_1,y_2,\cdots,y_n),$$
$$z \equiv z(x), Y^j(z_1,z_2,\cdots,z_n) \equiv Y_j(z_1,z_2,\cdots,z_n).$$

19.5.3 求和公式

定理 11(伯努利)

$$\sum_{k=1}^{n} f(x) = \binom{n}{1} f(1) + \binom{n}{2} \Delta f(1) + \binom{n}{3} \Delta^2 f(1) + \cdots + \Delta^{n-1} f(1). \tag{19.5-1}$$

(19.5-1)式称为**伯努利求和公式**(关于符号 $\Delta, \Delta^2, \cdots, \Delta^{n-1}$,参看 18.2.4).

例 设 $f(x)=x^3$,求 $\sum_{k=1}^{n} f(k) = \sum_{k=1}^{n} k^3$. 逐次计算 $\Delta^i f(x)$得

k	1	2	3	4	5
$f(k)$	1	8	27	64	125
$\Delta f(k)$	7	19	37	61	
$\Delta^2 f(k)$	12	18	24		
$\Delta^3 f(k)$	6	6			
$\Delta^4 f(k)$	0				

于是 $f(1)=1, \Delta f(1)=7, \Delta^2 f(1)=12, \Delta^3 f(1)=6$,利用公式(19.5-1)即得

$$\sum_{k=1}^{n} k^3 = \binom{n}{1} + 7\binom{n}{2} + 12\binom{n}{3} + 6\binom{n}{4}.$$

定理 12(欧拉) 设 $f(x)$为区间$[1,n]$上的 m 阶连续可微函数,则

$$\sum_{k=1}^{n-1} f(x) = \int_1^n f(x)dx + \sum_{k=1}^{m} B_k (f^{(k-1)}(n) - f^{(k-1)}(1))/k! + R_m, \tag{19.5-2}$$

其中 R_m 为余项,

$$R_m = ((-1)^{m+1}/m!)\int_1^n B_m(\{x\}) f^{(m)}(x)dx.$$

$\{x\}$表示 x 的分数部分.

(19.5-2)式称为**欧拉求和公式**. 它还可表示为如下形式:

$$\sum_{k=1}^{n} f(k) = \int_1^n f(x)dx + \sum_{k=1}^{m} B_{2k} f^{(2k-1)}(n)/(2k!) + C + f(n)/2 + R_{2m},$$

其中 C 为与 n 无关的常数,

$$C = (1/2)f(1) - \sum_{k=1}^{m} B_{2k} f^{(2k-1)}(1)/(2k)!.$$

§19.6 反演公式

19.6.1 基本概念

定义 1 设 A 是已给元素的集合，P 是已给元素的性质集合，若将恰恰满足 P 中的 r 个性质的 A 中元素的个数，通过至少满足 P 中 k 个性质的 A 中元素的个数来计算，则称这类问题为**计数问题**.

例如：在 n 个文字 $1,2,\cdots,n$ 形成的 $n!$ 个排列 $a_1a_2\cdots a_n$ 中，满足 $a_i\neq i(i=1,2,\cdots,n)$ 的排列有多少个？这就是一个计数问题. 反演公式在处理有关组合论的计数问题中，起着十分重要的作用.

定义 2 设 $f(n)$ 是某个计数问题的解，则称关系式

$$\sum_{r=1}^{n} c_{n,r} f(r) = g(n), \tag{19.6-1}$$

与

$$\sum_{r=1}^{n} d_{n,r} g(r) = f(n) \tag{19.6-2}$$

为**反演公式**，即由(19.6-1)式成立，可推出(19.6-2)式成立，反之，由(19.6-2)式成立，可推出(19.6-1)式成立. 或表示为

$$f(n) = \sum_{r=1}^{n} d_{n,r} g(r) \Leftrightarrow g(n) = \sum_{r=1}^{n} c_{n,r} f(r),$$

其中 $C=(c_{n,r})$，$D=(d_{n,r})$ 为系数矩阵.

定义 3 若多项式列 $\{p_n(n)\}$ 满足条件：(1) $p_n(x)$ 为 n 次多项式，(2) $p_0(x)=1$，$p_n(0)=0(n\geqslant 1)$，则称 $\{p_n(x)\}$ 为**正规多项式列**.

定义 4 给定多项式列 $\{p_n(x)\}$，若线性算子 P 满足条件：(1) $Pp_0(x)=1$，(2) $Pp_n(x)=np_{n-1}(x)(n>0)$，则称 P 为 $\{p_n(x)\}$ 的**基本算子**. 反之，对给定的算子 P，若多项式列 $\{p_n(x)\}$ 满足上述条件(1)，(2). 则称 $\{p_n(x)\}$ 为 P 的**基本列**.

定义 5 若多项式列 $\{p_n(x)\}$ 满足条件：(1) $p_0(x)=1$，(2) $p_n(x+y)=\sum_{k=0}^{n}\binom{n}{k}p_k(x)p_{n-k}(y)$，则称 $\{p_n(x)\}$ 为**二项式型多项式列**.

例如 $p_n(x)=x^n$ 满足：

$$p_0(x)=1, p_n(x+y)=(x+y)^n=\sum_{k=0}^{n}\binom{n}{k}x^k y^{n-k},$$

即 $\{x^n\}_{n=0}^{\infty}$ 为**二项式型多项式列**.

又如 $p_n(x)=P_x^n$（见(19.3-1)式）满足

$$p_0(x)=P_x^0=1, p_n(x+y)=P_{x+y}^n=\sum_{k=0}^{n}\binom{n}{k}P_x^k P_y^{n-k},$$

即$\{P_x^n\}$为二项式型多项式列.

定义 6 设 S 是偏序集(参看 14.1.8),对元 $a,b\in S$,以$[a,b]$表示满足条件 $a\leqslant c\leqslant b$ 的元 $c\in S$ 的全体.若对任二元 $a,b\in S$,$[a,b]$总为一有限集,则称 S 为**局部有限的偏序集**.

例 1 设 S 为所有非负整数所成的集,$\leqslant$取为通常的小于或等于,则 S 为局部有限的偏序集.

例 2 设 S 为所有正整数所成的集,$\leqslant$定义为 a 整除 b,即 $a|b$,则 S 为局部有限的偏序集.

定义 7 设 S 为一局部有限偏序集,$\mathscr{F}$为定义在 $S\times S$ 上的满足下列条件的实值函数的全体:

$$f(x,x)\neq 0,\ f(x,y)=0,\ (x\not\leqslant y),$$

其中 $x\not\leqslant y$ 表示 $x>y$ 或 x 与 y 不可比较,对 $f(x,y),g(x,y)\in\mathscr{F}$,令

$$f(x,y)*g(x,y)=\sum_{x\leqslant u\leqslant y}f(x,u)g(u,y), \tag{19.6-3}$$

(19.6-3)式称为 $f(x,y)$与 $g(x,y)$的卷积.

定义 8 设 $f(x,y)\in\mathscr{F}$.满足下述三个条件的元称为 $f(x,y)$的**逆元**,记作 $f^{-1}(x,y)$:

(1) 若 $y=x$,则 $f^{-1}(x,y)=1/f(x,x)$;

(2) 若 $y>x$,则 $f^{-1}(x,y)=(1/f(x,y))\sum\limits_{x\leqslant u<y}f^{-1}(x,u)f(u,y)$;

(3) 若 $y\not\geqslant x$,则 $f^{-1}(x,y)=0$.

定义 9 设 S 为局部有限偏序集.定义于 S 上的函数

$$\zeta(x,y)=\begin{cases}1 & (x\leqslant y),\\ 0 & (x\not\leqslant y).\end{cases}$$

称为 ζ 函数.ζ 函数的逆 $\zeta^{-1}(x,y)$称为**默比乌斯函数**,记作 $\mu(x,y)$.

$\mu(x,y)$可按下列法则计算:

$$\mu(x,x)=1,\mu(x,y)=-\sum_{x\leqslant u<y}\mu(x,u)\quad(x<y,x,y\in S).$$

定义 10 设 S_1 与 S_2 为两个局部有限偏序集,相应的偏序分别记作$\leqslant_1$ 与$\leqslant_2$,S_1 与 S_2 的直积定义为

$$S=\{(a,b):a\in S_1,b\in S_2\}$$

且赋予如下的偏序:设 $a=(a_1,a_2)$, $b=(b_1,b_2)\in S$,则

$$a\leqslant b\Leftrightarrow a_1\leqslant_1 b_1,a_2\leqslant_2 b_2.$$

定义 11 对正整数 n,若函数 $\varphi(n)$表示不超过 n 且与 n 互素的正整数的个数,则称 $\varphi(n)$为**欧拉函数**.

设 $n=\prod\limits_i p_i^{\alpha_i}$ 为 n 的因子分解式($\alpha_i\geqslant 1$),则

$$\varphi(n)=\prod_i p_i^{a_i-1}(p_i-1).$$

例如 $12=2^2\times 3$，故 $\varphi(12)=2\times(2-1)\times(3-1)=4$.

19.6.2 反演公式

定理 1 设 $\{p_n(x)\}$ 与 $\{q_n(x)\}$ 为两个多项式列. 若

$$p_n(x)=\sum_{k=0}^{n}c_{n,k}q_k(x),\ q_n(x)=\sum_{k=0}^{n}d_{n,k}p_k(x)\quad(n=0,1,2,\cdots),$$

则

$$a_n=\sum_{k=0}^{n}c_{n,k}b_k\Leftrightarrow b_n=\sum_{k=0}^{n}d_{n,k}a_k\quad(n=0,1,2,\cdots).$$

定理 2(二项式反演公式)

$$a_n=\sum_{k=0}^{n}\binom{n}{k}b_k\Leftrightarrow b_n=\sum_{k=0}^{n}(-1)^{n-k}\binom{n}{k}a_k.$$

定理 3(默比乌斯反演公式)

$$f(n)=\sum_{d\mid n}g(d)\Leftrightarrow g(n)=\sum_{d\mid n}\bar{\mu}(n/d)f(d),$$

其中 $d\mid n$ 表示和式遍及 n 的所有因子 d，而 $\bar{\mu}(n/d)$ 为默比乌斯函数. 它定义为

$$\bar{\mu}(n/d)=\begin{cases}1, & 若\ d=n,\\ (-1)^k, & 若\ n/d\ 为\ k\ 个互异的素数之积,\\ 0, & 其他情形.\end{cases}$$

注：如果正整数 l 整除 m，则有 $\mu(l,m)=\bar{\mu}(m/l)$.

定理 4(斯特林反演公式)

$$a_n=\sum_{k=0}^{n}S(n,k)b_k\Leftrightarrow b_n=\sum_{k=0}^{n}s(n,k)a_k.$$

定理 5(拉赫反演公式)

$$a_n=\sum_{k=0}^{n}L(n,k)b_k\Leftrightarrow b_n=\sum_{k=0}^{n}L(n,k)a_k.$$

定理 6(伯努利反演公式)

$$a_n=\sum_{k=0}^{n}\binom{n}{k}(n-k+1)^{-1}b_k\Leftrightarrow b_n=\sum_{k=0}^{n}\binom{n}{k}B_{n-k}a_k,$$

其中 B_j 为伯努利数.

定理 7(默比乌斯反演定理) 设 S 为局部有限偏序集，$f(x)$ 与 $g(x)$ 为定义于 S 上取值于某一域中的函数，则

$$f(x)=\sum_{0\leqslant y\leqslant x}g(y)\quad(x\in S)\Leftrightarrow g(x)=\sum_{0\leqslant y\leqslant x}\mu(y,x)f(y)\quad(x\in S).$$

定理 8 设 $f(n),g(n),h(n)$是定义在非负整数集 $\mathbf{N}^0$ 上的三个函数,且 $h(0)\neq 0$,则

$$f(n)=\sum_{k=0}^{n}\binom{n}{k}h(k)g(n-k)\Leftrightarrow g(n)=\sum_{k=0}^{n}\binom{n}{k}\tilde{h}(k)f(n-k)$$

$$(n=0,1,2,\cdots),$$

其中数列$\{\tilde{h}(k)\}$的指数生成函数是数列$\{h(k)\}$的指数生成函数的逆,即 $\tilde{h}(k)$满足以下关系:

$$\sum_{k=0}^{j}\binom{j}{k}\tilde{h}(k)h(j-k)=\begin{cases}1, & 若\ j=0,\\ 0, & 若\ j>0.\end{cases}$$

定理 9 设 $f(n),g(n)$是定义在 $\mathbf{N}^0$ 上的两个函数,且 $C\neq 0$ 为任一复常数,则

$$f(n)=\sum_{k=0}^{n}C^k\binom{n}{k}g(n-k)\Leftrightarrow g(n)=\sum_{k=0}^{n}(-C)^k\binom{n}{k}f(n-k)$$

$$(n=0,1,2,\cdots).$$

特别地,当 $C\neq 1$ 时,有

$$f(n)=\sum_{k=0}^{n}\binom{n}{k}g(n-k)\Leftrightarrow g(n)=\sum_{k=0}^{n}(-1)^k\binom{n}{k}f(n-k)$$

$$(n=0,1,2,\cdots).$$

定理 10 设$\{p_n(x)\}$与$\{q_n(x)\}$为两个正规多项式列,相应的基本算子分别为 P 与 Q,则

$$a_n=\sum_{k=0}^{n}\left(\frac{Q^kp_n(x)}{k!}\right)_{x=0}b_k\Leftrightarrow b_n=\sum_{k=0}^{n}\left(\frac{P^kq_n(x)}{k!}\right)_{x=0}a_k.$$

19.6.3 二项式型多项式列

定义 12 给定函数 $f(x)$,满足条件 $E^af(x)\equiv f(x+a)$的算子 E^a(a 为任意实数),称为**位移算子**.

定理 11 $\{p_n(x)\}$为二项式型多项式列的必要充分条件是,它的基本算子 P 满足:(1)P 与 E^a 可交换,即 $PE^a=E^aP$;(2)$Px=c\neq 0$.

满足上述条件(1)与(2)的算子称为 **δ 算子**.

定理 12 任一 δ 算子 P 必可展成微分算子 D 的幂级数:

$$P=\sum_{k=0}^{\infty}a_kD^k/k!,$$

其中

$$a_k=(Px^k)_{x=0}.$$

例如

$$E^{a}=e^{aD}=\sum_{k=0}^{\infty}a^{k}D^{k}/k!.$$

定义 13 给定 δ 算子

$$P=\sum_{k=0}^{\infty}a_{k}D^{k}/k!.$$

算子

$$\sum_{k=1}^{\infty}a_{k}D^{k-1}/(k-1)!$$

称为 P 的**导算子**,记作 P',即

$$P'=\sum_{k=1}^{\infty}a_{k}D^{k-1}/(k-1)!.$$

例如

$$(E^{a})'=(e^{aD})'=ae^{aD}=aE^{a}=a\sum_{k=0}^{\infty}a^{k}D^{k}/k!.$$

定理 13 设 $P=DT$ 为 δ 算子,则 P 的基本列为

(1) $p_0(x)=1, p_n(x)=xT^{-n}x^{n-1}\quad(n>0)$,

(2) $p_0(x)=1, p_n(x)=x(P')^{-1}p_{n-1}(x)$,

其中(2)由递推方式给出.

定理 13 给出了由 δ 算子构造相应的基本列的方法.

例 3 阿贝尔算子 $P=DE^{a}$ 是 δ 算子,它的基本列为

$$p_n(x)=xE^{-an}x^{n-1}=x(x-an)^{n-1},$$

这一多项式称为**阿贝尔多项式**. 由于阿贝尔算子 $P=DE^{a}$ 是 δ 算子,所以它的基本列 $p_n(x)=x(x-an)^{n-1}$ 必为二项式型多项式列,从而有

$$\begin{aligned}p_n(x+y)&=(x+y)(x+y-an)^{n-1}\\&=\sum_{k=0}^{n}\binom{n}{k}x(x-ak)^{k-1}y(y-a(n-k))^{n-k-1}.\end{aligned}$$

例 4 拉盖尔算子

$$Lf(x)=-\int_{0}^{+\infty}e^{-t}f'(x+t)dt,$$

即

$$L=-\int_{0}^{+\infty}e^{-t}e^{tD}Ddt=-e^{-t(I-D)}\frac{D}{D-I}\Bigg|_{0}^{+\infty}=\frac{D}{D-I}=D\frac{I}{D-I},$$

其中 I 为恒等算子.

L 算子相应的基本列为

$$L_n(x)=x\left(\frac{I}{D-I}\right)^{-n}x^{n-1}=x(D-I)^{n}x^{n-1}$$

$$= x\sum_{k=0}^{n}(-1)^k\binom{n}{k}D^{n-k}x^{n-1}$$

$$= \sum_{k=1}^{n}(-1)^k\frac{n!}{k!}\binom{n-1}{k-1}x^k.$$

因 $D-I=e^xDe^{-x}$，故 $(D-I)^n=e^xD^ne^{-x}$，于是

$$L_n(x) = xe^x(d/dx)^n(e^{-x}x^{n-1}),$$

由定理 11 可知 $L_n(x)$ 为二项式型多项式.

定理 14 设 $P=P(D)$ 为一 δ 算子，其基本列为 $\{p_n(x)\}$，则与 P 的逆算子 P^{-1} 相应的基本列为

$$q_n(x) = \sum_{k=0}^{n}\left(\frac{P^kx^n}{k!}\right)_{x=0}x^k.$$

$P(D)$ 的逆算子 $P^{-1}(D)$ 定义为 $P^{-1}(P(D))=D$，即 $P^{-1}(x)$ 为 $P(x)$ 的反函数. 如 $y=\dfrac{x}{x-1}$，其反函数为 $x=\dfrac{y}{y-1}$，故算子 $L=\dfrac{D}{D-I}$ 的逆算子 L^{-1} 为 L 本身.

例 5 因对 $y=e^x-1$，其反函数为 $x=\ln(y+1)$，所以 $\Delta=e^D-I$ 的逆算子. $\Delta^{-1}=\ln(D+I)$，故 Δ^{-1} 的基本列为

$$e_n(x) = \sum_{k=0}^{n}\left(\frac{\Delta^kx^n}{k!}\right)_{x=0}x^k = \sum_{k=0}^{n}S(n,k)x^k.$$

定理 15 设 $\{p_n(x)\}$ 为二项式型多项式列，其基本算子 $P=P(D)$，则有

$$\sum_n p_n(x)u^n/n! = \exp(xp^{-1}(u)).$$

例 6 因

$$L = \frac{D}{D-I} = L^{-1}, L_n(x) = x(D-I)^nx^{n-1},$$

于是

$$\sum_n L_n(x)u^n/n! = \exp(xu/(u-1)).$$

例 7 对 $P=\log(D+I)$，则有

$$\sum_n e_n(x)u^n/n! = \exp(x(e^u-1)).$$

令 $x=1$. 因

$$e_n(1) = \sum_{k=0}^{n}S(n,k) = Y_n,$$

所以有

$$\sum_n Y_nu^n/n! = \exp(e^u-1).$$

此与 19.4.2 的定理 5 一致.

定理 16 设$\{p_n(x)\}$与$\{q_n(x)\}$为两个二项式型多项式列，它们的基本算子分别为$P=P(D)$与$Q=Q(D)$，且

$$q_n(x) = \sum_k c_{n\times k} p_k^{(x)},$$

则

$$r_n(x) = \sum_k c_{n,k} x^k$$

也为一个二项式型多项式列，它的基本算子$R=Q(P^{-1}(D))$.

例 8 由$x^n=\sum S(n,k)P_x^k$，取$P(D)=\Delta, Q(D)=D$，于是$Q(P(D))=\Delta=\ln(D+I)$. 应用定理 16 可见$\sum S(n,k)x^k$也为二项式型多项式列，它的基本算子为$\ln(D+I)$.

§19.7 容斥原理

19.7.1 一些记号

设$A=\{a_1,a_2,\cdots,a_n\}$为一n元集. $P=\{p_1,p_2,\cdots,p_r\}$表示由具有r个性质p_1, $p_2,\cdots,p_r$组成的集. A_i表示集A中具有性质p_i的元的全体. $T=\{p_{i_1},p_{i_2},\cdots,p_{i_s}\}$表示$P$的任一子集$N_{\geqslant}(T)$表示集$A$中同时具有性质$p_{i_1},p_{i_2},\cdots,p_{i_s}$(可能还有别的性质$p_i$)的元的个数；$N_{=}(T)$表示集$A$中恰具有性质$p_{i_1},p_{i_2},\cdots,p_{i_s}$(不具有$P$中别的任一性质)的元的个数.

用$n(p_{i_1},p_{i_2},\cdots,p_{i_k},\bar{p}_{j_1},\bar{p}_{j_2},\cdots,\bar{p}_{j_l})$表示$A$中同时具有性质$p_{i_1},p_{i_2},\cdots,p_{i_k}$而又不具有性质$\bar{p}_{j_1},\bar{p}_{j_2},\cdots,\bar{p}_{j_l}$的元的个数. 例如对$T=\{p_1\}$, $N_{\geqslant}(T)$即$n(p_1)$，而$N_{=}(T)$即$n(p_1,\bar{p}_2,\bar{p}_3,\cdots,\bar{p}_r)$. $n(p_i)=|A_i|$表示集A中具有性质p_i的子集A_i的元的个数.

$$n(\bar{p}_i)=|A\backslash A_i|=n-|A_i|,\ n(p_i,p_j)=|A_i\cap A_j|,$$
$$n(p_i,p_j,p_k)=|A_i\cap A_j\cap A_k|,\cdots$$

对$\{1,2,\cdots,n\}$的任一子集X，记

$$f(x)=\left|\bigcup_{i\in X}A_i\right|,\ g(X)=\left|\bigcap_{i\in X}A_i\right|.$$

设集$A=\{a_1,a_2,\cdots,a_n\}$中的每一个元a都赋予一个权重$w(a)$，它可以是实数或更一般地为任意域中的元，对A的子集$S\subseteq A$, S的权重$w(S)$定义为

$$w(S)=\sum_{a\in S}w(a).$$

19.7.2 容斥原理

容斥原理所研究的问题是：已给元素的一个集A与性质的一个集P，欲将恰恰满

足 P 中 r 个性质的 A 中元素的个数,通过至少满足 P 中 k 个性质的 A 中元素的个数来计算.因为在许多问题中,恰恰满足 P 中 r 个性质的 A 中元素的个数很难直接计算,而至少满足 P 中 k 个性质的 A 中元素的个数则较容易直接计算,所以容斥原理有着广泛的应用.

定理 1

$$n(\bar{p}_1,\bar{p}_2,\cdots,\bar{p}_r)=n-\sum_{i}n(p_i)+\sum_{i<j}n(p_i,p_j)-\sum_{i<j<k}n(p_i,p_j,p_k)+\cdots+(-1)^r n(p_1,p_2,\cdots,p_r).$$

定理 2

$$|A_1\cup A_2\cup A_3\cup\cdots\cup A_n|=\sum_{i}|A_i|-\sum_{i<j}|A_i\cap A_j|+\sum_{i<j<k}|A_i\cap A_j\cap A_k|-\cdots+(-1)^n|A_1\cap A_2\cap\cdots\cap A_n|.$$

定理 3

$$|A_1\cap A_2\cap\cdots\cap A_n|=\sum_{i}|A_i|-\sum_{i<j}|A_i\cup A_j|+\sum_{i<j<k}|A_i\cup A_j\cup A_k|-\cdots+(-1)^n|A_1\cup A_2\cup\cdots\cup A_n|.$$

定理 1,2,3 都称为**容斥原理(或称入与出原理)**.

定理 4(筛法公式) 设 $A_1,A_2,\cdots,A_r$ 为 A 的一组子集,则对固定的 $p>0$,A 中恰好属于其中 p 个子集的元的个数 $N_{r,p}$ 为

$$N_{r,p}=\sum_{k=p}^{r}(-1)^{k-p}\binom{k}{p}\sum_{\substack{I\subseteq R\\|I|=R}}\left|\bigcap_{i\in I}A_i\right|,$$

其中 $R=\{1,2,\cdots,r\}$.

定理 5

$$w\Big(\bigcup_{i\in R}A_i\Big)=\sum_{I\subseteq R}(-1)^{|I|+1}w\Big(\bigcap_{i\in I}A_i\Big).$$

定理 6

$$w\Big(\bigcap_{i\in R}A_i\Big)=\sum_{I\subseteq R}(-1)^{|I|+1}w\Big(\bigcup_{i\in I}A_i\Big).$$

定理 7 设 $A_1,A_2,\cdots,A_r$ 为 A 的一组子集,则对固定的 $p>0$,A 中恰好属于其中 p 个子集的元的权重的和 $w_{r,p}$ 为

$$w_{r,p}=\sum_{k=p}^{r}(-1)^{k-p}\binom{k}{p}\sum_{\substack{I\subseteq R\\|I|=R}}w\Big(\bigcap_{i\in I}A_i\Big).$$

19.7.3 容斥原理的应用举例

1. 重排问题

用 $\pi=(\pi(1),\pi(2),\cdots,\pi(n))$ 表示 n 个文字 $1,2,\cdots,n$ 的一个排列.重排问题是要

求计算出满足条件 $\pi(i)\neq i(i=1,2,\cdots,n)$ 的排列个数. 这一问题也可叙述为:有 n 个人坐在 n 个不同的座位上,今重新安排各人的座位,使每个人不致回到原先的座位上,问有多少种重排方式?

以 $f(n)$ 记问题的解,则应用定理 1 可得

$$\begin{aligned} f(n) &= n! - \sum_{i}(n-1)! + \sum_{i<j}(n-2)! - \cdots \\ &= n! - \binom{n}{1}(n-1)! + \binom{n}{2}(n-2)! - \cdots \\ &= n!(1 - 1/1! + 1/2! - 1/3! + \cdots + (-1)^n/n!). \end{aligned}$$

2. 对子问题

求满足条件 $\pi(i)\neq i$ 和 $\pi(i)\neq i+1(i=1,2,\cdots,n-1)$ 及 $\pi(n)\neq n$ 和 $\pi(n)\neq 1$ 的 n 排列的个数 $T(n)$. 这一问题也可叙述为:设有 $2n$ 个座位排成圆环状,另有 n 个对子 $(a_1,b_1),(a_2,b_2),\cdots,(a_n,b_n)$. 今首先将 $a_1,a_2,\cdots,a_n$ 依次放在 $1,3,\cdots,2n-1$ 上,然后将 $b_1,b_2,\cdots,b_n$ 放在偶数号座位上,但要求 a_i 与 $b_i(i=1,2,\cdots,n)$ 不相邻,问有多少种排法? 其答案为

$$T(n) = \sum_{k=0}^{n}(-1)^k\frac{2n}{2n-k}\binom{2n-k}{k}(n-k)! \quad (n\geqslant 3).$$

§19.8 递归关系

19.8.1 有关递归关系的一些基本概念

定义 1 若 k 元整变量函数 $f(n_1,n_2,\cdots,n_k)$ 与某一确定的 l 元函数 $g(x_1,x_2,\cdots,x_l)$ 之间有关系式

$$g(f(m_1^{(1)},m_2^{(1)},\cdots,m_k^{(1)}),\cdots,f(m_1^{(l)},m_2^{(l)},\cdots,m_k^{(l)}))\gtreqless 0, \qquad (19.8\text{-}1)$$

其中 $m_i^{(j)}$ 是变元 $n_1,n_2,\cdots,n_k$ 的函数

$$m_i^{(j)} = m_i^{(j)}(n_1,n_2,\cdots,n_k),$$

则称(19.8-1)式为函数 $f(n_1,n_2,\cdots,n_k)$ 的一个**递归关系**. 若函数 $f(n_1,n_2,\cdots,n_k)$ 满足递归关系(19.8-1),则称函数 $f(n_1,n_2,\cdots,n_k)$ 为递归关系(19.8-1)式的一个**解**. 若函数 g 是一个线性函数,且(19.8-1)式为等式关系,则称(19.8-1)是一个**线性递归关系**,不是线性的递归关系称为**非线性递归关系**. 非线性递归关系既包括函数 g 不是线性函数的情形,又包括 g 为线性函数而(19.8-1)式为不等式关系的情形.

递归关系不仅对组合论,而且几乎对一切数学分支都有着重要的作用.

由于在许多实际问题中,函数 $f(n_1,n_2,\cdots,n_k)$ 所满足的递归关系并不能由函数 $f(n_1,n_2,\cdots,n_k)$ 的表达式直接导出;或者不知函数 $f(n_1,n_2,\cdots,n_k)$ 的表达式,却已知

它所满足的递归关系而需求函数 $f(n_1,n_2,\cdots,n_k)$ 的表达式，所以使得由已知函数 $f(n_1,n_2,\cdots,n_k)$ 的实际性质来建立递归关系，及通过研究所建立的递归关系而得到函数 $f(n_1,n_2,\cdots,n_k)$ 的进一步性质或函数 $f(n_1,n_2,\cdots,n_k)$ 的表达式就成了一个很重要的问题.

定义 2 设数列 $\{u_n\}$ 满足一元线性递归关系

$$u_{n+r}=a_1u_{n+r-1}+a_2u_{n+r-2}+\cdots+a_ru_n,\text{对一切 } n\geqslant 0,\tag{19.8-2}$$

其中 $a_i(i=1,2,\cdots,n)$ 为常数. 如果 $a_r\neq 0$，则称(19.8-2)是 **r 阶的线性递归关系**.

定义 3 设 $k(x)=1-a_1x-a_2x^2-\cdots-a_rx^r$，则称多项式

$$f(x)=x^rk\left(\frac{1}{x}\right)=x^r-a_1x^{r-1}-a_2x^{r-2}-\cdots-a_r\quad(a_r\neq 0)$$

为线性递归关系(19.8-2)的**特征多项式**.

19.8.2 一元线性递归关系

定理 1 设数列 $\{u_n\}$ 满足 r 阶的线性递归关系(19.8-2)，且设(19.8-2)的特征多项式 $f(x)$ 在复数域上可分解为

$$f(x)=(x-\alpha_1)^{e_1}(x-\alpha_2)^{e_2}\cdots(x-\alpha_s)^{e_s},$$
$$e_1+e_2+\cdots+e_s=r,\tag{19.8-3}$$

则 $u_n(n\geqslant 0)$ 可表示为

$$u_n=\sum_{i=1}^{s}P_i(n)\alpha_i^n\quad(n\geqslant 0),$$

其中 $P_i(n)$ 是 n 的次数不超过 e_i-1 的多项式 $(i=1,2,\cdots,s)$，其系数由数列 $\{u_n\}$ 的初始值 $u_0,u_1,\cdots,u_{r-1}$ 和 $a_i(i=1,2,\cdots,r)$ 所完全确定.

定理 2 设数列 $\{u_n\}$ 满足二阶线性递归关系

$$u_{n+2}=au_{n+1}+bu_n\quad(n\geqslant 0,b\neq 0),$$

则

$$u_n=(u_1-au_0)\frac{\alpha^n-\beta^n}{\alpha-\beta}+u_0\frac{\alpha^{n+1}-\beta^{n+1}}{\alpha-\beta},$$

其中 α,β 是特征多项式 $f(x)=x^2-ax-b$ 的二个根，而对应的多项式 $k(x)$ 为

$$k(x)=1-ax-bx^2=(1-\alpha x)(1-\beta x).$$

定理 3 设 $u_t(t\geqslant 2)$ 是集 $[1,t]$ 的符合下述条件的全排列 $a_1a_2\cdots a_t$ 的个数：要求 $a_i(i=1,2,\cdots,t)$ 取自下面的阵列的第 i 列

$$1,2,\cdots,t-3,t-2,t-1,$$
$$1,2,3,\cdots,t-2,t-1,t,$$
$$2,3,4,\cdots,t-1,t.$$

则 u_t 的线性递归关系为

$$u_t=u_{t-1}+u_{t-2}\quad(t>2).\tag{19.8-4}$$

若取

$$u_0 = u_1 = 1,$$

则递归关系(19.8-4)的范围可扩充为

$$u_t = u_{t-1} + u_{t-2} \quad (t \geqslant 2), \tag{19.8-5}$$

且线性递归关系(19.8-5)的解为

$$u_n = \frac{\alpha^{n+1} - \beta^{n+1}}{\alpha - \beta} = \frac{1}{\sqrt{5}}(\alpha^{n+1} - \beta^{n+1}),$$

其中 α, β 为特征多项式 $f(x) = x^2 - x - 1$ 的二个根:

$$\alpha = \frac{1+\sqrt{5}}{2}, \beta = \frac{1-\sqrt{5}}{2}.$$

19.8.3 非线性递归关系

定理 4 给定非线性递归关系

$$u_n = u_1 u_{n-1} + u_2 u_{n-2} + \cdots + u_{n-2} u_2 + u_{n-1} u_1 \quad (n > 1). \tag{19.8-6}$$

若取 $u_0 = 0$,则(19.8-6)式的解为

$$u_n = \frac{\left(\frac{1}{2}\right)\left(-\frac{1}{2}\right)\cdots\left(\frac{3-2n}{2}\right)(-4)^n\left(-\frac{1}{2}\right)}{n!} = \frac{(2n-2)!}{n!(n-1)!} \quad (n \geqslant 2).$$

19.8.4 阿贝尔恒等式

定理 5(阿贝尔)

$$x^{-1}(x + y + na)^n = \sum_{k=0}^{n} \binom{n}{k} (x + ka)^{k-1} (y + (n-k)a)^{n-k}. \tag{19.8-7}$$

若 $a = 0$,则(19.8-7)式就化为二项式定理

$$(x + y)^n = \sum_{k=0}^{n} \binom{n}{k} x^k y^{n-k}.$$

若 $a \neq 0$,换 x 为 ax,换 y 为 ay,则(19.8-7)式化为

$$x^{-1}(x + y + n)^n = \sum_{k=0}^{n} \binom{n}{k} (x + k)^{k-1} (y + n - k)^{n-k},$$

从而参数 a 就可任意处理了.

定理 6 若记

$$A_n(x, y; p, q) = \sum_{k=0}^{n} \binom{n}{k} (x + k)^{k+p} (y + n - k)^{n-k+q},$$

则

$$A_n(x, y; p, q) = A_n(y, x; q, p),$$

$$A_n(x,y;p,q)=A_{n-1}(x,y+1;p,q+1)+A_{n-1}(x+1,y;p+1,q),$$

$$A_n(x,y;p,q)=xA_n(x,y;p-1,q)+nA_{n-1}(x+1,y;p,q),$$

$$A_n(x,y;p,q)=yA_n(x,y;p,q-1)+nA_{n-1}(x,y+1;p,q),$$

$$A_n(x,y;p,q)=xA_{n-1}(x,y+1;p-1,g+1)$$
$$+(x+n)A_{n-1}(x+1,y;p,q),$$

$$A_n(x,y;p,q)=(x+n)A_n(x,y;p-1,q)$$
$$-nA_{n-1}(x,y+1;p-1,q+1),$$

$$A_n(x,y;p,q)=\sum_{k=0}^{n}\binom{n}{k}k!(x+k)A_{n-k}(x+k,y;p-1,q).$$

定理 7

$$A_n(x,y;-3,0)=x^{-3}(x+1)^{-2}(x+2)^{-1}((x+1)^2(x+2)(x+y+n)^n$$
$$-nx(2x+1)(x+2)(x+y+n)^{n-1}$$
$$+n(n-1)x^2(x+1)(x+y+n)^{n-2}),$$

$$A_n(x,y;-2,0)=x^{-2}(x+1)^{-1}((x+1)(x+y+n)^n$$
$$-nx(x+y+n)^{n-1}),$$

$$A_n(x,y;-1,0)=x^{-1}(x+y+n)^n,$$

$$A_n(x,y;0,0)=(x+y+n+\alpha)^n,\alpha^k\equiv\alpha_k\equiv k!,$$

$$A_n(x,y;1,0)=(x+y+n+\alpha+\beta(x))^n,$$

$$\alpha^k\equiv\alpha_k\equiv k!,(\beta(x))^k\equiv\beta_k(x)\equiv k!(x+k),$$

$$A_n(x,y;2,0)=(x+y+n+\alpha+\beta(x;2))^n$$
$$+(x+y+n+\alpha(2)+\gamma(x))^n,$$

$$(\alpha(j))^k\equiv\alpha_k(j)=(\underbrace{\alpha+\alpha+\cdots+\alpha}_{j\text{项}})^k$$
$$=\binom{k+j-1}{k}k!,$$

$$(\beta(x;j))^k\equiv\beta_k(x;j)=(\underbrace{\beta(x)+\beta(x)+\cdots+\beta(x)}_{j\text{项}})^k$$

$$(\gamma(x))^k\equiv\gamma_k(x)\equiv k\cdot k!(x+k),$$

$$A_n(x,y;-1,-1)=(x^{-1}+y^{-1})(x+y+n)^{n-1},$$

$$A_n(x,y;-1,1)=x^{-1}(x+y+n+\beta(y))^n,$$

$$(\beta(y))^k\equiv\beta_k(y)\equiv k!(y+k).$$

19.8.5 拉姆齐定理 拉姆齐数及其应用

定理 8(拉姆齐) 设 S 是一个 N 元集,记

$$T_r(S)=\{X\subseteq S: |X|=r, r\geqslant 1\}.$$

又设

$$T_r(S)=\alpha\cup\beta,\ \alpha\cap\beta=\phi \tag{19.8-8}$$

是 $T_r(S)$的任一分解,且 $p\geqslant r, q\geqslant r$. 则存在最小正整数 $n(p,q,r)$,它只与 p,q,r 有关,与 S 及其分解(19.8-8)无关,且具有以下性质:当 $N\geqslant n(p,q,r)$时,或者存在 S 的一个 p 元子集 S_1,使

$$T_r(S_1)\subseteq\alpha,$$

或者存在 S 的一个 q 元子集 S_2,使

$$T_r(S_2)\subseteq\beta.$$

定理 9 数 $n(p,q,r)$满足递归不等式

$$n(p,q,r)\leqslant n(p_1,q_1,r-1)+1,$$

其中

$$p_1=n(p-1,q,r),\ q_1=n(p,q-1,r).$$

定理 10 设 S 是一个 n 元集,

$$T_r(S)=\bigcup_{i=1}^{t}\alpha_i, \alpha_i\cap\alpha_j=\phi\quad(1\leqslant i<j\leqslant t) \tag{19.8-9}$$

是 $T_r(S)$的任一分解,且设 $p_i\geqslant r\geqslant 1(i=1,2,\cdots,t)$,则存在最小正整数 $n(p_1,p_2,\cdots,p_t,r)$,它只与 $p_1,p_2,\cdots,p_t$ 及 r 有关,与 S 及分解(19.8-9)无关,且具有以下性质:当 $n\geqslant n(p_1,p_2,\cdots,p_t,r)$时,必有 $i\in[1,t]$及 S 的 p_i 元子集 S_i,使

$$T_r(S_i)\subseteq\alpha_i.$$

定义 4 定理 10 中的数 $n(p_1,p_2,\cdots,p_t,r)$称为**拉姆齐数**.

定理 11 设 $i_1i_2\cdots i_t$ 是$[1,t]$的任一全排列,则拉姆齐数 $n(p_1,p_2,\cdots,p_t,r)$满足等式

$$n(p_1,p_2,\cdots,p_t,r)=n(p_{i_1},p_{i_2},\cdots,p_{i_t},r).$$

定理 12 对 $n(p,q;2)$,有递归关系

$$n(p,q;2)\leqslant n(p-1,q;2)+n(p,q-1;2).$$

若 $n(p-1,q;2)$与 $n(p,q-1;2)$同为偶数,则

$$n(p,q;2)<n(p-1,q;2)+n(p,q-1;2).$$

定理 13

$$n(p,q;2)\leqslant\binom{p+q-2}{p-1}.$$

定理 14 平面上无三点共线的五个点中,必有四个点为一个凸四边形的顶点.

定理 15 设平面上无三点共线的 m 个点中任意四点的凸包(包含这四个点的最小凸体称为这四点的凸包)都是凸四边形,则这 m 个点是一个凸 m 边形的顶点.

定理 16 对任给的正整数 m,存在正整数 $n=n(m)$,使得平面上无三点共线的 n

个点中，有 m 个点为一个凸 m 边形的顶点.

§19.9　(0,1)矩阵

19.9.1　基本概念

定义 1　设 $A=(a_{ij})_{m\times n}$，若 a_{ij} 只取 0 或 1，则称矩阵 A 为**(0,1)矩阵**.

(0,1)矩阵与组合问题有密切的联系：一个组合问题常常可化为(0,1)矩阵的问题；而一个(0,1)矩阵的组合性质又往往给出某个组合问题的解.

设

$$S=\{a_j\}_{j=1}^n, S_i\subseteq S \quad (i=1,2,\cdots,m).$$

由此构造一个 $m\times n$ 的(0,1)矩阵：

$$A=(a_{ij})_{m\times n}, \tag{19.9-1}$$

其中

$$a_{ij}=\begin{cases}1, & 若\ a_j\in S_i, \\ 0, & 若\ a_j\notin S_i\end{cases} \tag{19.9-2}$$

$(i=1,2,\cdots,m;j=1,2,\cdots,n)$. 反之，由(0,1)矩阵(19.9-1)，按(19.9-2)的规定，又可确定一个 n 元集 $S=\{a_j\}_{j=1}^n$ 的 m 个子集 $S_i\subseteq S(i=1,2,\cdots,m)$.

定义 2　其元素 a_{ij} 满足条件(19.9-2)的矩阵 $A=(a_{ij})_{m\times n}$，称为 n 元集 $S=\{a_j\}_{j=1}^n$ 与其子集族 $\{S_i\}_{i=1}^m$ 之间的**关联矩阵**.

定义 3　设 $A=(a_{ij})_{m\times n}$，则称

$$\mathrm{per}A=\sum_{i_1\cdots i_m\in P_m^n} a_{1i_1}a_{2i_2}\cdots a_{mi_m}$$

为矩阵 A 的**积和式**，其中 P_m^n 表示 $\{1,2,\cdots,n\}$ 的 m 排列.

定义 4　设 P 是一个 $m\times n$ 的(0,1)矩阵，若

$$PP^{\mathrm{T}}=I_m,$$

则称 P 为**置换矩阵**(其中 I_m 为 m 阶单位矩阵).

定义 5　若对集族

$$\{S_i\}_{i=1}^n \tag{19.9-3}$$

有元素组

$$\{x_i\}_{i=1}^n \tag{19.9-4}$$

满足

$$\begin{cases}x_i\in S_i & (i=1,2,\cdots,n), \\ x_i\neq x_j & (i\neq j,\ i,j=1,2,\cdots,n),\end{cases} \tag{19.9-5}$$

则称元素组(19.9-4)为集族(19.9-3)的一个相异代表组，记为 SDR. 把集族(19.9-3)

的相异代表组的总数记为 $N(S_1,S_2,\cdots,S_n)$.

19.9.2 积和式与关联矩阵的性质

定理 1 设集 S 与其子集族 $\{S_i\}_{i=1}^{m}$ 的关联矩阵为 A,则

$$N(S_1,S_2,\cdots,S_m)=\mathrm{per}A.$$

定理 2 设 A 是一个 $m\times n$ 矩阵,A_1 是由 A 的某一行乘以元 a 而其余行不变所得到的矩阵,A_2 是由 A 的行交换顺序或由 A 的列交换顺序所得到的矩阵,则

$$\mathrm{per}A_1=a\,\mathrm{per}A,$$

$$\mathrm{per}A_2=\mathrm{per}A.$$

定理 3 设 $S=\{a_j\}_{j=1}^{n}$,$S_j\subseteq S(i=1,2,\cdots,m)$,$A=(a_{ij})_{m\times n}$ 是集 S 与其子集族 $\{S_i\}_{i=1}^{m}$ 之间的一个关联矩阵,子集族 $\{S'_1,S'_2,\cdots,S'_m\}$ 是子集族 $\{S_1,S_2,\cdots,S_m\}$ 的一个排列,确定一个 m 阶置换矩阵 $P=(p_{ij})$ 如下:

$$p_{ij}=\begin{cases}1,若\ S'_i=S_j,\\0,若\ S'_i\neq S_j.\end{cases}$$

再确定一个 n 阶置换矩阵 $Q=(q_{ij})$ 如下:

$$q_{ij}=\begin{cases}1,若\ a_i=a'_j,\\0,若\ a_i\neq a'_j.\end{cases}$$

若把子集族 $\{S'_i\}_{i=1}^{m}$ 对元素集 $\{a'_i\}_{i=1}^{n}$ 的关联矩阵记为 $A'=(a'_{ij})$,即

$$a'_{ij}=\begin{cases}1,若\ a'_j\in S'_i,\\0,若\ a'_j\notin S'_i,\end{cases}$$

则

$$A'=PAQ.$$

定理 4 若用 $I=I_n$ 表示 n 阶单位方阵,$J=J_n$ 表示全部元素均为 1 的 n 阶方阵,则

$$\mathrm{per}J=n!,$$

$$\mathrm{per}(J-I)=D_n,$$

其中 D_n 是 n 阶更列数:

$$D_n=\sum_{r=0}^{n}(-1)^n\binom{n}{r}(n-r)!=n!\sum_{r=0}^{n}\frac{(-1)^r}{r!}.$$

定理 5(组合恒等式)

$$n!=\sum_{r=0}^{n-1}(-1)^r\binom{n}{r}(n-r)^n,$$

$$D_n=\sum_{r=0}^{n-1}(-1)^r\binom{n}{r}(n-r)^r(n-r-1)^{n-r}.$$

定理 6 设 P 是一个 $m\times n$ 置换矩阵，则

$$m\leqslant n.$$

一个(0,1)矩阵 P 为置换矩阵的必要充分条件是：P 的每一行恰有一个 1，且 P 的每一列至多有一个 1. 若 $m=n$，则(0,1)矩阵 P 为置换矩阵的必要充分条件是每行每列都恰有一个是 1.

定理 7 设 A 是一个 $m\times n$ 的(0,1)矩阵，其行和递增地排为 $r_1\leqslant r_2\leqslant\cdots\leqslant r_m$，若 $\mathrm{per}A\neq 0$，则

$$\mathrm{per}A\geqslant\prod_{i=1}^{m}(r_i-i+1).$$

定理 8 设 A 为 $m\times n$ 矩阵，A_r 为从矩阵 A 中将某 r 列易为 0 得出的矩阵，以 $S(A_r)$ 表示矩阵 A_r 的各行元之和的乘积，又以 $\sum S(A_r)$ 表示对各种可能的 A_r 求和，则

$$\begin{aligned}\mathrm{per}A=&\sum S(A_{n-m})-\binom{n-m+1}{1}\sum S(A_{n-m+1})\\&+\binom{n-m+2}{2}\sum S(A_{n-m+2})-\cdots\\&+(-1)^{m-1}\binom{n-1}{m-1}\sum S(A_{n-1}).\end{aligned}$$

若 $m=n$，对 n 阶方阵 A 有：

$$\mathrm{per}A=S(A)-\sum S(A_1)+\sum S(A_2)-\cdots+(-1)^{n-1}S(A_{n-1}).$$

例如，对

$$A=\begin{pmatrix}0&1&1\\1&0&1\\1&1&0\end{pmatrix},$$

$$A_1=\begin{pmatrix}0&1&1\\0&0&1\\0&1&0\end{pmatrix},\begin{pmatrix}0&0&1\\1&0&1\\1&0&0\end{pmatrix},\begin{pmatrix}0&1&0\\1&0&0\\1&1&0\end{pmatrix},$$

$$A_2=\begin{pmatrix}0&0&0\\1&0&0\\1&0&0\end{pmatrix},\begin{pmatrix}0&1&0\\0&0&0\\0&1&0\end{pmatrix},\begin{pmatrix}0&0&1\\0&0&1\\0&0&0\end{pmatrix},$$

$$\begin{aligned}\mathrm{per}A&=S(A)-\sum S(A_1)+\sum S(A_2)\\&=2^3-(2+2+2)+0=2.\end{aligned}$$

§19.10 线秩和项秩

19.10.1 线秩和项秩

定义 1 矩阵 A 的行和列都统称为线.包含了 A 的全部非零元的线的条数的最小者,称为 A 的**线秩**,两两不在一条线上的 A 的非零元的个数的最大者,称为 A 的**项秩**.

定理 1 设 A 是一个(0,1)矩阵,则以下四个数相等:

(1) A 的项秩,

(2) A 的线秩,

(3) A 的具有非零积和式的子方阵的阶数之最大者,

(4) A 经行变换或列变换后,主对角线上的元全为 1 的子方阵的阶数之最大者.

定理 2 设 A 是一个 $m\times n$ 矩阵,$m\leqslant n$,A 的元都为非负实数,如果 A 的各行和皆为 m',各列和皆为 n',则对某个 t,有

$$A=\sum_{i=1}^{t}c_iP_i,$$

其中 P_i 为置换矩阵,c_i 为正实数.

定理 3 设 A 是一个 n 阶(0,1)矩阵,其各行和、各列和均为 k,则

$$A=P_1+P_2+\cdots+P_k,$$

其中 P_i 都是置换矩阵,且任二个不同的 P_i 与 P_j 的相同位置上都没有公共的 1.

19.10.2 双随机矩阵

定义 2 如果一个方阵 A 的元都是非负实的,各行和、各列和都为 1,则称 A 是一个**双随机矩阵**.

定理 4 设 A 是一个双随机矩阵,则

$$A=\sum_{i=1}^{t}c_iP_i,$$

其中 $t\geqslant 1$,P_i 为置换矩阵,$c_i>0$ 且满足

$$\sum_{i=1}^{t}c_i=1.$$

定理 5 设 $A=(a_{ij})_{n\times n}$是一个双随机矩阵,则存在一个 n 阶置换 σ,使

$$\prod_{j=1}^{n}a_{j\sigma(j)}\geqslant\frac{1}{n^n}.$$

定理 6 设 A 是一个对称半正定的 n 阶双随机矩阵,则

$$\mathrm{per}A\geqslant\frac{n!}{n^n},$$

其中等式成立的必要充分条件是

$$A=\frac{1}{n}J.$$

定理 6 曾是著名的**范德瓦尔登猜想**. 这个猜想后来已被证实.(其中 J 表示全部元素皆为 1 的 n 阶矩阵.)

20. 图　论

§20.1 基本概念

20.1.1 图与子图

定义 1 一个**图** G 由两个集合 V 和 E 组成. V 是有限的非空顶点集，E 是由顶点的偶对(有序的或无序的)组成的集合，这些顶点的偶对称为边，集合 E 称为边集. 一个图记作 $G=(V,E)$.

在图 G 中，若顶点的偶对是有序的，则称 G 为**有向图**. 有尖括号把偶对括起来，表示有向图的边. 例如 $\langle v_i, v_j\rangle$ 表示从顶点 v_i 到顶点 v_j 的一条有向边，称 v_i 为这条边的始点，v_j 为终点，并用从始点到终点的箭头来表示该边. 显然，$\langle v_i, v_j\rangle$ 与 $\langle v_j, v_i\rangle$ 是不同的两条边.

若图 G 中的顶点偶对是无序的，则称 G 为**无向图**. 用圆括号表示无向图的边. 显然，(v_i, v_j) 与 (v_j, v_i) 是同一条边.

今后，若不特别说明，只讨论无向图与无向边.

若 (v_i, v_j) 是一条边，则称顶点 v_i 与 v_j 是边 (v_i, v_j) 的端点，并称 v_i 与 v_j 互相**邻接**，边 (v_i, v_j) 与端点**关联**，端点也与边 (v_i, v_j) **关联**. 若 $v_i=v_j$，则称边 (v_i, v_j) 为**环**. 若某个顶点与任何一条边都不关联，则称它为**孤立点**.

若用 $|S|$ 表示集合 S 中元素的个数，则对于含有 n 个顶点，ε 条边的图 $G=(V, E)$，我们有 $|V|=n$，$|E|=\varepsilon$，并称 n 为图 G 的阶.

例 1 在图 20.1-1 所示的无向图 G 中，$V=\{1,2,3,4\}$，$E=\{(1,2),(2,3),(3,3)\}$. 顶点 1 与边 (1,2) 关联，边 (1,2) 与顶点 1 与 2 关联，边 (3,3) 为环，顶点 4 为孤立点，该图的阶 $n=4$.

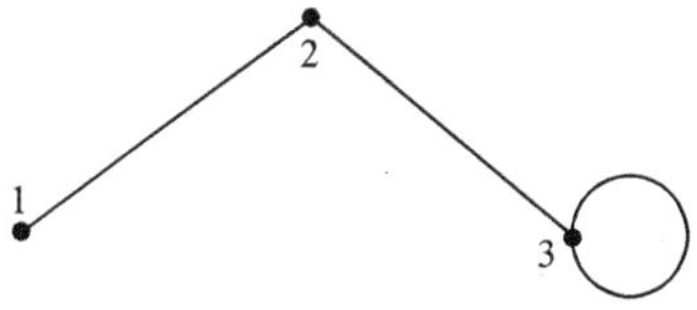

图 20.1-1

连接同一对顶点的边数，称为边的**重数**.

定义 2 如果图 G 中既没有环，又没有重数大于 1 的边，则称图 G 为**简单图**. 本书中仅讨论简单图.

定义 3 若图 G 的每一对不同顶点间均有一条边，则称 G 为**完全图**. n 阶完全图记作 K_n，它共有 $C_n^2=\frac{1}{2}n(n-1)$ 条边. 图 20.1-2 是完全图 K_3 与 K_5.

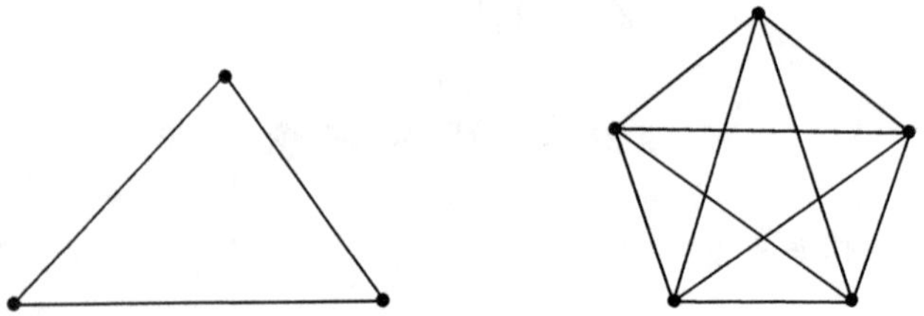

(a) K_3　　(b) K_5

图 20.1-2

定义 4 设图 $G=(V,E)$，如果 $E_0=\{(u,v)\mid u,v\in V\}$，则称图 $H=(V,E_0-E)$ 为图 G 的**补图**，记作 $H=\overline{G}$.

显然，若 G_1 是 G_2 的补图，则 G_2 也是 G_1 的补图. 如果 $G_1=(V,E_1)$，$G_2=(V,E_2)$ 互为补图，则图 $G=(V,E_1\cup E_2)$ 是完全图. 图 20.1-3 中的(a)与(b)互为补图.

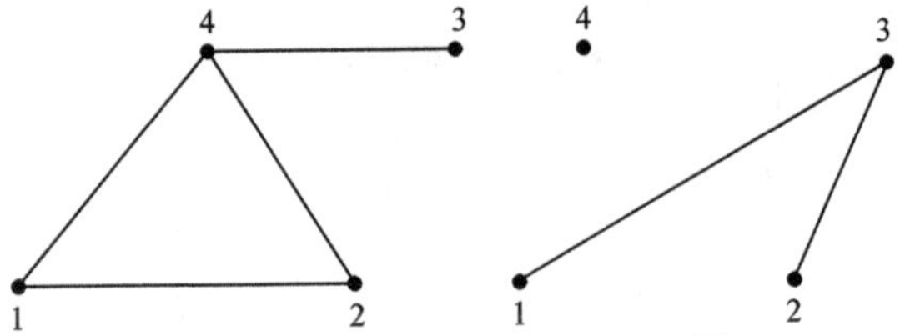

(a) G　　(b) $\overline{G}$

图 20.1-3

定义 5 如果图 $G=(V,E)$ 的顶点集 V 能分为两个互不相交的子集 V_1 与 V_2，使得同一子集中的任何两个顶点都不邻接，则称 G 为**二分图**，记作 $G=(V_1,V_2;E)$. 若 $|V_1|=m$，$|V_2|=n$，且 V_1 中每个顶点都与 V_2 中每个顶点相邻接，则称这样的二分图为**完全二分图**，记作 $K_{m,n}$. 图 20.1-4 是 $K_{3,2}$ 与 $K_{3,3}$ 的例子.

定义 6 设有图 $G=(V,E)$ 与 $G_1=(V_1,E_1)$，如果 $V_1\subseteq V$ 且 $E_1\subseteq E$，则称图 G_1 为图 G 的**子图**，记作 $G_1\subseteq G$. 又若 G_1 不包含 G 的全部顶点和全部边，则称 G_1 为 G 的**真子图**，记作 $G_1\subset G$.

定义 7 设 $G=(V,E)$ 是图，$E_1\subset E$，则称 G 的真子图 $G_1=(V,E_1)$ 为 G 的**生成子图**.

定义 8 设图 $G=(V,E)$，如果 $V_1\subseteq V$ 且 V_1 非空，

$$E_1=\{(u,v)\mid(u,v)\in E\text{ 且 }u,v\in V_1\},$$

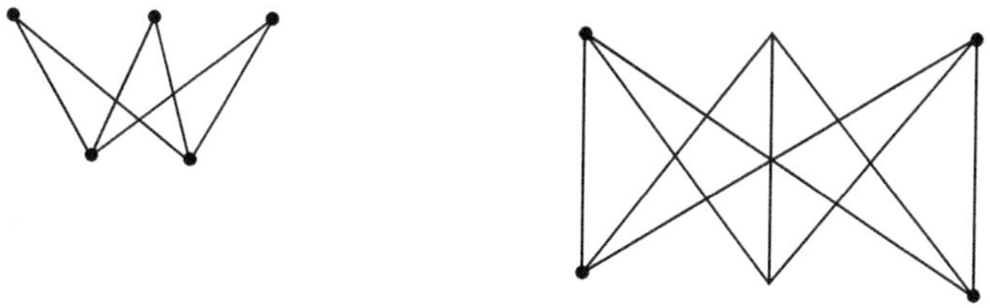

(a) $K_{3,2}$　　　　(b) $K_{3,3}$

图 20.1-4

则称图 $G_1=(V_1,E_1)$为**由 V_1 导出的 G 的子图**,记作 $G_1=G[V_1]$,简称**导出子图**.

例 2　图 20.1-5 给出了图 G 的真子图(b),生成子图(c),导出子图(d).

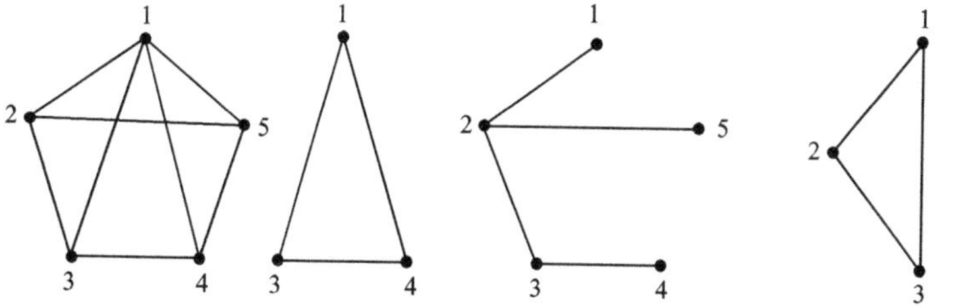

(a) G　　(b) 真子图　　(c) 生成子图　　(d) 导出子图 $G[\{1,2,3\}]$

图 20.1-5

20.1.2　图的运算

定义 9　设 G_1 和 G_2 是两个无孤立点的图,且约定了某些共同顶点,定义如下几种运算:

1. 两图的**并** $G_1\cup G_2$:由 G_1 和 G_2 中所有边组成的图.若 G_1 与 G_2 无公共边,则称 $G_1\cup G_2$ 为它们的**直和**,记作 G_1+G_2,或称**边不重并**.

2. 两图的**交** $G_1\cap G_2$:由 G_1 和 G_2 中的公共边组成的图.

3. 两图的**差** G_1-G_2:由 G_1 去掉 G_2 的边后所组成的图.注意,若从 G_1 中去掉某边时,如果出现孤立点,则应把孤立点也去掉.

4. 两图的**环和** $G_1\oplus G_2$:由 $G_1\cup G_2$ 去掉 $G_1\cap G_2$ 所得的图,即

$$G_1\oplus G_2=(G_1\cup G_2)-(G_1\cap G_2).$$

例 3　图 20.1-6 给出了图的几种运算.

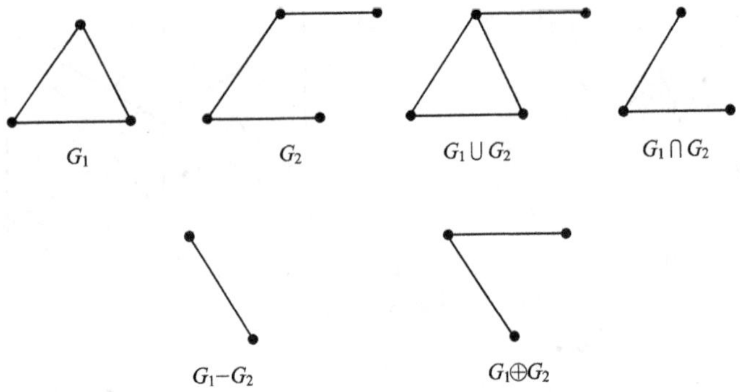

图 20.1-6

§ 20.2 通路与回路

20.2.1 顶点的度

定义 1 图 G 中与某个顶点 v 相关联的边数(环按 2 条边计)称为顶点 v 的**度数**,记作 $d(v)$.

定理 1 设图 $G=(V,E)$有 ε 条边,则图 G 中所有顶点的度数之和等于 2ε,即

$$\sum_{v\in V} d(v) = 2\varepsilon.$$

例 1 在图 20.2-1 所示图中,

$$d(1) = d(2) = d(4) = d(5) = 2, d(3) = 4, \varepsilon = 6,$$

$$\sum_{v\in V} d(v) = \sum_{i=1}^{5} d(i) = 2+2+4+2+2 = 12.$$

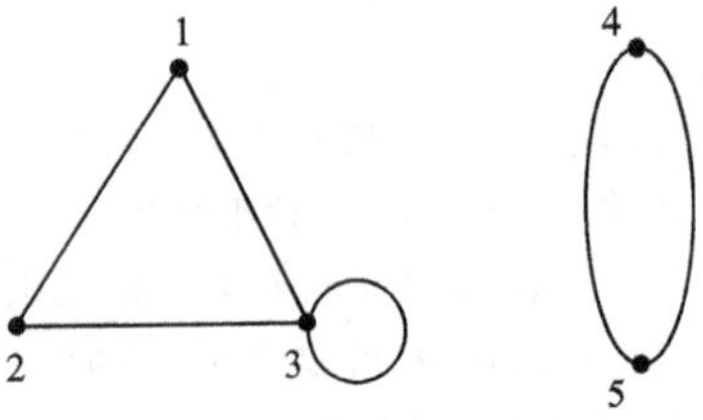

图 20.2-1

定义 2 设图 $G=(V,E)$为有向图,以顶点 v 为始点的有向边的边数称为该顶点 v 的**出度**,记作 $d^+(v)$;以顶点 v 为终点的有向边的边数称为 v 的**入度**,记作 $d^-(v)$.显然,对有向图来说,$d(v)=d^+(v)+d^{-1}(v)$.

20.2.2 通路与回路

定义 3 设图 G 中的一个顶点与边的交错序列 $w=v_0e_1v_1e_2\cdots e_kv_k$ 满足：对所有 $1\leqslant i\leqslant k$，$e_i=(v_{i-1},v_i)$，则称 w 为从顶点 v_0 到 v_k 的一条**路径**. 若路径中各边 $e_1,e_2,\cdots,e_k$ 各不相同，则称此路径为**边链**. v_0,v_k 分别称为该边链的**起点与终点**. k 称为该**边链的长度**. 起点与终点相同的边链称为**闭链**，否则称**开链**. 有时我们将边链 w 简记作 $w=(v_0,v_1,\cdots,v_k)$ 或 $w=(e_1,e_2,\cdots,e_k)$. 若边链中各顶点均不相同，则称该边链为**通路**.

例 2 在图 20.2-2 所示图中，$w=(1,2,3,4)$ 是一条开链，且是一条通路. $w=(5,2,1,5,3,6,5)$ 是一条闭链，它不是通路. $w=(1,2,3,5,1)$ 也是闭链.

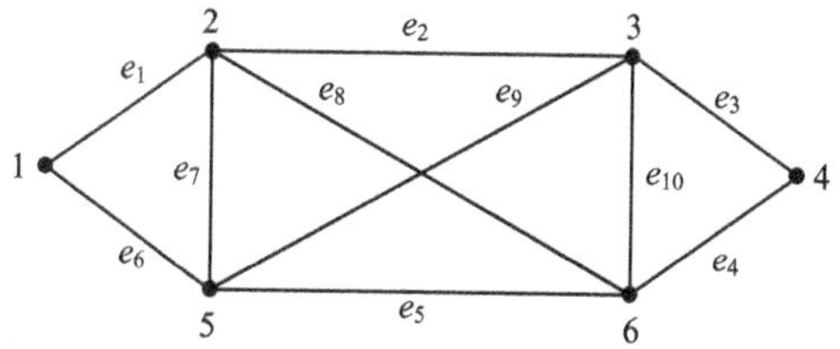

图 20.2-2

定理 2 路径 w 是一条通路，当且仅当 w 中有两个顶点的度数为 1，其余顶点的度数均为 2.

定义 4 若图 G 中每对不同顶点间都存在通路，则称 G 为**连通图**，否则称为**不连通图**.

定义 5 设 G_1 是 G 的子图且连通，若在 G_1 中再增加任何一条属于 G 而不属于 G_1 的边 e，都将使图 $G_1\cup e$ 不连通，则称 G_1 为 G 的一个**极大连通子图**（或称**连通分支**）. 图 G 的连通分支数记作 $p(G)$. 显然，对所有连通图 G 来说，$p(G)=1$.

定义 6 设图 G 有 n 个顶点，其连通分支数为 p，则称 $n-p$ 为图 G 的秩，记作 $R(G)=n-p$.

定义 7 起点与终点重合的通路称为**回路**.

定理 3 任一闭链必为回路或若干回路的直和.

定理 4 任一开链必为通路或通路与若干回路的直和.

例如，在图 20.2-2 中，$w=(e_1,e_2,e_9,e_7,e_8)$ 为一开链，它是通路 (e_1,e_8) 与回路 (e_2,e_9,e_7) 的直和. $w=(e_1,e_7,e_9,e_{10},e_5,e_6)$ 是一闭链，它是回路 (e_1,e_7,e_6) 与回路 (e_9,e_{10},e_5) 的直和.

定义 8 回路以及回路的直和统称为**环路**.

由定义 8 及定理 3 可知，环路即回路或闭链.

20.2.3 赋权图与最短通路

定义 9 如果对于图 G 的每一条边 $e_{ij}=(v_i,v_j)$ 或 $e_{ij}=\langle v_i,v_j\rangle$ 均有一个实数 w_{ij} 与之对应，则称图 G 为**赋权图**，并称实数 w_{ij} 为边 e_{ij} 的**权**. 图 G 中所有边权的总和称为**图 G 的权**.

在赋权图 G 中，通路 $p=(e_1,e_2,\cdots,e_k)$ 中所有边权的和称为**该通路的长**. 从顶点 v_i 到 v_j 的**最短通路**是指所有从 v_i 到 v_j 的通路中具有最小长度的那条通路.

下面是著名的**迪克斯特拉算法**，它给出计算从顶点 v_0 到图中其余各顶点的最短通路长的一种方法：

1. 设 S 为从 v_0 出发的最短通路的终点集合，置 S 的初值为空.

2. 对所有 $v\in V$，给予标号 $l(v)=w(v_0,v)$.

3. 选择 u，使得

$$l(u)=\min\{l(v)\mid v\in V\text{ 且 }v\notin S\}.$$

4. 将 u 放入集合 S 中，即令 $S=S\cup\{u\}$.

5. 对所有 $v\notin S$：

若 $l(u)+w(u,v)<l(v)$，则置 $l(v)=l(u)+w(u,v)$.

6. 重复 3,4,5 步，直至 $|S|=n-1$. 此时 $l(v)$ 即为从 v_0 到 v 的最短通路长.

注：在使用本算法时，若顶点 v_i,v_j 间没有边，则规定边 (v_i,v_j) 或 $\langle v_i,v_j\rangle$ 的权 $w(v_i,v_j)=+\infty$；若 $v_i=v_j$，则规定 $w(v_i,v_j)=0$.

例 3 对图 20.2-3 所示赋权图 G 实施迪克斯特拉算法的过程如表 20.2-1 所示（设 $v_0=v_1$）.

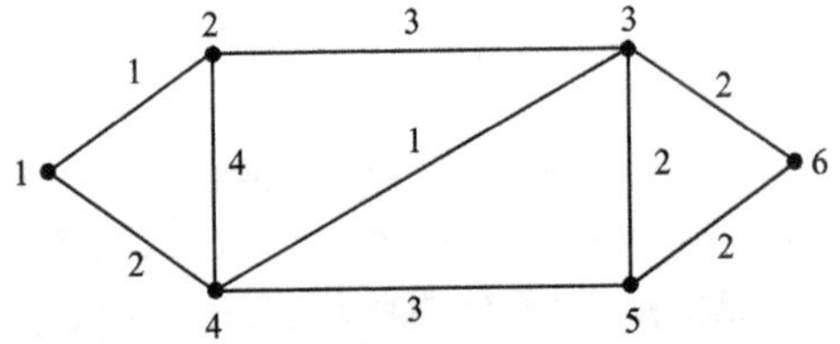

图 20.2-3

表 20.2-1 迪克斯特拉算法的计算过程

迭代次数	u	S	$l(v)$					
			(1)	(2)	(3)	(4)	(5)	(6)
0	—	空	0	1	$+\infty$	2	$+\infty$	$+\infty$
1	2	{2}	0	1	4	2	$+\infty$	$+\infty$
2	4	{2,4}	0	1	3	2	5	$+\infty$
3	3	{2,4,3}	0	1	3	2	5	5
4	5	{2,4,3,5}	0	1	3	2	5	5
5	6	{2,4,3,5,6}	0	1	3	2	5	5

§ 20.3 *E* 图与 *H* 图

20.3.1 *E* 图

定义 1 若图 G 的每个顶点的度数均为偶数，则称 G 为**欧拉图**(简称 ***E* 图**).

定理 1 G 为连通 E 图的充分必要条件是 G 中存在一条包含 G 的所有边的闭链.

我们把包含 G 的所有边的链称为**欧拉链**(简称 ***E* 链**).

由定理 1 可知，若 G 为连通 E 图，则一定可以找到一条闭 E 链，这就是著名的**一笔画问题**. 图 20.2-2 是连通 E 图，它的一条闭 E 链为$(e_1, e_2, e_3, e_4, e_8, e_7, e_9, e_{10}, e_5, e_6)$. 当然，连通 E 图的闭 E 链不唯一.

定义 2 若图 G 中只有两个顶点的度数为奇数，其余的均为偶数，则称图 G 为 ***M* 图**. 这两个度数为奇数的顶点称为 M 图的**端点**.

显然，从 E 图中去掉任意一条边后即为 M 图，而在 M 图的两个端点间添上一条边即成 E 图. 因此连通 M 图的一笔画问题可以通过添上一条边变成连通 E 图后来解决. 不同的是一笔画的结果，对 E 图来说是闭 E 链，而对 M 图来说是开 E 链，此开 E 链的两个端点即为 M 图的两个端点.

例如，图 20.2-3 是连通 M 图，它的一条开 E 链为$(2,1,4,3,2,4,5,3,6,5)$.

定理 2 图 G 为连通 M 图的充分必要条件是 G 中存在一条包含 G 的所有边的开链.

20.3.2 *H* 图

定义 3 包含图 G 的每个顶点的通路称为**哈密顿路**(简称 ***H* 路**). 若哈密顿路的起点与终点重合，则称为**哈密顿回路**(简称 ***H* 回路**).

定义 4 若图 G 包含一条 H 回路，则称 G 为**哈密顿图**(简称 ***H* 图**).

可以证明 n 阶完全图 K_n 是 H 图. 遗憾的是，至今还没有发现判别 H 图的充要条件. 下面仅给出判别 H 图的充分条件的定理.

定理 3 设 G 是 $n(n\geqslant 3)$ 阶简单图，v 是具有最小度数的顶点. 若 $d(v)\geqslant\frac{n}{2}$，则 G 是 H 图.

例如，图 20.2-3 是 H 图，因为$(1,2,3,6,5,4,1)$是一条 H 回路. 然而，该图不满足定理 3，即 $d(1)=2<\frac{n}{2}=\frac{6}{2}=3$.

§ 20.4 树与割集

20.4.1 树与生成树

定义 1 不含回路的连通图称为**树**. 树中的边称为**树枝**. 显然，若树 T 有 n 个顶点和 ε 条边，则 $\varepsilon=n-1$. 若在树的任意两个不相邻接的顶点间添上一边条，则形成一个回路.

设 T 是具有 n 个顶点的图，则下列命题是等价的，且它们都可以用来描述树.

1. T 连通且无回路.
2. T 的任意两个顶点间有唯一的通路.
3. T 连通且有 $n-1$ 条边.
4. T 无回路且若添上任意一条边后则恰有一个回路.
5. T 连通且去掉任意一条边后不连通.

图 20.4-1 为树的例子.

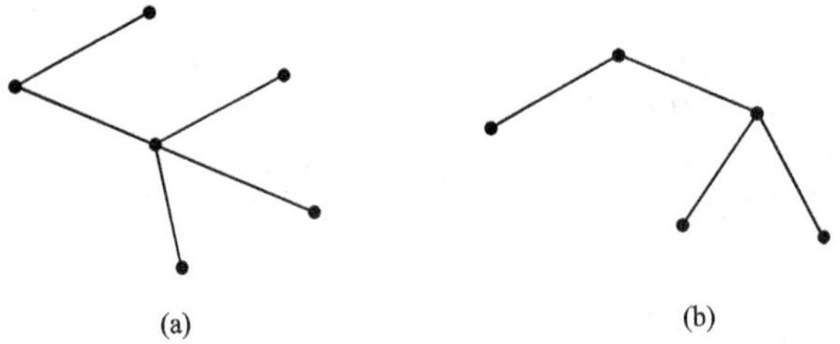

图 20.4-1

定义 2 若 T 是图 G 的一个生成子图且是一棵树，则称 T 是图 G 的一棵**生成树**. 显然，对同一图 G 来说，它的生成树不唯一.

图 20.4-2 列出了图 G 的所有(4 棵)生成树.

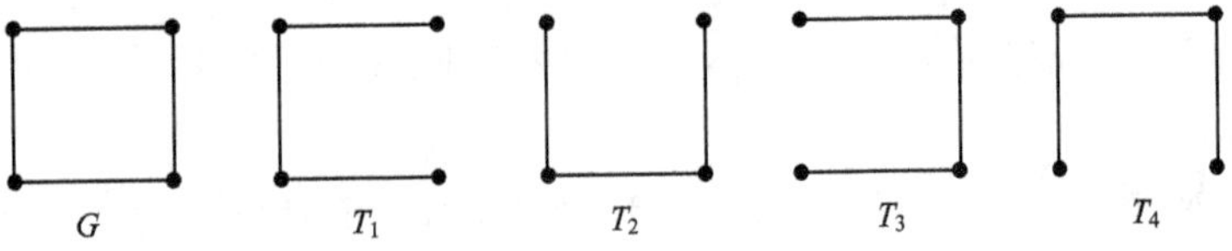

图 20.4-2

定理 1 n 阶完全图 K_n 共有 $\tau(G)=n^{n-2}$ 棵生成树. 例如 K_3,K_4,K_5,K_6 分别有 3,16,125,1296 棵生成树.

定义 3 设 T 是赋权图 G 的一棵生成树，我们把树 T 中所有树枝的边权总和称为该**树的权**. 图 G 的具有最小权的生成树称为图 G 的**最小生成树**,记作 MST.

下面给出求 MST 的**克鲁斯卡尔算法**:

1. 设集 T 的初值为空.
2. 从边集 E 中选择一条权为最小的边 e,并从 E 中删除边 e.
3. 若 e 不和 T 中已有的边形成回路,则将 e 添加到 T 中去,否则转 2.
4. 重复 2,3 步直至 T 中有 $n-1$ 条边为止. 此时 T 中的边组成了图 G 的 MST.

例 1 图 20.4-3(b)是图 20.4-3(a)的一棵最小生成树.

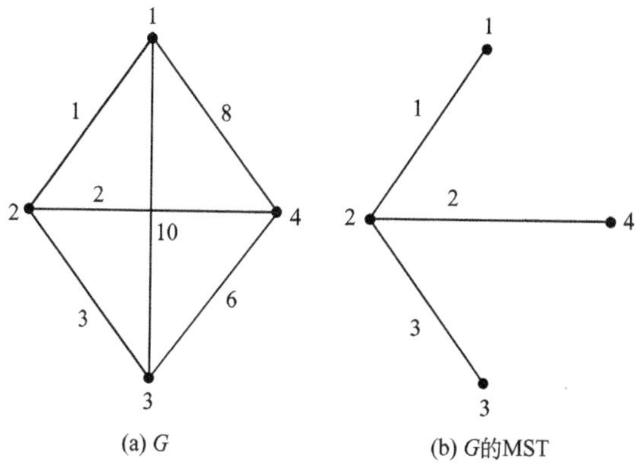

图 20.4-3

20.4.2 连枝集与基本回路集

定义 4 设 T 是图 G 的一棵生成树,我们把属于 G 而不属于 T 的边称为图 G 关于生成树 T 的**连枝**,生成树 T 的所有连枝组成的集合称为图 G 关于生成树 T 的**连枝集**.

定义 5 设 T 是图 G 的一棵生成树,由 T 的树枝与一条连枝组成的回路,称为图 G 关于生成树 T 的**基本回路**. 生成树 T 的所有基本回路组成的集合称为图 G 关于生成树 T 的**基本回路集**,记作 C_f. 由于连枝集含有 $\varepsilon-n+1$ 个连枝,因此 C_f 含有 $\varepsilon-n+1$ 个基本回路.

定理 2 连通图 G 的任一环路均可表示成若干基本回路的环和.

例 2 图 20.4-3 中,(b)是(a)的一棵生成树,(b)的连枝集为{(1,3),(1,4),(3,4)},基本回路集 $C_f=\{(1,2,4,1),(2,3,4,2),(1,2,3,1)\}$,$\varepsilon-n+1=6-4+1=3$,环路(1,2,3,4,1)是基本回路(1,2,4,1)与基本回路(2,3,4,2)的环和.

20.4.3 割集与断集

定义 6 设 S 是图 G 的一个边集,如果 1. 图 $G-S$ 的秩 $R(G-S)=n-2$;2. 对 S 的任一真子集 S',有 $R(G-S')=n-1$. 则称边集 S 为图 G 的一个**割集**.

例如，在图 20.4-3(a)所示的图 G 中，$S_1=\{(1,2),(1,3),(1,4)\}$ 和 $S_2=\{(1,2),(2,3),(2,4)\}$ 均为割集.

定理 3 连通图 G 的一个割集至少包含 G 的生成树的一个树枝.

定义 7 设 S 为连通图 G 的一个割集，T 是 G 的一棵生成树. 如果 S 中恰含有 T 的一个树枝，则称 S 为 G 的关于生成树 T 的**基本割集**. 并把关于生成树 T 的基本割集的全体称为图 G 的关于生成树 T 的**基本割集组**，记作 S_f. 由于 T 有 $n-1$ 个树枝，因此 S_f 含有 $n-1$ 个基本割集.

定义 8 设图 $G=(V,E)$，$V_1\subseteq V$，$\bar{V}_1=V-V_1$，则称 G 中端点分别属于 V_1 与 $\bar{V}_1$ 的所有边的集合为 G 的一个**断集**.

一般说来，割集一定是断集；断集不一定是割集. 断集或是割集，或是若干割集的直和.

例 3 对图 20.4-3 所示的图 G(a)与它的一棵生成树 T(b)来说，$S_1=\{(1,2),(1,3),(1,4)\}$，$S_2=\{(1,4),(2,4),(3,4)\}$，$S_3=\{(1,3),(2,3),(3,4)\}$都是图 G 关于生成树 T 的基本割集，从而有 $S_f=\{S_1,S_2,S_3\}$. 另外，割集 S_1,S_2,S_3 均是图 G 的断集，它们所对应的 V_1 分别为$\{3\},\{2\},\{1\}$.

例 4 对图 20.2-3 所示图 G 而言，若取 $V_1=\{1,6\}$，$\bar{V}_1=\{2,3,4,5\}$，则断集$\{(1,2),(1,4),(3,6),(5,6)\}$不是割集，而是两个割集 $S_1=\{(1,2),(1,4)\}$ 与 $S_2=\{(3,6),(5,6)\}$的直和.

§ 20.5 图的矩阵表示

20.5.1 邻接矩阵

定义 1 设 G 是具有 n 个顶点的图，如果令

$$a_{ij}=\begin{cases}1, & \text{若顶点 } v_i \text{ 与 } v_j \text{ 邻接},\\ 0, & \text{若顶点 } v_i \text{ 与 } v_j \text{ 不邻接}.\end{cases}$$

则称由元素 $a_{ij}(1\leqslant i\leqslant n,1\leqslant j\leqslant n)$ 构成的 $n\times n$ 矩阵为图 G 的**邻接矩阵**，记作 $A=(a_{ij})_{n\times n}$.

例如，图 20.5-1 所示图 G 的邻接矩阵为

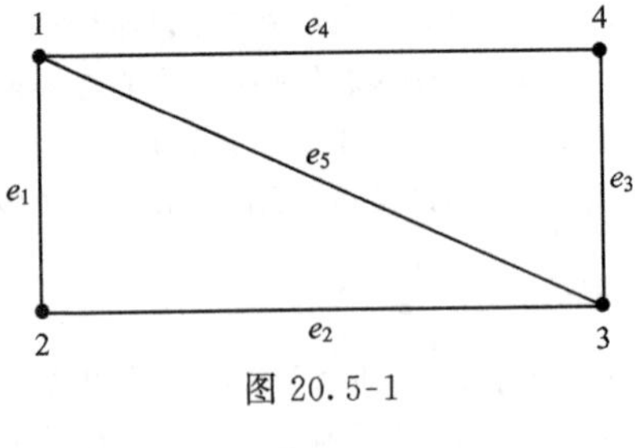

图 20.5-1

$$A=\begin{pmatrix}0&1&1&1\\1&0&1&0\\1&1&0&1\\1&0&1&0\end{pmatrix}.$$

显然,对无向图来说,它的邻接矩阵是对称的.

20.5.2 关联矩阵

定义 2 设 G 是具有 n 个顶点、ε 条边的图.如果令

$$a_{ij}=\begin{cases}1, & \text{若边 } e_j \text{ 与顶点 } v_i \text{ 关联},\\0, & \text{若边 } e_j \text{ 与顶点 } v_i \text{ 不关联},\end{cases}$$

则称由元素 $a_{ij}(1\leqslant i\leqslant n,1\leqslant j\leqslant\varepsilon)$ 构成的 $n\times\varepsilon$ 矩阵为图 G 的**完全关联矩阵**,简称**关联矩阵**,记作 $A_e=(a_{ij})_{n\times\varepsilon}$.

例如,图 20.5-1 所示图 G 的完全关联矩阵 A_e 为

$$A_e=\begin{matrix} & e_1 & e_2 & e_3 & e_4 & e_5\\ 1 & 1&0&0&1&1\\ 2 & 1&1&0&0&0\\ 3 & 0&1&1&0&1\\ 4 & 0&0&1&1&0\end{matrix}.$$

定理 1 n 阶图 G 是连通的,当且仅当其完全关联矩阵的秩为 $n-1$.

$p\times q$ 矩阵的一个阶数为 $\min\{p,q\}$ 的方阵,称为该 $p\times q$ 矩阵的一个大子阵.

定理 2 在连通图 G 的完全关联矩阵 A_e 中任意去掉一行后,所得矩阵 A 的一个大子阵是非奇异的必要充分条件是:与这个大子阵的列相应的边组成 G 的一棵生成树.

定理 2 给出了求连通图 G 的全部生成树的一种方法:在图 G 的完全关联矩阵 A_e 中任意去掉一行,求出所得矩阵 A 的全部非奇异大子阵,则每个非奇异大子阵的列所对应的边就构成了图 G 的一棵生成树.

例 1 从图 20.5-1 所示图 G 的完全关联阵 A_e 中去掉第 4 行后,得矩阵 A 如下:

$$A=\begin{matrix} & e_1 & e_2 & e_3 & e_4 & e_5\\ 1 & 1&0&0&1&1\\ 2 & 1&1&0&0&0\\ 3 & 0&1&1&0&1\end{matrix}.$$

A 的全部非奇异大子阵为:

$$\begin{array}{ccc} e_1\ e_2\ e_3 & e_1\ e_2\ e_4 & e_1\ e_3\ e_4 \\ \begin{pmatrix}1&0&0\\1&1&0\\0&1&1\end{pmatrix}, & \begin{pmatrix}1&0&1\\1&1&0\\0&1&0\end{pmatrix}, & \begin{pmatrix}1&0&1\\1&0&0\\0&1&0\end{pmatrix}, \end{array}$$

$$\begin{array}{ccc} e_1\ e_3\ e_5 & e_2\ e_3\ e_4 & e_2\ e_4\ e_5 \\ \begin{pmatrix}1&0&1\\1&0&0\\0&1&1\end{pmatrix}, & \begin{pmatrix}0&0&1\\1&0&0\\1&1&0\end{pmatrix}, & \begin{pmatrix}0&1&1\\1&0&0\\1&0&1\end{pmatrix}. \end{array}$$

它们所对应的 6 棵生成树分别如图 20.5-2 的(a)～(f)所示.

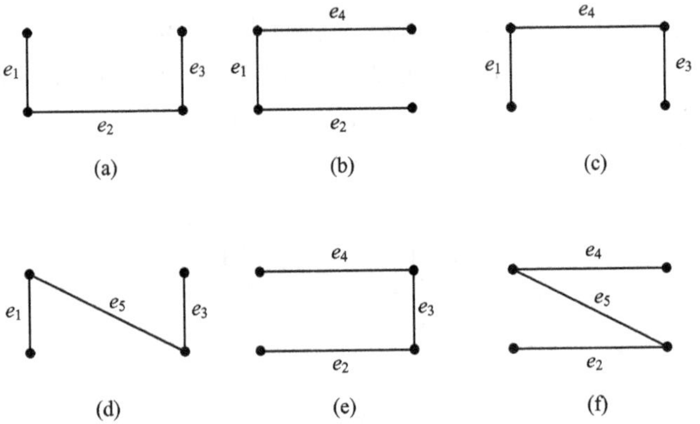

图 20.5-2

20.5.3 回路矩阵

定义 3 设连通图 G 有 n 个顶点,ε 条边,如果令

$$b_{ij}=\begin{cases}1,\text{若边 } e_j \text{ 在环路 } c_i \text{ 中},\\0,\text{若边 } e_j \text{ 不在环路 } c_i \text{ 中},\end{cases}$$

则称由元素 b_{ij} ($1\leqslant i\leqslant 2^{\varepsilon-n+1}-1$, $1\leqslant j\leqslant\varepsilon$) 构成的 $(2^{\varepsilon-n+1}-1)\times\varepsilon$ 矩阵为图 G 的**完全回路矩阵**,记作 B_e.

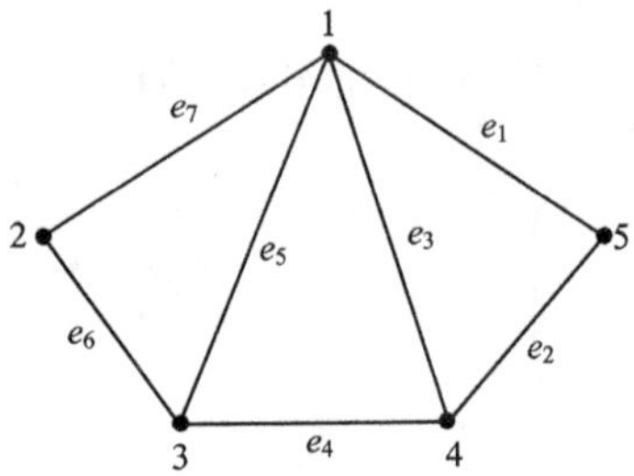

图 20.5-3

由 § 20.4 定理 2 可知,连通图 G 的环路可通过对若干基本回路作环和求得.具体方法见下例.

例 2 求图 20.5-3 所示连通图 G 的完全回路矩阵 B_e.

任取图 G 的一棵生成树 $T=\{e_1,e_3,e_5,$

$e_7\}$，其连枝集为$\{e_2,e_4,e_6\}$，将连枝分别添加到生成树 T 中，得图 G 关于生成树 T 的 3 个基本回路：$c_1=(e_1,e_2,e_3)$，$c_2=(e_3,e_4,e_5)$，$c_3=(e_5,e_6,e_7)$. 基本回路的各种可能的环和为：

$$c_4 = c_1 \oplus c_2 = (e_1,e_2,e_4,e_5),$$
$$c_5 = c_1 \oplus c_3 = (e_1,e_2,e_3,e_5,e_6,e_7),$$
$$c_6 = c_2 \oplus c_3 = (e_3,e_4,e_6,e_7),$$
$$c_7 = c_1 \oplus c_2 \oplus c_3 = (e_1,e_2,e_4,e_6,e_7),$$

因此，图 G 的完全回路矩阵 B_e 为

$$B_e = \begin{array}{c} \\ c_1 \\ c_2 \\ c_3 \\ c_4 \\ c_5 \\ c_6 \\ c_7 \end{array} \begin{array}{c} \begin{array}{ccccccc} e_1 & e_2 & e_3 & e_4 & e_5 & e_6 & e_7 \end{array} \\ \begin{pmatrix} 1 & 1 & 1 & 0 & 0 & 0 & 0 \\ 0 & 0 & 1 & 1 & 1 & 0 & 0 \\ 0 & 0 & 0 & 0 & 1 & 1 & 1 \\ 1 & 1 & 0 & 1 & 1 & 0 & 0 \\ 1 & 1 & 1 & 0 & 1 & 1 & 1 \\ 0 & 0 & 1 & 1 & 0 & 1 & 1 \\ 1 & 1 & 0 & 1 & 0 & 1 & 1 \end{pmatrix} \end{array}.$$

定理 3 连通图 G 的完全回路矩阵的秩等于 $\varepsilon-n+1$.

定义 4 设 $C=\{c_1,c_2,\cdots,c_{\varepsilon-n+1}\}$是连通图 G 的关于生成树 T 的基本回路集. 如果令

$$b_{ij} = \begin{cases} 1, \text{若边 } e_j \text{ 在基本回路 } c_i \text{ 中}, \\ 0, \text{若边 } e_j \text{ 不在基本回路 } c_i \text{ 中}, \end{cases}$$

则称由元素 b_{ij} $(1\leqslant i\leqslant\varepsilon-n+1, 1\leqslant j\leqslant\varepsilon)$ 构成的$(\varepsilon-n+1)\times\varepsilon$ 矩阵为图 G 的关于生成树 T 的**基本回路矩阵**，记作 B_f.

显然，由于图 G 的生成树 T 不唯一，因此 B_f 也不唯一. 在图 20.5-3 所示连通图 G 中，若取生成树 $T=\{e_1,e_3,e_5,e_7\}$，则它对应的基本回路矩阵 B_f 为

$$B_f = \begin{array}{c} \\ c_1 \\ c_2 \\ c_3 \end{array} \begin{array}{c} \begin{array}{ccccccc} e_1 & e_2 & e_3 & e_4 & e_5 & e_6 & e_7 \end{array} \\ \begin{pmatrix} 1 & 1 & 1 & 0 & 0 & 0 & 0 \\ 0 & 0 & 1 & 1 & 1 & 0 & 0 \\ 0 & 0 & 0 & 0 & 1 & 1 & 1 \end{pmatrix} \end{array}.$$

此 B_f 实际上是例 2 中 B_e 的前 3 行.

可以看出，基本回路矩阵的各行线性无关，即基本回路矩阵的秩等于该矩阵的行数. 从而有

定理 4 连通图 G 的基本回路矩阵的秩等于 $\varepsilon-n+1$.

定义 5 连通图 G 的完全回路矩阵 B_e 中，由 $\varepsilon-n+1$ 个线性无关行组成的$(\varepsilon-n$

$+1)\times\varepsilon$ 矩阵，称为图 G 的**回路矩阵**，记作 B.

由此定义可知，连通图 G 的回路矩阵 B 的秩也为 $\varepsilon-n+1$. 因此有

$$B_e \text{ 的秩} = B_f \text{ 的秩} = B \text{ 的秩} = \varepsilon - n + 1.$$

定理 5 图 G 的回路矩阵 B 的大子阵是非奇异的必要充分条件是，它的列组成了 G 的一棵生成树的连枝集.

20.5.4 割集矩阵

定义 6 设连通图 G 有 n 个顶点、ε 条边，如果令

$$q_{ij} = \begin{cases} 1, \text{若边 } e_j \text{ 在断集 } i \text{ 中}, \\ 0, \text{若边 } e_j \text{ 不在断集 } i \text{ 中}, \end{cases}$$

则称由元素 $q_{ij}\,(1\leqslant i\leqslant 2^{n-1}-1, 1\leqslant j\leqslant\varepsilon)$ 构成的 $(2^{n-1}-1)\times\varepsilon$ 矩阵为图 G 的**完全割集矩阵**，记作 Q_e.

定义 7 在连通图 G 的完全割集矩阵 Q_e 中，由 $n-1$ 个线性无关行组成的子阵，称为图 G 的**割集矩阵**，记作 Q.

定义 8 设 $S_f=\{S_1, S_2, \cdots, S_{n-1}\}$ 是连通图 G 的关于生成树 T 的基本割集组，如果令

$$q_{ij} = \begin{cases} 1, \text{若边 } e_j \text{ 在基本割集 } S_i \text{ 中}, \\ 0, \text{若边 } e_j \text{ 不在基本割集 } S_i \text{ 中}, \end{cases}$$

则称由元素 $q_{ij}\,(1\leqslant i\leqslant n-1, 1\leqslant j\leqslant\varepsilon)$ 构成的 $(n-1)\times\varepsilon$ 矩阵为图 G 的关于生成树 T 的**基本割集矩阵**，记作 Q_f.

定理 6 连通图 G 的完全割集矩阵与基本割集矩阵的秩均为 $n-1$.

由定理 6 及定义 7 可知，对连通图 G 来说

$$Q_e \text{ 的秩} = Q_f \text{ 的秩} = Q \text{ 的秩} = n-1.$$

定理 7 图 G 的割集矩阵 Q 的大子阵是非奇异的必要充分条件是这个大子阵的列所对应的边组成 G 的一棵生成树.

§ 20.6 平 面 图

20.6.1 平面图

定义 1 一个图 G，如果能画在平面上，且除端点外任意两条边均不相交，则称 G 是可以嵌入平面的. 若图 G 是可以嵌入平面的，则称 G 为**可平面图**. 可平面图在平面上的一个嵌入称为一个**平面图**，记作 $\widetilde{G}$. 图 20.6-1 就是平面图的例子.

一个平面图 $\widetilde{G}$ 的边将平面分成若干个连通域，每个域内不再含有 $\widetilde{G}$ 的边与顶点，我们把每一个这样的连通域称为 $\widetilde{G}$ 的一个**面**. 对于每一个平面图，恰有一个面是无界的，称为**外部面**，其余的面是单连通的有界域，称为**内部面**. 在图 20.6-1(b)(c)所

(a) G (b) G的平面图$\widetilde{G}_1$ (c) G的平面图$\widetilde{G}_2$

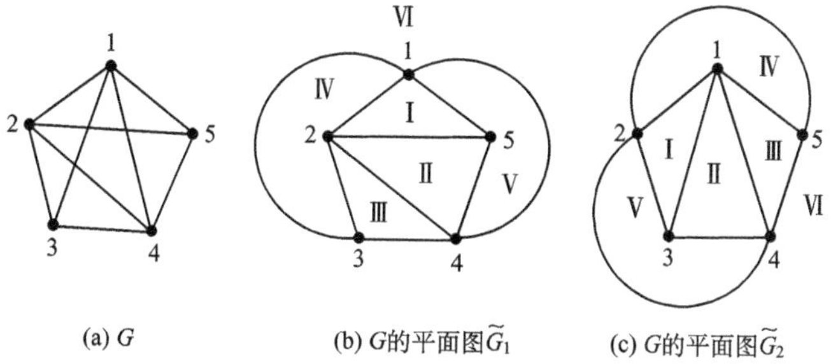

图 20.6-1

示的二个平面图中,均有 6 个面,其中面 Ⅵ 是外部面,面 Ⅰ～Ⅴ 是内部面.

定理1 若连通的平面图 $\widetilde{G}$ 有 n 个顶点、ε 条边、f 个面,则

$$f + n - \varepsilon = 2.$$

定理2 任何一个具有 n 个顶点、ε 条边($\varepsilon \geqslant 3$)的连通平面图均满足

$$\varepsilon \leqslant 3n - 6.$$

由此定理立即可得,K_5 是不可平面图. 还可证明 $K_{3,3}$ 也是不可平面图. 我们把 K_5 和 $K_{3,3}$ 称为**基本不可平面图**,它们在研究图的平面性时有重要作用.

定理3 一个图是可平面的,当且仅当它的任何一个子图都不是 K_5 或 $K_{3,3}$ 的部分.

一个图的一个**部分**是指对它实施有限次下述手续而得到的图:移去它的一条边 (u,v),加入一个新点 w 和两条新边(u,w)与(w,v). 直观地说,由一个图 G 得到它的一个部分的过程,就是"在 G 的边上插入有限个顶点". 图 20.6-2 给出了 K_5 和 $K_{3,3}$ 的一个部分.

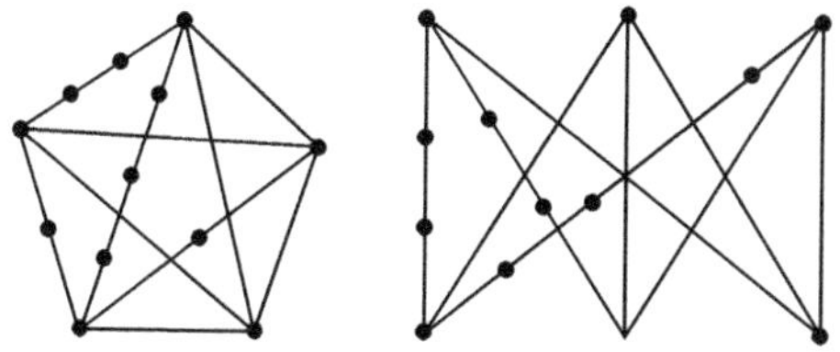

(a) K_5的一个部分   (b) $K_{3,3}$的一个部分

图 20.6-2

定义2 若图 G_1 是图 G 的一个部分,则称图 G_1 与 G **同胚**.

20.6.2 对偶图

定义 3 若平面图 G 的两个面有公共边，则称这两个面互相邻接.

定义 4 对于平面图 G，满足下列条件的图 G^* 称为 G 的**对偶图**：

1. G 的每个面 f_i 内部有且仅有图 G^* 的一个顶点 v_i^*（称 f_i 与 v_i^* 对应）；

2. 若 e_k 是面 f_i，f_j 的公共边，则有且仅有图 G^* 的一条边 $e_k^*=(v_i^*, v_j^*)$，它与 e_k 相交；

3. 当且仅当 e_k 是一个面 f_i 的边界时，存在一个环 $e_k^*=(v_i^*, v_i^*)$ 并与 e_k 相交.

例如，图 20.6-3 所示的两个图中，虚线所表示的图就是实线所表示图的对偶图.

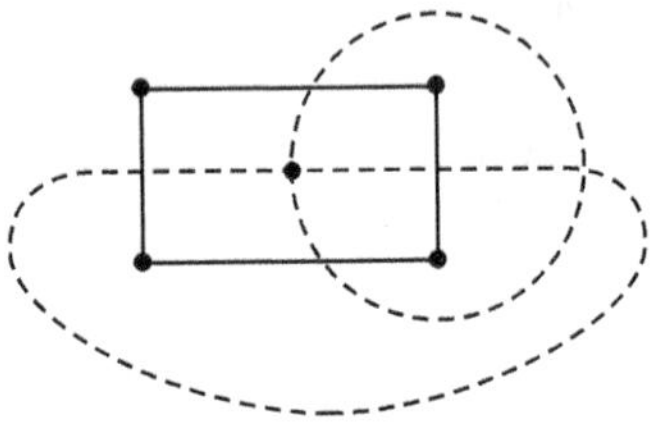

(a)

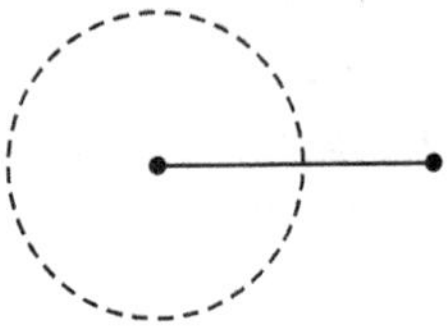

(b)

图 20.6-3

若 G_1 是 G_2 的对偶图，则 G_2 也是 G_1 的对偶图.

定理 4 G 有对偶图当且仅当 G 是平面图.

定理 5 若图 G 与 G^* 对偶，则 G 中的一个回路对应于 G^* 中的一个割集.

表 20.6-1 列出了平面图 G 与它的对偶图 G^* 之间的一些对应关系.

表 20.6-1

G	对应	G^*
点	↔	面
面	↔	点
割　集	↔	回　路
回　路	↔	割　集
树	↔	连树集
连枝集	↔	树

§ 20.7 网　络　流

20.7.1 网络与流

定义 1 设 G 是赋权有向图，如果 G 满足下列条件：

1. 有且只有一个顶点 z，满足 $d^{-}(z)=0$；
2. 有且只有一个顶点 $\bar{z}$，满足 $d^{+}(\bar{z})=0$；
3. 各条边的权 $c_{ij}\geqslant 0$，

则称 G 为**简单网络**，简称**网络**. 并称 z 为**源(点)**，$\bar{z}$ 为**汇(点)**，其余各顶点均称**中间点**，权 c_{ij} 称为 $\langle v_i,v_j\rangle$ 的**容量**.

例如，图 20.7-1 就是一个网络，其中 v_1 为源点，v_5 为汇点，其余为中间点，边 $\langle v_1,v_2\rangle$ 的容量 $c_{12}=2$.

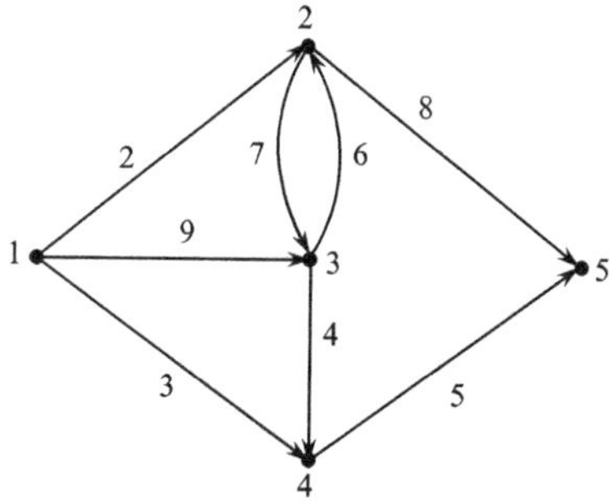

图 20.7-1

定义 2 设 G 是一网络，如果对每条边 $\langle v_i,v_j\rangle$ 都给定一个实数 f_{ij}，且满足：

1. 对所有 i,j，$0\leqslant f_{ij}\leqslant c_{ij}$；
2. 对所有中间点 v_k，

$$\sum_{v_i\in V} f_{ik}=\sum_{v_j\in V} f_{kj}；$$

3. 对源点 z 与汇点 $\bar{z}$ 有

$$\sum_{\substack{j\neq z\\ v_j\in V}} f_{zj}=\sum_{\substack{i\neq \bar{z}\\ v_i\in V}} f_{i\bar{z}}=w.$$

则称这一组实数 $f=\{f_{ij}\}$ 为网络的一个**容许流**，w 称为该**容许流的流量，即网络的流量**.

所谓**网络的最大流**是指使 w 达到最大值的容许流.

定义 3 设$G=(V,E)$是网络. 如果V能分解成两个互不相交的集合V_1与V_2，使得$z\in V_1$且$\bar{z}\in V_2$，并令集合$(V_1,V_2)=\{\langle u,v\rangle \mid \langle u,v\rangle\in E$，且$u\in V_1, v\in V_2\}$，则称边的集合$(V_1,V_2)$为$G$的一个**割切**. 并把

$$C(V_1,V_2)=\sum_{\substack{v_i\in V_1\\ v_j\in V_2}} c_{ij}$$

称为此**割切的容量**.

例如，在图 20.7-1 所示网络中，若令$V_1=\{1,2,3,4\}$，$V_2=\{5\}$，则割切$(V_1,V_2)=\{\langle 2,5\rangle,\langle 4,5\rangle\}$，其容量$C(V_1,V_2)=8+5=13$.

定理 1 设G是网络，w是某容许流的流量，(V_1,V_2)是G的任意一个割切，则

$$w\leqslant \min C(V_1,V_2).$$

由定理 1 立即可得

定理 2 设G是网络，w是网络的流量，(V_1,V_2)是网络的割切，则

$$\max w=\min C(V_1,V_2).$$

定理 2 称为网络的最大流量最小割切定理. 据此定理，可以得到计算网络最大流的一个方法——标号算法.

20.7.2 标号算法

下面给出用标号算法求网络最大流的过程.

给出初始容许流$f=\{f_{ij}\}$，比如 0 流即所有的$f_{ij}=0$.

A. 标号过程：

1. 给源点z以标号$(+\bar{z},\delta_z)=(+\bar{z},+\infty)$，

2. 若顶点i已有标号，则对所有与i邻接且未给标号的顶点j按下列规则处理：

(1) 若边$\langle i,j\rangle\in E$且$f_{ij}<c_{ij}$，则令$\delta_j=\min\{c_{ij}-f_{ij},\delta_i\}$，并给顶点$j$以标号$(+i,\delta_j)$，

(2) 若边$\langle j,i\rangle\in E$且$f_{ji}>0$，则令$\delta_j=\min\{f_{ji},\delta_i\}$，并给顶点$j$以标号$(-i,\delta_j)$，

3. 重复 2. 直至$\bar{z}$被标号或不再有任何顶点可以给标号时为止. 此时，若$\bar{z}$已给标号，则转 B；否则算法结束，当前所得的容许流$f=\{f_{ij}\}$便是网络的最大流.

B. 增广过程：

1. 令$u=\bar{z}$，

2. 若u有形如$(+v,\delta)$的标号，则令$f_{vu}=f_{vu}+\delta_{\bar{z}}$；若$u$有形如$(-v,\delta)$的标号，则令$f_{uv}=f_{uv}-\delta_{\bar{z}}$，

3. 若$v=z$，则去掉所有顶点的标号并转 A；否则令$u=v$并转 B2.

例 用标号算法求图 20.7-1 所示网络最大流，其结果如下：

$f_{12}=2$，$f_{13}=9$，$f_{14}=2$，$f_{32}=6$，$f_{34}=3$，$f_{25}=8$，$f_{45}=5$，其余$f_{ij}=0$. 最大流$w=f_{12}+f_{13}+f_{14}=2+9+2=13$（且有$w=f_{25}+f_{45}=8+5=13$）.

21. 随 机 过 程

§21.1 随机过程的概念

21.1.1 随机过程的定义

定义 1 设 E 是随机试验,$S=\{e\}$是它的样本空间,如果对于每一个 $e\in S$,总可以依某种规则确定一时间 t 的函数

$$X(e,t) \quad (t\in T) \tag{21.1-1}$$

与之对应(T 是时间 t 的变化范围),于是对于所有的 $e\in S$ 来说就得到一族时间 t 的函数,则称此族时间 t 的函数为**随机过程**.而族中每一个函数称为这个随机过程的**样本函数**.

为简便起见,通常略去(21.1-1)式中的 e,用记号 $X(t)$表示随机过程.

可以给随机过程以另一形式的定义:

定义 2 如果对于每一固定的 $t_1\in T$,$X(t_1)$都是随机变量,那么就称 $X(t)$是一随机过程.或者说,随机过程 $X(t)$是依赖于时间 t 的一族随机变量.

例 1 在电话问题中,若用 $X(t)$表示在时刻 t 以前已经接到的呼唤次数,则对每一固定的 $t_1\in[0,+\infty)$,$X(t_1)$都是随机变量.$X(t)$是一随机过程.

例 2 在玻尔氢原子模型中,电子可以在允许的轨道之一上运动,以 $X(t)=i$ 表示"电子在时刻 t 在第 i 条轨道上运动".假设电子轨道的变化只在时刻 $t_1,t_2,\cdots$发生,则对每一固定的 t_k,$X(t_k)$都是随机变量.$X(t)$是一随机过程.

例 3 在$[\varepsilon_0,T]$这段时间内来观察液面上作布朗运动的微粒.若用 $X(t)$,$Y(t)$分别表示质点在时刻 t 的 x 坐标和 y 坐标,则对每一固定的 $t_1\in[t_0,T]$,$(X(t_1),Y(t_1))$都是二维的随机变量.$(X(t),Y(t))$是一个二维的随机过程.

随机过程的两种定义本质上是一致的,只是描述方式不同而已.在理论分析时往往采用第二种描述方法,在实际测量中往往采用第一种描述方法,因而这两种描述方法在理论和实际两方面是互为补充的.

定义 3 如果一个随机过程 $X(t)$对于任意的 $t_1\in T$,$X(t_1)$都是连续型随机变量,则称此随机过程为**连续型随机过程**.如果随机过程 $X(t)$对于任意的 $t_1\in T$,$X(t_1)$都是离散型随机变量,则称此随机过程为**离散型随机过程**.

定义 4 如果随机过程 $X(t)$的时间变化范围 T 是有限或无限区间,则称 $X(t)$是**连续参数随机过程**.如果 T 是可列个数的集合,则称 $X(t)$为**离散参数随机过程**或简称为**随机变量序列**.

21.1.2 随机过程的分布函数

定义 5 设 $X(t)$是一随机过程,对于每一固定的 $t_1 \in T$,$X(t_1)$是一随机变量,则称

$$F_1(x_1,t_1) = P\{X(t_1) < x_1\}$$

为随机过程 $X(t)$的**一维分布函数**.

对于连续型随机过程 $X(t)$,存在函数 $f_1(x_1,t_1)$,使

$$F_1(x_1,t_1) = \int_{-\infty}^{x_1} f_1(x_1,t_1)dx_1,$$

式中 $f_1(x_1,t_1)$称为随机过程 $X(t)$的**一维概率密度**.

一般地,当时间 t 取任意 n 个数值 $t_1,t_2,\cdots,t_n$ 时,n 维随机变量

$$(X(t_1),X(t_2),\cdots,X(t_n))$$

的分布函数记为

$$F_n(x_1,x_2,\cdots,x_n;t_1,t_2,\cdots,t_n)$$
$$= P\{X(t_1) < x_1,X(t_2) < x_2,\cdots,X(t_n) < x_n\},$$

且称之为随机过程 $X(t)$的 **n 维分布函数**.

如果存在函数 $f_n(x_1,x_2,\cdots,x_n;t_1,t_2,\cdots,t_n)$使

$$F_n(x_1,x_2,\cdots,x_n;t_1,t_2,\cdots,t_n)$$
$$= \int_{-\infty}^{x_1}\int_{-\infty}^{x_2}\cdots\int_{-\infty}^{x_n} f_n(x_1,x_2,\cdots,x_n;t_1,t_2,\cdots,t_n)dx_1dx_2\cdots dx_n$$

成立,则称 $f_n(x_1,x_2,\cdots,x_n;t_1,t_2,\cdots,t_n)$为随机过程 $X(t)$的 **n 维概率密度**.

由于上式中的 n 及 $t_1,t_2,\cdots,t_n$ 都是任意的,因此$\{F_n(x_1,x_2,\cdots,x_n;t_1,t_2,\cdots,t_n)\}$给出了一族无限多个分布函数,称它为随机过程 $X(t)$的有穷维分布函数族.这一族分布函数不仅刻划出了对应于每一个 t 的随机变量 $X(t)$的统计规律性,而且也刻划出了各个 $X(t)$之间的关系.因此,随机过程的统计规律性可由它的有穷维分布函数族完整地描述出来.

定义 6 对于二维的随机过程$(X(t),Y(t))$,则可将它的有穷维分布函数族定义为

$$F_n(x_1,y_1;x_2,y_2;\cdots;x_n,y_n;t_1,t_2,\cdots,t_n)$$
$$= P\{X(t_1) < x_1,Y(t_1) < y_1,X(t_2) < x_2,Y(t_2) < y_2,\cdots,$$
$$X(t_n) < x_n,Y(t_n) < y_n\}.$$

二维随机过程$(X(t),Y(t))$的统计特性可由分布函数族

$$\{F_n(x_1,y_1;x_2,y_2;\cdots;x_n,y_n;t_1,t_2,\cdots,t_n)\}$$

来表示.

对于维数高于二的随机过程,类似地可以建立它的有穷维分布函数族.

21.1.3 随机过程的数字特征

随机过程的分布函数族能完善地刻划随机过程的统计特性. 但在实际应用中要确定随机过程的分布函数族并加以分析往往比较困难,甚至是不可能的. 因而像引入随机变量的数字特征那样有必要引入随机过程的数字特征. 这些数字特征应该既能刻划随机过程的重要特征,又便于进行运算和实际测量.

定义 7 设 $X(t)$是一随机过程,对于每一固定的 $t_1 \in T$,$X(t_1)$是一随机变量,则称

$$\mu_X(t_1) = E(X(t_1)) = \int_{-\infty}^{\infty} x_1 f_1(x_1, t_1) dx_1 \tag{21.1-2}$$

为随机过程的**均值**.

$E(X(t))$是随机过程 $X(t)$的所有样本函数在时刻 t 的函数值的平均,它表示随机过程 $X(t)$在时刻 t 的摆动中心,通常称这种平均为**集平均**.

定义 8 把随机过程 $X(t)$的二阶原点矩记作 $\psi_X^2(t)$,即

$$\psi_X^2(t) = E(X^2(t)), \tag{21.1-3}$$

它称为随机过程 $X(t)$的**均方值**. 而二阶中心矩记作 $\sigma_X^2(t)$或 $D(X(t))$,即

$$\sigma_X^2(t) = D(X(t)) = E((X(t) - \mu_X(t))^2), \tag{21.1-4}$$

它称为随机过程 $X(t)$的**方差**. 方差的平方根 $\sigma_X(t)$称为随机过程 $X(t)$的**均方差**.

$\sigma_X(t)$表示随机过程 $X(t)$在时刻 t 对于均值 $\mu_X(t)$的偏离程度.

均值和方差是刻划随机过程在各个孤立时刻统计特性的重要数字特征.

定义 9 设 $X(t_1)$和 $X(t_2)$是随机过程 $X(t)$在任意两个时刻 t_1 和 t_2 时的状态,$f_2(x_1, x_2; t_1, t_2)$是相应的二维概率密度. 称二阶原点混合矩

$$\begin{aligned} R_{XX}(t_1, t_2) &= E(X(t_1)X(t_2)) \\ &= \int_{-\infty}^{\infty}\int_{-\infty}^{\infty} x_1 x_2 f_2(x_1, x_2; t_1, t_2) dx_1 dx_2 \end{aligned} \tag{21.1-5}$$

为随机过程 $X(t)$的**自相关函数**,简称**相关函数**. $R_{XX}(t_1, t_2)$也常简记为 $R_X(t_1, t_2)$.

称二阶中心混合矩

$$C_{XX}(t_1, t_2) = E((X(t_1) - \mu_X(t_1))(X(t_2) - \mu_X(t_2))) \tag{21.1-6}$$

为随机过程 $X(t)$的**自协方差函数**,简称**协方差函数**. $C_{XX}(t_1, t_2)$也常简记为 $C_X(t_1, t_2)$.

自相关函数和自协方差函数就是刻划随机过程自身在两个不同时刻状态之间线性依从关系的数字特征.

21.1.4 两个或两个以上随机过程的联合分布和数字特征

定义 10 设有两个随机过程 $X(t)$和 $Y(t)$,$t_1, t_2, \cdots, t_n$ 和 $t'_1, t'_2, \cdots, t'_m$ 是任意两组实数,称 $n+m$ 维随机变量

$$(X(t_1),X(t_2),\cdots,X(t_n);Y(t_1'),Y(t_2'),\cdots,Y(t_m'))$$

的分布函数

$$F_{n,m}(x_1,x_2,\cdots,x_n;t_1,t_2,\cdots,t_n;y_1,y_2,\cdots,y_m;t_1',t_2',\cdots,t_m')$$

为随机过程 $X(t)$和 $Y(t)$的 $n+m$ 维**联合分布函数**. 相应的 $n+m$ 维**联合概率密度**记为

$$f_{n,m}(x_1,x_2,\cdots,x_n;t_1,t_2,\cdots,t_n;y_1,y_2,\cdots,y_m;t_1',t_2',\cdots,t_m').$$

如果对任意正整数 n 和 m 以及数组 $t_1,t_2,\cdots,t_n$ 和 $t_1',t_2',\cdots,t_m'$ 联合分布函数满足关系式

$$\begin{aligned}&F_{n,m}(x_1,x_2,\cdots,x_n;t_1,t_2,\cdots,t_n;y_1,y_2,\cdots,y_m;t_1',t_2',\cdots,t_m')\\&=F_n(x_1,x_2,\cdots,x_n;t_1,t_2,\cdots,t_n)\cdot F_m(y_1,y_2,\cdots,y_m;t_1',t_2',\cdots,t_m'),\end{aligned}$$

则称随机过程 $X(t)$和 $Y(t)$是相互独立的.

定义 11 设有两个随机过程 $X(t)$和 $Y(t)$,由 $X(t)$和 $Y(t)$的二维联合概率密度所确定的二阶原点混合矩

$$\begin{aligned}R_{XY}(t_1,t_2)&=E(X(t_1)Y(t_2))\\&=\int_{-\infty}^{\infty}\int_{-\infty}^{\infty}xyf_{1,1}(x,t_1;y,t_2)dxdy\end{aligned}\tag{21.1-7}$$

为随机过程 $X(t)$和 $Y(t)$的**互相关函数**.

称二阶中心混合矩

$$C_{XY}(t_1,t_2)=E((X(t_1)-\mu_X(t_1))(Y(t_2)-\mu_Y(t_2)))\tag{21.1-8}$$

为随机过程 $X(t)$和 $Y(t)$的**互协方差函数**.

如果两个随机过程 $X(t)$和 $Y(t)$,对于任意的 t_1 和 t_2 都有

$$C_{XY}(t_1,t_2)=0,$$

则称随机过程 $X(t)$和 $Y(t)$是**不相关的**.

§21.2 马尔可夫过程

21.2.1 马尔可夫过程的定义

定义 1 设 $X(t)$是一随机过程,当过程在时刻 t_0 所处的状态已知的条件下,过程在时刻 $t(>t_0)$所处的状态与过程在 t_0 时刻之前的状态无关,这个特性称为**无后效性**. 无后效的随机过程称为**马尔可夫过程**.

定义 2 对于马氏过程 $X(t)$,称条件分布函数

$$F(x;t\mid x';t')=P\{X(t)<x\mid X(t')=x'\}\ (t>t')\tag{21.2-1}$$

为马氏过程的**转移概率**.

设 $X(t)$是马氏过程,则对时间 t 的任意 n 个数值 $t_1<t_2<\cdots<t_n$, $n\geqslant 3$,在条件 $X(t_i)=x_i(i=1,2,\cdots,n-1)$下 $X(t_n)$的分布函数恰好等于在条件 $X(t_{n-1})=x_{n-1}$下

$X(t_n)$的分布函数,即

$$F(x_n;t_n \mid x_{n-1},x_{n-2},\cdots,x_1;t_{n-1},t_{n-2},\cdots,t_1)$$
$$= F(x_n;t_n \mid x_{n-1},t_{n-1}) \quad (n \geqslant 3). \tag{21.2-2}$$

如果条件概率密度 f 存在,则(21.2-2)式等价于

$$f(x_n;t_n \mid x_{n-1},x_{n-2},\cdots,x_1;t_{n-1},t_{n-2},\cdots,t_1)$$
$$= f(x_n;t_n \mid x_{n-1},t_{n-1}) \quad (n \geqslant 3).$$

并由此可以证明 $X(t)$的 n 维概率密度为

$$f_n(x_1,x_2,\cdots,x_n;t_1,t_2,\cdots,t_n)$$
$$= f_1(x_1,t_1)\prod_{k=1}^{n-1} f(x_{k+1};t_{k+1} \mid x_k;t_k) \quad (n = 2,3,\cdots). \tag{21.2-3}$$

当取 t_1 为初始时刻时,$f_1(x_1,t_1)$表示初始分布(密度).(21.2-3)表明:马氏过程的统计特性完全由它的初始分布(密度)和转移概率(密度)所完全确定.

定义 3 对于只能取可列个值 $r_1,r_2,\cdots$的时间连续、状态离散的马氏过程 $X(t)$,把 $X(t)=r_n$ 称为在时刻 t 系统处于状态 $E_n(n=1,2,\cdots)$.用 $P_{ij}(t,\tau)$表示"已知在时刻 t,系统处于状态 E_i 的条件下,在时刻 $\tau(>t)$,系统处于状态 E_j"的转移概率.

特别地,当上述转移概率只与 $i,j,\tau-t$ 有关时,就称这个过程是**时齐的马尔可夫过程**.这时可以用 $P_{ij}(t)$来表示"已知在时刻 τ,系统处于状态 E_i 的条件下,经过一段时间 t 后系统处于状态 E_j"的概率.用原来的记号,它可表示成等式 $P_{ij}(t)=P_{ij}(\tau,t+\tau)$成立.

在物理学中常有这样的情形:不管初始状态如何,在经过了一段时间后,系统会达到平衡状态(如热力学中的热动平衡).这在数学上就是要求证明存在与 i 无关的极限

$$\lim_{t\to\infty}P_{ij}(t) = P_j.$$

这就是转移概率的**遍历性**问题.

21.2.2 马尔可夫链

1. 转移概率矩阵

定义 4 时间离散状态离散的马尔可夫过程称为**马尔可夫链**.

对于马尔可夫链,把所有可能的离散状态分别记为 $E_1,E_2,\cdots$,把可列个发生转移的时刻记为 $t_1,t_2,\cdots$,称在 t_n 处发生的转移为第 n 次转移.如果进一步假设:系统由状态 E_i 经过一次转移到达状态 E_j 的概率和所进行的转移是第几次转移无关,那么可以用 P_{ij} 表示系统由状态 E_i 经过一次转移到达状态 E_j 的转移概率.

由于从任何一个状态 E_i 出发,经过一次转移后,必然出现状态 $E_1,E_2,\cdots$中的一个,所以

$$\sum_{k} P_{ik} = 1 \quad (P_{ik} \geqslant 0, i = 1,2,\cdots).$$

定义 5 由转移概率 P_{ij} 构成的矩阵,即

$$P = \begin{pmatrix} P_{11} & P_{12} & P_{13} & \cdots \\ P_{21} & P_{22} & P_{23} & \cdots \\ P_{31} & P_{32} & P_{33} & \cdots \\ \cdots & \cdots & \cdots & \cdots \end{pmatrix} \tag{21.2-4}$$

称为马尔可夫链的**转移概率矩阵**.

例 1 (带有不可越壁的随机游动)在线段[1,5]上有一质点(如图 21.2-1),假设它只能停留在 1,2,3,4,5 这几点上,并且只能在 1 秒,2 秒,…等时刻发生随机转移.转移的规则是:如果在移动前,它在 2,3,4 这几点上,那么就分别以 1/3 的概率向左或向右移动一格,或停留在原处;如果移动前,它在 1 这点上,那么就以概率 1 移动到 2 这一点;如果在移动前,它在 5 这点上,那么就以概率 1 移动到 4 这一点.

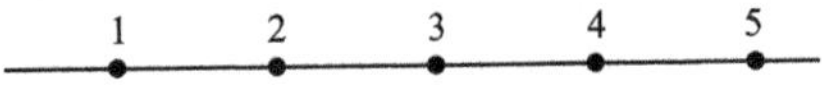

图 21.2-1

如果以 $X(t)=i$ 表示质点在时刻 $t(t=1,2,\cdots)$ 位于 i 点($i=1,2,3,4,5$),则 $X(t)$ 是一个时齐的马尔可夫链,它的转移概率矩阵为

$$P = \begin{pmatrix} 0 & 1 & 0 & 0 & 0 \\ \frac{1}{3} & \frac{1}{3} & \frac{1}{3} & 0 & 0 \\ 0 & \frac{1}{3} & \frac{1}{3} & \frac{1}{3} & 0 \\ 0 & 0 & \frac{1}{3} & \frac{1}{3} & \frac{1}{3} \\ 0 & 0 & 0 & 1 & 0 \end{pmatrix}.$$

例 2 本例给出利用随机游动来求偏微分方程近似解的一种方法.

给定带边界条件的拉普拉斯方程

$$\begin{cases} \dfrac{\partial^2 u}{\partial x^2} + \dfrac{\partial^2 u}{\partial y^2} = 0 & (P \in G), \\ u(P) = f(P) & (P \in \Gamma), \end{cases} \tag{21.2-5}$$

式中 Γ 是区域 G 的边界,$f(P)$ 是一个已知的函数.

在 G 上作相互间隔为 h 的网格.以 Γ_h 记 G 内的网格边界.G_h 以 Γ_h 为边界.偏微分方程(21.2-5)的求解问题可化为如下差分方程(21.2-6)的求解问题.

$$\begin{cases} u(P) = \dfrac{1}{4}(u(P_1) + u(P_2) + u(P_3) + u(P_4)) \quad (P \in G_h), \\ u(P) = f(P) \quad (P \in \Gamma_h), \end{cases} \tag{21.2-6}$$

式中 P_1, P_2, P_3, P_4 为点 P 的四个相邻点.(21.2-6)的解就是(21.2-5)的近似解.

一个游动质点从内部结点 $P \in G_h$ 出发,以 1/4 的概率向其四个邻点 P_1, P_2, P_3, P_4 之一作随机游动.游到某一邻点 $P_i(i=1,2,3,4)$ 以后,再以 1/4 的概率向 P_i 点的四个邻点继续作随机游动,直至游动到边界 Γ_h 被吸收为止.若在边界点 $Q \in \Gamma_h$ 处被吸收,则将 $f(Q)$ 这个数记录下来.由于从 P 点出发的游动是随机的,因此被记录下来的这个数是一个随机变量.若记这个随机变量的数学期望为 $V(P)$,可以证明 $V(P)$ 正是差分方程(21.2-6)在 P 点的解.

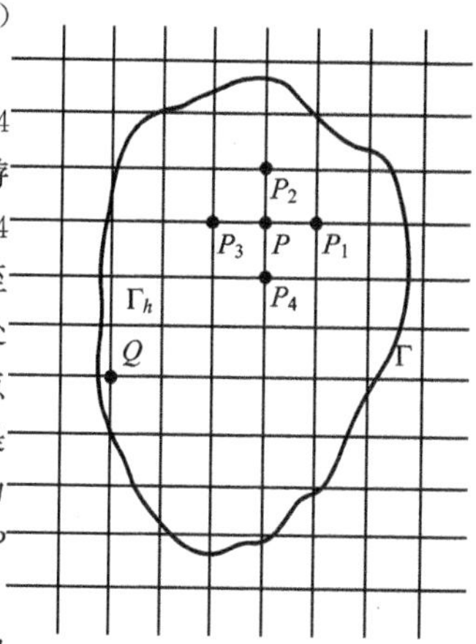

图 21.2-2

利用电子计算机可以有效地模拟上面所述的随机游动,也就是让计算机来作这种实验,每实验一次获得一个数据 $f(Q)$,作了 n 次实验以后获得 n 个数据 $f_1, f_2, \cdots, f_n$,再取其平均值

$$\frac{1}{n}(f_1 + f_2 + \cdots + f_n).$$

由大数定律可知,当 n 充分大时,这个平均值就可以作为数学期望的一个很好的近似.这种计算方法称为概率计算方法,也称**蒙特-卡洛方法**.

2. 高阶转移概率与极限概率分布

对于马尔可夫链,设系统由状态 E_i 经过 $n(\geqslant 2)$ 次转移而到达状态 E_j 的概率,只与转移的次数 n 有关而与所进行的转移是第几次转移无关,因此可以把它记为 $P_{ij}(n)$.称 $P_{ij}(n)$ 为高阶转移概率.

系统由状态 E_i 经过 n 次转移到达状态 E_j 这一过程,可以看作为它是先经过 $m(n > m \geqslant 1)$ 次转移到达某一状态 $E_k(k=1,2,\cdots)$,再由状态 E_k 经过 $n-m$ 次转移到达状态 E_j.因此有

$$P_{ij}(n) = \sum_k P_{ik}(m) \cdot P_{kj}(n-m). \tag{21.2-7}$$

(21.2-7)式称为**查普曼-柯尔莫哥洛夫方程**.

定义 6 一个概率分布 $\{P_j\}$(P_j 表示出现 E_j 的概率),若满足关系

$$P_j = \sum_i P_i P_{ij},$$

就称它为这个马尔可夫链的一个**平稳分布**.

定义 7 如果从链中任一状态出发，能以正的概率经有限次转移达到链中预先指定的其他任一状态，即对任意 i,j 都存在正整数 n，使得 $P_{ij}(n)>0$，则称链是不可约的.

定义 8 如果所有满足 $P_{ii}(n)>0$ 的 n 中没有大于 1 的公因子，则状态 E_i 称为非周期的.

定理 1 对于不可约非周期的马尔可夫链，极限 $\lim\limits_{n\to\infty}P_{ij}(n)=P_j$ 存在，而且只能有下面两种情况：

(1) 所有的 P_j 都大于零，此时 $\{P_j\}$ 是唯一的平稳分布，而且它是满足方程

$$x_j = \sum_i x_i P_{ij}$$

和条件 $\sum\limits_j x_j = 1$ 的唯一解（在这种情况下，称链是遍历的）.

(2) 所有的 P_j 都为零，此时不存在平稳分布.

例 3 对于在本节例 1 中介绍的带有不可越壁的随机游动，可以验证它是不可约非周期的马尔可夫链，于是平稳分布存在，且是下列方程的解：

$$\begin{cases} x_1 = 0\cdot x_1 + \frac{1}{3}x_2 + 0\cdot x_3 + 0\cdot x_4 + 0\cdot x_5, \\ x_2 = x_1 + \frac{1}{3}x_2 + \frac{1}{3}x_3 + 0\cdot x_4 + 0\cdot x_5, \\ x_3 = 0\cdot x_1 + \frac{1}{3}x_2 + \frac{1}{3}x_3 + \frac{1}{3}x_4 + 0\cdot x_5, \\ x_4 = 0\cdot x_1 + 0\cdot x_2 + \frac{1}{3}x_3 + \frac{1}{3}x_4 + x_5, \\ x_5 = 0\cdot x_1 + 0\cdot x_2 + 0\cdot x_3 + \frac{1}{3}x_4 + 0\cdot x_5, \\ x_1 + x_2 + x_3 + x_4 + x_5 = 1. \end{cases}$$

解之，即得 $x_1=x_5=\frac{1}{11}>0, x_2=x_3=x_4=\frac{3}{11}>0$.

21.2.3 时间连续、状态离散的马尔可夫过程

对于时间连续、状态离散的马尔可夫过程，如果它是时齐的，则可用 $P_{ij}(t)$ 表示在长为 t 的时间间隔内系统从状态 E_i 到达状态 E_j 的转移概率. 如果 $t>0, \tau>0$，有如下查普曼-柯尔莫戈洛夫方程

$$P_{ij}(t+\tau) = \sum_k P_{ik}(t)\cdot P_{kj}(\tau). \qquad (21.2\text{-}8)$$

定理 2（马尔可夫） 对于任何时齐的，时间连续、状态有限的马尔可夫过程，若存在一个 t_0，使得 $P_{ir}(t_0)>0$ 对任何 i,r 成立，那么极限

$$\lim_{t\to\infty}P_{ik}(t) = P_k \quad (0 \leqslant i,k \leqslant n)$$

存在且与 i 无关.

定义 9 对于时齐的,时间连续、状态有限的马尔可夫过程,当

$$\lim_{t\to 0^+}P_{ij}(t) = \delta_{ij} = \begin{cases}0 & (i = j),\\ 1 & (i = j)\end{cases} \tag{21.2-9}$$

成立时,称这个过程为**随机连续的马尔可夫过程.**

(21.2-9)式可直观地解释为当 t 很小时,系统的状态几乎是不变的.

由条件(21.2-9)可以推出

$$\lim_{t\to 0^+}\frac{P_{ij}(t)-\delta_{ij}}{t} = q_{ij} < \infty. \tag{21.2-10}$$

根据(21.2-8),得

$$\frac{P_{ik}(t+\Delta t)-P_{ik}(t)}{\Delta t} = \frac{\sum_{j=1}^{n}P_{ij}(t)\cdot P_{jk}(\Delta t)-P_{ik}(t)}{\Delta t}$$

$$= \sum_{j=1}^{n}P_{ij}(t)\cdot\frac{(P_{jk}(\Delta t)-\delta_{jk})}{\Delta t}.$$

令 $\Delta t\to 0^+$,得

$$\frac{dP_{ik}(t)}{dt} = \sum_{j=1}^{n}P_{ij}(t)q_{jk}. \tag{21.2-11}$$

同理,有

$$\frac{P_{jk}(t)-P_{ik}(t-\Delta t)}{\Delta t} = \frac{\sum_{j=1}^{n}P_{ij}(\Delta t)\cdot P_{jk}(t-\Delta t)-P_{ik}(t-\Delta t)}{\Delta t}$$

$$= \sum_{j=1}^{n}\frac{(P_{ij}(\Delta t)-\delta_{ij})}{\Delta t}P_{jk}(t-\Delta t).$$

令 $\Delta t\to 0^+$,得

$$\frac{dP_{ik}(t)}{dt} = \sum_{j=1}^{n}q_{ij}P_{jk}(t). \tag{21.2-12}$$

(21.2-11)和(21.2-12)分别称为柯尔莫戈洛夫的前进和后退方程.

诸 q_{ij} 有下列性质:

$$q_{ij} \geqslant 0 \quad (i \neq j);$$

$$q_{ij} \leqslant 0;$$

$$\sum_{j=1}^{n}q_{ij} = 0.$$

例 4 在线段[1,5]上有一质点(如图 21.2-1),假设它只能停留在 1,2,3,4,5 这几点上. 与本节例 1 不同,质点在任何时刻都可能发生移动,其移动规则是:若在时刻

t，质点在 2，3，4 诸点，则在$(t,t+\Delta t]$中分别以概率$\lambda\Delta t+o(\Delta t)$向右移动一格，以概率$\mu\Delta t+o(\Delta t)$向左移动一格；若在时刻 t，质点在 1，则在$(t,t+\Delta t]$中以概率$\lambda\Delta t+o(\Delta t)$向右移动一格；若在时刻 t，质点在 5，则以后永远停留在 5 上；在$(t,t+\Delta t]$中发生其他移动的概率总共是$o(\Delta t)$.

按照上面的移动规则，从时刻 t 到时刻 $t+\Delta t$ 的转移概率矩阵为

$$\begin{pmatrix} 1-\lambda\Delta t+o(\Delta t) & \lambda\Delta t+o(\Delta t) & o(\Delta t) & o(\Delta t) & o(\Delta t) \\ \mu\Delta t+o(\Delta t) & 1-(\lambda+\mu)\Delta t+o(\Delta t) & \lambda\Delta t+o(\Delta t) & o(\Delta t) & o(\Delta t) \\ o(\Delta t) & \mu\Delta t+o(\Delta t) & 1-(\lambda+\mu)\Delta t+o(\Delta t) & \lambda\Delta t+o(\Delta t) & o(\Delta t) \\ o(\Delta t) & o(\Delta t) & \mu\Delta t+o(\Delta t) & 1-(\lambda+\mu)\Delta t+o(\Delta t) & \lambda\Delta t+o(\Delta t) \\ 0 & 0 & 0 & 0 & 1 \end{pmatrix}.$$

于是按公式

$$q_{ij}=\lim_{\Delta t\to 0^+}\frac{P_{ij}(\Delta t)-\delta_{ij}}{\Delta t},$$

可得

$$\boldsymbol{Q}=(q_{ij})=\begin{pmatrix} -\lambda & \lambda & 0 & 0 & 0 \\ \mu & -(\lambda+\mu) & \lambda & 0 & 0 \\ 0 & \mu & -(\lambda+\mu) & \lambda & 0 \\ 0 & 0 & \mu & -(\lambda+\mu) & \lambda \\ 0 & 0 & 0 & 0 & 0 \end{pmatrix}.$$

将 q_{ij} 代入方程(21.2-11)和(21.2-12)，即可解出 $P_{ik}(t)$.

21.2.4 扩散过程

对于时间连续、状态连续的马尔可夫过程 $X(t)$，其条件分布函数 $F(t,x;\tau,y)$表示在已知时刻 t，$X(t)$取值 x 的条件下，在时刻 $\tau(\tau>t)$时，$X(t)$的取值将小于 y 的概率.

自然，条件分布函数 $F(t,x;\tau,y)$对任何的 t,x,τ 有

$$\lim_{y\to-\infty}F(t,x;\tau,y)=0;\ \lim_{y\to+\infty}F(t,x;\tau,y)=1,$$

且 $F(t,x;\tau,y)$关于自变量 y 是左连续的.

假定 $F(t,x;\tau,y)$关于变数 t,x,τ 而言是连续的. 考虑三个时刻 $t,s,\tau(t<s<\tau)$，系统由时刻 t，$X(t)=x$ 到时刻 τ，$X(\tau)<y$ 的情况，可视为先由时刻 t，$X(t)=x$ 到时刻 s，$z<X(s)\leqslant z+dz$ 的情况之一，再由时刻 s，$X(s)=z$ 到时刻 τ，$X(\tau)<y$ 的情况，故

$$F(t,x;\tau,y)=\int_{-\infty}^{+\infty}F(s,z;\tau,y)d_zF(t,x;s,z). \qquad (21.2\text{-}13)$$

等式(21.2-13)称为**广马尔可夫方程**.

概率 $F(t,x;\tau,y)$ 只是对 $\tau>t$ 才有意义,把这个定义加以补充,令

$$\lim_{\tau\to t+0}F(t,x;\tau,y)=\lim_{t\to\tau-0}F(t,x;\tau,y)$$

$$=E(x,y)=\begin{cases}0, & y\leqslant x,\\ 1, & y>x.\end{cases}$$

如果存在可积的概率密度

$$f(t,x;\tau,y)=\frac{\partial}{\partial y}F(t,x;\tau,y),$$

则成立明显的等式

$$\int_{-\infty}^{y}f(t,x;\tau,z)dz=F(t,x;\tau,y);\quad \int_{-\infty}^{+\infty}f(t,x;\tau,y)dy=1.$$

此时,广马尔可夫方程可写成形状

$$f(t,x;\tau,y)=\int_{-\infty}^{+\infty}f(s,z;\tau,y)f(t,x;s,z)dz.$$

定义 10 一个时间连续、状态连续的马尔可夫过程,如果它的条件分布函数 $F(t,x;\tau,y)$ 满足下面的(1),(2),(3)三个条件,则称它为一个**扩散过程**:

对任何 $\varepsilon>0$,及在 $t_1<t<t_2$,$t_1\to t$,$t_2\to t$ 时,对 x 一致地有

(1) $\int_{|y-x|\geqslant\varepsilon}d_yF(t,x;\tau,y)=o(t_2-t_1)$,

(2) $\int_{|y-x|\geqslant\varepsilon}(y-x)d_yF(t,x;\tau,y)=a(t,x)(t_2-t_1)+o(t_2-t_1)$,

(3) $\int_{|y-x|\geqslant\varepsilon}(y-x)^2d_yF(t,x;\tau,y)=b(t,x)(t_2-t_1)+o(t_2-t_1)$.

定理 3 如果扩散过程的条件分布函数 $F(t,x;\tau,y)$ 的偏导数

$$\frac{\partial}{\partial x}F(t,x;\tau,y),\ \frac{\partial^2}{\partial x^2}F(t,x;\tau,y)$$

存在,且对任何 t,x 和 $\tau(\tau>t)$ 连续,那么函数 $F(t,x;\tau,y)$ 必满足方程:

$$\frac{\partial}{\partial t}F(t,x;\tau,y)=-a(t,x)\frac{\partial}{\partial x}F(t,x;\tau,y)$$

$$-b(t,x)\frac{\partial^2}{\partial x^2}F(t,x;\tau,y). \qquad (21.2\text{-}14)$$

(21.2-14)称为**柯尔莫戈洛夫第一方程**.

定理 4 如果扩散过程的条件分布函数 $F(t,x;\tau,y)$ 具有分布密度 $f(t,x;\tau,y)$,且下列诸偏导数

$$\frac{\partial}{\partial t}f(t,x;\tau,y),\ \frac{\partial}{\partial y}(a(\tau,y)f(t,x;\tau,y)),$$

$$\frac{\partial^2}{\partial y^2}(b(\tau,y)f(t,x;\tau,y))$$

存在且连续,那么函数 $f(t,x;\tau,y)$满足方程

$$\frac{\partial}{\partial\tau}f(t,x;\tau,y)=-\frac{\partial}{\partial y}(a(\tau,y)f(t,x;\tau,y))$$
$$+\frac{\partial^2}{\partial y^2}(b(\tau,y)f(t,x;\tau,y)). \tag{21.2-15}$$

(21.2-15)称为**柯尔莫戈洛夫第二方程**.

§21.3 平稳随机过程

21.3.1 平稳随机过程的定义

定义 1 如果对于时间 t 的任意 n 个数值 $t_1,t_2,\cdots,t_n$ 和任意实数 ε,随机过程 $X(t)$的n 维分布函数满足关系式

$$F_n(x_1,x_2,\cdots,x_n;t_1,t_2,\cdots,t_n)$$
$$=F_n(x_1,x_2,\cdots,x_n;t_1+\varepsilon,t_2+\varepsilon,\cdots,t_n+\varepsilon)(n=1,2,\cdots), \tag{21.3-1}$$

则称 $X(t)$为**平稳随机过程**,或简称**平稳过程**.

当概率密度存在时,平稳条件(21.3-1)等价于

$$f_n(x_1,x_2,\cdots,x_n;t_1,t_2,\cdots,t_n)$$
$$=f_n(x_1,x_2,\cdots,x_n;t_1+\varepsilon,t_2+\varepsilon,\cdots,t_n+\varepsilon)\quad(n=1,2,\cdots). \tag{21.3-2}$$

21.3.2 平稳随机过程的数字特征

设 $X(t)$是一平稳过程.在(21.3-2)中,令 $n=1,\varepsilon=-t_1$,就有

$$f_1(x_1,t_1)=f_1(x_1,t_1+\varepsilon)=f_1(x_1,0).$$

这表明:平稳过程的一维概率密度不依赖于时间,把它记成 $f_1(x_1)$.于是 $X(t)$的均值应为常数,记作 μ_X,即

$$E(X(t))=\int_{-\infty}^{+\infty}x_1f_1(x_1)dx_1=\mu_X. \tag{21.3-3}$$

同样,$X(t)$的均方值和方差亦为常数,分别记为 ψ_X^2 和σ_X^2.

在(21.3-2)中,令 $n=2,\varepsilon=-t_1$,就有

$$f_2(x_1,x_2;t_1,t_2)=f_2(x_1,x_2;t_1+\varepsilon,t_2+\varepsilon)=f_2(x_1,x_2;0,t_2-t_1).$$

这表明:平稳过程的二维概率密度依赖于时间间距 $\tau=t_2-t_1$,而与时间的个别值 t_1 和 t_2 无关,把它记成 $f_2(x_1,x_2;\tau)$.于是 $X(t)$的自相关函数仅是单变量 τ 的函数,即

$$R_X(\tau)=E(X(t)X(t+\tau))=\int_{-\infty}^{+\infty}\int_{-\infty}^{+\infty}x_1x_2f_2(x_1,x_2;\tau)dx_1dx_2. \tag{21.3-4}$$

协方差函数可以表示为

$$C_X(\tau) = E((X(t)-\mu_X)(X(t+\tau)-\mu_X)) = R_X(\tau) - \mu_X^2. \qquad (21.3\text{-}5)$$

定义 2 给定随机过程 $X(t)$，如果 $E(X(t))$ 为常数，且

$$E(X^2(t)) < +\infty,\ E(X(t)X(t+\tau)) = R_X(\tau),$$

则称 $X(t)$ 为**宽平稳过程**或**广义平稳过程**.

相对地按(21.3-2)定义的平稳过程称为**严平稳过程**或**狭义平稳过程**.

一个严平稳过程只要均方值有界，则它必定也是宽平稳的. 但反过来一般是不成立的. 一个重要的例外情形：如果一个宽平稳过程是正态过程，则它必定也是严平稳的.

定义 3 设 $X(t)$ 和 $Y(t)$ 均是平稳过程，如果它们的互相关函数仅是单变量 τ 的函数，即

$$R_{XY}(\tau) = E(X(t)Y(t+\tau)), \qquad (21.3\text{-}6)$$

则称 $X(t)$ 和 $Y(t)$ 是**平稳相关的**或称这两个过程是**联合宽平稳的**.

例 1 设 $s(t)$ 是一周期为 T 的函数，Θ 是在 $(0,T)$ 内具有均匀分布的随机变量，称 $X(t)=s(t+\Theta)$ 为随机相位周期过程，试讨论它的平稳性.

由假设 Θ 的概率密度为

$$f(\theta) = \begin{cases} \dfrac{1}{T}, & 0<\theta<T, \\ 0, & \text{其他}, \end{cases}$$

于是，$X(t)$ 的均值为

$$E(X(t)) = E(s(t+\Theta)) = \int_0^T s(t+\theta)\,\frac{1}{T}d\theta = \frac{1}{T}\int_0^T s(\varphi)d\varphi \ \text{为常数},$$

而自相关函数

$$\begin{aligned} R_X(t,t+\tau) &= E(s(t+\Theta)s(t+\tau+\Theta)) \\ &= \int_0^T s(t+\theta)s(t+\tau+\theta)\,\frac{1}{T}d\theta = \frac{1}{T}\int_0^T s(\varphi)s(\varphi+\tau)d\varphi \\ &= R_X(\tau). \end{aligned}$$

可见，随机相位周期过程是平稳的. 特别地，随机相位正弦波也是平稳的.

21.3.3 各态历经性

定义 4 平稳过程 $X(t)$ 沿整个时间轴上的如下两种时间平均：

$$\langle X(t)\rangle = \lim_{T\to+\infty}\frac{1}{2T}\int_{-T}^{T} X(t)dt, \qquad (21.3\text{-}7)$$

$$\langle X(t)X(t+\tau)\rangle = \lim_{T\to+\infty}\frac{1}{2T}\int_{-T}^{T} X(t)X(t+\tau)dt, \qquad (21.3\text{-}8)$$

分别称为随机过程 $X(t)$ 的**时间均值**和**时间相关函数**.

例 2 称 $X(t)=a\cos(\omega t+\Theta)$ 为随机相位正弦波，式中 a 和 ω 是常数，Θ 是在(0,

$2\pi)$上具有均匀分布的随机变量. 由本节例 1 知, $X(t)$是一平稳过程. 求 μ_X, $R_X(\tau)$, $\langle X(t)\rangle$, $\langle X(t)X(t+\tau)\rangle$.

由假设, Θ 的概率密度为

$$f(\theta)=\begin{cases}\dfrac{1}{2\pi}, & 0<\theta<2\pi,\\ 0, & \text{其他}\end{cases}$$

$$\mu_X=E(X(t))=E(a\cos(\omega t+\Theta))=\int_0^{2\pi}a\cos(\omega t+\theta)\cdot\frac{1}{2\pi}d\theta=0,$$

$$\begin{aligned}R_X(\tau)&=E(X(t)X(t+\tau))=E(a\cos(\omega t+\Theta)\cdot a\cos(\omega(t+\tau)+\Theta))\\&=a^2\int_0^{2\pi}\cos(\omega t+\theta)\cos(\omega(t+\tau)+\theta)\cdot\frac{1}{2\pi}d\theta=\frac{a^2}{2}\cos\omega\tau,\end{aligned}$$

$$\langle X(t)\rangle=\lim_{T\to+\infty}\frac{1}{2T}\int_{-T}^{T}a\cos(\omega t+\Theta)dt=0,$$

$$\begin{aligned}\langle X(t)X(t+\tau)\rangle&=\lim_{T\to+\infty}\frac{1}{2T}\int_{-T}^{T}a^2\cos(\omega t+\Theta)\cos(\omega(t+\tau)+\Theta)dt\\&=\frac{a^2}{2}\cos\omega\tau.\end{aligned}$$

在这里, $\langle X(t)\rangle=\mu_X$, $\langle X(t)X(t+\tau)\rangle=R_X(\tau)$. 这表明随机相位正弦波的时间平均等于集平均.

上述特性并非是随机相位正弦波所独有的. 事实上, 以下各态历经定理将证实: 对平稳过程而言, 只要满足一些较宽条件, 便可以根据"依概率 1 成立"的含义从一次试验所得到的样本函数 $x(t)$来确定出该过程的均值和自相关函数.

定义 5 设 $X(t)$是一平稳过程.

(1) 如果$\langle X(t)\rangle=\mu_X$ 依概率 1 成立, 即

$$P(\langle X(t)\rangle=\mu_X)=1,$$

则称过程 $X(t)$的**均值具有各态历经性**.

(2) 如果$\langle X(t)X(t+\tau)\rangle=R_X(\tau)$依概率 1 成立, 即

$$P(\langle X(t)X(t+\tau)\rangle=R_X(\tau))=1,$$

则称过程 $X(t)$的自相关函数具有各态历经性. 特别当 $\tau=0$ 时, 称**均方值具有各态历经性**.

(3) 如果 $X(t)$的均值和自相关函数都具有各态历经性, 则称 $X(t)$是(宽)**各态历经过程**, 或者说 $X(t)$是**各态历经的**.

定理 1 平稳过程 $X(t)$的均值具有各态历经性的充要条件是

$$\lim_{T\to+\infty}\frac{1}{T}\int_0^{2T}\left(1-\frac{\tau}{2T}\right)(R_X(\tau)-\mu_X^2)d\tau=0. \tag{21.3-9}$$

定理 2 平稳过程 $X(t)$的自相关函数 $R_X(\tau)$具有各态历经性的充要条件是

$$\lim_{T\to+\infty}\frac{1}{T}\int_0^{2T}\left(1-\frac{\tau_1}{2T}\right)\cdot(B(\tau_1)-R_X^2(\tau))d\tau_1=0, \qquad (21.3\text{-}10)$$

其中

$$B(\tau_1)=E(X(t+\tau+\tau_1)X(t+\tau_1)X(t+\tau)X(t)).$$

在(21.3-10)式中令 $\tau=0$,就可得到均方值具有各态历经性的充要条件.

在实际应用中通常只考虑定义在 $0\leqslant t<+\infty$ 上的平稳过程.此时上面的所有时间平均都应以 $0\leqslant t<+\infty$ 上的时间平均来代替.而相应的各态历经定理可表示为下述形式:

定理 3

$$\lim_{T\to+\infty}\frac{1}{T}\int_0^T X(t)dt=\mu_X$$

依概率 1 成立的充要条件是

$$\lim_{T\to+\infty}\frac{1}{T}\int_0^T\left(1-\frac{\tau}{T}\right)(R_X(\tau)-\mu_X^2)d\tau=0.$$

定理 4

$$\lim_{T\to+\infty}\frac{1}{T}\int_0^T X(t)X(t+\tau)dt=R_X(\tau)$$

依概率 1,成立的充要条件是

$$\lim_{T\to+\infty}\frac{1}{T}\int_0^T\left(1-\frac{\tau_1}{T}\right)(B(\tau_1)-R_X^2(\tau))d\tau_1=0.$$

另外,对于正态平稳过程,如果均值为零,自相关函数 $R_X(\tau)$ 连续,则过程是各态历经的一个充要条件是

$$\int_0^{+\infty}|R_X(\tau)|d\tau<+\infty.$$

21.3.4 相关函数的性质

假设 $X(t)$ 和 $Y(t)$ 均是平稳过程,$R_X(\tau)$,$R_Y(\tau)$ 和 $R_{XY}(\tau)$ 分别是它们的自相关函数和互相关函数,则有

(1) $R_X(0)=E(X^2(t))=\psi_X^2\geqslant 0$.

(2) $R_X(-\tau)=R_X(\tau)$, $R_{XY}(-\tau)=R_{YX}(\tau)$.

(3) $|R_X(\tau)|\leqslant R_X(0)$ 和 $|C_X(\tau)|\leqslant C_X(0)=\sigma_X^2$.

$|R_{XY}(\tau)|^2\leqslant R_X(0)R_Y(0)$ 和 $|C_{XY}(\tau)|^2\leqslant C_X(0)C_Y(0)$.

(4) $R_X(\tau)$ 是非负定的,即对任意数组 $t_1,t_2,\cdots,t_n$ 和任意函数 $g(t)$ 都有

$$\sum_{i,j=1}^n R_X(t_i-t_j)g(t_i)g(t_j)\geqslant 0.$$

(5) 如果平稳过程 $X(t)$ 满足条件 $X(t)=X(t+T)$,则称它为周期平稳过程,T 为过程的周期.周期平稳过程的自相关函数必是周期函数,且其周期与过程的周期相

同，即

$$R_X(\tau+T)=R_X(\tau).$$

(6) 设 $X(t)$ 和 $X(t+\tau)$ 当 $|\tau|\to+\infty$ 时相互独立，且 $E(X(t))=0$，则

$$\lim_{|\tau|\to+\infty}R_X(\tau)=0.$$

21.3.5 平稳过程的功率谱密度

1. 平稳过程的功率谱密度

(1) 时间函数的能量和能谱密度.

设有时间函数 $x(t)(-\infty<t<+\infty)$. 假如 $x(t)$ 满足狄利克雷条件（参看6.10.4）；且绝对可积，即

$$\int_{-\infty}^{+\infty}|x(t)|dt<+\infty,$$

则 $x(t)$ 的傅里叶变换存在或者说具有频谱

$$F_x(\omega)=\int_{-\infty}^{+\infty}x(t)e^{-i\omega t}dt.$$

在 $x(t)$ 和 $F_x(\omega)$ 之间成立有以下**帕塞瓦尔等式**

$$\int_{-\infty}^{+\infty}x^2(t)dt=\frac{1}{2\pi}\int_{-\infty}^{+\infty}|F_x(\omega)|^2d\omega$$

等式左边表示 $x(t)$ 在 $(-\infty,+\infty)$ 上的总能量，而右边的被积式 $|F_x(\omega)|^2$ 相应地称为 $x(t)$ 的**能谱密度**.

(2) 时间函数的功率和功率谱密度.

当时间函数 $x(t)$ 的总能量无限时，转而去研究 $x(t)$ 在 $(-\infty,+\infty)$ 上的平均功率，即

$$\lim_{T\to+\infty}\frac{1}{2T}\int_{-T}^{T}x^2(t)dt.$$

记 $F_x(\omega,T)=\int_{-T}^{T}x(t)e^{-j\omega t}dt$，由帕塞瓦尔等式

$$\int_{-T}^{T}x^2(t)dt=\frac{1}{2\pi}\int_{-\infty}^{+\infty}|F_x(\omega,T)|^2d\omega,$$

得

$$\lim_{T\to+\infty}\frac{1}{2T}\int_{-T}^{T}x^2(t)dt=\frac{1}{2\pi}\int_{-\infty}^{+\infty}S_x(\omega)d\omega,$$

其中

$$S_x(\omega)=\lim_{T\to+\infty}\frac{1}{2T}|F_x(\omega,T)|^2$$

相应地称为 $x(t)$ 的功率谱密度.

(3) 平稳过程的功率谱密度.

给定平稳过程 $X(t)(-\infty<t<+\infty)$. 于是积分

$$F_X(\omega,T)=\int_{-T}^{T}X(t)e^{-i\omega t}dt$$

和

$$\frac{1}{2T}\int_{-T}^{T}X^2(t)dt=\frac{1}{4\pi T}\int_{-\infty}^{+\infty}|F_X(\omega,T)|^2d\omega \tag{21.3-11}$$

都是随机的.

(21.3-11)式左端的均值的极限,即量

$$\lim_{T\to+\infty}E\left(\frac{1}{2T}\int_{-T}^{T}X^2(t)dt\right)$$

定义为平稳过程 $X(t)$ 的**平均功率**.

由(21.3-11)式得

$$\lim_{T\to+\infty}E\left(\frac{1}{2T}\int_{-T}^{T}X^2(t)dt\right)=\frac{1}{2\pi}\int_{-\infty}^{+\infty}S_X(\omega)d\omega, \tag{21.3-12}$$

其中

$$S_X(\omega)=\lim_{T\to+\infty}\frac{1}{2T}E(|F_X(\omega,T)|^2)$$

相应地称为平稳过程 $X(t)$ 的**功率谱密度**.

注意到平稳过程的均方值是常数,于是

$$\lim_{T\to+\infty}E\left(\frac{1}{2T}\int_{-T}^{T}X^2(t)dt\right)=\lim_{T\to+\infty}\frac{1}{2T}\int_{-T}^{T}E(X^2(t))dt=\psi_X^2,$$

即平稳过程的平均功率就等于该过程的均方值. 因此

$$\psi_X^2=\frac{1}{2\pi}\int_{-\infty}^{+\infty}S_X(\omega)d\omega. \tag{21.3-13}$$

(21.3-13)式称为平稳过程 $X(t)$ 的平均功率的谱表示式.

2. 谱密度的性质

(1) $S_X(\omega)$ 是 ω 的实的、非负的偶函数.

(2) 在自相关函数 $R_X(\tau)$ 绝对可积的条件下, $S_X(\omega)$ 和 $R_X(\tau)$ 是一傅里叶变换对,即

$$S_X(\omega)=\int_{-\infty}^{+\infty}R_X(\tau)e^{-i\omega\tau}d\tau, \tag{21.3-14}$$

$$R_X(\tau)=\frac{1}{2\pi}\int_{-\infty}^{+\infty}S_X(\omega)e^{i\omega\tau}d\omega. \tag{21.3-15}$$

(21.3-14)和(21.3-15)式统称为**维纳-辛钦公式**.

3. 互谱密度及其性质

设 $X(t)$和 $Y(t)$是两个平稳相关的随机过程,称

$$S_{XY}(\omega)=\lim_{T\to+\infty}\frac{1}{2T}E(F_X(-\omega,T)F_Y(\omega,T))$$

为平稳过程 $X(t)$和 $Y(t)$的互谱密度.

互谱密度具有以下特性:

(1) $S_{XY}(\omega)$和 $S_{YX}(\omega)$互为共轭函数.

(2) 在互相关函数 $R_{XY}(\tau)$绝对可积的条件下,$S_{XY}(\omega)$和 $R_{XY}(\tau)$是一傅里叶变换对,即

$$S_{XY}(\omega)=\int_{-\infty}^{+\infty}R_{XY}(\tau)e^{-i\omega\tau}d\tau,$$

$$R_{XY}(\tau)=\frac{1}{2\pi}\int_{-\infty}^{+\infty}S_{XY}(\omega)e^{i\omega\tau}d\omega.$$

(3) $\mathrm{Re}(S_{XY}(\omega))$和 $\mathrm{Re}(S_{YX}(\omega))$是 ω 的偶函数;$\mathrm{Im}(S_{XY}(\omega))$和 $\mathrm{Im}(S_{YX}(\omega))$是 ω 的奇函数.这里 Re 表示实部,Im 表示虚部.

(4) 互谱密度和自谱密度之间有不等式

$$|S_{XY}(\omega)|\leqslant S_X(\omega)S_Y(\omega).$$

22. 数理统计

§22.1 抽样分布

22.1.1 基本概念

1. 总体与样本

在研究某一问题时，被研究对象的全体称为**总体**或**母体**，组成总体的每个对象或元素称为**个体**或**样品**，从总体中抽取的一部分个体称为总体的一个**样本**或**子样**，样本中个体的个数称为样本的**容量**或大小.

在数理统计学中，实际的研究对象是总体的某个数量表征. 这时，对总体的研究可归结为对这个变量的研究.

定义 1 设 $\xi_1,\xi_2,\cdots,\xi_n$ 为来自总体 ξ 的容量为 n 的样本，如果 $\xi_1,\cdots,\xi_n$ 相互**独立**，而且每个 ξ_i 都是与总体 ξ 具有相同分布的随机变量，$i=1,2,\cdots,n$，则称 $\xi_1,\cdots,\xi_n$ 是总体 ξ 的**简单随机样本**，简称为简单样本.

在下文中，当不做特殊声明时，"样本"一词均表示简单随机样本.

2. 统计量

一样本 $\xi_1,\cdots,\xi_n$ 可看作一个 n 维随机向量 $(\xi_1,\cdots,\xi_n)$. 记 x_i 为 ξ_i 的一次观察值，并称 $(x_1,\cdots,x_n)$ 为 $(\xi_1,\cdots,\xi_n)$ 的一次观察值. 样本 $(\xi_1,\cdots,\xi_n)$ 的所有可能取值的全体称为样本空间，记作 $\mathscr{X}$.

定义 2 设 $\xi_1,\cdots,\xi_n$ 为总体 ξ 的样本，T 为样本空间 $\mathscr{X}$ 中点 $(x_1,\cdots,x_n)$ 的实值函数. 作为样本的函数 $T=T(\xi_1,\cdots,\xi_n)$，T 的每个取值记作 $t=T(x_1,\cdots,x_n)$. 若 $T(\xi_1,\cdots,\xi_n)$ 也是一随机变量，则称 $T(\xi_1,\cdots,\xi_n)$ 为**统计量**.

例 1 设 $\xi_1,\cdots,\xi_n$ 是总体 ξ 的容量为 n 的样本，记

$$\bar{\xi}=\frac{1}{n}\sum_{i=1}^{n}\xi_i,\quad S^2=\frac{1}{n}\sum_{i=1}^{n}(\xi_i-\bar{\xi})^2,$$

则 $\bar{\xi}$ 和 S^2 都是统计量. $\bar{\xi}$ 和 S^2 分别称为样本 $\xi_1,\cdots,\xi_n$ 的平均值(或均值)和方差. 若样本的观察值为 $x_1,\cdots,x_n$，则 $\bar{\xi}$ 和 S^2 的观察值分别记作

$$\bar{x}=\frac{1}{n}\sum_{i=1}^{n}x_i,\quad S^2=\frac{1}{n}\sum_{i=1}^{n}(x_i-\bar{x})^2.$$

定义 3 设 $\xi_1,\cdots,\xi_n$ 为总体 ξ 的样本. 今由样本建立 n 个函数 $\xi_k^*=\xi_k^*(\xi_1,\cdots,\xi_n)$，$k=1,\cdots,n$，其中 ξ_k^* 为这样的统计量：它的观察值为 x_k^*，且 x_k^* 是将 $\xi_1,\cdots,\xi_n$ 的

观察值 $x_1,\cdots,x_n$ 按从小到大的顺序排列

$$x_1^* \leqslant x_2^* \leqslant \cdots \leqslant x_k^* \leqslant \cdots \leqslant x_n^*$$

后的第 k 个数. $\xi_1^*,\cdots,\xi_n^*$ 称为**顺序统计量**,其中 $\xi_1^*=\min\{\xi_1,\cdots,\xi_n\}$ 称为**最小项统计量**, $\xi_n^*=\max\{\xi_1,\cdots,\xi_n\}$ 称为**最大项统计量**,若 n 为奇数,称 $\xi_{\frac{n+1}{2}}^*$ 为样本的**中值**;若 n 为偶数,称 $\frac{1}{2}\left(\xi_{\frac{n}{2}}^*+\xi_{\frac{n}{2}+1}^*\right)$ 为样本的中值.

例 2 设 $\xi_1,\cdots,\xi_n$ 为总体 ξ 的样本,则称统计量 $D_n^*=\xi_n^*-\xi_1^*$ 为样本的**极差**. 其中 ξ_1^* 和 ξ_n^* 分别为最小项统计量和最大项统计量.

22.1.2 经验分布

定义 4 从总体 ξ 中抽取样本 $\xi_1,\cdots,\xi_n$ 取定观察值时,当顺序统计量 $\xi_1^*,\cdots,\xi_n^*$ 之值已知,定义函数

$$F_n^*(x)=\begin{cases}0 & (x\leqslant \xi_1^*),\\ \dfrac{k}{n} & (\xi_k^*<x\leqslant \xi_{k+1}^*, k=1,\cdots,n-1),\\ 1 & (x>\xi_n^*).\end{cases}$$

称 $F_n^*(x)$ 为总体 ξ 的**经验分布函数**.

易见, $F_n^*(x)$ 单调、非减、左连续且只在 $\xi_k^*(k=1,\cdots,n)$ 处有间断点,在每个间断点上的跳跃度是 $\frac{1}{n}$ 的倍数, $0\leqslant F_n^*(x)\leqslant 1$,并具有分布函数的其他性质. 给定 $x,\xi_1^*,\cdots,\xi_n$ 为随机变量时, $F_n^*(x)$ 是统计量,即随机变量. 且由伯努利概型可知

$$P\left\{F_n^*(x)=\frac{k}{n}\right\}=C_n^k\{F(x)\}^k\{1-F(x)\}^{n-k},$$

其中 $F(x)=P(\xi<x)$ 为总体 ξ 的分布函数.

定理 1(格里文科) 设总体 ξ 的分布函数是 $F(x)$, $F_n^*(x)$ 是 ξ 的经验分布函数,则有

$$P(\lim_{n\to\infty}\sup_{-\infty<x<+\infty}|F_n^*(x)-F(x)|=0)=1.$$

上述定理表明,当 $n\to\infty$ 时,以概率 1, $\{F_n^*(x)\}$ 关于 x 均匀地趋于 $F(x)$. 因此,总体的分布函数可以通过样本和经验分布函数近似计算. 总体的分布密度则可通过以下的直方图方法近似计算.

定义 5 设总体 ξ 是离散型随机变量,密度矩阵(概率函数表)为

$$\begin{pmatrix}a_1 & a_2 & \cdots\\ p_1 & p_2 & \cdots\end{pmatrix},$$

其中诸 p_i 未知. ξ 的一个样本为 $\xi_1,\cdots,\xi_n$,令 f_i(依赖于 n)为满足 $\xi_j=a_i$ 的 j 的个数. 以诸 a_i 为横坐标, $\frac{f_i}{n}$ 为纵坐标做出的图形称为**直方图**. 由强大数定理可知,当 n 充分大后直方图将近似于 ξ 的分布密度图.

定义 6 设总体 ξ 为连续的,分布密度 $f(x)$ 未知.对任一有限区间 $(a,b]$,将其分为 m 个子区间:

$$a = x_0 < x_1 < \cdots < x_{m-1} < x_m = b,$$

各子区间不要求等长.求 ξ 的一样本 $\xi_1,\cdots,\xi_n$, $n>m$,并设落在 $(x_i,x_{i+1}]$ 中的观察值有 f_i 个,定义函数

$$\varphi_n(x) = \frac{f_i}{n} \cdot \frac{1}{x_{i+1}-x_i},\text{当 } x_i < x \leqslant x_{i+1} \text{ 时},$$

称 $\varphi_n(x)$ 的图形为 $(a,b]$ 上的直方图.同样,由强大数定理可知,当 n 和 m 充分大时,直方图在 $(a,b]$ 上近似于 $f(x)$ 的图形.

22.1.3 抽样分布

求统计量 $T(\xi_1,\cdots,\xi_n)$ 的分布函数是数理统计学的基本问题之一,统计量的分布称为**抽样分布**.

1. 样本的数字特征

设 $\xi_1,\cdots,\xi_n$ 是总体 ξ 的样本.样本的**数字特征**是统计量中最重要的一类.样本数字特征主要包括以下几种.

(1) 均值

$$\bar{\xi} = \frac{1}{n}\sum_{i=1}^{n}\xi_i.$$

(2) 方差

$$S^2 = \frac{1}{n}\sum_{i=1}^{n}(\xi_i - \bar{\xi})^2.$$

当 n 较小时,常取

$$S^2 = \frac{1}{n-1}\sum_{i=1}^{n}(\xi_i - \bar{\xi})^2,$$

称为样本修正方差.

(3) r 阶原点矩

$$A_r = \frac{1}{n}\sum_{i=1}^{n}\xi_i^r.$$

显然,$\bar{\xi}=A_1$.

(4) r 阶中心矩

$$B_r = \frac{1}{n}\sum_{i=1}^{n}(\xi_i - \bar{\xi})^r.$$

显然,$S^2=B_2$.

(5) 标准差

$$S=\sqrt{\frac{1}{n}\sum_{i=1}^{n}(\xi_i-\bar{\xi})^2}.$$

说明同(2).

(6) 中位数或中值　$\xi^*_{\frac{n+1}{2}}$(n 为奇数)或$\frac{1}{2}\left(\xi^*_{\frac{n}{2}}+\xi^*_{\frac{n+1}{2}}\right)$($n$ 为偶数).

(7) 极值　最小项统计量 ξ_1^* 和最大项统计量 ξ_n^*.

(8) 极差　$D_n^*=\xi_n^*-\xi_1^*=\max\limits_{1\leqslant i\leqslant n}\xi_i-\min\limits_{1\leqslant i\leqslant n}\xi_i$.

(9) **均差**

$$\frac{1}{n}\sum_{i=1}^{n}|\xi_i-\bar{\xi}|.$$

(10) **变异系数**　$C_v=S/\bar{\xi}$.

(11) **偏态系数**

$$C_s=\frac{n}{(n-1)(n-2)}\cdot\frac{\sum_{i=1}^{n}(\xi_i-\bar{\xi})^3}{S^3}.$$

当 n 较大时,常取

$$C_s=\frac{1}{n-3}\cdot\frac{\sum_{i=1}^{n}(\xi_i-\bar{\xi})^3}{S^3}.$$

(12) **峰态系数**

$$C_e=\frac{n^2-2n+3}{(n-1)(n-2)(n-3)}\cdot\frac{\sum_{i=1}^{n}(\xi_i-\bar{\xi})^4}{S^4}-\frac{3(2n-3)}{n(n-1)(n-2)(n-3)}\cdot\frac{\left[\sum_{i=1}^{n}(\xi_i-\bar{\xi})^2\right]^2}{S^4}.$$

当 n 较大时,常取

$$C_e=\frac{n-2}{n^2-6n+11}\cdot\frac{\sum_{i=1}^{n}(\xi_i-\bar{\xi})^4}{S^4}-\frac{6}{n^3-6n^2+11n-6}\cdot\frac{\left[\sum_{i=1}^{n}(\xi_i-\bar{\xi})^2\right]^2}{S^4}.$$

2. 样本数字特征及其他统计量的分布

定理 2　设总体 ξ 的数学期望和方差分别为 $E\xi=a$ 和 $D\xi=\sigma^2$,则样本 $\xi_1,\cdots,\xi_n$ 的均值 $\bar{\xi}$ 的数学期望和方差分别为

$$E\bar{\xi}=a, D\bar{\xi}=\frac{1}{n}\sigma^2,$$

而样本方差 S^2 的数学期望为

$$ES^2=\frac{n-1}{n}\sigma^2.$$

样本修正方差的数学期望为 σ^2.

定理 3 设总体 ξ 的特征函数为 $\varphi(t)$,则样本 $\xi_1,\cdots,\xi_n$ 的均值 $\bar{\xi}$ 的特征函数为

$$\varphi_1(t)=\left[\varphi\left(\frac{t}{n}\right)\right]^n.$$

推论 1 设总体 ξ 服从正态分布 $N(a,\sigma^2)$,即

$$\varphi(t)=\exp\left[-\frac{\sigma^2}{2}t^2+iat\right],$$

则样本均值的特征函数为

$$\varphi_1(t)=\exp\left[-\frac{t^2}{2}\left(\frac{\sigma}{\sqrt{n}}\right)^2+iat\right],$$

即 $\bar{\xi}$ 服从正态分布 $N\left(a,\frac{\sigma^2}{n}\right)$.

推论 2 设总体 ξ 服从参数为 λ 的泊松分布,即 $\varphi(t)=\exp[\lambda(e^{it}-1)]$,则 $\bar{\xi}$ 的特征函数为 $\varphi_1(t)=\exp[n\lambda(e^{i\frac{t}{n}}-1)]$,即 $\bar{\xi}$ 服从参数为 $n\lambda$ 的泊松分布.

推论 3 设总体 ξ 服从参数为 λ 的指数分布,即 $\varphi(t)=\left(1-i\frac{t}{\lambda}\right)^{-1}$,$\lambda>0$,则 $\bar{\xi}$ 的特征函数为 $\varphi_1(t)=\left(1-i\frac{t}{n\lambda}\right)^{-n}$,即 $\bar{\xi}$ 服从具有参数 $\alpha=n-1,\beta=\frac{1}{n\lambda}$ 的 Γ 分布 $\Gamma\left(n-1,\frac{1}{n\lambda}\right)$.

定义 7 设对随机变量序列 $\{Y_n\}$ 存在两列常数 $\{a_n\}$ 和 $\{\sigma_n\}$,$\sigma_n\neq0$,并使 $(Y_n-a_n)/\sigma_n$ 的分布函数 $F_n(x)$ 当 $n\to\infty$ 时趋于某分布函数 $F(x)$,则称 Y_n 为 (a_n,σ_n) 渐近 $F(x)$ 的.特别地,如

$$F(x)=\frac{1}{\sqrt{2\pi}}\int_{-\infty}^{x}e^{-\frac{z^2}{2}}dz,$$

则称 Y_n 为 (a_n,σ_n) **渐近正态的**.

定理 4 设总体 ξ 为一般分布,但方差 $\sigma\neq0$ 且有穷,则 $\bar{\xi}$ 为 $\left(a,\frac{\sigma}{\sqrt{n}}\right)$ 渐近正态的.

定理 5 设 ξ 服从正态分布 $N(a,\sigma^2)$,$\xi_1,\cdots,\xi_n$ 是 ξ 的一个样本.则 $\bar{\xi}$ 服从正态分布 $N\left(a,\frac{\sigma^2}{n}\right)$,$\frac{nS^2}{\sigma^2}$ 服从自由度为 $n-1$ 的 χ^2 分布,而且 $\bar{\xi}$ 与 S^2 互相独立.

推论 4 假设同定理 5,则统计量 $T=\sqrt{n-1}\,\frac{\bar{\xi}-a}{S}$ 服从自由度为 $n-1$ 的 t 分布.

定理 6 设总体 ξ,η 分别服从正态分布 $N(a_1,\sigma^2),N(a_2,\sigma^2),\xi_1,\cdots,\xi_{n_1}$ 和 $\eta_1,\cdots,\eta_{n_2}$ 分别是 ξ,η 的样本,而且互相独立,记

$$\bar{\xi}=\frac{1}{n_1}\sum_{i=1}^{n_1}\xi_i,\bar{\eta}=\frac{1}{n_2}\sum_{j=1}^{n_2}\eta_j,$$

$$S_1^2=\frac{1}{n_1}\sum_{i=1}^{n_1}(\xi_i-\bar{\xi})^2,S_2^2=\frac{1}{n_2}\sum_{j=1}^{n_2}(\eta_j-\bar{\eta})^2.$$

则有:

(1) $\dfrac{(n_2-1)n_1S_1^2}{(n_1-1)n_2S_2^2}$服从自由度为 n_1-1,n_2-1 的 F 分布.

(2) $\sqrt{\dfrac{n_1n_2(n_1+n_2-2)}{n_1+n_2}}\cdot\dfrac{(\bar{\xi}-\bar{\eta})-(a_1-a_2)}{\sqrt{n_1S_1^2+n_2S_2^2}}$服从自由度为 n_1+n_2-2 的 t 分布.

定理 7 设 $\xi_1,\cdots,\xi_n$ 为 n 个相互独立的随机变量,每个 $\xi_i(i=1,\cdots,n)$服从正态分布 $N(0,1)$. 如果

$$Q=\sum_{i=1}^{n}\xi_i^2=\sum_{l=1}^{k}Q_l,$$

其中 Q_l 是秩为 n_l 的 $\xi_1,\cdots,\xi_n$ 的二次型,则下述结论

(1) $Q_1,\cdots,Q_k$ 相互独立,

(2) $Q_l\sim\chi^2_{n_l}(l=1,\cdots,k)$,

成立的充要条件为 $\sum\limits_{l=1}^{k}n_l=n$.

推论 5 设 $\xi_1,\cdots,\xi_k$ 是 k 个相互独立的随机变量,每个 $\xi_i(i=1,\cdots,k)$服从正态分布 $N(0,1)$. 从这 k 个总体中分别抽取样本 $\xi_{i1},\cdots,\xi_{in_i}(i=1,\cdots,k)$. 记

$$\bar{\xi}_i=\frac{1}{n_i}\sum_{j=1}^{n_i}\xi_{ij},S_i^2=\frac{1}{n_i}\sum_{j=1}^{n_i}(\xi_{ij}-\bar{\xi}_i)^2,n=\sum_{i=1}^{k}n_i,\bar{\xi}=\frac{1}{n}\sum_{i=1}^{k}n_i\bar{\xi}_i,$$

则有

$$S_{总}^2=\sum_{i=1}^{k}\sum_{j=1}^{n_i}(\xi_{ij}-\bar{\xi})^2=\sum_{i=1}^{k}n_iS_i^2+\sum_{i=1}^{k}n_i(\bar{\xi}_i-\bar{\xi})^2$$

再令

$$Q_e=\sum_{i=1}^{k}n_iS_i^2,U=\sum_{i=1}^{k}n_i(\bar{\xi}_i-\bar{\xi})^2,$$

则

$$\frac{U/(k-1)}{Q_e/(n-k)}\sim F(k-1,n-k).$$

定理 8 设总体 ξ 的分布函数为 $F(x)$,分布密度函数为 $f(x)$,则对于最小项统计量 ξ_1^* 和最大项统计量 ξ_n^* 有

$$F_1(y)=1-[1-F(y)]^n,\ F_n(y)=[F(y)]^n,$$
$$f_1(y)=nf(y)[1-F(y)]^{n-1},\ f_n(y)=nf(y)[F(y)]^{n-1}.$$

定理 9 设总体 ξ 的分布函数为 $F(x)$,分布密度函数为 $f(x)$,则对于极差 $D_n^*=\xi_n^*-\xi_1^*$ 有

$$F_{D_n^*}(y)=\int_{-\infty}^{+\infty}n[F(v+y)-F(v)]^{n-1}f(v)dv,$$
$$f_{D_n^*}(y)=n(n-1)\int_{-\infty}^{+\infty}\left[\int_v^{v+y}f(x)dx\right]^{n-2}f(v+y)f(v)dv.$$

§22.2 参数估计

参数估计问题包括以下两方面内容:在总体 ξ 的分布函数 $F(x;\theta)$ 形式已知,但其中某参数 θ 未知时,通过样本建立统计量以估计 θ;或者,在 ξ 的分布函数未知时,通过样本估计 ξ 的某些数字特征.

22.2.1 点估计

定义 1 设总体 ξ 的分布函数 $F(x;\theta)$ 中参数 θ 未知,$\theta\in\Omega$,称 Ω 为**参数空间**.由 ξ 的样本 $\xi_1,\cdots,\xi_n$ 建立不含未知参数的统计量 $T(\xi_1,\cdots,\xi_n)$.对于样本观察值 $(x_1,\cdots,x_n)$,若将 $T(x_1,\cdots,x_n)$ 作为 θ 的估计值,则称 $T(\xi_1,\cdots,\xi_n)$ 为 θ 的**估计量**,记作 $\hat{\theta}=T(\xi_1,\cdots,\xi_n)$.建立估计量的过程称为参数 θ 的**点估计**.

最常用的点估计方法是**矩法**和**极大似然法**.

定义 2 设总体 ξ 的分布函数 $F(x;\theta_1,\cdots,\theta_l)$ 形状已知,但其中含有 l 个未知参数 $\theta_1,\cdots,\theta_l$.如果 ξ 的 l 阶原点矩 $E(\xi^l)$ 存在,并记

$$\nu_k(\theta_1,\cdots,\theta_l)=E_{\theta_1,\cdots,\theta_l}(\xi^k)\quad(k=1,\cdots,l),$$

显然诸 ν_k 是 $\theta_1,\cdots,\theta_l$ 的函数.考虑 ξ 的一个样本 $\xi_1,\cdots,\xi_n$,作出此样本的 k 阶矩

$$\hat{\nu}_k=\frac{1}{n}\sum_{i=1}^{n}\xi_i^k,k=1,\cdots,l.$$

然后由方程组

$$\nu_k(\theta_1,\cdots,\theta_l)=\hat{\nu}_k\quad(k=1,\cdots,l)$$

解出 $\hat{\theta}_k=\hat{\theta}_k(\xi_1,\cdots,\xi_k)(k=1,\cdots,l)$,并以 $\hat{\theta}_k$ 作为参数 θ_k 的估计量.诸 $\hat{\theta}_k$ 称为未知参数 θ_k 的**矩法估计量**.更一般地说,无论 ξ 的分布取何种形式,当用样本的数字特征作为总体 ξ 的数字特征的估计时,所得估计量均称为矩法估计量.

矩法估计的优点是直观、简便,特别是在对总体的数学期望和方差进行估计时不一定需要了解总体分布函数的形式.其缺点和不足是:一、当总体的原点矩不存在时不能使用.二、样本矩的表达式与总体分布函数无关,因而未能充分利用分布函数对参数所提供的信息.

定义 3 设总体 ξ 的密度函数为 $f(x;\theta_1,\cdots,\theta_l)$，其中 $\theta_1,\cdots,\theta_l$ 为未知参数，参数空间 $\boldsymbol{\Omega}$ 为 l 维的. $\xi_1,\cdots,\xi_n$ 为样本. 称

$$L(\theta_1,\cdots,\theta_l)=\prod_{i=1}^{n}f(\xi_i;\theta_1,\cdots,\theta_l)$$

为 $\theta_1,\cdots,\theta_l$ 的**似然函数**. 若有 $\hat{\theta}_1,\cdots,\hat{\theta}_l$ 使下式成立：

$$L(\hat{\theta}_1,\cdots,\hat{\theta}_l)=\max_{(\theta_1,\cdots,\theta_l)\in\Omega}\{L(\theta_1,\cdots,\theta_l)\},$$

则称 $\hat{\theta}_j=\hat{\theta}_j(\xi_1,\cdots,\xi_n)$ 为 θ_j 的**极大似然法估计量**($j=1,\cdots,l$).

为了求出 $\hat{\theta}_1,\cdots,\hat{\theta}_l$，考虑

$$\ln L=\sum_{i=1}^{n}\ln f\quad(\xi_i;\theta_1,\cdots,\theta_l).$$

取对数后将乘法化为加法. 而且由于 $\ln x$ 是 x 的单调上升函数，所以 $\ln L$ 与 L 有相同的极大值点. 称

$$\frac{\partial\ln L(\theta_1,\cdots,\theta_l)}{\partial\theta_j}=0\quad(j=1,\cdots,l)$$

为**似然方程**. 由它可以解出诸 θ_j 的极大似然法估计量①.

若 ξ 的分布是离散型的，则只需将似然函数中的 $f(\xi_i;\theta_1,\cdots,\theta_l)$ 换成 $p(\xi_i;\theta_1,\cdots,\theta_l)$ 即可同样求解.

22.2.2 点估计的评价标准

对于总体参数的点估计量不是唯一的. 例如，为了估计总体 ξ 的数学期望 $E\xi$，可以采用以下各种估计量：样本均值

$$\bar{\xi}=\frac{1}{n}\sum_{i=1}^{n}\xi_i,$$

样本加权均值

$$\sum_{i=1}^{n}c_i\xi_i\left(c_i\geqslant 0,\sum_{i=1}^{n}c_i=1\right),$$

容量为 1 的样本 ξ_1 等等. 因此，需要讨论对估计的评价标准. 即对分布函数为 $F(x;\theta_1,\cdots,\theta_l)$ 的总体 ξ，根据其样本 $\xi_1,\cdots,\xi_n$ 求出各未知参数 θ_i 的**最佳估值** $\hat{\theta}_i(\xi_1,\cdots,\xi_n)$($i=1,\cdots,l$)，其中诸 $\hat{\theta}_i$ 是待求的某个波莱尔可测函数.

定义 4 若参数 θ 的估计量 $\hat{\theta}(\xi_1,\cdots,\xi_n)$ 对一切 n 及 $\theta\in\Omega$ 有

$$E\hat{\theta}=\theta,$$

则称 $\hat{\theta}$ 为参数 θ 的**无偏估计量**. 如果

---

① 严格地说，还应验证方程的解是否确为极大值点，即是否有二阶导数小于零.

$$\lim_{n\to\infty}(E\hat{\theta}-\theta)=0,$$

则称 $\hat{\theta}$ 为 θ 的**渐近无偏估计量**. 其中 $E\hat{\theta}-\theta=b_n$ 称为估计量 $\hat{\theta}$ 的**偏差**. 当 $b_n\neq 0$ 时，称 $\hat{\theta}$ 为 θ 的**有偏估计量**.

对于参数 θ 的任一实值函数 $g(\theta)$，若 $g(\theta)$ 的无偏估计量存在，则称 $g(\theta)$ 为**可估计函数**.

定义 5 若 $\hat{\theta}$ 和 $\hat{\theta}'$ 都是参数 θ 的无偏估计量，且有

$$D\hat{\theta}\leqslant D\hat{\theta}',$$

则称 $\hat{\theta}$ 比 $\hat{\theta}'$ 有效. 进一步，如果对于固定容量的样本，有 $D\hat{\theta}=\min\limits_{\hat{\theta}'}D\hat{\theta}'$，则称 $\hat{\theta}$ 为参数 θ 的**有效估计量**或**最小方差无偏估计量**或**最优无偏估计量**. 同样，设 $g(\theta)$ 为一可估计函数且 $T(\xi_1,\cdots,\xi_n)$ 是它的一个无偏估计量. 若对 $g(\theta)$ 的任一无偏估计量 T' 有 $D_\theta(T)=\min\limits_{\theta\in\Omega}D_\theta(T')$，则称 T 为 $g(\theta)$ 的**最优无偏估计量**. 如果 T 是 $g(\theta)$ 的最优无偏估计量，而且 $T(\xi_1,\cdots,\xi_n)$ 又是样本的线性函数，则称 T 是 $g(\theta)$ 的**最小方差线性无偏估计量**或**最优线性无偏估计量**.

定理 1（罗-默拉梅不等式） 设总体 ξ 为连续型随机变量，密度函数为 $f(x;\theta)$，θ 为未知参数，$\theta\in\Omega$，$\xi_1,\cdots,\xi_n$ 为样本，$T(\xi_1,\cdots,\xi_n)$ 为可估计函数 $g(\theta)$ 的无偏估计量. 如果

（1）$E_\theta\left[\dfrac{\partial}{\partial\theta}\ln f(\xi;\theta)\right]^2=l(\theta)>0$；

（2）$\dfrac{\partial f(x;\theta)}{\partial\theta}$ 存在，且有

$$\frac{\partial}{\partial\theta}\int_{-\infty}^{+\infty}\cdots\int_{-\infty}^{+\infty}\left[\prod_{i=1}^{n}f(x_i;\theta)\right]dx_1\cdots dx_n$$
$$=\int_{-\infty}^{+\infty}\cdots\int_{-\infty}^{+\infty}\frac{\partial}{\partial\theta}\left[\prod_{i=1}^{n}f(x_i;\theta)\right]dx_1\cdots dx_n;$$

（3）$\dfrac{\partial g(\theta)}{\partial\theta}$ 存在，且有

$$\frac{\partial g(\theta)}{\partial\theta}=\int_{-\infty}^{+\infty}\cdots\int_{-\infty}^{+\infty}T(x_1,\cdots,x_n)\frac{\partial}{\partial\theta}\left[\prod_{i=1}^{n}f(x_i;\theta)\right]dx_1\cdots dx_n,$$

则有

$$D_\theta(T)\geqslant\frac{[g'(\theta)]^2}{nl(\theta)},$$

其中 $g'(\theta)=\dfrac{\partial g(\theta)}{\partial\theta}$. 特别地，当 $g(\theta)=\theta$ 时，上式化为

$$D_\theta(T)\geqslant\frac{1}{nl(\theta)}.$$

定义 6 若总体 ξ 的密度函数满足定理 1 中的(1)和(2)两个条件，则称 ξ 的分布

函数为**正规分布**，满足条件(3)的估计量称为**正规估计量**.

定义 7 如果参数 θ 的某个函数 $g(\theta)$ 的一个无偏估计量 $T(\xi_1,\cdots,\xi_n)$ 的方差达到罗-克拉美不等式的下界，则称 T 为 $g(\theta)$ 的**优效估计量**. 若 T 是 $g(\theta)$ 的优效估计量而 T' 是 $g(\theta)$ 的任一无偏估计量，则称 $e_n=D(T)/D(T')$ 为 T' 的**有效率**. 显然，$0\leqslant e_n\leqslant 1$. 如果 T' 的有效率 e_n 满足 $\lim\limits_{n\to\infty}e_n=1$，则称 T' 为 $g(\theta)$ 的**渐近优效估计量**.

定义 8 设 $\hat{\theta}$ 是参数 θ 的估计量. 若对任意的 $\varepsilon>0$，有

$$\lim_{n\to\infty}P\{|\hat{\theta}-\theta|>\varepsilon\}=0,$$

则称 $\hat{\theta}$ 是 θ 的**一致估计量**或**相合性估计量**. 更一般地说，若统计量 $T(\xi_1,\cdots,\xi_n)$ 为可估计函数 $g(\theta)$ 的估计量，且对任意的 $\varepsilon>0$，有

$$\lim_{n\to\infty}P\{|T-g(\theta)|>\varepsilon\}=0,$$

则称 T 为 $g(\theta)$ 的**弱相合估计量**. 如果

$$P\{\lim_{n\to\infty}T=g(\theta)\}=1,$$

则称 T 为 $g(\theta)$ 的**强相合估计量**.

$\hat{\theta}$ 是 θ 的一致估计量的一个充分条件是

$$\lim_{n\to\infty}E|\hat{\theta}-\theta|^r=0$$

对某个 $r>0$ 成立.

定义 9 设总体 ξ 的分布函数为 $F(x;\theta)$，θ 为未知参数，$\theta\in\Omega$，$\xi_1,\cdots,\xi_n$ 为样本，$\hat{\theta}(\xi_1,\cdots,\xi_n)$ 为不含未知参数的统计量，若在给定统计量 $\hat{\theta}(x_1,\cdots,x_n)=t$ 时，$(\xi_1,\cdots,\xi_n)$ 的条件分布 $F(x_1,\cdots,x_n|t)$ 与 θ 无关，则称 $\hat{\theta}=\hat{\theta}(\xi_1,\cdots,\xi_n)$ 为 θ 的**充分统计量**或**充分估计量**.

以上定义表明，充分估计量包含了样本集中关于 θ 的全部信息.

定义 10 设总体 ξ 的分布函数为 $F(x;\theta)$，$\theta\in\Omega$，$g(\xi)$ 为一随机变量，如果对一切 $\theta\in\Omega$，

$$E_\theta[g(\xi)]=0$$

成立时，对一切 $\theta\in\Omega$ 必有

$$p_\theta\{g(\xi)=0\}=1,$$

则称 $F(x;\theta)$ 是完备的. 若 $\xi_1,\cdots,\xi_n$ 为一样本，统计量 $T(\xi_1,\cdots,\xi_n)$ 的分布函数是完备的，则称 T 为**完备统计量**. 如果 T 是 $g(\theta)$ 的估计量，则称 T 是 $g(\theta)$ 的**完备估计量**.

以上各种评价标准中，无偏性、有效性和一致性是比较常用的标准. 然而，并不要求每个估计量必须同时具有各种性质.

22.2.3 区间估计

定义 11 设总体 ξ 的分布函数为 $F(x;\theta)$，θ 为未知参数，$\xi_1,\cdots,\xi_n$ 为一样本. 建立两个统计量 $T_1(\xi_1,\cdots,\xi_n)$ 和 $T_2(\xi_1,\cdots,\xi_n)$，并满足 $T_1<T_2$，则称 $[T_1,T_2]$ 为一**随机**

区间.随机区间的端点和长度都是统计量.若对一给定常数 $\alpha(0<\alpha<1)$,关系式

$$P\{T_1 \leqslant \theta \leqslant T_2\} = 1-\alpha^{①}$$

成立,则称$[T_1,T_2]$是参数 θ 的**置信水平**(或**置信系数**,或**置信概率**)为 $1-\alpha$ 的**区间估计**或**置信区间**,称 α 为**显著性水平**或**置信度**,称 T_2,T_1 分别为上、下**置信限**或**临界值**,称区间$(-\infty,T_1)$和$(T_2,+\infty)$为**否定域**.

1. 正态分布总体情形

(1) 设总体 ξ 服从正态分布 $N(a,\sigma^2)$,求 $a=E\xi$ 的区间估计.

在方差 σ^2 已知时,a 的区间估计为

$$\left[\bar{\xi}-\frac{u_\alpha\sigma}{\sqrt{n}},\bar{\xi}+\frac{u_\alpha\sigma}{\sqrt{n}}\right],$$

其中 α 为显著性水平,n 为样本容量,u_α 为标准正态分布表中的临界值,满足

$$\int_{-u_\alpha}^{u_\alpha}\frac{1}{\sqrt{2\pi}}e^{-\frac{v^2}{2}}dv = 1-\alpha.$$

在方差 σ^2 未知时,用样本方差 S^2 作为对 σ^2 的估计.这时,a 的区间估计为

$$\left[\bar{\xi}-\frac{u_\alpha S}{\sqrt{n}},\bar{\xi}+\frac{u_\alpha S}{\sqrt{n}}\right]\quad(大样本情形)$$

或

$$\left[\bar{\xi}-\frac{t_\alpha(n-1)S}{\sqrt{n-1}},\bar{\xi}+\frac{t_\alpha(n-1)S}{\sqrt{n-1}}\right]\quad(小样本情形),$$

其中 $t_\alpha(n-1)$表示 t 分布表中自由度为 $n-1$ 时 α 所对应的临界值,S^2 为样本方差[②].

(2) 设总体 ξ 服从正态分布 $N(a,\sigma^2)$,求 $\sigma^2=D\xi$ 的区间估计.

在总体数学期望 a 已知时,σ^2 的区间估计为

$$\left[\frac{1}{\chi_1^2}\sum_{i=1}^{n}(\xi_i-a)^2,\frac{1}{\chi_2^2}\sum_{i=1}^{n}(\xi_i-a)^2\right].$$

在 a 未知时,σ^2 的区间估计为

$$\left[\frac{nS^2}{\chi_1^2},\frac{nS^2}{\chi_2^2}\right],$$

其中 S^2 为样本方差.

上面两式中的 χ_1^2 和 χ_2^2 是 χ^2 分布临界值表中与自由度 $n-1$ 对应的两个值,它们应满足

$$P\left\{\chi_1^2 \leqslant \frac{nS^2}{\sigma^2} \leqslant \chi_2^2\right\} = 1-\alpha.$$

---

① 在一些文献中用 $<$ 代替 $\leqslant$ 号,即只考虑开区间.

② 若用样本修正方差代替 S,分母改为$\sqrt{n}$.

通常取以下两个值：

$$\chi_1^2=\chi^2_{\frac{\alpha}{2}}(n-1),\chi_2^2=\chi^2_{1-\frac{\alpha}{2}}(n-1).$$

(3) 设总体 ξ,η 分别服从正态分布 $N(a_1,\sigma_1^2)$ 和 $N(a_2,\sigma_2^2)$，求 a_1-a_2 的区间估计.

对 ξ 和 η 分别抽取样本 $\xi_1,\cdots,\xi_{n_1}$ 和 $\eta_1,\cdots,\eta_{n_2}$，并假定$(\xi_1,\cdots,\xi_{n_1};\eta_1,\cdots,\eta_{n_2})$独立. 在总体方差 σ_1^2 和 σ_2^2 已知时，a_1-a_2 的区间估计为

$$[\bar{\xi}-\bar{\eta}-\mu_\alpha\sigma_0,\bar{\xi}-\bar{\eta}+u_\alpha\sigma_0],$$

其中

$$\sigma_0=\sqrt{\frac{\sigma_1^2}{n_1}+\frac{\sigma_2^2}{n_2}},$$

$\bar{\xi}$ 和 $\bar{\eta}$ 分别是两个样本的样本均值.

在总体方差未知时，用样本方差 S_1^2,S_2^2 作为对 σ_1^2,σ_2^2 的估计，a_1-a_2 的区间估计为

$$\left[\bar{\xi}-\bar{\eta}-t_\alpha(n_1+n_2-2)S_0\sqrt{\frac{1}{n_1}+\frac{1}{n_2}},\right.$$

$$\left.\bar{\xi}-\bar{\eta}+t_\alpha(n_1-n_2-2)S_0\sqrt{\frac{1}{n_1}+\frac{1}{n_2}}\right],$$

其中

$$S_0=\sqrt{\frac{(n_1-1)S_1^2+(n_2-1)S_2^2}{n_1+n_2-2}}.$$

2. 一般总体情形

设总体 ξ 有非零而有穷的方差，则样本均值 $\bar{\xi}$ 为$\left(a,\frac{\sigma^2}{n}\right)$渐近正态的，即

$$\lim_{n\to\infty}P\left\{\frac{\bar{\xi}_n-a}{\frac{\sigma}{\sqrt{n}}}\leqslant x\right\}=\int_{-\infty}^x\frac{1}{\sqrt{2\pi}}e^{-\frac{v^2}{2}}dv,$$

其中，$\bar{\xi}_n=\bar{\xi}=\frac{1}{n}\sum_{i=1}^n\xi_i$ 为容量为 n 的样本均值. 因此，当 n 充分大时，可认为随机变量 $u_n=\sqrt{n}\frac{\bar{\xi}_n-a}{\sigma}$ 的分布接近于(未必重合于) $N(0,1)$ 分布. 对给定的显著性水平 $\alpha=\frac{p}{100}$，可由正态分布表查得正数 λ_p，使其满足

$$P\left\{-\lambda_p<\sqrt{n}\frac{\bar{\xi}_n-a}{\sigma}<\lambda_p\right\}\approx\int_{-\lambda_p}^{\lambda_p}\frac{1}{\sqrt{2\pi}}e^{-\frac{v^2}{2}}dv=1-\frac{p}{100}.$$

于是，总体数学期望 a 的区间估计为

$$\left[\bar{\xi}_n - \lambda_p \frac{\sigma}{\sqrt{n}}, \bar{\xi}_n + \lambda_p \frac{\sigma}{\sqrt{n}}\right].$$

在σ未知时，可用样本方差$S_n^2 = \frac{1}{n}\sum_{i=1}^{n}(\xi_i - \bar{\xi})^2$代替$\sigma^2$，仍用上式作为$a$的区间估计. 但此时置信水平会有误差，只能说大致为$1-\alpha$.

最后需要指出，由于在上述各段中恒假定参数θ为非随机的，所以对于区间估计的定义应理解为“随机区间$[T_1, T_2]$以$1-\alpha$的概率包含θ”，而不是“参数θ以$1-\alpha$的概率落入区间$[T_1, T_2]$”.

22.2.4 随机参数的估计

在本段中主要介绍当将参数θ视为随机变量时的点估计问题，以及用一个随机变量估计或预测另一随机变量的问题. 后者也被称为**第一类回归**问题.

1. 贝叶斯估计和极大极小估计

设总体ξ的分布函数为$F(x;\theta)(\theta\in\Omega)$，$\theta$为未知参数，$\Omega$为参数空间，$\xi_1,\cdots,\xi_n$为一样本，$(x_1,\cdots,x_n)$为样本的一组观察值，$(x_1,\cdots,x_n)\in\mathscr{X}$，$\mathscr{X}$为样本空间. 于是，对参数$\theta$或分布函数$F(x;\theta)$的任何一种估计过程都可理解为：根据样本空间$\mathscr{X}$中的一点$(x_1,\cdots,x_n)$对被估计对象采取一种决定，称为**决策**. 可能采取的全部决策之集$\mathscr{A}$称为**决策空间**. 一个估计相当于选取一个从样本空间到决策空间的映射$a=d(\xi_1,\cdots,\xi_n)$，称为**决策函数**或**判决函数**. 对于未知参数θ进行点估计时，决策空间$\mathscr{A}$与参数空间Ω重合，每个估计量是一决策函数.

为了对决策函数进行评价，引入实值非负函数$L(\theta,a)=L(\theta,d(\xi_1,\cdots,\xi_n))$，当决策最优时$L$达到最小，称$L$为**损失函数**或**代价函数**. 由于$\theta$未知而$L$是一统计量，应采用平均损失

$$R(\theta,d) = E_\theta\{L[\theta,d(\xi_1,\cdots,\xi_n)]\}$$

对决策进行评价. $R(\theta,d)$称为**风险函数**.

定义 12 假定要求估计总体ξ的某个未知参数θ，$\mathscr{D}$是全体决策函数之集. 若有$d^*(\xi_1,\cdots,\xi_n)\in\mathscr{D}$，对任一$d(\xi_1,\cdots,\xi_n)\in\mathscr{D}$，有

$$\sup_{\theta\in\Omega}\{R(\theta,d^*)\} \leqslant \sup_{\theta\in\Omega}\{R(\theta,d)\},$$

则称$d^*(\xi_1,\cdots,\xi_n)$为参数θ的**极大极小估计量**.

在以下的叙述中将假定参数θ为参数空间Ω中的随机变量，并具有给定的分布函数$\pi(\theta)$. 称$\pi(\theta)$为Ω上θ的**先验分布**. 这时，用$F(x|\theta)$表示给定$\boldsymbol{\theta}$时总体ξ的条件分布，而ξ的分布函数为ξ及θ的联合分布，即

$$F(x;\theta) = \pi(\theta)F(x \mid \theta).$$

当决策函数$d(\xi_1,\cdots,\xi_n)$确定时，风险函数应写为

$$R(\theta,d) = E\{L[\theta,d(\xi_1,\cdots,\xi_n)] \mid \theta\},$$

R 也是一随机变量. R 对 θ 的平均

$$B(d) = E\{R(\theta,d)\} = \int_{\Omega} E\{L[\theta,d(x_1,\cdots,x_n)] \mid \theta\}\pi(\theta)d\theta$$

称为决策函数 $d(\xi_1,\cdots,\xi_n)$ 的**贝叶斯风险**.

定义 13 设总体 ξ 的分布函数 $F(x;\theta)$ 中参数 θ 为随机变量,若有一决策函数 $d^*(\xi_1,\cdots,\xi_n)$,使得对于任一决策函数 $d(\xi_1,\cdots,\xi_n)$ 有

$$B(d^*) = \min_{d\in\mathscr{D}}\{B(d)\},$$

则称 d^* 为 θ 的**贝叶斯估计量**.

设 ξ 的密度函数为 $f(x;\theta)$,则由贝叶斯公式可知

$$f(x;\theta) = \pi(\theta)f(x \mid \theta) = g(x)h(\theta \mid x);$$

$$h(\theta \mid x) = \pi(\theta)f(x \mid \theta)/g(x),$$

其中 $g(x)$ 是 ξ 的边沿分布密度函数,$h(\theta|x)$ 是给定 $\xi=x$ 时 θ 的条件分布函数,又称为 θ 对于 $\pi(\theta)$ 而言的**后验分布**. 于是可得

$$\begin{aligned}B(d) &= \underbrace{\int\cdots\int}_{(n+1)\text{重}} L[\theta,d(x_1,\cdots,x_n)]f(x_1,\cdots,x_n \mid \theta)\pi(\theta)dx_1\cdots dx_n d\theta \\ &= \underbrace{\int\cdots\int}_{n\text{重}} g(x_1,\cdots,x_n)\Big\{\int_{\Omega_L}[\theta,d(x_1,\cdots,x_n)] \\ &\qquad \times h(\theta \mid x_1,\cdots,x_n)d\theta\Big\}dx_1\cdots dx_n.\end{aligned}$$

定理 2 如果损失函数取二次式

$$L(\theta,d) = [\theta - d(\xi_1,\cdots,\xi_n)]^2,$$

则参数 θ 的贝叶斯估计量为

$$d(\xi_1,\cdots,\xi_n) = E(\theta \mid \xi_1,\cdots,\xi_n) = \int_{\Omega}\theta h(\theta \mid \xi_1,\cdots,\xi_n)d\theta.$$

定理 3 设总体 ξ 的分布密度函数为 $f(x;\theta)$,$\theta\in\Omega$,$\xi_1,\cdots,\xi_n$ 是一样本,$d^*(\xi_1,\cdots,\xi_n)$ 是对应于先验分布 $\pi(\theta)$ 的参数 θ 的贝叶斯估计量. 如果风险函数 $R(\theta,d)$ 在 Ω 上是常数,则 d^* 也是 θ 的极大极小估计量.

定理 4 如果取以下形式的损失函数

$$L[\theta,d(\xi_1,\cdots,\xi_n)] = \begin{cases}0, & \text{当} \mid \theta - d \mid \leqslant \delta \text{时}, \\ 1, & \text{其他},\end{cases}$$

则由贝叶斯风险的定义可知,θ 的贝叶斯估计量是方程

$$\frac{\partial h(\theta \mid x_1,\cdots,x_n)}{\partial\theta} = 0$$

或者(取对数后利用贝叶斯定理)是

$$\frac{\partial \ln f(x_1,\cdots,x_n \mid \theta)}{\partial\theta} + \frac{\partial \ln\pi(\theta)}{\partial\theta} = 0$$

之解.由此得到的估计量称为参数 θ 的**最大后验估计量**.

2. 非参数估计

本段讨论用一个随机变量(或向量)ξ 建立统计量来对另一随机变量(或向量)η 进行估计或预测的问题.

定义 14 设 ξ 和 η 是两个随机变量,$T(\xi)$是由 ξ 建立的一个统计量,且对 η 的任一估计量 $T'(\xi)$有

$$E[\eta-T(\xi)]^2\leqslant E[\eta-T'(\xi)]^2,$$

则称 $T(\xi)$为 η 的**最小均方误差估计量**.

最小均方误差估计量也相当于在贝叶斯估计中取损失函数

$$L[\theta,d(\xi_1,\cdots,\xi_n)]=|\theta-d|^2$$

时所得的结果.

定理 5 若用随机变量 ξ 估计另一随机变量 η,则 η 的最小均方误差估计量为

$$T(\xi)=E(\eta\mid\xi).$$

同样,若 ξ 是一总体,θ 为分布函数 $F(x;\theta)$中的未知参数,$\xi_1,\cdots,\xi_n$ 为样本,则 θ 的最小均方误差估计量为

$$d(\xi_1,\cdots,\xi_n)=E[\theta\mid\xi_1,\cdots,\xi_n].$$

以上两式也称为**回归函数**.

定理 6(默拉梅-拉奥) 若 $d(\xi_1,\cdots,\xi_n)$是随机参数 θ 的一个估计量,则 d 与 θ 之间的均方误差的下界由下式给出:

$$E[\theta-d(\xi_1,\cdots,\xi_n)]^2\geqslant\left(E\left\{\left(\frac{\partial\ln f(x;\theta)}{\partial\theta}\right)^2\right\}\right)^{-1}=\left(-E\left\{\frac{\partial^2\ln f(x;\theta)}{\partial\theta^2}\right\}\right)^{-1},$$

其中$\partial f(x;\theta)/\partial\theta$ 和$\partial^2 f(x;\theta)/\partial\theta^2$ 对 x 和 θ 都绝对可积,同时必须满足下列条件:

$$\lim_{\theta\to\infty}\pi(\theta)\underbrace{\int\cdots\int}_{n\text{重}}(d(x_1,\cdots,x_n)-\theta)f(x_1,\cdots,x_n\mid\theta)dx_1\cdots dx_n=0.$$

定义 15 设 $T(\xi)$是 ξ 的线性统计量,即

$$T(\xi)=\alpha+\beta\xi,$$

且对任一线性统计量 $T'(\xi)=\alpha'+\beta'\xi$ 都有

$$E[\eta-(\alpha+\beta\xi)]^2\leqslant E[\eta-(\alpha'+\beta'\xi)]^2,$$

则称 $T(\xi)$为 η 的**线性最小均方误差估计量**.

一般情况下线性最小均方误差估计量的均方误差大于最小均方误差估计量的均方误差.但当(ξ,η)服从二维正态分布时两者一致.

定理 7 随机变量 η 的线性最小均方误差估计量 $T(\xi)=\alpha+\beta\xi$ 的系数是

$$\alpha = E(\eta) - \beta E(\xi), \beta = \frac{\text{cov}(\xi,\eta)}{D(\xi)} = \rho \frac{\sqrt{D(\eta)}}{\sqrt{D(\xi)}},$$

其中 ρ 是 ξ 与 η 的相关系数，由上式所确定的 $T(\xi)$ 是 η 的线性最小均方误差无偏估计量，称为 η 的**最优线性估计量**. $\varepsilon=\eta-(\alpha+\beta\xi)$ 称为用 $T(\xi)$ 作为 η 的最优线性估计量时的**估计误差**，并有

$$E(\varepsilon) = 0, D(\varepsilon) = (1-\rho^2)D(\eta), \text{cov}(\varepsilon,\xi) = 0.$$

§22.3 假设检验

假设总体具有某种统计特性，然后检验这一假设是否可信，这类问题称为**假设检验或统计检验**问题.

对随机变量的数字特征或分布函数中的参数提出假设并进行检验的问题称为**参数(性的)假设检验问题**；对总体分布函数的表达式或随机变量间的独立性与相关性提出假设并作检验的问题称为**非参数(性的)假设检验问题**.

假设检验同样通过抽取样本进行. 当检验需经判断再补充样本再创作判断这样的序贯过程时，假设检验称为序贯假设检验. 本节只讨论一次判定的简单假设检验问题.

22.3.1 假设检验的原理与基本步骤

小概率原理 在一次试验或观察中，概率很小(接近于零)的事件可认为是实际上不可能发生的事件.

假设检验的一般步骤如下：

1. 提出需要检验的假设，称为**原假设**或**零假设**，记作 H_0.

2. 建立用于检验的统计量，称为**检验统计量**，并明确其分布或渐近分布. 检验统计量应是样本的函数并不带有未知参数.

3. 给定显著性水平或置信度 $\alpha(0<\alpha<1)$. 若经过检验否定了原假设 H_0，但 H_0 所描述的事件确实发生了，则称之为犯了第一类错误或**弃真错误**. α 表示允许发生第一类错误的概率.

4. 确定 H_0 的否定域，即根据 H_0 或 α 从有关分布表中查出使 H_0 不成立的区域或区间. 区间的边界称为临界值或置信限.

5. 根据样本观察值计算检验统计量之值.

6. 进行统计推断. 若检验统计量之值不落入否定域，则接受 H_0；否则否定 H_0. 这一步骤通称为在显著性水平 α 下对 H_0 作**显著性检验**.

22.3.2 参数假设检验

设总体 ξ 的分布函数 $F(x;\theta)$ 已知，θ 为未知参数，$\theta\in\Omega$，Ω 为参数空间，对 θ 的性质的假设检验问题称为参数(性的)假设检验.

在进行参数假设检验时，通常将 Ω 分为不相交的两部分 Ω_0 和 $\Omega-\Omega_0$，即 $\Omega=\Omega_0$

$\cup(\Omega-\Omega_0)$，$\Omega\cap(\Omega-\Omega_0)=\varnothing$，并考虑检验问题：

$$H_0:\theta\in\Omega_0,\ H_1:\theta\in\Omega-\Omega_0.$$

称 H_0 为原假设或零假设，H_1 为**备选(备择)假设**. 当 Ω 只有两点即 $\Omega=\{\theta_0,\theta_1\}$时，有

$$H_0:\theta=\theta_0,\ H_1:\theta=\theta_1.$$

这时分别称 H_0 和 H_1 为**简单原假设**和**简单备选假设**. 若 Ω_0 或 $\Omega-\Omega_0$ 多于两个点，称 H_0 为**复合原假设**或称 H_1 为**复合备选假设**.

在统计中最常见的参数假设检验问题是对总体数学期望或方差性质的检验问题. 多数情形下将假定总体服从正态分布 $N(a,\sigma^2)$. 在非正态情况下，可以利用中心极限定理假定大样本下均渐近服从正态分布并进行近似检验.

常用的参数假设检验方法有 u 检验法、t 检验法、χ^2 检验法和 F 检验法.

1. 对于数学期望的检验问题

(1) 设总体 ξ 服从 $N(a,\sigma^2)$，方差 $D(\xi)=\sigma^2$ 已知.

$$H_0:a=a_0,\ H_1:a\neq a_0\quad(a_0\text{ 为常数}).$$

统计量：$U=\dfrac{\xi-a}{\sigma/\sqrt{n}}\sim N(0,1)$.

否定域：$|U|>u_\alpha$.

临界值的确定：$\displaystyle\int_{-u_{\frac{\alpha}{2}}}^{u_{\frac{\alpha}{2}}}\frac{1}{\sqrt{2\pi}}e^{-\frac{v^2}{2}}dv=1-\alpha$

(查正态分布表确定).

(2) 假设同上.

$$H_0:a\leqslant a_0,H_1:a>a_0.$$

统计量：同(1).

否定域：$U\geqslant u_\alpha$.

临界值的确定：$\displaystyle\int_{-\infty}^{u_\alpha}\frac{1}{\sqrt{2\pi}}e^{-\frac{v^2}{2}}dv=1-\alpha$.

(3) 假设同上.

$$H_0:a\geqslant a_0,H_1:a<a_0.$$

统计量：同(1).

否定域：$U\leqslant -u_\alpha$.

临界值的确定：$\displaystyle\int_{-u_\alpha}^{+\infty}\frac{1}{\sqrt{2\pi}}e^{-\frac{v^2}{2}}dv=1-\alpha$.

(4) 设总体 ξ 服从 $N(a,\sigma^2)$，方差未知.

$$H_0:a=a_0,H_1:a\neq a_0.$$

统计量：$T=\dfrac{\bar{\xi}-a_0}{S/\sqrt{n-1}}\sim t(n-1)$，$S$ 为样本方差.

否定域：$|T|\geqslant t_{\frac{\alpha}{2}}(n-1)$.

临界值的确定：$\int_{-t_{\frac{\alpha}{2}}}^{t_{\frac{\alpha}{2}}} t(n-1)dv=1-\alpha$

（查 t 分布表确定）.

(5) 假设同上.

$$H_0:a\leqslant a_0,H_1:a>a_0.$$

统计量：同(4).

否定域：$T\geqslant t_\alpha(n-1)$.

临界值的确定：$\int_{-\infty}^{t_\alpha} t(n-1)dv=1-\alpha$.

(6) 假设同上.

$$H_0:a\geqslant a_0,H_1:a<a_0.$$

统计量：同(4).

否定域：$T\leqslant -t_\alpha(n-1)$.

临界值的确定：$\int_{-t_\alpha}^{+\infty} t(n-1)dv=1-\alpha$.

(7) 设总体 ξ,η 分别服从 $N(a_1,\sigma_1^2)$ 和 $N(a_2,\sigma_2^2)$，对应的样本分别为 $\xi_1,\cdots,\xi_{n_1}$ 和 $\eta_1,\cdots,\eta_{n_2}$. 总体方差 σ_1^2 和 σ_2^2 已知，且 $\sigma_1^2=\sigma_2^2=\sigma^2$.

$$H_0:a_1=a_2,H_1:a_1\neq a_2.$$

统计量：$U=\dfrac{\bar{\xi}-\bar{\eta}}{\sigma\sqrt{\dfrac{1}{n_1}+\dfrac{1}{n_2}}}\sim N(0,1)$.

否定域和临界值的确定同(1).

(8) 假设同(7)，但 $\sigma_1^2\neq\sigma_2^2$.

$$H_0:a_1=a_2,H_1:a_1\neq a_2.$$

统计量：$U=\dfrac{\bar{\xi}-\bar{\eta}}{\sqrt{\dfrac{\sigma_1^2}{n_1}+\dfrac{\sigma_2^2}{n_2}}}\sim N(0,1)$.

否定域和临界值的确定：同(1).

在(7)，(8)两种假设下，若 H_0 为 $a_1\leqslant a_2$ 或 $a_1\geqslant a_2$，则统计量不变，否定域和临界值确定法分别与(2)，(3)相同.

(9) 假设同(7)，但 σ_1^2 和 σ_2^2 未知，但可认为 $\sigma_1^2=\sigma_2^2=\sigma$.

$$H_0:a_1=a_2,H_1:a_1\neq a_2.$$

统计量：$T=\sqrt{\frac{n_1 n_2(n_1+n_2-2)}{n_1+n_2}}\cdot\frac{\bar{\xi}-\bar{\eta}}{\sqrt{n_1 S_1^2+n_2 S_2^2}}\sim t(n_1+n_2-2)$.

否定域：$|T|\geqslant t_{\frac{\alpha}{2}}(n_1+n_2-2)$.

临界值的确定：$\int_{-t_{\frac{\alpha}{2}}}^{t_{\frac{\alpha}{2}}} t(n_1+n_2-2)dv=1-\alpha$.

当 H_0 为 $a_1\leqslant a_2$ 或 $a_1\geqslant a_2$ 时，统计量不变，否定域和临界值确定法分别类似于(5)和(6).

(10) 假设同(7)，σ_1^2 和 σ_2^2 未知，$\sigma_1^2\neq\sigma_2^2$，$n_1=n_2=n$.

$$H_0:a_1=a_2,H_1:a_1\neq a_2.$$

统计量：$T=\sqrt{n-1}\frac{\bar{z}}{S}\sim t(n-1)$，

其中

$$\bar{z}=\frac{1}{n}\sum_{i=1}^{n}z_i,S^2=\frac{1}{n}\sum_{i=1}^{n}(z_i-\bar{z})^2,z_i=\xi_i-\eta_i\quad(i=1,\cdots,n).$$

否定域：$|T|\geqslant t_{\frac{\alpha}{2}}(n-1)$.

临界值的确定：$\int_{-t_{\frac{\alpha}{2}}}^{t_{\frac{\alpha}{2}}} t(n-1)dv=1-\alpha$.

以上方法称为**配对试验的 t 检验法**.

(11) 假设同(10)，但 $n_1\neq n_2$，不妨设 $n_1<n_2$，

$$H_0:a_1=a_2,H_1:a_1\neq a_2.$$

统计量：$T=\sqrt{n_1-1}\frac{\bar{z}}{S}\sim t(n_1-1)$，

其中

$$\bar{z}=\frac{1}{n_1}\sum_{i=1}^{n_1}z_i,S^2=\frac{1}{n_1}\sum_{i=1}^{n_1}(z_i-\bar{z})^2,$$

$$z_i=\xi_i-\sqrt{\frac{n_1}{n_2}}\eta_i+\frac{1}{\sqrt{n_1 n_2}}\sum_{k=1}^{n_1}\xi_k-\frac{1}{n_2}\sum_{k=1}^{n_2}\eta_k\quad(i=1,\cdots,n_1).$$

否定域和临界值确定法同(10)，但 n 应改为 n_1.

以上方法称为斯切非解法.

2. 对于方差的检验问题

(1) 设总体 ξ 服从 $N(a,\sigma^2)$，数学期望 $E(\xi)=a$ 已知.

$$H_0:\sigma^2=\sigma_0^2,H_1:\sigma^2\neq\sigma_0^2(\sigma_0\text{ 为常数}).$$

统计量：$\chi^2=\frac{1}{\sigma_0^2}\sum_{i=1}^{n}(\xi_i-a)^2\sim\chi^2(n)$.

否定域：$\chi^2 > \chi^2_{\frac{\alpha}{2}}(n)$ 或 $\chi^2 < \chi^2_{1-\frac{\alpha}{2}}(n)$.

临界值的确定：$\int_{\chi^2_{\frac{\alpha}{2}}}^{+\infty} \chi^2(n)dv = \frac{\alpha}{2}$ 或 $\int_{\chi^2_{1-\frac{\alpha}{2}}}^{+\infty} \chi^2(n)dv = 1-\frac{\alpha}{2}$.

(2) 假设同上.

$$H_0:\sigma^2 \leqslant \sigma_0^2, H_1:\sigma^2 > \sigma_0^2.$$

统计量：同(1).

否定域：$\chi^2 \geqslant \chi^2_\alpha(n)$.

临界值的确定：$\int_{\chi^2_\alpha}^{+\infty} \chi^2(n)dv = \alpha$.

(3) 假设同上.

$$H_0:\sigma^2 \geqslant \sigma_0^2, H_1:\sigma^2 < \sigma_0^2.$$

统计量：同(1).

否定域：$\chi^2 \leqslant \chi^2_{1-\alpha}(n)$.

临界值的确定：$\int_{\chi^2_{1-\alpha}}^{+\infty} \chi^2(n)dv = 1-\alpha$.

(4) 设总体 ξ 服从 $N(a,\sigma^2)$，数学期望未知.

$$H_0:\sigma^2 = \sigma_0^2, H_1:\sigma^2 \neq \sigma_0^2.$$

统计量：$\chi^2 = \frac{1}{\sigma_0^2}\sum_{i=1}^{n}(\xi_i - \bar{\xi})^2 \sim \chi^2(n-1)$，$\bar{\xi}$ 为样本均值.

否定域：$\chi^2 > \chi^2_{\frac{\alpha}{2}}(n-1)$ 或 $\chi^2 < \chi^2_{1-\frac{\alpha}{2}}(n-1)$.

临界值的确定：$\int_{\chi^2_{\frac{\alpha}{2}}}^{+\infty} \chi^2(n-1)dv = \frac{\alpha}{2}$ 或 $\int_{\chi^2_{1-\frac{\alpha}{2}}}^{+\infty} \chi^2(n-1)dv = 1-\frac{\alpha}{2}$.

若 H_0 为 $\sigma^2 \leqslant \sigma_0^2$ 或 $\sigma^2 \geqslant \sigma_0^2$，统计量不变，否定域和临界值的确定分别同(2)和(3)，但 $\chi^2(n)$应改为 $\chi^2(n-1)$.

(5) 设总体 ξ,η 分别服从 $N(a_1,\sigma_1^2)$和 $N(a_2,\sigma_2^2)$，对应样本分别为 $\xi_1,\cdots,\xi_{n_1}$ 和 $\eta_1,\cdots,\eta_{n_2}$，两个总体的数学期望和方差都未知.

$$H_0:\sigma_1^2 = \sigma_2^2, H_1:\sigma_1^2 \neq \sigma_2^2.$$

统计量：若 $n_1S_1^2/(n_1-1)$大于 $n_2S_2^2/(n_2-1)$，则记 $n_{大}=n_1, S^2_{大}=S_1^2, n_{小}=n_2, S^2_{小}=S_2^2$；否则，记 $n_{大}=n_2, S^2_{大}=S_2^2, n_{小}=n_1, S^2_{小}=S_1^2$，其中 S_1^2 和 S_2^2 为样本方差. 统计量为

$$F = \frac{n_{大}\ S^2_{大}\ /(n_{大}-1)}{n_{小}\ S^2_{小}\ /(n_{小}-1)} \sim F(n_{大}-1, n_{小}-1).$$

否定域：$F > F_\alpha(n_{大}-1, n_{小}-1)$.

临界值的确定：$\int_0^{F_\alpha} F(n_{大}-1, n_{小}-1)dv = 1-\alpha$.

上述问题的否定域也可规定为 $F < F_{1-\frac{\alpha}{2}}$ 或 $F > F_{\frac{\alpha}{2}}$，其中 $F_{1-\frac{\alpha}{2}}$ 和 $F_{\frac{\alpha}{2}}$ 由下式确

定：

$$\int_{1-\frac{\alpha}{2}}^{+\infty} F(n_{大}-1,n_{小}-1)dv = 1-\frac{\alpha}{2},\int_{\frac{\alpha}{2}}^{+\infty} F(n_{大}-1,n_{小}-1)dv = \frac{\alpha}{2}.$$

(6) 假设同(5).

$$H_0:\sigma_1^2 \leqslant \sigma_2^2, H_1:\sigma_1^2 > \sigma_2^2.$$

统计量：$F=\dfrac{n_1 S_1^2/(n_1-1)}{n_2 S_2^2/(n_2-1)} \sim F(n_1-1,n_2-1)$.

否定域：$F > F_\alpha(n_1-1,n_2-1)$.

临界值的确定：$\int_0^{F_\alpha} F(n_1-1,n_2-1)dv = 1-\alpha$.

当 H_0 改为 $\sigma_1^2 \geqslant \sigma_2^2$ 时可以仿上处理，只需将 n_1, S_1^2 和 n_2, S_2^2 的位置对调.

22.3.3 非参数假设检验

1. 分布函数的拟合检验

若假设形式为

$$H_0:F(x)=F_0(x), H_1:F(x) \neq F_0(x)$$

时，假设检验问题称为对分布函数的**拟合检验**. 其中 $F(x)$为需要检验的分布函数，$F_0(x)$为已知分布函数. 分布函数中可以含有或不含未知参数.

(1) χ^2 检验.

设 ξ 是分布函数为 $F(x)$的总体，$\xi_1,\cdots,\xi_n$ 是一样本. 将 $R_1=(-\infty,\infty)$分为 m 个子区间$(x_{i-1},x_i]$，其中 $-\infty=x_0<x_1<\cdots<x_m=+\infty$（当然，$(x_{m-1},x_m)$理解为$(x_{m-1},+\infty)$）. 令 v_i 表示样本 $\xi_1,\cdots,\xi_n$ 中落入$(x_{i-1},x_i]$的个数或频数，$p_i = F_0(x_i)-F_0(x_{i-1})(i=1,\cdots,m)$. np_i 称为样本 $\xi_1,\cdots,\xi_n$ 落入$(x_{i-1},x_i]$的**理论频数**. 作统计量：

$$\eta = \sum_{i=1}^m \frac{(v_i-np_i)^2}{np_i} = \sum_{i=1}^m \frac{v_i^2}{np_i} - n.$$

η 依赖于 n 和 m. 以下假定 m 是定值.

定理 1(皮尔逊) 如果 H_0 正确，则

$$\lim_{n\to\infty} P\{\eta \leqslant x\} = \int_0^x K_{m-1}(y)dy \ (x>0),$$

其中

$$K_{m-1}(y) = \frac{1}{2^{\frac{m-1}{2}}\Gamma\left(\frac{m-1}{2}\right)} y^{\frac{m-3}{2}} e^{-\frac{y}{2}} (y>0)$$

是 $\chi^2(m-1)$分布的密度函数. 这时设 $F_0(x)$不含未知参数.

根据定理 1，当 n 足够大时可认为 $\eta \sim \chi^2(m-1)$. 对已知的显著性水平 α，从 χ^2 分

布表中查得 $\chi_\alpha^2(m-1)$，使 $P\{\eta>\chi_\alpha^2(m-1)\}=\alpha$，即取否定域为 $(\chi_\alpha^2(m-1),+\infty)$. 若 $\eta>\chi_\alpha^2(m-1)$，则否定 H_0.

如果 $F_0(x)$ 中含有 l 个未知参数 $\theta_1,\cdots,\theta_l$，则应分别用它们的极大似然法估计量 $\hat{\theta}_1,\cdots,\hat{\theta}_l$ 取代 $\theta_1,\cdots,\theta_l$，再应用上述方法. 这时，η 以 $\chi^2(m-1-l)$ 为极限分布，$m>1+l$.

(2) 柯尔莫戈洛夫 K 检验.

设总体 ξ 的分布函数 $F(x)$ 是 x 的连续函数，$\xi_1,\cdots,\xi_n$ 是 ξ 的样本. 根据样本作出经验分布函数 $F_n^*(x)$（参看 22.1.2），并作统计量

$$\sqrt{n}D_n=\sqrt{n}\sup_{-\infty<x<+\infty}|F_n^*(x)-F(x)|.$$

由格里文科定理.（参看 22.1.2）知道，D_n 依概率 1 收敛于零.

定理 2（柯尔莫戈洛夫） 设 $F(x)$ 是 x 的连续函数，经验分布函数为 $F_n^*(x)$，记 $Q_n(u)$ 是 $\sqrt{n}D_n$ 统计量的分布函数：

$$Q_n(u)=\begin{cases}p\{\sqrt{n}D_n<u\} & (u>0),\\ 0 & (u\leqslant 0),\end{cases}$$

则分布函数 $Q_n(u)$ 的极限为

$$\lim_{n\to\infty}Q_n(u)=K(u)=\begin{cases}1-2\sum\limits_{k=1}^{\infty}(-1)^{k-1}e^{-2k^2u^2} & (u>0),\\ 0 & (u\leqslant 0).\end{cases}$$

$K(u)$ 与样本容量 n 无关，其值有表可查，参看费史著《概率论及数理统计》，上海科技出版社，1964.

对于假设

$$H_0:F(x)=F_0(x),H_1:F(x)\neq F_0(x)$$

（其中 $F(x)$ 应假定为连续函数）进行检验时，先抽样计算出统计量 $\sqrt{n}D_n$，并认为其近似分布函数为极限分布 $K(u)$，在 $K(u)$ 数值表中查出 u_α，使 $K(u_\alpha)=1-\alpha$（α 为给定的显著性水平）. 若 $\sqrt{n}D_n>u_\alpha$，则在水平 α 下否定 H_0.

2. 关于两总体分布函数是否相同的检验

设 ξ,η 是两个总体，其分布函数分别为 $F_1(x)$ 和 $F_2(x)$，$\xi_1,\cdots,\xi_{n_1}$ 和 $\eta_1,\cdots,\eta_{n_2}$ 分别是来自两总体的样本，而且互相独立. 要求检验假设 $H_0:F_1(x)=F_2(x)$ 是否成立. 备选假设为 $H_1:F_1(x)\neq F_2(x)$.

(1) 符号检验法.

设 $n_1=n_2=n$. 则可将 ξ_i 与 η_i 配对比较 $(i=1,\cdots,n)$. 记 $n_+=\#\{i:\xi_i>\eta_i\}$，$n_-=\#\{i:\xi_i<\eta_i\}$，$r=\min\{n_+,n_-\}$，对于给定的显著性水平 α，查符号检验表（见附录），其中 $N=n_++n_-$（注意 $N\leqslant n$，因为可能有 $\xi_i=\eta_i$），得到临界值 r_α. 于是 H_0 的否定域为

$r \leqslant r_\alpha$. 若 $r \leqslant r_\alpha$，则在水平 α 下否定 H_0，否则接受 H_0.

(2) 秩和检验法.

不要求 $n_1 = n_2$. 将 $\xi_1, \cdots, \xi_{n_1}$ 和 $\eta_1, \cdots, \eta_{n_2}$ 按照从小到大的顺序混合排列，得到序列 $\zeta_1^*, \cdots \zeta_N^*$，$N = n_1 + n_2$. 如果 $\xi_j = \zeta_i^*$ 且 $\zeta_i^* \neq \zeta_{i-1}^*$，$\zeta_i^* \neq \zeta_{i+1}^*$，则称 i 是样本 ξ_j 的**秩**. 如果 $\xi_j = \zeta_i^*$，但 ζ_i^* 与其前后共 m 个数值相同，则取 ξ_j 的秩为(这些 i 之和)$/m$. 对于 $\eta_1, \cdots, \eta_{n_2}$ 中的数同样确定其秩.

设 $n' = \min\{n_1, n_2\}$，$n'' = \max\{n_1, n_2\}$，取统计量 T，T 等于容量为 n' 的样本中各个体的秩之和. 给定显著性水平 α，查秩和检验表(见附录)，得到临界值 T'_α 和 T''_α. 若 $T'_\alpha < T < T''_\alpha$，则接受 H_0，否则否定 H_0.

本方法比符号检验法的精确度高，能更好地利用数据提供的信息，且不要求数据成对.

(3) 斯米尔诺夫检验.

假设 $F_1(x)$ 和 $F_2(x)$ 为连续函数. 由两样本分别建立经验分布函数 $F_{n_1}^*(x)$ 和 $F_{n_2}^*(x)$ 考虑统计量：

$$D_{n_1,n_2}^+ = \sup_{-\infty<x<+\infty} |F_{n_1}^*(x) - F_{n_2}^*(x)|,$$

$$D_{n_1,n_2} = \sup_{-\infty<x<+\infty} [F_{n_1}^*(x) - F_{n_2}^*(x)].$$

并用 $Q_{n_1,n_2}^+(u)$ 和 $Q_{n_1,n_2}(u)$ 分别表示 $\sqrt{n}D_{n_1,n_2}^+$ 和 $\sqrt{n}D_{n_1,n_2}$ 的分布函数，$n = n_1 n_2/(n_1 + n_2)$.

定理 3(斯米尔诺夫) 设总体 ξ 的分布函数 $F(x)$ 为连续函数. 若从 ξ 中随机抽取容量分别为 n_1 和 n_2 的两个样本并由此建立统计量 D_{n_1,n_2}^+ 和 D_{n_1,n_2}，则有

$$\lim_{\substack{n_1\to\infty \\ n_2\to\infty}} Q_{n_1,n_2}^+(u) = \begin{cases} 1 - 2\sum_{k=1}^{\infty}(-1)^{k-1}e^{-2k^2u^2} & (u > 0), \\ 0 & (u \leqslant 0), \end{cases}$$

$$\lim_{\substack{n_1\to\infty \\ n_2\to\infty}} Q_{n_1,n_2}(u) = \begin{cases} 1 - e^{-2u^2} & (u > 0), \\ 0 & (u \leqslant 0). \end{cases}$$

对于原假设 $H_0: F_1(x) = F_2(x)$，可以利用 D_{n_1,n_2}^+ 或 D_{n_1,n_2} 之一进行检验，并认为它们的极限分布是定理 3 中的结果. 若利用 D_{n_1,n_2}^+ 进行检验，则可对于给定的显著性水平 α 从 D_n 表中查出临界值 $D_n(\alpha)$. 若 $D_{n_1,n_2}^+ > D_n(\alpha)$，则在水平 α 下否定 H_0，否则接受 H_0.

3. 关于不相关的检验

设(ξ, η)服从二维正态分布，ξ 服从 $N(a_1, \sigma_1^2)$，η 服从 $N(a_2, \sigma_2^2)$，ρ 为 ξ 与 η 间的相关系数. 假设检验问题为

$$H_0: \rho = 0, \ H_1: \rho \neq 0.$$

利用 ρ 的矩法估计量进行估计. 从 (ξ,η) 分别抽取容量为 n 的样本 $(\xi_1,\eta_1),\cdots,(\xi_n,\eta_n)$，并令

$$S_1^2=\frac{1}{n}\sum_{i=1}^{n}(\xi_i-\bar{\xi})^2,S_2^2=\frac{1}{n}\sum_{i=1}^{n}(\eta_i-\bar{\eta})^2,$$

$$S_{12}=\frac{1}{n}\sum_{i=1}^{n}(\xi_i-\bar{\xi})(\eta_i-\bar{\eta}),$$

则 ρ 的估计量为

$$R=\frac{S_{12}}{S_1\cdot S_2}.$$

建立统计量

$$T=\sqrt{n-2}\,\frac{R}{\sqrt{1-R^2}},$$

则 T 在 H_0 成立时服从自由度为 $n-2$ 的 t 分布.

§22.4 线性模型

22.4.1 基本概念

1. 线性模型

定义 1 任一个形如

$$\begin{cases}\boldsymbol{Y}=X\beta+\boldsymbol{e},\\ E(\boldsymbol{e})=0,\\ \text{对 } \boldsymbol{e} \text{ 的其他某种假定}\end{cases}\tag{22.4-1}$$

的结构称为一个**线性模型**，其中

$$\boldsymbol{Y}=\begin{pmatrix}y_1\\ \vdots\\ y_n\end{pmatrix},X=\begin{pmatrix}x_{11} & x_{21} & \cdots & x_{p1}\\ \vdots & \vdots & & \vdots\\ x_{1n} & x_{2n} & \cdots & x_{pn}\end{pmatrix},\beta=\begin{pmatrix}\beta_1\\ \vdots\\ \beta_p\end{pmatrix},e=\begin{pmatrix}e_1\\ \vdots\\ e_n\end{pmatrix}.$$

X 称为**设计矩阵**，由 p 个变量 $x_1,x_2,\cdots,x_p$ 的 n 次观察值构成. $x_1,\cdots,x_p$ 通常称为自变量. $\boldsymbol{Y}$ 由另一变量(通称因变量)的 n 次观察值构成. $\beta_1,\cdots,\beta_p$ 为未知参数，通称**回归系数**. e 为随机向量，有时称为**随机误差向量**. 除要求 $E(\boldsymbol{e})=0$ 外，对 $\boldsymbol{e}$ 的其他假定可以是 $\mathrm{var}(\boldsymbol{e})=\sigma^2 I_n(0<\sigma^2<+\infty,\sigma^2$ 为未知参数)或 $\boldsymbol{e}\sim N(0,\sigma^2 I_n)$(对 σ^2 的假设同上)等，根据问题需要而定.

在统计学中，很多重要分支的理论模型都可归结为线性模型.

2. 最小二乘估计

以下两节将讨论对线性模型中参数 β 及 σ^2 的估计问题. 恒假设 $\boldsymbol{e}$ 满足

$$\mathrm{var}(\boldsymbol{e})=\sigma^2 I_n.$$

定义 2 设有如式(22.4-1)所示的线性模型. 若 $\hat{\beta}=\hat{\beta}(\boldsymbol{Y})$ 为 $\boldsymbol{Y}$ 的线性函数，且满

足条件

$$\| \boldsymbol{Y} - X\hat{\beta} \|^2 = \min_{\beta} \| \boldsymbol{Y} - X\beta \|^2, \tag{22.4-2}$$

则称 $\hat{\beta}$ 为 β 的一个**最小二乘估计(LS 估计)**.

一般,为求出满足式(22.4-2)的 $\hat{\beta}$,可令 $\boldsymbol{b}=(b_1,\cdots,b_p)^T$ 及

$$Q(\boldsymbol{b}) = \| \boldsymbol{Y} - X\boldsymbol{b} \|^2 = \| \boldsymbol{Y} \|^2 - 2\boldsymbol{Y}^T X\boldsymbol{b} + \boldsymbol{b}^T S\boldsymbol{b},$$

其中 $S=X^TX$. 写出方程组 $\frac{\partial Q}{\partial b_i}=0\ (i=1,\cdots,p)$,即

$$S\boldsymbol{b} = X^T\boldsymbol{Y}. \tag{22.4-3}$$

以上方程组称为**正则(正规)方程组**.

定理 1 (22.4-3)式所示的正则方程组必有解,其任一解 $\hat{\beta}$ 满足条件(22.4-2). 反之,满足(22.4-2)式的任何 $\hat{\beta}$ 必为正则方程组的解.

推论 若 X 之秩 $\mathrm{rk}(X)=p$,则 β 的 LS 估计唯一且由公式 $\hat{\beta}=S^{-1}X^T\boldsymbol{Y}$ 给出. 这时有 $E(\hat{\beta})=\beta$,即 $\hat{\beta}$ 为 β 的无偏估计,$\mathrm{var}(\hat{\beta})=\sigma^2 S^{-1}$.

定义 3 设 $c^T\beta$ 为 β 的任一线性函数,c 已知. 若存在 $c^T\beta$ 的一个线性无偏估计 $a^T\boldsymbol{Y}$,即 $E(a^T\boldsymbol{Y})=c^T\beta$,则称 $c^T\beta$ 为**可估计函数**. 若 $c^T\beta$ 是可估计函数,则称它的一切线性无偏估计中方差最小者为 $c^T\beta$ 的**高斯-马尔可夫**(GM)**估计**或**最优线性无偏估计**(BLUE).

定理 2(高斯-马尔可夫) 若 $c^T\beta$ 可估,$\hat{\beta}$ 为 β 的任一 LS 估计,则 $c^T\hat{\beta}$ 为 $c^T\beta$ 的 GM 估计.

3. 对于参数 σ^2 的估计

设 $\hat{\beta}$ 为 β 的任一 LS 估计,记

$$\hat{\boldsymbol{e}} = (\hat{e}_1,\cdots,\hat{e}_n)^T = \boldsymbol{Y} - X\hat{\beta},$$

则 $\hat{e}_1,\cdots,\hat{e}_n$ 称为**残差**. 利用残差可得到误差方差 σ^2 的无偏估计如下.

定理 3 记 $r=\mathrm{rk}(X)$,则

$$\hat{\sigma}^2 = \frac{1}{n-r} \| \hat{\boldsymbol{e}} \|^2 = \frac{1}{n-r}(\| \boldsymbol{Y} \|^2 - \hat{\beta}^T X^T \boldsymbol{Y})$$

为 σ^2 的一个无偏估计. 此时仍假设 $\mathrm{var}(\boldsymbol{e})=\sigma^2 I_n$.

22.4.2 回归分析

考虑 k 个自变量 $x_1,\cdots,x_k$ 和一个因变量 Y. 假定 $E(Y)$ 与各自变量间存在着以下关系:

$$E(Y) = E(Y \mid x_1,\cdots,x_k) = f(x_1,\cdots,x_k;\beta_1,\cdots,\beta_p),$$

其中函数 f 的形式已知,但参数 $\beta_1,\cdots,\beta_p$ 未知,需要对上述参数及表达式进行某种

估计或检验.此类问题称为**回归分析**问题.

本节只讨论回归分析的一种常见特殊情况.设函数 f 形式为

$$f(x_1,\cdots,x_k;\beta_1,\cdots,\beta_p)=\sum_{j=1}^{p}\beta_j f_j(x_1,\cdots,x_k),$$

其中诸 $f_i(i=1,\cdots,p)$是已知函数,故 f 是参数 $\beta_1,\cdots,\beta_p$ 的线性函数.此类问题称为**线性回归(分析)**问题.

假设共进行了 n 次试验.在第 i 次试验中 $x_1,\cdots,x_k$ 取值分别为 $x'_{1i},\cdots,x'_{ki}$,Y 取值为 y_i,则有

$$y_i=\sum_{j=1}^{p}\beta_j f_j(x'_{1i},\cdots,x'_{ki})+e_i\quad(i=1,\cdots,n).$$

引入记号

$$x_{ji}=f_j(x'_{1i},\cdots,x'_{ki})\quad(i=1,\cdots,n;j=1,\cdots,p),$$

可将上式写成

$$y_i=\sum_{j=1}^{p}x_{ji}\beta_j+e_i\quad(i=1,\cdots,n).$$

这一表达式等价于式(22.4-1).因此,在一定假设下可用 LS 估计对诸 $\beta_j(j=1,\cdots,p)$ 进行估计或对误差方差 σ^2 进行估计.

经过改换自变量,亦可将线性回归模型写作

$$Y=\beta_0+\beta_1x_1+\cdots+\beta_px_p+e,\tag{22.4-4}$$

其中 β_i 称为自变量 x_i 的**回归系数**,$i=1,\cdots,p$,β_0 称为常数项,e 称为**随机误差**,$E(e)=0$,$\text{var}(e)=\sigma^2$.

1. 对回归系数的估计

对诸回归系数的点估计一般使用上面所述的最小二乘法完成.对回归系数的区间估计方法从略.

2. 预测、外推和控制

假定给出一组确定的自变量值 $x_1^0,\cdots,x_p^{(0)}$,问在以上自变量值处做试验时预期得到的 Y 值将是多少.若 $x_1^0,\cdots,x_p^0$ 位于自变量已做过试验的范围之内,则上述问题称为**预测**问题.否则,上述问题称为**外推**问题.与此相反,若要求将因变量 Y 之值限制在某个范围内,问应如何调整各自变量之值,则称为**控制**问题.以下只介绍进行预测的方法.

设已求得对诸参数的估计值 $\hat{\beta}_0,\hat{\beta}_1,\cdots,\hat{\beta}_p$,则可用 $\hat{Y}=\hat{\beta}_0+\hat{\beta}_1x_1^0+\cdots+\hat{\beta}_px_p^0$ 作为 Y 的预测值.预测误差为 $Y-\hat{Y}$.并设在 $x_1^0,\cdots,x_p^0$ 处所做试验与已做过的试验(用于估计 $\beta_0,\beta_1,\cdots,\beta_p$ 及 σ^2 等)独立.此时有以下结果:

(1) 因为 $\hat{\beta}_i$ 为 β_i 的 LS 估计($i=0,1,\cdots,p$),所以预测是无偏的,即 $E(Y-\hat{Y})=0$.

(2) 预测精度取决于 $Y-\hat{Y}$ 的方差：

$$\mathrm{var}(Y-\hat{Y}) = \mathrm{var}(Y)+\mathrm{var}(\hat{Y}) = \sigma^2+\sigma^2\boldsymbol{X}^{0T}B\boldsymbol{X}^0,$$

其中

$$\boldsymbol{X}^0 = (1,x_1^0,\cdots,x_p^0)^T,\sigma^2 B = \mathrm{var}(\hat{\beta}),\hat{\beta} = (\hat{\beta}_0,\cdots,\hat{\beta}_p)^T,$$

B 的计算公式见推论 1.

(3) 置信水平为 $1-\alpha$ 的区间预测结果为

$$\hat{Y}-t_{n-q}\left(\frac{\alpha}{2}\right)[1+X^{0T}BX^0]^{1/2}S\leqslant Y\leqslant\hat{Y}+t_{n-q}\left(\frac{\alpha}{2}\right)[1+X^{0T}B\boldsymbol{X}^0]^{1/2}S,$$

其中 S^2 表示对 σ^2 的无偏估计,参看定理 3,$n-q$ 是 S^2 的自由度.

3. 关于模型的检验问题

对模型是否合适的检验问题涉及以下几方面内容.

(1) 利用重复试验检验模型的合理性.

假设选用模型(22.4-4),并在$(x_{i_1},\cdots,x_{i_p})$点处进行 r_i 次试验,结果为 Y_{ij} $(j=1,\cdots,r_i;i=1,\cdots,m)$,全部 $n=r_1+\cdots+r_m$ 次试验是独立的.记

$$\beta = (\beta_0,\beta_1,\cdots,\beta_p)^T,\boldsymbol{X}_i = (1,x_{i_1},\cdots,x_{i_p})^T \quad (i = 1,\cdots,m).$$

利用最小二乘法求 $\hat{\beta}$ 使

$$Q(\hat{\beta}) = \sum_{i=1}^{m}\sum_{j=1}^{r_i}(Y_{ij}-\boldsymbol{X}_i^T\hat{\beta})^2 = \min.$$

记

$$\overline{Y}_i = \frac{1}{r_i}\sum_{j=1}^{r_i}Y_{ij},$$

有

$$Q(\beta) = SS_{e_1}+\sum_{i=1}^{m}r_i(\overline{Y}_i-\boldsymbol{X}_i^T\beta)^2,$$

其中

$$SS_{e_1} = \sum_{i=1}^{m}\sum_{j=1}^{r_i}(Y_{ij}-\overline{Y}_i)^2.$$

由此,求 $\hat{\beta}$ 使 $Q(\hat{\beta})=\min\limits_{\beta}Q(\beta)$的问题转化为使加权误差平方和

$$\sum_{i=1}^{m}r_i(\overline{Y}_i-\boldsymbol{X}_i^T\beta)^2 = \min.$$

有结论:$\hat{\beta}$ 可由方程

$$X^TRX\hat{\beta} = X^TR\overline{Y}$$

决定,其中

$$R = \mathrm{diag}(r_1, \cdots, r_m), \bar{\boldsymbol{Y}} = (\bar{Y}_1, \cdots, \bar{Y}_m)^T, X^{\mathrm{T}} = (\boldsymbol{X}_1 \ \vdots \ \cdots \ \vdots \ \boldsymbol{X}_m).$$

残差平方和为

$$SS_e = Q(\hat{\beta}) = SS_{e_1} + \sum_{i=1}^{m} r_i (\bar{Y}_i - \boldsymbol{X}_i^T \hat{\beta})^2 = SSe_1 + SS_{e_2}.$$

当 $n>m$,即至少有一试验点做了重复试验时,可以计算

$$\mathscr{F} = \frac{1}{f} SS_{e_2} \Big/ \frac{1}{n-m} SS_{e_1},$$

其中 $f=m-p-1$ 为 SS_{e_2} 的自由度. 当 $\mathscr{F} \geqslant F_{f,n-m}(\alpha)$ 时,否定所选择的模型.

(2) 在选定回归模型并做过试验后检验假设"所有自变量的回归系数为零".

如假设通过,则认为自变量与因变量关系甚小,模型不可用;否则认为模型可用. 但是,假设被接受也可能由于数据太少或试验误差太大,而假设被拒绝不足以说明模型已将对因变量有显著影响的自变量全部收入或方程确实可用. 因此做出解释时需要慎重.

(3) 对多个回归模型进行比较.

考虑同一批自变量 $x_1, \cdots, x_p$ 和两个因变量 Y, Z,并认为各自的模型是线性的,即

$$Y = \beta_0 + \beta_1 x_1 + \cdots + \beta_p x_p + e,$$
$$Z = \tilde{\beta}_0 + \tilde{\beta}_1 x_1 + \cdots + \tilde{\beta}_p x_p + \tilde{e},$$
$$e \sim N(0, \sigma^2), \ \tilde{e} \sim N(0, \sigma^2).$$

要求验证上述两模型是否一致,即检验 $\beta_i = \tilde{\beta}_i, (i=0,1,\cdots,p)$.

若两个模型的设计矩阵分别为 X 和 $\tilde{X}$,则 $Y=X\beta+e, Z=\tilde{X}\tilde{\beta}+\tilde{e}$,并可合并成统一线性模型

$$\boldsymbol{W} = X^* \beta^* + e^*,$$

其中

$$\boldsymbol{W} = \begin{pmatrix} Y \\ Z \end{pmatrix}, X^* = \begin{pmatrix} X & 0 \\ 0 & \tilde{X} \end{pmatrix}, \beta^* = \begin{pmatrix} \beta \\ \tilde{\beta} \end{pmatrix}, e^* = \begin{pmatrix} e \\ \tilde{e} \end{pmatrix}.$$

假设 $\beta=\tilde{\beta}$ 是关于 β^* 的一个线性假设,检验方法参看 22.4.1.

4. 自变量选择问题

包含 n 组数据和全部自变量的线性模型 $\boldsymbol{Y}=X\beta+e$ 称为**全模型**. 将 X 分块为 $X=(X_P \ \vdots \ X_R)$, β 分解为 $\beta=\begin{pmatrix} \beta_P \\ \beta_R \end{pmatrix}$. 若将回归系数在 β_R 中的自变量舍弃("剔除"),则得到线性模型

$$\boldsymbol{Y} = X_P \beta_P + \boldsymbol{e},$$

称以上模型为**选模型**.

假定在全模型和选模型之下，β 和 β_P 的 LS 估计分别为 $\hat{\beta}$ 和 $\hat{\beta}_P$. 在点 $\boldsymbol{x}=\begin{pmatrix}\boldsymbol{x}_P\\ \boldsymbol{x}_R\end{pmatrix}$ 处预测 $\boldsymbol{Y}$ 的值时，用全模型得到 $\hat{\boldsymbol{Y}}=\boldsymbol{x}^T\hat{\beta}$，用选模型得到 $\tilde{\boldsymbol{Y}}_P=\boldsymbol{x}_P^T\tilde{\beta}_P$，预测误差分别为 $\boldsymbol{D}=\boldsymbol{Y}-\boldsymbol{x}^T\hat{\beta}$ 和 $\boldsymbol{D}_P=\boldsymbol{Y}-\boldsymbol{x}_P^T\tilde{\beta}_P$. 于是可得

$$E(\boldsymbol{D}^2)=\mathrm{var}(\boldsymbol{D})=\sigma^2[1+\boldsymbol{x}^T(X^TX)^{-1}\boldsymbol{x}],$$

$$E(\boldsymbol{D}_P^2)=\sigma^2[1+\boldsymbol{x}_P^T(X_P^TX_P)^{-1}\boldsymbol{x}_p]+(\boldsymbol{x}_p^TA\beta_R-\boldsymbol{x}_R^T\beta_R)^2,$$

其中 $A=(X_P^TX_P)^{-1}X_P^TX_R$，而

$$E(\boldsymbol{D}^2)-E(\boldsymbol{D}_P^2)=(A^T\boldsymbol{x}_P-\boldsymbol{x}_R)^T(\sigma^2c_1-\beta_R\beta_R^T)(A^T\boldsymbol{x}_P-\boldsymbol{x}_R),\quad (22.4\text{-}5)$$

其中

$$X^TX=\begin{pmatrix}a & b\\ b^T & c\end{pmatrix},a=X_P^TX_P,(X^TX)^{-1}=\begin{pmatrix}a_1 & b_1\\ b_1^T & c_1\end{pmatrix}$$

在以上记法下，有

$$c_1=(c-b^Ta^{-1}b)^{-1}.$$

由(22.4-5)可知，若 $\sigma^2c_1-\beta_R\beta_R^T\geqslant 0$，则 $E(\boldsymbol{D}^2)\geqslant E(\boldsymbol{D}_P^2)$，即舍弃 β_R 所对应的各自变量后更为有利. 当记 $\hat{\beta}_R$ 为 β_R 在全模型中的 LS 估计时，上述条件变为

$$\mathrm{var}(\hat{\beta}_R)\geqslant\beta_R\beta_R^T,$$

即当 $\|\beta_R\|$ 很小或 $\mathrm{var}(\hat{\beta}_R)$ 很大时舍弃 β_R 更为有利.

22.4.3 方差分析

1. 单因素试验

设试验中出现了三个以上的总体，需要检验其均值的差异性. 如果每项试验中只有一个因素在改变，则称为**单因素试验**问题，因素所在的状态称为水平.

假定因素 A 有 s 个水平，$A_1,\cdots,A_s$. 在每个水平 A_j 下，总体分布为 $N(\mu_j,\sigma^2)$ $(j=1,\cdots,s)$，μ_j 与 σ^2 未知. 各总体方差相等(为 σ^2)的假定称为**方差齐性假定**. 在每个 A_j 下取样本观察值 $x_{1j},\cdots,x_{n_j}$，并设 s 个样本相互独立，于是可得以下线性模型.

$$\begin{cases}x_{ij}=\mu_j+\varepsilon_{ij}(i=1,2,\cdots,n_j)\\ \varepsilon_{ij}\sim N(0,\sigma^2)(j=1,2,\cdots,s),\end{cases}\quad (22.4\text{-}6)$$

其中 μ_j 和 σ^2 为常数；各 ε_{ij} 互相独立，称为**不可观察的随机变量**.

令 $n=n_1+\cdots+n_s$，定义总平均

$$\mu=\frac{1}{n}\sum_{j=1}^{t}n_j\mu_j,$$

并记 $\delta_j=\mu_j-\mu\ (j=1,\cdots,s)$，称 δ_j 为水平 A_j 的效应，则式(22.4-6)可化为

$$\begin{cases}x_{ij}=\mu+\delta_j+\varepsilon_{ij}(i=1,\cdots,n_j),\\ \varepsilon_{ij}\sim N(0,\sigma^2)\ (j=1,\cdots,s),\end{cases}\quad (22.4\text{-}7)$$

并有 $n_1\delta_1+\cdots+n_s\delta_s=0$.

现需要检验 s 个总体的均值是否相等,所以原假设与备择假设分别为

$$H_0:\delta_1=\delta_2=\cdots=\delta_s=0,$$

$$H_1:\delta_1,\delta_2,\cdots,\delta_s \text{ 不全为零}.$$

检验方法如下所述.

定义**数据总平均值**

$$\bar{x}=\frac{1}{n}\sum_{j=1}^{s}\sum_{i=1}^{n_j}x_{ij},$$

总平方和或总变差

$$S_T=\sum_{j=1}^{s}\sum_{i=1}^{n_j}(x_{ij}-\bar{x})^2,$$

在水平 A_j 下的总体样本平均值

$$\bar{x}_{\cdot j}=\frac{1}{n_j}\sum_{i=1}^{n_j}x_{ij}\quad(j=1,\cdots,s).$$

样本组内平方和或误差平方和

$$S_E=\sum_{j=1}^{s}\sum_{i=1}^{n_j}(x_{ij}-\bar{x}_{\cdot j})^2,$$

样本组间平方和

$$S_A=\sum_{j=1}^{s}n_j(\bar{x}_{\cdot j}-\bar{x})^2,$$

则有 $S_T=S_E+S_A$,且 S_T,S_E 和 S_A 的自由度分别为 $n-1,n-s$ 和 $s-1$.

定理 4(分解定理) 设各平方和 Q_j 的自由度为 $f_j(j=1,\cdots,k)$. 如果 $Q_1+\cdots+Q_k\sim\chi^2(n)$,且 $f_1+\cdots+f_k=n$,则 $Q_j\sim\chi^2(f_j)(j=1,\cdots,k)$且 $Q_1,\cdots,Q_k$ 相互独立.

由定理 4 可证,当原假设 H_0 为真时有$\frac{S_A}{\sigma^2}\sim\chi^2(s-1)$,且 S_A/σ^2 与 S_E/σ^2 相互独立. 于是,若有

$$\frac{(n-s)S_A}{(s-1)S_E}>F_\alpha(s-1,n-s),$$

则在水平 α 下拒绝 H_0,否则接受 H_0.

σ^2 的无偏估计为

$$\hat{\sigma}^2=S_E/(n-s).$$

当拒绝 H_0 时,μ 和 δ_j 的无偏估计分别为

$$\hat{\mu}=\bar{x},\hat{\delta}_j=\bar{x}_{\cdot j}-\bar{x}\quad(j=1,\cdots,s).$$

两总体 $N(\mu+\delta_j,\sigma^2)$和 $N(\mu+\delta_k,\sigma^2)(j\neq k)$的均值差 $\mu_j-\mu_k=\delta_j-\delta_k$ 的 $100(1-\alpha)\%$ 置信区间为

$$\left(\bar{x}_{\cdot j}-\bar{x}_{\cdot k}\pm t_{\frac{\alpha}{2}}(n-s)\sqrt{\frac{S_E}{n-s}\left(\frac{1}{n_j}+\frac{1}{n_k}\right)}\right).$$

2. 双因素试验

(1) 对水平的每对组合只观察一次的情形.

设有两因素 A,B 作用于总体 X, A,B 分别有 r 个水平和 s 个水平 $A_1,\cdots,A_r$ 和 $B_1,\cdots,B_s$. 对 A,B 水平的每对组合 A_i,B_j 观察 X 得到观察值 $x_{ij}(i=1,\cdots,r;j=1,\cdots,s)$并设各观察值相互独立. 考虑线性模型

$$x_{ij}=\mu+\alpha_i+\beta_j+\varepsilon_{ij},\varepsilon_{ij}\sim N(0,\sigma^2)\quad(i=1,\cdots,r,j=1,\cdots,s),$$

其中 μ,α_i,β_j 和 σ^2 是未知参数,

$$\sum_{i=1}^{r}\alpha_i=\sum_{j=1}^{s}\beta_j=0.$$

于是需检验的原假设和备择假设分别为

$$H_0:\alpha_1=\alpha_2=\cdots=\alpha_r=0,$$

$$H_0':\beta_1=\beta_2=\cdots=\beta_s=0,$$

H_1:诸 α_i,β_j 不全为零.

下面给出检验方法. 首先引入概念:

数据总平均值

$$\bar{x}=\frac{1}{rs}\sum_{j=1}^{s}\sum_{i=1}^{r}x_{ij},$$

数据总平方和或总变差

$$S_T=\sum_{j=1}^{s}\sum_{i=1}^{r}(x_{ij}-\bar{x})^2,$$

误差平方和

$$S_E=\sum_{j=1}^{s}\sum_{i=1}^{r}(x_{ij}-\bar{x}_{i\cdot}-\bar{x}_{\cdot j}+\bar{x})^2,$$

其中

$$\bar{x}_{i\cdot}=\frac{1}{s}\sum_{j=1}^{s}x_{ij}\,(i=1,\cdots,r),\ \bar{x}_{\cdot j}=\frac{1}{r}\sum_{i=1}^{r}x_{ij}\quad(j=1,\cdots,s),$$

因素 A 及因素 B 的平方和

$$S_A=s\sum_{i=1}^{r}(\bar{x}_{i\cdot}-\bar{x})^2,S_B=r\sum_{j=1}^{s}(\bar{x}_{\cdot j}-\bar{x})^2,$$

则有 $S_T=S_E+S_A+S_B$,且有结论

① 在$\frac{(s-1)S_A}{S_E}>F_\alpha(r-1,(r-1)(s-1))$时,在水平 α 下拒绝 H_0;在$\frac{(r-1)S_B}{S_E}>$

$F_\alpha(s-1,(r-1)(s-1))$时，在水平 α 下拒绝 H'_0.

② $\hat{\mu}=\bar{x}$ 是 μ 的无偏估计，$\hat{\sigma}^2=\dfrac{S_E}{(r-1)(s-1)}$是 σ^2 的无偏估计，与 α_i,β_j 之值无关.

③ 当拒绝 H_0 时，$\hat{\alpha}_i=\bar{x}_{i\cdot}-\bar{x}$ 是 α_i 的无偏估计，$i=1,\cdots,r$；当拒绝 H'_0 时，$\hat{\beta}_j=\bar{x}_{\cdot j}-\bar{x}$ 是 β_j 的无偏估计($j=1,\cdots,s$).

(2) 双因素等重复试验情形.

为了考虑 A,B 各水平的效应以及交互作用，对于每组水平 A_i,B_j 做 t 次试验，记 x_{ijk} 为在水平 A_i,B_j 下的第 k 次试验观察值，则有线性模型

$$x_{ijk}=\mu+\alpha_i+\beta_j+\gamma_{ij}+\varepsilon_{ijk}$$
$$(i=1,\cdots,r;j=1,\cdots,s;k=1,\cdots,t),$$

其中 α_i,β_j 分别为水平 A_i,B_j 的效应而 γ_{ij} 为 A_i 与 B_j“搭配”的效应，且满足

$$\sum_{i=1}^{r}\alpha_i=\sum_{j=1}^{t}\beta_j=\sum_{i=1}^{r}\gamma_{ij}=\sum_{j=1}^{s}\gamma_{ij}=0,$$

各随机变量 ε_{ijk} 相互独立，$\varepsilon_{ijk}\sim N(0,\sigma^2)$. $\mu,\alpha_i,\beta_j,\gamma_{ij},\sigma^2$ 都是未知参数.

原假设为

$$H_0:\alpha_1=\alpha_2=\cdots=\alpha_r=0,$$
$$H'_0:\beta_1=\beta_2=\cdots=\beta_s=0,$$
$$H''_0:\gamma_{11}=\cdots=\gamma_{1s}=\cdots=\gamma_{rs}=0.$$

引入以下记法：

$$\bar{x}=\frac{1}{rst}\sum_{k=1}^{t}\sum_{j=1}^{s}\sum_{i=1}^{r}x_{ijk},$$

$$\bar{x}_{ij\cdot}=\frac{1}{t}\sum_{k=1}^{t}x_{ijk},$$

$$\bar{x}_{i\cdot\cdot}=\frac{1}{st}\sum_{k=1}^{t}\sum_{j=1}^{s}x_{ijk},$$

$$\bar{x}_{\cdot j\cdot}=\frac{1}{rt}\sum_{k=1}^{t}\sum_{i=1}^{r}x_{ijk},$$

$$S_T=\sum_{k=1}^{t}\sum_{j=1}^{s}\sum_{i=1}^{r}(x_{ijk}-\bar{x})^2,$$

$$S_E=\sum_{k}\sum_{j}\sum_{i}(x_{ijk}-\bar{x}_{ij\cdot})^2,$$

$$S_A=st\sum_{i}(\bar{x}_{i\cdot\cdot}-\bar{x})^2,$$

$$S_B=rt\sum_{j}(\bar{x}_{\cdot j\cdot}-\bar{x})^2,$$

$$S_I = t\sum_j \sum_i (\bar{x}_{ij\cdot} - \bar{x}_{i\cdot\cdot} - \bar{x}_{\cdot j\cdot} + \bar{x})^2,$$

则有 $S_T = S_E + S_A + S_B + S_I$，若

$$\frac{rs(t-1)S_I}{(r-1)(s-1)S_E} > F_\alpha((r-1)(s-1), rs(t-1)),$$

则在水平 α 下拒绝 H_0''. H_0 与 H_0' 的检验法与(1)类似.

3. 方差分析问题的一般提法

方差问题可以看做一个如式(22.4-4)所示的线性模型. 常数项 β_0 可视为总平均值，系数 $\beta_1, \cdots, \beta_p$ 分为若干组，每个系数表示某一水平的效应，或者两个以上水平的交互效应. 在此种模型下，方差分析所研究的内容包括如下各点：

(1) 检验各种效应是否存在.

(2) 若某种效应存在，则可进一步进行诸如 $\beta_1 = \beta_2$ 的检验问题，或者 $\beta_1 - \beta_2$ 的估计问题等，亦即讨论各水平间的差异问题.

(3) 在上述分析的基础上，定出各因素的一或多个“最佳”组合.

§22.5 抽样调查

22.5.1 基本概念

统计抽样调查的全称为大规模概率抽样调查. 调查研究的对象是一个有有限个单元的总体. 总体中的单元是可识别的，因此我们可以将一个有 N 个个体单元的有限总体记为

$$\mathscr{U}(N) = \{U_1, U_2, \cdots, U_N\},$$

N 一般已知，称为总体的大小. 我们调查研究的是这些单元的某项特定指标量 Y，研究的指标量集合为

$$\{Y_1, Y_2, \cdots, Y_N\}$$

不妨直接将指标集合 $\{Y_1, Y_2, \cdots, Y_N\}$ 作为总体. 按某种抽样方法从总体 $\mathscr{U}(N)$ 中取出 n 个个体单元作为样本，观测各样本单元的数量指标 Y，样本记为

$$y_1, y_2, \cdots, y_n.$$

$\{y_1, y_2, \cdots, y_n\}$ 系 $\{Y_1, Y_2, \cdots, Y_N\}$ 的一部分. 抽取的方法使每一可能的样本有一个确定的出现概率，这就构成一个由抽样设计形成的样本概率分布，依据这个分布可以计算一些样本统计量(比如样本平均值)的期望、方差等等. 一个总体单元按确定的抽取方法出现在样本中的概率称为**入样概率**.

如果我们记一个可能的样本为 s，记在确定的抽取下出现这个样本的概率为 $p(s)$，对一切 s 求和，应有 $\sum_s p(s) = 1$. 对任一单元 Y_k，对包含 Y_k 的全部 s 求和，

$\sum_{s\in Y_k} p(s)$ 即为单元 Y_k 的入样概率. 有

定理 1 对总体 $\{Y_1, Y_2, \cdots, Y_N\}$ 抽取一个样本量为 n 的无重复样本(即同一单元不在一个样本中重复出现),对任一抽样方法,记一个单元 Y_k 的入样概率为 π_k,记两个单元 Y_k、Y_l 同时入样的概率为 π_{kl},则有

(1) $\sum_{k=1}^{N} \pi_k = n$; (22.5-1)

(2) $\sum_{\substack{k=1\\k\neq l}}^{N} \pi_{kl} = (n-1)\pi_l$,对固定的 l. (22.5-2)

抽样调查最直接的主要任务,是根据测得的样本数量指标 $\{y_1, y_2, \cdots, y_n\}$,对总体 $\{Y_1, Y_2, \cdots, Y_N\}$ 的一些数字特征进行估计. 如估计

(1) 均值 $\bar{Y} = \frac{1}{N}\sum_{k=1}^{N} Y_k$ 或总和 $Y = \sum_{k=1}^{N} Y_k$;

(2) 方差 $S^2 = \frac{1}{N-1}\sum_{k=1}^{N}(Y_k - \bar{Y})^2$;

(3) 总体中满足某一特征的单元所占的比例 P;

(4) 总体 $\{Y_1, Y_2, \cdots, Y_N\}$ 的总体分布的分位数,如中位数等.

此外,要研究这些估计的误差,以及保证一定误差条件下所需的最小抽样数额,研究如何合理地使用总体的各种辅助信息,选择抽样方案使估计有较高的精度.

有限总体调查的估值方法,一般仍要求估计量的无偏性、相合性、有效性等通常的参数估计的优良标准. 抽样调查是大规模调查,样本量都比较大. 通常的要求可归纳如下:若以样本的统计量 w 估计总体的数字特征 W,

$$B(w) = E(w - W) = Ew - W$$

称为**偏差**;

$$MSE(w) = E(w - W)^2 = \mathrm{var}(w) + [B(w)]^2$$

称为**均方偏差**,估计量 w 应满足:

(1) 样本量 n 增大时,偏差与均方偏差同时变小,且偏差同时变小的速度更快;

(2) 比较两种估计量的好坏,以它们的均方偏差的大小为准,均方偏差小者为佳.

抽样调查的一个完整方案,包括抽取方法设计,现场调查实施,数据汇总,估计方法等重要构件.

22.5.2 简单随机抽样

1. 简单随机抽样的实现

定义 1 从有限总体的 N 个可识别单元中抽取 n 个单元作为样本,若一切可能的 C_N^n 种实现均有相同的出现概率,即概率均为 $1/C_N^n$,这样获得的样本称为简单随机

样本.

简单随机抽样是最基础的抽样方法，当总体无其他信息，对每一个体单元只能平等对待时，常采用这种抽样方法.

对一个总体进行简单随机抽样，首先要有一个抽样框，即依据一种可识别的规则将总体中的 N 个单元与 N 个数码编号形成一一对应.然后从这 N 个编号中，按无放回抽取出 n 个样本单元.即以 $\frac{1}{N}$ 的概率从 N 个单元中抽取第一个样本单元，取出后不放回，再以 $\frac{1}{N-1}$ 的概率从剩下的 $N-1$ 个单元中抽取第二个样本单元，取出后不放回，再以 $\frac{1}{N-2}$ 的概率从剩下的 $N-2$ 个单元中抽取第三个样本单元，……，如此继续，直至取满 n 个样本单元.要从一堆单元中等概率地抽取出一个单元，通常利用随机数表、计算机、投掷随机骰子等办法产生随机数，以保证每次抽取对各单元有相等的概率.下面以随机数表为例，说明实现简单随机抽样的过程.

例 1 利用下面列出的一段随机数表，从 $N=345$ 的总体中无放回等概率地抽取一个 $n=15$ 的简单随机样本.

65547	38844	76684	79311	14957	29414
95846	75837	62180	32361	60884	46299
05630	54244	63447	89809	25580	05712
36056	02112	26619	96244	83097	87484
53454	43644	78740	92558	00571	23846
05602	11326	61996	24476	73556	38600
58225	78627	63434	56074	16727	37950
79596	95072	47269	56088	44830	97949
69398	04569	92933	81257	00581	62354
56323	62258	69507	24726	61998	79083
77938	11661	05977	88443	59761	67691
29639	91665	60829	41925	98282	45705
61103	91058	48817	76031	45170	96216
34313	65698	31262	00327	63095	63616
35161	11756	31582	58790	05298	77734

设总体 $\mathscr{U}(N)$ 是 $N=345$，要从 N 个单元中抽 $n=15$ 个样单元，则从随机数表中任取三列构成的三位数中，逐行取出不同的三位数.当数在 001～345 之间时，则总体中该号码的单元入样.当数在 401～745 之间时，则该数减去 400 的号码入样.其余的 000，346～400，746～999 舍去.当某号码已入样，而再次碰到该号码时，只算一次.例如，用

上列随机数表，先取三列，这儿取第 8、9、10 列构成三位数. 第一个数是 844，舍去. 第二个数是 837，也舍去. 第三个数是 244，则 244 号单元入样. 第四个数是 112 号单元入样. 第五个数是 644，减去 400 为 244，由于 244 号已入样，故也舍去. 如此继续. 可得 326、227、072、169、258、261、265、058、298 号入样. 第 8、9、10 列随机数已取完，但入样单元仍不足 15 个. 此时可转到另外的三列继续取. 和利用第 18、19、20 列. 则继续得 311、158、076、074 号入样. 取满 15 个即停止.

2. 简单估值法

一个抽样方案除了抽样方法外，还应有与抽样方法一致的对总体目标量的估计，两者一起才组成一个完整的方案. 对总体采用简单随机抽样时，对总体目标量的均值或总数，在没有其他辅助信息时，可以用**简单估值法**，以样本的均值估计总体的均值；当有适宜的辅助信息可利用时，则可采用比估计、回归估计等. 以下是简单估值法的几个定理.

定理 2 设 $y_1, y_2, \cdots, y_n$ 是总体

$$\mathscr{U} = \{Y_1, Y_2, \cdots, Y_N\}$$

的一个样本量为 n 的简单随机样本，则样本均值 $\bar{y} = \frac{1}{n}\sum_{i=1}^{n} y_i$ 是总体均值 $\bar{Y}$ 的无偏估计. 该估计 $\bar{y}$ 的均方偏差（无偏时即为方差）为

$$V(\bar{y}) = E(\bar{y} - \bar{Y})^2 = \frac{1}{n}\left(1 - \frac{n}{N}\right)S^2 \tag{22.5-3}$$

其中 $s^2 = \frac{1}{N-1}\sum_{k=1}^{N}(Y_k - \bar{Y})^2$

定理 3 在简单随机抽样下，样本方差

$$s^2 = \frac{1}{n-1}\sum_{i=1}^{n}(y_i - \bar{y})^2$$

是总体方差 S^2 的无偏估计，从而量

$$v(\bar{y}) = \frac{1}{n}\left(1 - \frac{n}{N}\right)s^2 \tag{22.5-4}$$

是估计 $\bar{y}$ 的方差 $V(\bar{y})$ 的无偏估计.

例 2 某县有 559 家药店，要从中抽出 20 家调查某日的日销售额. 用简单随机抽样抽取 20 家药店作样本. 调查得出某日的日销售额的样本均值为 8.42（千元）. 以此估计该县 559 家药店的一家的平均销售额. 559 家药店的销售额总数的估计则为

$$N \cdot \bar{y} = (559) \cdot (8.42) = 4706.78(\text{千元})$$

这种估计的精度可从估计量方差看出来. $\bar{y}$ 的方差的估计量为

$$v(\bar{y}) = \frac{1}{n}\left(1 - \frac{n}{N}\right)s^2$$

本例 $n=20$，样本算出的 $s^2=4.2018$. 故估计为

$$v(\bar{y})=\frac{1}{20}\left(1-\frac{20}{559}\right)(4.2018)=0.2026$$

平均销售额估计的标准差估计为 $\sqrt{v(\bar{y})}=0.45$.

例 3() 当需要估计的是总体中具有某一特征的个体单位的比例时，我们可以规定

$$z_i=\begin{cases}1 & \text{当第 } i \text{ 个体单位具有该特征}\\ 0 & \text{当第 } i \text{ 个体单位没有该特征}\end{cases}$$

则 z 的总数即为总体中具有该特征的个体的总数，平均数 $\dfrac{z}{N}$ 即为所需估计的比例 P. 按简单估值法，用样本中具有该特征的个体的比例数(样本平均数)

$$p=\frac{1}{n}\sum_{i=1}^{n}z_i=\frac{n_1}{n}$$

估计 P. 这一估计的方差的无偏估计量为

$$\begin{aligned}v(p)&=\frac{1}{n}\left(1-\frac{n}{N}\right)s^2\\&=\frac{1}{n}\left(1-\frac{n}{N}\right)\frac{1}{n-1}\left[\sum_{i=1}^{n}z_i^2-\frac{1}{n}\left(\sum_{i=1}^{n}z_i\right)^2\right]\\&=\frac{1}{n(n-1)}\left(1-\frac{n}{N}\right)\left[n_1-\frac{1}{n}n_1^2\right]\\&=\frac{1}{n-1}\left(1-\frac{n}{N}\right)p(1-p)\end{aligned}$$

3. 区间估计与样本量的确定

大规模抽样调查由于样本量很大，可利用极限分布确定区间估计. 有限总体无放回抽取的样本可利用下述 Wald-Wolfowitz 定理.

定理 4 设 $\{a_{N1},\cdots,a_{NN}\}$ 和 $\{x_{N1},\cdots,x_{NN}\}$ $(N=1,2,\cdots)$ 是两个实数序列的集合，满足：对 $r=3,4$ 及大的 N，有

$$\frac{\dfrac{1}{N}\displaystyle\sum_{i=1}^{N}(a_{Ni}-\bar{a}_N)^{\gamma}}{\left[\dfrac{1}{N}\displaystyle\sum_{i=1}^{N}(a_{Ni}-\bar{a}_N)^2\right]^{\gamma/2}}=O(1),\quad \bar{a}_N=\frac{1}{N}\sum_{i=1}^{N}a_{Ni},$$

$$\frac{\dfrac{1}{N}\displaystyle\sum_{i=1}^{N}(x_{Ni}-\bar{x}_N)^{\gamma}}{\left[\dfrac{1}{N}\displaystyle\sum_{i=1}^{N}(x_{Ni}-\bar{x}_N)^2\right]^{\gamma/2}}=O(1),\quad \bar{x}_N=\frac{1}{N}\sum_{i=1}^{N}x_{Ni},$$

对每一 N，$(X_1,\cdots,X_N)$ 是取值为 $(x_{N1},\cdots,x_{NN})$ 的全部排列上均匀分布的随机向量.

又令

$$L_N = \sum_{i=1}^{N} a_{Ni} X_i$$

则当 $N \to \infty$ 时，

$$P\left\{\frac{L_N - E(L_N)}{\sqrt{\mathrm{var}(L_N)}} \leqslant 2\right\} \to \frac{1}{\sqrt{2\pi}} \int_{-\infty}^{2} e^{-\frac{1}{2}t^2} dt \qquad (22.5\text{-}5)$$

在抽样调查中，各种抽样方法下的总体均值估计量都可根据这一定理论证其极限分布为正态分布. 例如在简单随机抽样简单估值法中，取

$$\{a_{N1}, \cdots, a_{NN}\} = \{Y_1, \cdots, Y_N\}$$

$$\{x_{N1}, \cdots, x_{NN}\} = \{\underbrace{\frac{1}{n}, \cdots, \frac{1}{n}}_{n\text{个}}\ 0, \underbrace{\cdots}_{N-n\text{个}}, 0\}$$

则有 $\bar{y} = \frac{1}{n}\sum_{i=1}^{n} y_i = \sum_{k=1}^{N} a_{Nk} X_k$，从而 $\bar{y}$ 有近似分布 $N(\bar{Y}, V(\bar{y}))$. 当 $\frac{1}{N}\sum_{k=1}^{N} Y_k^4$ 有界时，有

$$\frac{v(\bar{y})}{V(\bar{y})} \xrightarrow{p} 1,$$

故 $(\bar{y} - \bar{Y}) / \sqrt{v(\bar{y})}$ 亦有渐近分布 $N(0,1)$.

根据近似分布，可确定 $\bar{Y}$ 的区间估计，给定置信度 $1-\alpha$，其区间估计为

$$[\bar{y} - u_{1-\alpha/2}\sqrt{v(\bar{y})},\ \bar{y} + u_{1-\alpha/2}\sqrt{v(\bar{y})}], \qquad (22.5\text{-}6)$$

式中 $u_{1-\alpha/2}$ 是 $N(0,1)$ 分布的 $1-\frac{\alpha}{2}$ 分位数.

根据近似分布亦可在给定精度要求，即要求 $|\bar{y} - \bar{Y}| \leqslant d$ 的情况下确定出所需的最小样本量 $\boldsymbol{n}_0$. 在 $1-\alpha$ 置信度下，要求

$$P\{|\bar{y} - \bar{Y}| \leqslant d\} = 1 - \alpha,$$

对照区间估计的结果，可得

$$d = u_{1-\alpha/2}\sqrt{V(\bar{y})} = u_{1-\alpha/2}\left[\frac{1}{n}\left(1 - \frac{n}{N}\right)S^2\right],$$

解出

$$n = \frac{(u_{1-\alpha/2})^2 S^2}{d^2 + \frac{1}{N}(u_{1-\alpha/2})^2 S^2}. \qquad (22.5\text{-}7)$$

当总体数额 N 很大时，可取 $n = (u_{1-\alpha/2})^2 S^2 / d^2$，这是所需最小样本量的粗略估计. 所需样本量主要取决于总体的方差 S^2. 总体的方差 S^2 通常是未知的. 实际工作中常常从历史上的调查、类似的调查、或本案的先期少量调查获得 S^2 的粗略值.

4. 比估计

在抽样调查中有两类情况会用到**比估计**. 一类是所需估计的目标值是两个指标总数(或均值)的比值. 另一类是所需估计的目标值是某指标的总数(或均值),但有另一与 Y 关系密切的指标 X 可作为辅助变量,利用辅助变量的信息可改进估计的精度.

考虑到有另一变量,不妨记每一总体的个体单元有目标量 Y 和辅助量 X,即总体记为

$$\begin{Bmatrix} Y_1, Y_2, \cdots, Y_N \\ X_1, X_2, \cdots, X_N \end{Bmatrix},$$

对应的样本为

$$\begin{Bmatrix} y_1, y_2, \cdots, y_n \\ x_1, x_2, \cdots, x_n \end{Bmatrix},$$

要估 $R = \overline{Y}/\overline{X} = Y/X$ 或 $\overline{Y} = R\overline{X}$.

对这类问题,可用样本的比值 $\gamma = \bar{y}/\bar{x}$ 估计 R,其中 $\bar{y} = \dfrac{1}{n}\sum_{i=1}^{n} y_i, \bar{x} = \dfrac{1}{n}\sum_{i=1}^{n} x_i$.

定理 5 在简单随机抽样下,若存在与 N 无关的数 $\varepsilon(>0), M$,使 $\varepsilon < X_i < M$, $|Y_i| < M\ (i=1,2,\cdots,N)$,则有

(1) $E(\gamma - R) = -\dfrac{\mathrm{Cov}(\gamma, \bar{x})}{\overline{X}} = O\left(\dfrac{1}{n}\right)$; (22.5-8)

(2) $$E(\gamma - R)^2 = \frac{1-f}{n}\frac{1}{\overline{X}^2}\frac{1}{N-1}\sum_{k=1}^{N}(Y_k - RX_k)^2 + O\left(\frac{1}{n^{3/2}}\right) = O\left(\frac{1}{n}\right), \text{其中 } f = \frac{n}{N}; \tag{22.5-9}$$

(3) $$E\left[\frac{1}{n-1}\sum_{i=1}^{n}(y_i - \gamma x_i)^2\right] = \frac{1}{N-1}\sum_{k=1}^{N}(Y_k - RX_k)^2 + O\left(\frac{1}{n}\right) \tag{22.5-10}$$

由定理知,以 γ 估 R 是近似无偏的,其均方偏差近似为

$$E(\gamma - R)^2 = \frac{1-f}{n}\frac{1}{\overline{X}^2}\frac{1}{N-1}\sum_{k=1}^{N}(Y_k - RX_k)^2$$

当 $\overline{X}$ 已知时,可用

$$\bar{y}_R = \gamma\overline{X} \tag{22.5-11}$$

估计 $\overline{Y}$. 其均方偏差近似为

$$V(\bar{y}_R) = \frac{1-f}{n}\frac{1}{N-1}\sum_{k=1}^{N}(Y_k - RX_k)^2 \tag{22.5-12}$$

均方偏差的估计可采用

$$v(\bar{y}_R) = \frac{1-f}{n}\frac{1}{n-1}\sum_{i=1}^{n}(y_i - \gamma x_i)^2. \qquad (22.5\text{-}13)$$

当选用的辅助变量 X 与目标变量 Y 有较强的线性相关时，比估计 $\bar{y}_R$ 要比简单估计 $\bar{y}$ 精确，即有较小的均方偏差.

在抽样调查中，习惯上以简单随机简单估值法确定的估计量样本均值为基础，对任一种抽样方案，以该方案确定的总体均值（或总数）的估计量的均方偏差，与简单随机抽样简单估值法确定的估计量的均方差之比称为**方案的设计效应**，简记为 Deff. 例如以简单随机抽样比估值法作为实施方案，则实施方案的

$$\text{Deff} = \frac{V(\bar{y}_R)}{V(\bar{y})}. \qquad (22.5\text{-}14)$$

在确定估算方案所需的样本量时，通常在一定精度要求下先确定简单随机抽样简单估值法时所需的样本量 n_0，估算实施方案的 Deff 值，则实施方案所需样本量定为

$$n = n_0 \cdot (\text{Deff}). \qquad (22.5\text{-}15)$$

22.5.3 不等概 PPS 抽样

1. 实现方法

所谓 **PPS 抽样**是抽取概率正比于规模测度抽样方法的英文缩写. 总体 $\mathscr{U}$ 每一单元有一指标 Y_i，还有另一规模测度变量 $X_i > 0, i = 1, 2, \cdots, N$. 在抽取样本单元时，各单元被抽中的概率正比于 X_i.

定义 2 有放回 PPS 抽样是一种不等概抽样方法，每次抽取，第 i 单元 U_i 被抽中的概率 p_i 正比于 X_i，

$$p_i = \frac{X_i}{\sum_{k=1}^{N} X_k},$$

一次抽取后放回被抽中的单元再作下次抽取.

我们仍然可以利用随机数表或计算机产生的随机数等均匀随机数实现不等概抽样. 常用的有下列两种方法：

(1) 累积和法. 将总体各单元的规模测度 X_i 逐单元累加，得

$$X_1, X_1 + X_2, X_1 + X_2 + X_3, \cdots, \sum_{k=1}^{N-1} X_k, \sum_{k=1}^{N} X_k.$$

对自然数号码集合 $\{1, 2, 3, \cdots, \sum_{k=1}^{N} X_k\}$ 作有放回简单随机抽样，记抽得的随机数为 a，则当

$a \in \{1, \cdots, X_1\}$ 时，U_1 入样为样本单元；

$a \in \{X_1 + 1, \cdots, X_1 + X_2\}$ 时，U_2 入样为样本单元；

…

$$a \in \left\{ \sum_{k=1}^{N-1} X_k + 1, \cdots, \sum_{k=1}^{N} X_k \right\}$$时，U_N 入样为样本单元.

(2) 最大规模法. 在全部规模测度 $X_1, X_2, \cdots, X_N$ 中找出最大值

$$M = \max\{X_1, X_2, \cdots, X_N\}$$

每次抽取从$\{1,2,\cdots,N\}$中简单随机地取一随机数 a，同时再独立地从$\{1,2,\cdots,M\}$中简单随机地取一随机数 b. 当 $b \leqslant X_a$ 时，单元 U_a 入样为样本单元，若 $b > X_a$，则此次抽取无单元入样. 如此重复，直至取满 n 个样本单元.

2. 估值法

PPS 抽样法的估值法的根据是下列两个定理.

定理 6 在有放回 PPS 抽样下，

$$\hat{Y}_{\mathrm{PPS}} = \frac{1}{n} \sum_{i=1}^{n} \frac{y_i}{p_i} \tag{22.5-16}$$

是总体总数 $Y = \sum_{k=1}^{N} Y_k$ 的无偏估计.（式中 p_i 是第 i 个样本单元 y_i 的抽取概率，p_i 和 y_i 一样是依赖样本单元 i 的随机数.）上述估计的方差为

$$V(\hat{Y}_{\mathrm{PPS}}) = \frac{1}{n} \sum_{k=1}^{N} p_k \left(\frac{Y_k}{p_k} - Y \right)^2. \tag{22.5-17}$$

定理 7 在有放回 PPS 下，$V(\hat{Y}_{\mathrm{PPS}})$的一个无偏估计为

$$v(\hat{Y}_{\mathrm{PPS}}) = \frac{1}{n(n-1)} \sum_{i=1}^{n} \left(\frac{y_i}{p_i} - \hat{Y}_{\mathrm{PPS}} \right)^2. \tag{22.5-18}$$

22.5.4 分层抽样

1. 分层样本

定义 3 **分层抽样**是将总体分成若干互不相交的 K 个子总体，即令有 N 个个体单元的有限总体

$$\mathscr{U}(N) = \mathscr{U}(N_1) \cup \mathscr{U}(N_2) \cup \cdots \cup \mathscr{U}(N_K),$$

$$N = N_1 + N_2 + \cdots + N_K,$$

子总体 $\mathscr{U}(N_i)$称为第 i 层，有 N_i 个个体单元，记子总体

$$\mathscr{U}(N_i) = \{Y_{i_1}, Y_{i_2}, \cdots, Y_{iN_i}\}, \quad i = 1, \cdots, K.$$

分层抽样从每一层中独立地抽取一个样本

$$\{y_{i_1}, y_{i_2}, \cdots, y_{i_{n_i}}\}, \quad i = 1, \cdots, K.$$

K 个层的样本一起组成总的样本，总样本量为

$$n = n_1 + n_2 + \cdots + n_K.$$

分层抽样是抽样调查时最常使用的抽样技术.除了为获得各层的指标的估计值，进行分层抽样外，通常分层抽取样本主要是为了提高样本的代表性，提高效率.当总体的个体单元之间差异很大时，随机抽取的样本波动也会很大，将总体中特性相近的个体单元集合成一些层，从各层抽取一个样本会提高整个样本的代表性.另外为了组织管理的方便，也常将总体分成一些层抽样.

2. 估值法

记分层后的总体为

$$\begin{Bmatrix} Y_{11},\cdots,Y_{1N_1} \\ Y_{21},\cdots,Y_{2N_2} \\ \cdots\cdots\cdots\cdots\cdots \\ Y_{K1},\cdots,Y_{KN_K} \end{Bmatrix}, N_1+N_2+\cdots+N_K=N.$$

从每一层按某种抽样方法抽取一样本，总样本为

$$\begin{Bmatrix} y_{11},\cdots,y_{1n_1} \\ y_{21},\cdots,y_{2n_2} \\ \cdots\cdots\cdots \\ y_{K1},\cdots,y_{Kn_K} \end{Bmatrix}, n_1+n_2+\cdots+n_K=n.$$

总样本量为 n，各层样本量分别为 $n_1,n_2,\cdots,n_K$. 并记

$$W_i=\frac{N_i}{N},\ w_i=\frac{n_i}{n},\ f_i=\frac{n_i}{N_i},\quad i=1,\cdots,K,$$

$$Y_i=\sum_{k=1}^{N_i}Y_{ik},\ \overline{Y}_i=Y_i/N_i,\ S_i^2=\frac{1}{N_i-1}\sum_{k=1}^{N_i}(Y_{ik}-\overline{Y}_i)^2,$$

$$\bar{y}_i=\frac{1}{n_i}\sum_{j=1}^{n_i}y_{ij},\ s_i^2=\frac{1}{n_i-1}\sum_{j=1}^{n_i}(y_{ij}-\bar{y}_i)^2,$$

$$Y=\sum_{i=1}^{K}\sum_{k=1}^{N_i}Y_{ik},\ \overline{Y}=\frac{Y}{N}=\sum_{i=1}^{K}\frac{N_i\overline{Y}_i}{N}=\sum_{i=1}^{K}W_i\overline{Y}_i.$$

定理 8 如果分层抽样样本是从每一层独立抽取的，且每一层 $\overline{Y}_i$ 有无偏估 $\hat{\overline{Y}}_i$，则估计量

$$\hat{\overline{Y}}_{st}=\sum_{i=1}^{K}W_i\hat{\overline{Y}}_i \tag{22.5-19}$$

是 $\overline{Y}$ 的无偏估计，其均方偏差为

$$V(\hat{\overline{Y}}_{st})=\sum_{i=1}^{K}W_i^2V(\hat{\overline{Y}}_i). \tag{22.5-20}$$

例 4 当各层独立抽取的都是简单随机样本，且每层的 $\overline{Y}_i$ 用简单估值时，则估计

量

$$\bar{y}_{st}=\sum_{i=1}^{K}W_i\bar{y}_i \tag{22.5-21}$$

是 $\bar{Y}$ 的无偏估计.对应的均方偏差为

$$V(\bar{y}_{st})=\sum_{i=1}^{K}W_i^2\frac{1}{n_i}(1-f_i)S_i^2.$$

$V(\bar{y}_{st})$的一个无偏估计为

$$v(\bar{y}_{st})=\sum_{i=1}^{K}W_i^2\frac{1}{n_i}(1-f_i)s_i^2. \tag{22.5-22}$$

分层抽样的原则是各层分别抽取样本,各层分别估计各层的总数或平均数,如果要估计总体的总数,则各层总数之和即可;若估计总体的平均数,则需加权综合出估计量.各层的抽样和估值可分别采用各种不同的方案,不必一样.比如甲层可用简单随机抽样简单估值法估出层的平均值,而乙层用 PPS 抽样用 PPS 的估值法估出层的平均值,然后加权综合出整个总体的平均值估计.

3. 样本量的分配

(1) 等额样本

等额样本即每一层取样本量为 $n_i=\dfrac{n}{K}, i=1,\cdots,K$.这主要是为了管理方便,这样分配样本也可使各层指标量的估计有差不多的精度.

(2) 按比例分配

按比例分配即样本量按总体中各层个体单元的数量所占的比例进行分配,$n_i=n\cdot\dfrac{N_i}{N}$.当各层的个体单元数量 N_i 已知,而其他信息很少时常采用这种分配方法.

(3) 奈曼(Neyman)最优分配

该分配是考虑使分层简单估计的方差 $V(\bar{y}_{st})$达到最小.该分配可叙述为下列奈曼定理.

定理 9 分层抽样中,$n=\sum_{i=1}^{K}n_i$ 固定,使

$$V(\bar{y}_{st})=\sum_{i=1}^{K}W_i^2\frac{1}{n_i}(1-f_i)S_i^2$$

达到最小的样本量分配为

$$n_i=n\frac{W_iS_i}{\sum_{i=1}^{K}W_iS_i},\ i=1,\cdots,K. \tag{22.5-23}$$

采用这一分配方法,也需通过历史上的调查、类似调查或先期小量调查了解 S_i 间的比例.

(4) 考虑费用的最佳分配

分层抽样的费用常可考虑为下列形式

$$C = C_0 + \sum_{i=1}^{K} n_i C_i,$$

C_0 为调查的基本费用,$C_i(i=1,\cdots,K)$为在第 i 层调查一个样本单元的费用.有下述定理.

定理 10 在分层抽样中,固定费用 C 使 $V(\bar{y}_{st})$ 最小,或使 $V(\bar{y}_{st})$ 为固定值而使费用 C 最小样本量分配有

$$n_i \propto \frac{W_i S_i}{\sqrt{C_i}}, \quad i = 1,\cdots,K. \tag{22.5-24}$$

4. *后分层估计*

分层抽样是先划分好层,再在各层中分别进行抽样.如果对总体实施不分层的简单随机抽样,在调查中明确每一样本单元的特征,如年龄、性别、民族、教育状况等等,调查后再按这些特征将全部样本单元分层,这种情形可采用后分层估计.后分层以后各层中样本单元的个数 n_i 是一随机变量.但后分层估计仍是对每一层求层样本平均值 $\bar{y}_i$,以

$$\bar{y}_W = \sum_{i=1}^{K} W_i \bar{y}_i \tag{22.5-25}$$

估总体平均值 $\bar{Y}$.关于后分层估计有定理.

定理 11 对后分后估计,当 $n_i>0(i=1,\cdots,K)$时,估计量是无偏的,即有

$$E(\bar{y}_W) = \bar{Y}$$

该估计的均方偏差近似为

$$V(\bar{y}_W) = \frac{1-f}{n}\sum_{i=1}^{K} W_i^2 S_i^2 + \frac{1}{n^2}\sum_{i=1}^{K}(1-W_i)S_i^2. \tag{22.5-26}$$

当 n 很大时,(22.5-26)式右端第二项相对第一项是比较小的,所以当 n 较大时后分层估计 $\bar{y}_W$ 与按比例分配的分层估计 $\bar{y}_{st}$ 有差不多的精度.

22.5.5 多阶抽样

1. *问题的提法*

多阶抽样是实际工作中常用的抽样技术,当调查总体的规模很大时,总是将总体分成若干子总体,实行多阶抽样.多阶抽样可以有二阶、三阶、四阶等等,各阶的抽选样本单元的原则以及估计量的估计原理是一样的,只是套叠的层数多些,可看作二阶抽样的多层套叠.

二阶抽样问题的一般提法如下:总体 $\mathscr{U}$ 可分成 K 个子总体,称为第一级抽样单元的 $\mathscr{U}(N_i)$,$i=1,\cdots,K$.第一级抽样单元 $\mathscr{U}(N_i)$中有 N_i 个第二级抽样单元,

$$\mathscr{U}(N_i) = \{Y_{i_1}, \cdots, Y_{iN_i}\}, \quad i = 1, \cdots, K.$$

调查的总目标量 $G=G_1+G_2+\cdots+G_K$，它是各个第一级抽样单元的目标量 G_i 的和，如总体总数

$$Y = \sum_{i=1}^{K}\sum_{j=1}^{N_i} Y_{ij} = Y_1 + Y_2 + \cdots + Y_K.$$

因为第一级抽样单元在第一阶抽样中均有被抽中的可能，所以对每一个第一级抽样单元均应预先拟定一个组内抽样计划，并选定目标量 G_i 的估计量等，给以适当的符号，列出下表：

第一级抽样单元	$\mathscr{U}(N_1), \mathscr{U}(N_2), \cdots, \mathscr{U}(N_K)$
第一级组内目标量	$G_1, \quad G_2, \quad \cdots, G_K$
拟定的组内第二阶抽样法	方法 1，方法 2，…，方法 K
组内对 G_i 的估计量	$g_1, \quad g_2, \quad \cdots, g_K$
估计量 g_i 的均方偏差	$\sigma_1^2, \quad \sigma_2', \quad \cdots, \sigma_K^2$
均方偏差的估计量	$\hat{\sigma}_1^2, \quad \hat{\sigma}_2^2, \quad \cdots, \hat{\sigma}_K^2$

2．估值法

在上面列表中符号的基础上，结合第一阶抽样方法，给出总体目标量 G 的估计量及其均方偏差. 记第一阶入样的样本单元的号码为 $\theta_1, \theta_2, \cdots, \theta_k$，第一级样本单元的目标量 $G_{\theta_1}, G_{\theta_2}, G_{\theta_k}$ 的估计量为 $g_{\theta_1}, g_{\theta_2}, \cdots, g_{\theta_k}$，以它们构造 G 的估计量.

定理 12 第一阶抽样为 PPS 抽样时，目标量 G 的估计问题如下：若 g_i 是 G_i 的无偏估计，则

G 的一个无偏估计为

$$\hat{G}_{\mathrm{PPS}} = \frac{1}{k}\sum_{i=1}^{K}\frac{g_{\theta_i}}{p_{\theta_i}}. \tag{22.5-27}$$

$\hat{G}_{\mathrm{PPS}}$ 的均方偏差为

$$V(\hat{G}_{\mathrm{PPS}}) = \frac{1}{k}\sum_{i=1}^{K} p_i\left(\frac{G_i}{p_i} - G\right)^2 + \frac{1}{k}\sum_{i=1}^{K}\frac{\sigma_i^2}{p_i}. \tag{22.5-28}$$

均方偏差 $V(\hat{G}_{\mathrm{PPS}})$ 的一个无偏估计为

$$v(\hat{G}_{\mathrm{PPS}}) = \frac{1}{k(k-1)}\sum_{i=1}^{K}\left(\frac{g_{\theta_i}}{p_{\theta_i}} - \hat{G}_{\mathrm{PPS}}\right)^2. \tag{22.5-29}$$

其中 p_i 为第一级样本单元 $\mathscr{U}(N_i)$ 对应的 PPS 抽取概率.

定理 13 第一阶抽样为无放回简单随机抽样，组内 g_i 是 G_i 的无偏估计时，有 G 的一个无偏估计为

$$\hat{G}_s = \frac{K}{k}\sum_{i=1}^{K} g_{\theta_i}. \tag{22.5-30}$$

$\hat{G}_s$ 的均方偏差为

$$V(\hat{G}_s) = \mathrm{Var}(\hat{G}_s) = \frac{K^2}{k(K-1)}\left(1-\frac{k}{K}\right)\sum_{i=1}^{K}\left(G_i - \frac{G}{K}\right)^2 + \frac{K}{k}\sum_{i=1}^{K}\sigma_i^2. \tag{22.5-31}$$

$V(\hat{G}_s)$的一个无偏估计为

$$v(\hat{G}_s) = \frac{K^2}{k(k-1)}\left(1-\frac{k}{K}\right)\sum_{i=1}^{K}\left(g_{\theta_i} - \frac{1}{K}\hat{G}_s\right)^2 + \frac{K}{k}\sum_{i=1}^{K}\hat{\sigma}_{\theta_i}^2. \tag{22.5-32}$$

二阶抽样中各个第一级抽样单元内拟定的组内第二阶抽样方法，即前面所列表中之方法 1、方法 2、…、方法 K 可以是相同的抽样方法，也可以是不同的抽样方法．当然对不同的抽样方法，会根据配套理论得到相应的估计量 $g_1, g_2, \cdots$，以及其均方偏差的估计量 $\hat{\sigma}_1^2, \hat{\sigma}_2^2, \cdots$等.

实际工作中有一种称为整群抽样的抽样方法，它可看作是二阶抽样的特例，即在组内抽样时采用全面普查，此时各一级抽样单元的目标量 G_i 的估计即为真实的 G_i 自身．而组内估计量的均方偏差即其估计量 σ_i^2 与 $\hat{\sigma}_2^2$ 均为零.

§ 22.6　多元数据分析

22.6.1　多元数据

在多元统计中，统计推断的理论工作大多数都是基于总体为多元正态的假定，然而在高于一维的情况中，要说明一组样本来自多元正态总体是非常困难的．本节将介绍一些常用的多元数据的处理方法，但不讨论这些方法的结果的置信程度．实际上离开正态性时，要确定方法是否稳健是十分困难的，因而处理结果总是需要从有关专业的角度进行解释和认证.

我们假定有 p 个变量 $Y_1, Y_2, \cdots, Y_p$，有一组容量为 n 的随机样本，典型数据可排成 $p\times n$ 矩阵

$$Y = \begin{pmatrix} y_{11} & y_{12} & \cdots & y_{1n} \\ y_{21} & y_{22} & \cdots & y_{2n} \\ & \cdots\cdots\cdots & & \\ y_{p1} & y_{p2} & \cdots & y_{pn} \end{pmatrix}$$

这里 y_{ij} 是第 i 个变量的第 j 次观测值．第 i 变量的样本均值为

$$y_{i\cdot} = \frac{1}{n}\sum_{j=1}^{n} y_{ij},$$

样本方差为

$$S_{ii} = \frac{1}{n}\sum_{j=1}^{n}(y_{ij} - y_{i\cdot})^2.$$

由于多个变量所用的测量单位各不相同，数据一起分析时，常将初始变量标准化，使每一变量的 n 个观测值方差为 1，即变换数据，令

$$x_{ij} = (y_{ij} - y_{i.})/\sqrt{S_{ii}},$$

数据阵变为

$$X = \begin{pmatrix} x_{11} & x_{12} & \cdots & x_{1n} \\ x_{21} & x_{22} & \cdots & x_{2n} \\ & \cdots\cdots\cdots & & \\ x_{p1} & x_{p2} & \cdots & x_{pn} \end{pmatrix}, \tag{22.6-1}$$

并记第 i 个变量观测向量为

$$x_i = \begin{pmatrix} x_{i1} \\ x_{i2} \\ \vdots \\ x_{in} \end{pmatrix}, i = 1,2,\cdots,p,$$

则由数据阵 X 得出的协方差矩阵即为相关矩阵

$$R = \frac{1}{n}XX' = \begin{pmatrix} 1 & \gamma_{12} & \gamma_{13} & \cdots & \gamma_{1p} \\ \gamma_{21} & 1 & \gamma_{23} & \cdots & \gamma_{2p} \\ \cdots & \ddots & \ddots & & \cdots \\ \gamma_{p1} & \gamma_{p2} & \gamma_{p3} & \cdots & 1 \end{pmatrix}. \tag{22.6-2}$$

这是一个对称矩阵，主对角均为 1，$\gamma_{ij} = \gamma_{ji}$.

22.6.2 主成分分析

主成分分析是通过原变量的一些线性组合来解释方差协方差结构. 当原来 p 个变量的总变差能够由少数几个线性组合来概括的话，那么这些线性组合中包含的信息与原来 p 个变量几乎一样多，可以用这些线性组合代替原来的 p 个变量，这样会使观测数据从高维降到低维，简化了数据. 主成分分析的另一个作用是揭示变量之间的一些关系. 主成分分析一般不是目的，而是研究的某个中间环节，通过这一处理来发现重要的变量和变量间的某种关系.

主成分就是 p 个变量 $Y_1, Y_2, \cdots, Y_p$ 的一些特殊线性组合，这些线性组合把 $Y_1, Y_2, \cdots, Y_p$ 构成的坐标系旋转产生新的坐标系，在新坐标系提供了协差阵的简洁表示.

设 $Y' = (Y_1, Y_2, \cdots, Y_p)$ 的协差阵为 $\sum$，考虑线性组合

$$\begin{aligned} Z_1 &= l_{11}Y_1 + l_{12}Y_2 + \cdots + l_{1p}Y_p, \\ Z_2 &= l_{21}Y_1 + l_{22}Y_2 + \cdots + l_{2p}Y_p, \\ &\cdots\cdots \\ Z_p &= l_{p1}Y_1 + l_{p2}Y_2 + \cdots + l_{pp}Y_p, \end{aligned} \tag{22.6-3}$$

使线性组合 $Z_1,Z_2,\cdots,Z_p$ 之间互不相关.

当 p 个变量 $Y_1,Y_2,\cdots,Y_p$ 有样本观测时,可进行称样本为主成分的分析. 为避免变量间度量单元的差异. 首先将样本观测数据阵作标准化处理,变为 X 阵,寻找系数阵

$$L=\begin{pmatrix} l_{11} & l_{12} & \cdots & l_{1p} \\ l_{21} & l_{22} & \cdots & l_{2p} \\ \cdots & \cdots & & \cdots \\ l_{p1} & l_{p2} & \cdots & l_{pp} \end{pmatrix}, \tag{22.6-4}$$

使

$$Z=\begin{pmatrix} z_1' \\ z_2' \\ \vdots \\ z_p' \end{pmatrix}=\begin{pmatrix} z_{11} & z_{12} & \cdots & z_{1n} \\ z_{21} & z_{22} & \cdots & z_{2n} \\ \cdots & \cdots & & \cdots \\ z_{p1} & z_{p2} & \cdots & z_{pn} \end{pmatrix}=LX. \tag{22.6-5}$$

而

$$z_i'z_j=0, \qquad 当\ i\neq j. \tag{22.6-6}$$

也就是有,$i\neq j$ 时,

$$(l_{i1},\cdots,i_{ip})XX'\begin{pmatrix} l_{j1} \\ \vdots \\ l_{jp} \end{pmatrix}=n\sum_{k,m=1}^{p} l_{ik}r_{km}l_{jm}=0. \tag{22.6-7}$$

(22.6-7)式对 L 有 $\frac{1}{2}p(p-1)$ 个条件要求,而 L 有 p^2 个元素. 为了得到解还需添加 $\frac{1}{2}p(p+1)$ 个条件,这正好可以要求 L 是自正交的,即

$$LL'=I,$$

也就是

$$\sum_{k=1}^{p} l_{ik}l_{jk}=\begin{cases} 0, & i\neq j, \\ 1, & i=j. \end{cases} \tag{22.6-8}$$

(22.6-7)式就是要求协差阵

$$\frac{1}{n}ZZ'=\frac{1}{n}LXX'L'=LRL'$$

的非对角元素为 0,而对角线元素正是 $z_1,z_2,\cdots,z_p$ 对应的样本方差 $\lambda_1,\lambda_2,\cdots,\lambda_p$,即有

$$LRL'=\begin{pmatrix} \lambda_1 & 0 & \cdots & 0 \\ 0 & \lambda_2 & \cdots & 0 \\ \cdots & \cdots & \ddots & \cdots \\ 0 & 0 & \cdots & \lambda_p \end{pmatrix}=\Lambda. \tag{22.6-9}$$

由于 $L'L=L'L(L'L'^{-1})=L'IL'^{-1}=I$,故

$$RL' = L'\Lambda. \tag{22.6-10}$$

这是 p^2 个方程的方程组,考虑其中涉及 λ_1 的 p 个方程:

$$\begin{cases}\gamma_{11}l_{11}+\gamma_{12}l_{12}+\cdots+\gamma_{1p}l_{1p}=l_{11}\lambda_1,\\ \gamma_{21}l_{11}+\gamma_{22}l_{12}+\cdots+\gamma_{2p}l_{1p}=l_{12}\lambda_1,\\ \cdots\cdots\cdots\cdots\\ \gamma_{p1}l_{11}+\gamma_{p2}l_{12}+\cdots+\gamma_{pp}l_{1p}=l_{1p}\lambda_1.\end{cases} \tag{22.6-11}$$

为了得到$(l_{11},\cdots,l_{1p})$的非平凡解,要求行列式

$$\begin{vmatrix} r_{11}-\lambda_1 & r_{12} & \cdots & r_{1p}\\ r_{21} & r_{22}-\lambda_1 & \cdots & r_{2p}\\ \cdots\cdots\cdots\cdots \\ r_{p1} & r_{p2} & \cdots & r_{pp}-\lambda_1\end{vmatrix}=0$$

即

$$|R-\lambda_1 I|=0$$

对于 $\lambda_2,\cdots,\lambda_p$,方程是类似的.故 $\lambda_1,\lambda_2,\cdots,\lambda_p$ 应该是

$$|R-\lambda I|=0 \tag{22.6-12}$$

的 p 个根.这些正是矩阵 R 的特征值,相应的$(l_{i1},\cdots,l_{ip})$正是各 λ_i 相应的特征向量.按照(22.6-8)式的要求这些特征向量应是正交的单位向量.

这些线性组合称为**主成分**,它们是原来变量的不相关的线性组合.从另一个观点研究问题,找 $x_1,\cdots,x_P$ 的线性函数 z

$$z=\sum_{j=1}^{p}l_jx_j,$$

使其方差有极大值,即使得

$$\frac{1}{n}\sum_{j=1}^{p}\sum_{k=1}^{p}l_jl_k(x_jx_k')=\sum_{j=1}^{p}\sum_{k=1}^{p}l_jl_kr_{jk}$$

极大,而要求$(l_1,\cdots,l_p)$是单位向量,这等价于求下式的无条件极值,

$$Q=\sum_{j=1}^{p}\sum_{k=1}^{p}l_jl_kr_{jk}-\lambda\Big(\sum_{j=1}^{p}l_j^2-1\Big),$$

将 Q 对 l_j 微分,则得到极值点应满足的方程

$$\sum_{k=1}^{p}l_kr_{jk}-\lambda l_j=0\quad(j=1,\cdots,p),$$

这就是(22.6-10)式的方程组.这就是说具有极值的线性组合是主成分.我们可以以它们的方差(特征值 λ_i)的大小排序.不妨规定 $\lambda_1\geqslant\lambda_2\geqslant\cdots\geqslant\lambda_p$,最大的对应的主分量称为第一主分量,依次为第二,第三等等.

新的主成分的方差的总和为$(\lambda_1+\lambda_2+\cdots+\lambda_p)$,等于原变量协方差阵主对角元素

(方差)之和,标准化变量时为 p,故 $\lambda_1+\lambda_2+\cdots+\lambda_p=p$. 第 i 个主成分占总样本方差的比例为

$$\frac{\lambda_i}{\lambda_1+\cdots+\lambda_p}=\frac{\lambda_i}{p},\quad i=1,\cdots,p. \tag{22.6-13}$$

当某些 λ_i 较大,它们在总方差中占有极大的比例时,舍弃占比例很小的那一部分主成分,将可以大大简化数据结构并显著降低变量的维数,而信息损失很小.

22.6.3 因子分析

因子分析是假定 p 个变量的随机变异主要是一些共同的因子引起的,即拥有模型

$$\begin{aligned}
&Y_1-E(Y_1)=l_{11}F_1+l_{21}F_2+\cdots+l_{m1}F_m+\varepsilon_1,\\
&Y_2-E(Y_2)=l_{12}F_1+l_{22}F_2+\cdots+l_{m2}F_m+\varepsilon_2,\\
&\cdots\cdots\cdots\cdots\\
&Y_p-E(Y_p)=l_{1p}F_1+l_{2p}F_2+\cdots+l_{mp}F_m+\varepsilon_p.
\end{aligned} \tag{22.6-14}$$

上式中变量 $Y_1,Y_2,\cdots,Y_p$ 是可观测的,而 $F_1,F_2,\cdots,F_m$ 称为公共因子,$m<p$,是几个不可观测的变量,$\varepsilon_1,\varepsilon_2,\cdots,\varepsilon_p$ 称为特殊因子或误差,l_{ji} 称为第 i 个变量上第 j 个因子 F_j 的载荷. 模型假定因子间是互不相关的,假定

$$\begin{aligned}
&E(F_j)=0,j=1,\cdots,m.\\
&\mathrm{Cov}(F_j,F_l)=E(F_jF_l)=\begin{cases}1, & j=l,\\ 0, & j\neq l.\end{cases}\\
&E(\varepsilon_i)=0,\ i=1,\cdots,p,\\
&\mathrm{Cov}(\varepsilon_i,\varepsilon_k)=E(\varepsilon_i\varepsilon_k)=\begin{cases}\psi_i^2, & i=k,\\ 0, & i\neq k.\end{cases}\\
&\mathrm{Cov}(\varepsilon_i,F_j)=0,i=1,\cdots p,j=1,\cdots,m.
\end{aligned} \tag{22.6-15}$$

因子分析模型是希望用少数几个公共因子来解释变量中的主要变化. 当变量 $Y_1,Y_2,\cdots,Y_p$ 有观测样本阵 Y 时,可以通过样本主成分分析法,来确定公共因子,估计**因子的载荷**,以及特殊误差的方差 ψ_i.

通过主成分分析,我们可获得(22.6-5)式的 $Z=LX$,以及(22.6-9)等式. 由于 L 是正交的,故 Y 的相关阵可分解为

$$R=L'\Lambda L=\lambda_1\begin{pmatrix}l_{11}\\ \vdots\\ l_{1p}\end{pmatrix}(l_{11},\cdots,l_{1p})+\cdots+\lambda_p\begin{pmatrix}l_{p1}\\ \vdots\\ l_{pp}\end{pmatrix}(l_{p1},\cdots,l_{pp}).$$

当 p 个特征值中,取较大值的 m 个在全部总和中占有很大比例时,舍弃最后较小的 $p-m$ 个特征值时,略去它们对相关阵的贡献,则得到近似关系式

$$R \approx \lambda_1 \begin{pmatrix} l_{11} \\ \vdots \\ l_{1p} \end{pmatrix} (l_{11}, \cdots, l_{1p}) + \cdots + \lambda_m \begin{pmatrix} l_{m1} \\ \vdots \\ l_{mp} \end{pmatrix} (l_{m1}, \cdots, l_{mp}) + \begin{pmatrix} \psi_1 & 0 & \cdots & 0 \\ 0 & \ddots & \ddots & \vdots \\ \vdots & \ddots & \ddots & 0 \\ 0 & \cdots & 0 & \psi_p \end{pmatrix},$$

(22.6-16)

其中 $\psi_i = 1 - \sum_{j=1}^{m} \lambda_i l_{ji}$. 这就是说,当将主要的 m 个主成分看作公共因子,其余归并为误差的话,会得到(22.6-13)形式的表达式

$$X = \begin{pmatrix} X_1 \\ X_2 \\ \vdots \\ X_p \end{pmatrix} = L'Z = \begin{pmatrix} l_{11} & \cdots & l_{m1} \\ l_{12} & \cdots & l_{m2} \\ & \cdots\cdots & \\ l_{1p} & \cdots & l_{mp} \end{pmatrix} \begin{pmatrix} \sqrt{\lambda_1} \dfrac{Z_1}{\sqrt{\lambda_1}} \\ \vdots \\ \sqrt{\lambda_m} \dfrac{Z_m}{\sqrt{\lambda_m}} \end{pmatrix} + \begin{pmatrix} \varepsilon_1 \\ \varepsilon_2 \\ \vdots \\ \varepsilon_p \end{pmatrix} \quad (22.6\text{-}17)$$

式中 $Z_j / \sqrt{\lambda_j}$ 是标准化变量,作为公共因子,这部分因子产生的协差阵贡献正是

$$\lambda_1 \begin{pmatrix} l_{11} \\ \vdots \\ l_{1p} \end{pmatrix} (l_{11}, \cdots, l_{1p}) + \cdots + \lambda_m \begin{pmatrix} l_{m1} \\ \vdots \\ l_{mp} \end{pmatrix} (l_{m1}, \cdots, l_{mp}),$$

为 R 的主要部分. 第 i 个变量 X_i 中公共因子 $Z_j / \sqrt{\lambda_j}$ 上的载荷为 $\sqrt{\lambda_j} l_{ji}$. 而特殊因子的方差可估计为 $\psi_i^2 = 1 - \sum_{j=1}^{m} \lambda_j l_{ji}^2$.

最后要注意模型(22.6-13)当因子作正交变换下,是不确定的. 如果需要的话可找出正交变换用来得到新的因子. 在实际工作中,常自由旋转因子,以求对因子有直观的解释,使新因子与某一类变量相一致. 例如,将尽可能多的载荷缩减到 0,而使其余的载荷尽可能地大,或者对一些特定变量要求其具有大载荷的因子仅有一个. 较常用的旋转准则是方差极大法,即使得下式达到最大值

$$\sum_{j=1}^{m} \left[\sum_{i=1}^{p} \left(\frac{\lambda_j l_{ji}^2}{\psi_i^2} \right)^2 - \frac{1}{p} \left(\sum_{i=1}^{p} \frac{\lambda_j l_{ji}^2}{\psi_i^2} \right)^2 \right]. \quad (22.6\text{-}18)$$

22.6.4 多总体费歇尔判别

判别分析是研究个体属于哪种类型的一种统计方法. 一般来说,希望建立一个准则,对给定的一个样本个体 x,按准则判定它属于 K 个总体中的哪一个总体. 当然准则是在一定意义下是"优良"的.

当 K 个总体有一批样本,每一样本个体是确切知道来自哪一总体时,费歇尔创建了一个判别准则. 此时已知的样本(或称培训样本)记为

$$x^{(1)} = \begin{pmatrix} x_{11}^{(1)} & x_{21}^{(1)} & & x_{n_1 1}^{(1)} \\ x_{12}^{(1)} & x_{22}^{(1)} & \vdots & x_{n_1 2}^{(1)} \\ \vdots & \vdots & \vdots & \vdots \\ x_{1p}^{(1)} & x_{2p}^{(1)} & & x_{n_1 p}^{(1)} \end{pmatrix}$$

$$x^{(2)} = \begin{pmatrix} x_{11}^{(2)} & x_{21}^{(2)} & & x_{n_2 1}^{(2)} \\ x_{12}^{(2)} & x_{22}^{(2)} & \vdots & x_{n_2 2}^{(2)} \\ \vdots & \vdots & \vdots & \vdots \\ x_{1p}^{(2)} & x_{2p}^{(2)} & & x_{n_2 p}^{(2)} \end{pmatrix},$$

$$\cdots\cdots\cdots\cdots$$

$$x^{(K)} = \begin{pmatrix} x_{11}^{(K)} & x_{21}^{(K)} & \vdots & x_{n_K 1}^{(K)} \\ x_{12}^{(K)} & x_{22}^{(K)} & & x_{n_K 2}^{(K)} \\ \vdots & \vdots & \vdots & \vdots \\ x_{1p}^{(K)} & x_{2p}^{(K)} & & x_{n_K p}^{(K)} \end{pmatrix},$$

$$n_1 + n_2 + \cdots + n_K = n. \qquad (22.6\text{-}19)$$

为叙述方便引入下列向量和矩阵记号：

$$x_j^{(k)} = \begin{pmatrix} x_{j1}^{(k)} \\ x_{j2}^{(k)} \\ \vdots \\ x_{jp}^{(k)} \end{pmatrix}, k = 1,\cdots,K, j = 1,\cdots,n_k,$$

则

$$\bar{x}^{(k)} = \sum_{j=1}^{n_k} x_j^{(k)} / n_k, \quad k = 1,\cdots,K.$$

为第 k 个总体的样本均值. 第 k 个总体的样本协差阵为

$$S^{(k)} = \sum_{j=1}^{n_k} (x_j^{(k)} - \bar{x}^{(k)})(x_j^{(k)} - \bar{x}^{(k)})'/(n_k - 1), \quad k = 1,\cdots,K.$$

K 个总体混合一起的总的均值为

$$\bar{x} = \sum_{k=1}^{K} n_k x^{(k)} \Big/ \sum_{k=1}^{K} n_k = \sum_{k=1}^{K} \sum_{j=1}^{n_k} x_j^{(k)} \Big/ \sum_{k=1}^{K} n_k.$$

可得到 n 个样本单元的组间离差平方和矩阵

$$B = \sum_{k=1}^{K} (\bar{x}^{(k)} - \bar{x})(\bar{x}^{(k)} - \bar{x})'. \qquad (22.6\text{-}20)$$

以及组内离差平方和矩阵

$$W = \sum_{k=1}^{K}(n_k - 1)S^{(k)} = \sum_{k=1}^{K}\sum_{j=1}^{n_k}(x_j^{(k)} - \overline{x}^{(k)})(x_j^{(k)} - \overline{x}^{(k)})'. \quad (22.6\text{-}21)$$

费歇尔判别首先选取线性判别函数,使得$\{lx_j^{(k)}, k=1,\cdots,K, j=1,\cdots,n_k\}$的组间离差相对组内离差达到极大,式中 l 是 p 维的线性函数系数向量. 也就是使

$$Q_0 = \frac{l'Bl}{l'Wl} \quad (22.6\text{-}22)$$

达到极大. l 乘以常数不影响上述 Q_0 值,故不妨规定 $l'Wl=1$. 上式等价于求下列无条件极值

$$Q = l'Bl - \lambda(l'Wl - 1). \quad (22.6\text{-}23)$$

将 Q 对 l 微分,则得到极值点应满足的方程组

$$Bl - \lambda Wl = 0. \quad (22.6\text{-}24)$$

这是与(22.6-10)类似的方程组. 故 λ 对应于 $W^{-1}B$ 的特征值 $\lambda_1 \geqslant \lambda_2 \geqslant \cdots \geqslant \lambda_p$,相应 l 为 λ_i 对应的特征向量. λ_1 对应的 l_1 确定的线性判别函数 l'_1x 称第一样本判别函数,λ_2 对应的 l_2 确定的线性判别函数 l'_2x 称第二样本判别函数,如此等等. 若 $\lambda_1+\lambda_2+\cdots+\lambda_u(u \leqslant p)$ 之值在全部之和 $\sum_{i=1}^{p}\lambda_i$ 中占有极大比例时,可用前 u 个判别函数作出判别. 费歇尔判别对一个个体 $y'=(y_1,\cdots,y_p)$ 作出判定的准则为:若对所有 $k \neq k_0$ 有

$$\sum_{i=1}^{u}[l'_i(y - \overline{x}^{(k)})]^2 \geqslant \sum_{i=1}^{u}[l'_i(y - \overline{x}^{(k_0)})]^2, \quad (22.6\text{-}25)$$

则判定 y 属于 k_0 总体.

费歇尔判别的错判概率可用下列方法得到估计. 在原 n 个样本中保留一个样本,用 $n-1$ 个样本确定判别准则,按准则对保留的样本作出判定,看是否定错判. 将原 n 个样本轮流作为保留样本如此进行,则可将 n 次中的错判频率作为错判概率的估计.

22.6.5 聚类分析

聚类分析的问题是,观测 n 个对象,对每一对象观测 p 个特征(变量),我们要问是否有什么根据,可以将它们聚成若干个可定义的类. 聚类与判别不同,判别是已知总体的个数,每个总体有明确的样本,由此建立判别准则,目的是把一个个新的对象判定到已知的总体中. 聚类则不知道明确的类型,只是根据对象的相似程度,将它们归并成一些自然的类.

对 p 个变量的 n 个个体的观测数据的聚类,可以要求对变量进行聚类,也可以是对个体进行聚类. 对变量聚类的问题相对比较简单,通常可以利用相关矩阵完成. 确定一个相关系数的阈值(例如 0.7),将相关系数大于此阈值的变量聚在一起,聚成一些类间相关系数弱的类.

对 n 个个体的聚类则困难得多. 首先要克服各变量度量尺度的不同,一般将变量

标准化，得到(22.6-1)式那样的数据矩阵. 其次要定义两个个体之间的距离. 常用的距离有欧氏距离

$$d(x_i,x_j)=[(x_{i1}-x_{j1})^2+\cdots+(x_{ip}-x_{jp})^2]^{1/2}, \tag{22.6-26}$$

或一般的闵科夫斯基距离

$$d(x_i,x_j)=[|x_{i1}-x_{j1}|^m+\cdots+|x_{ip}-x_{jp}|^m]^{1/m}. \tag{22.6-27}$$

然后按距离远近进行聚类，归并近距离的为一类.

聚类分析的内容十分丰富，聚类方法多种多样，正处于发展阶段. 这儿仅对实际应用中使用最多的系统聚类法作一些介绍.

系统聚类法一开始将 n 个个体各自自成一类，然后将距离最近的两类合并为一类，再计算新的 $n-1$ 类间的距离并将距离最近的两类合并，如此进行下去，类数逐次递减，由 n 到 $n-1$，再到 $n-2,\cdots$，最后全部合并为 1 类.

运用系统聚类法时，A 与 B 两个类之间的距离有多种不同的定义方式，最常用的有：

(1) 最短距离

$$D_{AB}=\min\{d(a,b)\mid a\in A,b\in B\}. \tag{22.6-28}$$

(2) 最长距离

$$D_{AB}=\max\{d(a,b)\mid a\in A,b\in B\}. \tag{22.6-29}$$

(3) 类平均距离

$$D_{AB}^2=\frac{1}{n_A n_B}\sum_{\substack{a\in A\\ b\in B}}d(a,b). \tag{22.6-30}$$

式中 n_A、n_B 分别为 A 和 B 类中个体的个数.

(4) 重心间距离

$$D_{AB}=d(\bar{x}^{(A)},\bar{x}^{(B)}), \tag{22.6-31}$$

式中 $\bar{x}^{(A)}$、$\bar{x}^{(B)}$ 分别为 A 和 B 类的重心，即 A 类和 B 类中个体的平均值.

使用哪种距离进行聚类，以及最终将数据聚为几个类数时停止再合并，至今未能找到令人满意的评价方法. 对这些实际应用中无法回避的问题，要根据问题的实际背景，对最终确定的类应有确实可信的解释.

23. 运　筹　学

§23.1　排　队　论

23.1.1　服务系统的分类与特征

排队论是研究大量服务过程的数学理论. 请求服务的人或物,统称为"顾客". 为顾客服务的人或物,统称为"服务员". 由顾客和服务员组成服务系统. 服务系统通常分为三类:

1. 损失制系统

当顾客到达本服务系统时,服务员都不空,顾客随即离去. 本系统的特征是,顾客在系统内的排队时间为零.

2. 等待制系统

当顾客到达本服务系统时,服务员都在为先到的顾客服务,后到的顾客只好排队等待服务,一直等到有空的服务员为他服务为止. 本系统的特征是,顾客无限排队.

3. 混合制系统

当顾客到达本服务系统时,服务员都不空. 一种情形是,排队位置已满,顾客随即离去,这叫排队长度有限的系统;另一种情形是,排队位置未满,顾客排队等待服务,但当顾客等了一段时间后,仍不能得到服务而离去,这叫排队时间有限的系统. 混合制系统的特征是,服务系统的容量有限或顾客在系统内的逗留时间有限.

等待制与混合制系统的服务规则,通常有三种情形:(1)先到先服务;(2)随机服务,即服务员从等待的顾客中,任取一个,给予服务;(3) 优先服务.

如果服务系统内只有一个服务员,则称为单通道服务系统,否则,称为多通道服务系统.

23.1.2　排队模型的符号表示

排队模型,现在广泛采用肯德尔的符号表示

$$A/B/n/m.$$

第一个符号 A 表示顾客到达流或顾客相继到达间隔时间的概率分布.

第二个符号 B 表示服务时间的概率分布.

第三个符号 n 表示并列服务员的数目.

第四个符号 m 表示系统内排队长度的限制. $m=0$ 时,服务系统为损失制;$0<m<+\infty$时,服务系统为混合制;$m=+\infty$时,为等待制系统,此时,$+\infty$省略不写.

表示顾客相继到达的间隔时间与顾客接受服务时间的各种概率分布符号为

M 表示指数分布.

D 表示确定型分布.

E_k 表示 k 阶埃尔朗分布.

GI 表示顾客相继到达的时间为相互独立的随机分布.

G 表示服务时间为一般的随机分布.

例如 $M/M/1$ 表示顾客到达流为泊松流或顾客相继到达的间隔时间为指数分布、服务时间为指数分布、系统内只有 1 个服务员的模型. $D/M/C$ 表示顾客相继到达的间隔时间为确定型分布、服务时间为指数分布、系统内有 C 个服务员的模型. $GI/G/2$ 表示顾客相继到达的间隔时间为相互独立的随机分布、服务时间为一般的随机分布、系统内有 2 个服务员的模型. $E_k/G/n$ 表示顾客到达的间隔时间为 k 阶埃尔朗分布、服务时间为一般的随机分布、系统内有 n 个服务员的模型.

23.1.3 服务系统的运行指标

1. 队长

指在系统中的顾客数,包括在队列中等待服务的顾客数与正被服务的顾客数. 队长的期望值记作 L_s.

2. 排队长

指在系统中排队等待服务的顾客数,它的期望值记作 L_q. L_s 或 L_q 越大,说明服务效率越低.

3. 逗留时间

指一个顾客在系统中的停留时间,包括等待时间与服务时间. 逗留时间的期望值记作 W_s.

4. 等待时间

指一个顾客在系统中排队等待的时间,它的期望值记作 W_q.

5. 绝对通过能力

指单位时间内,被服务顾客数的数学期望,记作 A.

6. 相对通过能力

指被服务的顾客数与请求服务的顾客数的比值,记作 Q.

7. 系统损失概率

指服务员都在忙着，排队位置满座的概率，记作 P_l.

23.1.4 状态概率及其求解的方法

同类事件在随机的时刻一个一个地或一批一批地来到服务系统的序列称为**事件流**. 顾客来到服务系统称为输入. 系统中的顾客数又称为系统的状态，如果系统中有 n 个顾客，就说系统的状态是 n. 系统状态的概率一般是时间 t 的函数，t 时刻的系统状态为 n 的概率称为**状态概率**，记作 $P_n(t)$.

求状态概率 $P_n(t)$ 的方法是：先建立含 $P_n(t)$ 的微分差分方程（关于连续变量 t 的微分方程，关于只取非负整数值的变量 n 的差分方程），再解此方程.

对任意 $t>0$，求出含 $P_n(t)$ 的微分差分方程的解 $P_n(t)$，称为瞬态解，或称为过渡状态的解.

若极限 $\lim\limits_{t\to+\infty} P_n(t)=P_n$ 存在，则称此极限值 P_n 为系统的**稳态解**，或称为**平衡状态的解**，又称 P_n 为**稳态概率**. 求稳态概率 P_n 时，通常不一定求 $t\to+\infty$ 时 $P_n(t)$ 的极限，而只需求 $\dfrac{dP_n(t)}{dt}$，再令 $\dfrac{dP_n(t)}{dt}=0$.

23.1.5 排队论中常用的事件流的概率分布

1. 泊松分布

设 $N(t)$ 表示在时间区间 $[0,t)$ 内到达的顾客数 $(t>0)$. $P_n(t_1,t_2)$ 表示在时间区间 $[t_1,t_2)$ $(t_2>t_1)$ 内有 $n(n\geqslant 0)$ 个顾客到达的概率，即

$$P_n(t_1,t_2) = \boldsymbol{P}\{N(t_2)-N(t_1)=n\} \quad (t_2>t_1, n\geqslant 0).$$

如果 $P_n(t_1,t_2)$ 满足下列三个条件，则称顾客的到达形成**泊松流**.

(1) 在不相重叠的时间区间内，顾客的到达数是相互独立的（称这种性质为流的**无后效性**）.

(2) 对充分小的 $\Delta t(\Delta t>0)$，在时间区间 $[t,t+\Delta t)$ 内有 1 个顾客到达的概率与 t 无关（称这种性质为流的**平稳性**），而近似地与 Δt 成比例，即

$$P_1(t,t+\Delta t) = \lambda\Delta t + o(\Delta t),$$

其中 $\lambda>0$ 是常数，表示单位时间内到达的顾客数的平均数，称为事件流的强度. $\lim\limits_{\Delta t\to 0}\dfrac{o(\Delta t)}{\Delta t}=0$.

(3) 对充分小的 $\Delta t(\Delta t>0)$，在时间区间 $[t,t+\Delta t)$ 内同时有 2 个或 2 个以上的顾客到达的概率极小，可以忽略不计（称这种性质为流的普通性），即

$$\sum_{n=2}^{\infty} P_n(t,t+\Delta t) = o(\Delta t).$$

设时间由 $t=0$ 算起，并简记 $P_n(0,t)=P_n(t)$. 若 $P_n(t)$ 满足泊松流的三个条件，则状态概率 $P_n(t)$ 为

$$P_n(t)=\frac{(\lambda t)^n}{n!}e^{-\lambda t}\quad(n=0,1,2,\cdots,t>0),$$

即随机变量 $\{N(t)=N(s+t)-N(s)\}$ 服从泊松分布（参看 13.2.3）. 它的数学期望与方差分别是

$$E(N(t))=\lambda t;\quad D(N(t))=\lambda t.$$

2. 指数分布

设顾客的到达形成泊松流，T 表示 2 个顾客相继到达的间隔时间，$F_T(t)$ 表示 T 的分布函数，$f_T(t)$ 表示 T 的概率密度. 则

$$F_T(t)=1-P_0(t)=1-e^{-\lambda t}\qquad(t>0),$$

$$f_T(t)=\frac{dF_T(t)}{dt}=\lambda e^{-\lambda t}\qquad(t>0),$$

即间隔时间 T 服从指数分布，且

$$E(T)=\frac{1}{\lambda};\quad D(T)=\frac{1}{\lambda^2};\quad \sigma(T)=\sqrt{D(T)}=\frac{1}{\lambda}.$$

3. 埃尔朗分布

事件流可用时间轴上的“点”表示. 如果事件流是泊松流，则事件间隔序列 T_1，$T_2,\cdots,T_i,\cdots$ 是独立的服从同一指数分布的随机变量.

设时间轴 Ot 上分布着泊松流（图 23.1-1）. 则称每隔一个“点”连起来所组成的间隔时间序列 T_i' 的分布为**二阶埃尔朗分布**. 一般，在时间轴 Ot 上分布的泊松流中，每隔 $k-1$ 个“点”连起来所组成的间隔时间序列的分布称为 **k 阶埃尔朗分布**，记作 E_k. 或在泊松流中，每隔 $k-1$ 个“点”的“点”组成的流称为 **k 阶埃尔朗流**.

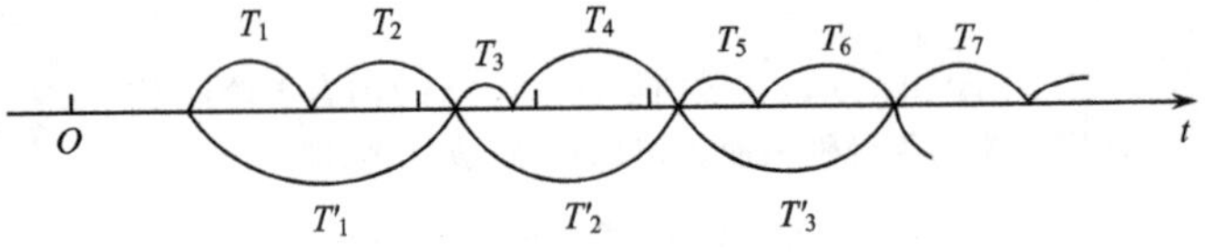

图 23.1-1

在 k 阶埃尔朗流中，相邻事件间隔时间 T 表示由 k 个独立的、服从同一指数分布的事件的间隔时间之和 $T=\sum_{i=1}^{k}T_i$，T 的概率密度为

$$f_k(t)=\frac{\mu k(\mu kt)^{k-1}}{(k-1)!}e^{-\mu kt}\quad(t>0),$$

其中常数 $\mu>0$ 表示埃尔朗流的强度，$k=1,2,\cdots$，k 阶埃尔朗分布的数学期望、方差与均方差分别为

$$E_k(t)=\frac{1}{\mu}\quad(\text{与 } k \text{ 无关});\quad D_k(t)=\frac{1}{k\mu^2};\quad \sigma_k(t)=-\frac{1}{\sqrt{k}\mu}.$$

当 $k=1$ 时，埃尔朗分布化为指数分布

$$f_1(t)=\mu e^{-\mu t}.$$

当 $k\to+\infty$ 时，$D_k(t)\to0$，$\sigma_k(t)\to0$. 这时埃尔朗分布化为确定型分布. 所以一般 k 阶埃尔朗分布可看成完全随机型与完全确定型之间的中间型. 具有更广泛的适用性.

23.1.6 单通道损失制($M/M/1/0$)

1. 单通道损失制系统的特征

顾客到达流为泊松流. 服务时间为指数分布. 顾客到达强度为 λ. 单位时间内，服务员不停地工作，平均服务的顾客数为 μ(称 μ 为**服务强度**). 系统内只有一个服务员. 顾客到达时，若服务员不空，顾客即离去，另求服务.

2. 系统状态概率 $P_0(t)$和 $P_1(t)$的计算公式

$$P_0(t)=\frac{\mu}{\lambda+\mu}+\frac{\lambda}{\lambda+\mu}e^{-(\lambda+\mu)t},$$

$$P_1(t)=\frac{\lambda}{\lambda+\mu}-\frac{\lambda}{\lambda+\mu}e^{-(\lambda+\mu)t}.$$

极限概率为

$$P_0=\frac{\mu}{\lambda+\mu},\quad P_1=\frac{\lambda}{\lambda+\mu}.$$

3. 系统的效率指标

(1) 相对通过能力 $Q=P_0(t)$，在极限状态 $Q=P_0=\dfrac{\mu}{\lambda+\mu}$.

(2) 绝对通过能力 $A=\lambda Q=\lambda P_0(t)$. 在极限状态 $A=\dfrac{\lambda\mu}{\lambda+\mu}$.

(3) 损失概率 $p_l=p_1$，在极限状态 $p_l=\dfrac{\lambda}{\lambda+\mu}$.

例 1 一条电话线，平均每分钟有 0.8 次呼唤，即 $\lambda=0.8$. 如果每次通话时间平均为 1.5 分钟. 求该条电话线的相对通过能力、绝对通过能力与损失概率.

解 $\mu=\dfrac{1}{1.5}=0.667$. $\lambda=0.8$.

$$Q=\frac{\mu}{\lambda+\mu}=\frac{0.667}{0.8+0.667}=0.455,$$

即在平稳状态时有45%的呼唤得到服务.

$$A=\lambda Q=0.8\times 0.455=0.364,$$

即电话线每分钟平均有0.364次呼唤能够接通.

$$P_l=1-Q=1-0.455=0.545,$$

即有55%的呼唤不能接通.

23.1.7 多通道损失制(M/M/n/0)

1. 多通道损失制系统的特征

该系统的各种特征与单通道损失制系统的特征相同.当有 k 个服务员正为 k 个顾客服务时,服务强度为 $k\mu$.系统内有 n 个服务员.顾客到达时,若 n 个服务员都不空,顾客即离去,另求服务.

2. 系统状态的极限概率的计算公式

$$P_0=\frac{1}{\sum_{k=0}^{n}\frac{\rho^k}{k!}},\quad P_k=\frac{\rho^k}{k!}P_0\quad (k=1,2,\cdots,n),$$

其中 $\rho=\dfrac{\lambda}{\mu}$ 称为服务系统的负荷.

3. 系统的效率指标

(1) 损失概率 $p_l=P_n=\dfrac{\rho^n}{n!}P_0=\dfrac{\dfrac{\rho^n}{n!}}{\sum_{k=0}^{n}\dfrac{\rho^k}{k!}}$.

(2) 相对通过能力 $Q=1-P_l=1-\dfrac{\rho^n}{n!}P_0$.

(3) 绝对通过能力 $A=\lambda Q=\lambda\left(1-\dfrac{\rho^n}{n!}P_0\right)$.

(4) 占用服务员的平均数,记作 $\overline{K}$,

$$\overline{K}=\frac{A}{\mu}=\frac{\lambda Q}{\mu}=\frac{\lambda}{\mu}\left(1-\frac{\rho^n}{n!}P_0\right).$$

(5) 通道的利用率,记作 η,

$$\eta=\frac{\overline{K}}{n}=\frac{\rho}{n}\left(1-\frac{\rho^n}{n!}P_0\right).$$

例2 某电话总机有三条($n=3$)中继线.其余数据与例1相同.试求:系统的极限概率、绝对和相对通过能力,损失概率与占用通道的平均数.

解 $\lambda=0.8$, $\mu=0.667$, $\rho=\dfrac{0.8}{0.667}=1.2$.

$$P_0 = \left[1+\rho+\frac{\rho^2}{2!}+\frac{\rho^3}{3!}\right]^{-1} = 0.312\text{(所有通道都空闲的概率)}.$$

$$P_1 = \rho P_0 = 1.2\times 0.312 = 0.374,$$

$$P_2 = \frac{\rho^2}{2!}P_0 = 0.72\times 0.312 = 0.224,$$

$$P_3 = \frac{\rho^3}{3!}P_0 = 0.288\times 0.312 = 0.090.$$

$$p_l = P_3 = 0.090,$$

即有 9%的呼唤不能接通.

$$Q = 1 - P_l = 1 - 0.090 = 0.91,$$

即有 91%的呼唤可以接通.

$$A = \lambda Q = 0.8\times 0.91 = 0.728,$$

即每分钟内可接通 0.728 次呼唤.

$$\overline{K} = \frac{A}{\mu} = \frac{0.728}{0.667} = 1.09,$$

即平均占用 1.09 条中继线,而通道的利用率

$$\eta = \frac{\overline{K}}{n} = \frac{1.09}{3} = 0.363.$$

23.1.8 单通道等待制($M/M/1$)

1. 单通道等待制系统的特征

顾客到达间隔时间与服务时间都服从指数分布.顾客到达强度为 λ.服务强度为 μ.系统内只有一个服务员.顾客到达时,若服务员不空,则参加排队等待服务,一直等到服务员为他服务为止.

2. 系统状态的极限概率的计算公式

$$P_k = \rho^k(1-\rho) \quad \left(k\geqslant 0,\ 0<\rho=\frac{\lambda}{\mu}<1\right).$$

3. 系统的效率指标

(1) 队长的期望值 $L_s=\dfrac{\rho}{1-\rho}=\dfrac{\lambda}{\mu-\lambda}$.

(2) 排队长的期望值 $L_q=L_s-\rho=\dfrac{\rho^2}{1-\rho}=\dfrac{\lambda^2}{\mu(\mu-\lambda)}$.

(3) 逗留时间的期望值 $W_s=\dfrac{\rho}{\lambda(1-\rho)}=\dfrac{1}{\mu-\lambda}$.

(4) 等待时间的期望值 $W_q=\frac{\rho}{\mu(1-\rho)}=\frac{\lambda}{\mu(\mu-\lambda)}$.

(5) L_s, L_q, W_s, W_q 之间的关系

$$L_s=\lambda W_s,\quad L_q=\lambda W_q,$$

$$W_s=W_q+\frac{1}{\mu},\quad L_s=L_q+\frac{\lambda}{\mu}.$$

例 3 某单人理发馆,顾客到达间隔时间为指数分布,平均到达间隔时间为 20 分钟.顾客理发平均时间为 15 分钟,即若以小时为时间单位,则 $\lambda=3$ 个顾客/小时,$\mu=4$ 个顾客/小时,求 P_0 及系统的效率指标.

解 $\rho=\frac{\lambda}{\mu}=\frac{3}{4}=0.75$,

$$P_0=1-\rho=1-0.75=0.25,$$

即顾客不必等待的概率为 0.25.

$$L_s=\frac{\lambda}{\mu-\lambda}=\frac{3}{4-3}=3.$$

即理发馆内顾客数的期望值为 3.

$$L_q=L_s-\rho=3-0.75=2.25,$$

即理发馆内排队等待服务的顾客数的期望值为 2.25,或排队的平均顾客数为 2.25.

$$W_s=\frac{L_s}{\lambda}=\frac{3}{3}=1(\text{小时}),$$

即一个顾客在理发馆内停留时间的期望值为 1 小时.

$$W_q=\frac{L_q}{\lambda}=\frac{2.25}{3}=0.75(\text{小时}),$$

即一个顾客在理发馆内平均等待时间为 0.75 小时.

23.1.9 多通道等待制($M/M/n$)

1. 多通道等待制系统的特征

顾客到达间隔时间服从泊松分布,到达强度为 λ.服务时间服从指数分布,每个服务员的平均服务率都是 μ.系统内有 $n>1$ 个服务员,顾客到达时,若 n 个服务员都不空,则参加排队,等待服务,一直等到有服务员为他服务为止.

2. 系统状态的极限概率的计算公式

$$P_0=\left[\sum_{k=0}^{n}\frac{\rho^k}{k!}+\frac{\rho^{n+1}}{n!(n-\rho)}\right]^{-1}\quad(\rho<n).$$

$$P_k=\frac{\rho^k}{k!}P_0\quad(k=1,2,\cdots,n).$$

$$P_{n+r}=\frac{\rho^{n+r}}{n^r\cdot n!}P_0\quad(r=1,2,\cdots),$$

其中 P_{n+r} 表示 n 个服务员都不空，有 r 个顾客排队的概率.

3. 系统的效率指标

(1) 损失概率 $p_l=0$.

(2) 相对通过能力 $Q=1-P_l=1$.

(3) 绝对通过能力 $A=\lambda Q=\lambda$.

(4) 队长的期望值 $L_s=\frac{\rho^{n+1}P_0}{(n-1)!\ (n-\rho)^2}+\rho$.

(5) 排队长的期望值 $L_q=L_s-\rho=\frac{\rho^{n+1}P_0}{(n-1)!\ (n-\rho)^2}$.

(6) 逗留时间的期望值 $W_s=\frac{L_s}{\lambda}=\frac{\rho^n P_0}{\mu(n-1)!\ (n-\rho)^2}+\frac{1}{\mu}$.

(7) 等待时间的期望值 $W_q=\frac{L_q}{\lambda}=\frac{\rho^n P_0}{\mu(n-1)!\ (n-\rho)^2}$.

(8) 占用服务员的平均数 $\overline{K}=\frac{A}{\mu}=\frac{\lambda}{\mu}=\rho$.

例 4 某车站有两个电视问讯台. 问讯者按泊松流到来，平均每分钟有 0.8 个旅客问讯，问讯时间服从同一指数分布，每次问讯平均 2 分钟. 求系统的效率指标.

解 $n=2,\quad \lambda=0.8,\quad \mu=\frac{1}{2}=0.5,\quad \rho=\frac{\lambda}{\mu}=1.6$.

$\frac{\rho}{n}=\frac{1.6}{2}=0.8<1$，极限存在.

$$\begin{aligned}P_0&=\left[1+\rho+\frac{\rho^2}{2!}+\frac{\rho^{n+1}}{n!(n-\rho)}\right]^{-1}\\&=\left[1+1.6+1.28+\frac{4.09}{2\times 0.4}\right]^{-1}=0.111.\end{aligned}$$

绝对通过能力 $A=\lambda Q=\lambda=0.8$.

顾客占用服务员的平均数 $\overline{K}=\frac{A}{\mu}=\frac{0.8}{0.5}=1.6$.

排队顾客的平均数 $L_q=\frac{1.6^3\times 0.111}{(2-1.6)^2}=2.84$.

顾客的平均数 $L_s=L_q+\rho=2.84+1.6=4.44$.

顾客平均排队时间 $W_q=\frac{L_q}{\lambda}=\frac{2.84}{0.8}=3.55$(分钟).

顾客在系统内平均停留时间 $W_s=\frac{L_s}{\lambda}=\frac{4.44}{0.8}=5.55$(分钟).

23.1.10 单通道混合制($M/M/1/m$)

1. 单通道混合制系统的特征

该系统的各种特征与单通道等待制系统的特征相同.顾客到达时,若服务员不空,则参加排队,等待服务.当 m 个排队位置满座时,后来的顾客即离去,另求服务.这是排队长以 m 个为限的系统.

2. 系统状态的极限概率的计算公式

$$P_0=\frac{1-\rho}{1-\rho^{m+2}}\quad(\rho\neq 1).$$

$$P_0=\frac{1}{m+2}\quad(\rho=1).$$

$$P_{1+k}=\rho^{1+k}P_0(k=0,1,2,\cdots,m),$$

其中 P_{1+k} 表示有 1 个顾客正被服务,有 $k(k=0,1,2,\cdots,m)$ 个顾客排队的概率.

3. 系统的效率指标

(1) 损失概率

$$p_l=P_{1+m}=\rho^{1+m}P_0=\rho^{1+m}\frac{1-\rho}{1-\rho^{m+2}}\quad(\rho\neq 1).$$

(2) 相对通过能力

$$Q=1-p_l=1-\frac{\rho^{1+m}(1-\rho)}{1-\rho^{m+2}}=\frac{1-\rho^{m+1}}{1-\rho^{m+2}}\quad(\rho\neq 1).$$

(3) 绝对通过能力

$$A=\lambda Q=\frac{\lambda(1-\rho^{m+1})}{1-\rho^{m+2}}\quad(\rho<1).$$

(4) 排队长的期望值

$$L_q=\frac{\rho^2[1-\rho^m(m+1-m\rho)]}{(1-\rho)(1-\rho^{m+2})}\quad(\rho\neq 1).$$

(5) 队长的期望值

$$L_s=L_q+\frac{\rho-\rho^{m+2}}{1-\rho^{m+2}}=\frac{\rho[1-\rho^{m+1}(m+2-(m+1)\rho)]}{(1-\rho)(1-\rho^{m+2})}\quad(\rho\neq 1).$$

(6) 等待时间的期望值

$$W_q=\frac{L_q}{\lambda}=\frac{\rho[1-\rho^m(m+1-m\rho)]}{\mu(1-\rho)(1-\rho^{m+2})}\quad(\rho\neq 1).$$

(7) 逗留时间期望值

$$W_s=W_q+\frac{Q}{\mu}=\frac{1+\rho^{m+1}[\rho-(m+2-m\rho)]}{\mu(1-\rho)(1-\rho^{m+2})}\quad(\rho\neq 1).$$

例 5 某修理站只有一个工人. 在修理站内除在修者外最多只能停三台修理的机器. 若需要修理的机器超过三台, 则请到别的修理处去. 设修理机器到达强度为 $\lambda=1$, 并服从泊松流. 修理时间服从指数分布, 平均修理时间为 1.25 分钟. 求系统的效率指标.

解 $\lambda=1,\quad \mu=\frac{1}{1.25},\quad \rho=\frac{\lambda}{\mu}=1.25,\quad m=3.$

$$P_0=\frac{1-\rho}{1-\rho^5}=\frac{1-1.25}{1-1.25^5}=0.122.$$

$$P_l=P_4=\rho^4P_0=1.25^4\times0.122=0.297.$$

$$Q=1-P_l=1-0.297=0.703.$$

$$A=\lambda Q=1\times0.703=0.703.$$

$$L_q=\frac{1.25^2[1-1.25^3(3+1-3\times1.25)]}{(1-1.25)(1-1.25^5)}=1.56(台).$$

$$L_s=L_q+(1-P_0)=1.56+0.88=2.44(台).$$

$$W_q=\frac{L_q}{\lambda}=1.56(分钟).$$

$$W_s=W_q+\frac{Q}{\mu}=1.56+\frac{0.703}{0.8}=2.44(分钟).$$

4. 若排队长以 $m-1$ 个为限, 即假设系统的容量为 m, 则相应的计算公式分别为

$$P_0=\frac{1-\rho}{1-\rho^{m+1}}\quad(\rho\neq1).$$

$$P_m=\rho^mP_0=\rho^m\,\frac{1-\rho}{1-\rho^{m+1}}\quad(\rho\neq1).$$

$$L_s=\frac{\rho}{1-\rho}-\frac{(m+1)\rho^{m+1}}{1-\rho^{m+1}}\quad(\rho\neq1).$$

$$\lambda_s=\lambda(1-P_m),\quad \lambda_s\text{ 表示总的有效到达强度}.$$

$$L_q=L_s-\frac{\lambda_s}{\mu}=L_s-\rho(1-P_m)=\frac{\rho^2[1-m\rho^{m-1}+(m-1)\rho^m]}{(1-\rho)(1-\rho^{m+1})}.$$

$$W_s=\frac{L_s}{\lambda_s},\quad W_q=\frac{L_q}{\lambda_s}.$$

例 6 某洗车设备, 在洗车机外有容纳 4 辆车的空地. 设车辆到达按泊松流, 每小时平均到达 40 辆. 洗车时间服从指数分布, 每小时平均洗车 60 辆. 求系统的极限概率与效率指标.

解 $\lambda=40, \mu=60, \rho=\frac{2}{3}, m=5.$

$$P_0=\frac{1-\frac{2}{3}}{1-\left(\frac{2}{3}\right)^6}=0.365.$$

$$P_5 = \left(\frac{2}{3}\right)^5 \times 0.365 = 0.048.$$

$$L_s = \frac{\frac{2}{3}}{1-\frac{2}{3}} - \frac{6\times\left(\frac{2}{3}\right)^6}{1-\left(\frac{2}{3}\right)^6} = 1.423(\text{辆}).$$

$$\lambda_s = 40(1-0.048) = 38.08.$$

$$L_q = 1.423 - \frac{38.08}{60} = 0.788(\text{辆}).$$

$$W_s = \frac{1.423}{38.08} = 0.037(\text{小时}).$$

$$W_q = \frac{0.788}{38.08} = 0.021(\text{小时}).$$

23.1.11　多通道混合制($M/M/n/m$)

1. 多通道混合制系统的特征

顾客到达流为泊松流,到达强度为λ.服务员具有相同的强度μ,服务时间为指数分布.顾客到达时,若$n(n>1)$个服务员都不空,则参加排队,等待服务,当m个排队位置满座时,后来的顾客即离去,另求服务.

2. 系统状态的极限概率的计算公式

$$P_0 = \left[\sum_{k=0}^{n}\frac{\rho^k}{k!} + \frac{\rho^n\left(\frac{\rho}{n} - \left(\frac{\rho}{n}\right)^{m+1}\right)}{n!\left(1-\frac{\rho}{n}\right)}\right]^{-1} \quad \left(\frac{\rho}{n}<1\right).$$

$$P_k = \frac{\rho^k}{k!}P_0 \quad (k = 1,2,\cdots,n).$$

$$P_{n+r} = \frac{\rho^{n+r}}{n^r\cdot n!}P_0 \quad (r = 1,2,\cdots,m).$$

3. 系统的效率指标

(1) 损失概率 $p_l = P_{n+m} = \frac{\rho^{n+m}}{n^m\cdot n!}P_0$.

(2) 相对通过能力 $Q = 1-p_l = 1-\frac{\rho^{n+m}}{n^m\cdot n!}P_0$.

(3) 绝对通过能力 $A = \lambda Q = \lambda\left(1-\frac{\rho^{n+m}}{n^m\cdot n!}P_0\right)$.

(4) 占用服务员的平均数 $\overline{K} = \frac{A}{\mu} = \rho\left(1-\frac{\rho^{n+m}}{n^m\cdot n!}P_0\right)$.

(5) 排队长的期望值

$$L_q = \frac{\rho^{n+1} P_0 \left[1-(m+1)\left(\frac{\rho}{n}\right)^m + m\left(\frac{\rho}{n}\right)^{m+1}\right]}{(n-1)!(n-\rho)^2}.$$

(6) 队长的期望值

$$L_s = L_q + \overline{K}.$$

(7) 等待时间的期望值

$$W_q = \frac{L_q}{\lambda} = \frac{\rho^n P_0 \left[1-(m+1)\left(\frac{\rho}{n}\right)^m + m\left(\frac{\rho}{n}\right)^{m+1}\right]}{\mu(n-1)!(n-\rho)^2}.$$

(8) 逗留时间的期望值

$$W_s = W_q + \frac{Q}{\mu}.$$

例 7 汽车加油站上设有两条加油管,汽车到达流为泊松流,每一分钟到达二辆.汽车加油时间服从指数分布,每分钟平均加油的汽车数为 0.5 辆.加油站上最多只能停 5 辆汽车.如果汽车到来时,系统满员,则开到别的加油站去.求系统的效率指标.

解 $n=2$, $\lambda=2$, $m=3$, $\mu=0.5$, $\rho=4$.

$$P_0 = \left[1+4+\frac{4^2}{2}+\frac{4^2(2-2^4)}{2(1-2)}\right]^{-1} = 0.008.$$

$$P_l = P_5 = \frac{4^5}{2^3 \cdot 2} \times 0.008 = 0.512.$$

$$Q = 1 - P_l = 1 - 0.512 = 0.488.$$

$$A = 2 \times 0.488 = 0.976.$$

占用加油管的平均数 $\overline{K} = \dfrac{0.976}{0.5} = 1.952$.

$$L_q = \frac{4^3 \times 0.008(1 - 4 \times 2^3 + 3 \times 2^4)}{2^2} = 2.176.$$

$$L_s = 2.176 + 1.952 = 4.128.$$

$$W_q = \frac{2.176}{2} = 1.088(\text{分钟}).$$

$$W_s = 1.088 + \frac{0.488}{0.5} = 2.064(\text{分钟}).$$

23.1.12 $M/G/1$ 模型

1. $M/G/1$ 模型的特征

顾客到达间隔时间服从指数分布,到达强度为 λ. 服务时间为一般的随机分布.系统内只有一个服务员.对队长与顾客源没有限制.

2. 系统的效率指标

(1) 队长的期望值

$$L_s = \lambda E(T) + \frac{[\lambda E(T)]^2 + \lambda^2 D(T)}{2[1-\lambda E(T)]}, \tag{23.1-1}$$

其中 $E(T)$,$D(T)$分别为服务时间 T 的数学期望与方差,且 $\lambda E(T) < 1$.公式(23.1-1)称为**波拉茨泽克-辛钦公式**.

(2) 排队长的期望值

$$L_q = L_s - \lambda E(T) = \frac{[\lambda E(T)]^2 + \lambda^2 D(T)}{2[1-\lambda E(T)]}.$$

(3) 逗留时间的期望值

$$W_s = \frac{L_s}{\lambda} = E(T) + \frac{\lambda[E^2(T) + D(T)]}{2[1-\lambda E(T)]}.$$

(4) 等待时间的期望值

$$W_q = \frac{L_q}{\lambda} = \frac{\lambda[E^2(T) + D(T)]}{2[1-\lambda E(T)]}.$$

23.1.13 $M/D/1$ 模型.$M/E_k/1$ 模型

(1) 若服务时间 T 为一确定的常数,则 $M/G/1$ 模型化为 $M/D/1$ 模型,此时 $D(T)=0$.$E(T)$等于此确定的常数.

$$L_s = \lambda E(T) + \frac{[\lambda E(T)]^2}{2[1-\lambda E(T)]}.$$

$$L_q = \frac{[\lambda E(T)]^2}{2[1-\lambda E(T)]}.$$

$$W_s = E(T) + \frac{\lambda E^2(T)}{2[1-\lambda E(T)]}.$$

$$W_q = \frac{\lambda E^2(T)}{2[1-\lambda E(T)]}.$$

(2) 若服务时间 T 为 k 阶埃尔朗分布,则 $M/G/1$ 模型化为 $M/E_k/1$ 模型.此时 $E(T)=\frac{1}{\mu}$, $D(T)=\frac{1}{k\mu^2}$.

$$L_s = \frac{\lambda}{\mu} + \frac{(k+1)\lambda^2}{2k\mu(\mu-\lambda)} = \rho + \frac{(k+1)\rho^2}{2k(1-\rho)}.$$

$$L_q = \frac{(k+1)\rho^2}{2k(1-\rho)}.$$

$$W_s = \frac{L_s}{\lambda}, \quad W_q = \frac{L_q}{\lambda}.$$

例 8 矿石列车到达冶金工厂卸车. 列车到达间隔时间服从指数分布,平均每隔2小时到达1次. 每列车由30辆车组成. 卸车时间是 $k=10$ 阶埃尔朗分布,平均每小时卸1列车. 求平均等待卸车的时间与平均等待卸车的列车数.

解 $\lambda=\frac{1}{2}=0.5$(列/小时).

$$\mu=1(\text{列}/\text{小时}).\quad \rho=\frac{0.5}{1}=0.5.$$

列车平均等待卸车的时间

$$W_q=\frac{(k+1)\rho}{2k\mu(1-\rho)}=\frac{(10+1)\times 0.5}{2\times 10\times 1\times(1-0.5)}=0.55(\text{小时}).$$

平均等待卸车的列车数

$$L_q=\lambda W_q=0.5\times 0.55=0.275(\text{列}).$$

例 9 资料数据与例8相同. 但列车到达间隔时间与卸车时间都服从指数分布. 求 W_q 与 L_q.

解 $W_q=\frac{\rho}{\mu(1-\rho)}=\frac{0.5}{1\times 0.5}=1$(小时).

$$L_q=\lambda W_q=0.5\times 1=0.5(\text{列}).$$

由此可见,例9的 W_q 与 L_q 将近是例8的 W_q 与 L_q 的2倍. 这说明,对同样的系统负荷,指数服务时间比埃尔朗服务时间的系统差,因此,其效率也相应地低.

例 10 有一汽车冲洗台,来冲洗的汽车按平均每小时18辆的泊松分布到达. 设冲洗时间为 T. 已知 $E(T)=0.05$ 小时/辆, $D(T)=0.01$(小时/辆)^2. 求各运行指标.

解 $\lambda=18$. $\rho=\lambda E(T)=18\times 0.05=0.9$.

$$L_s=0.9+\frac{0.9^2+18^2\times 0.01}{2(1-0.9)}=21.15(\text{辆}).$$

$$W_s=\frac{21.15}{18}=1.175(\text{小时}).$$

$$L_q=21.15-0.9=20.25(\text{辆}).$$

$$W_q=\frac{20.25}{18}=1.125(\text{小时}).$$

称 $R=\frac{W_q}{E(T)}$ 为顾客的时间损失系数. 因 $R=\frac{1.125}{0.05}=22.5$,即平均等待时间是服务时间的22.5倍,说明这个服务系统的效率很低.

23.1.14 排队系统的最优化

1. $M/M/1$ 模型的最优化

(1) 最优服务率. 设 c_1 为当 $\mu=1$ 时,服务员服务单位时间的费用; c_2 为顾客在系统内逗留单位时间的费用. 取目标函数 z 为单位时间的服务成本与顾客在系统内逗

留时间的费用之和

$$z = \mu c_1 + L_s c_2 = c_1 \mu + c_2 \frac{\lambda}{\mu - \lambda}.$$

则最优服务率为 $\mu^* = \lambda + \sqrt{\frac{c_2}{c_1}\lambda}$.

(2) 最少费用. 设 c_1 为服务员空闲单位时间的费用; c_2 为顾客排队单位时间的费用; $1-\rho$ 为服务员空闲的概率. 取目标函数 z 为服务一个顾客的费用

$$z = L_q c_2 + (1-\rho)c_1 = c_2 \frac{\rho^2}{1-\rho} + (1-\rho)c_1.$$

则当 $\rho = \rho^* = 1 - \frac{1}{\sqrt{1+\frac{c_1}{c_2}}}$ 时, 有最少费用, 且最少费用为

$$z_{\min} = 2c_2\left(\sqrt{1+\frac{c_1}{c_2}} - 1\right).$$

2. $M/D/1$ 模型的最少费用

对 $M/D/1$ 模型, 服务一个顾客的费用为

$$z = L_q c_2 + (1-\rho)c_1 = c_2 \frac{\rho^2}{2(1-\rho)} + (1-\rho)c_1.$$

当 $\rho = \rho^* = 1 - \frac{1}{\sqrt{1+\frac{2c_1}{c_2}}}$ 时, 有最少费用, 且最少费用为

$$z_{\min} = c_2\left(\sqrt{1+\frac{2c_1}{c_2}} - 1\right).$$

3. $M/M/1/m$ 模型的最优服务率

设系统的容量为 m, 若系统中已有 m 个顾客, 则后来的顾客即被拒绝, P_m 表示顾客被拒绝的概率, $1-P_m$ 表示顾客能接受服务的概率. $\lambda(1-P_m)$ 即为单位时间实际进入服务机构的顾客的平均数, 在稳定状态下, 它也等于单位时间内实际服务完成的平均顾客数.

设每服务一个顾客能收入 G 元, 则单位时间收入的期望值为 $\lambda(1-P_m)G$ 元. 又设服务一个顾客付出成本为 c_s 元, 取目标函数 z 为单位时间的纯利润, 则

$$\begin{aligned} z &= \lambda(1-P_m)G - c_s\mu = \lambda G \cdot \frac{1-\rho^m}{1-\rho^{m+1}} - c_s\mu \\ &= \lambda G\mu \cdot \frac{\mu^m - \lambda^m}{\mu^{m+1} - \lambda^{m+1}} - c_s\mu. \end{aligned}$$

最优解 μ^* 应满足关系式

$$\rho^{m+1} \cdot \frac{m-(m+1)\rho+\rho^{m+1}}{(1-\rho^{m+1})^2} = \frac{c_s}{G},$$

式中 $\rho=\frac{\lambda}{\mu}$，而 c_s, G, λ, m 都是给定的. 但要从中解出 μ^*，却相当困难，通常是通过数值计算来求 μ^*，比如直接对函数 z 使用 25.2.5 的方法.

§23.2 决　策　论

23.2.1　决策模型

在实际生活与生产中凡对同一个问题，面临几种自然情况，又有几种方案可供选择，这就构成了一个决策. 面临的自然情况，称为**自然状态**，或称客观条件，简称状态(或条件). 对一个决策问题，决策者为对付自然状态所采取的对策方案，称为**行动方案**或**策略**.

设 $A_i(i=1,2,\cdots,m)$ 为第 i 个行动方案，$\theta_j(j=1,2,\cdots,n)$ 为第 j 个自然状态，α 表示决策的收益或损失，则 α 为 A_i, θ_j 的函数，记为 $\alpha=F(A_i,\theta_j)$；这就称为**决策模型**，A_i 称为决策变量；θ_j 称为**状态变量**.

设在某一决策问题中，有 m 个行动方案 $A_1, A_2, \cdots, A_m$，有 n 个自然状态 θ_1，$\theta_2, \cdots, \theta_n$. 则 A_i 与 θ_j 的关系可用如下的矩阵来表示

$$
\begin{array}{c} \\ A_1 \\ A_2 \\ \vdots \\ A_i \\ \vdots \\ A_m \end{array}
\begin{array}{c}
\begin{array}{cccccc} \theta_1 & \theta_2 & \cdots & \theta_j & \cdots & \theta_n \end{array} \\
\begin{pmatrix}
a_{11} & a_{12} & \cdots & a_{1j} & \cdots & a_{1n} \\
a_{21} & a_{22} & \cdots & a_{2j} & \cdots & a_{2n} \\
\cdots & \cdots & \cdots & \cdots & \cdots & \cdots \\
a_{i1} & a_{i2} & \cdots & a_{ij} & \cdots & a_{in} \\
\cdots & \cdots & \cdots & \cdots & \cdots & \cdots \\
a_{m1} & a_{m2} & \cdots & a_{mj} & \cdots & a_{mn}
\end{pmatrix}
\end{array}
=(a_{ij})=\boldsymbol{B}.
$$

矩阵 $B=(a_{ij})_{m\times n}$ 称为决策的**益损矩阵**或**风险矩阵**，$a_{ij}(i=1,2,\cdots,m; j=1,2,\cdots,n)$ 称为**益损值**或**风险值**，也称为**效益值**.

根据决策问题的性质不同，决策问题通常可分为确定型、风险型(又称统计型或随机型)与不确定型三种.

23.2.2　确定型决策问题

1. 确定型决策问题的条件

(1) 存在决策者希望达到的一个明确目标(收益较大或损失较小).

(2) 只存在一个确定的自然状态.

(3) 存在可供决策者选择的两个或两个以上的行动方案.

(4) 不同的行动方案在确定的状态下的益损值可以计算出来.

2. 确定型决策问题的决策方法

确定型决策问题，比较复杂，有时可供选择的方案很多. 例如有 n 个产地，m 个销地的运输问题，当 m、n 较大时，运输方案很多. 若要决定出运费最小的方案，就必须运用线性规划的方法才能解决. 有些确定型决策问题，还要运用运筹学的其他分支及其他数学方法并借助于电子计算机才能解决.

23.2.3 风险型决策问题

1. 风险型决策问题的条件

(1) 存在决策者希望达到的一个明确目标(收益较大或损失较小).

(2) 存在两个或两个以上的自然状态.

(3) 存在可供决策者选择的两个以上的行动方案，最后只选定一个.

(4) 不同的行动方案在不同的状态下的相应的益损值可以计算出来.

(5) 在几种不同的自然状态中究竟将出现哪种自然状态，决策者不能断定，但各种自然状态出现的概率，可事先估计或计算出来.

2. 风险型决策问题的决策方法

(1) 最大可能法. 因为一个事件的概率越大，发生的可能性就越大，所以可在风险型决策问题中选择一个概率最大的自然状态进行决策，不考虑其他自然状态，这就变成了确定型决策问题，这种方法称为**最大可能法**.

若在一组自然状态中，某一个状态出现的概率比其他状态出现的概率大得多，而它们相应的益损值差别又较小，则采用最大可能法，效果较好；若在一组自然状态中，它们发生的概率都很小，互相又很接近，则采用最大可能法，效果就不好，有时甚至会引起错误.

例 1 某厂要确定产品的生产批量. 已知产品销路好(θ_1)的概率为 $P(\theta_1)=0.3$，销路一般(θ_2)的概率为 $P(\theta_2)=0.5$，销路差(θ_3)的概率为 $P(\theta_3)=0.2$，产品采用大批量生产(A_1)，中批量生产(A_2)与小批量生产(A_3). 在三种自然状态下，可能获得的相应的效益值如表 23.2-1 所示

表 23.2-1 单位：千元

自然状态 / 自然状态概率 / 效益值 / 行动方案	产品销路		
	θ_1	θ_2	θ_3
	$P(\theta_1)=0.3$	$P(\theta_2)=0.5$	$P(\theta_3)=0.2$
A_1(大批量)	20	12	8
A_2(中批量)	16	16	10
A_3(小批量)	12	12	12

试确定合理批量生产，使企业获得最大效益.

解 因 $P(\theta_2)=0.5$ 最大，所以不考虑自然状态 θ_1 和 θ_3，这就变成了只有一个自然状态 θ_2 的确定型决策问题. 再比较在状态 θ_2 下三种行动方案的效益值的大小，可知该企业采取方案 A_2 获利最大. 故选取 A_2 是最优决策.

(2) 矩阵法. 设 $A=\{A_1,A_2,\cdots,A_i,\cdots,A_m\}$ 为决策者所有可能的行动方案的集合，也可看作一个向量，并称向量 $\boldsymbol{A}=(A_1,A_2,\cdots,A_i,\cdots,A_m)$ 为**行动方案向量**. $\theta=\{\theta_1,\theta_2,\cdots,\theta_j,\cdots,\theta_n\}$ 为所有可能的自然状态的集合，并称向量 $\theta=(\theta_1,\theta_2,\cdots,\theta_j,\cdots,\theta_n)$ 为**状态向量**. 若状态 θ_j 发生的概率记作 $P(\theta_j)=p_j\,(j=1,2,\cdots,n)$，则称向量 $\boldsymbol{P}=(p_1,p_2,\cdots,p_j,\cdots,p_n)$ 为**状态概率向量**，且 $\sum\limits_{j=1}^{n}p_j=1$.

若对自然状态 θ_j，采取的行动方案 A_i 的益损值记作 $\alpha(A_i,\theta_j)=a_{ij}\,(i=1,2,\cdots,m;j=1,2,\cdots,n)$，$A_i$ 的益损期望值为

$$E(A_i)=\sum_{j=1}^{n}p_ja_{ij}\quad(i=1,2,\cdots,m),$$

记 $\boldsymbol{E}(A)=(E(A_1),E(A_2),\cdots,E(A_i),\cdots,E(A_m))^T$，$\boldsymbol{B}=(a_{ij})_{m\times n}$，则

$$\boldsymbol{E}(A)=\boldsymbol{BP}^T.$$

若决策目标是收益最大，则求

$$A_r=\max_A(\boldsymbol{E}(A)).$$

若决策目标是损失最小，则求

$$A_s=\min_A(\boldsymbol{E}(A)).$$

将状态、方案、概率、益损值、益损期望值的关系列为表 23.2-2 所示的一般决策表.

表 23.2-2

方案 \ 益损值 \ 状态概率 \ 状态	θ_1	θ_2	$\cdots$	θ_j	$\cdots$	θ_n	益损期望值 $\boldsymbol{E}(A)$
	p_1	p_2	$\cdots$	p_j	$\cdots$	p_n	
A_1	a_{11}	a_{12}	$\cdots$	a_{1j}	$\cdots$	a_{1n}	$E(A_1)$
A_2	a_{21}	a_{22}	$\cdots$	a_{2j}	$\cdots$	a_{2n}	$E(A_2)$
$\vdots$	…………						$\vdots$
A_i	a_{i1}	a_{i2}	$\cdots$	a_{ij}	$\cdots$	a_{in}	$E(A_i)$
$\vdots$	…………						$\vdots$
A_m	a_{m1}	a_{m2}	$\cdots$	a_{mj}	$\cdots$	a_{mn}	$E(A_m)$
决策⟶	$A_r=\max\limits_A(\boldsymbol{E}(A))$ 或 $A_s=\min\limits_A(\boldsymbol{E}(A))$						

上述方法称为**矩阵法**.

在矩阵法中，若有两个方案的期望值相同，比如 $E(At)=E(A_l)$，当 $B=(a_{ij})_{m\times n}$ 为效益矩阵时，则比较

$$D(A_l)=E(A_l)-\min_{1\leqslant j\leqslant n}(a_{lj})$$

与

$$D(A_t)=E(A_t)-\min_{1\leqslant j\leqslant n}(a_{tj})$$

的大小.若 $D(A_l)>D(A_t)$，则选取 A_t；若 $D(A_l)=D(A_t)$，则任选一个均可.

若 $E(A_l)=E(A_t)$，当 $B=(a_{ij})_{m\times n}$ 为损失矩阵时，则比较

$$D(A_l)=\max_{1\leqslant j\leqslant n}(a_{lj})-E(A_l)$$

与

$$D(A_t)=\max_{1\leqslant j\leqslant n}(a_{tj})-E(A_t)$$

的大小，若 $D(A_l)>D(A_t)$，则选取 A_t；若 $D(A_l)=D(A_t)$，则任选一个均可.

矩阵法的决策步骤：

1° 收集与决策问题有关的资料.

2° 找出可能出现的自然状态 $\theta_j(j=1,2,\cdots,n)$.

3° 列出主要而且可行的行动方案 $A_i(i=1,2,\cdots,m)$.

4° 根据有关资料及有关人员的主观判断，确定各自然状态出现的概率 $P(\theta_j)=p_j(j=1,2,\cdots,n)$.

5° 利用有关资料与科技知识，计算出每个行动方案 A_i 在不同自然状态 θ_j 下相应的益损值 $\alpha(A_i,\theta_j)=a_{ij}(i=1,2,\cdots,m;j=1,2,\cdots,n)$.

6° 计算出每个行动方案的益损期望值

$$E(A_i)=\sum_{j=1}^{n}P(\theta_j)a_{ij}=\sum_{j=1}^{n}p_ja_{ij}\ (i=1,2,\cdots,m).$$

7° 列出决策表 23.2-2.

8° 比较行动方案的期望值的大小 $E(A_i)(i=1,2,\cdots,m)$，选定一个较好的行动方案.

例 2 用矩阵法解例 1.

解

$$B=\begin{pmatrix}20&12&8\\16&16&10\\12&12&12\end{pmatrix},\quad \boldsymbol{P}=(0.3,0.5,0.2),$$

$$\begin{aligned}\boldsymbol{E}(A)&=(E(A_1),E(A_2),E(A_3))^T=B\boldsymbol{P}^T\\&=\begin{pmatrix}20&12&8\\16&16&10\\12&12&12\end{pmatrix}\begin{pmatrix}0.3\\0.5\\0.2\end{pmatrix}=(13.6,14.8,12.0)^T.\end{aligned}$$

由于$\max\limits_{A}(13.6,14.8,12.0)=14.8$. 所以合理决策应选取方案 $\boldsymbol{A}_2$.

例 3 某厂要对一个问题进行决策. 方案、状态、概率、效益值如表 23.2-3 所示.

表 23.2-3 单位:百万元

状态 / 状态概率 / 效益矩阵 / 方案	θ_1	θ_2	θ_3	θ_4	效益期望值 $\boldsymbol{E}(A)$	$D(A_i)$
	0.2	0.4	0.1	0.3		
A_1	4	5	6	7	5.5	1.5
A_2	2	4	6	9	5.3	3.3
A_3	5	7	3	5	5.6	2.6
A_4	3	5	6	8	5.6	2.6
A_5	3	5	5	5	4.6	1.6

试确定该问题的合理决策.

解 效益矩阵

$$B=\begin{pmatrix}4&5&6&7\\2&4&6&9\\5&7&3&5\\3&5&6&8\\3&5&5&5\end{pmatrix}.$$

状态概率向量 $\boldsymbol{P}=(0.2,0.4,0.1,0.3)$.

$$\boldsymbol{E}(A)=\begin{pmatrix}E(A_1)\\E(A_2)\\E(A_3)\\E(A_4)\\E(A_5)\end{pmatrix}=BP^T=\begin{pmatrix}4&5&6&7\\2&4&6&9\\5&7&3&5\\3&5&6&8\\3&5&5&5\end{pmatrix}\begin{pmatrix}0.2\\0.4\\0.1\\0.3\end{pmatrix}=\begin{pmatrix}5.5\\5.3\\5.6\\5.6\\4.6\end{pmatrix}.$$

$$\max(5.5,5.3,5.6,5.6,4.8)=5.6.$$

$$E(A_3)=5.6,\quad E(A_4)=5.6.$$

$$D(A_1)=5.5-4=1.5,\quad D(A_2)=5.3-2=3.3,$$

$$D(A_3)=5.6-3=2.6,\quad D(A_4)=5.6-3=2.6,$$

$$D(A_5)=4.6-3=1.6.$$

因 $E(A_3)=E(A_4)=5.6$, $D(A_3)=D(A_4)=2.6$. 所以选取 A_3 或 A_4 均为合理决策.

23.2.4 不确定型决策问题

1. 不确定型决策问题的条件

不确定型决策问题的条件就是在风险型决策问题的五个条件中，仅满足前四个条件，第五个条件不满足，即不知道各种自然状态出现的概率.

2. 不确定型决策问题的决策方法

(1) 乐观法.

若矩阵 $B=(a_{ij})_{m\times n}$是效益矩阵，则乐观法的步骤为：

① 求每个行动方案 A_i 在各种自然状态 θ_j 下的最大效益值

$$b_i = \max(a_{i1},a_{i2},\cdots,a_{ij},\cdots,a_{in}), i = 1,2,\cdots,m.$$

② 再求各最大效益值的 b_i 的最小值

$$b^* = \max(b_1,b_2,\cdots,b_m).$$

③ 最大值 b^* 所对应的行动方案 A^*，即为所选定的决策方案.

上述方法又称为最大最大原则. 因为这种方法总是对客观情况，抱乐观态度，所以称为**乐观法**.

若矩阵 $B=(a_{ij})_{m\times n}$是损失矩阵，则乐观法的步骤为：

① 求每个行动方案 A_i 在各种自然状态 θ_j 下的最小损失值

$$c_i = \min(a_{i1},a_{i2},\cdots,a_{ij},\cdots,a_{in}),\quad i = 1,2,\cdots,m.$$

② 再求各最小损失值 c_i 的最小值

$$c^* = \min(c_1,c_2,\cdots,c_m).$$

③ 最小值 c^* 所对应的行动方案 A^*，即为所选定的决策方案. 这种方法又称为最小最小原则.

(2) 悲观法.

若矩阵 $B=(a_{ij})_{m\times n}$是效益矩阵，则悲观法的步骤为：

① 求每个行动方案 A_i 在各种自然状态 θ_j 下的最小效益值

$$b_i = \min(a_{i1},a_{i2},\cdots,a_{ij},\cdots,a_{in}),\quad i = 1,2,\cdots,m.$$

② 再求各最小效益值 b_i 的最大值

$$b^* = \max(b_1,b_2,\cdots,b_m).$$

③ 最大值 b^* 所对应的方案 A^*，即为所选定的决策方案.

上述方法又称为最大最小原则. 因为这种方法总是对客观情况抱悲观的态度，所以称为**悲观法**，又称为**保守法**(或称为**瓦尔德决策准则**).

若矩阵 $B=(a_{ij})_{m\times n}$是损失矩阵，则悲观法的步骤为：

① 求每个行动方案 A_i 在各种自然状态下 θ_j 下的最大损失值

$$c_i = \max(a_{i1},a_{i2},\cdots,a_{ij},\cdots,a_{in}),\quad i = 1,2,\cdots,m.$$

② 求各最大损失值 c_i 的最小值

$$c^* = \min(c_1, c_2, \cdots, c_m).$$

③ 最小值 c^* 所对应的方案 A^*，即为所选定的决策方案.

上述方法又称为最小最大原则.

(3) 乐观系数法.

若矩阵 $B=(a_{ij})_{m\times n}$ 是效益矩阵，则步骤为：

① 计算

$$cv_i = \alpha\max(a_{i1}, a_{i2}, \cdots, a_{in}) + (1-\alpha)\min(a_{i1}, a_{i2}, \cdots, a_{in}),$$

$i=1,2,\cdots,m$，其中 $\alpha\in[0,1]$称为**乐观系数**.

② 求 cv_i 的最大值

$$cv_k = \max(cv_1, cv_2, \cdots, cv_m),$$

③ cv_k 所对应的方案 A_k，即为所选定的决策方案.

当 $\alpha=1$ 时，则是乐观法；当 $\alpha=0$ 时，则是悲观法. 当 α 取不同的值时，可能得到不同的决策结果，到底 α 取什么值合适，这要看具体情况而定. 如果当时的条件比较乐观，则 α 应取大一些；反之，α 应取小一些. 这样才比较接近实际.

若矩阵 $B=(a_{ij})_{m\times n}$ 是损失矩阵，则步骤为：

① 计算

$$cv_i = \alpha\min(a_{i1}, a_{i2}, \cdots, a_{in}) + (1-\alpha)\max(a_{i1}, a_{i2}, \cdots, a_{in}),$$

$i=1,2,\cdots,m$,　$0\leqslant\alpha\leqslant 1$.

② 求 cv_i 的最小值

$$cv_k = \min(cv_1, cv_2, \cdots, cv_m).$$

③ cv_k 所对应的方案 A_k，即为所选定的决策方案.

上述方法就是乐观法乘以一个乐观系数 α，与悲观法乘以系数$(1-\alpha)$，以求二方法结果的一种加权平均. 因此称为**乐观系数法**(或称为**胡雷维奇决策准则**).

(4) 等可能性法.

当决策者在决策过程中，不能肯定哪种状态容易出现、哪种状态不容易出现时，就认为它们出现的概率是相等的，如果有 n 个自然状态 θ_j $(j=1,2,\cdots,n)$，则 $P(\theta_j)=\frac{1}{n}$ $(j=1,2,\cdots,n)$，再按矩阵法决策即可. 这种方法称为**等可能性法**(或称**拉普拉斯法**).

(5) 后悔值法.

若矩阵 $B=(a_{ij})_{m\times n}$ 是效益矩阵，则步骤为：

① 确定每种自然状态 θ_j 的理想目标，即计算每种自然状态 θ_j 在各种行动方案 A_i 中的最大效益值

$$b_j = \max(a_{1j}, a_{2j}, \cdots, a_{mj}),\quad j=1,2,\cdots,n.$$

② 计算未达到理想目标的**后悔值**

$$c_{ij} = b_j - a_{ij}, \quad i = 1,2,\cdots,m; \quad j = 1,2,\cdots,n,$$

由此得**后悔矩阵**

$$C = \begin{pmatrix} c_{11} & c_{12} & \cdots & c_{1j} & \cdots & c_{1n} \\ c_{21} & c_{22} & \cdots & c_{2j} & \cdots & c_{2n} \\ \cdots & \cdots & \cdots & \cdots & \cdots & \cdots \\ c_{i1} & c_{i2} & \cdots & c_{ij} & \cdots & c_{in} \\ \cdots & \cdots & \cdots & \cdots & \cdots & \cdots \\ c_{m1} & c_{m2} & \cdots & c_{mj} & \cdots & c_{mn} \end{pmatrix}$$

及相应的如表 23.2-4 所示的决策表.

表 23.2-4

方案 \ 后悔值 \ 状态	θ_1	θ_2	$\cdots$	θ_j	$\cdots$	θ_n
A_1	c_{11}	c_{12}	$\cdots$	c_{1j}	$\cdots$	c_{1n}
A_2	c_{21}	c_{22}	$\cdots$	c_{2j}	$\cdots$	c_{2n}
$\vdots$	$\cdots$	$\cdots$	$\cdots$	$\cdots$	$\cdots$	$\cdots$
A_i	c_{i1}	c_{i2}	$\cdots$	c_{ij}	$\cdots$	c_{in}
$\vdots$	$\cdots$	$\cdots$	$\cdots$	$\cdots$	$\cdots$	$\cdots$
A_m	c_{m1}	c_{m2}	$\cdots$	c_{mj}	$\cdots$	c_{mn}

③ 计算每个行动方案 A_i 的最大后悔值

$$c_i = \max(c_{i1}, c_{i2}, \cdots, c_{ij}, \cdots, c_{in}), \quad i = 1,2,\cdots,m.$$

④ 计算最大后悔值 c_i 的最小值

$$c^* = \min(c_1, c_2, \cdots, c_m).$$

⑤ 最小值 c^* 所对应的方案 A^*,即为所选定的决策方案.

若最小值 c^* 所对应的决策方案不止一个,则任取一个即可.

若矩阵 $B=(a_{ij})_{m\times n}$ 是损失矩阵,则步骤为:

① 计算各自然状态 θ_j 在每个行动方案 A_i 中的最小损失值

$$b_j' = \min(a_{1j}, a_{2j}, \cdots, a_{mj}), \quad j = 1,2,\cdots,n.$$

② 计算未达到理想目标的后悔值

$$c_{ij}' = a_{ij} - b_j', \quad i = 1,2,\cdots,m; \quad j = 1,2,\cdots,n.$$

由此得后悔矩阵

$$C' = (c_{ij}')_{m\times n}$$

及相应的决策表.

③ 计算每个行动方案 A_i 的最小后悔值

$$c_i' = \min(c_{i1}', c_{i2}', \cdots, c_{ij}', \cdots, c_{in}'), \quad i = 1,2,\cdots,m.$$

④ 计算最小后悔值 c_i' 的最大值

$$c'^* = \max(c_1', c_2', \cdots, c_m').$$

⑤ 最大值 c'^* 所对应的方案 A^*，即为所选定的决策方案.

上述方法称为**后悔值法**.

§23.3 对 策 论

23.3.1 基本概念

1. 对策问题模型

对策是决策者在某种竞争场合下作出的决策，或者说是参加竞争的各方为了自己获胜采取对付对方的策略. 对策论就是研究对策现象的理论与方法.

在一局对策中有决策权的参加者，称为**局中人**. 局中人自始至终通盘筹划的对付对方的一个行动方案 x，称为这个局中人的一个**策略**. 而这个局中人的全体策略，称为这个局中人的**策略集合**，记作 X. 若在一局对策中，每个局中人都有有限个策略，则称为**有限对策**. 否则，称为**无限对策**.

设有 k 个局中人. 从每个局中人的策略集合中各取一个策略所组成的策略组 $(x_1, x_2, \cdots, x_k)$，称为**局势**. 一局对策结束后，每个局中人的胜负，称为**得失**(赢得与损失). 而每个局中人的得失又是全体局中人所取定的一组策略的函数，即得失是局势的函数，这样的函数称为**支付函数**，记为 $u_i(x_1, x_2, \cdots, x_k)$，$i=1,2,\cdots,k$. 每个局中人都要通过选择自己的策略来优化各自的支付函数，而支付函数是局势的函数.

如果在任一局势中，全体局中人的支付函数之和为零，则称这个对策为**零和对策**；否则称为**非零和对策**.

如果在参与对策过程中只有两方，双方的利益又根本对立，且其中一方的赢得等于另一方的损失，则称这类对策为**二人零和对策**. 赢得的数值，称为对策的**值**. 二人零和对策在对策论的早期发展中曾占据重要地位.

例 1 囚徒困境

这是一个造出来的例子，但在对策论中却是经典性的，它可以作为实际生活中许多现象的一个抽象概括. 设两个嫌疑犯作案后被警察抓住，分别被关在不同的屋子里审讯. 警察告诉他们：如果两人都坦白，各判刑 8 年；如果两人都抵赖，各判一年；如果一人坦白一人抵赖，则坦白者将被释放，抵赖者判刑 10 年. 这样，这两个囚徒便进入了一个决策问题. 二囚徒为局中人，分别记为 1 号与 2 号. 他们的策略集合为 $X_1 = X_2 = \{$坦白，抵赖$\}$，即都只包含“坦白”和“抵赖”两个策略. 这样就总共有 4 种可能的局势，对应的两个支付函数的值列于表 23.3-1 中，每一栏中第一个数为 1 号囚徒的所得，第二个数为 2 号囚徒的所得. 每个囚徒都想使自己的支付函数取值为最大，即刑期最短，但其刑期依赖于二个各取决策所形成之局势，而不仅是他自己的决策.

这是一个二人有限非零和对策.

表 23.3-1　囚徒困境

x_1 \ x_2	坦白	抵赖
坦白	−8,−8	0,−10
抵赖	−10,0	−1,−1

2. 纳什均衡

定义 1　设一对策中有 k 个局中人，其策略集合与支付函数分别为 X_i 和 u_i，$i=1,2,\cdots,k$. 如果局势 $\bar{\boldsymbol{x}}=(\bar{x}_1,\bar{x}_2,\cdots,\bar{x}_k)$，$\bar{x}_i\in X_i$，$i=1,2,\cdots,k$，使得对于每个 $i=1,2,\cdots,k$，都有

$$u_i(\bar{x}_1,\bar{x}_2,\cdots,\bar{x}_k)\geqslant u_i(x_i,\bar{\boldsymbol{x}}_{-i})$$

对任意的 $x_i\in X_i$ 成立，则称局势 $\boldsymbol{x}$ 为此对策的一个**纳什均衡**(Nash equilibrium). 其中 $\bar{\boldsymbol{x}}_{-i}$ 表示 $(\bar{x}_1,\cdots,\bar{x}_{i-1},\bar{x}_{i+1},\cdots,\bar{x}_k)$.

例如，在例 1 中，从表 23.3-1 可见，局势 $\bar{\boldsymbol{x}}=$(坦白，坦白)为纳什均衡. 这因为，对 $i=1$，就表 23.3-1 栏中第一个数(u_1 的值)，对应于 $\bar{\boldsymbol{x}}$ 的列中，以 $u_1(\bar{\boldsymbol{x}})=-8$ 为最大值；对于 $i=2$，就栏中第二个数(u_2 的值)，对应的行中，以 $u_2(\bar{\boldsymbol{x}})=-8$ 为最大值. 其他 3 个局势都不具有这种性质.

可见，纳什均衡是这样一种局势：处于此局势时，任何局中人单方面改变其策略，都会使自己的支付函数值变坏；这种局势是对策各方都无兴趣去改变的一种局面. 设想竞争的各方要谈判签订某项协议，诸如反弹道导弹条约之类，在没有外在的强制力约束的情况，只有这协议构成纳什均衡，才能为协议各方自动遵守；相反，不满足纳什均衡要求的协议是没有意义的.

3. 混合策略纳什均衡

定义 2　设一对策中有 k 个局中人，其策略集合与支付函数分别为 X_i 和 u_i，$i=1,2,\cdots,k$. 集合 X_i 上的一个概率分布称为局中人 i 的一个**混合策略**，$i=1,2,\cdots,k$. (为区别起见，也称前面已引入的策略概念为**纯策略**.) k 个局中人各取一个混合策略所构成的混合策略组，称为一个**混合局势**.

一个纯策略可视为混合策略的特例，即视为等同于相应于该纯策略的概率为 1，而相应于其他纯策略的概率皆为 0 的概率分布.

一个混合局势给出集合 $X=X_1\times X_2\times\cdots\times X_k$ 上的一个概率分布. 在各个 X_i 都是离散集合的情形，混合局势给出各个局势 $\boldsymbol{x}\in X$ 出现的概率. 对 $i=1,2,\cdots,k$，局中

人 i 的支付函数 $u_i(\boldsymbol{x})$ 的数学期望，作为混合局势的函数，称为期望支付函数，记作 v_i. 具体说，设局中人 i 取混合策略 $p_i=(\cdots p_{ij}\cdots)$，$p_{ij}$ 为对应于纯策略 $x_{ij}\in X_i$ 的概率，$\sum_j p_{ij}=1, i=1,2,\cdots,k$，对混合策略 $p=(p_1,p_2,\cdots,p_k)$.

$$v_i(p)=Eu_i(x)=\sum_x (p_{1j_1}p_{2j_2}\cdots p_{kj_k}u_i(\boldsymbol{x})) \tag{23.3-1}$$

其中 $\boldsymbol{x}=(x_{1j_1},x_{2j_2},\cdots,x_{kj_k})\in X$，$x_{ij_i}\in X_i$，表示局中人 i 的第 j_i 个策略，$i=1,2,\cdots,k$.

例如，在囚徒困境的例子中，对任意的 $\lambda\in[0,1]$，$(\lambda,1-\lambda)$ 都是囚徒 1 的(也是囚徒 2 的)一个混合策略，其意义为以概率 λ 坦白，以概率 $1-\lambda$ 抵赖. 设囚徒 1 取混合策略 $p_1=(\lambda,1-\lambda)$，囚徒 2 取 $p_2=(\mu,1-\mu)$，$\lambda,\mu,\in[0,1]$，则 $\begin{pmatrix}\lambda\mu & \lambda(1-\mu)\\(1-\lambda)\mu & (1-\lambda)(1-\mu)\end{pmatrix}$ 给出 4 种可能局势的概率. 于是，对 $p=(p_1,p_2)$，

$$\begin{aligned}v_1(p)&=-8\lambda\mu+0\lambda(1-\mu)-10(1-\lambda)\mu-1(1-\lambda)(1-\mu)\\&=-11+\lambda+\mu+\lambda\mu,\\v_2(p)&=-11+\lambda+\mu+\lambda\mu.\end{aligned} \tag{23.3-2}$$

定义 3 设一对策中有 k 个局中人，其策略集合与支付函数分别为 X_i 和 u_i，$i=1,2,\cdots,k$. 如果混合局势 $\bar{P}=(\bar{p}_1,\bar{p}_2,\cdots,\bar{p}_k)$ 使得对于每个 $i=1,2,\cdots,k$，都有

$$v_i(\bar{p})\geqslant v_i(p_i,\bar{p}_{-i})$$

对任意的 P_i 成立，则称此混合局势 $\bar{P}$ 为一个**纳什均衡**，为区别计，亦称**混合策略纳什均衡**，其中 v_i 见(23.3-1)式，$\bar{p}_{-i}$ 表示$(\bar{p}_1,\cdots,\bar{p}_{i-1},\bar{p}_{i+1},\cdots,\bar{p}_k)$.

例 2 求囚徒困境问题的混合策略纳什均衡.

按定义 3，要对 $v_1(p_1,\bar{p}_2)$ 作为 p_1 的函数求最大值点，也就是对 v_1 作为 λ 的函数求最大值点. 参照(23.3-2)式，v_1 是 λ 的一次函数，$\lambda\in[0,1]$，因而 $\bar{\lambda}=1$ 应为所求. 同时，还要对 v_2 作为 P_2 的，即 μ 的函数求最大值点，同样得 $\bar{\mu}=1$. 也就是说，**混合策略纳什均衡**是：囚徒皆以概率 1 坦白，以概率 0 抵赖.

23.3.2 存在定理

定理 1 有限对策一定存在混合策略纳什均衡.

定义 4 设 $\mathbf{R}^n$ 为 n 维欧氏空间，$S\subset\mathbf{R}^n$ 为凸集(见 25.1.4)，f 是定义在 S 上的实函数. 如果对任意的 $x_1,x_2\in S$ 和任意 $\lambda\in[0,1]$，有

$$f(\lambda x_1+(1-\lambda)x_2)\geqslant\min\{f(x_1),f(x_2)\}$$

则称 f 是集合 S 上的**拟凹函数**.

定理 2 在有 k 个局中人的对策中，如果每个局中人的策略集合 X_i 都是欧氏空间中的非空有界闭凸集，支付函数 $u_i(x)$ 是连续的，且对 x_i 是拟凹的，则存在纯战略纳什均衡.

定理 3 在有 k 个局中人的对策中，如果每个局中人的策略集合 X_i 都是欧氏空

间中的非空有界闭凸集，支付函数 $u_i(x)$ 是连续的，则存在混合策略纳什均衡.

23.3.3 矩阵对策

所谓矩阵对策就是有限二人零和对策. 在这类对策中，两个局中人的支付函数可以用同一个矩阵来表示.

设局中人 1 的策略集合为 $X_1=\{\alpha_1,\alpha_2,\cdots,\alpha_m\}$，局中人 2 的集合为 $X_2=\{\beta_1,\beta_2,\cdots,\beta_n\}$. 这样共有 mn 个可能的局势. 设 $u_1(\alpha_i,\beta_j)=a_{ij}$，则有 $u_2(\alpha_i,\beta_j)=-a_{ij}$. 于是，矩阵 $A=(a_{ij})_{m\times n}$ 给出 u_1 的函数表，$-A$ 给出 u_2 的函数表. 矩阵 A 称为局中人 1 的**赢得矩阵**. 有时用 $G=(X_1,X_2;A)$ 来记此矩阵对策.

记 $\sum^m=\left\{\boldsymbol{x}=(x_1,x_2,\cdots,x_m)^T:x_i\geqslant 0,\sum\limits_{i=1}^m x_i=1\right\}$，则 $\sum^m$ 给出局中人 1 的混合策略集合，即任意 $\boldsymbol{x}\in\sum^m$，都给出 X_1 上的一个概率分布. 同样，$\sum^n$ 给出局中人 2 的混合策略集合. 对于 $\boldsymbol{x}\in\sum^m$ 和 $\boldsymbol{y}\in\sum^n$，按(23.3-1)式，期望支付函数

$$v_1(\boldsymbol{x},\boldsymbol{y})=\sum_{i=1}^m\sum_{j=1}^n a_{ij}x_iy_j=\boldsymbol{x}^{\mathrm{T}}A\boldsymbol{y},\quad v_2(x,y)=-v_1(x,y)$$

将定理 1 用于矩阵对策，得知：矩阵对策一定存在有混合策略纳什均衡.

定理 4 考虑矩阵对策 $G=(X_1,X_2,A)$. 局势 $(\alpha_{\bar{i}},\beta_{\bar{j}})$ 是纯策略纳什均衡的必要充分条件是，对任意的 $i=1,2,\cdots,m$ 和 $j=1,2,\cdots,n$，有

$$a_{i\bar{j}}\leqslant a_{\bar{i}\bar{j}}\leqslant a_{\bar{i}j} \tag{23.3-3}$$

而混合局势 $(\bar{\boldsymbol{x}},\bar{\boldsymbol{y}})$ 是混合策略纳什均衡的必要充分条件是，对于任意的 $\boldsymbol{x}\in\sum^m$ 和 $\boldsymbol{y}\in\sum^n$，有

$$\boldsymbol{x}^TA\bar{\boldsymbol{y}}\leqslant\bar{\boldsymbol{x}}^{\mathrm{T}}A\bar{\boldsymbol{y}}\leqslant\bar{\boldsymbol{x}}^{\mathrm{T}}A\boldsymbol{y} \tag{23.3-4}$$

即 $(\bar{\boldsymbol{x}},\bar{\boldsymbol{y}})$ 是期望支付函数 $v_1(x,y)$ 的**鞍点**(见 25.2.3).

定义 5 如果矩阵对策 $G=(X_1,X_2,A)$ 有纯策略纳什均衡 $(\alpha_{\bar{i}},\beta_{\bar{j}})$，称 $V_G=a_{\bar{i}\bar{j}}$ 为此对策的值. 设 $(\bar{\boldsymbol{x}},\bar{\boldsymbol{y}})$ 是 G 的混合策略纳什均衡，称 $V=\bar{\boldsymbol{x}}^{\mathrm{T}}A\bar{\boldsymbol{y}}$ 为 G 在混合意义下的值.

定理 5 $G=(X_1,X_2,A)$ 的混合策略纳什均衡 $(\bar{x},\bar{y})$ 是下列两组不等式的解

$$1^\circ\quad\begin{cases}\sum\limits_{i=1}^m a_{ij}x_j\geqslant V & (j=1,2,\cdots,n),\\ \sum\limits_{i=1}^m x_i=1,\quad x_i\geqslant 0 & (i=1,2,\cdots,m).\end{cases}$$

$$2^\circ\quad\begin{cases}\sum\limits_{j=1}^n a_{ij}y_j\leqslant V & (i=1,2,\cdots,m),\\ \sum\limits_{j=1}^n y_j=1,\quad y_j\geqslant 0 & (j=1,2,\cdots,n).\end{cases}$$

其中 $V=\bar{\boldsymbol{x}}^{T}A\bar{\boldsymbol{y}}$.

定理 6 设$(\bar{x},\bar{y})$是矩阵对策 $G=(X_1,X_2,A)$的混合策略纳什均衡,$V=\bar{\boldsymbol{x}}^{T}A\bar{\boldsymbol{y}}$,则有

(1) 若 $\bar{x}_i\neq 0$,则 $\sum_{j=1}^{n}a_{ij}\bar{y}_j=(A\bar{\boldsymbol{y}})_i=V$;

(2) 若 $\bar{y}_j\neq 0$,则$(A^{T}\bar{\boldsymbol{x}})_j=V$;

(3) 若$(A\bar{\boldsymbol{y}})_i<V$,则 $\bar{x}_i=0$;

(4) 若$(A^{T}\bar{\boldsymbol{x}})_j>V$,则 $\bar{y}_j=0$

例 3 给定一矩阵对策 G,其赢得矩阵为

$$A=\begin{pmatrix}3&1&1\\1&1&5\\1&4&1\end{pmatrix},$$

求纳什均衡与值.

解 首先,使用(23.3-3)式给出的判断,容易判断对策 G 不存在纯策略纳什均衡.考虑混合策略情况.设局中人 1 以概率 x_1,x_2,x_3 分别选取 $\alpha_1,\alpha_2,\alpha_3$;局中人 2 以概率 y_1,y_2,y_3 分别选取 β_1,β_2,β_3.于是,问题化为解如下两组不等式组

$$1^\circ\begin{cases}3x_1+x_2+x_3\geqslant V,\\x_1+x_2+4x_3\geqslant V,\\x_1+5x_2+x_3\geqslant V;\\x_1+x_2+x_3=1,\\x_i\geqslant 0\quad(i=1,2,3).\end{cases}$$

$$2^\circ\begin{cases}3y_1+y_2+y_3\leqslant V,\\y_1+y_2+5y_3\leqslant V,\\y_1+4y_2+y_3\leqslant V;\\y_1+y_2+y_3=1,\\y_j\geqslant 0(j=1,2,3).\end{cases}$$

对于 1°,对前三个式子取等号得线性方程组,解得

$$x_1=\frac{6}{13},\quad x_2=\frac{3}{13},\quad x_3=\frac{4}{13};\quad V=\frac{25}{13}.$$

对于 2°,同理可得

$$y_1=\frac{6}{13},\quad y_2=\frac{4}{13},\quad y_3=\frac{3}{13}.$$

所以对策 G 的值为 $V=\frac{25}{13}$,局中人 1 与局中人 2 分别取混合策略

$$\bar{x}=\left(\frac{6}{13},\quad\frac{3}{13},\quad\frac{4}{13}\right)^{\mathrm{T}},\quad\bar{y}=\left(\frac{6}{13},\quad\frac{4}{14},\quad\frac{3}{13}\right)^{\mathrm{T}}$$

构成混合策略纳什均衡.

例 4 某工厂用三种不同的设备 $\alpha_1,\alpha_2,\alpha_3$ 加工三种不同的产品 β_1,β_2,β_3. 已知这三种设备分别加工这三种不同的产品,在单位时间内创造的价值列表如下:

	β_1	β_2	β_3
α_1	4	-1	5
α_2	0	5	3
α_3	3	3	7

其中出现负值,是由于设备消耗远远大于创造出来的价值. 在这样的条件下,求出一组合理的加工方案.

解 与例 3 类似,问题化为解如下两组不等式组:

$$1^\circ\quad\begin{cases}4x_1 \qquad\quad + 3x_3 \geqslant V,\\ -x_1 + 5x_2 + 3x_3 \geqslant V,\\ 5x_1 + 3x_2 + 7x_3 \geqslant V;\\ x_1 + x_2 + x_3 = 1,\\ x_i \geqslant 0 \quad (i = 1,2,3);\end{cases}$$

$$2^\circ\quad\begin{cases}4y_1 - y_2 + 5y_3 \leqslant V,\\ \qquad 5y_2 + 3y_3 \leqslant V,\\ 3y_1 + 3y_2 + 7y_3 \leqslant V;\\ y_1 + y_2 + y_3 = 1,\\ y_j \geqslant 0 \quad (j = 1,2,3).\end{cases}$$

对这两组不等式,若都取等号,则均无正数解. 因此,必须考虑有的式子取等号,有的式子不取等号,进行试算. 作如下的试验,取

$$3^\circ\quad\begin{cases}4x_1 \qquad\quad + 3x_3 = V,\\ -x_1 + 5x_2 + 3x_3 = V,\\ 5x_1 + 3x_2 + 7x_3 > V;\end{cases}$$

$$4^\circ\quad\begin{cases}4y_1 - \ y_2 + 5y_3 < V,\\ \qquad 5y_2 + 3y_3 = V,\\ 3y_1 + 3y_2 + 7y_3 = V.\end{cases}$$

由定理 6 可知,在这种情况下,必须是

$$\bar{y}_3 = 0, \text{对应的 } 5x_1 + 3x_2 + 7x_3 > V;$$

$$\bar{x}_1 = 0, \text{对应的 } 4y_1 - y_2 + 5y_3 < V.$$

这样，方程组 3°与 4°可变成如下的方程组

$$\begin{cases} 3x_3 = V, \\ 5x_2 + 3x_3 = V, \end{cases}$$

$$\begin{cases} 5y_2 = V, \\ 3y_1 + 3y_2 = V. \end{cases}$$

解得

$$x_1=0, \quad x_2=0, \quad x_3=1,$$

$$y_1 = \frac{2}{5}, \quad y_2 = \frac{3}{5}, \quad y_3 = 0. V = 3.$$

因此，局中人 1(工厂服务单位)的混合策略

$$\bar{x} = (0,0,1),$$

即不采用设备 α_1 与 α_2 加工产品. 局中人 2(被加工的产品单位)的混合策略

$$\bar{y} = \left(\frac{2}{5},\frac{3}{5},0\right).$$

即不加工产品 β_3，而产品 β_1 和 β_2 委托加工的概率分别为 0.4 和 0.5. 这样构成混合策略纳什均衡.

23.3.4 矩阵对策的求解方法

定理 7 给定两个矩阵对策

$$G_1 = \{S_1, S_2; \quad A_1 = (a_{ij})_{m\times n}\},$$

$$G_2 = \{S_1, S_2; \quad A_2 = (a_{ij} + d)_{m\times n}\},$$

其中 d 是常数，则这两个对策的解不变，其对策值相差一个常数 d，即

$$V_2 = V_1 + d,$$

其中 V_1 与 V_2 分别为对策 G_1 与对策 G_2 的值.

定义 6 给定一矩阵对策 $G=\{S_1, S_2; A\}$.

$$S_1 = \{\alpha_1, \alpha_2, \cdots, \alpha_i, \cdots, \alpha_m\}, \quad S_2 = \{\beta_1, \beta_2, \cdots, \beta_j, \cdots, \beta_n\}.$$

$$A = (a_{ij})_{m\times n}.$$

如果对一切 $j(j=1,2,\cdots,n)$ 均有

$$a_{ij} \geqslant a_{kj}$$

成立，则称局中人 1 的纯策略 α_i 优超于纯策略 α_k. 同样，如果对一切 $i(i=1,2,\cdots,m)$ 均有

$$a_{ij} \leqslant a_{il}$$

成立，则称局中人 2 的纯策略 β_j 优超于纯策略 β_l.

定理 8 给定矩阵对策 $G=\{S_1, S_2; A\}$,

$$S_1 = \{\alpha_1, \alpha_2, \cdots, \alpha_i, \cdots, \alpha_m\}, \quad S_2 = \{\beta_1, \beta_2, \cdots, \beta_j, \cdots, \beta_n\},$$

$$A = (a_{ij})_{m\times n}.$$

对局中人 1 来说,若纯策略 α_1 为其余另一纯策略 $\alpha_i(i=2,3,\cdots,m)$ 所优超,于是由 G 得一新的对策

$$G' = \{S_1', S_2; A'\},$$

其中 $S_1'=\{\alpha_2,\alpha_3,\cdots,\alpha_i,\cdots,\alpha_m\}$;$a_{ij}'=a_{ij}(i=2,3,\cdots,m;j=1,2,\cdots,n)$;则二对策的值相等,且若 G' 有纯策略纳什均衡,它也是 G 的纯策略纳什均衡,若 $\bar{\boldsymbol{x}}'=(\bar{x}_2,\cdots,\bar{x}_m)^T$ 与 $\bar{y}$ 是 G' 的混合策略纳什均衡. 则 $\bar{\boldsymbol{x}}=(0,\bar{x}_2,\cdots,\bar{x}_m)^T$ 与 $\bar{y}$ 是 G 的混合策略纳什均衡.

如果矩阵对策 $G=\{S_1,S_2;A\}$ 中的赢得矩阵 A,不具有定理 8 中所述的特殊结构,则求混合策略纳什均衡的方法如下:

对局中人 1,求目标函数

$$S(\boldsymbol{x}') = \sum_{i=1}^{m} x_i' \tag{23.3-5}$$

在约束条件

$$\begin{cases} \sum_{i=1}^{m} a_{ij} x_i' \geqslant 1 & (j = 1,2,\cdots,n), \\ x_i' \geqslant 0 & (i = 1,2,\cdots,m) \end{cases} \tag{23.3-6}$$

下的极小值,其中

$$x_i' = \frac{x_i}{V} \quad (i = 1,2,\cdots,m),$$

$$V = \max_{\boldsymbol{x}\in S_1} \min_{1\leqslant j\leqslant n} \sum_{i=1}^{m} a_{ij} x_i,$$

$$\sum_{i=1}^{m} x_i' = \frac{1}{V}.$$

对局中人 2,求目标函数

$$S(\boldsymbol{y}') = \sum_{j=1}^{n} y_j' \tag{23.3-7}$$

在约束条件

$$\begin{cases} \sum_{j=1}^{n} a_{ij} y_j' \leqslant 1 & (i = 1,2,\cdots,m), \\ y_j' \geqslant 0 & (j = 1,2,\cdots,n) \end{cases} \tag{23.3-8}$$

下的极大值,其中

$$y_j' = \frac{y_j}{V} \quad (j = 1,2,\cdots,n),$$

$$V = \min_{\boldsymbol{y}\in S_2} \max_{1\leqslant i\leqslant m} \sum_{j=1}^{n} a_{ij} y_j,$$

$$\sum_{j=1}^{n} y_j' = \frac{1}{V}.$$

(23.3-5)～(23.3-8)是两组具有不等式约束的线性规划问题. 解法可参看第 25 章最优化方法，§25.1 线性规划.

例 5 给定一矩阵对策 G，其赢得矩阵为

$$A = \begin{pmatrix} 1 & 2 & 3 \\ 3 & 1 & 2 \\ 2 & 3 & 1 \end{pmatrix},$$

求纳什均衡与值.

解 对矩阵 A 的每个元素都加上 -1，则有

$$A_1 = \begin{pmatrix} 0 & 1 & 2 \\ 2 & 0 & 1 \\ 1 & 2 & 0 \end{pmatrix},$$

于是，由定理 7 和定理 5 可知，问题化为解如下两组不等式组

$$1^\circ \quad \begin{cases} 2x_2 + x_3 \geqslant V_1, \\ x_1 + 2x_3 \geqslant V_1, \\ 2x_1 + x_2 \geqslant V_1; \\ x_1 + x_2 + x_3 = 1, \\ x_i \geqslant 0 \quad (i = 1,2,3); \end{cases}$$

$$2^\circ \quad \begin{cases} y_2 + 2y_3 \leqslant V_1, \\ 2y_1 + y_3 \leqslant V_1, \\ y_1 + 2y_2 \leqslant V_1; \\ y_1 + y_2 + y_3 = 1, \\ y_j \geqslant 0 \quad (j = 1,2,3). \end{cases}$$

每组前三个式子取等号，解得 $V_1 = 1$，

$$x_1 = \frac{1}{3}, \quad x_2 = \frac{1}{3}, \quad x_3 = \frac{1}{3}.$$

$$y_1 = \frac{1}{3}, \quad y_2 = \frac{1}{3}, \quad y_3 = \frac{1}{3}.$$

所以对策 G 的值为 $V = V_1 - (-1) = 2$，混合策略纳什均衡为

$$\bar{x} = \left(\frac{1}{3}, \frac{1}{3}, \frac{1}{3}\right), \quad \bar{y} = \left(\frac{1}{3}, \frac{1}{3}, \frac{1}{3}\right).$$

例 6 给定一矩阵对策 G，其赢得矩阵为

$$A=\begin{pmatrix}3&4&0&3&0\\5&0&2&5&9\\7&3&9&5&9\\4&6&8&7&6\\6&0&8&8&3\end{pmatrix}\begin{matrix}\alpha_1\\\alpha_2\\\alpha_3\\\alpha_4\\\alpha_5\end{matrix}.$$

$$\beta_1\quad\beta_2\quad\beta_3\quad\beta_4\quad\beta_5$$

求对策 G 的值与纳什均衡.

解 因 α_4 优超于 α_1, α_3 优超于 α_2,所以由对策 G 可得一新的对策

$$G_1=\{S_1^{(1)},S_2;A_1\},$$

$$S_1^{(1)}=\{\alpha_3,\alpha_4,\alpha_5\},$$

$$\mathbf{A}_1=\begin{pmatrix}7&3&9&5&9\\4&6&8&7&6\\6&0&8&8&3\end{pmatrix}\begin{matrix}\alpha_3\\\alpha_4\\\alpha_5\end{matrix}.$$

$$\beta_1\quad\beta_2\quad\beta_3\quad\beta_4\quad\beta_5$$

对对策 G_1,因 β_2 优超于 β_3, β_4 与 β_5. 所以由对策 G_1 又可得一新的对策

$$G_2=\{S_1^{(1)},S_2^{(1)};A_2\},$$

$$S_2^{(1)}=\{\beta_1,\beta_2\},$$

$$A_2=\begin{pmatrix}7&3\\4&6\\6&0\end{pmatrix}\begin{matrix}\alpha_3\\\alpha_4\\\alpha_5\end{matrix}.$$

$$\beta_1\quad\beta_2$$

对对策 G_2,因 α_3 优超于 α_5,所以由对策 G_2 又可得一新的对策

$$G_3=\{S_1^{(2)},S_2^{(1)};A_3\},$$

$$S_1^{(2)}=\{\alpha_3,\alpha_4\},$$

$$A_3=\begin{pmatrix}7&3\\4&6\end{pmatrix}\begin{matrix}\alpha_3\\\alpha_4\end{matrix}.$$

$$\beta_1\quad\beta_2$$

于是,问题化为解不等式组

$$1^\circ\quad\begin{cases}7x_3+4x_4\geqslant V_3,\\3x_3+6x_4\geqslant V_3,\\x_3+\ x_4=1,\\x_3\geqslant 0,\quad x_4\geqslant 0;\end{cases}$$

$$2^\circ\quad\begin{cases}7y_1+3y_2\leqslant V_3,\\4y_1+6y_2\leqslant V_3,\\y_1+\ \ y_2=1,\\y_1\geqslant 0,y_2\geqslant 0.\end{cases}$$

每组前两个式子取等号，解得 $V_3=5$,

$$x_3=\frac{1}{3},\quad x_4=\frac{2}{3};\quad y_1=\frac{1}{2},\quad y_2=\frac{1}{2}.$$

由定理 7 可知，对策 G 的值为 $V=5$. 混合策略纳什均衡为

$$\bar{x}=\left(0,0,\frac{1}{3},\frac{2}{3},0\right),\bar{y}=\left(\frac{1}{2},\frac{1}{2},0,0,0\right).$$

§23.4 存 储 论

23.4.1 基本概念

工厂为了生产，必须储存一些原料；商店为了营业，必须储存一些商品. 如果原料或商品库存量过大，就会造成资金的积压，延长资金的周转期；但是，如果某种产品的原料库存缺货，就会造成这种产品的生产停顿，给生产厂家造成经济损失；或商店因某些商品库存缺货，形成这些商品的脱销，无疑会影响商店的营业额. 因此，进行科学的存储管理，是提高经济效益的重要途径之一. 研究有关存储问题的方法与理论的学科称为存储论，它是运筹学的一个分支. 通常把存储物简称为**存储**.

1. 需求. 对存储而言，由于需求，从存储中取出一定的数量，使存储量减少，这就是存储的输出. 有的需求是间断式的，有的需求是连续均匀的；有的需求是固定的，有的需求是随机性的.

2. 补充(订货或生产). 存储由于需求而不断减少，必须加以补充. 补充就是存储的输入. 从订货到货物进入存储所需的时间，称为拖后时间. 为了在某一时刻能补充存储，必须提前订货，这段时间称为提前时间.

3. 费用. 主要包括存储费、订货费、生产费与缺货费.

4. 存储策略. 决定何时补充一次存储以及每次补充的数量的办法，称为存储策略. 常见的存储策略有三种类型：

(1) t_0 循环策略，就是每隔 t_0 时间补充存储量 Q.

(2) (s,S)策略. 当存储量 $x>s$ 时，不补充；当存储量 $x\leqslant s$ 时，补充存储量使其达到 S，即补充量 $Q=S-\boldsymbol{x}$.

(3) (t,s,S)混合策略. 每经过 t 时间检查存储量 $\boldsymbol{x}$，当存储量 $x>s$ 时不补充；当存储量 $x\leqslant s$ 时，补充存储量使其达到 S.

存储模型通常分为两大类：一类叫作确定性模型，即模型中的数据是确定的数值；别一类叫作随机性模型，即模型中含有随机变量，而不是确定的数值.

23.4.2 确定性存储模型

模型 1 不允许缺货,生产时间很短.

假设(1)缺货费(即当存储供不应求时所引起的损失)c_2 为无穷大.

(2) 当存储降至零时,可以立即得到补充,即生产时间或拖后时间很短,可近似地看作零.

(3) 需求是连续的、均匀的.需求速度 R(单位时间的需求量)为常数,t 时间的需求量为 Rt.

(4) 每次订货量 Q 及定货费 c_3 均不变,且定货费 c_3 不随 Q 的大小而变化.

(5) 单位存储费 c_1 不变.

设每隔 t 时间补充一次存储,订货量 $Q=Rt$,则 t 时间总的平均费用为时间 t 的函数(平均费用函数):

$$C(t) = \frac{c_3}{t} + \frac{1}{2}c_1 Rt,$$

当 $t=t_0=\sqrt{\dfrac{2c_3}{c_1 R}}$时,平均费用取最小值,称平均最优费用,为

$$C_0 = C(t_0) = \min C(t) = \sqrt{2c_1 c_3 R},$$

订货批量为

$$Q_0 = Rt_0 = \sqrt{\frac{2c_3 R}{c_1}}. \tag{23.4-1}$$

公式(23.4-1)称为**经济订购批量公式**,简称经济批量公式,或 E. O. Q. 公式,也称**平方根公式**.

模型 2 不允许缺货,生产需一定时间.

除生产需要一定的时间外,其余条件均与模型 1 的条件相同.

设生产批量为 Q,所需生产时间为 T,生产速度为 $P=\dfrac{Q}{T}$,需求速度为 $R(R<P)$,则 t 时间的总的平均费用为

$$C(t) = \frac{c_3}{t} + \frac{1}{2}c_1 R\left(1-\frac{R}{P}\right)t.$$

当 $t=t_0=\sqrt{\dfrac{2c_3 P}{c_1 R(P-R)}}$时,平均费用最小,最优费用为

$$C_0 = C(t_0) = \min C(t) = \sqrt{2c_1 c_3 R\left(1-\frac{R}{P}\right)},$$

订货批量为

$$Q_0 = Rt_0 = \sqrt{\frac{2c_3 PR}{c_1 (P-R)}},$$

最优生产时间为

$$T_0 = \frac{Rt_0}{P} = \sqrt{\frac{2c_3R}{c_1P(P-R)}}.$$

模型 3 允许缺货,生产时间很短.

除允许缺货外,其余条件均与模型 1 的条件相同.

设最初存储量为 S,则 t 时间内总的平均费用为

$$C(t,S) = \frac{1}{t}\left(c_1\frac{S^2}{2R} + c_2\frac{(Rt-S)^2}{2R} + c_3\right),$$

当

$$t = t_0 = \sqrt{\frac{2c_3(c_1+c_2)}{c_1c_2R}},\quad S = S_0 = \sqrt{\frac{2c_2c_3R}{c_1(c_1+c_2)}}$$

时,平均费用最小,最优费用为

$$C_0 = C(t_0,S_0) = \min\ C(t,S) = \sqrt{\frac{2c_1c_2c_3R}{c_1+c_2}}.$$

在允许缺货的情况下,为满足 t_0 时间内的需求,订货量为

$$Q_0 = Rt_0 = \sqrt{\frac{2Rc_3(c_1+c_2)}{c_1c_2}}.$$

而 t_0 时间内的最大缺货量为

$$Q_0 - S_0 = \sqrt{\frac{2c_1c_3R}{c_2(c_1+c_2)}}.$$

23.4.3 随机性存储模型

模型 4 需求是随机离散的.

假设某店出售某种商品,每天的出售量 r 是一随机变量,已知其概率为 $P(r)$,$\sum\limits_{r=0}^{\infty}p(r)=1$. 若每出售一件这种商品,则赚 k 元;若该商品未能出售,则每件赔 h 元. 于是,当每天的订货量为 Q 时,损失的期望值为

$$C(Q) = h\sum_{r=0}^{Q}(Q-r)P(r) + k\sum_{r=Q+1}^{\infty}(r-Q)P(r).$$

当 $Q=Q_0$ 满足关系

$$\sum_{r=0}^{Q_0-1}P(r) < \frac{k}{k+h} \leqslant \sum_{r=0}^{Q_0}P(r) \tag{23.4-2}$$

时,$C(Q_0)=\min C(Q)$.

例 1 某店拟出售甲商品. 每单位甲商品成本费 50 元,售价 70 元. 如不能售出则必须减价为 40 元. 减价后一定可以售出. 已知售货量 r 的概率服从泊松分布

$$P(r) = \frac{e^{-\lambda}\lambda^r}{r!}\quad (\lambda\text{ 为平均售出数}).$$

根据以往的经验,平均售出数为 6 单位($\lambda=6$).问该店的订货量应为若干单位,方可使损失的期望值最小?

解 利用公式(23.4-2),其中 $k=20$(元),$h=10$(元),

$$\frac{k}{k+h}=\frac{20}{20+10}=0.667,\quad P(r)=\frac{e^{-6}6^r}{r!}.$$

$\sum_{r=0}^{Q}P(r)$ 记作 $F(Q)$,即 $F(Q)=\sum_{r=0}^{Q}P(r)=\sum_{r=0}^{Q}\frac{e^{-6}6^r}{r!}$.对不同的 r 值,可查泊松分布的数值表(参看第 13 章附录,数值表 23.3-1) 再相加,可求得

$$F(6)=\sum_{r=0}^{6}\frac{e^{-6}6^r}{r!}=0.6063,$$

$$F(7)=\sum_{r=0}^{7}\frac{e^{-6}6^r}{r!}=0.7440.$$

因 $F(6)<\frac{k}{k+k}<F(7)$,知 $Q_0=7$ 满足(23.4-2)式,取 $Q=Q_0=7$,故订货量应为 7 单位,可使损失的期望值最小.

模型 5 需求是随机离散的,(s,S)型存储模型.

考虑某个阶段(时间间隔),假设:

(1) 原有存储量为 I(在本阶段内为常数);

(2) 存储单价为 K,订购费为 c_3,订货量为 Q,所需订货费用为 c_3+KQ;

(3) 单位货物的存储费为 c_1,缺货费为 c_2(指整个阶段所需的费用);

(4) 设需求 r 的随机值为

$$r_0<r_1<\cdots<r_i<r_{i+1}<\cdots<r_m,$$

且已知需求量 r 的概率为 $P(r)$,$\sum P(r)=1$.

设本阶段开始时订货量为 Q,总存储量达到 $S=I+Q$,所需的各种费用为

订货费:c_3+KQ.

存储费:当需求 $r<S$ 时,未能售出的存储部分需付存储费;当需求 $r\geqslant S$ 时,不需付存储费.所需存储费的期望值为

$$\sum_{r\leqslant S}c_1(S-r)P(r).$$

缺货费:当需求 $r>S$ 时,$r-S$ 部分需付缺货费,缺货费用的期望值为

$$\sum_{r>S}c_2(r-S)P(r),$$

则本阶段所需订货费、存储费及缺货费的期望值之和为

$$C(S)=c_3+K(S-I)+\sum_{r\leqslant S}c_1(S-r)P(r)+\sum_{r>S}c_2(r-S)P(r).$$

求 S 的值,使 $C(S)$为最小.

设存储量 S 取需求随机值 r_i,记为 S_i.

$$N = \frac{c_2 - K}{c_1 + c_2} < 1 \qquad (23.4\text{-}3)$$

称为**临界值**.

此时，当选取使不等式

$$\sum_{r \leqslant S_j} P(r) \geqslant N \qquad (23.4\text{-}4)$$

成立的 S_i 的最小值作为 S 时，订货量 $Q=S-I$ 为最优，总费用的期望值 $C(S)$ 最小.

设原有存储量 I 达到的水平为 s，即当 $I>s$ 时可以不订货；当 $I \leqslant s$ 时需要订货，使存储量达到 S，订货量为 $Q=S-I$.

计算 s 的方法：考查不等式

$$\begin{aligned} &Ks + \sum_{r \leqslant s} c_1(s-r)P(r) + \sum_{r>s} c_2(r-s)P(r), \\ &\leqslant c_3 + KS + \sum_{r \leqslant S} c_1(S-r)P(r) + \sum_{r>S} c_2(r-S)P(r), \end{aligned} \qquad (23.4\text{-}5)$$

使不等式(23.4-5)成立的 r_i($r_i \leqslant S$)的值中的最小者定为 s.

例 2 已知某厂对原料需求量的概率为

$$P(r_1 = 80) = 0.1, \quad P(r_2 = 90) = 0.2, \quad P(r_3 = 100) = 0.3,$$
$$P(r_4 = 110) = 0.3, \quad P(r_5 = 120) = 0.1,$$

订购费 $c_3=2825$ 元，$K=850$ 元.

存储费 $c_1=45$ 元(在本阶段的费用).

缺货费 $c_2=1250$ 元(在本阶段的费用).

求该厂的存储策略.

解 (1) 利用公式(23.4-3)计算临界值

$$N = \frac{1250 - 850}{45 + 1250} = 0.309.$$

(2) 求 S. 利用不等式(23.4-4)，

$$P(r_1 = 80) + P(r_2 = 90) = 0.3 \ngtr 0.309,$$
$$P(r_1 = 80) + P(r_2 = 90) + P(r_3 = 100) = 0.6 > 0.309,$$
$$\begin{aligned} &P(r_1 = 80) + P(r_2 = 90) + P(r_3 = 100) + P(r_4 = 110) \\ &\quad = 0.9 > 0.309, \end{aligned}$$

使不等式(23.4-4)成立的 S_i 的最小者为 $S_3=100$，所以 $S=100$.

(3) 求 s，利用不等式(23.4-5)，将 $S=100$ 代入(23.4-5)式的右端：

$$\begin{aligned} &2825 + 850 \times 100 + 45(100-80) \times 0.1 + (100-90) \times 0.2 \\ &\quad + (100-100) \times 0.3 + 1250((110-100) \times 0.3 \\ &\quad + (120-100) \times 0.1) = 94255. \end{aligned}$$

因 $S=100$，所以作为 s 的 r 值只有 $r_1=80$，$r_2=90$，将 $r_1=80$ 代入(23.4-5)式的

左端：

$$850\times 80+45\times(80-80)\times 0.1+1250((90-80)\times 0.2$$
$$+(100-80)\times 0.3+(110-80)\times 0.3$$
$$+(120-80)\times 0.1)=94250.$$

由于 94250<94255，即 $r_1=80$ 作为 s 时，不等式(23.4-5)式已成立，所以 $s=80$.

因此，该厂的存储策略为(80，100)，即每当原存储量 $I\leqslant 80$ 时，补充存储量使其达到 100；每当存储量 $I>80$ 时，不补充存储.

模型 6 需求为连续的随机变量，(s,S)型存储模型

考虑某个阶段(时间间隔)，假设

(1) 原有存储量为 I(在本模型构造中为常量)；

(2) 存储单价为 K，订购费为 c_3，订货量为 Q，故订货费用为 c_3+KQ；

(3) 单位货物的存储费为 c_1，缺货费为 c_2；

(4) 需求量 r 是连续型随机变量，密度函数为 $\varphi(r)$，$\int_0^{+\infty}\varphi(r)dr=1$，分布函数 $F(a)=\int_0^a\varphi(r)dr$，$(a>0)$.

订货量 Q 使期初存储达到 $S=I+Q$. 本阶段所需订货费用，存储费的期望值，缺货费用期望值三者之和为

$$C(S)=c_3+K(S-I)+\int_0^S c_1(S-r)\varphi(r)dr+\int_S^{+\infty}c_2(r-S)\varphi(r)dr$$

以使 $C(S)$ 取最小为原则，来确定最优的存储策略. 为此求解

$$\frac{dC}{dS}=K+c_1\int_0^S\varphi(r)dr-c_2\int_S^{+\infty}\varphi(r)dr=0$$

得到

$$\int_0^S\varphi(r)dr=F(S)=\frac{c_2-K}{c_1+c_2}. \qquad (23.4\text{-}6)$$

记

$$N=\frac{c_2-K}{c_1+c_2}$$

称为临界值. 从 $F(S)=N$ 解出 $\bar{S}$(比如利用分布函数 $F(S)$ 的数值表，查对应于概率 N 的分位数 S)，$Q=\bar{S}-I$ 即为使 $C(S)$ 取最小值的订货量.

另一方面，如果 $s\leqslant\bar{S}$ 满足

$$Ks+c_1\int_0^S(s-r)\varphi(r)dr+c_2\int_s^{+\infty}(r-s)\varphi(r)dr\leqslant C(\bar{S}), \qquad (23.4\text{-}7)$$

则当 $I\geqslant s$ 时，本阶段不订货，只当 $I<s$ 时才订货，这样又可以使总的费用的期望值更

降低.于是得存储策略:分别从(23.4-6)式和(23.4-7)式求 $\bar{S}$ 和 s,(当有多个 s 时取最小的一个).当 $I\geqslant s$ 时,不订货;当 $I<s$ 时,需要订货,订货量为 $Q=\bar{S}-I$.

例 3 某市石油公司,下设几个售油站.油品存放在郊区大型油库里,需要时用汽车将油送至各售油站.该公司希望确定一种补充存储的策略,以确定应贮存的油量.该公司经营的石油品种较多,其中销售量最多的一种是柴油.因之希望先确定柴油的存储策略.经调查后知每月柴油售出量服从指数分布,平均销售量每月一百万斤.于是得需求量 r 的分布密度为

$$\varphi(r)=\begin{cases}0.000001e^{-0.000001\times r}, & \text{当 } r\geqslant 0,\\ 0, & \text{当 } r<0.\end{cases}$$

柴油每斤 0.20 元,不需订购费.由于油库归该公司管辖,油池灌满与未灌满时的管理费用实际上没有多少差别,故可以认为存储费用为 0.如果缺货就从邻市调用,缺货费每斤 0.30 元.求柴油的存储策略.

解 根据例中条件知 $c_1=0,c_3=0,K=0.20,c_2=0.30$.由此计算临界值 $N=\dfrac{0.30-0.20}{0.30}=0.333$.用指数分布的分布函数公式(参见 23.1.5),式(23.4-6)成为

$$F(S)=1-e^{-0.000001\times S}=0.333,$$

解得 $\bar{S}=405000$.因为此例中 $c_3=0$,所以由(23.4-7)式所得只有 $s=\bar{S}$.综合之得存储策略为,每月初当库存低于 405000 斤就应订购,使库存补充到 405000 斤.

模型 7 需求与拖后时间都是随机离散的.

c_1 表示单位货物年存储费用;c_2 表示每阶段单位货物缺货费用;c_3 表示每个订购费用;D 表示年平均需求量.

若已知 t 时间内需求量 r 的概率为 $\varphi_t(r)$;单位时间内的平均需求量为 ρ,则 t 时间内的平均需求量为 ρt,又已知拖后时间 x 的概率为 $P(x)$.

由于需求与拖后时间都是随机的,因此,为了减少缺货现象必须存储一定数量的货物,称这样的货物存储量为安全存储量,也称为**缓冲存储量**.

B 表示缓冲存储量;L 表示订货点;D_L 表示拖后时间内的平均需求;μ 表示平均拖后时间;P_L 表示因需求增加而引起缺货的概率;$F_x(L)$ 表示订货点为 L(即存储量为 L)而在 x 天内需求 $r>L$ 的概率.

设存储策略全年分 n_0 次订货,每次订货量为 Q_0,则

$$Q_0=\text{E. O. Q}=\sqrt{\frac{2c_3D}{c_1}},\quad n_0=\frac{D}{Q_0},$$

$$L=D_L+B=\mu\rho+B, \tag{23.4-8}$$

$$F_x(L)=\sum_{r>L}\varphi_x(r), \tag{23.4-9}$$

$$P_L=\sum_x P(x)F_x(L). \tag{23.4-10}$$

n_0 次缺货费的期望值为 $n_0 c_2 P_L$，维持缓冲存储量的存储费为 $c_1 B$，于是总存储费为

$$G = n_0 c_2 P_L + c_1 B. \tag{23.4-11}$$

由问题的具体情况，适当选取 L 的一系列值，再根据已知条件及公式(23.4-8)～(23.4-11)，可计算出 P_L、B 和费用 G 的各种数值. 在这些数值中，取总费用 G 最小的数值所对应的 L 和 B，就是所要求的订货点及缓冲存储量.

24. 控制理论

§24.1 基本概念

24.1.1 系统的状态

考虑一个由依赖于时间的一组变量 $x_i(t)(i=1,2,\cdots,n)$所描述的系统，当这组变量的初始值 $x_i(t_0)(i=1,2,\cdots,n)$确定以后，对任意时刻 $t>t_0$ 和任意时刻 $t_1\geqslant t_0$，$t_1<t$，$x_i(t)$由 $x_j(t_1)(j=1,2,\cdots,n)$和系统的**输入** $\boldsymbol{u}(\tau)(\tau\in[t_1,t))$所完全确定，$(i=1,2,\cdots,n)$同时该系统的其余参量在 $t\geqslant t_0$ 的任一时刻的值，均能用 $x_i(t)(i=1,2,\cdots,n;t\geqslant t_0)$来表示. 这组能够刻划系统性能特征的变量 $x_i(t)(i=1,2,\cdots,n)$称为系统的**状态变量**，以状态变量为分量的向量

$$\boldsymbol{x}(t)=(x_1(t),x_2(t),\cdots,x_n(t))^{\mathrm{T}}(\mathrm{T}\text{ 表示转置})$$

称为系统的**状态向量**(简称为系统的**状态**). 视状态向量 $\boldsymbol{x}$ 为一个 n 维空间中的点，则此 n 维空间称为**状态空间**. $\boldsymbol{x}(t)(t\geqslant t_0)$给出状态空间中的一条轨线.

按一定目的给予系统的输入 $\boldsymbol{u}(t)$称为**控制**，控制也是随时间而变的一组变量，称为**控制向量**：

$$\boldsymbol{u}(t)=(u_1(t),u_2(t),\cdots,u_r(t))^{\mathrm{T}},$$

在具体问题中，对控制的性质往往有一定的要求. 满足某种性质要求的控制称为**容许控制**.

系统的输出也是随时间而变的一组变量，称为**输出向量**，用 $\boldsymbol{y}(t)$表示，

$$\boldsymbol{y}(t)=(y_1(t),y_2(t),\cdots,y_m(t))^{\mathrm{T}}\quad(m\leqslant n).$$

如果一个控制系统不受外界的随机干扰而只受输入的控制，则称此系统为**确定性控制系统**. 若受到外界的随机干扰，则称为**随机性控制系统**.

24.1.2 系统的方程

1. 连续时间的状态方程

对一般的多输入、多输出控制系统，其状态方程的向量形式为

$$\begin{cases}\dfrac{d\boldsymbol{x}(t)}{dt}=\boldsymbol{f}(t,\boldsymbol{x}(t),\boldsymbol{u}(t)),\\ \boldsymbol{x}(t_0)=\boldsymbol{x}^0,\end{cases}\tag{24.1-1}$$

其中 $\boldsymbol{x}(t)=(x_1(t),x_2(t),\cdots,x_n(t))^T$ 是 $\boldsymbol{n}$ 维状态向量，$\boldsymbol{u}(t)=(u_1(t),u_2(t),\cdots,u_r(t))^{\mathrm{T}}$是 r 维控制向量，$\boldsymbol{f}(t,\boldsymbol{x}(t),\boldsymbol{u}(t))=(f_1(t;x_1,x_2,\cdots,x_n;u_1,u_2,\cdots,u_r),\cdots,$

$f_n(t;x_1,x_2,\cdots,x_n;u_1,u_2,\cdots,u_r))^T$ 是 n 维函数向量. 当 $f(t,\boldsymbol{x}(t),\boldsymbol{u}(t))$ 是 $x_1(t)$, $x_2(t),\cdots,x_n(t)$ 与 $u_1(t),u_2(t),\cdots,u_r(t)$ 的线性函数且不显含 t 时,方程(24.1-1)的向量形式为

$$\begin{cases}\dfrac{d\boldsymbol{x}(t)}{dt}=A(t)\boldsymbol{x}(t)+B(t)\boldsymbol{u}(t),\\ \boldsymbol{x}(t_0)=\boldsymbol{x}^0,\end{cases}\tag{24.1-2}$$

其中 $A(t)=(a_{ij}(t))_{n\times n}$ 称为**状态矩阵(或系数矩阵)**, $B(t)=(b_{ij}(t))_{n\times r}$ 称为**输入矩阵(或控制矩阵)**,且 $a_{ij}(t),b_{ij}(t)$ 均为 t 的连续函数.

在方程(24.1-2)中,若状态矩阵 $A(t)$ 与输入矩阵 $B(t)$ 都是常数矩阵,则称此系统为**线性定常(非时变)系统**;否则,称为**线性时变系统**.

一个系统的输出向量 $\boldsymbol{y}(t)$,通常是状态向量 $\boldsymbol{x}(t)$ 与控制向量 $\boldsymbol{u}(t)$ 的函数

$$\boldsymbol{y}(t)=\boldsymbol{h}(\boldsymbol{x}(t),\boldsymbol{u}(t)),\tag{24.1-3}$$

其中 $\boldsymbol{h}(\boldsymbol{x}(t),\boldsymbol{u}(t))=(h_1(x_1,x_2,\cdots,x_n;u_1,u_2,\cdots,u_r),\cdots,h_m(x_1,x_2,\cdots,x_n;u_1,u_2,\cdots,u_r))^T$ 为 m 维函数向量. 当系统为线性系统时,(24.1-3)式为

$$\boldsymbol{y}(t)=H(t)\boldsymbol{x}(t)+D(t)\boldsymbol{u}(t),\tag{24.1-4}$$

其中 $H(t)=(h_{ij}(t))_{m\times n}$ 称为**输出矩阵(或观测矩阵)**, $D(t)=(d_{ij}(t))_{m\times r}$ 称为**输入-输出矩阵**,且 $h_{ij}(t),d_{ij}(t)$ 均为 t 的连续函数.

方程(24.1-1)或(24.1-2)称为控制系统的**状态方程**;方程(24.1-3)或(24.1-4)称为系统的**输出方程(或量测方程)**. 系统的状态方程与输出方程合在一起,称为系统的方程.

2. 离散时间的状态方程

在离散时间的情形,设在 t_k 时刻,系统相应的状态向量为 $x(k)$,控制向量为 $\boldsymbol{u}(k)$,则系统的状态可由向量形式的差分方程来描述

$$\begin{cases}\boldsymbol{x}(k+1)=f(k,\boldsymbol{x}(k),\boldsymbol{u}(k))\quad(k=0,1,2,\cdots,N-1),\\ \boldsymbol{x}(0)=\boldsymbol{x}^0,\end{cases}\tag{24.1-5}$$

其中 $\boldsymbol{x}(k)=(x_1(k),x_2(k),\cdots,x_n(k))^T$ 是 n 维状态向量, $\boldsymbol{u}(k)=(u_1(k),u_2(k),\cdots,u_r(k))^T$ 是 r 维控制向量, $\boldsymbol{f}(k,x(k),u(k))=(f_1(k;x_1,x_2,\cdots,x_n;u_1,u_2,\cdots,u_r),\cdots,f_n(k;x_1,x_2,\cdots,x_n;u_1,u_2,\cdots,u_r))^T$ 是 n 维函数向量. 当 $\boldsymbol{f}(k,x(k),u(k))$ 是 $x_1(k)$, $x_2(k),\cdots,x_n(k)$ 与 $u_1(k),u_2(k),\cdots,u_r(k)$ 的线性函数且不显含 k 时,方程(24.1-5)的向量形式为

$$\begin{cases}\boldsymbol{x}(k+1)=A(k)\boldsymbol{x}(k)+B(k)\boldsymbol{u}(k)\quad(k=0,1,2,\cdots,N-1),\\ \boldsymbol{x}(0)=\boldsymbol{x}^0,\end{cases}\tag{24.1-6}$$

其中 $A(k)$ 与 $B(k)$ 分别为 $n\times n$ 与 $n\times r$ 矩阵.

在方程(24.1-6)中,若状态矩阵 $A(k)$ 与输入矩阵 $B(k)$ 均与 k 无关,则称此系统为**线性定常系统**,否则,称为**线性时变系统**.

一个离散时间系统的输出向量 $\boldsymbol{y}(k)$，通常是状态向量 $\boldsymbol{x}(k)$ 与控制向量 $\boldsymbol{u}(k)$ 的函数

$$\boldsymbol{y}(k)=\boldsymbol{h}(\boldsymbol{x}(k),\boldsymbol{u}(k))\quad (k=0,1,2,\cdots), \tag{24.1-7}$$

其中 $\boldsymbol{h}(\boldsymbol{x}(k),\boldsymbol{u}(k))=(h_1(x_1,x_2,\cdots,x_n;u_1,u_2,\cdots,u_r),\cdots,h_m(x_1,x_2,\cdots,x_n;u_1,u_2,\cdots,u_r))^T$ 为 m 维函数向量. 当系统为线性系统时，(24.1-7)式为

$$\boldsymbol{y}(k)=H(k)\boldsymbol{x}(k)+D(k)\boldsymbol{u}(k)(k=0,1,2,\cdots), \tag{24.1-8}$$

其中 $H(k)$ 与 $D(k)$ 分别为 $m\times n$ 与 $m\times r$ 矩阵.

方程(24.1-5)或(24.1-6)称为控制系统的**状态方程**；方程(24.1-7)或(24.1-8)称为系统的**输出方程**(或**量测方程**).

24.1.3 最优控制问题

1. 确定性系统的最优控制问题

(1) 连续时间系统.

对连续时间系统的最优控制问题，必须首先确定下列内容的数量形式：

1° 被控对象的状态方程，即(24.1-1)式；

2° 状态向量 $\boldsymbol{x}(t)$ 的初始条件与终端条件，通常初始状态 $\boldsymbol{x}^0=\boldsymbol{x}(t_0)$ 是一已知向量，终端状态 $\boldsymbol{x}(t_1)\in S$，S 是状态空间的一个子集，称为**目标集**；

3° 一组控制变量 $\boldsymbol{u}(t)$ 的约束条件，即容许控制集 Ω；

4° 一个性能指标(目标泛函)

$$J=\int_{t_0}^{t_1}f_0(t,\boldsymbol{x}(t),\boldsymbol{u}(t))dt+g(t_1,\boldsymbol{x}(t_1)). \tag{24.1-9}$$

最优控制问题要求确定控制向量 $\boldsymbol{u}^*(t)$，使其满足下列条件：

1° $\boldsymbol{u}^*(t)\in\Omega,\quad t\in[t_0,t_1]$；

2° $\boldsymbol{x}^*(t_0)=\boldsymbol{x}^0,\boldsymbol{x}^*(t_1)\in S$；

3° $$\begin{aligned}J^*&=\int_{t_0}^{t_1}f_0(t,\boldsymbol{x}^*(t),\boldsymbol{u}^*(t))dt+g(t_1,\boldsymbol{x}^*(t_1))\\&=\min_{\boldsymbol{u}\in\Omega}\left(\int_{t_0}^{t_1}f_0(t,\boldsymbol{x}(t),\boldsymbol{u}(t))dt+g(t_1,\boldsymbol{x}(t_1))\right),\end{aligned}$$

其中 $\boldsymbol{x}^*(t)$ 是状态方程(24.1-1)中 $\boldsymbol{u}(t)=\boldsymbol{u}^*(t)$ 时满足初始条件 $\boldsymbol{x}(t_0)=\boldsymbol{x}^0$ 的解. 这时称 $\boldsymbol{u}^*(t)$ 为系统(24.1-1)关于性能指标(24.1-9)的**最优控制**，与 $\boldsymbol{u}^*(t)$ 相对应的 $\boldsymbol{x}^*(t)$ 称为**最优轨线**.

若被控对象的状态方程为线性方程(24.1-2)，性能指标为

$$J=\int_{t_0}^{t_1}(\boldsymbol{x}^{\mathrm{T}}(t)P(t)\boldsymbol{x}(t)+\boldsymbol{u}^{\mathrm{T}}(t)Q(t)\boldsymbol{u}(t))dt+\boldsymbol{x}^{\mathrm{T}}(t_1)R\boldsymbol{x}(t_1),$$

其中 $P(t)$，R 是 $n\times n$ 非负定矩阵，$Q(t)$ 为 $r\times r$ 正定矩阵，且

$$\boldsymbol{x}^{\mathrm{T}}(t)P(t)\boldsymbol{x}(t)+\boldsymbol{u}^{\mathrm{T}}(t)Q(t)\boldsymbol{u}(t)\text{ 与 }\boldsymbol{x}^{\mathrm{T}}(t_1)R\boldsymbol{x}(t_1)$$

均为二次的，则称此控制问题为线性二次最优控制问题.

(2) 离散时间系统.

对离散时间系统的最优控制问题，必须首先确定下列内容的数量形式：

1° 被控对象的状态方程，即(24.1-5)；

2° 状态向量 $\boldsymbol{x}(k)$ 的初始条件与终端条件，通常初始状态 $\boldsymbol{x}^0=\boldsymbol{x}(0)$ 是一已知向量，终端状态 $\boldsymbol{x}(N)\in S$，S 为目标集；

3° 一组控制变量 $\boldsymbol{u}(k)$ 的约束条件，即容许控制集 Ω；

4° 一个性能指标(目标泛函)

$$J=\sum_{k=0}^{N-1}G_k(\boldsymbol{x}(k),\boldsymbol{u}(k))+G_N(\boldsymbol{x}(N)). \tag{24.1-10}$$

最优控制问题要求确定控制向量 $\boldsymbol{u}^*(k)(k=0,1,2,\cdots,N-1)$，使其满足下列条件：

1° $\boldsymbol{u}^*(k)\in\Omega\quad(k=0,1,2,\cdots,N-1)$；

2° $\boldsymbol{x}^*(0)=\boldsymbol{x}^0,\quad \boldsymbol{x}^*(N)\in S$；

3° $$\begin{aligned}J^*&=\sum_{k=0}^{N-1}G_k(\boldsymbol{x}^*(k),\boldsymbol{u}^*(k))+G_N(\boldsymbol{x}^*(N))\\&=\min_{u\in\Omega}\Big(\sum_{k=0}^{N-1}G_k(\boldsymbol{x}(k),\boldsymbol{u}(k))+G_N(\boldsymbol{x}(N))\Big),\end{aligned}$$

其中 $\boldsymbol{x}^*(k)(k=0,1,2,\cdots,N-1)$ 是方程(24.1-5)中 $\boldsymbol{u}(k)=\boldsymbol{u}^*(k)(k=0,1,2,\cdots,N-1)$ 时满足初始条件 $\boldsymbol{x}(0)=\boldsymbol{x}^0$ 的解. 这时称 $\boldsymbol{u}^*(k)(k=0,1,2,\cdots,N-1)$ 为系统(24.1-5)关于性能指标(24.1-10)的**最优控制**.

2. 离散随机线性系统的最优控制问题

(1) 离散随机线性系统的模型.

设离散随机线性时变控制系统的方程为

$$\begin{cases}\boldsymbol{x}(k+1)=\Phi(k+1,k)\boldsymbol{x}(k)+B(k)\boldsymbol{u}(k)+\Gamma(k)\boldsymbol{\omega}(k)\\ \qquad\qquad (k=0,1,2,\cdots,N-1), & (24.1\text{-}11)\\ \boldsymbol{z}(k)=H(k)\boldsymbol{x}(k)+\boldsymbol{v}(k)\quad(k=1,2,3,\cdots,N), & (24.1\text{-}12)\end{cases}$$

其中(24.1-11)式为系统的状态方程，(24.1-12)式为系统的输出方程，$\boldsymbol{x}(k)$ 为 n 维状态向量，$\boldsymbol{u}(k)$ 为 r 维控制向量，$\boldsymbol{z}(k)$ 为 m 维输出向量，$\boldsymbol{\omega}(k)$ 为 p 维随机扰动向量，$\boldsymbol{v}(k)$ 为 m 维量测噪声，Φ,B,Γ,H 分别为 $n\times n,n\times r,n\times p,m\times n$ 矩阵，它们一般应是 k 的函数. 如果这些矩阵与 k 无关，则(24.1-11)式与(24.1-12)式所表示的系统称为定常系统，否则称为时变系统.

(2) 随机线性二次最优控制问题.

设离散随机线性系统由(24.1-11)式与(24.1-12)式所描述. 如果目标泛函是二次型的随机变量

$$J=\sum_{k=0}^{N-1}(\boldsymbol{x}^T(k)A(k)\boldsymbol{x}(k)+\boldsymbol{u}^T(k)D(k)\boldsymbol{u}(k))+\boldsymbol{x}^T(N)A(N)\boldsymbol{x}(N),$$

(24.1-13)

其中 $A(k)$ 是 $n\times n$ 非负定矩阵，$D(k)$ 为 $r\times r$ 正定矩阵，则随机线性二次最优控制问题为：求控制向量序列 $\boldsymbol{u}(k)(k=0,1,2,\cdots,N-1)$，使目标泛函(24.1-13)的数学期望 $E\{J\}$ 为最小(或最大).

24.1.4 闭环控制与开环控制

设控制系统的状态方程为(24.1-1)式，目标泛函为(24.1-9)式. 如果所求出的控制向量 $\boldsymbol{u}(t)$ 是 t 时刻的状态向量 $\boldsymbol{x}(t)$ 的函数 $\boldsymbol{u}(t)=\boldsymbol{\alpha}(\boldsymbol{x}(t),t)$，即最优控制 $\boldsymbol{u}^*(t)$ 是系统的反馈控制，则称此控制为**闭环控制**.

若系统的输出向量对系统的控制作用没有影响，即若求出的控制向量 $\boldsymbol{u}(t)$ 仅是 t 的函数而与 t 时刻的状态向量 $\boldsymbol{x}(t)$ 无关，则求出 $\boldsymbol{u}(t)$ 之后，每一时刻的控制参数也就给定，不管当时系统处于什么状态，控制规律都按函数 $\boldsymbol{u}(t)$ 执行. 这种控制方式称为**开环控制**.

在确定性最优控制过程中，闭环控制与开环控制的效果一样；而在随机性最优控制过程中，两种控制的效果却不同.

§24.2 线性状态方程的解

24.2.1 时变系统的解

设线性时变系统的状态方程为

$$\begin{cases}\dfrac{d\boldsymbol{x}(t)}{dt}=A(t)\boldsymbol{x}(t)+B(t)\boldsymbol{u}(t),\\ \boldsymbol{x}(t_0)=\boldsymbol{x}^0,\end{cases}\tag{24.1-2}$$

对应的齐次方程为

$$\begin{cases}\dfrac{d\boldsymbol{x}(t)}{dt}=A(t)\boldsymbol{x}(t),\\ \boldsymbol{x}(t_0)=\boldsymbol{x}^0.\end{cases}\tag{24.2-1}$$

现取 n 组初始值

$$\boldsymbol{x}^{(1)}(t_0)=(1,0,\cdots,0)^{\mathrm{T}},\quad \boldsymbol{x}^{(2)}(t_0)=(0,1,\cdots,0)^{\mathrm{T}},\cdots,$$
$$\boldsymbol{x}^{(n)}(t_0)=(0,0,\cdots,1)^{\mathrm{T}},\tag{24.2-2}$$

方程(24.2-1)对应于初始值(24.2-2)的 n 个解向量记为

$$\boldsymbol{x}^{(1)}(t,t_0),\quad \boldsymbol{x}^{(2)}(t,t_0),\cdots,\boldsymbol{x}^{(n)}(t,t_0).$$

若定义矩阵

$$\Phi(t,t_0) = (\boldsymbol{x}^{(1)}(t,t_0), \boldsymbol{x}^{(2)}(t,t_0), \cdots, \boldsymbol{x}^{(n)}(t,t_0)), \tag{24.2-3}$$

则

$$\begin{cases} \dfrac{d\Phi(t,t_0)}{dt} = A(t)\Phi(t,t_0), \\ \Phi(t_0,t_0) = I_n, \end{cases} \tag{24.2-4}$$

I_n 表示 $n \times n$ 单位矩阵. 于是对任一初始值 $\boldsymbol{x}(t_0)$,方程(24.2-1)的解向量可表示为

$$\boldsymbol{x}(t) = \Phi(t,t_0)\boldsymbol{x}(t_0). \tag{24.2-5}$$

方程(24.1-2)的解向量为

$$\boldsymbol{x}(t) = \Phi(t,t_0)\boldsymbol{x}(t_0) + \int_{t_0}^{t} \Phi(t,\tau)B(\tau)\boldsymbol{u}(\tau)d\boldsymbol{\tau}. \tag{24.2-6}$$

24.2.2 转移矩阵

由(24.2-6)式可见,方程(24.1-2)的解向量 $x(t)$ 由两部分叠加而成:第一项是由初始状态转移而来,即由于初始能量的激励而产生的反应;第二项则由当时的输入作用所引起. $\Phi(t,t_0)$ 与 $\Phi(t,\tau)$ 恰好形象地表现它在上述两情形下所起的转移作用.

由(24.2-3)式所定义的矩阵 $\Phi(t,t_0)$ 称为**转移矩阵**.

转移矩阵 $\Phi(t,t_0)$ 具有下列性质:

1. 对任何 t,$\Phi(t,t_0)$ 总是非奇异的;

2. 对任意的 t_1,t_2,t_3,有

$$\Phi(t_3,t_2)\Phi(t_2,t_1) = \Phi(t_3,t_1);$$

3. 对任意的 t_1,t_2 有

$$\Phi(t_2,t_1) = \Phi^{-1}(t_1,t_2);$$

4. $\Phi^{-1}(t,t_0)$ 满足矩阵微分方程

$$\begin{cases} \dfrac{d\Phi^{-1}(t,t_0)}{dt} = -\Phi^{-1}(t,t_0)A(t), \\ \Phi^{-1}(t_0,t_0) = I_n; \end{cases}$$

5. 当且仅当 $A(t)$ 与 $\int_{t_0}^{t} A(\tau)d\tau$ 可交换时,有

$$\Phi(t,t_0) = \exp\left(\int_{t_0}^{t} A(\tau)d\tau\right).$$

24.2.3 连续状态方程的离散化

利用解向量(24.2-6)式,可将一个连续状态方程化为与之对应的离散状态的方程.

假设系统的采样时刻为 $t_0 < t_1 < t_2 < \cdots < t_N$,而在 (t_k,t_{k+1}) 内,控制向量 $\boldsymbol{u}(t)$ 为常向量 $\boldsymbol{u}(t_k)$,记作 $\boldsymbol{u}(k)$,则对 (t_k,t_{k+1}) 用公式(24.2-6)便得

$$x(t_{k+1}) = \Phi(t_{k+1}, t_k)x(t_k) + \int_{t_k}^{t_{k+1}} \Phi(t_{k+1}, \tau)B(\tau)d\tau \cdot u(k).$$

令

$$x(t_k) = x(k), \quad \Phi(t_{k+1}, t_k) = \Phi(k+1, k),$$

$$\int_{t_k}^{t_{k+1}} \Phi(t_{k+1}, \tau)B(\tau)d\tau = D(k),$$

则得差分方程

$$\begin{cases} x(k+1) = \Phi(k+1, k)x(k) + D(k)u(k) \quad (k = 0, 1, 2, \cdots, N-1), \\ x(0) = x(t_0). \end{cases}$$

这就是连续状态方程(24.1-2)离散化后的差分方程.

24.2.4 离散状态方程的解

1. 线性定常系统的解

设线性定常系统的状态方程为

$$\begin{cases} x(k+1) = Ax(k) + Bu(k) \quad (k = 0, 1, 2, \cdots), \\ x(0) = x^0, \end{cases}$$

输出方程为

$$y(k) = Hx(k) + Du(k) \quad (k = 0, 1, 2, \cdots).$$

利用迭代法得求解公式:

$$x(k) = A^k x^0 + \sum_{j=0}^{k-1} A^{k-j-1} Bu(j) \quad (k = 1, 2, \cdots), \tag{24.2-7}$$

$$y(k) = HA^k x^0 + \sum_{j=0}^{k-1} HA^{k-j-1} Bu(j) + Du(k) \tag{24.2-8}$$

$$(k = 1, 2, \cdots).$$

(1) 若状态矩阵 **A** 是对角矩阵,

$$A = \begin{pmatrix} \lambda_1 & & & \\ & \lambda_2 & 0 & \\ & 0 & \ddots & \\ & & & \lambda_n \end{pmatrix},$$

则

$$A^k = \begin{pmatrix} \lambda_1^k & & & \\ & \lambda_2^k & 0 & \\ & 0 & \ddots & \\ & & & \lambda_n^k \end{pmatrix}.$$

(2) 若状态矩阵 A 具有 n 个不同的特征根 $\lambda_1,\lambda_2,\cdots,\lambda_n$，则可求得一个可逆的变换矩阵 P，使

$$P^{-1}AP = \begin{pmatrix} \lambda_1 & & & \\ & \lambda_2 & 0 & \\ & 0 & \ddots & \\ & & & \lambda_n \end{pmatrix}.$$

于是

$$A^k = P\begin{pmatrix} \lambda_1^k & & & \\ & \lambda_2^k & 0 & \\ & 0 & \ddots & \\ & & & \lambda_n^k \end{pmatrix}P^{-1}.$$

若状态矩阵 A 为上述两种特殊形式之一，则求解公式(24.2-7)与(24.2-8)变得比较简单.

例 设状态方程为

$$\boldsymbol{x}(k+1) = A\boldsymbol{x}(k) \quad (k = 0,1,2,\cdots),$$

其中

$$A = \begin{pmatrix} 1 & 0 & 0 \\ 1 & 1 & 0 \\ 0 & -1 & 1 \end{pmatrix} = \begin{pmatrix} 1 & 0 & 0 \\ 0 & 1 & 0 \\ 0 & 0 & 1 \end{pmatrix} + \begin{pmatrix} 0 & 0 & 0 \\ 1 & 0 & 0 \\ 0 & -1 & 0 \end{pmatrix} = I + G.$$

由公式(24.2-7)得

$$\begin{aligned} \boldsymbol{x}(k) &= A^k\boldsymbol{x}^0 = (I+G)^k\boldsymbol{x}^0 \\ &= \left(I^k + \binom{k}{1}I^{k-1}G + \binom{k}{2}I^{k-2}G^2 + \cdots + \binom{k}{k-1}IG^{k-1} + G^k\right)\boldsymbol{x}^0. \end{aligned}$$

可以验证 $G^k = 0 \quad (k \geqslant 3)$，所以

$$\boldsymbol{x}(k) = \left(I + kG + \frac{k(k-1)}{2}G^2\right)\boldsymbol{x}^0$$

$$
=\left(\begin{pmatrix}1&0&0\\0&1&0\\0&0&1\end{pmatrix}+\begin{pmatrix}0&0&0\\k&0&0\\0&-k&0\end{pmatrix}+\begin{pmatrix}0&0&0\\0&0&0\\-\dfrac{k(k-1)}{2}&0&0\end{pmatrix}\right)\begin{pmatrix}x_1(0)\\x_2(0)\\x_3(0)\end{pmatrix}
$$

$$
=\begin{pmatrix}1&0&0\\k&1&0\\-\dfrac{k(k-1)}{2}&-k&1\end{pmatrix}\begin{pmatrix}x_1(0)\\x_2(0)\\x_3(0)\end{pmatrix}
$$

$$
=\begin{pmatrix}x_1(0)\\kx_1(0)+x_2(0)\\-\dfrac{1}{2}k(k-1)x_1(0)-kx_2(0)+x_3(0)\end{pmatrix}.
$$

2. 线性时变系统的解

设线性时变系统的状态方程为

$$
\begin{cases}\boldsymbol{x}(k+1)=\Phi(k+1,k)\boldsymbol{x}(k)+D(k)\boldsymbol{u}(k) \quad (k=0,1,2,\cdots),\\ \boldsymbol{x}(0)=\boldsymbol{x}^0,\end{cases}
$$

利用迭代法得求解公式：

$$
\boldsymbol{x}(k)=\Phi(k,0)\boldsymbol{x}^0+\sum_{j=1}^{k}\Phi(k,j)D(j-1)\boldsymbol{u}(j-1) \quad (k=1,2,\cdots).
$$

§24.3 线性系统的完全能控性与完全能观测性

24.3.1 连续系统的能控性与能观测性

给定线性时变系统

$$
\begin{cases}\dfrac{d\boldsymbol{x}(t)}{dt}=A(t)\boldsymbol{x}(t)+B(t)\boldsymbol{u}(t),\\ \boldsymbol{y}(t)=H(t)\boldsymbol{x}(t),\end{cases} \tag{24.3-1}
$$

其中 $\boldsymbol{x}(t)$是 n 维状态向量，$\boldsymbol{u}(t)$是 r 维控制向量，$\boldsymbol{y}(t)$是 m 维输出向量. 时间 t 的变化范围记作$\mathscr{J}$，一般可取$[0,+\infty)$，Ω 表示容许控制集合，通常可以认为是一个分段连续函数类.

定义 1 如果线性时变系统(24.3-1)对时刻 t_0 的任意初始状态 $\boldsymbol{x}(t_0)=\boldsymbol{x}^0$，可相应找到一个容许控制 $\boldsymbol{u}(t)\in\Omega$，以及某个时刻 $t_1\in\mathscr{J}(t_1>t_0)$，使得 $\boldsymbol{x}(t_1)=\boldsymbol{0}$，即 $\boldsymbol{x}^0$ 在 $\boldsymbol{u}(t)(t\in[t_0,t_1))$的作用下，在 t_1 时刻转移到状态空间的原点，则称线性时变系统(24.3-1)在时刻 t_0 是完全能控的. 如果在系统有定义的时间区间内的任一时刻都是

完全能控的，则称此系统为**完全能控系统**.

定理 1 由方程(24.3-1)所描述的系统在时刻 t_0 为完全能控的必要充分条件是：存在时刻 $t_1\in\mathscr{J}(t_1>t_0)$，使得由转移矩阵 $\Phi(t,\tau)$ 及控制矩阵 $B(\tau)$ 所构成的 $n\times n$ **能控性矩阵**.

$$W(t_0,t_1)=\int_{t_0}^{t_1}\Phi(t_0,\tau)B(\tau)B^T(\tau)\Phi^T(t_0,\tau)d\tau$$

为满秩矩阵，即 $\operatorname{rank}W(t_0,t_1)=n$. 当系统(24.3-1)为定常系统时，该系统完全能控的必要充分条件是

$$\operatorname{rank}\boldsymbol{Q}_c=\operatorname{rank}(B\mid AB\mid A^2B\mid\cdots\mid A^{n-1}B)=n.$$

例 1 如图 24.3-1 所示的一连通水箱系统，其所有参数取单位值，并设相邻两个水箱之间的流量与相邻水位差成正比. 如果输入 $\boldsymbol{u}(t)$ 是注入第一个水箱的流量，这时状态方程是否能控？若将输入改为注入第二个水箱，情况又如何？

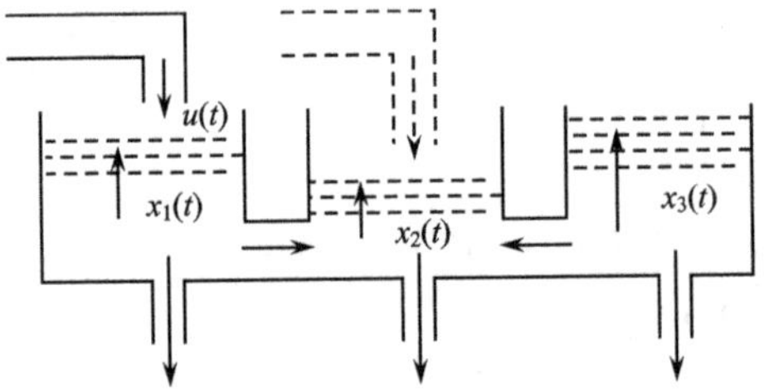

图 24.3-1

解 连通水箱系统的状态方程为

$$\begin{pmatrix}\dot{x}_1\\ \dot{x}_2\\ \dot{x}_3\end{pmatrix}=\begin{pmatrix}-2&1&0\\1&-3&1\\0&1&-2\end{pmatrix}\begin{pmatrix}x_1\\x_2\\x_3\end{pmatrix}+\begin{pmatrix}1\\0\\0\end{pmatrix}\boldsymbol{u}(t),$$

$$A=\begin{pmatrix}-2&1&0\\1&-3&1\\0&1&-2\end{pmatrix},B=\begin{pmatrix}1\\0\\0\end{pmatrix},n=3;$$

$$\boldsymbol{A}^2=\begin{pmatrix}5&-5&1\\-5&11&-5\\1&-5&5\end{pmatrix},\quad AB=\begin{pmatrix}-2\\1\\0\end{pmatrix},\quad A^2B=\begin{pmatrix}5\\-5\\1\end{pmatrix};$$

$$(B\mid AB\mid A^2B)=\begin{pmatrix}1&-2&5\\0&1&-5\\0&0&1\end{pmatrix}\to\begin{pmatrix}1&0&0\\0&1&0\\0&0&1\end{pmatrix},$$

即 $\operatorname{rank}(B|AB|A^2B)=3$，所以在第一种输入条件下，系统是完全能控的.

在第二种输入条件下，只需将输入矩阵改为 $B=(0,1,0)^T$，此时

$$(B \mid AB \mid A^2B)=\begin{pmatrix}0 & 1 & -5\\ 1 & -3 & 11\\ 0 & 1 & -5\end{pmatrix}\to\begin{pmatrix}0 & 1 & 0\\ 1 & 0 & 0\\ 0 & 0 & 0\end{pmatrix},$$

即 $\operatorname{rank}(B|AB|A^2B)=2$，所以在第二种输入条件下，系统就不是完全能控的.

定义 2 如果线性系统(24.3-1)对时刻 t_0 以及已知的 $\boldsymbol{u}(t)(t\geqslant t_0)$，可以相应地确定时刻 $t_1\in\mathscr{J}(t_1>t_0)$，使得根据 $[t_0,t_1]$ 上的量测值 $y(t)$，就能唯一地确定系统在时刻 t_0 的状态 $\boldsymbol{x}(t_0)=\boldsymbol{x}^0$，则称系统(24.3-1)在时刻 t_0 是完全能观测的. 如果在系统有定义的时间区间内的任一时刻都是完全能观测的，则称此系统为**完全能观测系统**.

定理 2 由方程(24.3-1)所描述的系统在时刻 t_0 为完全能观测的必要充分条件是：存在时刻 $t_1\in\mathscr{J}(t_1>t_0)$，使得由转移矩阵 $\Phi(\tau,t)$ 及观测矩阵 $H(\tau)$ 所构成的 $n\times n$ **能观性矩阵**

$$M(t_0,t_1)=\int_{t_0}^{t_1}\Phi^T(\tau,t_0)H^T(\tau)H(\tau)\Phi(\tau,t_0)d\tau$$

为满秩矩阵，即 $\operatorname{rank}M(t_0,t_1)=n$. 当系统(24.3-1)为定常系统时，该系统完全能观测的必要充分条件是

$$\operatorname{rank}Q_0=\operatorname{rank}(H^T \mid A^TH^T \mid (A^T)^2H^T \mid \cdots \mid (A^T)^{n-1}H^T)=n.$$

例 2 卡尔曼问题

如图 24.3-2 所示的电网络中，$v(t)$ 是输入电压，$i(t)$ 是输出电流，状态变量取电容 C 上的电压降 $x_1(t)$ 及电感 L 上的电流 $x_2(t)$. 问该系统是否完全能控与完全能观测？

解 根据基尔霍夫回路定律，可得该系统的状态方程为：

$$\begin{pmatrix}\dot{x}_1\\ \dot{x}_2\end{pmatrix}=\begin{pmatrix}-\dfrac{1}{R_1C} & 0\\ 0 & -\dfrac{R_2}{L}\end{pmatrix}\begin{pmatrix}x_1\\ x_2\end{pmatrix}+\begin{pmatrix}\dfrac{1}{R_1C}\\ \dfrac{1}{L}\end{pmatrix}v(t),$$

$$i(t)=\begin{pmatrix}-\dfrac{1}{R_1} & 1\end{pmatrix}\begin{pmatrix}x_1\\ x_2\end{pmatrix}+\frac{1}{R_1}v(t),$$

$$A=\begin{pmatrix}-\dfrac{1}{R_1C} & 0\\ 0 & -\dfrac{R_2}{L}\end{pmatrix},\quad B=\begin{pmatrix}\dfrac{1}{R_1C}\\ \dfrac{1}{L}\end{pmatrix},$$

$$H=\begin{pmatrix}-\dfrac{1}{R_1} & 1\end{pmatrix},$$

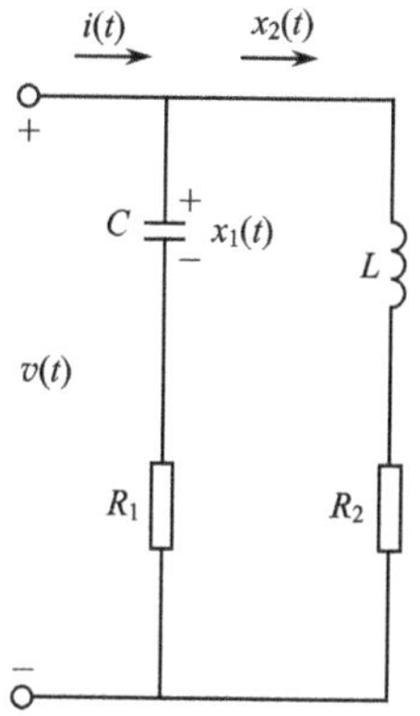

图 24.3-2

$$(B \mid AB) = \begin{pmatrix} \dfrac{1}{R_1 C} & -\dfrac{1}{(R_1 C)^2} \\ \dfrac{1}{L} & -\dfrac{R_2}{L^2} \end{pmatrix}, \quad (H^T \mid A^T H^T) = \begin{pmatrix} -\dfrac{1}{R_1} & 1 \\ \dfrac{1}{R_1^2 C} & -\dfrac{R_2}{L} \end{pmatrix}.$$

由此可得：当且仅当 $R_1R_2C \neq L$ 时，系统完全能控且完全能观测.

24.3.2 离散系统的能控性与能观测性

给定线性时变系统

$$\begin{cases} \boldsymbol{x}(k+1) = \Phi(k+1,k)\boldsymbol{x}(k) + B(k)\boldsymbol{u}(k), \\ y(k) = H(k)\boldsymbol{x}(k) + D(k)\boldsymbol{u}(k), \end{cases} \tag{24.3-2}$$

其中 $\boldsymbol{x}(k)$是 n 维状态向量，$\boldsymbol{u}(k)$是 r 维控制向量，$\boldsymbol{y}(k)$是 m 维输出向量，Φ, B, H, D 分别为 $n\times n, n\times r, m\times n, m\times r$ 矩阵. 假定控制向量 $\boldsymbol{u}(k)$与输出向量 $\boldsymbol{y}(k)$均为已知.

定义 3 如果线性时变系统(24.3-2)对时刻 t_0 的任意初始状态 $\boldsymbol{x}(t_0)=\boldsymbol{x}(0)$，存在正整数 N，使得只要选取适当的控制信号序列 $\boldsymbol{u}(0)=\boldsymbol{u}(t_0)$，$\boldsymbol{u}(1)=\boldsymbol{u}(t_1)$，…，$\boldsymbol{u}(N-1)=\boldsymbol{u}(t_{N-1})$，就可使 $\boldsymbol{x}(0)$转变为 $\boldsymbol{x}(N)=\boldsymbol{0}$，即回到状态空间的原点，则称线性时变系统(24.3-2)在时刻 t_0 是完全能控的. 如果在系统有定义的时间区间内的任一时刻都是完全能控的，则称此系统为**完全能控系统**.

定理 3 由方程(24.3-2)所描述的系统在时刻 t_0 为完全能控的必要充分条件是：存在正整数 N，使 $n\times n$ **能控性矩阵**

$$\begin{aligned} W(0,N) = (&B(N-1) \mid \Phi(N,N-1)B(N-2) \mid \Phi(N,N-2)B(N-3) \mid \cdots \\ &\mid \Phi(N,1)B(0)) \end{aligned}$$

为满秩矩阵，即 $\mathrm{rank}W(0,N)=n$. 当系统(24.3-2)为定常系统时，该系统完全能控的必要充分条件是

$$\mathrm{rank}Q_c = \mathrm{rank}(B \mid \Phi B \mid \Phi^2 B \mid \cdots \mid \Phi^{n-1} B) = n.$$

定理 4 系统(24.3-2)在时刻 t_0 为完全能控的必要充分条件是：存在正整数 N，使 $n\times n$ 矩阵

$$S(0,N) = \sum_{i=0}^{N-1} \Phi(N,i+1)B(i)B^T(i)\Phi^T(N,i+1)$$

为满秩矩阵，即 $\mathrm{rank}S(0,N)=n$.

定义 4 如果线性系统(24.3-2)对时刻 t_0，存在正整数 N，使得由输出

$$\boldsymbol{y}(t_0) = \boldsymbol{y}(0), \quad \boldsymbol{y}(t_1) = \boldsymbol{y}(1), \cdots, \quad \boldsymbol{y}(t_N) = \boldsymbol{y}(N)$$

便能唯一地确定系统在 t_0 时刻的状态 $\boldsymbol{x}(0)$，则称线性系统(24.3-2)在时刻 t_0 是完全能观测的. 如果在系统有定义的时间区间内的任一时刻都是完全能观测的，则称此系统为**完全能观测系统**.

定理 5 系统(24.3-2)在时刻 t_0 为完全能观测的必要充分条件是：存在正整数 N，使 $n\times m(N+1)$矩阵

$$M(0,N) = (H^T(0) \mid \Phi^T(1,0), H^T(1) \mid \Phi^T(2,0)H^T(2) \mid \cdots \mid \Phi^T(N,0)H^T(N))$$

为满秩矩阵. 当系统(24.3-2)为定常系统时,该系统完全能观测的必要充分条件是

$$\mathrm{rank}Q_0 = \mathrm{rank}(H^T \mid \Phi^T H^T \mid (\Phi^T)^2 H^T \mid \cdots \mid (\Phi^T)^{n-1} H^T) = n.$$

定理 6 系统(24.3-2)在时刻 t_0 为完全能观测的必要充分条件是:存在正整数 N,使 $n \times n$ 矩阵

$$R(0,N) = \sum_{i=0}^{N} \Phi^T(i,0)H^T(i)H(i)\Phi(i,0)$$

为满秩矩阵,即 $\mathrm{rank}R(0,N) = n$.

24.3.3 能控性与能观测性的对偶关系

对给定的连续线性时变系统(24.3-1),作另一系统

$$\begin{cases} \dfrac{d\bar{\boldsymbol{x}}(t)}{dt} = -A^T(t)\bar{\boldsymbol{x}}(t) + H^T(t)\boldsymbol{u}(t), \\ \bar{\boldsymbol{y}}(t) = B^T(t)\bar{\boldsymbol{x}}(t). \end{cases} \tag{24.3-3}$$

定义 5 由方程(24.3-1)所描述的系统与由方程(24.3-3)所描述的系统,称它们互为**伴随系统**.

定理 7 连续线性系统为能控(能观测)的必要充分条件是:它的伴随系统为能观测(能控)的.

定义 6 定理 7 所陈述的连续线性系统的能控性与能观测性的关系,称为**对偶关系**.

对给定的连续线性定常系统

$$\begin{cases} \dfrac{d\boldsymbol{x}(t)}{dt} = A\boldsymbol{x}(t) + B\boldsymbol{u}(t), \\ \boldsymbol{y}(t) = H\boldsymbol{x}(t), \end{cases} \tag{24.3-4}$$

作另一系统

$$\begin{cases} \dfrac{d\boldsymbol{z}(t)}{dt} = A^T\boldsymbol{z}(t) + H^T\boldsymbol{v}(t), \\ \boldsymbol{w}(t) = B^T\boldsymbol{z}(t). \end{cases} \tag{24.3-5}$$

定义 7 由方程(24.3-4)所描述的系统与由方程(24.3-5)所描述的系统,称为互为**伴随系统**.

定理 8 连续线性定常系统为完全能控(能观测)的必要充分条件是它的伴随系统为完全能观测(能控)的.

§24.4 动态规划方法

24.4.1 用动态规划解离散型最优控制问题的方法

给定离散时间系统的状态方程

$$\begin{cases} \boldsymbol{x}(k+1) = \boldsymbol{f}(k, \boldsymbol{x}(k), \boldsymbol{u}(k)) \quad (k = 0,1,2,\cdots,N-1), \\ \boldsymbol{x}(0) = \boldsymbol{x}^0 \end{cases} \tag{24.1-5}$$

与一组约束条件

$$H_i(\boldsymbol{x}, \boldsymbol{u}) \leqslant 0 \quad (i = 1,2,\cdots,p). \tag{24.4-1}$$

满足约束条件(24.4-1)的容许控制集记作 Ω. 设性能指标(目标泛函)为

$$\begin{aligned} J &= S(\boldsymbol{x}(0), \{\boldsymbol{u}(k): k = 0,1,2,\cdots,N-1\}) \\ &= \sum_{k=0}^{N-1} G_k(\boldsymbol{x}(k), \boldsymbol{u}(k)) + G_N(\boldsymbol{x}(N)), \end{aligned} \tag{24.1-10}$$

其中 $G_k(\boldsymbol{x}(k), \boldsymbol{u}(k))$ 为与第 k 次控制 $\boldsymbol{u}(k)(k=0,1,2,\cdots,N-1)$ 相应的价格(效益或损失).

用动态规划解离散型最优控制问题的步骤:

1. 令 $f_0(\boldsymbol{x}(N)) = G_N(\boldsymbol{x}(N))$,其中

$$\boldsymbol{x}(N) = \boldsymbol{f}(N-1, \boldsymbol{x}(N-1), \boldsymbol{u}(N-1));$$

2. 对任一状态 $\boldsymbol{x}(N-1)$,由

$$f_1(\boldsymbol{x}(N-1)) = \min_{\boldsymbol{u}(N-1)\in\Omega} (G_{N-1}(\boldsymbol{x}(N-1), \boldsymbol{u}(N-1)) + f_0(\boldsymbol{x}(N)))$$

求出使右端取最小值的 $\boldsymbol{u}^*(N-1)$,是 $\boldsymbol{x}(N-1)$ 的函数,于是得

$$\begin{aligned} f_1(\boldsymbol{x}(N-1)) = & G_{N-1}(\boldsymbol{x}(N-1), \quad \boldsymbol{u}^*(N-1)) \\ & + f_0(\boldsymbol{f}(N-1), \quad \boldsymbol{x}(N-1), \quad \boldsymbol{u}^*(N-1)); \end{aligned}$$

3. 对任一状态 $\boldsymbol{x}(N-2)$,由

$$f_2(\boldsymbol{x}(N-2)) = \min_{\boldsymbol{u}(N-2)\in\Omega} (G_{N-2}(\boldsymbol{x}(N-2), \boldsymbol{u}(N-2)) + f_1(\boldsymbol{x}(N-1)))$$

求出使右端取最小值的 $\boldsymbol{u}^*(N-2)$,它是 $\boldsymbol{x}(N-2)$ 的函数,于是得

$$\begin{aligned} f_2(\boldsymbol{x}(N-2)) = & G_{N-2}(\boldsymbol{x}(N-2), \boldsymbol{u}^*(N-2)) \\ & + f_1(\boldsymbol{f}(N-2), \boldsymbol{x}(N-2), \boldsymbol{u}^*(N-2)); \end{aligned}$$

4. 一般地,若已求出 $f_{N-(i+1)}(\boldsymbol{x}(i+1))$,则对任一状态 $\boldsymbol{x}(i)$,由

$$f_{N-i}(\boldsymbol{x}(i)) = \min_{\boldsymbol{u}(i)\in\Omega} (G_i(\boldsymbol{x}(i), \quad \boldsymbol{u}(i)) + f_{N-(i+1)}(\boldsymbol{x}(i+1)))$$

求出使右端取最小值的 $\boldsymbol{u}^*(i)$,它是 $\boldsymbol{x}(i)$ 的函数,于是得

$$f_{N-i}(\boldsymbol{x}(i)) = G_i(\boldsymbol{x}(i), \boldsymbol{u}^*(i)) + f_{N-(i+1)}(\boldsymbol{f}(i, \boldsymbol{x}(i), u^*(i));$$

5. 重复步骤 4,算到 $i=0$ 为止,便得最优控制策略

$$\boldsymbol{u}^*(N-1), \boldsymbol{u}^*(N-2), \cdots, \boldsymbol{u}^*(1), \boldsymbol{u}^*(0)$$

及目标泛函的最小值 $f_N(\boldsymbol{x}(0))$.

在这里,将离散最优控制问题的离散时间 $k=0,1,\cdots,N-1$,作为动态规划模型中的**阶段**,整个问题成为一个 N 阶段的**过程**. 一个容许控制就是动态规划模型中的容许**策略**,最优控制就是最优策略. 此外,对于任意的阶段 k,过程处于状态 $\boldsymbol{x}(k)$,从

此开始的 $N-k$ 个阶段的子过程，其控制称为子控制，其轨线称为子轨线. 使用这些术语，可以将动态规划理论中的最优性原理，结合离散型最优控制问题的情形叙述如下.

定理 1（最优性原理） 最优控制必须具有如下性质：不论过程如何进入到状态 $x(k)$，此后的子控制必定构成最优子控制. 或者说，最优控制可以仅由最优子控制来形成.

设初始状态为 $x(0)$. 如果 $\boldsymbol{u}^*(0),\boldsymbol{u}^*(1),\cdots,\boldsymbol{u}^*(N-1)$ 是最优控制，（与之相应的 $\boldsymbol{x}(0),\boldsymbol{x}^*(1),\cdots,\boldsymbol{x}^*(N)$ 是最优轨线），那么对于任意 k，$\boldsymbol{u}^*(k),\boldsymbol{u}^*(k+1),\cdots,\boldsymbol{u}^*(N-1)$ 必须是从状态 $\boldsymbol{x}^*(k)$ 起的最优子控制，（相应地 $\boldsymbol{x}^*(k),\boldsymbol{x}^*(k+1),\cdots,\boldsymbol{x}^*(N)$）构成从 $\boldsymbol{x}^*(k)$ 起的最优子轨线）.

24.4.2 离散型随机线性二次最优控制问题的解法

给定系统的状态方程为

$$\boldsymbol{x}(k+1)=\Phi(k+1,k)\boldsymbol{x}(k)+B(k)\boldsymbol{u}(k) \tag{24.4-2}$$

$$(k=0,1,2,\cdots,N-1),$$

二次目标泛函为

$$J=\sum_{k=0}^{N-1}(\boldsymbol{x}^T(k)A(k)\boldsymbol{x}(k)+\boldsymbol{u}^T(k)D(k)\boldsymbol{u}(k))+\boldsymbol{x}^T(N)A(N)\boldsymbol{x}(N). \tag{24.1-13}$$

定理 2 若线性系统的状态方程为(24.1-2)式，目标泛函为(24.1-13)式，则使目标泛函 J 达到最小值的最优控制为线性负反馈控制：

$$\boldsymbol{u}^*(k)=-L(k)\boldsymbol{x}(k)\quad(k=0,1,2,\cdots,N-1),$$

其中

$$L(k)=(D(k)+B^T(k)S(k+1)B(k))^{-1}$$
$$\cdot B^T(k)S(k+1)\Phi(k+1,k)\quad(k=0,1,2,\cdots,N-1).$$

$S(k)$ 由下列递推公式计算

$$S(k)=A(k)+\Phi^T(k+1,k)S(k+1)\Phi(k+1,k)$$
$$-\Phi^T(k+1,k)S(k+1)B(k)$$

$$(D(k)+B^T(k)S(k+1)B(k))^{-1}\cdot B^T(k)S(k+1)\Phi(k+1,k)$$
$$(k=N-1,N-2,\cdots,1,0).$$

初始值为 $S(N)=A(N)$. 目标泛函的最小值为

$$\min J=\boldsymbol{x}^T(0)S(0)\boldsymbol{x}(0).$$

24.4.3 连续系统的哈密顿-雅可比-贝尔曼方程

给定连续系统的状态方程为

$$\begin{cases}\dfrac{d\boldsymbol{x}(t)}{dt} = f(t,\boldsymbol{x}(t),\boldsymbol{u}(t)), \\ \boldsymbol{x}(t_0) = \boldsymbol{x}^0,\end{cases} \tag{24.1-1}$$

性能指标(目标泛函)为

$$J = \int_{t_0}^{t_1} f_0(t,\boldsymbol{x}(t),\boldsymbol{u}(t))dt + g(t_1,\boldsymbol{x}(t_1)), \tag{24.1-9}$$

其中 f_0 是其变元的连续函数.

定理 3 若连续系统的状态方程为(24.1-1)式,目标泛函为(24.1-9)式,容许控制集为 Ω,定义

$$V(t,\boldsymbol{x}(t)) = \min_{n\in\Omega}\left(\int_{t_0}^{t_1} f_0(\tau,\boldsymbol{x}(\tau),\boldsymbol{u}(\tau))d\tau + g(t_1,\boldsymbol{x}(t_1))\right),$$

因而

$$V(t_0,\boldsymbol{x}^0) = \min_{n\in\Omega}\left(\int_{t_0}^{t_1} f_0(\tau,\boldsymbol{x}(\tau),\boldsymbol{u}(\tau))d\tau + g(t_1,\boldsymbol{x}(t_1))\right),$$

则函数 $V(t,\boldsymbol{x}(t))$ 满足偏微分方程

$$-\frac{\partial V(t,\boldsymbol{x}(t))}{\partial t} = \min\left(f_0(t,\boldsymbol{x}(t),\boldsymbol{u}(t)) + \left(\frac{\partial V(t,\boldsymbol{x}(t))}{\partial \boldsymbol{x}}\right)^T f(t,\boldsymbol{x}(t),\boldsymbol{u}(t))\right). \tag{24.4-3}$$

边界条件为 $V(t_1,\boldsymbol{x}(t_1))=g(t_1,\boldsymbol{x}(t_1))$,其中

$$\left(\frac{\partial V(t,\boldsymbol{x}(t))}{\partial x}\right)^T = \left(\frac{\partial V}{\partial x_1},\frac{\partial V}{\partial x_2},\cdots,\frac{\partial V}{\partial x_n}\right).$$

方程(24.4-3)称为**哈密顿-雅可比-贝尔曼方程**.在一般情况下这个方程的求解十分困难,甚至无法求得解析解.

24.4.4 连续型线性二次最优控制问题的解法

给定系统的状态方程为

$$\begin{cases}\dfrac{d\boldsymbol{x}(t)}{dt} = A(t)\boldsymbol{x}(t) + B(t)\boldsymbol{u}(t), \\ \boldsymbol{x}(t_0) = \boldsymbol{x}^0,\end{cases} \tag{24.1-2}$$

二次目标泛函为

$$\begin{aligned}J = \int_{t_0}^{t_1} (&\boldsymbol{x}^T(t)Q(t)\boldsymbol{x}(t) + \boldsymbol{u}^T(t)R(t)\boldsymbol{u}(t) + 2\boldsymbol{u}^T(t)\boldsymbol{P}(t)\boldsymbol{x}(t) \\ &+ 2\boldsymbol{x}^T(t)\boldsymbol{a}(t) + 2\boldsymbol{u}^T(t)b(t))dt + \boldsymbol{x}^T(t_1)S(t_1)x(t_1),\end{aligned} \tag{24.4-4}$$

其中 $\boldsymbol{x}(t)$ 为 n 维状态向量,$\boldsymbol{u}(t)$ 为 r 维控制向量,$A(t)$,$Q(t)$,$S(t)$ 为 $n\times n$ 矩阵,$B(t)$ 为 $n\times r$ 矩阵,$R(t)$ 为 $r\times r$ 矩阵,$P(t)$ 为 $r\times n$ 矩阵,$\boldsymbol{a}(t)$ 为 $n\times 1$ 矩阵,$\boldsymbol{b}(t)$ 为 $r\times 1$ 矩阵,其元素都是 t 的连续函数,且 $R(t)$ 为正定矩阵,$Q(t)$,$S(t)$ 为对称矩阵.

定理 4 若连续系统的状态方程为(24.1-2)式,目标泛函为(24.4-4)式,容许控

制集为 Ω. 则目标泛函的最小值为

$$V(t_0,\boldsymbol{x}(t_0)) = \min_{u\in\Omega} J = K_0(t_0) + 2\boldsymbol{x}^T(t_0)K_1(t_0) + \boldsymbol{x}^T(t_0)K_2(t_0)\boldsymbol{x}(t_0),$$

其中 $K_0(t)$,$K_1(t)$,$K_2(t)$由下列微分方程确定：

$$\begin{cases}\dot{K}_0(t) = (\boldsymbol{b}+B^TK_1)^TR^{-1}(\boldsymbol{b}+B^TK_1), K_0(t_1)=0;\\ \dot{K}_1(t) = (P+B^TK_2)^TR^{-1}(\boldsymbol{b}+B^TK_1)-\boldsymbol{a}-A^TK_1, K_1(t_1)=0;\\ \dot{K}_2(t) = (P+B^TK_2)^TR^{-1}(P+B^TK_2)-Q-K_2A-A^TK_2, K_2(t_1)=S(t_1).\end{cases}$$

§24.5 最小值原理

24.5.1 连续系统的最小值原理

给定系统的状态方程为

$$\frac{d\boldsymbol{x}(t)}{dt} = f(t,\boldsymbol{x}(t),\boldsymbol{u}(t)), \tag{24.1-1}$$

目标泛函为

$$J = \int_{t_0}^{t_1} f_0(t,\boldsymbol{x}(t),\boldsymbol{u}(t))dt + g(t_1,\boldsymbol{x}(t_1)). \tag{24.1-9}$$

容许控制集为 Ω,Ω 为 R^r 中的凸子集,在许多实际问题中它还是有界闭集.

引进一组辅助变量(或称共态变量)：

$$\boldsymbol{\lambda}(t) = (\lambda_1(t),\lambda_2(t),\cdots,\lambda_n(t))^T,$$

向量 $\lambda(t)$又称为协变向量.

定义 1 函数

$$H(t,\boldsymbol{x}(t),\boldsymbol{u}(t),\boldsymbol{\lambda}(t)) = \boldsymbol{\lambda}^T(t)\boldsymbol{f}(t,\boldsymbol{x}(t),\boldsymbol{u}(t)) - f_0(t,\boldsymbol{x}(t),\boldsymbol{u}(t))$$

称为**哈密顿函数**.

定理 1(最小值原理) 设系统的状态方程为(24.1-1)式,目标泛函为(24.1-9)式,容许控制集为 Ω,并设 $\boldsymbol{f}(t,\boldsymbol{x},\boldsymbol{u})$的各个分量 $f_i(t,\boldsymbol{x},\boldsymbol{u})$及

$$\frac{\partial f_i(t,\boldsymbol{x},\boldsymbol{u})}{\partial t},\frac{\partial f_i(t,\boldsymbol{x},\boldsymbol{u})}{\partial x_j},\frac{\partial f_0(t,\boldsymbol{x},\boldsymbol{u})}{\partial t}\quad (i,j=1,2,\cdots,n)$$

关于变量 t,x,u 都是连续的. 若 $\boldsymbol{u}^*(t)\in\Omega$ 为最优控制(使目标泛函 J 达到最小),$\boldsymbol{x}^*(t)$为对应于 $u^*(t)$的最优轨线,则必存在一个连续协变向量 $\lambda^*(t)$,使得

(1) $\boldsymbol{x}^*(t)$与 $\lambda^*(t)$满足正则方程组(或称哈密顿方程组)

$$\begin{cases}\dfrac{d\boldsymbol{x}^*(t)}{dt} = \dfrac{\partial H}{\partial\lambda}(t,\boldsymbol{x}^*(t),\boldsymbol{u}^*(t),\lambda^*(t)),\\[2mm] \dfrac{d\lambda^*(t)}{dt} = -\dfrac{\partial H}{\partial x}(t,\boldsymbol{x}^*(t),\boldsymbol{u}^*(t),\lambda^*(t)).\end{cases} \tag{24.5-1}$$

(2) 哈密顿函数 $H(t,\boldsymbol{x}^*(t),\boldsymbol{u}(t),\lambda^*(t))$作为 $\boldsymbol{u}(t)$的函数,在 $\boldsymbol{u}(t)=\boldsymbol{u}^*(t)$时达

到最小值，即对 $t\in[t_0,t_1]$ 有

$$H(t,\boldsymbol{x}^*(t),\boldsymbol{u}^*(t),\lambda^*(t))=\min_{u\in\Omega}H(t,\boldsymbol{x}^*(t),\boldsymbol{u}(t),\lambda^*(t)).$$

(3) 边界条件如下确定：

1° 若已给定 $\boldsymbol{x}(t_0)=\boldsymbol{x}^0,\boldsymbol{x}(t_1)=\boldsymbol{x}^1$，即为固定端点的控制问题，则正则方程组(24.5-1)的边界条件为

$$\boldsymbol{x}(t_0)=\boldsymbol{x}^0,\quad \boldsymbol{x}(t_1)=\boldsymbol{x}^1;$$

2° 若已给定 $\boldsymbol{x}(t_0)=\boldsymbol{x}^0$，但 $\boldsymbol{x}(t_1)$ 是自由的，即为自由终端控制问题，则正则方程组(24.5-1)的边界条件为

$$\boldsymbol{x}(t_0)=\boldsymbol{x}^0,\quad \lambda(t_1)=0;$$

3° 若初始时刻 t_0 给定，终端时刻 t_1 是自由的，即为自由终端时间控制问题，这时多了一个独立参数 t_1，为了确定参数 t_1，还需附加一个条件. 对于1°，2°两种情况，只要在相应的边界条件中添加关系 $H(t_1,\boldsymbol{x}(t_1),\boldsymbol{u}(t_1),\lambda(t_1))=0$，即可确定参数 t_1.

24.5.2 离散系统的最小值原理

给定系统的状态方程为

$$\begin{cases}\boldsymbol{x}(k+1)=\boldsymbol{f}(k,\boldsymbol{x}(k),\boldsymbol{u}(k)) \quad (k=0,1,2,\cdots,N-1),\\ \boldsymbol{x}(0)=\boldsymbol{x}^0,\end{cases}\tag{24.1-5}$$

目标泛函为

$$J=\sum_{k=0}^{N-1}G_k(\boldsymbol{x}(k),\boldsymbol{u}(k))+G_N(\boldsymbol{x}(N)),\tag{24.1-10}$$

容许控制集为 Ω.

引进一组辅助向量序列(称为**协变向量序列**)：

$$\{\lambda(k):k=1,2,\cdots,N\}.$$

定义 2 函数序列

$$\begin{aligned}H(k)&\equiv H(k,\boldsymbol{x}(k),\boldsymbol{u}(k),\lambda(k+1))\\&=\lambda^T(k+1)f(k,\boldsymbol{x}(k),\boldsymbol{u}(k))-G_k(\boldsymbol{x}(k),\boldsymbol{u}(k))\\&\qquad(k=0,1,2,\cdots,N-1)\end{aligned}$$

称为**哈密顿函数序列**.

定理 2(最小值原理) 设系统的状态方程为(24.1-5)式，目标泛函为(24.1-10)式，容许控制集为 Ω. 若 $\{\boldsymbol{u}^*(k)\}\in\Omega$ 为最优控制(使目标泛函 J 达到最小)，$\{\boldsymbol{x}^*(k)\}$ 为对应于 $\{\boldsymbol{u}^*(k)\}$ 的最优轨线，则必存在一个协变向量序列 $\{\lambda^*(k)\}$，使得

(1) $\boldsymbol{x}^*(k)$ 与 $\lambda^*(k)$ 满足正则方程组

$$\begin{cases}\boldsymbol{x}^*(k+1)=\boldsymbol{f}\quad(k,\boldsymbol{x}^*(k),\boldsymbol{u}^*(k))(k=0,1,2,\cdots,N-1),\\ \lambda^*(k)=\left(\dfrac{\partial f}{\partial \boldsymbol{x}(k)}(k,\boldsymbol{x}^*(k),\boldsymbol{u}^*(k))\right)^T\lambda^*(k+1)\\ \qquad\qquad -\dfrac{\partial G}{\partial \boldsymbol{x}(k)}(\boldsymbol{x}(k),\boldsymbol{u}(k))\quad(k=N-1,N-2,\cdots,2,1);\end{cases}$$

(2) 哈密顿函数序列 $H(k,\boldsymbol{x}(k),\boldsymbol{u}(k),\lambda(k))$ 对每一个 $k(k=0,1,2,\cdots,N-1)$，最优控制 $\boldsymbol{u}^*(k)$ 或者满足

$$\frac{\partial H}{\partial \boldsymbol{u}(k)}(k,\boldsymbol{x}^*(k),\boldsymbol{u}^*(k),\lambda^*(k+1)) = 0,$$

或者使 $H(k,\boldsymbol{x}^*(k),\boldsymbol{u}(k),\lambda^*(k+1))$ 在 $\boldsymbol{u}(k)=\boldsymbol{u}^*(k)$ 时达到局部最小值(相对于 Ω 中的控制向量而言)；

(3) 边界条件如下确定：

1° 若已给定 $\boldsymbol{x}(0)=\boldsymbol{x}^0,\boldsymbol{x}(N)=\boldsymbol{x}^N$，则边界条件为

$$\boldsymbol{x}(0) = \boldsymbol{x}^0,\boldsymbol{x}(N) = \boldsymbol{x}^N;$$

2° 若给定 $\boldsymbol{x}(0)=\boldsymbol{x}^0,\boldsymbol{x}_i(N)=\boldsymbol{x}_i^N$，则边界条件为

$$\boldsymbol{x}(0) = \boldsymbol{x}^0,\boldsymbol{x}_i(N) = \boldsymbol{x}_i^N;$$

3° 若给定 $\boldsymbol{x}(0)=\boldsymbol{x}^0$，而 $\boldsymbol{x}_j(N)$ 未给定，则边界条件为

$$\boldsymbol{x}(0) = \boldsymbol{x}^0,\lambda_j(N) = -\frac{\partial G_N(\boldsymbol{x}(N))}{\partial x_j(N)}.$$

§24.6 随机系统的最优控制

24.6.1 基本概念

定义 1 设 $\{\boldsymbol{x}(k)\}=\{(x_1(k),x_2(k),\cdots,x_n(k))^T\}(k=0,1,2,\cdots)$ 是一 n 维随机向量序列(参看 §13.3.1)，如果在 $\{\boldsymbol{x}(k)\}$ 中任意取出有限多个向量构成一个随机向量，而此向量的联合密度函数为正态分布(参看 §13.3.1)则称此序列为**正态随机序列**.

定义 2 设 $\{\boldsymbol{x}(k)\}$ 是一 n 维随机向量序列，如果该序列的协方差矩阵(参看 §13.5.2)具有下列性质：

$$\operatorname{cov}(\boldsymbol{x}(k),\boldsymbol{x}(l)) = 0 \quad (\text{零矩阵}) \quad (k \neq l),$$

则称此随机序列为**白噪声序列**，否则，称此随机序列为**有色噪声序列**或**相关噪声序列**.

定义 3 如果一个随机向量序列既是白噪声序列又是正态随机序列，则称此序列为**正态白噪声序列**.

24.6.2 卡尔曼滤波方法

定义 4 设 $\hat{\boldsymbol{x}}(k)$ 表示状态向量 $\boldsymbol{x}(k)$ 的估计值，如果 $\hat{\boldsymbol{x}}(k)$ 满足以下两个条件：

(1) $\hat{\boldsymbol{x}}(k)$ 是观察值 $\boldsymbol{z}(1),\boldsymbol{z}(2),\cdots,\boldsymbol{z}(i)$ 与 $\boldsymbol{u}(1),\boldsymbol{u}(2),\cdots,\boldsymbol{u}(i)$ 的线性函数；

(2) 最优的统计意义是指估计误差的协方差矩阵的迹(参见 5.5.3)为最小，即

$$\operatorname{tr}(E\{\hat{\boldsymbol{x}}(k)-\boldsymbol{x}(k))(\hat{\boldsymbol{x}}(k)-\boldsymbol{x}(k))^T\}) = \min,$$

则称估计 $\hat{\boldsymbol{x}}(k)$为**极小方差线性估计**,或称 $\hat{\boldsymbol{x}}(k)$为**最优线性滤波**.

定理1(卡尔曼滤波定理) 设

(1) 随机系统的状态方程为

$$\boldsymbol{x}(k+1)=\Phi(k+1,k)\boldsymbol{x}(k)+\Gamma(k)\boldsymbol{w}(k)$$
$$(k=0,1,2,\cdots),\tag{24.6-1}$$

输出方程为

$$\boldsymbol{z}(k)=H(k)\boldsymbol{x}(k)+\boldsymbol{v}(k)\quad(k=1,2,\cdots);\tag{24.1-12}$$

(2) 初始状态 $\boldsymbol{x}(0)$的均值向量为 $E\{\boldsymbol{x}(0)\}=\boldsymbol{\mu}_0$,协方差矩阵为

$$\operatorname{var}\{\boldsymbol{x}(0)\}=E\{(\boldsymbol{x}(0)-\boldsymbol{\mu}_0)(\boldsymbol{x}(0)-\boldsymbol{\mu}_0)^T\}=P_0$$

且 $\boldsymbol{x}(0)$与 $\boldsymbol{w}(k)$,$v(k)$均不相关;

(3) 白噪声序列$\{\boldsymbol{w}(k)\}$与$\{\boldsymbol{v}(k)\}$满足

$$\begin{cases}E\{\boldsymbol{w}(k)\}=0,E\{\boldsymbol{v}(k)\}=0,E\{\boldsymbol{w}(k)\boldsymbol{v}^T(j)\}=0,\\ E\{\boldsymbol{w}(k)\boldsymbol{w}^T(j)\}=\begin{cases}Q(k), & \text{当 } k=j \text{ 时}\quad(Q(k)\geqslant 0),\\ 0, & \text{当 } k\neq j \text{ 时},\end{cases}\\ E\{\boldsymbol{v}(k)\boldsymbol{v}^T(j)\}=\begin{cases}R(k), & \text{当 } k=j \text{ 时}\quad(R(k)>0),\\ 0, & \text{当 } k\neq j \text{ 时},\end{cases}\end{cases}\tag{24.6-2}$$

则有下列滤波与预测公式:

(1) 状态向量 $\boldsymbol{x}(k)$的最优线性滤波 $\hat{\boldsymbol{x}}(k)$由下式递推计算

$$\hat{\boldsymbol{x}}(k+1)=\Phi(k+1,k)\hat{\boldsymbol{x}}(k)+K(k+1)(z(k+1)$$
$$-H(k+1)\Phi(k+1,k)\hat{\boldsymbol{x}}(k))$$
$$(k=0,1,2,\cdots).$$

初始值为 $\hat{\boldsymbol{x}}(0)=\boldsymbol{\mu}_0$,其中

$$K(k+1)=P(k+1/k)H^T(k+1)$$
$$\cdot(H(k+1)P(k+1/k)H^T(k+1)+R(k+1))^{-1},$$
$$(k=0,1,2,\cdots).\tag{24.6-3}$$

$$P(k+1/k)=\Phi(k+1,k)P(k)\Phi^T(k+1,k)+\Gamma(k)Q(k)\Gamma^T(k)$$
$$(k=0,1,2,\cdots).\tag{24.6-4}$$

而滤波的误差方差矩阵 $P(k)$满足

$$P(k+1)=(I-K(k+1)H(k+1))P(k+1/k)$$
$$(k=0,1,2,\cdots),\tag{24.6-5}$$

初始值为 $P(0)=P_0$.

(2) 状态向量 $\boldsymbol{x}(k)$的估计值 $\hat{\boldsymbol{x}}(k)$的最优线性预测 $\boldsymbol{x}(k+1/k)$由下式计算

$$\hat{x}(k+1/k)=\Phi(k+1,k)\hat{x}(k)\quad(k=0,1,2,\cdots),$$

或由下式递推计算

$$\hat{x}(k+1/k)=\Phi(k+1,k)\hat{x}(k/k-1)$$
$$+K(k)(z(k)-H(k)\hat{x}(k-1))$$

$(k=1,2,\cdots)$.初始值取 $\hat{x}(1/0)=\Phi(1,0)\mu_0$.式中的 $K(k)$ 由(24.6-3)式、(24.6-4)式与(24.6-5)式递推计算,初始值为

$$P(1/0)=\Phi(1,0)P_0\Phi^T(1,0)+\Gamma(0)Q(0)\Gamma^T(0).$$

定理 2(卡尔曼滤波定理) 设

(1) 随机系统的状态方程为

$$\boldsymbol{x}(k+1)=\Phi(k+1,k)\boldsymbol{x}(k)+B(k)\boldsymbol{u}(k)+\Gamma(k)w(k)$$
$$(k=0,1,2,\cdots),\tag{24.6-6}$$

输出方程为

$$\boldsymbol{z}(k)=H(k)\boldsymbol{x}(k)+\boldsymbol{v}(k)\quad(k=1,2,\cdots).\tag{24.1-12}$$

(2),(3)与定理 1 的条件(2),(3)相同.则有下列滤波与预测公式:

(1) 状态向量 $\boldsymbol{x}(k)$ 的最优线性一步预测公式为

$$\hat{\boldsymbol{x}}(k+1/k)=\Phi(k+1,k)\hat{\boldsymbol{x}}(k)+B(k)\boldsymbol{u}(k)$$
$$(k=0,1,2,\cdots),$$

(2) 状态向量 $\boldsymbol{x}(k)$ 的最优线性滤波公式为

$$\hat{\boldsymbol{x}}(k+1)=\hat{\boldsymbol{x}}(k+1/k)+K(k+1)$$
$$\cdot(\boldsymbol{z}(k+1)-H(k+1)\hat{\boldsymbol{x}}(k+1/k)),$$

(3) 状态向量 $\boldsymbol{x}(k)$ 的最优滤波递推公式为

$$\hat{\boldsymbol{x}}(k+1)=\Phi(k+1,k)\hat{\boldsymbol{x}}(k)+K(k+1)$$
$$\cdot(\boldsymbol{z}(k+1)-H(k+1)\Phi(k+1,k)(k))$$
$$+(I-K(k+1)H(k+1)B(k))\boldsymbol{u}(k)\tag{24.6-7}$$
$$(k=0,1,2,\cdots),$$

其中 $K(k)$ 由公式(24.6-3)式、(24.6-4)式与(24.6-5)式计算.初始值为

$$\hat{\boldsymbol{x}}(0)=E\{\boldsymbol{x}(0)\}=\boldsymbol{\mu}_0,P(0)=\mathrm{var}\{\boldsymbol{x}(0)\}=P_0.\tag{24.6-8}$$

24.6.3 随机控制系统的分离定理

给定随机控制系统的状态方程与输出方程分别为(24.6-6)式与(24.1-12)式.初始状态 $\boldsymbol{x}(0)$ 是正态 $N(\boldsymbol{\mu}_0,P_0)$ 随机向量,$(\boldsymbol{\mu}_0=E\{\boldsymbol{x}(0)\},P_0=\mathrm{var}\{\boldsymbol{x}(0)\})$,$\{\boldsymbol{w}(k)\}$ 与 $\{\boldsymbol{v}(k)\}$ 分别为 p 维与 m 维的零均值正态白噪声序列,$\boldsymbol{w}(k)$,$\boldsymbol{v}(k)$ 除满足(24.6-2)式外,还满足

$$E\{\boldsymbol{x}(0)\boldsymbol{w}^T(k)\}=0,\quad E\{\boldsymbol{x}(0)\boldsymbol{v}^T(k)\}=0. \tag{24.6-9}$$

定义 5 如果在由方程(24.6-6)与(24.1-12)所描述的随机系统中，所能得到的有效信息是量测值

$$\boldsymbol{z}_1^k=(\boldsymbol{z}^T(1),\boldsymbol{z}^T(2),\cdots,\boldsymbol{z}^T(k))$$

与初始状态分布 $\boldsymbol{x}(0)$，但每个 $z(k)$ 中含有量测噪声，因而系统的确切状态无法得知，则称此系统为**非完全状态信息系统**. 如果输出方程(24.1-12)中，

$$H\equiv 1,\boldsymbol{v}(k)\equiv 0,$$

从而 $z(k)=\boldsymbol{x}(k)$，因此由量测值即可得知系统的确切状态，则称此系统为**完全状态信息系统**.

定理 3(非完全状态信息系统的**分离定理**) 设系统的状态方程与输出方程分别为(24.6-6)与(24.1-12)，且 $\boldsymbol{w}(k)$，$\boldsymbol{v}(k)$满足(24.6-2)式与(24.6-9)式. 若控制系统的目标泛函为

$$J=\sum_{k=0}^{N-1}(\boldsymbol{x}^T(k)\boldsymbol{A}(k)\boldsymbol{x}(k)+\boldsymbol{u}^T(k)D(k)\boldsymbol{u}(k))$$

$$+\boldsymbol{x}^T(N)\boldsymbol{A}(N)\boldsymbol{x}(N), \tag{24.1-13}$$

其中 $A(k)\geqslant 0$，$D(k)\geqslant 0$，N 为任一指定的正整数，则使 $E\{J\}$ 达到最小值的最优控制为

$$\boldsymbol{u}^*(k)=-L(k)\hat{\boldsymbol{x}}(k)\quad(k=0,1,2,\cdots,N-1),$$

其中 $\hat{\boldsymbol{x}}(k)$为状态向量 $\boldsymbol{x}(k)$的卡尔曼滤波，由定理 2 中的(24.6-7)式、(24.6-8)式与定理 1 中的(24.6-3)式、(24.6-4)式、(24.6-5)式计算；$L(k)$由下列递推公式计算

$$L(k)=(D(k)+B^T(k)S(k+1)B(k))^{-1}\cdot\boldsymbol{B}^T(k)S(k+1)\Phi(k+1,k)$$

$$(k=0,1,2,\cdots,N-1). \tag{24.6-10}$$

$S(k)$由下列递推公式计算

$$S(k)=\boldsymbol{A}(k)+\Phi^T(k+1,k)S(k+1)\Phi(k+1,k)$$

$$-L^T(k)(D(k)+B^T(k)S(k+1)B(k))L(k)$$

$$(k=N-1,N-2,\cdots,1,0). \tag{24.6-11}$$

初始值为 $S(N)=A(N)$. 目标泛函的最小值为

$$\min_{\{\boldsymbol{u}(k)\}}E\{J\}=\boldsymbol{\mu}_0^T S(0)\boldsymbol{\mu}_0+\mathrm{tr}(S(0)P_0)+\sum_{k=0}^{N-1}\mathrm{tr}(S(k+1)\Gamma(k)Q(k)\Gamma^T(k))$$

$$+\sum_{k=0}^{N-1}\mathrm{tr}(P(k)L^T(k)(D(k)+B^T(k)S(k+1)B(k))L(k))$$

(此处的符号 $\mathrm{tr}A$ 表示矩阵 A 的迹，定义为 A 的主对角线上元素之和).

定理 4(完全状态信息系统的**分离定理**) 设具有完全状态信息的随机系统的状态方程为(24.6-6)式，系统的初始状态 $\boldsymbol{x}(0)$与$\{\boldsymbol{w}(k)\}$中的任一向量都不相关. 若控

制系统的目标泛函为(24.1-13)式,则使 $E\{J\}$达到最小值的最优控制为

$$\boldsymbol{u}^*(k) = -L(k)\boldsymbol{x}(k) \quad (k=0,1,2,\cdots,N-1),$$

其中 $L(k)$仍由(24.6-10)式与(24.6-11)式计算.目标泛函的最小值为

$$\min_{\{\boldsymbol{u}(k)\}} E\{J\} = \boldsymbol{\mu}_0{}^T S(0)\boldsymbol{\mu}_0 + \operatorname{tr}(S(0)P_0) + \sum_{k=0}^{N-1} \operatorname{tr}(S(k+1)\Gamma(k)Q(k)\Gamma^T(k)).$$

25. 最优化方法

§25.1 线性规划

25.1.1 线性规划问题的一般形式

求线性目标函数在具有线性等式或线性不等式的约束条件下的极值(极大值或极小值)问题,称为**线性规划问题**.

具有 m 个不等式约束条件与 n 个变量(这样的变量称为决策变量)的线性规划问题的一般形式为求目标函数 z 的最小值

$$\min z = c_1x_1 + c_2x_2 + \cdots + c_nx_n,$$

其约束条件为

$$\begin{cases} a_{11}x_1 + a_{12}x_2 + \cdots + a_{1n}x_n \leqslant b_1, \\ a_{21}x_1 + a_{22}x_2 + \cdots + a_{2n}x_n \leqslant b_2, \\ \cdots\cdots\cdots\cdots\cdots\cdots \\ a_{m1}x_1 + a_{m2}x_2 + \cdots + a_{mn}x_n \leqslant b_m, \\ x_1 \geqslant 0,\ x_2 \geqslant 0, \cdots,\ x_n \geqslant 0. \end{cases} \tag{25.1-1}$$

若用向量与矩阵的符号,则(25.1-1)式可简记为

$$\min z = \boldsymbol{c}^{\mathrm{T}}\boldsymbol{x},$$

$$\begin{cases} A\boldsymbol{x} \leqslant b, \\ \boldsymbol{x} \geqslant 0, \end{cases}$$

其中 $\boldsymbol{x}=(x_1,x_2,\cdots,x_n)^{\mathrm{T}} \in \boldsymbol{R}^n$, $x_j\,(j=1,2,\cdots,n)$ 为决策变量, $\boldsymbol{c}^{\mathrm{T}}=(c_1,c_2,\cdots,c_n)\in \boldsymbol{R}^n$, $c_j\,(j=1,2,\cdots,n)$ 称为**价格系数**, $\boldsymbol{b}=(b_1,b_2,\cdots,b_m)^{\mathrm{T}}\in\boldsymbol{R}^m$, $A=(a_{ij})_{m\times n}$ 称为**系数矩阵**$(n>m)$.

若某线性规划问题中的变量只受等式约束的限制,则其一般形式为

$$\min z = \boldsymbol{c}^{\mathrm{T}}\boldsymbol{x},$$

$$\begin{cases} A\boldsymbol{x} = \boldsymbol{b}, \\ \boldsymbol{x} \geqslant 0, \end{cases} \tag{25.1-2}$$

其中 $\boldsymbol{x}=(x_1,x_2,\cdots,x_n)^{\mathrm{T}}\in\boldsymbol{R}^n$, $\boldsymbol{c}^{\mathrm{T}}=(c_1,c_2,\cdots,c_n)\in\boldsymbol{R}^n$, $\boldsymbol{b}=(b_1,b_2,\cdots,b_m)^{\mathrm{T}}\in\boldsymbol{R}^m$, $A=(a_{ij})_{m\times n}(n>m)$.

背景问题举例　设一经济系统,消耗 m 种资源,生产 n 种产品.假设每生产第 j 种产品一个单位,获得效益为 $-c_j$,而消耗资源 $i(i=1,2,\cdots,m)$ 为 a_{ij} 个单位.又设资源 i 的拥有量为 b_i 单位$(i=1,2,\cdots,m)$.一个生产计划方案为,对于 $j=1,2,\cdots,n$,生

产产品 j 共 c_j 个单位.这样,为寻求总效益最大的生产方案,就导致如(25.1-1)式的线性规划问题.其中的目标函数 z,$-z$ 为对应于生产方案 $x=(x_1,x_2,\cdots,x_n)^{\mathrm{T}}$ 的总效益,第 i 个约束不等式的左端为实施方案为 x 时对第 i 种资源的总消耗量,因而不能大于 b_i,约束 $x_j\geqslant 0$ 意义自明.此例中特别称矩阵 $A=(a_{ij})_{m\times n}$ 为消耗矩阵.

若某线性规划问题中有 l 种资源受等式约束的限制,有 $m-l$ 种资源受不等式约束的限制,则其一般形式为

$$\begin{cases}\min z=\boldsymbol{c}^{\mathrm{T}}\boldsymbol{x},\\ \sum\limits_{j=1}^{n}a_{ij}x_j=b_i\quad(i=1,2,\cdots,l),\\ \sum\limits_{j=1}^{n}a_{kj}x_j\leqslant b_k\quad(k=l+1,l+2,\cdots,m),\\ x_j\geqslant 0\quad(j=1,2,\cdots,n),\end{cases}$$

其中 $\boldsymbol{c}^{\mathrm{T}}=(c_1,c_2,\cdots,c_n)\in\boldsymbol{R}^n$,$\boldsymbol{x}=(x_1,x_2,\cdots,x_n)^{\mathrm{T}}\in\boldsymbol{R}^n$.

25.1.2 化线性规划的一般形式为标准形式

(25.1-2)式称为线性规划的**标准形式**.因为任何其他形式的线性规划问题,经过形式上的改变,都可化为(25.1-2)式的形式.

(1) 若第 k 个约束为不等式

$$\sum_{j=1}^{n}a_{kj}x_j\geqslant b_k,$$

则引进非负变量(称为**松弛变量**)

$$x_{n+k}=\sum_{j=1}^{n}a_{kj}x_j-b_k\geqslant 0,$$

使原不等式约束化为等式约束

$$\sum_{j=1}^{n}a_{kj}x_j-x_{n+k}=b_k.$$

(2) 若第 k 个约束为不等式

$$\sum_{j=1}^{n}a_{kj}x_j\leqslant b_k,$$

则引进非负变量(称为**松弛变量**)

$$x_{n+k}=b_k-\sum_{j=1}^{n}a_{kj}x_j,$$

使原不等式约束化为等式约束

$$\sum_{j=1}^{n}a_{kj}x_j+x_{n+k}=b_k.$$

(3) 若对变量 x_j 没有非负限制(称为**自由变量**),则可引进两个非负变量 $x_j' \geqslant 0$, $x_j'' \geqslant 0$,且令

$$x_j = x_j' - x_j'',$$

代入等式约束 $A\boldsymbol{x}=\boldsymbol{b}$ 中,即可化为具有非负要求的标准形式.

(4) 若目标函数为极大化

$$\max z = \boldsymbol{c}^{\mathrm{T}}\boldsymbol{x},$$

则只需将目标函数乘以(-1),即可化为等价的极小化问题

$$\min(-z) = -\boldsymbol{c}^{\mathrm{T}}\boldsymbol{x}.$$

例 1 将下列线性规划问题化为标准形式

$$\max z = 2x_1 - x_2 + x_3.$$

$$\text{约束条件}\begin{cases} x_1 + 3x_2 - x_3 \leqslant 20, \\ 2x_1 - x_2 + x_3 \geqslant 12, \\ x_1 - 4x_2 - 4x_3 \geqslant 2, \\ x_1, x_2 \geqslant 0,\ 2 \leqslant x_3 \leqslant 6, \end{cases}$$

解 标准形式为

$$\min(-z) = -2x_1 + x_2 - x_3' + 0\cdot x_4 + 0\cdot x_5 + 0\cdot x_6 + 0x_7.$$

$$\text{约束条件}\begin{cases} x_1 + 3x_2 - x_3' + x_4 = 22, \\ 2x_1 - x_2 + x_3' - x_5 = 10, \\ x_1 - 4x_2 - 4x_3' - x_6 = 10, \\ \qquad\qquad x_3' + x_7 = 4, \\ x_1, x_2, x_3', x_4, x_5, x_6, x_7 \geqslant 0. \end{cases}$$

注意因变量 x_3 有上下界:$2 \leqslant x_3 \leqslant 6$. 所以用 $x_3' = x_3 - 2$ 代替 x_3,且 $0 \leqslant x_3' \leqslant 6-2=4$. 并用新变量 x_3' 替换目标函数与约束条件中所有的原变量 x_3,再将上限约束列为新的约束条件并化为等式. 由于目标函数加一常数项不会改变最优解(注意会影响最优值),此处去掉了将 x_3' 代入目标函数而产生的常数项.

25.1.3 线性规划问题解的概念

给定线性规划问题的一般形式为

$$\begin{aligned} \min z &= \boldsymbol{c}^{\mathrm{T}}\boldsymbol{x}. \\ A\boldsymbol{x} &= \boldsymbol{b}, \\ \boldsymbol{x} &\geqslant \boldsymbol{0}. \end{aligned} \qquad (25.1\text{-}2)'$$

设

$$A = (a_{ij})_{m\times n} = (\boldsymbol{P}_1, \boldsymbol{P}_2, \cdots, \boldsymbol{P}_j, \cdots, \boldsymbol{P}_n),$$

式中

$$\boldsymbol{P}_j = (a_{1j}, a_{2j}, \cdots, a_{mj})^{\mathrm{T}} \quad (j = 1, 2, \cdots, n),$$

且

$$\boldsymbol{P}_j \neq 0 \quad (j = 1, 2, \cdots, n).$$

于是(25.1-2)式中的约束可表为

$$\begin{cases} \boldsymbol{P}_1 x_1 + \boldsymbol{P}_2 x_2 + \cdots + \boldsymbol{P}_j x_j + \cdots + \boldsymbol{P}_n x_n = \boldsymbol{b}, \\ \boldsymbol{x} \geqslant 0. \end{cases}$$

设 $\mathrm{rank} A = m, m < n$，且 $\boldsymbol{P}_1, \boldsymbol{P}_2, \cdots, \boldsymbol{P}_m$ 线性无关，并记 $B = (\boldsymbol{P}_1, \boldsymbol{P}_2, \cdots, \boldsymbol{P}_m)$. 则 B 为 $m \times m$ 的非奇异矩阵，因而其逆矩阵 $\boldsymbol{B}^{-1}$ 存在.

定义 1 满足线性规划问题(25.1-2)式中约束条件 $A\boldsymbol{x} = \boldsymbol{b}, \boldsymbol{x} \geqslant \boldsymbol{0}$ 的解 $\boldsymbol{x} = (x_1, x_2, \cdots, x_n)^{\mathrm{T}}$，称为线性规划问题的**可行解**；所有可行解的集合称为**可行域**，记作 $D = \{\boldsymbol{x} : A\boldsymbol{x} = \boldsymbol{b}, \boldsymbol{x} \geqslant \boldsymbol{0}\ \boldsymbol{x} \in \boldsymbol{R}^n\}$.

定义 2 设 $\bar{\boldsymbol{x}} \in D$，若对任意的 $\boldsymbol{x} \in D$ 都有

$$\boldsymbol{c}^{\mathrm{T}} \boldsymbol{x} \geqslant \boldsymbol{c}^{\mathrm{T}} \bar{\boldsymbol{x}},$$

则称 $\bar{\boldsymbol{x}}$ 为线性规划问题(25.1-2)的**最优解**.

定义 3 给定线性规划问题(25.1-2). 设 $A = (a_{ij})_{m \times n} = (\boldsymbol{P}_1, \boldsymbol{P}_2, \cdots, \boldsymbol{P}_i, \cdots, \boldsymbol{P}_n)$. 若 $\mathrm{rank} A = m$，其 $m \times m$ 子矩阵 $B = (\boldsymbol{P}_{i_1}, \boldsymbol{P}_{i_2}, \cdots, P_{i_j}, \cdots, \boldsymbol{P}_{i_m})$ 是非奇异的，且 $B^{-1}\boldsymbol{b} \geqslant 0$，则线性规划问题(25.1-2)的可行解 $\boldsymbol{x}^0 = (x_1^0, x_2^0, \cdots, x_n^0)^{\mathrm{T}}$，其中

$$\begin{cases} \boldsymbol{x}_i^0 = 0, i \notin \{i_1, i_2, \cdots, i_j, \cdots, i_m\}, \\ \boldsymbol{x}_B^0 = (x_{i_1}^0, x_{i_2}^0, \cdots, x_{i_j}^0, \cdots, x_{i_m}^0)^{\mathrm{T}} = B^{-1}\boldsymbol{b} \end{cases}$$

称为**基本可行解**. 这时，方阵 B 称为相应于该基本可行解 $\boldsymbol{x}^0$ 的**基矩阵**(或称基底). 基矩阵 B 的列向量 $\boldsymbol{P}_{i_1}, \boldsymbol{P}_{i_2}, \cdots, \boldsymbol{P}_{i_m}$ 称为**基向量**. 变量 $x_{i_1}^0, x_{i_2}^0, \cdots, x_{i_m}^0$ 称为相应于基矩阵 B 的**基变量**，其他的变量 $x_j^0 (j \neq i_k, k = 1, 2, \cdots, m)$ 称为**非基变量**.

若基本可行解 $\boldsymbol{x}^0$ 又是线性规划问题(25.1-2)的最优解，则称 $\boldsymbol{x}^0$ 为**基本最优解**.

例 2 求约束为

$$\begin{cases} x_1 + x_2 + x_3 = 1, \\ x_1 - x_2 = \dfrac{1}{2}, \\ x_1 \geqslant 0, x_2 \geqslant 0, x_3 \geqslant 0 \end{cases}$$

的所有基本可行解.

解

$$A = \begin{pmatrix} 1 & 1 & 1 \\ 1 & -1 & 0 \end{pmatrix}, m = 2, n = 3, b = \left(1, \frac{1}{2}\right)^{\mathrm{T}}.$$

因为 $(\boldsymbol{P}_1, \boldsymbol{P}_2) = \begin{pmatrix} 1 & 1 \\ 1 & -1 \end{pmatrix}$ 为非奇异方阵，且

$$(\boldsymbol{P}_1,\boldsymbol{P}_2)^{-1}=\begin{pmatrix}\frac{1}{2} & \frac{1}{2}\\ \frac{1}{2} & -\frac{1}{2}\end{pmatrix},$$

$$(\boldsymbol{P}_1,\boldsymbol{P}_2)^{-1}b=\begin{pmatrix}\frac{1}{2} & \frac{1}{2}\\ \frac{1}{2} & -\frac{1}{2}\end{pmatrix}\begin{pmatrix}1\\ \frac{1}{2}\end{pmatrix}=\begin{pmatrix}\frac{3}{4}\\ \frac{1}{4}\end{pmatrix}>0,$$

所以

$$\boldsymbol{x}^1=\left(\frac{3}{4},\frac{1}{4},0\right)^{\mathrm{T}}$$

为一个基本可行解.

同理,对应于基矩阵$(\boldsymbol{P}_1,\boldsymbol{P}_3)$,有基本可行解

$$\boldsymbol{x}^2=\left(\frac{1}{2},0,\frac{1}{2}\right)^{\mathrm{T}}$$

至于矩阵$(\boldsymbol{P}_2,\boldsymbol{P}_3)$,虽然也是非奇异的,但因为$(\boldsymbol{P}_2,\boldsymbol{P}_3)^{-1}\boldsymbol{b}=\begin{pmatrix}-\frac{1}{2}\\ \frac{3}{2}\end{pmatrix}$不是非负的.所以

$$\left(0,-\frac{1}{2},\frac{3}{2}\right)^{\mathrm{T}}$$

不是基本可行解.

此例中$m=2,n=3.C_3^2=3$,可能为基矩阵的矩阵只有上述3个,因而$\boldsymbol{x}^1$和$\boldsymbol{x}^2$就是全部的基本可行解.

25.1.4 线性规划的基本理论

1. 凸集及其极点和极方向

定义4 设$\boldsymbol{x}_1,\boldsymbol{x}_2,\cdots,\boldsymbol{x}_k$是$\boldsymbol{R}^n$中的$k$个点.设有实数$\lambda_1,\lambda_2,\cdots,\lambda_k$满足$\lambda_i\geqslant 0(i=1,2,\cdots,k)$, $\sum_{i=1}^{k}\lambda_i=1$,使

$$\boldsymbol{x}'=\lambda_1\boldsymbol{x}_1+\lambda_2\boldsymbol{x}_2+\cdots+\lambda_k\boldsymbol{x}_k$$

则称$\boldsymbol{x}'$为$\boldsymbol{x}_1,\boldsymbol{x}_2,\cdots,\boldsymbol{x}_k$(对于$\lambda_1,\lambda_2,\cdots,\lambda_k$)的**凸组合**.

显然,两点$\boldsymbol{x}_1$与$\boldsymbol{x}_2$的凸组合,可以写作$\boldsymbol{x}'=\lambda\boldsymbol{x}_1+(1-\lambda)\boldsymbol{x}_2$,其中$0\leqslant\lambda\leqslant 1$.同时指出,$\boldsymbol{R}^n$中以两点$\boldsymbol{x}_1$与$\boldsymbol{x}_2$为端点的线段上的点,同两点$\boldsymbol{x}_1$与$\boldsymbol{x}_2$的凸组合,(也就是同满足$0\leqslant\lambda\leqslant 1$的实数$\lambda$)成一一对应.

定义5 设S是n维欧几里得空间$\boldsymbol{R}^n$中的一个点集.如果由两点$\boldsymbol{x}_1$与$\boldsymbol{x}_2$属于

集合 S,和 $\boldsymbol{x}'$是 $\boldsymbol{x}_1$ 与 $\boldsymbol{x}_2$ 的凸组合,就得出 $\boldsymbol{x}'$也属于集合 S,则称点集 S 为**凸集**. 也就是说,凸集是包含所有的以集合的点为两端点的线段的点集.

定义 6 设 S 为凸集,$\boldsymbol{x}'\in S$. 若 $\boldsymbol{x}'$不能表示为 S 中其他任意两个不同点 $\boldsymbol{x}_1$ 与 $\boldsymbol{x}_2$ 的凸组合,即不存在 $\boldsymbol{x}_1\in S$ 和 $\boldsymbol{x}_2\in S$ 且 $\boldsymbol{x}_1\neq\boldsymbol{x}_2$,使得 $\boldsymbol{x}'=\lambda\boldsymbol{x}_1+(1-\lambda)\boldsymbol{x}_2$ $(0\leqslant\lambda\leqslant1)$,则称点 $\boldsymbol{x}$ 为 S 的极点.

定义 7 设 $S\subset\boldsymbol{R}^n$,为凸集. 设向量 $d\in\boldsymbol{R}^n$. 如果对任意的点 $\boldsymbol{x}\in S$ 和任意实数 $\lambda>0$,都有 $\boldsymbol{x}+\lambda d\in S$,则称 d 为凸集 S 的一个方向. 设 d_1 和 d_2 是 S 的两个方向. 如果不存在正实数 $\lambda>0$,能使 $d_1=\lambda d_2$,则称二方向 d_1 和 d_2 是不同的. 设 d 是凸集 S 的方向,如果不存在 S 的两个不同的方向 d_1 与 d_2,和两个正实数 $\alpha_1>0$ 与 $\alpha_2>0$,使得 $d=\alpha_1d_1+\alpha_2d_2$,也就是说 d 不能表示成 S 的两个不同的方向的正系数线性组合,则称 d 是凸集 S 的极方向.

2. 有关线性规划的基本定理

定理 1 若 $\boldsymbol{x}^0=(x_1^0,x_2^0,\cdots,x_s^0,x_{s+1}^0,\cdots,x_n^0)^{\mathrm{T}}$ 是规划问题(25.1-2)的可行解,则 $\boldsymbol{x}^0$ 是基本可行解的必要充分条件为

(1) $\boldsymbol{x}^0=\boldsymbol{0}$(此时 $\boldsymbol{b}=\boldsymbol{0}$),或

(2) $\boldsymbol{x}^0\neq\boldsymbol{0}$,而 x^0 的所有非零分量 x_j^0 所对应的向量 $\boldsymbol{P}_j$ 线性无关,即若

$$x_1^0>0,x_2^0>0,\cdots,x_s^0>0,\ x_{s+1}^0=\cdots=x_n^0=0,$$

则 $\boldsymbol{P}_1,\boldsymbol{P}_2,\cdots,\boldsymbol{P}_s$ 线性无关.

定理 2 线性规划问题(25.1-2)的可行解集

$$D=\{\boldsymbol{x}:A\boldsymbol{x}=\boldsymbol{b},\boldsymbol{x}\geqslant0,\boldsymbol{x}\in\boldsymbol{R}^n\}$$

是凸集,点 $\boldsymbol{x}^0\in D$ 是 D 的极点的必要充分条件是 $\boldsymbol{x}^0$ 为问题(25.1-2)的基本可行解.

定理 3 若线性规划问题(25.1-2)有可行解,则必有基本可行解. 换句话说,非空凸集 D 必有极点.

定理 4 对于线性规划问题(25.1-2)的可行解集

$$D=\{\boldsymbol{x}:A\boldsymbol{x}=b,\boldsymbol{x}\geqslant0,\boldsymbol{x}\in\boldsymbol{R}^n\}.$$

向量 $d\neq0$ 是 D 的方向的必要充分条件是

$$Ad=0\qquad\text{以及}\qquad d\geqslant0.$$

而方向 d 是极方向的必要充分条件是它可以用如下的方式表示出来,即存在 A 矩阵的 m 个线性无关的列构成的矩阵 B,和另外的某个列 $\boldsymbol{P}_j$,有 $B^{-1}\boldsymbol{P}_j\leqslant0$,记 e_j 为$n-m$ 维的坐标向量,其相应于 P_j 列的位置的分量为 1,其余分量皆为 0,有

$$d=\alpha\begin{bmatrix}-B^{-1}P_j\\ e_j\end{bmatrix}$$

其中 $\alpha>0$.

定理 5 若线性规划问题(25.1-2)的可行解集

$$D=\{x: Ax=b, x\geqslant 0, x\in \boldsymbol{R}^n\}.$$

的极点为 $x_1, x_2, \cdots, x_k$，极方向为 $d_1, d_2, \cdots, d_l$，则有

$$D=\left\{x: x=\sum_{i=1}^{k}\lambda_i x_i+\sum_{j=1}^{l}\mu_j d_j,\ \begin{array}{l}\lambda_i\geqslant 0, i=1,z,\cdots,k, \sum_{i=1}^{k}\lambda_i=1,\\ \mu_j\geqslant 0, j=1,2,\cdots,l\end{array}\right\}$$

推论 线性规划问题(25.1-2)的可行解集 D 有极方向的必要充分条件是 D 为无界集合.

定理 6 考虑线性规划问题(25.1-2).如果可行解集为有界集，则问题一定有最优解；如果可行解集 D 有极方向 $d_1, d_2, \cdots, d_l$，则问题有最优解的必要充分条件是

$$\boldsymbol{c}^{\mathrm{T}} d_j\geqslant 0, j=1,2,\cdots,l.$$

而若问题有最优解，则一定存在可行解集的一个极点是最优解，即一定有基本最优解.

25.1.5 单纯形法

单纯形法的步骤

1. *确定初始基本可行解*

给定线性规划问题(25.1-2).设 $A=(a_{ij})_{m\times n}=(\boldsymbol{P}_1, \boldsymbol{P}_2, \cdots, \boldsymbol{P}_j, \cdots, \boldsymbol{P}_n)$，rank $A=m$. B 是 $m\times m$ 的基矩阵，不妨设 $B=(\boldsymbol{P}_1, \boldsymbol{P}_2, \cdots, P_m)$. 将变量 $\boldsymbol{x}=(x_1, x_2, \cdots, x_m, x_{m+1}, \cdots, x_n)^{\mathrm{T}}$ 分为对应于基 B 的基变量 $\boldsymbol{x}_B=(x_1, x_2, \cdots, x_m)^{\mathrm{T}}$ 与非基变量 $\boldsymbol{x}_N=(x_{m+1}, x_{m+2}, \cdots, x_n)^{\mathrm{T}}$ 两部分：$\boldsymbol{x}=(\boldsymbol{x}_B^{\mathrm{T}}, \boldsymbol{x}_N^{\mathrm{T}})^{\mathrm{T}}$，矩阵 A 也相应地分为两块 $A=(B,N)$，其中 $N=(\boldsymbol{P}_{m+1}, \boldsymbol{P}_{m+2}, \cdots, \boldsymbol{P}_n)^{\mathrm{T}}$. 则约束方程组可写为

$$(B,N)\begin{pmatrix}\boldsymbol{x}_B\\ \boldsymbol{x}_N\end{pmatrix}=\boldsymbol{b},$$

即 $B\boldsymbol{x}_B+N\boldsymbol{x}_N=\boldsymbol{b}$，两端左乘 B^{-1} 得

$$\boldsymbol{x}_B+B^{-1}N\boldsymbol{x}_N=B^{-1}\boldsymbol{b}. \tag{25.1-3}$$

记 $B^{-1}\boldsymbol{b}=(b_1^0, b_2^0, \cdots, b_m^0)^{\mathrm{T}}$. 将上式用分量的形式写出，即为

$$\begin{cases}x_1 \quad +b_{1,m+1}x_{m+1}+b_{1,m+2}x_{m+2}+\cdots+b_{1s}x_s+\cdots+b_{1n}x_n=b_1^0\\ \quad x_2 \quad +b_{2,m+1}x_{m+1}+b_{2,m+2}x_{m+2}+\cdots+b_{2s}x_s+\cdots+b_{2n}x_n=b_2^0\\ \qquad \ddots \quad \vdots\cdots\cdots\cdots\cdots\cdots\cdots\cdots\cdots\vdots\\ \qquad x_r \quad +b_{r,m+1}x_{m+1}+b_{r,m+2}x_{m+2}+\cdots+b_{rs}x_s+\cdots+b_{rn}x_n=b_r^0,\\ \qquad\quad \ddots \quad \vdots\cdots\cdots\cdots\cdots\cdots\cdots\cdots\cdots\vdots\\ \qquad\qquad x_m+b_{m,m+1}x_{m+1}+b_{m,m+2}x_{m+2}+\cdots+b_{ms}x_s+\cdots+b_{mn}x_n=b_m^0.\end{cases} \tag{25.1-4}$$

于是,得到对应于基矩阵 B 的一个所谓基本解为

$$\boldsymbol{x}_B = B^{-1}\boldsymbol{b}, \boldsymbol{x}_N = \boldsymbol{0},$$

即

$$\boldsymbol{x} = (b_1^0, b_2^0, \cdots, b_m^0, 0, 0, \cdots, 0)^{\mathrm{T}}$$

(括号中 0 的个数为 $n-m$ 个). 若 $b_i^0 \geqslant 0 (i=1,2,m)$,则得一个基本可行解,称为**初始基本可行解**,记作

$$\boldsymbol{x}^0 = (b_1^0, b_2^0, \cdots, b_m^0, 0, 0, \cdots, 0)^{\mathrm{T}} (b_i^0 \geqslant 0, i = 1, 2, \cdots, m).$$

若 $b_i^0 (i=1,2,\cdots,m)$ 中有非正数的值,则选另外的 $m \times m$ 阶的非奇异矩阵作为基矩阵,用上述同样的方法求初始基本可行解.

2. 判别初始基本可行解是否为最优解

设 $\boldsymbol{c}^{\mathrm{T}} = (c_1, c_2, \cdots, c_m, c_{m+1}, \cdots, c_n) = (\boldsymbol{c}_B^{\mathrm{T}}, \boldsymbol{c}_N^{\mathrm{T}})$,其中 $\boldsymbol{c}_B^{\mathrm{T}} = (c_1, c_2, \cdots, c_m)$,$\boldsymbol{c}_N^{\mathrm{T}} = (c_{m+1}, c_{m+2}, \cdots, c_n)$ 则目标函数 $Z = \boldsymbol{c}^{\mathrm{T}}\boldsymbol{x}$ 可表为

$$Z = (\boldsymbol{c}_B^{\mathrm{T}}, \boldsymbol{c}_N^{\mathrm{T}}) \begin{pmatrix} \boldsymbol{x}_B \\ \boldsymbol{x}_N \end{pmatrix} = \boldsymbol{c}_B^{\mathrm{T}}\boldsymbol{x}_B + \boldsymbol{c}_N^{\mathrm{T}}\boldsymbol{x}_N,$$

再由(25.1-3)式可得

$$Z = \boldsymbol{c}_B^{\mathrm{T}} B^{-1}\boldsymbol{b} + (\boldsymbol{c}_N^{\mathrm{T}} - \boldsymbol{c}_B^{\mathrm{T}} B^{-1} N)\boldsymbol{x}_N.$$

定理 7 对可行基 B,若 $\boldsymbol{x}_B = B^{-1}\boldsymbol{b} \geqslant 0$,$\boldsymbol{x}_N = 0$ 且 $\boldsymbol{c}_B^{\mathrm{T}} B^{-1} A - \boldsymbol{c}^{\mathrm{T}} \leqslant 0$,则对应于基 B 的基本可行解 $\boldsymbol{x} = (\boldsymbol{x}_B^{\mathrm{T}}, \boldsymbol{x}_N^{\mathrm{T}})^{\mathrm{T}}$ 便是最优解,且为基本最优解,这时的基 B 称为最优基,而 $\boldsymbol{c}_B^{\mathrm{T}} B^{-1} A - \boldsymbol{c}^{\mathrm{T}}$ 称为基 B 的检验数,记 $\boldsymbol{c}_B^{\mathrm{T}} B^{-1} A - \boldsymbol{c}^{\mathrm{T}} = (b_{01}, b_{02}, \cdots, b_{0s}, \cdots, b_{0n})$.

若所有的检验数 $b_{0j} \leqslant 0 (j=1,2,\cdots,n)$,则得最优解,求解终止;若某些检验数为正数,则不能判定初始基本可行解是否为最优解,这时就需要找出具有较佳目标函数值的另一基本可行解,这一步骤称为**换基迭代**.

3. 换基迭代

设约束方程组已化为(25.1-4)式的典范型方程组. 取 $x_1, x_2, \cdots, x_m$ 为基变量,$x_{m+1}, x_{m+2}, \cdots, x_s, \cdots, x_n$ 为非基变量. 若初始基本可行解 $\boldsymbol{x}^0$ 不是最优解,即检验数 $b_{0j} (j=1,2,\cdots,n)$ 中出现正数,则需进行换基迭代. 为使换基迭代简便清晰,把基变量、非基变量、检验数、基矩阵等列表如表 25.1-1.

表中:$\boldsymbol{x}_B$ 列是基变量 $x_1, x_2, \cdots, x_r, \cdots, x_m$;

$z = b_{00} = \boldsymbol{c}_B^{\mathrm{T}} B^{-1}\boldsymbol{b}$ 是对应于基 B 的基本解的目标函数值;

$b_i^0 (i=1,2,\cdots,m)$ 是对应于基 B 的基本解中基变量的值;

$b_{0j} (j=1,2,\cdots,n)$ 是对应于基 B 的检验数;

$b_{ij} (i=1,2,\cdots,m; j=m+1,m+2,\cdots,n)$ 是典范型约束方程组中用非基变量表示基变量后 x_j 的系数.

表 25.1-1 称为对应于基 B 的**初始单纯形表**.

表 25.1-1

		x_1	x_2	$\cdots$	x_r	$\cdots$	x_m	x_{m+1}	x_{m+2}	$\cdots$	x_s	$\cdots$	x_n
$\boldsymbol{x}_B$	$z=b_{00}$	b_{01}	b_{02}	$\cdots$	b_{0r}	$\cdots$	b_{0m}	$b_{0,m+1}$	$b_{0,m+2}$	$\cdots$	b_{0s}	$\cdots$	b_{0n}
x_1	b_1^0	1	0	$\cdots$	0	$\cdots$	0	$b_{1,m+1}$	$b_{1,m+2}$	$\cdots$	b_{1s}	$\cdots$	b_{1n}
x_2	b_2^0	0	1	$\cdots$	0	$\cdots$	0	$b_{2,m+1}$	$b_{2,m+2}$	$\cdots$	b_{2s}	$\cdots$	b_{2n}
$\vdots$	$\vdots$	$\vdots$	$\cdots$	$\cdots$	$\cdots$	$\cdots$	$\vdots$	$\vdots$	$\cdots$	$\cdots$	$\cdots$	$\cdots$	$\vdots$
x_r	b_r^0	0	0	$\cdots$	1	$\cdots$	1	$b_{r,m+1}$	$b_{r,m+2}$	$\cdots$	b_{rs}	$\cdots$	b_{rn}
$\vdots$	$\vdots$	$\vdots$	$\cdots$	$\cdots$	$\cdots$	$\cdots$	$\vdots$	$\vdots$	$\cdots$	$\cdots$	$\cdots$	$\cdots$	$\vdots$
x_m	b_m^0	0	0	$\cdots$	0	$\cdots$	1	$b_{m,m+1}$	$b_{m,m+2}$	$\cdots$	b_{ms}	$\cdots$	b_{mn}

定理 8 如果检验数 $b_{0j}(j=1,2,\cdots,n)$ 中,有些为正数,但其中某正数,比如 $b_{0t}>0$ 所对应的列向量的所有分量都非正数:$B^{-1}\boldsymbol{P}_t=(b_{1t},b_{2t},\cdots,b_{mt})^{\mathrm{T}}\leqslant 0$,则该线性规划问题没有有限的最优解(也称无解).

事实上,因 $B^{-1}\boldsymbol{P}_t\leqslant 0$ 而有极方向 $d=\begin{bmatrix}-B^{-1}\boldsymbol{P}_t\\ e_t\end{bmatrix}$,且恰有

$$\mathbf{c}^{\mathrm{T}}d=c_t-\mathbf{c}_B^{\mathrm{T}}B^{-1}\boldsymbol{P}_t=-b_{0t}<0.$$

这同定理 6 的结论相一致.

若检验数 $b_{0j}(j=1,2,\cdots,n)$ 中,有些为正数,且这些正数所对应的列向量中都有正分量,则需进行换基迭代,迭代后一般还能改善目标函数的值.

以初始单纯形表 25.1-1 为起点换基迭代的步骤为:

(1) 求轴心项.

在所有 $b_{0j}>0$ 的检验数中,选最左边的一个,设为 b_{0s},其对应的非基变量为 x_s,x_s 对应的列向量为 $B^{-1}\boldsymbol{P}_s=(b_{1s},b_{2s},\cdots,b_{rs},\cdots,b_{ms})^{\mathrm{T}}$.

用 $B^{-1}\boldsymbol{P}_s$ 的正的各分量 b_{is},分别去除 b_i^0,取 $\dfrac{b_i^0}{b_{is}}$ 中最小者(若同时有几个最小者,则取其中对应的基变量的下标最小者),设为 $\dfrac{b_r^0}{b_{rs}}$,即

$$\min_i\left(\frac{b_i^0}{b_{is}}\,\middle|\,b_{is}>0\right)=\frac{b_r^0}{b_{rs}}$$

称 b_{rs} 为**轴心项**,并将 b_{rs} 记为 $\boxed{b_{rs}}$.

(2) 进基、出基.

确定 b_{rs} 为轴心项后,把 b_{rs} 所在列对应的非基变量 x_s 换为基变量,称为“进基”,x_s 对应的列向量为 $B^{-1}\boldsymbol{P}_s=(b_{1s},b_{2s},\cdots,b_{rs},\cdots,b_{ms})^{\mathrm{T}}$;$b_{rs}$ 所在行对应的基变量 x_r 换出为非基变量,称为“出基”,而 x_r 所对应的列向量为 $B^{-1}\boldsymbol{P}_r=(0,0,\cdots,1,\cdots,0)^{\mathrm{T}}$,于是得一新的基矩阵,记为 B_1,即

$$B_1 = (\boldsymbol{P}_1, \boldsymbol{P}_2, \cdots, \boldsymbol{P}_s, \cdots, \boldsymbol{P}_m).$$

(3) 作新基 B_1 的单纯形表.

对初始单纯形表中的数值所构成的矩阵,进行初等行变换,将列向量 $\boldsymbol{P}_s$ 化为第 r 行的分量为 1、其余各行的分量为 0 的单位向量,由此得新基 B_1 的单纯形表25.1-2.

表 25.1-2

		x_1	x_2	$\cdots$	x_r	$\cdots$	x_m	x_{m+1}	x_{m+2}	$\cdots$	x_s	$\cdots$	x_n
$\boldsymbol{x}_{B_1}$	d_{00}	d_{01}	d_{02}	$\cdots$	d_{0r}	$\cdots$	d_{0m}	$d_{0,m+1}$	$d_{0,m+2}$	$\cdots$	d_{0s}	$\cdots$	d_{0n}
x_1	d_1^0	1	0	$\cdots$	d_{1r}	$\cdots$	0	$d_{1,m+1}$	$d_{1,m+2}$	$\cdots$	0	$\cdots$	d_{1n}
x_2	d_2^0	0	1	$\cdots$	d_{2r}	$\cdots$	0	$d_{2,m+1}$	$d_{2,m+2}$	$\cdots$	0	$\cdots$	d_{2n}
$\vdots$	$\vdots$	$\vdots$	$\cdots$	$\cdots$	$\cdots$	$\cdots$	$\vdots$	$\vdots$	$\cdots$	$\cdots$	$\cdots$	$\cdots$	$\vdots$
x_r	d_r^0	0	0	$\cdots$	d_{rr}	$\cdots$	0	$d_{r,m+1}$	$d_{r,m+2}$	$\cdots$	1	$\cdots$	d_{rn}
$\vdots$	$\vdots$	$\vdots$	$\cdots$	$\cdots$	$\cdots$	$\cdots$	$\vdots$	$\vdots$	$\cdots$	$\cdots$	$\cdots$	$\cdots$	$\vdots$
x_m	d_m^0	0	0	$\cdots$	d_{mr}	$\cdots$	1	$d_{m,m+1}$	$d_{m,m+2}$	$\cdots$	0	$\cdots$	d_{mn}

表中:$\boldsymbol{x}_{B_1}$ 列是基变量 $x_1, x_2, \cdots, x_s, \cdots, x_m$;

d_{00} 是对应于基 B_1 的基本解的目标函数值;

$d_i^0 (i=1,2,\cdots,m)$ 是对应于基 B_1 的基本解中基变量的值;

$d_{0j} (j=1,2,\cdots,n)$ 是对应于基 B_1 的检验数.

(4) 重复步骤(2),(3),经过有限次迭代后,必能得到最优解,或判定无最优解.

例 3 求 $\max z = 2x_1 + 3x_2$,满足

$$\begin{cases} 2x_1 + 2x_2 \leqslant 12, \\ x_1 + 2x_2 \leqslant 8, \\ 4x_1 \qquad \leqslant 16, \\ \qquad 4x_2 \leqslant 12, \\ x_1, x_2 \geqslant 0. \end{cases}$$

解 (1) 先化为标准型线性规划问题,从而确定基本初始可行解.

$$\min(-z) = -2x_1 - 3x_2.$$

$$\text{约束条件} \begin{cases} 2x_1 + 2x_2 + x_3 = 12, \\ x_1 + 2x_2 + x_4 = 8, \\ 4x_1 + \ x_5 \qquad = 16, \\ \qquad 4x_2 + x_6 = 12, \\ x_i \geqslant 0 \quad (i = 1,2,3,4,5,6). \end{cases}$$

取 x_3, x_4, x_5, x_6 为基变量,它们的系数列向量构成一个基矩阵

$$B=(\boldsymbol{P}_3,\boldsymbol{P}_4,\boldsymbol{P}_5,\boldsymbol{P}_6)=\begin{pmatrix}1&0&0&0\\0&1&0&0\\0&0&1&0\\0&0&0&1\end{pmatrix}.$$

(2) 作对应于基 B 的单纯形表.

$\boldsymbol{c}^{\mathrm{T}}=(-2,-3,0,0,0,0)$，$\boldsymbol{c}_B^{\mathrm{T}}=(0,0,0,0)$，$\boldsymbol{c}_N^{\mathrm{T}}=(-2,-3)$，

$\boldsymbol{b}=(12,8,16,12)^{\mathrm{T}}$，$\boldsymbol{z}=\boldsymbol{c}_B^{\mathrm{T}}B^{-1}\boldsymbol{b}=0$，

$\boldsymbol{x}_B=\boldsymbol{B}^{-1}\boldsymbol{b}=(12,8,16,12)^{\mathrm{T}}$，

$\boldsymbol{c}_b^{\mathrm{T}}\boldsymbol{B}^{-1}A-\boldsymbol{c}^{\mathrm{T}}=(2,3,0,0,0,0)$，

由此得初始单纯形表：

		x_1	x_2	x_3	x_4	x_5	x_6
$\boldsymbol{x_B}$	0	2	3	0	0	0	0
x_3	12	2	2	1	0	0	0
x_4	8	1	2	0	1	0	0
x_5	16	$\boxed{4}$	0	0	0	1	0
x_6	12	0	4	0	0	0	1

因 $b_{01}=2>0$，$b_{02}=3>0$，且 $\boldsymbol{P}_1=(2,1,4,0)^{\mathrm{T}}$，$\boldsymbol{P}_2=(2,2,0,4)^{\mathrm{T}}$ 都有正分量，需换基迭代.

(3) 换基迭代.

因 $\min\left(\frac{12}{2},\frac{8}{1},\frac{16}{4}\right)=4$，将 x_1 换入为基变量，x_5 换出为非基变量. 于是基变量 x_3,x_4,x_1,x_6 的系数列向量构成一个新的基 $B_1=(\boldsymbol{P}_3,\boldsymbol{P}_4,\boldsymbol{P}_1,\boldsymbol{P}_6)$. 换基迭代得基 B_1 的单纯形表：

		x_1	x_2	x_3	x_4	x_5	x_6
$\boldsymbol{x}_{\boldsymbol{B}_1}$	-8	0	3	0	0	$-\frac{1}{2}$	0
x_3	4	0	$\boxed{2}$	1	0	$-\frac{1}{2}$	0
x_4	4	0	2	0	1	$-\frac{1}{4}$	0
x_1	4	1	0	0	0	$\frac{1}{4}$	0
x_6	12	0	4	0	0	0	1

用同样的方法继续迭代得：

		x_1	x_2	x_3	x_4	x_5	x_6
$\boldsymbol{x}_{\boldsymbol{B}_2}$	-14	0	0	$-\frac{3}{2}$	0	$\frac{1}{4}$	0
x_2	2	0	1	$\frac{1}{2}$	0	$-\frac{1}{4}$	0
x_4	0	0	0	-1	1	$\boxed{\frac{1}{4}}$	0
x_1	4	1	0	0	0	$\frac{1}{4}$	0
x_6	4	0	0	-2	0	1	1

及下一步的

		x_1	x_2	x_3	x_4	x_5	x_6
$\boldsymbol{x}_{\boldsymbol{B}_3}$	-14	0	0	$-\frac{1}{2}$	-1	0	0
x_2	2	0	1	$-\frac{1}{2}$	1	0	0
x_5	0	0	0	-4	4	1	0
x_1	4	1	0	1	-1	0	0
x_6	4	0	0	2	-4	0	1

这最后的一张表中，所有的检验数皆非正数，因而求解已经完成. 从该表可读出标准型问题的最优解为

$$x_1 = 4,\ x_2 = 2,\ x_3 = x_4 = x_5 = 0,\ x_6 = 4,$$

而相应的目标函数值为-14. 回到原问题，有最优解

$$x_1 = 4,\ x_2 = 2 \quad 以及 \quad \max z = 14.$$

松弛变量的值表明前 3 个约束在最优解处以等式成立，第 4 个约束不等式左端的值较右端为小，差为 4. 若对此例题赋以如背景问题举例中的经济学意义，则得知实施最优生产方案(4,2)，得最大效益为 14，前 3 种资源耗用完，第 4 种资源剩余 4 单位.

25.1.6 求初始基本可行解的人工变量法

1. 大 M 法

给定线性规划问题：

$$\begin{cases}\min z = c_1x_1 + c_2x_2 + \cdots + c_nx_n, \\ a_{11}x_1 + a_{12}x_2 + \cdots + a_{1n}x_n = b_1, \\ a_{21}x_1 + a_{22}x_2 + \cdots + a_{2n}x_n = b_2, \\ \qquad\cdots\cdots \\ a_{m1}x_1 + a_{m2}x_2 + \cdots + a_{mn}x_n = b_m, \\ x_1 \geqslant 0,\ x_2 \geqslant 0,\ \cdots,\ x_n \geqslant 0, \\ b_1 \geqslant 0,\ b_2 \geqslant 0,\ \cdots,\ b_m \geqslant 0.\end{cases} \tag{25.1-5}$$

若上述问题的初始基本可行解不易求出，则考虑如下形式的问题：

$$\begin{aligned}&\min z = c_1x_1 + c_2x_2 + \cdots + c_nx_n + M(y_1 + y_2 + \cdots + y_m),\\ &a_{11}x_1 + a_{12}x_2 + \cdots + a_{1n}x_n + y_1 = b_1,\\ &a_{21}x_1 + a_{22}x_2 + \cdots + a_{2n}x_n \quad + y_2 = b_2,\\ &\qquad\cdots\cdots\\ &a_{m1}x_1 + a_{m2}x_2 + \cdots + a_{mn}x_n \quad + y_m = b_m,\\ &x_1 \geqslant 0, x_2 \geqslant 0, \cdots, x_n \geqslant 0; y_1 \geqslant 0, y_2 \geqslant 0, \cdots, y_m \geqslant 0,\end{aligned} \tag{25.1-6}$$

其中新变量 $y_1, y_2, \cdots, y_m$ 称为**人工变量**. $M>0$ 是一个足够大的数.

定理 9 (1) 若问题(25.1-5)有最优解，则存在 $\overline{M}>0$，使得当 $M \geqslant \overline{M}$ 时，对其任意基本最优解 $\bar{\boldsymbol{x}}$，只要令 $\bar{\boldsymbol{y}}=(y_1, y_2, \cdots, y_m)^{\mathrm{T}}=0$，即得 $(\bar{\boldsymbol{x}}^{\mathrm{T}}, \bar{\boldsymbol{y}}^{\mathrm{T}})^{\mathrm{T}}$ 为问题(25.1-6)的基本最优解.

(2) 若对某个 $\overline{M}>0$，$(\bar{\boldsymbol{x}}^{\mathrm{T}}, \bar{\boldsymbol{y}}^{\mathrm{T}})^{\mathrm{T}}$ 为问题(25.1-6)的基本最优解，其中 $\bar{\boldsymbol{y}}=0$，则 $\bar{\boldsymbol{x}}$ 即为问题(25.1-5)的基本最优解.

由于规划问题(25.1-6)已给出了一个初始基本可行解 $(0, 0, \cdots, 0; b_1, b_2, \cdots, b_m)^{\mathrm{T}}$，因此可按 25.1.5 中的单纯形法进行迭代. 如果迭代结果为得到了问题(25.1-6)的最优解，比如为 $(\bar{\boldsymbol{x}}^{\mathrm{T}}\bar{\boldsymbol{y}}^{\mathrm{T}})^{\mathrm{T}}$，则若 $\bar{\boldsymbol{y}}=0$，问题(25.1-5)有最优解 $\bar{\boldsymbol{x}}$；若 $\bar{\boldsymbol{y}}\neq 0$，问题(25.1-5)无可行解. 如果迭代结果为问题(25.1-6)无有限的最优解，设迭代过程是在点 $(\boldsymbol{x}_k^{\mathrm{T}}\boldsymbol{y}_k^{\mathrm{T}})^{\mathrm{T}}$ 得此结论，则若 $\boldsymbol{y}_k=0$，问题(25.1-5)无有限的最优解；若 $\boldsymbol{y}_k\neq 0$，问题(25.1-5)无可行解.

另外，若问题(25.1-5)的系数矩阵 A 中已有 k 个单位列向量，则只需引入 $m-k$ 个人工变量.

例 4 解下列线性规划问题

$$\max z = 3x_1 + 2x_2 + x_3 - x_4.$$

$$\begin{cases}3x_1 + 2x_2 + x_3 = 15, \\ 5x_1 + x_2 + 2x_3 = 20, \\ x_1 + 2x_2 + x_3 + x_4 = 10, \\ x_i \geqslant 0 \quad (i = 1,2,3,4).\end{cases} \tag{25.1-7}$$

解 把目标函数极小化：

$$\min z' = \min(-z) = -3x_1 - 2x_2 - x_3 + x_4.$$

$$A = \begin{pmatrix} 3 & 2 & 1 & 0 \\ 5 & 1 & 2 & 0 \\ 1 & 2 & 1 & 1 \end{pmatrix} = (\boldsymbol{P}_1, \boldsymbol{P}_2, \boldsymbol{P}_3, \boldsymbol{P}_4).$$

$\boldsymbol{P}_4=(0,0,1)^{\mathrm{T}}$ 是单位列向量，只需引入两个人工变量 y_1, y_2. 考虑问题

$$\min z'' = -3x_1 - 2x_2 - x_3 + x_4 + M(y_1 + y_2).$$

$$\begin{cases} 3x_1 + 2x_2 + x_3 + y_1 = 15, \\ 5x_1 + x_2 + 2x_3 + y_2 = 20, \\ x_1 + 2x_2 + x_3 + x_4 = 10. \\ x_i \geqslant 0, i = 1, 2, 3, 4;\ y_1 \geqslant 0,\ y_2 \geqslant 0. \end{cases} \tag{25.1-8}$$

问题(25.1-8)有一个初始基本可行解

$$(0, 0, 0, 10, 15, 20)^{\mathrm{T}},$$

以 x_4, y_1, y_2 为基变量，对应的基为

$$B = \begin{pmatrix} 0 & 1 & 0 \\ 0 & 0 & 1 \\ 1 & 0 & 0 \end{pmatrix}, \quad B^{-1} = \begin{pmatrix} 0 & 0 & 1 \\ 1 & 0 & 0 \\ 0 & 1 & 0 \end{pmatrix}.$$

作对应于基 B 的单纯形表

$\boldsymbol{c}^{\mathrm{T}}=(-3,-2,-1,1,M,M)$，$\boldsymbol{c}_B^{\mathrm{T}}=(1,M,M)$.

$\boldsymbol{b}=(15,20,10)^{\mathrm{T}}$，

$Z''=\boldsymbol{c}_B^{\mathrm{T}}B^{-1}\boldsymbol{b}=35M+10$.

$\boldsymbol{x}_B=B^{-1}\boldsymbol{b}=(10,15,20)^{\mathrm{T}}$.

$\boldsymbol{c}_B^{\mathrm{T}}B^{-1}A-\boldsymbol{c}^{\mathrm{T}}=(8M+4,,3M+4,3M+2,0,0,0)$.

		x_1	x_2	x_3	x_4	y_1	y_2
$\boldsymbol{x}_B$	$35M+10$	$8M+4$	$3M+4$	$3M+2$	0	0	0
y_1	15	3	2	1	0	1	0
y_2	20	[5]	1	2	0	0	1
x_4	10	1	2	1	1	0	0

由于 M 是足够大的正数，所以如果检验数中含有 M，则检验数的符号将由其中 M 的系数符号所决定. 基 B 的单纯形表中，非基变量的检验数皆为正，需换基迭代. 根据换基迭代的方法，x_1 换为基变量，y_2 换为非基变量，得新基 B_1 的单纯形表：

		x_1	x_2	x_3	x_4	y_1	y_2
$\boldsymbol{x}_{\boldsymbol{B}_1}$	$3M-6$	0	$\frac{7M+16}{5}$	$\frac{-M+2}{5}$	0	0	$-\frac{8M+4}{5}$
y_1	3	0	$\boxed{\frac{7}{5}}$	$-\frac{1}{5}$	0	1	$-\frac{3}{5}$
x_1	4	1	$\frac{1}{5}$	$\frac{2}{5}$	0	0	$\frac{1}{5}$
x_4	6	0	$\frac{9}{5}$	$\frac{3}{5}$	1	0	$-\frac{1}{5}$

将 x_2 换为基变量，y_1 换为非基变量，得新基 B_2 的单纯形表：

		x_1	x_2	x_3	x_4	y_1	y_2
$\boldsymbol{x}_{\boldsymbol{B}_2}$	$-\frac{90}{7}$	0	0	$\frac{6}{7}$	0	$-M-\frac{16}{7}$	$-M+\frac{4}{7}$
x_2	$\frac{15}{7}$	0	1	$-\frac{1}{7}$	0	$\frac{5}{7}$	$-\frac{3}{7}$
x_1	$\frac{25}{7}$	1	0	$\frac{3}{7}$	0	$-\frac{1}{7}$	$\frac{2}{7}$
x_4	$\frac{15}{7}$	0	0	$\boxed{\frac{6}{7}}$	1	$-\frac{9}{7}$	$\frac{4}{7}$

将 x_3 换入、x_4 换出，得新基 B_3 的单纯形表：

		x_1	x_2	x_3	x_4	y_1	y_2
$\boldsymbol{x}_{\boldsymbol{B}_3}$	-15	0	0	0	-1	$-M-1$	$-M$
x_2	$\frac{5}{2}$	0	1	0	$\frac{1}{6}$	$\frac{1}{2}$	$-\frac{1}{3}$
x_1	$\frac{5}{2}$	1	0	0	$-\frac{1}{2}$	$\frac{1}{2}$	0
x_3	$\frac{5}{2}$	0	0	1	$\frac{7}{6}$	$-\frac{3}{2}$	$\frac{2}{3}$

由于最后一个表中所有检验数都非正，所以得问题(25.1-8)的最优解为

$$x_1 = \frac{5}{2},\ x_2 = \frac{5}{2},\ x_3 = \frac{5}{2},\ x_4 = y_1 = y_2 = 0$$

及最优值为-15. 于是原问题(25.1-7)的最优解为

$$x_1 = \frac{5}{2},\ x_2 = \frac{5}{2},\ x_3 = \frac{5}{2},\ x_4 = 0.$$

目标函数的值为 $\max z=15$.

上述方法称为**大 M 法**,又称为**人造基法**.

2. 两阶段法

若问题(25.1-5)没有明显的初始基本可行解,则考虑如下形式的问题:

$$\min z' = y_1 + y_2 + \cdots + y_m.$$

$$\begin{cases} a_{11}x_1 + a_{12}x_2 + \cdots + a_{1n}x_n + y_1 = b_1, \\ a_{21}x_1 + a_{22}x_2 + \cdots + a_{2n}x_n + y_2 = b_2, \\ \cdots \\ a_{m1}x_1 + a_{m2}x_2 + \cdots + a_{mn}x_n + y_m = b_m, \\ x_i \geqslant 0,(i=1,2,\cdots,n);\ y_j \geqslant 0 \quad (j=1,2,\cdots,m). \end{cases} \tag{25.1-9}$$

首先,用单纯形法求解问题(25.1-9).如果求得$(\boldsymbol{x}^0,\boldsymbol{y}^0)^{\mathrm{T}}$为问题(25.1-9)的基本最优解且$\boldsymbol{y}^0=0$,则$\boldsymbol{x}^0$为问题(25.1-5)的基本可行解;然后,由$\boldsymbol{x}^0$出发,利用单纯形法求解问题(25.1-5).这种方法称为**两阶段单纯形法**.求解问题(25.1-9)的过程称为第一阶段.当在第一阶段求出了基本最优解,且$y_j=0(j=1,2,\cdots,m)$时,再进行第二阶段,此时将在第一阶段所得基本最优解中的人工变量都删掉,作为问题(25.1-5)的基本可行解,由此用单纯形法进行迭代.如果问题(25.1-9)的基本最优解$(\boldsymbol{x}^0,\boldsymbol{y}^0)^{\mathrm{T}}$中$\boldsymbol{y}^0\neq\boldsymbol{0}$,则问题(25.1-5)无最优解.

例 5 用两阶段单纯形法解例 4.

解 先将问题化为

$$\min z' = -3x_1 - 2x_2 - x_3 + x_4.$$

$$\begin{cases} 3x_1 + 2x_2 + x_3 = 15, \\ 5x_1 + x_2 + 2x_3 = 20, \\ x_1 + 2x_2 + x_3 + x_4 = 10. \\ x_i \geqslant 0 \quad (i=1,2,3,4). \end{cases} \tag{25.1-10}$$

引入人工变量 y_1,y_2,先进行第一阶段.

$$\min z'' = y_1 + y_2.$$

$$\begin{cases} 3x_1 + 2x_2 + x_3 + y_1 = 15, \\ 5x_1 + x_2 + 2x_3 + y_2 = 20, \\ x_1 + 2x_2 + x_3 + x_4 = 10. \\ x_i \geqslant 0 \quad (i=1,2,3,4);\ y_i \geqslant 0 \quad (j=1,2). \end{cases} \tag{25.1-11}$$

问题(25.1-11)的基矩阵为

$$B = \begin{pmatrix} 0 & 1 & 0 \\ 0 & 0 & 1 \\ 1 & 0 & 0 \end{pmatrix}.$$

用单纯形法求解问题(25.1-11)：

		x_1	x_2	x_3	x_4	y_1	y_2
$\boldsymbol{x_B}$	35	8	3	3	0	0	0
y_1	15	3	2	1	0	1	0
y_2	20	$\boxed{5}$	1	2	0	0	1
x_4	10	1	2	1	1	0	0
$\boldsymbol{x_{B_1}}$	3	0	$\frac{7}{5}$	$-\frac{1}{5}$	0	0	$-\frac{8}{5}$
y_1	3	0	$\boxed{\frac{7}{5}}$	$-\frac{1}{5}$	0	1	$-\frac{3}{5}$
x_1	4	1	$\frac{1}{5}$	$\frac{2}{5}$	0	0	$\frac{1}{5}$
x_4	6	0	$\frac{9}{5}$	$\frac{3}{5}$	1	0	$-\frac{1}{5}$
$\boldsymbol{x_{B_2}}$	0	0	0	0	0	-1	-1
x_2	$\frac{15}{7}$	0	1	$-\frac{1}{7}$	0	$\frac{5}{7}$	$-\frac{3}{7}$
x_1	$\frac{25}{7}$	1	0	$\frac{3}{7}$	0	$-\frac{1}{7}$	$\frac{2}{7}$
x_4	$\frac{15}{7}$	0	0	$\frac{6}{7}$	1	$-\frac{9}{7}$	$\frac{4}{7}$

得最优解 $\left(\frac{25}{7},\frac{15}{7},0,\frac{15}{7},0,0\right)^{\mathrm{T}}$，其中人工变量全为零.

再进行第二阶段.将人工变量 y_1,y_2 去掉，由上述最后一表中，x_1,x_2,x_3,x_4 所在列的数值作为约束方程组的系数矩阵.于是，该问题化为求解(25.1-12).

$$\min z'=-3x_1-2x_2-x_3+x_4.$$

$$\begin{cases} x_2-\frac{1}{7}x_3=\frac{15}{7}, \\ x_1+\frac{3}{7}x_3=\frac{25}{7}, \\ \frac{6}{7}x_3+x_4=\frac{15}{7}. \\ x_i\geqslant 0(i=1,2,3,4). \end{cases} \tag{25.1-12}$$

问题(25.1-12)有明显的初始基本可行解：

$$x_1=\frac{25}{7},\ x_2=\frac{15}{7},\ x_3=0,\ x_4=\frac{15}{7}.$$

用单纯形表格进行迭代：

		x_1	x_2	x_3	x_4
$\boldsymbol{x_B}$	$-\frac{90}{7}$	0	0	$\frac{6}{7}$	0
x_2	$\frac{15}{7}$	0	1	$-\frac{1}{7}$	0
x_1	$\frac{25}{7}$	1	0	$\frac{3}{7}$	0
x_4	$\frac{15}{7}$	0	0	$\boxed{\frac{6}{7}}$	1
$\boldsymbol{x_{B_1}}$	-15	0	0	0	-1
x_2	$\frac{5}{2}$	0	1	0	$\frac{1}{6}$
x_1	$\frac{5}{2}$	1	0	0	$-\frac{1}{2}$
x_3	$\frac{5}{2}$	0	0	1	$\frac{7}{6}$

上述最后一表中的检验数全非正.因而得原问题的最优解为

$$x_1 = \frac{5}{2},\ x_2 = \frac{5}{2},\ x_3 = \frac{5}{2},\ x_4 = 0.$$

25.1.7 线性规划的对偶理论

1. 线性规划的对偶问题

定义 8 对于标准型线性规划问题(25.1-2),即

$$\min z = \boldsymbol{c}^{\mathrm{T}} x.$$

$$\begin{cases} A\boldsymbol{x} = \boldsymbol{b}, \\ \boldsymbol{x} \geqslant 0 \end{cases} \tag{25.1-12$'$}$$

将由同样的参数 $A,\boldsymbol{b},\boldsymbol{c}$ 所构成的另一个线性规划问题

$$\max w = \boldsymbol{b}^{\mathrm{T}} \boldsymbol{y}.$$

$$A^{\mathrm{T}} \boldsymbol{y} \leqslant \boldsymbol{c} \tag{25.1-13}$$

称为它的**对偶问题**.与此称谓相对应,称(25.1-2)为**原问题**.

对任意一个具体的线性规划问题,通过化为标准型和使用定义 8,都可以构造出它的对偶问题.比如,若将(25.1-13)作为原问题,先令 $\boldsymbol{r}=\boldsymbol{c}-A^{\mathrm{T}}\boldsymbol{y}$, $\boldsymbol{y}=\boldsymbol{s}-\boldsymbol{t}$, $\boldsymbol{s}\geqslant 0$, $\boldsymbol{t}\geqslant 0$ 而化为标准型

$$\min -w = -\boldsymbol{b}^{\mathrm{T}}\boldsymbol{s} + \boldsymbol{b}^{\mathrm{T}}\boldsymbol{t} + o^{\mathrm{T}}\boldsymbol{r}.$$

$$\begin{cases} A^{\mathrm{T}}\boldsymbol{s} - A^{\mathrm{T}}\boldsymbol{t} + \boldsymbol{r} = \boldsymbol{c}, \\ \boldsymbol{s},\boldsymbol{t},\boldsymbol{r} \geqslant 0. \end{cases}$$

再按照定义 8 求其对偶问题，得到

$$\max -z = \boldsymbol{c}^{\mathrm{T}}\boldsymbol{u}.$$

$$\begin{cases} A\boldsymbol{u} \leqslant -\boldsymbol{b}, \\ -A\boldsymbol{u} \leqslant \boldsymbol{b}, \\ \boldsymbol{u} \leqslant 0. \end{cases} \tag{25.1-14}$$

注意 $A\boldsymbol{u} \leqslant -\boldsymbol{b}$ 且 $A\boldsymbol{u} \geqslant -\boldsymbol{b}$ 等价于 $A\boldsymbol{u} = -\boldsymbol{b}$，令 $\boldsymbol{x} = -\boldsymbol{u}$ 代入(25.1-14)，即得(25.1-13)的对偶问题为

$$\min z = \boldsymbol{c}^{\mathrm{T}}\boldsymbol{x}.$$

$$\begin{cases} A\boldsymbol{x} = \boldsymbol{b}, \\ \boldsymbol{x} \geqslant 0, \end{cases}$$

即回到了问题(25.1-2).

按照定义 8 所规定的对偶关系，所有的线性规划问题被两两配对. 这种关系可以公式化为表 25.1-3. 利用此表可以很容易地写出任意线性规划问题的对偶问题，如下例.

例 6 试求下述线性规划问题的对偶问题

$$\min z = 2x_1 + 3x_2 - 5x_3 + x_4.$$

$$\begin{cases} x_1 + x_2 - 3x_3 + x_4 \geqslant 5, \\ 2x_1 \qquad + 2x_3 - x_4 \leqslant 4, \\ \qquad x_2 + x_3 + x_4 = 6. \\ x_1 \leqslant 0, x_2 \geqslant 0, x_3 \geqslant 0. \end{cases}$$

解 利用表 25.1-3，可直接写出对偶问题为

$$\max w = 5y_1 + 4y_2 + 6y_3.$$

$$\begin{cases} y_1 + 2y_2 \qquad \geqslant 2, \\ y_1 \qquad + y_3 \leqslant 3, \\ -3y_1 + 2y_2 + y_3 \leqslant -5, \\ y_1 - y_2 \ + y_3 = 1. \\ y_1 \geqslant 0,\ y_2 \leqslant 0. \end{cases}$$

表 25.1-3

原问题(对偶问题)	对偶问题(原问题)
目标函数 $\min z$	目标函数 $\max w$
变量:n 个 $\geqslant 0$ $\leqslant 0$ 无非负、非正限制	结束条件:n 个 $\leqslant$ $\geqslant$ $=$
约束条件:m 个 $\geqslant$ $\leqslant$ $=$	变量:m 个 $\geqslant 0$ $\leqslant 0$ 无非负、非正限制
目标函数中的系数	约束条件右端项
约束条件右端项	目标函数中的系数
系数矩阵互为转置	

2. 对偶问题的基本性质

定理 10 原问题是对偶问题的对偶问题.

定理 11(弱对偶定理) 设原问题和对偶问题的目标函数分别为 $\min z=\boldsymbol{c}^{\mathrm{T}}\boldsymbol{x}$ 和 $\max w=\boldsymbol{b}^{\mathrm{T}}\boldsymbol{y}$. 若 $\boldsymbol{x}$ 是原问题的可行解,$\boldsymbol{y}$ 是对偶问题的可行解,则恒有 $\boldsymbol{c}^{\mathrm{T}}\boldsymbol{x}\geqslant\boldsymbol{b}^{\mathrm{T}}\boldsymbol{y}$.

推论 如果原问题和对偶问题分别有可行解 $\bar{\boldsymbol{x}}$ 和 $\bar{\boldsymbol{y}}$,满足 $\boldsymbol{c}^{\mathrm{T}}\bar{\boldsymbol{x}}=\boldsymbol{b}^{\mathrm{T}}\bar{\boldsymbol{y}}$,则 $\bar{\boldsymbol{x}}$ 是原问题的最优解,$\bar{\boldsymbol{y}}$ 是对偶问题的最优解.

定理 12(对偶定理) 若原始规划问题与对偶规划问题之一有最优解,则另一个也有最优解,且它们的目标函数的最优值相等.

定理 13(松紧定理) 对于原问题(5.1-2)和对偶问题(5.1-13),如果 $\bar{\boldsymbol{x}}$ 和 $\bar{\boldsymbol{y}}$ 分别是它们的可行解,则 $\bar{\boldsymbol{x}}$ 和 $\bar{\boldsymbol{y}}$ 是最优解的必要充分条件是

$$(\boldsymbol{c}-A^{\mathrm{T}}\bar{\boldsymbol{y}})^{\mathrm{T}}\bar{\boldsymbol{x}}=0. \tag{25.1-15}$$

设 $A=[P_1,P_2,\cdots,P_n]$,则(25.1-15)式为

$$\sum_{j=1}^{n}(c_j-P_j^{\mathrm{T}}\bar{\boldsymbol{y}})\bar{x}_j=0.$$

因为 $\bar{\boldsymbol{x}}\geqslant 0$,$\boldsymbol{c}-A^{\mathrm{T}}\bar{\boldsymbol{y}}\geqslant 0$,所以对任意 j 有 $(c_j-P_j^{\mathrm{T}}\bar{\boldsymbol{y}})\bar{x}_j\geqslant 0$. 因而(25.1-15)式蕴涵

$$(c_j-P_j^{\mathrm{T}}\bar{\boldsymbol{y}})\bar{x}_j=0,\quad j=1,2,\cdots,n.$$

若 $\bar{\boldsymbol{x}}$ 是基本最优解,有最优基 B,且 $\bar{\boldsymbol{x}}_B=B^{-1}b>0$,则有 $\boldsymbol{c}_B-B^{\mathrm{T}}\bar{\boldsymbol{y}}=0$ 由此得

$$\bar{\boldsymbol{y}}^{\mathrm{T}}=\boldsymbol{c}_B^{\mathrm{T}}B^{-1}. \tag{25.1-16}$$

如果矩阵 A 有一单位矩阵子块 I,则从检验数 $\boldsymbol{c}_B^{\mathrm{T}}B^{-1}A-\boldsymbol{c}^{\mathrm{T}}$,可知有 $\boldsymbol{b}_{OI}^{\mathrm{T}}=\boldsymbol{c}_B^{\mathrm{T}}B^{-1}$

$\cdot I-\boldsymbol{c}_I^{\mathrm{T}}=\bar{\boldsymbol{y}}^{\mathrm{T}}-\boldsymbol{c}_I^{\mathrm{T}}$，从而 $\bar{\boldsymbol{y}}^{\mathrm{T}}=\boldsymbol{b}_{OI}^{\mathrm{T}}+\boldsymbol{c}_I^{\mathrm{T}}$. 这样可以从求得最优解的单纯形表上得到对偶问题的一个解.

例 7 试求例 3 中问题的对偶问题的最优解.

解 例 3 标准型的系数矩阵之 $[\boldsymbol{P}_3\boldsymbol{P}_4\boldsymbol{P}_5\boldsymbol{P}_6]=I$，而 $\boldsymbol{c}_I=0$，因而有 $\bar{\boldsymbol{y}}=\boldsymbol{b}_{OI}$. 在例 3 的最后一张表上，$\boldsymbol{b}_{OI}^{\mathrm{T}}=\left(-\dfrac{1}{2},-1,0,0\right)$，据此可得 $\bar{\boldsymbol{y}}$. 但要注意，此例中在化标准型时，将目标函数由 $\max z$ 变为 $\min -z$，从而将参数 $\boldsymbol{c}$ 变作 $-\boldsymbol{c}$. 单纯形法的运算是针对标准型，也就是针对参数 $-c$ 进行的，因而用公式 $\boldsymbol{c}_B^{\mathrm{T}}B^{-1}$ 寻求的解 $\bar{\boldsymbol{y}}$ 便多了一个负号. 鉴于此，对偶问题解为

$$\bar{y}_1=\frac{1}{2},\quad \bar{y}_2=1,\quad \bar{y}_3=\bar{y}_4=0.$$

25.1.8 对偶单纯形法

给定原问题为

$$\max z=\boldsymbol{c}^{\mathrm{T}}\boldsymbol{x},$$
$$\begin{cases}A\boldsymbol{x}=\boldsymbol{b},\\ \boldsymbol{x}\geqslant 0.\end{cases}$$

设基 $B=(\boldsymbol{P}_1,\boldsymbol{P}_2,\cdots,\boldsymbol{P}_m)$ 对应的基变量为 $\boldsymbol{x}_B=(x_i,x_2,\cdots,x_m)^{\mathrm{T}}$，当非基变量 $\boldsymbol{x}_N=\boldsymbol{0}$时，$\boldsymbol{x}_B=B^{-1}\boldsymbol{b}$. 若在 $B^{-1}\boldsymbol{b}$ 中至少有一个负分量，设为 $b_i^0=(B^{-1}b)_i<0$，且在基 B 的单纯形表中的检验数都非正. 即对偶问题有可行解，它的各分量是

(1) 对应基变量 $x_1,x_2,\cdots,x_m$ 的检验数为

$$b_{0i}=c_i-\boldsymbol{c}_B^{\mathrm{T}}\boldsymbol{B}^{-1}\boldsymbol{P}_i=0\quad(i=1,2,\cdots,m),$$

(2) 对应非基变量 $x_{m+1},x_{m+2},\cdots,x_n$ 的检验数为

$$b_{0j}=c_j-\boldsymbol{c}_B^{\mathrm{T}}B^{-1}\boldsymbol{P}_j\leqslant 0,(j=m+1,m+2,\cdots,n).$$

每次迭代是将基变量中的负分量 x_l 取出，去替换非基变量中的 x_k，经基变换，所有检验数仍都保持非正. 当原问题得到可行解时，便得到了最优解.

对偶单纯形法的计算步骤：

第一步，根据线性规划问题，列出初始单纯形表. 检验 $\boldsymbol{b}$ 列的数字，若都为非负，又检验数都为非正，则已得最优解，停止计算. 若 $\boldsymbol{b}$ 列中至少还有一个负分量，又检验数都为非正，则转入下一步.

第二步，确定换出变量.

以 $\min\limits_i((B^{-1}\boldsymbol{b})_i\,|\,(B^{-1}\boldsymbol{b})_i<0)=(B^{-1}\boldsymbol{b})_l$ 对应的基变量 x_l 为换出变量.

第三步，确定换入变量.

在单纯形表中检查 x_l 所在行的各系数 $b_{lj}\,(j=1,2,\cdots,n)$. 若所有 $b_{lj}\geqslant 0$，则无可行解，停止计算. 若存在 $b_{lj}<0$，则计算

$$\theta=\min_j\left(\frac{c_j-\boldsymbol{c}_B^{\mathrm{T}}B^{-1}\boldsymbol{P}_j}{b_{lj}}\,\middle|\,b_{lj}<0\right)=\min\left(\frac{b_{0j}}{b_{lj}}\,\middle|\,b_{lj}<0\right)=\frac{b_{0k}}{b_{lk}}$$

以 θ 所对应的列的非基变量 x_k 为换入变量. 这样才能保持得到的对偶问题的解仍为可行解，即检验数仍为非正.

第四步，以 b_{lk} 为轴心项，按原单纯形法在表中进行迭代运算，得新的单纯形表. 重复第一到第四的步骤.

例 8 用对偶单纯形法求解下列问题

$$\min z = 12x_1 + 8x_2 + 16x_3 + 12x_4.$$

$$\begin{cases} 2x_1 + x_2 + 4x_3 \geqslant 2, \\ 2x_1 + 2x_2 + 4x_4 \geqslant 3, \\ x_2, x_2, x_3, x_4 \geqslant 0. \end{cases}$$

解 先将原问题化为标准形，然后改变约束条件两边的符号，以便得一个初始基，即

$$\max z = -12x_1 - 8x_2 - 16x_3 - 12x_4.$$

$$\begin{cases} -2x_1 - x_2 - 4x_3 + x_5 = -2, \\ -2x_1 - 2x_2 - 4x_4 + x_6 = -3, \\ x_i \geqslant 0 \quad (i = 1, 2, \cdots, 6). \end{cases}$$

取 x_5, x_6 为基变量，作基 $B = (\boldsymbol{P}_5, \boldsymbol{P}_6) = \begin{pmatrix} 1 & 0 \\ 0 & 1 \end{pmatrix}$ 的初始单纯形表：

		x_1	x_2	x_3	x_4	x_5	x_6
x_B	0	-12	-8	-16	-12	0	0
x_5	-2	-2	-1	-4	0	1	0
x_6	-3	-2	-2	0	$\boxed{-4}$	0	1

检验数为 $\boldsymbol{c}^{\mathrm{T}} - \boldsymbol{c}_B^{\mathrm{T}} B^{-1} A = (-12, -8, -16, -12, 0, 0)$.

b 列中的数 $b_{10} = -2$，$b_{20} = -3$，$\min(-2, -3) = -3$. -3 对应的基变量为 x_6，则 x_6 为换出变量. x_6 所在行的数字都非正. 用这些负数去除检验数，取其中最小者

$$\theta = \min\left(\frac{-12}{-2}, \frac{-8}{-2}, \frac{-12}{-4}\right) = 3.$$

$\theta = 3$ 对应的列为 x_4，x_4 为换入变量. x_6 所在行与 x_4 所在列的交叉元素 -4 确定为轴心项. 以 -4 为轴心项在单纯形表中进行迭代运算，得新基的单纯形表：

重复上述步骤，直到 b 列的数字都是正数为止.

因最后一表中 b 列的数字全为正，又检验数都为非正，故得最优解为：

$$x_1 = 0, \quad x_2 = \frac{3}{2}, \quad x_3 = \frac{1}{8}, \quad x_4 = 0.$$

目标函数的值为 $\min z = 14$.

		x_1	x_2	x_3	x_4	x_5	x_6
$\boldsymbol{x}_{B_1}$	-9	-6	-2	-16	0	0	-3
x_5	-2	-2	$\boxed{-1}$	-4	0	1	0
x_4	$\frac{3}{4}$	$\frac{1}{2}$	$\frac{1}{2}$	0	1	0	$-\frac{1}{4}$
$\boldsymbol{x}_{B_2}$	-13	-2	0	-8	0	-2	-3
x_2	2	2	1	4	0	-1	0
x_4	$-\frac{1}{4}$	$-\frac{1}{2}$	0	$\boxed{-2}$	1	$\frac{1}{2}$	$-\frac{1}{4}$
$\boldsymbol{x}_{B_3}$	-14	0	0	0	-4	-4	-2
x_2	$\frac{3}{2}$	1	1	0	2	0	$-\frac{1}{2}$
x_3	$\frac{1}{8}$	$\frac{1}{4}$	0	1	$-\frac{1}{2}$	$-\frac{1}{4}$	$\frac{1}{8}$

25.1.9 内点法

跟单纯形法从可行集的一极点开始沿边界趋向最优极点解不同,**内点法**是通过可行集内部直接趋向最优解. 产生于 1984 年的 **Karmarkar** 法是内点法的第一个算法. 此后,内点法成为最优化方法最活跃的研究领域之一,发展迅速,内容丰富,对于线性规划的求解,已取得与单纯形并立的地位. 此处只介绍 Karmarkar 法的算法.

1. *主算法*

主算法适用的问题为

$$\min z = \boldsymbol{c}^{\mathrm{T}}\boldsymbol{x}.$$
$$\begin{cases} A\boldsymbol{x} = 0, \\ \boldsymbol{e}^{\mathrm{T}}\boldsymbol{x} = 1, \\ \boldsymbol{x} \geqslant 0, \end{cases} \tag{25.1-16$'$}$$

其中 $\boldsymbol{e}^{\mathrm{T}}=(1,1,\cdots,1)$. 同时假设最优值 $\min z=0$,以及 $\boldsymbol{x}=\frac{1}{n}\boldsymbol{e}=\left(\frac{1}{n},\frac{1}{n},\cdots,\frac{1}{n}\right)^{\mathrm{T}}$ 为可行解.

主算法步骤:

(1) 给 $\boldsymbol{x}_1=\frac{1}{n}\boldsymbol{e}$,置 $k=1$.

(2) 如果 $\boldsymbol{c}^{\mathrm{T}}\boldsymbol{x}_k$ 充分接近于 0,则停止,$\boldsymbol{x}_k$ 为最优解;否则转(3).

(3) 对于 $\boldsymbol{x}_k=(\alpha_1,\alpha_2,\cdots,\alpha_n)^{\mathrm{T}}$,作对角阵

$$D=\begin{pmatrix}\alpha_1 & & & O\\ & \alpha_2 & & \\ & & \ddots & \\ O & & & \alpha_n\end{pmatrix}. \tag{25.1-17}$$

计算

$$P=\begin{pmatrix}AD\\ e^{\mathrm{T}}\end{pmatrix},$$

$$\boldsymbol{c}_p=[I-P^{\mathrm{T}}(PP^{\mathrm{T}})^{-1}P]D\boldsymbol{c},$$

$$\hat{\boldsymbol{c}}=\frac{1}{\|\boldsymbol{c}_p\|}\boldsymbol{c}_p,$$

$$\boldsymbol{y}=\frac{1}{n}\boldsymbol{e}^{\mathrm{T}}-\theta r\hat{\boldsymbol{c}},\quad \text{其中 } r=\frac{1}{\sqrt{n(n-1)}},$$

$$\boldsymbol{x}_{k+1}=\frac{1}{\boldsymbol{e}^{\mathrm{T}}D\boldsymbol{y}}D\boldsymbol{y}.$$

置 $k=k+1$,转(2).

当取 $\theta=\dfrac{1}{4}$ 时,该算法保证收敛到最优解.

2. 将标准形式变换为主算法适用的问题

考虑标准形式的线性规划问题(25.1-2).假设有 $\boldsymbol{x}_0$ 满足 $\boldsymbol{x}_0>0$ 和 $A\boldsymbol{x}_0=\boldsymbol{b}$.设 $\boldsymbol{x}_0=(\alpha_1,\alpha_2,\cdots,\alpha_n)^{\mathrm{T}}$,则作对角阵如(25.1-17)式,构造变换

$$\begin{pmatrix}\boldsymbol{x}'\\ x'_{n+1}\end{pmatrix}=\mathrm{T}\boldsymbol{x}:\begin{cases}\boldsymbol{x}'=\dfrac{D^{-1}\boldsymbol{x}}{1+\boldsymbol{e}^{\mathrm{T}}D^{-1}\boldsymbol{x}},\\ x'_{n+1}=\dfrac{1}{1+\boldsymbol{e}^{\mathrm{T}}D^{-1}\boldsymbol{x}}.\end{cases} \tag{25.1-18}$$

变换 T 将$\{\boldsymbol{x}\in\boldsymbol{R}^n:\boldsymbol{x}\geqslant 0\}$映为单纯形

$$S=\left\{\begin{pmatrix}\boldsymbol{x}'\\ x'_{n+1}\end{pmatrix}\in R^{n+1}:\boldsymbol{x}'\geqslant 0,\ x'_{n+1}>0,\ \boldsymbol{e}^{\mathrm{T}}\boldsymbol{x}'+x'_{n+1}=1\right\}$$

并且是一一对应的.其逆变换为

$$\boldsymbol{x}=T^{-1}\begin{pmatrix}\boldsymbol{x}'\\ x'_{n+1}\end{pmatrix}=\frac{D\boldsymbol{x}'}{1-\boldsymbol{e}^{\mathrm{T}}\boldsymbol{x}'}=\frac{D\boldsymbol{x}'}{x'_{n+1}}. \tag{25.1-19}$$

记 $\tilde{\boldsymbol{x}}=\begin{pmatrix}\boldsymbol{x}'\\ x'_{n+1}\end{pmatrix}$, $\widetilde{A}=[AD-\boldsymbol{b}]_{m\times(n+1)}$, $\tilde{\boldsymbol{e}}=\begin{bmatrix}\boldsymbol{e}\\ 1\end{bmatrix}$.变换 T 将(25.1-2)的可行集$\{x\in\boldsymbol{R}^n:A\boldsymbol{x}=\boldsymbol{b},\ \boldsymbol{x}\geqslant 0\}$变为

$$\Omega = \{\tilde{x} \in \boldsymbol{R}^{n+1}: \widetilde{A}\tilde{x} = 0, \tilde{e}^{\mathrm{T}}\tilde{x} = 1, \tilde{x} \geqslant 0\},$$

即(25.1-16)在 $n+1$ 维情形的可行集,并且有 $T\boldsymbol{x}_0 = \frac{1}{n+1}\tilde{\boldsymbol{e}}$,是可行解.

但是,目标函数 $\boldsymbol{c}^{\mathrm{T}}\boldsymbol{x} = \frac{\boldsymbol{c}^{\mathrm{T}}D\boldsymbol{x}'}{1-\boldsymbol{e}^{\mathrm{T}}\boldsymbol{x}'}$,变为非线性函数了. Karmarkar 法的理论分析提供了如下结果:记 $\boldsymbol{c}'^{\mathrm{T}} = \boldsymbol{c}^{\mathrm{T}}D$. 在最优值 $\min z = \boldsymbol{c}^{\mathrm{T}}\bar{\boldsymbol{x}} = 0$ 的假设下,函数 $\boldsymbol{c}^{\mathrm{T}}\boldsymbol{x}$ 任意要求的下降量,可通过函数 $f(\boldsymbol{x}) = \sum_{j=1}^{n} \frac{c^{\mathrm{T}}\boldsymbol{x}}{x_j} + k$ 的充分下降来达到,而要使 $f(\boldsymbol{x})$ 下降,可通过将 $\boldsymbol{c}'^{\mathrm{T}}\boldsymbol{x}'$ 在 Ω 上的以 $\frac{1}{n+1}\tilde{e}$ 为中心,以 θr 为半径的球上求最小来实现,其中 $r = \frac{1}{\sqrt{n(n+1)}}$ 是 S 的内切球半径. 这样便导出了附有两条假设的问题(25.1-16)(写成了 n 维情形),并且主算法中 $\boldsymbol{y}$ 就是 $\boldsymbol{c}'^{\mathrm{T}}\boldsymbol{x}$ 在球上的最小点.

如何求可行点 $\boldsymbol{x}_0 > 0$ 呢?

任取 $\boldsymbol{x}_0 > 0$,如果 $A\boldsymbol{x}_0 \neq b$,则引入人工变数 λ,构造标准形式的线性规划问题

$$\min \lambda$$

$$\begin{cases} A\boldsymbol{x} - \lambda(A\boldsymbol{x}_0 - \boldsymbol{b}) = \boldsymbol{b} \\ \boldsymbol{x} \geqslant 0,\ \lambda \geqslant 0 \end{cases} \tag{25.1-19$'$}$$

问题的变量为 $\begin{bmatrix} \boldsymbol{x} \\ \lambda \end{bmatrix}$. 对此问题,有 $\begin{bmatrix} \boldsymbol{x}_0 \\ 1 \end{bmatrix} > 0$,于是可以化为问题(25.1-16)的形式,并用主算法解之. 如果解得最优值 $\bar{\lambda} = 0$,则最优解中的 $\bar{\boldsymbol{x}}$ 即有 $\bar{\boldsymbol{x}} > 0$ 且 $A\bar{\boldsymbol{x}} = \boldsymbol{b}$;如果 $\bar{\lambda} > 0$,则原问题(25.1-2)无可行解.

3. 关于假设 $\min z = 0$

如果已知 $\min z = \bar{z}$,则令 $\boldsymbol{c}' = \boldsymbol{c} - \bar{z}\boldsymbol{e}$,新目标函数 $\boldsymbol{c}'^{\mathrm{T}}\boldsymbol{x}$ 有最小值 0.

如果 $\min z$ 为未知,则使用如下的所谓“**滑动目标函数法**”:

(1) 给区间 (l,u) 使 $\min z \in (l,u)$.

(2) 计算 $l' = l + \frac{1}{3}(u-l)$, $u' = l + \frac{2}{3}(u-l)$. 令 $\boldsymbol{c}' = \boldsymbol{c} - l'\boldsymbol{e}$,使用主算法. 一当所得 $\boldsymbol{x}_k$ 使 $\boldsymbol{c}'^{\mathrm{T}}\boldsymbol{x}_k < u'$ 时(这说明 $\min z < u'$),即给出新区间 (l,u'),重新执行(2);又当可判定 $l' < \min z$ 时,以 (l',u) 为新区间,重新执行(2).

此外,因为此时使用主算法,$\boldsymbol{c}'^{\mathrm{T}}\boldsymbol{x}$ 之最优值不为 0,有可能出现 $\boldsymbol{c}'^{\mathrm{T}}\boldsymbol{x}_k < 0$ 情形. 为防止此情况出现,对主算法作如下修正:在每步迭代中,当出现 $\boldsymbol{c}'^{\mathrm{T}}\boldsymbol{y} < l'$ 时,取 $\frac{1}{n}e$ 和 $\boldsymbol{y}$ 的某个凸组合作为 $\boldsymbol{y}'$,即 $\boldsymbol{y}' = \mu\frac{1}{n}\boldsymbol{e} + (1-\mu)\boldsymbol{y}$, $0 \leqslant \mu \leqslant 1$ 使 $\boldsymbol{c}'^{\mathrm{T}}\boldsymbol{y}' = l'$.

这样会使区间长度按 $\frac{2}{3}$ 的幂减小.

§ 25.2　非线性规划

25.2.1　问题与解的概念

1. 非线性规划问题

设 $\boldsymbol{R}^n$ 为 n 维欧氏空间，$D\subset\boldsymbol{R}^n$. 一般情况下都假设 D 为联通集. 设 $f:\boldsymbol{R}^n\to R$，即为 n 元实值函数. **非线性规划问题**的一般形式是

$$\begin{cases}\min f(\boldsymbol{x}),\\ \text{s. t. } \boldsymbol{x}\in D.\end{cases}\tag{25.2-1}$$

其中 $\boldsymbol{x}=(x_1,x_2,\cdots,x_n)^{\mathrm{T}}$，称为决策变量；$f(\boldsymbol{x})$称为**目标函数**，min 表示求最小；$\boldsymbol{x}\in D$ 称为**约束条件**，s. t. 为"subject to"的缩写；D 称为**可行集**或**可行域**，集合中的每一点称为**可行解**.

特定问题常以不同方式具体界定集合 D. 非线性规划问题也因此得到一种分类法. 如果 $D=\boldsymbol{R}^n$，问题成为

$$\min f(\boldsymbol{x})\tag{25.2-2}$$

称为**无约束问题**. 设

$$g_i:R^n\to R,\qquad i=1,2,\cdots,m$$

或以向量形式表示作 $\boldsymbol{g}=(g_1,g_2,\cdots,g_m)^{\mathrm{T}}$

$$\boldsymbol{g}:R^n\to R^m$$

如果集合 $D=\{\boldsymbol{x}\in\boldsymbol{R}^n:\boldsymbol{g}(\boldsymbol{x})\leqslant 0\}$，问题(25.2-1)成为

$$\begin{cases}\min f(\boldsymbol{x}),\\ \text{s. t. } \ g_i(\boldsymbol{x})\leqslant 0,\ i=1,2,\cdots,m.\end{cases}\tag{25.2-3}$$

称不等式约束问题. 而当 $D=\{\boldsymbol{x}\in\boldsymbol{R}^n:\boldsymbol{h}(\boldsymbol{x})=0\}$，其中 $\boldsymbol{h}=(h_1,h_2,\cdots,h_l)^{\mathrm{T}}$，$h_j:R^n\to R$，$j=1,2,\cdots,l$，亦即当 D 为 l 张曲面的交集时，则有所谓等式约束问题

$$\begin{cases}\min f(\boldsymbol{x}),\\ \text{s. t. } \ h_j(\boldsymbol{x})=0,\ j=1,2,\cdots,l.\end{cases}\tag{25.2-4}$$

更为一般一些的是同时含有等式和不等式约束的问题，即

$$\begin{cases}\min f(\boldsymbol{x}),\\ \text{s. t.}\quad g_i(\boldsymbol{x})\leqslant 0,\ i=1,2,\cdots,m,\\ \qquad\quad h_j(\boldsymbol{x})=0,\ j=1,2,\cdots,l.\end{cases}\tag{25.2-5}$$

线性规划是非线性规划的特例. 这是按目标函数和约束条件中的函数的复杂程度的一种分类. 如果目标函数 $f(\boldsymbol{x})$是二次函数，约束条件如同线性规划一样都是线性约束，则称为**二次规划**.

2. 非线性规划问题解的概念

定义 1 设 $\bar{\boldsymbol{x}}=(\bar{x}_1,\bar{x}_2,\cdots,\bar{x}_n)^{\mathrm{T}}\in D$. 若对任意 $\boldsymbol{x}\in D$,都有 $f(\boldsymbol{x})\geqslant f(\bar{\boldsymbol{x}})$. 则称 $\bar{\boldsymbol{x}}$ 为问题(25.2-1)的**最优解**. 其最优解的集合记为 D^*.

定义 2 设 $\bar{\boldsymbol{x}}=(\bar{x}_1,\bar{x}_2,\cdots,\bar{x}_n)^{\mathrm{T}}\in D$,若存在 $\bar{\boldsymbol{x}}$ 的一个邻域 $N_\varepsilon(\bar{\boldsymbol{x}})=\{\boldsymbol{x}\mid \|\boldsymbol{x}-\bar{\boldsymbol{x}}\|<\varepsilon,\varepsilon>0\}$,使得对任意 $\boldsymbol{x}\in D\cap N_\varepsilon(\bar{\boldsymbol{x}})$,都有 $f(\boldsymbol{x})\geqslant f(\bar{\boldsymbol{x}})$,则称 $\bar{\boldsymbol{x}}$ 为问题(25.2-1)的**局部最优解**.

定义 3 在定义 1 和定义 2 中,如果以严格的不等式

$$f(\boldsymbol{x})>f(\bar{\boldsymbol{x}})$$

代替 $f(\boldsymbol{x})\geqslant f(\bar{\boldsymbol{x}})$来作规定,则 $\bar{\boldsymbol{x}}$ 分别称为**严格的最优解**和**严格的局部最优解**. 而若存在 $\bar{\boldsymbol{x}}$ 的邻域 $N_\varepsilon(\bar{\boldsymbol{x}})$,使得在 $N_\varepsilon(\bar{\boldsymbol{x}})$内除 $\bar{\boldsymbol{x}}$ 以外不存在其他的最优解(定义 1 情形)或局部最优解(定义 2 情形),则 $\bar{\boldsymbol{x}}$ 分别称为**孤立的最优解**和**孤立的局部最优解**.

显然,最优解一定是局部最优解. 反之却不成立. 孤立的最优解(或局部最优解)一定是严格的,反之也不成立. 而且孤立的最优解不一定是孤立的局部最优解.

例 1 设一元函数

$$f(x)=\begin{cases}x^2+\left|x\sin\dfrac{1}{x}\right|, & 当\ x\neq 0,\\ 0, & 当\ x=0.\end{cases}$$

考虑无约束问题

$$\min f(x).$$

显然 $\bar{x}=0$ 是最优解,且是严格的最优解和严格的局部最优解,但是因为对于任意的 $k=1,2,\cdots,x_k=\dfrac{1}{2k\pi}$都是局部最优解,而 $\lim x_k=\bar{x}$,所以 $\bar{x}$ 不是孤立的局部最优解.

孤立解的概念在参数规划和随机规划中常有涉及.

25.2.2 凸函数和凸规划

1. 凸函数

定义 4 设 $f(\boldsymbol{x})$为定义在非空凸集 $X\subseteq R^n$ 上的实值函数,若对任意 $\boldsymbol{x}\in X,\boldsymbol{y}\in X$ 以及数 $\lambda\in[0,1]$,恒有

$$f(\lambda\boldsymbol{x}+(1-\lambda)\boldsymbol{y})\leqslant\lambda f(\boldsymbol{x})+(1-\lambda)f(\boldsymbol{y}),$$

则称 $f(\boldsymbol{x})$为在 X 上的**凸函数**. 若上式恒以严格不等式成立,则称 f 为严格**凸函数**.

定义 5 设非空集合 $X\subseteq R^n$ 为凸集. 若 $-f(\boldsymbol{x})$为 X 上的凸函数,则称 $f(\boldsymbol{x})$为在 X 上的**凹函数**. 同样以 $-f$ 严格凸定义 f 为严格凹函数.

定理 1 $X\subseteq R^n$ 为非空开凸集,$f(\boldsymbol{x})$在 X 上可微. 则 $f(\boldsymbol{x})$在 X 上为凸函数的必要充分条件是:对任意 $\boldsymbol{x}\in X,\boldsymbol{y}\in X$,恒有

$$f(\boldsymbol{x})\geqslant f(\boldsymbol{y})+\nabla f(\boldsymbol{y})^{\mathrm{T}}(\boldsymbol{x}-\boldsymbol{y}),$$

其中$\nabla f(\boldsymbol{y})=\left(\frac{\partial f(\boldsymbol{y})}{\partial x_1},\frac{\partial f(\boldsymbol{y})}{\partial x_2},\cdots,\frac{\partial f(\boldsymbol{y})}{\partial x_n}\right)^{\mathrm{T}}$,为 f 在点 $\boldsymbol{y}$ 的梯度.

定理 2 若 X 为开凸集,$f(\boldsymbol{x})$在 X 上二阶可微.则 $f(\boldsymbol{x})$在 X 上为凸函数的必要充分条件是:对一切 $\boldsymbol{x}\in X$,**海赛矩阵**

$$\nabla^2 f(\boldsymbol{x})=\begin{pmatrix}\frac{\partial^2 f(\boldsymbol{x})}{\partial x_1\partial x_1} & \frac{\partial^2 f(\boldsymbol{x})}{\partial x_1\partial x_2}\cdots & \frac{\partial^2 f(\boldsymbol{x})}{\partial x_1\partial x_n}\\ \frac{\partial^2 f(\boldsymbol{x})}{\partial x_2\partial x_1} & \frac{\partial^2 f(\boldsymbol{x})}{\partial x_2\partial x_2}\cdots & \frac{\partial^2 f(\boldsymbol{x})}{\partial x_2\partial x_n}\\ & \cdots\cdots & \\ \frac{\partial^2 f(\boldsymbol{x})}{\partial x_n\partial x_1} & \frac{\partial^2 f(\boldsymbol{x})}{\partial x_n\partial x_2}\cdots & \frac{\partial^2 f(\boldsymbol{x})}{\partial x_n\partial x_n}\end{pmatrix}$$

为半正定(参看 5.7.4).而若所有的$\nabla^2 f(\boldsymbol{x})$皆为正定阵,则 f 是严格凸函数.

定理 3 若 f 为凸函数,则对于任意实数 α,集合

$$S_\alpha=\{\boldsymbol{x}\in R^n: f(\boldsymbol{x})\leqslant\alpha\}$$

为凸集.(集合 S_α 称为**水平集**.)

定义 6 设 $X\subset R^n$,$\boldsymbol{x}\in X$.设 $d\in R^n$,$d\neq 0$.如果存在$\delta>0$,使得对任意$\lambda\in(0,\delta)$,恒有 $\boldsymbol{x}+\lambda d\in X$,则称 d 为集合 X 在点 $\boldsymbol{x}$ **的可行方向**.

定理 4 凸集 X 上的凸函数 f 具有下列分析性质:

(1) f 在 X 的内点上是连续的;

(2) f 在 X 上几乎处处可微(即不可微点集为零测度集).

(3) 方向可微性:对任意 $\boldsymbol{x}\in X$,沿 X 在 $\boldsymbol{x}$ 点的每一个可行方向 d,f 具有方向导数 $f'(\boldsymbol{x};d)$,(包括为$\pm\infty$值).如果 f 在 x 点为可微,则有 $f'(\boldsymbol{x};d)=\nabla f(\boldsymbol{x})^{\mathrm{T}}d$.此处方向导数定义为

$$f'(\boldsymbol{x};d)=\lim_{\lambda\to 0^+}\frac{f(\boldsymbol{x}+\lambda d)-f(\boldsymbol{x})}{\lambda}.$$

2. 凸规划

对于非线性规划问题(25.2-1),如果其可行集 D 为凸集,目标函数 f 为凸函数,则称为**凸规划**.据此,因为全空间为凸集,所以只要 f 为凸函数,无约束问题(25.2-2)即为凸规划.不等式约束问题(25.2-3),根据定理 3,以及凸集的交集仍是凸集,当 f 和 g_i,$i=1,2,\cdots,m$,都是凸函数时,为凸规划.至于等式约束问题,排除 D 为空集或单点集这种退化情况,当各个 $h_j(x)$皆为一次函数时,可行集为凸集.可见,与问题(25.2-5)相当的较一般些的凸规划可以是

$$\begin{cases}\min f(\boldsymbol{x}),\\ \text{s.t. } g_i(\boldsymbol{x})\leqslant 0,\ i=1,2,\cdots,m,\\ \quad A\boldsymbol{x}=b.\end{cases}\tag{25.2-6}$$

其中 A 为 $l\times n$ 矩阵,$\boldsymbol{b}\in\boldsymbol{R}^l$,$f$ 和 g_i,$i=1,2,\cdots,m$,则为凸函数.

线性规划是凸规划.

定理 5 凸规划问题的局部最优解一定是最优解.又如果目标函数是严格凸函数,则凸规划的最优解有唯一性.

定理 6 设问题(25.2-1)为凸规划.点 $\bar{x}\in D$ 是最优解的必要充分条件是对于 D 在 $\bar{x}$ 点的所有的可行方向 d,都有 $f'(\bar{x};d)\geqslant 0$.如果 f 在 $\bar{x}$ 点为可微,则此条件可表述为对于任意的 $\boldsymbol{x}\in D$ 都有 $\nabla f(\bar{\boldsymbol{x}})^{\mathrm{T}}(\boldsymbol{x}-\bar{\boldsymbol{x}})\geqslant 0$.

应当指出,定理 6 的"必要条件"部分,不依赖于凸规划假设.

25.2.3 最优性条件和对偶

1. 一阶条件

定理 7 考虑无约束问题(25.2-2).如果 $\bar{x}$ 是局部最优解,且 f 在 $\bar{x}$ 为可微,则有 $\nabla f(\bar{x})=0$.

定理 8 设无约束问题(25.2-2)为凸规划.点 $\bar{x}$ 是最优解的必要充分条件是对任意 $d\in\boldsymbol{R}^n$,$d\neq 0$,有 $f'(\bar{x};d)\geqslant 0$.而若 f 在 $\bar{x}$ 为可微,此条件成为 $\nabla f(\bar{x})=0$.

定义 7 对于含有不等式约束的问题,如(25.2-3)和(25.2-5),指标集

$$E=E(\boldsymbol{x})=\{i:g_i(\boldsymbol{x})=0\}$$

称为点 $\boldsymbol{x}$ 的起作用约束集,称约束条件 $g_i(\boldsymbol{x})\leqslant 0$,$i\in E(\boldsymbol{x})$,为此点的起作用约束.

定理 9(F,J 条件) 考虑不等式约束问题(25.2-3).如果 $\bar{x}$ 是局部最优解,函数 f 和 g_i,$i\in E(\bar{x})$,在 $\bar{x}$ 为可微,g_i,$i\overline{\in} E$,在 $\bar{x}$ 连续,则存在不全为 0 的 $u_0\geqslant 0$,$u_i\geqslant 0$,$i\in E(\bar{x})$,使得

$$u_0\nabla f(\bar{x})+\sum_{i\in E}u_i\nabla g_i(\bar{x})=0. \qquad (25.2\text{-}7)$$

(25.2-7)式称为 F,J 条件.如果 g_i,$i\overline{\in} E$,在 $\bar{x}$ 也可微,此条件可等价地表述为存在 $u_0\geqslant 0$,$u\in R^m$,$u\geqslant 0$,使得

$$\begin{cases}u_0\nabla f(\bar{x})+\sum_{i=1}^{m}u_i\nabla g_i(\bar{x})=0,\\ \boldsymbol{u}^{\mathrm{T}}\boldsymbol{g}(\bar{\boldsymbol{x}})=0.\end{cases} \qquad (25.2\text{-}8)$$

其中 $u=(u_1,u_2,\cdots,u_m)^{\mathrm{T}}$,$\boldsymbol{g}(\bar{x})=(g_1(\bar{x}),g_2(\bar{x}),\cdots,g_m(\bar{x}))^{\mathrm{T}}$.条件(25.2-8)中的第 2 式称为互补松弛条件.因为 $\boldsymbol{u}\geqslant 0$,$\boldsymbol{g}(\bar{x})\leqslant 0$,所以内积 $\boldsymbol{u}^{\mathrm{T}}\boldsymbol{g}(\bar{x})$ 的 m 个项皆为非正,从而由总和为 0 而知各项皆为 0.于是,对任意 $i\overline{\in} E$,由 $g_i(\bar{x})<0$ 而必有 $u_i=0$.

定理 10(库恩-塔克条件,K-T 条件,KKT 条件) 考虑不等式约束问题(25.2-3).如果 $\bar{x}$ 是局部最优解,函数 f 和 g_i,$i\in E(\bar{x})$,在 $\bar{x}$ 为可微,g_i,$i\overline{\in} E$ 在 $\bar{x}$ 为连续,又设

$$\nabla g_i(\bar{x}),\ i\in E(\bar{x}),\text{线性无关}, \qquad (25.2\text{-}9)$$

则存在 $\bar{u}_i\geqslant 0$,$i\in E$,使得

$$\nabla f(\bar{\boldsymbol{x}}) + \sum_{i\in E}\bar{u}_i \nabla g_i(\bar{\boldsymbol{x}}) = 0 \tag{25.2-10}$$

又若 $g_i, i\overline{\in} E$ 在 $\bar{\boldsymbol{x}}$ 也可微，则存在 $\bar{u}\in R^m, \bar{u}\geqslant 0$，使得

$$\begin{cases}\nabla f(\bar{\boldsymbol{x}}) + \sum\limits_{i=1}^{m}\bar{u}_i \nabla g_i(\bar{\boldsymbol{x}}) = 0, \\ \bar{\boldsymbol{u}}^{\mathrm{T}} \boldsymbol{g}(\bar{\boldsymbol{x}}) = 0.\end{cases} \tag{25.2-11}$$

定理的结论称作 **K-T 条件**或 **KKT 条件**. *K-T* 条件中的系数 $\bar{\boldsymbol{u}}$ 称作**拉格朗日乘子**，或简称**乘子**. 满足 *K-T* 条件的点称作 **K-T 点**.

定理中的假设(25.2-9)称作 **CQ 假设(约束规格假设)**. 下面的例子表明，没有 *CQ* 假设，定理将不成立.

例 2 考虑问题

$$\begin{cases}\min -x_1, \\ \text{s. t. } x_2-(1-x_1)^3 \leqslant 0, \\ \qquad -x_2 \leqslant 0.\end{cases}$$

显然 $\bar{x}=0$ 为最优解. 在 $\bar{x}=0, E=\{1,2\}$. $\nabla g_1(0)=(0,1)^{\mathrm{T}}, \nabla g_2(0)=(0,-1)^{\mathrm{T}}$，线性相关. 而 $\nabla f(0)=(-1,0)^{\mathrm{T}}$，可知任何 $u_1\geqslant 0, u_2\geqslant 0$，都不可能使 $\nabla f(0)+u_1 \nabla g_1(0)+u_2 \nabla g_2(0)=0$.

CQ 假设可以弱化. 可使定理 10 的结论成立的较弱的 *CQ* 假设有如(依次减弱)：

(1) *MFCQ*：不存在不全为 0 的 $\bar{u}_i\geqslant 0, i\in E$，使得 $\sum\limits_{i\in E}\bar{u}_i \nabla g_i(\bar{\boldsymbol{x}})=0$(称为不半正相关). 此 *CQ* 的等价形式是集合

$$\{d\in R^n: \nabla g_i(\bar{\boldsymbol{x}})^{\mathrm{T}} d<0, i\in E(\bar{\boldsymbol{x}})\}\neq\phi.$$

(2) 集合 $F=\{d: d$ 是 D 在 $\bar{x}$ 的可行方向$\}$，即所谓的可行方向锥，与集合

$$G=\{d\in R^n: \nabla g_i(\bar{\boldsymbol{x}})^{\mathrm{T}} d\leqslant 0, i\in E(\bar{\boldsymbol{x}})\}, \tag{25.2-12}$$

满足闭包 $clF=G$.

(3) D 在 $\bar{\boldsymbol{x}}$ 的切锥定义为

$$\begin{aligned}T=\{d\in R^n: &\text{存在 } \boldsymbol{x}_k\to\bar{\boldsymbol{x}}, \boldsymbol{x}_k\neq\bar{\boldsymbol{x}}, \boldsymbol{x}_k\in D, \text{存在 } \lambda_k>0, \text{使} \\ &d=\lim_{k\to\infty}\lambda_k(\boldsymbol{x}_k-\bar{\boldsymbol{x}})\}.\end{aligned} \tag{25.2-13}$$

CQ 假设为 $T=G$.

(4) 最弱的 *CQ* 假设为 $T^*=G^*$. 其中

$$T^*=\{z\in R^n: z^{\mathrm{T}} d\leqslant 0, \text{对任意 } d\in T\}$$

称为 T 的极锥，G^* 与此同义. 此处所谓“最弱”，意指如果集合 $D=\{\boldsymbol{x}\in R^n: g_i(\boldsymbol{x})\leqslant 0, i=1,2,\cdots,m\}$ 在点 $\bar{\boldsymbol{x}}\in D$ 不满足此假设，则一定存在一个函数 f，以之为目标函数，与 $g_1, g_2, \cdots, g_m$ 构成不等式约束问题，以 $\bar{\boldsymbol{x}}$ 为局部最优解，但是不满足 K-T 条件.

如果约束条件中的函数都是一次函数，比如问题

$$\begin{cases}\min f(\boldsymbol{x}),\\ \text{s.t. } A\boldsymbol{x}\leqslant b.\end{cases}$$

这称为线性约束问题. 对此,CQ 假设(2)或(3)自然满足. 于是,对于线性约束问题,K-T条件就是局部最优解的必要条件.

定理 11 设问题(25.2-3)为凸规划. 如果 $\bar{\boldsymbol{x}}$ 是可行解,又满足 K-T 条件,即存在 $\bar{u}_i\geqslant 0, u_i\in E(\bar{\boldsymbol{x}})$使

$$\nabla f(\bar{\boldsymbol{x}})+\sum_{i\in E}\bar{u}_i\nabla g_i(\bar{\boldsymbol{x}})=0,$$

则 $\bar{\boldsymbol{x}}$ 是最优解.

事实上,即使问题不是凸规划,只要函数 f 和 $g_i, i\in E$,为凸函数,定理就成立.

对于同时含有不等式和等式约束的问题(等式约束问题为其特例),有与上述相平行的定理.

定理 12(F,J 条件) 考虑问题(25.2-5). 如果 $\bar{\boldsymbol{x}}$ 是局部最优解,函数 $f, g_i, i\in E(\bar{\boldsymbol{x}})$,和 $h_j, j=1,2,\cdots,l$,在 $\bar{\boldsymbol{x}}$ 的某个邻域内连续可微,$g_i, i\overline{\in}E(\bar{\boldsymbol{x}})$在 $\bar{\boldsymbol{x}}$ 连续,则存在 $u_0\geqslant 0, u_i\geqslant 0, i\in E(\bar{\boldsymbol{x}})$和 $v_j, j=1,2,\cdots,l$,不全为 0,使得

$$u_0\nabla f(\bar{\boldsymbol{x}})+\sum_{i\in E}u_i\nabla g_i(\bar{\boldsymbol{x}})+\sum_{j=1}^{l}v_j\nabla h_j(\bar{\boldsymbol{x}})=0, \tag{25.2-14}$$

又若 $g_i, i\overline{\in}E$ 在 $\bar{\boldsymbol{x}}$ 也可微,则可以写作

$$\begin{cases}u_0\nabla f(\bar{\boldsymbol{x}})+\sum\limits_{i=1}^{m}u_i\nabla g_i(\bar{\boldsymbol{x}})+\sum\limits_{j=1}^{l}v_j\nabla h_j(\bar{\boldsymbol{x}})=0,\\ u_0\geqslant 0, \boldsymbol{u}\geqslant 0,\\ (u_0, \boldsymbol{u}^{\mathrm{T}}, v^{\mathrm{T}})\neq 0,\\ \boldsymbol{u}^{\mathrm{T}}\boldsymbol{g}(\bar{\boldsymbol{x}})=0.\end{cases} \tag{25.2-15}$$

定理 13(库恩-塔克条件,K-T 条件,KKT 条件) 考虑问题(25.2-5). 如果 $\bar{\boldsymbol{x}}$ 是局部最优解,函数 $f, g_i, i\in E(\bar{\boldsymbol{x}})$,和 $h_j, j=1,2,\cdots,l$,在 $\bar{\boldsymbol{x}}$ 的某邻域连续可微,$g_i, i\overline{\in}E$,在 $\bar{\boldsymbol{x}}$ 连续,又作**约束规格**假设(CQ 假设),如$\nabla g_i(\bar{\boldsymbol{x}}), i\in E, \nabla h_j(\bar{\boldsymbol{x}}), j=1,2,\cdots,l$,为线性无关,则存在 $\bar{u}_i\geqslant 0, i\in E$,及 $\bar{v}_j, j=1,2,\cdots,l$,使得

$$\nabla f(\bar{\boldsymbol{x}})+\sum_{i\in E}\bar{u}_i\nabla g_i(\bar{\boldsymbol{x}})+\sum_{j=1}^{l}\bar{v}_j\nabla h_j(\bar{\boldsymbol{x}})=0, \tag{25.2-16}$$

若又有 $g_i, i\overline{\in}E$,在 $\bar{\boldsymbol{x}}$ 可微,则可写作

$$\begin{cases}\nabla f(\bar{\boldsymbol{x}})+\sum\limits_{i=1}^{m}\bar{u}_i\nabla g_i(\bar{\boldsymbol{x}})+\sum\limits_{j=1}^{l}\bar{v}_j\nabla h_j(\bar{\boldsymbol{x}})=0,\\ \bar{\boldsymbol{u}}\geqslant 0,\\ \bar{\boldsymbol{u}}^{\mathrm{T}}\boldsymbol{g}(\bar{\boldsymbol{x}})=0.\end{cases} \tag{25.2-17}$$

关于 CQ 假设,同样有更弱的形式,比如相当于不等式约束问题的(3)的是

$$T = G \cap H_0,\qquad (25.2\text{-}18)$$

其中 $H_0=\{d\in R^n:\nabla h_j(\bar{x})^{\mathrm T}d=0,j=1,2,\cdots,l\}$. 此假设在线性约束的情形肯定是满足的.

定理 14 考虑问题(25.2-5). 如果 $\bar{x}$ 是可行解，且满足 K-T 条件(25.2-17)，如果 f 和 g_i，$i\in E(\bar{x})$，是凸函数，函数 h_j 中，对应于 $\bar{v}_j>0$ 者为凸函数，对应于 $\bar{v}_j<0$ 者为凹函数，则 $\bar{x}$ 是最优解. 特别是，如果问题(25.2-5)是凸规划，则满足 K-T 条件的可行解必为最优解.

例 3 考虑标准型的线性规划问题(25.1-2). 因为它既是凸规划，又是线性约束，所以，点 $\bar{x}$ 为 K-T 点就是最优解的必要充分条件. 此处 K-T 条件为存在 $\bar{u}\in R^n$，$\bar{v}\in R^m$，使得

$$\begin{cases}\boldsymbol{c}+A^{\mathrm T}\bar{v}-\bar{u}=0,\\ \bar{u}\geqslant 0,\ \bar{u}^{\mathrm T}\bar{\boldsymbol{x}}=0,\\ A\bar{\boldsymbol{x}}=\boldsymbol{b},\ \bar{\boldsymbol{x}}\geqslant 0.\end{cases}$$

若将 $\bar{u}$ 解出并消去，则可写成

$$\begin{cases}\boldsymbol{c}+A^{\mathrm T}\bar{v}\geqslant 0,\ \boldsymbol{c}^{\mathrm T}\bar{\boldsymbol{x}}+\bar{v}^{\mathrm T}\boldsymbol{b}=0,\\ A\bar{\boldsymbol{x}}=\boldsymbol{b},\ \bar{\boldsymbol{x}}\geqslant 0.\end{cases}\qquad (25.2\text{-}19)$$

2. 二阶条件

定理 15 考虑无约束问题(25.2-2). 如果 $\bar{x}$ 是局部最优解，f 在 $\bar{x}$ 二次可微，则有 $\nabla f(\bar{x})=0$ 和 $\nabla^2 f(\bar{x})$ 半正定.

定理 16 考虑无约束问题(25.2-2). 如果点 $\bar{x}$ 满足

$$\nabla f(\bar{\boldsymbol{x}})=0,\qquad \nabla^2 f(\bar{\boldsymbol{x}})\ \text{正定}$$

则 $\bar{x}$ 是孤立的局部最优解.

定理 17(二阶必要条件) 考虑兼有等式和不等式约束的问题(25.2-5). 如果 $\bar{x}$ 是局部最优解，函数 $f,g_i,i\in E(\bar{x})$ 和 $h_j,j=1,2,\cdots,l$，在 $\bar{x}$ 点二次可微，函数 g_i，$i\overline{\in} E$，在 $\bar{x}$ 连续，并且

$$\nabla g_i(\bar{\boldsymbol{x}}),\ i\in E(\bar{\boldsymbol{x}}),\ \nabla h_j(\bar{\boldsymbol{x}}),j=1,2,\cdots,l\ \text{线性无关}$$

则 K-T 条件(25.2-16)成立，进而有函数

$$L(\boldsymbol{x})=f(\boldsymbol{x})+\sum_{i\in E}\bar{u}_i g_i(\boldsymbol{x})+\sum_{j=1}^{l}\bar{v}_j h_j(\boldsymbol{x})\qquad (25.2\text{-}20)$$

满足：对任意 $d\in G_0\cap H_0$，有

$$d^{\mathrm T}\nabla^2 L(\bar{\boldsymbol{x}})d\geqslant 0,$$

其中

$$G_0=\{d\in \boldsymbol{R}^n:\nabla g_i(\bar{\boldsymbol{x}})^{\mathrm T}d=0,\ i\in E(\bar{\boldsymbol{x}})\},$$

$$H_0=\{d\in \boldsymbol{R}^n:\nabla h_j(\bar{\boldsymbol{x}})^{\mathrm T}d=0,\ j=1,2,\cdots,l\}.$$

注意定理中也作了线性无关 CQ 假设. 这一假设同样可减弱,但不是如一阶条件情形的结果.

定理 18(二阶充分条件) 考虑问题(25.2-5). 设 $\bar{\boldsymbol{x}}$ 是可行解,满足 K-T 条件,并且对于某一组使 K-T 条件成立的乘子 $\bar{u}$ 和 $\bar{v}$,按(25.2-20)式构成的函数 $L(\boldsymbol{x})$,有

$$d^{\mathrm{T}}\nabla^2 L(\bar{\boldsymbol{x}})d > 0.$$

对任意 $d\neq 0, d\in G\cap H_0\cap\{d:\nabla f(\bar{\boldsymbol{x}})^{\mathrm{T}}d=0\}$成立,则 $\bar{\boldsymbol{x}}$ 是问题的严格的局部最优解. 如果又有线性无关 CQ 假设成立,则 $\bar{\boldsymbol{x}}$ 是孤立的局部最优解.

3. 对偶理论

定义 8(沃尔夫对偶) 考虑问题(25.2-6). 设函数 f 和 $g_i, i=1,2,\cdots,m$,为凸函数,即问题为凸规划. 设 f 和 $g_i, i=1,2,\cdots,m$ 为可微. 称下述以$(\boldsymbol{x},\boldsymbol{u},\boldsymbol{v})$为变量的问题

$$\begin{cases}\max f(\boldsymbol{x})+\boldsymbol{u}^{\mathrm{T}}\boldsymbol{g}(\boldsymbol{x})+\boldsymbol{v}^{\mathrm{T}}(A\boldsymbol{x}-\boldsymbol{b}),\\ \text{s.t.}\ \nabla f(\boldsymbol{x})+\sum_{i=1}^{m}u_i\nabla g_i(\boldsymbol{x})+A^{\mathrm{T}}\boldsymbol{v}=0,\\ \quad\boldsymbol{u}\geqslant 0.\end{cases}\tag{25.2-21}$$

为问题(25.2-6)的**沃尔夫(Wolfe)对偶问题**. 相应地,称(25.2-6)为原问题.

定理 19(沃尔夫对偶定理) 考虑凸规划(25.2-6)及其沃尔夫对偶问题(25.2-21). 如果原问题有解,比如为 $\bar{\boldsymbol{x}}$,在 $\bar{\boldsymbol{x}}$ 点有定理 13 中的某种 CQ 假设成立,则对偶问题也有解,且目标函数最优值相等;反之如果有 $\bar{\boldsymbol{x}}$ 及$(\bar{\boldsymbol{u}},\bar{\boldsymbol{v}})$,分别是原问题和对偶问题的可行解,且有 $\bar{\boldsymbol{u}}^{\mathrm{T}}\boldsymbol{g}(\bar{\boldsymbol{x}})=0$,则它们分别是原问题和对偶问题的最优解.

定义 9(拉格朗日对偶) 考虑问题(25.2-5). 称问题

$$\begin{cases}\max\ \theta(\boldsymbol{u},\boldsymbol{v}),\\ \text{s.t.}\ \ \boldsymbol{u}\geqslant 0.\end{cases}\tag{25.2-22}$$

为其**拉格朗日对偶问题**,其中

$$\theta(\boldsymbol{u},\boldsymbol{v})=\inf_{x}\{f(\boldsymbol{x})+\boldsymbol{u}^{\mathrm{T}}\boldsymbol{g}(\boldsymbol{x})+\boldsymbol{v}^{\mathrm{T}}\boldsymbol{h}(\boldsymbol{x})\}$$

称为拉格朗日对偶函数. 称(25.2-5)为原问题.

定理 20(弱对偶定理) 对于(25.2-5)的任意可行解 $\boldsymbol{x}$ 和对偶问题(25.2-22)的任意可行解$(\boldsymbol{u},\boldsymbol{v})$,恒有 $f(\boldsymbol{x})\geqslant\theta(\boldsymbol{u},\boldsymbol{v})$.

推论 如果有问题(25.2-5)的可行解 $\bar{\boldsymbol{x}}$ 和 $\bar{\boldsymbol{u}}\in R^m, \bar{\boldsymbol{u}}\geqslant 0, \bar{\boldsymbol{v}}\in R^l$,满足 $f(\bar{\boldsymbol{x}})\leqslant\theta(\bar{\boldsymbol{u}},\bar{\boldsymbol{v}})$,则 $\bar{\boldsymbol{x}}$ 和$(\bar{\boldsymbol{u}},\bar{\boldsymbol{v}})$分别是问题(25.2-5)和(25.2-22)的最优解.

定理 21(强对偶定理) 设问题(25.2-6)为凸规划,并且满足 CQ 假设:

$$\text{存在点 }\boldsymbol{x}_0\text{ 使 }g_i(\boldsymbol{x}_0)<0, i=1,2,\cdots,m\text{ 及 }A\boldsymbol{x}_0=b\tag{25.2-23}$$

考虑对偶问题(25.2-22),注意此时 $\theta(\boldsymbol{u},\boldsymbol{v})=\inf_{x}\{f(\boldsymbol{x})+\boldsymbol{u}^{\mathrm{T}}g(\boldsymbol{x})+\boldsymbol{v}^{\mathrm{T}}(A\boldsymbol{x}-b)\}$. 如果(25.2-6)有最优解,记为 $\bar{\boldsymbol{x}}$,则对偶问题也有最优解,记为 $\bar{\boldsymbol{u}},\bar{\boldsymbol{v}}$,并且有 $f(\bar{\boldsymbol{x}})=\theta(\bar{\boldsymbol{u}},\bar{\boldsymbol{v}})$

及 $\bar{\boldsymbol{u}}^{\mathrm{T}}\boldsymbol{g}(\bar{\boldsymbol{x}})=0$.

定义 10 设 $S_1\subset R^n$,$S_2\subset R^k$,函数 $\varphi:S_1\times S_2\to R$. 如果点$(\bar{\boldsymbol{x}},\bar{\boldsymbol{y}})\in S_1\times S_2$,使得对任意的 $\boldsymbol{x}\in S_1$ 和 $\boldsymbol{y}\in S_2$ 都有

$$\varphi(\bar{\boldsymbol{x}},\boldsymbol{y})\leqslant\varphi(\bar{\boldsymbol{x}},\bar{\boldsymbol{y}})\leqslant\varphi(\boldsymbol{x},\bar{\boldsymbol{y}}),$$

则称$(\bar{\boldsymbol{x}},\bar{\boldsymbol{y}})$为函数 φ 的**鞍点**.

定理 22(鞍点定理) 考虑问题(25.2-5). 如果$(\bar{\boldsymbol{x}},\bar{\boldsymbol{u}},\bar{\boldsymbol{v}})$是函数(称为拉格朗日函数)

$$L(\boldsymbol{x},\boldsymbol{u},\boldsymbol{v})=f(\boldsymbol{x})+\boldsymbol{u}^{\mathrm{T}}g(\boldsymbol{x})+\boldsymbol{v}^{\mathrm{T}}h(\boldsymbol{x}),\ \boldsymbol{u}\geqslant 0 \tag{25.2-24}$$

的鞍点,则 $\bar{\boldsymbol{x}}$ 和$(\bar{\boldsymbol{u}},\bar{\boldsymbol{v}})$分别是问题(25.2-5)及其拉格朗日对偶问题的最优解,并且有 $\bar{\boldsymbol{u}}^{\mathrm{T}}g(\bar{\boldsymbol{x}})=0$. 反之,设(25.2-5)为凸规划,并满足(25.2-23)式的 CQ 假设. 如果 $\bar{\boldsymbol{x}}$ 为最优解,则存在 $\bar{\boldsymbol{u}},\bar{\boldsymbol{v}},\bar{\boldsymbol{u}}\geqslant 0$,使$(\bar{\boldsymbol{x}},\bar{\boldsymbol{u}},\bar{\boldsymbol{v}})$为 L 的鞍点.

定理 23(鞍点与 K-T 条件的关系) 考虑问题(25.2-5),可行集为 D.

(1) 设 $\bar{\boldsymbol{x}}\in D$ 满足 K-T 条件,乘子为 $\bar{\boldsymbol{u}},\bar{\boldsymbol{v}}$. 又设 $f,g_i,i=1,2,\cdots,m$,为凸函数,$\boldsymbol{h}(\boldsymbol{x})=A\boldsymbol{x}-b$,即为凸规划,则$(\bar{\boldsymbol{x}},\bar{\boldsymbol{u}},\bar{\boldsymbol{v}})$为(25.2-24)式的拉格朗日函数 L 的鞍点.

(2) 设$(\bar{\boldsymbol{x}},\bar{\boldsymbol{u}},\bar{\boldsymbol{v}})$为 L 的鞍点,则 $\bar{\boldsymbol{x}}\in D$ 且满足 K-T 条件,乘子为 $\bar{\boldsymbol{u}},\bar{\boldsymbol{v}}$.

例 4 标准型线性规划问题(25.1-2)是凸规划,其沃尔夫对偶问题,按定义 8 为

$$\begin{cases}\max & \boldsymbol{c}^{\mathrm{T}}\boldsymbol{x}-\boldsymbol{u}^{\mathrm{T}}\boldsymbol{x}+\boldsymbol{v}^{\mathrm{T}}(A\boldsymbol{x}-\boldsymbol{b}),\\ \text{s.t.} & \boldsymbol{c}-\boldsymbol{u}+A^{\mathrm{T}}\boldsymbol{v}=0,\\ & \boldsymbol{u}\geqslant 0.\end{cases}$$

消去 $\boldsymbol{u}$,并令 $\boldsymbol{y}=-\boldsymbol{v}$,则可化为

$$\begin{cases}\max & b^{\mathrm{T}}\boldsymbol{y},\\ \text{s.t.} & A^{\mathrm{T}}\boldsymbol{y}\leqslant\boldsymbol{c}.\end{cases}$$

即问题(25.1-13). 为导出拉格朗日对偶问题先求对偶函数

$$\begin{aligned}\theta(\boldsymbol{u},\boldsymbol{v})&=\inf_x\{\boldsymbol{c}^{\mathrm{T}}\boldsymbol{x}-\boldsymbol{u}^{\mathrm{T}}\boldsymbol{x}+\boldsymbol{v}^{\mathrm{T}}(A\boldsymbol{x}-\boldsymbol{b})\}\\ &=-\boldsymbol{b}^{\mathrm{T}}\boldsymbol{v}+\inf_x\{(c+A^{\mathrm{T}}\boldsymbol{v}-\boldsymbol{u})^{\mathrm{T}}\boldsymbol{x}\},\\ &=\begin{cases}-\boldsymbol{b}^{\mathrm{T}}\boldsymbol{v}, & \text{当 } c+A^{\mathrm{T}}\boldsymbol{v}-\boldsymbol{u}\geqslant 0,\\ -\infty, & \text{当存在 } c_j+p_j^{\mathrm{T}}\boldsymbol{v}-u_j<0.\end{cases}\end{aligned}$$

可见,问题(25.2-22)在此处等价于

$$\begin{cases}\max b^{\mathrm{T}}(-\boldsymbol{v}),\\ \text{s.t. } A^{\mathrm{T}}(-\boldsymbol{v})\leqslant\boldsymbol{c}.\end{cases}$$

令 $\boldsymbol{y}=-\boldsymbol{v}$,同样得到(25.1-13).

25.2.4 数值最优化方法的一般概念

数值最优化方法中的算法,都是一个迭代过程. 除个别情况(如下一段中的

0.618 法)外,都是从一个初始近似解开始,每迭代一次,更新一次近似解,从而生成一个近似解序列.

1. 收敛性与收敛速度

非线性规划问题的最优解常常不具有唯一性.实际的最优化问题又常常不追求得到准确的最优解,而只求得到一个可以接受的可行解.因此,算法的收敛性分析,首先要认定所希望要用算法求到的点的集合,此集合称作**解集**.

定义 11 如果一个算法经有限步迭代即得到解集的点,或者所产生的无穷序列的每一个极限点都是解集的点,则称此算法是收敛的.

可见,一个收敛的算法所产生的近似解序列,不一定是如微积分学中的收敛序列,但它的每一个收敛子序列都以解集中的点为极限.

至于收敛速度的概念,是当每个收敛子序列具有如 18.1.3 所定义的某种收敛速度时,称算法具有此种收敛速度.

2. 二次终结性

一个算法,若在用于二次函数的无约束问题时,经有限次迭代就得到最优解,就称此算法有**二次终结性质**.

定义 12 设 $n\geqslant 2, C=(c_{ij})_{n\times n}$ 为对称正定矩阵,$\boldsymbol{p}^1, \boldsymbol{p}^2, \cdots, \boldsymbol{p}^m\ (m\leqslant n)$ 为 m 个 n 维向量,若

$$(\boldsymbol{p}^i)^{\mathrm{T}} C\boldsymbol{p}^j = 0 \quad (i\neq j, i, j = 1, 2, \cdots, m), \tag{25.2-25}$$

则称向量组 $\boldsymbol{p}^1, \boldsymbol{p}^2, \cdots, \boldsymbol{p}^m$ 关于矩阵 C 为**共轭向量**,或称关于矩阵 C 为**共轭方向**.

定理 24 共轭向量是线性无关的.

定理 25 设 C 是 $n\times n$ 对称正定矩阵,函数

$$f(x) = \frac{1}{2}\boldsymbol{x}^{\mathrm{T}} C\boldsymbol{x} + b^{\mathrm{T}}\boldsymbol{x}, \tag{25.2-26}$$

设 $d_1, d_2, \cdots, d_m \in \boldsymbol{R}^n, m\leqslant n$,是关于 C 共轭的.设 $\boldsymbol{x}_1$ 为初始点,对于 $k=1,2,\cdots,m$,$\boldsymbol{x}_{k+1}=\boldsymbol{x}_k+\lambda_k d_k$,其中 λ_k 为问题

$$\min f(\boldsymbol{x}_k + \lambda d_k)$$

的最优解.则 x_{m+1} 是问题

$$\begin{cases}\min f(\boldsymbol{x}),\\ s.t.\ \boldsymbol{x}\in M.\end{cases}$$

的最优解,其中 $M=\left\{\boldsymbol{x}\in R^n: \boldsymbol{x}=\boldsymbol{x}_1+\sum_{i=1}^{m}\mu_i d_i, \mu_i\in R\right\}$.

据定理 24,共轭方向是线性无关的.据定理 25,当 $m=n$ 时,从任意的 $\boldsymbol{x}_1$ 出发,依次沿 n 个共轭方向求最小,最终将求得无约束问题 $\min f(\boldsymbol{x})=\frac{1}{2}\boldsymbol{x}^{\mathrm{T}}C\boldsymbol{x}+b^{\mathrm{T}}\boldsymbol{x}$ 的最优解.

3. 可靠性和效率

数值最优化的算法的生命力，取决于算法用于实际求解问题时的表现，即称作数值经验的结果. 一个新的算法能否存活下来，取决于它是否在数值经验方面优于已有的算法. 有专门设计出的试验题目，用来考验算法和在不同算法间作比较. 数值经验的指标主要有两项，即可靠性和效率.

这里说一个算法的**可靠性**，是指它以合理的精度，求解它那类问题中大多数问题的能力. 所谓它那类问题，是指设计这个算法时，所针对要解的那个问题种类. 用专门设计出的试验题目，统计能成功求解的百分数，可以得到算法可靠性的经验估计.

算法的**效率**，可以用解题所需完成的工作量来度量. 人们用许多指标来表现工作量，诸如函数和梯度的求值次数，迭代次数，CPU 时间等. 但这些指标单独任何一个都不是令人满意的；而用多个指标时，如何综合地加以评价，也需要一个为人们所公认的方法. 执行一个算法所需要的机器时间，不仅依赖于算法的效率，而且依赖于所用机器的类型，以及程序编码的好坏. 迭代次数不能单独用作算法效率的度量，因为对于不同的算法，一次迭代所花工作量会十分不同. 单用函数和梯度求值次数也会导致错误的评价，因为这忽略了其他一些也很花时间的计算，如矩阵乘法，矩阵求逆等. 此外，函数的求值与梯度的求值，以及有时要作的海赛矩阵的求值，也是很不相同的. 但是，几个算法解同一批题目，按一项或者多项指标作出统计，对于这些算法在某个方面的优劣，可以经验地给出大体上的比较.

25.2.5 一维搜索法

求一元函数在全数轴上，在正半轴上，或在一有限区间上的最小值点的数值方法，称为一维搜索法. 它可以用于求解一元函数的最优问题，更多地则是内嵌于各种数值最优化方法中. 由于这时它是一个迭代步的构成部分，随迭代过程被重复执行，因而其优劣对算法效率影响巨大.

1. 0.618 法与中点法

定义 13 设函数 $\varphi: R \to R$，在区间$[\alpha,\beta]$上有最小点 $\bar{\lambda}$. 如果对于任意 $\lambda_1,\lambda_2 \in [\alpha,\beta]$，且 $\lambda_1 < \lambda_2$，都有

(1) 若 $\lambda_2 \leqslant \bar{\lambda}$，则 $\varphi(\lambda_1) > \varphi(\lambda_2)$；

(2) 若 $\lambda_1 \geqslant \bar{\lambda}$，则 $\varphi(\lambda_1) < \varphi(\lambda_2)$.

则称 φ 在$[\alpha,\beta]$区间上是**强单峰**的. 又若对任意 $\lambda_1,\lambda_2 \in [\alpha,\beta]$，且 $\lambda_1 < \lambda_2$，$\varphi(\lambda_1) \neq \varphi(\bar{\lambda})$，$\varphi(\lambda_2) \neq \varphi(\bar{\lambda})$，而成立(1)和(2)，则称 φ 在$[\alpha,\beta]$区间为**单峰**的.

定理 26 设 $\varphi: R \to R$，在区间$[\alpha,\beta]$上是单峰的. 设 $\lambda,\mu \in [\alpha,\beta]$，且 $\lambda < \mu$. 如 $\varphi(\lambda) > \varphi(\mu)$，则对任意的 $\rho \in [\alpha,\lambda]$，有 $\varphi(\rho) \geqslant \varphi(\mu)$；如果 $\varphi(\lambda) \leqslant \varphi(\mu)$，则对任意的 $\rho \in [\mu,\beta]$，有 $\varphi(\rho) \geqslant \varphi(\lambda)$.

算法 1(0.618 **法**)

(1) 给初始搜索区间$[\alpha_1,\beta_1]$. 置容差(容许误差)$\varepsilon>0$. 置$t=(\sqrt{5}-1)/2$. 计算$\lambda_1=\alpha_1+(1-t)(\beta_1-\alpha_1)$, $\mu_1=\alpha_1+t(\beta_1-\alpha_1)$. 计算$\varphi(\lambda_1)$, $\varphi(\mu_1)$. 置$k=1$.

(2) 若$\beta_k-\alpha_k<\varepsilon$,则停止,区间$[\alpha_k,\beta_k]$上任一点可作为近似解;否则,当$\varphi(\lambda_k)>\varphi(\mu_k)$时转(3),当$\varphi(\lambda_k)\leqslant\varphi(\mu_k)$时转(4).

(3) 置$\alpha_{k+1}=\lambda_k$, $\beta_{k+1}=\beta_k$, $\lambda_{k+1}=\mu_k$, $\varphi(\lambda_{k+1})=\varphi(\mu_k)$. 计算$\mu_{k+1}=\alpha_{k+1}+t(\beta_{k+1}-\alpha_{k+1})$,计算$\varphi(\mu_{k+1})$. 转(5).

(4) 置$\alpha_{k+1}=\alpha_k$, $\beta_{k+1}=\mu_k$, $\mu_{k+1}=\lambda_k$, $\varphi(\mu_{k+1})=\varphi(\lambda_k)$. 计算$\lambda_{k+1}=\alpha_{k+1}+(1-t)(\beta_{k+1}-\alpha_{k+1})$,计算$\varphi(\lambda_{k+1})$. 转(5).

(5) 置$k=k+1$,转(2).

0.618法的搜索区间按0.618的幂减小,取区间中任一点为近似解,有$O(0.618^k)$的收敛速度.(见18.1.3)

算法2(中点法)

(1) 给初始搜索区间$[\alpha_1,\beta_1]$,置容差$\varepsilon>0$. 置$k=1$.

(2) 计算$\lambda_k=(\alpha_k+\beta_k)/2$,计算$\varphi'(\lambda_k)$. 如果$\varphi'(\lambda_k)=0$则停止,$\lambda_k$为解;如果$\varphi'(\lambda_k)>0$,则转(3);如果$\varphi'(\lambda_k)<0$,则转(4).

(3) 置$\alpha_{k+1}=\alpha_k$, $\beta_{k+1}=\lambda_k$,转(5).

(4) 置$\alpha_{k+1}=\lambda_k$, $\beta_{k+1}=\beta_k$,转(5).

(5) 如果$\beta_{k+1}-\alpha_{k+1}<\varepsilon$,则停止,$[\alpha_{k+1},\beta_{k+1}]$中的任一点都可作为近似解;否则,置$k=k+1$,转(2).

中点法的搜索区间按0.5的幂减小. 有$O(0.5^k)$的收敛速度.(见18.1.3)

2. 牛顿法与弦线法

算法3(牛顿法)

(1) 给λ_1. 置容差$\varepsilon>0$. 置$k=1$.

(2) 如果$|\varphi'(\lambda_k)|<\varepsilon$,则停止,解为$\lambda_k$,否则,当$\varphi''(\lambda_k)=0$,算法失败;当$\varphi''(\lambda_k)\neq 0$,转(3).

(3) 计算$\lambda_{k+1}=\lambda_k-\dfrac{\varphi'(\lambda_k)}{\varphi''(\lambda_k)}$. 如果

$$|\lambda_{k+1}-\lambda_k|<\varepsilon, \tag{25.2-27}$$

则停止,解为λ_{k+1};否则,置$k=k+1$,转(2).

牛顿法的收敛性质参见25.2.6.

此处的牛顿法是以$\varphi(\lambda)$在λ_k点的二阶泰勒多项式的最小值点作为λ_{k+1}而导出的. 这与将18.7.1的牛顿法施于非线性方程$\varphi'(\lambda)=0$,结果是一致的.

以下的弦线法也可以看作是将18.7.1的弦线法用于方程$\varphi'(\lambda)=0$的结果.

算法4(弦线法)

(1) 给λ_0, λ_1使$\varphi'(\lambda_0)\varphi'(\lambda_1)<0$. 置容差$\varepsilon>0$. 置$k=1$.

(2) 计算

$$\lambda_{k+1} = \lambda_k - \varphi'(\lambda_k)\frac{\lambda_k - \lambda_{k-1}}{\varphi'(\lambda_k) - \varphi'(\lambda_{k-1})},$$

如果 $\varphi'(\lambda_{k+1})=0$,则停止,解为 λ_{k+1}. 否则,当 $\varphi'(\lambda_{k+1})\varphi'(\lambda_k)<0$ 时转(3);当 $\varphi'(\lambda_{k+1})\varphi'(\lambda_k)>0$ 时,置 $\lambda_k=\lambda_{k-1}$,转(3).

(3) 如果 $|\lambda_{k+1}-\lambda_k|<\varepsilon$,则停止,解为 λ_{k+1};否则置 $k=k+1$. 转(2).

3. 不精确一维搜索法

无约束最优化方法的许多算法,要在到达 $\boldsymbol{x}_k$ 和求出搜索方向 d 后,求解一维搜索问题

$$\begin{cases}\min \quad \varphi(\lambda) = f(\boldsymbol{x}_k + \lambda d), \\ \text{s. t.} \quad \lambda \geqslant 0.\end{cases} \tag{25.2-28}$$

以产生 $\boldsymbol{x}_{k+1}$. 这里的**不精确一维搜索法**仅用于此. 它以求满足如下条件(称沃尔夫-鲍威尔准则)的 λ,代替(25.2-28)的最优解,即

$$\begin{cases}\text{(a)}\ f(\boldsymbol{x}_k + \lambda d) \leqslant f(\boldsymbol{x}_k) + \alpha\lambda\, \nabla f(\boldsymbol{x}_k)^{\mathrm{T}} d, \\ \text{(b)}\ \nabla f(\boldsymbol{x}_k + \lambda d)^{\mathrm{T}} d \geqslant \beta \nabla f(\boldsymbol{x}_k)^{\mathrm{T}} d, \\ \text{(c)}\ \lambda = 1 \text{ 优先}.\end{cases} \tag{25.2-29}$$

其中 $\alpha\in\left(0,\dfrac{1}{2}\right)$, $\beta\in(\alpha,1)$. 这样的 λ 虽然会与最优解甚至局部最优解相去甚远,但却使算法的效率大大提高,并使有的算法有很好的收敛性质.

算法 5

(1) 置 $\lambda=1$. 计算 $f(\boldsymbol{x}_k)$ 与 $\nabla f(\boldsymbol{x}_k)^{\mathrm{T}} d$.

(2) 计算 $f(\boldsymbol{x}_k+\lambda d)$. 如果(25.2-29)的(a)成立,则转(3);否则,置 $\lambda=\lambda/2$,重复执行(2).

(3) 计算 $\nabla f(\boldsymbol{x}_k+\lambda d)^{\mathrm{T}} d$. 如果(25.2-29)的(b)成立,则停止,$\lambda$ 即为所求;否则置 $\lambda=3\lambda/2$,转(2).

25.2.6 无约束最优化的数值方法

本段的算法用于求解问题(25.2-2).

1. 最速下降法与牛顿法

算法 6(最速下降法)

(1) 给初始近似解 $\boldsymbol{x}_1$. 置容差 $\varepsilon>0$. 置 $k=1$.

(2) 计算 $\nabla f(\boldsymbol{x}_k)$. 如果 $\|\nabla f(\boldsymbol{x}_k)\|<\varepsilon$,则停止,以 $\boldsymbol{x}_k$ 为所求近似解;否则置 $d=-\nabla f(\boldsymbol{x}_k)$,用某种一维搜索法(不可用算法 5)求解问题(25.2-28)得 λ_k,置 $\boldsymbol{x}_{k+1}=\boldsymbol{x}_k+\lambda_k d$.

(3) 置 $k=k+1$,转(2).

最速下降法在某种假设下可以证明收敛到梯度 0 点,为线性收敛.数值经验结果是收敛缓慢,效率很差,且常常因早停而不能求得梯度 0 点的好的近似点.

算法 7(牛顿法)

(1) 给初始近似解 $\boldsymbol{x}_1$. 置容差 $\varepsilon>0$. 置 $k=1$.

(2) 计算 $\nabla f(\boldsymbol{x}_k)$. 如果 $\|\nabla f(\boldsymbol{x}_k)\|<\varepsilon$,则停止,以 $\boldsymbol{x}_k$ 为所求近似解;否则计算 $\nabla^2 f(\boldsymbol{x}_k)$,求解方程组(称为牛顿方程组)

$$\nabla^2 f(\boldsymbol{x}_k)\boldsymbol{s}=-\nabla f(\boldsymbol{x}_k) \tag{25.2-30}$$

得解 s_k. 置 $\boldsymbol{x}_{k+1}=\boldsymbol{x}_k+\boldsymbol{s}_k$.

(3) 如果 $\|\boldsymbol{x}_{k+1}-\boldsymbol{x}_k\|<\varepsilon$,则停止,以 $\boldsymbol{x}_{k+1}$ 为所求近似解;否则置 $k=k+1$,转(2).

牛顿法用于二次函数,只需一步即得梯度 0 点.这也是具有二次终结性.

定理 27 设目标函数 f 二次连续可微. 设点 $\bar{\boldsymbol{x}}$ 使得 $\nabla f(\bar{\boldsymbol{x}})=0$, $\nabla^2 f(\bar{\boldsymbol{x}})$ 为可逆阵. 如果 $\delta=\|\boldsymbol{x}_1-\bar{\boldsymbol{x}}\|$ 充分小,使得对任意的 $\boldsymbol{x}\in N_\delta(\bar{\boldsymbol{x}})=\{\boldsymbol{x}\in R^n:\|\boldsymbol{x}-\bar{\boldsymbol{x}}\|<\delta\}$,有

$$\|\nabla^2 f(\boldsymbol{x})\|<c_1 \text{ 和 } \|\nabla^2 f(\boldsymbol{x})-\nabla^2 f(\bar{\boldsymbol{x}})\|\leqslant c_2\|\boldsymbol{x}-\bar{\boldsymbol{x}}\|,$$

并且 $c_1c_2\delta<2$,则牛顿法产生的点列 $\{\boldsymbol{x}_k\}$ 有 $\lim\limits_{k\to\infty}x_k=\bar{\boldsymbol{x}}$,并且收敛的阶至少是 2.

像牛顿法的收敛性这样,只有当初始点 $\boldsymbol{x}_1$ 充分接近于要求的解 $\bar{\boldsymbol{x}}$ 时,收敛性才成立,这叫作**局部收敛性**,相对立的,不论 $\boldsymbol{x}_1$ 如何取,都有收敛性成立,称为**全局收敛**.

2. 牛顿法的改进

收敛的阶至少为 2,这种快速收敛性质,是牛顿法的难得的优点.但牛顿法的许多缺点,诸如仅有局部收敛性,要求二阶导数矩阵 $\nabla^2 f(\boldsymbol{x})$ 可逆,每步迭代要计算矩阵 $\nabla^2 f(\boldsymbol{x}_k)$,以及求解方程组(25.2-30)所带来的巨大计算量等,使得牛顿法不是一个实际可用的算法.于是,产生了对牛顿法的种种改进方案,如以所谓 *L-M* 法为代表的称作修正的牛顿法的一类方法,又如近年来多有研究的所谓牛顿-PCG 法等,方案多多.其意皆在尽量保留和少损失快速收敛性质的情况下,改进成为实用的好方法.

3. 变度量法

算法 8(DFP 法)

(1) 给初始近似解 $\boldsymbol{x}_1$ 和初始对称正定矩阵 H_1. 置容差 $\varepsilon>0$. 计算 $\nabla f(\boldsymbol{x}_1)$. 置 $k=1$.

(2) 如果 $\|\nabla f(\boldsymbol{x}_k)\|<\varepsilon$,则停止,以 $\boldsymbol{x}_k$ 为所求近似解;否则求方向 $d=-H_k\nabla f(\boldsymbol{x}_k)$.

(3) 用算法 5 解一维搜索问题(25.2-28)得 λ,置 $\boldsymbol{x}_{k+1}=\boldsymbol{x}_k+\lambda d$.

(4) 如果 $\|\boldsymbol{x}_{k+1}-\boldsymbol{x}_k\|<\varepsilon$,则停止,以 $\boldsymbol{x}_{k+1}$ 为所求近似解;否则计算 $\nabla f(\boldsymbol{x}_{k+1})$,计算 $\boldsymbol{y}=\nabla f(\boldsymbol{x}_{k+1})-\nabla f(\boldsymbol{x}_k)$, $\boldsymbol{s}=\boldsymbol{x}_{k+1}-\boldsymbol{x}_k$,

$$H_{k+1}=H_k+\frac{\boldsymbol{s}\boldsymbol{s}^{\mathrm{T}}}{\boldsymbol{s}^{\mathrm{T}}\boldsymbol{y}}-\frac{H_k\boldsymbol{y}\boldsymbol{y}^{\mathrm{T}}H_k}{\boldsymbol{y}^{\mathrm{T}}H_k\boldsymbol{y}}. \tag{25.2-31}$$

置 $k=k+1$，转(2).

算法 9(BFGS 法)

(1),(2),(3),(4)各步除 H_{k+1} 的公式之外皆与算法 8 的 DFP 法相同. 以公式

$$H_{k+1}=H_k+\left(1+\frac{\boldsymbol{y}^{\mathrm{T}}H_k\boldsymbol{y}}{\boldsymbol{s}^{\mathrm{T}}\boldsymbol{y}}\right)\frac{\boldsymbol{s}\boldsymbol{s}^{\mathrm{T}}}{\boldsymbol{s}^{\mathrm{T}}\boldsymbol{y}}-\frac{\boldsymbol{s}\boldsymbol{y}^{\mathrm{T}}H_k+H_k\boldsymbol{y}\boldsymbol{s}^{\mathrm{T}}}{\boldsymbol{s}^{\mathrm{T}}\boldsymbol{y}}$$

取代(25.2-31)式而置入算法 8，就是 BFGS 法.

BFGS 法的另一实现方案是在(1)中给初始对称正定矩阵 B_1 取代 H_1；在(2)中用求解方程组

$$B_kd=-\nabla f(\boldsymbol{x}_k)$$

来求搜索方向 d，在(4)中用公式

$$B_{k+1}=B_k+\frac{\boldsymbol{y}\boldsymbol{y}^{\mathrm{T}}}{\boldsymbol{s}^{\mathrm{T}}\boldsymbol{y}}-\frac{B_k\boldsymbol{s}\boldsymbol{s}^{\mathrm{T}}B_k}{\boldsymbol{s}^{\mathrm{T}}B_k\boldsymbol{s}} \tag{25.2-32}$$

产生新矩阵 B_{k+1}. 这样看似用计算量为 $O(n^3)$ 的解线性方程组取代仅需 $O(n^2)$ 计算量的矩阵向量乘，来生成搜索方向 d，是不利的. 但在实际的实现中，通过在(1)中给已知其 LDL^{T} 分解(参见 § 18.8)的 B_1 矩阵(比如单位矩阵)和在(4)中在分解 $B_k=L_kD_kL_k^{\mathrm{T}}$ 的基础上，用 L_k,D_k 和 $\boldsymbol{s},\boldsymbol{y}$ 产生 L_{k+1} 和 D_{k+1}，从而完成(25.2-32)式计算的方法，使得(2)的线性方程组的求解在 $O(n^2)$ 计算量内完成.

DFP 法和 BFGS 法在用于二次函数(25.2-26)时，如果在步(3)中所求 λ 是(25.2-28)的精确的最优解，则所产生的 d 方向系列是关于矩阵 C 共轭的. 也就是说，DFP 和 BFGS 法具有二次终结性.

定理 28 设 f 是凸函数，二次连续可微. 设对任意的 $\boldsymbol{x}_0$，水平集 $\{\boldsymbol{x}\in\boldsymbol{R}^n: f(\boldsymbol{x})\leqslant f(\boldsymbol{x}_0)\}$ 为有界集，则对任意的 $\boldsymbol{x}_1$ 和 H_1，用算法 9(BFGS 法)所产生的点列 $\{\boldsymbol{x}_k\}$，有

$$\lim f(\boldsymbol{x}_k)=\bar{f}, \tag{25.2-33}$$

其中 $\bar{f}$ 为最优值. 如果再假设 $\boldsymbol{x}_k\to\bar{\boldsymbol{x}}$，$\nabla^2 f(\bar{\boldsymbol{x}})$ 正定，并且存在常数 $K>0$，使得在 $\bar{\boldsymbol{x}}$ 的某个邻域内有

$$\|\nabla^2 f(\boldsymbol{x})-\nabla^2 f(\bar{\boldsymbol{x}})\|\leqslant K\|\boldsymbol{x}-\bar{\boldsymbol{x}}\|,$$

则 $\boldsymbol{x}_k\to\bar{\boldsymbol{x}}$ 的收敛是超线性的.

(25.2-33)式保证 $\{\boldsymbol{x}_k\}$ 的每个极限点都是最优解.

定理 29 设 f 是凸函数，二次连续可微. 设对任意 $\boldsymbol{x}_0\in\boldsymbol{R}^n$，水平集 $\{\boldsymbol{x}\in\boldsymbol{R}^n: f(\boldsymbol{x})\leqslant f(\boldsymbol{x}_0)\}$ 为有界集. 如果用算法 8 的 DFP 法，但要变步(3)为所求的 λ 都是(28.2-28)的精确的最优解，则对任意的 $\boldsymbol{x}_1$ 和 H_1，点列 $\{\boldsymbol{x}_k\}$ 有(25.2-33)式的收敛性.

定理 30 设 f 二次连续可微，并且存在 $\epsilon>0$，使得对任意的 $\boldsymbol{x}\in\boldsymbol{R}^n$，$\nabla^2 f(\boldsymbol{x})$ 的最小特征值不小于 ϵ. 则无论 DFP 法还是 BFGS 法，只要将步(3)变为求出的 λ 是一维搜索问题(25.2-28)的精确的最优解，就有对任意的 $\boldsymbol{x}_1$ 和 H_1，所生成的点列 $\{\boldsymbol{x}_k\}$ 有

$$\lim \boldsymbol{x}_k=\bar{\boldsymbol{x}}, \tag{25.2-34}$$

其中 $\bar{x}$ 是问题(25.2-2)的唯一的最优解. 如果再假设存在常数 $K>0$,使得对任意的 $\boldsymbol{x}\in \boldsymbol{S}_1$,有

$$\|\nabla^2 f(\boldsymbol{x})-\nabla^2 f(\bar{\boldsymbol{x}})\| \leqslant K\|\boldsymbol{x}-\bar{\boldsymbol{x}}\|,$$

其中 S_1 为水平集$\{\boldsymbol{x}\in \boldsymbol{R}^n: f(\boldsymbol{x})\leqslant f(\boldsymbol{x}_1)\}$,则(25.2-34)式的收敛是超线性的.

数值经验显示,当维数不太高时,BFGS 法是最好的无约束最优化方法.

4. 共轭方向法

本段中的方法,当用于二次函数时,所产生的搜索方向为共轭方向. 从而方法具有二次终结性.

算法 10(共轭梯度法)

(1) 给初始近似解 $\boldsymbol{x}_1$. 置容差 $\varepsilon>0$. 计算 $d_1=-\nabla f(\boldsymbol{x}_1)$. 置 $k=1$.

(2) 如果 $\|\nabla f(\boldsymbol{x}_k)\|<\varepsilon$,则停止,以 $\boldsymbol{x}_k$ 为所求近似解;否则求解一维搜索问题(25.2-28)得精确的最优解 λ,置 $\boldsymbol{x}_{k+1}=\boldsymbol{x}_k+\lambda d_k$.

(3) 计算$\nabla f(\boldsymbol{x}_{k+1})$. 计算

$$\beta=\frac{\nabla f(\boldsymbol{x}_{k+1})^{\mathrm{T}}\nabla f(\boldsymbol{x}_{k+1})}{\nabla f(\boldsymbol{x}_k)^{\mathrm{T}}\nabla f(\boldsymbol{x}_k)}, \tag{25.2-35}$$

置 $d_{k+1}=-\nabla f(\boldsymbol{x}_{k+1})+\beta d_k$. 置 $k=k+1$,转(2).

算法 10 可以有许多变化. 一种是被称作 n 步重开始的共轭梯度法. 其变化为:

在(1)中增加置 n 值.

改(3)为:如果 $k=n$,置 $k=1$,$\boldsymbol{x}_1=\boldsymbol{x}_{n+1}$,$\nabla f(\boldsymbol{x}_1)=\nabla f(\boldsymbol{x}_{n+1})$,$d_1=-\nabla f(\boldsymbol{x}_{n+1})$,转(2);否则计算 β 如公式(25.2-35),置 $d_{k+1}=-\nabla f(\boldsymbol{x}_{k+1})+\beta d_k$,置 $k=k+1$,转(2).

另一种变化是 β 的计算公式. 如上按(25.2-35)式计算 β,称为 **FR 法**,按公式

$$\beta=\frac{[\nabla f(\boldsymbol{x}_{k+1})-\nabla f(\boldsymbol{x}_k)]^{\mathrm{T}}\nabla f(\boldsymbol{x}_{k+1})]}{\nabla f(\boldsymbol{x}_k)^{\mathrm{T}}\nabla f(\boldsymbol{x}_k)} \tag{25.2-36}$$

计算 β 的共轭梯度法,称为 **PRP 法**. 还有其他的 β 公式. 这些不同的公式,在用于二次函数时是等同的,用于非二次函数,会导致产生不同的搜索方向. 但数值经验表明各个方法差别不大.

共轭梯度法有全局收敛性的性质,但尚无理论结果表明有超线性收敛性;数值经验方面,其可靠性和效率都没有 BFGS 和 DFP 的好;但是,它有一个很大的优点,就是存储要求小. 从算法 10 可见,只需要存 3 个 n 维向量,就可运行算法,不像变度量法和牛顿法,因为要存储矩阵,而要 $O(n^2)$级的存储量.

25.2.7 约束最优化的数值方法

1. 可行方向法

可行方向的概念见定义 6. 定理 6 已经提示了一种数值方法:在可行点 $\boldsymbol{x}_k$,如果沿所有可行方向 d 的方向导数$\nabla f(\boldsymbol{x}_k)^{\mathrm{T}}d$ 皆非负,则停止,对于凸规划,此 $\boldsymbol{x}_k$ 为最优

解;非凸,此 $\boldsymbol{x}_k$ 也是一个满足必要条件的点,如同无约束问题的梯度 O 点. 如果存在可行方向 d,有 $\nabla f(\boldsymbol{x}_k)^{\mathrm{T}} d<0$,则 d 是使 f 值下降的方向,从 $\boldsymbol{x}_k$ 出发沿 d 作一维搜索,注意不要出可行集,得最小点作为 $\boldsymbol{x}_{k+1}$. 这便构成一个迭代步. 这就是**可行方向法**的一般模型. 事实上,线性规划的单纯形法,就是一种可行方向法. 在 25.1.5 的方法中,检验数 $b_{0j}>0$ 给出可行下降方向,而正是 $\frac{b_r^0}{b_{rs}}$ 给出一维搜索的结果. 对于非线性规划,问题在于如何确定使 f 值下降的可行方向,又如何完成一维搜索呢?

算法 11(既约梯度法)

适用问题:

$$\begin{cases}\min & f(\boldsymbol{x}),\\ \text{s.t.} & A\boldsymbol{x}=b,\\ & \boldsymbol{x}\geqslant 0.\end{cases} \tag{25.2-37}$$

作非退化假设:

(a) $A_{m\times n}$,其任意 m 个列都是线性无关的;

(b) 可行集的每一个极点(参见 25.1.4)都有 m 个正分量.

算法步骤:

(1) 给初始可行点 $\boldsymbol{x}_1$. 置 $k=1$.

(2) 求指标集 J_k 和矩阵 B,N:

$$J_k=\{j: x_j \text{ 是 } \boldsymbol{x}_k \text{ 的 } m \text{ 个最大的分量之一}\},$$

$$B=[\cdots a_j\cdots, j\in J_k] \text{ 和 } N=[\cdots a_j\cdots, j\overline{\in} J_k],$$

其中 a_j 为矩阵 A 的第 j 列.

计算 $\nabla f(\boldsymbol{x}_k)$,$r_N^{\mathrm{T}}=\nabla_N f(\boldsymbol{x}_k)^{\mathrm{T}}-\nabla_B f(\boldsymbol{x}_k)^{\mathrm{T}} B^{-1} N$

$$d_j=\begin{cases}-r_j, & \text{当 } j\overline{\in} J_k, \text{且 } r_j\leqslant 0,\\ -x_j r_j, & \text{当 } j\overline{\in} J_k, \text{且 } r_j>0,\end{cases}$$

$$d_N^{\mathrm{T}}=(\cdots d_j\cdots, j\overline{\in} J_k).$$

如果 $d_N=0$,则停止,此 $\boldsymbol{x}_k$ 为 K-T 点,作为求得之解,相应的乘子为 $\boldsymbol{u}_B=0$,$\boldsymbol{u}_N=r_N$,$\boldsymbol{v}=-(B^{-1})^{\mathrm{T}}\nabla_B f(\boldsymbol{x}_k)$;否则,计算

$$\boldsymbol{d}_B=-B^{-1}N\boldsymbol{d}_N,$$

$$\boldsymbol{d}=(\boldsymbol{d}_B^{\mathrm{T}}\,\boldsymbol{d}_N^{\mathrm{T}})^{\mathrm{T}}.$$

(3) 计算

$$\lambda_0=\begin{cases}\min\left\{-\dfrac{(\boldsymbol{x}_k)_j}{d_j}: d_j<0\right\}, & \text{当 } d\ngeqslant 0,\\ +\infty, & \text{当 } d\geqslant 0.\end{cases}$$

求解一维搜索问题

$$\begin{cases}\min f(\boldsymbol{x}_k+\lambda d),\\ \text{s.t. } 0\leqslant\lambda\leqslant\lambda_0.\end{cases}$$

得解作为 λ_k. 置 $\boldsymbol{x}_{k+1}=\boldsymbol{x}_k+\lambda_k d$, 置 $k=k+1$. 转(2).

可以证明,如算法所构造的方向 d,如果 $d\neq 0$,则 d 是可行方向,且有 $\nabla f(\boldsymbol{x}_k)^{\mathrm{T}}d<0$,而 $d=0$ 的必要充分条件是 x_k 为 K-T 点.

步(1)中初始可行解的给出,可以使用线性规划的人工变量法(参见 25.1.6).

定理 31 考虑问题(25.2-37). 设 f 函数连续可微,并设非退化假设(a)(b)成立. 算法 11 的既约梯度法所产生的点列 $\{x_k\}$,每一个极限点都是 K-T 点.

算法 12(GRG 法,广义既约梯度法)

适用问题:

$$\begin{cases}\min f(\boldsymbol{x}),\\ \text{s. t. } \boldsymbol{h}(\boldsymbol{x})=0,\\ \qquad \boldsymbol{a}\leqslant \boldsymbol{x}\leqslant \boldsymbol{b}.\end{cases}\tag{25.2-38}$$

其中 $\boldsymbol{h}=(h_1,h_2,\cdots,h_l)^{\mathrm{T}}$, f, h_j, $j=1,2,\cdots,l$ 都是连续可微的.

作非退化假设:对任意可行解 $\boldsymbol{x}$,存在分解 $\boldsymbol{x}=(\boldsymbol{y}^{\mathrm{T}},\boldsymbol{z}^{\mathrm{T}})^{\mathrm{T}}$,使得 $\boldsymbol{y}\in\boldsymbol{R}^l$, $\boldsymbol{z}\in\boldsymbol{R}^{n-l}$. 相应地有 $a=(a_y^{\mathrm{T}},a_z^{\mathrm{T}})^{\mathrm{T}}$, $b=(b_y^{\mathrm{T}},b_z^{\mathrm{T}})^{\mathrm{T}}$,使得 $a_y<\boldsymbol{y}<b_y$ 和

$$\nabla_y\boldsymbol{h}(\boldsymbol{x})=[\nabla_y h_1(\boldsymbol{x}),\nabla_y h_2(\boldsymbol{x}),\cdots,\nabla_y h_l(\boldsymbol{x})]$$

为可逆.

算法步骤:

(1) 求初始可行点 $\boldsymbol{x}_1$,并分解 $\boldsymbol{x}_1=(\boldsymbol{y}_1^{\mathrm{T}},\boldsymbol{z}_1^{\mathrm{T}})^{\mathrm{T}}$ 使之满足非退化假设的要求. 置 $k=1$.

(2) 计算 $f(\boldsymbol{x}_k)$,及

$$\boldsymbol{r}_z=\nabla_z f(\boldsymbol{x}_k)-\nabla_z\boldsymbol{h}(\boldsymbol{x}_k)[\nabla_y\boldsymbol{h}(\boldsymbol{x}_k)]^{-1}\nabla_y f(\boldsymbol{x}_k)$$

构造 $\boldsymbol{d}_z$:记 $J=\{j:z_j=a_j$ 且 $(\boldsymbol{r}_z)_j>0$ 或 $z_j=b_j$ 且 $(\boldsymbol{r}_z)_j<0\}$

$$(\boldsymbol{d}_z)_j=\begin{cases}0, & \text{当 } j\in J,\\ -(r_z)_j, & \text{当 } j\,\overline{\in}\,J.\end{cases}\tag{25.2-39}$$

如果 $\boldsymbol{d}_z=0$,则停止,$\boldsymbol{x}_k$ 为 K-T 点,取作所求近似解. 否则转(3).

(3) 计算

$$\boldsymbol{d}_y=-(\nabla_y\boldsymbol{h}(\boldsymbol{x}_k)^{\mathrm{T}})^{-1}\nabla_z\boldsymbol{h}(\boldsymbol{x}_k)^{\mathrm{T}}\boldsymbol{d}_z,$$
$$\boldsymbol{d}=(\boldsymbol{d}_y^{\mathrm{T}}\ \boldsymbol{d}_z^{\mathrm{T}})^{\mathrm{T}}.$$

计算 λ_0:

$$\lambda_{01}=\begin{cases}\min\left\{\dfrac{b_j-(\boldsymbol{x}_k)_j}{d_j}:d_j>0\right\}, & \text{当 } \boldsymbol{d}\not\leqslant 0,\\ +\infty, & \text{当 } \boldsymbol{d}\leqslant 0.\end{cases}$$

$$\lambda_{02}=\begin{cases}\min\left\{\dfrac{a_j-(\boldsymbol{x}_k)_j}{d_j}:d_j<0\right\}, & \text{当 } \boldsymbol{d}\not\geqslant 0,\\ +\infty, & \text{当 } \boldsymbol{d}\geqslant 0.\end{cases}$$

$$\lambda_0 = \min\{\lambda_{01}, \lambda_{02}\}.$$

(4) 解一维搜索问题

$$\begin{cases} \min \quad f(\boldsymbol{x}_k + \lambda \boldsymbol{d}), \\ \text{s. t.} \quad 0 \leqslant \lambda \leqslant \lambda_0. \end{cases}$$

如果得不到有界的解，则置更小的 λ_0 值，重新求解一维搜索问题；如果得解 λ_k，则置 $\tilde{\boldsymbol{z}}_{k+1} = \boldsymbol{z}_k + \lambda_k \boldsymbol{d}_z$，$\tilde{\boldsymbol{y}}_{k+1} = \boldsymbol{y}_k + \lambda_k \boldsymbol{d}_y$.

(5) 以 $\tilde{\boldsymbol{y}}_{k+1}$ 为初始点，用牛顿法（参见 §18.7）解方程组

$$\boldsymbol{h}(\boldsymbol{y}, \tilde{\boldsymbol{z}}_{k+1}) = 0$$

如果方程组无解，则置 $\lambda_0 = \lambda_0/4$，转(4)；如果得解 $\tilde{\boldsymbol{y}}_{k+1}$，则转(6).

(6) 如果 $\boldsymbol{a}_y < \tilde{\boldsymbol{y}}_{k+1} < \boldsymbol{b}_y$，则转(8)；否则转(7).

(7) 选出 $(\tilde{\boldsymbol{y}}_{k+1})_j = a_j$ 或 b_j 的分量，将之并入 $\tilde{\boldsymbol{z}}_{k+1}$ 中. 从原 $\tilde{\boldsymbol{z}}_{k+1}$ 选同样个数的分量归入 $\tilde{\boldsymbol{y}}_{k+1}$ 中，转(5).

(8) 置 $\boldsymbol{x}_{k+1} = (\tilde{\boldsymbol{y}}_{k+1}^{\mathrm{T}}, \tilde{\boldsymbol{z}}_{k+1}^{\mathrm{T}})^{\mathrm{T}}$，重新分解 $\boldsymbol{x}_{k+1} = (\boldsymbol{y}_{k+1}^{\mathrm{T}}, \boldsymbol{z}_{k+1}^{\mathrm{T}})^{\mathrm{T}}$，置 $k = k+1$，转(2).

步(1)中求初始可行点 $\boldsymbol{x}_1$ 的方法如下：任取 $\boldsymbol{x}_1 \in \boldsymbol{R}^n$，使有 $a \leqslant \boldsymbol{x}_1 \leqslant b$. 如果 $h(\boldsymbol{x}_1) = 0$，则得所求；否则，令 $t_1 = \boldsymbol{h}(\boldsymbol{x}_1)$，$t_1 \neq 0$，以 $(\boldsymbol{x}_1^{\mathrm{T}}, t_1^{\mathrm{T}})^{\mathrm{T}}$ 为初始可行点，用算法 12 求解辅助问题

$$\begin{cases} \min \quad \boldsymbol{t}^{\mathrm{T}} \boldsymbol{t}, \\ \text{s. t.} \quad \boldsymbol{h}(\boldsymbol{x}) - \boldsymbol{t} = 0, \\ \qquad\quad \boldsymbol{a} \leqslant \boldsymbol{x} \leqslant \boldsymbol{b}. \end{cases}$$

得最优解 $(\bar{\boldsymbol{x}}^{\mathrm{T}}, \bar{\boldsymbol{t}}^{\mathrm{T}})^{\mathrm{T}}$. 当 $\bar{\boldsymbol{t}} = 0$ 时，$\bar{\boldsymbol{x}}$ 就是步(1)所要求的 $\boldsymbol{x}_1$；当 $\bar{\boldsymbol{t}} \neq 0$ 时，由辅助问题的构造可知问题(25.2-38)无可行解.

可以证明，如果非退化假设成立，当前点 $\boldsymbol{x}_k$ 为 K-T 点的必要充分条件为该点的 r_z 满足下述条件：

$$\text{当 } \boldsymbol{z}_j = a_j \text{ 时}, (\boldsymbol{r}_z)_j \geqslant 0;$$
$$\text{当 } \boldsymbol{z}_j = b_j \text{ 时}, (\boldsymbol{r}_z)_j \leqslant 0;$$
$$\text{当 } a_j < \boldsymbol{z}_j < b_j \text{ 时}, (\boldsymbol{r}_z)_j = 0.$$

这等价于按(25.2-39)式所构造的 $\boldsymbol{d}_z = 0$，从而 $\boldsymbol{d} = 0$.

数值经验表明，GRG 法是最好的约束最优化方法之一.

2. 罚函数与乘子法

在 1960 年代，求解约束最优化问题的主要方法，曾是所谓的**罚函数法**. 对于等式约束问题(25.2-4)，罚函数法将之转化为无约束问题

$$\min f(\boldsymbol{x}) + \mu \sum_{j=1}^{l} | h_j(\boldsymbol{x}) |^p, \tag{25.2-40}$$

其中目标函数的第二项为惩罚项：μ 是一个很大的正数，如果 $\boldsymbol{x}$ 不满足约束条件

$h(\boldsymbol{x})=0$,这一项将很大,对于求最小来说,无异于一种惩罚.事实上,在一定条件下,(25.2-40)的解作为参数 μ 的函数 $\bar{\boldsymbol{x}}(\mu)$,当 $\mu\to+\infty$时,按定义 11 的意义收敛到(25.2-4)的解.因而在实际操作中,是对一单调上升趋于$+\infty$的 μ_k 序列,来求解一系列的无约束问题(25.2-40),以实现对(25.2-4)的求解.惩罚项中的 $\sum_{j=1}^{l}|h_j(\boldsymbol{x})|^p$ 就是所谓的**罚函数**(penalty function).$p\geqslant 1$.常取 $p=2$,得所谓二次罚函数.对于不等式约束问题(25.2-3),一是取

$$\sum_{i=1}^{m}(\max\{0,g_i(\boldsymbol{x})\})^p \tag{25.2-41}$$

作为罚函数,来产生如(25.2-40)那样的无约束问题.另一种方法是在$\{\boldsymbol{x}\mid g_i(\boldsymbol{x})<0,i=1,2,\cdots,m\}\neq\phi$ 的条件下,构造所谓闸函数(barrier function),或称障碍函数

$$B(\boldsymbol{x})=-\sum_{i=1}^{m}\frac{1}{g_i(\boldsymbol{x})}\text{ 或 }B(\boldsymbol{x})=-\sum_{i=1}^{m}\ln(-g_i(\boldsymbol{x}))$$

而转化为无约束问题

$$\min f(\boldsymbol{x})+\frac{1}{\mu}B(\boldsymbol{x}), \tag{25.2-41$'$}$$

同样要对一系列 $\mu_k\to+\infty$而求解(25.2-41)$'$.曾经有较广泛应用的**SUMT**(sequential unconstrained minimization techniques)**法**,就是通过解一系列的无约束问题

$$\min f(\boldsymbol{x})+\mu_k\sum_{j=1}^{l}h_j^2(\boldsymbol{x})+\frac{1}{\mu_k}\sum_{i=1}^{m}\frac{-1}{g_i(\boldsymbol{x})}$$

来求解问题(25.2-5).这些方法统称**罚函数法**,其致命的弱点是因为必须要 $\mu_k\to+\infty$,而使问题成为严重的病态的,这使得它们在1980年代以后已逐渐被淘汰.但是,罚函数的思想仍是很有用的概念,它渗透到了最优化数值方法的许多方面.下述的**乘子法**就是为避免要 $\mu_k\to+\infty$而对罚函数法加以改造而形成的重要方法.数值经验表明,当维数较高时(比如 $n>50$),乘子法是效率最好的约束最优化方法.

算法 13(乘子法 1)

适用问题(25.2-4),即等式约束问题.

下述二定理是乘子法的理论依据.

定理 32 考虑等式约束问题(25.2-4).如果 $\bar{\boldsymbol{x}}$ 为可行解,满足二阶充分条件(见定理 18),相应的乘子为 $\bar{\boldsymbol{v}}\in R^l$,则存在向量 $\boldsymbol{\mu}'\in R^l,\boldsymbol{\mu}'\geqslant 0$,.使得对任意的 $\boldsymbol{\mu}>\boldsymbol{\mu}'$,函数

$$\Phi(\boldsymbol{x};\boldsymbol{v},\boldsymbol{\mu})=f(\boldsymbol{x})+\sum_{j=1}^{l}\bar{v}_jh_j(\boldsymbol{x})+\sum_{j=1}^{l}\mu_jh_j^2(\boldsymbol{x}) \tag{25.2-42}$$

在点$(\bar{\boldsymbol{x}},\bar{\boldsymbol{v}},\boldsymbol{\mu})$的对 x 的二阶导数矩阵为正定阵,$\bar{\boldsymbol{x}}$ 是 $\Phi(\boldsymbol{x};\bar{\boldsymbol{v}},\boldsymbol{\mu})$的孤立的局部最小点.

定理 33 考虑等式约束问题(25.2-4).设 $f,h_j,j=1,2,\cdots,l$ 都可微.对于给定的 $\boldsymbol{v}\in R^l$ 和 $\boldsymbol{\mu}\in R^l$,如果 $\bar{\boldsymbol{x}}$ 是无约束问题

$$\min\Phi(\boldsymbol{x}_j;\boldsymbol{v},\boldsymbol{\mu})$$

的最优解(或局部最优解),并且有 $\boldsymbol{h}(\bar{\boldsymbol{x}})=0$,则 $\bar{\boldsymbol{x}}$ 是(25.2-4)的最优解(或局部最优解),并且 $\boldsymbol{v}$ 就是 K-T 条件中的乘子 $\bar{\boldsymbol{v}}$. 其中函数 Φ 见(25.2-42)式.

算法步骤:

(1) 给初始点 $\boldsymbol{x}_1$. 给 $\boldsymbol{v}_1\in R^l$, $\boldsymbol{\mu}_1\in R^l$, 且 $\boldsymbol{\mu}_1>0$. 置容差 $\varepsilon>0$. 计算 $\sigma=\max\limits_j\{|h_j(\boldsymbol{x}_1)|\}$. 置 $k=1$.

(2) 以 $\boldsymbol{x}_k$ 为初始点,求解无约束问题

$$\min\Phi(\boldsymbol{x};\ \boldsymbol{v}_k,\boldsymbol{\mu}_k), \tag{25.2-43}$$

其中函数 Φ 见(25.2-42)式. 将所得最优解作为 $\boldsymbol{x}_{k+1}$. 计算 $\sigma_1=\max\limits_j\{|h_j(\boldsymbol{x}_{k+1})|\}$. 如果 $\sigma_1<\varepsilon$,则停止,以 $\boldsymbol{x}_{k+1}$ 为所求解,以 $\boldsymbol{v}_k$ 作为对应的 K-T 条件中的乘子;否则转(3).

(3) 置 $(\boldsymbol{v}_{k+1})_j=(\boldsymbol{v}_k)_j+2(\boldsymbol{\mu}_k)_j h_j(\boldsymbol{x}_{k+1})$, $j=1,2,\cdots,l$.

(4) 对 $j=1,2,\cdots,l$,如果 $|h_j(\boldsymbol{x}_{k+1})|>0.25\sigma$,则置 $(\boldsymbol{\mu}_{k+1})_j=10(\boldsymbol{\mu}_k)_j$;否则置 $(\boldsymbol{\mu}_{k+1})_j=(\boldsymbol{\mu}_k)_j$.

(5) 置 $k=k+1$, $\sigma=\sigma_1$. 转(2).

对于上述算法,已建立的收敛性结果说明,在一定条件下,有 $v_k\to\bar{v}$ 和 $x_k\to\bar{x}$ 并且 $\{v_k\}$ 的收敛是超线性的.

算法中步(3)的 $\boldsymbol{v}_{k+1}$ 公式,启自如下事实:如果 $\boldsymbol{x}_{k+1}$ 是(25.2-43)的局部最优解,则有

$$\nabla_x\Phi(\boldsymbol{x}_{k+1};\boldsymbol{v}_k,\boldsymbol{\mu}_k)=\nabla f(\boldsymbol{x}_{k+1})+\sum_{j=1}^{l}[(\boldsymbol{v}_k)_j+2(\boldsymbol{\mu}_k)_j h_j(\boldsymbol{x}_{k+1})]\nabla h_j(\boldsymbol{x}_{k+1})=0,$$

步(4)中的系数 0.25,是基于数值经验选定的,目的是保证算法中的收敛关系 $h(\boldsymbol{x}_k)\to 0$ 为线性收敛,且 Q 因子 $Q_1\leqslant 0.25$.

对于含有不等式约束的问题,通过引入松弛变量(如线性规划问题化标准型那样)将不等式约束化为等式约束,使用较算法 13 稍广一些的理论和运算步骤,导出如下算法.

算法 14(乘子法 2)

适用问题(25.2-5),即兼有等式和不等式约束的问题.

算法步骤:

(1) 给初始点 $\boldsymbol{x}_1$. 给 $\boldsymbol{v}_1\in R^l$, $\boldsymbol{\mu}_1\in R^l$, $\boldsymbol{\mu}_1>0$. 给 $\boldsymbol{u}_1\in R^m$, $\boldsymbol{\nu}_1\in R^m$, 且 $\boldsymbol{\nu}_1>0$. 置容差 $\varepsilon>0$. 计算 $\sigma'=\max\limits_j\{|h_j(\boldsymbol{x}_1)|\}$, $\sigma''=\max\limits_i\left(\max\left\{g_i(\boldsymbol{x}_1),\dfrac{-(\boldsymbol{u}_1)_i}{2(\boldsymbol{\nu}_1)_i}\right\}\right)$, $\sigma=\max\{\sigma',\sigma''\}$. 置 $k=1$.

(2) 以 $\boldsymbol{x}_k$ 为初始点,求解无约束问题

$$\min\ \Phi(\boldsymbol{x};\boldsymbol{v}_k,\boldsymbol{u}_k,\boldsymbol{\mu}_k,\boldsymbol{\nu}_k),$$

其中函数

$$\Phi(\boldsymbol{x};\boldsymbol{v},\boldsymbol{u},\boldsymbol{\mu},\boldsymbol{\nu})=f(\boldsymbol{x})+\sum_{j=1}^{l}v_j h_j(\boldsymbol{x})+\sum_{j=1}^{l}\mu_j h_j^2(\boldsymbol{x})$$

$$+\frac{1}{4}\sum_{i=1}^{m}\frac{1}{\nu_i}[(\max\{0,u_i+2\nu_i g_i(\boldsymbol{x})\})^2-u_i^2],$$

以所得最优解为 $\boldsymbol{x}_{k+1}$. 计算 $\sigma_1'=\max\limits_j\{|h_j(\boldsymbol{x}_{k+1})|\},\sigma_1''=\max\limits_i\left(\max\left\{g_i(\boldsymbol{x}_{k+1}),\frac{-(\boldsymbol{u}_k)_i}{2(\boldsymbol{\nu}_k)_i}\right\}\right)$, $\sigma_1=\max\{\sigma_1',\sigma_1''\}$. 如果 $\sigma_1<\varepsilon$ 则停止，以 $\boldsymbol{x}_{k+1}$ 为所求解，以 $\boldsymbol{u}_k,\boldsymbol{v}_k$ 作为对应的 K-T 条件中的乘子；否则转(3).

(3) 置

$$(\boldsymbol{v}_{k+1})_j=(\boldsymbol{v}_k)_j+2(\boldsymbol{\mu}_k)_j h_j(\boldsymbol{x}_{k+1}),j=1,2,\cdots,l,$$
$$(\boldsymbol{u}_{k+1})_i=\max\{0,(\boldsymbol{u}_k)_i+2(\boldsymbol{\nu}_k)_i g_i(\boldsymbol{x}_{k+1})\},i=1,2,\cdots,m.$$

(4) 对 $j=1,2,\cdots,l$，如果 $|h_j(\boldsymbol{x}_{k+1})|>0.25\sigma$，则置 $(\boldsymbol{\mu}_{k+1})_j=10(\boldsymbol{\mu}_k)_j$；否则置 $(\boldsymbol{\mu}_{k+1})_j=(\boldsymbol{\mu}_k)_j$.

(5) 对 $i=1,2,\cdots,m$，如果 $g_i(\boldsymbol{x}_{k+1})>0.25\sigma$，或者 $\frac{-(\boldsymbol{u}_k)_i}{2(\boldsymbol{\nu}_k)_i}>0.25\sigma$，则置 $(\boldsymbol{\nu}_{k+1})_i=10(\boldsymbol{\nu}_k)_i$；如果同时有 $g_i(\boldsymbol{x}_{k+1})\leqslant 0.25\sigma$ 和 $\frac{-(\boldsymbol{u}_k)_i}{2(\boldsymbol{\nu}_k)_i}\leqslant 0.25\sigma$，则置 $(\boldsymbol{\nu}_{k+1})_i=(\boldsymbol{\nu}_k)_i$.

(6) 置 $k=k+1,\sigma=\sigma_1$，转(2).

3. 约束变度量法

算法 15(拉格朗日-牛顿法)

适用于等式约束问题(25.2-4).

鉴于 K-T 点 $\bar{\boldsymbol{x}}$ 及相应的乘子 $\bar{\boldsymbol{v}}$ 构成拉格朗日函数 $L(\boldsymbol{x},\boldsymbol{v})=f(\boldsymbol{x})+\boldsymbol{v}^{\mathrm{T}}\boldsymbol{h}(\boldsymbol{x})$ 的二元的梯度 O 点，可以将无约束问题的牛顿法(算法 7)用于函数 $L(\boldsymbol{x},\boldsymbol{v})$ 而同时求得 $\bar{\boldsymbol{x}}$ 和 $\bar{\boldsymbol{v}}$. 此时的牛顿方程组为

$$\begin{bmatrix} W_k & N_k \\ N_k^{\mathrm{T}} & 0 \end{bmatrix}\begin{pmatrix}\boldsymbol{s}\\ \boldsymbol{v}\end{pmatrix}=-\begin{pmatrix}\nabla f(\boldsymbol{x}_k)\\ \boldsymbol{h}(\boldsymbol{x}_k)\end{pmatrix} \tag{25.2-44}$$

迭代得点 $\boldsymbol{x}_{k+1}=\boldsymbol{x}_k+\boldsymbol{s},\boldsymbol{v}_{k+1}=\boldsymbol{v}$. 其中

$$W_k=\nabla^2 f(\boldsymbol{x}_k)+\sum_{j=1}^{l}\boldsymbol{v}_j\nabla^2\boldsymbol{h}_j(\boldsymbol{x}_k),\quad N_k=[\nabla\boldsymbol{h}_1(\boldsymbol{x}_k),\cdots,\nabla\boldsymbol{h}_l(\boldsymbol{x}_k)]. \tag{25.2-45}$$

下述定理表明，方程组(25.2-44)的求解等价于解一个二次规划.

定理 34 设 B 是 $n\times n$ 矩阵，N 是 $n\times l$ 矩阵. 设矩阵 $\begin{pmatrix}B & N\\ N^{\mathrm{T}} & 0\end{pmatrix}$ 为满秩. 如果二次规划问题

$$\begin{cases}\min\dfrac{1}{2}\boldsymbol{s}^{\mathrm{T}}B\boldsymbol{s}+\boldsymbol{g}^{\mathrm{T}}\boldsymbol{s}+f,\\ \text{s. t. }\ \boldsymbol{h}+N^{\mathrm{T}}\boldsymbol{s}=0.\end{cases} \tag{25.2-46}$$

有解，则此二次规划同方程组

$$\begin{pmatrix} B & N \\ N^{\mathrm{T}} & 0 \end{pmatrix}\begin{pmatrix} \boldsymbol{s} \\ \boldsymbol{v} \end{pmatrix} = -\begin{pmatrix} \boldsymbol{g} \\ \boldsymbol{h} \end{pmatrix}, \tag{25.2-47}$$

按下列意义为等价:二次规划(25.2-46)的解 $\bar{\boldsymbol{s}}$ 和相应的 K-T 条件中的乘子 $\bar{\boldsymbol{v}}$,是方程组(25.2-47)的解;反之,(25.2-47)的解 $(\bar{\boldsymbol{s}},\bar{\boldsymbol{v}})$ 中,$\bar{\boldsymbol{s}}$ 为(25.2-46)的解,$\bar{\boldsymbol{v}}$ 为相应的乘子.

矩阵 B 正定和矩阵 N 满秩,可保证(25.2-46)有解和(25.2-47)的系数矩阵满秩.

算法步骤:

(1) 给初始点 $\boldsymbol{x}_1 \in R^n$ 和 $\boldsymbol{v}_1 \in R^l$. 置容差 $\varepsilon > 0$. 置 $k=1$.

(2) 求解二次规划问题

$$\begin{cases} \min \dfrac{1}{2}\boldsymbol{s}^{\mathrm{T}} W_k \boldsymbol{s} + \nabla f(\boldsymbol{x}_k)^{\mathrm{T}} \boldsymbol{s}, \\ \text{s. t. } h(\boldsymbol{x}_k) + N_k^{\mathrm{T}} \boldsymbol{s} = 0. \end{cases} \tag{25.2-48}$$

其中 W_k 和 N_k 见(25.2-45)式. 得解 $\bar{s}$,和相应的乘子 $\bar{\boldsymbol{v}}$,置 $\boldsymbol{x}_{k+1} = \boldsymbol{x}_k + \bar{\boldsymbol{s}}$, $\boldsymbol{v}_{k+1} = \bar{\boldsymbol{v}}$.

(3) 如果 $\| \boldsymbol{x}_{k+1} - \boldsymbol{x}_k \| + \| \boldsymbol{v}_{k+1} - \boldsymbol{v}_k \| < \varepsilon$,则停止,以 $\boldsymbol{x}_{k+1}$ 为所求解,$\boldsymbol{v}_{k+1}$ 为相对应的乘子. 否则置 $k=k+1$. 转(2).

定理 35 考虑问题(25.2-4). 设 $\bar{\boldsymbol{x}}$ 是可行解. 设 f 和各个 h_j 二次连续可微,并且存在常数 K,使得对任意的 f 及 h_j,任意的 $\boldsymbol{x}$ 有

$$\| \nabla^2 f(\boldsymbol{x}) - \nabla^2 f(\bar{\boldsymbol{x}}) \| \leqslant K \| \boldsymbol{x} - \bar{\boldsymbol{x}} \|,$$

$$\| \nabla^2 h_j(\boldsymbol{x}) - \nabla^2 h_j(\bar{\boldsymbol{x}}) \| \leqslant K \| \boldsymbol{x} - \bar{\boldsymbol{x}} \|,$$

又设 $\bar{\boldsymbol{x}}$ 满足二阶充分条件(见定理 18),相应乘子为 $\bar{\boldsymbol{v}}$,设 $\nabla h_1(\bar{\boldsymbol{x}}), \nabla h_2(\bar{\boldsymbol{x}}), \cdots, \nabla h_l(\bar{\boldsymbol{x}})$ 线性无关. 如果 $\boldsymbol{x}_1$ 充分接近 $\bar{\boldsymbol{x}}$,并且矩阵

$$\begin{pmatrix} W_1 & N_1 \\ N_1^{\mathrm{T}} & 0 \end{pmatrix}$$

为可逆,则算法 15 所产生的 $(\boldsymbol{x}_k, \boldsymbol{v}_k)$ 收敛到 $(\bar{\boldsymbol{x}}, \bar{\boldsymbol{v}})$,并且收敛的阶至少是 2.

算法 15 也可以用于不等式约束问题(25.2-3). 此时步(2)中的二次规划(25.2-48)要改为

$$\begin{cases} \min \dfrac{1}{2}\boldsymbol{s}^{\mathrm{T}} W_k \boldsymbol{s} + \nabla f(\boldsymbol{x}_k)^{\mathrm{T}} \boldsymbol{s}, \\ \text{s. t. } \quad g(\boldsymbol{x}_k) + N_k^{\mathrm{T}} \boldsymbol{s} \leqslant 0. \end{cases}$$

其中 W_k 和 N_k 要改变为

$$W_k = \nabla^2 f(\boldsymbol{x}_k) + \sum_{i=1}^{m} u_i \nabla^2 g_i(\boldsymbol{x}_k),$$

$$N_k = [\nabla g_1(\boldsymbol{x}_k), \cdots, \nabla g_m(\boldsymbol{x}_k)],$$

对改变后的算法有与定理 35 相类似的收敛性质，当然定理中关于$\nabla^2 h_j$ 的假设要改为对$\nabla^2 g_i$，二阶充分条件要改为关于问题(25.2-3)的叙述，线性无关假设要改为起作用约束的梯度：

$$\nabla g_i(\bar{x}),\quad i\in E=\{i: g_i(\bar{x})=0\},$$

此外还要作所谓的严格互补假设，即 对于 $i\in E$ 有 $\bar{u}_i>0$.

算法 16(约束变度量法)

适用于兼有等式和不等式约束的问题(25.2-5).

算法大步骤：

(1) 给初始点 $\boldsymbol{x}_1\in R^n$，初始 $n\times n$ 正定矩阵 B_1. 置容差 $\varepsilon>0$. 置 $k=1$.

(2) 用 $\boldsymbol{x}_k, B_k$，构造一个二次规划问题并求解，得解为 $\boldsymbol{d}_k$，相应乘子为 $\boldsymbol{u}_k, \boldsymbol{v}_k$.

(3) 以 $\boldsymbol{d}_k$ 为搜索方向从 $\boldsymbol{x}_k$ 出发作一维搜索，得 $\boldsymbol{x}_{k+1}$.

(4) 如果 $\|\boldsymbol{x}_{k+1}-\boldsymbol{x}_k\|<\varepsilon$，则停止，以 $\boldsymbol{x}_{k+1}$ 为所求解；否则修正矩阵 B_k 得 B_{k+1}，置 $k=k+1$，转(2).

细述步(2). 二次规划问题为

$$\begin{cases}\min & \dfrac{1}{2}\boldsymbol{d}^{\mathrm{T}}B_k\boldsymbol{d}+\nabla f(\boldsymbol{x}_k)^{\mathrm{T}}\boldsymbol{d},\\ \text{s.t.} & \boldsymbol{g}(\boldsymbol{x}_k)+N_1^{\mathrm{T}}\boldsymbol{d}\leqslant 0,\\ & \boldsymbol{h}(\boldsymbol{x}_k)+N_2^{\mathrm{T}}\boldsymbol{d}=0.\end{cases}\tag{25.2-49}$$

其中 $N_1=[\nabla g_1(\boldsymbol{x}_k),\cdots,\nabla g_m(\boldsymbol{x}_k)]$，$N_2=[\nabla h_1(\boldsymbol{x}_k),\cdots,\nabla h_l(\boldsymbol{x}_k)]$. 要求$[N_1, N_2]$为满秩阵. B_k 的正定性由 B_1 的正定性和步(4)中的修正公式保证. 求解二次规划有许多方法. 算法 11 的既约梯度法可以用于解这种线性约束的问题. 参照线性规划的化标准型的方法可以将约束条件化为算法的适用形式.

细述步(3).

这里跟无约束问题的情形不同. 一维搜索求得的 $\boldsymbol{x}_{k+1}$，不仅要求使 $f(\boldsymbol{x})$的值有所下降，而且还要使 $\boldsymbol{x}_{k+1}$ 满足约束. 这两方面的要求自然导致使用罚函数概念. 这里的一维搜索，其目标函数不是 $f(\boldsymbol{x}_k+\lambda\boldsymbol{d}_k)$，而是带有惩罚项的如下的辅助函数$\varphi(\lambda)=\Phi(\boldsymbol{x}_k+\lambda\boldsymbol{d}_k, \boldsymbol{\mu}_k, \boldsymbol{v}_k)$，其中

$$\Phi(\boldsymbol{x},\boldsymbol{\mu},\boldsymbol{v})=f(\boldsymbol{x})+\sum_{i=1}^{m}\boldsymbol{\mu}_i\max\{0,g_i(\boldsymbol{x})\}+\sum_{j=1}^{l}\nu_j\mid h_j(\boldsymbol{x})\mid,$$

$$(\boldsymbol{\mu}_k)_i=\begin{cases}(\boldsymbol{u}_k)_i, & \text{当 } k=1,\\ \max\left\{(\boldsymbol{u}_k)_i,\dfrac{1}{2}((\boldsymbol{\mu}_{k-1})_i+(\boldsymbol{u}_k)_i)\right\}, & \text{当 } k>1,\end{cases}$$

$i=1,2,\cdots,m$，$\boldsymbol{u}_k$ 得自步(2)中对应于(25.2-49)的不等式约束的乘子.

$$(v_k)_i=\begin{cases}\mid(\boldsymbol{v}_k)_i\mid, & \text{当 } k=1,\\ \max\left\{\mid(\boldsymbol{v}_k)_i\mid,\dfrac{1}{2}((\boldsymbol{v}_{k-1})_i+\mid(\boldsymbol{v}_k)_i\mid)\right\}, & \text{当 } k>1,\end{cases}$$

$j=1,2,\cdots,l$，v_k 得自步(2)中对应于(25.2-49)的等式约束的乘子.

一维搜索法可采用所谓的两点二次插值法. 步骤为

(i) 置 $\lambda=1$. 计算 δ：如果 $\varphi'(\lambda)$ 在 $[0\quad 1]$ 连续，则 $\delta=\varphi'(0)$；否则

$$\delta = \varphi(1) - \varphi(0).$$

(ii) 如果 $\varphi(\lambda)\leqslant\varphi(0)+0.1\delta\lambda$，则停止，得 $\boldsymbol{x}_{k+1}=\boldsymbol{x}_k+\lambda\boldsymbol{d}_k$；否则转(iii)

(iii) 计算

$$\bar{\lambda} = \frac{\delta\lambda^2}{2[\delta\lambda + \varphi(0) - \varphi(\lambda)]}, \tag{25.2-50}$$

置 $\lambda=\max\{0.1\lambda,\bar{\lambda}\}$，转(ii).

注. (25.2-50)式是以 $p(0)=\varphi(0)$，$p'(0)=\delta$，$p(\lambda)=\varphi(\lambda)$ 三个数据，插值求二次三项式 $p(\tau)=a\tau^2+b\tau+c$，然后取其最小点 $-\dfrac{b}{2a}=\bar{\lambda}$ 而得.

细述步(4). 修正公式用 BFGS 公式(见(25.2-32)式)

$$B_{k+1} = B_k + \frac{\boldsymbol{q}\boldsymbol{q}^{\mathrm{T}}}{\boldsymbol{s}^{\mathrm{T}}\boldsymbol{q}} - \frac{B_k\boldsymbol{s}\boldsymbol{s}^{\mathrm{T}}B_k}{\boldsymbol{s}^{\mathrm{T}}B_k\boldsymbol{s}},$$

其中

$$\boldsymbol{s} = \boldsymbol{x}_{k+1} - \boldsymbol{x}_k,$$

$$\boldsymbol{q} = \theta\boldsymbol{y} + (1-\theta)B_k\boldsymbol{s},\ \theta \in (0,1),$$

$$\boldsymbol{y} = \nabla_x L(\boldsymbol{x}_{k+1},\boldsymbol{u}_k,\boldsymbol{v}_k) - \nabla_x L(\boldsymbol{x}_k,\boldsymbol{u}_k,\boldsymbol{v}_k),$$

$$L(\boldsymbol{x},\boldsymbol{u},\boldsymbol{v}) = f(\boldsymbol{x}) + \boldsymbol{u}^{\mathrm{T}}\boldsymbol{g}(\boldsymbol{x}) + \boldsymbol{v}^{\mathrm{T}}\boldsymbol{h}(\boldsymbol{x}),$$

以 $\boldsymbol{q}$ 取代 $\boldsymbol{y}$ 是为了保持 B_{k+1} 正定. $\boldsymbol{q}$ 中的 θ 值的选取为

$$\theta = \begin{cases} 1, & \text{当 } \boldsymbol{s}^{\mathrm{T}}\boldsymbol{y} \geqslant 0.2\boldsymbol{s}^{\mathrm{T}}B_k\boldsymbol{s}, \\ \dfrac{0.8\boldsymbol{s}^{\mathrm{T}}B_k\boldsymbol{s}}{\boldsymbol{s}^{\mathrm{T}}B_k\boldsymbol{s} - \boldsymbol{s}^{\mathrm{T}}\boldsymbol{y}}, & \text{当 } \boldsymbol{s}^{\mathrm{T}}\boldsymbol{y} < 0.2\boldsymbol{s}^{\mathrm{T}}B_k\boldsymbol{s}. \end{cases}$$

约束变度量是约束最优化的最重要的方法之一. 数值经验表明，在 n 不太大时，以函数求值次数作为效率的度量，约束变度量法是效率最好的方法.

GRG 法，乘子法和约束变度量法是约束最优化的三类最重要的方法. 各类都有各种各样变型，此处叙述的仅是各类的一种算法方案.

26. 数学建模

§26.1 数学模型和数学建模

数学模型(Mathematical Model)是用数学符号对一类实际问题或实际系统中发生的现象的(近似)描述.而**数学建模**(Mathematical Modeling)则是获得该模型、求解该模型并得到结论以及验证结论是否正确的全过程.数学建模不仅是了解系统的基本规律的强有力的工具,而且从应用的观点来看更重要的是预测和控制所建模系统的行为的强有力的工具.许多重要的物理现象,常常是从某个实际问题的简化数学模型的求解中发现,并给予明确的数学表述,例如,混沌、孤立子、奇异吸引子等.

数学建模本身并不是什么新东西.纵观科学技术发展史,我们可以看到数学建模的思想和方法自古以来就是天文学家、物理学家、数学家等用数学作为工具来解决各种实际问题的主要方法.不过数学建模这个术语的出现和频繁使用是 20 世纪 60 年代以后的事情.很重要的原因是,由于计算的速度、精度和可视化手段等长期没有解决,以及其他种种原因,导致有了数学模型,但是解不出来,算不出来或不能及时地算出来,更不能形象地展示出来,从而无法验证数学建模全过程的正确性和可用性,数学建模的重要性逐渐被人"淡忘"了.然而,恰恰是在 20 世纪后半叶,计算机、计算速度和精度,并行计算、网络技术等计算技术以及其他技术突飞猛进的飞速发展,给了数学建模这一技术以极大的推动,不仅重新焕发了数学建模的活力,更是如虎添翼地显示了数学建模的强大威力.而且,通过数学建模也极大地扩大了数学的应用领域.现在数学建模以及相伴的计算和**模拟**(Simulation,有人也译作"仿真")已经成为现代科学的一种基本技术——数学技术.在各种研究方法,特别是与应用电子计算机有关的研究方法中,占有主导地位.甚至在抵押贷款买房和商业谈判等日常生活中都要用到数学建模的思想和方法.人们越来越认识到数学和数学建模的重要性.在大、中学的教材中经常出现各种各样的数学模型,因此,学习和初步应用数学建模的思想和方法已经成为当代大学生,甚至生活在现代社会的每一个人,必须学习的重要内容.在我国,数学建模的思想和方法正在有机地融入大学的主干数学课程;很多大学,甚至部分中学,都开设了数学建模课;自 1992 年开始举办的"**中国大学生数学建模竞赛**(China Undergraduate Mathematical Contest in Modeling,缩写为 CUMCM)"已经成为我国大学生课余最大的科技活动.(想了解 CUMCM 更多细节的读者可以访问网站 http://mcm.edu.cn).创建于 1985 年"**美国大学生数学建模竞赛**(Mathematical Contest in Modeling,缩写为 MCM)"以及于 1999 年起开始增加的"**美国大学生跨学科建模竞赛**(Interdisciplinary Contest in Modeling,缩写为 ICM)"也是我国大学生非常乐于参加的数学建模竞赛,近年来这两个竞赛有一半以上的参赛队来自中国.(想了解 MCM 和 ICM 更多的细节的读者可以访问网站 http://comap.com).

对实际现象的定量研究的重要性和挑战在于怎样去建立能够更好地了解该现象,并且可以应用数学方法来解决的数学模型(数学问题).实际现象通常都是极为复杂的,不经过理想化和简化是很难进行定量研究的.因此,数学建模的全过程大体上可归纳为以下步骤:

1. 对某个实际问题进行观察、分析(是否抓住主要方面);

2. 对实际问题进行必要的抽象、简化,作出合理的假设(往往是很不容易的);

3. 确定要建立的模型中的变量和参数;

4. 根据某种"规律"(已知的各学科中的定律,甚至是经验的规律)建立变量和参数间确定的数学关系(明确的数学问题或在这个层次上的一个数学模型),这可能是一个非常具有挑战性的数学问题;

5. 解析或近似地求解该数学问题.这往往涉及复杂的数学理论和方法,近似方法和算法;

6. 数学结果能否展示、解释甚至预测实际问题中出现的现象,或用某种方法(例如,历史数据、实验数据或现场测试数据等)来验证结果是否正确或合理,这也是很不容易的;

7. 如果第 6 步的结果是肯定的,那么就可以付之使用;如果是否定的,那就要回到第 1~6 步进行仔细分析,重复上述建模过程.

因此,如果要对数学建模下一个定义的话,那就是:数学建模就是上述 7 个步骤

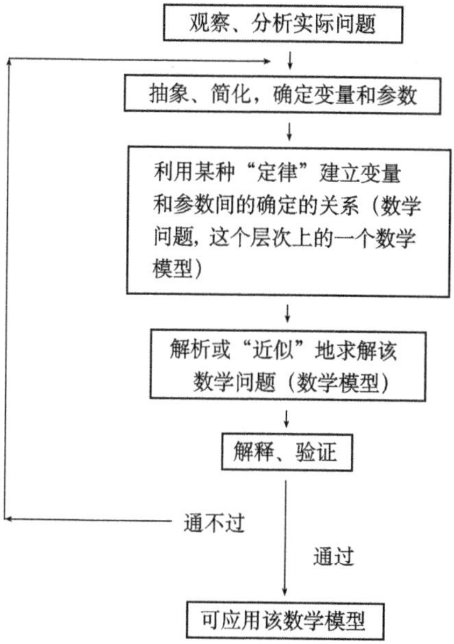

的多次执行的过程.或用 1025 页的框图来表示.

由此可见，数学建模过程中最重要的三个要素，也是三个最大的难点是：

1. 怎样从实际情况出发作出合理的假设，从而得到可以执行的合理的数学模型；

2. 怎样求解模型中出现的数学问题，它可能是非常困难的问题；

3. 怎样验证模型是正确、可行的.

所以，当你看到一个数学模型时，就一定要问问或者想一想它的假设是什么，是否合理？模型中的数学问题是否很难，数学上是否已经解决？怎样验证该模型的正确与可行性？当你亲自参加数学建模时牢记这三条，一定会受益匪浅.

在建模过程中还有一条不成文的原则："从简单到精细"，也就是说，首先建立一个比较简单但尽可能合理的模型，对该模型中的数学问题有可能解决，从而能够做到仅仅通过实验观察不可能做到的事情，甚至发现重要的现象.如果在求解该模型的结果不合理，甚至完全错误，那么它也有可能告诉我们如何改进的方向.

要想比较成功地运用数学建模去解决真正的实际问题，还要学习"双向翻译"的能力，即能够把实际问题用数学的语言表述出来，而且能够把数学建模得到的(往往是用数学形式表述的)结果，用普通人(或者说要应用这些结果的非数学专业的人士)能够懂的语言表述出来.

人们常常按照问题的性质出发把数学模型分为：确定性模型和随机模型，离散和连续模型；按照从机理还是经验(数据)出发来建模，分为：机理模型和经验模型；按照模型中出现的数学问题，分为：优化模型，图论模型，微分方程模型，概率模型等等.还可以论述：怎样从子模型构造总体模型，抽象成为数学问题的种种手段、方法和技巧.各行各业的数学模型和建模技巧千千万万，在本手册中是不可能面面俱到的，实际上，本手册中第 21 到 25 章都和数学建模直接相关.基础数学的许多部分在数学建模的过程中也要用到.我们只想从非常有限的几个例子来说明：数学建模的全过程(开普勒三定律、牛顿的万有引力定律和行星运动规律)，在这个例子中我们将详细叙述合理的简化假设是什么，在当时困难的数学问题是什么，模型是怎么验证的；两个重要的建模方法(量纲分析和模拟)；从简单模型中发现的重要、普适的现象(气象学中的 Lorenz 模型和蝴蝶现象)；以及若干与我们的日常生活密切相关的可以应用的数学模型.

§26.2 开普勒三定律、牛顿万有引力定律和行星运动的规律

26.2.1 引言

牛顿的万有引力定律的发现无疑是科学史上最伟大的事件之一，也是数学建模的最辉煌的范例之一.为了充分体会在数学建模过程中最主要的三个困难：怎样做出合理的假设，怎样解决在当时可能是很难的数学问题，怎样验证数学建模得到的结果是正确的.我们在这一节里要详细地讲述牛顿是怎样通过数学建模的方法来导

出万有引力定律的，以及又是怎样从万有引力定律导出开普勒三定律的．

牛顿的万有引力定律(或者说万有引力理论)很大程度上要归功于第谷(Tycho Brahe，1546，12，14～1601，10，24，丹麦天文学家)，特别是，开普勒(Johannes Kepler，1571，12，27～1630，11，15，德国天文学家)的研究工作．第谷很赏识开普勒于 1596 年出版的《宇宙的神秘》一书，邀请开普勒到布拉格附近的天文台做研究工作．1600 年开普勒成为第谷的助手．次年，第谷去世，在第谷最后的日子里，他把自己一生积累的观测资料赠给了开普勒，开普勒成为第谷事业的继承人．开普勒继续进行观测和研究，他仔细分析和计算了第谷对行星特别是火星的长时间的观测资料，终于总结出了行星运动的三大定律，即开普勒三定律．第一、二定律是在 1609 年出版的《新天文学》一书中提出的．第三定律是在 1619 年出版的另一著作《宇宙和谐论》中提出的．

开普勒第一定律：所有行星的运动轨道都是椭圆，太阳位于椭圆的一个焦点；

开普勒第二定律：行星的向径(太阳中心到行星中心的连线)在相等的时间内所扫过的面积相等，即面积定律；

开普勒第三定律：行星围绕太阳运动的公转周期的平方与它们的轨道长半轴的立方成正比例．

这三条定律为牛顿万有引力定律的发现奠定了基础．

26.2.2 从开普勒三定律导出牛顿万有引力定律

当时，人们知道所有的行星都围绕太阳运动，但是为什么行星的运动轨道都是椭圆，是什么力量(太阳对行星的作用力或它们之间的相互作用力)造成的，这种力量遵从什么规律是人们迫切想知道的．牛顿正是从开普勒三定律以及他已经发现的微积分方法出发，用数学推演的方法导出了这种力量的具体数学表示，即牛顿万有引力定律．我们用现代的数学记号来重述其推导．

首先要说明在以下的模型推导中所做的简化假设：

假设 1：假设太阳和行星都可以简化为只有质量的质点，即开普勒所说的太阳中心和行星中心．如果太阳和行星都是均匀球体或由均匀球壳层组成的球体，那么可以证明这样的球体在吸引球外一质点时，所作用的力等价于质量全部集中在球心的质点对球外一质点的作用力．

假设 2：只考虑太阳和某个行星的相互作用，即忽略其他行星对他们的作用．从两方面看，这个假设也有一定的合理性，因为行星间的距离比较远以及行星的质量比太阳的质量要小得多．

当然，假设的合理性最终要由数学建模的结果来验证．

由第一定律，我们可以把行星围绕太阳运动的平面取为 x-y 平面．在直角坐标系中椭圆的方程为

$$\frac{x^2}{a^2}+\frac{y^2}{b^2}=1,\ a>b>0,$$

其中 a 为该椭圆的长半轴，b 为短半轴．太阳位于焦点 $S(c,0)$ 处．$b^2+c^2=a^2$ 行星位于椭圆上的点 $P(x,y)$. 在以 S 为极点的极坐标中把椭圆表示为(见本书 p. 70)

$$r=\frac{ep}{1-e\cos\theta}, \tag{26.2-1}$$

其中 $\boldsymbol{r}=\overrightarrow{SP}=(r\cos\theta,r\sin\theta)$，$r=|\overrightarrow{SP}|$，$\theta$ 为 $\overrightarrow{SP}$ 和正 x 轴之间的夹角，$e=\dfrac{c}{a}=\sqrt{\dfrac{a^2-b^2}{a^2}}$，$ep=\dfrac{b^2}{a}$. 极坐标表示和直角坐标表示之间的关系为，

$$x=r\cos\theta+c,\ y=r\sin\theta.$$

x,y,r,θ 均为时间 t 的函数，即 $x(t),y(t),r(t),\theta(t)$.

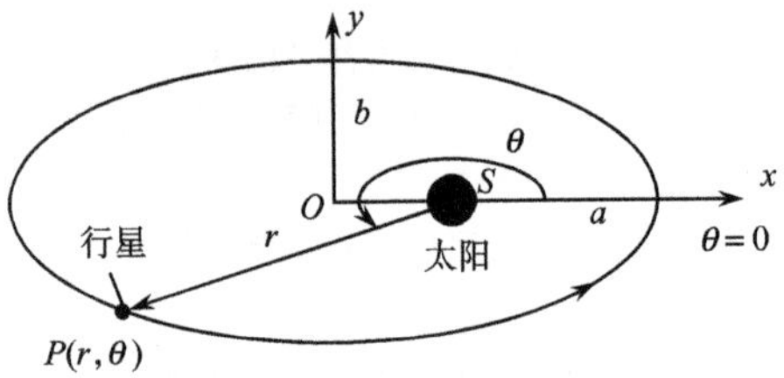

图 26.2-1

第三定律的数学表示为

$$\frac{dA}{dt}=\frac{1}{2}r^2\frac{d\theta}{dt}=\frac{1}{2}r^2\omega=k, \tag{26.2-2}$$

其中 dA 表示当 θ 增大到 $\theta+d\theta$ 时太阳到行星的连线所扫过的面积，$\dfrac{d\theta}{dt}=\dot{\theta}=\omega$ 表示角速度，k 是常数．因此有

$$\pi ab=\int_0^T dA=\int_0^T kdt=kT,\ r^2\omega=2k=\frac{2\pi ab}{T}, \tag{26.2-3}$$

其中 πab 是椭圆的面积，T 是行星围绕太阳公转的周期．

可以计算得到(参见本书 p. 583)

$$\boldsymbol{a}=\ddot{\boldsymbol{r}}=(\ddot{r}-r\omega^2)\boldsymbol{e}_r+(2\dot{r}\omega+r\dot{\omega})\boldsymbol{e}_\theta, \tag{26.2-4}$$

其中 $\boldsymbol{e}_r=\dfrac{\boldsymbol{r}}{|\boldsymbol{r}|}=(\cos\theta,\sin\theta)$，$\boldsymbol{e}_\theta=(-\sin\theta,\cos\theta)$. $\boldsymbol{e}_r\cdot\boldsymbol{e}_\theta=0$. 由牛顿第二运动定律 $\boldsymbol{F}=m\boldsymbol{a}$($m$ 是行星的质量)知道太阳作用在行星上的力在其连线上，但方向与 $\boldsymbol{r}$ 相反. 因此$(2\dot{r}\omega+r\dot{\omega})=0$，太阳对行星的作用力为

$$\boldsymbol{F}=m\boldsymbol{a}=m(\ddot{r}-r\omega^2)\boldsymbol{e}_r. \tag{26.2-5}$$

现在来证明该引力满足平方反比定律，即验证 $r^2(\omega^2-\ddot{r})$ 为一常数. 由椭圆的极坐标表示 $r=\dfrac{b^2}{a-c\cos\theta}$ 对 t 求二阶导数，并利用 $r^2\omega=\dfrac{2\pi ab}{T}$ 及开普勒第三定律 $\dfrac{a^3}{T^2}=\mu$

=常数，μ 是和该行星无关的常数．计算得到

$$\boldsymbol{F} = m\boldsymbol{a} = -\frac{4\pi^2 m\mu}{r^2}\boldsymbol{e}_r,$$

μ 应该和太阳有关，因而进一步可以表示为

$$\boldsymbol{F} = m\boldsymbol{a} = -\frac{GMm}{r^2}\boldsymbol{e}_r = -\frac{GMm}{|\boldsymbol{r}|^2}\frac{\boldsymbol{r}}{|\boldsymbol{r}|} = -\frac{GMm}{r^3}\boldsymbol{r}. \qquad (26.2\text{-}6)$$

这就是著名的牛顿万有引力定律．其中 M 是太阳的质量，$|\boldsymbol{r}|=r$ 表示太阳中心到行星中心的距离，G 就是万有引力常数．如果用千克表示质量的单位，牛顿表示力的单位，米表示距离的单位，那么 G 大约等于 6.6726×10^{-11} 牛顿·米^2·千克$^{-2}$．

26.2.3 从万有引力定律导出开普勒三定律

我们令行星运动的平面为坐标平面．太阳的质心在原点．如图 26.2-2 所示放置 z 轴，使坐标系为右手系．行星逆时针运动．我们假设行星在近日点的时刻为起始时刻 $t=0$．图 26.2-2．于是，我们就有行星运动的下列初始条件：

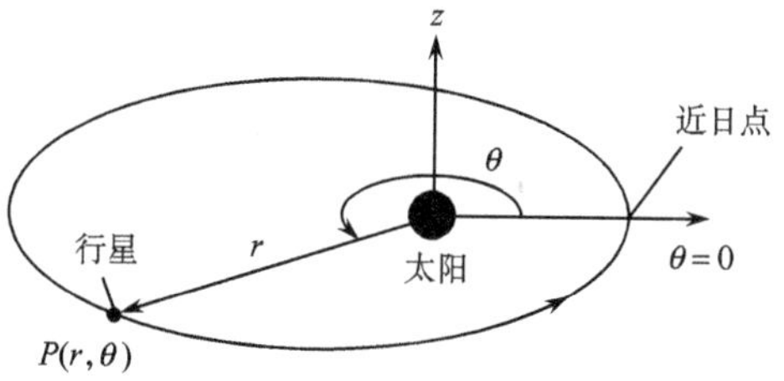

图 26.2-2

1. $t=0$ 时，$r=r_0$ 是最小向径；
2. $t=0$ 时，$\dot{r}=0$，因为这时 r 有最小值；
3. $t=0$ 时，$\theta=0$；
4. $t=0$ 时，初速度已知，即 $|\dot{\boldsymbol{r}}|=v_0$；
5. $t=0$ 时，$r\dot{\theta}=v_0$（由 $\dot{\boldsymbol{r}}$ 的公式，令 $t=0$ 即可得到）．

开普勒第二定律（等面积定律）的证明

因为 $\dot{\boldsymbol{r}}\times\dot{\boldsymbol{r}}=0$，$\boldsymbol{r}\times\ddot{\boldsymbol{r}}=0$，所以 $\frac{d}{dt}(\boldsymbol{r}\times\dot{\boldsymbol{r}})=\dot{\boldsymbol{r}}\times\dot{\boldsymbol{r}}+\boldsymbol{r}\times\ddot{\boldsymbol{r}}=0$．因此有 $\boldsymbol{r}\times\dot{\boldsymbol{r}}=\boldsymbol{C}=$ 常向量，而对 $t\geqslant0$ 有，

$$\boldsymbol{C} = \boldsymbol{r}\times\dot{\boldsymbol{r}} = r\boldsymbol{e}_r\times(\dot{r}\boldsymbol{e}_r + r\dot{\theta}\boldsymbol{e}_\theta) = r\dot{r}(\boldsymbol{e}_r\times\boldsymbol{e}_r) + rr\dot{\theta}(\boldsymbol{e}_r\times\boldsymbol{e}_\theta) = rr\dot{\theta}\boldsymbol{e}_z,$$

令 $t=0$ 得到 $\boldsymbol{C}=[rr\dot{\theta}]_{t=0}\boldsymbol{e}_z=r_0v_0\boldsymbol{e}_z$，从而有

$$r^2\dot{\theta} = r_0v_0. \qquad (26.2\text{-}7)$$

在极坐标系里，面积元的公式为 $dA=\frac{1}{2}r^2d\theta$，于是有

$$\frac{dA}{dt}=\frac{1}{2}r^2\dot{\theta}=\frac{1}{2}r_0v_0. \tag{26.2-8}$$

(26.2-8)就是开普勒第二定律.

开普勒第一定律(行星运动定律)的证明

由(26.2-5)和(26.2-6)得到

$$\ddot{r}-r\omega^2=-\frac{GM}{r^2}, \tag{26.2-9}$$

又有 $\dot{\theta}=\omega$ 以及(26.2-8)，有

$$\ddot{r}=\frac{r_0^2v_0^2}{r^3}-\frac{GM}{r^2}, \tag{26.2-10}$$

这是一个关于 r 的二阶常微分方程. 由 $\ddot{r}=\frac{d\dot{r}}{dt}=\frac{d\dot{r}}{dr}\frac{dr}{dt}=\dot{r}\frac{d\dot{r}}{dr}=\frac{1}{2}\frac{d\dot{r}^2}{dr}$,

$$\frac{d\dot{r}^2}{dr}=\frac{2r_0^2v_0^2}{r^3}-\frac{2GM}{r^2}, \tag{26.2-11}$$

积分后得到

$$\dot{r}^2=-\frac{r_0^2v_0^2}{r^2}+\frac{2GM}{r}+C_1,$$

利用初始条件 $r(0)=r_0$，求出 C_1，得到

$$\dot{r}^2=v_0^2\left(1-\frac{r_0^2}{r^2}\right)+2GM\left(\frac{1}{r}-\frac{1}{r_0}\right), \tag{26.2-12}$$

为解这个方程，再做变换 $\dot{r}=\frac{dr}{dt}=\frac{dr}{d\theta}\dot{\theta}$, $\dot{\theta}=\frac{r_0v_0}{r^2}$, $\dot{r}^2=\left(\frac{dr}{d\theta}\right)^2\frac{r_0^2v_0^2}{r^4}$，于是,

$$\frac{1}{r^4}\left(\frac{dr}{d\theta}\right)^2=\left(\frac{1}{r_0^2}-\frac{1}{r^2}\right)+2h\left(\frac{1}{r}-\frac{1}{r_0}\right), h=\frac{GM}{r_0^2v_0^2}, \tag{26.2-13}$$

再令 $u=\frac{1}{r}$, $\frac{du}{d\theta}=-\frac{1}{r^2}\left(\frac{dr}{d\theta}\right)$, $\frac{1}{r^4}\left(\frac{dr}{d\theta}\right)^2=\left(\frac{du}{d\theta}\right)^2$，于是,

$$\left(\frac{du}{d\theta}\right)^2=u_0^2-u^2+2h(u-u_0)=(u_0-h)^2-(u-h)^2,$$

$$\frac{du}{d\theta}=\pm\sqrt{(u_0-h)^2-(u-h)^2}, \tag{26.2-14}$$

我们知道 θ 是严格增加的，即 $\dot{\theta}=\frac{r_0v_0}{r^2}>0$，而且至少在 $t=0$ 附近有 $r\geqslant r_0$，$\dot{r}\geqslant 0$. $\frac{dr}{d\theta}=\frac{\dot{r}}{\dot{\theta}}\geqslant 0$, $\frac{du}{d\theta}=-\frac{1}{r^2}\frac{dr}{d\theta}\leqslant 0$. 所以(26.2-14)根号前面应该取负号，即

$$\frac{-1}{\sqrt{(u_0-h)^2-(u-h)^2}}\frac{du}{d\theta}=1, \tag{26.2-15}$$

积分之，得到 $\cos^{-1}\left(\frac{u-h}{u_0-h}\right)=\theta+C_2$，因为 $u|_{\theta=0}=u_0$，$\cos^{-1}(1)=0$，所以 $C_2=0$. 于是

$$\frac{u-h}{u_0-h}=\cos\theta,\ \frac{1}{r}=u=h+(u_0-h)\cos\theta, \tag{26.2-16}$$

所以有

$$r=\frac{1}{h+(u_0-h)\cos\theta}=\frac{(1+e)r_0}{1+e\cos\theta}, \tag{26.2-17}$$

其中

$$e=\frac{u_0-h}{h}=\frac{1}{r_0h}-1=\frac{r_0v_0^2}{GM}-1, \tag{26.2-18}$$

(26.2-17)和(26.2-18)表明行星的运动轨道是一条太阳位于一个焦点处的圆锥曲线(26.2-17)，其离心率由(26.2-18)给出．这就是开普勒第一定律的现代表述.

开普勒第三定律的证明

设行星的长半轴和短半轴分别为 a 和 b. 由

$$\pi ab=\int_0^T dA=\int_0^T\frac{1}{2}r^2d\theta=\int_0^T\frac{1}{2}r^2\dot{\theta}dt=\int_0^T\frac{1}{2}r_0v_0dt=\frac{1}{2}r_0v_0T,$$

对于椭圆有 $b=a\sqrt{1-e^2}$，所以有

$$T=\frac{2\pi ab}{r_0v_0}=\frac{2\pi a^2}{r_0v_0}\sqrt{1-e^2}. \tag{26.2-19}$$

若 $\theta=\pi$，则由(26.2-17)有 $r_{\max}=r_0\dfrac{1+e}{1-e}$，从而

$$2a=r_0+r_{\max}=\frac{2r_0}{1-e}=\frac{2r_0GM}{2GM-r_0v_0^2}, \tag{26.2-20}$$

平方(26.2-19)式，并利用(26.2-20)，就得到

$$\frac{T^2}{a^3}=\frac{4\pi^2}{GM}, \tag{26.2-21}$$

这就是开普勒第三定律，(26.2-21)右端的常数只和太阳有关，而与行星无关．

例 1　地球的轨道参数

天文学家可以根据牛顿的万有引力计算出九大行星的轨道参数长半轴 a、离心率 e 和周期 T. 这里只写出关于地球的有关参数：

$$a=149.57\text{ 百万公里},e=0.0167,T=365.256\text{ 天}.$$

牛顿的万有引力理论适合于任何遵从平方反比定律的力所驱使的物体，包括对哈雷彗星①、月球绕地球、宇宙飞船、人造卫星和小行星的轨道的研究；对潮汐起因的解释等．

特别要提及的是海王星和冥王星的发现．

① Edmond Halley，1656，11，8～1742，1，14，英国天文学家和数学家．他对观察数据运用万有引力理论，指出 1531，1607，1682 年出现的彗星可能是同一个彗星的三次回归，并预言它将于 1758 年重现．由于他的预言得到证实，后人便把这颗彗星命名为哈雷彗星.

例 2　海王星和冥王星的发现

在开普勒的时代，人们都已经知道太阳系有 6 颗行星，在某种意义上“太阳系有而且只有 6 颗行星”成了一种定式．因此，当开普勒死后 150 年，赫歇尔(Frederick William Herschel，1738，11，15～1822，8，25，英国数学家天文学家)于 1781 年 3 月在天王星的位置上偶然几次观测到天王星时，由于这种定式的影响而不认为这是一颗行星．甚至赫歇尔本人第一次解释他的发现时也认为天王星是一颗彗星而不是行星，因为天王星有一个可见的光盘．好几个月后，经过继续的观察和研究，科学界才得出结论：天王星是一颗行星，天王星的发现突破了“太阳系有而且只有 6 颗行星”的定式，即太阳系可以有多于 6 颗的行星．

然而，观察到的天王星的轨道和牛顿模型的预测并不相符，这颗新行星的运动中有一些无法解释的不规则性．有人认为天王星外还存在一颗行星，正是由于它的存在使天王星受到摄动而改变了其位置．当时，多数天文学家赞成这种假说. 英国数学家天文学家亚当斯(John Couch Adams，1819，6，5～1892，1，2)于 1844 年后研究天王星的观测资料，计算影响天王星运动的那颗未知行星的轨道要素、质量和日心黄经等．他于 1845 年 9～10 月分别向剑桥大学天文台台长查理士和格林威治天文台台长艾里报告了他的计算结果，但未受重视．而在差不多同时，法国天文学家勒威耶(Urbain-Jean-Joseph Le Verrier，1811，3，11～1877，9，23)也在研究同样的问题，他利用牛顿模型在天王星轨道的基础上运用牛顿的万有引力理论用数学方法推算出海王星的轨道并确定了它在空中的位置，并于 1846 年 8 月 31 日预告了他的结果．他把他的发现写信告诉了柏林天文台的台长伽勒(Johann Gottfried Galle，1812，6，9～1910，7，10)说在 1846 年 9 月 23 日夜间可以观察到这颗行星. 据说这封信是 1846 年 9 月 23 日伽勒才收到的，当天晚上伽勒把望远镜对准勒威耶预告的位置搜索，果然在不到一小时内在所指出的位置不超过 1°的范围内观察到了这颗行星．之后这颗行星的质量和轨道也被确定，并和勒威耶的预测一致．这颗行星就是海王星！用数学建模的话来说，这是对太阳系中行星运动的数学建模的一个伟大范例，也正是在这个意义上我们可以说海王星是算出来的．

海王星发现后，天文学家又发现其运动轨道的不规则性．于是有人就认为这种不规则性是由于海王星外还存在一颗行星引起的．有些天文学家就仿照勒威耶和亚当斯的方法，用天王星和海王星的轨道去推算这颗未知行星．直到 1930 年 2 月 18 日才由美国天文学家汤博(Clyde William Tombaugh，1906，2，4～1997，1，17)发现. 这就是冥王星．

亚当斯被公认为是海王星的共同发现者．勒威耶和亚当斯也因此而成了天文学的权威．勒威耶经过长期的研究，发现水星近日点的异常进动．他把这种现象归之于一个未知行星的摄动．可惜的是这颗行星一直没有找到．当 1915 年爱因斯坦的广义相对论发表后，才给以一种合理的解释，即在太阳那么大的质量附近时空是弯曲的，水星近日点的异常进动就是因为这种时空的弯曲造成的．现在我们知道，爱因斯坦的相对论描述天文尺度的宇宙，而量子力学理论则描述原子尺度的宇宙．

综上所述，我们知道海王星的发现是一个漫长数学建模的过程，它实际上是科学史上数学建模的一个光辉的范例．著名数学家 A. H. Тихонов 为原苏联从 1977 年到 1986 年历时 10 年编写出版的《数学百科全书》(从 1994 年到 2000 年出版了 5 卷的中译本)①所撰写的条目“数学模型”中把太阳系模型作为数学建模的典型例子决不是偶然的．

§26.3 量纲分析

量纲分析(Dimensional Analysis)是经常应用于物理、化学和工程等问题中的一种数学工具，它通过把变量数目减少到最小数目的“实质性”参数来简化问题．量纲分析也是数学建模中一个重要的方法，因为即使对要分析的现象的知识很少的情况下，它也是一种可以利用的方法，有广泛的可应用性．它是在经验和实验的基础上，利用物理定律的量纲齐次化原理来确定各物理量之间的关系的一种方法．量纲分析的基础就是所谓的白金汉 π 定理(Buckingham π Theorem，也称为 π 定理，或 Pi 定理)．据说([1])是由英国数学家辛普森(Thomas Simpson，1710～1761，参见本书 p. 720)首先提出，然后由美国科学家白金汉(Edgar Buckingham，1867～1940)于 1914 年详细阐明的([2])．

在一个实际问题或现象中，有许多变量、参数和常数，变量、参数是有量纲的，而常数通常认为是无量纲的．量纲有基本量纲(或称独立量纲)和导出量纲之分．基本量纲之间不能互相表示，导出量纲一定可以用基本量纲表示．基本量纲与量纲单位的选取(例如，尺度取米，厘米)无关．

假设在所研究的系统或现象中有 n 个变量和参数 $Q_1,Q_2,\cdots,Q_n$．它们之间的关系可以表为

$$f(Q_1,Q_2,\cdots,Q_n)=0，或\ Q_1=g(Q_2,\cdots,Q_n), \qquad (26.3\text{-}1)$$

我们不一定知道 f 的具体形式．还有 m 个基本量纲 $X_1,X_2,\cdots,X_m$．$m\leqslant n$．Q_i 的量纲 $[Q_i]$ 可表为

$$[Q_i]=X_1^{a_{i1}}X_2^{a_{i2}}\cdots X_m^{a_{im}}=\prod_{j=1}^{m}X_j^{a_{ij}},i=1,2,\cdots,n, \qquad (26.3\text{-}2)$$

矩阵 $A=(a_{ij})_{n\times m}$ 称为量纲矩阵．

白金汉 π-定理(Buckingham π Theorem) 如果矩阵 A 的秩 Rank$(A)=s$，那么可以从(26.3-1)得到 $n-s$ 个互相独立的无量纲组 $\{\pi_1,\pi_2,\cdots,\pi_{n-s}\}$，(26.3-1)可表为

---

① “数学模型”，《数学百科全书》第三卷，科学出版社，1997. pp. 647～648．原为 Матматическая Энциклопедия，v. 1～5，И. М. Виноградов 主编，Издателство《Советская Энциклопедия》出版，1977～1986；英译本名 *Encyclopaedia of mathematics*，an updated and annotated translation of the Soviet Mathematical Ecyclopaedia，(Hazewinkel，Mochiel)，v. 3，pp. 784～785. (共 6 卷). Dordrecht；Boston，Kluwer Academic Publishers，1995.

$$F(\pi_1,\pi_2,\cdots,\pi_{n-s})=0,\text{或 }\pi_1=G(\pi_2,\cdots,\pi_{n-s}),\tag{26.3-3}$$

或者说(26.3-1)和(26.3-3)是等价的．其中

$$\pi_l=\prod_{j=1}^{n}Q^{b_{lj}},\tag{26.3-4}$$

$b_l=(b_{l1},b_{l2},\cdots,b_{ln})$是

$$A^Tb^T=0,b=(b_1,b_2,\cdots,b_n)\tag{26.3-5}$$

的 $n-s$ 个基本解.

白金汉 π 定理也给出了怎么做的步骤.

例 1　单摆运动的周期

质量为 m 的小球①，系在长度为 l 的细线下端，细线上端固定．小球稍微偏离其平衡位置后，在重力 mg(g 为重力加速度)的作用下做往复摆动，求摆动周期 t.

根据白金汉 π 定理，本问题中共有 4 个变量 m,l,g,t. 它们之间的关系写作

$$f(m,l,g,t)=0\tag{26.3-6}$$

我们取质量 M，长度 L 和时间 T 为基本量纲，于是有

$$[m]=M,\quad [l]=L,\quad [t]=T,\quad [g]=LT^{-2},n=4,m=s=3,n-s=1,$$

所以只有一个无量纲常数 π.

$$A=\begin{pmatrix}1&0&0\\0&1&0\\0&0&1\\0&1&-2\end{pmatrix},A^Tb^T=0,\text{即},\begin{cases}b_1+0\cdot b_2+0\cdot b_3+0\cdot b_4&=0,\\0\cdot b_1+b_2+0\cdot b_3+b_4&=0,\\0\cdot b_1+0\cdot b_2+b_3-2b_4&=0.\end{cases}\tag{26.3-7}$$

取 $b_3=1$ 解得 $b_1=0,b_2=-1/2,b_3=1/2$.(26.3-7)的基本解为

$$b=(0,-1/2,1,1/2),\tag{26.3-8}$$

于是

$$\pi_1=l^{-1/2}tg^{1/2}=t\sqrt{\frac{g}{l}},\ t=\pi_1\sqrt{\frac{g}{l}},\tag{26.3-9}$$

π_1 是一个常数．从而有

$$F(\pi_1)=0.\tag{26.3-10}$$

当然可以用更为智巧的方法来得到同样的结果．

根据物理的洞察或者实验可以证明 F 只有一个零点，事实上 $\pi_1=2\pi$.

例 2　1945 年原子弹爆炸的能量

英国的 G. I. 泰勒爵士(Sir Geoffrey Ingram Taylor，1886，3，7～1975，6，27，

---

① 这里的 m 表示质量，不要和白金汉 π 定理中基本量纲的个数 m 混同.

英国的物理学家、数学家，流体动力学和波动理论专家）在 1941 年曾经利用量纲分析来估计原子弹爆炸所释放的能量．1945 年 7 月 16 日全世界第一颗原子弹在美国新墨西哥州的南部城市阿拉莫戈多（Alamogordo）西北 97 公里的“特里尼蒂试验场”引爆成功．之后在《生活（Life）》的封面登载了一组原子弹爆炸的照片．泰勒爵士想知道爆炸的能量是多少．他打电话给他在 Los Alamos 的同事，询问此事．得到的回答是，这些信息是保密的．所以他求助于量纲分析.

他认为有 5 个变量，即时间 t，起爆时空间单个点处的能量 E，t 时刻冲击波的半径 R，它随时间而扩大，初始大气（或周围大气的）压力 p_0 以及初始大气（或周围大气的）密度 ρ_0 其中只有 3 个基本量纲，即质量、长度和时间 $[m]=M$，$[l]=L$，$[t]=T$，它们之间的关系可写作

$$f(R,t,E,\rho_0,p_0)=0,\text{或 } R=g(t,E,\rho_0,p_0) \tag{26.3-11}$$

而

$$[R]=L,\quad [t]=T,\quad [E]=ML^2T^{-2},\quad [\rho_0]=ML^{-3},\quad [p_0]=ML^{-1}T^{-2} \tag{26.3-12}$$

所以

$$A=\begin{pmatrix}0 & 1 & 0\\ 0 & 0 & 1\\ 1 & 2 & -2\\ 1 & -3 & 0\\ 1 & -1 & -2\end{pmatrix},\quad b=(b_1,b_2,\cdots,b_5),$$

$$A^Tb^T=0,\text{即},\begin{cases}b_3+b_4+b_5=0,\\ b_1+2b_3-3b_4-b_5=0,\\ b_2-2b_3-2b_5=0.\end{cases} \tag{26.3-13}$$

若令 $b_1=0, b_5=1$，则有 $b^T=(0,6/5,-2/5,-3/5,1)$，于是有

$$\pi_1=p_0\left(\frac{t^6}{E^2\rho_0^3}\right)^{1/5}, \tag{26.3-14}$$

若令 $b_1=1, b_5=0$，则有 $b^T=(1,-2/5,-1/5,1/5,0)$，于是有

$$\pi_2=R\left(\frac{\rho_0}{Et^2}\right)^{1/5}, \tag{26.3-15}$$

由 π 定理知

$$\pi_2=G(\pi_1),\text{或 } R=\left(\frac{Et^2}{\rho_0}\right)^{1/5}G(\pi_1). \tag{26.3-16}$$

在 cgs（厘米-克-秒）制下，$\rho_0=1.25\times10^{-3}(\text{g/cm}^3)$，$p_0=10^6(\text{g/cm}\cdot\text{sec}^2)$. 预计原子弹在起爆点释放的能量是非常大的. 可以估计，如果 t 不超过 1 秒，那么 π_1 是小的．所以（26.3-16）可以近似表示为

$$R = \left(\frac{E}{\rho_0}\right)^{1/5} G(0) t^{2/5}, \tag{26.3-17}$$

这就是泰勒导出的公式([4]). 利用少量炸药的实验可以确定 $G(0)\approx 1$. 所以(26.3-17)也可以写成

$$\frac{5}{2}\log_{10}(R) = \log_{10}(t) + \frac{1}{2}\log_{10}\left(\frac{E}{\rho_0}\right), \tag{26.3-18}$$

1945 年起爆时拍的电影和稍后解密的照片为泰勒提供了验证(26.3-18)的必要信息, 他由此估计了第一次原子弹爆炸所释放的能量. 后来解密的实际爆炸的能量非常接近他的估计. 有意思的是泰勒在 1945 年之前就从理论上得到了这个公式. 从此以后, 量纲分析在爆炸问题中越来越有用.

我们看到在数学建模过程中如果能够结合有关学科的实验和专家的洞察的话, 量纲分析能得到非常重要的结果. 量纲分析在各种问题的数学建模中有重要的应用.

参考文献

[1] Carl W. Hall, *Laws and Models - Science, Engineering, and Technology*, CRC Press, 2000, pp. 57～58.

[2] Buckingham, E., *On physically similar systems; illustrations of the use of dimensional equations*. Phys. Rev. **4**, 345～376 (1914).

[3] Frederic Y. M. Wan, *Mathematical Models and Their Formulation*, 《Handbook of Applied Mathematics - Selected Results and Methods》, 2nd Edition, Edited by Carl E. Pearson, Van Nostrand, 1990, pp. 1044～1139.

[4] Taylor, G. I., *The Formation of a Blast Wave by a Very Intense Explosion, II: The Atomic Explosion of* 1945, Proc. Roy. Soc. **A**, **201**, 175, 1950.

§ 26.4 日常生活中的数学模型

26.4.1 复利、年金

假设一开始的投资(或借款)本金总额记为 A_0, 单位时间(可以是天、月或年, 称为一期)的利率记为 $r\%$(用十进位数来表示), n 个单位时间后的总金额记为 A_n.

单利 我们把钱存入银行, 银行就是这么付给我们利息的. 其数学模型为

$$A_n = A_0(1+nr), \quad A_0 = \frac{A_n}{(1+nr)}, \quad r = \frac{1}{n}\left(\frac{A_n}{A_0} - 1\right). \tag{26.4-1}$$

复利 我们向银行借钱, 银行就是这么向我们收钱的. 其数学模型为

$$A_n = A_0(1+r)^n, A_0 = \frac{A_n}{(1+r)^n}, r = \left(\frac{A_n}{A_0}\right)^{1/n} - 1, n = \frac{\ln[A_n/A_0]}{\ln[1+r]}. \tag{26.4-2}$$

年金　持续收取定额款项叫做年金.

假设借款额为 A_0，每期利率为 r，每期的还款额为 x，A_k 表示第 k 期结束时尚欠的借款．总借期为 n 期(即，到第 n 期结束时还清全部借款，即 $A_n=0$)．其数学模型为

$$A_k = A_{k-1}(1+r) - x,\ k = 0,1,\cdots,n, \tag{26.4-3}$$

求解(26.4-3)得到

$$A_k = A_0(1+r)^k - \frac{x}{r}[(1+r)^k - 1], \tag{26.4-4}$$

从 $A_n=0$ 可得

$$0 = A_0(1+r)^n - \frac{x}{r}[(1+r)^n - 1], \tag{26.4-5}$$

从中可以解得 $A_n=0$ 时的 x,n,A_0 和 r

$$x = \frac{A_0 r(1+r)^n}{(1+r)^n - 1}, \tag{26.4-6}$$

$$n = \frac{\ln\left[\dfrac{x}{x-A_0 r}\right]}{\ln(1+r)}, \tag{26.4-7}$$

或

$$n = \frac{\log\left[\dfrac{x}{x-A_0 r}\right]}{\log(1+r)}, \tag{26.4-7$'$}$$

$$A_0 = \frac{x[(1+r)^n - 1]}{r(1+r)^n}, \tag{26.4-8}$$

为求 $A_n=0$ 的 r，需要求解下面的代数方程式

$$A_0(1+r)^{n+1} - (A_0+x)(1+r)^n + x = 0. \tag{26.4-9}$$

以下的计算都可以使用数学软件或可编程序计算器．

例1　一位使用工商银行国际信用卡的张姓用户，2004 年 12 月用工商银行的信用卡，刷卡消费 39771.52 元，由于记错了还款额，他在还款日期(2005 年 1 月 25 日)到期之前，分多次共计还款 39771.28 元，少还了 0.24 元(事后才发现)．但就是这区区 0.24 元，工商银行在他 1 月份的账单里记账两笔共计 853 元的利息．张先生从网上查到账单后，立即致电工商银行 95588，得到的答复是最新的国际信用卡章程已将原来只对逾期没有还的欠款部分收取利息改为对消费款全部从消费发生日起收取每日万分之五的利息．

我们先不说张先生是否及时知道新的章程，这种收费是否合理．这里，我们只问一个问题：工商银行按多少天来收的利息？

解　由(26.4-2)中的 $n=\dfrac{\ln[A_n/A_0]}{\ln[1+r]}$，已知 $A_0=39771.52$，$A_n=39771.28+853$

$=40624.52$，$r=0.0005$，代入计算得 $n\approx 42.46$ 天．

例 2 根据报纸报道，中国人民银行宣布个人住房贷款(采用等额本息还款法)年利率从 5.31%(0.0531)调高到 6.12%(0.0612)．以 10 年期 20 万元的房贷为例，调整前每月还款为 2151.74 元．调整后每月还款为 2232.48 元．每月多还 80.74 元．即便银行对借款人实行 5.51%的优惠年利率，每月还款 2171.51 元，需多还 19.77 元．

问题：这是怎么算出来的？

解 上述三种情况的月利率 r 分别为 $0.0531/12=0.004425$，$0.0612/12=0.0051$，$0.0551/12\approx 0.004592$．由(26.4-6)知道，$A_0=200,000$，$n=120$，因此可以分别求得 x 为：2151.74，2232.48 和 2171.56(如果 $r=0.0551/12$，则为 2171.52)．

例 3 根据报道，乔先生向银行贷了 22 万元，贷款期限是 2003 年 9 月～2013 年 9 月共 120 期，采用等额本息还款法，月供 2338 元．目前，已还 16 期，还剩 104 期，贷款余额为 198155 元．

乔先生手头正好有 5 万元可用，因此提出申请提前还款 5 万元．如果提前还款 5 万元，得到批准，乔先生又想保持贷款期限不变，即再继续 105 期，那么按照新的利率他的月还款是多少？

问题：该报道中没有说月利率 r 为多少，因此我们首先要求 r．

因为 $A_0=220,000$，$n=120$，$x=2338$．解方程(26.4-9)，即解

$$220000(1+r)^{120+1}-(A_0+2338)(1+r)^{120}+2338=0,$$

$r\approx 0.00420197$，或者 $r\approx 0.004202$，年利率为 0.050424．再由(26.4-4)，分别令 $k=16$ 和 $k=15$ 计算之，分别计算

$$A_{16}=220000(1.004202)^{16}-\frac{2338}{0.004202}[(1.004202)^{16}-1]$$

和

$$A_{16}=220000(1.004202)^{15}-\frac{2338}{0.004202}[(1.004202)^{15}-1],$$

得到的结果分别为：196656 和 198161．如果报道中的 198155 没有错误，那么 198161 非常接近 198155．这就说明报道有误．实际上，乔先生只还了 15 期，还有 105 期要还．

现在的 $A_0=148,155$，$n=105$，利用(26.4-6)按照新的月利率 0.0051 计算，他的月还款是 1825.86．如果他不还 5 万元，继续还 105 期的话，他的月还款是 2442.06．

综上所述，如果我们能应用(26.4-3)到(26.4-9)的话，我们可以解决许多相关的问题．

26.4.2 人口问题的数学模型

在人口增长或单种群群体增长的简单数学模型中，假设时间记为 t，t 时刻的人口数 $N(t)$，人口的自然增长率 $r=b-d$，其中 b 是出生率，d 是死亡率．一般说，$r=$

$r(t, N)$.

马尔萨斯(Malthus)模型

其简化假设为 $r=$常数．因此，在$[t,t,+\Delta t]$时间间隔内的人口的平均增长率为 $\frac{N(t+\Delta t)-N(t)}{N(t)}=r\Delta t$,令 $\Delta t\to 0$,得到下面的微分方程模型

$$\begin{cases}\frac{dN}{dt}=rN, t>0,\\ N(0)=N_0,\text{已知}.\end{cases} \tag{26.4-10}$$

其中 $t=0$ 表示初始时刻，它的解为

$$N(t)=N_0e^{rt}, \tag{26.4-11}$$

当 N_0 小时，这个模型有一定的合理性，某些实际数据也表明其合理性．但是当 $t\to +\infty$,$N(t)\to+\infty$. 这是不合理，也是不可能的，因为地球和资源都是有限的，不可能养活无限多的人．因此，假设 $r=$常数，不合理，模型需要改进．马尔萨斯模型也称为指数增长模型．

逻辑斯蒂(Logistic)模型

假设环境的有限资源(水、食物等)能供养的最大人数为 K,称为生存极限数．又设$r=k\left(1-\frac{N}{K}\right)$,$k=$常数．即当 N 增大时,r 变小，即增长率下降．所以，也可以称之为**自限模型**．我们同样可以得到下面的微分方程模型

$$\begin{cases}\frac{dN}{dt}=rN\left(1-\frac{N}{K}\right), t>0,\\ N(0)=N_0>0,\text{已知}\end{cases} \tag{26.4-12}$$

它的解为

$$N(t)=\frac{K}{1-\left(1-\frac{K}{N_0}\right)e^{-rt}}, \tag{26.4-13}$$

(26.4-12)有两个平衡点：$N=0,K$. 所以当 $N_0<K$ 时，$\frac{dN}{dt}>0$,$N(t)$是增的；$N_0>K$ 时，$\frac{dN}{dt}<0$,$N(t)$是减的；当 $t\to+\infty$,$N(t)\to K$.

Logistic 模型是由比利时数学家和社会统计学家 Pierre François Verhulst (1804, 10, 28～1849, 2, 15)提出，并用于比利时和法国的人口增长问题，有成功的，也有不成功的．Logistic 模型比马尔萨斯模型要合理，是一个在其他方面也有很多应用的数学模型．但是 Logistic 模型也有缺陷，主要是没有考虑不同的性别和年龄结构，此外 r 与 K 和很多因素有关，难以确定，应用起来有困难．

考虑年龄结构的人口发展方程

为了研究任意时刻不同年龄段人口的数量及其演变，引入人口的分布函数和密度函数．t 时刻年龄小于 $x(\geqslant 0)$的人口称为人口分布函数；记为，$F(x,t)(\geqslant 0)$，t 时

刻的人口总数，仍记为 $N(t)$；最大的年龄记为 x_m，理论上我们可以允许 $x_m \to +\infty$. 于是有

$$F(0,t) = 0,\ F(x_m,t) = N(t), \tag{26.4-14}$$

人口密度函数定义为

$$p(x,t) = \frac{\partial F}{\partial x}, \tag{26.4-15}$$

$p(x,t)dx$ 表示 t 时刻年龄在范围 $[x,x+dx]$ 内的人数. 用 $\mu(x,t)$ 表示 t 时刻年龄为 x 的人的死亡率，因此，$\mu(x,t)p(x,t)dx$ 就表示 t 时刻年龄在范围 $[x,x+dx]$ 内的死亡人数. t 时刻年龄在范围 $[x,x+dx)$ 内的人数到 $t+dt$ 时刻还活着的人的年龄在 $[x+dt,x+dx+dt)$，在 $[t,t+dt]$ 死亡的人数为 $\mu(x,t)p(x,t)dxdt$，于是有

$$p(x,t)dx - p(x+dx_1,\ t+dt)dx = \mu(x,t)p(x,t)dxdt, dx_1 = dt, \tag{26.4-16}$$

重写(26.4-16)

$$[(p(x+dx_1,t+dt) - p(x,t+dt) + p(x,t+dt) - p(x,t)]dx$$
$$= -\mu(x,t)p(x,t)dxdt,$$

再次利用 $dx_1 = dt$，就得到

$$\frac{\partial p}{\partial x} + \frac{\partial p}{\partial t} = -\mu(x,t)p(x,t), \tag{26.4-17}$$

如果死亡率 $\mu(x,t)$ 已知，初始人口密度函数 $p(x,0) = p_0(x)$ 已知，它可以通过人口调查得知；单位时间出生的婴儿数记为 $p(0,t) = q_0(t)$，称为婴儿出生率，它对预测和控制人口起着重要作用. 这样我们就得到了由下面的一阶双曲型方程的初边值问题表示的数学模型

$$\begin{cases} \dfrac{\partial p}{\partial x} + \dfrac{\partial p}{\partial t} = -\mu(x,t)p(x,t),\ x > 0, t > 0, \\ p(x,0) = p_0(x) \qquad x \geqslant 0, \\ p(0,t) = q_0(t) \qquad t \geqslant 0. \end{cases} \tag{26.4-18}$$

数学上，这个问题不难求解，问题是不容易获得准确的 $\mu(x,t)$，$p_0(x)$，$q_0(t)$. 当然，还可以进一步考虑生育率和生育模式等来改进模型.

26.4.3 传染病流行的数学模型

SI 模型

假设在传染病流行地区的总人数 N 不变. 既不考虑生死，也不考虑进出的迁移. 人群分为易感染者(Susceptible) 和已感染者(Infective)，以下简称健康人和病人. t 时刻易感染者和已感染者在总人数中占的比例分别记为 $s(t)$ 和 $i(t)$. 病人的增加与每个病人每天能接触到的多少健康人有关，因此，单位时间内病人能感染的人数在总人数中占的比例与 $s(t)$ 和 $i(t)$ 的乘积成比例，比例系数 λ 称为日接触率. 数

学模型为

$$\begin{cases}\dfrac{di}{dt}=\lambda si, & t>0,\\ i(0)=i_0,\ s(t)+i(t)=1.\end{cases}\tag{26.4-19}$$

由于 $s(t)=1-i(t)$，我们有

$$\begin{cases}\dfrac{di}{dt}=\lambda i(1-i), & t>0,\\ i(0)=i_0.\end{cases}\tag{26.4-20}$$

再次得到 Logistic 模型．

SIR 模型

有些传染病治愈后会有很强的免疫力，他们既非病人，也不是易感染者，他们实际上已经退出了传染病流行的系统，我们把他们简称为移出者(Removed)，他们在总人数中占的比例，记为 $r(t)$．因此，$i(t)+s(t)+r(t)=1$．

记日治愈率为 μ．我们得到下面的数学模型

$$\begin{cases}\dfrac{di}{dt}=\lambda si-\mu i, & i(0)=i_0,\\ \dfrac{ds}{dt}=-\lambda si, & s(0)=s_0.\end{cases}\tag{26.4-21}$$

虽然求不出(26.4-21)的解析解，但是通过理论证明和数值分析有以下重要结论：

1. 可以证明 $\lim\limits_{t\to+\infty} i(t)=i_\infty$，并且 $i_\infty=0$．即病人数最终会趋于零．

2. 可以证明 $\lim\limits_{t\to+\infty} s(t)=s_\infty$，并有

$$i_0+s_0-s_\infty+\frac{1}{\sigma}\ln\frac{s_\infty}{s_0}=0,\sigma=\frac{\lambda}{\mu}\tag{26.4-22}$$

3. 若 $s_0>\dfrac{1}{\sigma}$，则 $i(t)$ 先增加，并在 $s_0=\dfrac{1}{\sigma}$ 时，达到最大值

$$i_m=i_0+s_0-\frac{1}{\sigma}(1+\ln\sigma s_0),\tag{26.4-23}$$

然后，$i(t)$ 减小并且趋于零，$s(t)$ 则单调减小趋于 s_∞．

4. 若 $s_0\leqslant\dfrac{1}{\sigma}$，则 $i(t)$ 单调减小趋于零，$s(t)$ 单调减小趋于 s_∞．

这些结论给我们重要的启示．$\dfrac{1}{\sigma}$ 是一个门**槛值**，或称为**阈值**．只有当易感染者 s_0 在总人数中占的比例超过该阈值时，传染病才会流行．因此，当发现某种传染病时，如果能降低接触率并提高治愈率，从而 $\dfrac{1}{\sigma}$ 就变大，即门槛高了，该传染病就不会蔓延、流行．即使 $s_0>\dfrac{1}{\sigma}$，$\dfrac{1}{\sigma}$ 变大，s_∞ 增加，i_∞ 减少，也就控制了传染病的蔓延程度．$\dfrac{1}{\sigma}=\dfrac{\mu}{\lambda}$，说明卫生水平越高，日接触率就越低；医疗水平越高，日治愈率就越

大，从而门槛$\frac{1}{\sigma}$，就越高，所以说提高卫生水平和医疗水平有助于控制了传染病的蔓延.

26.4.4 减肥的数学模型

减(增)肥的数学模型

医生和生物学家都认为所谓的减肥就是“燃烧”掉人体内多余的脂肪.

假设人体在 t 时刻的脂肪的等价热量为 $A(t)$，时间 t 的单位，例如，取作天. 又设每天吸入热量为 a，单位时间内由于锻炼消耗的热量与 $A(t)$ 成正比，记作 $bA(t)$，单位时间新陈代谢需要消耗的热量也与 $A(t)$ 成正比，记作 $cA(t)$. a, b, c 均为非负数. 于是，在时间区间$[t,t+dt]$上利用热量守恒定律，有

$$A(t+dt)-A(t)=[a-bA(t)-cA(t)]dt,$$

令 $dt\to 0$，得数学模型

$$\begin{cases}\dfrac{dA(t)}{dt}=a-(b+c)A(t), t>0,\\ A(0)=A_0, \text{已知}\end{cases}\tag{26.4-24}$$

(26.4-24)的解为

$$A(t)=\frac{a}{b+c}+\left(A_0-\frac{a}{b+c}\right)e^{-(b+c)t},\tag{26.4-25}$$

我们从(26.4-25)来分析一些极端情形，并看看它们告诉我们什么？

1. 当 $t\to+\infty$时，$A(t)\to\frac{a}{b+c}$. 由于我们可以调节 a,b,c，使得$\frac{a}{b+c}$等于任何非负数，即理论上讲，你要减(增)肥到多重都是可能的，只要你能适当调整饮食、锻炼和新陈代谢，即调整 a,b,c 就可以了. 但任意改变新陈代谢，锻炼过度并不可取.

2. 不进食是危险的，因为这时 $a=0$，(26.4-24)的解为

$$A(t)=A_0e^{-(b+c)t},$$

$$t\to\infty, A(t)\to 0.$$

体重(脂肪)都没有了，当然命也没有了！而且指数函数的衰减是很快的，用不了多长时间，人就受不了了. 其实，对减肥问题的数学建模远没有那么简单！至少我们不可能天天吃一样的食物，一样的锻炼，也就是 a, b, c 一般都随时间变化，即，是 t 的函数，数学模型应该是

$$\begin{cases}\dfrac{dA}{dt}=a(t)-[b(t)+c(t)]A, t>0,\\ A(0)=A_0.\end{cases}$$

从数学上讲，我们会解这个问题. 但怎样确定 a,b,c 或者 $a(t),b(t),c(t)$ 又是一个不容易的数学建模问题！

§26.5 气象学中的Lorenz模型和确定性混沌

20世纪60年代初，麻省理工学院(MIT)的气象学家洛伦兹(Edward Norton Lorenz,1917,5,23～)在研究大气对流问题的数学建模时，通过截断高阶项，忽略高阶耦合，取模型中三个最低Fourier模态，他得到了下面看似简单的非线性常微分方程组

$$\begin{cases}\dfrac{dx}{dt}=-\sigma x+\sigma y,\\ \dfrac{dy}{dt}=rx-y-xz,\\ \dfrac{dz}{dt}=-bz+xy.\end{cases} \tag{26.5 -1}$$

用来反映平的流体层在下面被加热，而在上面被冷却的情况：这表示地球的大气被吸收了阳光的地面加热，在空中散失掉热量．在对流运动中，x表示对流运动的速率，y和z分别表示水平和垂直方向的温度变化．控制参数σ与Prandtl数成比例，r与Rayleigh数成比例，b与用(26.5 -1)来近似流体运动行为的区域的大小成比例．参数σ，r和b都是正的．(26.5 -1)就是著名的Lorenz方程或Lorenz模型①.

当$r<1$时，原点$O=(0,0,0)$是全局吸引的. 当$r>1$时，(26.5 -1)有三个平衡点：

$$O=(0,0,0),\ C^{+}=(b\sqrt{r-1},b\sqrt{r-1},r-1),$$

$$C^{-}=(-b\sqrt{r-1},-b\sqrt{r-1},r-1)$$

原点是不稳定的. 存在r的值$r_H=[\sigma(\sigma+b+3)]/(\sigma-b-1)$，在该值处在$C^{\pm}$产生霍普夫(Hopf)分歧(Bifurcation). 若$\sigma-b-1<0$，则对任何$r>0$，不会发生霍普夫分歧，而且对所有的$r>1$，$C^{\pm}$都是稳定的；否则的话，($\sigma-b-1\geqslant 0$)，在$1<r<r_H$中$C^{\pm}$是稳定的，而在$r>r_H$中$C^{\pm}$是不稳定的.

对$\sigma=10$，$b=8/3$，r从1开始增加，对Lorenz方程的数值模拟展现了以下的行为：

(1) 对$1<r<13.926$，所有数值计算得到的轨道都螺旋地趋于稳定平衡点$C^{\pm}$.

---

① Lorenz, E. N., Deterministic non-periodic flows, J. Atmos. Sci., **20**, 130～141(1963). 据说(见葛雷易克(James Gleick)《混沌》(Chaos)一书)1961年冬季某天，洛伦兹希望缩短打印气象图的时间，因此从中间开始打印．为了让计算机知道初始状况，第一次输入的是小数点后5位数，0.56127；第二次输入的是四舍五入的小数点后2位数，0.56. 他发现两次输出的气象图截然不同．开始他以为是计算机故障．之后，他突然想到，计算机没有问题，问题出在他输入计算机的小数点后位数不同．他原以为千分之一的差别不会有实际的影响．但是，他错了．于是他就开始研究这个问题．

原点的不稳定流形的右分支螺旋地趋于 C^+，其左分支趋于 C^-.

(2) 在 $r\approx 13.926$，有一条同宿轨道. 对 $r>13.926$，原点的不稳定流形的右分支螺旋地趋于 C^-，其左分支螺旋地趋于 C^+.

(3) $13.926<r<24.06$. 所有数值计算得到的轨道最终螺旋地趋于 C^+ 或 C^-，但是某些轨道在趋于 C^+ 或 C^- 之前会在奇异不变集(它是由 r 通过其同宿值时发生的分歧生成的)附近游荡很长的时间.

(4) $r>24.06$. 某些轨道永远在奇异不变集附近游荡，这个奇异不变集就变成了一个**奇异吸引子**(strange attractor). 对 $r<24.74$，仍可能有某些轨道螺旋地趋于 $C^{\pm}$，但是，在 $r=24.74$ 时，$C^{\pm}$ 失去稳定性，当 $r>24.74$ 时，所有数值计算得到的轨道都永远在奇异吸引子附近游荡.

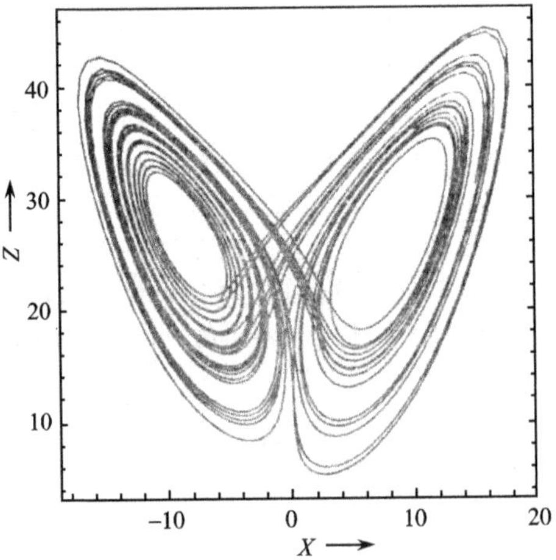

图 26.5-1　对 $r=28.0, b=8/3, \sigma=10$ 时数值计算的轨道.
轨道是投影在 $x-z$ 平面上的，它不会封闭起来.

这就是著名的确定性混沌，即对于一个完全确定的非线性常微分方程组，它的解可以对初始条件极其敏感而造成的混沌现象；有时也称为洛伦兹奇异吸引子. 更通俗一点讲，就是"蝴蝶现象"，在南美洲，例如说，在巴西的一只蝴蝶扇动它的翅膀，可能会引发一系列事件，最终导致德克萨斯的龙卷风(甚至全球气象模式的全面改变). 真所谓"差之毫厘，失之千里".

尽管洛伦兹的工作的重大意义在当时并没有被认识到，只是在十年后才引起更多人的重视，并开展了大量的研究工作. 人们用混沌现象解释了许多过去不能解释的现象. 而且在更多的数学模型中发现了混沌现象.

数学上对混沌的定义有很多讨论，我们不拟涉及. 但是所有的定义中必须包含一条：对初始条件的敏感依赖性.

从学习数学建模的角度来看，我们不能轻易忽视简化的数学模型，因为它可能揭示出极其重要、本质的现象. 它可能给我们带来认识上的飞跃和应用上的扩展．洛伦兹发现的确定性混沌(奇异吸引子，“蝴蝶现象”)表明，混沌的产生既不是因为外部的影响，也不是由于描述系统所需要的变量的数目(自由度)过于庞大，也不是由量子力学的统计特征为基础的不确定性产生的．它就是确定性系统内在固有的性质.

参考文献

C. Sparrow, The Lorenz equations,《Chaos》, Edited by Arun V. Holden, 1986, 111～134.

§26.6 模拟方法建模

模拟(Simulation，也译为“仿真”)的意思就是模拟、重现，特别是通过计算机来模拟所研究现象的行为．可以有各种各样的模拟方法，包括随机模拟—蒙特卡罗(Monte Carlo)模拟的方法．

蒙特卡罗模拟的主要优点是，它有时能相对容易地近似很复杂的随机系统，而且蒙特卡罗模拟可以在更广泛的条件下估计候选方案的性能．还有，蒙特卡罗模拟中特定的子模型可以相当容易地改变，所以存在着进行敏感性分析的潜力．蒙特卡罗模拟的另一个优点是，建模者可以在不同层次的水平上进行控制．最后，现在有许多很有效的、高水平的模拟语言可供利用，因此在建立模拟模型时能够排除掉许多烦琐的工作．

均匀随机数的生成几乎是所有模拟方法和算法的基础．因为它有以下的理论作为依据：只要有了某种具有连续分布的随机数，就可以通过某种方法生成其他任意分布的随机数．由于(0, 1)区间上的均匀分布是最简单、最基本的连续分布，所以通常都以(0, 1)上均匀分布的随机数为基础，用它来生成其他分布的随机数．有时候把均匀分布的随机数简称为随机数．

我们先讲随机数的生成方法，再举两个例子分别说明怎样用蒙特卡罗方法来模拟确定性和随机行为，最后讲一个比较实际的数学建模问题-港口船只排队问题．

26.6.1 随机数的生成方法

这里说的随机数的生成方法指的是在计算机上生成随机数的方法，大致可以分为三类：利用随机数表，利用物理随机数发生器，利用数学方法．我们主要讲随机数生成的数学方法．

均匀随机数的生成. 确定性随机数发生器产生固定长度的数列，使得前 k 个数决定下一个数. 因为这组数是由计算机来生成的，在一定次数的迭代后就会变成周期数列.

生成随机数算法的一般形式可以由下列初值为 x_0 的递归程序 $x_n=f(x_{n-1},x_{n-2},\cdots,x_{n-k})$来描述.这里假定 f 是从$\{0,1,\cdots,m-1\}^k$ 到$\{0,1,\cdots,m-1\}$的映射.

对大多数随机数发生器来说，$k=1$，这时递归关系简化为具有单一初值 x_0 的 $x_n=f(x_{n-1})$，x_0 称为发生器的种子．现在 f 是从$\{0,1,\cdots,m-1\}$到自身的映射.

在某种意义上，计算机不能生成随机数，因为如上所述，计算机采用的是确定性算法，然而我们可以生成伪随机数序列，使得在实际问题中其行为看起来是随机的．

产生随机数的目标是获得一数列 $u_1,u_2,\cdots,u_m$,使其看起来像是来自于(0，1)上均匀分布的独立同分布随机变量的观测值．

产生随机数的数学方法很多，例如，平方取中法，乘积取中法，指令位移法，加同余法等，但目前应用最多的是线性同余法，特别是乘同余法．

线性同余发生器(Linear Congruential Generators，LCG)

用线性同余法产生随机数，使用如下的递推公式

$$x_{n+1}=\lambda x_n+c(\bmod M)\quad(n=0,1,2,\cdots),\tag{26.6-1}$$

其中 x_0 为初值(初始种子)，λ 是乘子，c 是增量，M 是模，它们都是非负整数，而且 λ，c，和 $x_n(n=0,1,2,\cdots)$都小于 M. 上式的 x_{n+1} 是 λx_n+c 被 M 整除后的余数,称为 x_{n+1} 与 λx_n+c 对模同余．由于 $x_n<M$，从而有

$$u_n=\frac{x_n}{M},\tag{26.6-2}$$

就是[0,1]区间上的数列．例如，当 $x_0=\lambda=c=7,M=10$ 时，得到如下的重复循环的数列

$$\begin{aligned}\{x_0\}&=7,6,9,0,7,6,9,0,\cdots,\\ \{u_n\}&=0.7,0.6,0.9,0,0.7,0.6,0.9,0,\cdots,\end{aligned}\tag{26.6-3}$$

循环的长度称为周期，这是一个周期为 4 的周期序列.

实际上，任一迭代公式

$$x_n=f(x_{n-1}),\tag{26.6-4}$$

只要满足条件 $0\leqslant x_n,x_{n+1}<M$，则由它所产生的数列一定具有周期性，其周期记为 T. 因此，对于一个随机数发生器来说，只要其产生的随机数的周期充分长，那么它就能够具有在(0，1)上均匀分布以及相互独立随机变量所需的各种统计性质．从统计模拟来看，可以把它们当作真正的随机数使用．但是长周期不是一个随机数发生器所要的唯一性质，一个好的随机数发生器必须同时在理论/结构上和经验/统计上都能通过所有的检验，目的是检查其与均匀性或独立性或均匀性独立性的偏差.

最优线性同余随机数发生器也许是 Park 和 Miller 的“最低标准”发生器，其取法如下：

$$\lambda=7^5=16\ 807,\ M=2^{31}-1=214\ 748\ 637,\ c=0.$$

初值 x_0 的选取方法：在 $c=0$ 时，为了保证有最大周期，x_0 须取奇数，有时取

1. 每个随机数发生器都有一个设定的 x_0，使用者在使用之前应该检查一下.

下面我们来讲几个蒙特卡罗方法应用的例子.

26.6.2 确定性行为的模拟：曲线下的面积

我们以求连续、非负曲线下的面积为例来说明蒙特卡罗模拟在确定性行为的建模中的应用.

设 $y=f(x), a\leqslant x\leqslant b, 0\leqslant y\leqslant M$ 是连续函数(见图 26.6-1).

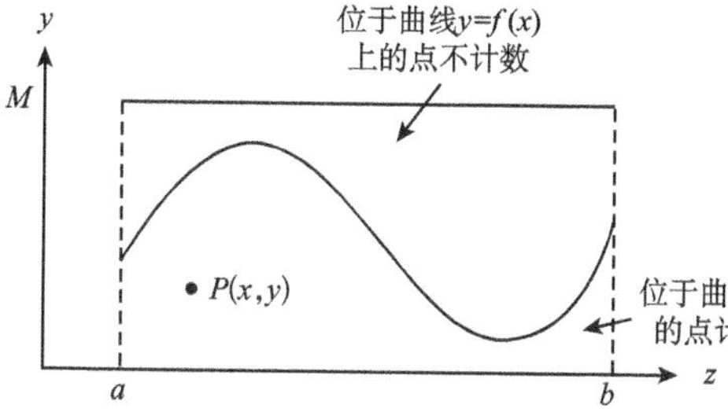

图 26.6-1 区间 $a\leqslant x\leqslant b$ 上非负曲线 $y=f(x)$ 下的面积包含在高 M、长 $b-a$ 矩形域中

我们从求该曲线下面积的近似值开始. 由上图知，所求面积完全包含在高 M 长 $b-a$ 的矩形域中.

从矩形域中随机地选一点 $P(x,y)$，做法是产生两个满足 $a\leqslant x\leqslant b, 0\leqslant y\leqslant M$ 的随机数 x，y，并将其视作坐标为 x，y 的点 P. 一旦 $P(x,y)$ 选定，就问：它是否在曲线下的域内，即坐标 y 是否满足 $0\leqslant y\leqslant f(x)$? 若回答是，则向计数器中加 1 以计入点 P. 需要两个计数器：一个计产生的总点数，另一个计位于曲线下的点数. 由此可用下式计算曲线下面积的近似值：

曲线下的面积/矩形面积=曲线下的点数/随机点的总数.

下面的算法给出了用蒙特卡罗方法求曲线下面积的计算机模拟的计算格式.

蒙特卡罗法计算面积的算法

输入 模拟中产生的随机点总数 n.

输出 $AREA$=给定区间 $a\leqslant x\leqslant b$ 上曲线 $y=f(x)$ 下的近似面积，其中 $0\leqslant f(x)\leqslant M$.

第 1 步 初始化：COUNTER=0.

第 2 步 对 $i=1,2,\cdots,n$，执行第 3～5 步.

第 3 步 计算随机坐标 x_i 和 y_i. 满足 $a\leqslant x_i\leqslant b, 0\leqslant y_i\leqslant M$.

第 4 步 对随机坐标 x_i 计算 $f(x_i)$.

第 5 步 若 $y_i\leqslant f(x_i)$，则 COUNTER 加 1；否则 COUNTER 不变.

第 6 步 计算 AREA=$M(b-a)$ COUNTER/n.

第 7 步　输出(AREA)

停止

表 26.6-1 给出了区间 $-\pi/2 \leqslant x \leqslant \pi/2$ 上曲线 $y=\cos x$ 下面积的若干不同的模拟结果.

表 26.6-1　区间 $-\pi/2 \leqslant x \leqslant \pi/2$ 上曲线 $y=\cos x$ 下面积的蒙特卡罗近似

点　数	面积近似值	点　数	面积近似值
100	2.07345	2000	1.94465
200	2.13628	3000	1.97711
300	2.01064	4000	1.99962
400	2.12058	5000	2.01429
500	2.04832	6000	2.02319
600	2.09440	8000	2.00669
700	2.02857	10000	2.00873
800	1.99491	15000	2.00978
900	1.99666	20000	2.10193
1000	1.99664	30000	2.01186

在给定区间上曲线 $y=\cos x$ 下面积的准确值是 2 平方单位．注意到即使对于产生的相当多的点数，误差也是可观的．对一元函数，一般说来，蒙特卡罗方法无法与在数值分析中学到的积分方法相比，没有误差界以及难以求出函数的上界 M 也是它的缺点．然而，从上面的程序可见，蒙特卡罗方法不难推广到多元函数的情形，例如求曲面下的体积，在那里它变得更加实用．

26.6.3　随机行为的模拟

概率可以看作长期的平均值，例如，若一个事件 5 次中出现 1 次，那么长期看该事件出现的机会是 1/5. 从长期来看,一个事件的概率可以视为比值

有效的事件数 / 事件的总数

掷一枚正规的硬币

设 x 为[0, 1]内的随机数,$f(x)$定义如下：

$$f(x)=\begin{cases} Head, & 0 \leqslant x \leqslant 0.5, \\ Tail, & 0.5 \leqslant x \leqslant 1. \end{cases}$$

掷一枚正规硬币的蒙特卡罗算法

输入　模拟中生成的随机抛正规硬币的总次数 n.

输出　抛硬币时得到头像(Head)的概率.

第 1 步　初始化：COUNTER=0.

第 2 步　对于 $i=1, 2, \cdots, n$，执行第 3,4 步.

第 3 步　得到[0, 1]内的随机数.

第 4 步　若 $0 \leqslant x_i \leqslant 0.5$，则 COUNTER= COUNTER+1. 否则，COUNTER 不变.

第 5 步　计算 P（头像）=COUNTER/n.

第 6 步　输出头像的概率 P（头像）

停止

表 26.6-2 给出了对于不同的 n 由随机数 x_i 得到的结果，随着 n 的变大正面出现的概率为 0.5，即次数的一半.

表 26.6-2　抛一枚正规硬币的结果

掷硬币的次数	出现头像的次数	出现头像的百分比
100	49	0.49
200	102	0.51
500	252	0.504
1,000	492	0.492
5,000	2469	0.4930
10,000	4993	0.4993

26.6.4　港口船只排队问题

问题　考察某城市的一个小港口，任何时间仅能为一艘船只卸货．进港卸货的相邻两艘船到达的时间间隔在 15 分钟到 145 分钟之间变化．一艘船只卸货的时间由所卸货物的类型和货物总量决定，在 45 分钟到 90 分钟之间变化．需要回答以下问题：

1. 每艘船只在港口的平均时间和最长时间是多少？

2. 若一艘船只的等待时间是从到达到开始卸货的时间，每艘船只的平均等待时间和最长等待时间是多少？

3. 卸货设备空闲时间的百分比是多少？

4. 船只排队最长的长度是多少？

假设　为了得到一些合理的答案，利用计算机来模拟港口的活动．假定相邻两艘船到达的时间间隔和每艘船只卸货的时间在它们各自的时间区间内均匀分布，例如两艘船到达的时间间隔可以是 15 到 145 之间的任何整数，而且这个区间内的任何整数以相同的可能性出现．在给出模拟这个港口系统的一般算法之前，先考虑只有 5 艘船只的简单情形．

对每艘船只有以下数据：

	船 1	船 2	船 3	船 4	船 5
相邻两艘船到达的时间间隔	20	30	15	120	25
卸货时间	55	45	60	75	80

因为船 1 在时钟于 $t=0$ 分开始计时后 20 分钟到达，所以港口卸货设备在开始时空闲了 20 分钟．船 1 立即开始卸货，卸货用时 55 分，其间，船 2 在时钟开始计时后 $t=20+30=50$ 分到达．在船 1 于 $t=20+55=75$ 分卸货完毕之前，船 2 不能开始卸货，这意味着船 2 在卸货前必须等待 $75-50=25$ 分．对于船 2、船 3、船 4 和船 5，可以做类似的分析．图 26.6-2 总结了 5 艘到达船只中每一艘的等待时间和卸货时间. 表 26.6-3 总结了 5 艘船只整个模拟的结果．注意，5 艘船总的等待时间是 130 分，这种等待时间对船主来说代表一笔费用，也是顾客对码头设备不满意的来源之一．另一方面，港区设备总共只有 25 分钟的空闲时间，在模拟的 340 分钟内有 315 分钟，即大约 93%的时间，设备是在利用中.

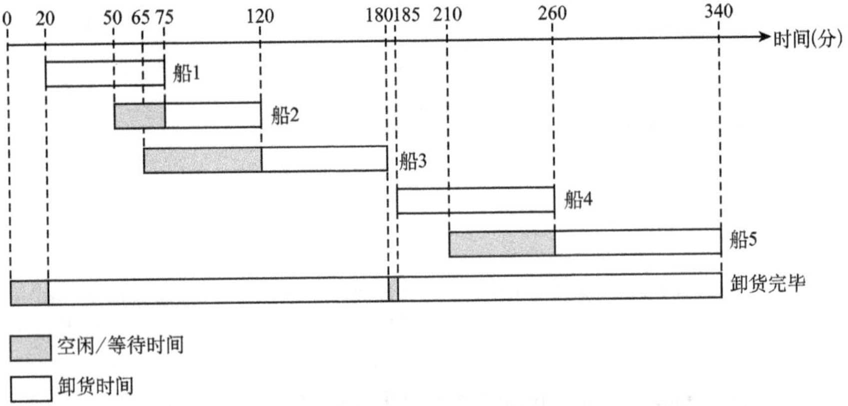

图 26.6-2　船只和码头设备的空闲和卸货时间

设想港区设备的拥有者关心他们提供服务的质量,并且要评价各种管理模式以确定改善服务是否是增加费用的理由．做一些统计可以帮助对服务质量的评价,例如,呆在港口时间最长的船只是船 5,呆了 130 分钟,而平均是 89 分钟(表 26.6-3). 通常顾客对等待时间的长短非常在乎，例中最长的等待时间为 55 分钟，而平均是 26 分钟．如果排队太长有些顾客会改到别处去做生意．例中最长的排队长度是 2. 用下面的蒙特卡罗模拟算法可以做这些统计，对各种管理模式进行估价.

表 26.6-3 港口系统模拟概要

船只序号	相邻两艘船到达间隔	到达时间	开始服务	排队长度	等待时间	卸货时间	在港区的时间	设备空闲时间
1	20	20	20	0	0	55	55	20
2	30	50	75	1	25	45	70	0
3	15	65	120	2	55	60	115	0
4	120	185	185	0	0	75	75	5
5	25	210	260	1	50	80	130	0
总计(如果合适的话)					130			25
平均(如果合适的话)					26	63	89	

注:时钟于 $t=0$ 开始计时后，给出的所有时间都以分计.

港口系统算法术语一览

$between_i$ 船 i 与 $i-1$ 的到达时间间隔(在 15 和 145 分之间变化的一个随机整数)

$arrive_i$ 从时钟 $t=0$ 分开始计时，船 i 到达港口的时间

$unload_i$ 船 i 在港口卸货所需的时间(在 45 和 90 分之间变化的一个随机整数)

$start_i$ 船 i 开始卸货的时间

$idle_i$ 恰在船 i 开始卸货之前码头设备空闲的时间

$wait_i$ 船 i 到达后开始卸货前在码头的等待时间

$finish_i$ 船 i 卸货完毕的时间

$harbor_i$ 船 i 呆在港口总的时间

HARTIME 每艘船呆在港口的平均时间

MAXHAR 一艘船呆在港口的最长时间

WAITIME 每艘船卸货之前的平均等待时间

MAXWAIT 一艘船的最长等待时间

IDLETIME 卸货设备空闲时间占总模拟时间的百分比

港口系统模拟算法

输入 模拟中的船只总数 n

输出 HARTIME，MAXHAR，WAITIME，MAXWAIT 和 IDLETIME

第 1 步 随机生成 $between_1$ 和 $unload_1$，令 $arrive_1=between_1$

第 2 步 全部输出初始化:

HARTIME$=unload_1$，MAXHAR$=unload_1$，

WAITIME$=0$，MAXWAIT$=0$，IDLETIME$=arrive_1$

第 3 步 计算船 1 卸货完毕的时间:

$$\text{finish}_1 = \text{arrive}_1 + \text{unload}_1$$

第 4 步　　对于 $i=2, 3, \cdots, n$，执行第 5～16 步

第 5 步　在各自的时间区间上生成一对随机整数 between_i 和 unload_i

第 6 步　假定时钟从 $t=0$ 分开始计时，计算船 i 的到达时间

$$\text{arrive}_i = \text{arrive}_{i-1} + \text{between}_i$$

第 7 步　计算船 i 到达与船 $i-1$ 卸货完毕的时间之差：

$$\text{timediff} = \text{arrive}_i - \text{finish}_{i-1}$$

第 8 步　若 timediff 非负，则卸货设备空闲：

$$\text{idle}_i = \text{timediff} \quad 且\ \text{wait}_i = 0$$

若 timediff 为负，则船 i 在卸货前必须等待：

$$\text{wait}_i = -\text{timediff} \quad 且\ \text{idle}_i = 0$$

第 9 步　计算船 i 开始卸货的时间

$$\text{start}_i = \text{arrive}_i + \text{wait}_i$$

第 10 步　计算船 i 卸货完毕的时间：

$$\text{finish}_i = \text{start}_i + \text{unload}_i$$

第 11 步　计算船 i 呆在港口的时间：

$$\text{harbor}_i = \text{wait}_i + \text{unload}_i$$

第 12 步　将 harbor_i 加入总的港口时间 HARTIME，供平均用

第 13 步　若 $\text{harbor}_i > \text{MAXHAR}$，则令 $\text{MAXHAR} = \text{harbor}_i$；否则 MAXHAR 不变

第 14 步　将 wait_i 加入总的等待时间 WAITIME，供平均用

第 15 步　将 idle_i 加入总的空闲时间 IDLETIME

第 16 步　若 $\text{wait}_i > \text{MAXWAIT}$，则令 $\text{MAXWAIT} = \text{wait}_i$；否则 MAXWAIT 不变

第 17 步　　令 $\text{HARTIME} = \text{HARTIME}/n$，$\text{WAITIME} = \text{WAITIME}/n$，且 $\text{IDLETIME} = \text{IDLETIME}/\text{finish}_n$

第 18 步　　输出(HARTIME，MAXHAR，WAITIME，MAXWAIT，IDLETIME)

停止

按照上面的算法，表 26.6-4 给出每次有 100 艘船，共进行 6 次独立模拟的结果.

现在，假设你是码头设备拥有者的顾问，如果能够雇佣更多的劳动力，或者获得更好的卸货设备，使卸货时间减少到每艘船 35～75 分钟，对模拟结果会有什么影响？表 26.6-5 给出了基于模拟算法的结果.

表 26.6-4　100 艘船港口系统的模拟结果

第几次模拟	1	2	3	4	5	6
一艘船呆在港口的平均时间	106	85	101	116	112	94
一艘船呆在港口的最长时间	287	180	233	280	234	264
一艘船的平均等待时间	39	20	35	50	44	27
一艘船的最长等待时间	213	118	172	203	167	184
卸货设备空闲时间的百分比	0.18	0.17	0.15	0.20	0.14	0.21

注：所有时间以分钟计．相邻两艘船到达的时间间隔为 15～145 分．每艘船卸货时间为45～90分.

表 26.6-5　100 艘船港口系统的模拟结果

第几次模拟	1	2	3	4	5	6
一艘船呆在港口的平均时间	74	62	64	67	67	73
一艘船呆在港口的最长时间	161	116	167	178	173	190
一艘船的平均等待时间	19	6	10	12	12	16
一艘船的最长等待时间	102	58	102	110	104	131
卸货设备空闲时间的百分比	0.25	0.33	0.32	0.30	0.31	0.27

注：所有时间以分钟计．相邻两艘船到达的时间间隔为 15～145 分．每艘船卸货时间为35～75分.

从表 26.6-5 可以看到，每艘船的卸货时间减少 15～20 分钟，使得船只呆在港口的时间，特别是等待时间缩短了．然而设备空闲时间的百分比却增加了近一倍．船主对此是满意的，因为这提高了长期行驶时每艘船运送货物的效率．这样，入港贸易可能会增加．如果贸易量增加使得相邻两艘船到达的时间间隔缩短到 10 到 120 分钟之间，模拟结果如表 26.6-6 所示．从这个表可以看到，随着贸易量的增加，船只又要花更多的时间呆在港口，但设备空闲时间少多了，再说，船主和设备拥有者都会随着贸易量的增加而受益.

表 26.6-6　100 艘船港口系统的模拟结果

第几次模拟	1	2	3	4	5	6
一艘船呆在港口的平均时间	114	79	96	88	126	115
一艘船呆在港口的最长时间	248	224	205	171	371	223
一艘船的平均等待时间	57	24	41	35	71	61
一艘船的最长等待时间	175	152	155	122	309	173
卸货设备空闲时间的百分比	0.15	0.19	0.12	0.14	0.17	0.06

注：所有时间以分钟计.相邻两艘船到达的时间间隔为 10～120 分，每艘船卸货时间为35～75分.

现在假定我们对两艘船到达的时间间隔和每艘船的卸货时间分别在 $15 \leqslant \text{between}_i \leqslant 145$ 和 $45 \leqslant \text{unload}_i \leqslant 90$ 内均匀分布的假设不满意的话，我们可以直接收集港口系统的经验数据，并将结果融入我们的模型，进行模拟计算. 进一步的随机模拟参见[2].

参考文献

[1] 蒙特卡罗法，编者：孙嘉阳、石坚、丛树铮、徐映波，审校者：郑忠国，《现代数学手册》，随机数学卷，第 10 篇，《现代数学手册》编纂委员会，华中科技大学出版社，2000.

[2] F. R. Giordano, M. D. Weir, W. P. Fox, *A First Course in Mathematioal Modeling*, Third Edition, Chapter 5, Brooks/Cole, 2003. 中译本：数学建模，叶其孝、姜启源等译，机械工业出版社，第 5 章，2005.

数学家译名表

（中译名-原名）

A

阿贝尔　Abel, N. H.
阿达马　Hadamard, J.
阿地尼　Adini, I.
阿尔泽拉　Arzelà, C.
阿基米德　Archimedes
阿斯科利　Ascoli, G.
埃尔朗　Erlang, A. K.
埃尔米特　Hermite, C.
艾特肯　Aitken, A. C.
爱因斯坦　Einstein, A.
安培　Ampère, A. M.
奥斯特罗格拉茨基　Остроградский, М. В.

B

巴恩斯　Barnes, E. W.
巴尔巴欣　Барбашин, Е. А.
巴拿赫　Banach, S.
鲍威尔　Powell, M. J. D.
贝尔　Bell, E. T.
贝尔曼　Bellman, R. (Ernest)
贝塞尔　Bessel, F. W.
贝特朗　Bertrand, I.
贝叶斯　Bayes, T.
本迪克松　Bendixson, I. O.
比安基　Bianchi, L.
比内　Binet, J. P. M.
比奥　Biot, J. B.
波尔查诺　Bolzano, B.
波拉茨泽克　Pollaczek, F.
玻尔　Bohr, N. H. D.
伯恩斯坦　Бернштейн, С. Н.
伯努利家族　Bernoullis
泊松　Poisson, S. D.
博赫纳　Bochner, S.
博雷尔　Borel, É.
博内　Bonnet, P. O.
布尔　Boole, G.
布凯　Bouquet, J. -C.

C

策梅洛　Zermelo, E. F. F.
查普曼　Chapman, S.

D

达布　Darboux, J. G.
达朗贝尔　D'Alembert, J. L. R.
戴德金　Dedekind, J. W. R.
德朗布尔　Delambre, J. B. J.
德摩根　De Morgan, A.
狄拉克　Dirac, P. A. M.
狄利克雷　Dirichlet, P. G. L.
迪尼　Dini, U.
迪潘　Dupin, P. C. F.
笛卡尔　Descartes, R.
蒂策　Tietze, H.
棣莫弗　De Moivre, A.
杜阿梅尔　Duhamel, J. M. C.
迪拉克　Dulac, H.
瑞利　Rayleigh, L. (Strutt, J. W.)

F

法拉第　Faraday,M.
法图　Fatou,P. J. L.
范德蒙德　Vandermonde,A. T.
范德瓦尔登　van der Waerden,B. L.
菲涅尔　Fresnel,A. J.
斐波那契　Fibonacci,L.(＝Leonardo da Pisa,L. P.)
费马　Fermat,P. de
费希尔　Fisher,R. A.
冯·诺伊曼　von Neumann,J. L.
弗雷德霍姆　Fredholm,E. I.
弗雷内　Frenet,J. F.
弗雷歇　Fréchet. M. R.
弗罗贝尼乌斯　Frobenius,F. G.
傅里叶　Fourier,J. B. J.
富比尼　Fubini,G.
富克斯　Fuchs,I. L.

G

伽辽金　Галёркин,Б. Г.
盖尔范德　Гельфанд,И. М.
高斯　Gauss,C. F.
哥德巴赫　Goldbach,C.
格拉姆　Gram,J. P.
格拉斯曼　Grassmann,H. G.
格里文科　Гливенко,В. И.
格林　Green,G.

H

哈恩　Hahn,F.
哈梅尔　Hamel,G. K. W.
哈密顿　Hamilton,W. R.
海涅　Heine,H. E.
亥姆霍兹　Helmholtz,H. L. F.
汉克尔　Hankel,H.
汉明　Hamming,R. W.
豪斯多夫　Hausdorff,F.
豪斯霍尔德　Householder,A. S.
赫尔德　Hölder,O. L.
赫格洛茨　Herglotz,G.
赫维塞德　Heaviside,O.
里卡蒂　Riccati,J. F.
黑利　Helly,E.
黑塞　Hesse,L. O.
黑森伯格　Hessenberg,G.
胡尔维茨　Hurwitz,A.
胡克　Hooke,R.
胡雷维奇　Hurewicz,W.
惠特克　Whittaker,E. T.
惠特尼　Whitney,H.
霍普夫　Hopf,H.

J

基尔霍夫　Kirchhoff,G. R.
吉洪诺夫　Тихонов,А. Н.
伽辽金　Галёркин,Б. Г.

K

卡尔曼　Kalman,R. É.
卡拉泰澳多里　Carathéodory,C.
开耳芬　Lord Kelvin(Thomson,W.)
凯莱　Cayley,A.
康托尔　Cantor,G.
康托罗维奇　Канторович,Л. В.
考纽　Cornu,M. A.
柯达齐　Codazzi,D.
柯尔莫戈洛夫　Колмогоров,А. Н.
柯朗　Courant,R.
柯瓦列夫斯卡娅　Ковалевская,С. В.
柯西　Cauchy,A. L.
科茨　Cotes,R.
克莱姆　Cramer,G.

克莱姆　Cramér,H.
克拉索夫斯基　Красовский,Н,Н.
克莱罗　Clairaut,A. C.
克里斯托费尔　Christoffel,E. B.
克鲁斯卡尔　Kruskal,M. D.
克罗夫顿　Crofton,M. W.
克罗内克　Kronecker,L.
库恩　Kuhn,H. W.
库拉托夫斯基　Kuratowski,K.
库伦　Coulomb,Ch. A.
库默尔　Kummer,E. E.
库塔　Kutta,W. M.

L

拉奥　Rao,C. R.
拉盖尔　Laguerre,E. N.
拉格朗日　Lagrange,J. L.
拉赫　Lah,I.
拉梅　Lamé,G.
拉姆齐　Ramsey,F. P.
拉普拉斯　Laplace,P. S. M. de
莱布尼茨　Leibniz,G. W.
莱维　Lévy,P. P.
朗斯基　Wronski,H. J. M.
勒贝格　Lebesgue,H. L.
勒让德　Legendre,A. M.
黎曼　Riemann,G. F. B.
李雅普诺夫　Ляпунов,А. М.
里茨　Ritz,W.
里诺　Rinow,W. L. A.
里奇　Ricci,C. G.
里斯　Riesz,F.
利普希茨　Lipschitz,R. O. S.
列维-奇维塔　Levi-Civita,T.
刘维尔　Liouville,J.
龙贝格　Romberg,W.
龙格　Runge,C. D. T.
卢津　Лузин,Н. Н.
鲁歇　Rouché,E.
罗宾　Robin,G.
罗德里格斯　Rodrigues,O.
罗尔　Rolle,M.
洛必达　L'Hospital,G. F. A.
洛朗　Laurent,P. A.
洛伦兹　Lorentz,H. A.

M

马尔科夫　Марков,А. А.
麦克劳林　Maclaurin,C.
麦克斯韦　Maxwell,J. C.
梅尔滕斯　Mertens,F. C. J.
梅林　Mellin,R. H.
默塞尔　Mercer,J.
米尔恩　Milne,E. A.
米塔-列夫勒　Mittag-Leffler,M. G.
闵可夫斯基　Minkowski,H.
莫雷拉　Morera,G.
莫利　Morley,L. S. D.
墨卡托　Mercator,G.
默比乌斯　Möbius,A. F.
默尼耶　Meusnier,J. B. M. C.

N

纳什　Nash,J. F. Jr
奈曼　Neyman,J.
耐皮尔　Napier,J.
尼奎斯特　Nyquist,H.
尼维勒　Neville
牛顿　Newton,I.

O

欧几里得　Euclid
欧拉　Euler,L.

P

帕塞瓦尔　Parseval, M. A.
帕斯卡　Pascal, B.
庞加莱　Poincaré, J. H.
庞特里亚金　Понтрягин, Л. С.
皮尔逊　Pearson, K.
佩龙　Perron, O.
皮卡　Picard, C. É.
佩亚诺　Peano, G.
普法夫　Pfaff, J. F.
普拉托　Plateau, J.

Q

乔姆斯基　Chomsky, N.
切比雪夫　Чебышёв, П. Л.

R

茹科夫斯基　Жуковский, Н. Е.
若尔当　Jordan, C.

S

赛德尔　Seidel, P. L. von
沙比　Charpit, P.
施勒夫利　Schläfli, L.
施罗德　Schröder, F. W. K. E.
施密特　Schmidt, E.
施坦豪斯　Steinhaus, H. D.
施瓦茨　Schwarz, H. A.
舒尔　Schur, F. H.
斯蒂尔切斯　Stieltjes, T. J.
斯米尔诺夫　Смирнов, Н. В.
斯特林　Stirling, J.
斯通　Stone, M. H.
斯图姆　Sturm, J. Ch. -F.
斯托克斯　Stokes, G. G.
索宁　Sonin, N. Ya

T

塔克　Tucker, A. W.
泰勒　Taylor, B.
特里科米　Tricomi, F. G.
图基　Tukey, J. W.

W

瓦尔德　Wald, A.
韦伯　Weber, H.
维恩　Venn, J.
维纳　Wiener, N.
魏尔斯特拉斯　Weierstrass, K. T. W.
魏因加藤　Weingarten, J.
沃尔夫　Wolfe, P.
沃尔泰拉　Volterra, V.
乌雷松　Урысон, П. С.

X

西尔维斯特　Sylvester, J. J.
希尔伯特　Hilbert, D.
香农　Shannon, C. E.
辛普森　Simpson, T.
辛钦　Хинчин, А. Я.
薛定谔　Schrödinger, E.

Y

雅可比　Jacobi, C. G. J.
亚当斯　Adams, J. C.
杨　Young, W. H.
叶戈洛夫　Егоров, Д. Ф.

Z

佐恩　Zorn, M.

数学家译名表

（原名-中译名）

A

Abel, N. H.　阿贝尔
Adams, J. C.　亚当斯
Adini, I.　阿地尼
Aitken, A. C.　艾特肯
Ampère, A. M.　安培
Archimedes　阿基米德
Arzelà, C.　阿尔泽拉
Ascoli, G.　阿斯科利

B

Banach, S.　巴拿赫
Barnes, E. W.　巴恩斯
Bayes, T.　贝叶斯
Bell, E. T.　贝尔
Bellman, R. (Ernest)　贝尔曼
Bendixson, I. O.　本迪克松
Bernoullis　伯努利家族
Bertrand, I.　贝特朗
Bessel, F. W.　贝塞尔
Bianchi, L.　比安基
Binet, J. P. M.　比内
Biot, J. B.　比奥
Bochner, S.　博赫纳
Bohr, N. H. D.　玻尔
Bolzano, B.　波尔查诺
Bonnet, P. O.　博内
Boole, G.　布尔
Borel, È.　博雷尔
Bouquet, J.-C.　布凯

C

Cantor, G.　康托尔
Carathéodory, C.　卡拉泰澳多里
Cauchy, A. L.　柯西
Cayley, A.　凯莱
Chapman, S.　查普曼
Charpit, P.　沙比
Chomsky, N.　乔姆斯基
Christoffel, E. B.　克里斯托费尔
Clairaut, A. C.　克莱罗
Codazzi, D.　柯达齐
Cornu, M. A.　考纽
Cotes, R.　科茨
Coulomb, Ch. A.　库伦
Courant, R.　柯朗
Cramer, G.　克莱姆
Cramér, H.　克莱姆
Crofton, M. W.　克罗夫顿

D

D'Alembert, J. L. R.　达朗贝尔
Darboux, J. G.　达布
De Moivre, A.　棣莫弗
De Morgan, A.　德摩根
Dedekind, J. W. R.　戴德金
Delambre, J. B. J.　德朗布尔
Descartes, R.　笛卡尔
Dini, U.　迪尼
Dirac, P. A. M.　狄拉克
Dirichlet, P. G. L.　狄利克雷

Duhamel, J. M. C. 杜阿梅尔
Dulac, H. 迪拉克
Dupin, P. C. F. 迪潘

E

Einstein, A. 爱因斯坦
Erlang, A. K. 埃尔朗
Euclid 欧几里得
Euler, L. 欧拉

F

Faraday, M. 法拉第
Fatou, P. J. L. 法图
Fermat, P. de 费马
Fibonacci, L. (=Leonardo da Pisa, L. P.) 斐波那契
Fisher, R. A. 费希尔
Fourier, J. B. J. 傅里叶
Fréchet, M. R. 弗雷歇
Fredholm, E. I. 弗雷德霍姆
Frenet, J. F. 弗雷内
Fresnel, A. J. 菲涅尔
Frobenius, F. G. 弗罗贝尼乌斯
Fubini, G. 富比尼
Fuchs, I. L. 富克斯

G

Gauss, C. F. 高斯
Goldbach, C. 哥德巴赫
Gram, J. P. 格拉姆
Grassmann, H. G. 格拉斯曼
Green, G. 格林

H

Hadamard, J. 阿达马
Hahn, F. 哈恩
Hamel, G. K. W. 哈梅尔
Hamilton, W. R. 哈密顿
Hamming, R. W. 汉明
Hankel, H. 汉克尔
Hausdorff, F. 豪斯多夫
Heaviside, O. 赫维塞德
Heine, H. E. 海涅
Helly, E. 黑利
Helmholtz, H. L. F. 亥姆霍兹
Herglotz, G. 赫格洛茨
Hermite, C. 埃尔米特
Hesse, L. O. 黑塞
Hessenberg, G. 黑森伯格
Hilbert, D. 希尔伯特
Hölder, O. L. 赫尔德
Hooke, R. 胡克
Hopf, H. 霍普夫
Householder, A. S. 豪斯霍尔德
Hurewicz, W. 胡雷维奇
Hurwitz, A. 胡尔维茨

J

Jacobi, C. G. J. 雅可比
Jordan, C. 若尔当

K

Kalman, R. E. 卡尔曼
Kirchhoff, G. R. 基尔霍夫
Kronecker, L. 克罗内克
Kruskal, M. D. 克鲁斯卡尔
Kuhn, H. W. 库恩
Kummer, E. E. 库默尔
Kuratowski, K. 库拉托夫斯基
Kutta, W. M. 库塔

L

Lagrange, J. L. 拉格朗日
Laguerre, E. N. 拉盖尔

Lah, I.　拉赫
Lamé, G.　拉梅
Laplace, P. S. M. de　拉普拉斯
Laurent, P. A.　洛朗
Lebesgue, H. L.　勒贝格
Legendre, A. M.　勒让德
Leibniz, G. W.　莱布尼茨
Levi-Civita, T.　列维-奇维塔
Lévy, P. P.　莱维
L'Hospital, G. F. A.　洛必达
Liouville, J.　刘维尔
Lipschitz, R. O. S.　利普希茨
Lord Kelvin (Thomson, W.)　开耳芬
Lorentz, H. A.　洛伦兹

M

Maclaurin, C.　麦克劳林
Maxwell, J. C.　麦克斯韦
Mellin, R. H.　梅林
Mercator, G.　墨卡托
Mercer, J.　默塞尔
Mertens, F. C. J.　梅尔滕斯
Meusnier, J. B. M. C.　默尼耶
Milne, E. A.　米尔恩
Minkowski, H.　闵可夫斯基
Mittag-Leffler, M. G.　米塔-列夫勒
Möbius, A. F.　默比乌斯
Morera, G.　莫雷拉
Morley, L. S. D.　莫利

N

Napier, J.　耐皮尔
Nash, J. F. Jr　纳什
Neville　尼维勒
Newton, I.　牛顿
Neyman, J.　奈曼
Nyquist, H.　尼奎斯特

P

Parseval, M. A.　帕塞瓦尔
Pascal, B.　帕斯卡
Peano, G.　佩亚诺
Pearson, K.　皮尔逊
Perron, O.　佩龙
Pfaff, J. F.　普法夫
Picard, C. É.　皮卡
Plateau, J.　普拉托
Poincaré, J. H.　庞加莱
Poisson, S. D.　泊松
Pollaczek, F.　波拉茨泽克
Powell, M. J. D.　鲍威尔

R

Ramsey, F. P.　拉姆齐
Rao, C. R.　拉奥
Rayleigh, L. (Strutt, J. W.)　瑞利
Riccati, J. F.　里卡蒂
Ricci, C. G.　里奇
Riemann, G. F. B.　黎曼
Riesz, F.　里斯
Rinow, W. L. A.　里诺
Ritz, W.　里茨
Robin, G.　罗宾
Rodrigues, O.　罗德里格斯
Rolle, M.　罗尔
Romberg, W.　龙贝格
Rouché, E.　鲁歇
Runge, C. D. T.　龙格

S

Schläfli, L.　施勒夫利
Schmidt, E.　施密特
Schröder, F. W. K. E.　施罗德
Schrödinger, E.　薛定谔

Schur, F. H.　舒尔
Schwarz, H. A.　施瓦茨
Seidel, P. L. von　赛德尔
Shannon, C. E.　香农
Simpson, T.　辛普森
Sonin, N. Ya　索宁
Steinhaus, H. D.　施坦豪斯
Stieltjes, T. J.　斯蒂尔切斯
Stirling, J.　斯特林
Stokes, G. G.　斯托克斯
Stone, M. H.　斯通
Sturm, J. Ch. -F.　斯图姆
Sylvester, J. J.　西尔维斯特

T

Taylor, B.　泰勒
Tietze, H.　蒂策
Tricomi, F. G.　特里科米
Tucker, A. W.　塔克
Tukey, J. W.　图基
Тихонов, А. Н.　吉洪诺夫

V

van der Waerden, B. L.　范德瓦尔登
Vandermonde, A. T.　范德蒙德
Venn, J.　维恩
Volterra, V.　沃尔泰拉
von Neumann, J. L.　冯·诺伊曼

W

Wald, A.　瓦尔德
Weber, H.　韦伯
Weierstrass, K. T. W.　魏尔斯特拉斯
Weingarten, J.　魏因加藤
Whitney, H.　惠特尼
Whittaker, E. T.　惠特克
Wiener, N.　维纳
Wolfe, P.　沃尔夫
Wronski, H. J. M.　朗斯基

X

Хинчин, А. Я.　辛钦

Y

Young, W. H.　杨

Z

Zermelo, E. F. F.　策梅洛
Zorn, M.　佐恩
Барбащин, Е. А.　巴尔巴欣

其他

Бернштейн, С. Н.　伯恩斯坦
Смирнов, Н. В.　斯米尔诺夫
Егоров, Д. Ф.　叶戈洛夫
Галёркин, Б. Г.　伽辽金
Гельфанд, И. М.　盖尔范德
Гливенко, В. И.　格里文科
Канторович, Л. В.　康托罗维奇
Ковалевская, С. В.　柯瓦列夫斯卡娅
Колмогоров, А. Н.　柯尔莫戈洛夫
Красовский, Н, Н.　克拉索夫斯基
Жуковский, Н. Е.　茹科夫斯基
Ляпунов, А. М.　李雅普诺夫
Лузин, Н. Н.　卢津
Марков, А. А.　马尔科夫
Понтрягин, Л. С.　庞特里亚金
Остроградский, М. В.　奥斯特罗格拉茨基
Чебышёв, П. Л.　切比雪夫
Урысон, П. С.　乌雷松

索　　引

C

D

E

F

非参数(性的)假设检验问题　870

G

H

J

K

L

M

N

O

P

Q

R

S

T

W

X

Y

Z

以西文字母起首的复合词

B

C

Q

R

S

T

U

V

X

Y

Z

以希腊字母起首的复合词

Α

Γ

Δ